中国工程院院士文集

唐启升文集

上卷 海洋生态系统研究篇

中国农业出版社
北京

图书在版编目（CIP）数据

唐启升文集．上卷，海洋生态系统研究篇／唐启升编著．—北京：中国农业出版社，2020.11
ISBN 978-7-109-27499-0

Ⅰ.①唐…　Ⅱ.①唐…　Ⅲ.①海洋生态学－文集
Ⅳ.①S975-53②Q178.53-53

中国版本图书馆CIP数据核字（2020）第223696号

唐启升文集　上卷　海洋生态系统研究篇

TANGQISHENG WENJI　SHANGJUAN　HAIYANG SHENGTAI XITONG YANJIUPIAN

中国农业出版社出版
地址：北京市朝阳区麦子店街18号楼
邮编：100125
责任编辑：郑　珂　杨晓改　　文字编辑：陈睿赜　张庆琼　蔺雅婷
版式设计：王　晨　　责任校对：周丽芳　刘丽香　沙凯霖　吴丽婷　赵　硕
印刷：北京通州皇家印刷厂
版次：2020年11月第1版　　2020年11月北京第1次印刷
发行：新华书店北京发行所
开本：787mm×1092mm　1/16
总印张：156.75　　插页：56
总字数：4000千字
总定价：800.00元（上、下卷）

文集书写题名　潘云鹤

献给共和国

“实现第一个百年奋斗目标”

内容简介

文集选录唐启升院士 1972—2019 年间的论文和专著，编辑成上、下两卷，上卷为海洋生态系统研究篇，下卷为渔业生物学拓展篇。本卷为上卷，分两篇：第一篇为海洋生态系统动力学，包括海洋生态系统动力学研究发展，高营养层次营养动力学，功能群、群落结构与多样性，生态系统动态与变化，生态系统健康与安全，海洋生物技术与分子生态学等；第二篇为大海洋生态系，包括大海洋生态系研究发展、大海洋生态系状况与变化、海洋生态系统水平管理等。另外，还附上了有关照片。这些论文和专著及有关材料记录了近几十年海洋生态系统等交叉学科前沿领域新的研究进展和成果。

本文集可供教育、科研和管理部门的师生、研究者、决策者以及其他相关人士参考使用。

个人简介 | 唐启升

唐启升，男，汉族，1943 年 12 月 25 日生，辽宁大连人，中共党员，海洋渔业与生态学家、博士生导师、终身研究员。1961 年毕业于黄海水产学院，1981—1984 年国家公派挪威海洋研究所、美国马里兰大学、华盛顿大学访问学者。现任农业农村部科学技术委员会副主任委员，中国水产科学研究院名誉院长、学术委员会主任，中国水产科学研究院黄海水产研究所名誉所长。曾任中国科学技术协会副主席，中国水产学会理事长，山东省科学技术协会主席，联合国环境规划署顾问，全球环境基金会科学技术顾问团（GEF/STAP）核心成员，北太平洋海洋科学组织（PICES）学术局成员、渔业科学委员会主席等。先后担任国家自然科学基金委员会生命学部和地学部咨询委员会委员、评审组组长，国家科学技术进步奖评审委员会委员、专业评审组组长，国家“863 计划”专家委员会委员、领域专家、主题专家组副组长，国家“973 计划”项目首席科学家、资源环境领域咨询组组长，中国工程院主席团成员，中国工程院农业、轻纺与环境工程学部常委、农业学部常委等。

长期从事海洋生物资源开发与可持续利用研究，开拓中国海洋生态系统动力学和大海洋生态系研究，参与国际科学计划和实施计划制订，为中国渔业科学与海洋科学多学科交叉和生态系统水平海洋管理与基础研究进入世界先进行列做出突出贡献。在渔业生物学、资源增殖与管理、远洋渔业、养殖生态等方面有多项创新性研究，提出“碳汇渔业”“环境友好型水产养殖业”“资源养护型捕捞业”等渔业绿色发展新理念。提出“实施海洋强国战略”等院士专家建议 10 项，促成《中国水生生物资源养护行动纲要》《关于促进海洋渔业持续健康发展的若干意见》《关于加快推进水产养殖业绿色发展的若干意见》等国家有关文件的发布。“我国专属经济区和大陆架海洋生物资源及其栖息环境调查与评估”“海湾系统养殖容量与规模化健康养殖技术”“渤海渔业增养殖技术研究”等 3 项成果获国家科学技术进步奖二等奖、“白令海和鄂霍次克海狭鳕渔业信息网络和资源评估调查”获三等奖，另有 6 项获省部级科技奖励。发表论文和专著 350 余篇、部。荣获国家有突出贡献中青年专家、全国农业教育科研系统优秀回国留学人员、首届中华农业英才奖、何梁何利科学与技术进步奖、全国杰出专业技术人才奖、国家重点基础研究发展计划（973 计划）先进个人、山东省科学技术最高奖、新中国成立 60 周年“三农”模范人物、全国专业技术人才先进集体等荣誉、称号 24 项。享受国务院政府特殊津贴。

1999 年当选为中国工程院院士。

《中国工程院院士文集》总序

二〇一二年暮秋，中国工程院开始组织并陆续出版《中国工程院院士文集》系列丛书。《中国工程院院士文集》收录了院士的传略、学术论著、中外论文及其目录、讲话文稿与科普作品等。其中，既有早年初涉工程科技领域的学术论文，亦有成为学科领军人物后，学术观点日趋成熟的思想硕果。卷卷《文集》在手，众多院士数十载辛勤耕耘的学术人生跃然纸上，透过严谨的工程科技论文，院士笑谈宏论的生动形象历历在目。

中国工程院是中国工程科学技术界的最高荣誉性、咨询性学术机构，由院士组成，致力于促进工程科学技术事业的发展。作为工程科学技术方面的领军人物，院士们在各自的研究领域具有极高的学术造诣，为我国工程科技事业发展做出了重大的、创造性的成就和贡献。《中国工程院院士文集》既是院士们一生事业成果的凝练，也是他们高尚人格情操的写照。工程院出版史上能够留下这样丰富深刻的一笔，与有荣焉。

我向来以为，为中国工程院院士们组织出版《院士文集》之意义，贵在"真善美"三字。他们脚踏实地，放眼未来，自朴实的工程技术升华至引领学术前沿的至高境界，此谓其"真"；他们热爱祖国，提携后进，具有坚定的理想信念和高尚的人格魅力，此谓其"善"；他们治学严谨，著作等身，求真务实，科学创新，此谓其"美"。《院士文集》集真善美于一体，辩而不华，质而不俚，既有"居高声自远"之澹泊意蕴，又有"大济于苍生"之战略胸怀，斯人斯事，斯情斯志，令人阅后难忘。

读一本文集，犹如阅读一段院士的"攀登"高峰的人生。让我们翻开《中国工程院院士文集》，进入院士们的学术世界。愿后之览者，亦有感于斯文，体味院士们的学术历程。

2012 年 7 月

先生笔下的孔乙己在咸亨酒店一碗绍兴酒一碟茴香豆异曲同工的妙感。可是更令我兴奋的是这条鱼在世界海洋范围内、太平洋甚至黄海都可能有长期波动的历史，即种群数量一个时期很多，一个时期又很少，差别很大，为什么?! 让我甚是好奇，也挑动了探知的神经和欲望。这之后，我又到渔业公司走访了解，知道了这条鱼近1～2年的捕捞情况及在黄海的一些分布情况。一个对这条鱼进行调查研究的“计划”慢慢在心中产生了。让我多少有点意外的是：我的想法居然得到了同事们和领导的支持，当时的口号叫“抓革命，促生产”，于是，我就大大方方、全力以赴地“促生产”了。事后媒体称，我一头扎进了黄海鲱鱼的研究之中，开始了为期12年、系统的渔业生物学和渔业种群动态研究，事实确实如此。

1970年2月28日，我按计划到了威海。此后每年3月1日前准时到达威海，用一个半月的时间在山东省东端威海至石岛近岸这个大半月形的鲱鱼产卵地收集渔业生物学资料，并进行调访，直到渔汛结束。那时候交通之“简陋”，现在难以想象。威海市区很小，基本上是一条马路几盏灯，公共汽车出市区到了风林不拐弯，要去鲱鱼产卵地海埠和崮山要徒步行走5～10 km，去北边的孙家疃要翻过棉花山，没有像样的路可走，南边的荣成县似乎好一点，有自行车可租，尽管经常掉链子，但总比走得快。条件很艰苦，但其乐融融，因收获总是满满的。

其中，鲱鱼重要产卵地调访对后续的深入研究产生了决定性影响。威海水产局有位热心人对我说，孙家疃有位85岁老渔民会看天象，应找找他聊聊。这位老渔民思维清晰、敏捷，和我讲他爷爷或再以前的事，讲1900年和1938年前后出青鱼的事。“出青鱼年景不好”这句话，以及后来对海埠村捕青鱼有400年历史和荣成青鱼滩变迁的了解，都让我联想到气候的长期变化。这些收获决定了我对黄海鲱鱼种群动态研究的科学思路。另外，在调访过程中也了解到渔民的当前需求，如“这条鱼从哪里来的”“能待多久”等等，认识到解决这些问题对稳定和发展生产有现实价值，培养了科研服务于渔业和渔民的意识。

我的基础研究工作是从鲱鱼的年轮特征辨别入手的，这时似乎已认识到弄清鲱鱼的年龄对解决生产中的实际问题（如进行渔情预报）和研究种群动态的重要性。这年夏天利用苏联专家在所工作时留下的投影仪设法将鳞片上的轮纹投影到墙上，再手绘下来，以便确认年轮特征以及与伪轮的区别；用水代替甘油在解剖镜下观察耳石第一个年轮与副轮的差别，也要手绘并测距。由于条件有限，很费时，常常是日夜相继。一天，远在莱阳路37号的渔捞室谢振宏（后任该室主任）突然到了我办公室（当时正常上班的人并不多），转了两圈，说了一个字“干!”，似乎还握了一下拳头……过了一段时间我才明白：有议论，还好平安无事，感谢好心人在这个“特殊年代”的无形支持。

1971—1973年

在黄海渔业指挥部支持下，青岛、烟台、大连三家渔业公司各出一对250 hp[①]渔船组成了“调查舰队”，对黄海深水区鲱鱼索饵场和越冬场进行28个航次的海上调查。在一次偶发事件中我这个调查组长还当了几分钟的“舰队司令”，一声号令，6条挂上五星红旗的渔船不改调查航线，燕式排列继续前行，好生威武。这次调查的重要创新点是对1970年出生的

① 1 hp≈735 W。

序

新中国成立以来，渔业取得了历史性变革和举世瞩目的巨大成就，谱写出一部科技支撑产业发展的历史，探索出一条产业发展与生态环保相结合、绿色可持续发展的路子，培养出一批具有战略眼光的渔业科学家，为世界渔业发展贡献了“中国智慧”“中国方案”和“中国力量”，唐启升院士就是其中的杰出代表。

我和唐院士是同代人，我们相识于“渔”，结缘于“海”，常在不同场合探讨我国渔业科技和产业发展的思路与途径，对他也颇为了解，借此作序之机，少不了赘言几句。

唐院士是国际知名的海洋渔业与生态学家，开拓了我国海洋生态系统动力学研究。通过国家自然科学基金重大项目和两个“973计划”项目研究，构建了我国近海生态系统动力学理论体系；揭示了渤黄东海生态系统食物网结构特征和营养动力学变化规律，提出了浅海生态系统生物生产受多控制因素综合作用和资源恢复是一个复杂而缓慢过程的新认识；推动了大海洋生态系评估和管理研究在世界和中国的发展。这些成果为中国生态系统水平海洋管理与基础研究步入世界先进行列做出了突出贡献。

唐院士拓展了中国海洋渔业生物学研究。他早在20世纪60年代末便独立承担“黄海鲱资源”研究工作，揭示了太平洋鲱（青鱼）在黄海的洄游分布和种群数量变动规律，推动了新渔场开发和渔业的快速发展；他将环境影响因素嵌入渔业种群动态理论模型，创新发展了国际通用的渔业种群动态理论模式；提出海洋生物资源应包括群体资源、遗传资源和产物资源三个部分的新概念，为推动21世纪我国海洋生物资源多层面开发利用奠定了理论基础。

唐院士前瞻性提出了“碳汇渔业”新理念，丰富和发展了产业碳汇理论、方法和技术体系，将海水养殖产业的地位由传统产业提升为战略性新兴产业；他推动发展了我国生态养殖新模式和养殖容量评估技术、养殖生态系统的物质循环和能量流动规律的研究，使我国该领域研究进入国际前列；他全力倡导并进行产业化的多营养层次综合养殖模式（IMTA）被联合国粮食及农业组织（FAO）和亚太水产养殖中心网络（NACA）作为可持续水产养殖的典型成功案例在国际上进行了推广。

唐院士是我国海洋领域的战略科学家，他推动的多项战略咨询研究成果上升为国策。我国第一个生物资源养护行动实施计划——《中国水生生物资源养护行动纲要》的实施，国务院第一个海洋渔业文件——《关于促进海洋渔业持续健康发展的若干意见》的正式出台，新中国成立以来第一个经国务院同意、专门指导水产养殖业绿色发展的纲领性文件——《关于加快推进水产养殖业绿色发展的若干意见》的发布等背后都浸润着

他的心血与汗水。

正如徐匡迪院士在《中国工程院院士文集》总序中所描绘："读一本文集，犹如阅读一段院士的'攀登'高峰的人生。"《唐启升文集》由海洋生态系统动力学、大海洋生态系、海洋渔业生物学、渔业碳汇与养殖生态以及海洋与渔业可持续发展战略研究五个篇章组成，是他五十余载学术生涯的真实描摹和生动写照，凝聚着他的主要学术思想和科研实践经验，值得学习品味。

唐院士秉承半个多世纪的科学奉献精神，迄今仍在为提高我国知海、用海、护海和管海的能力和水平而伏案工作，不遗余力地为推动渔业绿色高质量发展，实现强渔强海强国的梦想而奋斗，令我感佩。但愿读者，特别是中青年渔业科技工作者能从文集内容中得到启迪，能以唐院士等老专家为楷模，学习他们的经验，学习他们分析问题、研究问题的方法，特别是学习他们崇高的使命感，为实现中华民族的伟大复兴多做贡献。

唐院士著作等身，精选出这些有代表性的论文集结成册，渔业科技界必将先睹为快。借此机会，谨向唐院士表示祝贺，衷心祝他健康长寿。

特为之序。

中国科学院院士
国家自然科学基金委员会原主任
2020 年 1 月 12 日

我的科学年表 | 代前

2013 年 12 月 25 日，是我 70 岁的生日，祝贺的喧哗过去之后，我凝望着书架上宋健院长的《清风岁月》以及几位院士的文集，思绪似乎有些停顿，又浮想联翩……3 年之因感冒发烧卧床期间萌生了撰编文集的念头，并想借助"年表"这样一种体裁写个自述，定名为《我的科学年表》（简称《年表》），纪年又纪事，把科研活动中及其有关的"大记录下来，勾勒出我在科学领域的成长过程、重要学术思想和成果的形成轨迹、前进的动以及重要故事的梗概，也算是对我的科研生涯一个年代式的实况记述和小结。如果这项工能对年轻的学子成长也有所裨益，那么，这个《年表》就更值得写了。

2019 年，是我从事科学研究的第 50 年。50 年，要记录的事很多，尽管力求简明、点为止，但是一旦写出来就舍不得删掉，以致《年表》写多了。为了方便阅读，现做一简单要：1969—1980 年，主要记录了以黄海鲱鱼为主的渔业生物学和渔业种群动态研究，以纠结和困惑；1981—1992 年，主要是对新研究方向的探索，记录了在公派挪威、美国访学习的基础上，通过参与国际大海洋生态系和海洋生态系统动力学等研究活动，海洋生态统研究学术思想的探索和形成过程；1993—2010 年，主要记录了海洋生态系统研究的实施包括海洋生态系统动力学过程及动态研究，大海洋生态系变化和适应性管理对策研究，专经济区、大陆架和公海海洋生物资源调查评估，以及养殖容量和渔业碳汇研究等；2009-2019 年，主要记录了针对国家和产业重大需求及问题，开展渔业和海洋战略咨询研究，动新理念和产业发展。

1969—1970 年

1969 年，国内外都发生了许多大事，是一个特殊的年代，而我却突然消沉了，有点莫名其妙，迷茫又困惑，不知所措。或许是祸兮福所倚，这一年也是我成长中喜获"天书"自主从事科研工作的一年。

一个风和日丽的春日，我漫不经心地在临海的太平路上闲逛，东张西望，时而看看墙上贴的大字报，时而毫无目的地环视。但是，一缕蓝晶晶的银光却让我定了神，细细看去它来自一辆地排车上渔箱里的新鲜渔获，令我惊讶的是竟不知道是什么鱼?！幸好中国水产科学研究院黄海水产研究所（简称黄海所）的前身是 1946 年开始筹建的中央水产实验所（简称中水所），有比较丰富的文献资料可查。我不仅轻易地查到了这条鱼及其基本情况，还从太平洋西部渔业研究委员会会议论文集以及中水所收藏的朝鲜总督府水产试验场有关报告中了解到过去年代的一些细节，如 1959 年在威海地区出现了大量当年生幼鲱鱼（卡冈诺夫斯基和刘效舜，1962）。它就是世界著名的鲱鱼，广泛分布在北半球，属冷温性鱼类，在太平洋称之为太平洋鲱，在中国俗名为青鱼，分布在黄海。其实，此前我在法国作家巴尔扎克的小说中曾读到过这条鱼，就是工人下班到酒馆来一杯葡萄酒时那碟下酒的腌制鲱鱼，有与鲁迅

鲱鱼（一个强盛世代）从一龄开始按月或按季进行了连续两年的跟踪调查，或许这在世界上也是仅有的。我在《黄海重点鱼类调查总结》中执笔完成了《黄海区青鱼的洄游分布及行动规律》一文，对黄海青鱼按月或按季的分布移动规律和昼夜行动规律及其生物学均做了较详细的记述。通过对 1970 年强盛世代的跟踪调查还证实了黄海鲱鱼（青鱼）不出黄海，是土生土长的地方种群，不仅获得了一个科学结论，对稳定和发展黄海鲱鱼渔业生产也有重要的指导意义。

另外，还有件事值得一提：《黄海区鲱鱼年龄的初步观察》一文被标为青岛海洋水产研究所（现黄海所）调查研究报告第 721 号正式刊印了，即 1972 年第 1 个，它不仅是我的科研处女作，也是“文革”以来黄海所正式刊印的第一个研究报告，在青岛也可能是第一个，在那个特殊年代，这不是哪个单位都能做得到的。之后，厦门大学丘书院、张其永等前辈来访时特别称赞了相关工作。1980 年联合国粮食及农业组织（FAO）著名的资源评估和渔业管理专家 John A. Gulland 教授来华讲学时选用的中国资料，即黄海鲱鱼年龄组成等，也是由此而来的。

1974 年

国内“批林批孔”，政治氛围不算好。而我沉迷于渔业种群三大资源管理理论模型的学习之中，与在中国水产科学研究院南海水产研究所（简称南海所）工作的中国生物学教育家、水产界老前辈、渔业种群数学模型研究先行者费鸿年先生频繁信件往来，请教和研讨。一天，37 号的阿金过来，劈头盖脸一通质问：和他信来信往干什么?! 知道他是那什么吗！……我没有马上理解他“提醒”的善意，一句话顶过去：我们的信大家都可以看……费老每次来信信封落款都有“南海所费鸿年”6 个字，很久以后我才知道当时他还在“牛棚”里。那时候，如果没有像阿金这样一些人有意无意的支持，真会有麻烦，有理也不一定能讲清楚，至少不能让我专心地去钻研那些“模型”了，感谢他们。

这一年误打误撞的意外收获是对“逻辑斯谛方程”的学习及其推演。渔业种群三大资源管理模型是欧美渔业科学家经过半个多世纪的探索于 20 世纪 50 年代中后期提出的，它们的理论基础均源于著名的“逻辑斯谛方程”，这也是我要重点学习这个方程的原因。学习中，有点急功近利，想当然地企图解开关键参数 K 值（carrying capacity，称为容纳量或承载力）。花了几个月的时间恍然大悟，这个参数几乎无解，无法直接通过推演找出计算 K 值的方法。但是，时间也没有白费，收获是意外的：一是发现应用与 K 值有关的剩余产量模式（三大模型之一）计算最大持续渔获量（MSY）时，用于多种类或一个大海区的评估结果比原来仅用于单种类更准确合理，为此还做了一些理论推导，是一个应用上的创新；二是对这个方程有了深入的了解和认识，没想到 20 年后用上了，即在 20 世纪 90 年代中后期推动养殖容量研究和应用时用上了，因 K 值也是养殖容量的理论基础。我非常珍惜这个“特殊年代”的这些意外收获，有的学习笔记保留至今。

1975 年

所里从日本进口了一个温盐深测量仪，附带的一台计算机引起我很大兴趣。为了能够使用这台计算机，我开始学习计算机基本知识和编程语言，其中 FORTRAN 语言难学难懂，COCOL 语言好一些，比较通俗，为了掌握这项全新的计算技术花费了不少时间学习。

1977 年

夏天，与朱德山、叶昌臣、李昌明一行去南海所计算机大拿周传智那里学习计算机知识和编程。为了学以致用，我也做了充分准备，包括在广州每天喝一碗几分钱的凉茶解暑。这次学习效果极佳，发现计算机 BASIC 语言程序简单易懂，也很实用，回所不久就编制了一些计算工作程序，让“周大拿”十分惊讶。应用新的计算技术显著提高了工作效率，使一些原来不可能的事成为可能，如用 Beverton - Holt 动态综合模式探讨渤海秋汛对虾最佳开捕期，一个设计方案 5 个工作日就有了结果（用的是那台温盐深测量仪附带的计算机，容量只有 8k，需要分解进行，并打出编码纸带），用手摇计算器要摇 3 个月以上才能有结果，对错还不知道。这样，一些想法很容易出结果，收获颇丰，并有意想不到的结果。在应用多元分析探讨渤海对虾世代数量与环境因子相关关系时，得出与黄河径流量呈负相关的结果，十分不解。于是，去请教老领导夏世福先生，一位我很尊重的前辈，他一反常态，劈头就是一句：“胡说！……我们说渤海是黄渤海渔业的摇篮，是因为大量营养通过河流入海，怎么会是负相关呢?!”一方面觉得他说的有道理，另一方面又觉得我的计算结果也无法不信，因研究方法和资料都没有查出问题，这个纠结就留在心里了。这期间我已开始着手准备黄海鲱鱼世代数量波动原因研究，也遇到类似解释不通的问题，所以，这个纠结在心里就更大了。

1978—1979 年

改革开放，全国科学大会的春风吹来了。

1978 年 10 月，中国水产学会在上海召开全国海洋渔业资源及海洋渔业发展学术讨论会，这是中国水产学会复会后的第一次大型学术讨论会，大家的积极性很高，我将 1974—1977 年间的学习研究体会整理成两篇论文（《黄渤海持续渔获量的初步估算》《渤海秋汛对虾开捕期问题的探讨》）提交会议。几个月后，我收到会议主持人、时任中国水产学会副理事长费鸿年先生来信，说：收回他在会议总结时关于对黄渤海最大持续渔获量（MSY）那篇文章的说法，因他刚刚在东北大西洋渔业委员会有关报告里看到了类似的用法［与我的用法应为同期，研究应用者是 Keith M. Brander，后任国际海洋考察理事会（ICES）秘书长］。我没有参会，不太清楚事情的缘由，可能是因为大家对原用于单种类的剩余产量模式创新应用于多种类或一个大海区不太理解而提出了批评。随后我举行了两次学术报告会，说明理论推导与应用结果，但是，主任刘效舜先生不同意发表，认为黄渤海 MSY 在 107 万～122 万 t 的估算太高，应为 60 万 t（指主要经济种类）。刘先生是我渔业生物学研究的引路人，我心中也算坦然，不太在意能否发表，还欣然同意同研究室的孟田湘用这个方法估算渤海 MSY 并发表（后来还有人用这个方法估算东海 MSY 并刊在区划专著上）。若干年后才明白，都没错，只是两个估算值的营养级不同而已，也就是说一个生态系统的渔业 MSY 大小，除了管理目标要求外，还取决于捕捞资源的营养级，或者说在不同获取策略背景下生态系统的渔业 MSY 是不同的，而这一点常常被研究者和管理者忽视。

1979 年，《黄海鲱鱼世代数量波动原因的初步探讨》一文基本完稿，这篇文章从亲体数量和与环境因子关系两个方面进行研究，并试图探明黄海鲱鱼资源长期变动的原因。这是一个十年“三思而后”的结果，很大程度上决定了我此后的种群数量波动或渔业资源变动的认识观，开始关注气候变化对种群数量和渔业的影响。日后有关日美专家赞叹：怎么会联想到?! 中国科学院大气物理研究所所长惊叹道：怎么那么早就想到气候变化。为此，我要感谢威海孙家疃 85 岁老渔民给我的启示，感谢著名气象学家竺可桢先生以及北京大学王绍武教授，他们的杰出研究成果（如五千年气候变迁、旱涝 36 年周期等）为我的研究提供了佐证，还要感谢前辈马世骏先生（中国现代生态学开拓者），我尽可能多地研读了他关于东亚飞蝗的论著，从中获得不少启发，因黄海鲱鱼与东亚飞蝗种群动态特征有不少相似之处。至此，黄海鲱鱼渔业生物学研究的主要内容都涉及了，包括洄游分布、年龄生长、性成熟与繁殖力、种族鉴别、种群动态和渔业预报等，写成了 5～6 篇重要的文章，有一点沾沾自喜。但是，当静下来，另一种感觉更强烈：“怎么越研究越弄不明白了”，有路子越走越窄的感觉。这是我在研究“种群数量波动原因”过程中的真实感受，有许多问题（如变化机制和预测）找不到答案，让我十分困惑。

1979 年末，《参考消息》上一则苏联渔船因苏军入侵阿富汗被赶出东白令海陆架美国专属经济区的消息引发了我们中上层鱼类研究组（我时任组长）关于发展白令海狭鳕渔业的讨论，并向渔业主管部门提出相应的开发建议。这个建议当时虽未被采纳，但却引起渴望走出去的产业部门的重视，最终促成了我国第一个大洋性远洋渔业，即白令海公海狭鳕渔业的发展。此事也促使我更多关注世界海洋生物资源，特别是公海或国际水域生物资源及其开发利用。

1980 年

改革开放和社会主义现代化的伟大征程，给我带来了新的机遇和更加广阔的天地。竞争中，我通过了外语和专业考试，获得教育部出国访问学者资格。9 月，被分派到上海外国语学院出国集训部学习提高英语，虽然顺利通过了学校的摸底考试和随后不久的全国统一考试，但是过去不在意的发音不准和听力较差等问题在学习中显露出来了，甚至引起有的老师的误会，学习持续到第二年夏天才结束，结果还好。

国家要求个人联系出国访问单位，有点曲折。原想到我崇拜的 Gulland 教授那里访学，他很快回了信，说明 FAO 不能接受学员，同时又对我刚刚在《海洋水产研究》创刊号上发表的《黄海鲱鱼的性成熟、生殖力和生长特性研究》一文表示肯定。之后，在厦门大学张其永前辈帮助下，与他的老师、著名鱼类学家顾瑞岩先生联系上了。顾先生刚从美国马里兰大学切萨皮克湾（Chesapeake Bay，简称切湾）生物实验室（CBL）教授的位置上退休，热心而务实，说他的继位者 Brian J. Rothschild 教授是著名的渔业科学家，但要我先寄篇文章给他看看，他在收到黄海鲱鱼生长那篇文章的当天，就为我写了推荐信。后来，又联系到美国华盛顿大学（简称“华大”）林业、渔业、野生生物数量科学中心（CQS），因“华大”还有著名的渔业学校（School of Fisheries），是当时美国唯一能授予渔业博士学位的学校，这样我就拿到了美国两个大学的 IAP－66 入学表格。

1981—1984年

1981年5月，接到教育部通知，让我去挪威并拿挪威开发合作署奖学金（NORAD Fellow），理由很简单：挪威渔业发达。虽然很不情愿，但10月还是去了挪威海洋研究所，开始了我的“环球访学”。开始阶段并不顺利，挪威专家希望我“全面学习”，包括我曾在山东海洋学院（现中国海洋大学）讲过课的内容和大麻哈鱼养殖，安排了6～7位联系指导专家，而我则希望“重点学习”。挨了使馆“批评”后，不得已制订了两套访学计划：一套是与挪威专家共同制订的，提纲式学习挪威渔业研究成就的计划；另一套则是我更为关注的，重点学习当时欧洲专家正在探讨的多种类渔业资源评估与模型。在这个过程中，强烈的国家和民族的自尊成了我学习工作的新动力，并关心国家需求，如及时将“如何实现海洋渔业限额捕捞”等渔业管理的新方法、新技术介绍到国内，先后写了6个情况报告。我的努力、认真和坚持也赢得了挪威专家的认可和尊重，1982年2月巴伦支海蓝牙鳕资源调查期间，在恶劣的天气条件下我学习掌握了渔业声学资源现场评估方法，运用自编的计算机计算程序，快速算出该年蓝牙鳕数量和分布的评估结果，调查结束后航次首席专家 Terje Monstad 先生在其办公室通过国家电台直接向渔民播报了这些结果，我也从“中国学生”变成了“中国数学家”（算得快一点而已）。一天，著名的渔业声学技术与资源评估专家、我的指导专家之一 Odd Nakken 先生（后来担任了挪威海洋研究所所长）打来电话：“这一星期归你了”，好像他也挨了“批评”，我则要求他先指定几篇文章给我看。学习讨论中，我坚持认为他的一个参数假设不合理，几个回合之后，他对我这个“中国学生”的态度有了180度的大转变。有一天，我们一起下楼出大门，到了门口相互谦让并说出了各自让对方先走的好理由：“您是先生，请”“您是客人，应先走”，我们俩会意一笑，一起走出了大门，与刚到这个所时的一个场景……形成鲜明的对比。

去挪威不久就发现，我在黄海鲱鱼渔业生物学和渔业种群动态研究中产生的困惑也是欧美渔业科学家的困惑，不同的是他们是经历了100多年研究产生的困惑，我才12年，幸运的是我有意无意地踏进了世界渔业科学新研究领域的探索行列中，多种类渔业资源评估与模型研究就是当时解困的一个探索内容，新的动力和新的方向使我倍加努力，无所顾忌。

1982年6月，转赴美国做访问学者的要求被批准，在留学人员中引起一些轰动，一个本来都认为是不可能的“环球访学”计划实现了，可能是挪威海洋研究所要忙于实施“北斗”号调查船建造计划无法顾及我，也可能是我的执着感动了使馆老秦。赴美途中我非常希望能顺访欧洲重要渔业研究机构，这个愿望得到挪威海洋研究所副所长 Ole J. Ostvedt 先生［后任国际海洋考察理事会（ICES）主席］的鼎力支持，他不仅为我找差旅费、给访问单位发公函，还主动打电话给美国驻挪威大使馆询问、催促我的签证之事。8月18日后，我先后访问了丹麦渔业和海洋研究所（现为丹麦国家水生资源研究所）、德国联邦渔业研究中心、荷兰渔业调查研究所（现为荷兰瓦格宁根海洋资源与生态系统研究所）等。这次顺访用3天的差旅费支撑了10多天，非常辛苦，收获却是巨大的。在著名的丹麦渔业和海洋研究所，也是曾经计划去做访问学者的单位，我特意拜访了欧洲多种类数量评估与管理研究学术带头人 Erik Ursin 教授和 K. P. Andersen 教授。他们热情接待了我，详细介绍并在计算机上演示他们的工作内容。第五天下午，Ursin教授又用了 2 h、一对一地专题介绍他的学术思想和研究模型。结束时，他问道："怎么样"，我居然说："听不懂!""噢……您是对的，我要简化，半年后我会寄一篇新的论文给您。"然后，我们微笑着握手道别。对话简短却耐人寻味，也许这就是科学家之间直白而又"心有灵犀一点通"的心灵对话和碰撞，所谓"听不懂!"，除语言的因素外，主要是对"几百个参数送进模型，产出的结果是什么"有了疑问。这次拜访对我的学术思想发展有重要意义，虽然还在朦胧之中，但是好像已经意识到在渔业科学领域确有新的方向和内容等待着去探索、去研究。为此，我特别感谢 Ursin 教授，虽然我们再未见过面，但我常会想到他，感谢他，因握手道别那一刻已成为我走向新研究领域的激发点。

1982 年 9 月初，我到了位于美国东海岸所罗门斯的马里兰大学切萨皮克湾生物实验室(CBL)，加入 Rothschild 教授的研究团队。Rothschild 教授给了我很大的研究空间，还问要不要读博士学位，我觉得已丢失了一些时间，应抓紧时间多做些实际的研究。在教授提供的 7 个切萨皮克湾渔业种类中，我选择了统计资料时间序列长的蓝蟹，计划研讨蓝蟹种群数量与环境之间的关系。但是，在查阅文献时，却发现 CBL 的六教授之一 Robert E. Ulanowicz 在一篇论文中已有了结论："切萨皮克湾蓝蟹数量与环境因子相关关系不明显"，我十分不解。一天早上，在 CBL 草坪上遇到了他，询问为什么，他却说："我是学工程的，不是生物学家。"这番打趣的话给了我鼓励。我从生物学的角度，以繁殖生命周期为时间单元划分蓝蟹的出生世代，重新统计资料，计算出跨年的世代数量，很快找到了蓝蟹世代数量与环境因子的密切关系，同时也利用我熟悉的种群资源管理理论模型评估蓝蟹的渔业问题，编了计算工作程序，得到一些很好的研究结果，为 CBL 完成了两篇蓝蟹研究报告，CBL 的同事也称赞道：你做了我们一直想做而没人做的事，当地媒体还来采访报道过。另外，我还应邀作为国外专家参与了 CBL 新主任的遴选活动。这时期，我又想起在黄海鲱鱼和渤海对虾种群动态研究时遇到的问题和纠结，并产生了将环境因子添加到传统的"Ricker 型亲体与补充量关系理论模式"的想法。这期间工作非常努力，一个大动力是"国家拿出 1 万美元让我出来学习，应该抓住机会，做出点成绩"，探索研究也到了"冥思苦想"的地步，体重降到 120 斤[①]以下（被戏称人瘦得就剩下两只眼睛还有精神了）。1983 年 2 月，一天夜里两点钟，我突然从床上跳起来跑到地下室计算机房，将"按住 Ricker 模式变化较小的参数 b，研究变化较大的参数 a"的数学解决办法急忙输入计算机，演示结果令人兴奋和满意，找到了解决"线性关系与非线性关系交织在一起"等复杂问题的办法，虽不完美，但是一种把复杂问题简单化的解决办法。实际上，这件事的思考已经不是一天两天了，而是想了多年，是从鲱鱼种群动态研究和被夏世福先生"训斥"开始的，这天夜里终于有了一个结果。这样，就成功地将环境影响因子添加到亲体与补充量关系定量研究中，发展了不同环境条件下 Ricker 型亲体与补充量关系理论模式，使其从稳态模型升华为动态模型，论文初稿形成后得到 CBL 的 Rothschild 教授、Ulanowicz 教授、Edward D. Houde 教授，FAO 的 Gulland 教授和 Serge M. Garcia 博士等顶级专家的高度肯定。Gulland教授还特意提醒我，"参数 b 也是个变量"，一方面我感谢他的提醒，另一方面也感到鼓舞，因他实际上认可了我"按住"变化较

① 1 斤＝0.5 kg。

小的参数 b 的处理办法。环境对补充量（种群动态）定量影响研究的成功，也使我探讨新领域的研究向前迈出了一大步。

1983 年 7 月，我再次说服了使馆留学人员管理负责人，顺利转入位于美国西海岸西雅图的华盛顿大学数量科学中心（CQS）及渔业学校访学，Rothschild 教授还特意关照他的学生、美国阿拉斯加渔业中心资源生态学和渔业管理研究室副主任 Loh - Lee Low 博士为我西雅图访学提供方便。"华大"丰富的文献资料和良好的学术氛围使我能够更加全面地了解渔业科学及海洋科学领域的新发展，能够静下心来总结环地球一圈的学习研究心得体会[①]，这也是婉拒 CQS 主任 Vincent F. Gallucci 教授要我去周五港湾（Friday Harbour）实验室工作的主要原因。这时，我的注意力开始向海洋生态系统聚焦，注意到 1981 年出版的《海洋渔业生态系统——定量评价与管理》一书，虽然我觉得有点名不符实，但它使我最终意识到生态系统研究将是渔业科学一个新的研究领域和重要的发展方向。因此，在 1984 年回国后，我便立项开展黄海渔业生态系的研究，并在 1985—1986 年实施了海上调查，从此也开启了我的大海洋之梦。

1985 年

研究成果《环境引起补充量变化的 Ricker 型亲体与补充量关系修改模型：以切萨皮克湾蓝蟹渔业为例》一文在荷兰发表[②]，引起国际同行广泛兴趣，索文踊跃，14 个国家、64 人要求寄送论文单行本，国内外著名专家普遍认为"代表了渔业科学一个重要领域新的、有用的贡献"。这是世界上首次将环境影响因子嵌入渔业种群动态理论模型中，提出不同环境条件下的一组 Ricker 型亲体与补充量关系模式，为定量环境因素如何影响亲体与补充量关系找到了一个解决方案。Rothschild 教授不仅将这项新成果写进他的专著中，还在 2011 年国际海洋考察理事会年会期间向 Sherman 等老友介绍："唐在 CBL 发表了一篇非常有名的文章。"但是，与环境有关的补充量模型研究进展缓慢，1997 年美国加州大学 Kevin Higgins 等在《科学》杂志发文[③]，利用北美太平洋沿岸 8 个地点黄道蟹数量资料和建立的随机动态模式，提出种群密度与环境共同影响种群数量，这与我的研究结论如出一辙，21 世纪初还有日本研究生以我的 Ricker 修改模型为依据完成他的博士论文并向我鞠躬致意，该方面研究至今尚无更大突破。对个人来说，"不同环境条件下的一组亲体与补充量关系模式"研究使我更加关注环境因素影响及其新研究领域的发展，是我走向海洋生态系统研究的加速剂。

6 月，刘恬敬所长找我谈话，要我担任资源室副主任，"我有思想准备"这句回应的话让刘所长多少有点吃惊，我也没有解释，因心里的想法很简单：国家拿了 1 万美元让我出去

① 收集文献资料近 30 册，撰写情况和研究报告 10 余篇。

② Tang QS. Modification of the Ricker stock recruitment model of account for environmentally induced variation in recruitment with particular reference of the blue crab fishery in Chesapeake Bay. Fisheries Research (Netherlands), 1985 (3): 15 - 27.

③ Higgins K, et al. Stochastic dynamics and deterministic skeletons: population behavior of dungeness crab. Science, 1997 (276): 1431 - 1435.

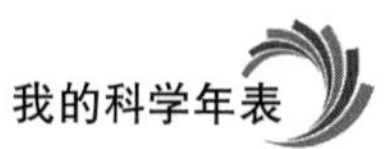

学习，现在学成归来，应报效国家，该有担当。从此，我的科研生涯多了一项在管理方面的新挑战。

这一年最重要的事是11月底随中国渔业管理代表团访美。这次访问是实施中美海洋和渔业科技合作计划的一项安排，历时24 d，走遍了美国东、南、西海岸主要渔业管理和科研机构，包括三所大学和两个企业，共计19个单位。虽然是“走马观花”式访问，但对美国渔业资源评估、管理、养护状况和研究有了更多、更全面的了解，建立了许多联系，对我的“环球访学”是个重要补充，对我的学术发展也有重要影响。访问的第一站是位于美国东北岸的伍兹霍尔（Woods Hole）村，世界著名的海洋科学中心，包括美国东北渔业（科学）中心（NEFC，后改称为NEFSC，建于1791年）、海洋生物学实验室（MBL，建于1888年；曾有40位诺贝尔奖获得者工作过）、伍兹霍尔海洋研究所（WHOI，成立于1930年）以及美国地质调查局分部（成立于1974年；负责东部及南部海域）。其中，NEFC生态学研究室和Narragasett实验室主任Kenneth Sherman教授为我们组织了一整天的学术报告，介绍他提出不久的大海洋生态系（lager marine ecosystems，LME）概念。晚上，教授躺在他家里的地毯上，我席地而坐介绍黄海调查，他突然坐了起来，“您怎么做的和我是一样的!”，我也有同感。从此，我们一拍即合，结下了不解之缘，相互尊重，相互支持，共同推动LME的发展，为实现生态系统水平的海洋管理，合作至今。这次访问更加坚定了我探索海洋生态系统的决心。

1987年

年初，应邀参加美国科学促进会（AAAS）年会。AAAS年会是美国一年一度的科学盛会，研讨专题广泛新颖，从基础科学到裁军共100多个，以美国科学家为主，国际科学家人数不多。我参加Sherman教授负责的专题，荣幸地成为年会946个专题报告人中唯一的炎黄子孙，报告了“黄海生态系统生物量变化”。我的报告引起与会者极大兴趣，美国夏威夷大学东西方中心Joseph Morgan教授当即邀请我参加6月在夏威夷举办的“黄海跨国管理和合作可能性国际大会”并做报告，表明大海洋生态系评估与管理研究已在美国科学界引起重视。

20世纪50年代以来，我国有关研究机构对近海主要渔业经济种类进行了系统的渔业生物学研究，有较好的科学积累，为此，这一年我发起《海洋渔业生物学》专著编写工作。为了使专著有较高权威性，联系了各个主要种类研究的学术带头人或主要参与者撰写，共有16位专家参加，包括带鱼、小黄鱼、大黄鱼、绿鳍马面鲀、黄海鲱、蓝点马鲛、鲐、鳀、蓝圆鲹、对虾、毛虾、海蜇、曼氏无针乌贼等13个种类，专著请邓景耀、赵传絪二位主持，我负责渔业生物学研究方法概述和黄海鲱两章撰写及全书的编审。该专著于1997年获得农业部科学技术进步奖二等奖。

1987年，被聘任为《中国农业百科全书·水产卷》水产资源分支副主编，这是我收到的第一个学术聘书。这段工作经历很有意义，让我长了不少知识，也为近年主持《中国大百科全书·渔业学科》和《中国农业百科全书·渔业卷》积累了经验，使我能够提出在IT时代百科撰写应突破传统的条目金字塔式结构、突出条目综合性的见解。

1988年

这一年，经厦门大学丘书院先生推荐被国家自然科学基金委员会聘为评审专家，先后参与生命学部和地学部项目评审及咨询工作，前后长达 20 多年，付出很多，收获更多，特别是使我在日后开展的一些综合性、战略性研究中受益。

从 1988 年起，我先后参加中日渔业、美苏日波韩中六国白令海狭鳕渔业以及中韩渔业政府间谈判多年，这是科研生涯中一个独特的经历。作为“后排就座”的技术专家，深刻认识到厚实的调查资料和科学研究对掌握谈判话语权的重要性。

1990年

10 月，第五次大海洋生态系学术会议（后称第一届全球大海洋生态系大会）在摩纳哥召开，会议规格很高，摩纳哥国家元首兰尼埃三世亲王（H. S. H. Prince Rainier Ⅲ）担任大会主席，研究者、管理者和媒体记者等 200 多人参加会议，有大海洋生态系概念从美国走向世界的重要意义，预示大海洋生态系将成为海洋专属经济区资源保护和管理的科学基础，全球海洋管理和研究的新单元。1993 年，美国《科学》杂志以“大海洋生态系压力、缓解和可持续性”为封面主题报道了大会成果[①]，昭示科学界的广泛认同。

我是大会 30 位特邀报告人之一，并应亲王之请到王宫做客，报告题目为“长期扰动对黄海大海洋生态系生物量影响”[②]。大会推动者和执行人 Sherman 教授对我的文章给予极高的评价：是对大海洋生态系方法能够成为近海海洋产出和服务可持续发展全球运动的一个主要贡献。另外，我还向大会提出黄海大海洋生态系国际立项的建议。在 Sherman 教授的大力支持下，经过长达十余年的不懈努力，最终促成了由全球环境基金会（GEF）和联合国开发计划署（UNDP）共同支持的“减轻黄海大海洋生态系环境压力”项目在 2005 年立项和实施。这些活动使我国成为最早介入大海洋生态系研究和应用的国家之一，创造性地推进了大海洋生态系概念发展，也奠定了我国大海洋生态系概念应用的科学基础。其主要研究和成果表现在：积极开展大海洋生态系特征和变化原因的研究；积极推动大海洋生态系监测及应用技术的研究；积极实施大海洋生态管理体制的可行性研究，探讨生态系统水平的适应性管理对策。

这次大会将“压力”“缓解”和“可持续性”作为大海洋生态系研究发展的关键词，其中“mitigation”（缓解，还有缓和、减轻之意）一词的使用引起我的注意和深思。当大海洋生态系面对“压力”，又一时解决不了时，用“mitigation”是一个明智的选项，一个现实主义的选择。当我联想到此前“我的困惑”或“世界的困惑”，也许这就是人们有了经历之后，

---

① Sherman K，Alexander LM，Gold BD（eds.），Large marine ecosystem：stress，mitigation，and sustainability. AAAS Press，Washington D. C.，USA，1993.

② Tang QS. The effect of long - term physical and biological perturbations of the Yellow Sea ecosystem. In：Sherman K，Alexander LM，Gold BD（eds.），Large marine ecosystem：stress，mitigation，and sustainability，79 - 93. AAAS Press，Washington D. C.，USA，1993.

一种新的解决问题的方式，一种新的科学思维，自此我开始关注生态系统水平的适应性管理对策研究发展并探讨其应用。

1991—1992年

经时任国际科学联合会理事会海洋研究科学委员会（ICSU/SCOR）委员苏纪兰教授推荐，于1991年进入全球海洋生态系统动力学科学指导委员会（SCOR - IOC GLOBEC/SSC）。1992年初参加GLOBEC/SSC首次国际计划会议时，惊奇地发现委员会主席竟是我在美国马里兰大学CBL的教授Rothschild，这时也明白了：20世纪80年代初，教授主持的幼鱼生态学研讨和我对补充量模型与环境的研究，都是为探索海洋生态学研究新方向做准备。全球海洋生态系统动力学（GLOBEC）是20世纪80年代中后期为了应对全球变化逐渐形成的新学科领域，致力于海洋生态系统中物理化学过程与生物过程相互作用研究，是渔业科学与海洋科学交叉发展起来的新学科领域，是一项具有重要应用价值的基础研究，也是海洋可持续发展的重要科学基础。1995年，国际地圈生物圈计划（IGBP）在地球系统科学框架下将GLOBEC确认为全球变化研究8个核心计划之一。作为国际GLOBEC科学指导委员会委员，我第一阶段的任期长达8年（1991—1998年），直接参与国际GLOBEC科学计划和实施计划的制订，使我较早地认识到这个新学科领域的科学内涵和意义，对我的海洋生态系统研究学术思想的形成有至关重要的影响。国际GLOBEC科学计划和实施计划分别于1997年和1999年正式发表，在研讨制订过程中，也使我对中国开展GLOBEC研究的重点和策略有了想法。

在参与国际GLOBEC科学计划和实施计划制订过程中，对全球变化研究有了较多的认识和理解，也注意到adaptive（适应性的）或adaptation（适应）的使用。它与前面提到的大海洋生态系研究发展关键词mitigation异曲同工，显然是应对全球变化的一种现代科学思维和管理策略。通过对mitigation和adaptive两个词的特别关注，坚定了我此后若干年里致力于探讨生态系统水平的适应性管理对策的决心和努力，事实上它们也是适应性管理对策的科学基础。

1993年

为了对北太平洋狭鳕保护与管理做出实质性贡献并在谈判中争取话语权，在农业部以及六大渔业公司支持下，我主动请缨，率领“北斗”号科学调查船赴白令海海盆区、鄂霍次克海国际水域进行狭鳕资源声学评估调查研究。白令海海盆区水深3 000 m以上，夏季阿留申低压近乎消失，但变天时仍然风急浪大，在这样的恶劣条件下工作需要有“一不怕苦，二不怕死”的精神，对科学意志也是个磨炼。在调查评估过程中，发现100 m水层声学回声映像十分密集，经过大家多次讨论，无法判别是何物。虽然这不是预定的调查任务，但是责任心和探知欲使我们不言放弃。经过几天对拖网取样的仔细观察，发现上网后网线间夹带不少太平洋磷虾等小生物，随后又经过与船长“艰苦”的商讨，决定直接采用大拖网取样，因心中有一个设想：拖网网目虽大但网快被拖上船之前应该近似一个布袋，若能利用好“北斗”号的先进仪器装备，做到“精准”取样，就一定能取到目标物。果然，第一网即获得 4 kg 当年生幼鱼样品，包括 5 个渔业经济种类，其中鱼体长度 3～5 cm 的狭鳕占绝对多数。随即调整了原来的调查计划，进行了连续 7 天的跟踪调查，获得了首次发现的、完整的狭鳕等当年生幼鱼在白令海海盆和公海区分布及其数量的宝贵资料。2 个多月后，在六国“白令海公海资源保护与管理大会”上，当美国代表团团长说白令海公海没有狭鳕幼鱼时，我方团长当即公示了我们的调查结果，让美方有些意外。会间休息时，发生了一个有趣的花絮：波兰、韩国和日本等国家专家跑过来直接与后排就座的我握手致谢，显然大家（包括中、波、韩、日捕捞国家和沿岸国家美国、俄罗斯）都明白了：在公海深水区发现当年生幼鱼意味着捕捞国家在那里有捕捞的主权，一个重要的科学发现在维护国家权益的国际谈判中发挥了关键作用。

1994 年

我的一篇介绍全球海洋生态系统动力学（GLOBEC）发展动向的文章①引起国家自然科学基金委员会地球科学部常务副主任林海教授的高度重视，亲自起草了战略研究申请书，显然 GLOBEC 正是他在寻找的跨学部的“大科学问题”。于是，我受地球科学部和生命科学部委托主持“我国海洋生态系统动力学发展战略研究”，1995 年形成战略研究报告②③，确定了中国 GLOBEC 以近海陆架为主等与国际计划有所不同的发展思路，明确了海洋生态系统研究由三个基本部分组成的学术思想［即理论（GLOBEC）＋观测（调查评估）＋应用（LME）］，组织了来自物理海洋、化学海洋、生物海洋、渔业海洋等学科领域专家学者和青年才俊的多学科交叉研究队伍。战略研究结果符合“发展综合学科，提出大科学问题”的要求，1996 年国家自然科学基金委员会以高票将 GLOBEC 列为“九五”优先领域。在重大项目立项过程中，我坚持了两件事：先从渤海入手，毕竟我们的研究基础较薄弱，渤海相对较小、可用的资料多一些，GLOBEC/SSC 主席 Rothschild 教授支持我的想法并提醒我，地点不在大小，关键是用 GLOBEC 思想指导研究；邀请苏纪兰院士共同主持，以便更好地组织多学科交叉研究队伍开展研究。国家自然科学基金重大项目“渤海生态系统动力学与生物资源持续利用”（1997—2000 年）作为第一个 GLOBEC 研究国家项目（后称为中国 GLOBEC Ⅰ），探讨渤海海洋生态系统的结构、生物生产及动态变化规律，首次将中国海洋生态系统与生物资源变动的研究深入到过程与机制的水平，为全球海洋生态系统动力学提供了一个半封闭陆架浅海生态系统研究的实验实例，为后续研究打下了基础。

10 月，主办《环太平洋 LME 国际学术会议》，侧重于评估、可持续和管理，使大海洋生态系方法在太平洋国家得到广泛应用，也获得更多关于大海洋生态系研究的新认知。与

① 唐启升．正在发展的全球海洋生态系统动态研究计划．海洋科学，1993，86（2）：21－23［地球科学进展，1993，8（4）：62－65（选登）］。

② 唐启升，林海，苏纪兰，王荣，洪华生，冯士筰，范元炳，陆仲康，杜生明，王辉，邓景耀，孟田湘．我国海洋生态系统动力学发展战略研究．我国海洋生态系统动力学发展战略研究小组研究报告，国家自然科学基金委员会地球科学部/生命科学部，1995。

③ 唐启升，范元炳，林海．中国海洋生态系统动力学发展战略初探．地球科学进展，1996，11（2）：160－168。

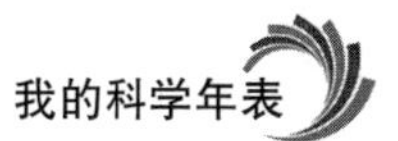

Sherman 教授共同主编这次会议的国际专著，并再次向 GEF 提出黄海大海洋生态系国际立项的建议。

这一年还有件重要事是 6 月被任命为黄海所所长。当所长第三天，财务人员向我报告：“7 月份工资还差 3 万元。”很无奈，只身进了京。一周后，我在北京西单中国水产总公司远洋三部对熟人说：“年底老唐跳楼了，没有别的原因，就是发不出工资了。”大概是穷则思变，10 月份工作思路就厘清了，提出“以科研为本”的发展目标，号召大家找问题立项目，虽然这项举措与当时社会潮流有点倒行逆施，但领导班子意见一致，也得到了院领导的支持和大家响应。

11 月，被农业部任命为中国水产科学研究院第一副院长。

1995 年

3 月 1 日，我在全所职工大会开场白中讲道：今天是我们 1995 年度开始工作的第十天，有的同志说上班以后有一种喜气洋洋的感觉，这是一个好兆头，说明全所职工以新的精神面貌来迎接 1995 年度的工作，有信心做好 1995 年度的工作。事实上，我心中并不踏实。5 月，农业部水产司科技处李振雄处长到所调研，2 d 后到了我办公室说：“哼，黄海所一个个牛的，不和我说钱的事，只说应该干什么，计划做什么……”他的前一句话把我吓了一跳，后一句话让我心中的石头落了地。这时，我充分认识到“正确引导”对调动积极性、推动发展和解决问题的重要性。此后十几年的所长任职中，我努力做好政策性和方向性“引导”，让大家主动发挥他们的潜能。

苏纪兰院士一个传真把我叫到北京，参加中国科学院地学部与科技部社会发展科技司和高新技术司的“海洋座谈会”。有趣的是他没有说要我讲什么，我也没有问我应讲什么，但是，会上三次被点名，三次发言，共计 13 min，却推动了一个 500 万元关于养殖容量的“九五”攻关项目立项，这个结果我自己也没想到。产生这样一个结果应有两方面的原因：一是在黄海所“以科研为本”的重启发动中，我注意到方建光（后任养殖生态室主任）1993 年从加拿大带回来的养殖容量营养动力学研究方法的重要性，而我对这个问题的认识又得益于 1974 年对种群增长逻辑斯谛方程 K 值（即容量）的学习研究；二是在刚完成的“八五”国家攻关课题“渤海渔业增养殖技术研究”中发现，要解决好当前生产中存在的问题必须加强生态学基础以及配套技术研究。因此，我提出“九五”我国大规模海水养殖关键技术的攻关点应该是充分认识水域的容纳量。项目分别由黄海所、中国科学院海洋研究所、国家海洋局第一海洋研究所（简称海洋局一所，现为自然资源部第一海洋研究所）和青岛海洋大学（现中国海洋大学）组织实施，实施区域包括海湾、浅海、池塘等不同养殖系统，从而促成养殖容量研究与示范在我国沿海各地迅速展开，为我国规模化健康海水养殖和可持续发展提供了重要科学依据和技术支撑，而养殖容量至今仍是水产养殖绿色发展的关键词。

7 月，为了适应形势发展的需求和加快人才培养，在一个座谈会上鼓励年轻人向前再走一步，读更高一个级别的学位。会后育种室有硕士学位的于佳跟到我办公室，“所长，您讲话当真”，我似乎头也没有回：“本所长从不说瞎话”，几天后就听说她在联系读博士学位之事，到 8 月已有 16 人报名攻读博士或硕士学位，令人高兴。这项举措不仅增强了“以科研为本”的硬实力，同时也为后来不断发展的联合培养研究生制度奠定了基础。同月，黄海所被国家科学技术委员会确认为“改革与发展重点研究所”，翌年被农业部评为“基础研究十强”，把黄海所建成“适应新经济体系的、现代化的、国家级的海洋渔业科技创新中心”成为我们的奋斗目标。

10 月，承办第四届北太平洋海洋科学组织（PICES）年会。

年底，赴中南海紫光阁参加姜春云副总理召集的农业专家座谈会，为了保障供给、脱贫致富、维护海洋权益，提出“进一步加快渔业发展、制定新政策、保证科技进步”等 3 条建议。

1996 年

《我国专属经济区和大陆架勘测》专项开始实施，我负责《海洋生物资源补充调查及资源评价》项目（126－02），首次对我国专属经济区和大陆架生物资源及其栖息环境进行大面积同步调查评估，包括黄渤海、东海、南海海域，由中国水产科学研究院黄海所、东海所、南海所科研人员和具备世界先进调查装备的“北斗”号调查船执行。由于我国海域生物资源具有种类多、数量小、混栖等特点，开始阶段在选择适当的调查技术与方法等方面意见并不统一。经过不断地研讨和实践，特别是在开发应用声学技术评估多种类资源取得成功基础上，实施多种评估方法集成，形成全水层海洋生物资源评估技术，对 1 200 多个种类的生物量进行评估，避免了以往根据单一方法所产生的片面认识，实现了调查技术的跨越发展，比较真实地反映资源状况。该项目调查总面积达到 230 万 km^2，声学总航程记录 15 万 km，采集到的调查数据近 225 万个，建立了海量数据库，实现了成果的系统集成，出版专著 8 部、图集 12 部，成为我国迄今为止内容最丰富、最全面的海洋生物资源与栖息环境论著和专业技术图件，为中-韩、中-日、中-越等国家海洋划界和渔业谈判，为实施海洋生物资源保护和渔业管理做出了重要贡献，也使中国海域生物资源的声学评估技术有了进一步发展和广泛应用，在多种类生物量评估方面处于国际领先水平。对个人来说，这是实践海洋生态系统研究的三个基本部分的重要一环，即理论（GLOBEC）＋观测（调查评估）＋应用（LME），对深入研究和认识海洋生态系统有重要意义。

科技部开始启动国家高技术研究发展计划（简称“863 计划”或“863”），被聘为海洋生物技术专家组副组长，之后又被聘为“863”资源与环境领域专家和国家“863 计划”专家委员会委员，做“863”专家前后长达 20 年。同做“基金”专家一样，有许多新的知识需要学习和探究，如对天然产物资源和海洋酶的关注，有付出也有收获，是我科研生涯中一个重要而有意义的经历。

青岛海洋大学李冠国教授要求我出面筹建海洋生态学会。李先生是我海洋生态学的启蒙老师，听他的课轻松有趣，另外海洋生态学是海洋科学的薄弱部分，建立一个以海洋生态学为主的新学会、助力新学科发展也是不容我推脱的责任。由于需要解决一些实际问题，如妥善处理好李先生曾负责的中国生态学会专业分会的有关问题，以海洋生态学为主的青岛市生态学会于 1999 年才获准正式成立，这个学术交流平台活跃至今。

11 月，经申报和评估，黄海所新建重点实验室被农业部命名为“农业部海水增养殖病害与生态重点开放实验室”，这是黄海所首个部级重点实验室，后更名为“农业部海洋渔业

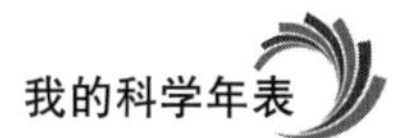

资源可持续利用开放实验室”。在随后举办的揭牌仪式上，我曾豪言“要把三个字变成两个字”，即把实验室级别“由农业部提升为国家”作为我们新的奋斗目标，期望通过平台建设来提升研究水平。

这一年还参加了一系列重要的国际会议及活动，包括国际 GLOBEC 科学指导委员会会议、国际 GLOBEC 区域计划发展会议、第五届 PICES 年会等，并与 Sherman 教授会面。

1997 年

年初，应邀参加美国科学促进会（AAAS）年会，研讨大海洋生态系保护与管理，再次成为年会 1 048 个专题报告人中唯一的炎黄子孙。这一年夏天，联合国教科文组织政府间海洋学委员会（UNESCO/IOC）大海洋生态系咨询委员会成立，担任委员并参与年会研讨（至 2014 年）。

10 月底，参加中共中央组织部第八期党员专家邓小平理论研究班学习。

1998—1999 年

1998 年，科技部启动实施国家重点基础研究发展计划（简称“973 计划”或“973”），中国 GLOBEC 成为第一个进入香山终审答辩的海洋项目，项目最终虽未能通过，但被列为 10 个培植项目之一。“培植工作”，我们做得非常认真，召开了多轮研讨会，针对项目设计方案实施了试验性海上调查，提出近海生态系统动力学拟解决的 6 个关键科学问题，形成中国 GLOBEC 第一本专著并获奖①。这时，国家自然科学基金委员会重大项目（中国 GLOBEC Ⅰ）还在进行中，那么，为什么还要急于申报“973”呢？因为我心中坚持认为“基金重大”还不够大，并决定说出来。若干年后才知道，当时主要评审专家也有同我类似的看法，也看好项目申报的科学研究基础。所以，感谢“973”为中国 GLOBEC 提供了更宽更广的研究天地，也为我的大海洋之梦提供了更大的遐想空间。

1999 年，“东、黄海生态系统动力学与生物资源可持续利用”（简称 973 - Ⅰ、中国 GLOBEC Ⅱ）项目顺利通过“973”答辩。经过研究团队各个专业专家的努力工作，2004 年项目圆满完成，获得多项重大成果，包括：构建我国近海生态系统动力学理论体系基本框架；阐明高营养层次营养动力学特征及生物生产过程、中华哲水蚤度夏机制、物理过程对鳀鱼两个关键生活阶段的生态作用、生源要素在重要界面的交换与循环过程等重要动力学特征和机制。这些成果不仅使项目被评为优秀，首席科学家被评为“973 计划”先进个人，更重要的是中国 GLOBEC 在世界 GLOBEC 科学前沿领域占据了显著的一席之地，通过研究实践对 GLOBEC 有了更加深入的认识。

在项目实施过程中，作为首席科学家，除了负责整体组织、协调和研讨外，更多地关注了海洋高营养层次重要资源种类营养动力学研究，提出研究策略②，组织团队对重要种类开

① 唐启升，苏纪兰，等. 中国海洋生态系统动力学研究：Ⅰ关键科学问题与研究发展战略. 北京：科学出版社，2000（中国水产学会 40 年庆专著类唯一一等奖）。

② 唐启升. 海洋食物网与高营养层次营养动力学研究策略. 海洋水产研究，1999，20（2）：1 - 6。

展实验研究。这项研究从基金重大项目时就开始了，但开始阶段很不顺利，实验鱼很容易死掉，这个情况我还在 1997 年 GLOBEC/SSC 会议上报告过。三年后有了突破，先后对 21 个种类的生态转换效率及影响因素进行实验研究，成果可喜，发表了一批来之不易的论文，成为国际 GLOBEC 相关研究的最新进展。突出的成果是发现“鱼类生态转换效率与营养级之间存在负相关关系”，它不仅首次通过实验生物学证实二者之间的理论关系，为著名海洋学者 John H. Steele（美国伍兹霍尔海洋研究所原所长，有“国际海洋科学界的学术领袖”之称）关于“鱼幼小时捕捞，渔业产量会增加”的论断（1974）提供了理论依据，而且还有重要的实际应用价值。这个重要发现为探讨生态系统水平的适应性海洋管理对策提供了新的科学依据，如据此提出了海洋生物资源开发的“非顶层获取策略”。该策略直接否定了国际上“根据捕捞削减营养级，断定海洋渔业开发方式是不可持续的”① 认识的全面性，证实了在捕捞资源衰退的背景下大力发展以贝藻为主的海水养殖是适应我国国情的发展模式。因为中国海水养殖是一个典型的低投入（投饵少或不投饵）、高产出（营养层次低）的产业，是一个“非顶层获取策略”实践的成功实例。

1999 年金秋时节，我当选为中国工程院院士。

2000 年

第一次参加院士大会，农业、轻纺与环境工程学部会议要每位新科院士讲一句话，我说的是：“让百姓吃上更多更好的鱼。”自此，它也成为我大海洋之梦更加具体的追求目标和动力。

参与《中华人民共和国渔业法修正案》讨论，坚决支持将“限额捕捞”写进新的《中华人民共和国渔业法》，也希望多年的追梦能在国家法律文本中有所体现。作为农业和海洋领域专家，应科技部基础研究司邀请参加《国家重点基础研究发展规划》“十五”计划研讨，组织有关专家编写海洋生物资源方面材料。

向中国水产科学研究院新任院长提出了建设“国家海洋生物资源库”建议，这是在做“863”专家过程中产生的想法，认为：海洋生物产业发展很快，科技平台支撑薄弱，不利于可持续发展。显然，建设资源库是一个来自产业和科技发展的重大需求，但是，由于需要的资金相对较大，一直被搁置，直到 2006 年时任农业部计划司司长杨坚同志调研“大项目”时，经提醒和确认，这个“建议”才进入议事日程。经过上上下下艰苦努力，2019 年“资源库”大楼终于在黄海所竣工了。这件事以及经历的其他一些事，让我深切感受到“好事多磨”的时间含义，有时十年还磨不成一剑，需要坚定信念，坚持不懈，不断地努力和奋斗才能做出结果，做成事。

7 月，海洋局一所所长袁业立院士突然来访，称国家计划建设 10 个科学中心，海洋列在首位……袁院士来访让我想起 1995 年北太平洋海洋科学组织（PICES）第四届年会在青岛召开期间，《青岛日报》记者与我的对话：“PICES 主席 Wooster 教授说青岛是世界 4～5 个海洋科学中心之一，对吗?”“世界四大海洋科学组织的负责人他全担任过，有权威性，从

① Pauly D，Christensen V，Dalsgaard J，Froese R and Torres FC Jr. Fishing down marine food web. Science，1998（279）：860－863.

体量上看他说的没有错，但从质量看就不是了。”因此，“提高青岛海洋科学研究总体水平”就成为留在我心中的一个问题和目标。显然“建中心”是个机遇，有助于“提高”，于是我们决定找管华诗院士商量，我们仨人很快达成共识，应该积极推动这件事。9 月 24 日，我代表袁、管二位去科技部沟通，询问如何推动这个中心的建设，基础研究司彭以祺处长等建议我们以青岛四个主要海洋科教机构法人名义共同推动这件事。2001 年初基础研究司邵立勤副司长来青岛召开座谈会，从而开启了青岛海洋国家实验室筹建序幕，又一件“好事多磨”的大事也从此开始了。

年底，青岛高级专家协会成立，任会长，直到 2019 年。这是青岛市高层次、多学科的“专家之家”，汇集了众多优秀人才，旨在为“科教兴市”发挥作用，是一个富有生命力的社会团体，很受重视和欢迎。

2001 年

应邀参加全国农业科技大会，获“全国农业科技先进工作者”表彰，江泽民、朱镕基等中央领导亲切接见与会代表并合影。

与赵法箴院士一起向国务院副总理温家宝同志建议“加强海洋渔业资源调查和渔业管理”，直接指出偌大一个国家，海洋只有一艘渔业调查船，科学资料积累太少，无法为“限额捕捞”国家目标提供足够的科学依据等问题。温总理高度重视，在“建议”多处标出下划线，并做出重要批示，强调要重视和加强海洋渔业资源调查、渔业产业结构调整等。批示迅速落实，最直接的效果是“南锋”号渔业科学调查船问世，适时地在西沙群岛海域首航，为“渔权即海权”“科技兴海”等战略实施做出了重要贡献。

中国 GLOBEC Ⅰ项目结题，顺利通过专家评审验收，随后出版中国 GLOBEC 第二本专著，报道了渤海生态系统动力学过程研究成果[①]。

6 月，当选为中国水产学会第七届理事会理事长，随即着手准备在北京召开的 2002 年世界水产养殖大会，担任大会科学指导委员会（WAC/SSC）副主席和中方组委会主席。

经遴选，“农业部海洋渔业资源可持续利用开放实验室”参加科技部委托国家自然科学基金委员会对生命科学实验室的评估，参评实验室包括 33 个国家重点实验室和 23 个部门开放实验室，本室评估排序为第 27 名，名列 19 个国家重点实验室之前。这个结果应是对黄海所为科研平台建设和团队建设所做努力的肯定，是坚持“以科研为本”的必然结果，作为实验室主任，和大家一样备受鼓舞。

2002 年

联合 18 位院士专家提出“尽快制定国家行动计划，切实保护水生生物资源，有效遏制水域生态荒漠化”的建议，国务院副总理温家宝对此做了重要批示，促成 2006 年国务院发布《中国水生生物资源养护行动纲要》（简称《纲要》）。该《纲要》是中国第一个生物资源

① 苏纪兰，唐启升，等．中国海洋生态系统动力学研究：Ⅱ渤海生态系统动力学过程．北京：科学出版社，2002。

养护行动实施计划，它不仅对中国水生生物资源养护工作有划时代的意义，也推动渔业和渔业科学发展进入一个新阶段。《纲要》的直接成果使已经历 20 多年实践的我国渔业资源增殖（增殖渔业或海洋牧场）事业发展进入跨越式发展新阶段，使资源增殖成为渔业发展的新业态、渔业科学研究的新热点。

“GLOBEC 第二届国际开放科学大会”在中国青岛召开，这次大会被多个国际科学组织称为是“GLOBEC 发展的重要里程碑”。中国 GLOBEC 表现十分活跃，赢得承办权，众多显示新调查研究成果的展板上会，与美国和法国一样，有 4 篇论文被国际专家组选入会议专辑[①]，展示了中国 GLOBEC 研究在世界海洋科学前沿领域的重要地位。我组织有关专家以渤海生态系统各营养层次生产力的多年调查资料为主，探讨生态系统生产力年代际变化及其控制机制，发现传统理论难以单一地套用于渤海实际，于是提出生态系统生产力受多控制因素综合作用的认识[②]。这个新认识为确认生态系统不确定性、渔业资源恢复是一个复杂而缓慢的过程和探索生态系统水平的适应性管理对策提供了重要的理论依据。会后我再次当选国际 GLOBEC 科学指导委员会委员。

承办第十一届北太平洋海洋科学组织（PICES）年会，作为中国代表向年会致辞。

这一年还与 Sherman 教授等在《科学》杂志发文[③]，评述 LME 研究在促进海洋可持续科学发展中的重要意义，进一步推动大海洋生态系研究和应用在世界和中国的发展。

中共中央原常委宋平来黄海所视察时，特别汇报介绍了海洋酶研发情况。

2003 年

国务院启动《国家中长期科学和技术发展规划（2006—2020）》战略研究，温家宝总理任大组长，我有幸被科技部聘为“能源、资源与海洋”和“农业”两个专题组“研究骨干”，是与海洋有关的两个“研究骨干”之一，具体负责海洋生物资源科技发展战略研讨。我深感责任重大，非常认真地组织本领域的顶级专家，直面问题，寻找对策，最终提出了实施“蓝色海洋食物发展计划”建议，基本思路是：贯彻养护海洋生物资源及其环境、拓展海洋生物资源开发利用领域和加强海洋高技术应用的发展战略，重点推动现代海洋渔业发展体系和蓝色海洋食物科技支撑体系建设，保障海洋生物资源可持续利用与生态系统协调发展，推进海洋生物产业由“产量型”向“质量效益型”和“负责任型”的战略转移，为全面建设小康社会提供更多营养、健康、优质的蛋白质，保证食物安全。为了使“拓展”战略有明确的目标，将自 1995 年以来我对海洋生物资源概念的思考和探讨做了小结，提出海洋生物资源应包括群体资源、遗传资源和产物资源三个部分的新概念，三个部分分别对应捕捞业、养殖业和新生物产业，扭转了过去说海洋生物资源仅指第一部分或前两部分的认识。从基本概念开始拓展，使产业发展有更加开阔的空间，这里说的“产物资源”是为了对应“资源”前两部

---

① Harris R，Barange M，Werner C，Tang QS. GLOBEC special issue：foreword. Fisheries Oceanography，2003，12（4/5）：221-222.

② Tang QS，Jin XS，Wang J，et al. Decadal-scale variation of ecosystem productivity and control mechanisms in the Bohai Sea. Fisheries Oceanography，2003，12（4/5）：223-233.

③ Ajayi T，Sherman K，Tang QS. Support of marine sustainability science. Science，2002，297（5582）：772.

分用词而对天然产物资源的简称。有专家认为“十三五”重点研发计划的“蓝色粮仓”专项是根据“蓝色海洋食物发展计划”而来，从发展目标和研究内容看确实如此。参加这项工作还有一个意外的收获：对中国和世界海洋生物资源有了进一步、深刻的认识，开始特别关注南极磷虾资源，对中国而言它是战略资源，也是能够在大洋公海体现国家权益的目标，促使我在此后十余年中致力于南极磷虾资源开发及其产业化发展的战略研究。

2014 年有幸再次被科技部邀请，作为总体组专家参加《国家中长期科学和技术发展规划（2006—2020）》中期评估，回顾过去，展望未来，让我们对中国科学和技术在新时代的新发展充满了信心。2019 年，国家启动新一轮《国家中长期科学和技术发展规划（2021—2035）》战略研究，被聘为“海洋领域面向 2035 年的中长期科技规划战略研究”专家组副组长，令我兴奋和激动，作为一个科技工作者能够参与两轮国家中长期规划战略研究是值得庆幸和骄傲的，也是我对国家科学事业发展的一份有意义的贡献。

这一年，关于大海洋生态系概念科学性的讨论有了结果。讨论是由著名海洋学者 Alan R. Longhurst 的质疑引起的，他是《海洋生态地理学》专著的作者，认为大海洋生态系不是一个生态学单元，最后讨论以一篇以 Longhurst 和 Sherman 均为其中作者的文章而告终①。从讨论一开始我自然就站在 Sherman 教授一边②，不仅因为自 1985 年我就加入了推动大海洋生态系发展的国际大团队，而且也源于 20 世纪 80 年代初对欧美渔业科学家关于 population 和 stock 两个术语使用争论的思考。我认为那是两个领域的术语，二者不应直接比较，如 population 指的种群，是一个生物学或生态学术语，它的上两级是群落和生态系统，下两级是群体和个体等，而这里的 stock 不是种群之下的那个群体，常作为“资源”的专业术语使用，如资源评估，用 stock assessment，不用 resources assessment，所以 stock 是一个资源评估和管理领域的术语，它可以是一个大区域适合同时评估和管理的几个生物种群，也可以是有特殊需要的种群之下的一个群体，如产卵群体等。同样的道理，大海洋生态系是海洋生物资源及其环境评估和管理单元，与生态地理学划区不完全相同。这场讨论之后，大海洋生态系概念被一些大科学组织普遍认可并作为一个管理单元使用，如全球环境基金会（GEF）、国际环境问题科学委员会（SCOPE）等，Sherman 教授也因提出这个概念获得大奖。在这个过程中，我深刻感受到，对学术争论应以科学的态度和基本事实对待之，既不盲从，也不要信口开河。

年底，国家人事部下发通知：批准 320 个单位设立博士后科研工作站，黄海所位列其中。设立博士后工作站对黄海所团队建设、人才培养至关重要，影响深远，这里要特别感谢国家海洋局第二海洋研究所（现自然资源部第二海洋研究所）原所长张海生，是他为我们提供了最初的信息和有关建议。

---

① Watson R，Pauly D，Christensen V，Froese R，Longhurst A，Platt T，Sathyendranath S，Sherman K，O'Reilty J and Celone P. Mapping fisheries onto marine ecosystem for regional，oceanic and global. In：Hempel G，Sherman K（eds.）. Large Marine Ecosystem of the World：Trends in exploitation，protection and research. Elsevier Science，Amsterdam，The Netherlands，2003：121－144.

② Sherman K，Ajayi T，Anang E，Cury P，Diaz－de－Leon AJ，Freon MP，Hardman－Mountford J，Ibe CA，Koranteng KA，McGlade J，Nauen CC，Pauly D，Scheren PAGM，Skjoldal HR，Tang QS，Zabi SG. Suitability of the large marine ecosystem concept. Fisheries Research，2003（64）：197－204.

2004—2006年

973-Ⅰ进入项目结题阶段，虽然有人说，一个“973”让我老了10岁。辛苦是肯定的，但是为了推动一个新学科领域的发展，仍然义无反顾地积极准备申报973-Ⅱ。为此我组织了一次香山科学会议，讨论中国GLOBEC下一阶段的研究重点。同时这期间也发生了一些事，促使我们认真思考，评估中国近海生态系统发展方向、应用出口和落地点，从而使未来发展更加明确和坚定。

2004年5月，与苏纪兰院士和张经教授共同主持香山科学会议第228次学术讨论会，特别邀请了国际IGBP与海洋有关的两个核心计划GLOBEC和IMBER（海洋生物地球化学与生态系统综合研究）的科学指导委员会主席Francisco Werner和Julie Hall教授等国际知名专家参加会议，讨论的主题是“陆架边缘海生态系统与生物地球化学过程”。这次会议形成了一些重要共识，主要包括可持续海洋生态系统基础研究是新世纪的一项重要科学议题和生物地球化学循环是需要特别加强的学科领域等。事实上，在可持续需求下，“生物地球化学循环”早已被我们关注，如973-Ⅰ培植期间提出的6个关键科学问题之三，即为“生源要素循环与更新”。通过这次讨论会明确了“生物地球化学循环”将是973-Ⅱ的研究重点，也使我们和中国成为国际GLOBEC前沿领域最早关注和实施这方面研究的团队和国家。

2004年夏天，作为一审专家，参与对联合国秘书长Kofi A. Annan主持的“千年生态系统评估（MA）”项目的海洋系统报告评审，认为该报告中“水产养殖产业不是应对全球野生捕捞渔业衰退问题的一种解决办法”的论断是不正确的。提出这样的评审意见的主要科学依据来自973-Ⅰ关于“生态转换效率与营养级呈负相关关系”“生态系统多因素控制机制”等基础研究新成果，认为大力发展水产养殖应是一种适应性管理对策，是在“渔业资源恢复复杂而缓慢”的情况下一种务实的问题解决办法。二审专家组赞同我的观点，认为“唐说的是对的”，但是，报告主持人Daniel Pauly教授却坚持不改（2005年他的报告题目被改为《海洋渔业系统》，论述限于海洋捕捞）。这种守旧思维有一定代表性，促使我们去做更多更深入的研究，为新的发展提供更好的科学依据。此后的发展实践也证实我们的坚持是科学的、现实的，自然也是对的，如联合国粮食及农业组织在《2016年世界渔业和水产养殖状况》年度报告中写道：“2014年是具有里程碑式意义的一年，水产养殖业对人类水产品消费的贡献首次超过野生水产品捕捞业”“中国在其中发挥了重要作用”，其贡献“60%以上”。

2004年11月，主持中日韩GLOBEC第二届学术会议，形成西北太平洋生态系统结构、食物网营养动力学、物理-生物过程研究专辑[①]，其中我们的973-Ⅰ研究成果占一半多。

2005年3月，Sherman教授将《海洋生态系统水平管理科学共识声明》（简称《声明》）发给我，这是由200多位美国科学家和政策专家刚刚联名签署的共识声明。他有点激动，我也激动，但着眼点略有不同。他激动是因为《声明》将LME确认为合适的生态系管理单元，我则因为《声明》与我们正在探索的适应性管理对策的科学认识不谋而合。我特别赞同

① Tang QS, Su JL, Kishi MJ, Oh IS (eds.). The ecosystem structure, food web trophodynamics and physical-biological processes in the northwest Pacific. J. Marine Ecosystems, 2007 (67): 203-321.

《声明》关于生态系统水平管理（ecosystem－based management，EbM）的解释，即 EbM 是包括人类在内的整个生态系统的综合管理，以维系一个健康、多产和能自我修复的生态系统，从而满足人类的需求。

11 月，项目香山终审答辩再次激励 973－Ⅱ向更高水平发展，主审专家尖锐地问道：你们做了一个基金重大，又做了一个“973”，再做能有什么重大突破?！我随即把准备好的一张多媒体片放了出来，简单而明确表示 973－Ⅱ将从 973－Ⅰ生态系统结构水平研究上升到功能水平研究，这个回答得到与会专家的赞许。对此，应该感谢中国生态学会原会长李文华院士和国家自然科学基金委员会原副主任孙枢院士，是他们在会前准备时鼓励我们要大胆、明确地把想法打算说出来。实事求是地说，从结构研究到功能研究是生态系统研究的跨越式发展，一个更高级的阶段，难度较大，关键时刻需要有人推一把，帮助我们下决心，予以鼓励。

小结以上种种，使 2006 年开始实施的 973－Ⅱ（中国 GLOBEC Ⅲ）的研究目标和重点更加明确，项目选择“我国近海生态系统食物产出的关键过程及其可持续机理”为研究主题，其中生物地球化学循环是食物产出关键功能过程的研究重点，为了应对国家重大需求，水产养殖新发展成为 973－Ⅱ海洋生态系统基础研究应用的重要出口和落地点。

2005 年，我的学生张波以优异的成绩通过博士学位答辩，她在致谢导师、领导和同事们之后，说了一个感受让我非常认同。她说：“在资源生态研究中，不是靠任何个人的智慧就能独立完成的，它需要一个团队的共同协作努力，而我有幸能工作在这样一个团结协作的优秀的学术团队中……”确实，“团结协作”对资源生态研究尤为重要，而要认识资源生态的动态规律还需花很多的时间探索和等待。因此，“团结协作”和“坚持不懈”应是从事资源生态研究者必备的基本条件。

2006 年，也多了一些新的责任和担当，当选中国科学技术协会第七届全国委员会副主席，被聘为联合国环境规划署（UNEP）顾问和全球环境基金会科学技术顾问团（GEF/STAP）核心成员，从更高层面上推动 LME 在全球的发展。

夏天，应党中央、国务院邀请赴北戴河休假。

2007 年

荣获 2006 年度山东省科学技术最高奖。

国际 GLOBEC 作为全球变化研究的核心计划已进入结束阶段，一方面大家“意犹未尽”，另一方面似乎对另一个与海洋有关的核心计划 IMBER 发展不甚满意。国际 IGBP 和 SCOR 注意到这些意向并于 2007 年组织了一个精干的工作组，对有关问题进行研讨。在 John Field 教授主持下，较快形成文字报告，提出国际 IMBER 第二阶段的科学计划和实施策略①。我应邀参加了这项工作，并将在香山科学会议第 228 次学术讨论会上提出的加强

① Field J，Drinkwater K，Ducklow H，Harris R，Hofmann E，Maury O，Miller K，Roman M，Tang QS. Supplement to the IMBER Science Plan and Implementation Strategy. IGBP Report No. 52A，IGBP Secretariat，Stockholm，2010.

“功能群”的研究建议①作为进一步研究探讨重点写进了报告。

继1990年第一次LME全球大会在摩纳哥成功召开之后，时隔17年，2007年第二届全球大海洋生态系大会在中国青岛召开，与Sherman教授共同担任大会召集人和科学指导委员会主席。会议的主要内容：检查全球范围内LME活动在生态系统评估方面的科学进展；分析LME方法对海洋科学发展和欠发达地区科学能力建设的作用；通过生态系统水平的研究手段，促进海洋资源的恢复和保护；推进全球不同地域和不同学科之间LME研究与管理的共同发展。这次会议对推动海洋开发与管理新概念的发展，促进生态系统水平的海洋管理科学研究与实践有极大的促进作用。

在农业部渔业局和中国科学技术协会原主席周光召院士的支持下，联系孙枢、李廷栋、苏纪兰、刘瑞玉等院士专家与国家发展和改革委员会有关领导对话，研讨南极磷虾资源开发利用的可行性，最终促成南极磷虾生产性探捕项目的实施。

2008年

国家重点基础研究发展计划（“973计划”）已实施10年，“10周年纪念大会”授予中国GLOBEC研究团队“‘973计划’优秀团队”称号。至此，海洋生态系统动力学已成为国家重点基础研究发展计划的重要主题，前后有8个项目围绕海洋生态系统的资源和环境问题开展研究，成为国家“973计划”支持一个新学科领域快速发展并在世界科学前沿领域占据一席之地的典型案例。这也是“973”精神所在，是科研人员为什么留恋“973计划”的重要原因。

2008年还有一个科研经历“插曲”值得说说，7月1日晚8点半接到科技部一个电话，我立马从“老唐”变成“唐老”，也不容我多想，出任科学应对浒苔灾害专家委员会主任委员的任务就交代下来了。其实，从专业的角度我并不是一个合适的人选，奥运会开幕在即，保证青岛奥帆赛场环境安全成为头等大事，有一点临危受命的感觉，幸好前一年有件事为我“别无选择”做了铺垫。2007年，我把香山科学会议第305次学术讨论会（近海可持续生态系统与全球变化影响）搬到青岛召开，会议期间可能是感到近海富营养化问题严重，引导大家讨论了一个问题：“海洋是否会发生太湖蓝藻事件”，结果是一致认为“会”（当时我们还不知道浒苔已经到了青岛近海），由此对海洋富营养化及其后果有了一些认识。既然是应对突发事件，我们采取了“战时”工作机制，每天早上9时前我接受指挥部提出的问题并布置到4个工作组，整个上午要就有关问题电话请教询问外地及本地有关专家，有时还要到我自己选定的6个观察点看看现场，下午3时专家委员会会议准时召开，研讨并对问题给出明确答案，5时签字上报。工作紧张而辛苦，甚至于椎间盘突出了也只好忍了，但大家的工作热情饱满有序，毕竟在做一件对国家对社会有意义而又必须做的事。通过这段工作，对海洋生态灾害和生态系统健康有了更多的关注和思考，2009年在国家自然科学基金委员会支持下，组织了题为“海洋生态灾害与生态系统安全”第39期双清论坛，将海洋生态灾害作为一个

---

① 唐启升．海洋食物网及其在生态系统整合研究中的意义//香山科学会议．科学前沿与未来：第九集．北京：中国环境科学出版社，2009：1-9。

急待加强研究的海洋科学议题提出来了。但是，也有遗憾，胡锦涛总书记 2008 年 7 月 20 日在青岛接见应对浒苔灾害工作的领导、专家时，曾间接提到浒苔暴发的预测问题，然而学界至今对浒苔在黄海水域的早期发生史还缺少一个清楚、确切的科学说法，从而影响了对这个生态灾害的提前预测和有效防治。

2009 年

2 月，与林浩然和徐洵两位院士等组织召开题为“可持续海水养殖与提高产出质量科学问题”的香山科学会议第 340 次讨论会。与会专家针对我国海水养殖快速发展带来的一些问题展开讨论，形成了一些重要共识：提出发展“生态系统水平的水产养殖”，认为它是“保证规模化生产”和“实现可持续产出”的必由之路；强调开展整体、系统水平的研究，建立相关学科综合交叉研究机制，实现海水养殖科技的跨越式发展；强调实施“单种精作”的研究策略，推动养殖产业现代化发展，在开发和研究新的养殖品种时，需要同时兼顾优质高效和环境友好两个方面的需求，以便提高产出质量。这些重要共识既具前瞻性又有现实意义，引起行业管理部门高度重视，对我国海水养殖可持续发展产生了引导性作用。

在美国接到中国工程院副院长旭日干院士电话，要求支持“中国养殖业可持续发展战略研究”重大咨询项目立项并负责组织水产养殖战略研究，想想现状，我爽快答应了，没想到竟成就了我十年对水产养殖发展战略的系统研究。

2010 年

6 月，在第四届中国生物产业大会上将“碳汇渔业”发展新理念公布于众。实际上这是一个经过较长时间思考、酝酿和多个项目研讨的工作结果。

1995 年国际 IGBP 年会在北京召开，一个向大洋撒铁的试验报告引起我的注意，但听不太懂，不知要干什么；2003 年 IGBP 年会在加拿大 Banff 召开，正值撒铁试验 10 周年，有大会报告，有展板，终于弄明白了，撒铁是为了增加大洋富营养区的铁元素含量，促进浮游植物生长、繁殖，进而提高海洋吸收大气二氧化碳的碳汇能力，但是撒铁引起的生态伦理问题同时也让人们担忧；2004 年的一天，突发奇想：“撒什么铁，多养点扇贝就行了”，我把方建光研究员（中国海水养殖容量研究的践行者，组织了 10 多种贝类的滤食率测定和研究）找来商讨，他非常赞同我的想法，因为贝类在生长过程中大量滤食水体中的浮游植物，多养些贝类实际促进了浮游植物生长繁殖，增加水体中浮游植物数量，间接提高了海洋碳汇能力，也不会有生态伦理问题，而藻类养殖的功能与浮游植物一样，直接通过光合作用提高了海洋碳汇能力。我们的想法很快形成文字并在《地球科学进展》发表，由此贝藻养殖的碳汇功能也成为 973－Ⅱ的重要研究内容并得以深入提高，如随着多元养殖研究向多营养层次综合养殖（IMTA）研究提升，使碳汇功能研究在养殖系统水平上展开。

2009 年哥本哈根世界气候大会之后，中国工程院及时启动了生物碳汇扩增战略咨询研究，我负责海洋生物碳汇扩增研究，重点调研渔业碳汇的计量监测技术、发展潜力和扩增战略，提出实施“大力发展与积极保护并重”的海洋生物碳汇扩增战略、大力推动以海水养殖为主体的碳汇渔业的发展、加强近海自然碳汇及其环境的保护和管理等建议。

2010 年，中国环境与发展国际合作委员会（简称国合会，CCICED）课题“中国海洋可持续发展的生态环境问题与政策研究”进入结题阶段，CCICED 首席顾问 Art Hanson 教授以及 Peter Harrison、Meryl Williams、Chua Thia－Eng 等国际著名专家对“碳汇渔业”理念特别赞同和认可，并在总结报告定稿时将它作为缓解生态环境问题的行动措施单独列出来。

在以上过程中，按照 IPCC 关于碳汇和碳源的定义以及海洋生物固碳的特点，“渔业碳汇”和“碳汇渔业”也有了明确的定义和发展目标，即，“渔业碳汇”是指通过渔业生产活动促进水生生物吸收水体中的 CO_2，并通过收获水生生物产品，把这些碳移出水体的过程和机制。这个过程和机制，实际上提高了水体吸收大气 CO_2 的能力，那些被移出的碳可称之为“可移出的碳汇”。对于海洋渔业碳汇而言，不仅包括藻类和贝类等养殖生物通过光合作用和大量滤食浮游植物从海水中吸收碳元素的过程和生产活动，还包括以浮游生物和贝类、藻类为食的鱼类、头足类、甲壳类和棘皮动物等生物资源种类通过食物网机制和生长活动所使用的碳。因此，可以把能够充分发挥碳汇功能、具有直接或间接降低大气 CO_2 浓度效果的渔业生产活动泛称为“碳汇渔业”，也可简单地把不需要投放饵料的渔业生产活动统称为“碳汇渔业”。我们强调：“碳汇渔业”是绿色、低碳发展新理念在渔业领域的具体体现，是实现渔业“高效、优质、生态、健康、安全”可持续发展战略目标的有效途径；建设“环境友好型水产养殖业”和“资源养护型的捕捞业”是“碳汇渔业”的主要发展模式，它能够更好地彰显渔业的食物供给和生态服务两大功能，产生一举多赢的效应，值得大力提倡。

提出一个新理念难免会遇到这样那样的问题，甚至质疑，我们并不回避，采取积极、豁达的态度对待之，如组织主持主题为“近海生态系统碳源汇特征与生物碳汇扩增的科学途径”香山科学会议第 399 次学术讨论会（2011）的目的之一就是通过学术报告与交流和不同学术观点的碰撞与讨论，明确深入研究的科学问题和方向，孰是孰非就不重要了，有些问题似乎不辩自明。

11 月，中国工程院第 109 场“碳汇渔业与渔业低碳技术”工程科技论坛在北京成功举办，《科技日报》记者以“唱响全球碳汇渔业新理念”为题报道了论坛盛况。认为论坛“彰显了中国负责任大国的良好形象，体现了我国推进节能减排、坚持走低碳发展之路的信心和勇气，也展示了我国水产科研界在该前沿领域超前的研究理念和优秀的研究成果，必将对提高渔业应对气候变化能力，实现中国从渔业大国向渔业强国转变起到积极的推动作用”，称我做的大会报告“碳汇渔业与又好又快发展渔业”坚定了相关领导和专家们发展碳汇渔业的决心，使发展目标更加明朗化。随后，我国首个碳汇渔业实验室在黄海所挂牌成立，任实验室主任。

这一年还有三件事值得记录：一是 973－Ⅱ结题，从主观上我很想做下去，因海洋食物产出的基础过程——黄海深水区水华研究刚有些结果，很希望能深入研究，但是又必须正视现实，于是我接受了把研究团队分成两支的建议，帮助他们把新的研究目标写进了 973 项目指南并申报成功，被戏称为“画句号之前，又下了两个蛋”，结果让我欣慰；二是“碳汇渔业”论坛前后，与中国工程院常务副院长潘云鹤院士等领导多次议论海洋的事，一句不经意的话“工程院应该在海洋方面有声音了”让周济院长眼睛一亮，促使了中国工程院海洋战略咨询研究重大项目的酝酿和组织；三是 Sherman 教授获得第 11 届哥德堡可持续发展大奖，在中国国家最高奖获得者刘东生院士、在美国前副总统戈尔先生曾获得过这个奖，是一份有分量的奖项，我们都十分高兴。它不仅是对 Sherman 教授提出大海洋生态系概念、致力于海洋资源与环境的协调发展和可持续管理所做出的重大贡献的肯定，也是对我们共同事业的肯定，使我们更加坚定地去探讨以大海洋生态系为单元的生态系统水平海洋管理和适应性对策。

2011—2012 年

2011 年 4 月，从美国回来即赶到西安参加中国工程院主席团会议，刚进宾馆大堂就有人告诉我：海洋重大咨询研究立项了，噢……原来是温家宝总理在听取钱正英院士等关于水资源战略咨询研究成果汇报时，要求加强海洋强国建设，制定国家海洋发展战略。这显然是国家重大需求。中国工程院常务会随即决定启动“中国海洋工程与科技发展战略研究”（简称海洋Ⅰ期），中国工程院常务副院长潘云鹤院士任项目组长，我任常务副组长，组成一个多学部多专业领域的研究团队。这是中国工程院第一个有关海洋的重大战略咨询项目，大家研究热情很高。11 月底在浙江舟山召开“中国海洋工程与科技发展战略研究项目汇报会暨浙江海洋经济发展战略座谈会”，盛况空前。项目顾问宋健老院长、周济院长和时任浙江省常务副省长陈敏尔同志到会指导，150 余位院士专家参加会议。各课题从海洋探测与装备、海洋运载、海洋能源、海洋生物资源、海洋环境与生态、海陆关联六个专业领域汇报初步研究成果，并实地考察浙江海洋经济发展状况，这次会议为后续深入研究奠定了坚实的基础。

2012 年海洋发展战略咨询研究取得重大进展，形成两个重要成果。

第一个是中国工程院向国务院上报“把海洋渔业提升为战略产业，加快推进海洋渔业装备升级更新”的建议。这个“建议”是在项目顾问宋健老院长直接指导下形成的，他不仅指导我们如何写出有用的“建议”，还亲自执笔修改“建议”初稿达 73 处，老院长亲力亲为，既是鼓励也是鞭策，极大激发了我们战略咨询的责任心，努力找准问题，提出可操作的措施。温家宝总理高度重视这个“建议”，并做出重要批示。到 2012 年底，国家先后三次安排海洋渔船更新改造，渔政装备建设资金达 80.1 亿元，成为我国渔业历史上最大的投入，使渔业装备升级更新得到了前所未有的支持。另外，这个“建议”还促成了国务院第一个海洋渔业文件的发布［《国务院关于促进海洋渔业持续健康发展的若干意见》（国发〔2013〕11 号）］和第一个国务院全国现代渔业建设工作电视电话会议的召开（2013 年）。

第二个是我代表中国工程院向十八大文件起草组汇报“全面推进海洋强国战略实施的建议”。2011 年 5 月，海洋重大咨询项目启动不久，项目顾问周济院长就提出“要为十八大提些建议”的任务要求，当时我有点懵，不知道该怎么做。经过大半年的认真研讨，群策群力，终于把目标聚焦于建设海洋强国，从战略意义、建设思路和重要举措等方面开展研究，研究成果为十八大报告“建设海洋强国”的 4 个组成部分提供了依据。

以上成果被刘延东副总理称之为中国工程院 500 多个咨询项目中 4 个代表性重大成果之一。

2012 年联合国可持续发展大会（Rio＋20）在巴西召开，这一年是联合国召开可持续发展大会 20 周年，也是用大海洋生态系评估管理生态系统产出和服务 30 周年，Sherman 教授受全球环境基金会（GEF）和联合国环境规划署（UNEP）委托为 Rio＋20 组织了“气候变化与大海洋生态系可持续性的前沿观察”专辑，我们应邀提交了一篇适应性管理对策的研究报告①。这篇报告重点阐述了在全球变化和人类活动背景下黄海大海洋生态系变化的不确定性和复杂性，提出资源增殖放流和大力发展水产养殖（特别是多营养层次综合养殖，IMTA）是有效、现实的海洋生态系统水平适应性管理行动。Sherman 教授在专辑简介本报告时强调 IMTA 是创新技术，应在黄海大海洋生态系和亚洲其他大海洋生态系广泛推广，因它不仅改进水质质量，增加蛋白质产量，还通过碳捕获为缓解全球变化影响做贡献。

2013 年

10 月，科技部副部长陈小娅带队来青岛落实海洋国家实验室筹建事，会上我半开玩笑地要求，“请在 12 月 25 日前批复!”“为什么?”“不能让我等到 70 岁了才批吧?!”大家会意地哈哈一笑。12 月 18 日，科技部正式批复建设青岛海洋科学与技术国家实验室，大家为之努力了 14 年，希望“提高青岛海洋科学研究总体水平”的愿望终于有了可以实现的初步结果了。在这个努力过程中，科技部上上下下自始至终给予指导、鼓励和支持，是对海洋特别的钟爱和重视，借此机会表示个人的衷心感谢。

这一年，科技部成立第四届国家重点基础研究发展计划（“973 计划”）领域专家咨询组，我被聘为资源环境科学领域专家咨询组组长，有关工作持续到 2019 年。从运动员变成裁判员，甚至是裁判长，让我有点不适应，还好有资深咨询组员们的支持，加上内心对“973”的责任担当，能以积极的态度认真完成这项任务。大概由于这个原因，“973 计划”撤销后，不断有专家来反映他们的心声，很是无奈，但我坚信“973”精神永存，任何新学科领域、国家重大需求和经济发展的关键技术发展都需要强大和专一的基础研究支持，在新时代更应该如此。

2014 年

中国工程院重大咨询项目海洋Ⅰ期圆满结题，重要研究成果《中国海洋工程与科技发展战略研究》系列丛书正式出版，包括综合研究卷、海洋探测与装备卷、海洋运载卷、海洋能源卷、海洋生物资源卷、海洋环境与生态卷和海陆关联卷，300 多万字。这是 45 位院士、300 多位多学科多部门的一线专家学者、企业工程技术人员、政府管理者辛勤劳动和 3 位顾问悉心指导的结果，它不仅首次对中国海洋工程与科技发展基本状况做了详尽的分析和小结，提出“海洋工程与科技整体水平落后于发达国家 10 年左右”的重要判断，同时研讨了发展战略和重大任务，对加快建设海洋强国提出若干重要建议，为各级政府决策和关注海洋的社会各界提供了有价值的参考和资料，意义深远。与此同时，中国海洋工程与科技发展战略研究重大咨询项目Ⅱ期启动，重点是促进海洋强国建设重点工程发展战略研究，使六大专业领域战略研究向重点工程深入发展。我特别关注极地海洋生物资源开发工程发展战略研究，在项目顾问徐匡迪老院长支持下组织院士专家向国务院提交了“关于加大加快南极磷虾

① Tang QS，Fang JG. Review of climate change effects in the Yellow Sea large marine ecosystem and adaptive actions in ecosystem-based management. In：Sherman K and McGovern G（eds.），Frontline Observations on Climate Change and Sustainability of Large Marine Ecosystem. Large Marine Ecosystem，2012（17）：170-187.

资源规模化开发步伐，保障我国极地海洋资源战略权益的建议”的院士建议，引起高度重视，促进了有关政策出台和产业发展。

夏天，再次应党中央、国务院邀请赴北戴河休假，政治局常委刘云山同志等领导亲切接见休假院士专家。

10 月，第三届全球大海洋生态系大会在非洲纳米比亚召开，Sherman 教授以 82 岁高龄担任大会主席，他对推进大海洋生态系运动在全球发展的执着和决心令人敬佩。我应邀向大会报告黄海大海洋生态系适应性管理对策的一些新的研究成果，进一步表达了“渔业资源恢复是一个复杂而缓慢的过程”和“需要以现实的态度采取适应性管理对策”的观点。2016 年在大会专辑《大海洋生态系的生态系统水平管理》出版之际，Sherman 教授发函称赞我们的报告[①]“为更好地理解认识人类与环境驱动下的大海洋生态系鱼类与渔业组成变化做出了重要贡献……发展了生态系统水平的渔业恢复与可持续管理策略”。

这一年，我领衔的“海洋渔业资源与生态环境研究团队”在获得“山东省优秀创新团队”“中华农业科技优秀创新团队”奖励之后，又荣获中共中央组织部、中共中央宣传部、人力资源和社会保障部、科学技术部联合授予的“全国专业技术人才先进集体”称号。

2015—2016 年

《科学》杂志刊登美国斯坦福大学一个研究团队有关中国水产养殖的文章[②]，其中“中国水产养殖业注定削减世界野生渔业资源”的指责引起舆论哗然，一些青年专家对此也表达了他们强烈的不满。当时我正在实施中国工程院水产养殖战略咨询项目，组织大家对这篇奇文加以评论成为我不容推辞的责任。评论从发展的驱动力、产业结构特征、进口鱼粉总量以及相关措施等 4 个方面展开，得出“中国水产养殖发展与世界渔业资源变动不存在必然关系”的结论，形成《中国水产养殖缓解了对野生渔业资源需求的压力》一篇短文[③④]。在评论过程中有两件事需要一提：一是对“中国水产养殖仅使用世界 25%左右的鱼粉却为世界生产出 60%以上的水产品，而世界其他地区使用 75%左右的鱼粉仅为世界生产出不足 40%的水产品”的感受，我以为若不正视这个事实，很难有一个公正的判断或审视，也是我认为那篇文章难免偏颇的重要原因；二是大家对《科学》杂志的编辑颇有微词，不能把不同意见的评论都选登出来，显然是不公正的[⑤]。

---

① Tang QS，Ying YP，Wu Q. The biomass yields and management challenges for the Yellow Sea large marine ecosystem. Environmental Development，2016（17）：175 - 181.

② Cao L，Naylor R，Henrikssion P，et al. China’s aquaculture and the world’s wild fisheries. Science，2015（347）：133 - 135.

③ Han D，Shan XJ，Zhang WB，Chen YS，Xie SQ，Wang QI，Li ZJ，Zhang GF，Mai KS，Xu P，Li JL，Tang QS. China aquaculture provides food for the world and then reduces the demand on wild fisheries. http：//comments. sciencemag. org/content/10. 1126/science. 1260149，2015.

④ 单秀娟，韩冬，张文兵，陈宇顺，王清印，解绶启，李钟杰，张国范，麦康森，徐跑，李家乐，唐启升．中国水产养殖缓解了对野生渔业资源需求的压力．中国水产，2015（6）：5 - 6。

⑤ 2020 年的报道表明，为了促进水产养殖发展，美国国家海洋和大气管理局（NOAA）和美国渔业学会（AFS）等渔业管理和学术机构表达了与该篇短文类似的观点，即水产养殖缓解了对野生渔业资源需求的压力。

评论之后，我强烈感到应该有一项更翔实的研究让大家全面地了解中国水产养殖的发展之路和现状。除了在正在进行的《中国大百科全书·渔业学科》渔业条目撰写中应有充分表达外，还组织了几位青年专家进行专题研究，其中，韩冬是中国科学院水生生物研究所淡水养殖营养与饲料研究骨干、张文兵是中国海洋大学海水养殖营养与饲料研究骨干、毛玉泽和单秀娟是中国水产科学研究院黄海水产研究所水产养殖与渔业资源研究骨干。这个针对性很强的小团队在各自熟悉领域努力、辛苦地工作，最终形成了一篇以《中国水产养殖种类组成、不投饵率和营养级》为题的长文①，有 30 个印刷页，其中以数据表达的研究结果占 12 页。这篇长文根据 1950—2014 年水产养殖种（类）有关统计和调研数据，在对养殖投饵率、饲料中鱼粉鱼油比例、各类饵料营养级等基本参数进行估算的基础上，研究分析了中国水产养殖种类组成、生物多样性、不投饵率和营养级的特点及其长期变化。结果显示：中国水产养殖结构特点十分独特，种类多样性丰富、优势种显著，且多年来变化较小，相对稳定；与世界相比，不投饵率仍保持较高的水准，达 53.8%，表明中国水产养殖充分利用自然水域的营养和饵料，是低成本和有显著碳汇功能的产业；平均营养级仅为 2.25，这是中国水产养殖实际使用鱼粉鱼油量少的科学证据，也表明中国水产养殖是一个高效产出的系统，能够产出更多的生物量，保证水产品的供给。完成这篇长文，使我们更加坚信中国水产养殖能够更好地彰显渔业的食物供给和生态服务两大功能，使我们对中国水产养殖的未来充满了信心和自豪，水产养殖的发展大有可为。

2017 年

主持中国工程院水产养殖发展战略咨询研究已经 9 年，先后实施了 3 期课题研究，研究成果编辑出版专著 3 部（计 126 万字）②③④。养殖Ⅰ期研究，让我们认识到中国水产养殖的显著特色［既具有重要的食物供给功能，又有显著的生态服务功能（含文化服务）］，提出绿色低碳的“碳汇渔业”发展新理念和“高效、优质、生态、健康、安全”的可持续发展目标，养殖Ⅱ期和Ⅲ期研究针对建设小康社会决胜时期的需求和渔业提质量、增效益的新目标，重点研究“环境友好型水产养殖发展战略：新思路、新任务、新途径”，探讨水产养殖绿色发展新方式、新模式和新措施，形成比较系统的水产养殖绿色发展战略思想。这时，也有了画“句号”的想法。“一个完美的‘句号’应该是一个《院士建议》，并聚焦于绿色发展”，我的想法得到团队里院士专家们的积极响应，项目顾问徐匡迪老院长大力支持，批示道：“同意联署，但作为院士建议文字宜简洁。拟上报汪洋副总理及克强总理”。于是，《关于促进水产养殖业绿色发展的建议》（《中国工程院院士建议（国家高端智库）》第 21 期）及时形成并上报。这个《院士建议》得到农业部等部委高度重视，对制定新政策产生重大影响，希望这是一个完美的“句号”。

---

① 唐启升，韩冬，毛玉泽，张文兵，单秀娟．中国水产养殖种类组成、不投饵率和营养级．中国水产科学，2016，23（4）：729-758。

② 唐启升．中国养殖业可持续发展战略研究：水产养殖卷．北京：中国农业出版社，2013。

③ 唐启升．环境友好型水产养殖发展战略：新思路、新任务、新途径．北京：科学出版社，2017。

④ 唐启升．水产养殖绿色发展咨询研究报告．北京：海洋出版社，2017。

4 月，亚洲大海洋生态系（LME）国际学术会议在印度尼西亚茂物（Bogor）召开。会前 Sherman 教授希望我写篇文章呼应一个与东海生态系统渔业资源产量变化有关的研究①，我一反常态，采取了"推三拖四"的态度。茂物见面后，教授直截了当地问我："你是不是不喜欢这篇文章?"我坦诚回他："一个课堂讲座!"话虽然说得不够婉转，但表达了我的一个看法：目前生态系统模型出来的结果往往是高度概括，表达一个平均的状况，用它对应现实中的某个点不是一个好的选项。但是，最终还是答应教授：会根据多年的调查资料写篇短文报道黄海生态系统渔业资源变化的实况。让我们没有想到的是这篇文章②被国际环境问题科学委员会（SCOPE）作为大海洋生态系研究的杰出成果选入《海洋可持续性：评估和管理世界大海洋生态系》专著。其原因正像 Sherman 教授指出的那样，半个多世纪的变化实况与预期相反，是大家包括我们自己都没有预计到的。例如，在高捕捞压力下渔业资源的种类多样性、营养级和生物量产量长期变化不是通常所想象的那样必然减少或降低了，而是一个波动的状态。在黄海这些指标自 20 世纪 80 年代下降后近年又呈走高的趋势。另外，还看到一个有趣的现象：优势种从过去由底层、营养级和价值较高的种类向中上层、营养级和价值较低的种类更替之后，近年又返回来了，向底层、营养级较高但价值较低的种类更替。这些研究结果展示了黄海大海洋生态系渔业资源长期变化的真实状况，一个生态系统在多重压力下变化的真实记录，很可能是生态系统转型的表现，有重要的科学价值。这些研究再次让我们认识了生态系统在多重压力下变化的复杂性和难以预见性，这是当今海洋生态系统的一个基本特征，至少近海生态系统是这样，应在探讨适应性管理对策时认真对待。

回顾与 Sherman 教授 30 多年的交往，颇有感触，我们并不是对所有问题的认识都一定是一致的，例如，20 世纪 90 年代初对资源波动原因的认识、近十几年对资源恢复和管理对策的认识有所不同，但是为了共同的目标和追求，我们坦诚相待、相互尊重、相互影响，推动大海洋生态系发展不断取得新进展，这真是一件难得的、值得庆幸的事。正如 Sherman 教授所说，这也是我们科学人生的一段奇妙旅程。

2018 年

这一年度的中心任务是宣讲"绿色发展与渔业未来"，从 5 月开始到 2019 年初共讲了 14 场。为什么要这么做?！一方面是为了宣传战略咨询研究的成果；另一方面，也是更重要的，希望渔业发展在新时代有个新说法，希望讨论出新时代渔业发展的新方向、新目标。我在主持《中国大百科全书 · 渔业学科》和《中国农业百科全书 · 渔业卷》编纂工作中有一个切肤之痛的感受：进入近代，特别是清朝实行"轻渔禁海、迁海暴政"，中国对世界渔业发展的贡献几乎无言可陈。

但是，新中国成立不久管理决策层即开始探讨适合中国的渔业发展之路，改革开放 40 年来以养为主的渔业发展方针获得巨大成功，它不仅使中国渔业获得飞跃发展，满足国家对

① Szuwalski CS, et al. High fishery catches through trophic cascades in China. PNAS, 2017, 114 (4): 717 - 721.

② Wu Q, Ying YP, Tang QS. Changing states of the food resources in the Yellow Sea large marine ecosystem under multiple stressors. Deep - Sea Research Part Ⅱ, 2019 (163): 29 - 32.

水产品的重大需求，同时对世界渔业产业结构和发展方针均产生了重大影响，水产养殖的渔业地位也今非昔比了。尽管对此有的国际大牌还有些想不通，但我们必须想明白：下一步应该怎么走，怎么做，如何才能发展得更好，这也是做这些报告的主要目的。报告中强调了两点：一是水产养殖与生态环境协同发展是新时代渔业要解决的主要矛盾，建立水产养殖容量管理制度是一项不可或缺的必备措施；二是渔业资源恢复是一个复杂而缓慢的过程，需要积极探索适应性管理对策。根据生态系统基础科学和发展战略咨询等研究，我认定绿色发展是渔业的现在和未来，绿色发展将使渔业的出路海阔天空，坚持绿色高质量发展，中国渔业的明天会更加灿烂。

中国工程院重大咨询项目“海洋强国战略研究 2035”（海洋Ⅲ期）启动，我仍担任常务副组长，组织协调多学部多学科的院士专家开展研究，为“加快建设海洋强国”献计献策。

2019年

1 月，经国务院同意，农业农村部等十部委联合印发了《关于加快推进水产养殖业绿色发展的若干意见》（简称《若干意见》）；2 月，国务院新闻办公室举行新闻发布会，称《若干意见》“是当前和今后一个时期指导我国水产养殖业绿色发展的纲领性文件”。我们几年的努力终于有了结果，更重要的是中国渔业由此进入绿色发展新时代，具有里程碑意义。

3 月，中国工程院咨询研究项目“我国专属经济区渔业资源养护战略研究”顺利通过验收，该项目侧重渔业资源增殖发展战略研究。为了使一些重要成果尽早与研究者和管理者见面，也是针对当前出现的一些问题，未等相关专著正式出版，先将为专著写的专栏“关于渔业资源增殖、海洋牧场、增殖渔业及其发展定位”上了网，强调“渔业资源增殖、海洋牧场、增殖渔业等基本术语并无科学性质差别和对各类增殖活动应该实事求是，准确、适当地选择发展定位，需要采取精准定位措施”，强调“国际成功的经验和失败的教训均值得高度重视和认真研究”。信息传递比较快，反应也强烈，舆论认为“传递了正能量”“明正视听”“拨乱反正”等。做这件事的目的很简单，就是为了我们的渔业资源增殖事业或称海洋牧场能够健康可持续地发展，也为了营造风清气正的发展和科研环境。

2019 年是新中国成立 70 周年，也是我从事渔业科学研究 50 年。黄海所及功能实验室在青岛海洋科学与技术试点国家实验室隆重举办了“渔业科技发展七十年暨唐启升院士渔业科学研究五十周年学术论坛”，农业农村部副部长于康震、国家自然科学基金委员会原主任陈宜瑜院士、中国工程院原副院长刘旭院士、中国水产科学研究院近年四任院长（分别是现任中国农业科学院党委书记张合成、农业农村部渔业渔政管理局局长张显良、全国水产技术推广总站站长兼中国水产学会秘书长崔利锋和现任院长王小虎），以及来自大学、研究机构、山东省、青岛市等 30 余家单位和部门的百余位领导、专家参加了论坛。会上，于康震等 7 位领导讲话，10 位院士专家做学术报告，大家畅谈了中国渔业的伟大成就和灿烂的未来。令我意外的是来自挪威的 Strand 博士的报告题目是《中挪科技合作推动渔业绿色发展》，表明中国渔业的影响已走向世界。另外，Sherman 教授、厦门大学地球科学学部等发来贺信，我以《新中国渔业 70 年与我的科学之路》为题做了大会报告。现将部分内容以专栏形式记录如下，也算是《我的科学年表》的结束语。

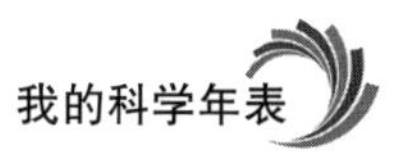

专栏 1

新中国渔业 70 年与我的科学之路

唐启升

2019.09.08

今年是新中国诞生 70 周年，也是我独立主持课题，从事渔业科学研究 50 年，回顾过去，展望未来，有特别的意义。所以，借此机会以“新中国渔业 70 年与我的科学之路”为题，来表达我的一些认识、经历和感受。

新中国渔业 70 年取得了伟大成就，特别是水产养殖成就举世瞩目。主要表现：

1. 中国是世界上最早认识到水产养殖将在现代渔业发展中发挥重要作用的国家。

标志性的事件：1958 年，时任中华人民共和国水产部党组书记高文华在《红旗》杂志发表了“养捕之争”一文。“是捕，还是养”的讨论意义非凡、深远，是当时世界上一种相当超前的认识，更难能可贵的是它发生在中国渔业的管理决策层。

2. 规模化养殖技术的发展为中国和世界水产养殖提供了 90%以上的产品。

标志性的成果：1958 年，钟麟等鲢鳙人工繁殖技术获得成功，引发了一系列养殖技术的发展；而近 20 多年，从健康养殖到 215 个水产新品种诞生，到因地制宜、特色各异的生态养殖模式广泛应用（如具代表性的淡水稻渔综合种养和海水多营养层次综合养殖等），使规模化养殖技术得到全面、系统发展，产生了巨大产业效应，为保障市场供给和食物安全做出重大贡献。

3. “以养殖为主”的正确发展方针为渔业带来巨大驱动力，使中国渔业获得新生，水产养殖跃居世界首位。

标志性的重大决策和评价：1980 年，改革开放和现代化建设的总设计师邓小平批示“渔业，有个方针问题。……看起来应该以养殖为主”；1986 年，《中华人民共和国渔业法》通过，确立了“以养殖为主”的发展方针。正确的发展方针不仅推动了中国渔业快速发展，也影响了世界。2016 年联合国粮食及农业组织渔业年报写道：“2014 年是具有里程碑意义的一年，水产养殖业对人类水产品消费的贡献首次超过野生水产品捕捞业”“中国在其中发挥了重要作用”，产量贡献在“60%以上”。

4. 绿色发展使水产养殖的未来健康可持续。

标志性的重要建议和文件：2017 年，院士专家上报《关于促进水产养殖业绿色发展的建议》，提出了解决养殖发展与生态环境保护协同共进矛盾的重大措施；2019 年，经国务院同意，农业农村部等十部委《关于加快推进水产养殖业绿色发展的若干意见》，成为当前和今后一个时期指导我国水产养殖业绿色发展的纲领性文件，为新时代渔业绿色发展指明了方向。

中国渔业的伟大成就，不仅在于有辉煌的过去，更在于有灿烂的未来，确实令人激动和自豪，向中国渔业致敬。

作为渔业科学工作者，一个执着的践行者，在新中国渔业发展中征程 50 年，感到无比的荣光和骄傲。

1969 年是一个特殊的年代，我的“革命热情”戛然而止，令人迷茫和困惑，但是，天上的太阳依然灿烂。鲱鱼在黄海渔获中再次出现，让我甚是好奇，挑动了我探知的神经和欲望，一个调查研究的“计划”慢慢在心中产生了。让我意外的是“计划”居然得到研究室同事们和领导的支持，在那个特殊的年代这不是一件容易的事。从此，开始了我 12 年的鲱鱼渔业生物学和渔业种群动态研究。自 1970 年起，每年早春，有一个半月在威海至石岛这个大半月形的鲱鱼产卵地收集鲱鱼渔业生物学资料和调访，经常是徒步行走，翻山越岭，另外，还组织了一个由三对 250 hp 渔船组成的“调查舰队”，对黄海深水区鲱鱼索饵场和越冬场进行了 28 个航次的海上调查。每当回忆这些往事，心里总有一种愉悦的感觉，科研工作是辛苦的，也是快乐的，或许这样才能做得更好。进行中，成果不断，特别值得提及的是 1972 年时称青岛海洋水产研究所的调查研究报告第 721 号，是一个与鲱鱼年龄有关的研究报告，它不仅是我的科研处女作，也是“文革”中黄海所正式刊印的第一个研究报告，也可能是青岛的第一个。感谢我的“不知深浅”，更感谢黄海所的宽厚和包容。正当我沾沾自喜之时，新的困惑又来了，“怎么越研究越弄不明白了”，有路子越走越窄的感觉。

确实，机会常常是为那些有心人准备的，1980 年我考取了教育部出国访问学者资格。1981 年，去挪威不久就发现，我的困惑也是欧美渔业科学家的困惑，不同的是他们是经历了 100 多年的困惑，我才 12 年，幸运的是我有意无意地踏进了世界渔业科学新研究领域的探索行列中，新的动力和新的方向使我倍加努力，无所顾忌。1982 年在转赴美国访学途中，我拜访了风行欧洲的多种类资源评估与管理研究学术带头人 Ursin 教授和 Andersen 教授。第五天下午，Ursin 教授又用了 2 个小时，一对一地专题介绍他的学术思想和研究模型。结束时，教授问我：“怎么样?”，我居然说：“听不懂!”，他愣了一下，随后即说“您是对的，我要简化，半年后会寄一篇新的论文给您”，然后我们微笑着握手道别。这番“心有灵犀一点通”的心灵对话和碰撞，成为我走向新研究领域的激发点。

1984 年，我怀着知恩图报的心情回到国内黄海所，决意用我所学报效国家和我所倾心的事业，很快启动了黄海生态系调查研究。这不仅是 20 世纪 50 年代以后黄海唯一的一次全海区周年的生物资源调查，同时从学科发展的角度也使我们进入了一个新的研究领域。1985 年 11 月底，我随中国渔业管理代表团访美，东北渔业科学中心的 Sherman 教授为我们组织了一整天的学术报告，介绍他提出不久的大海洋生态系（LME）概念。晚上，他躺在家里的地毯上，我席地而坐介绍黄海调查，他突然坐了起来，“您怎么做的和我是一样的!”我们一拍即合。从此，相互尊重，相互支持，为了生态系统水平的海洋管理，合作至今。我非常感谢这位比我年长 11 岁的 Sherman 教授用了一段精美的语言表达了我们共同的感受：“这是科学人生的一段奇妙的旅程”。1992 年初，我参加刚成立的全球海洋生态系统动力学科学指导委员会（GLOBEC/SSC）会议，惊奇地发现委员会主席竟是我在美国马里兰大学切萨皮克湾生物实验室（CBL）的教授 Rothschild，顿时明白了，当初我们在 CBL 各自的研究，都是为了探索新的研究方向。经过 10 多年的探索，特别是与 Rothschild 和 Sherman 两位顶级渔业科学家交往，我的海洋生态系统研究学术思想形成了，并记录在 1995 年国家自然科学基金委员会地学部的战略研究报告中，即由理论、观测、应用三个部分组成，包括侧重于基础研究的海洋生态系统动力学、观测系统的海上综合调查评估和常规监测、侧重于管理应用的大海洋生态系。此后 20 多年里，围绕海洋生物资源可持续开发利用的主题，通过国家“973 计划”东黄海 GLOBEC、国家勘测专项“126 调查”、国际黄海 LME 等项目的实施，在科学前沿和国家重大需求两大总体目标引领下，我的大海洋之梦的初期阶段目标实现了。我们不仅有了理论创新，而且成果还落了地，就像 Sherman 教授所说，你们发现了问题，并找到了解决问题的办法。事实上，在第一个“973 计划”完成时，我们已有了一些新认识，如根据“高营养层次种类生态转换效率与营养级呈负相关关系”提出的资源开发利用的“非顶层获取策略”、渔业资源恢复是一个复杂而缓慢的过程、中国近海生态系统研究的重要出口在水产养殖等。之后，围绕这些重要的新认识开展了许多相关的多学科基础研究和适应性管理对策研究，探索海洋科学的新领域，为渔业绿色发展提供了坚实的基础科学依据，使我国海洋生态系统研究，包括海洋生态系动力学和大海洋生态系，在世界科学前沿领域占据了一席之地。为此，在这里我要向我们的物理海洋学家、化学海洋学家、生物海洋学家致意，有了他们的积极参与和共同的努力与奋斗，渔业科学才能深入，渔业科学与海洋科学多学科交叉融合，大海洋之梦才能够得以真正地实现。

2009 年，中国工程院委托我负责水产养殖战略咨询研究，2010 年一句不经意的话：“中国工程院应该对海洋有声音了”，引起领导高度重视，也促成了我 10 年的渔业和海洋战略咨询研究。在与大家共同努力下，硕果累累，提出若干重大建议，如“实施海洋强国战略”“把海洋渔业提升为战略产业”“水产养殖绿色发展”等。之所以能取得这些成绩，除了因为有一个强大的、多学科多部门的院士专家研究团队外，也得益于几十年来渔业科学和海洋生态系统等基础研究的科学积累，使我们有了足够底气和胆量去咨询，去建议。

50 年来，我像每个科技工作者应该做的一样，实事求是、开拓创新、努力向前。我最信奉的是“坚持不懈”。大约 2000 年，青岛市少年儿童活动中心邀请院士们做客并对孩子们说一句话，我当时是年轻的一个，先说，曾老（曾呈奎）是年长的一位，后说，但是我们俩说了共同的一句话：坚持不懈。有了梦想，有了追求，就要脚踏实地，一步一个脚印向前，不能浮夸，更不能虚假。媒体记者曾为我总结了“十年磨一剑”的故事，现在中央要求大家“肯下数十年磨一剑的苦功夫”。事实也确实如此，就像黄海所新建的资源库大楼，从有想法到建成，花了差不多二十年，若要建成世界一流，“数十年磨一剑”也就很现实了。科学进步在多数情况下是缓慢的、积累式的，往往不能一蹴而就，所以，“坚持不懈”也是必需的。

50 年过去了，弹指一挥间，一位科学伟人说过：“科学人生是短暂的”，或许都是在告诉我们要更加地努力。为此，我引用新中国缔造者毛泽东同志的两句诗共勉：雄关漫道真如铁，而今迈步从头越；一万年太久，只争朝夕。让我们在新时代，为实现中华民族的伟大复兴更加奋发努力吧！

专栏 2

大海洋生态系之父、国际哥得堡可持续发展大奖获得者 Sherman 教授贺信

UNITED STATES DEPARTMENT OF COMMERCE
National Oceanic and Atmospheric Administration
National Marine Fisheries Service
Northeast Fisheries Science Center
Office of Marine Ecosystem Studies (OMES)
Narragansett Laboratory
28 Tarzwell Drive
Narragansett, RI 02882
Phone: +1 401-782-3210
Fax: +1 401-782-3201
E-mail: Kenneth.Sherman@noaa.gov

August 15, 2019

Dear Qisheng,

I am privileged to join with your colleagues from China and around the world to extend my best personal congratulations on your 50 year career as a national and international leader in marine fisheries research and management.

We first met in 1985 while you were part of a delegation of fisheries experts from China visiting NOAA-NMFS Fisheries Science Centers, including the NOAA-NMFS Laboratory here at Narragansett. We continue to admire the artistry depicted in the Great Wall of China tapestry presented to the Laboratory by the delegation.

During the past 34 years we have worked together to move forward assessment and management actions for recovering and sustaining fisheries and the Large Marine Ecosystems.

In 1995, I was delighted to observe you and your Republic of Korea colleagues applying the LME approach to the recovery and sustainable development of the Yellow Sea Large Marine Ecosystem. Later we gained quite a bit of new information on LMES as we co-edited a volume for Blackwell Science on the LMEs of the Pacific Rim.

Your chapter in the LME Monaco volume on the effects of long-term perturbations on biomass yields of the Yellow Sea LME was a major contribution to the emergence of the LME approach as a global movement towards sustainable development of coastal ocean goods and services.

During your career, you have become a world leader in applying science to optimize the carrying capacity of the LMEs in general and the YSLME in particular. Your papers provided the scientific basis for combining innovative assessment and management actions to rebuild capture fisheries and introduce more efficient production of multitrophic aquaculture methods. This application of ecosystem-based assessment and management practice can, and should, be replicated around the globe.

Your contribution to marine science in support of ecosystem-based assessment and management practices place you at the very pinnacle among the marine science innovators, educators, organizers, and administrators of our time.

It has been a wonderful journey down the pathways of science to have the opportunity to partner with you in advancing the LME approach for application in the Yellow Sea LME and around the world.

All the very best,

Kenneth Sherman, Director
NOAA Large Marine Ecosystems Program
NOAAA-NMFS Laboratory
Narragansett, Rhode Island

译文

亲爱的启升：

我非常荣幸与来自中国和世界的同仁一起，对 50 年以来您作为中国和国际海洋渔业研究和管理的引领者所做出的卓越贡献表示最诚挚的祝贺！

我们初次相遇在 1985 年，那时您作为中国渔业专家代表团成员，访问了美国国家海洋渔业局（NOAA－NMFS）及其位于纳拉干西特（Narragansett）的实验室，代表团当时赠予实验室的一幅绣有中国长城的织锦，其中的艺术魅力令我们赞叹至今。

在过去的 34 年里，我们共同努力，推动旨在恢复、持续渔业和大海洋生态系的评估和管理行动。

1994 年，我非常高兴看到您和韩国科学家一起把大海洋生态系方法应用到黄海大海洋生态系的恢复和可持续发展中，并取得更多关于大海洋生态系研究的新认知，这在我们共同编著的由布莱克威尔科学出版公司出版的《环太平洋大海洋生态系》专著中均有体现。

您在大海洋生态系摩纳哥专著中的《关于长期扰动对黄海大海洋生态系生物量影响》一文是对大海洋生态系方法能够成为近海海洋产出和服务可持续发展的全球运动的重大贡献。

在您的从业生涯中，您已经成为应用科学优化大海洋生态系承载能力的世界领导者，尤其是黄海大海洋生态系。您的研究论文提供的创新评估方法和管理措施相结合的观点，为推动重建捕捞渔业并引入更为高效的多营养层次综合养殖方法提供了科学基础。这种生态系统水平的评估和管理实践，能够并且应该在全球范围内推广示范。

您对海洋科学的贡献支撑了生态系统水平的评估和管理实践，使你成为我们这个时代海洋科学领域最为卓越的创新者、教育者、组织者和管理者。

很荣幸与您相识、相知，并有机会与您共同推进大海洋生态系研究方法在黄海和世界范围内的广泛应用，这是科学人生的一段奇妙旅程。

致以我最衷心的祝愿！

肯尼思·谢尔曼

专栏 3

厦门大学地球科学学部贺信

贺 信

尊敬的唐启升院士：

在新中国建国七十华诞即将来临之际，厦门大学地球科学学部的全体同仁特奉此函，谨向您对新中国渔业科技发展半个世纪的精耕细作、卓越贡献致以最崇高的敬意！并向您长期以来对厦门大学海洋、环境及生态学科的关心和支持表示衷心的感谢！

在学科建设方面，您一直紧紧围绕国际科学前沿和国家需求，对我校在海洋生物资源、海洋生态系统动力学、海陆统筹的研究与管理等方面的科学研究及人才培养发挥着至关重要的指引作用。

在平台建设方面，今年适逢您担任近海海洋环境科学国家重点实验室及其前身海洋环境科学教育部重点实验室学术委员二十周年，实验室在申请、建设、评估等各个环节及二十年来取得的成绩，都离不开您高屋建瓴的指导以及卓有成效的支持。与此同时，您作为福建省海陆界面生态环境重点实验室学术委员会主任，对实验室的建设和发展指明了方向，使实验室取得了长足的进步。

值此庆典，回望您在我校海洋、环境及生态学科领域规划学科战略、把握学术方向、指导平台建设等重大事务中作出的重要贡献，实验室领导班子携全体同仁，谨向您致以最崇高的敬意和最诚挚的谢意，我们会始终怀着感恩之心谨记您的支持、指导与点拨。

谨此函达，深表谢意，恭祝研祺并颂安康！

主任：戴民汉 厦门大学地球科学与技术学部

近海海洋环境科学国家重点实验室

院长：王克坚 厦门大学海洋与地球学院

主任：黄邦钦 福建省海陆界面生态环境重点实验室

2019 年 9 月 5 日

唐启升

2019.12.25

目录

下 卷

第一篇・海洋生态系统动力学①

一、海洋生态系统动力学研究发展

二、高营养层次营养动力学

三、功能群、群落结构与多样性

四、生态系统动态与变化

五、生态系统健康与安全

六、海洋生物技术与分子生态学

①由于选编的论文有一定的历史跨度，为尊重历史，本文集遵照原刊的内容和形式来出版。

一、海洋生态系统动力学研究发展

正在发展的全球海洋生态系统动态研究计划（GLOBEC）[①]

唐启升

关键词： 海洋生态系统；全球变化

人类赖以生存的地球环境正在以前所未有的速度发生变化。预计在今后的年代里，人类活动的影响幅度将大于自然界的影响幅度。因此，80 年代以来，研究全球变化就成为国际科学活动的重要内容之一。由于海洋作为地球水圈的主体，在地球气圈、水圈、岩石圈和生物圈的相互作用中，起着控制地球表面环境和生命特征的作用，因而产生了许多与海洋科学有关的大型国际合作研究计划，如国际地圈生物圈计划（IGBP）中的全球海洋通量联合研究（JGOFS）、海岸带海陆相互作用（LOICZ）、全球海洋真光层研究（GOEZS）、热带海洋与全球大气计划（TOGA）、全球海洋环流实验（WOCE）、海洋科学与生物资源（ISLR）和全球海洋观察系统（GOOS）等。在这些计划的发展过程中，科学家们发现海洋物理过程与生物资源变化相互关系研究方面出现了空白。于是，发展“全球海洋生态系统动态研究和监测”（global ocean ecosystem dynamics research and monitoring，GLOBEC）的建议，经过一段酝酿之后正式提出来了。美国从 1987 年制订计划，1989 年 2 月成立了执行委员会，1991 年 11 月和 1992 年 3 月海洋研究科学委员会（SCOR）、政府间海洋学委员会（IOC）理事会会议分别认可了这个建议，并作为两个委员会共同支持和发展的国际合作研究项目。随后，GLOBEC 科学指导委员会召开计划会议，讨论项目的发展设想和实施计划。十几个国家提出相应的研究计划或将已有的计划纳入该项目研究轨道。

本文仅就 GLOBEC 的科学依据、主要研究内容以及有关的实施计划与设想作一简介，以促进中国相应研究计划的发展。

1　主要科学依据和研究内容

在当今的海洋科学活动中，存在着一系列生态学问题需要生物海洋学家、渔业生物学家、海洋学家以及生物资源管理者做出科学的解释。诸如，全球变暖和海洋环流的变化是否将导致不可逆转的生态变化？所有的海洋动物种群和次级生产者是否将受到冲击？主要资源

① 本文原刊于《地球科学进展》，8（4）：62－65，1993。

种类是否将被其他种类替代？海洋生态系统结构是否会发生根本的交替或部分交替？海洋生态变化对全球生物地球化学循环产生的影响对气候有什么作用？其中心议题是气候与海洋物理化学相互作用对海洋生态系统及它的动物种群变化的监测和控制。在研究探讨过程中，人们发现：①在海洋动物种群中，浮游动物在形成生态系统结构和生物元素循环中起关键作用；②当藻类的生长率超过浮游动物的摄食率时，浮游植物大量繁殖。在相反的情况下，尽管营养盐很充分，浮游植物的生物量却很小。浮游植物的生产有时会超过浮游动物的消耗。这个现象对海洋表层二氧化碳吸收影响很大；③长期渔业产量统计和其他记录表明，海洋主要鱼类资源出现的以十年计的变化是不能仅用捕捞压力来解释的。于是，产生了一种假设，强世代的产生是个体早期生命史阶段适宜的海洋物理、化学条件相互作用的结果。

B. Rothschild，D. Cushing 和 J. Stromberg 等一批生物、渔业海洋学家认为，上述问题的关键是认识海洋物理过程对捕食者-被捕食者关系和浮游动物种群动态的影响，认识它们与全球气候系统和人为变化有关的海洋生态系统的关系。为此，首先需要认识传统食物链中控制物质和能量流动的过程，了解种群变化是如何扩展和抑制的，其次需要了解海洋物理变化过程。如前所述，浮游动物种群动态是联结浮游植物生产力、鱼类群体和气候变化的唯一纽带。浮游动物种群动态和海洋物理过程共同控制的不仅是次级生产力的数量和海洋生物资源变化，也控制了初级生产力的数量和周期。这不是说光合作用不是食物链的必需过程，而是与其说浮游植物控制了浮游动物的数量，不如说浮游动物控制了浮游植物。浮游动物在海洋生态系统中的作用要比以往假设的大得多。

因此，GLOBEC 国际计划的前沿课题内容包括：

（1）进一步了解受控于浮游动物为中间媒介的初级生产力与鱼类资源及其他生物资源之间的关系。

（2）定量地阐明浮游动物通过对浮游植物的摄食控制而对生物地球化学循环产生的影响。

（3）使用先进的声学、光学和图像分析等取样技术，测定各种重要的生物学尺度的浮游生物的时空分布。

（4）最终促成区域和全球规模的海洋生态系统动态建模和预测能力。

2 有关的实施计划

为了实现上述研究目标，GLOBEC 实施计划由重点研究计划、区域研究计划和国家研究计划三个部分组成，三者分别进行，相辅相成。GLOBEC 科学指导委员会设想了基础发展和野外研究两个五年实施计划（1992—1996、1995—）。目前，该项目仍处于启动阶段，主要工作侧重在基础发展研究方面，目的是制订出较为详尽的科研究施计划，为野外研究奠定坚实的理论基础。

（1）重点研究计划。它包含全球生态系统动态研究和监测中共有的综合性研究主题，如基础过程研究、采样技术、建模等，其主要内容以工作组研讨的形式进行，已建立了如下四个工作组：

种群动态和物理变化工作组：重点研究的主要部分，侧重在浮游植物与摄食者浮游动物、浮游动物与物理环境、浮游动物与鱼类亲体-补充量之间相互作用及其变化，以及浮游动物在二氧化碳排放中的作用等方面的过程研究。

数值模式工作组：数值模式代表了 GLOBEC 的综合和预测能力。工作组将评价耦合生物-物理模式的状况，制订五年研究计划，确定实施步骤及实验的最终发展与过程研究有关的时空-数值模式。

采样和观察系统工作组：按照 GLOBEC 研究要求，需要优先发展新的生物和物理采样、观察系统，制订全球 CPR（浮游生物连续记录器）监测计划，包括发展更先进、适用的 CPR。

资料审校工作组：过去近一个世纪的海洋生物和水文资料收集、整理对实施 GLOBEC 计划是很重要的，如 CPR 的历史资料。工作组的一个重要任务是校验资料因取样方法不同而产生的差异。提高全球海洋现有生物、水文资料的利用率。

在以上工作组研讨工作结果的基础上，GLOBEC 科学指导委员会将于 1993 年夏季再次召开会议，研究确定 GLOBEC 国际科研工作计划。

（2）区域研究计划。区域性的生态系统研究是 GLOBEC 的一个重要内容。除了需要发展一些新的研究项目，如上升流系统，春季（浮游植物）水华系统和中部海洋涡漩系统之外，同时，也需要扩展现有的研究项目。如：

鳕鱼与气候变化研究计划：是国际海洋考察理事会（ICES）支持的一项国际研究项目，始于 1989 年，目的是调查气候变化和气候变化如何直接地或通过它的捕食者和被捕食者影响鳕鱼的繁殖、生长和死亡。其中对确定鳕鱼世代强度有主要影响的仔鱼浮游阶段与浮游动物的相互作用是一个重要环节。因此，今后补充量研究的重点将放在浮游动物种群动态方面，研究气候对浮游动物的产量和移动的影响。

南大洋动物种群与气候变化研究计划：是美国科学基金会和国家海洋大气局资助的国际研究项目，澳大利亚、智利、德国、法国、日本、波兰、瑞典、英国、美国等国家的科学家参与该项研究。其主要研究目标是探讨控制海洋动物种群变化的有关过程，涉及南极的浮游动物（包括鳞虾）、鱼类、底栖生物种群，以及物理海洋和区域性环境对生物分布、冰覆盖和气候的影响。

（3）国家研究计划。它是 GLOBEC 的主要实施部分，一方面它的研究内容是根据各个国家的需求和地区特点确定的，另一方面又是重点研究计划资料信息的主要来源和实验基础。部分国家的研究计划简述如下：

加拿大：海洋生产增殖网络计划（OPEN）。为了增强加拿大渔业工业竞争地位而形成的一个研究网络，由大学、工业和政府部门的渔业生物学家和海洋学家组成，包括近四十个科研项目。当前，该计划以商业价值较高的海洋扇贝和大西洋鳕为样板，调查鱼类和经济无脊椎种类的存活、生长、繁殖、分布的受控过程。该项目作为一个综合研究计划，以渔业是一个生态生产系统的概念为基础，研究重点放在有机物与物理环境的相互作用方面。

日本：日本主要中上层鱼类卵子和仔鱼调查已进行了四十余年，但是，对补充量的动态机制还没有很好地调查研究。因此，日本水产厅决定实施一项十年调查计划，弄清太平洋沙丁鱼变化的生态受控机制。同时，与加拿大合作，对亲潮和拉布拉多流域海洋环境变化与次级生产力动态，以及太平洋东、西边缘区域渔业生态系统（包括次级生产力）进行比较研究。

挪威：1990 年前已实施了亚北极海洋生态学研究计划（PRO MARE），研究重点放在巴伦支海融冰边缘区浮游植物产量动态、与浮游动物的捕食关系、毛鳞鱼捕食浮游动物的状况，以及建立融冰、浮游植物产量和浮游动物捕食等动态数值模式。1990 年以后，在 PRO MARE 的基础上又开始了挪威北部沿岸生态学研究计划（MARE NOR）。新增加的研究内容包括：挪威鳕繁殖对策、雌体产卵年龄、个体大小、丰满度对卵子质量和仔鱼的影响；涡流和光对仔鱼和捕食者相遇率的影响等方面。

南非：本格拉生态学研究计划以鱼为重点研究物理和生物过程对鱼类产量的影响已有十年（1982—1991），持续发展项目称海洋边缘过程研究计划（1991—1996），着重研究边缘区的物理和生物过程及其对鱼类产生的影响。

美国：美国 GLOBEC 计划主要是探讨全球环境变化对海洋动物种群资源和产量的影响。重点研究主要海洋动物和种群和它的时空变化的功能机制。预测全球变化的潜在影响，海洋物理环境对海洋生态系统动物资源直接和间接的影响。美国科学基金会 1992—1993 年对该项的科研资助为 1 010 万美元。野外研究将始于 1997 年。1995—1996 年制订实施计划。

3 展望

迄今为止，人类对海洋生态系统的了解还甚少。随着海洋开发与保护在人类发展活动中的地位日益重要，无论从理论的角度，还是从应用的角度，都需要加深了解和认识海洋生态系统中生物资源变化及其与物理和生物成分之间的关系，GLOBEC 是实现这个目标的有效途径。另一方面，GLOBEC 是在一个适当的情形下提出来的，即一些与海洋科学有关的大型国际合作研究计划已经实施，并在探讨海洋对全球变化的物理和生物地球化学反应方面取得了显著进展，为实施 GLOBEC 计划提供了很好的科学环境和基础。因此，GLOBEC 得到广泛重视和支持，并发展成为国际合作研究项目是必然的。

我国在海洋科学领域已做了许多工作，并涉足一些全球性科研项目，如 TOGA、WOCE、JGOFS 等，但是，在海洋生态系统动态方面的研究工作还很少。无疑，GLOBEC 也应该是我国海洋科学发展的一个新内容。它对我国海洋事业的持续发展，对生物资源的开发、保护、管理和增殖，不仅有深远的科学意义，也有重要的现实价值。

海洋研究的新领域——全球海洋生态系统动力学[①]

唐启升

80年代后期以来，在发展与全球变化有关的海洋科学研究计划过程中，海洋科学家认识到在海洋物理过程与生物资源相互关系方面研究不足，需要探索全球环境变化如何影响了海洋动物种群的丰度、多样性和产量，需要探索海洋物理与生物的相互作用，以便提高人类对世界海洋生态系统以及它对物理变异的响应和在全球变化中的作用的认识。1991年国际海洋科学研究委员（SCOR）和政府间海洋学委员会（UNESCO/IOC）肯定了一个研究领域——全球海洋生态系统动力学（GLOBEC），随后又得到国际海洋考察理事会（ICES）和北太平洋科学组织（PICES）的积极支持。从全球变化角度进行海洋研究的GLOBEC得到世界主要海洋科学组织的共同支持，并引起国际地圈生物圈计划委员会（IGBP）的重视，今年确认为全球变化8个核心计划之一。

90年代成为全球海洋生态系统动力学发展的重要时期，正在发展的GLOBEC研究计划由国际核心计划、区域计划和国家计划等三个部分组成。

1. 国际核心研究计划

由全球海洋生态系统动力学国际科学指导委员会组织实施，侧重于全球生态系统动力学研究和监测中共有的综合性研究主题，主要的科学活动应包括资料管理与分析、过程研究、观测系统和数值模式等方面。

2. 区域研究计划

目前，已经启动或正在策划的区域研究计划有：南大洋动物种群与气候变化计划、北大西洋鳕鱼与气候计划、气候变化与容纳量计划、小型中上层鱼类与气候变化计划和黑海计划。

3. 国家研究计划

国家计划是全球海洋生态系统动力学实施计划的重要组成部分。已启动的国家计划如美国乔治滩计划、加利福尼亚海洋系统计划（着重探讨全球环境变化对海洋动物种群丰度和产量的影响）、挪威北欧海洋生态系统计划（着重探讨控制北欧海大海洋生态系变异机制，预测海洋气候、浮游生物产量和鱼类群体的变化）、加拿大陆架生态系统计划（着重探讨海洋生态系统结构和生产力波动以及与气候变异的关系）和南非本格拉生态系统计划等。

中国全球海洋生态系统动力学计划正在启动中，主要目的是确认自然变化和人类活动对我国近海生物资源和环境的影响及其变化机制，定量近海生态系统动力学过程，预测其动态变化，寻求海洋持续发展的调控途径。

---

① 本文原刊于《科技日报》，3版，1995年7月15日。

Ecosystem Dynamics and Sustainable Utilization of Living Marine Resources in China Seas①

——Programmes under Planning

TANG Qisheng

Goal and Objective

Multidecadal changes in ecosystem resources and shifts in dominant species have been observed in the China Coastal Sea (Figure 3. 9. 1), and it cannot be explained merely by

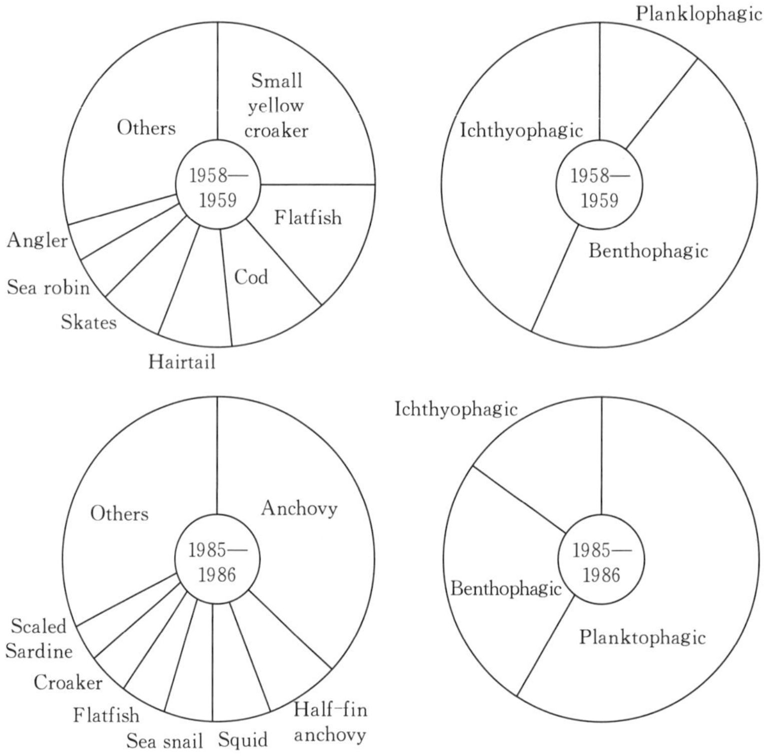

Figure 3. 9. 1 Proportion of major species and varies feeding habits in total catch based on research vessel bottom trawl surveys of the Yellow Sea in 1958—1959 and 1985—1986

① 本文原刊于 *China Contribution to Global Change Studies*, *China Global Change Report*, 2: 83 - 85, Beijing: Science Press, 1995。

fishing pressure. Results of Large Marine Ecosystem Studies (LMES) on variations in biomass yields indicate that some large-scale changes in abundance levels of marine resources result from changes in ocean productivity driven principally by environmental changes. In the Pacific Rim, examples of the multimillion metric-ton response in fish production of LMES to favorable or unfavorable environmental conditions include the boundary region between the Karoshio and Oyashio Current ecosystem and the California and Humboldt Current ecosystem. Chinese oceanographers and fishery scientists believe that exploring these problems is a major challenge for marine ecology that has acquitted a sense of urgency in connection with global change, and one approach is the initiative of Global Ocean Ecosystem Dynamics (GLOBEC). Such approach could contribute to the understanding of the ecosystem through fostering studies of the relationships and variability among components of the physical and biological environment and address the question of how changes in the global environment will affect the abundance, diversity and production of animal populations comprising a major component of ocean ecosystems. Therefore a new programme called China Sea Ecosystem Dynamics and Sustainable Utilization of Living Marine Resources is under planning (because this programme is national programme of GLOBEC INT, it is abbreviated to China-GLOBEC hereafter). This programme has granted a high priority in the next 10-year Earth Science Plan of China and the development of the programme has received great support from the National Natural Science Foundations of China and the State Science and Technology Commission of China.

The goal of China-GLOBEC is to identify how changes in climatic change and anthropogenic change will affect the dynamics of coastal sea ecosystem with the aim to predict fluctuations in ocean and its living resources.

The China-GLOBEC will provide a example of the coastal ecosystem dynamics to SCOR/IGBP GLOBEC and a regional case to PICES-GLOBEC established by North Pacific Marine Science Organization. It will also provide the better knowledge of the ecosystem for effective ecosystem management and sustainable utilization of living marine resources in the China Seas.

Research Emphases

Focus 1. Structure carrying capacity and health of the coastal ecosystem.

Focus 2. Food chain and trophodynamics.

Focus 3. Role of physical processes and physical/biological interactions on control of marine production.

Focus 4. Recruitment variability and replacement mechanism of dominant species.

Focus 5. Physical-biological-chemical coupled modeling.

Project Implementation

Key Research Activities

Four key research activities and their interrelationship are indicated in Figure 3. 9. 2. The following is noted concerning these activities:

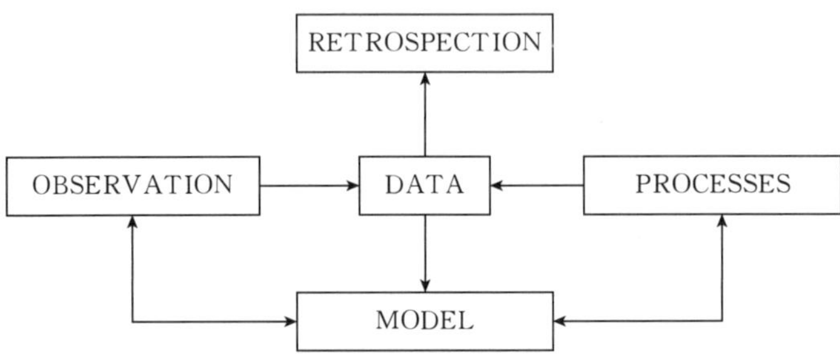

Figure 3. 9. 2 Key research activities

(1) Retrospective analyses: To identify recent and historical changes in atmospheric physical biological and paleoceanographic data in the research area.

(2) Development of numerical models: To develop models for ecosystem dynamics research and monitoring including both conceptual and theoretical studies.

(3) Ecosystem process studies: The process studies will be conducted in selected area. The Bohai Sea and Yellow Sea will be considered as first intensive field study. They will focus on how environmental conditions affect primary production, secondary production, population dynamics of higher trophic level species and food web trophodynamics.

(4) Development of observation systems: A monitoring programme will be developed to collect new observational data on winds, temperature, circulation, nutrient flux and production in different trophic levels. These data will be obtained from satellites drifting, buoys, moorings, research vessels and by development and implementation of required new methods and technology.

Time Table

Phase 1. 1995—1996, planning and data assimilation
Phase 2. 1997—1999, observing process studies and modelling
Phase 3. 2000— , model integration and testing

International Participation

Over the past several years, Chinese GLOBEC scientists joined the Scientific Steering Committee of GLOBEC INT and PICES/GLBOEC for developing science plans of the programmes. Therefore the China Sea Ecosystem Dynamics and Sustainable Utilization of

Living Marine Resource is not only a national programme of China-Global Change, but also a regional programme of GLOBEC INT and PICES/GLOBEC. This indicates that this programme will link many international global change programmes such as JGOFS (Joint Global Ocean Flux Study, IGBP), WOCE (World Ocean Circulation Experiment, WCRP), and GOOS/LMR (Global Ocean Observing System/Module on Living Marine Resources, IOC).

中国海洋生态系统动力学研究发展战略初探①②

唐启升[1]，范元炳[2]，林海[2]
（1. 中国水产科学研究院黄海水产研究所，青岛 266071；
2. 国家自然科学基金委员会地球科学部，北京 100083）

摘要：在概要介绍海洋生态系统研究的发展背景、有关国际计划的研究内容与发展动向的基础上，提出了我国海洋生态系统动力学研究的发展原则、战略目标、“九五”优先领域、重点研究问题、典型实验区等设想、建议及具体的实施对策。

关键词：海洋生态；海洋生态系统动力学；发展战略；中国

1　发展背景

海洋生态系统研究在国际国内均起步较晚，直到 20 世纪 60 年代后期有关海洋生态系统结构、功能、食物链和生物生产力等方面的研究才逐渐增多。这是因为海洋生态系统较陆地生态系统复杂，研究难度大，且不易观察和定量。例如陆地生态系统食物链一般为 2～3 个营养层次，而海洋生态系统则为 4～5 个营养层次，再加上特殊的海洋物理、化学环境条件，稳定性远比陆地低，能量流动过程就变得十分复杂了。80 年代以来，科学进步和社会发展为海洋生态系统研究提出了新的任务，使其面临崭新的发展机遇。

（1）海洋生态学发展进入一个新的阶段。60 年代以来，由于物理过程、化学过程和生物过程等方面的知识不断积累，海洋生物与环境关系的研究得到加强，研究层次也从个体生态学向种群生态学、群落生态学发展，开始了种间关系、营养动力学、资源生产力、生态系功能和结构、数学模拟，以及自然生态与实验生态比较研究。结果使海洋生态学进入动态研究阶段，使生态系统动力学成为海洋生态学最为活跃的研究领域。多学科的交叉成为海洋生态学发展的生长点，它要求物理海洋学家、化学海洋学家、生物海洋学家和渔业生物学家（资源生物学家）携手共进，把海洋看作一个整体来研究它的生态学过程和概念。对研究的区域规模和时间尺度也有了较多的要求，并要求向微观水平的研究和宏观水平的研究两个方向同时发展，例如在海洋生态学发展需要充分体现整体研究和多学科交叉的阶段，海洋生态系统研究自然也就成为现代海洋生态学的重点研究领域。

---

① 本文原刊于《地球科学进展》，11（2）：160－168，1996。

② 1994 年，在国家基金委地球科学部的发起组织下，成立了以唐启升教授为组长的“中国海洋生态系统动力学发展战略小组”，经过一年多的调研，完成了战略研究报告初稿，为进一步听取专家意见，引起国内各方面的重视，由唐启升、范元炳、林海改写成此文发表。

另外，现代科学技术的发展和应用，如遥感技术、声学技术、图像分析和计算机技术等，提高了人类认识海洋的能力，有可能更有效地研究海洋各个系统的特征，描述、定量、模拟其变化过程，也成为促进海洋生态系统研究发展的重要技术因素。

（2）人类社会持续发展的新需求。《21世纪议程》强调指出，海洋不仅是全球生命支持系统的一个基本组成部分，也是一种有助于实现可持续发展的宝贵财富。目前，全世界有一半以上的人口居住在海岸线以内60 km的地方，到2020年，这一比例可能提高到四分之三。我国的比例略低一些，但是，却保持着同样的增加趋势；在许多国家，特别是发展中国家，海洋生物资源是重要的蛋白质来源，它为千百万人提供食物和生计。无论是沿海还是大洋，对人类都非常重要，海洋成为人类生存与发展的新支点。因此，人类从来没有像现在这样关心海洋，迫切需要海洋生态学解答海洋开发利用与持续发展中出现的一系列生态学问题。例如，如何解释生物资源种类组成明显交替、捕捞对象替代频繁、生态系资源质量下降、生物多样性减少等问题？如何预测各种海洋生物资源及其与环境之间的相互作用？全球变暖和海洋环流变化是否将导致不可逆转的生态变化？环境退化对生物生产过程的影响程度？受损生态系统是否能够重建？面对这些富有挑战性的实际问题，海洋生态学不得不加强海洋生态系统研究，去寻找正确的答案，评估现状、改善现状、预测未来，为海洋开发利用的持续发展做出贡献。

（3）全球变暖研究的一个重要内容。海洋作为地球水圈的主体，在地球气圈、水圈、岩石圈和生物圈的相互作用中，起着控制地球表面环境和生命特征的作用，对缓和气候变异和全球变暖也起重要作用。据估计，人类活动产生的CO_2有一半为海洋所吸收。显然，海洋是全球变化研究的重要领域。80年代以来，产生了一系列与全球变化有关的大型国际海洋研究计划，如热带海洋与全球大气计划（TOGA）、全球海洋环流实验（WOCE）、海岸带海陆相互作用（LOICZ）、全球海洋通量联合研究（JGOFS）、全球海洋真光层研究（GOEZS）和全球海洋观测系统（GOOS）等。在这些计划的发展过程中，人们发现海洋物理过程和生物资源变化相互关系研究方面出现了空白。一方面需要了解人类活动和全球变化对海洋生物种群丰度、多样性和生产力的影响，另一方面也需要了解海洋生态系统的动态变化对环境的反馈作用以及它在全球变化中的作用。因此，海洋生态系统研究即成为全球变化研究中的一个不可缺少的研究内容。

2　有关研究计划

80年代后期以来，众多国际科学组织积极推动和支持发展海洋生态系统研究计划，产生了一些新的理论和概念，具代表性的研究计划有全球海洋生态系统动力学（GLOBEC）、大海洋生态系（LME）和全球海洋观测系统（GOOS）。

2.1　全球海洋生态系统动力学

迄今为止，人类对海洋生态系统的规律知之甚少，物理过程与生物资源变化相互关系研究将是一个重要的启动点。自1991年起，海洋研究科学委员会（SCOR）、政府间海洋学委员会（IOC）、国际海洋考察理事会（ICES），以及北太平洋科学组织（PICES）等国际组织开始推动、发展“全球海洋生态系统动力学（GLOBEC）”研究计划。B. Rothschild等一批生物、渔业海洋学家认为：浮游动物在形成生态系统结构和生源元素循环中起着重要作用；浮游动物的动态变化影响许多鱼类和无脊椎动物种群的生物量；浮游动物是生物地球化学循环中的一个关键成分，也对全球的气候系统起重要作用。因此，GLOBEC的主要研究目标是：提高对全球海洋生态系统及其主要亚系统的结构和功能以及它对物理压力的响应的认识，发展预测海洋生态系统对全球变化响应的能力。主要侧重于了解物理过程对捕食者与被捕食者的相互作用和对浮游动物种群动态的影响，以及它们在全球气候系统和人为变化含义上与海洋生态系统的关系。其国际计划的前沿课题包括：

（1）进一步了解受控于浮游动物为中间媒介的初级生产力与鱼类资源及其他生物资源之间的关系。

（2）定量地阐明浮游动物通过对浮游植物的摄食控制而对生物地球化学循环产生的影响。

（3）使用先进的声学、光学和图像分析等采样技术，测定各种重要生物学尺度的浮游生物的时空分布。

（4）最终促成区域和全球规模的海洋生态系统建模和预测能力。

为了实现上述目标，GLOBEC实施计划由国际核心研究计划、区域研究计划和国家研究计划三个部分组成，三者分别进行，相辅相成。

国际核心研究计划：以工作组研究形式研究GLOBEC理论和综合性主题。如种群动态和物理变化工作组，侧重浮游植物与摄食者浮游动物、浮游动物与物理环境和鱼类补充量的相互作用，以及浮游动物在二氧化碳吸收中的作用等方面的过程研究；数值模式工作组，评价生物-物理耦合模式的现状、发展与过程研究有关的时空-数值模式，探讨GLOBEC的综合和预测能力；采样和观察系统工作组，研究发展有关的生物和物理采样技术和观察系统。

区域性研究计划：为GLOBEC实施计划的重要内容。其中：国际海洋考察理事会支持的“鳕鱼与气候变化”研究计划，目的是调查气候变化如何直接或通过捕食者-被捕食者相互作用影响鳕鱼的繁殖、生长和死亡；美国科学基金会和国家海洋及大气管理局资助的“南大洋动物种群与气候变化”国际研究计划，主要目标是探讨海洋动物种群变化有关过程；国际北太平洋海洋科学组织发起的“气候变化与容纳量”研究计划，目标是测定亚北极太平洋高营养层次动物种群的容纳量，以及对气候变化的反应。另外，还有一些区域性研究计划正在启动中，如“小型中上层鱼类与气候变化”、“黑海生态系统动力学”等。

国家研究计划：该计划的研究内容一方面是根据各国的需求和地区特点确定的，另一方面也与国际重点计划以及区域计划衔接。已启动或正在启动GLOBEC计划的国家有美国、挪威、加拿大、英国、日本、南非及中国等。例如：

美国的GLOBEC主要研究目标是测定控制海洋浮游动物和鱼类动态的大气压力、物理过程、生物过程之间的联系和耦合度，进而评估和预测气候变化对海洋生态系统的影响。大西洋乔治滩海域被选为美国GLOBEC第一个野外重点研究区，研究内容包括：历史资料分析-应用浮游生物和卫星观测的表温、水色等资料分析水文、浮游植物、桡足类和仔鱼生物量变化；宽尺度的过程调查——通过海上调查研究浮游动物、仔鱼的分布和数量与水文、生态和气候环境的关系，捕食者对被捕食的鱼类和头足类的影响；细尺度的过程调查——侧重研究控制水体分层的过程及其对食物链动态的影响；长期监测——包括环流、浮游植物和动物的生物量；模型研究——侧重在环流和影响补充量的物理/生物过程模拟。具有风生陆架特点的加利福尼亚海流系统将是美国 GLOBEC 第二个重点研究区。

挪威的 GLOBEC 主要研究目标是确认引起北欧海域生态系统变化的首要因素，预测海洋气候、生产力和鱼类群体波动。研究内容包括：海洋气候——确认和定量海洋气候变化的主要机制；资源生态学——描述挪威海生态系统的功能和结构，定量气候变异对鱼类种群生物量影响的主要机制；碳循环——定量生物碳泵对北欧海和作为大气 CO_2 “汇”的重要性。

日本的 GLOBEC 主要研究领域为浮游动物和微型浮游动物种群动态，西北太平洋中上层鱼类交替机制，中上层鱼类种群及生态系统长期变化与亚北极涡流营养动态。西边界流（如黑潮、亲潮）生态系统将是重要研究区域，狭鳕-磷虾-气候是一个主要研究课题。

2.2　大海洋生态系研究

与陆地不同，关于海洋综合利用和保护的基本理论形成比较晚。1984 年美国生物海洋学家 K. Sherman 和海洋地理学家 L. Alexander 提出了大海洋生态系（LME）概念，并作了以下定义：①世界海洋中一个较大区域，一般在 20 万 km^2 以上；②具有特定的海深、海洋学和生产力特征；③其海洋种群具有适宜的繁殖、生长和摄食策略以及营养依赖关系；④受控于共同要素的作用，如污染、人类捕食、海洋环境条件等。按照这个定义，全球海洋已被划出 49 个大海洋生态系，它包括了世界 95%以上的海洋生物资源产量。这个新的学科概念，为发展新的海洋资源管理和研究策略提供了理论依据。它作为一个具有整体系统水平的管理和研究单元，不仅可以广泛应用于专属经济区内，同时，也可以应用于在生态学和地理学上相关联的多个经济区域或更大的区域。使海洋资源管理从狭义的行政区划管理走向以生态学和地理学边界为依据的生态系统管理，有利于解决海洋跨国管理问题。这个新的构想得到国际天然资源和自然保护同盟（IUCN）、政府间海洋学委员会（IOC）、联合国环境规划署（UNEP）、世界银行等国际组织的支持，力图将大海洋生态系研究和管理推向全球。

大海洋生态系的概念已开始在一些区域海洋生态系研究和管理中被接受，如美国北加州海流生态系、南大洋生态系、澳大利亚陆架和大堡礁生态系、南非本格拉海流生态系、黄海生态系等。主要研究内容包括以下几个方面：

（1）大海洋生态系特征和变化原因研究。生态学动态理论是大海洋生态系概念的理论基础。因此，找出影响各个特定系统变化主导因素（如过度开发利用、污染、环境影响和全球气候变化等），并分辨其影响程度是很重要的，其中生产力动态、食物链、补充量、种类替代现象、生物量波动以及物理化学影响的生物学作用都是一些重要的研究课题。

（2）大海洋生态系监测及相应技术的研究。整体研究、长期资料积累和不同时空规模的取样调查是大海洋生态系的主要监测策略。主要监测内容和技术包括：生物资源拖网和声学调查；初级生产力和次级生产力及其环境连续观测；富营养化和环境质量监测。以上监测结果将为生态系统多样性、稳定性、产量、生产力和复原能力提供定量的“健康”指标。

（3）大海洋生态系管理体制可行性研究。大海洋生态系作为一个管理实体，既面向全球又有明显的区域特点，管理体制基本从两个方面考虑：一是从生态学的角度，对不同扰动类型的生态系统采取不同的管理策略，如人工增殖放流被认为是黄海生态系生物资源保护和管理的重要策略，而控制陆源缺氧水输入是波罗的海生态系资源管理的重要目标；二是从跨国管理的角度考虑区域性管理体制，管理决策要求简便性和可操作性。

另外，大海洋生态系概念在设计上是将研究、监测和管理一体化，因此，发展能够综合表达生态系变化和“健康”指标的分量模型也是今后一个重要的研究内容。

2.3 全球海洋观测系统

《21世纪议程》指出，为了断定大洋和在其中发生的各种海洋现象在推动地球系统中的作用，预测海洋和沿海生态系统的自然变化和人为变化，需要协调并大力加强上述活动所获资料的收集、综合和传播。为此，政府间海洋学委员会正在组织建立“全球海洋观测系统（GOOS)”，其主要子系统和重点领域如下：

（1）气候监测、评估和预报。重点领域为年际变化，特别是厄尔尼诺现象。

（2）海洋生物资源监测和评估。重点领域为气候与生态系统相互作用，如大尺度的浮游生物生物量、分布和种类组成变化。

（3）沿岸带环境和变化监测。重点领域为沿岸环流和海平面变化，古海洋和古气候研究。

（4）海洋健康评估和预报。重点领域为毒性暴发检测和预报，沿岸带污染物负载变化，沿岸带纳污能力。

（5）海洋气象学和海洋学作业服务。重点领域为表面波、水色和风。

预计“全球海洋观测系统”在21世纪初全面实施。

3 发展动向

海洋生态系统研究的最终目的是为海洋产业的持续发展提供科学依据。因此，它是由三个必不可缺少的部分组成，即理论研究、观测系统和应用管理。有代表性的研究计划如GLOBEC、GOOS、LME等，三者互补互益，应该同步发展。但是从基础研究的角度看，目前GLOBEC计划科学基础较好，发展较快。在SCOR和IOC的支持下，GLOBEC国际科学指导委员会于1994年7月在巴黎召开“GLOBEC国际战略计划大会”通过了《GLOBEC科学计划草案》，全面推动了全球海洋生态系统动力学的发展。ICES和PICES也在加紧制订各自在北大西洋和北太平洋的区域计划。1995年10月GLOBEC被列为IGBP核心计划。一些国家计划也在启动中或将要实施。1995年是全球海洋生态系统动力学研究的重要启动年，并将对21世纪海洋生态系统研究产生重大影响。

在以上三个领域主要组分的发展过程中，虽然顺序有先后和发展有快慢，但三者十分注意彼此的联系和共同促进海洋生态系统研究的全面发展。

4 我国海洋生态系统动力学研究发展设想

我国海域跨越温带和热带，海岸线长达18 000 km以上，岛屿6 000多个，海洋国土面积达300万km^2。近海海域以陆架区为主，水深较浅，外受黑潮及其支流的影响，内有长江、黄河、珠江等大江大河流入，以及东亚季风和西伯利亚冷空气的交替作用，是边缘海-

大洋相互作用、海-气相互作用、陆-海相互作用的典型区域；我国人口众多，对海洋蛋白质的需求量大，且日益增长，到 20 世纪末，我国水产品总产量在 1993 年 1 862 万 t 的基础上将再增加 1 000 万 t（海洋渔业产量约增加 500 万 t）。然而，我国海洋水产品产量大部分来自近海，近海海洋生物资源面临高度开发利用。另外，我国近海海洋生态系统具有显著的动态特性，它不仅受到自然变化的影响，同时，也受到人类活动（如捕捞、养殖、污染等）的扰动。因此，近海将是我国海洋生态系统动力学研究的出发点。

4.1　发展原则

（1）抓住中国近海海洋生态系统的特点，与中国海洋经济发展特别是生物资源开发利用中的科学问题紧密结合。

（2）鼓励多学科交叉研究，多部门联合攻关和开拓新的科学研究领域。

（3）兼顾前沿性和可行性、近期与中长期目标，有利于 21 世纪我国海洋生态系统研究的发展。

（4）有利于同国际相应学科和区域性科学计划接轨和同步发展。

（5）促进跨世纪人才培养。

4.2　战略目标

（1）确认自然变化和人类活动对我国近海生态系统的影响及其变化机制，建立我国近海生态系统基础知识体系。

（2）定量研究我国近海生态系统动力学过程，预测其动态变化，寻求海洋产业持续发展的调控途径。

（3）促成多学科交叉研究与综合观测体制，造就一批跨世纪的、跻身于国际先进行列的学术带头人。

4.3　“九五”优先领域

我国近海海洋生态系统动力学研究目标的核心是认识海洋生态系统的变化规律并量化其动态变化。为此，“九五”期间需要选择典型海域，以其生态系统的关键物理过程、化学过程、生物生产过程及其相互作用进行重点研究和建模，对生物资源开发利用的可持续性进行探讨和预测。主要研究重点有：①生态系统结构、生产力和容纳量评估研究。评估近海海洋生态系统各级生产力及其影响的因素，研究浮游动物种群动态对各级生产力的控制作用，确认我国近海生态系统结构类型和生态容纳量；②关键物理过程研究。确认影响海洋生产力的关键物理过程（包括多种尺度的物理过程，如湍流、层化、锋面、混合层、上升流、环流等），研究沿海气候和海洋要素变化对海洋生产力的影响，进行关键物理过程数值模拟研究；③生源元素生物地球化学循环和生物生产过程研究。研究碳等生源元素的传输规律、生物碳泵的作用、微型生物在生物地球化学循环中作用，查明基础生产力转换效率和动态变化，进行新生产力研究；④食物网和营养动力学研究。研究我国近海生态系统食物网结构特征，侧重于营养动力学通道及其变化和营养质量在食物网内的作用，定量捕食者与被捕食者相互作用，以及与环境变化的关系；⑤生物资源补充量动态和优势种交替机制研究。主要资源种类亲体与补充量关系，确认物理过程对种群动力学的影响，研究优势种交替规律，定量环境变化、捕捞压力和种间相互作用对优势种的作用程度；⑥生态系统健康状况评估与可持续性优化技术。评估过度开发利用、环境污染和全球变化对资源生产力和生物多样性的扰动程度，研究近海生态系统资源环境健康状况及其复原能力，探讨持续性海洋生态系统优化技术；⑦生态系统动力学建模与预测。发展物理-化学-生物过程耦合模式，建立典型海域生态系统动力学模型，检验海洋生态系统胁迫反应能力，预测生态系统动态变化。

4.4 典型实验区的选择

出于有限目标和研究经费的考虑，我国近海海洋生态系统动力学研究实验区的范围不可能太大，只能选择符合以下条件的典型海域：

- 具有典型的理化环境特征，对全球变化反应灵敏。
- 具有相对独立的生物区系，有不同营养层次的代表种或优势种。
- 有较好的研究基础和较多的历史资料。
- 有利于过程研究和模拟试验。
- 有利于多部门合作和多学科交叉研究。
- 有利于国际合作和与国际计划接轨。

5 实施发展战略的基本措施

5.1 发展交叉学科及研究领域

为了适应我国 GLOBEC 的发展，必须重视交叉学科的发展，加强跨学科的科研活动，把海洋生态系统作为一个整体进行研究。因为海洋生态系统中的物理过程、化学过程和生物过程相互影响、相互制约，还受全球变化影响并通过其自身变化对全球变化产生反馈作用。因此，一系列的跨学科研究领域将会出现，学科的交叉与综合又会激发新的认识，产生新的观点，导致新的研究领域的出现。为了实现“从全球变化的含义上，认识全球海洋生态系统和它的主要亚系统的功能和结构，以及它对物理压力的响应”这一目标，必须从一些基本的过程研究和交叉研究领域做起，逐步达到在生态系统水平上开展研究。为此应重视交叉领域的研究工作。例如：①小尺度湍流与浮游生物相互作用；②中尺度物理过程（锋面、浪潮、流等）与生物生产过程；③环流（包括上升流）与输运过程及营养动力学；④大尺度物理环境变化与生物种群动态和优势种交替；⑤生物地球化学循环与生物生产过程；⑥生物-化学-物理耦合数值模式。

5.2 有关的学科新技术

为了更有效地发展我国的 GLOBEC，需要建立观测系统，采用新的实验手段、方法和技术，发展现场资料获取、储存和分析的方法和途径。因此，新技术的运用势在必行，高质量的现场资料的获取是当今海洋科学赖以发展的重要支柱，改进现有的海洋调查手段，使用先进的仪器是直接关系到我国 GLOBEC 能否取得实质进展的重要一环，为此，应重点发展以下学科新技术：①海洋生物取样技术。如连续浮游生物记录仪（CPR）、箱式分析仪器、声学资源评估积分系统（EK－500、EY－500）等；②生物地球化学中的新技术、新方法。如现场采样装置、现场快速测定装置、化学示踪技术等；③漂流浮标及锚系浮标；④卫星遥感技术。如遥感技术在测定海洋生态系统某些要素（叶绿素、悬浮物、溶解有机物、生物量和初级生产力等）中的应用。另外，数学模拟、图像技术和计算机作为一个有效的技术工具在过程研究和建模中将发挥重要作用。

5.3 人才培养

科学研究和人才培养是密不可分的。一方面我们要有意识地培养一批适应海洋与生态交叉领域的研究人才，以满足海洋生态系统动力学研究的需要；另一方面，随着我国开展GLOBEC研究及国家计划的实施，将会促使一大批海洋科学研究人员从事跨学科研究，拓宽研究领域，从而加速人才培养。这对于培养跨世纪学术带头人，尤其是中青年学术带头人非常及时。

我国的海洋科学教育相对西方发达国家有明显差距，且专业设置过细，教材过于陈旧，不利于学科交叉和新知识的获取。海洋科学与其他学科相比，更应强调多学科的交叉与综合研究。因为一切海洋现象都发生于实际的海洋环境之中，各个因子彼此并不是孤立地存在，因此应改变我国传统的海洋教育体系，打破专业与系的限制，培养通才，为我国发展GLOBEC在人力上提供保障。应在环境海洋学、生物海洋学、化学海洋学等领域给予适当的倾斜，要大力发展研究生教育，广泛吸收原来学习物理、力学、数学、大气等专业的学生攻读海洋学研究生，有利于使从事海洋科学研究的人员有坚实的基础，物理海洋、生物海洋、化学海洋甚至海洋地质学的广泛结合才能真正促进GLOBEC战略目标的实施。另外通过实施GLOBEC这一契机，将使海洋科学教育观念有较大改变。

5.4 加强国际合作

我国海洋科学家在积极参与GLOBEC国际科学计划和区域计划的发展过程中收益颇丰，明显地推动了我国海洋生态系统动力学的发展。但是，他们也清楚地认识到：我国海洋生态系统动力学的基础研究与先进国家的发展相比还有一定距离。在这种情况下，积极参与国际GLOBEC科学活动，开展国际合作，把我国的研究纳入到国际GLOBEC计划整体中去，有助于提高我国的研究水平，增长科研实力，能够使我国早日跻身于GLOBEC研究的国际先进行列。

目前，我国海洋生态系统动力学研究发展直接与IGBP的GLOBEC国际核心计划和北太平洋海洋科学组织的“气候变化与容纳量”有关，即我国的研究将为国际核心计划提供一个近海陆架区海洋生态系统动力学实例，同时，也是北太平洋区域计划的组成部分。这样，就为我国海洋生态系统动力学开展国际合作提供了极好的国际背景和基础。事实上，我国科学家在参与国际计划的发展中，已与美国、日本、加拿大、挪威、英国、德国、法国、瑞典和南非等国家的GLOBEC学者建立了密切的工作联系。因此，作为加强国际合作的一项措施，需要有计划、有步骤地发展实质性的双边或多边的合作研究，上述提到的国家都有发展合作研究的基础，其中美国作为最早提出GLOBEC理论和实施GLOBEC计划的国家，应为双边合作的优先考虑对象。

另外，GLOBEC与其他一些全球性国际研究计划有密切联系，如WOCE、JGOFS、GOOS、LME和LOICZ等，与这些研究计划之间不仅能够互相补充，同时也潜存着新的生长点。因此，也应注意与GLOBEC密切相关的国际计划的合作研究。

5.5 科学指导与组织协调

成立挂靠中国SCOR委员会下的中国GLOBEC科学指导委员会和IGBP中国委员会下的中国GLOBEC工作组，协调、指导和组织国内有关研究计划的实施，研究成果的交流和评估，听取有关部门领导和有关领域专家的意见，负责向国家上级部门提出建议。

科学指导委员会的作用是引导科学家制订我国GLOBEC的研究计划，并争取与国际GLOBEC研究接轨，争取对国际GLOBEC及全球变化的研究做出我们应有的贡献。同时，也应结合我国的区域特点及保证国民经济持续发展对海洋生物资源的需要，形成我国GLOBEC研究的特色。

科学指导委员会应根据我国现行管理体制的特点协调国内有关部门在该领域的研究工作，做到相互配合，充分发挥部门优势，形成我国GLOBEC发展的整体优势。

科学指导委员会应和国际GLOBEC科学指导委员会、IPCES/GLOBEC科学指导委员会以及其他国家GLOBEC科学指导委员会建立广泛的联系渠道，及时传递信息，介绍我国GLOBEC研究进展，推动我国GLOBEC健康发展。另外，还应注意保持与IGBP其他有关海洋的核心研究计划的联系，协调研究工作。鼓励我国科学家积极参与国际GLOBEC的科学活动。科学指导委员会应出版自己的刊物或简报，介绍国内外动态及有关信息，宣传GLOBEC这一海洋研究的新领域。

Initial Inquiring into the Developmental Strategy of Chinese Ocean Ecosystem Dynamics Research

Tang Qisheng[1], Fan Yuanbin[2], Lin Hai[2]

（*1. Yellow Sea Institute of Aquatic Product*，*Qingdao 266071*；

2. Earthscience Division，*National Natural Sciences Foundation of China*，*Beijing 100083*）

Abstract：Firstly，the paper introduces the study history of ocean ecosystem dynamics，which is a relative new study field of oceanology at home and abroad. Ocean ecosystem dynamics research has entered a new stage of development since 1980's，and has become an important and indispensable content in global change study.

Secondly，this paper introduces briefly the research contents and developmental trends international programmes about ocean ecosystem dynamics research，these programmes are Global Ocean Ecosystem Dynamics（GLOBEC），Large Marine Ecosystems（LME）and Global Ocean Observing System（GOOS).

Thirdly, the paper put forths the tentative developmental ideas of ocean ecosystem dynamics research in China, include: developmental principles, strategic objectives, priorities during 9th five-year programme of national economy construction, choice of typical experimental areas, et al. Lastly, the paper put forwards the fundamental measurements of implementing the developmental strategy.

Key words: Ocean ecosystem dynamics; Developmental strategy; China

Global Ocean Ecosystem Dynamics (GLOBEC) Science Plan[①] (Abstract)

The members of the SCOR/IGBP CPPC were:

Brian J. Rothschild (Chair), Robin Muench (Chief Editor), John G. Field, Berrien Moore Ⅲ, John Steele, Jarl-Ove Strömberg, Takashige Sugimoto, Roger Harris (Chair, GLOBEC), P. Bernal, D. Cushing, P. Nival, V. Smetacek, S. Sundby, QS. Tang.

Development of the GLOBEC Science Plan has been carried out by the SCOR/IGBP Core Project Planning Committee (CPPC) for GLOBEC, based on a draft plan written by the SCOR/IOC Scientific Steering Committee (SSC) for GLOBEC in 1994. That plan was itself based on a number of scientific reports generated by GLOBEC working groups and on discussions at the GLOBEC Strategic Planning Conference (Paris, July 1994). The plan was approved by the Executive Committee of the Scientific Committee on Oceanic Research (SCOR) at their meeting in Cape Town, November 14—16, 1995, and was approved by the SC-IGBP at their meeting in Beijing in October 1995.

Contents

① 本文原刊于 *IGBP REPORT* 40 (*GLOBEC REPORT* 9), 3－8, IGBP Secretariat, Stockholm, 1997。

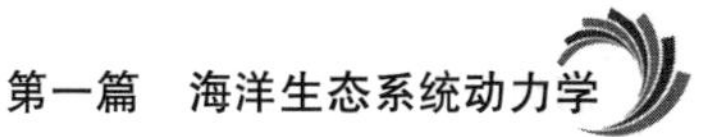

Preface

Human population and associated industrial activities continue to increase rapidly, and have reached levels that put the environment under stress in many areas of the world. In addition natural fluctuations of the Earth's physical and biological systems, often occur in time frames that are not readily evident to man. Such fluctuations cause additional stress on the environment, and can result in changes that impact society in terms of diminished availability of clean water, unspoiled land and natural vegetation, minerals, fish stocks, and clean air. Human societies are making a rapidly increasing number of policy and management decisions that attempt to allow both for natural fluctuations and to limit or modify human impact. Such decisions are often ineffective, as a result of economic, political and social constraints, and inadequate understanding of the interactions between human activities and natural responses. Improved understanding of such issues is important in its own right, and will contribute to ameliorating economic, political and social constraints. Developing improved understanding of environmental change is within the realm of the natural sciences and is being addressed by the International Geosphere-Biosphere Programme (IGBP) and other programmes concerned with describing and understanding the Earth System.

An integrated and coherent understanding of natural forcing and its interactions with human populations requires improved understanding of global ocean ecosystem dynamics, the focus of the Global Ocean Ecosystem Dynamics (GLOBEC) IGBP Programme Element. A key issue is the ability to differentiate anthropogenic from naturally occurring effects in marine ecosystems. Three major gaps in our current knowledge are:

- Dynamics of zooplankton populations both relative to phytoplankton and to their major predators.
- Influence of physical forcing on these population dynamics, particularly at the mesoscale.
- Estimation of biological and physical parameters associated with the dynamics of zooplankton relative to phytoplankton.

Two examples can be used to illustrate the pressing need to improve our understanding of the ocean ecosystem. As the first, a dramatic multidecadal decline in plankton biomass has been demonstrated in the North Sea and in the eastern North Atlantic by extensive continuous plankton recorder (CPR) sampling over a 44 year time period (Figure 1).

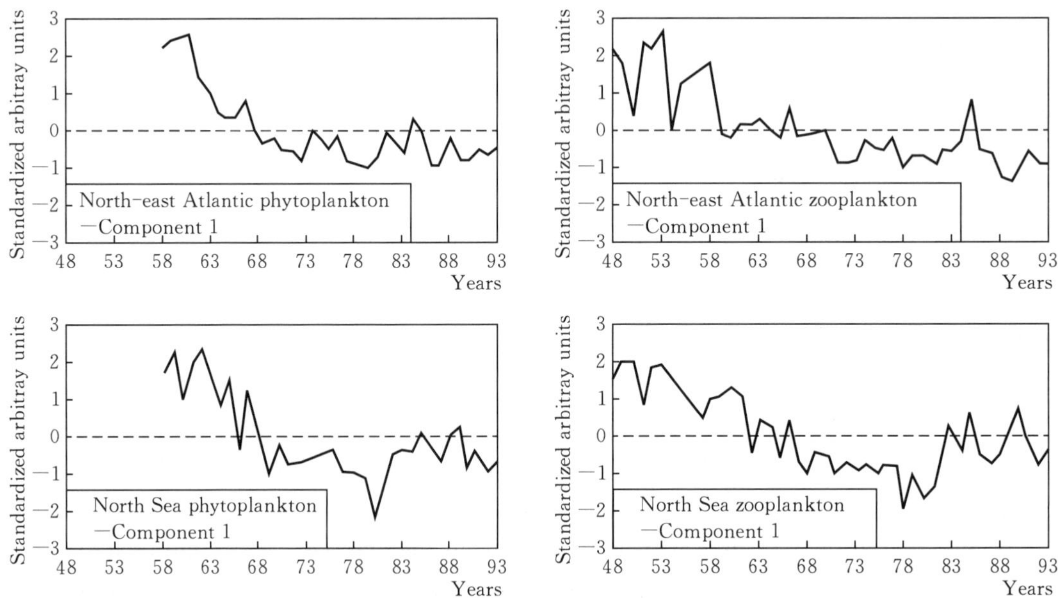

Figure 1 Long-term trends in zooplankton and phytoplankton abundance in the north-east Atlantic and North Sea recorded by the Continuous Plankton Recorder (CPR) survey

(Sir Alister Hardy Foundation for Ocean Science)

Various explanations have been offered for this decline. Refining these explanations is a major challenge for the field of ocean ecosystem dynamics. Such changes are also of interest from a biogeochemical viewpoint because they may relate to changes in the surface fluxes of CO_2. In this context the North Atlantic is one of several sites constituting a well-documented natural laboratory. Such natural laboratories can provide the bases for inferences that can then be extended to the entire global ocean system.

As a second example, and one more visible to the general public, the *New York Times* (3 August 1993, p. C4) reported that "Scientists, industry experts and government officials agreed at a United Nations (UN) Conference that overfishing and the destruction of the habitat have caused alarming drops in marine populations". This statement reflects a widespread concern with the current state of global fisheries. Both GLOBEC and the other Programme Elements of the IGBP are directed towards basic science, but they are also intended to be policy relevant, with the objective of providing the best possible scientific information to the policy and management communities. The UN statement highlights, our current lack of knowledge concerning the marine ecosystem dynamics that contribute to the health of these fisheries.

Natural variability, occurring over a variety of time scales, dominates the health of complex marine ecosystems, regardless of fishing or other environmental pressure. We are only now beginning to compile quantitative documentation of such variability, and consequently our knowledge concerning its causes remains at the level of hypotheses. Understanding of the role of variability in the functioning of marine ecosystems is essential if we are to effectively manage global marine living resources such as fisheries during this period of tremendously increased human impact, and concurrent dependence, on these resources.

GLOBEC was established by the Scientific Committee on Oceanic Research (SCOR) and the Intergovernmental Oceanographic Commission (IOC) in late 1991, following the recommendations of a joint workshop earlier that year. These identified a need for a coordinated scientific attempt to address the above and other related questions pertaining to higher marine trophic levels. The workshop noted the need "to understand how changes in the global environment will affect the abundance, diversity and production of animal populations comprising a major component of ocean ecosystems". It also recognized the importance of zooplankton in "shaping ecosystem structure…because grazing by zooplankton is thought to influence or regulate primary production and... variations in zooplankton dynamics may affect biomass of many fish and shellfish stocks." This regulatory control function by zooplankton in marine systems is more common in the ocean than are similar controls in terrestrial systems. In the long term, zooplankton exercise a regulatory control over marine systems by the balance between nutrient input from deep water and downward transfer through the larger herbivores. GLOBEC is co - sponsored by SCOR and IOC. The International Council for the Exploration of the Sea (ICES) and the North Pacific Marine

Science Organization (PICES) contribute specific regional programme components.

GLOBEC will exploit the use of appropriate models to address key questions related to the global ocean ecosystem. The research strategy includes a strong focus on physical and biological observations made over an appropriate range of spatial and temporal scales, development of multidisciplinary dynamic models, and assimilation of data into these models. It concentrates in particular on zooplankton population dynamics and responses to physical forcing. In so doing, it bridges the gap between phytoplankton studies and predator-related research that more closely pertains to fish stock recruitment and exploitation of living marine resources. Hence GLOBEC is expected to yield a much-improved understanding of the world ocean ecosystem and its response to physical variability resulting both from natural cycles and from global changes in the physical, chemical and biological components of the total earth system.

This document defines GLOBEC science, emphasising both its basic significance and its relevance to IGBP goals and other Programme Elements. GLOBEC now represents a major oceanographic effort directed at an ecosystem approach to global change, and will, of necessity, need to co-ordinate its efforts and integrate and synthesize its results with those of the other Programme Elements of the IGBP The most effective way this will be achieved is through the Scientific Committee of IGBP (SC-IGBP) in the further development of GLOBEC implementation so that it complements the rest of the programme. Significant scientific benefits accrue through formal IGBP sponsorship of GLOBEC. GLOBEC results on ocean ecosystems will contribute, for example, to IGBP programmes on biogeochemical cycling and on other areas of earth-system science. GLOBEC's planned programme to study the ocean ecosystem, its physics and population dynamics, through a field and modelling programme complements both the other IGBP ocean projects, the Joint Ocean Flux Study (JGOFS) and Land Ocean Interactions in the Coastal Zone (LOICZ). Finally, GLOBEC will benefit from and contribute to the integrative view of the global biosphere being developed within IGBP.

The Scientific Rationale for GLOBEC

The GLOBEC Goal

The oceans constitute such a large portion of the Earth's surface that the planet has been described as the Water Planet, and it could be argued that its most extensive ecosystem is marine. The ocean is inextricably involved in the physical, chemical and biological processes that regulate the total earth system. It is impossible to describe and understand this system without first understanding the ocean, the special characteristics of the environment that it provides for life, the changes that it is undergoing, and the manner in which these changes interact with the total global ecosystem.

A tremendous effort is currently being expended in studying both marine and terrestrial ecosystems. In the marine sphere, much of the effort is being devoted to JGOFS, which focuses on the lower trophic levels of the marine ecosystem. GLOBEC proposes, through a combination of field observations and modelling, to concentrate on the middle and upper trophic levels. In so doing, it will fill a significant gap in our understanding of the global ecosystem, one that is not being addressed on a global scale by other programmes.

The upper trophic levels of the marine ecosystem are the most obvious to society. Numerous examples, many of them highly publicized in the media over the past decade, can be cited to illustrate ecosystem responses to major transients in physical forcing. In the North Pacific, large increases in winter chlorophyll, macro-zooplankton and nekton (swimming organisms such as fish) abundance were observed over broad geographical areas in the 1970's and 1980's. These increases, which included major fish stocks such as salmonids and the far eastern sardine, coincided with changes in the strength of wind fields over the North Pacific. Major declines in phytoplankton standing stock were observed in the Northeast Atlantic from 1950 to 1970, coincident with changes in the westerly winds over the British Isles. When the anchovetta stock off Peru, once so large that it represented about 15% of the annual global fishery, collapsed in 1972, there was a concurrent collapse of the local zooplankton population that coincided with a major El Niño event.

In another example, less visible to society, zooplankton biomass in the California Current region of the North Pacific decreased during a warm water period in the 1970s, coincident with increases in the overall North Pacific zooplankton biomass (Figure 2). The zooplankton decrease was associated with a reduction in organic nutrients resulting from reduced coastal upwelling. These changes raise the question whether the zooplankton increases in the North Pacific are coupled with the decreases in California Current zooplankton or whether their dynamics are independent of one another.

Such changes are among the more dramatic associations, on basin and sub-basin scales, of variations in oceanic biota. By strong implication, physical forcing and variations in the energy flow through the pelagic trophic levels of the upper ocean are also involved. There are, most certainly, a broad variety of other correlations and physical factors involved, but these are as yet not understood.

Better documentation of, and quantitative understanding of, the causal relationships between physical forcing and biological variability are required. The scientific understanding of these relationships obtained in GLOBEC will provide the basis for related policies in response to global change. The need is likely to become critical as anthropogenic pressures on marine ecosystems increase, particularly if the predicted changes associated with global warming materialize. For example, as one scenario, if storm activity were to increase as a result of climate change, upper ocean turbulence would be expected to increase and mixed layers would deepen, with possible effects on predator-prey-interactions in the plankton and implications for marine living resources. GLOBEC must consider such scenarios.

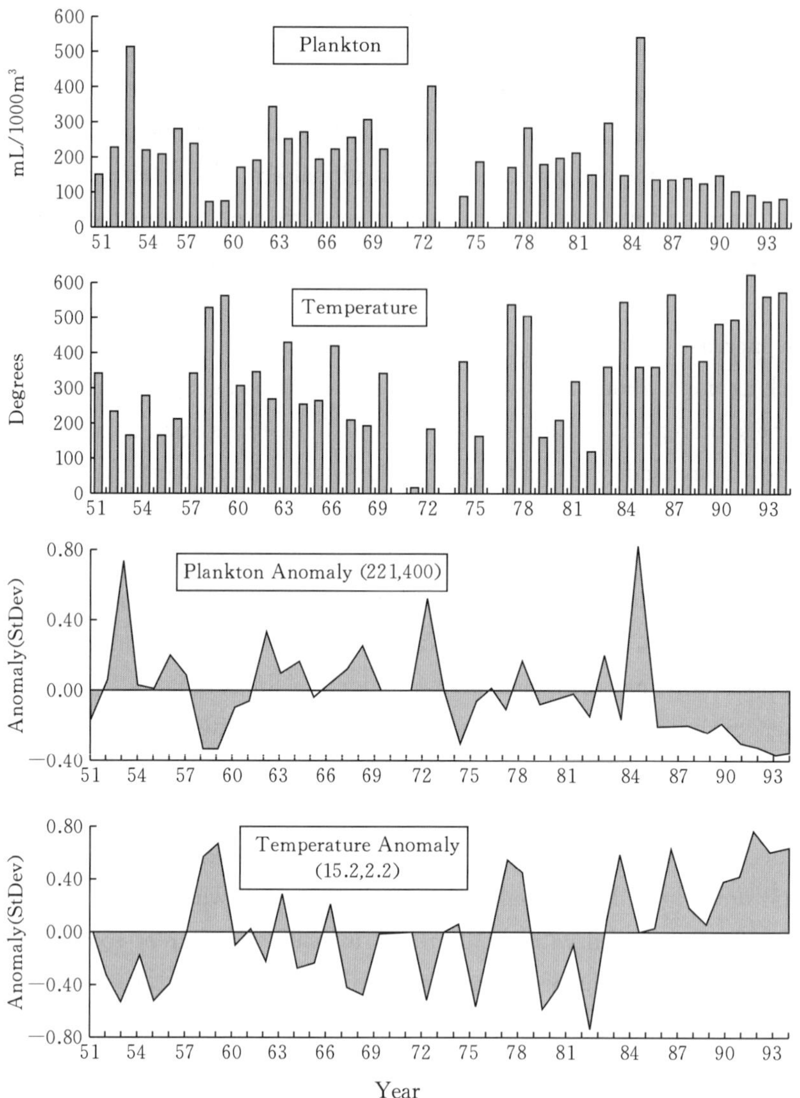

Figure 2 Forty-four-year time series (1951—1994) of average zooplankton volume and water temperature, together with their anomalies from the California Current (CalCOFI surveys)

Number in boxes are the mean and standard deviation used to calculate the anomalies.

A warm-water period began in the late 1970s accompanied by a period of decreasing zooplankton volume (Roemmich and McGowan, 1995)

From P. Smith, 1995 [(GLOBEC Report No. 8, 1995)]

The GLOBEC Approach

The GLOBEC Goal

To advance our understanding of the structure and functioning of the global ocean ecosystem, its major subsystems, and its response to physical forcing so that a capability can be developed to forecast the responses of the marine ecosystem to global change.

GLOBEC uses models to analyse ecosystem interactions rather than the environment-independent population dynamics approach, classically employed as the basis for fisheries studies. It is becoming increasingly apparent that understanding of *interactions* involving lower trophic levels, and physical and chemical conditions is critical. Measurements of bulk phytoplankton production and estimation of age structures for individual fish species (for example) are inadequate to answer current questions concerning fisheries dynamics. Such measurements are even more inadequate for addressing the issue of the impacts of long term environmental change on various aspects of marine production including fish. GLOBEC recognizes the need for new understanding by investigating the structure of marine ecosystems and the dynamics of critical populations. It considers how these structures will change with variable physical forcing and how these changes will in turn influence energy flow, the marine food web, and species abundance and diversity.

GLOBEC focuses on herbivores and primary carnivores (Figure 3) -those trophic levels where primary production is processed to provide energy and nutrients for longer-lived species, which constitute the world's fisheries. The organisms in these groups include a great diversity of species and exhibit many adaptive strategies. For a specific purpose, such as studies of carbon cycling, treatment of this group as a single subset of variables may be possible. However, given the great number of different pathways by which energy and nutrients may be transferred to higher trophic levels and then fed back into nutrients, GLOBEC will require a more complex approach. Study of the entire global ocean is not feasible so selected sites must be chosen with sufficient care that they can serve as proxies for major ocean zones. One of the challenges for GLOBEC is to discover where generalizations may be made and where, conversely, attention to detail is essential. In order to meet this challenge, GLOBEC must focus on specific processes and appropriate sites. These sites will be selected to best test and improve upon the generalizations that relate structure to

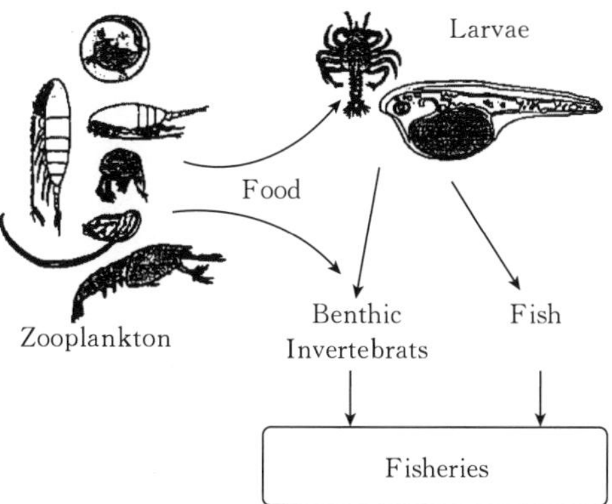

Figure 3 The linkage between zooplankton and fisheries through interactions in the plankton is a primary interest of GLOBEC

dynamics. They must, at the same time, represent important subsystems of the global ocean ecosystem.

The emphasis within GLOBEC on zooplankton dynamics complements the JGOFS focus on primary production. Further, GLOBEC studies of the structure and dynamics of critical populations are essential to illuminate the consequences of large-scale physical or biochemical changes in the ocean. There is a similar intersection between the interests of LOICZ and GLOBEC. The coastal seas, which comprise 10% of the total sea surface area, account for 90% of the world fishery catch and are by far the most biologically productive. The impacts of anthropogenic change, global as well as local, are most apparent in the coastal zone. Therefore, food web dynamics within the coastal zone are emphasized in GLOBEC, and this component of GLOBEC will complement and interact with LOICZ.

Global Ocean Ecosystem Dynamics (GLOBEC) Implementation Plan[①] (Abstract)

Dag Aksnes, Jürgen Alheit, Francois Carlotti, Tommy Dickey, Roger Harris, Eileen Hofmann, Tsutomu Ikeda, Suam Kim, Ian Perry, Nadia Pinardi, Sergey Piontkovski, Serge Poulet, Brian Rothschild, Jarl-Ove Strömberg, Qisheng Tang, Frank Shillington, Svein Sundby.

Contents

---

① 本文原刊于 *IGBP Report* 47 (*GLOBEC Report* 13), 3-15, IGBP Secretariat, Stockholm, 1999。

Integrating Activity

Operational Considerations

References

Appendices

List of IGBP Publications

Acronyms & Abbreviations

Executive Summary

This document describes plans for the implementation of the Global Ocean Ecosystem Dynamics (GLOBEC) programme element of the International Geosphere-Biosphere Programme (IGBP). This Implementation Plan is an international response to the need to understand how global change, in the broadest sense, will affect the abundance, diversity and productivity of marine populations comprising a major component of oceanic ecosystems.

The Plan describes the consensus view, developed under the auspices of the GLOBEC Scientific Steering Committee (SSC), on the research required to fulfil the scientific goals laid out in the GLOBEC Science Plan (IGBP Report No. 40). The Implementation Plan expands on the Science Plan, drawing on the results and recommendations of workshops, meetings, and reports thereof, that have been sponsored under the auspices of GLOBEC.

The GLOBEC research programme has four major components which, are described in detail in this Implementation Plan; the research Foci, Framework Activities, Regional Programmes, and Integrating Activity. These are summarized in the Table of Contents, and in schematic diagrams within the text. They are the elements that have been planned by, and will be implemented under the auspices of, the GLOBEC SSC. National GLOBEC programmes may select those aspects of this international framework which are relevant to meeting national objectives, or they may develop new directions as needed to meet specific national needs.

Firstly the four research Foci, which form the core of GLOBEC research, are described:

Focus 1: Retrospective analyses and time series studies

Focus 2: Process studies

Focus 3: Predictive and modelling capabilities

Focus 4: Feedbacks from Changes in Marine Ecosystem Structure.

For each Focus, major Activities are identified and described. The Activities are broken down into a series of initial Tasks, but the lists of Tasks are not intended to be complete; they are indications of the types of research projects which would lead to progress in each area of GLOBEC research.

The Implementation Plan then goes on to describe a series of Framework Activities, which are "cross-cutting" efforts requiring international coordination. They include, sampling and models: protocols and inter-comparisons, data management, scientific networking and capacity building.

GLOBEC is currently implementing four major regional research programmes and plans for these are outlined. The four programmes are the Southern Ocean GLOBEC (SO-GLOBEC) programme, the study on Small Pelagic Fishes and Climate Change (SPACC), the Cod and Climate Change (CCC) programme in the North Atlantic Ocean which is cosponsored by the International Council for the Exploration of the Sea (ICES), and the programme on Climate Change and Carrying Capacity (CCCC) of the North Pacific Marine Science Organization (PICES).

After a description of the plans for these regional programmes, the Implementation Plan concludes with a preliminary consideration of how the observations and results from the various pieces of the GLOBEC programme will be drawn together and integrated to develop a global synthesis. This Integrating Activity aims towards a GLOBEC synthesis, and focuses on ecosystem comparisons.

GLOBEC is cosponsored by the Scientific Committee on Oceanic Research (SCOR) and the Intergovernmental Oceanographic Commission (IOC) of the UN Educational, Scientific and Cultural Organization (UNESCO).

Introduction

"Natural variability, occurring over a variety of time scales, dominates the health of complex marine ecosystems, regardless of fishing or other environmental pressure. We are only now beginning to compile quantitative documentation of such variability, and consequently our knowledge concerning its causes remains at the level of hypotheses. Understanding of the role of variability in the function of marine ecosystems is essential if we are to effectively manage global marine living resources such as fisheries during this period of tremendously increased human impact, and concurrent dependence, on these resources."

GLOBEC Science Plan, 1997.

GLOBEC, a study of Global Ocean Ecosystem Dynamics, was initiated by SCOR and the IOC of UNESCO in response to the recommendations of a joint workshop which identified a need to understand how global change, in the broadest sense, will affect the abundance, diversity and productivity of marine populations comprising a major component of oceanic ecosystems.

GLOBEC soon developed a focus on zooplankton-the assemblage of herbivorous grazers on the phytoplankton [which is a focus of the Joint Global Ocean Flux Study (JGOFS) and the primary carnivores that prey on them]; both groups, in turn, are the most important prey for larval and juvenile fish. Thus, the zooplankton form an important route for the transport of carbon through the marine ecosystems by processing photosynthetically produced organic matter and passing it up the food web to the higher trophic levels, and down through the water column in the form of faecal pellets and excretion products. In addition, because of their critical role as a food source for larval and juvenile fish, the dynamics of zooplankton populations, their reproductive cycles, growth, reproduction and survival rates are all important facets influencing recruitment to fish stocks. Planktonic organisms are especially sensitive to physical processes such as currents, turbulence, and light and temperature regimes. Inevitably, variability in these physical processes must affect the stability of biological processes.

The GLOBEC Goal

The SCOR/IOC workshop gave detailed attention to these scientific issues, recommended the establishment of an international scientific programme, and reached a consensus on the overarching goal for GLOBEC which was later developed together with the IGBP and justified in the GLOBEC Science Plan. This document represented a major milestone for the GLOBEC programme and was submitted to the Scientific Committee for the IGBP (SC-IGBP) for consideration. Recognizing the importance of an understanding of the sensitivity of marine ecosystems to global change, the IGBP adopted GLOBEC as an element in its international global change effort.

The primary goal for GLOBEC is:

"To advance our understanding of the structure and functioning of the global ocean ecosystem, its major subsystems, and its response to physical forcing so that a capability can be developed to forecast the responses of the marine ecosystem to global change".

GLOBEC considers "global change" in the broad sense to encompass the gradual processes of climate change as a result of greenhouse warming and their impacts on marine systems, as well as those shorter-term changes resulting from anthropogenic pressures such as population growth in coastal areas, increased pollution, overfishing, changing fishing practices and changing human uses of the seas.

The rationale for the GLOBEC goal is laid out in detail in the Science Plan (GLOBEC Report No. 9/IGBP Report No. 40) which also specified four detailed scientific objectives, dividing the overall goal into several components:

Objective 1 To Better Understand how Multiscale Physical Environmental Processes Force Large-scale Changes in Marine Ecosystems

Physical conditions over a broad range of scales in the sea, both vertical and horizontal, influence marine ecosystem processes. At the very smallest scales, those where turbulent dissipation occurs, water motions, over distances of a few cm and over a few seconds, are known to influence predator-prey interactions among planktonic organisms. Moving to the mesoscale, encompassing distances of kilometres to tens of kilometres, the possible physical influences on biological processes become more extensive. Strong currents associated with mesoscale features, such as coastal or shelf break currents, can transport planktonic organisms over great distances. Organisms may become trapped in mesoscale eddies and isolated from their original environment and their customary food supply. Water motion (upwelling or downwelling) associated with jets or eddies can lead to significant variations in physical and chemical characteristics of the water and in turn lead to changes in prey availability. Finally, large-scale changes in circulation or in physical or chemical water characteristics can alter the basic environmental conditions for organisms, leading, in extreme cases, to mortality and changes in species composition.

Many interactions between organisms and their physical environment are neither well-documented nor understood in a qualitative sense. As an example, patchiness in space and time has long been known to be characteristic of marine populations. While it is suspected that such patchiness is related to oceanic mesoscale features, biological processes, and physical-biological interactions, observations adequate to determine causes are lacking. The same is true for observations of the very small scale interactions. Knowledge of these processes, both from an observational and a modelling viewpoint, is essential if the GLOBEC goal is to be achieved.

Objective 2 To Determine the Relationships between Structure and Dynamics in a Variety of Oceanic Systems Which Typify Significant Components of the Global Ocean Ecosystem, with Emphasis on Trophodynamic Pathways, Their Variability and the Role of Nutrition Quality in the Food Web

Carbon flux pathways through marine ecosystems provide a valuable framework for estimating productivity at different trophic levels. However, it is extremely difficult to quantify the flows of carbon in food web networks. A much more sensitive indicator or predictor of change is alteration in species composition. An example can be taken from fisheries. For many of the dramatic changes in fish communities, there has been no associated evidence of changes in overall trophic energy flow. The past focus of fisheries studies has been on changes in individual stocks rather than on the competitive or predatory interactions among these stocks. Yet, these interactions must determine the ability of marine systems to experience major changes in species structure without any obvious changes in the energy flow through them. This is a significant difference between marine and terrestrial systems undergoing changes at these time scales.

The general or "global" problem is to describe the relationships between food web structure and trophic dynamics for ecosystems that represent the major marine environments that are representative of upwelling, coastal, oligotrophic ocean, and polar seas.

Objective 3 To Determine the Impacts of Global Change on Stock Dynamics Using Coupled Physical, Biological and Chemical Models Linked to Appropriate Observation Systems and to Develop the Capability to Predict Future Impacts

Models are an essential component of GLOBEC, and the strategy for their development is central to the Core Programme. Four features must be incorporated into this strategy. First, critical variables need to be identified. Second, models must focus on appropriate time and space scales (Figure 1 and Table 1). Third, interactions among scales must be addressed. Finally, consistency between data and model results must be tested; interaction of theory (models) and observations (experiments) is critical to the approach. Model development will be driven by observations and field programmes will be designed by taking model results into account. Throughout there will be careful regard for the degree of model complexity required to attack the problems relevant to GLOBEC.

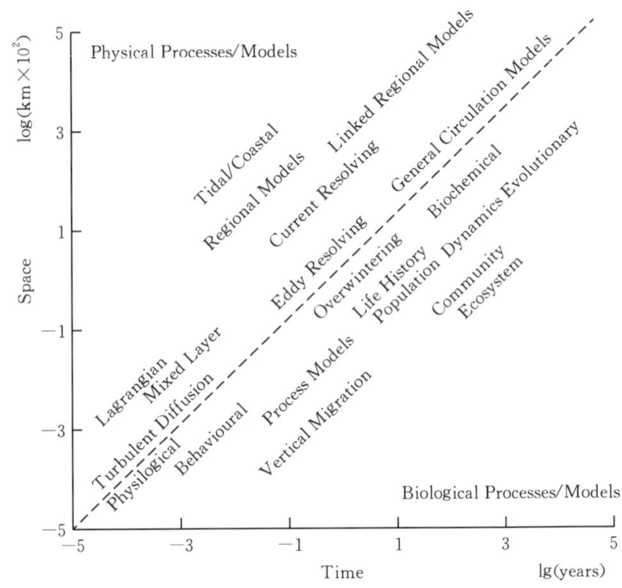

Figure 1 Important temporal and spatial scales over which particular physical and biological models apply Modified after Murphyet et al., 1993

(From EUROGLOBEC Science Plan, 1998)

GLOBEC modelling employs selection of the oceanic mesoscale as its fundamental scale, or starting point, with sufficient extension to provide information on interactions with larger and smaller scales. The modelling effort must resolve ecosystem dynamics and effects of physical forcing on these dynamics at the mesoscale. This will require incorporation of information from other scales.

Table 1 Time scales for various processes relevant to GLOBEC

(Modified after Steele, 1998)

PROCESS	1.0	10	100
Space scale	Regional	Ocean basin	Global
Physics	El Niño prediction	N. Atlantic Oscillation	Thermohaline circulation
Biology	Stock recruitment	Regime shifts	
Data	Predictive	Retrospective	
Models	Single species	Community/ecosystem	

Three themes contribute to the foundation of the mesoscale modelling programme:

- The role of mesoscale physics in modulating ecosystem processes;
- The dynamics of populations of copepods and other metazoan plankton;
- Linking the dynamics of copepods and other metazoan plankton with fishery dynamics.

The linkages among physical conditions, marine food web structures and ecosystem or population dynamics provide a unifying theme for GLOBEC. An example of the coupling between physics, structure and population dynamics is provided by microbial loops, processes that are now recognized as important factors in ocean ecosystem dynamics. Microbial loops influence nutrient supply but are in themselves dependent upon vertical density stratification, which also influences the nutrient supply. The interactions are complex. Variations in the physical system will be reflected by changes in the trophic structures, hence, ultimately in fishery dynamics. From another viewpoint, this structure highlights the importance of metazoan plankton as key links between processes involved in nutrient recycling and the population dynamics of higher trophic levels.

Changes in the physical and biological properties of very large scale marine ecosystems, such as those having ocean basin scale, are so extensive, and impact such a large portion of the world ocean, that they themselves can be considered as global changes. Moreover, by virtue of their geographic extent, they have the potential to influence other components of the earth system. Shifts in ecosystem composition at higher trophic levels can cause changes in the phytoplankton assemblage or standing stocks, and vice versa. These changes can in turn affect the transport of gases across the sea surface because photosynthetic efficiencies and physiologies of phytoplankton species vary. Such shifts and the associated potential feedback are of particular interest to two other IGBP projects, JGOFS and IGAC. A change in phytoplankton composition can also affect CO_2 exchange through mineralization processes and bring about the release of other gases, such as dimethyl sulphide, to the atmosphere with implications for atmospheric acidity and particle formation.

Objective 4 To Determine How Changing Marine Ecosystems will Affect the Global Earth System by Identifying and Quantifying Feedback Mechanisms

Other, direct effects of marine ecosystem changes include the impact that changes in commercial stocks have on coastal human populations. GLOBEC research on the response of small pelagic fish populations to climate change in the coastal zone will be of particular interest to LOICZ. GLOBEC can identify a number of the significant processes and will cooperate with other IGBP projects in pursuing an answer to the question of how changing marine ecosystems will influence the overall earth system.

GLOBEC Implementation

In moving toward the fulfilment of these scientific objectives, a GLOBEC research strategy was defined by the SSC. This strategy was set out briefly in the GLOBEC Science Plan in the form of four Research Foci. These have now been developed in much more detail with a series of Activities and sub-sets of specific Tasks under each Focus.

Accordingly, this Implementation Plan for GLOBEC describes fully the consensus view, developed under the auspices of the GLOBEC SSC, on the foreseeable aspects of the research required to fulfil the scientific goals laid out in the GLOBEC Science Plan. The Science Plan explains why specific questions need to be answered, This Implementation Plan expands on the Science Plan, drawing on the results and recommendations of workshops, meetings, and reports thereof that have been sponsored under the auspices of GLOBEC. In particular the first Open Science Meeting of GLOBEC, held in March 1998, was a critical step in the development of the CLOBEC Implementation Plan.

In theory, fundamental programme planning documents such as the GLOBEC Science and Implementation Plans set out the framework for international research programme. In practice, of course, research is paid for by national funding agencies which must respond to national scientific priorities utilising nationally-based facilities, resources and expertise. The role of an international programme, therefore, is to provide a significant "value added" effect to these diverse national efforts through coordination and by the facilitation of those activities which require cooperation between nations, such as data management and sharing, development of methodological protocols, efficient deployment of major resources such as research vessels, and eventually, the emergence of a truly global synthesis of scientific results which is the ultimate goal of all large-scale global change research programmes.

With these points in mind, the GLOBEC SSC has developed a framework for the international programme which encourages the participation of national (and, in some cases, regional) scientific efforts but does not force a rigid template upon them. The international GLOBEC Goal, its subsidiary Objectives and the strategic research Foci are intentionally stated in general terms. They should provide the underpinning for all GLOBEC research activities, whether these are at the individual, local, national, regional or international level. They will also provide the standard against which proposed contributions to the international GLOBEC effort will be judged. The question which should be posed in response to new activities seeking to be affiliated with the international GLOBEC programme is, "how does this particular activity help to meet our international objectives?"

The international GLOBEC programme has four main components which are described in detail in this Implementation Plan: the four research Foci, each with Activities and Tasks, four crosscutting Framework Activities, and four Regional Programmes, and finally the Integrating Activity. These are the elements that have been planned by, and will be implemented under the auspices of, the GLOBEC SSC. National GLOBEC programmes may select those aspects of this international framework which are relevant to meeting national objectives, or they may develop new directions as needed to meet specific national needs.

National participation in the international GLOBEC effort carries with it both benefits and responsibilities. These are described in the chapter on Operational Considerations for the GLOBEC programme (p169).

As noted above, the four Foci define the overall practical research approaches, and each is described in detail in the chapters which follow.

Focus 1: Retrospective analyses and time series studies

Focus 2: Process studies

Focus 3: Predictive and modelling capabilities

Focus 4: Feedbacks from changes in marine ecosystem structure.

For each Focus, major Activities have been identified and described. The Activities have been broken down into a series of initial Tasks, but the lists of Tasks are not intended to be definitive; they are indications of the types of research projects which would lead to progress in each area of GLOBEC research. No doubt, many national GLOBEC programmes will add to the list of suggested Tasks.

The next section of the Implementation Plan describes the Framework Activities, which are "cross-cutting" efforts requiring international coordination. These will be developed through the direct leadership of the international GLOBEC SSC and the International Project Office (IPO) They include:

- Sampling and models: protocols and inter-comparisons
- Data management
- Scientific networking
- Capacity building

For example, data and methods from the whole array of GLOBEC research projects should be coherent and consistent. This can only be achieved if there is international agreement on the methods and standards to be applied in making field and laboratory observations. Similarly, international workshops will be required to evaluate and compare various GLOBEC-related models. All national participants will benefit from these Framework Activities, to the extent that they all contribute actively to them.

The section on Scientific Networking includes a discussion of the intersections between the interests of GLOBEC and a number of other international global change research efforts, particularly the Global Environmental Change and Human Security (GECHS) project and the Climate Variability and Prediction Research Programme (CLIVAR), as well as the emerging Global Ocean Observation System (GOOS). The need for strong ties to national and regional programmes is clear, and information on the ways in which many of these are planning to address international GLOBEC objectives is presented in this section. Networking also implies the constant exchange of information at all levels in the GLOBEC community from the international to the national to the individual researcher and back again. An important role of the SSC and the IPO is to facilitate this exchange and to make the communication and collaboration as effective as possible.

The four current Regional GLOBEC programmes are, in effect, the mechanism for the practical implementation of many of the Activities within the four research foci. Two of these; Southern Ocean GLOBEC (SO-GLOBEC) and the study of Small Pelagic Fishes and Climate Change (SPACC) have been entirely developed through the efforts of the SSC and its working groups and will involve the participation of many national GLOBEC programmes. The other two are being planned primarily by two important regional partners with GLOBEC; ICES and PICES. These are the GLOBEC-ICES CCC Programme in the North Atlantic Ocean, and the GLOBEC-PICES CCCC Programme in the North Pacific Ocean. Both of these involve scientists from those countries surrounding the two ocean basins under study.

After a description of the plans for these regional programmes, this Implementation Plan continues with a preliminary consideration of how the observations and results from the various pieces of the GLOBEC programme will be drawn together and integrated in an effective manner in order to develop the global synthesis which must be its final legacy. This Integrating Activity aims towards a GLOBEC synthesis, and focuses on ecosystem comparisons. This phase of data assembly, analysis, testing and improvement of models, the coupling of physical and biological ocean models at regional, basin and global scales and the synthesis of all of these efforts must enable us to say, at the end of the day, that we have indeed achieved the understanding of the functioning of marine ecosystems and their responses to physical forcing that is the GLOBEC goal.

The Implementation Plan concludes with a section containing information on the contact points for the many current national GLOBEC efforts, the international SSC, and the IPO for GLOBEC. It also describes the general policy on the categorization of research within the

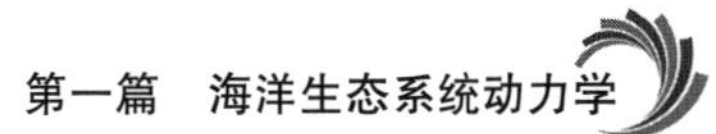

IGBP and the benefits and obligations of national participation in GLOBEC.

How to use this Plan

A document of this nature, particularly for a project as challenging as GLOBEC, inevitably includes a large amount of information. The Implementation Plan is structured so that the reader may select particular sections of interest. In addition to the scientific illustrations, schematic diagrams are included throughout the text, which illustrate the overall relationships of the components of the programme described in the text. For example, Figure 3, shows how the Research Foci, Framework and Integrating Activities, and Regional and National Programmes fit together. The plan aims to layout a clear and practical framework, which will lead to the specification of the who, what, where, when and how of the planned research.

GLOBEC Special Issue: Foreword①

ROGER HARRIS, GLOBEC Scientific Steering Committee
MANUEL BARANGE, GLOBEC International Project Office
CISCO WERNER, GLOBEC Chairman
QISHENG TANG, Chairman China GLOBEC

This special issue of *Fisheries Oceanography* contains a collection of papers presented at the Second Open Science Meeting of GLOBEC, which was held at the coastal city of Qingdao in China, 15—18 October 2002. The First GLOBEC Open Science Meeting was held in Paris, in March 1998. Selected papers from the Paris meeting similarly were published in a previous GLOBEC special issue of *Fisheries Oceanography* (1999, Vol. 7, pp. 175 - 390).

Over 250 scientists attended the Second Open Science Meeting from 30 countries. The meeting preceded the PICES Eleventh Annual Meeting, and interaction between the two communities was one of the benefits of the co-location of the two meetings.

GLOBEC (Global Ocean Ecosystem Dynamics) is a Core Project of the International Geosphere-Biosphere Programme (IGBP), with co-sponsorship from SCOR (Scientific Committee on Oceanic Research) and the Intergovernmental Oceanographic Commission of UNESCO (IOC). GLOBEC, a 10-year research programme, is in mid-implementation phase and will continue until 2009.

The primary goal for GLOBEC is: "To advance our understanding of the structure and functioning of the global ocean ecosystem, its major subsystems, and its response to physical forcing so that a capability can be developed to forecast the responses of the marine ecosystem to global change".

GLOBEC considers "global change" in the broad sense to encompass the gradual processes of climate change as a result of greenhouse warming and their impacts on marine systems, as well as those short-term changes resulting from anthropogenic pressures such as population growth in coastal areas, increased pollution, overfishing, changing fishing practices and changing human uses of the seas.

The rationale for the GLOBEC goal is laid out in detail in the Implementation Plan (IGBP Report No. 47, GLOBEC Report No. 13, 207 pp.). Further information about the GLOBEC programme can be obtained at http: //www. GLOBEC. org.

Overall the 4-day meeting was structured around a series of Plenary Sessions with talks

① 本文原刊于 *Fish. Oceanogr.*, 12 (4/5): 221-222, 2003。

by invited speakers in the mornings, and with parallel sessions of contributed papers in the afternoons. The themes for the sessions mirrored the major components of GLOBEC research activity, the four research foci: Focus 1. Retrospective analyses and time series studies; Focus 2. Process studies; Focus 3. Predictive and modelling capabilities; Focus 4. Feedbacks from changes in marine ecosystem structure, and the four Regional Programmes: Southern Ocean GLOBEC (SO-GLOBEC), Small Pelagic Fishes and Climate Change (SPACC), ICES-GLOBEC Cod and Climate Change Programme (CCC), PICES-GLOBEC Climate Change and Carrying Capacity Programme (CCCC).

The meeting began with an introductory session including a speech of welcome by Professor Jilan Su, Chairman of the Intergovernmental Oceanographic Commission (IOC), followed by a keynote presentation on "Progress of China GLOBEC" by Professor Qisheng Tang, Chairman of the Local Organising Committee. The subsequent Plenary Sessions addressed:

- Decadal/centennial variability in marine ecosystems: a comparative approach
- Antarctic marine ecosystems and global change
- Regional and mesoscale coupled physical-biological models
- Comparative studies of North Atlantic ecosystems
- Linking zooplankton with fishery dynamics
- Modelling of transport processes and early fish life history
- Social impacts from changes in marine ecosystem structure
- ENSO and decadal scale variability in North Pacific Ecosystems (joint session with PICES).

The themes for the contributed paper sessions were:

- Novel mechanisms linking climate and fisheries
- Variability in Antarctic marine populations-physical and biological causes
- Biophysical ocean ecosystem modelling: new models, technologies and observing systems
- Zooplankton-climate linkages in different regions of the Northern Hemisphere
- Interactions between small, meso-and large-scale physical and ecosystem processes
- Development and application of indices/variables for the description/prediction of ecosystem dynamics
- Coupled biophysical processes, fisheries and climate variability in coastal and oceanic systems of the North Pacific (jointly with the PICES CCCC Program).

The papers in this issue reflect the wide range of contributions at the Qingdao Meeting, and all elements of the programme, keynote speakers, contributed papers and posters are represented. With GLOBEC continuing its activities to 2009, this second Open Science Meeting served to present results of a midterm evolution in our understanding of local and regional studies of marine ecosystems. The maturity that the programme has reached was evident in the integration of research efforts in sessions such as those on the Southern Ocean, the comparative studies of the North Atlantic and North Pacific ecosystems, the development of modelling approaches at climatic and basin scales, and the impact of variability in marine ecosystems and fisheries on human societies.

The support of the co-sponsors, IGBP, SCOR and IOC contributed significantly to the success of the Open Science Meeting. The meeting organizers recognize the contribution of the US GLOBEC Program to the cost of publishing this special issue, through a grant from the NOAA Coastal Ocean Program to the Scientific Committee on Oceanic Research (SCOR). GLOBEC also thanks SCOR for special efforts to arrange funding for the meeting, from US National Oceanic and Atmospheric Administration and the US National Science Foundation grants to SCOR. The participation by a number of scientists in the Open Science Meeting was partially supported by SCOR together with funds from GLOBEC. The meeting was supported by The Ministry of Science and Technology, People's Republic of China (MOST), Chinese Academy of Engineering (CAE), China Association for Science and Technology (CAST), National Natural Science Foundation of China (NSFC) and the Qingdao Municipal Government, P. R. China.

GLOBEC owes a particular debt of gratitude to Professor Qisheng Tang and Mr. Ling Tong and the Local Organising Committee who worked tirelessly to make the Open Science Meeting the Success it was, and to the student support team who helped so effectively in the Symposium Office. The smooth running of the Open Science Meeting was entirely due to their hard work together with the careful joint planning with the GLOBEC International Project Office. Lotty Ireland provided efficient editorial assistance during the preparation of this special issue.

Supplement to the IMBER Science Plan and Implementation Strategy[①] (Abstract)

Prepared by the GLOBEC-IMBER Transition Task Team (TTT) members: Ken Drinkwater, Hugh Ducklow, John Field (Chair), Roger Harris, Eileen Hofmann, Olivier Maury, Kathleen Miller, Mike Roman, Qisheng Tang

The team is grateful to Raleigh Hood, who participated in discussions of SIBER.

This Transition Task Team was set up to recommend to the Scientific Committee on Oceanic Research (SCOR) and the International Geosphere-Biosphere Programme (IGBP) how the second phase of the IMBER (Integrated Marine Biogeochemistry and Ecosystem Research) project should proceed to accommodate new developments in marine ecosystem research that need addressing after the completion of the GLOBEC project at the end of 2009.

The team met in Heading, UK from 30 July to 1 August 2008 and in Washington, DC from 15 to 17 December 2008. A draft was circulated to sponsors and to GLOBEC and IMBER Scientific Steering Committee (SSC) members and posted on the websites. Some modifications have been made to this version as a result of these inputs.

The team's terms of reference are summarised as:

To prepare a supplement to the IMBER Science Plan and Implementation Strategy, bearing in mind

(1) Key new scientific questions arising from GLOBEC

(2) Scientific results of IMBER to date

(3) New developments in marine ecosystem science

(4) Projects currently within GLOBEC that are planned to continue after 2009 [especially the Climate Impacts on Oceanic Top Predators (CLIOTOP) and Ecosystem Studies of Sub-Arctic Seas (ESSAS) projects].

The team was also encouraged to provide IGBP and SCOR with recommendations for mechanisms to facilitate the transition, including representation in programmatic structures.

The team's recommendations, which include a draft Implementation Strategy for a second phase of IMBER (2010—2014), supplement the IMBER Science Plan and Implementation Strategy (SPIS) published by IGBP in 2005. The supplement is built upon the IMBER

① 本文原刊于 *Supplement to the IMBER Science Plan and Implementation Strategy*, ii-v, IGBP Secretariat, Stockholm, 2010。

Science Plan, and is intended to advance the existing Implementation Strategy (pp. 47 – 56) by incorporating the plans described therein plus new insights from the GLOBEC project and the general marine scientific community.

It is not a detailed implementation plan; rather such plans have been, or will be, developed by the regional programmes or topical working groups. It is noted that several potential regional programmes of IMBER are only just starting and most are planned as ten-year programmes running well after the present projected life of IMBER. Thus there may be a need for a follow-on ocean research programme after IMBER ends in 2014.

Contents

ESSAS（Ecosystem Studies of Sub-Arctic Seas）

SPACC（Small Pelagic Fish and Climate Change）

BASIN（Basin-scale Analysis，Synthesis and Integration）

FUTURE（Forecasting and Understanding Trends，Uncertainty and Responses of North Pacific Marine Ecosystems）

References

中国海洋生态系统动力学研究

Ⅰ关键科学问题与研究发展战略[①]（摘要）

唐启升，苏纪兰 等 著

内容简介：本书为我国海洋生态系统动力学关键科学问题与发展战略研究成果。全书共分为两篇：第一篇系统地论述了在我国发展海洋生态系统动力学的意义、研究现状、工作条件、拟解决的关键科学问题以及实施计划；第二篇围绕资源关键种能量流动与转换、浮游动物种群的补充、生源要素循环与更新、关键物理过程的生态作用、水层与底栖系统耦合和微食物环的贡献等6个关键科学问题的研究对策进行了较为详尽的论证。本书对于海洋生态系统动力学这门新兴交叉学科的发展，对于我国海洋科学和渔业科学的研究，对于我国海洋工业的发展都具有重要的理论和实践意义。

本书可供从事海洋科学、渔业科学、生态科学以及全球变化领域研究的科技人员、高校师生及有关决策人员参考。

前　言

海洋生态系统动力学是海洋科学与渔业科学交叉发展起来的新学科领域，其研究核心是物理过程与生物过程相互作用和耦合，并为全球变化研究的一个重要部分。因此，这一新学科领域的发展普遍受到重视，特别是20世纪90年代初在国际海洋研究科学委员会（SCOR）和联合国政府间海洋学委员会（IOC）等国际主要海洋科学组织的推动下，开始筹划“全球海洋生态系统动力学研究计划（global ocean ecosystems dynamics，GLOBEC）”，并成立了GLOBEC科学指导委员会。1995年，GLOBEC被遴选为“国际地圈生物圈计划（IGBP）”的核心计划，1997年公布了《GLOBEC科学计划》，1999年公布了《GLOBEC实施计划》，使海洋生态系统动力学研究成为当今海洋跨学科研究的国际前沿领域。

我国海洋生态系统动力学的发展几乎与国际同步。我国科学家于1991年进入国际GLOBEC科学指导委员会，参与《GLOBEC科学计划》《GLOBEC实施计划》的制订和促进GLOBEC发展的一系列重要活动。1994年，国家自然科学基金委员会发起成立了我国“海洋生态系统动力学发展战略小组”，着手制订我国海洋生态系统动力学发展规划，探索跨学科的研究体系，确定了中国海洋生态系统动力学研究以近海陆架为主的发展目标。1996年，国家自然科学基金委员会不失时机地启动了“渤海生态系统动力学与生物资源持续利用”，重大项目，它是北太平洋地区第一个国家层次的GLOBEC研究项目，使我国在全球海

① 本文原刊于《中国海洋生态系统动力学研究：Ⅰ关键科学问题与研究发展战略》，i－v，3－42，科学出版社，2000。

洋生态系统动力学这一国际前沿领域占据了一席之地。

“国家重点基础研究发展规划项目”（简称重点规划项目）的启动，为中国海洋生态系统动力学的发展提供了新的机遇。根据科技部发布的重点规划项目重点支持的方向，我们于1998年7月提交了《东、黄海生态系统动力学与生物资源可持续利用》申报项目建议书，经过几轮评审，同年10月进入综合评审答辩。评审专家们认为，该申报项目基本符合立项要求，但还有一些不足。因此，科技部决定将该申报项目作为培植项目运行一年。根据这个要求，项目建议人苏纪兰、唐启升等组织国家海洋局、农业部、中国科学院和教育部有关专家，从1999年3月开始了项目的培植工作。本着“围绕我国社会、经济和科技自身发展中的重大科学问题”“瞄准科学前沿，体现学科交叉、综合，探索科学基本规律”和“发挥我国优势与特色，结合我国自然环境与资源特点，能在国际科学前沿占有一席之地”等原则，我们对该项目进行了修改，进一步明确了面向国家重大需求，开展多学科综合研究，了解东、黄海生态系统动力学机制，为我国近海生物资源持续利用和渔业管理提供理论基础和科学依据的立项原则，并相应制订和实施了培植工作计划：①第一阶段以关键科学问题研讨为主，先后召开了3次研讨会，着重讨论关键科学问题的目的、意义、相关研究内容、预期目标、实施方案和创新点等，还就如何开展多学科交叉与综合进行了研讨；涉及的关键科学问题有资源关键种能量流动与转换、浮游动物种群的补充、生源要素的循环与更新、关键物理过程的生态作用、水层-底栖系统耦合、微食物环的贡献等。②第二阶段针对关键科学问题进行一次海上实验性调查。1999年8月下旬，以中华哲水蚤和鳀鱼为主要研究对象，针对浮游动物种群补充和鳀鱼仔鱼分布特征等有关问题，在东、黄海选择3个断面进行了包括物理、化学在内的多学科探索调查。这两个阶段工作中，先后产生了两册工作汇报，共计50多万字，在此基础上，完善了培植项目建议书，顺利通过了1999年综合评审，被列为第二批实施的重点规划项目之一。

这本专著是在上述背景情况下完成的。它不仅是《东、黄海生态系统动力学与生物资源可持续利用》项目第一个工作结果，同时也是中国海洋生态系统动力学研究系列专著之一。这本专著的产生，是我国海洋科学、渔业科学和生态科学领域中众多专家学者辛勤劳动的结果，他们各自参与了相关科学问题的研究，为本书提供和撰写了相关章节，具体执笔者均在有关章节末指明，由于涉及人较多，这里不再一一列出，请予谅解。科技部基础研究司副司长邵立勤博士、国家自然科学基金委员会地球科学部常务副主任林海研究员和海洋学科主任王辉博士对于海洋生态系统动力学在我国的发展给予了热情关心和指导，林海还对本专著文稿进行了认真审阅，提出了很有价值的修改意见，在此，向他们一并表示衷心的感谢。

海洋生态系统动力学是一个正在发展中的交叉学科领域，不足之处会不断改进，新的研究内容会不断增加，殷切地期望大家予以关注，共同促进这个新学科领域的发展。

唐启升　苏纪兰

2000年4月5日

目　　录

第一章　海洋生态系统动力学及其在我国的发展战略

第一节　海洋生态系统动力学研究对我国社会与科技发展的意义

目前，我国沿海地区以13%陆地面积承载了40%多的人口，创造了60%以上的国民经济生产总值，近海生态系统已成为国家缓解资源环境压力的重要地带。到21世纪中，我国人口将达到16亿，耕地减少和人口增加的矛盾更加突出，满足日益增长的食物和优质动物蛋白的需求是一个十分艰巨的任务，而海洋是尚未充分开发利用的最大疆域，具有巨大的动物蛋白生产潜力。海洋作为我国现在和未来赖以生存与发展的重要基础，已引起国家和社会的高度重视。因此，深入了解和认识我国近海生态系统的结构、功能及其受控机制，持续健康地开发利用其资源和环境，获得更多更好的海洋动物蛋白食品，不仅对促进我国国民经济持续发展有不可忽视的推动作用，也是21世纪中国16亿人口食物安全的重要保证。

我国海域辽阔，陆架宽广，海岸线长达18 000 km，拥有300×10^4 km^2可管辖的海洋国土，包含了黄海（含渤海）生态系统、东海生态系统、南海生态系统，以及黑潮生态系统，蕴藏着丰富的自然资源。经过长期努力，我国在开发利用海洋、发展海洋经济方面已经取得举世瞩目的成就。1997年海洋产业总产值达3148亿元，占国民经济生产总值的5%，预计2010年将达到10%，成为国民经济发展的新的增长点，其中海洋渔业是海洋经济的支柱产业，占海洋总产值的50%。近20年来，我国海洋渔业总产量年平均递增20%以上，创造了同期世界渔业最高的增长率，也为我国水产品人均占有量超过世界人均20 kg的水平做出重要贡献。1997年我国海洋渔业产量达到$2\,176\times10^4$ t，从海洋获取的优质动物蛋白已占我国动物蛋白总供给量的1/5，并呈继续增加的趋势。然而，在发展过程中，产业的母体——近海生态系统的服务和产出发生了一些令人担忧的变化，明显影响了海洋产业的可持续发展，经济损失巨大。主要表现在：①基础生产力下降，如渤海20世纪90年代初的初级生产力比80年代初下降了30%，并在系统中引起连锁反应；②生物多样性减少，如胶州湾潮间带底栖生物，60年代有120种左右，目前仅剩20种；③多数传统优质鱼类资源量大幅度下降，已形不成渔汛，低值鱼类数量增加，种间交替明显，大、小黄鱼等优势种为鳀鱼等小型鱼类所替代；④渔获个体愈来愈小，资源质量明显下降，如 70 年代在黄海捕捞鱼种的平均长度在 20 cm 以上，而目前只有 10 cm 左右；⑤近海富营养化程度加剧，养殖病害严重，赤潮发生频繁，直接影响资源再生产能力。

产生上述问题的原因是多方面的，其中有自然因素，如气候波动及其他环境变迁等；有人类活动的影响，如生物资源（包括其遗传资源）过度开发利用、过量的营养物质通过河流及污水口排入海中以及大型水利工程建设等；也有生态系统自身的内在波动等。但是，其根本原因是因为我们对近海生态系统缺乏深入和全面的认识，对它的功能和受控机制基本不了解。这样，就难以遵循可持续发展的规律开发利用生态系统及其资源，也难以建立合理、有效的管理和制约体制。因此，了解海洋生态系统，研究其动态变化及原因已成为开发海洋、保护海洋，实现人与自然和谐发展必不可少的科学基础。

海洋生态系统动力学是渔业科学与海洋科学交叉发展起来的边缘学科新领域，是全球变化研究的重要内容，当今海洋跨学科研究的国际前沿领域。由于海洋物理性质的特殊性，海洋生态系统与陆地生态系统大不相同。海洋的初级生产主要由 1～100 μm 的浮游植物完成，次级生产由仍然较小的 0.1～10 mm 的浮游动物完成。这样，海流等海洋物理过程以及与悬浮颗粒物有关的生物地球化学循环就成为影响生态系统结构及其变化的关键过程。因此，海洋生态系统动力学研究把我国近海生态系统（如东、黄海生态系统）视为一个有机的整体，以物理过程与生物过程相互作用和耦合为核心，研究生态系统的结构、功能及其时空演变规律，定量物理、化学、生物过程对海洋生态系统的影响及生态系统的响应和反馈机制，并预测其动态变化，有望在我国近海生态系统动力学关键过程和生物资源补充机制研究上取得突破。这种目标明确、有较高深度的多学科交叉研究必将促进海洋科学与渔业科学综合研究能力的迅速提高，产生新的生长点，推动海洋新学科的发展。

海洋生态系统动力学不仅侧重关键过程的定量研究，同时也注重对作用机制的解释，注重对生物资源补充机制和优势种替代规律的解释。例如海洋生物资源的变化，除人为因素外，有多少与气候波动及其他环境变迁有关？富营养化及其他环境污染的影响有多大，其生态效应如何？大江大河的工程对沿海生态系统资源的形成所起的作用？其研究结果将为生物资源可持续利用提供重要的理论依据。因此，海洋生态系统动力学研究不仅能使集多种机制于一体的我国近海陆架生态系统动力学科学理论体系和研究队伍进入国际先进行列，推动全球海洋生态系统动力学研究发展，同时对解决我国近海海洋可持续发展过程中出现的资源和环境问题也具有典型的科学意义，为建立我国近海可持续发展的生态系统、合理的渔业管理体系和负责任的捕捞制度提供科学依据。

参考文献

国家自然科学基金委员会，1998. 全球变化：中国面临的机遇和挑战 . 北京：高等教育出版社，德国：施普林格出版社 .

国务院，1994. 中国 21 世纪议程—中国 21 世纪人口、环境与发展白皮书 . 北京：中国环境科学出版社 .

第二节　海洋生态系统动力学研究现状和发展趋势

海洋生态系统研究在国际国内均起步较晚，直到 20 世纪 60 年代后期有关海洋生态系统结构、功能、食物链和生物生产力等方面的研究才逐渐增多。这是因为海洋生态系统较陆地生态系统复杂，研究难度大，且不易观察和定量。例如陆地生态系统食物链一般为2～3个营养层次，而海洋生态系统则为4～5个营养层次，再加上特殊的海洋物理、化学环境条件，稳定性远比陆地低，能量流动过程就变得十分复杂了。20世纪80年代以来，社会发展和科学进步为海洋科学发展提供了新的机遇，产生了一系列全球性的大型国际海洋研究计划，如热带海洋与全球大气计划（TOGA）、世界海洋环流实验（WOCE）、全球海洋通量联合研究（JGOFS）、海岸带陆海相互作用（LOICZ）和全球海洋观测系统（GOOS）等。在这些计划的发展过程中，人们认识到海洋物理过程与生物资源变化密切有关，对其相互关系研究方面基本上是空白。于是，多学科交叉综合研究成为海洋生态学发展的生长点。它要求物理海洋学家、化学海洋学家、生物海洋学家和资源生态学家（渔业生物学家）携手共进，把海洋看作一个整体来研究它的生态过程和受控机制，同时，对研究的区域规模和时间尺度也有了较多的要求。众多国际科学组织积极推动和支持发展海洋生态系统研究计划，产生了一些新的概念和理论。具代表性的研究计划有大海洋生态系（LME）、全球海洋观测系统（GOOS）和全球海洋生态系统动力学（GLOBEC）。它们分别代表了应用管理、观测系统和理论基础等三个方面的研究，三者互补互益，共同促进了自身研究发展和海洋生态系统研究的整体发展。

1. 大海洋生态系研究

与陆地不同，关于海洋综合利用和保护的基本理论形成比较晚。1984年美国生物海洋学家K. Sherman和海洋地理学家L. Alexander提出了大海洋生态系概念，并作了以下定义：①世界海洋中一个较大区域，包括从进岸的江河海盆和河口水域到陆架和近海流系的外边缘水域；②具有显著的海底深度、水文和生产力特征；③其生物种群具有适宜的繁殖、生长和摄食策略以及营养依赖关系；④受控于共同要素的作用，如污染、人类捕食、海洋环境条件等。按照这个定义，全球海洋被划出50个大海洋生态系，我国的黄海（含渤海）生态系和东海生态系是其中的两个。这50个大海洋生态系虽然仅占全球海洋面积的10%，但它包含全球95%以上的海洋生物资源产量。大海洋生态系作为一个具有整体系统水平的管理单元，不仅可以广泛应用于专属经济区内，同时，也可以用于在生态学和地理学上相关联的多个专属经济区或更大的区域。使海洋资源管理从狭义的行政区划管理走向以生态学和地理学边界为依据的生态系统管理，有利于解决海洋可持续发展以及跨界管理的有关问题，因此，这个新的学科概念和管理构想受到普遍重视。世界保护同盟（IUCN）、政府间海洋学委员会（IOC）、联合国环境规划署（UNEP）、世界银行等国际组织的支持，力图将大海洋生态系研究和管理推向全球。

大海洋生态系的概念已在一些区域海洋生态系研究和管理中被接受，如美国北加州海流生态系、南大洋生态系、澳大利亚陆架和大堡礁生态系、南非本格拉海流生态系、黄海生态系等。主要研究内容包括以下几个方面：

（1）大海洋生态系特征和变化原因研究。生态学动态理论是大海洋生态系概念的理论基础。因此，找出影响各个特定系统变化主导因素（如过度开发利用、污染、环境影响和全球气候变化等），并分辨其影响程度是很重要的，其中生产力动态、食物链、补充量、种类替代现象、生物量波动以及物理化学影响的生物学作用都是一些重要的研究课题。

（2）大海洋生态系监测及相应技术的研究。整体研究、长期资料积累和不同时空规模的取样调查是大海洋生态系的主要监测策略。主要监测内容和技术包括：生物资源拖网和声学调查；初级生产力和次级生产力及其环境连续观测；富营养化和环境质量监测。以上监测结果将为生态系统多样性、稳定性、产量、生产力和复原能力提供定量的“健康”指标。

（3）大海洋生态系管理体制可行性研究。大海洋生态系作为一个管理实体，既面向全球又有明显的区域特点，管理体制基本从两个方面考虑：一是从生态学的角度，对不同扰动类型的生态系统采取不同的管理策略。如人工增殖放流被认为是黄海生态系生物资源保护和管理的重要策略，而控制陆源缺氧水输入是波罗的海生态系资源管理的重要目标；二是从跨国管理的角度考虑区域性管理体制，管理决策要求简便性和可操作性。

另外，大海洋生态系概念在设计上是将研究、监测和管理一体化，因此，发展能够综合表达生态系变化和“健康”指标的分量模型也是今后一个重要的研究内容。

2. 全球海洋观测系统

《21 世纪议程》指出，为了断定大洋和在其中发生的各种海洋现象在推动地球系统中的作用，预测海洋和沿海生态系统的自然变化和人为变化，需要协调并大力加强上述活动所获资料的收集、综合和传播。为此，政府间海洋学委员会正在组织建立“全球海洋观测系统（GOOS)”，其主要子系统和重点领域如下：

（1）气候监测、评估和预报。重点领域为年际变化，特别是厄尔尼诺现象。

（2）海洋生物资源监测和评估。重点领域为气候与生态系统相互作用，如大尺度的浮游生物生物量、分布和种类组成变化。

（3）沿岸带环境和变化监测。重点领域为沿岸环流和海平面变化，古海洋和古气候研究。

（4）海洋健康评估和预报。重点领域为毒性暴发检测和预报，沿岸带污染物负载变化，沿岸带纳污能力。

（5）海洋气象学和海洋学作业服务。重点领域为表面波、水色和风。

预计“全球海洋观测系统”在 21 世纪初全面实施。

3. 全球海洋生态系统动力学

迄今为止，人类对海洋生态系统的规律知之甚少，物理过程与生物资源变化相互关系研究将是一个重要的启动点。科学家们注意到海洋生物资源的变动并非完全受捕捞的影响，渔业产量也和全球气候波动密切有关，环境变化对生物资源补充量有重要影响，认识到物理过程与生物过程的相互作用在生态系统中的重要性。一批生物、渔业海洋学家还认为，浮游动物的动态变化不仅影响许多鱼类和无脊椎动物种群的生物量，同时，浮游动物在生态系统结构形成和生源要素循环中起重要作用，也对全球的气候系统产生影响。因此，从全球变化的意义上研究海洋生态系统被提到日程上来。1991 年在国际海洋研究科学委员会（SCOR)、联合国政府间海洋学委员会（IOC)、国际海洋考察理事会（ICES）和国际北太平洋海洋科学组织（PICES）等国际主要海洋科学组织的推动下，“全球海洋生态系统动力学研究计划（GLOBEC)”开始筹划，1995 年该计划被遴选为国际地圈生物圈计划（IGBP）的核心计划，使海洋生态系统动力学研究成为当今海洋跨学科研究的国际前沿领域。

在 SCOR 和 IOC 等组织的支持下，国际 GLOBEC 科学指导委员会成立于 1991 年，它全力推动 GLOBEC 研究计划的发展。1994 年召开了国际 GLOBEC 战略计划大会，1997 年公布了 GLOBEC 科学计划（science plan)；1998 年召开了国际 GLOBEC 科学大会，1999 年公布了 GLOBEC 实施计划（implementation plan)。国际 GLOBEC 的目标被确定为：提高对全球海洋生态系统及其主要亚系统的结构和功能以及它对物理压力响应的认识，发展预测海洋生态系统对全球变化响应的能力。主要任务是：①更好地认识多尺度的物理环境过程如何强迫了大尺度的海洋生态系统变化；②确定生态系统结构与海洋系统动态变异之间的关系，重点研究营养动力学通道、它的变化以及营养质量在食物网中的作用；③使用物理、生物、化学耦合模型确定全球变化对群体动态的影响；④通过定性定量反馈机制，确定海洋生态系统变化对整个地球系统的影响。

为了实现上述目标和任务，GLOBEC 实施计划由国际核心研究计划、区域研究计划和国家研究计划三个部分组成，三者分别进行，相辅相成。

国际核心研究计划：以工作组研究形式研究 GLOBEC 理论和综合性主题。工作侧重于：回顾分析、过程研究、预测和建模、生态系统变化的反馈作用等问题的探讨。

区域性研究计划：为 GLOBEC 实施计划的重要内容。其中：国际海洋考察理事会支持的“鳕鱼与气候变化”研究计划，目的是调查气候变化如何直接或通过捕食者-被捕食者相互作用影响鳕鱼的繁殖、生长和死亡；美国科学基金会和国家海洋及大气管理局资助的“南大洋动物种群与气候变化”国际研究计划，主要目标是探讨海洋动物种群变化有关过程；国际北太平洋海洋科学组织发起的“气候变化与容纳量”研究计划，目标是测定亚北极太平洋高营养层次动物种群的容纳量，以及对气候变化的反应；GLOBEC 科学指导委员会直接支持的“小型中上层鱼类与气候变化”研究计划，主要目的是确定物理压力与上层鱼类种群增长的关系，特别注重对浮游动物动态的中间作用研究。

国家研究计划：该计划的研究内容一方面是根据各国的需求和地区特点确定的，另一方面也与国际重点计划以及区域计划衔接。先期发展的国家有美国、日本、挪威、加拿大、南非和中国等，近期发展的国家有英国、德国、法国、荷兰、巴西、智利、新西兰等。例如：美国的 GLOBEC 主要研究目标是测定控制海洋浮游动物和鱼类动态的大气压力、物理过程、生物过程之间的联系和耦合度，进而评估和预测气候变化对海洋生态系统的影响。大西洋乔治滩海域被选为美国 GLOBEC 第一个野外重点研究区，研究内容包括：历史资料分析——应用浮游生物和卫星观测的表温、水色等资料分析水文、浮游植物、桡足类和仔鱼生物量变化；宽尺度的过程调查——通过海上调查研究浮游动物、仔鱼的分布和数量与水文、生态和气候环境的关系，捕食者对被捕食的鱼类和头足类的影响；细尺度的过程调查——侧重研究控制水体分层的过程及其对食物链动态的影响；长期监测——包括环流、浮游植物和动物的生物量；模型研究——侧重在环流和影响补充量的物理/生物过程模拟。具有风生陆架特点的加利福尼亚海流系统将是美国 GLOBEC 第二个重点研究区。挪威的 GLOBEC 主要研究目标是确认引起北欧海域生态系统变化的首要因素，预测海洋气候、生产力和鱼类群体波动，研究内容包括：海洋气候——确认和定量海洋气候变化的主要机制；资源生态学——描述挪威海生态系统的功能和结构，定量气候变异对鱼类种群生物量影响的主要机制；碳循环——定量生物碳泵对北欧海和作为大气 CO_2 “汇”的重要性。日本的 GOLBEC 主要研究领域为浮游动物和微型浮游动物种群动态，西北太平洋中上层鱼类交替机制，中上层鱼类种群及生态系统长期变化与亚北极涡流营养动态。西边界流（如黑潮、赤潮）生态系统将是重要研究区域，狭鳕-磷虾-气候是一个主要研究课题。

在上述研究计划中，“过程研究”和“建模与预测”成为重中之重，由此表明海洋生态系统动力学是一项目标明确、学术层次高的基础研究计划。另外，无论是区域性研究计划，还是国家计划，无一不与生物资源可持续利用问题相联系。人们在关注人类活动和气候变化对海洋生态系统影响的同时，更为关注它对海洋生物资源的影响，特别是对与全球食物供给密切相关的渔业补充量变化的影响。

20 世纪 80 年代我国开始有部分工作在海洋生态系统水平上开展，侧重于基础性调查研究，如“胶州湾生态学和生物资源”（1980—1983）、“渤海水域渔业资源、生态环境及其增殖潜力的调查研究”（1981—1985）、“三峡工程对长江口生态系的影响”（1985—1987）、“黄海大海洋生态系调查”（1985—1989）、“闽南—台湾浅滩渔场上升流区生态系研究”（1987—1990）、“渤海增养殖生态基础调查研究”（1991—1995）。这些工作不仅对有关海域的理化、生态环境和生物资源的基本状况及其动态变化有了较多的了解，也为开展生态系统研究积累了大量的第一手资料。但是，在这些工作中过程研究较少，缺乏学科间的交叉结合，也难以对生态系统进行定量分析，如动力学建模。“八五”以来，这些问题受到重视，国家自然科学基金委员会启动了一批重点项目，如“东海海洋通量关键过程研究”“台湾海峡生源要素地球化学过程研究”“典型海湾生态系统动态过程与持续发展研究”和“黄海环流及营养盐长期输运研究”等，这些工作明显地加强了海洋生态系统的基础研究。

我国是开展海洋生态系统动力学研究较早的国家之一，并与世界主要 GLOBEC 研究国家建立了广泛的合作关系和工作联系。我国科学家于 1991 年进入国际 GLOBEC 科学指导委员会，参与国际 GLOBEC《科学计划》和《实施计划》的发展和制订，是 1998 年国际 GLOBEC 科学大会 5 个组委成员之一。同时，我国科学家还积极推动了北太平洋 GLOBEC 区域计划的发展，参与“气候变化与容纳量”科学计划和实施计划的制订。这些科学活动，使我国科学家能够及时了解该领域研究的最新动向，也为独立发展我国的科学计划提供了依据和经验。1994 年由国家自然科学基金委员会发起，成立了我国海洋生态系统动力学发展战略小组，着手制订我国海洋生态系统动力学发展规划，探索跨学科的科研体系，确立了中国以近海陆架区为主研究生态系统动力学的发展目标。之后，还成立了中国 SCOR/GLOBEC 科学指导委员会和中国 IGBP/GLOBEC 科学工作组。1996 年国家自然科学基金委员会不失时机地启动了“渤海生态系统动力学与生物资源持续利用”重大项目。在有限目标原则下，选择了渤海的典型区域，开展诸如对虾早期生活史与栖息地关键过程、浮游动物种群动力学、食物网营养动力学和生态系统动力学模型等方面的研究。虽然其研究内容和它的深度是有限的，对生态系统的整体认识也有局限性，但是，它毕竟是北太平洋地区第一个具有国家层次的 GLOBEC 实施研究项目，不仅使我国在这一国际前沿领域先占据了一席之地，也为我国深入开展海洋生态系统动力学研究奠定了坚实的基础。

参考文献

Harris R，et al.，1997. Global Ocean Ecosystem Dynamics（GLOBEC）/Science Plan. IGBP Report 40. IGBP Secretariat. Stockholm，Sweden.

Harris R，et al.，1999. Global Ocean Ecosystem Dynamic（GLOBEC）/Implementation Plan. IGBP Report 47. IGBP Secretariat. Stockholm，Sweden.

Sherman K，1993. Large marine ecosystems as global units for marine resources management - An ecological perspective. In：Large Marine Ecosystems：stress，mitigation and sustainability，Ed. by K. Sherman et al.，AAAS Press，Washington DC，USA.

第三节 中国海洋生态系统动力学发展战略

在详尽分析国内外海洋生态系统动力学的发展趋势和开展我国近海海洋生态系统有关研究的基础上，通过较长时间的学科战略研究，逐渐明确我国海洋生态系统动力学研究应遵循的战略目标、“十五”期间乃至近10～15年内的发展原则、优先领域，以及为达到这些目标所应采取的措施。

（一）战略目标

（1）确认自然变化和人类活动对我国近海生态系统的影响及其变化机制，建立我国近海生态系统基础知识体系。

（2）定量研究我国近海生态系统动力学过程，预测其动态变化，寻求海洋产业持续发展的调控途径。

（3）促成多学科交叉研究与综合观测体制，造就一支跻身于国际先进行列的优秀中青年研究群体。

（二）发展原则

为了达到上述战略目标，在制订10～15年优先领域时，特提出如下发展原则：

（1）抓住中国近海海洋生态系统的特点，与海洋经济发展特别是生物资源开发利用中的科学问题紧密结合。

（2）鼓励多学科交叉研究，多部门联合攻关和开拓新的科学研究领域。

（3）兼顾前沿性和可行性、近期与中长期目标，有利于21世纪我国海洋生态系统研究的发展。

（4）有利于同国际相应学科和区域性科学计划接轨和同步发展。

（三）优先领域

我国近海海洋生态系统动力学研究目标的核心是认识海洋生态系统的变化规律并量化其动态变化。为此，“十五”期间乃至到2015年，在我国近海海域，以其生态系统的关键物理过程、化学过程、生物生产过程及其相互作用进行重点研究和建模，对生物资源开发利用的可持续性进行探讨和预测。主要研究重点有：①生态系统结构、生产力和容纳量评估研究。评估近海海洋生态系统各级生产力及其影响的因素，研究浮游动物种群动态对各级生产力的控制作用，确认我国近海生态系统结构类型和生态容纳量；②关键物理过程研究。确认影响海洋生产力的关键物理过程（包括多种尺度的物理过程，如湍流、层化、锋面、混合层、上升流、环流等），研究沿海气候和海洋要素变化对海洋生产力的影响，进行关键物理过程数值模拟研究；③生源元素生物地球化学循环和生物生产过程研究。研究碳等生源元素的传输规律、生物碳泵的作用、微型生物在生物地球化学循环中作用，查明基础生产力转换效率和动态变化，进行新生产力研究；④食物网和营养动力学研究。研究我国近海生态系统食物网结构特征，侧重于营养动力学通道及其变化和营养质量在食物网内的作用，定量捕食者与被捕食者相互作用，以及与环境变化的关系；⑤生物资源补充量动态和优势种交替机制研究。主要资源种类亲体与补充量关系，确认物理过程对种群动力学的影响，研究优势种交替规律，定量环境变化、捕捞压力和种间相互作用对优势种的作用程度；⑥生态系统健康状况评估与可持续性优化技术。评估过度开发利用、环境污染和全球变化对资源生产力和生物多样性的扰动程度，研究近海生态系统资源环境健康状况及其复原能力，探讨持续性海洋生态系统优化技术；⑦生态系统动力学建模与预测。发展物理-化学-生物过程耦合模式，建立典型海域生态系统动力学模型，检验海洋生态系统胁迫反应能力，预测生态系统动态变化。

（四）典型实验区的选择

出于有限目标和研究经费的考虑，我国近海海洋生态系统动力学研究实验区的范围应由近及远，由小到大，首先要选择符合以下条件的典型海域：

（1）具有典型的理化环境特征，对全球变化反应灵敏。

（2）具有相对独立的生物区系，有不同营养层次的代表种或优势种。

（3）有较好的研究基础和较多的历史资料。

（4）有利于过程研究和模拟试验。

（5）有利于多部门合作和多学科交叉研究。

（6）有利于国际合作和与国际计划接轨。

“九五”期间已选择渤海海区，“十五”期间可扩大到东海和黄海。

（五）实施发展战略的基本措施

1. 发展交叉学科及研究领域

为了适应我国 GLOBEC 的发展，必须重视交叉学科的发展，加强跨学科的科研活动，把海洋生态系统作为一个整体进行研究。因为海洋生态系统中的物理过程、化学过程和生物过程相互影响、相互制约，还受全球变化影响并通过其自身变化对全球变化产生反馈作用。因此，一系列的跨学科研究领域将会出现，学科的交叉与综合又会激发新的认识，产生新的观点，导致新的研究领域的出现。为了实现“从全球变化的含义上，认识全球海洋生态系统和它的主要亚系统的功能和结构，以及它对物理压力的响应”这一目标，必须从一些基本的过程研究和交叉研究领域做起，逐步达到在生态系统水平上开展研究。为此应重视交叉领域的研究工作。例如：①小尺度湍流与浮游生物相互作用；②中尺度物理过程（锋面、浪潮、流等）与生物生产过程；③环流（包括上升流）与输运过程及营养动力学；④大尺度物理环境变化与生物种群动态和优势种交替；⑤生物地球化学循环与生物生产过程；⑥生物-化学-物理耦合数值模式。

2. 有关的学科新技术

为了更有效地发展我国的 GLOBEC，需要建立观测系统，采用新的实验手段、方法和技术，发展现场资料获取、储存和分析的方法和途径。因此，新技术的运用势在必行，高质量的现场资料的获取是当今海洋科学赖以发展的重要支柱，改进现有的海洋调查手段，使用先进的仪器是直接关系到我国 GLOBEC 能否取得实质进展的重要一环，为此，应重点发展以下学科新技术：①海洋生物取样技术。如连续浮游生物记录仪、底栖界面采集器、声学资源评估积分系统等；②生物地球化学中的新技术、新方法。如现场采样装置、现场快速测定装置、化学示踪技术等；③漂流浮标及锚系浮标；④卫星遥感技术。如遥感技术在测定海洋生态系统某些要素（叶绿素、悬浮物、溶解有机物、生物量和初级生产力等）中的应用。另外，数学模拟、图像技术和计算机作为一个有效的技术工具在过程研究和建模中将发挥重要作用。

3. 人才培养

科学研究和人才培养是密不可分的。一方面我们要有意识地培养一批适应海洋与生态交叉领域的研究人才，以满足海洋生态系统动力学研究的需要；另一方面，随着我国开展GLOBEC研究及国家计划的实施，将会促使一大批海洋科学研究人员从事跨学科研究，拓宽研究领域，从而加速人才培养。

我国的海洋科学教育相对西方发达国家有明显差距，且专业设置过细，教材过于陈旧，不利于学科交叉和新知识的获取。海洋科学与其他学科相比，更应强调多学科的交叉与综合研究。因为一切海洋现象都发生于实际的海洋环境之中，各个因子彼此并不是孤立地存在，因此应改变我国传统的海洋教育体系，打破专业与系的限制，培养通才，为我国发展GLOBEC在人力上提供保障。应在环境海洋学、生物海洋学、化学海洋学等领域给予适当的倾斜，要大力发展研究生教育，广泛吸收原来学习物理、力学、数学、大气等专业的学生攻读海洋学研究生，有利于使从事海洋科学研究的人员有坚实的基础，物理海洋、生物海洋、化学海洋甚至海洋地质学的广泛结合才能真正促进GLOBEC战略目标的实施。另外通过实施GLOBEC这一契机，将使海洋科学教育观念有较大改变。

4. 加强国际合作

我国海洋科学家在积极参与GLOBEC国际科学计划和区域计划的发展过程中收益颇丰，明显地推动了我国海洋生态系统动力学的发展。但是，他们也清楚地认识到：我国海洋生态系统动力学的基础研究与先进国家的发展相比还有一定距离。在这种情况下，积极参与国际GLOBEC科学活动，开展国际合作，把我国的研究纳入国际GLOBEC计划整体中去，有助于提高我国的研究水平，增长科研实力，能够使我国早日跻身于GLOBEC研究的国际先进行列。

目前，我国海洋生态系统动力学研究发展直接与IGBP的GLOBEC国际核心计划和北太平洋海洋科学组织的“气候变化与容纳量”有关，即我国的研究将为国际核心计划提供一个近海陆架区海洋生态系统动力学实例，同时，也是北太平洋区域计划的组成部分。这样，就为我国海洋生态系统动力学开展国际合作提供了极好的国际背景和基础。事实上，我国科学家在参与国际计划的发展中，已与美国、日本、加拿大、挪威、英国、德国、法国、瑞典和南非等国家的GLOBEC学者建立了密切的工作联系。因此，作为加强国际合作的一项措施，需要有计划、有步骤地发展实质性的双边或多边的合作研究，上述提到的国家都有发展合作研究的基础，其中美国作为最早提出GLOBEC理论和实施GLOBEC计划的国家，应为双边合作的优先考虑对象。

另外，GLOBEC与其他一些全球性国际研究计划有密切联系，如WOCE、JGOFS、GOOS、LME和LOICZ等，与这些研究计划之间不仅能够互相补充，同时也潜存着新的生长点。因此，也应注意与GLOBEC密切相关的国际计划的合作研究。

5. 加强科学指导与组织协调

中国GLOBEC科学指导委员会和IGBP中国委员会下的中国GLOBEC工作组应切实发挥其作用，加强协调、指导和组织国内有关研究计划的实施，研究成果的交流和评估，听取有关部门领导和有关领域专家的意见，负责向国家上级部门提出建议。

科学指导委员会应进一步引导科学家协调国内有关部门在该领域的研究工作，做到相互配合，充分发挥部门优势，形成我国GLOBEC研究的整体优势。努力完成我国GLOBEC的研究计划，争取对国际GLOBEC及全球变化的研究做出更大的贡献。

参考文献

唐启升，范元炳，林海，1996. 中国海洋生态系统动力学研究发展战略初探．地球科学进展，11（2）：160-168.

第四节 中国海洋生态系统动力学研究的工作基础和条件

自1958年全国海洋普查以来，我国已经逐步形成了具有明显区域特色的多学科的海洋科研体系，在区域物理海洋学、化学海洋学、生物海洋学和资源生态学等方面都有很好的工作积累和一些重要进展。近年来已经完成或正在进行的相关研究工作，也为实施海洋生态系统动力学研究创造了有利条件和基础，如"八五"期间完成的国家自然科学基金重点项目"中国海陆架环流及其动力学机制"和"东海陆架边缘海洋通量的研究"，以及"九五"正在执行的"黄海环流与营养盐长期输运研究""长江河口通量作用""台湾海峡生源要素地球化学过程研究""我国专属经济区和大陆架勘测"等。特别是国家自然科学基金重大项目"渤海生态系统动力学与生物资源持续利用"的实施，为开展这项研究奠定了良好的科学基础。国家海洋局第二海洋研究所、农业部黄海水产研究所、中国科学院海洋研究所、青岛海洋大学以及在该区做过大量工作的厦门大学、国家海洋局第一海洋研究所、农业部东海水产研究所等构成海洋生态系统动力学研究的国内优势单位。以下分三部分对重点内容作较详细介绍。

（一）研究工作基础

1. 相关的国家自然科学基金重大项目

"九五"期间启动了国家自然科学基金重大项目"渤海生态系统动力学与生物资源持续利用"。该项目由国家海洋局第二海洋研究所、农业部黄海水产研究所、中国科学院海洋研究所、青岛海洋大学共同承担，总资助金额500万元。这是我国首次把生态系统与生物资源变动的研究深入到机制与过程的水平。在基金委的领导和各单位的大力支持下，到目前为止，共收集了5个方面的历史资料，组织了11次海上调查与现场实验，进行了4个方面的模拟实验，完成了百余篇科学论文，培养了30余名博士和硕士生。

在历史资料收集和分析方面，收集、分析了渤海自1958年至今的所有生物资源与环境的调查资料，分析了部分以前未曾分析、鉴定的标本。海上调查和现场实验除常规的生物资源与环境调查和连续观测外，在浮游动物种群动力学研究方面，进行了浮游动物摄食节率和摄食率现场试验，测定了浮游动物优势种摄食强度与温度的关系，微型浮游动物（20～200 μm）的种群丰度、摄食率和对浮游植物的摄食压力，测定了优势浮游动物种群的产卵量、孵化率，并据此计算了它们次级生产力。在底栖生物方面，进行了沉积物粒度测定和小型底栖动物昼夜垂直移动与沉积物/水界面通量关系的研究。

围绕生态系统动力学研究，该项目还进行了大量的室内生态试验，采集未扰动的沉积物，进行了水体-底层营养盐通量研究，测定了营养盐在沉积物-上覆水界面之间的交换率。完成了受控条件下浮游动物摄食、产卵、孵化以及营养盐浓度比例对海洋浮游植物影响的模拟实验。结合室内模拟和野外现场实验，研究了浮游动物食性和底栖动物食性两个营养通道

14 个资源重要种类的摄食生态学、摄食率和生态转换效率。初步建成了食物网营养物质平衡模型。通过中英、中德双边合作，进行了海洋沉积物/水界面生物扰动实验。测定了营养盐在沉积物-上覆水面界之间的交换率。在生态系统模型研究方面，建立了以磷循环为基础的三维初级生产力模型，采用汉堡陆架水动力模块、北海生态系统生态模块建立了物理-化学-生物耦合生态系统动力学模型，并在此模型基础上加入生物资源早期栖息地各种关键因子，建立了一个新的应用模型。建立了平原型河口的垂直二维模型，模拟径流等水动力因子对生物资源幼体溯河的影响。

在渤海进行的上述生态系统动力学研究，虽是在有限经费、有限目标的原则下进行的，研究的内容和深度以及对生态系统的认识都有限，但作为生态系统动力学研究的开端，却积累了经验，培养了人才，为我国近海生态系统动力学和生物资源持续利用的研究打下了基础，并使我国的海洋生态系统研究进入国际先进行列，使一些学科在国际前沿领域占有了一席之地。

2. 相关的其他研究工作

物理海洋学 继 1958—1960 年全国海洋普查之后，在我国东、黄海一直维持了海洋水文标准断面调查。1986—1992 年开展了“中日合作黑潮调查研究”(经费 3 000 万元)，覆盖中国东海和日本以南海域，历时 7 年共 12 个航次。对东海黑潮、台湾暖流、对马暖流等作了重点调查研究，取得了一批国际水平的研究成果，该成果获国家科学技术进步奖二等奖和国家海洋局科学技术进步奖一等奖。“八五”和“九五”期间，又实施了国家海洋局重点项目“中日合作副热带环流调查研究”(800 万元)、国家自然科学基金重点项目“黄东海入海气旋爆发性发展过程的海气相互作用”(140 万元）和“黄海环流与营养盐长期输运过程研究”(120 万元)、“863 计划”“卫星高度计遥感信息应用技术研究”(190 万元)、攻关项目“中国近海温度锋面、内波与强温跃层研究”(60 万元)、国家自然科学基金重大项目“中国沿海典型增养殖区有害赤潮的预测与防治机理研究”(500 万元)、国家自然科学基金重点项目“卫星测高在中国近海地球物理和海洋动力环境中的应用”(经费 80 万)、国家攀登 A 计划“南海季风试验”(360 万元）以及国家重大基础研究发展规划项目“我国重大气候灾害的形成机理和预测理论研究”。通过以上的攻关计划、“863 计划”“攀登计划”和科学基金重大、重点基金，以及其他的部门项目的实施，使我们对沿岸上升流、东海冬季高密水的形成及其对东海北部环流和长江口外混合水扩散和影响，黄海暖流、黄海冷水团和环流、潮锋等有了一个比较全面的认识，并在浅海环流长期物质输运理论与模式研究领域积累了丰富的经验。

化学海洋学 80 年代初至今与本学科有关的调查研究工作有东海陆架调查，东海倾废区区划调查研究，浙江沿海上升流调查，东海断面调查，以及海岸带资源综合调查，海岛资源综合调查。在河口与近海生源要素的生物地球化学循环、大气向海洋输送生源要素的机制等方面取得显著进展。另外，还进行了与本学科有关的其他调查，如“全国海岸和海涂资源综合调查”(1980—1986)、“全国海岛资源综合调查”(1989—1992)、“中美长江口海洋沉积合作调查”(1980—1981)、“长江口及济州岛附近海域综合调查”(1981—1982)、“中美渤海及黄河口海域沉积动力学合作调查”(1985)、“中法黄河口及其临近海区合作调查“(1985—1986)、“中德渤海生态系统综合调查”(1989—1999)、“中美合作东海沉积动力学调查研究”(1981—1983)、“中法合作东海营养物和污染物生物地球化学调查研究”(1986—1988)、“中日合作黑潮调查研究”（1986—1992）、“中日合作东海特定区域环境容量和污染物对海洋生态影响研究”（1997—1998）。

“八五”和“九五”期间又实施了国家自然科学基金重点项目“东海海洋通量关键过程研究”（150 万元）、“中国沿海典型增养殖区有害赤潮发生动力学及防治对策研究”（20 万元）、中德政府间合作项目“渤海生态系统综合分析与模型研究”（中方 30 万元、德方 140 万马克）、国家杰出青年基金“亚洲风沙向西北太平洋边缘海的输送”（60 万元）及一批有关的面上基金项目。

生物海洋学　1958—1960 年的全国海洋综合调查为生物海洋学，包括海洋微生物、浮游植物、浮游动物、底栖生物和游泳生物等，提供了大量全面、系统的基础资料和图集。迄今仍是我国生物海洋学研究的基础。80 年代初进行了多年的海岸带及海涂资源综合调查，弥补了全国海洋普查的不足，将考察海域从陆架区向岸延伸至与国计民生关系更加密切的海岸带和海涂。1989 年起又开展了三年的全国海岛调查（包括周围海域的生态考察）。1986—1990 年中日合作黑潮考察研究也包括了大量的生物海洋学的工作。“八五”以来为密切结合国家需求和国际前沿，开展了一系列生物海洋学或与生物海洋学相关的研究：

（1）东海陆架边缘海洋通量的研究（“八五”国家科学基金重点项目，经费 135 万元），其中的新生产力研究、浮游动物对垂直碳通量的贡献和颗粒有机物的时空分布等方面的成果为了解东海碳通量的过程机制和建模提供了基础。

（2）东海海洋通量关键过程研究（“九五”国家科学基金重点项目，经费 150 万元），生物海洋学的工作主要是了解“生物泵”对垂直碳通量的贡献。

（3）南大洋磷虾资源考察与开发利用与预研究（“八五”国家科技攻关项目专题，经费 450 万元），南极磷虾（*Euphausia superba* Dana）是南大洋浮游动物的关键种，又是潜在的渔业资源。研究查明了普里兹湾临近海域的资源状况、自然种群的年龄结构和生殖特点，提出了我国开发的设想。获两委一部颁发的“八五”国家科技攻关优秀成果证书和国家科学技术进步奖二等奖。

（4）南大洋生态系统动力学研究（“九五”中国科学院重大项目“南北极典型地区资源环境与全球变化研究”课题之一，经费 80 万元），是“八五”南大洋磷虾资源考察与开发利用与预研究的深入，目的是用我们提出的方法建立南极磷虾资源的监测体系。

（5）三峡工程河口生态系统动力学作用机制研究（“九五”国家科技攻关项目专题，经费 125.5 万元）。在 1985—1987 和 1988—1990 年前期工作的基础上，深入研究河口生态系统动力学机制，以建立河口生态系统监测系统，为国家决策机构提供科学论据。

（6）三峡工程河口生态环境综合实验站建设（“九五”国家科技攻关项目专题，经费 264 万元）。建立河口生态环境长期监测所需的硬件和软件。

（7）闽南—台湾浅滩渔场上升流区生态系统研究（1987—1989 年国家教委、福建省科委项目，经费 60 万元）。从生态系统的观点对闽南—台湾浅滩渔场的形成与上升流的关系进行了全面研究，提出了许多新见解。

（8）台湾海峡及邻近海域初级生产力及其调控机制研究（1994—1996 年国家教委和福建省科委重点项目，经费 60 万元）。进行浮游植物生物量和生产力的粒级结构、光产品结构、细菌生产力及异养活性、光合色素组成、浮游动物对浮游植物的摄食速率的测定等研究。

（9）典型海湾生态系统过程与持续发展研究（“九五”国家科学基金重点项目，经费75万元），全面研究了胶州湾生态系统的动态过程，特别是在微型生物生态过程研究上取得了突破。

资源生态学 我国海洋渔业资源生态学（渔业生物学）研究始于50年代，比较著名的有50年代的烟威渔场调查，这是我国首次渔场与渔业生物学综合调查，尔后又进行了黄、东海底层鱼类越冬场调查。60—70年代，针对大黄鱼、小黄鱼、鳕鱼、带鱼、鲐鱼、鲅鱼、黄海鲱鱼、鲆鲽类、对虾、毛虾、乌贼等东、黄海主要生物资源种群进行的资源、渔场与栖息环境调查，使我们了解了这些种类的洄游分布、年龄生长、种群结构、繁殖习性、摄食、补充特性、种群动态和栖息环境以及它们的卵子、幼体的数量与分布。1979—1982年进行的东海大陆架和大陆斜坡深水生物资源调查，使我们对东海陆架边缘深水水域生物资源的种类、数量和分布以及渔业生物学特征有了基本的了解。

生态系统水平上的资源生态学研究开始于80年代中期的黄海大海洋生态系调查研究，1985—1987年间获得7个季节月的生物资源及环境调查资料。有关研究成果已编入国际大海洋生态系研究专著，1993年美国《科学》杂志刊登了该专著介绍。

1984年，生物资源专业调查船“北斗”号引入我国，中挪合作连续10年在东、黄海进行了以鳀鱼为主的中上层鱼类资源声学/拖网调查，先进的生物资源声学评估设备，使我们首次准确地评估了调查海区鳀鱼等主要中上层鱼类的资源量，并对鳀鱼的渔业生物学、补充状况进行了研究。1992年，该项目获得国家科学技术进步奖一等奖。1991—1995年，利用“北斗”号调查船进行“北太平洋狭鳕资源评估调查”，1997年获国家科学技术进步奖三等奖。

“八五”期间，实施了国家攻关“渤海增养殖生态基础调查研究”，该课题作为“渤海增养殖技术”项目的主要内容，获得“八五”国家科技攻关重大成果奖励和1997年国家科学技术进步奖二等奖。

1997年开始实施的“国家海洋勘测专项”（126专项）是近年来我国一次重要的基础性海洋调查，其中“海洋生物资源补充调查及资源评价项目”（126－02项目，1996—2001，经费4 300万元，包括船舶运行费），正在对东、黄海陆架区进行包括生物资源及其栖息环境在内的4个季节大面积海上调查，调查总站数达1 500站次，实际调查天数近400 d，可为本项目提供大量“面上”的调查研究资料。

（二）研究条件

我国已有多艘调查船具备在海上开展生物资源、生物环境、物理环境和生物地球化学现场作业的条件。如“北斗”号海洋生物资源调查船，船长56.2 m，宽12.5 m，总吨位1 165 t，定员32人。主机功率2 250 hp，安装液压制动的可变螺距推进器和4个电动侧推进器（各320 kW），动力定位性能极佳。2台转臂式起重设备，可满足对多种动力设备的需求。装备液压底层拖网和中层变水层拖网，可进行各种生物资源与环境调查取样。船上安装有国际先进的声学回声探鱼仪、网位仪等生物资源评估仪器。科学1号综合性海洋考察船，船长104 m，宽13.7 m，总吨位2 748 t，定员101人，主机功率5 280 hp，续航力7 000 n mile，自持力40 d。可在船上开展海洋物理、生物、化学以及海洋地质和气象实验。东方红2号综合性海洋实习调查船，船长96 m，宽15 m，总吨位3 235 t，定员196人。2台主机功率

1 600 kW×2，甲板上装备有各类电动或液压绞车及吊架供调查采样使用，有 5 个通用实验室和 6 个专业实验室。另外可供调查使用的还有向阳红 9 号、海监 18 号等调查船。

重点实验室是开展基础实验研究的基本条件，现在已有 10 多个与海洋生态系统动力学研究相关的部门开放重点实验室。其中包括："国家海洋局海洋动力过程与卫星海洋学重点实验室"，在黑潮及其对我国近海水文及流系的影响、陆架环流动力学、河口水文环流和悬移质输运、全球变化研究等方面取得了不少成绩；"厦门大学海洋生态环境教育部开放研究实验室"，主要是结合我国近海资源开发利用和生态环境保护状况，开展亚热带近海（含河口、港口及海岸带）生态系统动力学与生态环境保护的基础和应用研究，重点研究方向是亚热带近海生物地球化学过程、机制及其生态环境效应等，在海洋生物地球化学和微型生物生态学等领域具有较强实力；"农业部海水增养殖病害与生态重点开放实验室"，其研究重点是近海水域能量和物质的动态平衡、养殖容量评估与生态优化调控技术、可持续发展生态养殖模式等；"中国科学院实验海洋生物学开放实验室"，主要开展海洋生物个体发育、系统发育、生殖生物学和遗传学方面的基础研究，以及海洋生物技术方面的应用研究，承担了多项国家级重要科研项目；"青岛海洋大学国家教育部物理海洋重点实验室"，主要研究方向为洋流动力学和大尺度海气相互作用机制、近海陆架环流和输运过程以及物质循环、海洋中尺度过程及其动力机制、海洋小尺度物理过程等研究。另外还有"山东省海洋生态动力学重点实验室""教育部海洋遥感开放实验室""教育部水产养殖开放实验室"等。

供研究用的主要野外实验台站有"中国科学院胶州湾生态系统研究站"，它是中国生态系统研究网络（CERN）的长期定位站之一，主要学科方向是海洋生态学研究，对胶州湾及邻近水域的生态、环境和资源基本要素的动态进行长期、定时、定点的监测；"农业部麦岛海水增养殖实验基地"，可以开展鱼、虾、贝类苗种培育及有关的海洋生物学基础研究，实验总水体 1 600 m^3，实验室装备多种先进的实验研究仪器，是开展海洋生物室内受控基础实验的理想实验场所。另外可以利用开展试验工作的还有"中国科学院三峡工程河口生态环境综合实验站"和"中国水产科学研究院长江口渔业生态实验室"等。

有关科研单位除了装备有科学研究通用精确测量仪器外，还有一大批海上调查专业设备和专用仪器。其中包括卫星地面接收和预处理系统、海洋地理信息系统、生物扰动实验系统（AFS）、声学积分资源仪（SIMRADEK－500）、装有叶绿素测量探头的温盐深测量仪（CTD）、浮游生物连续采集器（CPR）、柱状界面采集器（Midicorer）、Goflo 与 Niskin 采样器、Bio－Rad Fluors 凝胶成像系统、营养盐自动分析仪、多普勒剖面流速仪（ADCP）、S4 浪潮流仪、Andra 水位仪、^{13}C 测定仪、^{15}N 测定仪、海流计、颗粒计数仪、总碳（氮）分析仪、放射性（γ）新谱分析仪、Bio－Rad MRC－1024ES 激光共聚焦扫描显微系统、JEM－100型透射电镜、Pharmacia－LKB1409 型液体闪烁计数仪、沉积物捕获器以及现场围隔装置等。

（三）研究队伍

我国在海洋生态系统研究领域已经初步建立了一支包括物理海洋学、化学海洋学、生物海洋学和资源生态学（渔业生物学）等多个学科、多单位联合的基础科研队伍。这支队伍不仅在各自的学科领域有长期的科学积累，同时也具备了开展多学科交叉和综合研究的科研能力。目前参与海洋生态系统动力学研究的主要成员均为我国海洋科学各学科的优秀科学家，学术思想活跃、组织能力强，彼此有很好的合作关系。另外，由于海洋生态系统动力学是海洋科学中的一个新的前沿领域，吸引了一大批优秀的青年学者，包括学有成就的海外学子，明显增强了队伍的活力和创新精神。该队伍的研究骨干广泛参与国际海洋生态系统重大计划的组织和实施，是我国海洋生态系统动力学研究进入国际先进行列的重要保障。

我国已有多个海洋科研、教育单位先后启动了海洋生态系统研究，主要优势单位概况简介如下：

国家海洋局第二海洋研究所 是国内外享有盛誉的综合性海洋研究、开发和工程勘察设计机构，主要从事中国海及大洋、极地海洋环境与资源的调查、勘测、监视监察、预报和应用研究。全所现有各类科技人员 308 名，其中中国科学院院士和中国工程院院士 2 名，研究员 44 名，高级工程师和副研究员 97 名，博士、博士后多名，该所是国务院学位委员会首批批准的硕士学位授权单位，现有物理海洋学、海洋地质学、海洋化学 3 个硕士学位授权点，有博士生导师 6 名，硕士导师生 27 名。设有海洋地质地球物理、大洋矿产资源、物理海洋、海洋化学、海洋生物、海洋遥感技术与应用、海洋工程勘探设计、海洋动力数值模拟等 12 个专业机构，并建有“海底科学”、“海洋动力过程”、“空间海洋遥感应用”3 个重点实验室。承担多项国家专项、国家科技攻关项目、“863 计划”高科技项目、国家自然科学基金项目（包括重大基金项目）和部、省级重点科技项目以及一批海洋产业开发与技术服务项目，取得了丰硕成果，为南极、南大洋科学考察研究和使中国成为世界第五个大洋多金属结核资源开发先驱投资者做出了重大贡献。建所 30 年来，共获国家、省、部级科学技术进步奖 143 项，其中国家一、二、三等奖 8 项，省、部级一等奖 18 项。

农业部黄海水产研究所 是我国最早成立的渔业科研机构，是国家区域性海洋综合渔业研究所，目前以生物资源与环境和海水增养殖为重点，开展应用基础、高新技术及应用技术研究。现设 1 个部重点实验室、3 个研究中心及 9 个研究室。另外，国家水产品质量监督检验中心，农业部黄渤海区渔业环境监测站等机构也挂靠在所内，拥有国际先进水平的“北斗”号海洋科学调查船。全所在职职工 387 人，其中中国工程院院士 2 人，高级职称者 69 人，国家级、省部级突出贡献专家和省级专业技术拔尖人才共 10 人，博士、硕士生导师 22 人。1995 年以来，成为国家支持的“改革与发展重点研究所”，1996 年被农业部评为“基础研究十强所”。先后完成了 720 余项具有较高学术水平和应用价值的科研课题。200 余项获国家、省部等各级成果奖，其中获国家科学技术进步奖一等奖 2 项（第一主持单位）。“九五”期间承担国家海洋勘测专项海洋生物资源项目、国家海洋“863 计划”高技术项目、国家攀登计划 B 项目、国家自然科学基金重大、重点项目、“九五”国家科技攻关项目以及省、部、市科技部门下达的科研项目近百项。

中国科学院海洋研究所 是目前中国规模最大的多学科综合性海洋科学研究机构，现有科技人员 536 人，其中中国科学院和中国工程院院士 4 人，第三世界科学院院士 1 人，博士生导师 48 人，硕士生导师 160 人，研究员 90 人，副研究员 170 人。海洋研究所在海洋生物分类、海洋生态学、实验海洋生物学、海洋水产养殖生物学与农牧化、海洋生物技术、海洋环境工程、赤潮与海洋环境保护、海洋环流与海气相互作用、潮汐、海浪、风暴潮、海洋沉积、海洋地球化学、海底岩石圈结构、化学海洋学、海藻化学和海洋资源化学、海洋腐蚀及防护、海洋观测与传感技术等方面的研究上，取得了 400 多项具有很高学术水平和应用价值的成果，其中有 200 多项获国家、中国科学院和省部级奖。海洋研究所现设有 12 个研究室、3 个中国科学院属重点实验室（站）和 3 个所属重点实验室。研究所拥有一支总排水量 5 500 t的近海和远洋综合海洋考察船队。

青岛海洋大学　是一所以海洋、水产学科为特色的国家教育部直属重点综合大学。该校是国务院学位委员会首批批准的具有博士、硕士、学士学位授予权的单位，并具有自审评定博士生导师权。学校设有海洋科学博士后流动站，9 个博士学位授予点，23 个硕士学位授予点；学校拥有 2 个国家重点学科，国家海洋药物工程技术研究中心，3 个国家教育部开放研究实验室，9 个省级重点学科，6 个省级重点实验室；学校还拥有全国首批确定的海洋学基础科学研究和教学人才培养基地（含海洋学、海洋化学专业）。学校拥有教授 180 余人，副教授及其他高级职称的技术人员 300 余人。有中国科学院院士 2 人，中国工程院院士 1 人，博士生导师 46 人。学校拥有东方红 2 号新型综合海洋实习调查船：有电教中心、计算中心、测试中心。“八五”以来出版专著 140 余部，发表学术论文 3 000 余篇，获国家成果奖 14 项，部省级奖 90 余项，在海洋、水产学科领域有显著的科研优势。

厦门大学海洋生态环境国家教育部重点实验室　隶属厦大海洋与环境学院，学院现有教学科研人员 120 名，其中教授 21 名，博士生导师 15 名，副教授 43 名，设有环境科学、海洋生物学、海洋化学博士点，物理海洋学硕士点，以及海洋科学博士后流动站。实验室成立三年来，依托厦门大学学科齐全、在海洋科学研究方面的悠久历史及雄厚力量等优势，共承担国家自然科学基金等各类课题 72 项，获国家科学技术进步奖等奖励 9 项。目前正主持基金委“九五”重点项目“台湾海峡生源要素生物地球化学过程研究”以及参加“九五”重大项目“中国典型增养殖区有害赤藻发生动力学及其防治机理研究”，在海洋生物地球化学、微型生物生态学等领域具有较强的实力。

国家海洋局第一海洋研究所　是公益事业型综合性海洋研究机构，主要开展海洋科学基础和应用基础研究，面向国民经济主战场。数年来，该所获得了 7 项国家科学技术进步奖，50 多项省部级科学技术进步奖。1995 年，该所被列入国家科委重点支持实验室，经济效益已进入百强行列。该所科研力量雄厚，现有高级职称 230 人，其中中国工程院院士 1 名，博士生导师和硕士生导师共 30 名。该所由物理海洋、地球流体力学、海洋地质、海岸带与海港、海洋化学、海洋生物 7 个研究室，和海洋工程勘探设计、海洋测绘、海洋环境保护与评价、海洋环境科学技术、海洋生物制品、计算数值模拟、环境污染治理 7 个中心组成。其中，海洋数值模拟实验室、海洋生物活性物实验室为国家海洋局重点实验室。全国海洋领域唯一的中国与韩国海洋科学共同研究中心设立在该所。近年来，该所承担了国家大型对外合作项目、国家攻关项目和国家重大重点基金项目、“863 计划”高科技项目、国防科工委重点项目和重大工程项目，成果令人瞩目，获得了很大的社会效益和经济效益。先后完成了中美热带西太平洋海气相互作用研究、中日黑潮合作调查研究、首次国际大气实验，黄海大海洋生态系等国际合作研究项目。

农业部东海水产研究所　近几年来，以淡水养殖、资源环境、渔具材料为重点，开展了渔业应用基础，应用技术和高新技术的开发研究。目前全所设有一个院重点实验室、一个“中心”、7 个研究室和 2 个监测站。现有高级研究人员 47 名，有 3 人获得部级“突出贡献中青年专家”称号。自 1978 年起，先后获得国家有关科技成果奖励 180 余项次，其中，国家级奖励 13 项，部（省）级奖励 76 项；1992 年获“七五”全国农业综合科研能力优秀单位称号。

第五节 东、黄海生态系统动力学拟解决的关键科学问题

“浅海”“陆架”是我国海域的显著特点，也是我国海洋生态系统动力学研究的重点。东、黄海拥有世界海洋最为宽阔的陆架，地理环境的区域特点显著，西有长江等河流携入大量的陆源物质，东南受黑潮暖流的强烈影响，同时又承受东亚季风的交替作用，是集大河-海洋、边缘海-大洋西边界强流、大气-海洋等相互作用于一体而形成独特环流结构的海域。东、黄海特殊的环境导致了显著的生物学特征，其区系属北太平洋区东亚亚区和印度-西太平洋区中日亚区，生物多样性丰富，优势种明显、食物网结构复杂、生物资源蕴藏量大，孕育了数个高产渔场。虽然其海域面积仅占中国海的26%，但是，它是我国主要经济鱼虾类产卵、索饵和越冬栖息的场所，我国在此海域的渔获量占全国海洋渔业的70%，是我国海洋渔业资源的主要供给地。另一方面，该海域既具半封闭系统的特点，又有开放系统的内涵，科学问题突出，是国内外地球科学和生命科学极为关注的综合研究海域。因此，东、黄海是我国近海颇具代表性的生态系统，研究它的生态系统动力学具有典型意义。

关于东、黄海生态系统的基本特征，包括其大海洋生态系特征、与环流有关的物理海洋学特征、与生源要素有关的化学海洋学特征、与浮游动物有关的生物海洋学特征和与优势种有关的资源生态学特征，较详细地列于本章附录。根据这些特征和国家需求，在东、黄海生态系统需要优先解决的关键科学问题主要有：资源关键种能量流动与转换、浮游动物种群的补充、生源要素循环与更新、关键物理过程的生态作用、水层与底栖系统耦合、微食物环的贡献等。

（一）资源关键种能量流动与转换

食物联系是海洋生态系统结构与功能的基本表达形式，初级生产的能量通过食物链—食物网转化为各营养层次生物生产力，形成生态系统资源产量，并对生态系统的服务和产出及其资源种群的动态产生影响；东、黄海生物资源以多种类为特征，同时，又有明显的优势种。因此，关键资源种群食物网能量流动是认识东、黄海生态系统资源生产及其动态的关键生物过程，而在本海区此类工作尚未从营养动力学的水平上开展。拟解决的科学问题包括食物网的基本结构、食物定量关系、主要资源种类的能量收支特征、食物网能量流动/转换的动态关系和上行控制作用和下行控制作用对资源生产的影响。进而结合鳀鱼等主要资源种群补充量动态的研究，探讨生物资源优势种交替规律及补充机制，以及对人为干扰和气候变化的响应。需要重点研究的问题有：

1. 食物网基本结构及食物关系

选择东、黄海生物资源主要栖息地的典型海域（如黄海中部、长江口外海、东海中部等），以主要资源种类（关键种和重要种类）为主，研究高营养层次主要捕食者与被捕食者不同生命阶段（幼、成体）食性、饵料需求量及其生物量，确定食物网基本结构、食物定量关系和主要营养通道，并进行时空变化及影响因素的比较研究。

2. 主要资源种类营养动力学特征

以东、黄海生物资源关键种和重要种类为主，重点研究生物能量收支特征、生态转换效率及其影响因素，如营养质量的作用、环境变化的影响等。探索营养动力学过程实验研究的新技术、新方法的应用，如应用碳、氮同位素法等。

3. 食物网营养动力学模型

建立东、黄海不同区域特点的食物网营养动力学模型，比较能量流动和转换的动态关系，探讨上行控制作用和下行控制作用对生态系统资源生产的影响及其反馈机制，评估生态系统容纳量。

4. 主要资源种群动力学及早期补充机制

资源种群补充与物理及生物环境密切有关，以资源种群补充量动态为主，研究东、黄海主要资源种群动力学，重点研究影响关键种群早期补充的物理、生物环境因素及其机制。

5. 人类活动对生物资源可持续性影响

以重要开发利用活动为主，探讨过度捕捞、养殖、环境污染及大型工程建设等人类活动对东、黄海生态系统资源再生产的影响，为生物资源的可持续开发利用提供依据。

6. 生物资源群落结构与优势种交替规律

以主要生物资源群落结构、多样性特征和生物量变化研究为主，探讨生态系统资源优势种交替规律及其反馈机制，并结合有关研究建立东、黄海生物资源可持续开发与管理模型。

（二）浮游动物种群的补充

浮游动物作为从基础生产者到高层捕食者的中间环节在生态系统能量转换和物质流动中起着承上启下的关键作用，它不仅是转换者，还起着控制能、物流方向路线的作用。下行控制初级生产，上行控制上层捕食者。浮游动物的种群补充在一定程度上决定着渔业资源的补充。在国际计划中一直把浮游动物的种群补充当作关键科学问题。东、黄海的水系复杂，某具体海区的浮游动物种类组成群落结构主要取决于对该海域起主导作用的水团和海流。而水团和海流的强弱又有着明显的季节变化和年际变化，这都影响着浮游动物群落结构。首先需要查明水团和环流对东、黄海浮游动物群落结构、数量分布及其动态变化的影响，进而了解浮游动物作为生态系统能量和物质转换的关键环节的生态转换效率，以及上行控制和下行控制的机制。以中华哲水蚤等起主导作用的关键种作为重点对象，查明它们的数量变动规律和种群补充机制，特别是影响其世代成功的关键物理和生物过程。需要重点研究的问题有：

1. 浮游动物群落结构、动态变化，及其与水团和环流的关系

东、黄海水系复杂，不同水系栖息着生态特性不同的浮游动物种类，居于各水系之间的宽阔的陆架变性水中，种类更是复杂。要了解浮游动物在东、黄海生态系统中的作用，首先要查明不同水系中浮游动物群落结构，它们的变化受那些过程制约，不同水系之间的相互作用及其对浮游动物群落结构的影响。

2. 浮游动物主要功能群的能量生态学及其对浮游植物摄食压力

浮游动物种类繁多，不同类型浮游动物在生态系统中的功能作用也不同。国际通用的方法是，按粒级将浮游动物划分为 3 个功能群。对不同功能群进行摄食、呼吸、生长、代谢等方面的研究，了解其对浮游植物的摄食压力及生态转换效率，获得必要的参数，对量化生态过程和建模是必不可少的。

3. 关键种种群分化

关键种是指在上行和下行控制中起决定作用的种类，一般都是浮游动物中的优势种和经济鱼类的主要饵料种。初步确定了3种：中华哲水蚤、小拟哲水蚤和太平洋磷虾（或中华假磷虾）。如中华哲水蚤广布于从日本到越南的近海，而太平洋磷虾则分布在整个北太平洋，从加州到东海。东、黄海水系复杂，如果同一个种存在相对独立发展的几个种群，对它们的种群动力学必须分别去研究。拟通过形态学、生态学和生物化学方法解决。

4. 关键种生活史与各阶段生理学

研究关键种种群动力学首先要查明其生活史，包括从受精卵到成体的全过程，各生活史阶段的生理状态、生态学特点，与各生活史阶段相配合的生物和非生物过程，一年有几个世代。特别是是否存在休眠期或有休眠卵，休眠期（或休眠卵）启动和终止的条件。

5. 关键种种群动力学与浮游动物次级生产力

研究关键种种群补充机制、数量变动规律，分布格局，与生物和非生物环境因子（特别是水动力学环境）的关系及过程机制；建立优势种种群动力学模型；测算浮游动物次级生产力。

6. 海洋生态系统的粒径谱与能量谱

建立东、黄海典型海域生态系统的粒径谱与能量谱，宏观地阐明从微型生物到高层捕食者的能量传递过程，并依此监测生态系统动态变化。

（三）生源要素循环与更新

生源要素（N，P，Si和C等）在东、黄海的输送、循环与更新是构成这一地区可再生的生命资源的物质与环境基础，对东、黄海的生态系统的结构、功能乃至渔业资源的种群与补充量都具有十分重要的影响。结合物理海洋学与化学海洋学的理论与方法，将对研究区域影响重要经济资源（例如鱼类）的生活习性及其补充量的外源（生源要素）的物理与化学背景场以及内部循环与再生过程取得认识。黑潮、东亚季风和长江等河流是影响东、黄海生态系统生源要素更新和运移机制的主要因素。拟解决的科学问题包括：研究区域开边界/自然边界生源要素的输送速率和季节/年变化；生源要素背景场的更新时间及其重要影响因素；区域中生命与非生命过程/事件对生源要素在不同物质状态间的转化/循环的驱动；区域中各种营养盐储库中的现存量及时空变化；生源要素及痕量元素（如铁）与浮游植物的相互作用。需要重点研究的问题有：

（1）东、黄海中尺度过程和环流对生源要素的积聚和输运作用。

（2）重要界面（大气-水、锋面与层化、沉积物-水）附近的生源要素与颗粒态物质的相变、形态转换、交换/输送通量与交换速率。

（3）区域性的生源要素对初级生产力的限制机制，生源要素的消耗，多级利用和再生的循环过程与更新速率。

（四）关键物理过程的生态作用

主要研究关键物理过程（层化和混合、径流、沿岸锋、潮锋、上升流、东海高密水、黄海暖流、台湾暖流和黑潮等）在东、黄海生态系统中的地位和作用。目的是搞清楚各关键物理过程的演变规律和机理；深入了解各物理过程对生源要素更新、浮游生物补充所起的作用。通过对各关键物理过程的研究，可以了解生源要素在界面的外部和内部经过怎样的物理过程进行交换和循环；了解浮游植物、颗粒有机物的集结、沉降和再悬浮与物理环境的关系；了解浮游动物中关键种群的补充特点与物理环境的关系。进而掌握东、黄海关键鱼种的产卵、孵化、越冬、索饵和洄游在物理场演变过程中的分布和集群特点。拟解决的科学问题是：高生产力区中度物理过程的特性和演变机制、海底边界动力结构及其对物质的沉降和再悬浮的作用，以及模型的数值表达。需要重点研究的问题有：

1. 高生产力区中尺度物理过程的结构和特性

通过调查和对历史与遥感资料的整理和分析，研究高生产力区各水团消长、锋区混合和层化的变异特性，重点研究高生产力区物理要素的时空分布特性及多年变化规律。研究风、潮和黄海暖流在黄海锋生、锋消过程中的地位和作用，冬季的沿岸锋和黄海暖流，层化季节的沿岸流、黄海冷水团和潮锋等的季节演变过程和机制。研究台湾暖流、风和潮作用等动力因子的短期和季节性变化对浙江沿岸上升流的贡献，研究沿岸锋和上升流的锋生和锋消过程，探讨它们的相互作用和环流结构及其演变规律。研究横越陆架锋的环流结构和演变特性。探讨它们在物质交换和循环中的地位和作用，研究该锋面生态系统形成和维持的物理机制。

2. 影响关键种补充的关键物理过程

水团消长和环流变异是认识生源要素外部补充和内部循环的基础，也是影响浮游植物种群生活史和补充量变动的环境因子。与关键资源种群食物网能量课题结合，研究关键资源种群——鳀鱼早期补充阶段栖息地中的关键物理过程的特性和演变规律。与浮游动物种群补充课题结合，研究决定浮游动物关键种——中华哲水蚤生活史的关键物理过程及其影响机制。

3. 重点区域底边界动力结构及其对物质的沉降和再悬浮作用

东、黄海水深较浅，水体与底栖的耦合在这里尤为突出，同时潮混合在这一区域也十分显著。研究三个重点海区潮混合对物质，尤其是营养盐，如何通过底边界进行交换。近年来的研究表明，幼鱼在锋面层化带出现的丰度与潮混合所造成的水平通量有直接关系，潮混合如何影响研究区域的浮游动物丰度等都是亟待解决的问题。

4. 东、黄海重点海区生态系统动力学模型的数值研究

在营养盐、浮游生物和碎屑提供参量和边界的基础上，建立包括总模型和过程模型在内的数值模式。探讨以上物理过程的动力机制，定量描述长江冲淡水和黑潮在东黄海生源要素收支平衡中的地位和作用、探讨锋面和各种中尺度物理过程在生态系统内部如何对生源要素和浮游生物进行输运和再分配、确定物理过程在生态系统平衡和调控中的地位和作用。

（五）水层与底栖系统的耦合

由太阳能和营养盐驱动的海洋植物的初级生产启动了海洋中的啃物食物链，颗粒有机质（POC）通过生物泵、漏流和平流的输运，沉降到海底，又启动了海洋中的另一条食物链——碎屑食物链，再经分解矿化、生物扰动、摄食、分子扩散和物理过程的作用与水层的生物生产过程相连接，形成了完整的动态的海洋生态系统。

国际上十分重视水层-底栖系统耦合过程的研究。尽管有关活性颗粒有机物质（浮游植物细胞）沉降至海底的研究已有较长的历史，但真正定量化的系统研究始自20世纪70年代，伴随着区域性生态系统的整体研究和生物海洋学新概念的产生（如粒径谱、生物泵、新生产力、现场受控生态系等）而进入了实验研究、现场观测与模型研究相结合的新阶段。

我国的黄海和东海系西太平洋边缘海，有世界著名的两大河流，长江和黄河的流入，陆架水域宽阔，垂直混合强烈，水层与底栖系统的耦合显著，这是全球50个大海洋生态系中最具有地域特色的两个大海洋生态系，研究黄、东海水层系统与底栖系统的耦合不仅对我国重要渔场渔业资源的补充机制具有关键意义，且为深入研究全球变化和人类活动对我国近海生态系统的影响提供重要依据。

拟解决的科学问题包括：黄、东海颗粒有机物质的垂直通量，动态变化及控制因素；底栖碎屑食物网动力学及顶级捕食者（鱼类、虾、蟹类）的摄食控制；生物扰动及其沉积物的再悬浮过程对沉积物海水界面物质通量的作用；微型、小型生物关键类群对水层-底栖系统耦合过程的调控。需要重点研究的问题有：

（1）浮游植物的水华对垂直沉降通量的贡献。

（2）颗粒有机物质的沉降动力学。

（3）大型底栖生物群落的营养动力过程及顶级捕食者对底栖生物的摄食。

（4）生物扰动及其再悬浮对沉积物海水界面作用的控制。

（5）底栖小食物网（微型生物、小型生物）对有机质的分解矿化作用和营养盐再生的调控作用。

（6）黄、东海水层系统与底栖系统耦合模型、模拟及预测。

（六）微食物环的贡献

近十几年来，微食物环研究已成为海洋生态学中的一个研究热点。微食物环的基础是异养微生物的二次生产，即自由生活的异养微生物将溶解态有机物转化为颗粒态有机物（细菌本身），并为微型浮游动物（主要是原生动物）所利用，转换为更大的颗粒。经过这一转换，使在光合作用等过程中流失的有机物得以重新进入主食物链。微食物环也包括一部分不能被后生动物（如桡足类）直接利用的微型、微微型浮游植物，经原生动物摄食再被后生动物利用的环节。由于微型生物和原生动物生命周期短、周转快，因而微食物环的效率很高，通过微食物环回到主食物链网的能量，在近海大体相当于初级生产力的20%～40%。在富营养海域，微食物环是主食物链的一个补充，提高了生态效率；而在贫营养海域，微食物环的作用更为突出。

拟解决的科学问题包括异养微生物的二次生产和微型浮游动物（主要是原生动物）的转换以及微型浮游动物直接对微型、微微型浮游植物的利用，以及控制这一过程的生物和非生物环境条件。需要重点研究的问题有：

（1）不同组成特征的溶解有机质、颗粒有机质对微生物二次生产的作用，利用生物标志物研究其来源与归宿。

（2）微生物生物量和微生物生产力。研究微生物（细菌、病毒）生物量、时空分布；自养微生物生产力与异养微生物生产力，影响生物量与生产力的因素和机制；与生物和非生物环境的关系等。

（3）微型、微微型浮游植物的组成、生物量和生产力。研究微型（nano－）和微微型（pico－）浮游植物的种类（或类群）组成，分粒级的生物量和生产力，影响生物量与生产力的因素和机制；与生物和非生物环境的关系，对微食物环和生态系统的贡献等。

（4）原生动物的组成、生物量与种群动态。研究原生动物的种类组成、生物量，生态转换效率、种群增长率，及作为微食物环与主食物链网之间主要环节的贡献。

（5）小型浮游动物组成、生物量及摄食率测定。研究原生动物以外的小型浮游动物（20～200 μm），包括大量的无脊椎动物幼体的种类组成、生物量、时空变化，生态转换效率、种群增长率，及作为微食物环与主食物链网之间主要环节的贡献。

（6）微食物环的营养动力学模型。建立表达东、黄海微食物环营养动力学关系的数学模型。

第六节　东、黄海生态系统动力学研究的实施计划

1999 年 10 月，“东、黄海生态系统动力学与生物资源可持续利用”研究计划被国家学技术部正式批准为《国家重点基础研究发展规划项目》，项目执行时间为 1999—2004 年。本节重点介绍该项目的总体设想、主要研究内容、预期目标和课题设置。

（一）总体设想

把东、黄海生态系统视为一个有机的整体，以物理过程与生物过程相互作用和耦合为核心，研究生态系统的结构、功能及其时空演变规律，定量物理、化学、生物过程对海洋生态系统的影响及生态系统对其变化的响应和反馈机制。

选择东、黄海典型海域为主要研究区，以中华哲水蚤和鳀鱼等生物关键种群为主要研究对象，围绕资源关键种能量流动与转换、浮游动物种群的补充、生源要素循环与更新、关键物理过程的生态作用、水层-底栖系统耦合、微食物环的贡献等关键科学问题开展多学科交叉综合研究，拟在东、黄海生态系统动力学关键过程和生物资源补充机制研究上取得突破，为建立我国近海可持续发展的生态系统、合理的渔业管理体系和负责任的捕捞制度提供科学依据。

（二）预期目标

1. 总体目标

弄清我国近海海洋生态系统的结构、功能及其服务与产出，量化其动态变化及生态容纳量，预测生物资源的补充量，寻求可持续开发利用海洋生态系统的途径。使集多种机制于一体并具陆架特色的我国近海生态系统动力学理论体系和研究队伍进入国际先进行列。

2. 五年预期目标

查明东、黄海生态系统动力学关键过程，建立动力学预测模型。主要包括：食物网营养动力学过程、浮游动物补充过程、生源要素循环与更新过程、高生产力区关键物理过程、水层与底栖系统耦合过程、微生物二次生产过程及其模型等。

阐明东、黄海生物资源补充机制，为生态系统和渔业管理提供依据。主要包括：确认人类活动和气候变化对生态系统及其资源的影响和反馈机制。

（三）主要研究内容

围绕东、黄海生态系统动力学关键过程和生物资源补充机制等主要研究任务，从以下 4 个方面开展研究：

1. 东、黄海关键物理过程对生物生产的影响机理

环流变异和水团消长是控制生源要素外部补充和内部循环的物理条件，也是影响浮游动物种类组成、群落结构的重要因素，同时又是决定资源种群生活史和补充量变动的环境因子。主要研究内容为：高生产力区中尺度物理过程的特性、演变机制及其在生态系统中的作用，重要区域海底边界动力结构及对物质的沉降和再悬浮作用，物质长期输运动力学机制及重点海区生态系统动力学模型的数值研究。

2. 东、黄海生源要素循环与更新机制

侧重于化学海洋学过程研究，重点放在对生源要素碳、氮、磷、硅等的内部循环与更新机制及其数值模式的研究。主要内容包括：影响东、黄海生源要素的外部补充机制与生源要素的背景场，生源要素的消耗、多级利用与再生的速率，生源要素对初级生产的限制机制，重要的界面附近（大气-水、锋面与层化、沉积物-水）生源要素与颗粒态物质的形态转变与交换/输送通量，利用数值模式认识东、黄海生源要素循环与更新的过程与时空变化特点。

3. 东、黄海基础生产过程与浮游动物的调控作用

研究东、黄海浮游植物初级生产、浮游动物次级生产和底栖生物生产等基础生产过程，它们与理化环境的关系。研究异养微生物的二次生产和原生动物的摄食，了解微食物环对东、黄海主食物网的贡献。研究中突出浮游动物的调控作用。在了解浮游动物群落结构动态变化的基础上，通过中华哲水蚤等关键种种群动力学的研究，了解关键种种群补充机制，从而为预测渔业资源的变动提供依据。根据浅海生态系统的特点，水层系统与底栖系统的耦合过程及预测模型也将是重点研究内容。

4. 东、黄海食物网营养动力学与资源优势种交替机制

研究食物网基本结构、主要捕食者与被食者不同生命阶段的食物定量关系、能量收支特征、粒径谱与能量谱和生态转换效率及其影响因素，建立不同生态特点的食物网营养动力学模型。以补充量动态为主，研究主要资源种群动力学特征，重点研究影响关键种群早期存活的理化生物环境机制。研究捕捞、富营养化及其他重要人类活动对群落结构变化和资源再生产的影响，结合食物网和种群动力学研究，探讨生物资源优势种交替规律及补充机制，建立东、黄海生态系统资源可持续开发与管理模型。

（四）研究思路与创新性

1. 研究思路

（1）根据东、黄海独特的海洋地理环境，把东、黄海生态系统作为一个有机的整体，重点研究高生产力区的动力学过程和资源补充机制。

（2）以物理过程-化学过程-生物过程相互作用和耦合研究为核心，针对关键科学问题开展多学科交叉综合研究，确认东、黄海生态系统动力学关键过程，并建立相应的预测模型。

（3）研究实施中，选择浮游植物→中华哲水蚤→鳀鱼→蓝点马鲛等关键种构成的食物链/网为本项目的研究主线，各关键科学问题和研究课题围绕这一研究主线选择相应的研究区域和研究对象，并从关键种、重要种类和生物群落三个层面上开展研究，使物理海洋学、化学海洋学、生物海洋学和资源生态学等多学科交叉综合研究目标集中、步调一致，同时，对应关键问题开展共性问题的研究，如人类活动对东、黄海生态系统及其资源环境的影响，形成“点”与“面”结合的研究格局，使整个项目能够紧紧贴近国家重大需求，为解决制约我国海洋产业可持续发展的瓶颈问题提供科学依据。

2. 创新性

（1）致力于海洋科学 4 个重要学科的交叉综合研究，其成果将直接推动一个新的学科领域的发展，促使我国近海海洋生态系统动力学创新理论和人才队伍的形成，使我国在海洋科学国际前沿领域发展中占据一席之地。

（2）以东、黄海陆架高生产力区为主，地域环境特殊，既具半封闭系统的特点，又有开放系统的内涵，项目拟解决的 6 个关键科学问题极具区域特点和学术价值。它不仅对认识我国近海生态系统和解决其生物资源可持续开发利用中存在的问题具有创新意义，它也将为全球海洋生态系统动力学研究提供一个典型的陆架海的研究范例，丰富世界海洋生态系统动力学理论体系。

（3）强调系统的整体研究、多学科交叉和关键资源种的重点研究。这些具有创新意义的学术思路，不仅能够使该项重点基础研究的目标明确面向国家重大需求，为海洋生物资源可持续利用提供科学依据，同时更能通过集中目标、加强协调，使多学科交叉综合研究的目的能真正体现，使生态系统关键过程的研究达到较高的深度。

（4）主要技术创新点：

①突出资源关键种能量流动与转换的定量研究，使食物网研究提高到了营养动力学水平上，并尝试从生态系统水平上探讨资源补充机制；

②从上行与下行控制作用和人类活动及气候变化影响两个方面探讨生态系统基础生产过程，浮游动物的作用及资源优势种的交替规律；

③突出关键物理过程与生物过程的耦合，利用数值模式，特别是动力学模型和生态模型的界面耦合技术，现场调查及遥感等资料与数值模型同化技术等，探讨物理过程影响生源要素更新、浮游动物补充及资源动态变化的机制；

④强调边界及界面的物质交换速率与区域内部循环机制的结合，探讨生源要素在内外部的循环与更新和资源补充的环境过程，认识生源要素对初级生产限制在富营养化地区的不同机制，并实现生物地球化学过程研究的定量化；

⑤从水层与底栖系统动力耦合的背景，研究生源要素的吸收及释放、生物沉降和再悬浮、底栖食物网及生态系统结构与功能，在国内尚属首次；

⑥应用新技术和方法，定量微型生物过程，揭示微食物环在浅海海洋生态系统中作用和贡献。

（五）技术途径

为了突出关键过程和建模研究，拟采用历史资料分析-海上调查与现场试验-室内生态实验数值建模相结合的系统研究方法，主要技术途径如下：

1. 历史资料分析

利用我国自 20 世纪 50 年代至今曾在黄、东海进行过有关生物资源、海洋生物、物理海洋、化学海洋等调查资料，对主要资源种类的种群动态变化进行综合分析，整理分析已有的食性资料；认识上升流、潮锋、高密水、冷水团、暖流的分布特征，生源要素、叶绿素的研究现状，关键物理过程的季节和年际变化规律，结合国际上的最新研究成果，提炼科学问题与假设，以指导海上调查与研究工作。

2. 海上调查与现场试验

选择典型季节和区域进行海上专题和综合调查。海上生物调查以资源关键种群和浮游动物种群为主要调查对象进行设计，同时兼顾其他重要资源种类和浮游动物种类。海上观测跟踪调查与现场受控实验及室内实验相结合，物理、化学、生物观测同步，包括大面站、连续站、锚系与追踪浮标等，在船上同步进行相关生态实验及现场受控实验与固-液交换模拟等。对青岛外海鳀鱼鱼卵、仔稚鱼存活数量与物理、化学和生物过程进行同步定点连续观测，时间为 5—7 月。

3. 受控生态实验与室内实验

受控生态实验与室内实验相结合，开展关键种生活史、实验生态和生理学实验，测定主要资源种类的比能值、能量收支、转换效率及其影响因素等，表达有机物质的沉降及其动态变化，研究生物沉降和再悬浮，用受控实验和稳定同位素示踪技术研究微型生物、小型底栖生物和大型动物之间的食物关系。

4. 遥感资料的利用与分析

充分利用各种遥感资料：红外得到的海表海水温度，微波散射得到的海面风场、波高，微波反射得到的海面高度，可见光获得悬浮颗粒浓度、叶绿素等。研究水团消长、锋面变异、环流、悬移质输运和初级生产力等的分布和变异特性，并将有关资料同化到数值模型中。

5. 建模

建立鳀鱼及主要资源种类生活史各阶段为主的能量收支模型、亲体-补充量模型、生长模型、典型海域食物网营养动力学模型；建立浮游动物优势种动力学模型；采用界面技术将动力学模型和生态学模型结合，大模型嵌套局部模型；建立水层系统与底栖系统的耦合模型；综合分析与合成的基础上建立生态模式。

（六）课题设置

本项目设置 12 个课题：

1. 东、黄海高生产力区中尺度物理过程的特性和演变机制研究

（1）研究目标。揭示形成舟山渔场、黄海越冬场等东、黄海高生产力区的物理环境及其变异机制。揭示关键物理过程在东、黄海生态系统中生源要素的更新、浮游动物及资源优势种早期补充中的地位和作用。

（2）主要研究内容。研究东、黄海不同高生产力区的中尺度物理过程（锋生锋消、上升流、层化混合等）的变异规律；水团特征及其形成和维持的物理机制；浮游动物关键种和资源优势种早期阶段的流场结构、水文特征及影响此结构与特性的关键物理过程。

（3）研究思路。采用历史和卫星遥感资料分析、海上现场调查、理论研究和数值模拟相结合的研究方法。运用海洋立体高科技监测系统和资料同化技术，监测和研究关键物理过程的特性和演变机理。海上调查强调点、线、面与区域性调查的有机结合，强调断面、连续站、锚系与漂移浮标追踪的有机结合。充分利用遥感资料，研究水团消长、锋面变异、上升流和叶绿素等的分布和变异特性，并将有关资料同化到数值模型中。

（4）与其他课题的有机联系。由物理过程产生的平流和扩散，决定着生源要素的外部补充和内部循环。水团消长和环流变异是影响浮游植物生长、浮游动物种类组成和群落结构的重要因素，同时又是决定资源种群生活史和补充量变动的环境因子。

（5）与项目总体目标的关系。本课题是其他各课题研究的基础，不仅需要为项目查明“高生产力区关键物理过程”，同时也要为阐明“生物资源补充机制”提供动力学依据。

（6）主要承担单位：国家海洋局第二海洋研究所。

2. 东、黄海重点区域海底边界动力结构及其对物质沉降和再悬浮的作用研究

（1）研究目标。揭示东、黄海海底边界动力学结构对营养盐的沉降和再悬浮作用与海底界面物质交换机制、对浮游动物区域丰度形成的影响机制。

（2）主要研究内容。研究舟山渔场、黄海越冬场及其他高生产力海域的海底边界层动力学结构：不同水文结构下潮混合对物质的沉降和再悬浮的作用；大风过程对海底边界层的影响及其对物质的沉降和再悬浮的作用。

（3）研究思路。通过现场调查，设放海底的温度、盐度、浊度、海流、营养盐剖面链和沉积物捕获器，以获取海底边界的动力学结构特性；用理论和数值模拟相结合的方法深入研究底边界的结构及其物质在水体-海底界面交换的规律。

（4）与其他课题的有机联系。了解浮游植物、颗粒有机物的集结、沉降和再悬浮与物理环境的关系，提供生源要素通过水体-海底界面交换的动力依据，是深入了解水层与底栖生态系统耦合的物理基础和建模的先决条件。

（5）与项目总体目标的关系。底边界的结构及其生态效应是项目从动力学的角度深入研究水层与底栖耦合的一个重要部分。

（6）主要承担单位：国家海洋局第二海洋研究所。

3. 东、黄海重点海区生态系统动力学模型的数值研究

（1）研究目标。建立包括总模型和过程模型在内的数值模式。建立物理-化学-生物耦合的生态系统动力学模型。探讨各种中尺度物理过程在生态系统内部如何对生源要素和浮游生物进行输运和再分配、确定物理过程在生态系统平衡和调控中的地位和作用。

（2）主要研究内容。东、黄海物质的长期输运规律；研究东、黄海营养盐的收支；建立东、黄海的初级生产力总模型和局部区域的过程模型。

（3）研究思路。历史资料分析、现场调查、理论研究和数值模拟相结合，并以数值模拟为主的技术路线，分别建立水动力模型和生态模型，同时加强两者间界面研究。在总模型中嵌套局地过程模型，以深入研究关键物理过程在生态系统中的地位和作用。

（4）与其他课题的有机联系。生态系统动力学模型是本项目各课题之间联系的纽带，是各课题研究成果的升华和有机综合。本课题将与生源要素的外源补充和内部循环规律、浮游植物和浮游动物空间分布特性和季节变化机理等研究密切结合。

（5）与项目总体目标的关系。建立东、黄海生态系统动力学模型，是本项目的最终目标之一。本课题运用模型深入研究东、黄海生态系统的结构和功能及其变化，为探讨东、黄海生物资源补充机制提供科学依据。

（6）主要承担单位：教育部青岛海洋大学。

4. 东、黄海生源要素的循环与再生研究

（1）研究目标。弄清东、黄海生源要素的消耗、多级利用与再生的循环过程、更新速率，揭示营养盐限制在东、黄海区域中的表现形式，结合同位素与有机物质的示踪，实现过程的定量化。

（2）主要研究内容。研究东、黄海生源要素（N，C，P，Si 等）的背景场以及影响生源要素消耗与更新的关键过程；研究水体与颗粒物分子标志物与稳定同位素及其在物质循环中的示踪作用；研究东、黄海重要区域中生源要素及一些痕量物质对初级生产力的限制作用以及这种限制与东、黄海关键浮游生物种群动力学和资源优势种的早期生活史之间的联系。

（3）研究思路。在对历史资料与监测数据分析消化的基础上，进行出海观测与受控生态模拟实验，深刻认识生源要素背景场的演化机制。利用同位素与分子标志物示踪，并将关键的循环与更新反应参数化。在此基础上利用数值模拟技术建立描述生源要素背景场的二维与三维模型。

（4）与其他课题的有机联系。区域中生源要素的循环与更新是营养物质沿食物网流动的基础环节，它对浮游植物的现存量、分布、群落结构与功能和初级生产力都具有重要的作用，后者进而影响到浮游动物与顶级生产者。本课题是有关生物课题的研究基础。

（5）与项目总体目标的关系。本课题将为项目查明“生源要素循环与更新过程”提供量化依据。

（6）主要承担单位：国家海洋局第二海洋研究所。

5. 东、黄海重要界面附近生源要素的输运过程研究

（1）研究目标。弄清界面动力学结构对生源要素的交换与输运的影响机制；建立生源要素的稳态与数值输运模式并计算生源要素的输送通量，为生源要素背景场的数值模式提供外部驱动参量。

（2）主要研究内容。研究重要界面（锋面、层化、海-气、沉积物-水等）附近溶解与颗粒态生源要素（N，C，P，Si 等）的交换与收支，研究物质在固-液相之间的分配与胶体物质对界面交换速率的作用机制，研究生源要素通过开边界与内部界面的输运与时空变化。

（3）研究思路。分析多种渠道收集的历史资料并充分利用各种监测数据、实现资料同化，进行海-气、沉积物-水、锋等界面附近生源要素相互交换速率的观测与模拟实验。在弄清界面物理过程与动力学结构的基础上，用数值模拟与箱式模型结合的方法深刻认识界面附近生源要素的交换及其机制，以及界面交换通量的时空变化。

（4）其他课题的有机联系。本课题与 2、7、9 等课题的研究内容互相衔接，研究成果将为深刻认识东、黄海的界面物质交换提供新的数据库与模式。界面附近的物质交换是认识海-气相互作用，水层与底栖耦合与生源要素内部循环的先决条件和重要内容。

（5）与项目总体目标的关系。生源要素通过界面的输送极大地影响着东、黄海的营养物质的水平与补充量，后者控制着这一地区浮游植物的组成与生物量，并通过食物网作用于整个生态系统的物质流动。界面交换的研究工作不仅在东、黄海乃至整个西北太平洋都十分欠缺，因而本课题的工作也将成为项目的创新与特色。

（6）主要承担单位：教育部青岛海洋大学。

6. 东、黄海的初级生产、异养微生物二次生产以及微型生物生态过程研究

（1）研究目标。查明东、黄海的初级生产和异养微生物二次生产水平、结构特征、时空分布和动态变化，以及受控因子和过程。查明微型浮游动物对细菌、微型和微微型浮游植物的利用，进而了解微食物网的结构、功能与能物流过程，定量微食物网对主食物网的贡献。

（2）主要研究内容。初级生产力的时空变化、控制因子及控制过程；异养微生物二次生产的时空变化、控制因子及控制过程；微型浮游动物的生物量、组成、食性与摄食强度；微食物网的结构、功能与能物流过程。

（3）研究思路。我国在微型（2～20 μm）和微微型（<2 μm）浮游植物方面的研究几乎是空白，本课题将从现场考察入手，了解包括单细胞藻类、细菌（自养和异养）和微型浮游动物（主要是异养鞭毛虫和纤毛虫）在内的微型生物的组成、生物量、时空变化、受控因子和过程，以及它们在能量与物质转化中扮演的角色；通过现场实验和室内实验量化过程参数，为建模提供概念、数据和参数。

（4）与项目其他课题的有机联系。本课题研究以东、黄海各种尺度物理过程、化学过程和其他生物学过程为背景场，其成果向下为营养盐动力学研究、向上为浮游动物摄食和浮游动物种群动力学研究提供基础资料和参数。

（5）与项目总体目标的关系。本课题将为项目查明初级生产过程和微食物网的贡献提供量化依据。

（6）主要承担单位：中国科学院海洋研究所、厦门大学环境科学研究中心。

7. 东、黄海浮游动物群落结构和生物量的动态变化及其对生态系统的调控作用研究

（1）研究目标。查明东、黄海不同海域浮游动物群落结构、数量（生物量）的时空分布、它们的季节变化和年际变化以及控制其变动的主要因素和过程。了解浮游动物作为关键环节，通过上行控制和下行控制对整个生态系统的调控作用。

（2）主要研究内容。东、黄海不同海域浮游动物群落结构的特点，种类更替和数量消长与水团和环流的关系；东、黄海浮游动物数量（生物量）的时空分布、动态变化，受控因素和受控过程；浮游动物不同功能群的构成，对浮游植物的摄食压力和生态转换效率；东、黄海浮游动物的年际变化及其与中长尺度物理过程的关系，以及对生态系统的影响。

（3）研究思路。本课题通过大量历史资料分析和现场调查，研究浮游动物群落结构、数量（生物量）的时空分布、它们的季节变化和年际变化及受控因素和受控过程；通过现场实验和实验室模拟实验研究浮游动物对浮游植物的摄食压力和生态转换效率；进而了解不同功能群浮游动物在生态系统中的作用。

（4）与其他课题的有机联系。本课题研究与各种尺度物理过程、与初级生产和捕食者的捕食、与水层-底栖耦合过程等课题研究密切相关，相互补充，互为因果。本课题的成果，向下为初级生产研究，向上为食物网营养动力学研究提供基础资料和参数。

（5）与项目总体目标的关系。本课题成果将为项目提供生态系统动态变化机制的基础认识，为预测生态系统的变化提供量化依据。

（6）主要承担单位：中国科学院海洋研究所。

8. 东、黄海浮游动物关键种种群动力学和种群生产力研究

（1）研究目标。查明关键种的生活史、种群动力学及影响其生殖、幼体成活、生长与发育的生物与非生物环境条件，建立单种的种群动力学模型，估算种群生产力。建立现场实时次级生产力的测定方法。通过关键种种群的动态变化了解整个浮游动物群落的动态变化。

（2）主要研究内容。东、黄海浮游动物关键种的生活史研究（关键种选中华哲水蚤、小拟哲水蚤和太平洋磷虾，分别代表 3 个不同粒级和功能群）；东、黄海浮游动物关键种种群的地理分化研究；东、黄海浮游动物关键种休眠和复苏的生理机制研究；东、黄海浮游动物关键种种群动力学研究；东、黄海浮游动物关键种种群动力学模型与种群生产力估计。

（3）研究思路。浮游动物包括从原生动物到脊索动物的大量不同物种，本课题采取抓关键种“解剖麻雀”的方法，深入研究关键种的种群动力学，以期通过关键种种群的动态变化了解整个浮游动物群落的动态变化。通常在建模中把浮游动物按粒级划分为3个功能群。本课题选中华哲水蚤、小拟哲水蚤和太平洋磷虾为研究对象，它们分别代表3个粒度级，并在各自的粒度级中占绝对优势。研究将通过现场实验和实验室模拟实验进行。

（4）与其他课题的有机联系。浮游动物种群动力学研究与物理环境、初级生产和捕食者的捕食以及与水层-底栖耦合过程等密切相关，与其他课题相互补充，互为因果。本课题的成果，将深化对食物网营养动力学的了解，并为其他课题提供重要资料和参数。

（5）与项目总体目标的关系。本课题是对浮游动物研究的深化，其研究成果可为查明浮游动物的补充过程提供依据。

（6）主要承担单位：中国科学院海洋研究所。

9. 东、黄海底栖生物生产力与水层系统-底栖系统耦合过程研究

（1）研究目标。查明有机物质的沉降与再悬浮过程、受控因素和受控过程，建立动力学模型，估算垂直通量；查明底栖生物生产力和被鱼类等上层捕食者利用情况，为估计东、黄海资源承载力提供数据；了解小型底栖生物在有机物矿化和营养盐再生过程中的作用，以及大型底栖生物生物扰动在沉积物再悬浮和水-底界面过程中的作用。

（2）主要研究内容。颗粒有机物（包括有生命的和非生命的）沉降通量，沉降与再悬浮动力过程；生物扰动对沉积物-海水界面过程的控制作用；底栖生物营养动力学、生产力以及顶级捕食者对底栖生物的摄食；底栖小食物网（微型生物、小型生物）对有机质的分解矿化作用和对营养盐再生的调控作用；黄、东海水层系统与底栖系统耦合模型、模拟及预测。

（3）研究思路。底栖系统的能源主要来自水层系统的初级生产，本课题将通过现场考察、现场实验和受控生态实验，了解水-底界面有机物的通量，估计底栖生物生产力和上层捕食者利用，查明底栖生物在有机物矿化、营养盐再生和沉积物再悬浮过程中的作用机制，量化参数。为全面了解东、黄海生态系统动力学和建模提供概念、基础数据和参数。

（4）与其他课题的有机联系。水层系统-底栖系统的耦合过程本身就是许多物理、化学和生物过程的耦合。在现场考察和实验中，要求与物理、化学和生物方面课题的相关研究同步进行，研究成果相互补充、互为因果。

（5）与项目总体目标的关系。本课题将为项目查明浅海生态系统水层与底栖系统耦合这一关键过程提供基本的量化依据。

（6）主要承担单位：教育部青岛海洋大学。

10. 东、黄海食物网营养动力学特征与模型研究

（1）研究目标。查明东、黄海食物网的基本结构和食物网关系，主要营养通道能量流动/转换途径和定量关系，建立不同区域生态特点的营养动力学模型，探讨上行与下行控制作用对生态系统资源生产的资源补充机制和影响。

（2）主要研究内容。以东、黄海主要资源种类为主，研究食物网的基本结构和主要捕食者与被捕食者不同生命阶段的食物定量关系；研究生物资源关键种和重要种能量收支特征、粒径谱与能量谱和生态转换效率及其影响因素；建立典型海域的食物网营养动力学模型。

（3）研究思路。将“简化食物网”的研究思路在关键种、重要种类和生物群落三个层面上展开，突出关键种及重要种类的营养动力学过程和建模研究。通过典型区域海上取样，研究主要资源种类的食物组成、饵料质量及摄食强度。通过室内和现场实验，并应用有机颗粒分级、碳氮同位素法等新方法、新技术，测定鳀鱼、蓝点马鲛等10余个主要资源种类的比能值、粒径谱、能量收支、转换效率及其影响因素和排泄物对水体再生产的贡献等。

(4) 其他课题的有机联系。食物网结构与功能的变化受饵料生物等基础生产过程、环流变异等物理过程和生源要素循环与更新等化学过程的影响，同时又影响资源早期补充和种群动态，这就把该课题与其他课题有机的联系起来，具有相互认证关系。另外，本课题将为12课题提供重要资料和依据。

(5) 与项目总体目标的联系。本课题的食物网营养动力学研究，把生态系统生物生产的关键过程与资源生产联系起来，这样就有可能使本项目从生态系统的水平上探讨资源补充机制。

(6) 主要承担单位：农业部黄海水产研究所。

11. 东、黄海主要生物资源种群动力学与关键种早期补充机制的研究

(1) 研究目标。查明主要资源种群补充量动态特征及其影响因素，为东、黄海生态系统及资源动态变化提供定量参数，为制定合理有效的生物资源开发和渔业管理措施提供科学依据。

(2) 主要研究内容。以资源种群补充量动态为主，研究东、黄海主要资源种种群动力学特征；重点研究影响鳀鱼种群早期存活的机制，包括对影响鳀鱼早期种群数量的关键物理过程、生源供给和被捕食关系等因素的研究。

(3) 研究思路。突出资源关键种和重要种类种群补充量特征和受控机制的研究。通过历史资料分析和海上调查取样，对鳀鱼、蓝点马鲛、鲐鱼、玉筋鱼等中上层鱼类，小黄鱼、大黄鱼、乌贼等底层鱼类，鹰爪虾等底栖虾类，进行渔业生物学和种群动态特征研究，建立生长模型、世代补充模型和资源动态模型。通过青岛外海鳀鱼产卵场鱼卵、仔鱼存活数量与物理、化学和生物环境的同步和定点连续观测，卵子的人工孵化、培养，研究鳀鱼早期阶段与生物、非生物环境的关系，利用声学技术对冬季鳀鱼补充量资源评估。

(4) 与其他课题的有机联系。本课题研究，特别是关键种早期补充的研究，与1、2、4、6、7等课题的有关内容进行交叉综合研究。另外，本课题将为10和12课题提供种群动态基本资料。

(5) 项目总体目标的关系。本课题研究将直接为阐明生物资源补充机制提供科学依据。

(6) 主要承担单位：农业部黄海水产研究所。

12. 东、黄海生物资源优势种交替规律及人类活动对生物资源可持续利用影响研究

(1) 研究目标。探讨生物资源优势种交替规律以及人为干扰和气候变化对生态系统资源生产的影响及其反馈机制，为制定合理、有效的资源开发、渔业管理措施和负责任的捕捞制度提供科学依据。

(2) 主要研究内容。研究典型海域生物资源群落结构、多样性特征和生物量变化以及气候变化的影响；研究捕捞对资源再生产的影响、富营养化的生态效应及其他人类重要活动对生态系统资源生产力的影响；研究建立东、黄海生物资源可持续开发与管理模型。

(3) 研究思路。结合10和11课题的研究结果，从上行与下行控制作用和人类活动及气候变化影响两个方面探讨资源优势种交替规律和可持续管理策略。利用50年代以来的生物资源及栖息环境调查、水文气象、渔捞统计等历史资料和受控生态实验数据，对资源群落变化进行综合分析；对黄海中部、长江口外和东海中部的典型海域进行生物环境、鱼卵仔鱼和群落结构取样调查，并进行声学/拖网资源评估。

（4）与其他课题的有机联系。本课题与 8 和 11 课题在研究上形成“点”与“面”的互补关系，同时，结合各课题过程研究的结果，综合探讨生物资源的变动规律。

（5）与项目总体目标的关系。本课题将为项目的应用目标生物资源可持续利用和管理提供科学依据。

（6）主要承担单位：农业部黄海水产研究所。

关于课题之间的联系及与项目总体设计的关系的简化图如图 1－1 所示。

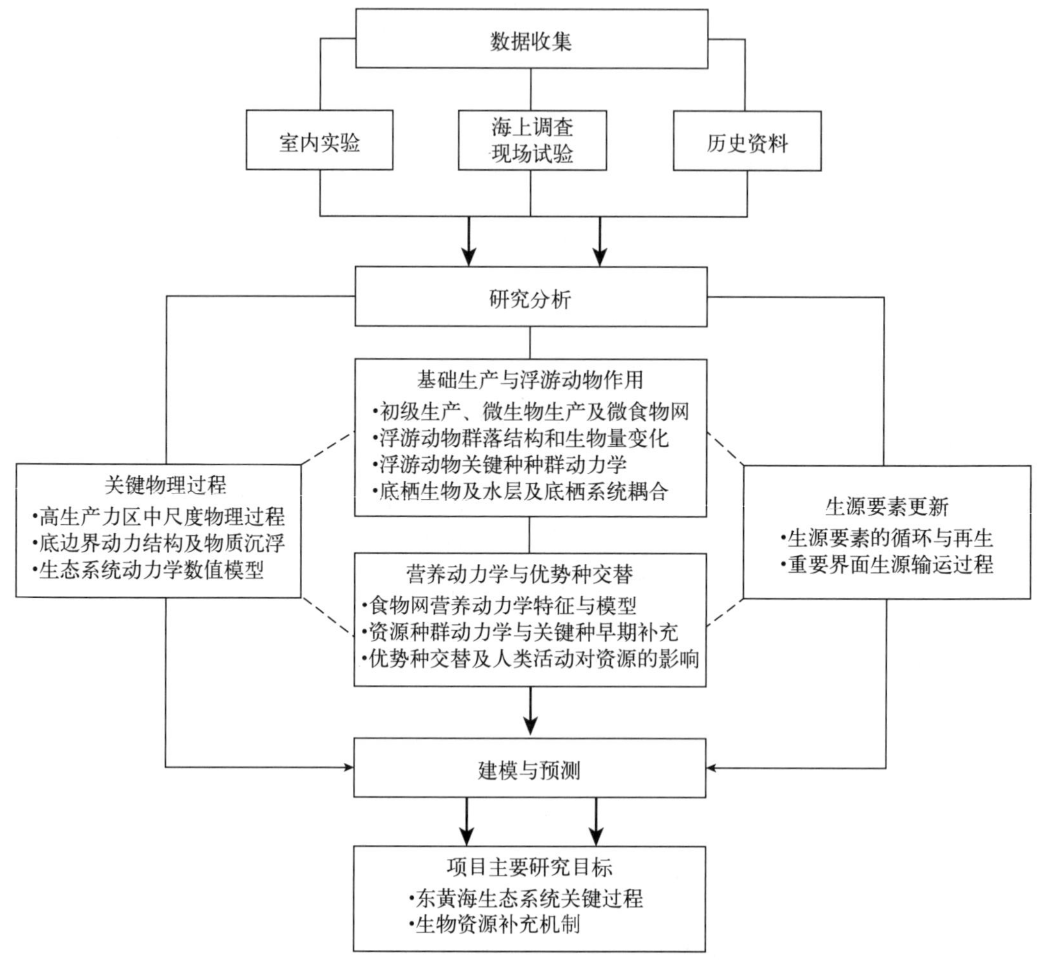

图 1－1　课题之间的联系以及与项目的关系

参考文献

国家自然科学基金委员会，1998. 全球变化：中国面临的机遇和挑战．北京：高等教育出版社．德国：施普林格出版社．

国务院，1994. 中国 21 世纪议程——中国 21 世纪人口、环境与发展白皮书．北京：中国环境科学出版社．

唐启升，范元炳，林海，1996. 中国海洋生态系统动力学研究发展战略初探．地球科学进展，11（2）：160－168.

Harris R，et al.，1997. Global Ocean Ecosystem Dynamics（GLOBEC）/Science plan. IGBP Report40. IGBP Secretariat. Stockholm，Sweden.

Harris R, et al., 1999. Global Ocean Ecosystem Dynamic (GLOBEC)/Implementation Plan. IGBP Report 47. IGBP Secretariat. Stockholm, Sweden.

Sherman K, 1993. Large marine ecosystems as global units for marine resources management – An ecological perspective.

Sherman K, et al., 1993. Large Marine Ecosystems: stress, mitigation and sustainability. Washington DC: AAAS Press.

(唐启升、苏纪兰)

附录 东、黄海生态系统的基本特征

(一)"大海洋生态系"特征

大海洋生态系是范围较大的沿岸海区，包括从江河流域、海湾到陆架区和沿岸流系边缘较大的沿岸海区。它具有独特的生物分布、水文、生产力以及种群营养依赖关系。根据对全球海域的划分，共有 50 个大海洋生态系，东海和黄海分属第 41 和第 42。黄海及东海北部地处暖温带、东海南部地处亚热带，受起源于北太平洋西部热带区、流经台湾省东岸附近海域的黑潮暖流及其分支影响最大。

1. 自然环境

黄海为半封闭海，位于中国大陆和朝鲜半岛之间，北接辽宁，西与渤海相通，南与东海相连，以长江口北角与韩国济州岛西南角连线为界（附图 1）。面积为 38×10^4 km^2，平均水深 44 m，海底地形平坦，最大水深 140 m，位于济州岛北侧。黄海海底地形从岸向外倾斜，水深等值线基本上是南北走向，在中部有一 70～80 m 深的黄海海槽，地势平坦，是多数渔业生物的越冬场。

东海是西北太平洋北部一个较开阔的陆源海，北与黄海相连，南面以福建的东山岛南端至台湾的猫鼻头连线为界与南海相通。面积 77×10^4 km^2，其中大陆架面积约 57×10^4 km^2，平均水深 72 m。东海大陆架在我国各海区最宽阔，略呈扇形，水深大部分在 60～140 m，陆架外缘转折处水深多为 140～180 m。南部台湾海峡大部分在 100 m 以内，平均水深 60 m，地形地貌较复杂，海底有许多宽阔低矮的海山或隆起及一些浅海槽。

黄、东海的主要海流系统有沿岸流、陆架流和黑潮暖流。黄海沿岸流终年自北往南流动，而浙闽沿岸流冬季向南夏季向北。在黄海深槽冬季有北上的黄海暖流，其“源头”可追溯至东海东北部，而在东海陆架上则有终年北上的台湾暖流。黑潮暖流沿东海陆架坡折带向偏东北方向流动。

黄、东海地处东亚季风气候带，冬季有以偏北风盛行的强冷空气，夏季则为偏南风，并有较频繁的台风侵袭，环境季节变化明显。

冬季表层和底层水温分布趋势一致，水温值由沿岸向外海，由北向南逐步升高，黄海从最北端的−1 ℃向南依次升高至南部的约 11 ℃，东海沿岸水温为 5～15 ℃，外海区水温为 15～22 ℃。夏季表层和底层的水温分布趋势不同，温跃层出现，底层温度梯度普遍较表层为大，而表层水温水平分布一般较均匀，在 25～28 ℃，由北向南略有增加。底层黄海北部冷水团盘踞处水温仅 5～6 ℃，东海外海陆架深层水水温为 17～18 ℃。

盐度主要受外海高盐水和沿岸低盐水影响。由大陆径流入海的沿岸低盐水在沿岸区及河

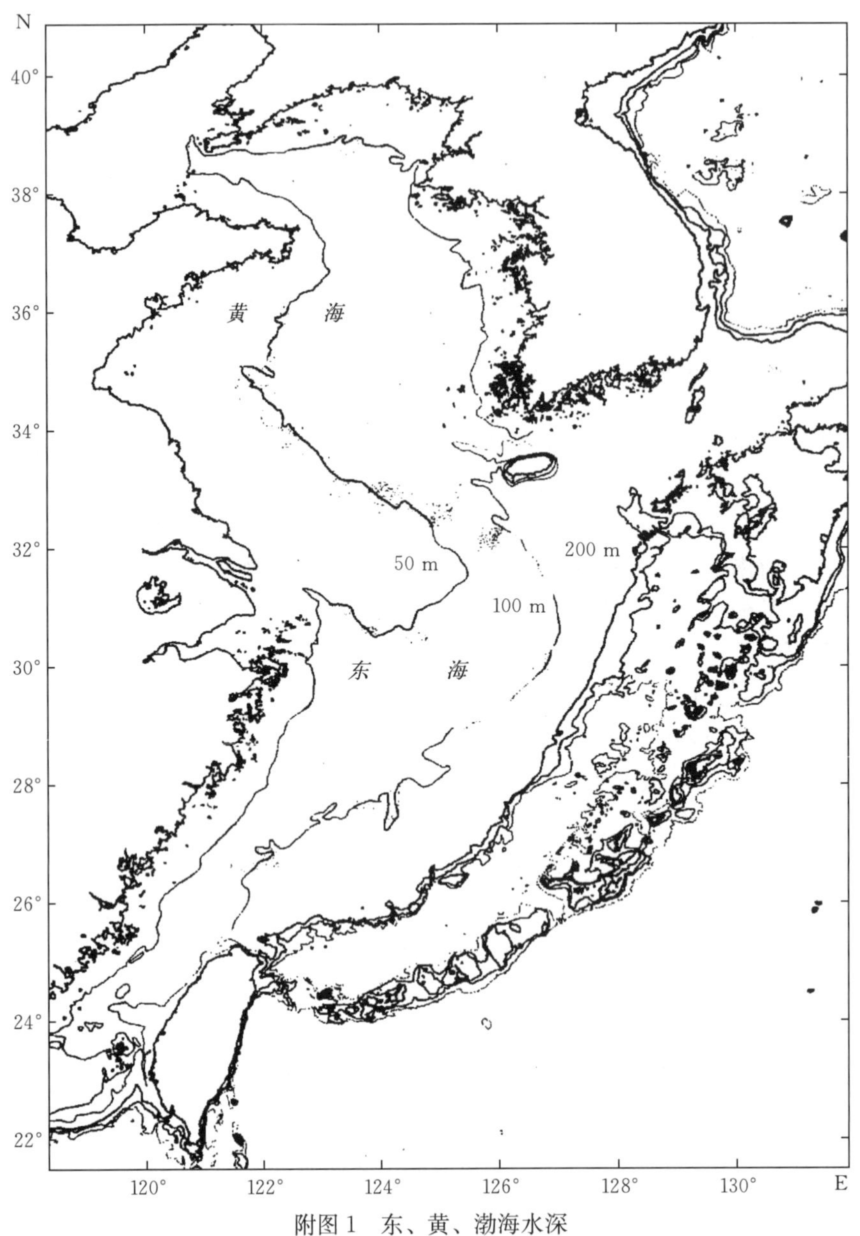

附图 1　东、黄、渤海水深

口附近形成较明显的低盐区，夏季长江口表层低盐水舌伸向东北方。外海则主要受来自黑潮的高盐水影响，而呈高盐区。冬季由于雨水稀少，蒸发量大，江河径流量小，盐度较高，大部分水域盐度垂直分布一致，水平分布差异较小。夏季由于是降雨的集中季节、河流的汛期，入海径流量剧增，沿岸水影响范围扩大，表层盐度降到全年最低值。在沿岸水表层伸展所及的海区，上下海水明显层化，在河口区盐跃层强度显著增大。

2. 生物环境

海洋生态系统初级生产者是浮游植物。浮游植物数量密集分布区通常形成于营养盐丰富的河口区、不同海流的交汇区及出现上升流的海区。营养盐含量低的外海高盐区和黑潮暖水区，浮游植物数量较低。

黄、东海浮游硅藻主要种类有：中肋骨条藻（*Skeletonema costatum*）、具槽直链藻（*Melosira sulcate*）、圆筛藻（*Coscinodiscus*）、菱形藻（*Nitzchia*）、角刺藻（*Chaetoceros*）、菱形海线藻（*Thalassionema nitzschdes*）、根管藻（*Rhizosolenia*）。近年来的研究发现，微型和微微型浮游植物在初级生产中也占很大比例。

作为生态系统的初级消费者，浮游动物生物量东海较高、黄海较低，夏季高、冬季低。主要种类有中华哲水蚤（*Calanus sinicus*）、真刺唇角水蚤（*Labidocera euchaeta*）、太平洋磷虾（*Euphausia pacifica*）、普通波水蚤（*Undinula vulgaris*）、箭虫类（*Sagitta* spp.）以及细长脚蛾（*Themisto gracilipes*）等，这些种类都是鱼类种群的主要饵料。

浮游生物在黄、东海总体上可以划分为两个区系，黄海及东海近岸属于北太平洋东亚亚区，东海外海属于印度-西太平洋区印-马亚区（附图 2）。

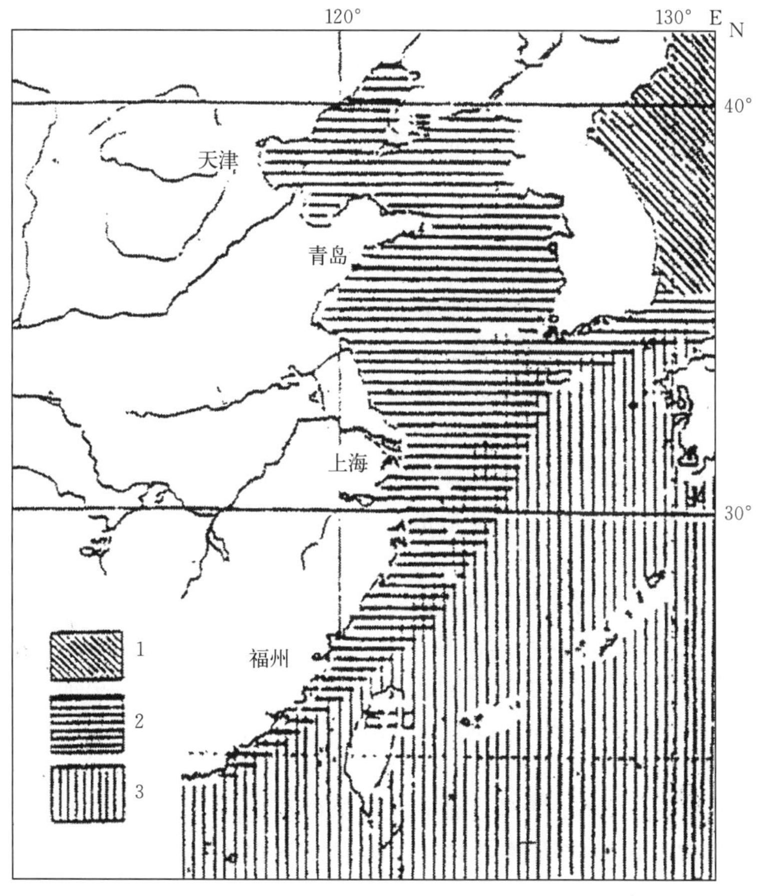

附图 2　浮游生物区系图

1. 北太平洋区远东亚区　2. 北太平洋区东亚亚区　3. 印度-西太平洋区印-马亚区

底栖生物采泥生物量的分布，黄海南北差异较大，以北部最高，为 41 g/m^2，南部为 20 g/m^2。东海底栖生物生物量平均为 37 g/m^2，平面分布很不均匀，以水深 50～100 m 的水域生物量最高。东、黄海的底栖动物分属于两个不同的动物地理区，黄海属于北太平洋区东亚亚区，东海属于印度-西太平洋区中-日亚区。

3. 经济动物

游泳动物是海洋生物中能主动游泳的一个生态类群，一般个体较大，分布范围广。在渔业生物中以鱼类占主导地位，其次有头足类和虾蟹类等。由于所处地理位置的差异，渔业资源生态结构有较大差异。黄海及东海北部主要由暖水种和暖温种组成，占鱼类种类数90%以上，冷温种数量很少，并与黄海冷水团有密切关系。暖水种由北向南逐渐增加，东海南部无冷水种分布。

黄海有鱼类289种，经济虾蟹类41种，头足类20种；东海大陆架有鱼类727种，经济虾蟹类91种，头足类64种。

黄海鱼类区系属北太平洋区东亚亚区，东海属印度-西太平洋区中-日亚区。黄、东海都为多种类渔业生态系统，目前主要种类有鳀鱼（*Engraulis japonicus*）、带鱼（*Trichiurus haumela*）、蓝点马鲛（*Scomberomorus niphonius*）、鲐鱼（*Scomber japonicus*）、大黄鱼（*Pseudosciaena croacer*）、小黄鱼（*Pseudosciaena polyactis*）、玉筋鱼（*Ammodytes personatus*）、曼氏无针乌贼（*Sepiella maindroni*）、三疣梭子蟹（*Portunus trituberculatus*）等。由于过度捕捞和环境的影响，黄、东海一些传统的经济价值较高的底层鱼类资源量大幅度下降，如大、小黄鱼，而一些小型低值种类资源量有较大增加，如黄海的鳀鱼、东海的虾蟹类等。

（二）物理海洋学与环流系统

东、黄海是一个具有半封闭海湾和倾斜地形特征的开阔陆架边缘海。注入该海域的河流主要有长江、钱塘江、闽江和鸭绿江等。它们的年平均流量大于31 722 m^3/s，夏季的入海经流量是冬季的5倍，对邻近海区的水文环境可产生重大影响。东海东侧终年存在一支流速高达1～2 m/s、流量为（20～30）$\times 10^6$ m^3/s的高温、高盐、强大海流——黑潮。黑潮及其在陆架上的分支是东、黄海诸多水文现象的直接参与者。沿岸水、黑潮水、台湾海峡水和黄海冷水的消长以及风和潮的作用，是造成沿岸水和黑潮之间的陆架混合水发生锋生和锋消的重要原因。

在东海南部，水团消长的主要特点为：冬季黑潮水大举侵入陆架，沿岸水沿岸南下，沿岸锋加强。春季，沿岸锋减弱，台湾海峡水北上显著，黑潮次表层水在与陆架混合水混合后，朝浙江近海爬升。夏季，变性的黑潮次表层水在浙江近海的涌升更加明显并侵入长江口外的底层。秋季，沿岸水沿岸向南发展，浙江近海上升流减弱，台湾东北黑潮表层水入侵加强。

作为前述水团消长的延伸，台湾暖流是东海诸多水文特征现象的直接参与者。它终年存在，即使是在冬季偏北风相当强的时候，在表层以下它还是北向流动。一般而言，沿着50～100 m等深线向北流动的台湾暖流，沿程与沿岸水混合，至济州岛以南海域进入黄海，成为黄海暖流的部分来源。在100～200 m等深线之间北上的台湾暖流，则沿程与陆架水混合，成为对马暖流的源头。

在东海北部，台湾暖流的流速无论冬、夏，一般都较台湾以北海区小。流向基本上沿等深线，部分水体进入黄海，其他直接进入朝鲜海峡流向日本海。

位于50～100 m等深线之间的东海高密水核心的形成，是冬季台湾暖流、黑潮和沿岸水以及大气的同步冷却综合影响的结果。东北风结束之后，这高密水维持在跃层以下并保持它的冬季水文特性。在台湾暖流的推动下，这变性的高密水缓慢地朝济州岛方向移动。其温、盐和溶解氧特性分别为 10～17 ℃，33.5～34.5 和（5.2～6.6）$\times 10^{-3}$。在高密水核心区，在其上层有时会形成气旋型环流，尤其是在春季之后。历史资料的分析表明，当这高密水核心离开长江口朝东北移动时，长江口外的羽状低盐水体会在这核心的南界以弯曲流路朝东东北方向运动。

在黄海，冬季在强劲的偏北风作用下，在半封闭的黄海两侧，浅水区海水顺风而流，而在黄海深槽中则产生逆风向的流动，即黄海暖流。观测发现，在一个天气过程（5～7 d）中，强劲北风减退的时刻，黄海槽中的北向流特别显著。在其北上途中，黄海暖流不断地分向沿岸，分别与南下的黄海沿岸流和西朝鲜沿岸流汇合南下。冬季的偏北风可使黄海整个海区的各水文要素呈垂直均匀状态。在风场减弱时，水体会略有层化，并在南端有东西向的锋面存在，但强度较弱。春、夏季跃层形成，跃层以下是冬季遗留下来的中央冷水，通常称之为黄海冷水团。秋季跃层减弱，黄海冷水团范围缩小。观测和研究发现，在黄海冷水团边缘经常形成由潮作用产生的潮锋，在层化季节特别明显。潮锋附近的水文特征是，在潮锋的岸侧，水文要素垂向均匀一致，在向海一侧，层化显著，透光度较高且在其边缘存在较强的上升流。黄海西部沿海及整个朝鲜半岛西部沿海是潮锋显著发育的地方，潮混合作用显著。

研究表明，层化季节黄海冷水团的水平环流呈气旋状：垂向环流里双环结构，上、下两环不仅流动方向相反，而且强度相差很大，上环弱而下环强。在冷水团区上环为上升流而下环为下降流。

（三）化学海洋学与生源要素

生源要素是海洋生产力的基础。东、黄海的化学海洋学综合研究始于解放初期。

1. 黄海生源要素的分布特征

北黄海历史资料相对较少，近年来的野外观测资料多集中在南黄海水域。据 1998 和 1999 年中德合作的观测结果、黄渤海环境质量与生态变化研究课题结果及以往鸭绿江口的观测，除鸭绿江口附近营养盐的含量较高外，其余均比较低。

南黄海西南、长江口东北部海域全年均保持高营养盐含量，朝鲜半岛近岸海域营养盐含量亦较高，前者营养盐来源于长江冲淡水和台湾暖流前缘水的横向输送，后者则主要来自陆地径流；南黄海西部海域全年均比较贫乏；南黄海中央海域，冬季营养盐含量较高，其他季节表层含量极低、底层含量较高，尤其在黄海冷水团存在期间，在其下层水体中积累了大量营养盐，成为黄海重要的营养盐储库。

2. 东海生源要素的分布特征

低营养盐黑潮表层水控制着东海东部海区。春季温跃层的形成使陆架区营养盐呈现表层低、底层高：营养盐含量较高的台湾暖流，沿陆架底部向西南伸展至长江口外与长江冲淡水混合。秋季由于对流混合，表底营养盐分布比较均匀，在陆架斜坡底部出现高营养盐黑潮底层水的爬坡涌升现象。冬季溶解氧和营养盐分布特征与东海环流系统有关，而且不同水团具有不同含量。

东海陆架水中的营养盐是冬季沿岸低盐的富营养盐水向东海北部和南部输入并与入侵陆

架的黑潮上层低营养盐水混合变性形成的。陆架富营养盐水的边界位置随季节变化而有明显的移动规律。外海区磷可能会成为浮游植物生长的限制因子。东海 200～600 m 之间磷的再生速率为每年 6.7～20 mol/L，平均逗留时间为 15～80 d。

东海陆架区 POC 近岸高、外海低，黑潮区最低。近岸浅水区垂直分布均匀。春秋季深水区呈现大洋水的分布特征。东海 DOC 由东南向西北逐渐降低。东海大部分海区 CO_2 处于不饱和状态，为大气 CO_2 的汇点。陆架区表层水 CO_2 分压有明显的季节变化趋势。

黑潮区初级生产力季节变化较小，长江口附近初级生产力季节变化明显。陆架区较黑潮区初级生产力高 2.7 倍。

台湾海峡是东海和南海海水交换的重要通道，多种不同水系在此交汇。海峡北部受浙闽沿岸水影响，冬季磷的含量高于南部。夏季南部受近岸上升流的影响，磷含量高于北部。台湾海峡存在多处上升流，它们所携带的营养盐是海区磷的重要补充。西部春、秋、冬季磷酸盐含量随着盐度的增加而减少。夏季表层磷酸盐与盐度之间无明显的相关，底层随着盐度的增加而增加，这可能是外海底层高磷水涌升的结果。福建近岸上升流是台湾海峡中北部营养盐分布特征的控制因素，是该海域夏季营养盐的主要补充途径。

3. 河流、大气和沉积物对东、黄海营养盐的贡献

（1）河流输入。河流携带大量营养盐入海，河口区有明显的梯度变化。长江入海水在沿岸水的作用下盛夏时向左偏转，其淡水舌可达济州岛附近，使黄海南部水域的营养盐含量最高。透明度是长江口水域初级生产力的主要限制因素。长江口营养盐输出通量与长江径流量之间存在明显的相关关系。磷酸盐是 1990 年夏季长江口中肋骨条藻赤潮发生的主要限制因子。流入东海的瓯江水含有丰富的营养盐，尤其磷和硅含量远高于长江和钱塘江水。鸭绿江口具有高氮和低磷特征，溶解硅呈保守分布特征。

（2）大气沉降。营养盐通过大气向海洋输送的重要性越来越被人们所接受。富含营养盐的雨水可能会明显增强海洋初级生产力。营养盐通过大气向海洋的输送使人类活动可以直接影响海洋初级生产力，特别是在寡营养地区，大气沉降与有害藻类增殖相关。1995 年 8 月中旬，北黄海发生的海洋褐胞藻赤潮可能是 8 月初普降大雨的结果。黄海地区雨水是黄海营养盐的主要来源，且雨水具有高浓度的氮和 N/P 比。

另外，沉积物对东、黄海营养盐的循环和再生也有重要的影响。

4. 存在问题

对东、黄海海区生源要素的含量、形态、时空分布、季节变化等已做了大量的调查研究，这些结果使人们对东、黄海海区生源要素的分布特征有了比较清楚的了解。但目前的研究结果仅侧重于对生源要素分布特征的研究，对海区生源要素的外部补充机制和内部循环机制及与海区初级生产力相互作用方面的研究还有待深入。

（四）生物海洋学与浮游动物种群动力学

东、黄海地处温带和暖温带，是世界上最大的陆架边缘海之一，是东亚大陆与西北太平洋的连接带，陆架宽阔，水系复杂。东亚第一大河长江在这里入海：沿岸流由北向南：西太平洋的暖流黑潮沿陆架边缘由南向北流经东海，其分支黄海暖流可深入到南黄海：黑潮分支和南海暖流汇合的台湾暖流向北入侵东海直至长江口外。强烈的季风气候通过海气相互作用也影响着东、黄海的环流和温盐结构。这种多水系的汇合和复杂的水文状况，使东、黄海成为较高生物生产力海域，并形成了世界知名的渔场——舟山渔场。这主要是由于充足的光照、适宜的温度、相当高的营养盐补充和复杂栖息环境形成的生物多样性决定的。

东、黄海的初级生产力相当高，春、夏大部分陆架区大于 1 000 mgC/(m^2 · d)，浙江近海和长江口外可高达 5 000 mgC/(m^2 · d)。秋季，内陆架初级生产力在 100～500 mgC/(m^2 · d)，外陆架反而维持较高水平，普遍大于 500 mgC/(m^2 · d)。冬季明显降低，陆架区普遍低于 100 mgC/(m^2 · d)，但黑潮区仍维持在 100～200 mgC/(m^2 · d)，甚至大于 200 mgC/(m^2 · d)。从浮游植物现存量叶绿素 a 含量看，其分布与季节变化与初级生产力相似。

依据 1958—1959 年全国海洋普查资料，浮游植物（网采样品）细胞总个数在北黄海、南黄海和东海的季节变动不同。124°E 以西，北黄海的春季水华出现在 2、3 月，8、9 月有一个不十分明显的次高峰；南黄海变动幅度远比北黄海和东海小，第一高峰出现在 2—4 月，第二高峰出现在 8 月；东海细胞总个数全年平均为各海区之首（11.2×10^6 cells/m^3），变动幅度也最大，第一高峰出现在 7 月，达到 100×10^6 cells/m^3，一直持续到 9 月，似乎没有明显的第二高峰，最高的 7 月和最低的 1、2 月细胞总个数相差 4 个数量级。东海浮游植物生物量最高，但也体现了生物生产的季节性。

浮游动物的分布和季节变动与浮游植物有许多共同点。浮游动物总生物量，东海最高，南黄海次之。一般温带海区浮游动物总生物量一年有两个高峰，一个在春夏，另一个在秋季。但东海和南黄海只有一个高峰，或者说两个高峰连在了一起，整个夏半年维持较高的生物量。依据 1958—1959 年全国海洋普查资料，整个夏半年，全海区平均东海为 100～350 mg/m^3，南黄海为 100～200 mg/m^3，最高值出现在 6 月。冬半年，东海 2 月最低，仅 43 mg/m^3，南黄海 11 月最低，为 61 mg/m^3。

浮游动物种类组成与海流和水团有密切关系，在东、黄海，有桡足类 243 种、端足类 56 种、磷虾 24 种、浮游贝类 61 种、毛颚类 23 种。以长江冲淡水为主体的沿岸水系以低盐种为主，如真刺唇角水蚤、中华假磷虾、八斑芮氏水母等；黄海中央水团里则以低温高盐的中华哲水蚤、太平洋磷虾、细长脚蛾为主；在黑潮和台湾暖流控制的海域，分布着典型的高温高盐种类，这个类群种类最多，如角锚哲水蚤、鼻锚哲水蚤、细真哲水蚤、飞龙翼箭虫、太平洋箭虫和太平洋银币水母等；在居于上述水系之间的宽阔的陆架变性水中，种类更是复杂。这里应当特别提及在广阔的东、黄海在由初级生产到次级生产的转换中起关键作用的那些种类。其中最突出的是中华哲水蚤、太平洋磷虾和中华假磷虾。他们是东、黄海生态系统中的关键种，也是众多经济鱼类的饵料种。

东、黄海生物生产的特点是生产力高、季节性强。水层（pelagic system）生产的有机物有相当一部分来不及在水层消费而转运到底层（benthic system），为底栖生物提供了营养来源。丰富的底栖生物又为底层鱼类提供了饵料。

中华哲水蚤是东、黄海浮游动物中第一位的优势种。是上层鱼类和底层鱼类幼鱼的主要饵料生物。如银鱼胃含物中，50%是中华哲水蚤。中华哲水蚤东、黄海全年都出现，数量高峰在 4—6 月，这时也是浮游植物的高峰期。其密集区多出现在黄海南部的大沙渔场、长江口外和浙江近海。其适温范围大体为 10～20 ℃。水温大于 25 ℃时消失。9 月份数量最低，以后略有增长，但平均密度仍低于 25 m^3，3 月以后数量猛增，4—6 月海区平均密度大于 100 m^3。密集区内密度高达 500～1 000 m^3，甚至大于 1 000 m^3，这是自底至表的平均密度，很可能中华哲水蚤集中出现在某一水层，因此在出现水层的密度要大得多。有关中华哲水蚤的分布和数量变动方面的研究较多，其本身生物学的研究较少。仅有中华哲水蚤的繁殖、性比和个体大小，中华哲水蚤的幼体发育，中华哲水蚤的产卵和生活周期，以及中华哲水蚤的产卵量和生产力等。

目前对于中华哲水蚤种群动力学研究的最关键问题是生活史，我们尚不清楚。中华哲水蚤在黄、东海虽然全年可以找到，但主要出现在春夏之交，季节性相当明显。它的近缘种飞马哲水蚤在冬季有休眠期，中华哲水蚤有没有？夏季水温高于 25 ℃时，中华哲水蚤数量骤减，它们到哪里去了，是否有一个夏季的休眠期？有没有休眠卵？这些问题都有待查清。

（五）生物资源结构与优势种种群动力学

1. 生物资源结构

东海有鱼类 727 种、经济虾蟹类 91 种、头足类 64 种。黄海有鱼类 289 种、经济虾蟹类 41 种、头足类 20 种。由于有大陆江河径流和黑潮等外海水系以及不同水系形成的不同性质的水团，生物资源的区系组成较复杂，兼有冷温性、暖温性和暖水性种类，黄海及东海北部主要由暖水种及暖温种组成，占种数的 90%以上，冷温种很少。暖水种的数量由北向南逐渐增加，东海南部无冷水种分布。在各种适温类型中又以暖温性种类生物量最高，约占总渔获量的 2/3。就栖息水层而言，东、黄海生物资源可分成中上层种类和底层、近底层种类，中上层种类占总渔获量的 38%，底层、近底层种类占总渔获量的 62%。由于东、黄海为太平洋西北部的陆缘海，基本属封闭性海区，因此，资源明显缺乏世界种，有明显的独立性与封闭性，单种资源量远不如其他海区。又由于东、黄海生物资源以暖温性种类为主，与暖水性和冷水性种类相比，从广义上说都属于狭生性种类。因此，环境对它们的负载能力受到很大的限制，这就决定了东、黄海的生物生产量相对较低。平均鱼产量 4.02 t/km^2（1992 年），属中等水平。远低于太平洋沿岸的 18.2 t/km^2 和日本近海的 11.8 t/km^2，与北海相近。

东、黄海为多种类渔业生态系统，黄海鱼类区系属于北太平洋区东亚亚区，东海属于印度-西太平洋中日亚区。就生物资源地理分布而论，可分为下述种群系统：

（1）黄海生物资源种群系统。它们基本上活动在 32°N 以北海域，如小黄鱼、梅童、蓝点马鲛、鳀鱼、鲈鱼、鳐类、对虾、鹰爪虾、梭子蟹、乌贼。它们的越冬场一般在黄海海槽及其周围。产卵场在沿海各大河口混合水域。

（2）冷温性渔业资源种群系统。主要活动范围在黄海冷水团及其周围，如黄海鲱鱼、鳕鱼、鲆鲽类。产卵场亦在沿海低温海区。

（3）东海西部资源种群系统。为广布性种类，适温、适盐范围较大，分布遍及东海大陆架浅水区的南、北水域，如带鱼、大黄鱼、海鳗、银鲳、刺鲳、鲹科鱼类等。

（4）东海外海资源种群系统。东海外海受黑潮暖流影响较大，暖水性种占优势，如马面鲀、大眼鲷、鲐鱼、竹筴鱼、太平洋柔鱼等。这些种的整个生命阶段基本生活在外海区域，自成一体，少部分种类在繁殖期和索饵期也到近海活动。它们的种群变动同近海和沿岸海区关系较少。

东海区种群繁殖期较长，通常可持续 2～3 个月，个别种如带鱼可持续 9～10 个月。许多鱼类生长较快，性成熟较早，一般 1～3 龄即可成熟，多种鱼分批产卵。黄海区种群繁殖期较短，产卵期相对集中，通常为1～2个月，很少持续3个月以上。

东、黄海生物资源年龄结构分单龄结构和多龄结构。单龄结构者寿命为一个生殖周期，如东、黄海的一些无脊椎动物对虾、乌贼、毛虾、海蜇等。多龄结构者包括若干个年龄组。从东、黄海情况看，除黄海鲱以外，多数种类世代波动幅度相对较小，年龄结构比较稳定，群体基本以2龄鱼或2～3龄鱼为主。但是，随着种群被开发利用，这种相对稳定的年龄结构也变得十分脆弱，如东黄海蓝点马鲛、小黄鱼、带鱼，目前均以1龄鱼为主体。

2. 优势种种群动态

东、黄海产量超过或曾经超过 10×10^4 t的优势种群有鳀鱼、蓝点马鲛、鲐鱼、黄海鲱鱼、蓝圆鲹、大黄鱼、小黄鱼、带鱼、马面鲀、毛虾、鹰爪虾、三疣梭子蟹、头足类。由于种群具有显著的动态特征，这些种群的数量从20世纪50年代起一直处于不断的变化之中，变动的幅度与种群本身的结构、特征以及对环境的适应性有关。同时在变动的形式和节律上亦有不同。一些种群的数量变动是围绕一个平均水平上下波动。如带鱼从1970—1992年波动在 40×10^4 t左右。马面鲀从1976—1990年波动在（20～30）$\times10^4$ t。小黄鱼、鲳鱼、头足类、毛虾从60—90年代也比较稳定。有些种类种群数量则明显的上升或下降。从渔获量统计看，蓝点马鲛、鲐鱼、鳀鱼、鹰爪虾、梭子蟹等渔获量不断上升，到1990年蓝点马鲛达到 16×10^4 t；鲐鱼达到 15×10^4 t；鳀鱼达到近 100×10^4 t（1998）；鹰爪虾和梭子蟹分别达到 8×10^4 t和 10×10^4 t。大黄鱼从70年代后期的 20×10^4 t下降到1996年的 3×10^4 t。马面鲀从90年代开始逐年下降，从1989年的 35×10^4 t下降到1996年的 8×10^4 t。在这些种群中，鲐鱼、马面鲀的变动，可以看出明显的周期性，其周期为5年左右：黄海鲱鱼属于种群数量剧烈波动的种类，种群丰盛时期达到 18×10^4 t（1972），而在种群衰落时期成为稀有种类。黄海鲱鱼的变动周期为30年。其波动原因与补充阶段的环境有关。

在种群结构方面，几个数量增加的种群变动趋势都是低龄鱼数量增加，性成熟提早。小黄鱼、蓝点马鲛、带鱼等群体目前均以当年鱼和1龄鱼为主，其中1龄鱼大部分可以成熟产卵，这可能是种群对高捕捞压力的一种适应。引起种群动态变化的原因是复杂的，多方面的，常常也是综合性的。东、黄海的生物资源种群主要是通过补充量的增加或减少来调整种群数量，而补充量又与亲体数量相关。此外，产卵期和幼体发育期，特别是幼体发育早期的水文、气象条件也是影响补充量的重要因素。

种群的年龄结构、生长、性成熟、寿命等也会影响种群的补充。东、黄海主要生物种群补充状况大体上可以分为两大类，一类分布范围广，生命周期较短，性成熟年龄集中，补充速度快，如带鱼、鳀鱼、鲐鱼、蓝点马鲛等。这一类种群，在高强度的捕捞压力下，容易从补充中得到恢复，但它们的补充受环境影响较大。另一类分布范围较窄，生命周期较长，产卵年龄较分散，如大黄鱼，它们的补充受捕捞和环境双重影响。这类种群一旦遭到高强度捕捞，很难恢复。值得注意的是，近年来一些生命周期较长的鱼类如小黄鱼等，性成熟年龄也提早，而且集中，这在一定程度上保证了种群的延续，使得种群除年龄结构发生变化外，数量没有因捕捞而大幅度减少。

对一个渔业种群来讲，捕捞是对种群的一个重要影响因素，适当的捕捞能够使种群保持正常的动态平衡，并获得最大的渔业产量，过早或过多的捕捞将使种群无法进行正常的繁殖和补充，使种群数量减少。如果说环境条件变化对激烈波动类型的种群有较大的影响，那么，捕捞则对平稳波动类型的种群有较明显的影响。

参考文献

陈冠贤，1991. 中国海洋渔业环境．杭州：浙江科学技术出版社．

陈国珍，等，1991. 渤海、黄海、东海海洋图集-生物册．北京：海洋出版社．

邓景耀，赵传絪，等，1991. 海洋渔业生物学．北京：农业出版社．

顾新根，赵传，吴家雄，等，1987. 东海区渔业资源调查与区划．上海：华东师范大学出版社．

管秉贤，1986. 东海海流结构及涡旋特征概述．海洋科学集刊，27：1－21.

国家海洋局，1985. 中国海洋开发战略研究论文集．北京：海洋出版社．

洪华生，等，1991. 闽南—台湾浅滩渔场上升流区生态系研究．北京：科学出版社．

洪君超，黄秀清，蒋晓山，1994. 长江口中肋骨条藻赤潮发生过程环境要素分析-营养盐状况．海洋与湖沼，25（2）：179－183.

刘效舜，等，1990. 黄渤海渔业资源调查与区划．北京：海洋出版社．

陆赛英，葛人峰，刘丽慧，1996. 东海陆架水域营养盐的季节变化和物理输运的规律．海洋学报，18（5）：41－51.

罗秉征，等，1994. 三峡工程与洞口生态环境．北京：科学出版社．

苏纪兰，1990—1993. 黑潮调查论文集，1－5 卷．北京：海洋出版社．

苏纪兰，章家琳，应仁芳，等，1996. 海洋水文．中国海洋地理，第四章．北京：科学出版社．

唐启升，黄斌，1990. 种群数量变动．渔业生物数学．北京：农业出版社．

赵传，1990. 中国海洋渔业资源．杭州：浙江科学技术出版社．

中国科学院《中国自然地理》编辑委员会，1979. 中国自然地理：海洋地理．北京：科学出版社．

中华人民共和国科学技术委员会海洋组海洋综合调查办公室，1977. 中国近海浮游生物的研究．全国海洋综合调查报告，第八册，第十章．

Chen Y，Shen X，1999. Changes in the biomass of the East China Sea ecosystem，Large Marine Ecosystems of the Pacific Rim：assessment，sustainability，and management. ed. by K Sherman & Tang Q. BlackWell Science. 221－239.

Paerl H，1985. Enhancement of marine primary production by nitrogen enriched acid rain. Nature，315：747－749.

Su J L，1998. Circulation dynamics of the China seas north of 18°N. The sea. （Eds. Robinson A&Brink K H）. N. Y.：John Wiley & Sons. Ⅺ：483－505.

Su J L，Guan B X，Jiang J Z，1990. The Kuroshio I. Physical features，Oceanogr. Mar. Biol. Annu. Rev. 28：11－71.

Tang Q，1993. Effects of longterm physical and biological perturbations on the contemporary biomass yield of the Yellow Sea ecosystem，Large Marine Ecosystems：stress，mitigation，and sustainability. ed. by Sherman K，Alexander L M and Gold B D. AAAS Press. 79－93.

Tsunogai Shizuo，Shuichi Watanabe，Junya Nakamura，et al，1997. A preliminary study of carbon system in the East China Sea. J. Oceanogr. 53（1）：9－17.

Wong G T F，Gong G C，Liu K K，et al.，1998. ‘Excess Nitrate’ in the East China Sea. Estuarine，Coastal and Shelf Science，46：411－418.

（王荣、张经、黄大吉、孟田湘、金显仕）

中国海洋生态系统动力学研究

Ⅱ渤海生态系统动力学过程[①]（摘要）

苏纪兰，唐启升 等　著

内容简介：本书是继《中国海洋生态系统动力学研究：Ⅰ关键科学问题与研究发展战略》一书出版后，又一本关于中国近海海洋生态系统动力学研究的专著。它是国家自然科学基金重大项目——“渤海生态系统动力学与生物资源持续利用”的研究成果。全书以渤海海洋生态系统动力学过程研究中物理海洋学、化学海洋学、生物海洋学和资源生态学的综合交叉研究为重点，分别介绍了对虾早期发育阶段数量变动与栖息地关键过程的关系；浮游动物种群动力学及其对生态系统中的调控作用；渤海食物网营养动力学及资源优势种交替；渤海生态系统动力学模型。本书对于我国海洋科学和渔业科学研究，对于我国海洋产业的可持续发展都具有重要的理论和实践意义，可供从事海洋科学、渔业科学、生态科学以及全球变化领域研究的科技人员、管理人员、高校师生以及其他有关人员参考。

前　　言

海洋生态系统是人类现在和未来赖以生存和发展的基础之一。但是，近年来全球近海海洋生态系统的基础生产力下降显著，赤潮频繁发生，生物多样性减少，优质渔业资源严重衰退。我国由于人口众多，这些变化更为突出，严重制约了我国沿海地区的国民经济持续发展。

海洋生态系统的退化和生态环境的恶化有自然的因素，也有捕捞及其他人类活动的影响，还有生态系统自身的内在波动等。为了对海洋生态系统的这些变化有足够的科学认识，多个国际海洋科学组织推动了海洋生态系统动力学这一跨学科前沿领域的发展。我国科学家也较早地意识到上述问题，在国家自然科学基金委员会的大力支持下，于1994年开展了我国海洋生态系统动力学发展战略研究，其结果得到了广泛的关注，并形成了国家自然科学基金优先资助领域。

作为国家自然科学基金重大项目，“渤海生态系统动力学与生物资源持续利用”是我国第一个大型海洋生态系统动力学研究计划，在其研究策略及研究管理上都有一定程度的探索内涵。在研究策略上我们选取了两个角度：其中一个是较宏观的、围绕食物网营养动力学中的物流和能流研究渤海生态系统的结构和功能及其变化；另一个是较微观的、围绕对虾早期发育阶段数量变动与其栖息地环境的关系，研究生物与物理环境的动力学过程。鉴于浮游动物在生态系统中有承上启下作用，以及物理-化学-生物耦合模型作为生态系统动力学研究中的重要手段，在研究安排上又将这两个方面作为独立研究内容设置，目的是促进学科交叉和依赖，使渤海生态系统动力学研究能够在一个整体、系统的水平上开展。

---

① 本文原刊于《中国海洋生态系统动力学研究：Ⅱ渤海生态系统动力学过程》，ⅰ-ⅳ，科学出版社，2002。

像其他的地球科学一样，长期的资料累积是海洋学研究的基本要求。但是海洋观测难度大、费用高昂，再加上我国对海洋的重视长期不足，因此我国海洋研究普遍存在缺少长期资料累积的问题。由于观测手段要求的因素，长期资料累积问题在化学、生物等方面更为突出。相比我国其他近海海区，渤海的各方面历史资料皆略为多些，这是我们选择渤海作为研究海区的一个重要原因。但是，在项目观测计划实施中最大的意外和失望是连续两年都未能采集到主要研究对象——中国对虾的卵子，对虾卵采集的失败在一定程度上也影响了对虾早期栖息地关键过程研究的内容。这也从另一侧面反映对虾资源严重衰退的事实。

这本专著是“渤海生态系统动力学与生物资源持续利用”项目主要研究成果的综述，全书共分为四章，分别介绍了对虾早期发育阶段数量变动与栖息地关键过程的关系、浮游动物种群动力学及其对生态系统中的调控作用、渤海食物网营养动力学及资源优势种交替、渤海生态系统动力学模型，其中一些较为重要的新认识和成果有：

河流截流、人工改道黄河入海口等人类活动严重影响了对虾幼体到达栖息地的可能性；气候的长期变化也导致了渤海水文环境的显著变化，并对生态系统的生物生产产生影响。

在浮游植物群落中小型（net）、微型（nano）和微微型（pico）三个不同粒级中微型和微微型作用不容忽视，6 月份这两个粒级占了总生物量的 87.0％和总生产力的 87.4％，贡献大小次序为：微型＞微微型＞小型。小型桡足类在浮游动物中起主导作用，从分布、产量和粒度（个体大小）多方面看都比大型桡足类更重要。从种类组成看，水母类是渤海的浮游动物的重要类群，这也可能是造成某些经济种类卵子和仔幼鱼死亡率高的因素，对渔业资源的影响是负面的。

实验表明，高营养层种类间的生态转换效率存在明显差异，在胁迫条件下种类的生态转换效率会发生改变；年代间的调查表明，渤海渔业生物资源的群落结构向低质化发展，食物网营养级下降，食物链缩短；生态系统控制机制的各种传统理论难以单一地套用于渤海，随着外部影响条件的变化，生物生产显然受到多种不同机制的综合作用。这可能是浅海生态系统生物生产具有显著动态特性的重要原因。

水层—底栖多箱模型结果表明，在渤海生态系统年循环中，浮游植物光合作用吸收的碳量约有 13％进入主食物链，呼吸排出的碳量约为 44％，20％左右向底栖亚系统食物链转移；动力学模型结果表明，气候变化带来的海洋变化是引起渤海营养盐-浮游植物系统变化的重要原因。

这本专著也是《中国海洋生态系统动力学研究》系列之二，是我国海洋科学、渔业科学和生态科学领域中众多专家学者辛勤劳动的结果，他们各自参与了相关科学问题的调查和研究，为本书提供和撰写了相关章节，具体执笔者均在有关章节末指明，由于涉及人较多，这里不再一一列出，请予谅解。国家自然科学基金委员会地球科学部原常务副主任林海研究员和海洋学科主任王辉博士对于海洋生态系统动力学在我国的发展给予了热情的关怀和指导，林海还对本专著文稿进行了认真审阅，提出了很有价值的修改意见，在此，向他们一并表示衷心的感谢。

海洋生态系统动力学是一个正在发展中的交叉学科领域，殷切地期望大家予以关注，共同促进这个新学科领域的发展。

苏纪兰　唐启升

2001 年 11 月 30 日

目　　录

中国海洋生态系统动力学研究

Ⅲ东、黄海生态系统资源与环境图集①（摘要）

唐启升 主编

内容简介：本图集是《中国海洋生态系统动力学研究》系列专著之三，是国家重点基础研究发展规划项目“东、黄海生态系统动力学与生物资源可持续利用”的海上现场调查成果集。全书在黄、东海多学科交叉综合调查以及重点断面调查研究基础上，绘制了涵盖物理海洋学、海洋化学、生物海洋学、资源生态学等方面包括春、秋两季的平面分布图和11个断面的垂直分布图，共计400幅。

本图集不仅为促进项目内的多学科交叉研究提供了生态动力学研究的基础资料，同时也为从事海洋科学、渔业科学、生态科学以及全球变化领域研究的科技人员、管理人员、高校师生及其他有关人员了解东、黄海生态系统资源与环境状况提供参考。

前 言

海洋生态系统动力学是海洋科学与渔业科学交叉发展起来的新兴学科领域。20世纪90年代初以来，这一新学科领域的发展受到普遍重视。1991年，在国际海洋研究科学委员会（SCOR）和联合国政府间海洋学委员会（IOC）等国际主要海洋科学组织的推动下，筹划了“全球海洋生态系统动力学研究计划（global ocean ecosystems dynamics，GLOBEC）”，并成立了GLOBEC科学指导委员会。1995年GLOBEC被遴选为“国际地圈生物圈计划（IGBP）”的核心计划，1997年公布了《GLOBEC科学计划》，1999年公布了《GLOBEC实施计划》，2003年GLOBEC被确定为新世纪前10年全球变化研究中（IGBPⅡ）海洋两大科学计划之一，使海洋生态系统动力学研究成为当今跨学科研究的国际前沿领域，是全球变化研究的一个重要组成部分。

东、黄海拥有世界海洋最为宽阔的陆架，总面积约为1.2×10^6 km^2，其中东海平均水深是370 m，黄海平均水深是44 m。该海域地理环境独特，西有长江等河流携入大量陆源物质，东南受黑潮暖流的强烈影响，同时又承受东亚季风的交替作用，其生物区系属北太平洋区东亚亚区和印度-西太平洋区中日亚区，生物多样性丰富，优势种明显，食物网结构复杂，生物资源蕴藏量大，孕育了数个高产的渔场，是我国海洋渔业资源的主要供给地。该海域既具有半封闭系统的特点，又有开放系统的内涵，科学问题突出，是国内外地球科学和生命科学极为关注的海洋交叉综合研究区域。1999年国家科技部国家重点基础研究发展规划项目

① 本文原刊于《中国海洋生态系统动力学研究：Ⅲ东、黄海生态系统资源与环境图集》，1-2，5-7，9-12，15-28，科学出版社，2004。

“东、黄海生态系统动力学与生物资源可持续利用”（G19990437）正式启动。该项目本着“围绕我国社会、经济和科技自身发展中的重大科学问题”、“瞄准科学前沿，体现学科交叉与综合，探索科学基本规律，促进创新”和“在国际科学前沿占有一席之地”的原则，进一步发展我国近海生态系统动力学研究，使我国海洋生态系统动力学研究进入区域性大研究计划的水平。项目围绕①资源关键种能量流动与转换、②浮游动物种群的补充、③生源要素循环与更新、④关键物理过程的生态作用、⑤水层与底栖系统耦合、⑥微食物环的贡献等6个关键科学问题，从东、黄海关键物理过程对生物生产的影响机理、生源要素循环与更新机制、基础生产过程与浮游动物的调控作用和食物网营养动力学与资源优势种交替机制等4个方面开展研究。研究内容包括物理海洋、海洋化学、生物海洋和资源生态等4个学科。海上现场取样调查是本项目获取研究资料的重要组成部分，因此进行了大量海上调查工作，包括专题调查和多学科整体调查两部分。本图集所有资料只包括2000年秋季和2001年春季在黄、东海进行的多学科整体调查研究成果，涵盖了物理海洋、海洋化学、初级生产力、浮游生物、底栖生物、渔业资源等方面的大面分布状况，共计400幅图。本图集的出版是海洋调查资料共享的体现，能够有力地促进项目内多学科的交叉研究，也可为从事海洋科学和渔业科学研究的科研人员提供参考。农业部中国水产科学研究院黄海水产研究所、国家海洋局第二海洋研究所、中国科学院海洋研究所、教育部中国海洋大学等6个单位、近50位科技人员参加了本图集资料海上调查与资料分析工作。本图集是参加“东、黄海生态系统动力学与生物资源可持续利用”项目的一项集体研究成果，参与海上资料观测的主要人员有张经、赵宪勇、肖天、金显仕、魏皓、林以安、张光涛、张立人、高生泉、王克等。“北斗”号和“东方红2”号两艘调查船全体人员协助海上调查资料的采集，课题负责人组织完成了各课题有关的资料分析和数据处理工作；另外孟田湘、孙珊、张涛等负责本图集的绘制和出版工作。在此表示感谢。

编　者

2004年2月8日

技术说明

本图集是根据在东、黄海进行的两个航次多学科整体调查以及在东海PN断面调查结果的基础上完成，包括物理海洋、海洋化学、初级生产力、浮游生物、底栖生物、鱼卵仔鱼及主要渔业生物资源等方面的内容。

2000年秋季和2001年春季大面海上调查任务由“北斗”号科学调查船完成，覆盖范围为36°00′～25°45′N，120°00′～127°31′E，包括A至J 10个断面（图1、图2）。“北斗”号科学调查船于1983年在挪威建成下水，是具有世界先进水平的生物资源专业调查船，设有仪器室、水文环境实验室、渔业生物资源实验室等。船长56.2 m，宽12.5 m，1 165 t，主机功率1 654 kW，最大航速14.4 kn。船上安装的现代化渔业资源声学评估仪器为回声探测—积分系统：SIMRAD EK500/38 kHz。

PN断面分别于2000年10月、2001年5月和2002年10月进行了3个航次调查（图3），调查项目包括营养盐和悬浮体。本项调查由“东方红2”号科学调查船完成，该船

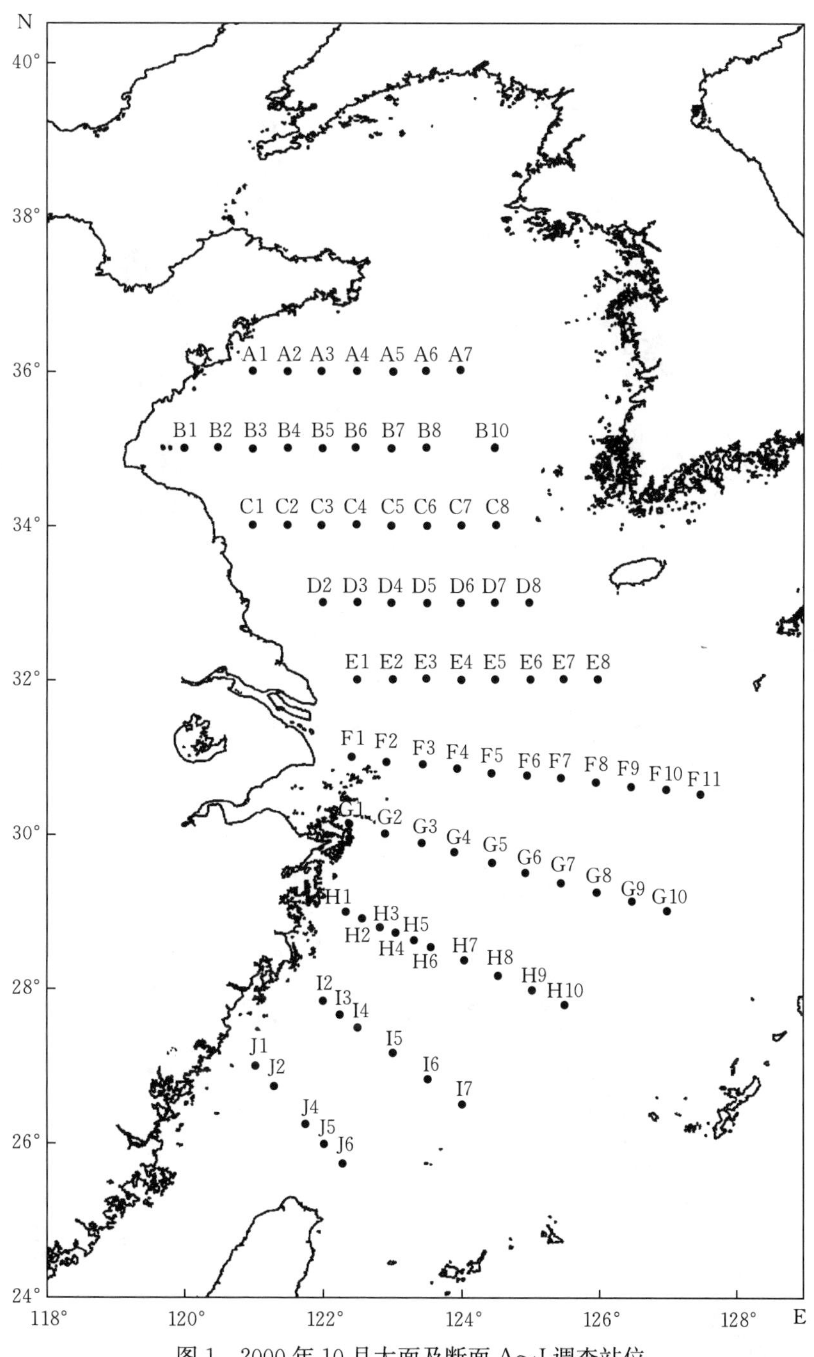

图 1　2000 年 10 月大面及断面 A～J 调查站位

Figure 1　Survey stations in sections A～J in October，2000

1996 年正式投入使用，设有水文、气象、物理、化学、生物、地质、地球物理、遥感、航海、计算机等 15 个实验室。船长 96 m，宽 15 m，3 235 t，主机功率 2×1 600 kW，最大航速 18kn。

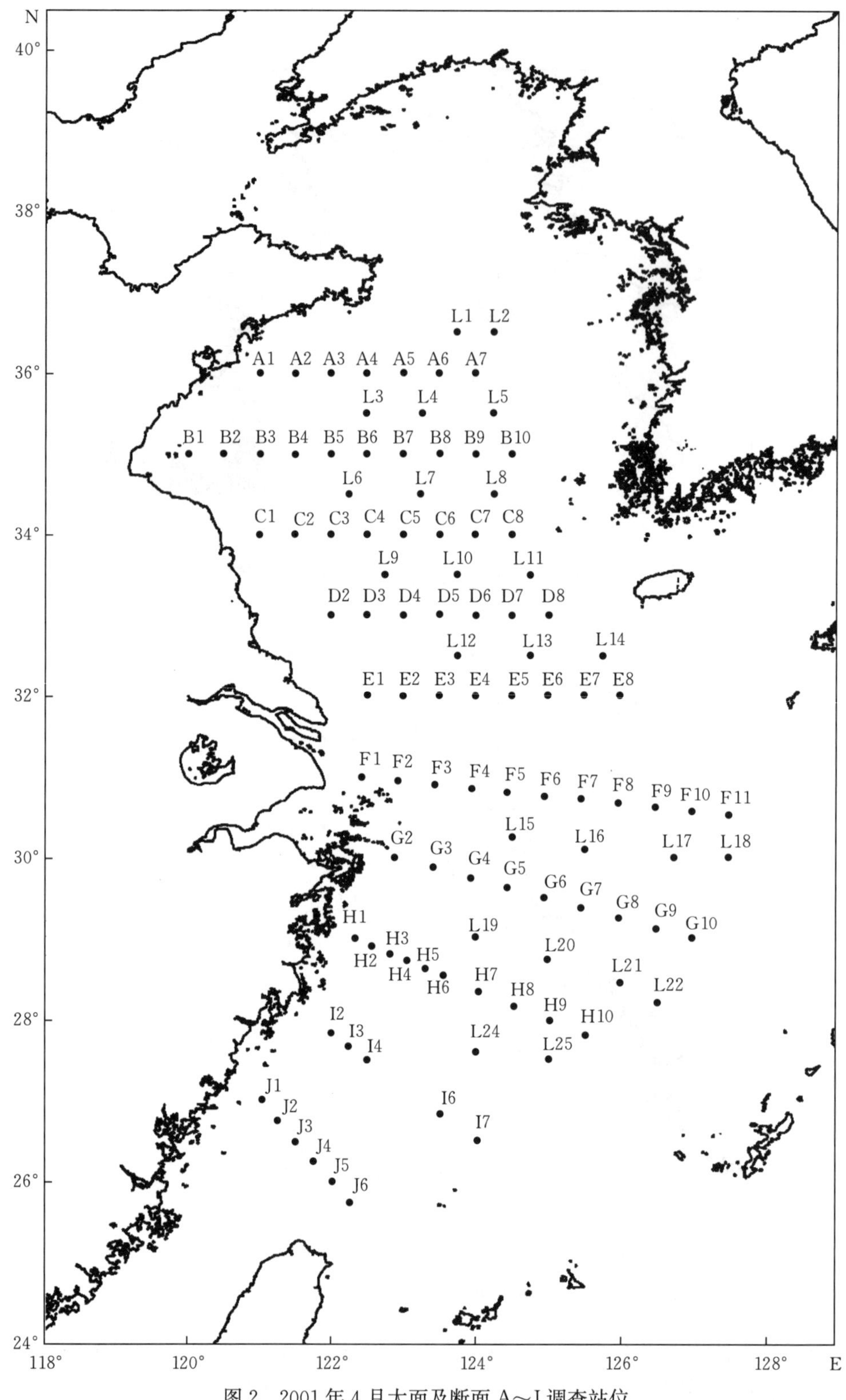

图 2 2001 年 4 月大面及断面 A～J 调查站位

Figure 2 Survey stations in sections A～J in April, 2001

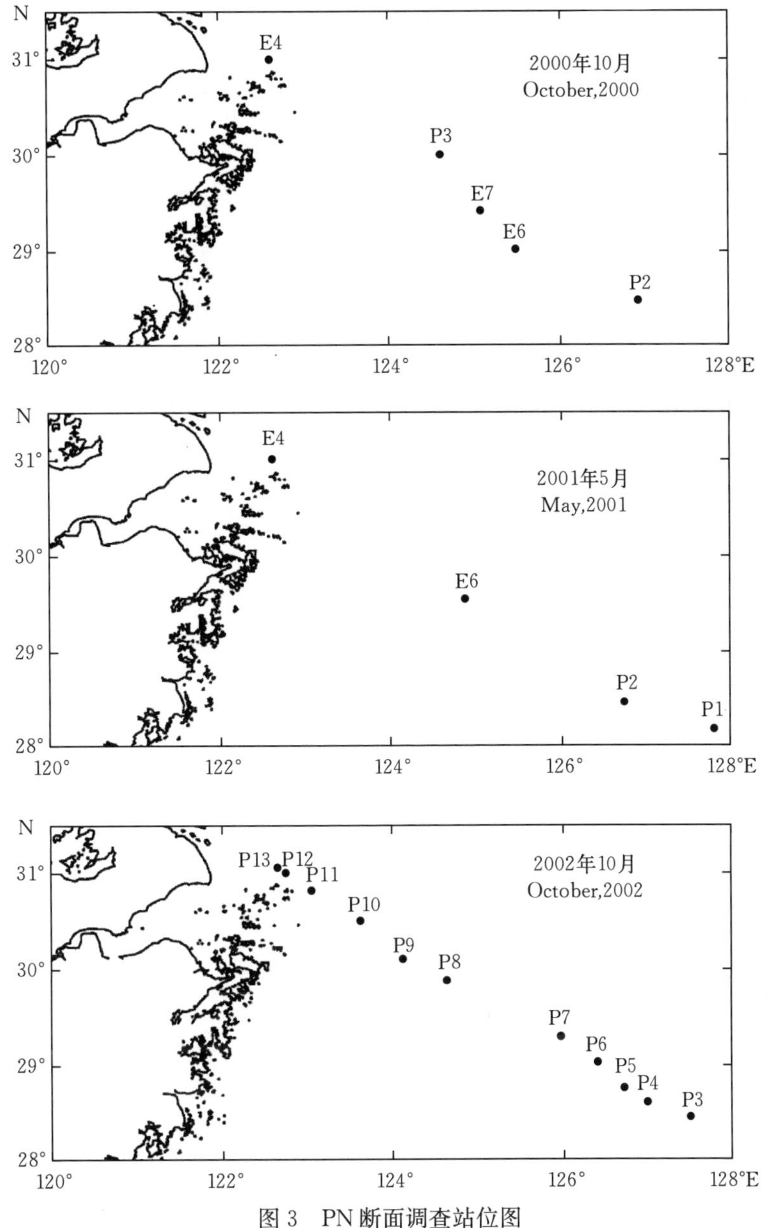

图 3　PN 断面调查站位图

Figure 3　Survey stations in section PN

(1) 生物资源取样设备有变水层拖网和底层拖网。变水层拖网网目 916 目×40 cm，拉直长 366.4 m，网口高度 18 m×24 m，拖速 3.0～3.5 kn。底层取样网为仿制挪威进口网，网目 836 目×20 cm，拖速 3.0 kn 左右，网口高度根据水深和曳纲长度一般变动在 6.1～8.3 m，宽度一般变动在 24.5～25.9 m。

① 底拖网生物资源密度分布为底拖网每小时的捕获量。

② 生物资源声学评估生物量分布是根据声学映像和声学积分值，结合拖网渔获物组成的计算结果。

（2）在“北斗”号船上，环境调查与生物资源调查同步进行。物理海洋、海洋化学和生物环境作业规范和技术标准采用国标（GB 12763.1—1991），其中：

① 温度和盐度采用 CTD 观测。

② 浮游植物采集网具为小型周第网，筛绢孔径 0.077 mm。

③ 浮游动物采集网具为大型浮游生物网，筛绢孔径 0.507 mm。

④ 鱼卵仔鱼采集网具为大型浮游生物网，表层水平拖网 10 min，拖速 3 kn 左右，所捕获的鱼卵或仔稚鱼个数。

⑤ 底栖大型、小型动物海上取样用的采泥器为改进型 Ohara-Gray 箱式取样器。大型底栖动物海上分选用的网筛孔径为 0.5 mm，小型底栖动物取分样用的有机玻璃管，内径 2.6 cm；室内分选孔径上限为 0.5 mm，下限为 0.05 mm。沉积物叶绿素 a 和脱镁叶绿素用的是荧光法。沉积物粒度分析用的是湿选法（＞0.063mm）和沉降法（＜0.063 mm）。

目　录

2. 浮游植物总量
3. 小型浮游植物
4. 微型浮游植物
5. 微微型浮游植物
6. 蓝细菌
7. 异养细菌

（二）浮游动物

1. 浮游动物总量
2. 中华哲水蚤
3. 鞭毛虫
4. 小齿海樽
5. 精致真刺水蚤
6. 太平洋磷虾
7. 中华假磷虾
8. 真刺唇角水蚤
9. 五角水母
10. 长尾住囊虫
11. 拟长腹剑水蚤
12. 箭虫
13. 细长脚蛾
14. 普通波水蚤

（三）底栖生物

1. 小型生物总量
2. 大型底栖动物总量
3. 沉积物叶绿素
4. 多毛类
5. 甲壳动物
6. 棘皮动物
7. 软体动物

（四）鱼卵、仔稚鱼

1. 鱼卵
2. 仔稚鱼

五、生物资源

（一）底拖网评估

1. 渔业生物总量
2. 主要鱼类
3. 主要无脊椎动物

（二）声学评估

1. 渔业生物总量
2. 主要鱼类
3. 主要无脊椎动物

图 目
LIST OF FIGURES

一、物理海洋 Physical Oceanography

二、化学海洋 Chemical Oceanography

秋季表层溶解无机氮分布
Distribution of surface dissolved inorganic nitrogen in autumn
春季表层溶解无机氮分布
Distribution of surface dissolved inorganic nitrogen in spring
秋季底层溶解无机氮分布
Distribution of bottom dissolved inorganic nitrogen in autumn
春季底层溶解无机氮分布
Distribution of bottom dissolved inorganic nitrogen in spring
断面 A 的溶解无机氮分布 Distribution of dissolved inorganic nitrogen in section A
断面 B 的溶解无机氮分布 Distribution of dissolved inorganic nitrogen in section B
断面 C 的溶解无机氮分布 Distribution of dissolved inorganic nitrogen in section C
断面 D 的溶解无机氮分布 Distribution of dissolved inorganic nitrogen in section D
断面 E 的溶解无机氮分布 Distribution of dissolved inorganic nitrogen in section E
断面 F 的溶解无机氮分布 Distribution of dissolved inorganic nitrogen in section F
断面 G 的溶解无机氮分布 Distribution of dissolved inorganic nitrogen in section G
断面 H 的溶解无机氮分布 Distribution of dissolved inorganic nitrogen in section H
断面 I 的溶解无机氮分布 Distribution of dissolved inorganic nitrogen in section I
断面 J 的溶解无机氮分布 Distribution of dissolved inorganic nitrogen in section J
断面 PN 的溶解无机氮分布 Distribution of dissolved inorganic nitrogen in section PN

秋季表层铵盐分布 Distribution of surface ammonium in autumn
春季表层铵盐分布 Distribution of surface ammonium in spring
秋季底层铵盐分布 Distribution of bottom ammonium in autumn
春季底层铵盐分布 Distribution of bottom ammonium in spring
断面 A 的铵盐分布 Distribution of ammonium in section A
断面 B 的铵盐分布 Distribution of ammonium in section B
断面 C 的铵盐分布 Distribution of ammonium in section C
断面 D 的铵盐分布 Distribution of ammonium in section D
断面 E 的铵盐分布 Distribution of ammonium in section E
断面 F 的铵盐分布 Distribution of ammonium in section F
断面 G 的铵盐分布 Distribution of ammonium in section G
断面 H 的铵盐分布 Distribution of ammonium in section H
断面 I 的铵盐分布 Distribution of ammonium in section I
断面 J 的铵盐分布 Distribution of ammonium in section J
断面 PN 的铵盐分布 Distribution of ammonium in section PN

秋季表层硝酸盐分布 Distribution of surface nitrate in autumn

春季表层硝酸盐分布 Distribution of surface nitrate in spring
秋季底层硝酸盐分布 Distribution of bottom nitrate in autumn
春季底层硝酸盐分布 Distribution of bottom nitrate in spring
断面 A 的硝酸盐分布 Distribution of nitrate in section A
断面 B 的硝酸盐分布 Distribution of nitrate in section B
断面 C 的硝酸盐分布 Distribution of nitrate in section C
断面 D 的硝酸盐分布 Distribution of nitrate in section D
断面 E 的硝酸盐分布 Distribution of nitrate in section E
断面 F 的硝酸盐分布 Distribution of nitrate in section F
断面 G 的硝酸盐分布 Distribution of nitrate in section G
断面 H 的硝酸盐分布 Distribution of nitrate in section H
断面 I 的硝酸盐分布 Distribution of nitrate in section I
断面 J 的硝酸盐分布 Distribution of nitrate in section J
断面 PN 的硝酸盐分布 Distribution of nitrate in section PN

秋季表层亚硝酸盐分布 Distribution of surface nitrite in autumn
春季表层亚硝酸盐分布 Distribution of surface nitrite in spring
秋季底层亚硝酸盐分布 Distribution of bottom nitrite in autumn
春季底层亚硝酸盐分布 Distribution of bottom nitrite in spring
断面 A 的亚硝酸盐分布 Distribution of nitrite in section A
断面 B 的亚硝酸盐分布 Distribution of nitrite in section B
断面 C 的亚硝酸盐分布 Distribution of nitrite in section C
断面 D 的亚硝酸盐分布 Distribution of nitrite in section D
断面 E 的亚硝酸盐分布 Distribution of nitrite in section E
断面 F 的亚硝酸盐分布 Distribution of nitrite in section F
断面 G 的亚硝酸盐分布 Distribution of nitrite in section G
断面 H 的亚硝酸盐分布 Distribution of nitrite in section H
断面 I 的亚硝酸盐分布 Distribution of nitrite in section I
断面 J 的亚硝酸盐分布 Distribution of nitrite in section J
断面 PN 的亚硝酸盐分布 Distribution of nitrite in section PN

秋季表层磷酸盐分布 Distribution of surface phosphate in autumn
春季表层磷酸盐分布 Distribution of surface phosphate in spring
秋季底层磷酸盐分布 Distribution of bottom phosphate in autumn
春底底层磷酸盐分布 Distribution of bottom phosphate in spring
断面 A 的磷酸盐分布 Distribution of phosphate in section A
断面 B 的磷酸盐分布 Distribution of phosphate in section B
断面 C 的磷酸盐分布 Distribution of phosphate in section C
断面 D 的磷酸盐分布 Distribution of phosphate in section D

断面 E 的磷酸盐分布 Distribution of phosphate in section E
断面 F 的磷酸盐分布 Distribution of phosphate in section F
断面 G 的磷酸盐分布 Distribution of phosphate in section G
断面 H 的磷酸盐分布 Distribution of phosphate in section H
断面 I 的磷酸盐分布 Distribution of phosphate in section I
断面 J 的磷酸盐分布 Distribution of phosphate in section J
断面 PN 的磷酸盐分布 Distribution of phosphate in section PN

秋季表层硅酸盐分布 Distribution of surface silicate in autumn
春季表层硅酸盐分布 Distribution of surface silicate in spring
秋季底层硅酸盐分布 Distribution of bottom silicate in autumn
春季底层硅酸盐分布 Distribution of bottom silicate in spring
断面 A 的硅酸盐分布 Distribution of silicate in section A
断面 B 的硅酸盐分布 Distribution of silicate in section B
断面 C 的硅酸盐分布 Distribution of silicate in section C
断面 D 的硅酸盐分布 Distribution of silicate in section D
断面 E 的硅酸盐分布 Distribution of silicate in section E
断面 F 的硅酸盐分布 Distribution of silicate in section F
断面 G 的硅酸盐分布 Distribution of silicate in section G
断面 H 的硅酸盐分布 Distribution of silicate in section H
断面 I 的硅酸盐分布 Distribution of silicate in section I
断面 J 的硅酸盐分布 Distribution of silicate in section J
断面 PN 的硅酸盐分布 Distribution of silicate in section PN

断面 A 的总溶解氮分布 Distribution of total dissolved nitrogen in section A
断面 B 的总溶解氮分布 Distribution of total dissolved nitrogen in section B
断面 C 的总溶解氮分布 Distribution of total dissolved nitrogen in section C
断面 D 的总溶解氮分布 Distribution of total dissolved nitrogen in section D
断面 E 的总溶解氮分布 Distribution of total dissolved nitrogen in section E
断面 F 的总溶解氮分布 Distribution of total dissolved nitrogen in section F
断面 G 的总溶解氮分布 Distribution of total dissolved nitrogen in section G
断面 H 的总溶解氮分布 Distribution of total dissolved nitrogen in section H
断面 I 的总溶解氮分布 Distribution of total dissolved nitrogen in section I
断面 J 的总溶解氮分布 Distribution of total dissolved nitrogen in section J
断面 PN 的总溶解氮分布 Distribution of total dissolved nitrogen in section PN

断面 A 的总氮分布 Distribution of total nitrogen in section A
断面 B 的总氮分布 Distribution of total nitrogen in section B

断面 C 的总氮分布 Distribution of total nitrogen in section C
断面 D 的总氮分布 Distribution of total nitrogen in section D
断面 E 的总氮分布 Distribution of total nitrogen in section E
断面 F 的总氮分布 Distribution of total nitrogen in section F
断面 G 的总氮分布 Distribution of total nitrogen in section G
断面 H 的总氮分布 Distribution of total nitrogen in section H
断面 I 的总氮分布 Distribution of total nitrogen in section I
断面 J 的总氮分布 Distribution of total nitrogen in section J
断面 PN 的总氮分布 Distribution of total nitrogen in section PN

断面 A 的总溶解磷分布 Distribution of total dissolved phosphorus in section A
断面 B 的总溶解磷分布 Distribution of total dissolved phosphorus in section B
断面 C 的总溶解磷分布 Distribution of total dissolved phosphorus in section C
断面 D 的总溶解磷分布 Distribution of total dissolved phosphorus in section D
断面 E 的总溶解磷分布 Distribution of total dissolved phosphorus in section E
断面 F 的总溶解磷分布 Distribution of total dissolved phosphorus in section F
断面 G 的总溶解磷分布 Distribution of total dissolved phosphorus in section G
断面 H 的总溶解磷分布 Distribution of total dissolved phosphorus in section H
断面 I 的总溶解磷分布 Distribution of total dissolved phosphorus in section I
断面 J 的总溶解磷分布 Distribution of total dissolved phosphorus in section J
断面 PN 的总溶解磷分布 Distribution of total dissolved phosphorus in section PN

断面 A 的总磷分布 Distribution of total phosphorus in section A
断面 B 的总磷分布 Distribution of total phosphorus in section B
断面 C 的总磷分布 Distribution of total phosphorus in section C
断面 D 的总磷分布 Distribution of total phosphorus in section D
断面 E 的总磷分布 Distribution of total phosphorus in section E
断面 F 的总磷分布 Distribution of total phosphorus in section F
断面 G 的总磷分布 Distribution of total phosphorus in section G
断面 H 的总磷分布 Distribution of total phosphorus in section H
断面 I 的总磷分布 Distribution of total phosphorus in section I
断面 J 的总磷分布 Distribution of total phosphorus in section J
断面 PN 的总磷分布 Distribution of total phosphorus in section PN

春季表层溶解甲烷水平分布
Horizontal distribution of dissolved methane in the surface waters in spring
春季底层溶解甲烷水平分布
Horizontal distribution of dissolved methane in the bottom waters in spring

三、悬浮体和沉积物 Suspended Sediment and Sediment

秋季表层浮体浓度分布
Distribution of surface suspended sediment concentration in autumn
春季表层浮体浓度分布
Distribution of surface suspended sediment concentration in spring
秋季底层浮体浓度分布
Distribution of bottom suspended sediment concentration in autumn
春季底层浮体浓度分布
Distribution of bottom suspended sediment concentration in spring
断面 PN 的悬浮体分布
Distribution of suspended particle in section PN

秋季 0～5 cm 沉积物中值粒径 Φ 分布
Distribution of median diameter Φ in 0～5 cm sediment layer in autumn
秋季 0～5 cm 沉积物粉砂和黏土含量（%）分布
Distribution of silt-clay content（%）in 0～5 cm sediment layer in autumn
秋季 0～5 cm 沉积物黏土含量（%）分布
Distribution of clay content（%）in 0～5 cm sediment layer in autumn
秋季 0～5 cm 沉积物粉砂含量（%）分布
Distribution of silt content（%）in 0～5 cm sediment layer in autumn

四、生物海洋 Biological Oceanography

叶绿素 a 和浮游植物 Chlorophyll a and Phytoplankton

秋季叶绿素 a 表层含量分布 Distribution of chlorophyll a in surface water in autumn
春季叶绿素 a 表层含量分布 Distribution of chlorophyll a in surface water in spring
秋季叶绿素 a 底层含量分布 Distribution of chlorophyll a in bottom water in autumn
春季叶绿素 a 底层含量分布 Distribution of chlorophyll a in bottom water in spring
秋季表层浮游植物总生物量分布
Distribution of total phytoplankton biomass（chl. a）in surface water in autumn
春季表层浮游植物总生物量分布
Distribution of total phytoplankton biomass（chl. a）in surface water in spring
秋季浮游植物细胞数量分布 Distribution of cell density of phytoplankton in autumn
春季浮游植物细胞数量分布 Distribution of cell density of phytoplankton in spring

秋季表层小型浮游植物（>20 μm）对生物量贡献（%）分布
Distribution of contribution of micro-phytoplankton（>20 μm）（chl. a）in surface water in autumn（%）
春季表层小型浮游植物（>20 μm）对生物量贡献（%）分布

Distribution of contribution of micro-phytoplankton（>20 μm）（chl. a）in surface water in spring（%）

秋季表层小型浮游植物（>20 μm）生物量分布

Distribution of micro-phytoplankton（>20 μm）biomass（chl. a）in surface water in autumn

春季表层小型浮游植物（>20 μm）生物量分布

Distribution of micro-phytoplankton（> 20 μm）biomass（chl. a）in surface water in spring

秋季表层微型浮游植物（2～20 μm）对生物量贡献（%）分布

Distribution of contribution of nano-phytoplankton（2～20 μm）（chl. a）in surface water in autumn（%）

春季表层微型浮游植物（2～20 μm）对生物量贡献（%）分布

Distribution of contribution of nano-phytoplankton（2～20 μm）（chl. a）in surface water in spring（%）

秋季表层微型浮游植物（2～20 μm）生物量分布

Distribution of nano-phytoplankton（2～20 μm）biomass（chl. a）in surface water in autumn

春季表层微型浮游植物（2～20 μm）生物量分布

Distribution of nano-phytoplankton（2 ～ 20 μm）biomass（chl. a）in surface water in spring

秋季表层微微型浮游植物（0. 2～2 μm）对生物量贡献（%）分布

Distribution of contribution of pico-phytoplankton（0. 2～2 μm）（chl. a）in surface water in autumn（%）

春季表层微微型浮游植物（0. 2～2 μm）对生物量贡献（%）分布

Distribution of contribution of pico-phytoplankton（0. 2～2 μm）（chl. a）in surface water in spring（%）

秋季表层微微型浮游植物（0. 2～2 μm）生物量分布

Distribution of pico-phytoplankton（0. 2～2 μm）biomass（chl. a）in surface water in autumn

春季表层微微型浮游植物（0. 2～2 μm）生物量分布

Distribution of pico-phytoplankton（0. 2～2 μm）biomass（chl. a）in surface water in spring

秋季表层蓝细菌丰度分布

Distribution of cyanobacterial（*Synechococcus* spp.）abundance on the surface in autumn

春季表层蓝细菌丰度分布

Distribution of cyanobacterial（*Synechococcus* spp.）abundance on the surface in spring

秋季中层蓝细菌丰度分布

Distribution of cyanobacterial（*Synechococcus* spp.）abundance on the middle in autumn

春季中层蓝细菌丰度分布

Distribution of cyanobacterial（*Synechococcus* spp.）abundance on the middle in spring
秋季底层蓝细菌丰度分布
Distribution of cyanobacterial（*Synechococcus* spp.）abundance on the bottom in autumn
春季底层蓝细菌丰度分布
Distribution of cyanobacterial（*Synechococcus* spp.）abundance on the bottom in spring

断面 A 的蓝细菌分布 Distribution of cyanobacteria in section A
断面 B 的蓝细菌分布 Distribution of cyanobacteria in section B
断面 C 的蓝细菌分布 Distribution of cyanobacteria in section C
断面 D 的蓝细菌分布 Distribution of cyanobacteria in section D
断面 E 的蓝细菌分布 Distribution of cyanobacteria in section E
断面 F 的蓝细菌分布 Distribution of cyanobacteria in section F
断面 G 的蓝细菌分布 Distribution of cyanobacteria in section G
断面 H 的蓝细菌分布 Distribution of cyanobacteria in section H
断面 I 的蓝细菌分布 Distribution of cyanobacteria in section I
断面 J 的蓝细菌分布 Distribution of cyanobacteria in section J

秋季表层异养细菌丰度分布
Distribution of heterotrophic bacterial abundance on the surface in autumn
春季表层异养细菌丰度分布
Distribution of heterotrophic bacterial abundance on the surface in spring
秋季中层异养细菌丰度分布
Distribution of heterotrophic bacterial abundance on the middle in autumn
春季中层异养细菌丰度分布
Distribution of heterotrophic bacterial abundance on the middle in spring
秋季底层异养细菌丰度分布
Distribution of heterotrophic bacterial abundance on the bottom in autumn
春季底层异养细菌丰度分布
Distribution of heterotrophic bacterial abundance on the bottom in spring
断面 A 的异养细菌分布 Distribution of heterotrophic bacteria in section A
断面 B 的异养细菌分布 Distribution of heterotrophic bacteria in section B
断面 C 的异养细菌分布 Distribution of heterotrophic bacteria in section C
断面 D 的异养细菌分布 Distribution of heterotrophic bacteria in section D
断面 E 的异养细菌分布 Distribution of heterotrophic bacteria in section E
断面 F 的异养细菌分布 Distribution of heterotrophic bacteria in section F
断面 G 的异养细菌分布 Distribution of heterotrophic bacteria in section G
断面 H 的异养细菌分布 Distribution of heterotrophic bacteria in section H
断面 I 的异养细菌分布 Distribution of heterotrophic bacteria in section I

断面J的异养细菌分布 Distribution of heterotrophic bacteria in section J

浮游动物 Zooplankton

秋季浮游动物生物量分布 Distribution of total zooplankton in autumn
春季浮游动物生物量分布 Distribution of total zooplankton in spring

秋季中华哲水蚤密度分布 Distribution of *Calanus sinicus* in autumn
春季中华哲水蚤密度分布 Distribution of *Calans sinicus* in spring

秋季表层鞭毛虫丰度分布
Distribution of flagellate abundance in surface water in autumn
春季表层鞭毛虫丰度分布
Distribution of flagellate abundance in surface water in spring

秋季小齿海樽密度分布 Distribution of *Doliolum denticulatum* in autumn
春季小齿海樽密度分布 Distribution of *Doliolum denticulatum* in spring

秋季精致真刺水蚤密度分布 Distribution of *Euchaeta concinna* in autumn
春季精致真刺水蚤密度分布 Distribution of *Euchaeta concinna* in spring

秋季太平洋磷虾密度分布 Distribution of *Euphausia pacifica* in autumn
春季太平洋磷虾密度分市 Distribution of *Euphausia pacifica* in spring

秋季中华假磷虾密度分布 Distribution of *Pseudeuphausia sinica* in autumn
春季中华假磷虾密度分布 Distribution of *Pseudeuphausia sinica* in spring

秋季真刺唇角水蚤密度分布 Distribution of *Labidocera euchaeta* in autumn
春季真刺唇角水蚤密度分布 Distribution of *Labidocera euchaeta* in spring

秋季五角水母密度分布 Distribution of *Muggiaea atlantica* in autumn
春季五角水母密度分布 Distribution of *Muggiaea atlantica* in spring

秋季长尾住囊虫密度分布 Distribution of *Oikopleura longicauda* in autumn
春季长尾住囊虫密度分布 Distribution of *Oikopleura Longicauda* in spring

秋季拟长腹剑水蚤密度分布 Distribution of *Oithona similis* in autumn
春季拟长腹剑水蚤密度分布 Distribution of *Oithona similis* in spring

秋季强壮箭虫密度分布 Distribution of *Sagitta crassa* in autumn
春季强壮箭虫密度分布 Distribution of *Sagitta crassa* in spring

秋季肥胖箭虫密度分布 Distribution of *Sagitta enflata* in autumn
春季肥胖箭虫密度分布 Distribution of *Sagitta enflata* in spring
秋季拿卡箭虫密度分布 Distribution of *Sagitta nagae* in autumn
春季拿卡箭虫密度分布 Distribution of *Sagitta nagae* in spring

秋季细长脚蛾密度分布 Distribution of *Themisto gracilipes* in autumn
春季细长脚蛾密度分布 Distribution of *Themisto gracilipes* in spring

秋季普通波水蚤密度分布 Distribution of *Undinula vulgaris* in autumn
春季普通波水蚤密度分布 Distribution of *Undinula vulgaris* in spring

底栖生物 Benthos

春季 0～2 cm 小型生物丰度分布
Distribution of meiofaunal abundance in 0～2 cm sediment layer in spring
秋季 0～5 cm 小型生物丰度分布
Distribution of meiofaunal abundance in 0～5 cm sediment layer in autumn
春季 0～5 cm 小型生物丰度分布
Distribution of meiofaunal abundance in 0～5 cm sediment layer in spring
春季 2～5 cm 小型生物丰度分布
Distribution of meiofaunal abundance in 2～5 cm sediment layer in spring
春季 0～2 cm 小型生物生物量分布
Distribution of meiofaunal biomass in 0～2 cm sediment layer in spring
秋季 0～5 cm 小型生物生物量分布
Distribution of meiofaunal biomass in 0～5 cm sediment layer in autumn
春季 0～5 cm 小型生物生物量分布
Distribution of meiofaunal biomass in 0～5 cm sediment layer in spring
春季 2～5 cm 小型生物生物量分布
Distribution of meiofaunal biomass in 2～5 cm sediment layer in spring
秋季大型底栖动物总密度分布 Density distribution of total macrobenthos in autumn
春季大型底栖动物总密度分布 Density distribution of total macrobenthos in spring

秋季大型底栖动物总生物量分布
Biomass distribution of total macrobenthos in autumn
春季大型底栖动物总生物量分布
Biomass distribution of total macrobenthos in spring

春季 0～2 cm 沉积物叶绿素分布
Distribution of chlorophyll a in 0～2 cm sediment layer in spring
春季 0～2 cm 沉积物脱镁叶绿素分布
Distribution of phaeopigment in 0～2 cm sediment layer in spring

秋季 0～5 cm 沉积物叶绿素和脱镁叶绿素分布
Distribution of chlorophyll a and phaeopigment in 0～5 cm sediment layer in autumn
秋季 0～5 cm 沉积物叶绿素分布
Distribution of chlorophyll a in 0～5 cm sediment layer in autumn
春季 0～5 cm 沉积物叶绿素分布
Distribution of chlorophyll a in 0～5 cm sediment layer in spring
秋季 0～5 cm 沉积物脱镁叶绿素分布
Distribution of phaeopigment in 0～5 cm sediment layer in autumn
春季 0～5 cm 沉积物脱镁叶绿素分布
Distribution of phaeopigment in 0～5 cm sediment layer in spring
春季 2～5 cm 沉积物叶绿素分布
Distribution of chlorophyll a in 2～5 cm sediment layer in spring
春季 2～5 cm 沉积物脱镁叶绿素分布
Distribution of phaeopigment in 2～5 cm sediment layer in spring

秋季多毛类密度分布 Density distribution of polychaeta in autumn
春季多毛类密度分布 Density distribution of polychaeta in spring

秋季多毛类生物量分布 Biomass distribution of polychaeta in autumn
春季多毛类生物量分布 Biomass distribution of polychaeta in spring

秋季长吻沙蚕分布 Distribution of *Glycera chirori* in autumn
春季长吻沙蚕分布 Distribution of *Glycera chirori* in spring

秋季甲壳动物密度分布 Density distribution of crustacea in autumn
春季甲壳动物密度分布 Density distribution of crustacea in spring

秋季甲壳动物生物量分布 Biomass distribution of crustacea in autumn
春季甲壳动物生物量分布 Biomass distribution of crustacea in spring

秋季日本美人虾分布 Distribution of *Callianassa japonica* in autumn
春季日本美人虾分布 Distribution of *Callianassa japonica* in spring

秋季棘皮动物密度分布 Density distribution of echinodermata in autumn
春季棘皮动物密度分布 Density distribution of echinodermata in spring

秋季棘皮动物生物量分布 Biomass distribution of echinodermata in autumn
春季棘皮动物生物量分布 Biomass distribution of echinodermata in spring

秋季浅水萨氏真蛇尾分布 Distribution of *Ophiura sarsii vadicola* in autumn
春季浅水萨氏真蛇尾分布 Distribution of *Ophiura sarsii vadicola* in spring

秋季软体动物密度分布 Density distribution of mollusca in autumn
春季软体动物密度分布 Density distribution of mollusca in spring

秋季软体动物生物量分布 Biomass distribution of mollusca in autumn
春季软体动物生物量分布 Biomass distribution of mollusca in spring

秋季薄索足蛤分布 Distribution of *Thyasira tokunagai* in autumn
春季薄索足蛤分布 Distribution of *Thyasira tokunagai* in spring

鱼卵、仔稚鱼 Egg and Larvae

秋季鱼卵数量分布 Abundance distribution of fish eggs in autumn
春季鱼卵数量分布 Abundance distribution of fish eggs in spring
秋季鳀鱼卵数量分布 Abundance distribution of *Engraulis japonicus* eggs in autumn
春季鳀鱼卵数量分布 Abundance distribution of *Engraulis japonicus* eggs in spring
秋季带鱼鱼卵数量分布 Abundance distribution of *Trichiurus lepturus* eggs in autumn
春季带鱼鱼卵数量分布 Abundance distribution of *Trichiurus lepturus* eggs in spring
秋季花斑蛇鲻鱼卵数量分布
Abundance distribution of *Saurida undosquamis* eggs in autumn
秋季绿鳍鱼鱼卵数量分布
Abundance distribution of *Chalidonichthys kumu* eggs in autumn
春季鲐鱼卵数量分布 Abundance distribution of *Scomber japonicus* eggs in spring
春季黑鳃梅童鱼鱼卵数量分布
Abundance distribution of *Collichthys niveatus* eggs in spring

秋季仔稚幼鱼数量分布 Abundance distribution of fish larvae in autumn
春季仔稚幼鱼数量分布 Abundance distribution of fish larvae in spring
秋季鳀鱼仔稚幼鱼数量分布
Abundance distribution of *Engraulis japonicus* larvae in autumn
春季鳀鱼仔稚幼鱼数量分布
Abundance distribution of *Engraulis japonicus* larvae in spring
春季大泷六线鱼仔稚幼鱼数量分布
Abundance distribution of *Hexagrammos otakii* larvae in spring

五、生物资源 Living Resources

底拖网评估 Bottom Trawl Survey

秋季渔业生物资源密度分布
Density distribution of living marine resources in autumn

春季渔业生物资源密度分布
Density distribution of living marine resources in spring
秋季鱼类密度分布 Density distribution of total fish in autumn
春季鱼类密度分布 Density distribution of total fish in spring
秋季中上层鱼类密度分布 Density distribution of pelagic fish in autumn
春季中上层鱼类密度分布 Density distribution of pelagic fish in spring
秋季底层鱼类密度分布 Density distribution of bottom fish in autumn
春季底层鱼类密度分布 Density distribution of bottom fish in spring
秋季无脊椎动物密度分布 Density distribution of total invertebrate in autumn
春季无脊椎动物密度分布 Density distribution of total invertebrate in spring
秋季头足类密度分布 Density distribution of total cephalopod in autumn
春季头足类密度分布 Density distribution of total cephalopod in spring
秋季甲壳类密度分布 Density distribution of total crustacean in autumn
春季甲壳类密度分布 Density distribution of total crustacean in spring
秋季鳀密度分布 Density distribution of *Engraulis japonicus* in autumn
春季鳀密度分布 Density distribution of *Engraulis japonicus* in spring
秋季鲐鱼密度分布 Density distribution of *Scomber japonicus* in autumn
春季鲐鱼密度分布 Density distribution of *Scomber japonicus* in spring
秋季黄鲫密度分布 Density distribution of *Setipinna taty* in autumn
春季黄鲫密度分布 Density distribution of *Setipinna taty* in spring
秋季银鲳密度分布 Density distribution of *Pampus argenteus* in autumn
春季银鲳密度分布 Density distribution of *Pampus argenteus* in spring
秋季刺鲳密度分布 Density distribution of *Psenopsis anomala* in autumn
春季刺鲳密度分布 Density distribution of *Psenopsis anomala* in spring
秋季竹筴鱼密度分布 Density distribution of *Trachrus japonicus* in autumn
春季竹筴鱼密度分布 Density distribution of *Trachrus japonicus* in spring
秋季带鱼密度分布 Density distribution of *Trichiurus lepturus* in autumn
春季带鱼密度分布 Density distribution of *Trichiurus lepturus* in spring
秋季小黄鱼密度分布 Density distribution of *Pseudosciaena polyactis* in autumn
春季小黄鱼密度分布 Density distribution of *Pseudosciaena polyactis* in spring
秋季细纹狮子鱼密度分布 Density distribution of *Liparis tanakae* in autumn
春季细纹狮子鱼密度分布 Density distribution of *Liparis tanakae* in spring
秋季黄鮟鱇密度分布 Density distribution of *Lophius litulon* in autumn
春季黄鮟鱇密度分布 Density distribution of *Lophius litulon* in spring
秋季龙头鱼密度分布 Density distribution of *Harpadon nehereus* in autumn
春季龙头鱼密度分布 Density distribution of *Harpadon nehereus* in spring
秋季发光鲷密度分布 Density distribution of *Acropoma japonicum* in autumn
春季发光鲷密度分布 Density distribution of *Acropoma japonicum* in spring
秋季短尾大眼鲷密度分布 Density distribution of *Priacanthus macrcanthus* in autumn

春季短尾大眼鲷密度分布 Density distribution of *Priacanthus macrcanthus* in spring
秋季细条天竺鲷密度分布 Density distribution of *Apogon lineatus* in autumn
春季细条天竺鲷密度分布 Density distribution of *Apogon lineatus* in spring
秋季花斑蛇鲻密度分布 Density distribution of *Saurida undosquamis* in autumn
春季花斑蛇鲻密度分布 Density distribution of *Saurida undosquamis* in spring
秋季黑鳃梅童密度分布 Density distribution of *Collichthys niveatus* in autumn
秋季海鳗生物量分布 Density distribution of *Muraenesox cinereus* in autumn
秋季蓝点马鲛密度分布 Density distribution of *Scomberomorus niphonius* in autumn
春季斑鰶密度分布 Density distribution of *Konosirus punctatus* in spring
春季赤鼻棱鳀密度分布 Density distribution of *Thryssa kammalensis* in spring
春季小带鱼密度分布 Density distribution of *Eupleurogrammus muticus* in spring
春季短鳍红娘鱼密度分布 Density distribution of *Lepidotrigla micropterus* in spring
春季黄鲷密度分布 Density distribution of *Taius tumifrons* in spring
春季真鲷密度分布 Density distribution of *Pagrosomus major* in spring
春季叉斑狗母鱼密度分布 Density distribution of *Synodus macrops* in spring
春季日本魣密度分布 Density distribution of *Sphyraena japonica* in spring

春季蜂鲉密度分布 Density distribution of *Erisphex pottii* in spring
秋季太平洋褶柔鱼密度分布 Density distribution of *Todarodes pacificus* in autumn
春季太平洋褶柔鱼密度分布 Density distribution of *Todarodes pacificus* in spring
秋季脊腹褐虾密度分布 Density distribution of *Crangon affinis* in autumn
春季脊腹褐虾密度分布 Density distribution of *Crangon affinis* in spring
春季剑尖枪乌贼密度分布 Density distribution of *Loligo edulis* in spring
春季日本枪乌贼密度分布 Density distribution of *Loligo japonica* in spring
秋季双斑蟳密度分布 Density distribution of *Charybdis bimaculata* in autumn
春季双斑蟳密度分布 Density distribution of *Charybdis bimaculata* in spring
秋季细点圆趾蟹密度分布 Density distribution of *Ovalipes punctatus* in autumn
春季细点圆趾蟹密度分布 Density distribution of *Ovalipes punctatus* in spring
秋季鹰爪虾密度分布 Density distribution of *Trachypenaeus curvirostris* in autumn
秋季口虾蛄密度分布 Density distribution of *Oratosquilla oratoria* in autumn
秋季三疣梭子蟹密度分布 Density distribution of *Portunus trituberculatus* in autumn
春季细巧拟对虾密度分布 Density distribution of *Parapenaeopsis tenella* in spring

声学评估 Acoustic Estimation

秋季 21 种声学评估种类总生物量分布
Distribution of total acoustic estimate of 21 species in autumn
春季 25 种声学评估种类总生物量分布
Distribution of total acoustic estimate of 25 species in spring
秋季鳀鱼声学评估生物量分布
Distribution of acoustic estimate of *Engraulis japonicus* in autumn

春季鳀鱼声学评估生物量分布

Distribution of acoustic estimate of *Engraulis japonicus* in spring

秋季黄鲫声学评估生物量分布

Distribution of acoustic estimate of *Setipinna taty* in autumn

春季黄鲫声学评估生物量分布

Distribution of acoustic estimate of *Setipinna taty* in spring

秋季棱鳀类声学评估生物量分布

Distribution of acoustic estimate of *Thrissa* spp. in autumn

春季棱鳀类声学评估生物量分布

Distribution of acoustic estimate of *Thrissa* spp. in spring

秋季蓝点马鲛声学评估生物量分布

Distribution of acoustic estimate of *Scomberomorus niphonius* in autumn

春季蓝点马鲛声学评估生物量分布

Distribution of acoustic estimate of *Scomberomorus niphonius* in spring

秋季鲐鱼声学评估生物量分布

Distribution of acoustic estimate of *Pneumatophorus japonicus* in autumn

春季鲐鱼声学评估生物量分布

Distribution of acoustic estimate of *Pneumatophorus japonicus* in spring

秋季银鲳声学评估生物量分布

Distribution of acoustic estimate of *Pampus argenteus* in autumn

春季银鲳声学评估生物量分布

Distribution of acoustic estimate of *Pampus argente* in spring

秋季刺鲳声学评估生物量分布

Distribution of acoustic estimate of *Psenopsis anomala* in autumn

春季刺鲳声学评估生物量分布

Distribution of acoustic estimate of *Psenopsis anomala* in spring

秋季竹筴鱼声学评估生物量分布

Distribution of acoustic estimate of *Trachurus japonicus* in autumn

春季竹筴鱼声学评估生物量分布

Distribution of acoustic estimate of *Trachurus japonicus* in spring

秋季带鱼声学评估生物量分布

Distribution of acoustic estimate of *Trichiurus haumela* in autumn

春季带鱼声学评估生物量分布

Distribution of acoustic estimate of *Trichiurus haumela* in spring

秋季小黄鱼声学评估生物量分布

Distribution of acoustic estimate of *Pseudosciaena polyactis* in autumn

春季小黄鱼声学评估生物量分布

Distribution of acoustic estimate of *Pseudosciaena polyactis* in spring

秋季发光鲷声学评估生物量分布

Distribution of acoustic estimate of *Acropoma japonicum* in autumn
春季发光鲷声学评估生物量分布
Distribution of acoustic estimate of *Acropoma japonicum* in spring
秋季天竺鲷类声学评估生物量分布
Distribution of acoustic estimate of *Apogonidea* spp. in autumn
春季天竺鲷类声学评估生物量分布
Distribution of acoustic estimate of *Apogonidea* spp. in spring
秋季鳄齿鱼声学评估生物量分布
Distribution of acoustic estimate of *Champsodon capensis* in autumn
春季鳄齿鱼声学评估生物量分布
Distribution of acoustic estimate of *Champsodon capensis* in spring
春季斑鰶声学评估生物量分布
Distribution of acoustic estimate of *Clupanodon punctatus* in spring

秋季枪乌贼类声学评估生物量分布
Distribution of acoustic estimate of *Loligo* spp. in autumn
春季枪乌贼类声学评估生物量分布
Distribution of acoustic estimate of *Loligo* spp. in spring
秋季太平洋褶柔鱼声学评估生物量分布
Distribution of acoustic estimate of *Todarodes pacificus* in autumn
春季太平洋褶柔鱼声学评估生物量分布
Distribution of acoustic estimate of *Todarodes pacificus* in spring

海洋生态系统动力学研究与海洋生物资源可持续利用①

唐启升[1]，苏纪兰[2]
（1. 中国水产科学研究院黄海水产研究所，青岛 266071；
2. 国家海洋局第二海洋研究所，杭州 310012）

摘要： 围绕国家重点基础研究发展规划（“973 计划”）项目“东、黄海生态系统动力学与生物资源可持续利用”，介绍了海洋生态系统动力学研究对我国社会与科技发展的意义、研究现状和发展趋势、拟解决的关键科学问题以及实施计划。该项研究的最终目标是弄清我国近海海洋生态系统的结构、功能及其服务与产出，量化其动态变化及生态容纳量，预测生物资源的补充量，寻求可持续开发利用海洋生态系统的途径。使集多种机制于一体并具陆架特色的我国近海生态系统动力学理论体系和研究队伍进入国际先进行列。

关键词： 海洋生态系统；动力学；海洋生物资源；可持续利用

1 海洋生态系统动力学研究对我国社会与科学技术发展的意义

目前，我国沿海地区以占全国 13% 陆地面积承载了全国 40% 以上的人口，创造了 60%以上的国民生产总值，近海生态系统已成为国家缓解资源环境压力的重要地带；到 21 世纪中叶，我国人口将达到 16 亿，耕地减少和人口增加的矛盾更加突出，满足日益增长的食物和优质动物蛋白的需求是一个十分艰巨的任务，而海洋是尚未充分开发利用的最大疆域，具有巨大的动物蛋白生产潜力。海洋作为我国现在和未来赖以生存与发展的重要基础，已引起国家和社会的高度重视。因此，深入了解和认识我国近海生态系统的结构、功能及其受控机制，持续健康地开发利用其资源和环境，获得更多更好的海洋动物蛋白食品，不仅对促进我国国民经济持续发展有不可忽视的推动作用，也是 21 世纪中国 16 亿人口食物安全的重要保证。

我国海域辽阔，陆架宽广，海岸线长达 18 000 km，拥有 300 万 km^2 可管辖的海洋国土，包含了黄海（含渤海）生态系统、东海生态系统、南海生态系统，以及黑潮生态系统，蕴藏着丰富的自然资源。经过长期努力，我国在开发利用海洋、发展海洋经济方面已经取得举世瞩目的成就。1998 年海洋产业总产值达 3 350 亿元，占国民生产总值的 5%，预计 2010 年将达到 10%，成为国民经济发展的新增长点，其中海洋渔业是海洋经济的支柱产业，占海洋总产值的 50%。近 20 年来，我国海洋渔业总产量年平均递增 20% 以上，创造了同期世界渔业最高的增长率，也为我国水产品人均占有量超过世界人均 20 kg 的水平做出重要贡

① 本文原刊于《地球科学进展》，16（1）：5－11，2001。

献。1998 年我国海洋渔业产量达到 2 357 万 t，从海洋获取的优质动物蛋白已占我国动物蛋白总供给量的 1/5，并呈继续增加的趋势。

然而，在发展过程中，产业的母体——近海生态系统的服务和产出发生了一些令人担忧的变化，明显影响了海洋产业的可持续发展，经济损失巨大。主要表现在：①基础生产力下降，如渤海 90 年代初的初级生产力比 80 年代初下降了 30%，并在系统中引起连锁反应；②生物多样性减少，如胶州湾潮间带底栖生物，60 年代有 120 种左右，目前仅剩 20 种；③多数传统优质鱼类资源量大幅度下降，已形不成渔汛，低值鱼类数量增加，种间交替明显，大、小黄鱼等优势种为鳀鱼等小型鱼类所替代；④渔获个体愈来愈小，资源质量明显下降，如 70 年代在黄海捕捞鱼种的平均长度在 20 cm 以上，而目前只有 10 cm 左右；⑤近海富营养化程度加剧，养殖病害严重，赤潮发生频繁，直接影响资源再生产能力。

产生上述问题的原因是多方面的，其中有自然因素，如气候波动及其他环境变迁等；有人类活动的影响，如生物资源（包括其遗传资源）过度开发利用、过量的营养物质通过河流及污水口排入海中以及大型水利工程建设等；也有生态系统自身的内在波动等。但是，其根本原因是因为我们对近海生态系统缺乏深入和全面的认识，对它的功能和受控机制基本不了解。这样，就难以遵循可持续发展的规律开发利用生态系统及其资源，也难以建立合理、有效的管理和制约体制。因此，了解海洋生态系统，研究其动态变化及原因已成为开发海洋、保护海洋，实现人与自然和谐发展必不可少的科学基础。

海洋生态系统动力学是渔业科学与海洋科学交叉发展起来的边缘学科新领域，是全球变化研究的重要内容，也是当今海洋跨学科研究的国际前沿领域。由于海洋物理性质的特殊性，海洋生态系统与陆地生态系统大不相同。海洋的初级生产主要由 1～100 μm 的浮游植物完成，次级生产由仍然较小的 0.1～10 mm 的浮游动物完成。这样，海流等海洋物理过程以及与悬浮颗粒物有关的生物地球化学循环就成为影响生态系统结构及其变化的关键过程。因此，海洋生态系统动力学研究把我国近海生态系统（如东、黄海生态系统）视为一个有机的整体，以物理过程与生物过程相互作用和耦合为核心，研究生态系统的结构、功能及其时空演变规律，定量物理、化学、生物过程对海洋生态系统的影响及生态系统的响应和反馈机制，并预测其动态变化，有望在我国近海生态系统动力学关键过程和生物资源补充机制研究上取得突破。这种目标明确、有较高深度的多学科交叉研究必将促进海洋科学与渔业科学综合研究能力的迅速提高，产生新的生长点，推动海洋新学科的发展。

海洋生态系统动力学不仅侧重关键过程的定量研究，同时也注重对作用机制的解释，注重对生物资源补充机制和优势种替代规律的解释。例如海洋生物资源的变化，除人为因素外，有多少与气候波动及其他环境变迁有关？富营养化及其他环境污染的影响有多大，其生态效应如何？大江大河的工程对沿海生态系统资源的形成所起的作用？其研究结果将为生物资源可持续利用提供重要的理论依据。因此，海洋生态系统动力学研究不仅能使集多种机制于一体的我国近海陆架生态系统动力学科学理论体系和研究队伍进入国际先进行列，推动全球海洋生态系统动力学研究发展，同时对解决我国近海海洋可持续发展过程中出现的资源和环境问题也具有典型的科学意义，为建立我国近海可持续发展的生态系统、合理的渔业管理体系和负责任的捕捞制度提供科学依据。

2 海洋生态系统动力学研究现状和发展趋势

20 世纪 80 年代以来，社会发展和科学进步为海洋科学发展提供了新的机遇，产生了一系列大型国际海洋研究计划，如“世界气候研究计划”（WCRP）推动的热带海洋与全球大气计划（TOGA）、“全球海洋环流实验”（WOCE），“国际地圈生物圈计划”（IGBP）倡导的“全球海洋通量联合研究”（JGOFS）和“海岸带海陆相互作用”（LOICZ）等。在这些计划的发展过程中，人们发现海洋物理过程与生物资源变化密切相关，对其相互关系研究基本上空白。于是，多学科交叉综合研究成为海洋生态学发展的生长点。它把海洋看作一个整体来研究它的生态过程和受控机制，同时，对研究的区域规模和时间尺度也有了较多的要求，产生了一些新的概念和理论。80 年代中期，美国等国家提出和发展了大海洋生态系(LME)概念。它以 200n mile 专属经济区为主，将全球海洋划为 50 个大海洋生态系，我国的黄海生态系统和东海生态系统是其中的 2 个。这 50 个大海洋生态系虽然仅占全球海洋面积的 10%，但它包含全球 95%以上的海洋生物资源产量。大海洋生态系作为一个具有整体系统水平的管理单元，使海洋资源管理从狭义的行政区划管理走向以生态学和地理学边界为依据的生态系统管理，有利于解决海洋可持续发展以及跨界管理的有关问题。为此，大海洋生态系的动态变化及其机制受到了关注。科学家们注意到海洋生物资源的变动并非完全受捕捞的影响，渔业产量也和全球气候波动密切相关，环境变化对生物资源补充量有重要影响。一批生物、渔业海洋学家还认为，浮游动物的动态变化不仅影响许多鱼类和无脊椎动物种群的生物量，同时，浮游动物在形成生态系统结构和生源要素循环中起重要作用，从而也对全球的气候系统产生影响。因此，1991 年在国际海洋研究科学委员会（SCOR）和联合国政府间海洋委员会（IOC）等国际主要海洋科学组织的推动下，“全球海洋生态系统动力学研究计划”（GLOBEC）开始筹划，1995 年该计划被遴选为 IGBP 的核心计划，使海洋生态系统动力学研究成为当今海洋科学跨学科研究的国际前沿领域。

国际 GLOBEC 科学指导委员会为推动海洋生态系统动力学学科发展作出了重要贡献。它先后于 1994 年召开了国际 GLOBEC 战略计划大会，1997 年公布了 GLOBEC 科学计划，1998 年召开了国际 GLOBEC 科学大会，1999 年公布了 GLOBEC 实施计划。国际 GLOBEC 的目标被确定为：提高对全球海洋生态系统及其主要亚系统的结构和功能以及它对物理压力响应的认识，发展预测海洋生态系统对全球变化响应的能力。主要任务是：① 更好地认识多尺度的物理环境过程如何强迫了大尺度的海洋生态系统变化；② 确定生态系统结构与海洋系统动态变异之间的关系，重点研究营养动力学通道、它的变化以及营养质量在食物网中的作用；③使用物理、生物、化学耦合模型确定全球变化对群体动态的影响；④通过定性定量反馈机制，确定海洋生态系统变化对全球地球系统的影响。目前，国际 GLOBEC 已在全球范围内形成 4 个区域性研究计划：“南大洋生态系统动力学”、北大西洋的“鳕鱼与气候变化”、北太平洋的“气候变化与容纳量”和全球性的“小型中上层鱼类与气候变化”。与此同时，国家计划也得到迅速发展，先期发展的国家有美国、日本、挪威、加拿大、中国和南非等，近期发展的国家有英国、德国、法国、荷兰、巴西、智利、新西兰等。在这些研究计划中，“过程研究”和“建模与预测研究”成为重中之重，表明海洋生态系统动力学是一项目标明确、学术层次高的基础研究计划。另外，无论是大区域性研究计划，还是国家计划，无不与生物资源可持续利用问题相联系。人们在关注人类活动和气候变化对海洋生态系统影响的同时，更为关注它对海洋生物资源的影响，特别是对与全球食物供给密切相关的渔业补充量变化的影响。

我国是开展海洋生态系统动力学研究较早的国家之一，并与世界主要 GLOBEC 研究国家建立了广泛的合作关系和工作联系。我国科学家于 1991 年进入国际 GLOBEC 科学指导委员会，参与国际 GLOBEC《科学计划》和《实施计划》的发展和制定，也是 1998 年国际 GLOBEC 科学大会 5 个组委成员之一。同时，我国科学家还积极推动了北太平洋 GLOBEC 区域计划的发展，参与“气候变化与容纳量”的科学计划和实施计划的制定。1994 年由国家自然科学基金委员会发起，成立了我国海洋生态系统动力学发展战略小组，着手制定我国海洋生态系统动力学发展规划，探索跨学科的科研体系，确立了中国以近海陆架区为主研究生态系统动力学的发展目标。1996 年国家自然科学基金委员会不失时机地启动了“渤海生态系统动力学与生物资源持续利用”研究项目。在有限目标原则下，这一重大基金项目选择了渤海的典型区域，开展对虾早期生活史与栖息地关键过程、浮游动物种群动力学、食物网营养动力学和生态系统动力学模型等方面的研究。虽然其研究内容和它的深度是有限的，但是，它毕竟是北太平洋地区第一个具有国家层次的 GLOBEC 实施研究项目，不仅使我国在这一国际前沿领域先占据了一席之地，也为我国深入开展海洋生态系统动力学研究奠定了坚实的基础。

3　东、黄海生态系统动力学拟解决的关键科学问题

“浅海”“陆架”是我国海域的显著特点，也是我国海洋生态系统动力学研究的重点。东、黄海拥有世界海洋最为宽阔的陆架，地理环境的区域特点显著，西有长江等河流携入大量的陆源物质，东南受黑潮暖流的强烈影响，同时又承受东亚季风的交替作用，是集大河-海洋、边缘海-大洋西边界强流、大气-海洋等相互作用于一体而形成独特环流结构的海域。东、黄海特殊的环境导致了显著的生物学特征，其区系属北太平洋区东亚亚区和印度-西太平洋区中日亚区，生物多样性丰富、优势种明显、食物网结构复杂、生物资源蕴藏量大，孕育了数个高产渔场。虽然其海域面积仅占中国海的 26%，但是，它是我国主要经济鱼虾类产卵、索饵和越冬栖息的场所，我国在此海域的渔获量占全国海洋渔业的 70%，是我国海洋渔业资源的主要供给地。另一方面，该海域既具半封闭系统的特点，又有开放系统的内涵，科学问题突出，是国内外地球科学和生命科学极为关注的综合研究海域。因此，东、黄海是我国近海颇具代表性的生态系统，研究它的生态系统动力学具有典型意义。

根据东、黄海地理特征、生态系统的基本特性和国家需求，在东、黄海生态系统需要优先研究的关键科学问题主要有以下几点。

3.1　资源关键种能量流动与转换

食物联系是海洋生态系统结构与功能的基本表达形式，初级生产的能量通过食物链-食物网转化为各营养层次生物生产力，形成生态系统资源产量，并对生态系统的服务和产出及其资源种群的动态产生影响；东、黄海生物资源以多种类为特征，同时，又有明显的优势种。因此，关键资源种群食物网能量流动是认识东黄海生态系统资源生产及其动态的关键生

物过程，而在本海区此类工作尚未从营养动力学的水平上开展。拟解决的科学问题包括食物网的基本结构、食物定量关系、主要资源种类的能量收支特征、食物网能量流动/转换的动态关系和上行控制作用和下行控制作用对资源生产的影响。进而结合鱼等主要资源种群补充量动态的研究，探讨生物资源优势种交替规律及补充机制，以及对人为干扰和气候变化的响应。

3.2 浮游动物种群的补充

浮游动物作为从基础生产者到高层捕食者的中间环节在生态系统能量转化和物质流动中起着承上启下的关键作用，它不仅是转换者，还起着控制能、物流方向路线的作用。下行控制初级生产，上行控制上层捕食者。浮游动物的种群补充在一定程度上决定着渔业资源的补充。在国际计划中一直把浮游动物的种群补充当作关键科学问题。东、黄海的水系复杂，某具体海区的浮游动物种类组成群落结构主要取决于对该海域起主导作用的水团和海流。而水团和海流的强弱又有着明显的季节变化和年际变化，这都影响着浮游动物群落结构。首先需要查明水团和环流对东、黄海浮游动物群落结构、数量分布及其动态变化的影响，进而了解浮游动物作为生态系统能量和物质转换的关键环节的生态转换效率，以及上行控制和下行控制的机制。以中华哲水蚤等起主导作用的关键种作为重点对象，查明它们的数量变动规律和种群补充机制，特别是影响其世代成功的关键物理和生物过程。

3.3 生源要素循环与更新

生源要素（N、P、Si 和 C 等）在东、黄海的输送、循环与更新是构成这一地区可再生的生命资源的物质与环境基础，对东、黄海的生态系统的结构、功能乃至渔业资源的种群与补充量都具有十分重要的影响。结合物理海洋学与化学海洋学的理论与方法，将对研究区域影响重要经济资源（例如鱼类）的生活习性及其补充量的外源（生源要素）的物理与化学背景场以及内部循环与再生过程取得认识。黑潮、东亚季风和长江等河流是影响东、黄海生态系统生源要素更新和运移机制的主要因素。拟解决的科学问题包括：研究区域开边界/自然边界生源要素的输送速率和季节/年变化；生源要素背景场的更新时间及其重要影响因素；区域中生命与非生命过程/事件对生源要素在不同物质状态间的转化/循环的驱动；区域中各种营养盐储库中的现存量及时空变化；生源要素及痕量元素（如铁）与浮游植物的相互作用。

3.4 关键物理过程的生态作用

主要研究关键物理过程（层化和混合、径流、沿岸锋、潮锋、上升流、东海高密水、黄海暖流、台湾暖流和黑潮等）在东、黄海生态系统中的地位和作用。目的是搞清楚各关键物理过程的演变规律和机理；深入了解各物理过程对生源要素更新、浮游生物补充所起的作用。通过对各关键物理过程的研究，可以了解生源要素在界面的外部和内部经过怎样的物理过程进行交换和循环；了解浮游植物、颗粒有机物的集结、沉降和再悬浮与物理环境的关系；了解浮游动物中关键种群的补充特点与物理环境的关系。进而掌握东、黄海关键鱼种的产卵、孵化、越冬、索饵和洄游在物理场演变过程中的分布和集群特点。拟解决的科学问题是：高生产力区中度物理过程的特性和演变机制、海底边界动力结构及其对物质的沉降和再悬浮的作用，以及模型的数值表达。

3.5 水层与底栖系统的耦合

由太阳能和营养盐驱动的海洋植物的初级生产启动了海洋中的啃物食物链，颗粒有机质（POC）通过生物泵、漏流和平流的输运，沉降到海底，又启动了海洋中的另一条食物链-碎屑食物链，再经分解矿化、生物扰动、摄食、分子扩散和物理过程的作用与水层的生物生产过程相连接，形成了完整的动态的海洋生态系统。

我国的黄海和东海系西太平洋边缘海，有世界著名的两大河流——长江和黄河的流入，陆架水域宽阔，垂直混合强烈，水层与底栖系统的耦合显著。拟解决的科学问题包括黄、东海颗粒有机物质的垂直通量，动态变化及控制因素、底栖碎屑食物网动力学及顶级捕食者（鱼类、虾、蟹类）的摄食控制、生物扰动及其沉积物的再悬浮过程对沉积物海水界面物质通量的作用、微型和小型生物关键类群对水层系统-底栖系统耦合过程的调控。

3.6 微食物环的贡献

近十几年来，微食物环研究已成为海洋生态学中的一个研究热点。微食物环的基础是异养微生物的二次生产，即自由生活的异养微生物将溶解态有机物转化为颗粒态有机物（细菌本身），并为微型浮游动物（主要是原生动物）所利用，转换为更大的颗粒。经过这一转换，使在光合作用等过程中流失的有机物得以重新进人主食物链。微食物环也包括一部分不能被后生动物（如桡足类）直接利用的微型、微微型浮游植物，经原生动物摄食再被后生动物利用的环节。由于微型生物和原生动物生命周期短、周转快，因而微食物环的效率很高，通过微食物环回到主食物链网的能量，在近海大体相当于初级生产力的 20％ ～40％。在富营养海域，微食物环是主食物链的一个补充，提高了生态效率；而在贫营养海域，微食物环的作用更为突出。拟解决的科学问题包括异养微生物的二次生产和微型浮游动物（主要是原生动物）的转换以及微型浮游动物直接对微型、微微型浮游植物的利用，以及控制这一过程的生物和非生物环境条件。

4 东、黄海生态系统动力学研究的实施计划

1999 年 10 月，“东、黄海生态系统动力学与生物资源可持续利用”研究计划被国家科学技术部正式批准为“国家重点基础研究发展规划项目”，唐启升为项目首席科学家，苏纪兰为项目科学顾问，主要承担单位有农业部黄海水产研究所、国家海洋局第二海洋研究所、中国科学院海洋研究所和青岛海洋大学，项目执行时间为 1999—2004 年。以下重点介绍项目的预期目标、主要研究内容、研究思路与技术途径。

4.1 预期目标

4.1.1 总体目标

弄清我国近海海洋生态系统的结构、功能及其服务与产出，量化其动态变化及生态容纳量，预测生物资源的补充量，寻求可持续开发利用海洋生态系统的途径。使集多种机制于一

体并具陆架特色的我国近海生态系统动力学理论体系和研究队伍进入国际先进行列。

4.1.2 五年预期目标

查明东、黄海生态系统动力学关键过程，建立动力学预测模型。主要包括：食物网营养动力学过程、浮游动物补充过程、生源要素循环与更新过程、高生产力区关键物理过程、水层与底栖系统耦合过程、微生物二次生产过程。

阐明东、黄海生物资源补充机制，为生态系统和渔业管理提供依据。主要包括：确认人类活动和气候变化对生态系统及其资源的影响和反馈机制。为建立我国近海可持续发展的生态系统、合理的渔业管理体系和负责任的捕捞制度提供科学依据。

4.2 主要研究内容

围绕东、黄海生态系统动力学关键过程和生物资源补充机制等主要研究任务，开展以下4个方面研究。

4.2.1 东、黄海关键物理过程对生物生产的影响机理

环流变异和水团消长是控制生源要素外部补充和内部循环的物理条件，也是影响浮游动物种类组成、群落结构的重要因素，同时又是决定资源种群生活史和补充量变动的环境因子。主要研究内容为：高生产力区中尺度物理过程的特性、演变机制及其在生态系统中的作用，重要区域海底边界动力结构及对物质的沉降和再悬浮作用，物质长期输运动力学机制及重点海区生态系统动力学模型的数值研究。

4.2.2 东、黄海生源要素循环与更新机制

侧重于化学海洋学过程研究，重点放在对生源要素碳、氮、磷、硅等的内部循环与更新机制及其数值模式的研究。主要内容包括：影响东、黄海生源要素的外部补充机制与生源要素的背景场，生源要素的消耗、多级利用与再生的速率，生源要素对初级生产的限制机制，重要的界面附近（大气-水、锋面与层化、沉积物-水）生源要素与颗粒态物质的形态转变与交换/输送通量，利用数值模式认识东、黄海生源要素循环与更新的过程与时空变化特点。

4.2.3 东、黄海基础生产过程与浮游动物的调控作用

研究东、黄海浮游植物初级生产、浮游动物次级生产和底栖生物生产等基础生产过程，它们与理化环境的关系。研究异养微生物的二次生产和原生动物的摄食，了解微食物环对东、黄海主食物网的贡献。研究中突出浮游动物的调控作用。在了解浮游动物群落结构动态变化的基础上，通过中华哲水蚤等关键种种群动力学的研究，了解关键种种群补充机制，从而为预测渔业资源的变动提供依据。根据浅海生态系统的特点，水层系统与底栖系统的耦合过程及预测模型也将是重点研究内容。

4.2.4 东、黄海食物网营养动力学与资源优势种交替机制

研究食物网基本结构、主要捕食者与被食者不同生命阶段的食物定量关系、能量收支特征、粒径谱与能量谱和生态转换效率及其影响因素，建立不同生态特点的食物网营养动力学

模型。以补充量动态为主，研究主要资源种群动力学特征，重点研究影响关键种群早期存活的理化生物环境机制。研究捕捞、富营养化及其他重要人类活动对群落结构变化和资源再生产的影响，结合食物网和种群动力学研究，探讨生物资源优势种交替规律及补充机制，建立东、黄海生态系统资源可持续开发与管理模型。

4.3 研究思路与技术途径

4.3.1 研究思路

（1）把东、黄海生态系统作为一个有机的整体，重点研究高生产力区的动力学过程和资源补充机制。

（2）以物理过程-化学过程-生物过程相互作用和耦合研究为核心，针对关键科学问题开展多学科交叉综合研究，确认东、黄海生态系统动力学关键过程，并建立相应的预测模型。

（3）研究实施中，选择浮游植物→中华哲水蚤→鳀鱼→蓝点马鲛等关键种构成的食物链/网为本项目的研究主线，各关键科学问题和研究课题围绕这一研究主线选择相应的研究区域和研究对象，并从关键种、重要种类和生物群落 3 个层面上开展研究，使物理海洋学、化学海洋学、生物海洋学和资源生态学等多学科交叉综合研究目标集中、步调一致，同时，对应关键问题开展共性问题的研究，如人类活动对东、黄海生态系统及其资源环境的影响，形成“点”与“面”结合的研究格局，使整个项目能够紧紧贴近国家重大需求，为解决制约我国海洋产业可持续发展的瓶颈问题提供科学依据。

4.3.2 技术途径

为了突出关键过程和建模研究，拟采用历史资料分析→海上调查与现场试验→室内生态实验数值建模相结合的系统研究方法，主要技术途径如下：

（1）历史资料分析。利用我国自 50 年代至今曾在黄、东海进行过有关生物资源、海洋生物、物理海洋、化学海洋等调查资料，对主要资源种类的种群动态变化进行综合分析，整理分析已有的食性资料；认识上升流、潮锋、高密水、冷水团、暖流的分布特征，生源要素、叶绿素的研究现状，关键物理过程的季节和年际变化规律，结合国际上的最新研究成果，提炼科学问题与假设，以指导海上调查与研究工作。

（2）海上调查与现场试验。选择典型季节和区域进行海上专题和综合调查。海上生物调查以资源关键种群和浮游动物种群为主要调查对象进行设计，同时兼顾其他重要资源种类和浮游动物种。海上观测跟踪调查与现场受控实验及室内实验相结合，物理、化学、生物观测同步，包括大面站、连续站、锚系与追踪浮标等，在船上同步进行相关生态实验及现场受控实验与固-液交换模拟等。对青岛外海鳀鱼鱼卵、仔稚鱼存活数量与物理、化学和生物过程进行同步定点连续观测，时间为 5—7 月。

（3）受控生态实验与室内实验。受控生态实验与室内实验相结合，开展关键种生活史、实验生态和生理学实验，测定主要资源种类的比能值、能量收支、转换效率及其影响因素等，表达有机物质的沉降及其动态变化，研究生物沉降和再悬浮，用受控实验和稳定同位素示踪技术研究微型生物、小型底栖生物和大型动物之间的食物关系。

（4）遥感资料的利用与分析。充分利用各种遥感资料：红外得到的海表海水温度，微波散射得到的海面风场、波高，微波反射得到的海面高度，可见光获得悬浮颗粒浓度、叶绿素等。研究水团消长、锋面变异、环流、悬移质输运和初级生产力等的分布和变异特性，并将有关资料同化到数值模型中。

（5）建模。建立鳀鱼及主要资源种类生活史各阶段为主的能量收支模型、亲体-补充量模型、生长模型、典型海域食物网营养动力学模型；建立浮游动物优势种动力学模型；采用界面技术将动力学模型和生态学模型结合，大模型嵌套局部模型；建立水层系统与底栖系统的耦合模型；综合分析与合成的基础上建立生态模式。

参考文献

Harris R，1999. Global Ocean Ecosystem Dynamic（GLOBEC）/Implementation Plan [R]. IGBP Report 47，IGBP Secretariat，Stockholm Sweden，1999.

Harris R，1999. Global Ocean Ecosystem Dynamics（GLOBEC）/Science Plan [R]. IGBP Report 40，IGBP Secretariat，Stockholm，Sweden.

National Natural Science Foundation of China，1998. Global Change：Our Opportunity and Challenge [M]. Beijing High Education Press. Germany Springer Press. [国家自然科学基金委员会，1998. 全球变化：中国面临的机遇和挑战 [M]. 北京：高等教育出版社. 德国：施普林格出版社.]

Sherman K. Large marine ecosystems as global units for marine resources management-an ecological perspective [A]. In：Sherman K，et al.，1993. Large Marine Ecosystems：Stress，Mitigation and Sustainability [C]. Washington D C，USA.

State Council of China，1994. Chinese 21st Century Agenda-State 21st Century Population，Environment and Development White Book [M]. Beijing China Environment Sciences Press. [国务院，1994. 中国21世纪议程—中国21世纪人口、环境与发展白皮书 [M]. 北京：中国环境科学出版社.]

Tang Qisheng，Fan Yuanbin，Lin Hai，1996. Initial inquiring into the development stategy of Chinese ocean ecosystem dynamics research [J]. Advance in Earth Sciences，11（2）：160－198. [唐启升，范元炳，林海. 中国海洋生态系统动力学研究发展战略初探 [J]. 地球科学进展，11（2）：160－168.]

Study on Marine Ecosystem Dynamics and Living Resources Sustainable Utilization

TANG Qisheng[1]，SU Jilan[2]

（*1. Yellow Sea Fisheries Research Institute，CAFS，Qingdao 266071，China；*

2. Second Institute of Oceanography，SOA，Hangzhou 310012，China）

Abstract：This paper presents a brief view to the marine ecosystem dynamics study based on a National Basic Key Research Program titled "Ecosystem Dynamics and Sustainable Utilization of Living Resources in the East China Sea and Yellow Sea (EYSEC)". The presentation of the study includes its significance to the social and scientific development of China, present status, research development tendency, main key scientific questions and the implementation plan of EYSEC.

Marine ecosystem dynamics is a multidisciplinary study from fisheries, oceanography, marine biology, which is new and an important part of global change studies. GLOBEC (Global Ocean Ecosystem Dynamics) is an International Program jointly sponsored by SCOR, IOC, ICES, and PICES, which started in 1991. It dedicate to understanding the effects of physical processes on predator-prey interactions and population dynamics of zooplankton in the global climate system and anthropogenic change. The program can be divided into international, regional and country levels. We started China GLOBEC study program in 1997 by a Key Research Project from National Natural Scientific Foundation of China. The national GLOBEC projects focus usually on the important economic marine living species which will help the national economy forward. Prof. Tang Qisheng is the chief scientist of EYSFC and Prof. Su Jilan is the scientific supervisor. Implementation of the program is divided into 12 sub-projects covering scientific research of oceanography, ocean chemistry, ocean biology and living marine resources ecology.

Our goals of the study - on ecosystem dynamics and living marine resources sustainable utilization are to understand structure, function and production of China coastal ecosystem, make its carrying capacity quantitatively, predict the recruitment of living resources, find a way for the resources sustainable utilization. Our research also develops a theoretical regime of shelf in China coastal region and makes our research forward to the advanced range of GLOBEC study in the world.

Key words: Marine ecosystem; Dynamics; Marine resources

China GLOBEC[①]

Source of Information:

Prof. Qisheng Tang, February 2000

National Representative/Contact:

Prof. Qisheng Tang
Yellow Sea Fisheries Research Institute
106 Nanjing Road
Qingdao 266071
P. R. China
ysfri@public. qd. sd. cn
Tel: +86 532 5823175
Fax: +86 532 5811514

Chief Scientist (China GLOBEC Ⅰ):

Prof. Jilan Su
Second Institute of Oceanography
Hangzhou 310012
P. R. China
sujil@ns2. zgb. com. cn
Tel: +86 571 8840332
Fax: +86 571 8071539

Chief Scientist (China GLOBEC Ⅱ):

Prof. Qisheng Tang (see above)

Participating Institutions:

Second Institute of Oceanography, Hangzhou.
Yellow Sea Fisheries Research Institute, Qingdao.
Institute of Oceanology, Qingdao.
Ocean University of Qingdao, Qingdao.

① 本文原刊于*GLOBEC Special Contribution*，4：21－22，2001。

Research Focus 1:

BoSEC (China GLOBEC Ⅰ): Ecosystem Dynamics and Sustainable Utilization of Marine Living Resources in the Bohai Sea

Project Description:

The project is composed of four principle foci and they are early life history of the Bohai prawn and its key processes in the habitat, zooplankton population dynamics and its role in the Bohai Sea productivity, trophodynamics of the food web and the shift mechanism of the dominant species in Bohai Sea ecosystem, and Bohai Sea ecosystem dynamics modeling. It is regarded as a contribution to providing an example of coastal ecosystem dynamics and a regional case study.

System Types Studied:

Bohai Sea: semi-close Sea

Target Organisms:

Bohai Penaeid shrimp (*Penaeus chinensis*)

Physical Processes Examined:

Stratification

Key Questions, Hypotheses and Issues:

Stratification and tropho - dynamics exchanges contribute to the dominant species shift and reproduction variability

Number of scientists and fte: 50

Duration: January 1997—December 2000

Budget: US$ 600 000

Funding Agency: National Natural Science Foundation of China

Research Focus 2:

EYSEC (China GLOBEC II): Ecosystem Dynamics and Sustainable Utilization of Marine Living Resources in the East China Sea and Yellow Sea

Project Description:

The programme goals are to:

- identify key processes of ecosystem dynamics and improve predictive and modelling capabilities in the East China Sea and the Yellow Sea.
- provide scientific underpinning for the sustainable utilization of the ecosystem and rational management system of fisheries and other marine life.

The scientific objectives of the programme are to determine the:

- impacts of key physical processes on biological production.
- cycling and regeneration mechanisms of biogenic elemnet.
- basic production processes and zooplankton role in the ecosystem.
- food web trophodynamics and shift in dominant species.

System Types Studied:

East China and Yellow Sea: shelf area

Target Organisms:

Calanus sinicus
Engraulis japonicus
and other key species in each trophic level

Physical Processes Examined:

Contribution of Stratification, Frontogenesis, Upwelling and Bottom boundary interaction to tropho-dynamics

Key Questions, Hypotheses and Issues:

- Energy flow and conversion of key resource species; dynamics of key zooplankton population; cycling and regeneration of biogenic elements; ecological effect of key physical processes; pelagic and benthic coupling; microbial loops' contribution to main food web.

- Key physico-chemico-biologic processes in high production areas
- Exchanges contributing to the dominant species shift and population dynamics

Number of scientists and fte: 94 scientists
Duration: October 1999—September 2004
Budget: US$ 4.5 Million

Funding Agency:
. The Ministry of Science and Technology, China

中国近海生态系统动力学研究进展①

唐启升[1]，苏纪兰[2]，孙松[3]，张经[4,5]，黄大吉[2]，金显仕[1]，仝龄[1]
（1. 中国水产科学研究院黄海水产研究所，青岛 266071；
2. 国家海洋局第二海洋研究所，杭州 310012；
3. 中国科学院海洋研究所，青岛 266071；
4. 中国海洋大学，青岛 266003；
5. 华东师范大学，上海 200062）

摘要：全球海洋生态系统动力学是全球变化和海洋可持续科学研究领域的重要内容，当今海洋科学最为活跃的国际前沿研究领域之一。以国家重点基础研究发展计划（“973 计划”）项目“东、黄海生态系统动力学与生物资源可持续利用（1999—2004）”的研究成果为主，介绍中国近海生态系统动力学研究进展及其发展趋势。

关键词：全球海洋生态系统动力学；中国近海；海洋科学

全球海洋生态系统动力学（global ocean ecosystem dynamics，GLOBEC）是全球变化和海洋可持续科学研究领域的重要内容，当今海洋科学最为活跃的国际前沿研究领域之一，其目标是：提高对全球海洋生态系统及其亚系统的结构和功能以及它对物理压力响应的认识，发展预测海洋生态系统对全球变化响应的能力。考虑到我国海洋科学研究的实际情况以及“浅海”、“陆架”是我国海域显著特点等原因，在我国 GLOBEC 发展之初，在研究目标区选择上确定了与国际略有不同的发展策略，即确立以近海陆架为主的中国海洋生态系统动力学研究的发展目标，提出建立我国海洋生态系统基础知识体系的战略目标。本文以 2004 年完成的国家重点基础研究发展计划项目：“东、黄海生态系统动力学与生物资源可持续利用（1999—2004）”的研究成果为主，介绍中国近海生态系统动力学研究进展及其发展趋势。

1 国内外研究进展简况

20 世纪 80 年代以来，社会发展和科学进步为海洋科学发展提供了新的机遇，产生了一系列全球性的大型国际海洋研究计划。在这些计划的发展过程中，人们发现海洋物理过程与生物资源变化密切有关，而对其相互关系研究基本上空白。于是，多学科交叉综合研究成为国际海洋研究科学委员会（SCOR）和联合国政府间海洋学委员会（IOC）等国际主要海洋科学组织的生长点，海洋科学与渔业科学交叉研究引起人们关注，并形成边缘学科新的研究领域。1991 年在国际海洋的推动下，GLOBEC 开始筹划，1995 年被遴选为国际地圈生物圈

① 本文原刊于《地球科学进展》，20（12）：1288－1299，2005。

计划（IGBP）的核心计划，使海洋生态系统动力学研究成为海洋科学跨学科研究的国际前沿领域[1]。国际 IGBP/GIOBEC 科学指导委员会于 1997 年公布了 GLOBEC 科学计划，1999 年公布了 GLOBEC 实施计划。国际 GLOBEC 的主要任务是：①更好地认识多尺度的物理环境过程如何强迫了大尺度的海洋生态系统变化；②确定生态系统结构与海洋系统动态变异之间的关系，重点研究营养动力学通道、它的变化以及营养质量在食物网中的作用；③使用物理、生物、化学耦合模型确定全球变化对群体动态的影响；④通过定性定量反馈机制，确定海洋生态系统变化对地球系统的影响。国际 GLOBEC 在全球范围内形成 4 个区域性研究计划：北大西洋的“鳕鱼与气候变化”、北太平洋的“气候变化与容纳量”、极地洋区的“南大洋生态系统动力学”和全球性的“小型中上层鱼类与气候变化”。与此同时，各有关国家（如美国等）的国家计划也得到迅速发展。在这些研究计划中，“过程研究”和“建模与预测研究”成为重中之重，表明海洋生态系统动力学是一项目标明确、学术层次较高的基础研究计划[2,3]。另外，无论是大区域性研究计划，还是国家计划，无不与生物资源可持续利用问题相联系。人们在关注人类活动和气候变化对海洋生态系统影响的同时，更为关注它对海洋生物资源的影响，特别是对与全球食物供给密切相关的渔业补充量变化的影响。进入新世纪，国际 IGBP/GLOBEC 科学指导委员会开始关注整合研究，关注海洋生物地球化学循环和全食物网营养动力学过程的研究[4]。

我国是开展海洋生态系统动力学研究较早的国家之一。我国科学家作为国际 GLOBEC 科学指导委员会首届成员，在积极参与国际 GLOBEC 计划和北太平洋 GLOBEC 区域计划发展的同时，努力推动中国 GLOBEC 的发展。1994 年在国家自然科学基金委员会支持下，开展了我国海洋生态系统动力学发展战略研究，着手制定我国海洋生态系统动力学发展规划。其战略目标是：①确认自然变化和人类活动对我国近海生态系统的影响及其变化机制，建立我国近海生态系统基础知识体系；②定量研究我国近海生态系统动力学过程，预测其动态变化，寻求海洋产业持续发展的调控途径；③促成多学科交叉研究与综合观测体制，造就一支跻身于国际先进行列的优秀中青年研究群体。发展原则是：①抓住中国近海海洋生态系统的特点，与海洋经济发展特别是生物资源开发利用中的科学问题紧密结合；②鼓励多学科交叉研究，多部门联合攻关和开拓新的科学研究领域；③兼顾前沿性和可行性、近期与中长期目标，有利于 21 世纪我国海洋生态系统研究的发展；④有利于同国际相应学科和区域性科学计划接轨和同步发展[5]。1996 年国家自然科学基金委员会不失时机地启动了“渤海生态系统动力学与生物资源持续利用”重大基金项目研究。在有限目标原则下，该项目选择了渤海的典型区域，开展对虾早期生活史与栖息地关键过程、浮游动物种群动力学、食物网营养动力学和生态系统动力学模型等方面的研究，获得下面一些重要成果：

河流截流、人工改道黄河入海口等人类活动严重影响了对虾幼体到达栖息地的可能性，气候的长期变化导致了渤海水文环境的显著变化，并对生态系统的生物生产产生影响；微型和微微型浮游植物的作用不容忽视，6 月份对浮游植物总生物量和总生产力的贡献分别为 87.0%和 87.4%，小型桡足类在浮游动物中的作用比大型桡足类更为重要；在胁迫条件下鱼类的食性和生态转换效率会发生改变，建立了描述渤海生态系统的营养通道模型；动力学模型结果表明，渤海的初级生产力有 13%进入主食物链，有 20%向底层食物链转移，气候变化带来的海洋变化是引起渤海营养盐-浮游植物系统变化的重要原因[6]。虽然该项研究的内容和深度是有限的，但是，它毕竟是北太平洋地区第一个具有国家层次的 GLOBEC 实施研究项目，不仅为我国积极参与这一国际前沿领域学术交流活动提供了条件，也为我国深入开展海洋生态系统动力学研究奠定了坚实的基础。

2 “东、黄海生态系统动力学与生物资源可持续利用”主要创新成果

1999 年，国家科技部正式启动了国家重点基础研究发展规划项目“东、黄海生态系统动力学与生物资源可持续利用”。该项目紧紧围绕浅海生态系统动力学的 6 个关键科学问题[7]开展调查研究。在实施过程中，特别关注现场第一手调查与实验数据的采集和资料共享；关注多学科交叉集成研究，确定了 5 个多学科交叉的研究主题（鳀鱼产卵场与补充机制、中华哲水蚤种群动态与度夏策略、鳀鱼越冬场形成的物理机制、不同水域的生源要素循环和东、黄海生态系统年代际变化）；关注在国际前沿研究领域占据一席之地，2002 年承办的全球海洋生态系统动力学（GLOBEC）第二届开放科学大会被国际《PICES 新闻》称为“是 GLOBEC 发展重要的里程碑”，国际 *Fisheries Oceanography* 学报遴选刊登的会议论文，我国科学家的论文数量与美国和法国并列第一。经过 5 年的努力工作，项目实现了拟在东、黄海生态系统动力学关键过程和生物资源补充机制等前沿研究领域取得突破的预期目标。获得的主要创新性研究成果概括为如下 5 个方面：

2.1 初步建立了我国近海生态系统动力学理论体系

（1）所建立的理论体系框架具有较好的学科覆盖面和前瞻性。理论体系的基本框架是根据东、黄海生态系统特点提出的 6 个关键科学问题所构成的，即资源关键种能量流动与转换、浮游动物种群的补充、关键物理过程的生态作用、生源要素的循环与更新、水层与底栖系统耦合、微食物环的贡献等[7]。这 6 个关键科学问题涉及物理海洋学、化学海洋学、生物海洋学和渔业海洋学等 4 个学科领域，涉及“浅海”和“陆架”生态系统研究的主要科学问题。《中国海洋生态系统动力学研究：Ⅰ关键科学问题与研究发展战略》专著[7]，围绕 6 个关键科学问题系统论述了理论体系基本框架的科学意义、需要重点研究的问题以及实施策略。由于东、黄海拥有世界最为宽阔的陆架，地理环境特点显著，既有半封闭系统的特点又有开放海域的内涵，因此该理论体系在科学上具有普遍意义和创新性。它不仅构成了我国近海生态系统动力学理论体系的基本框架，同时也适用于全球陆架浅海区海洋生态系统研究。

与国际 GLOBEC 重要的不同点是：在包含了国际 GLOBEC 主要科学问题的同时，又考虑了对生态系统营养具有要支持和调节功能的生物地球化学的科学问题，如“生源要素的循环与更新”和“水层与底栖系统的耦合”。这种设计思路在 2003 年 1 月巴黎召开的 IGBP/OCEANS（IMBER，海洋生物地球化学和海洋生态系统整合研究）开放科学大会上，得到充分肯定。此后，IMBER 科学指导委员会认为这是 GLOBEC 与 IMBER 相结合的一种好的形式。事实上，以 6 个关键科学问题为基础的理论体系框架对推动我国海洋生态系统基础研究的深入发展和参与国际 IGBP/IMBER 新科学计划的制定都起到了非常重要的推动作用。

（2）6 个关键科学问题的学术要点。

资源关键种能量流动与转换。关键资源种群食物网能量流动与转换是认识海洋生态系统的服务与产出及其资源种群动态的关键生物过程，其关键科学问题包括食物网的基本结构、主要资源种类营养动力学特征、食物网能量流动/转换的动态关系、上行控制作用和下行控

制作用对资源生产的影响以及资源补充机制对人为干扰和气候变化的响应。

浮游动物种群的补充。浮游动物作为中间环节，在生态系统能量转换和物质流动中起着承上启下的关键作用，下行控制初级生产，上行控制上层捕食者。首先需要查明水团和环流等对浮游动物群落结构、数量分布及其动态变化的影响，进而了解浮游动物作为生态系统能量和物质转换的关键环节的生态转换效率，以及上行控制和下行控制的机制，特别是影响其世代成功的关键物理和生物过程。

生源要素循环与更新。生源要素的输送、循环与更新是构成再生的生命资源的物质与环境基础。其关键的科学问题包括：研究区域开边界/自然边界生源要素的输送速率和季节/年变化，生源要素背景场的更新时间及其重要影响因素，生命与非生命过程/事件对生源要素在不同物质状态间的转化/循环的驱动，各种营养盐储库中的现存量及时空变化，生源要素及痕量元素（如铁）与浮游植物的相互作用。

关键物理过程的生态作用。通过对各关键物理过程的研究，可以了解生源要素在界面的外部和内部经过怎样的物理过程进行交换和循环，了解浮游植物、颗粒有机物的集结、沉降和再悬浮与物理环境的关系，了解浮游动物中关键种群的补充特点与物理环境的关系。进而掌握关键资源种类的产卵、孵化、越冬、索饵和洄游在物理场演变过程中的分布和集群特点。其关键的科学问题是：高生产力区中尺度物理过程的特性和演变机制、海底边界动力结构及其对物质的沉降和再悬浮的作用，以及模型的数值表达。

水层与底栖系统的耦合。颗粒有机质（POC）通过生物泵、漏流和平流的输运，沉降到海底，启动了海洋中的另一条食物链——碎屑食物链，再经分解矿化、生物扰动、摄食、分子扩散和物理过程的作用与水层的生物生产过程相连接。其关键的科学问题是：颗粒有机物质的垂直通量、动态变化及控制因素，底栖碎屑食物网动力学及顶级捕食者的摄食控制，生物扰动及其沉积物的再悬浮过程对沉积物海水界面物质通量的作用，微型、小型生物关键类群对水层系统-底栖系统耦合过程的调控。

微食物环的贡献。异养微生物将溶解态有机物转化为颗粒态有机物（细菌本身），并为微型浮游动物（主要是原生动物）所利用。经过这一转换，使在光合作用等过程中流失的有机物得以重新进入主食物链。其关键的科学问题是：异养微生物的二次生产和微型浮游动物（主要是原生动物）的转换以及微型浮游动物直接对微型、微微型浮游植物的利用，以及控制这一过程的生物和非生物环境条件。

围绕 6 个关键科学问题和 5 个重点研究主题开展的多学科交叉和过程研究已获得一批成果，以下将详细介绍的食物网资源关键种能量转换及可持续管理模型、浮游动物种群补充及微食物网的贡献、关键物理过程的生态作用、生源要素循环及水层-底栖系统耦合等。这些创新成果的获取，不仅证明了理论体系框架的科学价值，同时也进一步促进了我国近海生态系统动力学理论体系的发展。

2.2　食物网资源关键种能量转换与可持续管理模型

从关键种、重要种类和生物群落的层面上，首次研究了浅海陆架生态系统高营养层次营养动力学特征。与国内外现有研究相比，从研究所涉及的生物种类，到研究内容的广度和系统性以及与区域生态系统研究的关系上，都有较大的突破。所获得的成果已成为国际GLOBEC 相关研究最新进展的主要部分，也为进一步研究东、黄海生态系统能量流动、物质转换和食物网营养动力学奠定了基础。

(1) 高营养层次营养动力学特征及生物生产机制。海洋生物种类间的生态转换效率存在显著差异[8]，21种重要生物资源种类生态模拟实验研究表明，鱼类食物转换效率介于9%～35%之间，能量转换效率介于14%～45%之间。温度、体重、摄食水平、饵料种类和群居行为等生态生理因素又可能引起鱼类自身摄食、生长和生态转换效率等营养动力学特征的改变[9,10]。发现黄、东海高营养层次重要鱼类的生态转换效率与营养级之间存在负相关关系，即低营养级的鱼类有较高的生态转换效率，而高营养级鱼类的生态转换效率则较低。这对认识海洋生态系统生物生产动态特性及资源补充机制有重要的理论与实践意义，也直接否定了国际上根据“Fishing down marine food webs”[11]，断定海洋渔业开发方式是不可持续的认识的全面性。根据这个发现，提出我国渔业可采用不同于“欧美国家追求顶层获取”的可持续利用与管理策略，为我国渔业指出了一个适合中国国情的发展方向。

渤海和黄海高营养层次营养级年代际变化研究表明，各海域高营养层次的营养级呈下降趋势，如渤海从1959年的4.1下降到1998—1999年的3.4，黄海从1985—1986年的3.7下降到2000—2001年的3.4，即营养级较低的种类成为目前高营养层次的主要生物资源种类[12]。首次发现多种重要资源种类食性发生年代际转变现象，如蓝点马鲛、带鱼、龙头鱼等由游泳动物食性转变为杂食性，小带鱼则由游泳动物食性转变为浮游动物食性，营养级明显下降，由此加深了对高营养层次营养级波动原因的认识。即高营养层次营养级的波动不仅与群落种类组成变化有关，同时与单种类群体个体大小及其食物种类的营养级等多种因素的变化直接有关。该研究结果为确定营养级是认识和管理海洋生态系统重要指标提供了新的依据。

对渤海生态系统生物生产力年代际变化研究发现，海洋生态系统控制机制的传统理论（如上行、下行或蜂腰控制作用）难以单一地套用于实际，提出了浅海生态系统生物生产受多种机制作用的理论，而单一机制的作用又可能随条件的变化而变化[13]。这种复杂的多机制控制作用，可能是造成浅海生态系统生物生产具有显著动态特性的原因。

(2) 鳀鱼早期生活史与重要生物资源种群动力学特征。在国内率先进行了生态系统关键种鳀鱼早期生活史的关键阶段——卵子死亡和仔稚鱼的耐受饥饿的实验以及食性和生长研究[14-16]。查明了鳀鱼、带鱼、小黄鱼、鲐鱼、蓝点马鲛、玉筋鱼和鹰爪虾等多种重要资源种类种群动力学参数[17-19]，建立了鳀鱼和带鱼亲体与补充模型，评估了渔业可持续产量[20,21]；在渔业资源群体结构评估的研究上与国际上同时建立了利用声学数据和拖网取样数据重建鳀鱼群体结构的方法[22]。高营养层次群落结构和多种重要资源种类种群动力学的最新研究成果为制定我国负责任渔业管理制度的技术措施提供了具体的科学依据，如带鱼亲体-补充的研究就直接证明了伏季休渔制度所带的生态经济效益[23,24]。

(3) 高营养层次群落生态结构、种群遗传结构和资源可持续管理模型。根据黄、东海陆架海域生物资源群落结构、优势种组成、多样性特征及其与人类活动、环境因子的关系，首次从生态学角度将黄、东海高营养层次划分为南北两个大群落，黄海又进一步被划分为冷水团与近岸水域群落，东海为深水和浅水群落[25]。群落划分结果与环境特征相吻合，为进一步研究食物网的结构与功能奠定了基础；从基因水平上研究了黄、东海蓝点马鲛、鳀鱼、小黄鱼等8种石首鱼类、带鱼、小带鱼和鲈鱼及12种鲆鲽类的种群遗传结构、系统进化和种群划分[26,27]，探讨了我国近海渔业生产中长期存在的“开发无序，利用无度”局面对主要渔业种类遗传变异的影响，为保护和恢复近海渔业生物多样性提供科学依据。

人类捕捞活动对黄海高营养层次生物群落结构年代际变化影响显著，3 个时间段（1985—1988 年，1990—1994 年，1998—2002 年）渔业生物种类组成的明显差异主要是由于少数关键种类数量变化造成的。而生态多样性，1985—1992 年间呈现下降趋势，1992—2002 年间上升，鳀鱼的数量变动对生态多样性的变化具有很大影响[28]。在我国首次提出了鳀鱼配额捕捞与管理模型[20]，为国家制定限额捕捞方案、推动先进渔业管理措施提供了直接的依据。

2.3　浮游动物种群补充及微食物网的贡献

（1）中华哲水蚤度夏机制研究。由于浮游动物在海洋生态系统中有承上启下的关键作用，国际 GLOBEC 研究计划将其作为核心研究内容之一。在“横跨大西洋飞马哲水蚤研究”（TASC）计划中对飞马哲水蚤生活史进行了深入的研究，揭示了飞马哲水蚤在冬季聚集在大西洋的深层水中越冬，种群组成以 C5 期拟成体为主，整个冬季处于休眠状态。春季由底层向表层扩散，此过程直接受到物理过程的影响，其结果影响到鳕鱼和其他经济鱼类的种群补充[29]。该成果被认为是海洋物理过程-生物过程耦合研究的经典之作。本项目研究揭示了浮游动物重要种类——哲水蚤类的另一种生活史策略（图 1），即在温带陆架边缘海存在的度夏机制：中华哲水蚤夏季有 2 个月的时间生活在黄海冷水团中，其生物学特征具有明显的休眠特点，度夏成功与否主要受物理过程的控制，是秋季种群补充的关键。作为陆架区典型生态系统，中华哲水蚤度夏机制的研究为物理过程-生物过程耦合研究提供了另一个成功的案例，被认为是国际 GLOBEC 计划实行以来的最有代表性的研究成果之一，国际 GLOBEC 和国际 IGBP 分别在 2005 年 4 月和 6 月的 *Newsletter* 对本项研究的核心部分进行了介绍[30,31]。

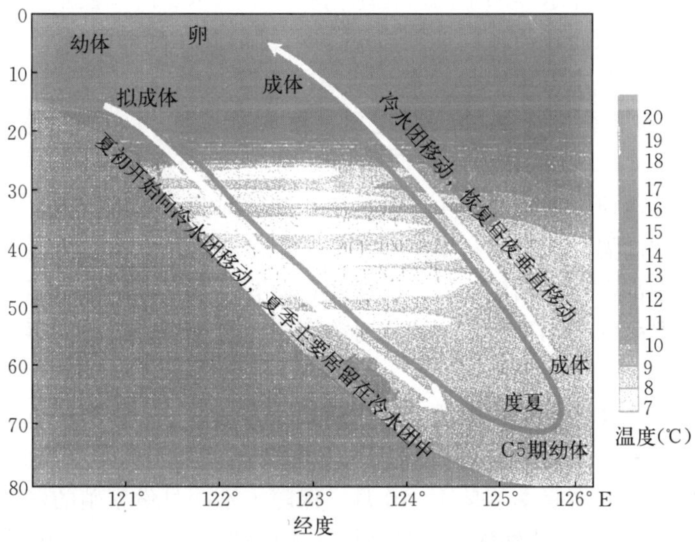

图 1　中华哲水蚤 *Calanus sinicus* 度夏策略示意图，背景部分是黄海 6 月份的温度剖面

Figure 1　General picture of the *Calanus sinicus* over-summer strategy, the back ground is the water temperature of the Yellow Sea in June

中华哲水蚤是东、黄海浮游动物桡足类的关键种，是重要经济鱼类的主要饵料。但长期以来，对其生活史、周年数量消长、种群补充机制及其与环境之间的关系一直不清楚。通过20个航次的野外综合考察和研究，取得一些突破性认识：

中华哲水蚤的产卵率相对较低，但全年都能够产卵，其中春季（5—6月）产卵率高、孵化率也高，孵化率基本为100%，其次是秋季（10月），产卵率虽较低，但卵的孵化率高，而飞马哲水蚤产卵主要集中在夏季。所以，从种群补充的角度来讲，中华哲水蚤采取了与飞马哲水蚤的不同生殖策略[32]。中华哲水蚤的产卵具有明显的昼夜节律，主要集中在晚上12时至早上6时之间。卵的孵化时间与水体温度关系密切，高温会使卵出现发育畸形。迄今没有发现中华哲水蚤的休眠卵。

发现中华哲水蚤种群在春季3—4月份伴随着浮游植物水华期，首先在近岸初级生产力高的区域和底层温度梯度较大的锋区繁盛起来。5月份整个种群得到迅速增长，到6月份达到生物量的高峰期，此时中华哲水蚤在鳀鱼产卵场的生物量能够占整个浮游动物生物量的85%以上。7月下旬开始表层水温超过23℃，近岸中华哲水蚤种群密度很低，分布的中心转移到冷水团内。8月份主要分布区在黄海冷水团的中心区，种群组成中以C5期桡足幼体的比例占绝对优势，昼夜垂直移动基本消失，C5期桡足幼体和大部分成体主要集中在靠近底层的水体中。通过现场实验证明夏季东、黄海的表层高温超过了中华哲水蚤的耐受上限（23℃），高温对生殖和补充都非常不利。通过多个航次的调查研究，认为黄海冷水团保守的结构阻碍了营养盐的循环和补充，使得叶绿素水平较低，但同时这种稳定的垂向结构也使得中华哲水蚤可以通过调节昼夜垂直移动的幅度来躲避高温伤害。温度锋面对中华哲水蚤的分布具有重要影响，锋面外侧是中华哲水蚤垂直分布的中心区域[33,34]。在冷水团边缘区域由于受物理环境（温度和水动力）的影响，中华哲水蚤仍然处于生长和发育状态，但死亡率很高，对整个种群补充的作用很小。在冷水团以外，黑潮水由底层向东海陆架的爬升和近岸陆坡区域的上升流都能破坏水体的垂向层化结构和中华哲水蚤的昼夜垂直移动的特性，使得逃避高温的机制失效，从而经历较高的死亡率。10月份开始随着温跃层的减弱和初级生产的增加，在物理过程的驱动下，中华哲水蚤开始向表层和岸边扩散，11月之后整个海域都由其分布。作为黄海夏季最显著的水温现象，黄海冷水团为中华哲水蚤提供了一个避难所[35,36]。

(2) 浮游动物群落研究。首次从生态系统的角度，对黄东海的浮游动物群落重新进行了划分：①东海外陆架高温高盐群落；②东海交汇水混合群落；③黄东海混合水群落；④黄海沿岸群落；⑤黄海中部群落。同以往的工作相比，研究范围扩大到整个陆架，并应用多维定标序列图标出了各群落的指标种。这一成果对确定黄东海生态系统可能存在的亚系统和建模具有指导意义[36]。

明确了小型桡足类在能量转换中的功能作用和作为仔稚鱼的饵料的重要意义。小型桡足类较之大型桡足类具有空间优势（高密度区主要出现在多种经济鱼类的产卵场和育幼场）、时间优势（小型桡足类的高峰季节是4—10月，保障了不同月份繁殖的仔稚鱼、幼鱼的存活和生长）、粒度优势（卵、无节幼体、桡足幼体和成体都比大型桡足类小1～2个数量级，适合做开口饵料）和密度优势（比大型桡足类大1～2个数量级，提高了游泳能力低和感官还不完备的仔稚鱼的捕食成功率）。由于小型桡足类的生命周期短、世代多，其产量和在次级生产中的贡献反而高，特别在近海，4种优势小型桡足类的产量为2种优势大型桡足类产量的 1.16[37]。查明了不同粒级浮游动物的摄食率的水平、昼夜 24 h 摄食节律以及不同季节对浮游植物的摄食压力，为建模提供了基本参数[38]。

对南黄海浮游动物群落结构的调查研究证实黄海暖流是季节现象。用浮游动物暖水种的水平分布和垂直分布作为指示，显示冬季黄海暖流是从中层沿黄海水槽向北进入黄海的，可能到达的北限大致在 35°～36°N[39]。

（3）海洋微食物环的研究。首次在东、黄海较为系统地开展了微型生物主要功能类群的生态学研究，在鞭毛虫研究中采用荧光原位染色和同位素示踪等国际先进技术，研究鞭毛虫对异养细菌和微微型自养原核生物的两条摄食途径及其摄食效率，得到了微微型自养原核生物作为鞭毛虫食物的重要性高于异养细菌的结论[40]。

应用数值模型初步估算微食物环对主食物链的贡献，定量研究了浮游植物、微型浮游动物和中型浮游动物之间的能流、物流关系。发现了东、黄海微型硅藻在硅藻总丰度中的优势地位，并发现 1 个新种、2 个我国新记录的属和 9 个我国新记录的种[41-43]。

2.4　关键物理过程的生态作用

对鳀鱼产卵和越冬两个关键生活阶段进行了多学科研究，揭示了物理-生物过程耦合在鳀鱼产卵场和越冬形成和补充中的重要作用。物理过程一方面通过物理要素影响生物的生长，另一方面通过生态系统中的营养级对生物生产产生影响，如潮锋和跃层中的混合和层化、平流和扩散等影响生源要素的外源补充和内部循环、浮游植物的初级生产、浮游动物的次级生产、鳀鱼鱼卵和稚仔鱼等。另外，还开展了底边界层动力结构、颗粒物悬浮特征和输运以及不同水动力环境下的再悬浮和沉降，黄海内波对再悬浮和混合等研究，生态建模工作验证了一些理论假设，标志着研究进入到学科综合和过程耦合的阶段和水平，也为国际 GLOBEC 提供了一个陆架浅海区物理与生物过程耦合研究的实例。

（1）物理过程在鳀鱼两个关键生活阶段的生态作用。首次系统地研究了南黄海西部和中南部鳀鱼产卵场和越冬场的关键物理过程。现场调查、卫星遥感、理论和数值模拟综合研究表明，南黄海西部潮锋、跃层和环流是鳀鱼产卵场的关键物理过程，温度和盐度锋面是鳀鱼越冬场的关键物理过程。认识了关键物理过程的特征和形成机理，潮锋出现在成山头外海和苏北浅滩外海，两个潮锋区皆为鳀鱼卵子和稚仔鱼的密集区（图 2）。潮锋的环流辐聚、辐散作用显著，是形成潮锋区鳀鱼卵子和稚仔鱼斑块分布的原因[44-48]。

春季，潮锋附近水体垂向混合较强，丰富的生源要素和充足的光能使得初级生产、进行次级生产均在锋区出现高值，为鳀鱼稚仔鱼的生长发育提供良好的理化环境和饵料条件。锋面离岸侧的温度和密度跃层很强，水体垂向稳定，层化阻滞着物质跨跃层的交换，在光能和盐养盐的共同限制下，溶解氧、初级生产和次级生产的高值区均出现在跃层的下界，为鳀鱼的成鱼提供充足的饵料。冬季，受地形、海气热量交换和黄海暖流的共同作用，在黄海形成显著的温度锋面：山东半岛锋、江苏沿岸锋和黄海暖流锋，黄海越冬鳀鱼主要分布在这几个锋面附近合适水温一侧，锋面较强的温度水平梯度是促使鳀鱼密集，从而形成鳀鱼越冬场的主要机制（图 3）。

（2）物理过程对生源要素的循环与传输。根据海上观测资料，深入地分析了海底边界层内的流速、温、盐和悬浮沉积物浓度的垂向分布，发现底床糙度长度 Z_0 在大流速时随流速增加而减小，而不是通常认为的随流速增加而增大。应用该成果，潮波运动数值模拟精度得

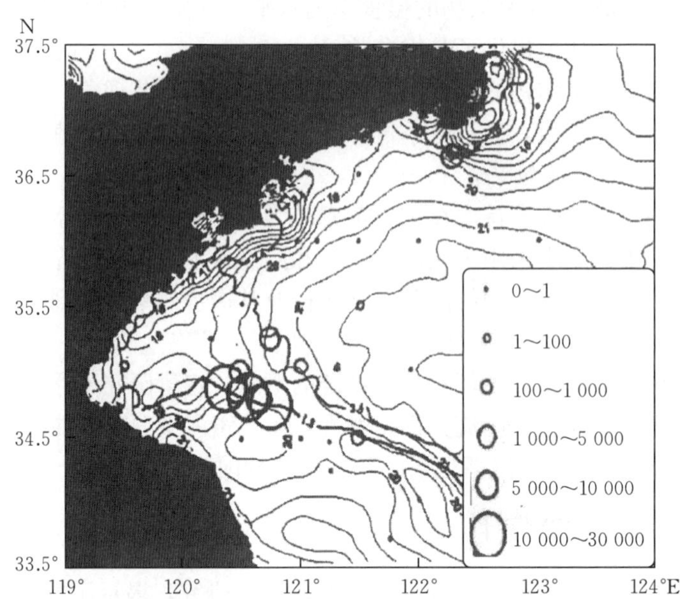

图2 鳀鱼产卵场海表温度（℃、细实线）、潮锋参数（粗实线）和鳀鱼卵子分布（圆圈）

Figure 2 Sea surface temperature (fine solid line), tidal front parameter (heavy solid line) and egg of anchovy (circle) in anchovy nursery ground

到提高，克服了强潮海区潮流流速峰值偏小的问题[49,50]。

长江冲淡水为东海带来大量营养物质，以往的冲淡水扩散研究大部分集中在东海，很少关心向苏北沿岸的扩散过程。在现场观测和高分辨率数值模拟基础上，研究了长江冲淡水向苏北的扩散过程和颗粒物输运规律，发现：①长江入海物质并非完全直接向东海输运。春、秋、夏季长江口入海的部分淡水和悬浮物质经长江口北侧进入苏北水域，然后与苏北沿岸流一起在上层向东海输运，在底层向黄海深槽输运；②除冬季外（无资料），南黄海 50 m 等深线附近下层有一个温度锋面。该锋面附近聚集了较高浓度的悬浮颗粒物。锋面附近东黄海区悬浮颗粒物输运率最大，甚至比长江河口区的输运率还大[51]。

（3）生态系统动力学模型。建立了以叶绿素 a、硝酸盐、氨盐和磷酸盐浓度为生态变量的、生物-物理耦合的三维营养盐动力学模型[52]，模拟了黄海无机氮、活性磷酸盐和叶绿素 a 的年循环规律，估算了黄海营养盐的收支情况和季节变化，特别探讨了海域固定大气 CO_2 能力的新生产状况。黄海年平均初级生产力达 508 mgC/(m^2 · d)，物理过程很大程度影响了营养盐的分布和生态功能。黄海中部深水区初级生产力在 5—6 月和 11 月出现双峰特征，而近岸海区初级生产力单峰出现在 6—8 月。河流每年为黄海输送无机氮 225.4×10^3 t 和无机磷 6.82×10^3 t；光合作用和呼吸作用是营养盐最大的汇和源；黄海中部沉积物-水界面交换向水体提供大量的硝酸氮，为新生产贡献 56%的氮；大气沉降补充的营养盐占年初级生产所需氮、磷的 6%和 1.5%，为河流输入营养盐的 3～5 倍。

（4）黄海环境的长期变化。过去 25 年中（1976—2000 年），黄海温度、盐度、DIN 和 N∶P呈上升趋势，而溶解氧、磷酸盐和硅酸盐浓度呈下降趋势；在此期间，黄海中的年平均水温和 DIN 分别上升 1.7 ℃和 2.95 μmol/L，而年平均 DO、P、Si 分别减少 59.1、0.1 和 3.93 μmol/L。气候系统对黄海的水文、气象要素有深刻影响，是局域海对气候自然变化

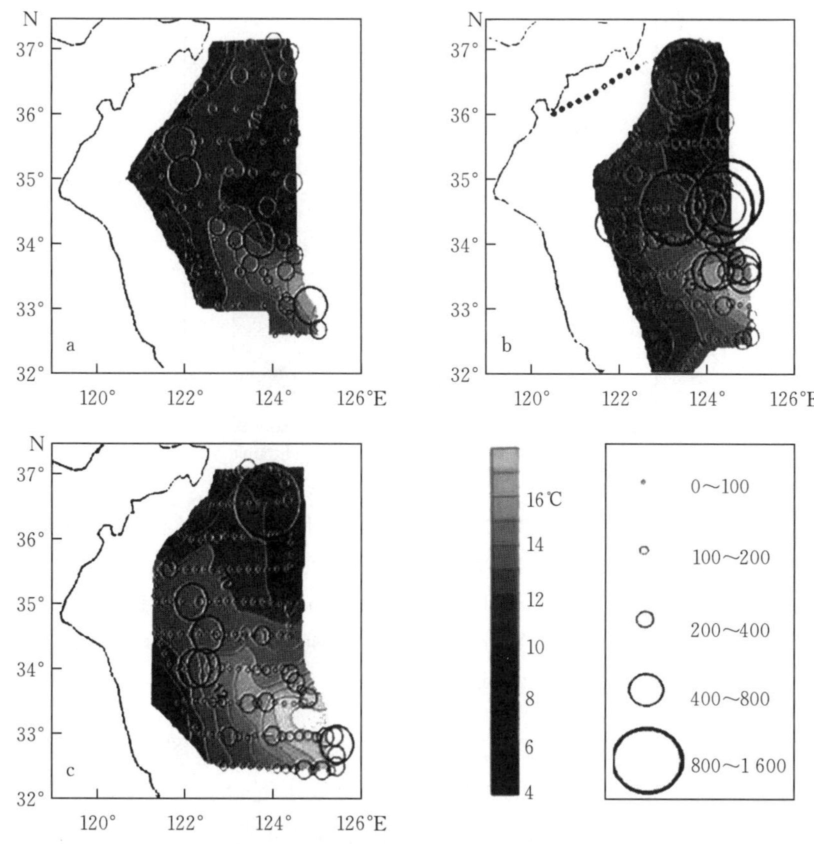

图 3　越冬鳀鱼（圆圈）和相应水温分布（等值线和颜色）

Figure 3　Over-winter anchovy (circle) and water temperature (contour and color)

a. 2001 年 1 月　b. 2002 年 1 月　c. 2004 年 1 月

a. January 2001　b. January 2002　c. January 2004

响应的体现，而生源要素的变化则主要表现了中国经济高速发展阶段人文活动对近海的影响[53]。

2.5　生源要素循环及水层-底栖系统耦合

研究的成果证明了在真光层中生源要素的再生可以为微生物利用，即直接供给初级生产，而发生在跃层下部的矿化则形成暂时性的营养盐贮库。在潮锋附近，发现明显的营养盐梯度变化，生源要素的峰值与溶解氧、叶绿素之间具有相关性，表明锋面对化学物质和浮游植物具有同样的聚集作用。跃层的形成与变化控制生源要素的垂向迁移和转化，使得那里在冬季成为水体中生源要素的“源”，而夏季成为“汇”。垂直一维模型对水层-底栖耦合生态系统对的模拟结果显示，浮游植物光合作用生产中，10%进入了主食物链，而 20%～25%进入底栖系统。将同位素^{32}P 和^{33}P 用于研究磷在东、黄海真光层的循环速率，计算了磷在水体的停留时间，以及浮游植物与浮游动物对碳的输出通量（图 4）[54]。

利用碳、氮同位素的分布建立了陆源颗粒物的多元化模式，剖析陆源物质、黑潮输送和现场生产及水柱中的再生过程是物质来源的控制因素[55]。来自长江的陆源输送可远达离岸

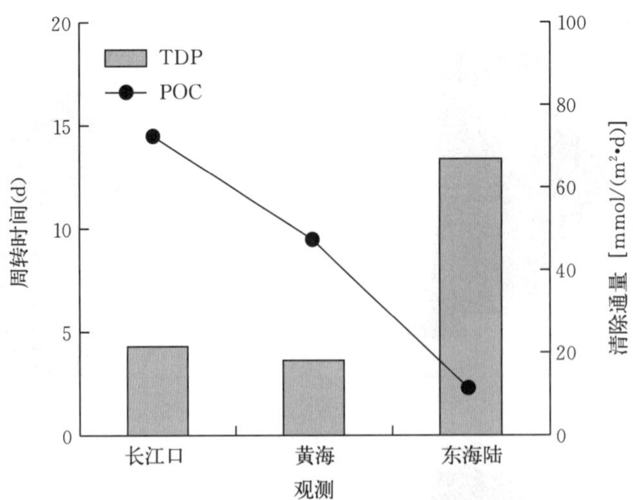

图 4　利用放射性磷同位素（即：磷- 32 与磷- 33）做出的东、黄海不同水域中溶解态磷（TDP）的周转时间（d）与颗粒态有机碳（POC）的垂向通量 [mmol/(m^2・d)]

Figure 4　Turn-over time (day) for dissolved phosphorus and vertical flux for particulate organic carbon in the Yellow Sea and East China Sea, based on the radio phosphorus measurements (i. e. ^{32}P and ^{33}P)

250 km 以外，前人的结果可能忽略了横过陆架的陆源物质输运（图 5）。

黄、东海中溶解态痕量元素的行为主要受诸如淡咸水混合、颗粒物-水界面分配等过程的影响。利用铝作为示踪元素研究陆源的溶解态化学元素横越东海陆架的输运时，发现其更新时间为 150～200 d。在长江口及黑潮入侵的区域，砷的含量均较高，浓度随深度的变化有增加的趋势；As（Ⅲ）/As（Ⅴ）与 NH_4^+/NO_3^- 之间具有统计上的联系。

痕量元素（Zn、Cu、Fe、Mn、Al 等）、生源要素（C、N、P）以及稳定同位素在鳀鱼体内的分布揭示出，痕量元素随着体长的增长，浓度显著下降。鳀鱼体内生源要素氮、磷的变化趋势与痕量元素一致，而碳则相反。随着鳀鱼体长的增长，稳定同位素在食物网中的营养级水平有显著的改变。此外，不饱和脂肪酸（如 18:3*n*3、22:6*n*3、22:5*n*3 和 22:5*n*6）在不同营养级的生物中存在明显的差异。随着营养级的升高，鱼类体内起于浮游植物的 16:1*n*7不断转化减少，同时来自动物的 18:1*n*9 逐渐增加。

在长江口外发现有一处面积 14×10^3 km^2，平均厚度达 20 m 的底层低溶氧区（DO<2 mg/L），其含氧量最低值达到 1 mg/L，与美国密西西比河口与墨西哥湾的溶解氧最小区相似[56]。在低溶氧区域，表观耗氧量（AOU）为 5.8 mg/L，亏损氧总量达 1.59×10^6 t。

沉积物-水界面附近的交换通量与样品的采集方式之间具有复杂的联系，而且是非线性的。还原条件下，氨在多数情况下是由沉积物向上覆水体中释放，因而沉积物成为源；当外来有机质的输入较少时，硝酸盐的交换是由沉积物交换到上覆水中；沉积物的氧化还原环境与有机质的降解对 PO_4^{3-} 的交换通量有很大影响；硅的界面交换特点是以从沉积物到上覆水中为主[57]。在东、黄海，陆源输入具有较高的 N：Si 比值特点，因此随着富营养化程度的增加，硅作为群落结构控制因子的可能性逐渐增加，硅藻在数量上的减少将可能会增加有害赤潮的发生。

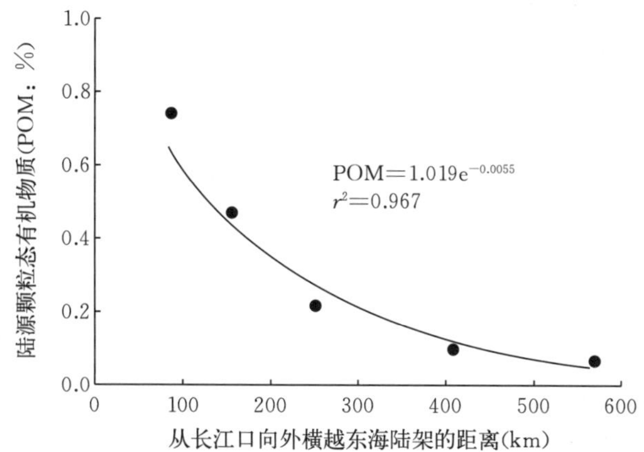

图5 根据稳定同位素与颗粒态有机碳、氮估计的陆源有机物质横越东海陆架的输送比例

Figure 5 Percentage of terrestrial organic materials across the East China Sea Shelf based on the particulate organic carbon, nitrogen, $\delta^{13}C$ and $\delta^{15}N$ measurements

各种营养盐组分在春季沙尘暴期间在气溶胶中出现较高的浓度，表明陆源的输入对东、黄海的气溶胶的化学组成有显著的影响。与国际上的研究成果相比，东、黄海的降水中氨与硝酸盐的比值高出了一倍。对比干、湿两种输入方式，几种营养盐都以湿沉降方式为主，其占大气总输入量的50%～90%。世界不同海区皆有“大气输送对浮游植物生物量的作用与混合层的营养盐水平存在内在联系”的现象。结果提供了不同来源的“新生产”之间的对比平台，而且可以嵌套在数值模拟之中[58]。

春、夏季表层海水中甲烷全部呈过饱和状态，饱和度在110%～222%，而且东海甲烷的饱和度要明显高于黄海。在夏季东海大范围内观测到表层海水中 N_2O 为5.75～37.2 nmol/L；底层海水中 N_2O 为7.91～75.1 nmol/L，N_2O 在海水中饱和度是94.0%～381%[59]。

3 展望

中国海洋生态系统研究起步较晚但起点较高，如何推动这个新的学科前沿领域研究深入、持续的发展成为大家非常关注的问题。自2003年以来，中国科学家在积极参与和推动国际相关领域新科学计划的发展中，组织和壮大自身的发展，特别是2004年5月成功地举行了以“陆架边缘海生态系统与生物地球化学过程”为主题的香山科学会议。这次香山科学会议以国际IGBP新近进展为背景，以“地球系统科学”思想为指导，针对“全球可持续性”的需求目标，深入探讨了影响我国海洋可再生资源持续利用的机制与过程，研讨了与全球变化紧密联系的海洋生物地球化学循环和海洋食物网的相互作用及其在陆架边缘海的特点与关键过程，甄别影响可持续海洋生态系统服务功能的重要环节，提炼、归纳在我国开展可持续海洋生态系统研究的关键科学问题。会议立足国家需求，提出了进一步加强我国在全球变化科学框架下开展陆架边缘海可持续生态系统基础研究的科学思路：①可持续海洋生态系统基础研究是新世纪的一项重要科学议题；②海洋食物网是开展可持续海洋生态系统整合研究的重要切入口；③生物地球化学循环是可持续海洋生态系统支持和调节功能的关键过程。这次会议为实施新的国家“973计划”项目：“我国近海生态系统食物产出的关键过程及其可持续机理（2006—2010)”做了充分的学术准备。新的“973 计划”项目在基础研究方面将使我国海洋生态系统研究由结构研究的层面提升到服务功能研究的水平上，在国家需求方面将深入探索提高近海生态系统食物生产的数量和质量的科学途径，为 2015 年建立我国近海生态系统食物可持续生产和生态系统水平上的海洋管理体系提供科学依据。新的发展预示，中国海洋生态系统研究不仅将进一步巩固和扩大我国在该前沿领域已占有的国际地位，同时也会对该国际前沿领域的发展做出新的贡献。

参考文献

[1] Tang Qisheng，Su Jilan. Study on marine ecosystem dynamics and living resources sustainable utilization [J]. Advances in Earth Science，2001，16 (1)：5 - 11. [唐启升，苏纪兰，海洋生态系统动力学研究与海洋生物资源可持续利用 [J]. 地球科学进展，2001，16 (1)：5 - 11.]

[2] Harris R，et al. Global Ocean Ecosystem Dynamies (GLOBEC) / Science Plan. IGBP Report 40 [M]. Stockholm，Sweden：IGBP Secretariat，1997.

[3] Harris R，et al. Global Ocean Ecosystem Dynamic (GLOBEC) / Implementation Plan. IGBP Report 47 [M]. Stockholm Sweden：IGBP Secretariat，1999.

[4] Barange M，Werner F. Getting ready for GLOBEC • s integration and synthesis phase [J]. GLOBEC International Newsletter，2004，10 (2)：1 - 2.

[5] Tang Qisheng，Fan Yuanbin，Lin Hai. Primary study on China marine ecosystem dyamics development stratagem [J]. Advances in Earth Science，1996，11 (2)：160 - 168. [唐启升，范元炳，林海．中国海洋生态学系统动力学研究发展战略初探 [J]. 地球科学进展，1996，11 (2)：160 - 168.]

[6] Su Jilan，Tang Qisheng，et al. Study on Ecosystem Dynamics in Coastal Ocean：Ⅱ Processes of the Bohai Sea Ecosystem Dynamics [M]. Beijing：Science Press，2002. [苏纪兰，唐启升，等．中国海洋生态系统动力学研究：Ⅱ渤海生态系统动力学过程 [M]. 北京：科学出版社，2002.]

[7] Tang Qisheng，Su Jilan，et al. Study on Ecosystem Dynamics in Coastal Ocean：Ⅰ Key Scientific Question and Study stratagem [M]. Beijing：Science Press，2000. [唐启升，苏纪兰，等．中国海洋生态系统动力学研究：Ⅰ关键科学问题与研究发展战略 [M]. 北京：科学出版社，2000.]

[8] Tang Qisheng，Sun Yao，Guo Xuewu，et al. Ecological conversion efficiencies of 8 fish species in Yellow Sea and Bohai Sea and main influence factors [J]. Journal of Fisheries of China，2002，26 (3)：219 - 225. [唐启升，孙耀，郭学武，等．黄、渤海 8 种鱼类的生态转换效率及其影响因素 [J]. 水产学报，2002，26 (3)：219 - 225.]

[9] Sun Yao，Zhang Bo，Gun Xuewu，et al. Effect of temperature on energy budget of Black sea bream，*Sparus macrocephalus* [J]. China Acta Ecologica Sinica，2001，21 (2)：186 - 190. [孙耀，张波，郭学武，等．温度对黑鲷 (*Sparus macrocephalus*) 能量收支的影响 [J]. 生态学报，2001，21 (2)：186 - 190.]

[10] Sun Yao，Zheng Bing，Zhang Bo，et al. Effects of ration level and food species on engergy budget of *Sparus macrocephalus* [J]. Marine Fisheries Research，2002，23 (1)：5 - 10. [孙耀，郑冰，张波，等．摄食水平与饵料种类对黑鲷能量收支的影响 [J]. 海洋水产研究，2002，23 (1)：5 - 10.]

[11] Pauly D，Christensen V，Dalsgaard J，et al，Fishing down marine food webs [J]. Science，1998，279：860 - 863.

[12] Zhang Bo，Tang Qisheng. Study on trophie level of important resources species at high trophic levels in the Bohai Sea，Yellow Sea and East China Sea [J]. Advances in Marine Science，2004，22 (6)：393 -

404. [张波，唐启升．渤、黄、东海高营养层次重要生物资源种类的营养级研究 [J]. 海洋科学进展，2004，22 (6)：393-404.]

[13] Tang Qisheng，Jin X，Wang J，et al. Decadal - scale variations of ecosystem productivity and control mechanisms in the Bohai Sea [J]. Fisheries Oceanography，2003，12 (4-5)：223-233.

[14] Meng Tianxiang. Studies on the feeding of anchovy (*Engraulis japonicus*) at different life stages on zooplankton in the middle and southern waters of the Yellow Sea [J]. Marine Fisheries Research，2003，24 (3)：1-9. [孟田湘．黄海中南部鳀鱼各发育阶段对浮游动物的摄食 [J]. 海洋水产研究，2003，24 (3)：1-9.]

[15] Meng Tianxiang. Daily age composition and growth rate of Japanese anchovy (*Engraulis japonicus*) larvae in the southern waters of Shandong Penisula [J]. Marine Fisheries Research，2004，25 (2)：1-5. [孟田湘．山东半岛南部产卵场鳀鱼幼体日龄组成与生长 [J]. 海洋水产研究，2004，25 (2)：1-5.]

[16] Wan Ruijing，Li Xiansen，Zhuang Zhimeng，et al. Experimental starvation on *Engraulis japonicus* larvae and definition of the point of no return [J]. Journal of Fisheries of China，2004，28 (1)：79-83. [万瑞景，李显森，庄志猛，等．鳀仔鱼饥饿试验及不可逆点的确定 [J]. 水产学报，2004，28 (1)：79-83.]

[17] Lin Longshan，Cheng Jiahua，Ren Yiping，et al. Analysis of population biology of small yellow croaker *Pseudosciaena polyactis* in the East China Sea region [J]. Journal of Fishery Sciences of China，2004，11 (4)：333-338. [林龙山，程家骅，任一平，等．东海区小黄鱼种群生物学特性的分析研究 [J]. 中国水产科学，2004，11 (4)：333-338.]

[18] Cheng Jiahua，Lin Longshan. Study on the biological characteristics and status of common mackerel (*Scomber japonicus* Houttuyn) fishery in the East China Sea region [J]. Marine Fisheries，2004，26 (2)：73-78. [程家骅，林龙山．东海区鲐鱼生物学特性及其渔业现状的分析研究 [J]. 海洋渔业，2004，26 (2)：73-78.]

[19] Chen Changhai. *Ammodytes personatus* resources in the Yellow Sea and its sustainable utilization [J]. Journal of Fisheries of China，2004，28 (5)：603-607. [陈昌海．黄海玉筋鱼资源及其可持续利用 [J]. 水产学报，2004，28 (5)：603-607.]

[20] Jin Xianshi，Hamre J，Zhao Xianyong，et al. Study on the qouta management of anchovy (*Engraulis japonicus*) in the Yellow Sea [J]. Journal of Fishery Sciences of China，2001，8 (3)：27-30. [金显仕，Hamre J，赵宪勇，等．黄海鳀鱼限额捕捞的研究 [J]. 中国水产科学，2001，8 (3)：27-30.]

[21] Zhao Xianyong，Hamre J，Li F，et al. Recruitment，sustainable yield and possible ecological consequences of the sharp decline of the anchovy (*Engraulis japonicus*) stock in the Yellow Sea in the 1990s [J]. Fisheries Oceanography，2003，12 (4-5)：495-501.

[22] Zhao Xianyong. Reconstruction of the Size Structure of Fish Population Using Acoustic and Trawl Sample Data [C]. International Symposium ACOUSTGEAR 2000，2001，202-206.

[23] Xu Hanxiang，Liu Zipan，Zhou Yongdong. Variation of *Trichiurus haumela* productivity and recruitment in the East China Sea [J]. Journal of Fisheries of China，2003，27 (4)：322-327. [徐汉祥，刘子藩，周永东．东海带鱼生殖和补充特征的变动 [J]. 水产学报，2003，27 (4)：322-327.]

[24] Liu Zipan，Xu Hanxiang，Zhou Yongdong. An ameliorative study on the forecast of recruitment stock and catch in winter seasons of hairtail，*Trichiurus haumela* in the East China Sea [J]. Journal of Zhejiang Ocean University (Natural Science)，2004，26 (1)：14-18. [刘子藩，徐汉祥，周永东．东海带鱼补充群体数量预报及东汛渔获量预报的改进研究 [J]. 浙江海洋学院学报 (自然科学版)，2004，26 (1)：14-18.]

[25] Jin Xianshi, Xu B, Tang Q. Fish assemblage structure in the East China Sea and southern Yellow Sea during autumn and spring [J]. Journal of Fish Biology, 2003, 62: 1194 - 1205.

[26] Meng Zining, Zhuang Z, Jin X, et al. Analysis of RAPD and mitochondrial l6S rRNA gene sequences from *Trichiurus lepturus* and *Eupleurogrammus mulicus* in the Yellow Sea [J]. Progress in Natural Science, 2004, 14 (2): 125 - 131.

[27] Meng Zining, Zhuang Zhimeng, Ding Shaoxiong, et al. mtDNA16 rRNA gene variation and phylogeny among 8 Sciaenidae fishes in China coastal waters [J]. Progress in Natural Science, 2004, 14 (5): 514 - 521. [蒙子宁，庄志猛，丁少雄，等．中国近海 8 种石首鱼类的线粒体 16S rRNA 基因序列变异及其分子系统进化 [J]. 自然科学进展，2004，14 (5)：514 - 521.]

[28] Xu Binduo, Jin X. Variations in fish community structure during winter in the southern Yellow Sea over the period 1985—2002 [J]. Fisheries Research, 2005, 71 (1): 79 - 91.

[29] Tande K S, Miller C B. Population dynamics of *Calanus* in the North Atlantic: Results from trans-Atlantic study of *Calanus finmarchicu* [J]. ICES Journal of Marine Science, 2000, 57: 1527.

[30] Sun Song. Over-summering strategy of *Calanus sinicus* [J]. GLOBEC Newsletter, 2005, 11: 1, 34.

[31] Sun Song, Zhang G T. Over-summering strategy of *Calanus sinicus* [J]. IGBP Newsletter, 2005 (62): 12 - 13.

[32] Zhang G T, Sun S, Zhang F. Seasonal variation of reproduction rates and body size of *Calanus sinicus* in the Southern Yellow Sea, China [J]. Journal of Plankton Research, 2005, 27 (2): 135 - 143.

[33] Pu X M, Sun song. Yang B, et al. The combined effects of temperature and food supply on *Calanus sinicus* in the southern Yellow Sea in summer [J]. Journal of Plankton Research, 2004, 26: 1049 - 1057.

[34] Liu G M, Sun S, Wang H, et al. Abundance of *Calanus sinicus* across the tidal front in the Yellow Sea, China [J]. Fisheries Oceanography, 2003, 12 (4/5): 291 - 298.

[35] Sun Song, Wang R, Zhang G T, et al. A preliminary study on the over-summering strategy of *Calanus sinicus* in the Yellow Sea [J]. Oceanologia et Limnologia Sinica, 2002, 33 (suppl.): 92 - 99.

[36] Wang R, Zuo T. Zooplankton Distribution in relation to the hydrographical features in the southern Yellow Sea [A]. In: The Present and the Future of Yellow Sea Environments [C]. Proceedings of Yellow Sea International Symposium, Ansan, Korea, 2003, 77 - 102.

[37] Wang R, Zuo T. Wang K. The Yellow Sea Cold Bottom Water - an oversummering site for *Calanus sinicus* (Copepoda, Crustacea) [J]. Journal of Plankton Research, 2002, 25 (2): 169 - 183.

[38] Li C L, Zuo T, Wang R A study on grazing of planktonic copepods in the Yellow Sea and East China Sea Ⅰ. Population abundance and gut pigment contents [J]. Oceanologia et Limnologia Sinica, 2002, (Zooplankton Special Issue): 100 - 110.

[39] Wang Rong, Gao Shangwu, Wang Ke, et al. Zooplankton indication of the Yellow Sea warm current in winter [J]. Journal of Fisheries of China, 2003, 27 (suppl.): 39 - 48. [王荣，高尚武，王克，等．冬季黄海暖流的浮游动物指示 [J]. 水产学报，2003，27 (增刊)：39 - 48.]

[40] Xiao Tian, Wang R, Yue H D. Heterotrophic bacterial production in the East China Sea [J]. Chinese Journal of Oceanology and Limnology, 2001, 19 (2): 157 - 163.

[41] Huang L F, Guo F, Huang B Q, et al. Distribution pattern of marine flagellate and its controlling factors in the central and north part of Yellow Sea in early summer [J]. Acta Oceanologica Sinica, 2003, 22 (2): 273 - 280.

[42] Zhang W C, Xiao T, Wang R. Abundance and biomass of copepod nauplii and ciliates and herbivorous activity of microzooplankton in the East China Sea [J]. Plankton Biology Ecology, 2001, 48 (1):

28 - 34.

[43] Zhang W, Zhang F, Wang K. The ratio of the phytoplankton carbon and chlorophyll in the sea [J]. Marine Sciences, 2001, 25 (3): 28 - 29.

[44] Wan Ruijing, Huang Daji, Zhang Jing. Abundance and distribution of eggs and larvae of *Engraulis japonicus* in the Northern part of East China Sea and the Southern part of Yellow Sea and its relationship with environmental conditions [J]. Journal of Fisheries of China, 2002, 26 (4): 321 - 330. [万瑞景, 黄大吉, 张经. 东海北部和黄海南部鳀鱼卵和仔稚鱼数量、分布及其与环境条件的关系 [J]. 水产学报, 2002, 26 (4): 321 - 330.]

[45] Zhou Feng, Su Jilan, Huang Daji. Study on the intrusion of coastal low salinity water in the west of southern Huanghai Sea during spring and summer [J]. Acta Oceanologica Sinica, 2004, 26 (5): 34 - 44. [周锋, 苏纪兰, 黄大吉. 南黄海鳀鱼产卵场沿岸低盐水入侵现象研究 [J]. 海洋学报, 2004, 26 (5): 34 - 44.]

[46] Liu G M, Sun S, Wang H, et al. Abundance of *Calanus* across the tidal front in the Yellow Sea, China [J]. Fisheries Oceanography, 2003, 12 (4/5): 291 - 298.

[47] Wei H, Su J, Wan R J, et al. Tidal front, frontal circulation and anchovy egg converge in the Yellow Sea [J]. Fishery Oceanography, 2003, 12 (4/5): 434 - 442.

[48] Tong Yuanzheng. Physical mechanism of the formation of anchovy over winter ground in the Yellow Sea [D]. Hangzhou: Second Institute of Oceanography, State Oceanic Administration, 2005. [童元正. 黄海鳀鱼越冬场形成的物理机制研究 [D]. 杭州: 国家海洋局第二海洋研究所, 2005.]

[49] Cao Z Y, Li Y, Dong L X. The bottom boundary layer observations and using at numerical tidal model in Hangzhou Bay [C]. Hangzhou: Proceeding of International Conference on Tidal Dynamics and Environment Research, 2002.

[50] Cao Z Y, Li Y, Dong L X, et al. Observation of the boundary layer at Hangzhou Bay [J]. Acta Oceanologica Sinica, 2005.

[51] Dong L X, Cao Z Y, Guan W G, et al. Distribution characteristics of suspended sediment particles in Yellow Sea and East China Sea [J]. Acta Oceanologica Sinica, 2005.

[52] Tian Tian, Wei Hao, Su Jilan, et al. Study on cycle and budgets of nutrients in the Yellow Sea [J]. Advances in Marine Science, 2003, 21 (1): 1 - 7. [田恬, 魏皓, 苏健, 等. 黄海氮磷营养盐的循环和收支研究 [J]. 海洋科学进展, 2003, 21 (1): 1 - 7.]

[53] Lin C, Ning X, Su J, et al. Environmental changes and the responses of the ecosystems of the Yellow Sea during 1976—2000 [J]. Journal of Marine Systems, 2005, 55: 223 - 234.

[54] Zhang G L, Zhang J, Kang Y B, et al. Distributions and fluxes of dissolved methane in the East China Sea and the Yellow Sea in spring [J]. Journal of Geophysical Research, 2004, 109: C07011.

[55] Wu Y, Zhang J, Li D J, et al. Isotope variability of particulate organic matter at the PN section in the East China Sea [J]. Biogeochemistry, 2003, 65: 31 - 49.

[56] Li D J, Wu Y, Zhang J, et al. Oxygen depletion in the Changjiang (Yangtze river) Estuary [J]. Science in China (D), 2002, 45 (12): 1137 - 1146.

[57] Liu S M, Zhang J, Li R X. Ecological significance of biogenic silica in the East China Sea [J]. Marine Ecology Progress Series, 2005, 290: 15 - 26.

[58] Zhang J, Zou L, Wu Y, et al. Atmospheric wet deposition and changes in phytoplankton biomass in the surface ocean [J]. Geophysical Research Letters, 2004, 31: L 11310.

[59] Zhang Y H, Zhu L, Zeng X, et al. The biogeochemical cycling of phosphorus in the upper ocean of the East China Sea [J]. Eastuarine, Coastal and Shelf Science, 2004, 60: 369 - 379.

A Study of Marine Ecosystem Dynamics in the Coastal Ocean of China

TANG Qisheng[1], SU Jilan[2], SUN Song[3], ZHANG Jing[4,5], HUANG Daji[2], JIN Xianshi[1], TONG Ling[1]

(*1. Yellow Sea Fisheries Research Institute, Qingdao 266071, China;*
2. Second Institute of Oceanography, Hangzhou 310012, China;
3. Institute of Oceanology, GAS, Qingdao 266071, China;
4. Ocean University of China, Qingdao 266003, China;
5. East China Normal University, Shanghai 200062, China)

Abstract: Global Ocean Ecosystem Dynamics (GLOBEC) is an important part of the global changes and marine sustainable studies. It is one of the most active front fields of the international marine sciences research. This paper presents study progress and development direction of ecosystem dynamics in the Chinese coastal ocean based on the project titled "Ecosystem Dynamics and Sustainable Utilization of Living Resources in the East China Sea and Yellow Sea (1999—2004)" of National Basic Key Research Program ("973 Program").

Key words: Global ocean ecosystem dynamics; Coastal ocean of China; Marine science

陆架边缘海生态系统与生物地球化学过程①

——香山科学会议第228次学术讨论会

苏纪兰，唐启升，张经 等

覆盖地球表面积72%的海洋是我们赖以生存的全球生态系统的重要组成部分，也是地球系统的关键功能环节。IGBP（国际地圈-生物圈）计划第二阶段提出和实施全球变化海洋科学研究的两个姊妹项目“GLOBEC”（海洋生态系统动力学）与“IMBER”（海洋生物地球化学与生态系统整合研究）表明，以“地球系统科学”思想为指导，针对“全球可持续性”需求的目标，研究与地球系统和全球变化紧密联系的海洋生物地球化学循环和海洋食物网的相互作用，探索气候和人文驱动的海洋生物地球化学过程，是新世纪海洋生态系统深入研究的重要方向，是认识可持续生态系统服务与产出的重要途径。

2003年初以来，我国科学家积极参与了以往全球海洋科学计划的发展与研究。已有成果表明，陆架及其边缘海是目前我国发展与全球变化相关的海洋科学计划的重要目标区，而继续深入研究我国海洋生态系统可持续性的机理与过程是推动我国海洋科学综合与集成研究的关键启动点。

香山科学会议于2004年5月26—28日在北京召开以“陆架边缘海生态系统与生物地球化学过程”为主题的第228学术讨论会。本次会议旨在通过学术报告交流和自由讨论，从基础研究角度，深入认识海洋在地球系统中的基础功能和作用，探讨影响海洋可再生资源在我国持续利用的机制与过程，研讨与全球变化紧密联系的海洋生物地球化学循环和海洋食物网的相互作用及其在陆架边缘海的特点与关键过程，甄别影响可持续海洋生态系统服务功能的重要环节，提炼、归纳在我国开展可持续海洋生态系统研究的关键科学问题，进一步明确我国海洋科学在地球系统科学框架下的发展方向与工作重点，以提升我国海洋生态系统的综合与集成研究能力。

国家海洋局第二海洋研究所苏纪兰院士、农业部黄海水产研究所唐启升院士和中国海洋大学张经教授担任本次会议执行主席。会议设置的四个中心议题为：物理过程对陆架边缘海的生物地球化学循环的影响与甄别；陆架边缘海的碳循环及近期人文活动的影响；海洋中营养与痕量元素的生物地球化学过程及其对食物网的控制作用；及海洋食物网与生态系统多样性、脆弱性和生产力对系统的反馈。

会议特别邀请国际IGBP-IMBER计划科学指导委员会主席Julie Hall博士、IGBP-GLOBEC计划科学指导委员会主席Francisco E. Werner教授和挪威海洋研究所的Svein

① 本文原刊于《香山科学会议简报（第228次会议）》，218：1－18，2004。

Sundby 博士参加了会议。

社会经济发展的需求与海洋可持续生态系统研究

苏纪兰以“海洋基础研究的一个发展——国际趋势和国内需求”作主题评述报告。他指出，国际海洋科学研究在 20 世纪末举行过各种学术活动，对其以往的进展进行回顾，对未来发展作了展望。他从 21 世纪上半叶海洋科学发展的远景出发，结合我国目前正在制定的中长期科技发展规划，对国际趋势和国内需求以及海洋基础研究的发展提出看法。指出国际上对海洋科学未来突出发展的预测中，海洋生态系统占有重要地位。就全球范围而言，食物、水、碳与健康是全球变化研究的核心内容；就我国目前的经济与社会发展状况，海洋提供日常消耗动物蛋白质的 1/5 以上，中国海的生态系统安全与国家安全一样具有头等重要的位置。

J. Hall 从 IGBP 的近期发展出发，介绍了 IMBER 科学计划的详细内容与发展策略，指出陆架边缘海是四个重要研究目标区域之一，而认识生物地球化学循环和海洋生态系统与全球变化之间的联系与作用—反馈机制是 IMBER 的核心问题。F. E. Werner 则从海洋生态系统的结构与功能出发阐述了世界海洋不同区域的生态系统在全球变化背景之下的响应形式，并且强调了整合与集成在海洋生态系统研究中的重要作用。S. Sundby 则从食物网中由低—高营养级的物质迁移为起点，对比了世界上若干有代表性区域的渔业资源生物量与初级生产力比值之间的关系，以及同物理驱动作用之间的联系，强调了多学科交叉在研究食物网不同营养级的动力学与气候变化关系中的必要性及其在实现长期观测在全球变化研究中的不可替代角色。

物理过程对陆架边缘海的生物地球化学循环的影响与甄别

苏纪兰强调，海洋生态系统动力学是一门多学科交叉的综合性学科，国际上在这方面的推动可以上溯约 20 年，国际大型计划进行了 10 年，在多方面取得重要进展。他在题为“陆架边缘海的动力过程及其在生态系统中的作用”的评述报告中指出，我国通过较早启动的有关项目，在海洋生态系统动力学研究中学科交叉的特色日益彰显，对海洋动力过程在海洋生态系统变化中的关键作用的认识也日益深入。他指出，目前的困难是，从事动力过程研究的工作者常常为如何将动力过程切入到生态系统动力学研究中去而困惑。依据对多学科研究现状和进展的深入分析，他认为与生态系统密切相关的生物地球化学过程可以作为动力过程研究的一个切入点。

国家海洋局第二海洋研究所黄大吉研究员讨论了“东海黑潮与陆架海的相互作用”问题，强调黑潮与东海陆架的作用不仅对环流和动力过程有重要作用，而且在陆架海与开阔大洋间的水体交换和物质输运方面起着关键的作用。他根据黑潮与东海陆架的作用方式，将其分为：①台湾东北黑潮入侵与台湾暖流；②九州西南黑潮的分叉与对马暖流；③黑潮锋面与中尺度涡。

中国海洋大学魏皓教授在题为“大洋波动强迫下的边缘海系统”的报告中，探讨了大洋向陆架边缘海传递的各种尺度的变异和波动以及引起的生态系统的变化，指出中国陆架边缘海的物理过程存在着鲜明的特殊性，其中对于生物地球化学循环最主要的问题是跨锋面、跨等密度面的混合与物质交换。

自由讨论中，与会者对物理过程对陆架边缘海的生态系统和生物地球化学循环的影响的若干方面问题特别给予关注：

1. 物理过程对生物地球化学循环的影响

主要体现在两个方面：①物理过程不仅影响着界面（海-气、陆-海、水体-沉积物、陆架-开阔海洋）附近的营养盐的分布，而且决定着通过界面的营养盐的输运方向与数量；②物理过程通过平流和扩散影响营养盐的内部循环，其中，垂直方向跨跃层和水平方向跨锋面的物质输运对真光层中营养盐的补充和循环的作用尤其重要。

2. 物理过程对浮游植物、微生物、浮游动物的影响

主要体现在直接和间接影响两个方面：①物理环境，如温度、盐度、浮悬体浓度、有效光强、平流和扩散等，可直接影响生物的生理过程，影响着生物体的活动和生长发育；②物理环境及其过程可以通过影响生物的生存环境来间接影响生态系统的结构和功能。

3. 宏观收支和详细过程研究

在研究系统与外界的关系和作用时，需要对宏观收支的估计；而在针对系统内部各部分之间的相关作用时，详细的过程研究是深化认识的重要手段。陆架边缘海的宏观收支和详细过程研究两者不可偏废。前者侧重于认识系统的总体功能，后者侧重于系统内部有机联系和机理。

4. 同区域生态系统的特征差异及对比研究

不同区域的物理特征影响着其中的生态系统的结构和功能。在我国近海，根据区域的理化特征，主要有以下几种代表性生态系统：①受径流影响的冲淡水区生态系统，从河口向外海，其主要的物理过程是冲淡水的作用；②上升流区生态系统，其主要的物理过程是上升流的环流结构，上升流锋面的物质输运；③陆架季节性层化区生态系统，其中关键的物理过程是跨跃层和跨锋面的物质交换；④深海（盆）生态系统，其中主要的物理过程是中尺度涡。

5. 缺乏长时间序列的资料

解决的途径之一是充分利用卫星遥感资料和历史资料，结合数值模式，开展数据同化研究。

6. 鉴于生态系统的复杂性

研究中应针对不同的问题采用不同级别和类型的耦合模型，如生物地球化学循环模型，初级生产模型等。

陆架边缘海的碳循环及近期人文活动的影响

中国科学院海洋研究所王旭晨研究员在题为“陆架边缘海在全球碳循环中的作用”的评述报告中，分析了全球碳循环特征及其气候效应，并从人类活动的影响及陆架边缘海的特性出发，探讨陆架边缘海在全球碳循环中的重要性及复杂性。他认为，应重视以下关键问题：①陆架边缘海作为大气二氧化碳的源或汇的量级以及随季节及年际变化的关系；②了解陆架边缘海中无机碳及不同形态有机碳（例如：甲烷水合物）的来源，相互转换、迁移，沉积埋藏以及与开阔海洋和大气交换的机理和速率；③影响陆架边缘海中物理溶解泵及生物泵的主要因素及其制约程度，以及陆架边缘海中的生物地球化学过程如何作用与开阔海洋中的碳通量；④认识陆架边缘海碳循环中的可变环境因素，及人类活动和各种不确定因素如何影响我们对整个地球碳循环的估算及对碳循环模型的建立。

厦门大学戴民汉教授在探讨“低纬度边缘海二氧化碳源汇格局及其可能的控制机制”时，分析了边缘海、低纬度边缘海碳循环与全球碳循环等的特征，以及其与气候变化的关系，并以东海与南海为例，对低纬度与中纬度的边缘海进行了比较。认为边缘海碳循环研究中的关键问题是判断边缘海是全球碳循环的源还是汇以及其相应的强度。当前需要有更多的观测数据来揭示边缘海碳循环的时空变化，同时加强对生物泵效率、硅藻与球石藻的在碳循环中的相互关系等方面的研究。

中国海洋大学杨作升教授介绍了“河流影响下的陆架边缘海碳循环研究”的现状和进展，指出河流入海碳在陆架边缘海碳循环中有重要地位。他着重对其中存在的一些过程与环节，例如，对河口近海羽状流区、各种类型的沉积相区和近底边界层等不同海洋环境的碳循环过程，全球气候变化导致的流域降雨变化和大型水利工程等对陆架边缘海不同时间尺度的碳循环的影响，以及百年来陆架边缘海碳循环时空变化对全球变化和人类活动的响应等进行了详细的阐述。

在自由发言与讨论中，与会者在依据中国陆架边缘海的特性，重点讨论了陆架边缘海碳的生物地球化学循环过程的复杂性，十分关注下列科学问题：

1. 边缘海的二氧化碳收支

就中国陆架边缘海二氧化碳的源/汇及其通量问题，目前尚有很大的不确定性与学术界的分歧，该不确定性的降低需要通过增强不同时空尺度的研究覆盖率来解决。

2. 碳与食物网

影响碳循环的过程和机制是认识碳的生物地球化学循环问题的关键所在，其中碳的循环与食物网的关系是研究的薄弱环节。微食物网与溶解有机物质的关系可能是一个突破点。

3. 人文活动的贡献

关注人类活动的影响，在近岸海域显得尤为重要。例如，在养殖活动中对二氧化碳的吸收与释放的问题。

4. 界面的作用

在边缘海的四个边界（海-气、海-陆、海水-底沉积物、边缘海-开阔海洋）中，底质环境以及海水-底沉积物界面附近的碳研究在中国海显得严重不足。

与会者指出，目前中国陆架边缘海碳的生物地球化学研究的主题思路应以关键生态过程为切入点，研究碳的生物地球化学过程与食物网的关系，对生态系统进行比较研究。影响碳循环的关键区域主要有冲淡水、上升流、珊瑚礁以及偶发事件如赤潮、风暴潮等。应重点关注以下关键过程：①微食物网在碳的生物地球化学中的作用—机制与定量化，例如新的功能类群与溶解有机物的关系；②新生产力与生态结构和功能之间的关系；③在水体与底栖耦合的生态系统中碳循环的问题。

海洋营养与痕量元素的生物地球化学过程及对食物网的控制作用

张经在评述报告中讨论了“边缘海的生物地球化学过程在全球变化研究中的重要性”问题。认为边缘海可分为开放的陆架与海盆，而就与深海之间的物质交换特点可分为向外输出型和内部再循环型。我国的黄、东海（开放陆架和向外输出）和南海（半封闭的海盆和内部循环型）大致符合这两种类型。黄、东海有着复杂的物理驱动作用（河流输入、黑潮、东亚季风），加上人文活动的叠加（如三峡大坝、工业化污染、农业施肥等），使得其在全球陆架边缘海生态系统和生物地球化学研究中成为一个非常有挑战性的地区。

国家海洋局第二海洋研究所陈建芳研究员在题为“边缘海的营养盐动力学对浮游生物和生源物质通量的控制作用”的报告中，对比了南大洋/极地、印度洋/阿拉伯海、南海等地区的生物泵与硅藻生态系统与营养盐和痕量元素（例如：铁）之间的耦合与脱节关系，认为营养盐补充和循环在很大程度上影响着海洋食物网结构和生物地球化学通量，边缘海营养盐动力学是边缘海生物地球化学过程的重要命题。

中国科学院海洋研究所李铁钢研究员在报告中回顾了末次冰期以来的海平面上升在西北太平洋三个阶段性特点，探讨了“东、黄海抵制沉积物的分布特征”，指出陆架上的泥质沉积物的分布是认识古环境变化的理想靶区，相应的研究将为古渔业与生态系统的工作提供丰富的基础资料。

与会者认为，真光层营养盐的供应、浓度和比例，不仅决定着海区的初级生产力，而且也决定了海洋生物群落的粒径谱、组成与结构，进而通过食物网影响渔业产量和地球化学通量。营养盐的组成比例决定生物的种群结构。海水中的 Si：P 和 Si：N 比值的降低最终可以使浮游植物从以硅藻为主转移到其他的藻类群落。

与会者认识到，南海半封闭型边缘海，以及黄、东海因其不同的地理特征及海洋环境为探索营养盐动力学过程—生物群落和食物网的相互作用—地球化学通量提供了良好条件。

当前，陆架边缘海需要关注的生物地球化学科学问题包括：①重要生物地球化学过程的在不同时间尺度上量的区别；②小、中尺度的物理过程对生源要素输运和生物地球化学循环影响的量的区别；③陆架边缘海生物地球化学与食物网之间的相互作用；④气候变化和人文活动对边缘海生物地球化学的影响及其在环境中的记录。

同时，应关注与上述科学问题相伴随的研究内容涉及各种中尺度现象及其对底栖生态系统影响。实现生物地球化学过程的定量化；需要将化学与其他学科的研究尺度匹配，并置以一定程度上的参数化与敏感性分析。要建立相应的模式，以适应在生态系统水平上开展生物地球化学过程研究的需要。

目前在陆架边缘海生物地球化学研究工作的困难包括：小尺度的物理过程对生物地球化学循环的制约在空间尺度上变化显著；不同时间尺度上的事件混杂不易理清；受陆地的影响比较大；现场观测的资料覆盖度不足。

海洋食物网与生态系统多样性、脆弱性和生产力及对系统的反馈

唐启升在题为“海洋食物网及其在生态系统整合研究中的意义”的报告中，指出海洋生态系统对物理与化学的响应会从食物网的变化中体现，而且食物网本身又与生物多样性和生产力相关联。他强调要有效地开展食物网不同营养层次的基础生物学研究、功能生物多样性研究，构建传统食物网与微食物网之间的直接联系，研究海洋生物地球化学循环对食物网结构、功能和动力学的影响及其相互作用，进而通过海洋生态系统整合研究探讨食物网生物生产的受控机制，深化对海洋可再生资源持续利用的机制与过程的认识。

中国科学院海洋研究所孙松研究员在题为“浮游生物的生产过程对海洋生物地球化学循环的贡献”的报告中，指出目前的耦合模型缺乏对一些关键的生物地球化学循环和生态系统的变化过程的时、空分辨能力。海洋食物网受到自然与人文活动影响的表现形式是复杂的，但其组成的变化均与系统的营养盐与痕量元素的循环与再生相关，认为生物生产与代谢过程在海洋生物地球化学循环中扮演着关键功能中枢的角色。

中国水产科学研究院金显仕研究员讨论了“海洋生态系统高营养层次食物网的研究意义与需要解决的问题”，指出与陆地相比，海洋生态系统具有复杂性强、稳定性低的特点。海洋生态系统中能量的流动包括有两条主要的途径，即以光合作用为起点的主食物链和以有机物矿化为起点的碎屑食物链，两者之间的相互联系与表现的形式强烈地影响到渔业产量、生物地球化学循环以及生态系统对人类活动和环境变化的适应与响应。

与会者普遍认为，海洋生态系统对物理和化学过程的响应直接与生态系统的多样性、脆弱性和生产力相关联，海洋生物地球化学循环是整个海洋对地球系统起调节作用的关键动力学过程。因此，需要在全球变化科学框架下更好地认识海洋食物网的基础功能和作用，以及海洋可再生资源在我国持续利用的机制与过程。

与会者聚焦讨论了如下主要科学问题：

1. 海洋食物网研究

开展全食物网（包括各营养层次，如微、低、高等）基本特征的研究是基本的，也是必需的。以在食物网能量流动中发挥关键作用的各营养层次功能群为单元进行研究是一种新的研究策略，可能会在食物网结构与功能研究方面取得突破。建立全食物网基本特征长期观测制度十分重要。

2. 海洋食物网对人类活动和气候变化的适应性响应

海洋食物网的结构和功能是受全球气候变化和人类活动双重影响，但对不同生物种群的影响程度不同。为达到生态系统水平管理，关键功能群之间的相互关系以及对全球变化和人类活动的响应需要深化研究。

3. 海洋食物网与生物地球化学循环

迄今为止的研究还没有真正涉及海洋食物网动态变化与海洋生物地球化学循环之间的相互作用问题。应开展基本的过程研究，建立海洋食物网动态变化与生物地球化学循环之间的相互关系。这一新的研究领域，需要引入新的技术与方法，也需开展古海洋学的相关研究。

4. 生物地球化学循环及其相互作用模式

近 10 年的研究表明，全球变化会通过海洋物理环境的变化作用到水层与底栖食物网和与之相应的生物地球化学循环，影响生态系统中的物质通量模式以及海洋生态系统的种类组成及其复杂程度。今后研究需要关注生物地球化学循环的作用及其相互作用模式。

5. 生物生产受控机制与海洋生态系统整合研究

生物生产受控机制直接影响生态系统产出（例如：食物和能量）和服务（如支持功能和调节功能），而且，生物生产的改变在多数情况下，其原因、后果和变化的时间尺度都是不确定的。研究表明，可能存在多个控制机制。需要开展生态系统水平的多学科整合研究，即应整体地研究一个系统不同时间和空间尺度各营养层次的受控作用因素和相互作用。

6. 需要重点研究的相关问题

从整合的角度，应对以下几个方面问题给予特别关注：①食物网中各营养层次的功能群、功能群之间定量关系、食物网能量和物质流动/转换的动态关系；②大型和微型食物网成分之间的相互作用、量化微食物环对主食物网的贡献；③食物网与海洋生态系统的多样性、脆弱性、生产力、物理和化学过程之间的联系；④人类活动的干扰和气候变化对高营养层次食物网结构、功能、多样性、稳定性和生产力的影响，以及食物网的适应；⑤新技术、新方法研究与应用，例如微观的分子生物学技术、宏观的遥感技术、建模技术等。

立足国家需求，加强可持续海洋生态系统的科学基础

在围绕中心议题聚焦深入讨论的基础上，会议最后回到主题层面，通过自由讨论，深化与整合对陆架边缘海生态系统与生物地球化学过程问题的认识。

2001 年联合国秘书长安南宣布启动了《千年生态系统评估》国际合作项目，2002 年可持续发展政府首脑会议将生态系统评估和保护列为实施计划的重要内容，近几年生态系统水平的管理已成为海洋领域广为关注的科学问题。

与会者充分认识到，在“地球系统科学”思想的引导下，21 世纪 IGBPⅡ的一个重要的深化发展是在研究内容上强调跨学科和相互作用，在研究方法上强调整合与集成，而且把 GLOBEC 和 IMBER 看成是一个整合的海洋研究计划的两个方面。经过 15 年极有成效的全球变化研究之后，学术界进一步认识到生物地球化学循环在地球系统和全球可持续发展中的重要性。一致认为，加强可持续海洋生态系统的科学基础是新世纪的面临的一个重要科学使命。

执行主席同与会专家学者一起认真进行了学术小结。会议认为，一定要立足国家需求，加强全球变化科学框架下的陆架边缘海生态系统与生物地球化学过程研究。

会议在重要科学思路上取得以下重要共识：

1. 可持续海洋生态系统基础研究是新世纪的一项重要科学议题

近两年生态系统水平的海洋管理已成为广为关注的科学问题。面对我国全面建设小康社会和保障食物安全的需求，考虑到海洋所提供的动物蛋白质占整个国民需求的 1/5，而且有增加的趋势，海洋生态系统的可持续问题尤为重要和严峻。在全球变化影响下的海洋生态系统及其对我国海洋可持续发展带来的影响和应采取的对策，无疑是新世纪的一项重要科学议题。

2. 海洋食物网是开展可持续海洋生态系统整合研究的重要切入口

鉴于食物网在海洋生态系统中所具有的特殊地位和功能，实施全过程的食物网研究将是开展可持续海洋生态系统整合研究的重要切入口，如以痕量元素与生物标志物沿食物网从下到上的迁移，或从痕量物质与食物网相互作用出发建造一个共同的平台，将在很大的程度上促进不同学科之间的交叉。这将有助于深化在一定的时间与空间尺度上不同学科研究的整合，自然变化与人文活动的影响的甄别，以及可持续海洋生态系统的生物生产控制机制及其各项服务功能（如供给功能、支持功能和调节功能）的探讨和认识。

3. 生物地球化学循环是可持续海洋生态系统支持及调节功能的关键过程

在我国陆架边缘海，生物地球化学循环不仅影响了可持续海洋生态系统支持和调节功能，同时它与海洋食物网的相互作用又对海洋生态系统结构、多样性、稳定性，以及可持续海洋生态系统产出功能产生重要影响。在涉及化学物质在陆架边缘海的迁移与转化的问题

时，生物地球化学的研究内容在传统的物理海洋学和生态学之间成为纽带，生物地球化学循环业已成为从物理过程的角度深入研究可持续海洋生态系统动态的切入点。因此，生物地球化学循环是我国可持续海洋生态系统基础研究中需要特别加强的学科领域。

会议交流中反映了应予关注的一些科学理念和思路：

（1）在海洋学中引入“生物地球化学功能群”与“模块”的概念有助于将研究问题简化并适合于物理、化学、生物、地质与资源等诸学科之间的交叉。

（2）在陆架边缘海与颗粒物的行为、转化与迁移相关的研究命题是一个显著的特点，应考虑以颗粒物的动力学为纽带将生物地球化学与微生物学的工作关联起来，并汇集在生态系统的水平上集成。

（3）中尺度的海洋学事件（例如：涡、锋面、内波等等）在陆架边缘海中尺度的物理过程对生物地球化学（例如：物质输运）与生态系统的结构与功能具有重要的影响。

（4）要重视养殖与捕捞对陆架边缘海碳循环影响的研究。例如，碳与其他的生源要素在生物地球化学循环的水平上存在着不同形式与程度上的耦合和脱节问题。

（5）宜着重考虑在与食物网有关的生物地球化学过程研究，对于碳与其他生源要素在海洋中的脱节应予以充分地重视。

（6）生态系统的稳定性与健康亦应引起重视，例如应考虑到在“放流”过程中可能引起种群基因库的弱化与疾病或外来物种的入侵等不利的后果。

（7）需要大力鼓励新的研究技术与方法的发展。例如，建立新的分析与测试技术以及寻找具有普适性意义的“标识物”或“代理（proxy）”等。

我国近海生态系统食物产出的关键过程及其可持续机理①

唐启升[1]，苏纪兰[2]，张经[3,4]

（1. 中国水产科学研究院黄海水产研究所，青岛 266071；
2. 国家海洋局第二海洋研究所，杭州 310012；
3. 华东师范大学，上海 200062；
4. 中国海洋大学，青岛 266003）

摘要：围绕国家重点基础研究发展计划（“973 计划”）项目“我国近海生态系统食物产出的关键过程及其可持续机理”，介绍了海洋可持续生态系统研究对我国社会与科技发展的意义、研究现状和发展趋势、拟解决的关键科学问题和预期目标，以及研究实施计划。该项研究的最终目标是从人类活动和自然变化两个方面认识我国近海海洋生态系统服务与产出功能，量化其生态容纳量及动态变化，预测生态系统的承载能力和易损性，寻求我国近海海洋可持续开发利用与资源环境相协调发展的途径。

关键词：近海生态系统；食物产出的关键过程；可持续机理

1　近海生态系统食物产出关键过程研究对我国社会与科学技术发展的意义

1.1　国家食物安全及海洋权益对近海生态系统的重大需求

21 世纪，我国人口将达到 16 亿，人口增加与耕地减少的矛盾更加突出，满足日益增长的食物和优质蛋白的需求是一项十分艰巨的任务，而广阔的海洋疆域具有巨大的生物生产潜力。近海生态系统作为我国现在和未来赖以生存与发展的重要基础，已引起国家和社会的高度重视，党的十六大提出了“实施开发海洋”的战略部署。因此，了解和认识我国近海生态系统的服务功能、食物产出的关键过程及其可持续机理，健康、持续地开发利用近海资源和环境，生产更多更好的蓝色海洋食物，不仅对促进国民经济持续发展有不可忽视的推动作用，同时也为 21 世纪我国食物安全提供重要保证。

2004 年我国海洋食物产量达 2 800 多万吨（捕捞产量为 1 500 多万吨，养殖产量为 1 300 万吨），其中 95%以上的产量取自我国近海生态系统，70%产自于东海、黄海；产值达3 800 亿元，占海洋产业总产值的 30%。这些海洋食物生产不仅形成了对海洋经济高速增长起主要推动作用的产业，为农民增收做出了重大贡献（在大农业行业出口创汇中连续 5 年名列

① 本文原刊于《地球科学进展》，20（12）：1280－1287，2005。

第一），同时还为国民提供了1/5的优质动物蛋白质供给。根据国民经济与人口的发展趋势，预计2020年我国对海洋食物的需求将有大幅度的增加，达到4 000万吨/年，其中捕捞产量需要维持在1 500万吨左右，而从水产养殖获得的产量将达2 500万吨；如此大幅度增加的海洋食物需求仍将主要从我国近海获得解决。

对海洋食物的大量需求，预示着我国近海生态系统将直接面对“如何才能产出这么多的海洋食物”和“如何保证可持续产出”两个重大问题。需要解决由此而产生的诸多矛盾，如海洋食物需求与生态容纳量的矛盾；生态系统食物产出数量与质量之间的矛盾；规模化发展与现有海洋管理的矛盾等。

因此，需要从海洋科学与渔业科学交叉的基础研究的角度，研究我国近海生态系统食物产出的关键过程，探索可以获得持续产量的机理，并从人类活动和自然变化两个方面进一步认识我国近海海洋生态系统承载力与易损性，寻求海洋可持续开发利用与资源环境相协调发展的科学途径，为提高近海生态系统水平的管理及其相应政策的实施提供坚实的科学依据和技术支撑。

另一方面，我国近海生态系统的食物产出问题还涉及中国在今后几十年中的海洋资源安全和战略发展的走向。历史上，中、日、韩、朝等国由东、黄海生物资源利益而引发的渔业纠纷不断，而且目前有愈加复杂化的趋势，甚至对资源属地、属性问题提出异议。这些问题会继续在东亚地区的政治、经济和军事冲突中扮演角色。因此，从国家资源安全和海洋权益的角度，对我国近海生态系统的服务功能及其食物产出开展深入的研究也是十分迫切和必要的。

1.2 推动海洋生态系统可持续科学研究的发展

20世纪末，海洋可持续生态系统已被认为是今后20年海洋科学前沿领域最为重要的研究发展内容。进入新世纪，海洋可持续生态系统国际前沿领域出现了一系列与服务功能、交叉与整合和综合管理有关的新的研究动向。这些新的研究动向，不仅成为国际全球变化和可持续科学的重要研究内容，同时也代表了海洋可持续生态系统科学研究的发展趋势。

1.2.1 海洋生态系统服务功能研究

颇受关注的联合国千年生态系统评估报告，特别强调了生态系统服务功能的重要意义，指出近海生态系统是脆弱且受人文活动影响十分显著的地区。从可持续发展的角度，强调对近海生态系统供给、支持和调节等服务功能的知识需求及其与人类福利关系研究的紧迫性。因此，在已有研究（如“973计划”项目“东、黄海生态系统动力学与生物资源可持续利用”[1]）的基础上，进一步通过对近海生态系统支持功能、调节功能、生产功能及其受控机制的研究来揭示食物产出的关键过程，它不仅对认识近海生态系统的服务功能以及探讨生物资源可持续利用的科学途径有十分重要的意义，同时，也将使我国海洋可持续生态系统的研究水平从结构研究提升到功能研究的层次上，有助于解决近海生态系统所面对的问题。

1.2.2 海洋多学科交叉与整合研究

进入新世纪，国际地圈生物圈计划第二阶段（IGBP－Ⅱ）的全球变化研究促使海洋方面“海洋生物地球化学和海洋生态系统整合研究（integrated marine biogeochemistry and ecosystem research，IMBER)”新计划形成，并极力推动前期已启动的“全球海洋生态系统动力学（global ocean ecosystem dynamics，GLOBEC)”计划与其共同构建海洋多学科交叉与整合的研究框架，强调海洋生物地球化学和全程食物网研究及其耦合的重要性。因此，若能把海洋生态系统多学科（包括化学海洋学、物理海洋学、生物海洋学和渔业海洋学等）交叉研究整合到“食物产出的关键过程及其可持续机理”上，它不仅能为我国海洋多学科交叉研究注入新的研究内涵，同时也将推动海洋可持续生态系统整合研究在一个较高的层次上开展，即将整合研究从食物网的低营养层次向高营养层次展开，最后聚焦到食物产出上。

1.2.3　生态系统水平的海洋管理研究

在世界向海洋索取食物的同时，海洋可持续发展更加受到关注，特别强调“生态系统水平管理（ecosystem-based management，EbM)”。该理念已成为新世纪世界海洋可持续利用与管理的新目标、新追求。但是，目前能为实现 EbM 而提供的科学依据与技术支撑则不多，因为在全球范围内对海洋可持续生态系统的服务功能及其产出了解甚少，且很肤浅。显然，这是一个急需开展广泛研究并极富挑战性的新学科领域。

总之，以海洋食物产出的关键过程为学术内涵，一方面将提升我国海洋可持续生态系统研究在一个新的学科交叉与整合研究的平台上稳固发展，为目前日益受到重视的海洋食物高效产出过程和生态系统水平的海洋管理提供更为扎实的科学依据，另一方面将推动我国海洋可持续生态系统研究在更高的服务功能的层面上发展，进一步强化我国海洋科学多学科交叉与整合研究队伍建设，巩固和扩大我国在该前沿领域已占有的国际地位。

2　国内外研究进展和发展趋势

2.1　国际最新研究进展和发展趋势

20 世纪 80 年代以来，社会发展和科学进步为海洋科学发展带来了新的机遇，产生了一系列全球性的大型国际海洋研究计划，促进了以可持续发展为目标的海洋生态系统的研究发展。其中具代表性的计划有大海洋生态系（LME)、全球海洋观测系统（GOOS）和全球海洋生态系统动力学（GLOBEC）等，它们分别代表了海洋可持续生态系统在应用管理、观测体系和理论基础等 3 个方面的研究[2]。

20 世纪末，Field 等[3,4]一批世界著名海洋科学家受联合国政府间海洋学委员会（IOC)、国际海洋研究科学委员会（SCOR）和国际环境问题科学委员会（SCOPE）等国际组织的委托，展望海洋科学未来的发展，于 2002 年发表了《海洋 2020——科学、趋势和可持续挑战》专著。他们在总结以往研究的基础上，提出了新世纪海洋科学 12 个优先发展的领域，其中有 8 个方面与海洋可持续生态系统研究有密切的关联。可以看出，对于未来海洋科学的发展，世界海洋科学家们特别关注新研究领域与多学科整合、可持续发展及新技术应用。

进入新世纪，海洋多学科交叉与整合研究受到特别重视，如国际地圈生物圈计划在其前 15 年极有成效的全球变化研究（IGBP-Ⅰ）基础上启动的第二阶段科学计划（IGBP-Ⅱ）就突出了这一点。IGBP-Ⅰ的研究成果已经深刻地揭示了地球系统所具有的复杂性和相互作用的本质，而 IGBP-Ⅱ则进一步在“地球系统科学”思想的引导下，针对“全球可持续性”需求的目标（即“碳、水、食物和健康”），在研究内容上强调跨学科和相互作用，在研究方法上调强集成与整合，并在前沿领域形成若干新的研究计划。在海洋方面，20 世纪的研究成果使人们认识到深入了解海洋可持续生态系统服务与产出的瓶颈之一是对海洋生态系统功能知识的不足，注意到海洋生态系统生产力的变化与海洋生物地球化学过程密不可分，尤其是海洋中营养与痕量元素的生物地球化学循环。在此背景下，新的海洋科学研究计划，即海洋生物地球化学和海洋生态系统整合计划得以形成，IMBER 的主要目标是了解海洋生物地球化学循环与海洋生命过程之间的相互作用及其对全球变化的反馈。它与前期已启动的全球海洋生态系统动力学（GLOBEC）计划共同构成了 IGBP－Ⅱ针对“全球可持续性”的需求在海洋方面的研究主体，GLOBEC 以浮游动物为主要对象认识海洋物理过程与生物过程的相互作用和海洋生态系统的动态。在 IGBP－Ⅱ推动下，两者正在构建海洋多学科交叉与整合的研究框架，其中近海（陆架边缘海）生态系统是该研究框架的战略重点和优先发展的研究海域之一。

IGBP－Ⅱ在推动海洋可持续生态系统整合研究发展中，关注海洋生物地球化学循环和全食物网营养动力学过程的研究，因为在 IGBP－Ⅰ的海洋研究计划中，JGOFS（joint global ocean flux studies）和 GLOBEC 均没有强调从微生物到顶层捕食者的整个食物网的研究，也没有将其和生物地球化学过程耦合在一起。IGBP－Ⅱ期望通过对海洋生物地球化学与海洋食物网之间的整合研究，能够对生态系统结构与功能有一个更加彻底的了解。IMBER[5]认为对生物地球化学循环和食物网之间的相互关系的理解对刻画地球科学系统中海洋对其他圈层的反馈和评估海洋本身的可持续食物生产都非常重要，有利于促进对影响食物的品质和产出基本规律（即渔业海洋学）的知识积累。2003 年 IGBP 第三届大会 B5 工作组提出，由于海洋的特殊性，海洋生态系统整合研究需要开展全程（from end to end）食物网研究，即开展从食物网的原核生物—浮游植物到顶级生物，从个体到粒径谱、功能群和营养层的研究。

进入 21 世纪，海洋可持续生态系统国际前沿领域还出现了 2 个值得关注的新研究动向以及与之有关的重要事件，即强调对“海洋生态系统服务功能及其影响因子”和“生态系统水平管理（EbM）”研究的重要性。这是因为全世界有 10 亿人以海洋生物为食，向海洋索取食物成为一个全球性的需求。不论发展中国家还是发达国家都重视开发利用海洋生物资源，希望生产更多更好的海洋食物。如美国政府提出到 2025 年，将渔业的产量增加 5 倍。在这种情况下，就需要深入认识与食物产出直接有关的生态系统服务功能，需要探讨保证海洋生态系统可持续开发利用的有效途径。

新近出台的联合国千年生态系统评估报告指出：近海生态系统与人类的文明活动最为密切，那里的资源与生物多样性极为丰富，但又是受人文活动影响十分显著的地区。从可持续发展的角度，近海生态系统正以前所未有的速率在许多地区发生不可逆转的变化，应予以特殊的关注，特别强调了认识生态系统服务功能的重要意义及其研究与人类福祉关系的必要性[6]。

近年来的一些研究表明，海洋食物产出受到自然变化和人类活动的双重作用，两者皆会引起在时间与空间尺度上的长远后果。自然变化主要体现为气候的变化，气候的变化不仅会通过物理环境的变化影响到食物网的各个阶层，同时经过生物地球化学过程作用于营养盐的循环，对食物网动态产生上行作用；而人类活动对海洋生物资源的选择性开发已导致种群结构与数量的变动，从而影响到整个种群动力学变化，并通过食物网内部的作用机制对整个生态系统产生影响[7,8]。如选择性的捕捞使得全球海洋渔获物的营养级由 50 年代初的 3.3 下降至 1994 年的 3.1[9]，引起了食物网的产出由高营养层次向低营养层次的转换，明显影响了海洋生态系统食物产出质量[10]。由于海洋食物生产的数量和品质取决于目标资源在食物网中的位置与食物网本身的结构，因而其变化对人类的食物安全、生物多样性和海洋生物资源的管理均具有重要的意义[11]。

2001 年联合国粮食及农业组织（FAO）与 40 多个国家在冰岛雷克雅未克召开的“海洋生态系统负责任渔业”部长会议之后，“生态系统水平管理（EbM）”成为新世纪世界海洋可持续利用与管理的新目标、新追求。2002 年可持续发展世界首脑会议（WSSD）公布的第一个协议：“2015 年恢复渔业资源”，就是在以 EbM 为共识的基础上达成的。2004 年多个国际组织在巴黎召开“渔业管理的生态系统数量指标”会议，对实施 EbM 展开了广泛的学术研讨。

2004 年美国发表了关于海洋政策的国情咨文[12]，强调美国未来的海洋政策中应该建立在 EbM 的基础上，要求重视生态系统各个组成部分之间的相互联系，不再像过去按行政区域划分。为达到此目标，要求国家从基础研究、教育与投资的角度予以更多的关注。2005 年 3 月 21 日美国 215 名海洋顶尖科学家和政策专家联名发表的“海洋 EbM 科学共识声明”，进一步强调 EbM 对海洋可持续利用和国家发展的重要性。

2.2　国内研究现状和水平

我国是开展海洋生态系统研究较早的国家之一。20 世纪 80 年代我国开始有部分工作在海洋生态系统水平上开展，如“胶州湾生态学和生物资源”（1980—1983）、“渤海水域渔业资源、生态环境及其增殖潜力的调查研究”（1981—1985）、“三峡工程对长江口生态系的影响”（1985—1987）、“黄海大海洋生态系调查”（1985—1989）、“闽南—台湾浅滩渔场上升流区生态系研究”（1987—1990）等。

“八五”以来，国家自然科学基金委员会启动了一批重点项目，如“东海海洋通量关键过程研究”“台湾海峡生源要素地球化学过程研究”“典型海湾生态系统动态过程与持续发展研究”和“黄海环流及营养盐长期输运研究”等。1996 年启动了重大项目“渤海生态系统动力学与生物资源持续利用”，“十五”在“全球变化及其区域响应”的基金重大计划中又启动了若干与海洋有关的项目，这些工作明显地加强了与海洋生态系统相关领域的基础研究。

“九五”末，国家科技部不失时机地支持和实施了一批与海洋相关的国家重点基础研究发展规划项目，大大提高了我国近海生态系统的综合观测、建模和预测技术的研究水平，其中，“东、黄海生态系统动力学与生物资源可持续利用”项目，对推动我国海洋生态系统动力学研究进入世界先进行列发挥了重要的作用[13]。

由于“十五”海洋生态系统研究在我国的良好发展，促使我国的海洋科研和管理人员更加关注海洋生态系统研究前沿领域的发展，更加关注与可持续发展有关的海洋管理的深层次问题。如对海洋可持续生态系统及其产出的研究发展成为多个科技规划战略研究的话题，在“国家中长期科学和技术发展规划战略研究”的“能源、资源与海洋发展科技问题研究”专题和“海洋发展战略和技术经济政策研究”课题以及“2020 中国海洋科学和技术发展”的研究中，均把海洋食物生产列为重要内容。提出制定蓝色海洋食物发展计划，设想实施养护海洋生物资源及其环境、拓展海洋生物资源开发利用领域和加强海洋高技术应用的战略，以便保障海洋生物资源可持续利用与协调发展，推动海洋生物产业由“产量型”向“质量效益型”和“负责任型”的战略转移。

针对海洋可持续生态系统研究前沿领域的发展，2004 年 5 月，以“陆架边缘海生态系统与生物地球化学过程”为主题的第 228 次香山科学会议在北京召开。会议立足国家需求，提出了在全球变化科学框架下开展我国陆架边缘海可持续生态系统研究的科学思路：①海洋可持续生态系统的基础研究是新世纪一项重要的科学议题；②海洋食物网是开展海洋可持续生态系统整合研究的重要切入口；③生物地球化学循环是海洋可持续生态系统支持及调节功能的关键过程[14]。

3 拟解决的关键科学问题和预期目标

3.1 主要关键科学问题

围绕国家对海洋食物供给和资源可持续利用的重大需求以及在中长期发展战略中所面临的海洋资源与权益方面的严峻挑战，从人类活动和自然变化两个方面来研究和认识我国近海生态系统的服务功能及其承载力，拟解决影响食物产出的支持功能、调节功能和生产功能的主要关键科学问题，目的是寻求提高近海生态系统食物生产的数量和质量及其可持续开发利用的科学途径。

3.1.1 食物生产的关键生物地球化学过程

生物地球化学过程是海洋生态系统中物质循环的基础，支撑着海洋食物生产。生源要素和痕量营养物质的循环速率和通量的变化在很大程度上控制着食物生产的时空变化与生态系统可持续的生产能力。所包含的科学问题为：陆源与海洋有机质的降解与生源要素的矿化如何驱动近海不同生态亚区的物质循环；界面（沉积物-水、颗粒物-水等）过程对生源要素和痕量元素的不同赋存形态之间转化的控制；营养盐与痕量元素在不同储库之间的流动对食物网中物质传递的示踪原理；生物地球化学过程对近海与大气和开阔海洋之间物质反馈的影响形式；气候变化和人类活动引起的近海环境演变的生物地球化学记录，以及生物地球化学循环对近海生态容纳量的作用机制。

3.1.2 生源要素循环和补充的海洋动力学机制

海洋动力过程通过对生物地球化学的影响对近海生态系统服务与食物产出功能起着重要的调节作用。河-海、沉积物-水、不同水团等界面的海洋动力交换过程决定生源要素的外部补充，环流的输运过程控制生源要素的内部循环，环流、锋面、层化和混合等关键动力过程是形成和维持高生产力区营养供给的物理基础。所包含的科学问题为：重要界面物质交换动力机制及其在生源要素外源补充中的作用；近海环流演变对生源要素内部循环的作用机理；典型生态区关键动力过程特征及其对初级生产和食物网中物质流动的作用；海洋动力过程对气候变化的响应机理及其对生态容纳量的调节作用。

3.1.3 基础生物生产与关键生物地球化学过程的耦合机理

基础生物生产与生物地球化学过程的相互作用直接影响生态系统的食物产出功能。作为海洋食物生产过程中有机物质形成的基础环节，浮游植物群落生物量的增长与颗粒有机物的光合生产以及溶解有机物通过细菌二次生产和微食物环回归食物网的生产过程等均受营养盐和微量元素再生与补充、有机物降解的生物地球化学过程的调控，同时，浮游植物群落和细菌生物量增长的基础生物生产又改变着水体营养盐、微量元素和有机碳库的储量与分布格局，从而影响着生源要素无机—有机形态相互转化的生物地球化学循环过程。所包含的科学问题为：关键生物地球化学过程对浮游植物和微食物环基础生产的调控作用；初级生产产品沿主食物链和微食物环传输的潜在分配比和转换效率；基础生物生产对生源要素循环的影响；基础生物生产对自然变化和人类活动的响应。

3.1.4 生物功能群的食物网营养动力学

食物网营养动力学过程是食物产出的基本过程，是生态系统支持功能和调节功能最终体现。食物网物质与能量的传递取决于生物功能群（包括浮游植物、浮游动物、游泳动物）的组成及其转换效率和产出率，同时，食物产出的数量与质量又受制于人类活动和自然变化。所包含的科学问题为：初级生产与浮游动物功能群的互动关系与动态变化机制；各营养阶层功能群的生态转换效率、移出率和产出率；主要经济种群数量变动与浮游动物功能群动态变化的耦合机理；食物网功能群的组成和食物产出对人类活动的响应机制；近海生态系统食物可持续产出与生态容纳量动态机理。

3.2 预期目标

3.2.1 总体目标

从人类活动和自然变化两个方面认识我国近海海洋生态系统服务与产出功能，量化其生态容纳量及动态变化，预测生态系统的承载能力和易损性，寻求我国近海海洋可持续开发利用与资源环境相协调发展的途径。使具有陆架特色的我国近海可持续生态系统理论体系和多学科交叉研究队伍进入国际先进行列。

3.2.2 5年预期目标

拟在我国近海生态系统食物产出的关键过程和生物资源可持续利用机理等前沿研究领域取得突破，为“如何才能产出这么多的海洋食物和如何保证可持续产出”两个重大问题提供科学依据，进一步扩大我国在海洋可持续生态系统研究领域已占有的国际地位。

认识影响我国近海生态系统食物产出的支持功能、调节功能和生产功能的关键过程，建立相应的预测模型。主要包括：食物产出的关键生物地球化学过程、生源要素循环和补充的关键动力学过程、基础生产与生物地球化学耦合过程、生物功能群食物网营养动力学过程等。

阐明我国近海生态系统食物可持续产出的机理。甄别人类活动和自然变化对生态系统及其资源的影响和反馈机制，确认近海渔业（捕捞、养殖）生态系统管理的量化指标，寻求提高近海生态系统食物生产的数量和质量的科学途径，为2015年建立我国近海生态系统食物可持续生产和生态系统水平上的海洋管理体系提供科学依据，并为维护我国海洋资源权益提供理论与技术支撑。

4 研究实施计划

4.1 主要研究内容

围绕影响近海生态系统食物产出功能的 4 个主要关键科学问题，拟选择黄东海典型生态海域、主要生物功能群/关键种，以生物地球化学与全食物网关键过程相互作用为核心，以生态容纳量为切入口，从关键生物地球化学过程对食物生产的支持作用、生源要素循环和补充的关键海洋动力学过程、基础生产及其生物地球化学耦合和生物功能群食物产出过程与可持续模式等方面开展多学科交叉与整合研究。

4.1.1 关键生物地球化学过程对食物生产的支持作用研究

以第一关键科学问题“食物产出的关键生物地球化学过程”为核心，侧重于生源要素与痕量物质在近海不同生态亚区中的循环速率和边界物质交换对食物生产的结构、组成和数量变化的影响机制的研究。

主要研究内容包括：有机质降解和矿化过程对元素在不同赋存形式之间转化的制约；颗粒物动力学对生源要素的迁移机制；贯跃层物质交换及垂向生源要素的输运；物质通过大气、河流与黑潮向陆架补充的时、空变化；水生-底栖系统的耦合对富营养化-底层水缺氧演化的作用；气候变化和人类活动对近海生态系统向大气与开阔海洋反馈的影响及在环境中的记录。

4.1.2 生源要素循环和补充的关键动力学过程研究

以第二关键科学问题“生源要素循环和补充的海洋动力学机制”为核心，重点开展近海动力过程对重要界面的生源要素外源补充机理、生态系统容纳量动态机理、典型生态区食物可持续生产调节作用的研究。

主要研究内容包括：沉积物-水界面动力过程及生源要素补充；不同陆架水团之间的物质交换过程；长江入海陆源物质在陆架上的输运过程；东、黄海环流对生源要素循环及食物生产季节性变化的调节作用；建立典型生态区生源要素循环和生态容纳量模型。

4.1.3 基础生物生产及其与关键生物地球化学过程的耦合研究

以第三关键科学问题“基础生物生产与关键生物地球化学过程的耦合机理”为核心，重点进行基础生物功能群结构、数量变动、相互关系以及生物地球化学及物理过程对基础生物生产影响等方面的研究。

主要研究内容包括：典型生态区浮游植物群落增长营养动力学与初级生产过程；微食物环功能群的组成和数量与营养盐结构变动的相互作用；浮游植物和微食物环功能群变动对浮游动物功能群的影响；浮游动物功能群对浮游植物和微食物环功能群的摄食压力；次级生产与初级生产耦合模式的时空变化；基础生物生产对高营养层摄食压力的响应。

4.1.4 生物功能群的食物生产过程与可持续模式的研究

以第四关键科学问题“生物功能群的食物网营养动力学”为核心，侧重于不同功能群能量通过食物网的传递效率、各营养层次生物生产力以及人类开发利用对食物生产过程影响和可持续产量研究。

主要研究内容包括：浮游生物功能群的动态变化及其上行控制作用与反馈；典型生态区生物资源功能多样性特征、生物资源量和捕捞承载力评估和预测；重要资源种群生物学特征对人类活动和环境变化的响应机制及其种群动态在沉积物中的历史记录；近海生物地球化学过程与养殖容纳量；环境友好型的多元生态优化养殖模式与可持续生产的调控机理；食物产出的可持续产量模型。

4.2　实施学术思路与技术路线

4.2.1　重点研究与调查区域

我国近海地理环境特征独特，其中东、黄海拥有宽阔的陆架，西有长江等河流携入大量陆源物质，东南受黑潮暖流的强烈影响，同时又承受东亚季风的交互作用，生物多样性丰富、优势种明显、食物网结构复杂、生物生产潜力大，孕育了数个高产的渔场，是我国海洋食物的主要供给地。该海域既具半封闭系统的特点，又有开放系统的内涵，科学问题突出，是国内外地球科学和生命科学极为关注的海洋多学科交叉与整合研究区域。选择东、黄海为重点研究区域，将有利于重大科学问题研究与解决国家重大需求问题的有机结合。研究实施中，拟选择黄海冷水团、东海陆架（包括长江口外和陆架边缘）和近海典型养殖区等为重点调查与实验区域。

4.2.2　研究核心与研究尺度

以海洋生物地球化学与全程食物网关键过程相互作用为研究核心，对食物产出的关键生物地球化学过程、生源要素循环和补充的海洋动力学机制、基础生物生产与关键生物地球化学过程的耦合、生物功能群食物网营养动力学过程等关键科学问题开展多学科交叉与整合研究，确认影响近海生态系统食物产出支持功能、调节功能和生产功能的关键过程，建立相应的预测模型。在研究中，以中尺度过程研究为主。

4.2.3　研究主线与重点研究主题

为了关键科学问题的多学科交叉与整合研究收到预期效果，研究实施中以全程食物网为研究主线。即在全程食物网的意义上进一步突出以食物网关键种构成的食物产出主线（如硅藻类群、中华哲水蚤、鳀鱼、蓝点马鲛等），并在各营养层次（浮游植物、浮游动物、初级肉食动物、高级肉食动物）功能群的层面上的展开研究，研究食物网产出与关键种/功能群之间的互动关系。同时，在不同的典型生态区选择相应的重点研究主题，如在黄海冷水团选择生物功能多样性与食物网营养动力学为研究重点、在东海陆架选择黑潮—陆源物质输入对营养及食物产出的贡献（包括长江口外溶解氧亏损区）为研究重点、在典型养殖区选择生物地球化学与生态容纳量互动关系为研究重点。这样，各课题的研究能够按照明确的研究主线，使项目所涉及的化学海洋学、物理海洋学、生物海洋学和渔业海洋学等学科研究目标集中、步调一致，对应“关键问题”聚焦“共性问题”，在研究区域上形成“点”与“面”结合的格局，也使整个研究能够紧紧贴近国家重大需求，为解决制约我国海洋食物产出与可持续发展的瓶颈问题奠定科学基础。

4.2.4 技术路线与主要手段

为了突出关键过程和建模研究，拟采用历史/遥感资料分析-海上调查与现场试验-受控生态实验/室内实验-数值建模相结合的系统研究方法，其中海上调查和受控生态实验是获得研究数据的主要手段。

为了保证实验数据与研究结果的高质量水准，鼓励新技术、新方法的探索和应用，鼓励广泛的国际交流与合作。

参考文献

[1] Tang Qisheng，Su Jilan. Study on marine ecosystem dynamics and living resources sustainable utilization [J]. Advances in Earth Science，2001，16 (1)：5-11. [唐启升，苏纪兰．海洋生态系统动力学研究与海洋生物资源可持续利用 [J]. 地球科学进展，2001，16 (1)：5-11.]

[2] Tang Qisheng，Su Jilan，et al. Study on ecosystem dynamics in coastal ocean：Ⅰ key scientific question and study stratagem [M]. Beijing：Science Press，2000. [唐启升，苏纪兰，等．中国海洋生态系统动力学研究：Ⅰ关键科学问题与研究发展战略 [M]. 北京：科学出版社，2000.]

[3] Field J G，Hempel G，Summerhayes C P. Ocean 2020：science，trends and the challenge of sustainability [M]. Washington，Covelo，London：Island Press，2002.

[4] Su Jilan，Tang Qisheng. Basic study development on the Chinese marine ecosystems [J]. Advances in Earth Science，2005，20 (2)：139-143. [苏纪兰，唐启升．我国海洋生态系统基础研究的发展 [J]. 地球科学进展，2005，20 (2)：139-143.]

[5] IMBER (integrated marine biogeochemistry and ecosystem research). IMBER science plan and implementation strategy [Z]. http：//www.jhu.edu/scor/IMBER_SPIS-16Dec2004.pdf，2004.

[6] United Nations. Ecosystems and human well-being：a framework for assessment [M]. MA and Island Press，2003.

[7] Marshall C T. Total lipid energy as a proxy for total egg production by fish stocks [J]. Nature，1999，402：288-290.

[8] Kster F W，Hinrichsen H H，John M A St，et al. Developing baltic cod recruitment models Ⅱ：Incorporation of environmental variability and species interaction [J]. Canadian Journal of Fisheries and Aquatic Science，2001，58：1534-1556.

[9] Pauly D，Christensen V，Dalsgaard J，et al. Fishing down marine food webs [J]. Science，1998，279：860-863.

[10] Myers R A，Worms B. Rapid world wide depletion of predatory fish communities [J]. Nature，2003，423：280-283.

[11] ChapinⅢ F S，Walker B H，Hobbs R J，et al. Tilman biotic control over the functioning of ecosystems [J]. Science，1997，277：500-504.

[12] US Commission on Ocean Policy. Preliminary report of US Commission on Ocean Policy，governor's draft [R]. Washington DC，2004.

[13] Tang Qisheng，et al. Summarize report of ecosystem dynamics and sustainable utilization of marine living resources in the East China Sea and Yellow Sea [R]. Beijing：national basic key research program evaluation meeting，2004. [唐启升，等．"东、黄海生态系统动力学与生物资源可持续利用"项目总

结报告［R］. 北京：国家重点基础研究计划项目验收会议，2004.］

［14］ Su Jilan，Tang Qisheng，Zhang Jing，et al. Report of sustainable ecosystem and biogeochemistry in the coastal ocean ［R］. Beijing：228 Xiangshan Conference，2004 ［苏纪兰，唐启升，张经，等．"陆架边缘海生态系统与生物地球化学过程"讨论会总结报告［R］. 北京：香山会议第 228 次学术讨论会，2004.］

Key Processes and Sustainable Mechanisms of Ecosystem Food Production in the Coastal Ocean of China

TANG Qisheng[1]，SU Ji lan[2]，ZHANG Jing[3,4]

(*1. Yellow Sea Fisheries Research Institute, Qingdao 266071, China;*
2. Second Institute of Oceanography, Hangzhou 310012, China;
3. East China Normal University, Shanghai 200062, China;
4. Ocean University of China, Qingdao 266003, China)

Abstract：This presentation is based on "Key Processes and Sustainable Mechanisms of Ecosystem Food Production in the Coastal Ocean of China"，a project of the National Basic key Research Program. It recommends the important meaning of sustainable marine ecosystem studies to the Chinese social & technology development，research status and evolution trend，key scientific issues that need to be solved，expected aims，and implementation plan. Our goals of the study are to understand functions of services and food production in the Chinese coastal & shelf ecosystems from both anthropogenic forcing and natural changes，to evaluate quantificational carrying capacity of ecosystem and dynamics，to predict ecosystem carrying capacity and frangibility，and to seek a way of harmonious development between sustainable utilization and resources environment in the coastal ocean of China.

Key words：Coastal ocean ecosystem；Key processes of food production；Sustainable mechanism

我国海洋生态系统基础研究的发展

——国际趋势和国内需求①

苏纪兰[1]，唐启升[2]

（1. 国家海洋局第二海洋研究所，海洋动力过程与卫星海洋学国家海洋局重点实验室，杭州 310012；

2. 中国水产科学研究院黄海水产研究所，农业部海洋渔业资源可持续利用重点开放实验室，青岛 266071）

摘要：进入 21 世纪，许多学科都对其以往的进展作了回顾，对其未来的发展作了展望：一些大型国际研究计划也在过去所取得的成就的基础上，在世界人口需求的框架下制定了新世纪的目标和研究内容；我国则确定了全面建设小康社会的宏伟目标，并就此制定了国家中长期科学和技术发展规划。结合海洋学科的发展趋势、我国未来社会经济发展的需求、重大国际研究计划的整合动向等 3 个方面，就我国海洋生态系统基础研究的发展作一些讨论。

关键词：海洋生态系统；生物地球化学；基础研究；中国

1 海洋生态系统

生物群落与其所在地理位置的非生物环境构成一个生态系统。生态系统中不但非生物环境在影响着其生物群落的发展，生物群落实际上也一直对非生物环境的演变起着重要的作用，尤其是人类最近数百年来的活动。人类的生存和社会的发展依赖于地球各生态系统所提供的产物（goods）与服务（services）。概括地讲，产物如食物、纤维、药品、能源等来自生态资源部分，而生态系统的环境（包括生物的及非生物的）则提供各种各样的服务，如净化水质、解毒有害物质、循环调节温室气体及生源要素、缓和旱涝及土壤侵蚀等。研究表明，生态系统及其功能对包括气候变化在内的全球变化的程度及速率常常是相当敏感的。

海洋面积占全球的 71%，具有储存及交换热量、CO_2 和其他活性气体的巨大能力，因此海洋生态系统对包括气候变化在内的全球变化有着至关重要的调节作用。海洋生态系统也为全世界提供了丰富的优良动物蛋白质，海洋渔业年获量约 1.2 亿 t，提供了全球约 20%的动物蛋白质，2003 年我国消耗的动物蛋白质中来自海洋的大致也是这个比例。目前全球有近半数的人口集中在离海岸 100 km 以内的沿海区，并且呈快速上升趋势。海岸带及近海的海洋生态系统为近海社会发展提供了巨大的产物与服务，同时其自身也承载着巨大的压力，

① 本文原刊于《地球科学进展》，20（2）：139－143，2005。

其资源与环境不断恶化。

由于海洋的特殊物理性质，海洋生态系统与陆地生态系统大不相同。海洋的初级生产主要由 1～100 μm 的浮游植物完成，次级生产由仍然较小的（0.1～10 mm）浮游动物完成。其中两组生物群的各自最小端群体加上原生动物构成所谓的微食物环（microbial loop），它在海洋生态系统的能量流动和物质循环中起着重要的作用。因此，海洋生态系统较陆地生态系统复杂得多，稳定性也远比陆地低。海洋生态系统的研究难度大，海洋锋面、跃层、中尺度涡等海洋物理过程以及与悬浮颗粒物和沉积物有关的生物地球化学循环皆是影响海洋生态系统结构及其变化的关键过程。

2 21 世纪海洋生态系统学科发展的展望

联合国政府间海洋学委员会（IOC）和国际海洋研究委员会（SCOR）是推动海洋学研究的 2 个主要国际组织，并且经常联合行动。在过去 40 年来他们共同主办过 3 次高层次学术讨论会，对海洋学的发展进行回顾与展望。

2.1 20 年前对海洋科学发展展望的经验

20 世纪 80 年代初 IOC 和 SCOR 共同进行过对 2000 年海洋科学发展展望的讨论会，其预测有相当的准确性，尤其对学科交叉的 2 个领域的发展预测最值得称赞。一个是关于海洋在气候系统中的位置；另一个是关于海洋生态系统研究的重要性。回顾这 20 年来海洋科学的突出进展，在前者有世界气候研究计划（WCRP）推动的一系列以海洋物理为基石的气候研究国际计划，如以厄尔尼诺为对象的热带海洋全球大气试验（TOGA）、以 10 年际尺度气候变化为对象的世界海洋环流实验（WOCE）和更深入围绕年际至 10 年际气候波动的气候变率及可预报性研究计划（CLIVAR）；在后者有国际地圈生物圈计划（IGBP）推动的一系列侧重海洋生态系统在全球变化中作用及响应的国际计划，如以浮游植物为焦点的全球海洋通量联合研究（JGOFS）和以浮游动物为焦点的全球海洋生态系统动力学（GIOBEC），还有 IOC 和 SCOR 共同倡议的侧重赤潮生物过程与物理生化环境的关系全球有害藻华的生态学和海洋学（GEOHAB）。这 3 个计划的共同特点就是特别关注海洋生物和化学与海洋物理过程研究的结合。

20 世纪 80 年代初那次的展望已认识到，要了解全球气候系统的变化机理，必须要把世界海洋作为一个整体来研究，这也促成了 90 年代初国际上正式倡议成立全球观测系统（GOOS）。GOOS 的逐步建立，尤其是近海部分，又将为海洋生态系统研究提供宝贵的长时间系列数据。

海洋研究难度大，因此海洋科学的大部分进展都是建立在观测方法和手段改进的基础上。海洋的高浓度盐离子环境和生物群落的复杂组成使得海洋化学和生物的观测难度更大。80 年代初的展望也因此未能料到一些重要的海洋化学与生物的发现，如广大的海洋生产力为铁的限制、海洋生物广泛地利用化学信号、大洋海底存在大量细菌等。

那次展望也未能预料到一些观测技术的跃进，尤其是有关生物与化学方面的，如观测大面积海洋初级生产力的水色卫星、用于中上层海洋哺乳动物及鱼类的各种标志以认识其行为和环境、解释海洋生物和种群的基因结构的分子探针和 DNA 技术等。

2.2 21世纪初海洋科学的发展展望

在20世纪末，IOC和SCOR再次联合举办高层次讨论会，回顾过去近20年的海洋科学进展，展望2020年海洋科学的可能发展。这次讨论会还得到国际环境问题研究委员会（SCOPE）的支持，共同主办了这次会议。

从20世纪80年代到20世纪末，全球的政治背景已起了很大的变化。在海洋方面，1992年在巴西召开的联合国环境与发展大会（UNCED）提出了可持续发展的概念，唤醒了人们不能把大洋和近海简单地看成捕渔获取和倾废纳污之地，认识到对海洋监测的重要性。1994年生效的联合国海洋法公约（UNCLOS）给予沿海国家对其经济专属区的管辖权，大大拓展了这些国家的海洋国土和权益，人类活动对海岸带及近海生态系统造成的压力也随着全球经济的发展而迅速增大。此外，为2002年世界可持续发展首脑会议（WSSD）进行的各层次准备，其聚焦已覆盖到国民经济发展的一些重要需求上，如水、食物等。

在这样的全球背景下，20世纪末这次对未来海洋科学发展的展望不再以各学科作为其探讨的方式，而是从一些世界所关注的问题来看海洋科学发展。这些问题包括承受重压的海岸带及近海海洋生态系统、海洋与气候变化、海洋渔业科学与可持续发展渔业、海洋产业的海洋学研究、海洋运输和国防对海洋环境信息的需求。另外，这次讨论还对业务海洋学、海洋学仪器设备，以及与海洋科学有关的国际合作和发展中国家能力建设等作了展望。

在讨论会的基础上，总结出未来20年重要海洋科学技术发展在10个方面的展望：

（1）卫星遥感与现场观测网的结合，包括生物和化学的新观测方法。

（2）信息革命带来的社会普及化与海洋学数据共享。

（3）包括实时数据同化的建模能力的全球化共享。

（4）分子探针等高新技术促成海洋生物功能多样性认识的可能。

（5）气候变化及其对海洋生态系统的影响。

（6）海洋倾废纳污与海洋生态系统。

（7）深海海底生物圈。

（8）海岸带和近海生态系统的可持续利用。

（9）海洋学科交叉的持续整合。

（10）海洋生态系统与负责任渔业。

可以看出，这10个方面皆与海洋生态系统研究有密切的关联。

3 未来20年我国国家需求中的海洋生态系统学科发展

我国人口众多，而宜于耕牧的土地占国土面积的比率却很小，向海洋索取动物蛋白质是我国经济社会发展必需的战略选择。海洋提供了世界约20%的动物蛋白质，我国大致也是这个比例。全球的海洋渔业产量自1950年一直上升，1990年后期至今一直徘徊在每年1.2亿t左右。我国海洋渔业产量在20世纪70年代至80年代初一直保持在每年300万t左右，80年代中期开始迅速增长，2000年达到约2 600万t，其中约60%来自海洋捕捞。

相比全球的海洋渔业，我国的捕捞主要集中在近海，而我国近海渔业资源不断地锐减和衰退，从20世纪60年代四大经济鱼类转为目前低质的鳀鱼和虾蛄等。最近我国采取了禁渔期的措施，对大量仔幼鱼被滥捕的现象有所遏制，但对渔产质量的提高仍不容乐观。我国海水养殖业虽然发展迅速，但优良种质的发掘和可持续利用与国际相比差距还很大，并且养殖环境恶化，病害不易控制。

事实上，鱼类作为海洋生态系统的重要组成部分，它的捕获不仅是减少了其种群数量，事实上也改变了生态系统的结构，这种改变反过来又可能会影响该鱼类种群。此外，生态系统中种群变化并不完全是因为捕捞压力，气候或其他环境因素的变化往往也是鱼类种群变化的主要因素，国际上这种例子比比皆是。我国的研究也表明，渤黄海的鱼类种群变化与气候波动有一定的相关性。

海洋养殖更是离不开海洋生态系统方方面面的健康状况。贝类养殖需要从海洋中滤食大量的浮游植物，该海区生态系统能提供的这些生物量取决于其营养盐补充、海流的循环、浮游动物的摄食等情况。而鱼类养殖则受制于海区生态系统的物理条件和对其生化环境的自净能力。

我国要在 21 世纪初全面建设更高水平的小康社会，因此，未来 10～20 年是我国经济社会发展的重要机遇期，也是科技发展的重要机遇期。为此，国务院于 2003 年决定，为制定国家中长期科学和技术发展规划进行 20 个专题的战略研究，并要求这些战略研究要与社会经济发展、国家安全和可持续发展 3 个方面紧密结合。

海洋领域是第 5 专题战略研究中的一部分，经过充分讨论，认为海洋生物资源开发利用是今后 20 年海洋科技重点研究的一个优先主题。该主题包括海洋生物可捕资源养护与安全开发、海洋生物养殖资源开发与可持续利用、海洋生物产物资源研究与开发集成、海洋生物环境保障与食品安全技术等 4 个方面内容。从前面的讨论可以看出，这 4 个方面都与海洋生态系统研究密切相关。

4　21 世纪有关海洋生态系统的 IGBP 研究计划的整合

4.1　全球环境变化四大国际计划的整合

国际地圈生物圈计划（IGBP）是国际科学联合会（ICSU）于 1986 年发起的，它主要是研究生物圈与全球环境变化的相互关系。ICBP 与世界气候研究计划（WCRP）、全球环境变化人文因素计划（IHDP）和国际生物多样性计划（DIVERSITAS）共同组成全球环境变化的四大国际计划。

这四大国际计划从开始就认识到地球是一个系统，其大气、海洋、陆地三大组成以及它们其中的生命与非生命部分都是相互影响的。在这些计划执行过程中，这种认识越来越深刻，尤其是包括人类在内的生物圈在地球系统中的重要作用，认识到地球系统的动力特征具有一些临界阈值和突变，而人类活动正驱使这个系统朝着前所未有的动力状态轨道运行。水、碳、食物和健康是人类持续发展必须面临的四大问题，全球人口的不断增加与生活水平的提高，使得这 4 个问题与全球变化的交互影响的程度愈来愈大，为地球系统的稳定性带来潜在的严重后果。因此，在进入 21 世纪之际，上述四大国际计划皆强调要从地球系统的角度来实施其核心计划。

同时，四大国际计划还准备开展针对全球水资源、碳循环、食物系统的联合计划，如食物系统联合计划的目标是“制定战略以妥善处理全球变化为食物供应带来的影响，并分析这些战略调整为环境及社会所造成的后果。”这些联合计划将建立在四大国际计划各自的核心计划的研究成果上。

4.2 IGBP 中有关海洋的研究计划的整合

IGBP 的科学目标是从相互作用的物理、化学和生物过程来认识和理解地球环境。IGBP 从地球系统的角度划分了 9 个核心研究领域，即大气、陆地、海洋、地-气界面、海-气界面、海-陆界面，过去的全球变化、地球系统分析与模拟和能力建设。

对于海洋生态系统本身而言，IGBP 过去设立过 2 个核心计划，一个是全球海洋通量联合研究计划（JGOFS），着重研究浮游植物和碳循环的关系；另一个是仍在进行的全球海洋生态系统动力学（GLOBEC），着重研究物理环境对浮游动物和鱼类的影响。前者侧重于海洋对调节全球变化方面的科学问题，而后者则更着眼于海洋食物网中的一些基础问题，强调的是浮游动物在食物网中承上启下的作用。

营养盐及其他生源要素的可用性是支撑任何食物网的必要条件，海洋的特殊性使得物理过程如输运、混合、上升流等对此起着关键的作用。过去 20 年来与海洋生态系统有关的研究成果显示，海洋中的微食物环和颗粒物（水体、海气界面、海底界面）的生物地球化学循环对营养盐及其他生源要素的可用性也起着关键作用。基于这种认识，IGBP 正启动另一个以海洋生态系统为研究对象的核心研究计划，即海洋生物地球化学与生态系统整合研究（IMBER）。IMBER 侧重研究海洋生物地球化学循环与海洋生态系统的相互作用，目标是寻求了解此相互作用对全球变化如何响应及怎样影响全球变化。通过 IMBER 与 GLOBEC 这 2 个核心研究计划的实施，可以对整个海洋食物网的结构与功能有比较全面的认识。

IMBER 提出了 4 个方面的科学主题。第一主题是寻求认识会受全球变化影响的主要海洋生物地球化学和生态系统过程及这些过程的相互作用；第二主题着重对这些过程和相互作用的量化及预测其对全球变化的响应；第三主题考虑海洋生物地球化学和生态系统如何调节气候（通过影响海洋对太阳辐射和温室气体的吸收）；第四主题则聚焦在与人类活动的关系。

5 我国海洋生态系统基础研究的发展

今后 20 年海洋渔业仍将是我国海洋生物资源利用的一个重要方面。目前我国的捕渔获取主要来自近海，远洋捕捞占世界的比例甚小。为了在远洋捕捞中提高我们的比例，更为了在远洋捕捞中有一定的发言权，我国应对大洋生态系统的产出能力有一定的了解。但从海洋食物网的认识来说，我国更重要的研究目标仍然应该是我国的近海。

我国近海生态系统面临各种自然界变化和人类活动，如长时间尺度的气候及太平洋环流的自然波动、温室气体排放导致的气候变化、三峡和南水北调等水利工程、富营养化及其他排海的物质等。要达到维护我国近海渔业资源、提高优质鱼类产量比例的目标，需要有合理的管理措施，而这必须是在基于对我国近海生态系统如何响应自然界变化和人类活动的科学认识上。

IGBP 启动 GLOBEC 之后，我国相继开展了国家自然科学基金面上、重点、重大项目以及国家重点基础研究发展规划（“973 计划”）项目，其中尤以在黄东海执行的“973 计划”项目最为成熟。黄东海项目围绕浮游动物中的中华哲水蚤与鳀鱼这条主线，对黄东海生态系统进行了成功的多学科交叉研究，其研究成果直接或间接地为我国近海渔业管理提供了思路。最难得的是，不同于国际 GLOBEC 计划，根据黄东海的特性，此项目把营养盐及其他生源要素的循环作为 6 个关键科学问题之一来重视对待。

为了我国近海生物资源的可持续发展，有必要更深入地认识我国近海食物网的功能和作用。结合我国近海海洋生态系统的特点和国际上对海洋生态系统研究的深化理解，我们应积极研讨如何响应 IMBER 的启动，并争取早日付诸实施。

参考文献

Field J G，Hempel G，Summerhayes C P，2002. Oceans 2020：science，trends，and the challenge of sustainability [C]. Washington D C，USA：Island Press.

Hall J，2004. IMBER science plan and implementation strategy（draft，January 15 2004）. IGBP secretariat [EB/OL]. htttp：//www. igbp. kva. se.

IGBP science 4，2001. Global change and the earth system：a planet under pressure. IGBP science series [EB/OL]. http：//www. igbp. kva. se.

Intergovernmental oceanographic commission（IOC），1984. Ocean science for the year 2000 [R]. Paris：UNESCO.

OEUVRE（ocean ecology：understanding and vision for research），1998. Report of a workshop held by US national science foundation at Keystone，Colorado，1 - 6 March 1998 [EB/OL]. http：//www. joss. ucar. etu/joss _ psg/project/oce _ workshop/oeuvre/topics. html.

A New Direction for China's Research on Marine Ecosystems

—International Trend and National Needs

SU Jilan[1]，TANG Qisheng[2]

(*1. Second Institute of Oceanography，SOA Laboratory of Ocean Dynamic Processes and Satellite，Hangzhou 310012，China；*
2. Yellow Sea Fisheries Research Institute，CAFS，Laboratory of Sustainable Utilization of Marine Fisheries Resources，Qingdao 266071，China)

Abstract：As the world turns to the 21st century，new initiatives in marine scientific endeavors have been taken at several fronts. Many oceanographic disciplines have conducted workshops, reviewing their past advances and projecting their future development. Major international marine research programmes have updated their goals and research objectives, analyzing their past achievements and in light of the needs of the world humanity. China has also drafted a strategy study of the science and technology development for its long - term national plan, in response to the goal of "Building a Modest Prosperous Society in All Respects" . In this paper, we discuss the a new direction for China's research on marine ecosystems, based on considerations of the trends of the ocean sciences, the societal needs in view of China's economic development, and the integration steps taken by major international research programmes.

Key words: Marine ecosystems; Biogeochemistry; Basic research; China

An Introduction to the Second China-Japan-Korea Joint GLOBEC Symposium on the Ecosystem Structure, Food Web Trophodynamics and Physical-biological Processes in the Northwest Pacific① (Abstract)

Qisheng Tang[1], Jilan Su[2], Michio J. Kishi[3], Im Sang Oh[4]

(*1. Yellow Sea Fisheries Research Institute, Chinese Academy of Fishery Sciences, Qingdao 266071, China;*

2. Second Institute of Oceanography, State Oceanic Administration, Hangzhou 310012, China;

3. Faculty of Fisheries Sciences, Hokkaido University, N13 W8, Sapporo, Hokkaido 060-0813, Japan;

4. School of Earth and Environmental Sciences, Seoul National University, San 56-1, Sillim-dong, Gwanak-gu, Seoul 151-742, South Korea)

This special issue of the *Journal of Marine Systems* contains a collection of papers presented at the Second China-Japan-Korea Joint GLOBEC Symposium, which was held at Hangzhou in China, 27—29 November 2004. The First China-Japan-Korea Joint GLOBEC Symposium was held in Ansan, Korea on 13—15 December 2002.

GLOBEC (global ocean ecosystem dynamics) is a Core Project of the International Geosphere-Biosphere Programme (IGBP), with co-sponsorship from the SCOR (scientific committee on oceanic research) and the International Oceanographic Commission of UNESCO (IOC). GLOBEC, a 10-year research programme, is in its implementation phase and will continue until 2009. The primary goal of GLOBEC is: "To advance our understanding of the structure and functioning of global ocean ecosystem, its major subsystems, and its response to physical forcing so that a capability can be developed to forecast the responses of the marine ecosystem to global change".

China, Japan and Korea are three countries that are fully active in the GLOBEC study and they all have carried out their national GLOBEC programmes and have made special progress. Their research region focuses on the Northwest Pacific, currently one of the highest fish production waters in the world, with a typical temperate climate and many seasonal changes of living marine resources. Marginal seas in the region such as the Yellow Sea, East China Sea and Japan / East Sea are very important to the study of the ocean

① 本文原刊于 *J. Marine Systems*, 67: 203－204, 2007。

ecosystem. The combined national committees of the three countries successfully organized the First China-Japan-Korea Joint GLOBEC Symposium on "Progresses and Dynamics in the Northwestern Pacific Ecosystems" . Because of the success of the Ansan Symposium on Northwest Pacific GLOBEC research, the National GLOBEC Committees of China, Japan and Korea have decided to hold a series of joint symposiums to forge cooperation and collaboration among scientists from the three countries. The Second China-Japan-Korea Joint GLOBEC Symposium was held in Hangzhou, China as one meeting of this series of activities.

The central theme of the symposium is the relationship between environmental variation and ecosystem responses in the Northwest Pacific region. The symposium sessions comprised: ①National GLOBEC Progress; ②Ecosystem Structure and Food Web Trophodynamics, and 3. Physical-biological Processes and Models. 62 participants attended the symposium and Dr. Manuel Barange, Director of GLOBEC International Office, offered his congratulations to the meeting. Scientists from the three countries contributed 52 papers to the symposium, among which 25 papers were presented orally, and 27 papers as poster. At the first session Professor Im Sang Oh reported on Korea GLOBEC, Prof. Yasunori Sakurai reported on the overview of Japan GLOBEC and related research projects in Japan, and Prof. Qisheng Tang on the overview of the Chinese National GLOBEC program. Valuable scientific papers were given on changes of the ecosystem structure and community structure of living resources in the Yellow Sea, East China Sea, Japan/East Sea, Korean waters and its adjacent regions.

The symposium results show that the region continues to develop very dynamic, high effective studies and a very supportive GLOBEC network. During the last part of the symposium, a round table discussion noted that GLOBEC is entering its integration and synthesis phase of 5 year term. This encourages more cooperation and collaboration especially on studying the region, as their common focus is on the same coastal ocean and dominant species.

The papers in this special issue reflect the wide range of contributions at the Hangzhou symposium, which includes seven papers from China, one paper from Japan and five papers from Korea. All of them are collective contributions to the global GLOBEC on regional research by scientists from China, Japan and Korea. Taken together, these papers and the presentations at the symposium contribute substantially to our knowledge of the ecosystem structure, food web trophodynamics and physical-biological processes and models in Northwest Pacific ecosystems. In addition to being studies on ecosystem in marginal sea, many of the findings contribute to advancing our understanding of the structure and functioning of the global ocean ecosystems in the GLOBEC system.

China GLOBEC Ⅱ: A Case Study of the Yellow Sea and East China Sea Ecosystem Dynamics① (Abstract)

Qisheng Tang[1], Jilan Su[2], Jing Zhang[3]

(1. *Yellow Sea Fisheries Research Institute, Chinese Academy of Fishery Sciences, 106Nanjing Road, Qingdao 266071, China*;

2. Second Institute of Oceanography, State Oceanic Administration, 36 Baoshu Road North, Hangzhou 310012, China;

3. State Key Laboratory of Estuarine and Coastal Research, East China Normal University, 3663 Zhongshan Road North, Shanghai 200062, China)

An important coastal region of the northwest Pacific Ocean, the China seas and their marine ecosystems are characterized by interannual and decadal variability, such as the El Niño southern oscillation and Pacific decadal oscillation. At the same time, continuously increasing anthropogenic influences, such as over-fishing, coastal aquaculture, and land-based pollution discharge, have been overstressing the marine ecosystems of the China seas since the 1980s. Thus, it is necessary to increase our under-standing of the marine ecosystem functions and services of the China seas to realize sustainable development and implement ecosystem-based management practices. As one effort to fulfill such a goal, the China GLOBEC Committee (herein China GLOBEC) was established in 1994 and developed a plan to study the ecosystem dynamics of the China seas in the late 1990s, which since then has been put into implementation, step by step. The scientific goal of China GLOBEC is to identify the impacts of anthropogenic forcing and climate change on the ecosystems of the coastal oceans of China. Six key areas of scientific inquiry have been identified: ① food-web trophodynamics of key resource species, ②population dynamics of key zooplankton species, ③ecological effects of key physical processes, ④ cycling and sources of biogenic elements, ⑤pelagic and benthic coupling, and ⑥ microbial loops that contribute to the main food web (Tang and Su, 2000). So far China GLOBEC has been successful in promoting three research programs (China GLOBEC Ⅰ, "Ecosystem Dynamics and Sustainable Utilization of Marine Living Resources in the Bohai Sea," 1997—2000; China GLOBEC Ⅱ, "Ecosystem Dynamics and Sustainable Utilization of Marine Living Resources in the East China Sea and Yellow Sea," 1999—2004; and China GLOBEC Ⅲ, "Key Processes and Sustainable Mechanisms of Ecosystem Food Production in the Coastal Ocean of China," 2006—2010).

China GLOBEC Ⅱ focuses its study on the ecosystem dynamics in the East China Sea

① 本文原刊于 *Deep-Sea Research Part* Ⅱ, 57 (11-12): 993-995, 2010。

and Yellow Sea (EC&YS). It has 12 subprojects, namely, meso-scale physical processes in the high-productivity coastal environment; benthic processes and their effects on sedimentary dynamics; numerical simulation of ecosystem dynamics; cycling and regeneration of biogenic elements in shelf waters; dynamics of nutrients and trace elements at interfaces; primary production and microbial loops; community structure of zooplankton and dynamic processes affecting their life history; population dynamics and productivity of zooplankton; productivity of benthos and pelagic-benthic coupling processes; trophodynamics and ecosystem modeling, population dynamics of marine living resources; and mechanisms of early recruitment for key species; alternating rules of dominant living species; and sustainability of resources.

As a whole, the EC & YS is characterized by a wide shelf region with the deep Okinawa Trough at its southeast side. It is under the influence of the East Asian monsoon, southwest in summer and northeast in winter, and receives tremendous amounts of river discharge along its western boundary. In addition, the strong western boundary current, the Kuroshio, flows northward through the Okinawa Trough (Su, 1998; Zhang and Su, 2006). The EC & YS is highly stratified in summer and vertically homogeneous for water shallower than 100 m in winter. Circulation in the EC & YS also reflects the characteristics of the forcing mechanisms mentioned above. For example, the river discharges into the East China Sea are connected to coastal currents in terms of nutrient delivery, with their direction reversing with the monsoon. In fact, in summer, the Changjiang effluent plume bulges out as far as several hundred kilometers eastward across the shelf. In addition, driven by the pressure field associated with the Kuroshio, there is a persistent northward shelf current in the East China Sea, the Taiwan Warm Current. In the Yellow Sea, the strong northeast winds drive a compensatory northward current, the Yellow Sea Warm Current, through its deep trough, while in summer a stationary cool-water pool occupies a large part of the Yellow Sea basin.

In this special issue of *Deep-Sea Research* Ⅱ, the following 11 articles present a snapshot of new findings obtained by China GLOBEC Ⅱ relating to the six key scientific questions described above (other publications can be found at www.globec.org/publications).

With regard to food-web trophodynamics of key resources species, X. S. Jin and co-authors examined the diets of four carnivorous fish and found that the importance of a previous major prey, the Japanese anchovy (*Engraulis japonicus*), had greatly decreased, and *Crangon affinis* had increased, in the stomach contents of the four fish species. This phenomenon may be an adaptive response to changes in food availability, indicating a change in the food web and community structure of the Yellow Sea ecosystem. Changes in the composition of the diets of major predators may be an indicator of changes in a marine ecosystem.

Y. Sun et al. observed the influence of two different particle sizes of dietary preys on food consumption and ecological conversion efficiencies of young-of-the-year sand lance, *Ammodytes personatus*, in the laboratory. The results indicated that sand lances gain less energy from small food particles of *Artemia* larvae than from large food particles of *Artemia* adult. Sun et al. speculate that the slow growth of sand lances preying on *Artemia* larvae is mainly due to high consumption of energy during predation.

The article by S. Sun et al. deals with the population dynamics of key zooplankton species. In the Yellow Sea and East China Sea, there are more than 200 species of zooplankton, so the authors used a zooplankton functional groups approach. A total of six zooplankton functional groups, giant crustaceans, large copepods, small copepods, chaetognaths, medusae, and salps, were identified. The giant crustaceans, large copepods, and small copepods groups, which are the main food resources of fish, are defined based on size. Chaetognaths and medusa are two gelatinous carnivorous groups, which compete with fish for food. The salps group, acting as passive filter-feeders, competes with other species feeding on phytoplankton, but their energy could not be efficiently transferred to higher trophic levels. The clear picture of seasonal and spatial variations in each zooplankton functional group makes the complicated Yellow Sea ecosystem more easily understood and modeled.

D. J. Huang et al. examined the ecological effects of key physical processes and show that several categories of meso-scale processes can be identified in the East China Sea and Yellow Sea, for instance, shelf-break front, coastal front, and shelf front. The coastal frontal zones coincide with the major spawning grounds of fish in the EC&YS. The overwintering fishery ground in the Yellow Sea overlaps with a narrow band of favorable water temperature in the frontal zone. The overwintering grounds in the East China Sea are broad and bounded by fronts. This study indicates that front processes in the Yellow Sea and East China Sea have important effects on the formation and sustainability of the eco-environment, such as on the spawning and overwintering grounds of economically important fishery species in this region.

H. Wei et al. examined interannual and long-term changes in water temperature and salinity (*T-S*) in the Yellow Sea using seasonal observations made during 1977—1998. The winter water temperature has had interannual variations, a long-term warming trend, and distinct cold and warm phases before and after 1986. The summer surface temperature tends to be low in El Niño years and increases in the year after El Niño, while salinity shows an inverse trend. The changes in bottom temperature and salinity are not coherent over the whole region. In the deep region, the summer bottom *T-S* represent a property of the Yellow Sea Cold Water, and their interannual changes are consistent with *T-S* changes in the Yellow Sea Warm Water in winter. Two articles deal with the cycling and sources of biogenic elements.

J. L. Ren et al. established a preliminary box model to estimate the water-mass balance and arsenic budgets for the East China Sea Shelf in the summer. Compared with other areas in the world, the concentrations of dissolved inorganic arsenic in the East China Sea and Yellow Sea have remained at natural levels. In this region, the redox species ratio of arsenic shows a positive relationship with the phytoplankton biomass (e.g., Chl-a), indicating that biological and biogeochemical processes can be coupled on the shelf region in terms of arsenic, which regulates the fate of trace elements in the food web.

R. J. Wan et al. examined fatty acids in the food web, using carbon and nitrogen isotopic compositions (i.e., $\delta^{13}C$ and $\delta^{15}N$) to track the transfer of organic materials across various trophic levels. Stable isotope and fatty acids compositions were determined in the Japanese anchovy (*E. japonicus*) food web in the Yellow Sea. It has been shown that fatty acid composition (e.g., ω18: 1*n*-9) and $\delta^{15}N$ have a fairly good relationship with change in trophic levels. A shift in diet for a given species also has a remarkable impact on the fatty acids composition of organisms (e.g., fish). The geomorphologic feature of shallow water depth in the East China Sea and Yellow Sea Shelf raises the question of the close connection between pelagic and benthic processes.

X. W. Guo et al. investigated the typology and flux of settling particulate matter, and high particle fluxes, such as 215～874 gm^{-2} day^{-1} of settling particulate matter in the bottom layer, were found where the water was well mixed, and the maximum flux was detected in the boundary area between the East China Sea and the Yellow Sea.

E. Hua et al. followed the changes in benthic community structure before and shortly after the passage of the third typhoon Soudelor in late June 2003. The results showed that sediment Chl-a and Pheo-a concentrations increased by 147% and 56.4%, respectively. More significantly, bottom-water oxygen increased at least eightfold after the typhoon. Macrofauna exhibited no significant density change after the typhoon event, but nematode density increased by 61.1% compared to that before the typhoon and became numerically higher in the deeper layers of the sediment (increased by 96.9% in the 5～8 cm section). Wind mixing, resuspension, and sinking resulting from the typhoon passage were believed to be the major processes inducing these phenomena. Both nematode assemblage composition and biodiversity were less affected by the typhoon disturbance.

With regard to the microbial loop contribution to the main food web, the distribution and production of heterotrophic bacteria were evaluated in the East China Sea and Yellow Sea by S. J. Zhao and co-workers. The results indicated that the distributions of heterotrophic bacteria were generally controlled by temperature in spring and additionally by substrate supply in autumn.

X. R. Ning et al. reported long-term environmental changes and the responses of the ecosystems in the Bohai Sea. Surface water temperature and salinity increased at a rate of 0.005～0.013 ℃ $year^{-1}$ and 0.04～0.13 $year^{-1}$, respectively, during 1960—1996 and the change in land-source input has induced an increase in N∶P in surface waters at a rate of 1.27～1.4 $year^{-1}$. Since 1985, the concentrations of P and Si, and the Si∶N ratio, have dropped to near-critical levels for diatom growth, while the N∶P ratio has been below the

Redfield ratio. These changes not only have influenced phytoplankton production, but also could have decreased the recruitment of the penaeid prawn (*Penaeus chinensis*) and changed fish community structure and diversity.

China GLOBEC, in step with IGBP - GLOBEC, is a new approach toward a holistic understanding of the ecosystems of the coastal oceans of China, one of the largest continental margins in the world. The implementation of China GLOBEC pays special attention to studies of key ecosystem processes to distinguish natural variability from that induced by human activities. Since the early development of China GLOBEC, we have noted the critical importance of the cross-link between biogeochemistry and ecosystem dynamics in the continental margins. Thus biogeochemical cycling and nutrient dynamics become an important component of the research program, that is, China GLOBEC Ⅱ, in terms of the health of the food web. In fact, this aspect of the cross-link between biogeochemistry and ecosystem dynamics is now the central focus of the ongoing research program China GLOBEC Ⅲ, in accord with the new IGBP Program IMBER.

Finally, we thank the Ministry of Science and Technology of China for the funding that supports GLOBEC-China Ⅱ through Contract No. G19990437. We express our sincere gratitude to Professor L. Tong for his valuable contributions in editorial work, to Professor J. D. Milliman for his guidance in the preparation for publication of GLOBEC-China Studies as a special issue of *Deep-Sea Research* Ⅱ, and to Drs. Alice L. Alldredge, Bill Peterson, Dake Chen, Denis Michel, Dong Zhang, Feng Chen, Gi Hoon Hong, Graeve Martin, Guy Boucher, Igor M. Belkin, Jurg Bloesch, Jiming Yang, Kyung-Ryul Kim, Melanie C. Austen, Roger Harri, Ruoying He, Serge A. Ploulet, Shin-ichi Uye, Shuqun Cai, Tianxiang Gao, Xinyu Guo, Xueren Ning, and Yong Chen for their valuable evaluation and comments on the 11 papers.

References

Tang A S O, Su J, 2000. Study on ecosystem dynamics in coastal ocean Ⅰ. Scientific Questions and Strategy of Research. Science Press, Beijing, 252 pp. (in Chinese).

Spring Blooms and the Ecosystem Processes: The Case Study of the Yellow Sea① (Abstract)

Qisheng Tang[1], Jing Zhang[2], Jilan Su[3], Ling Tong[4]

(*1. Yellow Sea Fisheries Research Institute, Chinese Academy of Fishery Sciences, 106Nanjing Road, Qingdao 266071, China;*

2. State Key Laboratory of Estuarine and Coastal Research, East China Normal University, 3663 Zhongshan Road North, Shanghai 200062, China;

3. State Key Laboratory of Satellite Ocean Environment Dynamics, Second Institute of Oceanography, State Oceanic Administration, 36 Baochu North Road, Hangzhou 310012, China;

4. Yellow Sea Fisheries Research Institute, Chinese Academy of Fishery Sciences, 106 Nanjing Road, Qingdao 266071, China)

Introduction

The annual spring bloom plays a critical role in the structure of a temperate coastal ocean ecosystem, affecting the ecosystem's carbon fixation and other services (e. g. fisheries). The Yellow Sea, a temperate and shallow semi-enclosed water body of the Northwest Pacific Ocean, shows such a strong seasonality in the photosynthesis in its surface waters, with higher values in spring and autumn than in summer and winter, as measured by primary production (PP) and new production (NP). It has been found that during the period of spring blooms, vertically integrated PP can reach 4～5 g C m^{-2} day^{-1}, about 4～5 fold of that in autumn and an order of magnitude higher than that in winter (Zhu et al., 1993; Liu et al., 2009). Moreover, as the average water depth of the Yellow Sea is only 44 m, the spring surface phytoplankton blooms is closely linked to the benthic systems. The increase in vertical carbon flux fuels the near-bottom fauna while, at the same time, tidal mixing can result in the resupply of nutrients from the bottom to surface waters.

In the China GLOBEC-Ⅲ/IMBER-Ⅰ Program, "Key Processes and Sustainable Mechanisms of Ecosystem Food Production in the Coastal Ocean of China" (2006—2010), funded by the Ministry of Science and Technology of China (MOST Contract No. 2006CB400600), we conducted a series of field observations and laboratory simulations on the dynamics of spring blooms and its impact on the food-web structure in the Yellow Sea. This study incorporates a cross-disciplinary approach including physical oceanography,

---

① 本文原刊于 *Deep-Sea Research Part* Ⅱ, 97 (1): 1-3, 2013。

biogeochemistry, biological oceanography and ecology, as well as fisheries science. The field observations were undertaken in 2007 and 2009 during the period from late winter to early summer and were designed to focus on the dynamic and patchy nature of blooms, with experimental tactics of grid station network, time-series stations and drifter track observations, as well as meso - cosm incubations etc. (Figure 1).

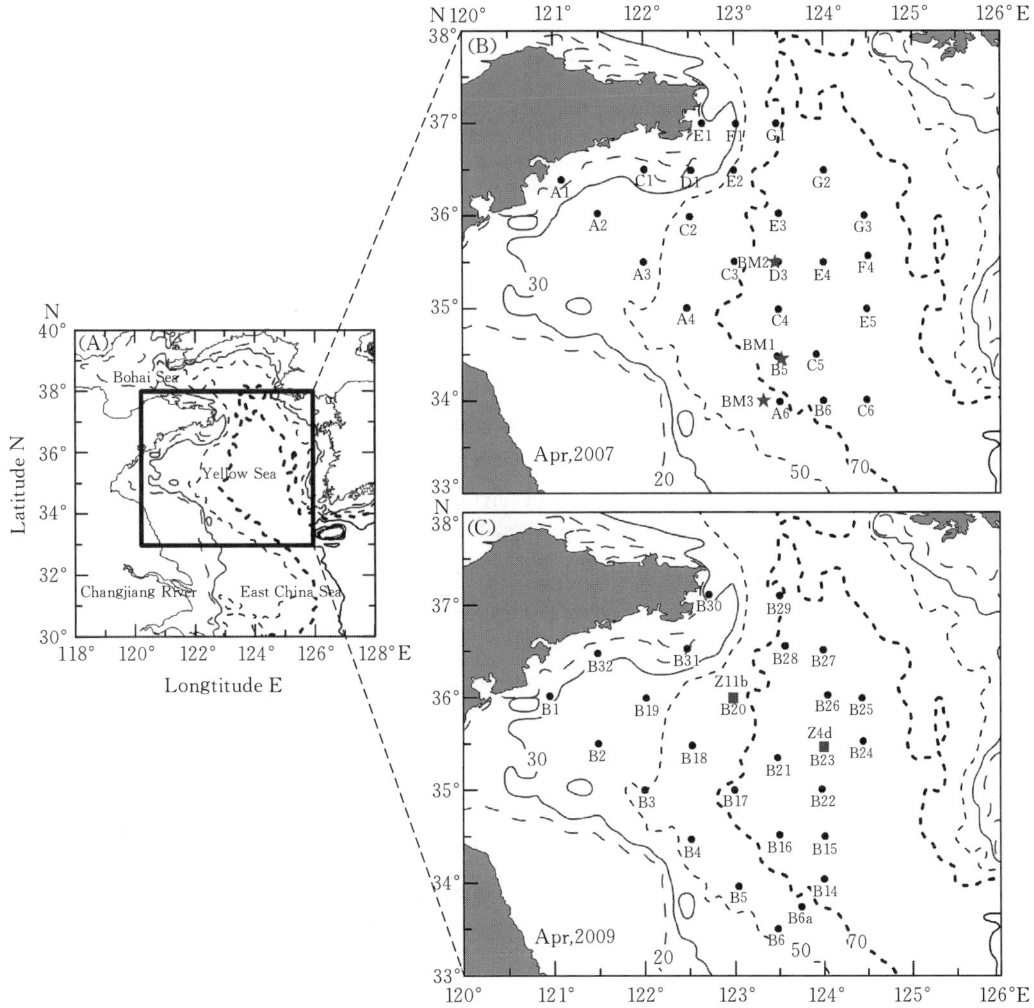

Figure 1 Observation stations of the phytoplankton bloom study in the Central Yellow Sea (A) in the spring of 2007 (B) and 2009 (C), respectively

The grid-stations (●), time series stations (★) and the stations where the drifter track samplings were initiated (■) are indicated in the figure

The 11 papers in this special issue represent various aspects of ecosystem dynamics study of the spring blooms of the Yellow Sea. Some of the major findings are summarized here in a conceptual framework shown in Figure 2.

The "spring blooms" lasts for about two months from April to May each year. There

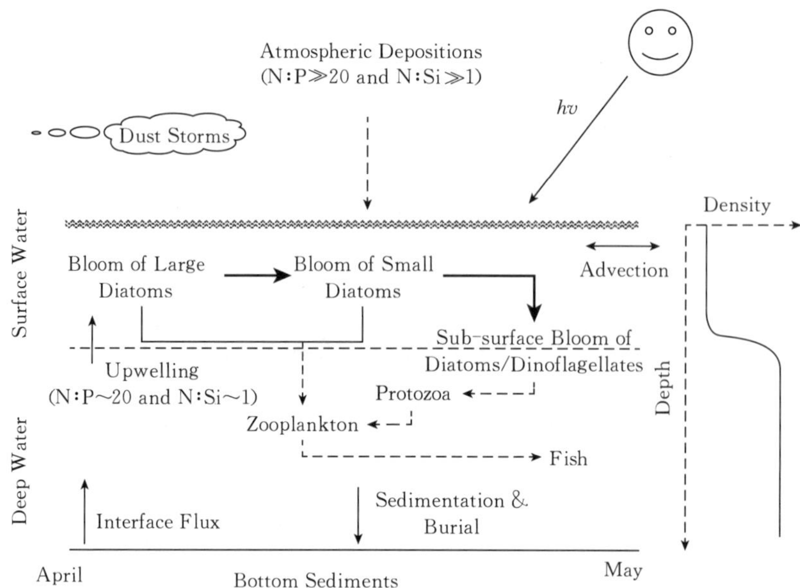

Figure 2 Conceptual framework of the findings from the spring bloom study of the Yellow Sea, illustrating the relationship of phytoplankton blooming with hydro-dynamics and supply of nutrients

Green arrows indicate succession of phytoplankton species in the spring blooms, blue arrows show the trophic relationship between different functional groups, and the black arrows illustrate the major pathways for plant (i. e. N, P, and Si) as well as micro (e. g. trace elements) nutrients

are a series of sub-bloom events that take place at different areas within the central part of the Yellow Sea. Different sub-bloom events show different dominant species compositions, likely corresponding to the different stages of spring blooms. Normally, the first sub-bloom, i. e. Chl-a ≥4～5 μg/L in the surface waters of the Yellow Sea, occurs in early April at the southern part of the Yellow Sea, dominated by diatoms. Then the bloom events take place northwards and continues so until May, and at the same time the bloom species change to dinoflagellates with epi-fluorescence maximum occurring at sub-surface waters. Inside the bloom area, the observed Chl-a can be as high as 30 ～ 35 μg/L with abundance of phytoplankton for up to 4×10^6 cells/L, compared to the outside-patch values of ≤5 μg/L for Chl-a and $5.5\sim6.0\times10^3$ cells/L for phytoplankton community, respectively.

Spring blooms in the Yellow Sea usually occur when the water column becomes stabilized in spring. Nutrient inputs can be either to the surface waters from episodic dust storm events in East Asia or to the sub-surface from up-welled transport. Based on the change in phytoplankton biomass and from the remote sensing data, it has been estimated that in the central part of the Yellow Sea the primary production can produce as much as $1\sim2\times10^6$ t of carbon in one week during the spring blooms, about 4-fold increase compared to the pre-bloom period.

In the following paragraphs, highlights of individual articles in this special issue are summarized.

In order to understand the intrinsic relationship between the initial and the decay phases of spring phytoplankton blooms and changes in oceanographic structure in both synoptic and seasonal scale, Eulerian measurement grids as well the Lagrangian drifter deployments were undertaken in the study of spring blooms. It is found that in spring, the bloom events can be either surface high Chl-a water mass with patchy nature, or thin-layer and sub-surface Chl-a maximum, or both; each can have different composition of phytoplankton species (Zhou et al., 2013). Mixing and advection in combination play a substantial role in the water-column structure in the Central Yellow Sea in spring, which affects temporal changes of dominant phytoplankton species; the fact that dominant phytoplankton species differs in different bloom events also implies the sensitivity of phytoplankton to the changing dynamic environment (Zhou et al., 2013).

Based on the in situ observations, it is realized that Yellow Sea Cold Water Mass serves as an important nutrient pool in sustaining the spring blooms. The vertical nutrient flux to the upper 20 m of surface waters of the Yellow Sea can be owing to diffusive and advection processes, which are enhanced by the episodic storm events (e.g. cold fronts), and contribute 50% ~ 60% or even more to meet the requirement for the growth of phytoplankton cells; it is suggested that depletion of phosphorus and nitrogen in the euphotic zone terminates the individual bloom events in spring in the central part of the Yellow Sea (Jin et al., 2013; Su et al., 2013).

The dust storms from East Asia in spring can be of critical significance in plant and micro-nutrients supply to the surface of the Yellow Sea. From the data of metal solubility, size distributions of the aerosols as well as mesocosm experiments, it is concluded that atmospheric pathways can increase the deposition fluxes of micro- (e.g. Fe) and plant-nutrients by 2 orders of magnitude when the dust storms pass over the NW Pacific Ocean at mid-latitudes (e.g. Yellow Sea), and this atmospheric supply can trigger the blooming of phytoplankton cells in the area of the Yellow Sea Cold Water Mass where the supply from other external nutrient sources (e.g. river) is very limited (Shi et al., 2013).

It is also found that the sustainable phytoplankton growth rate during the spring bloom period is regulated by the capacity of nutrient pools, while the external supply of plant nutrients can add more; the observed phytoplankton growth rate can be $(0.60\pm0.19)d^{-1}$ on average, regulated by the grazing efficiency of micro-zooplankton, showing a close coupling in temporal and spatial scales in the Yellow Sea (Sun et al., 2013-a, b). The termination of spring blooms of the Yellow Sea results from the depletion of plant nutrients in the euphotic zone, particularly phosphorus and nitrogen (Jin et al., 2013).

The picoplankton groups, such as synechococcus, pico-eukaryote and heterotrophic bacteria, etc., respond also to the bloom events by diatoms and/or dinoflagellates, but with different behaviors. The abundance and biomass of synechococcus and pico-eukaryote tend to decrease when diatoms are dominant species in the bloom, while they increase when the dinoflagellates bloom (Zhao et al., 2013). In the period of spring blooms of the Yellow Sea, *Rhodobacterales* and *Flavobacteriales* are the predominant bacterial groups, whereas *Roseobacter* becomes overwhelming group in the stages of bloom decay, similar to the observations from other coastal regions (Liu et al., 2013).

Another issue to be mentioned here is that the abundance, biomass and cell size composition of the nanoflagellates (NFs) dramatically changes with the succession of spring blooms, which in turn affects the NFs community structure (Lin et al., 2013). It is shown that relative to the pre-bloom phase, the cell abundance and biomass of NFs can be increased by more than 2 fold in the bloom and post-bloom phases, especially in the sub-surface Chl-a maximum water; small-size (e.g. 2～5 μm) NFs show rapid growth in response to the outbreak of phytoplankton blooms, while large-size (e.g. 5～20 μm) NFs are the dominant fraction during the declining phase (Lin et al., 2013).

The impact of the spring blooms upon the copepod community in the Yellow Sea is examined through their grazing behavior and reproduction at the taxa level, and it is found that response of zooplankton varies depending on the size relationships between copepods and phytoplankton species. Large copepods are the major grazers on the diatom bloom, while small copepods tend to graze on the dinoflagellate bloom (Li et al., 2013). Also, the taxa of dominant copepods change as well during spring blooms, i.e. from grazing on large diatom to small dinoflagellates, which potentially modifies the pathway of material transfer upward the food-web (Li et al., 2013). Moreover, the seasonal and spatial variations of RNA : DNA ratio were found for copepods, higher values being observed during spring blooms (Ning et al., 2013). There is a positive correlation between RNA : DNA ratio and Chl-a, suggesting that food availability (i.e. spring blooms) plays a more important role relative to the increase in temperature in regulating the growth and production of copepods (Ning et al., 2013).

Finally, we would like to take this opportunity to acknowledge the Ministry of the Science and Technology of China for the financial support to the China GLOBEC-Ⅲ/IMBER-Ⅰ Study (No. 2006CB400600). We express our gratitude to Professor J. D. Milliman for his guidance in preparation for publication of this China GLOBEC-Ⅲ/IMBER-Ⅰ Study as a special issue of Deep-Sea Research Ⅱ. We thank all reviewers of this special issue for their time and energy taken to review individual articles of this issue.

References

Jin J, Liu S M, Ren J L, et al., 2013. Nutrient dynamics and coupling with phytoplankton species composition during the spring blooms in the Yellow Sea. Deep-Sea Research Ⅱ, 97, 16－32.

Li C L, Yang G, Ning J, et al., 2013. Response of copepod grazing and reproduction to different taxa of spring bloom phytoplankton in the southern Yellow Sea. Deep-Sea Research Ⅱ, 97, 101－108.

Lin S Q, Huang L F, Zhu Z S, et al., 2013. Changes in size and trophic structure of the nanoflagellate assemblage in response to a spring phytoplankton bloom in the central Yellow Sea. Deep-Sea Research Ⅱ. 97, 93 - 100.

Liu M, Xiao T, Sun J, et al., 2013. Bacterial community structures associated with a natural spring phytoplankton bloom in the Yellow Sea, China. Deep-Sea Research Ⅱ. 97, 85 - 92.

Liu S M, Hong G-H, Zhang J, et al., 2009. Nutrient budgets for large Chinese estuaries. Biogeosci, 6, 2245 - 2263.

Ning J, Li C L, Yang G, et al., 2013. Use of RNA : DNA ratios to evaluate the condition and growth of the copepod *Calanus sinicus* in the southern Yellow Sea. Deep-Sea Research Ⅱ. 97, 109 - 116.

Shi J H, Zhang J, Gao H W, et al., 2013. Concentration, solubility and deposition flux of atmospheric particulate nutrients over the Yellow Sea. Deep-Sea Research Ⅱ. 97, 43 - 50.

Su N, Du J Z, Liu S M, et al., 2013. Nutrient fluxes via radium isotopes from the coast to offshore and from the seafloor to upper waters after the 2009 spring bloom in the Yellow Sea. Deep-Sea Research Ⅱ. 97, 33 - 42.

Sun J, Feng Y Y, Wang D, et al., 2013. Bottom-up control of phytoplankton growth in spring blooms in central Yellow Sea, China. Deep-Sea Research Ⅱ. 97, 61 - 71.

Sun J, Feng Y Y, Zhou F, et al., 2013. Top-down control of spring surface phytoplankton blooms by microzooplankton in the central Yellow Sea China. Deep-Sea Research Ⅱ. 97, 51 - 60.

Zhao Y, Zhao L, Xiao T, et al., 2013. Temporal variation of picoplankton in the spring bloom of Yellow Sea, China. Deep-Sea Research Ⅱ. 97, 72 - 84.

Zhou F, Xuan J L, Huang D J, et al., 2013. The timing and the magnitude of spring phytoplankton blooms and their relationship with physical forcing in the central Yellow Sea in 2009. Deep-Sea Research Ⅱ. 97, 4 - 15.

Zhu M Y, Mao X H Lu R H, et al., 1993. Chlorophyll a and primary production in the Yellow Sea. J. Oceanogr. Huanghai & Bohai Seas, 11 (3): 38 - 51 (in Chinese).

海洋生态系统动力学[①]

唐启升，全龄

一、引言

海洋生态系统动力学是海洋科学与渔业科学交叉发展起来的新学科领域，是全球变化和海洋可持续科学研究领域的重要内容，是当今海洋跨学科研究的国际前沿研究领域。

20 世纪 80 年代中后期以来，随着全球变化引起人们的关注，海洋的变化受到进一步的重视。科学家们注意到海洋生物资源的变动与渔业产量的变化不仅受捕捞的影响，也和全球气候波动密切有关；环境变化对生物资源补充量有重要影响，认识到物理过程与生物过程的相互作用在生态系统中的重要性。一批生物、渔业海洋学家还认为，浮游动物的动态变化不仅影响许多鱼类和无脊椎动物种群的生物量，同时，浮游动物在生态系统结构形成和生源要素循环中起重要作用，也对全球的气候系统产生影响。因此，从全球变化的意义上研究海洋生态系统及其动力学被提到日程上来。1991 年，在国际海洋研究科学委员会（SCOR）、联合国政府间海洋学委员会（IOC）、国际海洋考察理事会（ICES）和北太平洋海洋科学组织（PICES）等主要国际海洋科学组织的推动下，开始筹划“全球海洋生态系统动力学研究计划（global ocean ecosystems dynamics，GLOBEC）”，并成立了国际 GLOBEC 科学指导委员会。1995 年，GLOBEC 计划被遴选为国际地圈生物圈计划（IGBP）的核心计划，成为 IGBP 全球变化研究计划第一阶段中唯一的海洋研究计划项目。1997 年和 1999 年，国际 IGBP/GLOBEC 科学指导委员会分别公布了 GLOBEC 科学计划和 GLOBEC 实施计划。国际 GLOBEC 的目标被确定为：提高对全球海洋生态系统及其主要亚系统的结构和功能以及它对物理压力响应的认识，发展预测海洋生态系统对全球变化响应的能力。主要任务是：①更好地认识多尺度的物理环境过程如何强迫了大尺度的海洋生态系统变化；②确定生态系统结构与海洋系统动态变异之间的关系，重点研究营养动力学通道、它的变化以及营养质量在食物网中的作用；③使用物理、生物、化学耦合模型确定全球变化对群体动态的影响；④通过定性定量反馈机制，确定海洋生态系统变化对整个地球系统的影响。为了实现上述目标和任务，GLOBEC 实施计划由国际核心研究计划、区域研究计划和国家研究计划三个部分组成，三者分别进行，相辅相成。其中，国际核心研究计划：以工作组研究形式研究 GLOBEC 理论和综合性主题。工作侧重于回顾分析、过程研究、预测和建模、生态系统变化的反馈作用等问题的探讨；区域性研究计划：在全球范围内形成 4 个区域性研究计划。即北大西洋的“鳕鱼与气候变化”、北太平洋的“气候变化与容纳量”、极地洋区的“南大洋生态系统动力学”和全

① 本文原刊于《中国当代生态学研究：生物多样性保育卷》，175－189，科学出版社，2013。

球性的“小型中上层鱼类与气候变化”；国家研究计划：其研究内容一方面是根据各国的需求和地区特点确定的，另一方面也与国际重点计划以及区域计划衔接。在这些研究计划中，“过程研究”和“建模与预测研究”成为重中之重，表明海洋生态系统动力学是一项目标明确、学术层次高的基础研究计划。进入新世纪，国际 IGBP/GLOBEC 科学指导委员会开始关注整合研究，关注海洋生物地球化学循环和全食物网营养动力学过程的研究（Barange and Werner，2004）。2002 年，为了认识海洋生态系统服务功能的关键过程，IGBP 不失时机地启动了“海洋生物地球化学和海洋生态系统整合研究计划（integrated marine biogeochemistry and ecosystem research，IMBER)”。2005 年 IGBP 公布了 IMBER 科学计划和实施策略，其主要目标是了解海洋生物地球化学循环与海洋生命过程之间的相互作用及其对全球变化的反馈（Julie et al.，2005）这样，在 IGBP 全球变化研究计划第二阶段中有了 GLOBEC 和 IMBER 两个有关海洋的核心计划项目，使海洋生态系统动力学得到更加深入、全面的研究（Julie et al.，2002）。

中国是较早开展海洋生态系统动力学研究国家之一。我国科学家分别于 1991 年和 2002 年进入国际 IGBP/GLOBEC 和 IGBP/IMBER 科学指导委员会，参与国际 GLOBEC 和 IMBER《科学计划》和《实施计划》的制定与发展。同时，我国科学家还积极参与相关学术研讨、推动了区域计划的发展和制定。这些科学活动，使我国科学家能够及时了解该领域研究的最新动向，也为独立发展我国的科学计划提供了依据和经验。1994 年由国家自然科学基金委员会发起，成立了我国海洋生态系统动力学发展战略小组，着手制订我国海洋生态系统动力学发展规划，探索跨学科的科研体系，确立了中国以近海陆架区为主研究海洋生态系统动力学的发展目标。1996 年国家自然科学基金委员会及时启动了“渤海生态系统动力学与生物资源持续利用”重大项目，选择渤海为典型区域，开展诸如对虾早期生活史与栖息地关键过程、浮游动物种群动力学、食物网营养动力学和生态系统动力学模型等方面的研究。虽然其研究内容和它的深度是有限的，对生态系统的整体认识也有局限性，但是，它毕竟是北太平洋地区第一个具有国家层次的 GLOBEC 实施研究项目，不仅使我国在这一国际前沿领域先占据了一席之地，也为我国在该领域实施国家重点基础研究发展计划（“973 计划”），深入开展海洋生态系统动力学研究奠定了坚实的基础（唐启升等，1996，2000；唐启升和苏红兰，2001；苏纪兰和唐启升，2002）。

二、中国海洋生态系统动力学研究发展战略与科学问题

“浅海”和“陆架”是我国近海海洋的显著特点，也是我国海洋生态系统动力学研究的重点。例如，东海和黄海拥有世界海洋最为宽阔的陆架，地理环境的区域特点显著，西有长江等河流携入大量的陆源物质，东南受黑潮暖流的强烈影响，同时又承受东亚季风的交替作用，是集大河-海洋、边缘海-大洋西边界强流、大气-海洋等相互作用于一体而形成独特环流结构的海域。东、黄海特殊的环境导致了其显著的生物学特征，区系属北太平洋区东亚亚区和印度-西太平洋区中日亚区，生物多样性丰富，优势种明显、食物网结构复杂、生物资源蕴藏量大，孕育了数个高产渔场。另一方面，该海域既具半封闭系统的特点，又有开放系统的内涵，科学问题突出，是国内外地球科学和生命科学极为关注的综合研究海域，研究其生态系统动力学具有典型意义。

（一）中国海洋生态系统动力学发展战略

在充分认识我国海洋科学研究实际情况以及“浅海”“陆架”是我国近海海洋显著特点的基础上，我国在研究目标区选择上采取了与国际侧重大洋略有不同的发展策略，即确立以近海陆架为主的中国海洋生态系统动力学研究的发展战略目标：

（1）确认自然变化和人类活动对我国近海生态系统的影响及其变化机制，建立我国近海生态系统基础知识体系。

（2）定量研究我国近海生态系统动力学过程，预测其动态变化，寻求海洋产业持续发展的调控途径。

（3）促成多学科交叉研究与综合观测体制，造就一支跻身于国际先进行列的优秀中青年研究群体。

我国近海海洋生态系统动力学研究目标的核心是认识海洋生态系统的变化规律并量化其动态变化，以其生态系统的关键物理过程、化学过程、生物生产过程及其相互作用进行重点研究和建模，对生物资源开发利用的可持续性进行探讨和预测。主要研究重点有：①生态系统结构、生产力和容纳量评估研究。评估近海海洋生态系统各级生产力及其影响的因素，研究浮游动物种群动态对各级生产力的控制作用，确认我国近海生态系统结构类型和生态容纳量；②关键物理过程研究。确认影响海洋生产力的关键物理过程（包括多种尺度的物理过程，如湍流、层化、锋面、混合层、上升流、环流等）。研究沿海气候和海洋要素变化对海洋生产力的影响，进行关键物理过程数值模拟研究；③生源元素生物地球化学循环和生物生产过程研究。研究碳等生源元素的传输规律、生物碳泵的作用、微型生物在生物地球化学循环中作用，查明基础生产力转换效率和动态变化，进行新生产力研究；④食物网和营养动力学研究。研究我国近海生态系统食物网结构特征，侧重于营养动力学通道及其变化和营养质量在食物网内的作用，定量捕食者与被捕食者相互作用，以及与环境变化的关系；⑤生物资源补充量动态和优势种交替机制研究。主要资源种类亲体与补充量关系，确认物理过程对种群动力学的影响，研究优势种交替规律，定量环境变化、捕捞压力和种间相互作用对优势种的作用程度；⑥生态系统健康状况评估与可持续性优化技术。评估过度开发利用、环境污染和全球变化对资源生产力和生物多样性的扰动程度，研究近海生态系统资源环境健康状况及其复原能力，探讨持续性海洋生态系统优化技术；⑦生态系统动力学建模与预测。发展物理-化学-生物过程耦合模式，建立典型海域生态系统动力学模型，检验海洋生态系统胁迫反应能力，预测生态系统动态变化。

（二）中国海洋生态系统动力学研究的关键科学问题

根据我国近海生态系统的基本特征和国家需求，在开展该生态系统动力学研究的初始阶段，确立了我国海洋生态系统动力学需要优先研究的 6 个关键科学问题：资源关键种能量流动与转换、浮游动物种群的补充、生源要素循环与更新、关键物理过程的生态作用、水层与底栖系统耦合和微食物环的贡献等。

1. 资源关键种能量流动与转换

食物联系是海洋生态系统结构与功能的基本表达形式，初级生产的能量通过食物链-食物网转化为各营养层次生物生产力，形成生态系统资源产量，并对生态系统的服务和产出及其资源种群的动态产生影响。关键资源种群食物网能量流动是认识我国近海生态系统资源生产及其动态的关键生物过程，拟解决的科学问题包括食物网的基本结构、食物定量关系、主要资源种类的能量收支特征、食物网能量流动/转换的动态关系和上行控制作用和下行控制作用对资源生产的影响。进而结合鳀鱼等主要资源种群补充量动态的研究，探讨生物资源优势种交替规律及补充机制，以及对人为干扰和气候变化的响应。

2. 浮游动物种群的补充

浮游动物作为从基础生产者到高层捕食者的中间环节在生态系统转能量和物质流动中起着承上启下的关键作用，它不仅是转换者，还起着控制能、物流方向路线的作用，下行控制初级生产，上行控制上层捕食者。拟解决的科学问题是首先需要查明水团和环流对东、黄海浮游动物群落结构、数量分布及其动态变化的影响，进而了解浮游动物作为生态系统能量和物质转换的关键环节的生态转换效率，以及上行控制和下行控制的机制。以中华哲水蚤等起主导作用的关键种作为重点对象，查明它们的数量变动规律和种群补充机制，特别是影响其世代成功的关键物理和生物过程。

3. 生源要素循环与更新

生源要素（N，P，Si 和 C 等）在东、黄海的输送、循环与更新是构成这一地区可再生的生命资源的物质与环境基础，对东、黄海的生态系统的结构、功能乃至渔业资源的种群与补充量都具有十分重要的影响。结合物理海洋学与化学海洋学，对研究区域影响重要经济资源（例如鱼类）的生活习性及其补充量的外源（生源要素）的物理与化学背景场以及内部循环与再生过程取得认识。拟解决的科学问题包括：研究区域开边界/自然边界生源要素的输送速率和季节/年变化；生源要素背景场的更新时间及其重要影响因素；区域中生命与非生命过程/事件对生源要素在不同物质状态间的转化/循环的驱动；区域中各种营养盐储库中的现存量及时空变化；生源要素及痕量元素（如铁）与浮游植物的相互作用。

4. 关键物理过程的生态作用

研究关键物理过程（层化和混合、径流、沿岸锋、潮锋、上升流、东海高密水、黄海暖流、台湾暖流和黑潮等）在东、黄海生态系统中的地位和作用，搞清楚各关键物理过程的演变规律和机理，了解生源要素在界面的外部和内部经过怎样的物理过程进行交换和循环、物理过程对生源要素更新和浮游生物补充起的作用、浮游动物中关键种群的补充特点与物理环境的关系，进而掌握东、黄海关键鱼种的产卵、孵化、越冬、索饵和洄游在物理场演变过程中的分布和集群特点。拟解决的科学问题是：高生产力区中度物理过程的特性和演变机制、海底边界动力结构及其对物质的沉降和再悬浮的作用，以及模型的数值表达。

5. 水层与底栖系统的耦合

尽管有关活性颗粒有机物质（浮游植物细胞）沉降至海底的研究已有较长的历史，但真正定量化的水层-底栖系统耦合过程的研究始自 20 世纪 70 年代。研究黄、东海水层系统与底栖系统的耦合不仅对我国重要渔场渔业资源的补充机制具有关键意义，且为深入研究全球变化和人类活动对我国近海生态系统的影响提供重要依据。拟解决的科学问题包括：黄、东海颗粒有机物质的垂直通量，动态变化及控制因素；底栖碎屑食物网动力学及顶级捕食者（鱼类、虾、蟹类）的摄食控制；生物扰动及其沉积物的再悬浮过程对沉积物海水界面物质通量的作用；微型、小型生物关键类群对水层系统-底栖系统耦合过程的调控。

6. 微食物环的贡献

微食物环的基础是异养微生物的二次生产，即自由生活的异养微生物将溶解态有机物转化为颗粒态有机物（细菌本身），并为微型浮游动物（主要是原生动物）所利用，转换为更大的颗粒，使在光合作用等过程中流失的有机物得以重新进人主食物链。由于微型生物和原生动物生命周期短、周转快，因而微食物环的效率很高，通过微食物环回到主食物链网的能量，在近海大体相当于初级生产力的20%～40%。在富营养海域，微食物环是主食物链的一个补充，提高了生态效率；而在贫营养海域，微食物环的作用更为突出。拟解决的科学问题包括异养微生物的二次生产和微型浮游动物（主要是原生动物）的转换以及微型浮游动物直接对微型、微微型浮游植物的利用，以及控制这一过程的生物和非生物环境条件。

三、中国海洋生态系统动力学研究进展

中国海洋生态系统动力学研究在其战略研究之后，先后实施了三个国家级重大研究项目，它们被统称之为“中国GLOBEC-Ⅰ项目”“中国GLOBEC-Ⅱ项目”“中国GLBOEC-Ⅲ/IMBER-Ⅰ项目”。这些项目根据我国近海海洋生态系统的资源与环境属性．从生态系统的结构及过程研究，深入到生态系统的服务功能和产出功能的研究，探讨了生态系统可持续发展的机理。三个项目的有关研究内容和成果如下。

（一）中国GLOBEC-Ⅰ项目：“渤海生态系统动力学与生物资源持续利用”

“渤海生态系统动力学与生物资源持续利用”（1997—2000年）是国家自然科学基金委重大基金项目，研究目标是确认物理过程及人类活动与渤海生态系统相互作用的机制，建立过程耦合模型和生态系统动力学数值模型，寻求海洋生物资源可持续利用的调控途径。主要有四个方面研究内容：①渤海对虾早期发育阶段数量变动与栖息地关键过程的关系；②渤海浮游动物种群动力学机理及其在生态系统中的调控作用；③渤海食物网营养动力学及优势种交替机制；④渤海生态系统动力学模型的研究。经过4年的研究，较深入地了解了渤海海洋生态系统的群落结构、生物生产及其动态变化规律，首次把我国生态系统与生物资源变动的研究深入到机制与过程的水平。

1. 渤海对虾早期发育阶段数量变动与栖息地关键过程的关系

20世纪80年代以来，渤海对虾栖息地的环境发生了很大的负面变化，主要是由于黄河径流呈下降趋势、黄河口三角洲的外伸，河流引起的陆源污染加剧，沿岸地区水产养殖业的迅猛发展等一系列的人类活动所致。渤海对虾补充量与渤海周边地区河口的河口动力学关系密切，有淡水输入河口的重力环流输运作用将有利于对虾幼体的成活，从而有利于提高对虾的补充量。当河口建闸截流和断流时，河口锋消失，河口内整个水层的余流都指向河口上游，而河口开闸放水又可能太快地改变已经进入河口的对虾幼体周围水体的盐度，从而对对虾幼体造成伤害。因此，渤海周边地区河口上游过量取水造成的河口断流和以农业灌溉为目的的建闸截流都将改变渤海对虾栖息地环境，不利于增加渤海对虾的补充量（Huang，1999；董礼先，2000）。研究表明，黄河入海径流的变化不仅将影响到渤海营养盐浓度的变化，而且将对其结构产生影响，这可能会进一步影响到生态系统特别是浮游藻类种群结构的变化（于志刚，2000）。栖息地环境条件的变化对渤海对虾补充量有十分显著的影响，而河

流截流、黄河断流、人工维持黄河入海口等人类活动严重影响了对虾栖息地各种过程，致使对虾栖息遭到破坏，对虾幼体难以到达合适的栖息进行繁殖生长。

2. 渤海浮游动物种群动力学及其在生态系统中的调控作用

主要研究内容包括：①初级生产力的动态变化及其控制过程研究；②浮游动物摄食强度及转换效率研究；③浮游动物关键种种群动力学研究；④浮游动物种群结构对环境变异的响应研究；⑤底栖生物生产力的动态变化与水-底界面物质交换研究。初级生产力动态过程研究发现，叶绿素 a 和初级生产力的分布趋势与 1983 年和 1993 年的同期调查结果大体一致，即莱州湾、辽东湾和渤海湾较高，渤海中部与渤海口门较低（宁修仁和刘子林，2002）。浮游动物关键种种群动力学研究表明，小型桡足类在渤海浮游动物中起主导作用，从时空分布、产量和粒度（个体大小）多方面看，它们对渔业资源的意义比大型桡足类更为重要（王荣等，2002）。应用多元统计分析软件，对大型和小型底栖动物的生物量生产力，群落结构和生物多样性进行了综合研究分析（张志南，2000）。

3. 渤海食物网营养动力学及优势种交替机制

渤海鱼类食物网的主要环节为浮游动物、鼓虾、钝尖尾虾虎鱼、鳀鱼、短尾类和软体动物。鼓虾把有机碎屑与鱼类联系起来，尖尾虾虎鱼、钝尖尾虾虎鱼是把小型底栖动物与大型经济鱼类联系起来的关键种。鳀鱼主要以浮游动物为食，其本身又是许多大型鱼类如蓝点马鲛、牙鲆等的重要饵料，它是把浮游动物与大型肉食性鱼类联系起来的关键性鱼类（孟田湘，1998）。受生态习性和体内生化组成的影响，渤海主要渔业资源种类的生态转换效率存在明显的种间差异，食物转换效率介于 9%～35%之间，能量转换效率介于 14%～45%之间，食物转换效率的种间差异与国际上报道的结果（10%～30%或更高）基本一致（唐启升，1999）。利用 Ecopath 模型显示出渤海食物网有两个食物营养通道，一个是浮游生物群落通道，另一个是底栖群落通道；模型估算出渤海总的经济种类生物量为 95 万 t，经济鱼类生物量是 33.8 万 t（仝龄等，2000）。近 20 年来，渤海渔业资源的优势种变化不大，但渔获量却呈大幅度下降趋势。黄海渔业资源的变动直接影响到春季进入渤海的生殖群体以及后来的补充群体的数量和分布，而作为黄海主要渔业资源的生殖、繁育场，渤海渔业资源的变动直接影响着黄海渔业资源的补充。通过对渤海生态系生物生产力和渔业生物资源量的年间变化研究，表明目前渤海渔业资源已经出现大部分渔业资源全面下降的局面（金显仕，2000）。渤海生态系统生物生产受到多种机制的作用，可能是造成渤海（浅海）生态系统生物生产具有显著的动态特性的主要原因。

4. 渤海生态系统动力学模型的研究

建立了浮游植物生物量、磷酸盐浓度、无机氮浓度和海底碎屑四个生态变量的三维生态模型，在水动力场、湍流混合场、浮游动物生物量驱动下，模拟了 1982 年渤海浮游植物生物量和初级生产力的年循环过程，并定量研究了碳在不同过程中的循环。探索了模型参数的敏感性以及不同的子模型对生态系统的影响，分析了光照、水温、水平对流、湍流混合、河流营养盐负载以及生物过程对渤海浮游植物生物量变化的影响（高会旺和冯士筰，2000）。建立了考虑 Si 限制作用的水层-底栖耦合生态动力学模型，通过对比分析可以发现，硅酸盐在渤海生态系统中所起的作用是不容忽视的。同时利用该模型还对渤海碳循环通量进行了初步的估计，模拟结果显示出渤海浮游植物光合作用生产中，约有 13%进入了主食物链，20%左右向底部转移（吴增茂等，2002）。

（二）中国 GLOBEC－Ⅱ项目："东、黄海生态系统动力学与生物资源可持续利用"

"东、黄海生态系统动力学与生物资源可持续利用"（1999—2004 年）是国家重点基础研究发展计划（"973 计划"）项目，经过 1998 年的培植研究之后，项目于 1999 年正式实施。该项目将东、黄海生态系统动力学关键过程和生物资源补充机制等作为主要研究目标，从 4 个方面开展研究：①东、黄海关键物理过程对生物生产的影响机理。主要研究：高生产力区中尺度物理过程的特性、演变机制及其在生态系统中的作用、重要区域海底边界动力结构及对物质的沉降和再悬浮作用及重点海区生态系统动力学模型的数值研究。②东、黄海生源要素循环与更新机制。主要研究：影响东、黄海生源要素的外部补充机制与生源要素的背景场，生源要素的消耗、多级利用与再生的速率，生源要素对初级生产的限制机制，重要的界面附近（大气-水、锋面与层化、沉积物-水）生源要素与颗粒态物质的形态转变与交换/输送通量，利用数值模式认识东、黄海生源要素循环与更新的过程和年代际变化特点。③东、黄海基础生产过程与浮游动物的调控作用。主要研究：异养微生物的二次生产和原生动物的摄食，了解微食物环对东、黄海主食物网的贡献；浮游动物的调控作用，了解浮游动物群落结构动态变化；通过中华哲水蚤等关键种种群动力学的研究，了解关键种种群补充机制，从而为预测渔业资源的变动提供依据。根据浅海生态系统的特点，水层系统与底栖系统的耦合过程及预测模型也是重点研究内容。④东、黄海食物网营养动力学与资源优势种交替机制。主要研究：资源种群动力学特征，重点研究影响关键种群早期存活的理化生物环境机制；捕捞/养殖等重要人类活动对群落结构变化和资源再生产的影响，结合食物网和种群动力学研究，探讨东、黄海生态系统的年代际变化和生物资源优势种交替规律及补充机制，建立东、黄海生态系统资源可持续开发与管理模型。

紧紧围绕我国科学家提出的浅海生态系统动力学的 6 个关键科学问题，关注多学科交叉集成研究，根据上述 4 个方面的研究内容，确定了 5 个多学科交叉的研究主题，即鳀鱼产卵场与补充机制、中华哲水蚤种群动态与越夏策略、鳀鱼越冬场形成的物理机制、不同水域的生源要素循环和东、黄海生态系统年代际变化等。在东、黄海生态系统动力学关键过程和生物资源补充机制等前沿研究领域取得了 5 个方面的创新性研究成果。

1. 初步建立了我国近海生态系统动力学理论体系

建立的理论体系是根据东、黄海生态系统特点提出的 6 个关键科学问题的基本框架所构成，即资源关键种能量流动与转换、浮游动物种群的补充、关键物理过程的生态作用、生源要素的循环与更新、水层与底栖系统耦合、微食物环的贡献等（唐启升和苏纪兰，2000）。这些关键科学问题涉及物理海洋学、化学海洋学、生物海洋学和渔业海洋学等 4 个学科领域，涉及"浅海"和"陆架"生态系统研究的主要科学问题。实践证明了该理论体系框架的科学价值，它不仅构成了我国近海生态系统动力学理论体系的基本框架，同时也适用于全球陆架浅海区海洋生态系统研究，同时也进一步促进了我国近海生态系统动力学理论体系的发展。

我国近海生态系统动力学理论体系的建立与国际 GLOBEC 重要的不同点是：在包含了国际 GLOBEC 主要科学问题的同时，又考虑了对生态系统营养具有重要支持和调节功能的生物地球化学的科学问题，如"生源要素的循环与更新"和"水层与底栖系统的耦合"。这种设计思路在 2003 年 1 月巴黎召开的 IGBP/OCEANS（后来发展成为 IMBER 科学计划）

开放科学大会上，得到国际同行的充分肯定。此后，IMBER（海洋生物地球化学和海洋生态系统整合研究）科学指导委员会认为这是 GLOBEC 与 IMBER 相结合的一种好的形式。事实上，以 6 个关键科学问题为基础的理论体系框架对推动我国海洋生态系统基础研究的深入发展和参与国际 IGBP/IMBER 新科学计划的制订都起到了非常重要的推动作用。

2. 食物网资源关键种能量转换与可持续管理模型

从关键种、重要种类和生物群落三个层面上，研究了浅海陆架生态系统高营养层次营养动力学特征。与国内外现有研究相比，从研究所涉及的生物种类，到研究内容的广度和系统性以及与区域生态系统研究的关系上，都有较大的突破，为进一步研究东、黄海生态系统能量流动、物质转换和食物网营养动力学奠定了基础。

高营养层次营养动力学特征及生物生产机制。海洋生物种类间的生态转换效率存在显著差异，对 21 种重要生物资源种类生态模拟实验研究表明，鱼类食物转换效率介于 9%～35%之间，能量转换效率介于 14%～45%之间。温度、体重、摄食水平、饵料种类和群居行为等生态生理因素又可能引起鱼类自身摄食、生长和生态转换效率等营养动力学特征的改变（孙耀等，2001）。发现了黄、东海高营养层次重要鱼类的生态转换效率与营养级之间存在负相关关系，这对认识海洋生态系统生物生产动态特性及资源补充机制有重要的理论与实践意义（Tang et al.，2007）。渤海和黄海高营养层次营养级年代际变化研究表明，各海域高营养层次的营养级呈下降趋势，如渤海从 1959 年的 4.1 下降到 1998—1999 年的 3.4，黄海从 1985—1986 年的 3.7 下降到 2000—2001 年的 3.4（张波和唐启升，2004）。发现了多种重要资源种类食性发生年代际转变现象，加深了对高营养层次营养级波动原因的认识，即高营养层次营养级的波动不仅与群落种类组成变化有关，同时与单种类群体个体大小及其食物种类的营养级等多种因素的变化直接有关。

鳀鱼早期生活史与重要生物资源种群动力学特征。完成了生态系统关键种鳀鱼早期生活史的关键阶段-卵子死亡和仔稚鱼的耐受饥饿的实验以及食性和生长研究（万瑞景等，2004）。查明了鳀鱼、带鱼、小黄鱼、鲐鱼、蓝点马鲛、玉筋鱼和鹰爪虾等多种重要资源种类种群动力学参数，建立了鳀鱼和带鱼亲体与补充模型，评估了渔业可持续产量（金显仕，2001）。

高营养层次群落生态结构、种群遗传结构和资源可持续管理模型。根据黄、东海陆架海域生物资源群落结构、优势种组成、多样性特征及其与人类活动、环境因子的关系，从生态学角度将黄、东海高营养层次划分为南北两个大群落，黄海又进一步被划分为冷水团与近岸水域群落，东海为深水和浅水群落（Jin et al.，2003），群落划分结果与环境特征相吻合。人类捕捞活动对黄海高营养层次生物群落结构年代际变化影响显著，3 个时间段（1985—1988 年、1990—1994 年和 1998—2002 年）渔业生物种类组成的明显差异主要是由于少数关键种类数量变化造成的；而生态多样性，1985—1992 年期间呈现下降趋势，1992—2002 年间上升，鳀鱼的数量变动对生态多样性的变化具有很大影响（Xu and Jin，2005）。

3. 浮游动物种群补充及微食物网的贡献

中华哲水蚤度夏机制研究。浮游动物在海洋生态系统中的有承上启下的关键作用，研究揭示了浮游动物重要种类——哲水蚤类的一种生活史策略，即在温带陆架边缘海存在的度夏机制。中华哲水蚤是东、黄海浮游动物桡足类的关键种，是重要经济鱼类的主要饵料，其度夏机制的研究为物理过程——生物过程耦合研究提供了一个成功的案例。中华哲水蚤夏季有两个月的时间生活在黄海冷水团中，其生物学特征具有明显的休眠特点，度夏成功与否主要受物理过程的控制，是秋季种群补充的关键。中华哲水蚤种群在春季3—4月份伴随着浮游植物水华期，首先在近岸初级生产力高的区域和底层温度梯度较大的锋区繁盛起来。5月份整个种群得到迅速增长，到6月份达到生物量的高峰期，此时中华哲水蚤在鳀鱼产卵场的生物量能够占整个浮游动物生物量的85%以上。高温对生殖和补充都非常不利，7月下旬开始表层水温超过23℃，达到了中华哲水蚤的耐受上限，近岸中华哲水蚤种群密度降低，分布的中心转移到冷水团内。8月份主要分布区在黄海冷水团的中心区，种群组成中以C5期桡足幼体的比例占绝对优势，主要集中在靠近底层的水体中。黄海冷水团保守的结构阻碍了营养盐的循环和补充，使得叶绿素水平较低，但同时这种稳定的垂向结构也使得中华哲水蚤可以通过调节昼夜垂直移动的幅度来躲避高温伤害。温度锋面对中华哲水蚤的分布具有重要影响，锋面外侧是中华哲水蚤垂直分布的中心区域（Liu et al.，2003；Pu et al.，2004）。在冷水团边缘区域由于受物理环境（温度和水动力）的影响，中华哲水蚤仍然处于生长和发育状态，但死亡率很高，对整个种群补充的作用很小。在冷水团以外，黑潮水由底层向东海陆架的爬升和近岸陆坡区域的上升流都能破坏水体的垂向层化结构和中华哲水蚤的昼夜垂直移动的特性，使得逃避高温的机制失效，从而经历较高的死亡率。10月份开始随着温跃层的减弱和初级生产的增加，在物理过程的驱动下，中华哲水蚤开始向表层和岸边扩散，11月之后整个海域都由其分布。由此可见，黄海冷水团作为黄海夏季最显著的水温现象，为中华哲水蚤提供了一个避难所（Sun et al.，2002；Wang et al.，2003）。

海洋微食物环的研究。在东、黄海较为系统地开展了微型生物主要功能类群的生态学研究，在鞭毛虫研究中采用荧光原位染色和同位素示踪等国际先进技术，研究鞭毛虫对异养细菌和微微型自养原核生物的两条摄食途径及其摄食效率，得到了微微型自养原核生物作为鞭毛虫食物的重要性高于异养细菌的结论（Xiao et al.，2001）。应用数据模型初步估算微食物环对主食物链的贡献，定量研究了浮游植物、微型浮游动物和中型浮游动物之间的能流、物流关系。发现了东、黄海微型硅藻在硅藻总丰度中的优势地位，并发现1个新种、2个我国新记录的属和9个我国新记录的种（Zhang et al.，2001；Huang et al.，2003）。

4. 关键物理过程的生态作用

对鳀鱼产卵和越冬两个关键生活阶段进行了多学科研究，物理过程一方面通过物理要素影响生物的生长，另一方面通过生态系统中的营养级对生物生产产生影响，如潮锋和跃层中的混合和层化、平流和扩散等影响生源要素的外源补充和内部循环、浮游植物的初级生产、浮游动物的次级生产、鳀鱼鱼卵和稚仔鱼等。生态建模工作验证了一些理论假设，为国际GLOBEC提供了一个陆架浅海区物理与生物过程耦合研究的实例。

物理过程在南黄海西部和中南部鳀鱼产卵场和越冬场两个关键生活阶段的生态作用。现场调查、卫星遥感、理论和数值模拟综合研究表明，南黄海西部潮锋、跃层和环流是鳀鱼产卵场的关键物理过程，温度和盐度锋面是鳀鱼越冬场的关键物理过程。认识了关键物理过程的特征和形成机理，潮锋区为鳀鱼卵子和稚仔鱼的密集区，潮锋的环流辐聚、辐散作用显著，是形成潮锋区鳀鱼卵子和稚仔鱼斑块分布的原因（万瑞景等，2002；Wei et al.，2003）。春季，潮锋附近水体垂向混合较强，丰富的生源要素和充足的光能使得初级生产、进行次级生产均在锋区出现高值，为鳀鱼稚仔鱼的生长发育提供良好的理化环境和饵料条件。锋面离岸侧的温度和密度跃层很强，水体垂向稳定，层化阻滞着物质跨跃层的交换，在光能和营养盐的共同限制下，溶解氧、初级生产和次级生产的高值区均出现在跃层的下界，为鳀鱼的成鱼提供充足的饵料。冬季，受地形、海气热量交换和黄海暖流的共同作用，在黄海形成显著的山东半岛锋、江苏沿岸锋和黄海暖流锋等温度锋面，黄海越冬鳀鱼主要分布在这几个锋面附近合适水温一侧，锋面较强的温度水平梯度是促使鳀鱼密集，从而形成鳀鱼越冬场的主要机制。

物理过程对生源要素的循环与传输。长江冲淡水为东海带来大量营养物质，在现场观测和高分辨率数值模拟基础上，研究长江冲淡水向苏北的扩散过程和颗粒物输运规律发现：①长江入海物质并非完全直接向东海输运。春、秋、夏季长江口入海的部分淡水和悬浮物质经长江口北侧进入苏北水域，然后与苏北沿岸流一起在上层向东海输运，在底层向黄海深槽输运；②除冬季外，南黄海 50 m 等深线附近下层有一个温度锋面。该锋面附近聚集了较高浓度的悬浮颗粒物。锋面附近东黄海区悬浮颗粒物输运率最大，甚至比长江河口区的输运率还大。

生态系统动力学模型。建立了生物-物理耦合的三维营养盐动力学模型（田恬等，2003），模拟了黄海无机氮、活性磷酸盐和叶绿素 a 的年循环规律，估算了黄海营养盐的收支情况和季节变化，特别探讨了海域固定大气 CO_2 能力的新生产状况。黄海年平均初级生产力达 508 mgC/(m^2 · d)，物理过程很大程度影响了营养盐的分布和生态功能。黄海中部深水区初级生产力在 5—6 月和 11 月出现双峰特征，而近岸海区初级生产力单峰出现在 6—8 月。河流每年为黄海输送无机氮 225.4×10^3 t 和无机磷 6.82×10^3 t；光合作用和呼吸作用是营养盐最大的汇和源；黄海中部沉积物-水界面交换向水体提供大量的硝酸氮，为新生产贡献 56%的氮；大气沉降补充的营养盐占年初级生产所需氮、磷的 6%和 1.5%，为河流输入营养盐的 3～5 倍。

5. 生源要素循环及水层-底栖系统耦合

证明了在真光层中生源要素的再生可以为微生物利用，即直接供给初级生产，而发生在跃层下部的矿化则形成暂时性的营养盐贮库。在潮锋附近，发现明显的营养盐梯度变化，生源要素的峰值与溶解氧、叶绿素之间具有相关性，表明锋面对化学物质和浮游植物具有同样的聚集作用。跃层的形成与变化控制生源要素的垂向迁移和转化，使得那里在冬季成为水体中生源要素的“源”，而夏季成为“汇”。垂直一维模型对水层-底栖耦合生态系统模拟显示，浮游植物光合作用生产中，10%进入了主食物链，而 20%～25%进入底栖系统。

利用碳、氮同位素的分布建立了陆源颗粒物的多元化模式，剖析陆源物质、黑潮输送和现场生产及水柱中的再生过程是物质来源的控制因素，来自长江的陆源输送可远达离岸 250 km以外，前人的结果可能忽略了横过陆架的陆源物质输运（Wu et al.，2003）。痕量元素（Zn，Cu，Fe，Mn，Al 等）、生源要素（C，N，P）以及稳定同位素在鳀鱼体内的分布揭示，痕量元素随着体长的增长，浓度显著下降。鳀鱼体内生源要素氮、磷的变化趋势与痕量元素一致，而碳则相反。随着鳀鱼体长的增长，稳定同位素在食物网中的营养级水平有显著的改变。此外，不饱和脂肪酸（如 18:3*n*3，22:6*n*3，22:5*n*3 和 22:5*n*6）在不同营养级的生物中存在明显的差异。随着营养级的升高，鱼类体内起于浮游植物的 16:1*n*7 不断转化减少，同时来自动物的 18:1*n*9 逐渐增加。

在长江口外发现有一处面积 14×10^3 km^2，平均厚度达 20 m 的底层低溶氧区（DO< 2 mg/L），其含氧量最低值达到 1 mg/L，与美国密西西比河口与墨西哥湾的溶解氧最小区

相似（Li et al.，2002）。在低溶氧区域，表观耗氧量（AOU）为 5.8 mg/L，亏损氧总量达 1.59×10^6 t。

沉积物-水界面附近的交换通量与样品的采集方式之间具有复杂的联系，而且是非线性的。还原条件下，氨在多数情况下是由沉积物向上覆水体中释放，因而沉积物成为源；当外来有机质的输入较少时，硝酸盐的交换是由沉积物交换到上覆水中；沉积物的氧化还原环境与有机质的降解对 PO_4^{3-} 的交换通量有很大影响；硅的界面交换特点是以从沉积物到上覆水中为主（Liu et al.，2005）。在东、黄海，陆源输入具有较高的 N∶Si 比值特点，因此随着富营养化程度的增加，硅作为群落结构控制因子的可能性逐渐增加，硅藻在数量上的减少将可能会增加有害赤潮的发生。

各种营养盐组分在春季沙尘暴期间在气溶胶中出现较高的浓度，表明陆源的输入对东、黄海的气溶胶的化学组成有显著的影响。与国际上的研究成果相比，东、黄海的降水中氨与硝酸盐的比值高出了一倍。对比干、湿两种输入方式，几种营养盐都以湿沉降方式为主，其占大气总输入量的 50%～90%。

（三）中国 GLOBEC－Ⅲ/IMBER－Ⅰ项目："我国近海生态系统食物产出的关键过程及其可持续机理"

"我国近海生态系统食物产出的关键过程及其可持续机理"（2006—2010 年）是国家重点基础研究发展计划（"973 计划"）项目。该项目围绕国家对海洋食物供给和资源可持续利用的重大需求以及在中长期发展战略中所面临的海洋资源与权益方面的严峻挑战，从人类活动和自然变化两个方面来研究和认识我国近海生态系统的服务功能及其承载力。以生物地球化学与全食物网关键过程相互作用为核心，从关键生物地球化学过程对食物生产的支持作用、生源要素循环和补充的关键海洋动力学过程、基础生产及其生物地球化学耦合和生物功能群食物产出过程与可持续模式等方面开展了多学科交叉与整合研究。为此，提出了影响近海生态系统食物产出的支持功能、调节功能和生产功能的 4 个主要关键科学问题（唐启升等，2005）。

1. 食物生产的关键生物地球化学过程

生物地球化学过程是海洋生态系统中物质循环的基础，支撑着海洋食物生产。生源要素和痕量营养物质的循环速率和通量的变化在很大程度上控制着食物生产的时空变化与生态系统可持续的生产能力。所包含的科学问题为：陆源与海洋有机质的降解与生源要素的矿化如何驱动近海不同生态亚区的物质循环；界面（沉积物-水、颗粒物-水等）过程对生源要素和痕量元素的不同赋存形态之间转化的控制；营养盐与痕量元素在不同储库之间的流动对食物网中物质传递的示踪原理；生物地球化学过程对近海与大气和开阔海洋之间物质反馈的影响形式；气候变化和人类活动引起的近海环境演变的生物地球化学记录，以及生物地球化学循环对近海生态容纳量的作用机制。

2. 生源要素循环和补充的海洋动力学机制

海洋动力过程通过对生物地球化学的影响对近海生态系统服务与食物产出功能起着重要的调节作用。河-海、沉积物-水、不同水团等界面的海洋动力交换过程决定生源要素的外部补充，环流的输运过程控制生源要素的内部循环，环流、锋面、层化和混合等关键动力过程是形成和维持高生产力区营养供给的物理基础。所包含的科学问题为：重要界面物质交换动力机制及其在生源要素外源补充中的作用；近海环流演变对生源要素内部循环的作用机理；典型生态区关键动力过程特征及其对初级生产和食物网中物质流动的作用；海洋动力过程对气候变化的响应机理及其对生态容纳量的调节作用。

3. 基础生物生产与关键生物地球化学过程的耦合机理

基础生物生产与生物地球化学过程的相互作用直接影响生态系统的食物产出功能。作为海洋食物生产过程中有机物质形成的基础环节，浮游植物群落生物量的增长与颗粒有机物的光合生产以及溶解有机物通过细菌二次生产和微食物环回归食物网的生产过程等均受营养盐和微量元素再生与补充和有机物降解的生物地球化学过程的调控，同时，浮游植物群落和细菌生物量增长的基础生物生产又改变着水体营养盐、微量元素和有机碳库的储量与分布格局，从而影响着生源要素无机—有机形态相互转化的生物地球化学循环过程。所包含的科学问题为：关键生物地球化学过程对浮游植物和微食物环基础生产的调控作用；初级生产产品沿主食物链和微食物环传输的潜在分配比和转换效率；基础生物生产对生源要素循环的影响；基础生物生产对自然变化和人类活动的响应。

4. 生物功能群的食物网营养动力学

食物网营养动力学过程是食物产出的基本过程，是生态系统支持功能和调节功能最终体现。食物网物质与能量的传递取决于生物功能群（包括浮游植物、浮游动物、游泳动物）的组成及其转换效率和产出率，同时，食物产出的数量与质量又受制于人类活动和自然变化。所包含的科学问题为：初级生产与浮游动物功能群的互动关系与动态变化机制；各营养阶层功能群的生态转换效率、移出率和产出率；主要经济种群数量变动与浮游动物功能群动态变化的耦合机理；食物网功能群的组成和食物产出对人类活动的响应机制；近海生态系统食物可持续产出与生态容纳量动态机理。

紧紧围绕近海生态系统食物产出的上述 4 个主要关键科学问题：①关键生物地球化学过程对食物生产的支持作用研究；②生源要素循环和补充的关键动力学过程研究；③基础生物生产及其与关键生物地球化学过程的耦合研究；④生物功能群的食物生产过程与可持续模式的研究 4 个主要研究内容上，关注多学科交叉集成研究，取得了 4 个方面的创新性研究成果。

（1）全程食物网食物产出关键过程及其相互关系。在对黄海冷水团海域全程食物网食物产出的基本过程（春季水华过程）现场观测和实验的基础上，首次发现了春季水华的发生和发展是由多个子过程组成的，所观察到的不同类型的水华（如表层水华和次表层水华）实质上是春季水华发生和发展过程中的不同阶段；春季水华期间浮游植物生物量增长呈抛物线状，即生物量峰值出现在春季水华的中期，各子过程的生物量大小和时空尺度的变化取决于环境条件和特定水华原因物种；在黄海冷水团海域水华各个子过程的峰期是由南向北发生的，其水平分布呈斑块状。在黄海冷水团海域，弱风期水体稳定度的提高是水华启动的必要因素，水文过程及其引起的营养盐的补充对春季水华的维持和发展具有重要的调控作用，沙尘沉降提供的溶解性 Fe 和植物性营养盐对初级生产力的增加有促进作用。2007 年调查期间观测海域，水华发生 7 d 后初级生产对有机碳的积累增加了近 3 倍（140 万 t /38 万 t），根据多年平均遥感资料估算，黄海陆架春季水华期固碳量约为 1 000 万 t，对该区域全年总初级生产的贡献高达 32%。

春季水华发生阶段是中华哲水蚤的主要繁殖期，调查发现饵料因素是控制中华哲水蚤繁殖质量的关键因素（Huo et al.，2008；Wang et al.，2009）。饥饿实验证明，无饵料环境中，成熟个体 4～5 d 后停止产卵。饥饿一周的个体添加饵料 3 天后产卵行为恢复（王世伟，2009）。因此，通过水华期摄取的营养保证了中华哲水蚤繁殖的需求，使其补充种群数量在浮游植物高峰期（水华期）后 1 个月左右发展到高峰（王世伟，2009）。这个研究结果使陆架区普遍存在的“浮游动物生物量高峰期较浮游植物高峰期滞后”现象有了营养动力学的合理解释。

黄海微食物环生态模型研究表明，春季水华期间微食物环对主食物网贡献率在 13.1%。微食物环能流的主要传递者是鞭毛虫和纤毛虫等微型浮游生物，它们的生物量在春季最高，冬季较低，微食物环对主食物网的贡献量春季是冬季的 32 倍。

黄海高营养层次种类的营养级呈明显下降趋势，以鱼类为主的 7 个功能群主要以浮游生物食性功能群为主，表明鱼类对浮游动物的需求和捕食压力也在不断加大（张波和金显仕，2010）。同时，还发现高营养层次种类间食物关系紧张，可能存在激烈的竞争，如重要种类黄海鳀鱼和赤鼻棱鳀食物的相似指数达 65.97%（郭旭鹏等，2007）。另外，首次应用现场围隔方法测定了蓝点马鲛、鲐、鳀、赤鼻棱鳀、斑鰶、玉筋鱼、沙氏下鱵鱼等功能群重要种类的摄食生态学参数，为黄海高营养层次食物网的过程研究提供了更准确的基础数据。

（2）黄、东海全程食物网生物功能群与生态划区。采用不同研究方法和技术，对黄、东海全程食物网各营养层次功能群进行划分，包括低营养层次的浮游细菌、浮游植物、浮游动物和高营养层次的游泳动物功能群。在此基础上结合物理、化学等多学科研究从生态系统水平上对黄、东海进行了生态划区。主要研究成果：①应用分子生物学技术（PCR-DGGE 和 16S rNDA 克隆）研究了浮游细菌菌群结构变化，黄、东海主要优势菌群是变形菌门的 γ-Proteobacteria、δ-Proteobacteria 和拟杆菌门（Cytophaga-Flavobacteria-Bacteroides，CFB）。不同生态过程影响浮游细菌主要优势菌群的组成，α-Proteobacteria 中的 Roseobacter 和 CFB 中的 Cytophaga、Flavobacteria 是浮游植物水华时的优势菌群，在长江口海域低氧发生过程中（8 月份）拟杆菌门的 Flavobacteria 为最主要的优势菌群。黄、东海细菌群落可划为 4 个区，但有明显的季节变化（刘敏等，2008）。②根据粒径大小及对营养盐的吸收类型和被浮游动物的摄食类型，将黄、东海浮游植物划分为 12 个功能群，其中小型无刺群体硅藻是黄、东海最为重要的浮游植物功能群（田伟等，2010）。但各浮游植物功能群组成时空变化较大，如微型自养鞭毛藻或小型混合营养甲藻在春季占有优势，常在长江口水域形成有害水华。根据浮游植物功能群分布特征，春季南黄海可划为 4 个区，秋季可划为 3 个区，东海可划为近岸和外陆架 2 个区，长江口及邻近海域功能群区域分布季节性变化较大。③根据粒径大小、摄食食性和营养功能，将黄、东海浮游动物类群划分为 6 个功能群：水母类、毛颚类、被囊类、磷虾类、哲水蚤类以及拟哲水蚤和剑水蚤类，黄海最主要的浮游动物功能群是磷虾类和哲水蚤类（Sun et al.，2010）。根据功能群的生物量和分布，黄、东海春季被划为 5 个区（青岛外海、南黄海、黄-东海混合区、舟山外海、东海陆架区），秋季被划为 4 个区（黄海中央区、黄海近岸及黄-东海混合区、东海内陆架区、东海中陆架区）。④根据种间捕食关系并以占总生物量 90%的生物种类为研究对象，黄、东海及长江口邻近海域的高营养层次生物群落可划分 8 个功能群：鱼食性功能群、虾/鱼食性功能群、虾食性功能群、虾蟹食性功能群、蟹食性功能群、底栖动物食性功能群、浮游生物食性功能群和广食性功能群（张波等，2009）。黄海冷水团海域高营养层次生物群落功能群组成较稳定（以浮游生物食性为主），季节变化较小，是一个典型的生态区域。而东海和黄海近岸水域及南部水域功能群组成受季节的影响较大。根据群落分布及环境条件，两大海域分别被划为内外两个区，其中黄海以 50 m 为界，东海以 100 m 为界。⑤根据锋面和水团分布，黄、东海可被分为 5 个区（沿岸区、黄海中央区、黄-东海混合区、东海中陆架区、东海外陆架区）；根据氮、硅、磷、溶解氧等化学因子分布，黄、东海也可被分为 5 个区（黄海区、黄-东海混合区、舟山近海、舟山外海、东海陆架区），但长江口海域季节变化较大。⑥综合生物和理化等多种因素，黄、东海生态系统可分为 5 个生态亚区，两个生态系统的分界线较传统线向南移一度，各生态亚区服务功能有所不同。

（3）东海陆架营养补充对生态系统的作用与季节性缺氧区的演化机制。比较系统地刻画了来自陆地径流、台湾海峡与黑潮涌升等对痕量元素与有机物质的迁移、再生和循环的影响。其中，在化学物质的收支、源/汇的甄别、向大气的反馈等方面取得了重要的进展，包括：①计算了 PN 断面上长江冲淡水、黑潮和台湾暖流的混合情况，来自长江冲淡水的影响主要集中在距河口 150 km 范围以内；②黄、东海是大气 CH_4 和 N_2O 的净源，其中长江口外海区 CH_4 海-气交换通量是邻近海域的 4 倍，N_2O 海-气交换通量比邻近海域低 10%～20%（Zhang et al.，2008）；③利用镭同位素的测量对陆架区黑潮表层水、黑潮次表层水、长江冲淡水、台湾海峡水在陆架区不同区域的贡献进行了定量划分，对影响形式和范围做出了具体的描述；④长江口和浙闽沿岸海区木质素含量较高；而长江口以南和 123°E 以东海区木质素含量较低；⑤自 20 世纪 80 年代末期开始，来自长江的含沙量减少，但其携带的有机物中的较为新鲜的木质素成分增加；⑥从年收支的角度，营养盐通过河流向东中国海的输送提供浮游植物生长所需氮的 15%、磷的 6%和硅的 4%（Liu et al.，2009）。

通过海洋调查、监测和模拟相结合的方式，针对长江口外和东海内陆架季节性缺氧的形成机制、演化过程、生物地球化学循环等方面进行了比较深入的研究。在过去 50 多年中，长江口外溶氧最小值并没有明显减小，但低氧区面积呈现扩大的趋势。取得的主要成果包括：①在长江口外与东海陆架区存在着不同性质的缺氧问题，其中一种类型同长江口附近的富营养化过程关系比较密切，另外一种类型同季风气候引起的近海上升流比较一致；两者出现的地点和影响规模不同；②不同年份之间，季风和近海环流的格局变化导致观测到的缺氧区在分布和影响范围等出现比较大的差异；③近海水域中的有机质降解和生源要素的循环过程对近底层水体中溶解氧的消耗乃至季节性缺氧事件的发生具有重要的控制作用，但是仅仅根据生源要素之间的比例关系不能完全解释溶解氧的亏损；④近几十年来，长江口外的季节性缺氧区面积的变化同沉积物中记录的来自陆地的植物性营养盐的输入和近海的富营养化特点比较一致，均具有逐年增加的趋势。

（4）多营养层次综合养殖模式构建与碳汇渔业。“建立海水养殖新生产模式”是近海生态系统食物产出及其可持续机理研究的一个目标。通过生物地球化学过程、水动力学、养殖种类营养动力学等多学科的交叉与模型研究，摸清了养殖水域能量收支基本状况和养殖容量，并根据养殖种类的生物学特性和生物之间的生态互利性，将不同营养级养殖生物在生态系统水平上进行合理整合，构建了多种形式的多营养层次综合养殖模式，包括藻-贝-鱼多营养层次综合养殖模式、大型海藻（海带、龙须菜）-鲍高效综合养殖模式、海带-鲍-海参多营养层次综合养殖模式、海草床海区海珍品多营养层次的底播增养殖模式等。这些模式可以充分利用输入到养殖系统中的营养物质和能量，在减轻海水养殖等人类活动对自然生态系统的负面影响的同时，使系统具有较高的容纳量和食物产出能力。在荣成寻山、楮岛、俚岛等典型养殖区实验示范，这些模式获得了显著的经济、社会和生态效益。如俚岛海带-鲍-海参多营养层次综合养殖模式实验区（200 亩[①]）的百产效益由 0.5 万元提高到 16.4 万元，生态系统的服务功能也明显提高。几种养殖模式的服务功能评价结果表明，海带-鲍-海参模式的物质生产价值显著高于藻鲍养殖模式，在不降低生态系统其他服务价值前提下，显著增加养殖产品的经济价值。

藻类和贝类养殖活动直接或间接地使用了大量的海洋碳，提高了浅海生态系统吸收大气 CO_2 的能力，通过收获，贝藻养殖产品成为"可移出的碳汇"，在多营养层次综合养殖模式构建的基础上，确认我国渔业具有碳汇功能，提出了"碳汇渔业"新的发展理念。研究表明，水产养殖是碳汇渔业的主体。1999—2008 年海水养殖贝类和藻类每年产出 1 000 多万吨水产品，使用浅海生态系统的碳可达 300 万 t 左右，每年通过收获从海中移出的碳为 100～130 万 t，平均 120 万 t，相当于每年移出 440 万 t CO_2（Tang et al.，2011）。如果按照林业使用碳的算法计量，我国海水贝藻养殖每年对减少大气 CO_2 的贡献相当于义务造林 50 万多公顷，节省国家造林投入近 40 亿元。

四、展望

在全球变化背景下，由于多种因素的作用，我国近海生态系统结构发生了前所未有的剧烈变化，海洋生态系统的动态特征和不确定性进一步突显出来．海洋生态系统的可持续发展受到特别的关注。2007 年召开的香山科学会议第 305 次学术讨论会，着重研讨了"人类活动和气候变化对近海生态系统的影响"，再次确认"可持续海洋生态系统基础研究是新世纪的一项重要科学议题"，并认为"近十余年来人文活动对我国近海的影响十分显著，例如富营养化问题已被看成是继过度开发利用之后又一个影响近海海洋服务与产出功能的重大问题，需要对近海生态系统及其可持续问题研究给予高度重视"（香山科学会议办公室，2007）。2009 年召开的第 39 期双清论坛，针对我国近海生态灾害频发并有多样化的发展趋势，着重研讨了"海洋生态灾害与生态系统安全"，认为"需要特别加强该领域的基础研究，认识和预测在全球变化背景下高强度人类活动的我国近海生态系统资源与环境的变化趋势、不确定性及其对人类活动和气候变化的响应"。2010 年国际 IGBP 和 SCOR 发布了 IMBER 科学计划和实施战略的补充报告（Field，2010），针对海洋生态系统研究的新发展不仅强调了创新研究（如多种尺度的过程研究与建模），同时也强调了人文因素影响及反馈机制研究（如在海洋全球变化研究中整合人文因素），并期望通过各具特点的区域海洋生态系统研究计划来实现上述研究目标，例如南大洋气候与生态系统动力学整合研究（ICED）、印度洋生物地球化学和生态学可持续研究（SIBER）、亚北极海域生态系统研究（ESSAS）等。因此，对于近期和未来，海洋生态系统动力学依然是全球变化和海洋可持续科学研究领域的重要内容，海洋跨学科研究的前沿研究领域。其持续研究主要包括以下几个方面：

（1）海洋生态系统的关键物理过程、化学过程、生物过程及其相互作用研究，重要生源要素的生物地球化学过程和全程食物网生物生产过程研究需特别加强。

---

① 1 亩≈667 m^2。

（2）从人类活动和自然变化两个方面研究海洋生态系统的服务与产出功能，量化和模拟其动态变化和生态容纳量，认识和预测海洋生态系统演变和不确定性。

（3）研究海洋富营养化、酸化和缺氧区的形成和危害，大规模海洋生态灾害的暴发机制，探讨海洋生态系统安全的保障措施。

（4）研究和探索多重压力下海洋生态系统水平管理的科学基础及其适应性管理对策，探索我国海洋可持续发展的途径。

参考文献

董礼先，苏纪兰，陈琪，等，2000. 潍河口水文分析．海洋学报，22（2）：9－15.

高会旺，冯士筰，2000. 海洋浮游生态系统动力学模式的研究．海洋与湖沼，31（3）：341－348.

郭旭鹏，李忠义，金显仕，等，2007. 应用稳定同位素技术对南黄海两种鳀科鱼类食物竞争的研究．浙江师范学院学报（自然科学版），6（4）：283－287.

金显仕，Hamre J，赵宪勇，等，2001. 黄海鳀鱼限额捕捞的研究．中国水产科学，8（3）：27－30.

金显仕，2000. 渤海主要渔业生物动态变化的研究．中国水产科学，7（3）：6－10.

刘敏，王子峰，朱开玲，等，2008. 应用 PCR-DGGE 技术分析长江口低氧区的细菌群落组成．高技术通讯，18（6）：650－657.

孟田湘，1998. 渤海鱼类群落结构及其动态变化．中国水产科学，5（2）：16－20.

宁修仁，刘子林，2002. 浮游植物、初级生产力与新生产力．见：苏纪兰，唐启升，等．中国海洋生态系统动力学研究：Ⅱ渤海生态系统动力学过程．北京：科学出版社．

苏纪兰，唐启升，2002. 中国海洋生态系统动力学研究：Ⅱ渤海生态系统动力学过程．北京：科学出版社．

孙耀，张波，郭学武，等，2001. 温度对黑鲷（*Sparusm macrocephalus*）能量收支的影响．生态学报，21（2）：186－190.

唐启升，苏纪兰，2000. 中国海洋生态系统动力学研究：Ⅰ关键科学问题与研究发展战略．北京：科学出版社．

唐启升，范元炳，林海，1996. 中国海洋生态系统动力学研究发展战略初探．地球科学进展，11（2）：160－168.

唐启升，苏纪兰，张经，2015. 我国近海生态系统食物产出的关键过程及其可持续机理．地球科学进展，20（12）：1280－1287.

唐启升，苏纪兰，2001. 海洋生态系统动力学研究与海洋生物资源可持续利用．地球科学进展，16（1）：5－11.

唐启升，孙耀，张波，等，1999. 4 种渤黄海底层经济鱼类的能量收支及其比较．海洋水产研究，20（2）：48－53.

田恬，魏皓，苏健，等，2003. 黄海氮磷营养盐的循环和收支研究．海洋科学进展，21（1）：1－7.

田伟，孙军，樊孝鹏，等，2010. 2008 年春季东海近海浮游植物群落．海洋科学进展，28（2）：170－178.

仝龄，唐启升，Pauly D，2000. Preliminary mass-balance Ecopath model in the Bohai Sea. 应用生态学报，11（3）：435－440.

万瑞景，黄大吉，张经，2002. 东海北部和黄海南部鳀鱼卵和仔稚鱼数量、分布及其与环境条件的关系．水产学报，26（4）：321－330.

万瑞景，李显森，庄志猛，等，2004. 鳀鱼仔鱼饥饿试验及不可逆点的确定．水产学报，28（1）：79－83.

王荣，张鸿雁，王克，等，2002. 小型桡足类在海洋生态系统中的功能作用．海洋与湖沼，33（5）：453－460.

王世伟，2009. 黄海中华哲水蚤繁殖、种群补充与生活史研究．青岛：中国科学院海洋研究所博士学位论文．

吴增茂，张新玲，俞光耀，等，2002. 渤海硅酸盐对生态系统季节变化影响的模拟分析．见：苏纪兰，唐启升．中国海洋生态系统动力学研究：Ⅱ渤海生态系统动力学过程．北京：科学出版社．

香山科学会议办公室，2007. 香山科学会议第 305 次学术讨论会综述．http：//159.226.97.16/ReadBrief.aspx? ItemID =580.

于志刚，米铁柱，谢宝东，等，2000. 二十年来渤海生态环境参数的演化和相互关系的初步分析．海洋环境科学，19（1）：15－19.

张波，金显仕，唐启升，2009. 长江口及邻近海域高营养层次生物群落功能群及其变化．应用生态学报，20（2）：344－351.

张波，金显仕，2010. 黄海鱼类功能群及其对浮游动物捕食的季节变化．水产学报，34（4）：548－558.

张波，唐启升，2004. 渤、黄、东海高营养层次重要生物资源种类的营养级研究．海洋科学进展，22（6）：393－404.

张志南．2000. 水层-底栖耦合生态动力学研究的某些进展．青岛海洋大学学报，30（1）：115－122.

Barange M，Werner F，2004. Getting ready for GLOBEC，integration and synthesis phase. GLOBEC International Newsletter，10（2）：1－2.

Harris R，1999. Global Ocean Ecosystem Dynamic（GLOBEC）/Implementation Plan. IGBP Report，47：1－2.

Huang D，Su J，Baekhaus J O，1999. Modelling the seasonal thermal stratification and baroclinic circulation in the Bohai Sea. Continental Shelf Research，19（11）：1485－1505.

Huang L F，Guo F，Huang B Q，et al.，2003. Distribution pattern of marine flagellate and its controlling factors in the central and north part of Yellow Sea in early summer. Acta Ocea Nologica Sinica，22（2）：273－280.

Huo Y Z，Wang S W，Sun S，et al.，2008. Feeding and egg production of the planktonic copepod *Calanus sinicus* in spring and autumn in the Yellow Sea，China. Journal of Plankton Research，30（6）：723－734.

Jin X，Xu B，Tang Q，2003. Fish assemblage structure in the East China Sea and southern Yellow Sea during autumn and spring. Journal of Fish Biology（62）：1194－1205.

Julie H，The members of the IMBER Scientific Steering Committee，2005. IMBER Science Plan and Implementation Strategy. IGBNP Report No. 52. Stockholm，Sweden：IGBP Secretariat.

Julie H，Harris R，Barange M，et al.，2002. Ocean research In IGBP Ⅱ. Global Change Newsletter（50）：19－23.

Li D，Wu Y，Zhang J，et al.，2002. Oxygen depletion in the Changjiang（Yangtze river）Estuary. Science in China（D），45（12）：1137－1146.

Liu G，Sun S，Wang H，et al.，2003. Abundance of *Calanus sinicus* across the tidal front in the Yellow Sea，China. Fisheries Oceanography，12（4/5）：291－298.

Liu S M，Zhang J，Li R X，2005. Ecological significance of biogenic silica in the East China Sea. Marine Ecology Progress Series，290：15－26.

Liu S M，Hong G H，Zhang J，et al.，2009. Nutrient budgets for large Chinese estuaries. Biogeosciences，6：2245－2263.

Pu X M，Sun S，Yang B，et al.，2004. The combined effects of temperature and food supply on *Calanus sinicus* in the southern Yellow Sea in summer. Journal of Plankton Research，26：1049－1057.

Harris R，Rothschild B J，Muench R，et al.，1994. Global ocean ecosystem dynamics（GLOBEC），science plan. IGBP Report，40. Stockholm，Sweden：IGBP Secretariat.

Sun S，Huo Y，Yang B，2010. Zooplankton functional groups on the continental shelf of the yellow sea. Deep-Sea Research Part Ⅱ，57（11－12）：1006－1016.

Sun S，Wang R，Zhang G T，et al.，2002. A preliminary stud y on the over-summering strategy of *Calanus sinicus* in the Yellow Sea. Oceanologia et Limnologia Sinica，33（suppl.）：92－99.

Tang Q，Guo X，Sun Y，et al.，2007. Ecological conversion efficiency and its influencers in twelve species of fish in the Yellow Sea Ecosystem. Journal of Marine Systems，67：282-291.

Tang Q，Zhang J，Fang J，2011. Shellfish and seaweed mariculture increase atmospheric CO_2 absorption by coastal ecosystems. Mar Ecol Prog Ser，424：97-104.

The members of the GLOBEC-IMBER transition task team，2010. Supplement to IMBER the Science Plan and Implementation Strategy. IGBP Report No. 52A，IGBP Secretariat，Stockholm.

Wang R，Zuo T，2003. Zooplankton Distribution in relation to the hydrographical features in the southern Yellow Sea. In：The Present and the Future of Yellow Sea Environments Proceedings of Yellow Sea International Symposium，Ansan，Korea.

Wang S，Li C，Sun S，2009. Spring and autumn reproduction of *Calanus sinicus* in the Yellow Sea. Mar Ecol Prog Ser.，379：123-133.

Wei H，Su J，Wan R J，et al.，2003. Tidal front，frontal circulation and anchovy egg converge in the Yellow Sea. Fishery Oceanography，12（4/5）：134-442.

Wu Y，Zhang J，Li D J，et al.，2003. Isotope variability of particulate organic matter at the PN section in the East China Sea. Biogeochemistry，65：31-49.

Xiao T，Wang R，Yue H D，2001. Heterotrophic bacterial production in the East China Sea. Chinese Journal of Oceanology and Limnology，19（2）：157-163.

Xu B，Jin X，2005. Variations in fish community structure during winter in the southern Yellow Sea over the period 1985—2002. Fisheries Research，71（1）：79-91.

Zhang G L，Zhang J，Liu S M，et al.，2008. Methane in the Changjiang（Yangtze River）Estuary and its Adjacent Marine Area：Riverine Input，Sediment Release and Atmospheric Fluxes. Biogeochemistry，91（1）：71-84.

Zhang W，Xiao T，Wang R，2001. Abundance and biomass of copepod nauplii and ciliates and herbivorous activity of microzooplankton in the East China Sea. Plankton Biology Ecology，48（1）：28-34.

Global Ocean Ecosystem Dynamics Research in China①

Qisheng Tang, Ling Tong

1 Introduction

The ocean is a key component of the earth system and playing a major role in regulating the earth's climate and biogeochemical cycling of key elements. Ocean ecosystem dynamics is one of the most active front fields of ocean science research related with the global change and marine sustainable studies. Global Ocean Ecosystem Dynamics (GLOBEC) and Integrated Marine Biogeochemistry and Ecosystem Research (IMBER) are two projects of International Geosphere-Biosphere Programme (IGBP) core element structure related with ocean research. Both projects operate together and continuously to develop an integrated understanding of the linkages, interactions, and food-banks between physical forcing, biogeochemical cycles, and food webs of ocean. Chinese marine scientists involved GLOBEC and IMBER studies focus mainly on the scientific issues of the shelf ecosystem dynamics in the characteristics of shallow sea in North Pacific.

The GLOBEC program is an important part of the global change and marine sustainable studies established by the Scientific Committee on Oceanic Research (SCOR) and IOC in late 1991 and incorporated into the IGBP Core Element structure as first ocean project in 1995. The GLOBEC Science Plan published in 1997 set out the GLOBEC goal as *To advance our understanding of the structure and functioning of the global ocean ecosystem, its major subsystems, and its response to physical forcing so that a capability can be developed to forecast the responses of the marine ecosystem to global change* (Harris et al., 1997). GLOBEC research was organized around four foci: retrospective analyses in the context of large-scale climatic changes, process studies, predictive modeling capacity, and feedbacks from changes in marine ecosystem structure (Aksnes et al., 1999). The research was initially developed within the regional projects and a series of national projects.

① 本文原刊于 *Contemporary Ecology Research in China*, 63－68, Springer-Verlag Berlin Heidelberg and Education Press, 2016。

2 Development of Global Ocean Ecosystem Dynamics with Scientific Questions in China

A working group of the national strategic research on marine ecosystem dynamics development was founded under the support of National Nature Science Foundation of China in 1994 (Tang et al., 1995). One result from the group is to identify four main themes of China GLOBEC study: ① influencing mechanism of key physical process on biological production, ② nature of bio-elements recycles and settlement input, ③ primary production process and manipulation of zooplankton, and ④ trophic dynamics of food web and alternation principle of dominate resources. Multidisciplinary and synthesis studies are encouraged to provide breakthrough in understanding ecosystem dynamics and recruitment mechanism of living resources in continental shelf areas.

The Chinese GLOBEC studies focus mainly on the scientific issues of the shelf ecosystem dynamics in the shallow sea and shelf of Chinese waters which are an area affected heavily by global change and human activities. The experimental fields should be characteristics in typically physical, chemical, and biological environment and sensitive to global change so the Bahia Sea, Yellow Sea, and the East China Sea are determined as the field study of China GLOBEC. The China national strategic research of GLOBEC brings forward a goal to study the functioning of ecosystem dynamics in coastal ocean. The process studies are most important part directly implemented in the research. China GLOBEC studies developed six scientific questions related closely with the ecosystems in continental shelf. The questions are ① energy flow and shift of key species, ② recruitment of zooplankton population, ③ recycle and renewal of bio-elements, ④ ecological effect of key physical process, ⑤ coupling of pelagic and benthic systems, and ⑥ microbial food loop contribution in ecosystem. All the questions emphasize the interaction and coupling of physical and biological progress in the continental shelf (Tang et al., 2000).

3 General Review of the Development of GLOBEC Studies in China

China is a country to develop GLOBEC and IMBER research early in the world. Chinese scientist acted as member of GLOBEC Scientific Steering Committee in 1991 and involved in the framing the GLOBEC Science Plan and Implementation Plan. In 2004, IMBER Scientific Steering Committee came into existence. One Chinese scientist become the member of the first committee group and joined to prepare the IMBER Science Plan and Implementation Strategy. China GLOBEC/IMBER has been promoting through the program "Ecosystem Dynamics and Sustainable Utilization of Living Marine Resources in China Coastal Seas". Three phases of the program, including China GLOBEC-Ⅰ Project, China GLBOEC-Ⅱ Project, and China GLBOEC-Ⅲ/IMBER-Ⅰ Project, are being implemented from 1997 to

2010. The Chinese GLOBEC and IMBER studies are regarded as a regional contribution to the international research to providing a case study of coastal ecosystem and its living resources dynamics.

3.1 China GLOBEC-Ⅰ Project

China GLOBEC-Ⅰ Project entitled "Bohai Sea Ecosystem Dynamics and Sustainable Utilization of Living Resources" (BoSEC 1997—2000) has four major themes: early life history of the Bohai prawn and critical processes in its habitat, zooplankton population dynamics, and its role in the Bohai Sea productivity, trophodynamics of the food web, and the mechanism of the dominant species shift in Bohai Sea ecosystem and Bohai Sea ecosystem dynamics modeling (Su et al., 2002). The achievements of project study are mainly on:

(ⅰ) Environmental processes of the habitat of *Penaeus chinensis* and its biomass change of the early life, including stock dynamics of *P. chinensis*, relevant physical and biogeochemical processes in its habitat, long-term variations of atmospheric parameters, and hydrographic properties and their influence on the marine ecosystem.

(ⅱ) Population dynamics of zooplankton and its controlling effects in the marine ecosystems, including phytoplankton composition, primary productivity and new productivity, bacteria production, community structure and population dynamics of zooplankton, feeding pressure on phytoplankton, ecological conversion efficiency and secondary production, and benthos and benthic productivity.

(ⅲ) Trophodynamics of food web and species change, including feeding relationship and food web structure, trophodynamics in higher trophic level, community structure and biological productivity, and influence of human activities on living resources.

(ⅳ) Ecosystem models of the Bohai Sea, including 3-D primary productivity models and a box model of pelagic-benthic in ecosystem dynamics study.

3.2 China GLOBEC-II Project

China GLOBEC-Ⅱ Project, entitled "Ecosystem Dynamics and Sustainable Utilization of Living Resources in the East China Sea and the Yellow Sea (EYSEC 1999—2004)", is funded through the National Key Basic Research and Development Program of China (973 Program). The scientific objectives of the project are to determine:

(ⅰ) Impacts of key physical processes on biological production.

(ⅱ) Cycling and regenerations of biogenic element.

(ⅲ) Basic production processes and role of zooplankton in the ecosystem.

(ⅳ) Food web trophodynamics and shifts of dominant species.

The goals of EYSEC Project are to understand the function, production, and the critical ecosystem-relevant physical mechanisms of the coastal sea, as part of the knowledge basis for the formulation of strategy to achieve sustainable use of the marine resources. It regards the interaction and coupling of physical and biological progress happening in the shelf as its main efforts. The key target species of the research in the East China Sea and Yellow Sea include zooplankton species (*Calanus sinacus*), small pelagic fish (anchovy, *Engraulis japonicus*), and large commercial species (Spanish mackerel, *Scomberomorus niphonius*). These key species form a main linkage for the study of all the identified major scientific questions of the project. All studies also carry out in three stratums of key species, important species and bio-community. The dominant physical forcing mechanisms, biogenic elements, and its transfer mechanism, and ecological characteristics are examined to find potential linkages between the mechanisms and the change of the living resources. The major themes of this study in the East China Sea and the Yellow Sea as one integral region are: trophic dynamics of key species; recruitment of zooplankton; recycle and regeneration of biogenic elements; critical physical processes in high-productivity areas; coupling of pelagic and benthic systems; and microbial contribution to secondary production. One of the main results commonly in the coastal ocean of China is the academic frame of China coastal ocean ecosystem dynamics research based on the six scientific questions.

3.3 China GLBOEC-Ⅲ/IMBER-Ⅰ Project

China GLBOEC-Ⅲ/IMBER-Ⅰ Project entitled as Key Processes and Sustainable Mechanisms of Ecosystem Food Production in the Coastal Ocean of China from 2006 to 2010 funded by 973 Program. The project carries out integrated studies among multidisciplinary subjects by focusing on the coupling mechanism of the marine biogeochemical cycles of biogenic elements and the end-to-end food web in the China seas to comprehend the supporting, regulating, and producing functions of food production and to understand the sustainable mechanisms in the coastal ocean ecosystems of China seas from the perspectives of both anthropogenic impacts and natural changes.

The major scientific questions to be dealt with are: the biogeochemical processes of food production, the physical mechanisms of biogenic element cycle and supplement, coupling mechanism of primary production with major biogeochemical processes, and food web trophodynamics of major biological functional groups. The research activities mainly aim at some unique subecosystems in the Yellow Sea and the East China Sea with studies on ecological capacity. The following four foci will be deployed: the supporting role of main biogeochemical processes in food production, key physical processes of biogenic element cycle and supplement, primary production coupling with main biogeochemical processes, and food production processes of biological function groups together with their sustainable models.

One main scientific achievement is on the spring phytoplankton bloom in the cold mass area of the Yellow Sea. Phytoplankton bloom ecosystem process and its various trophic levels and trophodynamic interaction in the food web are studied (Sun and Song, 2009). The spring bloom happening and developing are founded composing by a series of subprocesses. The different type blooms are actually diverse phases of bloom. Phytoplankton biomass increased during spring bloom is following a parabola shape so that the highest biomass occurs in the metaphase. The biomass of subprocesses and spatial - temporal change lie on environment and phytoplankton species of bloom. The highest biomass of subprocesses is happen from south forward north with patch distribution in the region of Yellow Sea Cold Water Mass. Wind is the key control factor of bloom coming into being, and wind and water circumfluence play an important effect to carry through and develop the bloom. Nutriment is the most control factor but dust storms swept over the Yellow Sea from Northern China also effect the bloom in the continental shelf of the in the Central Yellow Sea.

4 Perspectives of the Development of GLOBEC

After the completion of the GLOBEC research, SCOR and IGBP set up a working group of transition task team (TTT) in 2008 on how the second phase of the IMBER program proceeding to accommodate new developments in marine ecosystem research that needs addressing. Key aspects of IMBER research, as only one IGBP program conducted on ocean research, will be the seamless integration of biogeochemical and ecosystem research in a truly trans-disciplinary approach and the incorporation of social science research to enable the investigation of options for mitigating or adapting to the impacts of global change. This integration is also important because feedbacks are critical. Marine biogeochemical and ecosystem responses to global change are complex and diverse, and can only be evaluated through integrated interdisciplinary studies that allow observation and analysis of the target process in the context of the system and its feedbacks. Such studies will include targeted field-based process studies, in situ mesocosm studies and laboratory experiments, and comprehensive observation and modeling of biological, chemical and physical processes.

Through discussion of GLOBEC and IMBER activities, the TTT has identified some emerging scientific issues that are recommended to be addressed in IMBER-Ⅱ (John et al., 2010). These issues are CO_2 enrichment and ocean acidification, new metabolic and biogeochemical pathways, role of viruses, coupled biogeochemical-ecosystem model projections. The term presents research approaches as following:

(ⅰ) Innovative approaches.

(ⅱ) Innovative technologies.

(ⅲ) Process studies.

(ⅳ) Sustained observations.

(ⅴ) Palaeo-oceanography.

(ⅵ) Molecular genetics and functional groups.

(ⅶ) Integration of human dimensions in ecosystem models.

(ⅷ) Comparative approach among ecosystems.

(ⅸ) Synthesis and modeling.

二、高营养层次营养动力学

海洋食物网与高营养层次营养动力学研究策略[①]

唐启升
（中国水产科学研究院黄海水产研究所，青岛 266071）

摘要： 分析讨论了海洋食物网和高营养层次营养动力学研究进展及我国的研究状况，对在我国近海需要深入研究的问题和研究对策提出了建议。

关键词： 海洋食物网；营养动力学；研究策略；我国近海

食物联系是海洋生态系统结构与功能的基本表达形式，能量通过食物链—食物网转化为各营养层次生物生产力，形成生态系统生物资源产量，并对生态系统的服务和产出及其动态产生影响。因此，食物网及其营养动力学过程是海洋生态系统动力学研究的重要内容，进而为研究生物资源优势种的交替机制和资源补充机制提供理论依据。本文分析讨论了海洋食物网结构的研究状况及关键种在高营养层次能量传递研究中的作用，对在我国近海开展食物网营养动力学研究的必要内容和研究策略提出了建议。

1 海洋食物网的研究进展

关于海洋食物网的复杂性早在 20 世纪初已为人们所认识，广为引用的 Hardy（1924）的大西洋鲱鱼不同生命阶段的摄食关系就是一个非常著名的经典例证。然而，把这样的关系放到一个具有中等程度的多种类的自然海区里，绘制出来的食物网关系图将乱如麻团。它不仅难以进行定量研究，即使定性分析也很难理出头绪。Steele（1974）在他的专著《海洋生态系统结构》中，对以往海洋食物网研究进行了总结，他采用简化食物网的方法研究了黑海、太平洋沙丁鱼、北海食物网和热带食物链，他甚至说“我宁愿用各营养层次之间有复杂的相互作用的简单食物链，而不愿用有一些简单的能量交换模式的食物网”。图 1 是 Steele 简化的北海食物网，表现了 4 个营养层次，其中种类的划组，仅归划到大类，如上层鱼类、底层鱼类和大鱼等。但是，他据此描述了能量从初级生产向鱼产量的流动，并划出两个营养通道（图 2）。Steele 的这个研究思想被后来的研究者广泛接受。但是，随着研究的深入，对“简化食物网”的细化问题不可避免地被提出来了。这样，在食物关系中、营养层次转化中

① 本文原刊于《海洋水产研究》，20（2）：1-6，1999。

发挥重要作用的种类，即关键种的作用受到重视，以关键种为中心的食物网研究成为一种新的研究趋势。对关键种的确认，不仅取决于它与其他种类，包括与捕食者和被捕食者的关系，也取决于它在群落结构中的地位，如优势度大小。

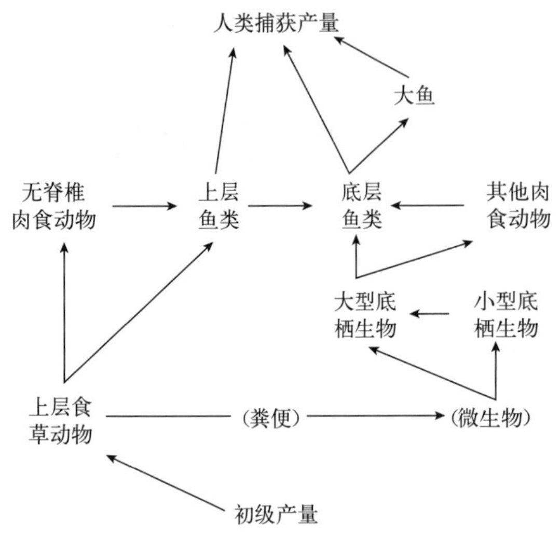

图 1 根据主要生物类群作出的北海食物网

Figure 1 Food web of the North Sea in terms of main biological groups

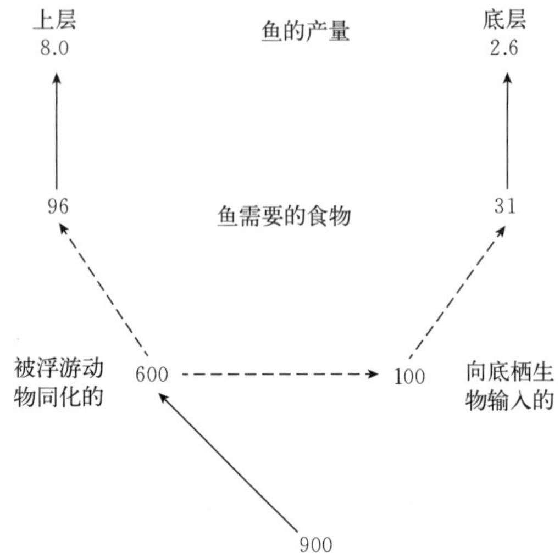

图 2 根据初级生产及鱼的产量［kcal/(m² · a)］① 得出的北海简单食物网

Figure 2 Food web of the North Sea in terms of primary production and fish yield [kcal/(m² · a)]

Steele 还比较了海洋食物网与陆地系统的差别。海洋初级生产远远低于陆地，但向高层次的转换效率却明显高于陆地，由此而产生的控制机制也可能不同。另外，Steele 还强调了各营养层次的转换效率在不同环境条件下的差异和食物链的长短对生物资源产量的影响。他提出，从生长效率（食物供给）的角度，捕取幼鱼往往会增加产量。因此，生态转换效率（包括食物的和能量的转换）及其影响因素是海洋食物网研究的重要内容。

90 年代初，海洋食物网研究的一个重要进展是生态系统营养模型的应用和发展。1984 年 Polovina 在简化 Laevastu 渔业生态系统生物量收支模型的基础上，运用模拟线性生物量收支方程，建立了生物量生产和损耗的平衡系统，研究能量向食物网高层流动及在各营养层次的生物产量，称 ECOPATH（生态通道模型）。Christensen 和 Pauly（1992a，1992b，1993）为这个模型的应用作了大量工作，研制了计算机工作软件和重要参数的估算方法，为使用者带来极大方便。ECOPATH 模型描述了稳态条件下，特定时间内一个生态系统营养物质的平衡，故亦称生态系统稳态营养模型。在此基础上又发展了动态生态系统营养物质平衡模型，称 ECOSIM（Walters et al.，1997）。迄今，这两个模型已在全球 80 多个水生生态系统中得到应用。通常，模型中高营养层次包含种类为 10 个左右，最近有增多趋势。Trites et al.（1999）的东白令海模型在高营养层次已涉及 18 个种类。这个营养模型应用的主要参数资料为关键种的生物量、饵料组成、消耗量、生产量、生态营养效率和渔获量等，计算以线性方程为主。生态系统营养模型仍属简化型食物网模型，但是，它比较注重生态相

① 1 cal≈4.19 J。

互作用的研究，能够较清楚地反映能量在食物网中流动和生物量产生过程及其结果。另外，它不仅可以概要地反映一个特定水生系统的食物网特征及生态系统容纳量，同时，也可以用于比较不同时期的食物网及其生态系统的动态（Pauly et al.，1995，1998；Christensen et al.，1995，1998）。

90 年代全球海洋生态系统动力学（GLOBEC）作为海洋科学国际前沿研究领域得到迅速发展，“食物网结构与生态系统营养动力学关系”被确认为 GLOBEC 4 个基本任务之一（GLOBEC《科学计划》和《实施计划》，1995，1999），营养动力学通道及其变化和营养质量在食物网中的作用，成为重点研究内容之一。在北太平洋海洋科学组织（PICES）实施的 GLOBEC 区域计划中（气候变化与容纳量，PECES/CCCC 1996），将食物网结构、关键种优势度、生物量、生产力等问题同高营养层次对气候变异响应、与优势种类替代有关的上行控制作用和下行控制作用紧密联系，成为该计划的重要研究内容。

2　我国的研究状况

我国学者对近海主要生物资源种类的摄食习性和饵料组成作了较多的工作（赵传絪，1990），但是，有关海洋食物网及其营养动力学的研究则屈指可数。张其永等（1981）研究了闽南—台湾浅滩渔场鱼类食物网，邓景耀等（1988，1997）研究了渤海食物网，韦晟等（1992）研究了黄海鱼类食物网。这些研究以鉴别和计量研究海区主要资源种的摄食种类及组成、分析计算营养级和食物关系为主。杨纪明等（1998）以金藻→卤虫→玉筋鱼→黑鲪为实验对象组成一个简单的食物链（相当于营养级从 1 到 4），测定转换效率，研究一个单一食物链能量流动。结果表明，生产 1 kg 湿重的黑鲪需要消耗金藻（初级生产力）235.2 kg（黑鲪富集 1 kJ 能量需要消耗 110.7 kJ 热量），从初级生产（金藻）到 4 级生产（黑鲪），中间经过 2 个营养层次，转化比为 235.3∶76.9∶8∶1。

国家自然科学基金重大项目《渤海生态系统动力学与生物资源持续利用》将食物网营养动力学作为重点研究内容，主要进行关键种生态转换效率实验、能值测定、营养模型（ECOPATH）建立，以及群落结构和生物多样性等研究。虽然该项目将我国海洋食物网研究提高到一个新的研究层次，但目前的工作仍属基础性研究。另一方面，这项工作与一个具体海域相联系（如渤海），表现出工作量大、实验难度大，传统的技术方法已无法满足需要等问题。如一些关键种饲养成活率低或难以养活的问题成为进行生态转换效率等研究的屏障，需要新技术新方法支持。

3　在我国近海需要深入研究的问题及对策

我国近海生物种类以暖水性和暖温性为主，冷温性种类占比例很小。如东海鱼类暖水性种类约占 69.6%，暖温性种类约占 28.5%，冷温性种类仅占 1.9%；黄海鱼类暖水性种类约占 45%，暖温性种类约占 47.8%，冷温性种类约占 7.2%（赵传絪，1990）。这些海区的生物区系有共性，也有差异。黄海（包括渤海）和东海陆架浮游生物区系同属北太平洋东亚亚区，在东海陆架和斜坡交界处与印度-西太平洋印马亚区交错；黄海及长江口区底栖生物区系属北太平洋东亚亚区，东海陆架区系属印度-西太平洋中日亚区；黄海与东海鱼类区系划分与底栖生物区系相近（中国科学院，1979）。这种差异主要是各区系内自然地理和海洋环境不同造成的。这样，由于各区系内不同类型的生态种类差别较大以及生物群落结构的差异，在黄、东海就可能出现三种类型的食物网结构：以暖温性种类为主的渤海和黄海中北部食物网结构、以暖水种为主的东海中南部食物网结构和以黄海南部和东海北部为主的交叉型食物网结构。这种不同生态类型的食物网结构是否会对能量转换快慢带来影响需要深入研究。

我国近海高营养层次生物种类组成以多种类为特征，鱼类是主要组成部分。如东海鱼类有727种，渔业对象200多种，黄海鱼类有289种，渔业对象100多种。多种类特征反映在食物网上将是种间关系和能量传递的复杂性，也为研究工作带来难度。因此，我国近海食物网和营养动力学研究中仍然需要采用简化食物网的研究策略，以各营养层次关键种为核心展开研究。表1和表2列出黄、东海高营养层次的主要资源种群，各有20余个，包括鱼类、头足类和虾蟹类等（Tang，1993；Cheng et al.，1999）。在黄海这些种类可占生物量的91.9%，占渔获量的34.6%；在东海比例略低一些。这些种类可视为高营养层次关键种类的候选对象。图3是一个简化的黄海食物网和营养结构图（Tang，1993），在水层营养通道中鳀鱼显然是一个关键种，它不仅自身资源量大，同时又是近40个捕食者的饵料；褐虾等是底栖营养通道的关键种，约被26个底层种类捕食。这些关键种位于第三营养层次（初级肉食动物），在它们之上，即第四营养层次的关键种至少要考虑水层通道的鲅鱼，底栖通道的小黄鱼等。在它们之下，第二营养层次中需要考虑鳀鱼、褐虾等的主要饵料种类，如桡足类的中华哲水蚤等和底栖双壳类等。另外，还有一些重要的资源种类需要考虑，如鲐鱼、鲆鲽类等。这样，就可以形成从关键种、重要种类和生物群落三个层面开展食物网与营养动力学研究的“点”与“面”结合的研究格局。

表1 黄海主要生物资源种群种类

Table 1 Major resident species of resource populations in the Yellow Sea

种类 Common name	学名 Scientific name	生物量* (%) Biomass (%)	渔获量+ (%) Harvest (%)
中上层种类			
鳀	*Engraulis japonicus*	37.0	(2.8)
黄鲫	*Setipinna taty*	7.3	(3.0)
青鳞	*Harengula zunasi*	3.7	(1.8)
太平洋鲱	*Clupea pallasii*	2.0	0.2
竹筴鱼	*Trachurus japonicus*	2.9	
鲐鱼	*Pneumatophorus japonicus*	1.7	2.2
蓝点马鲛	*Scomberomorus niphonius*	1.2	4.7
鲳鱼	*Stromateides argenteus*	2.7	0.8
底层种类			
小黄鱼	*Pseudosciaena polyactis*	4.2	1.2

（续）

种类 Common name	学名 Scientific name	生物量*（%） Biomass（%）	渔获量+（%） Harvest（%）
叫姑	*Johnius belengerii*	1.1	(2.8)
黄姑	*Collochthys niveatus*	1.0	(2.8)
鳐类	Rajidae++	3.2	(1.0)
绵鳚	*Zoarces elongatus*	1.7	1.4
狮子鱼	*Liparis tanakae*	5.3	
鲆鲽类	§	4.2	(1.8)
鮟鱇	*Lophius litulon*	2.0	
日本枪乌贼	*Loligo japonicus*	3.5	(1.0)
乌贼	#	2.3	1.7
对虾	*Penaeus orientalis*	1.6	
鹰爪虾	*Trachypenaeus curvirostris*	1.9	
褐虾	*Crangon affinis*	1.6	
梭子蟹	*Portunus trituberulatus*	3.5	(1.9)
总计		91.9	(34.6)

注：*，+为根据1985—1986年拖网调查和渔获量统计资料整理；++主要是孔鳐和华鳐；§主要是高眼鲽；#主要是曼氏无针乌贼。

表2　东海渔业关键种

Table 2　Key species on the fisheries of the East China Sea

种　类 Common name	学　名 Scientific name	种　类 Common name	学　名 Scientific name
底层种类		中上层种类	
带鱼	*Trichiurus haumela*	蓝点马鲛	*Scomberomorus niphonius*
小黄鱼	*Pseudosciaena polyactis*	鲳鱼	*Stromateoides argenteus*
大黄鱼	*Pseudosciaena croacer*	鳓	*Ilisha elongata*
鲆鲽类	Pleuronectidae（mostly *Cleisthenes herzensterini*）	海蜇	*Rhopelema hispidim*
马面鲀	*Havodon septentrionalis*	鳀类	*Setipinna*
乌贼	*Sepiella maindroni*	鲐	*Pneumatophorus japonicus*
蟹	*Portunusu　trituberculatus*	蓝圆鲹	*Decapterus maruadsi*
虾类	mostly *Parapeneaopsis hardwickii*	脂眼鲱	*Etrumeus micropus*
鹰爪虾	*Trachypenaeus curvirostris*	小沙丁鱼	*Sardinella aurita*

基于上述自然背景及其问题分析，对我国近海高营养层次食物网及营养动力学过程需要开展如下研究。

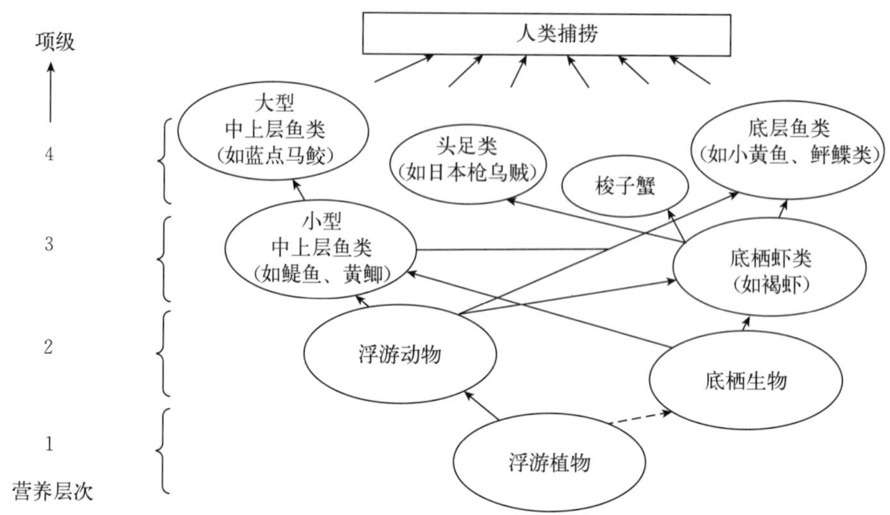

图 3 根据 1985—1986 年主要资源种群生物量绘制的黄海简化食物网和营养结构图

Figure 3 A simplified version of the Yellow Sea food web and trophic structure based on the main resource populations in 1985—1986

(1) 食物网基本结构及其变化的研究。这是一项基础性的工作，是海洋食物网营养动力学研究的基础，需要选择若干个典型海区（如渤海、黄海中部、长江口外、东海中部等），对主要资源种的食性取样分析，构建生态营养通道，比较其变化。

(2) 主要捕食者与被捕食者的定量关系。重点研究主要捕食者与被捕食者不同生命阶段（幼、成体）食物与营养需求量及其生物量。

(3) 食物网营养动力学关键过程的研究。重点研究主要资源种类的营养成分和比能值、生物能量收支、转换效率及其影响因素，如营养质量的作用、环境变化的影响等。

(4) 食物网营养动力学建模研究。根据食物网基本结构和营养动力学过程研究结果，构建食物网能量流动的定量关系及相应的营养动态平衡模型，并进行动态比较研究。

(5) 食物网动态与优势种交替机制研究。结合食物网建模，从上行和下行两个方面探索群落优势种交替机制。

(6) 高营养层次营养动力学实验新技术和新方法研究。如粒径谱、能量谱和碳氮同位素技术的应用。

参考文献

邓景耀，等，1988. 渤海鱼类的食物关系. 海洋水产研究，9：151-172.

邓景耀，等，1997. 渤海主要生物种间关系及食物网研究. 中国水产科学，4 (4)：1-7.

韦晟，等，1992. 黄海鱼类食物网的研究. 海洋与湖沼，23 (2)：182-192.

杨纪明，等，1998. 一个海洋食物链能流的初步研究. 应用生态学报，9 (5)：517-519.

张其永，等，1981. 闽南—台湾浅滩渔场鱼类食物网的研究. 海洋学报，3 (2)：275-290.

赵传絪，1990. 中国海洋渔业资源. 中国渔业资源调查和区划之一. 杭州：浙江科技出版社.

中国科学院，1979. 中国自然地理：海洋地理. 北京：科学出版社.

Anon, 1996. Report of the PICES-GLOBEC/International Program on Climate Change and Carrying Capacity. PICES Scientific Report 4.

Anon, 1997. GLOBEC Science Plan. IGBP Report 40.

Anon, 1999. GLOBEC Implementation Plan. IGBP Report 47.

Cheng Y, et al., 1999. Changes in the biomass of the East China Sea ecosystem. In K. Sherman and Q. Tang (eds.), Large marine ecosystems of the Pacific Rim. Black well Science.

Christensen V, Pauly D, 1992a. ECOPATH Ⅱ. Ecol. Modelling. 61: 169－185.

Christensen V, Pauly D, 1992b. A guide to the EXOPATH Ⅱ program. ICLARM software 6, p72.

Christensen V, Pauly D, 1993. Trophic models of aquatic ecosystems, ICLARM conference proceedings. No. 26, p390.

Christensen V, Pauly D, 1995. Fish production, catches and the carrying capacity of the world oceans. NAGA, the ICLARM Q, 18 (3): 34－40.

Christensen V, Pauly D, 1995. Primary production required to sustain global fisheries. Nature, 374: 255－257.

Christensen V, Pauly D, 1998. Changes in models of aquatic ecosystems approaching carrying capacity. Ecological Applications, 8: s104－s109.

Hardy A C, 1924. The herring in relation to its animate environment. Ⅰ. The food and feeding habits of the herring with special reference to the east coast of England. Fish. Invest., Lond., ser. 2, 7 (3).

Pauly D, et al., 1998. Fishing down marine food webs. Science, 279: 860－863.

Steel J, 1974. The structure of marine ecosystems. Blackwell Scientific Publication. Oxford London.

Tang Q, 1993. Effects of long-term physical and biological perturbation on the contemporary biomass yields of the Yellow Sea ecosystem. In K. Sherman et al. (eds.), Large Marine Ecosystem: stress, mitigation, and sustainability. AAAS Press.

Trites A W, 1999. Ecosystem changes and the decline of marine mammals in the Eastern Bering Sea: testing the ecosystem shift and commercial whaling hypotheses. Centre Research Reports, vol. 7.

Walters C, et al., 1997. Structuring dynamic models of exploited ecosystems from trophic mass-balance assessments. Rev. Fish. Biol. Fish., 7: 139－172.

Strategies of Research on Marine Food Web and Trophodynamics between High Trophic Levels

Tang Qisheng

(Yellow Sea Fisheries Research Institute, Qingdao 266071)

Abstract: Analyses and discussions were made in this paper aimed at advance of research on marine food web and trophodynamics between high trophic levels, and at situation and problems of the research in China. Meanwhile, suggestions of research strategy for our country were put forward.

Key words: Marine food web; Trophodynamics; Research strategy; China coastal seas

海洋食物网及其在生态系统整合研究中的意义①

唐启升

（中国水产科学研究院黄海水产研究所，青岛，266071）

从生物学的角度看，海洋生态系统对物理和化学过程的响应常常表现为食物网的变化，而且海洋食物网又直接与生态系统的多样性、脆弱性和生产力相关联，因此，在研讨、提炼、归纳和定位在我国开展可持续海洋生态系统研究的关键科学问题的时候，需要在全球变化科学框架下更好地认识海洋食物网的基础功能和作用，认识它的动态和规律，以便从更高、更深入地层面上认识海洋可再生资源在我国持续利用的机制与过程。本文根据以往的研究概述海洋食物网研究发展简史，包括食物网的基本结构、可能的受控机制和研究策略等，进而讨论食物网在海洋生态系统整合研究中扮演的角色和在我国发展可持续海洋生态系统需要研究的相关科学问题。

一、食物网基本特征及其研究策略

食物网是食物链的细化，即食物链上各个具体生物种类食物关系的联结，是生态系统结构与功能的基本表达形式。能量通过食物链-食物网转化为各营养层次生物生产力，形成生态系统生物资源产量，并对生态系统服务和产出及其动态产生影响。另外，海洋初级生产远远低于陆地，但向顶级转化的层次和效率却明显高于陆地，由此还产生了生态系统生物生产不同的控制机制。因此，食物网在海洋生态系统研究的重要性是不言而喻的。

关于海洋食物链-食物网的关系人类早有认识，中国谚语中的“大鱼吃小鱼，小鱼吃小虾，小虾吃泥巴”就是一种朴实的认识，但是当人们着手研究它的时候又发现其内在的关系极为复杂，一个经典的例证是广为引用的 Hardy（1924）的大西洋鲱鱼摄食关系，鲱鱼在不同生命阶段的捕食者或被捕食者不尽相同，涉及 40 多个种或类，如果把这种关系放大到一个具有中等程度的多营养层次和多种类的自然海区里，那么绘制出来的生态系统食物网关系图将乱如麻团。这种庞杂性特征不仅难以进行定量研究，即使定性分析也很难理出头绪。Steele（1974）在他的《海洋生态系统结构》研究中提出了简化食物网的方法，他甚至说“我宁愿用各营养层次之间有复杂的相互作用的简单食物链，而不愿用有一些简单的能量交换模式的食物网”。1984 年 Polovina 运用模拟线性生物量收支方程建立了简化食物网模型，后被称为生态通道模型/营养平衡模型（ECOPATH 和 ECOSIM）并在全球 80 多个水生生态系统中广泛应用（Christensen and Pauly，1992，1993，1995，1998；Walters et al.，1997）。但是随着研究的深入，对于“简化食物网”的细化问题又不可避免地提出来了，如

① 本文原刊于《科学前沿与未来》，9：1-9，中国环境科学出版社，2009。

Trites 等（1999）的东白令海食物网模型在高营养层次已涉及 18 个种类，选用种类有增多趋势。为了使选用种类有一个合理的判别标准并使简化食物网有真实的代表性，在我国近海生态系统动力学研究中采用了食物网关键种的研究策略，以各营养层次关键种为核心展开研究（唐启升，1999）。如在黄海有 20 个左右主要资源种类（包括鱼类、头足类和虾蟹类等，约占总种类数的 1/10）的生物量可占高营养层次种类生物量的 90%，这些种类可作为高营养层次关键种类的候选对象。图 1 是一个简化的黄海食物网和营养结构图（Tang，1993），在水层营养通道中鳀鱼显然是一个关键种，它不仅自身资源量大，同时又是近 40 个捕食者的饵料；褐虾等是底栖营养通道的关键种，约被 26 个底层种类捕食。这些关键种位于第三营养层次（初级肉食动物），在它们之上，即第四营养层次的关键种至少要考虑水层通道的鲅鱼、鲐鱼，底栖通道的小黄鱼、带鱼、鲆鲽类等。在它们之下的第二营养层次中需要考虑鳀鱼、褐虾等的主要饵料种类，如桡足类的中华哲水蚤等和底栖双壳类等。因此，以关键种为核心的研究策略实际还包括若干重要种类（如上面提到的鲐、鲆鲽类等）和相关的生物群落。对各营养层次来说，所谓的关键种和重要种类就是在食物网能量流动中发挥关键作用的功能群，即生物群落中发挥关键作用的部分。即使这种简化的研究策略，由于基础生物学研究的积累不足和微食物环研究的开展，在实际应用时也会有举步维艰的感觉，但是它仍然是目前该领域研究发展的趋势。另外，目前的海洋食物网研究还表现出工作量大、实验难度大，传统方法已无法满足需要等问题，如一些关键种饲养成活率低或难以养活的问题成为深入研究的瓶颈，需要新技术新方法支持，如生化高新技术等。

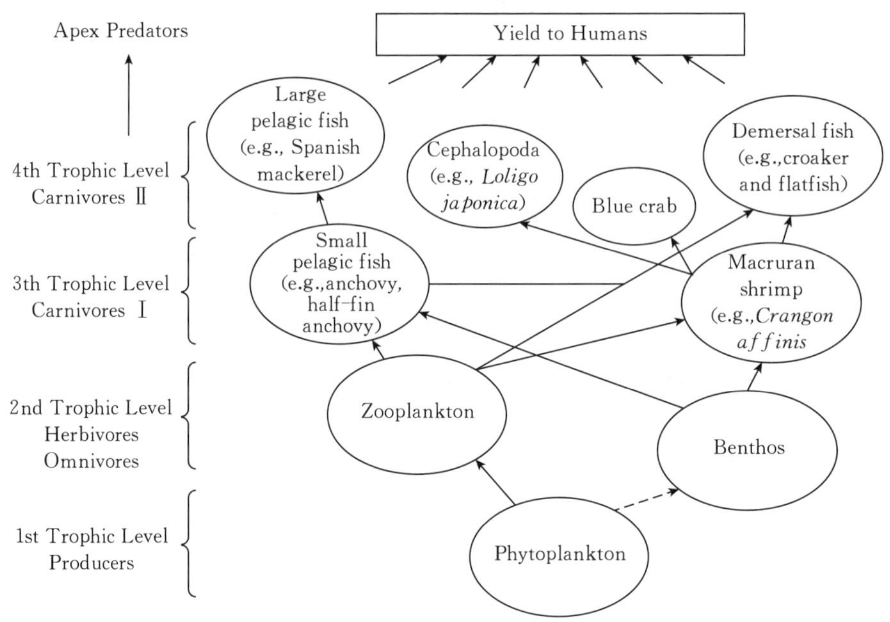

图 1 黄海生态系统简化食物网

二、生物生产受控机制与海洋生态系统整合研究

在可持续海洋生态系统研究发展中，生物生产受控机制是人们特别关注的问题，因为它

直接影响了生态系统产出（如食物和能量）和服务（如废物同化吸收和输运）。另外，也由于它的不确定性，例如机制替换（regime shift）现象在世界海洋生态系统中普遍发现，但是在多数情况下，它的导致原因、后果和时间尺度都是不确定的（Lochte et al.，2003）。关于生物生产受控机制以往已有许多研究，从食物网营养动力学的角度产生了若干假设，如上行控制作用（bottom up controls，营养支持是根本的，然后能量从初级生产向顶级逐级转换），下行控制作用（top down controls，顶级生产左右次级生产和初级生产，而在近代人类活动，如渔业捕捞过度，被看作影响下行控制作用的重要因素），蜂腰控制作用（wasp waist controls，次级生产，如浮游动物，上下左右了初级生产和顶级生产，认为浮游动物种群的动态变化不仅影响和控制海洋初级生产力，同时，也影响许多鱼类和其他动物资源群体的生物量）。但是，在对渤海生态系统生物生产力多年际变化的研究中发现，上述任何一个单一的传统理论假设都难以单独地解释清楚渤海生态系统生物生产力多年际的变化，可能存在多个控制机制，即对一个生态系统而言，在不同的时期，可能受控于不同的作用因素（Tang et al.，2003）。在IGBP第三届大会期间，B5食物网整合研究工作组也有类似的研讨结果，认为很难说生物生产的控制机制是上行还是下行，各营养层次的相互作用更重要。这就意味着所谓的控制机制不是简单的因果关系发生作用的，整体地研究一个系统不同时间和空间尺度各营养层次的受控作用因素和相互作用是非常重要的。

进入新世纪，国际地圈生物圈计划（IGBP）在其前15年卓有成效的工作的基础上启动了第二阶段科学计划。过去15年全球变化研究领域所取得的研究成果已经深刻地揭示了地球系统所具有的复杂性和相互作用的本质，因此，在“地球系统科学”新思想的引导下，IGBPⅡ的一个重要的进步是：针对“全球可持续性”需求的目标，在研究内容上强调跨学科和相互作用，在研究方法上强调整合与集成，即在研究中强调陆地与大气相互作用、大气与海洋相互作用、海洋与陆地相互作用，强调对陆地、大气和海洋的过去、现在和未来的整合研究。最近，IGBP执行主任Will Steffen教授应邀在2004年第一期《全球变化通讯》撰写“From Synthesis to Integration”（从综合到整合）短文特别强调了整合研究的必然性和重要性，强调整合科学（integrative science）最重要的原则是从计划一开始时就要考虑各学科的合作。那么，如何在海洋可持续生态系统研究发展中开展整合研究？IGBP Ⅱ的海洋研究是由两个与海洋生态系统研究密切相关的科学计划构成的，即GLOBEC（global ocean ecosystem dynamics）和IMBER（integrated biogeochemistry and ecosystem research）计划构成（Hall et al.，2002）。在IGBP-SCOR今后十年全球变化海洋研究展望中把GLOBEC和IMBER看是一个整合的海洋研究计划（Lochte et al.，2003）。GLOBEC是以浮游动物为切入点认识海洋物理和化学过程与生物过程的相互作用和海洋生态系统的动态，而IBMER的重要任务是认识海洋生物地球化学循环控制海洋生命的机制和海洋生命又如何控制海洋生物地球化学循环。IGBP第三届大会B5工作组认为海洋生态系统整合研究需要开展从头到尾的食物网研究，即开展从食物网的病毒—浮游植物（起点）到鱼（顶点）的研究，包括从个体到粒径谱、营养层和功能群的研究。很明显，上述两个科学计划整合研究的结合点是海洋食物网（图2）。食物网研究之所以能在海洋生态系统整合研究占有如此重要的地位，不仅因为食物网能够反映海洋生态系统结构与功能的基本框架，也因为食物网的变化直接反映了海洋生态系统的多样性、脆弱性和生产力对全球变化的响应。

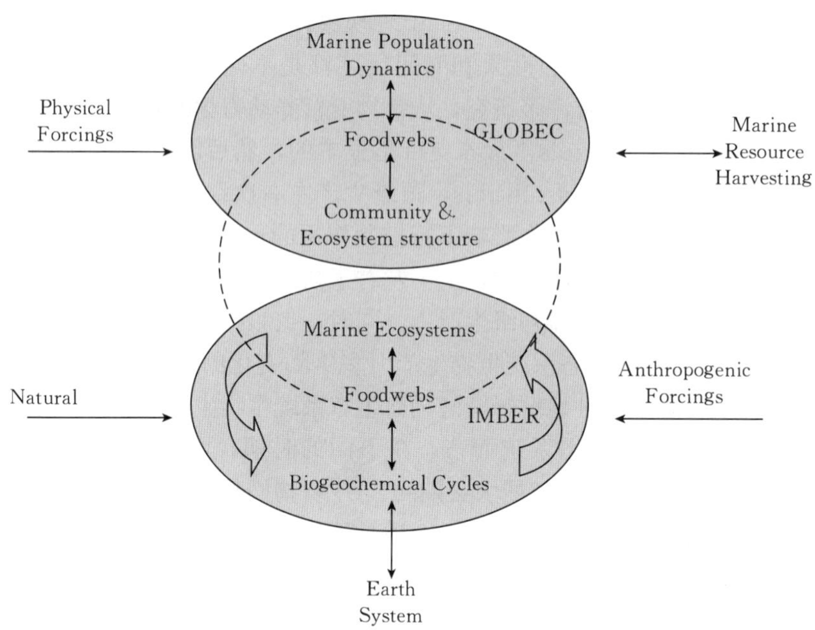

图 2 以食物网为轴心的海洋生态系统整合研究计划框架

三、需要讨论的相关问题

以上评述已清楚表明了食物网研究在海洋生态系统整合研究中不可替代的重要的地位，但是，如何有效地开展与此相关的研究？从整合的角度，有些问题仍然不是十分清楚，还需要进一步研讨，诸如：

（1）如何有效地开展食物网各营养层次基础生物学（如食物关系、生态转换效率等）的研究？虽然简化食物网的原则广为接受，但在食物网低、中、高多个营养层次同时开展研究时，通用实施标准的确定还需要研讨，同时还有新的研究技术探索发展问题。

（2）如何建立食物网各营养层次之间的实际联系？如怎样才能建立起微食物环与传统食物网的直接联系，需要采用何种研究策略？

（3）如何实际地建立食物网与海洋生态系统的多样性、脆弱性、生产力、物理和化学过程的联系？特别是它的研究工作方式仍是需要进一步讨论问题。

解决上述问题的途径也许有多种，但至少以下两条需要优先考虑：

（1）功能生物多样性研究。需要通过生物多样性和营养动力学研究确定各营养层次（高、中、低）的功能群和关键种，进而开展深入的研究。

（2）新技术新方法研究。高新技术的引入肯定是重要的，但是解决传统技术中工作量大、难度大的问题更为重要。另外，需要引入的技术可能有较大的跨度，如微观的分子生物学技术，宏观的遥感技术等。

参考文献

唐启升，1999. 海洋食物网与高营养层次营养动力学研究策略 . 海洋水产研究（2）：1－6.

Christensen V，Pauly D，1992. ECOPATH Ⅱ. Ecol. Modelling，61：169－185.

Christensen V，Pauly D，1993. Trophic models of aquatic ecosystems，ICLARM conference proceedings. No. 26，390p.

Christensen V，Pauly D，1995. Primary production required to sustain global fisheries. Nature，374：255－257.

Christensen V，Pauly D，1998. Changes in models of aquatic ecosystems approaching carrying capacity. Ecological Applications，8：104－109.

Hall J，et al.，2002. Ocean research in IGBP Ⅱ. Global Change Newsletter，50：19－23.

Hardy A C，1924. The herring in relation to its animate environment. Ⅰ. The food and feeding habits of the herring with special reference to the east coast of England. Fish. Invest.，Lond.，ser. 2，7（3）.

Lochte K. et al.，2003. Ocean biogeochemistry and biology：a vision for the next decade of global change research. Global Change Newsletter，56：19－23.

Steel J，1974. The structure of marine ecosystems. Blackwell Scientific Publication. Oxford London.

Steffen W，2004. From synthesis to integration. Global Change Newsletter，57：2.

Tang Q，1993. Effects of long-term physical and biological perturbation on the contemporary biomass yields of the Yellow Sea ecosystem. In K. Sherman et al.（eds.），Large marine ecosystem：stress，mitigation，and sustainability. AAAS Press.

Tang Q，et al.，2003. Decadal-scale variation of ecosystem productivity and control mechanisms in the Bohai Sea. Fish. Oceanogr.，12（4/5）：223－233.

Trites A W，1999. Ecosystem changes and the decline of marine mammals in the Eastern Bering Sea：testing the ecosystem shift and commercial whaling hypotheses. Centre Research Reports，vol 7.

Walters C，et al.，1997. Structuring dynamic models of exploited ecosystems from trophic mass-balance assessments. Rev. Fish. Biol. Fish.，7：139－172.

海洋鱼类的转换效率及其影响因子①

郭学武，唐启升

（中国水产科学研究院黄海水产研究所，青岛 266071）

关键词：海洋鱼类；食物转换效率；影响因子；综述

转换效率（conversion efficiency）是指单位时间内生物的生产量占食物消耗量的比例，一般从能量的角度来考量，称之为生长效率（growth efficiency）[1,2]，或者能量转换效率；当从生物量的角度来考量时，多称之为食物转换效率。中国学者也将食物转换效率称为生态生长效率[3,4]，并将能量转换效率和食物转换效率统称为生态转换效率[5]。Paloheimo 和 Dickie[1,6,7]通过对鱼类摄食与生长的研究，发现鱼类的总生长效率（K_1）与摄食量（C）之间存在对数线性关系，即

$$\ln K_1 = -a - bC,$$

并定义总生长效率（K_1）和净生长效率（K_2）分别为

$$K_1 = \frac{\Delta W}{C\Delta t} \text{和} K_1 = \frac{\Delta W}{AC\Delta t}$$

式中，$\Delta W/\Delta t$ 表示鱼类在单位时间内的生长，AC 是食物同化量。于是

$$\frac{\Delta W}{\Delta t} = Ce^{-a-bC}$$

这便是以摄食量表示的鱼类的生长。

1 鱼类转换效率的研究方法

对鱼类转换效率的计算通常是基于对摄食和生长这两个变量的评估。其中，对鱼类摄食量的评估相当复杂。它通常包括两种含义，一是个体水平上的摄食量评估，如一定大小的某种鱼类对某种特定类型的食物的摄食量，二是种群水平上的摄食量评估，如具有一定年龄结构和生物量（B）的种群的摄食量（Q），通常表示为一定时间范围（一般为 1 年）内单位生物量的摄食量（Q/B）[8]。对鱼类个体日摄食量的研究有许多方法，常用的方法可以归纳为五类，即直接测定法、生物能量学方法、根据耗氧量间接计算法，基于消化道内含物的方法、化学污染物质量平衡法。对鱼类种群摄食量的估算主要有两类方法，一是基于基础生物能量学模型的评估方法，二是多元回归模型。有关鱼类摄食量的研究方法与进展，郭学武等[9]已有综合报道。

---

① 本文原刊于《水产学报》，28（4）：460-467，2004。

对鱼类生长量的确定，相对于摄食量的评估要容易得多。一般地，在人为控制的实验中，根据实验开始时和结束时鱼的个体平均生物量即可获得其生长量。对自然种群的生长估算，通常有两种方法，一是根据鱼的耳石、脊椎、鳍条、鳞片或身体的其他硬的部位所记录的生长进行推算，这种方法又叫回算法（back calculation）；二是通过长度频率分析（length frequency analysis），这种方法基于 von Bertalanffy 生长方程，已多年来被用于评估海洋鱼类的生长率、年龄结构和死亡[10-13]，并有多种相关软件问世，如：ELEFAN、SLCA、Projection Matrix 和 MULTIFAN，以 MULTIFAN 的应用最为广泛。

2　鱼类转换效率的影响因子

由于转换效率决定于鱼类的摄食量与生长量，因此，大凡影响鱼类摄食与生长的因子，皆可能影响鱼类的转换效率。

2.1　人为控制条件的限制性

摄食与生长的数据来源，总的来说不外乎人为控制下的实验（包括室内实验和野外观察）和在自然水域的现场取样两种途径。随着研究方法的不断完善和认识水平的不断提高，人们越来越多地倾向于使用现场资料研究鱼类的摄食、生长和转换效率，以尽量避免研究结果与实际情形可能存在的差异，因为在许多情况下，对禁闭在有限空间的鱼类的研究结果往往不能反映自由生活在天然环境下的鱼类的真实情形[14]。有证据表明，在室内被强制摄食的鱼类[15,16]或者捕获后即放入现场网箱中的鱼类[17]，其排空率都会下降。在人为控制的实验条件下，人为提供的饵料与鱼类在自然环境下所摄食的饵料往往在种类、成分与大小方面存在差异，而鱼类的排空率却恰恰会受到饵料种类、成分与大小的影响[18,19]。在自然环境中，大多数鱼类是在大范围内自由觅食的，而在人为控制的实验条件下，却是给饵则摄食，不给饵则不得不禁食。研究表明，在养殖环境中，鱼类的摄食频率（每日投喂次数）虽然对于食物的转换效率可能影响不大，但对于摄食与生长皆有显著影响[20,21]。鱼类在较长时间的禁食后，若重新摄食，往往有一个补偿生长阶段。补偿生长期的长短和在这一时期的摄食、生长与转换效率都可能随着禁食时间的长短而有所不同[22]。尽管如此，在很多情况下室内研究是不可缺的。研究发现，对活动能力较弱的鱼类，如岩礁鱼类和底上鱼类，室内研究能够获得比较准确的结果，而对于活动能力强的鱼类，如大多数具有长距离洄游习性的鱼类，现场研究则具有明显的优越性[5]。

2.2　非生物因子

影响鱼类摄食、生长与转换效率的非生物因子包括温度、盐度、pH、溶解氧、氨氮、流场、光周期等。对于海洋中自由生活的鱼类来说，温度和光周期是两个主要的影响因子。

由于鱼类是变温动物，因此水温是影响其生理过程（包括摄食与生长）的关键环境因素[23,24]。在食物没有限制的实验室研究中，鱼类的生长率随着温度的升高而增加，并在某一最适温度下达到最大值[24]。当食物供给量减少时，生长的最适温度也会下降[25,26]。因此，温度对鱼类生长的影响依赖于食物的可获得性：在适温范围内，若鱼类能获得最大量的食物，其生长将随着温度的升高而加快，若不能获得最大量食物时，生长可能会随着温度的升高而下降，因为温度的升高增大了鱼类的代谢需求[27]。温度影响生长的一个著名的例子是北美的一种淡水杜父鱼（*Cottus extensus*），其幼鱼白天在水温很低（5 ℃）的底层摄食，夜间则迁移至温度较高（13～16 ℃）的表层，在这里其食物的消化速率（排空率）和生长速率皆显著增加[28]。

光周期也是影响鱼类生理过程（如越冬、产卵、索饵以及与之相关的洄游）的重要因素，尤其对于生活在温带水域的种类。光周期在周年内不同时期的变动，对鱼类的生长可起到加速或者抑制作用。其影响机理是光周期作用于鱼类的松果体和视网膜这两个能在夜间分泌降黑素的器官，而降黑素的水平高低指示夜间的长短[29]。虽然降黑素与鱼类生理反应之间的联系还不是很清楚，但一般认为，降黑素通过中枢神经系统调整下丘脑的释放激素的分泌，释放激素继而控制垂体的激素分泌[30]。溯河产卵的鲑的生长受光周期的影响非常显著[31,32]。对于海洋鱼类和淡水鱼类来说，虽然受光周期的影响比鲑弱，但依然是极其重要的[33,34]。与鱼类生长密切相关的摄食与转换效率同样受到光周期的影响，但这方面的研究报导还比较少[35]。

2.3　生物因子

影响鱼类生长的生物因子包括食物的可获得性、竞争与捕食等[36]，其中食物的可获得性是和温度同等重要的影响鱼类生长的关键因子[37,38]，它是指有益于鱼类生长与生理活动的高营养、高能量、大小合适并且鱼类喜食的食物的可获得性。食物的可获得性又叫密度依赖因子，因为它既取决于饵料的密度，同时又取决于鱼类的密度。所以用鱼类个体所能分配的食物的可获得性来描述更为恰当，而且不难理解鱼类的密度依赖性生长往往就是食物的可获得性影响下的生长[39]。在食物的可获得性较低时期，鱼类的生长率会下降。Magnussen[40]研究发现，法罗海底平原的鳕平均体重从 1989 到 1995 年间增加了 62%，期间年均水温有下降趋势，他认为，体重的增加很可能就是由于食物的可获得性增加的缘故。

评估食物的可获得性对鱼类生长的影响，可以基于鱼类饵料的丰度进行直接研究，但在许多情况下，饵料的丰度指标往往是缺乏的，部分原因是由于鱼类食谱的非单纯性。这种情况下可以替代的惯用方法，便是基于对鱼类胃含物的分析。Yaragina 和 Marshall[41]研究了东北大西洋鳕的肝条件指数（liver condition index，LCI）与饵料鱼——毛鳞鱼（*Mallotus villosus*）和大西洋鲱（*Clupea harengus*）的丰度及可获得性，发现所有体长组的年均 LCI 皆与毛鳞鱼的现存生物量非线性相关，当毛鳞鱼的现存量低于 10×10^6 t 时，LCI 迅速下降。毛鳞鱼和大西洋鲱的丰度及其在鳕鱼胃含物中的出现频率皆与鳕鱼的 LCI 正向相关。

食物的可获得性不仅存在季节和年间变化，而且不同海区乃至同一海区的不同水域间皆存在差异。这些差异的存在，与气候变化、生态系统的物理海洋学过程和化学海洋学过程密切相关[42]。如上升流或下降流产生的辐散或辐聚作用可使水域的物理、化学特征发生重大变化，从而导致食物的可获得性产生变化，进而影响鱼类的分布与生长[43,44]。

对高热含量食物的可获得性是食物种类影响鱼类转换效率的重要原因。由于食物的热含量会因不同食物种类所含的蛋白质、脂肪量的不同而不同（通过测定化学组分计算鱼类及其食物的热含量时，通常忽略碳水化合物[45]，因为其含量一般小于 0.06%[46]，但也有例外情形[47]），而且鱼类本身的热含量也会因为蛋白质与脂肪含量的季节变化而不稳定，因此，鱼类的食物转换效率受食物种类的影响很大。但是，能量转换效率则要稳定得多[48]。能量转换效率反映的是鱼类摄入的能量有多少转化为生产力，由于摄入的能量再分配的原因，能量转换效率在数值上永远小于1。而食物转换效率反映了食物的饵料效果，在海洋自然生态系统里，它在数值上永远小于1，而在人工养殖或实验生态系统里有时可能大于1，因为有时所投喂的食物，其含水量远远低于摄食者自体的含水量[33-49]。食物转换效率与鱼类养殖中通常使用的食物转化比（food conversion ratio=摄入的食物重/鱼体增重）在概念上正好相反。竞争对摄食与生长的影响是和食物的可获得性相联系的。通常情况下，如果食物的可获得性没有限制，当两条或者更多的鱼处于近距离时，会刺激每条鱼摄食更多的食物[50]。然而对于有限的食物可获得性的竞争则会导致生长的减缓[51]。因为处于竞争中的鱼类，为获得更多的饵料必须付出更多的活动，而这将会降低其特定生长率[52]。从有利于发展的角度来看，鱼类种群之间应是尽可能避免竞争的。渤海的小型中上层鱼类优势种群之间似乎就存在一种互益性摄食格局，如赤鼻棱鳀（*Thrissa kammalensis*）具有较低的日摄食量和较高的转换效率，表现出对浮游动物的高效利用，这样可以缓和与其他小型中上层鱼类（如鳀 *Engraulis japonicus*）的食物竞争，而斑鰶（*Clupanodon punctatus*）则以摄食沉积碎屑为主，几乎不参与对浮游动物的食物竞争[53]。

2.4　生理因子

Thorpe 和 Morgan[54]根据对大西洋鲑（*Salmo salar*）不同种群的研究，证明遗传并不是鱼类摄食的决定因素。不同种群的大西洋鳕的摄食响应都发生在同样的食物粒径/鱼体长比率上，生长响应也是如此。Purchase 和 Brown[55]对大西洋鳕（*Gadus morhua*）的研究得到类似结论。他们对西北大西洋的4个鳕种群的摄食、生长与食物转换效率的研究显示，虽然这四个种群间存在较大的遗传变异，但其生长的快慢与其遗传特性并没有必然联系。然而，鱼类的遗传变异及其遗传优势的建立则与食物环境密不可分。Sherwood 等[56]对河鲈（*Perca flavescens*）和湖红点鲑（*Salvelinus namaycush*）乳酸脱氢酶（LDH）的研究揭示，鱼类个体发育过程中的食物环境会强烈影响种群的 LDH 酶标属性。

鱼类的摄食、生长与转换效率在其生活史的不同阶段往往具有显著差别。这种事实的存在，是以生活史某一阶段（或体长范围狭窄）的个体的摄食、生长与转换效率推断包括生活史多个阶段（或体长范围宽广）的种群的情形时往往出现偏差或者不准确的原因所在[57]。一般地，日摄食量占体重百分比、生长速率以及转换效率都是幼鱼大于成鱼，低龄鱼大于高龄鱼。如15 ℃下大麻哈鱼（*Oncorhynchus nerka*）的日摄食量占体重的百分比由体重4 g时的16.9%下降到体重216 g时的4.5%[58]；1～6龄大西洋鳕的食物转换效率为98%～9%[59]。另一普遍现象是，在繁殖季节，性腺成熟的鱼类摄食量会明显下降，甚至停止，如大西洋鰶（*Dorosoma cepedianum*）在5、6月份生殖季节日摄食量分别下降25%和35%[60]。

激素也是影响鱼类摄食、生长与转换效率的因素之一。鱼类生活史不同阶段摄食与生长的改变可能与其内分泌和代谢功能的改变有关。有证据表明，甲状腺素、类固醇激素、胰岛素等都会影响鱼类的摄食与生长[61,62]。

3　海洋鱼类的转换效率

由于鱼类的转换效率受多种因素的影响，因此种间与种内差异都相当显著。表1给出了所能收集到的海洋鱼类的转换效率，看上去似乎难以给出一个恰当的变动范围。但 Stewart 和 Binkowski[63] 曾报道鱼类的食物转换效率一般为 10%～30%或者更高，Brett 和 Groves[45] 曾以 29%表示一般肉食性鱼类的能量转换效率。

表 1 已检索到的海洋鱼类的食物转换效率（FCE）和能量转换效率（ECE）

Table 1 List of food conversion efficiency (FCE) and energy conversion efficiency (ECE) in marine fishes in available previous publications

种类 Species	学名 Scientific name	FCE (%)	ECE (%)	饵料 Diets	备注 Notes	来源 Resources
玉筋鱼	*Ammodytes personatus*	10.4	32.2	卤虫 *Artemia salina*	14.0～18.0 ℃	[64]
星康吉鳗	*Astroconger myriaster*	9.2		玉筋鱼段 sand lance flitch	17.1～22.0 ℃	[4]
		3.8		枪乌贼 squid	21.7～26.3 ℃	[4]
线鳚	*Cebidichthys violaceus*	15～45	6.3～18	搭配海藻 modified seaweed	植食性鱼类 herbivorous fish	[65]
		26	12.2	天然海藻 natural seaweed		[65]
矛尾虾虎鱼	*Chaeturichthy stigmatias*	30.0±5.6	37.4±7.0	玉筋鱼 sand lance	(17.6±2.3)℃	[5]
斑鰶	*Clupanodon punctatus*	16.5	31.7	天然饵料 natural diets	(25.2±3.0)℃	[66]
石斑鱼	*Epinephelus salmoides*	21.2～31.4		小杂鱼 trash fish		[67]
大西洋鳕	*Gadus morhua*		12	合成颗粒 pellets	5 ℃	[68]
			11	合成颗粒 pellets	8 ℃	[68]
			24	欧鲽鱼片 plaice fillets	15 ℃	[69]
		9～98			年龄组 1～6 age groups 1～6	[59]
			43.9～11.5		体重 250～2 000 g body weight 250～2 000 g	[70]
			50	浮游动物 zooplankton	稚鱼 juveniles	[71]
红鳍东方鲀	*Hexagrammos otakti*	25.1±8.0	23.2±7.4	玉筋鱼 sand lance	(19.2±0.9)℃	[5]
庸鲽	*Hippoglossus hippoglossus*	83～140		合成颗粒 pellets	8～18 ℃	[33]
小鳞鱵	*Hyporhamphus sajori*	13.96	16.12	天然饵料 natural diets	28.0～29.6 ℃	[72]
花鲈	*Lateolabrax japonicus*		23.8～28.1	合成颗粒 pellets	30 ℃，幼鱼 young fish	[73]
尖吻鲈	*Lates calcarifer*	20～35		碎鱼 minced fish	含 2%动物饲料添加剂 with 2% animal feed supplement	[74]
柠檬鲨	*Negaprion brevirostris*	10～25		冻鲹 frozen blue runner	幼鱼 young fish	[75]
南极鱼	*Notothenia neglecta*		6			[76]
真鲷	*Pagrosomus major*	9.22	19.4	小黄鱼鱼糜 ground small yellow croaker	17～20.4 ℃	[77]
		23.6±2.8	26.0±3.3	玉筋鱼 sand lance	(19.4±0.5)℃	[5]
石鲽	*Platichthys biocoloratus*	18.4		枪乌贼 squid	4.2～6.9 ℃	[3]
		8		鹰爪虾 *Trachypenaeus curvirostris*	6.3～8.9 ℃	[3]

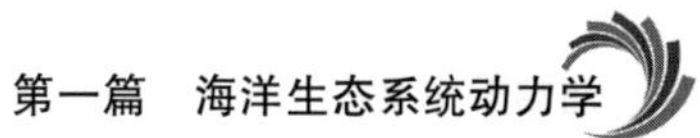

（续）

种类 Species	学名 Scientific name	FCE (%)	ECE (%)	饵料 Diets	备注 Notes	来源 Resources
		16.5		鲳鱼 pomfret	6.7～11.7 ℃	[3]
		19.9～24.5		玉筋鱼 sand lance	11.2～19.9 ℃	[3]
鲬	*Platycephalus indicus*	7		带鱼段 hairtail flitch	8.5～12.0 ℃	[4]
		24.7		玉筋鱼 sand lance	11.6～16.8 ℃	[4]
眼斑雀鲷	*Plectroglyphidodon lucrymatus*	0.1		天然饵料 natural diets	珊瑚礁鱼类 coral-reef fish	[78]
鲐	*Pneumatophorus japonicus*	15.4±3.1	21.6±4.3	玉筋鱼 sand lance	(23.1±0.5)℃	[5]
大菱鲆	*Scophthalmus maximus*		25～38	合成颗粒 pellets		[79，80]
		32～147		合成颗粒 pellets	10～22 ℃	[49]
黑鲈鲉	*Sebastes pachycephalus*	14.6		玉筋鱼 sand lance	17.0～21.0 ℃	[4]
黑鲪	*Sebastes schlegeli*	12.5	14.1	玉筋鱼 sand lance	17.0～21.0 ℃	[64]
		6.5～34.7		乌贼、鱼、虾 squid，fish，shrimp	年水温 4.0～27.3 ℃ annual temperature 4.0～27.3 ℃	[81]
		39.0±4.7	46.1±5.0	玉筋鱼 sand lance	(14.7±0.5)℃	[5]
乌颊鲷	*Sparus aurata*	<18.7		竹筴鱼片 jack mackerel fillets		[82]
黑鲷	*Sparus macrocephalus*	18.9		斑鰶段 gizzard shad flitch	16.9～22.0 ℃	[4]
		6.5～14.2		沙蚕 clamworm	21.6～27.4 ℃	[4]
		8.4		枪乌贼 squid	21.9～26.3 ℃	[4]
		12.9±2.8	14.8±3.3	玉筋鱼 sand lance	(19.8±0.5)℃	[5]
黄线狭鳕	*Theragra chalcogramma*		26	鲱鱼片 herring fillets	5 ℃	[83]
赤鼻棱鳀	*Thrissa kammalensis*	35.1	39.3	天然饵料 natural diets	(22.4±0.6)℃	[53]
皱唇鲨	*Triakis scyllium*	14.2～33.6		玉筋鱼 sand lance	13.5～27.3 ℃	[4]
		23.7		枪乌贼 squid	21.7～26.5 ℃	[3]
		19.7		沙蚕 clamworm	24.4～27.4 ℃	[3]

参考文献

[1] Paloheimo J E，Dickie L M. Food and growth of fishes Ⅰ. A growth curve derived from experimental data [J]. J Fish Res Board Can，1965，22：521－542.

[2] Winberg G C. Methods for the estimation of production of aquatic animals [M]. New York：Academic Press，1971：175.

[3] Yang J M，Guo R X. A study of ecological growth efficiency of stone flounder and banded dogfish [J]. J

Fish China，1987，9 (3)：251－253. [杨纪明，郭如新．石鲽和皱唇鲨生态生长效率的研究 [J]. 水产学报，1987，9 (3)：251－253.]

[4] Li J，Yang J M，Pang H Y. Study on the ecological growth efficiency of five marine fishes [J]. Mar Sci，1995，3：52－54. [李军，杨纪明，庞鸿艳．5 种海鱼的生态生长效率研究 [J]. 海洋科学，1995，3：52－54.]

[5] Tang Q S，Sun Y，Guo X W，et al. Ecological conversion efficiencies of 8 fish species in Yellow Sea and Bohai Sea and main influencers [J]. J Fish China，2002，26 (3)：219－225. [唐启升，孙耀，郭学武，等．黄、渤海 8 种鱼类的生态转换效率及其影响因素 [J]. 水产学报，2002，26 (3)：219－225.]

[6] Paloheimo J E，Dickie L M. Food and growth of fishes Ⅱ. Effects of food and temperature on the relation between metabolism and body weight [J]. J Fish Res Board Can，1966，23：869－908.

[7] Paloheimo J E，Dickie L M. Food and growth of fishes Ⅲ. Relation among food，body size and growth efficiency [J]. J Fish Res Board Can，1966，23：1209－1248.

[8] Lourdes M，Palomares D，Pauly D. The ration table [A]. In：Froese R，Pauly D. FishBase 98：concepts，design and data sources [M]. ICLARM，Manila，Philippines，1998：156－159.

[9] Guo X W，Tang Q S. Methods for quantification of fish food consumption [J]. Mar Fish Res，2004，25 (1)：68－78. [郭学武，唐启升．鱼类摄食量的研究方法 [J]. 海洋水产研究，2004，25 (1)：68－78.]

[10] Ricker W E. Computation and interpretation of biological statistics of fish populations [M]. Fish Res Board Can Bull，1975：191.

[11] Schnute J，Fourmer D A. A new approach to length-frequency analysis：growth structure [J]. Can J Fish Aquat Sci，1980，37：1337－1351.

[12] Pauly D，Morgan G R. Length-based methods in fisheries research [M]. ICLARM Conference Proceedings，No. 13，ICLARM，Manila，Philippines，1987：468.

[13] Fournier D A，Hampton J，Sibert J R. MULTIFAN-CL：a length-based，age-structured model for fisheries stock assessment，with application to South Pacific albacore，*Thunnus alalunga* [J]. Can J Fish Aquat Sci，1998，55：2105－2116.

[14] Ney J J. Trophic economics in fisheries：assessment of demand-supply relationships between predators and prey [J]. Reviews in Aquatic Sciences，1990，2：55－81.

[15] Windell J T. Rate of digestion in fishes [A]. In：Gerking S D. The biological basis of freshwater fish production [M]. Oxford：Blackwell，1967：151－173.

[16] Kuipers B. Experiments and field observations on the daily food intake of juvenile plaice *Pleuronectes platessa* L. [A]. Proc 9th Europ Mar Biol Symp [C]. 1975：1－12.

[17] Thorpe J E. Daily ration of adult perch，*Perca fluviatilis* L.，during summer in Loch Leven，Scotland [J]. J Fish Biol，1977，11：55－68.

[18] Tyler A V. Rates of gastric emptying in young cod [J]. J Fish Res Board Can，1970，27：1177－1189.

[19] Temming A，Bøhle B，Skagen D W，et al. Gastric evacuation in mackerel：the effects of meal size，prey type and temperature [J]. J Fish Biol，2002，61：50－70.

[20] Wang N，Hayward R S，Noltie D B. Effect of feeding frequency on food consumption，growth，size variation，and feeding pattern of age-0 hybrid sunfish [J]. Aquac，1998，165：261－267.

[21] Wang N，Hayward R S，Noltie D B. Variation in food consumption，growth，and growth efficiency among juvenile hybrid sunfish held individually [J]. Aquac，1998，167：43－52.

[22] Hayward R S，Noltie D B，Wang N. Using compensatory growth to double hybrid sunfish growth rates [J]. Trans Am Fish Soc，1997，126：316－322.

[23] Fry F E J. The effect of environmental factors on the physiology of Fish [A]. In: Hoar W S, Randall D J. Fish physiology Ⅵ [M]. London: Academic Press, 1971: 1 - 98.

[24] Brett J R. Environmental factors and growth [A]. In: Hoar W S, Randall D J. Fish physiology, VⅢ [M]. London: Academic Press, 1979: 599 - 675.

[25] Brett J R, Shelbourn J E, Shoop C T. Growth rate and body composition of fingerling sockeye salmon, *Oncorhynchus nerka*, in relation to temperature and ration size [J]. J Fish Res Board Can, 1969, 26: 2363 - 2394.

[26] Woiwode J G, Adelman I R. Effects of temperature, photoperiod. and ration size on growth of hybrid striped bass and white bass [J]. Trans Am Fish Soc, 1991, 120: 217 - 229.

[27] Krohn M, Reidy S, Kerr S. Bioenergetic analysis of the effects of temperature and prey availability on growth and condition of northern cod (*Gadus morhua*) [J]. Can J Fish Aquat Sci, 1997, 54 (Suppl 1): 113 - 121.

[28] Wayne A W, Neverman D. Post-feeding thermlotaxis and daily vertical migration in a larval fish [J]. Nature, 1988, 333: 846 - 848.

[29] Randall C F, Bromage N R, Thrush M A, et al. Photoperiodism and melatonin rhythms in salmonid fish [A]. In: Scott A P, Sumpter J P, Kime D E, et al. Proc 4th Int Symp Reprod Physiol Fish, FishSymp 91, Sheffield [C]. 1991: 136 - 138.

[30] Peter R E, Trudeu V L, Soley B D, et al. Actions of cathecholamines, peptides and sex steroids in regulation of gonadotropin-II in the goldfish [A]. In: Scott A P, Sumpter J P, Kime D E, et al. Proc 4th Int Symp Reprod Physiol Fish, FishSymp 91, Sheffield [C]. 1991: 30 - 34.

[31] Kråkenes R, Hansen T, Stefansson S O, et al. Continuous light increases growth rate of Atlantic salmon (*Salmo salar* L.) postsmolts in sea cages [J]. Aquac, 1991, 95: 281 - 287.

[32] Bjørnsson B T, Hemre G I, Bjørnevid M, et al. Photoperiod regulation of plasma growth hormone levels during induced smoltification of underyearling Atlantic salmon [J]. J Comp Endocrinol, 2000, 119: 17 - 25.

[33] Jonassen T M, lmsland A K, Kadowaki S, et al. Interaction of temperature and photoperiod on growth of Atlantic halibut *Hippoglossus hippoglossus* L. [J]. Aquac Res, 2000, 31: 219 - 227.

[34] Simensen L, Jonassen T M, lmsland A K, et al. Growth of juvenile halibut (*Hippoglossus hippoglossus*) under different photoperiods [J]. Aqua, 2000, 190: 119 - 128.

[35] Kilambi R V, Noble J, Hoffinan C E. Influence of temperature and photoperiod on growth, food consumption, and food conversion efficiency of channel catfish [A]. Proc Ann Conf Southeast Assoc Game Fish Comm 24th [C]. 1970, 519 - 531 (Aquat Sci Abstr 4, 4Q5319F, 531).

[36] Nelson G A, Ross M R. Biology and population changes of northern sand lance (*Ammodytes dubius*) from the Gulf of Maine to the middle Atlantic Bight [J]. J Northwest Atl Fish Sci, 1991, 11: 11 - 27.

[37] Castonguay M, Roller C, Fréchet A, et al. Distribution changes of Atlantic cod (*Gadus morhua*) in the northern Gulf of St. Lawrence in relation to an oceanic cooling [J]. ICES J Mar Sci, 1999, 56: 333 - 344.

[38] Dutil J D, Castonguay M, Gilbert D, et al. Growth, condition, and environmental relationships in Atlantic cod (*Gadus morhua*) in the northern Gulf of St Lawrence and implications for management strategies in the Northwest Atlantic [J]. Can J Fish Aquat Sci, 1999, 56: 1818 - 1831.

[39] Swain D P. Changes in the distribution of Atlantic cod (*Gadus morhua*) in the southern Gulf of St. Lawrence-effects of environmental change or change in environmental preferences? [J]. Fish Oceanogr, 1999, 8: 1 - 17.

[40] Magnussen E. Growth of cod on the Faroe Bank during the period 1983 to 2000 [C]. ICES C. M. 2000/C [R]. 2000，12：60.

[41] Yaragina N A，Marshall C T. Trophic influences on interannual and seasonal variation in the liver condition index of Northeast Arctic cod（*Gadus morhua*）[J]. ICES J Mar Sci，2000，57（1）：24-30.

[42] Robards M D，Rose G A，Piatt J F. Growth and abundance of Pacific sand lance，*Ammodytes hexapterus*，under differing oceanographic regimes [J]. Environ Biol Fish，2002，64：429-441.

[43] Cole J. Coastal sea surface temperature and coho salmon production off the north-west Unite States [J]. Fish Oceanogr，2000，9：1-16.

[44] Weiagartner T J，Coyle K，Finney B，et al. The Northeast Pacific GLOBEC Program：Coastal Gulf of Alaska [J]. Oceanography，2002，15（2）：48-63.

[45] Brett J R，Groves T D D. Physiological energetics [A]. In：Hoar W S，Randall D J，Brett J R. Fish physiology Ⅷ [M] New York：Academic Press，1979：279-352.

[46] Craig J F，Kenley M J，Tailing J F. Comparative estimations of the energy content of fish tissue from bomb analysis [J]. Freshwater Biol，1978，8：585-590.

[47] Wang J，Su Y Q. Biochemical composition and energetics of three mudskippers [J]. J Xiamen University（Natural Science），1994，33（1）：96-99.［王军，苏永全．三种弹涂鱼的生化组成及能值分析[J]. 厦门大学学报（自然科学版），1994，33（1）：96-99.］

[48] Parsons T R，Takahashi M，Hargrave H. Biological Oceanographic Processes [M]. Oxford：Pergamon Press，1988：242.

[49] Bromley P J. The effects of food type，meal size and body weight on digestion and gastric evacuation in turbot，*Scophthalmus maximus* L. [J]. J Fish Biol，1987，30：501-512.

[50] Mann K. The cropping of the food supply [A]. In：Gerking S D. The biological basis of freshwater fish production [M]. Oxford：Blackwell Scientific Publications，1967：243-257.

[51] Sturdevant M V，Brase A L J，Hulbert L B. Feeding habits，prey fields，and potential competition of young-of-the-year walleye Pollock（*Theragra chalcogramma*）and Pacific herring（*Clupea pallasi*）in Prince William Sound，Alaska，1994-1995 [J]. Fish Bull，2001，99：482-501.

[52] Gregory T R，Wood C M. Individual variation and interrelationships between swimming performance，growth rate，and feeding in juvenile rainbow trout（*Oncorhynchus mykiss*）[J]. Can J Fish Aquat Sci，1998，55：1583-1590.

[53] Guo X W，Tang Q S. Consumption and ecological conversion efficiency of *Thrissa kammalensis* [J]. J Fish China，2000，24（5）：422-427.［郭学武，唐启升．赤鼻棱鳀的摄食与生态转换效率 [J]. 水产学报，2000，24（5）：422-427.］

[54] Thorpe J E，Morgan R I G. Parental influence on growth rate，smolting rate，and survival in hatchery reared juvenile Atlantic salmon（*Salmo salar*）[J]. J Fish Biol，1978，13：549.

[55] Purchase C F，Brown J A. Stock-specific changes in growth rates，food conversion efficiencies，and energy allocation in response to temperature change in juvenile Atlantic cod [J]. J Fish Biol，2001，58：36-52.

[56] Sherwood G D，Pazzia I，Moeser A，et al. Shifting gears：enzymatic evidence for the energetic advantage of switching diet in wild-living fish [J]. Can J Fish Aquat Sci，2002，59：229-241.

[57] Palomares M L，Pauly D. A multiple regression model for predicting the food consumption of marine fish populations [J]. Aust J Mar Freshwat Res，1989，40：259-273.

[58] Brett J R. Energetic response of salmon to temperature. A study of some thermal relations in the physiology and freshwater ecology of sockeye salmon（*Oncorhychus nerka*）[J]. Am Zool，1971，11：

99－113.

[59] Bogstad B, Mehl S. The north-east Arctic cod stock's consumption of various prey species 1984－1989 [A]. In: Bogstad B, Tjelmeland S. Interrelations between fish populations in the Barents Sea. Proc 5th PINRO-LMR Symp, Murmansk, 12－16 August 1991 [C]. Bergen: Institute of Marine Research, 1991, 59－72.

[60] Pierce R J, Wissing T E, Megrey B A. Aspects of the feeding ecology of gizzard shad in Acton Lake, Ohio [J]. Trans Am Fish Soc, 1981, 110: 391－395.

[61] Donaldson E M, Fagerlund U H M, Higgs D A, et al. Hormonal enhancement of growth in Fish [A]. In: Hoar W S, Randall D J, Brett J R. Fish physiology VⅢ [M]. New York: Academic Press, 1979: 456－579.

[62] Higgs D A, Fagerlund U H M, Eales J G, et al. Application of thyroid and steroid hormones as anabolic agents in fish culture [J]. Comp Biochem Physiol, 1982, B73: 143－176.

[63] Stewart D J, Binkowski F P. Dynamics of consumption and food conversion by Lake Michigan alewives: an energetics-modeling synthesis [J]. Trans Am Fish Soc, 1986, 115: 643－659.

[64] Yang J M, Zhou M J, Li J. Energy flow in a marine food chain [J]. Chinese Journal of Applied Ecology, 1998, 9 (5): 517－519. [杨纪明，周名江，李军．一个海洋食物链能流的初步研究 [J]. 应用生态学报，1998，9 (5): 517－519.]

[65] Fris M B, Horn M H. Effects of diets of different protein content on food consumption, gut retention, protein conversio, and growth of *Cebidichthys violaceus* (Girard), an herbivorous fish of temperate zone marine waters [J]. J Exp Mar Biol Ecol Amsterdam, 1993, 166 (2): 185－202.

[66] Guo X W, Tang Q S, Sun Y, et al. The consumption and ecological conversion efficiency of dotted gizzard shad (*Clupanodon punctatus*) [J]. Mar Fish Res, 1999, 20 (2): 17－25. [郭学武，唐启升，孙耀，等．斑鰶的摄食与生态转换效率 [J]. 海洋水产研究，1999，20 (2): 17－25.]

[67] Chua T E, Teng S K. Effects of food ration on growth, condition factor, food conversion efficiency, and net yield of estuary grouper, *Epinephelus salmoides* Maxwell, cultured in floating net-cages [J]. Aquac (Nether), 1982, 27 (3): 273－283.

[68] Holdway D A, Beamish F W H. Specific growth rate and proximate body composition of Atlantic cod (*Gadus morhua* L.) [J]. J Exp Mar Biol Ecol, 1984, 19: 439－455.

[69] Edwards R R C, Finlayson D M, Steele J H. An experimental study of the oxygen consumption, growth and metabolism of the cod (*Gadus morhua* L.) [J]. J Exp Mar Biol Ecol, 1972, 8: 299－309.

[70] Jobling M. A review of the physiological and nutritional energetics of cod, *Cadua morhua* L., with particular reference to growth under farmed conditions [J]. Aquac, 1988, 70: 1－19.

[71] Hop H, Tonn W M, Welch H E. Bioenergetics of Arctic cod (*Boreogadus saida*) at low temperatures [J]. Can J Fish Aquat Sci, 1997, 54: 1772－1784.

[72] Guo X W, Tang Q S. Maintenance ration and conversion efficiency of *Hyporhamphus sajori* [J]. Chinese J Appl Ecol, 2001, 12 (2): 293－295. [郭学武，唐启升．小鳞鱵的维持日粮与转换效率 [J]. 应用生态学报，2001，12 (2): 293－295.]

[73] Xiao Y, Liu H. Preliminary study on daily feeding rhythm of *Lateolabrax japonicus* fingerlings [J]. Fish Sci Technol Inform, 1997, 24 (3): 99－103. [肖雨，刘红．花鲈鱼种日摄食节律的初步研究 [J]. 水产科技情报，1997，24 (3): 99－103.]

[74] Kosutarak P. Effect of the protein level in formula diet for seabass, *Lates calcarifer* [A]. Report of Thailand and Japan joint aquaculture research project, Songkhla, Thailand, April 1981－March 1984 [R]. Tokyo: JICA, 1984: 93－96.

[75] Cortes E, Gruber S H. Effect of ration size on growth and gross conversion efficiency of young lemon sharks, *Negaprion brevirostris* [J]. J Fish Biol, 1994, 44 (2): 331-341.

[76] Everson I. The population dynamics and energy budget of *Notothenia neglecta* Nybelin at Signy Island. South Orkney Islands [J]. Br Antarct Surv Bull, 1970, 23: 25-50.

[77] Guo X W, Zhang B, Sun Y, et al. The consumption and ecological conversion efficiency of age-0 red sea bream (*Pagrosomus major*) -The lab application of an in situ approach [J]. Mar Fish Res, 1999, 20 (2): 26-31. [郭学武，张波，孙耀，等．真鲷幼鱼的摄食与生态转换效率——一种现场研究方法在室内的应用 [J]. 海洋水产研究，1999，20 (2)：26-31.]

[78] Polunin N V C, Brothers E B. Low efficiency of dietary carbon and nitrogen conversion to growth in a herbivorous coral-reef fish in the wild [J]. J Fish Biol, 1989, 35 (6): 869-879.

[79] Bromley P J. Effect of dietary protein, lipid and energy content on the growth of turbot (*Scophthalmus maximus* L.) [J] Aquac (Nether), 1980, 19 (4): 359-369.

[80] Bromley P J. The effect of dietary water content and feeding rate on the growth and food conversion efficiency of turbot (*Scophthalmus maximus* L.) [J]. Aquac (Nether), 1980, 20 (2): 91-99.

[81] Li J, Yang J M, Sun Z Q. Monthly changes of rock fish ecological growth efficiency in one year [J]. Oceanol Limnol Sin, 1995, 26 (6): 586-590. [李军，杨纪明，孙作庆．黑鲪生态生长效率周年变化的研究 [J]. 海洋与湖沼，1995，26 (6)：586-590.]

[82] Klaoudatos S, Apostolopoulos J. Food intake, growth, maintenance and food conversion efficiency in the gilthead sea bream (*Sparus auratus*) [J]. Aquac (Nether), 1986, 51 (3): 217-224.

[83] Smith R L, Paul A J, Paul J M. Aspects of energetics of adult walleye pollock, *Theragra chalcogramma* (Pallas), from Alaska [J]. J Fish Biol, 1988, 33 (3): 445-454.

A Review of the Conversion Efficiency and Its Influencers in Marine Fishes

GUO Xuewu, TANG Qisheng

(Yellow Sea Fisheries Research Institute, Chinese Academy of Fishery Sciences, Qingdao 266071, China)

Abstract: A review of conversion efficiency and its influencers in marine fishes is presented in this paper. The conversion efficiency is the efficiency of food utilization for growth, usually expressed as energy conversion efficiency, i. e. growth efficiency, when measured in energy, or food conversion efficiency when measured in biomass. So, estimation of conversion efficiency is basically a work on determinations of food consumption and weight growth of fish. Influence factor of conversion efficiency are mostly those influencing food consumption and weight growth, containing abiotic, biotic, and physiological factors, and limitations of controlled conditions in experiments, in many cases, which leads to results not reflecting the natural states. The abiotic influencers include water temperature, salinity, pH, dissolved oxygen, ammonia nitrogen, current surrounding, and photoperiod, of which water temperature and photoperiod are the most important. In experiments without food limitation, the growth rate of fish increases generally with rising of water temperature, and reaches a maximum at an optimum temperature. But that the optimum temperature for growth goes down at low ration levels indicates that the temperature influence on growth depends upon food availability for fishes. The photoperiod can speed up or keep down the fish growth with its alternation during a year. The biotic influencers contain food availability, competition, and predation. The food availability is considered as a key factor, as important as water temperature, manipulating food consumption and growth of fish. It is density dependent and is diversified temporally and spatially due to climate change, physical and chemical oceanography processes in the ecosystem. The availability of food that contains high calorie is a primary reason why food type shifts evidently the food conversion efficiency in a species of fish. Comparatively, the energy conversion efficiency is much more steady with the change of food type. The competition influence on feeding and growth of fish is actually associated with food availability. For physiological influencers, it has been proved that the inheritance is not a decisive factor affecting feeding and growth of fish, but the genetic variance and the establishment of genetic predominance are related closely to food environments. Hormone is another physiological factor. Apparent variations in consumption, growth, and conversion efficiency between stages of life history are observed commonly in fish. It is much like the results of the changes of incretion and pertinent metabolic function. A literature review of previous publications reveals obvious variation in conversion efficiency among species of marine fishes.

Key words: Marine fishes; Food conversion efficiency; Influencers; Review

鱼类摄食量的研究方法[①]

郭学武，唐启升
（中国水产科学研究院黄海水产研究所，青岛 266071）

摘要：鱼类摄食量的评估通常包括对个体摄食量的评估和对种群摄食量的评估。前者主要有室内直接测定法、基于消化道内含物的方法、生物能量学方法、化学污染物质量平衡法以及根据耗氧量间接计算法等 5 类方法。后者有生物能量学方法和多元回归模型。
关键词：鱼类；摄食量；研究方法

鱼类的摄食量（food consumption）通常包括两种含义，一是个体水平上的摄食量，如一定大小的某种鱼类对某种特定类型的食物的摄食量，与之相关的概念有日摄食量（D，daily food consumption）和摄食率（C，consumption rate）等，摄食率也称作日粮（R_d，ration or daily ration），指 1 d 当中摄入的食物占鱼体重（W）的百分比：

$$C=R_d=100\times D/W \tag{1}$$

二是种群水平上的摄食量，如具有一定年龄结构和生物量（B）的种群的摄食量（Q），通常表示为一定时间范围（一般为 1 年）内单位生物量的摄食量（Q/B）（Lourdes et al.，1998）。1935 年，美国生物学家 Bajkov（1935）最早发表了鱼类摄食量的研究方法，迄今为止，这一领域已有浩繁的研究成果。我国在这一领域未见有原创性的研究方法。

1　个体摄食量的研究

对鱼类日摄食量的研究有许多方法，其中常用的方法可以归纳为以下 5 类，即室内直接测定法、生物能量学方法、根据耗氧量间接计算法、基于消化道内含物的方法和化学污染物质量平衡法。

1.1　室内直接测定法

实验室条件下直接测定食物消耗（Beamish，1972；Elliott，1972；Smagula et al.，1982；Spigarelli et al.，1982），这是最简单的室内方法。根据饵料投喂量与摄食后的剩余量估算鱼类的摄食量，可以称为食物平衡（Food - Balance）法。由这种方法延伸出了日粮与生长率的关系，日粮-生长关系发展成一种根据现场生长资料评估自然环境下鱼类摄食量的较好方法（Allen，1951；Horton，1961；Jones et al.，1978；Jobling，1982）。

① 本文原刊于《海洋水产研究》，25（1）：68 - 78，2004。

1.2 基于消化道内含物的研究方法

消化道包括胃和肠，消化道内含物可以取胃，也可以取胃肠（包括前肠与后肠）或者取全消化道的内含物。对于那些其食物在胃内停留时间较短或者不易进行胃含物定量的鱼类，如仔鱼、稚鱼、无胃及砂胃成鱼等，以全消化道内含物作为观测对象可获得较准确的结果（Boisclair et al.，1988；Bochdansky et al.，2001）。这类方法又可分为两类，一是根据消化道内含物与排空率的估算方法，二是仅根据现场获得的胃含物变动直接评估方法。

1.2.1 根据消化道内含物与排空率的估算方法

因为这是较为常用的一类方法，所以本文拟作详细叙述。消化道内含物的量一般通过在摄食周期内的多次取样获得。排空率的获得一是通过独立的实验：对室内喂养的鱼类进行连续取样（Beamish，1972；Elliott，1972；Swenson et al.，1973；Jones，1978），或者于现场将捕获的鱼立即放入网箱中并随后进行连续取样（Bajkov，1935；Staples，1975；Thorpe，1977；Lockwood，1980），观察消化道内含物的减少趋势，并采用适当的模型进行计算。二是通过消化道内含物在摄食周期中表现出的下降过程（假定为不摄食阶段）进行排空率估算（Spanovskaya et al.，1977；Thorpe，1977；Post，1990；Fox，1991；Buckel et al.，1997）。

对鱼类摄食量的评估，主要取决于对排空率模型的拟合。排空率模型通常有以下几种：

（1）线性模型（Bajkov，1935；Hunt，1960；Seaburg et al.，1964；Daan，1973；Swenson et al.，1973；Spanovskaya et al.，1977）。

$$S_t = S_0 - ERt \tag{2}$$

（2）平方根模型（Hopkins，1996；Jobling，1981）。

$$\sqrt{S_t} = S_0 - ERt \tag{3}$$

（3）指数模型（Eggers，1977；Clarke，1978；Elliott et al.，1978）。

$$S_t = S_0 e^{-ERt} \tag{4}$$

式中，S_0是排空初始时刻的消化道内含物量，S_t是经历时间 t 之后的消化道内含物量，ER 是排空率。

（4）其他模型，如食物体积或表面积模型（Volume-dependent or surface-dependent model，Tyler 1970；Knutsen et al.，1999）、形态模型（Shape model，Temming et al.，1994）等。形态模型是可变的，它可以根据消化道内含物的量在排空过程中随时间变动的二维图形，选择拟合效果较好的模型，因此它不仅包括线性模型、平方根模型和指数模型，还包括介于平方根模型和指数模型之间的中间模型（Temming et al.，2002）。

在上述模型中，最常用的是以 Eggers（1977）和 Elliott 等（1978）为代表的指数模型（Jobling，1982；Pauly et al.，1987；Buckel et al.，1997），其相应的对摄食量的估算方法也称作 Eggers 模型和 Elliott-Persson 模型。

Elliott-Persson 模型要求连续取样的时间间隔不大于 3 h，检查每次取样的消化道内含物，根据摄食周期表现出的不摄食阶段以指数模型计算出排空率，然后求出摄食阶段每两个相邻取样时刻内的摄食量，其总和即为日摄食量。两个相邻取样时刻内的摄食量以下式计算：

$$C_{\Delta t}=\frac{(S_{t+1}-S_{t}e^{-ERT})\cdot ERT}{1-e^{-ERT}} \tag{5}$$

式中，$C_{\Delta t}$是摄食阶段每两个相邻取样时刻（t 和 $t+1$）间的摄食量，其总和即为日摄食量，S_t和 S_{t+1}是两个相邻取样时刻消化道（或胃）内含物占体重百分比。

Elliott-Persson 模型适合任意摄食时间类型的鱼类，但具有以下缺点：一是应用时的工作量大，取样的时间间隔必须不大于 3 h，而且必须至少有 7 组摄食周期数据以保证模型的准确性。二是代数方面比较复杂，重复运算次数多，可能会增大统计时的标准差。但 Elliott-Persson 模型的最大优点表现在现场的应用方面，可以完全依据现场取样资料计算排空率和日摄食量。

Eggers 模型被认为是 Elliott-Persson 模型的一个特例，它可以克服上述 Elliott-Persson 模型存在的缺点。Eggers 模型计算鱼类日摄食量（D）是基于 24 h 内所观察到的胃含物平均值（MF）和排空率：

$$D=MF\cdot ER\cdot 24 \tag{6}$$

Eggers 模型曾经被认为只适合那些摄食周期具有以下特征的鱼类，即开始取样时的消化道内含物量应与经过 24 h 后的取样结果相等，而且不适合食鱼鱼类，因为它们往往阶段性地摄取大量食物（Elliott，1979；Pennington，1985）。Boisclair 等（1988）经进一步实验，证明上述观点并不正确。Eggers 模型适合广泛食物类型的鱼类，允许有偶然性摄食高峰，对摄食周期没有严格要求。但应用这一模型必须进行独立的排空率实验。

虽然线性模型是最早提出的鱼类排空模型，但在鱼类摄食量评估中的使用率一度并不高。Spanovskaya 等（1977）曾报道了根据现场获得的对胃含物的昼夜连续取样资料计算鱼类排空率和日摄食量的方法，其中排空率可以根据被认为是不摄食阶段的两个相邻取样时间内的胃含物按线性关系（公式 2）直接求出。摄食阶段两个相邻取样时间内的摄食量为：

$$C_{\Delta t}=S_{t+1}+ER\cdot T-S_t \tag{7}$$

S_t和 S_{t+1}是两个相邻取样时刻鱼的胃饱满度，T 是这两次取样的时间间隔（小时数）。将摄食阶段每两次取样间的摄食量求和，即得出鱼的日摄食量。

然而，自从人们发现许多仔、稚鱼的全消化道排空模式实际上表现为直线型而非曲线型之后，线性模型又重新获得重视（Bromley，1987；Canino et al.，1995）。Bochdansky et al.（2001）对线性模型重新进行了定义，并且通过对一些业已使用指数模型的事例进行了重新研究，发现指数模型的使用在这些事例当中并不恰当。实际上，食物在许多鱼类的胃肠中都经过这样一个过程：首先是迟滞阶段（Lag phase），使排空的开始后延，接着是线性排空阶段（Linear phase），最后是延长的滞留阶段（Retention phase），少量食物在肠道中停留较长时间（Rösch，1987）。在这种情况下，如果取样时间不足够长，因而忽略了滞留阶段，那么，指数模型的应用将使排空率高估大约两倍。对于这些鱼类，较为合适的模型是线性模型。这意味着线性模型应用范围较广阔，尤其是对于许多仔鱼、稚鱼和没有胃（或者胃不发达）的成鱼（Bochdansky et al.，2001）。在重新定义的模型中加入了一个排空速率常数（r，evacuation rate constant）：

$$S_t=S_0-S_0rt \tag{8}$$

$$ER = dS_t/dt = -S_0 r \tag{9}$$

式中，S_0是排空阶段开始时全消化道内含物量，S_t是经过时间 t 之后的剩余量。

线性模型的排空率是常量，它决定于排空开始时的胃肠内含物量（公式 9）。而指数模型的排空率则决定于排空过程中的食物剩余量，例如根据排空速率常数，指数模型可表示为：

$$S_t = S_0 \mathrm{e}^{-rt} \tag{10}$$

$$ER = dS_t/dt = -rS_0 \mathrm{e}^{-rt} = -rS_t \tag{11}$$

Bochdansky 等（2001）认为，当以全消化道而不只是以胃的内含物来研究鱼类的摄食时，食物通过肠道的过程可用活塞流反应器（Plug flow reactor）理论来解释，这种情况下，线性模型适合排空率研究。而排空率决定于食物残留量的指数模型则与连续搅拌釜反应器（continuously stirred tank reactor）理论相一致（Penry et al.，1987；Jumars，2000）。

1.2.2 根据现场取样的胃含物变动直接评估方法

在早期研究中，有些学者完全忽略胃肠排空的影响，对摄食周期内多次胃含物的取样结果进行简单的求和来表示鱼类的日摄食量（Nakashima et al.，1978）。这种方法很难被人们接受。但 Sainsbury（1986）在 Eggers（1977）模型和 Elliott-Persson（1978）模型的基础上发展出了胃含物输入-输出模型，可以不必进行任何室内实验以解决排空率问题，仅根据现场取样获得的胃含物变动资料，按照其输入-输出数值模型并借以计算机程序可以对鱼类的摄食量作出较好的评估。Sainsbury 模型对以下两种具有严格的周期性摄食类型的鱼类具有较好应用效果，一是摄食活动开始后在很短时间内即达到饱食，而后不再摄入，进入排空状态，当胃内食物减少到一定量时再重复前一过程。二是饱食后继续摄入，因而胃含物的量在一段较长的时间内基本保持稳定状态，而后进入不摄食阶段。

在 Sainsbury（1986）模型的基础上，水生生物资源管理国际中心（ICLARM）开发出一个计算机模型，即 MAXIMS（Jarre - Teichmann et al.，1990），它采用非线性回归，根据现场资料计算各类相关参数，评估特定大小的鱼类的日摄食量、种群食物消耗（Q/B）以及总转换效率等。MAXIMS 模型基于以下假设：①在 24 h 周期内，有一个或两个明显的摄食阶段，被不摄食阶段清楚分开。②摄食率在摄食阶段是稳定的或者与胃含物成反比。③胃排空过程是持续的，排空率与胃饱满度成反比（简单指数衰减）。MAXIMS 模型已应用于多种鱼类的摄食量评估（Pauly et al.，1989；Jarre-Teichmann et al.，1990，1991；De Silva et al.，1996；Palo - mares et al.，1996；Palomares et al.，1997），Richter 等（1999）对这一模型的局限性进行了探讨并提供了很好的解决途径，具有较好的应用前景。

1.3 生物能量学方法

根据鱼类的总能量需求评估鱼类的摄食。通常包括评估生长（G）、代谢（R）的能耗和排粪（F）、排泄（E）的能量损失（Mann，1965，1978；Jones，1978；Majkowski et al.，1981；Kerr，1982）。这类方法基于 Win - berg（1956）的能量平衡模式：

$$C = G + R + F + E \tag{12}$$

随着鱼类生物能量学研究的不断深入，能量分配模式发展为以下形式，称为基础生物能量学模型：

$$C=G+R_S+R_A+R_D+F+E \tag{13}$$

上式把鱼类的代谢能分为 3 部分，即标准代谢 R_S、活动代谢 R_A 和消化代谢 R_D，其中消化代谢包括蛋白质脱氨能（称作 SDA，specific dynamic action）、机械消化能、同化能和贮存能（Jobling 1985）。

以美国鱼类学家 Kitchel 为代表的威斯康星大学的研究者对鱼类基础生物能量学模型的发展做出了杰出贡献（Kitchel et al.，1977），其威斯康星模型（Wisconsin Model）已计算机程序化，在北美的渔业研究中得到广泛应用（Ney 1993）。威斯康星模型的一项重要贡献就是，鱼类在任何体重和温度条件下的日摄食量（C）皆可以其最大日摄食量（C_{max}）来表达，即：

$$C=C_{max}\cdot p\cdot r_c \tag{14}$$

式中，$C_{max}=a\cdot W^b$ 是特定体重（W）的鱼在最适温度下的日摄食量，a 和 b 是回归常数。p 是均衡常数，取值范围 0 到 1，用以调整日摄食量以符合体重生长的观测曲线。r_c 是温度标量，变化范围也是从 0 到 1。

1.4 化学污染物质量平衡法

这里的化学污染物是指那些易在生物体内富集的化学物质，包括放射性铯（^{137}Cs）、多氯联苯（PCB）、二氯二苯-二氯乙烯（DDE）和汞（Hg）。虽然前 3 种污染物的质量平衡模型在过去 30 余年里已经用于天然水域的鱼类摄食量的评估（Kevern，1966；Kolehmainen，1974；Borgmann et al.，1992；Forseth et al.，1992；Rowan et al.，1996，1997；Tucker et al.，1999），但却一向不被鱼类生态学家所看重。其原因可能是：①鱼类生态学家一般不易接触毒物学文献。②他们认为这类方法只适于严重污染的系统。③鱼类及其食物中的化学污染物测定难度较大。④缺乏合适的经验模型来评估化学污染物从鱼体消除的速率。但是，在环境生态学家的不断努力下，研究方法不断完善并简易化，尤其是 Trudel et al.（2000）最近提出的汞质量平衡模型，成功解决了汞的消除速率问题，具有很好的应用前景，已引起鱼类生态学家的兴趣。

实际上，化学污染物质量平衡模型不但可以用于一般的水环境（Rowan et al.，1997；Tucker et al.，1999），并且能够大大减少工作量而获得对鱼类摄食量的准确评估（Forseth et al.，1992，1994）。由于自然过程和人类活动，汞在全球环境中普遍存在，而且通过原子吸收光谱很容易测定，即使在鱼体及其食物中含量轻微也没问题，用不到 1 g 的鱼肉就可准确测出。更方便的是，仅仅根据鱼体大小和水温就可以将鱼对汞的消除速率做出准确估计（Trudel et al.，1997）。

在汞质量平衡模型中，鱼体内汞的浓度可表示为：

$$\frac{dC}{dt}=(\alpha\cdot C_d\cdot I)-(E+G+Ls)C\text{，或者} \tag{15}$$

$$I=\frac{C_t+\Delta t-C_t\cdot e^{-(E+G+Ls)\Delta t}}{\alpha\cdot C_d\left[1-e^{-(E+G+Ls)\Delta t}\right]}(E+G+Ls) \tag{16}$$

式中，α 是鱼类对其食物中汞的同化效率，C_d 是食物中汞的浓度（mg/g），I 是鱼的摄食率［g/(g·d)］，E 是鱼体内汞的消除率［mg/(mg·d) 或者 mg/d］，G 是特定生长率

[g/(g·d) 或者 g/d]，Ls 是因生殖造成的汞的损失速率 [mg/(g·d) 或者 mg/d]，C_t 和 $C_t+\Delta t$ 分别是时刻 t 和 $t+\Delta t$ 的鱼体内汞的浓度，Δt 是天数。

鱼体内汞的消除率（E）可根据鱼体重（W）和水温（T）求出：

$$E=\varphi \cdot W^{\beta} \cdot e^{\gamma T} \tag{17}$$

式中，φ、β 和 γ 是经验常数（表 1）。因生殖造成的汞的损失率（Ls）可根据性腺指数（GSI，gonadosomatic index，g/g）以及汞在性腺和鱼体中的浓度（分别表示为 C_g 和 C_f）计算：

$$Ls=\frac{Q \cdot GSI}{365} \tag{18}$$

式中，$Q=C_g/C_f$，365 代表 1 年的天数。Q 值已经确定，在雌性个体中 $Q_f=0.12$（±0.03），在雄性个体中 $Q_m=0.59$（±0.01）（表 1）。如果鱼类种群的性比为 1∶1，则 Q 的权重值可表示为：

$$Q=\frac{(Q_m \cdot GSI_m+Q_f \cdot GSI_f)}{(GSI_m+GSI_f)} \tag{19}$$

特定生长率可根据 Ricker（1979）模型获得：

$$G=\frac{1}{\Delta t} ln \left(\frac{W_t+\Delta t}{W_t}\right) \tag{20}$$

表 1　汞质量平衡模型的相关参数

Table 1　Parameters of the Hg mass balance model

符号 Symbol	值 Value	来源 Source
α	0.80	Norstrom et al.，1976
φ	0.002 9	Trudel et al.，1997
β	−0.20	Trudel et al.，1997
γ	0.066	Trudel et al.，1997
Q_m	0.59	Lockhart et al.，1972；Doyon et al.，1996
Q_f	0.12	Doyon et al.，1996；Niimi，1983；Lange et al.，1994

1.5　根据耗氧量间接计算法

通常肉食性鱼类对食物的同化率约为 85%，每同化 1 g 湿重的食物需消耗 4 186.8 J 热量（Winberg，1956），而鱼类耗氧产生的热量为 13.61 J/mg O_2（Brett，1985），以此可以根据鱼类的耗氧量计算出食物同化量和食物总消耗量。例如 Mendo 等（1988）根据太平洋鲣 *Sarda chiliensis* 呼吸时的口径和每天的游泳距离，计算出每天滤水量，再依据栖息水域（加利福尼亚沿岸，22 ℃）海水的氧饱和度 5.22 cm³/L 和这类鱼的鳃丝过滤海水后可吸收其中 50%的氧气（Stevens，1972；Johansen，1982），计算出鲣的日耗氧量，并在此基础上评估出日摄食量。

2 种群摄食量的研究

随着海洋生态系统，尤其是食物网动力学和渔业管理研究的深入，对鱼类摄食的研究已从个体水平延伸到种群或群体水平（Steele，1974；Jones，1982；Cohen et al.，1982；Baird et al.，1989；Greenstreet et al.，1997）。鱼类种群摄食量是指某一鱼类种群在一定时间（通常指1年）内在特定生态系统中的食物消耗量。由于种群内存在个体大小的差异，对种群摄食量的估算必须考虑不同年龄的个体（包括早期生活史的不同阶段，如仔鱼、稚鱼和幼鱼）对食物需求量的差异，而且如果时间尺度较大，还必须考虑同一年龄组的个体在不同季节（或不同水温环境下）的食物需求量的差异，这是一项看起来非常繁杂的工作。在将鱼类的摄食量从个体到群体、从短期到长期的推断过程中，先前的研究普遍存在以下问题：

（1）以体长范围狭窄的鱼的日摄食量计算种群的食物消耗量，实际上并不能反映种群内所有体长组鱼类的情形。

（2）由日摄食量推算的种群食物消耗量，通常只适应于狭窄的温度范围，不能反映受温度影响而导致的种群摄食量的季节变化。

（3）实验获得的日摄食量的不准确性。经驯养的鱼因为供饵充足，每次摄食都可轻易摄至饱食，这种情况可导致对摄食量的高估；而未经驯养的鱼因激应性反应，摄入的食物往往比在自然环境下要少。

（4）对于因鱼类种间的代谢差异而导致的摄食量的差异未引起足够重视。

对鱼类种群摄食量的估算主要有两类方法。一是基于基础生物能量学模型的评估方法，二是多元回归模型。

2.1 生物能量学方法

生物能量学方法主要用于对鱼类摄食和生长的评估，尤其是在生态系统渔业管理中用以定量捕食者的营养需求，并可由此推断其对被捕食者的需求量或者捕食压力（Ney，1990）。生物能量学模型必须与种群丰度、死亡和补充等种群动力学结合，从而在种群水平上对鱼类的摄食做出评估。如果种群（或者种群内各组分的）总的平均食物转换效率（G/C）已知，则在一定时间内种群的总摄食量（C_{tot}）可以下式计算：

$$C_{tot}=\frac{P}{G/C} \tag{21}$$

式中，P 是生产力，G 是瞬时生长率，二者存在这样的关系：$P=G\cdot B$，其中 B 是生物量。P 和 B 皆可由渔业资源的常规调查资料获得。在上述关系基础上，Ney（1990）提出一个简化模型（经验公式），用以评估温带地区淡水鱼类股群的年摄食量：

$$C_{tot}=2P+3B \tag{22}$$

在生物能量学研究基础上，也有一个经验公式用以评估鱼类的摄食量（Winberg，1956；Mann，1965；Baird et al.，1989）：

$$C=1.25\ (P+2R) \tag{23}$$

其中，生产力或生物量的评估可依据 P/B 比率获得：

$$P/B=3K\ [\ (L_{max}/L_t)-1] \tag{24}$$

式中，K 和 L_{max} 是 von Bertalanffy 生长方程（VBGF）中的参数。L_t 是年龄 t 时的体长。

2.2　多元回归模型- Q/B 模型

在生态系统营养动力学模型研究中，一种或一组鱼类的摄食（Q）要求表示为单位生物量的摄食量，即在一定时间（通常是 1 年）内鱼类的食物消耗量与其生物量的比率（Q/B）。对 Q/B 进行评估的前提是，必须弄清鱼类摄食的季节变动、鱼类种群的年龄/大小组成和鱼类的食物类型。

Pauly（1986）提出了一个鱼类年龄结构摄食率模型，这个模型基于 VBGF、瞬时总死亡率（Z）和总生长效率与体重的关系。其简化形式是：

$$Q/B = \frac{\displaystyle\int_{t_r}^{t_{max}} \frac{(dw/dt) \times N_t}{FCE_{(t)}} dt}{\displaystyle\int_{t_r}^{t_{max}} W_t \times N_t dt} \tag{25}$$

式中，Q/B 即单位种群生物量的摄食量，$N_t dt$ 是从年龄 t 到年龄 $t+dt$ 的鱼类数量，W_t 是年龄 t 的鱼类的重量，$FCE_{(t)}$ 是年龄 t 的鱼类的总食物转换效率，t_r 和 t_{max} 分别是种群中鱼类的最小年龄和最大年龄。根据 VBGF，体重的生长符合：

$$W_t = W_\infty \left[1 - e^{-K(t-t_0)}\right]^b \tag{26}$$

式中，b 是体长-体重关系（$W=aL^b$）的指数（Beverton et al.，1957），Palomares 等（1989）在其研究中为了计算上的方便取 $b=3$。在 Q/B 模型中，鱼类的总食物转换效率（FCE）与体重存在以下关系：

$$FCE = 1 - (W/W_\infty)^\beta \tag{27}$$

为了简化上述研究内容，Palomares 和 Pauly 在对多种海洋鱼类的研究基础上，提出了计算鱼类摄食的 3 个多元回归（经验）模型：

$$\ln Q/B = -0.1775 - 0.2018 \ln W_\infty + 0.6121 \ln T_c + 0.5156 \ln A + 1.26 F_t \tag{28}$$

（Palomares et al.，1989）

$$\lg Q/B = 7.964 - 0.204 \lg W_\infty - 1.965 T + 0.083 A + 0.532 h + 0.396 d \tag{29}$$

（Palomares et al.，1998）

$$\lg Q/B = 6.37 - 1.5045 T - 0.168 \lg W_\infty + 0.140 f + 0.276 F_t \tag{30}$$

（Pauly et al.，1990）

式中，W_∞ 是鱼类种群的渐近体重（湿重，g）；T_c 是种群年平均栖息水温（℃）；T 是种群年平均栖息水温的另一种表达形式，$T=1\,000/(T_c+273.1)$；A 是尾鳍的外形比（aspect ratio），指尾鳍高度平方与面积之比率，用这一指标反映鱼类的活动代谢能力；F_t 是摄食类型（肉食性为 0，植食性和碎屑食性为 1）；h 和 d 是与食物类型相关的二进位变量（植食性，$h=1$，$d=0$；碎屑食性，$h=0$，$d=1$；肉食性，$h=0$，$d=0$）；f 是摄食类型变量（顶级捕食者和/或中层捕食者和/或食浮游动物者为 1，其他摄食类型为 0）。上述 3 个模型中，第 1 个模型的使用率较高（Goldsworthy et al.，2001；Garcia et al.，2002）；第 3 个模型适合那些不以尾鳍作为（主要）游泳器官的鱼类，公式中没有尾鳍外形比（A），鱼的活动能力是通过其摄食类型来表达的。Garcia et al.（2002）应用第 1 个和第 2 个模型已对哥伦比亚 Salamanca 湾的 116 种鱼类和加勒比海 264 种鱼类的 Q/B 值做出评估。

Q/B 的意义决定了其在生态系统理论与管理研究中的重要性。最著名的例子当数生态系统的质量平衡模型（Mass Balance Model），如 ECOPATH（Polovina，1984，1985；Christensen et al.，1992，1995，1998；Jarre-Teichmann，1998；Pauly et al.，2000）。ECOPATH 模型最早由 Polovina（1984，1985）提出，后被 Christensen 等（1992，1995）加以发展。按 ECOPATH 模型，生态系统是一系列描述质量平衡的线性等式相互联系的结构，生态系统的每个元素（功能群）i 在任意时间内的质量平衡可用以下最简单的等式表示：

$$B_i \cdot (P/B)_i \cdot EE_i = Y_i + \sum_{j=1}^{k} B_j \cdot (Q/B)_j \cdot DC_{ij} \qquad (31)$$

式中，B_i是元素 i 在某时间范围（通常为 1 年）内生物量，$(P/B)_i$是其生产力/生物量比率，EE_i是其生态营养效率，即生产力的被系统内利用部分及输出部分，Y_i是渔业捕捞量（$Y=uB$，u 是捕捞死亡率），B_j是 i 的捕食者 j 的生物量，$(Q/B)_j$是 j 的单位生物量摄食量，DC_{ij}是 i 在 j 的食物中的比例。

参考文献

Allen K R，1951. The Horokiwi stream：A study of a trout population. Fish. Bull.，10：1 - 238.

Baird D，Ulanowicz R E，1989. The seasonal dynamics of the Chesapeake Bay ecosystem. Ecol. Monogr.，59（4）：329 - 364.

Bajkov A D，1935. How to estimate the daily food consumption of fish under natural conditions. Trans. Am. Fish. Soc.，65：288 - 289.

Beamish F W H，1972. Ration size and digestion in largemouth bass，Micropter usalmoides Lacépède. Can. J. Zool.，50：153 - 164.

Beverton R J H，Holt，S J，1957. On the dynamics of exploited fish populations. Fish. Invest. Ser.，19.

Bochdansky A B，Deibel D，2001. Consequences of model specification for the determination of gut evacuation rates：Redefining the linear model. Can. J. Fish. Aquat. Sci.，58：1032 - 1042.

Boisclair D，Leggett W C，1988. An *in situ* experimental evaluation of the Elliott and Persson and the Eggers models for estimating fish daily ration. Can. J. Fish. Aquat. Sci.，45：138 - 145.

Borgmann U，Whittle D M，1992. Bioenergetics and PCB，DDE，and mercury dynamics in Lake Ontario lake trout（*Salvelinus namaycush*）：A model based on surveillance data. Can. J. Fish. Aquat. Sci.，49：1086 - 1096.

Brett J R，1985. Correction in use of oxycalorific equivalents. Can. J. Fish. Aquat. Sci.，42：1326 - 1327.

Bromley P J，1987. The effects of food type，meal size and body weight on digestion and gastric evacuation in turbot，*Scophthalmus maximus* L. J. Fish Biol.，30：501 - 512.

Buckel J A，Conover D O，1997. Movements，feeding chronology，and daily ration of piscivorous young-of-the-year bluefish（*pomatomus saltatrix*）in the Hudson River estuary. Fish Bull.，95：665 - 679.

Canino M F，Bailey K M，1995. Gut evacuation of walleye pollock larvae in response to feeding conditions. J. Fish Biol.，46：389 - 403.

Christensen V，Pauly D，1992. The ECOPATH I-A software for balancing steady-state ecosystem models and calculation network characteristics. Ecol. Model.，61：169 - 185.

Christensen V，Pauly D，1995. Fish Production，catches and the carrying capacity of the world oceans.

NAGA, The ICLARM Quarterly, 18 (3): 34 - 40.

Christensen V, Pauly D, 1998. Changes in models of aquatic ecosystems approaching carrying capacity. Ecol. Appl., 8 (1) (Suppl.): 104 - 109.

Clarke T A, 1978. Diel feeding patterns of 16 species of mesopelagic fishes from Hawaiian waters. Fish. Bull., 76: 495 - 513.

Cohen E B, Sissenwine M D, Steimle M P, et al., 1982. An energy budget for Georges Bank. Can. Spec. Publ. Fish. Aquat. Sci., 59: 95 - 107.

Daan N, 1973. A quantitative analysis of the food intake of North Sea cod, *Gadus morhua*. Nether. J. Sea Res., 6 (4): 479 - 517.

De Silva S S, Amarasinghe U S, Wijegoonawardena N D N S, 1996. Diel feeding patterns and daily ration of cyprinid species in the wild deter-mined using an iterative method, MAXIMS. J. Fish Biol., 49: 1153 - 1162.

Doyon J F, Tremblay A, Proulx M, 1996. Régime aliment airedes poisons du complexe La Grande et teneurs en mercure dans leurs proies (1993—1994). Rapport présentéà la Vice-présidence Environnement et Collectivités parle Groupe-Conseil Génivarinc., Hyd ro-Québec. Montréal, Qué.

Eggers D M, 1977. Factors in interpreting data obtained by diel sampling of fish stomachs. J. Fish. Res. Board Can., 34: 290 - 294.

Elliott J M, Persson L L, 1978. The estimation of daily rates of food consumption for fish. J. Anim. Ecol., 47: 977 - 991.

Elliott J M, 1972. Rates of gastric evacuation in brown trout, *Salmo trutta* L. Freshwater Biol., 2: 1 - 18.

Elliott J M, 1979. Energetics of freshwater teleosts. Symp. Zool. Soc. Lond., 44: 29 - 61.

Forseth T, Jonsson B, Numann R, et al., 1992. Radioisotope method for estimating food consumption by brown trout (*Salmo trutta*). Can. J. Fish. Aquat. Sci., 49: 1328 - 1335.

Forseth T, Ugedal O, Jonsson B, 1994. The energy budget, niche shift, reproduction and growth in a population of Arctic charr, *Salvelinus alpinus*. J. App l. Ecol., 63: 116 - 126.

Fox M G, 1991. Food consumption and bioenergetics of young-of-the-year walleye (*Stizostedion vitreum vitreum*): Model prediction and population density effects. Can. J. Fish. Aquat. Sci., 48: 434 - 441.

Garcia C B, Duarte L O, 2002. Consumption to biomass (Q/B) ratio and estimates of Q/B-predict or parameters for Caribbean fishes. NAGA, The ICLARM Quarterly, 25 (2): 19 - 31.

Goldsworthy S D, He X, Tuck G N, et al., 2001. Trophic interactions between the Patagonian toothfish, its fishery, and seals and seabirds around Macquarie Island. Mar. Ecol. Prog. Ser., 218: 283 - 302.

Greenstreet S P R, Bryant A D, Broekhuizen N, et al., 1997. Seasonal variation in the consumption of food by fish in the North Sea and implications for food web dynamics. ICES J. Mar. Sci., 54: 243 - 266.

Hopkins A, 1996. The pattern of gastric emptying: A new view of old results., 182: 144 - 149.

Horton P A, 1961. Bionomics of brown trout in a Dartmoor stream. J. Anim. Ecol., 30: 311 - 338.

Hunt B P, 1960. Digestion rate and food consumption of Florida gar, warmouth, and largemouth bass. Trans. A m. Fish. Soc., 89: 206 - 211.

Jarre-Teichm ann A, Palomares M L D, Gayanilo Jr F C., et al., 1990. A user's manual for MAXIMS (Version 1.0): A computer program for estimating food consumption of fishes from diel stomach contents data and population parameters. ICLARM Software 4, ICLARM, Manila, Philip-pines, 27.

Jarre-Teichmann A, Palomares M L D, Soriano M L, et al., 1991. Some new analytical and comparative methods for estimating the food consumption of fishes. ICES Mar. Sci. Symp., 193: 99 - 108.

Jarre-Teichmann A, 1998. The potential role of mass balance models for the management of upwelling ecosystems. Ecol. Appl., 8 (1) (Suppl.): 9 - 103.

Jobling M, 1981. Mathematical models of gastric emptying and the estimation of daily rates of food consumption for fish. J. Fish Biol., 19: 245 - 257.

Jobling M, 1982. Food and growth relationships for the cod, *Gadus morhus* L., with special reference to Balsfjorden, north Norway. J. Fish Biol., 21: 357 - 371.

Jobling M, 1985. Growth. In: Tytler P., P. Calow (eds.), Fish Energetics: New Perspectives. Johns Hopkins University Press, Baltimore, Maryland, 213 - 230.

Johansen K, 1982. Respiratory gas exchange of verteb rate gills. In: Houlihan D. F., J. C. Rankin, T. J. S huttlew orth (eds.), Gills. Cambridge: Camb ridge University Press, 99 - 109.

Jones R, Hislop J R G, 1978. Further observations on the relation between food intake and growth of gadoids in captivity. J. Cons. Perm. Int. Explor. Mer., 38: 244 - 251.

Jones R, 1978. Estimates of the food consumption of haddock (*Melanogrammus aeglefinus*) and cod (*Gadus morhua*). J. Cons. Perm. Int. Explor. Mer., 38: 18 - 27.

Jones R, 1982. Ecosystems, food chains and fish yields. In: Pauly D., G. I. Murphy (eds.), Theory and Management of Tropical Fisheries. ICLARM Conference Proceedings 9, Manila, 195 - 236.

Jumars P A, 2000. Animal guts as ideal chemical reactors: Maximizing absorption rates. Am. Nat., 155: 527 - 543.

Kerr S R, 1982. Estimating the energy budgets of actively predatory fishes. Can. J. Fish. Aquat. Sci., 39: 371 - 379.

Kevern N R, 1966. Feeding rate of carp estimated by a radioisotope method. Trans. Am. Fish. Soc., 95: 363 - 371.

Kitchel J F, Stewart D J, Weininger D, 1977. Applications of a bioenergetics model to yellow perch (*Perca flavescens*) and walleye (*Stizostedion vitreu mvitreum*). J. Fish. Res. Board Can., 34: 1922 - 1935.

Knutsen I, Salvanes A G V, 1999. Temperature-dependent digestion handling time in juvenile cod and possible consequences for preychoice. Mar. Ecol. Prog. Ser., 181: 61 - 79.

Kolehmainen S E, 1974. Daily feeding rates of bluegill (*Lepomis macrochirus*) determined by a refined radioisotope method. J. Fish. Res. Board Can., 31: 67 - 74.

Lange T R, Royals H E, Connor L L, 1994. Mercury accumulation in largemouth bass (*Micropterus salmoides*) in a Florida lake. Arch. Environ. Contam. Toxicol., 27: 466 - 471.

Lockhart W L, Uthe J F, Kenney A R, et al., 1972. Methylmercury in northern pike (*Esox lucius*): Distribution, elimination, and some biochemical characteristics of contaminated fish. J. Fish. Res. Board Can., 29: 1519 - 1523.

Lockwood S J, 1980. The daily food intake of 0-group plaice (*Pleuronectes platessa* L.) under natural conditions. J. Cons. Perm. Int. Explor. Mer., 39: 154 - 159.

Lourdes M, Palomares D, Pauly D, 1998. The ration table, 156 - 159. In: Froese R., D. Pauly (eds.), FishBase 98: Concepts, design and data sources. ICLARM, Manila, Philippines., 293.

Majkowski J, Waiwood K G, 1981. A procedure for evaluating the food biomass consumed by a fish population. Can. J. Fish. Aquat. Sci., 38: 1199 - 1208.

Mann K H, 1965. Energy transformations by a population of fish in the River Thames. J. Ani. Ecol., 34: 253 - 275.

Mann K H, 1978. Estimating the food consumption of fish in nature. In: Gerking, S. D. (ed.), Ecology of Freshwater Fish Production, New York: Wiley, 250 - 273.

Mendo J, Pauly D, 1988. Indirect estimation of oxygen and food consumption in bonito, *Sarda chiliensis* (Scombridae). J. Fish Biol., 33: 815 - 817.

Nakashima B S, Leggett W C, 1978. Daily ration of yellow perch (*Perca flavescens*) from Lake Memphremogog, Quebec-Vermont, with a comparison of methods for *in situ* determination. J. Fish. Res. Board Can., 35: 1597 - 1603.

Ney J J, 1990. Trophic economics in fisheries: Assessment of demand-supply relationships between predators and prey. Rev. Aquat. Sci., 2: 55 - 81.

Ney J J, 1993. Bioenergetics modeling today: Growing pains on the cutting edge. Tran. Am. Fish. Soc., 122: 736 - 748.

Niimi A J, 1983. Biological and toxicological effects of environmental contaminants in fish and their eggs. Can. J. Fish. Aquat. Sci., 40: 306 - 312.

Norstrom R J, McKinnon A E, de Freitas A S W, 1976. A bioenergetics-based model for pollutant accumulation by fish. Simulation of PCB and methylmercury residue levels in Ottawa River yellow perch (*Perca flavescens*). J. Fish. Res. Board Can., 33: 248 - 267.

Palomares M L D, Pauly D, 1996. Models for estimating the food consumption of tilapias. 211 - 222, In: Pullin, R S V, J. Lazard, M. Legendre (Eds.), The Third International Symposium on Tilapia in Aquaculture. ICLARM Conf. Proc., 41, 575.

Palomares M L D, Garces L R, Sia Ⅲ Q P, et al., 1997. Diet composition and daily ration estimates of selected trawl - caught fishes in San Miguel Bay, Philippines. NAGA, The ICLARM Quarterly, issue 35 - 40 (April-June 1997).

Palomares M L, Pauly D, 1989. A multiple regression model for predicting the food consumption of marine fish populations. Aust. J. Mar. Fresh-wat. Res., 40: 259 - 273.

Palomares M L, Pauly D, 1998. Predicting food consumption of fish populations as functions of mortality, food type, morphometrics, temperature and salinity. Aust. J. Mar. Fresh - wat. Res., 49: 447 - 453.

Pauly D, de Vildoso A Ch, Mejia J, et al., 1987. Population dynamics and estimated anchoveta consumption of bonito (*Sarda chiliensis*) off Peru, 1953 - 1982. In: Pauly D, Tsukayama I (eds.), The Peruvian Anchoveta and Its Upwelling Ecosystem: Three Decades of Change. 248 - 267 ICLARM Study Review No. 15.

Pauly D, Jarre-Teichmann A, Luna S, et al., 1989. On the quantity and types of food ingested by Peruvian anchoveta, 1953—1982. 109 - 124 In: Pauly D, Muck P, Mendo J, et al. (Eds.), The Peruvian Upwelling Ecosystem: Dynamics and Interactions. ICLARM Conf. Proc., 18, 438.

Pauly D, Christensen V, Walters C, 2000. Ecopath, Ecosim, and Ecospace as tools for evaluating ecosystem impact of fisheries. ICESJ. Mar. Sci., 57: 697 - 706.

Pauly D, Christensen V, Sambilay V, 1990. Some features of fish food consumption estimates used by ecosystem modelers. ICES Counc. Meet., 1990/ G: 17, 8.

Pauly D, 1986. A simple method for estimating the food consumption of fish populations from growth data and food conversion experiments. Fish. Bull., 84 (4): 827 - 840.

Pennington M, 1985. Estimating the average food consumption by fish in the field from stomach contents data. Dana., 5: 81 - 86.

Penry D L, Jumars P A, 1987. Modeling animal guts as chemical reactors. Am. Nat., 129: 69 - 96.

Polovina J J, 1984. Model of a coral reef ecosystem. Part I: ECOPATH and its application to French Frigate Shoals. Coral Reefs, 3: 1 11.

Polovina J J, 1985. An approach to estimating an ecosystem box model. Fish. Bull., 83 (3): 457 - 460.

Post J R, 1990. Metabolicallometry of larval and juvenile yellow perch (*Perca flavescens*): *In situ* estimates and bioenergetic models. Can. J. Fish. Aquat. Sci., 47: 554 - 560.

Richter H, Focken U, Becker K, 1999. A review of the fish feeding model MAXIMS. Ecol. Model., 120: 47-64.

Ricker W E, 1979. Growth rates and models. In: Hoar W S, Randall D J, Brett J R (eds.), Fish Physiology, Ⅷ. Academic Press, New York., 677-743.

Rösch R, 1987. Effect of experimental conditions on the stomach evacuation of *Coregonus lavaretus* L. J. Fish Biol., 30: 521-531.

Row an D J, Rasmussen J B, 1996. Measuring the bioenergetic cost of fish activity *in situ* using a globally dispersed radiotracer (^{137}Cs). Can. J. Fish. Aquat. Sci., 53: 734-745.

Rowan D J, Rasmussen J B, 1997. Reply-Measuring the bioenergetic cost of fish activity *in situ* using a globally dispersed radiotracer (^{137}Cs). Can. J. Fish. Aquat. Sci., 54: 1955-1956.

Sainsbury K J, 1986. Estimation of food consumption from field observations of fish feeding cycles. J. Fish Biol., 29: 23-36.

Seaburg K G, Moyle J B, 1964. Feeding habits, digestive rates and growth of some Minnesota warmwater fishes. Trans. Am. Fish. Soc., 93: 269-285.

Smagula C M, Ademan I R, 1982. Day-to-day variation in food consumption by largemouth bass. Trans. Am. Fish. Soc., 111: 543-548.

Spanovskaya V D, Grygorash V A, 1977. Development and food of age-0 Eurasian perch (*Perca fluviatilis*) in reservoirs near Moscow, USSR. J. Fish. Res. Board Can., 34: 1551-1558.

Spigarelli S A, Thommes M M, Prepejchal W, 1982. Feeding, growth and fat deposition by brown trout in constant and fluctuating temperatures. Trans. Am. Fish. Soc., 111: 199-209.

Staples D J, 1975. Production biology of the upland bully *Philypnodon breviceps* Stokell in a small New Zealand lake. Ⅲ. Production, food consumption and efficiency of food utilization. J. Fish Biol., 7: 47-69.

Steele J H, 1974. The structure of marine ecosystems. Harvard Univ. Press, Cambridge, Mass., 128.

Stevens E D, 1972. Some aspects of gas exchange in tuna. J. Exp. Biol., 56: 809-823.

Swenson W A, Smith L L, 1973. Gastric digestion, food consumption, feeding periodicity, and food conversion efficiency in walleye (*Stizostedion vitreum*). J. Fish. Res. Board Can., 30: 1 327-1 336.

Temming A, Andersen N G, 1994. Modelling gastric evacuation without meal size as a variable. A model applicable for the estimation of daily ration of cod (*Gadus morhua* L.) in the field. ICESJ. Mar. Sci., 51: 429-438.

Temming A, Bohle B, Skagen D W, et al., 2002. Gastric evacuation in mackerel: The effects of meal size, prey type and temperature. J. Fish Biol., 61: 50-70.

Thorpe J E, 1977. Daily ration of adult perch, *Perca fluviatilis* L., during summer in Loch Leven, Scotland, J. Fish Biol., 11: 55-68.

Trudel M, Tremblay A, Schetagne R, et al., 2000. Estimating food consumption rates of fish using a mercury mass balance model. Can. J. Fish. Aquat. Sci., 57: 414-428.

Trudel M, Rasmussen J B, 1997. Modeling the elimination of mercury by fish. Environ. Sci. Technol., 31: 1716-1722.

Tucker S, Rasmussen J B, 1999. Using Cs^{137} to measure and compare bioenergetic budgets of juvenile Atlantic salmon (*Salmo salar*) and brook trout (*Salvelinus fontinalis*) in the field. Can. J. Fish. Aquat. Sci., 56: 875-887.

Tyler A V, 1970. Rates of gastric emptying in young cod. J. Fish. Res. Board Can., 27: 1177-1189.

Winberg G G, 1956. Rate of metabolism and food requirements of fish. Fish. Res. Board Can. Transl. Ser., 194.

A Review of the Methods for Quantification of Food Consumption in Fish

GUO Xuewu, TANG Qisheng

(*Yellow Sea Fisheries Research Institute*, *Qingdao 266071*)

Abstract: Methods for quantification of food consumption in fish were reviewed in this paper. Estimation of food consumption of a fish species is generally required at individual and/or population levels. The methods for quantification at individual level may be described under five broad categories: direct measurement under laboratory conditions, estimation from digestive tract content, estimation based on energy budget, estimation using chemical contamination mass balance methods, and indirect estimation from oxygen consumption. Food consumption at population levels may be assessed using bioenergetics model and multiple regression model.

Key words: Fish; Food consumption; Quantification methods

鱼类的胃排空率及其影响因素①

张波，孙耀，唐启升
（中国水产科学院黄海水产研究所，青岛 266071）

摘要：鱼类的胃排空率是研究鱼类能量学的重要参数。近年来国外有关研究结果表明，鱼类的胃排空率除了受鱼体自身生理状况和实验方法的影响以外，还受许多其他因素，如：鱼的种类、鱼体重、温度、食物、摄食频率以及饥饿时间等的影响。这些资料将为我国开展该方面的研究工作提供有价值的参考作用。

关键词：鱼类；胃排空率；影响因素；综述

鱼类的"胃排空率［gastric evacuation rate，GER（g h^{-1}）］"是指摄食后食物从胃中排出的速率，有的用"胃排空时间［gastric evacuation time，GET（h）］"来表示同一概念。它除了受鱼体自身生理状况和实验方法的影响以外，还受鱼的种类、鱼体重、温度、食物颗粒的大小、食物性质、摄食频率以及饥饿时间等的影响，其中温度、食物和鱼体重最受关注。自 60 年代以来，国外出现了大量关于鱼类排空率的文献，到目前为止已经测量了大量不同鱼种的胃排空率，目前国内仅有少量鱼类肠排空的报道[1]。在鱼类生态学及能量学研究中，鱼类的摄食率是一个非常重要且必需的参数，在野外研究中直接获得该参数是比较困难的，于是把实验室测得的排空率与野外连续取样所得的胃含物相结合来估算鱼类在自然环境中的日摄食率已被生态学工作者广泛使用[2,3]。本文综述了近年来国外关于鱼类胃排空率研究的进展，以期为我国开展该方面的研究工作起到参考作用。

1 鱼类胃排空率的测量方法

在鱼类胃排空率研究中采用了不同技术和方法[4]，其中主要包括通过连续取样检测胃含物的减少；胃泵；X 射线；摄入有放射活性的食物；记录粪便的产生和记录食欲恢复率等。其中在摄食后以一定时间间隔连续取样检测胃含物减少的方法较常用且简单方便，不需要复杂的实验设备和实验技术，特别适合于野外研究。但其缺点在于为了提高准确度，需要大量取样，而且不能同时测量个体随不同条件的变化；胃泵、X 射线和放射性同位素方法适用于实验室研究，且可在同一个体重复操作，但对不宜反复操作的仔稚鱼则不适合。

① 本文原刊于《生态学报》，21（4）：665－670，2001。

2 鱼类胃排空的方式及模型的选择

鱼类胃排空的方式复杂多样，研究发现有 3 种具体的表现形式[5]：第 1 种的特征是一阶段快速排空后紧接着一个稍慢的下降，这种方式被称为固有的、内在的排空方式，典型的发生在摄入小而易碎的低能量食物时；第 2 种的特征是随时间呈直线下降，这种方式被认为不同于内在排空方式，出现在摄入大的、不易碎或高能量的食物时。当以有几丁质外壳的虾和蟹等作为食物时，延迟了酶的侵入或食糜从胃中排出，有可能改变内在的排空方式；第 3 种方式是最初的排空较慢（延滞），紧跟着一段快速排空，接着是第二个相对较慢的排空阶段，最后排空曲线变平被认为是食物中不可消化的残余部分引起的，而在摄食后某一点变平则由食物内不可消化部分所占的百分比决定。

由于排空方式的复杂性，选择拟合胃排空数据的最佳模型一直是一个争论的问题，目前文献中使用过的模型[5,6]有：

线性模型 $Y=A-Bt$

指数模型 $Y=(A)\exp(-Bt)$

平方根模型 $Y^{0.5}=A-Bt$

幂函数模型 $Y=2^{-(t/A)^B}$

逻辑斯蒂克模型 $Y=100-A/\{1+\exp[B(t+C)]\}$

Gompertz 模型 $Y=100-(A)\exp[(B)\exp(Ct)]$

倒数模型 $Y=A+B(1/t^{0.1})$ 等

式中，Y 为胃内残余食物的重量、百分比或胃饱满度；t 为摄食后的时间；A、B、C 为常数。目前较为常用的模型是线性模型、指数模型和平方根模型。不同的胃排空模型有不同的生物学意义，没有哪一种模型能同样很好地适合在不同条件下的胃排空率。许多研究存在着两个方法上的缺点影响了模型的准确性，即：①普遍使用集群实验而没有随后评价和校正每尾鱼的摄食量；②用排空模型拟合的是平均值而不是观察值。因此只能用统计学方法来选择最佳的排空模型。本文在对真鲷的研究中发现线性模型、指数模型和平方根模型均能很好地拟合实验数据，但通过统计学分析发现指数模型拟合得最好[7]。

由于有些鱼在胃排空之前存在延滞阶段，而且食物的表面积对胃液的渗透也有影响。因此这就对目前普遍使用的线性或指数模型这类没有延滞阶段的体积（体重）依赖模型的有效性提出了疑问。Salvanes 等[8]认为只有缺乏排空率众多影响因素的资料时，才选用有少量参数的数学模型来拟合排空数据。由于这些模型中所用的参数反映的生物学机制有限，在应用中可能受到限制，因此他建立了一种表面积依赖模型，该模型假设食物的消化是一个表面积决定的进程，消化酶是逐步侵入食物的。这个模型最简单的形式包括 4 个参数：消化速度（即酶侵入食物的速度），食物的长度、半径和密度；其扩展形式增加了消化开始前的时间延迟和环境温度两个参数，其模型为：

$$W_t=4/3\rho\pi\left[L_0/2-d_{s0}e^{aT}(t-t_D)\right]\left[r_0-d_{s0}e^{aT}(t-t_D)\right]^2$$

式中，W_t 为时间 t 时残余食物的重量（g）；ρ 为食物的密度（g/cm^3）；L_0 为食物的初始长度（cm）；d_{s0} 为 0 ℃时的消化速度（cm/h）；r_0 为食物的初始半径（cm）；a 为温度系数（$℃^{-1}$）；t 为摄食后的时间（h）；t_D 为消化开始的时间延滞；T 为温度（℃）。Macpherson

等[9]分析了用表面积依赖模型和非表面积依赖模型模拟的胃排空，认为在大多数情况下表面积依赖模型比非表面积依赖模型更适合，而且表面积依赖模型可以测得在排空过程中发生的转折，这样就减少由排空开始或结束时存在的时间延滞所引起的偏差。

所有这些数学模型都假设食物从胃中排出是平滑、连续的过程，但实际情况并不是这样的。营养物从胃中排出，刺激十二指肠感受器，从这些感受器反馈的信息导致幽门口半径和胃肌活性的改变，其结果是营养物不是平滑、连续的过程，而是脉冲式的排入前肠；另外由于幽门收缩和舒张周期前不是持续的，这样每个排空脉冲持续仅几秒。大多数实验的取样时间间隔相对较长，这就意味着食糜的单个脉冲排空没有被看作不连续的事件，而是像一个平滑，连续的过程。由于缺乏生理学基础，到目前为止没有哪种数学模型被认为与排空过程拟合得最好，有很多研究者不同意数学模型是对鱼类胃排空率最好的描述。Jobling[10]尝试了用胃排空的生理模型来解释食物颗粒大小和能量组成对鱼类胃排空的影响。因为鱼类的胃排空方式由许多相互作用的生理因素包括胃肌产生的推动力、反馈抑制、中枢神经的控制以及胃幽门区域的解剖结构所决定，因此理想上的胃排空模型应给所有这些因素具体的参数，但目前这些生理资料还很不完全，而且即使有确切的资料可用，这种数学模型无疑会相当复杂。尽管如此，研究鱼类排空的生理机制能更好地完善排空模型。

3 食物对胃排空率的影响

食物是影响鱼类胃排空率的重要因素，这里从食物种类、性质和摄食频率等方面讨论了食物对胃排空的影响。

3.1 食物种类对胃排空率的影响

黄鳍金枪鱼 *Thunnus albacares* 对摄食 4 种食物中的 3 种有相近的排空率，摄食日本鲭 *Scomber japonicus* 与摄食海公鱼 *Hypomesus pretiosus*、乳白枪乌贼 *Loligo opalescens* 和小公鱼 *Stolephorus purpureus* 相比，被排空的速率明显更慢[11]。MacDonald 等[12]给 4 种鱼投喂 3 种饵料（蛤，卤虫，端足类），发现排空蛤的速度比另两种慢。从这些研究中可见在形状、组成上有很大差异的食物类型导致排空率有差异。扁鲹 *Pomatomus saltatrix*、摄食条纹狼鲈 *Morone saxatilis*、浅湾小鳀 *Anchoa mitchilli* 和大西洋油鲱 *Breoortia tyrannus* 的排空率没有差异[13]，这可能反映了这些食物种类的差异很小；但 Juanes 等[14]也发现扁鲹在摄食大西洋月银汉鱼 *Menidia menidia* 和七刺褐虾 *Crangon septemspinosa* 时排空率也没有差异。

研究不同种类食物排空的差异对评价食物组成，食物的选择以及估算野生鱼类的摄食率都非常有用。由于鱼类在自然状态下摄食的食物种类复杂，要正确估算野生鱼类的摄食率需要完整地分析每种食物排空率的差异，然而关于食物种类对排空的影响仅有少数鱼类的部分食物资料。

3.2 食物的化学性质对胃排空率的影响

在哺乳动物，胃排空率明显地受食物化学组成的影响，胃排空的快慢直接与食物的能量密度相关[15]，现在越来越多的证据表明食物的能量组成也影响鱼类的胃排空，增加能量组成导致排空率减慢。食物能量从 5 kJ/mL 增加至 11 kJ/mL，鲽鱼 *Pleuronectes platessa* 的胃排空时间加倍[16]；Hofer 等[17]在拟鲤 *Rutilus rutilus* 也发现高脂肪含量（35%）的卤虫比其他食物排空得更慢些。研究表明用曲线模型比线性模型更适合高能量食物的胃排空数据，From 等[18]的实验结果表明指数模型使用得最多，另一些研究表明用平方根模型更适合[19]；这与哺乳动物的实验结果不同，在许多哺乳动物，高能量、低能量食物均以线性方式排空[15]。

3.3　食物的物理性质对胃排空率的影响

Jobling[10]发现食物组成的变化对鱼类排空率的影响没有哺乳动物那么明显，认为食物颗粒的大小才是控制鱼类胃排空最重要的因素。给定体积的食物的表面积决定于食物颗粒的大小，食物颗粒越小，表面积越大，增加了食物的表面积使食物接触胃酸和酶的面积更大，导致更快的消化和从胃中排出。Dos Santos 等[20]就发现完整的食物比切碎的食物从大西洋鳕 *Gadus morhua* 胃中的消化和排空要慢得多。除了食物的大小，食物的形状对排空也有影响。越细长的食物排空越快，其原因也是被消化酶接触的表面积较大[8]。

3.4　摄食频率对胃排空率的影响

数项研究表明多次摄食比摄食一次有更高的胃排空率。Laurence[21]报道自由摄食的黑鲈 *Micropterus salmoides* 的排空率是仅摄食 1 次的 2 倍。Hofer 等[17]也报道了摄食越频繁排空率越快。Rosch[22]在研究中发现每天进食 3 次比每天进食 1 次有更高的排空率。每天摄食 1 次，最初的延迟阶段持续达 4 h，而每天进食 3 次就没有这样的延迟。他认为这是由于鱼适应了每天 3 次进食这样的摄食条件，每天仅进食 1 次时，需要延迟时间直至激活它的消化系统。间隔 3 h 摄入 2 次食物的排空率依赖于它们在胃中的存在方式。若摄入的 2 次食物混合在一起，2 次食物的排空都减慢，整个排空率仍可由排空模型来预测；若它们在胃内仍分别存在，第 1 次摄入的食物的排空并不被延迟，整个排空率增加 35%[23]。

另一些研究发现连续摄食的鱼类比不连续摄食的排空更慢，Jobling[19]认为这种胃排空的延迟是由于能量丰富的食物排入前肠引起的负反馈作用的缘故；另外，2 次食物在胃中重叠降低了表面积或体积的比率也导致排空率的降低。

4　温度对胃排空率的影响

水温对排空的影响已在许多鱼种进行了探讨。Garcia 等[24]发现食物对鲤 *Cyprinus carpio* 排空率的影响很少，而温度对排空率的影响占排空率在每个月间差异的 72%～91%。Windell 等[25]发现虹鳟 *Salmo gairdneri* 的排空率随温度的升高而上升，在 0～5 ℃差异最大，而在 15～20 ℃差异最小，这表明在低温范围升高 5 ℃比高温范围升高 5 ℃产生的影响更大。Kapoor 等[26]指出温度可能通过对 5 个方面的影响来影响排空率：①摄食率；②消化酶的水解活性；③胃和肠道的活动；④消化液的分解速率；⑤肠道的吸收率。另外，Dos Santos 等[27]发现鳕鱼在相似的温度、但不同季节（春，秋）的胃排空率相似，这表明季节影响在这个种类不是太重要；但 Higgins 等[28]报道了相反的发现，鲑 *Salmo salar* 的胃排空率随季节变化。

排空率与温度有一定函数关系。Smith 等[29]和 Ruggerone[30]用线性关系分别描述了狭鳕 *Theragra chalcogramma* 和银大麻哈鱼 *Oncorhynchus kisutch* 的排空率与温度的关系；更多的研究表明排空率与温度呈指数相关[31,32]，即：$GER=ae^{bT}$，其中 a 随食物类型变化而变化。尽管大量的研究表明鱼类的排空率随着温度上升，开始快速上升，当水温继续上升至接近该种的耐受温度时达到最大，超过极值就急剧下降，并不表现出有最佳温度，但 Hershey 等[33]发现二次方程比指数函数描述黏杜父鱼 *Cottus cognatus* 的排空率和温度之间的相互关系更好，Johnston 等[34]也用二次方程描述大眼梭鲈 *Stizostedion vitreum* 的排空率与温度间的相互关系，并且发现如同其他生理过程一样，排空也有最佳温度。因此他认为在其他研究中所得出排空率随温度单调上升的关系可能是由于测量温度低于该种鱼的最适温度，并建议在更广的温度范围内考察它们之间的关系。

5 鱼体重或年龄对胃排空率的影响

鱼体重对排空率的影响是一个有争论的问题，许多研究者[31]认为鱼的体重不是影响胃排空的重要因素，但 Dos Santos 等[20]认为这是由于在这些研究中，实验用鱼的体重范围和取样数量都相对较小的缘故；Flowerdew 等[35]发现胃排空时间随着鱼体重的增加而明显下降，其相互关系为 $GET= aBW^{-b}$；但是 Basimi 等[36]发现体重小于 50 g 的鲽鱼的排空率是大鱼的 30%～60%，而体重在 50～300 g 鲽鱼的排空率并不随体重的增加而显著上升。

Lambert[37]认为排空方式随着鱼类体重和年龄变化是由于幼鱼和成鱼的胃肠道结构不同引起的，但 Jobling[10]认为对幼鱼和成鱼排空方式的差异更确切的解释是由于摄食的食物类型不同的缘故。Mills 等[38]认为用成鱼的排空模型来解释幼鱼的排空是不恰当的，他从胃的发育解释了幼鲈排空时间与鱼体重的关系。小于 20 mm 的幼鲈的消化道、胃和肠未分化，消化道类似简单的直管，对食物的控制很少，所以食物通过得快，随着胃发育成明显的囊和幽门区域。胃容量随鱼体重增加而趋向于上升，增加了贮存能力，延长食物的经过；但又由于长至 30～40 mm，体重更小的鱼胃扩张更大，胃扩张导致胃蠕动、胃酶和酸的分泌，又加快了消化和排空率，因此幼鲈的排空时间随鱼体重增加而上升，至接近 36 mm 时就保持恒定了。

纵观鱼类排空率的研究，可以发现以下几个问题：①尽管关于鱼类胃排空率的研究已做了大量的工作，但所得结果差异较大，许多研究得出了相互矛盾的结论，而且目前关于鱼类排空的生理机制还研究得较少；②由于实验设计未标准化，使结果难以进行比较。Jobling[10]重新分析了一些结果，发现一些研究者就没有给数据以适合的数学表达式，因此认为要比较不同实验的结果，必须用标准的方法重新分析已发表的数据。为了使鱼类排空率的研究进一步深入，在研究中应该控制温度、鱼体体重、食物相对大小、摄食频率、饵料种类和排空实验前的饥饿时间的长度等实验条件，并使实验条件尽可能接近鱼类生活的自然环境，以便能更好地把结果推广到野外，正确估计摄食率。

参考文献

[1] 岩田滕哉，陈少莲，刘肖芳．鲢和鳙的氮平衡研究Ⅰ．在高温季节（夏季）氮平衡几个参数的测定．

水生生物学报，1986，10（4）：297－310.

[2] Swenson W A，Smith L L. Gastric digestion，food consumption and food conversion efficiency in walleye，*Stizostedion vitreum vitreum*. J. Fish. Res. Bd Can.，1973，30（8）：1327－1336.

[3] Jobling M. Mathematical models of gastric emptying and the estimation of daily rates of food consumption for fish. J. Fish Biol.，1981，19（2）：245－257.

[4] Talbot C，Higgins P J，Shanks A M. Effects of pre-and post-prandial starvation on meal size and evacuation rate of juvenile Atlantic Salmon，Salmo salar L. J. Fish Biol.，1984，25（5）：551－560.

[5] Hopkins T E，Larson R J. Gastric evacuation of three food types in the black and yellow rock fish *Sebases chrysomelas*（Jordan and Gilbert）. J. Fish Biol.，1990，36（5）：673－682.

[6] Haywar R S，Bushmann M E. Gastric evacuation rates for juvenile large mouth bass. Trans. Am. Fish. Soc.，1994，123（1）：88－93.

[7] 张波，孙耀，唐启升．真鲷的胃排空率．海洋水产研究，1999，20（2）：86－89.

[8] Salvanes A G V，Aksnes D L，Giske J. A surface-dependent gastric evacuation model for fish. J. Fish. Biol.，1995，47（4）：679－695.

[9] Macpherson E，L leonart J，Sanchez P. Gastric emptying in *Scyliorhinus canicula*（L.）：a comparison of surface-dependent and non-surface dependent models. J. Fish Biol.，1989，35（1）：37－48.

[10] Jobling M. Influences of food particle size and dietary energy content on patterns of gastric evacuation in fish：test of a physiological model of gastric emptying. J. Fish Biol.，1987，30（3）：299－314.

[11] Olson R J，Boggs C H. Apex predation by yellow fish tuna（*Thunnus albacares*）：independent estimates from gastric evacuation and stomach contents，bioenergetics，and cesium concentrations. Can. J. Fish. Aquat. Sci.，1986，43（9）：1760－1775.

[12] MacDonald J S，Waiwood K G，Green R H. Rates of digestion of different prey in Atlantic cod（*Gadus morhua*），ocean pout（*Macrozoarces americanus*），winter flounder（*Pseudopleuronectes americanus*）and American plaice（*Hippoglossoides platessoides*）. Can. J. Fish. Aquat，Sci.，1982，39（5）：651－659.

[13] Buckel J A，Conover D O. Gastric evacuation rate of piscivorous Young-of-the-Year bluefish. Trans. Am. Fish. Soc.，1996，125（4）：591－599.

[14] Juanes F，Convoer D O. Rapid growth，high feeding rate，and early piscivory in young-of-the-year bluefish，*Pomatomus saltatrix*. Can. J. Fish. Aquat，Sci.，1994，51（8）：1752－1761.

[15] Kalogeris T J，Reidelberger R D，Mendel V E. Effect of nutrient density and composition of liquid meals on gastric emptying in feeding rats. Am. J. Physiol.，1983，244：R865－R871.

[16] Jobling M. Gastric evacuation in plaice，*Pleuronectes platessa* L：effects of dietary energy level and food consumption. J. Fish Biol.，1980，17（1）：187－196.

[17] Hofer R，Forstner H，Rettenwander R. Duration of gut passage and its dependence on temperature and food consumption in roach，*Rutilua rutilus*（L.），laboratory and field experiments. J. Fish Biol.，1982，20（3）：289－301.

[18] From J，Rasmussen G. A growth model，gastric evacuation，and body composition in rainbow trout，*Salmo gairdneri* Richardson，1836. Dana.，1984，3：61－139.

[19] Jobling M. Mythical models of gastric emptying and implication for food consumption studies. Environ. Biol. Fish.，1986，16：35－50.

[20] Dos Santos J，Jobling M. Gastric emptying in cod *Gadus morhua* L.：effects of food particle size and dietary energy content. J. Fish Biol.，1988，33（4）：511－516.

[21] Laurence G C. Digestion rate of larval largemouth bass. New York Fish and Game Journal，1971，18：

52－56.

［22］ Rosch R. Effect of experimental conditions on the stomach evacuation of *Coregonus lavaretus* L. J. Fish Biol.，1987，30（5）：521－532.

［23］ Fletcher D J，Grove D J，Basimi R A，et al. Emptying rates of single and double meals of different food quality from the stomach of the dab. *Limanda limanda*（L.）. J. Fish Biol.，1984，25（4）：435－444.

［24］ Garcia L M，Adelman I R. An in situ estimate of daily food consumption and alimentary canal evacuation rates of common carp *Cyprinus carpio* L. J. Fish Biol.，1985，27（4）：487－494.

［25］ Windell J T，Kitchell J F，Norris D O. Temperature and rate of gastric evacuation by rainbow trout，*Salmo gairdneri*. Trans. Am. Fish. Soc.，1976，105（6）：712－717.

［26］ Kapoor B G，Smith H，Verighina I A. The alimentary canal and digestion in teleosts. In：Russel L，F. S. & Yong，M.，eds. Advances in Marine Biology（Vol. 13）. London：Academic Press，1975. 109－239.

［27］ Dos Santos J，Jobling M. Factors affectiong gastric evacuation in cod *Gadus morhua* L.，fed single-meals of natural prey. J. Fish Biol.，1991，38（5）：697－714.

［28］ Higgins P J，Talbot C. Growth and feeding in juvenile Atlantic salmon（*Salmo salar* L.）. In：C. B. Cowey，A. M. Mackie& J. G. Bell，eds. Nutrition and feeding in fish. London：Academic Press，1985：244－263.

［29］ Smith R L. Paul J M，Paul A J. Gastric evacuation in walleye pollock，*Theragra chalcogramma*. Can. J. Fish. Aquat. Sci.，1989，46（3）：489－493.

［30］ Ruggerone G T. Gastric evacuation rates and daily ration of piscivorous coh osalmon，*Oncorhynchus kisutch* Walbaum. J. Fish Biol.，1989，34（3）：451－464.

［31］ Perss on L. The effects of temperature and meal size on rate of gastric evacuation in perch，*Perca fluviatilis*，fed on fish larvae. Freshwat. Biol.，1981，11：131－138.

［32］ Persson L. Rate of food evacuation in roach（*Rutilus rutilus*）in relation to temperature，and the application of evacuation rate estimates for studies on the rate food consumption. Fresh. Biol.，1982，12：203－210.

［33］ Hershery A E，MacDonald M E. Diet and digestion rates of slimy sculpin，*Cottus cognatus*，in an Alaskan Arctic lake. Can. J. Fish. Aquat. Sci.，1985，42（3）：483－487.

［34］ Johnston T A，Mathias J A. Gut evacuation and absorption efficiency of walleye larvae. J. Fish Biol.，1996，49（3）：375－389.

［35］ Flowerdew M，Grove D J. Some observations of the effects of body weight，temperature，meal size and quality on gastric emptying time in turbout，*Scophthalmus maximus*（L.）using radiography. J. Fish Biol.，1979，14（2）：229－238.

［36］ Basimi R A. Grove D J. Gastric emptying rate in *Pleuronectes platessa* L. J. Fish Biol.，1985，26（5）：545－552.

［37］ Persson L. The effects of temperature and meal size on rate of gastric evacuation in perch，*Perca fluviatilis*，fed on fish larvae. Freshwat. Biol.，1981，11：131－138.

［38］ Lamber T C. Gastric emptying time and assimilation efficiency in Atlantic mackerel（*Scomber scombrus*）. Can. J. Zool.，1985. 63：817－820.

［39］ Mills E L，Ready R C，Jahncke M，et al. Agastric evacuation model for young perch，*Perca flavescens*. Can. J. Fish. Aquat. Sci.，1984，41（3）：513－518.

Gastric Evacuation Rate of Fish and Its Influence Factors

ZHANG Bo, SUN Yao, TANG QiSheng
(Yellow Sea Fisheries Research Institute, CAFS, Qingdao 266071, China)

Abstract: Gastric evacuation rate (GER) of fish is an important parameter of fish bioenergetics. Recent studies indicated that GER of fish was affected by fish species, body weigh, temperature, food, feeding frequency and starvation time, besides the physiology situation of fish and experiment methods. This paper gives a review of GER and provides valuable references for the study of this field.

Key words: Fish; Gastric evacuation rate; Influence factors; Review

双壳贝类能量学及其研究进展①

王俊，唐启升
（中国水产科学研究院黄海水产研究所，青岛 266071）

摘要：对贝类能量收支方程 $C=P+R+U+F$ 中各组分的意义和测定方法及其研究的状况进行了较为全面的阐述。

关键词：双壳贝类；能量学

目前，贝类能量学研究绝大多数集中在生理能量学的水平，即以贝类的个体为对象，在实验条件下研究贝类的摄食、代谢、生长等能量收支各组分间的定量关系，以及各种生态因子对这种定量关系的影响（Macdonald B. A.，1988；Jespersen H.，1982；Sprung M.，1984；Whyte J. N. C.，1987）。贝类能量学的研究对探讨贝类在水域生态系统中的作用以及对水域生态系统中能量分配具有重要的理论意义，对合理评估水域的生态容纳量及合理进行养殖管理具有十分重要的指导意义。

1 能量收支方程

贝类能量学研究起源于 20 世纪 60 年代，其核心问题是研究能量收支各组分之间的定量关系，以及生态因子对这些关系的影响。贝类能量学收支模型（Bayne B. L.，1983；Carfoot T. M.，1987；Griffiths C. L.，1987）可表示为：$C=P+R+U+F$，式中，C 为贝类摄取食物中的总能量；F 为贝类摄取的食物中没有被利用而随粪便排出的能量（即排粪能），R 为贝类呼吸代谢消耗的能量，U 为排泄消耗的能量，P 为贝类用于生长消耗的能量，包括个体生长能（P_g）和生殖能（P_r）。

2 能量收支方程各组分的测定方法及研究概况

目前贝类能量收支的研究多集中在某些双壳贝类，如贻贝（Jespersen H.，1982；Sprung M.，1984），牡蛎（Crisp D. J.，1985），扇贝（Whyte J. N. C.，1987；Macdonald B. A.，1988；Vahl O.，1981）等。这些研究主要是通过室内实验，对贝类的摄食、呼吸、排泄、生长等能量收支各组分进行测定，确定贝类的能量收支模式。

① 本文原刊于《海洋水产研究》，22（3）：80－83，2001。

2.1 摄食能

摄食能是指贝类实际摄取的食物中所含的能量。在能量收支研究中，摄食能的测定通常有直接测定和间接测定两种方法。直接法测量是直接测定实验前后食物的差量，再测定食物的含能值，即可得到最大摄食能。间接方法则是通过分别测定生长、代谢、排泄及排粪能，然后通过能量收支方程求得。

实验表明，贝类的体重、温度、食物的浓度等是影响摄食率的主要因子。摄食率与体重的关系可表达为：$Y=aW^b$（Carfoot T. H.，1987；Griffiths C. L.，1987；Jespersen H.，1982），在双壳贝类中，a 值因种类、条件的不同差异较大，而 b 值较稳定，一般在 0.4～0.8 之间（Griffiths C. L.，1987），平均值为 0.62±0.13（Bayne B. L.，1983）。温度是影响生物生理活动的主要环境因子（Clark B. C.，1990；Griffiths C. L.，1987；Jespersen H.，1982；Newell R. C.，1980；Peck L. S.，1987），研究表明，在适温范围内，摄食率随温度的升高增大，超出适温范围，摄食率则下降（Griffiths C. L.，1987；Jespersen H.，1982；Newell R. C.，1980；Peck L. S.，1987）。饵料浓度是影响贝类摄食的又一个关键因子（王芳，1998；Bayne B. L.，1998；Gregory S.，1998），随浓度的增加，贝类的摄食率增大，当达到一定浓度后，贝类的摄食率亦达到一个最大值。

2.2 呼吸能

呼吸代谢是贝类重要生理活动，主要作用是维护贝类正常的新陈代谢以及其他生命活动，其结果是消耗 O_2，产生 CO_2 并释放出热量。因此，呼吸能可通过热量计直接测定（量热法），但由于仪器及手段尚不能满足要求，故通过测定贝类耗氧率然后换算为能量是目前被广泛采纳的方法（Bayne B. L.，1987；Navarro J. M.，1992）。

Griffiths（1987）将贝类代谢分为 3 个水平：标准代谢指在禁食、安静状态下所保持的代谢水平；活动代谢指贝类以一定的强度移动时所消耗的能量；日常代谢指贝类在日常活动如摄食状态下的代谢。目前贝类的代谢研究主要是测定标准代谢和日常代谢。

影响贝类代谢强度的因子主要是体重和温度。体重与代谢率的关系可表示为：$M=aW^b$，其中 b 值介于 0.4～0.5 之间。Bayne B. L. 于 1983 年给出 23 种双壳贝的 b 为 0.44～1.09，平均 0.75。温度对代谢的影响可通过 Q_{10} 值表示：$Q_{10}=(M_2/M_1)^{10/(T_2-T_1)}$，双壳贝类的 Q_{10} 值一般为 1.0～2.5，平均值约 2.0（常亚青，1992；Clark C.，1980；Griffiths C. L.，1987；Wilbur A. E.，1989）。

2.3 排泄能

与其他水生动物一样，贝类的排泄产物主要有氨、尿素、氨基酸等，其中氨占的比例最大，占总排泄量的 70%或更多，其余部分因种类的不同所占比例不等（Carfoot T. H.，1987；Griffitts C. L.，1987）。关于贝类排氨的研究较多（Bayne B. L.，1983），一般采用次溴酸氧化法测定水中 NH_4-N 的变化获得贝类的排氨率，然后根据 1 mg NH_4-N=20.05 J（Elliott J. M.，1976）换算为能量。由于贝类的排泄能在能量收支中占的比例很少，一般不超过 10%，故在贝类能量学研究中经常被忽略（Carfoot T. H.，1987；Criffiths C. L.，1987）。

影响贝类排氨率的因子主要有贝类的体重及环境温度（Bayne B. L. and Newell B. C.，1983）。王芳（1998）提出海湾扇贝和太平洋牡蛎的排氨与体重、温度的关系为：$N=aW^{b1}e^{b2t}$。

2.4 排粪能

排粪能是指贝类摄取的食物中未被利用而排出体外的粪便所含的能量。排粪能的测定方法中，直接收集贝类排出的粪便，烘干至恒重后，测其含能值是目前被广泛采用的方法。

贝类的同化率直接影响排粪能，饵料密度和质量又是影响贝类同化率的主要因素（Hawkins A. J. S.，1986；Bayne B. L.，1987；Jespersen H.，1987；Peter J.，1995）。因此，影响贝类排粪能的因素主要是饵料的浓度和质量。

2.5 生长

和其他动物一样，贝类的生长主要表现为重量和长度的增加。测定贝类生长常用到以下概念：毛生长率（K_1）和净生长率（K_2），其中，K_1 指生长量占摄食量的百分比（生态学中称为生态率）；K_2 指生长量与吸收量的比（生态学中称为组织增长率）。许多研究表明，双壳贝类 K_1 多介于 2%～54%之间，K_2 多介于 3%～86%之间（Carfoot T. H.，1987；Jespersen H.，1982；Navarro J. M.，1982；Macdonald B. A.，1988；Riisgard H. U.，1981）。

贝类的生长能对于幼体只存在个体的增大，而对于成体，生长能还包括用于生殖的能量即生殖能。贝类生殖能的测定一是通过实验室诱导排放直接计数精卵数量或从性腺重量及卵子数量换算；二是从贝类产卵前后的性腺重量间接推算。相比较而言，后者具有较好的可行性和可靠性。

3 贝类能量学研究的意义

20 世纪 90 年代以来，人类对海洋生物资源的开发利用和海洋生态学发展进入定量研究阶段，海洋生态系统动力学及容纳量的研究受到普遍关注，如人们关注海洋生态系统中生物过程与物理、化学过程的耦合，关注海洋生物生产量与海洋容纳量的关系以及它们之间的动态平衡。在海洋生态系统中，食物联系是生态系统结构与功能的基本表达形式，能量通过食物链-食物网转化为各营养层次生物生产力，形成生态系统生物资源产量，并对生态系统的服务和产出及其动态产生影响。因此，能量学研究是海洋生态系统动力学研究和容纳量研究的重要内容，进而为研究海洋生物资源的交替机制和补充机制提供理论依据。

贝类大多数生活于近海及内陆水域的浅水区，在近海生态系统中占有相当大的比重，是该系统中能量流动的一个重要环节。贝类通过滤食作用摄取海洋中的浮游植物和有机碎屑，同时通过排泄和排粪作用将代谢产物和废物排入海中，不仅影响生态系统的生物结构和营养分布，而且对生物沉积具有重要的作用。因此，研究贝类能量学对了解近海生态系统的能量流动规律具有很大的帮助。贝类种群能量学研究不仅可以为贝类自然资源的合理开发利用提供理论指导，而且可以为合理地进行贝类人工养殖布局和管理提供理论依据。

参考文献

常亚青，王子臣，1992. 魁蚶耗氧率的初步研究 . 水产科学，12：1－6.

王芳，董双林，张硕，等，1998. 海湾扇贝和太平洋牡蛎呼吸和排泄的研究 . 青岛海洋大学学报，28（2）：233－244.

王芳，张硕，董双林，1998. 藻类浓度对海湾扇贝和太平洋牡蛎滤除率的影响 . 海洋科学，4：1－3.

Bayne B L，et al.，1987. Feeding and digestion by the mussel *Mytilus edulis* L.（Bivalvia: Mollusca）in mixtures of silt and algal cells at low concentration. J. Exp. Mar. Bio. Ecol.，111：1－22.

Bayne B L，et al.，1998. The physiology of suspension feeding by bivalve molluscs：an introduction to the Plymouth "TRO PHEE" workshop，J. Exp. Mar. Biol. Ecol.，219：1－19.

Bayne B L，et al.，1983. Physiological energetics of marine molluscs. New York：Academic Press：407－515.

Carfoot T H，1987. Animal energetics. New York：Academic Press：89－172.

Clark B C，et al.，1990. Ecological energetic of mussels *Choromytilus meridionalis* under simulated intertidal rock pool condition. J. Exp. Mar. Biol. Ecol.，137：63－77.

Crisp D J，et al.，1985. Feeding by oyster larvae：the functional response，energy budget and a comparison with mussellarvae. J. Mar. Biol. Assoc. U. K.，65：759－783.

Elliott J M，1976. Energy losses in the waste products of brown trouts（*Salmo trutta* L.）. J. Anim. Ecol.，45：561－580.

Gregory S B，et al.，1998. Physiological responses of infaunal（*Mya arenaria*）and epifaunal（*Placopecten magellanicus*）bivalves to variations in the concentration and quality of suspended particles Ⅰ. Feeding activity and selection. J. Exp. Mar. Biol. Ecol.，219：105－125.

Griffiths C L，et al.，1987. Animal energetics. Academic Press，New York，2－88.

Hawkins A J S，et al.，1986. Seasonal variation in the balance between physiology mechanisms of feeding and digestion in *Mytilus edulis*. Mar. Biol.，82：233－240.

Jespersen H，et al.，1982. Bioenergetics in veliger larvae of *Mytilus edulis* L.. Ophelia，21（1）：101－113.

Macdonald B A，et al.，1998. Physiological energetics of Japanese scallop *Patinopecten yessoensis* larvae. J. Exp. Mar. Biol. Ecol.，20：155－170.

Navarro J M，et al.，1982. Ingestion rate，assimilation efficiency and energy balance in *Mytilus chilensis* in relation to body size and different algal concentration. Mar. Biol.，67：255－266.

Navarro J M，1992. Nature sediment as a food source for the cockle *Cerastoderma edule*：effects of variable particle concentration on feeding，digestion and the scope for growth. J. Exp. Mar. Biol. Ecol.，156：69－87.

Newell R C，et al.，1980. The influence of temperature of metabolic energy balance in marine invertebrates，Adv. Mar. Biol.，17：329－396.

Peck L S，et al.，1987. A laboratory energy budget for the ormer *Haliotis tuberculata* L.. J. Exp. Mar. Biol. Ecol.，106：103－242.

Peter J，1995. Relationship between food quantity and quality and absorption efficiency in sea scallop *Placopecten magellanicus*. J. Exp. Mar. Biol. Ecol.，189：123－142.

Riisgard H U，et al.，1981. Energy budget，growth and filtration rates in *Mytilus edulis* at different algal concentrations. Mar. Biol.，61：227－234.

Sprung M，1984. Physiological energetics of mussel larvae（*Mytilus edulis*）Ⅳ. Efficiency，Mar. Ecol. Prog. Ser.，18：179－186.

Vahl O, 1998a. Energy transformation by the island scallop *Chlamys islandica* from 70 degree N. I. The age-specific energy budget and net growth efficiency. J. Exp. Mar. Biol. Ecol., 53 (2-3): 281-296.

Whyter J N C, et al., 1987. Assessment of biochemical composition and energy reserves in larvae of the scallop *Patinopecten yessoensis*. J. Exp. Mar. Biol. Ecol., 113: 113-124.

Wilbur A E, et al., 1989. Physiological energetics of the ribbed mussel *Geukensia demissa* (Dillwyn) in response to increased temperature. J. Exp. Mar. Biol. Ecol., 131: 161-170.

Advancements in Studies on Energy Budget of Bivalve Molluscs

WANG Jun, TANG Qisheng

(Yellow Sea Fisheries Research Institute, Qingdao 266071)

Abstract: Parameters in energy budget equation of bivalve molluscs were introduced, and the study methods and status quo were explained comprehensively in this paper.

Key words: Bivalve mollusks; Energetics

Ecological Conversion Efficiency and Its Influencers in Twelve Species of Fish in the Yellow Sea Ecosystem①

Qisheng Tang, Xuewu Guo, Yao Sun, Bo Zhang

(*Yellow Sea Fisheries Research Institute*, *Chinese Academy of Fishery Sciences*, *106Nanjing Road*, *Qingdao 266071*, *China*)

Abstract: The ecological conversion efficiencies in twelve species of fish in the Yellow Sea Ecosystem, i. e., anchovy (*Engraulis japonicus*), rednose anchovy (*Thrissa kammalensis*), chub mackerel (*Scomber japonicus*), halfbeak (*Hyporhamphus sajori*), gizzard shad (*Konosirus punctatus*), sand lance (*Ammodytes personatus*), red seabream (*Pagrus major*), black porgy (*Acanthopagrus schlegeli*), black rockfish (*Sebastes schlegeli*), finespot goby (*Chaeturichthys stigmatias*), tiger puffer (*Takifugu rubripes*), and fat greenling (*Hexagrammos otakii*), were estimated through experiments conducted either *in situ* or in a laboratory. The ecological conversion efficiencies were significantly different among these species. As indicated, the food conversion efficiencies and the energy conversion efficiencies varied from 12.9% to 42.1% and from 12.7% to 43.0%, respectively. Water temperature and ration level are the main factors influencing the ecological conversion efficiencies of marine fish. The higher conversion efficiency of a given species in a natural ecosystem is acquired only under the moderate environment conditions. A negative relationship between ecological conversion efficiency and trophic level among ten species was observed. Such a relationship indicates that the ecological efficiency in the upper trophic levels would increase after fishing down marine food web in the Yellow Sea ecosystem.

Key words: Ecological conversion efficiency; Fish; Influencers; Relationship between ecological conversion efficiency and trophic level; Yellow Sea

1 Introduction

The trophodynamics in a marine food web is one of the important subjects in the Global Ocean Ecosystem Dynamics (GLOBEC), and one of the primary goals in studies on coastal oceans. Trophodynamics study is to analyze the quantitative relations among preys and predators in the food web of the ecosystem from the angle of energy transfer, to understand

① 本文原刊于 *J. Marine Systems*, 67: 282－291, 2007。

the function of bottom up and top down control on the ecosystem productivity and finally to reveal species shifts and stock recruitment mechanism of those dominant species (Anonymous, 1999; Tang and Su, 2000). Clearly, the study of ecological efficiency (Kozlovsky, 1968) at different trophic levels is indispensable for comprehending the trophodynamics of the bottom-to-top food web in an ecosystem. As we know, the ecological efficiency at a trophic level depends on the ecological conversion efficiencies (i. e., the ratio of body growth to food consumption of a living organism in a given period of time under specific ecological conditions) of all the living organisms at the same level. In the past decades, many studies have been carried out in this field (e. g., Eggers, 1977; Elliott and Persson, 1978; Jobling, 1988; Smith et al., 1988; Cui and Liu, 1990; Xie and Sun, 1992; Hansen et al., 1993; Boisclair and Sirois, 1993; Li et al., 1995; Hop et al., 1997), but it was confined to few species, and especially rare for marine fishes. Therefore, it is worth to further quantifying species-specific ecological conversion efficiencies to realize the perspective of ecological efficiency in marine food webs.

Based on the concept of a simplified food web (Steele, 1974; Christensen and Pauly, 1992; Tang, 1999), twelve species of marine fish, including anchovy (*Engraulis japonicus*), rednose anchovy (*Thrissa kammalensis*), chub mackerel (*Scomber japonicus*), halfbeak (*Hyporhamphus sajori*), gizzard shad (*Konosirus punctatus*), sand lance (*Ammodytes personatus*), red seabream (*Pagrus major*), black porgy (*Acanthopagrus schlegeli*), black rockfish (*Sebastes schlegeli*), finespot goby (*Chaeturichthys stigmatias*), tiger puffer (*Takifugu rubripes*), and fat greenling (*Hexagrammos otakii*), were selected to investigate the ecological conversion efficiency (including food conversion efficiency and energy conversion efficiency) and the influencing factors with methodology comparison. These selected species are not only economically important fishes widely distributed in the Yellow Sea and the Bohai Sea (typical coastal ocean), but also dominant species ranked in the upper trophic levels of the ecosystems. Furthermore anchovy, rednose anchovy, chub mackerel, halfbeak, gizzard shad and sand lance are pelagic fish and the others belong to demersal fish. The aim of this study is to reveal the features of the ecological conversion efficiency in these important species and provide parameters and fundamental access to the studies of food web trophodynamics and ecosystem-based management in coastal oceans.

2 Materials and Methods

2.1 *In Situ* Studies

The ecological conversion efficiencies of five species of marine fish were estimated *in situ* using Eggers model (Eggers, 1977) or Elliott-Persson model (Elliott and Persson, 1978). The basic experimental conditions for the five species were listed in Table 1.

Daily food consumptions of rednose anchovy, halfbeak, chub mackerel and anchovy were estimated using Eggers model. Rednose anchovy were collected using a manual purse seine from stocks growing in an earthen pond (1.5 m depth and 15 000 m^2 area) next to Laizhou Bay of the Bohai Sea. Halfbeak were captured using a small purse seine in the sea-cage area off Qingdao. Sampling (n_1) was performed once per 2 - 3 h within a sampling day ($n_1 = 9$ for rednose anchovy and $n_1 = 8$ for halfbeak, 24 h). Seventy-130 individuals of rednose anchovy and 20 individuals of halfbeak were sampled for each sampling. Sampling days (n_2) were scheduled at an interval of 2 days per 15 day period ($n_2 = 7$) for rednose anchovy and 7 days per 28 day period ($n_2 = 5$) for halfbeak. Rednose anchovy preferred to eat large copepods, ostracods and small gastropods growing in the pond, and halfbeak predominantly fed on zooplankton in the sea. Chub mackerel and anchovy were captured from a trap net in the north of Shandong Peninsula and reared in a cage (6 m×6 m×4.5 m size and 10mm mesh) near the shore. They were fed *ad libitum* twice daily at 7: 30 and 16: 30 with minced small yellow croaker for Chub mackerel and zooplankton reinforced by sand lance surimi for anchovy. Sampling method was similar to that of rednose anchovy and halfbeak ($n_1 = 8$, 24 h; $n_2 = 5$, 28 d; 10 ind. $haul^{-1}$). Body weight and fork length (FL) of each fish sampled were measured and the weight of complete digestive tract contents were calculated based on the weight difference between the complete digestive tract (containing foods) and the empty digestive tract (EDW). EDW of halfbeak, chub mackerel and anchovy were weighted directly, while EDW of rednose anchovy was computed according to FL-EDW relation established upon starvation trials with 100 individuals.

Table 1 The basic experimental conditions for five marine fishes *in situ* studies

Species	Date of exp.	Temp. (℃)	IBW ($g\ wet \cdot ind.^{-1}$)	FBW ($g\ wet \cdot ind.^{-1}$)	Diet	Sampling
		Mean±S.D.	Mean±S.D.	Mean±S.D.		
Rednose anchovy	Sep. 4～28, 1998	25.2±2.9	0.52±0.37	2.19±0.75	Zooplankton	9 hauls $24h^{-1}$×7, 70～130 ind. $haul^{-1}$
Halfbeak	Aug. 5～Sep. 1, 2000	26.1±0.7	1.69±0.14	3.92±0.40	Mainly zooplankton	8 hauls $24h^{-1}$×5, 20 ind. $haul^{-1}$
Chub mackerel	Aug. 2～29, 2000	25.9±0.8	28.85±3.39	88.51±9.26	Minced small yellow croaker	8 hauls $24h^{-1}$×5, 10 ind. $haul^{-1}$
Anchovy	Sep. 5～30, 2003	23.3±0.9	0.31±0.06	0.92±0.16	Zooplankton and minced sand lance	8 hauls $24h^{-1}$×5, 10 ind. $haul^{-1}$
Gizzard shad	Sep. 4～28, 1998	25.6±2.9	6.70±2.19	10.29±3.62	Detritus	9 hauls $24h^{-1}$×7, 10～20 ind. $haul^{-1}$

Notes: exp., experiment; Temp., temperature; IBW, initial body weight; FBW, finial body weight; ind., individual; S.D., standard deviation.

Based on these samples as mentioned above, the differences between the body weight at the beginning and the end of the experiment were used to estimate daily growth (G_d) of the fish, and the daily food consumption (C_d) was computed as follows:

$$C_d = 24 \cdot S \cdot R_t \qquad (1)$$

where 24 is the number of hours per day, S is the mean of complete digestive tract contents during 1 d, and R_t is the evacuation rate determined from additional evacuation trials (Eggers, 1977; Boisclair and Sirois, 1993). The estimates of S and R_t of the three species were given in Table 2.

Table 2 Estimates of the mean of complete digestive tract contents (S) and evacuation rate (R_t) in four species of marine fish

Species	S ($g \cdot 100\ g^{-1}$) mean±S. D.	R_t ($g \cdot 100\ g^{-1} \cdot h^{-1}$) mean±S. D.	Number of individuals①
Rednose anchovy	1.220±0.393	0.314±0.129	100
Halfbeak	3.320±0.212	0.135±0.02	400
Chub mackerel	3.479±0.569	0.187	120
Anchovy	3.038±2.586	0.140	100

Notes: S. D., standard deviation; ①individuals used for determining R_t.

Daily food consumption of gizzard shad, a detritivore feeding on bottom detritus, was estimated using Elliott-Persson model:

$$C_d = [(S_t - S_0 \cdot e^{-R_t \cdot t}) \cdot R_t \cdot t]/(1 - e^{-R_t \cdot t}) \qquad (2)$$

where S_0 and S_t are the mean of complete digestive tract contents at two successive sampling periods, t is the feeding period in hours, and R_t is the evacuation rate estimated via regression analysis of the weight changes of complete digestive tract content in assumed nonfeeding period (Boisclair and Leggett, 1988)

Samples for estimation of S_0 and S_t were collected in an earthen pond with the approach and schedule similar to that for rednose anchovy. Ten to 20 individuals were sampled each time. The relation between FL and EDW was derived from starvation trials with 250 individuals. The estimation of daily growth was similar to that of rednose anchovy.

For all test fishes, the food conversion efficiency (FCE) and the energy conversion efficiency (ECE) were computed as follows:

$$FCE = 100 \cdot G_d / C_d \qquad (3)$$

$$ECE = FCE \cdot DW \cdot EC \qquad (4)$$

where G_d is the daily growth of body weight, C_d is the daily food consumption modified by deducting the loss of uneaten food, DW is the ratio of DW_f (= 1−water content of fish body) to DW_e(=1−water content of diet) and EC is a ratio of EC_f(=energy content of fish body) to EC_d(=energy content of diet).

Energy contents (calorie density) of fish and diet were measured with a bomb calorimeter (XYR-1) in accordance with the National Standard of China (Anonymous, 1997). The results were given in Zhang et al. (1999).

2.2 Laboratory Studies

Ecological conversion efficiency of seven species of marine fish were estimated in laboratory experiments, six with food balance method, i. e., the weight difference between the supplied and uneaten food, one with the Eggers model.

Among the six species, red seabream, black porgy and tiger puffer were hatched in captivity and grown in neritic cages; black rockfish, finespot goby and fat greenling were caught in the coastal water off Qingdao. To diminish the high mortality rate of marine fish in cultivation, all the fish were acclimatized beforehand in indoor ponds for 15～30 days. When reached normal feeding, the fish were moved to fiberglass tanks (100 to 250 L each) and further acclimated for 7～10 days, then the food balance trials started under controlled conditions (Table 3).

Table 3 The basic experimental conditions for seven marine fishes in laboratory studies

Species	Month of exp.	Groups of replicates	Individuals per group	Temp. (℃) mean±S. D.	Diet	IBW (g wet · ind.$^{-1}$) mean±S. D.
Red seabream	Sep.-Oct.	5	5	19.4±0.4	Minced sand lance	37.7±6.2
Black porgy	Sep.-Oct.	5	3	19.8±0.5	do.	63.4±13.4
Black rockfish	Oct.-Nov.	4	3	14.7±0.5	do.	104.2±19.5
Finespot goby	Sep.-Oct.	5	2	14.7±0.5	do.	42.7±8.6
Tiger puffer	Sep.-Oct.	5	4	19.2±0.9	do.	35.6±4.5
Fat greenling	Oct.-Nov.	4	20	15.0±1.9	do.	47.0±6.1
Sand lance	May	(8 hauls · 24 h^{-1} ×5, 10 ind. $haul^{-1}$)		16.7±2.3	*Artemia salina*	0.44±0.16

Notes: exp., experiment; Temp., temperature; IBW, initial body weight; ind., individual; S. D., standard deviation; do., ditto.

For each species, four to five tanks were used for parallel trials, each tank held a group of two to twenty individuals (depending on species) and was equipped with flow-through seawater. The velocity of seawater flowing through the tank was adjusted in order to keep its physical and chemical indexes (e. g., DO, NH_4-N, pH and temperature) as close to natural state as possible. Generally, the renewal amount of water for one tank was over 6 m^3/d. A natural light-dark cycle was regulated for pelagic species and suitable shadows for demersal species (light intensity=250 lx). Because ecological features and natural growth temperature of these species were different (Zhao et al., 1987; Deng et al., 1988), suitable temperature for each species was adopted in our experiment so as to make the data comparable (Table 3). All the fish were fed *ad libitum* twice daily. The uneaten food and feces were siphoned and collected prior to each forthcoming feeding. The body weight of fish was measured after one-day starvation at both the beginning and the end of the test with a precision of ±0.1 g. Each trial lasted 15 days.

The ecological conversion efficiency of sand lance was estimated in accordance with the Eggers model (Table 3). Specimens of the species were collected using a fyke net in the coastal water off Qingdao, stocked in a 2.5 m^3 tank with fine sand of 10 cm thickness on the bottom, acclimated as the same as the others above, fed *ad libitum* twice daily at 6:00 and 16:00. Samples (n_1) was taken out from the tank once per 3 h within a sampling day (n_1= 8, 24-h). Sampling days (n_2) were scheduled at an interval of 2~3 d in 15-day period (n_2=5). Hundred and twenty individuals were used in evacuation trials for determining evacuation rate. Based on these samples, the daily food consumption and growth of sand lance were estimated (for details, see *In Situ* Studies section).

Under controlled conditions, the influences of water temperature, ration level, diet, body weight and schooling behavior on the conversion efficiencies in red seabream, black porgy, black rockfish and chub mackerel were tested. The experimental conditions of each influencing factor were explained in Tables 4 and 5, and Figures 1, 2 and 3.

Table 4 Changes in specific growth rates (SGR), food conversion efficiency (FCE) and energy conversion efficiency (ECE) in four species of marine fish fed *ad libitum* with different diets①

Species	Temp. (℃) mean±S.D.	IBW (g, wet) mean±S.D.	Diet	SGR (%, wet wt) mean±S.D.	FCE (%, wet wt) mean±S.D.	ECE (%) mean±S.D.
Red seabream	19.4±0.4	39.9±4.1	Sand lance	1.52±0.28	22.8±1.0	26.1±1.2
			Trachypenaeus curvirostris	1.05±0.27	16.1±1.5	32.0±3.0
			(ANOVA *p* value	0.055 8	0.000 9	0.015 5)
Black porgy	14.7±0.45	62.2±11.1	Sand lance	0.51±0.07	16.5±3.3	18.0±3.6
			Trachypenaeus curvirostris	0.38±0.06	5.5±3.0	10.0±5.5
			(ANOVA *p* value	0.045 4	0.001 3	0.034 6)
Black rockfish	14.7±0.45	154.6±38.3	Sand lance	1.54±0.18	30.6±2.9	38.6±3.6
			Trachypenaeus curvirostris	1.16±0.27	21.7±3.4	46.3±7.3
			(ANOVA *p* value	0.072 4	0.025 7	0.178 2)
Chub mackerel	23.1±0.48	59.5±9.2	Sand lance	2.77±0.66	13.0±2.7	20.2±4.2
			Trachypenaeus curvirostris	1.93±0.20	11.4±0.7	23.9±1.5
			(ANOVA *p* value	0.051 4	0.370 3	0.215 2)

Notes: ①the experiments were conducted with food balance method in laboratory; Temp., temperature; IBW, initial body weight; wt, weight; S.D., standard deviation.

Table 5 Specific growth rates (SGR) and food conversion efficiencies (FCE) of red seabream and black porgy stocked in different densities and therefore presenting different behaviors①

Species	Temp. (℃) mean±S. D.	IBW (g, wet) mean±S. D.	Groups of replicates	Individuals per group	Behavior	SGR (%, wet wt) mean±S. D.	FCE (%, wet wt) mean±S. D.
Red seabream	14.7±0.5	19.6±2.9	5	5	Scattered, inactive in motion	0.82±0.40	13.9±4.8
					Schooled, active in motion	1.43±0.21	13.7±2.8
			3	50	(ANOVA p value	0.046 2	0.288 6)
Black porgy	14.7±0.5	60.6±15.6	5	2 or 3	Scattered, inactive in motion	0.49±0.17	13.3±3.7
					Schooled, active in motion	0.69±0.08	14.1±1.5
			3	30	(ANOVA p value	0.037 3	0.426 3)

Notes: ①the experiments were conducted with food balance method in laboratory and both red seabream and black porgy were fed *ad libitum* with sand lance; Temp., temperature; IBW, initial body weight; wt, weigh; S. D., sandard deviation.

The ecological conversion efficiency (FCE) was estimated with Eq. (3), and the specific growth rate (SGR) was calculated according to Odum (1971):

$$SGR=100 \cdot (\ln W_t - \ln W_0)/t \quad (5)$$

where W_0 and W_t are the initial and finial body weight of fish respectively, and t is the experimental period.

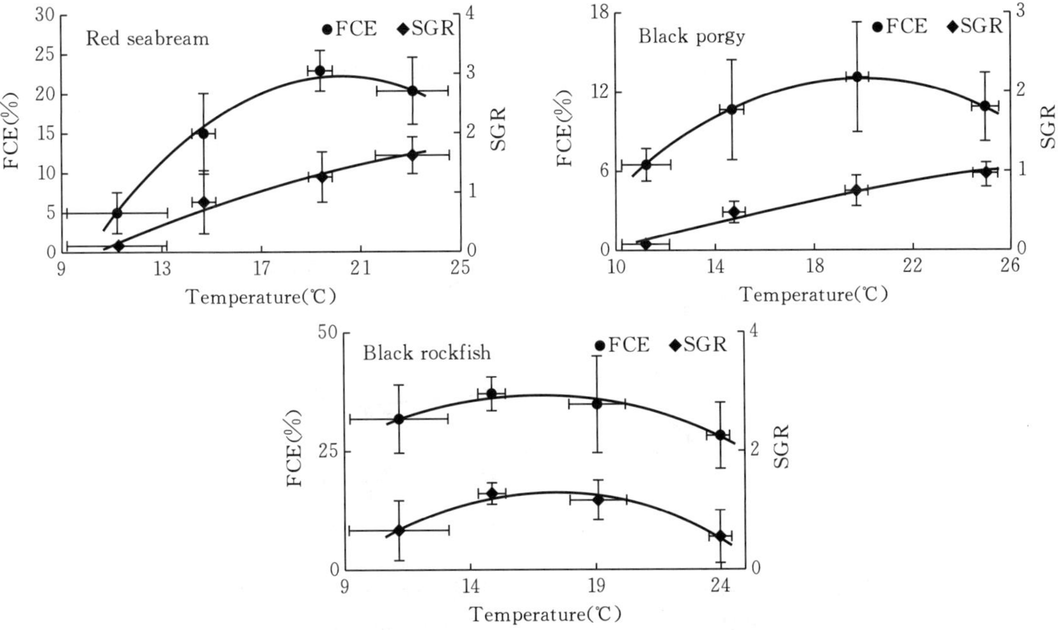

Figure 1 Food conversion efficiencies (FCE) and specific growth rates (SGR) in red seabream, black porgy and black rockfish under different water temperatures. Experimental conditions: body weights (g, mean±S. D.) of the fish at the beginning of experiments were 27.8±9.3, 84.7±18.2, and 141.9±29.6 in sequence; four (black rockfish) to five (red seabream and black porgy) replicate trials were scheduled for each temperature; all fish were fed *ad libitum* with sand lance

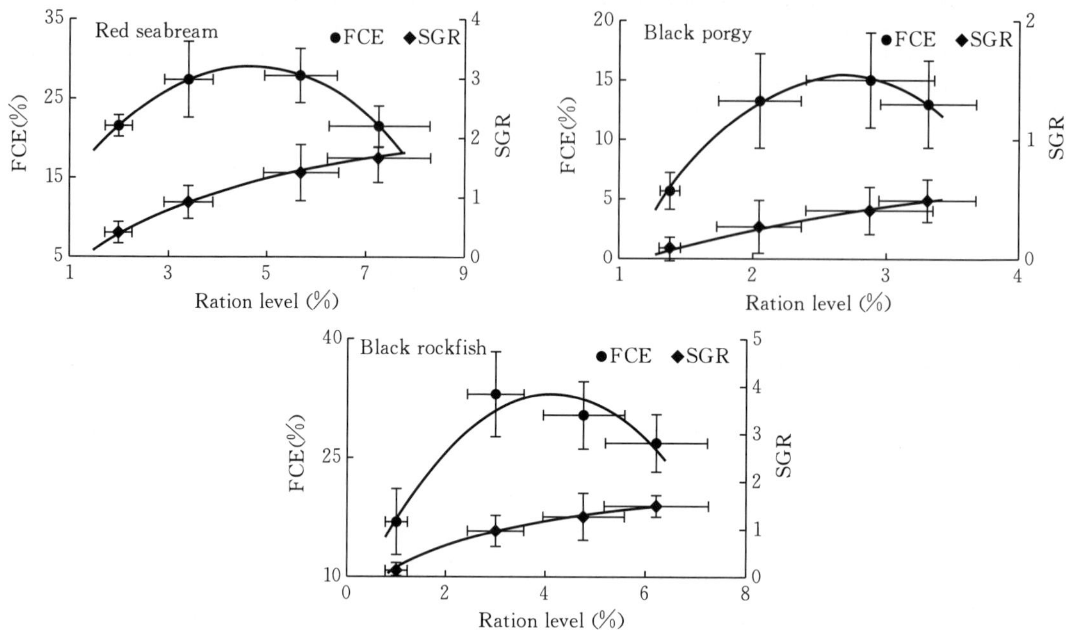

Figure 2 Food conversion efficiencies (FCE) and specific growth rates (SGR) in red seabream, black porgy and black rockfish fed with sand lance at different ration levels (percent of body weight). Experimental conditions: water temperatures (℃, mean ± S. D.) were 19.4 ± 0.4, 14.7 ± 0.45, and 14.7 ± 0.45 for red seabream, black porgy, and black rockfish respectively; body weights (g, mean ± S. D.) of them at the beginning of experiments were 36.5 ± 4.4, 62.4 ± 14.9, and 138.5 ± 28.2 in sequence; four (black rockfish) to five (red seabream and black porgy) replicate trials were scheduled for each ration level

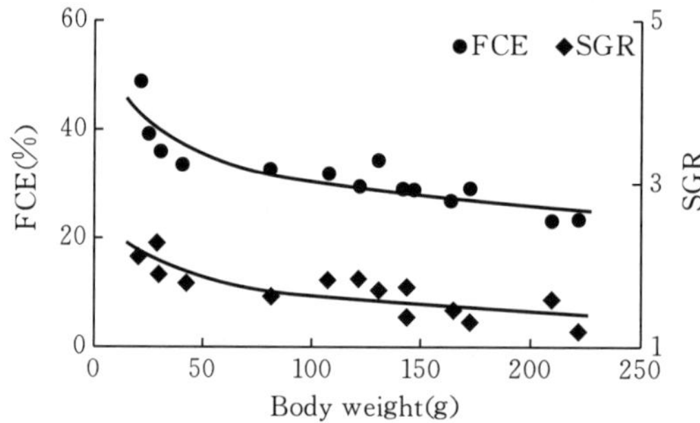

Figure 3 Food conversion efficiency (FCE) and specific growth rate (SGR) of black rockfish with different body weight. The fish were fed *ad libitum* with sand lance at a temperature of (14.7±0.5)℃ (mean±S. D.)

All the laboratory studies were conducted in the Maidao Wet-Lab of Yellow Sea Fisheries Research Institute during the period from 1998 to 2000.

3 Results

3.1 Ecological Conversion Efficiency

The ecological conversion efficiencies of the twelve species of marine fish showed significant differences (Table 6). The food conversion efficiencies (FCE) of them varied from 12.9% to 42.1% (coefficient of variation, $CV=0.36$; $P=0.002$), 25.3% in average, and the energy conversion efficiencies (ECE) varied from 12.7% to 43.0% ($CV=0.34$; $P=0.003$), 30.9% in average.

Table 6 Food conversion efficiency (FCE) and energy conversion efficiency (ECE) in twelve species of marine fish tested *in situ* and in laboratory with different methods

Site	Methods	Species	FCE (%, wet wt) Mean±S. D.	ECE (%) Mean±S. D.
In situ	Eggers model	Rednose anchovy	35.1	39.3
		Halfbeak	31.9	23.2
		Chub mackerel	23.9	43.0
		Anchovy	42.1	41.3
	Elliott-Persson model	Gizzard shad*	16.5	31.7
In lab	Food balance	Red seabream	23.6±2.8	26.0±3.3
		Black porgy	12.9±2.8	14.8±3.3
		Black rockfish	32.2±0.6	40.5±0.7
		Finespot goby	30.0±5.6	37.4±7.0
		Tiger puffer	25.1±8.0	23.2±7.4
		Fat greenling	15.1±0.8	12.7±0.7
	Eggers model	Sand lance	15.3	38.1

Notes: wt, weight; S. D., standard deviation. *, parameters of Elliott-Persson model for gizzard shad were S_0 and S_t, (2.303 0±1.126 0) and (2.729 5±0.502 6) g wet 100 g wet^{-1} (mean±S. D.) respectively, and R_t, 0.270 9 g wet · 100 g wet^{-1} · h^{-1}.

Anchovy, rednose anchovy, black rockfish and finespot goby were higher in ecological conversion efficiencies, in both FCE (30.0%~42.1%) and ECE (37.4%~41.3%), black porgy and fat greenling were lower in both FCE (12.9%~15.1%) and ECE (12.7%~14.8%), red seabream and tiger puffer ranked intermediate (FCE, 23.6%~25.1%; ECE, 23.2%~26.0%), sand lance, gizzard shad and chub mackerel were lower in FCE (15.3%~23.9%) but higher in ECE (31.7%~43.0%), and halfbeak was higher in FCE (31.9%) but lower in ECE (23.2%).

3.2 Factors Influencing Ecological Conversion Efficiency and Specific Growth Rate

3.2.1 Water Temperature

Within a range of water temperature (T) from 11.2~24.0 ℃, the food conversion efficiencies (FCE) of red seabream, black porgy and black rockfish were nonlinearly related to water temperature (Figure. 1). The relationship between FCE and T can be described with Eqs. (6) to (8)(Table 7), which gave the maximum conversion efficiencies (FCE= 21.9%, 15.1% and 39.8%) of the three species at temperatures 20.8 ℃, 19.4 ℃ and 15.9 ℃, respectively. Clearly, the optimal water temperature inducing maximum conversion efficiency (MCE) for these three species is different. MCE of red seabream and black porgy appear in higher water temperature conditions while MCE of black rockfish appear in lower water temperature conditions.

Table 7 List of equations in results

No.	Equations	Descriptions
6	$FCE=-0.215T^2+8.695T-65.631$	Red seabream, $r^2=0.9936$, $n=4$ (groups), $P<0.01$
7	$FCE=-0.085T^2+3.403T-20.959$	Black porgy, $r^2=1$, $n=4$ (groups), $P<0.05$
8	$FCE=0.154T^2+5.091T-5.658$	Black rockfish, $r^2=0.9658$, $n=4$ (groups), $P<0.01$
9	$SGR=2.014\ln T-4.689$	Red seabream, $r^2=0.9881$, $n=4$ (groups), $P<0.01$
10	$SGR=1.067\ln T-2.443$	Black porgy, $r^2=0.9821$, $n=4$ (groups), $P<0.01$
11	$SGR=0.017T^2+0.570T-3.614$	Black rockfish, $r^2=0.9746$, $n=4$ (groups), $P<0.05$
12	$FCE=-1.098RL^2+10.160RL+5.539$	Red seabream, $r^2=0.9995$, $n=4$ (groups), $P<0.01$
13	$FCE=-5.920RL^2+31.574RL+26.687$	Black porgy, $r^2=0.9992$, $n=4$ (groups), $P<0.01$
14	$FCE=-1.605RL^2+13.252RL+5.773$	Black rockfish, $r^2=0.9377$, $n=4$ (groups), $P<0.05$
15	$SGR=0.965\ln(RL)-0.251$	Red seabream, $r^2=0.9999$, $n=4$ (groups), $P<0.01$
16	$SGR=0.455\ln(RL)-0.071$	Black porgy, $r^2=0.9927$, $n=4$ (groups), $P<0.01$
17	$SGR=0.722\ln(RL)+0.172$	Black rockfish, $r^2=0.9962$, $n=4$ (groups), $P<0.01$
18	$FCE=86.491W^{-0.2265}$	Black rockfish, $r^2=0.8069$, $n=14$, $P<0.01$
19	$SGR=3.93W^{-0.1926}$	Black rockfish, $r^2=0.6577$, $n=14$, $P<0.01$

The specific growth rates (SGR) of these three species also varied non-linearly with water temperature. The difference is that SGR of both red seabream and black porgy increased with the logarithm of water temperature, while SGR of black rockfish changed with water temperature in the form of a parabolic segment (Figure 1). The relationship between SGR and T for the three species can be described with Eqs. (9) to (11) (Table 7).

3.2.2 Ration Level

The variances of food conversion efficiencies (FCE) and specific growth rates (SGR) of red seabream, black porgy and black rockfish with different ration levels (RL) were shown in Figure. 2. The relationship between FCE and RL was described with Eqs. (12) to (14) (Table 7), which gave the optimal ration levels leading to maximum conversion efficiencies (FCE= 29.0%, 15.4% and 33.2% for the three species in turn), 4.62%, 2.67%, and 4.13% of body weight, approximate 64%, 80%, and 67% of maximum food consumption (=7.26%, 3.32% and 6.21% for the three species in turn), respectively.

The relationship between SGR and RL for the three species accorded with Eqs. (15) to (17) (Table 7), which, if let SGR=0, gave the maintenance rations of the three species,

1.3%, 1.2% and 0.8% of body weight, respectively. The lower maintenance ration and the higher conversion efficiency of black rockfish were in agreement with its inactive behavior.

3.2.3 Diet Types

The analysis of variance (ANOVA) showed that the specific growth rates (SGR), the food conversion efficiencies (FCE) and the energy conversion efficiencies (ECE) of both red seabream and black porgy varied significantly ($P<0.05$) with different diet types such as sand lance and rough shrimp (*Trachypenaeus curvirostris*). The SGR, FCE and ECE of black rockfish and chub mackerel fed on different diets, however, were of non-significance ($P>0.05$; Table 5). It indicates that the effects of diets on ecological conversion efficiencies of different species are different.

3.2.4 Body Weight

The food conversion efficiency (FCE) and the specific growth rate (SGR) of black rockfish both decreased with increase of body weight (Figure 3), fitting power functions as described by Eqs. (18) and (19) (Table 7).

3.2.5 Schooling Behaviors

As shown in Table 6, both red seabream and black porgy displayed higher specific growth rates when the fish were densely stocked and schooling ($P>0.05$), but the food conversion efficiencies showed less fluctuation with the stocking density and schooling behavior ($P>0.05$).

4 Discussion

The food intake and the consequent conversion efficiency of fish can be estimated via either field sampling or laboratory experiments, but the results obtained in laboratory may not always accurately reflect the natural situation. From this point of view, methods applicable to *in situ* assessment such as the Eggers and the Elliott-Persson models are highly recommended (Post, 1990; Boisclair and Sirois, 1993; Ney, 1993; Mehner, 1996). However, the laboratory experiments are also indispensable especially when it is difficult to sample the fish repeatedly and regularly in the field. In our study, both the *in situ* and the laboratory methods were used. Comparison of ecological conversion efficiency between methods showed that the results obtained in laboratory by means of food balance method and Eggers model were not significantly different (Table 8), e.g., ANOVA P values in red seabream and gizzard shad were 0.27～0.47 if exclude diet influence (as the diet, minced small yellow croaker, contained much water), while the results obtained by means of food balance method in laboratory and Eggers model *in situ* were significantly different (Table 8), e.g., ANOVA P values in chub mackerel and gizzard shad were 0.01～0.07, especially for

ECE. It indicates that methods should be selected based on the fishes' ecological habits, as revealed in our study that the food balance method under laboratory conditions are more reliable for demersal fish and the methods based on field sampling are more reliable for active pelagic species.

Table 8 Food conversion efficiency (FCE) and energy conversion efficiency (ECE) estimated using food balance method and Eggers model

Species	Site	Methods	Temp. (℃) mean±S. D.	IBW (g, wet) mean±S. D.	Diet	FCE (%, wet wt) mean±S. D.	ECE (%) mean±S. D.
Red seabream	In lab.	Food balance	19. 2±1. 2	34. 3±9. 6	Sand lance flitch	21. 4±2. 7	24. 4±3. 6
	In lab.	Eggers model			Minced small yellow croaker	9. 2	19. 4
					(ANOVA p value	0. 024 5	0. 273 0)
Gizzard shad	In lab.	Food balance	18. 7±2. 3	8. 34±2. 35	*Artemia salina*	5. 2±2. 6	7. 1±3. 5
	In lab.	Eggers model			*Artemia salina*	8. 8	10. 8
					(ANOVA p value	0. 3598	0. 4723)
Gizzard shad	In lab.	Elliott-Persson model	18. 7±2. 3	8. 34±2. 35	*Artemia salina*	5. 2±2. 6	7. 1±3. 5
	In situ		25. 6±2. 9	6. 70±2. 19	Detritus	16. 5	31. 7
					(ANOVA p value	0. 0424	0. 0121)
Chub mackerel	In lab.	Food balance	23. 1±0. 5	59. 5±9. 2	Minced small yellow croaker	15. 4±3. 1	21. 6±4. 3
	In situ	Eggers model	25. 9±0. 8	28. 85±3. 39	Minced small yellow croaker	23. 9	43. 0
					(ANOVA p value	0. 0727	0. 0418)

Notes: fish in laboratory experiments were fed *ad libitum*. Temp., temperature; IBW, initial body weight; wt, weight; S. D., standard deviation.

Generally, for a given fish species, dietary differences may cause distinct food conversion efficiency within individuals (Yang and Guo, 1987; Li et al., 1995), but will only slightly impact the energy budget and the energy conversion efficiency (Lyons and Magnuson, 1987). Therefore, it is highly recommended that the energy conversion efficiency should be used to express the ecological conversion efficiencies, particularly when dietary differences are taken into account. However, the food conversion efficiency is still a valuable parameter due to its direct expression of the food nutrient quality. As shown in Tables 4 and 8, that the food conversion efficiency of the fish fed on either rough shrimp or minced small yellow croaker (*Pseudosciaena polyactis*) were much lower than that fed on sand lance is because the former two diets possess lower calorie density and higher water content than sand lance (Zhang et al., 1999). Moreover, in Table 6, sand lance, gizzard shad and chub mackerel presented lower FCE (15. 3%~3. 9%) and higher ECE (31. 7%~43. 0%), while halfbeak presented higher FCE (31. 9%) and lower ECE (23. 2%), that is because the diets fed to sand lance, gizzard shad and chub mackerel are lower in calorie density and higher in water content, but that fed to halfbeak are just the reverse. According to Eq. (4), once the diet is higher in water content and lower in energy content than that of fish body, the ECE of the fish will be much higher than FCE.

The ecological conversion efficiencies of the twelve species of marine fish estimated in this study was approximately four percent lower than those for freshwater fishes (Cui and Liu, 1990), which supports findings from previous studies on other species of marine fish like turbot, cod and walleye pollock (Bromley, 1980a, 1980b; Jobling, 1988; Smith et al., 1988). Among these twelve species of marine fish, the ecological conversion efficiencies were outstandingly species-specific. For instance, the ecological conversion efficiencies of black porgy and fat greenling were much low (about 14%), but the ecological conversion efficiencies of anchovy, rednose anchovy and black rockfish were relatively high (about 40%). Bioenergetics studies (Tang et al., 1999, 2003) showed that the metabolic energy in marine fish varied among species reflecting their different ecological habits. It may be the reason why the ecological conversion efficiencies of marine fish vary so much.

The results of studies on impacting factors showed that the ecological conversion efficiency may be affected by many factors, such as water temperature, ration level, diet and body weight. Water temperature and ration level were the two more sensitive ecological factors influencing the conversion efficiency. For example, when water temperature inducing the maximum conversion efficiency rises or drops 2 ℃, the ecological conversion efficiency will be decreased by about 2%~4% (e.g., *FCE* is about 21.0% for red seabream, 14.7% for black porgy and 38.8% for black rockfish in Figure 1); when ration level inducing the maximum conversion efficiency rises or drops 1%, the ecological conversion efficiencies will be decreased by about 4%~38% (e.g., *FCE* is about 27.9% for red seabream, 9.5% for black porgy and 31.6% for black rockfish in Figure 2). These indicate that higher conversion efficiency of individual species in a natural system will be obtained under suitable environment conditions. Furthermore, the higher ecological efficiency of a trophic level in an ecosystem will appear in moderate environment conditions.

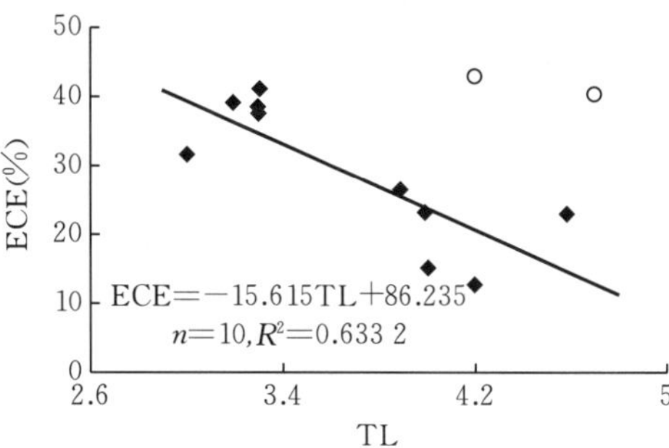

Figure 4 Plot of energy conversion efficiencies (ECE) of 12 species of marine fish with variance in trophic level (TL)

The fitted line and equation in the figure were derived from ten data points (◆, denotes gizzard shad, rednose anchovy, anchovy, sand lance, finespot goby, red seabream, halfbeak, black porgy, fat greenling, and tiger puffer in sequence of trophic level). The two points of chub mackerel and black rockfish (○) were ignored for the fitted line and equation, they might be taken as exceptional cases.

(Data of trophic levels were cited from Wei and Jiang, 1992)

Kozlovsky (1968) summarized the relationship between growth efficiency or ecological efficiency and trophic level based on studies of five communities. In general, the efficiency of plant growth is greater than the efficiency of animal growth, and ecological efficiency may decline slightly from the first trophic level. In our study, if chub mackerel and black rockfish were both ignored, a close relationship ($P<0.02$) between ecological conversion efficiency and trophic level of individual species would be obtained (Figure 4). Provided that this result is reliable, it could consequently be inferred that the ecological efficiency in the upper trophic levels would increase after fishing down the food web (at lower trophic levels). According to the equation in Figure 4 when the mean trophic level in the upper trophic levels of the Yellow Sea ecosystem decreased from 3.7 in 1985 to 3.4 in 2000 (Zhang and Tang, 2004), the ecological efficiency would increase from 27.7% to 32.0%. Likewise, when the mean trophic level of the world (or Canada) fisheries landings decreased from slightly more than 3.3 in the early 1950s to less than 3.1 in the middle 1990s (Pauly et al., 1998; Pauly et al., 2001), the ecological efficiency at the upper trophic levels of the ecosystem would increase from 33.5% to 36.4%. As we know, the Yellow Sea ecosystem is one of the most intensively exploited areas in the world. With a remarkable increase in fishing effort since 1980, many changes in the ecosystem have been found, and one of the important changes is that larger, higher trophic level, commercially important demersal species were replaced by smaller, lower trophic level, pelagic, less-valuable species (Tang, 1989, 1993, 2003). However, surveys showed that the fish CPUE in the Yellow Sea ecosystem doubled from 1985 to 2000, with outstanding increase, about four times, in CPUE of pelagic fish (mainly anchovy) (Xu and Jin, 2005). It would be a reasonable explanation that the increase of biomass benefited from the increased ecological efficiency when the higher trophic levels were fished down. As demonstrated in this study, smaller, lower trophic level, pelagic species have higher ecological conversion efficiency. It might be concluded that the ecological conversion efficiencies in most of the fishes tend to rise and therefore raise their resource biomass when the food web of a marine ecosystem is being fished down. That is worth notice because it might be an adaptive response for forced ecosystems (Browman, 2000) and a new challenge to ecosystem-based management, e.g., it may call for different management strategies due to changes in demand of ecosystem goods.

Acknowledgements

The study was supported by funds from the National Key Basic Research Development Plan of China (Grant No. G1999043710) and the National Natural Science Foundation of China (Grant No. 497901001). We would like to thank Chao Chen, Zhongqiang Liu and Hong Yu for their valuable help during the experiments and Zhimeng Zhuang and Minshan Chen for their suggestions during the preparation of this paper. We also wish to thank several anonymous reviewers whose constructive comments improved our original manuscript.

References

Anonymous, 1997. Method of Food Hygienic Analysis: Physical-Chemical Section (GB/T5009-1996). Chinese Standard Press, Beijing, pp. 17 - 24 (In Chinese).

Anonymous, 1999. Global Ocean Ecosystem Dynamics: Implementation Plan. IGBP Report, vol. 47. IGBP Secretariat, The Royal Swedish Academy of Sciences, Stockholm. 207 pp.

Boisclair D, Leggett W C, 1988. An *in situ* experimental evaluation of the Elliot and Persson and the Eggers models for estimating fish daily ration. Can. J. Fish. Aquat. Sci., 45: 138 - 145.

Boisclair D, Sirois P, 1993. Testing assumptions of fish bioenergetics models by direct estimation of growth, consumption, and activity rates. Trans. Am. Fish. Soc., 122: 784 - 796.

Bromley P J, 1980a. Effect of dietary protein, lipid and energy content on the growth of turbot (*Scophthalmus maximus* L.). Aquaculture, 19: 359 - 369.

Bromley P J, 1980b. The effect of dietary water content and feeding rate on the growth and food conversion efficiency of turbot (*Scophthalmus maximus* L.). Aquaculture, 20: 91 - 99.

Browman H I, 2000. The application of evolutionary theory to fisheries science and stock assessment-management. Mar. Ecol., Prog. Ser, 208: 299 - 313.

Christensen V, Pauly D, 1992. Ecopath Ⅱ. A software for balancing steady-state ecosystem models and calculating network characteristics. Ecol. Model, 61: 160 - 185.

Cui Y, Liu J K, 1990. Comparison of energy budget among six teleosts-Ⅲ. Growth rate and energy budget. Comp. Biochem. Physiol, 97A: 381 - 384.

Deng J, Meng T, Ren S, 1988. Species composition, abundance and distribution of fishes in the Bohai Sea. Mar. Fish. Res, 9: 11 - 89 (in Chinese with English abstract).

Eggers D M, 1977. Factors in interpreting data obtained by diel sampling of fish stomachs. J. Fish. Res. Board Can., 34: 290 - 294.

Elliott J M, Persson L, 1978. The estimation of daily rates of food consumption for fish. J. Anim. Ecol., 47: 977 - 993.

Hansen M J, Boisclair D, Brandt S B, et al., 1993. Applications of bioenergetics models to fish ecology and management: where do we go from here? Trans. Am. Fish. Soc. 122, 1019 - 1030.

Hop H, Tonn W M, Welch H E, 1997. Bioenergetics of Arctic cod (*Boreogadus saida*) at low temperatures. Can. J. Fish. Aquat. Sci. 54: 1772 - 1784.

Jobling M, 1988. A review of the physiological and nutritional energetics of cod, *Gadus morhua* L., with particular reference to growth under farmed conditions. Aquaculture, 70: 1 - 19.

Li J, Yang J, Pang S, 1995. Study on the ecological growth efficiencies of five marine fishes. *Mar. Sci.*, 3: 52 - 54 (in Chinese with English abstract).

Lyons J, Magnuson J J, 1987. Effects of walleye predation on the population dynamics of small littoral-zone fishes in a northern Wisconsin lake. Trans. Am. Fish. Soc., 116: 29 - 39.

Kozlovsky D G, 1968. A critical evaluation of the trophic level concept. I. Ecological efficiencies. Ecology, 49: 48 - 60.

Mehner T, 1996. Predation impact of age-0 fish on a copepod population in a Baltic Sea inlet as estimated by two bioenergetics models. J. Plankton Res, 18: 1323 - 1340.

Ney J J, 1993. Bioenergetics modeling today: growing pains on the cutting edge. Trans. Am. Fish. Soc, 122,

736－748.

Odum E P，1971. Fundamentals of Ecology. W. B. Saunders Co.，Philadelphia. 544 pp.

Pauly D，Christensen V，Dalsgaard J，et al.，1998. Fishing down marine food webs. Science（Wash. D. C.）279：860－863.

Pauly D，Palomares M L，Froese R，et al.，2001. Fishing down Canadian aquatic food webs. Can. J. Fish. Aquat. Sci.，58：51－62.

Post，J. R.，1990. Metabolic allometry of larval and juvenile yellow perch（*Perca flavescens*）：*in situ* estimates and bioenergetic models. Can. J. Fish. Aquat. Sci.，47：554－560.

Smith R L，Paul A J，Paul J M，1988. Aspects of energetics of adult walleye Pollock，*Therragra chalcogramma*（Pallas），from Alaska. J. Fish Biol.，33：445－454.

Steele J，1974. The Structure of Marine Ecosystem. Harvard University Press，Cambridge，USA. 128 pp.

Tang Q，1989. Changes in the biomass of the Yellow Sea ecosystem. In：Sherman K，Alexander L M（Eds.），Biomass Yields and Geography of Large Marine Ecosystem. AAAS Selected Symposium，vol. 111. Westview Press，Boulder，CO，pp. 7－35.

Tang Q，1993. Effects of long-term physical and biological perturbations on the contemporary biomass yields of the Yellow Sea ecosystem. In：Sherman K，Alexander L M，Gold B D（Eds.），Large Marine Ecosystems：Stress，Mitigation，and Sustainability. AAAS Press，Washington，D C，pp. 79－83.

Tang Q，1999. Strategies of study on marine food web and trophodynamics at upper trophic levels. Mar. Fish. Res.，20（2）：1－6（In Chinese with English abstract）.

Tang Q，2003. The Yellow Sea LME and mitigation action. In：Hempel G，Sherman K（Eds.），Large Marine Ecosystems of the World：Trends in Exploitation，Protection，and Research. Elsevier，Amsterdam，pp. 121－144.

Tang Q，Su J，2000. Study on Ecosystem Dynamics in Coastal Ocean I：Key Scientific Questions and Development Strategy. Science Press，Beijing. 252 pp（In Chinese）.

Tang Q，Sun Y，Zhang B，et al.，1999. Bioenergetics budget of four species of marine fish and their comparison. Mar. Fish. Res.，20（2）：48－53（In Chinese with English abstract）.

Tang Q，Sun Y，Zhang B，2003. Bioenergetics models for seven species of marine fish. J. Fish. China，27：443－449（in Chinese with English abstract）.

Wei S，Jiang W，1992. Fish food web in the Yellow Sea. Oceanol. Limnol. Sin.，23：182－192（In Chinese with English abstract）.

Xie X，Sun R，1992. The bioenergetics of the southern catfish（*Silurus meridionalis* Chen）：growth rate as a function of ration level，body weight，and temperature. J. Fish Biol.，40：719－730.

Xu B，Jin X，2005. Variation in fish community structure during winter in the southerm Yellow Sea over the period 1985—2002. Fish. Res，71：79－91.

Yang J，Guo R，1987. A study of ecological growth efficiencies of stone flounder and banded dogfish. J. Fish. China，11：251－253（In Chinese with English abstract）.

Zhao C，Liu X，Zeng B，1987. Marine Fisheries Resources of China. Science and Technology Press，Zhejiang（In Chinese）.

Zhang B，Tang Q，2004. Study on trophic level of important resources species at high trophic levels in the Bohai Sea，Yellow Sea and East China Sea. Adv. Mar. Sci.，22：393－404（In Chinese with English abstract）.

Zhang B，Tang Q，Sun Y，et al.，1999. Determining energy value of parts of aquatic animal in the Yellow Sea and Bohai Sea. Mar. Fish. Res.，20（2）：101－102（In Chinese with English abstract）.

黄、渤海 8 种鱼类的生态转换效率及其影响因素①

唐启升，孙耀，郭学武，张波
（中国水产科学研究院黄海水产研究所，青岛 266071）

摘要：研究应用室内或现场实验生态方法测定了黄、渤海 8 种鱼类的生态转换效率及其主要影响因素，比较了室内与现场方法所测得数据的差异。结果表明：①8 种鱼类的生态转换效率有显著差异，以湿重或比能值为单位表示的生态转换效率变化范围分别为 12.9%～39.0%和 14.8%～46.1%；②温度、体重、摄食水平、饵料种类和群居行为等生态、生理因素均可能引起鱼类生长和生态转换效率等生态能量学特征的改变。其中，生态转换效率随温度和摄食量增大均呈倒 U 形变化趋势，随体重增大则呈减速下降趋势。当鱼类摄食不同饵料生物或群居行为发生变化时，能引起其摄食率与生长率显著差别，却不能使以比能值为单位表示的能量转化效率发生显著变化；③不同研究方法可能引起测定结果的显著不同，且其差异程度随鱼种不同而变化。

关键词：生态转换效率；影响因素；海洋鱼类；黄、渤海

生态转换效率是指处于食物链某一环节的生物生长量与食物摄入量的比值；食物网营养级的生态效率取决于这一营养级上各种生物的生态转换效率。因此，研究不同生物种的生态转换效率是研究海洋生态系统食物网营养动力学的基础[1-3]。本文根据简化食物网的研究思路[3]，选择了黄、渤海 8 种生态和经济价值较为重要的鱼类，研究它们的生态转换效率，以及相关的生态生理因素的影响，并尝试着进行方法间的比较。无疑，通过对这些鱼类生态转换效率的定量研究，将有助于揭示海洋鱼类的生态能量学特征，也将为海洋生态系统高营养层次的食物网定量分析及建立生态系统动力学模型提供基础研究资料。

1　材料与方法

1.1　室内流水实验法

采用室内实验生态研究方法测定了 5 种底层鱼类——真鲷（*Pagrosomus major*）、黑鲷（*Sparus macrocephalus*）、红鳍东方鲀（*Takifugu rubripes*）、黑鲪（*Sebastes schlegeli*）、矛尾虾虎鱼（*Chaeturichthys stigmatias*）和 2 种中上层鱼类——鲐鱼（*Pneumatophorus japonicus*）、斑鰶（*Clupanodon punctatus*）的生态转换效率；并利用室内实验能较好地控制实验条件等特点，研究了温度、体重、摄食水平、饵料种类和群居性等因子对真鲷、黑鲷、黑鲪及鲐鱼等鱼类摄食、生长和生态转换效率的影响。

①　本文原刊于《水产学报》，26（3）：219－225，2002。

真鲷、黑鲷和红鳍东方鲀均系人工培育苗种经在浅海网箱中养成的当年幼鱼，而鲐鱼、黑鲪、矛尾虾虎鱼、斑鰶则捕自青岛或莱州湾沿岸海域的当年幼鱼。实验鱼经浓度为 2～4 mg·L^{-1}氯霉素溶液处理后，置于室内小型水泥池中暂养 15～30 d，待摄食正常后，再置于试验水槽中驯养 7～10 d，待摄食再一次趋于正常后开始实验。实验在 0.1～0.25 m^3 玻璃钢水槽中进行，实验持续时间为 15 d。每个测定条件下设 4～5 个平行组，每组中实验个体数 1～5 尾。实验水槽内流水速率的调节，以槽内水体中 DO、NH_4-N、pH 值和盐度等化学指标与自然海水无显著差别为准，一般水交换量大于 6 $m^3 \cdot d^{-1}$。实验海水经沉淀和砂滤处理。实验中采用自然光照周期，经遮光处理后的实验最大光照度为 250 lx。温度实验在自然水温下进行。实验前后将鱼饥饿 1～2 d 后，称重，精度为±0.1 g。除摄食水平实验外，实验数据均在最大摄食水平的条件下测得；除饵料种类实验和杂食性小型鱼类斑鰶用卤虫成体为饵料外，真鲷、黑鲷、红鳍东方鲀、黑鲪、矛尾虾虎鱼和鲐鱼均用玉筋鱼为饵料。为减少饵料流失，玉筋鱼被去除头部和内脏，并切成适于鱼类吞食的小段。每天投饵 2 次，每次投喂前收集上次的残饵。鱼类的生长转换效率（*Eg*）和特定生长率（*SGR*）分别按式（1）和（2）计算[4]：

$$Eg\% = (G_d / C_d) \times 100 \tag{1}$$

$$SGR\% = [(\ln W_t - \ln W_0)/t] \times 100 \tag{2}$$

式中，G_d为实验鱼体重的日平均增长量，C_d为实验鱼的日平均摄食量，该值经饵料流失率校正后得到；W_t为实验后的鱼重量，W_0为实验前的鱼重量，t 为实验持续时间。

1.2 现场胃含物法

采用 Eggers[5]和 Elliott-Persson[6]胃含物法测定了赤鼻棱鳀（*Thrisa kammalensis*）和斑鰶的摄食率和生态转换效率。实验在水深 1.5 m、面积约 15 000 m^2 弃用对虾养殖土池中进行，每隔 2～3 d 在池内用围网 24 h 连续取样，每间隔 3 h 取样一次，每次取样 5 尾以上。取样后立即用 10%福尔马林溶液保存，随后测定其样品的体重和全消化道内含物重量，全消化道食物量的定量方法如下：取全消化道称重，洗去消化道（食道＋胃＋肠道）内食物，称重空消化道，两个重量之差即为全消化道内含物重量。

上述实验进行约 15 d 后，取摄食高峰期的赤鼻棱鳀约 100 余尾置于孔径 54 μm 尼龙筛绢网箱内，以保证在无网采浮游动物饵料的条件下进行胃排空率实验。实验中首次取样 10 尾，以后每隔 1 h 取样 1 次，每次取样 5 尾，共取 10 次，剩余的鱼在网箱中饥饿 36 h 后，测定叉长-空消化道重量关系。然后，根据 Eggers 提出的胃含物模型（式 3）估算赤鼻棱鳀的日摄食量：

$$C_d = 24 \times S \times R_t \tag{3}$$

式中，S 为 24 h 内平均全消化道内含物量；R_t为瞬时排空率，如果以瞬时全消化道内含物量（S_t）的自然对数值与所对应排空率实验时间（t）进行线性回归，其线性回归方程的斜率就是 R_t值[7]。

测定斑鰶叉长-空消化道重量关系的方法与赤鼻棱鳀相同，但其胃排空率和日摄食量的估算按 Elliott-Persson 提出的胃含物模型进行[6]。首先从日摄食周率变化曲线上找出鱼的不摄食阶段，并假定这段时间内全消化道内含物重量按指数减少，对这段时间内全消化道内含物随时间变化做回归分析，可求得胃排空率，按式（4）可进一步求得斑鰶的日摄食量：

$$C_d=[(S_t-S_0\cdot e^{-R_t t})\cdot R_t]/(1-e^{-R_t t}) \quad (4)$$

式中，S_t和S_0分别为摄食阶段结束和开始时全消化道内含物重量，t为摄食阶段的时间。鱼的日生长量（G_d），系由实验期间鱼体重量与所对应的时间进行线性回归，然后由该回归方程计算得到的。鱼的 生态转换效率同样按式（1）计算。

1.3　实验生物的生化组成测定方法

比能值是采用热量计直接测定燃烧能方法测定，总氮与总碳是采用元素分析仪测定，其他则按文献[8]进行测定。

2　结果

2.1　生态转换效率的测定与比较

8种鱼类的生态转换效率测定结果见表1。通过比较可发现，不同鱼类及用不同实验方法测得的生态转换效率有显著差异，以湿重表示的食物转换效率或比能值表示的能量转换效率变化范围分别为5.2%～39.0%和7.1%～46.1%。

表1　黄、渤海8种鱼类的生态转换效率

Table 1　Ecological conversion efficiency of 8 fish species in Yellow Sea and Bohai Sea

测定方法 Methods	鱼种 Species	测定温度（℃） Temperature	鱼初始体重（g） Initial weight	Eg（%）	
				按湿重 By wet weight	按比能值 By energy value
室内流水实验法 flow-through method in lab	真鲷① *Pagrosomus major*	19.4±0.5	37.7±6.2	23.6±2.8	26.0±3.3
	黑鲷① *Sparus macrocephalus*	19.8±0.5	63.4±13.4	12.9±2.8	14.8±3.3
	黑鲪① *Sebastes schlegeli*	14.7±0.5	30.5±8.7	39.0±4.7	46.1±5.0
	矛尾虾虎鱼① *Chaeturichthy stigmatias*	17.6±2.3	42.7±8.6	30.0±5.6	37.4±7.0
	红鳍东方鲀① *Hexagrammos otakii*	19.2±0.9	35.6±4.5	25.1±8.0	23.2±7.4
	鲐鱼② *Pneumatophorus japonicus*	23.1±0.5	59.5±9.2	15.4±3.1	21.6±4.3
	斑鰶② *Clupanodon punctatus*	18.7±2.3	8.9±2.0	5.2±2.6	7.1±3.5
现场胃含物法 stomach content method *in situ*	斑鰶② *Clupanodon punctatus*	25.2±3.0	8.87±1.95	16.5	31.7
	赤鼻棱鳀② *Thrissa kammalensis*	22.4±0.6	1.29±0.70	35.1	39.3

注：①表示底层鱼类；②表示中下层鱼类。

Notes：①means bottom fish；②means pelagic fish.

2.2 主要生态、生理因子对生长和生态转换效率的影响

2.2.1 温度对鱼类生长和生态转换效率的影响

在 11.2～24.0 ℃的实验温度范围内，真鲷与黑鲷的特定生长率随温度上升而减速增大（图 1），而黑鲪的特定生长率则随温度上升呈倒 U 形变化趋势，其与温度之间的关系分别可用对数曲线或二次曲线加以定量描述：

真鲷：$SGR=2.01\ln T-4.69$，$R^2=0.988\,1$ （$P<0.01$）

黑鲷：$SGR=1.07\ln T-2.44$，$R^2=0.982\,1$ （$P<0.01$）

黑鲪：$SGR=-0.02T^2+0.55T-3.41$，$R^2=0.883\,6$ （$0.01\leqslant P<0.05$）

真鲷、黑鲷和黑鲪的食物转换效率随温度上升均呈倒 U 形变化趋势，最大生态转换效率分别出现在 20.8 ℃、19.4 ℃和 16.2 ℃，其与温度之间的关系均可用二次曲线加以定量描述：

真鲷：Eg (%W. W.) $=-0.17\,T^2+7.19\,T-54.06$，$R^2=0.994\,5$ （$P<0.01$）

黑鲷：Eg (%W. W.) $=-0.12\,T^2+4.64\,T-29.74$，$R^2=0.959\,0$ （$P<0.01$）

黑鲪：Eg (%W. W.) $=-0.15\,T^2+5.09\,T-5.66$，$R^2=0.965\,8$ （$P<0.01$）

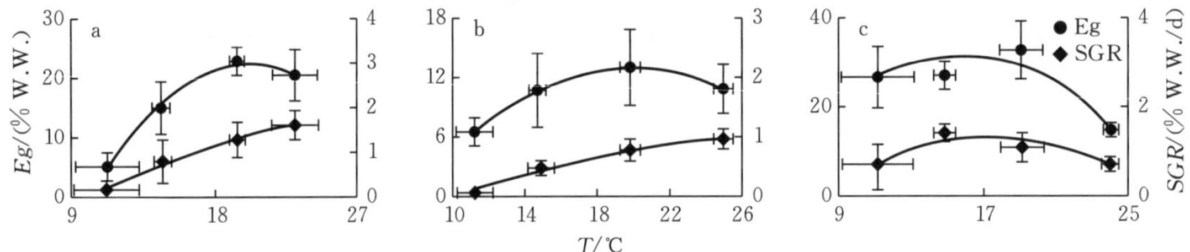

图 1 温度对鱼类特定生长率（*SGR*）和生态转换效率（*Eg*）的影响

Figure 1 Effect of temperature on *SGR* and *Eg* of the fishes

a. 真鲷（*Pagrosomus major*） b. 黑鲷（*Sparus macrocephalus*） c. 黑鲪（*Sebastes schlegeli*）

2.2.2 摄食水平对鱼类生长和生态转换效率的影响

真鲷、黑鲷和黑鲪的特定生长率均随摄食水平增大呈减速增长趋势（图 2），其与摄食水平之间的关系分别可用对数曲线加以定量描述：

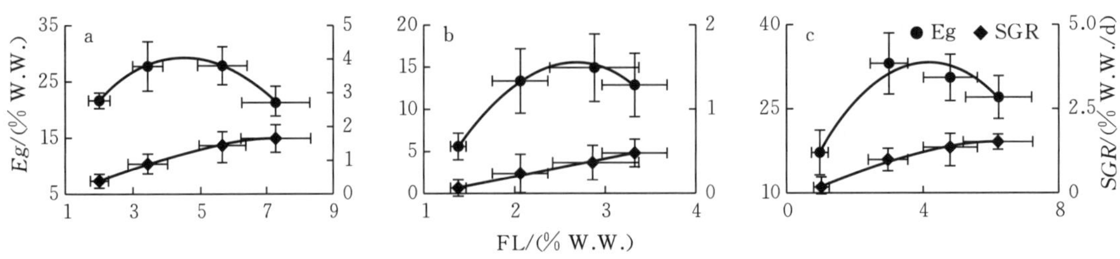

图 2 摄食水平对鱼类特定生长率（*SGR*）和生态转换效率（*Eg*）的影响

Figure 2 Effect of ration level on *SGR* and *Eg* of the fishes

a. 真鲷（*Pagrosomus major*） b. 黑鲷（*Sparus macrocephalus*） c. 黑鲪（*Sebastes schlegeli*）

真鲷：$SGR=0.97\ln FL-0.25$，$R^2=0.998\,4$　（$P<0.01$）

黑鲷：$SGR=0.46\ln FL-0.07$，$R^2=0.992\,7$　（$P<0.01$）

黑鲪：$SGR=0.72\ln FL-0.17$，$R^2=0.987\,3$　（$P<0.01$）

而真鲷、黑鲷和黑鲪的食物转换效率随摄食水平增大则呈倒U形变化趋势，其与摄食水平之间的关系分别可用对数曲线加以定量描述：

真鲷：Eg（%W. W.）$=-1.10\,FL^2+10.16FL-5.54$，$R^2=0.999\,5$　（$P<0.01$）

黑鲷：Eg（%W. W.）$=-5.92FL^2+31.57FL-26.69$，$R^2=0.999\,2$　（$P<0.01$）

黑鲪：Eg（%W. W.）$=-1.61FL^2+13.25FL-5.77$，$R^2=0.937\,7$　（$0.01\leqslant P<0.05$）

2.2.3 个体大小对鱼类生长和生态转换效率的影响

对黑鲪的实验结果显示，其生长及食物转换效率均随鱼个体体重的增大呈减速降低趋势（图3），其关系可用幂函数曲线加以定量描述：

$$SGR=3.94W^{-0.19}，R^2=0.657\,7\quad(P<0.01)$$

$$Eg=86.49W^{-0.23}，R^2=0.806\,9\quad(P<0.01)$$

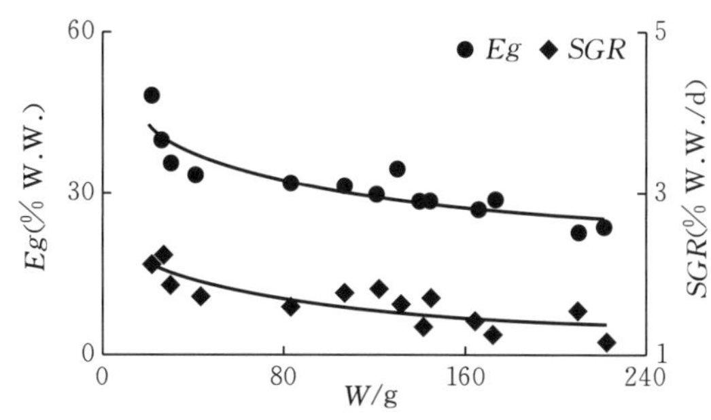

图3　体重对黑鲪特定生长率（SGR）和生态转换效率（Eg）的影响

Figure 3　Effect of weight on SGR and Eg of the fish

2.2.4 饵料生物种类对生长及生态转换效率的影响

对真鲷、黑鲷、黑鲪和鲐鱼摄食不同饵料生物时的生长及生态转换效率进行方差检验，结果表明，当摄食玉筋鱼时，真鲷的特定生长速率显著大于鹰爪糙对虾或日本枪乌贼，食物转换效率也同样有显著差异，但考虑到上述两种饵料生物体内含水量显著不同，应用食物转换效率难免对比较结果带来偏差；因此，又以比能值为参数重新进行计算和比较，结果表明，当摄食不同饵料生物时，实验鱼类的能量转换效率均无显著性差异（表2）。

表2　摄食不同饵料生物对特定生长率（SGR）和生态转换效率（Eg）的影响

Table 2　Effect of different food organisms on SGR and Eg of the fishes

实验鱼种 Fish species	饵料种类 Food species	SGR %W. W. or kJ·d^{-1}	Eg	
			%W. W	% kJ
真鲷	玉筋鱼	1.67±0.32	21.2±2.7	26.3±2.9
Pagrosomus major	鹰爪糙对虾	1.17±0.28	14.5±3.2	28.9±6.6
黑鲷	玉筋鱼	0.49±0.17	13.26±3.72	14.4±4.1
Sparus macrocephalus	鹰爪糙对虾	0.29±0.13	6.37±1.61	12.8±3.2

（续）

实验鱼种 Fish species	饵料种类 Food species	SGR %W. W. or kJ・d^{-1}	Eg	
			%W. W.	% kJ
黑鲪 *Sebastes schlegeli*	玉筋鱼	1. 56±0. 37	26. 1±2. 8	34. 05±4. 53
	鹰爪糙对虾	0. 98±0. 29	18. 3±3. 4	38. 86±7. 28
鲐鱼 *Pneumatophorus japonicus*	玉筋鱼	2. 75±0. 66	14. 0±2. 0	21. 6±4. 3
	鹰爪糙对虾	1. 91±0. 20	11. 4±1. 4	23. 9±2. 8
	日本枪乌贼	2. 48±0. 59	11. 0±2. 1	23. 3±4. 3

注：玉筋鱼（*Ammodyte personatus*）；鹰爪糙对虾（*Trachypenaeus curvirostris*）；日本枪乌贼（*Loligo japonica*）。

2. 2. 5 群居行为对鱼类生长及生态转换效率的影响

在自然生态环境中，真鲷、黑鲷等有显著的群居性。从表 3 可见，真鲷和黑鲷的群居行为，均能显著的增大其生长速率，但对生态转换效率却无显著影响。

表 3 群居行为对生长（*SGR*）及生态转换效率的影响

Table 3 Effect of social behavior on *SGR* and *Eg* of the fishes

实验鱼种 Fish species	群居行为 Social behavior	SGR (% W. W. ・d^{-1})	Eg (%)
真鲷 *Pagrosomus major*	5 尾/组，无群居性	0. 82±0. 40	13. 9±4. 8
	50 尾/组，有显著群居性	1. 43±0. 21	13. 7±2. 8
黑鲷 *Sparus macrocephalus*	2～3 尾/组，无群居性	0. 49±0. 17	13. 3±3. 7
	30 尾/组，有显著群居性	0. 69±0. 08	14. 1±1. 5

注：无群居性（no social behavior）；有显著群居性（significant social behavior）。

2. 3 两种方法测定结果的比较

鉴于直接对现场法和室内法进行实验比较困难较大，故将 Eggers 胃含物法转移至室内，使两种方法的比较研究同步进行，并始终保持摄食不受限制状态。从表 4 可见，由于饵料种类不同，真鲷的食物转换效率差异较大，但能量转换效率却基本相近，两种方法测定的斑鰶生态转换效率也基本相近。但与表 1 对照，现场胃含物法测得的斑鰶生态转换效率显著大于在室内用两种方法测定的结果。

表 4 两种方法测定鱼类摄食、生长和生态转换效率的结果比较

Table 4 Comparison of C_d, G_d and *Eg* determined with two kinds of the method

实验鱼种 Fish species	测定方法 Methods	饵料种类 Food species	G_d gW. W. /kg・d^{-1}	C_d gW. W. /kg・d^{-1}	Eg	
					%W. W.	% kJ
真鲷 *Pagrosomus major*	LDM	玉筋鱼	15. 7±3. 4	73. 3±15. 2	21. 4±2. 7	24. 4±3. 6
	SDM	小黄鱼鱼糜	14. 1	129. 7	10. 9	21. 8
斑鰶 *Clupanodon punctatus*	LDM	卤虫	7. 6±4. 9	135. 9±26. 7	5. 2±2. 6	7. 1±3. 5
	SDM	卤虫	9. 5	108. 0	8. 8	10. 8

注：LDM（室内模拟测定法 determination in lab）；SDM（现场测定法 determination *in situ*）；玉筋鱼（*Ammodyte personatus*）；小黄鱼鱼糜（surimi of *Pseudosciaena polyactis*）；卤虫（Chirocephalidae）。

3　讨论与结语

本研究采用的室内流水法和现场胃含物法均为目前鱼类能量学参数测定的重要方法[4]，其中：室内法因具有能严格控制实验条件、实验费用低、操作简单等优点，故迄今许多有关鱼类能量学的研究结果均源于该法，但采用该法测得的参数往往难以准确反映自然状态下的情形[9]；现场法所测得的参数更接近于自然状况，且 Eggers 或 Elliott - Persson 模型已被证实是研究鱼类能量学的一种较好的模型[7,10-12]，但受无法控制实验条件、定时重复取样困难、实验费用高等诸多因素的限制，采用该法测得的鱼类能量学参数尚较少。由于上述两种方法不可相互替代性，故在尚未找到能兼顾两者优点的方法之前，两种方法还需共存，需要探讨两种方法对不同生态习性鱼类的适用性。本研究结果表明，对于像真鲷这一类比较容易进行室内驯养和操作、活动量较小的底层鱼类来说，室内流水法是一个适用的方法，所测得的结果基本是可信的，而对斑鰶等中上层鱼类情况大不相同，由于中上层鱼类集群性较强，活动量大，活动范围大，摄食量也大，室内流水法的实验空间可能使它们的生态习性受到限制，而影响了实验结果。因此，对中上层鱼类来说，现场胃含物法可能更为合适，也就是说，本研究应用现场胃含物法测得的斑鰶生态转换效率更为可信。由此推论用室内流水法测得的鲐鱼生态转换效率可能偏低，该推论是否正确，有待于进一步的现场实验予以证实。

根据上述研究方法讨论，去掉不确定的研究结果，本研究所测得的 8 种海洋鱼类的食物转换效率和能量转换效率分别为 12.9%～39.0%和 14.8%～46.1%，平均约为 23%和 29%。与淡水鱼类相比，这些海洋鱼类的生态转换效率偏低约 5%[13]，与海洋鱼类相关的研究结果相近[14-15]。

这 8 种海洋鱼类生态转换效率的种间差异是十分显著的，其中：真鲷、黑鲷和红鳍东方鲀等鱼种生态转换效率偏低，而黑鲪、赤鼻棱鳀、矛尾虾虎鱼和斑鰶则比较高。本项研究还难以对产生上述差异的原因给予确切的解释，故有待于进一步研究。

Allen 等[16-19]对一些淡水鱼类的研究结果表明：①在适宜温度内及摄食不受限制时，鱼类生长率随温度上升而增大，其特定生长率与温度之间的关系可用对数曲线 $SGR = a \cdot \ln T - b$ 定量描述；②在相同温度下，鱼类生长率与摄食水平的关系为一减速增长曲线。本研究结果表明，海洋鱼类（如真鲷、黑鲷和黑鲪）的生长与温度或摄食水平之间基本符合上述关系；但也有例外情况，如黑鲪生长随温度升高呈倒 U 形变化趋势，其定量关系需用二次曲线描述，这主要是因为黑鲪适宜生长温度的上限较低，当实验温度升高且超过了黑鲪适宜生长温度后，引起生长速率的下降。依据本文 2.2.2 节中特定生长量与摄食水平的关系公式，令式中 $SGR = 0$，可求得实验条件下真鲷、黑鲷和黑鲪的维持摄食量分别为其体重的 1.3%、1.2%和 0.8%；黑鲪的维持摄食量明显低于真鲷、黑鲷，其原因可能与其属岩礁鱼类、日常游动量较小等生态特征相关，低游动量必将通过降低代谢水平而减小其体内维持能量，这可能是黑鲪生态转换效率较高的原因之一。

真鲷、黑鲷和黑鲪等鱼类的生态转换效率随温度和摄食量增大分别呈倒 U 形变化趋势。如果将生态转换效率达到最大时的温度和摄食水平称为最佳生长温度和最佳摄食量，依据生态转换效率与温度或摄食水平之间的定量关系，可求得真鲷、黑鲷和黑鲪的最佳生长温度分别为 20.8 ℃、19.4 ℃和 15.8 ℃，均显著低于其最大生长温度；最佳摄食量分别为其体重的

4.6%、2.6%和4.1%，约是其最大摄食量的63%、79%和66%。可见，适宜的温度和摄食水平将会产生最佳的生态转换效率。

对同一鱼种而言，不同的饵料会导致不同的食物转换效率[20,21]，但不会显著影响鱼类的能量分配模式[22]；本研究结果证明该结论同样适用于海洋鱼类，摄食比能值不同的饵料能改变真鲷、黑鲷、黑鲪和鲐鱼等鱼类的食物转换效率，但却不能显著改变其能量转换效率。因此，当比较不同饵料种类条件下的鱼类生态转换效率时应采用能量转换效率，但是，食物转换效率仍是一个有价值的指标，它在某种程度上直观地表达了食物营养质量，正如实验结果（表2和表4）所示，摄食鹰爪糙对虾和小黄鱼鱼糜时的鱼类生态转换效率比摄食玉筋鱼时要低得多，这主要是因为前两种饵料中含有较多水分所致。

参考文献

[1] Anon. Global Ocean Ecosystem Dynamics Implementation Plan [R]. IGBP Report 40. Stockholm: IGBP Scretariat, The Royal Swedish Academy of Sciences, 1999: 1-207.

[2] Christensen V, Pauly D. Ecopath Ⅱ. A software for balancing steady-state ecosystem models and calculating network characteristics [J]. Ecological Modelling, 1992, 61: 169-185.

[3] Tang Q S, Su J L, et al. Study on Chinese marine ecosystem dynamics: Ⅰ Key scientific questions and developing stratagem [M]. Beijing: Science Press, 2000: 45-49. [唐启升，苏纪兰，等. 中国海洋生态系统动力学研究：Ⅰ关键科学问题与研究发展战略 [M]. 北京：科学出版社，2000：45-49.]

[4] Cui Y B. Bioenergetics of fisheries: theory and methods [J]. Acta Hydrobio Sinica, 1989, 13 (4): 369-383. [崔奕波. 鱼类生物能量学的理论与方法 [J]. 水生生物学报，1989，13（4）：369-383.]

[5] Eggers D M. Factors in interpreting data obtained by diel sampling of fish stomachs [J]. J Fish Res Board Can, 1977, 34: 290-294.

[6] Elliott J M, Persson L. The estimation of daily rates of food consumption for fish [J]. J Anim Ecol, 1978, 47: 977-993.

[7] Boisclair D, Leggett W C. An in situ experimental evaluation of the Elliot and Person and the Eggers models for estimating fish daily ration [J]. Can J Fish Aquat Sci, 1988, 45: 138-145.

[8] GB/T5009-1996. Method of food hygienic analysis, physical-chemical section [S]. [GB/T 5009—1996. 食品卫生理化检验方法 [S].]

[9] Ney J J. Bioenergetics modeling today: growing pains on the cutting edge [J]. Trans Amer Fish Soc, 1993, 122: 736-748.

[10] Post J R. Metabolic allometry of larval and juvenile yellow perch (*Perca flavescens*): *in situ* estimates and a bioenergetic models [J]. Can J Fish Aquat Sci, 1990, 47: 554-560.

[11] Boisclair D, Sirois P. Testing assumptions of fish bioenergetics models by direct estimation of growth, consumption, and activity rates [J]. Trans Amer Fish Soc, 1993, 122: 784-796.

[12] Mehner T. Predation impact of age-0 fish on a copepod population in a Baltic Sea inlet as estimated by two bioenergetics models [J]. J Plankton Res, 1996, 18 (8): 1323-1340.

[13] Cui Y, Liu J. Comparison of energy budget among six teleosts Ⅲ. growth rate and energy budget [J]. Comp Biochem Physiol, 1990, 97A (3): 381-384.

[14] Jobling M. A review of the physiological and nutritional energetics of cod, *Gadus morhua* L, with particular reference to growth under farmed conditions [J]. Aquac, 1988, 70 (1-2): 1-19.

[15] Smith R L, Paul A J, Paul J M. Aspects of energetics of adult walleye pollack, *Theragra*

chalcogramma (Pallas), from Alaska [J]. J Fish Biol, 1988, 33 (3): 445-454.

[16] Brett J R, Groves T D D. Physiological energetics. In Fish Physiology Vol Ⅷ [M]. New York: Academic Press, 1979: 279-352.

[17] Allen J R M, Wootton R J. The effect of ration and temperature on the growth of the threespined sticleback, *Gasteerosteus aculeatus* L. [J]. J Fish Biol, 1982, 20: 409-422.

[18] Cui Y B, Wootton J R. Components of the energy budget in the European minnow, *Phoxinus phoxinus* (L.) in relation to ration, body weight and temperature [J]. Acta Hydrobio Sinica, 1990, 14 (3): 193-204. [崔奕波，Wootton R J. *Phoxinus phoxinus* (L.) 的能量收支各组分与摄食量、体重及温度的关系 [J]. 水生生物学报，1990，14 (3)：193-204.]

[19] Cui Y B, Chen S L, Wang S M. Effect of temperature on the energy budget of the grass carp, *Ctenophary ngodon idellus* Val [J]. Oceano et Limno Sinica, 1995, 26 (2): 16-174. [崔奕波，陈少莲，王少梅. 温度对草鱼能量收支的影响 [J]. 海洋与湖沼，1995，26 (2)：169-174.]

[20] Li J, Yang J M, Pang H Y. Study on the ecological growth efficiency of five marine fishes [J]. Mar Sci, 1995, 3: 52-54. [李军，杨纪明，庞鸿艳. 5 种海鱼的生态生长效率研究 [J]. 海洋科学，1995，3：52-54.]

[21] Yang J M, Guo R X. Study on the ecological growth efficiency of two marine fishes [J]. J Fish China, 1987, 11 (3): 251-253. [杨纪明，郭如新. 石鲽和皱唇鲨生态生长效率的研究 [J]. 水产学报，1987，11 (3)：251-253.]

[22] Lyons J, Magnuson J J. Effects of walleye predation on the population dynamics of small littoral-zone fishes in a northern Wisconsin Lake [J]. Trans Amer Fish Soc, 1987, 116: 29-39.

Ecological Conversion Efficiencies of 8 Fish Species in Yellow Sea and Bohai Sea and Main Influence Factors

TANG Qisheng, SUN Yao, GUO Xuewu, ZHANG Bo

(Yellow Sea Fisheries Research Institute, Chinese Academy of Fishery Sciences, Qingdao 266071, China)

Abstract: The ecological conversion efficiencies of 8 fish species in the Yellow Sea and the Bohai Sea and main influence factors were studied by laboratory and *in situ* methods. Moreover, results determined by laboratory method were compared with those by *in situ* one. The results showed that: ① There were significant differences among ecological conversion efficiencies of 8 fish species. The change range of food or energy conversion efficiencies of the fishes were 12.9%~39.0% or 14.8%~46.1% respectively. ② Both of the specific growth rates and ecological conversion efficiencies changed along with differences of following ecological and physiological factors, such as temperature, body weight, feeding level, food species and social behavior etc. The ecological conversion efficiencies tended to show inverted "U" change with rise of temperature and feeding level, and decelerating decrease with body weight increment. The feeding levels and specific growth rates could be significantly changed by differences of food species and social behavior, but energy conversion efficiencies could not. ③ There were significant differences, which changed with different fish species, between the results determined by laboratory and in situ methods.

Key words: Ecological conversion efficiency; Influence factors; Marine fish; Yellow Sea and Bohai Sea

7 种海洋鱼类的生物能量学模式①

唐启升，孙耀，张波

（中国水产科学研究院黄海水产研究所，农业部海洋渔业资源可持续利用重点开放实验室，青岛 266071）

摘要：根据室内流水实验法，定量研究了黄、渤海生态系统 7 种鱼类能量收支组分，并建立了相应的生物能量学模式。7 种海洋鱼类的生物能量学模式显著不同，并可分为 3 类：①较低代谢和较高生长，如黑鲪、矛尾虾虎鱼；②较高代谢和较低生长，如欧氏六线鱼和黑鲷；③代谢和生长均处于中等水平，如真鲷、红鳍东方鲀和鲐。其差异原因可能与这 7 种海洋鱼类的生态习性不同相关。与淡水肉食性鱼类比较，7 种海洋鱼类的代谢能明显偏高，表明海洋鱼类属于高代谢消耗、低生长效率型鱼类。

关键词：能量收支；生物能量学模式；海洋鱼类

食物网营养动力学是全球海洋生态系统动力学（GLOBEC）研究的重要议题[1]，因此，近海生态系统动力学的重要研究任务之一便是从能量转换的角度去分析食物链/网中主要捕食者与被捕食者之间的定量关系，进而认识上行或下行控制作用对资源生产的影响，探讨资源优势种的交替规律及补充机制[2]。显然，要解决上述科学问题，首先需要了解海洋高营养层次重要种类的生物能量学特征。但迄今为止，有关该方面的研究在海洋领域涉及尚较少[3-7]。

鲐（*Scomber japonicus*）、真鲷（*Pagrus major*）、黑鲷（*Acanthopagrus schlegeli*）、红鳍东方鲀（*Takifugu rubripes*）、矛尾虾虎鱼（*Chaeturichthys stigmatias*）、黑鲪（*Sebastes schlegeli*）和欧氏六线鱼（*Hexagrammos otakii*）是黄渤海区域的重要经济鱼种，也是黄渤海生态系统高营养层次的重要生物种类，其中鲐属中上层鱼类，其余均属底层鱼类。开展本项研究，不仅有助于揭示这些高营养层次重要种类的生物能量学特征，也将为生态系统营养动力学建模以及资源管理与增养殖活动提供基础的科学资料。

1 材料与方法

1.1 材料来源与驯养

研究中所采用鲐、真鲷、黑鲷、红鳍东方鲀、矛尾虾虎鱼、黑鲪和欧氏六线鱼均系在青岛沿岸海域捕获或在临近网箱中养成的当年幼鱼。海洋鱼类饲养困难，死亡率高是本项研究一大难点，因此，7 种实验鱼都需要一个较长时间的饲养阶段。首先将实验用鱼置于室内小

① 本文原刊于《水产学报》，27（5）：443-449，2003。

型水泥池中进行预备性驯养，一般需要15～30 d使其摄食趋于正常。此后，将其置于实验水槽中驯养，待其摄食再一次趋于正常后（需7～10 d），才能开始能量收支模拟测定实验。

1.2 实验装置和方法

实验采用室内流水测定方法，其装置见图1。大部分鱼类的实验在0.25 m^3浅蓝色圆形玻璃钢水槽中进行，只有鲐实验使用了1.0 m^3的圆形有机玻璃水槽。水槽内流水速率的调节，以槽内水体中DO，NH_4-N，pH值和盐度等化学指标与自然海水无显著差别为准，一般水交换量大于6 $m^3 \cdot d^{-1}$。实验海水经沉淀和砂滤处理。实验中采用自然光照周期，经遮光处理后的实验最大光照度为250 lx。

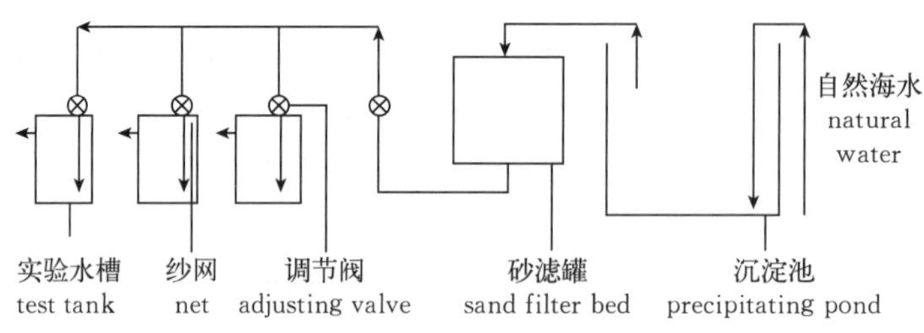

图1 室内流水测定装置

Figure 1 A schematic diagram of the experiment system

能量收支实验的基本条件如表1所示。由于各实验鱼种的生态习性和适应温度不尽相同[8,9]，实验中尽量选择各鱼种适宜的自然温度。实验周期为15 d，实验开始和结束时，分别将鱼饥饿1 d后称重，精度为±0.1 g，实验期间各种鱼的平均生长量±20 g。为使数据具有可比性，实验均在最大摄食水平和用玉筋鱼（*Ammodytes personatus*）作饵料的条件下进行。为了减少实验中饵料的流失量，将玉筋鱼加工成去头和内脏、大小适于实验鱼吞食的鱼段。实验中每天投喂饵料2次，每次投喂后，至下一次投喂前收集残饵和粪便。由于残饵被海水浸泡后有较大幅度的增重，故本文中残饵湿重是其干重经鲜饵料含水量校正后的结果。实验结束后，收集各实验组鱼体、粪便和饵料生物样品，经70 ℃下烘干、粉碎和全样过20目套筛后，进行能值和生化组成分析；能值是采用热量计（XYR-1）直接测定燃烧能方法测定，总氮与总碳是采用元素分析仪（P-E240C）测定，其他则按《食品卫生理化检验方法》（GB/T 5009—1996）进行测定[10]。

表1 7种海洋鱼类能量收支实验条件

Table 1 The conditions of energy budget experiment on seven species of marine fish

鱼种 Fish species	实验条件 experiment conditions				
	实验月份 Month	温度（℃） Temperature	组数 Group number	每组尾数 Individual number	初始重量（g） Initial weight
鲐 *S. japonicus*	8—9	23.1±0.5	4	6	59.5±9.2
真鲷 *P. major*	9—10	19.4±0.5	5	5	37.7±6.2
黑鲷 *A. schlegeli*	9—10	19.8±0.5	5	3	63.4±13.4

（续）

鱼 种 Fish species	实验条件 experiment conditions				
	实验月份 Month	温度（℃） Temperature	组数 Group number	每组尾数 Individual number	初始重量（g） Initial weight
红鳍东方鲀 *T. rubripes*	9—10	19.2±0.9	5	4	35.6±4.5
矛尾虾虎鱼 *C. stigmatias*	9—10	19.1±0.5	5	2	35.2±9.4
黑鲪 *S. schlegeli*	10—11	14.7±0.5	4	3	30.5±8.7
欧式六线鱼 *H. otakii*	10—11	15.0±0.9	4	20	47.0±6.1

本研究所有实验于 1998—2000 年在黄海水产研究所麦岛水实验室内完成。

1.3 模型与参数计算方法

能量收支分配采用 Warren 和 Davis 提出的基本模型[11]：

$$C=F+U+R+G \quad (1)$$

式中，C 为从食物中摄取的能量；F 为排粪能；U 为排泄能；R 为代谢能；G 为生长能。

实验期间总摄食能、总排粪能和总生长能的计算公式分别为：

$$C=E_c \cdot [W_C\ (1-m_C)/W_a]\ \cdot t \quad (2)$$

$$F=E_F \cdot (W_F/W_a) \cdot t \quad (3)$$

$$G=E_c \cdot [\ (1-m_G)\ (W_t-W_0)/W_a] \quad (4)$$

式中，E_C、E_F和E_G分别为实验鱼、粪便和饵料的能值，m_C和m_G分别为实验鱼和饵料所含的水分，W_t为实验后鱼的湿重，W_0为实验前鱼的湿重，W_a为（$W_t \pm W_0$）/2，W_c为饵料日摄入量的湿重，W_F为日排粪量的干重，t 为实验时间。

排泄能依据氮收支平衡式计算[12]：

$$U=(C_N-F_N-G_N)\times 24.8 \quad (5)$$

式中，C_N为食物中获取的氮；F_N为粪便中损失的氮；G_N为鱼体中用于生长的氮；24.8 为每克氨氮的能值（kJ）。

代谢能的计算式为：

$$R=C-F-U-G \quad (6)$$

2 结果

2.1 生化组成分析和能量收支组分估算

7 种海洋鱼类及其粪便、饵料鱼的生化组成分析测试结果如表 2。

根据表 2 和相关的实验数据，应用公式（2）、（3）和（4）计算出 7 种海洋鱼类的摄食能、排粪能和生长能如表 3，其中鲐的摄食能偏高，欧式六线鱼偏低，表明 7 种鱼的摄食量有显著差异。

表 2 7 种海洋鱼类及其粪便和饵料鱼的生化组成

Table 2 The biochemical compositions in 7 marine fishes together with their feces and food

生物种类 Species	样品种类 Sample	水分 (%) Water content	总氮 (% DW) Total nitrogen	总碳 (% DW) Total carbon	蛋白质 (% DW) Protein	脂肪 (% DW) Fat	灰分 (% DW) Ash	比能值 ($kJ \cdot g^{-1}DW$) Energy content
鲐 *S. japonicus*	全鱼 fish	69.48	9.18	54.66	57.38	35.14	12.67	26.42
	粪便 feces	—	3.93	21.54	25.46	—	—	13.35
真鲷 *P. major*	全鱼 fish	68.74	7.99	49.95	49.94	31.72	14.86	24.43
	粪便 feces	—	3.84	30.89	24.00	—	—	18.15
黑鲷 *A. schlegeli*	全鱼 fish	69.79	8.30	50.87	51.88	27.91	13.27	23.75
	粪便 feces	—	3.18	31.28	19.88	—	—	17.17
红鳍东方鲀 *T. rubripes*	全鱼 fish	70.36	9.79	49.61	67.44	20.11	14.21	21.29
	粪便 feces	—	4.24	29.58	26.50	—	—	12.99
矛尾虾虎鱼 *C. stigmatias*	全鱼 fish	66.74	8.96	52.49	56.00	26.90	10.68	23.11
	粪便 feces	—	4.00	32.43	25.00	—	—	13.85
黑鲪 *S. schlegeli*	全鱼 fish	67.69	9.67	51.96	60.44	25.42	11.73	26.20
	粪便 feces	—	3.10	35.77	19.38	—	—	15.65
欧式六线鱼 *H. otakii*	全鱼 fish	76.36	9.98	49.97	68.63	18.32	15.31	20.34
	粪便 feces	—	4.16	30.26	26.00	—	—	13.85
玉筋鱼 *A. personatus*	鱼段 fish fillet①	69.79	9.17	47.73	57.31	16.80	12.48	22.17

注：①表示去头和内脏后的玉筋鱼样品；DW 为干重。

Notes：① means bead-off and viscera-off；DW-dry weight.

表 3 摄食能、排粪能和生长能的测定

Table 3 Daily consumed energy，feces energy and growth energy

单位：$kJ \cdot kg^{-1}$

鱼种 Species	$C\pm$S. D.	$F\pm$S. D.	$G\pm$S. D.
鲐 *S. japonicus*	1305.0±223.4	9.6±0.6	282.3±81.7
真鲷 *P. major*	490.6±101.9	13.4±4.5	127.7±26.0
黑鲷 *A. schlegeli*	441.9±31.4	12.1±2.7	65.4±13.2
红鳍东方鲀 *T. rubripes*	552.1±39.6	53.3±6.5	124.4±39.0
矛尾虾虎鱼 *C. stigmatias*	555.8±123.2	26.4±9.4	191.5±40.6
黑鲪 *S. schlegeli*	429.4±10.6	16.1±0.8	197.9±21.5
欧式六线鱼 *H. otakii*	246.4±115.5	2.5±1.2	30.9±13.4

依据 7 种海洋鱼类从食物中摄取氮、粪便中损失氮和用于生长的氮的实测结果，按式

(5) 计算出排泄氮和排泄能（表 4）。表 4 的实测和计算结果表明：①7 种海洋鱼类从食物中所摄取的氮多数经排泄和排粪过程排出体外，其中排泄是氮支出的主要过程，占氮总支出过程的 57.1%～87.1%；②黑鲪和矛尾虾虎鱼用于生长的氮与摄入氮的比例显著高于其他实验鱼类，占总摄取氮的 30.4%～41.1%，其他鱼类用于生长的氮量较少，约占 11.7%～25.6%。

表 4 7 种海洋鱼类的氮收支量及排泄能估算

Table 4 Nitrogen budget and excretion energy

鱼种 Species	C_N±S. D. g・kg^{-1}・d^{-1}	G_N±S. D. g・kg^{-1}・d^{-1}	F_N±S. D. g・kg^{-1}・d^{-1}	U_N±S. D. g・kg^{-1}・d^{-1}	U±S. D. kJ・kg^{-1}・d^{-1}
鲐 *S. japonicus*	5.866±0.926	0.981±0.284	0.028±0.002	4.857±0.685	120.5±17.0
真鲷 *P. major*	2.029±0.422	0.418±0.085	0.028±0.009	1.583±0.334	39.3±8.3
黑鲷 *A. schlegeli*	1.828±0.135	0.214±0.032	0.021±0.005	1.593±0.146	39.5±3.6
红鳍东方鲀 *T. rubripes*	2.238±0.161	0.572±0.179	0.174±0.021	1.492±0.337	37.0±3.8
矛尾虾虎鱼 *C. stigmatias*	2.299±0.509	0.698±0.294	0.076±0.016	1.525±0.337	37.8±9.2
黑鲪 *S. schlegeli*	1.776±0.044	0.730±0.079	0.032±0.002	1.014±0.037	25.1±0.9
欧式六线鱼 *H. otakii*	1.019±0.478	0.152±0.066	0.007±0.004	0.860±0.412	21.3±10.2

根据表 3 和表 4 摄食能、生长能、排粪能和排泄能的研究结果和式 6，7 种海洋鱼类的代谢能如表 5 所列，其中鲐鱼的代谢能显著高于其他实验鱼类。

表 5 代谢能的估算

Table 5 The metabolism energy

单位：kJ・kg^{-1}・d

鱼种 Species	R±S. D.
鲐 *S. japonicus*	892.6±223.4
真鲷 *P. major*	310.2±66.2
黑鲷 *A. schlegeli*	324.9±31.4
红鳍东方鲀 *T. rubripes*	337.4±33.1
矛尾虾虎鱼 *C. stigmatias*	300.1±69.6
黑鲪 *S. schlegeli*	190.3±10.8
欧氏六线鱼 *H. otakii*	191.8±92.0

2.2 7 种海洋鱼类的生物能量学模式

根据表 3～5 所列出的 7 种海洋鱼类的能量收支组分，包括摄食能、排粪能、排泄能、代谢能和生长能，相应的生物能量学模式如表 6 所列。在能量支出中代谢能是主要组分，生长能其次，在各鱼种之间两者的变动幅度均较大，其代谢能占摄食能的比例为 44.3%～79.4%，生长能为 10.7%～46.1%；排粪能和排泄能相对比较低，除红鳍东方鲀（$F+U=$ 16.5%），仅占摄食能的 9.6%～11.7%。比较这 7 个模式，其生物能量学特征可分为 3 类：①较低代谢和较高生长，如黑鲪、矛尾虾虎鱼；②较高代谢和较低生长，如欧氏六线鱼、黑鲷；③代谢和生长均处于中等水平，如真鲷、红鳍东方鲀和鲐。

表 6　7 种海洋鱼类的生物能量学模式

Table 6　Bioenergetics models for 7 marine fish species

鱼种 Species	模式 models
鲐 *S. japonicus*	$100C=0.8F+9.2U+68.4R+21.6G$
真鲷 *P. major*	$100C=2.7F+8.0U+63.2R+26.0G$
黑鲷 *A. schlegeli*	$100C=2.8F+8.9U+73.5R+14.8G$
红鳍东方鲀 *T. rubripes*	$100C=9.7F+6.8U+60.4R+23.2G$
矛尾虾虎鱼 *C. stigmatias*	$100C=4.8F+6.8U+54.0R+34.5G$
黑鲪 *S. schlegeli*	$100C=3.7F+5.9U+44.3R+46.1G$
欧氏六线鱼 *H. otakii*	$100C=1.0F+8.9U+79.4R+10.7G$

3　讨论与结语

目前，在鱼类生物能量学研究中，测定排泄能和代谢能主要采用两种方法：一种是通过排泄和呼吸实验直接测定得到的；另一种是根据其他能量收支组分的实测结果应用氮收支和能量收支平衡关系计算所得[13,14]。考虑到海洋鱼类对环境变化较为敏感以及驯养和实验操作困难等原因，本研究采用了后一种测定方法。这个方法虽然比较间接，但是，它避免了由于应用排泄和呼吸实验测定排泄能和代谢能对鱼类生长实验的干扰，以及环境变化对生长实验所产生的误差，这种误差往往难以估算。另外，鱼类的排泄和代谢量取决于摄食量，当食物不受限制时，鱼类摄食量呈波浪式变化[15-17]，应用直接测定法仅能测定某一时间段内的排泄能和代谢能，若以其作为整个生长实验期间的平均结果将不可避免地带来误差，也不尽合理。因此，在新的测定方法未产生之前，间接法较适用于海洋鱼类排泄能和代谢能的估算。许多研究结果表明，鱼类的生物能量学模式受年龄、摄食水平等生理生态因子的显著影响[18-21]。为了便于各鱼种之间生物能量学模式的比较，在本研究中，年龄选择相同发育期的当年幼鱼，饵料种类为 7 种实验鱼类的主要天然饵料生物——玉筋鱼，摄食均在最大摄食水平的条件下进行。Cui 和 Wootton[14]依据对不同温度下真鲅（*Phoxinus phoxinus*）的能量分配模式研究结果，以及文献中的一些间接证据，提出了摄食不受限制时，鱼类食物能分配于能量收支各组分的比例不受温度影响的假设，淡水鱼类南方鲇和草鱼能量收支的研究支持了这一假设[22,23]；但上述假设却似乎并不适于海洋鱼类。对真鲷、黑鲷等海洋鱼类的研究结果表明，在摄食不受限制的实验条件下，其能量分配模式受温度影响显著[24,25]。因此，本研究在设置不同鱼类实验温度时，根据各鱼种的生态习性，尽可能选择适宜其生长的温度，以便使各实验鱼种的能量收支测定结果能够在相对一致的条件下进行比较。

本研究结果表明，7 种海洋鱼类的生物能量学模式有显著差异，种间代谢能的变化是产生这种差异的主要原因。这个特征可能与海洋鱼类的生态习性差异较大有关。在本研究的 7 种鱼类中，有 6 种同属底层肉食性鱼类，但其生态习性则各不相同。黑鲪和矛尾虾虎鱼平常游动较少，从食物中摄取的能量较少被用于活动代谢上，因此，黑鲪和矛尾虾虎鱼属于低消耗、高生长型鱼类。真鲷具有显著的集群洄游和游动觅食特征，活动代谢量相对较大，故其能量收支中代谢能分配率较高。黑鲷的集群洄游和游动觅食特征更明显，且在实验期间黑鲷具有较明显的追逐和互残现象，这些因素都必然增大其活动代谢量，从而使黑鲷代谢能分配率显著高于真鲷。欧氏六线鱼是附礁生活的鱼类，实验环境与生存环境上的较大差距导致其经常处于惊恐状态，这可能是欧氏六线鱼代谢能分配率在所有 7 种实验鱼类中最高的主要原因。鲐鱼属典型的中上层鱼类，具有强烈的集群洄游和游动觅食特征，虽然上述特征在室内个体实验中表现不像天然状态下那么明显，但仍可用来解释其代谢分配能偏高的现象。这里需要指出，由于条件限制，室内实验可能会影响某些鱼种（如鲐和六线鱼）的代谢活动，应探索新的方法（如应用现场实验）进一步校正所得到的能量学参数。

本研究也揭示了海洋鱼类生物能量学的另一个特征，即在能量支出组分中，代谢是影响生长能分配的主要因素，两者具有较高的相关性（$r=-0.98$，$P<0.01$），较有代表性的实验鱼种是鲐和黑鲪。如表 3、表 5 和表 6 的研究结果所示，虽然鲐的摄食量较大（其摄食能值为其他实验鱼种的 2.3～5.3 倍），但因代谢消耗的能量太多（为其他实验鱼种的 2.6～4.7 倍），故其用于生长的能量相对较低；黑鲪的摄食量在 7 种实验鱼种中是比较低的，但它的生长能却比较高，仅次于矛尾鲷虎鱼，这是因为在摄食能中用于代谢消耗的能量比较少，而能够有更多的能量用于生长。当然，也有例外情况出现——其他因素也会对生长能分配有所影响，但影响较小，如红鳍东方鲀属于代谢消耗偏低的鱼类，但因排粪能偏高，影响了生长能的分配，在 7 种实验鱼类中它的生长能处于中等水平。上述分析也基本解释了为什么海洋鱼类种间的生态转换效率有显著差异[26]，也就是说因为种间代谢特征的不同影响了生长能分配，从而导致了种间生态转换效率的显著差异。

崔奕波等[27]建立了 13 种淡水鱼类的平均能量收支模式：$100A=60R+40G$，其中 A 为同化能（$A=C-F-U$），相应的 7 种海洋鱼类（表 7）的平均能量收支式为 $100A=71.5R+28.5G$。两个收支式有明显差异，且主要表现在海洋鱼类同化能中用于代谢的比例偏高，而用于生长的比例明显较低。由于两种平均模式都是在最大摄食水平下得到的，且本研究中还注意了实验鱼的适宜生长温度、相近的生长发育阶段和相同的饵料等实验条件的选择，所以，基本可以排除因实验条件不同而造成两种平均模型的显著差异。海洋鱼类与淡水鱼类的生存环境和生态习性都存在着很大差异，海洋环境的特殊性使得海洋鱼类需要有较多的能量用于体内代谢活动，从而降低了生长效率。因此，与淡水鱼类相比，7 种海洋鱼类的能量收支属于高代谢消耗和低生长效率类型。

表 7 以同化能表示的 7 种海洋鱼类能量收支

Table 7 Budget models expressed by assimilation energy

鱼种 Species	模式 Models
鲐 *S. japonicus*	$100A=76.0R+24.0G$
真鲷 *P. major*	$100A=70.8R+29.2G$
黑鲷 *A. schlegeli*	$100A=83.2R+16.8G$
红鳍东方鲀 *T. rubripes*	$100A=72.2R+27.8G$
矛尾虾虎鱼 *C. stigmatias*	$100A=61.1R+38.9G$
黑鲪 *S. schlegeli*	$100A=49.0R+51.0G$
欧氏六线鱼 *H. otakii*	$100A=88.1R+11.9G$

感谢陈超、刘忠强和于宏等为本研究实验鱼采集和驯养提供的建议和帮助。

参考文献

[1] Anon. Global Ocean ecosystem dynamics (GLOBEC): Implementation plan [R]. IGBP Report 47 (GLOBEC Report 13), Stockholm: IGBP Secretariat, 1999.

[2] Tang Q S, Su J L. Study on ecosystem dynamics in China coastal ocean: Ⅰ Key scientific questions and development strategy [M]. Beijing: Science Press, 2000. [唐启升，苏纪兰．中国海洋生态系统动力学研究：Ⅰ关键科学问题和发展战略 [M]. 北京：科学出版社，2000.]

[3] Hansen M J, Boisclair S B, Brandt S W, et al. Applications of bioenergetics models to fish ecology and management: where do we go from here? [J] Trans Amer Fish Soc, 1993, 122 (5): 1019.

[4] Ney J J. Bioenergetics modeling today: growing pains on the cutting edge [J]. Trans Amer Fish Soc, 1993, 122: 736.

[5] Boisclair D T, Sirois P. Testing assumptions of fish bioenergetics models by direct estimation of growth, consumption, and activity rates [J]. Trans Amer Fish Soc, 1993, 122: 784.

[6] Hop H, Tonn W M, Welch H E. Bioenergetics of Arctic cod at low temperatures [J]. Can J Fish Aqua Sci, 1997, 54: 1772.

[7] Tang Q S. Srategies of research on marine food web and trophodynamics at high trophic levels [J]. Mar Fish Res, 1999, 20 (2): 1-6. [唐启升．海洋食物网与高营养层次营养动力学研究策略 [J]. 海洋水产研究，1999，20 (2)：1-6.]

[8] Deng J Y, Meng T X, Ren S M, et al. Species composition, abundance and distribution of fishes in the Bohai Sea [J]. Mar Fish Res, 1988 (9): 11-89. [邓景耀，孟田湘，任胜民，等．渤海鱼类种类组成及数量分布 [J]. 海洋水产研究，1988 (9)：11-89.]

[9] Zhao C Y, Liu X S, Zeng B G, et al. Marine fisheries resources of China [M]. Zhejiang: Science and Technology Press, 1987, 23-130. [赵传絪，刘效舜，曾炳光，等．中国海洋渔业资源 [M]. 浙江：科学技术出版社，1987，23-130.]

[10] Anon. Method of food hygienic analysis, physical-chemical section (GB/T 5009—1996) [S]. Beijing: Chinese Standard Press, 1997, 17-24. [食品检验方法 理化部分 (GB/T 5009—1996) [S]. 北京：中国标准出版社，1997，17-24.]

[11] Warren C E, Davis G E. Laboratory studies on the feeding, bioenergetics and growth of fish [A]. T biological basis of freshwater fish production (Gerking S D, ed.) [M]. Oxford: Blackwell Scientific Publication, 1967, 175-214.

[12] Cui Y, Liu X, Wang S. Growth and energy budget of young grass carp, *Ctenopharyn-godon idella* Val., fed plant and animal diets [J]. J Fish Biol, 1992, 41: 231.

[13] Elliott J M. Energy losses in the waste products of brown trout (*Salmo trutta* L.) [J]. *J Anim Ecol*, 1976, 45: 561-580.

[14] Cui Y, Wootton R J. Parrern of energy allocation in the minnow *Phoxinus phoxinus* (L.) (Pisces: Cyprinidae) [J]. Funct Ecol, 1988, 2: 57-62.

[15] Cui Y. Bicenergitics and growth of a teleost, *Phoxinus phoxinus* (Cyprinidae) [D]. Ph D thesis, University of Wales, Aberyswyth, 1987.

[16] Farbridge K J, Leatherland J F. Luner cycles of coho salmon, *Oncorhynchus kisutch*, growth and feeding [J]. J Exp Biol, 1987, 129: 165-178.

[17] Wagner G F, McKeown B A. Cyclical growth in juvenile rainbow trout [J]. Can J Zool, 1985, 63: 2473-2474.

[18] Cui Y, Hung S S O, Zhu X. Effect of ration and body size on the energy budget of juvenile white sturgeon [J]. J Fish Bio, 1996, 49: 863-876.

[19] Sun Y, Zhang B, Tang QS. Effect of ration and food species on energy budget of *Sabastodes fuscescens* [J]. Mar Fish Res, 2001, 22 (2): 32-37. [孙耀，张波，唐启升．摄食水平和饵料种类对黑鲉能量收支的影响 [J]. 海洋水产研究，2001，22 (2): 32-37.]

[20] Sun Y. Zhang B, Guo X W, et al. Effect of body weight on energy budget of *Sabastodes fuscescens* [J]. Mar Fish Res, 1999, 20 (2): 66-70. [孙耀，张波，郭学武，等．体重对黑鲉能量收支的影响[J]. 海洋水产研究，1999，20 (2): 66-70.]

[21] Xie Q S, Cui Y B, Yang Y X. Effect of body weight on growth and energy budget of Nile tilapia, *Oreochromis niloticus* [J]. Aquac, 1997, 157: 25-34.

[22] Cui Y, Chen S, Wang S. Effect of temperature on the energy budget of the grass carp, *Ctenopharyngodon idellus* Val [J]. Oceano et Limno Sinica, 1995, 26 (2): 16-174. [崔奕波，陈少莲，王少梅，温度对草鱼能量收支的影响 [J]. 海洋与湖沼，1995，26 (2): 169-174.]

[23] Xie X. Pattern of energy allocation in the southern catfish, *Silurrus meridionalis* [J]. J Fish Biol, 1993, 42 (2): 197-207.

[24] Sun Y. Zhang B, Guo X W, et al. Effect of temperature on energy budget of *Pagrosomus major* [J]. Mar Fish Res, 1999, 20 (2): 54-59. [孙耀，张波，郭学武，等．温度对真鲷（*Pagrosomus major*）能量收支的影响 [J]. 海洋水产研究，1999，20 (2): 54-59.]

[25] Sun Y, Zhang B. Guo X W, et al. Effect of temperature on energy budget of *Sparus macrocephalus* [J]. Acta Ecol Sin, 2001, 21 (2): 186-190. [孙耀，张波，郭学武，等．温度对黑鲷（*Sparus macrocephalus*）能量收支的影响 [J]. 生态学报，2001，21 (2): 186-190.]

[26] Tang Q S, Sun Y, Guo X W, et al. Ecological conversion efficiencies of 8 fish species in Yellow Sea and Bohai Sea and main influence factors [J]. J Fish China, 2002, 26 (3): 193-225. [唐启升，孙耀，郭学武，等．黄渤海 8 种鱼类的生态转换效率及其影响因素 [J]. 水产学报．2002，26 (3): 193-225.]

[27] Cui Y, Liu J. Comparison of energy budget among six teleosts Ⅲ. Growth rate and energy budget [J]. Comp Biochem Physiol, 1990, 97A: 381.

Bioenergetics Models for Seven Species of Marine Fish

TANG Qisheng, SUN Yao, ZHANG Bo

(Key Laboratory for Sustainable Utilization of Marine Fisheries Resources of Ministry of Agriculture, Yellow Sea Fisheries Research Institute, Chinese Academy of Fishery Science, Qingdao 266071, China)

Abstract: Based on flow-through method under the laboratory conditions, the energy budgets were measured and the bioenergetics models were described for seven species of fish distributed in the Bohai Sea and Yellow Sea ecosystem. As a result, the patterns of energy allocation for these seven species of marine fish can be classed into three categories: ① lower metabolic consumption and higher growth efficiency, e. g. Schlegel's black rockfish and finespot goby; ② higher metabolic consumption and lower growth efficiency, e. g. black porgy and fat greenling; ③ both metabolic consumption and growth efficiency in medium level, e. g. red seabream, tiger puffer and chub mackerel. The significant difference of energy budgets in these seven species of marine fish is presumably related to the species distinction in their ecological habits. In comparison with freshwater carnivorous fish, the metabolism energy in these seven species of marine fish is higher than that of the average in the relative freshwater species, indicating that the marine fish should be categorized as those of high metabolic consumption and low growth efficiency.

Key words: Energy budget; Bioenergetics model; Marine fish

渤、黄海4种小型鱼类摄食排空率的研究[①]

孙耀，刘勇，张波，唐启升
（中国水产科学研究院黄海水产研究所，青岛266071）

摘要　采用现场或实验室模拟法测定了体重分别为（6.72±1.95）g、（2.03±0.46）g、（0.68±0.15）g和（2.18±0.60）g的渤、黄海4种小型鱼类斑鰶、赤鼻棱鳀、玉筋鱼和小鳞鱵的摄食排空率；并比较了线性、指数和平方根3种常用数学模型对其排空曲线的拟合程度。统计检验结果表明，4种实验鱼类的摄食排空曲线均可较好地用3种数学模型进行拟合（$df=7-10$，$R^2=0.7852-0.9787$，$P<0.01$）；如果以r^2为指标评价，指数模型对玉筋鱼和小鳞鱵的拟合程度较高，而平方根和直线模型较适于描述赤鼻棱鳀和斑鰶；综合评价结果则进一步表明，指数模型最适于定量描述4种鱼类的摄食排空曲线，平方根模型次之，直线模型较差。4种鱼类摄食排空率有较大差异，从排空起始至胃含物的5%，用时范围在11.64～24.70 h之间；本实验条件下，4种鱼类摄食排空率顺序为：玉筋鱼＞赤鼻棱鳀＞斑鰶＞小鳞鱵。引起不同鱼类摄食排空率显著差异的原因可能与胃结构有关。

关键词　摄食排空率；小型鱼类；渤、黄海

鱼类的摄食排空率（gastric evacuation rate，GRE）是指摄食后食物从胃中排出的速率；与摄食率、转化率和吸收率等一样，都是鱼类生理、生态学的重要参数。把排空率与现场连续取样测得的胃含物相互结合，经常被用来估算日摄食量、摄食周率和生态转换效率等一些生态学参数（Swenson et al.，1973；Eggers，1977；Elliott et al.，1978；Jobling，1981），其中Eggers（1977）模型和Elliott等（1978）模型均已被证实是两种较好的模型（Boisclair et al.，1988，1993；Mehner，1996；Post，1990）。由于用现场方法所测得的数据更接近于自然状况（Ney，1993），故自20世纪60年代以来，国外出现了大量关于鱼类摄食排空率的文献报道，且已测定了一些鱼类的摄食排空率。目前国内已经开展了一些室内控制条件下的鱼类和贝类摄食特征（殷名称等，1999；方建光等，1999）和现场条件下的浮游动物摄食特征（李超伦等，2000），但关于鱼类摄食排空率的文献报道尚较少见。

自20世纪80年代以来，以斑鰶（*Clupanodon punctatus*）、赤鼻棱鳀（*Thryssa kammalensis*）、玉筋鱼（*Ammodyte personatus*）和小鳞鱵（*Hyporhamphus sajori*）为代表的一些小型鱼类已逐渐演替为渤、黄海主要鱼类生物资源（邓景耀等，1988；韦晟等，1992）；由于这些鱼种在该海域食物网结构中扮演着重要角色（唐启升，2000），故有关其摄食排空率的研究，将推动我国海洋鱼类生态能量学现场研究的发展，同时为渤黄海食物网的物流、能流过程和建立营养动力学模型提供基础资料。

① 本文原刊于《海洋与湖沼》，33（6）：679-684，2002。

1 材料与方法

1.1 实验方法

斑鰶、赤鼻棱鳀和玉筋鱼于 1998 年 10 月和 2000 年 6 月用小型围网或定置网捕自山东半岛的近岸海域。因这类小型海洋鱼类极易受伤死亡，故在围捕、运输至室内实验的过程中，应避免离水操作；实验鱼转移至室内 2.5 m^3 玻璃钢水槽内，经浓度为 2～4 mg/L 氯霉素溶液处理，待存活率和摄食行为趋于正常，开始实验。驯养期间，每天 6:00 和 16:00 两次投饵，且始终保持实验水体中有过量的饵料存在，以使实验鱼尽可能保持天然摄食状态；实验用饵料采用人工孵化 1～2 d 的卤虫幼体。小鳞鱵则于 2001 年 8 月用小型围网捕自青岛市沿海鱼类网箱养殖区，因目前尚不能完成小鳞鱵的室内驯养，故实验在规格为 4 m^3 的、用 300 目筛绢制成的现场网箱内进行；由于所使用网箱的网目尺寸微小，故实验水体需充气处理，以加速网箱内外的海水交换，提高实验水体中的溶解氧含量。

取饱和投喂下的斑鰶、赤鼻棱鳀和玉筋鱼各 120～200 尾，分别置于室内 0.5 m^3 有机玻璃水槽内进行排空率实验；该实验海水经高压砂滤及脱脂棉＋300 目筛绢再过滤后进入水槽。在摄食高峰期间，用小型围网在现场围捕小鳞鱵 200 余尾，立即置于现场实验网箱内进行排空率实验。实验自实验鱼移入起始，每间隔 1.0～1.5 h 取样 5～20 尾，共取 8～11 次，每次取样后立即用 10%福尔马林固定。由于被研究鱼类的个体偏小，故胃含物用全消化道内含物代之；取被固定的鱼类样品，测定其体重和消化道内含物重量；消化道食物量的定量方法如下：取出整个消化道（食道＋胃＋肠道），用吸水纸吸干水分后称湿重，洗去消化道内食物，称取空消化道重量，两个重量之差即为消化道内含物重量。称重采用压电式单盘电子天平（Model BP221S，Made in Sartorius），其最大称重量为 220 g，称量精密度为 0.000 1 g。实验在自然温度下进行。

1.2 模型的选择

选用目前胃排空研究中最常用的 3 种数学模型来拟合本实验中所取得的数据：

直线模型：$S_t = A - R_t \cdot t$ (Swenson et al.，1973；Hopkins et al.，1990)

指数模型：$S_t = A \cdot exp\ (-R_t \cdot t)$ (Buckel et al.，1996)

平方根模型：$S_t^{0.5} = A - R_t \cdot t$ (Jobling，1981)

式中，S_t为瞬时消化道内含物湿重（10^{-2} g/g），R_t为瞬时排空率［10^{-2} g/(g·h)］，t为排空率实验开始后的时间（h），A为常数。

本研究中，用回归曲线相关系数的平方值（r^2）检验各种排空模型对实测值的拟合程度；以综合指标 $r_s = \sum_{i=1} \frac{r_i}{n}$ 最大值为选择最佳排空模型的标准，式中 r_i为某一鱼种的 r^2 值，n 为实验鱼种数量。

2 结果

在排空实验中，4 种鱼类瞬间胃含物湿重随时间的变化见图 1。图中的每一个黑点都代

表一组鱼类的平均数，由于每组斑鰶和赤鼻棱鳀的取样量为 5 尾，与每组取样量为 10～20 尾的玉筋鱼和小鳞鱵比较，其排空曲线的平滑性显著较差。由于小鳞鱵的排空实验是在现场进行的，而在现场条件下要控制实验水体中完全无饵料存在十分困难，故从图 1 中可明显看出，相对在室内进行实验的其他 3 种鱼来说，小鳞鱵摄食排空过程进行的不是很完全。用直线、指数和平方根 3 种数学模型分别拟合所测得的 4 种鱼类的摄食排空实验数据，可发现所有这 3 种数学模型的拟合结果都呈显著相关关系（$df=7-10$，$P<0.01$）。比较同一种鱼类各模型拟合曲线的 r^2 值可发现，指数模型能够较好地拟合玉筋鱼和小鳞鱵的摄食排空曲线，而平方根和直线模型则较适于拟合赤鼻棱鳀和斑鰶（表 1）。综合评价结果则进一步表明，指数模型、平方根模型和直线模型对 4 种鱼类的综合评价因子 r_s 分别为 0.901 7、0.893 3 和 0.855 4，显然指数模型最适于定量描述 4 种鱼类的摄食排空曲线，平方根模型次之，直线模型最差。

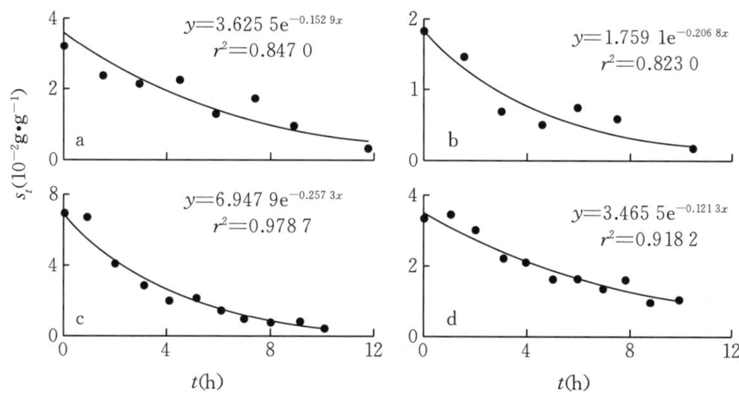

图 1　摄食后 4 种鱼类胃含物湿重随时间的变化

Figure 1　The change of wet weight of remain food in the stomachs of 4 fish species with time

a. 斑鰶　b. 赤鼻棱鳀　c. 玉筋鱼　d. 小鳞鱵

表 1　3 种数学模型对不同实验鱼类摄食排空曲线的拟合结果

Table 1　The fitting result of 3 experiential models to gastric evacuation curves of 4 fish species

鱼种类	排空模型	实验温度（℃）	鱼体重（g）	A	R_t	r^2
斑鰶	直线模型	17.7±0.3	6.72±1.95	2.993 2	0.212 5	0.904 3
	指数模型			3.625 5	0.152 9	0.877 0
	平方根模型			1.784 4	0.087 0	0.898 2
赤鼻棱鳀	直线模型	16.1±0.6	2.03±0.46	1.506 7	0.138 9	0.785 2
	指数模型			1.759 1	0.206 8	0.833 0
	平方根模型			1.250 0	0.080 3	0.834 1
玉筋鱼	直线模型	20.3±1.4	0.68±0.15	5.789 4	0.624 7	0.843 7
	指数模型			6.947 9	0.257 3	0.978 7
	平方根模型			2.465 4	0.192 5	0.931 2
小鳞鱵	直线模型	26.1±0.2	2.18±0.60	3.271 3	0.244 9	0.888 3
	指数模型			3.465 5	0.121 3	0.918 2
	平方根模型			1.828 4	0.085 2	0.909 5

表 2 中列出了用指数排空模型预测 4 种鱼类消化道内给定比例残余食物的时间结果。从中可见，在本实验条件下，4 种鱼类排空率有较大差异，排空至起始胃含物的 5%，用时范围在 11.64～24.70 h 之间；4 种鱼类摄食排空率顺序为：玉筋鱼＞赤鼻棱鳀＞斑鰶＞小鳞鱵。

表 2 用指数排空模型预测 4 种鱼类消化道内给定比例残余食物的时间

Table 2 Predicting remain food in enteron of 4 fish species with index models

鱼种类	预测消化道内给定比例残余食物的时间（h）						
	90%	75%	50%	25%	10%	5%	1%
斑鰶	0.69	1.88	4.53	9.07	15.06	19.59	30.12
赤鼻棱鳀	0.51	1.39	3.35	6.70	11.13	14.49	22.27
玉筋鱼	0.41	1.12	2.69	5.39	8.95	11.64	17.90
小鳞鱵	0.87	2.37	5.71	11.43	18.98	24.70	37.97

3 讨论

鱼类的摄食排空方式及其影响因素复杂多样（张波等，2001），因此选择一个能较好地定量描述摄食排空规律的数学模型，一直是鱼类生态学迄今尚存在争议的问题（Jobling，1986，1987）。目前文献中已使用的模型有十多种，但最经常使用的是指数模型、平方根模型和直线模型。Jobling（1987）重新分析了许多业已发表的数据认为，指数模型在描述鱼类摄食粒度小、易消化食物的排空曲线时最好，而直线模型更适合较大的食物；Persson（1981）和 Elliott（1991）则认为指数模型对一些大的食物也能很好地适合。除斑鰶食性稍杂外，赤鼻棱鳀、玉筋鱼和小鳞鱵均属纯浮游生物食性鱼类，它们的摄食满足指数排空模型的基本条件，但迄今尚没有资料证明指数排空模型是否一定适用于这些鱼类。本研究结果表明，指数模型的确能较好地描述这些渤、黄海浮游生物食性小型鱼类的摄食排空规律，虽然从统计学意义上来说，指数模型、平方根模型和直线模型都能很好地描述其摄食排空规律，但其中仍以指数模型为最佳选择。另外，从鱼类生态学角度来看，由于浮游动物各身体组织的易消化程度不同，在被鱼类摄入后，易消化组分很快被鱼体吸收，胃肠含物中浮游动物外壳等难吸收组分的比例越来越高，从而使消化速率逐渐降低；显然，上述三种模型中只有指数模型能满足这一变化规律的描述。

Persson（1979）和 Hofer 等（1982）的研究表明，多次摄食的摄食排空率显著高于一次性摄食，且摄食越频繁排空率越快。以往在室内进行的鱼类排空率研究（张波等，1999，2000），多采用一次性投饵方式，故可能使测得的排空率偏低；本研究中采用排空率测定前始终保持饵料生物过量的方式，目的是想通过食物不受限制，使研究鱼类保持天然摄食状态，从而消除摄食频率所引起的偏差。

玉筋鱼、赤鼻棱鳀与斑鰶的胃构造有明显差别，其中玉筋鱼、赤鼻棱鳀无胃或呈管状胃；而斑鰶因食性是有机碎屑和杂食性的（郭学武等，1999），故胃结构相对复杂，尤其是幽门胃肌肉发达，有利于研磨和压碎食物。玉筋鱼和赤鼻棱鳀的摄食排空率显著大于斑鰶，显然与其胃构造简单，从而导致食物在胃内的存留时间短相关。小鳞鱵的胃构造与玉筋鱼、赤鼻棱鳀相似，但排空率却比斑鰶还低的原因，则可能是现场实验条件控制难度较大，排空实验的水体中仍有少量饵料，致使胃内食物排空过程进行的不完全，这无疑将造成其摄食排空率较低的假象；所以，现场模拟测定虽能减小实验环境与现场环境之间的差异而减小测定误差，但也可能因难于很好地控制现场实验条件而引起相反的结果。温度、体重等因素也能改变鱼类的摄食排空速率（张波等，2001），但对本研究鱼类排空率大小顺序的排列影响不明显。

参考文献

邓景耀，孟田湘，任胜民，1988. 渤海鱼类的食物关系．海洋水产研究，9：151-171.

方建光，孙慧玲，张银华，等，1999. 泥蚶幼虫滤水率和摄食率的研究．海洋与湖沼，30（2）：167-171.

郭学武，张波，孙耀，等，1999. 斑鰶的摄食与生态转换效率．海洋水产研究，20（2）：17-25.

李超伦，王荣，2000. 莱州湾夏季浮游桡足类的摄食研究．海洋与湖沼，31（1）：15-22.

唐启升，2000. 海洋食物网与高营养层次营养动力学研究策略．海洋水产研究，20（2）：1-6.

韦晟，1992. 黄海鱼类食物网的研究．海洋与湖沼，23（2）：182-192.

殷名称，鲍宝龙，苏锦祥，1999. 真鲷仔鱼早期阶段的摄食能力——发育反应和功能反应．海洋与湖沼，30（6）：591-596.

张波，孙耀，郭学武，等，1999. 真鲷的摄食排空率．海洋水产研究，20（2）：86-89.

张波，孙耀，唐启升，2000. 黑鲷的摄食排空率．应用生态学报，11（2）：287-289.

张波，孙耀，唐启升，2001. 鱼类的摄食排空率及其影响因素．生态学报，21（4）：665-670.

Boisclair D，Leggett W C，1988. An in situ experimental evaluation of the Elliot and Persson and the Eggers models for estimating fish daily ration. Can J Fish Aquat Sci，45：138-145.

Boisclair D，Sirois P，1993. Testing assumptions of fish bioenergetics models by direct estimation of growth，consumption，and activity rates. Trans Am Fish Soc，122：784-796.

Buckel J A，Conover D O，1996. Gastric evacuation rate of piscivorous Young-of-the-Year bluefish. Trans Am Soc，125：591-599.

Eggers D M，1977. Factors in interpreting data obtained by diel sampling of fish stomachs. J Fish Res Board Can，34：290-294.

Elliott J M，Person L，1978. The estimation of daily rates of food consumption for fish. J Anim Ecol，47：977-993.

Elliott J M，1991. Rates of gastric evacuation of piscivorous brown trout，*Salmo trutta*. Fresh Biol，25：297-305.

Hofer R，Forster H，Rettenwander R，1982. Duration of gut passage and its dependence on temperature and food consumption in roach，*Rutilua rutilus*（L.），laboratory and field experiment. J Fish Biol，20：289-301.

Hopkins T E，Larson R J，1990. Gastric evacuation of three food types in the black and yellow rockfish *Sebastes chrysomelas*（Jordan and Gilbert）. J Fish Biol，36：673-682.

Jobling M，1981. Mathematical models of gastric emptying and the estimation of daily rates of food consumption for fish. J Fish Biol，19：245-257.

Jobling M，1986. Mythical models of gastric emptying and implication for food consumption studies. Environ Biol Fish，16：35-50.

Jobling M，1987. Influences of food particle size and dietary energy content on patterns of gastric evacuation in fish: test of a physiological model of gastric emptying. J Fish Biol, 30: 299 - 314.

Mehner T, 1996. Predation impact of age-0 fish on a copepod population in a Baltic Sea inlet as estimated by two bioenergetics models. J Plankton Res, 18 (8): 1323 - 1340.

Ney J J, 1993. Bioenergetics modeling today: growing pains on the cutting edge. Trans Amer Fish Soc, 122: 736 - 748.

Persson L, 1979. The effects of temperature and different food organisms on the rate of gastric evacuation in perch (*Perca fluviatilis*). Freshwat Biol, 9: 99 - 104.

Persson L, 1981. The effects of temperature and meal size on rate of gastric evacuation in perch, *Perca fluviatilis*, fed on fish larvae. Freshwat Biol, 11: 131 - 138.

Post J R, 1990. Metabolic allometry of larval and juvenile yellow perch (*Perca flavescens*): *in situ* estimates and a bioenergetic models. Can J Fish Aquat Sci, 47: 554 - 560.

Swenson W A, Smith L L, 1973. Gastric digestion, food consumption and food conversion efficiency in walleye, *Stizostedion vitreum vitreum*. J Fish Res Bd Can, 30: 1327 - 1336.

Gastric Evacuation Rates of 4 Small-size Fish Species in Bohai and Yellow Seas

SUN Yao, LIU Yong, ZHANG Bo, TANG QiSheng

(*Yellow Sea Fisheries Research Institute, Chinese Academy of Fishery Sciences, Qingdao 266071*)

Abstract: Studies were carried out in laboratory and in situ on the gastric evacuation rates of 4 fish species (*Clupanodon punctatus*, *Thryssa kammalensis*, *Ammodytes personatus*, *Hyporhamphus sajori*) in Bohai and Yellow Seas, with the their weight being at (6.72±1.95) g, (2.03±0.46) g, (0.68±0.15) g and (2.18±0.60) g, respectively. The goodness of fit of three mathematical models in common uses for the gastric evacuation was compared, including linear, exponential and square root model. According to the statistical test, all the three models could fit quite well the gastric evacuation of the 4 tested fish species ($df=7-10$, $r^2=0.785\,2-0.978\,7$, $P<0.01$). If using r^2 as assessment index, the exponential model could very well fit *Ammodytes personatus* and *Hyporhamphus sajori*, while square root model and linear model could much better fit *Thryssa kammalensis* and *Clupanodon punctatus*. Based on the synthetic assessment, the exponential model is best suitable for quantitatively describing the gastric evacuation of the 4 fish species, square root model came second. Significant differences were observed among the 4 gastric evacuation rates. It would take 11.64 h to 24.70 h from initial evacuation to 5% fullness of stomach content. The sequence of gastric evacuation rates of the 4 fish species were: *Ammodytes personatus*>*Thryssa kammalensis*> *Clupanodon punctatus*> *Hyporhamphus sajori*. The main reason caused the significant difference of the gastric evacuation rates among the test fish species was possibly due to their different stomach structure, except *Hyporhamphus sajori*.

Key words: Gastric evacuation rate; Small-size fish; Bohai and Yellow Seas

摄食水平和饵料种类对 3 种海洋鱼类生长和生长效率的影响①

孙耀，张波，陈超，唐启升
（中国水产科学研究院黄海水产研究所，青岛 266071）

摘要： 采用室内流水模拟法测定了摄食水平与饵料生物种类对真鲷、黑鲷、黑鲪特定生长率和生长效率的影响。3 种实验鱼类的特定生长率均随摄食水平增大呈减速增长趋势，二者间的定量关系可用对数曲线描述；而其生长效率则均随摄食水平增大呈倒 U 形变化趋势，二者间的定量关系可用二次曲线描述。曲线相关检验结果表明，其特定生长率和生长效率与摄食水平之间均呈显著相关关系。依据上述定量关系，分别求得 3 种鱼的维持摄食量和最佳摄食量，其中黑鲪的维持摄食量最低。以玉筋鱼为饵料时，3 种鱼类的特定生长率和生长效率湿重均显著高于摄食鹰爪糙对虾，但用能值计算的生长效率则没有这种差异。

关键词： 真鲷；黑鲷；黑鲪；特定生长率；生长效率；摄食水平；饵料种类

我国海洋鱼类生态学研究多集中于自然种群结构及其数量变动上[1-3]。鉴于这种现场调查本身的局限性，要深入了解和定量鱼类在海洋生态系统中的功能与过程，则需配合现场或室内实验模拟手段，以期进行更深一步的探讨。生态转换效率是指处于食物网某一环节的生物生长量与食物摄入量的比值，而鱼类生长效率则是定量水生生态系统高营养层次食物网能量和物质传递的重要环节[4-6]。因此，进行海洋鱼类生长效率的研究，对海洋食物网营养动力学过程的定量十分重要。但迄今为止，国内有关方面的研究尚较少涉及[7,8]。显然，上述研究状况，难以满足我国业已启动的“海洋生态系统动力学及生物资源持续发展”研究的需要。真鲷（*Pagrosomus major*），黑鲷（*Sparus macrocephalus*）和黑鲪（*Sebastodes fuscescens*）均是渤黄海近岸海域的重要经济鱼类和增养殖种类，属底层肉食性鱼类，在该海域有着较为广泛的代表性；本研究目的在于通过上述 3 种鱼类的特定生长率和生长效率研究，揭示浅海底层肉食性鱼类的生态能量学特征，为我国海水鱼类增养殖潜力和效果分析提供基础资料。

1 材料与方法

1.1 材料来源与驯养

真鲷和黑鲷均系人工培育苗种经在浅海网箱或土塘中暂养，而黑鲪则系捕自青岛沿岸海

① 本文原刊于《中国水产科学》，7（3）：41-45，2000。

域。真鲷、黑鲷和黑鲪初始体重分别为（37.7±6.1）g、（63.4±13.4）g 和（141.9±29.6）g；实验鱼经质量浓度为 2～4 mg/L 氯霉素溶液处理后，置于室内小型水泥池中进行预备性驯养，待摄食趋于正常后，再将其置于 0.15 m^3 玻璃钢试验水槽中，在实验所要求的条件下（如摄食水平、饵料种类等）进行正式驯养，待摄食再次趋于正常后，开始生长和转换效率模拟测定实验。一般预备性驯养时间为 15～30 d，正式驯养时间为 7～10 d。

1.2　实验装置和方法

实验采用室内流水模拟测定法，其装置见图 1。各实验水槽内流水速率的调节，以各水槽内水体中 DO、NH_4-N、pH 和盐度等化学指标与自然海水无显著差别为准，一般流速>6 m^3/d。实验海水经沉淀和高压砂滤处理。实验在遮光条件下进行，采用自然光照周期，最大光强 250 lx，水温（14.7±0.45)℃。

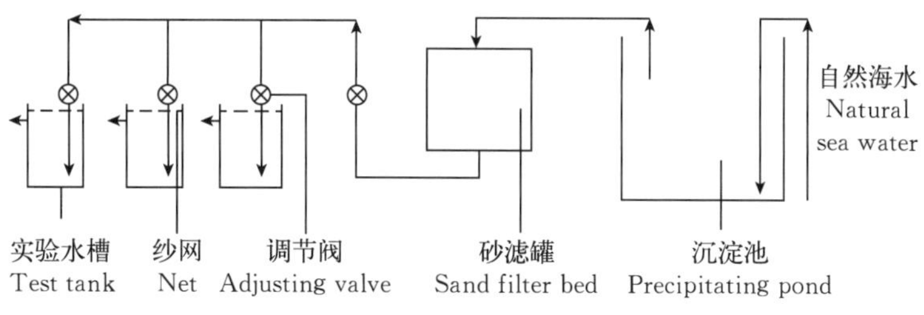

图 1　室内流水模拟测定装置

Figure 1　Structure of continuous-flow simulating determination

实验前后需将鱼饥饿 1～2 d 后，称重。实验周期为 15 d。每个实验测定条件下设 5 个平行组，每组中实验鱼 1～4 尾。摄食水平（*FL*）实验的饵料种类为玉筋鱼（*Ammcdytes personatus*）；饵料种类实验在最大摄食水平下进行。实验中各摄食水平的确定，是按实验前 5 d 预实验结果计算并投喂后，经实际实验结果校正得到的；摄食水平为日摄食量/鱼平均体重（%）；不同种类的摄食水平设置分别为：真鲷（2.0±0.3)%、(3.4±0.5)%、(5.7±0.7)%、(7.3±1.0)%，黑鲷（1.4±0.1)%、(2.0±0.3)%、(2.9±0.5)%、(3.3±0.4)%，黑鲪（1.0±0.3)%、(3.0±0.6)%、(4.8±0.8)%、(6.2±1.0)%。饵料生物玉筋鱼采用去头和内脏的鱼段，鹰爪糙对虾（*Trachypenaeus curvirostris*）则采用去头、皮的虾段或整虾，其大小以实验鱼易于吞食为准。每天 7:00、12:00 和 17:00 投饵，每次投喂后，至下次投喂前收集残饵；由于残饵被海水浸泡后有较大幅度的增重，故本文中残饵湿重是其干重经鲜饵含水量校正后的结果。实验结束后，收集各实验组的鱼及饵料生物进行生化组成分析；其中，能值采用能量计直接测定，总氮与总碳采用元素分析仪测定，其他则按《食品卫生理化检验方法》[9]进行测定。

鱼类的生长效率（*Eg*）和特定生长率（*SGR*）计算公式为：

$$Eg=(G_d/C_d)\times 100\% \tag{1}$$

$$SGR=[(\ln W_t-\ln W_o)/t]\times 100\% \tag{2}$$

式中，G_d—鱼日增长量；C_d—鱼日摄食量，该值经实测饵料流失率校正后得到；W_t—鱼实验后的重量，W_o—鱼实验前的重量，t—实验时间。

2 结果

2.1 实验鱼类及饵料生物的生化组成

见表 1。作为饵料生物，玉筋鱼的生化组成比鹰爪糙对虾更接近于实验鱼类。

表 1 实验鱼类及饵料生物的生化组成

Table 1 Biochemical composition of experimental fishes and feed organisms

种类 Species	水分/% Water	总氮/% (DW) Total nitrogen	总碳/% Total carbon	蛋白质/% Protein	脂肪/% Lipid	灰分/% Ash	能值/(kJ·g^{-1}) Energy value
真鲷 *P. major*	68.1±1.2	8.2±0.3	48.9±2.1	51.3±1.9	29.4±2.8	15.6±1.4	24.1±1.4
黑鲷 *S. macrocephalus*	67.7±1.0	8.3±0.2	49.4±2.5	51.9±1.3	25.7±2.2	13.9±0.9	24.6±1.0
黑鲪 *S. fuscescens*	68.1±1.8	9.7±0.6	50.2±2.4	60.4±3.7	23.2±4.2	13.4±2.1	24.3±1.4
玉筋鱼 *A. personatus*	69.8	9.2	47.7	57.3	16.8	12.5	22.2
鹰爪糙对虾 1 *T. curvirostris*	79.7	9.6	38.3	59.9	1.4	23.8	19.0
鹰爪糙对虾 2 *T. curvirostris*	81.2	11.2	41.3	69.8	3.1	16.2	20.4

注：实验鱼为全鱼，玉筋鱼去头去内脏，鹰爪糙对虾 1 去头，鹰爪糙对虾 2 去头和壳。实验鱼测定结果为不同实验组的平均值；除水分，其他以干重计。

Notes: experimental fish with total body, except *A. personatus* without head and viscera, *T. curvirostris* 1 without head and *T. curvirostris* 2 without head and shell. On the basis of dry weight except water content.

2.2 摄食水平对 3 种鱼生长及生态转换效率的影响

在实验条件下，真鲷、黑鲷和黑鲪的最大摄食量分别为其体重的 (7.3±1.0)%、(3.3±0.6)%和 (6.2±1.0)%。3 种鱼的生长效率均随摄食水平增大呈倒 U 形变化趋势 (图 2)，二者间的定量关系均可用二次曲线描述，即：

真鲷：$Eg=-1.10\ FL^2+10.16\ FL+5.54$ ($R^2=0.9995$)；

黑鲷：$Eg=-5.96\ FL^2+35.57\ FL+26.69$ ($R^2=0.9992$)；

黑鲪：$Eg=-1.61\ FL^2+13.25\ FL+5.77$ ($R^2=0.9377$)。

而特定生长率均随摄食水平升高呈减速增长趋势，二者间的定量关系均可用对数曲线加以定量描述，即：

真鲷：$SGR=0.97\ \ln FL-0.25$ ($R^2=0.9984$)；

黑鲷：$SGR=0.46\ \ln FL-0.017$ ($R^2=0.9927$)；

黑鲪：$SGR=0.72\ \ln FL-0.17$ ($R^2=0.9873$)。

经曲线相关检验结果表明，3 种鱼的特定生长率和生长效率与摄食水平之间均呈显著相关关系。

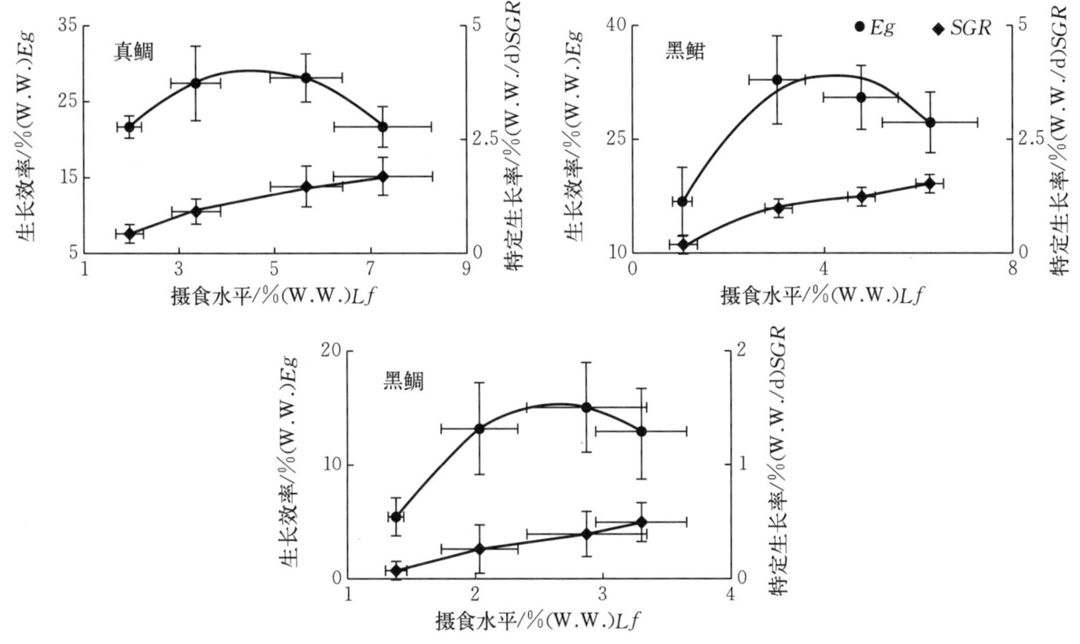

图 2　3 种鱼的 SGR 及 Eg 与 FL 的关系

Figure 2　Relation of the fishes' SGR or Eg with ration

2.3　维持摄食量与最佳摄食量的估算

所谓维持摄食量是使鱼体重维持不变的摄食水平，而最佳摄食量则是使生长率/摄食率为最大的摄食水平。依据本文 2.2 中所得 3 种鱼的特定生长率和摄食水平之间的关系公式，令式中 SGR=0，可求得维持摄食量分别为其体重的 1.29%、1.17%和 0.79%；而依据生长效率与摄食水平之间的关系公式，则可求得 Eg 值为最大时的 FL 值，即实验条件下真鲷、黑鲷和黑鲪的最佳摄食量，分别为其体重的 4.60%，2.62%和 4.10%，约为其最大摄食量的 63%、79%和 66%。

2.4　饵料种类对 3 种鱼生长及生长效率的影响

对分别以玉筋鱼和鹰爪糙对虾为饵料生物的 2 组实验进行 t 检验。结果表明，当以玉筋鱼为饵料时，3 种鱼类的特定生长率均显著较以鹰爪糙对虾为饵料时大；以湿重为单位计算得到的 2 组生长效率同样有显著性差异，但考虑到上述 2 种饵料生物体内含水量等生化指标的显著不同，难免给生长效率的计算结果带来偏差。因此，又以能值为单位计算 3 种鱼的生长效率。由表 2 可见，用能值为单位所求得的 3 种鱼的生长效率均无显著性差异。

表 2 摄食不同饵料生物对 3 种鱼 *SGR* 和 *Eg* 的影响

Table 2 Effect of different feed organisms on *SGR* and *Eg* of expermental fishes

项目 Item	实验鱼 Species	*SGR*/%		*Eg*/%	
		玉筋鱼 *A. personatus*	鹰爪糙对虾 *T. curvirostris*	玉筋鱼 *A. personatus*	鹰爪糙对虾 *T. curvirostris*
湿重 wet weight	真鲷 *P. major*	16.7±0.32	1.17±0.28	21.23±2.65	14.51±3.21
		d. f. =8，0.01<*P*<0.05		d. f. =8，*P*<0.01	
	黑鲷 *S. macrocephalus*	0.49±0.17	0.29±0.13	13.26±3.72	6.37±1.61
		d. f. =8，0.01<*P*<0.05		d. f. =8，0.05>*P*>0.01	
	黑鲪 *S. fuscescens*	1.56±0.37	0.98±0.29	26.12±2.82	18.31±3.42
		d. f. =10，0.01<*P*<0.05		d. f. =10，0.05>*P*>0.01	
能值 energy value	真鲷 *P. major*	16.7±0.32	1.17±0.28	26.30±2.93	28.92±6.56
		d. f. =8，0.01<*P*<0.05		d. f. =8，*P*>0.05	
	黑鲷 *S. macrocephalus*	0.49±0.17	0.98±0.29	14.42±4.05	12.78±3.24
		d. f. =8，0.01<*P*<0.05		d. f. =8，*P*>0.05	
	黑鲪 *S. fuscescens*	1.56±0.37	0.98±0.29	34.05±4.53	38.86±7.28
		d. f. =10，0.01<*P*<0.05		d. f. =10，*P*>0.05	

3 讨论

(1) 在相同温度下，3 种鱼的特定生长率与摄食水平之间的关系均为一减速增长曲线，而生长效率与摄食水平之间的关系呈倒 U 形，该结论也为许多其他研究结果所证实[10-13]。因而上述关系代表了包括海洋鱼类在内的鱼类生长率或生长效率与摄食水平的普遍关系；本研究中 3 种鱼的特定生长率与摄食水平之间的关系均可用减速增长趋势的对数曲线 $SGR=m\cdot\ln FL-n$ 加以定量描述；而其生长效率与摄食水平之间的关系，均可用二次曲线 $Eg=-a\cdot FL^2+b\cdot FL+c$ 定量描述，与其他研究结果相同，在较高摄食水平下，增加摄食量并未引起 3 种鱼特定生长率的显著增大。

(2) 通常，鱼类的最大摄食量占其体重的 1.8%～36.0%[14]，其中温带鱼类平均约为 5.9%，热带鱼类平均约为 16.7%。作为温带海洋鱼类，在本研究的适温条件下，真鲷、黑鲷和黑鲪的最大摄食量分别为 7.26%、3.30%和 6.21%，均接近于温带鱼类平均水平。真鲷、黑鲷和黑鲪虽然同属浅海底层肉食性鱼类。但其生态习性有显著不同；其中，真鲷和黑鲷生态习性相近，摄食游动量和游动速度均显著大于黑鲪，而大游动量必将提高其日代谢水平，从而解释了实验中的两个现象：即真鲷和黑鲷的维持摄食量大于黑鲪，而它们的生长效率相对低于黑鲪。

(3) 本研究结果表明，当 3 种鱼摄食玉筋鱼时，特定生长率均显著高于摄食鹰爪糙对虾，其原因显然与玉筋鱼的生化组成比鹰爪糙对虾更接近于实验鱼类有关。杨纪明和李军[7,8]也研究了不同饵料生物对 5 种海洋鱼类摄食、生长和生长效率的影响，认为作为饵料生物，玉筋鱼较巢沙蚕、火枪乌贼等更有利于实验鱼类提高其生长率和生长效率；其欠缺之处在于仅采用可比性较差的湿重为单位，计算和比较了不同饵料生物对鱼类生长效率的影响。本研究结果表明，尽管以湿重为计算单位时，也得到摄食不同饵料生物使得 3 种鱼生长效率显著不同的结果，但用能值计算和比较上述 3 种鱼类生长效率，却无显著性差异。

参考文献

[1] 邓景耀，孟田湘，任胜民．渤海鱼类食物关系 [J]. 海洋水产研究，1988，9：151－172.

[2] 邓景耀，姜卫民，杨纪明，等．渤海主要生物种间关系及食物网研究 [J]. 中国水产科学，1997，4 (4)：1－7.

[3] Cui Yi，Wootton R J. Bioenergetics of growth of a cyprinid，*Phaxinus phoxinus* L：The effect of ration and temperature on growth rate efficiency [J]. J Fish Biol，1988，33：763－773.

[4] Steel J. The structure of marine ecosystems [M]. London：Blackwell Scientific Publication，1974.

[5] Christensen V，Pauly D. Trophic models of aquatic ecosystems [J]. ICLARM Conference Proceeding，1993，26：390.

[6] Walters C. Structuring dynamic models of exploited ecosystem from trophic massbalance assessment [J]. Rev Fish Biol Fish，1997，7：139－172.

[7] 李军，杨纪明，庞鸿艳．5 种海鱼的生态生长效率研究 [J]. 海洋科学，1995 (3)：52－54.

[8] 杨纪明，郭如新．石鲽和皱唇鲨生态生长效率的研究 [J]. 水产学报，1987，9 (3)：251－253.

[10] 崔奕波，Wootton R J. 真鲹（*Phoxinus phoxinus* L.）的能量收支各组分与摄食量、体重及温度的关系 [J]. 水生生物学报，1990，14 (3)：193－204

[11] Andrews J W，Stickey R R. Interations of feeding rates and temperature on growth，food conversion and body composition of channel catfish [J]. Trans Am Fish Soc，1972，101 (1)：94－99.

[12] Brett J R，Shelboum J E，Shoop C T. Growth rate and body composition of fingerling sockeye salmon，*Oncorhynchus nerka*，in relation to temperature and ration size [J]. J Fish Res Bd Caz，1969，26：2363－2394.

[13] Brett J R，Groves T D D. Physiological energetics [C] // W S Hoar，D J Randall，J R Brett. Fish Physiology. London：Aca demic Press，1979，8：279－675.

[14] Pandian T J，Vivekanandan E. Fish energetics：New perspectives [M]. London：Croom Helm，1985，99－124.

Effect of Ration and Feed Species on Growth and Ecological Conversion Efficiency of 3 Species of Sea Fishes

SUN Yao, ZHANG Bo, CHEN Chao, TANG Qisheng

(Yellow Sea Fisheries Research Institute, Chinese Academy of Fishery Sciences, Qingdao 266071, China)

Abstract: Using flowing-water simulating experiment in laboratory, the experiment was conducted with 3 species of fishes which were *Pagrosomus major*, *Sparus macrocephalus* and *Sebastodes fuscescens*. The results show that their specific growth rates (SGR) increase with the rise of temperature or ration (FL), and the quantitive relationship between them can be described as $SGR = m \cdot \ln FL - n$, the ecological conversion efficiency (Eg) decreases gradually after increasing to a peak value with the rise of temperature or ration, and their quantitive relationship can be described as $Eg = -a \cdot FL^2 + b \cdot FL + c$. According to the formula above, the maintenance rations and optimum ration can be calculated that the maintenance ration of *S. fuscescens* was the lowest among the 3 fishes. Different feed can affect their growth that when using *Ammodytes personatus* as feed the SGR of the 3 fishes are higher than using *Trachypenaeus curvirostris*. But the Eg has no significant difference between the 3 when using energy value ($kJ \cdot g^{-1}$) as calculated basis.

Key words: *Pagrosomus major*; *Sparus macrocephalus*; *Sebastodes fuscescens*; Specific growth rate; Growth efficiency; Ration; Food species

4种渤黄海底层经济鱼类的能量收支及其比较[①]

唐启升，孙耀，张波，郭学武，王俊
（中国水产科学研究院黄海水产研究所，青岛 266071）

摘要： 真鲷、黑鲷、黑鲪和矛尾虾虎鱼均为渤、黄海近岸海域重要经济鱼种，属底层肉食性鱼类，在该海域有着较为广泛的代表性。本研究以玉筋鱼为饵料生物，在保持最大摄食水平和水温为（14.7±0.5）℃实验条件下，采用室内流水模拟实验法定量测定了其能量收支各组分，分别得到了4种鱼的能量收支分配模式。真鲷：$100C=2.28F+8.99U+74.57R+14.16G$；黑鲷：$100C=8.57F+8.33U+65.43R+17.66G$；黑鲪：$100C=4.11F+5.88U+43.57R+46.45G$；矛尾虾虎鱼：$100C=8.18F+7.16U+47.28R+37.43G$。式中 C 为食物能，F 为排粪能，U 为排泄能，R 为代谢能，G 为生长能。由于真鲷和黑鲷的代谢能分别占了同化能的84.04%和78.75%，生长能则仅分别占15.96%和21.25%，故与其他鱼类相比，真鲷和黑鲷均属于低生长效率、高代谢消耗型鱼类；而黑鲪和矛尾虾虎鱼代谢能分别占同化能的48.40%和55.81%，生长能分别占51.60%和44.19%，与其他鱼类相比，显然属低代谢消耗、高生长效率型鱼类。

关键词： 能量收支；4种海洋鱼类；比较

我国海洋鱼类生态学研究多集中于自然种群结构及其数量变动上，鉴于这种现场调查本身的局限性，要想深入了解和定量它们在海洋生态系统中的功能与过程，则必须配合现场或室内实验模拟手段，以期进行更深一步的探讨。但迄今为止，有关该方面的研究尚极少涉及。真鲷（*Pagrosomus major*）、黑鲷（*Sparus macrocephalus*）、黑鲪（*Sebastodes fuscescens*）和矛尾虾虎鱼（*Acanthogobius flavimanus*）均是渤、黄海近岸海域的重要经济鱼种，属底层肉食性鱼类，在该海域有着较为广泛的代表性。通过本项研究，除有助于揭示浅海底层肉食性鱼类的生态能量学特征，也将为我国海水鱼类增养殖潜力和效果分析提供基础资料。

1 材料与方法

实验于1997年8—11月在黄海水产研究所小麦岛生态实验室（青岛）进行。

1.1 材料来源与驯养

研究中所采用真鲷和黑鲷均系人工培育苗种经在浅海网箱或土塘中养成，而黑鲪和矛尾

① 本文原刊于《海洋水产研究》，20（2）：48-53，1999。

虾虎鱼则系捕自青岛沿岸海域。实验用鱼经浓度为 2～4 mg/L 氯霉素溶液处理后，置于室内小型水泥池中进行预备性驯养，待摄食和生长趋于正常后，再将其置于试验水槽中，在实验条件下驯养，待其摄食和生长再一次趋于正常后，开始生长率和生态转换效率模拟测定实验。一般预备性驯化时间＞15 d，实验条件下驯化时间＞7 d。

1.2 实验装置和方法

实验采用室内流水模拟测定法，其装置见图 1。实验水槽内流水速率的调节，以槽内水体中 DO、NH_4- N、pH 值和盐度等化学指标与自然海水无显著差别为准，一般流速＞6 m^3/d；实验海水经沉淀和砂滤处理。实验经遮光处理，采用自然光照周期，最大光强为 250 lx。实验温度为（14.7±0.45)℃。

实验采用真鲷、黑鲷、黑鲪和矛尾虾虎鱼的体重分别为（37.66±6.08）g、(63.40±13.36）g、(30.50±8.66）g 和（42.70±8.62）g，在 0.15 m^3 玻璃钢水槽中进行；每个测定条件下设 5 个平行组，每组中实验个体数 1～5 尾。实验周期为 15 d；实验期间最大日粮组的鱼生长量为其体重的 15%以上。实验开始和结束时，分别将鱼饥饿 1～2 d 后称重。为使数据具有可比性，实验均在最大摄食水平的条件下测得。饵料种类均为玉筋鱼。玉筋鱼采用去头和内脏的鱼段，其大小以实验鱼易于吞食为准。实验中每天投喂饵料 2 次，每次投喂后，至下一次投喂前收集残饵；由于残饵被海水浸泡后有较大幅度的增重，故本文中残饵湿重是其干重经鲜饵料含水量校正后的结果。实验鱼类及饵料生物的生化组成中，比能值是采用热量计（XYR - 1）直接测定燃烧能方法测定，总氮与总碳是采用元素分析仪（P - E240C）测定，其他则按《食品卫生理化检验方法》(GB/T 5009—1996）进行测定。

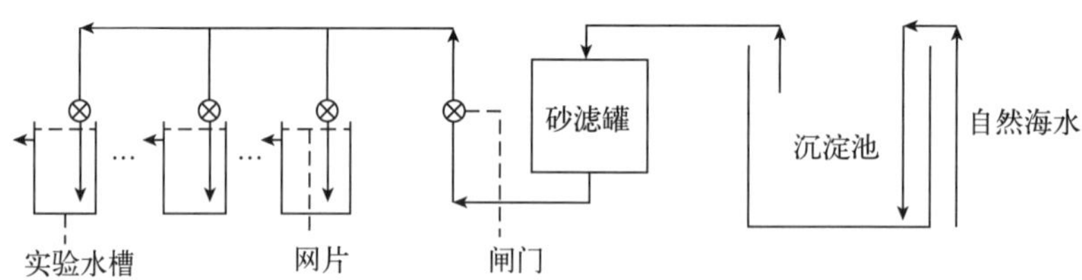

图 1 室内流水模拟测定装置

Figure 1 Structure of continuous-flow simulating determination

1.3 结果计算

能量收支分配模式采用 Warren 和 Davis（1967）提出的能量在鱼体内转换的基本模型：$C=F+U+R+G$，式中，C 为从食物中摄取的能量；F 为排粪能；U 为排泄能；R 为代谢能；G 为生长能。总代谢能可按该模型求得，即：$R=C-G-F-U$。

排泄能依据氮收支平衡式（Cui et al.，1992）计算：$U=(C_N-F_N-G_N)\times 24.8$，式中，$C_N$为食物中获取的氮；$F_N$为粪便中损失的氮；$G_N$为鱼体中积累的氮；24.8 为每克氨氮的能值（kJ）。

鱼类的生态转换效率（Eg）和特定生长率（SGR）分别按下式计算：$Eg=(G_d/C_d)\times 100\%$和 $SGR=\frac{\ln W_t-\ln W_0}{t}\times 100\%$，式中，$G_d$为实验期间鱼的日平均生长量，$C_d$为实验期

间鱼的日平均摄食量，该值经实测饵料流失率校正后得到；W_t 为鱼的实验后重量或总能量，W_0 为鱼的实验前重量或总能量，t 为实验时间。

2　结果

2.1　实验生物及其粪便的生化组成

真鲷、黑鲷、黑鲪和矛尾虾虎鱼及其粪便和饵料生物玉筋鱼的生化组成见表 1。

表 1　4 种实验鱼类及其粪便和饵料生物的生化组成

Table 1　Biochemical composition of 4 kinds of experiment fishes, their excrement and feed organisms

生物种类 Species	样品种类 Sample species	水分（%）	总氮（% D. W.）	总碳（% D. W.）	蛋白质（% D. W.）	脂肪（% D. W.）	灰分（% D. W.）	比能值（kJ/g D. W.）
真鲷	生物体	68.74	7.99	49.95	49.94	31.72	14.86	24.43
	粪　便	*UD*	3.84	30.89	24.00	*UD*	*UD*	18.15
黑鲷	生物体	69.79	8.30	50.87	51.88	27.91	13.27	23.75
	粪　便	*UD*	3.18	31.28	19.88	*UD*	*UD*	17.17
黑鲪	生物体	67.69	9.67	51.96	60.44	25.42	11.73	26.20
	粪　便	*UD*	3.10	35.77	19.38	*UD*	*UD*	15.65
矛尾虾虎鱼	生物体	66.74	8.96	52.49	56.00	26.90	10.68	25.11
	粪　便	*UD*	4.00	32.43	25.00	*UD*	*UD*	23.85
玉筋鱼	生物体①	69.79	9.17	47.73	57.31	16.80	12.48	22.17

注：①去头和内脏后的玉筋鱼样品。D. W. 为干重，kJ 为千焦，*UD* 为未检测。

2.2　4 种鱼类的特定生长率和生态转换效率

在本实验条件下，以湿重和比能值计算得到的 4 种实验鱼类的 *SGR* 值范围相同，均在 0.68%～2.15%W. W. or kJ/d 之间；以湿重求得的 *Eg* 值范围在 13.26%～30.02%之间，而以比能值求得的 *Eg* 值相对较高，在 14.42～37.43 之间；黑鲪和矛尾虎鱼的特定生长率和生态转换效率明显高于真鲷和黑鲷（表 2）。t 检验结果表明，黑鲪和矛尾虾虎鱼与真鲷和黑鲷之间的特定生长率和生态转换效率存在着显著差异（$P<0.01$），但黑鲪与矛尾虾虎鱼或真鲷与黑鲷之间的差异却并不显著（$P>0.05$）。

表 2　4 种实验鱼类的特定生长率及生态转换效率

Table 2　*SGR* and *Eg* of four kinds of experiment fishes

鱼种 Species	*SGR*（% W. W. or kJ/d）		*Eg*（%）	
	湿重	比能值	湿重	比能值
真鲷	0.68±0.18	0.68±0.17	13.89±2.77	14.16±3.32
黑鲷	0.49±0.17	0.50±0.17	13.26±3.72	14.42±4.05
黑鲪	1.56±0.37	1.55±0.36	26.12±2.82	34.05±4.53
矛尾虾虎鱼	2.15±0.72	2.15±0.73	30.02±5.63	37.43± 7.03

2.3 4 种鱼类的氮收支及排泄能估算

通过对实验期间 4 种实验鱼类从食物中摄取氮、鱼体中积累氮和粪便中损失氮的定量检测，按 Cui 等（1992）的氮收支式估算了其排泄氮和排泄能（表 3）。从中可见，4 种实验鱼类从食物中所摄取的氮仅有少量用于生长，占总摄取氮的 11.18%～30.48%，多数氮均经排泄和排粪过程排出体外，其中排泄是氮支出的主要过程，占氮总支出过程的 67.99%～87.63%。

表 3 4 种实验鱼类的氮收支量及排泄能估算结果

Table 3 Calculated results on 4 kinds of fish's excrement nitrogen and energy

鱼种 Species	C_N [g/(kg・d)]	G_N [g/(kg・d)]	F_N [g/(kg・d)]	U_N [g/(kg・d)]	U [kJ/(kg・d)]
真鲷	1.592±0.386	0.178±0.049	0.019±0.006	1.395±0.331	34.607±8.202
黑鲷	0.919±0.142	0.137±0.017	0.035±0.012	0.747±0.114	18.524±2.818
黑鲪	1.726±0.281	0.526±0.067	0.027±0.009	1.173±0.205	29.089±5.087
矛尾虾虎鱼	2.299±0.509	0.622±0.262	0.073±0.015	1.604±0.399	39.767±9.899

2.4 4 种鱼类的总代谢能估算及能量收支分配模式

在摄食能、生长能、排粪能和排泄能已知前提下，总代谢能按 Warren（1967）提出的能量收支式求得（表 4），设摄食量为 100% 可求得 4 种鱼的能量收支分配模式为：

真鲷：$100C=2.28F+8.99U+74.57R+14.16G$

黑鲷：$100C=8.57F+8.33U+65.43R+17.66G$

黑鲪：$100C=4.11F+5.88U+43.57R+46.45G$

矛尾虾虎鱼：$100C=8.18F+7.16U+47.28R+37.43G$

由于本实验是在基本一致的条件下同时进行，故所得到的 4 种实验鱼类的能量收支分配模式具有可比性。从上述能量收支分配模式可以看出，真鲷和黑鲷与黑鲪和矛尾虾虎鱼之间的能量支出过程存在着显著差异。总代谢能是真鲷和黑鲷能量支出的主要过程，约占总支出能量的 74.57%和 65.43%，仅有约 14.45%和 17.66%的能量用于生长，与排泄能和排粪能之和相近；黑鲪和矛尾虾虎鱼的总代谢能相对真鲷和黑鲷显著减小，约占总支出能量的 43.57%和 47.28%，而用于生长的能量水平却提高至与总代谢能相近，使得生长能与总代谢能同样成为黑鲪和矛尾虾虎鱼能量支出的主要过程。

表 4 4 种实验鱼类的总代谢能估算结果 [kJ/(kg・d)]

Table 4 Calculated results on 4 kinds of fish's totle metabolic energy [kJ/(kg・d)]

鱼种 Species	C	G	F	U	R
真鲷	384.98±93.36	54.53±15.12	8.78±2.83	34.61±8.20	287.06±67.27
黑鲷	222.29±34.43	39.27±4.89	19.06±6.30	18.52±2.82	145.44±20.42
黑鲪	417.32±67.98	142.54±18.23	13.69±4.43	29.09±5.09	232.01±40.24
矛尾虾虎鱼	555.76±123.17	208.00±43.71	45.48±9.37	39.77±9.90	262.53±77.05

3　讨论与结语

若以同化能（$A=C-F-U$）表示，则 4 种实验鱼类的能量收支分配模式为：

真鲷：$100A=84.04R+15.96G$

黑鲷：$100A=78.75R+21.25G$

黑鲪：$100A=48.40R+51.60G$

矛尾虾虎鱼：$100A=55.81R+44.19G$

Cui 等（1990）根据已发表的 14 种鱼在最大摄食水平的能量收支计算出一平均能量收支式：$100A=60R+40G$。本研究中，真鲷和黑鲷的代谢能分别占了同化能的 84.04%和 78.75%，生长能则仅分别占 15.96%和 21.25%，故与其他鱼类相比，真鲷和黑鲷均属于低生长效率、高代谢消耗型鱼类；而黑鲪和矛尾虾虎鱼代谢能分别占同化能的 48.40%和 55.81%，生长能分别占 51.60%和 44.19%，与其他鱼类相比，显然属低代谢消耗、高生长效率型鱼类。

真鲷、黑鲷、黑鲪和矛尾虾虎鱼是渤、黄海的重要经济鱼类。虽然，该 4 种鱼均属肉食性中下层鱼类，但其生态特征却有较显著差别，这主要表现在：①真鲷和黑鲷较黑鲪和矛尾虾虎鱼具有显著的越冬洄游性和群居性，故其游泳能力和游动性也更强；②真鲷和黑鲷与黑鲪和矛尾虾虎鱼的适温范围不同，真鲷和黑鲷的适温下限和最佳生长温度分别为 8～10 ℃和 19～21 ℃，比黑鲪和矛尾虾虎鱼高 6～8 ℃和 4～6 ℃（赵传絪等，1990）。由于本实验是在 14.7 ℃下进行的，相对较接近于真鲷和黑鲷的适温下限及黑鲪和矛尾虾虎鱼的最佳生长温度，显然，真鲷和黑鲷不得不调动较多的体内能量，补偿抵御低温所带来的能量损失；从 4 种实验鱼类能量分配模式可见，真鲷和黑鲷的能量代谢水平显著高于黑鲪和矛尾虾虎鱼，其原因可能与本实验温度较低有关；但作者对真鲷和黑鲷能量分配模式随温度变化的研究结果表明，在接近其最佳生长温度的 20.8 ℃和 19.7 ℃时，真鲷和黑鲷的能量分配模式分别为：$100C=3.26F+9.03U+63.23R+24.48G$ 和 $100C=4.63F+8.29U+72.78R+14.80G$，其总代谢能仍较黑鲪和矛尾虾虎鱼高，显然游动性较强导致活动代谢增高，是造成真鲷总代谢能较高现象的重要原因。

真骨鱼体内蛋白质代谢的最终产物以氮排泄物形式通过鳃排出体外，少量随尿排出；氮排泄物的主要成分为氨和尿素，多数情况下氨是主要排泄物，占总氮的 80%～98%（Beamish，1984；Elliott，1979；Sayer，1987）。显然，鱼体内蛋白质代谢加速了饵料生物中有机氮的矿化过程。本研究结果表明，4 种实验鱼类从食物中所摄取的氮仅有少量用于生长，占总摄取氮的 11.18%～30.48%，多数氮均经排泄和排粪过程排出体外，其中排泄是氮支出的主要过程，占氮总支出过程的 67.99%～87.63%。因此，真鲷、黑鲷和黑鲪作为我国主要海水养殖鱼种，其集约化养殖时应注意防止氮排泄物所造成的无机氮营养盐污染。

参考文献

赵传絪，刘效舜，曾炳光，等，1990. 中国渔业资源调查和区划—之六：中国海洋渔业资源．杭州：浙江科学技术出版社：23－79.

Beamish F W H, Thomas E, 1984. Effect of dietary protein and lipid on nitrogen losses in rainbow trout *Salmo gairdneri*. Aquaculture, 41: 359 - 371.

Cui Y Liu J, 1990. Comparison of energy budget among six teleosts, Ⅲ. Growth rate and energy budget. Comp. Biochem. Physiol., 97A: 381 - 384.

Cui Y, Liu S, Wang S, et al., 1990. Growth and energy budget of young grass carp, *Ctenopharyn godon idella* val., fed plant and animal diets. J. Fish Biol., 41: 231 - 238.

Elliott J M, 1979. Energetics of freshwater teleosts. In Fish phenology: Anabolic adaptiveness in Teleosts. Symp. Zool. Soc. Lond. 44 (Miller P J, ed.). London: Academic Press: 29 - 61.

Sayer M D J, Davenport J, 1987. The relative importance of the gills to the ammonia and urea excretion in five seawater and one freshwater teleosts. J. Fish. Biol., 31: 561 - 570.

Warren C E, Davis G E, 1967. Laboratory studies on the feeding, bioenergetics and growth of fish. In the Biological Basis of Freshwater Fish Production (Gerking S D, ed.). Oxford: Blackwell Scientific Publication: 175 - 214.

Bioenergetics Budget of Four Kinds of Marinefishes and Their Comparison

Tang Qisheng, Sun Yao, Zhang Bo, Guo Xuewu, Wang Jun

(Yellow Sea Fisheries Research Institute, Qingdao 266071)

Abstract: *Pagrosomus major*, *Sparus macrocephalus*, *Sebastodes fuscescens and Acanthogobius flavimanus* are important benthic carrivorous fishes widespread in the Bohai Sea and Yellow Sea. Under the experiment conditions of *Ammodytes personatus* as feed organism, maximum feeding level and temperature maintained at (14.7 ± 0.45)℃, the bioenergetics budget of the fishes was determined with the continuous - flow simulating method in laboratory. Their budget assigning models could be described by the following equations:

Pagrosomus major: $100C = 2.28F + 8.99U + 74.57R + 14.16G$

Sparus macrocephalus: $100C = 8.57F + 8.33U + 65.43R + 17.66G$

Sebastodes fuscescens: $100C = 4.11F + 5.88U + 43.57R + 46.45G$

Acanthogobius flavimanus: $100C = 8.18F + 7.16U + 47.28R + 37.43G$

where C is food consumption, F is fecal production, U is excretion, R is metabolism and G is growth. Because the total metabolism or growth energy of *Pagrosomus major* and *Sparus macrocephalus* takes 84.04% and 78.75% or 15.96% and 21.25% of their assimilation energy, they have lower growth efficiency and higher metabolism consumption than other fishes. But *Sebastodes fuscescens* and *Acanthogobius flavimanus* have higher growth efficiency and lower metabolism consumption than fishes as they have higher growth and lower metabolism energy.

Key words: Bioenergetics budget; Four kinds of marine fishes; Comparison

渤、黄、东海高营养层次重要生物资源种类的营养级研究①

张波[1,2]，唐启升[1,2]②
（1. 农业部海洋渔业资源可持续利用重点开放实验室，青岛 266071；
2. 中国水产科学研究院黄海水产研究所，青岛 266071）

摘要：利用 2000 年和 2001 年 2 次大面调查所收集的 11 970 个胃含物样品分析结果，计算了黄海和东海生态系统高营养层次 35 个重要生物资源种类的营养级，同时，结合对渤海和黄海 39 个种类营养级历史数据的修正，讨论研究了我国海洋高营养层次生物资源种类营养级的研究策略和计算方法。主要研究结果为：①渤海重要生物资源种类营养级的变化范围为 3.12～4.9，黄海为 3.2～4.9，东海为 3.29～4.55。近年来各海域高营养层次的营养级呈下降趋势，如渤海从 1959 年的 4.1 下降到 1998—1999 年的 3.4，黄海从 1985—1986 年的 3.7 下降到 2000—2001 年的 3.4；②高营养层次营养级波动主要是由于群落种类组成变化及单种类营养级年间波动引起的，而单种类营养级年间波动又直接与群体个体变小以及摄食食物的低营养层次化有关。因此，高营养层次的营养级变化是认识海洋生态系统生物生产动态的重要指标，需要对其进行长期和系统的监测；③建议在今后的研究中，根据简化食物网的概念，对占生物量绝对多数的重要生物资源种类的营养级进行重点研究并采用国际通用的标准划分计算营养级。

关键词：营养级；高营养层次；重要生物资源种类；渤海；黄海；东海

"营养级"（trophic level，TL）表示生物在生态系统食物链/食物网中的位置，既可以用来表示一大类群的能量消费等级，也可以表示一个特定种群同化能源的能力。通常，绿色植物为第 1 营养级，草食性动物为第 2 营养级，第 1 级肉食性动物是第 3 营养级，第 2 级肉食性动物为第 4 营养级，等等；在海洋中又将浮游植物和浮游动物称为低营养层次，将鱼类、无脊椎动物、哺乳动物等称为高营养层次。在对其研究过程中，人们逐渐认识到生态系统的生物所承受的自然、人为、生物及非生物等因素的影响能够较综合地反映在营养级的变化上，例如，由于自然界食物条件因某种原因改变而引起的主要食物组成变化，会引起种群营养级的改变，并可能导致食物网营养级和结构变化。因此，近年来食物网营养级的研究受到高度重视，成为海洋中评估和监测生态系统动态、生物多样性变化和渔业可持续性的重要指标[1,2]。

我国海洋食物网营养级研究始于张其永等[3]对东海闽南—台湾浅滩渔场鱼类食物网的研

① 本文原刊于《海洋科学进展》，22（4）：393-404，2004。

② 通讯作者。

究，之后邓景耀等[4,5]、韦晟等[6]、程济生等[7]和杨纪明[8,9]等对渤海和黄海鱼类及无脊椎动物的营养级进行了研究，为了解我国近海生态系统食物网结构提供了许多有益的基础数据。但在前述研究中也存在一些问题，如营养级的划分标准以及研究计算方法不够统一，导致研究结果难以进行比较分析和进一步的深入研究，也缺乏长期监测的数据。本文利用2000—2001年收集的胃含物样品分析研究黄、东海生态系统高营养层次重要生物资源种类的营养级，同时结合对渤、黄海重要生物资源种类营养级历史数据的修正，研究讨论海洋生态系统高营养层次生物资源种类营养级的研究策略和计算方法，希望能为进一步标准高营养层次生物资源种类营养级的研究方法和进行长期监测提供依据，为深入研究我国近海食物网动态、评价生态系统的状况提供基本的科学资料。

1　材料与方法

1.1　样品与资料收集

本研究使用的11 970个胃含物分析样品是2000年10—11月和2001年4月黄海水产研究所“北斗”号海洋科学调查船在黄海和东海（120.00°～126.75°N，25.75°～36.00°E）范围内进行大面积调查时收集的，共涉及35个种类，取样种类的长度大小及其胃含物样品个数见表1和表2。取样个体经生物学测定后，取出消化道立即速冻保存。胃含物分析时，将其解冻用吸水纸吸去水分后，再在双筒解剖镜下鉴定饵料生物的种类并分别计数和称重，食物重量精确到0.001 g，并尽量鉴定到最低分类单元。采用一般多数的原则划分食性，即以饵料的出现频率百分比组成超过60%的为主要摄食对象来划分食性类型。渤海和黄海营养级历史数据修正的基本资料（计39个种）取自邓景耀等[4,5]、韦晟等[6]、程济生等[7]。

表1　2000—2001年黄海重要生物资源种类胃含物分析样品取样

Table 1　Stomach samples of important resources species of the Yellow Sea in 2000—2001

种类	标准长度/mm		胃含物样品数/个	摄食率/%
	范围	平均		
鳀 *Engraulis japonicus*	42～126	80.58±18.97	102	97.06
细纹狮子鱼 *Liparis tanakae*	140～580	292.81±61.57	192	94.79
小黄鱼 *Pseudosciaena polyactis*	30～192	119.21±17.88	1059	28.14
龙头鱼 *Harpodon nehereus*	54～205	127.79±36.63	208	28.37
黄鮟鱇 *Lophius litulon*	120～415	220.75±46.84	140	77.14
赤鼻棱鳀 *Thrissa kammalensis*	57～122	96.56±13.49	423	73.05
黄鲫 *Setipinna taty*	56～193	133.66±27.18	399	50.38
蜂鲉 *Erisphex pottii*	26～86	48.44±13.46	198	70.71
小带鱼 *Trichiurus muticus*	62～130	97.26±12.34	298	66.78
大头鳕 *Gadus macrocephalus*	115～194	157.78±17.31	40	97.50
鮸 *Miichthys miiuy*	253～563	309.96±43.28	48	10.42
黑鳃梅童 *Collichthys niveatus*	31～150	68.78±14.29	362	55.80
带鱼 *Trichiurus haumela*	64～260	151.94±56.71	297	74.75
高眼鲽 *Cleisthenes herzensteini*	90～280	153.21±29.61	77	61.04
华鳐 *Raja chinensis*	146～240	197.50±35.83	8	75.00

由于海洋生态系统生物种类的多样性和食物关系的复杂性，使得全种类的食物网定量研究和定性分析变得十分困难，当前，一种新的研究趋势是对生物种类开展有选择的研究[10]。本研究根据“简化食物网”的概念，选择在食物关系、营养层次转化中发挥重要功能作用的关键种以及重要的捕食种和被捕食种作为营养级研究的重点种类，并将这些种类称为重要生物资源种类。根据我国近海生态系统高营养层次种类组成的实际情况，可将占生物量绝对多数（百分比可为80%～90%）的生物种类具体定义为重要生物资源种类，种类数大约为525个，例如，在渤海占生物量85%的生物种类为10种（1998年），在黄海占生物量85%的生物种类为19种（2001年4月），在东海占生物量85%的生物种类为14种（2001年4月）。本研究涉及的种类是根据以上原则选择的，计算高营养层次营养级使用的种类生物量组成资料取自Tang等[11]和2000—2001年的东海和黄海大面调查的资料[12]。

表2 2000—2001年东海重要生物资源种类胃含物分析样品取样

Table 2 Stomach samples of important resources species of the East China Sea in 2000—2001

种类	标准长度/mm		胃含物样品数/个	摄食率/%
	范围	平均		
竹筴鱼 *Trachurus japonicus*	32～205	149.46±41.59	262	55.73
带鱼 *Trichiurus haumela*	58～337	179.35±43.90	1316	56.91
小黄鱼 *Pseudosciaena polyactis*	58～225	122.98±21.33	896	34.71
刺鲳 *Psenopsis anomala*	138～170	158.8±28.57	22	18.18
发光鲷 *Acropoma japonicum*	24～121	65.26±17.20	1127	42.06
龙头鱼 *Harpodon nehereus*	23～278	149.52±49.63	467	29.98
细条天竺鱼 *Apogonichthys lineatus*	22～79	41.81±9.16	659	42.49
鲐鱼 *Pneumatophorus japonicus*	29～350	159.85±72.43	205	67.80
花斑蛇鲻 *Saurida undosquamis*	46～288	127.75±36.71	460	61.74
短尾大眼鲷 *Priacanthus macrocanthus*	121～260	174.55±23.61	207	78.26
蓝点马鲛 *Scomberomorus niphonius*	128～463	397.11±47.46	46	54.35
短鳍红娘鱼 *Lepidotrigla microptera*	80～170	102.24±13.38	109	28.44
黄鳍马面鲀 *Thamnaconus hypargyreus*	75～440	113.78±48.85	94	56.38
黄条鰤 *Seriola lalandi*	398～1050	601.38±205.83	8	75.00
日本舒 *Sphyraena japonica*	180～304	277.98±17.11	54	70.37
叉斑狗母鱼 *Synodus macrops*	43～183	123.49±24.94	290	52.76
条尾绯鲤 *Upeneus bensasi*	47～182	114.69±23.39	110	44.55
棕腹刺鲀 *Gastrophysus spadiceus*	188～315	267.88±37.49	17	100
七星底灯鱼 *Myctophum pterotum*	23～56	32.79±5.51	455	58.24
六丝矛尾虾虎鱼 *Chaeturichthys hexanema*	28～104	69.34±16.30	293	17.06
白姑鱼 *Argyrosomus argentatus*	66～233	134.01±23.20	282	14.89
鳄齿鱼 *Champsodon capensis*	25～97	56.73±12.42	701	61.77
拟穴奇鳗 *Alloconger anagoides*	62～250	140.47±42.85	37	29.73

1.2　营养级计算方法

本研究的营养级用下列公式计算：

$$TL_i = 1 + \sum_{j=1}^{n} DC_{ij} TL_j \tag{1}$$

式中，TL_i为生物i的营养级；TL_j为生物i摄食的食物j的营养级。计算使用的初始营养层次（绿色植物）营养级数采用目前国际通用的营养级划分标准，即将第1营养层次的绿色植物定为1级，植食者为第2营养层次（初级消费者），营养级定为2级，以植食动物为食的肉食动物为第3营养层次（次级消费者），营养级定为3级，依次类推。据此，修正后的基础饵料的营养级参照值见表3和表4。DC_{ij}为食物j在生物i的食物中所占的比例，本研究用食物成分的出现频率百分比组成表示：

$$某成分出现频率百分比组成（\%）=\frac{某成分的出现频率}{各成分出现频率的总和}\times 100 \tag{2}$$

$$某成分出现频率（\%）=\frac{含有某种成分的实胃数}{总胃数}\times 100 \tag{3}$$

高营养层次营养级（$\overline{TL_k}$）根据下列公式计算：

$$\overline{TL_k} = \sum_{i=1}^{m} TL_i Y_{ik} / Y_k \tag{4}$$

式中，TL_i表示i种类的营养级；Y_{ik}表示i种类在k年的生物量；Y_k表示k年m个种类的总生物量。

表3　饵料生物类群营养级修正值

Table 3　Revised trophic levels of food organism taxa

浮游生物		底栖生物	
类别	营养级	类别	营养级
介形类 Ostracoda	2.1	藓类 Bryozoa	2.1
糠虾类 Mysidae	2.1	涟虫类 Cumacea	2.1
樱虾类 Sergestidae	2.1	等足类 Isopoda	2.1
原生动物 Protozoa	2.1	磁蟹属 Porcellana	2.1
甲壳类幼体 Crustacea larva	2.1	珊瑚类 Anthozoa	2.2
异足类 Heteropoda	2.3	腹足类 Gastropoda	2.2
昆虫 Insecta	2.4	瓣鳃类 Lamellibranchia	2.2
水生昆虫 Insecta	2.4	端足类 Amphipoda	2.3
水母类 Scyphozoa	2.5	掘足类 Scaphopoda	2.3
桡足类 Copepoda	2.5	海绵类 Spongia	2.4
仔、幼鱼 Fish larva	3.1	海葵 Actiniaria	2.4
		星虫类 Sipunculoidea	2.4
		多毛类 Polychaeta	2.4
		海胆类 Echinoidea	2.4

（续）

浮游生物		底栖生物	
类别	营养级	类别	营养级
		海百合类 Crinoidea	2.4
		蛇尾类 Ophiuroidea	2.4
		海参类 Holothuroidea	2.4
		水螅类 Hydrozoa	2.5
		歪尾类 Anomura	2.5
		口足类 Stomatopoda	2.6
		短尾类 Brachyura	2.6
		长尾类 Macrura	2.8

注：根据式（1）及其参数说明对张其永[3]、李明德等[13]引用的各种饵料生物类营养级进行修正的结果。

表 4　饵料生物种类营养级修正值①

Table 4　Revised trophic levels of food organism species①

种类	营养级	出处	备注
强壮箭虫 *Sagitta crassa*	2.8	程济生等[7]	3.66③杨纪明等[14]
太平洋磷虾 *Euphausia pacifica*	2.2	康元德[15]	
真刺唇角水蚤 *Labidocera euchaeta*	2.1	杨纪明[16]	2.88③杨纪明等[8]
中华哲水蚤 *Calanus sinicus*	2.0	杨纪明[17]	2.0②
真刺唇角水蚤桡足类幼体 *Labidocera euchaeta*	2.0	杨纪明[18]	2.0②
小拟哲水蚤及桡足类幼体 *Paracalanus parvus*	2.0	杨纪明[18,19]	2.0②
太平洋纺锤水蚤 *Acartia pacifica*	2.0	杨纪明[8]	2.0②
瘦尾胸刺水蚤 *Centropages tenuiremis*	2.0	杨纪明[8]	2.0②
钳形歪水蚤 *Tortanus focipatus*	2.0	杨纪明[8]	2.0②
汤氏长足水蚤 *Calanopia thompsoni*	2.0	杨纪明[8]	2.0③

注：①根据式 1 及其参数说明对康元德[15]、程济生等[7]、杨纪明[8,16-19]获得的各种饵料生物种类营养级进行修正的结果；②研究者根据原文献用重量百分比计算的营养级；③研究者根据其他文献用重量百分比计算的营养级。

2　结果

2.1　渤海重要生物资源种类的营养级

表 5 列出了经修正的 27 个渤海重要生物资源种类营养级计算结果，表明营养级与食性类型有一定的相关性，浮游动物食性的种类营养级偏低，为 3.23～3.56，平均约为 3.40；游泳动物食性的种类营养级偏高，平均约为 4.45；杂食性的种类多，营养级居中，为 3.12～4.37，平均约为 3.74。结果还表明，在 1982—1983 年和 1992—1993 年 2 个年份段里一些种类的食性发生了变化，随之营养级也有明显变化，如蓝点马鲛由游泳动物食性转为杂食

性，营养级从 4.9 下降至 3.89；小黄鱼为杂食性种类，食物种类中浮游动物食物增加，营养级从 4.1 下降至 3.99。

表 5 渤海重要生物资源种类的营养级①

Table 5 Trophic levels of important resources species in the Bohai Sea①

种类	1982—1983			1992—1993		
	食性类型	TL 原数据	修正值	食性类型	TL 原数据	修正值
银鲳				浮游、底栖动物食性	2.12	3.12
斑鰶				底栖动物食性	2.22	3.22
赤鼻棱鳀	浮游动物食性	2.2	3.2	浮游动物食性	2.37	3.37
青鳞鱼	浮游动物食性	2.3	3.3	浮游动物食性	2.23	3.23
黄鲫	浮游动物食性	2.4	3.4	浮游动物食性	2.44	3.44
黑鳃梅童	浮游动物食性	2.5	3.5	浮游动物食性	2.56	3.56
鳀鱼	浮游动物食性	2.6	3.6	浮游动物食性	2.38	3.38
黄盖鲽	底栖动物食性	2.6	3.6			
半滑舌鳎②	底栖动物食性	2.7	3.7	底栖、游泳动物食性	2.78	3.78
棘头梅童	浮游、底栖动物食性	2.7	3.7			
虫纹东方鲀	底栖动物食性	2.8	3.8			
小带鱼				浮游、底栖和游泳动物食性	2.86	3.86
黄姑鱼	底栖、游泳动物食性	3.0	4.0	底栖、游泳动物食性	2.93	3.93
小黄鱼②	底栖、游泳动物食性	3.1	4.1	浮游、底栖和游泳动物食性	2.99	3.99
绿鳍鱼	底栖动物食性	3.1	4.1			
孔鳐	底栖、游泳动物食性	3.2	4.2	底栖、游泳动物食性	2.71	3.71
鲈鱼	底栖、游泳动物食性	3.2	4.2	底栖、游泳动物食性	3.37	4.37
白姑鱼	底栖、游泳动物食性	3.2	4.2	底栖、游泳动物食性	2.81	3.81
真鲷	游泳动物食性	3.4	4.4			
带鱼				游泳动物食性	3.46	4.46
油魣	游泳动物食性	3.7	4.7	游泳动物食性	3.43	4.43
牙鲆	游泳动物食性	3.8	4.8			
蓝点马鲛②	游泳动物食性	3.9	4.9	浮游、底栖和游泳动物食性	2.89	3.89
鹰爪虾				浮游、底栖和游泳动物食性	2.31	3.31
对虾				底栖动物食性	2.32	3.32
三疣梭子蟹				底栖、游泳动物食性	2.58	3.58
口虾蛄				浮游、底栖和游泳动物食性	2.47	3.47
平均	浮游动物食性		3.40	浮游动物食性		3.40
	底栖动物食性		3.80	底栖动物食性		3.27
	游泳动物食性		4.80	游泳动物食性		4.45
	杂食性		4.07	杂食性		3.74

注：①修正值是根据式 1 及其参数说明对邓景耀等[4,5]研究结果的修正；②为食性有所差异的种类。

表 6 表明，近 40 年来，渤海高营养层次的营养级呈明显的下降趋势，营养级从 1959 年的 4.1 下降至 1998—1999 年的 3.4。另外，根据占渤海总生物量 80%、85%和 90%的重要生物资源种类营养级计算的渤海高营养层次营养级结果差别不大，表明用重要生物资源种类的概念计算高营养层次营养级是一种可用的方法，在渤海选择 80%的重要生物资源种类计算高营养层次营养级即可认为有代表性。

表 6 渤、黄、东海高营养层次的营养级

Table 6 Trophic levels of high trophic levels in the Bohai Sea, Yellow Sea and East China Sea

项目	渤海				黄海		东海
	1959	1982—1983	1992—1993	1998—1999	1985—1986	2000—2001	2000—2001
占总生物量 80%的重要生物资源种类	4.06	3.70	3.51	3.41	3.66	3.40	3.68
占总生物量 85%的重要生物资源种类	4.04	3.72	3.52	3.44	3.68	3.42	3.69
占总生物量 90%的重要生物资源种类	4.05	3.71	3.52	3.46	3.68	3.42	3.69

2.2 黄海重要生物资源种类的营养级

黄海 15 个重要生物资源种类营养级的计算结果（表 7）表明，黄海浮游动物食性种类的营养级为 3.22～3.41，平均为 3.29；底栖动物食性种类的营养级为 4.15～4.34，平均为 4.24；杂食性种类的营养级为 3.55～3.81，平均为 3.67；目前黄海游泳动物食性种类较少，营养级约为 4.38。与渤海相比，黄海底栖动物食性种类的营养级偏高，可能与黄海底栖生物营养级偏高有关。另外，黄海同样出现了一些种类食性发生变化的现象，如带鱼和龙头鱼等由游泳动物食性转变成杂食性，并导致营养级有较大的下降。

2 个年份营养级的计算结果（表 6）表明，近年来黄海高营养层次营养级明显的下降，由 1985—1986 年的 3.7 降至 2000—2001 年的 3.4。这样的变化显然与 15 个重要生物资源种类中超过一半的种类出现了食性向低营养级转变的现象有关，其中浮游动物食性种类由 1985—1986 年的 4 种增加至 2000—2001 年的 6 种，底栖动物食性种类由 2 种增加至 5 种，而游泳动物食性的种类减少则由 4 种减少至 1 种。占生物量不同百分比的重要生物资源种类的营养级的计算结果（表 6）表明，用占总生物量 85%的生物资源种类的营养级计算黄海高营养层次的营养级更具有代表性。

2.3 东海重要生物资源种类的营养级

东海 23 个重要生物资源种类中（表 8），游泳动物食性的种类较多，营养级为 4.03～4.49，平均约为 4.26；底栖动物食性种类的营养级为 3.30～4.03，平均约为 3.62，明显低于黄海和渤海；杂食性种类的营养级为 3.62～4.06，平均约为 3.78；浮游动物食性种类的营养级为 3.29～3.55，平均约为 3.38。与黄海相比，东海的一些相同种类的营养级偏高，这可能与两海区食物组成不同有关，如龙头鱼和带鱼。

东海高营养层次营养级为 3.7，在 3 个海区中最高（表 6），显然与目前东海游泳动物食性的种类较多有关。占生物量不同百分比的重要生物资源种类的营养级的计算结果表明(表 6)，用占总生物量 80%的生物资源种类的营养级计算东海高营养层次的营养级就具有代表性了。

表 7　黄海重要生物资源种类的营养级

Table 7　Trophic levels of important resources species in the Yellow Sea

种类	食物的出现频率百分比/%			食性类型[②]	营养级
	浮游动物	底栖动物	游泳动物		
1985—1986[①]					
黄鲫	73.1	26.9		浮游动物食性	3.20
赤鼻棱鳀	55.8	44.2		浮游动物食性	3.20
黑鳃梅童	72.3	26.5	1.2	浮游动物食性	3.50
鳀	71.4	18.4	10.2	浮游动物食性	3.60
小黄鱼	26.7	40.0	33.3	浮游、底栖和游泳动物食性	3.70
蜂鲉[③]	16.7	83.8		底栖动物食性	3.80
高眼鲽[③]	4.5	45.5	50.0	底栖、游泳动物食性	4.20
华鳐[③]	49.0	51.0		底栖、游泳动物食性	4.20
细纹狮子鱼	0.56	1.23	8.3	底栖动物食性	4.30
小带鱼[③]	0.52	9.66	8.9	游泳动物食性	4.40
鮸[③]	45.0	55.0		底栖、游泳动物食性	4.40
龙头鱼[③]	14.6	85.4		游泳动物食性	4.50
黄鮟鱇	11.3	88.7		游泳动物食性	4.50
大头鳕[③]	3.3	46.6	53.1	底栖、游泳动物食性	4.50
带鱼[③]	10.0	20.0	70.0	游泳动物食性	4.90
三疣梭子蟹	3.5	86.6	9.9	底栖动物食性	3.37
双斑蟳	2.9	92.7	5.3	底栖动物食性	3.37
脊腹褐虾	5.3	93.5	1.2	底栖动物食性	3.30
葛氏长臂虾	27.3	67.9	4.8	底栖、游泳动物食性	3.32
日本枪乌贼	38.4	1.75	9.9	浮游、游泳动物食性	3.72
平均					
				浮游动物食性	3.38
				底栖动物食性	3.63
				游泳动物食性	4.58
				杂食性	4.01

（续）

种类	食物的出现频率百分比/%			食性类型②	营养级
	浮游动物	底栖动物	游泳动物		
2000—2001④					
黄鲫	93.19	6.81		浮游动物食性	3.22
赤鼻棱鳀	98.27	1.73		浮游动物食性	3.23
蜂鲉③	94.63	4.70	0.67	浮游动物食性	3.25
鳀	98.80	1.20		浮游动物食性	3.27
小带鱼③	87.56	0.50	11.94	浮游动物食性	3.33
黑鳃梅童	87.66	12.34		浮游动物食性	3.41
龙头鱼③	59.09	21.21	19.70	浮游、底栖和游泳动物食性	3.55
小黄鱼	46.69	36.19	17.13	浮游、底栖和游泳动物食性	3.65
带鱼③	43.99	14.78	41.24	浮游、底栖和游泳动物食性	3.81
高眼鲽③		81.82	18.18	底栖动物食性	4.10
大头鳕③		84.91	15.09	底栖动物食性	4.21
细纹狮子鱼		63.42	36.58	底栖动物食性	4.23
鮸③		100		底栖动物食性	4.34
华鳐③		83.33	16.67	底栖动物食性	4.27
黄鮟鱇		27.78	72.22	游泳动物食性	4.38
平均					
				浮游动物食性	3.29
				底栖动物食性	4.24
				游泳动物食性	4.38
				杂食性	3.67

注：①根据式1及其参数说明对韦晟等[6]和程济生等[7]研究结果的修正值；②根据本研究的标准重新划分 1985—1986 的食性类型；③为食性有所差异的种类；④为本研究的研究成果。

表 8 东海重要生物资源种类的营养级

Table 8 Trophic levels of important resources species in the East China Sea

种类	食物的出现频率百分比/%			食性类型	营养级
	浮游动物	底栖动物	游泳动物		
细条天竺鱼	75.00	23.13	1.88	浮游动物食性	3.29
黄鳍马面鲀	3.95	93.42	2.63	底栖动物食性	3.30
发光鲷	89.76	6.91	3.32	浮游动物食性	3.33
七星底灯鱼	88.01	11.99		浮游动物食性	3.34
六丝矛尾虾虎鱼	6.00	92.00	2.00	底栖动物食性	3.37
鲐鱼	72.86	5.03	22.11	浮游动物食性	3.55
小黄鱼	48.85	28.39	22.76	浮游、底栖和游泳动物食性	3.62

（续）

种类	食物的出现频率百分比/%			食性类型	营养级
	浮游动物	底栖动物	游泳动物		
鳄齿鱼	51.81	19.40	28.78	浮游、底栖和游泳动物食性	3.64
条尾绯鲤	12.36	84.27	3.37	底栖动物食性	3.65
棕腹刺鲀	9.68	64.52	25.81	底栖动物食性	3.68
短鳍红娘鱼	14.71	70.59	14.71	底栖动物食性	3.69
竹筴鱼	52.00	5.50	42.50	浮游、底栖和游泳动物食性	3.80
白姑鱼	1.96	70.59	27.45	底栖动物食性	4.03
刺鲳	25.00	75.00		游泳动物食性	4.03
带鱼	27.77	12.06	60.18	游泳动物食性	4.05
短尾大眼鲷	19.22	28.11	52.67	浮游、底栖和游泳动物食性	4.06
龙头鱼	13.04	17.39	69.57	游泳动物食性	4.14
花斑蛇鲻	11.90	13.10	75.00	游泳动物食性	4.21
叉斑狗母鱼	10.17	27.12	62.71	游泳动物食性	4.25
拟穴奇鳗	7.14	7.14	85.71	游泳动物食性	4.32
蓝点马鲛		3.70	96.30	游泳动物食性	4.34
黄条鰤			100	游泳动物食性	4.55
日本鲟		2.27	97.73	游泳动物食性	4.49
平均				浮游动物食性	3.38
				底栖动物食性	3.62
				游泳动物食性	4.26
				杂食性	3.78

3 讨论

3.1 关于营养级的划分标准及研究计算方法

目前国内对海洋食物网营养级的划分标准不够统一，张其永等[3]、邓景耀等[4,5]和韦晟等[6]等将第1营养级的绿色植物定为0级，按0～4级的划分标准研究营养级，即第2营养级包括草食性动物（1.0～1.3级）和杂食性动物（1.4～1.9级）；第3营养级包括低级肉食性动物（2.0～2.8级）和中级肉食性动物（2.9～3.4级）；第4营养级为高级肉食性动物（3.5～4.0级）；李军[20]、窦硕增[21]和杨纪明等[8,9,22]将绿色植物定为1级，按1～5级的划分标准研究营养级。这一差异早已引起我国研究者的注意[23]，但是始终未能统一，为使用带来不便甚至混乱。从计算的角度看，将绿色植物定为0级，可能会对计算结果带来误差，也是不合理的。因为，当绿色植物作为某一个生物的饵料成分时，若营养级定为0，它在营养级成份权数计算时总为0，而将绿色植物定为1就可以避免这个问题，得到实际的数。因此，为了使我国海洋食物网营养级的研究更加规范，研究结果具可比性并方便使用，建议在今后的研究中，采用国际通用的划分标准，即将第1营养级的绿色植物和腐屑的营养级定为

1 级（如 Yang[24]，Pauly et al.[1,25]，Aydin et al.[2]），重点对占生物量绝对优势的重要生物资源种类的营养级进行研究。

计算营养级的一个难题是如何正确确认食物 j 在生物 i 的食物中所占的比例，即正确确认式（1）的 DC_{ij}。目前采用的是一种传统方法，即通过分析食物组成，根据食物种类的相对比例以及它们对应的营养级来计算营养级（式 1）。这一方法假设食物中的绝大多数组成是可以鉴别的，并能准确量化，而且它们各自的营养级是已知的。但事实上，不仅是量化很难，而且鉴别食物中许多重要种类也是相当困难的。大多数的胃含物分析结果只是反映了食物瞬时的状况，而且肉食性鱼类多数时间都已排空胃。在实际研究中，不同的研究者采用了不同指标来计算 DC_{ij}。张其永等[3]、邓景耀等[4,5]和韦晟等[6]等用食物的出现频率百分比组成（式 2）表示 DC_{ij} 是一个容易获得结果的方法；由于出现频率难以单独反映各种食物成分的定量贡献，尤其在杂食性鱼类的食物组成中，相同出现频率的浮游生物与鱼类对捕食者的食物定量贡献可能相差很大，从而影响了对营养级的估算[21]，因此，食物成分的重量百分比是研究者计算 DC_{ij} 时使用的另一个方法，如李军[20]、Brodeur & Pearcy[26]和杨纪明[9,22]；Yang[24]在计算营养级时使用了“食物组成中计分百分比”，该“食物计分”由食物组成而定。由于对不同食性的鱼类采用了不同的指标进行计分，因此该方法具有一定的主观性[21]。Cortes[27]认为应使用综合指数如相对重要性指数（IRI 或%IRI）来计算营养级，这个方法同时要求获得食物组成个数和重量的数据，增加了对资料的要求；李军[20]用不同的指标计算不同食性生物的营养级，在计算杂食性浮游动物的营养级时使用了出现频率百分比组成，而在计算肉食性动物的营养级时则用了重量百分比。由此可见，DC_{ij} 的计算也是导致营养级研究结果的可比性较差的重要原因之一。从营养学或定量的角度来讲，食物的重量百分比更能反映出每一种食物的相对贡献，因此在营养级计算中使用重量指标更为合理。但在食性分析中，要获得食物的真实重量难度较大，同时由于食物在胃内是处于消化状态的，被消化的程度差异很大，在胃内能保持完整的生物个体较少，将所有的食物残余肢体都换算成个体的更正重量也是相当困难的，因此，这一指标在实际应用中难以准确获得，对于杂食性种类要计量准确这一指标就更加困难了。事实上，目前用“重量百分比”计算获得的饵料营养级的结果较少，文献提供的资料也有限。本文表 3 比较了 2 种不同方法估算的饵料营养级，结果表明除完全植食性的种类没有差异以外，其他的差异较大，如：真刺唇角水蚤和强壮箭虫。因此在计算营养级时，饵料营养级应引用同一种方法获得的结果，而不能将 2 种不同方法所获得的饵料营养级混合引用。鉴于我国近海重要生物资源种类食性较杂且饵料生物的个体较小等原因。同时考虑到各种方法的优点和不足，本研究采用了食物的出现频率法计算 DC_{ij0}，这个研究方法相对现实可行，可使用的基础资料亦较多，但是对该方法在定量上产生的系统误差需要进一步研究确认。

3.2 营养级年间波动原因分析

研究海洋生态系统中重要生物资源种类营养级的年间波动对了解生态系统的状况有非常重要的意义，国外在这方面已作了许多的研究工作。Yang[24]研究了 1947—1977 年 30 年间北海 34 种重要捕捞鱼类的平均营养级，发现营养级的波动不大（3.62～3.76），因此，认为尽管总捕捞量和每种鱼的捕捞量波动很大，但捕捞没有超过该海区的生态系统的自我调节能力。Pauly 等[25]根据联合国粮食及农业组织（FAO）提供的资料，报道了 1950—1994 年期间全球渔获物的平均营养级从 3.3 下降到 3.1，渔获物从长寿命、高营养级的底层食鱼的种类逐步向短寿命、低营养级的中上层、无脊椎动物种类转变，并认为捕捞使生态系统中食物网的营养级下降，这种开发方式是不可持续的。Pauly 等[1]发现加拿大海域的渔获物的平均营养级以每 10 年下降 0.03～0.10 的速度下降，与全球的变化趋势相似，同时他还指出渔获物的平均营养级可以作为多种类渔业承受力的指标，但它的可靠性依赖于数据的质量和用于分析的时间的长度。国内 Tang 等[11]分析了渤海不同年代（1959，1982—1983，1992—1993，1998—1999）高营养层次营养级大幅度下降的原因，认为主要是由于高营养层次重要生物资源种类中过去的较大个体的底层种类已被现在的小型中上层鱼类替代所致。本研究发现同一个种类的营养级在不同年份有较大的变化，如表 7 黄海资料所示：与 1985—1986 年相比，2000—2001 年相同种类的营养级总体上呈下降趋势。为此，以下着重对营养级发生较大波动的种类进行分析讨论，探讨导致相同种类营养级发生较大波动的原因，以便进一步阐明营养级的波动对认识和评价生态系统动态的重要意义。

同种类个体大小组成的变化是单种类营养级年间波动的主要原因。例如，鱼类个体随着生长发育，食性发生转变是非常普遍的现象，这种转变将导致营养级发生变化：①林景祺[28]发现小黄鱼幼鱼发育阶段有十分明显的食物转换现象，体长 9～20 mm 时以双刺纺锤水蚤为主要食物，体长达 61 mm 以后吞食较大型的虾类和小鱼，但仍摄食浮游生物；体长达 81 mm 以后，以脊腹褐虾、虾虎鱼等为主要食物，即转变成成鱼的摄食习性。孟田湘[29]研究了鳀鱼不同发育阶段的摄食情况，其饵料转换大体发生在 20 mm 和 90 mm 左右。在 20 mm以前，主要摄食小型桡足类的卵、无节幼体、原生动物和小型桡足类幼体；30～90 mm主要摄食中华哲水蚤和它的桡足幼体，90 mm 以后主要摄食胸刺水蚤、细长脚蛾、太平洋磷虾等较大的浮游动物；②张波[30]报道了带鱼在生长发育过程中，摄食范围由狭食性逐步向广食性转变，食性类型由浮游生物食性逐渐转变成游泳动物食性。其营养级在发育过程中，由个体小于 100 mm 的 3.17 逐渐增大至大于 200 mm 的 4.12；③作者在研究龙头鱼的食物组成中发现了鱼类的另一种食物转换形式，即摄食的食物大小增大，食物种类减少。它在生长发育过程中，从摄食范围较广逐渐转变成狭食性。个体长度小于 150 mm 的龙头鱼属杂食性鱼类，但超过 150 mm，摄食游泳动物的比例增加，其食性逐步转变成为游泳动物食性。其营养级在发育过程中，由小于 100 mm 的 3.52 逐渐增大至大于 200 mm 的 4.22。以上实例虽然表现出不同种类的食性有不同的转变形式，但是，它们的营养级均随着个体长大而增大，通常幼鱼营养级较低，成鱼营养级较高。因此，当同一种类的个体组成发生年间变化时，其营养级也会发生波动。事实上，近年鳀鱼营养级的下降（3.6 降为 3.26）、带鱼营养级的下降（4.9 降为 3.83）以及龙头鱼营养级的下降（4.5 降为 3.91）均与资源个体组成小型化有关[31]，而且与其食物关系密切的种类也受到影响。例如，鳀鱼作为在海洋生态系统的营养通道中起承上启下关键作用的饵料鱼种，它的营养级的波动同时可能导致捕食者营养级一系列的波动，如近年鳀鱼营养级的下降已引起主要捕食鳀鱼的蓝点马鲛的营养级下降。

另外，被摄食的食物种类组成的变化也是引起营养级的波动的重要原因。黄海年间胃含物组成资料的对比已充分说明了这一点，例如：①1985—1986 年黄海鲐鱼摄食浮游动物、底栖动物和游泳动物的比例为 44.5%、33.3%、22.2%[6]，而 2000—2001 年分别为 69.35%、11.09%、19.52%，摄食浮游动物的比例增加导致营养级下降；②1985—1986 年黄海大头鳕摄食浮游动物、底栖动物和游泳动物的比例为3.3%、46.6%、53.1%[6]，而2000—2001年分别为9.68%、82.79%、7.55%，摄食游泳动物的比例显著减少导致营养级下降；③韦晟等[6]报道小带鱼摄食的主要饵料与带鱼基本相同（主要摄食鳀鱼、黄鲫、玉筋鱼等），但也摄食鹰爪虾、戴氏赤虾、细螯虾等，而本研究结果表明现今小带鱼主要摄食浮游动物，占摄食食物的98.69%，成为典型的浮游动物食性的低营养级鱼类，其营养级下降也实属必然。

以上讨论分析表明，在高营养层次中不仅重要生物资源种类组成的变化将引起营养级的波动，同时重要生物资源种类个体大小及其食物组成的变化也会引起营养级的波动。可见，营养级的波动能够反映海洋生态系统动态的多种信息，是认识和管理生态系统的重要指标，对其进行长期、系统的监测和研究是非常必要和有意义的。

参考文献

[1] Pauly D, Palomares M L, Froese R, et al. Fishing down Canadian aquatic food webs [J]. Can. J. Fish. Aquat. Sci., 2001, 58: 51-62.

[2] Aydin K Y, Gordon A M, King J R, et al. The BASS/MODEL Report on Trophic Model of the Subarctic Pacific Basin Ecosystems [R]. PICES Scientific Report, 2003.

[3] Zhang Q Y, Lin Q M, Lin Y T, et al. Food web of fishes in Minnan-Taiwan shoal fishing ground [J]. Acta Oceanologica Sinica, 1981, 3 (2): 275-290. [张其永，林秋眠，林尤通，等．闽南—台湾浅滩渔场鱼类食物网研究 [J]. 海洋学报，1981，3 (2)：275-290.]

[4] Deng J Y, Meng T X and Ren S M. Food web of fishes in Bohai Sea [J]. *Acta Ecologica Sinica*, 1986, 6 (4): 356-364. [邓景耀，孟田湘，任胜民．渤海鱼类食物关系的初步研究 [J]. 生态学报，1986，6 (4)：356-364.]

[5] Deng J Y, Jiang W M, Yang J M, et al. Species interaction and food web of main predatory species in the Bohai Sea [J]. Journal of Fishery Sciences of China, 1997, 4 (4): 1-7. [邓景耀，姜卫民，杨纪明，等．渤海主要生物种间关系及食物网研究[J]. 中国水产科学，1997，4 (4)：1-7.]

[6] Wei C, Jiang W M. Study on food web of fishes in the Yellow Sea [J]. Oceanologia et Liminologia Sinica, 1992, 23 (2): 182-192. [韦晟，姜卫民．黄海鱼类食物网的研究 [J]. 海洋与湖沼，1992，23 (2)：182-192.]

[7] Cheng J S, Zhu J S. Study on the feeding habit and trophic level of main economic invertebrates in the Yellow Sea [J]. Acta Oceanologica Sinica, 1997, 19 (6): 102-108. [程济生，朱金声．黄海主要经济无脊椎动物摄食特征及其营养层次的研究 [J]. 海洋学报，1997，19 (6)：102-108.]

[8] Yang J M. Study on food and trophic levels of the Bohai Sea fish [J]. Modern Fisheries Information, 2001, 16 (10): 10-19. [杨纪明．渤海鱼类的食性和营养级研究 [J]. 现代渔业信息，2001，16 (10)：10-19.]

[9] Yang J M. Study on food and trophic levels of the Bohai Sea invertebrates [J]. Modern Fisheries Information, 2001, 16 (9): 8-16. [杨纪明．渤海无脊椎动物的食性和营养级研究 [J]. 现代渔业信息，2001，16 (9)：8-16.]

[10] Tang Q S. Strategies of research on marine food web and trophodynamics between high trophic levels [J]. Marine Fisheries Research, 1999, 20 (2): 1-11. [唐启升．海洋食物网与高营养层次营养动力学研究策略 [J]. 海洋水产研究，1999，20 (2)：1-11.]

[11] Tang Q, Jin X, Wang J, et al. Decadal-scale variation of ecosystem productivity and control mechanisms in the Bohai Sea [J]. Fish. Oceanogr., 2003, 12 (4/5): 223 - 233.

[12] Tang Q S. Atlas of Ecosystem Dynamics in the Yellow Sea and East China Sea [M]. Beijing: Science Press, 2004. [唐启升. 黄、东海生态系统动力学调查图集 [M]. 北京: 科学出版社, 2004.]

[13] Li M D, Zhang H J, et al. Biology of Fish in the Bohai Sea [M]. Beijing: Chinese Science and Technology Publishing House, 1991. [李明德, 张洪杰, 等. 渤海鱼类生物学 [M]. 北京: 中国科学技术出版社, 1991.]

[14] Yang J M, Li J. A preliminary study on the feeding of the Bohai Sea *Sagitta crassa* [J]. Marine Sciences, 1995, (6): 38 - 42. [杨纪明, 李军. 渤海强壮箭虫摄食的初步研究 [J]. 海洋科学, 1995, (6): 38 - 42.]

[15] Kang Y D. A preliminary study on the food of *Euphausia pacifica* in the central Yellow Sea [C]// Proceedings of the Ninth Plenary Session of the West Pacific Fishery Committee. Beijing: Science Press, 1966. 68 - 75. [康元德. 黄海中部太平洋磷虾 (*Euphausia pacifica* Hansen) 食料的初步研究 [C]// 太平洋西部渔业研究委员会第九次全体会议论文集. 北京: 科学出版社, 1966. 68 - 75.]

[16] Yang J M, Li H L. A preliminary study on the feeding of Bohai Sea *Labidocera euchaeta* [J]. China. J. Appl. Ecol., 1997, 8 (3): 299 - 303. [杨纪明, 李红玲. 渤海真刺唇角水蚤摄食的初步研究 [J]. 应用生态学报, 1997, 8 (3): 299 - 303.]

[17] Yang J M. A preliminary study on the feeding of the Bohai Sea *Calanus sinicus* [J]. Oceanologia et Liminologa Sinica, 1997, 28 (4): 376 - 382. [杨纪明. 渤海中华哲水蚤摄食的初步研究 [J]. 海洋与湖沼, 1997, 28 (4): 376 - 382.]

[18] Yang J M. A preliminary study on the feeding of Copepodid larvae of two species in the Bohai Sea [J]. Modern Fisheries Information, 1998, 13 (6): 5 - 8. [杨纪明. 渤海两种桡足类幼体摄食的初步研究 [J]. 现代渔业信息, 1998, 13 (6): 5 - 8.]

[19] Yang J M. A primary study on feeding of *Paracalanus parvus* in the Bohai Sea [J]. Modern Fisheries Information, 1998, 13 (5): 5 - 9. [杨纪明. 渤海小拟哲水蚤摄食的初步研究 [J]. 现代渔业信息, 1998, 13 (5): 5 - 9.]

[20] Li J. The food chain structure of Japanese Spanish mackerel in the Bohai Sea [J]. Studia Marina Sinica, 1990, 31: 93 - 107. [李军. 渤海蓝点马鲛食物链结构的研究 [J]. 海洋科学集刊, 1990, 31: 93 - 107.]

[21] Dou S Z. Theory and methods of ecological study on fish feeding [J]. Oceanologia et Liminologia Sinica, 1996, 27 (5): 556 - 561. [窦硕增. 鱼类摄食生态研究的理论及方法 [J]. 海洋与湖沼, 1996, 27 (5): 556 - 561.]

[22] Yang J M. Study on food and trophic levels of the Bohai Sea Copepoda [J]. Modern Fisheries Information, 2001, 16 (6): 6 - 10. [杨纪明. 渤海桡足类 (Copepoda) 的食性和营养级研究 [J]. 现代渔业信息, 2001, 16 (6): 6 - 10.]

[23] Tang Q S. Research method of fishery biology [C] // Marine Fishery Biology. Beijing: Agriculture Press, 1991: 59 - 60. [唐启升. 渔业生物学研究方法概述 [C]// 海洋渔业生物学. 北京: 农业出版社, 1991: 59 - 60.]

[24] Yang J. A tentative analysis of the trophic levels of the North Sea fish [J]. Mar. Ecol. Prog. Ser., 1982, 7: 247 - 252.

[25] Pauly D, Christense V, Dalagaard J, et al. Fishing down marine food webs [J]. Science, 1998, 279: 860 - 863.

[26] Brodeur R D and Pearcy W G. Effects of environmental variability on trophic interactions and food web

structure in a pelagic upwelling ecosystem [J]. Mar. Ecol. Prog. Ser., 1992, 84: 101－119.

[27] Cortes E. Standardized diet compositions and trophic levels of sharks [J]. ICES J. Mar. Sci., 1999, 56: 707－717.

[28] Lin J Q. Study on the feeding habit and condition of young and adult small yellow croaker. Proceedings of Marine Fishery Resource [C]. Beijing: Agriculture Press, 1962. 34－43. [林景祺. 小黄鱼幼鱼和成鱼的摄食习性及其摄食条件的研究. 海洋渔业资源论文集 [C]. 北京：农业出版社，1962. 34－43.]

[29] Meng T X. Feeding of anchovy (*Engraulis japonicus*) at different growth stages on zooplankton in the central and southern Yellow Sea [J]. Marine Fisheries Research, 2003, 24 (3): 1－9. [孟田湘. 黄海中南部鳀鱼各发育阶段对浮游动物的摄食 [J]. 海洋水产研究，2003，24（3）：1－9.]

[30] Zhang B. Feeding habits and ontogenetic diet shift of hailtail fish (*Trichiurus lepturus*) in East China Sea and Yellow Sea [J]. Marine Fisheries Research, 2004, 25 (2): 6－12. [张波. 东、黄海带鱼的摄食习性及随发育的变化 [J]. 海洋水产研究，2004，25（2）：6－12.]

[31] Cheng J S, Yu L F. The change of community structure and diversity of demersal fish in the Yellow Sea and East China Sea in winter [J]. Journal of Fisheries of China, 2004, 28 (1): 29－34. [程济生，俞连福. 黄、东海冬季底层鱼类群落结构及多样性变化 [J]. 水产学报，2004，28（1）：29－34.]

Study on Trophic Level of Important Resources Species at High Trophic Levels in the Bohai Sea, Yellow Sea and East China Sea

ZHANG Bo[1,2], TANG Qi sheng[1,2]

(*1. Key Laboratory of Sustainable Utilization of Marine Fishery Resources, Ministry of Agriculture, Qingdao 266071, China;*
2. Yellow Sea Fisheries Research Institute, Chinese Academy of Fishery Sciences, Qingdao 266071, China)

Abstract: The trophic levels of 35 important resources species at high trophic levels of the Yellow Sea and East China Sea ecosystems were calculated by analyzing 11970 stomach samples collected during two synoptic surveys in 2000 and 2001, and the revised trophic level data of 39 important species in the Bohai Sea and Yellow Sea were also used to discuss the research strategy and calculation method of trophic levels of resources species at high trophic levels in China seas. The main study results are as follows: ① the trophic levels of important resources species in the Bohai Sea, Yellow Sea and East China Sea varied in the ranges 3. 12 to 4. 9, 3. 2 to 4. 9 and 3. 29 to 4. 55, respectively, and the trophic levels of resources species at high trophic levels in above sea areas in recent years were on the decline, for example, the trophic levels in the Bohai Sea decreased from 4. 1 during 1985 to 1986 to 3. 4 during 2000 to 2001, and those in the Yellow Sea decreased from 3. 7 during 1985 to 1986 to 3. 4 during 2000 to 2001; ② the fluctuation in trophic level of high trophic level species was caused mainly by the change in community species composition and the interannual variation in single species trophic level, and the latter was related directly to the colonial individuals getting smaller and the food trophic level getting lower. Therefore, the changes in trophic levels of high trophic level species are important indicator for understanding the bioproduction dynamics in marine ecosystem and the long - term and systematic monitoring on these changes are needed; ③ it is suggested that according to the simplified version of food web, the future study on the trophic level shall be focused on the important resources species accounting for overwhelming majority of biomass, and the international standard shall be used to divide and calculate the trophic level.

Key words: Trophic level; High trophic levels; Important resources species; Bohai Sea; Yellow Sea; East China Sea

黄东海生态系统食物网连续营养谱的建立：

来自碳氮稳定同位素方法的结果①

蔡德陵[1]，李红燕[2]，唐启升[3]，孙耀[3]

（1. 国家海洋局第一海洋研究所，青岛 266061；

2. 中国海洋大学化学化工学院，青岛 266003；

3. 中国水产科学研究院黄海水产研究所，青岛 266071）

摘要： 应用天然存在的碳氮稳定同位素方法研究了黄东海生态系统食物网的营养结构，初步建立了从浮游植物到顶级捕食者的水体食物网连续营养谱，并结合底栖生物碳同位素资料勾勒出黄东海食物网营养结构图，与根据 1985—1986 年主要资源种群生物量绘制的黄海简化食物网和营养结构图基本一致并略有改进。结果证明，稳定同位素方法是未来研究从病毒到顶级捕食者完整海洋食物网连续营养谱以及食物网稳定性的一个潜在的有用手段。

关键词： 食物网；碳同位素；氮同位素；黄海；东海

海洋食物网营养动力学传统的研究方法是食性分析法，分析捕食者消化道含物的种群组成和数量，用以确定该食物网的基本结构和食物关系。采用这一方法研究复杂的海洋生态系统食物网，不但工作量十分巨大，而且很难捋清楚各种不同营养级生物之间的营养关系，因此，只能采取“简化食物网”的方法，突出主要资源种的营养成分和食物质量转换关系。从原理上讲，碳氮稳定同位素的结果反映的是捕食者在相当长的一个生命阶段中所摄取的食物，经过新陈代谢消化吸收累积的结果[1]，而胃含物分析方法是需要经过消化吸收校正的，否则，容易造成误解[2,3]。应用创新的方法进行海洋研究，特别是应用稳定同位素弄清食物网动力学、关键种或功能团的作用等是国际上即将启动的 IMBER（integrated marine biogeochemistry and ecosystem research）计划的一个重要方面。该计划的目标是建立从病毒到顶级捕食者的完整的海洋食物网营养结构。迄今为止，国内海洋食物网营养结构的研究方法仍然以食性分析法为主。我们曾经在崂山湾、渤海等生态系统中应用碳同位素方法研究食物网结构取得了一系列成果[4-7]，现在试图应用碳氮两种稳定同位素同时对黄东海生态系统展开营养动力学研究，期望在海洋食物网的连续营养谱的建立、食物来源研究等方面取得新的进展，为未来完整的海洋食物网营养结构研究打下一个良好的基础。

---

① 本文原刊于《中国科学：C辑》，35（2）：123-130，2005。

1　材料与方法

1.1　样品的采集

样品采集于 2000 年 10—11 月（27°～35°N，121°～126°30′E），2001 年 5 月（33°30′～37°N，120°～123°30′E），2003 年 6 月（34°40′～35°30′N，120°～121°E）和 2004 年 1 月（32°～36°N，121°～126°E）。2000 年秋季航次采集了 9 个站位的鱼类样品。2001 年春季航次共采集了 17 个站位的浮游植物、浮游动物、悬浮体、沉积物和鱼类样品。浮游植物用标准小型生物网，浮游动物用标准浮游动物网，都是自水底至水表垂直拖网采样。悬浮体样品由真空抽滤表层水获得，所用滤膜为经过预灼烧过的 Whatman GF/F 玻璃纤维滤膜，以去除有机杂质的影响。2003 年 6 月和 2004 年 1 月分别补充采集了浮游植物、悬浮体样品。

1.2　样品的预处理与分析

现场生物样品的预处理步骤为：浮游动物用过滤海水清养 1 h 排除其消化道含物后再冷冻，其他样品在取上甲板后，立即冷冻保存。鱼类样品带回实验室后，取其适量背部肌肉，真空干燥后磨碎，备用。生物样品在实验室缓慢解冻后，浮游植物样品经人工挑拣出杂质后过滤、浮游动物样品挑选出优势种、悬浮体和沉积物样品用 10% HCl 酸化处理后，都经真空干燥备用。所有样品经初步处理后，采用石英密封管高温燃烧法测量其碳氮同位素组成，催化剂为线状氧化铜、铜丝和 Ag 粉，在 800 下反应 2 h。反应后的样品在专用的真空系统中提取纯化由样品转化来的二氧化碳和氮气，然后分别送入 MAT－251 型质谱仪测量，获得样品的碳氮同位素值。碳氮同位素值分别以国际通用的 PDB 和大气氮作为参考标准以 δ 值形式报告[1,4]。$\delta^{13}C$ 值的分析精度为±0.08‰，$\delta^{15}N$ 值的分析精度为±0.10‰。

2　结果

2.1　浮游植物和悬浮体的碳氮稳定同位素特征

南黄海悬浮体中有机碳同位素在 1998 年有过比较详尽的调查，但是，当时没有氮同位素的数据[8]，为此，作了几次补充性调查。南黄海北部 2001 年春季悬浮体 $\delta^{15}N$ 值的数值范围为 3.68‰～9.51‰，平均值为（6.42±1.94）‰；$\delta^{13}C$ 值的变化范围为－23.22‰～－25.58‰，平均值为（－24.66±0.69）‰。悬浮体的 $\delta^{15}N$ 与 $\delta^{13}C$ 间呈现线性负相关（R^2＝0.44）。2003 年 6 月航次悬浮体 $\delta^{15}N$ 值的数值范围为 1.99‰～7.69‰，平均值为 4.16‰±1.56‰；而 $\delta^{13}C$ 值的变化范围为－21.64‰～－25.54‰，平均值为（－24.27±0.95）‰。2 个年度的数据差别反映存在有一定的年际变化。

浮游植物的碳氮同位素范围跨度较大，南黄海北部 2001 年春季航次中浮游植物 $\delta^{15}N$ 值的数值范围为 5.51‰～8.50‰，平均值为（7.33±1.08）‰；$\delta^{13}C$ 值的变化范围为－21.78‰～26.05‰，平均值为（－23.95±1.52）‰。两者之间几乎没有相关性。

2.2　浮游动物碳氮稳定同位素的分布特征

浮游动物在海洋生态系统中是控制能量与物质流动的中间关键环节。在东黄海生态系统中，以中华哲水蚤等优势种起主导作用。表1列出了2001年春季航次中浮游动物几个优势种的碳氮稳定同位素值。

表1 2001年5月浮游动物的稳定碳氮同位素

站位	经度	纬度	浮游动物	$\delta^{13}C$ 值/‰	$\delta^{15}N$ 值/‰
01-1	123	36	细长脚蛾 *Themisto gracilipes*	−23.22	7.31
			太平洋磷虾 *Euphausia pacifica*	−24.09	6.46
			强壮箭虫 *Sagitta crassa*	−24.06	8.77
			中华哲水蚤 *Calanus sinicus*	−23.27	7.15
01-2	122.75	37	细长脚蛾 *Themisto gracilipes*	−22.51	8.53
			太平洋磷虾 *Euphausia pacifica*	−22.73	7.63
			强壮箭虫 *Sagitta crassa*	−22.88	9.07
			中华哲水蚤 *Calanus sinicus*	−22.82	6.75

2.3 黄东海主要鱼类的碳氮稳定同位素特征

测定了在2000年秋季和2001年春季2个航次中采集的50种鱼类、4种无脊椎动物128个标本的碳氮稳定同位素组成。鱼类的 $\delta^{15}N$ 值范围为7.13‰（鳗鲡 *Anguilla* sp. 幼鱼）～14.30‰（蓝点马鲛 *Scomberomorus niphonius*），差值达7.17‰；而 $\delta^{13}C$ 值范围为−15.71‰（赤磷鱼 *Harengula zunasi*）～−23.14‰（鳗鲡 *Anguilla* sp. 幼鱼），相差7.04‰。对不同站位、不同季节捕获的不同体长/体重的同种鱼的碳氮同位素组成分析表明，其碳氮同位素值有明显的变化。以带鱼 *Trichiurus haumela* 为例，其 $\delta^{13}C$ 值范围为−21.07‰～−15.89‰，最大差值有5.18‰；$\delta^{15}N$ 值范围为9.17‰～12.93‰，最大差3.76‰（n=10）（表2）。

表2 带鱼体长/体重与碳氮同位素组成的关系

体重/g	体长/mm	$\delta^{15}N$ 值/‰	$\delta^{13}C$ 值/‰
7.8	27.9	9.17	−16.94
10.3	30.6	11.04	−18.47
12.1	31.1	10.95	−21.07
14.1	31.4	11.09	−20.66
17.9	32.5	9.51	−20.62
14.6	33.2	10.04	−15.89
26.7	35.8	9.51	−19.37
84.8	48.5	10.77	−18.79
161.8	67	10.83	−19.15
200.8	76	12.93	−17.87

另外，还分别测定了鮸鱼 *Miichthys miiuy* 和鲈鱼 *Lateolabrax japonicus* 鳞片与肌肉组织中的碳氮同位素组成，其结果列在表3中。

表3 鮸鱼和鲈鱼鳞片与肌肉组织中碳氮同位素组成的关系

鱼种类	部位	$\delta^{15}N$ 值/‰	$\delta^{13}C$ 值/‰
鮸鱼	鳞片	11.02	−12.62
Miichthys miiuy	肌肉	12.49	−15.70
鲈鱼	鳞片	12.11	−18.28
Lateolabrax japonicus	肌肉	12.42	−19.69

3 讨论与结语

3.1 营养位置的概念

杂食性的普遍性和天然食物网的复杂性使得传统的、分立的食物链概念或交互联系的食物网方法都不能充分地代表水体生态系统中的能量流动和质量传递途径[9]。营养位置作为一个连续变量，可以定量地计算在食物链内从无机分子第一次合成为有机化合物开始，一个生物体经过新陈代谢“处理”消费了多少生物量，具有相同营养位置的种属可以汇聚成营养群，它是类似于营养级的功能类群，因此，确定了生物的营养位置，有助于从营养结构的角度来划分海洋生物的功能群。一个营养群包含了具有类似营养位置的生物，但是，其成员可能摄食不同的饵料和在食物网内有不同的生态功能。

3.2 基线 $\delta^{15}N$ 值的校正和一个营养级氮同位素富集度的确定

浮游植物和海水中的悬浮颗粒是中小型浮游动物和底栖滤食性生物的主要食物来源，它们的碳氮同位素特征是稳定同位素法研究食物网营养结构的基础。稳定同位素法已经被愈来愈广泛地用作生态系统营养关系的示踪剂，但是，初级生产者的 $\delta^{15}N$ 值无论是在系统之间还是在一个系统内随时空都有很大的变化。海洋初级生产者是通过同化作用将无机物转化为有机物，这包括浮游植物以及能进行光合作用的细菌等。2001 年春季浮游植物的 $\delta^{15}N$ 值变化幅度为 3‰，$\delta^{13}C$ 值的变化幅度更大，超过了 4‰。从该区悬浮体的同位素变化范围来看无论是地域变化还是年间变化都相当大。同一季节中 $\delta^{15}N$ 值变化幅度为 5.83‰，$\delta^{13}C$ 值的变化幅度为 2.36‰。2001 年与 2003 年的年间差别 $\delta^{15}N$ 值为 2.26‰，而 $\delta^{13}C$ 值差别较小，仅有 0.39‰。由此可见，如果直接利用初级生产者的稳定同位素值来作为营养位置计算的基线，可能会引入较大的误差。Vander Zanden 等[9]和 Cabana 等[10]建议用珠蚌这一类初级消费者的同位素值进行基线校正，这些食植动物的同位素值的变化范围相对较小，实际上起到了初级生产者同位素变化的时间积分和平均的作用。本文中，我们选择了滤食性的贻贝进行基线校正。贻贝的氮同位素测定值为 6.05‰，与中华哲水蚤这种食植浮游动物的同位素值大致接近，后者的 $\delta^{15}N$ 平均值为（6.95±0.28）‰。李少菁[11]在对桡足类的饵料成分研究中认为中华哲水蚤等素食者的饵料成分基本上反映了海区中的浮游植物的种类组成情况，所以，可以认为采用贻贝的氮同位素值作为计算营养位置的基线，应该是合理的。当然，一般所谓的素食性也不是绝对的，在其饵料中也可能会有其他浮游生物的成分，因此取其低值似乎更合理些。

在实验室控制条件下［温度（16±1）℃，最大摄食条件］，从 2003 年 9 月开始用合成饵料人工培养由海上捕获的鳀鱼鱼苗，直至 2004 年 3 月取样分析。鳀鱼鱼苗体长平均由 3～4 cm增至 10 cm 左右。近半年合成饵料培养后鳀鱼的氮同位素分析结果表明，其肌肉的 $\delta^{15}N$ 值平均为 11.8‰，而合成饵料的 $\delta^{15}N$ 平均值为 9.3‰，两者的差值为 2.5‰。这一值可以被认为是一个营养级的氮同位素富集度。

3.3 鱼类不同生长阶段在生态系统中不同的营养作用及时空变化

带鱼是一种很重要的经济鱼种，它的饵料以游泳动物为主，也有部分底栖动物，在其生命早期也摄食浮游动物，因此，在其生命的不同阶段其饵料组成是不同的。表 2 所列数据表明，在不同站位、不同时间所采集的带鱼体重由 8 g 增加至 200 g 时，其氮同位素值由 9‰左右逐步增加到接近 13‰，这主要反映出随着个体的增大，其摄食的饵料趋向于处于更高营养位置的生物。图 1 表明，带鱼肌肉组织中的氮同位素值与其体长之间有比较明显的正相关性，$R^2=0.47$（$n=10$），与体重的关系也是相同的。由此可见，根据鱼类肌肉组织中的氮同位素组成可以反演它的摄食特性。在我们分析标本数较多的鱼种中，如鳀鱼、银鲳、绿鳍鱼、小黄鱼、蓝点马鲛等均可见类似现象，不过相关系数会有所不同，可见这是一个比较普遍存在的规律。

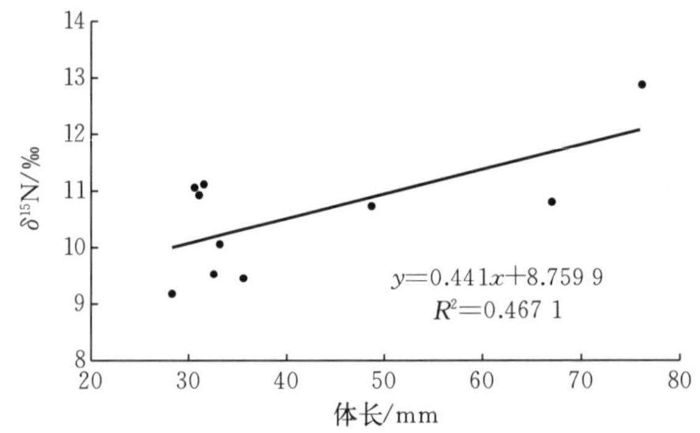

图 1　带鱼不同生命阶段肌肉组织中氮同位素的时空变化

从鮸鱼 *Miichthys miiuy* 和鲈鱼 *Lateolabrax japonicus* 鳞片、肌肉组织中碳氮同位素组成的比较来看，2 种鱼存在相同的趋势，即肌肉组织的氮同位素要比鳞片更富集 ^{15}N，而碳同位素则更富集 ^{12}C。Satterfield 等[12]在研究了阿拉斯加红湖的 5 种大马哈鱼的鳞片与肌肉组织的碳氮同位素后发现，在这 5 种马哈鱼的鳞片与肌肉的碳氮同位素间都存在有很好的相关性，相关系数 r^2 分别达到 0.98（对碳同位素）和 0.90（对氮同位素）。我们所测定的这 2 种鱼的数据也完全落在由 Satterfield 等[12]对大马哈鱼鳞片与肌肉所得出的同位素值相关图线上。了解这一关系的意义在于鳞片已被证明是追溯生态系统食物网稳定性的良好材料。他们利用档案室收藏的阿拉斯加科迪亚克岛红湖的红大麻哈鱼 sockeye salmon 的鱼鳞，进行同位素测定，结果表明，从 1969 年到 1982 年这种红大麻哈鱼鱼鳞的稳定氮同位素值下降了约 3‰，而从 1982 年到 1992 年其稳定氮同位素值升高了约 3‰，但是 $\delta^{13}C$ 的变化相对来说很小，基本上是围绕着平均值进行波动，这反映了该生态系统食物网在 10 年的尺度上发生了非常激烈的变化。我们的结果表明，海洋鱼类的鳞片材料同样可以应用于海洋生态系统食物网的稳定性研究。

3.4 黄东海主要鱼类营养位置的确定

在进行基线 $\delta^{15}N$ 值的校正后，就可以依据各种鱼样品的氮同位素测定结果来计算其在该食物网中的营养位置，计算公式如下：

$$TP=\left[(\delta^{15}N_{鱼}-\delta^{15}N_{食植浮游动物平均值})/2.5\right]+1$$

式中，TP 是所计算鱼种属的营养位置；2.5 是一个营养级的氮同位素富集度；$\delta^{15}N_{鱼}$ 是现场采集的鱼类样品的实测值；$\delta^{15}N_{食植浮游动物平均值}$ 采用了贻贝的氮同位素值 6.05‰。

依据 2 个航次的现场采集鱼类样品的氮同位素分析结果和营养位置计算公式，黄东海生态系统主要鱼类的营养位置可以获得连续的测定，现将结果列在表 4 中，并与食性分析的对应结果[13,14]进行了比较。由表列数据可以看出，对所收集到食性分析可比较数据的 31 种鱼种属而言，约 74%的鱼种采用 2 种方法测定的结果在 0.5 个营养级的误差范围内一致，只有少数鱼种的差值大于 0.5 个营养级。在相差比较大的几种鱼中，有些与所采集鱼标本的体长有关，例如，棘头梅童鱼同位素分析的标本其体长范围为 73～92 mm，而食性分析所用标本的体长范围为 93～152 mm。在这样的情况下，食性分析所估计的营养位置值（2.6）高于同位素方法的分析结果（1.91）是完全可以理解的，它与鱼类生长过程中的食性转换关系密切。方氏云鳚、带鱼等的情况也大致类似，同位素分析样品标本偏小。但是，有个别鱼种则情况不同（如鲐鱼），2 种方法所测鱼标本的体长范围基本相同，但分析结果差别却相差近 1 个营养级，其原因尚待进一步研究。根据与食性分析法的对照结果可以认为，氮稳定同位素法是一种研究海洋食物网营养位置的有效方法，一般两者的偏差在 0.5 个营养级以内。

表 4 鱼类营养位置计算结果

鱼种名称	氮同位素法结果			食性分析法	
	范围	平均值	数量	韦晟等[13]	邓景耀等[14]
海龙 *Syngnathus acus*	1.43	1.43	1		
鳗鲡（幼）*Anguilla* sp.	1.43～1.76	1.60	2		
蜂鲉 *Erisphex pottii*	1.85～1.93	1.89	3	2.8	
棘头梅童鱼 *Collichthys lucidus*	1.57～2.25	1.91	2	2.5	2.7
木叶鲽 *Pleuronichthys cornutus*	2.24	2.24	1	2.4	2.4
赤磷鱼 *Harengula zunasi*	2.29	2.29	1		
绿鳍鱼 *Chelidonichthys kumu*	1.50～3.19	2.35	2	2.8	
宽体舌鳎 *Cynoglossus robustus*	2.37～2.55	2.46	2		
方氏云鳚 *Enedrias fangi*	2.29～2.69	2.46	3	3.6	3.6
银鲳 *Stromateoides nozawae*	1.63～3.63	2.48	5	2.2	
鲐鱼 *Scomber japonicus*	2.47～2.69	2.51	3	3.2	4
鳀鱼 *Engraulis japonicus*	1.58～3.01	2.52	16	2.6	2.6

（续）

鱼种名称	氮同位素法结果			食性分析法	
	范围	平均值	数量	韦晟等[13]	邓景耀等[14]
鳄齿鱼 *Champsodon* sp.	2.50～2.56	2.53	2		
天竺鲷 *Apogonichthys cyanosoma*	2.49～2.58	2.54	2		2.2
大头鳕 *Gadus macrocephalus*	2.53～2.34	2.53	2		
玉筋鱼 *Ammodytes personatus*	2.40～2.70	2.55	2	2.3	
龙头鱼 *Harpodon nehereus*	2.45～2.73	2.60	4		
七星鱼 *Benthosema pterotum*	2.48～2.86	2.66	3		
狮子鱼 *Liparis tanakae*	2.04～3.15	2.68	4		
小黄鱼 *Pseudosciaena polyactis*	2.33～3.05	2.70	9	2.7	3.1
凤鲚 *Oilia mystus*	2.71	2.71	1	2.3	2.3
带鱼 *Trichiurus haumela*	2.25～3.75	2.82	10	3.4	
绵鳚 *Enchelyopus elongates*	2.73～2.90	2.82	2	2.4	2.4
细条天竺鱼 *Apogonichthys lineatus*	2.78～3.01	2.90	2		
欧氏六线鱼 *Hexagrammos otakii*	2.76～3.14	2.95	2	3.2	3
鲱鲔 *Callionymus beniteguri*	2.97	2.97	1		
六线矛尾虾虎鱼 *Chaeturichthys hexanema*	2.72～3.26	2.98	3		3
黄鲫 *Setipinna taty*	2.41～3.30	2.99	4	2.2	2.4
细纹狮子鱼 *Liparis tanakae*	2.99	2.99	1	3.3	3.2
竹筴鱼 *Trachurus japonicus*	2.73～3.30	3.02	2		
褐鲳鲉 *Sebastiscus marmoratus*	3.09	3.09	1		
犀雪 *Bregmaceros thompson*	3.12	3.12	1		
刀鲚 *Coilia ectenes*	3.13	3.13	1		3.2
焦氏舌鳎 *Cynoglossus joyneri*	3.07～3.20	3.14	2	2.9	2.9
鲬 *Platycephalus indicus*	3.14	3.14	1		
油魣 *Sphyraena pinguis*	3.15	3.15	1		3.7
发光鲷 *Acropoma japonicum*	3.18	3.18	1		
尖牙鲷 *Synagrops japonicus*	3.24	3.24	1		
矛尾虾虎鱼 *Chaeturichthys stigmatias*	2.77～3.71	3.24	2	3	3
绒杜父鱼 *Hemitripterus villosus*	3.27	3.27	1	3.9	

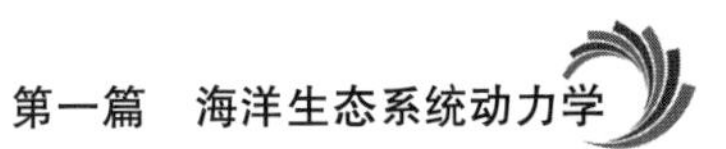

（续）

鱼种名称	氮同位素法结果			食性分析法	
	范围	平均值	数量	韦晟等[13]	邓景耀等[14]
高眼鲽 *Cleisthenes herzensteini*	3.30	3.30	1		3.3
白姑鱼 *Argyrosomus argentatus*	3.38	3.38	1	2.9	3.2
叫姑鱼 *Johnius belengeri*	3.00～3.75	3.38	2		
多棘腔吻鳕 *Coelorhynchus multispinulosus*	3.40	3.40	1		
黄鮟鱇 *Lophius litulon*	3.41	3.41	1	3.5	3.5
花斑石鲻 *Saurida undosquamis*	3.45	3.45	1		
星鳗 *Astroconger myriaster*	3.06～3.85	3.46	2	3.8	
长蛇鲻 *Saurida elongata*	3.44～3.54	3.49	2	3.8	3.8
鮸鱼 *Miichthys miiuy*	3.58	3.58	1	3.4	4
蓝点马鲛 *Scomberomorus niphonius*	3.05～4.30	3.62	2	3.8	3.9
无脊椎动物					
日本枪乌贼 *Loligo japonicus*	1.73	1.73	1		2.38
太平洋褶柔鱼 *Todarodes pacificus*	2.33	2.33	1		2.97
口虾蛄 *Oratosquilla oratoria*	2.80	2.80	1		2.38
双斑蟳 *Charybdis bimaculata*	2.82	2.82	1		2.37

至于产生偏差的原因是多方面的。对分析鱼标本数量较多的种属，同位素法反映了它们在生长过程中的食性转换，与其体长、季节、位置等因素有关，因此，可能有比较大的营养位置的跨度，一般为1～1.5个营养级，最大的甚至超过了2个营养级（如银鲳），由于所采集标本的体长分布是随机的，因此，它们的平均值就可能有较大的波动；2种方法并没有对同一组样品进行分析对照；食性分析法的数据来自文献，没有进行营养吸收校正。针对这几项作了改进之后，可以对这2种不同方法进行更科学的对照。

根据表4所列数据，可以得出黄东海生态系统水体食物网的连续营养谱图，见图2。由图可以将食物网中的水体生物划分为几个营养群：以中华哲水蚤、太平洋磷虾为代表的初级消费者；以强壮箭虫、双斑蟳等无脊椎动物和鳀鱼等草食性鱼类为代表的次级消费者；以带鱼、小黄鱼等经济鱼种为代表的中级消费者；以蓝点马鲛为代表的顶级消费者。结合我们过去应用碳同位素研究崂山湾底栖食物网的资料[6]，可以勾勒出黄东海生态系统营养结构图（图3）。这一完全根据稳定同位素数据描述的营养结构图与根据1985—1986年主要资源种群生物量绘制的黄海简化食物网和营养结构图[15]基本一致并略有改进的。

IGBP第三届大会B5工作组认为海洋生态系统整合研究需要开展从病毒到浮游植物到顶级捕食者（鱼类）的食物网研究。由本文所提供的初步结果可以证明，稳定同位素方法是开展此项研究有效的方法之一，而且，它也是进行微食物网与传统（主）食物网相互联系、海洋食物网稳定性、水体食物网与底栖食物网耦合作用等一系列难题研究的有潜力的研究工具。

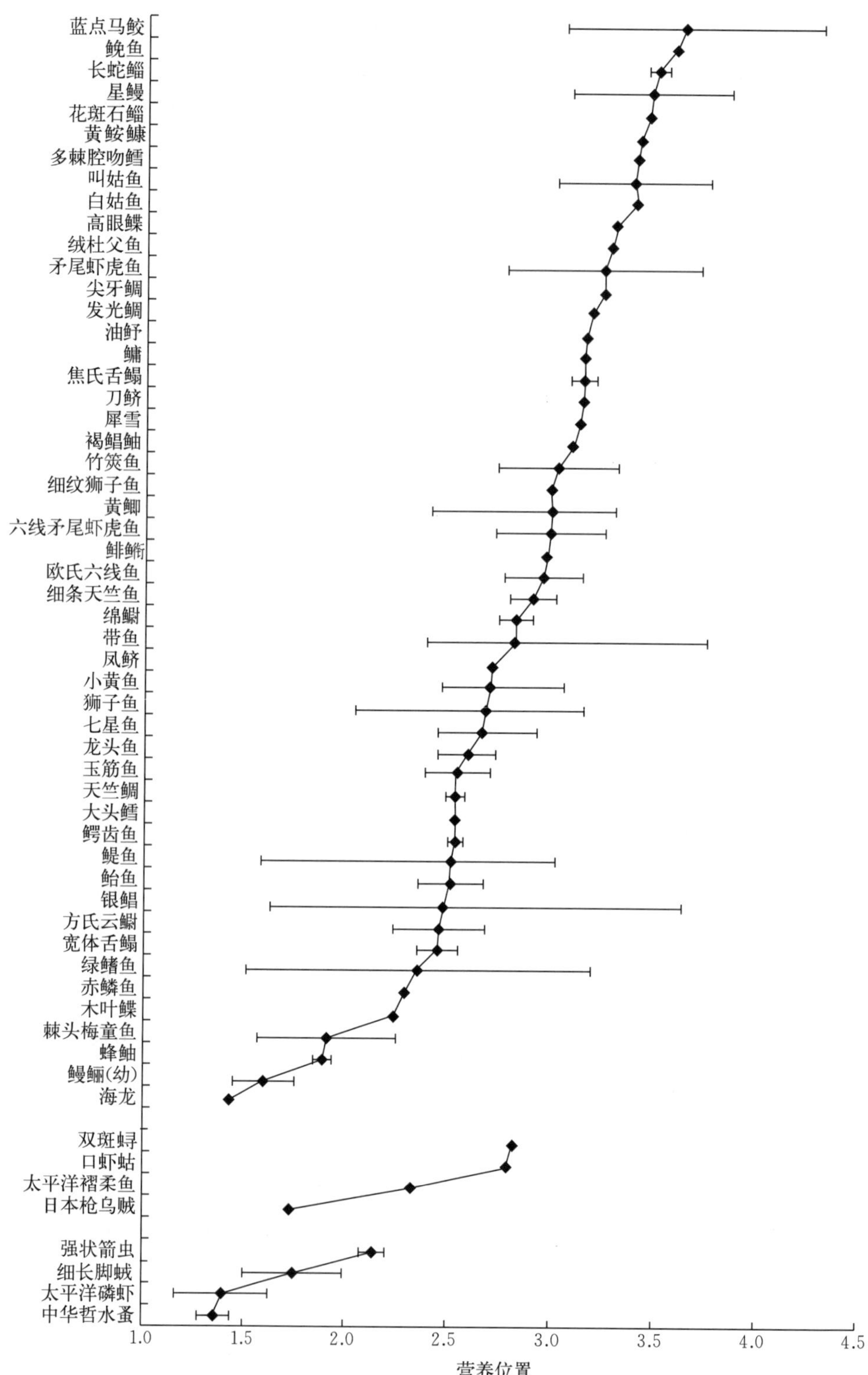

图 2 黄东海食物网水体动物连续营养谱

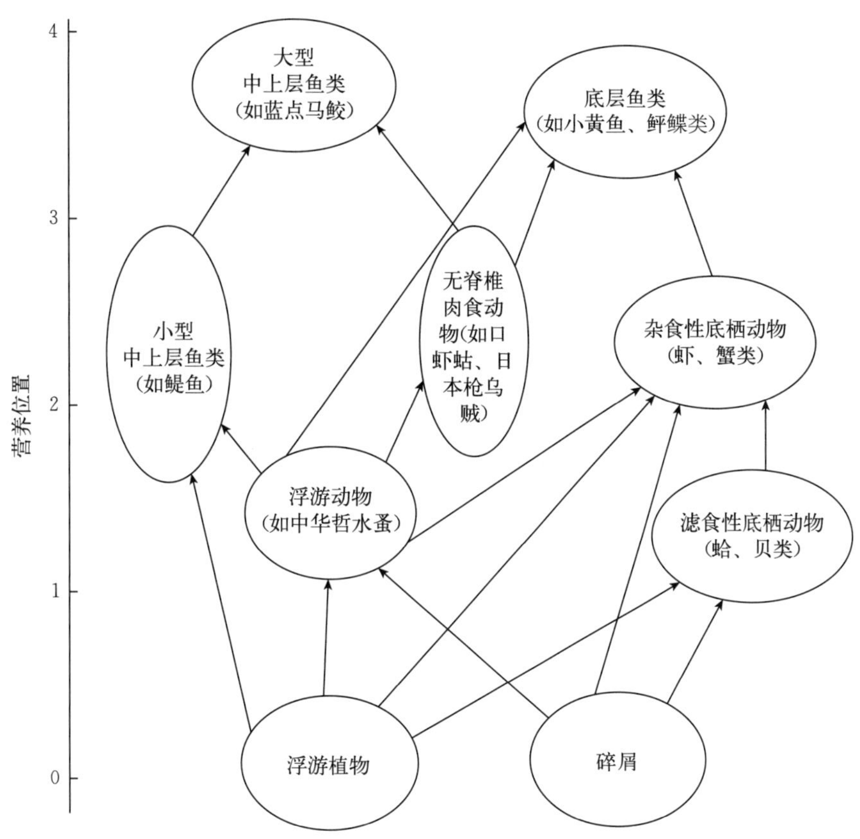

图 3　黄东海生态系统营养结构图

参考文献

[1] Hill A M, Sinars D M, Lodge D M. Invasion of an occupied niche by the crayfish *Orconectes rusticus*: Potential importance of growth and mortality. Oecologia, 1993, 94: 303－306.

[2] Kling G W, Fry B, O'Brien W J. Stable isotopes and planktonic structure in arctic lakes. Ecology, 1992, 73: 561－566.

[3] Yoshioka T, Wada E. A stable isotope study on seasonal food web dynamics in a eutrophic lake. Ecology, 1994, 75 (3): 835－846.

[4] 蔡德陵，毛兴华，韩贻兵．$^{13}C/^{12}C$ 比值在海洋生态系统营养关系研究中的应用——海洋植物的同位素组成及其影响因素的初步探讨．海洋与湖沼，1999，30 (3)：306－314.

[5] 蔡德陵，孟凡，韩贻兵，等．$^{13}C/^{12}C$ 比值作为海洋生态系统食物网示踪剂的研究——崂山湾水体生物食物网的营养关系．海洋与湖沼，1999，30 (6)：671－678.

[6] Cai D L, Hong X G, Mao X H, et al. A preliminary study on Benthos food web structure of tidal zone in Laoshan Bay by using stable carbon isotopes. Acta Oceanologica Sinica, 2000, 19 (4): 81－89.

[7] Cai D L, Wang R, Bi H X. Trophic relationships in the Bohai ecosystem: preliminary investigation from $\delta^{13}C$ analysis. Acta Ecologica Sinaca, 2001, 21 (8): 1354－1359.

[8] 蔡德陵，石学法，周卫健，等．南黄海悬浮体和沉积物的物质来源和运移：来自碳稳定同位素组成的证据．科学通报，2001，46（增刊）：16－23.

[9] Vander Zanden M J，Cabana G，Rasmussen J B. Comparing trophic position of freshwater fish calculated using stable nitrogen isotope ratios（δ^{15}N） and literature dietary data. Canadian Journal of Fisheries and Aquatic Sciences，1997，54：1142－1158.

[10] Cabana G，Rasmussen J B. Comparing aquatic food chains using nitrogen isotopes. Proceedings National Academic Science USA，1996，93：10844－10847.

[11] 李少菁．厦门几种海洋浮游桡足类的食性与饵料成分的初步研究．厦门大学学报，1964，11（3）：93－109.

[12] Satterfield F R，Finney B P. Stable isotope analysis of Pacific salmon：insight into trophic status and oceanographic conditions over the last 30 years. Progress in Oceanography，2002，53：231－246.

[13] 韦晟，姜卫民．黄海鱼类食物网的研究．海洋与湖沼，1992，23（2）：182－191.

[14] 邓景耀，孟田湘，任胜民．渤海鱼类的食物关系．海洋水产研究，1988，9：151－171.

[15] 唐启升，苏纪兰，等．中国海洋生态系统动力学研究：Ⅰ关键科学问题与研究发展战略．北京：科学出版社，2000：45－74.

渤海生态通道模型初探①

仝龄[1]，唐启升[1]，Daniel Pauly[2]

（1. 中国水产科学研究院黄海水产研究所，青岛 266071；
2. 加拿大卑诗大学渔业研究中心）

摘要： 生态通道模式（Ecopath model）是一种较为方便地研究生态系统结构，特别是水域生态系统结构的工具。它根据能量平衡原理，用线性齐次方程组描述生态系统中的生物组成和能量在各生物组成之间的流动过程，定量某些生态学参数，如生物量、生产量/生物量、消耗量/生物量、营养级和生态营养效率（ecotrophic efficiency，EE）等。它能够给出能量在生态通道上的流动量，便于对生态系统的特征和变化作深入的研究。本文主要根据1982—1983 年渤海生态系统综合调查的渔业资源基础数据，建立了渤海生态系统初步生态通道模型。根据食性关系特点，渤海生态系统 Ecopath 模型由 13 个功能组（Box）构成。它们是小型浮游动物、大型浮游动物、小型软体动物、大型软体动物、小型甲壳类、大型甲壳类、草食性鱼类、小型中上层鱼类、底层鱼类、底栖鱼类、中上层顶级捕食鱼类、浮游植物和有机碎屑。功能组的划分，基本上可以覆盖渤海生态系统中生物能量的主要流动过程。模型采用每平方公里吨/年为主要参数单位，大部分功能组的生产量与生物量比值（P/B）和消耗量与生物量比值（Q/B）参数主要是根据相同纬度水域 Ecopath 模型中类似的功能组估算得到。在调试渤海生态通道模型时，考虑渤海生态系统是一个生态转换利用充分的水域，生态营养效率（EE）的值均取在 0.808 以上。模型估算出渤海可利用经济种类的生物量达到 95×10^5 t（每平方公里 12.3 t），其中鱼类资源生物量为 33.8×10^5 t。上述数值比渤海生态系统综合调查结果数据和其他有关文章发表的渤海资源生物量（多根据拖网调查资料）的数值要高，其中小型中层鱼类生物量为渤海综合调查生物量的 1.8 倍。考虑到拖网调查方法往往对生物资源量估计偏低，可以认为渤海生态通道模型对生物量的评估数据是合理的。

关键词： 生态通道模型；营养动力学模式；渤海生态系统；生物资源评估

① 本文原刊于《应用生态学报》，11（3）：435－440，2000。

A Preliminary Approach on Mass-balance Ecopath Model of the Bohai Sea

TONG Ling[1], TANG Qisheng[1], Daniel Pauly[2]

(*1. Yellow Sea Fisheries Research Institute, Chinese Academy of Fisheries Sciences, Qingdao 266071; 2. Fisheries Centre, University of British Columbia 2204 Main Mall, Vancouver, B. C., V6T 1Z4, Canada*)

Abstract: A Bohai Sea mass-balance Ecopath model is constructed on the basis of fisheries resources data from the ecosystem survey conducted from April 1982 to May 1983. It is the first ecopath model which consists of 13 function groups (boxes), and only covers the main trophic flow in the Bohai Sea ecosystem. P/B and Q/B parameters (P: production, B: biomass, Q: consumption) for most groups were estimated from similar function groups in other ecopath models of the same latitude regions around. The value of EE (ecotrophic efficiency) is the main parameter to check the equilibration of the model. The EE parameters in the model are of high value (>0.808) for most groups because the fishing pressure was very high and small living organisms were being heavily preyed upon in the ecosystem. The biomass density of the species commercially utilized estimated by the model is 12.33 ton • km^{-2}. Even though the value is low compared with the density in other ecosystems, such as Caribbean coral reef ecosystem and the Southern B. C. shelf model, it is higher than the value published by some papers on the Bohai Sea using other methods. Considering the lower value estimated by the stock assessment using bottom trawl survey data, the output here is reasonable. It is concluded that the biomass of commercial fishing species in the sea is 950 thousand metric tons, and 338 thousand tons are fish species in the value.

Key words: Ecopath model; Trophic dynamics modeling; Bohai Sea ecosystem; Stock assessment

1 Introduction

The Bohai Sea is a semi-closed continental sea of China, which is nearly encircled by land only with a mouth about 90 km at the eastern apex that connects it to the Yellow Sea (Figure 1). The area of the sea is 77 000 km^2 and the average depth of 18.7 m. Water temperature changes a lot resulting from the impact of the land climate. The highest SST is 26～30 ℃ in September and the lowest one is 1.2～4 ℃ in February. The sea is an ocean space with distinct productivity, strong fishing activity and complicated relationship of food web. It is also polluted heavily by industry and living sewage recently.

The Bohai Sea ecosystem depends on the amount of solar energy input and the organisms imported from several rivers. $NO_3^- - N$ and $PO_4^+ - P$ are basic nutrients supporting the primary productivity in the sea. The organic carbon is 112 g C • m^{-2} • yr^{-1} . The productivity is characterized by a seasonal and spatial variety with high level in spring and fall in the sea, but no much change between years. In the Bohai Sea, dominant small zooplankton are neritic brackish water species, such as *Sagitta crassa*, *Labidocera euchaeta and Centropages mcmurrichi* [3]. The fishing effort in the sea has been increasing more and more since 1962, which led to a significant variation in the abundance and distribution of the most species in the area. The resources composition in the Bohai Sea changed a lot along with the increase of fishing effort to multi-species fish communities after 1962. The CPUE (catch per horse power) was 7.61 ton in 1962, but it went down to 0.88 ton in 1983. The traditional species fished in the area, such as small yellow croaker, slender shad, cutlasfish, were high valuable in the market, but the biomass of them declined then. The small pelagic fish and small crustacean species appeared much more in the landings and fluctuated much annually. The highest annual landing of *Acetes* reached 100 hundred metric tons (1.3 t • km^{-2}) in the sea. The highest catch of jelly fish was 280 hundred tons during the 1970s. This reflects a gradual transition in catch from long-lived, high trophic level, piscivotous bottom species toward short-lived, low trophic level invertebrates and planktivorous pelagic species[12]. The sea is an example of the ecosystem overfished toward smaller, high-turnover species exploited. It is a remark of Bohai Sea that small pelagic fish and jellyfish replaces large table fish as an over-exploited ecosystem[13].

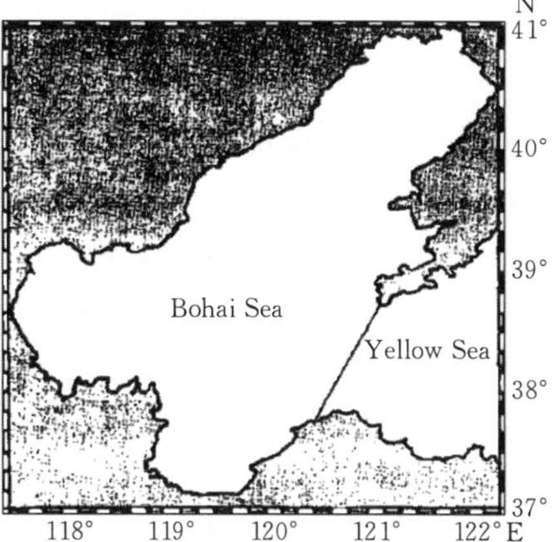

Figure 1 Map showing the Bohai Sea ecosystem region

2 Methodology and Ecopath Model

The approach of Ecopath model was originally described on coral reef ecosystem by Polovina[14] and was further developed by V. Christensen and D. Pauly[1] to make it available in a well-documented software running widely. Lately the Ecopath model developed to a new integrated Ecopath with Ecosim software for dynamic simulation modeling based on mass-balanced model by C. Walter[17]. In Ecopath model it is assumed that the ecosystem modeled is in steady state for each of the living groups, which implies that input equals output, i. e. $Q=P+R+U$, where Q is consumption, P production, R respiration, and U unassimilated food. The above equation can be structured around a system of linear equations for expressing mass-balance with the simplest form. It can be expressed for an arbitrary time period and for each element i of an ecosystem by the formula:

$$B_i \cdot (P/B)_i \cdot EE_i = \sum_{j=1}^{k} B_j \cdot (Q/B)_j \cdot DC_{ij} - EX_i$$

where B_i is the biomass of function group i during the period covered (conventionally, a year); $(P/B)_i$ production/biomass rate; EE_i ecotrophic efficiency, i. e., the fraction of the production that is utilized within the system for predation or export; C_i, the fish catch; B_j, the biomass of the predator j to prey i; $(Q/B)_i$, the relative food consumption ratio of i; and DC_{ij} is the fraction of prey i in the diet of predator j. The simultaneous linear equations using in Ecopath model states that the production and consumption are balance within an ecosystem.

The Ecopath model allows rapid construction and verification of a mass-balance model on ecosystem. The result of the model does not only verify the previously published biomass estimates, but also identify the biomass required for assessment of marine carrying capacity. To construct an Ecopath model can consist main of the following steps: ① Identification of the area and period for which the model will be constructed on an ecosystem; ② Definition of all functional groups (boxes), from primary producers to top predators in the ecosystem, to be included for the thermodynamic balance; ③ Setting parameters of production/biomass ratio (P/B), consumption ratio (Q/B), biomass (B) and ecotrophic efficiency (EE) for each function group, but only three of them are necessary as the basic input parameters in the model and also entry of the catches to every fishing species; ④ Entry of a diet consumption matrix (DC) expressing the diet fraction of predator/prey relationship in the model; ⑤ Modify the entries of P/B, Q/B, EE or the biomass to balance the Ecopath model [repeating above ③ and ④ steps] until the mass input equals output for each box.

The Kyoto Conference held in Japan in 1995 promoted a strengthened scientific basis for multi-species and ecosystem management to fisheries. Probably the most comprehensive of the approaches is Multi-Species Virtual Population Analysis (MSVPA), but the major drawback of MSVPA is that it requires a large amount data for application, including long time series of age information. Ecopath model relies on much less data and hence to be applicable in a much wider range of fisheries systems[11]. In recent years, several workshops on Ecopath approach were held, which led to nearly 100 Ecopath models applied in the world. The Ecopath with the latter category of Ecosim and Ecospace has a potential uses in ecosystem management[10].

3 The Bohai Sea Ecopath Model and Its Results

The Ecopath model of the Bohai Sea is going to construct a quantitative description of trophic structure on the ecosystem. The model can be used to estimate some important biological parameters and the relationship among the different groups in the Bohai Sea. The model is based on the month data from the bottom trawling of the Bohai Sea ecosystem survey project completed during April 1982 to May 1983[4]. It only presents a preliminary revelation of the trophic structure and flow in the sea between different function groups. The function group determination, like other Ecopath models, is based on the species feeding behavior, distribution and the function in the ecosystem. The function definition is little different with the taxonomy and the group name is only the designation in the model. All groups in the model cover the main trophic flows among the living marine groups and detritus.

The Ecopath model is the first mass-balance model in the Bohai Sea. It only has 13 function groups based on stomach contents inspection of 54 species from 1863 samples from the Bohai Sea survey[5]. The definition of function group is very rough because of the limited type of survey data available in the region. One primary producer of phytoplankton was identified. Zooplankton was split into two groups, microzooplankton and macrozooplankton. The former includes small herbivorous and carnivorous zooplankton and the latter mainly consists of jellyfish and *Acetes*. Benthic invertebrates were divided into small mollusca, large mollusca, small crustacean and large crustacean, most of which were commercial harvest in the sea but landing data were not well available. No biomass data for the species in the small invertebrate groups so the biomass was estimated by the model using the fixed ecotrophic efficiency ($EE=0.95$). Biomass for the two large groups were obtained by summing up the biomass data from the survey[6]. Five fish function groups were identified in the model on the basis of 31 fish species which hold about 90% of total biomass for the fish community in the Bohai Sea. Herbivorous feeders group includes mainly *Mugil cephalus* and *Liza haematocheila*. Other four groups were small pelagic fish, demersal fish, benthic feeders and top pelagic feeders, which were important commercial fishing target[7]. The details of 13 function groups (box) in the Bohai Sea Ecopath model are summarized in the Table 1.

It is hard to find P/B and Q/B from one species to the whole group because many species are included in one function group in the model. We set the P/B and Q/B parameters in Bohai Sea model based on the ones from similar function group in the models of the Strait of Georgia by Dalsgaard, the Brunei Darussalam, South China Sea[16] and the Georges Bank[15]. The basic parameters of biomass (wet weight $t \cdot km^{-2}$), P/B, Q/B, EE and harvest for the 1982—1983 Ecopath model of the Bohai Sea ecosystem are presented in the Table 2, while the Table 3 shows the corresponding diet matrix. The detritus is estimated on the basis of the primary production of Carbon by the equation A5 of the empirical relationship method[9]. Phytoplankton is estimated from the Bohai Sea primary productivity of $112\ gC \cdot m^{-2} \cdot yr^{-1}$, which were converted to g wet weight phytoplankton $m^{-2} \cdot yr^{-1}$ by a wet weight: carbon ratio of 10 : 1. The ratio is used by several papers on Ecopath model, like Alaska gyre Ecopath model[10].

Table 1　Main species checklist of function groups in the Bohai Sea Ecopath model

Microzooplankton

Copepoda (*Labidocera euchaeta*, *Calanus sinicus*, *Paracalanus parvus*), Mysidacea, *Sagitta* sp., Fish eggs

Macrozooplankton

Acetes chinensis, Jellyfish

Small mollusca

Arcasubcrenata, *Philine kinglipini*, *Chlamys farreri*

Large mollusca

Sepiella maindroni, *Octopus ocellatus*, *Octopus variabilis*, *Loligo japonica*, *Loligo beka*

Small crustacea

Trachypenaeus curvirostris, *Alpheus japoncus*, *Oratosquilla oratoria*, *Palaemon gravieri*, *Crangon* sp.

Large crustacea

Penaeus chinensis, *Portunus trituberculatus*, *Charybdis japonica*

Herbivorous feeders

Mugil cephalus, *Liza haematocheila*

Small pelagic fish

Engraulis japonicus, *Setipinna taty*, *Coilia mystus*, *Harengula zunasi*, *Thrissa kammalensis*, *Clupanodon punctatus*

Demersal fish

Pseudosciaena polyactic, *Lateolabrax japonicus*, *Collichthys lucidus*, *Collichthys niveatus*, *Stromateoides argenteus*, *Argyrosomus Argentatus*, *Nibea albiflora*, *Johnius belengeri*, *Apogonichthys lineatus*

Benthic feeders

Raja porsa, *Raja pulchra*, *Cynoglossua joyneri*, *Enchelyopus elongatus*, *Pseudopleuronectes yokohamae*, *Cynoglossus semilaevis*, *Chaeturichthys stigmatias*, *Chaeturichthys hexanema*

Top pelagic feeders

Scomberomorus niphonius, *Paralichthys olivaceus*, *Pagrosomus major*, *Platycephalus indicus*, *Sphyraena pinguis*, *Saurida elongata*, *Miichthys miiuy*

To balance import to and out from every box, the *EE* values are leading check parameters for equilibration of a model when running the ECOPATH software. The EE value should be between 0 and 1. Here, a value of zero indicates that the group is not consumed by any other groups in the system, nor is it exported. Conversely, a value near or equal to 1 indicates that the group is being heavily preyed or fished, leaving no individuals to die of old age[2]. Part of the original biomass data from the Bohai Sea trawling survey in 1982—1983 are considered too low, which leads to make no equilibrium of the model with the high value of *EE*. This results from the survey data mainly connected with commercial species from bottom trawling, but the function groups in the model cover more living marine species. According to the result obtained by different resource assessment methods[8], biomass value estimated by bottom trawling survey is much lower than one from other stock assessment methods. It is necessary to modify the biomass data to equilibrate the model. The biomass of small pelagic fish group in the model is estimated to 2.14 t • km^{-2} instead of 1.2 t • km^{-2} in the Bohai Sea survey. The biomass of benthic fish group is set to 0.68 t • km^{-2} instead of 0.32 t • km^{-2} in the survey.

Table 2 Parameter estimation for the group from the mass-balance model of the Bohai Sea①

Group	Catches (t・km^{-2})	Biomass (t・km^{-2})	*P/B* (yr)	*Q/B* (yr)	*EE*
Microzooplankton	—	4.40	36.0	186.0	(0.961)
Macrozooplankton	1.40	2.80	3.00	12.0	(0.964)
Small mollusca	0.78	(2.76)	6.85	27.4	0.950
Large mollusca	1.50	0.24	2.00	7.0	(0.890)
Small crustacea	0.20	(2.01)	8.00	30.0	0.950
Large crustacea	0.20	0.37	1.50	11.60	(0.823)
Herbivorous feeders	0.10	0.56	3.00	15.0	(0.903)
Small pelagic fish	0.50	2.14	2.37	7.9	(0.927)
Demersal fish	0.22	0.62	2.10	8.7	(0.808)
Benthic feeders	0.10	0.68	0.80	4.6	(0.902)
Top pelagic feeders	0.15	0.59	0.46	4.1	(0.553)
Phytoplankton	—	15.70	71.20	—	(0.457)
Detritus	—	43.00	—	—	(0.386)

Notes: ① Values in brackets were calculated by the Ecopath program and dashes mean no entry.

Table 3 Diet matrix for interacting groups in the Bohai Sea Ecopath model

Prey	Predator										
	1	2	3	4	5	6	7	8	9	10	11
1. Microzooplankton	0.10	0.40	0.35	0.30	0.40	—	0.15	0.30	—	—	—
2. Macrozooplankton	—	—	0.05	0.05	—	0.10	—	0.15	—	—	—
3. Small mollusca	—	—	—	0.30	0.15	0.40	—	0.20	0.35	0.20	0.20
4. Large mollusca	—	—	—	—	—	—	—	—	—	0.05	0.05
5. Small crustacea	—	—	0.05	0.20	0.05	0.20	—	0.25	0.35	0.40	—
6. Large crustacea	—	—	—	—	—	—	—	—	—	—	0.05
7. Herbivorous feeders	—	—	—	—	—	—	—	—	0.10	—	0.15
8. Small pelagic fish	—	—	—	0.05	—	0.10	—	0.10	0.15	0.15	0.35
9. Demersal fish	—	—	—	—	—	—	—	—	—	0.15	0.15
10. Benthic feeders	—	—	—	—	—	—	—	—	0.05	—	0.05
11. Top pelagic feeders	—	—	—	—	—	—	—	—	—	—	—
12. Phytoplankton	0.60	0.20	0.15	—	—	0.10	0.30	—	—	—	—
13. Detritus	0.30	0.40	0.40	0.10	0.40	0.10	0.55	—	—	0.05	—
Total	1.00	1.00	1.00	1.00	1.00	1.00	1.00	1.00	1.00	1.00	1.00

4 Discussion

A flow chart showing trophic interactions and energy flow in the Bohai Sea is seen in Figure 2. It presents the estimated trophic level of the 13 functional groups, the biomass and production, and the relative amounts of energy that flow in and out of each box. The energy

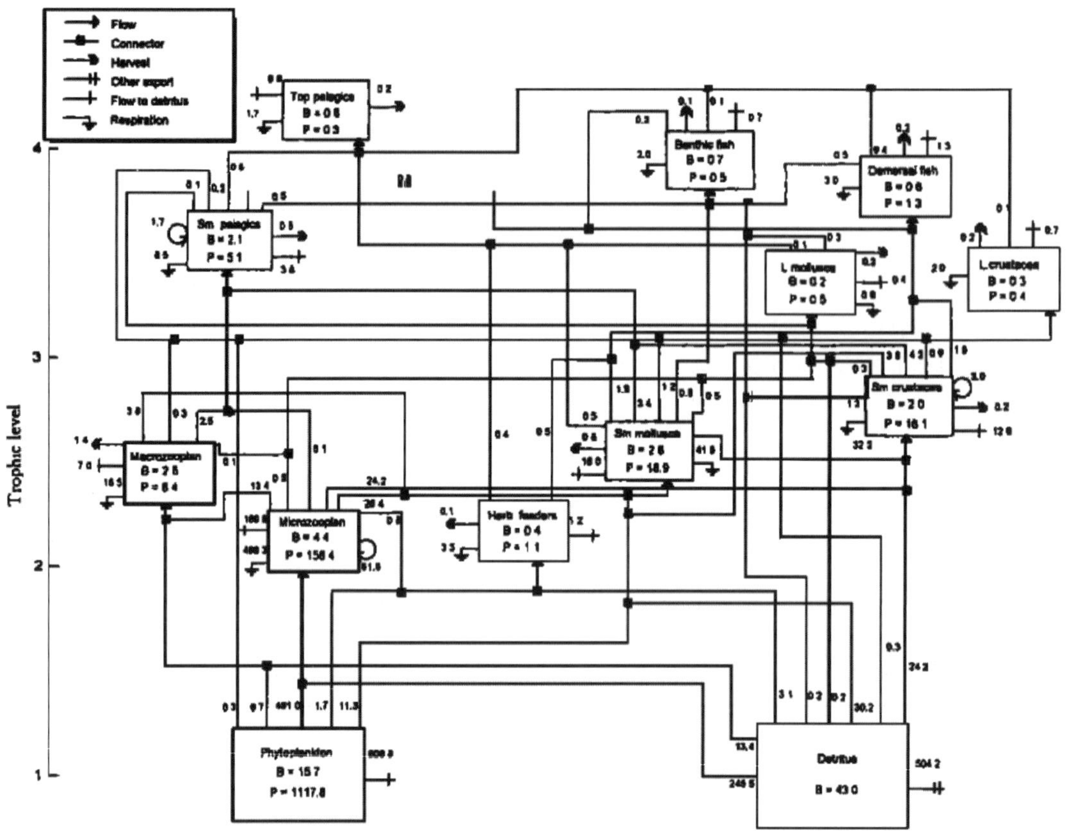

Figure 2 Flow chart of trophic interactions in the Bohai Sea Ecopath model

All flows are in t • km^{-2} yr^{-1}. The size of each box is roughly proportional to the biomass therein

B. Biomass P. Production

flow to detritus, respiration and catch are also seen in the chart. The chart shows the two food paths, plankton path and benthic community path. That is the food web characteristic in the Bohai Sea ecosystem. The model explores a matrix of direct and indirect impact of competition and predation on species in the Bohai Sea (Figure 3), which assesses how an increase in the biomass of one group affects the biomass of other groups. The figure shows the relative impacts but to be comparable between groups. It can also give some insight into the stability of the ecosystem in terms of its ability to withstand changes. The groups of lower trophic level impact strong to the Bohai Sea ecosystem. The great fishing effort in the sea leads to the decrease of high value living marine resources, which can be seen by the negative impacts to the ecosystem from fishery.

The model estimated the biomass density of the species commercially utilized is 12.33 t • km^{-2} and the density for all fish species only 4.4 t • km^{-2} in the Bohai Sea. We conclude that the total biomass of commercially fishing species in the sea is 950 thousand tons and 338 thousand tons are fish species in the value. The density in the Ecopath model is relatively lower compared with the density in other ecosystem, such as Caribbean coral reef ecosystem and the Southern B. C. shelf model, but it is higher than the result published by the papers on the Bohai Sea. Considering the weakness of other assess methods depended mainly on the trawling data, the parameter estimation and energy flow from the Bohai Sea ecosystem model (1982—1983) could be reasonable even though they are only a preliminary assessment on the ecosystem.

It is the first Ecopath model in the sea, so some problems concerned with the input data have to be taken into account in future Ecopath model. Firstly the function group should be split further to make more precise input parameters of P/B and Q/B for each box. Secondly the diet data for some species is needed to be study further to let diet consumption matrix be more reasonable. Thirdly, it is better to consider the habitat for different species in the Ecopath model.

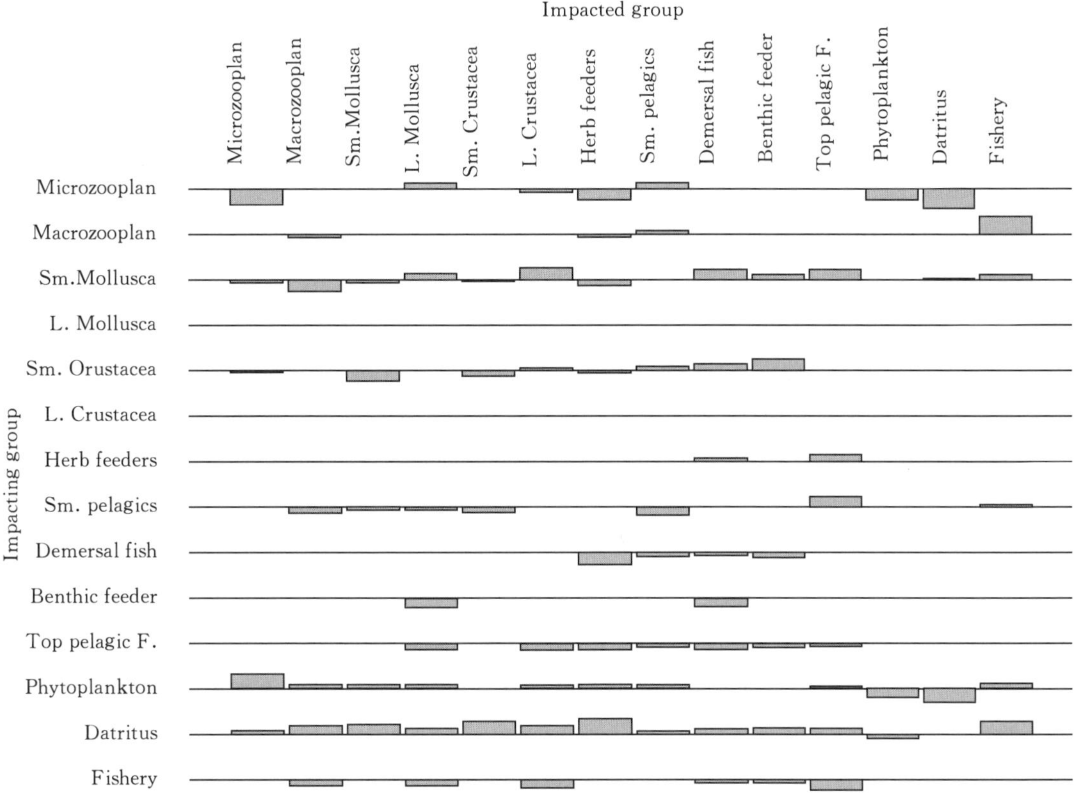

Figure 3　Mixed trophic showing mix trophic impacts for the each groups in the Bohai Sea ecosystem

Increasing the abundance of species on the Y-axis has positive (black bar), negative (grey bar) or no effect on species listed on the X-axis

Acknowledgements

We are grateful for the help from the Fisheries Centre, University of British Columbia, in where a lot of suggestion and encourage coming from the faculty and the graduate students, specially to Prof. Tony J. Pitcher, Thomas A. Okey and Johanne Dalsgaard.

References

[1] Christensen V, Pauly D. ECOPATH Ⅱ-a software for balancing steady-state ecosystem models and calculating network characteristics. Ecol Modelling, 1992, 61: 169 - 185.

[2] Christensen V and Pauly D. Ecopath for Windows - A users guide. ICLARM, 1993, 71 p.

[3] Bai X E, Zhuang Z M. Studies on the fluctuation of zooplankton biomass and its main species number in the Bohai Sea. Marine Fish Res, 1991 (12): 71 - 92 (in Chinese with English abstract).

[4] Deng J Y. Ecological bases of marine ranching and management in the Bohai Sea. Marine Fish Res, 1988 (9): 1 - 10 (in Chinese with English abstract).

[5] Deng J Y, Meng T X, Ren S M. Food web of fishes in the Bohai Sea. Marine Fish Res, 1988 (9): 151 - 172 (in Chinese with English abstract).

[6] Deng J Y, Zhu J S, Chen J S. Main invertebrates and their fishery biology in the Bohai Sea. Marine Fish Res, 1988 (9): 91 - 120 (in Chinese with English abstract).

[7] Deng J Y, Meng T X, Ren S M. The fish species composition, abundance and distribution in the Bohai Sea. Marine Fish Res, 1988 (9): 11 - 90 (in Chinese with English abstract).

[8] Laevagtu T, Alvernson D L, Marasco R J. Exploitable marine ecosystem: Their behaviour & management, 1996. Fishing News Books, Blackwell Science Ltd. , 321p.

[9] Pauly D, Soriano-Bartz M L. Improved construction, parametrization and interpretation of steady-state ecosystem models. p. 1 - 13. In: Christensen V, Pauly D, eds. Trophic Models of Aquatic Ecosystems, 1993, ICLAM Conf. Proc. 26, 390p.

[10] Pauly D, Christensen V. Mass-balance model of North-eastern pacific Ecosystem. Fisheries Centre Research Report 4 (1), 1996, University of British Columbia, Vancouver B C. Canada, 131p.

[11] Pauly D. Use of Ecopath with Ecosim to evaluate strategies for sustainable exploitation of multi-species resources. Fisheries Centre Research Report 6 (2), 1998, University of British Columbia, Vancouver B C. Canada, 49p.

[12] Pauly D, Christensen V. Fishing down marine food webs. Science, 1998, 279: 860 - 863.

[13] Pitcher T J, Pauly D. Rebuilding ecosystem, not sustainability, as the proper goal of fishery management. In: Pitcher T J ed. Reinventing Fisheries Management, 1998, Chapman & Hall, London, pp. 312 - 328.

[14] Polovina J J. Model of a coral reef ecosystem, Part Ⅰ: the ECOPATH model and its application to French Frigate Shoals. Coral Reefs, 1984, 3 (12): 1 - 11.

[15] Sissenwine M P, Cohen E B, Grosslein M D. Structure of the Georges Bank Ecosystem. Rapp. P. -v. Reun. Cons. int. Explor. Mer, 1984, 183: 243 - 254.

[16] Silvestre G, Selvanathan S, Salleh A H M. Preliminary trophic model of the coastal fisheries resources of Brunei Darussalam, South China Sea. In: Christensen V, Pauly D eds. , 1993, Trophic Models of Aquatic Ecosystems. ICLARM, Conf. Proc. 26: 300 - 306.

[17] Walters CJ, Christensen V, Pauly D. Structuring dynamic model of exploited ecosystems from trophic mass-balance assessments. Rev Fish Biol Fish, 1997, 7: 139 - 192.

[18] Yang J M, Yang W, et al. The fish species biomass assessment in the Bohai Sea. Acta Oceanol Sin, 1990, 12 (3): 359 - 365.

东海和黄海主要鱼类的食物竞争[①]

张波[1,2]，唐启升[2②]，金显仕[2]，薛莹[1,2]
（1. 中国海洋大学海洋生命学院，青岛 266003；
2. 中国水产科学研究院黄海水产研究所，
农业部海洋渔业资源可持续利用重点开放实验室，青岛 266071）

摘要：以 2000 年和 2001 年在东、黄海两次大面调查所收集的、占总生物量 90%的重要生物种类中的鱼类为研究对象，通过分析胃含物获得各饵料成分的重量百分比，用 Pianka (1973) 提出的公式计算的饵料重叠系数分析了东、黄海主要鱼类之间的食物竞争状况，以了解食物竞争与种群变动和优势种交替之间的相互关系。结果表明：黄海主要鱼类的食物竞争对象主要为太平洋磷虾、脊腹褐虾和鳀，东海主要鱼类的食物竞争对象主要为太平洋磷虾、细条天竺鱼、发光鲷、鳀、七星底灯鱼和带鱼。东、黄海鱼类通过摄食种类、摄食食物大小、摄食时间和栖息地的分化来减少食物竞争，从而维持群落结构的动态平衡。渔业资源群落结构的变化将导致食物竞争状况发生改变；鱼类食物竞争状况也会影响种群动态，但要确定食物竞争程度还需进一步深入研究

关键词：东海；黄海；主要鱼类；食物竞争

在海洋生态系统中，食物联系是生物体之间重要的相互关系之一。与陆生脊椎动物不同的是鱼类的食物竞争比栖息地的竞争更为重要（Schoener，1974），它们通过捕食与被捕食，既相互依存又相互竞争，形成一个动态的食物关系。我国东、黄海是多种类渔业，随着海洋产业的发展和环境的变化，从 60 年代至今，主要渔业种群处在不断的变化中，除了捕捞和环境变化以外，群落中种内及种间的相互作用，包括竞争、捕食与被捕食等也是影响渔业资源群落结构和优势种交替的主要因素（唐启升和苏纪兰，2000），因此研究海洋生态系统中鱼类的食物分配和竞争对了解种群变动具有重要的意义。研究者们关注最多的是在相同栖息环境活动或具有相似生态位的鱼类之间的食物关系以及食物竞争（Hacunda，1981；Gibson and Ezzi，1987；孟田湘，1989；Hall et al.，1990；孙介华等，1991；窦硕增等，1992），而对一个较大的生态系统内捕食者的食物竞争却研究得较少（韦晟和姜卫民，1992）。由于鱼类的摄食习性是在演化过程中对环境适应产生的一种特性，一般来说，在适合某种鱼的食性范围内，总是以栖息水域中数量最多、出现时间最长的饵料生物为主要食物，这些饵料种类在食物网中往往起着承上启下的重要作用，它们的变化对整个食物网结构都有很大的影响。在饵料保障不足的情况下，严重的食物竞争有可能导致资源的群落结构变化和优势种的

① 本文原刊于《动物学报》，51（4）：616－623，2005。
② 通讯作者。

交替，因此了解海洋生态系统中主要的饵料生物种类以及监测其资源量的波动具有重要意义（邓景耀等，1997）。本文通过对2000年秋季和2001年春季两次大面调查采集的鱼类样品的分析，对东、黄海生态系统中主要鱼类的食物竞争的状况以及主要饵料种类进行了分析研究，以探讨食物竞争与种群动态和优势种交替的相互关系。

1 材料与方法

本研究使用的胃含物分析样品是2000年10—11月和2001年4月黄海水产研究所“北斗”号海洋科学调查船在黄、东海120°～126.75°N，25.75°～36°E范围内（取样站位见Jin et al.，2003）进行大面积调查时收集的，共分析了172种34 807尾鱼类的胃含物样品，它们之间的食物关系乱如麻团，无法分析，因此根据“简化食物网”的研究策略（唐启升，1999），选择占总生物量90%的重要生物资源种类中的鱼类作为研究对象，其中黄海15种，东海23种，共计11 970尾，选取的种类、长度、重量及其胃含物样品个数见张波等（2004）。取样个体经生物学测定后，取出消化道立即速冻保存。胃含物分析时，将其解冻用吸水纸吸去水分后，再在双筒解剖镜下鉴定饵料生物的种类并分别计数和称重，食物重量精确到0.001 g，并尽量鉴定到最低分类单元。各饵料成分的重量百分比（W%）用下式计算：

$$\text{某饵料成分的重量百分比}(\%)=\frac{\text{某饵料成分的实际重量}}{\text{胃含物的总重量}}\times 100$$

用Pianka（1973）提出的公式计算东、黄海主要鱼类的饵料重叠系数：

$$Q_{ij}=\sum_{i}^{n}P_{ik}\cdot P_{jk}/(\sum_{i}^{n}P_{ik}^{2}\cdot\sum_{j}^{n}P_{jk}^{2})^{1/2}$$

其中，Q_{ij}为捕食者i和j的食物重叠系数，P_{ik}为饵料生物k在捕食者i食物组成中的重量百分比，P_{jk}为饵料生物k在捕食者j食物组成中的重量百分比。Q_{ij}值的范围为0～1，值越大说明两捕食者之间的食物越相似，竞争越激烈。Q_{ij}值为0表示捕食者之间的摄食相互独立，没有食物竞争；Q_{ij}值为1表示捕食者之间的食物组成完全相同；Q_{ij}值大于0.6被认为饵料重叠严重（Keast，1978）。

2 结果

2.1 黄海主要鱼类的食物重叠状况

经分析将黄海15种主要鱼类的饵料归为18个大类（桡足类、蛾类、磷虾类、糠虾类、箭虫、钩虾、涟虫、毛虾、多毛类、蛇尾类、腹足类、瓣鳃类、短尾类、底栖虾类、口足类、其他甲壳类、头足类和鱼类），根据各饵料成分的重量百分比计算出各鱼种之间的饵料重叠系数（表1）。结果表明在种间105个组配中，饵料重叠系数大于0.6的有39个，占37%，其中大于0.9的有12个，主要在以下鱼种之间存在较严重的饵料重叠：①黄鲫、赤鼻棱鳀、虻鲉、鳀、小带鱼和黑鳃梅童之间的饵料重叠严重与主要摄食太平洋磷虾有关，其占它们食物的重量百分比分别为83.24%、88.21%、91.85%、47.15%、85.83%和45.37%. 其中鳀还摄食较大重量百分比（50.82%）的桡足类，黑鳃梅童还摄食较大重量百分比（31.42%）的箭虫；②小黄鱼、高眼鲽、大头鳕、细纹狮子鱼、鮸和华鳐之间的食物重叠主要与摄食底栖虾类相关，小黄鱼、高眼鲽、大头鳕和细纹狮子鱼摄食的底栖虾类主要为脊腹褐虾，分别占它们食物重量的35.33%、37.67%、75.90%和31.66%；华鳐也摄食脊腹褐虾，但仅占食物重量的7.37%，摄食的鲜明鼓虾占食物的重量百分比为12.30%；鮸则主要摄食葛氏长臂虾（W%＝64.28%）、鹰爪糙对虾（W%＝28.22%）和戴氏赤虾（W%＝7.49%）；③小黄鱼、高眼鲽、大头鳕、细纹狮子鱼和华鳐之间的食物重叠还与摄食的小型鱼类有关，小黄鱼、高眼鲽、大头鳕和细纹狮子鱼摄食的鱼类中主要为鳀，分别占它们食物的重量百分比为14.16%、42.13%、15.74%和38.58%；而华鳐则主要摄食矛尾虾虎鱼（W%＝22.44%）和皮氏叫姑鱼（W%＝22.74%）；④黄鮟鱇、带鱼、龙头鱼、高眼鲽、细纹狮子鱼和华鳐之间的食物重叠主要与摄食鱼类相关，黄鮟鱇摄食的饵料鱼种较多，约16种，主要为鳀（W%＝21.09%）、小黄鱼（W%＝21.14%）和虾虎鱼类（W%＝20.44%）；带鱼主要摄食鳀（W%＝34.86%）和幼带鱼（W%＝18.24%）；龙头鱼主要摄食龙头鱼（W%＝16.69%）和鲚（W%＝15.84%）。

表1　黄海主要鱼类的饵料重叠系数

Table 1　The dietary overlap coefficient between the major fish in the Yellow Sea

	2	3	4	5	6	7	8	9	10	11	12	13	14	15
1. 黄鲫 *Setipinna taty*	0.99	0.996	0.68	0.99	0.81	0.07	0.39	0.11	0.05	0.09	0.04	0.09	0.04	0.01
2. 赤鼻棱鳀 *Thrissa kammalensis*		0.99	0.76	0.99	0.80	0.004	0.32	0.10	0.001	0.001	0.001	0.001	0.001	0.0001
3. 虻鲉 *Erisphex pottii*			0.68	0.99	0.81	0.02	0.38	0.10	0.04	0.07	0.03	0.07	0.03	0.004
4. 鳀 *Engraulis japonicus*				0.68	0.64	0.01	0.22	0.07	0	0	0	0	0	0
5. 小带鱼 *Trichiurus muticus*					0.79	0.10	0.37	0.19	0.08	0.03	0.09	0.01	0.08	0.10
6. 黑鳃梅童 *Collichthys niveatus*						0.05	0.44	0.10	0.13	0.22	0.11	0.22	0.09	0.01
7. 龙头鱼 *Harpodon nehereus*							0.54	0.82	0.76	0.41	0.80	0.23	0.68	0.79
8. 小黄鱼 *Pseudosciaena polyactis*								0.54	0.85	0.92	0.78	0.84	0.68	0.48
9. 带鱼 *Trichiurus haumela*									0.85	0.32	0.92	0.09	0.79	0.99
10. 高眼鲽 *Cleisthenes herzensteini*										0.77	0.99	0.60	0.85	0.83
11. 大头鳕 *Gadus macrocephalus*											0.66	0.97	0.58	0.28
12. 细纹狮子鱼 *Liparis tanakae*												0.47	0.86	0.91
13. 鮸 *Miichthys miiuy*													0.41	0.05
14. 华鳐 *Raja chinensis*														0.78
15. 黄鮟鱇 *Lophius litulon*														

2.2　东海主要鱼类的食物重叠状况

同样，经分析将东海23种主要鱼类的饵料归为18个大类，根据各饵料成分的重量百分比计算出各鱼种之间的饵料重叠系数（表2）。结果表明在种间253个组配中，饵料重叠系数大于0.6的有141个，占55.73%，其中大于0.9的有111个，除黄鳍马面鲀主要摄食蛇尾类（W%＝57.90%）和瓣鳃类（W%＝26.22%），与其他主要鱼种之间的饵料重叠系数较小（0.01～0.25），摄食相对独立以外，主要在以下鱼种之间存在严重饵料重叠：①六丝

表 2　东海 23 种主要鱼类的饵料重叠系数

Table 2　The dietary overlap coefficient between 23 kinds of the major fish in the East China Sea

	2	3	4	5	6	7	8	9	10	11	12	13	14	15	16	17	18	19	20	21	22	23
1. 细条天竺鱼 *Apogonichthys lineatus*	0.74	0.78	0.4[illegible]	0.55	0.50	0.24	0.43	0.02	0.45	0.56	0.19	0.43	0.48	0.18	0.28	0.20	0.25	0.36	0.19	0.19	0.18	0.17
2. 发光鲷 *Acropoma japonicum*		0.95	0.45	0.48	0.45	0.28	0.42	0.01	0.19	0.26	0.23	0.35	0.30	0.23	0.31	0.24	0.28	0.34	0.23	0.23	0.23	0.22
3. 七星底灯鱼 *Myctophum pterotum*			0.27	0.29	0.26	0.06	0.23	0.003	0.09	0.20	0.004	0.13	0.10	0	0.09	0.01	0.05	0.12	0.003	0.0002	0	0.0003
4. 鲐 *Pneumatophorus japonicus*				0.96	0.98	0.97	0.91	0.02	0.34	0.05	0.93	0.91	0.64	0.95	0.98	0.95	0.96	0.96	0.95	0.95	0.94	0.89
5. 小黄鱼 *Pseudosciaena polyactis*					0.99	0.93	0.90	0.02	0.47	0.31	0.90	0.97	0.82	0.92	0.95	0.93	0.94	0.97	0.92	0.92	0.91	0.86
6. 鳄齿鱼 *Champsodon capensis*						0.96	0.94	0.02	0.46	0.24	0.92	0.97	0.78	0.94	0.97	0.95	0.96	0.98	0.94	0.94	0.94	0.90
7. 竹筴鱼 *Trachurus japonicus*							0.89	0.02	0.36	0.04	0.98	0.93	0.68	0.998	0.999	0.997	0.998	0.98	0.998	0.998	0.99	0.94
8. 短尾大眼鲷 *Priacanthus macrocanthus*								0.02	0.38	0.17	0.85	0.89	0.68	0.87	0.91	0.87	0.91	0.94	0.87	0.87	0.91	0.96
9. 黄鳍马面鲀 *Thamnaconus hypargyreus*									0.25	0.01	0.02	0.02	0.01	0.02	0.02	0.02	0.02	0.02	0.02	0.02	0.02	0.02
10. 六丝矛尾虾虎鱼 *Chaeturichthys hexanema*										0.55	0.36	0.53	0.62	0.36	0.37	0.38	0.37	0.44	0.36	0.36	0.35	0.33
11. 条尾绯鲤 *Upeneus bensasi*											0.05	0.39	0.75	0.03	0.06	0.06	0.07	0.22	0.03	0.03	0.03	0.03
12. 棕腹刺鲀 *Gastrophysus spadiceus*												0.91	0.67	0.98	0.97	0.97	0.98	0.97	0.95	0.98	0.97	0.91
13. 短鳍红娘鱼 *Lepidotrigla microptera*													0.89	0.93	0.94	0.94	0.94	0.98	0.93	0.93	0.93	0.88
14. 白姑鱼 *Argyrosomus argentatus*														0.68	0.69	0.70	0.70	0.79	0.68	0.68	0.67	0.63
15. 刺鲳 *Psenopsis anomala*															0.99	0.999	0.99	0.97	1	1	0.99	0.93
16. 带鱼 *Trichiurus haumela*																0.99	0.998	0.98	0.99	0.99	0.99	0.94
17. 龙头鱼 *Harpodon nehereus*																	0.996	0.97	0.999	0.999	0.99	0.93
18. 花斑蛇鲻 *Saurida undosquamis*																		0.99	0.99	0.996	0.996	0.95
19. 叉斑狗母鱼 *Synodus macrops*																			0.97	0.97	0.98	0.95
20. 拟穴奇鳗 *Alloconger anagoides*																				1	0.99	0.93
21. 蓝点马鲛 *Scomberomorus niphonius*																					0.99	0.94
22. 黄条鰤 *Seriola lalandi*																						0.97
23. 日本魣 *Sphyraena japonica*																						

矛尾虾虎鱼、条尾绯鲤这两种鱼仅与白姑鱼饵料重叠系数大于 0.6，这主要与摄食底栖虾类相关；六丝矛尾虾虎鱼主要摄食钩虾（$W\%=25.10\%$）、底栖虾类（$W\%=20.98\%$）和涟虫（$W\%=16.99\%$），其中底栖虾类主要包括纤细绿点虾（$W\%=6.45\%$）、大蝼蛄虾（$W\%=4.09\%$）和日本鼓虾（$W\%=3.89\%$）；条尾绯鲤主要摄食底栖虾类（$W\%=73.34\%$），其中以细螯虾居多（$W\%=49.65\%$）；白姑鱼摄食的底栖虾类（$W\%=49.23\%$）中主要包括日本鼓虾（$W\%=10.85\%$）、葛氏长臂虾（$W\%=9.43\%$）和七腕虾（$W\%=9.25\%$）；②细条天竺鱼与发光鲷和七星底灯鱼之间饵料重叠主要与摄食太平洋磷虾有关，其占它们食物的重量百分比分别为 42.15%、39.31%和 52.30%；发光鲷与七星底灯鱼之间饵料重叠还与摄食桡足类有关，分别占它们食物重量的 33.88%和 31.02%；细条天竺鱼还摄食较大重量百分比（25.05%）的底栖虾类；③除了以上分析的 6 种鱼以外，其余 17 种主要鱼类（包括白姑鱼）的食物重叠系数都较高，有的甚至达到了完全重叠（Q_{ij} 值接近 1），这主要与摄食的鱼类占食物重量百分比较大（45.29%～99.76%）有关。

由于东海主要鱼类摄食的饵料鱼种较多（经分析后准确定种的达 49 种），为了能更准确地反映它们之间的食物重叠状况，我们将 17 种主要鱼类摄食的饵料鱼种细分到种，并分别计算其重量百分比后，再进行饵料重叠系数的计算。结果表明（表 3）在 136 个组配中仅有 8 对之间存在较严重的饵料重叠：鲐、小黄鱼之间的饵料重叠主要是细条天竺鱼（分别占它们食物重量的 44.30%和 27.52%）和七星底灯鱼（分别占它们食物重量的 16.98%和 19.32%），与龙头鱼之间的饵料重叠主要是细条天竺鱼（分别占它们食物重量的 44.30%和 46.58%）；小黄鱼与鳄齿鱼之间的饵料重叠主要是七星底灯鱼（分别占它们食物重量的 19.32%和 20.36%），与龙头鱼之间的饵料重叠主要是细条天竺鱼（分别占它们食物重量的 27.52%和 46.58%）；刺鲳与花斑蛇鲻之间的饵料重叠主要是发光鲷（分别占它们食物重量的 69.89%和 21.28%）；蓝点马鲛与带鱼之间的饵料重叠主要是带鱼（分别占它们食物重量的 36.07%和 17.17%）和鳀鱼（分别占它们食物重量的 12.59%和 7.09%），与黄条鰤之间饵料重叠的是带鱼（分别占它们食物重量的 36.07%和 49.53%）。

3 讨论

3.1 东、黄海主要鱼类的食物竞争状况

分析表明黄海 15 种主要鱼类的食物竞争状况为：①浮游动物食性的鱼种（黄鲫、赤鼻棱鳀、虻鲉、鳀、小带鱼和黑鳃梅童）（张波和唐启升，2004）的食物竞争对象为太平洋磷虾，其中由于鳀还同时摄食较多桡足类，黑鳃梅童摄食较多箭虫，减少了它们之间的食物竞争强度，也减轻了对摄食太平洋磷虾的压力；②小黄鱼与 5 种底栖动物食性的鱼种（高眼鲽、大头鳕、细纹狮子鱼、鮟、华鳐）（张波和唐启升，2004）之间的食物重叠主要与摄食底栖虾类和小型鱼类有关，分析表明脊腹褐虾和鳀是其中主要的食物竞争对象，由于鮟摄食不同种类的底栖虾类以及华鳐摄食不同种类的鱼类从而减少了与其他几种鱼的食物竞争；③游泳动物食性的黄鮟鱇与杂食性的带鱼和龙头鱼以及底栖动物食性的高眼鲽、细纹狮子鱼和华鳐（张波和唐启升，2004）之间的食物重叠主要与摄食鱼类有关，鳀仍是其中主要的食物竞争对象，华鳐和龙头鱼由于摄食不同种类的鱼类从而减少了与其他几种鱼的食物竞争，黄鮟鱇摄食的饵料鱼种较多也能减少与其他几种鱼的食物竞争。由此可见，目前黄海

表 3 东海 17 种主要鱼类的饵料重叠系数

Table 3 The dietary overlap coefficient between 17 kinds of the major fish in the East China Sea

	2	3	4	5	6	7	8	9	10	11	12	13	14	15	16	17
1. 鲐鱼	0.88	0.50	0.37	0.40	0.01	0.14	0.04	0.27	0.40	0.81	0.23	0.14	0.23	0.05	0.06	0.24
2. 小黄鱼		0.68	0.50	0.47	0.01	0.32	0.41	0.24	0.45	0.68	0.23	0.30	0.18	0.07	0.04	0.20
3. 鳄齿鱼			0.58	0.63	0.04	0.44	0.47	0.33	0.59	0.21	0.48	0.36	0.06	0.05	0.05	0.31
4. 竹筴鱼				0.24	0.01	0.01	0.01	0.50	0.37	0.12	0.22	0.09	0.01	0.03	0.004	0.13
5. 短尾大眼鲷					0.18	0.30	0.29	0.23	0.54	0.18	0.48	0.50	0.15	0.18	0.26	0.52
6. 棕腹刺鲀						0.01	0.06	0.03	0.14	0.01	0.07	0.14	0.16	0.03	0.02	0.08
7. 短鳍红娘鱼							0.53	0	0.20	0.12	0.20	0.26	0.03	0.01	0.02	0.14
8. 白姑鱼								0	0.25	0.11	0.24	0.43	0.04	0.05	0.01	0.07
9. 刺鲳									0.41	0.06	0.64	0.06	0.06	0.12	0	0.14
10. 带鱼										0.26	0.52	0.25	0.10	0.67	0.54	0.26
11. 龙头鱼											0.06	0.12	0.25	0.14	0.32	0.21
12. 花斑蛇鲻												0.51	0.10	0.19	0.06	0.28
13. 叉斑狗母鱼													0.14	0.02	0.19	0.50
14. 拟穴奇鳗														0.03	0.03	0.08
15. 蓝点马鲛															0.64	0.04
16. 黄条鰤																0.13
17. 日本魣																

注：1. *Pneumatophorus japonicus*；2. *pseudosciaena Polyactis*；3. *Champsodon capensis*；4. *Trachurus japonicus*；5. *Priacanthus macrocanthus*；6. *Gastrophysus spadiceus*；7. *Lepidotrigla microptera*；8. *Argyrosomus argentatus*；9. *Psenopsis anomala*；10. *Trichiurus haumela*；11. *Harpodon nehereus*；12. *Saurida undosquamis*；13. *Synodus macrops*；14. *Alloconger anagoides*；15. *Scomberomorus niphonius*；16. *Seriola lalandi*；17. *Sphyraena japonica*。

主要鱼类的食物竞争对象为太平洋磷虾、脊腹褐虾和鳀；尽管摄食分化在一定程度上减少了食物竞争强度，但对主要饵料的竞争仍较为严重。

分析表明东海 23 种主要鱼类的食物竞争状况为：①东海浮游动物食性的鱼类较少（仅 4 种）（张波和唐启升，2004），其中细条天竺鱼、发光鲷和七星底灯鱼食物竞争的主要对象为太平洋磷虾，由于它们同时还兼食相当比例的其他食物（如桡足类，底栖虾类），因此它们之间的食物竞争并不大；另外，尽管鲐也浮游动物食性的鱼类，摄食的太平洋磷虾占食物重量的 23.94%，但摄食鱼类的重量百分比较大（72.44%），与其他 3 种的食物竞争也不大；②黄鳍马面鲀因主要摄食蛇尾类和瓣鳃类，几乎完全与其他主要鱼种没有食物竞争，六丝矛尾虾虎鱼主要摄食钩虾、涟虫和底栖虾类，摄食也相对独立；分析表明虽然底栖虾类也是底栖动物食性的鱼类的主要食物竞争对象，但由于摄食的种类各不相同，因此并没有共同竞争对象；③尽管鱼类是主要的食物竞争对象，但由于摄食的饵料鱼种较多，占食物重量百分比超过 10%的种类就有 17 种（细条天竺鱼、发光鲷、鳀、七星底灯鱼、麦氏犀鳕、鳄齿鱼、尖牙鲷、带鱼、鲐、竹筴鱼、小黄鱼、蓝圆鲹、绵鳚、条尾绯鲤、多棘腔吻鳕、棕腹刺鲀和前肛鳗），可见，食物竞争并不大；分析表明仅有 8 对鱼之间存在较严重的饵料重叠，食物竞争的主要对象为细条天竺鱼、发光鲷、鳀、七星底灯鱼和带鱼。综上所述，由于食物种类多，摄食各有偏重，因此目前东海主要鱼类对主要饵料种类的竞争并不十分激烈。

值得注意的是尽管营养生态位相似的鱼类对同一喜食饵料存在激烈的竞争，但由于缺乏关于群落的生产力以及捕食者的食物需求量的资料，确定饵料基础是否充足非常困难（Hacunda，1981；Gibson and Ezzi，1987），因此很难判定它们之间是否存在严重的食物竞争。可以说，准确确定捕食者之间的食物竞争程度是研究海洋生态系统食物竞争状况的一个新课题。

3.2 摄食分化

当饵料资源贫乏，同时捕食者又不能转而摄食其他食物时将会导致严重的食物竞争，从而影响种群结构的稳定。但在大多数情况下，鱼类可以通过饵料利用的种种差异来降低它们之间的食物竞争（Hacunda，1981），保证种群的动态稳定。其中，摄食分化是鱼类应对食物竞争的一种重要策略。Labropoulou 和 Eleftheriou（1997）在研究中发现两组鱼通过摄食不同大小的同种食物和摄食相同大小范围的不同食物种类这两种不同的策略来分隔它们的摄食生态位，这与它们不同的形态特征有关，因此他们认为摄食器官的形态差异（口的大小、鳃耙的数量以及肠的长度等）是导致鱼类摄食分化的重要特征。Harmelin-Vivien 等（1989）认为栖息地的小环境以及摄食时间的分隔在鱼类摄食分化上也非常重要。

本研究结果表明：东、黄海主要鱼类在摄食生态习性相似的情况下，也有一定程度的分化以减少彼此间的食物竞争。主要表现在①摄食种类的分化，这是减少食物竞争的重要形式。一些鱼通过摄食种类的各有偏重来减少了食物竞争，如东海主要鱼类在摄食饵料鱼种上就是这种情况；还有一些鱼通过摄食食物多样性的差异来减少了食物竞争，如黄海的鳀和黑鳃梅童除摄食太平洋磷虾外，还同时摄食较多其他食物（桡足类或箭虫），减少了与其他浮游动物食性鱼种（主要摄食太平洋磷虾）的食物竞争。②摄食食物大小的分化，这是摄食同一类型食物的分化特征。例如东海的发光鲷和七星底灯鱼，发光鲷摄食的桡足类几乎都是大中型桡足类，而七星底灯鱼摄食的桡足类中，小型桡足类和大中型桡足类分别占桡足类的重量百分比为38.50%和61.50%。③摄食时间和栖息地小环境的分化。例如黄海的黄鲫、赤鼻棱鳀、虻鲉、鳀、小带鱼和黑鳃梅童之间的饵料重叠严重与主要摄食太平洋磷虾有关，由于磷虾在水层有昼沉夜浮垂直移动的现象。捕食者可以通过摄食时间的差异来减少食物竞争。已有研究表明鳀主要在白天摄食（孟田湘，2003），黄鲫一天有4个摄食高峰(02:15，09:45，14:25和22:10)（郭学武等，2004），赤鼻棱鳀有2个摄食高峰（12:00，20:00）（孙耀等，2003）。另外，鳀具有明显的昼夜垂直移动现象，一般夜间鱼群游向中上层，白天则游向中层、近底层或低层（朱德山和Iversen，1990），因此可以摄食不同水层的食物，同时也成了不同水层的捕食者的食物。

3.3 食物竞争与鱼类种群动态

由于气候变化、捕捞强度增大等自然和人为因素影响了海洋生态系统的结构，从而导致鱼类的食物竞争状况发生变化。渤海九十年代的食物竞争对象由八十年代的小型底层鱼类（矛尾虾虎鱼和六丝矛尾虾虎鱼）（孟田湘，1989）转变为鳀（邓景耀等，1997），这与渤海渔业资源的群落结构发生变化，大型的底层鱼类资源逐渐被小型的中上层鱼类所代替（Tang et al.，2003）有很大的关系。尽管本研究表明与八十年代（韦晟和姜卫民，1992）相比，目前黄海主要鱼类的食物竞争对象仍主要集中在太平洋磷虾、脊腹褐虾以及鳀上，近年来黄海主要鱼类中超过半数的种类出现了食性向低营养级转变，浮游和底栖动物食性的种类增加，游泳动物食性的种类大大减少的现象（张波和唐启升，2004），也可能会导致食物竞争状况发生一些变化（如对鳀的捕食压力减小，而对太平洋磷虾和脊腹褐虾的捕食压力增大），但当饵料资源丰富时，捕食者可以共同利用一些最易获得的食物（Brodeur和Pearcy，1992），因此优势饵料生物种类并没有受到食物竞争变化的影响。

另一方面，食物竞争也是影响渔业资源群落结构和优势种交替的主要因素。邓景耀等（1997）认为由于渤海大、中型肉食鱼类的资源量锐减，短期内不会由于竞食鳀而影响捕食种群的生长和数量波动。韦晟等（1992）也认为尽管八十年代黄海鳀的捕食压力较大，但由于其资源丰富，竞食关系基本是协调的，食物网结构也基本是稳定的。近年来黄海鳀的资源量已出现下降迹象（唐启升和苏纪兰，2000），但由于对鳀的捕食压力的下降，也维持了目前黄海种群结构的稳定。由于捕食者之间的食物竞争程度还难以确定，因此要进一步深入探讨食物竞争对鱼类种群动态的影响还需要做大量的研究工作。

参考文献

邓景耀，孟田湘，任胜民，1986. 渤海鱼类食物关系的初步研究．生态学报，6：356-364.
邓景耀，姜卫民，杨纪明，等，1997. 渤海主要生物种间关系及食物网研究．中国水产科学，4：1-7.
窦硕增，杨纪明，陈大刚，1992. 渤海石鲽、星鲽、高眼鲽及焦氏舌鳎的食性．水产学报，16：162-166.
郭学武，张晓凌，万瑞景，等，2004. 根据野外调查资料评估鱼类的日摄食量．动物学报，50（1）：111-119.
孟田湘，1989. 渤海重要底层鱼类食物重叠系数与鱼类增殖．海洋水产研究，10：1-7
孟田湘，2003. 黄海中南部鳀鱼各发育阶段对浮游动物的摄食．海洋水产研究，24（3）：1-9.

孙介华，刘宏春，徐学军，等，1991. 河北省沿海 8 个经济鱼种的饵料组成及其相互关系的研究．海洋湖沼通报，2：89－94.

孙耀，刘勇，张波，等，2003. Eggers 胃含物法测定赤鼻棱鳀的摄食与生态转换效率．生态学报 23（6）：1216－1221.

唐启升，1999. 海洋食物网与高营养层次营养动力学研究策略．海洋水产研究，20（2）：1－11.

唐启升，苏纪兰，2000. 中国海洋生态系统动力学研究：Ⅰ关键科学问题与研究发展战略．北京：科学出版社，66－72.

韦晟，1980. 黄海带鱼（*Trichiurus haumela* Forskal）的摄食习性．海洋水产研究，1：49－57.

韦晟，姜卫民，1992. 黄海鱼类食物网的研究．海洋与湖沼，23：182－192.

薛莹，金显仕，张波，等，2004. 黄海中部小黄鱼的食物组成和摄食习性的季节变化．中国水产科学，11：237－243.

张其永，林秋眠，林尤通，等，1981. 闽南—台湾浅滩渔场鱼类食物网研究．海洋学报，3（2）：275－290.

张波，唐启升，2004. 渤、黄、东海高营养层次重要生物资源种类的营养级研究．海洋科学进展，22：393－404.

朱德山，Iversen S A，1990. 黄、东海鳀鱼及其他经济鱼类资源声学评估的调查研究．海洋水产研究，11：22－23.

Brodeur R D，Pearcy W G，1992. Effects of environmental variability on trophic interactions and food web structure in a pelagic upwelling ecosystem. Mar. Ecol. Prog. Ser，84：101－119.

Deng J Y，Meng T X，Ren S M，1986. Food web of fishes in Bohai Sea. Acta Ecologica Sinica，6（4）：356－364（In Chinese).

Deng J Y，Jiang W M，Yang J M，et al.，1997. Species interaction and food web of major predatory species in the Bohai Sea. Journal of Fishery Sciences of China，4：1－7（In Chinese).

Dou S Z，Yang J M，Chen D G，1992. Food habits of stone flounder，spotted flounder，high-eyed flounder and red tongue sole in the Bohai Sea. Journal of Fisheries of China，16：162－166（In Chinese).

Gibson R N，Ezzi I A，1987. Feeding relationships of a demersal fish assemblage on the west coast of Scotland. J. Fish Biol.，31：55－69.

Guo X W，Zhang X L，Wan R J，et al.，2004. Determination of daily food consumption in fish according to field sampling. Acta Zoologica Sinica，50（1）：111－119（In Chinese).

Hacunda J S，1981. Trophic relationships among demersal fishes in a coastal area of the gulf of maine. Fishery Bulletin，79：775－788.

Harmelin-Vivien M L，Kaim-Malka，R A，Ledoyer M，et al.，1989. Food partitioning among scorpaenid fishes in Mediterranean seagrass beds. J. Fish Biol，34：715－734.

Hall S J，Raffaelli D，Basford D J，et al.，1990. The feeding relationships of the larger fish species in a Scottish sea loch. J. Fish Biol.，37：775－791.

Jin X，Xu B，Tang Q，2003. Fish assemblage structure in the East China Sea and southern Yellow Sea during autumn and spring. J. Fish Biol.，62：1194－1205.

Keast A，1978. Trophic and spatial interrelationships in the fish species of an Ontario temperate lake. Env. Biol. Fish.，3：7－31.

Labropoulou M，Eleftheriou A，1997. The foraging ecology of two pairs of congeneric demersal fish species：importance of morphological characteristics in prey selection. J. Fish Biol.，50：324－340.

Meng T X，1989. The dietary overlap coefficient and food resources of enhancement species among demersal fishes in Bohai Sea. Marine Fisheries Research，10：1－7（In Chinese).

Meng T X，2003. Studies on the feeding of anchovy *Engraulis japonicus* at different life stages on zooplankton in the Middle and Southern Waters of the Yellow Sea. Marine Fisheries Research，24（3）：1－9（In

Chinese).

Pianka E R, 1973. The structure of lizard communities. Annu. Rev. Ecol. Syst., 4: 53-74.

Schoener T W, 1974. Resource partitioning in ecological communities. Science, 185: 27-39.

Sun J H, Liu H C, Xu X J, et al., 1991. Study on food compositions and mutual relationship of the eight economic fish species from coastal water off Hebei Province. Transactions of Oceanology and Limnology, 2: 89-94 (In Chinese).

Sun Y, Liu Y, Zhang B, et al., 2003. Food consumption, growth and ecological conversion efficiency of *Thryssa kammalensis*, determined by Eggers model in laboratory. Acta Ecologica Sinica, 23 (6): 1216-1221 (In Chinese).

Tang Q S, 1999. Strategies of research on marine food web and trophodynamics between high trophic levels. Marine Fisheries Research, 20 (2): 1-11 (In Chinese).

Tang Q S, Su J L, 2000. Study on Ecosystem Dynamics in Coastal Ocean. I. Key Question and Research Strategy. Beijing: Science Press, 66-72 (In Chinese).

Tang Q S, Jin X S, Wang J, et al., 2003. Decadal-scale variation of ecosystem productivity and control mechanisms in the Bohai Sea. Fish. Oceanogr., 12 (4/5): 223-233.

Wei C, 1980. Food and feeding habits of hairtail (*Trichiurus haumela Forskal*) from the Yellow Sea. Marine Fisheries Research, 1: 49-57 (In Chinese).

Wei C, Jiang W M, 1992. Study on food web of fishes in the Yellow Sea. Oceanologia et Liminologia Sinica, 23 (2): 182-192 (In Chinese).

Xue Y, Jin X S, Zhang B, et al., 2004. Diet composition and seasonal variation in feeding habits of small yellow croaker *Pseudosciaena polyactis* Bleeker in the central Yellow Sea. Journal of Fishery Science of China, 11: 237-243 (In Chinese).

Zhang Q Y, Lin Q M, Lin Y T, et al., 1981. Food web of fishes in Minnan-Taiwanchientan fishing ground. Acta Oceanologica Sinica, 3 (2): 275-290 (In Chinese).

Zhang B, Tang Q S, 2004. Trophic level of important resources species of high trophic levels in the Bohai Sea, Yellow Sea and East China Sea. Advances in Marine Science, 22: 393-404 (In Chinese).

Zhu D S, Iversen S A, 1990. Anchovy and other fish resources in the Yellow Sea and East China Sea November 1984-April 1988. Marine Fisheries Research, 11: 22-23 (In Chinese).

Feeding Competition of the Major Fish in the East China Sea and the Yellow Sea

ZHANG Bo[1,2], TANG QiSheng[2], JIN XianShi[2], XUE Ying[1,2]

(1. College of Marine Life Science, Ocean University of China, Qingdao 266003, China;

2. Key Laboratory for Sustainable Utilization of Marine Fishery Resources, Ministry of Agriculture, Yellow Sea Fisheries Research Institute, Chinese Academy of Fishery Sciences, Qingdao 266071, China)

Abstract: According to the simplified version of food web, we defined fish of important resources species, which accounted for 90% of the total biomass of the resource populations, as the major fish species. Fifteen species in the Yellow Sea and 23 species in the East China Sea were collected from two surveys in 2000 and 2001. By analyzing stomach samples, the percentage weight of each prey species was obtained, and then the formula proposed by Pianka (1973) was used to calculate the dietary overlap coefficient between the major fish. The aim of the present study is, using dietary overlap between the major fish, to analyze feeding competition in the East China Sea and Yellow Sea and explore the relationship between feeding competition and the change of fish assemblage and the shift of dominant species.

In the Yellow Sea, dietary overlap between 6 planktophagic species, i. e., hairfin anchovy *Setipinna taty*, madura anchovy *Thrissa kammalensis*, spotted velvefish *Erisphex pottii*, anchovy *Engraulis japonicus*. *Trichiurus muticus* and bighead croaker *Collichthys niveatus* was related to *Euphausia pacifica*, only anchovy feed much Copepoda and bighead croaker feed much Sagitta; dietary overlap between small yellow croaker *Pseudosciaena polyactis*, pointhead plaice *Cleisthenes herzensteini*, Pacific cod *Gadus macrocephalus* and Tanaka's snailfish *Liparis tanakae* was *Crangon affinis* and anchovy; dietary overlap between yellow goosefish *Lophius litulon* and largehead hairtail *Trichiurus haumela* was anchovy; because the other 3 species-brown croaker *Miichthys miiuy*, Chinese skate *Raja chinensis* and Bombay duck *Harpodon nehereus* feed different Macrura and fish species, dietary overlap with other fish was little. These results indicated that the main competition for food in the Yellow Sea occurred among *Euphausia pacifica*, *Crangon affinis* and *Engraulis japonicus*. Although there was feeding differentiation among the major fish, feeding competition for the main prey was serious. In the East China Sea, 3 benthophagic species - *Thamnaconus hypargyreus*, pinkgray goby *Chaeturichthys hexanema* and fin-striped goatfish *Upeneus bensasi* mainly feed on Ophiuroidea, Lamellibranchia, Cumacea, Gammaridea and different Macrura, so they feed independently of other major fish. Dietary overlap between cardinal fish *Apogonichthys lineatus*, firefly-fish *Acropoma japonicum* and skinnycheek lanternfish *Myctophum pterotum* was related to *Euphausia pacifica*. At the same time, they depend heavily on other food (such as Copepoda and Macrura). The other 17 species, include Pacific mackerel *Pneumatophorus japonicus*, small yellow croaker, gaper *Champsodon capensis*, red bigeye *Priacanthus macrocanthus*, brownspotted puffer *Gastrophysus spadiceus*, redwing searobin *Lepidotrigla microptera*, white croaker *Argyrosomus argentatus*, Japanese butterfish *Psenopsis anomala*, largehead hairtail, Bombay duck, brushtooth lizardfish *Saurida undosquamis*, crossmark lizardfish *Synidus macrops*, black chin conger *Alloconger anagoides*. Spanish mackerel *Scomberomorus niphonius*, yellowtail kingfish *Seriola lalandi* and snock *Sphyraena japonica*, comprised 45.29%～99.76% of the weight of fish prey, but because fish prey species were abundant (49 species) and those major fish feed on different species, food overlap was not serious. Only 8 pairs of fish species had serious dietary overlap. The main dietary overlaps between Pacific mackerel and small yellow croaker were cardinal fish and skinnycheek lanternfis, between Pacific mackerel and Bombay duck was cardinal fish, between small yellow croaker and gaper was skinnycheek lanternfis, between small yellow croaker and Bombay duck was cardinal fish, between Japanese butterfish and brushtooth lizardfish was firefly-fish, between Spanish mackerel and largehead hairtail were largehead hairtail and anchovy. Generally, major fish species in the East China Sea competed mainly for *Euphausia pacifica*, cardinal fish, skinnycheek lanternfis, firefly-fish, largehead hairtail and anchovy. However, whether predators would experience intense competition is difficult to determine because information is lacking both on prey production rates and food requirements of the fish, so it is also difficult to know.

By feeding on different prey species, different size of prey and feeding time and microhabitat partitioning, the major fish in the East China Sea and Yellow Sea reduce feeding competition and maintain the dynamic balance of community structure. The change of fish assemblages can influence feeding competition between fish. In the Bohai Sea, the main competition changed from small demersal fish (*Chaeturichthys stigmatias and C. hexanema*) in 1982—1983 to anchovy in 1992—1993. It was related to change in community structure of fishery resource, many large-sized species with high commercial values having been replaced by small pelagic species. In the Yellow Sea, the main competition prey didn't change between 1985—1986 and 2000—2001, but feeding competition showed some differences. Because most major fish became lower trophic levels and the number of ichthyophagic species decreased, feeding stress on anchovy decreased and feeding stress on *Euphausia pacifica* and *Crangon affinis* increased. But because the main prey recourse was abundant, the change of feeding competition did not influence the main prey species. On the other hand, feeding competition also can change the fish assemblage. In the Yellow Sea, although the biomass of anchovy declined, decrease of feeding stress on anchovy could maintain the stability of fish assemblages. Because it is difficult to establish the degree of feeding competition, more study must be done to understand the effect of feeding competition on the change of fish assemblage

Key words: East China Sea; Yellow Sea; Major fish; Feeding competition

黄渤海部分水生动物的能值测定[①]

张波，唐启升，孙耀，郭学武，王俊
（中国水产科学研究院黄海水产研究所，青岛 266071）

关键词　黄、渤海；水生动物；能值

1　材料与方法

1997 年 7 月至 1999 年 6 月期间，用“北斗”号海上调查船调查采集了黄、渤海 20 个科 25 种鱼和 5 种无脊椎动物、浮游动物，样品在调查船上称重后冷冻保存，进入实验室后便将其剪碎放入取样瓶内，70 ℃条件下烘干至恒重，－20 ℃条件下保存待测。8 种室内实验所用鱼种和饵料种取样称重后用同样的方法处理并保存待测。在有空调控温的实验室，(20±1)℃下用 XRY－1 型氧弹式热量仪分析样品的能值。测量用样品量为 0.5～1 g，精确到 0.000 1 g。每个样品测 3 次，3 个测定值的平均值即为该样品的比能值。本实验中的能值表示为每克干重所含的能量（kJ/g D. W.）。本研究结果可为建立生态能量模型和评估鱼种的经济价值提供基础数据。

2　结果

实验所得的结果见表 1 和表 2。

表 1　室内生态实验所用鱼种及饵料的能值分析

Table 1　Energy values of fishes and feed organisms used in ecological experiment of laboratory

种名 Species	体重范围 Weight range（g）	来源 Source	比能值 Energy （kJ/g D. W.）
真鲷 *Pagrosomus major*	20～40	黄海所小麦岛增养殖基地人工育苗，实验用鱼	24.43
黑鲷 *Sparus macrocephalus*	40～60	莱州水产养殖基地人工育苗，实验用鱼	23.75
黑鲪 *Sebastodes fuscescens*	100～150	青岛沿海，实验用鱼	26.20
红鳍东方鲀 *Fugu rubripes*	50～60	人工育苗，实验用鱼	21.29
鲐鱼 *Pneumatophorus japonicus*	100～200	青岛沿海，实验用鱼	26.42
鹰爪虾 *Trachypenaeus curvirostris*		青岛沿海，实验用饵料	18.97
火枪乌贼 *Lolig beka*		青岛沿海，实验用饵料	20.90
卤虫	幼体	人工培育，实验用饵料	17.90
	成体	人工培育，实验用饵料	18.52

① 本文原刊于《海洋水产研究》，20（2）：101－102，1999。

表 2 海上调查所采集种的能值分析

Table 2 Energy values of organisms sampled in marine investigation

种名 Species	生态类型 Ecotype	采集地 Collection place	采集时间（年-月） Collection time	比能值 Energy （kJ/g D. W.）
赤鼻棱鳀 *Thrissa kammalensis*	中上层鱼	渤海莱州湾	1997-08	18.91
斑鰶 *Clupanodon punctatus*	中上层鱼	渤海莱州湾	1997-08	19.65
小鳞鱵 *Hyporhamphus sajori*	中上层鱼	渤海莱州湾	1997-08	20.78
银鲳 *Stromateoides argenteus*	中上层鱼	黄海	1999-06	23.98
鲅鱼 *Scomberomorus niphonius*	中上层鱼	青岛沿海	1998-05	25.88
绵鳚 *Enchelyopus elongatus*	底层鱼	青岛沿海	1998-04	20.94
高眼鲽 *Cleisthenes herzensteini*	底层鱼	黄海	1999-06	24.16
石鲽 *Platichthys bicoloratus*	底层鱼	黄海	1999-06	22.06
六线鱼 *Hexagrammos otakii*	底层鱼	黄海	1999-06	20.34
黄盖鲽 *Pseudopleuronectes yokohamae*	底层鱼	黄海	1999-06	20.31
梭鱼 *Mugil soiuy*	底层鱼	渤海莱州湾	1997-08	20.41
玉筋鱼 *Ammodytes personatus*	底层鱼	黄海	1999-06	22.62
牙鲆 *Paralichtys olivaceus*	底层鱼	黄海	1999-06	24.40
绒杜父鱼 *Hemitripterus villosus*	底层鱼	黄海	1999-06	20.19
鳕 *Gadus macrocephalus*	底层鱼	黄海	1999-06	20.63
白姑鱼 *Argyrosomus argentatus*	底层鱼	青岛沿海	1998-05	19.55
黄姑鱼 *Nibea albiflora*	底层鱼	青岛沿海	1998-05	22.30
多鳞鱚 *Sillago Sihama*	底层鱼	青岛沿海	1998-04	20.56
长蛇鲻 *Saurida elongata*	底层鱼	青岛沿海	1998-05	22.84
条鳎 *Zebrias zebra*	底层鱼	青岛沿海	1998-05	22.04
焦氏舌鳎 *Cynoglossus joymeri*	底层鱼	青岛沿海	1998-05	20.66
带鱼 *Trichiurus haumela*	底层鱼	青岛沿海	1998-05	24.17
木叶鲽 *Pleuronichthys cornulus*	底层鱼	青岛沿海	1998-05	23.11
扁颌鱵 *Ablennes anastornella*	底层鱼	青岛沿海	1998-05	21.91
鲬 *Platycephalus indicus*	底层鱼	黄海	1999-06	21.92
短蛸 *Octopus ocellatus*	头足类	青岛沿海	1998-05	21.32
菲律宾蛤仔 *Ruditapes philipppinarum*	双壳类	青岛沿海	1998-05	18.40
日本蟳 *Charybdis japonica*	甲壳类	青岛沿海	1998-05	11.97
三疣梭子蟹 *Portunus trituberculatus*	甲壳类	青岛沿海	1998-05	13.78
口虾蛄 *Oratosquilla oratoria*	甲壳类	青岛沿海	1998-05	16.48
浮游动物 Zooplankton	小型浮游动物	渤海莱州湾	1997-08	10.83
	大型浮游动物	渤海莱州湾	1997-08	17.28

东、黄海六种鳗的食性①

张波，唐启升②

（中国水产科学院黄海水产研究所，农业部海洋渔业资源
可持续利用重点开放实验室，青岛 266071）

摘要：用饵料生物的生态类群的出现频率百分比组成来划分东、黄海 6 种鳗的生态属性和食性类型。通过对其食物组成的分析，发现这 6 种鳗的生态属性均为底层鱼类且分属 3 种食性类型：前肛鳗、黑尾吻鳗和银色突吻鳗属底栖生物食性；星康吉鳗和食蟹豆齿鳗属底栖生物和游泳动物食性；奇鳗属游泳动物食性。结果还表明：前肛鳗、星康吉鳗和黑尾吻鳗之间不存在食物竞争。同时建议在食性分析中使用食物的能量百分比这一指标，但需要进一步的收集基础数据。

关键词：前肛鳗；星康吉鳗；黑尾吻鳗；银色突吻鳗；奇鳗；食蟹豆齿鳗；食性；东海；黄海

前肛鳗、星康吉鳗、黑尾吻鳗、银色突吻鳗、奇鳗和食蟹豆齿鳗这 6 种鳗分属鳗鲡目的三个科，其共同的形态特征为：体无鳞，皮肤光滑，体形细长且圆，体表被黏液；较难捕获，对它们食性的研究也较少。本文通过对它们食物组成的分析与研究，希望能弥补这方面研究的空缺，并为东、黄海鱼类食物网的研究提供基础资料。

1 材料与方法

6 种鳗的样品均系国家重点基础研究发展规划项目“东、黄海生态系统动力学与生物资源可持续利用”所进行的 2000 年秋季和 2001 年春季在东、黄海进行的大面调查中，由黄海水产研究所“北斗”号海洋科学调查船底拖网所得，共 440 尾（表 1）。取样范围为 26°32.5′～34°59.5′ N，120°08.7′ ～127°21.4′ E。取样鱼经生物学测定后，取出的消化道立即速冻保存。胃含物分析时，先将其取出并用吸水纸吸去水分后，再在双筒解剖镜下鉴定饵料生物的种类并分别计数和称重。食物重量精确到 0.001 g，并尽量鉴定到最低分类单元。

用饵料生物的重量百分比（$W\%$）、尾数百分比（$N\%$）、出现频率（$F\%$）和相对重要性指标（IRI）来评价鱼类各种饵料的重要性［式（2）～(5)］；同时我们规定 $IRI>100$ 为主要饵料，以强调每种鱼的主要食物来源。另外我们还用饵料生物类群的出现频率百分比组成(式 6)来评价 6 种鳗的食性类型以及生态属性，用 Eric[1] 提出的公式计算饵料的重叠系数

---

① 本文原刊于《水产学报》，27（4）：307－314，2003。

② 通讯作者。

表 1 东、黄海 6 种鳗的胃含物样品

Table 1 6 species of eels sample for study of stomach contents in the East China Sea and Yellow Sea

鱼种名 Species	体长范围（mm） Body length	尾数（ind） Number	空胃数 Number	摄食率（%） Feeding rate
前肛鳗 *Dysomma anguillaris*	19～88	148	50	66.22
星康吉鳗 *Astroconger myriaster*	80～300	117	49	58.12
黑尾吻鳗 *Rhynchocymba ectenura*	74～242	80	40	50
银色突吻鳗 *Rhynchocymba nystromi*	81～130	40	22	45
奇鳗 *Alloconger anagoides*	102～232	38	27	28.95
食蟹豆齿鳗 *Pisoodonophis cancrivorus*	128～278	17	13	23.53

（式 7）以考察它们之间的食物竞争情况。

式（1）～（7）如下：

$$摄食率（\%）=\frac{实胃数}{总胃数}\times 100 \tag{1}$$

$$重量百分比（W\%）=\frac{胃含物实际重量}{胃含物总重量}\times 100 \tag{2}$$

$$尾数百分比（N\%）=\frac{胃含物个数}{胃含物食料生物总个数}\times 100 \tag{3}$$

$$出现频率（F\%）=\frac{胃含物出现次数}{鱼胃总数}\times 100 \tag{4}$$

$$IRI=(重量百分比+尾数百分比)\times 出现频率\times 10^4 \tag{5}$$

$$出现频率百分比组成（\%）=\frac{某成分的出现频率}{各成分出现频率的总和}\times 100 \tag{6}$$

$$O_{jk}=\frac{\sum_{n}^{i}P_{ij}P_{ik}}{\sqrt{\sum_{n}^{i}P_{ij}^{2}\sum_{n}^{i}P_{ik}^{2}}} \tag{7}$$

式（7）中，O_{jk}为捕食者 k 与捕食者 j 的饵料重叠系数；P_{ij}为饵料 i 在捕食者 j 的食物组成中占的重量百分比；P_{ik}为饵料 i 在捕食者 k 的食物组成中占的重量百分比。Keast（1978）规定 $Q_{jk}>0.3$ 表示重叠有意义，$O_{jk}>0.7$ 表示严重重叠。

2 结果

2.1 前肛鳗、星康吉鳗和黑尾吻鳗的食物组成

根据分析发现前肛鳗、星康吉鳗和黑尾吻鳗的食谱较广，食物种类均有 30～40 种。它们的食物组成如下：

（1）前肛鳗。属鳗鲡目，前肛鳗科，分布于东、南海。主要摄食口虾蛄，其次是长尾类（*IRI*=343.71）和短尾类（*IRI*=262.58），共 20 余种，以双斑蟳和中华管鞭虾为最多（表 2）。

表 2 前肛鳗的食物组成

Table 2 The food species of *Dysomma anguillaris*

食物种类 food species	W%	N%	F%	IRI
头足类卵子 Cephalopode (egg)	0.14	11.72	1.35	16.03
海仙人掌幼体 Casemularia (larva)	0.01	4.14	0.68	2.80
拟钩虾 *Gammaropsis* sp.	0.01	2.07	0.68	1.40
海毛虫 *Aphrodita australis*	0.11	0.69	0.68	0.54
吻沙蚕 *Glycera* sp.	0.13	2.76	2.03	5.85
齿吻沙蚕 *Nephthys* sp.	0.01	0.69	0.68	0.47
曼氏无针乌贼 *Sepiella maindroni*	1.16	0.69	0.68	1.25
长尾类 Macrura	0.22	2.76	0.68	2.01
赤虾 *Metapenaeopsis* sp.	1.04	4.14	4.05	20.99
米虾 *Caridina* sp.	1.37	0.69	0.68	1.39
鼓虾 *Alpheus* sp.	0.01	0.69	0.68	0.47
鲜明鼓虾 *Alpheus distinaguendus*	0.42	1.38	1.35	2.43
日本鼓虾 *Alpheus japonicus*	1.03	4.83	4.05	23.74
中华管鞭虾 *Solenocera sinensis*	33.23	6.90	6.76	271.12
脊腹褐虾 *Crangon crangon*	0.37	1.38	1.35	2.37
哈氏仿对虾 *Parapenaeopsis hardwickii*	1.66	2.07	2.03	7.55
蝼蛄虾 *Upogebia* sp.	1.82	0.69	0.68	1.69
七腕虾 *Heptacarpus* sp.	0.04	0.69	0.68	0.49
长臂虾 *Palaemon* sp.	0.03	1.38	0.68	0.95
细螯虾 *Leptochela gracilis*	0.06	4.14	2.03	8.51
短尾类 Brachyura	1.08	2.76	2.03	7.78
扇蟹 *Xantho* sp.	0.17	0.69	0.68	0.58
黄道蟹 *Cancer* sp.	0.07	0.69	0.68	0.52
三疣梭子蟹 *Portunus trituberculatus*	0.94	0.69	0.68	1.10
双斑蟳 *Charybdis bimaculata*	9.56	12.41	10.81	237.60
蟳 *Charybdis* sp.	0.41	1.38	1.35	2.41
隆背蟹 *Carcinoplax* sp.	2.73	1.38	1.35	5.55
泥脚隆背蟹 *Carcinoplax vestitus*	0.46	0.69	0.68	0.78
隆线强蟹 *Eucrate crenata*	1.32	1.38	1.35	3.64
麦克长眼柄蟹 *Ommatocarcinus macgillivrayi*	0.29	0.69	0.68	0.66
长手隆背蟹 *Carcinoplax longimanus*	0.24	0.69	0.68	0.63
黎明蟹 *Matuta* sp.	0.40	0.69	0.68	0.74
强蟹 *Eucrate* sp.	0.18	0.69	0.68	0.59
虾蛄 *Squilla* sp.	2.45	1.38	1.35	5.17

（续）

食物种类 food species	*W*%	*N*%	*F*%	*IRI*
口虾蛄 *Squilla oratoria*	36.42	17.24	16.89	906.42
鳀（幼鱼）*Engraulis japonica*（young）	0.10	0.69	0.68	0.53
其他鱼类 other fishes	0.36	1.38	0.68	1.17

（2）星康吉鳗。属鳗鲡目，康吉鳗科，分布于黄、渤、东海。主要摄食鱼类（*IRI*=1 551.23），其中以鳀为最多；其次是长尾类（*IRI*=635.4），其中以脊腹褐虾为最多（表3）。

表3 星康吉鳗的食物组成

Table 3 The food species of *Astroconger myriaster*

食物组成 food species	*W*%	*N*%	*F*%	*IRI*
多毛类 Polychaeta	0.10	0.92	0.85	0.87
海毛虫 *Aphrodita uustralis*	0.53	0.92	0.85	1.24
曼氏无针乌贼 *Sepiella maindroni*	2.63	0.92	0.85	3.04
日本枪乌贼 *Loligo japonica*	0.33	0.92	0.85	1.07
双喙耳乌贼 *Sepiola birostrata*	0.56	1.84	1.71	4.09
短蛸 *Octopus ochellatus*	1.77	0.92	0.85	2.29
中华安乐虾 *Eualus sinensis*	0.25	4.59	1.71	8.26
赤虾 *Metapenaeopsis* sp.	0.06	0.92	0.85	0.84
日本鼓虾 *Alpheus japonicus*	3.84	6.42	4.27	43.85
褐虾 *Crangon* sp.	0.06	0.92	0.85	0.84
脊腹褐虾 *Crangon crangon*	10.77	23.85	16.24	562.22
七腕虾 *Heptacarpus* sp.	0.70	0.92	0.85	1.38
长臂虾 *Palaemon* sp.	1.02	0.92	0.85	1.65
细螯虾 *Leptochela gracilis*	0.06	0.92	0.85	0.84
海蜇虾 *Latreutes anoplonyx*	0.03	1.83	1.71	3.18
疣背宽额虾 *Latreutes planirostris*	0.03	2.75	1.71	4.76
伍氏蝼蛄虾 *Upogebia wuhsienweni*	1.86	1.84	1.71	6.32
大蝼蛄虾 *Upogebia major*	0.56	0.92	0.85	1.26
短尾类 Brachyura	0.27	0.92	0.85	1.02
隆背蟹 *Carcinoplax* sp.	0.06	0.92	0.85	0.84
双斑蟳 *Charybdis bimaculata*	0.09	0.92	0.85	0.86
蟳 *Charybdis* sp.	0.59	1.83	1.71	4.15
长手隆背蟹 *Carcinoplax longimanus*	0.04	0.92	0.85	0.82
隆线强蟹 *Eucrate crenata*	0.33	0.92	0.85	1.07
强蟹 *Tritodynamia* sp.	0.09	0.92	0.85	0.86
大寄居蟹 *Pagurus ochotensis*	0.20	0.92	0.85	0.96

（续）

食物组成 food species	W%	N%	F%	IRI
口虾蛄 *Squilla oratoria*	4.89	1.83	1.71	11.50
线鳚（幼鱼）*Ernogrammus* sp.（young）	0.23	0.92	0.85	0.98
六线鱼（幼鱼）*Hexagrammos* sp.（young）	4.17	0.92	0.85	4.35
鳀 *Engraulis japonica*	58.52	26.61	17.95	1 527.90
七星鱼 *Myctophum pterotum*	0.39	1.83	1.71	3.80
栉孔虾虎鱼 *Ctenotrypauchen* sp.	0.55	1.83	0.85	2.04
虾虎鱼 Gobiidae	2.48	2.75	1.71	8.94
蓑鲉 *eterios* sp.	1.11	0.92	0.85	1.73
龙头鱼 *Harpodon nehereus*	0.83	0.92	0.85	1.49

（3）黑尾吻鳗。属鳗鲡目，康吉鳗科，分布于东、南海。摄食种类广泛，多达10大类40余种，每种食物的出现频率均匀，这表明它对食物的选择性不强。其中以鱼类为最重要（*IRI*=194.31），但各种饵料鱼种的 *IRI* 值相差不大，说明它并没有主要的摄食对象（表4）。另外还发现食物中有自身幼体，可见黑尾吻鳗也是同种残食的鱼类之一。

表4 黑尾吻鳗的食物组成

Table 4 The food species of *Rhynchocymba ectenura*

食物组成 food species	W%	N%	F%	IRI
博氏双眼钩虾 *Ampelisca bocki*	0.18	3.57	2.50	9.37
双眼钩虾 *Ampelisca diadema*	0.05	5.95	2.50	15.02
拟钩虾 *Gammaropsis* sp.	0.17	3.57	1.25	4.68
麦秆虫 *Caprella kroyeyi*	0.61	3.57	1.25	5.23
等足类幼体 Isopoda larva	0.07	1.19	1.25	1.57
驼背涟虫 *Campylaspis* sp.	0.10	2.38	1.25	3.11
多毛类 Polychaeta	0.93	4.76	3.75	21.35
齿吻沙蚕 *Nephthys* sp.	0.42	1.19	1.25	2.02
吻沙蚕 *Glycera* sp.	1.51	3.57	3.75	19.06
索沙蚕 *Lumbrincreis* sp.	1.81	3.57	2.50	13.45
奇异指纹蛤 *Acila mirabilis*	0.39	1.19	1.25	1.98
日本枪乌贼 *Loligo japonica*	2.90	1.19	1.25	5.11
对虾类 Penaeidae	2.49	1.19	1.25	4.60
细巧拟对虾 *Parapenaeopsis tenellus*	3.22	4.76	2.50	19.95
哈氏美人虾 *Callianassa harmandi*	0.16	1.19	1.25	1.69
鼓虾 *Alpheus* sp.	0.15	1.19	1.25	1.68
日本鼓虾 *Alpheus japonicus*	0.49	1.19	1.25	2.10

（续）

食物组成 food species	W%	N%	F%	IRI
短脊鼓虾 *Alpheus brevicristatus*	0.52	1.19	1.25	2.13
高脊赤虾 *Metapenaepsis lamellate*	8.79	4.76	1.25	16.94
细螯虾 *Leptochela gracilis*	0.70	3.57	3.75	16.03
蛄虾属 *Cambaroides* sp.	0.16	1.19	1.25	1.69
海蜇虾 *Latreutes anoplonyx*	0.19	2.38	2.50	6.43
镰虾 *Glyphocrangon* sp.	0.16	1.19	1.25	1.69
短尾类 Brachyura	1.33	1.19	1.25	3.16
蟳 *Charybdis* sp.	5.65	4.76	5.00	52.04
隆线强蟹 *Eucrate crenata*	1.01	1.19	1.25	2.75
二齿琵琶蟹 *Lyreidus tridentatus*	0.33	1.19	1.25	1.90
麦克长眼柄蟹 *Ommatocarcinus macgilliurayi*	0.98	3.57	3.75	17.07
寄居蟹 *Pagurus* sp.	0.08	1.19	1.25	1.59
海绵寄居蟹 *Pagurus pectinatus*	0.07	1.19	1.25	1.58
海参 Holothuroidea	2.69	1.19	1.25	4.85
黑尾吻鳗（幼鱼）*Rhynchocymba ectenura*（young）	14.11	2.38	2.50	41.21
黄斑低线鱼（幼鱼）*Chrionema chryseres*（young）	0.83	1.19	1.25	2.52
尖尾鳗（幼鱼）*Uroconger lepturus*（young）	2.59	3.57	3.75	23.09
鳄鲬（幼鱼）*Cociella cocodjla*（young）	0.48	1.19	1.25	2.09
（幼）带鱼 *Trichiurus haumela*（young）	2.06	3.57	2.50	14.07
棱鳀（幼鱼）*Thrissa* sp.（young）	0.55	1.19	1.25	2.17
鮟鱇（幼鱼）Lophiidae（young）	5.25	2.38	1.25	9.54
麦氏犀鳕 *Bregmaceras macclellandii*	8.33	1.19	1.25	11.90
鳄齿鱼 *Champsodon capensis*	0.64	1.19	1.25	2.29
发光鲷 *Acropoma japonicum*	12.40	2.38	2.50	36.95
尖牙鲷 *Synagrops argyrea*	14.51	2.38	2.50	42.22
七星鱼 *Myctophum pterotum*	1.00	1.19	1.25	2.74
其他鱼类 other fishes	1.63	1.19	1.25	3.52

2.2 银色突吻鳗、奇鳗和食蟹豆齿鳗的食物组成

尽管银色突吻鳗、奇鳗和食蟹豆齿鳗的消化道的样品数较少且摄食率均在50%以下，但由于鳗较为特殊的分布特征和生态习性（穴居或潜伏于泥沙中）[2,3]，较难捕获，对其食性的研究较少，希望能通过本研究为全面考察鳗的食物组成提供参考。

（1）银色突吻鳗。鳗鲡目，康吉鳗科，分布于东、南海。主要摄食长尾类（*IRI*=781.78），其中以细螯虾和脊腹褐虾为最多；其次是鱼类（*IRI*=208.95）和短尾类（*IRI*=140.76）（表5）。

（2）奇鳗。鳗鲡目，康吉鳗科，分布于东海。主要摄食鱼类（*IRI*=837.06），也摄食少量的多毛类和磷虾（表6）。

（3）食蟹豆齿鳗。鳗鲡目，蛇鳗科，分布于东、南海。食物中包括多毛类、长尾类、头足类和鱼类（表7）。

表5　银色突吻鳗的食物组成

Table 5　The food species of *Rhynchocymba nystromi*

食物组成 food species	*W*%	*N*%	*F*%	*IRI*
太平洋磷虾 *Euphausia pacifica*	1.31	9.52	2.50	27.08
细螯虾 *Leptochela gracilis*	7.82	19.05	10	268.70
脊腹褐虾 *Crangon crangon*	29.29	19.05	10	483.40
白虾 *Paluemon* sp.	1.80	4.76	2.50	16.40
宽额虾 *Latreutes* sp.	0.55	4.76	2.50	13.28
短尾类 Brachyura	1.79	4.76	2.50	16.38
蟳 *Charybdis* sp.	2.96	4.76	2.50	19.30
双斑蟳 *Charybdis bimaculata*	5.07	9.52	5.00	72.95
长手隆背蟹 *Carcinoplax longimanus*	8.09	4.76	2.50	32.13
发光鲷 *Acropoma japonicum*	14.50	4.76	2.50	48.15
鳄齿鱼 *Champsodon capensis*	13.71	9.52	5.00	116.15
鲬（幼鱼）*Platycephalus indicua*（young）	13.10	4.76	2.50	44.65

表6　奇鳗的食物组成

Table 6　The food species of *Alloconger anagoides*

食物组成 food species	*W*%	*N*%	*F*%	*IRI*
海毛虫 *Aphrodita australis*	1.24	6.25	2.63	19.72
磷虾 *Euphausiacea*	0.35	6.25	2.63	17.37
细条天竺鲷 *Apogonichthys lineatus*	12.55	12.50	5.26	131.85
鳄齿鱼 *Champsodon capensis*	7.70	12.50	5.26	106.31
发光鲷 *Acropoma japonicum*	3.07	6.25	2.63	24.54
犀鳕 *Bregmaceros* sp.	12.21	31.25	7.89	343.14
褐鳕 *Physiculus* sp.	2.09	6.25	2.63	21.94
绿鳍鱼 *Chelidonichthys kumu*	9.00	6.25	2.63	40.12
条尾绯鲤 *Upeneus bensasi*	10.26	6.25	2.63	43.44
多棘腔吻鳕 *Coelorhynchus multispinulosus*	41.52	6.25	2.63	125.72

表 7 食蟹豆齿鳗的食物组成

Table 7 The food species of *Pisoodonophis cancrivorus*

食物组成 food species	W%	N%	F%	IRI
多毛类 Polychaeta	10.92	25	5.88	211.27
对虾类 Penaeidae	55.32	25	5.88	472.47
日本枪乌贼 *Loligo japonica*	21.77	25	5.88	275.13
鳄齿鱼 *Champsodon capensis*	11.98	25	5.88	217.51

3 讨论

3.1 东、黄海 6 种鳗的食性类型和生态属性

在以往的鱼类食性研究中，研究者常用饵料生物的生态类群的出现频率百分比组成来划分鱼类的食性类型，但并没有给出一定的划分标准[4,5]。采用一般多数的原则，在本研究中以出现频率百分比组成的 60%为标准，即饵料的出现频率百分比组成超过 60%的即为主要的摄食对象。根据 6 种鳗饵料生物（表 2 至表 7）的生态类群的出现频率百分比组成（表 8），发现它们分属三种食性类型：前肛鳗、黑尾吻鳗和银色突吻鳗以底栖生物为主要食物（占 70%～95%），属底栖生物食性；奇鳗摄食的鱼类和头足类达 86%，属游泳动物食性；星康吉鳗和食蟹豆齿鳗以底栖生物和游泳动物为主，属底栖生物和游泳动物食性。

表 8 6 种鳗食物的生态类群（出现频率百分比组成）（%）

Table 8 Ecological groups of the food items of 6 species of eels

鱼种名 species	浮游生物 plankton	底栖生物 benthon	游泳动物 nekton	
			中、上层	底层
前肛鳗 *Dysomma anguillaris*	1.81	95.45	0.91	1.83
星康吉鳗 *Astroconger myriaster*	—	59.29	26.78	13.93
黑尾吻鳗 *Rhynchocymba ectenura*	—	69.70	4.55	25.75
银色突吻鳗 *Rhynchocymba nystromi*	5	75	—	20
奇鳗 *Alloconger anagoides*	7.14	7.14	—	85.72
食蟹豆齿鳗 *Pisoodonophis cancrivorus*	—	50	—	50

注：食物组成中的头足类均为底层游泳动物。

Notes: Cephlopoda of this thesis all are bottom nekton.

为了进一步了解这 6 种鳗的生态属性，将游泳动物又划分成中、上层和底层游泳动物（表 8），6 种鳗除星康吉鳗以外，其余均主要摄食底层游泳动物，它们所摄食的底层生物（底栖生物+底层游泳动物）均达到 90%以上，是典型的底层鱼类。星康吉鳗虽然摄食较多的中、上层游泳动物（占出现频率百分比组成的 26.78%），但它所摄食的底层生物达 73.22%，也应属于底层鱼类。由此可见，6 种鳗的生态属性均为底层鱼类。

用食物组成的重叠系数来考察摄食率在 50%以上的前肛鳗、星康吉鳗和黑尾吻鳗这 3 种鳗的食物竞争情况，结果表明：前肛鳗、星康吉鳗和黑尾吻鳗的食物组成的重叠系数分别

为0.25和0.298；星康吉鳗与黑尾吻鳗的食物组成的重叠系数为0.28，这说明它们之间不存在食物竞争。尽管这3种鳗均为底层鱼类且食性类型也接近，它们之间食物竞争被削弱的主要原因是：①它们的食谱较广（表2至表4），减弱了对同一种食物的竞争；同时由于它们的食物组成中的重要种类，如双斑蟳、细螯虾、中华管鞭虾、脊腹褐虾和鳀等。另外，数量多，分布广，也保证了它们的食物来源；②黑尾吻鳗对食物的选择性不强也减少了对同一种食物的争夺；③尽管星康吉鳗和黑尾吻鳗主要摄食鱼类，但前者以上层鱼为主（占鱼类重量百分比组成的85.71%），后者以底层鱼为主（占鱼类重量百分比组成的97.59%），这也减少了它们之间的食物竞争。由此可见，分类地位相近的种类通过各种方式使食物竞争得到缓和，这有利于其生物资源的稳定。

3.2　食性研究中的分析方法以及消化道的保存方法

在食性研究中，也有用饵料生物的重量分比来进行分析的[6]。尽管从营养的角度来讲，食物的重量百分比更有意义，但在食性分析中，要获得食物的真实重量难度较大，因此研究中多用的是食物的实际重量[4,5]。有的研究者试图用食物的更正重量[6]来逼近其真实重量，但由于食物在胃内是处于消化状态的，被消化的程度差异很大，在胃内能保持完整的生物个体极少，将所有的食物残余肢体都换算成个体的更正重量也是相当困难的。饵料生物的出现频率较易获得，但由于饵料生物的个体大小差异较大，出现频率也很难全面地反映每种饵料生物的重要性。Yves等[7]认为出现频率和食物重量是两个互补的测量方法，前者最能反映食物的多样性，后者则反映了每一种食物的相对贡献。由于文中所用的重量是食物的实际重量，因此选用出现频率来分析6种鳗的生态类群。如果将文中的饵料生物的生态类群用重量百分比来表示（表9），同样以重量百分比的60%为标准，摄食超过食物重量的60%即为主要的摄食对象，就会得出不同的结论：前肛鳗和食蟹豆齿鳗是底栖生物食性；星康吉鳗、黑尾吻鳗和奇鳗是游泳动物食性；银色突吻鳗底栖和游泳动物食性。它们的生态属性除星康吉鳗以外其余5种鳗都是底层鱼类。由此可见，用不同的方法进行食性分析得出的结论有很大的差异。由于鱼类与饵料的关系非常复杂，食性研究中所用的重量百分比、尾数百分比、出现频率以及IRI等指标都有一定程度的局限性，因此选择一个更好且更易操作的指标是目前进行鱼类食性以及食物网研究迫切需要解决的问题。故认为食物的能量百分比能克服这些指标的局限性，更真实地反映每种饵料在食物组成中的作用，但由于缺乏历史工作的积累，尽管测定了黄渤海部分水生动物的能值[8]，要想在实际研究中广泛应用这一指标还需要大量基础数据的收集工作的进一步深入开展。

表9　6种鳗食物的生态类群（重量百分比，%）

Table 9　Ecological groups of the food items of 6 species of eels

鱼种名 species	浮游生物 plankton	底栖生物 benthon	游泳动物 nekton	
			中、上层	底层
前肛鳗 *Dysomma anguillaris*	0.14	98.24	0.10	1.52
星康吉鳗 *Astroconger myriaster*	—	26.43	58.91	14.66
黑尾吻鳗 *Rhynchocymba ectenura*	—	35.62	1.55	62.83
银色突吻鳗 *Rhynchocymba nystromi*	1.31	57.38	—	41.31

（续）

鱼种名 species	浮游生物 plankton	底栖生物 benthon	游泳动物 nekton	
			中、上层	底层
奇鳗 *Alloconger anagoides*	0.35	1.24	—	98.41
食蟹豆齿鳗 *Pisoodonophis cancrivorus*	—	66.24	—	33.76

注：食物组成中的头足类均为底层游泳动物。

Notes: Cephlopoda of this thesis all are bottom nekton.

在以往的食性分析的研究中，常用的方法是用10%福尔马林处理和保存样品[7,9]。样品进行分析前，一般先将消化道放入淡水浸泡数小时后，再分析称重。本研究在样品的处理上进行了改进，用速冻的方法来保存消化道。使用这种方法的优点有：①样品在解冻的过程中即可进行分析，快捷方便，同时还因不接触药品而减少对分析者的损害；②在定性方面，用速冻法保存的样品更新鲜，易于分析，准确性更高；③在定量方面，速冻法避免了样品因水分丢失而引起的失重，称量更准确。

参考文献

[1] Eric R P. The structure of lizard communities [J]. Annual Review of Ecology and Systematics, 1973, (4): 53-74.

[2] Wang Y K. Fish taxonomy [M]. Beijing: Sciences Hygiene Press, 1958: 217-224. [王以康，鱼类分类学 [M]. 北京：科学卫生出版社，1958，217-224.]

[3] Meng Q W, Su J X, Miu X Z. Fish taxonomy [M]. Beijing: China Agricultural Press. 1995. 130-143. [孟庆闻，苏锦祥，缪学祖，鱼类分类学 [M]. 北京：中国农业出版社，1995. 130-143.]

[4] Zhang Q Y, Lin Q M, Lin Y T, et al. Food web of fishes in Minnan-Taiwanchientan fishing ground [J]. Acta Oceanol Sin, 1981, 3 (2): 275-290. [张其永，林秋眠，林尤通，等. 闽南—台湾浅滩渔场鱼类食物网研究 [J]. 海洋学报，1981，3 (2)：275-290.]

[5] Wei S, Jiang W M. Study on food web of fishes in the Yellow Sea [J]. Oceanol et Limnol Sin, 1992, 23 (2): 182-192. [韦晟，姜卫民. 黄海鱼类食物网的研究. [J]. 海洋与湖沼，1992，23 (2)：182-192.]

[6] Yang J M. A study on food and trophic levels of Bohai sea fish [J]. Modem Fisheries Information, 2001, 16 (10): 10-19. [杨纪明. 渤海鱼类的食性和营养级研究 [J]，现代渔业信息，2001，16 (10)：10-19.]

[7] Yves L, Rene G, Mireille H V. Temporal variations in the diet of the damselfish *Stegastes nigricans* (Lacepede) on a reunion fringing reef [J]. J Exp Mar Biol & Ecol, 1997, 217: 1-18.

[8] Zhang B, Tang Q S, Sun Y. et al. Determining energy value of part aquatic animal in Yellow Sea & Bohai Sea [J] Marine Fisheries Research, 1999, 20 (2): 101-102. [张波，唐启升，孙耀，等. 黄渤海部分水生动物的能值测定 [J]. 海洋水产研究，1999，20 (2)：101-102.]

[9] Jiang WM, Wei S, Sun J M. Feeding habits and seasonal variation of diet of *Cleithenes herzensteini* (Schmidt) [J]. Marine Fisheries Research, 1989, 10: 9-15. [姜卫民，韦晟，孙建明，黄海高眼鲽食性及摄食季节变化的研究 [J]. 海洋水产研究，1989，10：9-15.]

Feeding Habits of Six Species of Eels in East China Sea and Yellow Sea

ZHANG Bo, TANG Qisheng

(*Key Laboratory for Sustainable Utilization of Marine Fisheries Resource certificated by the Ministry of Agriculture, Yellow Sea Fisheries Research Institute, Chinese Academy of Fisheries Sciences, Qingdao 266071, China*)

Abstract: The food item were identified using percentage frequency of occurrence. By analysis of food composition, 6 species of eels in East China Sea and Yellow Sea are bottom fishes and belong to 3 types of food habit: *Dysomma anguillaris*, *Rhynchocymba ectenura* and *Rhynchocymba nystromi* are benthophagous fishes; *Astroconger myriaste* and *Pisoodonophis cancrivorus* are benthophagous-nektivorous fishes; *Alloconger anagoides* is nektivorous fish. The results suggested that there is not food competition between *Dysomma anguillaris*, *Rhynchocymba ectenura* and *Astroconger myriaste*. It is suggested that percentage of energetic composition of diets be employed to analyze feeding habits. However, further collection of basic data is required.

Key words: *Dysomma anguillaris*; *Astroconger myriaster*; *Rhynchocymba ectenura*; *Rhynchocymba nystromi*; *Alloconger anagoides*; *Pisoodonophis cancrivorus*; Feeding habits; East China Sea; Yellow Sea

鲈鱼新陈代谢过程中的碳氮稳定同位素分馏作用①

蔡德陵[1,2]，张淑芳[3]，唐启升[4]，孙耀[4]

（1. 国家海洋局第一海洋研究所，青岛 266061；

2. 海洋沉积与环境地质国家海洋局重点实验室，青岛 266061；

3. 青岛海洋大学化学化工学院，青岛 266003；

4. 中国水产科学研究院黄海水产研究所，青岛 266071）

摘要：利用天然存在的碳氮稳定同位素作为示踪剂，研究了在受控条件下驯养的鲈鱼的新陈代谢过程中不同生态因子（水温、摄食水平、体重等）对鲈鱼体内不同组织的碳氮稳定同位素组成的影响，通过鲈鱼新陈代谢过程中的稳定同位素分馏作用，研究了在生态系统食物网中的物质与能量转换规律。

关键词：碳氮稳定同位素；鲈鱼；新陈代谢

海洋初级生产的能量通过食物链/网转化为各营养层次的生物生产力，而资源关键种和重要经济种的能量流动与转换起着重要作用。研究方法通常是采用室内模拟实验法和现场传统的胃含物法。现场胃含物法所测结果更接近于自然状况，但因实验操作性差等因素的限制，迄今采用该方法测得的海洋生物能量学参数尚很少[1-3]。况且，Whitedge 等[4]对 2 种淡水螯虾的研究证明，采用食性分析方法得出的结果是，在前消化道中食物的主要成分是碎屑（79%～88%），动物饵料只占 5%～11%。如果进行了消化吸收效率的校正，那么动物饵料的比例将增加 4～5 倍，达到 23%～42%，而碎屑则降为 44%～63%。经过校正后的食性分析结果与稳定同位素方法的结果相当一致。这说明，稳定同位素方法的结果可以客观地反映淡水螯虾的能量来源而无需进行任何校正。从原理上讲，碳氮稳定同位素的结果反映的是在相当长的一个生命阶段中捕食者摄取食物，经过新陈代谢消化吸收累积的结果[5]，许多学者已经认识到胃含物分析方法需要经过消化吸收的校正，否则，容易造成误解[6-7]。

鲈鱼（*Lateolabrax japonicus* Cuvice et Valenciennes）是东、黄海的重要经济鱼种之一。本文将通过鲈鱼在不同生态因子（水温、体重、摄食水平等）下驯养一定的时间后，比较鲈鱼各不同部位组织与饵料、粪便的碳氮稳定同位素组成，通过鲈鱼新陈代谢过程中的同位素分馏作用来研究其物质与能量的流动转换规律。

1 实验方法

1.1 材料来源与驯养

本研究所用的鲈鱼（*Lateolabrax japonicus* Cuvice et Valenciennes）采自青岛市沿岸海

① 本文原刊于《海洋科学进展》，21（3）：308-317，2003。

域。实验用鲈鱼经浓度为 2～4 mg/dm^3 的氯霉素溶液杀菌处理后，置于室内水池中进行预备性驯养，待摄食和生长趋于正常后，再将其置于试验水槽中，在实验温度条件下进行正式驯养，待其摄食和生长再一次趋于正常后，开始实验。一般预备性驯化时间为 15 d，正式驯化时间为 7 d。

1.2 实验方法

实验采用室内流水模拟法。实验海水经沉淀和过滤处理。实验水槽内流水速率的调节，以槽内水体中 DO、NH_4-N、pH 值和盐度等化学指标与自然海水无显著差别为准，一般每缸内流速为 6 m^3/d。实验中采用自然光照周期，经遮光处理后最大光强为 250 lx。实验在蓝色和白色圆形玻璃钢水槽中进行，每次实验设 12 个平行组，每组中实验个体数为 4 尾。生态因子的选择：水温依据本地区气温自然变化选用了 14～19 ℃和 7～10 ℃两个温度范围；摄食水平选用了 4 种：(A) 最大摄食［(6.3±1.0)%］；(B) 摄食平衡［(4.8±0.8)%］；(C) 相对饥饿［(3.0±0.6)%］；(D) 饥饿［(1.0±0.3)%］。括号内数值为每日投饵量占实验鱼初始体重的百分比。实验中所用饵料为玉筋鱼（*Ammodytes personatus*）。为了减少实验中饵料的流失量，玉筋鱼饵料加工成去头和内脏、大小适于实验鱼吞食的鱼段。实验中每天投喂饵料 2 次，每次投喂后，至下一次投喂前收集残饵和粪便。实验鲈鱼初始体重的范围为 56.8～705.6 g。

实验开始与结束前分别将鱼饥饿 2 d，称重。实验周期依据鱼的实际生长量设定为 15～22 d。收集鲈鱼、粪便和饵料样品，70 ℃下烘干、粉碎。

1.3 碳氮稳定同位素分析

条件试验表明，生物样品无需进行酸化除无机碳处理，因此，粉碎后的样品直接与氧化铜和铜及催化剂 Ag 一起装到石英管中，抽真空后（样品管内真空度$<10^{-3}$ Pa）熔融密封，密封好的石英管在马福炉内 800 ℃下反应 2 h，冷却后在样品处理系统中进行纯化分离，纯化后得到的二氧化碳和氮气分别送 MAT-251 质谱仪测量碳氮稳定同位素组成。碳氮稳定同位素组成以国际通用的 δ 值表示，其定义为：

$$\delta\ (‰)=(R_{样品}-R_{标准})/R_{标准}\times 1\ 000$$

式中，R 代表所测得的同位素比值，对碳同位素是$^{13}C/^{12}C$，对氮同位素是$^{15}N/^{14}N$。国际通用的标准物质对碳同位素是美国南卡罗来纳州 PeeDee 建造中白垩系的拟箭石（PDB），对氮同位素是大气氮[8]。我们实验室使用钢瓶 CO_2 和高纯钢瓶 N_2 作为工作标准气体，用 NBS-19 国际标准物质、TTB-1 国内标准和大气氮分别对实验室工作气体进行了标定。钢瓶 CO_2 相对于 PDB 标准的 $\delta^{13}C$ 值为（−2.75±0.04)‰（n=29)，该气体由中科院黄土与第四纪地质国家重点实验室测量的结果为−2.74‰，两者符合得很好。钢瓶 N_2 相对于大气氮的$\delta^{15}N$平均值为（−2.04±0.09)‰（n=14)。碳氮同位素的实验室标准分别选用了上海碳素厂生产的光谱纯石墨电极和上海康达氨基酸厂生产的 DL-α 丙氨酸生化试剂，其丙氨酸含量>99.0%。前者的 $\delta^{13}C$ 值为（−27.91±0.09)‰（n=8)，同一样品中科院黄土与第四纪地质国家重点实验室测量的结果为（−27.95±0.09)‰（n=38)，两者非常一致；后者 $\delta^{13}C$ 的平均值为（−29.75±0.06)‰，$\delta^{15}N$ 平均值为（2.24±0.11)‰（n=12)。这些实验室标准多次测量的标准误差可以被认为是本实验室样品同位素测量的精度，即对碳同位素是±0.06‰～±0.09‰，而对氮同位素则为±0.11%。

2 结果

2.1 饵料的稳定同位素值

实验所用的饵料均为市售玉筋鱼（*Ammodytes personatus*）。实验测定表明，在 2 个水温条件下所喂的 2 批玉筋鱼的碳氮同位素数值略有差异，在 14～19 ℃所用饵料玉筋鱼的 $\delta^{13}C$的平均值为－22.17‰，$\delta^{15}N$ 平均值为 9.55‰；而在 7～10 ℃时的对应值分别为－21.99‰和 10.32‰。二者的 $\delta^{13}C$ 值比较接近，而 $\delta^{15}N$ 值有 0.77‰的差别。

2.2 喂养后鲈鱼的稳定同位素值

在 14～19 ℃下用玉筋鱼经过 15 d 喂养后，鲈鱼鱼肉的 $\delta^{13}C$ 值的数值范围为－19.21‰～－21.13‰，平均值为（－20.23±0.48）‰（n＝22）；而 $\delta^{15}N$ 值的范围为 11.30‰～13.30‰，平均值为（12.09±0.54）‰（n＝24），见表 1。与其对应地是，在 7～10 ℃下经过 22 d 喂养后，鲈鱼鱼肉的 $\delta^{13}C$ 值的数值范围为－18.88‰～－20.01‰，平均值为（－19.69±0.45）‰（n＝11），而 $\delta^{15}N$ 值的范围为 11.03‰～13.42‰，平均值为（12.46±0.68）‰（n＝12），见表 2。

表 1 水温 14～19 ℃下鲈鱼的体重参数及脊肉的稳定碳氮同位素组成

Table 1 The avoirdupois, $\delta^{13}C$ and $\delta^{15}N$ of dorsal muscle of weever (*Lateolabrax japonicus*) at water temperature of 14～19 ℃

编号	初重/g	末重/g	增重/g	$\delta^{13}C$/‰	$\delta^{15}N$/‰
A2	523.9	519.1	－4.8	－19.67	13.30
A3	464	589.9	125.9	－19.31	13.11
A7	118.6	128	9.4	－20.48	11.78
A8	158.9	178.5	19.6	－20.44	11.57
A10	87.1	89.4	2.3	－20.34	11.69
A12	61.2	77.4	16.2	－20.14	12.14
B1	608.8	631.7	22.9	－19.80	12.59
B3	380.4	402.1	21.7	－19.21	12.75
B6	159.9	174.8	14.9	－20.45	11.68
B7	147.1	154.5	7.4	－20.29	11.84
B8	72.9	79.6	6.7	－20.80	11.30
B10	110.4	119.8	9.4	－21.03	11.81
C1	563.4	597	33.6	－20.06	12.79
C3	376.8	389.9	13.1	－19.90	12.76
C6	203.1	213.2	10.1	－19.99	12.06

（续）

编号	初重/g	末重/g	增重/g	$\delta^{13}C$/‰	$\delta^{15}N$/‰
C7	118.6	123.4	4.8	−21.13	11.97
C8	121.7	113.9	−7.8	−20.44	11.92
C10	127.5	133.7	6.2	−20.33	11.92
D1	512.4	518.8	6.4	−19.98	12.07
D3	424.4	432.7	8.3		12.24
D6	157.7	152.6	−5.1	−20.44	11.54
D7	122.4	124.1	1.7	−20.68	11.30
D8	100.6	95.2	−5.4	−20.09	12.12
D10	92.7	91	−1.7		11.94

表 2　水温 7～10 ℃下鲈鱼的体重参数及脊肉的稳定碳氮同位素组成

Table 2　The avoirdupois, $\delta^{13}C$ and $\delta^{15}N$ of dorsal muscle of weever (*Lateolabrax japonicus*) at water temperature of 7～10 ℃

编号	初重/g	末重/ g	增重/ g	$\delta^{13}C$/‰	$\delta^{15}N$/‰
A3	498.4	524.3	25.9	−19.41	12.32
A12	77.3	84.7	7.4	−19.95	13.00
B1	547.2	568	20.8	−19.39	12.53
B3	450.8	464.6	13.8	−19.45	13.23
B4	370.9	395.1	24.2	−18.88	12.33
B11	92.3	101.3	9	−19.98	12.10
B12	74.7	79.7	5	−19.46	12.26
C1	536.9	564.7	27.8	−19.62	13.28
C2	520.6	550.5	29.9		13.42
C6	195.4	197	1.6	−20.59	11.03
C11	86.2	91.5	5.3	−20.01	11.93
D3	417.5	430.4	12.9	−19.88	12.14

2.3　鲈鱼粪便的稳定同位素值

养殖实验过程中，每天 2 次用虹吸法收集每一尾鲈鱼的粪便并汇总，干燥后磨碎均匀，备用作同位素分析。在水温为 14～19 ℃和 7～10 ℃条件下粪便的碳氮稳定同位素数据见表 3 和表 4。表中增重权重 *CR* 定义为：

$$CR=[(末重-初重)/(初重\times驯养天数)]\times 1\,000$$

表 3 水温 14～19 ℃下鲈鱼的体重参数及粪便的稳定碳氮同位素组成

Table 3 The avoirdupois, $\delta^{13}C$ and $\delta^{15}N$ of excrement of weever at water temperature of 14～19 ℃

样品	初重/g	末重/g	增重/g	增重权重/d^{-1}	$\delta^{13}C$ /‰	$\delta^{15}N$/‰
A2	523.9	519.1	−4.8	−0.61	−18.58	5.35
A7	118.6	128	9.4	5.28	−21.84	5.64
A8	158.9	178.5	19.6	8.22	−22.24	5.34
A12	61.2	77.4	16.2	17.65	−24.07	5.37
B1	608.8	631.7	22.9	2.51	−19.98	4.68
B2	546.4	569.9	23.5	2.87	−20.42	4.68
B6	159.9	174.8	14.9	6.21	−22.40	5.30
C1	563.4	597	33.6	3.98	−19.92	6.67
C2	518.9	507.4	−11.5	−1.48		7.13
C3	376.8	389.9	13.1	2.32	−21.00	4.37
C5	319.7	324.2	4.5	0.94	−20.18	5.36
D2	448.8	461	12.2	1.81	−20.51	4.82
D4	349.5	347.6	−1.9	−0.36	−19.39	6.01
D5	387.5	396.7	9.2	1.58	−18.69	6.30
D7	122.4	124.1	1.7	0.93		4.93
D8	100.6	95.2	−5.4	−3.58	−18.68	4.81

表 4 水温 7～10 ℃下鲈鱼的体重参数及粪便的稳定碳氮同位素组成

Table 4 The avoirdupois, $\delta^{13}C$ and $\delta^{15}N$ of excrement of weever at water temperature of 7～10 ℃

样品	初重/g	末重/g	增重/g	增重权重/d^{-1}	$\delta^{13}C$ /‰	$\delta^{15}N$/‰
A1	604.3	624.7	20.4	1.53	−22.83	9.52
A3	498.4	524.3	25.9	2.36	−21.78	6.29
A12	77.3	84.7	7.4	4.35	−24.99	7.25
B1	547.2	568	20.8	1.73	−21.46	8.12
B3	450.8	464.6	13.8	1.39	−21.74	7.09
B11	92.3	101.3	9	4.43	−24.06	6.95
C2	520.6	550.5	29.9	2.61	−22.57	7.26
D12	60.5	62.1	1.6	1.20	−23.41	5.28

从表 3 和表 4 的数据可以看出，室内养殖鲈鱼粪便的碳氮同位素值的变化范围较大，在 14～19 ℃时 $\delta^{13}C$ 的范围为−18.58‰～−24.07‰，$\delta^{15}N$ 的范围为 4.37‰～7.13‰，最大差值分别为 5.49‰和 2.76‰；而在 7～10 ℃时 $\delta^{13}C$ 的范围为−21.34‰～−24.99‰，$\delta^{15}N$ 的范围为 5.28‰～9.52‰，最大差值也分别为 3.65‰和 4.24‰。

2.4 鲈鱼体不同组织的碳氮稳定同位素组成

由表5和表6数据可以看出，碳同位素平均值由小到大依次为：肝、粪便、肠、血、脊肉、皮、鳃盖骨和鳞；氮同位素平均值由小到大依次为：粪便、鳃盖骨、皮、肠、肝、血、鳞和脊肉。在两种不同的水温下，这一趋势基本上是相同的。

表5 水温14～19 ℃下鲈鱼体不同组织的稳定碳氮同位素值

Table 5 Stable carbon and nitrogen isotope values in different tissues of weever at water temperature of 14～19 ℃

组 织	δ^{13}C值范围及平均值/‰	δ^{15}N值范围及平均值/‰
脊肉	−19.21～−21.13，−20.23±0.48（22）	11.30～13.30，12.09±0.54（24）
粪便	−18.58～−24.07，−20.56±1.61（14）	4.37～7.13，5.42±0.77（21）
肝	−22.09～−24.90，−23.79±1.32（6）	9.09～13.35，10.93±1.39（10）

注：括号内的数字为样品数。

表6 水温7～10 ℃下鲈鱼体不同组织的稳定碳氮同位素值

Table 6 Stable carbon and nitrogen isotope value in different tissues of weever at water temperature of 7～10 ℃

组 织	δ^{13}C值范围及平均值/‰	δ^{15}N值范围及平均值/ ‰
脊肉	−18.88～−20.59，−19.69±0.45（11）	11.03 ～13.42，12.46±0.68（14）
粪便	−21.34～−24.99，−22.69 ±1.26（9）	6.28～9.52，7.25 ±1.17（10）
肝	−20.58～−24.63，−22.99 ±1.48（8）	9.19 ～13.87，11.75 ±1.42（10）
血	−20.16～−20.92，−20.58 ±0.23（9）	11.80～12.28，12.07 ±0.19（8）
鳃盖骨	−18.73～−19.42，−19.08 ±0.49（2）	9.68～10.15，9.92 ±0.33（2）
皮	−17.38～−21.00，−19.40 ±1.49（4）	9.09 ～11.23，10.39±0.84（5）
肠	−21.85～−22.55，−22.20 ±0.49（2）	11.11～12.31，11.71 ±0.85（2）
鳞	−18.28（1）	12.11（1）

注：括号内的数字为样品数。

3 讨论

3.1 鲈鱼与饵料之间的碳氮稳定同位素差值

在14～19 ℃下鲈鱼与饵料的碳氮稳定同位素差值分别为1.94‰和2.54‰，而在7～10 ℃下差值分别为2.30‰和2.14‰。一般文献中一个营养级的碳氮稳定同位素富集度值对δ^{13}C值来说，在1.5‰左右[9-11]；而δ^{15}N值则为3.5‰左右[12,13]。比较发现，本文所取得的值，对碳同位素来说偏大，而氮同位素则偏小。之所以会产生这一偏差可能主要是驯养所用鲈鱼偏大而且驯养时间又偏短，从同位素平衡的角度看，对鲈鱼喂食所用的饵料总重量最少的仅为鲈鱼初始体重的15%，而最多的也才达到鲈鱼初始体重的138%，鲈鱼从驯养前在自然状态下摄食到驯养中改变为摄食单一的玉筋鱼饵料，实际上是强制性地改变了它的食性。

从食性分析的结果可以知道[3]，在自然条件下黄海鲈鱼摄食的饵料 60%是游泳动物，40%是底栖动物，它属于高级肉食性动物（由食性分析确定的营养级为 3.7），而玉筋鱼的饵料 100%是浮游动物，属低级肉食性动物（营养级为 2.3），所以，在自然条件下，两者的营养级差为 1.4，大于 1 个营养级，需要更长的时间周期才能达到新的同位素平衡，而我们实验的驯养周期仅为 15～22 d，有些偏短，使它还来不及与玉筋鱼饵料达到同位素平衡。由于在新的同位素平衡条件下所测得的同位素差值才是一个营养级的同位素富集度，因此，从严格意义上讲，本文所测得的鲈鱼与玉筋鱼之间的同位素差值还不能看作为一个营养级的同位素富集度。在 14～19 ℃下鲈鱼的生命活动比较 7～10 ℃下更活跃些，因此，同位素差值离一般文献值的偏差也小些。如果我们选用在 14～19 ℃，在 A，B 两种摄食条件下而初始体重在 118 g 以下的 5 个较小鲈鱼样品单独计算，那么鲈鱼与饵料鱼碳同位素差值的平均值为 1.61‰，就与文献值[10]基本一致了。

3.2 鲈鱼在不同生态因子下碳氮稳定同位素的变化规律

（1）不同摄食水平和体重对碳氮稳定同位素组成的影响。本次室内模拟养殖实验主要考察了 3 个生态因子：水温、体重、摄食水平。由图 1 和图 2 可以看到，无论在哪种摄食水平上，随着鲈鱼初始体重的增加，无论是氮同位素还是碳同位素都有同样的同位素值增加的趋势；所存在的区别是在 14～19 ℃下氮同位素的变化以最大摄食水平（A）时的斜率最大，而饥饿（D）情况下的斜率最小；碳同位素的情况也与氮同位素基本相似，只是平衡摄食水平（B）时的斜率要略超过最大摄食水平（A）时的斜率。影响鲈鱼碳氮稳定同位素值的因素主要有以下 4 个：一是鲈鱼的初始同位素值；二是饵料的稳定同位素值；三是一个营养级的稳定同位素富集度；四是驯养后鲈鱼与饵料达到同位素平衡的程度。一般而言，鲈鱼初始体重愈大，其初始碳氮同位素值也可能愈大，这表示体重大的鲈鱼所处的营养级一般也比较高。当然，也跟鲈鱼与其饵料之间是否达到稳定同位素平衡的程度有关。

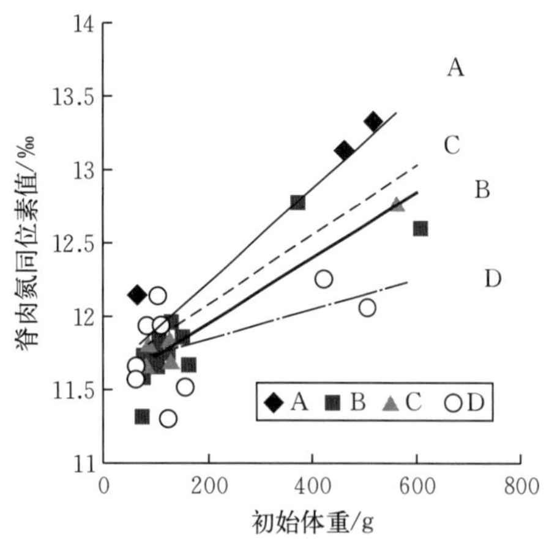

图 1　14～19 ℃下鲈鱼在不同摄食水平下体重与氮同位素值的关系

Figure 1　Relationship between avoirdupois of weever and $\delta^{15}N$ at different feeding levels at 14 to 19 ℃

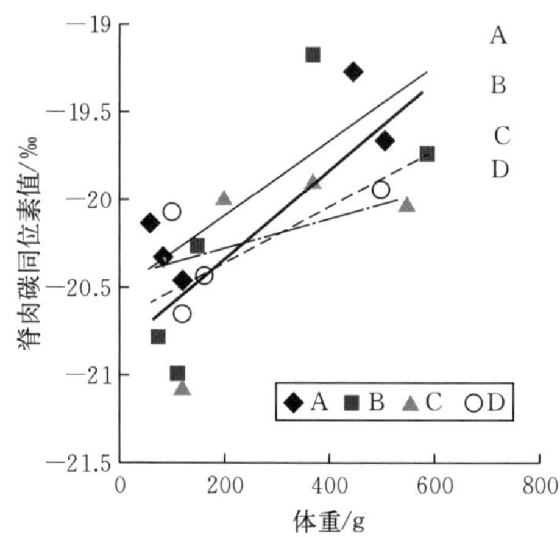

图 2　14～19 ℃下在不同生态因子下鲈鱼脊肉碳同位素值变化

Figure 2　Variations in $\delta^{13}C$ value of weever dorsal muscle for different ecological factors at 14 to 19 ℃

（2）不同水温对碳氮稳定同位素组成的影响。由图 3 和图 4 可知，7～10 ℃时的数据不够多，只有平衡摄食水平（B）和相对饥饿（C）两种情况可以画出线性相关线，但是也基本上可以看出 7～10 ℃时的情况与 14～19 ℃比较相似，也是随初始体重的增加，碳氮稳定同位素值呈增加的趋势。

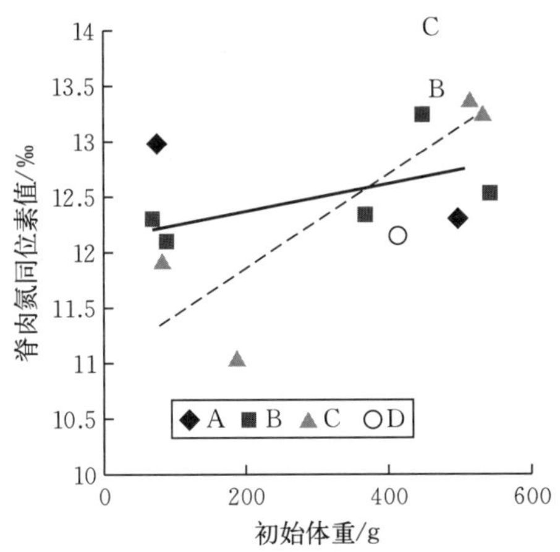

图 3 7～10 ℃下鲈鱼在不同生态因子下的氮同位素值

Figure 3 δ^{15}N values of weever for different ecological factors at 7 to 10 ℃

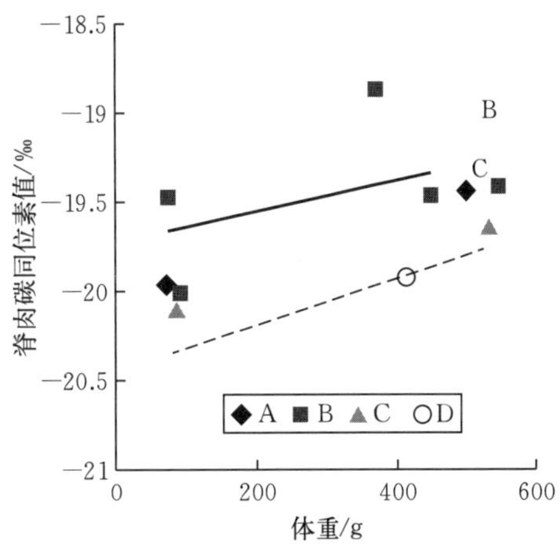

图 4 7～10 ℃下鲈鱼在不同生态因子下的碳同位素值变化

Figure 4 Variations in δ^{13} value of weever dorsal muscle for different ecological factors at 7 to 10 ℃

3.3 鲈鱼新陈代谢过程的碳氮稳定同位素分馏作用

鱼类的主要营养成分是蛋白质、脂肪、糖、维生素及无机盐等，机体营养过程包括了体内的物质代谢与能量代谢两个相互联系的过程，其中碳氮是最重要的 2 种生源要素。由于脂肪和糖中只含碳、氢、氧等元素而不含氮，所以，蛋白质是鱼体唯一氮的来源[14]。营养元素主要有 3 种功能：机体组织的更新与修复；用于生长；作为能量消耗。对氮元素而言，其摄取氮量与排泄氮量的差值称为氮的平衡，其中通过粪排出的氮称为代谢性氮，通过尿排泄的氮称为内因性氮，可以下式表示：

$$B=I-(F+U)$$

式中，B 为氮的平衡；I 为摄取的氮；F 为粪中排泄的氮；U 为尿中排泄的氮。当 $B=0$ 时，说明鱼体内蛋白质分解代谢和合成代谢处于动平衡状态，鱼达到最大生长时，体重不再增加，摄入的蛋白质补偿组织蛋白质的消耗，多余部分作为能量消耗；当 $B>0$ 时，为正平衡，摄入大于排出，摄入的蛋白质除补偿组织消耗外，还有部分构成新的组织；当 $B<0$ 时，为负平衡，鱼营养不良，或有代谢障碍，或生病。

由表 3、图 5 和图 6 可以看到，在 14～19 ℃下鲈鱼粪便的 δ^{13}C 值与生态因子的关系是很有规律的，随鲈鱼初始体重的增加，在不同的摄食水平下，斜率从最大摄食水平（A）的最大正斜率，逐步减少，到相对饥饿（C）时已经接近水平，而在饥饿（D）时则呈相反的下降趋势。粪便的 δ^{15}N 值规律性不如 δ^{13}C 值那么强，总体上是摄食水平高，斜率是负的，或接近于零，而摄食水平低的，斜率趋于正。这说明摄食水平高于平衡摄食水平（B）情况下，鲈鱼的新陈代谢比较正常，对饵料的吸收较好，所排泄粪便的 δ^{15}N 值就会比较低，而

粪便 δ^{13}C 值也比较高，主要是因为初始体重大的鲈鱼，一般原来就处于较高的营养级上。7～10 ℃下，由于水温偏低，鱼类是变温动物，其体蛋白质的维持量是随水温而变化的。对水温的适应性与该鱼种属温水性还是冷水性有很大关系。在 14～19 ℃下，鲈鱼粪便 δ^{13}C 值的变化范围为－18.58‰～－24.07‰，平均值为（－20.56±1.61）‰（n=14），δ^{15}N 值的变化范围为 4.37‰～7.13‰，平均值为（5.42 ±0.77）‰（n=21）；而在 7～10 ℃下；δ^{13}C 值的变化范围为－21.34‰～－24.99‰，平均值为（－22.69±1.26）‰（n=9），δ^{15}N 值的变化范围为 6.28‰～9.52‰，平均值为（7.25±1.17）‰（n=10）（图 7、图 8）。不同水温之间粪便 δ^{13}C 值随温度降低而变负，而粪便 δ^{15}N 值却增高。这同样说明，在水温降低后，鲈鱼对饵料碳氮的吸收有所降低。

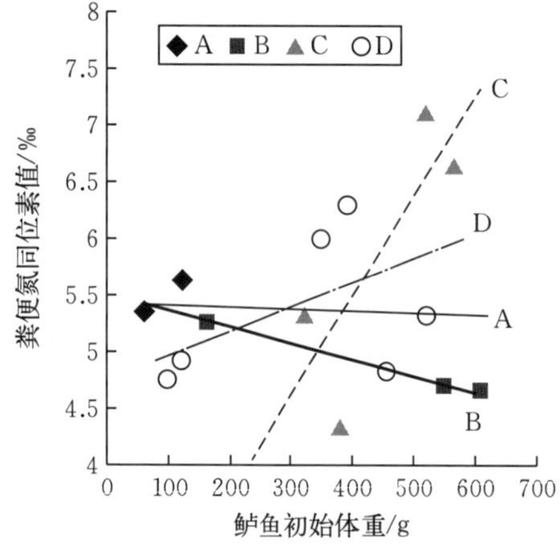

图 5 14～19 ℃下鲈鱼粪便的氮同位素值变化

Figure 5 Variations in δ^{15}N value of weever excrement for different ecological factors at 14 to 19 ℃

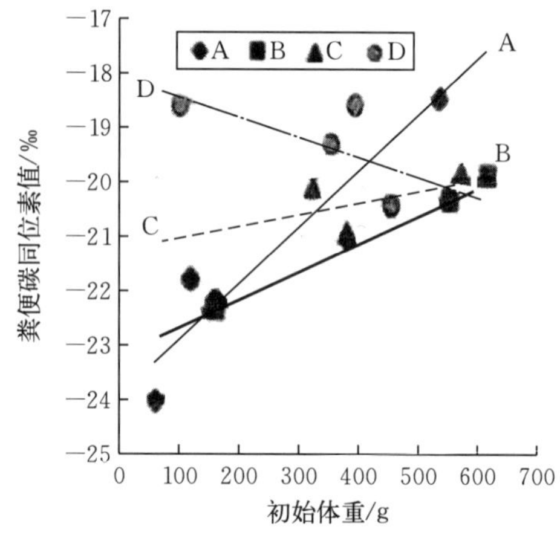

图 6 14～19 ℃下鲈鱼粪便碳同位素值变化与生态因子的关系

Figure 6 Relationship between δ^{13}C value of weever excrement and ecological factor at 14 to 19 ℃

图 7 7～10 ℃下不同生态因子下鲈鱼粪便氮同位素值变化

Figure 7 Variations in δ^{15}N value of weever excrement for different ecological factors at 7 to 10 ℃

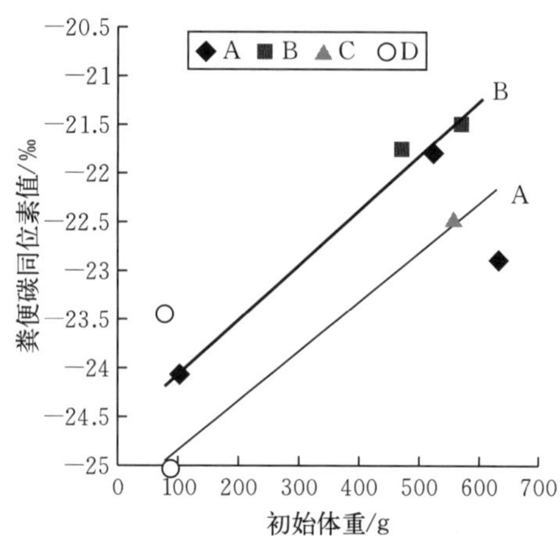

图 8 7～10 ℃下鲈鱼粪便碳同位素值与生态因子的关系

Figure 8 Relationship between δ^{13}C value of weever excrement and ecological factor at 7 to 10 ℃

由图 9 和图 10 可以看出，在 14～19 ℃下鲈鱼粪便的碳同位素值与其增重权重之间有很好的负线性相关性，这表明其生长愈快时，排泄出粪便中的 $\delta^{13}C$ 值愈小，实际上，也就是粪便与饵料之间碳同位素差值愈大。然而，同温度下粪便氮同位素值与增重权重之间的线性关系就没有那么明显，这或许与含氮化合物不如含碳化合物稳定有关，因此，可能受粪便收集的时间、粪便中的某些组分的损失等因素影响较大。

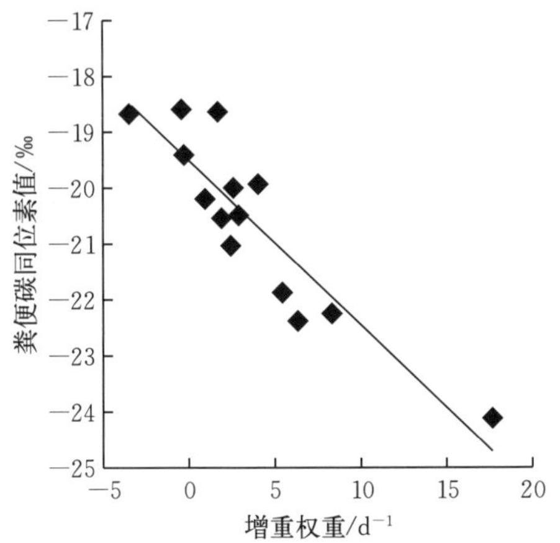

图 9　14～19 ℃下鲈鱼粪便碳同位素值与增重权重的关系

Figure 9　Relationship between $\delta^{13}C$ value of weever excrement and weight of avoirdupois increase at 14 to 19 ℃

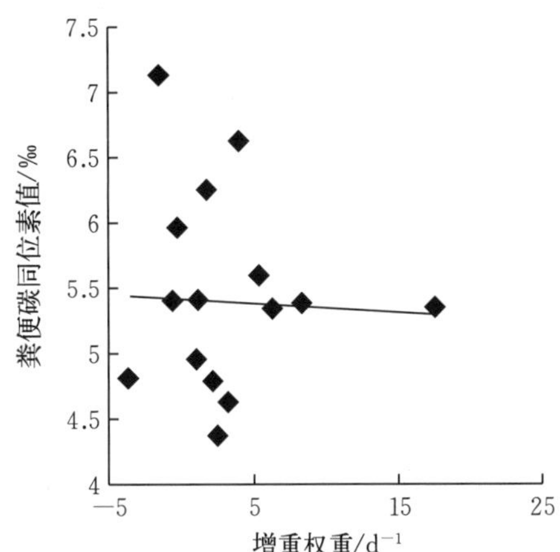

图 10　14～19 ℃下鲈鱼粪便氮同位素值与增重权重的关系

Figure 10　Relationship between $\delta^{15}N$ value of weever excrement and weight of avoirdapois increase at 14 to 19 ℃

3.4　由碳氮稳定同位素表征的鲈鱼体内物质与能量的流动

综合表 5 和表 6 所列碳氮稳定同位素在鲈鱼机体不同部位的数据，可以排出这样的次序：粪便、肝、肠、血、脊肉、皮、鳃盖骨和鳞，与鲈鱼在新陈代谢过程中体内物质与能量的流动途径基本上是从肠、肝等消化器官通过血液流向肌肉、皮、骨和鳞，没有被吸收的成分通过粪便排出体外是一致的。在 2 种不同的水温下，这一趋势基本上是相同的。可以与文献资料进行对比的是，对人体不同器官进行的碳同位素测量可以排列出如下次序；胸腺、胰腺、肾、肌肉、心、甲状腺、肝、肺、精巢、脾、脑[15]。

4　结论

通过对受控条件下鲈鱼新陈代谢过程中的天然存在的碳氮稳定同位素研究，我们可以得出如下结论：

（1）考察了摄食水平、体重、水温 3 个生态因子对鲈鱼新陈代谢过程的影响。在鲈鱼体重几十克至 700 g 的范围内，初始体重愈高，其碳氮稳定同位素值都呈增加趋势，说明在这一体重范围内，随着鲈鱼成长过程中食性的改变，其在食物网中的营养位置在逐步升高。摄食水平对鲈鱼碳氮同位素组成的影响也是从饥饿到最大摄食水平，使其碳氮同位素随体重增大的变化斜率呈由低到高的明显增加，说明摄食水平的变化对成鱼的影响程度要大过小鱼。

水温的变化在从 14～19 ℃到 7～10 ℃的不算很大的实验范围内也已经能看到对鲈鱼的新陈代谢过程有一定的影响，水温的降低使之对饵料中碳氮元素的吸收有所下降。

（2）由鲈鱼机体不同部位组织的碳氮稳定同位素组成的分析也可以展示出在鲈鱼体内营养物质和能量的流动途径。

参考文献

[1] Tang Q S，Su J L，et al. Marine Ecosystem Dynamics Studies in China（Vol. 1）. Key Scientific Problems and Research and Development Strategy [M]. Beijing：Science Press，2000. 唐启升，苏纪兰，等．中国海洋生态系统动力学研究：Ⅰ关键科学问题与研究发展战略 [M]. 北京：科学出版社，2000.

[2] Deng J Y，Meng T X，Ren S M. Food web of fishes in the Bohai Sea [J]. Marine Fisheries Research，1988，9：151－171. 邓景耀，孟田湘，任胜民．渤海鱼类的食物关系 [J]. 海洋水产研究，1988，9：151－171.

[3] Wei C，Jiang W M. Food web of fishes in the Yellow Sea [J]. Oceanologia et Limnologia Sinica，1992，23（2）：182－191. 韦晟，姜卫民．黄海鱼类食物网的研究 [J]. 海洋与湖沼，1992，23（2）：182－191.

[4] Whitledge G W，Rabeni C F. Energy sources and ecological role of crayfishes in an Ozark stream：insights from stable isotope and gut analysis [J]. Can. J. Fish. Aquat. Sci.，1997，54：2555－2563.

[5] Hill A M，Sinars D M and Lodge D M. Invasion of an occupied niche by the crayfish *Orconectes rusticus*：Potential importance of growth and mortality [J]. Oecologia，1993，94：303－306.

[6] Kling G W，Fry B，O'Brien W J. Stable isotopes and planktonic structure in arctic lakes [J]. Ecology，1992，73：561－566.

[7] Yoshioka T，Wada E. A stable isotope study on seasonal food web dynamics in a eutrophic lake [J]. Ecology，1994，75（3）：835－846.

[8] Mariotti A. Atmospheric nitrogen is a reliable standard for natural ^{15}N abundance measurements [J]. Nature，1983，303（23）：685－687.

[9] Fry B，Sherr E B. $\delta^{13}C$ measurements as indicators of carbon flow in marine and freshwater ecosystems [J]. Contributions in Marine Science，1984，27：13－47.

[10] Fry B，Anderson R K，Entzeroth L，et al. ^{13}C enrichment and oceanic food web stucture in the northwestern Gulf of Mexico [J]. Contributions in Marine Science，1984，27：49－63.

[11] Cai D L，Meng F，Han Y B，et al. Studies on $^{13}C/^{12}C$ ratios as a tracer for food web in a marine ecosystem－The trophic relations in pelagic food webs in Laoshan Bay [J]. Oceanologia et Limnologia Sinica，1999，30（6）：671－678. 蔡德陵，孟凡，韩贻兵，等．$^{13}C/^{12}C$ 比值作为海洋生态系统食物网示踪剂的研究——崂山湾水体生物食物网的营养关系 [J]. 海洋与湖沼，1999，30（6）：671－678.

[12] Fry B. Food web structure on Georges Bank from stable C，N，and S isotopic compositions [J]. Limnol. Oceanogr.，1988，33（5）：1182－1190.

[13] Fry B，Quinones R B. Biomass spectra and stable isotope indicators of trophic level in zooplankton of the Northwest Atlantic [J]. Mar. Ecol. Prog. Ser.，1994，112（1－2）：201－204.

[14] Lin D and Mao Y Q. Fish Nutrition and Compound Feed [M]. Guangzhou：Zhongshan University Press，1987. 林鼎，毛永庆．鱼类营养与配合饲料 [M]. 广州：中山大学出版社，1987.

[15] Lyon TDB，Baxter M S. Stable carbon isotopes in human tissues [J]. Nature，1978，273：750－751.

Stable Carbon and Nitrogen Isotope Fractionation in Metabolic Process of Weever (*Lateolabrax japonicus*)

CAI Deling[1,2], ZHANG Shufang[3], TANG Qisheng[4], SUN Yao[4]

(*1. First Institute of Oceanography, SOA, Qingdao 266061, China;*
2. Key Lab of Marine Sedimentology and Environmental Geology, SOA, Qingdao 266061, China;
3. Ocean University of China, Qingdao 266003, China;
4. Yellow Sea Fisheries Research Institute, Qingdao 266071, China)

Abstract: The naturally occurring stable carbon and nitrogen isotopes were used as tracers to study the influence of different ecological factors on the two isotopic compositions in different weever tissues under the control conditions in the metabolic process, and the stable isotope fractionation in weever tissues in metabolic process was used to study the flow pathway of nutrient and energy for food web in the ecological system.

Key words: Stable carbon and nitrogen isotope; Weever; Metabolism

南黄海春季鳀和赤鼻棱鳀的食物竞争①

李忠义[1,2]，金显仕[2]，庄志猛[2]，苏永全[1]，唐启升[2]
（1. 厦门大学海洋与环境学院，厦门 361005；
2. 中国水产科学研究院黄海水产研究所，农业部海洋渔业资源可持续利用重点开放实验室，青岛 266071）

摘要：根据南黄海鳀（*Engraulis japonicus*）和赤鼻棱鳀（*Thrissa kammalensis*）及其饵料的碳氮稳定同位素比值，采用 IsoSource 软件计算了两者饵料的质量贡献比。发现二者食物来源较为一致，其中仔稚鱼对鳀和赤鼻棱鳀的质量贡献率分别为 42%～50%和 53% ～70%，是两者的首要能量与营养源。在获得食物贡献比的基础上，分别采用食物重叠指数法、聚类分析法和稳定同位素法 3 种方法，针对 5 种不同的摄食条件，依次对鳀与赤鼻棱鳀的食物重叠度进行计算。其中在饵料平均贡献比条件下，3 种方法的计算结果相差不大，都在 70%左右，计算偏差≤5%。研究结果表明，两者的食物竞争主要是针对仔稚鱼展开的，两者间存在显著的食物竞争关系。

关键词：鳀；赤鼻棱鳀；南黄海；食物竞争；稳定同位素

因生存介质的作用，水生生物栖息于高度有机联系的环境中，在食物资源、空间资源上要进行剧烈的竞争，如何趋利避害、保证种群的延续壮大，不同生物种群有其各自的行为策略。研究鱼类群落的资源利用格局，对水生生态系统的科学管理和资源的可持续利用都具有重要的指导意义。空间、时间和营养是群落中物种间资源分离的 3 个重要资源轴[1]。捕食和竞争是群落中物种之间相互作用的主要方式，可影响鱼类群落的资源利用格局[2]。

目前国内外对低营养层次海洋鱼类种间食物竞争的研究较少，且多数采用传统的胃含物分析法来研究捕食者之间食物竞争关系[3-4]。用传统方法确定一些特殊捕食者的食物来源及食性十分困难，而稳定同位素技术为解决这一难题提供了有力工具[5-8]，通过测定捕食者及其可能食物的稳定同位素组成，可以确定捕食者对某种食物的选择性[9]、捕食者食物的主要来源[10]、摄食行为的季节变化和年变化[11]，还可以计算出每种饵料（有多种食物来源的动物）在总体食物中的贡献比例，分析动物在生态系统中所处的营养位置，也可划分复杂的食物网及群落结构等[7]。采用稳定同位素也可估算生物间食物重叠度的时空变化情况[12]。

鳀（*Engraulis japonicus*）和赤鼻棱鳀（*Thrissa kammalensis*）同属鲱形目（Clupeiformes）鳀科（Engraulis），都是中国近海小型中上层低营养层次饵料鱼，在食物网的能量与转换中起着承上启下的作用[13]。南黄海为长江口邻近水域，也是鳀和赤鼻棱鳀的重要索饵场所。

① 本文原刊于《中国水产科学》，14（4）：630－636，2007。

本研究采用稳定同位素法、聚类分析法和食物重叠指数法对其食物竞争关系，包括食物组成、各种饵料贡献比例和食物重叠等方面内容进行研究，并对3类方法进行比较分析，旨为揭示中国近海低营养层次鱼类资源变动机制、评价人类活动对海洋生态系统的影响和基于海洋生态系统平衡的渔业管理提供科学依据。

1 材料与方法

1.1 材料

1.1.1 样品现场采集

样品于2005年4—5月取自黄海海域（32°30′～36°30′N，120°30′～125°00′E），为中国水产科学研究院黄海水产研究所的资源调查船“北斗”号春季定点底拖网调查所获样品。浮游动物的采集采用标准中型和大型浮游动物网，从水底至水表垂直拖网采样，用筛绢按粒径将其分成>900 μm、500～900 μm、300～500 μm和100～300 μm 4种粒级。以5 mm为体长间隔分别对鳀和赤鼻棱鳀进行分组，每体长组取5～10尾，共收集鳀样品80尾，体长范围为62～146 mm；赤鼻棱鳀样品120尾，体长范围为61～117 mm。根据鳀、赤鼻棱鳀及其可能饵料的碳氮稳定同位素比值与两者食物组成的胃含物法分析结果来选取两者的食物，所取饵料样品的粒径基本涵盖鳀与赤鼻棱鳀摄食粒径谱范围。

1.1.2 实验室处理

将现场分级后的浮游动物转移到过滤海水中，并置于4 ℃冰箱中进行24 h的胃排空，然后再冷冻保存，其他样品则立即冷冻保存。样品带回实验室化冻，并用蒸馏水洗涤，取适量鳀与赤鼻棱鳀背部白肌肉，虾取腹部肌肉、浮游甲壳类动物取整个生物样。浮游甲壳动物在通风橱中用1 mol/L HCl多次酸化处理至不再冒气泡，并用蒸馏水洗涤至中性。最后所有样品置于冷冻干燥机（Toffon LYD-2）中－80 ℃冻干，用石英研钵磨碎并混匀。

1.2 方法

1.2.1 稳定同位素分析法

样品进行碳氮稳定同位素比值和质量分数的测定，稳定同位素质谱仪为菲尼根 Flash EA1112元素分析仪与菲尼根 DELT plus XP 稳定同位素质谱仪通过 Con Flo Ⅱ 相连而成。为了保证测试结果的准确性，每测试5个样品后加测1个标准样，并且对个别样品进行2～3次复测，碳氮稳定同位素比值分别以相对于国际标准的PDB和大气氮的δ值表示[14,15]，碳氮稳定同位素比值用δ值形式表示，质量分数以%表示。

$$\delta^{13}C/(\delta^{15}N)=[(R_{sample}-R_{standard})/R_{standard}]\times 10^3$$

其中$R=W_{13C}/W_{12C}$或W_{15N}/W_{14N}，δ值越小表示样品中同位素（^{13}C或^{15}N）含量越低，δ值越大表示样品中同位素（^{13}C或^{15}N）含量越高。$\delta^{13}C$和$\delta^{15}N$值的分析精度同为$\pm0.5\times10^3$，碳氮质量分数的精度均为±5%。

鱼类几乎可以利用水体中所有可能的食物资源，所以生态系统中摄食习性相近的捕食者，其食物组成也基本类似，捕食者的营养级也较接近。因此可以通过比较鳀和赤鼻棱鳀的氮稳定同位素比值来确定二者的食物重叠情况，说明对食物可能存在的竞争关系。氮稳定同位素比值越接近，则食物重叠度越高，对食物的竞争越激烈，反之则越低。对两者食物重叠度的计算可采用氮稳定同位素比值法。

氮稳定同位素比值法采用 Gu 的食物重叠系数混合模型[12]：

$$f\ (\%)=[1-(x-y)/a]\times 100\%$$

式中，f 表示食物重叠度；x 和 y 分别表示赤鼻棱鳀和鳀的氮稳定同位素比值；a 表示 $\delta^{15}N$ 富集因数，本研究取 2.5‰和 3.6‰，其中 2.5‰为蔡德陵等[16]在室内控制条件下的鳀与其饵料间氮稳定同位素的差值，3.6‰为 Minagawa 等的研究中消费者与其饵料间的氮稳定同位素差值的统计值[17]。

1.2.2 聚类分析法

PRIMER V5 软件广泛应用于海洋生物群落的结构、功能和生物多样性的研究，由于鱼类的食物组成近似于群落中的物种组成，该软件在鱼类食性的研究中取得了比较好的效果[18,19]，鉴此，本研究采用该软件来研究南黄海鳀和赤鼻棱鳀所摄食食物的平均相似指数。

采用 PRIMER V5 进行等级聚类（CLUSTER）分析时，所用指数为 Bray-Curtis 相似系数[20]。分析前，先将饵料生物的质量贡献百分比进行四次方根和组平均变换，以便对稀有饵料给予一定程度的加权[21]。其中 Bray-Curtis 相似性指数 I_s 为

$$I_s=\frac{2c}{a+b}\times 100\%$$

式中，a、b 分别为鳀与赤鼻棱鳀饵料的种类数，c 为两者共有饵料的种类数。

1.2.3 食物重叠指数法

食物重叠指数法是先用以碳氮稳定同位素比值为基础的 Isource 程序计算两种鱼各种食物的贡献比例，然后再用 Bray-Curtis 重叠指数或 Schoener 重叠指数计算两者的食物重叠程度，计算公式如下：

Bray-Curtis 重叠指数 S_B[20]

$$S_B = 100\times\left\{1-\frac{\sum_{k=1}^{S}\mid P_{ik}-P_{jk}\mid}{\sum_{k=1}^{S}\mid P_{ik}-P_{jk}\mid}\right\}$$

Schoener 重叠指数 D_{ij}[22]

$$D_{ij} = 1-0.5\left(\sum_{k=1}^{S}\mid P_{ik}-P_{jk}\mid\right)$$

上述两个公式中，P_{ik}、P_{jk} 为共有饵料 K 在鱼种 i、j 的食物中所占的比例（$W\%$），S 为饵料种数。其中 S_B 的值为 0～100，0 表示无食物重叠，100 表示食物完全重叠；D_{ij} 的值为 0～1，0 表示无食物重叠，1 表示食物完全重叠，以 60（或 0.6）为临界值，重叠指数大于或等于 60（或 0.6），就说明食物重叠显著[23-25]。

本研究采用上述 3 类方法对鳀和赤鼻棱鳀在 5 种摄食情况下的食物竞争进行研究，即（a）

两者饵料平均贡献比；(b) 鳀饵料最大贡献比，赤鼻棱鳀饵料最小贡献比；(c) 赤鼻棱鳀饵料最大贡献比，鳀饵料最小贡献比；(d) 两者饵料最大贡献比和 (e) 两者饵料最小贡献比。

2 结果与分析

2.1 稳定同位素特征

南黄海鳀和赤鼻棱鳀的碳氮稳定同位素比值测定的结果表明，$\delta^{13}C$ 值范围分别为 $-20.97\times10^3\sim-18.64\times10^3$ 和 $-20.97\times10^3\sim-18.58\times10^3$（表 1），范围相近，平均值分别为 -19.57×10^3 和 -20.17×10^3，且二者的全距比较接近，分别为 2.34×10^3 和 2.39×10^3；$\delta^{15}N$ 值的范围分别为 $8.64\times10^3\sim11.86\times10^3$ 和 $10.51\times10^3\sim12.60\times10^3$，平均值分别为 9.35×10^3 和 11.17×10^3，碳氮稳定同位素比值的全距较赤鼻棱鳀大，分别为 3.22×10^3 和 2.09×10^3。

表 1 南黄海鳀和赤鼻棱鳀的碳氮稳定同位素比值

Table 1 Carbon and nitrogen stable isotope ratios of *E. japonicus* and *T. kammalensis* in the southern Yellow Sea

种类 Species	体长组/mm Fork length class	碳稳定同位素比值/$\times10^3$ $\delta^{13}C$	氮稳定同位素比值/$\times10^3$ $\delta^{15}N$
	61～65	−20.363	8.637
	81～85	−19.756	11.658
	86～90	−19.591	10.551
	91～95	−19.576	9.393
	96～100	−20.071	10.697
鳀 *E. japonicus*	101～105	−19.834	10.934
	111～115	−18.637	10.955
	116～120	−20.972	9.207
	121～125	−18.810	10.671
	131～135	−19.158	10.459
	141～145	−18.710	9.453
	146～150	−19.054	10.377
	61～65	−20.007	12.599
	66～70	−20.276	12.565
	71～75	−20.183	11.453
	76～80	−20.971	11.310
赤鼻棱鳀 *T. kammalensis*	81～85	−20.258	11.679
	86～90	−18.583	10.513
	96～100	−19.763	10.602
	101～105	−20.588	11.485
	106～110	−20.127	11.035
	116～120	−19.690	11.525

2.2 饵料组成

对鳀和赤鼻棱鳀的碳氮稳定同位素比值随体长变化的情况进行回归分析，发现两种鱼的碳氮稳定同位素比值与体长间都无显著相关性（赤鼻棱鳀 $\delta^{13}C$：$R=0.13$，$P=0.74$，$n=9$，$\delta^{15}N$：$R=0.12$，$P=0.74$，$n=9$；鳀 $\delta^{13}C$：$R=0.55$，$P=0.06$，$n=11$，$\delta^{15}N$：$R=0.51$，$P=0.09$，$n=11$）。表明栖息在此海域的鳀与赤鼻棱鳀的食性随体长变化没有显著的改变。

2.3 食物相似性分析

根据胃含物检测结果、鳀与赤鼻棱鳀潜在饵料的碳氮稳定同位素比值及它们的栖息生境，本研究选取>900 μm 浮游动物、500～900 μm 浮游动物、300～500 μm 浮游动物、100～300 μm浮游动物和仔稚鱼作为鳀的代表食物；>900 μm 浮游动物、500～900 μm 浮游动物、脊腹褐虾、细螯虾和仔稚鱼作为赤鼻棱鳀的代表食物。根据鳀和赤鼻棱鳀的碳氮稳定同位素比值，采用 IsoSource 软件[26]计算两者所摄食饵料的贡献比例，结果显示，鳀的饵料贡献比例从大到小依次为仔稚鱼、500～900 μm 浮游动物、900 μm 浮游动物、300～500 μm 浮游动物、100～300 μm 浮游动物，首要饵料为仔稚鱼，质量贡献比例为 42%～50%；赤鼻棱鳀的饵料贡献比例从大到小依次为仔稚鱼、500～900 μm 浮游动物、900 μm 浮游动物、脊腹褐虾、细螯虾，首要饵料为仔稚鱼，质量比例为 53%～70%。仔稚鱼、>900 μm 浮游动物和 500～900 μm 浮游动物这 3 种饵料是两者的共有食物，也是二者的重要食物组成，其中仔稚鱼对赤鼻棱鳀的最少贡献率为 53%，对鳀的最少贡献率为 42%，在两者的食物贡献中占了很大一部分比例，是两者重要的能量与营养源（表 2）。

表 2 南黄海鳀和赤鼻棱鳀饵料的质量贡献比例

Table 2 Contribution proportion of diet organism to *E. japonicus* and *T. kammalensis* in the southern Yellow Sea

饵料种类 Diet organism	粒径/μm Diameter	鳀/% *E. japonicus*	赤鼻棱鳀/% *T. kammalensis*
浮游动物 Zooplankton	100～300	0～21	
	300～500	0～27	
	500～900	0～52	0～35
	>900	0～43	0～31
细螯虾 *Leptochela gracilis*			0～12
脊腹褐虾 *Crangon hakodatei*			0～12
仔稚鱼 Larva		42～50	53～70

根据碳稳定同位素法计算的鳀和赤鼻棱鳀各饵料的贡献比例结果（表 2），采用 Bray-Curtis 重叠指数法、Schoener 重叠指数法和聚类分析法分别对几种情况下鳀与赤鼻棱鳀的食性相似性进行分析。分析结果见表 3。在鳀和赤鼻棱鳀不同饵料贡献比组合情况下，对两者食物重叠系数的计算范围分别为 30%～92%、42%～83%和 36%～75%。Schoener 重叠指数法计算的结果全距最大，为 62%；Bray - Curtis 重叠指数法计算的结果全距其次，为 41%；聚类分析法计算的结果全距最小，为 39%。

表 3 不同摄食情况下鳀和赤鼻棱鳀的食物重叠度

Table 3 Dietary similarities of *E. japonicu* and *T. kammalensis* under different feeding condition

状况 Condition	Schoener 重叠指数 D_{ij} Schoener overlap in dex	Bray-Curtis 重叠指数 S_B Bray-Curtis overlap in dex	聚类分析 Cluster analysis	稳定同位素法 Stable isotope techonology
a	0.70	0.70	0.65	0.63～0.74
b	0.30	0.44	0.51	
c	0.41	0.42	0.36	
d	0.40	0.66	0.63	
e	0.92	0.83	0.75	

注：a. 两者饵料平均贡献比；b. 鳀饵料最大贡献比，赤鼻棱鳀饵料最小贡献比；c. 赤鼻棱鳀饵料最大贡献比，鳀饵料最小贡献比；d. 两者饵料最大贡献比；e. 两者饵料最小贡献比。

Notes: a. mean dietary proportion of *E. japonicus* and *T. kammalensis*; b. the maximum dietary proportion and minimum dietary proportion of *E. japonicus* and *T. kammalensis*, respectively; c. the maximum dietary proportion and minimum dietary proportion of *E. japonicus* and *T. kammalensis*, respectively; d. the maximum dietary proportion of *E. japonicus* and *T. kammalensis*; e. the minimum dietary proportion of *E. japonicus* and *T. kammalensis*.

3 讨论

唐启升等[27]、孟田湘[28]、韦晟等[29]用胃含物分析法研究发现，鳀的食物组成基本为浮游动物和仔稚鱼，赤鼻棱鳀的食物不仅有浮游动物和仔稚鱼，还有许多虾类，如细螯虾（*Leptochela gracilis*）、脊腹褐虾（*Crangon hakodatei*）等。唐启升等[27]发现，山东近海鳀的幼鱼质量贡献比为 30.41%，赤鼻棱鳀幼鱼的质量贡献比为 21.49%，幼鱼对鳀和赤鼻棱鳀的贡献比相对其他饵料要大，但小于本实验结果，特别是幼鱼对赤鼻棱鳀的贡献比，比本研究的最小结果小了 31.5%。邓景耀等[30]用胃含物法对渤海中鳀的食性进行了分析，其幼鱼的质量贡献比为 55.39%，比本研究的最大结果大了 5.39%，最小结果大了 13.39%。而薛莹[31]却发现 2000 年—2002 年秋季黄海中南部鳀和赤鼻棱鳀的幼鱼贡献率基本为零。邓景耀等[30]发现渤海中鳀的饵料主要为桡足类，其次才是幼鱼、毛虾（*Acetes*）、箭虫（*Sagitta*）和端足类（*amphipod*）等，而赤鼻棱鳀胃残留物中却无幼鱼。杨纪明[32]对渤海中鳀和赤鼻棱鳀的胃含物进行研究发现，仔稚鱼对赤鼻棱鳀的质量贡献比只有 2.6%，而鳀胃含物中却无幼鱼。比较分析以上研究者对鳀与赤鼻棱鳀食物贡献比例的计算结果，发现不同时期幼鱼的贡献比例不一样，在鳀繁殖前期，幼鱼贡献比例要大于其他月份。另外从各研究者对鳀与赤鼻棱鳀幼鱼贡献比的研究结果可以判断，仔稚鱼相对其他饵料可能更容易被鳀与赤鼻棱鳀消化吸收。由于鳀与赤鼻棱鳀在摄食仔稚鱼后到被捕前的时间不同，会造成仔稚鱼在胃中的残留量不一，进而使得其贡献比例大小不同。相对于胃含物分析法得出的仔稚鱼对鳀与赤鼻棱鳀的质量贡献比范围（0～55%），根据碳氮稳定同位素法计算的仔稚鱼对鳀与赤鼻棱鳀的质量贡献比分别为 42%～50%和 53%～70%，在可接受范围之内。

在饵料平均贡献比例方面，上述 3 类方法对两种鱼食物重叠系数计算的结果较为接近，

Bray-Curtis 重叠指数法和 Schoener 重叠指数法的结果一致，聚类分析法的结果与其相差5%；稳定同位素法是以生物的氮稳定同位素比值差值相对生态系统的氮营养富集度的比值进行计算的[12]。室内饲养实验中黄海鳀对单 一饵料的营养富集度为 2.5%[16]。室内饲养一般选用生态系统中常年存在、食性单一的浮游动物或底栖动物与食性同样简单的捕食者作为同位素营养富集度测定对象，但在实际生态系统中，食性单一的生物很少存在，所以营养富集度一般为理想近似值。Minagawa 等[17]对所有用氮稳定同位素法进行营养级研究的文章进行统计分析发现，氮的营养富集度介于 1.3‰～5.3‰，平均为 3.6‰。本研究采用 2.5‰和3.6‰分别对鳀和赤鼻棱鳀的食物重叠度进行计算，得出结果分别为 63%和 74%，与聚类分析法和两种指数法的结果都比较接近。a、b、c、d 与 e 为 5 种不同的食物贡献假设状况，其中 a 与实际较为接近，在此条件下计算的两者食物重叠度结果接近实际情况。b、c、d 与e 为 4 种假设条件，特别是 b 与 c，在实际环境中，鳀与赤鼻棱鳀对各种饵料的摄食率难以与假设条件相符。在 a、d 和 e 3 种条件下，Schoener 重叠指数法的计算结果相差最大，全距为 52%，3 种结果的平均值为 67%；Bray-Curtis 重叠指数法的 3 种计算结果全距为 17%，平均值为 73%；而聚类分析法的 3 种计算结果全距只有 10%，平均值为 68%。3 种方法在a、d 和 e 3 种条件下的计算结果平均值较接近，但全距相差较大。前面已知，由胃含物法得出的鳀和赤鼻棱鳀仔稚鱼贡献比存在较大差别，从 0%到 55%不等。对比胃含物分析法，2种指数法在计算生物的食物重叠度范围时较聚类分析法和稳定同位素法更为适用。在 2.5%和 3.6% 2 种营养富集度下，根据稳定同位素法得出的鳀与赤鼻棱鳀食物重叠度为 69%。4种方法在计算饵料平均贡献时结果相差不大，在 a、d 与 e 3 种条件下的 4 种方法的平均结果也相差不大，比较而言，稳定同位素法和聚类分析法在计算生物间的平均食物重叠度时较其他方法更简便。2 种指数法界定当食物重叠指数大于 0.6 时，说明食物竞争显著[23-25]。在饵料平均贡献比情况下，指数法得出的鳀和赤鼻棱鳀的食物重叠度都大于 0.6，表明两者间存在显著的食物竞争。

4 小结

本研究首次采用碳氮稳定同位素法对南黄海鳀科鱼类中的典型代表种鳀和赤鼻棱鳀的食性进行了分析。发现两者 $\delta^{13}C$ 差值相差较接近，说明其食物来源比较一致。另根据鳀与赤鼻棱鳀及其饵料的碳氮稳定同位素比值确定了两者主要食物的贡献比例，鳀各饵料贡献比例由大到小依次为仔稚鱼、500～900 μm 浮游动物、900 μm 浮游动物、300～500 μm 浮游动物和 100～300 μm 浮游动物，首要饵料为仔稚鱼，质量贡献比例占 42%～50%；赤鼻棱鳀各饵料贡献比例由大到小依次为仔稚鱼、500～900 μm 浮游动物、900 μm 浮游动物、脊腹褐虾和细螯虾，首要饵料也为仔稚鱼，质量比例占 53%～70%。仔稚鱼在两者的食物贡献中占了很大一部分比例，是两者首要的能量与营养源，两者的食物竞争也主要是针对仔稚鱼展开的。氮稳定同位素比值差异说明鳀的平均营养级比赤鼻棱鳀低，这可能与二者的食物种类和食物贡献比例不同有关，也可能与营养转换途径差异有关。

根据两者饵料的质量贡献比，采用 Schoener 重叠指数法、Bray-Curtis 重叠指数法、聚类分析法和稳定同位素法计算了两者的食物重叠度（表 3）。发现前 3 种方法对鳀和赤鼻棱鲲食物重叠度的计算偏差≤5%，说明在利用碳氮稳定同位素比值计算生物饵料的贡献比的基础上，可以采用聚类分析法来计算生物种间的食物重叠度，另外也可直接利用鲲与赤鼻棱鳀两者的氮稳定同位素比值来计算两者的食物重叠度。因聚类分析法、稳定同位素法与指数法的计算结果十分接近，所以在用聚类分析法和稳定同位素法判断种间食物重叠程度时，可参照指数法的判断标准。即以 0.6 为临界值，当重叠指数大于或等于 0.6 时，说明生物种间食物重叠显著。从本研究结果判断，直接或间接利用生物的氮或碳氮稳定同位素比值计算生物种间的平均食物重叠度是可行的。

参考文献

[1] Ross S T. Resource partitioning in fish assemblages; a review of field studies [J]. Copeia，1986：352 - 388.

[2] Motta P J. Perspectives on the ecomorphology of bony fishes [J]. Enviromental Biology Fishes，1995b，44：11 - 20.

[3] Cury P，Christensen V. Quantitative ecosystem indicators for fisheries management [R]. SCO R/ IOC WG 119，CM 2001/ T：02.

[4] Hobson K A，Schell D M，Renouf D，et al. Stable carbon and nitrogen isotopic fractionation between diet and tissues of captive seals：Implications for dietary reconstructions involving marine mammals [J]. Canadian Journal of Fisheries & Aquatic Sciences，1996，53：528 - 533.

[5] Darimont C T，Reim chen T E. Intra-hair stable isotope analysis implies seasonal shift to salmon in gray wolf diet [J]. Canadian Journal of Zoology，2002，80：1638 - 1642.

[6] Ramsay M A，Hobson K A. Polar bears make little use of terrestrial food web：evidence from stable carbon isotope analysis [J]. Oecologia，1991，86：598 - 600.

[7] Romarek C S，Gaines K F，Bryan Jr I L，et al. Foraging ecology of the endangered wood stork recorded in the stable isotope sig-nature of feathers [J]. Oecologia，2001，125：584 - 594.

[8] 王建柱，林光辉，黄建辉，等. 稳定同位素在陆地生态系统动—植物相互关系研究中的应用 [J]. 科学通报，2004，49 (21)：2141 - 2149.

[9] Araujo-Lima C A R，Forsber B R，Victoria R et al. Energy sources for detritivorous fishes in the Amazon [J]. Science，1986. 234：1256 - 1258.

[10] Chisholm B S，Nelson D E，Schwarcz H P. Stable-carbon isotopes as a measure of marine versus terrestrial protein in ancient diets [J]. Science，1982，216：1131 - 1132.

[11] Ben-David M，Flynn R W，Schell D M. Annual and seasonal changes in diets of martens：Evidence from stable isotope analysis [J]. Oecologia，1997a，111：280 - 291.

[12] Gu B，Schell D M，Huang X，et al. Stable isotope evidence for dietary overlap between two planktivorous fishes in aquaculture ponds [J]. Canadian Journal of Fisheries & Aquatic Sciences，1996，53 (12)：2814 - 2818.

[13] 唐启升，苏纪兰. 中国海洋生态系统动力学研究：I 关键科学问题与研究发展战略 [M]. 北京：科学出版社，2000：45 - 49.

[14] Craig H. Isotopic standards for carbon and oxygen and correction factors for mass spectrometric analysis of carbon dioxide [J]. Geochimica et Cosmochimica Acta，1957，12：133 - 149.

[15] Mariotti A. Atmospheric nitrogen is a reliable standard for natural 15N abundance measurements [J]. Nature，1983，303：658 - 687.

[16] 蔡德陵，洪旭光，毛兴华，等．崂山湾潮间带食物网结构的碳稳定同位素初步研究［J］. 海洋学报，2001，23（4）：41－47.

[17] Minagawa M，Wada E. Stepwise enrichment of 15N along food chains：further evidence and the relationship between d15N and animal age［J］. Geochimica et Cosmochimica Acta，1984，48：1135－1140.

[18] Cattrijsse A，Makwaia E S，Dankwa H R，et al. Nekton communities of an intertidal creek of a European estuarine brackish marsh［J］. Marine Ecology Proggress Series，1994，109：195－208.

[19] Platell M E，Potter I C. Influence of water depth，season，habit and estuary location on the macrobenthic fauna of a seasonally closed estuary［J］. Journal of the Marine Biological Association of the United Kingdom，1996，76：1－21.

[20] Bray T R，Curtis J T. An ordination of the upland forest communities of southern Wisconsin［J］. Ecological Monographs，1957，27：325－349.

[21] Schafer L N，Platell M E，Valesinni F J，et al. Comparisons between the influence of habitat type，season and body size on the dietary compositions of fish species in nearshore marine waters［J］. Journal of Experimental Marine Biology and Ecology，2002，278：67－92.

[22] Schoener T W. Non－synchronous spatial overlap of lizard in patchy habitats［J］. Ecology，1970，51：408－418.

[23] Langton R W. Diet overlap between Atlantic cod，Gadus morhua，silver hake *Merluccius bilinearis* and fifteen other northwest Atlantic finfish［J］. Fishery Bulletin，1982，80：745－759.

[24] Blaber S J M，Bulman C M. Diets of fishes of the upper continental slope of eastern Tasmania：content，calorific values，dietary overlap and trophic relationships［J］. Marine Biology，1987，95：345－356.

[25] Scrimgeour G J，Winterbourn M J. Diet，food resource partitioning and feeding periodicity of two riffe-dwelling fish species in a New Zealand river［J］. Journal of Fish Biology，1987，31：309－324.

[26] Phillips D L，Gregg J W. Source partitioning using stable isotopes：coping with too many sources［J］. Oecologia，2003，136（2）：261－269.

[27] 唐启升，叶懋中，姜言纬，等．山东近海渔业资源开发与保护［M］. 北京：农业出版社，1990：90－115.

[28] 孟田湘，黄海中南部鳀鱼各发育阶段对浮游动物的摄食［J］. 海洋水产研究，2003，24（3）：1－9.

[29] 韦晟，姜卫民，黄海鱼类食物网的研究［J］. 海洋与湖沼，1992，23（3）：182－192.

[30] 邓景耀，孟田湘，任胜民．渤海鱼类的食物关系［J］. 海洋水产研究，1988，9：151－171.

[31] 薛莹，黄海中南部主要鱼种摄食生态和鱼类食物网研究［D］. 青岛：中国海洋大学，2005：82－86.

[32] 杨纪明，渤海鱼类的食性和营养级研究［J］. 现代渔业信息，2001，16（10）：10－19.

Food competition of *Engraulis japonicus* and *Thrissa kammalensis* from the southern Yellow Sea in spring

LI Zhongyi[1,2], JIN Xianshi[2], ZHUAN Zhimeng[2], SU Yongquan[1], TANG Qisheng[2]

(*1. Department of Oceanography and Environmental Science, Xiamen University, Xiamen 361005, China;*

2. Key Laboratory for Sustainable Utilization of Marine Fisheries Resource, Ministry of Agriculture, Yellow Sea Fisheries Research Institute, Chinese Academy of Fishery Science, Qingdao 266071, China)

Abstract: Stable isotopes have been used in many research fields as natural labels, and are becoming more and more appropriate option for aquatic ecological studies. An organism's stable isotope ratios ($\delta^{15}N$ and $\delta^{13}C$, etc) are an integration of the isotopic signatures of preys that have been assimilated through time, the organism will come into isotopic equilibrium with its diets depending on growth and tissue turnover rates, the ratios can change with different food, are good labels of organism living conditions. According to the stable isotope ratio of an organism and its preys, we can judge its food composition. On the basis of the prey proportions of the *Engraulis japonicus* and *Thrissa kammalensis* determined by stable isotope technology. The proportions of all food sources showed that larvae and juvenile fish were the most important prey to *E. japonicus* and *T. kammalensis*, whose proportions were 42%～50% and 53%～70%, respectively. On the basis of food proportions, we calculated the prey overlap between the two fish species with three methods, diet overlap index, Cluster analysis and stable isotope technology, respectively. The mean result of each method was about 70%. There no significant difference among results of the three methods, with calculate error less than 5%. From the results of the research, we speculated that the larva and juvenile had the highest proportion, which was the main energy and trophic source of the two fish species. From the result of the research, we speculated the nitrogen stable isotope can used to calculate the food overlap of species.

Key words: *Engraulis japonicus*; *Thrissa kammalensis*; Southern Yellow Sea; Food competition; Stable isotope

东、黄海鳀鱼的胃排空率及其温度影响①

孙耀[1]，刘勇[1,2]，于淼[1,2]，唐启升[1]
（1. 中国水产科学研究院黄海水产研究所，青岛 266071；
2. 中国海洋大学，青岛 266006）

摘要：在室内受控条件下，以卤虫幼体为饵料，测定了不同温度下鳀鱼的胃排空率，并比较了线性、指数和平方根3种常用数学模型对其排空曲线的拟合程度。统计结果表明：3种数学模型均可较好地描述鳀鱼的胃排空曲线（$df=10$，$r^2=0.782\,0\sim0.962\,9$，$P<0.01$），综合评价结果则进一步表明，指数模型最适于定量描述其胃排空曲线，平方根模型次之，直线模型较差。在研究温度范围内，鳀鱼的胃排空率随着温度的升高而加速增大，二者之间的定量关系可以用指数函数 $R_t=0.035\,4e^{0.076\,6T}$（$R^2=0.977\,0$）加以定量描述。

关键词：胃排空率；温度；鳀鱼

鱼类的胃排空率（gastric evacuation rate，GER）是指摄食后食物从胃中排出的速率，把排空率与现场连续取样测得的胃含物相互结合，经常被用来估算日摄食量、摄食周率和生态转换效率等一些生态学参数[1-4]，由于用这种方法所测得的数据更接近于自然状况，故自20世纪60年代以来，陆续出现了一些关于鱼类胃排空率的研究报道。受胃肌产生的推动力、反馈抑制、中枢神经控制以及胃幽门结构等多种生理因素交互作用的影响，鱼类的胃排空方式复杂多样，文献中使用过的胃排空模型也比较多[5,6]，目前较为常用的模型是指数模型、线性模型和平方根模型；鱼类的胃排空率除了受自身生理因素的影响，还受温度、体重、食物粒径和性质等生态和生理因素的影响[4,7,8]，但其影响方式和定量描述模型迄今尚无统一的结论。在国内，张波等[9,10]曾研究了2种海洋鲷科鱼类幼鱼的胃排空率，发现指数模型、线性模型和平方根模型均能较好的拟合实验数据，但其中以指数模型拟合效果最好；作者[11]对斑鰶、赤鼻棱鳀、玉筋鱼和小鳞鱵4种中国东、黄海主要小型鱼类胃排空模型的研究结果，也进一步证明了这一点；但迄今尚鲜见有关温度等生态和生理因素对鱼类胃排空率影响的研究报道。

鳀（*Engrauli japanicus*）是世界上单品种产量最高的鱼种，属纯浮游动物食性的海洋中上层小型鱼类，同时也是大中型动物食性鱼类的重要饵料生物，因此在全球海洋食物网结构中扮演着重要角色；因此，我国20世纪90年代开展的海洋生态系统动力学研究，将中华哲水蚤→鳀鱼→蓝点马鲛列为研究主线[12,13]。由于目前很少有人掌握鳀鱼活体的捕获、室内或现场驯化技术，故对鳀鱼的研究，仍基本停留在应用拖网或声学技术进行现场调查的水平上，有关鳀鱼生态学过程的定量研究尚比较少见，因此，对鳀鱼胃排空率及其温度影响的

① 本文原刊于《生态学报》，25（2）：215-219，2005。

研究，除将有助于进一步了解鱼类胃排空率的生态学规律外，同时也将使现场条件下测定鳀鱼摄食和生态转换效率等生态学参数成为可能，从而为我国海洋生态系统食物网的物流、能流过程提供基础资料。

1 材料与方法

1.1 实验方法

实验用鳀鱼是于2002年10月上旬用俗称“老牛网”的定置网捕自烟威渔场近岸海域。因鳀鱼极易受伤死亡，故在围捕、运输至室内实验的过程中，应避免离水操作。实验鱼转移至室内2.5 m^3 玻璃钢水槽内，经浓度为2～4 mg/L 呋喃西林溶液处理，待存活率和摄食行为趋于正常，取300尾分别置于4个0.5 m^3 的玻璃钢水槽中进行温度驯化。考虑到东、黄海鳀鱼越冬场的温度在11～13 ℃之间，而每年从4月中下旬开始进入近岸水域进行索饵繁殖，至11月份开始离岸进行越冬洄游，此间所经历的最高温度一般不超过26 ℃，故实验分别在12.5、17.7、21.3 ℃和26.3 ℃等4个温度条件下进行，其中12.5 ℃是自然海水温度，其余3个温度实验是用1 000 W加热棒以1 ℃/d的速度将水温加至实验设定水温，并控制在±1 ℃范围内。在实验条件下驯化7 d后，开始实验。驯养期间，每天6:00和16:00两次投饵，实验用饵料采用人工孵化1～2 d的卤虫幼体。实验海水经高压砂滤及脱脂棉＋300目筛绢再过滤后进入水槽。

将经驯养的鳀鱼饥饿1 d后，一次性投喂过量的卤虫幼体，然后将饱食后的鳀鱼转移至室内另一温度相同的、槽内海水经同样方法处理的0.5 m^3 玻璃钢水槽内进行排空率实验。实验自实验鱼移入起始，每间隔1.0 h取样5尾，共取10次，每次取样后立即用10%福尔马林固定。然后，测定其体重和胃含物重量。称重采用压电式单盘电子天平（Model BP221S，made in Sartorius)，其最大称重量210 g，称量精度±0.000 1 g。

1.2 模型的选择

选用目前胃排空研究中最常用的3种数学模型来拟合本实验中所取得的数据。

直线模型： $S_t=A-R_{GE}\times t$

指数模型： $S_t=A\times \exp(-R_{GE}\times t)$

平方根模型： $S_t^{0.5}=A-R_{GE}\times t$

式中，S_t为瞬时消化道内含物湿重（gWW/100 g)，R_{GE}为排空率（gWW/100 g×h)，t为排空率实验开始后的时间（h)，A为常数。

本研究中，用回归曲线相关系数的平方值（r^2）检验各种排空模型对实测值的拟合程度；以综合指标 $r_s=\sum_{i=1}\frac{r_i}{n}$ 最大值为选择最佳排空模型的标准，式中 r_i为某一鱼种的r^2 值，n为实验鱼种数量。

2 结果

在排空实验中，不同温度下鳀鱼瞬间胃含物湿重随时间的变化见图1，图中的每一个黑点都代表这一组鱼的平均数。用直线、指数和平方根3种数学模型分别拟合不同温度下鳀鱼的摄食排空实验数据，可发现所有这 3 种数学模型的拟合结果都呈显著相关关系（$n=10$，$P<0.01$），但通过比较各模型拟合曲线的 r^2 值可发现，除在 12.5 ℃这一接近于鳀鱼最低适温下，指数模型较平方根和直线模型能更好地拟合其胃排空曲线（表 1）。综合评价结果则进一步表明，指数模型、平方根模型和直线模型对 4 个温度下鳀鱼的综合评价因子 r_s 分别为 0.905 7、0.898 7 和 0.867 7，显然指数模型最适于定量描述鳀鱼的摄食排空曲线，平方根模型次之，直线模型最差。

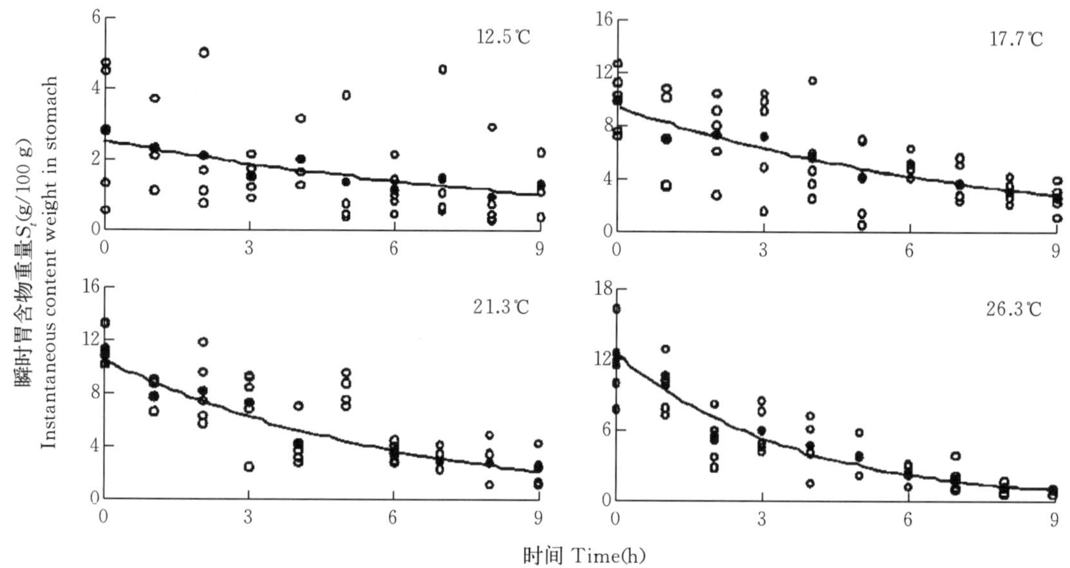

图 1 不同温度下鳀鱼的瞬时胃含物随时间的变化

Figure 1 The change of instantaneous remain food in the anchovy's stomachs with time

表 1 3 种数学模型对不同温度下鳀鱼胃排空曲线的拟合结果

Table 1 The fitting result of 3 experiential models to gastric evacuation curves under different temperature

实验温度（℃）Temperature	鱼体重（g）Body weight	排空模型 Model species	A	R_{GE}	r^2A	相关性检验 Relativity test
12.5	1.670±0.311	指数模型①	2.529	0.098	0.782 0	$P<0.01$
		平方根模型②	1.581	0.064	0.788 8	$P<0.01$
		直线模型③	2.480	0.170	0.786 4	$P<0.01$
17.7	1.545±0.432	指数模型	9.476	0.130	0.923 5	$P<0.01$
		平方根模型	3.016	0.150	0.918 5	$P<0.01$
		直线模型	8.870	0.710	0.899 2	$P<0.01$
21.3	1.590±0.344	指数模型	10.479	0.170	0.954 4	$P<0.01$
		平方根模型	3.159	0.914	0.928 6	$P<0.01$
		直线模型	9.723	0.916	0.890 0	$P<0.01$
26.3	1.707±0.410	指数模型	12.491	0.282	0.962 9	$P<0.01$
		平方根模型	3.239	0.268	0.959 0	$P<0.01$
		直线模型	9.814	1.126	0.895 2	$P<0.01$

注：① Exponent model；②Square-root model；③Beeline model。

从表1可见，在本实验温度范围内，随温度升高，鳀鱼胃排空率增大；对不同温度条件下所求得的鳀鱼胃排空率进行拟合（图2），发现两者之间的最佳拟合曲线为一指数方程：

$$R_{GE}=0.0354e^{0.0766T},\ R^2=0.9770,\ n=4,\ P<0.01$$

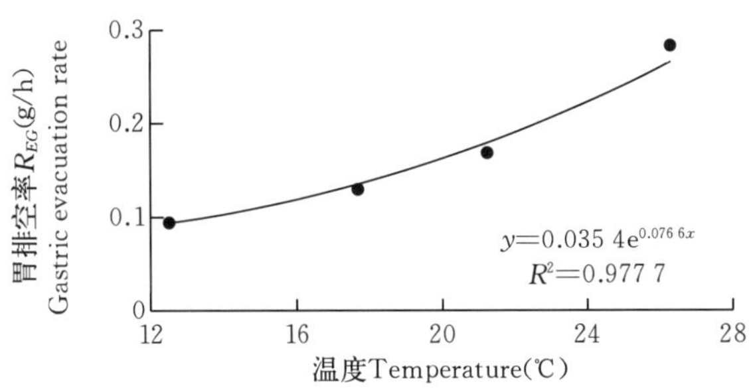

图2　鳀鱼胃排空率与温度的关系

Figure 2　The relationship between gastric evacuation rate of anchovy and temperature

如果用指数排空模型预测不同温度条件下鳀鱼胃内给定比例残余食物的时间结果，可发现排空至起始胃含物的1%，用时范围在25.3～56.8 h之间，差异非常之大。

3　讨论

鱼类的摄食排空方式及其影响因素复杂多样[8]，因此选择一个能较好地定量描述摄食排空规律的数学模型，一直是鱼类生态学迄今尚存在争议的问题[14,15]。目前文献中已使用的模型有十多种，但最经常使用的是指数模型、平方根模型和直线模型。Jobling[15]重新分析了许多业已发表的数据认为，指数模型在描述鱼类摄食粒度小、易消化食物的排空曲线时最好，而直线模型更适合较大的食物；Persson[16]和Elliott[17]则认为指数模型对一些大的食物也能很好地适合。鳀鱼属纯浮游动物食性的海洋中上层小型鱼类，其摄食特征满足指数排空模型的基本条件；另外，由于浮游动物各身体组织的易消化程度不同，在被鱼类摄入后，易消化组分很快被鱼体吸收，胃肠含物中浮游动物外壳等难吸收组分的比例越来越高，从而使消化速率逐渐降低，显然，上述3种模型中只有指数模型能较好地满足这一变化规律的描述。此前作者对赤鼻棱鳀、玉筋鱼、斑鰶和小鳞鱵4种浮游生物食性的海洋小型鱼类胃排空率进行了研究，结果表明指数模型同样能较好地描述其胃排空规律[11]。综合上述分析结果，作者认为，指数模型可能是描述浮游生物食性的海洋小型鱼类胃排空规律的最佳选择。

温度对鱼类胃排空率影响方面的研究已经有过在许多报道，但对海洋鱼类的研究尚比较少见。所有研究结果均表明，在适宜温度下，鱼类胃排空率随温度上升而增大；Kapoor等[18]认为，温度可能主要通过影响摄食率、消化酶水解活性、胃肠道活动强度、消化液分解速率和肠道吸收率，来影响鱼类的胃排空率。Smith等[19]和Ruggerone[20]用线性关系分别描述了狭鳕（*Theragra chalcogramma*）和银大麻哈鱼（*Oncorhynchus kisutch*）的排空率与温度的关系，但更多的研究表明排空率与温度呈指数相关[8,16,21,22]；而Hershery等[23]对黏杜父鱼（*Cottus cogntus*）的研究结果则发现，尽管指数函数和二次方程都能很好地描述其胃排空率与温度的相互关系，但二次方程比指数函数更好；Johnston等[24]对大眼梭鲈（*Stizostedion vitreum vitreum*）的研究结果也证明了这一结果。因此，他们认为排空率与其他生理过程一样也有最佳温度，以前研究中所得出鱼类胃排空率随温度上升，可能是由于测量温度低于其最佳温度，故建议应在更广泛的温度范围内考察排空率与温度之间的关系。与大部分研究结果相同，鳀鱼的胃排空率亦随温度上升呈指数增大趋势；前面已介绍过，东、黄海鳀鱼越冬场的温度在 11～13 ℃之间，而每年从 4 月中下旬开始进入近岸水域进行索饵繁殖，至 11 月开始离岸进行越冬洄游，此间所经历的最高温度一般不超过 26 ℃，故本研究温度范围基本涵盖了其生命周期中所经历的温度变化范围，足以描述东、黄海鳀鱼胃排空率随温度的变化规律；因此，无需像所建议的那样，在更广泛的温度范围内观察东、黄海鳀鱼胃排空率与温度之间的关系。

References

[1] Swenson W A，Smith L L. Gastric digestion，food consumption and food conversion efficiency in walleye，*Stizostedion vitreum vitreum*. J. Fish. Res. Bd. Can.，1973，30：1327－1336.

[2] Eggers D M. Factors in interpreting data obtained by diel sampling of fish stomachs. J. Fish. Res. Board. Can.，1977，34：290－294.

[3] Elliott J M，Persson L. The estimation of daily rates of food consumption for fish. J. Anim. Ecol.，1978，47：977－993.

[4] Jobling M. Mathematical models of gastric emptying and the estimation of daily rates of food consumption for fish. J. Fish. Biol.，1981，19：245－257.

[5] Hopkins T E，Larson R J. Gastric evacuation of three food types in the black and yellow rockfish *Sebastes chrysomelas* (Jordan and Gilbert). J. Fish. Biol.，1990，36：673－682.

[6] Haywar R S，Bushmann M E. Gastric evacuationrates for juvinile largemouth bass. Trans. Am. Fish. Biol.，1994，123 (1)：88－93.

[7] Flowerdew M，Grove D J. Some observations of the effect of body weight temperature，meal size and quality on gastric emptying time in turbout，*Scophthalmus maximus* (L.) using radiography. J. Fish. Biol.，1979，14 (2)：229－238.

[8] Zhang B，Sun Y，Tang Q S. Gastric evacuation rate of fish and its influence factors. Acta Ecologica Sinica，2001，21 (4)：665－670.

[9] Zhang B，Sun Y，Tang Q S. Gastric evacuation rate of black sea bream. *Chinese* J. App. Ecol.，2000，11 (2)：287－289.

[10] Zhang B，Sun Y，Tang Q S. Gastric evacuation rate of red sea bream. Mar. Fish Res.，1999，20 (2)：86－89.

[11] Sun Y，Liu Y，Yu M，et al. Gastric evacuation rate of 4 small-size fish species in Bohai and Yellow Sea. Ocean Et. Limn. Sinica，2002，33 (6)：679－684.

[12] Tang Q S，Su J L，et al. Study on ocean ecosystem dynamics in China，I. Key scientific questions and developing stratagem. Beijing：Science Press，2000：45－49.

[13] Deng J Y，Zhao C Y，et al. *Oceanofisheries Biology*. Beijing：Agriculture Press，1991：453－480.

[14] Jobling M. Mythical models of gastric emptying and implication for food consumption studies. Environ. Biol. Fish，1986，16：35－50.

[15] Jobling M. Influences of food particle size and dietary energy content on patterns of gastric evacuation in fish：test of a physiological model of gastric emptying. J. Fish. Biol.，1987，30：299－314.

[16] Persson L. The effects of temperature and meal size on rate of gastric evacuation in perch，*Perca*

fluviatilis, fed on fish larvae. Freshwater Biol., 1981, 11: 131-138.

[17] Elliott J M. Rates of gastric evacuation of piscivorous brown trout, *Salmo trutta*. Fresh Biol., 1991, 25: 297-305.

[18] Kapoor B G, Smith H, Verighina I A. The alimentary canal and digestion in teleosts. In: Russell F S, Yong M, eds. Advances in Marine Biology (Vol. 13). London: Academic Press, 1975: 109-239.

[19] Smith R L, Paul J M, Paul A J. Gastric evacuation in walleye Pollock, *Theragra chalcogramma*. Can. J. Fish Aquac. Sci., 1989, 46 (3): 489-493.

[20] Ruggerone G T. Gastric evacuation rates and daily ration of piscivorous coho salmon, *Oncorhynchus kisutch* Wakbaum. J. Fish Biol., 1989, 34: 451-463.

[21] Elliott J M. Rates of gastric evacuation in brown trout, *Salmo trutta* L. Freshwater Biol., 1972, 2: 1-18.

[22] Amundsen P A, Klemetsen A. Gastric evacuation rates and food consumption in a stunted population of Arctic charr, *Salvelinus alpinus* L., in Takvatn. Northern Norway. J. Fish Biol., 1988, 33: 697-709.

[23] Hershery A E, MacDonald M E. Diet and digestion rates of slimy sculpin, *Cottus cogntus*, in an Alaskan Arctic lake. Can. J. Fish Aquac. Sci., 1985, 42 (3): 483-487.

[24] Johnston T A, Mathias J A. Gut evacuation and absorption efficiency of walleye larvae. J. Fish Biol., 1996, 49 (3): 375-389.

参考文献

[8] 张波，孙耀，唐启升．鱼类的胃排空率及其影响因素．生态学报，2001，21 (4)：665-670.

[9] 张波，孙耀，唐启升．黑鲷的胃排空率．应用生态学报，2000，11 (2)：287-289.

[10] 张波，孙耀，唐启升．真鲷的胃排空率．海洋水产研究，1999，20 (2)：86-89.

[11] 孙耀，刘勇，于淼，等．渤、黄海 4 种小型鱼类摄食排空率的研究．海洋与湖沼，2002，33 (6)：679-684.

[12] 唐启升，苏纪兰．中国海洋生态系统动力学研究：I 关键科学问题与研究发展战略．北京：科学出版社，2000：45-49.

[13] 邓景耀，赵传絪，等．海洋渔业生物学．北京：农业出版社，1991：453-480.

Effect of temperature on the gastric evacuation rate of anchovy, *Engrauli japanicus*, in Yellow Sea and East Sea of China

SUN Yao[1], LIU Yong[1,2], YU Miao[1,2], TANG QiSheng[1]

(*1. Key Laboratory for Sustainable Utilization of Marine Fisheries Resources of Ministry of Agriculture, Yellow Sea Fisheries Research Institute, CAFS, Qingdao 266071, China; 2. Ocean University of China, Qingdao 266003, China*)

Abstract: The gastric evacuation rate (GER) of fish means the speed of food evacuated from stomach after feeding. It's usually used in combination with the contents in stomach of fish sampled continuously *in situ*, to estimate some important ecological parameters, such as daily ration, feeding periodicity and ecological conversion efficiency. Because the parameters obtained by above method are closer to natural state, many studies published since 1960's have focused on GRE. As the principal consumer of zooplanktons and the prey for many commercial fishes, Anchovy (*Engrauli japanicus*) is an important link in the ecosystem of Chinese Yellow Sea and East Sea. In order to determine its importance in trophic relationships, it is necessary to quantitatively estimate the food consumed by anchovy. So far, studies have been seldom dealt with GER of anchovy due to the difficulty of catching and domesticating the fish. So the first step in this study was to catch living anchovy and domesticate the fish in laboratory. Succeeded in solving the problem, the fish's GER and its change with temperature could be determined. The temperatures in the test ranged from 12.5℃ to 26.3℃, in the scope of natural temperatures suitable for anchovy. The tested fish was fed with young *Artemia salina* in acclimatizing period. Before GER determination, the tested fish was domesticated for 7d in test conditions until the fish's feeding inclined to normal. After being starved for 1d, the tested fish was fed with excessive food, and then 120 satiated fish transferred to a 0.5m^3 tank, in which test water had been filtrated through 500-mesh sieve. The test had started after the fish was put into the tank, and 5 fish were sampled every 1.5h, 10 times altogether. Fish samples were put into 10% formalin solution immediately, and used for determining the body weight, body length and content weight in stomach late. Based on the quantitative relation between sampling time and instantaneous content weight in stomach, the gastric evacuation model could be obtained. The goodness of fit of three mathematical models in common uses for the gastric evacuation, including linear, exponential and square root model, was compared. According to the statistical test, the three models could all fit quite well the gastric evacuation of anchovy at different temperatures ($n=10$, $R^2=0.7820 \sim 0.9629$, $P<0.01$). The further synthetic assessment indicated that the exponential model was best suitable for quantitatively describing the fish's gastric evacuation, square root model came second. The results were in keeping with those of other 4 species of small size and plankton-eater fish previously reported. The gastric evacuation rate tended to increase with temperature rise, and relationship between them could be described as $R_t=0.0354e^{0.0766T}$ ($n=4$, $R^2=0.9770$, $P<0.01$). If the time used to evacuate 99% of initial food remains in stomach were estimated with the exponential models, it could be found that the time range was between 25.3h and 56.8h.

Key word: Gastric evacuation rate; Temperature; Anchovy

赤鼻棱鳀的摄食与生态转换效率[①]

郭学武，唐启升
（中国水产科学研究院黄海水产研究所，青岛 266071）

摘要：1998 年 9 月利用对虾养殖土池中的赤鼻棱鳀进行了摄食与生态转换效率的观察研究。结果显示，赤鼻棱鳀是典型的浮游动物食性鱼类，偏食大型桡足类和介形类，无明显摄食节律性；消化道日均食物含量 1.219 6 g·(100 g)$^{-1}$·d^{-1}，排空率 0.314 1 g·(100 g)$^{-1}$·h^{-1}，日摄食量 10.813 5 g·(100 g)$^{-1}$·d^{-1}；食物转换效率 35.08%，能量转换效率 39.30%。渤海赤鼻棱鳀的年饵料需求量约为 87 000 t。研究结果表明，较高的生态转换效率保证了赤鼻棱鳀较高的生长率，因此较低的浮游动物生物量可支持这一鱼种较高的生产力，这被认为是渤海浮游动物生物量大幅下降的同时赤鼻棱鳀资源量却迅速增加的原因之一。

关键词：赤鼻棱鳀；摄食；生态转换效率

在渤海，传统经济鱼类已被小型中上层鱼类所替代，目前 4 个优势鱼类种群中有 3 个皆属小型中上层鱼类，即鳀鱼、黄鲫和斑鰶；赤鼻棱鳀的生物量从 1982 年的 1 680 t 增加到 1992 年的 2 280 t，增加 36%，从第 23 位上升到第 7 位，而在夏季则是第 5 大优势鱼类种群[1]。可见渤海生物资源的种类交替和质量下降，与小型中上层鱼类的资源变动密切相关，它们在渤海食物结构中扮演着重要角色。小型中上层鱼类多为浮游动物食性者，彼此是否存在激烈的种间食物竞争？渤海的浮游动物生物量 1992 年比 1982 年下降了 44%，却没有抑制这些鱼类资源量的大幅增长。研究赤鼻棱鳀的摄食和生态转换效率，将有助于认识小型中上层鱼类之间的食物关系，对次级生产力的捕食影响，在食物物流、能流过程中的作用，以及渔业资源优势种类交替规律。

1 材料与方法

1.1 材料来源

实验用赤鼻棱鳀发现于山东莱州中国对虾养殖土池，池面积约 15 000 m^2，水深 1.5 m。此土池在纳水时，由于非常规操作，进水口未加挂滤网，致使赤鼻棱鳀的受精卵或仔稚鱼从海区进人池内，在其中生长并成为优势鱼种。这为我们进行实验研究提供了便利条件。1998 年 9 月 4—28 日，利用该池中的赤鼻棱鳀进行了现场实验。

① 本文原刊于《水产学报》，24 (5)：422-427，2000。

1.2　生态转换效率

用 Eggers 模式[2]评估赤鼻棱鳀的摄食率，在此基础上计算生态转换效率。对于无明显摄食节律的鱼类，$D=MF \cdot ER \cdot 24$，式中 D 为日摄食量［$g \cdot (100\ g)^{-1} \cdot d^{-1}$］，$MF$ 为全消化道日均食物含量［$g \cdot (100\ g)^{-1} \cdot d^{-1}$］，$ER$ 为排空率［$g \cdot (100\ g)^{-1} \cdot h^{-1}$］，24 指每日 24 h。$D$、$MF$ 和 ER 均表示为湿态下百克体重所对应的量。

日摄食量与摄食率（C）的关系为 $C=D \cdot W/100$，式中 W 为体重。

1.3　摄食周率实验

9 月 4—28 日，每隔 2～3 d 在池内用围网取样、取样当天自 9:00 起每 3 h 取样一次，到第二天 9:00，共取 9 次。取样后立即麻醉并用 10%甲醛溶液固定。测定叉长、体重和全消化道重量（精度为 0.000 1 g 电子天平称重）。

1.4　饥饿实验

9 月 5—7 日和 9 月 21—22 日分别取 60 和 40 尾赤鼻棱鳀放入安置在虾池内的 300 目（孔径 54 μm）尼龙筛绢网箱（1 m^3）中。进入网箱内的水经网箱自身过滤，所以箱内无网采浮游动物饵料。赤鼻棱鳀在网箱中饥饿 36 h，取出后用 10%甲醛溶液固定。测定叉长、体重和空消化道重量（EDT），确定叉长-空消化道重量关系。根据叉长-空消化道重量关系和个体的叉长，计算个体空消化道重。全消化道重与空消化道重之差即为全消化道内含物重，全消化道内含物的量［CDC，$g \cdot (100\ g)^{-1}$］表示为湿态下百克体重对应的全消化道内含物重量。

1.5　排空率实验

用围网捕获赤鼻棱鳀约 100 尾，放入安置在虾池内的网箱（孔径 54 μm，1 m^3）中，同时取第一个样品（10 尾）。此后每隔 0.5～1 h 取一次样，每次至少 5 尾。全消化道内含物的量随排空时间（t）的变动可用指数函数表达，$\mathrm{CDC}=a \cdot e^{-b \cdot t}$，斜率 b 即排空率。

1.6　饵料选择性

在进行摄食周率取样的同一天，在 6:00、12:00 和 18:00 三个时刻进行虾池浮游动物取样。使用内径 70 mm、长 2 m 的取样管[3,4]在虾池 5 个点上取样，每点取 3 管。用 300 目（孔径 54 μm）金属筛网过滤后，5%甲醛溶液固定保存。分析浮游动物的种类和数量组成。另外，在测定摄食周率的样品时，留取胃肠较饱满个体的全消化道，分析其内含物种类及数量组成。用 Chesson α 饵料选择系数[5,6]确定赤鼻棱鳀的饵料选择性。

1.7　比能值测定

在实验开始阶段、中期阶段和结束阶段各收集一次环境浮游动物，方法是当虾池排水时，在池内靠近排水口的位置安放一 300 目的尼龙筛绢网，网口沉于水面以下并用 30 目的筛绢封闭，以防漂浮物及较大型的杂物入网。根据浮游动物的数量收集 1～2 h。去除杂物并经淡水洗去盐分，于 70 ℃下烘干 72 h，用 XRY-1 型氧弹仪测定比能值。赤鼻棱鳀排空

24 h后的样品，烘干后测定水分含量和比能值。

2 结果

赤鼻棱鳀的初始和终了大小根据 9 月 4—5 日和 9 月 27—28 日的测定数值确定，初始叉长 27.8～54.5 mm，平均为（38.69±7.78）mm，终了叉长 46.5～85.0 mm，平均为（64.45±5.83）mm；初始体重 0.170 0～1.471 7 g，平均为（0.517 9±0.372 3）g，终了体重 0.778 3～5.555 2 g，平均（2.187 8±0.746 0）g。

2.1 摄食周率

2.1.1 叉长与空消化道重量的关系

根据饥饿实验数据，将赤鼻棱鳀的空消化道重量（*EDT*）与个体的叉长（*FL*）作回归分析，获得叉长-空消化道重量相关关系，并确定净重（*W*）-空消化道重相关关系和叉长-净重相关关系（图 1）。这三种关系皆符合幂函数关系，分别为：

$$EDT=10^{-5}\cdot FL^{2.0524},\ R^2=0.811$$

$$EDT=0.039\cdot W^{0.6823},\ R^2=0.8508$$

$$W=6\times10^{-6}\cdot FL^{3.0499},\ R^2=0.9797$$

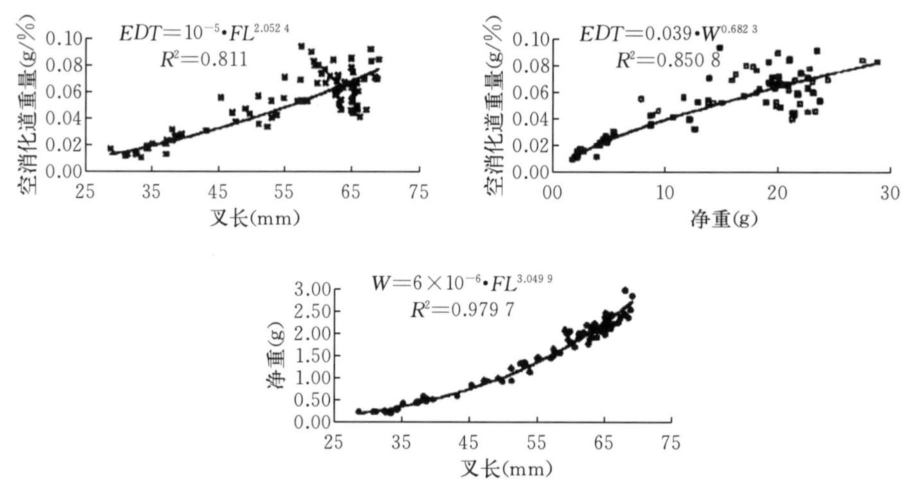

图 1 赤鼻棱鳀空消化道重量、叉长、净重相关关系

Figure 1 Interrelationship of empty digestive tract weight, fork length, and net body weight of *T. kammalensis*

2.1.2 摄食周率

赤鼻棱鳀摄食周率实验进行了 7 次（实验 1～7）。观测个体数 858 尾（包括表 1 中未列出的 10—11 日 95 尾和 23—24 日 116 尾），在每日平均值的基础上求得实验期间个体平均叉长 53.79 mm，平均净重 1.411 8 g。全消化道内含物量的日变动状况，反映出赤鼻棱鳀的摄

食不具明显的节律性（图 2）。全消化道内含物的量在夜间（21:00—3:00）虽然亦表现下降趋势，但与其他时间的摄食水平相比并没有显著差异。根据排空率证明赤鼻棱鳀在夜间也有明显的摄食行为。

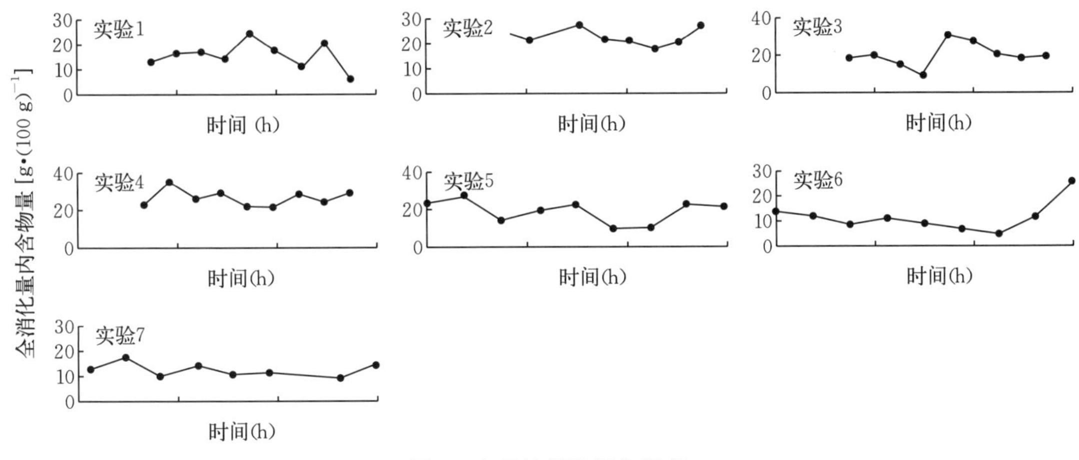

图 2 赤鼻棱鳀的摄食周率

Figure 2 Feeding periodicity of *T. kammalensis*

2.2 摄食率与饵料需求量

由于赤鼻棱鳀的摄食无明显节律性，所以采用 Eggers[2]模式来评估其摄食率。

2.2.1 全消化道日均食物含量

将每个实验 9 次取样的全消化道内含物量平均，获得每个实验的全消化道日均食物含量 *MF*（表 1）。实验期间全消化道日均食物含量变化不大，总平均值（1.219 6±0.392 7）g・(100 g)$^{-1}$・d^{-1}。体重、体长皆表现为线性生长（图 3）。

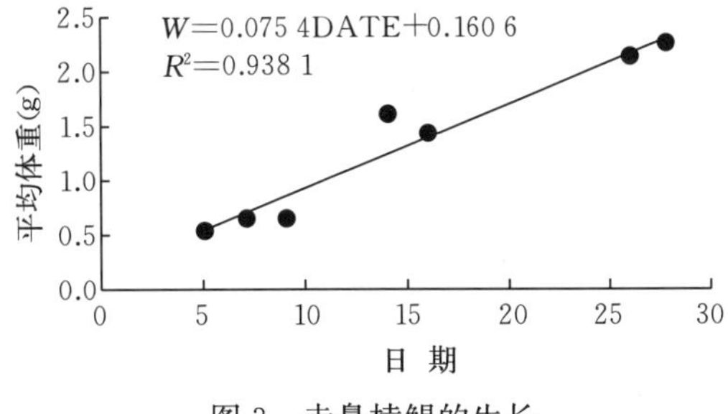

图 3 赤鼻棱鳀的生长

Figure 3 Body weight growth of *T. kammalensis*

$$W=0.0754 \cdot \mathrm{DATE}+0.1606,\ R^2=0.9381$$

$$FL=1.1251 \cdot \mathrm{DATE}+35.355,\ R^2=0.8765$$

式中 DATE 为实验天数。由上式获得体重和体长的生长率（*GR*）分别为 75.4 mg・d^{-1} 和 1.13 mm・d^{-1}。

表 1 赤鼻棱鳀摄食周率 7 次实验的水温、观测个体数、个体大小和全消化道日均食物含量

Table 1 7 trials of feeding periodicity. Show water temperature, number of fish tested, fish size and mean daily food content in complete digestive tract of *T. kammalensis*

日期（月.日）	水温（℃）	观测个体数	平均叉长（mm）	平均体重（g）	全消化道日均食物含量［g·(100 g)$^{-1}$·d^{-1}］
9.4—9.5	26.6	123	38.69±7.78	0.517 9±0.372 3	1.243 3±1.103 6
9.6—9.7	27.3	75	42.02±6.96	0.640 7±0.318 9	1.362 9±0.949 8
9.8—9.9	28.2	68	42.35±7.57	0.637 3±0.306 2	1.951 8±1.339 9
9.13—9.14	27.7	87	58.38±8.74	1.580 4±0.862 9	1.107 4±0.629 1
9.15—9.16	23.0	82	56.58±8.66	1.390 1±0.707 7	0.655 3±0.735 9
9.25—9.26	21.6	133	63.15±7.96	2.089 6±0.912 7	1.187 1±0.956 6
9.27—9.28	21.9	79	64.45±5.83	2.187 8±0.746 0	1.029 6±0.631 0

2.2.2 排空率

排空率实验共进行 4 次（表 2），观测个体数 219 尾，个体平均叉长 62.02 mm，平均体重 1.987 5 g。全消化道内含物随排空时间的变动如图 4 所示。按公式 $CDC=a\cdot e^{-b\cdot t}$分别求得 4 次实验的排空率，其平均值为 $ER=0.314\ 1$ g·(100 g)$^{-1}$·h^{-1}。

表 2 赤鼻棱鳀 4 次排空率实验的水温、观测个体数、个体大小和排空率

Table 2 4 trials of evacuation rate. Show water temperature, tested fish number, fork length and body weight of fish and evacuation rates of *T. kammalensis*

实验	日期	水温（℃）	观测个体数	平均叉长（mm）	平均体重（g）	排空率［g·(100 g)$^{-1}$·h^{-1}］
1	9.23	22.0	41	61.78±5.39	2.002 6±0.480 1	0.366 9
2	9.25	21.9	82	59.98±7.35	1.736 1±0.660 9	0.293 4
3	9.26	22.5	63	62.60±5.91	2.067 1±0.696 0	0.148 0
4	9.27	23.2	33	63.74±5.79	2.144 2±0.540 3	0.448 0
平 均				62.03	1.987 5	0.314 1

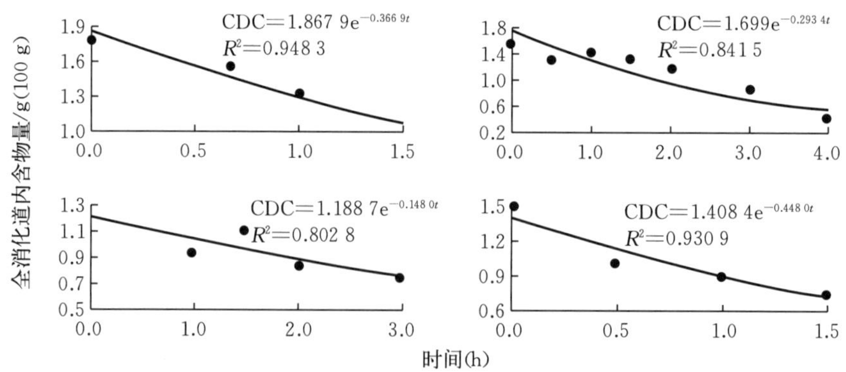

图 4 赤鼻棱鳀 4 次排空实验中全消化道内含物的量（CDC）随排空时间（*t*）的变化

Figure 4 Changes of complete digestive tract content (CDC) with time in 4 trials on the evacuation rate of *T. kammalensis*

2.2.3　摄食率

按公式 $D=MF\cdot ER\cdot 24$，求得赤鼻棱鳀日摄食量 $D=10.8135\ g\cdot(100\ g)^{-1}\cdot d^{-1}$。与排空率试验相对应的个体平均体重 $W=1.9875\ g$，按公式 $C=D\cdot W/100$ 计算得赤鼻棱鳀个体平均摄食率 $C=0.2149\ g\cdot d^{-1}$。

2.2.4　生态转换效率

食物转换效率（FCE）是生长率与摄食率之比，$FCE=100\cdot GR/C=35.08\%$。

经测定，干重下赤鼻棱鳀的比能值为 18.91 $kJ\cdot g^{-1}$，干湿比 25.6∶100。浮游动物的比能值为 17.28 $kJ\cdot g^{-1}$，干湿比按 25∶100 计[7]。从食物转换效率换算出能量转换效率（ECE）为 39.30%。

2.2.5　饵料需求量

据 1992 年调查资料，渤海赤鼻棱鳀的生物量为 2 200 t，按上述日摄食量计算，渤海赤鼻棱鳀的年饵料需求量约为 87 000 t，相当于 7 000 t 碳。

2.3　摄食选择性

赤鼻棱鳀消化道内含物的主要组分是桡足类（62.63%）、介形类（21.67%）和螺类（10.36%），这三类组分占饵料数量组成的 94.66%。其他种类还有蔓足类幼体、多毛类幼体、糠虾类、双壳类（0.26%）、头足类幼体（0.14%）等，约占数量组成的 5.34%。

环境当中浮游动物的种类组成与赤鼻棱鳀消化道内含物的种类组成基本一致，主要种类有螺类（35.96%）、桡足类（32.60%）、蔓足类幼体（15.32%）和多毛类幼体（11.69%），这四类组分占浮游动物数量组成的 95.57%。根据 Chesson α 饵料选择系数计算结果（表 3），赤鼻棱鳀特别偏食介形类，其次是大型桡足类（$\alpha>1/m$）。虽然也偏食其他种类（此处主要是双壳类和头足类幼体），但由于环境中数量极少，对其饵料的贡献并不大。环境当中的螺类、小型桡足类（包括桡足类幼体）、蔓足类幼体和多毛类幼体的数量虽然较大，但并非赤鼻棱鳀喜食种类（$\alpha<1/m$），对这些种类具有近似的选择系数。

表 3　赤鼻棱鳀消化道内含物组分（r）和环境浮游动物组分（p）以及饵料选择系数 α. m 是环境当中浮游动物的种类数

Table 3　Prey categorics in digestive tract of *T. kammalensis*, ambient zooplankton components（p）, and Chesson α. m is the number of ambient zooplankton kinds

种类	大型桡足类	小型桡足类	介形类	螺类	蔓足类幼体	多毛类幼体	糠虾类	其他
r（%）	61.92	0.71	21.67	10.36	1.34	0.91	2.54	0.55
p（%）	12.36	20.24	3.01	35.98	15.32	11.69	1.38	0.03
r/p	5.01	0.04	7.20	0.29	0.09	0.08	1.84	18.33
α	0.15	0.00	0.22	0.01	0.00	0.00	0.06	0.56
$\alpha-1/m$	0.03	−0.12	0.09	−0.12	−0.12	−0.12	−0.07	0.43

注：$m=8$。

3 讨论

赤鼻棱鳀的摄食周率表明这一鱼种无明显的摄食节律性。Eggers[2]模型特别适于评估具有这种摄食周率的鱼类的摄食率[8,9]。事实上 Eggers 模型本身不需要进行如本文这样的多次摄食周率重复实验。但在实验之前，是不清楚其摄食周率特征的，所以做了两种准备，要么使用 Eggers 模型，要么使用其他模型。

据本实验观测，赤鼻棱鳀是典型的浮游动物食性鱼类。这和李明德等人[10]的研究结果一致。但也有报道说赤鼻棱鳀除摄食浮游动物外还摄食圆筛藻、舟形藻等浮游植物，具有杂食性[11]。

赤鼻棱鳀的日摄食量为体重的 10.8%，属于一般（10%～30%）偏低水平[12,13]，但其生态转换效率却较高，达 39.3%。渤海水域的浮游动物生物量 1992 年比 1982 年下降了 44%①，而与此同时赤鼻棱鳀的生物量则增加了 36%[1]。为什么浮游动物生物量的减少并没有导致这一浮游动物食性鱼类的资源量减少呢？从生物调控角度来看，渤海食鱼鱼类资源量减少[1]使赤鼻棱鳀所承受的捕食压力相应减少是一重要因素，而赤鼻棱鳀较低的日摄食量和对浮游动物较高的生态转换效率则成为支持这一种群数量增长的另一重要因素。换言之，较低的浮游动物生物量可以支持较高的赤鼻棱鳀生产力。多种小型中上层鱼类在渤海同时得以发展[1]，可能是由于它们各具不同的摄食格局。赤鼻棱鳀对浮游动物的高效利用便可缓和与其他小型中上层鱼类的种间食物竞争，而以摄食沉积物为主的斑鰶[14]则更不易受到这种竞争的影响。

参考文献

[1] 金显仕，唐启升，渤海渔业资源结构、数量分布及其变化［J］. 中国水产科学，1998，5（3）：18-24.

[2] Eggers D M. Factors in interpretion data obtained by diel sampling of fish stomachs［J］. J Fish Res Board Can，1977，34：290-294.

[3] Bremigan M T，Stein R A. Experimental assessment of the influence of zooplankton size and density on gizzard shad recruitment［J］. Trans Am Fish Soc，1997，126：622-637.

[4] Lewis W M，Saunders J F. Two new integrating samplers for zooplankton，phytoplankton，and water chemistry［J］. Arch Hydrobiol，1979，85（2）：244-249.

[5] Chesson J. The estimation and analysis of preference and its relationship to foraging models［J］. Ecology，1983，64：1297-1304.

[6] DeVries D R，Stein R A. Complex interactions between fish and zooplankton：quantifying the role of an open-water planktivore［J］. Can J Fish Aquat Sci，1992，49：1216-1227.

[7] GB 12763.6—1991，海洋调查规范，海洋生物调查［S］. 北京：中国标准出版社出版，1991.104.

[8] Boisclair D. Sirois P. Testing assumptions of fish bioenergetics models by direct estimation of growth. consumption，and activity rates［J］. Trans Am Fish Soc，1993，122：784-796.

[9] Boisclair D，Leggett W C. An in situ experimental evaluation of the Elliott and Persson and the Eggers models for estimating fish daily ration［J］. Can J Fish Aquat Sci，1988，45：138-145.

[10] 李明德，张洪杰. 渤海鱼类生物学［M］. 北京：中国科学技术出版社，1991，141.

[11] 陈大刚．黄渤海渔业生态学［M］. 北京：海洋出版社，1991，505.

[12] Stewart D J，Binkowski F P. Dynamics of consumption and food conversion by Lake - Michigan alewives; an energetics-modeling synthesis [J]. Trans Am Fish Soc，1986，115：643 - 659.

[13] Swenson W A，Smith Jr L L. Gastric digestion，food consumption，feeding periodicity，and food conversion efficiency in walleye (*Stizostedion vitreum vitreum*) [J]. J Fish Res Board Can，1973，30：1327 - 1336.

[14] 郭学武，唐启升，孙耀等．斑鰶的摄食与生态转换效率［J］. 海洋水产研究，1999，20（2）：17 - 25.

Consumption and Ecological Conversion Efficiency of *Thrissa kammalensis*

GUO Xuewu，TANG Qisheng

(*Yellow Sea Fisheries Research Institute，CAFS，Qingdao 266071，China*)

Abstract: Consumption and ecological conversion efficiency of rednose anchovy. *Thrissa kammalensis*，was determined with samples of 38.69～64.45 mm in fork length and 0.517 9～2.187 8 g in body weight caught in an earthen pond for shrimp rearing. Being a typical zooplanktonvore，rednose anchovy preferred to feed large copepods and ostracods without distinct feeding rhythm. Daily food content in its complete digestive tract was 1.219 6 g · $(100\ g)^{-1}$ · d^{-1} on average，and its daily food consumption was 10.813 5 g · $(100\ g)^{-1}$ · d^{-1} with an evacuation rate of 0.314 1 g · $(100\ g)^{-1}$ · h^{-1}. Food and energy conversion efficiency of this fish was 35.08% and 39.30% respectively. In terms of its daily ration and abundance in the Bohai Sea，food requirement of rednose anchovy was deduced about 87 000 tones per year. Results indicate that high conversion efficiency ensures the anchovy high growth rate，and lower zooplankton abundance may support its higher productivity. That supplies a reason for that the stock of rednose anchovy increased rapidly while the biomass of zooplankton declined obviously in the Bohai Sea in recent years.

Key words: *Thrissa kammalensis*; Feeding; Ecological conversion efficiency

Eggers 胃含物法测定赤鼻棱鳀的摄食与生态转换效率①

孙耀，刘勇，张波，唐启升
（中国水产科学研究院黄海水产研究所，青岛 266071）

摘要：应用 Eggers 现场胃含物法，以卤虫幼体为饵料和在室内流水条件下，研究了渤海主要上层鱼类赤鼻棱鳀的摄食和生态转换效率等生态能量学特征。结果表明：①赤鼻棱鳀体重与空消化道重量的定量关系可用指数函数 $W=1.126\ 4e^{5.864 \cdot ESW}$ 加以定量描述，其瞬时全消化道内含物量可用公式 $S_t=100\times[SW-(\ln W-0.119\ 0)/5.864\ 0]/W$ 计算得到；②全消化道内含物随时间的变化趋势为 $S_t=1.783\ 7e^{-0.213\ 6t}$，瞬时排空率为 $R_t=0.213\ 6$ gWW/(100 g·d)；③按 Eggers 公式可求得日摄食量为 $C_d=(12.32\pm8.47)$ gWW/(100 g·d) 或 (32.88±19.59) kJ/(100 g·d)；④从赤鼻棱鳀的平均日生长量实测值 [$G_d=0.64$ gWW/(100 g·d) 或 2.73 kJ/(100 g·d)]，可求得其生态转换效率 $Eg=5.20\%$WW 或 8.30% kJ。

关键词：赤鼻棱鳀；摄食；生态转换效率

食物网营养级的生态效率取决于这一营养级上各种生物的生态转换效率，因此研究不同生物种的生态转换效率是研究海洋生态系统食物网营养动力学的基础[1-3]。随着简化食物网概念[4]被人们广泛接受，食物网中关键种的生态作用越来越受到重视。自 20 世纪 80 年代以来，一些小型中上层鱼类已逐渐演替为渤海鱼类生物资源主体[5,6]；1998 年对该海域鱼类资源调查结果进一步表明，赤鼻棱鳀（*Thyssa kammalensis*）为春季第一优势鱼种。赤鼻棱鳀属纯浮游动物食性的小型鱼类，同时也是渤海中上层大型鱼类的重要饵料生物，因此在渤海食物网营养动力学研究中扮演着重要角色。但迄今为止，尚未见有关赤鼻棱鳀生物能量学研究的报道。

摄食和生长是决定生态转换效率的两个基本变量，而胃含物法是测定鱼类上述两个生物学变量的重要现场方法[7]。但本研究在青岛近海的现场调查结果表明，自然群落赤鼻棱鳀体长均参差不齐 1.5～11 cm，采用这些调查数据估算短时间跨度内生长率和生态转换效率极为困难；因此，本研究将现场胃含物法移到室内大型玻璃钢水槽中，以卤虫幼体取代天然群落的浮游动物作为其饵料生物，测定了赤鼻棱鳀的摄食和生态转换效率。

1 材料与方法

1.1 材料来源与驯养

研究中所采用赤鼻棱鳀，系用围网捕获自渤海莱州湾近岸海域。由于该实验鱼种即使是

① 本文原刊于《生态学报》，23 (6)：1216-1221，2003。

体表面轻度受损，也难以在室内继续驯养，故尽量简化围捕至室内驯养的中间过程，避免离水操作。转移至室内大型玻璃钢水槽内的赤鼻棱鳀经浓度为 2～4 mg/L 氯霉素溶液处理后，在实验条件下驯养约 30 d，待摄食趋于正常后，开始实验。实验中采用目前海洋鱼类人工育苗普遍使用的卤虫幼体作为饵料生物，该卤虫幼体系用美国盐湖牌卤虫卵在 28～30 ℃下孵化而成，其孵化率＞95％。

1.2　实验装置和方法

将 Eggers[4] 现场胃含物法移入室内，在 2.5 m^3 玻璃钢水槽中的流水条件下进行；水槽内流水速率的调节，以槽内水体中 DO、NH_4－N、pH 值和盐度等化学指标与自然海水无显著差别为准。实验海水经沉淀和砂滤处理。每天 6:00 和 16:00 两次投饵；并通过在实验水体中始终保持稍许过量饵料生物，使赤鼻棱鳀的生态学参数在最大摄食水平下测得；饵料生物采用卤虫幼体。实验在（16.7±2.3)℃的温度下进行。实验中采用自然光照周期，经遮光处理后的最大光强为 250 lx。收集实验前后赤鼻棱鳀样品和刚摄食后消化道中卤虫幼体样品，经 70 ℃低温烘干、粉碎和全样过 20 目套筛后，进行能值和生化组成测定；能值是采用热量计（XYR－1）直接测定燃烧能方法测定，总氮与总碳是采用元素分析仪（P－E240C）测定，其他则按《食品卫生理化检验方法》（GB/T 5009—1996）进行测定。

1.2.1　胃含物测定实验

该实验每间隔 5 d 进行 1 次，共做 4 次；每次 24 h 连续取样，取样间隔时间为 3 h；取样量 5 尾；取样后立即用 10％福尔马林固定，然后测定其体重、体长和全消化道重量；然后利用体重或体长与空消化道重量的定量关系，估算全消化道内食物的重量。

1.2.2　排空率实验

在胃含物测定实验过半时，插入排空率实验。取饱食后实验鱼类 120 尾，置于洁净的玻璃钢水槽内进行排空率实验；该实验海水经脱脂棉和 300 目筛绢再过滤后进入水槽。实验自赤鼻棱鳀移入起始，每间隔 1.5 h 取样 5 尾，共取 10 次。余下的鱼继续放置 1 d，待其空胃后，测定体重或体长与空消化道重量的定量关系。

1.3　计算方法

日摄食量按 Eggers[8] 公式（1）进行估算：

$$C_d = 24 \times S \times R_t \quad (1)$$

式中，S 为 24 h 内平均全消化道内含物量；R_t 为瞬时排空率，如果以瞬时全消化道内含物量的自然对数值与所对应排空率实验时间进行线性回归，其线性回归方程的斜率就是 R_t 值。

日生长量（G_d）是将 24 d 的正式实验期间赤鼻棱鳀的重量变化与所对应的时间进行线性回归，然后由该回归方程计算得到。生态转换效率则可以由公式（2）求得[7]：

$$Eg = (C_d / G_d) \times 100\% \quad (2)$$

2 结果

2.1 实验生物的生化组成

赤鼻棱鳀及其消化道中卤虫幼体的生化组成见表 1。

表 1 赤鼻棱鳀及其消化道中饵料生物的生化组成

Table 1 Chemical composition of *Thryssa kammalensis* and food in digestive tract

生物种类 Species	水分 Water (%)	总氮 Total N (% DW)	总碳 Total C (% DW)	蛋白质 Protein (%DW)	脂肪 Fat (%DW)	灰分 Ash (%DW)	比能值 Energy content (kJ/g DW)
赤鼻棱鳀 *Thryssa kammalensis*	77.69	10.72	41.89	67.00	8.06	19.98	19.00
卤虫幼体 *Artemia nauplii*	85.09	8.83	51.90	55.19	9.48	9.90	17.90

注：DW 为干重 dry weight。

2.2 日摄食节律

5 次日摄食节律测定结果见图 1。其中，除第 1 次测定结果受实验操作干扰而不同于其他结果外，赤鼻棱鳀的摄食具有明显节律；在每天 12:00 和 20:00，其消化道内含物显著高于其他时间；平均摄食节律呈比较典型的正弦曲线波动趋势。

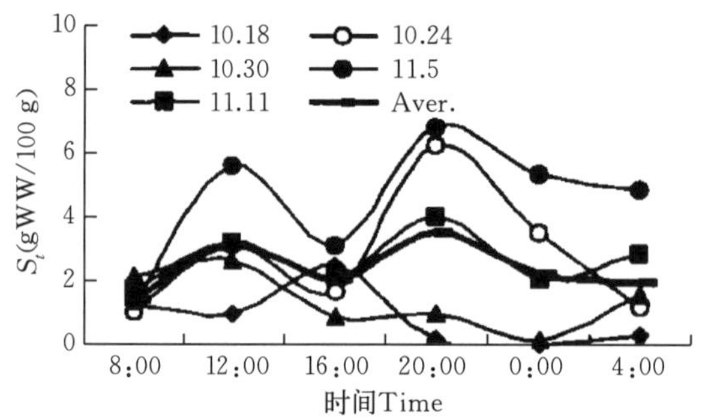

图 1 赤鼻棱鳀的日摄食节律

Figure 1 Diel feeding rhythm of *T. kammalensis*

2.3 摄食和生长调控模型

从图 2 可见，在其他实验条件恒定时，赤鼻棱鳀的最大摄食量并不是常数值，而呈不规则波浪式变化，且波高起伏较大；与摄食量相对应，体重同样呈波浪式上升趋势，也就是说，当最大摄食量上升时，特定生长率也增大，反之则降低。数项对其他鱼类的研究表明，在恒定的环境中，其最大摄食量和生长速率确实呈波浪式变化[9-12]。

2.4 体重、体长与空消化道重量的定量关系

从图 3 可见，体重或体长与空消化道重量的定量关系可分别用指数函数加以定量描述：

$$W=1.126\,4e^{5.864\,0 \cdot ESW},\ R^2=0.695\,9,\ df=49,\ P<0.01 \qquad (3)$$

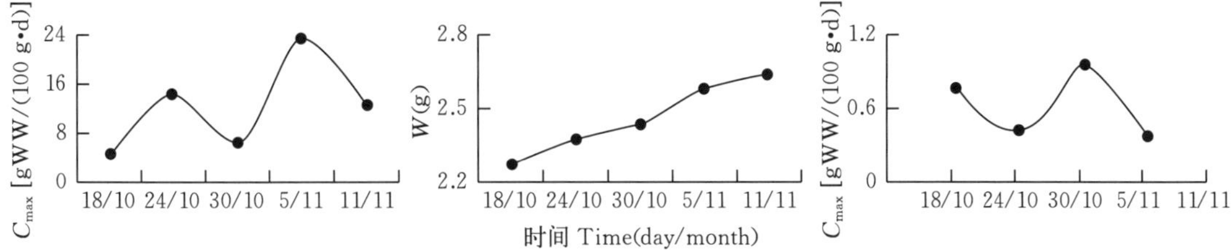

图 2　摄食量、体重和生长随时间的变化

Figure 2　The change of food consumption, body weight and growth at different growth periods

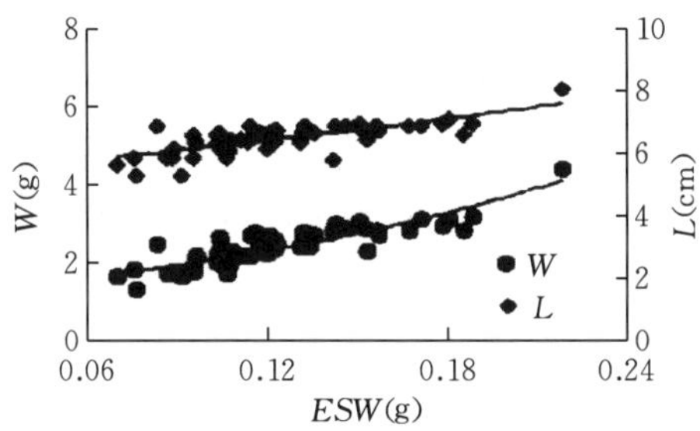

图 3　体重、体长与空消化道之间的关系

Figure 3　Relationship between body weight or length and the weight of empty stomach

$$L = 5.2452e^{1.5922 \cdot ESW},\ R^2 = 0.4866,\ df = 49,\ P < 0.01 \quad (4)$$

式中，W 为体重（g），L 为体长（cm），ESW 为空消化道重量。体重、体长与空消化道重量之间均为极显著相关关系，只是体重的相关性相对体长更为显著，因此，选择前者计算赤鼻棱鳀的瞬时全消化道内含物量（g/100 g WW），计算公式为：

$$S_t = 100 \times SW(ESW)/W = 100 \times [SW - (\ln W - 0.1190)/5.8640]/W \quad (5)$$

式中，S_t为瞬时全消化道内含物量，SW 为全消化道重量，W 为体重。

2.5　排空率的测定

排空率的测定结果见表 2。用以湿重为单位的全消化道食物瞬时含量与所对应的时间进行曲线回归分析，可得到两者之间的定量描述公式为：

$$S_t = 1.7837\ e^{-0.236t},\ R^2 = 0.8078,\ df = 7,\ P < 0.01 \quad (6)$$

如果将 $\ln S_t$与所对应的时间进行线性回归分析，则可得到其线性回归方程的斜率，即赤鼻棱鳀的瞬时排空率 $R_t = 0.2136$ gWW/(100 g · d)。

表 2　赤鼻棱鳀排空率的测算参数

Table 2　Observed evacuation rate at different sampling time

时间（h）Time	尾数（Num.）Sampling trails	$S_t \pm$S. D.（gWW/100 g）	$\ln S_t$
0	10	1.821 2±0.341 4	0.598 8
1.5	5	1.460 3±0.877 5	0.378 4
3.0	5	0.686 4±0.050 8	−0.385 7

（续）

时间（h）Time	尾数（Num.）Sampling trails	S_t±S. D.（gWW/100 g）	$\ln S_t$
4.5	5	0.470 1±0.181 1	−0.760 0
6.0	5	0.733 0±0.402 2	−0.314 7
7.5	5	0.630 0±0.614 8	0.478 0
9.0	5	0	—
10.5	5	0.118 2±0.101 7	−2.042 2
12.0	5	0	—

2.6 日摄食量估算

根据本实验中不同时期赤鼻棱鳀全消化道 24 h 平均食物含量的实测值，及上一节中所估算出的瞬时排空率 R_t值，按 Eggers 公式（1）可求得各实验时期赤鼻棱鳀日摄食量（表 3）。从表 1 可知，作为赤鼻棱鳀饵料生物的卤虫幼体水分含量为 85.09%，比能值为 17.90 kJ/gDW，则可求得以湿重或能值为单位表示的其在整个实验期内平均日摄食量 C_d=(12.32±8.47) g WW/(100 g · d) 或 (32.88±19.58) kJ/(100 g · d)；由于投喂方式保证了赤鼻棱鳀可以获得充足的饵料，所以这一结果可认为是其最大日摄食量。

表 3　赤鼻棱鳀全消化道日平均食物含量和日摄食量

Table 3　Daily average contents in stomach and daily ration

日期 Date (D/M)	体重（±S. D.）Body weight (g WW)	S±S. D. (g WW/100 g)	C_d [g WW/(100 g · d)]
18/10	2.37±0.46	0.87±0.86	4.44
24/10	2.38±0.61	2.83±2.01	14.50
30/10	2.44±0.32	1.32±1.31	6.79
5/11	2.58±0.52	4.52±2.02	23.18
11/11	2.64±0.62	2.67±1.96	12.70

2.7 日生长量及生态转换效率

对赤鼻棱鳀摄食量测定期间其体重变化与对应的时间进行线性回归分析，可得到二者之间的关系可用线性方程定量描述，即：

$$W_{t\,\mathrm{WW}}=0.015\,8\,t+2.175\,2,\ R^2=0.985\,5,\ df=3,\ P<0.01$$

由该式可求得赤鼻棱鳀的平均日生长量 G_d=0.64 g WW/(100 g · d)−1 或 2.73 kJ/(100 g · d)。由于已知赤鼻棱鳀的平均日摄食率和平均日生长量。按公式（1）可求得其生态转换效率 Eg=5.20% WW 或 8.30% kJ。

3 讨论

3.1 现场胃含物法在应用中也存在着许多操作细节上的差异[8,13-15]。起初 Eggers 模型被认为不太适合节律性很强的食鱼鱼类[8]，但后来的研究表明，这种观点过于保守；Elliott-

Persson 模型适合夜间不摄食且具有明显摄食节律的鱼类，其排空率的获得依赖于不摄食阶段；Boisclair & Leggett[16]通过比较研究发现，两种模型具有同等的准确性。由于实验模拟条件下，Eggers 模型具有取样次数相对较少。既大大简化了实验操作过程，又减少了对实验中赤鼻棱鳀的干扰。且排空率实验在室内条件下易于操作等优点。故在本研究中被采用。

3.2 Cui[10]依据对真鲹 *Phoxinus phoxinus* 的研究结果，提出了鱼类生长调控模型。即：在食物不受限制时，鱼类能够通过体内某种物质（如某一激素、血液指标、脂肪储存等）的变化来觉察“生长误差”，并予以调控；该假设预测，在食物不受限制且环境条件恒定时，鱼类摄食率及生长率呈波浪形变动，而体重呈阶梯式上升。本研究结果表明，这种体内调控而引起的鱼类摄食和生长的波浪形变化。同样适用于赤鼻棱鳀，只是这种波浪式变化不像上述假设预测那样规则，虽然波距表现较为恒定，但波高却有显著性差异。

3.3 鱼类胃排空方式复杂多样，从而决定了其胃排空率描述模型的多样性；目前较为常用的模型有：直线模型[17,18]，指数模型[19,20]，平方根模型[21]等；Jobling[22]分析了许多业已发表的数据后认为，指数模型在描述鱼类摄食粒度小、易消化食物的胃排空曲线时最好。而直线模型更适合较大的食物；Persson[23]和 Elliott[24]则认为指数模型对一些大的食物也能很好地适合。赤鼻棱鳀、斑鰶（*Clupanodon punctatus*）、玉筋鱼（*Thryssa kammalensis*）和小鳞鱵（*Hyporhamphus sajori*）都是渤、黄海具有代表性的小型中上层鱼类，由于这些鱼类均属浮游生物或有机碎屑食性为主，故它们的摄食应该满足指数胃排空模型的基本条件；本研究结果表明，应用指数模型的确能较好地描述赤鼻棱鳀的胃排空速率，但是否同样适用于食性相近的其他鱼类还有待于进一步研究。

3.4 鱼类的食物转换效率一般为 10%～30%或更高[18-22,25]。本研究中所得到赤鼻棱鳀的生态转换效率 Eg＝5.20% WW 或 8.30% kJ，低于一般鱼类食物转换效率的低限。对黑鲷（*Acanthopagrus schlegeli*）、黑鲪（*Sebastes schlegeli*）等海洋鱼类的研究结果表明[26,27]，即使在适宜温度范围内，食物和能量转换效率均随温度上升呈倒 U 形变化趋势；依据赤鼻棱鳀于 5 月份后进入黄海近岸内湾产卵索饵和 11 月份离岸越冬的生态习性[28]，可粗略推算其适宜温度在 11～27 ℃之间；由于本实验温度接近于赤鼻棱鳀的适宜温度下限，故其生态转换效率测定结果低于一般鱼类低限的原因，可能与实验温度偏低有关。

参考文献

[1] Tang Q S. Research on marine food web and trophodynamics between high trophic levels. In：Tang Q S，Su J L，et al. eds. Study on ocean ecosystem dynamics in China. Ⅰ. Key scientific questions and developing stratagem. Beijing：Science Press，2000：45－49.

[2] Christensen V，Pauly D. Ecopath Ⅱ. Ecol. Modeling，1992，61：160－185.

[3] Walters C，et al. Structuring dynamic models of exploited ecosystems from trophic mass-balance assessments. Rev. Fish. Biol. Fish.，1997，7：139－172.

[4] Steele J. The structure of marine ecosystems. Oxford：Blackwell Scientific Publication，1974.

[5] Deng J Y，Meng T X，Ren S M，et al. Species composition，abundance and distribution of fishes in the Bohai Sea. Mar. Fish. Res.，1988，9：10－89.

[6] Jin X S，Tang Q S. The structure，distribution and variation of the fishery resources in the Bohai Sea. Chin. J. Fish. Sci.，1998，5（3）：18－24.

[7] Eggers D M. Factors in interpretion data obtained by diel sampling of fish stomachs. J. Fish. Res. Board Can.，1977，34：290-294.

[8] Cui Y B. Bioenergetics of fishes：theory and methods. Acta Hydrobio. Sinca，1989，113（4）：369-383.

[9] Brown M E. The growth of brown trout（*Salmo trutta* Linn.）Ⅱ. The growth of two-year-old trout at a constant temperature of 11.5℃. J. Exp. Boil.，1946，22：130-144.

[10] Cui Y. Bioenergetics and growth of a teleost *Phoxinus phoxinus*（Cyprinidae）. Ph. D. thesis，University of wales，Aberystwy，1987.

[11] Farbridge K J，Leatherland J F. Lunar cycles of coho salmon，*Oncorhynchus kisuich* I. Growth and feeding. J. Exp. Biol.，1987，129：165-178.

[12] Wagner G F，McKeown B A. Cyclical growth in juvenile rainbow trout. Can. J. Zool.，1985，63：2473-2474.

[13] Boisclair D，Sirois P. Testing assumptions of fish bioenergetics models by direct estimation of growth，consumption，and activity rates. Trans. Amer. Fish. Soc.，1993，122：784-796.

[14] Elliott J M，Persson L. The estimation of daily rates of food consumption for fish. J. Ani. Eco.，1978，47：977-991.

[15] Madon S P，Culver D A. Bioenergetics model for larval and juvenile walleyes：an *in situ* approach with experimental ponds. Trans. Amer. Fish. Soc.，1993，122：797-813.

[16] Boisclair D，Leggett W C. An *in situ* experimental evaluation of the Elliot and Persson and the Eggers models for estimating fish daily ration. Can. J. Fish. Aquat. Sci.，1988，45：138-145.

[17] Hopkins T E，Larson R J. Gastric evacuation of three food types in the black and yellow rockfish，*Sebastes chrysomelas*（Jordan and Gilbert）. J. Fish. Biol.，1990，36：673-682.

[18] Swenson W A，Smith L L. Gastric digestion，food consumption，feeding periodicity，and food conversion efficiency in walleye（*Stizostedion vitreum vitreum*）. J. Fish Res. Board Can.，1973，30：1327-1336.

[19] Durbin E G，Durbin A G，Langton R W，et al. Stomach contents of silver hake，*Merluccius bilinearis*，and Atlantic cod，*Gadus morhua*，and estimation of their daily ration. Fish. Bull.，1983，81：437-454.

[20] Elliott M. Rate of gastric evacuation in brown trout，*Salmo trutta* L. Fresh Biol.，1972，2：1-18.

[21] Jobling M. Mathematical models of gastric emptying and the estimation of daily rates of food consumption for fish. J. Fish. Biol.，1981，19：245-257.

[22] Jobling M. Influences of food particle size and dietary energy content on patterns of gastric evacuation in fish：test of a physiological model of gastric emptying. J. Fish. Biol.，1987，30：299-314.

[23] Persson L. The effects of temperature and meal size on rate of gastric evacuation in perch. *Perca fluviatilis*，Fed on fish larvae. Fresh Biol.，1981，11：131-138.

[24] Elliott J M. Rates of gastric evacuation of piscivorous brown trout，*Salmo trutta*. Fresh Biol.，1991，25：297-305.

[25] Stewart D J，Binkowski F P. Dynamics of consumption and food conversion by Lake Michigan alewives：an energetics-modeling synthesis. Trans. Amer. Fish. Soc.，1986，115：643-659.

[26] Sun Y，Zhang B，Chen C，et al. Growth and ecological conversion efficiency of *Sprus macrocephalus* and their mainly affecting factors. Mar. Fish. Res.，1999，20（2）：7-11.

[27] Sun Y，Zhang B，Guo X W，et al. Growth and ecological conversion efficiency of Black snapper（*Sabastodes fuscescens*）and mainly affecting factors. Chin. J. Appl. Ecol.，1999，10（5）：627-629.

Food Consumption, Growth and Ecological Conversion Efficiency of *Thryssa kammalensis*, Determined by Eggers Model in Laboratory

SUN Yao, LIU Yong, ZHANG Bo, TANG QiSheng
(Yellow Sea Fisheries Research Institute, Chinese Academy of Fisheries Science, Qingdao 266071)

Abstract: Rednose anchovy, *Thryssa kammalensis* (Bleeker) is a small-size marine pelagic fish species, feeding mainly on zooplankton. Due to the decline of traditional economic fish resources, the fish species has become an important fishery resources in the offshore area in the middle and north part of Yellow Sea in recent years. Studies on its ecological energetics could provide basic data for quantifying dynamic process of food web and establishing corresponding nutrition dynamic model for the started research project- "GLOBEC" on the East Sea and Yellow Sea.

Simulated test in laboratory by taking individual fish as study object is the main method of getting fish energetics parameters at present. This method has the advantages of simplicity, less cost, and easiness of controlling experiment conditions. Due to the significant differences in the environment conditions between laboratory and nature, however, the determined parameters are generally difficult to reflect the actual situation in nature. *In situ* stomach content method is another important kind of methods of getting the ecological energetics parameters of fish. As obtaining the basic data is mainly by means of investigating on the spot, the parameters determined by the methods are relatively close to nature conditions. Among those methods, both Eggers and Elliott-Persson models have been proved to be comparatively more successful. But so far, because time and quantitative sampling *in situ* is much difficult, there was little data determined by this method. Although both of the above-mentioned models have coordinative veracity, Eggers model is more maneuverable due to its simplified sampling process.

The ecological energetic parameters of including food consumption, growth, and ecological conversion efficiency were determined in laboratory by using Eggers stomach content method. The results indicated that: Relationship between the body weight and corresponding empty stomach weight could be described as $W = 1.126\ 4\ e^{5.864 \cdot ESW}$, and instantaneous food content in stomach could be calculated by the following formula $S_t = 100 \times [SW - (\ln W - 0.119\ 0)/5.864\ 0]/W$. Relationship between instantaneous food content in stomach and corresponding time could be described as $S_t = 1.783\ 7\ e^{-0.213\ 6t}$, and instantaneous gastric evacuation rate could be represented as $R_t = 0.213\ 6$ gWW/(100g · d). Food consumption could be calculated, according to Eggers' formula, C_d = (12.32 ± 8.47) gWW/(100 g · d) or (32.88±19.59) kJ/(100g · h). Based the determined value of growth [G_d=0.64 gWW/(100 g · d) or 2.73 kJ/(100 g · d)], ecological conversion efficiency could be obtained by the formula Eg=5.20% WW or 8.30% kJ.

Key words: Food consumption; Growth; Ecological conversion efficiency; *Thryssa kammalensis*

不同饵料条件下玉筋鱼摄食、生长和生态转换效率的比较①

刘勇[1,2]，孙耀[1]，唐启升[1]

（1. 中国水产科学研究院黄海水产研究所，青岛 266071；
2. 中国水产科学研究院东海水产研究所，农业部海洋与河口渔业重点开放实验室，上海 200090）

摘要： 将 Eggers 模型移入实验室大型玻璃钢水槽中，采用 3 种室内可能得到的实验饵料：冷冻细长脚蛾（*Themisto gracilipes*）、天然成体卤虫（*Artemis salina*）和小黄鱼糜（fish silage），在流水条件下，比较黄渤海主要中上层小型鱼类玉筋鱼（*Ammodyte personatus*）对上述 3 种饵料的摄食、生长和生态转换效率等生态能量学特征。结果显示，3 种饵料中，虽然玉筋鱼对细长脚蛾的能量生态转换效率较高，但是其湿重摄食量[g/(100 g・d) FW]和能量摄食量［kJ/(100 g・d)］都比较低，生长情况较差；卤虫的食物生态转换效率较高，湿重摄食量较多、生长情况较好；鱼糜的能量摄食量较多，生长情况介于两者之间，但其生态转换效率均较低。与自然生长的玉筋鱼相比，摄食卤虫的玉筋鱼较接近于自然生长。研究结论认为，室内玉筋鱼的模拟实验，在不能获得自然活体饵料的情况下，卤虫不失为一个理想的选择。

关键词： 摄食；生长；生态转换效率；饵料；玉筋鱼

渔业资源的过度开发，使资源遭破坏，资源质量下降，资源结构发生变化。传统的经济鱼类逐渐被一些低等、生长速度快的小型鱼类所代替，并且这些小型鱼类逐渐演变为黄渤海的鱼类生物资源主体[1]。近几年鱼类资源调查和渔业数据统计结果显示，玉筋鱼（*Ammodyte personatus* Girard）的资源量大幅度上升，捕捞量由 1998 年的 15 万 t 迅速上升到 1999 年的 50 万 t，成为该海域继鳀鱼（*Engraulis japonicus*）之后最大的渔业资源[2]。玉筋鱼为浮游生物食性的小型鱼类，其摄食的浮游生物种类多、范围广[3]，同时它又是许多大中型鱼类的重要饵料生物，在黄渤海食物网结构中扮演着重要角色。对玉筋鱼的生态能量学进行研究，将为定量黄渤海食物网物流、能流动力学过程和建立生态系统动力学模型，提供重要的基础资料。

玉筋鱼属中上层小型鱼类，极易受伤死亡，故其活体获取非常困难，这种鱼的室内驯养和研究工作较少开展。自从李军等[4]对铺沙养玉筋鱼的方法进行探讨后，为玉筋鱼的室内个体研究奠定了基础。杨纪明等[5]应用室内个体方法研究了包括玉筋鱼在内的一个简单食物链

① 本文原刊于《中国水产科学》，12（3）：260-266，2005。

能量流动，即金藻→卤虫→玉筋鱼→黑鲪（*Sebastodes fuscescens*）；孙耀等[6]则以卤虫幼体为饵料，应用室内群体条件下的胃含物法进行了玉筋鱼生态能量学方面的研究。玉筋鱼的自然饵料不包含卤虫，因此采用卤虫作为其饵料是否合适，是决定室内玉筋鱼模拟实验是否有实际意义的关键性问题。本实验采用室内可能获得的 3 种典型饵料，进行玉筋鱼的生长实验，旨为对此问题进行探讨并提供实验证据。

1 材料与方法

1.1 材料

实验在中国水产科学研究院黄海水产研究所的青岛市麦岛实验基地进行，所用玉筋鱼均是在该实验基地近岸海域用定置网捕获而得。为降低玉筋鱼的受损伤亡率，尽量简化捕获玉筋鱼至室内驯养的中间过程，避免离水操作。将捕获的玉筋鱼转移至室内大型玻璃钢水槽内，在实验条件下驯养约 1 周，待存活率稳定、摄食正常后，开始正式实验。

1.2 实验设计

将玉筋鱼移入室内 2.5 m^3 的玻璃钢水槽中，在流水条件下进行驯养实验。水槽内流水速率的调节，以槽内水体的主要化学指标与自然海水无显著差别为准，一般流速不低于 24 m^3/d。实验海水经过沉淀和砂滤处理后输送到各实验水槽。实验在水温（20.40±0.95）℃下进行，实验中采用自然光照周期（2002 年 6 月 1 日至 2002 年 6 月 21 日），最大光强为 250 lx。收集实验前后玉筋鱼样品和 3 种投喂饵料样品，经 70 ℃低温烘干、粉碎和过 20 目套筛后，进行能值测定；能值采用热量计（XYR-1）测定。实验采样用 10%的福尔马林溶液进行固定。样品称重采用压电式单盘电子天平（Model BP221S，Sartorius），其最大称重量 220 g，称量精密度±0.000 1 g。

1.3 饵料及投喂方法

投喂的饵料有 3 种：一种是用细网目定置网具在麦岛近海捕获，经−20 ℃冷冻保存的细长脚蛾；一种是天然成体卤虫；另一种是小黄鱼糜。每天 6:00 和 16:00 投饵 2 次，在实验水体中始终保持过量饵料生物。

1.4 胃含物测定

目前使用较多的胃含物模型为 Eggers[7]模型和 Elliott-Persson[8]模型。这 2 种模型具有同等的准确性[9]，而 Eggers 模型具有取样次数相对较少，既能简化实验操作，又能减少对实验鱼的干扰，故本实验采用 Eggers[7]模型。每间隔 5 d 进行 1 次，共做 5 次；每次 24 h 连续取样，取样间隔时间为 3 h；取样量为每次 20 尾；取样后立即用福尔马林溶液固定，待实验结束后再对其体长、体重和胃含物重量等数据进行测定。

因玉筋鱼的个体偏小，故胃含物用全消化道内含物代之。取被固定的鱼类样品，测定其体长、体重和消化道内含物重量。消化道内含物的定量方法如下：取出整个消化道（包括食道、胃、肠道），用吸水纸吸干水分后称湿重，然后洗去消化道内食物，再称取空消化道重量，两个重量之差即为消化道内含物重量。

1.5 排空率测定

在胃含物测定实验过半时，插入排空率实验。取饱食后实验鱼 80 尾，置于洁净的玻璃钢水槽内进行排空率实验；该实验海水经脱脂棉和 300 目筛绢再过滤后进入水槽。实验自玉筋鱼移入始，每间隔 1 小时取样 5 尾，共取 11 次（注：卤虫排空实验时因损伤较大，只取了 9 次），每次取样后立即用福尔马林溶液固定，固定样品待实验后再测，测定方法同上。

常用的鱼类胃排空模型有：线性模型[11,12]、平方根模型[13]和指数模型[7,14]等。指数模型是用得最普遍的一种[15,16]，比其他模型能更好地描述鱼类的胃排空[17]，且当鱼类捕食小型、低能的食物时尤其适用[18]，因此本实验采用了指数模型来描述玉筋鱼的胃排空速率。

1.6 计算方法

日摄食量按 Eggers[7]公式 $C_d=24\times S\times R_t$ 进行估算，式中，S 为 24 h 内平均全消化道内含物量；R_t 为瞬时排空率，以瞬时全消化道内含物量的自然对数值与所对应排空率实验时间进行线性回归，回归方程的斜率即为 R_t 值。日生长量（G_d）是将实验期间玉筋鱼的重量变化与所对应的时间进行线性回归，该回归方程的斜率就是 G_d 值。生态转换效率则可以由公式 $Eg=(G_d/C_d)\times 100\%$ 求得[10]。

2 结果与分析

2.1 实验生物的水分及能值

玉筋鱼和投喂饵料的水含量和干物质能含量的测定结果见表 1。

表 1 玉筋鱼和投喂生物的水含量及能含量

Table 1 Water and energy contents in *Thryssa kammalensis* and feed organisms

生物种类 Biologic species	水分/% Moisture	能含量/(kJ · g^{-1}DW) Energy content
玉筋鱼 *Ammodyte personatus*	78.48	19.00
细长脚蛾 *Themisto gracilipes*	91.57	11.94
卤虫 *Artemis salina*	86.16	13.56
鱼糜 Fish silage	75.09	18.70

2.2 排空率

玉筋鱼对 3 种饵料瞬时全消化道内含物量与时间之间的关系，即排空曲线，如图 1 所示。描述图 1 曲线的回归方程、统计参数、排空率的测定参数及结果见表 2。

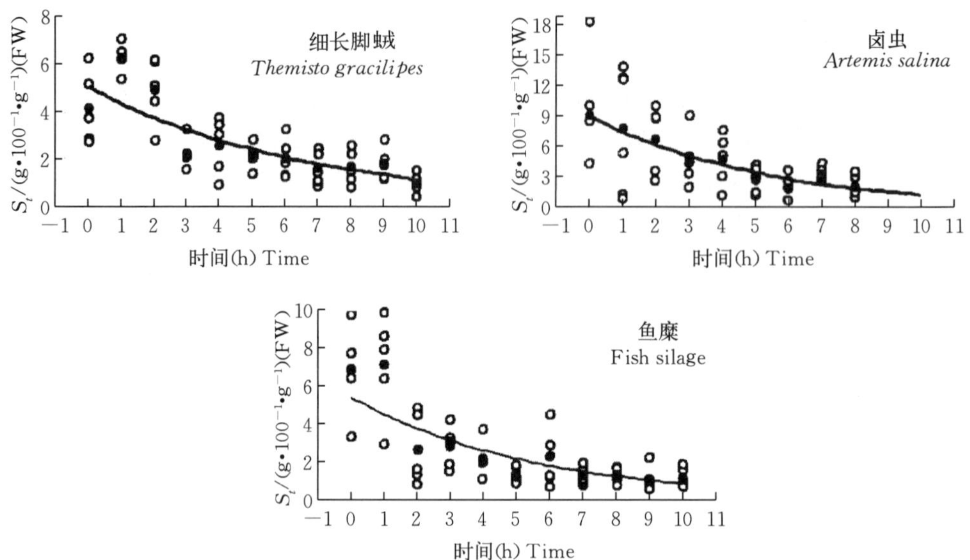

图1 玉筋鱼投喂不同饵料条件下的排空曲线

S_t. 消化道食物含量 ●. 食物含量均值 ○. 食物含量采样值

Figure 1 Gastric evacuation curves in sandlances fed with three different kinds of food

S_t. food content in gut ●. average food content ○. sampling food content

表2 玉筋鱼不同饵料条件下排空率的测算参数

Table 2 Determined and calculated parameters of the evacuation rate with three different kinds of food

饵料种类 Food species	测定尾数 N	体重/g (FW) Body weight	回归方程 Regression equation	R_t	R^2	P
细长脚蝛 *Themisto gracilipes*	55	0.90±0.30	$S_t=5.0314e^{-0.1493t}$	0.1493	0.8248	<0.01
卤虫 *Artemis salina*	45	0.90±0.30	$S_t=9.0757e^{-0.1887t}$	0.1887	0.8664	<0.01
鱼糜 Fish silage	55	0.81±0.29	$S_t=5.4579e^{-0.1746t}$	0.1746	0.8052	<0.01

注：R_t为瞬时排空率；R^2 为相关指数；测定水温 21 ℃。

Notes: R_t means instantaneous evacuation rate; R^2 means relation index; water temperature 21 ℃.

2.3 日摄食量估算

根据本实验中不同时期玉筋鱼全消化道 24 h 平均食物含量的实测值，及 2.2 中所估算出的瞬时排空率 R_t值，按 Eggers 公式可求得各实验时期玉筋鱼的湿重平均日摄食量（表3）；再据表1所列饵料生物细长脚蝛、卤虫、鱼糜的水分含量及干物质能含量值，可以求出以能值为单位的平均日摄食量（表4）。可以看到，3 种饵料中不管是以湿重还是以能量计的平均日摄食量，细长脚蝛的值都最低，卤虫的最高。由于投喂方式保证了玉筋鱼可以获得充足的饵料，所以这些结果可认为是其最大日摄食量。

表 3　3 种饵料条件下的玉筋鱼全消化道 24 h 平均食物含量和日摄食量（2002 年）

Table 3　Daily average contents in stomach and daily rations fed with three different diets（2002）

饵料 Food species	项目 Item	日期 Data 1 June	6 June	11 June	16 June	21 June	平均 Average
细长脚蛾 *T. gracilipes*	*BW*/g	0.453 4±0.172 0	0.527 7±0.230 9	0.670 2±0.233 0	0.668 5±0.250 4	0.708 4±0.275 3	0.575 6±0.245 2
	S_t	3.846 5±2.680 5	4.214 9±3.036 6	4.960 7±2.239 7	4.843 0±2.756 4	2.939 0±1.872 5	4.203 3±2.696 1
	C_d	13.782 7	15.103	17.775	17.353 5	10.530 9	14.909
卤虫 *A. salina*	*BW*/g	0.416 1±0.142 2	0.563 0±0.227 4	0.762 9±0.209 4	0.787 3±0.252 3	1.120 6±0.307 7	0.681 6±0.326 7
	S_t	4.483 3±3.387 4	6.656 2±4.513 7	5.432 6±3.692 6	3.712 0±2.714 91	0.123 3±6.253 6	5.929 7±4.667 8
	C_d	20.303 9	30.144 7	24.603 3	16.811	45.846 6	27.541 9
鱼糜 Fish silage	*BW*/g	0.504 1±0.162 8	0.559 6±0.229 8	0.690 1±0.239 7	0.785 4±0.203 7	0.837 8±0.112 4	0.631 7±0.233 6
	S_t	4.631 5±3.729 1	4.012 1±2.488 5	7.887 3±5.043 8	4.048 1±3.197 2	4.276 8±2.157 3	4.892 7±3.761 0
	C_d	19.407 8	16.812 2	33.051	16.963	17.921 4	20.831 1

注：S_t为消化道食物含量/($g \cdot 100^{-1} \cdot g^{-1}$)（FW）；$C_d$为日摄食量/($g \cdot 100^{-1} \cdot g^{-1}$)（FW）。

Notes：S_t means food content in gut/($g \cdot 100^{-1} \cdot g^{-1}$)（FW）；$C_d$ means daily food consumption/($g \cdot 100^{-1} \cdot g^{-1}$)（FW）.

表 4　玉筋鱼不同饵料条件下的摄食、生长和生态转换效率

Table 4　Food consumption，growth and conversion efficiency of sandlance with three different kinds of food

饵料种类 Food species	C_d g/(100 g·d)（FW）	C_d kJ/(100 g·d)	G_d g/(100 g·d)（FW）	G_d kJ/(100 g·d)	*Eg* %（FW）	*Eg* %（kJ）
细长脚蛾 *Themisto gracilipes*	14.91±2.94	15.00±2.96	2.22	9.09	14.92	60.59
卤虫 *Artemis salina*	27.54±11.38	51.72±21.37	4.77	19.50	17.31	37.69
鱼糜 Fish silage	20.83±6.91	97.01±32.17	2.82	11.52	13.53	11.87

注：C_d为日摄食量；G_d为日生长量；*Eg* 为生态转换效率。

Notes：C_d means food consumption per day；G_d means growth per day；*Eg* means conversion efficiency.

2.4　日生长量及生态转换效率

对玉筋鱼摄食量测定期间其体重变化与对应的时间进行线性回归分析，二者之间的关系可用线性方程定量描述：

细长脚蛾：$W_t=0.012\,8\,t+0.477$，$R^2=0.870\,8$，$N=5$，$P<0.01$

卤虫：　　$W_t=0.032\,5\,t+0.403$，$R^2=0.940\,6$，$N=5$，$P<0.01$

鱼糜：　　$W_t=0.017\,8\,t+0.497$，$R^2=0.978\,5$，$N=5$，$P<0.01$

式中，W_t为鱼体重，t为投喂时间（h）。由上述方程式可求得不同饵料条件下玉筋鱼的平均日生长量（G_d）。由于已知玉筋鱼的平均日摄食量，按公式 $Eg=(C_d/G_d)\times100\%$可求得其生态转换效率（Eg），结果如表 4 所列。比较可以看出，投喂细长脚蛾的玉筋鱼生长最缓慢，而投喂卤虫的玉筋鱼生长最快；投喂细长脚蛾的玉筋鱼能量生态转换效率最高，而投喂卤虫的食物生态转换效率最高。

3 讨论

实验采用了冷冻细长脚蛾、自然成体卤虫、鱼糜 3 种饵料，这些饵料都是在室内实验条件下可能采用的几种典型饵料。玉筋鱼是以浮游动物为主要食物的海洋小型鱼类，细长脚蛾是其所食天然浮游动物的主要品种之一[19]，选择细长脚蛾作饵料接近玉筋鱼的自然状况。采用活体细长脚蛾是最理想的选择，但因是群体实验，周期较长，难以保证足量的活体细长脚蛾，所以只能采用冰冻的细长脚蛾来投喂。在中国海洋鱼类苗种人工培育中，幼体卤虫通常被用作前期饵料，也常常被用来作为小型鱼类的实验饵料[20-23]，用幼体卤虫作为饵料的生长实验在前一年的同时期已经做过；本实验所采用的卤虫是盐场自然生长的成体卤虫，旨为进行成体与幼体卤虫的比较。鱼糜是一般养殖生产企业常用的饵料，它的制作工艺简单，获取方便，因此也常被室内实验所采用[23-25]。

从本实验结果（表 4）可见，投喂冰冻细长脚蛾的摄食状况欠佳，摄食量最少，生长情况也最差；摄食鱼糜的玉筋鱼摄食量虽然较高，但其生态转换效率不管是按湿重还是按能量计算在 3 种饵料中都是最低的；投喂卤虫的玉筋鱼摄食状况良好，生态转换效率较高，生长情况最好。实验中观察发现，投喂卤虫的玉筋鱼体色呈浅黄色，体态大而饱满，活动敏捷，摄食迅猛；而投喂另外两种饵料的玉筋鱼体色黯黑，体形瘦小，反应迟钝，摄食不积极。实验的同时，在野外捕获一批自然条件下生长的玉筋鱼，把室内玉筋鱼的生长与它们进行了比较（图 2），投喂两种卤虫的玉筋鱼丰满度比投喂其他两种饵料的更接近自然情况。通过上述比较明显看出，卤虫是此 3 种饵料中最适合投喂玉筋鱼的饵料。

按常规，玉筋鱼摄食自然饵料的生长应好于替代饵料[26]，导致本实验不同结果的原因可能有两方面。首先，未采用细长脚蛾活体是其主要原因，冰冻的细长脚蛾大大影响了玉筋鱼的摄食；其次，冰冻的细长脚蛾在解冻过程中流失了许多有机质，减少了营养成分，不利于玉筋鱼的生长。因此室内玉筋鱼实验在没有自然活体饵料的情况下，投喂卤虫是一种较好的选择。另外与投喂幼体卤虫生长比较，摄食成体卤虫的玉筋鱼更接近自然（图 2），可见成体卤虫比幼体卤虫更合适于投喂玉筋鱼。

不论是相对摄食率、相对生长率还是食物生态转换效率，摄食卤虫的值都要比摄食细长脚蛾的要高。但是能量生态转换效率的情况却相反，湿重为参数的生态转换效率容易受到其他因素的影响[27-28]，而以能量为参数，可以较稳定地反映事物的实质。玉筋鱼摄食细长脚蛾的能量转化成身体有机质能量的比例相比卤虫要高，这个结果表明，细长脚蛾确实是玉筋鱼的天然饵料，它能使各个食物层次之间的生态转换效率达到最优状态，这是生态平衡的最终选择结果[29]。

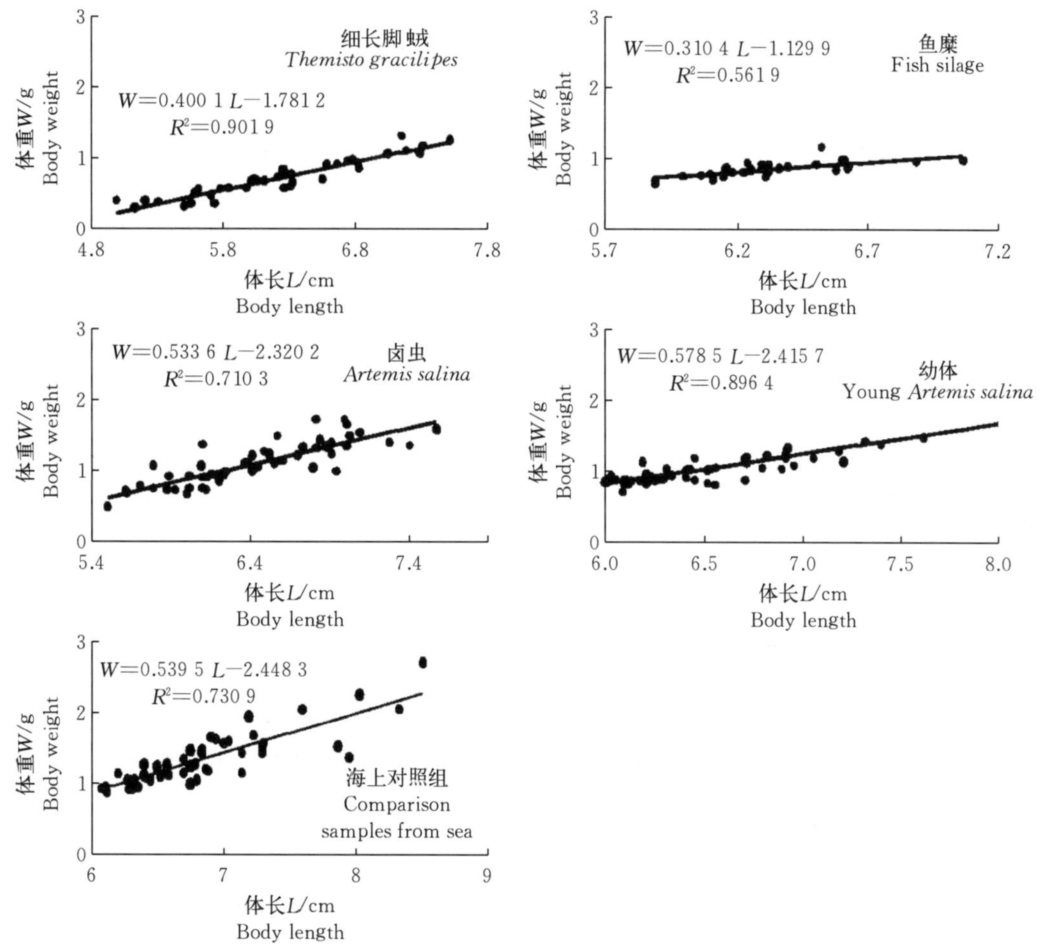

图 2　3 种不同饵料投喂下玉筋鱼的生长情况与自然生长情况的比较

Figure 2　Growth comparison between nature and sand lances fed with three different kinds of food in lab

参考文献

[1] 金显仕，唐启升．渤海渔业资源结构、数量分布及其变化 [J]. 中国水产科学，1998，5 (3)：18-24.

[2] 陈昌海，唐明芝．黄海的玉筋鱼资源及其渔业 [J]. 海洋渔业，2000，22 (2)：71-72.

[3] 林景祺．毛鳞鱼、灯笼鱼类、玉筋鱼生态和资源 [J]. 海洋科学，1994，(4)：23-25.

[4] 李军，杨纪明，刘镜恪．玉筋鱼养活实验——水底铺沙法 [J]. 海洋科学，1997，(3)：8-9.

[5] 杨纪明，周名江，李军．一个海洋食物链能流的初步研究 [J]. 应用生态学报，1998，9 (5)：517-519.

[6] 孙耀，于淼，张秀梅，等．室内模拟条件下的胃含物法测定玉筋鱼摄食与生态转换效率 [J]. 海洋水产研究，2004，25 (1)：41-47.

[7] Eggers D M. Factors in interpretion data obtained by dielsam-pling of fish stomachs [J]. J Fish Res Board Can，1977，34：290-294.

[8] Elliott J M，Persson L. The estimation of daily rates of food consumption for fish [J]. J Ani Eco，1978，

47：977－991.

[9] Boisclair D，Leggett W C. An *in situ* experimental evaluation of the Elliot and Persson and the Eggers models for estirnating fish daily ration [J]. Can J Fish Aquat Sci，1988，45：138－145.

[10] 崔奕波．鱼类生物能量学的理论与方法 [J]. 水生生物学报，1989，113 (4)：369－383.

[11] Bajkov A D. How to estimate the daily food consumption of fish under natural conditions [J]. Trans Amer Fish Soc.，1935，65：288－289.

[12] Daan N. A quantitative analysis of the food intake of North Sea cod，*Gadus morhua* [J]. Neth J Sea Res，1973，6：479－517.

[13] Jobling M. Mathematical models of gastric emptying and the estimation of daily rates of food consumption for fish [J]. J Fish Biol，1981，19：245－257.

[14] Durbin E G，Durbin A G，Laton R W，et al. Stomach contents of silver hake，*Merluccius bilinearis*，and Atlantic cod，*Gadus morhua*，and estimation of their daily ration [J]. Fish Bull，1983，81：437－454.

[15] Tyler A V. Rates of gastric emptying in young cod [J]. J Fish Res Board Can，1970，27：1177－1189.

[16] Elliott J M. Rate of gastric evacuation in brown trout，*Salmo trutta* L. [J]. Fresh Biol，1972，2：1－18.

[17] Persson L. Patterns of food evacuation in fishes：a critical review [J]. Env Biol Fish，1986，16：51－58.

[18] Jobling M. Mythical models of gastric emptying and implications for food consumption studies [J]. Env Biol Fish，1986，16：35－50.

[19] 韦晟，姜卫民．黄海鱼类食物网的研究 [J]. 海洋与湖沼，1992，23 (2)：182－192.

[20] Seale A. Bleshrimp (Artemia) as satisfactory live food for fishes [J]. Trans Am Fish Soc，1933，63：129－130.

[21] Rollefsen G. Artificial rearing of fry of seawater fish [C]. Preliminary Communication，Rapp P v Reun Cons Perm Int Explor Mer，1939，109－133.

[22] 宋兵，陈立侨，高露姣，等．延迟投饵对杂交鲟仔鱼生长、存活和体成分的影响 [J]. 中国水产科学，2003，10 (3)：222－226.

[23] 张雅芝，谢仰杰，徐广丽，等．不同饵料条件下花尾胡椒鲷仔稚鱼的生长发育及存活 [J]. 集美大学学报（自然科学版），2004，9 (1)：17－21.

[24] 姜志强，张两．花鲈人工育苗及当年养成技术研究 [J]. 大连水产学院学报，2001，16 (4)：257－261.

[25] 高淳仁，雷霁霖．不同脂肪源对真鲷幼鱼生长，存活及体内脂肪酸组成的影响 [J]. 中国水产科学，1999，6 (3)：55－60.

[26] 沈国英，施并章．海洋生态学 [M]. 北京：科学出版社，2002：128－130.

[27] 孙耀，张波，唐启升．摄食水平和饵料种类对黑鲪能量收支的影响 [J]. 海洋水产研究，2001，22 (2)：32－37.

[28] 孙耀，郑冰，张波，等．日粮水平和饵料种类对黑鲷能量收支的影响 [J]. 海洋水产研究，2002，23 (1)：5－10.

[29] 孙儒泳，李博，诸葛阳，等．普通生态学 [M]. 北京：高等教育出版社，1993：209－211.

Comparison of Food Consumption, Growth and Conversion Efficiencies among Sandlance (*Ammodyte personatus* Girard) Fed with Different Kinds of Food

LIU Yong[1,2], SUN Yao[1], TANG Qisheng[1]

(*1. Yellow Sea Fisheries Research Institute, Chinese Academy of Fishery Sciences, Qingdao 266071, China;*

2. Key and Open Laboratory of Marine and Estuarine Fisheries, Ministry of Agriculture, East China Sea Fisheries Research Institute, Chinese Academy of Fishery Sciences, Shanghai 200090, China)

Abstract: This experiment was conducted in Qingdao Maidao Experiment Base of Yellow Sea Fisheries Research Institute, Chinese Academy of Fishery Sciences. The sandlances (*Ammodyte personatus* Girard) in the experiment were caught by fixation net from alongshore sea area. After being transferred into large steel-glass tanks in lab, the fish were domesticated for about one week. The water in tanks was flowing, and its velocity was not less than 24 m^3/d based on the guideline that the water chemical target could be similar to that of the nature. The sea water was deposited and sieved by sand firstly, and then were transferred to tanks. The average water temperature was (20.40 ± 0.95)℃. Whole experiment was under nature light cycle. After the fish had been adapted to the environment, the experiment started. During the experiment the fish were fed with three kinds of food, i. e. *Themisto gracilipes*, *Artemis salina* and fish silage, which were accessible under lab conditions. They were fed everyday twice at 6: 00 and 16: 00 to overmuch so as to ensure the ecological energetic parameters of sandlance could be got under the largest food consumption condition. Gastric content sampling method in field was transformed in lab. For each measurement 20 samples were collected at 3-hour intervals, and this measurement period was 24 h. This experiment was conducted every 5 d, and there were 5 times in total. At the middle of this experiment, gastric evacuation experiment was made. Five samples were taken every one hour, and there were 11 sampling times totally. In all of above experiments, when sandlances were sampled, they must be put into formalin solution immediately to be fixed. The parameters, such as body length, body weight, gastric food content and so on were measured after all these experiments were finished. Since sandlance body was so small, gastric food content was substituted by whole gut food contents. The gut food contents were measured by following steps: first, the whole gut including gullet, stomach and intestine were weighed up after dried by absorb-water paper; second, they were weighed up again after the food in it was cleaned up; last the gut food contents could be got by the difference between above two weights. In data treatment, the selected gastric evacuation model was exponential model because it was better to describe the gastric evacuation of fishes, and it was the most appropriate for those fishes which always eat small, low energy foods. Because it needed less samples, simple operation and had little disturbances to fishes, Eggers'model was adopted. Daily food consumption (C_d) was calculated by Eggers' equation $C_d = 24SR_t$. where S meant 24h gut food contents and R_t meant instantaneous evacuation rate; daily growth was the slope of the regressing equation which was got from regression between body weight and time; conversion efficiency (Eg) was calculated by equation $Eg = (G_d/C_d)$ 100%, where G_d meant equation regression. Food consumption, growth and conversion efficiency were compared among different feed groups. The results indicated that the conversion efficiency of energy in sandlance fed with *Themisto gracilipes* was the highest, but the highest conversion efficiency of day matter was that of sandlance fed with *Artemis salina*. The lowest food consumption, in wet weight and in energy was observed in those fed with *Themisto gracilipes* which showed the lowest growth. On the other hand, those fed with *Artemis salina* consumed the most food in wet weight, and grew very quickly. The food consumption of energy of those fed with fish silage was high, and the growth rate was between above two, but the conversion efficiency was too low. Moreover fish condition factors showed that the growth of the sandlance fed with *Artemis salina* was the most similar to that of nature. So if live sandlance nature food is inaccessible, *Artemis salina* can replace Sandlance's nature food in lab.

Key words: Food consumption; Growth; Conversion efficiency; Feed; *Ammodyte personatus*

斑鰶的摄食与生态转换效率①

郭学武，唐启升，孙耀，张波
（中国水产科学研究院黄海水产研究所，青岛 266071）

摘要：1998 年 9 月在山东省莱州市过西镇，对养虾池中斑鰶（*Clupanodon punctatus*）（叉长 49.0～130.0 mm，体重 1.38～27.39 g）的摄食与生态转换效率进行了研究。采用 Elliott-Persson（1978）方法，从研究斑鰶的摄食周率出发，对其排空率、摄食率以及食物转换效率进行了定量。结果显示，斑鰶属白天摄食类型，摄食高峰在每日的 15:0—18:00 时。从 18:00 时至翌日 3:00 时，全消化道内含物（占体重的百分比）随时间的变动为 $DCW=3.086\,2\cdot e^{-0.270\,9T}$，排空率为 0.270 9 gW. W./(100 gW. W. ·h)。用指数函数能更好地描述斑鰶的摄食率与体重的相关关系，$C=4.162\,7\cdot e^{0.120\,4W}$，$R^2=0.844\,8$。斑鰶个体日均摄食量为 0.904 6 g，生长率为 0.149 4 g/d，食物转换效率为 16.5%，能量转换效率＞30%。研究结果表明，应用 Elliott-Persson 模型研究某些白天摄食类型的鱼类摄食时，可以只利用从傍晚到黎明这段时间的全消化道（或胃）内含物的变动资料。根据日粮和季节生物量，计算出渤海斑鰶的年饵料需求量约为 16 万 t，这意味着渤海斑鰶每年可把大约 16 万 t 的海洋沉积物通过摄食搬运离开海底，对生态系统的沉积物再悬浮以及水-底物质交换具有重要意义。作者认为，斑鰶的沉积碎屑食性和杂食性，使它对食物环境的变化（如浮游动物大量减少）具有灵活适应性，保证了种群的大量增长。

关键词：斑鰶；摄食；生态转换效率；Elliott-Persson 模型；饵料需求量

小型中上层鱼类已替代传统的经济鱼类成为近年渤海渔获物主体，渤海的 4 个优势鱼类种群中有 3 种皆属小型中上层鱼类，杂食性的斑鰶便是其中之一（金显仕等，1998）。在渤海生物资源种类交替频繁，资源质量下降的情况下，斑鰶等小型中上层鱼类在渤海食物网结构中已扮演着重要角色。研究斑鰶的摄食、生长和食物转换效率，有助于认识斑鰶在渤海食物网物流、能流过程中的作用，为深入研究渤海生态系统提供基础资料。

了解鱼类的摄食周率（消化道内含物在一日之内的变动）及其消化道排空率是定量研究鱼类日摄食量的基础（Eggers，1977；Boisclair & Leggett，1988）。Elliott-Persson（1978）方法为现场研究鱼类摄食提供了便捷途径，已被广泛应用（Post，1990；Madon & Culver，1993；Boisclair & Sirois，1993）。本文通过现场实验，从研究摄食周率出发，定量斑鰶的摄食、生长和食物转换效率。

① 本文原刊于《海洋水产研究》，20（2）：17-25，1999。

1 材料与方法

1.1 材料来源

实验用斑鰶取自莱州市过西镇一中国对虾养殖池，池面 15 000 m^2，春季虾池纳潮时斑鰶的受精卵或仔稚鱼从海区进入此虾池，在其中生长并成为优势鱼种。1998 年 9 月 4—28 日，利用此池中的斑鰶进行了现场实验。

1.2 摄食周率

自 9 月 4 日开始每隔 2～3 d 在池内用围网取样，取样当天自 9:00 时起每 3 h 取样一次，到第 2 天 6:00，共取 9 次。每次取 10～20 尾，在保证样品数量的前提下，尽量减小围网滤水面积，以减少对鱼的惊扰。取样后立即用 10%福尔马林固定。测定叉长、体重和全消化道重量。使用电子天平（精度 0.000 1 g）称重。

1.2.1 食物组成

测定过程中，选择约 50 条最为饱满的消化道，分析食物组成；实验阶段从渔港码头收集来自海上的斑鰶样品，比较食物组成。

1.2.2 饥饿实验

9 月 9—10 日和 9 月 24—25 日分别取 100～150 尾斑鰶放入置于虾池边的玻璃钢水缸（1 m^3）中。水缸中的海水业经漂白液——硫代硫酸钠中和处理，以保证水体中不含有生物饵料。斑鰶在此水缸中饥饿 30 h，取出后用 10%福尔马林固定。测定叉长、体重和全消化道重量，以确立叉长-空消化道重量关系。用此关系式来估算每条鱼的全消化道内含物的重量。

1.3 排空率

根据 Elliott-Persson（1978）方法求排空率。从摄食周率变动曲线上找出鱼的不摄食阶段，并假定这段时间内全消化道内含物重量 DCW 按指数减少：

$$DCW_t = DCW_0 \cdot e^{-ER \cdot t} \tag{1}$$

DCW_t 和 DCW_0 分别为不摄食阶段结束和开始时刻全消化道内含物重量（表示为体重的百分比），t 为不摄食阶段的时间（小时数），对这段时间内全消化道内含物随时间的变化做回归分析，求得排空率 ER。

1.4 摄食率

按下式计算：

$$C = [(DCW_T - DCW_0 \cdot e^{-ER \cdot T}) \cdot ER]/(1 - e^{-ER \cdot T}) \tag{2}$$

此处的 DCW_T 和 DCW_0 分别为摄食阶段结束和开始时刻全消化道内含物重量（表示为体重的百分比），T 为摄食阶段的时间（小时数）。根据每 24 h 重复取样所得鱼的平均体重 W，用回归方法建立 C 与 W 的关系方程。

2 结果

实验所取斑鰶的初始叉长 51.0～110.0 mm，平均 80.0 mm，终了叉长 81.5～125.0 mm，平均 96.2 mm；初始体重 1.578 0～17.147 0 g，平均 6.705 7 g，终了体重 6.020 9～24.155 8 g，平均 10.292 0 g。

2.1 食物组成

镜检饱满消化道中的食物，发现斑鰶的消化道内含物主要是池底沉积物。消化道饱满的个体，幽门盲囊中也皆充满了这种沉积物，整个消化道呈深灰色。检查发现，这些饱满的消化道中浮游动物平均<40 只/尾，其中浮游动物幼体约占 20%，按每万只浮游动物 200 mg 湿重计算（郭学武，1999），约 0.8 mg，这不足斑鰶消化道内含物平均重量的 0.1%。其他成分为沉积碎屑，含有大量不能被消化吸收的砂粒。来自海上的样品显示其食物为海底沉积物。可见斑鰶的食物来源主要不是浮游动物，而是沉积物当中的有机成分。

2.2 摄食周率

2.2.1 叉长与空消化道重量关系

利用饥饿实验数据，将斑鰶的空消化道重量与个体的叉长做回归分析，获得叉长-空消化道重量关系式，同时确定叉长-体重关系和体重-空消化道重关系。分析结果见图 1。

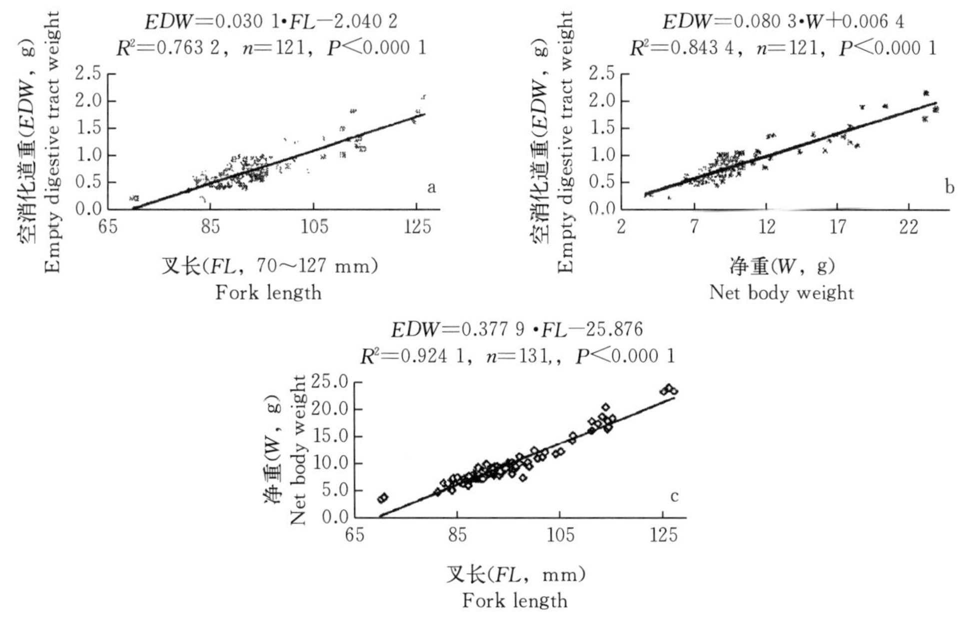

图 1 斑鰶体长、体重、空消化道重相互关系

a. 叉长-空消化道重关系 b. 体重-空消化道关系 c. 叉长-体重关系

Figure 1 Interrelations between body weight, fork length and empty digestive tract weight of dotted gizzard shad

a. Fork length to empty digestive tract weight b. Net body weight to empty digestive tract weight c. Fork length to net body wight

根据叉长-空消化道关系，计算个体空消化道重和全消化道内含物占体重的百分比。9次实验的测算结果见表1。

表1 9月4—28日9次实验的测算数值

Table 1 Data of dotted gizzard shad in 9 experiments from 4 to 28, Sep.

取样日期 Sampling date	平均水温 Mean water temperature (℃)	观测个体数 Number	平均叉长 Mean fork length (mm)	平均体重 Mean body weight (gW. W.)	空消化道平均重 Mean weight of empty digestive tract (gW. W.)	全消化道内含物均重 Mean weight of complete digestive tract content (gW. W. /100 gW. W.)
1998年9月4—5日	26.6	116	80.42	6.705 7	0.430 4	2.277 4
1998年9月6—7日	27.3	74	60.79	2.539 5	0.247 1	0.960 4
1998年9月8—9日	28.2	115	70.68	4.737 1	0.385 0	1.886 2
1998年9月10—11日	28.3	90	94.03	11.506 8	0.799 9	2.537 2
1998年9月13—14日	27.7	77	91.64	8.880 0	0.718 1	0.563 5
1998年9月15—16日	23.0	70	92.37	8.818 2	0.746 1	1.247 9
1998年9月23—24日	21.9	72	95.05	9.973 7	0.820 8	2.213 9
1998年9月25—26日	21.6	90	96.43	10.294 5	0.862 4	2.449 9
1998年9月27—28日	21.9	114	96.17	10.292 0	0.854 6	1.958 6

2.2.2 摄食周率

斑鰶全消化道内含物重量随时间变动状况如图2所示。摄食周率反映出斑摄食主要是在每日的6:00—18:00，且一般于下午15:00—18:00达到高峰。

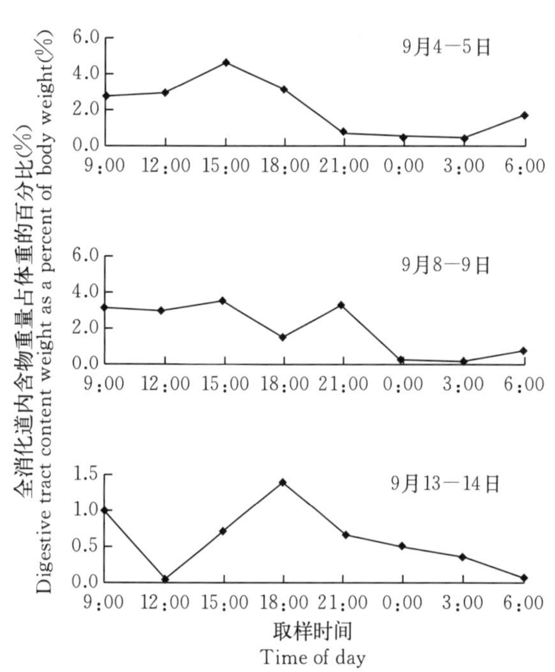

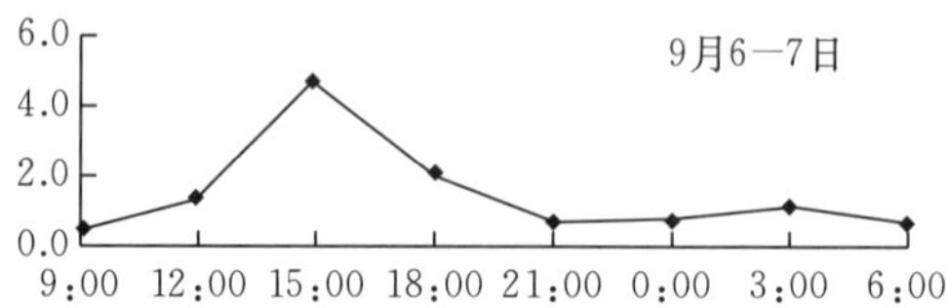

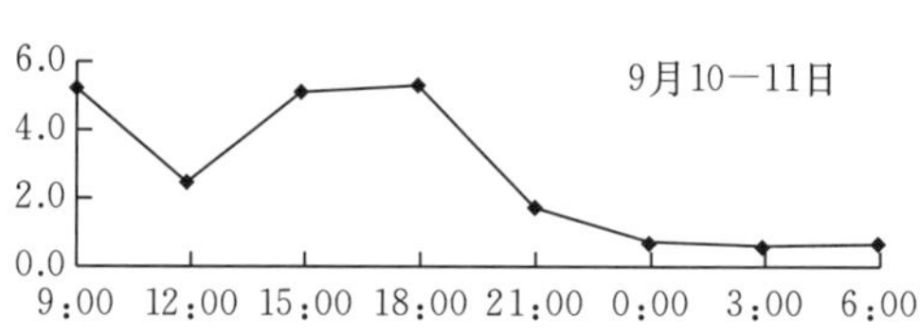

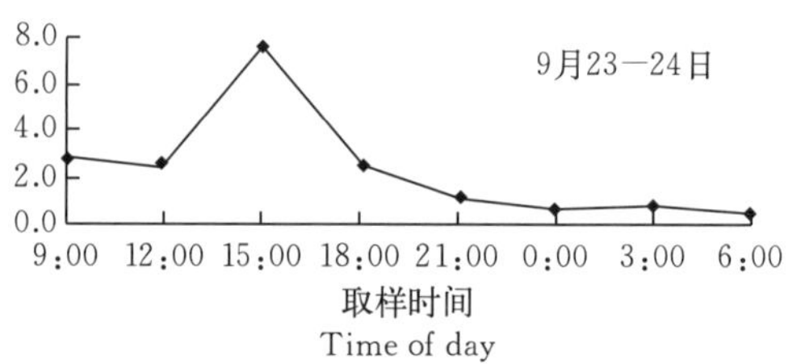

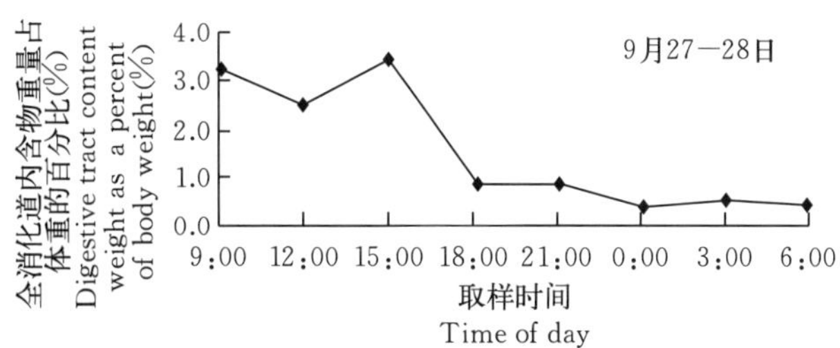

图 2 斑鰶的摄食周率［全消化道内含物重量（占体重的百分比）随日取样时间的变动］

Figure 2 Feeding periodicity of dotted gizzard shad. Mean digestive tract content weight as a percent of body weight and time of day for nine experiments in a shrimp rearing pond in Laizhou

2.3 排空率

根据摄食周率变动曲线，作者假定自 18:00 至翌日 3:00 为斑鰶的不摄食阶段。这段时间每个取样时刻全消化道内含物重量随时间的变化如图 3 所示。

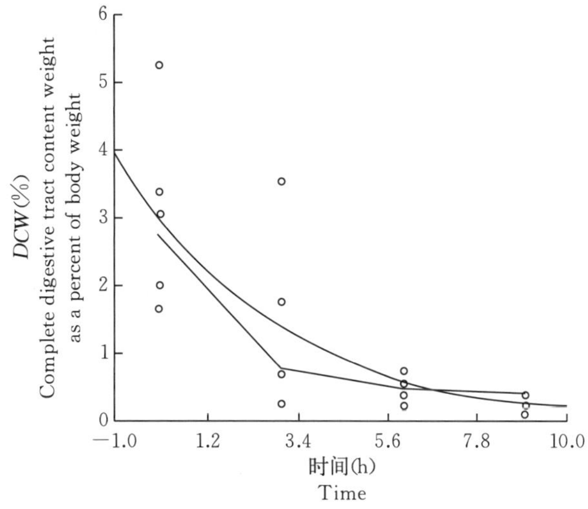

图 3 斑鰶全消化道内含物（占体重百分比）随时间的变动

折线表示变动趋势，平滑线是拟合线 $DCW=3.086\,2\cdot e^{-0.270\,9T}$，设开始时间（18 时）为 0

Figure 3 Changes of complete digestive tract content weight (*DCW*) as a percent of body weight of dotted gizzard shad from 18:00 to 3:00

The broken line indicates its trend formed by LOWESS function of SYSTAT software, and the smooth line is a fitting line. Supposing beginning time (18:00) is 0

使用模型 $DCW=a\cdot e^{-b\cdot T}$进行拟合，得

$$DCW=3.086\,2\cdot e^{-0.270\,9T} \tag{3}$$

系数 a 恰好与斑鰶在 18:00 时的全消化道内含物平均值 3.085 5 相当近似，$b=0.270\,9$ 即排空率。

2.4 摄食率与饵料需求量

2.4.1 摄食率

根据摄食周率，作者将6:00—18:00作为斑鰶的摄食阶段，T为12 h。根据模型（2），使用9月4—15日的观测资料得到5次实验的摄食率（表2）。通过回归建立摄食率与体重的相关关系，得

表2 9月4—15日5次实验摄食阶段开始和结束时全消化道内含物占体重的百分比和根据公式（2）获得的摄食率

Table 2 *DCW* of dotted gizzard shad at the beginning and the end of its feeding periods in 5 experiments conducted from 4 to 15, Sep., and its consumption rates calculated from equation (2)

日期 Date	DCW_0 (gW. W. /100 gW. W.)	DCW_T (gW. W. /100 gW. W.)	摄食率 C (%) Consumption rates (gW. W. /100 gW. W.)
1998年9月4日	1.757 4	3.099 3	10.252 8
1998年9月6日	0.557 5	2.022 3	6.767 1
1998年9月8日	0.845 4	1.664 7	5.519 8
1998年9月10日	0.478 8	5.226 3	17.614 5
1998年9月15日	0.171 1	3.415 0	11.528 2
平均 Average	0.762 1	3.085 5	10.336 5

$$C=4.1627 \cdot e^{0.1204W}, \quad R^2=0.8448 \tag{4}$$

或

$$C=2.9151 \cdot W^{0.6561}, \quad R^2=0.7117 \tag{5}$$

图4显示模型（4）能更好地拟合摄食率与体重的关系。

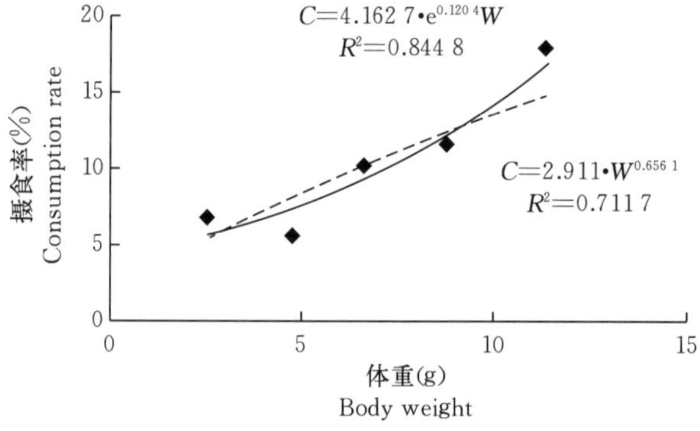

图4 斑鰶摄食率与体重的相关关系

实线为指数拟合线，R^2=0.844 8，虚线为乘幂拟合线，R^2=0.711 7

Figure 4 Relationship between consumption rate and body weight of dotted gizzard shad The hard line denotes exponential fitting with R^2=0.844 8 and the dotted line denotes power fitting with R^2=0.711 7

2.4.2 饵料需求量

已有的研究成果可以帮助我们定量渤海斑鰶的饵料需求量。黄、渤海斑鰶 1—3 月分布在黄海中部越冬，3 月中下旬开始北上产卵洄游。主群于 4 月下旬进入渤海的莱州湾、渤海湾和辽东湾。5 月初至 6 月底，斑鰶在其分布海域产卵。产卵后亲鱼即游离近海向稍深水域索饵，幼鱼也在就近海区索饵。10—11 月，成鱼及当年幼鱼陆续离开索饵场，向越冬场洄游（赵传絪，1990）。据报道，1992—1993 年，春（5 月）、夏（8 月）、秋（10 月）、冬（2 月）4 季渤海斑鰶的资源生物量分别为 860 t、9 190 t、12 760 t 和 0 t（唐启升等，1995）。由于生殖季节摄食活动减弱，因而日粮水平下降，Pierce 等（1981）曾假定大西洋鰶（*Dorosoma cepedianum*）在 5、6 月产卵期日粮水平分别下降 25%和 35%。在此我们假定渤海斑鰶在 5—6 月生殖期日粮水平下降 30%，资源量按 5—6 月 860 t，7—11 月10 000 t，12 月至翌年 4 月 0 t 计算，则年饵料消耗量约 16 万 t。

2.5 摄食量和生态转换效率

2.5.1 摄食量

因为日摄食量（FD）与摄食率 C 存在以下关系：$C=100 \cdot FD/W$，所以，

$$FD=0.0416 \cdot W \cdot e^{0.1204W}$$

计算得个体日均摄食量为 0.904 6 g。

2.5.2 食物转换效率

以实验开始后 2 d 的平均体重作为初始体重，结束前 2 d 的平均体重作为终了体重，则：$W_0=6.7057$ g，$W_t=10.2920$ g，生长率 $G=0.1494$ g/d，食物转换效率 $CE=G/FD=16.52\%$。

2.5.3 能量转换效率

经测定，斑鰶的水分含量为 79.5%，干重为湿重的 20.5%，比能值为 4 679.60 cal/g D. W. 。所以日生长能为 0.149 4 gW. W. /d×20.5%×4 679.60 cal/g D. W. ＝143.32 cal。斑鰶日摄食量 0.904 6 g，其中相当一部分为不能被消化利用的砂粒。设可被利用部分（U）的水分含量与一般浮游动物的相同，为 75%，参照赤鼻棱鳀一文中浮游动物的比能值（郭学武，1999），设斑鰶食物中可被利用部分的比能值为 4 000 cal/g，则不同 U 下推测的能量转换效率（ECE）如表 3 所示：

表 3 斑鰶食物中可利用部分（U）对应的能量转换效率（ECE）

Table 3 Assumptive usable potions of food（U）in digestive tract and possible Energy conversion efficiencies（ECE）of dotted gizzard shad

U（%）	10	20	30	40	50	60	70	80	90	100
ECE（%）	158.44	79.22	52.81	39.61	31.69	26.41	22.63	19.80	17.60	15.84

由于斑鰶食物中大部分为不能消化利用的砂粒，U＜50%，所以能量转换效率不小

于 31.69%。

表 4 列出了 9 月 4—28 日斑鰶的摄食、生长和食物转换效率。

表 4 斑鰶的摄食、生长和生态转换效率

Table 4 List of experimental results of consumption, growth and ecological conversion efficiency of dotted gizzard shad

实验天数 Trial period（1998 年 9 月 4—28 日）	24 d
初始体重 Initial body weight（W_0）	6.705 7 g
终了体重 Finial body weight（W_t）	10.292 0 g
生长量 Weight growth（W_t）	3.586 3 g
生长率 Growth rate（G）	0.149 4 g/d
摄食率 Consumption rate（C）	$4.1627 \cdot e^{0.1204W}$
日摄食量 Daily food consumption（FD）	0.904 6 g/d
摄食总量 Total food consumption（C_{total}）	21.711 4 g
食物转换效率 Food conversion efficiency（CE）	16.52%
能量转换效率 Energy conversion efficiency（ECE）	>31.69%

3 讨论

3.1 关于 Elliott-Persson 模型

用 Elliott-Persson（1978）方法研究鱼类的摄食，是以研究鱼类的摄食周率为基础的，其模型对于取样时间间隔比较敏感，它要求昼夜连续取样的时间间隔不大于 3 h，即取样次数每天至少 8 次（Boisclair and Leggett，1988）。这对于进行现场研究，尤其是进行海区大面取样具有很大的局限性。Eggers（1977）模型由于其要求取样的时间间隔比较宽松（每日有 5 次即可）也被许多研究者所采用（Biosclair and Leggett，1988；Biosclair，1992；Biosclair and Sirois，1993）。但这种模型要求必须进行专门的排空率实验，这对于许多海洋鱼类却又难以实现，如鲅鱼、鳀鱼等难以养活，就无法进行排空率实验。就本文对 Elliott-Persson 模型的应用来看，在计算斑鰶的摄食率时只用到白天取样数据的 6:00 和 18:00 两个时刻的资料。因此，应用这一模型研究白天摄食类型的鱼类的摄食时，一般只需获得从傍晚到黎明这段时间的全消化道（或胃）内含物的变动资料就够了，可以节省 1/3 的野外工作量。

3.2 关于摄食率-体重关系

鱼类摄食率与体重的关系一般呈幂函数关系，即 $C=a \cdot W^b$（Kitchel and Stewart，1977；Post，1990；Madon and Culver，1993；Ney，1993；Mehner，1996）。斑鰶摄食率与体重的关系虽也可以用幂函数（$R^2=0.7117$）表示，但指数函数（$R^2=0.8448$）显然能更好地描述它的这种关系。

3.3 关于斑鰶的食性

由于斑鰶一直被归为中上层鱼类（赵传絪，1990；唐启升等，1990），人们一般认为它是食浮游生物的。斑鰶的幽门胃肌肉发达，适用于研磨及压碎食物，其食物主要是沉积物中的有机质和硅藻（Suyehero，1942；孟庆闻等，1961）。可见关于斑鰶的食性是早有定论的。另外，多年来斑鰶一直是许多养虾池中很好的混养品种，优点就在于其摄食池底沉积物，虾农皆知其清池功能而誉之为虾池“清道夫”。据赵传絪（1990）报道，斑鰶以摄食浮游植物为主，兼食浮游动物及腐植质，以舟形硅藻、棱形硅藻、新月棱形藻、骨条藻和圆筛藻为主，其次为砂壳纤毛虫、轮虫、桡足类、腹足类和蟹的幼体；唐启升等（1990）报道，斑鰶以食浮游植物和浮游动物为主，其中有圆筛藻、根管藻、剑水蚤、猛水蚤、纺缍蚤、强壮箭虫、有孔虫、各种幼体和海葵等。很显然，上述所谓浮游生物饵料种类有的实际上是底栖硅藻或底栖桡足类。斑鰶摄食沉积碎屑当是毫无疑问的。结合本实验观测，可以进一步证明，斑鰶属于杂食性鱼类，沉积碎屑是其食物组成的重要部分。这和大西洋鰶有许多相似之处。据 Yoka 等（1996）报道，杂食性大西洋鰶随着浮游动物可获得性的提高，趋向于摄食越来越多的浮游动物以满足自身需要，当环境中的浮游动物生物量处于高峰时，大西洋鰶主要摄食浮游动物；随着浮游动物数量减少，浮游植物数量增加，大西洋鰶便以浮游动物和浮游植物为主食；当二者数量都较少时，大西洋鰶便主要摄食碎屑。而碎屑则主要来源于它对沉积物的大量啃食（Mundahl and Wissing，1987）。作者暂时还无法证实斑鰶是否和大西洋鰶一样，依赖于沉积碎屑而趋向于摄食浮游动物，但以下事实充分说明斑鰶对浮游动物的依赖性是很低的：渤海水域的浮游动物生物量 1992 年比 1982 年下降了 44%（高尚武，1995），而同时斑鰶的生物量却增加了 770 倍（唐启升等，1995）。可以认为，斑鰶的沉积碎屑食性和杂食性，使它对食物环境具有灵活适应性，把与其他浮游生物食性鱼类（如某些小型中上层鱼类）的食物竞争降低到最低水平，不会轻易由于食物网结构的变化而被淘汰，从而保证了种群的大量增长。

3.4 关于斑鰶的生态转换效率

鱼类的食物转换效率一般为 10%～30%或更高（Stewart and Binkowski，1986；Swenson and Smith Jr，1973）。斑鰶的食物转换效率为 16.5%，属一般水平。由于沉积物中含有大量无机成分，因而从食物类型来看斑鰶的食物转换率是相当高的。大量无机成分使得食物比能值较低，因而斑鰶的能量转换效率表现出较高水平（>31.69%）。

3.5 关于饵料需求量和对底栖生境的影响

沉积物中的有机碎屑往往和大量的不能被消化吸收的无机物（如砂粒）混在一起（Bowen，1979），于是食沉积碎屑者必须摄取大量的沉积物才能获得其所需日粮。如一条 200mm 长的鲻鱼（*Mugil cephalus*）每天过滤 1.5 kg 干重的沉积物（Odum，1970）；一条干重 0.04 g 的沙蚕（*Abarenicola pacifica*）每天摄取沉积物的量可高达 11.2 g，是其干重的 280 倍（Taghon，1988）。大西洋鰶每天摄食沉积物的量（干重）高达鱼体湿重的 20%（Mumdahl，1991）。相比而言，斑鰶个体日摄食沉积物的量并不高，仅为其湿重的 10.3%。然而在渤海，斑鰶有着巨大的种群生物量，秋季高达 12 760 t，密度为 11 kg/hm^2

(W. W.)，为渤海第三大鱼类种群（金显仕，1998）。其摄食活动必然会改变海洋沉积物组成和底栖生境。渤海斑鰶年饵料需求量约 16 万 t，意味着这一鱼类种群每年可把大约 16 万 t 的渤海沉积物通过摄食搬运离开海底，其中约有 17%转化为斑鰶的生产力，另一部分又以粪便形式加入到海洋悬浮物或沉积物当中，所以斑鰶对渤海生态系统的沉积物再悬浮以及水-底界面的物质交换有着重要意义。

参考文献

高尚武，1995. 渤海浮游动物生物量及主要种类数量变动的研究 . 渤海水域生态系统特征研究论文报告 . 7.

郭学武，等，1999. 赤鼻棱鳀的摄食与生态转换效率 . "渤海生态系统动力学与生物资源持续利用"论文报告集 .

金显仕，等，1998. 渤海渔业资源结构、数量分布及其变化 . 中国水产科学，5（3）：18－24.

孟庆闻，等，1961. 鱼类学 . 北京：农业出版社 .

唐启升，等，1995. 渤海渔业资源结构、数量分布及其变化 . 渤海水域生态系统特征研究论文报告 . 11.

唐启升，等，1990. 山东近海渔业资源开发与保护 . 北京：农业出版社 .

赵传絪，1990. 中国海洋渔业资源 . 中国渔业资源调查和区划之六 . 杭州：浙江科技出版社 .

Boisclair D，Sirois P，1993. Testing assumptions of Fish bioenergetics models by direct estimation of growth，consumption，and activity rates. Trans. Amer. Fish. Soc.，122：784－796.

Boisclair D，Leggett W C，1988. An *in situ* experimental evaluation of the Elliott and Persson and the Eggers models for estimating fish daily ration. Can. J. Fish. Aquat. Sci. 45：138－145.

Bowen S H，1983. Detritivory in neotropical fish communities. Environmental Biology of Fishes，9：137－144.

Eggers D M，1977. Factors in interpreting data obtained by diel sampling of fish stomachs. J. Fish. Res. Board Can. 34：290－294.

Elliott J M，Persson L，1978. The estimation of daily rates of food consumption for fish. J. of Ani. Eco.，47：977－991.

Kitchell J F，Stewart D J，1977. Applications of a bioenergetics model to yellow perch（*Perca flavescens*）and walleye（*Stizostedion vitreum vitreum*）. J. Fish. Res. Board Can.，34：1922－1935.

Madon S P，Culver D A，1993. Bioenergetics model for larval and juvenile walleyes：an *in situ* approach with experimental ponds. Trans. Amer. Fish. Soc.，122：797－813.

Mehner T，1996. Predation impact of age -0 fish on a copepod population in a Baltic Sea inlet as estimated by two bioenergetics model. J. of Plank-ton Res.，18（8）：1323－1340.

Mumdahl N D，1991. Sediment processing by gizzard shad，*Dorosoma cepedianum*（Lesueur），in Acton Lake，Ohio，U. S. A. J. Fish Biology，38：565－572.

Mundahl N D，Wissing T E，1987. Nutritional importance of detritivory in the growth and condition of gizzard shad in an Ohio reservoir. Environmental Biology of Fishes，20：129－142.

Ney J J，1993. Bioenergetics modeling today：growing pains on the cutting edge. Trans. Amer. Fish. Soc.，122：736－748.

Odum W E，1970. Utilization of the direct grazing and plant detritus food chains by the striped mullet，*Mugil cephalus*. In Marine Food Chains（Steele J H，ed.），Berkeley，CA：University of California Press：222－240.

Pierce R J，Wissing T E，Megrey B A，1981. Aspects of the feeding ecology of gizzard shad in Acton Lake，Ohio. Trans. Amer. Fish. Soc.，110：391－395.

Post J R, 1990. Metabolic allometry of larval and juvenile yellow perch (*Perca flavescens*): *in situ* estimates and a bioenergetic model. Can. J. Fish. Aquat. Sci., 47: 554 - 560.

Stewart D J, Binkowski F P, 1986. Dynamics of consumption and food conversion by Lake Michigan alewives: an energetics-modeling synthesis. Trans. Amer. Fish. Soc., 115: 643 - 659.

Sugehero Y, 1942. A study on the digestive system and feeding habit of fish. Japanese J. Zoology, Ⅹ (1).

Swenson W A, Smith Jr L L, 1973. Gastric digestion, food consumption, feeding periodicity, and food conversion efficiency in walleye (*Stizostedion vitreum vitreum*). J. Fish. Res. Board Can., 30: 1327 - 1336.

Taghon G L, 1988. The benefits and costs of deposit feeding in the polychaete *Abarenicola pacifica*. Limnology and Oceanography, 33: 1166 - 1175.

Yako L A, Dettmers J M, Stein R A, 1996. Feeding preferences of omnivorous gizzard shad as influenced by fish size and zooplankton density. Trans. Amer. Fish. Soc., 125: 753 - 759.

The Consumption and Ecological Conversion Efficiency of Dotted Gizzard Shad

(*Clupanodon punctatus*)

Guo Xuewu, Tang Qisheng, Sun Yao, Zhang Bo

(*Yellow Sea Fisheries Research Institute, Qingdao 266071*)

Abstract: Experiments on the consumption, growth and ecological conversion efficiency of dotted gizzard shad (*Clupanodon punctatus*) were conducted in a shrimp rearing pond in the coast of Laizhou Bay, the Bohai Sea, in September 1998. The Elliott-Persson model was used to determine its feeding periodicity, to quantify its evacuation rate, consumption rate and food/energy conversion efficiency. The results showed that dotted gizzard shad (fork length 49.0～130.0 mm, body weight 1.381 5～27.387 1 g wet) feeds only in daytime with a peak from 15:00 to 18:00. Its complete digestive tract content weight as a percent of body weight (*DCW*) changed with the time of day (*T*) and fit the formula $DCW=3.0861 \cdot e^{-0.2709T}$, at evacuation rate of 0.270 9 gW.W./(100 gW.W. • h). The relationship between consumption (*C*) and body weight (*W*) of the fish can be described better by an exponential function, $C=4.1627 \cdot e^{0.1204W}$ ($R^2=0.8448$), than that by a power function. The growth rate was 0.149 4 g/d with daily food consumption of 0.904 6 g, yielding ecological conversion efficiency of 16.5% in biomass and of more than 30% in energy. The results implied that to evaluate the consumption of some fish like dotted gizzard shad feeding only in daytime with the Elliott-Persson model, data describing the dynamics of the complete digestive tract or stomach content weight in the period from dusk to dawn are enough. The dotted gizzard shad requires about 1.6×10^5 tons of food per year in the Bohai Sea according to its daily ration and seasonal abundance. It means that up to 1.6×10^5 tons of sediments are taken away from the sea bottom per year by the feeding activity of the shad population in the Bohai Sea, and that dotted gizzard shad may play an important role in the resuspension of marine sediments and the matter exchange through the bottom-water interface in the Bohai Sea ecosystem. We believe that its detritivorous and omnivorous nature makes the dotted gizzard shad adapt itself neatly to the change of food conditions like the sharp decline of zooplankton abundance in the Bohai Sea, and ensures to the population tremendous increase in biomass.

Key words: *Clupanodon punctatus*; Consumption; Ecological conversion efficiency; Elliott-Persson; Model; Food requirement

沙氏下鱵幼鱼摄食与生态转换效率的现场测定[①]

孙耀，于淼，张波，唐启升
（中国水产科学研究院黄海水产研究所，青岛 266071）

摘要：研究采用 Eggers 现场胃含物法，研究了我国黄海主要小型鱼类沙氏下鱵幼鱼的摄食和生态转换效率等生态能量学特征。结果表明①沙氏下鱵鱼全天都有摄食行为，故空胃率极低，仅为总检测鱼数量的 4.5%。但仍有比较明显的摄食节律；在夜间 00:00 时有一非常明显的摄食高峰期，白天的摄食水平始终较高。②消化道排空模型为一指数曲线$S_t = ae^{-b \cdot t}$，两次测定中的瞬时排空率相差很小，均值为 0.13 g/(100 g·h)。③日摄食量随时间呈波浪形变化趋势，波距约 14 d，波高变化较大；平均日摄食量为（10.16±1.19）g/(100 g·d)或（55.56±6.51）kJ/(100 g·d)。④从沙氏下鱵鱼的实测日生长量为 3.24 g/(100 g·d) 或 12.91 kJ/(100 g·d)，可求得其食物转换效率和能量转换效率分别为 31.89%或 23.24%。

关键词：现场测定；摄食；生态转换效率；沙氏下鱵幼鱼

1　引言

沙氏下鱵鱼（*Hyporhamphus sajori* Temminck et Schlegel，1846）属浮游生物食性的海洋小型鱼类；渔获群体体重在 14.5～102 g，以 30～40 g 的个体占优势。近年来由于传统经济鱼类资源的衰退，沙氏下鱵鱼已成为黄海中北部近岸海域的重要鱼类生物资源[1]。因此，有关沙氏下鱵鱼的生态能量学研究，将为我国业已启动的东海、黄海“GLOBEC”研究中，定量黄海区域性食物网物流、能流动力学过程，及建立食物网营养动力学模型提供基础资料。

目前，以个体鱼类为研究对象的室内模拟实验法是获得鱼类能量学参数的主要方法[2-4]，该方法具有易于控制实验条件、实验费用低和操作简单等优点，但因实验环境与现场环境之间存在的巨大差异，所测得的结果往往难以准确反映现场情况[4]。现场胃含物法也是获得鱼类生态能量学参数的重要方法[2]，由于该方法主要通过现场调查获得基础数据，故所测得的参数更接近于自然状况，其中 Eggers 模型和 Elliott-Persson 模型均已被证实是两种较好的模型[5-8]。Eggers 模型起初被认为适合于广泛食谱、可以有偶然摄食高峰或无严格摄食节律的鱼类，但后来的一些研究结果证明，这种观点不够全面；Elliott-Persson 模型因排空率的获得依赖于不摄食阶段，故只适合掠食性且具有明显摄食节律的鱼类。上述两种模

① 本文原刊于《海洋学报》，25（增刊 2）：122－127，2003。

型具有同等准确性，但 Eggers 模型由于大大简化了取样过程，从而使其更具有可操作性[5]。应用 Eggers 模型，在现场测定了沙氏下鱵鱼的摄食、生长和生态转换效率等生态能量学特征。

2 材料与方法

2.1 调查时间和区域

山东半岛近海是沙氏下鱵鱼的主要繁殖水域；5 月下旬至 6 月上旬产卵后，夏、秋季广泛分布于上述近海索饵。由于青岛市沿海的集约化网箱养殖鱼类所产生的大量残饵，每年在 6—10 月间吸引数量众多的沙氏下鱵幼鱼，在邻近水域的表水层进行觅食活动。因此，本次调查于 2000 年 8—9 月在青岛市沿海的团岛湾内网箱养殖鱼类区进行，调查区域位置为 36°2.9′N，120°15.5′E（图 1）。

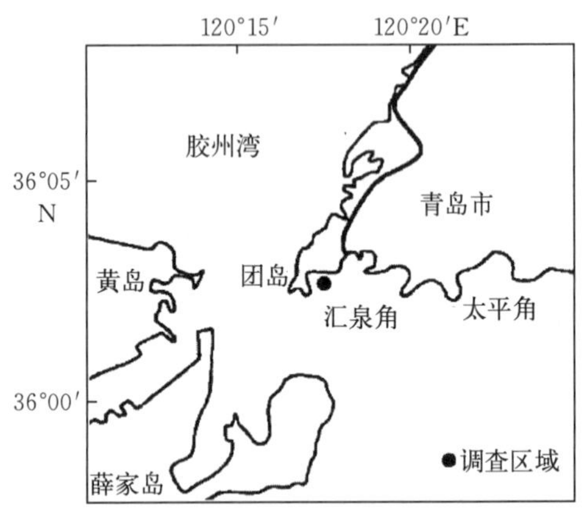

图 1　调查区域

2.2 取样及生化测定方法

将利用沙氏下鱵鱼主要在表水层进行觅食活动的特征，调查中所用网目为 2 mm 的特制小型围网、按 Eggers 模型的要求取样。每 7 d 进行一次 24 h 连续取样调查，共调查 5 个航次；连续调查中的时间设置为：15:00，18:00，21:00，24:00，03:00，06:00，09:00 和 12:00。每次取鱼样 30 尾，将其中 20 尾立即用 10%福尔马林固定，备消化道内含物重量测定用；另外 10 尾经合并冷冻保存后，取全鱼和消化道内含物样品，经 70 ℃烘干，测定其水分含量，再经粉碎和全样过 20 目套筛后，采用热量计（XYR-1）直接测定其能值。调查中沙氏下鱵幼鱼平均体重为（2.74±1.01）g。

2.3 消化道内含物重量测定

沙氏下鱵鱼的胃是呈管状的“I”字形胃，胃与肠之间没有明显界限，故胃含物用全消化道内含物代之。取被 10%福尔马林固定的沙氏下鱵鱼样品，测定其体重和消化道内含物重量；消化道食物量的定量方法如下：取出整个消化道（食道+胃+肠道），用吸水纸吸干水分后称湿重，洗去消化道内食物，称取空消化道重量，两个重量之差即为消化道内含物重量。称重采用压电式单盘电子天平（Model BP221S），称量精密度为±0.000 1 g。

2.4 排空率测定

于 2000 年 8 月 12 和 25 日进行了两次排空率实验。取摄食高峰期的沙氏下鱵鱼 200 余尾，置于规格为 4 m^3 的用 300 目筛绢制成的网箱内；自鱼被移入起始，每间隔 1.0 h 取样 10 尾，共取 11 次。由于所使用网箱的网目尺寸微小，实验水体需充气处理，加速网箱内外的海水交换，提高实验水体中的溶解氧含量。

2.5 计算方法

日摄食量（C_d）按 Eggers[9]模型进行估算：

$$C_d = 24 \times S \times R_t \tag{1}$$

式中，S 为 24 h 内平均消化道内含物量；R_t 为瞬时排空率，如果以瞬时消化道内含物量的自然对数值与所对应排空率实验时间进行线性回归，其线性回归方程的斜率就是 R_t 值。

生态转换效率则可以由公式（2）求得[2]

$$Eg = (G_d / C_d) \times 100 \tag{2}$$

式中，G_d 为日生长量，系由实验期间沙氏下鱵鱼的重量与所对应的时间进行线性回归，然后由该回归方程计算得到。

3 结果

3.1 日摄食率周期

日摄食率周期及其随时间变化的测定结果见图 2。沙氏下鱵鱼全天都有摄食，具有比较明显的节律，在夜间 00:00 时有一非常明显的摄食高峰期，而其两侧的 21:00 和3:00，则分别是 1 d 中摄食最低的两个时间；白天的摄食量虽然也有起伏，但摄食水平却始终较高。研究中还发现，沙氏下鱵鱼空胃率极低，约占总检测鱼数量的 4.5%。

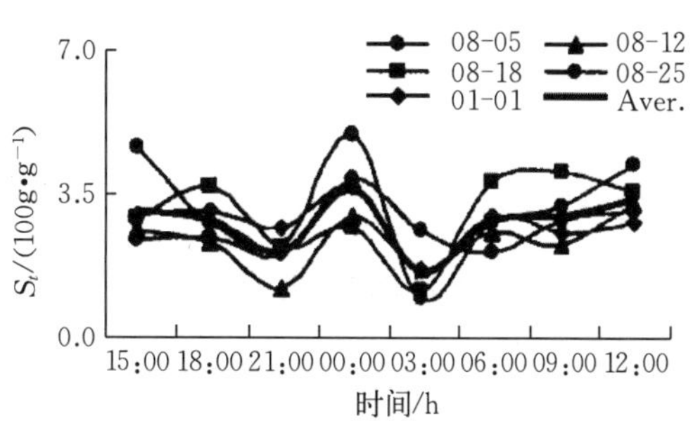

图 2 沙氏下鱵鱼的日摄食率周期及其随时间变化

3.2 排空率的测定

排空率的测定结果见图 3，用以湿重为单位的消化道食物瞬时含量与所对应的时间进行曲线回归分析，可得到 2 次测定中两者之间的定量描述公式为

S_t（08－12）$=3.17e^{-0.15t}$　　$R^2=0.9305$

S_t（08－25）$=3.47e^{-0.12t}$　　$R^2=0.9182$

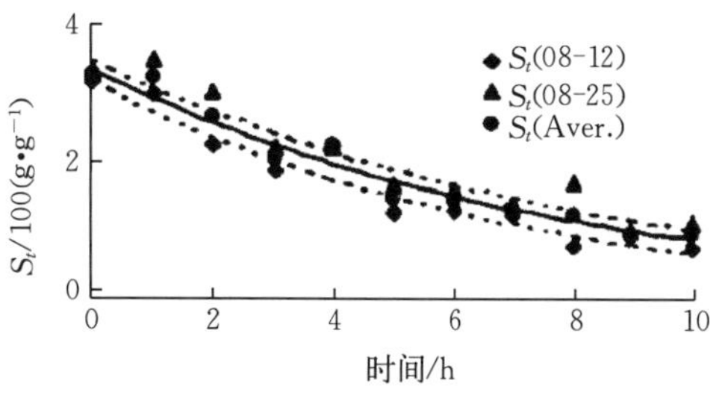

图 3 沙氏下鱵鱼消化道排空曲线

如果将 $\ln S_t$ 与所对应的时间进行线性回归分析，则可得到其线性回归方程的斜率，即 2 次测定中沙氏下鱵鱼的瞬时排空率分别为 $R_t=0.15$ 或 0.12 g/(100 g · h)；对上述两个线性回归方程的斜率进行协方差分析，结果发现其差异不显著（$P>0.05$）。

在实际计算中，系采用了 2 次测定中瞬时排空率的平均值即 $R_t=0.13$。

3.3 日摄食量随体重和时间变化

根据实验中不同时期沙氏下鱵鱼消化道 24 h 平均食物含量的实测值，及上一节中所估算出的瞬时排空率 R_t 值，按 Eggers[9] 模型可求得各实验时期沙氏下鱵鱼日摄食量。从图 4 中可看出，其绝对日摄食量（C_d'）随体重增加而增大，两者之间的关系可定量描述为：

$$C_d'=0.100\,W+0.005,\ R^2=0.941\,1 \quad 或 \quad C_d'=0.095\,W^{1.060},\ R^2=0.911\,2$$

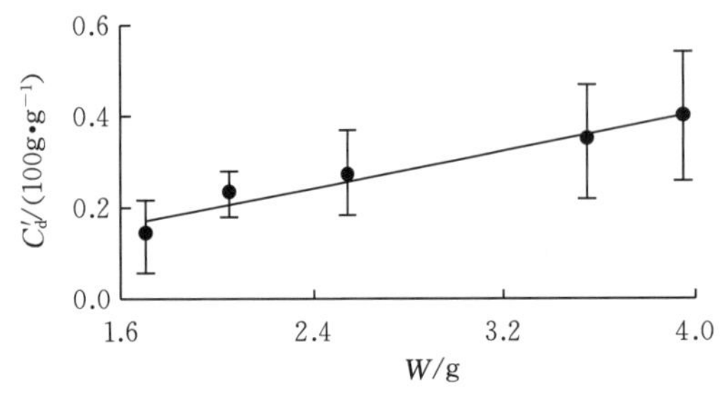

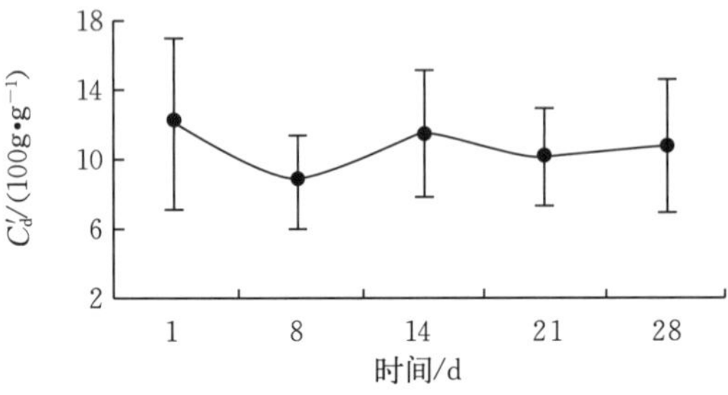

图 4 日摄食量随体重和时间的变化

显然，两者之间的线性关系和幂函数关系均呈显著相关关系（$P<0.01$），只是前者比后者更好；而相对日摄食量随时间变化并不是常数值，呈不规则波浪式变化，其波距比较恒定，但波高起伏较大；以湿重为单位表示的整个实验期内平均日摄食量为（10.16±1.19）g/(100 g·d)。由于沙氏下鱵鱼饵料主要来源于网箱养鱼的残饵，故能含量高于一般浮游动物为 19.16 kJ/g，含水量为 71.46%，由此可求得以能含量为单位表示的平均日摄食量约为（55.56±6.51）kJ/(100 g·d)。

3.4 日生长量及生态转换效率

从图 5 中可看出，沙氏下鱵鱼体重随时间变化呈波动上升趋势，但这种变化与摄食量无相互对应关系。对沙氏下鱵鱼体重变化与对应的生长时间进行线性回归分析，可得到两者之间的线性描述方程：

$$W=0.089\,t+1.603,\ R^2=0.970\,6$$

且两者之间的关系呈显著相关关系（$P<0.01$）。已知实验期间沙氏下鱵鱼的平均体重为（2.74±1.01）g，全鱼的含水量为 75.90%，能含量为 16.53 kJ/g。则由上式可求得沙氏下鱵鱼的平均日生长量 G_d 为 3.24 g/(100 g·d) 或 12.91 kJ/(100 g·d)。由于已知沙氏下鱵鱼的平均日摄食量和平均日生长量，按公式（2）可求得食物转换效率和能量转换效率分别 31.89%和 23.24%。

4 讨论

Boisclair[5] 的研究结果表明，Eggers[9] 和 Elliott-Persson[10] 两种模型具有同等准确性；但在排空率实验易于实施的条件下，因 Eggers 模型对取样次数要求相对较少，从而大大简化了取样过程，使其更具有可操作性。由于此次调查主要围绕着网箱养殖鱼类邻近水域进行，而养殖鱼类为排空率测定提供了良好的实验条件，在研究上选择了 Eggers 模型。另外沙氏下鱵鱼全天都有摄食行为；夜间摄食高峰出现在 00：00 时，白天摄食量虽有波动，但始终维持在较高水平上；该摄食特征显然不适合 Elliott-Persson 模型的基本要求，这也是研究中采用 Eggers 模型的主要原因。

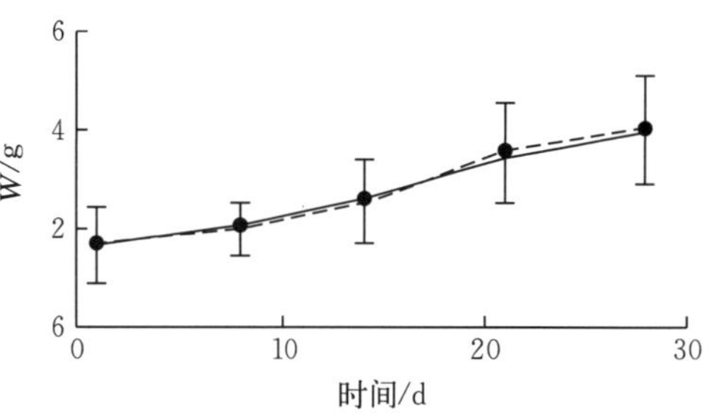

图 5　日生长量（W）及其随时间的变化

Cui[11]依据对 *Phoxinus phoxinus* L. 的研究结果，提出了鱼类生长调控模型即：在食物不受限制时，鱼类能够通过体内某种物质（如某一激素、血液指标、脂肪储存等）的变化来觉察“生长误差”并予以调控；该假设预测，在食物不受限制且环境条件恒定时，鱼类摄食率及生长率呈波浪形变动，而体重呈阶梯式上升。在此次调查期间，鱼类的集约化网箱养殖在调查水域内产生大量残饵，为沙氏下鱵鱼提供了丰富的饵料，这使得此次调查中沙氏下鱵鱼的空胃率仅为 4.5%，远低于一般天然状况下的沙氏下鱵鱼空胃率[12]。由于摄食基本未受到限制，因而鱼类生长调控模型同样满足了现场环境中沙氏下鱵鱼的基本条件；但这种体内调控而引起的鱼类摄食呈波浪形变化是不规则的，其主要表现为波高变化显著。此次调查中生长量与摄食量没呈现对应关系，也就是说沙氏下鱵鱼生长未遵从鱼类生长调控的一般规律，其原因可能与现场采样中很难采集到同一群体的幼鱼，而这些群体存在着体重的差异有关。

鱼类摄食率与体重的关系一般呈幂函数关系，即 $C=aW^{b}$[13,8,14,4,7]。沙氏下鱵鱼摄食率与体重的关系虽然可以用幂函数表示，但线性关系的相关性似乎更好。造成这种现象的原因，可能与沙氏下鱵鱼体重的测定区间较小有关。

鱼类胃肠排空方式是复杂多样的，从而决定了其胃肠排空率描述模型的多样性；目前较为常用的模型有：直线模型[15,16]、指数模型[17,18]、平方根模型[19]等。此研究结果表明，应用指数模型能更好地描述沙氏下鱵鱼的胃肠排空速率；在间隔时间为 14 d 的 2 次测定中，沙氏下鱵鱼瞬时胃肠排空速率无显著性差异。

鱼类的食物转换效率一般为 10%～30%或更高[16-20]。此研究中所得到沙氏下鱵鱼的食物转换效率为 31.89%，略高于一般鱼类食物转换效率的高限。在此次调查期间，鱼类集约化网箱养殖中采用的饵料种类为幼鲐、小黄鱼、梅童和玉筋鱼等加工而成的鱼糜，经检测得知其能含量高达 23.30 kJ/g（干重），大大高于沙氏下鱵鱼自身的能含量；该饵料产生的残饵被沙氏下鱵鱼摄食后，产生食物转换效率高于能量转换效率是可以被解释的。

参考文献

[1] 陈大刚．山东沿海鱵 *Hyporhamlus sajori*（T&S）渔业生物学的初步研究 [J]. 海洋通报，1984，3（4）：45－49.

[2] 崔奕波．鱼类生物能量学的理论与方法 [J]. 水生生物学报，1989，113（4）：369－383.

[3] Brafield A E. Laboratory studies of energy budgets [A]. Tytler Calow P. Fish Energetics：New Perspectives [M]. London：Croom Helm，1985：257－281.

[4] Ney J J. Bioenergetics modeling today：growing pains on the cutting edge [J]. Trans Amer Fish Soc,

1993, 122: 736 - 748.

[5] Boisclair D, Leggett W C. An in situ experimental evaluation of the Elliot and Persson and the Eggers models for estimating fish daily ration [J]. Can J Fish Aquat Sci, 1988, 45: 138 - 145.

[6] Boisclair D, Sirois P. Testing assumptions of fish bioenergetics models by direct estimation of growth, consumption, and activity rates [J]. Trans Amer Fish Soc, 1993, 122: 784 - 796.

[7] Mehner T. Predation impact of age-0 fish on a copepod population in a Baltic Sea inlet as estimated by two bioenergetics models [J]. J of Plankton Res, 1996, 18 (8): 1323 - 1340.

[8] Post J R. Metabolic allometry of larval and juvenile yellow perch (*Perca flavescens*): *in situ* estimates and a bioenergetic models [J]. Can J Fish Aquat Sci, 1990, 47: 554 - 560.

[9] Eggers D M. Factors in interpretion data obtained by diel sampling of fish stomachs [J]. J Fish Res Board Can, 1977, 34: 290 - 294.

[10] Elliott J M, Persson L. The estimation of daily rates of food consumption for fish [J]. J Ani Eco, 1978, 47: 977 - 991.

[11] Cui Y. Bioenergetics and growth of a teleost *Phoxinus Phoxinus* (Cyprinidae) [D]. Aberystwyth: University of Wales, 1987.

[12] 陈大刚. 黄渤海渔业生态学 [M]. 北京: 海洋出版社, 1991: 224 - 228.

[13] Kitchell J F, Stewart D J. Applications of a bioenergetics model to yellow perch (*Perca flavescens*) and walleye (*Stizostedion vitreum vitreum*) [J]. J Fish Res Board Can, 1977, 34: 1922 - 1935.

[14] Madon S P, Culver D A. Bioenergetics model for larval and juvenile walleyes: an in situ approach with experimental ponds [J]. Trans Amer Fish Soc, 1993, 122: 797 - 813.

[15] Hopkins T E, Larson R J. Gastric evacuation of three food types in the black and yellow rockfish, *Sebastes chrysomelas* (Jordan and gilbert) [J]. J Fish Biol, 1990, 36: 673 - 682.

[16] Swenson W A, Smith L L. Gastric digestion, food consumption, feeding periodicity, and food conversion efficiency in walleye (*Stizostedion vitreum vitreum*) [J]. J Fish Res Board Can, 1973, 30: 1327 - 1336.

[17] Durbin E G, Durbin A G, Langton R W, et al. Stomach contents of silver hake, *Merluccius bilinearis*, and Atlantic cod, *Gadus morhua*, and estimation of their daily ration [J]. Fish Bull, 1983, 81: 437 - 454.

[18] Elliott J M. Rate of gastric evacuation in brown trout, *Salmo trutta* L [J]. Fresh Biol, 1972, 2: 1 - 18.

[19] Jobling M. Mathematical models of gastric emptying and the estimation of daily rates of food consumption for fish [J]. J Fish Biol, 1981, 19: 245 - 257.

[20] Stewart D J, Binkowski F P. Dynamics of consumption and food conversion by Lake Michigan Alewives: an energetics-modeling synthesis [J]. Trans Amer Fish Soc, 1986, 115: 643 - 659.

In situ Determination on Food Consumption and Ecological Conversion Efficiency of a Marine Fish Species, *Hyporhamphus sajori*

SUN Yao, YU Miao, ZHANG Bo, TANG Qisheng

(*Yellow Sea Fisheries Research Institute, Chinese Academy of Fishery Sciences, Qingdao 266071, China*)

Abstract: The food consumption and ecological conversion efficiency of a marine pelagic fish species, *Hyporhamphus sajori*, were determined by using in situ stomach content method given by Eggers. The results indicate that: ① The fish could feed all day, so the empty stomach rate is quite low, only accounts for about 4.5% of the total determined fish; however, the fish still has significant daily feeding rhythm; a food consumption peak appears at 00:00 o'clock, and the food consumption maintains relatively high level at daytime; ② the model of gastric evacuation rate can be represented by an exponential curve equation, $S_t = a\mathrm{e}^{-b \cdot t}$; the instantaneous gastric evacuation rates determined at two times have no significant difference, with the average being 0.13 g/(100 g · h); ③ the daily food consumption tends to change wave upon wave with time, the average being (10.16±1.19) g/(100 g · d) or (55.56±6.51) kJ/(100 g · d); the wave distance is 14 d, but the wave height varies largely; ④ determined actual daily growth rate is 3.24 g/(100 g · d) or 12.91 kJ/(100 g · d); based no this value, ecological conversion efficiency can be calculated, i.e., 31.89% or 23.34%.

Key words: Food consumption; Growth; Ecological conversion efficiency; *Hyporhamphus sajori*

小鳞鱵的维持日粮与转换效率①

郭学武，唐启升
（中国水产科学研究院黄海水产研究所，青岛 266071）

摘要：1998 年 8 月在一个养虾场蓄水池利用网箱进行了小鳞鱵维持日粮与转换效率的研究，小鳞鱵生长率（*GR*）与日粮（*DR*）的关系可表示为 $GR=140.37DR-24.03$；食物转换效率和能量转换效率分别为 13.96%和 16.12%。从生长率和特定生长率计算的小鳞鱵维持日粮分别为体重的 17.12%和 20.39%，表明从生长率和特定生长率计算维持日粮可能会导致不同的结果，当日粮水平低于 3.30%时，小鳞鱵生长表现异常，意味着它可能利用了网采浮游动物以外的其他食物源。

关键词：小鳞鱵；维持日粮；转换效率

1 引言

小鳞鱵（*Hyporhamphus sajori*）在我国主要分布于长江口以北近海，5 月上旬进入渤海，且大部分在莱州湾东部栖息[3]，是渤海重要的食浮游生物鱼类[5]，有关小型中上层鱼类对浮游动物摄食的研究，国内外已有不少报道[5,8,9]，如鲱鱼（*Alosa pseudonharengus*, *Alosa sapidissima*）[2-4]、海湾鳀鱼（*Anchoa mitchilli*）和大西洋油鲱（*Brevoortia tyrannus*）[2]以及毛鳞鱼（*Mallotus villosus*）[1]等的摄食与转换效率研究；杨纪明等[12]报道了玉筋鱼摄食卤虫的食物转换效率和能量转换效率分别为 10.4%和 32.2%，本文试图通过对小鳞鱵维持日粮与转换效率的研究，定量它对浮游动物的摄食，为进一步研究小型中上层鱼类这一功能群在渤海生态系统中的作用提供基础资料。

2 材料与方法

2.1 供试材料

1998 年 8 月在山东莱州利用养虾场蓄水池进行了小鳞鱵维持日粮与食物转换效率试验，蓄水池水深 1.3 m，面积 15 000 m^2，未投放任何人工种苗，小鳞鱵的仔稚鱼随纳水自海上进入蓄水池，并在其中形成较大群体，为我们进行实验研究提供了便利条件。实验用小鳞鱵是夜晚自蓄水池灯光诱捕而获。上腭体长 39.2～77.3mm，平均 53.60mm；净重 0.222 0～1.660 0 g，平均 0.570 5 g（8 月 7 日）饵料是来自同一蓄水池中的浮游动物；使用流量

① 本文原刊于《应用生态学报》，2001，12（2）：293－295。

6 $m^3\cdot h^{-1}$的潜水泵抽取海水，用孔径 54 μm 的网箱（1 m^3）收集，再经孔径 220 μm 的筛网分离出较大的浮游动物，集中到有充气的水桶中待用。

2.2 研究方法

2.2.1 浮游动物定量

浮游动物的个体重量采用体积-重量换算法确定：

$$V=L\cdot W^2\cdot C \tag{1}$$

$$dW=V\cdot K\cdot D \tag{2}$$

式中，V 为体积，L 为体长，W 为身体最大体宽，C 为换算系数，dW 为个体平均干重生物量，K 为个体假定平均密度（1.13），D 为个体假定干湿比（0.25）[7]，根据浮游动物个体重量，用密度法计算投饵量。

2.2.2 维持日粮实验实验

实验用网箱（统一规格：孔径 54 μm，1 m×1 m×1 m）安置在蓄水池中，安置时使进入网箱的水全部经网箱自身过滤，以保证无网采浮游动物入内。网箱离水底 50 cm，高出水面 20 cm，网箱内水体约 0.8 m^3。8 月 7 日晚诱捕小鳞鱵，放入 6 个网箱中、每个网箱约200 尾，暂养 1 周。暂养期间每日早晨投喂浮游动物 1 次、初始密度为 4～5 个$\cdot mL^{-1}$，8 月 14 日停饵、15 日倒网箱，每个网箱中留鱼 106 尾，剩余个体用于测定每个网箱中小鳞鱵的初始体长与体重。实验设 6 个日粮水平，分别约为鱼体重的 15%、10%、4%、2%、1%、0.5%，所以对应网箱 1～6 的日投饵量（g，wet）分别设为 7.75、3.875、1.55、0.775、0.387 5 和 0.193 75，8 月 22 日停饵、饥饿 24 h 后，取出，计数成活数量，5%福尔马林固定、测定体长与体重，根据小鳞鱵成活数量、生长量和日投饵量等，计算每日投饵量占体重的百分比和平均日粮。

2.2.3 食物转换效率

收集足够数量的大型浮游动物，经淡水漂洗后，于 70 ℃下烘干 48 h、使用 XRY－1 型氧弹仪测定比能值，用饥饿 30 h 后的小鳞鱵样品测定其干湿比和比能值，用 8 月 7 日和 8 月 30 日直接取自蓄水池的小鳞鱵样品确定其自然状态下的生长率；根据维持日粮实验结果、计算小鳞鱵自然状态下的生长率所对应的日摄食量，并在此基础上计算食物转换效率。生长率（*GR*，growth rate）和特定生长率（*SGR*，specific growth rate）分别以下式表示：

$$GR=100\cdot(W_t-W_0)/t \tag{3}$$

$$SGR=100\cdot(\ln W_t-\ln W_0)/t \tag{4}$$

式中，W_t为实验结束时重量，W_0为实验开始时重量，t 为实验天数。

3 结果

3.1 维持日粮

3.1.1 浮游动物个体重量

经鉴定，饵料用浮游动物的种类组成比较单一，主要是太平洋纺缍水蚤（*Acartia*

pacific)，占数量组成的 95.6%，所以本实验中浮游动物个体重量的计算取单一换算系数 $C=485$[7]，太平洋纺缍水蚤的平均体长为 0.86 mm，平均最大体宽为 0.20 mm。根据公式 (1)、(2) 计算得浮游动物个体干重为 4.9 μg，每万个干重 49 mg，湿重 196 mg，这是计算每日投饵量的依据。

3.1.2 日粮与生长率的关系

由于实验过程中小鳞鱵每日的死亡数量并不清楚，所以根据每个网箱中实验结束时的存活个体数，计算出每日平均死亡数量，在此基础上，估算每天每个网箱中小鳞鱵的生物量以及投饵量占生物量的百分比（表 1），网箱 1～3 中小鳞鱵生长率表现出与网箱 4～6 完全不同的变化趋势（图 1）。随着日粮水平的减少，网箱 1～3 中的小鳞鱵生长率呈线性下降：

$$GR=140.37DR-24.029$$
$$(R^2=0.9992,\ n=3,\ \alpha=0.071) \qquad (5)$$

表 1 不同日粮下小鳞鱵的生长率

Table 1 Growth rates of *H. sajori* in 6 enclosures with different dally rations

		网箱 Enclosure					
		1	2	3	4	5	6
尾数 Fish number	开始 Initial	106	106	106	106	106	106
	结束 Final	77	68	68	53	28	46
	日减少 Daily reduced	4.8	6.3	6.3	8.8	13.0	10.0
体重（g，wet） Fish weight	开始 Initial	0.596 2	0.561 0	0.621 5	0.821 2	0.792 3	0.734 9
	结束 Final	0.557 7	0.480 0	0.501 2	0.722 7	0.693 8	0.632 3
生长率（GR） (g wet fish · d^{-1})		−0.006 4	−0.013 5	−0.020 1	−0.016 4	−0.016 4	−0.017 1
Growth rate (g wet · 100 g^{-1} wet · d^{-1})		−2.999 2	−11.888 0	−19.265 4	−11.099 4	−13.624 4	−14.479 8
特定生长率（SGR） Specific growth rate		−0.011 1	−0.025 97	−0.035 86	−0.021 29	−0.022 13	−0.025 06
日粮（DR） Daily ration	重量 Weight（g wet · d^{-1}）	7.75	3.875	1.55	0.775	0.387 5	0.193 75
	占体重百分比，% of body weight（g wet · 100 g^{-1} wet · d^{-1}）	14.89	8.84	3.30	1.35	0.96	0.41

但当日粮水平低于 3.30%后（网箱 4～6），生长率却突然增大，然后又以更高的斜率迅速下降：

$$GR=346.35DR-16.205$$
$$(R^2=0.8628,\ n=3,\ \alpha<0.001) \qquad (6)$$

在这里，我们选择式 (5) 来描述小鳞鱵一般情况下日粮与生长的关系，生长率为 0 时的日粮即为维持日粮（MR），则 MR=17.12%，或 17.12 g wet · 100 g^{-1}wet · d^{-1}。

在网箱 1～3 中，小鳞鱵特定生长率与日粮的关系可表示为：

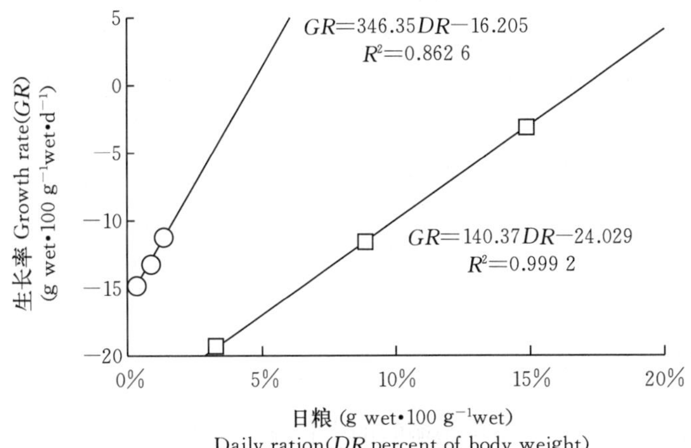

图 1 小鳞鱵生长率与日粮的关系

Figure 1 Relationship between ration levels and growth rates of halfbeak

注：当日粮水平低于体重的 3.30%时，生长率的变动趋势明显不同，可用两条斜率相差较大的趋势线拟合。

Note: Growth rate showed different tendency when daily ration declined to less than 3.30% of body weight.

$$SGR=0.213\,8DR-0.043\,6$$

$$(R^2=0.992\,0,\ n=3,\ \alpha=0.029)$$

当 $SGR=0$ 时，$DR=20.39\%$。

3.2 食物转换效率

经测定，8 月 7 日和 8 月 30 日蓄水池中小鳞鱵的平均体重分别为 0.570 5 g 和 0.918 5 g，由式（3）得小鳞鱵在自然状态下的生长率为 2.652 9 g wet · 100 g^{-1} wet · d^{-1}，根据式（5），计算得蓄水池中小鳞鱵的摄食率为 19.01 g wet · 100 g^{-1} wet · d^{-1}。由此得食物转换效率为 13.96%。经测定，小鳞鱵和浮游动物的比能值分别为 20.79 kJ · g^{-1}DW 和 17.28 kJ · g^{-1}DW，小鳞鱵的干重是湿重的 24.0%，浮游动物的干重按湿重的 25%计算[7]，则小鳞鱵的能量转换效率为 16.12%（表 2）。

表 2 蓄水池中小鳞鱵的生长、日粮和转换效率

Table 2 Growth, daily ration and conversion efficiency of *H. sajori* in storing reservoir

体重 Body weight（g）		生长率 Growth rate (g wet · 100 g^{-1} wet · d^{-1})	维持日粮 Maintenance ration (%)	摄食率 Consumption rate (%)	食物转换效率 Food conversion Efficiency (%)	能量转换效率 Energy conversion efficiency (%)
始 Initial	终 Final					
0.570 5	0.918 5	2.652 9	17.12	19.01	13.96	16.12

4 讨论

4.1 维持日粮与生长率、特定生长率

测定不同日粮水平下的生长，并建立生长与日粮的关系，在此基础上计算生长率为 0 时

的日粮，即维持日粮，这是实验室内研究鱼类摄食常用的方法，但这一方法在具体应用上也有不同，主要是对生长的表达，存在生长率与特定生长率两种方式，Xie 等[10]曾建立了南方鲶（*Silurus meridionalis*）特定生长率与日粮的关系，并定义特定生长率为 0 时的日摄食量为维持日粮。Hop 等[6]确立了北极鳕（*Boreogadus saida*）生长率与日粮的关系，并定义生长率为 0 时的日摄食量为维持日粮。换言之，维持日粮可定义为生长率为 0 时的摄食量，也可定义为特定生长率为 0 时的摄食量，从理论上讲，这两种定义的结果应是一致的，但实际上却可能不同，如本文中，以生长率和特定生长率计算的小鳞鱵的维持日粮分别为 17.12%和 20.39%。

4.2 小鳞鱵改变了食性?

和网箱 1～3 相比，网箱 4～6 中小鳞鱵的生长显然难以反映与日粮水平的关系，由于实验过程中未留取标本，实验结束时又经过了 24 h 饥饿，所以已无法从小鳞鱵消化道中检查其食物结构。但这一鱼种的杂食性使我们推测网箱 4～6 中的小鳞鱵可能获得了其他食物来源，据报道，小鳞鱵以浮游生物为食，主食枝角类；在莱州湾和烟威近海有时也以石莼为食；在海州湾主食舟形硅藻、水母幼体、桡足类、端足类、糠虾、水生昆虫等；石岛近海则主食糠虾[13]，在本实验期间，从蓄水池中捕获的小鳞鱵的消化道中也多次检出过水生植物碎片，所以我们认为，当日粮减少到一定水平（<3.30%）时，小鳞鱵可能不得不摄食网箱中的非网采浮游动物、浮游植物、附生于网箱上的甚至沉在网底的其他食物。这有待进一步研究。事实上，鱼类在胁迫条件下食性转变的现象是经常发生的，如大西洋鲦（*Dorosoma cepedianum*）在环境中浮游动物生物量处于高峰时，主要摄食浮游动物，随着浮游动物数量减少，便以浮游动物和浮游植物为主食，而当二者数量都较少时，便主要摄食碎屑[11]。

参考文献

[1] Ajiad A M, Pushchaeva T Y. The daily feeding dynamics in various length groups of the Barents Sea capelin. In: Bogstad B and Tjelmeland S eds. Interrelations between fish populations in the Barents Sea. Proceedings of the Fifth PINRO-IMR Symposium. Murmansk, 12—16 August 1991. 1992. Institute of Marine Research, Bergen, Norway: 181 - 192.

[2] Baird D, Ulanowicz R E. The seasonal dynamics of the Chesapeake Bay ecosystem. Ecol Monog, 1989, 59 (4): 329 - 364.

[3] Baretta J W, Ebenhoh W, Ruardij P. The european regional seas ecosystem model, a complex marine ecosystem model. Neth J Sea Res, 1995, 33 (3/4): 233 - 246.

[4] Bryant A D, Heath M R, Broekhuizen N, et al . Modeling the predation, growth and population dynamics of fish within a spatially-resolved shelf-sea, ecosystem model. Neth J Sea Res, 1995, 33: 407 - 421.

[5] Deng J Y (邓景耀), Ren S M (任胜民). Interrelations between main species and food net in the Bobai Sea. Chin J Fish Sci (中国水产科学), 1997, 4 (4): 1 - 7 (in Chinese).

[6] Hop H, Tonn W M, Welch H E. Bioenergetics of Arctic cod (*Boreogadus saida*) at low temperatures. Can J Fish Aquat Sci, 1997, 54: 1772 - 1784.

[7] State Technology Supervisory Authority (国家技术监督局). Marine Research Criterion: Marine

Biological Research. National Standard of the People's Republic of China. GB 12763. 6—1991 Beijing: China Standard Press. (in Chinese).

[8] Tang Q S (唐启升). Developments and Preservation of Fishery Resources in the Shandong Off shore. 1990. Beijing: Agricultural Press: 155 - 167 (in Chinese).

[9] Wei S (韦晟), Jiang W M (姜卫民). Food net of fish in the Yellow Sea. Oceanol Limnol (海洋与湖沼), 1992, 23 (2): 182 - 192. (in Chinese).

[10] Xie X, Sun R. The bioenergetics of the southern catfish (*Silurus meridionalis* Chen): growth rate as a function of ration level, body weight, and temperature. J Fish Biol, 1992, 40: 719 - 730.

[11] Yako LA, Dettmers JM, Stem RA. Feeding preferences of omnivorous gizzard shad as influenced by fish size and zooplankton density. Trans Amer Fish Soc, 1996, 125: 753 - 759.

[12] Yang J M (杨纪明), Li J (李军). Preliminary study on energy flow in a marine food chain. Chin J Appl Ecol (应用生态学报), 1998, 9 (5): 517 - 519 (in Chinese).

[13] Zhao C Y (赵传絪). China Marine Fishery Resources. Investigation and Delimitation of China Fishery Resources Ⅵ. 1990. Hangzhou: Zhejiang Science and Technology Press. (in Chinese).

Maintenance Ration and Conversion Efficiency of *Hyporhamphua sajori*

GUO Xuewu, TANG Qisheng

(Yellow Sea Fisheries Research Institute, Chinese Academy of Fisheries Sciences, Qingdao 266701)

Abstract: The maintenance ration and conversion efficiency of Japanese halfbeak, *Hyporhamphus sajori* were tested with enclosures installed in a shrimp raising pond. The results showed that there existed an evident relationship between daily ration (*DR*) and growth rate (*GR*) of the fish, $GR = 140.37DR - 24.03$. The conversion efficiency was 13.96%in biomass or 16.12% in energy. The maintenance ration was 17.12%and 20.39%of body weight in terms of growth rate and specific growth rate, respectively, indicating that it could be deduced from growth rate quite differently from that from specific growth rate in the same experiment. The abnormal growth rate appeared when daily ration was below 3.30% of body weight, implied that Japanese halfbeak may get other food resources besides supplied net zooplankton.

Key words: *Hyporhamphus sajori*; Maintenance ration; Conversion efficiency

现场胃含物法测定鲐的摄食与生态转换效率①

孙耀，于淼，刘勇，张波，唐启升
（中国水产科学研究院黄海水产研究所，青岛 266071）

摘要：2000 年 7 月至 9 月在山东半岛南部沿海鲐繁殖海域的鱼类养殖网箱中，应用胃含物法测定了渤海优势鱼种鲐的摄食、生态转换效率等生态能量学参数。结果表明，①在饵料不受限制时，鲐的摄食量和生长呈不规则波浪式变化，其波距比较恒定，但波高变化较大；②鲐的瞬时胃含物重量随时间变化可用指数模型 $S_t=9.0876e^{-0.1868t}$ 描述，瞬时排空率 $R_t=0.1868$ g·(100 g)$^{-1}$·h^{-1}（按湿重计算）；③接 Eggers 公式可求得鲐日摄食量 $C_d=(15.60\pm2.55)$ g·(100 g·d^{-1})（按湿重计算）或（69.84±11.42）kJ·(100 g)$^{-1}$·d^{-1}；④实验期间鲐体重随时间的变化可用线性方程 $W_t=2.23t+16.71$ 描述，由该式可求得其相对平均日生长量 $G_d=3.72$ g·(100 g)$^{-1}$·d^{-1} 或 30.00 kJ·(100 g)$^{-1}$·d^{-1}；⑤由于已知的平均日摄食量和平均日生长量，可求得鲐生态转换效率 $Eg=23.85\%$（按湿重计算）或 42.96% kJ。

关键词：鲐；摄食；生态转换效率；胃含物法

食物网营养级的生态效率取决于这一营养级上各种生物的生态转换效率，因此研究不同生物种的生态转换效率是研究海洋生态系统食物网营养动力学的基础[1-3]。随着简化食物网概念[4]被人们广泛接受，食物网中关键种的生态作用越来越受到重视。鲐（*Pneumatophorus japonicus* Houttyn）是典型的以捕食游泳动物为主的暖水大洋性中上层鱼类，广泛分布于西北太平洋沿岸水域，在中国的渤、黄、东、南海均有分布；鲐也是重要的大中型经济鱼类，具有年总产约 2.0×10^6 t 的生产规模[5]。由于鲐在渤、黄海食物网结构中扮演着重要角色，故有关其摄食、生态转换效率等生态能量学参数的研究，将为渤、黄海食物网物流、能流过程的定量和食物网营养动力学模型的建立提供基础资料。但迄今为止，尚鲜见有关鲐该方面研究的报道。

摄食和生长是决定生态转换效率的两个基本变量，而胃含物法是测定鱼类上述两个生物学变量的重要现场方法。Elliott-Persson[6]模型和 Eggers[7]模型已被证实是现场研究鱼类摄食的两种很好的模型[8-11]；但当将这两种模型运用到鲐的现场研究中时，因天然环境中的鲐游泳迅速，具有强烈的结群和游动觅食行为，故在花费大量资金和人力后，仍无法保证完成对同一鲐群体定时、定点重复取样等实验步骤；因此，本研究在鱼类网箱养殖的环境中，采用 Eggers 胃含物模型测定了饵料不受限制条件下鲐的摄食、生长和生态转换效率等生态能量学参数。

---

① 本文原刊于《水产学报》，27（3）：245－250，2003。

1　材料与方法

1.1　材料来源与驯养

所采用鲐，平均体重（28.9±5.4）g，捕获自山东半岛北部沿海的鲐繁殖海域。在鲐繁殖季节过后，位于上述海域的鱼类网箱养殖区，由于大量残饵而诱集了许多鲐幼体在网箱周围进行索饵活动；利用这一特点，在鲐幼体频繁出现的区域内，将6 m×6 m×4.5 m网箱的一端沉入海中，在网箱中部投饵诱鱼，待发现诱饵区有鲐活动迹象后，迅速将网缘提升至水面；应用该法捕获的鲐既无任何损伤且鱼的规格整齐划一。按实验需求量，将600余尾鲐移入邻近网箱内，在实验条件下驯养7 d后，开始实验。

1.2　实验装置和方法

实验于2000年7月至9月在山东半岛南部沿海鲐繁殖海域的鱼类养殖网箱中进行。实验采用现场胃含物方法。实验用网箱规格为6 m×6 m×4.5 m，网目为10 mm。实验期间水温为（25.9±0.8)℃。实验饵料采用小黄鱼鱼糜；每天7:30和16:30时两次投饵，每次投饵至鲐无明显摄食行为后停止，以使其生态能量学参数在最大摄食水平下测得。收集实验前后鲐样品和刚摄食后鲐胃含物样品，经70 ℃低温烘干、粉碎和全样过20目套筛后，进行能值和生化组成测定；能值是采用热量计（XYR-1）直接测定燃烧能方法测得，总氮与总碳是采用元素分析仪（P-E240C）测定，其他则按文献［12］进行测定。

1.2.1　胃含物测定实验

该实验每间隔6 d进行1次24 h连续测定，共做5次；每次连续测定的取样时间为0:00、3:00、6:00、9:00、12:00、15:00、18:00、21:00，届时随机取鲐样品10尾，取样后立即用10%福尔马林固定，然后测定其体重、体长和胃含物重量。

1.2.2　排空率实验

在胃含物测定实验过半时，插入排空率实验。取饱食后实验鱼类120尾，置于规格为4 m^3、用300目筛绢制成的网箱内；自鲐移入起始，每间隔1.0 h取样10尾，共取11次。由于鲐活动耗氧强烈，而排空率实验为防止浮游生物进入网箱，所使用网箱的网目尺寸微小，故实验水体仍需充气处理，以加速网箱内外的海水交换和提高水中的溶解氧含量。

1.3　结果计算

日摄食量按Eggers[7]公式 $C_d=24\times S\times R_t$ 进行估算，式中：S 为24 h内平均胃含物重量；R_t 为瞬时排空率，如果以瞬时胃含物重量的自然对数值与所对应的胃排空实验时间进行线性回归，其线性同归方程的斜率就是 R_t 值。日生长量（G_d）是将胃含物测定实验期间鲐重量变化与所对应的时间进行线性回归，然后由该回归方程计算得到。生态转换效率则由公式 Eg（%）$=(C_d/G_d)\times 100$ 求得[12]。

2 结果

2.1 能值和生化组成的测定

鲐及其胃含物的能值和生化组成测定结果见表 1。

表 1 鲐及其胃含物的能值和生化组成

Table 1 Energy values and biochemical compositions of *Pneumatophorus japonicus* and its stomach content

样品种类 Sample species	水分（%） Water content	总氮（% D. W.） Total nitrogen	总碳（% D. W.） Total carbon	蛋白质（% D. W.） Protein	脂肪（% D. W.） Fat	灰分（% D. W.） Ash content	比能值（$kJ \cdot g^{-1}$D. W.） Energy content
鲐 *P. japonicus*	69.48	9.18	54.66	57.38	35.14	12.67	26.42
胃含物 stomach content	78.54	UD	UD	UD	UD	UD	20.88

注：D. W. 为干重；kJ 为能值；UD 为未检测。

Notes：D. W. means dry weight；kJ means energy value；UD means undetermined.

2.2 鲐的最大摄食量与生长

从图 1 可见，在饵料不受限制时，鲐的摄食量并非常数值，而呈不规则波浪式变化，其波距比较恒定，但波高起伏较大；体重则呈波浪式上升趋势，且与摄食水平相对应，当最大摄食最上升时，体重增长量即特定生长率也增大，反之则降低。

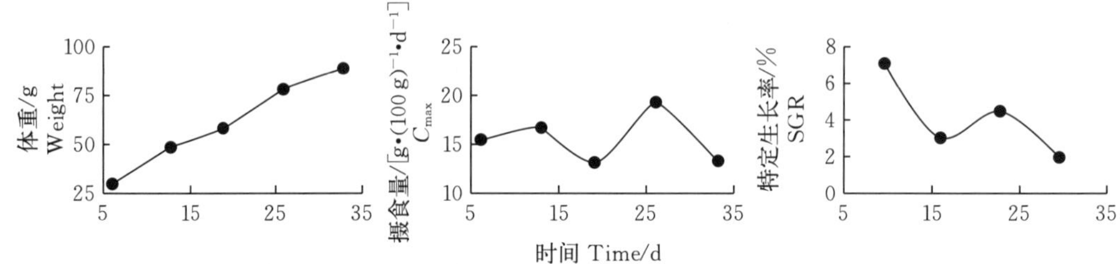

图 1 鲐最大摄食量和特定生长率随时间的变化

Figure 1 Change of C_{max} and SGR with time

2.3 鲐的排空率及其模型

排空率的测定结果见表 2。用以湿重（W. W.）为单位的胃含物瞬时含量与所对应的时间进行曲线回归分析，可得到两者之间的定量描述公式分别为：

$$S_t = 9.087\,6e^{-0.186\,8t},\ R^2 = 0.934\,2$$

如果将 ln S_t与所对应的时间进行线性回归分析，其线性回归方程的斜率即鲐的瞬时排空率 $R_t = 0.186\,8\ g \cdot (100\ g)^{-1} \cdot h^{-1}$。

表 2　鲐胃排空率的测算参数

Table 2　Determined and calculated parameters of the evacuation rate

时间（h）Time	尾数 No. of sample	S_t g・(100 g)$^{-1}$	lnS_t
0	10	8.420 7±0.932 1	2.130 7
1.0	10	7.049 2±1.495 5	1.952 9
2.0	10	6.436 0±1.013 3	1.861 9
3.0	10	6.292 6±1.955 1	1.839 4
4.0	10	3.947 7±2.449 5	1.373 1
5.0	10	3.678 8±1.774 9	1.302 6
6.0	10	3.012 1±1.316 5	1.102 7
7.0	10	3.232 8±0.654 9	1.173 3
8.0	10	1.410 7±0.863 0	0.344 1
9.0	10	1.704 2±1.043 4	0.533 1
10.0	10	1.474 2±1.021 3	0.388 1

2.4　日摄食量估算

根据本实验中不同时期鲐胃内 24 h 平均食物含量的实测值，及上一节中所估算出的瞬时排空率 R_t值，按 Eggers 公式可求得各实验时期鲐的日摄食量（表 3）。从表 1 可知，鲐胃内刚摄入饵料的含水量为 78.56%，比能值为 20.88 kJ・g^{-1}D. W.，则可求得以湿重或能值为单位表示的其在整个实验期内平均日摄食量 C_d＝（15.60±2.55）g W. W. ・(100 g)$^{-1}$・d^{-1}或（69.84±11.42）kJ・(100 g)$^{-1}$・d^{-1}；由于投喂方式保证了鲐可以获得充足的饵料，所以这一结果可认为是其最大平均日摄食量。

表 3　鲐 24 h 平均胃含物含量和日摄食量

Table 3　24 h's average contents in stomach and daily ration

日期 Date（M－D）	体重（gW. W.）Body weight	S [gW. W. ・(100 g)$^{-1}$]	C_d [gW. W. ・(100 g)$^{-1}$・d^{-1}]
08－02	28.85±3.39	3.422 3±2.343 1	15.57
08－09	47.67±5.30	3.696 6±2.918 9	16.57
08－15	57.19±7.81	2.955 5±2.048 0	13.25
08－22	77.76±8.44	4.317 1±2.708 1	19.35
08－29	88.51±9.26	2.953 1±2.142 6	13.24
平均值 Mean value	60.00±23.76	3.479 4±0.569 7	15.60±2.55

2.5　鲐的日生长量及生态转换效率

对鲐摄食量测定期间体重变化与对应的时间进行线性回归分析，可得到二者之间的线性方程为：W_t＝2.23 t＋16.71（R^2＝0.840 4），由该式可求得鲐的绝对平均日生长量，然后结合实验期间鲐平均体重及体内含水量和含能量，可求得其相对平均日生长量 G_d = 3.72 gW. W·(100 g)$^{-1}$·d^{-1}或 30.00 kJ·(100 g)$^{-1}$·d^{-1}。由于已知鲐的平均日摄食量和平均日生长量，按公式（1）可求得其生态转换效率 Eg=23.85%W. W. 或 42.96%kJ。

3 讨论

室内流水条件下的个体实验法和现场胃含物法均为获得鱼类能量学参数的重要方法[13]。现场胃含物法以群体生物为研究对象，所测得的参数接近于自然状况[14]；鉴于这一原因，起初拟采用该方法进行本项研究，但由于天然环境中的鲐具有强烈的结群和游动觅食行为，且游泳迅速，故用 36 Ma 对拖船在青岛沿海的鲐繁殖水域取样时，因无法完成胃含物法的取样要求而导致实验失败。因此，将鲐转移至网箱内，在人工控制投饵的条件下，测定了其摄食、生长和生态转换效率。本研究中所测得的鲐食物转换效率为 23.85%，位于鱼类食物转换效率的一般范围 10%～30%之内[15,16]，且较接近于其高限。鉴于鲐具有强烈的结群游动习性，应该有更多的摄入能用于活动代谢，从而降低其生态转换效率；所以，可能造成鲐生态转换效率较高的原因可能有二，其一可能是影响鱼类生态转换效率的因素众多，其中活动代谢的高低并不起着决定性作用；其二则可能因为现有许多研究结果是在室内条件下测得的，室内环境与现场环境的巨大差异造成了研究结果的普遍偏低；孙耀等[17]以个体生物为研究对象，在室内 1.0 m^3 流动水槽中测定了鲐的生长、摄食和生态转换效率，其结果显著较低。因此，应用现场或现场模拟方法有选择、有目的地去校正一些室内鱼类能量学研究结果，应该成为今后该方面研究的重要内容。

现场胃含物法在应用中也存在着许多操作细节上的差异[6,7,9,18]。Eggers 模型和 Elliott-Persson 模型是该方法中最常用的两种模型；起初 Eggers 模制被认为不太适合节律性很强的食鱼鱼类，但后来的研究表明，这种观点过于保守；Elliott-Persson 模型适合夜间不摄食且具有明显摄食节律的鱼类，其排空率的获得依赖于不摄食阶段；Boisclair 和 Leggett[8]通过比较研究发现，两种模型具有同等的准确性。由于实验模拟条件下，Eggers 模型具有取样次数相对较少，既大大简化了实验操作过程，又减少了对实验中鲐的干扰，且排空率实验在网排上易于操作等优点，故在本研究中被采用。

Cui[19]依据对鲅 *Phoxinus phoxinus* 的研究结果，提出了鱼类生长调控模型，即在食物不受限制时，鱼类能够通过体内某种物质（如某一激素、血液指标、脂肪储存等）的变化来觉察“生长误差”，并予以调控；该假设预测，在食物不受限制且环境条件恒定时，鱼类摄食率及生长率呈波浪形变动，而体重呈阶梯式上升。本研究结果则进一步表明，该假设同样适用于鲐，但这种波浪式变化是不规则的，其主要表现为波距比较恒定，而波高变化显著；且与摄食量变化相对应，随摄食量增大，体重增长速度增大，生长速度加快。

鱼类胃排空方式复杂多样，从而决定了其胃排空率描述模型的多样性；目前较为常用的模型有：直线模型[20,21]，指数模型[22,23]，平方根模型[24]等。Jobling[25]重新分析了许多业已发表的数据认为，指数模型在描述鱼类摄食粒度小、易消化食物的胃排空曲线时最好，而直线模型更适合较大的食物；Persson[26]和 Elliott[27]则认为指数模型对一些大的食物也能很好地适合。应用上述模型对本研究结果进行拟合与比较后，认为当鲐摄食鱼糜时，应用指数模型 $S_t=9.0876e^{-0.1868t}$能更好地描述其胃排空规律。

参考文献

[1] Tang Q S, Su J L. Study on ocean ecosystem dynamics in China: Ⅰ Key Scientific questions and developing stratagem [M]. Beijing: Science Press, 2000: 45 - 49. [唐启升, 苏纪兰. 中国海洋生态系统动力学研究: Ⅰ关键科学问题与研究发展战略 [M]. 北京: 科学出版社, 2000: 45 - 49.]

[2] Christensen V, Pauly D. Ecopath Ⅱ, A software for balancing steady-state ecosystem models and calculating networkcharactenstics [J]. Ecol Modeling, 1992, 61: 160 - 185.

[3] Walters C, Christensen V, Pauly D. Structuring dynamic models of exploited ecosystems from trophic mass-balance assessments [J]. Rev Fish Biol Fish, 1997, 7: 139 - 172.

[4] Steele J. The structure of marine ecosystems [M]. Oxford: Blackwell Scientific Publication, 1974.

[5] Chen D G. Fisheries ecology in Chinese Yellow Sea and East Sea [M]. Beijing: Ocean Press, 1991: 224 - 228. [陈大刚. 黄渤海渔业生态学 [M]. 北京: 海洋出版社, 1991: 224 - 228.]

[6] Elliott J M, Persson L. The estimation of daily rates of food consumption for fish [J]. J Animal Ecol, 1978, 47: 977 - 991.

[7] Eggers D M. Factors in interpretion data obtained by diel sampling of fish stomachs [J]. J Fish Res Board Can, 1977, 34: 290 - 294.

[8] Boisclair D, Leggett W C. An *in situ* experimental evaluation of the Elliot and Persson and the Eggers models for estimating fish daily ration [J]. Can J Fish Aquat Sci, 1988, 45: 138 - 145.

[9] Boisclair D, Siois P. Testing assumptions of fish bioenergetics models by direct estimation of growth, consumption, and activity rates [J]. Trans Amer Fish Soc, 1993, 122: 784 - 796.

[10] Mehner T. Predation impact of age-0 fish on a copepod population in a Baltic Sea inlet as estimated by two bioenergetics models [J]. J Plankton Res, 1996, 18 (8): 1323 - 1340.

[11] Post J R. Metabolic allometry of larval and juvenile yellow perch (*Perca flavescens*): *in situ* estimates and a bioenergetic medels [J]. Can J Fish Aquat Sci, 1990, 47: 554 - 560.

[12] National Standard of China (GB/T 5009—1996). Method of food hygienic analysis, physical-chemical section [S]. 1996. [中华人民共和国国家标准 (GB/T 5009—1996). 食品卫生理化检验方法 理化部分 [S]. 1996.].

[13] Cui Y B. Bioenergetics of fisheries: theory and methods [J]. *Acta Hydrobio Sin*, 1989, 113 (4): 369 - 383 [崔奕波, 鱼类生物能量学的理论与方法 [J]. 水生生物学报, 1989, 113 (4): 369 - 383.]

[14] Ney J J. Bioenergetics modeling today: growing pains on the cutting edge [J]. Trans Amer Fish Soc, 1993, 122: 736 - 748.

[15] Stewart D J, Binkowski F P. Dynamics of consumption and food conversion by Lake Michigan alewives: an energetics-modeling synthesis [J]. Trans Amer Fish Soc, 1986, 115: 643 - 659.

[16] Swenson W A, Smith L L. Gastric digestion, food consumption, feeding periodicity, and food conversion efficiency in walleye (*Stizostedion vitrewn vitreum*) [J]. J Fish Res Board Can, 1973, 30: 1327 - 1336.

[17] Sun Y, Zhang B, Guo X W, et al. Effect of food species on energy budget of *Pneunatophorus japonicus* [J]. Mar Fish Res, 1999, 20 (2): 97 - 100. [孙耀, 张波, 郭学武, 等. 鲐鱼能量收支及其饵料种类的影响 [J]. 海洋水产研究, 1999, 20 (2): 97 - 100.]

[18] Madon S P, Culver D A. Bioenergetics model for larval and juvenile walleyes: an *in situ* approach with experimental ponds [J]. Trans Amer Fish Soc, 1993, 122: 797 - 813.

[19] Cui Y. Bioenergetics and growth of a teleost *Phoxinus phoxinus* (Cyprinidae) [R]. Ph. D. thesis, University of Wales, Aberystwyth. 1987.

[20] Hopkins T E, Larson R J. Gastric evacuation of three food types in the black and yellow rockfish. *Sebastes chrysomelas* (Jordan and Gilbert) [J]. J Fish Biol, 1990, 36: 673 - 682.

[21] Swenson W A, Smith L L. Gastric digestion, food consumption, feeding periodicity, and food conversion efficiency in walleye (*Stizostedion vitreum vireum*) [J]. J Fish Res Board Can, 1973, 30: 1327 - 1336.

[22] Durbin E G, Durbin A G, Langton R W, et al. Stomach contents of silver hake, *Merluceius bilinearis*, and Atlantic cod, *Godus morhua*, and estimation of their daily ration [J]. Fish Bull, 1983, 81: 437 - 454.

[23] Elliott M. Rate of gastric evacuation in brown trout, *Salmo trutta* L [J]. Fresh Biol, 1972, 2: 1 - 18.

[24] Jobling M. Mathematical models of gastric emptying and the estimation of daily rates of food consumption for fish [J]. J Fish Biol, 1981, 19: 245 - 257.

[25] Jobling M. Influences of food particle size and dietary energy content on patterns of gastric evacuation in fish: test of a physiological model of gastric emptying [J]. J Fish Biol, 1987, 30: 299 - 314.

[26] Persson L. The effects of temperature and meal size on rate of gastric evacuation in perch, *Perca fluviatilis*, fed on fish larvae [J]. Fresh Biol, 1981, 11: 131 - 138.

[27] Elliott J M. Rates of gastric evacuation of piscivorous brown trout, *Salmo truta* [J]. Fresh Biol, 1991, 25: 297 - 305.

Determination of Food Consumption and Ecological Conversion Efficiency of *Pneumatophorus japonicus* by Stomach Contents Method

SUN Yao, YU Miao, LIU Yong, ZHANG Bo, TANG Qisheng

(*Yellow Sea Fisheries Research Institute, Chinese Academy of Fishery Sciences, Qingdao 266071, China*)

Abstract: The ecological energetic parameters of *Pneumatophorus japonicus* (Houttyn), such as food consumption, growth and ecological conversion efficiency, were determined by gut content method in net cages which were situated in fish reproductive waters in offshore area of Shandong peninsula. The results indicated that, ① under constant experimental conditions, the fish's maximum daily food consumption and daily growth change as irregular sine wave. The wave distance is constant, but the wave height's change is bigger; ② the

Relationship between instantaneous food content in stomach and corresponding time could be described as $S_t = 9.0876e^{-0.1868t}$, and instantaneous gastric evacuation rate calculated by the formula was $R_t = 0.1868$ g · (100 g)$^{-1}$ · h^{-1}; ③ the daily food consumption calculated according to Eggers' formula was $C_d = (15.60 \pm 2.55)$ g · (100 g)$^{-1}$ · d^{-1} = (69.84 ± 11.42) kJ · (100 g)$^{-1}$ · d^{-1}; ④ the change of fish's body weight with time was linear, which could be described as $W_t = 2.23t + 16.71$. The daily growth could be obtained by the linear formulae and average body weight at experiment period and was $G_d = 3.72$ g · (100 g)$^{-1}$ · d^{-1} = 30.00 kJ · (100 g)$^{-1}$ · d^{-1}; ⑤ So ecological conversion efficiency could be obtained as $Eg = 23.85\% = 42.96\%$kJ from known C_d and G_d values.

Key words: *Pneumatophorus japonicus*; Food consumption; Ecological conversion efficiency; Stomach content method

密度对黑鲪生长及能量分配模式的影响[①]

张波，唐启升
（中国水产科学研究院黄海水产研究所，
农业部海洋渔业资源可持续利用重点开放实验室，青岛 266071）

摘要：在 21 ℃条件下，研究了密度对黑鲪生长及能量分配模式的影响。黑鲪在密度为 5 kg/m³和 8 kg/m³ 下的能量收支模型分别为：$100A=30.37R+69.63G$ 和 $100A=48.89R+51.13G$。结果表明，黑鲪在低密度条件下摄入的食物能量比在高密度条件下更多地分配到生长上。但黑鲪高密度组的湿重、能量摄食率分别比低密度组的高 40.78%和 39.48%，湿重、能量特定生长率分别高 46.40%和 17.23%，由此可见，在本实验条件下，高密度对黑鲪生长的影响被高的摄食率所补偿从而达到高的生长率。

关键词：密度；黑鲪；生长率；能量分配模式

鱼类能量学是鱼类生理生态学的一个研究方向，研究的重点是探讨鱼类获取能量的方式以及所获得能量在个体内或种群中的分配与利用的规律性。自其建立以来，大量的工作主要集中在个体水平上的能量转换的研究（Xie，1992；Xie and Sun，1993；崔奕波等，1995）。近年来由于生态系统动力学研究和提高集约化养殖产量的需要，人们开始关注鱼群密度对鱼类生长以及能量分配方式的影响（Vijayan and Leatherland，1988；Holm et al.，1990；Marchand and Boisclair，1998；Sogard and Olla，2000）。探讨和研究密度影响生长及能量分配方式的机制不仅有助于进一步深入地了解鱼类种群的能量分配模式及获能对策，而且为提高养殖产量提供更确切的基础资料。

黑鲪（*Sebastodes fuscescens*）是黄、渤海近岸海域的重要经济鱼种和增养殖对象，属底层肉食性鱼类，对它的生长和能量收支特征已有了一些初步的研究（张波等，1999；唐启升等，1999）。本研究主要考察密度对其生长及能量分配方式的影响。

1 材料与方法

1.1 材料的来源与驯化

实验用黑鲪为当年捕自青岛沿岸海域的天然鱼苗，在室外网箱中养殖一段时间后，移入中国水产科学研究院黄海水产研究所小麦岛实验基地的室内水泥池中驯养。用玉筋鱼（*Ammodytes personatus*）作为饵料，去头和内脏，加工成实验鱼易于吞食的大小。每天早晨投喂 1 次，达饱足。待摄食和生长正常后，按不同的密度要求，将鱼放入 0.1 m³ 的玻璃钢水槽中驯化。

① 本文原刊于《海洋水产研究》，23（2）：33－37，2002。

1.2 实验条件和方法

实验采用室内连续流水式饲养法（唐启升等，1999）。实验用海水经沉淀和砂滤处理后流入各实验水槽。为了保证水质良好，有充足的溶氧，实验期间各水槽的流速保持 6 L/min。实验采用自然光照周期。实验在 2001 年 9—10 月期间进行，平均水温为 21 ℃，变幅在 ±2 ℃之间。实验分两个密度组进行，分别为 5 kg/m³ 和 8 kg/m³，每组设 4 个重复组。平均初始体重见表 1，实验时间为 14 d。

在实验开始和结束时，将鱼饥饿 1 d 以排空胃，然后称重。每天上午 7:00 开始投喂，始终保持水槽内有多余的饵料存在以确保每尾鱼饱足摄食。15 min 后，将残饵吸出，用滤纸吸干水分后称重，与投入量之差得当天的实际摄食量。每天收集粪便两次。在实验开始和结束时，分别从驯化的和每组实验鱼中随机的选取 4 尾鱼作为分析生化组成的样品。在实验期间取出 3 次共 10 g 饵料样品。所有样品及粪便均置于－20 ℃冰箱中保存待测。测定前将实验所取样品在 70 ℃下烘干至恒重，然后研磨成细粉状。在国家水产品质量监督检测中心采用蛋白质自动分析仪 1030 型测定样品的总氮含量，再乘以 6.25 得粗蛋白含量；采用脂肪提取仪 1043 型测定脂肪含量。根据鱼体的身体组成，采用公式：（脂肪×39.5＋蛋白质×23.6）kJ/g，推算其比能值（Brett and Groves，1979）。

1.3 生长和能量收支的计算方法

$$SGR_w = 100 \times (\ln W_2 - \ln W_1)/t$$

$$SGR_e = 100 \times (\ln E_2 - \ln E_1)/t$$

$$RL_w = 100 \times C_w / [t \times (W_1 + W_2)/2]$$

$$RL_e = 100 \times C_e / [t \times (E_2 + E_1)/2]$$

$$CV = 100 \times (SD/\text{Mean})$$

W_1 和 E_1 为实验开始时鱼体的湿重和能值；W_2 和 E_2 为实验结束时鱼体的湿重和能值；SGR_w 和 SGR_e 为湿重和能量特定生长率；C_w 和 C_e 为摄入食物的总湿重和能量；RL_w 和 RL_e 为湿重和能量摄食率；t 为实验时间；CV（The coefficient of variation）为体重差异系数；SD 为体重的标准差；Mean 为每组鱼的平均体重。

鱼类能量收支分配模式为：$C=F+U+R+G$。式中，C 为食物能；F 为排粪能；U 为排泄能；R 为代谢能；G 为生长能。式中各组成成分均根据 Xie 和 Sun（1993）及崔奕波等（1995）的方法进行计算。

2 结果与分析

2.1 黑鲪在不同密度条件下的生长

实验所得的生长结果见表 1。在密度为 5 kg/m³ 和 8 kg/m³ 的条件下，黑鲪的湿重、能量特定生长率分别为 1.49、2.93 和 2.78、3.54；而湿重、能量摄食率分别为 4.27、4.43 和 7.21、7.32。高密度组的摄食率比低密度组的高 40.78%和 39.48%，生长率高 46.40%和 17.23%。通过统计分析，两个体重条件下实验鱼的初始体重与终末体重之间的体重差异系数没有显著差异。

表 1 黑鲪在不同密度条件下的生长

Table1 The specific growth rate (SGR) in *Sebastodes fuscescens* at different density

初始体重(g) Initial weight (g)		实验鱼数 No. of fish	体重差异系数 (*CV*)	终末体重(g) Final weight (g)		体重差异系数 (*CV*)	RL_w	RL_e	SGR_w	SGR_e
平均值 Mean value	标准差 Standard error			平均值 Mean value	标准差 Standard error					
密度(Density)为(5.49±0.30)kg/m³										
57.44	12.89	10	22.44	69.45	15.76	22.69	3.81	3.96	1.36	2.82
53.26	7.46	10	14.01	63.94	9.30	14.54	4.21	4.37	1.31	2.77
51.46	16.30	10	31.68	65.56	19.57	29.85	4.61	4.76	1.73	3.19
57.47	10.71	10	18.64	70.74	12.32	17.42	4.46	4.62	1.48	2.95
密度(Density)为(8.20±0.16)kg/m³										
42.73	10.89	19	25.49	63.78	15.34	24.05	7.43	7.53	2.86	3.62
42.17	10.00	19	23.71	62.51	12.61	20.17	7.35	7.46	2.81	3.57
43.69	13.00	19	29.76	64.12	16.10	25.11	7.02	7.12	2.74	3.50
43.95	13.73	19	31.24	64.36	17.19	26.71	7.04	7.15	2.72	3.48

2.2 黑鲪在不同密度条件下的能量分配方式

黑鲪的能量收支各组分见表 2 和表 3。在密度为 5 kg/m³ 和 8 kg/m³ 下的能量收支模型分别为：$100C=(0.26\pm0.07)F+(5.71\pm0.26)U+(28.56\pm3.39)R+(65.47\pm3.59)G$ 和 $100C=(0.32\pm0.18)F+(6.81\pm0.01)U+(45.40\pm0.45)R+(47.48\pm0.60)G$。根据 Xie 和 Sun (1993) 同化能 (*A*) 方程为 $A=C-(F+U)=R+G$，两密度组的同化能方程为：$100A=30.37R+69.63G$ 和 $100A=48.89R+51.13G$。结果表明，在本实验条件下，黑鲪在低密度条件下，摄入的食物能量更多地用于生长，占 69.63%；而在高密度条件下，生长能占摄入食物能量的 51.13%。

表 2 黑鲪在不同密度条件下的能量收支各组分(%·d)

Table 2 Energy components of the energy budgets in *Sebastodes fuscescens* at different density (% body per day)

初始体重(g) Initial weight (g)	*C* [J/(g·d)]	*F* [J/(g·d)]	*U* [J/(g·d)]	*R* [J/(g·d)]	*G* [J/(g·d)]
密度(Density)为(5.49±0.30)kg/m³					
57.44±12.89	246.44	0.67	13.49	58.85	173.43
53.26±7.46	272.02	0.74	16.32	84.65	170.32
51.46±16.30	297.57	1.02	16.37	83.97	196.21
57.47±10.71	287.83	0.48	16.88	89.24	181.23

（续）

初始体重（g） Initial weight（g）	*C* [J/(g·d)]	*F* [J/(g·d)]	*U* [J/(g·d)]	*R* [J/(g·d)]	*G* [J/(g·d)]
密度（Density）为（8.20±0.16）kg/m³					
42.73±10.89	479.89	1.64	32.62	219.79	225.85
42.17±10.00	475.11	2.65	32.35	217.27	222.84
43.69±13.00	453.69	1.00	30.79	203.44	218.47
43.95±13.73	455.08	0.62	31.05	205.82	217.60

表 3 黑鲪在不同密度条件下的能量收支各组分占摄入食物能量的百分比（%·d）

Table 3 Energy budgets in *Sebastodes fuscescens* at different density accounting for percentage of the food energy（% body per day）

初始体重（g） Initial weight（g）	*C* [J/(g·d)]	*F* （%C）	*U* （%C）	*R* （%C）	*G* （%C）
密度（Density）为（5.49±0.30）kg/m³					
57.44±12.89	246.44	0.27	5.47	23.88	70.37
53.26±7.46	272.02	0.27	6.00	31.12	62.61
51.46±16.30	297.57	0.34	5.50	28.22	65.94
57.47±10.71	287.83	0.17	5.86	31.00	62.96
密度（Density）为（8.20±0.16）kg/m³					
42.73±10.89	479.89	0.34	6.80	45.80	47.06
42.17±10.00	475.11	0.56	6.81	45.73	46.90
43.69±13.00	453.69	0.22	6.79	44.84	48.15
43.95±13.73	455.08	0.14	6.82	45.23	47.82

3 讨论

鱼类生长是在一个生物和非生物环境中获得和损失能量间的净输出，受各种生理生态因素的影响。已有的研究表明密度对生长有负影响（Refstie and Kittelsen，1976；Vijayan and Leatherland，1988；Holm et al.，1990），或没有负影响（Kjartansson et al.，1988），甚至正影响（Berg and Danielsberg，1992）以及在某一临界水平以上产生影响（Vijayan and Leatherland，1988；Bjornsson，1994）。密度的影响在鱼的不同发育阶段也不同，Ross 和 Watten（1998）在幼湖红点鲑 *S. namaycush* 发现了密度阻碍生长，但 Soderberg 和 Krise（1986）在成鱼中没有发现。由此可见密度对生长的影响缺乏清楚的倾向性反应。鱼处在高密度环境中被普遍认为暴露于一系列复杂的相互作用的因素中，许多可能的因素，单独或一起影响鱼的生长，因此探讨鱼群密度对生长的影响机制就较为复杂。Sogard 和 Olla（2000）认为，同种的群居性相互作用对个体生长能产生正的或负的影响，许多环境因素可能改变群居相互作用的消耗和益处的平衡。Kjartansson（1988）等认为密度通过社会和行为方式对鱼的生理产生更多的影响，这种复杂的行为因素和社会性导致的压力对受压迫鱼表现出生理干扰，从而最终影响生长。Cutts 等（1998）认为由于鱼群密度增加，导致对食物空间的相互竞争，加速了鱼的大小分布的差异和不对称，从而有可能建立社会等级制度使生长不均匀。在本实验条件下的两密度组体重差异系数没有显著差异，表明密度没有使黑鲪形成等级结构或竞争行为。

与密度相关的社会和行为对鱼类的摄食率和食物转化率有影响，从而可能影响其生长率。Vijayan 和 Leatherland（1988）的研究也表明美洲红点鲑 *Salvelinus fontinalis* 的摄食率和食物转化率与密度呈负相关；Fenderson 和 Carpenter（1971）和 Refstie 和 Kittelsen（1976）发现的大西洋鲑 *Salmo salar* 在高密度摄食率下降；Fagerlund 等（1981）报道了银大麻哈鱼 *Oncorhynchus kisutch* 的密度增加食物转化率下降。而本实验条件下黑鲪高密度组的湿重和能量摄食率分别比低密度组的高 39.48%和 40.78%。由于本实验的密度范围较窄，摄食率随密度增加是上升还是下降还需进一步研究。

Boisclair 和 Leggett（1989）的工作表明，密度对生长的影响不一定是由摄食引起的，也可能是通过代谢消耗的改变。他们把生长和摄食率的数据与生物能量学模型结合来估计活动率，得出生长率随密度增加而下降可以解释为摄食减少或增加与社会相互作用相关的耗能活动水平。Bjornsson（1994）对庸鲽 *Hippogolossus hippoglossus* 的研究表明，摄入食物随密度的增加用于代谢的部分比用于生长的更多，本实验也得出同样的结果。在本实验条件下，黑鲪在低密度条件下，摄入的食物能量更多地用于生长，占 69.63%；而在高密度条件下，生长能占摄入食物能量的 51.13%，下降 26.57%。这可能是由于摄食率的大量增加（39.48%），致使与摄食活动相关的能量消耗增加的原因。同样由于摄食率的大量增加而使高密度条件下的生长没有受到影响，因此高密度对黑鲪生长的影响能部分被摄食制度所补偿，从而获得更好的生长率，这与 Holm 等（1990）的研究结果一致。但 Holm 等（1990）也认为持续提供食物也不能完全补偿密度相关的生长下降，这可能是由于其他压力和相互作用的影响，倾向于降低摄食和食物转化效率，因此提高黑鲪群体密度对生长也会产生影响。作者打算进一步的研究应扩大密度范围，并延长实验时间以便更准确地考察密度对鱼类生长的影响。

参考文献

崔奕波，陈少莲，王少梅，1995. 温度对草鱼能量收支的影响 . 海洋与湖沼，26：169 - 174.

唐启升，孙耀，张波，等，1999. 4 种渤黄海底层经济鱼类的能量收支及其比较 . 海洋水产研究，20（2）：48 - 53.

张波，孙耀，唐启升，1999. 不同投饵方式对黑鲪生长的影响 . 中国水产科学，6：121 - 122.

Bjornsson B，1994. Effects of stocking density on growth rate of halibut（*Hippoglosus hippoglossus* L.）reared in large circular tanks for three years. Aquat.，123：259 - 270.

Boisclair D，Leggett W C，1989. Among-population variability of fish growth：Ⅲ. Influence of fish community. Can. J. Fish. Aquat. Sci.，46：1539 - 1550.

Brett J R，Groves T D D，1979. Physiological energetics in "Fish Physiology" . New York：Academic Press. 8：279－352.

Cutts C J，Metcalfe N B，Taylor A C，1998. Aggression and growth depression in juvenile Atlantic salmon：the consequences of individual variation in standard metabolic rate. J. Fish Biol.，52：1026－1037.

Fagerlund U H M，Mebride J R，Stone E T，1981. Stress-related effects of hatchery rearing density on the coho salmon. Trans. Am. Fish. Soc.，110：644－649.

Fenderson O C，Carpenter M R，1971. Effects of crowding on the behaviour of juvenile hatchery and wild landlocked Atlantic salmon（*Salmo salar* L.）. Anim，Behav.，19：439－447.

Holm J C，Refstie T，Bo S，1990. The effect of fish density and feeding regimes on individual growth rate and mortality in rainbow trout（*Oncorhynchus mykiss*）. Aquat.，89：225－232.

Kjartansson H，Fivelstad S，Thomassen J，et al.，1988. Effects of different stocking density on physiological parameters and growth of adult Atlantic salmo（*Salmo salar* L.）reared in circular tanks. Aquat.，73：261－274.

Marchand F，Boisclair D，1998. Influence of fish density on the energy allocation pattern of juvenile brook trout（*Salvelinus fontinalis*）. Can. J. Fish. Aquat. Sci.，55：796－805.

Refstie T，1977. Effect of density on growth and survival of rainbow trout. Aquat.，11：329－334.

Refstie T，Kittelsen A，1976. Effect of density on growth and survival of artificially reared Atlantic salmon. Aquat.，8：319－326.

Ross R，Watten B J，1998. Importance of rearing-unit design and stocking density to the behavior，growth and metabolism of lake trout（*Salvelinus namaycush*）. Aquacult. Eng.，19：41－56.

Soderberg R W，Krise W F，1986. Effects of rearing density on growth and survival of lake trout. Prog. Fish-Cult.，48：30－32.

Sogard S M，Olla B L，2000. Effects of group membership and size distribution within a group on growth rates of juvenile sablefish *Anoplopoma fimbria*. Environ. Biol. Fish.，59：199－209.

Vijayan M M，Leatherland J F，1988. Effect of stocking density on the growth and stress-response in brook charr，*Salvelinus fontinalis*. Aquat.，75：159－170.

Xie X J，1992. The bioenergetics of the southern catfish（*Silurus meridionlis* Chen）：growth rate as a function of ration level，body weight and temperature. J. Fish Biol.，40：719－730.

Xie X J，Sun R，1993. Pattern of energy allocation in the southern catfish（*Silurus meridionlis*）. J. Fish Biol.，42：197－207.

Influence of Fish Density on the Growth Rate and Energy Budget of *Sebastodes fuscescens*

ZHANG Bo, TANG Qisheng

(*Key Laboratory for Sustainable Utilization of Marine Fisheries Resource, Ministry of Agriculture, Yellow Sea Fisheries Research Institute, Qingdao 266071*)

Abstract: The influence of fish density on the growth and energy budget of *Sebastodes fuscescens* at 21 ℃ is studied. The energy budget model can be written as: $100A=30.37R+69.63G$ and $100A=48.89R+51.13G$ at the density of 5 kg/m^3 and 8 kg/m^3 respectively. The result suggested that the energy in the food consumption of low-density group was allocated more to the growth than the high-density group. However, weight and energy ration level of the high-density group increased by 40.78% and 39.48%; weight and energy specific growth rate increased by 46.40% and 17.23%, by comparison with the low-density group. It suggested that on this experimental condition, the influence of high density on the growth was compensated by higher ration level, so the high-density group has high growth rate. Through statistics, the coefficients of variation of two density groups between the initial weight and final weight have not significant differences.

Key words: Density; *Sebastodes fuscescens*; Growth rate; Energy budget model

温度对黑鲪能量收支的影响①

孙耀，郑冰，张波，唐启升
（中国水产科学研究院黄海水产研究所，青岛 266071）

关键词：能量收支；温度；黑鲪

1 引言

鱼类能量学是研究能量在鱼体内转换的学科，其核心问题之一是能量收支各组分之间的定量关系及其各种生态因子的影响作用，随着鱼类能量学自身的不断发展和完善，以及人类对鱼类资源开发和管理的迫切需求，有关鱼类能量学领域的研究受到愈来愈广泛的重视[1-3]。欧美等发达国家对鱼类能量学研究起步较早，迄今已经初步建立了多种鱼类的能量收支模式[4,5]；国内该领域的系统研究起始于20世纪90年代初[6-8]；但这些研究范围仍主要局限于淡水或广盐性鱼类，由于海洋鱼类与其他水系鱼类的生存环境存在着巨大差异，故其生态学研究结果是难以直接相互引用的。

黑鲪（*Sebastodes fuscescens*）是渤海、黄海近岸海域的重要经济和养殖鱼种，属底层肉食性鱼类，在该海域有着较为广泛的代表性。通过研究有助于揭示浅海底层肉食性鱼类的能量学特征，也为我国业已开展的“海洋生态系统动力学及生物资源持续利用”研究和海水鱼类增养殖潜力提供基础资料。

2 材料与方法

2.1 材料来源与驯养

在研究中所采用的黑鲪捕自青岛市沿岸海域。实验用鱼经浓度为2～4 mg/dm^{3}氯霉素溶液处理后，置于室内水泥池中进行暂养；待摄食正常后，再置于试验水槽中，在实验条件下驯养；待其摄食再次正常后开始实验。暂养时间约为20 d，驯养时间约为7 d。

2.2 实验装置和方法

实验在室内流水槽中进行，水槽容积量为0.25 m^3，实验水槽中流水速率的调节以槽内水体中DO，NH_4^+-N，pH值和盐度等化学指标与自然海水无显著差别为准，一般每槽内流速为6 m^3/d。实验海水经沉淀和高压砂滤处理。实验中采用自然光照周期，经遮光处理

① 本文原刊于《海洋学报》，25（增刊2）：190-195，2003。

后最大光强为 250 lx。实验利用本地区 8—11 月气温的自然降低，以及天然海水温度所表现出的相对稳定性，在自然水温为（11.2±2.0）、(14.7±0.5)、(19.4±1.1) 和 (23.1±0.5)℃下进行。

实验黑鲪的平均体重为（141.9±29.6）g，实验周期大于 15 d；实验期间鱼净增长量大于自身体重的 20%。每个温度条件下设 5 个平行组，每组实验中个体数为 2 尾。饵料均采用去头和内脏的玉筋鱼段，其大小以鱼易于吞食为准。为使数据具有可比性，实验数据均在最大摄食条件下测得。实验中每天投喂饵料两次，每次投喂后，至下一次投喂前收集残饵和粪便样品。实验结束后，收集各实验组黑鲪样品。所有样品经 70 ℃烘干、粉碎和全样过 20 目套筛后，进行能值和生化组成分析；能值是采用热量计（XYR－1）直接测定燃烧能方法测定，总氮与总碳是采用元素分析仪（P－E240C）测定，其他则按《食品卫生理化检验方法》（GB/T 5009—1996）进行测定。

2.3 结果计算

能量收支模式采用 Warren 和 Davis[9] 提出的能量在鱼体内转换的基本模型：$C=F+U+R+G$，式中 C 为摄食能；F 为排粪能；U 为排尿能；G 为生长能；R 为总代谢能。

黑鲪的特定生长率（SGR）和食物转换效率（Eg）分别按下式计算[6]：$SGR=[(\ln W_t-\ln W_0)/t]\times100\%$ 和 $Eg=(G_d/C_d)\times100\%$，式中 G_d 为日生长量；C_d 为日摄食量，摄食量系经实测饵料流失率校正后得到；W_t 为实验结束后黑鲪重量；W_0 为实验前黑鲪重量；t 为实验时间。

以黑鲪摄入和粪便排出总碳为指标计算吸收率：$A_{TC}=(C_{TC}-F_{TC})/C_{TC}\times100\%$。

排泄能依据氮收支平衡式计算[10]：$U=(C_N-F_N-G_N)\times24.8$，式中 C_N 为食物中获取的氮；F_N 为粪便中损失的氮；G_N 为鱼体中积累的氮；24.8 为每克氨氮的能值（kJ）。该式假设氨氮是唯一的氮排泄物。

总代谢能根据能量收支式：$R=C-F-U-G$ 计算。

采用方差分析和线性相关分析进行本实验数据的统计处理。

3 结果

3.1 生化组成的测定结果

黑鲪及其粪便和饵料生物玉筋鱼的生化组成见表 1。

表 1 黑鲪及其粪便和饵料生物的生化组成

生物种类	样品种类	水分（%）	总氮（%）	总碳（%）	蛋白质（%）	脂肪（%）	灰分（%）	比能值（kJ·g^{-1}）
黑鲪	生物体	67.79	9.67	51.96	60.44	25.42	11.73	26.20
	粪便	—	3.10	35.77	19.38	—	—	15.65
玉筋鱼	生物体	67.79	9.17	47.73	57.31	16.80	12.48	22.17

注：生物取样部位，黑鲪为全鱼，玉筋鱼去头与内脏。

3.2　温度对特定生长率和食物转换效率的影响

在本实验温度范围内，以湿重表示的黑鲪特定生长率和生态转换效率随温度变化趋势相近，都呈倒U形变化趋势（图1），与温度之间的关系分别可以用二次曲线公式加以定量描述：

$SGR=-0.014T^2+0.49T-2.97$，$R^2=0.8179$，

$Eg=-0.26T^2+8.43T-36.81$，$R^2=0.8282$。

如果将生长速率达到最大时的温度称为最大生长温度，而将生长转换速率达到最大时的温度称为最佳生长温度，则分别求上述两式的最大值，即可求得黑鲪的最大生长温度和最佳生长温度分别为17.5℃和16.2℃。

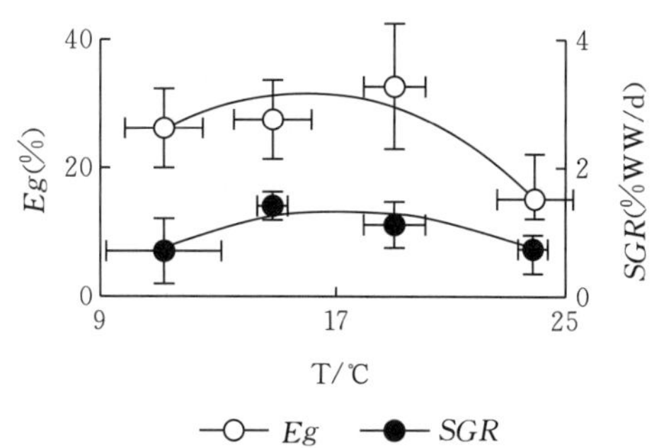

图1　生态转换效率和特定生长率与温度的关系

3.3　温度对最大摄食和吸收率的影响

温度对黑鲪最大摄食率和吸收率的影响显著不同。随温度上升，最大摄食率呈较大幅度的波浪状起伏变化趋势，其峰值分别出现在23.1℃高温和16.2℃最佳生长温度附近。吸收率随温度变化却与之相反，但变化幅度较小，仅为93.2%～97.4%；高温时的吸收率显著低于其他实验温度，而在最佳生长温度时的差别不很明显（图2）。

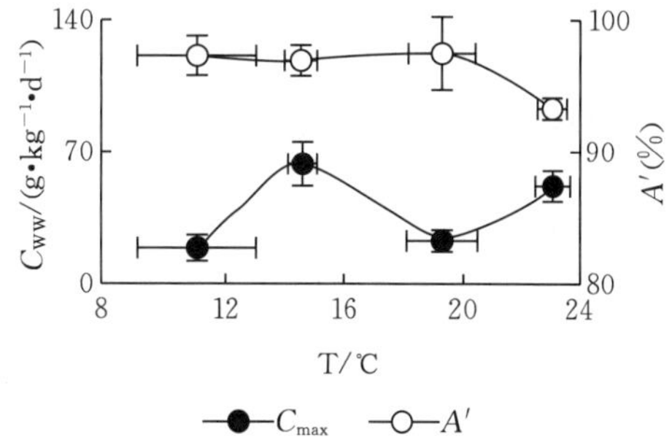

图2　最大摄食率和消化率与温度的关系

3.4　温度对氮收支和排泄能的影响

通过对不同温度下黑鲪从食物中摄取氮、鱼体中积累氮和粪便中损失氮的定量检测，按Cui等[10]的氮收支平衡式估算了其排泄氮（U_N）和排泄能（表2）。从表中可见，黑鲪从食物中所摄取的氮仅有少量用于生长，占总摄取氮的15.4%～34.5%，多数氮均经排泄和排粪过程排出体外，其中排泄是氮支出的主要过程，占氮总支出过程的64.3%～81.0%。黑鲪通过排泄和排粪损失氮的变化趋势，基本取决于从食物中摄取氮的数量，但用于体内积累的氮却有所不同；在实验温度范围内，随温度上升生长氮呈倒U形变化趋势，其他氮收支组分和排泄能则呈波浪状起伏变化趋势。

表2　不同温度下黑鲪的氮收支量及排泄能估算结果

温度/℃	C_N/(g·kg^{-1}·d^{-1})	G_N/(g·kg^{-1}·d^{-1})	F_N/(g·kg^{-1}·d^{-1})	U_N/(g·kg^{-1}·d^{-1})	U/(g·kg^{-1}·d^{-1})
11.2±2.0	0.519±0.165	0.154±0.069	0.007±0.001	0.359±0.97	8.9±2.4
14.7±0.5	1.726±0.281	0.526±0.067	0.027±0.009	1.173±0.205	29.1±5.1
19.1±1.1	0.628±0.081	0.227±0.037	0.009±0.001	0.423±0.056	10.5±1.4
23.1±0.5	1.418±0.157	0.218±0.037	0.051±0.009	1.149±0.111	28.5±2.8

3.5 温度对能量收支各组分的影响

在摄食能、生长能、排粪能和排泄能已知的前提下，总代谢能可按 Werren[9] 的鱼体内能量转换基本模型求得。从表 3 可见，除生长能外，黑鲪的总代谢能、排泄能和排粪能的变化趋势，都基本取决于从食物中摄取的能量。在最接近黑鲪适温下限的 11.2 ℃，低温抑制了鱼体内的各种活动，导致能量收支各组分均处于较低状态；在最接近黑鲪适温上限的 23.1 ℃，鱼大量摄食主要是维持体内剧烈的代谢活动，只有少量能量用于生长；而最佳生长温度时的相对代谢量必然较低；上述结果必然导致除生长能外，其他能量收支各组分数值随温度上升呈正弦波状起伏趋势。

表 3 不同温度下黑鲪的各能量（kJ・kg^{-1}・d^{-1}）收支组分测定和估算结果

温度/℃	*C*	*G*	*F*	*U*	*R*
11.2±2.0	125.5±39.9	41.7±18.6	3.2±0.2	8.9±2.4	72.1±19.1
14.7±0.5	417.3±68.0	142.5±18.2	13.7±4.4	29.1±5.1	232.0±40.2
19.1±1.1	159.1±19.7	65.5±10.6	5.3±3.8	10.5±1.4	77.9±13.0
23.1±0.5	342.8±37.9	62.9±10.7	31.1±5.7	28.5±2.8	220.2±19.0

3.6 温度对黑鲪能量收支分配模式的影响

依据摄食能、生长能、排粪能、排泄能和总代谢能的定量测定或估算结果，可得到不同温度下黑鲪的能量收支模式（表 4）。从表中可以看出，黑鲪的能量收支分配模式随温度显著变化；其中生长能分配率随温度升高呈倒 U 形变化趋势，而代谢能分配率与排泄能分配率恰恰相反。

表 4 温度对能量收支模式的影响

生态因子	能量收支模式
11.2±2.0	$100C=2.2F+7.1U+57.5R+33.2G$
14.7±0.5	$100C=6.3F+7.0U+52.6R+34.2G$
19.1±1.1	$100C=3.3F+6.6U+49.0R+41.1G$
23.1±0.5	$100C=9.1F+8.3U+64.2R+18.4G$

4 讨论与结语

通过对一些鱼类的研究结果表明，在适宜温度内及摄食不受限制时，鱼类生长率随温度上升而增大[11-13]，其特定生长率与温度之间的关系可以用对数曲线 $SGR=a\ (\ln T-b)$ 加以定量描述[14,15,7]，如仅从表观现象看，黑鲪生长与温度的关系似乎有显著不同，即在较低温度时也随温度上升而增大，到某一确定值后随温度的继续上升而下降，其定量关系需用 2 次曲线加以描述，而非对数曲线；但实质上本研究结果与 Allen 等[16] 的研究结果并无冲突，只是由于实验温度高限超过了黑鲪 17.5 ℃的最大生长温度，从而引起了其生长速率的下降。渤海沿岸海域的夏季最大底层水温超过 28 ℃，大大超过了黑鲪 17.5 ℃的最大生长温度和

16.2 ℃的最适生长温度，可以推测渤海、黄海的黑鲪在夏季可能存在一个生长缓慢期。

Cui[17]依据对不同温度下 *Phoxinus phoxinus* L. 的能量分配模式研究结果，以及文献中的一些间接证据，提出“在水温不是处于极端水平，摄食不受限制时，食物能分配于能量收支各组分的比例不受温度影响”的假设，随后对南方鲇（*Silurrus meridionalis*）和草鱼（*Ctenopharyngodon idellus*）能量收支的研究[7,18]支持了这一观点。研究发现，上述假设可能并不适于黑鲪及真鲷（*Pagrosomus major*）和黑鲷（*Sparus macrocephalus*）等海洋鱼类[19]；在黑鲪的能量收支模式中，其生长能分配率随温度升高呈倒 U 形变化趋势，代谢能分配率和排泄能分配率则恰恰相反，经统计学检验结果表明，上述定量关系均呈显著相关。造成这种差异的原因，可能是海洋鱼类对环境温度稳定性的要求较淡水鱼类更高，故对温度也更为敏感的缘故。

若以同化能（$A=C-F-U$）表示，则不同温度下黑鲪的能量收支分配模式为：

$$(11.2\pm2.0)℃：100A=63.4R+36.6G，$$

$$(14.7\pm0.5)℃：100A=60.7R+39.3G，$$

$$(19.8\pm1.1)℃：100A=54.4R+45.6G，$$

$$(25.0\pm0.5)℃：100A=77.7R+22.3G。$$

Cui 等[20]根据已发表的 14 种鱼在最大摄食水平的能量收支计算出一平均能量收支模式为 $100A=60R+40G$。在本研究温度下，黑鲪的生长能占同化能的 22.3%～45.6%，且随着温度上升呈倒 U 形变化趋势；而代谢能的变化则恰恰相反。由于在适宜温度下，黑鲪生长能所占同化能比例高于其他鱼类的平均值，故黑鲪应属于高生长效率、低代谢消耗型鱼类。

参考文献

[1] Hansen M J. Application of bioenergetics models to fish ecology and management：where do we go from her [J]. Trans Am Fish Soc，1993，122（5）：1019－1031.

[2] Labar G W. Use of bioenergetics models to predict the effect of increased lake trout predation on Rainbow Smelt following sea lamprey control [J]. Trans Am Fish Soc，1993，122（5）：942－950.

[3] Tytler P，Calow E. Fish energetics：new perspectives [M]. Baltimore：John Hopkins University Press，1985.

[4] 崔奔波. 鱼类生物能量学的理论与方法 [J]. 水生生物学报，1989，13（4）：369－383.

[5] Brandt S B，Hartam K J. Innovative approaches with bioenergetics methods：future application to fish ecology and management [J]. J Fish Biol，1993，34：47－64.

[6] 崔奕波，Wootton R J. 真鲹 *Phoxinus phoxinus*（L.）的能量收支各组分与摄食量、体重及温度的关系 [J]. 水生生物学报，1990，14（3）：193－204.

[7] 崔奕波，陈少莲，王少梅. 温度对草鱼能量收支的影响 [J]. 海洋与湖沼，1995，26（2）：169－174.

[8] 谢小军，孙儒泳. 南方鲇的排粪量及消化率同日粮水平、体重和温度的关系 [J]. 海洋与湖沼，1993，24（6）：627－631.

[9] Warren C E，Davis G E. Laboratory studies on the feeding，bioenergetics and growth of fish [A]. Gerking S D. The Biological Basis of Freshwater Fish Production [M]. Oxford：Blackwell Scientific Publication，1967：175－214.

[10] Cui Y，Liu S，Wang S，et al. Growth and energy budget of young grass carp，*Cteno-pharyngodon idella* Val.，fed plant and animal diets [J]. J Fish Biol，1992，41：231－238.

[11] Allen J R M, Wootton R J. The effect of ration and temperature on growth of the three-spined stickleback, *Gasterosteus aculeatus* (L.) [J]. J Fish Biol, 1982, 20: 409－422.

[12] Brett J R, Shelbourn J E, Shoop C T. Growth rate and body composition of fingerling sockeye salmon, *Oncorhynchus nerka*, in relation to temperature and ration size [J]. J Fish Res Bd Caz, 1969, 26: 2363－2394.

[13] Cui Y, Wootton R J. bioenergetics of growth of a cyprinid, *Phoxinus phoxinus* (L.): the effect of ration, temperature and body size on food consumption, faecal production and excretion [J]. J Fish Biol, 1988, 33: 431－443.

[14] 孙耀，张波，陈超，等．黑鲷的生长和生态转换效率及其主要影响因素 [J]. 海洋水产研究，1999，20 (2): 7－11.

[15] 孙耀，张波，陈超，等．真鲷的生长和生态转换效率及其主要影响因素 [J]. 上海水产大学学报，2000，9 (3): 204－208.

[16] 唐启升，孟田湘．渤海生态环境和生物资源分布图集 [M]. 青岛：青岛出版社，1997.

[17] Cui Y, Wootton R J. Parrern of energy allocation in the minnow *Phoxinus phoxinus* (L.) (Pisces: Cyprinidae) [J]. Funct Ecol, 1988, 2: 57－62.

[18] Xie X. Pattern of energy allocation in the southern catfish, *Silurrus meridionalis* [J]. J Fish Biol, 1993, 42 (2): 197－207.

[19] 孙耀，张波，郭学武，等．温度对真鲷能量收支的影响 [J]. 海洋水产研究，1999，20 (2): 54－59.

[20] Cui Y, Liu J. Comparison of energy budget among six teleosts. Ⅲ. Growth rate and energy budget [J]. Comp Biochem Physiol, 1990, 97A: 381－384.

Effect of Temperature on Energy Budget of a Seafish Species, *Sebastodes fuscescens*

SUN Yao, ZHENG Bing, ZHANG Bo, TANG Qisheng

(Yellow Sea Fisheries Research Institute, Qingdao 266071, China)

Key words: Energy budget; Temperature; *Sebastodes fuscescens*

摄食水平和饵料种类对黑鲪能量收支的影响①

孙耀，张波，唐启升

（中国水产科学研究院黄海水产研究所，青岛 266071）

摘要：以玉筋鱼和鹰爪糙对虾为生物饵料，采用室内流水模拟实验法研究了摄食水平和饵料种类对黑鲪能量收支各组分和能量收支模式的影响。结果表明，黑鲪的生长量、总代谢量、排泄量及生态转换效率均随摄食水平升高呈增长趋势，二者之间的定量关系可分别用对数曲线或直线加以定量描述；不同生物饵料能造成黑鲪摄食、生长、排泄和总代谢水平的显著差异，但却不能改变以比能值为单位的生态转换效率。黑鲪的能量收支模型随摄食水平不同有较明显差异；代谢能分配率和排泄能分配率随摄食水平增大呈U形变化趋势，而生长能分配率却恰恰相反。另外，摄食不同饵料对黑鲪的能量收支模型的影响也十分显著。

关键词：能量收支；摄食水平；饵料种类；黑鲪

自 Winbeng（1956）提出了鱼类的能量收支基本模型，并将鱼类生理学中有关能量代谢的研究与生态学中对能流过程的认识结合起来，鱼类能量学在理论与方法上都得到了较为迅速的发展和完善（崔奕波，1989；Brandt，1993）。国外鱼类能量学研究起步较早，迄今已经初步建立了多种鱼类的能量收支模式；国内该领域研究起始于 90 年代初，崔奕波（1995）、谢小军（1993）等分别研究了草鱼、南方鲇的能量收支及其主要影响因素；但上述研究范围仍主要局限于淡水鱼类。由于淡水与海水鱼类的生态学特征之间存在着很大差异，显然，其研究结果难于为海洋鱼类所直接引用。

黑鲪（*Sabastodes fuscescens*）是渤、黄海的重要经济和养殖鱼种，属底层肉食性鱼类，在该海域有着较为广泛的代表性。通过本项研究，除有助于揭示浅海底层肉食性鱼类的生态能量学特征，也将为我国海水鱼类增养殖潜力和效果分析提供基础资料。

1　材料与方法

1.1　材料来源与驯养

研究中所采用黑鲪捕获自山东青岛市近岸海域。黑鲪经浓度为 2～4 mg/L 氯霉素溶液处理后，置于室内水泥池中进行预备性驯养，待摄食趋于正常后，再将其置于试验水槽中，在实验条件下进行正式驯养，待其摄食再一次趋于正常后，开始实验。一般预备性驯化时间

①　本文原刊于《海洋水产研究》，22（2）：32-37，2001。

为 20 d，正式驯化时间为 5 d。

1.2 实验装置和方法

实验采用室内流水模拟测定法。实验水槽内流水速率的调节，以槽内水体中 DO、NH_4^+-N、pH 值和盐度等化学指标与自然海水无显著差别为准，实验水体内的水交换量＞6 m^3/d；实验海水经沉淀和砂滤处理。实验在自然水温下进行；实验温度为（14.7±0.45）℃。实验经遮光处理，采用自然光照周期，最大光强为 250 lx。

实验采用平均体重为（141.9±29.6）g 的黑鲪，在 0.15 m^3 玻璃钢水槽中进行；每个测定条件下设 5 个平行组，每组中实验个体 2 尾。实验周期为 15 d，实验期间最大日粮组的黑鲪生长量＞20 g。实验开始和结束时，分别将鱼饥饿 2 d 后称重；为减小称重对鱼的影响，实验中采用了单盘压电式电子天平（BL6100，德国制造），称量精度±0.1 g。实验中摄食水平的设置为：（1.0±0.3）%、（3.0±0.6）%、（4.8±0.8）%和（6.3±1.0）%（FL_{max}）；摄食水平的确定，是按 5 d 预实验结果计算，并经实际实验结果校正得到的；饵料采用去头和内脏的玉筋鱼段。饵料比较实验在最大日粮条件下进行，其中虾饵料采用去头的小鹰爪糙对虾。饵料大小均以实验鱼易于吞食为准。实验中每天投喂饵料 2 次。每次投喂后至下一次投喂前分别收集残饵和粪便样品，实验结束后采集各实验组黑鲪全鱼样品，进行生化组成分析，能含量是采用热量计（XYR-1）直接测定燃烧能方法测定，总氮与总碳是采用元素分析仪（P-E240c）测定，其他则按《食品卫生理化检验方法》（GB/T 5009—1996）进行测定。

1.3 计算方法

能量收支分配模式采用 Warren 和 Davis（l967）提出的能量在鱼体内转换的基本模型：$C=F+U+R+G$，式中，C 为从食物中摄取的能量，F 为排粪能，U 为排泄能，R 为代谢能，G 为生长能。其中 C 和 G 均为实测值。排泄能依据氮收支平衡式（Cui et al.，1992）计算：$U=(C_N-F_N-G_N)\times 24.8$，式中，$C_N$ 为食物中获取的氮；F_N 为粪便中损失的氮；G_N 为鱼体中积累的氮；24.8 为每克氨氮的能值（kJ）。代谢能根据能量收支式 $R=C-F-U-G$ 计算。

以黑鲪摄入和排泄出总碳为指标计算吸收率：$A_a=(C-F)/C\times 100\%$

黑鲪的生态转换效率（Eg）和特定生长率（SGR）分别按下式计算（崔奕波，1989）：$Eg=G_d/C_d\times 100\%$ 和 $SGR=(\ln W_t-\ln W_0)/t\times 100\%$，式中，$G_d$ 和 C_d 分别为实验期间黑鲪的日生长量和日摄食量，该值经实测饵料流失率校正后得到；W_t 为黑鲪的实验后重量，W_0 为黑鲪的实验前重量，t 为实验时间。

2 结果

2.1 摄食水平和饵料种类对吸收率的影响

从表 1 可见，在本实验条件下，黑鲪的吸收率（A_a）分布范围为 94.9%～96.1%，不同摄食水平和饵料种类对黑鲪的吸收率无显著影响。

表 1 摄食水平和饵料种类对吸收率的影响

Table l Effects of ration level and food species on assimilation rate of *Sabastodes fuscescens*

饵料种类 Food species	鱼饵料 Fish food				虾饵料 Shrimp food
摄食水平（%） feeding level	1.0±0.3	3.0±0.6	4.8±0.8	6.3±1.0（FL_{max}）	5.0±1.2（FL_{max}）
A_a（%）	96.1±1.4	95.4±2.4	95.4±1.8	94.9±2.2	95.7±1.5
t - test	$P>0.05$	$P>0.05$	$P>0.05$	$P>0.05$	

2.2 摄食水平和饵料种类对生长及生态转换效率的影响

在本实验条件下黑鲪最大摄食量为其体重的（6.21±1.02）%。黑鲪的生态转换效率随摄食水平升高呈倒U形变化趋势（图1），以湿重为单位所得到的二者之间定量关系为二次曲线：

$$Eg=-1.6FL^2+13.3FL+5.8,\ R^2=0.9377$$

Eg 的峰值出现在其初重的4.1%，约为黑鲪最大摄食量的66%；其特定生长率也随摄食水平的上升而减速增大，二者之间的定量关系为对数曲线：

$$SGR=0.72\ \ln FL+0.17,\ R^2=0.9873$$

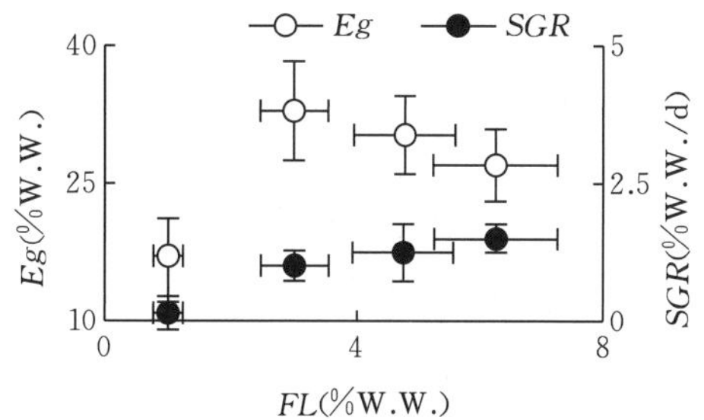

图1 黑鲪的 SGR 及 Eg 与摄食水平的关系

Figure 1 Relation of Blak snapper's, SGR and Eg with feeding level

对分别以玉筋鱼和鹰爪糙对虾为饵料生物的两组实验进行 t 检验，其结果表明，当以玉筋鱼为饵料时，黑鲪的特定生长速率显著大于鹰爪糙对虾；以湿重为参数计算得到的两组生态转换效率同样有显著性差异，但以能含量为单位进行计算，则不同饵料对黑鳍生态转换效率无显著影响（表2）。

表 2 摄食不同饵料生物时黑鲪的特定生长率及生态转换效率

Talbe 2 Effect of different food organisms on *SGR* and *Eg* of *Sabastodes fuscescens*

计算单位 Calculating units	SGR（%/d） 玉筋鱼 Fish food	SGR（%/d） 鹰爪糙对虾 Shrimp food	Eg（%） 玉筋鱼 Fish food	Eg（%） 鹰爪糙对虾 Shrimp food
湿重 Wet weight	1.56±0.37	0.98±0.29	26.1±2.8	18.2±3.4
	$df=10,\ 0.01<P<0.05$		$df=10,\ 0.01<P<0.05$	
能含量 Energy content	1.56±0.37	0.98±0.29	34.0±4.5	38.9±7.3
	$df=10,\ 0.01<P<0.05$		$df=10,\ 0.01<P<0.05$	

2.3 氮收支和排泄能及其随摄食水平、饵料种类的变化

从表3可见，黑鲪从食物中所摄入氮仅有少量用于生长，最大摄食时占摄入氮的28.5%，随摄食水平降低，用于生长的氮在摄入氮中的比例呈倒U形变化趋势；多数氮随排泄和排粪过程排出体外，其中排泄是氮支出的主要过程，占氮总支出过程的（69.2±

7.3)%。黑鲪排泄氮和排泄能随摄食水平上升均呈线性增长趋势，二者之间的关系可分别用公式$U=4.51FL-0.26$（$R^2=0.944\,6$）和$U_N=0.18FL-0.01$（$R^2=0.994\,6$）定量描述。鹰爪糙对虾氮含量高于玉筋鱼，但黑鲪摄食鹰爪糙对虾时的生长率及生长氮与摄入氮的比值均相对较低。

表 3 不同摄食水平和饵料种类时黑鲪的氮收支量及排泄能估算结果

Table 3 Excrement nitrogen and energy of *Sabastodes fuscescens* and the changes with ration level and food species

饵料种类 Food species	摄食水平（%） Feeding level（%）	C_N [g/(kg·d)]	G_N [g/(kg·d)]	F_N [g/(kg·d)]	U_N [g/(kg·d)]	U [kJ/(kg·d)]
玉筋鱼 Fish food	6.3±1.0（FL_{max}）	1.710±0.235	0.487±0.121	0.043±0.012	1.181±0.203	29.3±5.1
	4.8±0.8	1.320±0.153	0.421±0.104	0.032±0.015	0.866±0.035	21.5±0.9
	3.0±0.6	0.830±0.072	0.289±0.073	0.020±0.006	0.521±0.034	12.9±0.8
	1.0±0.3	0.275±0.092	0.049±0.029	0.007±0.005	0.219±0.058	5.4±1.5
鹰爪糙对虾 Shrimp food	5.0±1.2（FL_{max}）	1.078±0.151	0.287±0.090	0.023±0.006	0.768±0.055	19.0±1.4

注：FL_{max}系以湿重为单位求得的最大摄食量。

2.4 总代谢能随摄食水平和饵料种类的变化

黑鲪的总代谢能随摄食水平的变化趋势与排泄能相近，也随摄食水平上升呈线性增长趋势（表 4），二者之间的关系为$R=33.1FL-2.15$（$R^2=0.987\,9$）。当黑鲪摄食鹰爪糙对虾时，其能量收支各组分除排粪能外其余均显著低于玉筋鱼为饵料时的能量值。

表 4 不同摄食水平和饵料种类时黑鲪的总代谢能（kJ/kg·d）估算结果

Table 4 Total metabolic energy [kJ/(kg·d)] of *Sabastodes fuscescens* and the changes with ration level and food species

饵料种类 Food species	摄食水平 Feeding level	C	G	F	U	R
玉筋鱼 Fish food	6.3±1.0（FL_{max}）	413.5±56.9	140.6±33.9	26.0±8.5	29.3±5.1	217.6±46.5
	4.8±0.8	319.1±37.0	121.7±29.9	19.5±9.2	21.5±0.9	156.3±26.8
	3.0±0.6	200.6±17.5	83.4±9.6	12.3±3.4	12.9±0.8	92.0±16.8
	1.0±0.3	66.6±22.3	14.2±8.3	4.5±3.1	5.4±1.5	42.4±12.2
鹰爪糙对虾 Shrimp food	5.0±1.2（FL_{max}）	213.3±29.9	82.9±25.9	30.2±8.0	19.0±1.4	81.1±20.6

2.5 摄食水平和饵料种类对能量收支模式的影响

依据摄食能、生长能、排粪能、排泄能和总代谢能的定量测定或估算结果，可得到不同摄食水平和饵料种类时黑鲪的能量收支模式（表 5）。

黑鲪的能量收支分配率随摄食水平和饵料种类不同有较显著差异；代谢能分配率和排泄

能分配率随摄食水平增高呈U形变化趋势，而生长能分配率却恰恰相反。

表5 摄食水平和饵料种类对能量收支模式的影响

Table 5 Effect of ration level and food species on energy budget models

饵料种类 Food species	摄食水平（%） Feeding level（%）	能量收支模型 Energy budget models
玉筋鱼 Fish food	6.3（FL_{max}）	$100C=6.3F+7.1U+52.6R+34.0G$
	4.8	$100C=6.1F+6.7U+49.0R+38.2G$
	3.0	$100C=6.1F+6.4U+45.9R+41.6G$
	1.0	$100C=6.8F+8.2U+63.8R+21.3G$
鹰爪糙对虾 Shrimp food	5.0（FL_{max}）	$100C=14.2F+8.9U+38.0R+38.9G$

3 讨论

3.1 黑鲪的特定生长率随摄食水平增长呈减速增长趋势，而生态转换效率与摄食水平之间的关系呈倒U形，其关系分别可用对数曲线和二次曲线定量描述；这一结论与其他许多鱼种的研究是一致的（崔奕波，1990；Brett，1976），因而上述曲线可能代表了鱼类生长量与摄食量的普遍关系。由于在较高的摄食水平下，鱼类日粮的增加并不能引起生长量的显著增大，反之却使得食物的转换效率加速下降。因此，在鱼类的人工养殖中，应控制其日粮在生长量与摄食量之比值为最大的水平，即最佳摄食水平；依据本文2.2节中所得公式$Eg=-1.6FL^2+13.3FL+5.8$，求Eg值为最大时的FL值，即为本实验条件下黑鲪的最佳日粮（4.1%），约是其最大日粮的66%。维持日粮是使得鱼体重能维持不变的摄食水平，依据公式$SGR=0.72\ln(FL)+0.17$，令式中$SGR=0$，可求得本实验条件下黑鲪的维持日粮为其体重的0.8%，显著低于真鲷等游泳能力较强的海洋鱼类（孙耀，1999）；该结果进一步证明了黑鲪是一种体内代谢水平较低的海洋鱼类。

3.2 许多对鱼类的研究结果表明，排泄率和代谢率主要受摄食量的影响，且其与摄食量之间的定量关系成正比（崔奕波，1990；Beamish，1972；Mortensen，1985；Savitz et al.，1977），这与本研究结果是一致的；由于该结果在淡水鱼中具有普遍性，而黑鲪在海洋底层肉食性鱼类中具有一定代表性，可以推测该结果也可能适用于许多海洋鱼类。

3.3 杨纪明（1987）和李军（1995）测定了6种海洋鱼种的摄食、生长和生态转换效率及其不同饵料生物的影响，得到与本研究结果相同的结论，认为作为饵料生物玉筋鱼较巢沙蚕、火枪乌贼等更有利于实验鱼种的生长；其欠缺之处在于采用可比性较差的湿重为参数，计算和比较了不同饵料生物对鱼类生态转换效率的影响。本研究结果表明，尽管以湿重为计算参数时，也得到摄食不同饵料生物使得黑鲪生态转换效率显著不同之结果，但用比能值计算和比较上述生态转换效率却无显著性差异。

3.4 与生长能、代谢能、排泄能和排粪能随摄食水平变化趋势显著不同，在黑鲪能量收支式中其生长能分配率随摄食水平增长呈倒U形变化趋势，而代谢能分配率和排泄能分配率则恰恰相反，都可用不同常数项的二次曲线方程定量描述。如上述关系被进一步证明成立，则可大大简化不同摄食水平下能量分配模型的建立。

3.5 从已有的数据来看，黑鲪的吸收率介于肉食性鱼类的吸收率 70%～98%之间（Cui，1987；Pandian and Vivekanandan，1985）。关于摄食水平对鱼类吸收率的影响，目前尚无一致的认识，Beamish（1972）通过对黑鲈（*Micropterus salmoides*）的研究认为，吸收率不受摄食率的影响，作者对黑鲪的研究结果支持了这一观点。

3.6 饵料不同能造成黑鲪的各能量收支的显著差异。从摄食不同饵料时能量收支式的对比可以发现，摄食鹰爪糙对虾时的排粪能和排泄能分配率相对较高，代谢能分配率恰恰相反，而生长能分配率却差别不显著；由于当黑鲪摄食鹰爪糙对虾时的摄入能仅为摄食玉筋鱼时的 51.6%，显然是低摄入能降低了其体内代谢率，但鹰爪糙对虾所含的高蛋白及虾壳均未能被充分吸收，造成排粪量和排泄氮的相对增大，代谢能分配率降低与排粪能和排泄能分配率增大相互抵消，从而使得生长能分配率，即能量转换效率变化较小。

参考文献

崔奔波，1989. 鱼类生物能量学的理论与方法．水生生物学报，13（4）：369－383.

崔奔波，陈少莲，王少梅，1995. 温度对草鱼能量收支的影响．海洋与湖沼，26（2）：169－174.

崔奔波，Wootton R J，1990. 真鲹 *Phoxinus phoxinus*（L.）的能量收支各组分与摄食量、体重及温度的关系．水生生物学报，14（3）：193－204.

李军，杨纪明，庞鸿艳，1995. 5 种海鱼的生态生长效率研究．海洋科学，3：52－54.

孙耀，张波，郭学武，等，1999. 摄食水平和饵料种类对真鲷能量收支的影响．海洋水产研究，20（2）：60－65.

谢小军，孙儒泳，1993. 南方鲇的排粪量及消化率同摄食水平、体重和温度的关系．海洋与湖沼，34（6）：627－631.

杨纪明，郭新如，1987. 石鲽和皱唇鲨生态生长效率的研究．水产学报，9（3）：251－253.

Beamish F W H. 1972. Ration size of and digestion in largemouth bass，*Micropterus salmoides* Lacepede. Can. J. Zool.，50：153－164.

Brandt S B，Hartam K J，1993. Innovative approaches with bioenergetics methods：future application to fish ecology and management. J. Fish. Biol.，34：47－64.

Brett J R，1976. Feeding metabolic rates of young sockeye salmon，*Oncorhynchus nerka*，in relation to ration level and temperature. Fish. Mar. Serv. Res. Dev. Tech. Rep.，No. 675：43.

Cui Y，1987. Bioenergetics and growth of a teleost *Phoxinus phoxinus* (Cyprinidae). Ph. D. thesis，university of Whale，Aberystwyth.

Cui Y，Liu S，Wang S，et al.，1992. Growth and energy budget of young grass carp. *Ctenopharyngodon idella* Val.，fed plant and animal diets. J. Fish Biol.，41：231－238.

Motensen E，1985. Population and energy dynamics of trout *Salmo trutta* in a small Danish stream. J. Anim. Ecol.，54：869－882.

Pandian T J，Vivekanandan E，1985. Energetics of feeding and digestion. In Fish Energetics：New Perspectives（P. Tytler and P. Calow，eds），Croom Helm，London：99－124.

Savitz J，Albanese E，Evinger M J，et al.，1977. Effect of ration level on nitrogen excretion，nitrogen retention and efficiency of nitrogen utilization for growth in largemouth bass（*Micropterus salmoides*）. J. Fish. Biol.，11（2）：185－192.

Warren C E，Davis G E，1967. Laboratory studies on the feeding. bioenergetics and growth of fish. In the

Biological Basis of Freshwater Fish Production (S. D. Gerking, ed.), Blackwell Scientific Publication: Oxford: 175 - 214.

Winberg G G, 1956. Rate of metabolism and food requirements of fishes. Fish. Res. Bd. Can. Transl. Series. No. 194: 1960.

Effects of Ration Level and Food Species on Energy Budget of *Sabastodes fuscescens*

SUN Yao, ZHANG Bo, TANG Qisheng

(*Yellow Sea Fisheries Research Inatitute, Qingdao 266071*)

Abstract: The energy budget of Black snapper (*Sabastodes fuscescens*) was determined by continuous-flow simulating method in laboratory under different feeding level and food species conditions. Results showed that all of excretion energy (U), total metabolism energy (R) and growth energy (G) tended to increase with ration level's rise. There was remarkable difference about each energy budget constituent with different food fed, but not change about ecological conversion efficiency. The energy budget models changed with different feeding level remarkably. In the models, assigning rates of metabolism and excretion energy changed like U shape with ration level's rise. but that of growth energy turned out contrary to it. There were remarkable differences between the models obtained from different food fed.

Key words: Energy budget; Feeding level; Food species; *Sabastodes fuscescens*

不同投饵方式对黑鲪生长的影响①

张波，孙耀，唐启升
（中国水产科学研究院黄海水产研究所，青岛 266071）

关键词： 黑鲪；投饵方式；生长

鱼类的生长受众多因素的影响，如温度、盐度、光周期、食物以及鱼类自身的生理状态等[1]。单就食物而言，生长就不仅受食物性质、食物数量的影响，而且还受投饵方式的影响[2,3]。在自然状态下，鱼类摄食有一定的周期性；在养殖中，投饵也常采用一定的时间间隔[4,5]，但研究不同投饵方式对鱼类生长的影响还较少。黑鲪（*Sebastodes fuscescens*）是重要的海水养殖鱼种之一，目前关于黑鲪的研究还比较少[6]。本研究考察了不同投饵方式对黑鲪生长的影响，以期为其养殖提供基础数据。

1　材料与方法

1.1　材料

实验用黑鲪捕自青岛沿岸海域，进入实验室之前用浓度为 2～4 mg/L 氯霉素溶液处理，暂养于室内小型水泥池中，待摄食和生长正常后，选取其中的 20 尾分别放入 20 个实验水槽中单尾饲养，在室温条件下驯化 15 d 后开始正式实验。

1.2　实验条件及方法

采用室内连续流水式饲养法[7]。实验水槽为 0.15 m^3 的玻璃钢水槽，实验用海水经沉淀和砂滤处理后，分别流入各实验水槽，其流速控制为 4 L/min。实验采用自然光照周期，最大光强为 250 lx。由于自然海水温度在一段时间内能保持相对稳定，因此实验水温控制采用自然流水。实验的平均水温为（15±2)℃，实验共设 5 个投饵方式组：连续投饵、每隔 5 d 停饵 1 d、每隔 4 d 停饵 1 d、每隔 3 d 停饵 1 d、每隔 2 d 停饵 1 d。每个投饵方式组设 4 个重复组。

实验开始和结束时，将鱼饥饿 2 d 使排空粪便后称重。饵料生物玉筋鱼去头和内脏，加工成实验鱼易于吞食的大小。每天投饵 2 次（8:00；17:00），每次投饵后至下一次投饵前收集残饵，残饵经烘干后称重。残饵量由饵料的流失率及干湿重比校正而得，每日的耗饵量由投饵量与残饵量之差求得。

1.3　计算公式

$$SGR=100\times(\ln W_t-\ln W_0)/t_1$$

① 本文原刊于《中国水产科学》，6（4）：121-122，1999。

$$RL=100\times C/[t_2\times(W_t+W_0)/2]$$
$$CE=100\times(W_t-W_0)/C$$

式中，W_0为实验开始时的鱼体重；W_t为实验结束时的鱼体重；SGR 为特殊生长率；RL 为实际投饵期间的摄食率；CE 为食物转化率；C 为总摄食量；t_1 为总实验时间；t_2 为实际投饵时间。

2　结果

黑鲪的初始体重和终体重见表 1。整个实验进行了 24 d，不同投饵方式组的实际投饵时间分别为 24、20、20、18、16 d。通过单因素方差分析发现，不同投饵方式组的特殊生长率没有显著差异，而实际摄食率和食物转化率有极显著差异（表 1）。连续投饵组的实际摄食率显著低于其他组的实际摄食率，而食物转化率显著高于其他组。尽管组间的特殊生长率没有达到统计学差异，但连续投饵组的生长明显大于其他组。

表 1　不同投饵方式对黑鲪生长的影响

Table1　The effects of feeding regimes on growth rate of *S. fuscescens*

投饵方式 Feeding regime	初始体重/g Initial weight		终体重/g Final weight		SGR/%		RL/%		CE/%	
	平均值 mean	S. E.	平均值 mean	S. E.	平均值 mean	S. E.	平均值 mean	S. E.	平均值 mean	S. E.
连续 Continuous	150.30	14.38	185.58	18.83	0.87	0.10	1.66**	0.26	52.88**	3.33
5 d 间隔 Every 5 day	176.50	14.17	212.98	18.40	0.78	0.07	2.34**	0.20	39.91**	0.81
4 d 间隔 Every 4 day	189.55	15.28	223.95	20.06	0.69	0.13	2.33**	0.32	35.26**	2.62
3 d 间隔 Every 3 day	193.40	15.68	230.23	19.24	0.73	0.06	2.66**	0.33	36.70**	3.43
2 d 间隔 Every 2 day	176.90	10.11	207.50	8.19	0.68	0.19	2.92**	0.50	33.58**	4.57

注：** 差异极显著。

Notes：** Difference extremely significant.

3　讨论

在自然生活状态下，鱼类的摄食有明显的周期性。Smith 等[8]在研究中发现，每天都投食时，鳕鱼有几天停止摄食，因此他们认为隔几天提供食物保证了胃完全排空和恢复食欲。Huebner 等[0]对鲽的研究也得到了相同的结果。日村烈[4]和浜口胜则[5]认为，在真鲷养殖中应选取适合的投饵方式，水温在 20～27 ℃时，每周停饵 1 次；水温在 15～19 ℃时，每 3 d 停饵 1 次。本实验考察了 15 ℃条件下，5 种投饵方式对黑鲪生长和摄食的影响。结果发现，不同投饵方式组的特殊生长率没有显著差异，而实际摄食率和食物转化率有极显著差异。可见连续投饵组的黑鲷通过低摄食率、高食物转化率与其他组黑鲷通过高摄食率、低食物转化率达到基本相同的生长情况。这可能是由于黑鲷在有持续食物供应时，摄食率保持一个相对稳定水平的原因。当间隔 1 d 投饵时，则认为是食物缺乏，因此大量摄入食物；待恢复投饵，摄入的多余食物不能用于生长而导致了低食物转化率。Smith 等[8]研究鳕鱼也发现，当有充足食物供应时，其以中等水平摄食，而在食物缺乏时则摄入大量食物。

尽管不同投饵方式组的特殊生长率没有达到统计学差异，但连续投饵组的生长明显高于其他组，且实际摄食率显著低于其他组，从节约饵料出发，建议采用连续投饵方式饲养黑鲷。

参考文献

[1] Xie X J, Sun R Y. The bioenergetics of the southern catfish (*Silurus meridionalis* Chen): growth rate as a function of ration level, body weight, and temperature. J Fish Biol, 1992, 40: 197-207.

[2] Langton R W, Mckay G U. Growth of *Crassostrea gigas* (Thunberg) spat under different feeding regimes in a hatchery. Aquaculture, 1976, 7: 225-233.

[3] Winter J E. Suspension-feeding in lame llibranquiate bivalves, with particular reference to Aquaculture. Medio Ambiente, 1977, 3 (1): 48-69.

[4] 日村烈．コダイ育成饵料と适正给饵ブラン．养殖，1997，34（临时增刊号）：122-127.

[5] 浜口胜则．コダイの饵料と给饵Ⅰ．养殖，1995，32（6）：111-112.

[6] 李军，杨纪明，孙作庆．黑鲷生态生长效率周年变化的研究．海洋与湖沼，1995，26（6）：586-589.

[7] 孙耀，张波，郭学武，等．黑鲷的生长和生态转换效率及其主要影响因素．应用生态学报，1999，10（5）：627-629.

[8] Smith R L, Paul J M, Paul A J. Gastric evacuation in walleye pollock, *Theragra chalcogramma*. Can J Fish Aquat Sci, 1989, 46 (3): 489-493.

[9] Huebner J D, Langton R W. Rate of gastric evacuation in winter flonder, *Pseudopleuronectes americanus*. Can J Fish Aquat Sci, 1982, 39: 356-360.

黑鲉的最大摄食率与温度和体重的关系[①]

张波，孙耀，郭学武，王俊，唐启升
（中国水产科学研究院黄海水产研究所，青岛 266071）

摘要：在实验室条件下测定了黑鲉（*Sebastodes fuscescens*）的最大摄食率，并探讨了体重和温度等因子的影响。在 15 ℃条件下，最大摄食率（R_{max}）与体重（W）的相互关系为：$R_{max}=2\,662.80\,W^{-0.393\,2}$（$R=0.936\,4$）。在温度为 11、15、22、25 ℃的条件下，最大摄食率分别为 119.01、328.63、287.10、226.97 J/(g・d)，二者的相互关系为：$R_{max}=-967.03+141.14T-3.76T^2$（$R=0.960\,2$），由此式可推算出该种鱼的最佳食欲温度为 18.76 ℃，在此温度下的最大摄食率估计为 356.80 J/g・d，最大摄食率与温度和体重的关系为：$R_{max}=(-7\,161.63+1\,045.25T-27.86T^2)\,W^{-0.393\,2}$。

关键词：黑鲉；最大摄食率；温度；体重

鱼类能量学是目前鱼类生态学研究领域中较为活跃的一个学科，其中食物摄入量是整个能流过程的能量输入，直接影响着能量在体内的分配和利用，因此鱼类的摄食状况是鱼类能量学研究中较为关键的环节。鱼类的摄食受诸多因素影响，如温度、光周期、盐度、食物的类型、鱼群密度、鱼体体重以及鱼的生理状态等。关于鱼类在实验室条件下的最大摄食率及其与体重和水温的关系国外已有大量的文献报道（Brett，1971；Cui et al.，1988；Wootton et al.，1980），目前国内仅在淡水鱼做了该方面的研究工作（谢小军，1992；崔奕波，1992）。黑鲉是渤、黄海近岸海域的重要经济鱼种和增养殖对象，属底层肉食性鱼类。作者以黑鲉为研究对象，探讨了该种鱼的最大摄食率与体重和水温的关系。

1 材料和方法

1.1 材料的来源与驯化

实验于 1997 年 10 月至 1998 年 11 月期间进行，实验用黑鲉系捕自青岛沿岸海域，进入黄海水产研究所小麦岛增养殖实验基地（青岛）的实验室前用浓度为 2～4 mg/L 氯霉素溶液处理，然后置于室内小型水泥池中驯养。待摄食和生长正常后，按实验要求选取健康鱼放入实验水槽中，在实验条件下驯化 15 d 后开始正式实验。

1.2 实验条件及方法

实验采用室内连续流水式饲养法。实验水槽为 0.15 m³ 的玻璃钢水槽。实验用海水经沉

① 本文原刊于《海洋水产研究》，20（2）：82－85，1999。

淀和砂滤处理后，流入各实验水槽，其流速控制为 7 L/min。实验采用自然光照周期，最大光强为 250 lx。水温通过控制流速来控制，每天的温度变幅在±1 ℃以内，整个实验期间的日平均温度变幅在±2 ℃以内。

实验共分 10 组，每组的实验鱼尾数、平均初始体重、终体重以及水温条件见表 1 和表 2，各实验时间均为 12 d。实验开始和结束后，根据水温和鱼体重大小，将鱼饥饿 1～2 d 至排空粪便后称重。饵料生物玉筋鱼（*Ammodytes personatus*）去头和内脏，加工成实验鱼易于吞食的大小。实验期间每天投饵 3 次（6:00、12:00、18:00）。每次投喂后，至下一次投喂前收集残饵，残饵经烘干后称重。在实验开始和结束分别称 4 份 20 g 饵料来测量饵料的流失率。残饵量由饵料的流失率及干湿重比校正而得，每日的耗饵量由投饵量与残饵量之差得出。玉筋鱼的比能值由上海地质仪器厂生产的 XRY-1 型氧弹式热量计测定，为6 729 J/g。

1.3 计算公式

$$C_{max}=FE/t$$
$$R_{max}=FE/(W\times t)$$
$$W=(W_1+W_2)/2$$

式中，C_{max}为最大耗饵量；R_{max}为最大摄食率；W 为平均体重；FE 为摄入食物的含能量；W_1 为初始体重；W_2 为终体重；t 为实验时间。

2 结果

28 尾黑鲪在不同体重、不同水温条件下的最大耗饵量和最大摄食率见表 1、表 2，最大耗饵量与体重间存在显著的双对数直线相关（图 1）。从表 1 可以看出，在相同的水温条件下，随着体重的上升，最大耗饵量（C_{max}）增加，最大摄食率（R_{max}）呈下降趋势。通过回归分析，最大耗饵量（C_{max}）和最大摄食率（R_{max}）与体重的关系为：$C_{max}=3\,337.20W^{-0.579\,8}$（$R=0.972\,3$）；$R_{max}=2\,662.80W^{-0.393\,2}$（$R=0.936\,4$）。从表 2 可以看出，水温对最大耗饵量和最大摄食率也有显著影响，但最大摄食率排除了体重的影响，更能反映温度的作用。最大摄食率与温度（T）呈曲线相关（图 2），通过回归计算得出二者的关系为：$R_{max}=-967.03+141.14T-3.76T^2$（$R=0.960\,2$）。通过对曲线求导数计算极值的方法，求得出水温在 18.76 ℃时，R_{max}有极大值。因此，该温度可作为黑鲪的最佳食欲温度，在此温度下，黑鲪的最大摄食率为 356.80 J/(g·d)。

表 1 15 ℃条件下不同体重的黑鲪的最大耗饵量及最大摄食率

Table 1 The maximum food consumption（C_{max}）and maximum ration levels（R_{max}）of *Sebastodes fuscescens* with different body weights at 15 ℃

平均初始体重 Mean initial weight（g）	平均终体重 Mean final weight（g）	实验鱼数（n） Number of fishes	平均最大耗饵量 C_{max}［J/(g·d)］	平均最大摄食率 R_{max}［J/(g·d)］
26.63	33.73	3	20 635.60	667.29
41.95	51.40	2	34 233.79	732.86
116.94	141.44	4	47 673.10	369.77

（续）

平均初始体重 Mean initial weight（g）	平均终体重 Mean final weight（g）	实验鱼数（n） Number of fishes	平均最大耗饵量 C_{max} [J/(g·d)]	平均最大摄食率 R_{max} [J/(g·d)]
143.40	172.95	2	57 701.18	363.97
168.10	197.80	2	60 028.29	328.63
215.90	254.05	2	85 962.98	367.13

表 2　黑鲪在不同温度条件下的最大耗饵量及最大摄食率

Table 2　The maximum food consumption（C_{max}）and maximum ration levels（R_{max}）of *Sabastodes fuscescens* at different temperature（T）

温度 T（℃）	平均初始体重 Mean initial weight（g）	平均终体重 Mean final weight（g）	实验鱼数（n） Number of fishes	平均最大耗饵量 C_{max} [J/(g·d)]	平均最大摄食率 R_{max} [J/(g·d)]
11	176.08	190.75	4	21 953.36	119.01
15	168.10	197.80	2	60 028.29	328.63
22	115.84	120.94	5	32 849.67	287.10
25	155.70	176.78	4	38 046.89	226.97

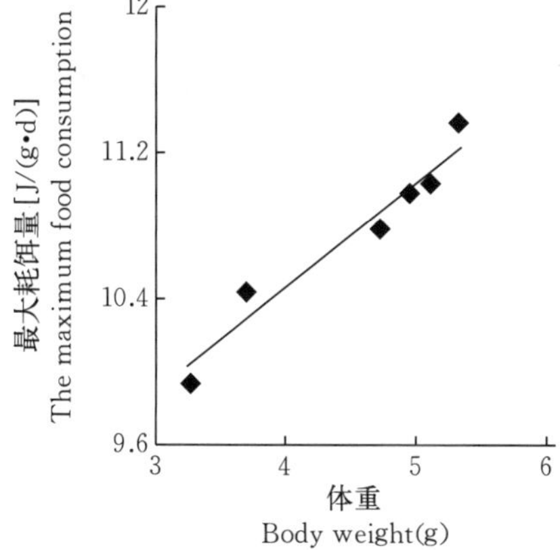

图 1　黑鲪的最大耗饵量与体重的关系

Figure 1　The correlation between the maximum food consumption and body weight in the *Sebatodes fuscescens*

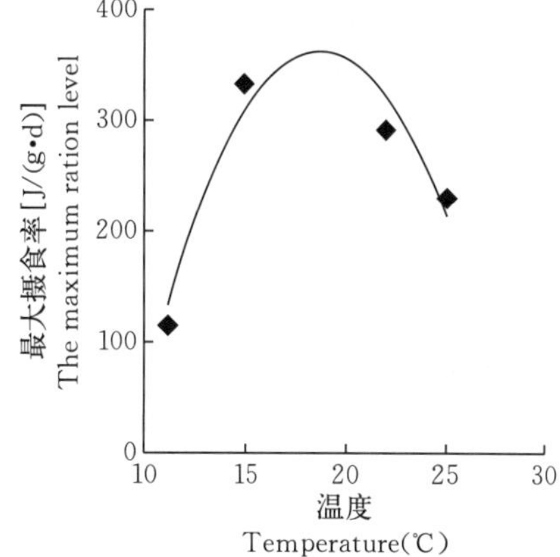

图 2　黑鲪的最大摄食率与温度的关系

Figure 2　The correlation between the maximum ration level and temperature in the *Sebatodes fuscescens*

根据谢小军（1992）推导南方鲇最大摄食率模型的方法，推算出黑鲪的最大摄食率模型为：

$$R_{max}=(-7\,161.63+1\,045.25T-27.86T^2)\,W^{-0.393\,2}$$

3　讨论

最大耗饵量和最大摄食率与体重一般为幂函数关系，即：$C_{max}=aW^b$ 或 $R_{max}=aW^b$，这一模型已被用于多种不同类群的鱼类。文献报道的 b 值大多数都小于 1，本研究得到黑鲪的

b 值为 0.579 8。这表明随着鱼体重增加，鱼的最大摄食率下降。关于鱼类最大摄食率随体重上升而下降这一现象的生物学机理有不同的解释，Ursin 用相似于静止代谢的“体表面积法则”来解释这一现象；而 Cui 等（1990）认为，对于最大耗饵量来说，内源性控制比消化道表面积所起的作用更为重要；谢小军（1992）认为，所以会出现这种现象是由于较小的鱼代谢强度较高，能量消耗的强度大，其食欲相对较旺盛的原因。

在不同的研究中，采用了不同的数学模型来描述最大摄食率与温度的相互关系，Elliott（1975）用指数函数（$R=ae^{BT}$）来表示，Cui 等（1988）用幂函数（$R=aT^{B}$）来表示二者之间的关系。有不少研究者在研究中发现最大摄食率并不都像这两种单调函数表达式所描述的那样，温度作用于最大摄食率的效应只能总是正的或负的，即随着温度的上升，最大摄食率不断上升或不断下降，而是在一定温度下的最大摄食率会出现峰值，低于这一温度，温度对最大摄食率有正效应；高于这一温度，温度就表现出负效应（Elliott，1975；谢小军，1992）。因此，谢小军（1992）认为，用具有峰值的曲线来描述最大摄食率与温度之间的关系更为恰当，他采用 3 次多项式函数对南方鲇的有关数据进行了拟合。本研究将结果用 2 次多项式函数进行拟合，相关性极显著。

通过求导推算极值的方法，得出了黑鲪的最佳期食欲温度为 18.76 ℃，此时的最大摄食率估计为 356.80 J/(g・d)。谢小军（1992）在研究中还发现南方鲇在最佳食欲温度(29.15 ℃)条件下的生长量不及较低温度（27.5 ℃）条件下的生长量，认为最佳食欲温度不是最佳生长温度。孙耀等（1999）也发现黑鲪的最佳生长温度为 16.5 ℃，低于最佳食欲温度，这可能是由于黑鲪在最佳食欲温度条件下的摄食率虽然最大，代谢消耗也较大，因此生长达不到最佳的原因。

参考文献

崔奕波，Wootton，R J，1990. 真鲅（*Phoxinus phoxinus* L.）的能量收支各组分与摄食量、体重及温度的关系．水生生物学报，14（3）：193－203.

孙耀，张波，郭学武，等，1999. 黑鲪的生长和生态转换效率及其主要影响因素．应用生态学报，10（5）：627－629.

谢小军，孙儒泳，1992. 南方鲇的最大摄食率及其与体重和温度的关系．生态学报，12（3）：225－231.

Brett J R，1971. Satiation time，appetite，and maximum food intake of sockeye salmon（*Oncorhynchus nerka*）. J. Fish. Res. Bd Can.，29：409－415.

Cui Y，Wootton R J，1988. Bioenergetics of growth of a cyprind，*Phoxinus phoxinus*：the effect of ration，temperature and body size on food consumption，faecal production and nitrogenous excretion. J. Fish Biol.，33：431－443.

Cui Y，Liu L，1990. Comparison of energy budget among six teleosts. Ⅰ. food consumption，faecal production and nitrogenous excretion. Comp. Biochem. Physiol.，96A：163－171.

Elliott J M，1975. Number of meals in a day. maximum weight of food consumed in a day，and maximum rate of feeding for brown trout，*Salmo trutta*. Freahwat. Biol.，5：287－303.

Wootton R J，Allen J R M，Cole S J，1980. Effect of body weight and temperature on the maximum daily food consumption of *Gasterosteus aculeatus* L. and *Phoxinus phoxinus*（L.）：selecting an appropriate model. J. Fish Biol.，17：695－705.

Maximum Ration Level of the *Sebastodes fuscescens* in Relation to Body Weight and Temperature

Zhang Bo, Sun Yao, Guo Xuewu, Wang Jun, Tang Qisheng

(*Yellow Sea Fisheries Research Institute, Qingdao 266071*)

Abstract: The maximum food consumption of the juvenile *Sebastodes fuscencens* in relation to body weight and temperature was measured in the laboratory. At temperature of 15 ℃, the correlation between the maximum level (R_{max}) and body weight (W) can be expressed as follow: $R_{max} = 2\ 662.80W^{-0.393\ 2}$ ($R = 0.936\ 4$). The maximum levels were 119.01、328.63、287.10、226.97 J/(g · d) at 11、15、22、25 ℃, respectively. The correlation between the level and temperature (T) can be expressed as follow: $R_{max} = -967.03 + 141.14T - 3.76T^2$ ($R=0.960\ 2$). By calculated the derivative of the expression to obtain the extreme value, the optimal temperature at which the species may have the maximum appetite of 356.80 J/(g · d) can be estimated as 18.76 ℃. The model for prediction of the maximum ration level in the fish in relation to different body weights and temperatures was developed as follow: $R_{max}=(-7\ 161.63+1\ 045.25T-27.86T^2)\ W^{-0.393\ 2}$.

Key words: *Sabatodes fuscescens*; Maximum ration level; Body weight Temperature

黑鲳的标准代谢率及其与温度和体重的关系①

孙耀，张波，郭学武，王俊，唐启升
（中国水产科学研究院黄海水产研究所，青岛 266071）

摘要： 在 11.2～23.6 ℃之间的 4 个实验温度下，采用流水式呼吸仪测定了不同体重黑鲳（29.6～358.1 g）的标准代谢率。结果表明，各测定温度下的标准代谢率均随体重增加而增大，二者之间的关系可用幂函数 $R_s = a\ln W^b$ 描述，标准代谢率的组间均数差异显著，但 b 值却无显著性差异；修正为标准体重后的标准代谢率随温度升高而减速增大，二者之间的关系可用函数 $R_{sw} = me^{-b/T}$ 描述，且当标准体重分别为 48.6 g、147.9 g 和 243.1 g 时，标准代谢率的组间均数也有显著差异；黑鲳的标准代谢率［R_s，mg/(ind・h)］和相对标准代谢率［R_s，mg/(g・h)］与体重和温度之间的交互作用数学模型分别为：$R_s = 1.160W^{0.752}e^{-9494/T}$ 和 $R_s' = 1.160W^{-0.254}e^{-9.494/T}$。

关键词： 标准代谢；体重；温度；黑鲳

鱼类的标准代谢是指其在饥饿、静止状态下的代谢水平。通过呼吸实验间接测定鱼类标准代谢率是被广泛采用的方法（崔奕波，1989）；由于实际测定中很难使鱼类处于“标准”状态，故多数鱼类的标准代谢率都是在近似标准状况下测得的；显然，上述标准状态控制程度的不同，有可能带来实验上的误差，但鱼类标准代谢率的测定尚无统一标准方法可循。迄今，人们已经定量测定了多种鱼类的标准代谢率，并建立了定量描述其与温度、体重、摄食水平等影响因子之间关系的数学模型（杨振才，1995；Cui，1988；Degani，1989；Elliott，1976），但这些研究还局限于一些淡水或广盐性鱼类，有关海洋鱼类的研究与报道尚较为少见，所以，研究中所得到的一些规律是否适合于海洋鱼类，也有待于进一步证实。

黑鲳（*Sebastodes fuscescens*）是渤、黄海近岸海域的重要经济鱼种，属底层肉食性鱼类，无显著群居和越冬洄游性，在该海域有着较为广泛的代表性。本研究采用自行设计的流水式呼吸仪测定了黑鲳的标准代谢率受其与温度和体重影响，并建立了温度和体重对黑鲳标准代谢率的交互作用数学模型。无疑，通过本研究，将有助于揭示该类海洋鱼种的代谢能量学特征。

1 材料与方法

实验于 1997—1998 年在黄海水产研究所小麦岛生态实验室（青岛）进行。

① 本文原刊于《海洋水产研究》，20（2）：76－81，1999。

1.1 材料来源与驯养

实验用黑鲪捕自青岛沿岸海域。黑鲪经浓度为 2～4 mg/L 氯霉素溶液处理后，置于室内 1 m^3 玻璃钢水槽内进行预备性驯养，待摄食和生长趋于正常后，再将其置于 0.1 m^3 试验水槽中单尾驯养；一般预备性驯养时间为 15 d，单尾驯养时间为 7 d。驯养均在流水条件下进行。驯养期间的饵料为新鲜玉筋鱼段，其大小以黑鲪能吞食为准。

1.2 实验装置

采用自行制作的流水式呼吸仪测定黑鲪的标准代谢率，其构造见图 1。天然海水（$S=29$）经沉淀和高压砂滤处理后进入上位水槽 A，上位水槽的水经球型开关阀 V_1 和 V_2 分别进入呼吸室 r_1 和 r_2。调节球型阀 V_3，保持有多余的水从 A 槽溢出，从而保持实验过程水位差 h 的恒定，即保持流经呼吸室水量的恒定；从 A 槽溢出的水经侧位水槽 B 流入实验恒温槽 C，使 C 槽内的水始终处于流动状态，从而使其内海水温度保持相对恒定。从呼吸室出来的水流经三通 t_1 或 t_2 和球形水量调节阀 V_4，进入溶解氧流动测定槽 P，其流量为180～220 mL/min；D 为溶解氧和温度测定仪（YSI - model，±0.03 mg/L，made in USA），O_P 为溶解氧探头。测定中依据黑鲪个体的大小选用 ϕ6 cm×30 cm 或 ϕ10 cm×40 cm 两种规格的呼吸室，并适当调整限动网 n 的位置，以尽量减少实验鱼的自发活动。

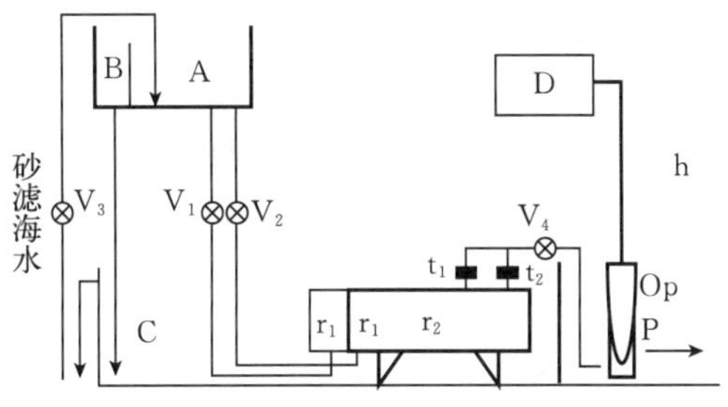

图 1　流水式鱼类呼吸测定仪结构

Figure 1　Structure of continuous-flow repironmeter for fish

1.3 实验方法

实验利用青岛沿海 8—11 月海水温度的自然降低及自然海水温度变化所表现出的相对稳定性。在（11.2±1.98）、（14.7±0.57）、（19.4±1.12）和（23.6±0.46）℃4 个自然水温下驯化；由于代谢测定时间较短，故温度变异范围相对小的多。实验鱼的体重范围为 29.6～358.1 g。实验中共测定黑鲪 84 尾，在小个体测定中，一般将体重相近的两尾鱼合并为同一测定组。测定前实验鱼禁食 2～4 d，禁食时间因温度而定。每次测定均以呼吸室 r_1 作为空白对照；将经禁食后实验鱼转移至呼吸室 r_2 内，调节三通使 t_1 连接溶解氧流动测定槽 P，t_2 放空，稳定 0.5 h 后，首先测定空白呼吸室 r_1 流出水的溶氧量，然后再将 t_1 放空，t_2 连接流动槽 P，测定实验鱼呼吸室 r_2 流出水的溶氧量；两者之间的溶氧量差值与流经呼吸室水流速率的乘积，即为黑鲪的耗氧量。上述实验结束后，立即测定实验黑鲪的体重。

2 结果

2.1 黑鲪的标准代谢率与体重的关系

在实验温度范围内，黑鲪的标准代谢率 R_s 和相对标准代谢率 R_s' 与体重之间的关系见图

2，R_s均随体重增加而增大，R_s'则恰恰相反；对上述关系进行回归运算，可发现其符合鱼类标准代谢与体重之间的一般关系：$R_s=aW^b$只是前者体重指数均为正值，而后者的体重指数均为负值；且所有拟合曲线的相关关系均呈高度显著水平。不同温度下拟合方程参数及其相关性检验结果见表1。将幂函数两边取对数转化为线性关系后，经协方差分析结果表明，不同温度下黑鲪标准代谢的组间均数差异显著（$F_{(3,65)}=7.64$，$P<0.01$）；各温度下回归方程的体重指数 b 之间无显著性差异（$F_{(3,64)}=1.01$，$P>0.05$），而截距 $\ln a$ 之间的差异则高度显著（$F_{(3,64)}=62.16$，$P<0.01$）。

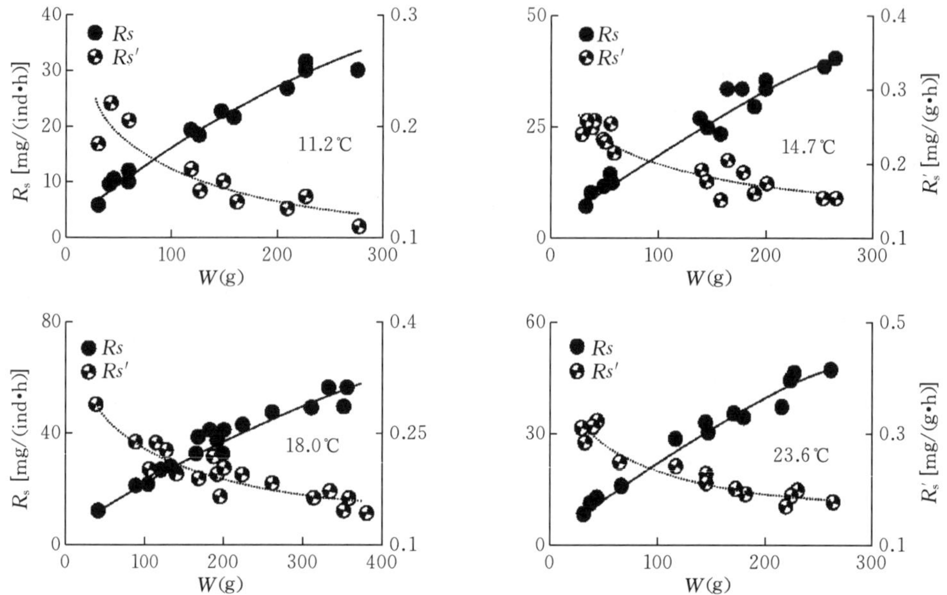

图2 不同温度下标准代谢和相对标准代谢与体重之间的关系

Figure 2 The relationship between R_s or R_s' and body weight at different temperatures

表1 标准代谢与体重关系拟合方程参数及其统计学检验

Table1 The parameters and their statistics test on the relationship between R_s and body weight

温度（℃）Temperature	鱼尾数 Fish individuals	R_s				R_s'			
		a	b	R^2		a	b	R^2	
11.2	14	0.586	0.716	0.968		0.586	−0.284	0.828	
14.7	18	0.578	0.761	0.982	$P<0.01$	0.578	−0.239	0.845	$P<0.01$
18.0	22	0.818	0.719	0.944		0.818	−0.281	0.722	
23.6	15	0.763	0.746	0.990		0.763	−0.254	0.911	

2.2 黑鲪的标准代谢率与温度的关系

按体重将69尾黑鲪分成3组，采用每组平均体重作为相对标准体重（W_s），根据公式：

$$R_{sw}=(W_s/W)^b\cdot R_s$$

计算各组标准体重下的标准代谢率；式中 R_{sw} 为标准体重下的标准代谢率，W 和 R_s 分别为实测体重和标准代谢率，b 为各温度下标准代谢率的体重指数。不同标准体重下的 R_{sw}

值随温度上升呈减速增大趋势（图 3），在本实验温度范围内，二者之间关系可用相同的曲线形式定量描述，即：

$$(48.6\pm14.2)\ \text{g}：R_{sw}=18.76e^{-7.56/T}，R^2=0.9968$$

$$(147.9\pm20.7)\ \text{g}：R_{sw}=49.73e^{-9.64/T}，R^2=0.9968$$

$$(243.3\pm35.8)\ \text{g}：R_{sw}=71.35e^{-9.57/T}，R^2=0.9599$$

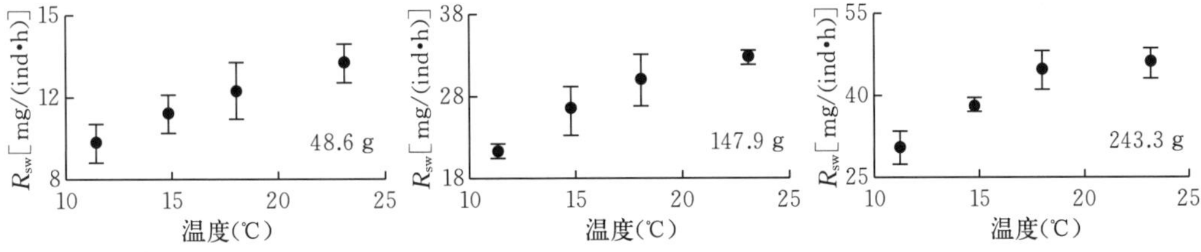

图 3　不同体重的标准代谢率随温度的变化

Figure 3　Changes of R_{sw} with temperature at different body weight

上述关系经统计学检验证明均呈显著相关关系。用协方差方法对 $\ln R_{sw}$ 与 $1/T$ 之间线性关系的分析结果表明，不同体重的黑鳍标准代谢组间均数差异显著（$F_{(2,62)}=266.33$，$P<0.01$）；各温度下回归方程的体重指数 b 之间无显著性差异（$F_{(2,61)}=0.45$，$P>0.05$），而截距 $\ln a$ 之间的差异则高度显著（$F_{(2,61)}=924.81$，$P<0.01$）。

2.3　黑鲪的标准代谢率与温度和体重的交互作用模型

根据本研究结果的实际情况，对崔奕波等（1989）提出的鱼类标准代谢与温度和体重的交互作用模型修正为：

$$\ln R_s \text{ or } R_s'=A\ \ln W+B/T+\ln C$$

按上式对本测定结果进行多元回归运算，得到：

$$\ln R_s=0.752\ln W-9.494/T+\ln 1.160 \quad \text{or} \quad \ln R_s'=-0\ 254\ln W-9.494/T+\ln 1.160$$

（$N=69$，$R^2=0.9796$ or 0.8663，$|t(\ln W)|=52.11$ or 17.52，$|t(1/T)|=13.92$ or 13.34），负相关系数和偏相关系数都呈高度显著水平（$P<0.01$）；所得方程也可以转化为以下形式：

$$R_s=1.160\ W^{0.752}e^{-9.494/T} \text{ or } R_s'=1.160\ W^{-0.254}e^{-9.494/T}$$

3　讨论与结语

由于黑鲪的觅食、巡游活动较弱，故与许多肉食性海洋鱼类比较，其代谢能在总能量支出中所占比例较低；但在本实验范围内，其相对代谢率的分布范围为 124～329 mg/(kg・h)，总平均值为 198 mg/(kg・h)，代谢水平依然显著高于 Brett 和 Groves（1979）对 34 种鱼类的统计平均值 89 mg/(kg・h)。由于 Brett 和 Groves 所统计的 34 种鱼类多为淡水鱼，它们与海洋鱼类之间的代谢水平是否存在着系统差异，尚有待于进一步研究。

鱼类标准代谢随体重的增加而增大，二者之间的关系一般可以用幂函数 $R_s=aW^b$ 来描述，其中 b 值称为体重指数。有关 b 值有两点需要阐明：其一为 b 值是否存在种间差异，对此尚未有肯定结论；Winberg（1960）首先指出鱼类的 b 值应在 0.8 左右；随后 Elliott（1979）进一步提出 b 值的极限范围为 0.5～1.0，其中多数在 0.7～0.9 之间；而 Brett 和 Groves（1979）与 Cui 和 Liu（1990）则认为，对许多淡水鱼类而言 b 值无显著性差异，其平均值约为 0.86。本研究结果表明，黑鲪的 b 值为 0.736±0.022，虽仍在 Elliott 给出的 b 值范围内，却与 Brett 和 Cui 提出的 b 值有显著差异。其二为温度对 b 值是否有影响，Fry（1979）曾认为 b 值与温度无关，作者对黑鲪的研究结果及 Hettler（1976）对大西洋鲱（*Brevoortia tyrannus*）的研究结果都证实了这一观点；但也有一些不同的研究结果，如两种非洲鲫鱼 *Orechromis mossambicus* 和 *Orechromis niloticus* 的 b 值随温度上升而增大（Cui，1990；Elliott，1979），而南方鲇（*Silurus meridionabis*）和欧洲鳗鲡（*Anguilla anguilla*）的 b 值则随温度上升而减小（杨振才，1995；Dagni，1989）。

鱼类的标准代谢率随温度上升而增大，但用于描述二者之间关系的数学模型却显著不同。真鲅（*Phoxinus phoxinus* L.）和褐鲑（*Salmo trutta* L.）的标准代谢率随温度上升而加速增大，二者之间的关系为一指数曲线（崔奕波，1990；Elliott，1976），而南方鲇（*Silurus asotus* L.）却为一幂函数曲线（杨振才，1995）；黑鲪标准代谢率随温度上升而减速增大的趋势十分明显，很难用以往研究中经常采用的曲线形式加以描述，本文中采用的函数 $R_{sw}=me^{-n/T}$，虽然在温度下延后的标准代谢率推测结果不甚合理，但经统计学检验表明，在本实验范围内该函数形式与实测结果拟合程度最好。

由于黑鲪的标准代谢率随温度和体重变化特征，与一些已报道的结果之间存在着显著差别，显然，直接应用已提出的经验公式来描述黑鲪标准代谢率与温度和体重之间的交互作用关系是不可行的；经比较，作者选择了变化特征相近的经验公式（崔奕波，1989），按本研究结果对其加以修正后，提出了黑鲪标准代谢率与温度和体重之间的交互作用数学模型。因为以往对海洋鱼类该方面的研究很少，故要证明上述模型是否适合于其他海洋鱼类，还有待于进一步的工作。

参考文献

崔奕波．1989. 鱼类生物能量学的理论与方法．水生生物学报，13（4）：399－383.

崔奕波，Wootton R J，1995. 真鲅（*Phoxnus phoinus* L.）的能量收支各组分与摄食量、体重及温度的关系．水生生物学报，14（3）：193－204.

杨振才，谢小军，孙儒泳，1995. 鲇鱼的静止代谢率及其鱼体重、温度和性别的关系．水生生物学报，19（4）：368－372.

Brett J R，Groves T D D，1979. Physiological energetics. In：Fish physiology（W. S. Hoars eds）. Academic Press，New York，8：279－352.

Cui Y，Liu J，1990. Comparison of energy budget among six teleosts. Ⅱ Metabolic rates. Comp. Biochem. Physiol.，97：169－174.

Cui Y，Wootton R J，1988. The metabolic rate of the minnow，*Phoxnus phoinus* L.，in relation to ration，body size and temperature. Funct. Ecol.，2：157－162.

Dengi G，Gallagber M K，1989. The influence of body size and temperature on oxygen consumption of the European eel，*Anguilla anguilla*. J. Fish Biol.，34：19－24.

Elliott J M，1976. Energy losses in the waste products of brown trout（*Salmo trutta* L.）. J. Anim. Ecol.，49：

561 - 580.

Elliott J M, 1979. Energetics of fresh teleosts. In: Fish Phenology: Anabolic Adaptiveness in Teleosts. Symp. Zool. Soc. Lond. 44 (P. J. Miller eds), Academic Press, London. 29 - 61.

Fry F E J. The effect of environmental factor on the physiology of fish. In: Fish physiology (W. S. Hoars eds), Academic Press, New York. 6: 1 - 98.

Hettler E F, 1976. Influence of temperature and salinity on routine metabolic rate and growth of young Atlantic menhaden. J. Fish. Biol., 8: 55 - 65.

Wingerg G G, 1960. Rates of metabolism and food requirements of fishes. Fish. Res. Bd Can. Transl. Series, No. 194.

Relationship between Standard Metabolic Rate of *Sebastodes uscescens* and Body Weight and Temperature

Sun Yao, Zhang Bo, Guo Xuewu, Wang Jun, Tang Qisheng

(Yellow Sea Fisheries Research Institute, Qingdao 266071)

Abstract: Standard metabolic rates of different body weight *Sebastodes fuscescens* were determined by continuous-flow method under 11.2, 14.7, 18.0 and 23.6℃. The results showed that at the same temperature, the metabolic rates increased with body weight increment and that the relationship between them could be described as $R_s = a\ \ln W^b$. There was remarkable difference between the metabolic rates determined under different temperatures, but no difference between b values. After the body weights were corrected as standard ones, the metabolic rates increased with temperature increment under the same body weight, too. The relationship between them could be described as $R_{sw} = m\,e^{-b/T}$. When standard body weights were 48.6g、147.9g and 243.1g, there was remarkable difference between the metabolic rates determined under different body weights. The experiental formula which could describe the relationship between standard metabolic rate [R_s, mg/(ind · h)] or relative metabolic rate R'_s[mg/(g · h)], body weight and temperature was establised and could be expressed as $R_s = 1.160\,W^{0.752}e^{-9.494/T}$ or $R'_s = 1.160\,W^{-0.254}e^{-9.494/T}$

Key words: Standard metabolic rate; Body weight Temperature; *Sebastodes fuscescens*

体重对黑鲪能量收支的影响[①]

孙耀，张波，郭学武，王俊，唐启升
（中国水产科学研究院黄海水产研究所，青岛 266071）

摘要：以玉筋鱼为饵料及最大摄食量条件下，采用室内流水模拟实验法研究了体重对黑鲪能量收支各组分和能量分配模式的影响。结果表明，黑鲪的摄食量、生长量、总代谢量、排泄量及生态转换效率均随体重增大而降低，二者之间的定量关系均可用线性方程定量描述；其中排泄量随体重变化幅度很小。依据各收支过程的量化结果，可得到真鲷的能量分配模式。(30.50±8.66)g：$100C=3.74F+5.92U+44.25R+46.09G$；(129.32±15.17) g：$100C=6.21F+6.62U+49.55R+40.74G$；(201.17±21.37)g：$100C=3.15F+7.20U+53.39R+36.45G$。黑鲪的各能量收支分配率随体重增大有较显著差异；代谢能分配率和排泄能分配率随体重增大呈线性增加变化趋势，而生长能分配率却恰恰相反。

关键词：能量收支；体重；黑鲪

鱼类能量学是研究能量在鱼体内转换的学科，其核心问题之一是能量收支各组分之间的定量关系及其各种生态因子的影响作用。欧美等发达国家对鱼类能量学研究起步较早，迄今已经初步建立了多种鱼类的能量收支模式（崔奔波，1989；Brandt，1993）；国内该领域的较系统研究起始于 90 年代初（崔奔波等，1995；Xie，1993），但这些研究范围仍主要局限于淡水鱼类；由于淡水鱼类与海水鱼类生态学特征间存在着很大差异，其研究结果难以直接应用于海洋鱼类。黑鲪（*Sebastodes fuscescens*）是渤黄海近岸海域的重要经济和养殖鱼种，属底层肉食性鱼类，在该海域有着较为广泛的代表性。通过本项研究，将有助于揭示浅海底层肉食性鱼类的能量学特征。

1 材料与方法

实验于 1997 年 8—12 月在黄海水产研究所小麦岛生态实验室（青岛）进行。

1.1 材料来源与驯养

实验用黑鲪，系采自黄海的青岛市沿岸海域。实验用黑鲪经浓度为 2～4 mg/L 氯霉素溶液处理后，置于室内水泥池中进行预备性驯养，待摄食和生长趋于正常后，再将其置于试验水槽中，在实验温度条件下进行正式驯养，待其摄食和生长再一次趋于正

① 本文原刊于《海洋水产研究》，20 (2)：66-70，1999。

常后，开始生长和生态转换率模拟测定实验。一般预备性驯化时间约为 15 d，正式驯化时间为 7 d。

1.2　实验装置和方法

实验采用室内流水模拟测定法。实验水槽内流水速率的调节，以槽内水体中 DO、NH_4^+-N、pH 值和盐度等化学指标与自然海水无显著差别为准，一般流速>6 m^3/d；实验海水经沉淀和砂滤处理。实验利用自然海水温度的相对稳定性，在自然水温下进行；实验温度为（14.7±0.5）℃。实验经遮光处理，采用自然光照周期，光照经遮光处理后最大光强为 250lx。

采用 3 组不同体重的黑鲪进行比较实验，其均值分别为（30.5±8.7）g、（129.3±15.2）g 和（201.2±21.4）g。实验在 0.25 m^3 的圆形玻璃钢水槽中进行；每个体重实验组中设 4 个平行组，每组中实验个体数 1～3 尾。实验周期为 15 d；实验期间黑鲪生长量大于其体重的 20%。为使数据具有可比性，实验数据均在以去头和内脏的玉筋鱼段为饵料和最大摄食条件下测得。饵料大小以实验黑鲪易于吞食为准；实验中每天投喂饵料 2 次，每次投喂后，至下一次投喂前收集残饵。由于残饵被海水浸泡后有较大幅度的增重，故本文中残饵湿重是其干重经鲜饵料含水量校正后的结果。黑鲪及饵料生物的生化组成中，比能值是采用能量计直接测定，总氮与总碳是采用元素分析仪测定，其他则按《食品卫生理化检验方法》（GB/T 5009—1996）进行测定。

1.3　结果计算

能量收支分配模式采用 Warren 和 Davis（1967）提出的能量在鱼体内转换的基本模型：$C=F+U+R+G$，式中，C 为食物能；F 为排粪能；U 为排泄能；R 为代谢能；G 为生长能。

黑鲪的生态转换效率（Eg）和特定生长率（SGR）分别按下式（崔奕波，1989）计算：$Eg=(P_t/I_t)\times100\%$ 和 $SGR=\frac{\ln W_t-\ln W_0}{t}\times100\%$，式中，$P_t$ 为实验期间黑鲪的体重或能值增长量，I_t 为实验期间黑鲪的摄食量，该值经实测饵料流失率校正后得到；W_t 为黑鲪的实验后重量或总能量，W_0 为黑鲪的实验前重量或总能量，t 为相应的实验时间。

排泄能依据氮收支平衡式（Cui et al.，1992）计算：$U=(C_N-F_N-G_N)\times24.8$，式中，$C_N$ 为食物中获取的氮；F_N 为粪便中损失的氮；G_N 为鱼体中积累的氮；24.8 为每克氨氮的能值（kJ）。该式假设氨氮是唯一的氮排泄物。

总代谢能根据能量收支式 $R=C-F-U-G$ 计算。

2　结果

2.1　生化组成的测定

黑鲪、黑鲪粪便和饵料生物的生化组成见表 1。

表 1 黑鲪、黑鲪粪便和饵料的生化组成

Table 1 Biochemical composision of *Sebastodes fuscescens* its feces and feed

生物种类 Species	样品种类 Sample species	水分 (%)	总氮 (%D. W.)	总碳 (%D. W.)	蛋白质 (%D. W.)	脂肪 (%D. W.)	灰分 (%D. W.)	比能值 (kJ/gD. W.)
黑鲪	生物体*	67.79	9.67	51.96	60.44	25.42	11.73	26.20
	粪 便	/	3.10	35.77	19.38	/	/	15.65
玉筋鱼	生物体*	69.79	9.17	47.73	57.31	16.80	12.48	22.17

注：* 生物体取样部位，黑鲪为全鱼，玉筋鱼饵去头与内脏；D. W.——干重，W. W.——湿重，kJ——千焦。

2.2 摄食、生长和生态转换效率及其体重的影响

黑鲪最大摄食量、特定生长率和生态转换效率均随体重增大而减小（表 2），它们与体重之间的关系可分别用线性方程定量描述，即：$SGR_{(\mathrm{W.W.})}=-0.003\,8W+2.078$（$R^2=0.997\,1$）、$C_{(\mathrm{W.W.})}=-0.089W+67.593$（$R^2=0.979\,5$，d. f. =1，$0.01<P<0.05$）和 $C_{(\mathrm{kJ})}=-0.59W+452.79$（$R^2=0.979\,6$，d. f. =1，$0.01<P<0.05$）、$Eg_{(\mathrm{kJ})}=-0.042W+37.882$（$R^2=0.999\,7$，d. f. =1，$0.01<P<0.05$）和 $Eg_{(\mathrm{kJ})}=-0.054W+47.884$（$R^2=0.999\,5$，d. f. =1，$0.01<P<0.05$）。

表 2 体重对黑鲪摄食、生长和生态转换效率的影响

Table 2 Effect of *Sebastodes fuscescens*' weight on *C*, *G* and *Eg* values

体重 (g) Weight	特定生长量 *SGR*		摄食量 *C*		生态转换效率 *Eg*	
	(%W. W. /d)	(%kJ/d)	[gW. W. /(kg · d)]	[kJ/(kg · d)]	(%W. W.)	(%kJ)
30.50±8.66	2.06±0.20	2.06±0.20	64.11±1.59	429.38±10.64	36.50±3.07	46.09±3.87
129.32±15.17	1.57±0.18	1.57±0.18	57.38±2.31	384.32±27.43	32.34±1.66	40.75±2.31
201.17±21.37	1.33±0.18	1.33±0.18	50.07±5.40	335.31±36.18	29.41±0.94	37.06±1.19

2.3 氮收支和排泄能及其随体重的变化

通过对黑鲪从食物中摄取氮、鱼体中积累氮和粪便中损失氮的定量检测，按 Cui 等（1992）的氮收支式估算了其在不同日粮水平条件下的排泄氮（U_N）和排泄能（见表 3）。从中可见，黑鲪排泄氮和排泄能虽随体重增大而减小，但变化幅度较小，二者之间的关系可分别用线性方程 $U_N=-0.001W+1.043$（$R^2=0.950\,1$）和 $U=-0.018W+25.877$（$R^2=0.950\,1$）定量描述。黑鲪从食物中所摄取的氮有 33.2% ~ 41.1% 用于生长，多数氮均经排泄和排粪过程排出体外，但相对同为海洋底层肉食性鱼类的真鲷和黑鲷等，其用于生长氮显著较高（孙耀，1999）。

表 3 不同体重时的黑鲪氮收支量及排泄能估算结果

Table 3 Effect of *Sebastodes fuscescens*' weight on nitrogen budget and excrement energy

体重 (g) Weight	C_N [g/(kg · d)]	G_N [g/(kg · d)]	F_N [g/(kg · d)]	U_N [g/(kg · d)]	U [kJ/(kg · d)]
30.50±8.66	1.776±0.044	0.730±0.079	0.032±0.002	1.014±0.037	25.14±0.92
129.32±15.17	1.590±0.116	0.578±0.066	0.047±0.023	0.964±0.049	23.92±1.22
201.17±21.37	1.359±0.149	0.451±0.064	0.023±0.001	0.884±0.084	21.95±2.09

2.4 总代谢能及其随体重的变化

在摄食能、生长能、排粪能和排泄能已知前提下，总代谢能可按 Warren（1967）的鱼体内能量转换基本模型求得（表 4）。黑鲪的总代谢能随体重的变化趋势与生长能和排泄能相近，也随体重增大呈减小趋势，二者之间的关系为 $R=-0.103W+193.40$（$R^2=0.9999$）。

表 4 不同体重时黑鲪的总代谢能估算结果［kJ/(kg·d)］

Table 4 Total metabolic energy of *Sebastodes fuscescens* and their changes with weight［kJ/(kg·d)］

体重（g）Weight	C	G	F	U	R
30.50±8.66	429.38±10.64	197.90±21.50	16.05±0.83	25.14±0.90	190.29±10.80
129.32±15.17	384.32±27.95	156.59±17.87	23.86±6.03	23.92±1.05	179.95±12.36
201.17±21.37	328.64±36.03	122.23±17.41	11.77±0.29	21.95±1.87	172.09±12.74

2.5 体重对能量收支分配模式的影响

依据摄食能、生长能、排粪能、排泄能和总代谢能的定量测定或估算结果，可得到不同体重黑鲪的能量收支式为：

(30.50±8.66) g：$100C=3.74F+5.92U+44.25R+46.09G$

(129.32±15.17) g：$100C=6.21F+6.62U+49.55R+40.74G$

(201.17±21.37) g：$100C=3.15F+7.20U+53.39R+36.45G$

从上述能量分配模式可见，黑鲪的能量收支分配率随体重不同有较显著差异；代谢能分配率和排泄能分配率随体重增大而增加，其中排泄能分配率的变化幅度较小；而生长能分配率的变化趋势却恰恰相反。

3 讨论与结语

3.1 若以同化能（$A=C-F-U$）表示，则黑鲪体重不同时其能量收支式为：

(30.50±8.66) g：$100A=49.02R+50.98G$

(129.32±15.17) g：$100A=53.47R+46.53G$

(201.17±21.37) g：$100A=58.56R+41.44G$

Cui 等（1990）根据已发表的 14 种鱼在最大摄食水平的能量收支计算出一平均能量收式：$100A=60R+40G$。在本研究体重范围内，黑鲪的代谢能（R_A）分别占了同化能的 49.02%～58.56%，生长能（G_A）则占 41.44%～50.98%，故与其他鱼类相比，黑鲪应属于高生长效率、低代谢消耗型鱼类；但随着体重增大，其代谢消耗逐渐增大，或生长效率逐渐降低，具线性拟合分析结果表明，二者之间的关系可分别用线性方程 $R_A=0.055W+47.043$ 或 $G_A=-0.055W+52.969$（$R^2=0.9832$）定量描述，从该定量关系式可求得，当体重增长至 235 g 以上时，黑鲪已经逐渐转化为低生长效率、高代谢消耗型鱼类。显然，当比较鱼类之间生长与消耗的差别时，应注意考虑不同发育期的影响。

3.2 许多研究结果表明，在适宜温度和摄食不受限制的条件下，以相对量为参数表达鱼类摄食量和生长量随体重增大而降低（Cui and Wootton，1988a；Elliott，1979；Jobling，1983），其关系式一般为：C_{max}或 $SGR=aW^b$；这与我们对黑鲪的研究结果基本一致，只是用线性衰减方程描述黑鲪摄食量或生长量与体重之间关系时相关性更强一些，造成这种差别的原因，可能是本研究体重范围未能覆盖生长率逐渐降低的大个体黑鲪所致；因而上述规律可能代表了包括海洋鱼类在内的鱼类摄食量或生长量随体重变化的普遍关系。虽然，也有一些研究结果发现某些鱼类随体重变化并不显著（崔奕波等，1996；Cui，1987；Allen and Wootton，1982），但其原因可能实验鱼体重范围过窄所致。由于黑鲪摄食量随体重增大的降低幅度较生长量较大，必然使其生态转换效率也随体重增大而减小。

3.3 Elliott（1976）和 Cui（1988b）等对欧鳟和真鲹的研究结果表明，其排泄量与摄食量成正比，而体重对排泄量影响相对较小；这一结论与本研究结果是一致的。在本研究体重范围内，黑鲪排泄量的变异范围仅为 6.88，与总代谢量一样（5.50）显著低于摄食量和生长量的变异系数（13.25 和 23.84）。

3.4 从能量分配模式可知，在相同的日粮水平下，随体重增大黑鲪生长量显著减小，而排泄量却有所增加；该结果提示我们，养殖鱼类成品的体重规格不宜过大，否则不但将增大养殖成本，同时还将增大鱼类养殖自身污染对环境的压力。

参考文献

崔奕波，1989. 鱼类生物能量学的理论与方法 . 水生生物学报，13（4）：369 - 383.

崔奕波，陈少莲，王少梅，1995. 温度对草鱼能量收支的影响 . 海洋与湖沼，26（2）：169 - 174.

崔奕波，陈少莲，王少梅，1996. 体重对草鱼幼鱼生长及能量收支的影响 . 水生生物学报，20（增刊）：172 - 177.

孙耀，张波，郭学武，等，1999. 4 种渤黄海底层鱼类能量收支及其比较 . 海洋水产研究，20（2）：48 - 53.

Allen J R M，Wootton R J，1982. The effect of ration and temperature on growth of the three-spined stickleback，*Gasterosteus aculeatus*（L. ）. J. Fish. Biol. ，20：409 - 422.

Brandt S B，Hartam K J，1993. Innovative approaches with bioenergetics methods：future application to fish ecology and management. J. Fish. Biol. ，34：47 - 64.

Cui Y，Liu S，Wang S，et al. ，1992. Growth and energy budget of young grass carp，*Ctenopharyngodon idella* Val. ，fed plant and animal diets. J. Fish. Biol. ，41：231 - 238.

Cui Y，Liu J，1990. Comparison of energy budget among six teleosts，Ⅲ . growth rate and energy budget. Comp. Biochem. Physiol. ，97A：381 - 384.

Cui Y，Wootton R J，1988a. Pattern of energy allocation in the minnow *Phoxinus phoxinus*（L. ）（Pisces：Cyprinidae），Funct. Ecol. ，2：57 - 62.

Cui Y，Wootton，R J. 1988b. bioenergetics of growth of a cyprinid，*Phoxinus phoxinus*（L. ）：the effect of ration，temperature and body size on food consumption，faecal production and nitrogenous excretion. J. Fish. Biol. ，33：431 - 443.

Cui，Y，1987. bioenergetics of growth of a teleost *Phoxinus phoxinus*（L. ）. Ph. D. thesis，University of Wales，Aberystwyth.

Elliott J M，1979. Energetics of freshwater teleosts. In Fish phenology：Anabolic adaptiveness in Teleosts. Symp. Zool. Soc. Lond. 44（P. J. Miller，ed. ），. Academic Press，London pp. 29 - 61.

Elliott J M, 1976. Energy losses in the waste products of brown trout (*Salmo trutta* L.). J. Anim. Ecol., 45: 561-580.

Jobling M, 1983. Growth studies with fish-overcoming the problem of size variation. J. Fish. Biol., 22: 153-157.

Warren C E, Davis G E, 1967. Laboratory studies on the feeding, bioenergetics and growth of fish. In the Biological Basis of Freshwater Fish Production (Gerking S D, ed.), Blackwell Scientific Publication: Oxford, 175-214.

Xie X, 1993. Pattern of energy allocation in the southern catfish, *Silurrus meridionalis*. J. Fish. Biol., 42 (2): 197-207.

Effects of Body Weight on Energy Budget of *Sebastodes fuscescens*

Sun Yao, Zhang Bo, Guo Xuewu, Wang Jun, Tang Qisheng

(Yellow Sea Fisheries Research Institute, Qingdao 266071)

Abstract: The energy budget of different body weight *Sebastodes fuscescens* determined by the continu-ous-flow simulating method in laboratory. Showed that excretion energy (U), total metabolism energy (R) and growth energy (G) all tended to decrease with body weight, and can be described by linear equations but that U value's variation range is relatively smaller. The energy assigning models can be expressed with the following budget formulas:

$$(30.50 \pm 8.66)\ \text{g}:\ 100C = 3.74F + 5.92U + 44.25R + 46.09G$$

$$(129.32 \pm 15.17)\ \text{g}:\ 100C = 6.21F + 6.62U + 49.55R + 40.74G$$

$$(201.17 \pm 21.37)\ \text{g}:\ 100C = 3.15F + 7.20U + 53.39R + 36.45G$$

The assigning models changed with the body weight. In the models, the assigning rates of metabolism and excretion energy increased lincarly with increase of body weight, but that of growth energy had opposite trend.

Key words: Energy budget; Body weight; *Sebastodes fuscescens*

黑鲪的生长和生态转换效率及其主要影响因素[①]

孙耀，张波，郭学武，王俊，唐启升
（中国水产科学研究院黄海水产研究所，青岛 266071）

摘要：采用室内流水模拟实验法测定了黑鲪的生长和生态转换效率，及其温度、摄食水平、体重和饵料生物种类的影响。黑鲪的特定生长率随摄食水平增大而减速增长；而特定生长率随温度升高或生态转换效率随温度和摄食水平增大均呈倒U形变化趋势；实验条件下的最大和最佳生长温度分别为16.3℃和15.8℃，维持摄食量和最佳摄食量分别为黑鲪体重的0.79%和4.10%。黑鲪的特定生长率和生态转换效率却随体重增长均呈减速降低趋势。摄食小型鱼类饵料，有利于加速黑鲪生长速度，但对其生态转换效率却无显著性影响。

关键词：生长；生态转换效率；影响因素；黑鲪

1　引言

生态转换效率是指处于食物链某一环节的生物生长量与食物摄入量之比值；而鱼类生态转换效率是海洋生态系统中高营养层营养动力学过程量化的重要环节，也是我国业已启动的海洋生态系统动力学研究的需要。黑鲪（*Sebastodes fuscescens*）是渤黄海近岸海域的重要经济鱼种，属底层肉食性鱼类，无显著群居和越冬洄游性，在该海域有广泛的代表性。通过本项研究，有助于揭示浅海底层肉食性鱼类的生态能量学特征，为海水鱼类增养殖潜力和效果分析提供基础资料。

2　材料与方法

2.1　材料来源与驯养

研究中所采用黑鲪捕自青岛沿岸海域。实验用黑鲪经浓度为2～4 $mg \cdot L^{-1}$氯霉素溶液处理后，置于室内小型水泥池中进行预备性驯养，待摄食和生长趋于正常后，再将其置于试验水槽中，在实验所要求的各种条件下（如温度、摄食水平和饵料种类等）进行正式驯养，待其摄食和生长再一次趋于正常后，开始生长和生态转换率模拟测定实验。一般预备性驯化时间在15～30 d之间，正式驯化时间在7～10 d之间。

---

① 本文原刊于《应用生态学报》，10（5）：627－629，1999。

2.2　实验装置和方法

实验采用室内流水模拟测定法，其装置见图 1。实验水槽内流水速率的调节，以槽内水体中 DO、NH_4^+-N、pH 值和盐度等化学指标与自然海水无显著差别为准，一般每天循环水体积是实验水体的 24 倍以上；实验海水经沉淀和砂滤处理。实验中采用自然光照周期，最大光强为 250 lx。

实验前后需鱼饥饿 2 d 后，称重。实验时间 12 d，实验中黑鲪净增长量＞自重的 20%。为使数据具有可比性，除摄食水平实验外，其他实验数据均在最大摄食水平的条件下测得；温度实验利用本地区 8—11 月气温的自然降低及海水温度变化所表现出的相对稳定性，在自然水温下分 4 组进行，温度实验范围为 11.2～24.1 ℃，其余实验均在（14.7±0.45)℃下进行；体重实验中黑鲪体重范围为 22.7～221.8 g，而其余实验中采用黑鲪的体重均为（141.9±29.6）g。实验在 0.25 m^3 玻璃钢水槽中进行，每个测定条件下设 4 个平行组，每组中实验个体数 1～2 尾。实验中各摄食水平的确定，是按实验前 5 d 预实验结果计算，并在实验后，经实际实验结果校正得到的。饵料均采用去头和内脏的玉筋鱼段，其大小以实验鱼易于吞食为准；饵料种类实验中的虾饵料则选择能被整尾吞食的小鹰爪糙对虾。实验中每天投喂饵料 3 次，每次投喂后，至下一次投喂前收集残饵；由于残饵被海水浸泡后有较大幅度的增重，故本文中残饵湿重是其干重经鲜饵料含水量校正后的结果。黑鲪及饵料生物的生化组成中，比能值采用燃烧能方法测定，总 N 与总 C 用元素分析仪测定，其他则均采用常规食品分析方法。

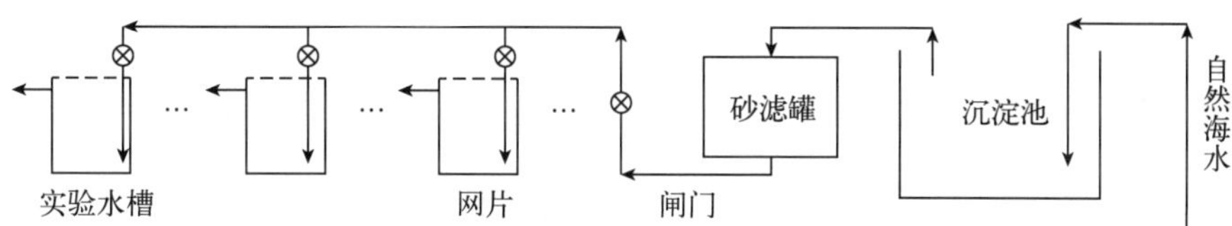

图 1　室内流水模拟测定装置

Figure 1　Structure of continuous-flow simulating determination

鱼类的生态转换效率（*Eg*）和特定生长率（*SGR*）分别按公式（1）和（2）计算：

$$Eg=(P_t/I_t)\times 100 \quad (1)$$

$$SGR=(\ln W_t-\ln W_0)/\ t\times 100 \quad (2)$$

式中，P_t为实验期间黑鲪体重增长量，I_t为实验期间黑鲪摄食量，该值经实测饵料流失率校正后得到；W_t为实验后黑鲪重量，W_0为实验前黑鲪重量，t 为实验时间。

3　结果与分析

3.1　不同生物的生化组成

黑鲪和饵料生物的生化组成见表 1。

表 1 黑鲪及饵料生物的生化组成

Table1 Biochemical composision of *Sabastodes fuscescens* and feed organisms

生物种类 Species	水分 Water (%)	总 N Total N (%D. W.)	总 C Total C (%D. W.)	蛋白质 Protein (%D. W.)	脂肪 Fat (%D. W.)	灰分 Ash (%D. W.)	比能值 Energy ($kJ \cdot g^{-1}$D. W.)
黑鲪①	67.69	9.67	51.96	60.44	25.42	11.73	26.20
玉筋鱼②	69.79	9.17	47.73	57.31	16.80	12.48	22.17
鹰爪糙对虾③	79.74	9.59	38.29	59.94	1.36	23.75	18.97

注：取样部位，黑鲪和鹰爪糙对虾为全生物，玉筋鱼去头与内脏；① *Sabastodes fuscesens*，② *Ammodytes personatus*，③引自 Prawn。

3.2 温度对黑鲪生长及生态转换效率的影响

在本实验温度范围内，黑鲪的特定生长率和生态转换效率在较低温度时也随温度上升而增大，约 16 ℃时达到峰值，此后随温度继续上升而逐渐下降，其与温度之间的关系均可以用二次曲线加以定量描述，即：$SGR=-0.027T^2+0.88T-5.69$（$R^2=0.861\ 5$，$P<0.01$），$Eg=-0.24T^2+7.95T-23.42$（$R^2=0.999\ 9$，$P<0.01$）（图 2）。且经统计学检验结果表明，该特定生长率及生态转换效率与温度之间的定量关系呈显著相关关系。

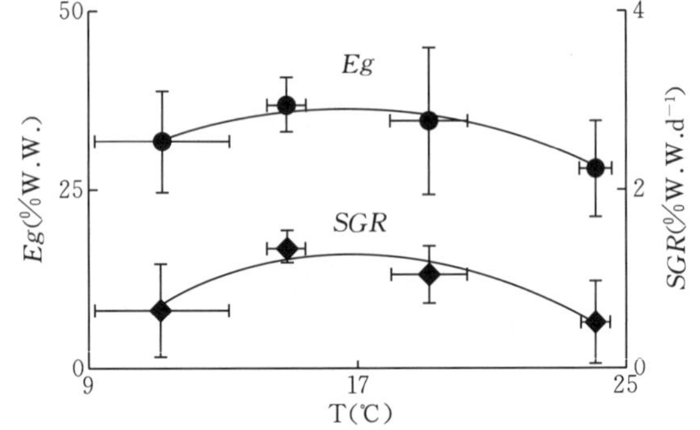

图 2 黑鲪的 *SGR* 及 *Eg* 与温度的关系

Figure 2 Relation of Black snapper's *SGR* or *Eg* with temperature

3.3 摄食水平对黑鲪生长及生态转换效率的影响

在体重为（141.9±29.6）g 和温度为（14.7±0.45)℃条件下，黑鲪最大摄食量为其体重的 6.21%±1.02%。黑鲪的特定生长率及生态转换效率随摄食水平的变化趋势，与崔奕波[5]对真鳢的实验结果相同，其生态转换效率随摄食水平增大而增至一峰值，然后随摄食水平的进一步增加而降低（图 3）；生态转换效率与摄食水平之间的关系也可用二次曲线 $Eg=-1.61FL^2+13.25FL+5.77$（$R^2=0.937\ 7$，$P<0.01$）加以定量描述，*Eg* 的峰值出现在其体重的 4.10%，约为黑鲪最大摄食量的 66%；其特定生长率则随摄食水平的上升而减速增大，二者之间的定量关系可用对数曲线加以定量描述，即 $SGR=0.72\ln(FL)+0.17$（$R^2=0.987\ 3$，$P<0.01$）。

3.4 体重对黑鲪生长及生态转换效率的影响

黑鲪生长及生态转换效率均随体重的增长呈减速衰减趋势（图 4），其关系分别可以用一幂函数曲线加以定量描述，即：$SGR=3.94W^{-0.19}$（$R^2=0.657\ 7$）和 $Eg=86.49W^{-0.23}$（$R^2=0.806\ 9$）。

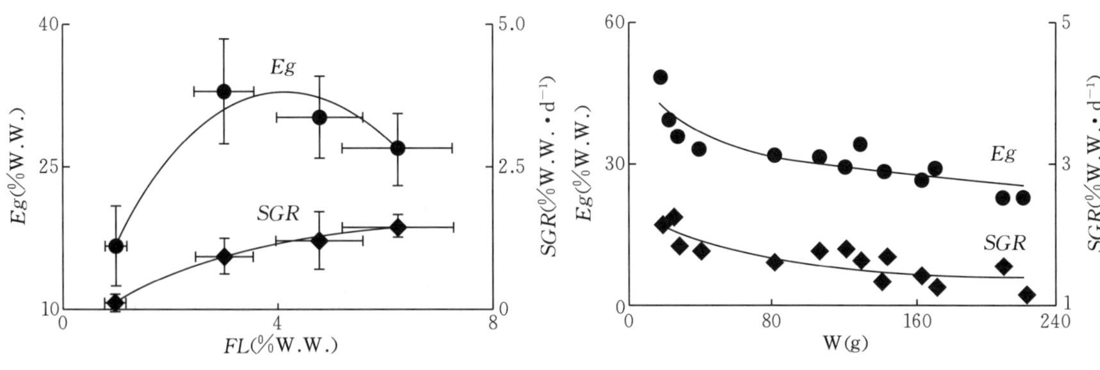

图 3 黑鲪的 *SGR* 及 *Eg* 与摄食水平的关系

Figure 3 Relation of Black snapper's *SGR* or *Eg* with ration

图 4 黑鲪的 *SGR* 及 *Eg* 与体重的关系

Figure 4 Relation of Black snapper's *SGR* or *Eg* with body weight

3.5 饵料生物种类对黑鲪生长及生态转换效率影响

对以玉筋鱼和鹰爪糙对虾为饵料生物的两组实验进行 t 检验，结果表明，当以玉筋鱼为饵料时，黑鲪的特定生长速率显著大于鹰爪糙对虾；以湿重为参数计算得到的两组生态转换效率同样有显著性差异，但考虑到上述两种饵料生物体内含水量显著不同，难免对生态转换效率的计算结果带来偏差，因此，又以比能值为参数重新进行了计算，结果表明，分别以玉筋鱼和鹰爪糙对虾为饵料生物时，用比能值所算得的黑鲪生态转换效率无显著性差异（表 2）。

表 2 摄食不同饵料生物时黑鲪的特定生长率及生态转换效率

Table 2 Effect of different feed organisms on *SGR* and *Eg* of *Sabastodes fuscescens*

计算指数 Index	*SGR*（%B. W. · d^{-1}）		*Eg*（%）	
	玉筋鱼①	鹰爪糙对虾②	玉筋鱼	鹰爪糙对虾
湿重	1.56±0.37	0.98±0.29	26.12±2.821	8.31±3.42
Wet weight	df=10，0.01<P<0.05		df=10，0.01<P<0.05	
比能值	1.56±0.37	0.98±0.29	34.05±4.53	38.86±7.28
Energy	df=10，0.01<P<0.05		df=10，P>0.05	

注：①*Ammodytes personatus*；②引自 Prawn。

4 讨论

对一些淡水鱼种的研究结果表明，在适宜温度内及摄食不受限制时，鱼类生长率随温度上升而增大[6,7,9]；且其特定生长率与温度之间的关系可以用对数曲线 $SGR=a\ln T-b$ 加以定量描述[4]；在相同温度下，鱼类生长率与摄食水平的关系为一减速增长曲线[8,9]。本研究结果表明，黑鲪的生长与摄食水平之间也符合上述规律。本研究结果与 Allen 等[6]的研究结果并无冲突，只是当实验温度升高，且超过了黑鲪适宜生长温度后，引起了其生长速率的下降。

黑鲪的特定生长率和生态转换效率与温度之间的定量关系可用二次曲线 $SGR=-0.027T^2+0.88T-5.69$ 和 $Eg=-0.24T^2+7.59T-23.42$ 加以定量描述，如将生长速率达到最大时的温度称为最大生长温度，而将生态转换效率达到最大时的温度称为最适生长温度，则分别求上述两式的最大值，即可求得黑鲪的最大生长温度和最适生长温度分别为16.3 ℃和15.8 ℃。由于渤黄海沿岸海域的最大底层水温为20～25 ℃[1]，大大超过了黑鲪的最大生长温度和最适生长温度，显然可以推测，渤黄海的黑鲪在夏季可能存在一个生长缓慢期。

所谓维持摄食量是使得鱼体重能维持不变的摄食水平，而最佳摄食量则是使生长率与摄食率之比值为最大的摄食水平。依据3.3节中所得公式 $SGR=0.72\ln(FL)-0.17$，令式中 $SGR=0$，可求得本实验条件下黑鲪的维持摄食量为其体重的0.79%；依据公式 $Eg=-1.61FL^2+13.25FL+5.77$，求出 Eg 值为最大时的 FL 值，即为同样温度与体重下真鲷的最佳摄食量（4.10%），约是其最大摄食量的66%。

Jobling[10]曾提出，当食物充足时，鱼的生长率一般随体重增加而减小，其定量关系可用公式 $\ln(SGR)=a+b\ln W$ 表示，其中 b 值一般在－0.4左右。黑鲪的特定生长率与体重的关系也可用幂函数曲线加以定量描述，且 b 值为－0.19，与Jobling的研究结果相近。

杨纪明[3]和李军[2]测定了5种海洋鱼种的摄食、生长和生态转换效率及其不同饵料生物的影响，得到与本研究结果相同的结论。本研究结果表明，尽管以湿重为计算参数时，也得到摄食不同饵料生物使得黑鲪生态转换效率显著不同之结果，但用比能值计算和比较上述生态转换效率却无显著性差异。

参考文献

[1] 邓景耀，孟田湘，任胜民，等，1988. 渤海鱼类种类组成及数量分布 . 海洋水产研究，9：11 - 89.

[2] 李军，杨纪明，庞鸿艳，1995. 5种海鱼的生态生长效率研究 . 海洋科学，3：52 - 54.

[3] 杨纪明，郭新如，1987. 石鲽和皱唇鲨生态生长效率的研究 . 水产学报，9（3）：251 - 253.

[4] 崔奕波，1995. 温度对草鱼能量收支的影响 . 海洋与湖沼，26（2）：169 - 174.

[5] 崔奕波，Wootton J R，1990. 真鲅（*Phoxinus Phoxinus* L.）的能量收支各组分与摄食量、体重及温度的关系 . 水生生物学报，14（3）：193 - 204.

[6] Allen J R M，Wootton R J，1982. The effect of ration and temperature on growth of the three-spined stickleback，*Gasterosteus aculeatus*（L.）. J. Fish. Biol.，20：409 - 422.

[7] Brett J R，Shelbourn J E，Shoop C T，1969. Growth rate and body composition of fingerling sockeye salmon，*Oncorhynchus nerka*，in relation to temperature and ration size. J. Fish. Res. Bd Caz.，26：2363 - 2394.

[8] Brett J R，Groves T D D，1979. Physiological energetics. In：W. S. Hoar，D. J. Randall and J. R. Brett，eds. Fish Physiology Vol. 8，279 - 675，London：Academic Press.

[9] Cui Y，And Wootton R J，1988. Bioenergetics of growth of a cyprinid，*Phoxinus phoxinus*（L.）：the effect of ration and temperature on growth rate efficiency. J. Fish. Biol.，33：763 - 773.

[10] Jobling M，1983. Growth studies with fish-overcoming the problem of size variation. J. Fish. Biol.，22：153 - 157.

Growth and Ecological Conversion Efficiency of Black Snapper and Their Main Affecting Factors

Sun Yao, Zhang Bo, Guo Xuewu, Wang Jun, Tang Qisheng

(*Yellow Sea Fisheries Research Institute, Chinese Academy of Fisheries, Qingdao 266071*)

Abstract: Running-water simulating experiment shows that specific growth rate (*SGR*) of black snapper (*Sabastodes fuscescens*) increased deceleratedly with increasing ration, and after increasing to a peak value, the *SGR* or ecological conversion efficiency (*Eg*) gradually decreased with increasing temperature and ration. Under experimental condition, the maximal and optimal growth temperature was 16.3 ℃ and 15.8 ℃, and the maintenance and optimal ration was 0.79% and 4.10% of black snapper's weight, respectively. Both *SGR* and *Eg* decreased with the increment of body weights. Feeding on small-sized fish was beneficial to the growth of black snapper, but did not significantly affect its ecological conversion efficiency.

Key words: Growth; Ecological conversion efficiency; Affecting factors; Black snapper

黑鲷的生长和生态转换效率及其主要影响因素①

孙耀，张波，陈超，于宏，唐启升
（中国水产科学研究院黄海水产研究所，青岛 266071）

摘要： 黑鲷的特定生长率随温度或摄食水平升高而减速增长，其关系分别可用公式$SGR=1.07\ln T-2.44$或$SGR=0.46\ln FL-0.071$定量描述；而生态转换效率则随温度或摄食水平增大而增至一峰值，然后随其进一步增加而降低，其关系则分别可用二次曲线$Eg=-0.12T^2+4.64T-29.74$或$Eg=-5.92FL^2+35.57FL+26.69$定量描述，且依据上述公式可分别求得实验条件下的最佳生长温度为19.4℃，维持摄食量和最佳摄食量分别为黑鲷体重的1.17%和2.62%。黑鲷的群居性和摄食小型鱼类饵料，虽有利于加速其生长速度，却不能影响相同条件下测得的生态转换效率。

关键词： 生长；生态转换效率；影响因素；黑鲷

生态转换效率是指处于食物链某一环节的生物生长量与食物摄入量的比值；而鱼类生态转换效率是海洋生态系统中高营养层次营养动力学过程量化的重要环节，也是我国业已启动的海洋生态系统动力学研究的需要。黑鲷（*Sparus macrocephalus*）是渤、黄海近岸海域的重要天然经济鱼种和养殖鱼种，属底层肉食性鱼类，有显著地群居和越冬洄游特性。通过本项研究，有助于揭示浅海底层肉食性鱼类的生态能量学特征，也将为我国海水鱼类增养殖潜力和效果分析提供基础资料。

1 材料与方法

实验于1997—1998年在黄海水产研究所小麦岛生态实验室（青岛）进行。

1.1 材料来源与驯养

实验用黑鲷，采自渤海莱州湾近岸海域的天然苗种，经莱州市水产研究所养鱼试验场在滩涂土塘中培养而成。黑鲷经浓度为2～4 mg/L氯霉素溶液处理后，置于室内小型水泥池中进行预备性驯养，待摄食和生长趋于正常后，再将其置于试验水槽中，在实验所要求的各种条件下（如温度、密度、摄食水平和饵料种类等）进行正式驯养，待其摄食和生长再一次趋于正常后，进行生长和生态转换率模拟测定实验。一般预备性驯化时间为15 d，正式驯化时间为7 d。

① 本文原刊于《海洋水产研究》，20（2）：7－11，1999。

1.2　实验装置和方法

采用室内流水模拟测定法，其装置见图 1。实验水槽内流水速率的调节，以槽内水体中 DO、NH_4^+ - N、pH 值和盐度等化学指标与自然海水无显著差别为准，一般流速为实验水体体积的 24 倍/d 以上；实验海水经沉淀和砂滤处理。实验经遮光处理，采用自然光照周期，最大光强为 250 lx。

实验前后将鱼饥饿 2 d 后，称重。为使数据具有可比性，除摄食水平实验外，其他实验数据均在最大摄食水平的条件下测得。实验均采用体重在 49.0～102.2 g 之间的 1 龄鱼；实验在 0.25 m^3 玻璃钢水槽中进行；每个测定条件下设 5 个平行组，每组中实验个体数 1～2 尾；为观察黑鲷群居行为对其生长和生态转化效率的影响程度，还设置了具有较大群体数量的比较实验组（2.5 m^3，30 尾）。温度实验利用本地区 8—11 月气温的自然降低及海水温度变化所表现出的相对稳定性，在自然水温下进行（11.8～23.1 ℃）。实验中各摄食水平的确定，是按实验前 5 d 预实验结果计算并投喂后，经实际实验结果校正得到的。饵料采用去头和内脏的玉筋鱼段，其大小以实验鱼易于吞食为准；实验中的虾饵料则为去头和皮的鹰爪糙对虾段。实验中每天投喂饵料 3～4 次，每次投喂后 40 min 开始收集残饵；由于残饵被海水浸泡后有较大幅度的增重，故本文中残饵湿重是其干重经鲜饵料含水量校正后的结果。黑鲷及饵料生物的生化组成中，比能值是采用热量计（XYR - 1）直接测定燃烧能方法测定，总氮与总碳是采用元素分析仪 P - E240C 测定，其他则按《食品卫生理化检验方法》（GB/T 5009—1996）进行测定。

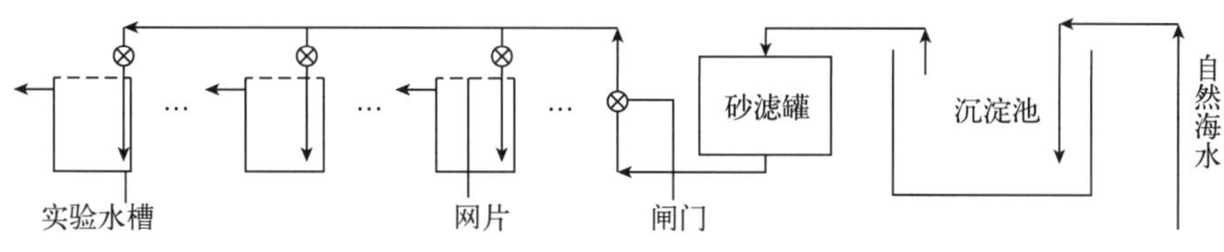

图 1　室内流水模拟测定装置

Figure 1　Structure of continuous-flow simulating determination

生态转换效率（Eg）和特定生长率（SGR）分别按公式（1）和（2）计算（崔奕波，1989）

$$Eg=(G_d/C_d)\times 100\% \tag{1}$$

$$SGR=\frac{\ln W_t-\ln W_0}{t}\times 100\% \tag{2}$$

式中，G_d为黑鲷体重日增长量；C_d为黑鲷日摄食量，该值经实测饵料流失率校正后得到；W_t为黑鲷的实验后重量；W_0为黑鲷的实验前重量；t 为实验时间。

2　结果

2.1　黑鲷及饵料生物的生化组成

见表 1。

表 1 黑鲷及饵料生物的生化组成

Table1 Biochemical composition of black sea bream (*Sparus macrocephalus*) and its feed organisms

生物种类 Species	水分 (%)	总氮 (%D. W.)	总碳 (%D. W.)	蛋白质 (%D. W.)	脂肪 (%D. W.)	灰分 (%D. W.)	比能值 (kJ/gD. W.)
黑鲷 *Sparus macrocephalus*	69.27	8.30	50.87	51.88	27.91	13.27	23.75
玉筋鱼 *Ammodytes personatus*	69.79	9.17	47.73	57.31	16.80	12.48	22.17
鹰爪糙对虾 *Trachypenaeus curvirostris*	81.20	11.16	41.34	69.75	3.09	16.23	20.40

注：生物取样部位，黑鲷为全鱼，玉筋鱼去头与内脏；鹰爪糙对虾去头与壳；D. W. 为干重。

2.2 温度对黑鲷生长及生态转换效率的影响

在本实验温度范围内，黑鲷的特定生长率随温度上升而增大，其与温度之间的关系可以用对数曲线加以定量描述，即：$SGR=1.07\ln T-2.44$（$R^2=0.982\ 1$，$df=2$，$P<0.01$）；黑鲷的生态转换效率在较低温度时也随温度上升而增大，至约 19.4 ℃时达到峰值后，随温度的继续上升而逐渐下降，其与温度之间的关系则可用二次曲线：$Eg=-0.12T^2+4.64T-29.74$（$R^2=0.959\ 0$，$df=2$，$P<0.01$）加以定量描述（图 2）。且经统计学检验结果表明，该特定生长率及生态转换效率与温度之间的定量关系呈显著相关关系。

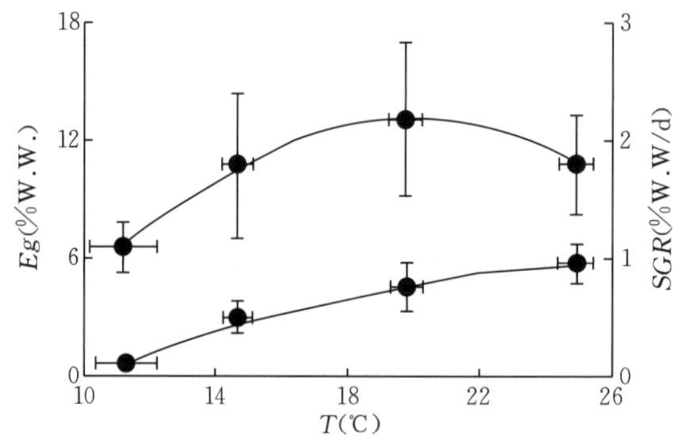

图 2 黑鲷的 *SGR* 及 *Eg* 与温度的关系

Figure 2 Relationship between black sea bream's *SGR* or *Eg* and temperature

2.3 摄食水平对黑鲷生长及生态转换效率的影响

实验在（14.7±0.45)℃下进行，实验中所采用的黑鲷体重为（63.40±13.36）g，该条件下黑鲷最大摄食量为其体重的 3.30%±0.64%。黑鲷的特定生长率及生态转换效率随摄食水平的变化趋势，与崔奕波（1990）对真鲹的实验结果相同，其生态转换效率随摄食水平增大而增至一峰值，然后随摄食水平的进一步增加而降低（图 3）；生态转换效率与摄食水平之间的关系也可用二次曲线 $Eg=-5.92FL^2+35.57FL+26.69$（$R^2=0.9992$，$df=2$，$P<0.01$）加以定量描述，$Eg$ 的峰值出现在其体重的 2.62%处，约为黑鲷最大摄食量的 79%；其特定生长率也随摄食水平的上升而减速增大，二者之间的定量关系也可以用对数曲线加以定量描述，即：$SGR=0.46\ln FL-0.071$（$R^2=0.9927$，$df=2$，$P<0.01$）。

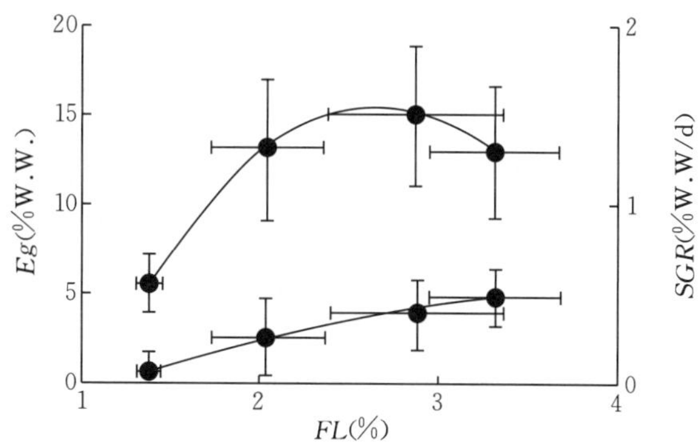

图 3　黑鲷的 SGR 及 Eg 与摄食水平的关系

Figure 3　Relationship between black sea bream's SGR or Eg and ration

2.4　饵料生物种类对黑鲷生长及生态转换效率的影响

对分别以玉筋鱼和鹰爪糙对虾为饵料生物的两组实验进行 t 检验，其结果表明，当以玉筋鱼为饵料时，黑鲷的特定生长速率显著大于鹰爪糙对虾；以湿重为参数计算得到的两组生态转换效率同样有显著性差异，但考虑到上述两种饵料生物体内含水量显著不同，难免对生态转换效率的计算结果带来偏差，因此，又以比能值为参数重新进行了计算。结果表明，分别以玉筋鱼和鹰爪糙对虾为饵料生物时，用比能值所算得的黑鲷生态转换效率无显著性差异（表 2）。

表 2　摄食不同饵料生物时黑鲷的特定生长率及生态转换效率

Table2　Effect of different feed organisms on *SGR* and *Eg* of Black sea bream（*Sparus macrocephalus*）

计算指标 Calculating index	SGR（% W. W. /d）		Eg（% W. W.）	
	玉筋鱼 *Ammodytes personatus*	鹰爪糙对虾 *Trachypenaeus curvirostris*	玉筋鱼 *Ammodytes personatus*	鹰爪糙对虾 *Trachypenaeus curvirostris*
湿重	0.49±0.17	0.29±0.13	13.26±3.72	6.37±1.61
W. W.	$df=8$，$0.01<P<0.05$		$df=8$，$0.01<P<0.05$	
比能值	0.49±0.17	0.29±0.13	14.42±4.05	12.78±3.24
kJ	$df=8$，$0.01<P<0.05$		$df=8$，$P>0.05$	

注：W. W. 为湿重；kJ 为比能值（千焦）。

2.5　群居行为对黑鲷生长及生态转换效率的影响

在自然生态环境中，黑鲷有显著的群居性。从表 3 可见，黑鲷的群居行为能显著的增大其生长速率，但对其生态转换效率却无显著影响。

表 3 群居行为对黑鲷生长及生态转换效率的影响

Table 3 Effect of social behavior on *SGR* and *Eg* of black sea bream (*Sparus macrocephalus*)

SGR (% W. W. /d)		*Eg* (%W. W.)	
2~3 尾/组，无群居性	30 尾/组，有显著群居性	2~3 尾/组，无群居性	30 尾/组，有显著群居性
0.49±0.17	0.69±0.08	13.26± 3.72	14.11± 1.54
$df=6$，$0.01<P<0.05$		$df=6$，$P>0.05$	

3 讨论与结语

3.1 对一些淡水鱼种的研究结果表明：①在适宜温度内及摄食不受限制时，鱼类生长率随温度上升而增大（Allen，1982；Brett，1969；Cui，1989），且其特定生长率与温度之间的关系可以用对数曲线 $SGR=a\cdot\ln T-b$ 加以定量描述（崔奕波，1995）。②在相同温度下，鱼类生长率与摄食水平的关系为一减速增长曲线（崔奕波，1990；Brett，1979）。本研究结果进一步证明，黑鲷的生长与温度或摄食水平之间也符合上述关系；由于黑鲷是一种常见的海洋经济鱼种，在浅海中下层肉食性鱼类中有着较为广泛的代表性，可以推测，上述模式也应适合于一些生态特征与黑鲷相似的近岸性海洋鱼类。

3.2 本实验温度基本概括了黑鲷在中国北部沿海生态环境中的适温范围（邓景耀，1988）。在该温度范围内，如单从黑鲷生长速率来讲，温度越高越有利于其生长，但如同时考虑到黑鲷与饵料生物之间的能量转换，其最适生长温度似应为 19.4 ℃左右，因为，此温度下除其生长速度较快外，生态转换效率也达到最高。

3.3 所谓维持摄食量是使得鱼体重能维持不变的摄食水平，而最佳摄食量则是使生长率与摄食率之比值为最大的摄食水平。依据本文 2.3 节中所得公式 $SGR=0.46\ln FL-0.071$（$R^2=0.9927$），令式中 $SGR=0$，可求得实验温度［(14.7+0.45)℃］与体重（63.40+13.36）g 下黑鲷的维持摄食量为其体重的 1.17%；依据公式 $Eg=5.92FL^2+35.57FL+26.69$（$R^2=0.9992$），求出 Eg 值为最大时的 FL 值，即为同样温度与体重下黑鲷的最佳摄食量（2.62%），约是其最大摄食量的 79%。

3.4 杨纪明（1987）和李军（1995）测定了 5 种海洋鱼种的摄食、生长和生态转换效率及其不同饵料生物的影响，得到与本研究结果相同的结论，认为作为饵料生物玉筋鱼较巢沙蚕、火枪乌贼等更有利于实验鱼种的生长；其欠缺之处在于采用可比性较差的湿重为参数，计算和比较了不同饵料生物对鱼类生态转换效率的影响。本研究结果表明，尽管以湿重为计算参数时，也得到摄食不同饵料生物使得黑鲷生态转换效率显著不同之结果，但用比能值计算和比较上述生态转换效率却是无显著性差异。

3.5 黑鲷的群居性和摄食小型鱼类饵料，虽能加速其生长速度，却不能影响相同条件下测得的生态转换效率。如该结果能普遍适用于群居性海洋鱼类，无疑将大大简化高营养层次的营养动力学研究。

参考文献

崔奕波，1995. 温度对草鱼能量收支的影响. 海洋与湖沼，26 (2)：169-174.

崔奕波，Wootton R J，1990. 真鲅（*Phoxinus Phoxinus* L.）的能量收支各组分与摄食量、体重及温度的关系．水生生物学报，14（3）：193－204.

邓景耀，孟田湘，任胜民，等，1988. 渤海鱼类种类组成及数量分布．海洋水产研究，9：11－89.

李军，杨纪明，庞鸿艳，1995. 5 种海鱼的生态生长效率研究．海洋科学，3：52－54.

杨纪明，郭新如，1987. 石鲽和皱唇鲨生态生长效率的研究．水产学报，9（3）：251－253.

Allen J R M，Wootton R J，1982. The effect of ration and temperature on growth of the three-spined stickleback，*Gasterosteus aculeatus*（L.）. J. Fish. Biol.，20：409－422.

Brett J R，Groves T D D，1979. Physiological energetics. In Fish Physiology（W. S. Hoar，D. J. Randall and J. R. Brett，eds）. London：Academic Press，Vol. 8：279－675.

Brett J R，Shelbourn J E，Shoop C T，1969. Growth rate and body composition of fingerling sockeye salmon，*Oncorhynchus nerka*，in relation to temperature and ration size. J. Fish. Res. Bd Caz.，26：2363－2394.

Cui Y，Wootton R J，1988. Bioenergetics of growth of a cyprinid，*Phoxinus Phoxinus*（L.）：the effect of ration and temperature on growth rate and efficiency. J. Fish. Biol.，33：763－773.

Growth and Ecological Conversion Efficiency of *Sparus macrocephalus* and their Mainly Affecting Factors

Sun Yao，Zhang Bo，Chen Chao，Yu Hong，Tang Qisheng

（*Yellow Sea Fisheries Research Institute*，*Qingdao 266071*）

Abstract：This laboratory running water simulation experiment on the growth and ecological conversion efficiency of the Black sea bream（*Sparus macrocephalus*）and effect of enviromental factors（such as temperature，ration，food species，and social behaviour）showed that its specific growth rate（*SGR*）increased with rise of temperature or ration，as described by the equations $SGR=1.07\ln T-2.44$ or $SGR=0.46\ln(FL)-0.071$. Ecological conversion efficiency（*Eg*）gradually decreased after increasing to a peak with increase of *T*，and *FL*，as described by the equations $Eg=-0.12T^2+4.64-29.74$ or $Eg=-5.92FL^2+35.57FL+26.69$. From these two equations，its maintenance or optimum ration can be calculated to be 20.8 ℃ and its optimum maintenance ration and optimumtation can be calculated to be respectively 1.17% and 2.62% of its weight. Its growth can（but the ecological eonversion efficiency cannot）be improved by its social behavior or taking in small-sized fish.

Key words：Growth；Ecological conversion efficiency；Affecting factors；Black sea bream

温度对真鲷排空率的影响[①]

张波，郭学武，孙耀，唐启升
（中国水产科学研究院黄海水产研究所，青岛 266071）

关键词： 真鲷；温度；胃排空率

鱼类的胃排空率是指鱼类摄食后食物从胃中排出的速率，在鱼类生态学研究中被广泛用于估算鱼类在自然环境中的日摄食率。与鱼类其他生理过程一样，它受到许多生理生态因素的影响，已经引起大量注意的因素有水温、食物和鱼体重。自 60 年代以来，国外出现了大量关于鱼类排空率的文献，到目前为止已经测量了大量不同鱼种的胃排空率，此前作者对真鲷[1]、黑鲷[2]的排空率进行了初步研究，并分别建立了排空模型。本研究在此基础上，以真鲷为研究对象，考察了温度对其排空率的影响，以便进一步探讨鱼类胃排空率的生理学机制。

1　材料与方法

1.1　材料的来源及驯化

实验用真鲷来自黄海水产研究所麦岛增养殖实验基地人工孵化并养殖的鱼苗，选取体重在 20～60 g 的健康鱼苗 500 尾，置于室内水泥池中驯养。投喂玉筋鱼（*Ammodytes personatus*），驯养期间每天 2 次，达饱足。待摄食和生长正常后，移入 1 m^3 的玻璃钢水槽中进行温度驯化。实验分别在 11 ℃、16 ℃、18 ℃、21 ℃ 4 个温度条件下进行，11 ℃、16 ℃的实验在自然水温下进行，水温变幅在±2 ℃范围内；18 ℃、21 ℃的实验，用 1 个 1 000 W 可控温加热棒以每天 1 ℃的速度将水温加至实验设定水温，并控制在±1 ℃范围内，在实验条件下驯化15 d开始正式实验。

1.2　实验条件及方法

实验在 1998 年 11 月至 1999 年 12 月期间进行。根据不同的实验水温，在实验开始前将鱼饥饿 1～2 d 使其排空胃。投饵时始终保持水槽内有多余饵料存在，使所有的实验鱼充分摄食，30 min 后，将水槽中的残饵吸出，并取出 6～20 尾作为分析总食物摄入量用。将水槽中的水换取大半以保证水槽内没有残饵，然后开始定时取样。11 ℃、16 ℃、18 ℃每隔 2 h 取样，21 ℃每隔 1 h 取样，每次取 5～10 尾。取样的鱼先称取体重，然后解剖取出胃含物称重得胃含物量，精确至 0.000 1 g。用每次取样所得胃含物量的平均值作为该取样时间的胃含物量。

---

① 本文原刊于《海洋科学》，25（9）：14-15，2001。

2 结果

根据作者在真鲷胃排空率的研究[1]中所得出的结论，即胃含物用湿重表示时，用指数模型（$Y=Ae^{-rt}$）拟合胃排空数据最好，因此本实验也用指数模型来拟合真鲷在不同温度条件下的胃排空数据，结果表明真鲷在 11，16，18，21 ℃条件下的排空率分别是每小时排出胃内残余食物的 5.75%，10.51%，15.03%，15.84%（图 1）。

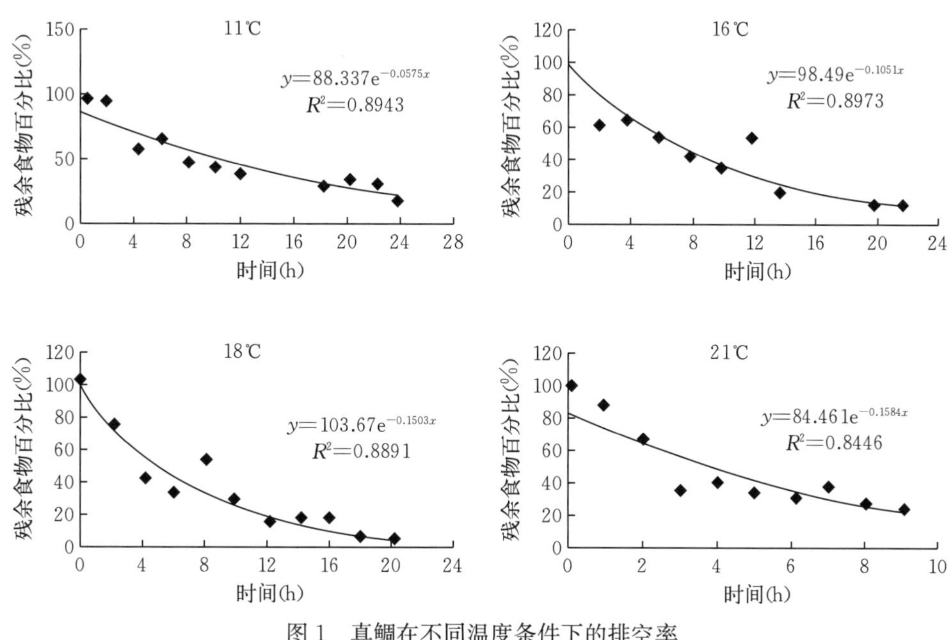

图 1 真鲷在不同温度条件下的排空率

根据真鲷在不同水温条件下的胃排空率随水温的升高而上升，选用 $r=ae^{bT}$（r：瞬时排空率；T：水温；a，b：常数）来描述真鲷排空率与水温相互关系，其关系式为：$r=0.0186\ e^{0.1075T}$（$R^2=0.9384$）。

3 讨论

鱼类的胃排空率受诸多生物或非生物因素的影响，其中水温对排空的影响已在许多鱼种进行了讨论，结果均表明排空率随温度上升，开始快速上升；当水温继续上升至接近极限温度时，就变平或下降。在研究中还发现排空率与温度有一定的函数相关。Smith 等和 Ruggerone 在 1989 年用线性关系分别描述了狭鳕 *Theragra chalcogramma* 和银大麻哈鱼 *Oncorhynchus kisutch* 的排空率与温度的关系；但更多的研究如 Elliott（1972 年）、Persson（1981 年）、Persson（1982 年）、Amundsen 等（1988 年）的研究表明排空率与温度呈指数相关，即：$r=ae^{bT}$，本研究结果表明真鲷的胃排空率与温度也呈指数相关。

目前多数的研究表明排空率并不表现出有最佳温度，排空率随温度的升高而上升，直至达到接近该种的耐受温度时达到最大，超过极值，排空率急剧下降。但 Hershery 等在 1985

年发现尽管指数函数和二次方程都能很好地描述黏杜父鱼 *Cottus cogntus* 的排空率与温度的相互关系，但二次方程比指数函数更好；Johnston 等[3] 也发现大眼梭鲈 *Stizostedion vitreum vitreum* 的排空率与温度呈二次相关，他认为排空率同其他生理过程一样，也有最佳温度，而以前的其他研究中所得出排空率随温度单调上升的关系可能是由于测量温度低于该研究种的最佳温度，因此建议应在更广泛的温度范围内考察它们之间的关系。就本研究对象真鲷而言，它属于暖温种，夏季生活水温可达 26 ℃左右，因此进一步研究应在高温范围内扩大实验以考察真鲷排空率与温度的相互关系。

参考文献

[1] 张波，孙耀，唐启升．海洋水产研究，1999，20（2）：86－89.
[2] 张波，孙耀，唐启升．应用生态学报，2000，11（2）：287－289.
[3] Johnston T A，Mathias J A. J. Fish Biol.，1996，49（3）：375－389.

日粮水平和饵料种类对真鲷能量收支的影响[①]

孙耀，张波，郭学武，王俊，唐启升

（中国水产科学研究院黄海水产研究所，青岛 266071）

摘要：以玉筋鱼为饵料生物，采用室内流水模拟实验法研究了摄食水平和饵料种类对真鲷能量收支各组分和能量收支分配模式的影响。结果表明，真鲷的生长量、总代谢量、排泄量及生态转换效率均随日粮水平升高呈减速增长趋势，二者之间的定量关系均可用对数曲线加以定量描述；不同生物饵料能造成真鲷摄食、生长、排泄和总代谢水平的显著差异，但却不能改变以比能值为单位的生态转换效率。依据各收支过程的量化结果，可得到真鲷的能量分配模式。玉筋鱼：100％日粮水平，$100C=4.60F+7.83U+66.11R+21.46G$；78.4％日粮水平，$100C=5.83F+7.47U+55.91R+30.80G$；50.1％日粮水平，$100C=4.34F+7.76U+59.75R+28.15G$；27.6％日粮水平，$100C=2.73F+8.00U+63.23R+26.03G$；鹰爪糙对虾：100％日粮水平，$100C=2.01F+11.10U+57.99R+28.90G$。真鲷的各能量收支分配率随摄食水平不同有较显著差异；代谢能分配率和排泄能分配率随摄食水平增大呈U形变化趋势，而生长能分配率却恰恰相反。除摄食高蛋白饵料时引起排泄能分配率增加外，摄食不同饵料对真鲷的能量分配模式影响不显著。

关键词：能量收支；日粮水平；饵料种类；真鲷

自 Winberg（1956）提出了鱼类的能量收支基本模型，并将鱼类生理学中有关能量代谢的研究与生态学中对能流过程的认识结合起来，鱼类能量学在理论与方法上都得到了较为迅速的发展和完善（崔奕波，1989；Brandt，1993）。国外鱼类能量学研究起步较早，迄今已经初步建立了多种鱼类的能量收支模式；国内该领域研究起始于 90 年代初，崔奕波（1995）、谢小军（1993）等人分别研究了草鱼、南方鲇、鲤鱼的能量收支及其主要影响因素；但上述研究范围仍主要局限于淡水鱼类。由于淡水鱼类与海水鱼类的生态学特征之间存在着很大差异，显然，其研究结果难于为海洋鱼类所直接引用。

真鲷（*Pagrosomus major*）是渤、黄海域的重要经济和养殖鱼种，属底层肉食性鱼类，在该海域有着较为广泛的代表性。通过本项研究，除有助于揭示浅海底层肉食性鱼类的生态能量学特征，也将为我国海水鱼类增养殖潜力和效果分析提供基础资料。

1　材料与方法

实验于 1997 年 8—11 月在黄海水产研究所小麦岛生态实验室（青岛）进行。

---

① 本文原刊于《海洋水产研究》，20（2）：60－65，1999。

1.1 材料来源与驯养

研究所采用的真鲷，系黄海水产研究所小麦岛试验基地人工培育苗种在浅海网箱中养成。真鲷经浓度为 2～4 mg/L 氯霉素溶液处理后，置于室内水泥池中进行预备性驯养，待摄食和生长趋于正常后，再将其置于试验水槽中，在实验条件下进行正式驯养，待其摄食和生长再一次趋于正常后，开始实验。一般预备性驯化时间为 20 d，正式驯化时间为 5 d。

1.2 实验装置和方法

实验采用室内流水模拟测定法。实验水槽内流水速率的调节，以槽内水体中 DO、NH_4^+-N、pH 值和盐度等化学指标与自然海水无显著差别为准，实验水体内的水交换量>6 m^3/d；实验海水经沉淀和砂滤处理。实验在自然水温下进行；实验温度为（19.4±0.44)℃。实验中采用自然光照周期，最大光强为 250lx。

实验采用体重在（37.6±6.1）g 之间的真鲷，在 0.15 m^3 玻璃钢水槽中进行；每个测定条件下设 5 个平行组，每组中实验个体 5 尾。实验周期为 15 d，实验期间最大日粮组的真鲷生长量为其体重 25%以上。实验开始和结束时，分别将鱼饥饿 1 d 后称重。真鲷摄食水平的确定，是按 5 d 预实验结果计算，并经实际实验结果校正得到的，摄食梯度为：27.6%、50.1%、78.4%和 100%；饵料采用去头和内脏的玉筋鱼段。饵料比较实验在最大日粮条件下进行，其中虾饵料采用去头和皮的鹰爪糙对虾段。饵料大小均以实验鱼易于吞食为准。实验中每天投喂饵料 2 次，每次投喂后，至下一次投喂前收集残饵。由于残饵被海水浸泡后有较大幅度的增重，故本文中残饵湿重是其干重经鲜饵料含水量校正后的结果。真鲷及饵料生物的生化组成中，比能值是采用热量计（XYR-1）直接测定燃烧能方法测定，总氮与总碳是采用元素分析仪（P-E240C）测定，其他则按《食品卫生理化检验方法》（GB/T 5009—1996）进行测定。

1.3 结果计算

能量收支分配模式采用 Warren 和 Davis（1967）提出的能量在鱼体内转换的基本模型：$C=F+U+R+G$，式中，C 为从食物中摄取的能量；F 为排粪能；U 为排泄能；R 为代谢能；G 为生长能。

真鲷的生态转换效率（Eg）和特定生长率（SGR）分别按下式计算（崔奕波，1989）：$Eg=(G_d/C_d)\times 100\%$ 和 $SGR=\frac{\ln W_t-\ln W_0}{t}\times 100\%$，式中，$G_d$ 和 C_d 分别为实验期间真鲷的日生长量和日摄食量，该值经实测饵料流失率校正后得到；W_t 为真鲷的实验后重量或总能量，W_0 为真鲷的实验前重量或总能量，t 为实验时间。

排泄能依据氮收支平衡式（Cui et al.，1992）计算：$U=(C_N-F_N-G_N)\times 24.8$，式中，$C_N$ 为食物中获取的氮；F_N 为粪便中损失的氮；G_N 为鱼体中积累的氮；24.8 为每克氨氮的能值（kJ）。该式假设氨氮是唯一的氮排泄物。

代谢能根据能量收支式 $R=C-F-U-G$ 计算。

2　结果

2.1　真鲷及其粪便和饵料生物的生化组成

见表 1。

表 1　真鲷及其粪便和饵料生物的生化组成

Table1　Biachemical composition of *Pagrosomus major*, its excrement and feed

生物种类 Species	样品种类 Sampling	水分 (%)	总氮 (%D. W.)	总碳 (%D. W.)	蛋白质 (%D. W.)	脂肪 (%D. W.)	灰分 (%D. W.)	比能值 (kJ/gD. W.)
真鲷	生物体①	68.74	7.99	49.95	49.94	31.72	14.86	24.43
	鱼饵粪便	*UD*	3.84	30.89	24.00	*UD*	*UD*	18.15
	虾饵粪便	*UD*	2.68	19.42	16.76	*UD*	*UD*	11.70
玉筋鱼	生物体①	69.79	9.17	47.73	57.31	16.80	12.48	22.17
鹰爪糙对虾	生物体①	81.20	11.16	41.34	69.75	3.09	16.23	20.40

注：① 生物体取样部位：真鲷为全鱼，玉筋鱼饵去头与内脏，鹰爪糙对虾饵去头与皮。D. W. 为干重，kJ 为千焦，*UD* 为未检测。

2.2　日粮水平和饵料种类对真鲷生长及生态转换效率的影响

本实验条件下真鲷最大日粮为其体重的 7.26%±1.03%。真鲷的生态转换效率随日粮水平增大呈倒 U 形变化趋势（图 1），二者之间的关系可以用对数曲线加以定量描述，即：$Eg_{w.w.}=-1.10FL^2+10.16FL+5.54$（$R^2=0.9995$）或 $Eg_{kJ}=-1.24FL^2+11.55FL+6.34$（$R^2=0.9997$　$df=2$，$P<0.01$），Eg 的峰值出现在其体重的 4.60%处，约为真鲷最大日粮的 63%；其特定生长率随日粮水平的上升则呈减速增长趋势，二者之间的定量关系也可以用对数曲线加以定量描述，即：$SGR=0.97\ln FL-0.25$（$R^2=0.9984$　$df=2$，$P<0.01$）。

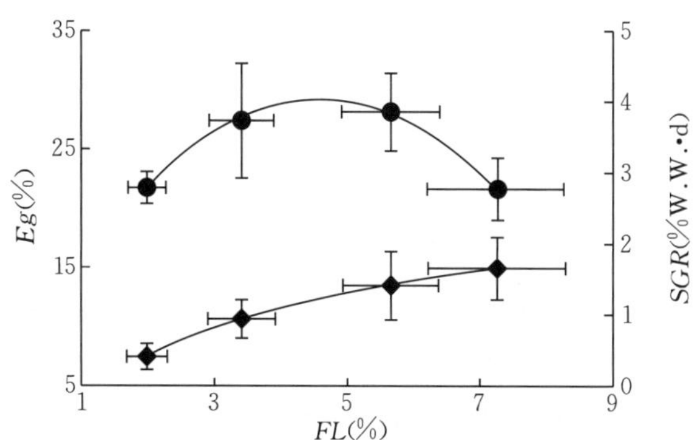

图 1　真鲷的 *SGR* 及 *Eg* 与日粮水平的关系

Figure 1　Relation of Progy's *SGR* or *Eg* with feed level

对分别以玉筋鱼和鹰爪糙对虾为饵料生物的两组实验进行 t 检验，其结果表明，当以玉筋鱼为饵料时，真鲷的特定生长速率显著大于鹰爪糙对虾；以湿重为参数计算得到的两组生态转换效率同样有显著性差异，但考虑到上述两种饵料生物体内含水量显著不同，难免对生态转换效率的计算结果带来偏差。因此，又以比能值为参数重新进行了计算，结果表明，分别以玉筋鱼和鹰爪糙对虾为饵料生物时，用比能值所算得的真鲷生态转换效率无显著性差异（表 2）。

表 2 摄食不同饵料生物时真鲷的特定生长率及生态转换效率

Table 2 Effect of different feed organisms on *SGR* and *Eg* of genuine porgy (*Pagrosomus major*)

计算指标 Calculating index	*SGR* (%/d)		*Eg* (%)	
	玉筋鱼	鹰爪糙对虾	玉筋鱼	鹰爪糙对虾
湿重	1.67±0.32	1.17±0.28	21.23±2.65	14.51±3.21
W. W.	$df=8$, $0.01<P<0.05$		$df=8$, $P<0.01$	
比能值	1.67±0.32	1.17±0.28	26.30±2.93	28.92±6.56
kJ	$df=8$, $0.01<P<0.05$		$df=8$, $P>0.05$	

2.3 氮收支和排泄能及其随日粮水平、饵料种类的变化

通过对真鲷从食物中摄取氮、鱼体中积累氮和粪便中损失氮的定量检测，按 Cui 等（1992）的氮收支式估算了其在不同日粮水平条件下的排泄氮（U_N）和排泄能（表 3）。从中可见，真鲷从食物中所摄取的氮仅有少量用于生长，占总摄取氮的 22.2%±1.4%，多数氮均经排泄和排粪过程排出体外，其中排泄是氮支出的主要过程，占氮总支出过程的 75.8±1.8%。真鲷排泄氮和排泄能随日粮水平上升均呈线性增长趋势，二者之间的关系可分别用公式 $U=5.45FL-2.03$（$R^2=0.978\ 9$）和 $U_N=0.22FL-0.08$（$R^2=0.978\ 9$）定量描述。当饵料为鹰爪糙对虾时，由于摄入氮及用于生长的氮较饵料为玉筋鱼时低，从而使得排泄氮及排泄能均相对较低（表 4）。

表 3 不同日粮水平时真鲷的氮收支量及排泄能估算结果

Table 3 Excrement nitrogen and energy of Progy and their changes with feed level

日粮水平（%） Ration	C_N [g/(kg·d)]	G_N [g/(kg·d)]	F_N [g/(kg·d)]	U_N [g/(kg·d)]	U (kJ/kg·d)
2.00±0.28	0.555±0.184	0.119±0.021	0.013±0.002	0.423±0.048	10.49±1.18
3.41±0.49	0.952±0.154	0.232±0.072	0.028±0.003	0.692±0.140	17.16±3.47
5.69±0.73	1.529±0.189	0.354±0.090	0.035±0.007	1.202±0.099	29.82±2.46
7.26±1.03	2.029±0.422	0.418±0.085	0.028±0.009	1.583±0.334	39.27±8.30

表 4 不同饵料种类时真鲷的氮收支量及排泄能估算结果

Table 4 Excrement nitrogen and energy of Progy and their changes with deferent feed

饵料种类 Feed species	C_N [g/(kg·d)]	G_N [g/(kg·d)]	F_N [g/(kg·d)]	U_N [g/(kg·d)]	U (kJ/kg·d)
玉筋鱼	2.029±0.422	0.418±0.085	0.028±0.009	1.583±0.334	39.27±8.30
鹰爪糙对虾	1.631±0.239	0.282±0.077	0.015±0.003	1.335±0.207	33.10±5.14

2.4　总代谢能随日粮水平和饵料种类的变化

在摄食能、生长能、排粪能和排泄能已知前提下，总代谢能可按 Warren（1967）的鱼体内能量转换基本模型求得（表 5 和表 6）。真鲷的总代谢能随日粮水平的变化趋势与生长能和排泄能相近，也随日粮水平上升均呈减速增长趋势，二者之间的关系为 $R=42.69FL-7.29$（$R^2=0.9885$）。当真鲷摄食鹰爪糙对虾时，其能量收支各组分均显著低于饵料为玉筋鱼时的能量值。

表 5　不同日粮水平时真鲷的总代谢能估算结果［kJ/(kg·d)］

Table 5　Total metabolic energy of Progy and their changes with feed level［kJ/(kg·d)］

日粮水平 Ration	*C*	*G*	*F*	*U*	*R*
2.00±0.28	133.98±44.47	28.75±1.18	6.16±0.78	10.49±6.29	88.55±12.55
3.41±0.49	229.71±37.16	70.74±22.02	13.38±1.39	17.16±3.47	128.44±31.12
5.69±0.73	384.18±45.57	108.15±27.62	16.68±3.52	29.82±2.46	229.54±15.56
7.26±1.03	490.63±101.91	127.73±26.00	13.14±4.48	39.27±8.30	310.22±66.23

表 6　不同饵料种类时真鲷的总代谢能估算结果［kJ/(kg·d)］

Table 6　Total metabolic energy of Progy and their changes with deferent feed［kJ/(kg·d)］

饵料种类 Feed species	*C*	*G*	*F*	*U*	*R*
玉筋鱼	490.63±101.91	127.73±26.00	13.14±4.48	39.27±8.30	310.22±66.23
鹰爪糙对虾	298.22±43.70	86.19±5.14	5.99±1.31	33.10±13.59	172.94±31.49

2.5　日粮水平和饵料种类对能量收支分配模式的影响

依据摄食能、生长能、排粪能、排泄能和总代谢能的定量测定或估算结果，可得到不同日粮水平和饵料种类时真鲷的能量收支分配模式为：

玉筋鱼：100%日粮水平　　$100C=4.60F+7.83U+66.11R+21.46G$

78.4%日粮水平　　$100C=5.83F+7.47U+55.91R+30.80G$

50.1%日粮水平　　$100C=4.34F+7.76U+59.75R+28.15G$

27.6%日粮水平　　$100C=2.73F+8.00U+63.23R+26.03G$

鹰爪糙对虾：100%日粮水平　　$100C=2.01F+11.10U+57.99R+28.90G$

真鲷的能量收支分配率随摄食水平和饵料种类不同有较显著差异；代谢能分配率和排泄能分配率随摄食水平增大呈 U 形变化趋势，而生长能分配率却恰恰相反。

3　讨论与结语

3.1　真鲷的生长率随日粮水平增长呈减速增长趋势，而生态转换效率与日粮水平之间的关系呈倒 U 形，其关系分别可用对数曲线和二次曲线定量描述；这一结论与其他许多鱼种的研究是一致的（崔奕波，1990；Brett，1976），因而上述曲线可能代表了鱼类生长量与摄食量的普遍关系。由于在较高的日粮水平下，鱼类日粮的增加并不能引起生长量的显著增大，反之却使得食物的转换效率加速下降。因此，在鱼类的人工养殖中，应控制其日粮在生长量与摄食量之比值为最大的水平，即最佳日粮水平；依据本文 2.2 节中所得公式 $Eg=-1.10FL^2+10.16FL+5.54$，求 Eg 值为最大时的 FL 值，即为本实验条件下真鲷的最佳日粮（4.60%），约是其最大日粮的 63%。维持日粮是使得鱼体重能维持不变的摄食水平，依据公式 $SGR=0.97\ln(FL)-0.25$，令式中 $SGR=0$，可求得本实验条件下真鲷的维持日粮为其体重的 1.29%。

3.2　许多对鱼类的研究结果表明，排泄率和代谢率主要受摄食量的影响，且其与摄食量之间的定量关系成正比（崔奕波，1990；Beamish，1972；Mortensen，1985；Savitz et al.，1977），这与本研究结果是一致的；由于该结果在淡水鱼中具有普遍性，而真鲷在海洋底层肉食性鱼类中具有一定代表性，可以推测该结果也可能适用于许多海洋鱼类。

3.3　杨纪明（1987）和李军（1995）测定了 6 种海洋鱼种的摄食、生长和生态转换效率及其不同饵料生物的影响，得到与本研究结果相同的结论，认为作为饵料生物玉筋鱼较巢沙蚕、火枪乌贼等更有利于实验鱼种的生长；其欠缺之处在于采用可比性较差的湿重为参数，计算和比较了不同饵料生物对鱼类生态转换效率的影响。本研究结果表明，尽管以湿重为计算参数时，也得到摄食不同饵料生物使得真鲷生态转换效率显著不同之结果，但用比能值计算和比较上述生态转换效率却是无显著性差异。

3.4　与生长能、代谢能、排泄能和排粪能随日粮水平变化趋势显著不同，在真鲷能量收支式中其生长能分配率和排粪能分配率随日粮水平增长呈倒 U 形变化趋势，而代谢能分配率和排泄能分配率则恰恰相反，都可用不同常数项的二次曲线方程定量描述。如上述关系被进一步证明成立，则可大大简化不同日粮水平下能量分配模型的建立。

3.5　饵料不同能造成真鲷的各能量收支量的显著差异。当摄食鹰爪糙对虾时，真鲷摄食量、生长量和代谢量仅是其摄食玉筋鱼时的 55.8%～67.5%，而排泄量差别却相对小很多；从摄食不同饵料时能量收支式的对比也可发现，摄食鹰爪糙对虾时的排泄能分配率相对较高，而生长能分配率和代谢能分配率却差别不显著。该结果说明，当真鲷摄食高蛋白质含量虾肉时，摄入蛋白质并未被充分吸收，而以氮化合物形式大量排出体外。显然，饵料蛋白质含量过高时会造成浪费。

参考文献

崔奕波，1989. 鱼类生物能量学的理论与方法．水生生物学报，13（4）：369－383.

崔奕波，陈少莲，王少梅，1995. 温度对草鱼能量收支的影响．海洋与湖沼，26（2）：169－174.

崔奕波，Wootton R J，1990. 真鲅（*Phoxinus phoxinus* L.）的能量收支各组分与摄食量、体重及温度的关系．水生生物学报，14（3）：193－204.

李军，杨纪明，庞鸿艳，1995. 5 种海鱼的生态生长效率研究．海洋科学，3：52－54.

谢小军，孙儒泳，1993. 南方鲇的排粪量及消化率同日粮水平、体重和温度的关系．海洋与湖沼，24（6）：627－631.

杨纪明，郭新如，1987. 石鲽和皱唇鲨生态生长效率的研究．水产学报，9（3）：251－253.

Beamish F W H，1972. Ration size of and digestion in largemouth bass，Micropterus salmoides

Lacepede. Can. J. Zool., 50: 153-164.

Brandt S B, Hartam K J, 1993. Innovative approaches with bioenergetics methods: future application to fish ecology and management. J. Fish. Biol., 34: 47-64.

Brett J R, 1976. Feeding metabolic rates of young sockeye salmon, *Oncorhynchus nerka*, in relation to ration level and temperature. Fish. Mar. Serv. Res. Dev. Tech. Rep., 675: 43.

Cui Y, Liu S, Wang S, et al., 1992. Growth and energy budget of young grass carp, *Cteno-pharyngodon idella* val., fed plant and animal diets. J. Fish. Biol., 41: 231-238.

Motensen E, 1985. Population and energy dynamics of trout *Salmo trutta* in a small Danish stream. J. Anim. Ecol., 54: 869-882.

Savitz J, E Albanese, Evinger M J, et al., 1977. Effect of ration level on nitrogen excretion, nitrogen retention and efficiency of nitrogen utilization for growth in largemouth bass (*Micropterus salmoides*). J. Fish. Biol., 11 (2): 185-192.

Warren C E, Davis G E, 1967. Laboratory studies on the feeding, bioenergetics and growth of fish. In the Biological Basis of Freshwater Fish Production (S. D. Gerking, ed.), Blackwell Scientific Publication: Oxford: 175-214.

Winberg G G, 1956. Rate of metabolism and food requirements of fishes. Fish. Res. Bd. Can. Transl. Series, 194: 1960.

Xie X, 1993. Pattern of energy allocation in the southern catfish, *Silurrus meridionalis*. J. Fish. Biol., 42 (2): 197-207.

Effects of Ration Level and Food Species on Energy Budget of *Pagrosomus major*

Sun Yao, Zhang Bo, Guo Xuewu, Wang Jun, Tang Qisheng

(*Yellow Sea Fisheries Research Institute, Qingdao 266071*)

Abstract: The energy budget of *Pagrosomus major* was determined by continuous-flow simulating method in laboratory under different ration level and food species condition. The results showed that excretion energy (U), total metabolism energy (R), and growth energy (G) all tended to increase with ration level, with different feed, there was remarkable change of each enenrgy budget constituent, but no remarkable change in the ecological conversion efficiency. The energy assigning models could be expressed with the following budget formulas:

Ammodytes personatus: 100% FL $100C=4.60F+7.83U+66.11R+21.46G$

78.4% *FL*　$100C=5.83F+7.47U+55.91R+30.80G$

50.1% *FL*　$100C=4.34F+7.76U+59.75R+28.15G$

27.6% *FL*　$100C=2.73F+8.00U+63.23R+26.03G$

Trachypenaeus curvirostris: 100% *FL*　$100C=2.01F+11.10U+57.99R+28.90G$

The energy components in the assigning models changed with ration level. The change of the rates of metabolism energy and excretion energy was U-shaped with ration level rise, but that of growth energy had opposite trend. There was no remarkable difference in the model's energy excretion rate when different food was fed.

Key words: Energy budget; Ration level; Food; *Pagrosomus major*

温度对真鲷能量收支的影响[①]

孙耀，张波，郭学武，王俊，唐启升

（中国水产科学研究院黄海水产研究所，青岛 266071）

摘要：真鲷系浅海暖温性底层肉食性鱼类，在中国浅海底层鱼类中有着较为广泛的代表性。本研究在以玉筋鱼为饵料生物和最大摄食水平条件下，采用室内流水模拟实验法定量了其能量收支各组分和能量收支分配模式的温度影响。结果表明，在实验温度范围内，真鲷的摄食率、生长率、总代谢率和排泄率均随温度上升呈减速增长趋势，二者之间的定量关系均可用对数曲线加以定量描述；真鲷的能量收支分配模式。(11.2±1.98)℃：$100C=4.48F+9.55U+80.19R+5.78G$；(14.7±0.57)℃：$100C=2.28F+8.99U+74.56R+14.16G$；(19.4±0.44)℃：$100C=2.73F+8.00U+63.23R+26.03G$；(23.1±1.43)℃：$100C=2.94F+8.23U+65.76R+23.07G$。从分配模式可以看出，真鲷能量收支各组分的分配率随温度显著变化，其中代谢分配率和排泄分配率随温度升高呈U形变化趋势，而生长分配率和排粪分配率则恰恰相反。由于不同温度下真鲷的代谢能分别占了同化能的69.72%～93.28%，生长能则占6.72%～30.28%，故与其他鱼类相比，真鲷基本上属于低生长效率、高代谢消耗型鱼类。

关键词：能量收支；温度；真鲷

鱼类能量学是研究能量在鱼体内转换的学科，其核心问题之一是能量收支各组分之间的定量关系及其各种生态因子的影响作用。随着鱼类能量学自身的不断发展和完善，以及人类对鱼类资源开发和管理的迫切需求，有关鱼类能量学领域的研究也正在受到愈来愈广泛的重视（Hansen，1993；LaBar，1993；Tytler，1985）。欧美发达国家对鱼类能量学研究起步较早，迄今已经初步建立了多种鱼类的能量收支模式（崔奕波，1989；Brandt，1993）；国内该领域的系统研究起始于90年代初（崔奕波，1990、1995；谢小军，1993），但这些研究范围仍主要局限于淡水或广盐性鱼类，由于它们与海洋鱼类的生态学特征之间存在着很大差异，显然，其研究结果难于为许多海洋鱼类所直接引用。

真鲷（*Pagrosomus major*）系浅海暖温性底层肉食性鱼类，在中国浅海底层鱼类中有着较为广泛的代表性，近年来，已经发展成为我国主要海水养殖鱼种。通过本项研究，除有助于揭示浅海底层肉食性鱼类的生态能量学特征，也将为我国海水鱼类增养殖潜力和效果分析提供基础资料。

① 本文原刊于《海洋水产研究》，20（2）：54－59，1999。

1 材料与方法

实验于 1997 年 7—12 月在黄海水产研究所小麦岛生态实验室（青岛）进行。

1.1 材料来源与驯养

研究中所采用真鲷，系黄海水产研究所小麦岛试验基地人工培育苗种在浅海网箱中养成。实验用真鲷经浓度为 2～4 mg/L 氯霉素溶液处理后，置于室内水泥池中进行预备性驯养，待摄食和生长趋于正常后，再将其置于试验水槽中，在实验温度条件下进行正式驯养，待其摄食和生长再一次趋于正常后，开始生长和生态转换率模拟测定实验。一般预备性驯化时间为 20 d，正式驯化时间为 7 d。

1.2 实验装置和方法

实验采用室内流水模拟测定法。实验水槽内流水速率的调节，以槽内水体中 DO、NH_4^+-N、pH 值和盐度等化学指标与自然海水无显著差别为准，一般流速>6 m^3/d；实验海水经沉淀和砂滤处理。实验中采用自然光照周期，最大光强为 250 lx。实验利用本地区8—11月气温的自然降低及海水温度变化所表现出的相对稳定性，在自然水温（11.2±1.98)℃、(14.7±0.57)℃、(19.4±0.44)℃和（23.1±1.43)℃下进行。

实验均采用体重在（39.8±12.2）g 之间的 1 龄鱼，在 0.15 m^3 玻璃钢水槽中进行；每个测定条件下设 5 个平行组，每组中实验个体数 5 尾。实验周期为 15 d；实验期间最大温度组的鱼生长量为其体重 25%以上。实验开始和结束时，分别将鱼饥饿 1 d 后称重。为使数据具有可比性，实验数据均在最大摄食水平的条件下测得；投饵频率为 2 次/d；饵料采用去头和内脏的玉筋鱼段，其大小以实验鱼易于吞食为准开始收集残饵。由于残饵被海水浸泡后有较大幅度的增重，故本文中残饵湿重是其干重经鲜饵料含水量校正后的结果。真鲷及饵料生物的生化组成中，比能值是采用热量计（XYR-1）直接测定燃烧能方法测定，总氮与总碳是采用元素分析仪（P-E240C）测定，其他则按《食品卫生理化检验方法》（GB/T 5009—1996）进行测定。

1.3 结果计算

能量收支分配模式采用 Warren 和 Davis 提出的能量在鱼体内转换的基本模型：$C=F+U+R+G$，式中，C 为从食物中摄取的能量；F 为排粪能；U 为排泄能；R 为代谢能；G 为生长能。

真鲷的生态转换效率（Eg）和特定生长率（SGR）分别按下式计算：$Eg=(P_t/I_t)\times 100\%$和 $SGR=\frac{\ln W_t-\ln W_0}{t}\times 100\%$，式中，$P_t$为实验期间真鲷的体重或能值增长量，$I_t$为实验期间真鲷的摄食量，该值经实测饵料流失率校正后得到；W_t为真鲷的实验后重量或总能量，W_0为真鲷的实验前重量或总能量，t 为实验时间。

以总碳为内在指示物计算真鲷的吸收率：$A=(C-F)/C\times 100\%$

排泄能依据氮收支平衡式（Cui et al.，1992）计算：$U=(C_N-F_N-G_N)\times 24.8$，式中，

C_N为食物中获取的氮；F_N为粪便中损失的氮；G_N为鱼体中积累的氮；24.8 为每克氨氮的能值（kJ）。

代谢能根据能量收支式 $R=C-F-U-G$ 计算。

2　结果

2.1　实验生物及其粪便的生化组成

真鲷及其粪便和饵料生物玉筋鱼的生化组成见表 1。

表 1　真鲷及其粪便和饵料生物的生化组成

Table1　Biachemical composition of genuine porgy（*Pagrosomus major*），its excrement and feed organisms

生物种类 Species	样品种类 Sampling	水　分 (%)	总　氮 (% D. W.)	总　碳 (% D. W.)	蛋白质 (% D. W.)	脂　肪 (% D. W.)	灰　分 (% D. W.)	比能值 (kJ/g D. W.)
真鲷	生物体①	68.74	7.99	49.95	49.94	31.72	14.86	24.43
	粪　便	*UD*	3.84	30.89	24.00	*UD*	*UD*	18.15
玉筋鱼	生物体①	69.79	9.17	47.73	57.31	16.80	12.48	22.17

注：①生物取样部位：真鲷为全鱼，玉筋鱼去头与内脏。D. W. 为干重，kJ 为千焦，*UD* 为未监测。

2.2　温度对真鲷特定生长率及生态转换效率的影响

在本实验温度范围内，以湿重和比能值表示的真鲷特定生长率随温度上升而增大，其与温度之间的关系可以用相同的对数曲线加以定量描述，即：$SGR=2.01\ln T-4.69$（$R^2=0.9881$，$P<0.01$）；真鲷的生态转换效率在较低温度时也随温度上升而增大，至约 20.8 ℃时达到峰值后，随温度的继续上升而呈下降趋势；以湿重为单位的生态转换效率（$Eg_{w.w.}$）与温度之间的关系可用二次曲线 $Eg_{w.w.}=-0.17T^2+7.19T-54.06$（$R^2=0.9945$，$df=2$，$P<0.01$）加以定量描述（图 1），而以比能值表示的二者之间的关系，也可用仅常数项和系数略有差别的相近二次曲线：$Eg_{kJ}=-0.20T^2+8.36T-63.99$（$R^2=0.9945$，$df=2$，$P<0.01$）加以描述。经统计检验表明，该特定生长率及生态转换效率与温度之间的定量关系均呈显著相关。

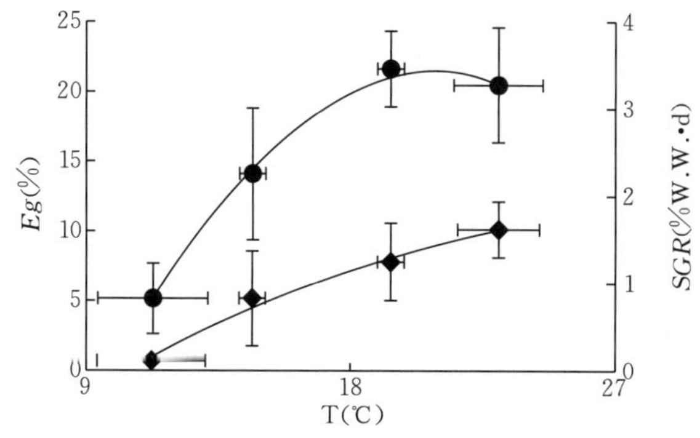

图 1　真鲷的 *SGR* 及 *Eg* 与温度的关系

Figure 1　Relation of Progy's *SGR* or *Eg* with temperature

2.3 温度对真鲷最大摄食率和吸收率的影响

温度对真鲷特定生长率的影响趋势相近，以湿重表示的真鲷最大摄食率（$C_{w.w.}$）随温度上升而增大，其与温度之间的关系也均可用相同的对数曲线加以定量描述（图 2）；而以比能值计算的最大摄食率（C_{kJ}）随温度变化趋势完全一致，仅对数曲线的常数项和系数有所差别；其描述公式分别为：$C_{w.w.}=97.79\ln T-194.75$（$R^2=0.979\,1$，$df=2$，$P<0.01$）和 $C_{kJ}=617.31\ln T-1\,312.01$（$R^2=0.979\,1$，$df=2$，$P<0.01$）。真鲷的吸收率随温度上升呈上升趋势，二者之间的关系可用对数曲线 $A=20.80\ln T-91.80$（$R^2=0.881\,9$，$P<0.01$）加以定量描述；但变化幅度很小，仅在 96.62%～98.26%之间。

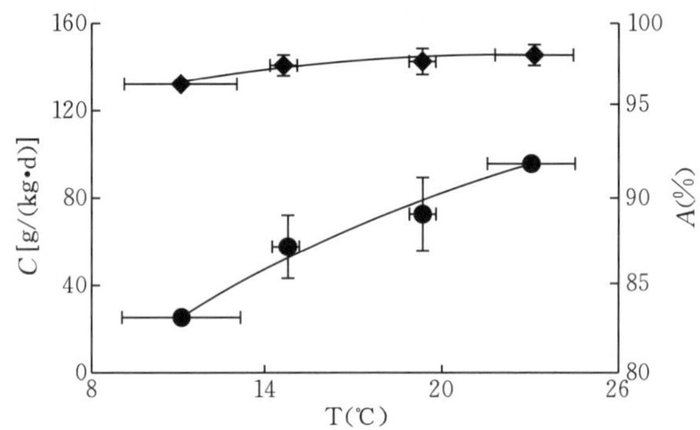

图 2 真鲷的 C 值及 A 值与温度的关系

Figure 2 Relation of Progy's C or A values with temperature

2.4 真鲷的氮收支和排泄能及其随温度变化

通过对不同温度下真鲷从食物中摄取氮、鱼体中积累氮和粪便中损失氮的定量检测，按 Cui 等（1992）的氮收支式估算了其排泄氮（U_N）和排泄能（表 2）。从中可见，实验温度下真鲷从食物中所摄取的氮仅有少量用于生长，占总摄取氮的 4.61%～20.60%，多数氮均经排泄和排粪过程排出体外，其中排泄是氮支出的主要过程，占氮总支出过程的 74.02%～93.01%。真鲷排泄氮和排泄能随温度上升均呈减速增长趋势，其与温度之间的关系可分别用对数曲线 $U_N=1.87\ln T-3.82$（$R^2=0.943\,5$，$P<0.01$）和 $U=46.39\ln T-94.61$（$R^2=0.943\,5$，$P<0.01$）加以定量描述。

表 2 不同温度下真鲷的氮收支量及排泄能估算结果

Table 2 Calculated results on Progy's excrement nitrogen and energy and their changes with temperature

温度 T（℃）	C_N [g/(kg·d)]	G_N [g/(kg·d)]	F_N [g/(kg·d)]	U_N [g/(kg·d)]	U [kJ/(kg·d)]
11.2± 1.98	0.672± 0.012	0.031± 0.015	0.015± 0.001	0.625± 0.026	15.510± 0.646
14.7± 0.57	1.592± 0.386	0.178± 0.049	0.019± 0.006	1.395± 0.331	34.607± 8.202
19.4± 0.44	2.029± 0.422	0.418± 0.085	0.028± 0.009	1.583± 0.334	39.265± 8.295
23.1± 1.43	2.618± 0.048	0.478± 0.138	0.039± 0.005	2.101± 0.117	52.115± 2.889

2.5　真鲷的总代谢能及其随温度的变化

在摄食能、生长能、排粪能和排泄能已知前提下，总代谢能可按 Warren（1967）的鱼体内能量转换基本模型求得（表 3）。真鲷的总代谢能随温度的变化趋势与摄食能、生长能和排泄能相近，也随温度上升均呈减速增长趋势，其与温度之间的关系为 $R=356.56\ln T-713.27$（$R^2=0.9205$，$P<0.01$）。

表 3　不同温度下真鲷的总代谢能估算结果［kJ/(kg·d)］

Table 3　Calculated results on Progy's totle metabolic energy and their changes with temperature［kJ/(kg·d)］

温　度	C	G	F	U	R
11.2± 1.98	162.37± 2.91	9.39± 2.52	7.27± 0.53	15.51± 0.65	130.20± 6.55
14.7± 0.57	384.98± 93.36	54.53± 15.12	8.78± 2.83	34.61± 8.20	287.06± 62.95
19.4± 0.44	490.63± 101.91	127.73± 26.00	13.41± 4.48	39.27± 8.30	310.22± 66.23
23.1± 1.43	633.04± 11.64	146.04± 42.24	18.61± 2.47	52.12± 2.889	416.27± 34.48

2.6　温度对能量收支分配模式的影响

依据摄食能、生长能、排粪能、排泄能和总代谢能的定量测定或估算结果，可得到不同温度下真鲷的能量收支分配模式为：

$$(11.2\pm1.98)℃：100C=4.48F+9.55U+80.19R+5.78G$$
$$(14.7\pm0.57)℃：100C=2.28F+8.99U+74.56R+14.16G$$
$$(19.4\pm0.44)℃：100C=2.73F+8.00U+63.23R+26.03G$$
$$(23.1\pm1.43)℃：100C=2.94F+8.23U+65.76R+23.07G$$

从上述分配模式可以看出，真鲷能量收支各组分的分配率随温度显著变化；其中代谢分配率和排泄分配率随温度升高呈 U 形变化趋势，而生长分配率和排粪分配率则恰恰相反；真鲷能量的最大生长分配率或最小排泄分配率均出现在 20 ℃左右。

3　讨论与结语

（1）真鲷系浅海暖温性底层鱼类，具有越冬洄游的生态习性，故其适温能力一般较窄，本实验温度基本概括了其在中国北部沿海生态环境中的适温范围（邓景耀，1988）。在本研究温度范围内，真鲷特定生长率随温度升高呈减速增长趋势，但生态转换效率随温度升高却呈倒 U 形变化趋势，从式 $Eg=-0.17T^2+7.19T-54.06$，可求得生态转换效率的最大值出现在 20.8 ℃。上述结果已意味着，摄食相同量的饵料，在 20.8 ℃下可获得最大生长量；高于该温度虽可能获得更大的生长速度，但消耗的饵料量却相对较大。故真鲷的最适生长温度是 20.8 ℃，该结果与其为暖温性鱼类的生态特征是一致的。

许多对淡水鱼种的研究结果表明，在适宜温度内及摄食不受限制时，鱼类的最大摄食率、生长率、总代谢率和排泄率一般都随温度上升呈增大趋势；但它们与温度之间关系的定量描述，却在不同研究中采用了不同的数学模型（崔奕波，1990，1995；Brett，1979；

Fonds，1977；Woottin，1980）。本研究结果进一步证明了，真鲷作为一种有着较为广泛代表性的海洋鱼类，其最大摄食率、生长率、总代谢率和排泄率也随温度升高而增大；且与其他鱼种的研究结果显著不同，真鲷的特定生长率、最大摄食率、总代谢率和排泄率与温度之间的定量关系，均可用一减速增长曲线 $SGR=a\cdot\ln T-b$ 加以定量描述；但该结果在海洋鱼类中是否具有普遍性，尚有待于今后研究证实。

（2）Cui（1988）依据对不同温度下真鲅的能量分配模式研究结果，以及文献中的一些间接证据，提出了鱼类在最大摄食水平能量恒定的假设：即在水温不是处于极端水平，摄食不受限制时，食物能分配于能量收支各组分的比例不受温度影响；随后对南方鲇（Xie，1993）和草鱼（崔奕波，1995）能量收支的研究支持了这一假设。通过对不同温度下真鲷能量分配模式的研究，发现上述假设却并不适于该鱼种；真鲷的能量收支各组分随温度变化显著，其中代谢能分配率（$R_{D.L.}$）和排泄能分配率（$U_{D.L.}$）随温度升高呈 U 形变化趋势，二者之间的关系可分别用二次曲线 $R_{D.L.}=0.14T^2-6.30T+133.69$ 和 $U_{D.L.}=0.014T^2-0.599T+14.60$ 加以定量描述；而生长能分配率（$G_{D.L.}$）随温度变化趋势则恰恰相反，二者之间的关系可用二次曲线 $G_{D.L.}=-0.20T^2-8.36T+63.98$ 加以定量描述；且经统计检验表明，上述定量关系均呈显著相关。造成这种差异的原因，可能是海洋鱼类较淡水鱼类对温度更为敏感的缘故。

（3）若以同化能（$A=C-F-U$）表示，则不同温度下真鲷的能量分配模式为：

$$(11.2\pm1.98)℃：100A=93.28R+6.72G$$

$$(14.7\pm0.57)℃：100A=84.04R+15.96G$$

$$(19.4\pm0.44)℃：100A=69.72R+30.28G$$

$$(23.1\pm1.43)℃：100A=74.03R+25.39G$$

Cui 等（1990）根据已发表的 14 种鱼在最大摄食水平的能量收支计算出一平均能量收支：$100A=60R+40G$。本研究温度下，真鲷的代谢能分别占了同化能的 69.72%～93.28%，生长能则占 6.72%～30.28%，故与其他鱼类相比，真鲷基本上属于低生长效率、高代谢消耗型鱼类。

真骨鱼体内蛋白质代谢的最终产物以氮排泄物形式通过鳃排出体外，少量随尿排出；氮排泄物的主要成分为氨和尿素，多数情况下氨是主要排泄物，占总氮的 80%～98%（Beamish，1984；Sayer，1987）。显然，鱼体内蛋白质代谢加速了饵料生物中有机氮的矿化过程。本研究结果表明，不同温度下真鲷从食物中所摄取的氮仅有少量用于生长，占总摄取氮的 4.61%～20.60%，多数氮均经排泄和排粪过程排出体外，其中排泄是氮支出的主要过程，占氮总支出过程的 74.02%～93.01%。由于真鲷是我国主要海水养殖鱼种，其集约化养殖时应注意防止氮排泄物所造成的氮营养盐污染。

参考文献

崔奕波，1989. 鱼类生物能量学的理论与方法. 水生生物学报，13（4）：369-383.

崔奕波，陈少莲，王少梅，1995. 温度对草鱼能量收支的影响. 海洋与湖沼，26（2）：169-174.

崔奕波，Wootton R J，1990. 真鲅（*Phoxinus phoxinus* L.）的能量收支各组分与摄食量、体重及温度的关系. 水生生物学报，14（3）：193-204.

邓景耀，孟田湘，任胜民，等，1988. 渤海鱼类种类组成及数量分布．海洋水产研究，9：11－89.

谢小军，孙儒泳，1993. 南方鲇的排粪量及消化率同日粮水平、体重和温度的关系．海洋与湖沼，24（6）：627－631.

Beamish F W H，Thomas E，1984. Effect of dietary protein and lipid on nitrogen losses in rainbow trout，*Salmo gairdneri*. Aquaculture，41：359－371.

Brandt S B，Hartam K J，1993. Innovative approaches with bioenergetics methods：future application to fish ecology and management. J. Fish. Biol.，34：47－64.

Brett J R，1979. Environmental factors and growth. In Fish Physiolory. Vol. Ⅷ（W S Hoar ed.）Academic Press，London. 599－675.

Cui Y，Liu J，1990. Comparison of energy budget among six teleosts，Ⅲ. growth rate and energy budget. Comp. Biochem. Physiol.，97A：381－384.

Cui Y，Liu S，Wang S，et al.，1992. Growth and energy budget of young grass carp，*Ctenopharyngodon idella* Val.，fed plant and animal diets. J. Fish. Biol.，41：231－238.

Cui Y，Wootton R J，1988. Pattern of energy allocation in the minnow *Phoxinus phoxinus*（L.）（Pisces：Cyprinidae），Funct. Ecol.，2：57－62.

Fonds M，Saksena V P，1977. The daily food intake of young soles（*Salea solea* L.）in relation to their size and water temperature. Actes de Collogues du C. N. E. X. O.，4：51－58.

Hansen M J，1993. Application of bioenergetics models to fish ecology and management：where do we go from here. Trans. Am. Fish. Soc.，122（5）：1019－1031.

La Bar G W，1993. Use of bioenerngetics models to pretict the effect of increased lake trout predation on Rainbow Smelt following sea lamprey control. Trans. Am. Fish. Soc.，122（5）：942－950.

Sayer M D J，Davenport J，1987. The relative importance of the gills to the ammonia and urea excretion in five seawater and one freshwater teleosts. J. Fish. Biol.，31：561－570.

Tytler P，Calow Editer，1985. Fish energetics：new perspectives. John Hopkins University Press，Baltimore，Maryland.

Warren C E，Davis G E，1967. Laboratory studies on the feeding，bioenergetics and growth of fish. In The Biological Basis of Freshwater Fish Production（S. D. Gerking，ed.），. Blackwell Scientific Publication：Oxford：175－214.

Wootton R J，Allen J R，Cole S J，1980. Effect of body weight and temperature on the maximum daily food consumption of *Gasterosteus aculeatus* L. and *Phoxinus phoxinus* L. J. Fish. Biol.，17（6）：695－705.

Xie X，1993. Pattern of energy allocation in the southern catfish，*Silurrus meridionalis*. J. Fish. Biol.，42（2）：197－207.

Effect of Temperature on Energy Budget of *Pagrosomus major*

Sun Yao, Zhang Bo, Guo Xuewu, Wang Jun, Tang Qisheng
(*Yellow Sea Fisheries Research Institute, Qingdao 266071*)

Abstract: The energy budget of *Pagrosomus major* determined by the continuous-flow simulating method in laboratory under different temperatures showed that, within the range of experiment temperature, food consumption energy (C), excretion energy (U), total metabolism energy (R) and growth energy (G) all tended to decrease with increase of temperature. The energy assigning models can be expressed with following budget formulas:

(11.2 ± 1.98)℃: $100C=4.48F+9.55U+80.19R+5.78G$

(14.7 ± 0.57)℃: $100C=2.28F+8.99U+74.56R+14.16G$

(19.4 ± 0.44)℃: $100C=2.73F+8.00U+63.23R+26.03G$

(23.1 ± 1.43)℃: $100C=2.94F+8.23U+65.76R+23.07G$

The assigning models changed remarkably with temperature. In the models, the change in the assigning rates of metabolism and excretion energy was U-shaped with temperature rise, but that of growth energy had opposite trend. Because the metabolism and growth energy of *Sparus macrocephalusr* are respectively 69.72%~93.28% or 6.72%~30.28% of its assimilation energy, it should belong to fish of lower growth efficiency and higher metabolism consumption.

Key words: Energy budget; Temperature; *Pagrosomus major*

真鲷在饥饿后恢复生长中的生态转换效率①

张波，孙耀，王俊，郭学武，唐启升
（中国水产科学研究院黄海水产研究所，青岛 266071）

摘要：在 20 ℃条件下，对分别饥饿处理 0（对照）、3、6、9、12 和 15 d 的真鲷进行了再投饵的恢复生长实验。结果发现，饥饿 3 和 6 d 的真鲷在恢复生长中的特殊生长率、摄食率显著高于对照组，而生态转换效率与对照组无显著差异；饥饿 9、12 和 15 d 的真鲷在恢复生长中的特殊生长率和生态转换效率均显著高于对照组，而摄食率与对照组无显著差异。这表明短期饥饿的真鲷通过显著提高摄食水平来达到补偿生长，继续延长饥饿时间则通过显著提高生态转换效率来达到补偿生长。作者认为，真鲷在饥饿后恢复生长中的生态转换效率升高的机制可能有两种：一种是高摄入、低消耗的结果；另一种是某些酶的分泌或活性增加。
关键词：真鲷；饥饿；恢复生长；生态转化效率

鱼类的生态转换效率是鱼类生理生态学研究中的基本参数之一，可为海洋生态系统中生物间的食物及能量传递提供基础数据。目前测定鱼类的生态转换效率主要是依靠实验生态学的方法，所研究的也多是处于正常生理生态条件下的鱼类，对经过逆境，如饥饿、污染等影响后，鱼类生理生态变化的研究还较少。由于在海洋生态系统中人类的活动及干扰增多，对鱼类生存的影响越来越大，探讨鱼类适应逆境的能力以及生理生态学机制也就逐渐受到研究者们的关注（鲍宝龙等，1998；张波等；Hayward et al.，1997；Whitledge，1998）。

真鲷（*Pagrosomus major*）是名贵的海水养殖鱼种，是目前养殖较为成功的海水鱼种之一，有关该鱼的生物学、营养学以及养殖方面的研究已有较多报道。鲍宝龙等（1998）研究了延迟投饵对真鲷仔鱼摄食、存活和生长的影响，本研究主要考察真鲷幼鱼在饥饿后恢复生长中的生态转换效率，以期为进一步开展鱼类在逆境状态下的生理生态学研究起到参考作用。

1 材料与方法

1.1 材料的来源及驯化

实验用真鲷采自黄海水产研究所小麦岛实验基地（青岛）人工孵化并养殖的鱼苗，选取体重在 30～50 g 的健康鱼苗 100 尾，暂养于室内小型水泥池中，每天投喂 2 次，达饱足。待摄食和生长正常后，选取其中的 90 尾分别随机放入 20 个实验水槽中，在实验条件下驯化 15 d 后开始正式实验。

① 本文原刊于《海洋水产研究》，20（2）：38－41，1999。

1.2 实验条件与方法

实验采用室内连续流水式饲养法。实验水槽为 0.15 m^3 的玻璃钢水槽。实验用海水经沉淀和砂滤处理后，通过进水管分别流入各实验水槽，其流速控制为 4 L/min。实验采用自然光照周期，最大光强为 250 lx。由于自然海水温度在一段时间内能保持相对稳定，实验水温控制采用自然流水。实验在 1998 年 10—11 月期间进行，平均水温为 20 ℃，变幅在 ±2 ℃之间。

将驯化结束后的真鲷分为 6 组，分别饥饿处理 0（对照）、3、6、9、12 和 15 d，每组 12 尾。每个饥饿组设 4 个重复组，每个重复组 3 尾鱼。恢复生长实验的时间均为 2 周。实验开始和结束时，将鱼饥饿 1 d 使其排空粪便后称重。饵料生物玉筋鱼（*Ammodytes personatus*）去头和内脏，加工成实验鱼易于吞食的大小。每次投饵后至下一次投饵前收集残饵，残饵经烘干后称重。残饵量由饵料的流失率及干湿重比校正而得，每日的耗饵量由投饵量与残饵量之差求得。

1.3 计算公式

$$SGR=100\times(\ln W_2-\ln W_1)/t$$

$$RL=100\times C/[t\times(W_1+W_2)/2]$$

$$ECE=100\times(W_2-W_1)/C$$

式中，SGR 为特殊生长率；RL 为摄食率；ECE 为生态转换效率；W_1 为恢复生长实验开始时的鱼体重；W_2 为恢复生长结束时的鱼体重；C 为总摄入饵料量；t 为恢复生长时间。

2 结果

饥饿处理前、后以及恢复生长后真鲷的体重见表 1，对各饥饿处理组的 SGR、RL 和 ECE 的数据进行单因素方差分析及 Duncan 法作多重比较，结果表明（表 2），尽管饥饿 3 d 处理组的特殊生长率、摄食率明显高于对照生长组，但没有达到统计学差异；饥饿 6 d 处理组在恢复生长中的特殊生长率、摄食率显著高于对照生长组（$P<0.01$），两组的生态转换效率与对照组无显著差异；饥饿 9、12 和 15 d 处理组的特殊生长率和生态转换效率均显著高于对照生长组（$P<0.01$），而摄食率与对照组无显著差异。

表 1 真鲷在饥饿过程中及恢复生长后的体重变化

Table 1 The change of weight in red sea bream during starvation and after recovery growth

饥饿处理时间 (d)	饥饿处理前体重（g）		饥饿处理后体重（g）		恢复生长后体重（g）	
	平均值	S. E.	平均值	S. E.	平均值	S. E.
0	31.31	2.59	31.31	2.59	38.10	3.76
3	28.82	1.69	28.31	1.64	35.49	2.69
6	28.43	4.31	27.24	4.34	34.61	6.26
9	27.07	1.71	25.94	1.94	34.18	1.65
12	28.74	1.43	27.27	1.41	36.02	0.77
15	28.14	1.04	26.16	1.00	34.51	4.78

表 2 真鲷在恢复生长中的生长率、摄食率及生态转换效率

Table 2 The specific growth rate, feeding rate and ecological conversion efficiency in red sea bream during recovery growth

饥饿处理时间 (d)	*SGR* (%)		*RL* (%)		*ECE* (%)	
	平均值	S. E.	平均值	S. E.	平均值	S. E.
0	1.39	0.13	47.13	2.91	2.97	0.43
3	1.61	0.25	50.50	4.25	3.22	0.69
6	1.71①	0.09	55.05*	7.43	3.08	0.52
9	1.78①	0.21	44.03	2.95	4.01*	0.21
12	1.74①	0.03	45.16	0.47	3.83*	0.09
15	1.87①	0.15	44.42	3.90	4.25*	0.75

注：①表示差异性极显著（$P<0.01$）。

3 讨论

鱼类在自然生存环境中经常会面临饥饿的胁迫，很多鱼能忍受较长时间的饥饿。尽管饥饿是动物生长的不利因素之一，但很多动物包括鱼类都具有在继饥饿后的恢复生长中超过正常生长速度，以恢复到最初的体重或生长规律的能力，即补偿生长的能力（Broekhuizen et al.，1994）。目前发现在许多鱼类，产生补偿生长只需要几天的食物缺乏（Hayward et al.，1997）或一至数周相对较低的摄食（Miglavs et al.，1989；Bull et al.，1997），这表明补偿生长在自然界并不是偶然发生的，在自然鱼群中可能比以前认为的更普遍。本研究的结果发现，饥饿处理 3～15 d 的真鲷在恢复生长中的特殊生长率均高于对照组，这表明饥饿 3～15 d的真鲷具有补偿生长的能力。目前还发现鱼类的补偿生长反应是生物能量模型误差的重要来源之一，Whitledge（1998）在研究中发现，补偿生长使摄食和生长分别比模型预测的食物消耗高 22%，比预测的生长高 35%。由此可见研究鱼类在饥饿状态下及恢复生长中的生理生态学是非常有必要的。

谢小军等（1998）综述了饥饿对鱼类生理生态学影响的研究进展，并总结了目前关于补偿生长机制的两种主要观点：一种观点是动物通过大幅度提高摄食水平来达到补偿生长；另一种观点是动物通过提高生态转换效率来达到补偿生长。本研究发现，饥饿 3、6 d 处理组在恢复生长中的摄食率显著高于对照生长组，而生态转换效率与对照组无显著差异，饥饿 9、12 和 15 d 处理组的生态转换效率显著高于对照生长组，而摄食率与对照组无显著差异（表 2），这表明同一种鱼在不同的饥饿处理时间下补偿生长的机制也不完全相同。饥饿 6 d 的真鲷通过提高摄食水平来达到补偿生长，而继续延长饥饿时间，食欲恢复到正常摄食水平，则通过提高生态转换效率来达到补偿生长。

补偿生长机制的后一种观点认为生态转换效率提高的机制是由于鱼类为了适应饥饿而降低代谢消耗，当恢复供食时，代谢还不能立即适应高水平的食物摄入，较低的代谢水平将维持一段时间，这种高摄入、低消耗使生长的能量比例增高，从而导致生态转换效率的提高。但本研究结果表明，短期饥饿并不影响真鲷在恢复生长中的生态转换效率，可见生态转换效

率的提高不一定都是高摄入、低消耗的结果，有可能是由于鱼体自身某些酶的分泌或活性升高的原因。Arndt（1996）就发现大西洋鲑的鸟氨酸脱羧酶（ODC）的活性及 RNA 浓度在补偿生长阶段升高，Miglavs et al.（1989）也发现 RNA∶DNA 的比例在恢复生长时快速升高，这表明在恢复生长阶段蛋白质的合成能力提高，从而导致生态转换效率的提高。这一结论有待进一步的实验验证。

参考文献

[1] 谢小军，邓利，张波，1998. 饥饿对鱼类生理生态学影响的研究进展. 水生生物学报，22（2）：181-188.

[2] 鲍宝龙，苏锦祥，殷名称，1998. 延迟投饵对真鲷、牙鲆仔鱼早期阶段摄食、存活及生长的影响. 水产学报，22（1）：33-37.

[3] Arndt S K A, Benfey T J, Cunjak RA, 1996. Effect of temporary reduction in feeding on protein synthesis and energy storage of juvenile Atlantic salmon. J. Fish Biol., 49 (2): 257-276.

[4] Broekhuizen N, Gurney W S C, Jones A, et al., 1994. Modelling compensatory growth. Functional Ecology, 8: 770-782.

[5] Bull C D, Metcalfe N B, 1997. Regulation of hyperphagia in response to varying energy deficits in overwintering juvenile Atlantic salmon. J. Fish Biol., 50: 498-510.

[6] Miglavs I, Jobling M, 1989. Effects of feeding regime on food consumption, growth rates and tissue nucleic acids in juvenile Arctic charr, *Salvelinus alpinus*, with particular respect to compensatory growth. J. Fish Biol., 34: 947-957.

[7] Hayward R S, Noltie D B, Wang N, 1997. Use of compensatory growth to double hybrid sunfish growth rates. Trans. Am. Fish. Soc., 126: 316-322.

[8] Whitledge G W, Hayward R S, Noltie D B, et al., 1998. Testing bioenergetics models under feeding regimes that elicit compensatory growth. Trans. Am. Fish. Soc., 127: 740-746.

Ecological Conversion Efficiency of Red Sea Bream (*Pagrosomus major*) in Recovery Growth after Starvation

Zhang Bo, Sun Yao, Wang Jun, Guo Xuewu, Tang Qisheng

(*Yellow Sea Fisheries Research Institute, Qingdao 266071*)

Abstract: This recovery growth experiment on red sea bream following deprivation of food for 0 (control)、3、6、9、12 and 15 days, respectively at 20 ℃. Showed that the specific growth rate and feed rate of groups starved for 3 and 6 days were significantly higher than those of the control group, but that the ecological conversion efficiency was similar to that of the control group; that the specific growth rate and ecological conversion efficiency of groups starved for 9、12 and 15 days was significantly higher than that of the control group; but that the feed rate was similar to that of the control group. This result suggests that the compensatory growth in red sea bream of deprived food for 6 days resulted from the significant increase of the feed rate in the recovery growth; but that the compensatory growth in red sea bream deprived food for 9、12 and 15 days resulted from the significant increase of the ecological conversion efficiency in the recovery growth. The author considers the mechanism of ecological conversion efficiency in recovery growth after starvation was due to: ① High feeding rate、low consumption; ② Secretion and activity of some increasing enzyme.

Key words: *Pagrosomus major*; Starvation; Recovery growth; Ecological conversion efficiency

真鲷的摄食、生长和生态转换效率测定

——室内模拟与现场方法的比较[①]

孙耀，张波，郭学武，王俊，唐启升

（中国水产科学研究院黄海水产研究所，青岛 266071）

摘要： 将 Eggers 现场胃含物法移入室内大型玻璃钢水槽内进行，然后在尽可能相近的实验条件下，比较了室内流水模拟法和 Eggers 现场胃含物法，测定真鲷日摄食量、日生长量和转换效率等生态能量学参数的差异。结果发现，尽管两种方法存在着研究对象分别为个体和群落的差异，但真鲷的群居性仅能增大其摄食和生长量，而不影响其以比能值为单位表示的生态转换效率，两种方法测得的真鲷生态转换效率分别为 24.43%（kJ）和21.76%（kJ），结果基本相近。由于研究中注意保持了两种方法在相同条件下同步进行，可推测由上述两种方法测得的真鲷能量转换效率具有一定的可比性。

关键词： 真鲷；摄食；生长；生态转换效率；方法比较

鱼类的摄食量、生长量和生态转换效率均为其生物能量学的基本参数，也是研究海洋生态系统食物网营养动力学的基础。室内的实验模拟法和现场的胃含物法均为获得上述鱼类能量学参数的重要方法（崔奕波，1989），其中，室内模拟实验法因具有能严格地控制实验条件、实验费用低、操作简单等优点，故迄今许多有关鱼类能量学的研究结果均源于该方法，但采用该法测得的参数往往难以准确反映自然状态下的情形（Ney，1993）；现场胃含物法所测得的参数更接近于自然状况，且 Eggers（1977）模型已被证实是现场胃含物法研究鱼类能量学的一种较好的模型（Boisclair，1988，1993；Mehner，1996；Post，1990），但因受无法控制实验条件、定时重复取样困难、实验费用高等多种因素的限制，采用该方法测得的鱼类能量学参数尚较少，其研究内容也局限于摄食、生长和生态转换效率方面。正因为上述两种方法不能相互替代和具有互补性，故在尚未找到能兼顾二者优点的方法之前，两种方法有可能长期并存。那么，应用上述两种方法测得的参数是否具有可比性呢？迄今为止尚未见有关方面的报道。

本文初步探索了应用室内流水模拟实验法和 Eggers 胃含物法，测定真鲷（*Pagrosomus major*）幼鱼的摄食、生长和生态转换效率的方法间差异。

1 材料与方法

实验于 1998 年 8—11 月在黄海水产研究所小麦岛生态实验室（青岛）进行。

① 本文原刊于《海洋水产研究》，20（2）：32-37，1999。

1.1 材料来源与驯养

研究中所采用真鲷系本所小麦岛试验基地人工培育苗种在室内培养而成。选择生长发育整齐的真鲷，经浓度为 2～4 mg/L 氯霉素溶液处理后，置于试验水槽中进行正式驯养，待其摄食和生长趋于正常后，开始实验。驯养时间一般大于 7 d。

1.2 研究方法和装置

为使测定数据具有可比性，首先将 Eggers 现场胃含物法转移至室内，使两种方法的比较研究同步进行，以保持温度、光照、海水处理方法及质量等实验条件尽可能相同；并保持真鲷的摄食始终处于最大摄食水平。实验真鲷的体重为（24.6±6.2）g；实验海水经沉淀和砂滤处理；实验中采用自然光照周期，最大光强为 250 lx。生化组成测定中，比能值是采用热量计（XYR－1）直接测定燃烧能方法测定，总氮与总碳是采用元素分析仪（P－E240C）测定，其他则按《食品卫生理化检验方法》（GB/T 5009—1996）进行测定。

1.2.1 室内流水模拟测定法

其装置见图 1。实验水槽内流水速率的调节，以槽内水体中 DO、NH_4－N、pH 值和盐度等化学指标与自然海水无显著差别为准，一般流速大于 6 m^3/d。实验在 0.15 m^3 玻璃钢水槽中进行，每个测定条件下设 5 个平行组，每组中实验个体数 5 尾。实验共持续 15 d，实验期间真鲷增重大于其体重的 20%。饵料采用去头和内脏的玉筋鱼段，其大小以实验鱼易于吞食为准；实验中每天投喂饵料 2 次，每次投喂后 3 h 开始收集残饵；由于残饵被海水浸泡后有较大幅度的增重，故残饵湿重是其干重经鲜饵料含水量校正后的结果。为观察真鲷群居行为对其摄食、生长和生态转化效率的影响程度，还设置了具有较大群体数量的比较实验组（2.5 m^3，50 尾）。

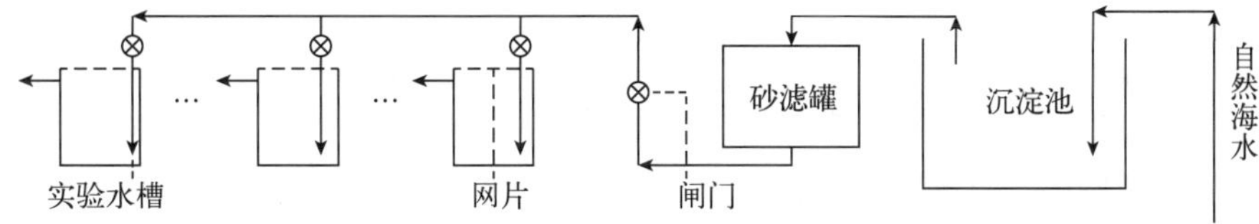

图 1 室内流水模拟测定装置

Figure 1 Structure of continuous-flow simulating determination

真鲷的生态转换效率（*Eg*）和特定生长率（*SGR*）分别按公式（1）和（2）计算：

$$Eg=(G_d/C_d)\times 100\% \tag{1}$$

$$SGR=\frac{\ln W_t-\ln W_0}{t}\times 100\% \tag{2}$$

式中，G_d为实验期间真鲷的日平均增长量，C_d为日平均摄食量，该值经实测饵料流失率校正后得到；W_t为真鲷的实验后重量，W_0为真鲷的实验前重量，t 为实验时间。

1.2.2 Eggers 胃含物测定法

为了便于操作和比较，本研究将现场的 Eggers 胃含物测定法移入室内 2.5 m^3 玻璃钢水槽内，在流水条件下进行。实验水槽内置真鲷 200 尾，经驯化后开始全消化道内含物测定实验；该实验每间隔 4 d 进行 1 次，共做 4 次；每次取样时间为：3:00、6:30、10:30、14:30、17:30 和 22:00；取样时从实验水槽内随机取样 5 尾，取样后立即用 10%福尔马林固定；然后测定被固定样品的体重和全消化道内含物重量。全消化道食物量的定量方法如下：取出整个消化道，用吸水纸吸干水分后称湿重，洗去消化道（食道+胃+肠道）内食物，称取空消化道重量，两个重量之差即为全消化道内含物重量。实验中以小黄鱼糜为饵料；每天 6:00～17:00 时每间隔 1 h 投饵 1 次，每次稍有剩余，以保证幼鱼能够获得充足的饵料，夜间不投饵；每天早晨投饵之前用虹吸法清除残饵和粪便。上述实验进行过半时，在实验水槽内取投喂后 0.5 h 的真鲷 60 尾，置于洁净的网箱内进行排空率实验；实验中首次取样 10 尾，以后每隔 1 h 取样 1 次，每次取样 5 尾，共取 10 次。

真鲷的生态转换效率和特定生长率与室内模拟方法一样，也分别按公式（1）和（2）计算。日摄食量按 Eggers（1977）提出的公式（3）进行估算，式中，S 为 24 h 内平均全消化道内含物量；R_t 为瞬时排空率，如果以瞬时全消化道内含物量（S_t）的自然对数值与所对应排空率实验时间（t）进行线性回归，其线性回归方程 $\ln S_t = a \cdot t + b$ 的斜率就是 R_t 值（Boisclair，1988），而排空率实验时间应从将真鲷移入洁净网箱之前的最后一次喂鱼时计算。

$$C_d = 24 \times S \times R_t \tag{3}$$

由于该实验基本消除了与室内模拟方法在实验条件上的差异，则两种方法所测得能量学参数的不同，应为实验操作方法不同引起的系统误差。

2 结果

2.1 室内流水模拟测定结果

利用室内模拟实验法具有能严格地控制实验条件等特征，研究了温度、摄食水平和群居性对真鲷摄食、生长和生态转换效率的影响，从而达到设计以这些研究为依据，合理设计本实验框架之目的。

2.1.1 温度对真鲷摄食、生长和生态转换效率的影响

在实验温度范围内，真鲷的最大摄食率（C_{max}）和特定生长率随温度上升而增大（表 1），其与温度之间的关系可分别被定量描述为：$C_{max(W.W.)} = 92.18\ln T - 195.93$（$R^2 = 0.997\ 5$），$C_{max(kJ)} = 617.31\ln T - 1\ 312.1$（$R^2 = 0.997\ 5$），$SGR_{(W.W.)or(kJ)} = 2.01\ln T - 4.69$（$R^2 = 0.988\ 1$）；而生态转换效率随温度上升呈倒 U 形变化趋势，在 20.8 ℃时达到峰值；其与温度之间的关系则可被定量描述为 $Eg_{(W.W.)} = -0.17T^2 + 7.19T - 54.06$（$R^2 = 0.994\ 5$）和 $Eg_{(kJ)} = -0.20T^2 + 8.20T - 61.67$（$R^2 = 0.994\ 5$）。

表 1 不同温度下真鲷的最大摄食率、特定生长率和生态转换效率

Table 1 C_{max}, *SGR* and *Eg* of *Pagrosomus major* in different temperature

T	C_{max}		*SGR*		*Eg*	
(℃)	[g W. W. /(kg·d)]	[kJ/(kg·d)]	(% W. W. /d)	(% kJ / d)	(%W. W.)	(%kJ)
11.2±1.98	24.24±0.43	162.37±2.91	0.12± 0.06	0.12±0.06	5.18±2.46	5.90± 2.80
14.7±0.57	57.48±13.94	384.98±93.36	0.83± 0.50	0.83±0.50	13.89±4.77	15.84± 5.44

（续）

T (℃)	C_{max} [g W. W. /(kg · d)]	[kJ/(kg · d)]	SGR (% W. W. /d)	(% kJ / d)	Eg (%W. W.)	(%kJ)
19.4±0.44	73.26±15.22	490.63±101.91	1.25± 0.42	1.25±0.42	21.43±2.65	24.43± 3.02
23.1±1.43	94.52±1.74	633.04±11.64	1.62± 0.31	1.62±0.31	20.19±4.24	21.66± 4.83

注：W. W. ——以湿重为单位的计算值；kJ——千焦，以比能值为单位的计算值。

2.1.2　摄食水平对真鲷生长及生态转换效率的影响

在相同温度下，不同摄食水平时真鲷的特定生长率和生态转换效率变化趋势见表 2。特定生长率随摄食量（C）的上升而减速增大，二者之间的关系可被定量描述为 $SGR_{(W.W.)or(kJ)}=0.97\ln C-0.25$（$R^2=0.9984$）；而生态转换效率随摄食量增大呈倒 U 形变化趋势，其与摄食量之间的关系可被定量描述为 $Eg_{(W.W.)}=-1.10C^2+10.16C-5.54$（$R^2=0.9995$）和 $Eg_{(kJ)}=-1.25C^2+11.56C-6.35$（$R^2=0.9994$）；$Eg$ 的峰值出现在其体重的 4.60%处，约为真鲷最大摄食量的 63%。

表 2　不同摄食水平下真鲷的特定生长率和生态转换效率

Table 2　*SGR* and *Eg* of *Pagrosomus major* in different ration

C① (%W. W.)	SGR (% W. W. /d)	SGR (% kJ / d)	Eg (%W. W.)	Eg (% kJ)
7.26±1.03②	1.67±0.42	1.67±0.42	21.43±2.65	24.40±3.02
5.69±0.73	1.42±0.46	1.42±0.46	27.92±3.35	31.80±3.82
3.40±0.49	0.93±0.27	0.93±0.27	27.31±4.81	31.10±5.84
2.00±0.28	0.42±0.19	0.42±0.19	21.52±1.32	24.53±1.51

注：①该摄食量被表达为实验期间实际摄食量与鱼初始体重的平均重量百分比；②经实验确定为最大摄食量。

2.1.3　群居行为对真鲷生长及生态转换效率的影响

在自然生态环境中，真鲷有显著的群居性。从表 3 可见，真鲷的群居行为，能显著的增大其摄食率或生长速率，但对其生态转换效率却无显著影响。

表 3　群居行为对真鲷生长及生态转换效率的影响

Table 3　Effect of social behavior on *SGR* and *Eg* of *Pagrosomus major*

SGR（% W. W. /d）		Eg（% W. W.）	
5 尾/组，无群居性	50 尾/组，有显著群居性	5 尾/组，无群居性	50 尾/组，有显著群居性
0.82±0.40	1.43±0.21	13.89±4.77	13.71±2.84
d. f. =6，$0.01<P<0.05$		d. f. =6，$P>0.05$	

2.2　Eggers 胃含物法测定结果

2.2.1　排空率的测定

真鲷排空率的测定结果见表 4。用以湿重为单位的全消化道食物瞬时含量与所对应的时间进行曲线回归分析，可得到两者之间的定量描述公式分别为：$S_t=2.495\,7e^{-0.164\,7t}$，$R^2=0.908\,4$。如果将 $\ln S_t$ 与所对应的时间进行线性回归分析，则可得到其线性回归方程的斜率，即真鲷的瞬时排空率 $R_t=0.164\,7$gW. W. /(100g · h)。

表 4 真鲷排空率的测算参数

Table 4 Determined and calculated parameters of the evacuation rate

时间（h）	尾数（n）	S_t（g W. W. / 100 g）	$\ln S_t$
0	10	2.920 2±1.032 0	1.071 7
1	5	2.402 1±0.592 7	0.876 3
2	5	1.952 4±0.673 0	0.669 1
3	5	1.136 2±0.237 7	0.127 7
4	5	1.034 4±0.288 2	0.033 8
5	5	0.975 3±0.249 1	−0.025 0
6	5	0.948 0±0.255 1	−0.053 4
7	5	0.895 8±0.064 9	−0.110 0
8	5	0.671 3±0.385 8	−0.398 5
9	5	0.633 8±0.110 1	−0.456 0

2.2.2 全消化道食物日平均含量及日摄食量估算

根据本实验中不同时期真鲷全消化道 24 h 平均食物含量的实测值，及上一节中所估算出的瞬时排空率 R_t 值，按公式（3）可求得各实验时期真鲷日摄食量（表 5）；经测定，作为真鲷饵料的小黄鱼鱼糜水分含量 78.56%，比能值 17.80 kJ/g D. W.，则可求得以湿重或能值为单位表示的其在整个实验期内平均日摄食量 C_d=(12.97±4.48) gW. W. /100 g · d=(49.50±17.10) kJ/(100 g · d)；由于投喂方式保证了真鲷幼鱼可以获得充足的饵料，所以这一结果可认为是真鲷幼鱼的最大日摄食量。

表 5 真鲷全消化道 24 h 平均食物含量和日摄食量

Table 5 24 h average contents in stomach and daily ration

日期	体重（g W. W.）	S（g W. W. /100 g）	C_d［g W. W. /(100 g · d)］
1998-10-15	24.39±5.89	4.591 6±1.714 7	18.149 6
1998-10-19	24.99±6.40	4.035 3±1.426 4	15.950 6
1998-10-23	24.88±5.03	3.412 5±1.883 0	13.488 8
1998-10-27	28.69±6.22	2.647 1±1.131 4	10.463 6
1998-10-31	29.43±5.42	1.719 9±0.621 0	6.798 2

2.2.3 真鲷的日生长量及生态转换效率

对真鲷摄食量测定期间其体重变化与对应的时间进行线性回归分析，可得到二者之间的关系，可用线性方程定量描述，即：$W_{t\mathrm{W.W.}}=0.35\,t+23.72$（$R^2=0.835\,2$），由该式可求得真鲷的平均日生长量 G_d=1.41 gW.W./(100 g·d)=10.77 kJ/(100 g·d)。由于已知真鲷的平均日摄食率和平均日生长量，按公式（1）可求得其生态转换效率 Eg=10.87%(W.W.)=21.76%（kJ)。

2.3 两种方法测定结果的比较

2.1 节中室内模拟实验结果表明，温度和摄食水平不同都将对真鲷的生长和生态转换效率产生较大差异；故本研究中两种方法的测定结果都是在最大摄食水平下测得的，且实验都保持在（19.15±1.22)℃下进行。从表 6 可见，以比能值为单位表示的最大日平均摄食量、日平均生长量和生态转换效率基本相近；由于两种实验中采用的饵料有所不同，以湿重为单位表示的测定结果差异较大。

表 6 两种方法测定真鲷摄食、生长和转换效率的结果比较

Table 6 Comparison of C_d, G_d and Eg determined with two kinds of the method

测定方法 Methods	C_d		G_d		Eg	
	[g W.W./(kg·d)]	[kJ/(100 g·d)]	[g W.W./(kg·d)]	[kJ/(kg·d)]	(%W.W.)	(% kJ)
LDM	73.26	490.63	15.70	119.86	21.43	24.43
SDM	129.71	494.98	14.13	107.68	10.87	21.76

注：LDM——室内流水模拟测定法，SDM——Eggers 现场测定法。

3 讨论与结语

3.1 对一些淡水鱼种的研究结果表明：①在适宜温度内及摄食不受限制时，鱼类生长率随温度上升而增大（Allen，1982；Brett，1969；Cui，1989)，但温度对生态转换效率无显著影响（崔奕波，1995)。②在相同温度下，鱼类生长率或生态转换效率与摄食水平的关系分别为一减速增长曲线或倒 U 形曲线（崔奕波，1990；Brett，1979)。本研究结果进一步证明，真鲷的生长与温度或摄食水平之间也符合上述关系；但温度对其生态转换效率也有显著影响，二者之间的关系与生态转换效率和摄食水平之间的关系相近，其原因可能是真鲷较之淡水鱼类适温能力差所致。鉴于上述研究结果，本研究中设置了两种方法均在最大摄食水平和相同温度的同步条件下进行，以保证两种方法测定结果的可比性。

3.2 室内模拟测定与现场测定方法的一个重要差别，在于前者是以个体生物而后者则以群体生物为研究对象；由于真鲷具有显著的群居性，显然，个体与群体研究方式的不同有可能造成研究结果的差异。本研究通过室内模拟实验方法，探讨了真鲷的群居性对其生长和生态转换效率的影响。结果表明，真鲷的群居性能加速其生长速度，却不影响相同条件下测得的生态转换效率。

3.3 通过对室内实验模拟与现场两种方法测定结果的比较发现，以比能值为单位表示的真鲷摄食量、生长量和生态转换效率基本相近。由于研究中将 Eggers 胃含物法移入室内进行时，注意保持了与室内模拟测定法在相同条件下同步进行，以及真鲷的群居性不影响生态转换效率的结果，可推断应用上述两种方法测得的真鲷能量转换效率具有一定的可比性。

3.4 虽然在两种实验方法的比较中分别采用了玉筋鱼和小黄鱼两种饵料生物，但据作者对真鲷等 4 种海洋鱼类的研究结果表明，饵料生物种类对相同鱼类的生态转换效率无显著影响。

参考文献

崔奕波，1989. 鱼类生物能量学的理论与方法. 水生生物学报，13（4）：369－383.

崔奕波，1995. 温度对草鱼能量收支的影响. 海洋与湖沼，26（2）：169－174.

崔奕波，Wootton R J，1990. 真鲅的能量收支各组分与摄食量、体重及温度的关系. 水生生物学报，14（3）：193－204.

黄海水产研究所，1999. “东、黄海生态系统动力学与生物资源可持续利用”专题研讨会论文集，281－287.

Allen J R M，Wootton R J，1982. The effect of ration and temperature on growth of the three-spined stickleback，*Gasterosteus aculeatus*（L.）. J. Fish. Biol.，20：409－422.

Boisclair D，Sirois P，1993. Testing assumptions of fish bioenergetics models by direct estimation of growth，consumption，and activity rates. Trans. Amer. Fish. Soc.，122：784－796.

Boisclair D，W C Leggett，1988. An *in situ* experimental evaluation of the Elliott and Persson and the Eggers models for estimating fish daily ration. Can. J. Fish. Aquat. Sci.，45：138－145.

Brett J R，Groves T D D，1979. Physiological energetics. In Fish Physiology（W S Hoar，D J Randall，J R Brett，eds）. London：Academic Press，Vol. 8：279－675.

Brett J R，Shelbourn J E，Shoop C T，1969. Growth rate and body composition of fingerling sockeye salmon，*Oncorhynchus nerka*，in relation to temperature and ration size. J. Fish. Res. Bd Caz.，26：2363－2394.

Cui Y，Wootton R J，1988. Bioenergetics of growth of a cyprinid，*Phoxinus Phoxinus*（L.）：the effect of ration and temperature on growth rate and efficiency. J. Fish. Biol.，33：763－773.

Eggers D M，1977. Factors in interpreting data obtained by diel sampling of fish stomachs. J. Fish. Res. Board Can.，34：290－294.

Mehner T，1996. Predation impact of age-0 fish on a copepod population in a Baltic Sea inlet as estimated by two bioenergetics models. J. of Plankton Res.，18（8）：1323－1340.

Ney J J，1993. Bioenergetics modeling today：growing pains on the cutting edge. Trans. Amer. Fish. Soc.，122：736－748.

Post J R，1990. Metabolic allometry of larval and juvenile yellow perch（*Perca flavescens*）：*in situ* estimates and a bioenergetic models. Can. J. Fish. Aquat. Sci.，47：554－560.

Food Consumption, Growth and Ecological Conversion Efficiency of *Pagrosomus major*: Comparison between in Laboratory and *in Situ* Determining Method

Sun Yao, Zhang Bo, Guo Xuewu, Wang Jun, Tang Qisheng
(*Yellow Sea Fisheries Research Institute, Qingdao 266071*)

Abstract: Egger's gut content method usually applied *in situ*, was carried out in laboratory. *Pargosomus major's* ecological energetics parameters, such as food consumption, growth and ecological conversion efficiency, were determined by the above method and compared with those determined by the traditional in－laboratory method. The results showed that the food consumption and growth detemined by Egger's method were higher than those obtained by the in－laboratory method, although there was no remarkable difference in the conversion efficiencies, which were rspectively 24.43% (kJ) and 21.76% (kJ), when calculated with the energy value. Because the above results were determined under the same conditions, it can be deduced that there is no remarkable difference between the conversion efficiencies determined by both of methods.

Key words: Method comparison; Feeding; Growth; Ecological energetic parameters; *Pagrosomus major*

温度对红鳍东方鲀能量收支和生态转化效率的影响①

贾海波[1,2]，孙耀[2]，唐启升[2]

（1. 中国海洋大学海洋生命学院，青岛 266003；
2. 中国水产科学研究院黄海水产研究所，
农业部海洋渔业资源可持续利用重点开放实验室，青岛 266071）

摘要：以玉筋鱼为饵料生物和最大摄食水平条件下，采用室内流水式实验，测定了不同温度下（13、16、19 和 25 ℃）红鳍东方鲀［平均体重为（37.1±7.7）g］的生态转化效率和能量收支各组分。结果表明，红鳍东方鲀的最大摄食率、吸收率、排泄能和总代谢能均随温度上升呈增长趋势。以湿重计算的特定生长率（SGR_w）和生态转化效率（ECE_w）则呈现先随温度增长而后下降的趋势，其与温度之间的关系可用二次方程描述。由回归方程计算出的特定生长率最大值出现在 23.52 ℃，生态转化效率最大值出现在 18.95 ℃。方差分析表明，红鳍东方鲀的能量分配模式随温度变化显著。排泄能分配率和代谢能分配率占摄食能的绝大部分 67.8%～81.7%，随温度升高呈 U 形变化趋势，最低出现在 16 ℃；生长能分配率则与之相反，最高分配率出现在 19 ℃。不同温度下红鳍东方鲀的代谢能占了同化能的 61.1%～73.5%，生长能占 13.2%～23.2%。可见红鳍东方鲀基本上属于中等生长效率、中等代谢消耗型鱼类。

关键词：能量收支；生态转化效率；温度；红鳍东方鲀

红鳍东方鲀（*Takifugu rubripes*）是暖温性近海底层肉食性鱼类，主要分布于北太平洋西部，为东、黄海近岸海域的重要经济和养殖鱼种，也是东、黄海生态系统高营养层次的重要生物种类。

鱼类能量学是研究食物能在鱼体内转换的学科，其核心问题之一是能量收支各组分之间的定量关系及其各种生态因子的影响作用（孙耀等，2001；Hansen et al.，1993）。温度作为控制因子，主要对鱼类代谢反应速率起控制作用，从而成为影响鱼类活动和生长的重要环境变量（殷名称，2003）。如何调整温度以满足鱼种的快速生长是养殖中的关键问题。温度对能量收支、代谢及生长的影响，已在多种淡水和海水鱼类中进行了研究（孙耀等，1999，2001；谢小军等，1993；Allen et al.，1982；Cui et al.，1988；Imsland et al.，1996；Russell et al.，1996；Ruyet et al.，2004；Sun et al.，2006）。唐启升等（2003，2006）在研究中涉及了在最大摄食水平及特定温度 19 ℃条件下红鳍东方鲀的能量收支、特定生长率及生态转化效率。但有关温度对红鳍东方鲀生态转化效率和能量收支的影响还没有专门的论述。本实验将填补以上空白，并对我国红鳍东方鲀的养殖和开发提供科学依据。

① 本文原刊于《海洋水产研究》，29（5）：39-46，2008。

1　材料与方法

1.1　材料来源与驯养

实验用红鳍东方鲀，系黄海水产研究所小麦岛试验基地人工培育苗种在浅海网箱中养成的当年幼鱼。首先置于室内水泥池中进行预备性驯养，待摄食和生长趋于正常后，再将其置于试验水槽中，在实验温度条件下进行正式驯养，待其摄食和生长再一次趋于正常后，开始生长和生态转化效率模拟测定实验。一般预备性驯化时间约为 20 d，正式驯化时间为 7 d，实验月份为 8—11 月。

1.2　实验装置和方法

实验采用室内流水模拟测定法。实验水槽内流水速率的调节，以槽内水体中 DO、NH_4-N、pH 值和盐度等化学指标与自然海水无显著差别为准，一般水交换量>6 m^3/d；实验海水经沉淀和砂滤处理。实验中采用自然光照周期，经遮光处理后的实验最大光强为 250 lx。实验利用本地区 8—11 月气温的自然降低，及天然海水温度所表现出的相对稳定性，在自然水温（13.0±0.7)℃、(16.1±1.6)℃、(19.2±0.9)℃和（24.8±0.5)℃下进行。

实验用红鳍东方鲀的平均体重为（37.1±7.7） g，在 0.25 m^3 的圆形玻璃钢水槽中进行；每个实验温度下设 4 个平行组，每组中实验个体数两尾。实验在红鳍东方鲀的最大摄食水平条件下进行，周期为 15 d，实验期间红鳍东方鲀的平均生长量大于其体重的 37.34%。为使数据具有可比性，实验数据均在以去头和内脏的玉筋鱼段为饵料和最大摄食水平条件下测得；饵料大小以实验红鳍东方鲀易于吞食为准；实验中每天投喂饵料两次，至下一次投喂前收集粪便。红鳍东方鲀及饵料生物的生化组成中，比能值是采用能量计直接测定，总氮与总碳是采用元素分析仪测定，其他则按《食品卫生理化检验方法》（GB/T 5009—1996）进行测定。

1.3　计算方法

能量收支分配模式采用 Warren 等（1967）提出的能量在鱼体内转换的基本模型：$C=F+U+R+G$。式中，C 为食物能；F 为排粪能；U 为排泄能；R 为代谢能，G 为生长能。

红鳍东方鲀的生态转化效率（ECE）和特定生长率（SGR）分别按下式计算：

$$ECE=P_t/I_t\times 100\%$$

$$SGR=(\ln W_t-\ln W_0)/t\times 100\%$$

式中，P_t为实验期间红鳍东方鲀的体重增长量；I_t为实验期间红鳍东方鲀的摄食量，分别以湿重、干重、蛋白质和能量 4 种形式计算；W_t为红鳍东方鲀的实验后重量或总能量；W_0为红鳍东方鲀的实验前重量或总能量；t 为实验时间。

吸收率的计算公式为：$A=(I_t-F_t)/I_t\times 100$。式中，$I_t$为实验期间红鳍东方鲀的摄食量；$F_t$为实验期间红鳍东方鲀的排粪量，分别以干重、蛋白质、含碳量和能量 4 种形式计算。

排泄能依据氮收支平衡式计算：$U=(C_N-F_N-G_N)\times 24.8$。式中，$C_N$为食物中获取的氮；$F_N$为粪便中损失的氮；$G_N$为鱼体中积累的氮；24.8 为每克氨氮的能值（kJ）。该式假设氨氮是唯一的氮排泄物。

总代谢能根据能量收支式：$R=C-F-U-G$ 计算。

数据以平均数±标准差（mean±S. D.）的形式来表示。采用 One-way ANOVA 法检验各组数据间差异的显著性。通过一元回归分析来拟合摄食率、吸收率、排泄能、总代谢能、特定生长率及生态转化效率与温度的关系。本实验所有的数据均是应用 SPSS11.0 for Windows 进行统计处理。

2 结果

2.1 实验生物及其粪便的生化组成

红鳍东方鲀及其粪便和饵料生物玉筋鱼的生化组成见表 1。

表 1 红鳍东方鲀及其粪便和饵料生物玉筋鱼的生化组成

Table 1 Chemical composition and energy content of tiger puffer, their feces and feed

样品 Sample	水分（%） Moisture content	总氮（% D. W.） Total nitrogen	总碳（% D. W.） Total carbon	蛋白质（% D. W.） Protein	脂肪（% D. W.） Lipid	灰分（% D. W.） Ash content	比能值（kJ/g D. W.） Energy content
红鳍东方鲀 Tiger puffer	70.36	10.79	49.61	67.44	20.11	14.21	21.29
粪便 Feces	UD	4.24	29.58	26.50	UD	UD	12.99
玉筋鱼 Feed	69.79	9.17	47.73	57.31	16.80	12.48	22.62

注：D. W. 为干重；UD 为未检测。

2.2 温度对红鳍东方鲀最大摄食率和吸收率的影响

以湿重和能量计算的红鳍东方鲀最大摄食率随温度的上升显著增大（表 2），其与温度的关系可以用二次曲线 $Y=aT^2+bT+c$ 表示（表 3）。红鳍东方鲀是一种肉食性鱼类，进食十分积极，一旦达到饱食后便不再进食，因此本试验忽略饵料的流失率。

表 2 不同温度下红鳍东方鲀的最大摄食率和吸收率

Table 2 Food consumption and absorption efficiency of tiger puffer at different temperatures

	温度 Temperature（℃）	13.0±0.7	16.1±1.6	19.2 ±0.9	24.8±0.5
最大摄食率 Food consumption	湿重 Wet weight [mg/(g · d)]	43.9±0.68[a]	80.8±5.80[b]	141.7±18.15[c]	260.1±19.51[d]
	能量 Energy [J/(g · d)]	299.7±4.4[a]	552.1±39.6[b]	968.3 ±143.1[c]	1 777.3±133.1[d]
吸收率（%） Absorption efficiency	干重 Dry weight	77.24±2.06[a]	83.16 ±1.85[b]	88.37 ±0.80[c]	92.37±0.47[d]
	蛋白质 Protein	89.80±0.44[a]	92.21 ±0.86[b]	94.66 ±0.32[c]	96.47 ±0.22[d]
	含碳量 Carbon content	85.90±1.27[a]	89.56 ±1.15[b]	92.85 ±0.43[c]	95.27 ±0.29[d]
	能量 Energy	86.93±1.18[a]	90.32 ±1.07[b]	93.37 ±0.40[c]	95.62 ±0.27[d]

注：各数值后的字母代表 Duncan 检验的结果；同一行中，相同字母的数值均在 $P<0.01$ 水平上无显著差异。

表 3　红鳍东方鲀的最大摄食率、吸收率与温度的关系

Table 3　The relationship between food consumption and feed absorption efficiency of tiger puffer and the temperature

参数 Parameters		$Y=aT^2+bT+c$				
		a	b	c	R^2	P
最大摄食率 Food consumption	湿重 Wet weight [mg/(g·d)]	0.539 6	−1.886 6	−24.367	0.999	<0.01
	能量 Energy [J/(g·d)]	3.681 7	−12.659	−168.85	0.998	<0.01
吸收率（%）Absorption efficiency	干重 Dry weight	−0.087 6	4.607 7	32.017 1	0.998	<0.05
	蛋白质 Protein	−0.040 3	2.124 0	68.627 4	0.998	<0.05
	含碳量 Carbon content	−0.054 2	2.852 2	57.902	0.998	<0.05
	能量 Energy	−0.050 1	2.639 1	61.016 5	0.998	<0.05

注：最大摄食率和吸收率与温度的关系以二次方程 $Y=aT^2+bT+c$ 描述。

Cui 等（1989）指出在一定温度范围内，最大摄食率随温度的增加而增加，当温度高于一定临界值后，摄食率随温度的增加反而下降。本次实验所选取的 13～25 ℃是我国黄、渤海区的实际温度，并未超出红鳍东方鲀的适应温度范围。因而红鳍东方鲀的最大摄食率随温度上升可能是符合实际情况的。

温度对红鳍东方鲀吸收率的影响表现出显著的差异（$P<0.01$）。以干重、蛋白质、含碳量和能量计算的吸收率均随温度的升高呈减速增长的趋势（表 2）。其中，以蛋白质计算的吸收率显著高于其他 3 种，这是因为实验所选用的红鳍东方鲀正处于幼鱼生长阶段，对蛋白质的需要量较大。吸收率与温度的关系可用二次曲线 $Y=aT^2+bT+c$ 来描述（表 3）。由回归方程计算出的干重、蛋白质、含碳量和能量的吸收率最高值分别为 92.61、96.61、95.43 和 95.77，分别出现在 26.30、26.35、26.31 和 26.34 ℃。

2.3　温度对红鳍东方鲀特定生长率及生态转化效率的影响

在本实验温度范围内，以湿重计算的红鳍东方鲀特定生长率（SGR_w，%/d）随温度增加呈倒 U 形变化趋势（表 4），其与温度之间的关系可以用二次方程 $Y=aT^2+bT+c$ 加以定量描述（表 5），由回归方程计算出的红鳍东方鲀特定生长率的最高值 3.98 出现在 23.52 ℃。这与军曹鱼幼鱼 *Rachycentron canadum*（Sun et al.，2006）和比目鱼幼鱼（Imsland et al.，1996）等的研究结果一致。但也有研究将特定生长率与温度的关系描述为对数曲线（崔奕波等，1995；Russell et al.，1996；孙耀等，1999，2001），三次方程（Ruyet et al.，2004）

表 4　不同温度下红鳍东方鲀的特定生长率和生态转化效率

Table 4　Specific growth rate and ecological conversion efficiency of tiger puffer at different temperatures

温度 Temperature（℃）		13.0±0.7	16.1±1.6	19.2±0.9	24.8±0.5
SGR_w（%/d）		0.61±0.37[a]	1.98±0.62[b]	3.61±0.66[c]	3.89±1.44[c]
生态转化效率（%）Ecological conversion efficiency	湿重 Wet weight	13.87±8.34[a]	24.13±6.64[b]	25.09±2.01[b]	14.75±5.61[a]
	干重 Dry weight	13.61±8.18[a]	23.67±6.52[b]	24.61±1.97[b]	14.47±5.50[a]
	蛋白质 Protein	16.01±9.63[a]	27.86±7.67[b]	28.96±2.32[b]	17.02±6.48[a]
	能量 Energy	12.81±7.70[a]	22.28±6.13[b]	23.17±2.14[b]	13.62±5.98[a]

注：同一行中，相同字母的数值均在 $P<0.05$ 水平无显著差异。

和线性的一次方程（Allen et al.，1982）等。这些区别可能是源于鱼种的不同，及所选择的温度是否超出了鱼类的适应范围等原因造成的（Sun et al.，2006）。但在最大摄食水平下，只要选取的温度足够宽泛（由低温致死温度至高温致死温度），生长率与温度的关系一般会出现倒 U 形的变化趋势（Allen et al.，1982）。

表 5 红鳍东方鲀的特定生长率和生态转化效率与温度的关系

Table 5 The relationship between specific growth rate and ecological conversion efficiency of tiger puffer and the temperature

	参数 Parameters	$Y=aT^2+bT+c$				
		a	b	c	R^2	P
SGR_w（%/d）	−0.031 4	1.477 0	−13.385	0.981	<0.05	
生态转化效率（%）Ecological conversion efficiency	湿重 Wet weight	−0.328 4	12.446 6	−92.087	0.985	<0.05
	干重 Dry weight	−0.322 0	12.204 2	−90.282	0.985	<0.05
	蛋白质 Protein	−0.379 2	14.371 4	−106.33	0.985	<0.05
	能量 Energy	−0.303 2	11.492 3	−85.023	0.985	<0.05

注：特定生长率和生态转化效率与温度的关系以二次方程 $Y=aT^2+bT+c$ 描述。

以湿重（ECE_w）、干重（ECE_d）、蛋白质（ECE_p）和能量（ECE_e）计算的生态转化效率先随温度的增加而上升，超过一定温度后，进而呈下降的趋势（表 4）。生态转化效率与温度之间的关系可用二次方程 $Y=aT^2+bT+c$ 描述（表 5）。这与三刺鱼（Allen et al.，1982）、真鲷（孙耀等，1999）、黑鲷（孙耀等，2001）和军曹鱼幼鱼（Sun et al.，2006）的研究结果一致。由回归方程计算出的湿重、干重、蛋白质和能量的生态转化效率最高值分别为 25.85、25.36、29.84 和 23.88，分别出现在 18.95、18.95、18.94 和 18.95 ℃。

2.4 温度对红鳍东方鲀氮收支的影响

通过对不同温度下红鳍东方鲀从食物中摄取氮（C_N）、鱼体中积累的生长氮（G_N）和粪便中损失氮（F_N）的定量检测，按 Cui 等（1989）的氮收支式估算了其排泄氮（U_N）（表 6）和排泄能（U）（表 7）。从表 6 可以看出，实验温度下红鳍东方鲀从食物中所摄取的氮仅有少量用于生长，占总摄取氮的 14.57%～26.32%，多数的氮经由排泄和排粪过程排出体外，其中排泄是氮支出的主要方式，占氮总支出的 73.68%～85.43%。红鳍东方鲀的排泄氮和排粪氮均随温度上升呈加速增长趋势，二者之间的关系可用指数曲线加以描述。

表 6 不同温度条件下红鳍东方鲀氮的收支

Table 6 Nitrogen budget of tiger puffer at different temperatures

	温度 Temperature（℃）			
	13.0 ±0.7	16.1±1.6	19.2±0.9	24.8±0.5
C_N [g/(kg·d)]	1.215±0.108[a]	2.238±0.161[b]	3.925±0.580[c]	7.205±0.540[d]
G_N [g/(kg·d)]	0.177±0.011[a]	0.572±0.179[ab]	1.033±0.189[bc]	1.108±0.411[c]
F_N [g/(kg·d)]	0.128±0.010[a]	0.174±0.021[b]	0.208±0.019[c]	0.253±0.014[d]
U_N [g/(kg·d)]	0.910±0.095[a]	1.492±0.155[a]	2.685±0.372[b]	5.844±0.754[c]

注：同一行中，相同字母的数值均在 $P<0.05$ 水平的无显著差异。

表 7　不同温度条件下红鳍东方鲀排泄能和总代谢能

Table7　Total metabolic energy and excretion energy of tiger puffer at different temperatures

	温度 Temperature（℃）			
	13.0 ±0.7	16.1±1.6	19.2±0.9	24.8±0.5
C [kJ/(kg・d)]	299.7±4.4[a]	552.1±39.6[b]	968.3±123.9[c]	1.777±133.1[d]
F [kJ/(kg・d)]	39.1±2.9[a]	53.3±6.5[b]	63.8±5.1[c]	77.6±3.6[d]
G [kJ/(kg・d)]	39.7±24.2[a]	127.2±40.2[b]	224.56±35.5[c]	248.1±92.1[c]
R [kJ/(kg・d)]	198.3±18.4[a]	334.6±33.1[b]	613.4±80.9[c]	1 306.7±139.6[d]
U [kJ/(kg・d)]	22.6±2.3[a]	37.0±3.8[a]	66.6±8.7[b]	144.9±16.16[c]

注：同一行中，相同字母的数值均在 $P<0.05$ 水平的无显著差异。

2.5　温度对红鳍东方鲀总代谢能和排泄能的影响及其随温度的变化

排泄能（*U*）按照 Cui 等（1989）的方法计算，其结果随温度上升呈加速增长的趋势（表 7），排泄能与温度之间的关系可用指数曲线 $U=2.937e^{0.159T}$（$R^2=0.995\,9$，$P<0.01$）来描述。在摄食能、生长能、排粪能和排泄能已知前提下，总代谢能可按 Warren 等（1967）的鱼体内能量转换基本模型（$R=C-F-U-G$）求得（表 6）。红鳍东方鲀的总代谢能随温度的变化趋势与排泄能相近，也随温度上升呈加速增长趋势，其与温度之间的关系为 $R=25.480e^{0.161T}$（$R^2=0.993\,4$，$P<0.05$）。

2.6　温度对红鳍东方鲀能量分配模式的影响

不同温度条件下红鳍东方鲀的能量收支式见表 8。由方差分析表明，红鳍东方鲀的能量分配模式随温度变化显著。排粪能占摄食能的 4.4%～13.1%，随温度的增加而递减。Elliot（1976）的研究表明，*Salmo trutta* 的粪便在水中积累 24 h 后，能量损失仅为 1%～4%，因而在计算排粪率上产生的误差，不会对试验结果造成大的影响。排泄能和代谢能占到摄食能的绝大部分 67.8%～81.7%，随温度升高呈 U 形变化趋势，排泄能和代谢能的最低分配率出现在 16 ℃，排泄能的分配率变化幅度较小。生长能占摄食能的 13.2%～23.2%，随温度升高呈倒 U 形变化趋势，最高分配率出现在 19 ℃。

表 8　不同温度条件下红鳍东方鲀的能量收支

Table 8　Energy budget of tiger puffer at different temperatures

	温度 Temperature（℃）			
	13.0 ±0.7	16.1±1.6	19.2±0.9	24.8±0.5
C（%）	100	100	100	100
F/C（%）	13.1±1.19[d]	9.7 ±1.07[c]	6.6±0.39[b]	4.4±0.27[a]
G/C（%）	13.2±7.94[a]	22.9±6.31[b]	23.2±1.85[b]	14.0±6.33[a]
R/C（%）	66.2±6.42[a]	60.6±6.32[a]	63.3±1.76[a]	73.5±4.90[b]
U/C（%）	7.5±0.82[ab]	6.7±0.76[a]	6.9±0.22[a]	8.1±0.60[b]

注：同一行中，相同字母的数值均在 $P<0.05$ 水平无显著差异。

3 讨论

本实验温度基本概括了红鳍东方鲀在中国北部沿海生态环境中的适温范围（邓景耀等 1988）。由实验结果可以得出，在 13～25 ℃温度范围内温度对红鳍东方鲀的能量收支和生长有显著的影响。其中，最大摄食率、吸收率、排粪能、排泄能和代谢能均随温度上升呈增长的趋势。鱼类的代谢强度在适温范围内，一般与温度成正相关；尤其在趋向鱼类正常生长的温度上限时，温度升高引起代谢速率加速更为明显（殷名称，2003）。在 25 ℃时排泄能和代谢能显著增大，表明 25 ℃已接近红鳍东方鲀正常生长的温度上限。对一些淡水和海水鱼种的研究结果也同样表明，在适宜温度范围内及摄食不受限制时，鱼类的最大摄食率、生长能、总代谢能和排泄能一般都随温度上升呈增大趋势；所不同的是它们与温度之间关系的定量描述采用了不同的数学模型（Allen et al.，1982；Cui et al.，1988，1995；Imsland et al.，1996；Russell et al.，1996；孙耀等，1999、2001；Ruyet et al.，2004；Sun et al.，2006）。这些区别可能是因为鱼种的不同，及所选择的温度是否超出了鱼类的适应范围等原因造成的（Sun et al. 2006）。

特定生长率和生态转化效率呈现先增长后下降的趋势。Cui 等（1989）指出当摄食不受限制时，生长率随温度增加而增加；但当温度超过最适生长温度后，生长率反而下降。这一论断在本次实验中进一步得到了验证。鱼类一般会有最适温度范围，在这一范围内鱼类的生长和存活率都达到最佳（Gadomski et al.，1991）。本次实验中，由回归方程计算出的红鳍东方鲀的生长率最大值出现在 23.52 ℃，生态转化效率最大值出现在 18.95 ℃。可以看出在最大摄食条件下，平均体重为（37.1±7.7）g 的红鳍东方鲀最适温度范围在 18～23 ℃。该结果与其为暖温性鱼类的生态特征是一致的（邓景耀等，1988）。最适温度范围会因鱼的年龄和大小的不同而存在差异，许多鱼种的幼鱼比成鱼更适宜温暖的温度（Pedersen et al.，1989；Im sland et al.，1996）。因而，红鳍东方鲀成鱼的最适生长温度应该更低一些。而当食物充足时在较高的温暖下鱼类生长更好，当食物不足时在较低的温度下生长较快（Russell et al.，1996）。因此，在食物常常不充足的自然环境中，红鳍东方鲀的实际最适生长温度可能要比本实验的结果低一些。在超过最适温度（18～23 ℃）后，红鳍东方鲀的生态转化效率呈迅速下降的趋势。由此可见，相对于高过最适温度的温度条件，红鳍东方鲀更适于生长在较低的温度里。对军曹鱼幼鱼（Sun et al.，2006）的研究也得出了相同的结论。Tang 等（2006）研究了黄海生态系统中 12 种鱼类的生态转化效率及其影响因素，本文是对其研究的有力支持和进一步补充。

由方差分析表明，红鳍东方鲀的能量分配模式也随温度变化显著。Cui 等（1988）研究发现真鲅 *Phoxinus phoxinus* 的能量分配模式在 5～15 ℃之间没有变化，并据此提出在食物不受限制时，鱼类食物能分配于能量收支各组分的比例不受温度的影响。淡水鱼类南方鲇（谢小军等，1993）和草鱼（Cui et al.，1995）能量收支的研究支持了这一假设。但从军曹鱼幼鱼（*Rachycentron canadum*）、真鲷、黑鲷和台湾红罗非鱼（雷思佳等，2000）及本次实验的研究结果来看，Cui 等（1998）提出的假设并不适于海洋鱼类。

若以同化能（$A=C-F-U$）表示，则不同温度下红鳍东方鲀的能量分配模式为：

$$(13.0\pm0.7)℃：100A=83.3R+16.7G$$

$$(16.1\pm1.6)℃：100A=73.1R+26.9G$$
$$(19.2\pm0.9)℃：100A=73.2R+26.8G$$
$$(24.8\pm0.5)℃：100A=84.0R+16.0G$$

以上的 4 个能量收支式表现出了明显的对称性。作为肉食性鱼类，代谢一般会对生长产生重要的影响。针对红鳍东方鲀，同化能分配于生长的比率在（13.0±0.7)℃时较低，这主要是因为摄食率在（13.0±0.7)℃非常低［仅占到（24.8±0.5)℃摄食率的 16.88%］；而生长能分配率在（24.8±0.5)℃时最低，则说明随着温度的进一步上升，虽然摄食率也明显增加，但代谢所消耗能量的增加更为迅速，因而对生长起到了显著的影响。

Cui 等（1990）根据已发表的 13 种淡水鱼类在最大摄食水平的能量收支，计算出一个平均能量收支式：$100A=60R+40G$。本研究温度下，红鳍东方鲀的代谢能分别占了同化能的 73.1%～84.0%，生长能则占 16.0%～26.9%。与 Cui 等（1990）提出的平均能量收支式相比，红鳍东方鲀的能量收支属于高代谢消耗和低生长效率类型。

唐启升等（2003）研究了黄、渤海生态系 7 种海洋鱼类的生物能量学模式，发现同淡水鱼类相比，海洋鱼类同化能中用于代谢的比例偏高，而用于生长的比例明显较低，并指出这可能是因为海洋鱼类与淡水鱼类的生存环境和生态习性存在着很大差异。与唐启升等（2003）给出的相应的 7 种海洋鱼类平均能量收支式：$100A=71.5R+28.5G$ 进行比较，红鳍东方鲀的代谢和生长在 7 种海洋鱼类中均处于中等水平。由于唐启升等（2003）选取的 7 种海洋鱼类均属于黄、渤海区的肉食性鱼类，与红鳍东方鲀的生存环境相近，因而作者认为唐启升等（2003）所给出的平均能量收支式更具有可比性。

要阐明温度对自然种群的影响是较为困难的。因为温度不仅通过控制鱼类代谢速率对生长起到直接的影响，还会通过对水域饵料生物的数量消长以及其他理化因子（光照、溶氧和降雨量等）的影响对鱼类生长起间接作用等（殷名称等，2003）。同时，能量收支模式和生态转化效率与体重、饵料种类和摄食水平及光照周期等许多方面都有密切的联系。因而我们在应用中要综合考虑各方面的影响因素才能得出符合实际的结论。

参考文献

崔奕波，1989. 鱼类生物能量学的理论与方法. 水生生物学报，113（4）：369-383.

崔奕波，陈少莲. 王少梅，1995. 温度对草鱼能量收支的影响. 海洋与湖沼，26（2）：169-174.

邓景耀，孟田湘，任胜民，等，1988. 渤海鱼类种类组成及数量分布. 海洋水产研究，9：11-89.

雷思佳，李德尚，2000. 温度对台湾红罗非鱼能量收支的影响. 应用生态学报，11（4）：618-621.

孙耀，张波，郭学武，等，1999. 温度对真鲷 *Pagrosomus major* 能量收支的影响. 海洋水产研究，20（2）：54-59.

孙耀，张波，郭学武，等，2001. 温度对黑鲷 *Sparus macrocephalus* 能量收支的影响. 生态学报，21（2）：186-191.

唐启升，孙耀，张波，2003. 7 种海洋鱼类的生物能量学模式. 水产学报，27（5）：443-450.

谢小军，孙儒泳，1993. 南方鲇的排粪量及消化率同日粮水平、体重和温度的关系. 海洋与湖沼，24（6）：627-634.

殷名称，2003. 鱼类生态学. 北京：中国农业出版社，34-88.

Allen J R M，Wootton R J，1982. The effect of ration and temperature on the growth of the three-spined stickle back, *Gasterosteus aculeatus L*. Journal of Fish Biology, 20: 409 - 422.

Cui Y B, Wootton R J, 1988. Bioenergetics of growth of a cyprinid, *Phoxinus Phoxinus* (L.): The effect of ration, temperature and body size on food consumption, fecal production and nitrogenous excretion. Journal of Fish Biology, 33: 431 - 443.

Cui Y, Liu J, 1990. Comparison of energy budget among six teleosts, Ⅲ. growth rate and energy budget. Comparative Biochemical Physiology, 97A: 381 - 384.

Elliot J M, 1976. Energy losses in the waste products of brown trout (*Samlo trutta* L.). Animal Ecology, 45: 561 - 580.

Gadomski D M, Caddell S M, 1991. Effect of temperature on early-life-history stages of California halibut *Paralichthys cali fornicus*. Fishery Bulletin, 89: 567 - 576.

Hansen M J, 1993. Application of bioenergetics models to fish ecology and management: Where do we go from here. Transaction of the American Fisheries Society, 122 (5): 1019 - 1031.

Im sland A K, Sunde L M, Folkvord A, et al., 1996. The interaction of temperature and fish size on growth of juvenile turbot. Journal of Fish Biology, 49: 926 - 940.

Pedersen T, Jobling, M, 1989. Growth rates of large, sexually mature cod *Gadus morhua* in relation to condition and temperature during an annual cycle. Aquaculture, 81: 161 - 168.

Russell N R, Fish J D, Wootton R J, 1996. Feeding and growth of juvenile sea bass: The effect of ration and temperature on growth rate and efficiency. Journal of Fish Biology, 49: 206 - 220.

Ruyet J P, Mahe K, Bayon L, et al., 2004. Effects of temperature on growth and metabolism in a Mediterranean population of European sea bass, *Dicentrarchus labrax*. Aquaculture, 237: 269 - 280.

Sun Lihua, Chen Haoru, Huang Liangmin, 2006. Effect of temperature on growth and energy budget of juvenile cobia (*Rachycentron canadum*). Aquaculture, 261: 872 - 878.

Tang Q, Guo X W, Sun Y, et al., 2007. Ecological conversion efficiency and its influencers in twelve species of fish in the Yellow Sea Ecosystem. Journal of Marine Systems, 67: 282 - 291.

Warren C E, Davis G E, 1967. Laboratory studies on the feeding, bioenergetics and growth of fish. In: The Biological Basis of Freshwater Fish Production. Gerking S D, ed. Black well Scientific Publication Oxford: 175 - 214.

Effects of Temperature on Energy Budget and Ecological Conversion Efficiency of Tiger Puffer *Takifugu rubripes*

JIA Haibo[1,2], SUN Yao[2], TANG Qisheng[2]

(*1. College of Marine Life Science, Ocean University of China, Qingdao 266003; 2. Key Laboratory of Sustainable Utilization of Marine Fisheries Resources, Ministry of Agriculture, Yellow Sea Fisheries Research Institute, Chinese Academy of Fishery Sciences, Qingdao 266071*)

Abstract: The ecological conversion efficiency and energy budget of tiger puffer *Takifugu* *rubripes* [mean body weight (37.1±7.7) g] at four constant temperatures (13, 16, 19 and 25 ℃) were investigated by flow-through test method in laboratory. Tiger puffers were fed by sand lance *Ammodytes personatus* at maximum ration level. Results showed that the maximal food consumption, feed absorption efficiency, excretion energy and total metabolic energy of the fish all increased with the temperature. Specific growth rate (SGR_w, %/d) and ecological conversion efficiency (ECE_w, %) in wet weight increased first and then decreased as temperature rose. Their relationship with temperature can be described by quadratic equations. Calculated by the regression equations, SGR_w maximized at 23.52 ℃ and ECE_w maximized at 18.95 ℃. ANOVA statistical analysis showed that the energy budgets of tiger puffer at different temperatures were significantly different. The proportion of food energy allocated to excretion and metabolism was 67.8%~81.7%, and presented a U-shape variation as temperature rose, which minimized at 16 ℃. In contrast, the proportion of food energy allocated to growth showed an inverted U-shape which maximized at 19 ℃. Because metabolic and growth energy accounted for 61.1%~73.5% and 13.2%~23.2% of assimilated energy, respectively, tiger puffer should be classified as a fish of moderate metabolism and moderate growth.

Key words: Energy budget; Ecological conversion efficiency; Temperature; *Takifugu rubripes*

栉孔扇贝的滤食率与同化率[①]

王俊，姜祖辉，唐启升

（中国水产科学研究院黄海水产研究所，青岛 266071）

摘要： 自青岛近海扇贝养殖区取栉孔扇贝（*Chlamys farreri*）暂养 2 周，壳长达 25.01～73.92mm。实验前停食 24 h，实验温度梯度为 8、13、18、23、28 ℃，其间投喂不同密度的小球藻（*Chlorella* spp.），静态实验。结果显示，栉孔扇贝的滤食率与温度和体重成正比，且与体重呈幂函数关系。在实验的温度范围内栉孔扇贝滤食率为 1.07～11.66 mg/(ind・h)，23 ℃时达到最高值，28 ℃时开始下降。随饵料密度的增加，栉孔扇贝的滤食率增加，同化率下降，且同化率与饵料质量成正相关关系。同化率与温度和体重的关系不明显。

关键词： 栉孔扇贝；滤食率；同化率

在海洋生态系统中，滤食性贝类通过滤水作用摄取海洋中的浮游植物和有机碎屑，同时通过排粪和排泄作用把废物排入海中，不仅影响生态系统中的生物结构和营养分布，而且对生物沉积具有重要的作用。因此，贝类的滤食率和同化率是评价贝类对海洋生态系统影响的重要指标之一，也是评估贝类养殖容纳量的重要依据。

栉孔扇贝（*Chlamys farreri*）是我国主要的海水养殖贝类之一，本研究旨为“渤海生态系统动力学和生物资源可持续利用”项目提供理论依据。

1 材料与方法

1.1 实验材料

栉孔扇贝取自青岛近海扇贝养殖区，挑选无损伤个体，用毛刷洗刷去除表面的附着物，重新装笼后吊挂于黄海水产研究所麦岛实验基地，5 m^3 水体的水泥池中流水暂养。实验期间海水盐度为 29.6～30.3，pH 为 7.86～8.31，溶解氧大于 5 mg/L。

1.2 实验方法

栉孔扇贝暂养 2 周后按个体大小分为 A、B、C、D、E 和 F 组（表 1），每组设 5 个重复，实验于停喂 24 h 后在 25 cm×30 cm×50 cm 玻璃水槽中进行。每次测定持续 2 h，静态试验。温度设 8、13、18、23 和 28 ℃5 个梯度，从 8 ℃开始每日升高 1～2 ℃，达到预定的实验温度后稳定 3 d，其间投喂小球藻（*Chlorella* spp.）。饵料是用人工培养的小球藻，密度设 0.1×10^4 、0.5×10^4 、1.0×10^4 、5.0×10^4 、10.0×10^4 和 20.0×10^4 mL^{-1} 6 个梯度。

---

① 本文原刊于《中国水产科学》，8 (4)：27－31，2001。

不同质量的饵料是通过在海水中加入不同比例的小球藻和海底淤泥混合获得，其搭配比例和成分见表 2。海底淤泥取自青岛近海，取回后于烘箱中烘干并研细，加海水稀释后用孔径 10 μm的筛绢过滤，然后稀释到与单胞藻相近的颗粒物含量备用。收集实验期间及实验后 24 h内栉孔扇贝排出的粪便，测定总颗粒物（TPM）和颗粒态有机物（POM）。每个指标均取 3 个平行水样进行测定。

表 1 栉孔扇贝的生物学测定

Table1 Biological measurement of *Chlamys farreri*

特征 Features	分组 Group					
	A	B	C	D	E	F
壳长/mm，Shell length	27.47±2.462	35.08±2.540	45.97±2.673	54.43±2.290	63.95±3.507	72.02±1.172
干重/g，Dry weight	0.28±0.063	0.57±0.120	1.24±0.202	2.01±0.243	3.22 ±0.511	4.51±0.213

表 2 饵料组成

Table 2 Food composition

编号 No.	单胞藻/%Algae	淤泥/%Silt	TPM/（mg・L^{-1}）	POM/（mg・L^{-1}）	POM/TPM
a	100	0	30.1	9.4	0.312
b	75	25	28.8	7.0	0.243
c	50	50	29.7	6.2	0.208
d	25	75	32.5	6.0	0.184
e	0	100	36.5	6.0	0.164

1.3 测定方法

TPM 和 POM 的测定方法是：用预先灼烧（450 ℃，4 h）、称重（W_0）的 GF/F 滤膜抽滤一定体积的水样，用 0.5 mol/L 的甲酸胺冲洗后在 65 ℃条件下烘干 48 h，称重（W_{65}），再于 450 ℃下灼烧 4 h，称重（W_{450}），则：$W_{POM}=W_{65}-W_{450}$，$W_{TPM}=W_{65}-W_0$。实验结束后用游标卡尺测定栉孔扇贝的壳长，然后剖取其内脏团于 65 ℃下烘干至恒重，用 MP102－1 型精密电子天平称重。

1.4 计算方法

根据实验前后水体中颗粒有机物的含量计算滤水率：$R_f=[(\ln W_0-\ln W_t)\times V]/(N\times t)$，式中：$R_f$为滤水率（mL・ind.$^{-1}$・h^{-1}）；$W_0$、$W_t$为实验前后水体中 POM 含量（mg・L^{-1}）；V 为实验水体积（ml）；N 为贝类个体数；t 为实验持续时间（h）。滤食率（R_i）则根据滤水率和水体中 POM 的浓度计算：$R_i=R_f\times C$。式中：R_i为滤食率(mg・ind.$^{-1}$・h^{-1})；C 为食物质量浓度（mg/L）。同化率则按 Conover[1]介绍的公式计算：$E_a=(F'-E')/[(1-E')\times F']$。式

中：E_a为贝类同化率（%）；F'为本食物中有机物比率（POM/TPM）；E'为粪便中有机物的比率（POM/TPM）。

2 结果与分析

2.1 体重对栉孔扇贝滤食率的影响

体重对滤食率和同化率影响的实验是在饵料（海水小球藻）密度为 $0.5\times10^4\ mL^{-1}$条件下进行的。实验测定结果见图 1。从图 1 可见，栉孔扇贝的个体滤食率随体重的增大而增大，呈正相关幂指数关系：$Y=aX^b$，回归分析结果见表 3。

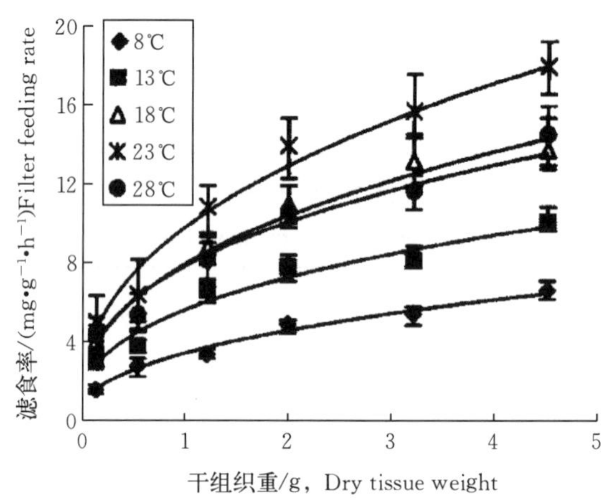

图 1 栉孔扇贝滤食率与体重的关系

Figure 1 Relationship between body weight and filter feeding rate of *C. farreri*

表 3 栉孔扇贝的滤食率与体重的回归分析结果

Table 3 Regression between filter feeding rate and body weight of *C. farreri*

温度/℃ Temperature	滤食率/(mg · ind.$^{-1}$ · h^{-1}) Filter feeding rate		
	a	*b*	R^2
8	3.336	0.442	0.988
13	5.505	0.387	0.955
18	7.804	0.405	0.972
23	9.647	0.415	0.963
28	7.702	0.378	0.960

2.2 温度对栉孔扇贝滤食率的影响

在实验温度范围，随温度的升高，栉孔扇贝的滤食率增大，到 23 ℃达到最高，28 ℃时开始降低（图 2）。

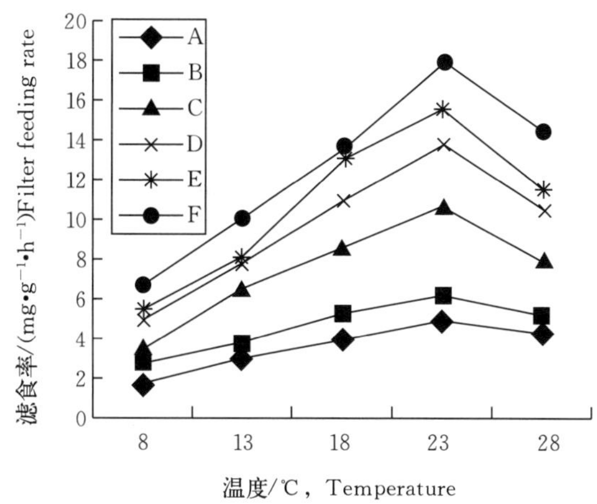

图 2 栉孔扇贝滤食率的关系与温度

Figure 2 Relationship between temperature and filter feeding rate of *C. farreri*

2.3 温度和体重对栉孔扇贝滤食率和同化率的综合影响

栉孔扇贝的滤食率和同化率与温度和体重的双因子方差分析（ANOVA）结果显示，温度和体重对栉孔扇贝滤食率的影响均显著，且体重的作用略大于温度的影响。但是，温度和体重对栉孔扇贝同化率的影响均不明显（表 4）。

表 4 温度和体重对栉孔扇贝滤食率和同化率影响的双因子方差分析

Table 4 ANOVA of filter feeding rate and assimilation efficiency of *C. farreri* with body weight and water temperature

项目 Item	方差来源 Source	*SS*	*df*	*MS*	*F*	*P*	*F-crit*
滤食率（R_i） Filter feeding rate	温度 Temperature	194.11	4	48.53	26.22	<0.001	2.866
	体重 Weight	273.81	5	54.76	29.59	<0.001	2.711
	误差 Error	37.01	20	1.85			
	总计 Total	504.93	29				
同化率（E_a） Assimilation efficiency	温度 Temperature	55.74	4	13.94	2.64	0.064	2.866
	体重 Weight	56.46	5	11.29	2.14	0.102	2.711
	误差 Error	105.54	20	5.28			
	总计 Total	217.74	29				

2.4 饵料密度对栉孔扇贝滤食率和同化率的影响

随藻类密度的增加，栉孔扇贝的滤食率增加而同化率减小（图 3 和图 4），分别符合下列关系式：$R_i=4.78C^{0.366}$（$R^2=0.97$，$P<0.05$）和 $E_a=47.65C^{-0.309}$（$R^2=0.91$，$P<0.05$）。

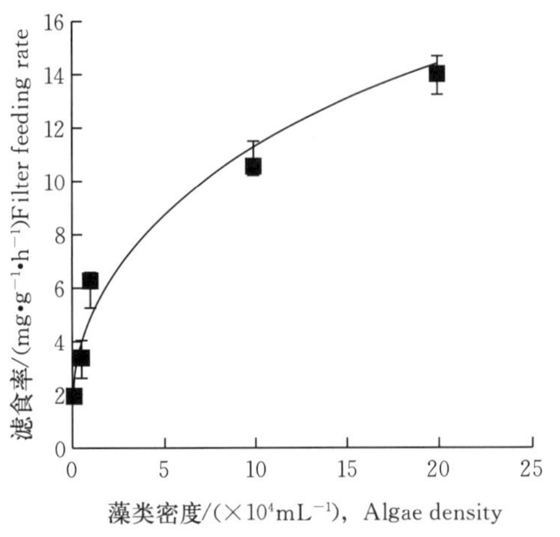

图 3　栉孔扇贝滤食率与藻类密度的关系

Figure 3　Relationship between algae density and filter feeding rate of *C. farreri*

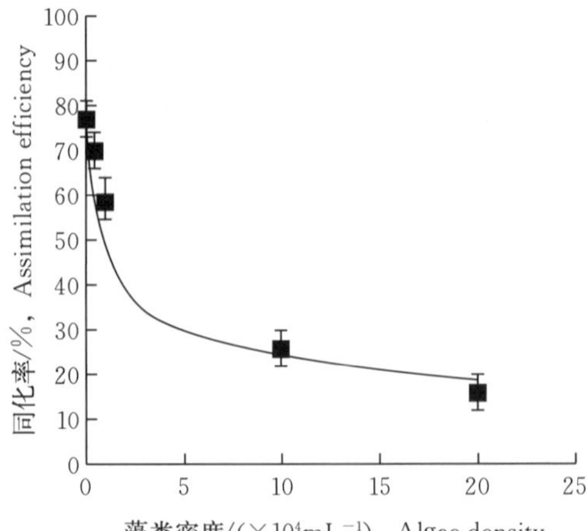

图 4　栉孔扇贝同化率与藻类密度的关系

Figure 4　Relationship between algae density and E_a of *C. farreri*

2.5　饵料质量对栉孔扇贝同化率的影响

根据实验结果分析，栉孔扇贝的同化率随着饵料中有机物含量（POM/TPM）的增加而增加（图 5），两者间的回归方程为：$E_a=51.68\ln X-112.38$（$R^2=0.97$，$P<0.05$），式中：X——饵料中有机物质量分数（%）。

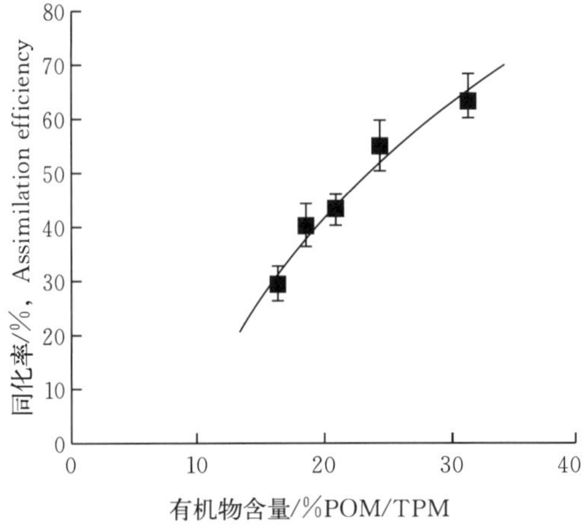

图 5　栉孔扇贝同化率与饵料质量的关系

Figure 5　Relationship between food quantity and E_a of *C. farreri*

3　讨论

温度、饵料密度和体重是影响贝类滤食率的重要因素。许多研究表明，滤食性贝类的滤食率受温度的影响十分显著[2,3]。在适宜的温度范围内，随温度的升高而增大，达到一定温度时滤食率也达到最大值，其后温度继续升高滤食率反而下降[2]。本实验栉孔扇贝的滤食率也有相同的规律。Jφrgensen C B[3]指出，温度升高贝类的滤食率增大，一方面是因为贝类的鳃丝纤毛的摆动与温度呈正相关，温度升高提高了纤毛的摆动频率，从而增加了滤食率。另一方面，水温升高海水的黏度降低，使滤水率增大，提高了滤食率。当温度超过其适温范围时，其滤食器官的活力降低，导致滤食率下降。贝类的滤食率与体重呈幂函数关系：$R_i=aW^b$，指数 b 值一般在 0.4～0.6 的范围内[4]。本实验的 b 值为 0.378～0.442，平均 0.405，属于正常范围。Bayne[5]认为，在饵料密度下限之内，贝类的滤食率与饵料的密度成正比，两者间呈幂函数关系。当饵料密度达到一定值时，滤食率达到最大值，其后开始缓慢下降。Barillé[6]认为这主要是由于在阈值以上时，贝类靠调节滤水率和产生假粪来调节滤食率。

在许多双壳贝类的研究中发现，同化率受本身大小和温度的影响不明显[7-11]，而更大程度地依赖于周围环境中的食物[12-14]。Hawkins[13]研究发现贝类的同化率不仅与食物中有机物（POM）的含量有关，而且与食物在消化道中通过的时间有关。Bayne[12]在研究贻贝时提出了同化率与食物中有机物含量的关系式：$E_a=a_1\left[1-e^{-a_2(x-a_3)}\right]$，式中，$X$ 为食物中有机物的含量；a_1 为最大同化率；a_2 为同化滤随饵料质量增加的速度；a_3 为同化率为零时的饵料质量。Peter[15]在扇贝研究中得出相同的模式。本实验的结果显示栉孔扇贝的同化率与饵料中有机物含量有如下关系：$E_a=51.68\ln X-112.38$（$R^2=0.97$，$P<0.05$），与上述模式有一定的差异，主要是由于实验中设置的有机物含量的梯度差异较窄造成的，本实验的有机物含量的范围设置只有 16.4%～31.2%。

贝类的同化率与环境中食物的密度有关。Jespersen[14]认为，滤食性贝类在饵料密度低于产生假粪阈值时，食物在贝类体内可以得到充分的消化，但随密度的增加同化率下降。Navarrol[16]认为，紫贻贝的同化率与滤食量（I）的关系为：$E_a=e^{-bI}$。可以看出，随贝类滤食量增加，其同化率呈指数减少。本实验栉孔扇贝的同化率和饵料密度呈负相关关系，其回归方程为：$E_a=47.65C^{-0.309}$（$R^2=0.91$，$P<0.05$）。Sprung[17]认为这种现象是因为同化率与不同食物密度条件下贝类的消化能力有关。Jesperson[4]指出，在食物低密度的条件下，食物在贝类体内可以得到充分的消化，随着浓度的增加，同化率下降。

参考文献

[1] Conover R J. Assimilation of organic matter by zooplankton [J]. Limnol Oceanogr，1966，11：338－354.

[2] Griffiths C L，Griffiths R J. Animal energetics [M]. New York：Academic Press，1987：2－88.

[3] Jφ rgensen C B. Bivalve filter feeding revisited [J]. Mar Ecol Prog Ser，1996，142：287－302.

[4] Powell E N，Stanton R J. Estimating biomass and energy flow of molluscs in palaeocommunities [J]. Palaeontology，1985，28：1－34.

[5] Bayne B L. The physiology of suspension feeding by bivalve molluscs：an introduction to the Plymouth "TROPHEE" workshop [J]. J Exp Mar Biol Ecol，1998，219：1－19.

[6] Barillé L，Prou J，Hé ral M，et al. Effects of high natural seston concentration on the feeding selection, and absorption of oyster *Crassostrea gigas*（Thunberg）[J]. J Exp Mar Biol Ecol，1997，212：149－172.

[7] 匡世焕，孙惠玲，李锋，等．栉孔扇贝生殖前后的滤食和生长 [J]. 海洋水产研究，1996a，17（2）：80－86.

[8] 匡世焕，孙惠玲，李锋，等．野生和养殖牡蛎种群比较摄食生理研究 [J]. 海洋水产研究，1996b，17

(2): 87 - 94.

[9] Navarro E, Iglesias J I P, Ortega M M. Nature sediment as a food source for the cockle *Cerastoderma edule*: effects of variable particle concentration on feeding, digestion and the scope for groeth [J]. J Exp Mar Biol Ecol, 1992, 156: 69 - 87.

[10] Winter J . Eüber den einfluβ der nahrungskon-zentration und ander faktoren auf filttrierleistung und nahrungsausnutzung der muscheln *Arctica islandica* and *Modiollus modiolus* [J]. Mar Biol, 1969, 4: 87 - 135.

[11] Buxton C D. Response surface analysis of the combine effects of exposure and acclimation temperature on filtration, oxygen consumption and scope for growth in the oyster [J]. Ostrea edulis, Mar Ecol Prog Ser, 1981, 6: 73 - 82.

[12] Bayne B L, Hawkins A J S, Navarro E, et al. Feeding and digestion by the mussel *Mytilus edulis* L. (Bivalvia: Mollusca) in mixtures of silt and algal cells at low concentration [J]. J Exp Mar Bio Ecol, 1987, 111: 1 - 22.

[13] Hawkins A J S, Bayne B L. Seasonal variation in the balance between physiology mechanisms of feeding and digestion in *Mytilus edulis* [J]. Mar Biol, 1984, 82: 233 - 240.

[14] Jespersen H, Olsen K. Bioenergetics in veliger larvae of *Mytilus edulis* L [J]. Ophelia, 1982, 21 (1): 101 - 113.

[15] Peter J. Relationship between food quantity and quality and absorption efficiency in sea scallop *Placopecten magellanicus* [J]. J Exp Mar Biol Ecol, 1995, 189: 123 - 142.

[16] Navarro E, Iglesias J I P, Perez Camacho A, et al. The effect of diets of phytoplankton and suspended bottom material on feeding and absorption of raft mussels (*Mytilus galloprovincialis* L.) [J]. J Exp Mar Biol Ecol, 1996, 198: 175 - 189.

[17] Sprung M. Physiological energetics of mussel larvae (*Mytilus edulis*) Ⅳ [J]. Efficiency Mar Ecol Prog Ser, 1984d, 18: 179 - 186.

Filter Feeding Rate and Assimilation Efficiency of Scallop, *Chlamys farreri*

WANG Jun, JIANG Zuhui, TANG Qisheng

(Yellow Sea Fisheries Research Institute, Chinese Academy of Fishery Sciences, Qingdao 266071, China)

Abstract: Using laboratory ecological methods, the filter feeding rate and assimilation efficiency of *Chlamys farreri* were studied at static experiment from April to June 1999. The scallops were divided into 6 groups with shell length at about 27.47, 35.08, 45.97, 54.43, 63.95 and 72.02 mm, respectively, and *Chlorella* spp. was used as diet at the density gradients of 0.1×10^4, 0.5×10^4, 1.0×10^4, 5.0×10^4, 10.0×10^4 and 20.0×10^4 mL^{-1}. The gradient water temperatures were designed at 8, 13, 18, 23 and 28 ℃, each temperature kept for 3d. The results show that the filter feeding rate of *C. farreri* are positively correlated with water temperature and body weight under appropriate temperature conditions. The filter feeding rate ranges from 1.07 to 11.66 mg/ (ind · h), and the filter feeding rate reaches its peak at 23℃. The assimilation efficiency decreases while filter feeding rate increases with algal concentration increasing. No obvious relations are found between water temperature, body weight and assimilation efficiency of *C. farreri*.

Key words: *Chlamys farreri*; Filter feeding rate; Assimilation efficiency

菲律宾蛤仔生理生态学研究

Ⅱ. 温度、饵料对同化率的影响①

王俊[1]，姜祖辉[2]，张波[1]，孙耀[1]，郭学武[1]，唐启升[1]
（1. 中国水产科学研究院黄海水产研究所，青岛 266071；
2. 青岛大学化学系，青岛 266071）

摘要： 在室内试验条件下，研究了温度、饵料的种类、密度和质量对菲律宾蛤仔同化率的影响。试验结果显示，随水温的升高，菲律宾蛤仔滤水率、摄食率、同化率以及净生长率均有明显的增加，经方差分析（ANOVA）显示，温度对它们的影响极显著。菲律宾蛤仔对新月菱形藻、球等鞭金藻和亚心形扁藻的同化率基本相同。饵料的丰度和质量是影响菲律宾蛤仔同化率的重要因素，随食物中有机物含量（POM/TPM）的增加，同化率也增加；且随饵料密度的增加而降低，并符合如下模式：$AE=57.397C^{-0.0953}$ （$R^2=0.728$，$P<0.05$，$n=15$）。

关键词： 菲律宾蛤仔；生理生态学；同化率；温度；饵料

菲律宾蛤仔（*Ruditapes philippinarum*）是我国北方沿海重要的滩涂养殖贝类之一，具有十分显著的经济效益。有关贝类生理、生态学的研究国外发展的较早，主要集中在贻贝、扇贝等传统的养殖品种上（Bayne，1987；郝亚威等，1993），但关于菲律宾蛤仔摄食生理、生态学的研究甚少。本文在室内试验条件下研究了温度、饵料种类、密度和质量对菲律宾蛤仔的摄食及生长的影响，为进一步探索其养殖容量和合理化养殖提供依据。

1 材料与方法

1.1 材料

菲律宾蛤仔购自青岛农贸市场，选取无损伤个体，用刷子小心地洗去其表面的污物，放入 0.3 m^3 水槽中驯养 1 周，期间充气、投喂单胞藻，每日换水 1～2 次，实验前 1 d 放入净水（经 0.45 μm 孔径滤膜抽滤的海水）中暂养备用。

1.2 方法

1.2.1 每一试验均设 5 个平行组

水温取 8、12 和 17 ℃ 3 个梯度；饵料是用室内人工培养的新月菱形藻（*Nitzschia - closterium*）、球等鞭金藻（*Isochrysis galbana*）和亚心形扁藻（*Platymonas subcordi - formis*）3

① 本文原刊于《海洋水产研究》，20（2）：42－47，1999。

种单胞藻；饵料密度均分为 0.1×10^4、0.5×10^4、1.0×10^4、2.0×10^4 和 4.0×10^4 5 个密度梯度；饵料质量是通过在海水中按不同比例加入单胞藻和海底淤泥混合而成。分别测定试验前后水体中叶绿素 a 和 POM 的含量。试验期间及试验后 24 h 内收集菲律宾蛤仔排出的粪便并测定其中叶绿素 a 和 POM 的含量。

1.2.2　叶绿素 a 的测定

采用 SCOR-UNESCO working group（1996）中介绍的分光光度法测定 Chl a 的浓度；POM 的测定方法如下：用预先灼烧（450 ℃，4 h）并称重（W_0）的 GF/F 玻璃纤维滤膜抽滤一定体积含有一定密度饵料的水样，将载有样品的滤膜放在 65 ℃的烘箱中烘干 48 h，冷却后称重（W_{65}），然后放入箱式电炉中在 450 ℃下灼烧 4 h，冷却至室温后再称重（W_{450}），则：$POM=W_{65}-W_{450}$，$TPM=W_{65}-W_0$。

1.2.3　计算方法

滤水率（*FR*）根据 Aldridge 等（1995）介绍的方法测定。摄食率则根据滤水率及饵料密度（*C*）求得：$IR=FR\times C$；同化率（*AE*）根据 Conover（1966）介绍的公式计算：$AE(\%)=(F'-E')/(1-E')F'$，其中 F' 为食物中有机物含量（POM/TPM），E' 为粪便中有机物含量（POM/TPM）；耗氧率［OCR，μmol/(ind·h)］采用碘量法测定，然后根据等式 1 μmol=0.45 J（Gnaiger，1983）换算为能量（*R*）；排氨率［*AER*，μmol/(ind·h)］采用次溴酸钠法测定，然后根据等式 1 μmol NH_4=0.34 J（Elliot and Davison，1975）换算为能量（*U*）；摄取的食物能量（*A*）根据摄食率、同化率和等式 1 mg POM=20.78 J（Crisp，1971）计算；净生长率（K_2）根据 Jorge. M.（1988）算式计算：$K_2=1-(R+U)/A$。

1.2.4　生物学测定

实验结束后用游标卡尺测定菲律宾蛤仔的壳长（mm），然后剖取其内脏团于 65 ℃下烘干至恒重，用 MP102－1 型精密电子天平称重（g）。

2　结果

2.1　温度对菲律宾蛤仔滤水率、同化率和生长率的影响

在适宜的温度范围内，菲律宾蛤仔的滤水率、同化率和净生长率随温度的升高而增大，呈正相关关系（表 1）。方差分析（ANOVA）结果显示，温度对菲律宾蛤仔同化率、滤水率和净生长率的影响极显著（表 2）；另外温度对菲律宾蛤仔的耗氧率和排氨率影响也极显著（已另文报道）。

表 1　温度对菲律宾蛤仔同化率的影响

Table 1　Temperature effect on assimilation efficiency of short-necked clam（*Ruditapes philippinarum*）

壳长（mm）Shell length	干重（g）Dry weight	温度（℃）Temperature	耗氧率 *OCR*	排氨率 *AER*	摄食率 *IR*	滤水率 *FR*	同化率 *AE*（%）	净生长率 *NGR*（%）
36.5	0.53	8	39	0.77	1.57	9.8	58.28	6.3
37.0	0.59	8	40	0.82	1.65	10.3	56.63	5.87

（续）

壳长（mm）Shell length	干重（g）Dry weight	温度（℃）Temperature	耗氧率 OCR	排氨率 AER	摄食率 IR	滤水率 FR	同化率 AE（%）	净生长率 NGR（%）
39.6	0.72	8	45	0.99	1.80	11.2	57.83	4.80
34.9	0.50	8	47	0.72	1.54	9.6	60.05	12.01
37.8	0.65	8	43	1.04	1.72	10.7	58.02	5.05
38.5	0.60	12	58	1.04	2.42	15.1	60.88	13.62
37.9	0.56	12	53	1.50	2.36	14.7	59.47	16.46
36.8	0.46	12	42	0.89	2.24	13.9	56.49	27.50
38.6	0.55	12	55	1.63	2.46	15.3	60.27	17.88
37.7	0.55	12	49	1.31	2.44	14.4	54.13	18.07
37.7	0.59	17	83	2.16	3.81	23.7	71.88	33.07
38.0	0.55	17	76	2.58	3.71	23.1	83.39	45.43
37.3	0.54	17	80	2.34	3.83	23.8	80.00	42.19
37.3	0.61	17	79	2.77	3.88	24.1	83.78	45.98
37.7	0.57	17	91	2.93	3.94	24.5	78.97	35.13

表 2 温度对菲律宾蛤仔同化率影响的方差分析结果

Table 2 ANOVA results of temperature effects on *AE* of short-necked clam (*Ruditapes philippinarum*)

方差来源 Source of variation	平方和 *SS*	自由度 *df*	均方 *MS*	F 值 F_{value}	$F_{0.01}$临值 $F_{0.01\ crit}$
AE 组间	1 526.41	2	763.21	70.12	6.93
组内	130.62	12	10.89		
总和	1 657.03	14			
FR 组间	476.17	2	238.09	708.9	6.93
组内	4.03	12	0.34		
总和	480.20	14			
K_2 组间	2 894.57	2	1 447.3	60.74	6.93
组内	285.91	12	23.83		
总和	3 180.48	14			

2.2 不同饵料种类、密度和质量对菲律宾蛤仔同化率的影响

不同饵料种类对菲律宾蛤仔同化率影响的试验结果列于表 3。从试验结果中可以看出，投喂新月菱形藻、球等鞭金藻和亚心形扁藻 3 种不同的单细胞藻类对菲律宾蛤仔的同化率影响不大。方差分析（ANOVA）结果显示，试验用 3 种藻类对菲律宾蛤仔同化率的影响差异不显著（表 4）。

表 3　不同饵料对菲律宾蛤仔同化率的影响

Table 3　Effects of different algae on short-necked clam (*Ruditapes philippinarum*)

藻种 Species	壳长 (mm) Shell length	干肉重 (g) Dry tissue weight	*AE* (%)
新月菱形藻	38.48	0.60	53.62
新月菱形藻	37.93	0.56	56.49
新月菱形藻	38.36	0.59	55.81
新月菱形藻	38.25	0.57	57.02
新月菱形藻	38.62	0.51	63.96
球等鞭金藻	37.07	0.46	60.28
球等鞭金藻	37.28	0.55	55.12
球等鞭金藻	38.72	0.64	54.13
球等鞭金藻	38.59	0.57	50.85
球等鞭金藻	37.93	0.55	51.02
亚心形扁藻	38.63	0.51	40.73
亚心形扁藻	37.91	0.55	52.66
亚心形扁藻	38.60	0.61	59.47
亚心形扁藻	37.26	0.52	57.39
亚心形扁藻	36.83	0.55	60.88

表 4　不同饵料种类对菲律宾蛤仔同化率的影响的方差分析结果

Table 4　ANOVA results of algae species on *AE* of short-necked clam (*Ruditapes philippinarum*)

方差来源 Source of variation	平方和 *SS*	自由度 *df*	均方 *MS*	F值 F_{value}	$F_{0.05}$临值 $F_{0.05\ crit}$
组间	32.60	2	16.30	0.51	3.89
组内	386.32	12	32.19		
总和	428.92	14			

不同饵料密度对菲律宾蛤仔的同化率随藻类的密度增加而减小，呈负相关关系（图 1），并符合下列关系式：$AE\ (\%)=57.397C^{-0.095}$ ($R^2=0.728$，$P<0.05$，$n=15$)。

试验用不同质量饵料是在海水中按不同比例加入人工培育的单胞藻和海底淤泥组成，其搭配比例和成分见表 5。根据试验结果分析，随着饵料中有机物（POM）含量的增加，菲律宾蛤仔的同化率也呈增加趋势（图 2）。

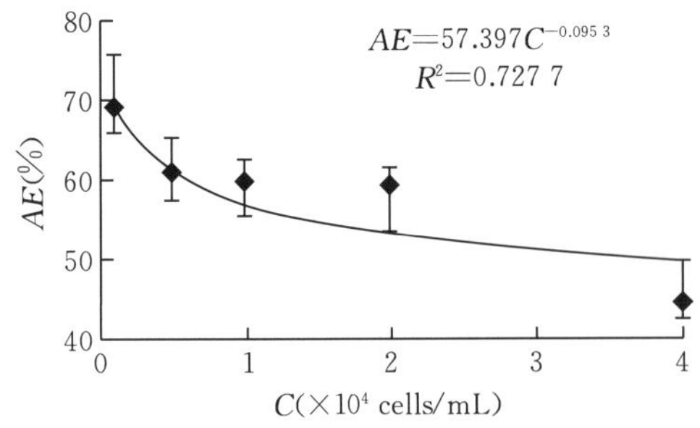

图 1 饵料密度与菲律宾蛤仔同化率之间的关系

Figure 1 The relationship between algae density and assimilation efficiency of short-necked clam (*Ruditapes philippinarum*)

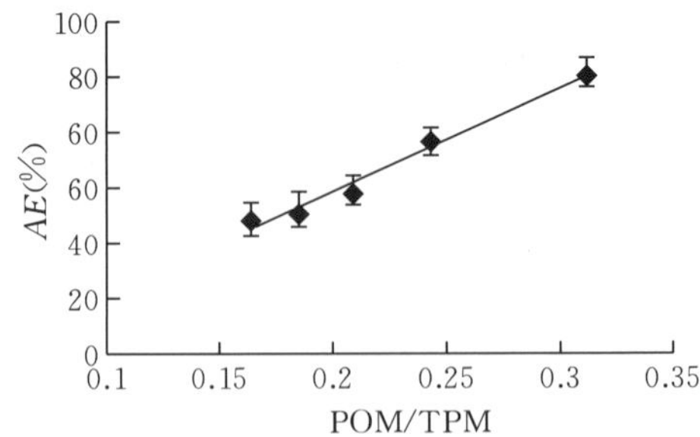

图 2 饵料中 POM 含量与菲律宾蛤仔同化率之间的关系

Figure 2 The relationship between the ratio POM/TPM and assimilation efficiency of short-necked clam (*Ruditapes philippinarum*)

表 5 饵料组成

Table 5 Food composition

编号 No.	单胞藻（%） Algae	淤泥（%） Silt	TPM (mg / L)	POM (mg / L)	POM/ TPM
A	100	0	30.1	9.4	0.312
B	75	25	28.8	7.0	0.243
C	50	50	29.7	6.2	0.208
D	25	75	32.5	6.0	0.184
E	0	100	36.5	6.0	0.164

3 讨论

外界环境温度是动物的重要生态因子，温度的变化，在不同的程度上直接或间接影响动物的新陈代谢，因而也就影响动物的生长、发育和其他生命活动，通常温度每升高 1 ℃，代谢加快 10%，但超出适温范围则代谢率下降，生物为了生存不断地调整自身的生理活动以适应环境。随温度的升高，贝类为补充因温度变化而造成的能量损失，加快滤食，这一规律在多种贝类的研究中得到证实（Aldridge，1995；Jin Lei，1996）。在本实验中，随温度的升高菲律宾蛤仔的耗氧率、排氨率、滤水率和摄食率以及同化率都有很大程度的增加，这是菲律宾蛤仔对环境变化的适应。从净生长率来看，低温时菲律宾蛤仔的净生长率（K_2）较低，随温度的升高而迅速大幅度增加，说明菲律宾蛤仔随温度的升高摄取的食物更多用于生长，这与其在适温范围内随温度的升高生长加快的规律是一致的。

贝类的同化率受诸多因素的影响，在许多双壳贝类的研究中发现，同化率的变化受贝类本身大小的影响不明显（匡世焕等，1996），而更大程度地依赖于周围环境中的食物（Bayne et al.，1987；Navarro et al.，1991；Sprung，1984）。Conover（1966）在研究浮游动物同化率时得出，饵料浮游植物的灰分含量高同化率则低的结论。Hawkins 等（1984）研究发现，贝类的同化率不仅与食物中有机物（POM）的含量有关，而且与食物在消化道中通过的时间有关。Bayne 等（1987）研究（紫）贻贝时提出，同化率与食物中有机物的含量有如下关系：$AE=a_3\left[1-e^{-al(x-a^2)}\right]$，其中 AE 为同化率（%），x 为食物中有机物的含量，并指出当食物中有机物的含量低于 0.07 mg POM・mm^{-3}时，同化率很可能出现负值，食物在通过消化道中的时间小于40 min时，同化率将会为零。本实验的结果见图2，与上述的模式有一定的差异，主要是由于有机物含量的梯度设置的差异造成的，总的趋势是一致的。实验中测定新月菱形藻、球等鞭金藻和亚心形扁藻的 POM/TPM 值分别为 0.302、0.303 和 0.308，说明菲律宾蛤仔对 3 种不同种类单胞藻的同化率相近是符合上述规律的。

贝类的同化率也同样与环境中食物的密度有关。Richman（1958）研究水蚤时发现在食物密度低的时候有较高的同化率，Gaudy（1974）研究桡足类时也获得同样的结果。这种规律也同样出现在菲律宾蛤仔的实验中（图 1）。这种现象是因为同化率与不同食物密度条件下贝类的消化能力是一致的（Sprung，1984）。在饵料密度高的时候同化率下降的现象，即所谓过剩摄食（罗会明等译，1987）。

参考文献

郝亚威，等，1993. 海湾扇贝呼吸的研究．黄渤海海洋，2（1）：20 - 26.

匡世焕，等，1996. 栉孔扇贝生殖前后的滤食与生长．海洋水产研究，17（2）：87 - 94.

罗会明，等译，1987.（大森信，等，1976）. 浮游动物的研究方法．北京：农业出版社．

Aldridge，et al.，1995. Oxygen consumption、nitrogenous excretion and filtration of *Drassena polymorpha* at acclimation temperature between 20 ℃ and 32 ℃. Can. J. Fish. Aquact. Sci.，52：1761 - 1767.

Bayne，et al.，1987. Feeding and digestion by the mussel mytilus edulis in mixture of silt and algal cells at low concentrations. J. Exp. Biol. Ecol.，111：1 - 22.

Conover，1966. Assimilation of organic matter by zooplankton. Limnol. Oceanogr.，11：338 - 354.

Crisp，et al.，1971. Energy flow measurements. In：Holme N A，Mcinthyre A D，Methods for the Study of Marine Benthos. Black Well，Oxford，197 - 279.

Elliot，et al.，1975. Energy equivalents of oxygen consumption in animal energetics. Oecologia（Berlin），19：195 - 201.

Gaudy，et al.，1974. Feeding of four species of pelagic copepods under experimental conditions. Mar. Biol.，25：125 - 141.

Gnaiger，et al.，1983. Calculation of energetic and biochemical equivalents of respiratory oxygen consumption，In：polarographic oxygen sensors，edited by E. Gnaiger & forster，springer-verlag，Berlin，Appendix C：337 - 345.

Hawkins，et al.，1984. Seasonal variation in the balance between physiological mechanisms of feeding and digestion in *Mytilus edulis*. Mar. Biol.，82：223 - 240.

Jin Lei，et al.，1996. Filtration dynamic of the zebra mussel *Dreisena polymorpha*. Can. J. Fish. Aquact. Sci.，53：29 - 37.

Jorge M，et. al.，1988. The effects of salinity on the physiological ecology of *Choromytilus chorus*. J. Exp. Mar. Biol. Ecol.，122：19 - 33.

Navarro，et al.，1992. Natural sediment as a food source for the cockle *Cerastoder maedule*（L.）：effects of variable particle concentration on feeding，digestion and the scope for growth. J. Exp. Mar. Biol. Ecol.，156：69 - 87.

Richman，et al.，1958. The transformation of energy by *Daphnia pulex*. Ecol. Monogr.，28：273 - 391.

Sprung, 1984. Physiological energetics of mussel larvae (*Mytilus edulis*) Ⅳ. Efficiencies. Mar. Ecol. Prog. Ser., 18: 179-186.

Studies on Physiological Ecology of Shortne Cked Clam (*Ruditapes philippinarum*) Ⅱ. Effects of Temperature, and Food on Assimilation Efficiency

Wang Jun[1], Jiang Zuhui[2], Zhang Bo[1], Sun Yao[1], Guo Xuewu, Tang Qisheng[1]

(*1. Yellow Sea Fisheries Research Institute, Qingdao 266071;*
2. Qingdao University, Qingdao 266071)

Abstract: Effects of temperature, food species, concentration and quality on the assimilation efficiency of short-necked clam (*Ruditapes philippinarum*) were studied under simulated conditions in laboratory. The experimental results indicated that its assimilation efficiency increased with increase of water temperature. ANOVA analysis indicated that the water temperature affected strongly its assimilation efficiency, which was similar for some different algae (*Nitzschia closteriun*、*Isochrysis galbana*、*Platymonas subcodiformis*). Food concentration and quality were important factors that affected its assimilation efficiency, which was positively correlated with the food quality, and negatively with food concentration. The relationship between assimilation efficiency and food concentration can be expressed by the equation $AE=58.397C^{-0.0953}$ ($R^2=0.728$, $P<0.05$, $n=15$), where AE (%) is assimilation efficiency, C is food concentration.

Key words: Short-necked clam (*Ruditapes philippinarum*); Physiological ecology; Assimilation efficiency; Temperature; Food

三疣梭子蟹幼蟹的摄食和碳收支①

王俊[1]，姜祖辉[2]，陈瑞盛[1]，张波[1]，唐启升[1]

（1. 中国水产科学研究院黄海水产研究所，农业部海洋渔业资源可持续利用重点开放实验室，青岛 266071；
2. 青岛大学化工学院，青岛 266071）

摘要： 2002 年 6—9 月，在自然水温（24.0、24.9 和 26.3 ℃）和投喂鹰爪虾虾仁的条件下测定了 3 个体重组［(0.73±0.15) g、(1.55±35) g 和 (3.75±0.52) g］三疣梭子蟹幼蟹的摄食和碳收支。结果表明，温度和体重对三疣梭子蟹幼蟹的摄食量均有明显影响，其中体重的影响更为显著。以湿重和干重（比能值）计算得到三疣梭子蟹幼蟹的特定生长率（*SGR*）和生态转换效率（*Eg*）分别为 (2.5±1.33)～(3.0±0.95) 和 (19.4±4.8)～(59.4±22.9)，(2.8±0.73)～(4.3±2.28) 和 (10.1±2.3)～(29.1±12.4)。在三疣梭子蟹幼蟹的 C 收支模式中，代谢 C 所占的比例最大，占总摄食 C 的 50% 以上，其次是生长 C，约占总摄食 C 的 28%，蜕壳和排粪消耗的 C 的比例较小，一般少于 5%。三疣梭子蟹幼蟹的个体大小和水温是影响 C 收支的重要因素，其中温度是主要因子。随个体的增大和试验水温的升高，三疣梭子蟹生长 C 占总摄食 C 的比例减少，代谢 C 的比例增加，蜕壳 C 和排粪 C 所占的波动较小。

关键词： 三疣梭子蟹；摄食；碳收支；温度；体重

20 世纪 90 年代以来，人类对海洋生物资源的开发利用和海洋生态学发展进入定量研究阶段，海洋生态系统动力学研究受到普遍关注。食物联系是海洋生态系统结构与功能的基本表达形式，能量通过食物链-食物网转化为各营养层次生物生产力，形成生态系统生物资源生产量，并对生态系统的服务和产出及其动态产生影响。碳是生物体内含量最高的元素，太阳能通过光合作用使无机碳转化为有机碳而固定在生物体内，碳收支主要是研究碳在生物体内的分配模式以及环境因素对其分配模式的影响。碳收支的研究也是海洋生态系统动力学研究的重要基础。目前人们对甲壳类动物的研究较多集中在摄食、生长和能量收支（李健，1993；胡钦贤，1990；董双林，1994a，1994b；Chen，1996；张硕，1998），而关于碳收支的研究较少（张硕，1999，2000），对三疣梭子蟹幼蟹碳收支的研究还未见报道。蟹类是海洋甲壳类中重要的底栖生物类群，也是海洋生态系统营养动力学过程中的重要功能群，通过对三疣梭子蟹幼蟹阶段摄食和碳收支的研究，了解其摄食及其对输入碳的分配模式，为海洋生态系统食物网营养动力学研究提供基础参数。

① 本文原刊于《海洋水产研究》，25（6）：25-29，2004。

1 材料与方法

1.1 材料

实验于 2002 年 6—9 月在黄海水产研究所小麦岛养殖水实验室进行，实验用三疣梭子蟹（*Portunus trituberculatus*）幼蟹由黄海水产研究所海阳养殖试验基地提供，试验用幼蟹均选取健康、肢体健全的个体，三疣梭子蟹幼蟹的规格分为（0.73±0.15）g、（1.55±35）g 和（3.75±0.52）g。

1.2 方法

实验在自然水温条件下随三疣梭子蟹幼蟹个体生长同步进行，试验以三疣梭子蟹 1 个蜕皮龄为 1 个试验阶段。试验容器为 25 cm×30 cm×50 cm 玻璃水族箱，试验分 3 组，每组 7 个个体大小相近三疣梭子蟹幼蟹，试验前将用于实验的每个个体小心用吸水纸吸去体表水分称重（g）。再取 5 个个体大小相近三疣梭子蟹幼蟹同样称重后置于 70 ℃烘箱中烘干至恒重，称其干重（g）用以换算个体的初始干重及碳元素等初始之测定。试验结束后，所有个体均按上述方法进行测定。

实验期间每日上午 9:00 和下午 5:00 各投喂 1 次，饵料为去壳的鹰爪虾（*Trachypenaeus curvirostris*），投喂量根据摄食量随时调整，每次投喂前用虹吸法吸取残饵、粪便，每次收集的残饵和粪便烘干后保存，并且每次取约 10 g 饵料烘干后称重，用以计算饵料的干湿重比。试验期间少量流水（每天为实验水体 4～5 倍），以保证水质环境的稳定。

1.3 碳（C）含量的测定

三疣梭子蟹幼蟹、蟹壳、饵料和粪便在 70 ℃烘干至恒重后，用 E-240 型元素分析仪测定各样品的碳含量，根据测定的碳含量以及三疣梭子蟹幼蟹干重、蟹壳干重、摄食量和排粪量，分别计算出三疣梭子蟹幼蟹从食物中摄取的碳、蜕壳损失的碳和排粪损失的碳。代谢消耗的 C（R）则根据关系式：$R=I-G-E-F$ 计算获得，其中，I 为摄入食物中的碳，G 为三疣梭子蟹幼蟹用于生长的碳，E 为三疣梭子蟹幼蟹蜕壳损失的碳，F 为排粪损失的碳。三疣梭子蟹幼蟹用于生长的碳为实验结束和开始时的个体重量差乘以三疣梭子蟹幼蟹单位体重的碳含量。

1.4 能值测定

三疣梭子蟹幼蟹、蟹壳和饵料在 70 ℃烘干至恒重后，用 XRY1 型氧弹式热量计测定各样品的含能值，然后换算出三疣梭子蟹幼蟹摄食获取的能量、用于生长的能量和蜕壳损失的能量。

1.5 计算与数据处理

所得试验结果采用双因子方差分析。三疣梭子蟹幼蟹的特定生长率（*SGR*）和生态转换效率（*Eg*）分别根据下列公式进行计算：

$$SGR=\frac{\ln W_t-\ln W_0}{D}\times 100\%,$$

式中，W_0 和 W_t 分别为实验开始和结束时三疣梭子蟹幼蟹的体重，D 为实验天数。

$Eg=\frac{G}{I}\times 100\%$，式中，$G$ 和 I 分别为实验期间三疣梭子蟹幼蟹的生长量和摄食量。

2　结果

2.1　三疣梭子蟹幼蟹的摄食

表 1 为三疣梭子蟹幼蟹摄食鹰爪虾虾仁的日均摄食量和日均摄食能。可以看出，三疣梭子蟹幼蟹的摄食量和摄食能随个体的增大和温度的升高而增大。方差分析表明，温度和体重对三疣梭子蟹幼蟹摄食的影响显著，其中体重的影响更为显著（摄食湿重：$F_T=7.0$，$F_W=94.1$，$n=21$，$P<0.01$；干重：$F_T=7.0$，$F_W=94.1$，$n=21$，$P<0.01$）。

表 1　三疣梭子蟹幼蟹的摄食

Table 1　Ingestion of Portunus trituber culatus *Portunus trituberculatus*

试验组 Experiment group	温度（℃） Temperature（℃）	日摄食量（g）Ingestation（g） 湿重 Wet weight	日摄食量（g）Ingestation（g） 干重 Dry weight	日摄食能［J/(ind·d)］ Energy ingested［J/(ind·d)］
Ⅰ	24.0±0.56	0.71±0.10	0.14±0.01	2 872.8±290.7
Ⅱ	24.0±0.56	1.09±0.18	0.32±0.10	6 566.4±1 106.8
Ⅲ	24.0±0.56	1.42±0.23	0.38±0.12	7 797.6±2 039.3
Ⅰ	24.9±0.50	0.76±0.30	0.16±0.01	3 283.2±532.7
Ⅱ	24.9±0.50	1.23±0.18	0.31±0.12	6 361.2±2 162.7
Ⅲ	24.9±0.50	1.62±0.45	0.44±0.15	9 028.8±3 161.1
Ⅰ	26.3±1.42	0.82±0.29	0.19±0.01	3 898.8±775.4
Ⅱ	26.3±1.42	1.24±0.17	0.37±0.09	7 592.4±2 065.2
Ⅲ	26.3±1.42	1.80±0.54	0.47±0.170	9 644.4±2 983.6

2.2　特定生长率和生态转换效率

在本实验条件下，以湿重和干重计算得到 3 个实验组三疣梭子蟹幼蟹的 SGR 值和 Eg 列于表 2。由表 2 可以看出，用干重和湿重计算得到的 3 个试验组三疣梭子蟹幼蟹 SGR 值存在一定的差异，其范围分别为湿重（2.5±1.33）～(3.0±0.95)，干重（2.8±0.73）～(4.3±2.28)。以湿重求得的 Eg 值明显高于用干重计算得到的 Eg 值，范围分别为（19.4±4.8)～(59.4±22.9) 和（10.1±2.3)～(29.1±12.4)。

表 2 三疣梭子蟹幼蟹的特定生长率（*SGR*）及生态转换效率（*Eg*）

Table 2 *SGR* and *Eg* of juvenile *Portunus trituberculatus*

试验组 Experiment group	温度（℃） Temperature（℃）	*SGR*（%）		*Eg*（%）	
		湿重 Wet weight	干重 Dry weight	湿重 Wet weight	干重 Dry weight
Ⅰ	24.0±0.56	3.7±0.54	3.7±0.54	19.4±4.8	10.1±2.3
Ⅱ	24.0±0.56	2.5±1.33	2.8±0.73	27.8±9.0	14.7±4.5
Ⅲ	24.0±0.56	3.0±0.95	4.3±2.28	39.2±12.9	17.0±10.4
Ⅰ	24.9±0.50	3.3±0.62	3.8±0.80	21.1±3.6	10.6±2.3
Ⅱ	24.9±0.50	3.2±0.38	2.9±0.63	22.4±5.3	15.5±5.8
Ⅲ	24.9±0.50	2.4±0.95	3.3±2.11	29.9±6.7	20.4±9.1
Ⅰ	26.3±1.42	2.9±0.57	4.0±1.52	19.4±4.8	11.2±3.6
Ⅱ	26.3±1.42	3.5±1.21	3.4±0.59	28.7±9.0	18.2±4.5
Ⅲ	26.3±1.42	3.1±0.96	3.9±1.25	34.3±22.9	22.1±12.4

2.3 三疣梭子蟹幼蟹的碳收支

三疣梭子蟹幼蟹的碳收支见表 3。从表中可以看出，在三疣梭子蟹幼蟹的 C 收支模式中，代谢 C 所占的比例最大，占总摄食 C 的 50%以上，其次是生长 C，约占总摄食 C 的 28%，蜕壳和排粪消耗的 C 的比例较小，一般少于 5%。随个体的增大和试验水温的升高，三疣梭子蟹幼蟹生长 C 占总摄食 C 的比例减少，代谢 C 的比例增加，蜕壳 C 和排粪 C 所占的相对波动幅度较小。

表 3 三疣梭子蟹幼蟹的碳收支

Table 3 Carbon budget of juvenile *Portunus trituberculatus*

试验组 Experiment group	温度（℃） Temperature（℃）	生长 C（%） Carbon allocated to growth（%）	蜕壳 C（%） Carbon allocated to exuviation（%）	排粪 C（%） Carbon content in feces（%）	代谢（C）% Carbon consumption through metabolism（%）
Ⅰ	124.0±0.56	34.3±4.51	4.7±0.87	3.6±1.09	57.4±4.1
Ⅱ	24.0±0.56	31.5±2.33	4.4±0.93	3.8±0.78	60.3±3.2
Ⅲ	24.0±0.56	30.0±3.95	4.6±1.22	3.0±0.56	62.4±2.9
Ⅰ	24.9±0.50	30.5±4.51	5.1±0.85	3.0±1.09	62.4±5.3
Ⅱ	24.9±0.50	28.8±2.33	4.1±1.01	3.5±0.75	60.5±4.4
Ⅲ	24.9±0.50	27.2±3.95	3.9±0.52	4.1±0.56	63.6±3.7
Ⅰ	26.3±1.42	26.4±4.51	5.5±0.78	2.9±1.38	64.8±4.5
Ⅱ	26.3±1.42	23.6±2.33	4.7±0.69	4.0±0.87	67.7±6.0
Ⅲ	26.3±1.42	20.5±3.95	5.4±0.82	3.7±0.93	70.4±5.6

3　讨论

（1）温度和体重对三疣梭子蟹幼蟹的摄食量均有明显影响，其中体重的影响更为显著。本实验证明三疣梭子蟹幼蟹阶段具有生长快的特点，其生态转换效率可达 19.4%～39.2%（湿重）和 10.1%～22.1%（干重），为了满足快速生长的需要，三疣梭子蟹幼蟹必须通过增加摄食获取足够的营养物质和能量，个体大小的差异是影响摄食量的根本因素。温度是影响生物生理活动的主要因素之一，在适宜的温度范围内，温度的增加会加强三疣梭子蟹的代谢和摄食活动，促进三疣梭子蟹幼蟹摄食。

（2）以湿重和干重（比能值）计算得到三疣梭子蟹幼蟹的 *SGR* 值和 *Eg* 值存在一定的差异，*SGR* 值的差异程度远小于 *Eg* 值的差异。造成这种差异的原因主要是湿重的称量标准难以掌握，操作误差较大。

（3）在三疣梭子蟹幼蟹的 C 收支模式中，代谢 C 的比例最大，占总摄食 C 的 50%以上，其次是生长 C，约占总摄食 C 的 28%，蜕壳和排粪消耗的 C 的比例较小，一般少于 5%，这和张硕等（1999，2000）对中国对虾的试验结果相似。本试验中代谢碳是由碳收支公式通过差减获得，由于在食物残渣和粪便收集过程中不可避免出现流失现象，会增加对代谢 C 的比例，造成一定的误差。

（4）本实验研究结果表明，三疣梭子蟹幼蟹的个体大小和水温是影响 C 收支的重要因素，其中温度是主要因子。随个体的增大和试验水温的升高，三疣梭子蟹生长 C 占总摄食 C 的比例减少，代谢 C 的比例增加，蜕壳 C 和排粪 C 所占的相对波动幅度较小。温度对三疣梭子蟹幼蟹 C 收支的影响主要是由于温度的升高促进代谢作用加快，造成代谢作用消耗的 C 急剧增大，相对用于生长的 C 减少造成的。

参考文献

董双林，堵南山，赖伟，1994a. pH 值和 Ca 浓度对日本沼虾生长和能量收支的影响．水产学报，18（3）：118－123.

董双林，堵南山，赖伟，1994b. 日本沼虾生理生态学研究Ⅱ．温度和体重对能量收支的影响．海洋与湖沼，25（3）：238－242.

胡钦贤，陆建生，1990. 中国对虾生长与环境因子关系的初探．东海海洋，8（2）：38－42.

李健，孙修涛，赵法箴，1993. 水温和溶解氧含量对中国对虾摄食量影响的观察．水产学报，17（4）：333－336.

张硕，董双林，王芳，1998. 中国对虾生物能量学研究Ⅱ．温度和体重对能量收支的影响．青岛海洋大学学报，28（2）：228－232.

张硕，董双林，王芳，1999. 盐度和饵料对中国对虾碳收支的影响．水产学报，23（2）：144－148.

张硕，董双林，王芳，2000. 温度和体重对中国对虾碳收支的影响．应用生态学报，11（4）：615－617.

Chen J C，Lin J N，Chen C T，1996. Survival，growth and intermoult period of juvenile *Penaeus chinensis* at different combinations of salinity and temperature. J. Exp. Mar. Biol. Ecol.，204：169－178.

Ingestion and Carbon Budget of Juvenile *Portunus trituberculatus*

WANG Jun[1], JIANG Zuhui[2], CHEN Ruisheng[1] ZHANG Bo[1], TANG Qisheng[1]

(*1. Key Laboratory for Sustainable Utilization of Marine Fisheries Resources, Ministry of Agriculture, Yellow Sea Fisheries Research Institute, Chinese Academy of Fishery Science, Qingdao 266071;*

2. College of Chemical Engineering, Qingdao University, Qingdao 266071)

Abstract: The ingestion and carbon budget of juvenile *Portunus trituberculatus* (Stimpson) feeding on shelled shrimp (*Trachypenaeus curvirostris*) were determined at natural temperatures (24.0 ℃, 24.9 ℃ and 26.3 ℃) from June to September, 2002. The crabs used in experiments were divided into three groups (Group Ⅰ, Group Ⅱ and Group Ⅲ) according to their body weights, their weights were (0.73±0.15) g, (1.55±35) g and (3.75±0.52) g, respectively. Experimental results show that the ingestion of crabs was significantly affected by the water temperature and body weight, and the effect by body weights were much more than that by water temperature. The special growth rate (*SGR*) and ecological transform efficiency (*Eg*) obtained from wet weight and dry weight were (2.5±1.33)~(3.0±0.95) and (19.4±4.8)~(59.4±22.9), (2.8±0.73)~(4.3±2.28) and (10.1±2.3)~(29.1±12.4), respectively. The equations of carbon budget of the juvenile crab indicate that the carbon consumption through metabolism made up the biggest part of the total intake carbon (more than 50%), the second was that consumptions allocated to growth (about 28%), the carbon consumptions allocated to exuviation and ejection both were less than 5%. The proportions of carbon allocation were affected more obviously by water temperature than by body weight.

Key words: *Portunus trituberculatus*; Ingestion; Carbon budget; Temperature; Body weight

日本蟳能量代谢的研究①

王俊，姜祖辉，张波，孙耀，唐启升
（中国水产科学研究院黄海水产研究所，青岛 266071）

摘要：在室内实验条件下，测定了温度和体重对日本蟳耗氧率、排氨率和二氧化碳排泄率的影响。实验结果表明，随个体重量的增加，日本蟳单位体重的耗氧率、排氨率和二氧化碳排泄率均减小，呈负相关的幂指数关系，均符合$Y=aW^b$模式。随温度增加，日本蟳的耗氧率、排氨率和二氧化碳排泄率均增加。根据O/N和呼吸熵（Q）可知，日本蟳能量代谢的底物主要为蛋白质，其次为脂肪和碳水化合物，其比例为 56∶31∶13。

关键词：日本蟳；耗氧率；排氨率；二氧化碳排出率

能量流动是生态系统的基本特征，动物生命活动中的物质转换都需要能量。因此，研究能量在生物体内的转换、分配过程的生物能量学也就成为生态学研究的基础。生物能量学的中心问题是阐明生物体内能量收支各组分之间的定量关系以及各种环境因子对这些关系的作用。研究水生生物能量学，了解水域生态系统的能量流动模式，对指导水产养殖（虞冰如，1990；Villarreal，1991；Rosas，1993）和预测渔产力（Paul，1989）有重要的意义。耗氧率、排氨率和二氧化碳排泄率是指动物单位重量在单位时间内消耗氧气、排出氨和二氧化碳的量，是动物新陈代谢的重要指标，也是能量学研究的基础和建立能量收支模型的基本参数。

日本蟳［*Charybdis japonica*（A. Milne Edwards）］是一种分布广泛多年生大型甲壳类，在我国近海广有分布。近年来，由于三疣梭子蟹资源的枯竭，日本蟳逐渐成为主要的经济蟹类，并且人工养殖发展迅速，成为重要的海水养殖品种之一。有关甲壳类动物能量学研究多数集中在主要的经济虾类（张硕，1998；周洪琪，1990；谢宝华，1982；董双林，1994；虞冰如，1990；Villarreal，1991），关于日本蟳代谢方面的研究尚未见报道。甲壳类动物的能量学研究是国家自然科学基金重大项目“渤海生态系统动力学研究”的一部分，旨在通过对日本蟳能量代谢的研究，了解其新陈代谢活动的规律和特点，建立其能量收支方程，为海洋生态系统动力学研究提供基本的参数和依据。

1　材料与方法

1.1　材料来源

实验所用日本蟳于 1998 年 9 月捕自青岛近海，体重为 30～126 g，取回后放入黄海水产

① 本文原刊于《海洋水产研究》，20（2）：90－95，1999。

研究所小麦岛（青岛）养殖实验场 2 m^3 的水槽中用自然海水流水暂养，暂养期间投喂切碎的蛤肉和玉筋鱼等，水槽上以黑布遮光，使其处于自然生活状态。实验用海水为砂滤海水，盐度为 29±1，pH 值为 7.9～8.2，溶解氧大于 5 mg/L。实验用化学试剂（药品）均为分析纯和优级纯，蒸馏水为无氨蒸馏水。

1.2 实验方法

在一定温度下，将不同规格的日本蟳放入 5 L 装满海水的呼吸瓶（大口玻璃瓶）中，用橡胶塞密封并检查气密性，每组实验均设空白对照。实验一般为 1～1.5 h。实验前 24 h 日本蟳停喂，每日的实验时间基本相同，分别测定实验前后各呼吸瓶水样中的溶解氧、氨氮和二氧化碳的含量。实验结束后将日本蟳放入烘箱中在 70 ℃下烘干至恒重称其干重（g）。

1.3 测定与计算方法

溶解氧（DO）采用碘量法测定，根据公式 $OR=[(DO_0-DO_t)\times V]/W\times t)$ 计算耗氧率，式中，OR 为耗氧率 [μmol/(g・h)]，DO_0 和 DO_t 分别为实验前后水样中溶解氧的含量（μmol/L），V 为实验水样体积（L），W 为实验日本蟳干重（g），t 为实验时间（h）。氨氮（NH_4-N）的测定用次溴酸钠氧化法，根据公式 $NR=[(N_t-N_0)\times V]/(W\times t)$ 计算耗氧率，式中，NR 为排氨率 [μmol/(g・h)]，N_0 和 N_t 分别为实验前后水样中氨氮含量（μmol/L），V 为实验水样体积（L），W 为实验日本蟳干重（g），t 为实验时间（h）。二氧化碳测定按韩舞鹰等（1986）的方法，根据所测水样的温度、盐度、pH 值及总碱度计算实验前后呼吸瓶中二氧化碳的浓度，并按公式 $CR=[(C_t-C_0)\times V]/(W\times t)$ 计算二氧化碳排出率，C_0 和 C_t 分别为实验前后水样中二氧化碳浓度（μmol/L），V 为实验水样体积（L），W 为实验日本蟳干重（g），t 为实验时间（h）。氧氮比（O/N）为耗氧率和排氨率的原子比。呼吸熵（Q）为二氧化碳排出率与耗氧率的摩尔比。

2 结果与分析

2.1 体重对日本蟳耗氧率和排氨率的影响

不同温度下，日本蟳体重与耗氧率和排氨率的关系见图 1。从图中可以看出，随着体重

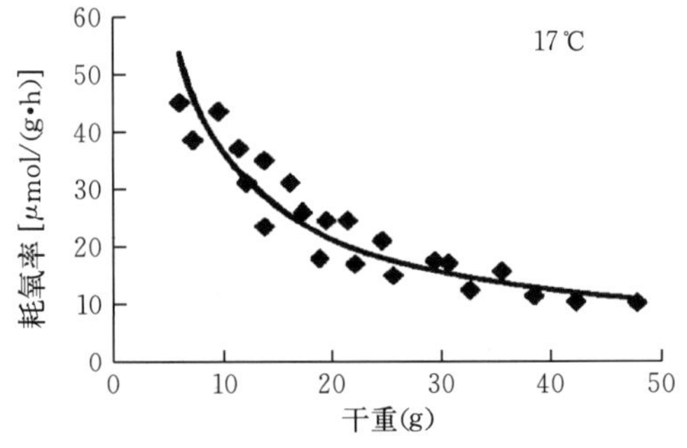

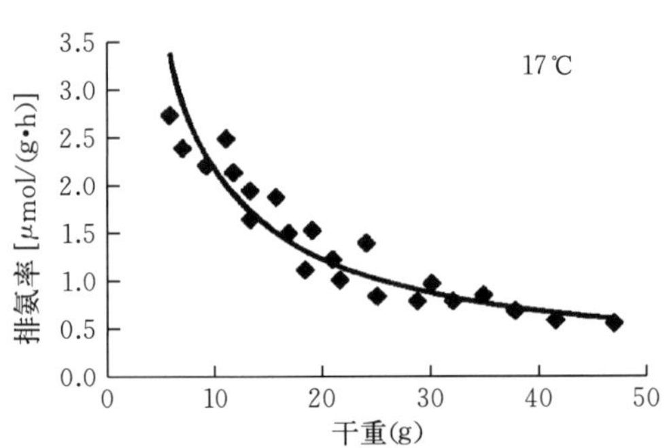

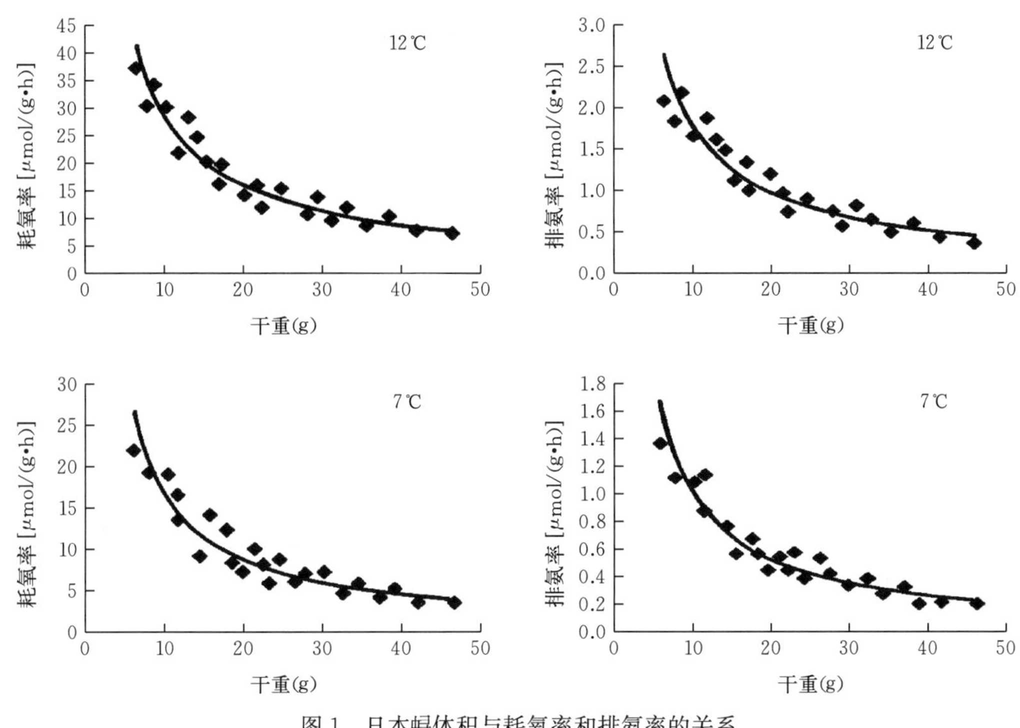

图 1　日本蟳体积与耗氧率和排氨率的关系

Figure 1　The relationship between Oxygen consumption rate, ammonia excretion rate and weight of Japanese stone crab (*Charybdis japonica*)

的增加，日本蟳的耗氧率和排氨率减小，呈负相关幂指数关系。不同温度下日本蟳耗氧率和排氨率与体重的回归分析列入表 1。

表 1　日本蟳体重与耗氧率和排氨率的回归分析

Table 1　Reg ess analysis between weight and rates of oxygen consumption and of ammonia excretion of Japanese stone crab (*Charybdis japonica*)

温度（℃）Temperature	耗氧率 [μmol/(g·h)]					排氨率 [μmol/(g·h)]				
	a	*b*	R^2	*n*	*p*	*a*	*b*	R^2	*n*	*p*
7	142.63	−0.929	0.897	22	0.05	9.69	−0.971	0.917	22	0.05
12	191.40	−0.835	0.931	22	0.05	13.36	−0.872	0.913	22	0.05
17	201.01	−0.756	0.887	22	0.05	13.69	−0.804	0.906	22	0.05

2.2　温度对日本蟳代谢的影响

将不同温度下各体重段日本蟳的耗氧率、排氨率和二氧化碳排泄率的平均值以及 O/N 比和呼吸熵 Q 值列入表 2。从表 2 可以看出，随温度的升高，日本蟳的耗氧率、排氨率和二氧化碳排泄率均增大。

表 2　日本蟳的能量代谢

Table 2　Energy metabolism of Japanese stone crab (*Charybdis japonica*)

体重组（g）Weight range	7 ℃					12 ℃					17 ℃				
	OR	*NR*	*CR*	*O/N*	*Q*	*OR*	*NR*	*CR*	*O/N*	*Q*	*OR*	*NR*	*CR*	*O/N*	*Q*
6.1～10.0	20.75	1.25	8.34	16.73	0.81	33.50	2.05	13.38	16.35	0.80	42.33	2.43	15.98	17.50	0.75
10.1～15.0	14.73	0.97	5.81	15.17	0.79	25.93	1.67	10.54	15.67	0.82	31.63	2.05	13.05	15.46	0.83
15.1～20.0	10.68	0.57	4.41	18.71	0.82	17.38	1.18	6.57	15.11	0.75	24.88	1.51	9.53	16.50	0.76
20.1～25.0	8.35	0.49	3.40	17.55	0.81	14.27	0.88	5.71	16.19	0.80	19.38	1.13	7.43	17.31	0.76
25.1～30.0	6.93	0.44	2.81	16.69	0.81	12.15	0.67	4.91	18.78	0.80	17.40	0.89	7.27	19.78	0.84
30.1～35.0	5.40	0.34	2.16	16.87	0.81	10.65	0.75	4.25	14.66	0.80	14.15	0.83	5.26	17.00	0.74
35.1～40.0	4.85	0.27	1.94	19.37	0.80	9.45	0.57	3.98	16.74	0.85	11.50	0.70	4.72	16.43	0.82
>40.1	3.70	0.22	1.53	17.22	0.83	7.45	0.42	2.88	18.03	0.78	10.40	0.59	4.05	17.79	0.78

注：*OR* 为耗氧率［μmol/(g·h)］；*NR* 为排氨率［μmol/(g·h)］；*CR* 为二氧化碳排出率［μmol/(g·h)］；*O/N* 为耗氧率和排氨率的摩尔比；*Q* 为呼吸熵。

3　讨论

3.1　实验表明，日本蟳的耗氧率和排氨率随个体的增大而下降，呈负相关幂指数关系，这种现象与动物的组织、脏器的比重有关，直接维持生命的组织和脏器，如肾脏、肝脏等的新陈代谢强度高于非直接生命的其他组织，如肌肉、脂肪等。在动物生长过程中，这两种组织的比例随之减小，即肌肉和脂肪等积累增多，从而引起单位体重的耗氧率降低，这种现象在其他甲壳类动物也普遍存在（张硕，1998；董双林，1994a；周洪琪，1990；谢宝华，1982；Lenmens，1994）。日本蟳耗氧率和排氨率与体重的关系均符合 $Y=aW^b$ 模式，其中 a 值因受各种因素如温度、运动等的影响而变化较大，而 b 值相对较稳定。本实验中随温度的升高，耗氧率和排氨率关系式中的 b 值分别从−0.929 降至−0.756 和从−0.971 降为−0.804。谢宝华等（1982）在研究不同温度对对虾耗氧率的影响时得出随温度的升高 b 值从 0.57 降为 0.47，与本实验结果有相似规律。周洪琪等（1990）研究中国对虾亲虾耗氧率得出的 b 值为 1.3，而 Clifford 等（1983）得出罗氏沼虾的 b 值为 0.57。

表 3　温度对日本蟳能量代谢的影响强度

Table 3　Effect degree on energy metabolism of Japanese stone crab (*Charybdis japonica*)

体重组（g）Weight range	7～12 ℃			12～17 ℃			7～17 ℃		
	OR	*NR*	*CR*	*OR*	*NR*	*CR*	*OR*	*NR*	*CR*
6.1～10.0	2.39	2.48	2.37	1.80	1.54	1.56	2.21	2.10	2.06
10.1～15.0	2.80	2.70	2.96	1.64	1.66	1.71	2.34	2.29	2.46
15.1～20.0	2.43	3.76	2.07	2.45	1.86	2.53	2.56	2.95	2.35

（续）

体重组（g）Weight range	7～12 ℃			12～17 ℃			7～17 ℃		
	OR	*NR*	*CR*	*OR*	*NR*	*CR*	*OR*	*NR*	*CR*
20.1～25.0	2.65	2.88	2.57	2.15	1.85	1.93	2.55	2.50	2.38
25.1～30.0	2.78	2.19	2.77	2.45	2.03	2.66	2.78	2.21	2.87
30.1～35.0	3.44	4.28	3.42	2.03	1.31	1.70	2.91	2.74	2.68
35.1～40.0	3.37	3.83	3.70	1.63	1.71	1.53	2.61	2.88	2.68
>40.1	3.57	3.31	3.18	2.30	2.36	2.35	3.15	3.04	2.96

3.2 从实验的结果来看，温度对日本蟳耗氧率、排氨率和二氧化碳排泄率的影响显著。表现出随温度的升高，日本蟳的耗氧率、排氨率和二氧化碳排泄率均增加，这是由于温度升高，动物的组织器官的活动性能提高，体内的各种生化反应速度加快，致使呼吸和代谢加快，这是变温动物的一般特征。日本沼虾、中国对虾和日本对虾随水温的升高都表现出耗氧率和排氨率显著增加的规律（周洪琪，1990；谢宝华，1982；董双林，1994；Chen，1993），说明温度对甲壳类动物的活动具有显著的影响。温度对代谢影响的强度可用 Q_{10} 来表示：$Q_{10}=(M_2/M_1)_{10}/(T_2-T_1)$，式中，$M_1$、$M_2$ 分别为温度 T_1、T_2 时的代谢率，Q_{10} 值的大小反映了温度对代谢率影响的强度。成体虾类的 Q_{10} 值由于种类的不同而有差异，一般在 2～3 之间（Kinne，1963）。温度对日本蟳能量代谢影响强度（Q_{10}）值见表 3，从表 3 可以看出，低温时值比高温时大，说明日本蟳在低温时对温度更为敏感，同时可以看出，随个体的增大时值也增大，反映出温度对大个体的代谢影响更大。

3.3 通过氧氮比（*O/N*）和呼吸熵（*Q*）能够估计甲壳类动物代谢中能源的化学本质。Mayzalld（1976）提出，如果完全由蛋白质氧化提供能量，氧氮比约为 7。Ikeda（1974）提出，如果是蛋白质和脂肪氧化供能，氧氮比约为 24。Conover 和 Corner 指出，如果主要由脂肪或碳水化合物供能，氧氮比将由此变为无穷大。呼吸熵（*Q*）的值因动物代谢基质的不同而异，大体在 0.7～1 的范围内（碳水化合物为 1，蛋白质为 0.8，脂肪为 0.7）（罗会明等译，1987）。本实验中，日本蟳的 *O/N* 比为 15.1～19.8，呼吸熵（平均值）为 0.78～0.81。假设本研究中日本蟳蛋白质代谢的产物完全是氨氮，则可计算出日本蟳代谢基质中蛋白质、脂肪和碳水化合物的比例大约为 56∶31∶13，说明参与日本蟳代谢的主要能源是蛋白质，其次是脂肪和碳水化合物。周洪琪（1990）认为，中国对虾亲虾在能量代谢中主要利用蛋白质，脂肪次之，代谢基质中蛋白质、脂肪和碳水化合物的比例为 40∶37∶23，说明日本蟳的代谢基质中蛋白质的比例比中国对虾高。

参考文献

董双林，等，1994a. 日本沼虾生理生态学研究：温度和体重对其代谢的影响．海洋与湖沼，25（3）：233-237.

董双林，等，1994b. 日本沼虾生理生态学研究：温度和体重对能量收支的影响．海洋与湖沼，25（3）：238-242.

韩舞鹰，等，1986. 海水化学要素调查手册．北京：海洋出版社．

罗会明，等译（大森倍，池田勉著），1987. 浮游动物生态的研究．北京：海洋出版社．

谢宝华，等，1982. 对虾在不同温度下的耗氧率．海洋渔业，4（6）：253-256.

虞冰如，等，1990. 日本沼虾饲料最适蛋白质、脂肪含量及能量蛋白比的研究．水产学报，14（4）：321-326.

张硕，等，1998. 中国对虾能量学研究Ⅰ．海洋大学学报，28（2）：223-227.

周洪琪，等，1990. 中国对虾亲虾的能量代谢．水产学报，14（2）：114-119.

Chen J C，1993. Effects of temperature and sality on oxygen consumption and ammonia-N excretion of juvenile *Penaeus japonicus*. J. Exp. Mar. Biol. Ecol.，165：161-170.

Conover R I，et al.，1968. Respiration and nitrogen excretion by some marine zooplankton in relation to their life cycles. J. Mar. Bio. Assoc.，U. K. 48：49-75.

Ikeda T，1974. Nutritional ecology of marine zooplankton. Mem. Fac. Fish. Hokkaido Univ.，22：1-97.

Kinne O，1963. The effects of temperature and sality on marine and brackish water animal. I. Temperature. Oceanorg. Mar. Biol. Annu. Rev.，1：301-340.

Lenmens J W T，1994. The western rock lobster *Panulirus cygnus*：the effect of temperature and development stage on energy requirements of pueruli. J. Exp. Mar. Biol. Ecol.，180：221-234.

Mayzand P，1976. Respiration and nitrogen excretion of zooplankton IV. The influence of starvation on the metabolism and biochemical composition of some species. Mar. Bio.，37：47-58.

Paul A J，1989. Bioenergetics of the Alaskan crab *Chionoecetes bairdi*. J. of Crustacean Biology，9（1）：25-36.

Rosas C，1993. Energy balance of *Callinecte srathbunae* Contreras 1930 in floating cages in a tropical coastal lagoon. J. of The World. Aqua. Socie.，24（1）：71-79.

Villarreal H，1991. A partial energy budget for the Australian crayfish *Cherax tenuimanus*. J. The World. Aqua. Socie.，22（4）：252-259.

Primary Studies on Energy Metabolism of Japanese Stone Crab（*Charybdis japonica*）

Wang Jun，Jiang Zuhui，Zhang Bo，Sun Yao，Tang Qisheng

（*Yellow Sea Fisheries Research Institute，Qingdao 266071*）

Abstract：Effects of temperature and body weight on the oxygen consumption rate，ammonia excretion rate and carbon dioxide excretion rate of Japanese stone crab（*Charybdis japonica*）were studied under artificial conditions in laboratory. The experimental results indicate that the oxygen consumption rate and ammonia excretion rate and carbon dioxide excretion rate are all correlated positively with water temperature and negatively with the body weight. The relationship of oxygen consumption rate or ammonia excretion rate or carbon dioxide excretion rate with the body weight of Japanese stone crab (*Charybdis japonica*) can be expressed by the model $Y=aW^b$. The data on O/N and Q indicate that the main material involved in the energy metabolism of Japanese stone crab (*Charybdis japonica*) is protein, followed by lipid and carbohydrate. The ratio is 56∶31∶13.

Key words: Japanese stone crab (*Charybdis japonica*); Oxygen consumption rate; Ammonia excretion rate; CO_2 excretion rate

三、功能群、群落结构与多样性

东海高营养层次鱼类功能群及其主要种类①

张波，唐启升②，金显仕
（中国水产科学研究院黄海水产研究所，
农业部海洋渔业资源可持续利用重点开放实验室，青岛 266071）

摘要： 在 2000 年秋季和 2001 年春季东海 120°～126.75°N、25.75°～31°E 范围内的两次大面积调查基础上，以占渔获量 90%的鱼类为研究对象，分析东海春、秋两季 2 个鱼类群落的功能群。结果表明，东海高营养层次鱼类群落包括 7 个功能群，即鱼食性鱼类、虾/鱼食性鱼类、虾食性鱼类、虾蟹食性鱼类、底栖动物食性鱼类、浮游动物食性鱼类和广食性鱼类。其中东海近海春季鱼类种群由浮游动物食性鱼类、底栖动物食性鱼类、鱼食性龟类和虾食性鱼类 4 个功能群组成，秋季鱼类种群由虾/鱼食性鱼类、虾食性鱼类、广食性鱼类、虾蟹食性鱼类、鱼食性鱼类和浮游动物食性鱼类 6 个功能群组成；东海外海春季鱼类种群由鱼食性鱼类、底栖动物食性鱼类、浮游动物食性鱼类和虾食性鱼类 4 个功能群组成，秋季鱼类种群由浮游动物食性鱼类、虾/鱼食性鱼类、鱼食性鱼类、虾食性鱼类和底栖动物食性鱼类 5 个功能群组成。从生物量组成上分析，在各鱼类群落中发挥主要作用的功能群不同，春季东海鱼类群落以浮游动物食性鱼类功能群为主，而秋季以鱼食性鱼类功能群为主。其中带鱼、白姑鱼、六丝矛尾虾虎鱼，多棘腔吻鳕、龙头鱼、小黄鱼、细条天竺鱼、发光鲷、鳀、花斑蛇鲻、短鳍红娘鱼、竹筴鱼、条尾绯鲤、黄鳍马面鲀、黄条鰤等 15 种鱼为各功能群的主要种类。群落种类组成的差异，同种类体长分布的差异，以及饵料基础的时空变化是导致东海各鱼类群落功能群组成差异的主要原因。

关键词： 功能群；同食物资源种团；鱼类群落；东海

食物联系是海洋生态系统结构与功能的基本表达形式，能量通过食物链-食物网转化为各营养层次生物生产力，形成生态系统生物资源产量，并对生态系统的服务和产出及其动态产生影响。从生物学的角度看，海洋生态系统对物理和化学过程的响应常常表现为食物网的变化，而且海洋食物网又直接与生态系统的多样性、脆弱性和生产力相关联，因此食物网研究在海洋生态系统整合研究中也具有不可替代的重要地位[1,2]。当前，食物网及其营养动力

① 本文原刊于《中国水产科学》，14（6）：939－949，2007。

② 通讯作者。

学过程研究已成为国内外海洋生态系统动力学研究的重要内容和前沿领域[3,4]。中国从 20 世纪 60 年代就开始进行鱼类摄食习性的研究[5,6]，并且用食性分析的方法，对中国近海各海域的鱼类食物关系进行了研究[7-11]。这些研究以鉴别和计量研究海区主要资源种的摄食种类及组成，分析计算营养级和食物关系为主[1]，为进一步开展食物网及其营养动力学过程的研究提供了丰富的历史资料。

由于海洋生态系统生物种类的多样性和食物关系的复杂性，使得全种类的食物网定量研究和定性分析变得十分困难，选择在食物关系、营养层次转化中发挥重要功能作用的关键种以及重要的生物种类中开展有选择研究，即“简化食物网”的研究策略已逐渐成为一种新的研究趋势[1]。为了使选用种类有一个合理的判别标准并使简化食物网有真实的代表性，在中国近海生态系统动力学研究中采用了食物网关键种为研究策略，以各营养层次关键种为核心展开研究。以关键种为核心的研究策略实际还包括若干重要种类和相关的生物群落。对各营养层次来说，所谓的关键种和重要种类就是在食物网能量流动中发挥关键作用的功能群，及生物群落中发挥关键作用的部分[2]。在这一研究策略的指导下，本课题组对中国近海各海域高营养层次重要生物资源种类的营养级进行了研究[12]。在此基础上，本研究对东海近海鱼类群落（春季近海鱼类群落 SG3 和秋季近海鱼类群落 AG3）和外海鱼类群落（春季外海鱼类群落 SG4 和秋季外海鱼类群落 AG4）[13]的功能群进行划分和研究，以便进一步分析研究在中国近海高营养层次食物网能量流动中发挥关键作用的种类，为定量建立简化食物网提供理论依据。

1　材料与方法

1.1　样品的采集与分析

选取占渔获量 90%的鱼类为研究对象。样品是 2000 年 10—11 月和 2001 年 4 月中国水产科学研究院黄海水产研究所“北斗”号海洋科学调查船在东海 120°～126.75°N、25.75°～

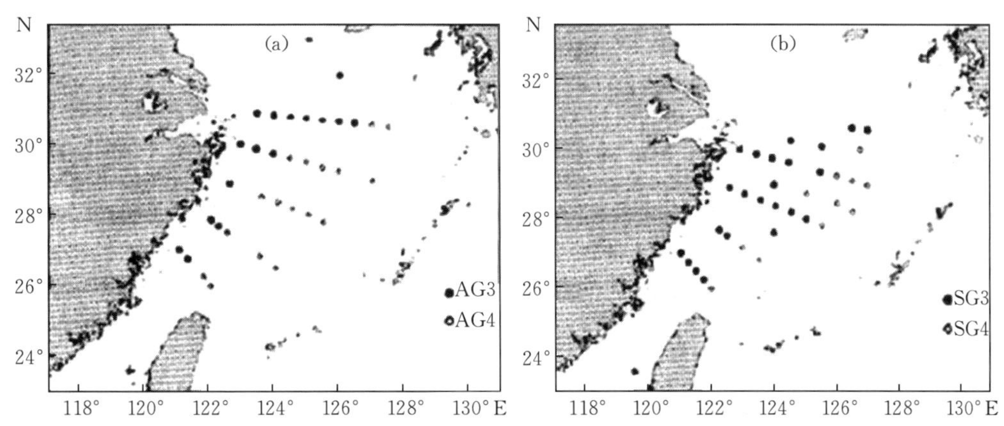

图 1　2000 年秋季（a）和 2001 年春季（b）东海调查站位和群落分布图

AG3 和 SG3 为近海鱼类群落　AG4 和 SG4 为外海鱼类群落[13]

Figure 1　Survey stations of the East China Sea in autumn 2000 (a) and spring 2001 (b)

AG3 and SG3 represent inshore groups; AG4 and SG4 represent offshore groups[13]

31°E 范围内进行大面积调查时所采集，取样站位如图 1 所示，AG3 和 AG4 为 2000 年秋季采样站位，SG3、SG4 为 2001 年春季采样站位。采用传统的胃含物分析方法[12,14,15]对样品鱼的摄食进行分析。

1.2 数据分析

采用同食物资源种团（diet trophic guild）的研究方法[16-19]对鱼类群落功能群进行划分和研究（所谓同食物资源种团是指群落中利用相似的食物资源的物种的集合[20-23]，常用聚类分析的方法来进行研究）。本研究采用 PRIMER v5.0 进行聚类分析，用 Bray-Curtis 相似性系数为标准来划分。由于饵料相似性系数的大小受饵料生物的分类阶元影响较大[24]，通常分类阶元越低，相似性系数越小，同食物资源种团划分越细。因此在划分时所采用的相似性系数并没有一个统一的标准[16-19]。本研究将每种鱼的食物组成归为 16 种饵料类群：桡足类、磷虾类、蛾类、甲壳类幼体、介形类、底层虾类、蟹类、口足类、蛇尾类、腹足类、双壳类、多毛类、钩虾类、头足类、鱼类和其他类（包括不可辨认的饵料生物，以及在食物中相对重要性指数百分比未达到 5%的饵料类群）来进行聚类分析，因此采用 60%的相似性系数为标准来划分鱼类群落的同食物资源种团。

在同食物资源种团划分的基础上进行功能群的研究。基本方法是：根据饵料特性，将这 16 种饵料类群划分为鱼类，底层虾类，蟹类，底栖动物以及浮游动物 5 大类；同时采用一般多数的原则，将各同食物资源种团的平均饵料组成比例超过 60%的定义为主要摄食对象[14]，并以此将各鱼类群落的同食物资源种团归入各功能群中。根据各种类生物量组成资料[25]确定每一功能群的主要种类。各饵料组成所占的比例采用相对重要性指数百分比（IRI）[18,19]表示。

$$IRI=(W\%+N\%)\times F\%\times 10^4$$

$$\%IRI_i=100\times IRI_i/\sum_{i=1}^{n} IRI_i$$

其中，IRI、$W\%$、$N\%$和 $F\%$分别为各饵料生物的相对重要性指数、质量百分比、个数百分比以及出现频率。

2 结果与分析

2.1 样品情况

样品采集与体长测量结果如表 1 所示，共采样鱼样 30 种，其中 AG3 有 13 种，AG4 有 14 种；SG3 有 7 种，SG4 有 18 种，共 6 435 个胃含物样品。

表 1 东海不同鱼类群落中的主要鱼种及其标准体长

Table 1 Major fish species and their standard body length for each fish assemblage in the East China Sea

n=6 435；$\overline{X}$±S. D.

鱼种 Fish species	标准长度/mm Standard body length			
	AG3	AG4	SG3	SG4
鲐 *Scomber japonicus*	216.09±19.19	186.64±19.74	102.91+63.68	67.36±4.17
发光鲷 *Acropoma japonicum*	43.94±5.18	69.10±21.08	64.18±9.17	59.55±6.64

（续）

鱼种 Fish species	标准长度/mm Standard body length			
	AG3	AG4	SG3	SG4
带鱼 *Trichiurus haumela*	185.82±47.15	192.33+40.12	150.31±30.84	195.73±41.61
竹筴鱼 *Trachurus japonicus*	153.34±6.56	157.76±8.37	—	142.76±48.12
白姑鱼 *Argyrosomus argentatus*	110.83±16.61	137.83±15.11	—	—
小黄鱼 *Pseudosciaena polyactis*	130.03±21.71	—	115.10±38.69	—
细条天竺鱼 *Apogonichthys lineatus*	39.14±7.47	—	53.86±10.95	—
龙头鱼 *Harpadon nehereus*	197.11±34.71	—	—	—
六丝矛尾虾虎鱼 *Chaeturichthys heranema*	69.52±15.59	—	—	—
七星底灯鱼 *Myctophum pterotum*	30.73±5.18	—	—	—
皮氏叫姑鱼 *Johnius belangerii*	87.96±36.86	—	—	—
多棘腔吻鳕 *Coelorhynchus multispinulosus*	184.81±23.84	—	—	—
海鳗 *Muraenesox cinereus*	345.63±51.93	—	—	—
花斑蛇鲻 *Saurida undosquamis*	—	105.13±25.55	164.12±24.71	140.96±28.42
短尾大眼鲷 *Priacanthus macrocanthus*	—	178.52±24.40	—	161.84±15.14
长蛇鲻 *Saurida elongate*	—	196.11±48 24	—	215.80±76.87
短鳍红娘鱼 *Lepidotrigla microptera*	—	138.50±23.99	—	100.23±8.80
条尾绯鲤 *Upeneus bensasi*	—	107.51±22.94	—	130.47±19.19
叉斑狗母鱼 *Synodus macrops*	—	111.35±34.34	—	126.85±16.29
黄鳍马面鲀 *Thamnaconus hypargyreus*	—	118.09±68.04	—	118.78±30.46
蓝点马鲛 *Scomberomorus niphonius*	—	392.29±49.43	—	—
棕斑腹刺鲀 *Gastrophysus spadiceus*	—	276.14±23.71	—	—
鳀 *Engraulis japonicus*	—	—	132.75±12.20	—
黄条鰤 *Seriola lalandi*	—	—	—	630.43±203.83
日本魣 *Sphyraena japonica*	—	—	—	277.98±17.11
拟穴奇鳗 *Alloconger anagoides*	—	—	—	131.58±22.06
尖牙鲈 *Synagrops argyrea*	—	—	—	49.16±5.12
日本海鲂 *Zeus japonicus*	—	—	—	159.62±51.59
高体若鲹 *Caranx equula*	—	—	—	154.38±28.32
黑鮟鱇 *Lophiomus setigerus*	—	—	—	144.42±42.74

2.2 近海鱼类群落的功能群

2.2.1 AG3 的功能群

聚类分析表明 AG3 的 13 种鱼类可分为 7 个同食物资源种团，由 6 个功能群组成。6 个功能群包括虾/鱼食性鱼类、虾食性鱼类、广食性鱼类、虾蟹食性鱼类、鱼食性鱼类和浮游动物食性鱼类（图 2）。虾/鱼食性鱼类的相似性水平为 64.61%，包括海鳗和带鱼，摄食 40.37%（范围为 25.96%～54.78%）的底层虾类和 43.20%（范围为 41.86%～44.54%）的鱼类，同时还摄食一定比例的蟹类和口足类（图 3a）。虾食性鱼类包括皮氏叫姑鱼和白姑鱼，摄食的相似性水平为 67.63%；摄食 64.61%（范围为 64.20%～65.02%）的底层虾类，同时还摄食一定比例的鱼类和口足类（图 3b）。六丝矛尾虾虎鱼是广食性鱼类，摄食 30.15%的鱼类，29.99%的底层虾类和 28.93%的底栖动物（图 3c）。多棘腔吻鳕是虾蟹食性鱼类，摄食 54.09%的蟹类，18.03%的底层虾类和 19.57%的口足类（图 3d）。鱼食性鱼类的相似性水平为 71.58%，包括竹筴鱼、龙头鱼、小黄鱼和鲐，摄食 87.64%（范围为 66.58%～99.70%）的鱼类（图 3e）。浮游动物食性鱼类的相似性水平为 50.59%，包括 2 个同食物资源种团，一个同食物资源种团包括细条天竺鱼和发光鲷，主要以磷虾类为食，占食物的 89.87%（范围是 86.27%～93.47%），相似性水平为 83.48%；另一同食物资源种团为七星底灯鱼，摄食 72.67%的桡足类，同时摄食相当比例的磷虾类(图 3f)。

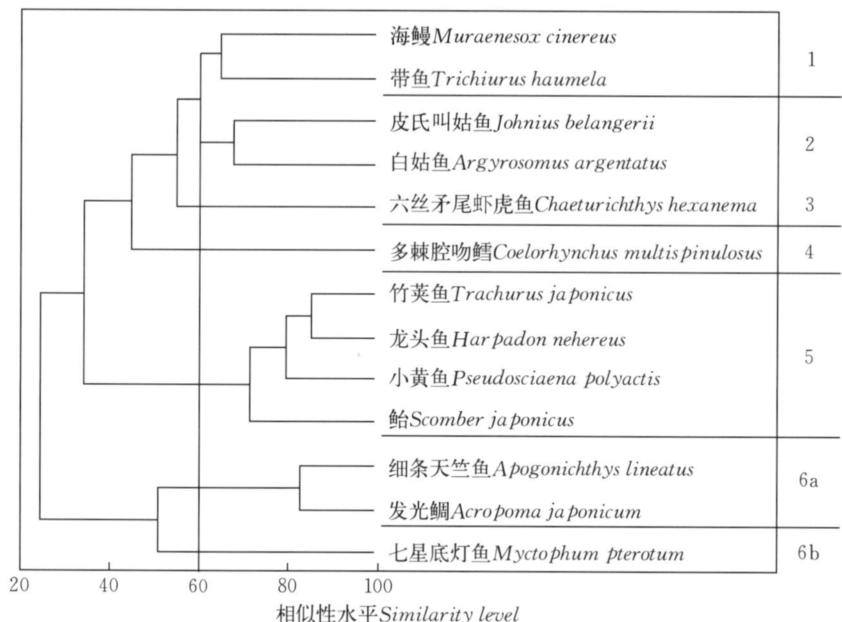

图 2 秋季东海近海（AG3）功能群的聚类分析图

1. 虾/鱼食性鱼类 2. 虾食性鱼类 3. 广食性鱼类 4. 虾蟹食性鱼类

5. 鱼食性鱼类 6a，6b. 浮游动物食性鱼类

Figure 2 Dendrogram of different functional groups in autumn inshore fish assemblages（AG3）defined by cluster analysis

1. Shrimp/fish predators 2. Shrimp predators 3. Generalist predators 4. Shrimp/crab predators 5. Piscivores 6a，6b. Zooplanktivores

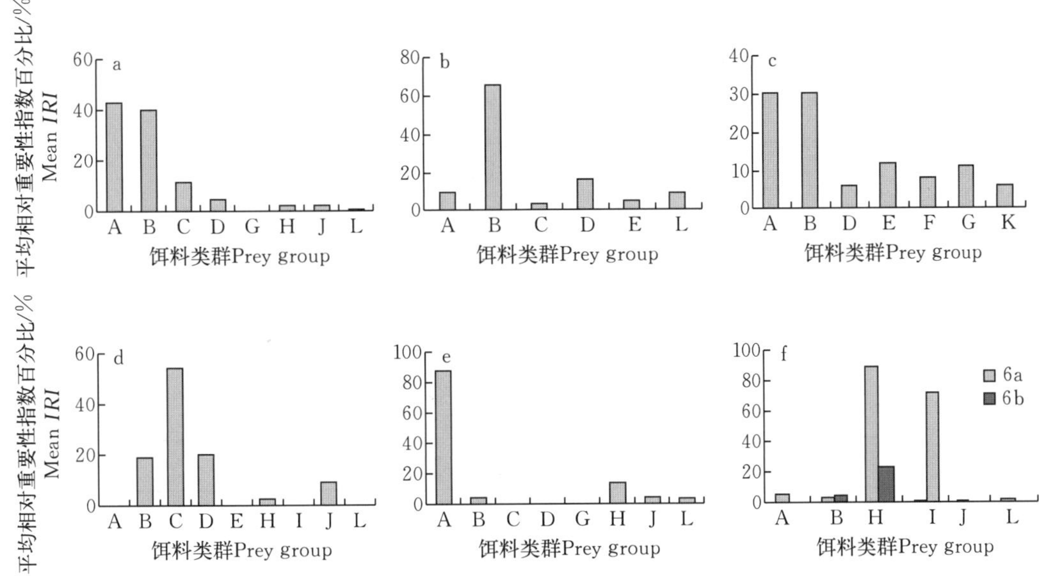

图 3 秋季东海近海（AG3）各功能群的食物组成

a. 虾/鱼食性鱼类 b. 虾食性鱼类 c. 广食性鱼类 d. 虾蟹食性鱼类 e. 鱼食性鱼类 f. 浮游动物食性鱼类

Figure 3 Diet composition of each functional groups in autumn inshore fish assemblages（AG3）

a. Shrimp/fish predators b. Shrimp predators c. Generalist predators d. Shrimp/crab predators e. Piscivores f. Zooplanktivores

根据生物量组成（图 4），AG3 中鱼食性鱼类、虾/鱼食性鱼类和浮游动物食性鱼类 3 个功能群所占的比例较大。鱼食性鱼类功能群的主要种类为小黄鱼和龙头鱼，虾/鱼食性鱼类功能群的主要种类为带鱼，浮游动物食性鱼类功能群的主要种类为细条天竺鱼。

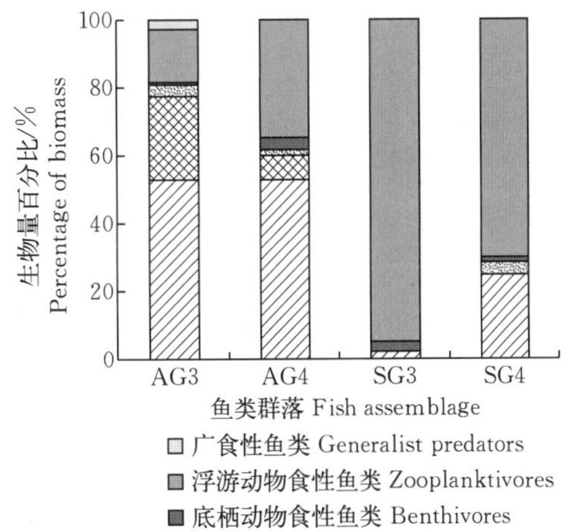

图 4 东海各鱼类群落中各功能群的生物量组成

Figure 4 Biomass composition af functional groups in each fish assemblage in the East China Sea

2.2.2 SG3 的功能群

聚类分析表明 SG3 由 5 个同食物资源种团，4 个功能群组成。4 个功能群包括浮游动物食性鱼类、底栖动物食性鱼类、鱼食性鱼类和虾食性鱼类（图 5）。浮游动物食性鱼类功能群摄食的相似性水平为 56.29%，包括 2 个同食物资源种团。1 个同食物资源种团包括发光鲷和鳀，相似性水平为 64.84%，摄食 46.29%（范围为 39.48%～53.11%）的磷虾类和 38.88%（范围为 17.47%～60.29%）的桡足类（图 6a－1a）；另 1 个同食物资源种团包括带鱼和鲐，相似性水平为 75.66%，主要摄食磷虾类，占食物的 89.08%（范围为

83.07%～95.08%）（图 6a－1b）。细条天竺鱼为底栖动物食性鱼类，摄食 67.42%的钩虾和 11.41%的涟虫（图 6b）。花斑蛇鲻属鱼食性鱼类，摄食 96.67%的鱼类饵料（图 6c）。小黄鱼为虾食性鱼类，摄食 85.32%的底层虾类（图 6d）。

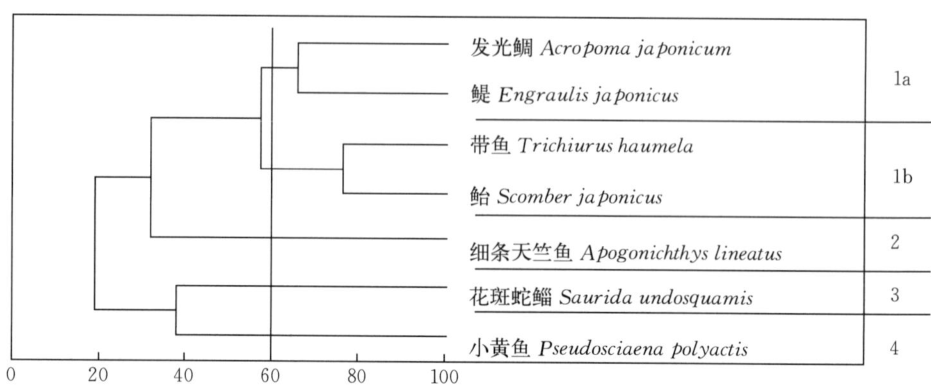

图 5　春季东海近海（SG3）功能群的聚类分析图

1a、1b. 浮游动物食性鱼类　2. 底栖动物食性鱼类　3. 鱼食性鱼类　4. 虾食性鱼类

Figure 5　Dendrogram of different functional groups in spring inshore fish assemblages（SG3）defined by cluster analysis

1a、1b. Zooplanktivores　2. Benthivores　3. Piscivores　4. Shrimp predators

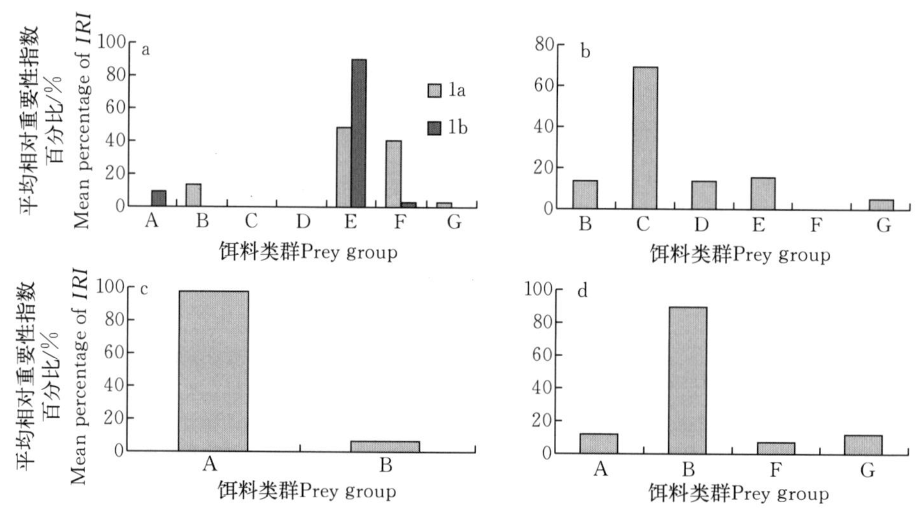

图 6　春季东海近海（SG3）各功能群的食物组成

a. 浮游动物食性鱼类　b. 底栖动物食性鱼类　c. 鱼食性鱼类　d. 虾食性鱼类

A. 鱼类　B. 底层虾类　C. 钩虾类　D. 涟虫类　E. 磷虾类　F. 桡足类　G. 其他

1a、1b. 浮游动物食性鱼类功能群的 2 个同食物资源种团

Figure 6　Diet composition of each functional groups in spring inshore fish assemblages（SG3）

a. Zooplanktivores　b. Benthivores　c. Piscivoras　d. Shrimp predators

A. Fishes　B. Shrimps　C. Cammarid amphipods　D. Cumacea　E. Euphausiacea　F. Copepoda　G. Others　1a、1b. Zooplanktivores

根据生物量组成（图 4），SG3 中浮游动物食性鱼类功能群所占的比例较大，其主要种类为发光鲷和鳀。

2.3 外海鱼类群落的功能群

2.3.1 AG4 的功能群

聚类分析表明 AG4 的 14 种鱼类可分为 7 个同食物资源种团，5 个功能群。5 个功能群包括浮游动物食性鱼类、虾/鱼食性鱼类、鱼食性鱼类、虾食性鱼类和底栖动物食性鱼类（图 7）。浮游动物食性鱼类的相似性水平为 47.41%，包括 2 个同食物资源种团。其中 1 个同食物资源种团包括发光鲷和带鱼，摄食 58.32%的磷虾类和 6.08%的桡足类，鱼类和底层虾类也是其重要的饵料种类，分别占食物的 19.70%和 15.44%（图 8a－1a）；另一个同食物资源种团主要包括鲐，主要摄食磷虾类和桡足类，分别占食物的 29.27%和 57.04%（图 8a－1b）。虾/鱼食性鱼类的相似性水平为 71.19%，包括短鳍红娘鱼、白姑鱼和短尾大眼鲷；摄食 43.74%（范围为 35.79%～54.97%）的鱼类和 46.23%（范围为 37.22%～56.43%）的底层虾类（图 8b）。鱼食性鱼类的相似性水平为 77.14%，包括花斑蛇鲻、竹筴鱼、叉斑狗母鱼、蓝点马鲛和长蛇鲻，摄食 94.31%（范围为 86.88%～98.43%）的鱼类（图 8c）。条尾绯鲤为虾食性鱼类，摄食 96.23%的底层虾类（图 8 d）。棕斑腹刺鲀和黄鳍马

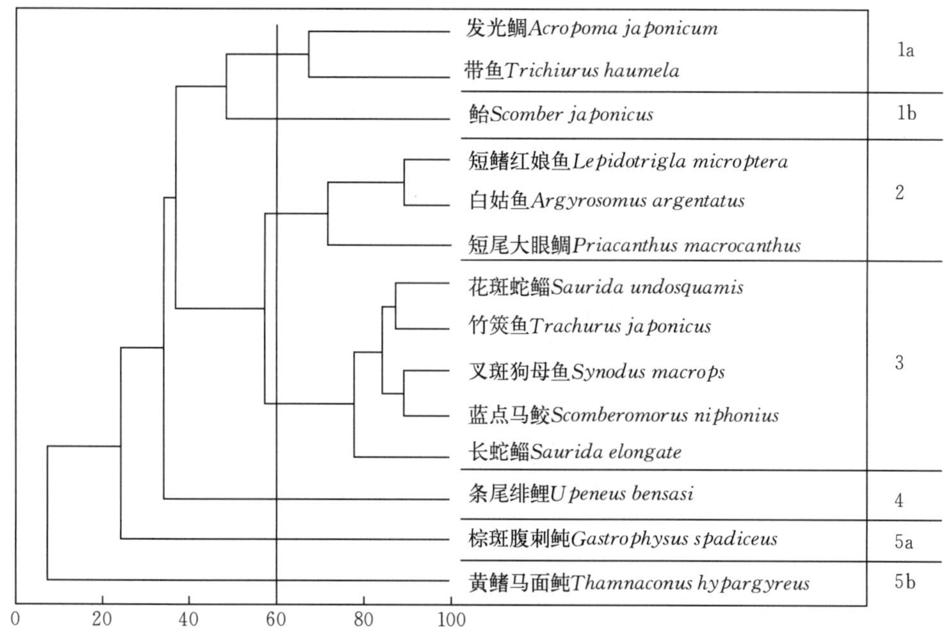

图 7 秋季东海外海（AG4）功能群的聚类分析图

1a、1b. 浮游动物食性鱼类 2. 虾/鱼食性鱼类 3. 鱼食性鱼类 4. 虾食性鱼类 5a、5b. 底栖动物食性鱼类

Figure 7 Dendrogram of different functional groups in autumn offshore fish assemblages (AG4) defined by cluster analysis

1a、1b. Zooplanktivores 2. Shrimp/fish predators 3. Piscivores 4. Shrimp predators 5a、5b. Benthivores

面鲀均为底栖动物食性鱼类，但由于摄食的优势饵料种类各不相同，属于该功能群中的不同同食物资源种团。棕斑腹刺鲀摄食 86.94%的腹足类（图 8e－5a）；而黄鳍马面鲀摄食 42.40%的蛇尾类和 26.71%的双壳类，同时还摄食相当比例的多毛类、钩虾类和腹足类等底栖动物（图 8e－5b）。

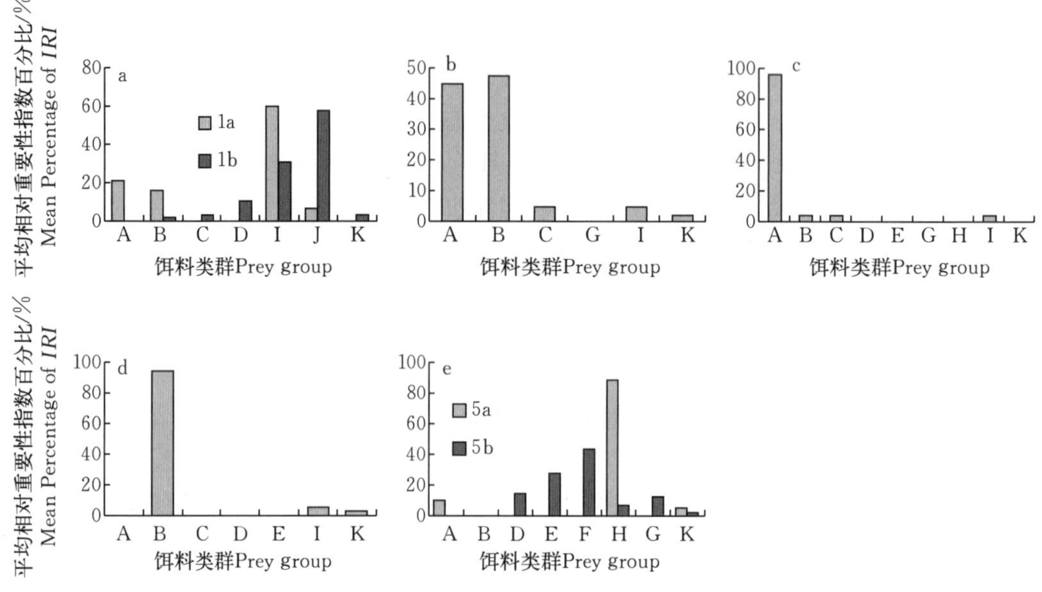

图 8 秋季东海外海（AG4）各功能群的食物组成

a. 浮游动物食性鱼类 b. 虾/鱼食性鱼类 c. 鱼食性鱼类 d. 虾食性鱼类 e. 底栖动物食性鱼类

A. 鱼类 B. 底层虾类 C. 头足类 D. 多毛类 E. 双壳类 F. 蛇尾类 G. 钩虾类 H. 腹足类 I. 磷虾类 J. 桡足类 K. 其他 1a、1b. 浮游动物食性鱼类功能群的 2 个同食物资源种团 5a、5b. 底栖动物食性鱼类功能群的 2 个同食物资源种团

Figure 8 Diet composition of each functional groups in autumn offshore fish assemblages (AG4)

a. Zooplanktivores b. Shrimp/fish predators c. Piscivores d. Shrimp predators e. benthivores

A. Fishes B. Shrimps C. Cephalopoda D. Polychaeta E. Bivalvia F. Ophiuroidea G. Gammarid amphipods H. Gastropoda I. Euphausiacea J. Copepoda K. Others 1a、1b. Zooplanktivores 5a、5b. Benthivores

根据生物量组成（图 4），AG4 中鱼食性鱼类和浮游动物食性鱼类 2 个功能群所占的比例较大。鱼食性鱼类功能群的主要种类为竹筴鱼，浮游动物食性鱼类功能群的主要种类为带鱼。

2.3.2 SG4 的功能群

聚类分析表明，SG4 由 5 个同食物资源种团，4 个功能群组成。4 个功能群包括鱼食性鱼类、底栖动物食性鱼类、浮游动物食性鱼类和虾食性鱼类（图 9）。鱼食性鱼类的相似性水平为 75.10%，包括日本海鲂、长蛇鲻、黑鮟鱇、黄条鰤、日本鲟和拟穴奇鳗 6 种鱼，摄食 93.01%（范围在 85.79%～100%）的鱼类（图 10a）。黄鳍马面鲀为底栖动物食性鱼类，摄食 45.46%的双壳类和 23.07%的腹足类（图 10b）。浮游动物食性鱼类包括的种类较多，共 9 种，相似性水平为 65.83%。根据优势饵料生物的不同，又可分为 2 个同食物资源种团：

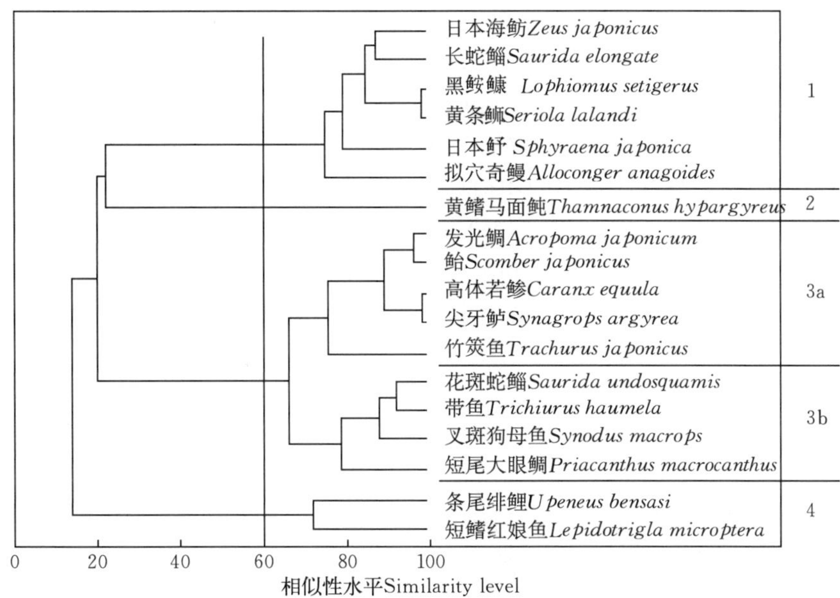

图 9　春季东海外海（SG4）功能群的聚类分析图

1. 鱼食性鱼类　2. 底栖动物食性鱼类　3a、3b. 浮游动物食性鱼类　4. 虾食性鱼类

Figure 9　Dendrogram of different functional groups in spring offshore fish assemblages（SG4）defined by cluster analysis

1. Piscivores　2. Benthivores　3a、3b. Zooplanktivores　4. Shrimp predators

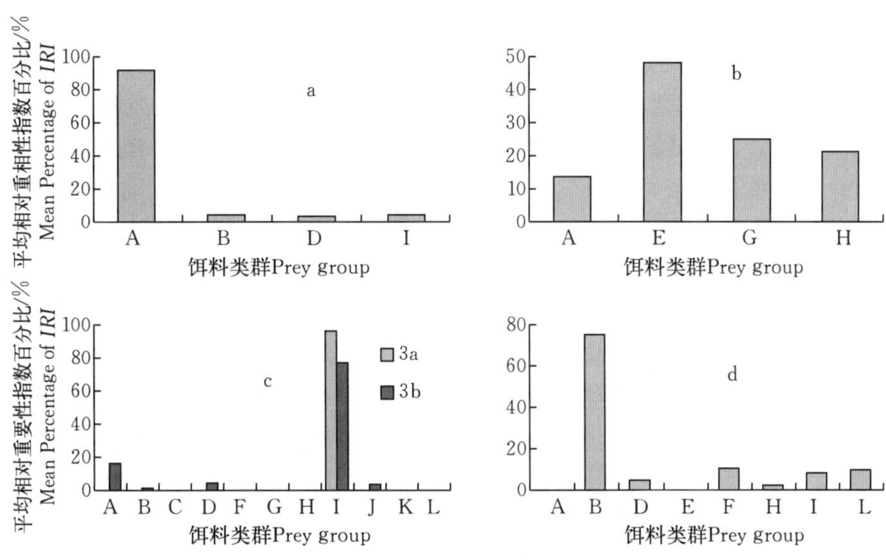

图 10　春季东海外海（SG4）各功能群的食物组成

a. 鱼食性鱼类　b. 底栖动物食性鱼类　c. 浮游动物食性鱼类　d. 虾食性鱼类

A. 鱼类　B. 底层虾类　C. 口足类　D. 头足类　E. 双壳类　F. 钩虾类　G. 腹足类　H. 甲壳类幼体　I. 磷虾类　J. 桡足类　K. 蛾类　L. 其他　3a、3b. 浮游动物食性鱼类功能群的 2 个同食物资源种团

Figure 10　Diet composition of each functional groups in spring offshore fish assemblages（SG4）

a. Piscivores　b. Benthivores　c. Zooplanktivores　d. Shrimp predators

A. Fishes　B. Shrimps　C. Stomatopoda　D. Cephalopoda　E. Bivalvia　F. Gammarid amphipods　G. Gastropoda　H. Crustacea larve　I. Eaphausiacea　J. Copepoda　K. Hyperiid amphipods　L. Others　3a、3b. Zooplanktivores

一个同食物资源种团包括发光鲷、鲐、高体若鲹、尖牙鲈和竹筴鱼，相似性水平为75.73%，主要摄食磷虾类，占食物的96.19%（范围为87.43%～100%）（图10c-3a）；另一同食物资源种团包括花斑蛇鲻、带鱼、叉斑狗母鱼和短尾大眼鲷，相似性水平为78.78%，摄食76.27%（范围为66.76%～89.39%）的磷虾类，还摄食相当比例的鱼类和头足类（图10c-3b）。虾食性鱼类的相似性水平为71.71%，包括条尾绯鲤和短鳍红娘鱼，摄食72.81%（范围为61.92%～83.71%）的底层虾类（图10 d）。

根据生物量组成（图4），SG4中包括浮游动物食性鱼类和鱼食性鱼类2个功能群所占的比例较大。浮游动物食性鱼类功能群的主要种类为发光鲷，鱼食性鱼类功能群的主要种类为黄条鰤。

3 讨论

本研究结果表明，东海鱼类群落可分为7个功能群：鱼食性鱼类、虾/鱼食性鱼类、虾食性鱼类、虾蟹食性鱼类、底栖动物食性鱼类、浮游动物食性鱼类和广食性鱼类。大量研究表明，尽管鱼类群落中种类组成会有显著的变化，但食物资源的利用方式，以及功能群的结构组成还是相对稳定的[19]。因此功能群的研究对分析食物网的能量和物质的流动，简化海洋生态系统的食物网结构具有重要的意义[26]。各鱼类群落功能群在组成上具有明显的季节和区域差异，从生物量组成角度分析显示（图4），各鱼类群落中发挥主要作用的功能群不同，春季东海鱼类群落主要为浮游动物食性鱼类功能群，而秋季以鱼食性鱼类功能群为主。东海近海春季由浮游动物食性鱼类、底栖动物食性鱼类、鱼食性鱼类和虾食性鱼类4个功能群组成，各功能群的主要种类分别为发光鲷和鳀、细条天竺鱼、花斑蛇鲻、小黄鱼；秋季由虾/鱼食性鱼类、虾食性鱼类、广食性鱼类、虾蟹食性鱼类、鱼食性鱼类和浮游动物食性鱼类6个功能群组成，各功能群的主要种类分别为带鱼、白姑鱼、六丝矛尾虾虎鱼、多棘腔吻鳕、龙头鱼、小黄鱼和细条天竺鱼。东海外海春季由鱼食性鱼类、底栖动物食性鱼类、浮游动物食性鱼类和虾食性鱼类4个功能群组成，各功能群的主要种类分别为黄条鰤、黄鳍马面鲀、发光鲷和竹筴鱼、短鳍红娘鱼；秋季由浮游动物食性鱼类、虾/鱼食性鱼类、鱼食性鱼类、虾食性鱼类和底栖动物食性鱼类5个功能群组成，各功能群的主要种类分别为带鱼、短鳍红娘鱼、竹筴鱼、条尾绯鲤、黄鳍马面鲀。

东海鱼类群落是根据鱼类栖息环境的差异以及季节性洄游分布特点来划分的[13]，其优势种类的数量及组成有很大的差异（表1），这是导致东海各鱼类群落功能群组成差异的主要原因。另外，同种类体长组成的差异也是影响功能群划分的重要因素，因为摄食会随体长发生变化。大量研究表明，鱼类摄食随体长的变化是一个普遍的现象，不论是不同体长组之间食物来源的不同[27]，还是随着体长增加，摄食的食物种类增多或食物体积不断扩大，同种类的大个体和小个体之间，摄食的优势食物种类或食物大小产生了完全或一定程度的分隔[15,28-30]。因此，由于食物资源利用的差异，同种类不同体长组的个体在生态系统的营养关系中就有可能占有不同的功能地位，因而属于不同的功能群。Munoz等[18]研究发现，如果完全基于分类或种的基础上划分功能群，智利沿岸潮间带的10种肉食性鱼类鱼类仅能划分出1个明显的功能群，而如果考虑体长，就可以划分出4个功能群。由于功能群内的竞争比功能群间的竞争更强[21]，如果同种类大个体和小个体属于不同功能群，它们之间的食物竞争就有可能小于不同物种之间的竞争。因此，忽略资源利用的体长差异会人为地高估资源重叠，或过多地关注种间的相互关系[29]。本研究发现，4 个鱼类群落的 30 种鱼类中，有 9 种鱼在不同的鱼类群落归属不同的功能群，其中细条天竺鱼在秋季鱼类群落中体长较小，属浮游动物食性鱼类，而在春季的鱼类群落中，体长增加，属于底栖动物食性鱼类。另外体长较小的鲐、带鱼、短尾大眼鲷和竹筴鱼在鱼类群落中属于浮游动物食性，体长较小的小黄鱼和短鳍红娘鱼在鱼类群落中属于虾食性，而这些种类随体长增大，则属于鱼食性或虾/鱼食性了。可见体长在功能群划分，以及考察食物资源的利用和分配中是非常重要的，在研究中应更多地注意考虑这一重要因素[16,19,32]。

另外，各鱼类群落功能群的食物组成差异也很大。例如，发光鲷在 4 个鱼类群落中均属于浮游动物食性鱼类这一功能群，在秋季近海鱼类群落和春季外海鱼类群落主要摄食磷虾类，占食物组成的 90%，而在秋季外海鱼类群落和春季近海鱼类群落摄食磷虾类和桡足类，还兼食一些底层虾类；属于虾食性鱼类功能群的条尾绯鲤，在秋季外海鱼类群落中主要摄食细螯虾，而在春季外海鱼类群落摄食虾类的种类较多，包括米虾、安乐虾、细螯虾和长臂虾等；底栖动物食性鱼类功能群的黄鳍马面鲀，春季外海鱼类群落主要摄食双壳类和腹足类，而在秋季外海鱼类群落主要摄食蛇尾类和双壳类，还摄食多毛类、钩虾和腹足类等。可见季节以及栖息地的差异，导致饵料种类存在显著的时空变化，这是导致同一种类在不同鱼类群落中其食物组成不同的主要原因，在其他海域的研究中也有类似现象的发现[19]。同样，这一差异也是导致东海各鱼类群落功能群组成差异的另一主要原因。

综上所述，东海各鱼类群落功能群组成差异的主要原因包括鱼类群落种类组成的差异，体长分布的差异，以及饵料基础的时空变化。

致谢：本研究的所有样品均由黄海水产研究所“北斗”号海洋科学调查船捕获，戴芳群、李延智等参加生物学测定工作，韦晟等参加胃含物分析工作，在此一并致谢。

参考文献

[1] 唐启升．海洋食物网与高营养层次营养动力学研究策略［J］．海洋水产研究，1999，20（2）：1-11.

[2] 唐启升．海洋食物网及其在生态系统整合中的意义［R］//香山科学会议第 228 次学术讨论会，2004：19-24.

[3] 唐启升，苏纪兰．中国海洋生态系统动力学研究：Ⅰ关键科学问题与研究发展战略［M］．北京：科学出版社，2000.

[4] IMBER. Science Plan and Implementation Strategy［R］//IGBP Report No. 52，IGBP Secretariat，Stockholm. 2005：76.

[5] 杨纪明，郑严．浙江、江苏近海大黄鱼 *Pseudosciaena crocea*（Richardson）的食性及摄食的季节变化［J］．海洋科学集刊，1962，2：14-30.

[6] 杨纪明，林景祺．烟台及其附近海区的摄食习性［C］//太平洋西部渔业研究委员会第七次全体会议论文集．北京：科学出版社，1966：10-25.

[7] 张其永，林秋眠，林尤通，等．闽南-台湾浅滩渔场鱼类食物网研究［J］．海洋学报，1981，3：275-290.

[8] 韦晟，姜卫民．黄海鱼类食物网的研究［J］．海洋与湖沼，1992，23：182-192.

[9] 邓景耀，孟田湘，任胜民．渤海鱼类食物关系的初步研究 [J]. 生态学报，1986，6：56 - 364.

[10] 邓景耀，姜卫民，杨纪明．等．渤海主要生物种间关系及食物网研究 [J]. 中国水产科学，1997，4：1 - 7.

[11] 薛莹．黄海中南部主要鱼种摄食生态和鱼类食物网研究 [D]. 青岛：中国海洋大学，2005.

[12] 张波，唐启升．渤、黄、东海高营养层次重要生物资源种类的营养级研究 [J]. 海洋科学进展，2004，22：393 - 404.

[13] Jin X，Xu B，Tang Q. Fish assemblage structure in the East China Sea and southern Yellow Sea during autumn and spring [J]. J Fish Biol，2003，62：1194 - 1205.

[14] 张波，唐启升．东、黄海六种鳗的食性 [J]. 水产学报，2003，27：307 - 314.

[15] 张波．东、黄海带鱼的摄食习性及随发育的变化 [J]. 海洋水产研究，2004，25：6 - 12.

[16] Garrison L P，Link J S. Dietary guild structure of the fish community in the Northeast United States continental shelf ecosystem [J]. Mar Ecol Prog Ser，2000，202：231 - 240.

[17] Simherloff D，Dayan T. The guild concept and the structure of ecological communities [J]. Annu Rev Ecol Syst，1991，22：115 - 143.

[18] Munoz A A，Ojeda F P. Guild structure of carnivorous intertidal fishes of the Chilean coast：implications of ontogenetic dietary shifts [J]. Oecologia，1998，114：563 - 573.

[19] Garrison P G. Spatial and dietary overlap in the Georges bank groundfish community [J]. Can J Fish Aquat Sci.，2000，57：l679 - 1691.

[20] Root R B. The niche exploitation pattern of the blue - gray gnatcatcher [J]. Ecol Monogr，1967，37：317 - 350.

[21] Pianka E R. Guild structure in desert lizards [J]. Oikos，1980，35：194 - 201，.

[22] Austen D J，Bayley P B，Menzel B W. Importance of the guild concept to fisheries research and management [J]. Fisheries，1994，19：12 - 20.

[23] 孙儒泳．动物生态学原理 [M]. 北京：北京师范大学出版社，1992：363.

[24] Greene H W，Jaksic F M. Food-niche relationships among sympatric predators：effects of level of prey identification [J]. Oikos，1983，40：151 - 154.

[25] 唐启升．黄、东海生态系统动力学调查图集 [M]. 北京：科学出版社，2004.

[26] Hawkins C P，MacMahon J A. Guilds：the multiple meanings of a concept [J]. Annu Rev Entomol，1989，34：423 - 451.

[27] Letourneur Y，Galzin R，Harmelin-Vivien M. Temporal variations in the diet of the damselfish *Stegastes nigricans* (Lace-pede) on a reunion fringing reef [J]. J Exp Mar Biol Ecol，1997，217：1 - 18.

[28] Labropoulou M，Machias A，Tsimenides N，et al. Feeding habits and ontogenetic diet shift of the striped red mullet，*Mullus surmuletus* Linnaeus，1758 [J]. Fish Res，1997，31：257 - 267.

[29] Morato T，Serrao santos R，Pedro Andrade J. Feeding habits，seasonal and ontogenetic diet shift of blacktail comber，*Serranus*，*atricauda* (Pisces：Serranidae)，from the Azores，north - eastern Atlantic [J]. Fish Res，2000，49：51 - 59.

[30] 薛莹，金显仕，张波，等．黄海中部小黄鱼摄食习性的体长变化与昼夜变化 [J]. 中国水产科学，2004，11：420 - 425.

[31] Piet G J，Pet J S，Guruge W A H P，et al. Resource Partitioning along three niche dimensions in a size-structured trophical fish assemblage [J]. Can J Fish Aquat Sci，1999，56：1241 - 1254.

[32] Livingston R J. Trophic organization of fishes in a coastal seagrass system [J]. Mar Ecol prog Ser，1982，7：1 - 12.

Functional Groups of Fish Assemblages and their Major Species at High Trophic Level in the East China Sea

ZHANG Bo, TANG Qisheng, JIN Xianshi

(Key Laboratory for Sustainable Utilization of Marine Fishery Resources, Ministry of Agriculture, Yellow Sea Fisheries Research Institute, Chinese Academy of Fishery Sciences, Qingdao 266071, China)

Abstract: The fish samples, which accounted for 90% of total biomass, were collected during two bottom trawl surveys in the East China Sea in autumn of 2000 and spring of 2001 which covered the range of 120°～126.75°N and 25.75°～31°E. Diet trophic guild was used to analyze the functional groups of fish assemblages at high trophic levels in the East China Sea. In cluster analysis, 60% of similarity level was used as criterion to divide diet trophic guild of fish assemblages. And according to majority rule, prey species of each diet trophic guild was defined as major predatory item when the mean percentage was greater than 60% of total preys, then each diet trophic guild of fish assemblages were divided into each functional group. Functional groups of two fish assemblages in spring and autumn (including inshore fish assemblages SG3 in spring and inshore fish assemblage AG3 in autumn, offshore fish assemblages SG4 in spring and AG4 in autumn) in the East China Sea were analyzed.

Seven functional groups were investigated among fish assemblages at high trophic levels in the East China Sea, including piscivores, shrimp/fish predators, shrimp predators, shrimp/crab predators, generalist predators, benthivores and zooplanktivores. Thereinto, SG3 consisted of four functional groups: zooplanktivors, shrimp predators, benthivores and piscivores, whose dominant species were firefly-fish (*Acropoma japonicum*), anchovy (*Engraulis japonicus*), small yellow croaker (*Pseudosciaena polyactis*), cardinal fish (*Apogonichthys lineatus*) and brushtooth lizardfish (*Saurida undosquamis*), respectively. AG3 included zooplanktivores, shrimp/fish predators, shrimp predators, shrimp/crab predators, generalist predators and piscivores, whose dominant species were cardinal fish, largehead hailtail (*Trichiurus haumela*), white croaker (*Argyrosomus argentatus*), spearnose grenadier (*Coelorhynchus multispinulosus*), pinkgray goby (*Chaeturichthys hexanema*), bomday duck (*Harpadon nehereus*) and small yellow croaker, respectively. Functional groups in SG4 included zooplanktivors, shrimp predators, benthivores and piscivorcs, whose major species were horse mackerel (*Trachurus japonicus*), firefly-fish, redwing searobin (*Lepidotrigla microptera*), *Thamnaconus hypargyreus*, yellow tail kingfish (*Seriola lalandi*), respectively. AG4 included zooplanktivors, shrimp/fish predators, shrimp predators, benthivores and piscivores, whose major species were largehead hailtail, redwing searobin, fin-striped goatfish (*Upeneus bensasi*), *T. hypargyreus*, horse mackerel in each functional group, respectively.

The composition of functional groups in each fish assemblage of the East China Sea showed remarkable seasonal and spatial difference. According to the biomass, zooplanktivorous fish was the major functional group in the East China Sea in spring, and piscivorous fish was major functional group in autumn. Different inhabit and seasonal migration were the major reasons causing the difference in dominant species composition and different composition of functional groups. Therefore, it is concluded that the difference in species composition of fish assemblages, the difference in size distribution of the same species, and the spatial and temporal changes of prey were the main reasons causing the difference in composition of functional groups in each fish assemblages of the East China Sea.

Key words: Functional groups; Diet trophic guild; Fish assemblage; East China Sea

黄海生态系统高营养层次生物群落功能群及其主要种类[①]

张波，唐启升[②]，金显仕
（中国水产科学研究院黄海水产研究所，农业部海洋渔业资源可持续利用重点开放实验室，青岛 266071）

摘要： 根据2000年秋季和2001年春季在黄海的两次大面调查，选取生物量占总生物量90%的生物种类为研究对象，分析了黄海生态系统以及3个生态区（冷水团海域、近岸水域和黄海南部水域）春秋两季高营养层次生物群落的功能群组成及其主要种类。结果表明，黄海生态系统高营养层次生物群落包括6个功能群。按生物量排序为：浮游生物食性功能群、底栖动物食性功能群、鱼食性功能群、虾食性功能群、广食性功能群和虾/鱼食性功能群，各功能群营养级范围分别为3.22～3.35、3.30～3.46、4.04～4.50、3.80～4.00、3.38～3.79和4.01。黄海生态系统的主要功能群为浮游生物食性功能群和底栖动物食性功能群，占总生物量的79.6%；主要种类包括13种：小黄鱼、鳀、细巧仿对虾、银鲳、细点圆趾蟹、带鱼、黑鳃梅童、黄鲫、龙头鱼、双斑蟳、细纹狮子鱼、三疣梭子蟹和凤鲚，约占总生物量的70.6%。从不同季节看，春季黄海不同生态区高营养层次的营养级接近，而秋季差别较大，这主要与生物繁殖和索饵群体组成及摄食习性相关。从不同生态区看，黄海冷水团海域高营养层次生物群落以浮游生物食性功能群为主，受季节变化的影响较小，其高营养层次的营养级接近。黄海近岸水域和黄海南部水域高营养层次生物群落功能群组成受季节的影响较大，秋季的营养级均高于春季的营养级。这表明黄海冷水团海域较近岸水域和南部水域稳定，是黄海的一个典型的生态区域。

关键词： 功能群；主要种类；高营养层次；生物群落；黄海生态系统

海洋生态系统中的生物种类繁多，食物关系错综复杂，并易受海洋理化环境变化的影响，但大量研究表明尽管生态系统中生物群落的种类组成会有显著的变化，但食物资源的利用方式，即功能群的组成还是相对稳定的[1]。因此，采用划分“功能群（functional group）”的方法来研究生物群落结构可以大大简化海洋生态系统的食物网及其营养动力学过程研究。另一方面，“简化食物网”的研究策略[2]中关键种和重要种类需要从在食物网能量流动中发挥关键作用的类群中选择，即选择生物群落中发挥关键作用的功能群及其主要种类[3]。可见，海洋生态系统中生物群落的功能群及其主要种类的研究已成为当前我国海洋生态系统的

① 本文原刊于《生态学报》，29（3）：1099－1111，2009。
② 通讯作者。

食物网及其营养动力学过程研究重要内容。目前，本课题组已对东海高营养鱼类功能群及其主要种类进行了研究[4]，在此基础上，本研究拟对黄海高营养生物群落的功能群及其主要种类进行研究，以期为我国海洋生态系统的食物网及其营养动力学过程研究提供重要的基础资料。

1 材料与方法

1.1 样品的采集与分析

本研究的样品是2000年10—11月和2001年4月黄海水产研究所“北斗”号科学调查船在黄海120°～126.75°E，31°～36°N范围内执行“973计划”项目大面积调查任务时所采集的，取样站位如图1所示。根据唐启升等对黄海的生态划区，即将黄海划为冷水团海域（YR0）、近岸水域（YR2）和黄海南部水域（YR3）3个亚生态区，本研究进行了包括春季3个区域（SYR0、SYR2和SYR3）和秋季3个区域（AYR0、AYR2和AYR3）的生物群落的功能群研究。

根据“简化食物网”的原则[2,4]，选取生物量占总生物量90%（范围在89%～91%之间）的生物种类为研究对象，本研究共包括30种鱼类（种类及平均体长见表1），15种无脊椎动物（脊腹褐虾 *Crangon affinis*、鹰爪虾 *Trachypenaeus curvirostris*、戴氏赤虾 *Metapenaeopsis dalei*、细巧仿对虾 *Parapenaeopsis tenella*、细螯虾 *Leptochelagracilis*、鲜明鼓虾 *Alpheus distinguendus*、葛氏长臂虾 *Palaemon gravieri*、口虾蛄 *Oratosquilla oratoria*、三疣梭子蟹 *Portunus trituberculatus*、细点圆趾蟹 *Ovalipes punctatus*、双斑蟳 *Charybdis bimaculata*、日本枪乌贼 *Loligo japonica*、金乌贼 *Sepia esculenta*、双喙耳乌贼 *Sepiola birostrata*、短蛸 *Ocellatus ochellatus*）。其中SYR0包括10种鱼，2种无脊椎动物；SYR2包括9种鱼，8种无脊椎动物；SYR3包括11种鱼，5种无脊椎动物；AYR0包括2种鱼；AYR2包括14种鱼，5种无脊椎动物；AYR3包括10种鱼，6种无脊椎动物。各生物群落（SYR0、SYR2、SYR3、AYR0、AYR2和AYR3）所选生物种类分别占总生物量的90.80%、90.52%、90.25%、89.29%、90.69%和90.34%。

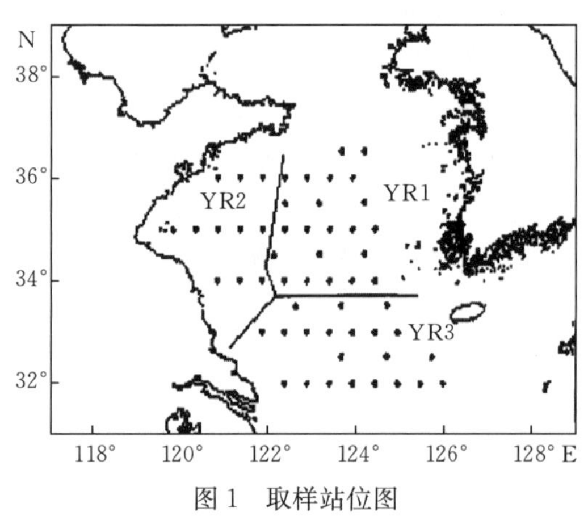

图1 取样站位图

Figure 1 Sampling stations

划分功能群的食性基本资料主要根据作者等对27种鱼类，共6 220个胃含物样品摄食状况的分析结果[5,6]。刺鲳、银鲳和斑鰶等3种鱼类的胃含物组成分别引自张其永等[7]和韦晟等[8]的研究结果，无脊椎动物功能群根据程济生等[9]对黄海主要经济无脊椎动物摄食特征的研究结果划分。

表 1 黄海不同生态区的主要鱼种及其平均长度

Table 1 The average length of major fish species in sub-ecoregions of the Yellow Sea

鱼种 Fish species	标准长度 Standard body length (mm)					
	SYR1	SYR2	SYR3	AYR1	AYR2	AYR3
鳀 *Engraulis japonicus*	75.97 ±10.37	—	—	109.40±11.21	—	—
细纹狮子鱼 *Liparis tanakae*	—	—	443.75±91.23	286.11±59.35	323.34±55.89	—
小黄鱼 *Pseudosciaena polyactis*	124.77 4±17.45	128.16 ±16.78	115.37±13.73	—	132.18 ±22.76	121.51±17.71
黄鮟鱇 *Lophius litulon*	262.56±25.32	—	—	—	—	—
银鲳 *Pampus argenteus*	111.70±19.56	90.47 ±13.97	144.24±29.55	—	135.31 ±26.29	126.07±22.33
带鱼 *Trichiurus haumela*	85.12±9.44	—	—	—	206.90±23.28	192.06±41.50
黑鳃梅童 *Collichthys niveatus*	—	67.32±8.95	74.88 ±13.94	—	57.80±9.46	60.23±9.35
龙头鱼 *Harpodon nehereus*	—	—	135.60±38.69	—	144.03±27.56	112.30 ±42.98
棘头梅童 *Collichthys lucidus*	—	—	—	—	64.26±7.61	—
黄鲫 *Setipinna taty*	145.08±21.51	107.28 ±23.40	122.82±31.19	—	122.87±24.88	140.22±15.76
凤鲚 *Coilia mystus*	—	254.57±25.59	—	—	131.80±15.36	131.78±12.34
细条天竺鱼 *Apogonichthys lineatus*	—	—	—	—	39.50±8.95	36.82±4.78
绿鳍鱼 *Chelidonichthys kumu*	—	—	—	—	175.12±12.37	—
长蛇鲻 *Saurida elongate*	—	—	—	—	161.37±78.35	—
蓝点马鲛 *Scomberomorus niphonius*	—	—	—	—	401.96±22.53	—
孔鳐 *Raja porosa*	—	—	—	—	165.50 ±28.52	—
鲐鱼 *Scomber japonicus*	—	—	—	—	—	217.77±19.45
刺鲳 *Psenopsis anomala*	—	—	—	—	—	158.82±8.57
斑鰶 *Clupanodon punctatus*	144.40±9.05	—	—	—	—	—
大头鳕 *Gadus macrocephalus*	185.15±73.83	—	—	—	—	—
小带鱼 *Trichiurus muticus*	95.21±13.67	—	99.29 ±11.18	—	—	—
高眼鲽 *Cleisthenes herzensteini*	149.29±34.91	—	—	—	—	—
斑鳐 *Raja kenojei*	—	185.00±17.52	—	—	—	—
大银鱼 *Protosalanx hyalocranius*	—	76.48±3.96	—	—	—	—
矛尾虾虎鱼 *Chaeturichthys stigmatias*	—	89.22±9.32	—	—	—	—
刀鲚 *Coilia ectenes*	—	88.12±23.49	—	—	—	—
赤鼻棱鳀 *Thryssa kammalensis*	—	—	96.59±14.22	—	—	—
虻鲉 *Erisphex pottii*	—	—	46.08±11.77	—	—	—
鮸 *Miichthys miiuy*	—	—	416.80±132.59	—	—	—
华鳐 *Raja chinensis*	—	—	197.50±35.83	—	—	—

1.2 数据分析

1.2.1 功能群划分

在鱼类功能群划分中，将各种鱼的食物组成归为以下饵料类群：浮游植物、桡足类、磷虾类、毛虾类、糠虾类、箭虫、蛾类、底层虾类、蟹类、口足类、蛇尾类、腹足类、双壳类、多毛类、钩虾类、头足类、鱼类和其他类（包括不可辨认的饵料生物，以及在食物中相对重要性指数百分比未达到 1%的饵料类群）采用各饵料组成所占的相对重要性指数百分比（%IRI）[1,4,10]进行聚类分析。采用 PRMER v5.0 进行聚类分析，用 Bray-Curtis 相似性系数为标准来划分功能群。由于饵料相似性系数的大小受饵料生物的分类阶元影响较大，因此本研究采用 60%的相似性系数为标准，同时结合在食性分析中采用的一般多数原则（将平均饵料组成比例超过 60%的饵料种类定义为主要摄食对象）[4,5]来划分鱼类群落的功能群，以及各功能群中的同食物资源种团（diet trophic guild，即功能群中利用相似食物资源的物种集合[4]）。

1.2.2 主要功能群和主要种类的确定

按照多数性原则，根据各种类生物量组成资料[11]，以占总生物量 80%左右的功能群为各生物群落的主要功能群，同时以占总生物量 70%左右的种类为各生物群落的主要生物种类。

1.2.3 功能群营养级的计算

各功能群的营养级（$\overline{TL_K}$）根据下列公式计算：

$$\overline{TL_K}=\sum_{i=1}^{m}TL_iY_i/Y$$

式中，TL_i表示 i 种类的营养级，计算方法见 Zhang 等[12]；Y_i表示 i 种类的生物量；Y 表示 m 个种类的总生物量。

2 结果

2.1 黄海冷水团海域（YR1）生物群落的功能群及其主要种类

2.1.1 春季（SYR1）的基本状况

聚类分析表明 SYR1 的 10 种鱼由 3 个功能群组成，包括浮游生物食性、虾食性和鱼食性功能群（图 2）。浮游生物食性功能群的 7 种鱼又分为 2 个同食物资源种团，一个同食物资源种团包括带鱼、黄鲫、小带鱼、鳀和小黄鱼，摄食的相似性水平为 66.17%，主要以磷虾类为食，占食物的 89.40%（范围为 78.36%～99.63%）（图 3a）。其中带鱼、黄鲫和小带鱼摄食的相似性水平最高，达 81.47%，摄食的磷虾类均占食物的 90%以上；而鳀还摄食较多的桡足类，占食物的 21.63%，小黄鱼还摄食较多的底层虾类，占食物的 14.98%。另一个同食物资源种团包括银鲳和斑鰶，摄食的相似性水平为 79.70%，主要摄食浮游植物和桡足类（图 3a）。高眼鲽和大头鳕属虾食性功能群，摄食的相似性水平为 61.97%（图 2），摄食的底层虾类占食物的 86.21%（范围为 72.49%～99.93%）（图 3b）。大头鳕主要摄食底层虾类，占食物的99.93%，以脊腹褐虾为主；高眼鲽摄食的底层虾类以脊腹褐虾和大蝼蛄虾为主，另外还摄食一定比例的头足类、蛇尾类和双壳类。黄鮟鱇属鱼食性功能群（图2），摄食的鱼类以方氏云鳚为主。

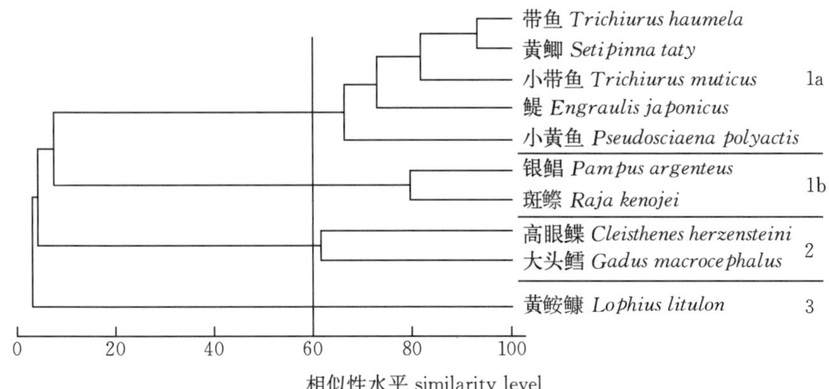

图2 春季黄海冷水团海域（SYR1）鱼类功能群的聚类分析图

Figure 2 Dendrogram of different functional groups in spring fish assemblages of Yellow Sea cold Water Mass region (SYR1) defined by cluster analysis

1a、1b. 浮游生物食性 planktivores 2. 虾食性 shrimp predators 3. 鱼食性 piscivores

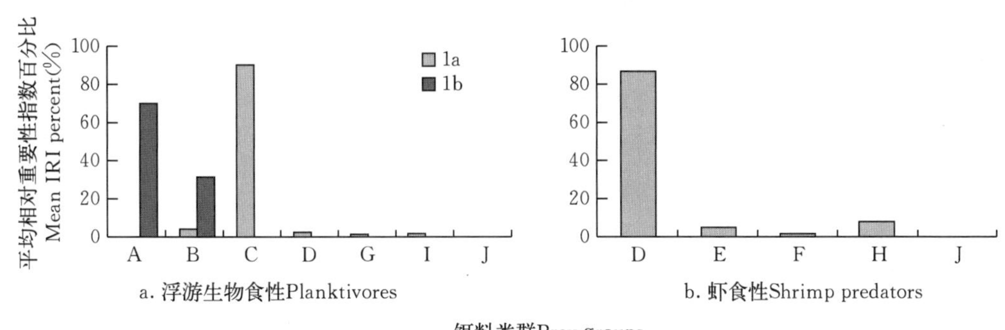

图3 春季黄海冷水团海域（SYR1）各鱼类功能群的食物组成

A. 浮游植物 B. 桡足类 C. 磷虾类 D. 底层虾类 E. 蛇尾类 F. 双壳类 G. 钩虾类 H. 头足类 I. 鱼类 J. 其他类

Figure 3 Diet composition of each functional groups in spring fish assemblages of Yellow Sea Cold Water Mass region (SYR1)

A. Phytoplankton B. Copepoda C. Euphausiacea D. Demersal shrimp E. Ophiuroidea F. Bivalvia G. Gammarid amphipod H. Cephalopoda I. Fish J. Others

SYR1“简化食物网”的生物群落包括10种鱼，2种无脊椎动物，分属浮游生物食性、虾食性、广食性、鱼食性和底栖动物食性5个功能群，各功能群营养级分别为3.22、3.83、3.72、4.50和3.30，根据各功能群的生物量组成，春季黄海冷水团海域高营养层次生物群落的营养级为3.35（表2）。SYR1中浮游生物食性功能群所占的比例最大，为81.32%，该功能群的主要种类为小黄鱼和鳀，生物量比例分别为39.88%和13.33%。根据各种类生物量排序，春季黄海冷水团海域的主要种类为小黄鱼、鳀、斑鳐、银鲳和日本枪乌贼，分属浮游生物食性功能群和广食性功能群，占总生物量的70.08%（表3）。

表2 黄海高营养层次各功能群及各生物群落的营养级

Table 2 The trophic level of each functional groups and each communities at high trophic level in the Yellow Sea

生物群落 Communities	各功能群营养级 The trophic level of each functional groups						各生物群落营养级 The trophic level of each communities
	鱼食性 Piscivores	虾/鱼食性 Shrimp/fish predators	虾食性 Shrimp predators	底栖动物食性 Benthivores	浮游动物食性 Planktivors	广食性 Generalist predators	
SYR1	4.50	—	3.83	3.30	3.22	3.72	3.35
AYR1	—	—	3.95	—	3.27	—	3.34
SYR2	—	—	3.80	3.34	3.35	3.38	3.36
AYR2	4.32	4.01	3.88	3.46	3.35	3.79	3.65
SYR3	4.44	—	3.95	3.33	3.22	—	3.34
AYR3	4.04	—	4.00	3.37	3.35	3.57	3.56

表3 黄海各生物群落的主要种类

Table 3 The major species of each communities in the Yellow Sea

生物群落 Communities	生物种类 Species	生物量（%） Biomass	所属功能群 Functional group	生物群落 Communities	生物种类 Species	生物量（%） Biomass	所属功能群 Functional group
SYR1	小黄鱼	39.88	浮游生物食性	AYR1	鳀	79.51	浮游生物食性
	鳀	13.33	浮游生物食性	AYR2	银鲳	17.46	浮游生物食性
	斑鰶	6.54	浮游生物食性		带鱼	16.48	鱼食性
	银鲳	5.48	浮游生物食性		黑鳃梅童	12.74	浮游生物食性
	日本枪乌贼	4.85	广食性		龙头鱼	5.06	浮游生物食性
SYR2	细巧仿对虾	35.40	底栖动物食性		三疣梭子蟹	4.03	底栖动物食性
	双斑蟳	13.08	底栖动物食性		棘头梅童	4.00	浮游生物食性
	黑鳃梅童	5.63	浮游生物食性		黄鲫	3.97	浮游生物食性
	脊腹褐虾	4.59	底栖动物食性		凤鲚	3.69	浮游生物食性
	银鲳	4.39	浮游生物食性		细条天竺鱼	3.22	浮游生物食性
	细螯虾	4.36	底栖动物食性	AYR3	细点圆趾蟹	15.81	底栖动物食性
	斑鳐	4.05	虾食性		小黄鱼	11.65	广食性
SYR3	小黄鱼	40.52	浮游生物食性		龙头鱼	11.63	鱼食性
	细点圆趾蟹	8.95	底栖动物食性		三疣梭子蟹	8.11	底栖动物食性
	赤鼻棱鳀	8.34	浮游生物食性		黄鲫	6.41	浮游生物食性
	黄鲫	4.71	浮游生物食性		带鱼	6.14	虾食性
	虻鲉	4.05	浮游生物食性		鲐鱼	5.06	鱼食性
	细纹狮子鱼	3.59	虾食性		鹰爪虾	4.10	底栖动物食性
					银鲳	3.33	浮游生物食性

2.1.2　秋季（AYR1）的基本状况

聚类分析表明 AYR1 的 2 种鱼由 2 个功能群组成，包括浮游生物食性和虾食性功能群，摄食完全不同，各功能群营养级分别为 3.27 和 3.95（表 2）。鳀属浮游生物食性功能群，摄食较多的磷虾类，占食物的 76.61%，同时还摄食较多的桡足类，占食物的 23.00%（图 4a）。细纹狮子鱼属虾食性功能群，摄食 78.64%的底层虾类，主要是脊腹褐虾；细纹狮子鱼还摄食较多的鱼类，主要是鳀和方氏云鳚（图 4b）。

根据各功能群的生物量组成，秋季黄海冷水团海域高营养层次生物群落的营养级为 3.34（表 2），其中浮游生物食性功能群所占的比例最大，达 89.05%，该功能群的主要种类为鳀，生物量比例高达 79.51%。根据各种类生物量排序，鳀也是秋季黄海冷水团海域的主要种类（表 3）。

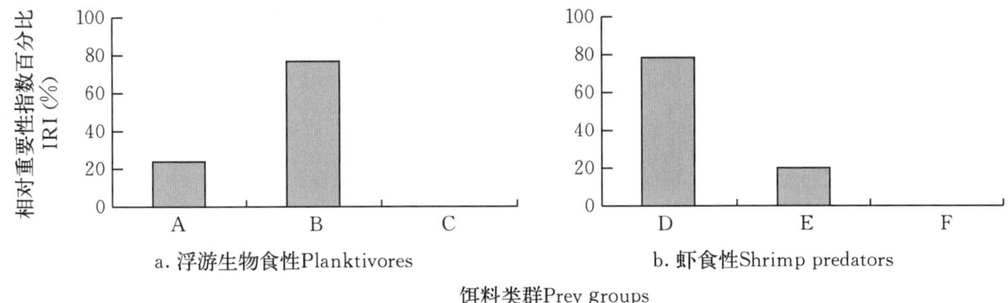

图 4　秋季黄海冷水团海域（AYR1）鱼类各功能群的食物组成

A. 桡足类　B. 磷虾类　C. 蛾类　D. 底层虾类　E. 鱼类　F. 其他类

Figure 4　Diet composition of each functional groups in autumn fish assemblages of Yellow Sea Cold Water Mass region（AYR1）

A. Copepoda　B. Euphausiacea　C. Hyperiid amphipods　D. Demersal shrimp　E. Fish　F. Others

2.2　黄海近岸水域（YR2）生物群落的功能群及其主要种类

2.2.1　春季（SYR2）的基本状况

聚类分析表明 SYR2 的 9 种鱼由 3 个功能群组成，包括底栖动物食性、虾食性和浮游生物食性功能群（图 5）。矛尾虾虎鱼属底栖动物食性功能群，主要摄食双壳类、钩虾类和等足类等底栖动物（图 6a）。斑鳐属虾食性功能群，摄食的底层虾类以鹰爪虾和戴氏赤虾为主。其他 7 种鱼均属浮游生物食性功能群，包括大银鱼、黑鳃梅童、银鲳、刀鲚、小黄鱼、黄鲫和凤鲚，摄食的浮游生物种类差异较大，食物的相似性水平很低，可分为 4 个同食物资源种团（图 5）。小黄鱼、黄鲫和凤鲚属同一同食物资源种团，均摄食 90%以上的磷虾类，食物的相似性水平高达 89.68%；大银鱼和黑鳃梅童所属的同食物资源种团以桡足类为主要食物，摄食的相似性水平为 74.99%；刀鲚摄食的浮游动物的种类较多，包括桡足类、糠虾类、磷虾类和箭虫类；银鲳以浮游植物和桡足类为主要食物（图 6b）。

SYR2“简化食物网”的生物群落包括 9 种鱼，8 种无脊椎动物，分属底栖动物食性、浮游生物食性、广食性和虾食性 4 个功能群，各功能群营养级分别为 3.34、3.35、3.38 和

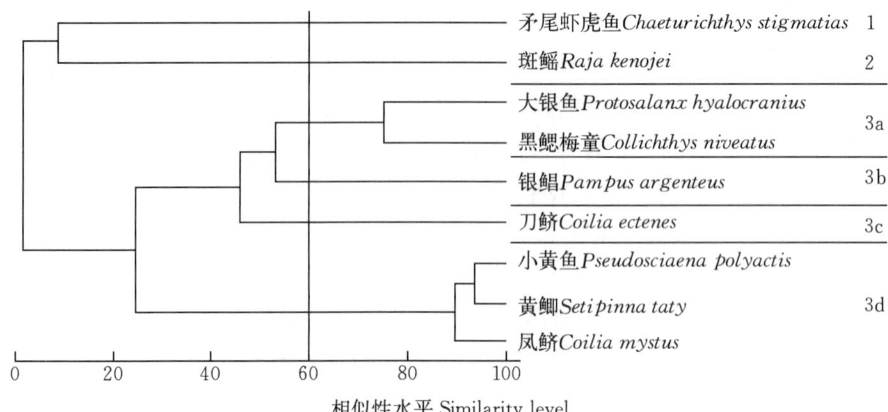

图 5 春季黄海近岸水域（SYR2）鱼类功能群的聚类分析图

Figure 5 Dendrogram of different functional groups in spring fish assemblages of Yellow Sea coastal water region (SYR2) defined by cluster analysis

1. 底栖动物食性 benthivores 2. 虾食性 shrimp predators 3a～3d. 浮游生物食性 planktivores

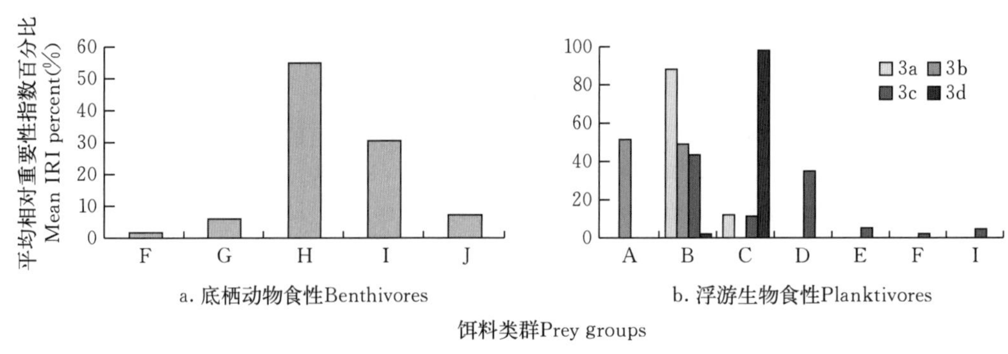

图 6 春季黄海近岸水域（SYR2）鱼类各功能群的食物组成

A. 浮游植物 B. 桡足类 C. 磷虾类 D. 糠虾类 E. 箭虫类 F. 底层虾类 G. 等足类 H. 双壳类 I. 钩虾类 J. 鱼类

Figure 6 Diet composition of each functional groups in spring fish assemblages of Yellow Sea coastal water region (SYR2)

A. Phytoplankton B. Copepoda C. Euphausiacea D. Mysidae E. Sagitta F. Demersal shrimp G. Isopoda H. Bivalvia I. Gammarid amphipods J. Fish

3.80（表 2）。根据各功能群的生物量组成，春季黄海近岸水域高营养层次生物群落的营养级为 3.36（表 2）。SYR2 的主要功能群为底栖动物食性功能群和浮游生物食性功能群，分别占功能群生物量的 68.15％和 22.69％。底栖动物食性功能群包括 6 种虾蟹类和 1 种鱼类，其中主要种类为细巧仿对虾和双斑蟳，生物量比例分别为 35.40％和 13.08％；浮游生物功能群包括 7 种鱼类，主要种类为黑鳃梅童和银鲳，生物量比例分别为 5.63％和 4.39％。根据各种类生物量排序，春季黄海近岸水域的主要种类为细巧仿对虾、双斑蟳、黑鳃梅童、脊腹褐虾、银鲳、细螯虾和斑鳐，分属浮游生物食性功能群、底栖动物食性功能群和虾食性功能群，占总生物量的 71.50％（表 3）。

2.2.2 秋季（AYR2）的基本状况

聚类分析表明 AYR2 的 14 种鱼由 4 个功能群组成，包括鱼食性、虾/鱼食性、虾食性和浮游生物食性功能群（图 7）。鱼食性功能群摄食的相似性水平为 60.71%，包括长蛇鲻、小黄鱼、带鱼和蓝点马鲛（图 7），摄食的鱼类占食物的 80.11%（范围为 71.53%～91.46%）（图 8a）。其中蓝点马鲛摄食鱼类的比例最高，占食物的 91.46%，以鳀、赤鼻棱鳀和细条天竺鱼为主。长蛇鲻、小黄鱼和带鱼摄食鱼类的比例在 70%～80%之间，长蛇鲻摄食的鱼类以鲬、细条天竺鱼、黄鲫和方氏云鳚为主，另外还摄食底层虾类和头足类；小黄鱼摄食的鱼类以细条天竺鱼为主，另外还摄食磷虾类和底层虾类；带鱼摄食的鱼类以鳀和幼带鱼为主，另外还摄食毛虾类和底层虾类。绿鳍鱼为虾/鱼食性功能群（图 7），摄食的食物包括鱼类、底层虾类、口足类和蟹类（图 8b）。虾食性功能群包括孔鳐和细纹狮子鱼，摄食的相似性水平为 68.44%（图 7），摄食的底层虾类占食物的 87.38%（范围为 77.24%～97.52%）（图 8c）。孔鳐主要以底层虾类为食，占食物的 97.52%，摄食的底层虾类的种类较多，以细巧仿对虾和戴氏赤虾为主；细纹狮子鱼摄食的底层虾类以脊腹褐虾为主，摄食的鱼类占食物的 22.24%，以尖海龙为主。浮游生物食性功能群包括细条天竺鱼、黄鲫、龙头鱼、凤鲚、黑鳃梅童、棘头梅童和银鲳 7 种鱼，由于摄食的浮游生物种类差异较大，食物的相似性水平很低，可分为 6 个同食物资源种团（图 7）。凤鲚和黑鳃梅童同属一个同食物资源种团，摄食的相似性水平为 82.47%，均摄食 90%以上的桡足类。其余 5 种鱼分属不同的同食物资源种团，细条天竺鱼摄食 76.24%的磷虾类，还摄食 20.38%幼鱼；黄鲫摄食 55.39%的磷虾类，还摄食毛虾类、钩虾类和底层虾类；龙头鱼以毛虾类为主要食物，占食物的 95.48%；棘头梅童摄食 56.42%的桡足类、31.47%的毛虾类和 10.99%的底层虾类；银鲳则以浮游植物和桡足类为主要食物（图 8d）。

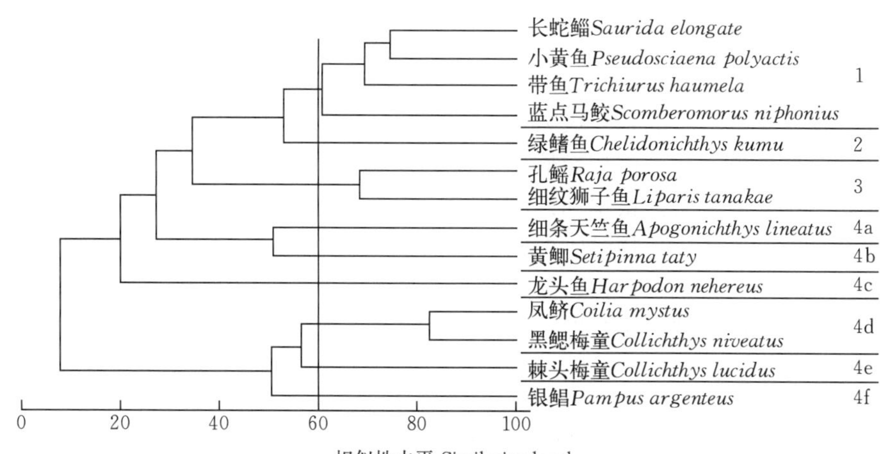

图 7 秋季黄海近岸水域（AYR2）鱼类功能群的聚类分析图

Figure 7 Dendrogram of different functional groups in autumn fish assemblages of Yellow Sea coastal water region (AYR2) defined by cluster analysis

1. 鱼食性 piscivores 2. 虾/鱼食性 shrimp/fish predators 3. 虾食性 shrimp predators

4a～4f. 浮游生物食性 planktivores

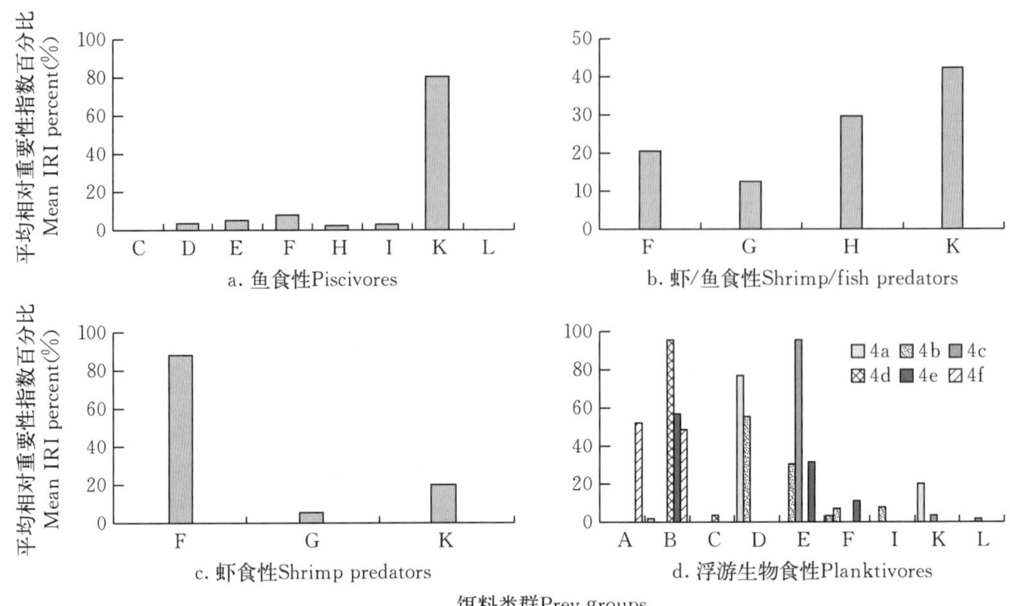

图 8 秋季黄海近岸水域（AYR2）鱼类各功能群的食物组成

A. 浮游植物 B. 桡足类 C. 糠虾类 D. 磷虾类 E. 毛虾类 F. 底层虾类 G. 蟹类 H. 口足类 I. 钩虾类 J. 头足类 K. 鱼类 L. 其他类

Figure 8 Diet composition of each functional groups in autumn fish assemblages of Yellow Sea coastal water region（AYR2）

A. Phytoplankton B. Copepoda C. Mysidae D. Euphausiacea E. Acetes F. Demersal shrimp G. Crab H. Stomatopoda I. Gammarid amphipods J. Cephalopoda K. Fish L. Others

AYR2“简化食物网”的生物群落包括 14 种鱼，5 种无脊椎动物，分属浮游生物食性、鱼食性、底栖动物食性、虾食性、广食性和虾/鱼食性 6 个功能群，各功能群营养级分别为 3.35、4.32、3.46、3.88、3.79 和 4.01（表 2）。根据各功能群的生物量组成，秋季黄海近岸水域高营养层次生物群落的营养级为 3.65（表 2）。AYR2 的主要功能群为浮游生物食性功能群和鱼食性功能群，分别占功能群生物量的 55.29%和 23.87%。浮游生物食性功能群有 7 种鱼类，其中主要种类为银鲳和黑鳃梅童，生物量分别占 17.46%和 12.74%；鱼食性功能群的主要种类为带鱼，生物量所占比例为 16.48%。根据各种类生物量排序，秋季黄海近岸水域的主要种类为银鲳、带鱼、黑鳃梅童、龙头鱼、三疣梭子蟹、棘头梅童、黄鲫、凤鲚和细条天竺鱼，分属浮游生物食性功能群、底栖动物食性功能群和鱼食性功能群，占总生物量的 70.65%（表 3）。

2.3 黄海南部水域（YR3）生物群落的功能群及其主要种类

2.3.1 春季（SYR3）的基本状况

聚类分析表明 SYR3 的 11 种鱼由 3 个功能群组成，包括虾食性、鱼食性和浮游生物食性功能群（图 9）。虾食性功能群包括龙头鱼、细纹狮子鱼和华鳐，摄食的相似性水平为 64.94%。除主要摄食底层虾类以外，还摄食较多的鱼类饵料（图 10a），但它们摄食的主要

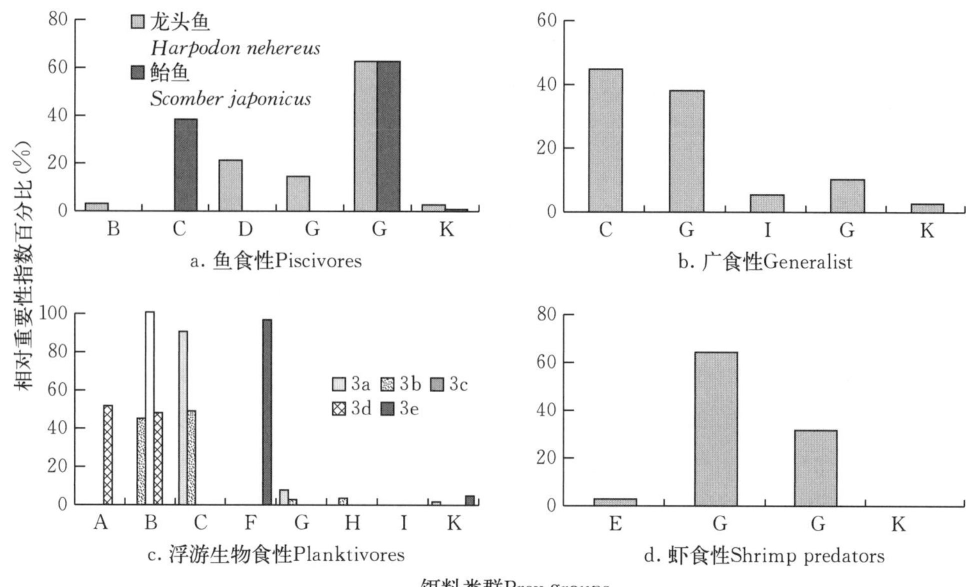

图 12　秋季黄海南部水域（AYR3）鱼类各功能群的食物组成

A. 浮游植物　B. 桡足类　C. 磷虾类　D. 毛虾类　E. 蛾类　F. 水母　G. 底层虾类　H. 多毛类　I. 钩虾类　J. 鱼类　K. 其他类

Figure 12　Diet composition of each functional groups in autumn fish assemblages of the region encompassing the southern Yellow Sea and Changjiang Estuary (AYR3)

A. Phytoplankton　B. Copepoda　C. Euphausiacea　D. Acetes　E. Hyperiid amphipods　F. Scyphozo　G. Demersal shrimp　H. Polychaeta　I. Gammaridamphipods　J. Fish　K. Others

AYR3“简化食物网”的生物群落包括 10 种鱼，6 种无脊椎动物，分属底栖动物食性、浮游生物食性、鱼食性、广食性和虾食性 5 个功能群，各功能群营养级分别为 3.37、3.35、4.04、3.57 和 4.00（表 2）。根据各功能群的生物量组成，秋季黄海南部水域高营养层次生物群落的营养级为 3.56（表 2）。AYR3 的主要功能群为底栖动物食性功能群、浮游生物食性功能群、鱼食性功能群和广食性功能群，分别占功能群生物量的 40.32%、21.52%、18.47%和 12.90%（图 13）。底栖动物食性功能群包括该生物群落的 6 种无脊椎动物，其中主要种类为细点圆趾蟹和三疣梭子蟹，生物量比例分别为 15.81%和 8.11%；浮游生物食性功能

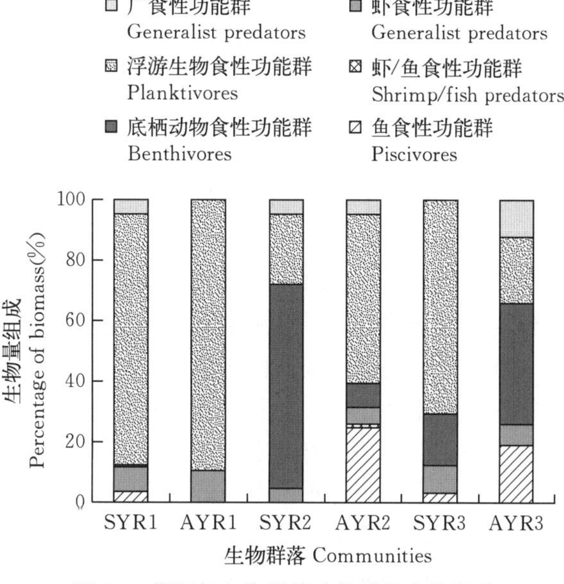

图 13　黄海各生物群落功能群的生物量成

Figure 13　Biomass composition of functional groups in each communities in the Yellow Sea

群包括7种鱼类，主要种类为黄鲫，生物量比例为6.41%；鱼食性功能群的主要种类为龙头鱼所占的比例为11.63%；广食性功能群的主要种类为小黄鱼，生物量比例为11.65%。秋季黄海南部水域的主要种类为细点圆趾蟹、小黄鱼、龙头鱼、三疣梭子蟹、黄鲫、带鱼、鲐鱼、鹰爪虾和银鲳，分属该水域的5个功能群，占总生物量的72.24%（表3）。

3 讨论与结语

根据对黄海冷水团海域、近岸水域和黄海南部水域3个区域春秋两季高营养层次生物群落的30种鱼类和15种无脊椎动物功能群的划分和主要种类的分析，表明黄海生态系统高营养层次生物群落可分为6个功能群。根据生物量排序为：浮游生物食性功能群、底栖动物食性功能群、鱼食性功能群、虾食性功能群、广食性功能群和虾/鱼食性功能群，各功能群占总生物量的比例分别为56.68%、22.90%、8.29%、7.15%、4.59%和0.40%，各功能群营养级范围分别为3.22～3.35、3.30～3.46、4.04～4.50、3.80～4.00、3.38～3.79和4.01。根据各生物种类和各功能群的生物量组成，黄海的主要功能群为浮游生物食性功能群和底栖动物食性功能群，主要种类包括13种，按生物量排序为：小黄鱼、鳀、细巧仿对虾、银鲳、细点圆趾蟹、带鱼、黑鳃梅童、黄鲫、龙头鱼、双斑蟳、细纹狮子鱼、三疣梭子蟹和凤鲚，占总生物量的70.57%。黄海高营养层次生物群落功能群的另一个显著特点是浮游生物食性功能群包含多个同食物资源种团，如黄海秋季近岸水域和南部水域以及春季近岸水域该功能群可分为4～6个同食物资源种团。各同食物资源种团摄食的浮游生物种类差异较大，食物的相似性水平很低。这些同食物资源种团主要包括：①主要以磷虾类为食，这是该功能群重要同食物资源种团，多数种类属此同食物资源种团；②主要以桡足类为食，如黄海秋季近岸水域和南部水域的凤鲚；③主要摄食毛虾类，如黄海秋季近岸水域的龙头鱼；④以浮游植物和桡足类为主要食物，如银鲳和斑鰶；⑤以大型水母为食，如刺鲳；⑥兼食多种浮游动物，如黄海秋季近岸水域的棘头梅童和春季近岸水域的刀鲚等。

黄海冷水团海域、近岸水域和黄海南部水域3个区域春秋两季“简化食物网”高营养层次生物群落功能群组成各不相同，其中春季黄海冷水团海域包括浮游生物食性、虾食性、鱼食性、广食性和底栖动物食性5个功能群；秋季黄海冷水团海域包括浮游生物食性和虾食性2个功能群组成；春季黄海近岸水域包括浮游生物食性、虾食性、广食性和底栖动物食性4个功能群；秋季黄海近岸水域包括鱼食性、虾/鱼食性、虾食性、底栖动物食性、广食性和浮游生物食性6个功能群；春季黄海南部水域包括浮游生物食性、虾食性、鱼食性和底栖动物食性4个功能群；秋季黄海南部水域包括虾食性、鱼食性、底栖动物食性、广食性和浮游生物食性5个功能群组成。由于受栖息地水文环境和季节的影响，在黄海各生态区生物群落中发挥主要作用的生物种类和功能群各不相同。黄海冷水团海域春秋两季均以浮游生物食性功能群为主，但该功能群的主要种类各不相同，春季的主要种类是小黄鱼和鳀，秋季的主要种类为鳀。春季黄海冷水团海域的主要种类包括小黄鱼、鳀、斑鰶、银鲳和日本枪乌贼；秋季黄海冷水团海域的主要种类为鳀。春季黄海近岸水域的主要功能群为底栖动物食性功能群和浮游生物食性功能群，主要种类包括细巧仿对虾、双斑蟳、黑鳃梅童、脊腹褐虾、银鲳、细螯虾和斑鳐；秋季黄海近岸水域的主要功能群为浮游生物食性功能群和鱼食性功能群，主要种类包括银鲳、带鱼、黑鳃梅童、龙头鱼、三疣梭子蟹、棘头梅童、黄鲫、凤鲚和细条天竺鱼。春季黄海南部水域主要功能群为浮游生物食性功能群和底栖动物食性功能群，主要种类包括小黄鱼、细点圆趾蟹、赤鼻棱鳀、黄鲫、虻鲉和细纹狮子鱼；秋季黄海南部水域的主要功能群包括底栖动物食性功能群、浮游生物食性功能群、鱼食性功能群和广食性功能群，主要种类包括细点圆趾蟹、小黄鱼、龙头鱼、三疣梭子蟹、黄鲫、带鱼、鲐鱼、鹰爪虾和银鲳。

唐启升等对黄海的生态划区研究表明黄海近岸水域受沿岸流的影响较大，黄海南部水域受东海黑潮和长江口冲淡水的影响较大，而黄海冷水团海域相对稳定，是黄海的一个典型的生态区域。Jin 等[13]在对黄海鱼类群落结构的研究中则认为黄海冷水团海域的水文环境终年相对稳定且又不同于其他区域，是导致该水域的种类组成的多样性低的主要原因。本研究对黄海各生态区生物群落功能群的分析也支持他们的研究结果。从不同季节看，春季黄海不同生态区高营养层次的营养级接近，而秋季差别较大，秋季近岸水域高营养层次营养级最高，秋季冷水团海域高营养层次营养级最低。从不同生态区看，黄海冷水团海域高营养层次生物群落种类组成有较大差异，但均以浮游生物食性功能群为主，受季节变化的影响较小，其高营养层次的营养级接近，分别为 3.34 和 3.35。而黄海近岸水域和黄海南部水域高营养层次生物群落功能群组成受季节的影响较大。秋季近岸水域以浮游生物食性功能群为主，春季以底栖动物食性功能群为主；秋季黄海南部水域的各功能群的作用较均衡，食物关系较为复杂，春季以浮游生物食性功能群为主；秋季的营养级（3.56～3.65）均高于春季的营养级（3.34～3.36）。

上述分析表明由于受不同季节和水域的影响，种类组成的变化是导致各生物群落功能群组成差异的重要原因。除此之外，大量研究表明同种类体长分布的差异，以及饵料基础的时空变化也能影响生物群落功能群的组成[4,10,13-15]。比较本研究的 30 个鱼种中在黄海多个生态亚区的生物群落中出现的 13 种鱼可以发现其中有 7 种所属的同食物资源种团或功能群有一定差异。其中黑鳃梅童、黄鲫和凤鲚尽管都属浮游生物食性功能群，但在不同生态亚区所属的同食物资源种团有区别。小黄鱼在春季的 3 个生态区中均属浮游生物食性功能群的同一个同食物资源种团，而在秋季的 2 个生态区中则属不同功能群：在近岸水域属鱼食性功能群，在黄海南部水域属广食性功能群。带鱼在不同生态亚区所属的功能群也有很大差异：在秋季近岸水域属鱼食性功能群，在秋季黄海南部水域属虾食性功能群，而在春季冷水团海域属浮游生物食性功能群。龙头鱼在不同生态亚区所属的功能群也有很大差异：秋季近岸水域属浮游生物食性功能群，在秋季黄海南部水域属鱼食性功能群，而在春季黄海南部水域属虾食性功能群。这些差异是受体长差异的影响大，还是受不同生态亚区饵料基础的时空变化的影响大，还需要针对不同的种进行更深入的研究。同时在摄食生态的研究中应更加关注这些种类的摄食状况和变化，以监测生物群落功能群组成的长期变化。

References

[1] Garrison P G. Spatial and dietary overlap in the Georges bank groundfish community. Canadian Journal of Fisheries and Aquatic Science，2000，57（8）：1679-1691.

[2] Tang Q S. Strategies of research on marine food web and trophodynamics between high trophic levels. Marine Fisheries Research，1999，20（2）：1－11.

[3] Tang Q S, Su J L. China ocean ecosystem dynamics studies: I. Key Scientific Questions and Development Strategy. Beijing: Science Press, 2000: 252.

[4] Zhang B, Tang Q, Jin X. Functional groups of fish assemblages and their major species at high trophic level in the East China Sea. Journal of Fishery Sciences of China, 2007, 14 (6): 939 - 949.

[5] Zhang B, Tang Q S. Feeding habits of six species of eels in East China Sea and Yellow Sea. Journal of Fisheries of China, 2003, 27 (4): 307 - 314.

[6] Zhang B. Feeding habits and ontogenetic diet shift of hairtail fish (Trichiurus lepturus) in East China Sea and Yellow Sea. Marine Fisheries Research, 2004, 25 (2): 6 - 12.

[7] Zhang Q Y, Lin Q M, Lin Y T, Zhang Y P. Food web of fishes in Minnan-Taiwanchientan fishing ground. Acta Oceanologica Sinica, 1981, 3 (2): 275 - 290.

[8] Wei S, Jiang W. Study on food web of fishes in the Yellow Sea. Oceanologia et Limnologia Sinica, 1992, 23 (2): 182 - 192.

[9] Cheng J, Zhu J, Jiang W. Study on the feeding habit and trophic level of main economic invertebrates in the Huanghai Sea. Acta Oceanologica Sinica, 1997, 19 (6): 102 - 108.

[10] Munoz A A, Ojeda F P. Guild structure of carnivorous intertidal fishes of the Chilean coast: implications of ontogentic dietary shifis. Oecologia, 1998, 114: 563 - 573.

[11] Tang Q. Atlas of ecosystem dynamics in the Yellow Sea and East China Sea. Beijing: Science Press, 2004.

[12] Zhang B, Tang Q, Jin X. Decadal-scale variations of trophic levels at high trophic levels in the Yellow Sea and Bohai Sea ecosystem. Journal of Marine System, 2007, 67 (3 - 4): 304 - 311.

[13] Jin X, Xu B, Tang Q. Fish assemblage structure in the East China Sea and southern Yellow Sea during autumn and spring. Journal of Fish Biology, 2003, 62 (5): 1194 - 1205.

[14] Simberloff D, Dayan T. The guild concept and the structure of ecological communities. Annual Review of Ecology and Systematics, 1991, 22: 115 - 143.

[15] Garrison L P, Link J S. Dietary guild structure of the fish community in the Northeast United States continental shelf ecosystem. Marine Ecology Progress Series, 2000, 202: 231 - 240.

参考文献

[2] 唐启升．海洋食物网与高营养层次营养动力学研究策略．海洋水产研究，1999，20（2）：1 - 11.

[3] 唐启升，苏纪兰．中国海洋生态系统动力学研究：Ⅰ关键科学问题与研究发展战略．北京：科学出版社，2000. 252.

[4] 张波，唐启升，金显仕．东海高营养层次鱼类功能群及其主要种类．中国水产科学，2007，14（6）：939 - 949.

[5] 张波，唐启升．东、黄海六种鳗的食性．水产学报，2003，27（4）：307 - 314.

[6] 张波．东、黄海带鱼的摄食习性及随发育的变化．海洋水产研究，2004，25（2）：6 - 12.

[7] 张其永，林秋眠，林尤通，张月平．闽南—台湾浅滩渔场鱼类食物网研究．海洋学报，1981，3（2）：275 - 290.

[8] 韦晟，姜卫民．黄海鱼类食物网的研究．海洋与湖沼，1992，23（2）：182 - 192.

[9] 程济生，朱金声．黄海主要经济无脊椎动物摄食特征及其营养层次的研究．海洋学报，1997，19（6）：102 - 108.

[11] 唐启升．黄、东海生态系统动力学调查图集．北京：科学出版社，2004.

Functional Groups of Communitie and Their Major Species at High Trophic Level in the Yellow Sea Ecosystem

ZHANG Bo, TANG QiSheng, JIN XianShi

(*Key Laboratory for Sustainable Utilization of Marine Fishery Resources, Ministry of Agriculture, Yellow Sea Fisheries Research Institute, Chinese Academy of Fishery Sciences, Qingdao 266071, China*)

Abstract: Based on two bottom trawl surveys conducted in autumn of 2000 and spring of 2001 in the Yellow Sea, functional groups at high trophic levels in the Yellow Sea ecosystem and its three sub-ecoregions, i. e. the Yellow Sea cold water mass region, the Yellow Sea coastal water region and the southern Yellow Sea region, were analyzed. Species picked out for analysis covered more than 90% of the total catch in biomass, which were divided into six functional groups according to their feeding habits, planktivors, benthivores, piscivores, shrimp predators, generalist predators and shrimp/fish predators in order of biomass. The trophic levels of these functional groups were estimated as 3.22～3.35, 3.30～3.46, 4.04～4.50, 3.80～4.00, 3.38～3.79 and 4.01, respectively. In the Yellow Sea ecosystem, there were two major functional groups, planktivors and benthivores, which accounted for 79.6% of total biomass, and 13 major species, small yellow croaker (*Pseudosciaena polyactis*), anchovy (*Engraulis japonicus*), *Parapenaeopsis tenella*, silver pomfret (*Pampus argenteus*), *Ovalipes punctatus*, largehead hairtail (*Trichiurus haumela*), croaker (*Collichthys niveatus*), half-fin anchovy (*Setipinna taty*), Bombay duck (*Harpodon nehereus*), *Charybdis bimaculata*, sea snail (*Liparis tanakae*), *Portunus trituberculatus* and long-tailed anchovy (*Coilia mystus*), which accounted for 70.6% of total biomass. The average trophic level of the populations at high trophic levels varied slightly between the three sub-ecoregions in spring, but greatly in autumn, as a reflection of the feeding habits of the migratory spawning and foraging populations. Planktivors formed the major functional group in the sub-ecoregion of the Yellow Sea Cold Water Mass. The average trophic level of the populations at high trophic levels in this region was quite steady during a year, while that in both the sub-ecoregions of the Yellow Sea coastal water and the southern Yellow Sea changed much seasonally, higher in autumn than in spring. It indicates that the Yellow Sea cold water mass bring about a typical sub-ecoregion with more stable environment than others regions in the Yellow Sea ecosystem.

Key words: Functional groups; Major species; High trophic level; Community; Yellow Sea ecosystem

长江口及邻近海域高营养层次生物群落功能群及其变化①

张波，金显仕，唐启升
（中国水产科学研究院黄海水产研究所海洋可捕资源评估与生态系统实验室，青岛 266071）

摘要： 通过对 2006 年 6 月、8 月和 10 月在长江口及邻近海域 3 次调查采集样品的分析，对该水域的高营养层次生物群落的功能群组成及其变化进行了研究。结果表明：长江口及邻近海域高营养层次生物群落包括鱼食性、蟹食性、虾食性、底栖动物食性、浮游生物食性和广食性 6 个功能群。由于受海洋环境变化以及鱼类洄游活动的影响，各月份长江口及邻近海域高营养层次生物群落的组成及营养级都有较大的变化。6 月高营养层次以鱼类、毛虾类和蟹类为主，以浮游生物食性功能群为主要功能群，营养级最低，为 3.06；8 月高营养层次以鱼类为主，虾食性功能群为主要功能群，营养级达到最高，为 3.78；10 月高营养层次虽仍以鱼类为主，虾蟹类比例增大，功能群以浮游动物食性和底栖动物食性功能群为主，营养级为 3.58。

关键词： 长江口及邻近海域；生物群落；功能群

海洋生态系统中的各种生物通过摄食和被摄食形成错综复杂的食物联系，这种食物联系的变化往往直接或间接地反映了海洋生态系统对物理和化学过程的响应，因此食物网研究在海洋生态系统整合研究中具有不可替代的重要地位[1]。由于海洋生态系统生物种类的多样性和食物关系的复杂性，难以对全种类的食物网进行定量和定性研究，因此根据“简化食物网”的研究策略[2]，选择占生物量绝对多数（80%～90%）的生物种类[3]为研究对象，同时采用划分同食物资源种团（diet trophic guild，即功能群中利用相似食物资源的物种集合）和“功能群（functional group）”的方法[4]来研究生物群落结构，可以大大简化海洋生态系统的食物网及其营养动力学过程研究。目前，已对东海[4]和黄海（待发表）高营养层次生物群落的功能群组成及其主要种类进行了研究。长江口及邻近海域作为我国海岸带陆-海相互作用研究的关键水域之一，生物资源丰富，是一个结构复杂、功能独特的生态系统。对该水域的生态环境[5]、生物多样性[6]以及浮游动物、底栖动物和鱼类等生物群落结构[7-9]都有较多的研究，罗秉征等[7]对三峡工程蓄水前长江口鱼类食物网与营养结构进行了研究。本文通过对长江口及邻近海域高营养层次生物群落的功能群组成及其变化的分析，以期为探讨三峡工程对河口生态系统的影响提供基础资料。

① 本文原刊于《应用生态学报》，20（2）：344－351，2009。

1　材料与方法

1.1　样品的采集与分析

本研究的样品是2006年6月、8月、10月黄海水产研究所“北斗”号海洋科学调查船在长江口及邻近海域122°～125.5°E，27.5°～34°N范围内进行大面积调查时所采集的，取样站位如图1所示。根据“简化食物网”的原则[2,4]，选取占总生物量90%的生物种类为研究对象，共包括23种鱼类（种类及平均体长见表1），11种无脊椎动物，包括脊腹褐虾（*Crangon affinis*）、鹰爪虾（*Trachypenaeus curvirostris*）、中华管鞭虾（*Solenocera crassicornis*）、哈氏仿对虾（*Parapenaeopsis hardwickii*）、口虾蛄（*Squilla oratoria*）、三疣梭子蟹（*Portunus trituberculatus*）、细点圆趾蟹（*Ovalipes punctatus*）、双斑蟳（*Charybdis bimaculata*）、日本蟳（*Charybdis japonica*）、剑尖枪乌贼（*Loligo edulis*）和中国毛虾（*Acetes chinesis*）。其中6月包括7种鱼，4种无脊椎动物；8月包括10种鱼，10种无脊椎动物；10月包括18种鱼，11种无脊椎动物。本研究3个月份所选生物种类的总生物量分别为90.25%、90.11%和89.73%。

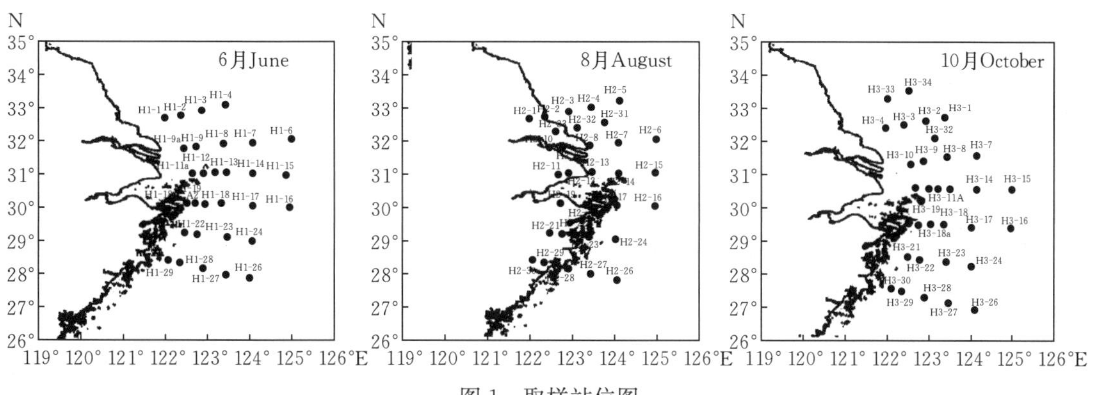

图1　取样站位图

Figure 1　Location of sampling stations

鱼类中除刺鲳（*Psenopsis anomala*）和银鲳（*Pampus argenteus*）的胃含物组成分别引自张其永等[10]和韦晟等[11]以外，其余21种鱼，共5 501个胃含物样品，均采用传统的胃含物分析方法[12]分析其摄食状况。根据Odum等[13]，中国毛虾属浮游生物食性功能群。根据程济生等[14]对主要经济无脊椎动物摄食特征的研究结果，本研究中的其余10种无脊椎动物中的虾蟹类可归为底栖动物食性功能群，头足类可归为广食性功能群。

1.2　数据分析

在鱼类功能群划分中，将各种鱼的食物组成归为以下饵料类群：浮游植物、桡足类、磷虾类、毛虾类、糠虾类、箭虫、蛾类、底层虾类、蟹类、蛇尾类、腹足类、双壳类、多毛类、钩虾类、头足类、鱼类和其他类（包括不可辨认的饵料生物，以及在食物中相对重要性

表 1 长江口及邻近海域的主要鱼种及其平均长度

Table1 Average length of major fish species from the adjacent waters of Changjiang estuary

鱼种 Fish species	6 月 June		8 月 August		10 月 October	
	长度范围 Length range (mm)	平均长度 Mean length (mm)	长度范围 Length range (mm)	平均长度 Mean length (mm)	长度范围 Length range (mm)	平均长度 Mean length (mm)
带鱼 *Trichiurus haumela*	84～270	153.88±36.02	81～308	175.83±30.23	82～310	197.12±35.45
小黄鱼 *Pseudosciaena polyactis*	88～149	115.60±14.02	65～180	103.87±22.41	62～185	116.64±20.55
鳀 *Engraulis japonicus*	55～103	75.82±13.10	—	—	—	—
黄鮟鱇 *Lophius litulon*	50～368	101.51±47.99	—	—	—	—
鲐鱼 *Scomber japonicus*	133～195	164.23±16.66	—	—	—	—
竹筴鱼 *Trachurus japonicus*	56～107	73.36±10.39	—	—	106～165	151.25±8.29
虻鲉 *Erisphex pottii*	32～86	55.10±9.91	—	—	—	—
细纹狮子鱼 *Liparis tanakae*	—	—	89～266	186.30±41.72	—	—
刺鲳 *Psenopsis anomala*	—	—	80～168	124.34±12.88	126～194	152.90±11.77
龙头鱼 *Harpodon nehereus*	—	—	68～230	146.36±40.40	105～236	167.05±29.39
矛尾虾虎鱼 *Chaeturichthys Stigmatias*	—	—	38～108	61.02±11.84	40～99	57.65±11.34
黄鲫 *Setipinna taty*	—	—	75～172	139.08±14.06	73～182	136.78±24.98
发光鲷 *Acropomajaponicum*	—	—	30～93	60.73±14.57	30～100	60.13±16.58
海鳗 *Muraenesox cinereus*	—	—	99～358	226.05±58.29	106～550	176.69±53.03
白姑鱼 *Argyrosomus argentatus*	—	—	31～197	77.95±35.71	50～181	96.83±21.08
细条天竺鱼 *Apogonichthys lineatus*	—	—	—	—	29～74	40.49±9.14
鳄齿鱼 *Champsodon capensis*	—	—	—	—	37～82	56.57±10.56
拟穴奇鳗 *Alloconger anagoides*	—	—	—	—	174～242	200.36±17.88
前肛鳗 *Dysomma anguillaris*	—	—	—	—	38～91	59.38±10.45
绿鳍鱼 *Chelidonichthys kumu*	—	—	—	—	134～179	158.69±10.38
红狼牙虾虎鱼 *Odontamblyopus rubicundus*	—	—	—	—	49～156	113.82±20.88
银鲳 *Pampus argenteus*	—	—	—	—	142～191	167.05±9.27
鮸鱼 *Miichthys miiuy*	—	—	—	—	256～351	288.70±33.71

注：—表示该种类不属于此月的主要鱼种。This species isn't the major fish species in this month. 下同。The same below.

指数百分比未达到1%的饵料类群）后，采用各饵料组成所占的相对重要性指数百分比（IRIpi）[3,15-16]进行聚类分析。采用PRIMER V5.0进行聚类分析，用Bray-Curtis相似性系数为标准来划分功能群。由于饵料相似性系数的大小受饵料生物的分类阶元影响较大，因此本研究采用60%的相似性系数为标准，同时结合在食性分析中采用的一般多数原则（将平均饵料组成比例超过60%的饵料种类定义为主要摄食对象）[4,17]来划分鱼类群落的功能群，以及功能群中的同食物资源种团。根据各种类生物量组成确定各月份生物群落的主要功能群，以及各功能群的主要种类。

各种类的营养级用下列公式计算：

$$TL_i = 1 + \sum_{j=1}^{m} DC_{ij} TL_j$$

式中，TL_i是生物i的营养级；TL_j是生物i摄食的食物j的营养级；DC_{ij}是食物j在生物i的食物中所占的比例，本研究采用相对重要性指数百分比。

高营养层次营养级（$\overline{TL_k}$）根据下列公式计算：

$$\overline{TL_k} = \sum_{i=1}^{m} TL_i Y_{ik} / Y_k$$

式中，TL_i表示i种类的营养级；Y_{ik}表示i种类在k月的生物量；Y_k表示k月m个种类的总生物量。

2　结果与分析

2.1　长江口及邻近海域6月生物群落的功能群

聚类分析表明，长江口及邻近海域6月鱼类群落的7种鱼由3个功能群组成，包括虾食性、浮游生物食性和鱼食性功能群（图2）。虻鲉（*Erisphex pottii*）、小黄鱼（*Pseudosciaena polyactis*）和鲐鱼（*Scomber japonicus*）属虾食性功能群，摄食的相似性水平为65.65%，主要摄食底层虾类，占食物组成的70%以上。虻鲉几乎完全摄食底层虾类，

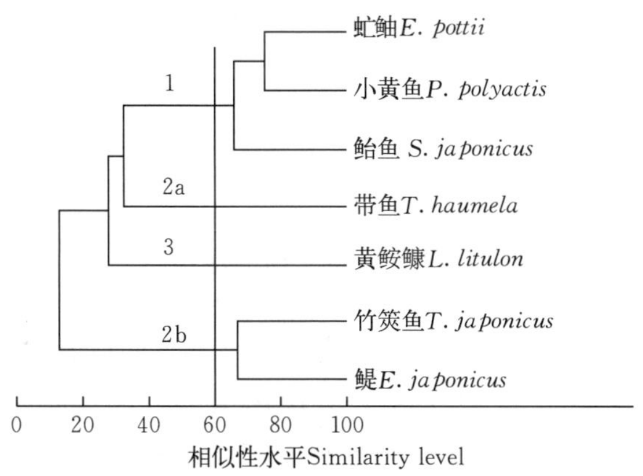

图2　长江口及邻近海域6月鱼类功能群的聚类分析图

Figure 2　Dendrogram of different functional groups in fish assemblages of the adjacent waters of Changjiang estuary in June defined by cluster analysis

1. 虾食性 Shrimp predators　2a、2b. 浮游生物食性 Planktivores　3. 鱼食性 Piscivores

以细螯虾（*Leptochela gracilis*）为主；小黄鱼摄食的底层虾类以细螯虾和七腕虾（*Heptacarpus sp.*）为主，除此之外，还摄食较多的磷虾类，占食物组成的20.50%；鲐鱼还摄食较多的小型鱼类，以鳀幼鱼（*Engraulis japonicus*）为主（图3a）。带鱼（*Trichiurus haumela*）、竹筴鱼（*Trachurus japonicus*）和鳀属浮游生物食性功能群，由于摄食的浮游生物种类差异较大，食物的相似性水平很低，可分为2个同食物资源种团（图2）。带鱼属一个同食物资源种团，主要摄食磷虾类，占食物组成的90.51%，以太平洋磷虾（*Euphausia pacifica*）为主；竹筴鱼和鳀属一个同食物资源种团，摄食的相似性水平为67.30%，主要摄食桡足类，以中华哲水蚤（*Calanus sinicus*）为主，另外，竹筴鱼还摄食12.21%的仔稚鱼和12.95%的柔嫩磷虾（*Euphausia tenera*）（图3b）。黄鮟鱇（*Lophius litulon*）属鱼食性功能群，摄食的鱼类占食物组成的94.59%，主要摄食虾虎鱼类，包括矛尾虾虎鱼（*Chaeturichthys stigmatias*）、矛尾刺虾虎鱼（*Acanthogobius hasta*）和六丝矛尾虾虎鱼（*Chaeturichthys hexanema*）等。

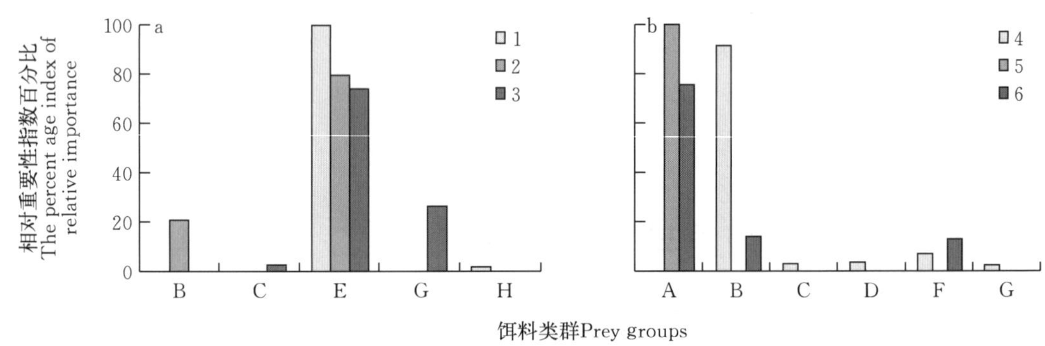

图3 长江口及邻近海域6月鱼类各功能群的食物组成

Figure 3 Diet composition of each functional group in fish assemblages of the adjacent waters of Changjiang estuary in June

a. 虾食性鱼类 Shrimp predators b. 浮游生物食性鱼类 Planktivores

A. 桡足类 Copepoda B. 磷虾类 Euphausiacea C. 甲壳类幼体 Crustaeea larva

D. 底层虾类 Demersal shrimp E. 头足类 Cephalopoda F. 鱼类 Fish G. 其他类 Others

1. 虻鲉 *E. pottii* 2. 小黄鱼 *P. polyactis* 3. 鲐鱼 *S. japonicus* 4. 带鱼 *T. haumela*

5. 鳀 *E. japonicus* 6. 竹筴鱼 *T. japonicus*

长江口及邻近海域6月"简化食物网"的生物群落包括7种鱼，4种无脊椎动物，其中鱼类、毛虾类和蟹类的生物量接近，分别占总生物量的33.84%、28.75%和26.01%（图4a），分属虾食性、浮游生物食性、底栖动物食性和鱼食性4个功能群。浮游生物食性功能群的生物量最高，占总生物量的47.85%，其中中国毛虾的生物量最高，占总生物量的28.75%，其次是带鱼和鳀，分别占总生物量的9.35%和8.43%。底栖动物食性功能群的生物量占总生物量的27.66%，其中主要种类是细点圆趾蟹，占总生物量的23.30%。虾食性功能群的生物量占总生物量的11.65%，小黄鱼是该功能群的主要种类，占总生物量的8.86%（图4b）。根据各种类的营养级（表2）和生物量组成，长江口及邻近海域高营养层次6月的营养级为3.06。

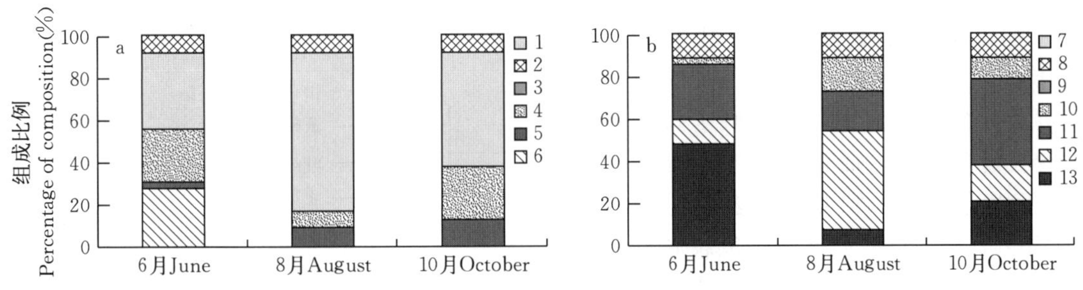

图4　6月、8月和10月长江口及邻近海域各生物群落功能群的种类（a）和功能群（b）的生物量组成

Figure 4　Biomass composition of species（a）and functional groups（b）in each community of the adjacent waters of Changjiang estuary in June，August and October

1. 其他 Others　2. 鱼类 Fish　3. 头足类 Cephalopoda　4. 蟹类 Crab　5. 底层虾类 Demersal shrimp　6. 毛虾类 Acetes　7. 其他 Others　8. 鱼食性功能群 Piscivores　9. 广食性功能群 Generalist predators　10. 底栖动物食性功能群 Benthivores　11. 蟹食性功能群 Crab predators　12. 虾食性功能群 Shrimp predators　13. 浮游生物食性功能群 Planktivores

表2　长江口及邻近海域各月份主要鱼种的营养级

Table2　Trophic level of major fish species in each months from the adjacent waters of Changjiang estuary

鱼种 Fish species	营养级 Trophic level			鱼种 Fish species	营养级 Trophic level		
	2006.6	2006.8	2006.10		2006.6	2006.8	2006.10
带鱼 *T. haumela*	3.28	3.64	4.17	发光鲷 *A. japonicum*	—	4.45	3.59
小黄鱼 *P. polyactis*	3.68	3.81	3.47	海鳗 *M. cinereus*	—	4.44	3.61
鳀 *E. japonicus*	3.50	—	—	白姑鱼 *A. argentatus*	—	3.86	3.86
黄鮟鱇 *L. litulon*	4.48	—	—	细条天竺鱼 *A. lineatus*	—	—	3.83
鲐鱼 *S. japonicus*	3.97	—	—	鳄齿鱼 *C. capensis*	—	—	3.87
竹筴鱼 *T. japonicus*	3.53	—	4.42	拟穴奇鳗 *A. anagoides*	—	—	3.92
虻鲉 *E. pottii*	3.80	—	—	前肛鳗 *D. anguillaris*	—	—	3.61
细纹狮子鱼 *L. tanakae*	—	3.79	—	绿鳍鱼 *C. kumu*	—	—	4.32
龙头鱼 *H. nehereus*	—	4.50	4.24	红狼牙虾虎鱼 *O. rubi cundus*	—	—	3.29
矛尾虾虎鱼 *C. stigmatias*	—	3.57	3.60	鮸鱼 *M. miiuy*	—	—	4.15
黄鲫 *S. taty*	—	3.76	3.15				

2.2　长江口及邻近海域8月生物群落的功能群

聚类分析表明，长江口及邻近海域8月鱼类群落的10种鱼由4个功能群组成，包括虾食性、底栖动物食性、鱼食性和浮游生物食性功能群（图5）。白姑鱼（Argyrosomus argentatus）、小黄鱼、带鱼、黄鲫（*Setipinna taty*）和细纹狮子鱼（*Liparis tanakae*）属虾食性功能群，摄食的相似性水平为59.54%。其中白姑鱼和小黄鱼摄食的相似性水平最高，达81.70%，摄食的底层虾类分别占食物组成的54.92%和62.87%，白姑鱼还摄食15.64%口足类；另外，白姑鱼和小黄鱼还摄食较多的鱼类和浮游动物，鱼类饵料以七星底

灯鱼（*Myctophum pterotum*）为主。黄鲫和细纹狮子鱼摄食的相似性水平为77.64%，摄食90%以上的底层虾类，黄鲫以摄食细螯虾为主，细纹狮子鱼以摄食脊腹褐虾为主。而带鱼则主要摄食口足类和底层虾类，口足类占食物组成的73.38%（图6a）。矛尾虾虎鱼属底栖动物食性功能群，主要摄食蛇尾类、底层虾类和口足类（图6b）。发光鲷（*Acropoma japonicum*）、龙头鱼（*Harpodon nehereus*）和海鳗（*Muraenesox cinereus*）属鱼食性功能群，摄食的相似性水平为73.57%。其中发光鲷和龙头鱼摄食的相似性水平最高，达86.53%，摄食95%以上的鱼类；发光鲷主要摄食七星底灯鱼，龙头鱼摄食的鱼类种类较多，以小黄鱼和自身幼鱼为主。海鳗摄食的鱼类以龙头鱼为主，另外还摄食一定比例的头足类和口足类（图6c）。刺鲳属浮游生物食性功能群，主要以大型水母为食（图5）。

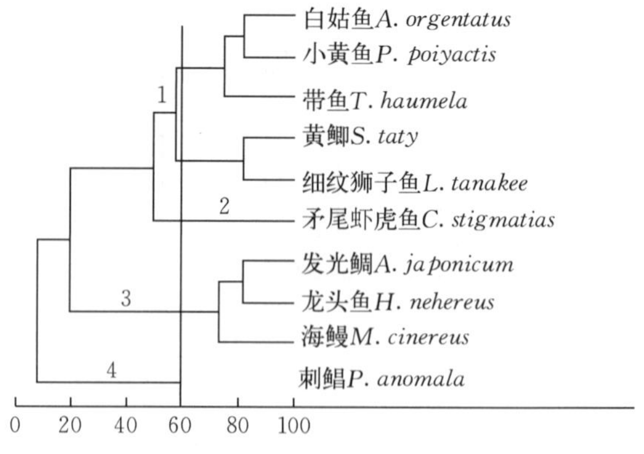

图5 长江口及邻近海域8月鱼类功能群的聚类分析图

Figure 5 Dendrogram of different functional groups in fish assemblages of the adjacent waters of Changjiang estuary in August defined by cluster analysis

1. 虾食性 Shrimp predators 2. 底栖动物食性 Benthivores 3. 鱼食性 Piscivores 4. 浮游生物食性 Planktivores

长江口及邻近海域8月"简化食物网"的生物群落10种鱼，10种无脊椎动物，生物量上以鱼类为主，占总生物量的71.79%（图4a）。该生物群落包括虾食性、浮游生物食性、底栖动物食性、广食性和鱼食性5个功能群，以虾食性功能群为主，占总生物量的48.50%，其中主要种类为带鱼和小黄鱼，分别占总生物量的20.51%和20.12%。底栖动物食性功能群和鱼食性功能群的生物量分别占总生物量的18.59%和16.31%，鱼食性功能群的主要种类为龙头鱼，其生物量就占总生物量的11.30%，底栖动物食性功能群包括的种类多，但所占的比例均较小，主要种类为双斑蟳，占总生物量的4.15%（图4b）。根据各种类的营养级（表2）和生物量组成，长江口及邻近海域高营养层次8月的营养级为3.78。

2.3 长江口及邻近海域10月生物群落的功能群

聚类分析表明，长江口及邻近海域10月鱼类群落的18种鱼由6个功能群组成，包括鱼食性、广食性、虾食性、浮游生物食性、蟹食性和底栖动物食性功能群（图7）。竹筴鱼、龙头鱼和带鱼属鱼食性功能群，摄食的相似性水平为66.70%（图7），龙头鱼摄食的鱼类以自身幼鱼居多，还摄食较多口足类；竹筴鱼主要摄食鱼类，鱼类饵料占食物组成的91.33%，以七星底灯鱼为主；带鱼主要摄食七星底灯鱼，还摄食较多的其他种类，包括毛虾类、头足类和底层虾类等（图8a）。绿鳍鱼（*Chelidonichthys kumu*）摄食食物的种类较广，包括鱼类、头足类和底层虾类等（图8b），属广食性功能群。细条天竺鱼（*Apogonichthys lineatus*）、海鳗、鳄齿鱼（*Champsodon capensis*）、矛尾虾虎鱼、鮸鱼（*Miichthys miiuy*）、拟穴奇鳗（*Alloconger anagoides*）和白姑鱼这7种鱼属虾食性功能群，

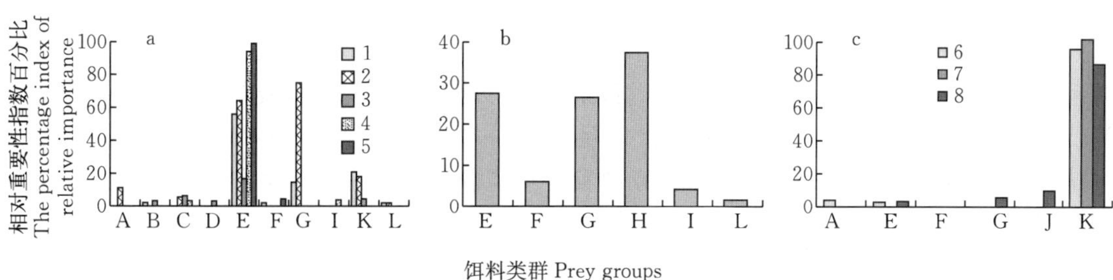

图 6　长江口及邻近海域 8 月鱼类各功能群的食物组成

Figure 6　Diet composition of each functional groups in fish assemblages of the adjacent waters of Changjiang estuary in August

a. 虾食性 Shrimp predators　b. 底栖动物食性 Benthivores　c. 鱼食性 Piscivores

A. 磷虾类 Euphausiacea　B. 糠虾类 Mysidae　C. 毛虾类 Acetes　D. 蛾类 Hyperiid amphipods

E. 底层虾类 Demersal shrimp　F. 蟹类 Crab　G. 口足类 Stomatopoda　H. 蛇尾类 Ophiuroidea

I. 端足类 Amphipoda　J. 头足类 Cephalopoda　K. 鱼类 Fish　L. 其他类 Others

1. 白姑鱼 *A. argentatus*　2. 小黄鱼 *P. polyactis*　3. 带鱼 *T. haumela*　4. 黄鲫 *S. taty*

5. 细纹狮子鱼 *L. tanakae*　6. 发光鲷 *A. japonicumm*　7. 龙头鱼 *H. nehereus*　8. 海鳗 *M. cinereus*

摄食的相似性水平为 63.38%（图 7）。细条天竺鱼和鳄齿鱼摄食的底层虾类占食物组成的 80%以上；白姑鱼摄食的底层虾类以日本鼓虾（*Alpheus japonicus*）为主，还摄食较多的口足类和鱼类；而拟穴奇鳗摄食底层虾类以敖氏长臂虾（*Palaemon ortmanni*）和细巧仿对虾（*Parapenaeopsis tenella*）为主，还摄食较多的鱼类和蟹类；鮸鱼摄食的鱼类和底层虾层虾类分别占食物组成的 49.58%和 50.42%；海鳗和和矛尾虾虎鱼主要摄食口足类，占食物组成的 90%以上（图 8c）。黄鲫、小黄鱼、银鲳、发光鲷和刺鲳属浮浮游生物食性功能群，由于摄食的浮游生物种类差异较大，食物的相似性水平很低，可分为 4 个同食物资源种团（图 7）。黄鲫和小黄鱼属一个同食物资源种团，摄食的相似性水平为 71.64%，主要摄食毛虾类类，另外黄鲫还摄食较多的磷虾类，以宽额假磷虾（*Pseudeuphausia latifron*）为主，而小黄鱼还摄食较多的鱼类和底层虾类；发光鲷属一个同食物资源种团，主要摄食桡足类，占食物组成的 70.62%，以海洋真刺水蚤

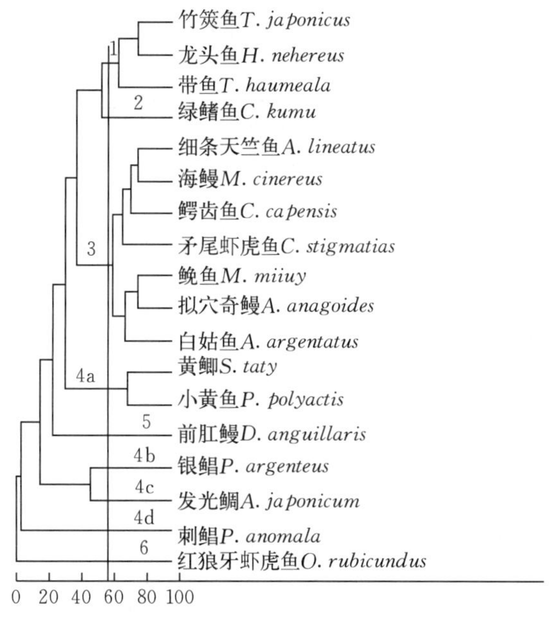

图 7　长江口及邻近海域 10 月鱼类功能群的聚类分析图

Figure 7　Dendrogram of different functional groups in fish assemblages of the adjacent waters of Changjiang estuary in October defined by cluster analysis

1. 鱼食性 Piscirores　2. 广食性 Generalist predators

3. 虾食性 Shrimp predators　4a～4d. 浮游生物食性 Planktivores

5. 蟹食性 Crab predators　6. 底栖动物食性 Benthivores

(*Euchaeta marina*)为主，还摄食较多的底层虾类；刺鲳单独属一个同食物资源种团，主要以大型水母为食；银鲳也单独属一个同食物资源种团，以浮游植物和桡足类为主要食物（图8d)。前肛鳗（*Dysomma anguillaris*）属蟹食性功能群，摄食的蟹类占食物物组成的87.55%，以双斑蟳为主，另外还摄食口足类和一些底层虾类（图 8e)。红狼牙虾虎鱼(*Odontamblyopus rubicundus*）属底栖动物食性功能群，摄食的底栖动物主要包括钩虾、双壳类和多毛类(图 8f)。

长江口及邻近海域10月“简化食物网”的生物群群落13种鱼。11种无脊椎动物，生物量上以鱼类为主，占总生物量的50.94%；其次是蟹类和底层虾类，分别占总生物量的25.16%和13.54%（图 4a)。该生物群落包括鱼食性、广食性、虾食性、浮游生物食性、蟹食性和底栖动物食性6个功能群。底栖动物食性和浮游生物食性功能群分别占总生物量的39.25%和 22.27%，底栖动物食性功能群的主要种类为三疣梭子蟹，占总生物量的21.40%；浮游生物食性功能群的主要种类为小黄鱼和刺鲳，其生物量分别占总生物量的8.10%和7.57%。虾食性和鱼食性功能群分别占总生物量的15.04%和10.71%，虾食性功能群的主要种类为矛尾虾虎鱼，占总生物量的5.59%；鱼食性功能群的主要种类为带鱼，占总生物量6.33%（图 4b)。根据各种类的营养级（表 2）和生物量组成，长江口及邻近海域高营养层次10月的营养级为3.58。

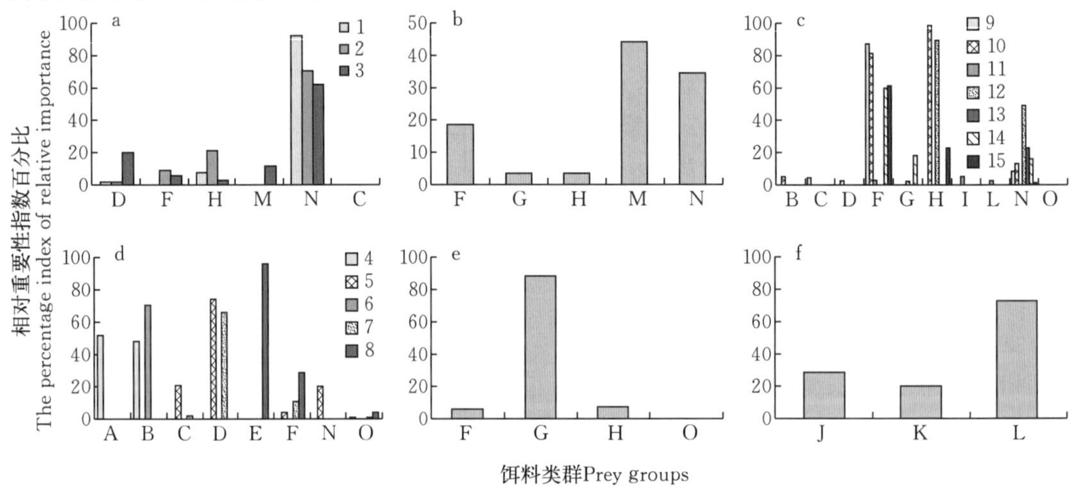

图8 长江口及邻近海域10月鱼类各功能群的食物组成

Figure 8 Diet composition of each functional groups in fish assemblages of the adjacent waters of Changjiang estuary in October

a. 鱼食性 Piscivores b. 广食性 Generalist predators c. 虾食性 Shrimp predators
d. 浮游生物食性 Planktivores e. 蟹食性 Crab predators f. 底栖动物食性 Benthivores
A. 浮游植物 Phytoplankton B. 桡足类 Copepoda C. 磷虾类 Euphausiacea D. 毛虾类 Acetes
E. 水母类 Seyphozoa F. 底层虾类 Demersal shrimp G. 蟹类 Crab H. 口足类 Stomatopoda
I. 蛇尾类 Ophiuroidea J. 双壳类 Bivalvia K. 多毛类 Polychaeta L. 端足类 Amphipoda
M. 头足类 Cephalopoda N. 鱼类 Fish O. 其他类 Others
1. 竹筴鱼 *T. japonicus* 2. 龙头鱼 *H. neherus* 3. 带鱼 *T. haumela* 4. 黄鲫 *S. taty* 5. 小黄鱼 *P. polyactis*
6. 银鲳 *P. argenteus* 7. 发光鲷 *A. japonicum* 8. 刺鲳 *P. anomala* 9. 细条天竺鱼 *A. lineatus*
10. 海鳗 *M. cinereus* 11. 鳄齿鱼 *C. capensis* 12. 矛尾虾虎鱼 *C. stigmatia*
13. 鮸鱼 *M. miiuy* 14. 拟穴奇鳗 *A. anagoides* 15. 白姑鱼 *A. argentatus*

3　讨论

长江口及邻近海域 6 月、8 月和 10 月"简化食物网"高营养层次生物群落的种类组成各不相同，6 月包括 7 种鱼，4 种无脊椎动物；8 月包括 10 种鱼，10 种无脊椎动物；10 月包括 13 种鱼，11 种无脊椎动物。从种类组成和生物量分析表明，与李建生等[7,18]对长江口渔场鱼类组成、多样性以及季节变化的研究结果相似：长江口及邻近海域夏季优势种突出，秋季优势种不明显，夏季和秋季差异较大。在食物网及其营养动力学过程研究中，生物群落种类组成有显著差异，但比较食物资源的利用方式，即采用划分功能群的方法来研究生物群落结构，以确定在生态系统中发挥重要作用的功能群和种类才是最重要的。本研究结果表明长江口及邻近海域 6 月、8 月和 10 月三个月"简化食物网"高营养层次生物群落包括 6 个功能群：鱼食性、蟹食性、虾食性、底栖动物食性、浮游生物食性和广食性功能群。其中 6 月有虾食性、浮游生物食性、底栖动物食性和鱼食性 4 个功能群；8 月有虾食性、浮游生物食性、底栖动物食性、广食性和鱼食性 5 个功能群；10 月有鱼食性、广食性、虾食性、浮游生物食性、蟹食性和底栖动物食性 6 个功能群。根据各功能群生物量组成（图 4）表明在长江口及邻近海域高营养层次各月份生物群落中发挥主要作用的功能群各不相同。6 月高营养层次以鱼类、毛虾类和蟹类为主，营养级最低，主要功能群为浮游生物食性功能群、底栖动物食性功能群和虾食性功能群，主要种类包括中国毛虾、细点圆趾蟹、带鱼、小黄鱼和鳀；8 月高营养层次以鱼类为主，营养级达到最高，主要功能群为虾食性功能群、底栖动物食性功能群和鱼食性功能群，主要种类包括带鱼、小黄鱼、龙头鱼和双斑蟳；10 月高营养层次虽仍以鱼类为主，但生物量较 8 月有较大下降，虾蟹类比例增大，营养级较 8 月也有所下降，主要功能群为底栖动物食性功能群、浮游动物食性、虾食性功能群和鱼食性功能群，主要种类为三疣梭子蟹、小黄鱼、刺鲳、带鱼和矛尾虾虎鱼。可见，由于受海洋环境变化以及鱼类洄游活动的影响，长江口及邻近海域高营养层次生物群落的组成及营养级都有较大的变化。

与东海[4]和黄海高营养层次生物群落功能群的研究结果相比，长江口及邻近海域高营养层次主要功能群和主要种类不突出，食物网结构更复杂，这与长江口独特的生态环境是相适应的。另一方面，尽管带鱼和小黄鱼仍是长江口及邻近海域的优势种，但与 2000—2002 年长江口渔场生物群落结构相比[5]，有很大差异。在 2000—2002 年长江口渔场夏秋季节，以带鱼和小黄鱼为绝对优势种，这两种鱼在该渔场的生物量之和占总生物量的 50%以上；而本研究表明 2006 年 6 月、8 月、10 月两种鱼的生物量之和占总生物量的 14.43%～40.63%，其中 8 月两种鱼的生物量之和最高。

罗秉征等[19]研究了长江口鱼类食物网及其营养结构，但大量研究表明同种类体长分布的差异，以及饵料基础的时空变化可能导致鱼类在不同生物群落归属不同的功能群[4,16,20-22]。本研究长江口及邻近海域高营养层次生物群落的 23 种鱼类在 6 月、8 月和 10 月的优势种组成差异较大，除带鱼和小黄鱼在 3 个月均出现以外，还有 7 种鱼在 2 个月中出现。这 9 种鱼中除矛尾鰕虎鱼和白姑鱼所属的功能群和营养级没有变化以外，其余 7 种鱼类均有一定差异。带鱼在 6 月属浮游生物食性功能群，8 月属虾食性功能群，10 月属鱼食性功能群；竹筴鱼在 6 月属浮游生物食性功能群，10 月属鱼食性功能群；海鳗在 8 月属鱼食性功能群，10 月属虾食性功能群；这 3 种鱼在不同月份所属功能群发生转变，营养级也有较大差异，这些变化受体长变化的影响较大（表 1）；而小黄鱼、发光鲷和黄鲫在不同月份间的体长变化较小，但功能群和营养级仍有较大差异。小黄鱼在 6 月和 8 月属虾食性功能群，10 月属浮游生物食性功能群；发光鲷在 8 月属鱼食性功能群，10 月属浮游生物食性功能群；黄鲫在 8 月属虾食性功能群，10 月属浮游生物食性功能群。另外，龙头鱼在 8 月和 10 月均属鱼食性功能群，但其在 10 月摄食的口足类增多，因此营养级较 8 月有所下降。这表明这 4 种鱼所属的功能群和营养级的这些变化受栖息地饵料种类、丰度的季节变化影响较大。由此可见，对功能群加以研究才能更深层次地了解生态系统中生物间的相互关系及其变化。

参考文献

[1] Tang Q S（唐启升）. Marine food web and the signification in the study of ecosystem. Beijing：228 Xiangshan Conference，2004（in Chinese）.

[2] Tang Q S（唐启升）. Strategies of research on marine food web and trophodynamics between high trophic levels. Marine Fisheries Research（海洋水产研究），1999，20（2）：1－11（in Chinese）.

[3] Zhang B，Tang Q，Jin X. Decadal-scale variations of trophic levels at high trophic levels in the Yellow Sea and Bohai Sea ecosystem. Journal of Marine System，2007，67：304－311.

[4] Zhang B（张波），Tang Q S（唐启升），Jin X S（金显仕）. Functional groups of fish assemblages and their major species at high trophic level in the East China Sea. Journal of Fishery Sciences of China（中国水产科学），2007，14（6）：939－949（in Chinese）.

[5] Xian W W（线薇薇），Liu R Y（刘瑞玉），Luo B Z（罗秉征）. Environment of the Changjiang estuary before the sluice construction in the Three Gorges Reservoir. Resources and Environment in the Yangtze Basin（长江流域资源与环境），2004，13（2）：119－123（in Chinese）.

[6] Wang J H（王金辉），Huang X Q（黄秀清），Liu A C（刘阿成），et al. Tendency of the biodiversity variation nearby Changjiang estuary. Marine Science Bulletin（海洋通报），2004，23（1）：32－39（in Chinese）.

[7] Li J S（李建生），Li S F（李圣法），Ren Y P（任一平），et al. Seasonal variety of fishery biology community structure in fishing ground of the Yangtze estuary. Journal of Fishery Sciences of China（中国水产科学），2004，11（5）：432－439（in Chinese）.

[8] Xu Z L（徐兆礼），Shen X Q（沈新强），Ma S W（马胜伟）. Ecological characters of zooplankton dominant species in the waters near the Changjiang estuary in spring and summer. Marine Sciences（海洋科学），2005，29（12）：13－19（in Chinese）.

[9] Yuan X Z（袁兴中），Lu J J（陆健健），Liu H（刘红）. Distribution pattern and variation in the functional groups of zoobenthos in the Changjiang Estuary. Acta Ecologica Sinica（生态学报），2002，22（12）：2054－2062（in Chinese）.

[10] Zhang Q Y（张其永），Lin Q M（林秋眠），Lin Y T（林尤通），et al. Food web of fishes in Minnan-Taiwanchientan fishing ground. Acta Oceanologica Sinica（海洋学报），1981，3（2）：275－290（in Chinese）.

[11] Wei S（韦晟），Jiang W M（姜卫民）. Study on food web of fishes in the Yellow Sea. Oceanologia et Limnologia Sinica（海洋与湖沼），1992，23（2）：182－192（in Chinese）.

[12] Zhang B（张波）. Diet composition and ontogenetic variation in feeding habits of *Cleithenes herzensteini* in central Yellow Sea. Chinese Journal of Applied Ecology（应用生态学报），2007，18（8）：1849－

1854 (in Chinese).

[13] Odum W E. Heald E J. The detritus-based food web of an estuarine mangrove community. Estuarine Research, 1975, 1: 265 - 289.

[14] Cheng J S (程济生), Zhu J S (朱金声). Study on the feeding habit and trophic level of main economic invertebrates in the Huanghai Sea. Acta Oceanologica Sinica (海洋学报), 1997, 19 (6): 102 - 108 (in Chinese).

[15] Garrison L P. Spatial and dietary overlap in the Georges bank groundfish community. Canadian Journal of Fisheries and Aquatic Sciences, 2000, 57: 1679 - 1691.

[16] Munoz A A, Ojeda F P. Guild structure of carnivorous intertidal fishes of the Chilean coast: Implications of ontogenetic dietary shifts. Oecologia, 1998, 114: 563 - 573.

[17] Zhang B (张波), Tang Q S (唐启升). Feeding habits of six species of eels in East China Sea and Yellow Sea. Journal of Fisheries of China (水产学报), 2003, 27 (4): 307 - 314 (in Chinese).

[18] Li J S (李建生), Li S F (李圣法), Chen J H (程家骅). The composition and diversity of fishes on fishing grounds of Changjiang estuary. Marine Fisheries (海洋渔业), 2006, 28 (6): 37 - 41 (in Chinese).

[19] Lou B Z (罗秉征), Wei S (韦晟), Dou S Z (窦硕增). Study on food web and trophic structure of fish in the Changjiang River estuary. Studia Marine Sinica (海洋科学集刊), 1997, 38: 143 - 153 (in Chinese).

[20] Garrison L P, Link J S. Dietary guild structure of the fish community in the Northeast United States continental shelf ecosystem. Marine Ecology Progress Series, 2000, 202: 231 - 240.

[21] Jin X, Xu B, Tang Q. Fish assemblage structure in the East China Sea and southern Yellow Sea during autumn and spring. Journal of Fish Biology, 2003, 62: 1194 - 1205.

[22] Simberloff D, Dayan T. The guild concept and the structure of ecological communities. Annual Review of Ecology and Systematics, 1991, 22: 115 - 143.

Functional Groups of High Trophic Level Communities in Adjacent Waters of Changjiang Estuary

ZHANG Bo, JIN Xianshi, TANG Qisheng

(Ministry of Agriculture Key Laboratory of Stock Assessment and Ecosystem, Yellow Sea Fisheries Research Institute, Chinese Academy of Fishery Sciences, Qingdao 266071, China)

Abstract: Based on the three bottom trawl surveys in adjacent waters of Changjiang estuary in June, August and October 2006, the composition and variation of the functional groups of high trophic level communities in the waters were studied. According to diet analysis, the high trophic level communities in the waters included six functional groups, i. e. , piscivore, shrimp predator, crab predator, benthivore, planktivore, and generalist predator. Due to the variation of marine environment and fish migration behavior, the composition and trophic level of the high trophic level communities had greater monthly change. In June, fishes, acetes, and crabs dominated the communities, and planktivore was the major functional group, with its trophic level being the lowest (3.06); in August, fishes were dominant, and shrimp predator was the major functional group, with its trophic level being the highest (3.78); and in October, fishes also dominated the communities, the proportion of shrimp and crab increased, and planktivore and benthivore were the major functional groups, with a trophic level of 3.58.

Key words: The Changjiang Estuary; Community; Functional groups

黄海渔业资源生态优势度和多样性的研究①

唐启升
（中国水产科学研究院黄海水产研究所）

摘要： 本文将黄海渔业资源看作一个独立的生态群落，从渔业生态系的角度，研究其生态优势度和多样性。文内引用了 Odum（1971）推荐的生态优势度的概念作为优势种的一个定量指标，借以说明群落能流、资源的集中状况和程度；Shannon-Wiener 的信息论指数作为研究多样性的主要依据。结果表明：①黄海渔业资源生态优势度和多样性等主要生态特征值年间变化不大，但水平分布有季节变化；②与东、南海相比，黄海渔业资源生态优势度水准相对较高，多样性相对较低。

文内还讨论了各生态特征值之间的关系、生态学意义及其在渔业资源增殖和管理实践中的应用价值。

主题词： 生态优势度；多样性；渔业资源；黄海

前言

随着渔业生产由过去的开发型转入现今的管理型以及主要捕捞种类资源的不断变化，传统的单一鱼种的资源研究已不能满足现实的需要，多种类渔业资源的研究日益受到重视，而将渔业生态提高到系统研究的水平已成为一种趋势。因此，对渔业生态学的一些基本问题进行深入研究是十分必要的。

黄海地处暖温带，生物资源为暖温带区系，属于北太平洋温带区的东亚亚区；大多数渔业种群终年栖息于黄海[1]。基于这个事实，本文将黄海渔业资源看作为一个独立的生态群落，即从渔业生态系的角度，研究其生态优势度和多样性，为黄海渔业资源开发、渔业管理和增殖提供基本的科学依据和定量指标。

材料与方法

研究材料取自 1985—1986 年黄海渔业生态系拖网定点调查，共使用四个航次的调查资料，分别代表两个年度的春、秋季。春季（3—4 月）两个航次的调查由黄海 103、104 号船完成，双拖，网具 550 目×30 cm，囊网网目 5.1 cm；秋季（9—10 月）两个航次的调查由北斗号船完成，单拖，网具 450 目×17 cm，囊网网目 12.7 cm，衬网网目 2.0 cm。调查范

① 本文原刊于《中国水产科学研究院学报》，1988，1（1）：47－58。

围为北纬 32°～39°30′、东经 120°30′～125°，水深 12～94 m。四个航次分别设拖网调查站 122（1985 年 3—4 月）、129（1986 年 3—4 月）、140（1985 年 9—10 月）、141 个（1986 年 9—10 月）。

目前有多种定量计算方法用于生态优势度和多样性研究[5-7]本文选用下列四种常用方法：

1. 优势度

Simpson 指数

$$C_1 = \sum_{i=1}^{S} (P_i)^2 \tag{1}$$

式中，S 为种类数；P_i表示生物群聚中种类 i 种群重要值（如个体数、生物量或生产力等）的概率，概率的大小衡量了优势度的高低。本文用相对资源量指标（单位小时拖网渔获量）表示种群重要值（以下皆同），并计算其概率，即 $P_i=(W_i/W)$；W_i为某个调查站种类 i 单位小时拖网渔获量；W 为某站 S 个种类的单位小时拖网渔获量之和。

McNaughton 指数

$$C_2 = \sum_{i=1}^{2} P_i \tag{2}$$

式（2）根据优势种的概念，直接使用群落中大量控制能流以及对其他种类有强烈影响且种群重要值最大的两个主要种类的概率表示生态优势度。

2. 多样性

Shannon-Wiener 信息论指数

由于 Shannon-Wiener 提出的信息论指数在 Shannon-Weaver 书中（1949）有较详细的描述，故文献中常误写为 Shannon-Weaver 指数[5-6]。

$$H' = -\sum_{i=1}^{S} (P_i)(\log_2 P_i) \tag{3}$$

Pielou 均匀度指数

$$J' = H'/H_{max} = H'/(\log_2 S) \tag{4}$$

式中，H_{max}为最大多样性指数。

为了减少因拖网采样偶然性而产生的计算误差，文内以方区为单位研究各生态特征值，即以经纬各半度为单位，将四个航次的调查海域分别划为 54 个、64 个、82 个、74 个方区，每个方区包括 4～5 个调查站（方区四个角及中心点各设一个站，部分方区中心点未设调查站），先以各调查站资料为基础计算各个指数值，然后以方区为单位计算出各指数的平均值，作为本项研究的基本数据。

另外，应用 R 型聚类分析技术研究生态特征值之间的关系[2]。为了使各变量有相等的权，对数量级或数值变动范围（即极差）不等的各特征值数据需要进行标准化。令

$$Z_{ij} = \frac{X_{ij} - \overline{X_i}}{\sigma_i} \tag{5}$$

式中，X_{ij} 为变量 i（$=1, \cdots, m$）、样方 j（$=1, \cdots, n$）的特征值数据，另外，

$$\overline{X}_i = \frac{1}{n}\sum_{j=1}^{n} X_{ij} \qquad \sigma_i{}^2 = \frac{1}{n-1}\sum_{j=1}^{n} (X_{ij} - \overline{X}_i)$$

对于标准化数据 Z_{ij}，用于聚类分析的相关系数为

$$r_{ij}=\frac{1}{n}\sum_{k=1}^{n}Z_{ik}Z_{ik} \tag{6}$$

（i、j=1，…，m，K=1，…，n）。

结果

1. 黄海渔业资源生态特征值的一般特征

黄海渔业资源主要生态特征值（S、C_1、C_2、H'和J'）的分布状况如图 1 至图 4 所列。没有发现这些特征值分布有确定的区域性差别，或者与环境因子（如深度、温度、盐度等）有某种特定的关系，但是，其水平分布有季节变化。

春季，生态优势度指数 C_1、C_2 值高于其平均值的方区和多样性指数 H'、J'值低于其平均值的方区，多出现在黄海的北部和西部，C_1、C_2 值偏低和 H'、J'值偏高的方区，多出现在黄海中央部；秋季的情况则相反，C_1、C_2 值高于其平均值和 H'、J'值低于其平均值的方区，多出现于黄海中央部，C_1、C_2 值偏低和 H'、J'值偏高的方区，多出现于北部和西部，靠近沿岸水域。这一分布变化规律显然与黄海渔业种群的洄游习性有关。鉴于黄海的环境特征，大多数渔业种群冬季云集于黄海中央部（即黄海洼地）越冬，具有春季由外海深水区向近岸浅水区移动、秋季由近岸向外海移动的特性。这个特性势必导致局部区域资源种类、结构、密度的变化，从整个海区来看，则出现了春、秋季生态特征值水平分布高值区和低值区相互易位的现象。

由于渔业种群的洄游移动习性、种类数和资源结构的变化，主要生态特征值的数值有季节性差异。春季生态优势度指数 C_1 平均值为 0.32（1985—1986 年），C_2 平均值为 0.64（1985—1986 年），略低于秋季（分别为 0.36、0.70）；春季多样性指数 H'平均值为 2.49（1985—1986 年），均匀度指数 J'平均值为 0.59（1985—1986 年），种类数 S 的平均值为 21（1985—1986 年），略高于秋季（分别为 2.13、0.57、15）。相比之下，生态特征值的年间变化较小（表 1），表明生态特征值是种群的稳定性特征之一。

与东，南海相比，黄海渔业资源生态优势度水准相对较高，如 C_2 值为 0.5～0.9 的方区约占 94%，表明少数优势种明显地控制黄海渔业资源的数量，但是，多样性相对较低，如黄海多样性指数 H'平均值为 2.5，而东、南海约为 3.2[3,4]。

2. 生态特征值之间的关系

生态特征值相关矩阵（表 2）表明：①生态优势度与多样性各指数之间相关关系极为显著，其中 C_1 与 C_2 和 H'与 J'之间呈显著的正相关，优势度指数与多样性指数之间呈显著的负相关。各变量之间的散点分布均近似于线性相关（图省略）；②生态优势度和多样性与种类和群落资源结构（*De*、*Pe*、*Ce* 和 *Cr*）之间关系密切，其中种类数与优势度呈正相关，与多样性呈负相关，而资源结构与优势度和多样性的关系则取决于结构成分（如中上层鱼类的重量比与优势度呈正相关，与多样性呈负相关，但是，甲壳类与二者的关系则相反），各成分中起作用的因素是种类数和资源密度。聚类分析图进一步表明了上述基本关系（图 5），可以清楚地看出优势度的变化主要受资源结构中优势种资源量（如中上层鱼类）的影响，多样性的变化则与种类数关系更为密切。

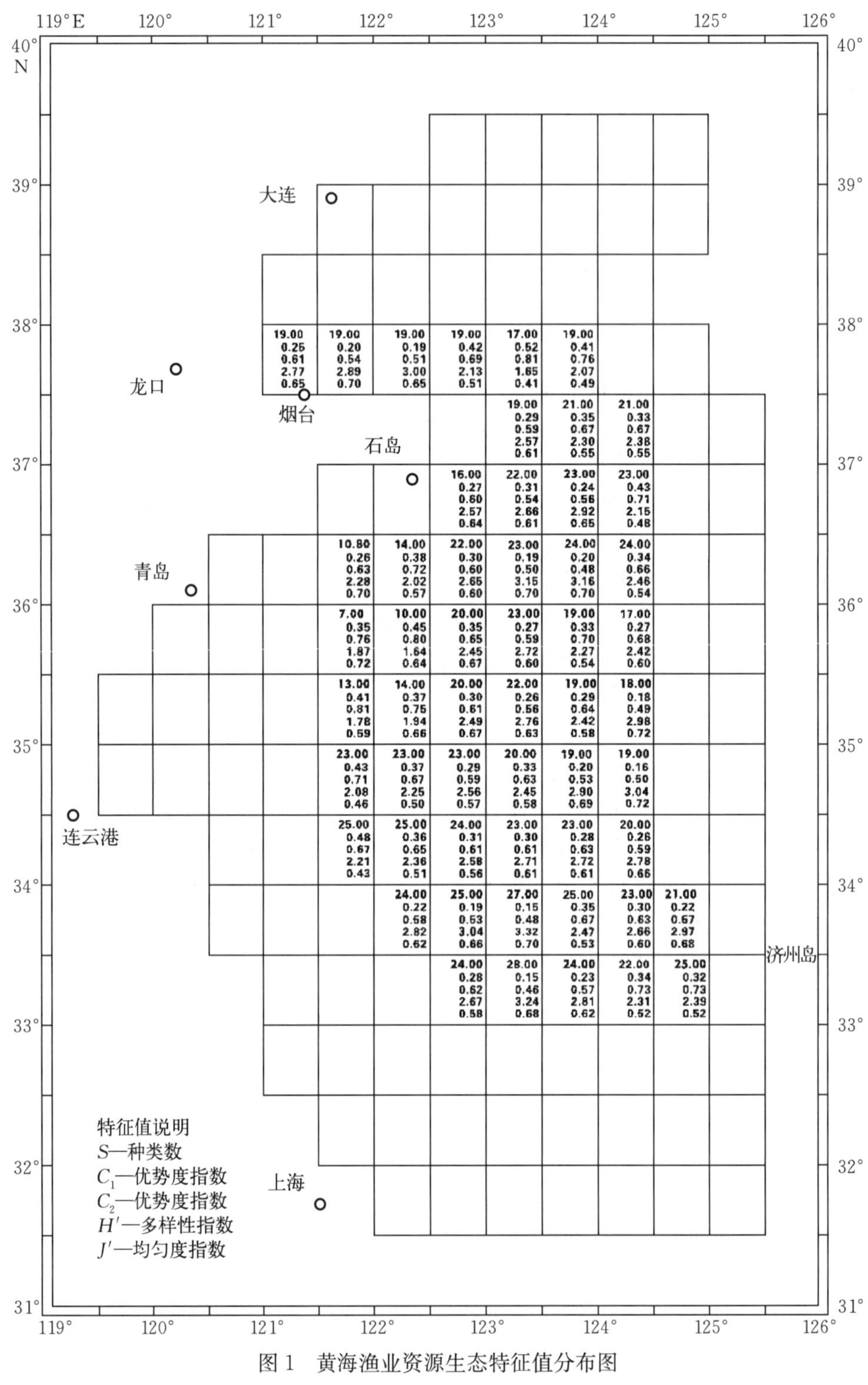

图 1 黄海渔业资源生态特征值分布图

航次时间：1985 年 3—4 月

Figure 1 Distribution of ecological characteristics values（S，C_1，C_2，H' and J'）of fishery resources in the Yellow Sea（Mar.—Apr. 1985）

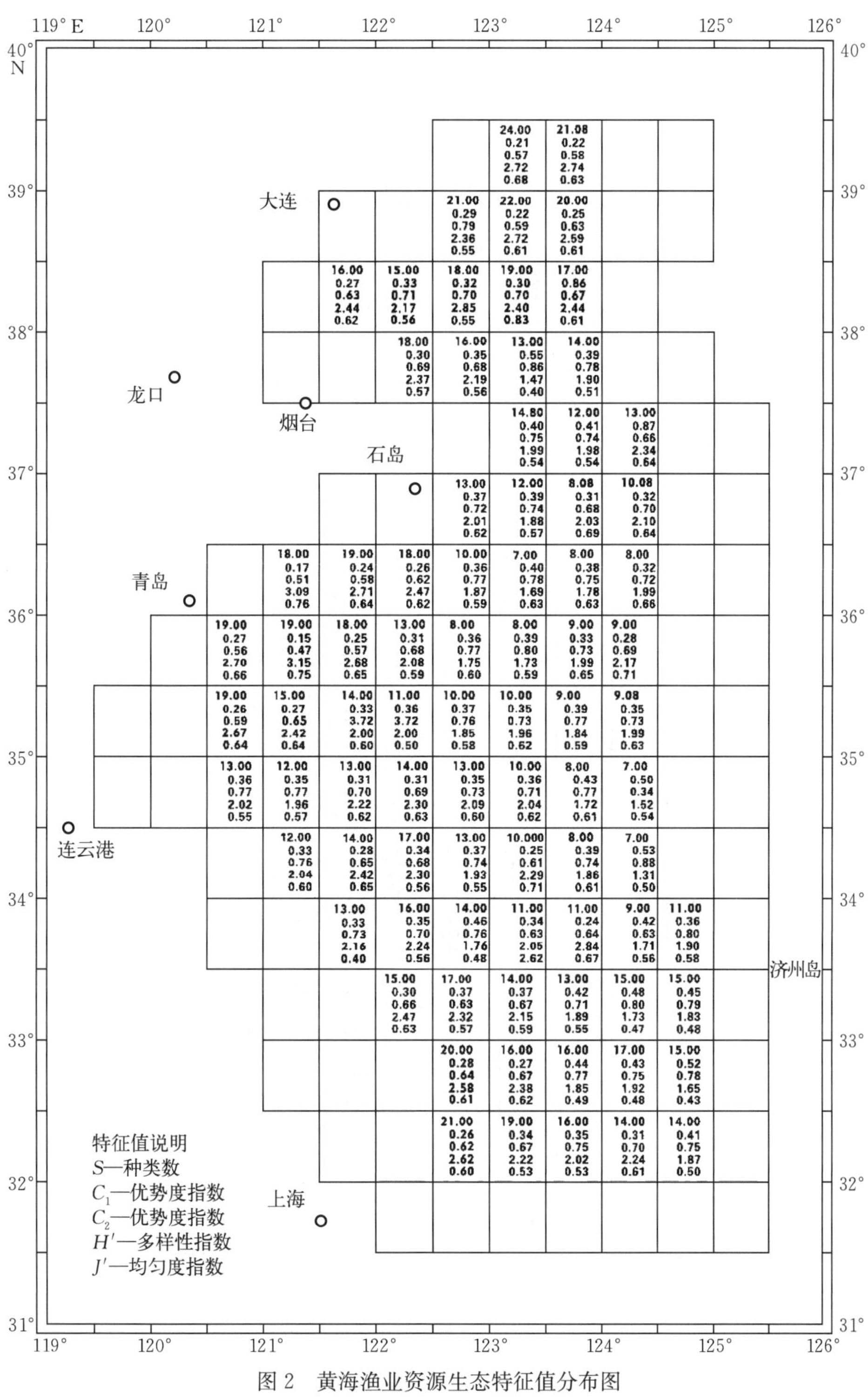

图 2　黄海渔业资源生态特征值分布图

航次时间 1985 年 9—10 月

Figure 2　Distribution of ecological characteristis values（S，C_1，C_2，H' and J'）of fishery resources in the Yellow Sea（Sep.—Oct. 1985）

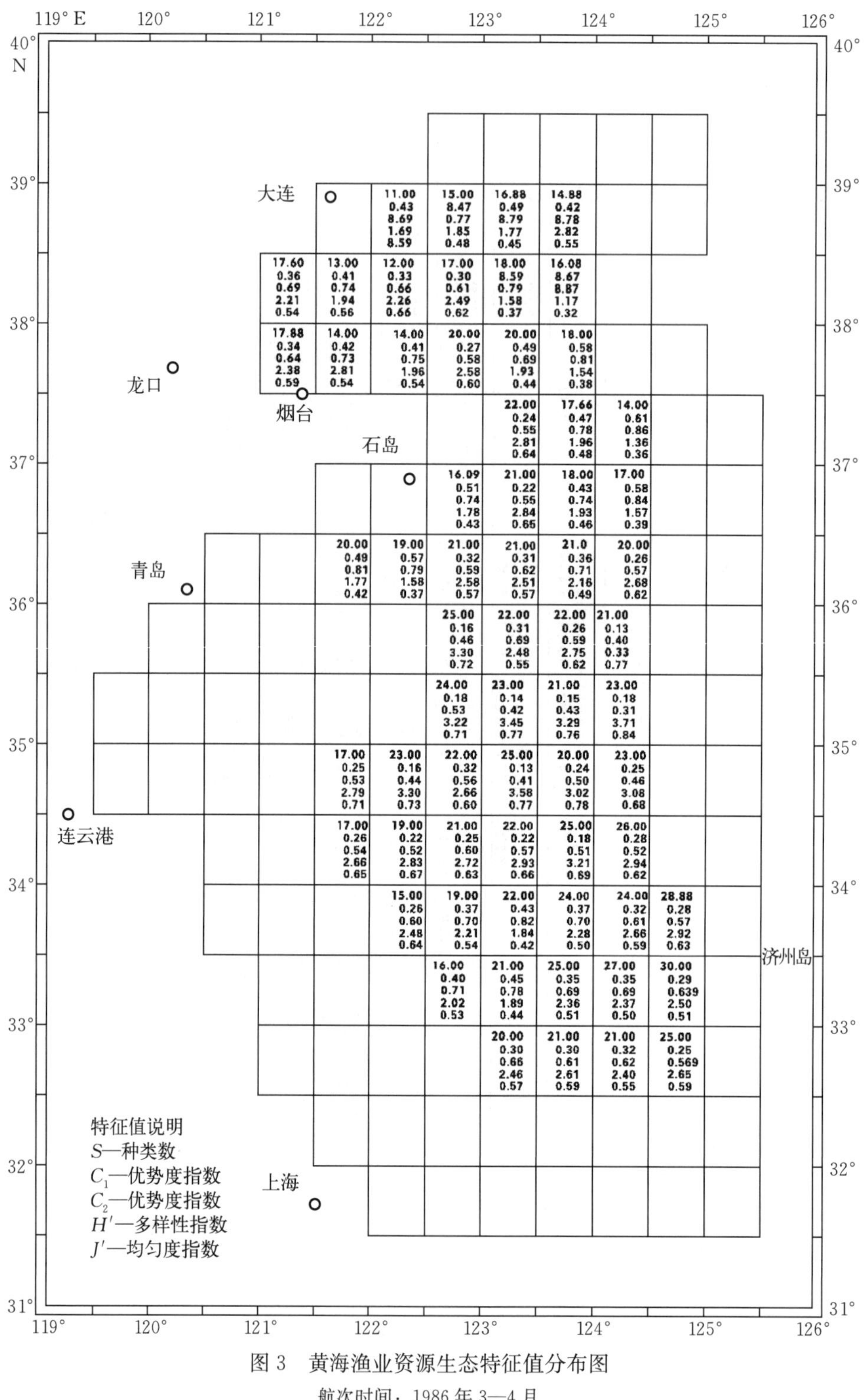

图 3　黄海渔业资源生态特征值分布图

航次时间：1986 年 3—4 月

Figure 3　Distribution of ecological characteristics values（S，C_1，C_2，H' and J'）of fishery resources in the Yellow Sea（Mar. —Apr. 1986）

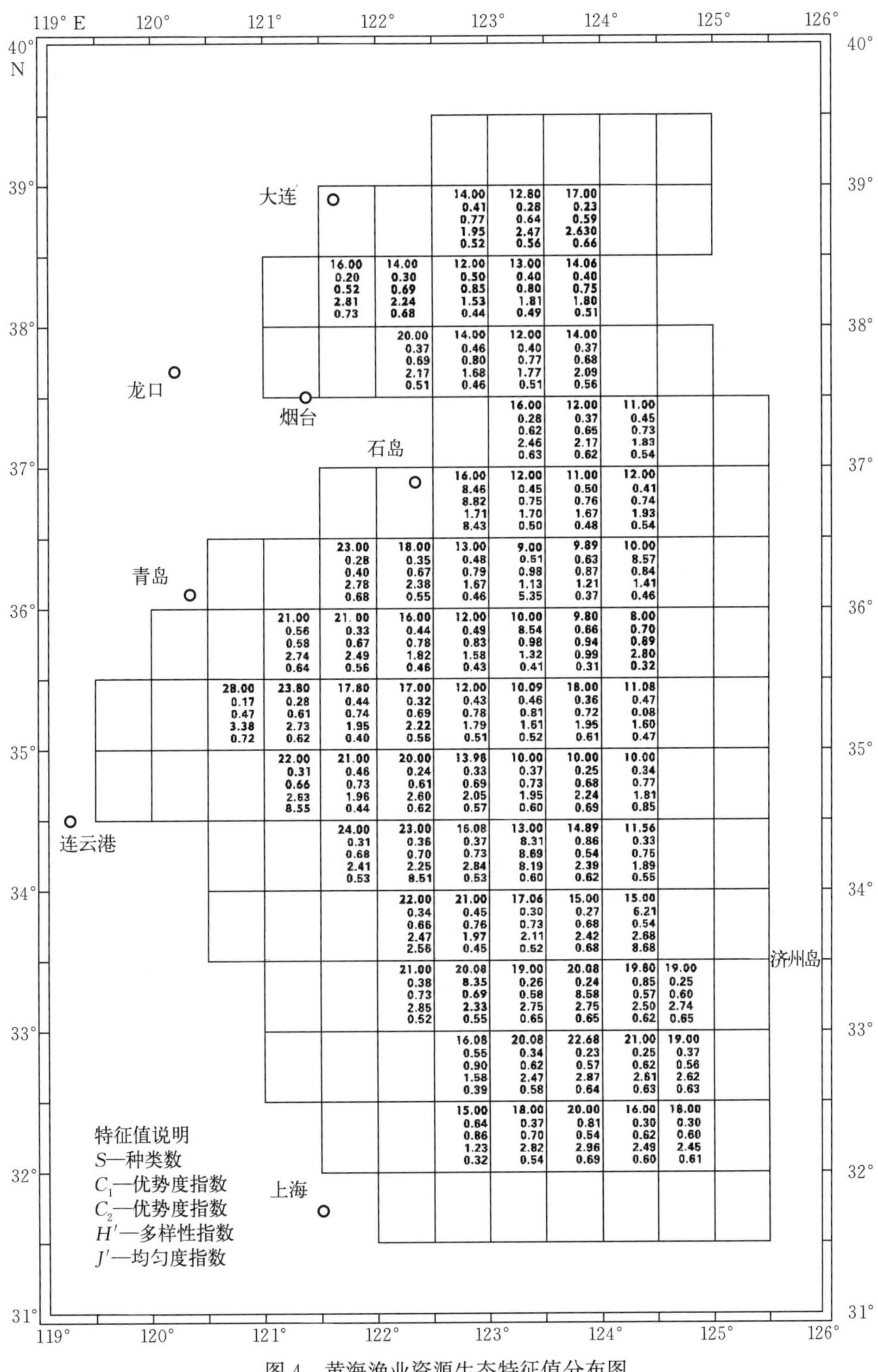

图 4 黄海渔业资源生态特征值分布图

航次时间：1986 年 9—10 月

Figure 4 Distribution of ecological characteristics values（S，C_1，C_2，H' and J'）of fishery resources in the Yellow Sea（Sep.—Oct. 1986）

表 1 黄海渔业资源生态特征值

Table 1 Ecological characteristic values of fishery resources in the Yellow Sea

特征值		1985		1986	
		春季 Spring	秋季 Autumn	春季 Spring	秋季 Autumn
S	最小值 Minimum	7	7	11	8
	最大值 Maximum	28	24	26	28
	平均值 Average	21	14	20	16
C_1	最小值 Maximum	0.15	0.15	0.13	0.17
	最大值 Maximum	0.52	0.55	0.67	0.70
	平均值 Average	0.30	0.34	0.34	0.37
C_2	最小值 Minimum	0.46	0.47	0.31	0.47
	最大值 Maximum	0.81	0.86	0.81	0.94
	平均值 Average	0.63	0.70	0.64	0.70
H'	最小值 Minimum	1.65	1.31	1.12	1.00
	最大值 Maximum	3.32	3.15	3.71	3.38
	平均值 Average	2.54	2.14	2.44	2.12
J'	最小值 Minimum	0.41	0.40	0.32	0.32
	最大值 Maximum	0.72	0.76	0.84	0.73
	平均值 Average	0.60	0.59	0.57	0.54

表 2 生态特征值相关矩阵

Table 2 Correlation matrix of ecological characteristics values

	W	S	C_1	C_2	H'	J'	De	Pe	Ce	Cr
W	1	+					−−	++		−
S		1		−	++		−−	++		
C_1			1	+++	−−−	−−				
C_2				1	−−−	−−				
H'					1	++				
J'						1	+	−−		+
De							1	−−	−−	+
Pe								1		−
Ce									1	
Cr	(1985.3−4，n=54)									1
W	1		++			−−	−−	++		

（续）

	W	S	C_1	C_2	H'	J'	De	Pe	Ce	Cr
S		1	－－	－－	＋＋		－－			＋＋
C_1			1	＋＋＋	－－－	－－		＋	－	－－
C_2				1	－－－	－－			－	－－
H'					1	＋＋			＋	＋＋
J'						1		－－	＋	
De							1	－－		
Pe								1		－
Ce									1	
Cr	（1985.9—10，n=82）									1
W	1					－	－		＋＋	
S		1	－－	－－	＋＋	＋	＋	－－		＋
C_1			1	＋＋＋	－－－	－－－	－－－	＋＋		－－
C_2				1	－－－	－－－	－－	＋＋		－－
H'					1	＋＋＋	＋＋	－－		＋＋
J'						1	＋＋	－－		＋＋
De							1	－－		＋＋
Pe								1	－	－－
Ce									1	
Cr	（1986.3—4，n=64）									1
W	1						－－	＋＋		
S		1	－－	－－	＋＋	＋＋		－－	＋＋	＋＋
C_1			1	＋＋＋	－－－	－－－		＋＋		
C_2				1	－－－	－－－		＋＋		
H'					1	＋＋＋		－－		＋
J'						1	＋	－－		
De							1	－－	－	
Pe								1		－－
Ce									1	
Cr										1

说明：1. 表内正负符号表示变量间的相关程度和性质，1个符号（r>±0.3）表示相关在<0.01的概率水平上显著，2个符号（r>±0.4）表示相关在<0.001的概率水平上显著，3个符号（r>±0.9）表示相关高度显著；2. De、Pe、Ce、Cr分别表示资源量中底层鱼类、中上层鱼类、头足类和甲壳类的重量百分比。其他符号说明见“材料与方法”一节。

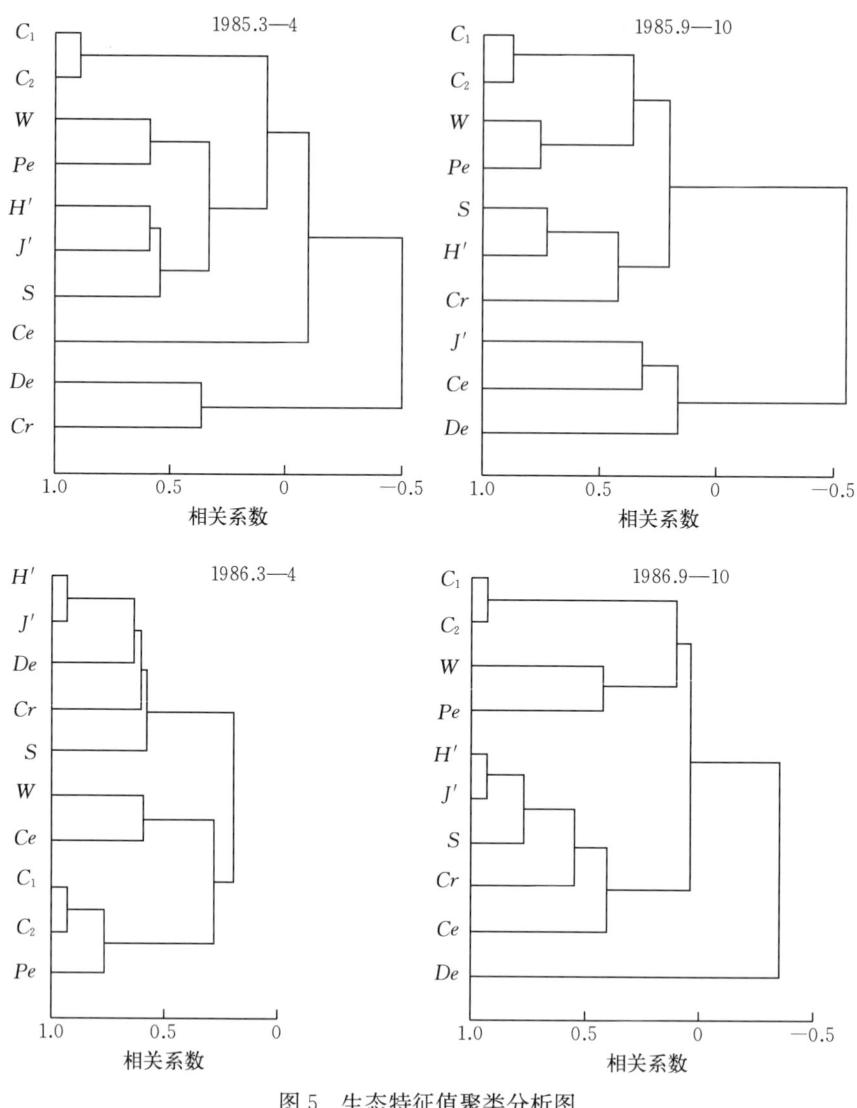

图 5 生态特征值聚类分析图

Figure 5 Cluster analysis dendrogram illustrating the relationship between 10 ecological characteristic values

讨论

1. 在渔业资源研究中，优势种是一个经常使用的术语，或用以说明群落资源结构中发挥主要控制作用的种类，或用以说明渔业生产的主要捕捞对象。但是，优势种本身又是一个比较模糊的概念，缺乏明确的计量标准，实际应用中出现了若干计量方法，以及不同的计算结果[3,4]。因此，本项研究引用了美国著名的生态学家 Odum（1971）推荐的生态优势度的概念，即把渔业资源作为一个整体，综合考察优势种或所有种类在群落中的重要性，借以说明群落能流的集中状况和资源的集中程度；研究结果表明，优势度指数 C_1 和 C_2 是两个合适的度量指标，充分表达了群落资源的集中程度和优势种的作用。其中，C_2 比较直观，直接用群落中两个主要优势种来表达资源的集中程度；C_1 同时考虑了所有种类在群落中的作用，但是，计算表明，优势种的作用对 C_1 值的影响明显，因此，它更具有代表性和广泛意义。在黄海，由于优势种的重要性，两个指数的关系极为密切，故均可作为渔业资源生态优势度的指标。

生态优势度的高低是群落在生态演替过程中形成的，是群落资源结构的一个重要的生态学特征。黄海渔业资源生态优势度相对较高，一方面表明这是该区系生态群落的重要属性，另一方面也表明优势种在黄海渔业资源中占有较为重要的地位。即相对少数的优势种控制了资源能流是黄海渔业资源的特点。因此，当少数优势种由于捕捞的压力或环境的扰动，资源数量迅速减少时，群落结构及其生境将会发生重要变化，但是，其生态系统为了保持平衡状态，群落内部的迅速调整又是必然的。一些有竞争能力的种类或更适应新生境的种类迅速补位成为新的优势种。有理由认为，六十年代以来，黄海渔业资源优势种的明显交替（如六十年代的小黄鱼、带鱼等优势种为七十年代的鲱、鲐、鲅所代替，八十年代黄鲫、鳀等又成为新的优势种）与这一生态特征有关。鉴于目前优势种的替代是由高营养阶层向低营养阶层发展，即主要捕捞对象小型化、低质化，黄海渔业资源生态优势度的上述特点在渔业管理或资源增殖的实践中应引起充分的重视。

2. 多样性是群落结构的另一个重要的生态学特征，与优势度相反，反映了群落资源的分散程度或均匀性。一般来说，多样性在物理因子受控的生态系统中趋向降低，在生物因子受控的生态系统中则升高[5]。黄海渔业资源属前一种情况，即多样性相对较低是由于黄海浅海海洋地理条件所决定的。它与优势度一样，也属群落区系水平上的生态特征。黄海渔业资源的多样性（也包括生态优势度）虽有季节性变化，但是，没有明显的区域性差异。因此，本项研究将黄海渔业资源看作是一个独立的生态群落的假设是成立的。

多样性概念常常与稳定性相联系，一种见解认为，多样性高的生态系统将导致种群资源的稳定性[6]。目前还没有足够的资料证实黄海渔业资源的多样性较低，其渔业生态系统的稳定性必然较差。但是，从多年渔获量变动状况来看，黄海渔业资源较之东南海更容易遭受破坏[1]。这个现象除与捕捞强度有关外，似乎与生态稳定性之间存在某种联系。假如这个因果关系确实存在，那么，通过某些人为手段（如加强渔业管理和资源增殖等），增强生态系统的多样性和稳定性，将会对黄海渔业产生重要的实际效益。

本项研究系黄海渔业生态系基础调查研究的一个部分，先后有本所海洋渔业资源研究室朱金声、金显仕、花都、康元德、李延智、程济生，韦晟、姜卫民、梁兴明、孙建明、姜言伟、万瑞景、陈瑞盛、任胜民、周彬彬等同志参加海上调查和样品分析工作，本文计算及制图工作程序由孙继闽同志设计，特此致谢。

参考文献

[1] 成都地质学院编写组，1981. 概率论与数理统计. 北京：地质出版社.

[2] 费鸿年，何宝全，陈国铭，1981. 南海北部大陆架底栖鱼群聚的多样度以及优势种区域和季节变化. 水产学报，5（1）：1-20.

[3] 沈金鳌，程炎宏，1987. 东海深海底层鱼类群落及其结构的研究. 水产学报，11（4）：293-306.

[4] 赵传絪，1989. 中国海洋渔业资源．全国渔业资源调查和区划之六．杭州：浙江科学技术出版社.
[5] Colinvaux P，1986. Ecology. New York，John wiley & Sons.
[6] Krebs C J，1978. Ecology. The Experimental Analysis of Distribution and Abundance. Harper and Row，New York.
[7] Odum E P，1981. 生态学基础．孙儒泳，等译．北京：人民教育出版社．

Ecological Dominance and Diversity of Fishery Resources in the Yellow Sea

Tang Qisheng
(*Yellow Sea Fisheries Research Institute，Chinese Academy of Fishery Sciences*)

Abstract：Based on the assumption that the fishery resources in the Yellow Sea are considered as an independent ecological community，in this study the ecological dominance and diversity of the fishery resources in the Yellow Sea ecosystem are discussed. The ecological dominance recommended by Odum（1971）is defined as quantitative index of dominant species，and Shannon-Wiener information theory index as a main method is used in the diversity study. The results indicate that：① It was not found that the ecological dominance and diversity indices are uniformly related to any of environ mental factors(e. g.，depth，temperatrue，salinity)，but these values change in season. The dominance indices in spring are little lower than that in autumn，while the diversity indices in spring are little higher than that in autumn. However，their variability within a year is very small；and ②as compared with the East China；and South China Seas，the level of ecological dominance of fishery resources in the Yellow Sea is relatively high and the diversity level is relatively low.

The correlation，ecological meaning for various ecological characteristic values as well as their practical values in the fishery resource enhancement and management are also discussed.

Key words：Ecological dominance；Diversity；Fishery resources；Yellow Sea

Fish Assemblage Structure in the East China Sea and Southern Yellow Sea during Autumn and Spring①

JIN Xianshi, XU Bin, TANG Qisheng
(*Yellow Sea Fisheries Research Institute, Chinese Academy of Fishery Sciences, 106 Nanjing Road, Qingdao 266071, China*)

Abstract: Based on bottom trawl surveys in autumn 2000 and spring 2001, the fish assemblage structure in the southern Yellow Sea and the continental shelf of the East China Sea was analysed. Four groups of fishes were identified for each season by the two-way indicator species analysis (TWIA). Although seasonal migration caused a slight difference in fish assemblages between autumn and spring, two major groups of fishes, corresponding to the Yellow Sea and East China Sea were identified. Inshore and offshore groups were subsequently separated. Changes in water depth may be most important in the separation of the groups in the offshore waters of the East China Sea. Temperature affected the groupings between north and south, particularly in the central part of the Yellow Sea. Here, the cold water mass affected the species composition which was low in diversity and different from the other areas.

Key words: East China Sea; Fish assemblage structure; Multivariate analysis; Yellow Sea

Introduction

The Yellow and the East China Seas are located at temperate and subtropical zones bordered by China, South Korea, North Korea and Japan, covering a large continental shelf with an area of *c*. 950 000 km^2. A dividing line between the two seas is commonly drawn from the mouth of the Yangtze River to Cheju Do. Major rivers, discharging directly into the Yellow and East China Seas, include Yangtze, Qiantang and Min in the middle to the south, and Yalu in the north, with an annual runoff of *c*. 32 000 $m^3 \cdot s^{-1}$ (Tang & Su, 2000). The hydrography is mainly characterized by the Kuroshio, which originates from the north equatorial current, the two branches of Kuroshio, the northward flowing Tsushima and Taiwan warm current, and the southward flowing cold currents along the coast of China. These currents cause upwelling and play important roles in transporting water in this

① 本文原刊于 *J. Fish Biology*, 62: 1194－1205, 2003。

area (Chen et al., 1991). Fish species are diverse and the assemblages are complicated in these seas, which are the major fishing grounds for the regional marine fishery, providing> 70% of total marine catch of China. Intensive exploitation without optimal management in the seas over several decades has affected the fishery resources and changed fish assemblages. Many large-sized species with high commercial values have been replaced by small pelagic species (Tang, 1989; Jin & Tang, 1996).

The migration and distribution of commercially important fishes were individually described by Zhao (1990), who showed that most of the species in the area had a seasonal long distance migration with changing water temperatures (e.g. small yellow croaker *Pseudosciaena polyactis* Bleeker, largehead hairtail *Trichiurus lepturus* L., mackerels, and anchovies), spawned in late spring (April—June), and were recruited into the fishery in the autumn. Fish migrations largely vary in the two seasons, and are more stable during summer and winter. The southern Yellow Sea and northern East China Sea are the main overwintering grounds for most of the migratory species distributed in the Yellow Sea and the Bohai Sea (Liu, 1990).

Although many studies have described the seasonal and annual changes of fish assemblages, fishery biology and oceanography in the Yellow and the East China Seas (Chikuni, 1985; Liu, 1990; Zhao, 1990; Tang, 1993; Jin & Tang, 1996; Rhodes, 1998), the relationship between the fish assemblages and environmental variables on a large scale has not been fully addressed, particularly with the consideration of the area as a whole. A China-GLOBEC (Global Ocean Ecosystem Dynamics) programme was initiated to fill this gap in 1999 (Tang & Su, 2000). The aim of the present study is, using multivariate techniques, to describe the relationship of different fish assemblages to the main environmental variables and the general spatial trends in the distribution of the fish fauna in the southern Yellow and East China Seas.

Materials and Methods

Study Site and Field Sampling

The samples were collected from a bottom trawl survey carried out by R/V Bei Dou in the Yellow and the East China Seas between 26°00′N and 36°30′N in autumn (October—November) 2000, and spring (April) 2001 (Figure 1). The survey area was over the continental shelf, ranging from 18 to 156 min water depth, covering the major distribution of fishes in the two seasons and corresponding mainly to the prespawning and recruitment stocks, respectively (Zhao, 1990). The cod-end mesh size of the bottom trawl was 24 mm. The headline was estimated by a net-sounder to be 5～7 m, and the distance between wings was *c*. 18～20 m. A total of 66 and 90 stations were successfully sampled in autumn and spring in the same area, respectively. The duration of each tow haul was 1 h. All specimens were sorted into species, counted and weighted on board. Only fishes were included in the analysis. After hauling for each station, environmental factors including temperature, salinity and dissolved oxygen (DO) were measured by a CTD (SEABIRD SBE-19) rosette sampler.

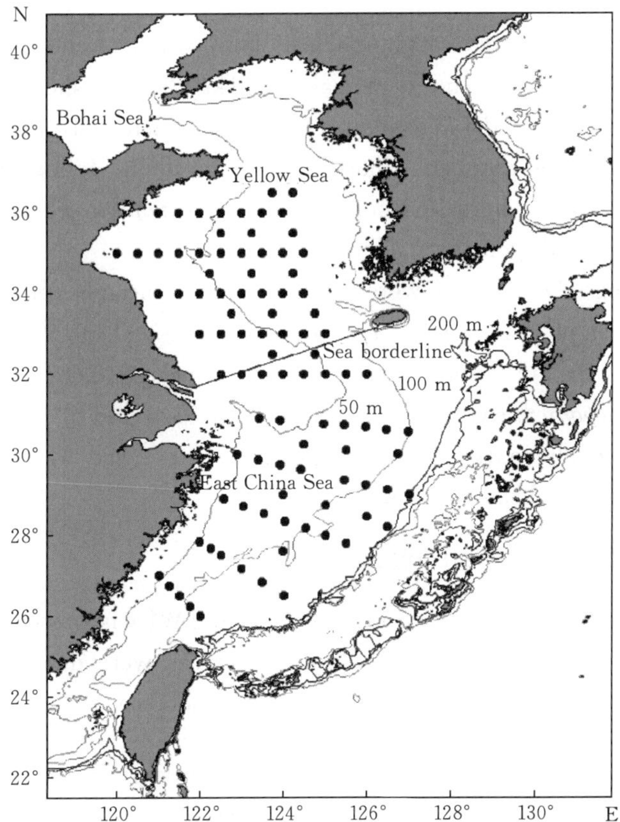

Figure 1　Survey stations (•) and bathymetric contours

Data　Analysis

Multivariate analysis was used to subdivide the data from the surveyed area into different assemblages and habitats. A classification method, the two-way indicator species analysis (TWIA) implemented by the programme TWINSPAN (Hill, 1979) was used. Input data were catches for each species in terms of mass (g) from individual trawls in order to be more representative in the community because large variations in individual mass among species and sizes occurred from trawl samplings.

For each grouping defined from TWIA, species richness was estimated by a nonparametric method, the jackknife, based on the observed frequency of rare species in the community (Heltshe & Forrester, 1983). For comparison, the diversity (H') and evenness (J') index were calculated both from mass or relative biomass ($kg \cdot h^{-1}$) and from the number of individuals to determine the ecological energy distribution (Wilhm, 1968; Iglesias, 1981; Krebs, 1989). At-test proposed by Hutcheson (1970) was used to test variations in diversity along the different grouping areas.

Results

A total of 149 fish species were caught in the autumn, with a mean biomass of 71.2 kg · h^{-1}, including pelagic (41.4 g · h^{-1}) and demersal (29.8 kg · h^{-1}) fishes. The dominant species were Japanese anchovy *Engraulis japonicus* Temminck & Schlegel, accounting for 39.8 and 49.6% of the total mass and number of individuals in the catch, followed by seasnail *Liparis tanakai* (Gilbert & Burke), horse mackerel *Trachurus japonicus* (Temminck & Schlegel), largehead hairtail and small yellow croaker.

During the spring, 177 species were caught, with a mean biomass of 26.7 kg · h^{-1}, including pelagic fishes of 7.1 kg · h^{-1} and demersal fishes of 19.6 kg · h^{-1}. The biomass was much lower than that in autumn, particularly the pelagic fishes. The dominant species included *Acropoma japonicum* Güther, accounting for 32.5 and 58.6% of the total weight and number of individuals in the catch, respectively, followed by small yellow croaker, Japanese anchovy and largehead hairtail.

Characteristics of Different Fish Assemblages

The result of classification of station groups from TWIA is presented in Figure 2. Four groups were divided for each survey. The grouping areas were different between the two surveys. Table 1 shows the mean values of the environmental variables in each station group and Table 2 shows the biomass of the top five species.

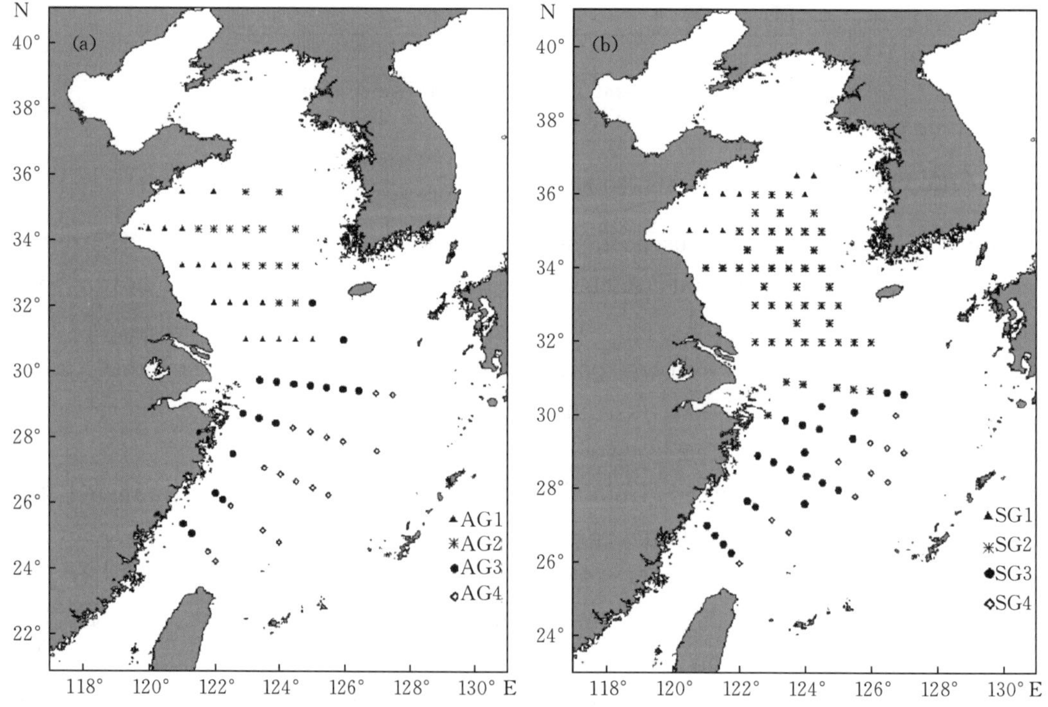

Figure 2 Station positions for different groups from TWIA divisive clustering in (a) autumn 2000 (b) spring 2001

Autumn, 2000

Group 1 (AG1) included 18 stations distributed along the shallow Chinese coastal waters in the Yellow Sea (Figure 2). This group was characterized by high mean temperature (20.1℃), low salinity (31.8) and relatively high DO (7.2 mg • L^{-1}) (Table 1). A total of 56 species of fishes were caught. Pelagic and demersal fishes accounted for 36.6 and 63.4% of the total catch by mass, respectively. This area was dominated by demersal fishes. *Harpodon nehereus* (Hamilton) was most abundant, accounting for 21.0% of the total mass of catch, followed by pomfret *Pampus argenteus* (Euphrasen), half-fin anchovy *Setipinna taty* (Valenciennes), *Collichthys niveatus* Jordan & Starks and largehead hairtail (Table 2). The mean biomass of the five species was 15.1 kg • h^{-1}, representing 682% of the total catch. The AG1 composition showed significant correlations with AG3 ($P<0.01$, $n=99$) and SG2 ($P<0.01$, $n=94$) (Figure 3).

Group 2 (AG2) included 14 stations in the central part of the Yellow Sea (Figure 2), at an average depth of 66.5 m, with a bottom-water temperature of 11.5 ℃ (Table 1). This area was characterized by cold water mass. A total of 36 species of fishes were caught. Pelagic and demersal fishes accounted for 74.4 and 25.6% of the total catch, respectively. Japanese anchovy dominated this group, accounting for 72.5 and 96.4% of the total mass and number of individuals in the catch, respectively (Table 2). Its frequency of occurrence was low, however, indicating that the distribution of Japanese anchovy was highly schooled. The following most abundant three species were relatively large-sized and widely distributed in the area. There was no significant correlation ($P>0.01$) in species composition with other groups (Figure 3).

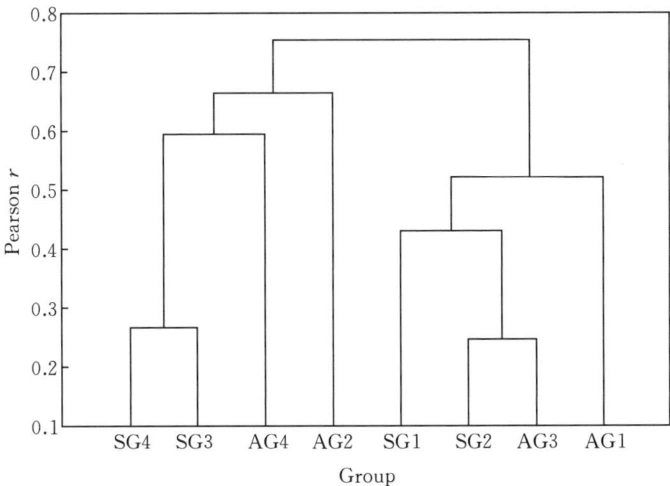

Figure 3 Pearson product-moment correlations of species composition among groups (see Figure 2)

Table 1 Mean ±S. E. values of environmental variables for each group defined in Figure 2

	Depth (m)	T (℃)	Salinity	DO (mg·L^{-1})
Autumn, 2000				
AG1	33.4±2.2	20.1±0.3	31.8±0.2	7.2±0.1
AG2	66.5±3.7	11.5±1.1	32.5±0.1	6.6±0.2
AG3	62.8±2.9	20.7±0.4	33.9±0.1	6.0±0.3
AG4	104.0±5.5	19.1±0.5	34.4±0.1	5.2±0.2
Spring, 2001				
SG1	50.6±7.7	7.2±0.3	32.2±0.1	10.4±0.1
SG2	57.4±2.7	9.8±0.3	32.9±0.1	10.1±0.1
SG3	79.5±3.4	17.7±0.6	34.2±0.1	7.7±0.3
SG4	116.6±6.4	17.8±0.4	34.5±0.0	7.1±0.3

Group 3 (AG3) included 17 stations along the coast off China in the East China Sea (Figure 2), at an average depth of 63 m, and bottom-water temperature of 20.7 ℃ (Table 1). A total of 76 species were caught. Pelagic and demersal fishes accounted for 17.2 and 82.8% of the total catch, respectively. Two commercially important species, small yellow croaker and largehead hairtail, were the highest in biomass, showing a wide distribution. In particular, the largehead hairtails were found in all stations (Table 2). The small prey species *Apogon lineatus* Temminck & Schlegel were most abundant in number, accounting for 33.8%, although the biomass was relatively low. The AG3 species composition was significantly correlated with SG2 ($P<0.01$, $n=114$) (Figure 3).

Table 2 The five most abundant species (by mass) for each station group

Species	M (kg)	M (%)	n (%)	F	Species	M (kg)	M (%)	n (%)	F
AG1					SG1				
Harpodon nehereus	4.7	21.0	25.9	10	*Lophius litulon*	0.7	21.5	0.9	1
Pampus argenteus	3.3	14.8	2.1	16	*Pseudosciaena polyactis*	0.6	20.6	14.0	3
Setipinna taty	2.8	12.8	6.8	13	*Cleisthenes herzensteini*	0.5	15.4	8.4	2
Collichthys niveatus	2.6	11.7	23.1	5	*Platycephalus indicus*	0.3	8.8	3.0	2
Trichiurus lepturus	1.7	7.8	2.1	10	*Pampus argenteus*	0.3	8.4	9.9	5
Total	15.1	68.2	60.1		Total	2.3	74.7	36.2	
AG2					SG2				
Engraulis japonicus	133.7	72.5	96.4	7	*Pseudosciaena polyactis*	5.7	44.8	17.7	33
Liparis tanakae	30.9	16.7	0.5	12	*Engraulis japonicus*	1.2	9.3	23.9	30
Lophius litulon	5.7	3.1	0.1	11	*Thryssa kammalensis*	0.7	5.5	12.1	30
Pseudosciaena polyactis	4.6	2.5	1.8	13	*Pampus argenteus*	0.6	4.8	1.3	34
Pampus argenteus	2.1	1.1	0.1	5	*Setipinna taty*	0.6	4.8	7.2	29
Total	177.0	95.9	98.9		Total	8.7	69.2	62.2	0

(continued)

Species	M (kg)	M (%)	n (%)	F	Species	M (kg)	M (%)	n (%)	F
AG3					SG3				
Pseudosciaena polyactis	9.7	27.5	9.0	14	*Acropoma japonicum*	26.8	55.2	67.3	15
Trichiurus lepturus	5.6	15.8	3.8	17	*Engraulis japonicus*	10.1	20.9	8.4	6
Harpodon nehereus	4.4	12.3	4.4	10	*Trichiurus lepturus*	4.3	8.8	5.0	18
Apogon lineatus	3.4	9.6	33.8	14	*Apogon lineatus*	1.7	3.4	11.0	7
Muraenesox cinereus	1.9	5.5	0.0	8	*Pampus argenteus*	1.1	2.3	0.1	13
Total	25.0	70.7	51.0		Total	44.0	90.6	91.7	
AG4					SG4				
Trachurus japonicus	22.1	33.6	32.3	12	*Acropoma japonicum*	17.5	27.3	79.6	5
Trichiurus lepturus	10.8	16.3	3.1	14	*Pagrosomus major*	9.5	14.8	0.1	1
Psenopsis anomala	7.0	10.7	1.8	10	*Seriola aureovittata*	7.2	11.3	0.0	1
Dasyatis kuhlii	4.4	6.7	0.0	1	*Trachurus japonicus*	6.0	9.3	3.2	9
Acropoma japonicum	4.1	6.2	33.0	9	*Trichiurus lepturus*	3.7	5.8	1.8	6
Total	48.4	73.6	70.3		Total	44.0	68.5	84.6	

Notes: *M*, average catch (mass) h^{-1} $haul^{-1}$; *M* (%) and *n* (%), percentage of total catch by mass and number of individuals; *F*, number of stations where the fish were caught in the respective station group.

Group 4 (AG4) included 17 stations in the central East China Sea along the 100 m isobath (Figure 2), at an average depth of 104 m, and bottom-water temperature of 19.1 ℃ (Table 1). Low DO (5.2 mg · L^{-1}), high salinity (34.4) and deeper waters characterized this area. A total of 98 species were caught. Pelagic and demersal fishes showed a similar biomass, accounting for 50.2 and 49.8% of the total catch, respectively. The small pelagic horse mackerel was the most abundant species, accounting for 33.6% of total catch (Table 2). The small prey species, *A. japonicum*, were abundant in number, and the commercially important species, largehead hairtail and *Psenopsis anomala* (Temminck & Schlegel) were also high in biomass. The species composition showed no correlation ($P>0.01$) with other groups (Figure 3).

Spring, 2001

Group 1 (SG1) included nine stations distributed in the north-western and northern part of the survey area (Figure 2). The low temperature (7.2 ℃) and salinity (32.2), and high DO (10.4 mg · L^{-1}) characterized this area (Table 1). A total of 30 species were caught, with a low biomass (Table 2). Demersal fishes accounted for 90.4% of the total catch, and the angler *Lophius litulon* (Jordan), small yellow croaker and plaice *Cleisthenes herzensteini* (Schmidt) were most abundant. The composition showed no correlation ($P>0.01$) with other groups (Figure 3).

Group 2 (SG2) included 48 stations in the central to southern part of the Yellow Sea and northern part of the East China Sea (Figure 2), at an average depth of 57 m and bottom-water temperature of 9.8 ℃ (Table 1). This area was characterized by a low salinity (32.9) and high DO (10.1 mg · L^{-1}). A total of 79 species were caught. Pelagic and demersal fishes accounted for 28.9 and 71.1% of the total catch, respectively. Small yellow croaker dominated this group, accounting for 44.8% of the total catch, followed by small pelagic fishes, such as the Japanese anchovy *Thryssa kammalensis* (Bleeker), young pomfret and the half-fin anchovy (Table 2). The species composition was significantly correlated ($P<0.01$) with the AG3 (Figure 3).

Group 3 (SG3) included 22 stations along the coast off China in the East China Sea (Figure 2), at an average depth of 80 m, which was enlarged to the east in areas compared with AG3 (in the autumn). The high temperature (17.7 ℃) and salinity (34.2) and low DO (7.7 mg · L^{-1}) characterized this area (Table 1). A total of 76 species were caught. Pelagic and demersal fishes accounted for 26.9 and 73.1% of the total catch, respectively. The small prey species, *A. japonicum* and *T. kammalensis*, were most abundant, accounting for 55.2 and 20.9% of the total catch, respectively, followed by largehead hairtail, and *A. lineatus* (Table 2). The species composition was significantly correlated with SG4 ($P<0.01$) (Figure 3).

Group 4 (SG4) included 11 stations in the central East China Sea along the 100 m isobath (Figure 2), at an average depth of 117 m, with a bottom-water temperature of 17.8 ℃ (Table 1). Low DO (7.1 mg · L^{-1}), high salinity (34.5) and deeper waters characterized this area. A total of 100 species were caught. Pelagic and demersal fishes accounted for 24.8 and 75.2% of the total catch, respectively. The small prey species, *A. japonicum* was most abundant, accounting for 27.3 and 79.6% of the total mass and number of individuals in the catch (Table 2). The commercially important species, red sea bream *Pagrosomus major* (Temminck & Schlegel) and amberjack *Seriola aureovittata* Temminck & Schlegel were also high in biomass, but were only caught in one station. The species composition was significantly correlated with SG3 ($P<0.01$) (Figure 3).

Diversity

There was no significant difference in the diversity index between AG1 and AG3, SG1 and SG2 by mass, AG1 and AG4, SG1, and SG1 and AG3, AG4, SG2 by number of individuals, whereas significance was found between the other groups (Tables 3 and 4).

Table 3 Number of species caught (S_{obs}), number of species ±95% CI calculated from the jackknife approach (S_J), species diversity and evenness indices by mass (H'_M, J'_M) and number of individuals (H'_N, J'_N) for different fish assemblages (grouping areas)

Groups	S_{obs}	S_J (α=0.05)	H'_M	H'_N	J'_M	J'_N
AG1	56	70.2±10.1	3.68	3.06	0.63	0.53
AG2	36	48.1±10.4	1.46	0.33	0.28	0.06
AG3	76	104.2±10.3	3.65	2.65	0.58	0.42
AG4	98	125.3±10.8	3.61	2.96	0.55	0.45
SG1	30	41.6±14.1	3.33	3.63	0.68	0.74

(continued)

Groups	S_{obs}	S_J (α=0.05)	H'_M	H'_N	J'_M	J'_N
SG2	79	100.5±16.1	3.34	3.55	0.53	0.56
SG3	76	102.7±11.9	2.32	1.80	0.37	0.29
SG4	100	144.5±29.9	3.92	1.55	0.59	0.23

Table 4 The *t*-test of Shannon diversity index between groups

	AG1	AG2	AG3	AG4	SG1	SG2	SG3	SG4
				By number of individuals				
AG1		**	**	NS	NS	**	**	**
AG2	**		**	**	*	**	**	**
AG3	NS	**		**	NS	*	**	**
AG4	**	**	*		NS	**	**	**
SG1	**	**	*	*		NS	*	*
SG2	**	**	**	**	NS		**	**
SG3	**	**	**	**	*	**		*
SG4	**	**	**	**	*	**	**	
				By catch per hour of hauling				

Notes: *P=0.05, **P=0.01, NS, not significant.

During autumn 2000, although the number of stations for each group was similar, the species richness was higher in the southern part of the survey area, i. e. AG3 and AG4, particularly in the offshore (central) waters of the East China Sea. The diversity and evenness indices were larger in mass than in number of individuals, but both showed the same trend (Table 3). The fish fauna was more diverse in the East China Sea and inshore waters of the Yellow Sea, and the lowest diversity and evenness indices were found at AG2, both by mass and by number of individuals. The biomass distribution among species was very uneven in AG2, a single species (Japanese anchovy) dominated this group. The other groups showed relatively high species diversity and evenness (Table 3).

During spring 2001, although the number of stations was more in SG2, the same as in autumn, the highest species richness was in the central waters of the East China Sea (*i. e.* SG4). The diversity and evenness indices showed some different results between the calculations from mass and number of individuals (Table 3). The H'_N and J'_N were higher than H'_M and J'_M in SG1 and SG2, and opposite results were found in SG3 and SG4. The highest H'_M and lowest H'_N were in SG4, indicating that the even distribution in mass and uneven distribution in the number of individuals were due to size differences between species, particularly as *A. japonicum* largely dominated this group in the number of individuals. The low diversity and evenness indices in SG3 were also due to the high dominance of *A. japonicum* (Table 2).

Discussion

The survey area covered the southern Yellow Sea and the continental shelf of the East China Sea, where the most important species for the fisheries were found. Since the environmental variables used in this study (depth, temperature, DO and salinity) covaried, there were no consistent trends between the distribution of fish biomass and the environmental variables.

The two sampling periods were more dynamic in the thermal regime. Most species in the Yellow Sea, East China Sea and Bohai Sea seasonally exhibit different distribution patterns. The fishes spawn in inshore shallow waters in spring, when the temperature increases, feed in summer and autumn and start migration in late autumn, when the temperature decreases (Zhao, 1990). The seasonal migration, either north-to-south or shallow to deep water have caused the differences in species composition and the large variation in fish biomass. Since single species dominated the survey areas, such as *T. kammalensis* in the autumn and *A. japonicum* in the spring, the migration of these small-sized species may largely affect the assemblages. The first mature age is 1 year old for many of the fishes distributed in this area and overexploitation has caused them to become a simple age structure and the fisheries highly depend on recruitment (Zhao, 1990; Jin & Tang, 1996). The biomass of spawning stocks, particularly pelagic fishes, is lower than that of recruitment after fishing in the overwintering grounds. In general, pelagic fishes such as horse mackerel and Japanese anchovy may be more sensitive to the changing of environmental variables (Zhao, 1990; Iversen et al., 1993).

Multivariate techniques have been widely used in fish community ecology and have shown that the structure of fish assemblages is highly related to environmental factors (Iglesias, 1981; Colvocoresses & Musick, 1984; Bianchi, 1991, 1992; Gabriel, 1992; Gome et al., 1992; Greenstreet & Hall, 1996). When the depth gradient is small, water temperatures vary greatly with season in temperate seas and the changes in species composition may be temperature related (Jin, 1995). Depth, however, may be the most important factor in structuring the species assemblages in tropical waters (Iglesias, 1981; Roel, 1987; Qiu, 1988; Bianchi, 1991, 1992), and the waters with a large depth gradient (Gabriel & Tyler, 1980). For instance, the demersal fish assemblages are largely associated with temperature on the inner-and mid-shelf, and with depth on the outer-shelf and shelf-break in the Middle Atlantic Bight (Colvocoresses & Musick, 1984).

The central to southern Yellow Sea is the main wintering ground for most fishes in the Yellow Sea and the Bohai Sea. The Japanese anchovy which is a small pelagic fish predated by many fishes, has been the most abundant species in the Yellow Sea (Wei & Jiang, 1992; Iversen et al., 1993). This species arrives at the southern area during late autumn for wintering when the temperature declines, and disperses more evenly over the sea or migrates to the coastal waters for spawning in spring (Iversen et al., 1993, 2001). This is the reason why low diversity was observed in the AG2 anomaly, and the biomass distribution among species was uneven. Except Japanese anchovy, the other three dominant species, seasnail, angler and small yellow croaker in this group, were all predators of Japanese anchovy, and widely distributed in the area. This indicated a coexistence of prey-predators during the feeding season in the autumn.

Two major fish groups, corresponding to the Yellow Sea and the East China Sea were roughly separated at the first level of division by the TWIA method, and then inshore and offshore groups were separated. Changes in water depth may be important in the separation between inshore and offshore groups in the East China Sea (e. g. AG3 and AG4, and SG3 and SG4), whereas temperature may cause the difference between south and north, and between the central Yellow Sea and other areas. Particularly at the central Yellow Sea, where depth was intermediate (*c.* 60 m), the temperature was *c.* 8～9 ℃ lower than other groups, and the bottom-water temperature was relatively homogeneous with a difference of *c.* 1 ℃. The cold water mass in the central Yellow Sea, which is relatively stable all year round, may play an important role in the distribution of species in the Yellow Sea (Ho et al., 1959; Guan, 1963; Jin, 1995). Therefore, the dominant species in the AG2 were highly different from others, and the species composition showed the lowest correlation with other groups.

This work was funded by the National Key Basic Research Program from the Ministry of Science and Technology, P. R. China (G19990437). Thanks are given to all staff on board R/V Bei Dou for assisting the collection of the data and to two anonymous referees for valuable comments on the manuscript.

References

Bianchi G, 1991. Demersal assemblages of the continental shelf and slope edge between the Gulf of Tehuantepec (Mexico) and the Gulf of Papagayo (Costa Rica). Marine Ecology Progress Series 73: 121-140.

Bianchi G, 1992. Study of the demersal assemblages of the continental shelf and upper slope off Congo and Gabon, based on the trawl surveys of the RV 'Dr Fridtjof Nansen'. Marine Ecology Progress Series, 85: 9-23.

Chen G, Gu X, Gao H, et al., 1991. Marine Fishery Environment in China. Zhejiang: Zhejiang Science and Technology Press.

Chikuni S, 1985. The fish resources of the northwest Pacific. FAO Fisheries Technical Paper, 266: 1-190.

Colvocoresses J A, Musick J A, 1984. Species assemblages and community composition of Middle Atlantic Bight continental shelf demersal fishes. Fisheries Bulletin, 82: 295-313.

Gabriel W L, 1992. Persistence of demersal fish assemblages between Cape Hatteras and Nova Scotia, Northwest Atlantic. Journal of Northwest Atlantic Fisheries Science, 12: 29-46.

Gabriel W L, Tyler A V, 1980. Preliminary analysis of Pacific coast demersal fish assemblages. Marine Fisheries Review, 42: 83-88.

Gome M C, Haedrich R L, Rice J C, 1992. Biogeography of groundfish assemblages on the Grand Bank. Journal of Northwest Atlantic Fisheries Science, 12: 13-27.

Greenstreet S P R，Hall S J，1996. Fishing and ground-fish assemblage structure in the north-western North Sea：an analysis of long-term and spatial trends. Ecology，65：577 - 598.

Guan B，1963. A preliminary study of the temperature variations and the characteristics of the circulation of the cold water mass of the Yellow Sea. Oceanology and Limnology Sinica，5：255 - 284.

Heltshe J F，Forrester N E，1983. Estimating species richness using the jackknife procedure. Biometrics，39：1 - 11.

Hill H O，1979. TWINSPAN-A Fortran Program for Arranging Multivariate Data in an Ordered Two-Way Table by Classification of Individuals and Attributes. Ithaca，NY：Cornell University.

Ho C，Wang Y，Lei Z，et al.，1959. A preliminary study of formation of Yellow Sea cold water mass and its properties. Oceanology and Limnology Sinica，2：11 - 15.

Hutcheson K，1970. A test for comparing diversities based on the Shannon formula. Journal of Theoretical Biology，29：151 - 154.

Iglesias J，1981. Spatial and temporal changes in the demersal fish community of the Ria de Arosa（NW Spain）. Marine Biology，65：199 - 208.

Iversen S A，Zhu D，Johannessen A，et al.，1993. Stock size，distribution and biology of anchovy in the Yellow Sea and East China Sea. Fisheries Research，16：147 - 163.

Iversen S A，Johannessen A，Jin X，et al.，2001. Development of stock size，fishery and biology aspects of anchovy based on *R/V* "Bei" Dou 1984—1999 surveys. Marine Fisheries Research of China，22：33 - 39.

Jin X，1995. Seasonal changes of the demersal fish community of the Yellow Sea. Asian Fisheries Science，8：177 - 190.

Jin X，Tang Q，1996. Changes in fish species diversity and dominant species composition in the Yellow Sea. Fisheries Research，26：337 - 352.

Krebs C J，1989. Ecological Methodology. New York：Harper Collins Publishers.

Liu X，1990. Fishery Resources Investigation and Division in the Yellow Sea and the Bohai Sea. Beijing：Ocean Press.

Qiu Y，1988. The regional changes of fish community on the northern continental shelf of South China Sea. Journal of Fishery of China ，12：303 - 313.

Rhodes K L，1998. Seasonal trends in epibenthic fish assemblages in the near-shore waters of the western Yellow Sea，Qingdao，People's Republic of China. Estuarine，Coastal and Shelf Science，55：545 - 555.

Roel B A，1987. Demersal communities off the west coast of South Africa. South African Journal of Marine Science，5：575 - 584.

Tang Q，1989. Changes in the biomass of the Yellow Sea Ecosystem. In Large Marine Ecosystems：Biomass Yields and Geography of Large Marine Ecosystems（Sherman，K. & Alexander，L. M.，eds），pp. 7 - 35. American Association for the Advancement of Science Selected Symposium 111. Boulder，CO：Westview Press，Inc.

Tang Q，1993. Effects of long-term physical and biological perturbations on the contemporary biomass yields of the Yellow Sea ecosystem. In Large Marine Ecosystems：Stress，Mitigation，and Sustainability（Sherman K，Alexander L M，Gold B D，eds，pp. 79 - 93. Washington，DC：AAAS Press.

Tang Q，Su J，2000. The Study of Marine Ecosystem Dynamics in China Ⅰ. Beijing：Science Press.

Wei S，Jiang W，1992. Study on food web of fishes in the Yellow Sea. Oceanologia and Limnologia Sinica，23：182 - 192.

Wilhm J L，1968. Use of biomass units in Shannon's formula. Ecology，49：153 - 156.

Zhao C，1990. Marine Fishery Resources of China. Zhejiang：Zhejiang Science and Technology Press.

渤海鱼类群落结构特征的研究[①]

朱鑫华[1]，杨纪明[1]，唐启升[2]
（1. 中国科学院海洋研究所，青岛 266071；
2. 中国水产科学研究院黄海水产研究所，青岛 266071）

摘要： 根据 1982—1985 年和 1992 年 8 月至 1993 年 6 月间渤海渔业增殖生态学调查所得的 1 090网次定量资料，运用数理统计的方法，分析鱼类群落结构多样性综合指标的变化特征。结果表明，在 1982—1985 年间渤海鱼类鱼种数为 119 种，其中暖温种居首位，占 57.98%；暖水种次之，占 28.57%；冷温种种数最少，占 13.45%。群落结构的季节变化规律呈现单周期型，10 月份鱼种数最多，达 83 种；2 月份仅为 37 种。*NED* 和 *BED* 最高在9 月份，分别为 170.58 千尾/km^2 和 1.71 t/km^2；3 月份则为最低期，两指标分别为 5 473 尾/km^2 和 166.68 kg/km^2。鱼类群落由 4 种优势种组成：黄鲫、黑鳃梅童鱼、鳀和小黄鱼等。*IRI* 值 50～1 000 为常见种，计 27 种，与优势种一起构成渤海鱼类群落重要成分。累计 *NED* 为 52.667 千尾/km^2，占全部鱼种的 97.83%；*BED* 为 719.677 kg/km^2，占 90.86%。在 1992—1993 年间，鱼种数、*NED* 和 *BED* 分别下降 38.66%、35.46%和 46.10%；鳀上升为首位优势种，*NED* 占 51.97%，*BED* 占 38.49%。渤海鱼类群落持续性较高（ISTR 为 0.810 5），并具有年间降低的趋势。

关键词： 鱼类群落；增殖水域；渤海

渤海地处北太平洋温带海域的边缘地带，是我国专属的内陆型半封闭水域（中国科学院海洋研究所，1985）。随着近年来大海洋生态系统概念的形成与发展，它已被作为黄海生态系统的子系统（YSLME，Sherman，1994），将此水域规划为海洋生态示范区。经历了长时期的开发利用，渤海水域生态系统已明显出现了功能退化和渔业资源衰退的迹象。对此，研究该水域鱼类群落结构特征，尤其是同一水域不同时期群落持久性和稳定性特征的比较研究则显得十分必要（Ross et al.，1994）。本报告主要研究相隔 10 年间渤海鱼类结构特点，并揭示其结构的区系特征、时间序列的易变性及其等级性规律，以期探明海洋生物群落生态演替动态及其对人类活动与全球气候变动的响应机制。

1 材料和方法

所用资料取自渤海水域 1 090 个定量样本，分别为 1982—1985 年和 1992—1993 年间两个时期双船底拖网定点调查所获。其中第一时期分别由中国科学院海洋研究所和中国水产科

① 本文原刊于《海洋与湖沼》，27（1）：6－13，1996。

学研究院黄海水产研究所共同执行的渤海渔业资源综合调查、中国科学院海洋研究所执行山东省海岸带第三调查区生物与环境综合调查（邓景耀，1988；杨纪明等，1990）；第二时期由中国水产科学研究院黄海水产研究所、中国科学院海洋研究所、青岛海洋大学和国家海洋局第一海洋研究所共同执行的渤海渔业资源增殖生态学调查。各站区的取样一般在白天进行，以避免或减少因海洋生物昼夜垂直移动节律引起的系统误差，每站拖网 1 h。少数站位因触及海底障碍物破网或遇到群众渔业定置网具而提前起网，实际统计均换算成尾/h 或 g/h，各取样工具可测参数见表 1。

表 1　渤海生态调查取样工具参数

Table1　Gear parameters used in ecological sampling in the Bohai Sea

年份	渔船马力（hp）	网高（m）	网宽（m）	网口周长（目）	目大（mm）	囊网目（mm）	拖速（kn）
1982—1983①	185	8.0	22.6	1 740	63	20	2.60
1982—1983②	200	5～6	?	1 660	63	20	2.00
1984—1985	185	6.0	22.6	1 740	63	20	2.60
1992—1993	185	6.0	25.0	1 740	63	20	2.60

注：①中国科学院海洋研究所；②中国水产科学研究院黄海水产研究所。

为克服取样站位非随机分布和网具参数差异（表 1）对样本成分的影响，本文采用网格分析法，将 1982—1985 年间资料汇总成 1～12 个月 30 个等面积统计样方（图 1），1992—1993 年的调查资料相应地划归为 25 个样方，每一样方面积为 2 469.53 km^2。每一样方内网获量的计算，个体数按区内逐月拖网次数为权重进行加权平均，单位：尾/(网・h)；生物量则以实际取样时重量与个体数比例关系换算，单位：g/(网・h)。对稀有种个体数（某区内仅有，全区内较少分布，其个体数小于实际权重数）的处理原则为个体数取 1，生物量值按前述方法换算。采用面积法计算各鱼种生态密度，分个体数生态密度（*NED*，10^3 尾/km^2）和生物量生态密度（*BED*，kg/km^2）（朱鑫华，1994）。

2　结果

2.1　渤海鱼类群落区系特点

分类统计表明，记录鱼种 119 种，隶属 2 纲 14 目 50 科 87 属（表 2）。其中，以鲈形目种数最多，达 17 科 36 属 43 种；鲽形目、鲀形目和鲱形目次之；灯笼鱼目和鮟鱇目最少，各为一科一属一种（成庆泰等，1987）。在以往的渤海鱼类物种多样性及其区系研究中，张春霖等（1955）曾记录渤海鱼类 116 种；林福申（1965）报告中记载 74 种；田明诚等（1993）报道 156 种。本文资料整理结果，除与之共有种以外，还记录了斑鳐（*Raja kenojei*）、华鳐（*Raja chinesis*）、奈氏魟（*Dasyatis navarrae*）、赤魟（*Dasyati akajei*）、蓝圆鲹（*Decapterus maruadsi*）、长线六线鱼（*Hexagrammos elongata*）、长鳍银鱼（*Salanx longianalis*）和紫斑舌鳎（*Cynoglossus purpureomaculatus*）等 8 种，渤海鱼类物种多样性可达 164 种。在 1982—1993 年间记录的 119 种鱼类中，以暖温种（WT）数目最多，达 69 种，占 57.98%；暖水种（WW）次之，34 种，占 28.57%；冷温种（CT）最少，计 16 种，占全部鱼种的 13.45%。与我国黄海、东海和南海鱼类群落物种多样性结构相比

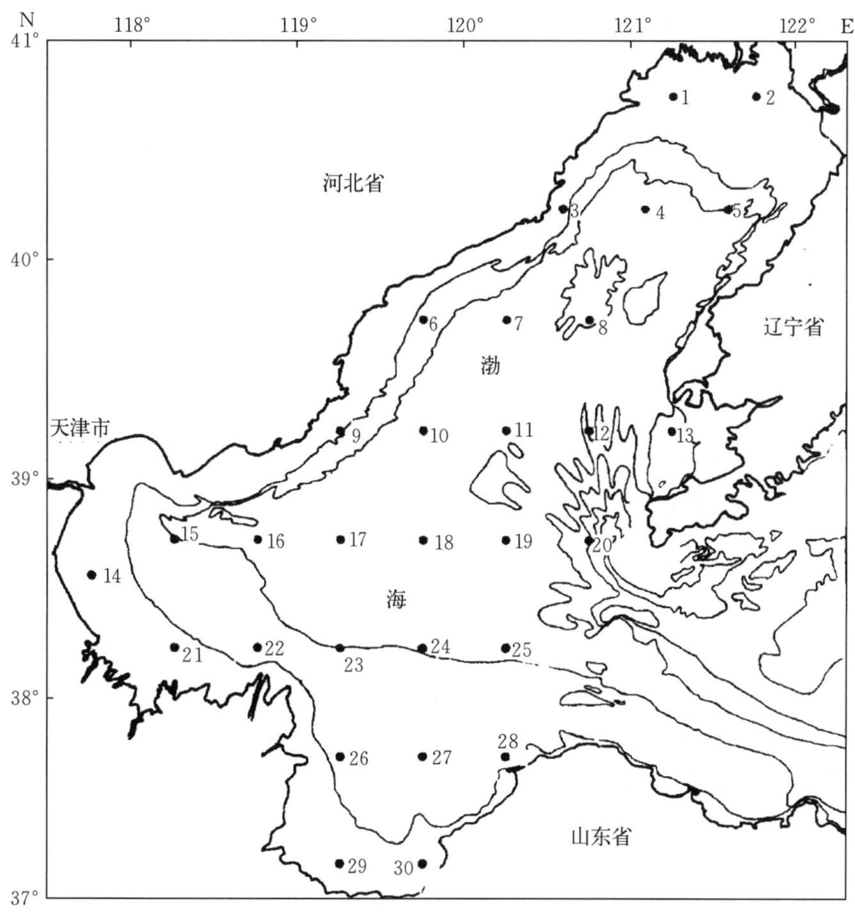

图 1　取样资料数据库样方

Figure 1　A map of the Bohai Sea showing the adjusted quadrats

较，渤海是我国鱼类物种数最少、冷温种比例最高的海区，因而表现为典型的北太平洋东亚亚区生物区系特征，即偏于暖温性和暖水性，缺乏典型的热带种和高纬度寒冷海区冷水种(Ekman，1953)。与相邻海区鱼类区系分布特征相比较，119 种鱼均见诸黄海区，而在东海、日本海、南海、印度洋和太平洋水域出现的共有种数分别为 109、91、70、32 和 8 种，表明渤海鱼类群落与相邻海区的距离渐远，其间的相关关系渐弱。

表 2　渤海鱼类物种各分类阶元的分布

Table2　Distribution of species diversity of fishes in systematic order in Bohai Sea

目（Order）	科（Family）	属（Genus）	种（Species）
真鲨目（Carcharhiniformes）	3	4	5
鳐形目（Rajiformes）	2	2	8
鲱形目（Clupeiformes）	2	9	11
鲑形目（Salmoniformes）	1	2	2
灯笼鱼目（Myctophiformes）	1	1	1

（续）

目（Order）	科（Family）	属（Genus）	种（Species）
鳗鲡目（Auguilliformes）	2	2	2
颌针鱼目（Beloniformes）	3	3	3
刺鱼目（Gasterosteiformes）	1	2	2
鲻形目（Mugiliformes）	3	4	4
鲈形目（Perciformes）	17	36	43
鲉形目（Scorpaeniformes）	7	9	11
鲽形目（Pleuronectiformes）	4	9	14
鲀形目（Tetrodontiformes）	3	3	12
鮟鱇目（Lophiiformes）	1	1	1
合计　　14 目	50	87	119

2.2 群落多样性综合指标变化特征

由于鱼类物种间个体数与生物量差别悬殊，本文定义鱼种数、*NED* 和 *BED* 作为描述鱼类群落结构特征的综合指标。119 种鱼的 *NED* 和 *BED* 分别为 53.834 和 792.048，资源量和生物量分别为 416.137×10⁷尾和 6 122.531×10⁴ kg（表 3）。90 年代 4 个航次的调查，共获得 73 种鱼，平均 *NED* 和 *BED* 分别为 34.744 和 426.931，其资源量和生物量分别为 268.571×10⁷尾和 330.177×10⁴ kg。群落综合指标分别下降 38.66%、35.46%和 46.10%。然而，以个体平均重量分析群落构成，冬季月份大股鱼群游出渤海，仅有少量鱼种成体滞留于渤海中部深水区，以及春季产卵群体的补充，致个体尾均重较全年要高。在夏秋季节的8—10月，群落内当年生幼体、暖温种鳀和暖水种黄鲫等小型个体成为优势成分，致个体尾均重为全年较低值。两阶段的尾均重变化趋势十分相近（$r=0.839\,4$，$df=4$，$P<0.01$）。与环境水温关系在 $\alpha=0.000\,5$ 水平上，成显著负相关（$r=-0.847\,3$），与盐度正相关关系不显著（$r=0.427\,7$，$df=11$，$P>0.1$）。

表 3　渤海鱼类群落生态密度的变化特征

Table3　Patterns of changes in ecological density of fish community in the Bohai Sea

月	1982—1985 年				1992—1993 年				变化率（%）			
	鱼种数	*NED*	*BED*	尾均重(g)	鱼种数	*NED*	*BED*	尾均重(g)	鱼种数	*NED*	*BED*	尾均重(g)
1	39	5.157	232.720	45.13								
2	37	7.606	330.919	43.45	18	0.902	32.237	35.74	−51.35	−88.14	−90.26	−17.74
3	39	5.473	166.684	30.46								
4	55	10.727	471.267	43.93								
5	80	42.645	1 142.351	26.79	43	40.856	445.672	10.91	−46.25	−4.20	−60.99	−59.28
6	77	29.085	949.508	32.65								
7	81	62.876	1 067.798	16.98								
8	77	170.576	1 535.813	9.00	55	57.835	770.868	13.33	−28.57	−66.09	−49.81	48.11
9	82	166.994	1 708.176	10.23								
10	83	100.479	1 022.745	10.18	60	39.383	458.946	11.65	−27.71	−60.80	−55.13	14.44
11	68	27.465	460.582	16.77								

（续）

月	1982—1985 年				1992—1993 年				变化率（%）			
	鱼种数	*NED*	*BED*	尾均重(g)	鱼种数	*NED*	*BED*	尾均重(g)	鱼种数	*NED*	*BED*	尾均重(g)
12	51	16.925	416.009	24.58								
平均	119	53.834	792.048	14.71	73	34.744	426.931	12.29	−38.66	−35.46	−46.10	−16.45
现存量（10^4）		416.137	6 122.531			268.571	3 330.177					

按傅里叶级数展开提取函数周期的方法（Findley，1978），判断渤海鱼类群落多样性综合指标的逐月动态，存在明显的单周期特征（图 2）。冷温种数和 *BED* 的高峰值发生在秋冬季；暖温种和暖水种数、*NED*、*BED* 变化规律基本一致，春季 4—5 月份渐增，至 8 月份达到数值高峰，尔后迅速下降。在第一时期调查资料中，10 月份物种最多，达 83 种；2 月份较少，仅为 37 种。*NED* 低、高峰值分别为 3 月份的 5 473 和 8 月份 170.576；*BED* 则在 3 月份和 9 月份，分别达 166.684 和 1 708.176。这种变化部分地归结于群落内结构成员的季节更替，同时也依赖于环境条件周期节律的相互制约。

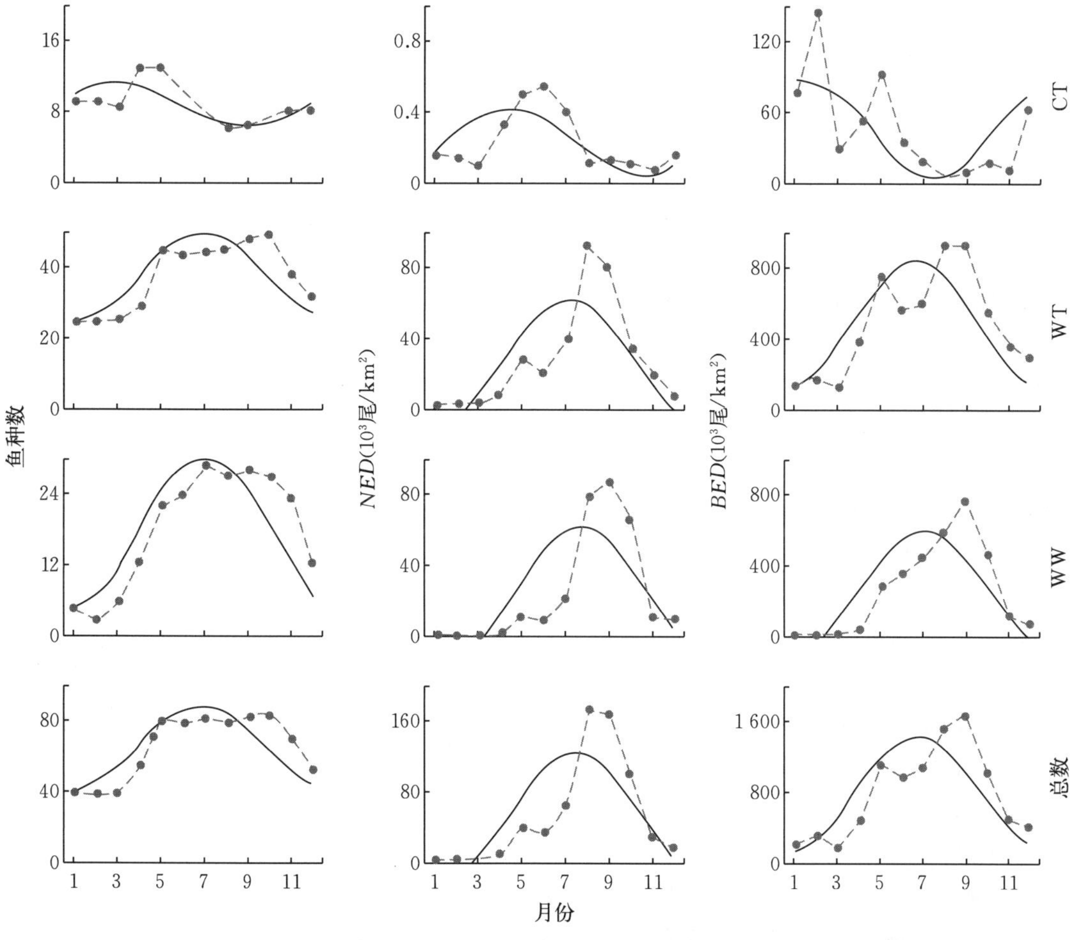

图 2　不同适温区系鱼种数、*NED* 和 *BED* 的季节周期分析

Figure 2　Analysis of periodic trends in species numbers，*NED* and *BED* of fish community related to different temperature-adapted components

2.3 优势种成分

Pinaka（1971）提出的相对重要性指数（index of relative importance，IRI），结合研究测度的个体数、生物量组成和出现频率等信息，已广泛地应用于鱼类摄食生态和群落优势种成分的研究中（邓景耀，1988；朱鑫华，1994）。选取其值大于 1 000 时，渤海鱼类群落内优势种为黄鲫（*Setipinna taty*）、黑鳃梅童鱼（*Collichthys nivealus*）、鳀（*Engraulis japonicus*）和小黄鱼（*Pseudosciaena polyactis*）等 4 种，小于 10 以下的为稀有种。50～1 000为常见种，与优势种一起合称为重要鱼种成分（表 4），其累计 *NED* 为 52.667，占全部鱼种的 97.834 3%；*BED* 为 719.677，占 90.864 4%。根据 1992—1993 年间的调查，鳀则上升为首位优势种，*NED* 和 *BED* 占 51.97%和 38.49%；其次是黄鲫和小黄鱼，昔日优势种黑鳃梅童鱼降至第 14 位重要种；再次，渤海真鲷一无所获。

表 4 渤海鱼类群落重要种成分

Table4 Important components of fish community in the Bohai Sea based on investigated data from 1982 to 1993

种名	区系	1982—1985 年				1992—1993 年			
		N（%）	*B*（%）	*F*	*IRI*	*N*（%）	*B*（%）	*F*	*IRI*
美鳐 *Raja pulchra*	CT	0.012 4	3.241 0	9	224.01	0.01	0.01	3	1.43
孔鳐 *Raja porosa*	WT	0.303 9	7.250 6	12	755.45	0.28	5.48	4	575.88
青鳞小沙丁 *Sardinella zunasi*	WW	2.025 4	0.883 2	7	169.67	0.97	0.85	3	136.30
斑鰶 *Clupanodon punclatus*	WW	1.054 8	2.110 4	9	237.39	2.58	8.00	3	793.25
鳀 *Engraulis japonicus*	WT	13.144 6	5.697 4	11	1 727.18	51.97	38.49	3	6 784.63
赤鼻棱鳀 *Thrissa kammalensis*	WW	1.851 6	0.803 8	7	1 54.90	6.90	4.42	3	849.41
黄鲫 *Setipinna taty*	WW	31.427 4	16.458 9	9	3 591.47	9.99	11.42	3	1 606.08
凤鲚 *Coilia myslus*	WW	4.835 4	1.866 0	12	670.14	0.04	0.03	4	6.52
鮻 *Liza haematocheila*	WT	0.019 1	2.101 6	9	159.05	0.00	0.18	2	8.83
花鲈 *Lateolabrax japonicus*	WT	0.173 7	7.490 8	12	766.45	0.01	5.48	4	549.21
细条天竺鱼 *Apogonichthys lineatus*	WW	1.214 7	0.273 5	8	99.21	2.59	0.37	2	147.83
皮氏叫姑鱼 *Johnius belengeri*	WW	0.978 5	0.607 3	9	118.94	1.72	0.70	3	181.58
黄姑鱼 *Nibea albiflora*	WT	0.426 7	0.554 0	10	81.73	0.04	0.05	2	4.33
白姑鱼 *Argyrosomus argentatus*	WW	0.634 7	1.094 3	9	129.68	1.83	1.55	3	253.38
鮸鱼 *Miichthys miiuy*	WT	0.041 8	0.766 8	9	60.65	0.00	0.03	1	0.85
小黄鱼 *Pseudosciaena polyactis*	WT	10.770 7	8.410 7	9	1 438.61	11.54	8.14	3	1 475.93
棘头梅童鱼 *Collichthys lucidus*	WT	2.1 862	2.340 8	12	452.70	4.31	4.08	4	838.81
黑鳃梅童鱼 *Collichthys niveatus*	WT	7.477 4	4.334 2	12	2 181.16	1.70	0.85	2	127.27
真鲷 *Pagrosomus major*	WT	0.571 1	0.968 2	6	76.97	—	—	—	—
长绵鳚 *Enchelyopus elongatus*	CT	0.188 3	0.551 5	12	73.98	0.17	0.68	4	84.53
小带鱼 *Eupleurogrammus muticus*	WW	0.329 5	0.288 8	10	51.53	0.73	0.71	3	107.42
蓝点马鲛 *Scombermorus niphonius*	WT	1.856 4	5.919 9	7	453.62	0.05	0.41	3	34.69
银鲳 *Pampus argenteus*	WW	1.127 1	3.310 5	9	332.82	0.18	0.55	3	54.77

（续）

种名	区系	1982—1985 年				1992—1993 年			
		N（%）	B（%）	F	IRI	N（%）	B（%）	F	IRI
矛尾虾虎鱼 *Chaeturichthys stigmatias*	WT	0.620 2	0.356 3	12	97.65	0.55	0.35	4	90.19
六丝矛尾虾虎鱼 *Chaeturichthys hexanema*	WT	0.699 1	0.276 3	12	97.54	0.15	0.08	3	17.51
褐牙鲆 *Paralichthys olivaceus*	WT	0.091 1	2.360 2	12	245.13	0.00	0.22	2	10.99
钝吻黄盖鲽 *Pseudopleuronectes yokohamae*	CT	0.088 3	1.523 7	12	161.20	0.01	0.18	4	18.43
短吻红舌鳎 *Cynoglossus*（*A.*）*joyneri*	WT	3.462 2	3.205 1	12	666.73	0.81	0.96	4	176.54
半滑舌鳎 *Cynoglossus*（*A.*）*semilaevis*	WT	0.042 9	3.461 0	12	350.39	0.02	0.91	3	69.63
绿鳍马面鲀 *Navodon septentrionalis*	WW	0.116 8	1.526 3	7	95.85	0.08	0.82	3	67.37
菊黄东方鲀 *Fugu flavidus*	WT	0.062 3	0.831 3	9	67.02	0.00	0.04	1	1.11

注：表中 *N*、*B* 和 *F* 分别代表 *NED*、*BED* 的百分比和出现频率。

3　讨论与结语

3.1　优势种判别标准

在海洋鱼类群落内，由于物种分布季节动态多呈现为洄游性更替节律，导致鱼群落结构的时序间相对不稳定性，Grange（1979）在研究 Manukau 港软泥大型底栖生物群落时，提出群落得分法（community Score，CS），认为 CS 与最大可能得分比超过 25%的物种为优势种。Tyler（1971）提出由出现频率高低决定的常见种（Regulars：出现月次大于 9 个月）、季节种（Seasonals：5～8 月次）和偶见种（Occasionals：1～4 月次）的标准。据此标准，对渤海调查资料分析表明，鱼类群落内常见种、季节种和偶见种分别为 42、36、41 种，即三者间的比例较为接近，与黄渤海沿岸水域游泳动物相比（朱鑫华等，1994），物种间季节变动节律更为明显。显然，以上方法仅强调了空间尺度或时间序列的单一因素的重要性，而忽视了生态密度等指标，或注重物种的生态密度而忽视了其出现频率对群落优势种的划分。本文运用群落多样性综合指标的概念，则把衡量群落多样性的尺度更趋于全面和实用化。

3.2　群落结构持续性和稳定性

群落结构持续性和稳定性是研究群落内种间相互作用过程的重要指标。所谓持续性，意指群落内密度模糊条件下物种长期存在的倾向性，包括个体生态学和群落生态学特征的影响因子作用。稳定性则是群落成员维持其基本特征于中长期变化的适应能力，通常是指经环境扰动条件下群落回复能力的标志（May，1984）。本文应用物种周转率指数（index of species turnover rates，ISTR）（Ross et al.，1994），研究渤海鱼类群落季节持续性。当 ISTR 为零，表示该群落缺乏持续性；如果 ISTR 为 1，说明群落完全可持续。对 1982—1985 年的资料分析表明，渤海鱼类群落月份间持续性较高（ISTR 为 0.810 5）。对 1982—1992 年相隔 10 年间 4 个季度月资料计算结果，表明前一时期的 ISTR 为 0.679 2；后一时期为 0.590 2，说明渤海鱼类群落的持续性具有年间降低的趋势。

为考察群落结构季节变化稳定性，采用 ANOVA 方法，对以上两个时期 2、5、8、10 月份的 ISTR 作双因素方差分析（表 5）。结果表明，年间变动趋势不甚明显，而两个时期的季度月间周转率变化关系显著，即月份间稳定性差。有关群落稳定性特征及其相关因素的研究，将另文发表。

表 5 群落稳定性指标 ISTR 的方差分析表

Table5 Analysis of variance in index of species turnover rates of fish community

方差来源	自由度	离均差平方和	均方	*F*	*P*
总体组	4	0.227 6	0.056 9	14.04	0.027 7
A 因素（年间）	1	0.015 8	0.015 8	3.91	0.142 4
B 因素（季度月间）	3	0.211 8	0.070 6	17.42	0.021 1
误差（年间）	3	0.012 2	0.004 1		
总和	7	0.239 8			

参考文献

成庆泰，郑宝珊，1987. 中国鱼类系统检索（上册）. 北京：科学出版社，643，Ⅶ.
邓景耀，1988. 海洋水产研究，9：1-10.
林福申，1965. 海洋水产研究，2：35-72.
田明诚，等，1993. 海洋科学集刊，34：157-167.
杨纪明，等，1990. 海洋学报，12（3）：359-365.
张春霖，等，1955. 黄渤海鱼类调查报告．北京：科学出版社，353.
中国科学院海洋研究所，1985. 渤海地质．北京：科学出版社，232.
朱鑫华，等，1994. 动物学报，40（3）：241-252.
Ekman S，1953. Zoogeography of Sea. Sidgwick & Jackson（London），pp. 11-157.
Findley D F，1978. Applied Time Series Analysis. Academic Press（New York），345.
Grange K P，1979. N. Z. J. Mar. & Fresh. Res.，13（3）：315-329.
May R M，1984. Exploitation of Marine Communities. Springer-Verlag（Berlin），366.
Pianka E R，1971. Copeia，1971：527-536.
Ross S T，Doherty T A，1994. Estu. Coast. Shelf Sci.，38：49-67.
Sherman K，1994. Mar. Ecol. Prog. Ser.，112（3）：227-301.
Tyler A V，1971. J. Fish. Res. Bd. Can.，28（7）：935-946.

Study on Characteristics of Fish Community Structure in Bohai Sea

Zhu Xinhua[1], Yang Jiming[1], Tang Qisheng[2]

(*1. Institute of Oceanology, Chinese Academy of Sciences, Qingdao 266071;*
2. Yellow Sea Fisheries Research Institute, Chinese Academy of Fisheries Sciences, Qingdao 266071)

Abstract: Study on the characteristics of fish community structure, based on data from quantitative survey of 1 090 hauls by means of demersal trawls during 1982 to 1985 and 1992 to 1993 in the Bohai Sea, showed that 119 fishes form the community units belong to a part of the Yellow Sea system and are comprised of warm-temperate (57.98%), and warm-water (28.57%) and cold-temperate (13.45%) species. The community diversity integrated indexes, such as species number, *NED* and *BED*, were single cycle seasonal fluctuations with maximum species number of 83 in October, minimum of 37 in February. The minimum of *NED* and *BED* were 5 473 individuals and 166.68 kilogram per square meter, maximum of 170.58×10^3 individuals and 1.71 tons per square meter, respectively. With regard to the index of relative importance (IRI) (Pianka, 1971), four species, half-mouthed anchovies, *Setipinna taty*, croakers, *Collichthys niveatus*, japanese anchovies, *Engraulis japonicus*, and small yellow croakers, *Pseudosciaena polyactics*, were dominant components, and some other 27 regular components with IRI values of 50 to 1 000, along with the 5 species above were considered as important species in the Bohai Sea community during 1982 to 1985, comprising 97.83% in *NED* and 90.86% in *BED*. However, using of data from 1992 to 1993, Japanese anchovies, *Engraulis japonicus*, is now predominant with 51.97% in *NED* and 38.49% in *BED*, partly due to decline in persistence and stability of the community.

Key words: Fish community; Enhanced waters; Bohai Sea

渤海鱼类群落优势种结构及其种间更替①

朱鑫华[1]，唐启升[2]
（1. 中国科学院海洋研究所；
2. 中国水产科学研究院黄海水产研究所）

渤海是中国专属的内陆型半封闭内海。随着沿海经济发展和人类对自然环境作用的日益加剧，海洋生态环境健康度和海洋生物多样性正经受着前所未有的胁迫和影响（Fausch et al.，1990；Ray et al.，1991）。就自然环境演变趋势而言，受全球变化与入海淡水径流量动态影响，无不制约着河口湾及近海环境的物理、化学和生物等若干过程（Dame et al.，1996；Drinkwater et al.，1994；McErlean et al.，1973）。然而，许多科学家和社会公众始终关注的并非该过程本身，而是此类过程作用的结果及其该系统生物生产力输出产品形式，即海洋生物资源数量和质量的变化状况及其趋势。"渤海生态系统动力学及其生物资源持续利用"项目的启动，可望对此进行针对性的调查研究。本文根据近年来渔业生态学现场调查资料，运用数理统计的方法研究渤海区高营养级鱼类群落优势种结构及其时空格局。主要包括：①鱼类群落优势种结构及其时序动态，即时间持续性；②优势种成分的可替代性及其对水域生物资源生产力持续性的影响；③优势种成分的营养与空间生态位对系统外扰动的响应。其目的在于探明海洋生物群落演替动态及其对人类可持续性开发利用的响应机制。

一、材料与方法

1. 资料来源

所用1 090个定量样本分别为1982—1985年和1992—2000年间两个时期双船底拖网定点调查所获。其中，第一时期分别由中国科学院海洋研究所和中国水产科学研究院黄海水产研究所共同执行的渤海渔业资源综合调查、中国科学院海洋研究所执行山东省海岸带第三调查区生物与环境综合调查（杨纪明等，1986）；第二时期由中国水产科学研究院黄海水产研究所、中国科学院海洋研究所、青岛海洋大学和国家海洋局第一海洋研究所共同执行的渤海渔业资源增殖生态学调查（朱鑫华，1996，1998）以及1997—2000年为执行渤海生态系统动力学与生物资源持续利用研究项目，取样工具及规格见表1（朱鑫华等，1996；邓景耀等，2000）。

① 本文原刊于《海洋科学集刊》，44：159-168，2002。

表 1　渤海鱼类群落生态调查取样工具参数

年份	拖网功率/kW	网高/m	网宽/m	网口周长/目	目大/mm	囊网目/mm	拖速/kn
1982—1983	138	8.0	22.6	1 740	63	20	2.60
1982—1983	149	5～6	?	1 660	63	20	2.00
1984—1985	138	6.0	22.6	1 740	63	20	2.60
1992—1993	138	6.0	25.0	1 740	63	20	2.60
1997—2000	138	6.0	25.0	1 740	63	20	2.60

2. 统计样方

为克服现场调查取样站位的非均匀分布对实验代表性的影响，本文采用等面积网格法，以 1982—1985 年现场实验数据为基础，转换为 30 个统计样方（图 1），每一统计样方的水域面积为 2 469.53 km^2。每一样方内网获量的计算，个体数按同一月份区内拖网次数为权重进行加权平均，单位为尾/(网·h)；生物量则按同一月份实际取样时重量与个体数的比例关系进行换算，单位为 g/（网·h)。对稀有种（某样方仅有，全区内较少分布）的处理原则是个体数为 1，生物量值按前述方法换算。采用面积法计算各鱼种的个体数或生物量生态密度，分别记为 *NED*（10^3 尾/km^2）和 *BED*（kg/km^2）（朱鑫华，1994a，1994b；1996）。

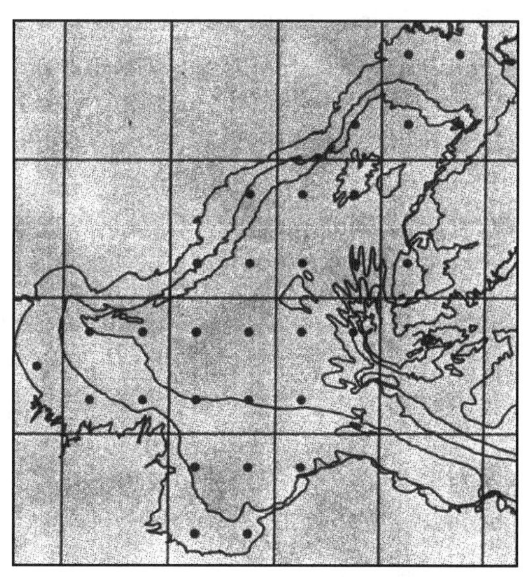

图 1　渤海鱼类群落生态调查统计样方

优势种的确定往往需要考虑到鱼类季节分布特点和个体大小差异。本文作者经比较多种优势种测定模型，认为相对重要性指数较好地刻画了鱼类优势种特征（Pinaka，1971）。所谓优势种，应具有数量和重量上占据显著比例的成分，且在季节因素中具有持续性。本文以 *IRI*（index of relative importance）值为基础，大于 100 以上的种为重要种，大于 1 000 以上的为优势种。

$$IRI=(N\%+B\%)\times F\%$$

式中，N、B 分别为个体数和生物量指标值；F 为出现频率，均以百分比表示。

3. 群落动态可持续性指数

我们运用物种周转率指数（T），测量群落结构的可持续性（Diamond et al.，1977）

$$T=\frac{I+E}{S_1+S_2}$$

式中，I 和 E 分别是某取样时期群落中迁入和迁出物种数，S_1 和 S_2 分别是相邻取样时期的物种总数。周转率主要用于比较两两取样时期的群聚结构，从而确定群落的空间分布边界。所有取样样方间的平均周转率 T 可以用 $n-1$ 个相邻时间限来确定。这样，可持续性指

数可表示为 $1-T$。当 $1-T$ 为 0，表示群落结构没有持续性；当 $1-T$ 为 1 时，表示完全可持续性（Meffe et al.，1987；Ross et al.，1994）。

4. 生态位宽度测度

生态位理论在物种多样性与种群进化、种间关系和群落结构研究中，已被广泛应用。它表示该种生物生存和繁衍所需要的 n 维超体积，以减少种内个体相遇的几率。本文采用计测公式（Levins，1968；Washington，1984）

$$B_i=-\sum_j P_{ij}\lg P_{ij}$$

式中，B_i 为第 i 物种的生态位宽度；$P_{ij}=N_{ij}/Y_i$，即为种 i 中利用资源状态 j 的比例。

5. 数理统计

利用 Windows 系统下的 SPSS 10.0、Statistcs 5.0 和相关程序，分析不同时期的鱼类群落生态密度值及其相关因子关系；利用 Surfer 系统，绘制鱼类群落指标的时空分布格局。

二、结果和讨论

1. 物种多样性

根据 80 年代和 90 年代渤海渔业生态调查资料整理结果和已有鱼类分类文献（成庆泰等，1987），记录鱼种 119 种，隶属 2 纲 14 目 50 科 87 属（图 2）。按目内物种数量统计，鲈形目内鱼种最多，达 17 科 36 属 43 种；鲽形目、鲀形目和鲱形目次之；灯笼鱼目和鮟鱇目最少，各为一科一属一种。与历史研究相比，张春霖等（1955）曾记录渤海鱼类 116 种；田明诚等（1993）报道 156 种；结合本调查资料，渤海鱼类群落内物种多样性可达 164 种。

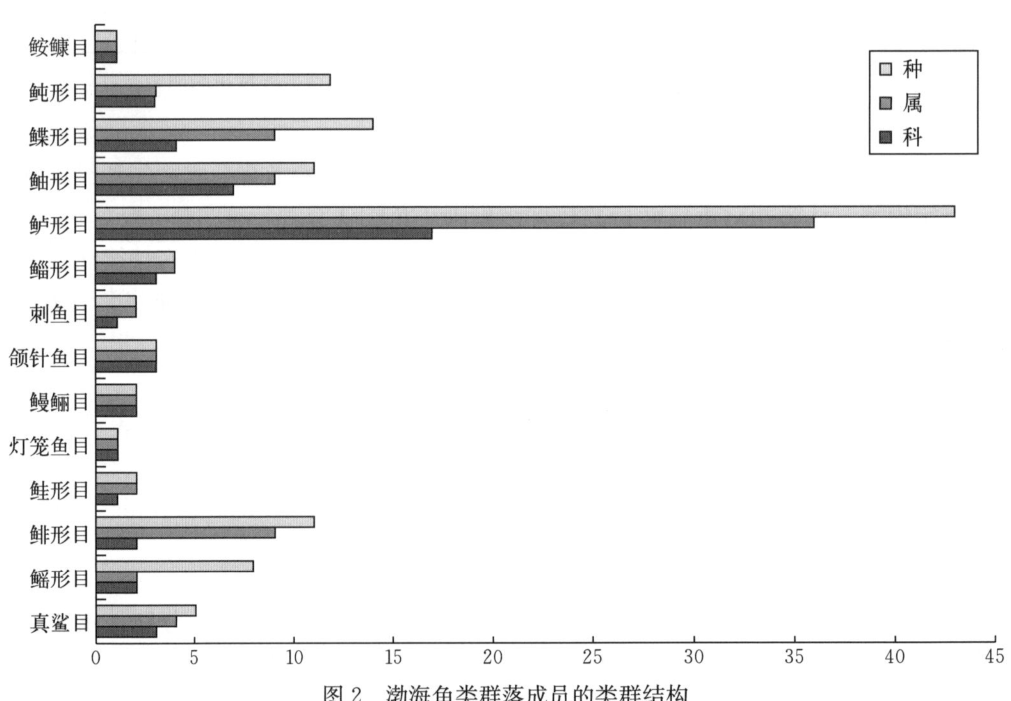

图 2 渤海鱼类群落成员的类群结构

渤海鱼类群落的种类组成反映了该生态环境的特殊性，即冷温性物种是我国沿海中数量和比例最高的海域，达 16 种，占全部鱼种数的 13.45%，同时也说明该水域与相邻海域的关联性，所有渤海鱼类均可出现在黄海，且暖温种占据数量优势，计 69 种，占 57.98%；暖水种次之，34 种，占 28.57%，缺乏典型的低纬度热带种和高纬度寒冷海区冷水种，为北太平洋东亚地区生物区系特征。

2. 优势种结构

结合研究测度的个体数、生物量和出现频率等信息，选取 *IRI* 出现频率值大于 50 的确定为 80 年代渤海鱼类群落重要种，它们由美鳐（*Raja pulchra*）、孔鳐（*Raja porosa*）等 31 种组成。累计 *NED* 和 *BED* 分别为 52.667 和 719.677，占全部鱼种的 97.83% 和 90.86%，说明这些重要种对渤海渔业资源生产力输出动态的控制作用，代表了该水域生物群落结构的基本功能特征（表 2）。其中，*IRI* 大于 1 000 时被认为是优势种，主要包括黄鲫（*Setipinna taty*）、黑鳃梅童鱼（*Collichthys neveatus*）、鳀（*Engraulis japonicus*）和小黄鱼（*Pseudosciaena polyctis*）等 4 种；*IRI* 在 50～1 000 为常见种。90 年代历次调查研究结果表明，黑鳃梅童鱼已失去优势种的地位，退至常见种地位；鳀上升为第一优势种，*NED* 和 *BED* 分别占全部鱼类生态密度的 51.97% 和 38.49%；其次是黄鲫和小黄鱼。昔日常见种真鲷（*Pagrosomus major*）至今已无踪迹，这已成为现阶段渤海生态系统结构变化的显著信号。

表 2 渤海鱼类群落重要种的百分比和出现频率（%）

种 名	区系	1982—1985 年				1992—1993 年			
		N（%）	*B*（%）	*F*（%）	*IRI*	*N*（%）	*B*（%）	*F*（%）	*IRI*
美鳐 *Raja pulchra*	CT	0.01	3.24	75	224	0.01	0.01	75	1
孔鳐 *Raja porosa*	WT	0 30	7.25	100	755	0.28	5.48	100	576
青鳞小沙丁鱼 *Sardinella zunasi*	WW	2.03	0.88	58	170	0.97	0.85	75	136
斑鰶 *Clupanodon punctatus*	WW	1.05	2.11	75	237	2.58	8.00	75	793
鳀 *Engraulis japonicus*	WT	13.14	5.70	92	1 727	51.97	38.49	75	6 785
赤鼻棱鳀 *Thrissa kammalensis*	WW	1 85	0.80	58	155	6 90	4.42	75	849
黄鲫 *Setipinna taty*	WW	31.43	16.46	75	3 591	9.99	11.42	75	1 606
凤鲚 *Coilia mystus*	WW	4.84	1.87	100	670	0.04	0.03	100	7
鲛 *Liza haematocheila*	WT	0.02	2.10	75	159	0.00	0.18	50	9
花鲈 *Lateolabrax japonicus*	WT	0.17	7.49	100	766	0.01	5.48	100	549
细条天竺鱼 *Apogonichthys lineatus*	WW	1.21	0.27	67	99	2.59	0.37	50	148
皮氏叫姑鱼 *Johnius belengeri*	WW	0.98	0.61	75	119	1.72	0.70	75	182
黄姑鱼 *Nibea albiflora*	WT	0.43	0.55	83	82	0.04	0.05	50	4
白姑鱼 *Argyrosomus argentatus*	WW	0.63	1.09	75	130	1.83	1.55	75	253
鮸鱼 *Miichthys miiuy*	WT	0.04	0.77	75	61	0.00	0.03	25	1
小黄鱼 *Pseudosciaena polyactis*	WT	10.77	8.41	75	1 439	11.54	8.14	75	1 476

（续）

种名	区系	1982—1985年				1992—1993年			
		N（%）	B（%）	F（%）	IRI	N（%）	B（%）	F（%）	IRI
棘头梅童鱼 *Collichthys lucidus*	WT	2.19	2.34	100	453	4.31	4.08	100	839
黑鳃梅童鱼 *Collichthys niveatus*	WT	7.48	4.33	100	2 181	1.70	0.85	50	127
真鲷 *Pagrosomus major*	WT	0.57	0.97	50	77	—	—	—	—
长绵鳚 *Enchelyopus elongatus*	CT	0.19	0.55	100	74	0.17	0.68	100	85
小带鱼 *Eupleurogrammus muticus*	WW	0.33	0.29	83	52	0.73	0.71	75	107
蓝点马鲛 *Scombermorus niphonius*	WT	1.86	5.92	58	454	0.05	0.41	75	35
银鲳 *Pampus argenteus*	WW	1.13	3.31	75	333	0.18	0.55	75	55
矛尾虾虎鱼 *Chaeturichthys stigmatias*	WT	0.62	0.36	100	98	0.55	0.35	100	90
六丝矛尾虾虎鱼 *Chaeturichthys hexanema*	WT	0.70	0.28	100	98	0.15	0.08	75	18
褐牙鲆 *Paralichthys olivaceus*	WT	0.09	2.36	100	245	0.00	0.22	50	11
钝吻黄盖鲽 *Pseudopleuronectes yokohamae*	CT	0.09	1.53	100	161	0.01	0.18	100	18
短吻红舌鳎 *Cynoglossus*（*A*）*joyneri*	WT	3.46	3.21	100	667	0.81	0.96	100	177
半滑舌鳎 *Cynoglossus*（*A.*）*semilaevis*	WT	0.04	3.46	100	350	0.02	0.91	75	70
绿鳍马面鲀 *Navodon septentrionalis*	WW	0.12	1.53	58	96	0.08	0.82	75	67
菊黄东方鲀 *fugu flavidus*	WT	0.06	0.83	75	67	0.00	0.04	25	1

注：表中 N 和 B 分别代表 NED，BED 的百分比，F 代表出现频率。

3. 种间季节更替

按傅里叶级数展开提取函数周期的方法，判别渤海鱼类群落多样性综合指标的季节更替特征（图 3）。结果表明，所有 3 项指标的周年变化规律均呈现为简单的单周期型。冷温种数量高峰出现在冬季，暖温种和暖水种以春季和秋季交替出现数量高峰，尔后迅速下降。这种变化部分归结为环境因素的周期性交替，制约着鱼类的季节性洄游过程。根据物种周转率指数分析，80 年代鱼类逐月持续性较高，达 0.810 5；季节性可持续性指数为 0.679 2；进入 90 年代，鱼类季节性可持续性指数下降为 0.590 2，说明渤海鱼类群落季节性可持续性指数具有年间减缓、群落稳定性呈现为减弱的势头。

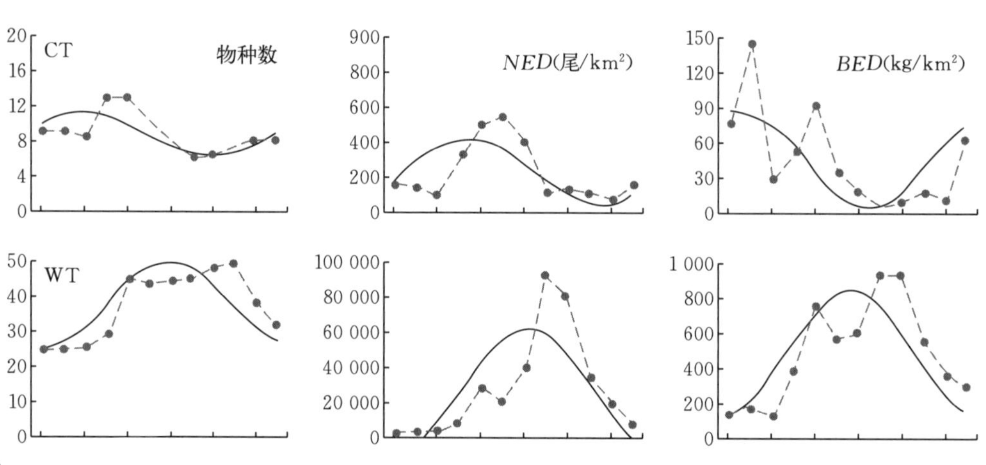

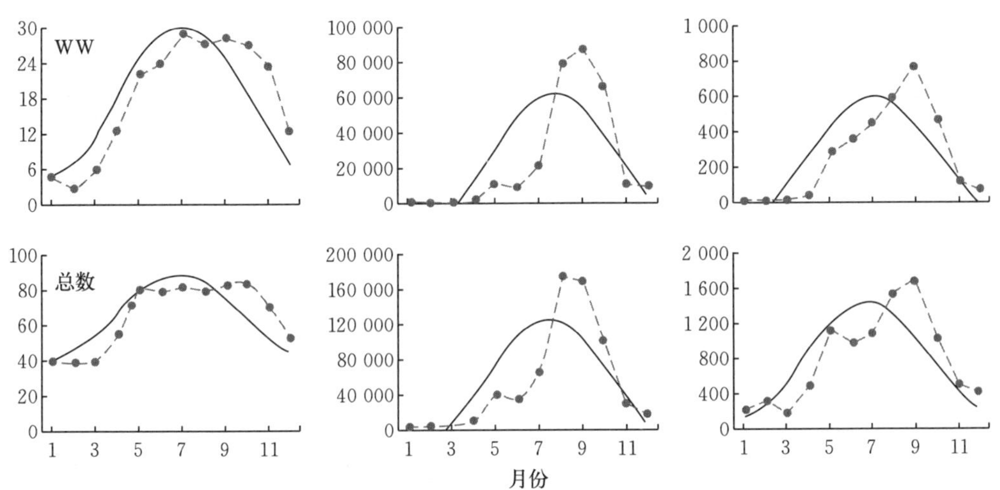

图 3 1982—1985 年渤海鱼类群落物种组成和生态密度的季节特征分析

4. 生态密度的时空动态

将优势种作为群落多样性特征的代表成分，分别对鳀、黄鲫、小黄鱼和黑鳃梅童鱼季节-空间分布格局进行个体数指标解析（图 4、图 5）。结果表明，在冬季（2 月），前 3 种优势鱼类均无分布，仅有黑鳃梅童鱼在渤海出现；鳀生殖群体主要分布于水深 20 m 以外的水域，且出现的季节较短，显然，该鱼种的空间分布与温度的变化比较敏感。虽然黄鲫和小黄鱼季节性与鳀相类似，但前者资源量分布与水深关系较弱（$r=-0.6237$，$P<0.1$）；黄鲫数量高峰主要出现在春季 5 月份，而小黄鱼以夏秋季节的 8 月份数量密度较高。此外，黑鳃梅童鱼资源量的季节差异突出地表现为浅水与深水间的往复式游动，尤其是在夏、秋、冬季，分别向河口内湾处移动（图 5）。

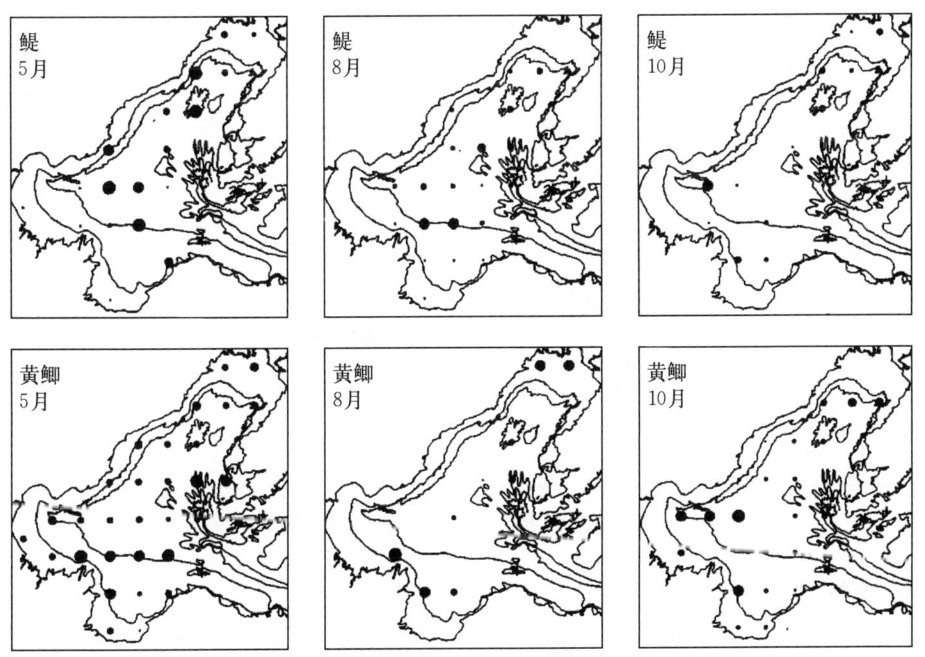

图 4 渤海水域优势鱼类的时空分布格局

图 5 渤海水域优势鱼类的时空分布格局

5. 优势种的季节-空间-营养生态位演替机制

自 80 年代以来，渤海鱼类群落结构发生了显著的变化。主要表现在：①物种多样性降低。早期的研究记录到鱼种 119 种，而近年来仅为 73 种。②资源生态密度显著降低。10 年间，*NED* 和 *BED* 分别减少 35.46%和 46.10%。尽管自 1985 年以来，实施机轮拖网退出渤海的措施，这种资源衰退的势头并没有得到遏制，更不用说渤海资源系统的恢复和生态系统的重建。许多研究已经指出，影响渤海资源生产力与生态系统健康度的制约因素主要包括陆源物质输运对生境的污染和不合理资源利用格局，破坏了生物资源的自我更新机制，导致生物群落内多重生态位的交替失调（朱鑫华等，1994a，1994b；朱鑫华等，1996；朱鑫华等，2001；邓景耀等，2000）。③优势种鱼类生态位降低，群落可持续性减弱。自 80 年代以来，渤海生态系统渔业生产力结构，以鳀和黄鲫等（较短食物链食性鱼类）鲱科鱼类为主。比较这两种优势种的生态位结构可见，时空生态位鳀明显小于黄鲫，且黄鲫的营养生态位较鳀略宽，但生态营养系数（*P/B*）鳀明显高于黄鲫（图 6）。以往研究表明，鳀和黄鲫的食物组成相似，均以浮游动物为主。所不同的是在黄鲫胃含物中，长额刺糠虾（*Acanthomysis longirostris*）的重量比例高达 65.89%，出现频率超过 50%，兼食钩虾类（*Grammaridea*）和强壮箭虫（*Sagitta crassa*）等，但中华哲水蚤（*Calanus sinicus*）的比例较低；而在鳀的胃含物组成中，小拟哲水蚤（*Paracalanus parvus*）、中华哲水蚤（*Calanus sinicus*）、太平洋纺锤水蚤（*Acartia pacifica*）等重量比例超过 80%（唐启升等，1990；杨伟祥等，1992）。伴随着优势种结构及其季节-空间-营养生态位的演替，渤海生态系统生物资源生产力正朝低营养层次、短生命周期、高生产速率的方向发展，对此，值得我们深入研究。

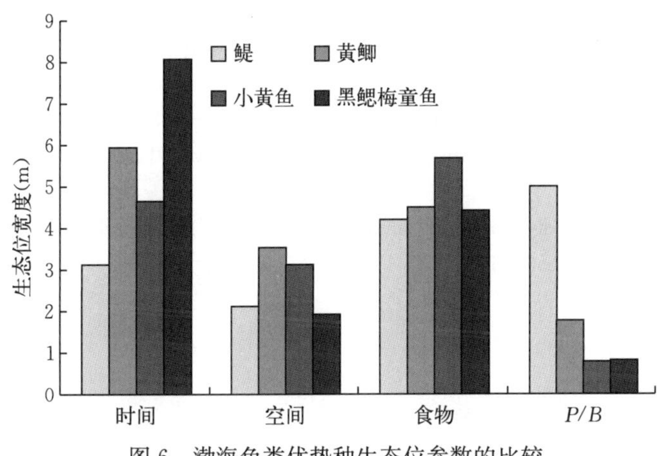

图 6　渤海鱼类优势种生态位参数的比较

参考文献

成庆泰，郑宝珊，1987. 中国鱼类系统检索. 北京：科学出版社，232.

邓景耀，金显仕，2000. 莱州湾及黄河口水域渔业多样性及其保护研究. 动物学研究，21（1）：76－82.

唐启升，叶懋中，等，1990. 山东近海渔业资源开发与保护. 北京：农业出版社，90－119.

田明诚，孙宝龄，杨纪明，1993. 渤海鱼类区系分析. 海洋科学集刊，34：157－167.

杨纪明，杨伟祥，郭如新，等，1986. 1983 年夏季渤海上层的鱼类生物量估计. 海洋科学，10（1）：63

杨伟祥，杨纪明，吴鹤洲，1992. 胶州湾生态学和生物资源. 北京：科学出版社，413－423.

张春霖，等，1955. 黄渤海鱼类调查报告. 北京：科学出版社，353.

朱鑫华，1996. 渤海鱼类群落个体数指标时空格局的因子分析．海洋科学集刊，37：163－175.

朱鑫华，1998. 渤海鱼类群落生物量指标时空格局的因子分析．海洋科学集刊，40：177－191.

朱鑫华，缪锋，刘栋，等，2001. 黄河口及邻近海域鱼类群落时空格局与优势种特征的研究．海洋科学集刊，43：141－151.

朱鑫华，吴鹤洲，徐凤山，等，1994a. 黄渤海沿岸水域游泳动物群落结构时空格局异质性研究．动物学报，40（3）：241－252.

朱鑫华，吴鹤洲，徐凤山，等，1994b. 黄渤海沿岸水域游泳动物群落结构多样性及其相关因素的研究．海洋学报，16（3）：102－112.

朱鑫华，杨纪明，唐启升，1996. 渤海鱼类群落结构特征的研究．海洋与湖沼，27（1）：6－13.

Dame R F，Allen D M，1996. Between estuaries and the sea. J. Exp. Mar. Biol. Ecol.，200：169－185.

Diamond J M，May R M，1977. Species turnover rates on islands：dependence on cunsus interval. Science，197：266－270.

Drinkwater K F，Frank K T，1994. Effects of river regulation and diversion on marine fish and invertebrates. Aqut. Cons：Freshw Mar Ecosys.，4：135－151.

Fausch K D，Luons J，Karr J R，et al.，1990. Fish community as indicators of environmental degradation. Amer. Fish. Soc. Sym.，8：123－144.

Levins R，1968. Evolution in changing environments，Princeton University Press，Princeton，NJ，120.

McErlean A J，O' Connor S G，Mihursky J A，et al.，1973. Abundance，diversity and seasonal patterns of estuarine fish populations. Estu. Coast. Mar. Sci.，1：19－36.

Meffe G K，Minckley W L，1987. Persistence and stability of fish and invertebrate assemblages in a repeatedly disturbed Sonoran desert stream. Amer. Midl. Natur.，117：177－191.

Pianka E R，1971. Ecology of the agamid lizard Amphibolurus isolepis in western Australia. Copeia，527－536.

Ray G C，Grassle J F，1991. Marine biological diversity，a scientific program to help conserve marine biological diversity is urgently required. BioScience，41（7）：453－463.

Ross S T，Doherty T A，1994. Short-term persistence and stability of Barrier Island fish assemblages. Estu Coast. Shelf Sci.，38：49－67.

Washington H G，1984. Biotic diversity and similarity indices：a review with special relevance to aquatic ecosystem. Water Res.，18：653－694.

Structuring Dominant Components Within Fish Community in Bohai Sea System

Zhu Xinhua[1]，Tang Qisheng[2]

(*1. Institute of Oceanology，the Chinese Academy of Sciences；*

2. Yellow Sea Fisheries Research Institute，the Chinese Academy of Fisheries Sciences)

Abstract：The composition and spatiotemporal dynamics of dominants within fish community in Bohai Sea system were analyzed using comprehensive data sampled in two 10-year towing periods, in order to determine the succession pattern of community and the responsive mechanism contributing to the sustainability of biological production. The 119 fish in the 1982—1985, dataset were comprised of 69 warm temperate species (57.98%), 34 warm water species (28.57%) and 16 cold temperate species (13.45%). Among these components, 31 species comprised to 53.834 thousand individuals per square kilometers in *NED* and 792.048 kg/kin^2 in *BED*, were determined as important fish judged by Pinaka's *IRI* (index of relative importance), which related to the number, biomass and occurrence frequency for each species in the first sample period. Half-mouth anchovies, *Setipinna taty*, Japanese herring, *Engraulis japonicus*, spot croaker, *Collichthys nivealus*, and small yellow croaker, *Pseudosciaena polyactics*, were among the 4 dominants. Seasonal trend was shown up a single cycle around the year and the persistence measured in *ISTR* (index of species turnover rates) was 0.679 2 between seasons. Compared with two 10-year data by same gear, community diversity during 1992 and 2000, had decreased in some aspects, such as species number, *NED*, *BED* by 38.66%, 35.46% and 46.1%, respectively. Correspondingly, seasonal persistence also decreased to 0.590 2, showing that sustainability of fisheries productivity in the system is characterized by tending toward short age, weaker ecotrophic dynamics and fast turnover rate in production.

秋季南黄海网采浮游生物的生物量谱[①]

左涛，王俊，唐启升，金显仕
（中国水产科学研究院黄海水产研究所，农业部海洋渔业资源
可持续利用重点实验室，青岛 266071）

摘要：对 2006 年 9 月南黄海浮游生物网（孔径为 70、160、505 μm）采集样品内的浮游生物个体大小的粒径分布进行研究，确定各粒级大小的功能群组成，建立 2006 年秋季调查水域网采浮游生物的生物量谱，比较分析三个特征水域（黄海近岸、黄海中部及黄海和东海交汇区）的浮游生物生物量谱特征参数的异质性。结果表明：三种网采浮游生物粒级范围主要包括 100 pg/个～70 ng/个的浮游植物和 70 ng/个～62 mg/个的浮游动物。Sheldon 型生物量谱为近似连续的波动曲线，标准型生物量谱为线型。总测区的标准生物量谱斜率和截距为－0.74和 18.64，各个特征水域，黄海中部为－0.67 和 15.60，黄海近岸为－0.64 和 14.34，黄海、东海交汇区为－0.73 和 18.03。浮游动物种类多样性对标准生物量谱的特征参数具有较显著的影响。

关键词：浮游生物；生物量谱；黄海

1 引言

生物量谱（biomass size spectrum），即研究生态系统中，生物量按照生物个体大小的分布模式。它由 Sheldon et al. 首先提出[1]，主要优点有：简化生物群落，将不同的水生生态系统统一起来，便于有效的对比；宏观反映物质转移和能量流动方向，提供生产力、生态转换效率以及种群变化动力参数；具有时空变化异质性，可指示水生生态系统健康营养状况。因此，生物量谱法是目前国际上研究水生生态系统中食物动力学研究的一个极为有效的手段，也是正在开展的“973 计划”项目“我国近海生态系统食物产出的关键过程及其可持续机理”所提倡的一种重要研究方法。

浮游生物是众多经济鱼类的直接或间接的饵料来源。黄海是我国许多经济鱼类的产卵场和繁育场，对本海区的浮游生物种类组成、生物量和数量分布进行不同层次的研究，开展生物量谱的相关研究，有利于了解黄海水层生态系统生产力水平和生态转换效率，对海区营养健康监测和生物资源可持续利用有着重要的指导意义。

在我国，有很多学者对其他海区浮游生物及黄海底栖生物开展了生物量谱的研究[2-7]，但黄海浮游生物相关的研究尚未见于报道。

---

① 本文原刊于《海洋学报》，30（5）：71－80，2008。

本文利用黄海所 2006 年 9 月初在黄海调查航次所获的浮游生物样品，利用生物量谱法，对黄海浮游生物个体大小结构、功能群组成和生物量分布进行研究，为黄海生态系统的食物营养动力学和可持续产出的研究提供基本的理论依据和有效参数。

2　材料与方法

2.1　站位设置和样品采集

调查时间为 2006 年 9 月 2—11 日，采样设站见图 1。调查船为“北斗”号渔业调查船。浮游生物采集依照海洋调查规范，分别用大、中和小型浮游生物网（网孔径分别为 70、160 和 505 μm，以下分别简称为大网、中网和小网），由底至表垂直拖网。样品保存于 5%的甲醛海水溶液内。

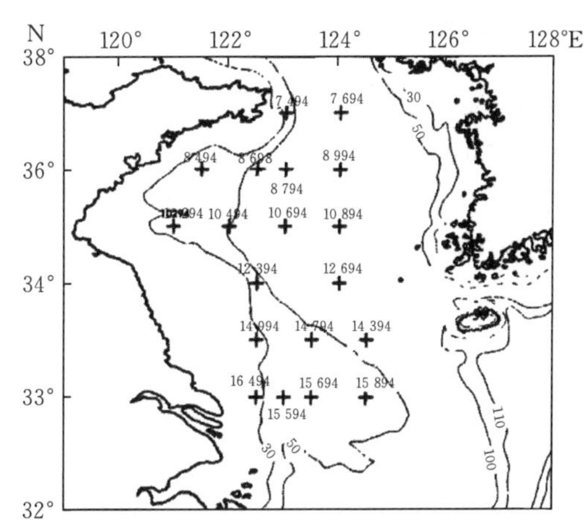

图 1　调查海区和站位设置

由于黄海作为半封闭的陆架边缘海，受季风、陆地径流量以及海流的影响，海区水团组成和潮汐锋具有明显的季节变化。在此季，调查水域依水文和浮游生物分布的特点大致可分为三部分：黄海中部，主要包括 33°N 以北 50 m 等深线以深站位；黄海近岸，包括水深小于 50 m、近山东半岛和江苏沿岸的站位；黄海、东海交汇区，33°N 及其以南站位[8-9]。

2.2　样品分析和数据处理

实验室内分别对样品内浮游生物个体进行镜检、计数并记录其体长、宽和高。对小网样品，主要对浮游植物进行定量分析，而中、大网样品，对中型浮游动物（不包括水母、海樽）进行种类鉴别及定量分析。

浮游植物细胞体积、含碳量参照孙军等[10]以及 Eppley 等[11]述及的相应关系式进行直接估算。浮游动物个体含碳量主要是依据相同或相近的种类的体长-含碳量的关系式进行直接估算[12-19]，未见报道的种类则先根据其形态参数计算其近似体积和等效球径，再考 Wiebe 的浮游动物体积-含碳量转换式（$\lg V=-1.429+0.808\lg C$，V 为体积，C 为含碳量）[20]和 Rodrigue 和 Mullin 的含碳量与等效球径的转换式（$\lg C=2.23\lg G-5.58$，C 为含碳量；G 为等效球径）[21]估算其个体含碳量。

不同种类、不同含碳量的浮游生物的丰度采用单位水体数量（个/m^2）表示，个体生物量单位为 μg/个，总生物量单位为 mg/m^2。浮游动物依其食性[22]划分为植食性、杂食性和肉食性三个功能群。

生物量谱主要有两种表现形式：Sheldon 型[1]和标准化型[23]。本文在构建生物量谱时，首先确定个体生物量粒级（size class）大小，分别将三种网具采集的样品内浮游生物个体含碳量以 2 为基底取对数，以最小值为起点，每一粒级的上限即横坐标，它所对应的生物量是下限相应值的两倍[1]；Sheldon 型生物量谱和标准化生物量谱的纵坐标不同，前者为相应粒级的浮游生物总生物量对数值，后者则为相应粒级的浮游生物丰度对数值。标准生物量谱采用线性回归方法获得谱线方程 $\log_2 Y = a + b\log_2 X$（X 为每一组个体含碳量的下限，Y 为该组的浮游动物的数量丰度对数值）。

海区浮游生物多样性采用 Shannon-Weaver 指数 $H' = -\sum_{i=1}^{n}(P)(\log_2 P_i)$，式中 P_i 为第 i 种占总生物量的比例[24]。

3 结果

3.1 粒级和种类组成

小网采集的主要是较大型的浮游植物，其粒级范围为－13～－3.7（为 100 pg/个～70 ng/个），分为 10 个粒级组。中网样浮游动物粒级范围为－3.7～13.22（70 ng/个～9.5 mg/个），分为 17 个粒级组，大网样的浮游动物粒级范围为－2.05～15.9（240 ng/个～62 mg/个），分为 18 个粒级组，总测区和三特征水域的各粒级的种类生物量的相对组成见图 2 和图 3。

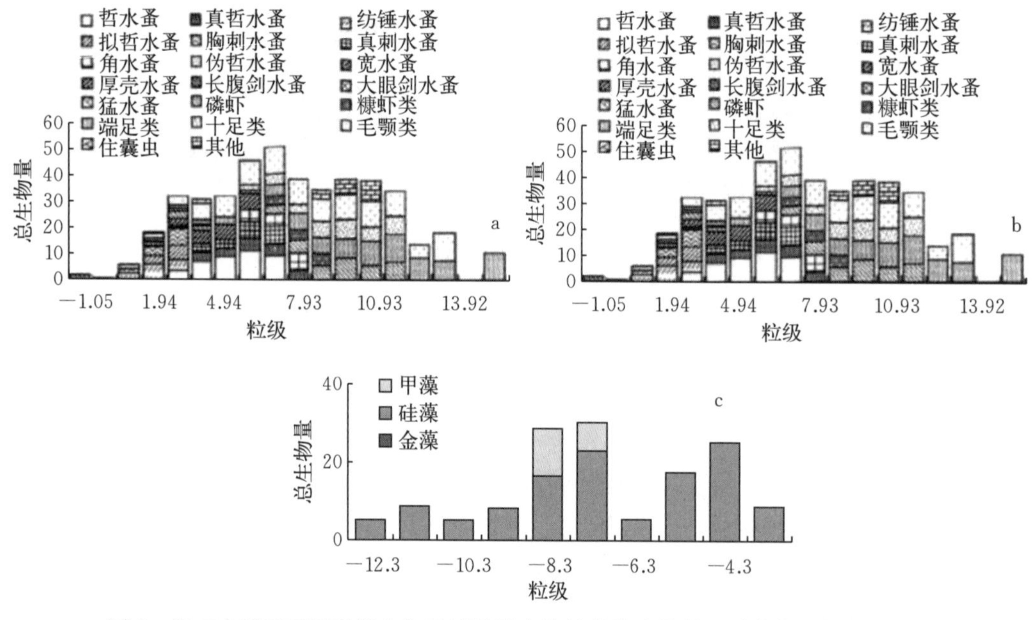

图 2 调查水域不同网采样内各粒级浮游生物的种类生物量（对数化）的相对组成

a. 大网样 b. 中网样（图例与 a 相同） c. 小网样

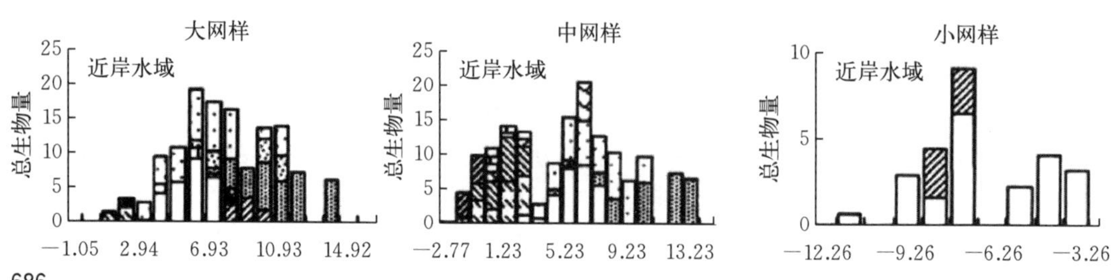

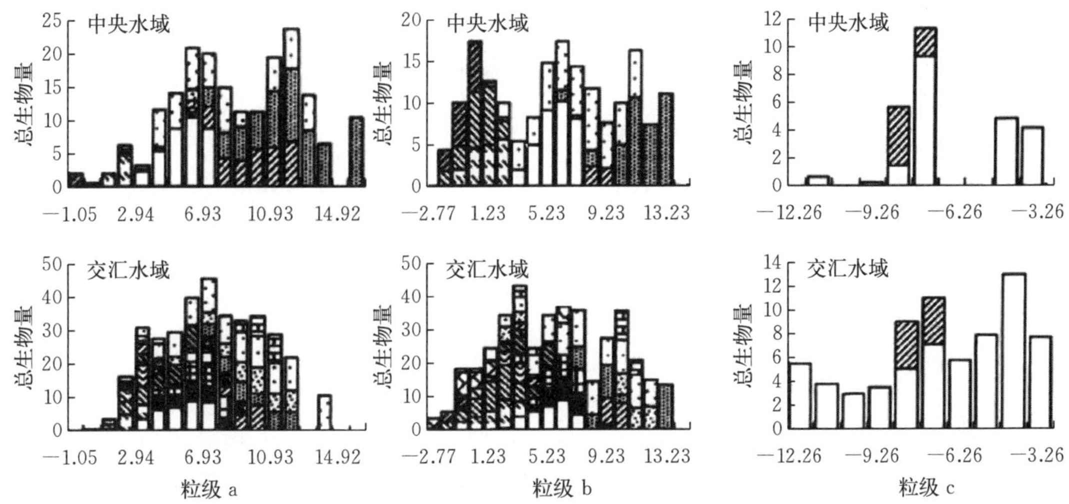

图 3　代表水域各粒级浮游生物种类生物量（对数值）的相对组成

a、b 图例与图 2a、2b 相同，c 的图例同图 2c

3.2　浮游动物功能群组成

比较大、中网采集的不同食性浮游动物的数量和生物量随粒径变化趋势（图 4）可知，植食性个体的粒级分布范围为−2～8，其生物量峰值对应的粒级为 5.9；肉食性个体的粒级分布范围较大，为 0～16，其生物量随粒级增大分别呈增大、减小的趋势；杂食性个体的粒级分布不连续，出现范围为−3～3 和 8～12，生物量在−3～3 范围内表现为随粒级增加而增加；总体而言，三种不同食性的浮游动物的生物量的峰值所处的粒级分布是呈互补的。

三特征水域浮游动物功能群组成（图 5）的特点为：植食性和杂食性种类是小粒级生物的主要组成部分，而植食性和肉食性种类构成中间粒级的生物，较高粒级的浮游动物组成中，除交汇水域有一定比例的杂食性种类外，其他两水域则均由肉食性种类构成。

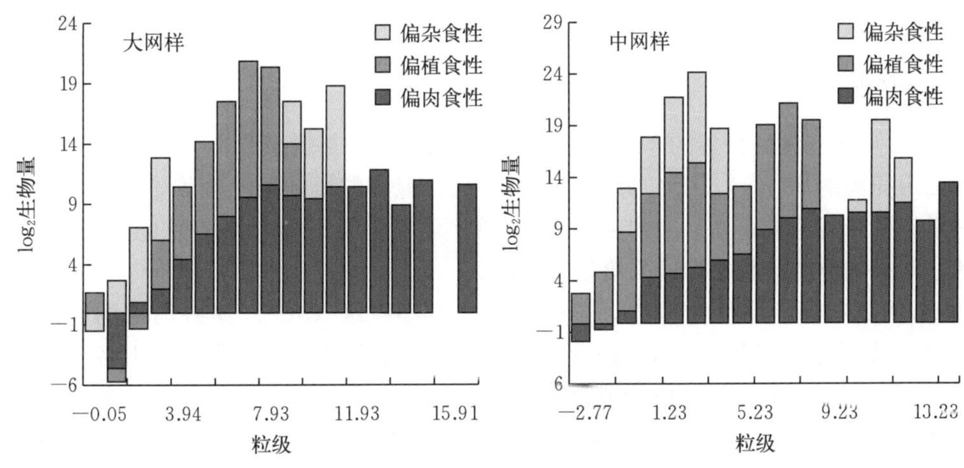

图 4　大、中网样中不同食性、粒级浮游动物生物量相对组成

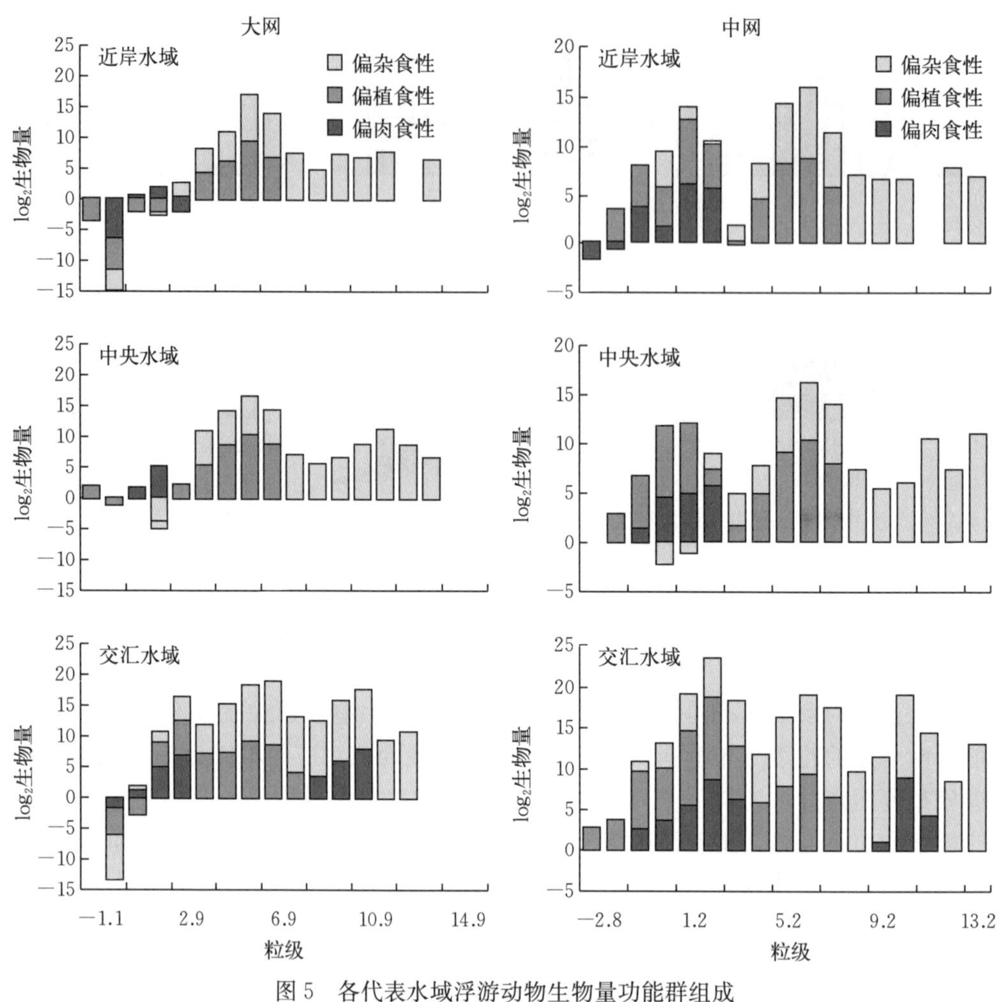

图 5 各代表水域浮游动物生物量功能群组成

3.3 生物量谱

3.3.1 总生物量谱

由图 6a 可知三种网采集的浮游生物粒级是连续的（个体含碳量由浮游植物的 0.1 ng 至浮游动物甲壳类的 35 mg），没有明显的粒级空缺，但各粒级的浮游生物生物量变化具有明显的波动以及峰谷值的存在。中网和大网采集的浮游动物生物量粒级范围是相似的，但前者对粒级小于 3 的浮游动物个体的采集效率更高。

图 6b 为测区标准化生物量谱，考虑到大网对小粒级（<3）浮游动物的较低采集效率，因此，该部分的相关数据未纳入标准生物量谱线回归分析方程内。由各生物量谱表征（图 7b 和表 1）：单独浮游植物或浮游动物的标准生物量回归谱线较总生物量谱陡，即斜率较大，且相关系数绝对值亦较低，其中浮游植物的回归相关性未达显著水平（$P>0.05$）

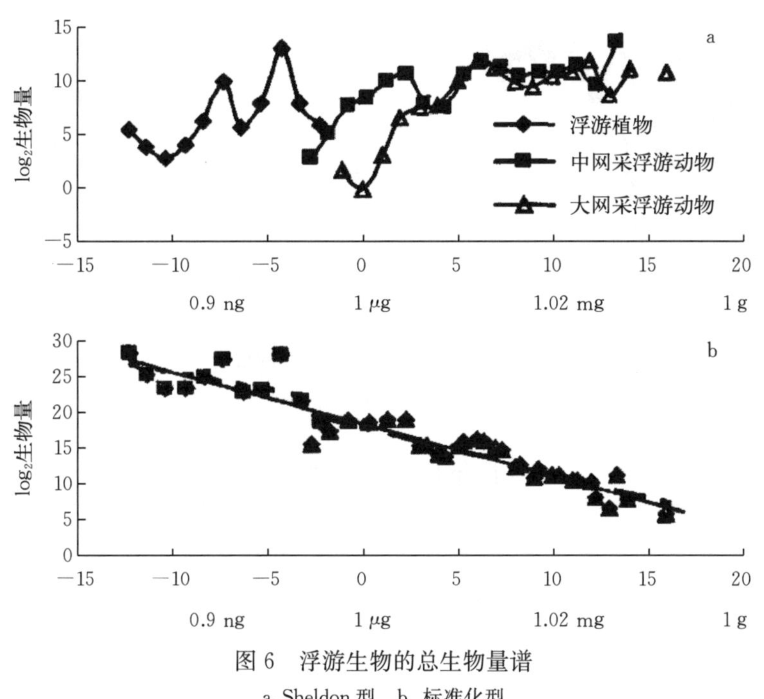

图 6　浮游生物的总生物量谱

a. Sheldon 型　b. 标准化型

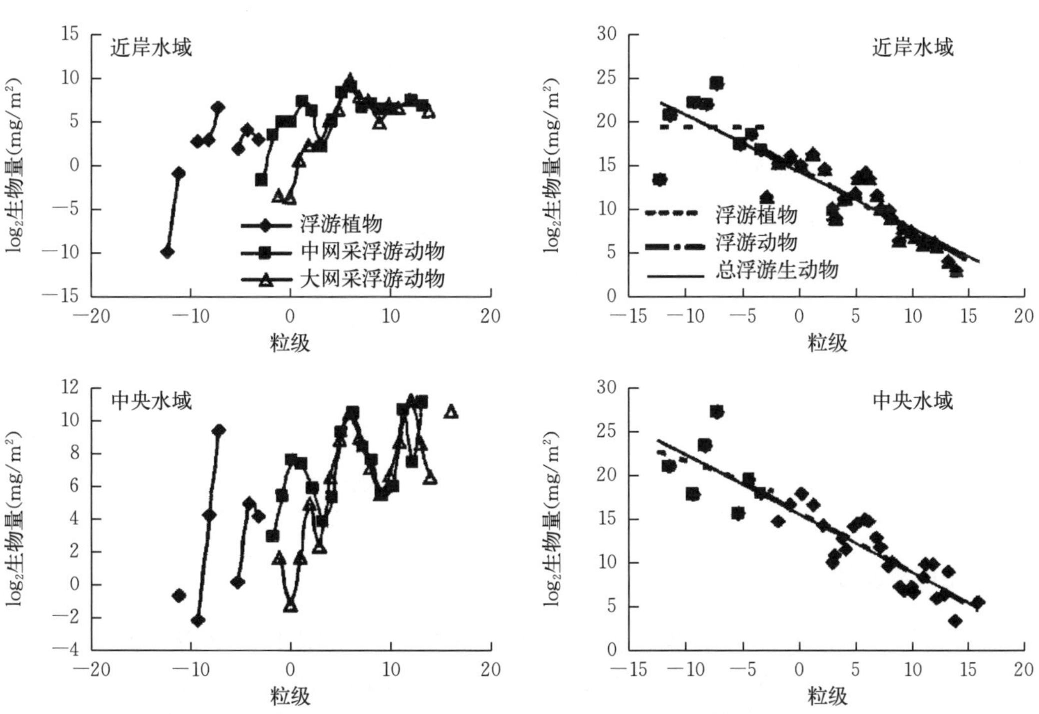

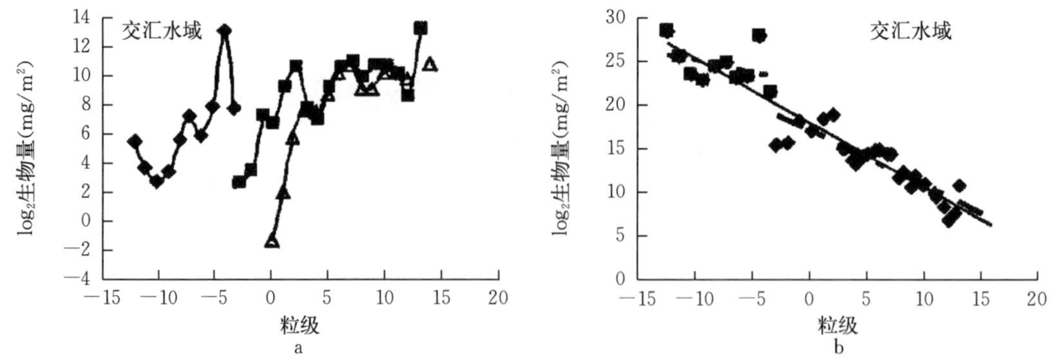

图 7 代表水域浮游生物生物量谱
a. Sheldon 型 b. 标准化型

表 1 各标准化生物量谱参数

		$\log_2 Y = b\log_2 X + a$		R	P
		斜率 b（SE）	截距 a（SE）		
近岸水域	总的浮游生物	−0.64（0.06）	14.34（0.48）	−0.87	<0.000 0
	浮游植物	−0.65（0.32）	15.74（2.44）	−0.66	0.10
	浮游动物	−0.69（0.08）	14.62（0.65）	−0.85	<0.000 0
中央水域	总的浮游生物	−0.67（0.06）	15.60（0.48）	−0.89	<0.000 0
	浮游植物	−0.44（0.58）	17.12（4.32）	−0.32	0.47
	浮游动物	−0.70（0.08）	15.80（0.71）	−0.85	<0.000 0
交汇区（n=7）	总的浮游生物	−0.73（0.04）	18.03（0.33）	−0.94	<0.000 0
	浮游植物	−0.26（0.24）	22.50（2.03）	−0.34	0.32
	浮游动物	−0.62（0.06）	17.01（0.49）	−0.88	<0.000 0
所有测站	总的浮游生物	−0.74（0.03）	18.64（0.63）	−0.95	<0.000 0
	浮游植物	−0.48（0.25）	20.91（1.98）	−0.54	0.08
	浮游动物	−0.68（0.06）	17.99（0.52）	−0.90	0.000 0

3.3.2 空间异质性

比较黄海近岸、中部及南部近长江口的各水域浮游生物生物量谱（图 7），可得：Sheldon 型谱图，浮游生物的生物量变化总趋势为随粒级增加而增加；近岸和中部水域的浮游植物粒级分布不连续，集中于少数的几个粒级；浮游动物的粒级分布相对连续，以中部水域浮游动物的生物量随粒级波动最明显。

标准化总生物量谱，其各特征参数的绝对值均以黄海南部近长江口水域为高，其次为黄海中部水域，黄海近岸水域相对较低，谱线间差异达极显著水平（ANOVA，$F=25.81$，$P<0.0000$）。浮游植物的生物量谱的回归直线斜率较大，且相关性水平不显著。浮游动物的标准生物量谱，黄海中部和近岸水域的谱线斜率和截距均高于、而交汇水区的谱线斜率和截距低于其相应水域的总生物量谱线对应值（表1）。

各测站的总生物量谱线斜率、截距与粒级多样性、浮游动物种类多样性表现了显著相关（R 分别为-0.50 和 0.74，$P=0.03$ 和 0.000 1），特别是与截距（图8），与浮游植物的种类多样指数的相关性不显著。但粒级多样性受浮游动物种类多样性影响较大，其相关性达0.97。截距还与总生物量具有显著相关（$R=0.89$，$P<0.0001$）。

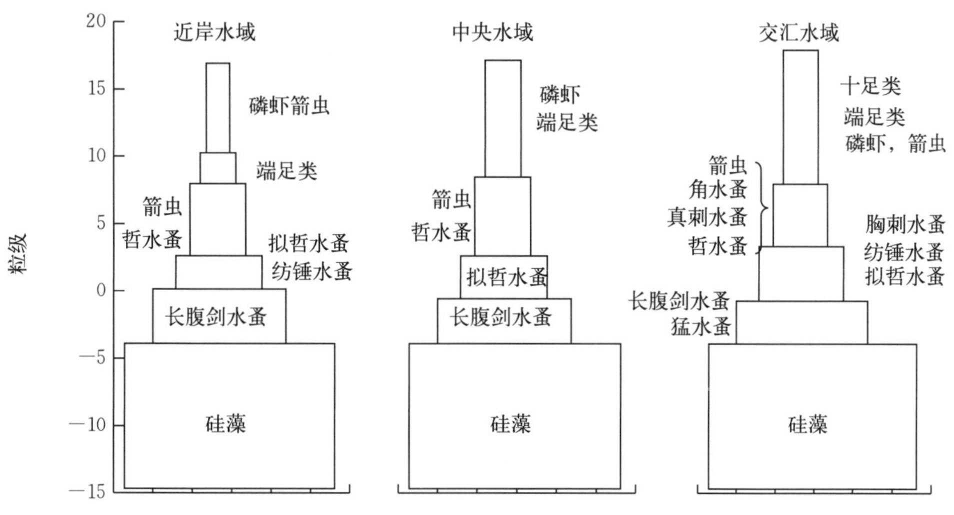

图8 代表水域的网采浮游生物各粒级的主要功能群示意图

4 讨论

不同孔径的浮游生物网在采集浮游生物时，具有明显的个体大小选择性。本文所使用的三种网具，都是在我国近海浮游生物研究中，针对浮游植物、小型浮游动物和中型浮游动物最为常用的网型。比较各网采集的浮游生物粒级分布及生物量或数量多少，可以发现，本航次中，大网和中网采集的浮游动物粒径范围虽然基本相近，但就各粒级的数量和生物量而言，中网的采集效率表现了明显的优势。主要表现在：①对于较小粒级（<3），中网浮游动物的生物量较大网相应值高出近10倍，数量则可达50倍（图2）。已经有许多其他研究也都证实了大网（网孔径为505 μm）所能采集到的较小型浮游生物（特别是体长小于1 600 μm的桡足类）生物量和数量远远低于实际值[18,25]。②对于较大粒级（>10），本文结果显示各粒级的数量和生物量的大网、中网相应值接近，大网并没表现特别优势，但在春季黄海、东海交汇区调查中，大网的相应值明显高于中网[26]。这可能与两季海区大型浮游动物的组成种类形态、数量差异有关。由于在秋季，海区的浮游动物生物量较春季的低，大粒级的个体少，而大型许多个体如莹虾等，虽然个体较大、含碳量较高，但体形瘦长，大网对其滤过性明显增加，导致其采集效率降低。

在建立浮游生物生物量谱过程中，能获得完全连续粒级的浮游生物样是最理想的。图

6a 和图 7a 结果中，小网和中网的粒级分布并不是完全连续的，在粒级－3～1 存在一明显波谷和粒径空缺。我们在分析小网浮游植物样时，还发现其内有相当数量的微型浮游动物运动类铃虫（*Codonellopsis moilis*）、*Tintinnopsis* spp.，以及其他浮游生物幼体，其数量丰度在 10^6～10^8 个/m^3 间（文中未列出）。

它们的个体含碳量粒级恰介于空缺粒级范围，如运动类铃虫个体含碳量约 150 ng（张武昌，个人交流），所属粒级为－2.73。但由于技术原因，本文未对这一粒级的生物作更深入分析，这可能会对最后建立的生物量谱有一定影响。另外，图 6a 和图 7a 中浮游植物或浮游动物连续粒级的总生物量变化中还存在多个波谷，Warwick 对这一底栖生物类似的现象的解释是：生物进化机制所决定，存在独立的、不同大小群体，而在彼此间存在一些间隔粒级，在间隔粒级易出现波谷，这是因为该粒级没有固定的生物群体，仅有一些暂时性的上一粒级的生物的幼体会落入该间隔粒级，但很快长大离开，因此该粒级保持较低的生物量，出现波谷[27]。但部分粒级范围内，构建生物量谱仍非常重要。由本文亦可知，单独对浮游植物或浮游动物作谱线方程时，所获的参数是不同，这种局部粒级内的生物量谱的特征可能反映了浮游生物的行为、斑块分布或内在非线性变化生态机制，在推算不同营养级的生产力、种群动力学等都是必备参数[28-29]。

理想海洋生态系统的线性回归的生物量谱的斜率值为－1.22（以含碳量为单位）[23]和－1（以体积为单位）[1]。但在实际水生生态系统中，浮游生物的生物量谱的斜率具有区域、季节和昼夜、水深间的差异[30-33]，即使在相对稳定的寡营养性的大洋的浮游生物，其生物量谱斜率接近理想值，但也同样有上述的时空差异[21,34]。本文测区的浮游生物总生物量谱斜率（图 6b，表 1）远高于理想值，这也是符合陆架近海生态系统特点的，即个体较小浮游动物在数量和生物量上占优势[18]，同时又具有较高的初级生产，生态转换效率快，因此斜率较高[31]。而各个特征水域的浮游生物总生物量谱的斜率和截距地区差异表现为，中部＜近岸＜交汇区（图 7，表 1），这与相应海区的底栖生物的粒径谱的变化趋势相同（本文的所采用的生物量与之不同，无法直接比较）[4]，单独浮游动物的生物量谱，斜率为交汇区＜近岸＜中部。这可能因为，长江口附近水域，物理扰动强烈，具有较高的初级生产，但浮游动物和底栖生物的生物量并不高，即此域营养循环水平低，所以浮游生物总生物量谱的斜率低，但由于此水域受黑潮暖流等暖水系影响较大，浮游动物组成中含有较多的许多个体较多的热带或偏暖水性种，如真哲水蚤（*Encalanus* sp.）、波水蚤（*Undinular* sp.）和真刺水蚤（*Euchaeta* sp.）等[18]，因此浮游动物的生物量谱斜率较大；近岸水域，浮游植物的数量和生物量相对较少，浮游动物的组成种类中又以小型植食性桡足类以及浮游幼体个体为主，因此总生物量谱和浮游动物生物量谱斜率较高；中部水域，浮游植物的数量和生物量相对较少，水较深，浮游动物中主要以大型个体较多，如磷虾、端足类等，但 9 月黄海中部还存在较强的温跃层，营养物质的向下运输存在一定阻碍，一些较大型的浮游动物为避开高温的伤害，多分布于底层[35-36]，生长和代谢均处于较低水平，浮游动物的生物量较低，因此中部水域的总浮游生物和浮游动物生物量谱的斜率较近岸水域小。

生物量谱的特征参数还具有明显的季节差异。对于其他季节、包含整个测区的浮游生物生物量谱的研究尚未见报道，据对黄海、东海交汇区水域，春季网采浮游生物生物量谱进行结果[26]，所得谱线方程中截距（19.45）和斜率（－0.606）均较 9 月相应水域的高。分析此水域浮游生物数量周年变化[37]，5 月为浮游植物数量较少，而 5—6 月则为浮游动物数量高峰期，尤以植食性桡足类的数最最多，由此对浮游植物产生较强的摄食压力，5 月海区正处于初级生产的被消耗期，此季海区的生物量谱线的倾斜度自然下降，斜率亦偏高。9 月浮游植物的数量较 5 月增多，而浮游动物的数量却明显减少，初级生产消耗较少，因此浮游生物生物量谱的斜率较小。

生物量谱的构建对于了解各海区的食物网结构有着重要意义。南黄海的三个特征水域，生物量谱的斜率参数的值是相近的，主要在 0.6～0.7 范围，也可以认为在此三水域，浮游植物向浮游动物的生态转换效率是相近的，也从一方面反映了生物量谱参数的保守性[1]。

综合所得生物量谱（图 6）和各粒级的功能群和优势种类组成（图 2、图 3 和图 5），可得三水域的粒级－15～20 的浮游生物的主要功能群的组成（图 8）。由图可知各粒级的优势种类存在地域差异，其中交汇区的种类和功能群多样性水平较高，而黄海中部和近岸水域的相应粒级往往由单一种类和功能群组成，多样性水平较低。且各组成种类的食性与之粒级大小是相对应的，随粒级增大，营养级逐渐由自养-植食性-杂食性-肉食性。

参考文献

[1] Sheldon R W，Prakash A，Sutchliffe W H. The size distribution of particles in the ocean [J]. Limnol Oceanogr，1972，17：327 - 340.

[2] 王荣，李超伦，张武昌，等 . 不同粒径谱浮游动物的能值分析 [R] //苏纪兰，唐启升 . 中国海洋生态系统动力学研究：Ⅰ渤海生态系统动力学过程 . 北京：科学出版社，2002：158 - 165.

[3] Jin X. Long-term changes in fish community structure in the Bohai Sea，China [J]. Estuarine，Coastal and shelf Science，2004，59：163 - 171.

[4] 林岿旋，张志南，王睿照 . 东、黄海典型站位底栖动物粒径谱研究 [J]. 生态学报，2004，24：241 - 245.

[5] 林秋奇，赵帅营，韩博平 . 广东流溪河水库后生浮游动物生物量谱时空异质性 [J]. 湖泊科学，2006，28 (1)：661 - 669.

[6] 邓可，张志南，黄勇，等 . 南黄海典型站位底栖动物粒径谱及其应用 [J]. 中国海洋大学学报，2005，35 (6)：1005 - 1010.

[7] 赵帅营，韩博平 . 基于个体大小的后生浮游动物群落结构分析——以广东星湖为例 [J]. 生态学报，2006，26 (8)：2646 - 2654.

[8] 左涛，王荣，陈亚瞿，等 . 春季和秋季东、黄海陆架区大型网采浮游动物群落划分 [J]. 生态学报，2005，25 (7)：1531 - 1540.

[9] Zuo T，Wang R，Chen Y Q，et al. Autumn net copepods abundance and assemblages in relation to water masses on the continental shelf of the Yellow Sea and East China Sea [J]. Journal of Marine Systems，2006，59 (1/2)：159 - 172.

[10] 孙军，刘冬艳，钱树本 . 浮游植物生物量研究：Ⅰ. 浮游植物生物量细胞体积转化法 [J]. 海洋学报，1999，21 (2)：75 - 85.

[11] Eppley R W，Reid F M，Strickland J D. The ecology of the plankton off La Jolla，California，in the period April through September 1967 Par Ⅱ. Estimates of phytoplankton crop size，growth rate and

primary production [J]. Bull Scrippe Inst Oceanogr, 1970, 17: 33－42.

[12] Reeve M R, Baker L D. Production of two planktonic carnivores (chaetognath and ctenophore) in south Florida inshore waters [J]. Fish Bull, 1975, 73: 238－248.

[13] Szyper J P. Feeding rate of the chaetognath Sagitta enflata in nature [J]. Estua Coast Mar. Sci, 1978, 7: 567－575.

[14] Uye S I. Length-Weight relationships of important zooplankton from the Inland Sea of Japan [J]. J Oceanogr Soc Jap, 1982, 38 (3): 149－158.

[15] Ikeda T, Shiga N. Production, metabolism and production/biomass (P/B) ratio of Themisto japonica (Crustacea: Amphipoda) in Toyama Bay, southern Japan Sea [J]. J Plankton Research, 1999, 21 (2): 299－308.

[16] Iguch N, Ikeda T. Elementary composition (C, H, N) of the euphausiid Euphausia pacifica in Toyama Bay, southern Japan Sea [J]. Plankton Biol Ecol, 1998, 45 (1): 79－84.

[17] Satapoomin S. Carbon contents of some tropical Andaman Sea copepods [J]. J Plankton Research, 1999, 21 (11): 2117－2123.

[18] Hopcroft R R, Roff J C, Chavez F P. Size paradigms in copepod communities: a re-examination [J]. Hydrobiologia, 2001, 453/454: 133－141.

[19] Taki K. Biomass and production of the *Euphausia pacifica* along the coastal waters of north-eastern Japan [J]. Fisheries Science, 2006, 72: 221－232.

[20] Wiebe P, Boyd S, Cox J. Relationships between zooplankton displacement volume, wet weight, dry weight and carbon [J]. Fish Bull, 1975, 73: 777－786.

[21] Rodriiguez J, Mullin M M. Relation between biomass and body weight of plankton in a steady state oceanic ecosystem [J]. Limnol Oceanogr, 1986, 31 (2): 361－370.

[22] Richardson A J, Schoeman D S. Climate impact on plankton ecosystems in the Northeast Atlantic [J]. Science, 2004, 305 (5690): 1609－1619.

[23] Platt T, Denman K. The structure of pelagic marine ecosystems [J]. Rapp P-V Re un Cons Int Explor Mer, 1978, 173: 60－65.

[24] Shannon C E, Weaver W. The mathematical theory of communication [M]. Urbana: University of Illinois Press, 1949: 125.

[25] 王荣，王克．两种浮游生物网捕获性能的现场测试 [J]. 水产学报，2003，27 (增刊)：98－102.

[26] 左涛，王俊，金显仕，等．春季长江口邻近外海网采浮游生物的生物量谱 [J]. 生态学报，2008，28 (3)：1174－1182.

[27] Warwick R M. Species size distributions in marine benthic communities [J]. Oecologia, 1984, 61: 32－41.

[28] Dickie L M, Kerr S R, Bordrean P R. Size dependent process underlying regularities in ecosystems structure [J]. Ecological Monographys, 1987, 57 (3): 233－250.

[29] Zhou M, Huntley M E. Population dynamics theory of plankton based on biomass spectra [J]. Mar Ecol Prog Ser, 1997, 159: 61－73.

[30] Sprules W G, Munawar M. Plankton size spectra in relation to ecosystem productivity, size and perturbation [J]. Can J Fish Aquat Sci, 1986, 43: 1789－1794.

[31] Piontkovski S A, Williams R, Melnik T A. Spatial heterogeneity, biomass and size structure of plankton of the Indian Ocean: some general trends [J]. Mar Ecol Prog Ser, 1995, 117: 219－227.

[32] Huntley M E, Zhou M, Nordhausen W. Mesoscale distribution of zooplankton in the California Current in late spring, observed by Optical Plankton Counter [J]. J Mar Res, 1995, 53: 647－674.

[33] Kimmei D G, Roman M R, Zhang X S. Spatial and temporal variability in factors affecting zooplankton

dynamics in Chespeake Bay: Evidence from biomass size spectra [J]. Limnol Oceanogr, 2006, 51 (1): 131 - 141.

[34] Quinones RA, Platt T, Rodriguez J. Patterns of biomass-size spectra from oligotrophic waters of the Northwest Atlantic [J]. Progress in Oceanography, 2003, 57: 405 - 427.

[35] Wang R, Zuo T, Wang K. The Yellow Sea Cold Bottom Water-an over summering site for Calanus sinicus (Copepoda, Crustacea) [J]. Journal of Plankton Research, 2003, 25 (2): 169 - 183.

[36] Wang R, Zuo T. The Yellow Sea Warm Current and the Yellow Sea Cold Bottom Water, their impact on the distribution of zooplankton in the southern Yellow Sea [J]. Journal of Korean Society of Oceanography. 2004, 39 (1): 1 - 13.

[37] 唐启升．中国专属经济区海洋生物资源与栖息环境 [R]. 北京：科学出版社，2006：263 - 306.

Biomass Size Spectrum of Net Plankton in the Southern Huanghai Sea in Autumn

ZUO Tao, WANG Jun, TANG Qisheng, JIN Xianshi

(Key Laboratory for Sustainable Utilization of Marine Fisheries Resource, Ministry of Agriculture, Yellow Sea Fisheries Research Institute, Chinese Academy of Fishery Sciences, Qingdao 266071, China)

Abstract: Biomass size spectrum of plankton in the southern part of the Yellow Sea were analyzed based on the samples collected with nets of 70 μm, 160 μm and 505 μm mesh in September, 2006. The individual size compositions and functional groups of plankton were also described and compared among the different waters in the neritic, central part and transition area of the Huanghai Sea. Results showed a constant size distribution of plankton individuals including phytoplankton (100 pg/ind～70ng/ind) and zooplankton (70 ng/ind～62 mg/ind). The distributions of Sheldon type biomass size spectra were curves with apparent peak, and those of normalized spectra were linear on a double log plot. The slope and intercept of normalized biomass spectra were −0.74 and 18.64 in the total stations, and they were −0.67 and 15.60 in central part, −0.64 and 14.34 in neritic and −0.73 and 18.03 in transition part of study area, respectively. Zooplankton diversity had more influences on the parameters of normalized biomass size spectra according to the correlation analysis.

Key words: Plankton; Biomass size spectrum; Huanghai Sea

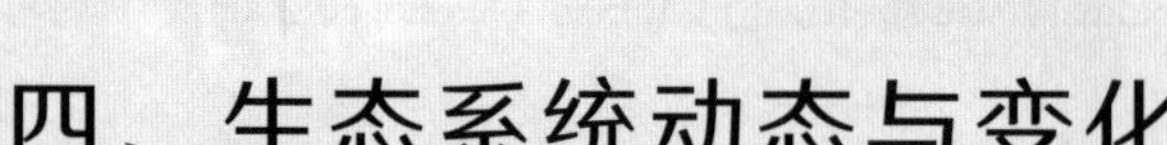

四、生态系统动态与变化

Decadal-scale Variations of Ecosystem Productivity and Control Mechanisms in the Bohai Sea①

Qisheng Tang, Xianshi Jin, Jun Wang, Zhimeng Zhuang,
Yi Cui and, Tianxiang Meng
(*Yellow Sea Fisheries Research Institute*, *CAFS*,
106 Nanjing Road, *Qingdao 266071*, *China*)

Abstract: Decadal-scale variations of ecosystem productivity in the Bohai Sea are described by using the survey data of 1959—1960, 1982—1983, 1992—1993 and 1998—1999. Indices including chlorophyll *a* concentration, primary production, phytoplankton abundance, zooplankton biomass and fishery biomass were used to describe the ecosystem productivity at different trophic levels. During the past four decades, the productivity and community structure of the Bohai Sea ecosystem has been highly variable. Primary productivity and fish productivity decreased from 1959 to 1998, such that phytoplankton abundance in 1992 and 1998 was about 38% of that in 1959 and 1982, fishery biomass in 1998 was particularly low, which was only about 5% of that in 1959. Zooplankton secondary productivity also showed a decreasing trend from 1959 to 1992, but reached high levels in 1998, about three times as much as 1959 and 1982, and four times as much as 1992. These results indicate that a large variation in ecosystem productivity is one of the important characteristics of coastal ecosystem dynamics. Therefore, it is impossible to apply a single theory to explain the causes of variations in the Bohai Sea ecosystem as the changes in productivity are likely to be forced and/or modulated by multiple mechanisms.

Key words: Bohai Sea; Control mechanisms; Decadal scale variations; Ecosystem productivity

Introduction

The Bohai Sea is a typical coastal sea (Figure 1), covering an area of about 80 000 km^2, with

① 本文原刊于 *Fisheries Oceanography*, 12 (4/5): 223-233, 2003。

an average depth of 18 m. It is surrounded by heavily populated areas in the northern part of China and characterized by strong seasonal fluctuations in hydrographic conditions (Jiang and Xie, 1991; Tang and Meng, 1997; Long, 2001). As a result, the Bohai Sea was chosen as the site of the China-GLOBEC (Global Ocean Ecosystem Dynamics) programme, the primary goal of which was to identify how anthropogenic activities and climate change affect the dynamics of a coastal ecosystem (Tang and Su, 2000; Su and Tang, 2002). This study was mainly aimed at synthesizing information on decadal-scale variations of ecosystem productivity at different trophic levels in the Bohai Sea, from primary through secondary productivity to fish productivity. Control mechanisms of long-term variations in ecosystem productivity are also discussed.

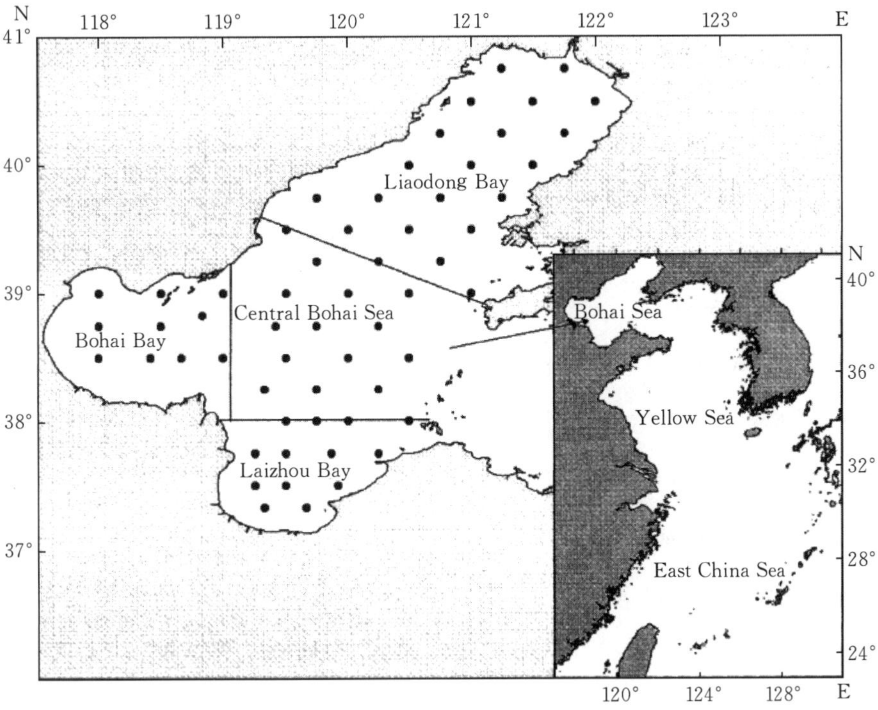

Figure 1 The Bohai Sea, regions and survey stations

Materials and Methods

The data employed for the present study are derived from the comprehensive quarterly surveys carried out by the Yellow Sea Fisheries Research Institute in the months, May, August, October and February in the years 1959—1960, 1982—1983, 1992—1993 and 1998—1999. The observation on the physical, chemical and biological factors together with fishery resources were synchronously carried out on the same vessels. Chlorophyll *a* concentration and primary production were measured by the extraction fluorescence method and ^{14}C; phytoplankton samples were collected by a 37 cm diameter closing net (mesh size 76 μm); a single closing net with diameter of 80 cm (mesh size 505 μm) was used to collect zooplankton samples; paired-trawl vessels were used for 1 or 2 h trawling, which has been standardized for 1 h for each stations. Detailed surveying and sampling methods are described by Lin (1964); Deng et al. (1988); Bai and Zhuang (1991); Kang (1991); Jin and Tang (1998); Fei et al. (1991). Figure 1 shows the survey area and sampling stations. The number of survey stations by season and region are listed in Table 1.

Table 1 Number of survey stations by region, season and year in the Bohai Sea

Year	Month (season)	Liaodong Bay	Bohai Bay	Laizhou Bay	Central Bohai Sea	Total
1959—1960	May (spring)	8	10	10	29	57
	August (summer)	7	8	9	31	55
	October (autumn)	/	10	3	21	34
	February (winter)①	/	/	/	23	23
1982—1983	May (spring)	3	6	14	24	47
	August (summer)	3	6	17	32	58
	October (autumn)	3	6	17	30	56
	February (winter)	/	/	/	32	32
1992—1993	May (spring)	10	5	9	20	44
	August (summer)	12	5	7	21	45
	October (autumn)	9	4	10	20	43
	February (winter)	/	/	/	27	27
1998—1999	May (spring)	5	2	17	6	30
	August (summer)	7	5	15	17	44
	October (autumn)	10	6	16	9	41
	February (winter)②	/	/	/	30	30

Notes: ①No fishery resources data; ②No biological factor data.

In this study, chlorophyll *a* concentration ($mg \cdot m^{-3}$), primary production ($mgC \cdot m^{-2} \cdot d^{-1}$) and phytoplankton abundance ($\times 10^4$ $cell \cdot m^{-3}$) are expressed as indices of primary productivity. Zooplankton biomass ($mg \cdot m^{-3}$) is represented as an index of secondary productivity. Fishery biomass (including fish and invertebrates), i. e. catch per hour of hauling (CPUE), is expressed as an index of fish productivity, which is in the upper trophic level of the ecosystem. All data are averaged every month. May, August, October and February are months representative of spring, summer, autumn and winter, respectively as given in Table 1.

Results

Variations in Primary Productivity

Table 2 summarizes the yearly average of chlorophyll *a* concentration, primary production and phytoplankton abundance. First, the primary productivity in the Bohai Sea was at a relatively high level before 1982; secondly, the yearly average of phytoplankton abundance showed a declining trend from 1959 to 1998 and a sharp drop from 222×10^4 cell · m^{-3} in 1982 to 99×10^4 cell · m^{-3} in 1992. Phytoplankton abundance in 1992 and 1998 was about 38% of both 1959 and 1982. These pronounced changes in phytoplankton abundance occurred when yearly variations in chlorophyll *a* concentration and primary production were relatively low. In the same period, the number of phytoplankton species also decreased. Taking the Laizhou Bay in spring as an example as given in Table 3 and Figure 2, the indices of richness, diversity and evenness were high in 1960 and 1993, and low in 1983 and 1998. There were 41 species, belonging to 19 genera in 1960, 32 species, 16 genera in 1983, 29 species, 15 genera in 1993, and only 15 species, 13 genera in 1998. For instance, the species number of *Coscinodiscus* decreased from about six during the period 1960—1993 to only two in 1998. The species number of *Chaetoceros* showed a declining trend from eight in 1960, six in 1983, three in 1992 to two in 1998, while the species number of *Rhizosolenia* decreased from four to one during the same period. Abundance also changed greatly, the highest in 1983, and lowest in 1960 and 1993 (Table 3), and the dominant species shifted from *Chaetoceros* (accounting for 57.2% of total abundance) in 1960 to *Nitzschia* (83.6%) in 1983, *Noctiluca miliaris* (31.8%), *Chaetoceros* (13.9%), *Ceratium* (12.8%) and *Nitzschia* (12.7%) in 1993 and *Navicula* (80.7%) in 1998 (Figure 2).

Table 2 Variations in indices of primary productivity in the Bohai Sea

Year	Chlorophyll a concentration ($mg \cdot m^{-3}$)	Primary production ($mgC \cdot m^{-2} d^{-1}$)	Phytoplankton abundance ($\times 10^4$ cell · m^{-3})
1959*	—	—	188
1982*	0.99	312	222
1992*	0.61	216	99
1998+	0.79	265	57

Notes: * Data were averaged from February, May, August and October; + Data were averaged May, August and October.

Table 3 Abundance and biodiversity indices of the phytoplankton community in Laizhou Bay in spring (May)

Year	1960	1983	1993	1998
No. genera	19	16	15	13

(continued)

Year	1960	1983	1993	1998
No. species	41	32	29	15
Richness (*R*)	2.59	1.66	1.85	0.87
Diversity (H')	2.43	0.69	2.54	0.84
Evenness (*J*)	0.66	0.20	0.75	0.31
Abundance ($\times 10^4$ cell · m^{-3})	27.2	811.4	33.0	95.1

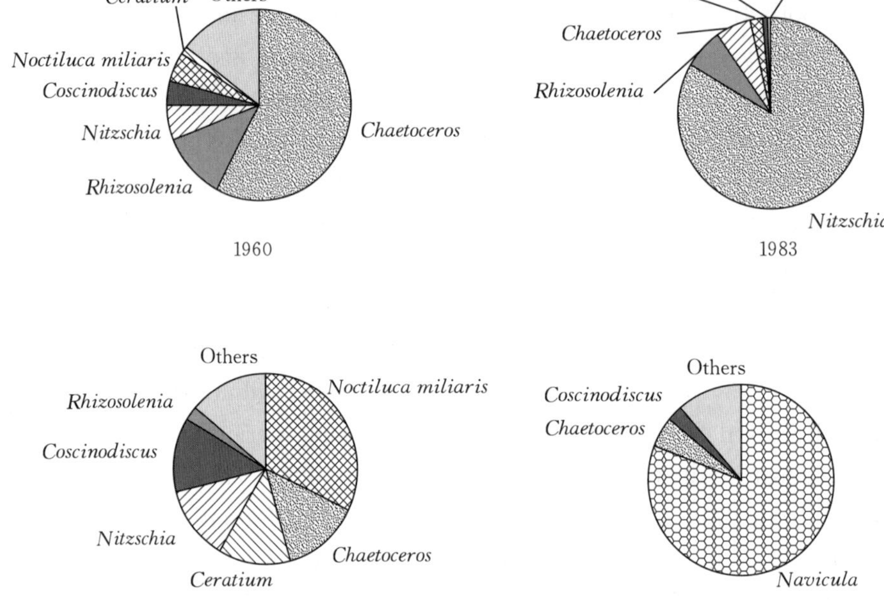

Figure 2 Variations of species composition (percentage) of phytoplankton abundance in the Laizhou Bay in spring (May)

Accounting for productivity in terms of primary production in both 1982 and 1992 and in terms of phytoplankton abundance in 1982 (Figure 3), the peak biological season was summer. However, there were large seasonal variations between the three measures (Figure 3).

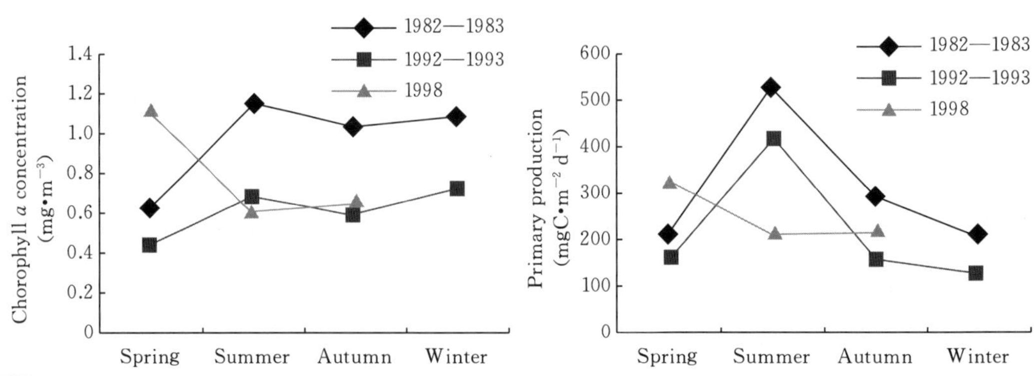

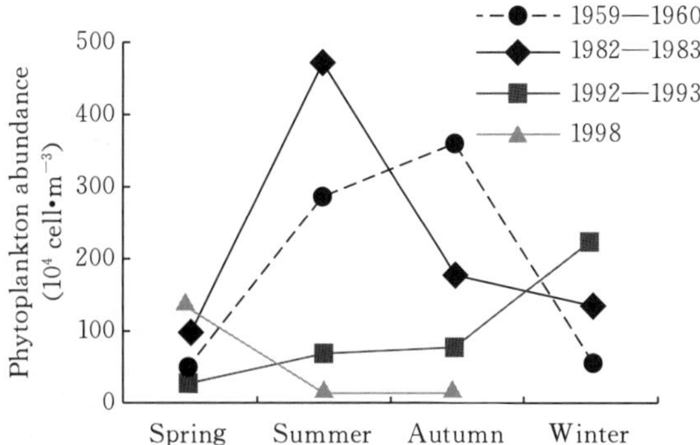

Figure 3　Seasonal variations of chlorophyll *a* concentration, primary production and phytoplankton abundance in the Bohai Sea within different years

Regional variations of productivity in terms of chlorophyll *a*, primary production and phytoplankton abundance are given in Figure 4. The productivity in the Laizhou Bay was the highest among the four regions of the Bohai Sea. Moreover, the productivity in the Laizhou Bay presented high variations, and decreased from the beginning of the 1980s to the late 1990s. The Bohai Bay had low chlorophyll *a* and primary production during previous surveys, and both increased greatly in 1998. The productivity in the Liaodong Bay and the central Bohai Sea was at intermediate level, and showed a decreasing trend in the 1990s.

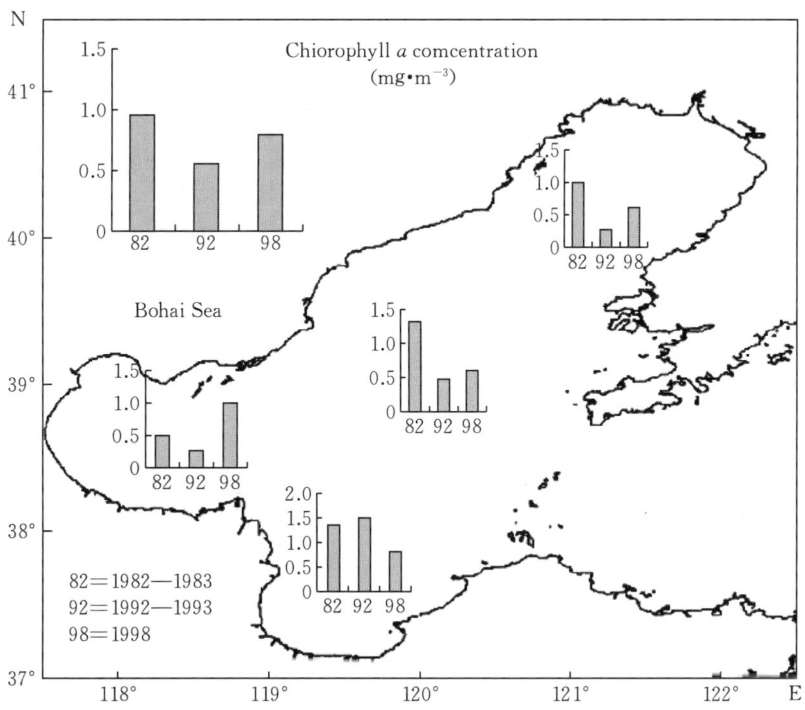

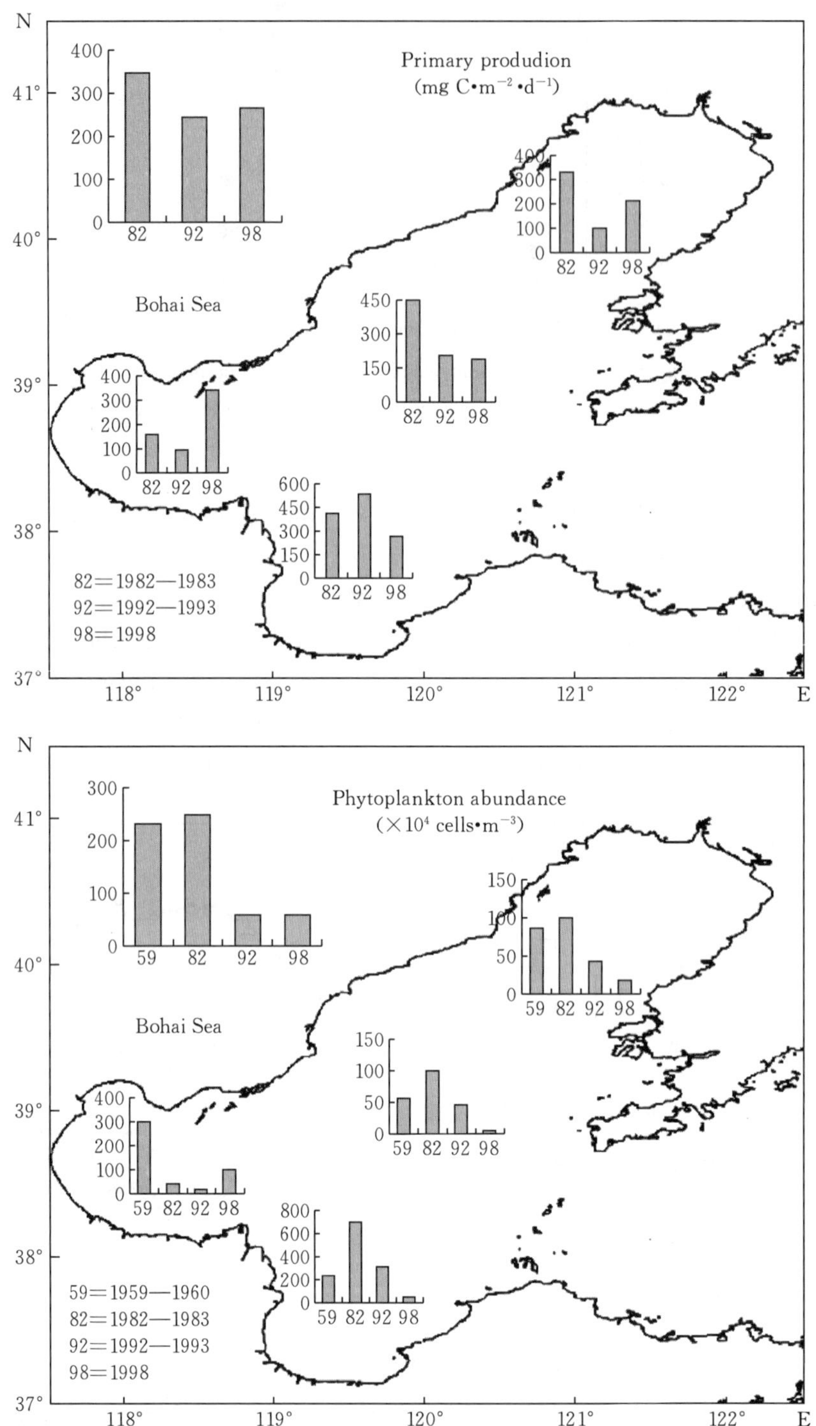

Figure 4 Regional variations of chlorophyll a concentration, primary production and phytoplankton abundance in the Bohai Sea within different years (data were averaged from May, August and October for all years)

Variations in Secondary Productivity

Figure 5 presents the variations of zooplankton biomass in the Bohai Sea. Annually averaged, the zooplankton biomass decreased by about 40% from the late 1950s (107.3 mg • m^{-3}) to early 1990s (64.0 mg • m^{-3}). Particularly high values were observed in spring and summer of 1998, accounting for three to six times as much as the mean value in the same season from 1959 to 1992, about three times as much as 1959 and 1982, and four times as much as 1992. Similar trends with respect to different survey years were also found in the different regions (Figure 6), but the biomass of zooplankton in 1998 was an

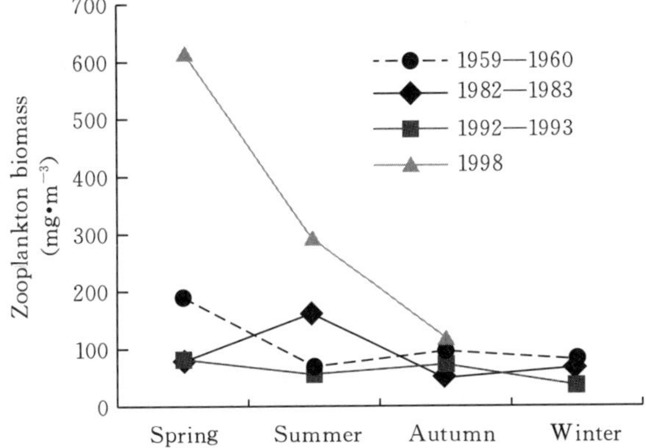

Figure 5 Seasonal variations of zooplankton biomass in the Bohai Sea within different years

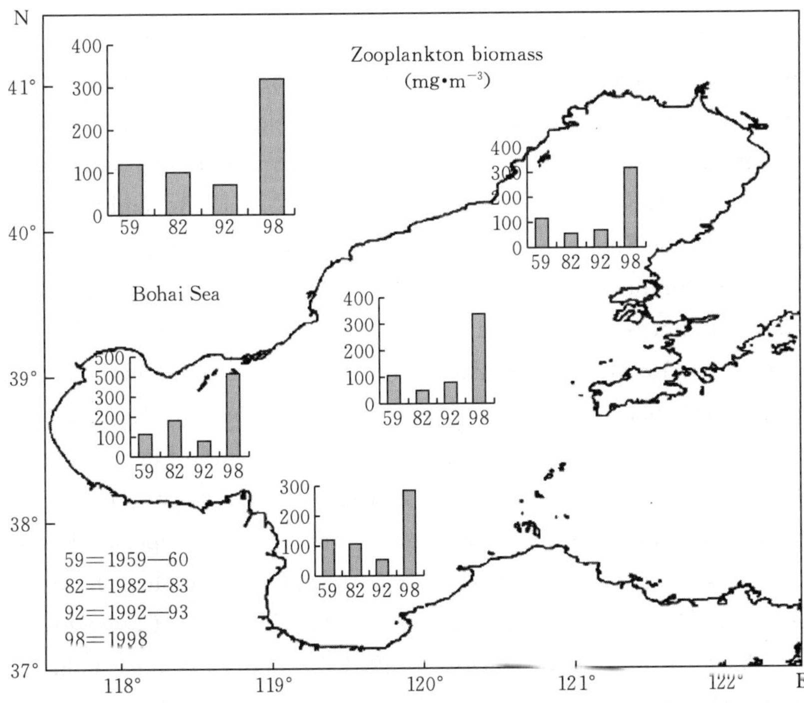

Figure 6 Regional variations of zooplankton biomass (mg • m^{-3}) in the Bohai Sea within different years (data were averaged from May, August and October for all years)

exception. As analysed, the possible causes for the extremely high value observed in 1998 were as follows. First, the abundance of the dominant species, found in all years, largely increased in 1998, particularly *Calanus sinicus* and *Centropages mcmurrichi* in spring (Table 4). Secondly, some species, which were seldom found in the previous surveys, were abundant in 1998, for instance, *Macruran* larvae were the most abundant group in the Laizhou Bay, reaching 1898 ind • m^{-3}.

Table 4 Variations of the abundance of dominant species (ind. • m^{-3}) **of zooplankton in the Bohai Sea**

Year	Season	*Sagitta crassa*	*Calanus sinicus*	*Labidocera euchaeta*	*Centropages mcmurrichi*
1959	Spring	24.3	78.2	5.1	13.7
	Summer	79.3	1.8	42.3	0.0
	Autumn	32.2	3.4	48.8	0.2
	Mean	45.3	27.8	32.1	4.6
1982—1983	Spring	5.1	33.6	3.9	24.2
	Summer	56.3	9.5	85.4	0.6
	Autumn	49.1	0.9	50.0	0.0
	Mean	36.8	14.7	46.4	8.3
1992—1993	Spring	13.0	35.5	4.3	2.4
	Summer	72.8	6.5	19.6	0.0
	Autumn	22.4	2.1	23.4	0.0
	Mean	36.1	14.7	15.8	0.8
1998	Spring	55.6	285.8	22.5	185.8
	Summer	96.7	96.7	72.2	0.0
	Autumn	23.5	23.5	45.7	0.0
	Mean	58.6	135.3	46.8	61.9

Taking Laizhou Bay as an example, the structure of the zooplankton community in the Bay has changed significantly (Figure 7 and Table 5). The species number was 22 in 1983, 17 in 1993 and 13 in 1998, tending towards a decrease since 1983. The number of copepod species observed in 1959 and 1998 (four and five, respectively) was less than that in 1983 and 1993 (both nine species). Other species comprised 12 in 1983, eight in 1993 and 1998, and only two in 1959. The Shannon diversity indices were relatively high from 1959 to 1993, with a more even distribution among the species abundance as represented by the evenness indices. The species richness, diversity and evenness were low in 1998. Although the number of species was fewer in 1998, the abundance and biomass were the highest among the four surveys, reaching 2354 ind. • m^{-3} and 584 mg • m^{-3}, followed by 1959 and 1983, and the lowest in 1993, only 25 ind. • m^{-3} and 27 mg • m^{-3}. As shown in Figure 7, the zooplankton in Laizhou Bay were dominated by coastal species such as Sagitta crassa and copepods (*C. mcmurrichi* and *C. sinicus*), the abundance of the dominant species fluctuated greatly within different survey years without a regular pattern. For example, the dominate species were *C. sinicus* (57.1%) and *C. mcmurrichi* (23.0%) in 1959, *C. mcmurrichi* (48.3%) and *C. sinicus* (32.9%) in 1983, *S. crassa* (39.4%) and *C. sinicus* (38.6%) in 1993, respectively. But, Macruran larvae dominated in 1998, accounting for more than 80% of the zooplankton.

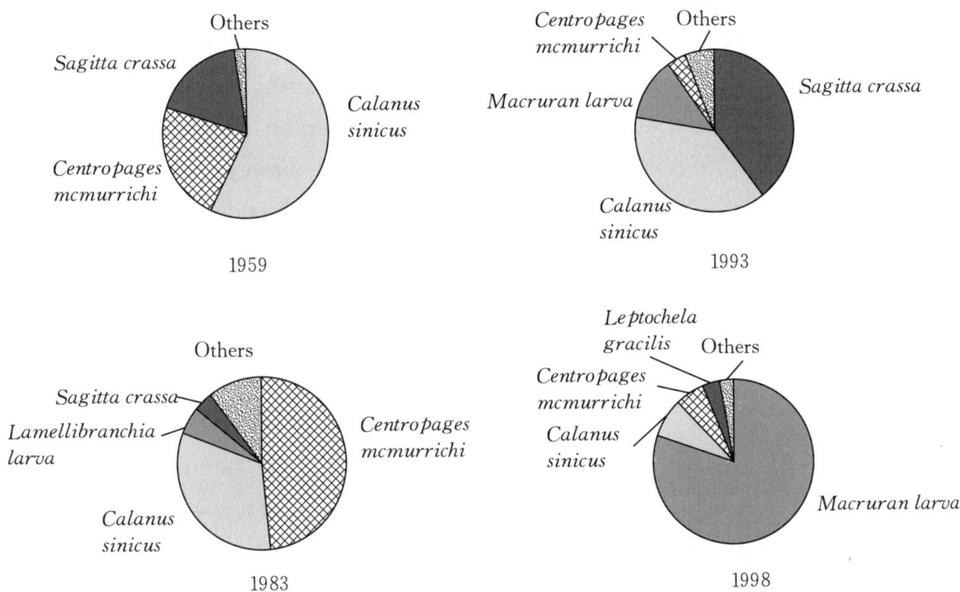

Figure 7　Variations of species composition (percentage) of zooplankton abundance in the Laizhou Bay in spring (May)

Table 5　Abundance, biomass and biodiversity indices of the zooplankton community in Laizhou Bay in spring (May)

Year	1959	1983	1993	1998
No. species	7	22	17	13
Richness (*R*)	1.21	4.46	4.98	1.55
Diversity (*H'*)	1.09	1.41	1.40	0.76
Evenness (*J*)	0.56	0.46	0.49	0.30
Abundance (ind • m^{-3})	143	110	25	2354
Biomass (mg • m^{-3})	—	156	27	584

Variations in Fish Productivity

The seasonal variations of the fishery biomass in the Bohai Sea are important as most of the species emigrate to the Yellow Sea in late autumn to overwinter and return to the Bohai Sea in spring for spawning and as a nursery ground. Normally, low biomass of living resources in the Bohai Sea appears in winter and peak biomass in autumn. The CPUE data from season and year-round bottom trawl surveys in different years indicates that fish stocks have decreased since the 1950s. The magnitude of the decrease was large in the late 1990s (Figure 8). Although the research vessels and trawls in 1959 were smaller than those in the later surveys, the CPUEs, except August, were much higher than the corresponding monthly surveys, especially high in October, reaching 291 kg • $haul^{-1}$ • h^{-1}, the CPUEs ranged from 221 to 243 kg • $haul^{-1}$ • h^{-1} in June, September and November, the lowest in August

(93 kg • haul^{-1} • h^{-1}). The CPUE in 1982—1983 was much lower than that in 1959, but higher than those in 1992—1993 except August. The peak biomass was found in August to October and May, and low biomass in February to March during the year-round surveys in 1982—1983. The biomass in 1992—1993 was slightly lower on average than the previous surveys. The biomass in 1998—1999 was the lowest in all surveys with a sharp decline, accounting for only about 5% of the 1959 values. The similar trends among years were also found in different regions (Figure 9), for instance, the CPUE in the Laizhou Bay decreased by 97% from 1959 to 1998.

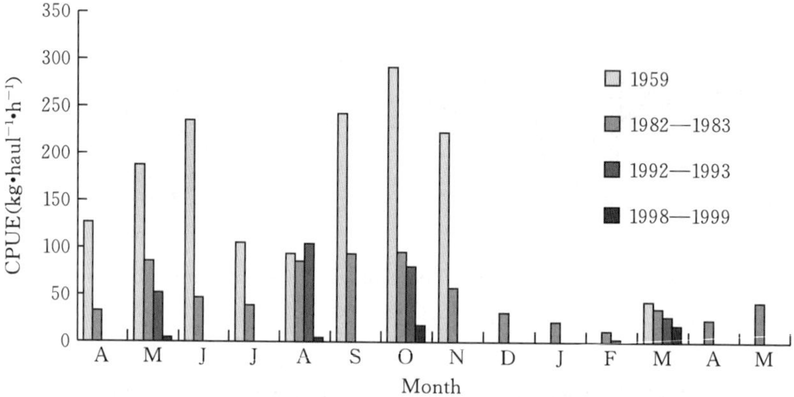

Figure 8 Monthly variations of CPUE (kg • haul^{-1} • h^{-1}) in the Bohai Sea within different years

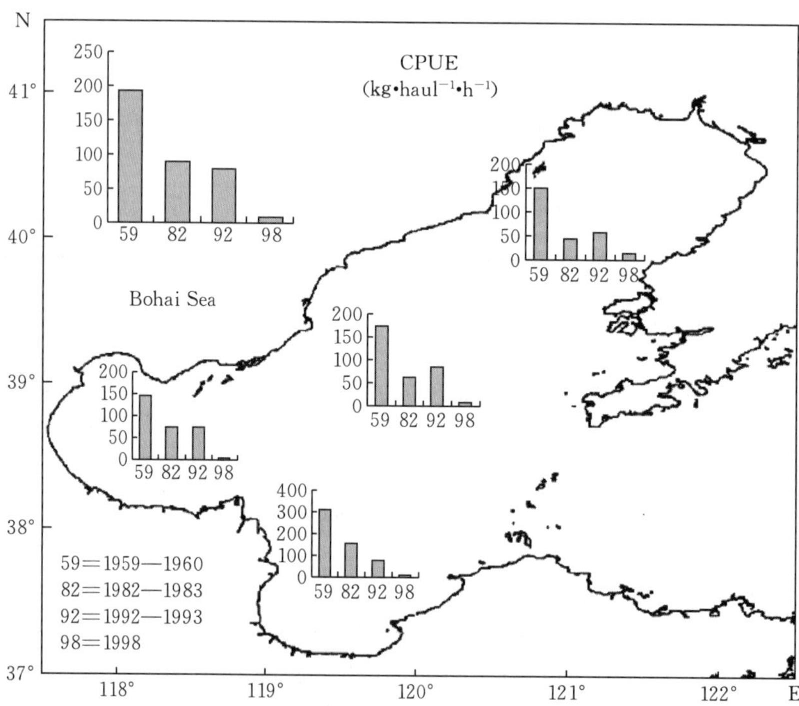

Figure 9 Regional variations of CPUE (kg • haul^{-1} • h^{-1}) in the Bohai Sea within different years (data were averaged from May, August and October for all years)

The community structure of fishery resources tends to be simple, representing a decrease of species numbers. The species richness, diversity and evenness also decreased from the beginning of the 1980s to the late 1990s (Table 6). The shifts of dominant species were observed in the surveys in 1982. Large-sized demersal species were replaced by small pelagic species, and this replacement has continued subsequently, such as half-fin anchovy (*Setipinna taty*), anchovy (*Engraulis japonicus*) and Gizzard-shad (*Clupanodon punctatus*) (Table 7). As a result, the trophic level in the fish productivity decreased from 4. 3 in 1959, 3. 8 in 1982—1983 and 3. 6 in 1992—1993 to 3. 3 in 1998—1999.

Table 6 Biodiversity indices of fisheries resources in the Bohai Sea in autumn (October)

Year	1982	1992	1998
No. species	77	74	52
Richness (R)	4. 90	4. 84	3. 77
Diversity (H')	3. 09	2. 82	2. 31
Evenness (J)	0. 71	0. 65	0. 58

Table 7 Major species and their percentage in biomass (weighted from May, August and October) **of fisheries resources in the Bohai Sea**

Species	%
1959	
Small yellow croaker *Pseudosciaena polyactis*	29. 5
Largehead hairtail *Trichiurus haumela*	29. 3
Peneaid shrimp *Penaeus chinesis*	14. 6
Half-fin anchovy *Setipinna taty*	4. 7
Skate *Roja porosa*	4. 4
Total	82. 5
1982	
Half-fin anchovy *Setipinna taty*	20. 3
Squid *Loligo beka*	10. 7
Blue crab *Portunus trituberculatus*	10. 3
Anchovy *Engraulis japonicus*	7. 7
Small yellow croaker *Pseudosciaena polyactis*	5. 6
Spanish mackerel *Scomberomorus niphonius*	4. 3
Mantis shrimp *Oratosquilla oratoria*	4. 1
Seabass *Lateolabrax japonicus*	3. 3
Skate *Roja porosa*	3. 0

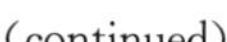

(continued)

Species	%
Yellow drum *Nibea albiflora*	2.7
Scaled sardine *Harengula zunasi*	2.5
Pomfret *Stromateoides argenteus*	1.8
White croaker *Argyrosomus argentatus*	1.6
Bighead croaker *Collichthys niveatus*	1.4
Southern rough shrimp *Trachypenaeus curvirostris*	1.4
Cuttlefish *Sepiella maindroni*	1.4
Total	82.1
1992—1993	
Anchovy *Engraulis japonicus*	31.5
Half-fin anchovy *Setipinna taty*	10.1
Gizzard-shad *Clupanodon punctatus*	8.2
Small yellow croaker *Pseudosciaena polyactis*	7.2
Mantis shrimp *Oratosquilla oratoria*	6.1
Squid *Loligo beka*	5.9
Blue crab *Portunus trituberculatus*	3.6
Seabass *Lateolabrax japonicus*	3.4
Rednose anchovy *Thrissa kammalensis*	3.3
Skate *Roja porosa*	3.2
Total	82.5
1998	
Gizzard-shad *Clupanodon punctatus*	24.0
Half-fin anchovy *Setipinna taty*	18.1
Pomfret *Stromateoides argenteus*	11.1
Spanish mackerel *Scomberomorus niphonius*	8.5
Mantis shrimp *Oratosquilla oratoria*	5.7
Blue crab *Portunus trituberculatus*	4.8
Rednose anchovy *Thrissa kammalensis*	4.8
Small yellow croaker *Pseudosciaena polyactis*	4.0
Total	81.0

Discussion

Survey data in the past 40 years has shown that the productivity of the Bohai Sea is dynamic with clear spatiotemporal variations. Indices of primary, secondary, and tertiary productivity have generally shown a decreasing trend since the late 1950s (Figure 10). It might be concluded that the variations in ecosystem productivity were probably because of bottom-up control. Geographically, the Bohai Sea is enclosed by land on three sides with a limited carrying capacity, which may be largely influenced by external factors. Therefore, the physical and chemical environment, which governs bottom-up control, may be easily changed. In fact, the survey data shows that nutrients have changed significantly in the past decades. As shown in Table 8, the content of inorganic nitrogen (N) has greatly increased, and inorganic phosphorus (P) and silicon (Si) has decreased to a low level. Cui et al. (1996) and Yu et al. (2000) pointed out that these changes have caused an unbalanced proportion of nutrients, such as N/P from 1.7 : 1 in the beginning of the 1980s to 23.7 : 1 in the late 1990s, Si/N from 13.7 : 1 to 2.4 : 1, Si/P from 23.7 : 1 to 57 : 1. The nutrient regime in the Bohai Sea ecosystem has changed from N-limitation to P-limitation based on the standard of Justic et al. (1995). As Lin et al. (2001) demonstrated, the freshwater entering the Bohai Sea annually has been reduced by 19.8×10^8 m^3. Because of anthropogenic activities and climate change (reduced runoff and precipitation to the Bohai Sea and increased evaporation in the past decades), the freshwater input has shown a deficit of 1 m • yr^{-1} since the 1980s. Sea surface salinity (SSS), air temperature (AT) and sea surface temperature (SST) have increased 2.82, 0.92℃, and 0.41℃ from 1960 to 1997, respectively. Fang et al. (2002) demonstrated that variations in these parameters (SSS, AT, SST) and annual precipitation in the Bohai Sea might be correlated with El Nino events. During the El Nino period of 1982—1983, the Bohai Sea area was characterized by high air temperature, high seawater temperature, drought and high salinity. These changes will inevitably affect the growth and community structure of phytoplankton (Wang and Kang, 1998; Yu et al., 1999; Wang, 2000; Sun et al., 2002), which means that changes in environmental conditions are possibly the direct cause of changes in primary production, resulting in a chain reaction in the ecosystem leading to a decrease in secondary and tertiary productivity.

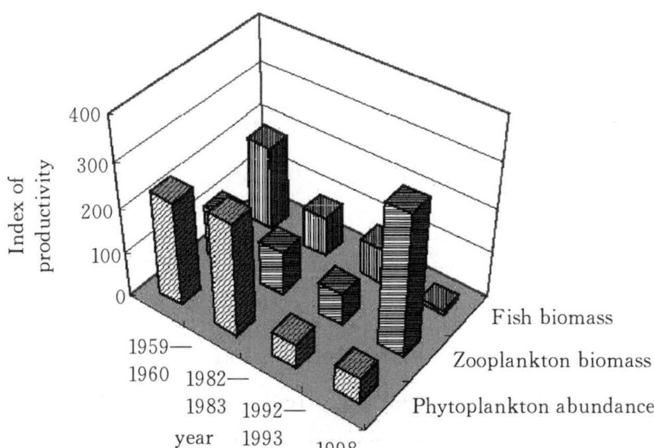

Figure 10　Decadal-scale variations of ecosystem productivity at different trophic levels in the Bohai Sea (phytoplankton abundance, $\times10^4$ cell • m^{-3}, zooplankton biomass, mg • m^{-3}, fish biomass, kg • $haul^{-1}$ • h^{-1})

However, the high secondary productivity cannot be reasonably explained by bottom-up control (Figure 10). If errors from sampling or invasion of exotic species are not considered, the only explanation for this result may be the very low abundance of predators (such as a small pelagic fish, anchovy). Predation pressure on zooplankton has been reduced, and the large surplus resulted in a high secondary productivity. Figure 8, Tables 4 and 7 may provide some support for this argument. As reported, a similar case was also observed in the relation between salmon and zooplankton in the North Pacific (Shiomoto et al., 1997). Furthermore, many studies have demonstrated that exploitation has greatly affected the abundance, diversity and community structure of fishery resources. For example, the dominant species of fishery resources had shifted from high valued demersal species such as small yellow croaker (*Pseudosciaena polyactis*), largehead hairtail (*Trichiurus haumela*), peneaid shrimp (*Penaeus chinesis*) in the 1950s and 1960s to the low valued small pelagic species such as anchovies in the 1980s, with major changes in community structure (Lin, 1964; Deng et al., 1988; Jin and Tang, 1998; Table 7). These pelagic species have also varied with a sharply decreased biomass and diversity recently (Jin and Deng, 2000; Jin, 2000). The remarkable decrease in biomass in the Bohai Sea, has been mainly because of the decline of anchovy stock, which was the most abundant species in 1992—1993. The fishing intensity on the anchovy stock (also other species) in the Yellow Sea and the Bohai Sea has increased considerably since the largescale exploitation of this species in the early 1990s, and the stock has been the major fishery target in the northern part of China. Therefore, it was possible for a top-down control to affect the productivity in the Bohai Sea ecosystem, which was mainly caused by overfishing the top predators, replacement of dominant species, and changes in prey.

Table 8 Variations of nutrient (μmol · L^{-1}) in the Bohai Sea

Year	1959—1960①	1980—1983①	1992—1993①	1998②
Phosphate	0.80	0.97	0.26	0.32
Silicate	26.18	22.95	7.45	18.28
Total inorganic nitrogen	2.61	1.68	2.89	7.58
(Nitrate	0.71	0.89	1.92	5.92)

Notes: ①Data were averaged from February, May, August and October; ②Data were averaged May, August and October.

Top-down control may, over a long-term period, lead to an increase of secondary production, which will play a new regulatory effect on ecosystem productivity. The increase of zooplankton biomass in 1998, may restrict primary production by grazing a large proportion of phytoplankton, and may also promote the recruitment of organisms at the upper trophic levels by providing plenty of food. Changes from both directions (interaction between top-down and bottom-up) will produce a constraint effect on the zooplankton biomass, i. e. the role that zooplankton play in a so-called wasp-waist control in ecosystem productivity. This may be the reason why the yearly variation patterns of the different levels of productivity did not show a stable and regular trend.

It is difficult to use any traditional theory (bottom-up control or top-down control or wasp-waist control) to directly or clearly explain the long-term variations of the different levels of productivity in the Bohai Sea ecosystem. Different control mechanisms may apply in different periods because of varying conditions. Although each control mechanism has its opportunity to control the ecosystem over a given period, it cannot become the exclusive control mechanism in the long-term. Therefore, an acceptable explanation is that the apparently dynamic characteristics of the different levels of productivity in the Bohai Sea ecosystem may be a consequence of multifactorial controls. The multicontrol mechanism may contribute to ecosystem complexity and uncertainty in terms of different levels of productivity in a coastal ecosystem.

Acknowledgements

The study was financially supported by the National Natural Science Foundation of China (497901001) and the National Key Basic Research Program from the Ministry of Science and Technology of China (G19990437). We thank all scientists, mostly from Yellow Sea Fisheries Research Institute, involved in the surveys in the different periods. Special thanks must be given to J. Deng, Y. Kang, F. Lin, S. Wei and J. Cheng. Thanks also go to two anonymous reviewers for their valuable comments.

References

Bai X, Zhuang Z, 1991. Studies on the fluctuation of zooplankton biomass and its main species number in the Bohai Sea. Mar. Fish. Res., 12: 71 - 92 (in Chinese with English abstract).

Cui Y, Chen B, Ren S, et al., 1996. Study on status of bio-physic-chemical environment in the Bohai Sea. J. Fish. Sci. China, 3: 1 - 12 (in Chinese with English abstract).

Deng J, Meng T, Ren S, et al., 1988. Species composition, abundance and distribution of fishes in the Bohai Sea. Mar. Fish. Res., 9: 11 - 89 (in Chinese with English abstract).

Fang G, Wang K, Gou F, et al., 2002. Long-term changes and interrelations of annual variations of the hydrographical and meteorological parameters of the Bohai Sea during recent 30 years. Ocean. Limno. Sinica, 33: 515 - 525 (in Chinese with English abstract).

Fei Z, Mao X, Zhu M, et al., 1991. The study of primary productivity in the Bohai Sea: chlorophyll *a*, primary productivity and potential fisheries resources. Mar. Fish. Res., 12: 55 - 69 (in Chinese with English abstract).

Jiang T, Xie Z, 1991. Exploitation and Conservation of the Bohai Sea. Beijing: Ocean Press, 249 pp. (in Chinese).

Jin X, 2000. The dynamics of major fishery resources in the Bohai Sea. J. Fish. Sci. China, 7: 22 - 26 (in Chinese with English abstract).

Jin X, Deng J, 2000. Variations in community structure of fishery resources and biodiversity in the Laizhou

Bay. Chinese Biodiversity, 8: 65 - 72 (in Chinese with English abstract).

Jin X, Tang Q, 1998. The structure, distribution and variation of the fishery resources in the Bohai Sea. J. Fish. Sci. China, 5: 18 - 24 (in Chinese with English abstract).

Justic D, Rabalais N N, Turner R E, et al., 1995. Changes in nutrient structure of river-dominated coastal waters: stoichiometric nutrient balance and its consequences. Estuarine Coastal Shelf Sci., 40: 339 - 356.

Kang Y, 1991. Distribution and seasonal variation of phytoplankton in the Bohai Sea. Mar. Fish. Res., 12: 31 - 54 (in Chinese with English abstract).

Lin F, 1964. Seasonal variations of bottom fish distribution and catch composition in the Bohai Sea. Proceedings of Marine Fisheries Research. Beijing: Agricultural Press, pp. 35 - 72 (in Chinese).

Lin C, Su J, Xu B, et al., 2001. Long-term variation of temperature and salinity of the Bohai Sea and their influence on its ecosystem. Prog. Oceanogr., 49: 7 - 19.

Long J, 2001. The resources, environment and sustainable development in the Bohai Sea. In: Resources Conservation and Sustainable Utilization in the Coastal Seas. D. Yu (ed.). Beijing: Ocean Press, pp. 121 - 125 (in Chinese).

Shiomoto A, Tadokoro K, Nagasawa K, et al., 1997. Trophic relations in the subarctic North Pacific ecosystem: possible feeding effect from pink salmon. Mar. Ecol. Progr. Ser., 150: 75 - 85.

Su J, Tang Q, 2002. Study on Ecosystem Dynamics in Coastal Ocean Ⅱ: Process of the Bohai Sea Ecosystem Dynamics. Beijing: Science Press, 445 pp. (in Chinese).

Sun J, Liu D, Yang S, et al., 2002. The preliminary study on phytoplankton community structure in the Bohai Sea and Bohai Strait and its adjacent area. Ocean. Limnol. Sinica, 33: 461 - 471 (in Chinese with English abstract).

Tang Q, Meng T, 1997. Atlas of the Ecological Environment and Living Resources in the Bohai Sea. Qingdao, China: Qingdao Press, 242 pp. (in Chinese with English abstract).

Tang Q, Su J, 2000. Study on Ecosystem Dynamics in Coastal Ocean Ⅰ: Key Scientific Questions and Development Strategy. Beijing: Science Press, 252 pp. (in Chinese).

Wang J, 2000. Population dynamics of phytoplankton in Laizhou Bay. Mar. Fish. Res. China, 21: 33 - 38 (in Chinese with English abstract).

Wang J, Kang Y, 1998. Study on population dynamics of phytoplankton in the Bohai Sea. Mar. Fish. Res. China, 19: 51 - 59 (in Chinese with English abstract).

Yu Z, Zhang J, Yao Q, 1999. Nutrients in the Bohai Sea. In: Biogeochemical Processes in the Bohai Sea and Yellow Sea. G. Hong, J. Zhang and C. Chung (eds). Seoul: The Dongjin Publication Association, pp. 11 - 20.

Yu Z, Mi T, Xie B, et al., 2000. Changes of the environmental parameters and their relationship in recent twenty years in the Bohai Sea. Mar. Env. Sci., 19: 5 - 19.

Decadal-scale Variations of Trophic Levels at High Trophic Levels in the Yellow Sea and the Bohai Sea Ecosystem①

ZHANG Bo, TANG Qisheng, JIN Xianshi

(Key Laboratory for Sustainable Utilization of Marine Fishery Resources, Ministry of Agriculture, Yellow Sea Fisheries Research Institute, CAFS, Qingdao 266071, China)

Abstract: A total of 2759 stomachs collected from a bottom trawl survey carried out by *R/V* "Bei Dou" in the Yellow Sea between 32°00 and 36°30N in autumn 2000 and spring 2001 were examined. The trophic levels (TL) of eight dominant fish species were calculated based on stomach contents, and trophic levels of 17 dominant species in the Yellow Sea and the Bohai Sea reported in later 1950s and mid-1980s were estimated so as to be comparable. The results indicated that the mean trophic level at high trophic levels declined from 4.06 in 1959—1960 to 3.41 in 1998—1999, or 0.16～0.19 • decade^{-1} (mean 0.17 • decade^{-1}) in the Bohai Sea, and from 3.61 in 1985—1986 to 3.40 in 2000—2001, or 0.14 • decade^{-1} in the Yellow Sea; all higher than global trend. The dominant species composition in the Yellow Sea and the Bohai Sea changed, with the percentage of planktivorous species increases and piscivorous or omnivorous species decreases, and this was one of the main reasons for the decline in mean trophic level at high tropic levels. Another main reason was intraspecific changes in TL. Similarly, many factors caused decline of trophic levels in the dominant fish species in the Yellow Sea and the Bohai Sea. Firstly, TL of the same prey got lower, and anchovy (*Engraulis japonicus*) as prey was most representative. Secondly, TLs of diet composition getting lower resulted in not only decline of trophic levels but also changed feeding habits of some species, such as spotted velvetfish (*Erisphex pottii*) and *Trichiurus muticus* in the Yellow Sea. Thirdly, species size getting smaller also resulted in not only decline of trophic levels but also changed feeding habits of some species, such as Bambay duck (*Harpodon nehereus*) and largehead hairtail (*Trichiurus haumela*). Furthermore, fishing pressure and climate change may be interfering to cause fishing down the food web in the China coastal ocean.

Key words: Trophic level; Decadal variations; High trophic levels; Yellow Sea and Bohai Sea ecosystem

---

① 本文原刊于 *J. Marine Systems*, 67: 304－311, 2007。

1 Introduction

Trophic level (TL) represents the positions of organisms in the food webs of ecosystem, and natural and anthropogenic activities may result in the variations of TL. Therefore, study of TL not only reflects trophic relationship in marine food web, but also gradually become important as an evaluating and monitoring index of marine ecosystem dynamics, biodiversity, fishery status and management (Pauly et al., 2001). However, most studies mainly focus on TL of some species (Cortes, 1999) and trophic relationship (Zhang et al., 1981; Deng et al., 1986; Brodeur and Pearcy, 1992; Deng et al., 1997). In the early 1980s, Yang (1982) tentatively analyzed TL of North Sea fishes to assess fishery status, and found that the mean TL of 34 species of fish in the North Sea showed almost no changes in the past 30 years; although the total catch and the catch of some species largely varied, the influence of fishing had not yet surpassed the self-regulatory capacity of the North Sea ecosystem. Recently, study of variations of mean TL of marine food web has been given importance (Aydin et al., 2003), for example, Pauly et al. (2001) reported that the mean trophic level of fish landed in fisheries on the east west coasts of Canada is declining by 0.03～0.10 • decade^{-1}, similar to global trends (Pauly et al., 1998).

In China, Zhang et al. (1981) firstly studied the TL of fishes food web in the Minnan-Taiwan bank of the East China Sea. The TL of fishes and invertebrates in the Yellow and the Bohai Seas were presented by Deng et al. (1986, 1997), Wei and Jiang (1992) and Cheng et al. (1999). Based on the historical information and data accumulated from China GLOBEC Ⅰ (Ecosystem dynamics and sustainable utilization of marine living resources in the Bohai Sea, 1997—2000) and China GLOBEC Ⅱ (Ecosystem dynamics and sustainable utilization of marine living resources in the East China Sea and Yellow Sea, 1999—2004) programme (Tang and Su, 2000; Su and Tang, 2002; Tang, 2004), a further analysis of TL variations in the China coastal ocean become possible.

The present study aims to use TL of dominant species calculated by stomach contents, collected from surveys carried out by the Yellow Sea Fisheries Research Institute from the late 1950s to 2001 to discuss decadal-scale variations of mean TL at high trophic levels of the Yellow Sea and the Bohai Sea ecosystem in order to provide basic information for evaluating marine ecosystem status of China coastal ocean and further understand the importance of TL study.

2 Materials and Methods

2.1 Sampling Strategy

Because of species diversity and complexity of trophic relationship in the marine ecosystem, it is not possible to quantitatively and qualitatively analyze all species in a food web. Now, the simplified version of food web became research strategy (Tang, 1999). In this study, species which account for 80%～90% (80%, 85% and 90%) of total biomass were considered as dominant species (fish and invertebrate) and were sampled according to species composition from bottom travel surveys in the Yellow Sea and the Bohai Sea. For example, approximately 100 species were caught in the Yellow Sea during surveys in 1985—1986, of these the top 20 species accounted for 92% of the total biomass and the remaining 80 species account for only 8% (Tang, 1993). The biomass and number of dominant species in the Yellow Sea and the Bohai Sea were obtained from Tang (1993), Tang et al. (2003) and Tang (2004), respectively (Table 1).

Table 1 Sampling of fisheries resources in the Yellow Sea and the Bohai Sea

Sampling area	Sampling time	Number of dominant species①			Reference
		80%②	85%	90%	
Bohai Sea	1959—1960	4[A]	5	10	Tang et al. (2003)
Bohai Sea	1982—1983	14[B]	18	24	Tang et al. (2003)
Bohai Sea	1992—1993	9[C]	11	15	Tang et al. (2003)
Bohai Sea	1998—1999	8[D]	9	11	Tang et al. (2003)
Yellow Sea	1985—1986	12[E]	15	18	Tang (1993)
Yellow Sea	2000—2001	5[F]	8	12	Tang (2004)

Notes: ①Number of dominant species which account for 80%, 85% and 90% of total biomass; ②Species included: (A) small yellow croaker *Pseudosciaena polyactis*, largehead hairtail *Trichiurus haumela*, peneaid shrimp *Penaeus chinesis*, half-fin anchovy *Setipinna taty*; (B) half-fin anchovy *Setipinna taty*, squid *Loligo beak*, blue crab *Portunus trituberculatus*, anchovy *Engraulis japonicus*, small yellow croaker *Pseudosciaena polyactis*, Spanish mackerel *Scomberomorus niphonius*, mantis shrimp *Oratosquilla oratoria*, seabass *Lateolabrax japonicus*, skate *Roja porosa*, yellow drum *Nibea albiflora*, scaled sardine *Harengula zunasi*, pomfret *Stromateoides argenteus*, white croaker *Argyrosomus argentatus*, bighead croaker *Collichthys niveatus*; (C) anchovy *Engraulis japonicus*, half-fin anchovy *Setipinna taty*, gizzard-shad *Clupanodon punctatus*, small yellow croaker *Pseudosciaena polyactis*, mantis shrimp *Oratosquilla oratoria*, squid *Loligo beak*, blue crab *Portunus trituberculatus*, seabass *Lateolabrax japonicus*, rednose anchovy *Thrissa kammalensis*; (D) gizzard-shad *Clupanodon punctatus*, half-fin anchovy *Setipinna taty*, pomfret *Stromateoides argenteus*, Spanish mackerel *Scomberomorus niphonius*, mantis shrimp *Oratosquilla oratoria*, blue crab *Portunus trituberculatus*, rednose anchovy *Thrissa kammalensis*, small yellow croaker *Pseudosciaena polyactis*; (E) anchovy *Engraulis japonicus*, half-fin anchovy *Setipinna taty*, sea snail *Liparis tanakae*, small yellow croaker *Pseudosciaena polyactis*, pointhead plaice *Cleisthenes herzenateini*, scaled sardine *Harengula zunasi*, Japanese squid *Loligo japonicus*, blue crab *Portunus trituberculatus*, skates rajidae, house mackerel *Trachurus japonicus*, butterfish *Stromateides argenteus*, cuttlefishes; (F) anchovy *Engraulis japonicus*, sea snail *Liparis tanakae*, small yellow croaker *Pseudosciaena polyactis*, crangonid shrimp *Crangon affinis*, *Ovalipes punctatus*.

Based on the above-mentioned sampling strategy, two sets of TL data were used: ①eight dominant fishes with 2759 stomachs, collected from a bottom trawl survey carried out by *R/V* "Bei Dou" in the Yellow Sea between 32°00 and 36°30N in autumn (October-November) 2000, and spring (April) 2001 were analyzed (Figure 1, Table 2). Immediately after capture, the fishes were measured for length (standard length) and weight, and the stomachs were removed and quick-frozen for preservation. In the laboratory, stomach contents were weighed to the nearest 0.001 g after thawing and removal of the surface water. Prey items were identified to the lowest possible taxonomic level and counted; ②revised TL of dominant species in the Yellow and the Bohai Seas (based on Deng et al., 1986; Wei and Jiang, 1992; Deng et al., 1997; Cheng et al., 1999), in which TL of phytoplankton and detritus were set at 0, while in this study, assignment of TL starts with phytoplankton and detritus, both with a definitional TL value of 1 (Yang, 1982; Pauly et al., 1998).

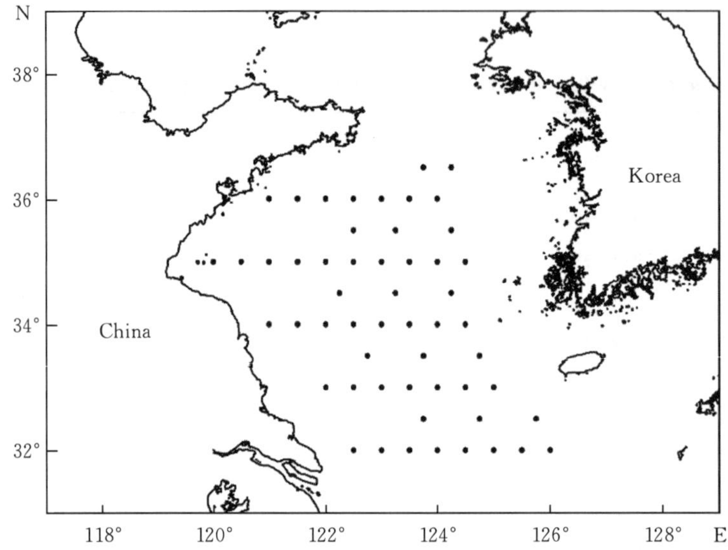

Figure 1 Sampling stations

Table 2 Fish stomach samples accounting for 90% biomass of the Yellow Sea in 2000—2001

Species	Standard length (mm)			Number of stomachs	Feeding rate① (%)
	Range	Mean			
Anchovy *Engraulis japonicus*	42~126	80.58	18.97	102	97.06
Sea snail *Liparis tanakae*	140~580	292.81	61.57	192	94.79
Small yellow croaker *Pseudosciaena polyactis*	30~192	119.21	17.88	1059	28.14
Bombay duck *Harpodon nehereus*	54~205	127.79	36.63	208	28.37
Angler *Lophius litulon*	120~415	220.75	46.84	140	77.14
Half-fin anchovy *Setipinna taty*	56~193	133.66	27.18	399	50.38
Largehead hairtail *Trichiurus haumela*	64~260	151.94	56.71	297	74.75
Croaker *Collichthys niveatus*	31~159	68.78	14.29	362	55.80

Notes: ①Feeding rate is the percentage of fish in a sample which contain food item.

2.2 Data Analysis

The TL estimates for each species was based on Odum and Heald (1975).

$$TL_i = 1 + \sum_{j=1}^{n} DC_{ij}\ TL_j \tag{1}$$

where TL_i is the TL of the predator, TL_j is TL of prey j and DC_{ij} is the fractions of each prey j in the diet of i.

Mean TL for each sea in each year ($\overline{TL_k}$) was calculated using:

$$\overline{TL_k} = \sum_{j=1}^{m} TL_i Y_{ik} / Y_k \tag{2}$$

Eq. (2) was revised from Pauly et al. (1998, 2001), and where TL_i is TL of dominant species i, Y_{ik} is biomass of species i in year k and Y_k is total biomass of m species in year k.

The computer program SPSS version 12.0 was used to carry out the statistical analysis. Paired-samples t-test was used to compute the differences in $\overline{TL_k}$ for each sea among the calculations by using species accounting for 80%, 85% and 90% of total biomass, respectively.

3 Results

3.1 Variations in mean TL of High Trophic Levels

Statistical result suggests that mean TLs were not significantly different among dominant species occupying 80%, 85% and 90% of total biomass in the Yellow Sea and the Bohai Sea (paired-samples t-test, $df=5$, $P<0.05$; Figure 2). Therefore, it was a feasible method that the mean TL of the ecosystem was calculated by using dominant species in order to simplify the food web. In the Yellow and the Bohai Seas, dominant species accounting for 80% of total biomass were representative.

Mean TL of high trophic levels calculated by using dominant species occupying 80% of total biomass showed that mean TL at high trophic levels of the Bohai Sea declined clearly from 4.06 in 1959—1960 to 3.41 in 1998—1999, about 0.17 • decade^{-1} during the past 40 years. The mean TL declined by 0.16 • decade^{-1} from 1959—1960 to 1982—1983, 0.19 • decade^{-1} from 1982—1983 to 1992—1993 and 0.17 • decade^{-1} from 1992—1993 to 1998—1999. Mean TL of dominant species in the Yellow Sea declined from 3.61 in 1985—1986 to 3.40 in 2000—2001, or about 0.14 • decade^{-1} (Figure 2). All were higher than that the global trends of about 0.1 per decade in recent decades presented by Pauly et al. (1998) and 0.04 per decade along Indian coast in 1950—2002 presented by Vivekanandan et al. (2005).

Dominant species accounting for 80% of total biomass in the Bohai Sea included one kind of planktivorous, omnivorous and piscivorous species, respectively, none benthivorous species in 1959—1960, and four kinds of planktivorous species, two kinds of omnivorous species, none benthivorous and piscivorous species in 1998—1999. Dominant species in the Yellow Sea included four kinds of planktivorous species, four kinds of omnivorous species, one kind of benthivorous species and none piscivorous species in 1985—1986, and one kind of planktivorous, omnivorous and benthivorous species, respectively, also none piscivorous

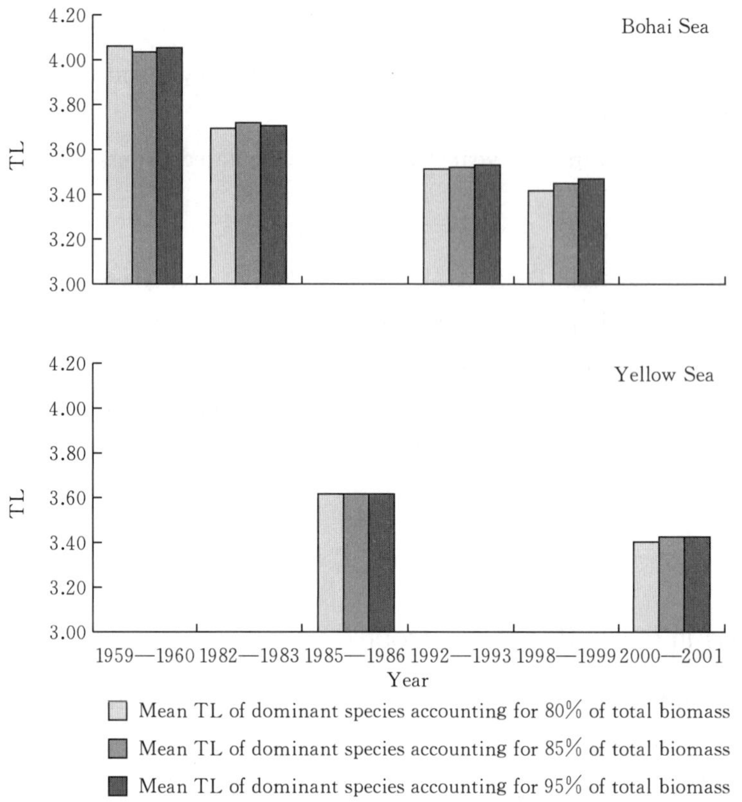

Figure 2 Decadal variations of mean TL of the Yellow Sea and the Bohai Sea

species in 2000—2001. The feeding habits composition of dominant species in the Yellow Sea and the Bohai Sea showed the same variations. In the Bohai Sea, the percentage of planktivorous species increased from 4.75% in 1959—1960 to 58.02% in 1998—1999, while percentage of piscivorous species decreased remarkably from 29.28% in 1959—1960 to 4.27% in 1982—1983 and none piscivorous species in 1992—1993 and 1998—1999 (Figure 3a, b, c, d). In the Yellow Sea, the percentage of planktivorous species also increased from 50.70% in 1985—1986 to 60.08% in 2000—2001 and percentage of omnivorous species decreased from 14.50% in 1985—1986 to 7.41% in 2000—2001 (Figure 3e, f).

3.2 Variations in TL of Dominant Species

There was overlap in the dominant fish species between two periods or between the Yellow Sea and the Bohai Sea (Table 3). Half-fin anchovy (*Setipinna taty*) and seabass (*Lateolabrax japonicus*) in the Bohai Sea appeared both in 1982—1983 and 1992—1993. Sea snail (*Liparis tanakae*) in the Yellow Sea appeared both in 1985—1986 and 2000—2001. Anchovy (*Engraulis japonicus*) and small yellow croaker (*Pseudosciaena polyactis*) in two seas both appeared in 4 years. Their TLs and diet composition changed over the years (Table 3). Especially, TLs of anchovy and small yellow croaker decreased in the two seas

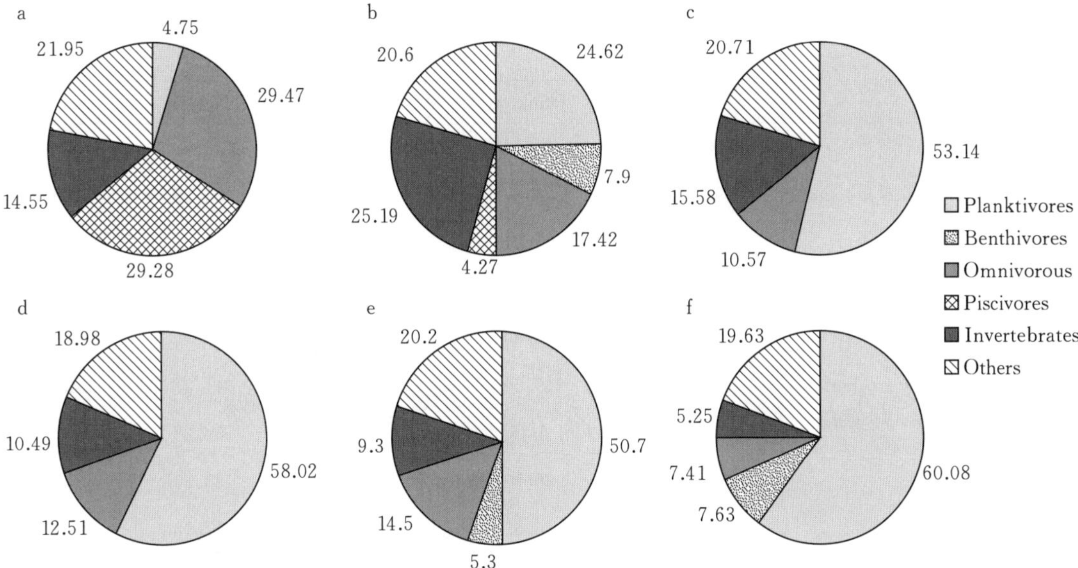

Figure 3 The feeding habit composition of dominant species accounting for 80% of total biomass: a. 1959—1960 in the Bohai Sea, b. 1982—1983 in the Bohai Sea, c. 1992—1993 in the Bohai Sea, d. 1998—1999 in the Bohai Sea, e. 1985—1986 in the Yellow Sea, f. 2000—2001 in the Yellow Sea.

between years. Anchovy fed on more plankton and less nekton in the Bohai Sea and the Yellow Sea. Small yellow croaker fed on more benthon and less plankton between 1982—1983 and 1992—1993 in the Bohai Sea; however, small yellow croaker fed more plankton and less nekton in the Yellow Sea. Although Spanish mackerel (*Scomberomorus niphonius*) as dominant species appeared only in the Bohai Sea and in 1982—1983, compared with 1992—1993, it fed on more plankton and benthon and less nekton, and its TL decreased strongly from 4.90 to 3.89.

Table 3 Comparison of TLs and diet composition for dominant fish species between years

Species	Year	Diet composition as percentage frequency of occurrence (%)			TL①
		Plankton	Benthon	Nekton	
Spanish mackerel *Scomberomorus niphonius*	1982—1983		7.16	92.84	4.90
	1992—1993	14.72	17.64	67.64	3.89
Half-fin anchovy *Setipinna taty*	1982—1983	64.87	35.13		3.40
	1992—1993	61.64	38.36		3.44
Seabass *Lateolabrax japonicus*	1982—1983	2.33	65.42	32.25	4.20
	1992—1993		64.00	36.00	4.37
Sea snail *Liparis tanakae*	1985—1986	0.50	61.20	38.30	4.30

(continued)

Species	Year	Diet composition as percentage frequency of occurrence (%)			TL①
		Plankton	Benthon	Nekton	
	2000—2001		63.42	36.58	4.23
Anchovy *Engraulis japonicus*	1982—1983	54.27	11.44	34.29	3.60
	1992—1993	72.21	27.79		3.38
	1985—1986	71.40	18.40	10.20	3.60
	2000—2001	98.80	1.20		3.27
Small yellow croaker *Pseudosciaena polyactis*	1982—1983	19.54	39.09	41.37	4.10
	1992—1993	6.15	54.47	39.38	3.99
	1985—1986	26.70	40.00	33.30	3.70
	2000—2001	46.69	36.19	17.13	3.65

Notes: ① TL of the Yellow Sea in 1985—1986 and the Bohai Sea in 1982—1983 and 1992—1993 were revised TL.

4 Discussion

Variations of trophic levels may have a number of causes (Pauly et al., 2001). In the Yellow Sea and the Bohai Sea ecosystem, the decadal-scale variations of trophic levels at high trophic levels was attributed to composition variations, intraspecific changes and feeding habits changes of dominant species.

Variation of dominant species composition was one of the main reasons of the declines in mean trophic level at high tropic levels. In the Yellow Sea, larger, higher TL, commercially important demersal species were replaced by smaller, lower TL, pelagic, less-valuable species from 1950s to 1980s (Tang, 1993). Myers and Worm (2003) pointed out that declines of large predators in coastal regions have extended throughout the global ocean. The same phenomenon was found in the Bohai Sea (Tang et al., 2003). This study focused on feeding habit of dominant species, and found that the composition of dominant species accounting for 80% of total biomass both in the Yellow and Bohai Seas showed similar trends that the percentage of planktivorous species increased, piscivorous or omnivorous species decreased remarkably. It was one of the main reasons causing mean TL of high trophic levels declining in the Yellow and the Bohai Seas, leading to the conclusion as Pauly et al. (1998). The decline of mean TL of the species groups declined reflects a gradual transition from long-lived, high trophic level, piscivorous bottom fish toward short-lived, low trophic level invertebrates and planktivorous pelagic fish.

Another main reason of variation of mean TL at high trophic levels was intraspecific changes of TL. This study found that this change related to diet composition. For example, TLs of anchovy and small yellow croaker decreased in two seas between years, because they fed more plankton and less nekton. At the same time, TL of those species in trophic relationship was influenced. Such as anchovy, which is a key species and occupying an intermediate position in the food web and is an important food resource for higher TLs. About 40 species predate on anchovy, including almost all of the higher carnivores of the pelagic and demersal fish, and the cephalopods (Tang, 1993). Its TL fluctuation will result in TL fluctuation of predators, such as its main predator, Spanish mackerel. TL of Spanish mackerel in the Bohai Sea decreased due not only to feeding on more plankton and benthon and less nekton, but also to the decreased TL of anchovy. So, TL of the same prey in the diet and TLs of diet composition getting lower caused declining TL of dominant species. In the Yellow Sea, TL of most important resource species declined between the two periods. The intraspecific changes of TL were more obvious. TLs of diet composition getting lower not only resulted in decline of trophic levels but also feeding habits of some species were translated into feeding habits at lower TL (Zhang and Tang, 2004). For example, Spotted velvetfish (*Erisphex pottii*) fed on 83.3% benthon and 16.7% plankton in 1985—1986, but fed on 94.6% plankton in 2000—2001, so feeding habits changed from benthivorous to planktivorous. *Trichiurus muticus* fed on 68.9% nekton and 30.6% benthon in 1985—1986, but fed on 87.6% plankton and 11.9% nekton in 2000—2001, so feeding habits changed from piscivorous to planktivorous (Figure 4). Though feeding habits in fishes indeed are largely a function of morphology and size (Pauly et al., 2001), for euryphagous species, they can feed on many kinds of food, and their feeding habits change with habitat, diet conditions and climate, etc. So variability of TL among years due to diet composition was not small. It is the same as found by Brodeur and Pearcy (1992), who thought that much of the inner-annual variations in TL may be attributed to variations in a few key prey species.

Species size composition was the other main reason of intraspecific changes of TL (Zhang, 2004; Zhang and Tang, 2004), and our study indicated that the decline of TLs of dominant fish species in the Yellow Sea and the Bohai Sea may be related to some species with smaller size (Cheng and Yu, 2004). It is a common phenomenon that diet changes for fish at different periods and especially at different ontogenetic stages. These shifts in diets were accompanied by a positive selection of increasingly large prey and by an expansion of trophic niche (Renones et al., 2002; Meng, 2003; Zhang, 2004; Xue et al., 2005); thus, it was a general tendency for fish to obtain higher TL with increasing size. TLs of Bombay duck (*Harpodon nehereus*) and largehead hairtail (*Trichiurus haumela*) decreased clearly from 1985—1986 to 2000—2001 in the Yellow Sea, and feeding habits changed from piscivorous to omnivorous (Figure 4). It was the same as Zhang (2004), who found that TLs and feeding habits of Bombay duck and largehead hairtail changed with ontogeny. So, the results indicated that species size was getting smaller which resulted in not only declining trophic levels but also in changed feeding habits of some species over past 20 years.

The above analysis indicated that declines of mean TL at high trophic levels in the China

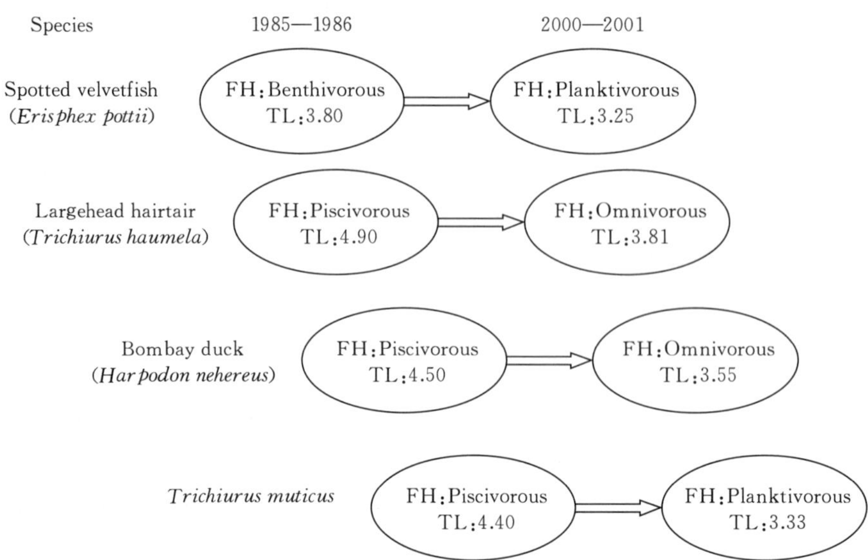

Figure 4 Variations of feeding habits (FH) of some species in the Yellow Sea

coastal ocean were caused not only by changes in species composition of dominant species, but also by species size getting smaller and diet TL getting lower. Furthermore, while fishing pressure was the main reason (Pauly et al., 1998), it was not the only factor causing the lower TL's food webs down in the Yellow and Bohai Seas. Tang (1995) found that, under the same fishing pressure, biomass of some species in the Yellow Sea appear to be fairly stable, and changes in abundance was correlated with environmental variability, so he concluded that changes in quantity and quality of biomass of the resource populations cannot be explained merely by fishing pressure, and climate change may have important effects on resource populations in the sea, especially on pelagic species and shellfish, such as Pacific herring *Clupea pallasi* and fleshy prawn *Fenner-openaeus chinensis*. Similarly, Botsford et al. (1997), Finney et al. (2002), Chavez et al. (2003) and Beaugrand et al. (2003) all supported that some populations shifts were the result of long-term, wide-scale changes in physical conditions, rather than just fishing. Tang *et al*. (2003) found that it is difficult to use any traditional theory (bottom-up control or top-down control or wasp-waist control) to directly or clearly explain the long-term variations of different levels of productivity in the Bohai Sea ecosystem, and it is likely to be modulated by multiple mechanisms. So we believed that fishing pressure and climate change may be mingled to cause decreasing TLs in the China coastal ocean.

Acknowledgements

This study was supported by funds from the National Key Basic Research Development Plan of China (Grant No. G1999043710) and the National Natural Science Foundation of

China (Grant No. 497901001, 30490233). We wish to thank several anonymous reviewers whose constructive comments improved our original manuscript.

References

Aydin K Y, McFarlane G A, King J R, et al., 2003. The BASS/MODEL report on trophic model of the subarctic Pacific basin ecosystems. PICES Scientific Report, vol. 25.

Beaugrand G, Brander K M, Lindley J A, et al., 2003. Plankton effect on cod recruitment in the North Sea. Nature, 426, 661-664.

Botsford L W, Castilla J C, Peterson C H, 1997. The management of fisheries and marine ecosystem. Science, 277: 509-515.

Brodeur R D, Pearcy W G, 1992. Effects of environmental variability on trophic interactions and food web structure in a pelagic upwelling ecosystem. Marine Ecology. Progress Series, 84: 101-119.

Chavez F P, Ryan J, Lluch-Cota S E, et al., 2003. From anchovies to sardines and back: multidecadal change in the Pacific Ocean. Science, 299: 217-221.

Cheng J S, Yu L F, 2004. The change of structure and diversity of demersal fish communities in the Yellow Sea and East China Sea in winter. Journal of Fisheries of China, 28 (1): 29-34 (in Chinese, with English Abstr.).

Cheng J, Zhu J, Jiang W, 1999. Study on the feeding habit and trophic level of main economic invertebrates in the Huanghai Sea. Acta Oceanologica Sinica, 18 (1): 117-126.

Cortes E, 1999. Standardized diet compositions and trophic levels of sharks. ICES Journal of Marine Science, 56: 707-717.

Deng J, Meng T, Ren S, 1986. Food web of fishes in Bohai Sea. Acta Ecologica Sinica, 6 (4): 356-364 (in Chinese, with English Abstr.).

Deng J, Jiang W, Yang J, et al., 1997. Species interaction and food web of major predatory species in the Bohai Sea. Journal of Fishery Sciences of China, 4 (4): 1-7 (in Chinese, with English Abstr.).

Finney B P, Gregory-Eaves I, Douglas M S V, et al., 2002. Fisheries productivity in the northeastern Pacific Ocean over the past 2, 200 years. Nature, 416: 729-733.

Meng T, 2003. Studies on the feeding of anchovy (*Engraulis japonicus*) at different life stages on zooplankton in the Middle and Southern Waters of the Yellow Sea. Marine Fisheries Research, 24 (3): 1-9 (in Chinese, with English Abstr.).

Myers R A, Worm B, 2003. Rapid worldwide depletion of predatory fish communities. Nature, 423: 280-283.

Odum W E, Heald E J, 1975. The detritus based food web of an estuarine mangrove community. Estuarine Research, 1: 265-289.

Pauly D, Christensen V, Dalsgaard J, et al., 1998. Fishing down marine food webs. Science, 279: 860-863.

Pauly D, Palomares M L, Froese R, et al., 2001. Fishing down Canadian aquatic food webs. Canadian Journal of Fisheries and Aquatic Sciences, 58: 51-62.

Renones O, Polunin N V C, Goni R, 2002. Size related dietary shifts of *Epinephelus marginatus* in a western Mediterranean littoral ecosystem: an isotope and stomach content analysis. Journal of Fish Biology, 61: 122 137.

Su J, Tang, Q, 2002. Study on ecosystem dynamics in coastal ocean: Ⅱ. Processes of the Bohai Sea Ecosystem Dynamics. Science Press, Beijing (in Chinese).

Tang Q，1993. Effects of long-term physical and biological perturbations on the contemporary biomass yields of the Yellow Sea ecosystem. In：Sherman，K.，Alexander，L. M.，Gold，B. D. (Eds.)，Large Marine Ecosystems：Stress，Mitigation，and Sustainability. AAAS Press，Washington，DC，pp. 79－93.

Tang Q S，1995. Effects of climate change on resource populations in the Yellow Sea ecosystem. In：Beamish，R. J. (Ed.)，Climate Change and Northern Fish Populations. Can. Spec. Publ. Fish Aquat. Sci.，vol. 121，pp. 97－105.

Tang Q S，1999. Strategies of research on marine food web and trophodynamics between high trophic levels. Marine Fisheries Research，20 (2)：1－11 (in Chinese，with English Abstr.).

Tang Q，2004. Atlas of Ecosystem Dynamics in the Yellow Sea and East China Sea. Science Press，Beijing (in Chinese).

Tang Q S，Su J，2000. China ocean ecosystem dynamics studies：I. Key Scientific Questions and Development Strategy. Science Press，Beijing. 252 pp (in Chinese).

Tang Q S，Jin X，Wang J，et al.，2003. Decadal-scale variation of ecosystem productivity and control mechanisms in the Bohai Sea. Fishery and Oceanography，12 (4/5)：223－233.

Vivekanandan E，Srinath M，Somy Kuriakose，2005. Fishing the marine food web along the Indian coast. Fisheries Research，72：241－252.

Wei C，Jiang W，1992. Study on food web of fishes in the Yellow Sea. Oceanologia et Liminologia Sinica，23 (2)：182－192 (in Chinese，with English Abstr.).

Xue Y，Jin X，Zhang B，et al.，2005. Seasonal，diel and ontogenetic variation in feeding patterns of small yellow croaker in the central Yellow Sea. Journal of Fish Biology，67：33－50.

Yang J，1982. A tentative analysis of the trophic levels of North Sea fish. Marine Ecology. Progress Series，7：247－252.

Zhang B，2004. Feeding habits and ontogenetic diet shift of hairtail fish (*Trichiurus lepturus*) in the East China Sea and the Yellow Sea. Marine Fisheries Research，25 (2)：6－12 (in Chinese，with English Abstr.).

Zhang B，Tang Q，2004. Study on trophic level of important resources species at high trophic levels in the Bohai Sea，Yellow Sea and East China Sea. Advances in Marine Science，22 (4)：393－404 (in Chinese，with English Abstr.).

Zhang Q，Lin Q，Lin Y，et al.，1981. Food web of fishes in Minnan-Taiwanchientan fishing ground. Acta Oceanologica Sinica，3 (2)：275－290 (in Chinese，with English Abstr.).

Recruitment, Sustainable Yield and Possible Ecological Consequences of the Sharp Decline of the Anchovy (*Engraulis japonicus*) Stock in the Yellow Sea in the 1990s①

X. ZHAO[1,2], J. HAMRE[3], F. LI[1], X. JIN[1], Q. TANG[1]
(1. *Key Laboratory for Sustainable Utilization of Marine Fisheries Resources, Ministry of Agriculture, Yellow Sea Fisheries Research Institute, Chinese Academy of Fishery Sciences, Qingdao, China*;
2. *College of Marine Life Science, Ocean University of Qingdao, Qingdao, China*;
3. *Institute of Marine Research, Bergen, Norway*)

Abstract: Natural mortality, stock-recruitment relationship and sustainable yield of the anchovy (*Engraulis japonicus*) stock in the Yellow Sea were estimated based on acoustic assessments of the wintering anchovy stock from 1987 to 2002. The stock-recruitment relationship was estimated to be: $R=151.1\times \mathrm{SSB}\times e^{-0.299\cdot \mathrm{SSB}}$, where R is given in billion fish and SSB is in million tons. The optimum sustainable yield of anchovy was estimated at 520 000 tons for the period 1987—2002. The ecological consequences of the sharp decline of the anchovy stock observed after 1996 were examined in terms of the reduction in biomass production in the Yellow Sea ecosystem, as well as the consequences of such reduction on predator-prey interactions and species competition.

Key words: Anchovy; Ecosystem; Model; Recruitment; Sustainable yield; Yellow Sea

Introduction

Anchovy (*Engraulis japonicus*) is the most abundant fish species in the Yellow Sea (Zhu and Iversen, 1990; Tang, 1993). It is a small pelagic plankton feeder, and in turn prey for some 30～40 important higher trophic level species (Wei and Jiang, 1992). The general biology of anchovy in the Yellow Sea is given by Zhu and Iversen (1990) and Iversen et al. (1993). Anchovy is a pivotal species in the Yellow Sea ecosystem, and hence a key fish species in the China-GLOBEC Ⅱ programme (Tang, 2000).

The wintering anchovy stock in the Yellow Sea has been monitored acoustically since 1984 on board the R/V Bei Dou (Zhu and Iversen, 1990; Zhao, 2001). An example of the

① 本文原刊于 *Fish. Oceanogr.*, 12 (4/5): 495-501, 2003。

survey design is shown in Figure 1.

During the 1980s, anchovy was only a small by-catch from the trawl fishery and a target for the small-scale seasonal inshore set-net fishery. The stock size fluctuated between 2 and 3 million tons (Figure 2). Since 1989, a pair-trawler anchovy fishery started and expanded quickly into a large-scale year-round fishery in the mid-1990s. Since then the stock has undergone a rapid decline. In winter 2001-02, the acoustic estimate of the anchovy stock in the Yellow Sea was only 0.18 million tons (YSFRI, unpublished data), less than 10% of its pristine level. Fishing limitation is now under serious consideration (Jin et al., 2001).

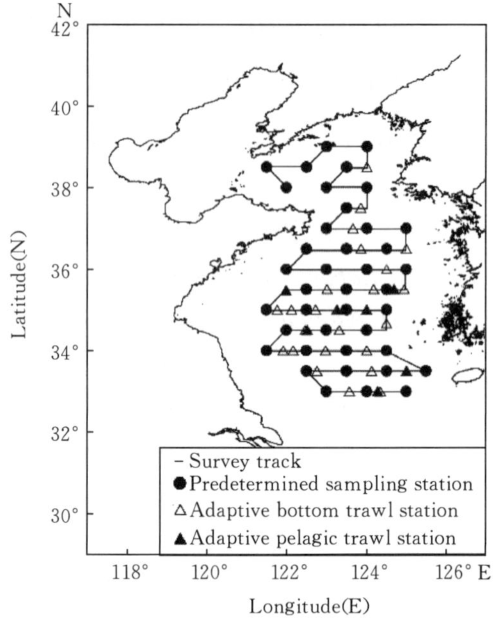

Figure 1 Survey area, cruise track and trawl sampling stations in the acoustic survey of the wintering anchovy stock in the Yellow Sea in the late 1990s

The acoustic estimates of stock size, together with the annual catch data, provided a good time series for the study of the population dynamics and management of this stock. Jin et al. (2001) estimated the sustainable yield of the anchovy stock on the basis of the recruitment observed in 1985-95. In this paper, we re-estimate this sustainable yield by using a new stock-recruitment relationship. Finally, we discuss the ecological impacts of the sharp decline of the anchovy stock on the Yellow Sea ecosystem.

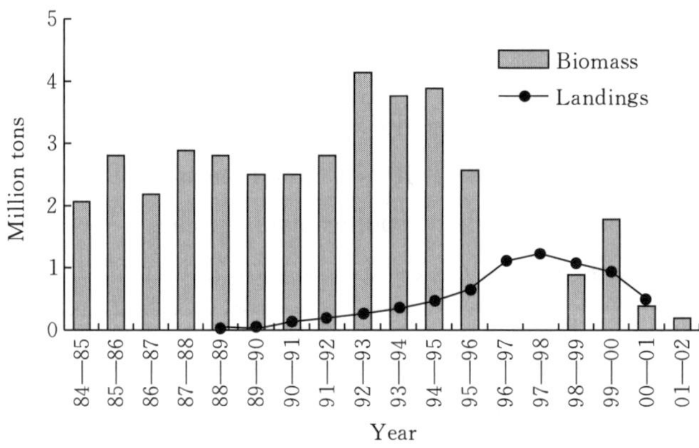

Figure 2 Acoustic estimates of the wintering stock and annual landings of anchovy in the Yellow Sea, 1984—2002

Materials and Methods

Data

Acoustic estimates of winter anchovy biomass, abundance and biomass by age are available for the years 1987—2002, except for the years 1997—1998 (Tables 1 and 2). The surveys were carried out from November to early February; the measurements done in November and December were, however, considered as stock estimates on 1 January of the following year. The total annual catch from 1989 to 2001 was also recorded (Table 1). All computations were done on Excel spreadsheets.

Table 1 Stock size and annual catch of anchovy in million tons in 1987—2002

Year	Survey date	Stock	Catch
1987	1986. 11. 10—12. 10	2. 16	
1988	1987. 12. 13—12. 31	2. 82	
1989	1988. 11. 07—11. 29	2. 82	0. 04
1990	1990. 01. 01—01. 10	2. 51	0. 06
1991	1991. 01. 15—02. 05	2. 46	0. 11
1992	1992. 01. 08—01. 20	2. 78	0. 19
1993	1992. 11. 21—12. 11	4. 12	0. 25
1994	1993. 12. 01—12. 29	3. 74	0. 35
1995	1994. 11. 29—12. 17	3. 85	0. 45
1996	1995. 11. 29—12. 12	2. 55	0. 60
1997			1. 10
1998			1. 20
1999	1999. 01. 31—02. 08	0. 79	1. 10
2000	1999. 12. 10—2000. 01. 01	1. 75	0. 95
2001	2000. 12. 26—2001. 01. 07	0. 42	0. 48
2002	2002. 01. 04—01. 09	0. 18	

Table 2 Stock measurements of anchovy in number by age and mean weight by age

Year	Stock size by age (billion fish)				Mean fish weight by age (g)			
	1	2	3	4	1	2	3	4
1987	102. 0	84. 1	32. 8	1. 4	6. 8	12. 0	13. 0	16. 4
1988	210. 1	98. 9	30. 3	0. 1	6. 8	10. 1	12. 9	15. 7
1989	136. 5	105. 9	74. 6	8. 5	3. 3	11. 1	14. 2	15. 3
1990	72. 9	106. 6	67. 0	4. 4	5. 3	11. 0	13. 2	15. 7
1991	163. 0	94. 9	58. 0	17. 3	4. 8	8. 3	11. 2	13. 5
1992	104. 2	161. 6	19. 9	2. 2	6. 1	11. 3	14. 4	15. 9
1993	185. 6	168. 7	80. 4	24. 1	5. 0	10. 1	14. 1	14. 6

(continued)

Year	Stock size by age (billion fish)				Mean fish weight by age (g)			
	1	2	3	4	1	2	3	4
1994	122.8	66.4	114.7	43.0	6.8	11.4	13.0	15.2
1995	198.0	133.3	58.6	0.6	6.6	12.7	14.6	15.7
1996	113.3	69.1	66.5	5.7	7.3	10.1	13.8	18.8
1997								
1998								
1999	29.6	37.8	13.9	1.1	4.0	12.0	20.0	24.0
2000	56.6	58.8	36.5	2.4	3.8	11.9	19.6	23.5
2001	18.7	23.2	4.4	0.1	3.2	10.9	20.6	27.3
2002	7.9	7.5	1.7	0.2	3.9	12.2	20.9	25.2

Natural Mortality

Natural mortality (M) was estimated by comparing abundance estimates of year classes in subsequent years. As there is a break in the data series in 1997—1998, only data from the years 1987—1995 were used.

The mean natural mortality for age group (i) was obtained by tuning back-calculated number of age groups (i) from measured age groups ($i+1$) in the following year to the corresponding acoustic measurements. The total catch was converted to numbers by age using the age composition in the stock from the survey data (Table 2). The back calculation of cohorts by ages was done by the VPA method using Pope's approximation formula:

$$N_t = N_{t+1} \times e^M + C_t \times e^{M/2} \quad (1)$$

where N_t is the estimated number of a year class in year t and N_{t+1} is the corresponding estimate of the year class in the subsequent year, M is the instantaneous natural mortality rate (hereinafter the natural mortality) and C_t is the catch by age (in numbers) in year t.

Stock-recruitment Relationship

There are two widely used models to describe the stock-recruitment relationship: the Beverton and Holt model and the Ricker model. As anchovy is a typical r-selected species characterized by small size, rapid growth, early maturity and short life span, the Ricker model was used (Erberhardt, 1977; Tang, 1991).

The stock-recruitment relationship was estimated by fitting the Ricker model to the estimated number of recruitment (R) and the corresponding spawning stock biomass (SSB) data, using the least sum of squares method.

The Ricker Model used was

$$R = a \times \mathrm{SSB} \times e^{-b \times \mathrm{SSB}} \quad (2)$$

where a denotes the recruits per spawner at low stock size, and b describes how quickly the recruits per spawner drops as SSB increases (Hilborn and Walters, 1992).

Recruitment was defined as the number of 1-year-old fish. The SSB was defined as stock size minus half of the previous year's catch.

Sustainable Yield and M-output

The calculation of the sustainable yield and *M*-output was based on an equilibrium assumption with recruitments predicted according to the estimated stock-recruitment model.

The sustained catch in number is estimated by the conventional catch equation:

$$C_i = N_i \times \frac{F_i}{F_i + M_i} \times (1 - e^{-(F_i + M_i)}) \tag{3}$$

where C_i is the catch (in numbers) for age class i, N_i is the initial stock size (number of fish) for age class i, F_i is the instantaneous fishing mortality rate (hereinafter the fishing mortality) and M_i is the natural mortality.

The *M*-output (M_{outp}), i. e. the biomass production corresponding to the natural mortality (Hamre and Tjelmeland, 1982), is calculated by a similar formula:

$$M_{outp} = N \times \frac{M}{F + M} \times (1 - e^{-(F + M)}) \tag{4}$$

The corresponding output biomasses of the stock were obtained by multiplying the number by the mean weight by age.

The calculation was conducted using a range of fishing mortality F from 0 to 0. 9 in 0. 1 steps. The mean number of the 1-year-old fish in the years from 1987 to 1996 was used as the recruitment input for the pristine stock ($F=0$); At each F level, the sustainable yield, the *M*-output, the winter stock biomass and the spawning stock biomass as well as the corresponding recruitment were arrived at by iteration. It was assumed that equilibrium was reached when the change in recruitment was less than 0. 005 billion individuals.

Results and Discussions

Natural Mortality

Table 3 shows the estimates of mean natural mortality of each age group. The mortality from age 2 to age 3 in the years 1987—1995 was calculated by comparing the measured 2-year-old stock size to the back-calculated 2-year-old stock size derived from the measured 3-year-old stock in subsequent years; the differences were squared and the *M*-value corresponding to the least sum of squares was selected as the average M_2 for the period. The best fit was obtained when M_2 equalled 0. 45. Corresponding stock estimates are presented in Figure 3. The M_1 and M_3 in the same period were estimated in a similar manner. In the years after 1996, fishing morality was substantial. However, as the age structure of the catches was not measured (but assumed on the basis of survey data), these data were not considered for the natural mortality calculations.

Table 3 Mean natural mortalities of anchovy in the Yellow Sea

Mortality	Age			
	1	2	3	4
Calculated	0.09	0.45	0.92	
Applied	0.45	0.45	0.92	0.92

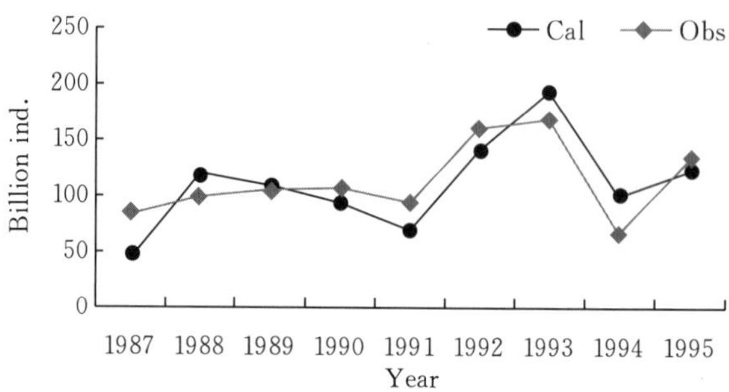

Figure 3 Measured (obs.) number of 2-year-old anchovy versus that of back-calculated (cal) from the measured 3-year-old in the subsequent year. The 1991 figure is adjusted according to the corresponding 4-year-old (see Table 2)

Figure 3 shows that the survey data for 2-group and 3-group are consistent and indicates that the estimated M_2 is fairly accurate. The calculated M_1 of 0.09, however, is unrealistic and is probably caused by the incomplete survey coverage of the 1-year-old stock in the winter acoustic surveys. Data from December 2000 showed that only young of the year anchovy were left in the Bohai Sea (YSFRI, unpublished data). This observation supports the assumption that the 1-year-old fish are not yet fully recruited in the Yellow Sea during the winter acoustic surveys. The M_1 used for further analysis was therefore set equal to M_2 (Table 3). The back-calculated numbers of the 1-group from the observed (measured) 2-group in the subsequent years are shown in Table 4.

The back-calculated numbers from the 2-group (Table 4) were about 25% higher than the measured numbers of the 1-group (Table 2). This was taken as a result of incomplete recruitment, i.e. only about 75% of the 1-group was covered by the winter acoustic surveys. This is to be expected given our knowledge of the biology and distribution of the young fish.

Figure 4 compares the measured numbers for the 3-group (Table 2) to the back-calculated numbers from the 4-group in subsequent years. It shows that the present method of estimating M_3 may not be very accurate, because of the very low and fluctuating number of 4-year-olds left. However, the natural mortality of 3-group (M_3) appears to be higher than M_2 (Table 2, Figure 4). This may be partly because of emigration of the oldest fish away from the surveyed area, but a high mortality of 3-year-olds is to be expected as anchovy is a short-lived species with a life span of only 4 years. M_3 and M_4 were therefore set to the present estimate (Table 3). The overall error introduced is probably small, because of the low numbers of 4-year-olds plus fish left (Table 2).

Table 4　Back-calculated stock size in billion fish by age from the corresponding 1-year older fish measured in the subsequent years according to the natural mortality given in Table 3. See text on the calculation of the 1997, 1998 and the 2002 data

Year	Age			
	1 (R_1)	2	3	4
1987	155.6	47.7	0.2	
1988	166.7	117.4	21.2	
1989	170.2	107.3	12.7	
1990	151.5	94.5	45.7	
1991	263.5	103.4	9.6	
1992	274.4	140.4	62.3	
1993	118.6	193.4	115.1	
1994	224.2	100.0	18.5	
1995	137.8	124.2	25.1	
1996	178.6	76.2	25.0	
1997	206.2	92.3	30.9	16.7
1998	115.1	92.8	35.3	0.1
1999	139.0	116.8	33.5	
2000	76.6	48.5	32.8	
2001	39.3	36.8	8.7	
2002	10.3			

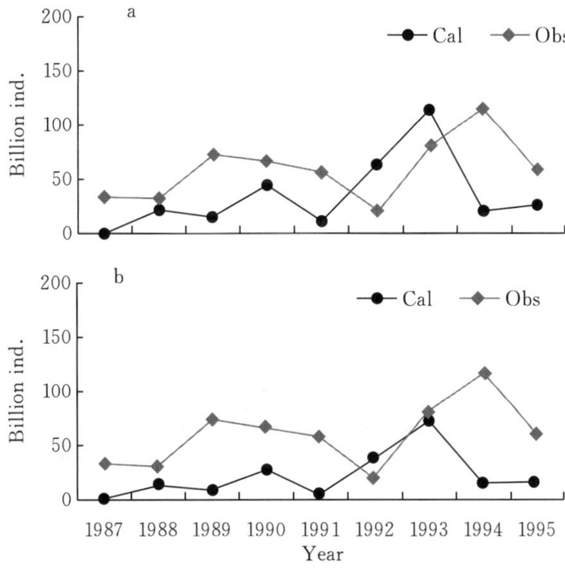

Figure 4　Measured (obs) number of 3 year-old anchovy versus that of back-calculated (cal.) from the measured 4-year-old in the subsequent year: a. with M_3 calculated from the 1987—1995, except the 1991 data; b. assuming that $M_3=M_2$

Stock-recruitment Relationship

Because young of the year anchovy may not be properly estimated during the winter acoustic surveys, recruitment was computed as the number of 1-year-olds back-calculated from the measured 2-year-olds in the subsequent year (R_1, Table 4). The stock biomass measured at the beginning of the previous year, adjusted according to the back-calculated 1-year-old biomass and minus half of the catch in the previous year, was regarded as the corresponding spawning stock biomass (SSB). This was considered reasonable as the fishing activity was more or less continuous throughout the year, and the spawning activity of anchovy was more or less continuous from April through October with a peak in June and July (Li, 1987). The effects of natural mortality from the beginning of the year to and during the spawning season were not considered, and it was assumed that this loss would be compensated for by individual growth.

For the calculation of the stock size in the 2 years without survey data, the 1998 1-year-old was back calculated from the 1999 2-year-old; the 1997 1-year-old and the1998 2-year-old were back calculated from the 1999 3-year-old; the 1997 2-year-old and 1998 3-year-old were back calculated from the 1999 4-year-old; the 1997 3-year-old was predicted from the 1996 2-year-old and the 1997 4-year-old was predicted from the 1996 3-year-old; while the 1998 4-year-old was set equal to the lowest value in the data series (0.1 billion individuals) as a forward prediction from the 1997 3-year-old would have resulted in a negative value. For the year 2002, the recruitment was estimated by scaling up the observed 1-year-old by the ratio between the overall back-calculated numbers of the 1-group and the observed numbers from 1987 to 2001. To convert fish numbers to biomass, the average values of the mean weight by age of the years from 1987 to 1996 were used (Table 5).

Figure 5 shows the resulting stock-recruitment scatter-plot together with the stock-recruitment curve:

$$R = 151.1 \times SSB \times e^{-0.299SSB} \quad (5)$$

where R is given in billion individuals and SSB in million tons.

The model implies that under the prevailing conditions from 1987 to 2002, the maximum recruitment of the anchovy stock in the Yellow Sea is about 186 billion fish, with a corresponding SSB of about 3.2 million tons. This is close to the mean prior to 1996.

Table 5 Mean weight (g) by age of anchovy for two exploitation periods and that applied in the estimation of sustainable yield

	Age			
	1	2	3	4
1987—1996	5.9	10.8	13.4	15.7
1999—2002	3.7	11.8	20.3	25.0
Applied	3.7	11.3	16.9	20.3

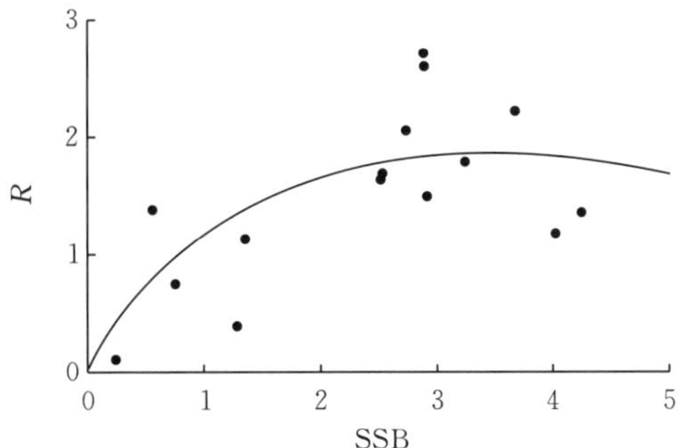

Figure 5 Recruits (R, in 100 billion individuals) versus spawning stock size (SSB, million tons) Superimposed is the estimated Ricker stock-recruitment curve.

Sustainable Yield and *M*-output

In order to convert the numbers to biomass, the mean weight by age needs to be determined. The observed mean weight by age (Table 2) falls into two different groups corresponding to two distinct exploitation periods for the stock. In the period 1987-96, the anchovy stock was only moderately exploited, while in the period 1999-2002, the stock was heavily exploited. The mean weight at age 3 and age 4 in the latter period was considerably higher than that in the former period (Table 5), suggesting a density dependent individual growth. The lower mean weight of 1-year-old fish in the latter period was probably a result of the more extensive distribution of the smallest fish in the later years. This lower value was, therefore, considered as the best estimate of 1-year-old fish and hence used for the sustainable yield estimates. For ages 2-4, the means of the corresponding weight at age in the two periods were used (Table 5). Based on these treatments, the resulting sustainable yield and stock biomass should be appropriate for a fully exploited stock, and would be somewhat too high for a moderately exploited stock.

The catchability for age 2 and older fish was set to1, while the catchability of 1-year-old fish was set equal to 0. 75, i. e. the proportion of incomplete recruitment to the measurable stock. This was considered as the best assumption of the fishing pattern as long as catch by age data is lacking. As the actual catch ablity may be age dependent and may also vary over time, systematic monitoring of the catch sample should provide valuable information and must be encouraged to improve our estimate of sustainable yield.

Figure 6 shows the sustainable yield and other stock parameters at various fishing mortalities with recruitment calculated according to Eqs. (5). The primitive stock ($F=0$) is estimated at about 3. 8 million tons, which is slightly higher than the average stock estimates prior to 1995. This is caused by the choice of mean weight at age (see above); as well as that all fish age classes (including 1-year-olds) were taken into account. The maximum sustainable yield (Y_{max}) is about 550 000 tons at a fishing mortality of 0. 4, the corresponding wintering stock size is about

2.2 million tons. This means that fishing more than 550 000 tons a year for several years, as is the case in this fishery, is likely to result in a stock collapse. The optimum sustainable yield (Y_{opt}) is estimated at about 520 000 tons, corresponding to F_{opt} or $F_{0.1}$ slightly higher than 0.3. This is very close to the annual catch recommended by Zhu and Iversen (1990). The corresponding wintering stock biomass and SSB are estimated at 2.6 and 2.3 million tons, respectively. This is also the stock level where the recruitment begins to be adversely affected as indicated by the stock-recruitment curve (Figure 5).

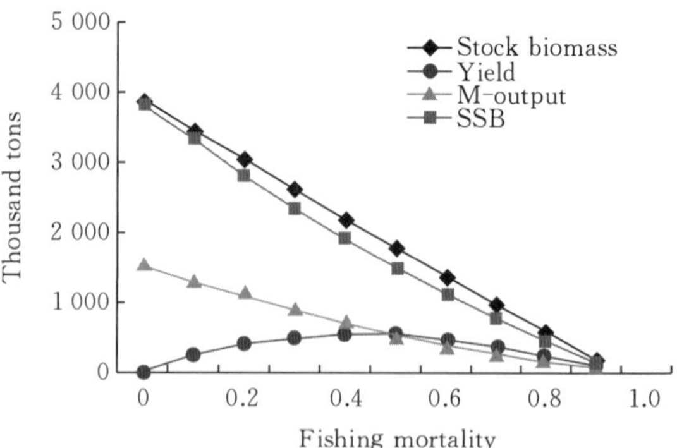

Figure 6 Sustainable yield, *M*-output, wintering stock biomass and the corresponding spawning stock biomass (SSB) of anchovy versus fishing mortality

Possible Ecological Consequences

Anchovy is important both as prey species and as a major plankton feeder in the Yellow Sea ecosystem. As a forage fish it is important to consider its role in the food chain when formulating management plans. The biomass production corresponding to the natural mortality, the *M*-output (Hamre and Tjelmeland, 1982), was calculated and is shown in Figure 6. The *M*-output represents the food for predators, and is estimated at 1.5 million tons in the primitive state ($F=0$). The *M*-output is reduced to 0.8 million tons when the stock is exploited at the optimal level ($F_{0.1}$) and below 0.3 million tons if the stock is fished down to below 1 million tons. At present, the figure is less than 0.1 million tons.

Anchovy is the main prey for the Spanish mackerel (*Scomberomorus niphonius*) in the Yellow Sea. The frequency of appearance of anchovy in the diet of Spanish mackerel was 81.0% in the 1980s, and 65.7% in terms of mass (Wei, 1991). However, no report on the food conversion efficiency (FCE) of Spanish mackerel has been found. Assuming that the FCE of Spanish mackerel is similar to that of chub mackerel (*Scomber japonicus*), 15%, (Tang et al., 2002), a stock size of about 0.2 million tons of Spanish mackerel would consume about 0.9 million tons of anchovy annually. This huge amount of anchovy would be available only if the anchovy stock is exploited below the optimum fishing mortality of 0.3. With much reduced anchovy stock, Spanish mackerel would have to switch to other prey items in order to survive. Stomach samples of Spanish mackerel sampled during the spring feeding season from 2000 to 2002 showed that the frequency of appearance of anchovy was only about 6.5% (3.6% by mass). Sand lance (*Ammodytes personatus*) replaced anchovy as the principal dietary species (YSFRI, unpublished data). The above findings clearly demonstrate that an anchovy stock collapse would have serious impacts on the food supply for other important commercial stocks in this ecosystem.

Anchovy is also a major zooplankton feeder in the Yellow Sea ecosystem. With reduced predation pressure, the plankton community may undergo structural changes.

With the space and food left by anchovy, those competing species would find their opportunity to grow. Coincidentally, a fishery for sand lance, a species having overlapping prey, developed with the decline of the anchovy stock (Figure 7). However, not much is known about sand lance stock development. Whether this indicates a shift in fish exploitation patterns or a shift in species dominance needs further investigation.

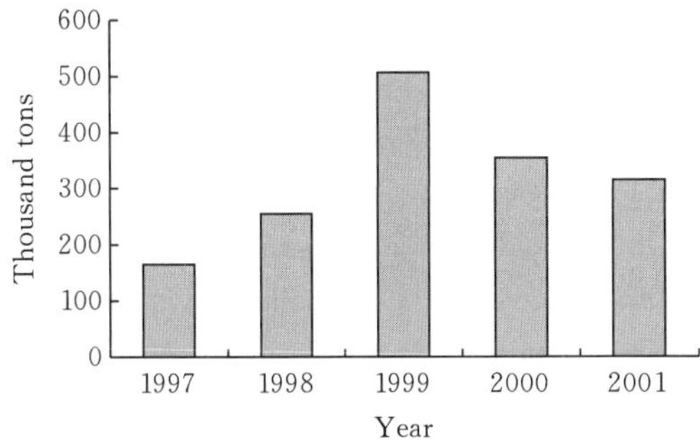

Figure 7 Annual landings of sand lance in the Yellow Sea, 1997—2001

Future Work

As a small pelagic fish, the anchovy stock in the Yellow Sea may also fluctuate in response to climate changes. However, environmental factors were not considered in the above assessment. It is recommended that environmental variables be incorporated in the stock-recruitment model to account for climate-induced variations in the recruitment of this stock.

The anchovy stock in the Yellow Sea has been monitored annually since 1984, but samples of the catches have not been monitored. The age structure of these catches is important in the estimation of various parameters relevant to stock assessment and the formulation of management plans and, therefore, systematic sampling of the catches should be carried out in the future. The continued monitoring of this stock and of the Yellow Sea ecosystem in general would provide important insights into the dynamics of the anchovy stock and its interaction with other species in the face of anthropogenic pressures and climate variations.

Acknowledgements

This work was carried out under the auspices of the National Key Basic Research Program from the Ministry of Science and Technology, P. R. China (Grant no. G19990437) and the National Natural Science Foundation of China (Grant no. 39970580). The captain and crew aboard the R/V Bei Dou and colleagues at YSFRI are thanked for their excellent cooperation for data collection. Two anonymous reviewers are thanked for their valuable comments. Dr Manuel Barange is thanked for his editorial help.

References

Erberhardt L L, 1977. Relationship between two stock-recruitment curves. J. Fish. Res. Board Can. 34: 425 - 428.

Hamre J, Tjelmeland S, 1982. Sustainable yield estimates of the Barents Sea capelin stock. ICES C. M. 1982/H: 45, 24 pp.

Hilborn R, Walters C J, 1992. Quantitative Fisheries Stock Assessment: Choice, Dynamics and Uncertainty. New York: Chapman and Hall, 570 pp.

Iversen S A, Zhu D, Johannessen A et al., 1993. Stock size, distribution and biology of anchovy in the Yellow Sea and East China Sea. Fish. Res., 16: 147 - 163.

Jin X, Hamre J, Zhao X et al., 2001. Study on the quota management of anchovy (*Engraulis japonicus*) in the Yellow Sea. J. Fish. Sci. China, 8 (3): 27 - 30 (in Chinese with English abstract).

Li F, 1987. Study on the behaviour of reproduction of the anchovy (*Engraulis japonicus*) in the middle and southern part of the Yellow Sea. Mar. Fish. Res. China, 8: 41 - 50 (in Chinese with English abstract).

Tang Q, 1991. Summary of the methodologies for fishery biology research. In: Marine Fishery Biology. J. Deng and C. Zhao (eds) Beijing: Agriculture Press, pp. 33 - 94 (in Chinese).

Tang Q, 1993. Effects of long-term physical and biological perturbations on the contemporary biomass yields of the Yellow Sea ecosystem. In: Large Marine Ecosystem: Stress, Mitigation, and Sustainability. K. Sherman, L. M. Alexander and B. D. Gold (eds) Washington, DC: AAAS Press, pp. 79 - 93.

Tang Q, 2000. The new age of China-GLOBEC study. Newslett. North Pacific Mar. Sci. Org., 8 (1): 28 - 29.

Tang Q, Sun Y, Guo X, et al., 2002. Ecological conversion efficiencies of 8 fish species in the Yellow Sea and Bohai Sea and main influence factors. J. Fish. China, 26: 219 - 225.

Wei S, 1991. Spanish mackerel. In: Marine Fishery Biology. J. Deng and C. Zhao (eds). Beijing: Agriculture Press, pp. 357 - 412 (in Chinese).

Wei S, Jiang W, 1992. Study on food web of fishes in the Yellow Sea. Oceanol. Limnol. Sinica, 23: 182 - 192 (in Chinese with English abstract).

Zhao X, 2001. The acoustic survey of anchovy in the Yellow Sea in February 1999, with emphasis on the estimation of the size structure of the anchovy population. Mar. Fish. Res. China, 22 (4): 40 - 44.

Zhu D, Iversen S A, 1990. Anchovy and other fish resources in the Yellow Sea and East China Sea. Mar. Fish. Res. China, 11: 1 - 143 (in Chinese with English abstract).

Spatial and Temporal Variability of Sea Surface Temperature in the Yellow Sea and East China Sea over the Past 141 Years①

Daji Huang[1,2], Xiaobo Ni[1], Qisheng Tang[3], Xiaohua Zhu[1,2], Dongfeng Xu[1,2]

(*1. State Key Laboratory of Satellite Ocean Environment Dynamics Second Institute of Oceanography, State Oceanic Administration*;
2. Department of Ocean Science and Engineering, Zhejiang University;
3. Yellow Sea Fisheries Research Institute, Chinese Academy of Fishery Sciences China)

1. Introduction

The Yellow Sea and East China Sea (YES) are marginal seas in the northwest Pacific. There is in fact a smaller sea, the Bohai Sea, to the north of the Yellow Sea. For most discussions in the chapter, we shall treat the Bohai Sea as part of the Yellow Sea. The YES is one of the mostly intensively utilized sea in the world, for example, heavy fishery and marine aquaculture. The use of the YES is closely related to its climate variability, though it is not well-know because until now there has been a lack of adequate observational data. To know the climatology of sea surface temperature (SST, all the acronyms used in the chapter are listed in Table 1) in the YES and their relationship with regional and global climate have both scientific and social importance.

There have been recent studies, some associated with marine ecosystem, on the long-term temperature variation in the YES. The results indicate that SST has risen significantly in the 20th century. The observed annual mean SST in the Bohai Sea increased by 0.42℃ from 1960 to 1997 (Lin et al., 2001), and the observed annual mean of water-column average temperature along the 36°N section between 120°45'E and 124°30'E in the Yellow Sea increased by 1.7℃ from 1976 to 2000 (Lin et al., 2005). On the eastern side of the Yellow Sea, there has been an increase of 1.8℃ and 1.0℃, respectively, in water temperature in February and August over the past 100 years (Hahn, 1994). Using the Hadley SST data from 1901 to 2004, Zhang et al. (2005) found that, in the YES, the annual mean SST was cold from 1900s to 1930s, warm in the 1950s, slightly cold in the 1960s and warming again from 1980s.

---

① 本文原刊于 *Modern Climatology*, 213－234, In Tech, 2012。

Until now, the inter-relation between the SST in the YES with the regional climate is not well documented, though their interaction is rather distinct, for instance, the variability of the land surface air temperature over China affects the SST in the YES particularly in winter, and the SST in the YES also have some influence on the air temperature, fog and precipitation over China, especially along the coastal area. However these have not been well studied, especially in climatological prespective due to the lack of long time dataset.

For all study of the spatial and temporal variability of SST in the YES, the annual mean data is used, while seasonal variability is filtered out. In this study, we use the Met Office Centre's Hadley SST data (Rayner et al., 2003) to investigate the seasonal variability, interannual to decadal variability and long-term trend of SST in the YES.

Table 1 List of the acronyms used in the chapter

Acronym	Expanded form
AC	annual component
AM	annual mean component
AR	annual range
CC	cold regime with a cold trend
CW	cold regime with warm trend
EASM	the East Asian summer monsoon
EMD	Empirical Mode Decomposition
ENSO	El Nino-Southern Oscillation
EOF	Empirical Orthogonal Function
JJA	June, July and August
JMA	the Japan Meteorological Agency
PAC	the normalized annual precipitation anomaly over China
PDO	Pacific Decadal Oscillation
RMSE	root mean squared error
STD	standard deviation
SST	sea surface temperature
TAC	annual surface air temperature anomaly over China
WC	warm regime with cold trend
WW	warm regime with warm trend
YES	the Yellow Sea and East China Sea

2 Data and Methods

2.1 Data

The monthly SST in the YES is extracted from HadISST1 SST dataset for the period from 1870 to 2010, i.e., 141 years. There are 188 grid points in the YES (Figure 1).

HadISST1 SST data set, produced by the Met Office Hadley Centre, is a monthly global 1° latitude-longitude grid data start from 1870 till present. HadISST1 temperatures are reconstructed using a two-stage reduced-space optimal interpolation procedure, followed by superposition of quality-improved gridded observations onto the reconstructions to restore local detail. HadISST1 compares well with other published analyses, capturing trends in global, hemispheric, and regional SST well, containing SST fields with more uniform variance through time and better month-to-month persistence than those in global SST (Rayner et al., 2003). HadISST1 SST dataset is available at web site http://www.metoffice.gov.uk/hadobs/hadisst/data/download.html.

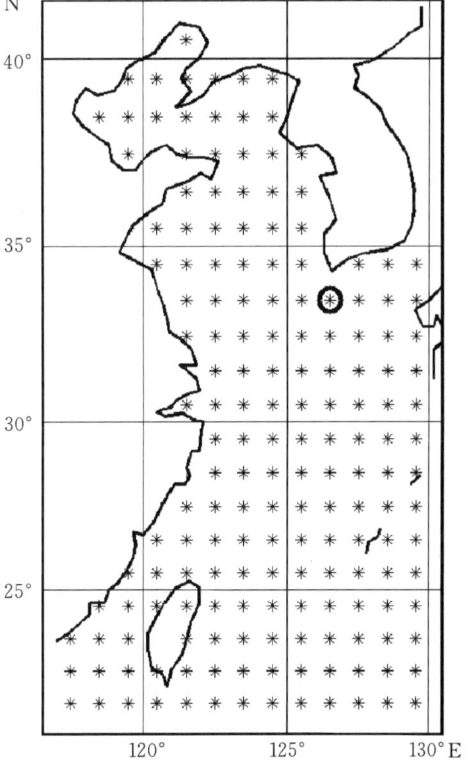

Figure 1 Study area of the YES, and location of data grid points extracted from HadSST1 SST dataset. A bold cycle indicates the specific data points at (126.5°E, 33.5°N), which is used as a template

The spatial and temporal variability of SST in the YES is related to the regional and global climate. One climatic effect of the SST in the YES is readily illustrated by much warmer winter temperatures on its east coast than that on the west coast. For example, January temperature is 6.4 ℃ in Nagasaki (32.4°N), Japan, but only 3.7 ℃ in Shanghai (31.3°N), China (Xie et al., 2002). Both the satellite observation and numerical model results show (Xie et al., 2002; Chen et al., 2003) that SST front in the YES plays a significant role on enhancing wind speed and raining cloud above the region. The SST in the YES (a marginal sea between the largest continent Eurasia and the largest ocean Pacific) is a part of the global climate and is closely linked to the Pacific and East Asian climate. The East Asian monsoon system is one of the most active components of the global climate system. El Nino-Southern Oscillation (ENSO) exhibits the greatest influence on the interannual variability of the global climate (Webster et al., 1998). The mature phase of ENSO often occurs in boreal winter and is normally accompanied by a weaker than normal winter monsoon along the East Asian coast (Wang et al., 2000). Consequently, the climate in south-eastern China and Korea is warmer and wetter than normal during ENSO winter and the following spring (Tao & Zhang, 1998; Kang & Jeong, 1996).

In order to investigate the relationship of the variability of SST in the YES with the regional and global climate, the following time series are used.

The annual surface air temperature anomaly over China (TAC), the normalized annual precipitation anomaly over China (PAC) and the East Asian summer monsoon (EASM) index are used to represent the regional climate. The TAC is reconstructed by Tang & Ren (2005) for 1905 to 2001 and extended by Ding & Ren (2008) to 2005. A monthly mean temperature data obtained by averaging monthly mean maximum and minimum temperatures is used to avoid the inhomogeneity problems with data induced by different observation times and statistic methods between early and late 20th century. The PAC is reconstructed by Ding & Ren (2008), and is normalized with respect to its 30 years (1971—2000) standard deviation (STD). Both TAC and PAC are available from 1905 to 2005 and these time series are digitalized from their published figures (Ding & Ren, 2008).

The EASM index is defined as an area-averaged seasonally (June, July and August, JJA) dynamical normalized seasonality at 850 hPa within the East Asian monsoon domain (10°N~40°N, 110°E~140°E)(Li & Zeng, 2003). There is an apparent negative correlation between the EASM index and summer (JJA) rainfall in the middle and lower reaches of the Yangtze River in China, indicating drought years over the valley are associated with the strong EASM and flood years with the weak EASM. The annual ESAM index is available from 1948 to 2010 and is downloaded from http: //web. lasg. ac. cn/staff/ljp/data-monsoon/EASMI. htm.

Both ENSO and Pacific Decadal Oscillation (PDO) indexes are used to represent the global climate. The ENSO index used in the chapter is produced by the Japan Meteorological Agency (JMA). It is the monthly SST anomalies averaged for the area 4°N~4°S and 150°W~90°W. This ENSO index is the JMA index based on reconstructed monthly mean SST fields for the period Jan 1868 to Feb 1949, and on observed JMA SST index for March 1949 to present (Meyers et al., 1999). The monthly ENSO index data file (jmasst1868-today. filter-5) is available from 1868 to 2010 and is downloaded from http: //coaps. fsu. edu/pub/JMA-SST-Index/.

The PDO index used in the chapter is updated standardized values for the PDO index, derived as the leading principal component of monthly SST anomalies in the North Pacific Ocean, poleward of 20°N (Zhang, et al., 1997; Mantua et al., 1997). The monthly mean global average SST anomalies are removed to separate this pattern of variability from any "global warming" signal that may be present in the data. The monthly PDO index is available from 1900 to present and is downloaded from http: //jisao. washington. edu/pdo/PDO. latest.

All the above mentioned five time series are shown in Figure 2.

2.2 Data Analysis Methods

The monthly SST of the last 141 years in the YES contains both spatial and temporal variability. The temporal variability is primarily contributed by seasonal signal for overall

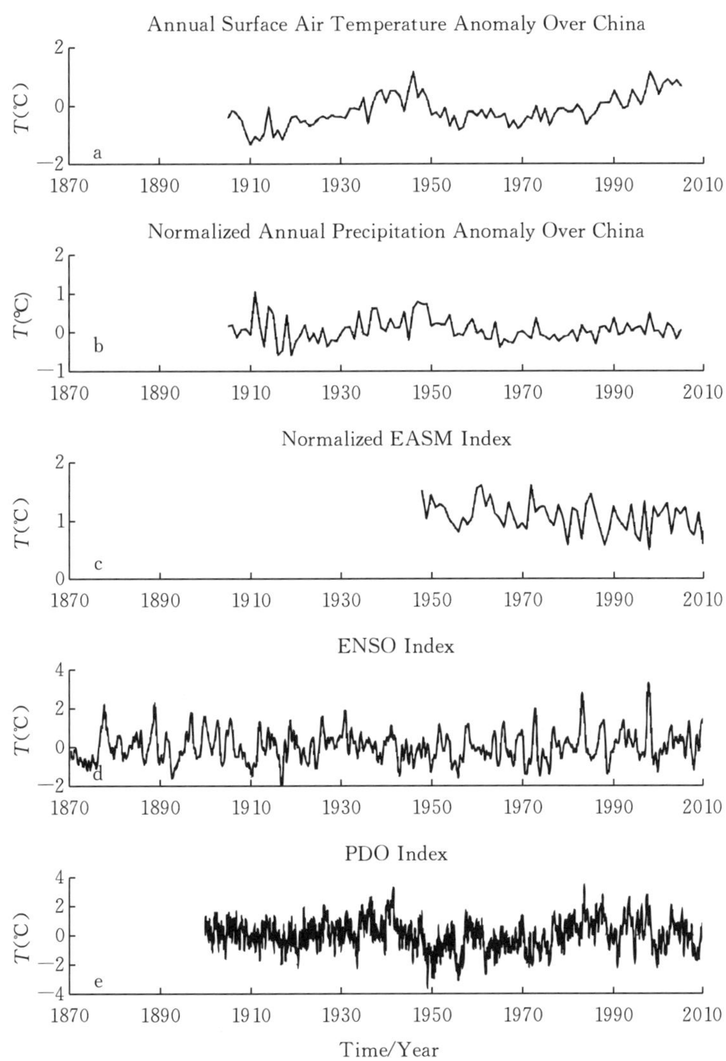

Figure 2 Time series used to represent regional and global climate

a. Annual surface air temperature anomaly over China (TAC) b. Normalized annual precipitation anomaly over China (PAC) c. EASM Index d. ENSO index e. PDO index

variability, and is contributed by inter-annual to decadal signals for the annual mean variability. For long-term variability analysis, it is a common way to remove seasonal signal, and explore only on low frequency variability, i. e., inter-annual to decadal scales and longterm trend. Here, in addition to the common way for analyzing low frequency variability, we shall also investigate seasonal signal to know its spatial and temporal variability. Hereafter, we shall use the term "annual component" (AC) instead of seasonal signal, and "annual mean component" (AM) instead of inter-annual to decadal scales and long-term signal.

The AC as well as AM is spatially interrelated with specific spatial patterns. We shall firstly separate AC and AM from the monthly SST at each grid point. Then, the pattern recognition is used for AC to identify the normalized annual pattern and the time-dependent annual range (AR). The normalized annual pattern is fitted with annual and semi-annual sinusoidal functions to get their amplitudes and time lags. Both AR and AM are further analyzed with Empirical Orthogonal Function (EOF) methods (Emery & Thomson, 2001) to explore their spatial and temporal variability.

2.2.1 Partition SST into AC and AM

The SST at each grid point is partitioned into AC and AM by applying twice a 12 points moving average on the SST, namely, AM is obtained by moving average and AC is derived by subtracting AM from the SST. For instance, the SST at a specific location (126.5°E, 33.5°N), and the partitioned AC and AM are shown in Figure 3. The much larger AR of AC for 17℃ than the range of AM for 3℃ means that seasonal variability is much stronger than low frequency variability on inter-annual to decadal scales.

2.2.2 Harmonic Analysis of AC

Figure 3b shows that AC neither is a sinusoidal function, nor has time independent amplitude. The great similarity of AC suggests that AC at each grid point can be expressed with an annual pattern, especially with a normalized annual pattern, multiply by a time varying AR.

$$SST_{AC}=\frac{1}{2}AR\times T_{Norm} \tag{1}$$

Where SST_{AC} is AC of SST at a grid point, T_{Norm} is annual pattern of AC normalized by half AR. T_{Norm} is further fitted with annual and semi-annual sinusoidal harmonic functions, which are expressed by their amplitudes and time lags as follows.

$$T_{Norm}=h_1\cos\left[\frac{2\pi}{12}(t-t_1)\right]+h_2\cos\left[\frac{4\pi}{12}(t-t_2)\right]+\Delta T \tag{2}$$

Where, t is time in month and increases from 1 to 12 for January to December. h_1 and h_2 are amplitudes of the annual and semi-annual harmonic functions. t_1 and t_2 are time lags in month of the annual and semi-annual harmonic functions.

Figure 4 shows the AC of SST at a specific location (126.5°E, 33.5°N) and the validation of above expressions (1) and (2). Figure 4a and Figure 4c demonstrate that AC has similar annual pattern with maximum and minimum SST in August and February. The annual maximum and minimum SSTs vary very significantly from year to year, and their temporal variability is reflected by AR (Figure 4b). The much reduced dispersion and deviation of normalized annual pattern in Figure 4d mean that normalized annual pattern is a better representation than the un-normalized annual pattern for pattern recognition. The derived annual and semi-annual harmonic functions, namely c_1 and c_2, are shown in Figure 4e. The small difference (ΔT) between the SST pattern and sum of annual and semi-annual harmonic functions (c_1+c_2) suggests that annual pattern can well be described by equation (2).

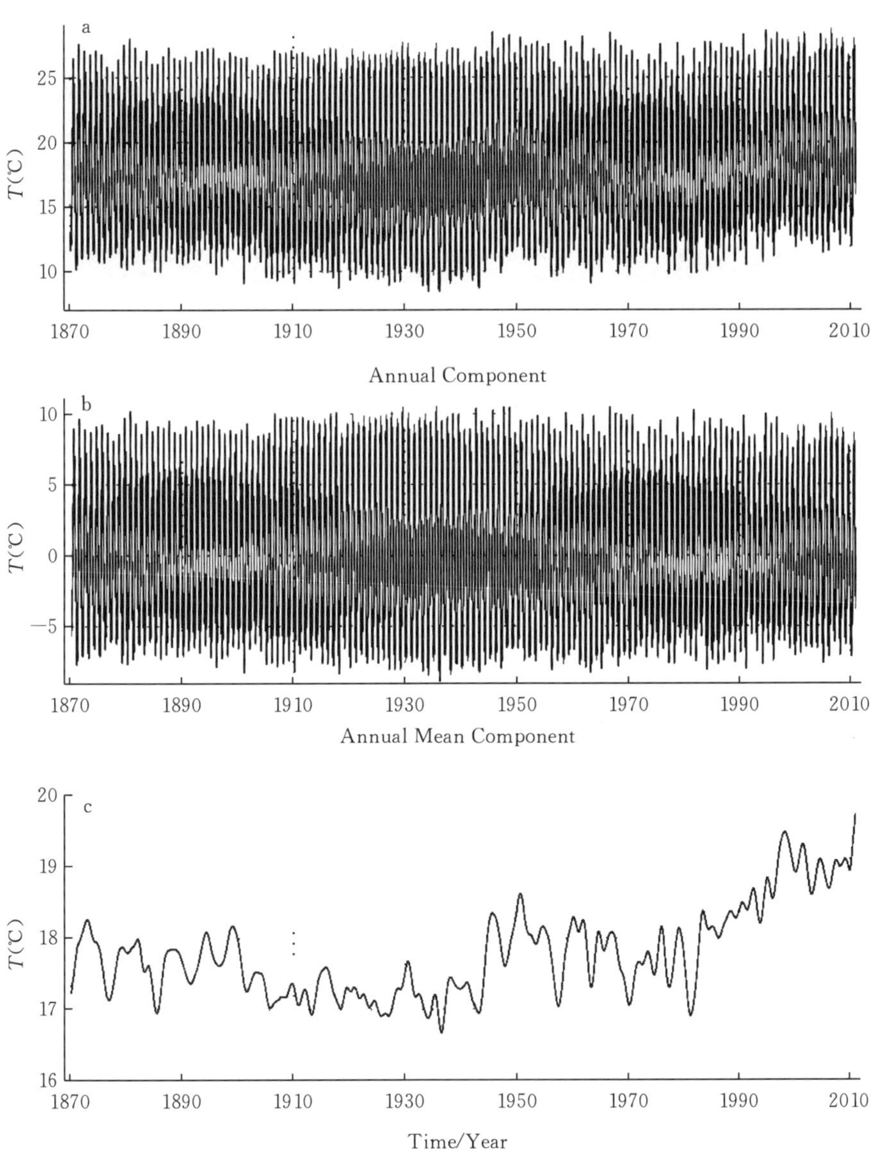

Figure 3　Partition of SST into AC and AM

a. SST at specific location (126.5°E, 33.5°N) as indicated by a bold circle in Figure 1

b. Decomposed AC with zero annual mean　c. Derived low frequency de-annual component, AM

2.2.3　Analysis of AR and AM

The time varying AR and AM are further analyzed with EOF method. Firstly, both AR and AM are partitioned into their time independent mean and time dependent anomaly expressed statistically by STD (Figure 6, Figure 8). Then, their anomalies are analyzed with EOF method, by decomposing their spatial-temporal anomaly to coherent spatial modes and corresponding temporal modes (Figure 7, Figure 9). The larger variance explained by

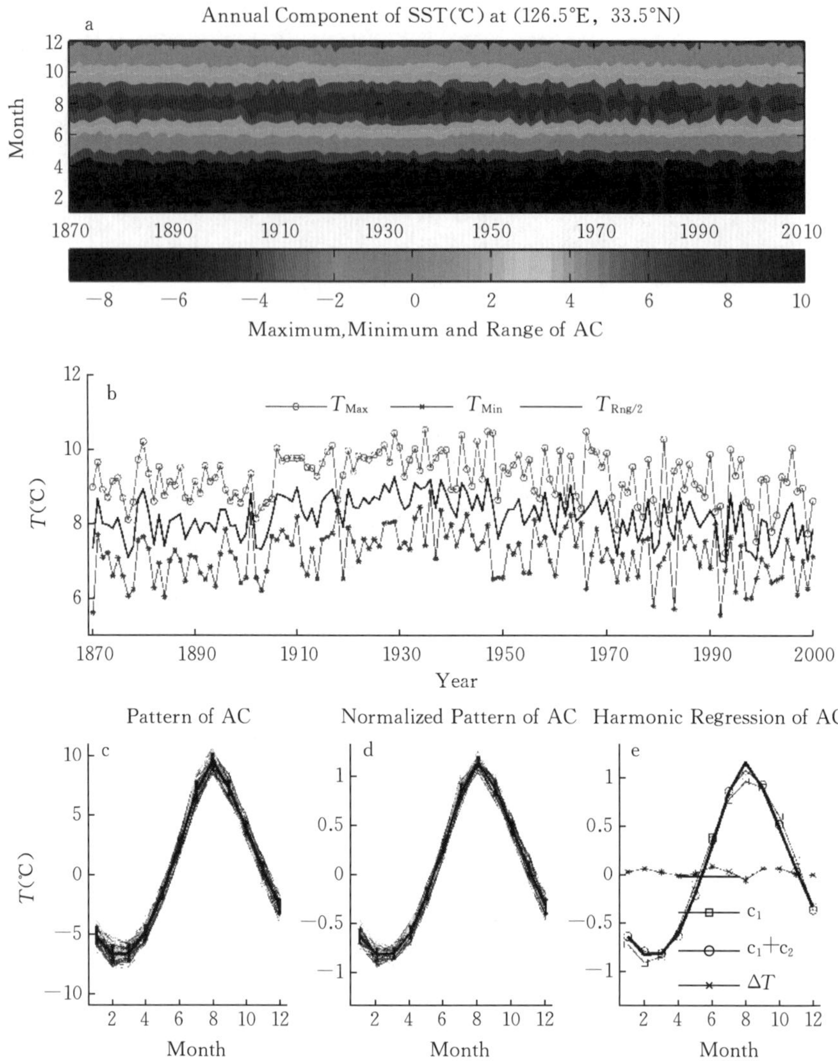

Figure 4 AC of SST at a specific location (126. 5°E, 33. 5°N)

a. Its contour map b. The maximum, minimum and half range of AC

c. Annual pattern for 141 years d. Annual pattern normalized by half AR

e. Harmonic regression of mean normalized annual pattern with annual and semi-annual sinusoidal functions, c_1 and c_2. ΔT is the difference between T and their sum c_1+c_2

the first two leading EOF modes in general, and the dominant contribution of the first mode in particular, means that the spatial and temporal variability of AR and AM can well be described by their first EOF mode. Conventionally, the spatial mode is normalized to be a unit vector, and the magnitude of variability is expressed in the corresponding temporal mode. This expression is more mathematical than physical, as it is hard to extract the actual variability at a specific time and place by combine the spatial and temporal value. In present chapter, we shall normalize the temporal mode by its maximum, and the magnitude of variability is reflected by the corresponding spatial mode. And the spatial mode is actually the maximum variability occurred when the temporal mode equals one. In this way, we can easily estimate the actual variability at a specific time and place, just by multiply the spatial mode values at that place by the temporal mode value at that time.

2.2.4 Analysis of Regime Shifts

The first temporal EOF mode of AM is further analyzed with Empirical Mode Decomposition (EMD) methods (Huang et al., 1998; Huang et al., 2003; Huang et al., 2008). Regime shifts are identified by the decomposed components (Figure 10). The increase of SST over the latest regime, namely from 1977 to 2010, is fitted with linear regression to obtain the degree of warming of SST in the YES (Figure 11).

3 Results

We shall present the obtained results from high frequency to low frequency. The spatial and temporal variability of AC will be presented first in terms of normalized annual pattern and AR, followed by AM. The regime shift of AM is presented in conjunction with AR. Finally, we present the correlation between AR and AM with regional and global climate.

3.1 Normalized Annual Pattern

The fitting of the mean normalized annual pattern with annual and semi-annual sinusoidal functions is validated by root mean squared error (RMSE), which is shown in Figure 5f. The RMSE is less than 0.04 ℃ in general, comparing with the range of mean normalized annual pattern of 2 ℃, which means that the mean normalized annual pattern can well be represented by annual and semi-annual sinusoidal functions.

The annual and semi-annual sinusoidal functions are described simply by their harmonic constants, i.e., amplitudes and time lags. The large and close to 1 amplitude ($h_1 > 0.94$ ℃, Figure 5a) of annual sinusoidal function means that normalized annual pattern is over dominant by pure annual cycle. The small amplitude of semi-annual sinusoidal function ($h_2 < 0.12$ ℃, Figure 5c) means that annual cycle is modified by semi-annual fluctuation, which is most significant to the south of Korean Peninsula. The small ratio of h_2/h_1 (Figure 5e), which has a very similar spatial pattern to h_2 due to nearly one value of h_1, confirms that annual cycle is much more important than semi-annual cycle.

The time lag of the annual cycle, t_1, is shown in Figure 5b. From Figure 5b, the maximum annual SST occurs in later July in the south of YES, and delays gradually northward by half a month to early August in the central YES. In the north part of YES, the maximum annual SST occurs at the beginning of August. Figure 5d shows that time lag of the semi-annual cycle, t_2, which means that the first maximum semi-annual SST occurs in later April in the southern YES, and delays rapidly north-eastward by three months to later

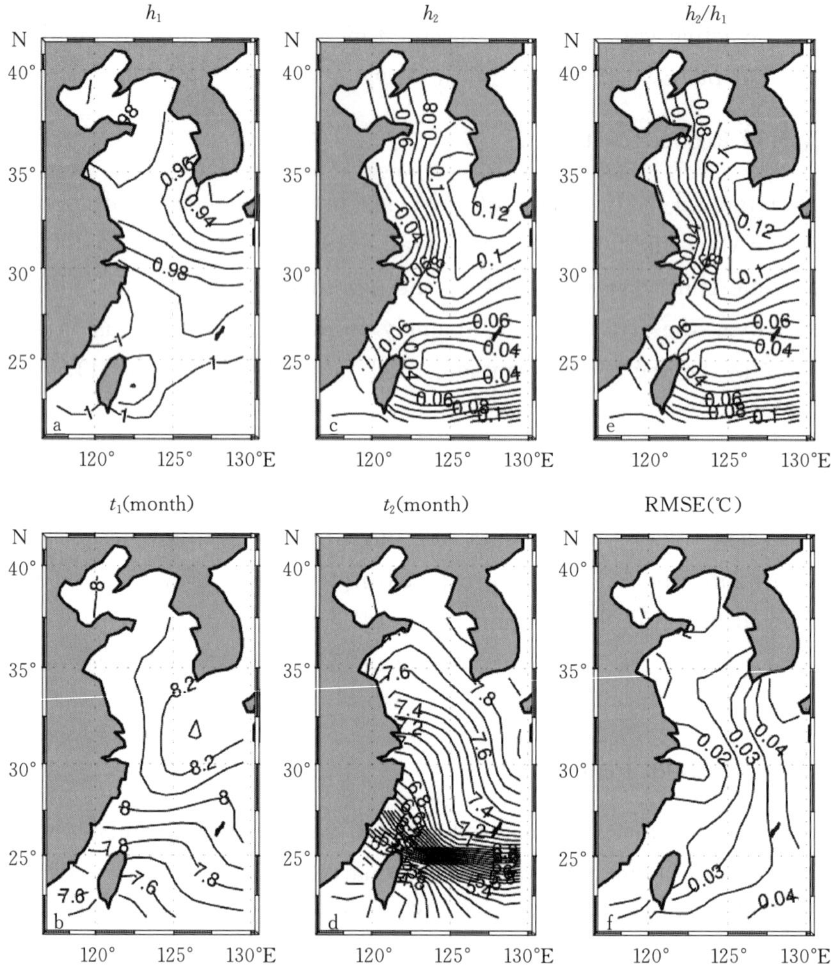

Figure 5 Harmonic regression of the mean normalized annual pattern with sinusoidal functions

a. h_1, amplitude of annual sinusoidal component

b. t_1, time lag of annual sinusoidal component c. h_2, amplitude of semi-annual sinusoidal component

d. t_2, time lag of semi-annual sinusoidal component e. h_1/h_2, ratio of the amplitude of semi-annual to annual components

f. RMSE of harmonic regression of the mean normalized annual pattern with annual and semi-annual sinusoidal functions

July in the central YES. The semi-annual cycle plays a primary modification on annual cycle, particularly in the area south to Korean Peninsula, where h_2 is largest. The effects of this modification lead to a warmer SST in August and February, which can be clearly identified from Figure 4e.

3.2 Spatial and Temporal Variability of AR

Figure 6a and 6b show the mean and STD of AR. The mean AR increases from 6 ℃ in south to 24 ℃ in the Bohai Sea. The lower AR in the southern YES means that SST has less annual variability, and the higher AR in the northern YES means that SST has larger annual variability. There is a band of rapid change of mean AR in the continental margin of YES, where, the mean AR increases from 9 ℃ in the southeast YES to 19 ℃ in the central Yellow Sea. This band marks a transition zone between oceanic to continental dominant climate.

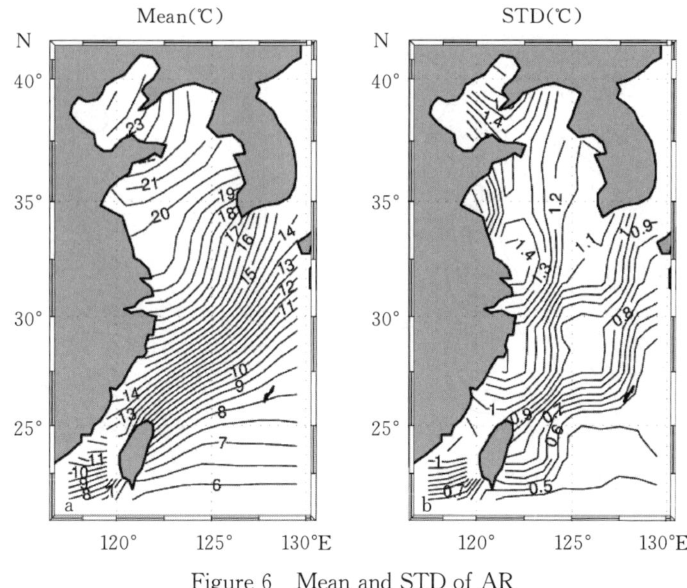

Figure 6 Mean and STD of AR

a. Mean b. STD

The STD of AR shows a similar spatial tendency as its mean, i. e. , STD increases from 0. 5 ℃ in south to 1. 6 ℃ in the Bohai Sea. There is a band of relatively larger STD oriented primarily in south-north direction in the western YES. Corresponding to the band of rapid change of mean AR, there is also a zone of rapid change of STD, where STD increases from 0. 6 ℃ in the southeast of YES to 1. 2 ℃ in the central Yellow Sea.

The AR as well as its variability increases from south to north in the YES. Both smaller mean and STD of AR in the south means that SST is much more stationary in the southern YES. While, in the northern Bohai Sea, AR and its variability are very larger, show significant annual variation of SST.

The spatial and temporal variability of AR, as expressed by its variance STD in Figure 6b, is further investigated with EOF method. The first two leading EOF modes explain 84% of total variance (Figure 7), and the first mode contributes 69% in particular, mean that the spatial and temporal variability of AR can well be described by the first EOF mode.

The first EOF spatial mode shows a spatially coherent in-phase pattern with its amplitude of less than 1 ℃ in the south increases to greater than 3 ℃ in the western YES (Figure 7a). This spatial pattern is very similar to the spatial pattern of STD, as supported by large contribution of 69%. The corresponding temporal mode shows a very distinct inter-annual to decadal variability (Figure 7c). The larger positive values of about 0. 9 in the temporal mode during 1940s mean that AR is much larger during 1940s, which is about 1 ℃ larger than mean AR in the southern YES and increases by 3 ℃ in the western YES (Figure

7c). AR from 1990 to present is reduced about 0. 3 ℃ in the south to 1 ℃ in the western YES as indicated by larger negative values of about 0. 3 in the temporal mode.

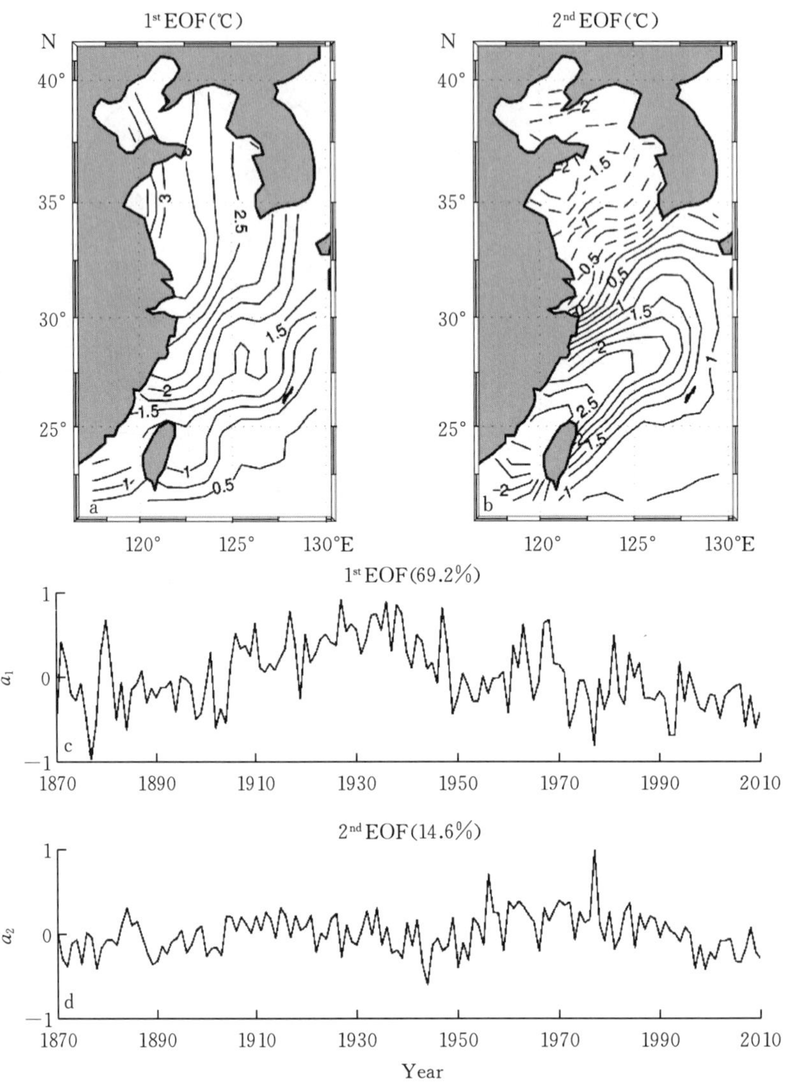

Figure 7 The spatial and temporal EOF modes of AR

a. The first spatial mode b. The second spatial mode c. The first temporal mode d. The second temporal mode

3. 3 Spatial and Temporal Variability of AM

Figure 8a and 8b show the mean and STD of AM. The mean AM decreases from 26 ℃ in the south to 13 ℃ in the north of YES. There is a band of rapid change of mean AM in the continental margin of YES, where, the mean AM decreases from 24 ℃ in the southeast to 17 ℃ in the central Yellow Sea. This band coincides with that of AR confirms the transition zone between oceanic to continental dominant climate.

The STD of AM shows a relatively uniform spatial pattern with 0. 6 ℃ over the entire

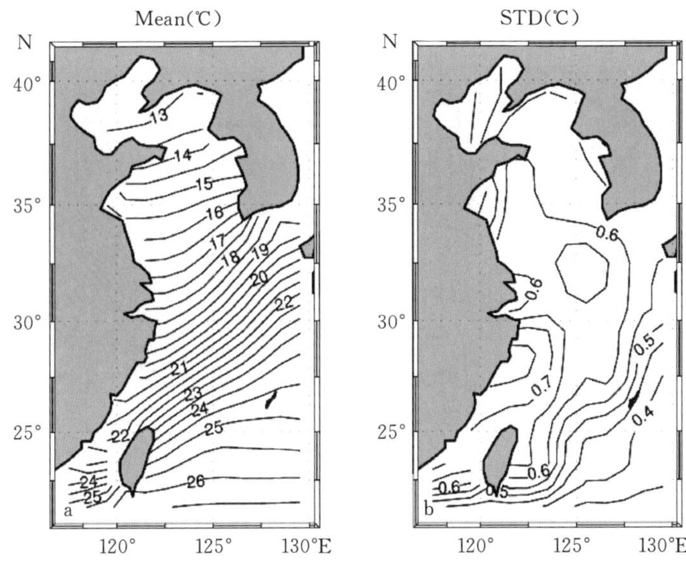

Figure 8 Mean and STD of AM

a. Mean b. STD

YES, except in the southeast where STD is much reduced due to the oceanic effects and relatively larger STD in the central YES. There is also a zone of rapid change of STD in the southeast YES, but it is shifted from continental margin to Okinawa trench.

The mean AM decreases from south to north, while its variability is almost same in the entire YES. Larger mean AM and small STD in the south means that climatologically mean SST is high and stationary in the southern YES.

The spatial and temporal variability of AM, as expressed by its variance STD shown in Figure 8b, is further investigated with EOF method. The first two leading EOF modes explain 94% of total variance (Figure 9), and the first mode contributes 85% in particular, mean that the spatial and temporal variability can well be described by the first EOF mode.

The first EOF spatial mode shows a spatially coherent in-phase pattern with its amplitude of less than 1.2 ℃ in south increases to greater than 2.0 ℃ in the central and south-western YES (Figure 9a). This spatial pattern is very similar to the spatial pattern of STD, as supported by large contribution of 85% to total variance. The corresponding temporal mode shows very distinct inter-annual to decadal variability (Figure 9c). The larger positive values of about 0.5 in the temporal mode during the last decade mean that AM is much warmer. Particularly in 1998, the AM is warmer than its mean AM about 1.2 ℃ in south increases to greater than 2.0 ℃ in the central and south-western YES. Before 1940s, the AM is generally cold than usual, especially in 1920s.

3.4 Regime Shift of AM and AR

Based on EMD analysis of AM and the northern hemisphere air temperature of Asia

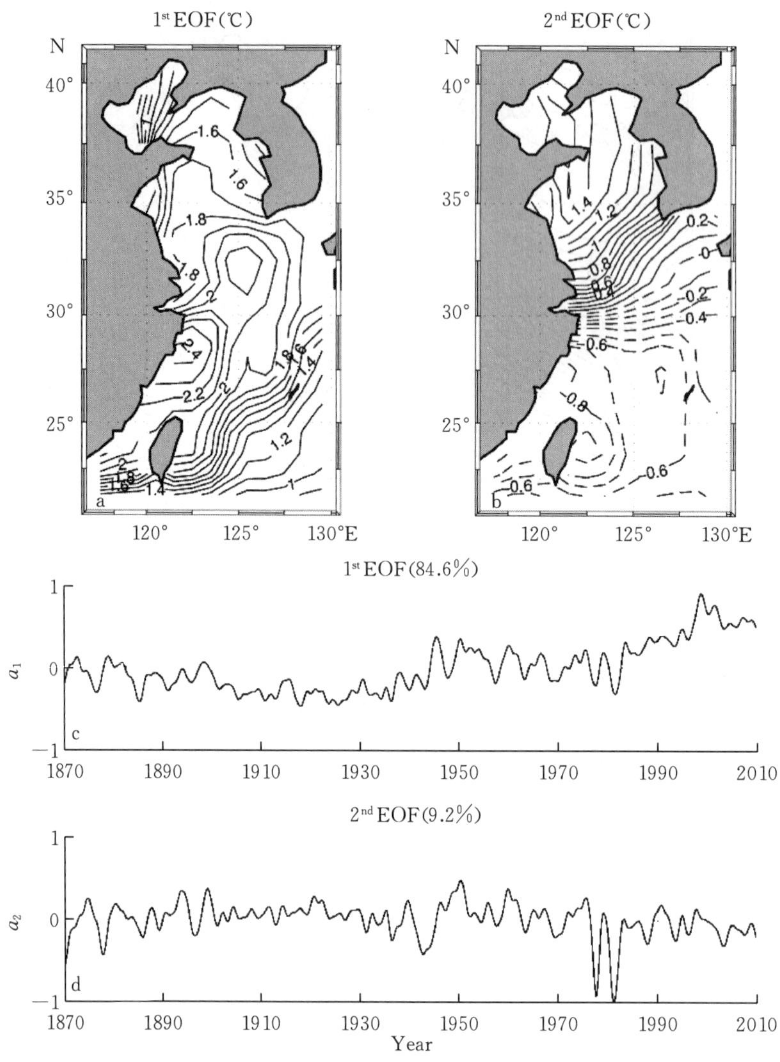

Figure 9 The spatial and temporal EOF modes of AM

a. The first spatial mode b. The second spatial mode c. The first temporal mode d. The second temporal mode

(Jones & Moberg, 2003), the variability SST in the YES over the last 141 years is classified into four regimes (Figure 10). Namely, Cold regime with a cooling trend (CC) from 1870 to 1900, the mean SST is a slightly cold than usual and AR reduced by 0.5 STD units. Cold regime with a warming trend (CW) from 1901 to 1944, the mean SST is coldest and is reduced by 1 STD unit than usual mean SST, and AR is largest and is increased by 1 STD unit. The third regime is from 1945 to 1976, which is a warm regime with a cooling trend (WC). The mean SST is slightly warmer than usual and AR is generally in normal. The fourth regime is most obvious; it is a warm regime with a larger warming trend (WW) from 1977 to present. During this warmest regime, AR is reduced about 0.7 STD units with a decrease trend, which means that SST in the YES in getting warmer than ever and with a much reduced annual range. Consequently, the winter SST increase in the YES is significantly amplified than other seasons.

AR and AM are significantly negative correlated as show in Figure 10c. There are three distinct peaks in the correlation coefficient, with 0, 4 and 10 years time lag of AR with respect to AM. AR lags AM mean that the variability of AM might affect the variability of AR for the lagged time interval. The zero time lag means that, in the year when AM is higher (lower), the corresponding AR is lower (higher) and will have a much warmer (colder) winter SST than usual in the YES.

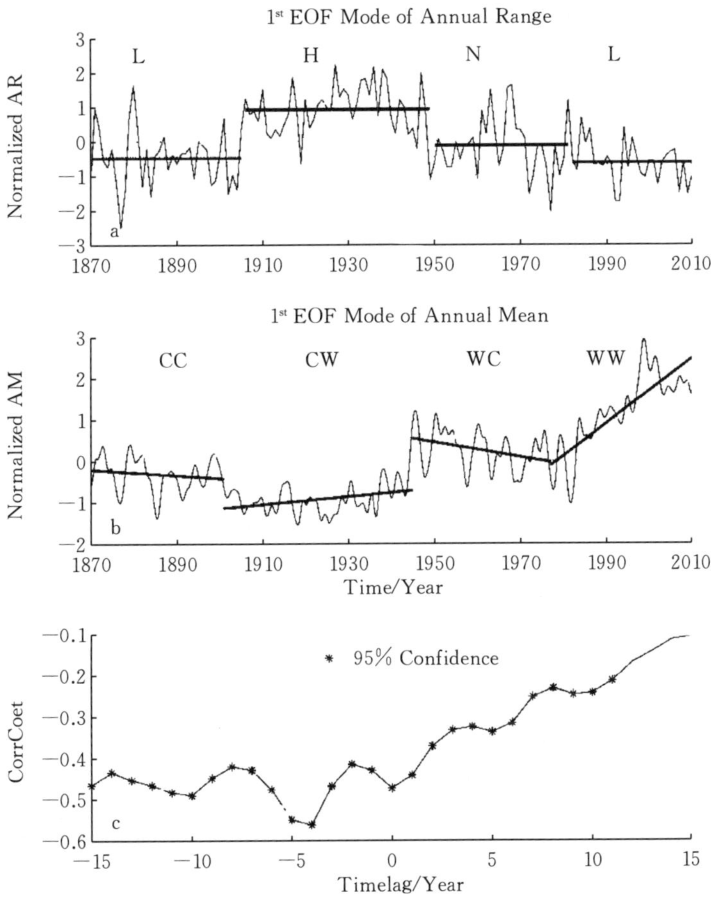

Figure 10 The regime shifts of SST in the YES

a The four regimes of in the first EOF mode of AR, L, H and N stand for the low, high and normal variability of AR

b. The four regimes of the first EOF mode of AM, CC, CW, WC and WW stand for the cold regime with a cold trend, cold regime with warm trend, warm regime with cold trend and warm regime with warm trend

c. Correlation coefficient between AR and AM, negative (positive) time lag means that AR lags (leads) AM

The warming trend is further explored with its AM by a linear regression at each grid points from 1977 to 2010. The increment of AM from 1977 to 2010 is shown in Figure 11. The AM has increased from 0.5 ℃ to the east of Taiwan to more than 1.6 ℃ in the central YES, especially to 2 ℃ to the south of Korean Peninsula. The increment of AM is much larger in the midshelf than near shelf and Kuroshio regions.

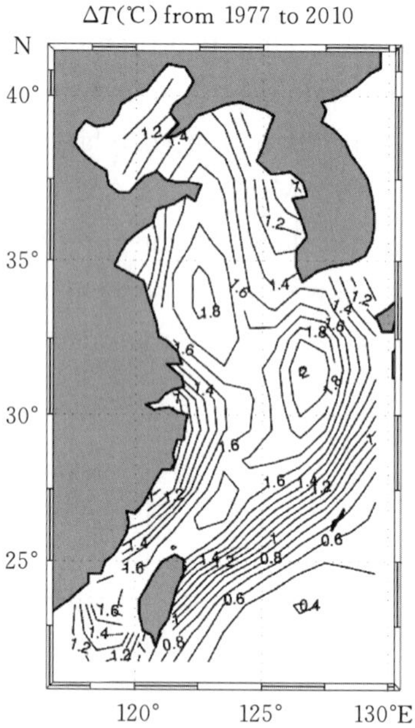

3.5 Relationship between AR and Regional and Global Climate

The variability of AR and AM are closely related to regional and global climate. Their relationships are explored with the correlation between the first EOF temporal mode of AR and AM with TAC, PAC and EASM index which represent regional climate, and with ENSO and PDO indexes which represent global climate.

The time lagged correlation coefficients between the first EOF temporal mode of AR with TAC, PAC, EASM index, ENSO index, and PDO index are shown in the left column of Figure 12 from top to bottom.

Figure 11 The increment of AM in the YES over the latest warm regime from 1977 to 2010

AR is significantly correlated with regional climate, as shown in Figsures 12a to 12c. The peak in Figure 12a shows that AR and TAC are significantly (95% confidence interval, same hereafter) negative correlated with correlationcoefficient of −0.5 for a 10a time ahead for AR against TAC. This correlation coefficient suggests that AR is significantly related with the regional land air temperature anomaly, larger (smaller) AR corresponds to negative (positive) TAC, and the larger AR is generally related to the colder surface air temperature over China 10 years later.

AR and PAC are significantly positive correlated with correlation coefficient of 0.35 for 12a ahead for PAC against AR. AR and EASM index are significantly positive correlated with correlation coefficient of 0.34 for zero time lag, 0.32 for 5a time ahead, 0.33 for 15a time ahead, and 0.32 for 23a time ahead for EASM against AR. As shown in Figure 12c, strong EASM is generally related to a higher AR of SST in the YES for the corresponding year, 5a, 15a and 23a later.

AR is also significantly related to the global climate, as shown in Figure 12d and 12e. AR and ENSO index are significantly negative correlated with correlation coefficient of −0.19 for zero time lags, −0.18 for 7a time ahead, and −0.20 for 27a time ahead for ENSO against AR. These correlation coefficients suggest that AR is significant but with small negative correlation with the global tropical climate. El Nino year is generally related to a lower AR in the YES for the corresponding year, 7a and 27a later. There is also a significant positive correlation with a coefficient of 0.25 for a 29a time ahead for AR against ENSO.

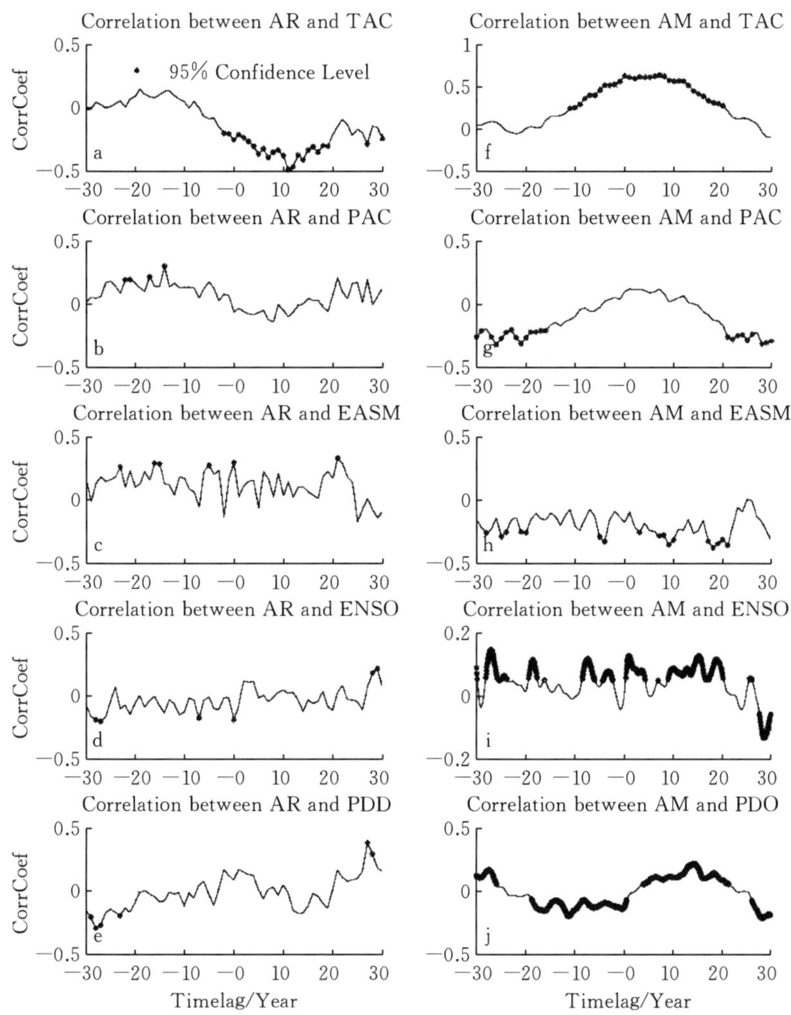

Figure 12　Relationship between AR and AM with TAC, PAC, and EASM, ENSO and PDO indexes from left to right and top to bottom. Star on line indicates that the corresponding correlation is significant on 95% confidence interval

AR and PDO index are most significantly negative correlated with correlation coefficient of −0. 30 for 28a time ahead. The correlation coefficient suggests that AR has a significant correlation with the North Pacific climate with a time of 27a later. Positive (negative) phase of PDO is related to a smaller (larger) AR of SST in the YES 27a later. There is also a very significant positive correlation with a coefficient of 0. 41 for a 27a time ahead for AR against PDO.

3. 6　Relationship between AM with Regional and Global Climate

The time lagged correlation coefficients between the first EOF temporal mode of AM with TAC, PAC, EASM index, ENSO index, and PDO index are shown in the right column of Figure 12 from top to bottom.

AR is significantly correlated with regional climate, as shown in Figures 12f to 12h. The large and board peak in Figure 12f shows that AM and TAC are significantly positive correlated with correlation coefficient of 0. 6 for a few years time ahead for AM against TAC. This correlation coefficient suggests that AM is significantly related with the regional land air temperature anomaly, higher (lower) AM corresponds to positive (negative) TAC, and the higher AM is generally related to warm surface air temperature over China from corresponding year to a few years later.

AM and PAC are significantly negative correlation at with correlation coefficient of −0. 3 for 21a and 26a ahead for PAC against AM, and 28a ahead for AM against PAC (Figure 12g). Higher (lower) AM is related with less (more) precipitation on bi-decadal to tri-decadal time lags.

AM and EASM index are significantly negative correlated with correlation coefficient of about −0. 35 for 5a time ahead and 9a and 18a time lag of EASM against AM (Figure 12h). The correlation coefficient suggests that strong (weak) EASM is related to a lower (higher) AM in the YES for 5a later, and lower (higher) AM is related to a strong (weak) EASM 9a and 18a later.

AM and ENSO index are significantly positive correlated with small correlation coefficients of about 0. 15 for 3a, 7a, 19a, and 27a time ahead and 1a, 16a and 19a time lag for ENSO against AM (Figure 12i). These correlation coefficients suggest that El Nino year is generally related to a higher AM in the YES for 3a, 7a, 19a, or 27a later. There is also a significant negative correlation with a coefficient of 0. 15 for a 29a time ahead for AM against ENSO.

AM and PDO index are significantly negative correlated with correlation coefficient of −0. 20 for 10a time ahead and positively correlated with a correlation coefficient of 0. 18 for 27a time ahead for PDO against AM (Figure 12j). The correlation coefficient suggests positive (negative) phase of PDO is related to a lower (higher) AM in the YES 10a later and to higher (lower) AM in the YES 27a later. There are also significant correlation for AM ahead against PDO with a positive correlation coefficient of 0. 25 and a 14a time lead, and a negative correlation coefficient of 0. 25 and a 28a time lead.

4 Conclusions and Discussions

The SST in the YES over the last 141 years (1870—2010) is partitioned into an AC (seasonal signal with zero mean) and an AM (inter-annual, decadal and long-term trend). The spatial and temporal variability of the AC and AM and their relationship are analyzed with pattern fitting and EOF method. The possible linkage between the identified variability with the known regional and global climate (i. e., TAC, PAC, EASM, ENSO and PDO) is also explored.

AC is represented by a mean normalized annual pattern and a time-varying AR. The mean normalized annual pattern fits well with annual and semi-annual sinusoidal signals with less than 0.04℃ RMSE. The annual sinusoidal signal dominates semi-annual signal by contributing greater than 94% to AR in general; the semi-annual signal contributes to more than 10% to AR in the eastern Yellow Sea, particularly to the area south of Korean Peninsula. The annual cycle of SST reaches its highest SST from mid July in the south to early August in the north and central of YES. The mean AR increases from 6℃ in the south and east of Taiwan to 24℃ in the northern Bohai Sea. The STD of AR is about 0.5℃ to the east of Taiwan, and increases from both sides of south and north to the western YES to a value of 1.4℃. This variance is mostly explained by the first EOF mode (69%), which has a coherent in-phase spatial pattern with maximum amplitude in the western YES.

The AM has a mean SST of 26℃ in the south of YES, which decreases northward, reaches a minimum mean SST of 13℃ in the northern Bohai Sea. The STD of AM has a relatively uniform spatial pattern with maximum variance of 0.7℃ in the central to south-western YES. This variance is explained mostly by the first EOF mode (85%), which has a coherent in-phase spatial pattern with its maximum amplitude in the central to south-western YES.

Both AR and AM vary on inter-annual to decadal time scales, and they are significantly negative correlated with a zero and 5a time lag for AR against AM. This correlation suggest a higher (lower) AM is associated with a smaller (larger) AR for the corresponding year and 5a later. Therefore, in the years with higher (lower) AM, often have smaller (larger) AR, and consequently, experience much warmer (colder) than usual winter SST. The variability of winter SST is most significant in four seasons, and the summer SST is the least variable.

Over the last 141 years, the AM in the YES has experienced four regimes, namely, CC from 1970 to 1900, CW from 1901 to 1944, WC from 1945 to 1976, and WW from 1977 to 2010. Corresponding to these four regimes, the AC experienced a smaller, higher, normal and the smallest AR, respectively.

The SST in the YES over the last WW regime (from 1977 to 2010) increases from 0.6 ℃ in the southeast to 2.0 ℃ in the central of YES. During this period, the AR is significantly reduced. The combination of the warming of AM and the reduction of AR leads to a much larger SST increase in winter, i.e., the warming in winter is much more significant than in other seasons in the last WW regime, and particularly in 1998.

Both the AR and AM of SST in the YES is related to the regional and global climate. TAC is positively associated with AM and negatively associated with AR. The warmer (colder) surface air temperature over China is associated with a warmer (colder) SST in the YES, particularly in winter, through the higher (lower) AM and smaller (larger) AR.

Since the precipitation over China is primarily controlled by monsoon. Both PAC and EASM index are positively correlated with AR, and negatively correlated with AM. Both interdecadal time lagged and leaded significant correlations between AM and PAC suggest that AM and PAC might have some interaction on inter-decadal time scales. Both inter-annual to inter-decadal time lagged and leaded significant correlation between AM and EASM index suggest that AM and EASM might have some interaction on these time scales.

Both the small coefficient between AM and AR with ENSO and PDO indexes mean that AM and AR are definitely related to the variability of the large scale Tropic Ocean and North Pacific Ocean climate, but the contribution from the global climate to the variability of AM and AR in the YES is only about 15%~20%. The relatively larger correlation coefficient of between AM and AR with TAC, PAC and EASM index mean that regional climate is more closely related to the variability of SST in the YES.

5 Acknowledgments

HadISST1 data is provided by the Met Office Hadley Centre, UK, dataset is downloaded from http://www.metoffice.gov.uk/hadobs/hadisst/data/download.html. EASM index is provided by Jianping Li at State Key Laboratory of Numerical Modeling for Atmospheric Sciences and Geophysical Fluid Dynamics, Institute of Atmospheric Physics, Chinese Academy of Sciences, and is downloaded from http://web.lasg.ac.cn/staff/ljp/data-monsoon/EASMI.htm. ENSO index is provided by JMA and is downloaded from http://coaps.fsu.edu/pub/JMA_SST_Index/. PDO index is provided by Nathan Mantua at Joint Institute for the Study of the Atmosphere and Ocean (JISAO), Washington University, dataset is downloaded from http://jisao.washington.edu/pdo/PDO.latest. This research was supported by the National Basic Research Program of China under Grant No. 2006CB400603 and 2011CB409803, the Zhejiang Provincial Natural Science Foundation of China under Grant No. R504040, the Natural Science Foundation of China under Grant No. 41176021, and the China 908-Project under Grant No. 908-ZC-II-05 and 908-ZC-I-13.

6 References

Chen D, Liu W T, Tang W, et al., 2003. Air-sea interaction at an oceanic front: Implications for frontogenesis and primary production. Geophysical Research Letter, Vol. 30, No. 14, 1745, doi: 10.1029/2003GL017536.

Ding Y, Ren Y, 2008. Introduction to climate change in China. China Meteorological Press, Beijing. (In Chinese).

Emery W J, Thomson R E, 2001. Data analysis methods in physical oceanography. Second and revised edition, Elsevier Science B. V., Amsterdam, The Netherlands.

Hahn S D, 1994. SST warming of Korean coastal waters during 1881—1900. KODC Newsletter 24, pp. 29-37.

Huang D, Zhao J, Su J, 2003. Practical implementation of Hilbert-Huang Transform algorithm. Acta Oceanologica Sinica, Vol. 22, No. 1, pp. 1-14.

Huang N E, Shen Z, Long S R, et al., 1998. The empirical mode decomposition and the Hilbert spectrum for nonlinear and non-stationary time series analysis. Proceedings of Royal Society of London A, Vol. 454, No. 1971, pp. 903 – 995.

Huang N E, Wu Z, 2008. A review on Hilbert-Huang transform: Method and its applications to geophysical studies. Review of Geophysics, Vol. 46, RG2006, doi: 10.1029/2007RG000228.

Kang I, Jeong Y, 1996. Association of interannual variations of temperature and precipitation in Seoul with principal modes of Pacific SST. Journal of the Korean Meteorological Society, Vol. 32, pp. 339 – 345.

Jones P D, Moberg A, 2003. Hemispheric and Large-Scale Surface Air Temperature Variations: An Extensive Revision and an Update to 2001. Journal of Climate, Vol. 16, No. 2, pp. 206 – 223.

Li J, Zeng Q, 2003. A new monsoon index and the geographical distribution of the global monsoons. Advance in Atmospheric Sciences, Vol. 20, No. 2, pp. 299 – 302.

Lin C, Su J, Xu B, et al., 2001. Long-term variations of temperature and salinity of the Bohai Sea and their influence on its ecosystem. Progress in Oceanography, Vol. 49, pp. 7 – 19.

Lin C, Ning X, Su J, et al., 2005. Environmental changes and the responses of the ecosystems of the Yellow Sea during 1976-2000. Journal of Marine Systems, Vol. 55, pp. 223 – 234.

Mantua N J, Hare S R, Zhang Y, et al., 1997. A Pacific interdecadal climate oscillation with impacts on salmon production. Bulletin of the American Meteorological Society, Vol. 78, No. 6, pp. 1069 – 1079.

Meyers S D, O'Brien J J, Thelin E, 1999. Reconstruction of monthly SST in the Tropical Pacific Ocean during 1868—1993 using adaptive climate basis functions. J. Climate, Vol. 127, No. 7, pp. 1599 – 1612.

Rayner N A, Parker D E, Horton E B, et al., 2003. Global analyses of sea surface temperature, sea ice, and night marine air temperature since the late nineteenth century. Journal of Geophysical Research, Vol. 108, No. D14, 4407, doi: 10.1029/2002JD002670.

Tang G, Ren G, 2005. Reanalysis of surface air temperature change of the last 100 Years over china. Climatic and Environmental Research, Vol. 10, No. 4, pp. 791-798. (In Chinese).

Tao S, Zhang Q, 1998. Response of the East Asian winter and summer monsoon to ENSO events. Scientia Atmosphetica Sinica, Vol. 22, pp. 399-407. (In Chinese).

Wang B, Wu R, Fu X, 2000. Pacific-East Asian Teleconnection: How Does ENSO Affect East Asian Climate? Journal of Climate, Vol. 13, No. 9, pp. 1517-1536.

Webster P J, Magana V O, Palmer T N, et al., 1998. Monsoons: Processes, predictability, and prospects for prediction. Journal of Geophysical Research, Vol. 103, No. C7, pp. 14451-14510.

Xie S, Hafner J, Tanimoto Y, et al., 2002. Bathymetric effect on the winter sea surface temperature and climate of the Yellow and East China Seas. Geophysical Research Letter, Vol. 29, No. 24, 2228, doi: 10.1029/2002GL015884.

Zhang X Z, Qiu Y F, Wu X Y, 2005. The Long-term change for sea surface temperature in the last 100 Years in the offshore sea of China. Climatic and Environmental Research, Vol. 10, No. 4, pp. 709 – 807. (In Chinese with English abstract).

Zhang Y, Wallace J M, Battisti D S, 1997. ENSO-like interdecadal variability: 1900—93. Journal of Climate, Vol. 10, No. 5, pp. 1004 – 1020.

Last 150-Year Variability in Japanese Anchovy (*Engraulis japonicus*) Abundance Based on the Anaerobic Sediments of the Yellow Sea Basin in the Western North Pacific[①]

Huang Jiansheng[1,2], Sun Yao[2], Jia Haibo[2], Tang Qisheng[2]

(*1. College of Ocean and Earth Sciences, Xiamen University, Xiamen 361005, China; 2. Yellow Sea Fisheries Research Institute, Chinese Academy of Fishery Sciences, Qingdao 266071, China*)

Abstract: Relatively short historical catch records show that anchovy populations have exhibited large variability over multi-decadal timescales. In order to understand the driving factors (anthropogenic and/or natural) of such variability, it is essential to develop long-term time series of the population prior to the occurrence of notable anthropogenic impact. Well-preserved fish scales in the sediments are regarded as useful indicators reflecting the fluctuations of fish populations over the last centuries. This study aims to validate the anchovy scale deposition rate as a proxy of local anchovy biomass in the Yellow Sea adjoining the western North Pacific. Our reconstructed results indicated that over the last 150 years, the population size of anchovy in the Yellow Sea has exhibited great fluctuations with periodicity of around 50 years, and the pattern of current recovery and collapse is similar to that of historical records. The pattern of large-scale population synchrony with remote ocean basins provides further evidence proving that fish population dynamics are strongly affected by global and basin-scale oceanic/climatic variability.

Key words: Fish scales record; Anchovy; The central South Yellow Sea; Population dynamic

1 Introduction

Anchovy is distributed widely and supports considerable fisheries throughout the world. It lives a short life (maximum 3～4 years), feeds mainly on zooplankton, and acts as a major prey for fish at higher trophic levels; therefore, anchovy plays a key role in many marine ecosystems. Historical catch records of anchovy have shown a significant spatial-temporal variability in population size (Francis and Hare, 1994; Mantua et al., 1997; Schwartzlose et al., 1999; Alheit and Bakun, 2010). Worldwide large-scale fluctuations of

① 本文原刊于 *Journal of Ocean University of China*, 15 (1): 131-136, 2016。

anchovy populations and the correlations between catch and climatic/oceanic conditions indicate that large-scale climatic factors, such as El Niño and its counterpart La Niña, play important roles in anchovy population dynamics (Schwartzlose et al., 1999; Chavez et al., 2003). However, many of these records cover only one major "cycle" of fluctuation, and are easily confounded by anthropogenic impact. To accurately define multi-decadal variability, better understand the nature of such variability, and distinguish the relative importance between climate and human activities, it is essential to develop extending time series beyond the available catch records (D'Arrigo et al., 2005; Alheit et al., 2008).

Paleoecological approaches may provide a unique perspective to reconstructing historic fish populations. After the pioneering studies in the Santa Barbara Basin (Soutar, 1967; Soutar and Isaacs, 1974), well preserved fish scales in sediment have been successively used as indicators to reveal the changes in fish population over the last centuries and even millennia (Baumgartner et al., 1992; O'connell and Tunnicliffe, 2001; Ñiquen and Bouchon, 2004; Milessi et al., 2005; Díaz-Ochoa et al., 2009; Drago et al., 2009). However, these studies are primarily carried out in Eastern Boundary Current Systems of the Pacific Ocean (e. g., California, Peru-Humboldt), and similar research has been rarely reported in coastal areas of the western North Pacific (Yamamoto et al., 2010).

The Yellow Sea, located between China and Korea, is characterized by high productivity and dynamic oceanographic conditions. High and steady sedimentation rates make the central South Yellow Sea an ideal region for marine paleoecological researches (Xing et al., 2009; Fang et al., 2013). The reducing environment (Shi et al., 2003) and long-term stability of material source and sedimentation processes (Li et al., 2002) in the central South Yellow Sea are favorable for fish scale preservation. Fish scale integrity (ratios of whole scale to fragments) is a good indicator of fish scale preservation (Salvatteci et al., 2012). Jia (2008) found high scale integrity in the central South Yellow Sea and preliminarily suggested that anchovy scale could be preserved in this study area. Moreover, scale deposition was susceptible to the population size of fish in the immediately overlying water mass (Baumgartner et al., 1992), and the central South Yellow Sea is the largest overwintering ground for Japanese anchovy (*Engraulis japonicas*) in the Yellow Sea (Li et al., 2007), making it a good location for such studies on deposited scales.

In this study, we first reconstructed the population dynamics of Japanese anchovy (*Engraulis japonicus*) over the last 150 years based on scale sedimentary records in the central South Yellow Sea. Then we compared this reconstructed population with scale deposition rates and catches of anchovy in several regions around the Pacific. To understand the respective forcing factors, further work aimed to provide new insight into the relationship between fish population dynamics and other productivity and biogeochemistry proxies. It is expected that the data will be useful in understanding the mechanisms of anchovy population fluctuations, and predict the fluctuation in the future.

2 Materials and Methods

2.1 Sampling

Two sediment cores were collected with a Soutar box corer (30 cm×30 cm×100 cm) at stations 10594 (122°29.9′E, 34°59.9′N) and 10794 (123°18.2′E, 35°0.1′N) from 70 m of water depth in the central South Yellow Sea, and were 59 cm and 32 cm in length respectively (Figure 1). Core samples were subsampled at precise centimeter by centimeter intervals for fish scales counting and ^{210}Pb dating. Each sample for fish scale counting was more than 300 cm^3 in volume.

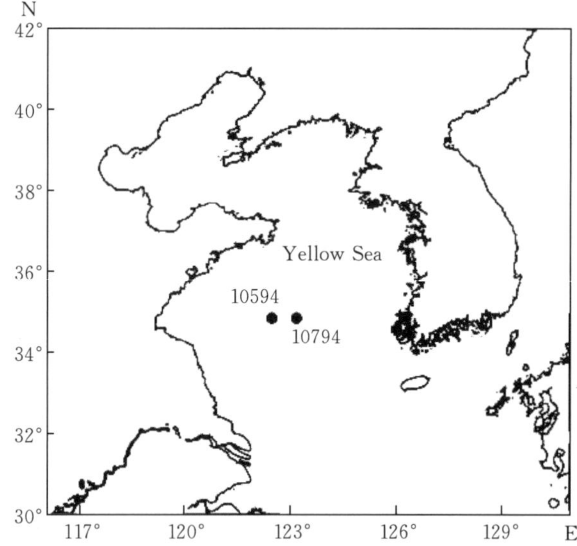

Figure 1 Location of sampling stations in the central South Yellow Sea

2.2 Extraction and Identification of Fish Scales

Methods were implemented as described by Holmgren (2001). After soaking in H_2O_2 solution (5%) for 3～5 hours to disaggregate samples and dissolve the organic matter completely, all samples were washed through a 250 μm mesh sieve gently. For the quantification of fish scale abundance in the sediment samples, the fossil scales were compared with modern scales from fresh fish collected in the Yellow Sea under binocular microscope. Scales from each species have a unique design. Thus, the shape and pattern of the ridges were identified as diagnostic features to identify sample species (Patterson et al., 2002). Although fish scales in sediments present different degrees of fragmentation, their principal characteristics (shape, anterior and posterior field, head shapes, focus) are well-preserved and allow the identification of different fishes. Detailed identification criteria and good photos of fish scales are of utmost importance to improve this identification. To avoid overestimation, one scale was counted only when more than one half of the scale or the nucleus was preserved.

2.3 Chronology

Ages were determined through the excess ^{210}Pb activities down the sediment cores, as detailed in Yang (2012). The sedimentation rates of stations 10594 and 10794 were estimated to be 0.35 and 0.10 cm • yr^{-1}, respectively, which were equivalent to a 3~10 years resolution for 1 cm slices of the sediment cores. Therefore, the time spans of the sediment cores are about 150 and 230 years. The top of the cores is assigned as the date of extraction, 2005.

2.4 Calibration to Scale Records

The accumulation of scales down the sediment core is expressed as a scale deposition rate (SDR) and calculated in the number of scales in 100 cm^3 volume sediment. Stock biomass of wintering anchovy from 1985 to 2005 in the Yellow Sea has been estimated by acoustic survey (Jin et al., 2001; Zhao, 2006). Based on the method presented by Soutar and Isaacs (1974), we averaged anchovy biomass at 4-year intervals; then we compared our SDRs and the surveyed anchovy biomass to fit a regression model, which could be used to reconstruct longer time series of anchovy populations.

3 Results

3.1 Downcore Trends of Anchovy Scales

In order to make a direct comparison between cores from both sample locations at the same time scale, the data of scale deposition flux was extracted at 10-year intervals, resulting in 15 periods in total during the last 150 years (Figure 2). SDRs of sub-samples

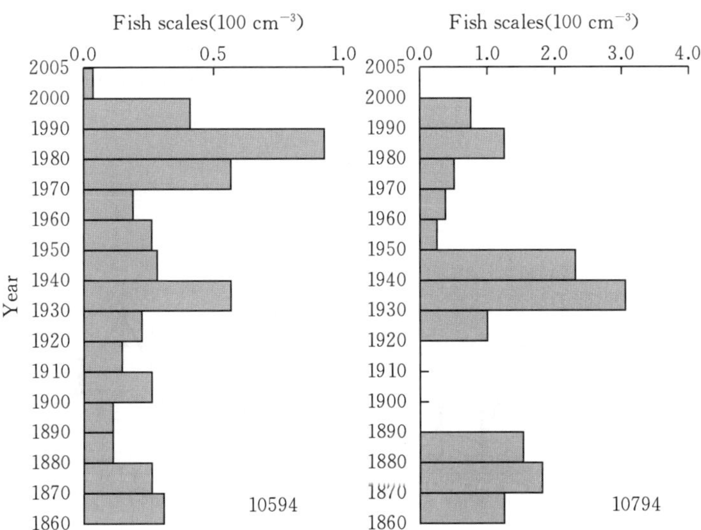

Figure 2　Downcore trends of anchovy scales

spanning two periods were prorated to each one proportionally. The core records suggest 3 main occurrences of anchovy scale with periodicities around 50 years over the past 150 years. Downcore trends from both two cores are similar. The decadal-scale SDRs with independent chronologies correlate with each other significantly ($R^2=0.612$; $P<0.05$).

3.2 Reconstruction of Anchovy Populations

A positive linear correlation ($R=0.84$, $P=0.08$) was found between our downcore SDRs from both cores and anchovy biomass from 1985 to 2005 (Figure 3), which allows us to estimate historic fish population size. Then a 150-year time series was reconstructed to assess the long-term variability in anchovy population in the central South Yellow Sea (Figure 4). Anchovy populations varied between (0.62±0.51) and (5.51±1.38) million tons over the past 150 years. At such time-scales, the population size of anchovy exhibited a fluctuation with periodicities around 50 years, and peaked in the 1870s, 1930s and 1980s.

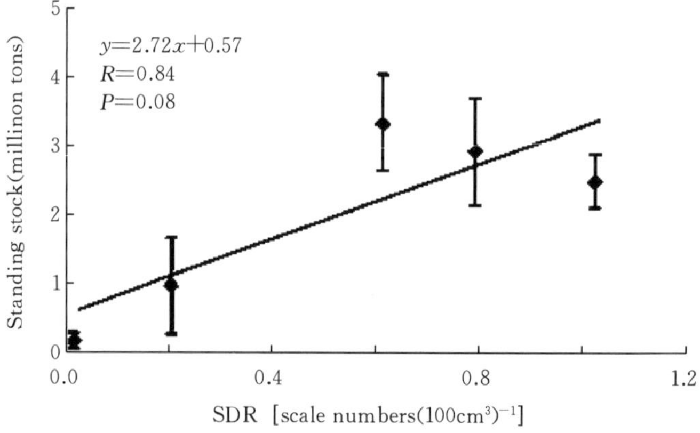

Figure 3 The relationship between SDR and standing stock of anchovies estimated from sonar investigation in sediment cores of the central South Yellow Sea. The straight line is the fitted linear regression between anchovy population size and SDR, which is used to reconstruct historic anchovy population size

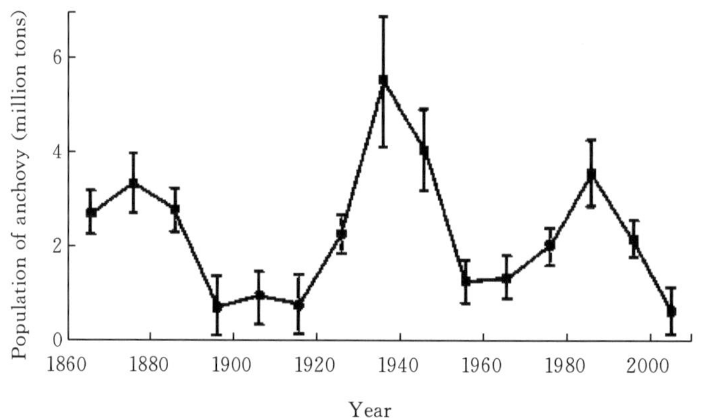

Figure 4 Reconstruction of anchovy population

4 Discussion

4.1 Characteristic Analysis of Multi-Decadal Variability

Although the Japanese anchovy plays a key role in the Yellow Sea, population instability makes it notoriously difficult to manage (Jin et al., 2001; Zhao, 2006). The rise and fall of Japanese anchovy is often attributed, in varying degrees, to harvesting (Zhao, 2006) or environmental forcing (Wang, 2011). The perspective from our reconstruction by SDR (Figure 4) provides critical insights into unravelling the causes of variability in anchovy stock.

At time-scales less than 150 years, we found that anchovy population sizes in the Yellow Sea had varied significantly before overexploitation in the mid 1990s (Jin et al., 2001). Sedimentary records from the Yellow Sea appear to fluctuate with periodicities around 50 years, which is similar to that from the Vancouver Island, in the California current system (Holmgren, 2001). However, the results are different from those observed in Mejillones Bay, Peru upwelling system, in which fluctuations show an order of 25-40 years (Valdés et al., 2008). The basic factors that affect these marked cyclical distributions are most likely biological interactions within and among species, as well as the environmental controls associated with large-scale climatic change (Schwartzlose et al., 1999; Valdés et al., 2008). For example, age-structured interactions and stochastic recruitment can induce low-frequency variability of fish populations (Bjørnstad et al., 2004). Localized food-web interactions (bottom-up and top-down effects) may also lead to shifts in abundance over long time scales (Finney et al., 2000; Chen et al., 2011). Alternatively, with the absence of harvesting, climatic changes are often considered to be the main cause of large shifts in fish abundance (Lehodey et al., 2006). Since the sediments contain a rich record of microfossils which promises to further define the relationship between pelagic fish productivity and oceanic conditions in the Yellow Sea, future work will provide more details to explain this distribution.

In addition to providing an exploratory analysis of variability in anchovy population over decadal time scales, developing long time series of SDR also helps us understand better the current collapse of the Japanese anchovy from a new perspective. We have found that the current collapse is similar to those of the past, in rate and magnitude (Figure 4). Similarly, the anchovy recovery that began in the 1970s is comparable to that observed in the 1920s. This does not mean, however, that the current cycle of recovery and collapse dose not result from fishing pressure, or climate change, or both. Baumgartner et al. (1992) suggested that even though the causes for different collapses or recoveries may vary, there are reproductive consequences (failure for collapses and success for recoveries) from one event to another, which make it possible to describe generally the magnitudes and rates of the collapses and the recoveries by scale deposition rates. These results further confirm that scale deposition rate provides a valid method in detection of variability in anchovy populations in the Yellow Sea.

4.2 Synchronies and Teleconnections

The results of reconstructed anchovy population dynamics were compared with anchovy scale deposition rates and catches series from the eastern (Humboldt and California currents) and western (Japan and Korea) Pacific (Figure 5). Between 1950 and 2005, the pattern of our reconstructed record corresponded closely to the smoothed trend of anchovy

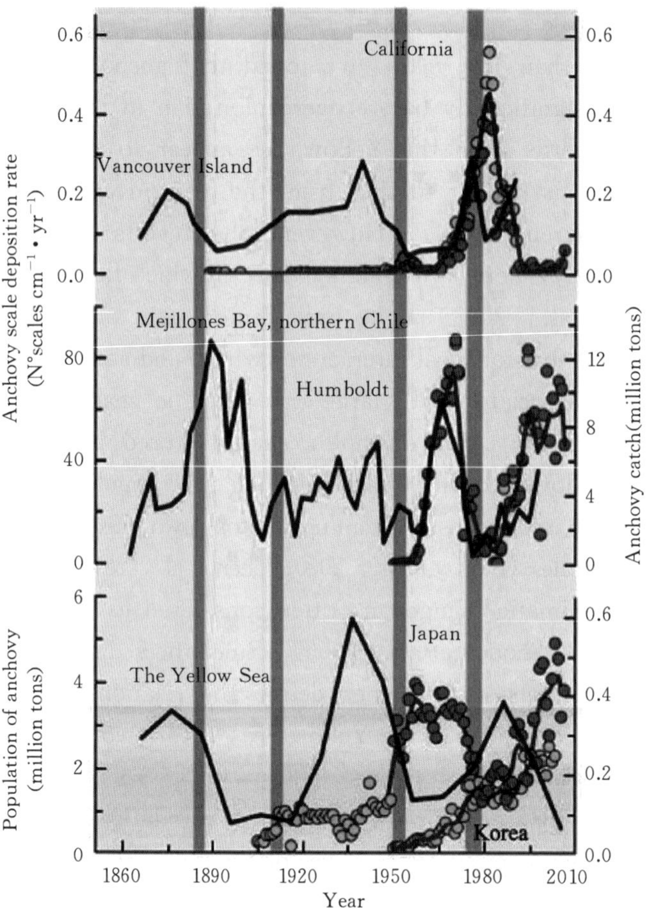

Figure 5 Comparison of anchovy population in the Yellow Sea with anchovy scale deposition rate and catch of anchovies in other regions around the Pacific

Anchovy scale deposition rates of Vancouver Island and Mejillones Bay are from Holmgren (2001) and Valdés et al. (2008), respectively. Data sources include Schwartzlose et al. (1999) covering from 1889 to 1997, and FAO fisheries statistics for the 1950—2006 period. Dots indicate catch values reported by Schwartzlose et al. (1999) (yellow) and FAO (green). Curves for anchovy time series are scale-deposition records (purple) and 5-year moving averages of historical catch records (red). Shaded areas represent the periods when anchovy dominated (light blue) and collapsed (light red) in the Yellow Sea according to the reconstructed record in this study catches in California, but opposed the trend of anchovy catches in Humboldt. Similarly, during the past 150 years, our reconstructed record showed parallels in variability to the anchovy deposition rate in the sediments from Vancouver Island, but an opposite trend to that with the sediments from Mejillones Bay in northern Chile. Interestingly, during the past 60 years, the pattern of our reconstructed record corresponded closely to the smoothed trends of anchovy catch in Korea, but showed a reverse trend to that in Japan (Figure 5), despite China, Korea and Japan all having fisheries located at the boundary of western North Pacific. In a simplified view of the Pacific, Chavez et al. (2003) suggested that the low sea level associated with shallow thermocline depths increased nutrient supply and productivity, and thus led to larger anchovy populations at basin scale. At finer spatial scales, however, the diversity of ecological responses to regional climate forcing, presumably due to the differences in habitats, life history types, local ecosystem characteristics, and other local factors affecting population dynamics, might lead to asynchronous population dynamics even within close proximity (Hilborn et al., 2003; Rogers et al., 2013).

Both historical catch records and reconstruction data have demonstrated large fluctuations over decadal timescales. However, accurately defining the causes for such variability is challenging. There is growing evidence that the variability in the abundance of pelagic fishes is caused, either directly or indirectly, by oceanic and climatic changes (Sinclair et al., 1985; Mantua et al., 1997; Beamish et al., 1999). In the California Current Ecosystem (CCE), northern anchovy (*Engraulis mordax*) exhibits distinct fluctuations, in terms of SDR and biomass, spanning several orders of magnitude. These fluctuations occur with a dominant periodicity of about 50～60 yrs, which is similar to that of the Yellow Sea. This has been linked to the changes in the Aleutian Low intensity (Schwartzlose et al., 1999; Chavez et al., 2003) and the related Pacific Decadal Oscillation (PDO), a basin-scale proxy of temperature variability (Holmgren, 2001; Finney et al., 2010). Notably, the pattern of the PDO also corresponds closely to the trend in anchovy population of the Yellow Sea, particularly after the 1920s, when more instrumental data became available (Figure 6).

Patterns of synchrony among remote ocean basins shown in Figure 5 appear to provide further evidence to prove that anchovy population dynamics are strongly affected by global and basin-scale oceanic and climatic variability (Baumgartner et al., 1992; Bakun, 1996; Alheit and Hagen, 2002; Chavez et al., 2003). Therefore, the response of the Yellow Sea ecosystems to long-term climate changes is one of the most important issues that should be taken into account when assessing the anchovy population dynamics in the Yellow Sea. It has been suggested that comparisons of centennial and inter-decadal variability from anchovy scale records and proxies of climate and productivity will be critical in correlating anchovy population dynamics with changes in oceanic productivity to assess the relative contributions of different forcing factors (MacCall, 2008; Finney et al., 2010). Therefore, it would be expected that more sedimentary records will be helpful to further understand the marine

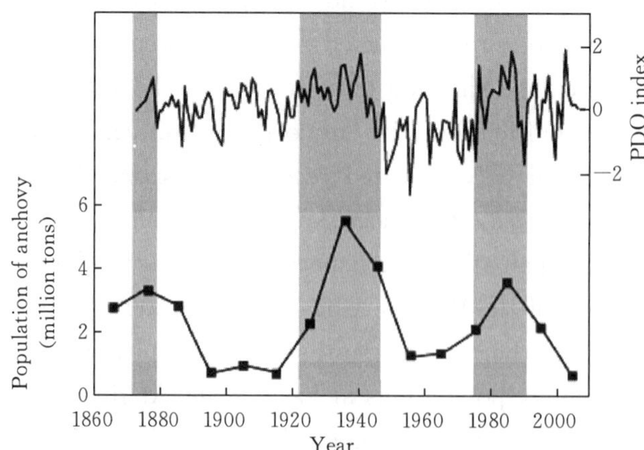

Figure 6 Comparison of anchovy population size with the PDO index [data for the period from 1900 to 2005 and the period from 1860 to 1900 were obtained from the Joint Institute for the Study of the Atmosphere and Ocean (JISAO) and the National Oceanic and Atmospheric Administration (NOAA), respectively. Shaded areas represent the periods when anchovy dominated in the Yellow Sea according to the reconstructed record in this study.]

ecosystem dynamics in the future.

5 Conclusions

This study has reconstructed a 150-year time series of anchovy populations in the central Yellow Sea. It was observed that the population size of anchovy exhibits a fluctuation with periodicities of approximately 50 years. The current cycle of recovery and collapse is similar with that of earlier cycles. Comparison across the Pacific confirms the importance of global and basin-scale climatic factors to marine ecosystem over decadal time-scales. This study suggests that the response of the Yellow Sea ecosystems to climatic/oceanic conditions is very important for anchovy population dynamics of the Yellow Sea. In order to understand marine ecosystem dynamics in the future, further work should be carried out to better understand the variability of scale records with other proxies in more cores representing a longer historical record.

6 Acknowledgements

We thank Mr. Yanzhi Li for his continuing guidance and inspiration, and for his help in identifying fish scales. We appreciate Mrs. Hongxia Qiu for her different helps, especially subsampling the core and collecting the boxcores. We also thank Profs. Xianyong Zhao and Xianshi Jin for providing landing statistics and survey data. This work was supported by the National Basic Research Program (973 Program 2010CB428902) and the National Natural Science Foundation of China (40876088).

References

Alheit J, Bakun A, 2010. Population synchronies within and between ocean basins: Apparent teleconnections and implications as to physical-biological linkage mechanisms. Journal of Marine Systems, 79 (3): 267 - 285.

Alheit J, Hagen E, 2002. Climate variability and historical NW European fisheries. In: Climate Development and History of the North Atlantic Realm. Wefer, G., ed., Springer, Berlin, 435 - 445.

Alheit J, Roy C, Kifani S, 2008. Decadal-scale variability in populations. In: Climate Change and Small Pelagic Fish. Checkley, D., et al., eds., Cambridge University Press, Cambridge, 285 - 381.

Bakun A, 1996. Patterns in the ocean: Ocean processes and marine population dynamics. PhD thesis. University of California.

Baumgartner T R, Soutar A, Ferreira-Bartrina V, 1992. Reconstruction of the history of Pacific sardine and northern anchovy populations over the past two millennia from sediments of the Santa Barbara Basin, California. California Cooperative Oceanic Fisheries Investigations Reports, 33: 24 - 40.

Beamish R J, Noakes D J, McFarlane G A, et al., 1999. The regime concept and natural trends in the production of Pacific salmon. Canadian Journal of Fisheries and Aquatic Sciences, 56 (3): 516 - 526.

Bjørnstad O N, Nisbet R M, Fromentin J, 2004. Trends and cohort resonant effects in age-structured populations. Journal of Animal Ecology, 73 (6): 1157 - 1167.

Chavez F P, Ryan J, Lluch-Cota S E, et al., 2003. From anchovies to sardines and back: Multidecadal change in the Pacific Ocean. *Science*, 299 (5604): 217 - 221.

Chen G, Selbie D T, Finney B P, et al., 2011. Long-term zooplankton responses to nutrient and consumer subsidies arising from migratory sockeye salmon (*Oncorhynchus nerka*). Oikos, 120 (9): 1317 - 1326.

D'Arrigo R, Cook E R, Wilson R J, et al., 2005. On the variability of ENSO over the past six centuries. Geophysical Research Letters, 32 (3): L03711.

Díaz-Ochoa J A, Lange C B, Pantoja S, et al., 2009. Fish scales in sediments from off Callao, central Peru. Deep-Sea Research Part Ⅱ: Topical Studies in oceanography, 56 (16): 1124 - 1135.

Drago T, Ferreira-Bartrina V, Santos A M P, et al., 2009. The use of fish remains in sediments for the reconstruction of paleoproductivity. IOP Conference Series: Earth and Environmental Science, 5 (1): 1 - 10.

Fang L, Xiang R, Zhao M X, et al., 2013. Phase evolution of Holocene paleoenvironmental changes in the southern Yellow Sea: Benthic foraminiferal evidence from core CO_2. Journal of Ocean University of China, 12 (4): 629 - 638.

Finney B P, Alheit J, Emeis K C, et al., 2010. Paleoecological studies on variability in marine fish populations: A long-term perspective on the impacts of climatic change on marine ecosystems. Journal of Marine Systems, 79 (3): 316 - 326.

Francis R C, Hare S R, 1994. Decadal-scale regime shifts in the large marine ecosystems of the north-east Pacific: A case for historical science. Fisheries Oceanography, 3 (4): 279 - 291.

Hilborn R, Quinn T P, Schindler D E, et al., 2003. Biocomplexity and fisheries sustainability. Proceedings of the National Academy of Sciences, 100 (11): 6564 - 6568.

Holmgren D, 2001. Decadal-centennial variability in marine ecosystems of the Northeast Pacific Ocean: The use of fish scales deposition in sediments. PhD thesis. University of Washington, 76 - 80.

Jia H B, 2008. The use of sedimentary fish scale for reconstruction of the last 150 years fish population fluctuations in Yellow Sea. Master thesis. Ocean University of China, Qingdao (in Chinese with English abstract).

Jin X S, Hamre J, Zhao X Y, et al., 2001. Study on the quota management of anchovy (*Engraulis japonicus*) in the Yellow Sea. Journal of Fishery Sciences of China, 8 (3): 27－30 (in Chinese with English abstract).

Lehodey P, Alheit J, Barange M, et al., 2006. Climate variability, fish, and fisheries. Journal of Climate, 19 (20): 5009－5030.

Li F Y, Gao S, Jia J J, et al., 2002. Contemporary deposition rates of fine-grained sediment in the Bohai and Yellow seas. Oceanologia et Limnologia Sinica, 33 (4): 364－369 (in Chinese with English abstract).

Li Y, Zhao X Y, Zhang, T, et al., 2007. Wintering migration and distribution of anchovy in the Yellow Sea and its relation to physical environment. Marine Fisheries Research, 28 (2): 104－112 (in Chinese with English abstract).

MacCall A D, 2008. Mechanisms of low-frequency fluctuations in sardine and anchovy populations. In: Climate Change and Small Pelagic Fish. Checkley, D., et al., eds., Cambridge University Press, Cambridge, 1178－1254.

Mantua N J, Hare S R, Zhang Y, et al., 1997. A Pacific interdecadal climate oscillation with impacts on salmon production. Bulletin of the American Meteorological Society, 78 (6): 1069－1079.

Milessi A C, Sellanes J, Gallardo V, et al., 2005. Osseous skeletal material and fish scales in marine sediments under the oxygen minimum zone off northern and central Chile. Estuarine, Coastal and Shelf Science, 64 (2): 185－190.

Ñiquen M, Bouchon M, 2004. Impact of El Niño events on pelagic fisheries in Peruvian waters. Deep-Sea Research Part Ⅱ: Topical Studies in Oceanography, 51 (6): 563－574.

O' connell J M, Tunnicliffe V, 2001. The use of sedimentary fish remains for interpretation of long-term fish population fluctuations. Marine Geology, 174 (1): 177－195.

Patterson R T, Wright C, Chang A S, et al., 2002. Atlas of common squamatological (fish scale) material in coastal British Columbia and an assessment of the utility of various scale types in paleofisheries reconstruction. Palaeontologia Electronica, 4 (1): 5－76.

Rogers L A, Schindler D E, Lisi P J, et al., 2013. Centennial-scale fluctuations and regional complexity characterize Pacific salmon population dynamics over the past five centuries. Proceedings of the National Academy of Sciences, 110 (5): 1750－1755.

Salvatteci R, Field D B, Baumgartner T, et al., 2012. Evaluating fish scale preservation in sediment records from the oxygen minimum zone off Peru. Paleobiology, 38 (1): 52－78.

Schwartzlose R A, Alheit J, Bakun A, et al., 1999. Worldwide large-scale fluctuations of sardine and anchovy populations. South African Journal of Marine Science, 21 (1): 289－347.

Shi X F, Shen S, Yi H, et al., 2003. Modern sedimentary environments and dynamic depositional systems in the southern Yellow Sea. Chinese Science Bulletin, 48 (1): 1－7.

Sinclair M, Tremblay M J, Bernal P, 1985. El Niño events and variability in a Pacific mackerel (*Scomber japonicus*) survival index: Support for Hjort's second hypothesis. Canadian Journal of Fisheries and Aquatic Sciences, 42 (3): 602－608.

Soutar A, 1967. The accumulation of fish debris in certain California coastal sediments. California Cooperative Oceanic Fisheries Investigations Reports, 11: 136－139.

Soutar A, Isaacs J D, 1974. Abundance of pelagic fish during the 19th and 20th centuries as recorded in anaerobic sediment off the Californias. Fishery Bulletin, 72 (2): 257－273.

Valdés J, Ortlieb L, Gutierrez D, et al., 2008. 250 years of sardine and anchovy scale deposition record in Mejillones Bay, northern Chile. Progress in Oceanography, 79 (2): 198 - 207.

Wang Y H, 2011. Influence of physical environment to anchovy population dynamics in the Yellow Sea-A study using individual-based ecosystem model. PhD thesis. Ocean University of China, Qingdao, 75 - 87 (in Chinese with English abstract).

Xing L, Zhao M X, Zhang H L, et al., 2009. Biomarker records of phytoplankton community structure changes in the Yellow Sea over the last 200 years. Journal of Ocean University of China, 39 (2): 317 - 322.

Yamamoto M, Kuwae M, Ichikawa N, 2010. Centennial scale variability in sea surface temperature and sardine and anchovy abundances in the Beppu Bay in Japan during the last 1500 years. AGU Fall Meeting Abstracts, 1: 1688.

Yang Q, 2012. The long-term sedimentary records along transects in the different area of the sediments of the East China Sea and the Yellow Sea. PhD thesis. Ocean University of China, Qingdao, 36 - 39 (in Chinese with English abstract).

Zhao X Y, 2006. Population dynamic characteristics and sustainable utilization of the anchovy stock in the Yellow Sea. PhD thesis. Ocean University of China, Qingdao, 9 - 17 (in Chinese with English abstract).

Changes in Fish Species Diversity and Dominant Species Composition in the Yellow Sea①

Xianshi Jin, Qisheng Tang
(Yellow Sea Fisheries Research Institute, 106 Nanjing Road, Qingdao 266071, China)

Abstract: Species diversity of the Yellow Sea fish community in 1959, 1981, 1985 and 1986 was measured by means of several methods. An evenness index, $E=\ln(1/\lambda)/\ln S$, was introduced to measure the fish community. The differences in diversity index in the Yellow Sea between seasons are due to fish migration, while the differences between years are attributed to the changes of species composition caused by overfishing and species interactions.

The numbers of dominant, common and rare species of fish were calculated using Hill's diversity index. The dominant species in 1959 were all demersal fish, which were the major target for fisheries in the 1950s and 1960s. However, in the 1980s, pelagic fish took a very dominant position, especially small pelagic fish, which were the prey of large pelagic and bottom fish. This indicates that the depletion of most demersal fish and large size pelagic fish has resulted in the increase of small planktophagous pelagic fish in the Yellow Sea.

Key words: Species composition; Yellow Sea

1. Introduction

The Yellow Sea is a semi-enclosed sea in the warm-temperate region. Seasonal changes in the marine environment are governed by a circulation system dominated by the Yellow Sea warm current (a branch of the Kuroshio Current) and the coastal currents. The fish populations migrate, and there are distinct spawning, feeding and wintering grounds related to seasonal changes in the environmental conditions. This results in shifts in the distribution of resources available to the fisheries. The resources are now heavily overfished (Liu et al., 1990).

This paper analyzes changes in ecological features based on indices of species richness, diversity and evenness with regard to the Yellow Sea fisheries resources in different seasons

① 本文原刊于 *Fisheries Research*, 26 (3/4): 337-352, 1996。

and years. The causes of changes in fish diversity indices and shifts in dominant species, as well as their interactions by seasons and years, are discussed.

2 Materials and Methods

2.1 Data Source

The data were obtained from bottom trawl surveys of the Yellow Sea in 1959, 1981, 1985 and 1986 as a part of a program of stock assessment. The vessels used during each period of surveys are shown in Table 1. A comparative survey (20 sampling stations) between the pair trawlers (550 mesh × 30 cm) and R/V "Bei Dou" was carried out by parallel trawling in order to correct the differences in catchability between two type of gears. The duration of the trawl haul was 1～2 h, but all data were standardized to 1 h. Figure 1 shows the coverage of these surveys (inside of the dotted line) and bathymetric contours in the Yellow Sea. The depth of survey area ranged from 14 to 95 m. The sampling stations were randomly predetermined with some differences, but were similar within years. Generally, five stations were established at intervals of 0.5°N×0.5°E.

Table 1 Vessels and trawls used for the surveys

Year	Vessel	Circumference × mesh size	Cod-end / liner size (cm)	Opening size (m)
1959	Pair trawlers	420 mesh × 8 cm	4.3	7～8
		600 mesh × 8 cm	4.3	7～8
May 1981	Pair trawlers	550 mesh × 30 cm	5.1	13～14
Spring 1985	Pair trawlers	550 mesh × 30 cm	5.1	13～14
1985, 1986	R/V "Bei Dou"	450 mesh × 17 cm	10 cm/2.0	5～7

2.2 Methods of Analysis

The catches from May 1981 and spring 1985 were first standardized to the results from the R/V "Bei Dou". A number of methods were applied to calculate the indices of richness, diversity and evenness (Ludwig and Reynolds, 1988) of the Yellow Sea fish community by seasons and years. The peak spawning season of most fishes in the Yellow Sea occurs in May (Zhao et al., 1990; Liu et al., 1990; Zhang et al., 1983), and the various indices for this month in 1959, 1981 and 1986 were used for comparison. Since the individual size of the fish differed greatly, the indices in the following equations were expressed in terms of biomass ($kg \cdot h^{-1}$) rather than number (Fei et al., 1981; Qiu, 1988).

The Margalef richness index (Margalef, 1958) was calculated as follows

$$R = (S-1)/\log_e W \quad (1)$$

where S represents number of species and W represents biomass.

The Shannon diversity index (Shannon and Weaver, 1949) was calculated as

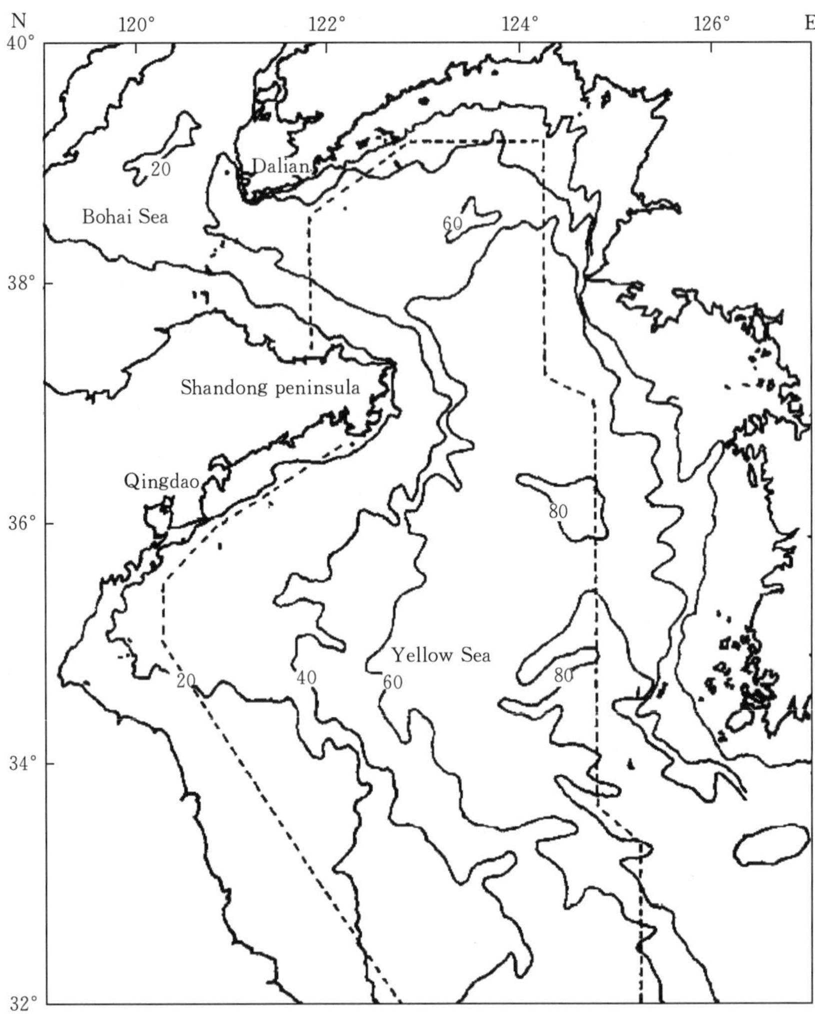

Figure 1 Survey area and bathymetric contours in the Yellow Sea

$$H' = -\sum_{i=1}^{s}(p_i \ln p_i) \tag{2}$$

where p_i is the proportion of biomass belonging to the ith species.

A diversity index was derived from the Hill's family of diversity numbers (Hill, 1973)

$$N_A = \sum_{i=1}^{s}(p_i)^{1/(1-A)} \tag{3}$$

Hill's family of diversity numbers (N_A) measures the degree to which proportional abundance (p_i) is distributed among the species (Hill, 1973). When $A=0$, 1, 2, three equations can be obtained

$$N_0 = S \tag{4}$$

$$N_1 = e^{H'} \tag{5}$$

$$N_2 = 1/\lambda \tag{6}$$

where N_0 is the number of all species, N_1 measures the number of abundant species and N_2

is the number of very abundant species. λ is the Simpson index (Simpson, 1949) .

Species evenness refers to how the species biomass is distributed among the species. The Pielou index (Pielou, 1977) was used to compute the evenness index of the Yellow Sea fish community as follows

$$E_1 = H'/\ln S \tag{7}$$

Since changes in dominant species often reflect faunal changes (Colvocoresses and Musick, 1984), and dominant species determine the main biological characteristics of a community, and are also the major target for fisheries, an evenness index which depends on N_2 and N_0

$$E_2 = \ln (1/\lambda)/\ln S = \ln N_2/\ln N_0 \tag{8}$$

was introduced to express the seasonal species evenness.

N_2 was defined as the number of dominant species which made up a significant part of the biomass and which were the major target of fisheries in the Yellow Sea. N_1 was defined as the number of common species which accounted for a small part of the biomass and were usually a by-catch in the fisheries. The remaining species were defined as rare species. Pearson's correlation coefficient (PCC) between the dominant species was used to measure the relative intensity of covariation in biomass distribution by sampling stations (SS) .

Fish species were divided into three groups (warm water, temperate and boreal) according to the temperature of the waters they inhabited for growth and spawning (Liu et al., 1990) . Warm water species are distributed in waters with a monthly average temperature of more than 15 ℃ with an optimum of around 20 ℃; temperate species are found in environments with a wide range of temperature (0～25 ℃) with an optimum of 4～20 ℃; boreal species are distributed in the waters with a monthly average of less than 10 ℃ with an optimum of less than 4 ℃ for growth and spawning.

3 Results

3.1 Indices Variation

Based on the catch composition by weight from bottom trawl surveys in four seasons of 1959 and 1985 as well as in May of 1959, 1981 and 1986, the indices of fish richness, diversity and evenness were calculated using Eqs. (1)～(8) (Table 2) .

Table 2　Indices of the Yellow Sea fish community

	Richness index		Diversity index		Evenness index		
	N_0	R	N_1	N_2	H'	E_1	E_2
1959							
Spring	61	5.93	9.47	5.16	2.25	0.55	0.40
Summer	44	4.31	8.77	5.08	2.17	0.57	0.43
Autumn	76	6.83	15.35	8.94	2.73	0.64	0.51

(continued)

	Richness index		Diversity index		Evenness index		
	N_0	R	N_1	N_2	H'	E_1	E_2
Winter	36	3. 73	8. 38	4. 65	2. 13	0. 59	0. 43
1985							
Spring	83	10. 39	24. 69	15. 78	3. 21	0. 73	0. 62
Summer	99	10. 22	11. 67	5. 59	2. 46	0. 53	0. 37
Autumn	99	9. 09	16. 92	11. 13	2. 83	0. 62	0. 52
Winter	70	6. 88	15. 24	7. 69	2. 72	0. 64	0. 48
May							
1959	37	3. 82	10. 72	5. 86	2. 37	0. 66	0. 49
1981	90	9. 12	27. 20	15. 50	3. 30	0. 73	0. 61
1986	78	7. 48	6. 12	2. 56	1. 81	0. 42	0. 22

3. 1. 1 *Richness Index*

The richness index is presented in Table 2. The unambiguous index of species richness is the total number of species in a community (N_0) . During the 1959 and 1985 bottom trawl surveys, the lowest number of fish species was found in winter and the highest in autumn. The numbers of species caught in each season in 1959 were less than in 1985. However, since the number of species caught depends on sample size (swept area and catchability), it is of limited use as a comparative index (Yapp, 1979) . The survey areas varied between years and seasons, hence the direct count method cannot properly express the species richness of the Yellow Sea fish community. Therefore, the Margalef index, which is relatively independent of sample size (Ludwig and Reynolds, 1988), was used (R, Table 2) . The trends in the species richness index and in N_0 are basically similar. There were distinct seasonal fluctuations in richness index; in 1959 higher values occurred in autumn and spring, with lower values in summer and winter. However, in 1985 R was higher in spring and summer, and lower in autumn and winter.

Comparing the richness index in May among the 3 years, the highest was in 1981 and the lowest in 1959 (Table 2) .

3. 1. 2. *Diversity Index*

The larger the value of the Shannon index, the greater the species diversity. The highest diversity index of 1959 occurred in autumn, followed by spring, and the lowest in winter, while in 1985, the highest value was in spring, followed by autumn, and lowest in summer. The diversity indices for all seasons of 1985 were higher than those of the corresponding seasons of 1959. Both the N_1 and N_2 diversity indices showed the same tendency as the Shannon index (Table 2) .

The diversity indices in May were highest in 1981 and lowest in 1986, and were also the lowest during all surveys over the 4 years (Table 2). In particular, N_2 in 1981 was quite high, as it was in spring 1985, reaching 16, with N_1, as high as 27, while in 1986, the numbers were only 3 and 6, respectively (Table 2). This is indicative of large variations in species composition among the 3 years.

3.1.3 *Evenness Index*

The evenness index represents biomass distribution of fish species. It is at its maximum value when all species in a sample are equally abundant. In 1959, the evenness index (see Table 2) was highest in autumn and lowest in spring, with this trend being shown by both E_1 and E_2. However, in 1985 the highest value was in spring and lowest in summer, and a difference was found in autumn and winter between E_1 and E_2 (Table 2). The species diversity indices showed the same trend as E_2. The higher the species diversity, the larger the species evenness; thus this increase in diversity results in biomass being spread among more species. The same results were also found in May between the 3 years (Table 2).

3.2 Changes in Dominant Species between Seasons

3.2.1 1959

The five dominant species in the spring fish catch were all demersal fish, accounting for 74.9% by weight (Table 3 and Table 4) of which small yellow croaker dominated. There were three endemic species (plaice, Pacific cod and flounder) which were distributed only in the Yellow Sea and Bohai Sea (mainly in the Yellow Sea), and make short migrations between deep and shallow waters (Liu et al., 1990). Plaice and cod are boreal species, the other three species are temperate (Zhao et al., 1990), of which small yellow croaker and red gurnard make long migrations: wintering in the southern Yellow Sea and northern East China Sea and spawning and feeding in schools in the Yellow and Bohai Seas with apparent seasonality. The PCC was significant only between small yellow croaker and flounder ($P<0.01$, $SS=137$), and varied from -0.1 to 0.13 for the other species. The common species (nine) were also demersal fish which accounted for 15.9% of the total fish catch. The temperate species made up the majority (eight) of the species.

Table 3 Dominant species of fish and their percentages in the total catch in the Yellow Sea by season in 1959 and 1985, and in May 1981 and 1986

Species	%	E①
Spring 1959	74.9	
Small yellow croaker	44.5	2
Plaice	13.8	3

(continued)

Species	%	E①
Pacific cod	6. 9	3
Red gurnard	5. 0	2
Flounder	4. 7	2
Summer 1959	76. 9	
Pacific cod	34. 1	3
Hairtail	23. 8	1
Plaice	12. 8	3
Small yellow croaker	3. 4	2
Angler	2. 8	2
Autumn 1959	80. 3	
Hairtail	20. 5	1
Small yellow croaker	20. 2	2
Plaice	9. 8	3
White croaker	7. 7	2
Red seabream	6. 8	2
Chinese ray	6. 7	2
Pacific cod	3. 6	3
Pored ray	2. 6	2
Angler	2. 4	2
Winter 1959	77. 0	
Plaice	39. 2	3
Small yellow croaker	21. 6	2
Pacific cod	7. 8	3
Red gurnard	4. 3	2
Flounder	4. 1	2
Spring 1985	80. 9	
Small yellow croaker	17. 0	2
Flounder	7. 0	2
Half-fin anchovy	6. 9	1
Eel pout	6. 8	3
Blackgill croaker	6. 8	2
Pretty ray	6. 1	2
Japanese anchovy	5. 8	2
Angler	4. 5	2
Pacific cod	3. 7	3

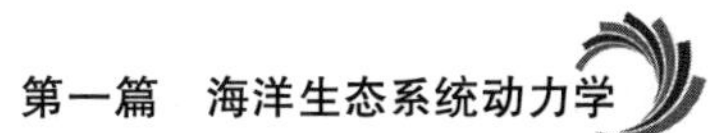

(continued)

Species	%	E①
Plaice	3.5	3
Pored ray	2.9	2
Stingray	2.6	2
Jewfish	2.2	2
Pacific herring	1.9	3
Perch	1.6	2
Stone flounder	1.6	3
Summer 1985	75.5	
Japanese anchovy	30.0	2
Chub mackerel	28.0	1
Scaled sardine	6.9	1
Angler	3.8	2
Plaice	3.4	3
Seasnail	3.4	3
Autumn 1985	86.2	
Horse mackerel	16.8	1
Butterfish	12.9	1
Seasnail	12.0	3
Japanese anchovy	10.9	2
Chub mackerel	7.8	1
Spanish mackerel	6.1	1
Small yellow croaker	5.9	2
Scaled sardine	5.7	1
Angler	3.2	2
Hairtail	2.9	1
Sharp-toothed eel	2.0	1
Winter 1985	74.4	
Seasnail	31.1	3
Chub mackerel	8.9	1
Plaice	8.6	3
Angler	6.9	2
Pretty ray	5.5	2
Small yellow croaker	5.2	2
Flounder	4.7	2
Japanese anchovy	3.5	2

(continued)

Species	%	E①
May 1959	75.3	
Small yellow croaker	36.6	2
Pacific cod	10.6	3
Red gurnard	9.1	2
Plaice	8.6	3
Angler	5.5	2
Pored ray	4.9	2
May 1981	82.7	
Small yellow croaker	18.6	2
Pacific cod	10.3	3
Eel pout	5.8	3
Glossy croaker	5.0	2
Sharp-toothed eel	4.0	1
Half-fin anchovy	4.0	1
Large yellow croaker	4.0	1
Butterfish	2.9	1
Jewfish	2.9	2
Pored ray	2.7	2
Pacific herring	2.6	3
Stone flounder	2.6	3
Plaice	2.3	3
Croaker	2.3	2
Fun ray	2.3	2
Sebaste	2.3	3
May 1986	74.5	
Japanese anchovy	61.5	2
Eel-pout	6.8	3
Plaice	6.2	3

Notes: ① 1. warm water species; 2. temperate species; 3. boreal species. Scientific names of species are given in Appendix A.

Table 4 Number and weight percentage of dominant, common and rare fish by season in catches of demersal trawl in the Yellow Sea

	Dominant		Common		Rare		Total No.
	No.	%	No.	%	No.	%	
1959							
Spring	5	74.9	9	15.9	47	9.2	61
Summer	5	76.9	9	12.8	30	10.3	44

(continued)

	Dominant		Common		Rare		Total No.
	No.	%	No.	%	No.	%	
Autumn	9	80.3	15	14.4	49	5.3	73
Winter	5	77.0	8	16.9	23	6.0	36
1985							
Spring	16	80.9	25	17.4	42	1.7	83
Summer	6	75.5	12	14.8	81	9.7	99
Autumn	11	86.2	17	10.4	71	3.4	99
Winter	8	74.4	15	19.4	47	6.2	70
May 1959	6	75.3	11	20.8	20	3.9	37
May 1981	16	74.6	27	22.8	47	2.6	90
May 1986	3	74.5	6	13.5	69	12.0	78

There were five dominant species in the summer fish catch, all demersal fish, accounting for 76.9% of total fish catch. Compared with spring, the proportion of Pacific cod increased greatly (Table 3). This species was mainly distributed in areas influenced by the cold water mass in the northern Yellow Sea. Another boreal species, plaice, was mainly distributed in the cold water of the central deep depression. By the summer, the warm water species, hairtail, has migrated into the Yellow and Bohai Seas for spawning and feeding (Zhao et al., 1990), so its proportion in the total fish catch greatly increased, from 0.1% in spring to 23.8% in summer. Since small yellow croaker has mostly finished spawning and started feeding migration, its proportion in the catch decreased sharply (Table 3). A significant overlap in distribution of all dominant species was found only between the two species with long distance migration, small yellow croaker and hairtail ($P<0.01$, $SS=126$). The nine common species are all demersal fish, accounting for 12.8% of the total catch.

The dominants in autumn were nine demersal fish, accounting for 80.3% of the total catch, of which one was a warm water species, six were temperate, and two were boreal species (Table 3). Compared with spring and summer, the proportions of warm and temperate species increased further in terms of biomass. Hairtail was still at a high level, and small yellow croaker increased greatly owing to abundant feeding groups and to the occurrence of juveniles. The proportion of Pacific cod decreased to the lowest level in the year. Although differences in distribution patterns were observed between these species, there was some overlap in their distributions (Table 5). Owing to its wide distribution, the small yellow croaker was significantly correlated with four seabed-inhabiting species. Angler were highly correlated with the two species of rays, and moderately correlated with hairtail owing to its widespread distribution. The distributions of two temperate species, white croaker and red seabream mainly in the southern part of the Yellow Sea were similar with a very high correlation, and two boreal species, plaice and cod, in more deep waters were also moderately correlated in distribution. There were 15 common species, accounting for 14.4% of the total catch, and consisting of four warm water, seven temperate and four boreal species. The temperate fish dominated the common species not only in number of species but also in weight.

Table 5 Pearson's correlation coefficients among the dominant species in autumn 1959 (Significance levels are: +, 0.01 <*P*<0.0.5; ++, *P* <0.01. There were 153 sampling stations)

	Trichiurus haumela	*Pseudosciaena polyactis*	*Cleisthenes herensteini*	*Argyrosomus argentatus*	*Pagrosomus major*	*Raja chinensis*	*Gadus macrocephalus*	*Raja porosa*
Pseudosciaena polyactis								
Cleisthenes herensteini		+						
Argyrosomus argentatus								
Pagrosomus major				++				
Raja chinensis		+						
Gadus macrocephalus			+					
Raja porosa		++					+	
Lophius litulon	+	++				++		++

The water systems are very complex in the Yellow Sea in autumn. Generally the temperature is higher than in summer in the central and northern water, and lower along the shallow coastal waters. The central deep water is still dominated by the cold water mass, and the thermocline descends (Chen et al., 1991). Therefore, in autumn the fish species in the Yellow Sea have a highly mixed distribution, reflected in the highest diversity and evenness indices.

There were five dominant fish species in winter, all demersal, accounting for 77.0% of the total catch (Table 3). The proportion of plaice in the catch was highest (39.2%), followed by small yellow croaker (21.6%). The other three species accounted for relatively small proportions. At this time of the year, the water temperature was lowest with a vertically homogeneous temperature distribution. A relative high temperature was found in the central deep depression which was the wintering ground for the endemic species and partly also for small yellow croaker. Therefore, their distributions were highly correlated between cod and plaice and red gurnard, and between red gurnard and flounder ($P<0.01$, $SS=51$). The distribution of plaice was also moderately correlated with small yellow croaker and flounder ($P<0.05$). The eight common species accounted for 16.9% of the total catch, and the temperate fish dominated. It should be noticed that four boreal fish in the dominant and common species groups accounted for 51.5% which were all endemic species with short migrations in the Yellow Sea (plaice, Pacific cod, seasnail and eel-pout). In winter, most of the warm water and temperate fish migrate southward into wintering grounds (Zhao et al., 1990) leading to the great increase in the proportion of the boreal species.

As seen from the above analyses, the dominant and most of the common species in the catches of 1959 were demersal fish. The composition of dominant species varied little between seasons. Small yellow croaker, plaice and Pacific cod were dominant species in all seasons, while hairtail appeared among the dominant species in summer and autumn with a rather high proportion (over 20%). The temperate species, red gurnard and flounder occurred in winter and spring, while angler was among the dominant species in all seasons with a relatively low and stable proportion (2.2%~2.8%).

The proportion of rare species of fish was only 5.3%~10.3% of the total fish catch (Table 4).

3.2.2 1985

There were 16 dominant species in spring, accounting for 80.9% of the total catch (Table 3). Thirteen species were demersal, others were small pelagic fish. The dominants consisted of one warm water and ten temperate species which were caught mainly in the southern Yellow Sea, and five boreal fish caught mainly in the central and northern Yellow Sea. Although the number of species was high, their distributions were quite different, with PCCs significant only between small yellow croaker and Japanese anchovy, blackgill croaker and stingray, and two species of rays ($P < 0.05$, $SS=69$). The 25 common fish species accounted for 17.4%, among which the temperate (15) and boreal (seven) fish dominated.

In summer, the six dominant species accounted for 75.5% of the total catch. The first three species were all pelagic (Table 3) accounting for 64.8% of the total catch. Japanese anchovy was mainly found in the water off the eastern Shandong Peninsula, while the two warm water species, chub mackerel and scaled sardine were caught in the southeastern and southwestern Yellow Sea, respectively. The other three dominant species were endemic demersal fish mainly distributed in the central area with relatively low temperature. None of these dominant species were significantly correlated in distribution ($P<0.05$, $SS=93$). There were 12 common species, amounting to 14.8% of the total catch, of which three pelagic fish made up about one third. The common species comprised two warm water, six temperate and four boreal species. Generally, a few pelagic fish accounted for a very high proportion of the summer catch.

In autumn, as in spring, the dominant species were also abundant each comprising a low percentage of the total catch. Eleven dominant species accounted for 86.2% of the total catch (Table 3), of which six pelagic fish amounted to 60.1%. Many migratory warm water species come into the feeding areas of the Yellow Sea from the spawning and wintering grounds, and therefore the number and biomass of warm water (seven) and temperate (three) species increased. Japanese anchovy and seasnail (boreal species) were widely distributed in the entire Yellow Sea and showed moderate correlation (Table 6). Since the warm water species, horse mackerel and scaled sardine, were found in the southern and western parts of the Yellow Sea, respectively, in dense schools and with low frequency of occurrence, their distributions rarely overlapped with any of the other dominant species. However, the other warm water species were significantly correlated in their distributions (Table 6) . The 17 common species accounted for 10.4% of the total catch. The demersal temperate species dominated.

Table 6 Pearson's correlation coefficients among the dominant species in autumn 1985. Significance levels are: +, $0.01 < P < 0.05$; ++, $P < 0.01$. There were 92 sampling stations

	Trachurus japonicus	*Stromateoides argenteus*	*Liparis tanakae*	*Engraulis japonicus*	*Pneumatophorus japonicus*	*Scomberomorus niphonius*	*Pseudosciaena polyactis*	*Harengula zunasi*	*Lohius litulon*	*Trichiurus haumela*
Stromateoides argenteus										
Liparis tanakae										
Engraulis japonicus			+							
Pneumatophorus japonicus										
Scomberomorus niphonius		+								
Pseudosciaena polyactis										
Harengula zunasi										
Lohius litulon			++							
Trichiurus haumela		++			++	+				
Muraenesox cinereus		++	+				++			

There were eight dominant species in the catch in winter, accounting for 74.4% (Table 3) . Among them were two boreal endemic fish (seasnail and plaice) which made up the majority (39.7%) . One of these, seasnail, constituted 31.1% of the total catch, and was widely distributed in the Yellow Sea. The five temperate fishes consisted of two species with long migrations (small yellow croaker and Japanese anchovy) and three endemic species. Although there was some overlap in their distributions, significant correlation was found only between the two boreal species ($P<0.01$, $SS=44$) and moderate correlation between small yellow croaker and seasnail and chub mackerel, and also between pretty ray and flounder ($P<0.05$) . There were 15 common species, amounting to 19.4% of the total catch, mainly comprising temperate and boreal demersal fish. The endemic populations dominated the winter catch.

The proportion of rare species varied at 1.7%~9.7% of the total catch (Table 4) .

3.3 Changes of Dominant Species in May between Years

The observed differences between the dominant species in the 3 years may reflect the changing biomass of the various spawning stocks in the Yellow Sea. Table 3 shows large differences in composition of dominant species in May of 1959, 1981 and 1986. As previously described, the diversity and evenness indices were highest in 1981 and lowest in 1986. This also corresponds to the low number of dominant species in the catch in 1986.

In May 1959, there were six dominant species. As in other seasons, they were all demersal fish, amounting to 75.3% of the total fish catch, which small yellow croaker totally dominated (36.6%), and four endemic species were relatively abundant. Among their distributions, only plaice was moderately significantly correlated with red gurnard and angler ($P<0.05$, $SS=104$). There were 11 common species, accounting for 20.8% of the catch, most of which were endemic cartilaginous fishes (sharks and rays). In contrast, there was a large number of dominant species with small differences in proportions in 1981. The 16 dominant species accounted for 74.6% of the total fish catch; the highest proportion was only 18.6% (Table 3). They comprised four warm water, six temperate, and six boreal fishes. Owing to the distribution of most warm and temperate water species in the southern part of the Yellow Sea, their distributions were highly correlated, especially glossy croaker with all other temperate croakers, sharp-toothed eel with most of the warm and temperate water species, and large yellow croaker with small yellow croaker, jewfish, butterfish and half-fin anchovy (Table 7). There were 27 common species, accounting for 22.8% of the catch, mainly consisting of temperate fishes. Pelagic fish comprised a dominant proportion of the catch, although the number of species was small.

Table 7　Pearson's correlation coefficients among the dominant species in May 1981 (Significance levels are: +, $0.01<P<0.05$; ++, $P<0.01$. There were 69 sampling stations)

	Pseudosciaena polyactis	*Gadus macrocephalus*	*Enchelyopus elongatus*	*Collichthys lucidus*	*Muraenesox cinereus*	*Setipinna taty*	*Pseudosciaena crocea*	*Stromateoides argenteus*	*Johnius belengerii*	*Raja porosa*	*Clupea pallasi*	*Platichthys bicoloratus*	*Cleisthenes herensteini*	*Miichthys miiuy*	*Platyrhina sinensis*
Pseudosciaena polyactis															
Gadus macrocephalus															
Enchelyopus elongatus															
Collichthys lucidus	++														
Muraenesox cinereus	++			++											
Setipinna taty				++	+										
Pseudosciaena crocea	++					+									
Stromateoides argenteus					++		++								
Johnius belengerii	+			++	++	+	++								
Raja porosa			+		++										
Clupea pallasi															
Platichthys bicoloratus															
Cleisthenes herensteini															
Miichthys miiuy				++	++	++									
Platyrhina sinensis															
Sebastodes fuscescens		++													

The most obviously dominant species occurred in the survey of 1986 with a very heterogeneous distribution in fish biomass. Three species accounted for 74.5% of the total fish catch (Table 3), Japanese anchovy reaching 61.5%. This can be attributed to the dramatic increase in anchovy biomass in recent years (about 3 million t), and to the peak spawning in dense schools in May (Li, 1987; Iversen et al., 1993). Japanese anchovy was found mostly in the southwestern Yellow Sea during the May 1986 survey. The other two species belong to the group of demersal boreal species, eel-pout was randomly and widely distributed, while plaice still mainly occurred in the central deep water. Therefore, there were no significant correlations in their distribution ($P<0.05$, $SS=67$). There were six common species, amounting to 13.5% of the total catch, of which five demersal species made up the majority.

Although the number of rare species was high, the proportion in May in the 3 years studied was 2.6%-12.0% of the total fish catch (Table 7).

4 Discussion

Species diversity is a principal descriptor of fish communities (Fei et al., 1981). Several models for calculating species diversity were used to characterize the Yellow Sea fish community. To eliminate the bias caused by the different individual weights of species, the biomass of each species was used instead of numbers. This is in accordance with Lyons (1981).

In the Yellow Sea, the diversity index of fish differed between seasons, and also between years. The water temperature starts to increase in spring, and fish which winter in the southern Yellow Sea and northern East China Sea gradually migrate northwards into spawning grounds in the Yellow Sea and Bohai Sea. After spawning most fish begin their feeding migration in summer and autumn, returning to wintering areas as the water temperature decreases. This is the main reason why the fish diversity index varies between seasons; usually being higher in autumn and spring, and lower in summer and winter (Table 2). When species diversity increases, the biomass is spread among more species, which results in an increase in evenness (Table 2).

The importance of dominant species in a community is well recognized. Fei et al. (1981) discussed the regional and seasonal variations of dominant species of demersal fish communities on the continental shelf of the northern South China Sea, and defined any species of fish which comprised 20%～60% of the catches in one specified sample as a dominant species, while a fish whose number or biomass made up more than 10% of a fish community was defined as dominant by Yu et al. (1986). Colvocoresses and Musick (1984) defined a species as dominant if it occurred among the five most abundant species in at least 20% of all stations.

In the present study, dominant species were defined as the very abundant species (N_2), and their numbers calculated using Hill's diversity index. The seasonal dominant species accounted for more than 74% of the total catch, common species varied between 10 and 23%, while the number of rare species was very high, but the proportion in the total catch by weight was less than 12% (Table 4).

During the 1959 surveys, several demersal species dominated the catches, such as small yellow croaker, hairtail, plaice and Pacific cod, and these species were also the major fishing targets in the 1950s and 1960s (Liu et al., 1990). Later, the improvement of fishing techniques and the increase in the number and power of fishing vessels resulted in a rapid development of the bottom trawl fisheries in the Yellow Sea by the 1970s and 1980s (the horsepower of motorized vessels along the northern China coast increased 3-fold by the 1960s, 10-fold by the 1970s and around 25-fold by the 1980s compared with the 1950s) . Most of the demersal fish resources were fully utilized and some economically important stocks such as small yellow croaker, hairtail, etc. were depleted (Liu et al. , 1990) . Except for the high exploitation, density dependence may also be an important reason as these dominant species are all carnivorous fish, and share to some extent the same food and space in different seasons. There may be competition for food and space between, for example, small yellow croaker and hairtail in summer, red seabream and white croaker in autumn (Table 5), and between plaice and cod, and small yellow croaker and flounder in winter.

From the beginning of the 1970s, the biomass of some pelagic fish such as Pacific herring, chub mackerel and Spanish mackerel increased sharply (Deng and Zhao, 1991) . Thus, the biomass composition changed greatly; demersal fish were gradually replaced by pelagic fish as the most important target species for the fisheries. Owing to high fishing pressure and species interaction, these large size pelagic fish and economically important demersal fish have mostly declined to varying degrees in the 1980s. This has resulted in a remarkable increase in the biomass of small pelagic fish which were their main source of food, such as Japanese anchovy, half-fin anchovy and scaled sardine (Tang and Ye, 1990) . Although there were small numbers of pelagic species in the surveys of 1985 and 1986, the catch was dominated by these species. The biomass of warm and temperate water fishes increased greatly. The endemic demersal fish, seasnail, was widespread in the Yellow Sea, making up a high proportion by weight of the catch, particularly in winter. As most large size and high commercial value fish decline in biomass, the seasnail is one of the few demersal species to show an increase. It appears that, as a result of its scattered distribution and the absence of fishing pressure due to its low commercial value, this species has moved into the niche left vacant by the other demersal fish.

It is worth noting that the dramatically increased occurrence of small pelagic fish in the 1980s may also be related to changes in both the biological and abiotic environment in the Yellow Sea ecosystem; it is probable that high exploitation has relaxed predation on them. As a result, small planktophagous pelagic fish at a low trophic level increased rapidly in biomass. and presently dominate the Yellow Sea fish community.

5 Acknowledgements

We would like to thank Dr. E. Bakken, Institute of Marine Research, and Dr. A. Johannessen, University of Bergen, Norway for invaluable comments on the manuscript. Thanks are also given to our colleagues for assistance in collecting the data, and to two anonymous reviewers for very helpful comments.

Appendix A

List of species mentioned in Table 3 with corresponding scientific names.

Common name	Scientific name
Angler	*Lophius litulon*
Blackgill croaker	*Collichthys niveatus*
Butterfish	*Stromateoides argenteus*
Chinese ray	*Raja chinensis*
Chub mackerel	*Pneumatophorus japonicus*
Croaker	*Miichthys miiuy*
Eel-pout	*Enchelyopus elongatus*
Flounder	*Paralichthys olivaceus*
Fun ray	*Platyrhina sinensis*
Glossy croaker	*Collichthys lucidus*
Hairtail	*Trichiurus haumela*
Half-fin anchovy	*Setipinna taty*
Horse mackerel	*Trachurus japonius*
Japanese anchovy	*Engraulis japonicus*
Jewfish	*Johnius belengerii*
Large yellow croaker	*Pseudosciaena crocea*
Pacific cod	*Gadus macrocephalus*
Pacific herring	*Clupea pallasi*
Perch	*Lateolabrax japonicus*
Plaice	*Cleisthenes herensteini*
Pored ray	*Raja porosa*
Prey ray	*Raja pulchra*
Red gurnard	*Lepidotrigla microptera*
Red seabream	*Pagrosomus major*
Scaled sardine	*Harengula zunasi*
Seasnail	*Liparis tanakae*
Sebaste	*Sebastodes fuscescens*
Sharp-toothed eel	*Muraenesox cinereus*
Small yellow croaker	*Pseudosciaena polyactis*
Spanish mackerel	*Scomberomorus niphonius*
Stingray	*Dasyatis akajei*
Stone flounder	*Platichthys bicoloratus*
White croaker	*Argyrosomus argentatus*

References

Chen G, Gu X, Gao H, et al., 1991. Marine Fishery Environment in China. Zhejiang Science and Technology Press, Zhejiang, 233.

Colvocoresses J A, Musick J A, 1984. Species associations and community composition of middle Atlantic Bight Continental Shelf demersal fishes. Fish. Bull., 82 (2): 295 - 313.

Deng J, Zhao Q, 1991. Marine Fisheries Biology. Agriculture Press, Beijing, 686.

Fei H, He B, Chen G, 1981. The regional and seasonal variations of diversity and dominant species of demersal fish communities in continental shelf of northern Nanhai. J. Fish. China, 5 (1): 1 - 20.

Hill M O, 1973. Diversity and evenness: A unifying notation and its consequences. *Ecology*, 54: 427 - 432.

Iversen S A, Zhu D, Johannessen A et al., 1993. Stock size, distribution and biology of anchovy in the Yellow Sea and East China Sea. Fish. Res., 16: 147 - 163.

Li F, 1987. Study on the behaviour of reproduction of the anchovy (*Engraulis japonicus*) in the middle and southern part of the Yellow Sea. Mar. Fish. Res. China, 8: 41 - 50.

Liu X, Wu J, Han G, 1990. The fisheries resources investigation and division of Yellow and Bohai Seas. Ocean Press, Beijing, 295 pp.

Ludwig J A, Reynolds J F, 1988. Statistical Ecology. John Wiley, 337 pp.

Lyons N I, 1981. Comparing diversity indices based on count weighted by biomass or other important values. Am. Nat., 118: 438 - 442.

Margalef R, 1958. Information theory in ecology. Gen. Systematics, 3: 36 - 71.

Pielou E C, 1977. Mathematical Ecology. Wiley, New York.

Qiu Y, 1988. The regional changes of fish community on the northern continental shelf of South China Sea. J. Fish. China, 12 (4): 303 - 313.

Shannon C E, Weaver W, 1949. The Mathematical Theory of Communication. University of Illinois Press, Urbana.

Simpson E H, 1949. Measurement of diversity. Nature (London), 163: 688.

Tang Q, Ye M, 1990. The Exploitation and Conservation of Nearshore Fisheries Resources off Shandong. Agriculture Press, Beijing, 214 pp.

Yapp W B, 1979. Specific diversity in woodland birds. Field Stud., 5: 45 - 58.

Yu Y, Zhang Q, Chen W, et al., 1986. A preliminary study on dominant fish species and their interspecific relations in waters of islands off the northern Zhejiang. J. Fish. China, 10 (2): 137 - 149.

Zhang Y, Zhao Q, Lu H, 1983. Inshore fish egg and larvae off China. Shanghai Science and Technology Press, Shanghai, pp. 1 - 206.

Zhao Q, Liu X, Zeng B, et al., 1990. Marine fishery resources of China. Zhejiang Sciences and Technology Press, Zhejiang, 178.

渤海渔业资源结构、数量分布及其变化[①]

金显仕，唐启升
（中国水产科学研究院黄海水产研究所，青岛 266071）

摘要： 通过1982—1983年和1992—1993年分季底拖网调查，分析了渤海渔业生物资源的结构、数量分布及其季节间和10年间生物量的变动情况及原因。结果表明，渤海渔业生物优势种与10年前相比发生了较大变化，鳀鱼已代替黄鲫成为渤海鱼类资源最丰富的种类，斑鰶的生物量亦有较大增加，而小黄鱼、蓝点马鲛的生物量则大幅度下降。中上层鱼类占总生物量的比例增加，底层鱼类则下降，软体动物除春季外都下降，甲壳动物各季都有不同程度的下降。渔业资源密集分布区由莱州湾—黄河口一带水域变为秦皇岛和龙口外海水域。总生物量各季都下降，降幅为9.7%～84.2%。渔业资源质量较10年前大为降低，经济价值低的小型中上层鱼类已成为渔业资源的主要成分。

关键词： 渔业资源；资源结构；生物量；分布与变动；渤海

渤海是黄渤海多种经济鱼虾类的产卵场和索饵场，在黄渤海渔业生产上占有极其重要的地位[1,2]。历史上，曾于1958—1959年和1982—1983年进行过较系统的大面积拖网调查，对其渔业资源进行了初步评估。由于渔业生产和环境因子的变化，近10年来渤海渔业资源在多方面发生了较大变化，为此，有必要更系统全面的调查，以摸清渤海渔业资源的结构、数量分布及其变化，为进一步在渤海开展增殖和有效的渔业管理提供科学依据。

1 材料和方法

所用材料取自1992年8月、10月和1993年2月、5月4个航次的定点底拖网调查，调查船为鲁昌捕3003/3004、147 kW对拖，网口高度6 m，宽22.6 m，网目63 mm，囊网网目20 mm。每站拖网1 h。调查站位数8月、10月各43站，2月28站，5月44站，分别代表夏、秋、冬和春四季。1982—1983年同期调查数据[1,2]为便于比较也做了处理。

生物量的估算是根据扫海面积方法，即：

$$D=\overline{C}/(a\cdot q) \qquad B=D\cdot A$$

式中，D为资源密度，$\overline{C}$为平均每小时拖网渔获量，a为每小时的扫海面积，q为可捕系数。不同种类的可捕系数不同（表1），A为调查海区的总面积，B为总生物量。

根据上述公式先计算每1渔区（0.5°N×0.5°E，约2 400 km^2）每种的资源密度和生物量，然后再累加每1渔区的生物量，即可获得调查海区渔业资源生物量。根据调查海区的面

① 本文原刊于《中国水产科学》，5（3）：18－24，1998。

积按渤海 8 万 km²，换算出整个渤海渔业资源的生物量。

表 1 渤海生物种类可捕系数

Table 1 The catchability coeficients for different groups of species

种类 species	可捕系数 catchability coefficient
鳀鱼类 anchovies	0.3
其他中上层鱼类 other pelagic fish	0.5
鲆鲽类、鳐类 flatfishes，rays	1.0
其他底层鱼类 other demersal fish	0.7
头足类 cephalopods	0.7
对虾科、长臂虾科 large shrimps	0.7
其他无脊椎动物 other invertebrates	1.0

2 结果

2.1 渔业资源结构及其变化

2.1.1 渔业资源生物量

从渤海渔业资源总生物量季节变化情况来看（图 1），本次调查各季都低于 1982—1983 年，鱼类为其主要组成部分。与 1982 年同期比较，春季总生物量下降了 27.3%，其中鱼类降幅 29.0%，而经济无脊椎动物则略有增加；夏季渔业资源总生物量下降了 9.7%，其中鱼类增加了 20.2%，经济无脊椎动物下降了 77.3%；秋季下降了 18.1%，其中鱼类下降了 4.0%，经济无脊椎动物下降了 48.2%；冬季渔业生物量最低，主要为地方性底层鱼类。1993 年生物量比秋季下降了 97.2%，仅为 1983 年同期的 15.8%，其中鱼类占绝对优势，经济无脊椎动物比 1982 年下降了 96.6%。

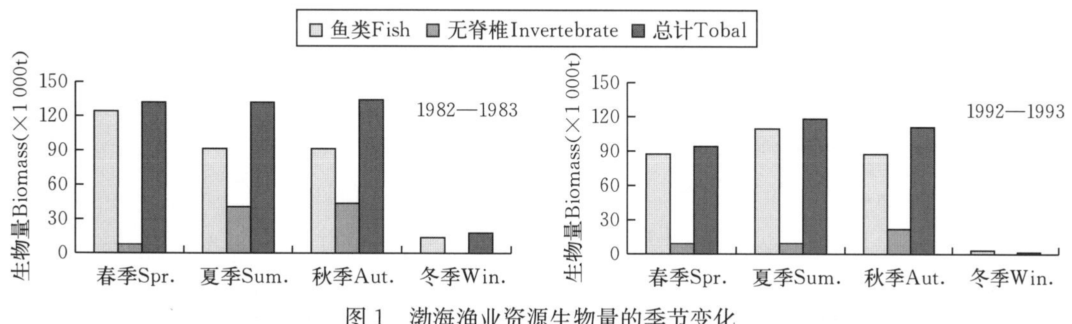

图 1 渤海渔业资源生物量的季节变化

Figure 1 The seasonal variations of fishery resources biomass in the Bohai Sea

表 2 列出各季前 5 种渔业资源生物量种类组成。本次调查前 5 种生物量合计都超过总生物量的 70%，其中鳀鱼除冬季外优势较明显，特别是春季生物量高达 7.7 万 t，其他种类则在 6 000 t 以下；夏季黄鲫、小黄鱼、斑鰶和赤鼻棱鳀生物量比春季有较大幅度增加，特别

是前 2 种都超过 1 万 t；秋季黄鲫、斑鰶和枪乌贼亦超过 1 万 t；冬季的优势种类组成与其他季节大不相同，与 10 年前的调查亦差别较大，完全由地方性底层鱼类组成，除孔鳐生物量超 1 000 t 外，其他种类都在 700 t 以下。

表 2　渤海渔业资源前 5 种生物量（×1 000 t）

Table 2　Biomass of the top 5 species in the Bohai Sea（×1 000 t）

种类 species	春 spring		夏 summer		秋 autumn		冬 winter	
	1982—1983	1992—1993	1982—1983	1992—1993	1982—1983	1992—1993	1982—1983	1992—1993
黄鲫 *Setipinna taty*	51.20	2.46	28.79	15.43	27.40	13.00		
鳀鱼 *Engraulis japonicus*	37.58	77.05	6.43	44.85		40.72		
黄姑鱼 *Nibea albiflora*	5.73							
鲈鱼 *Lateolabrax japonicus*	4.61						2.35	
青鳞鱼 *Hurengula zunasi*	3.65							
枪乌贼 *Loligo* sp.		5.68	27.09		9.41	10.23		
孔鳐 *Raja porosa*		1.53					3.54	1.39
口虾蛄 *Orato squilla oratoria*		1.52				4.46		
小黄鱼 *Pseudosciaena polyactis*			15.13	11.96	7.65			
斑鰶 *Clupanodon punctatus*				9.19		12.76		
赤鼻棱鳀 *Thrissa kammalensis*				6.63				
蓝点马鲛 *Scomberomorus niphonius*			9.75		9.20			
三疣梭子蟹 *Portumus trituberculatus*					13.46			
黑鳃梅童 *Collichthys niveatus*							1.43	
棘头梅童 *Collichthys lucidus*								0.69
梭鱼 *Liza soiuy*							3.72	0.09
凤鲚 *Coilia mystus*							1.89	
矛尾虾虎鱼 *Chaeturichthys stigmatias*								0.12
细纹狮子鱼 *Liparis tanakae*								0.44
合计 total	102.77	88.24	87.17	88.06	67.12	81.17	12.93	2.73
占总生物量/%	78.70	93.00	66.40	74.30	49.40	72.90	66.40	88.90

2.1.2　生态结构

渤海地处暖温带，渔业生物种类具有较明显的暖温带特点，生物种类以暖温性种类为主。各适温种类生物量组成的重量百分比（表 3），春、秋两季暖温性种类比 1982 年同期有较大幅度的增加，而暖水性种类和冷温性种类比例则下降，夏季两个时期适温性种类生物量组成相似，冬季冷温性种类比例上升，暖温性种类比例下降。

表 3 渤海渔业资源各适温种类生物量组成百分比

Table 3 Biomass composition of fishery resources according to inhabiting water temperature in the Bohai Sea

	春 spring		夏 summer		秋 autumn		冬 winter	
	1982	1993	1982	1992	1982	1992	1982	1993
冷温性种 cold-temperate species	3.4	1.0	0.8	0.5	1.9	1.3	8.4	18.5
暖温性种 warm-temperate species	51.6	93.8	69.3	66.6	44.0	69.6	91.6	81.5
暖水性种 warm water species	46.0	5.2	29.9	32.9	54.1	29.1	0.0	0.0

从不同栖息习性种类来看，中上层鱼类虽然种类较少，但其生物量除冬季外都占绝对优势（图 2）。1982 年春季以黄鲫和鳀鱼为主；秋季黄鲫和蓝点马鲛占中上层鱼类资源的主要部分；冬季仅有 3 种中上层鱼类，以凤鲚生物量最高。本次调查春季中上层鱼类生物量比 1982 年下降了 13.3%，而夏秋 2 季则分别增加了 46.7%和 30.4%，冬季生物量仅 23 t，只有 1983 年同期的 1.2%。春季中上层鱼类占总生物量的 85.9%，鳀鱼占其中的 94.5%；夏季中上层鱼类占总生物量的 66.4%，鱼占其中的 57.0%，其次黄鲫占 19.6%；秋季中上层鱼类占总生物量的 63.0%，鳀鱼、黄鲫和斑鰶分别占其中的 58.0%、18.5%和 18.2%；冬季仅捕到 4 种中上层鱼类，生物量以凤鲚和刀鲚为主。

底层鱼类种类虽多，生物量却比中上层鱼类低得多（图 2）。1982—1983 年春季以黄姑鱼、鲈鱼和孔鳐占较大优势；夏季优势种较明显，小黄鱼占底层鱼类生物量的 40.5%，其次为黑鳃梅童、鲈鱼、虫纹东方鲀和白姑鱼；秋季的主要种类与夏季类似，但优势较不明显；冬季以梭鱼、孔鳐和鲈鱼为主。从 1992—1993 年 4 季的底层鱼类生物量的评估结果来看，春季以孔鳐、鲈鱼、绵鳚和小黄鱼所占比例较高，合计占底层鱼类生物量的 74.7%；夏季小黄鱼比例最高，达 38.9%，其次为鲈鱼、绿鳍马面鲀、棘头梅童和孔鳐；秋季底层鱼类优势种不明显，以棘头梅童、小黄鱼、孔鳐和黑鳃梅童生物量最高，合计占底层鱼类生物量的 59.9%；冬季底层鱼类生物量主要由孔鳐、棘头梅童和细纹狮子鱼组成，合计占底层鱼类生物量的 84.0%。结果表明，底层鱼类生物量除冬季占较大优势外，其他季节占总生物量的比例都不超过 30%，特别是 1993 年春季，仅占 5.9%。目前渤海底层鱼类生物量比 1982—1983 年有较大幅度的下降，特别是冬春 2 季分别下降了 81.1%和 80.5%。

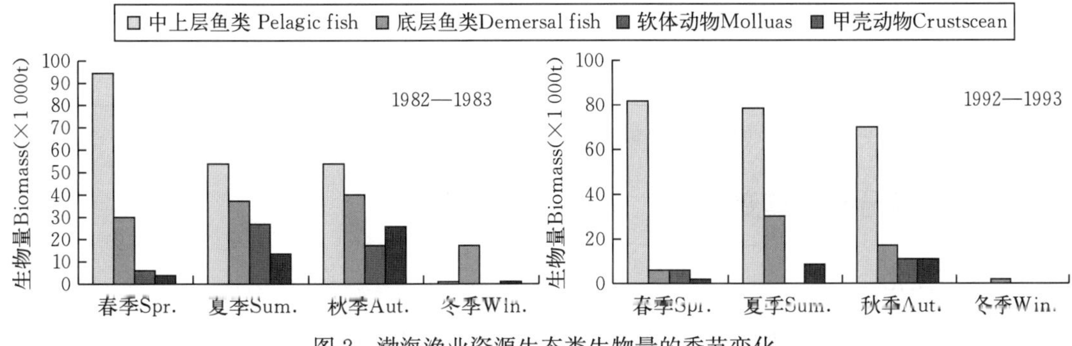

图 2 渤海渔业资源生态类生物量的季节变化

Figure 2 The seasonal variations of fishery resources biomass of ecological patterns in the Bohai Sea

经济软体动物与中上层鱼类相似，种类较少，占总生物量的比例各季差异较大，都以冬季最低，1982—1983 年以夏季最高，秋季次之，1992—1993 年以秋季最高，春季次之。除春季外，其他季节比 10 年前均有不同程度的下降，特别是夏冬两季降幅分别为 95.7%和 91.3%。冬季 1983 年以密鳞牡蛎、短蛸和长蛸为主，3 种合计占软体动物生物量的 98.9%，而 1993 年长蛸占 85.8%，其余三季两个时期则都以枪乌贼占绝对优势，均超过软体动物生物量的 50%。

经济甲壳动物种类季节变动在 10～18 种之间，占总生物量的比例除 1982 年秋季较高（18.8%）外，其他时期和季节都在 10%以下。1992—1993 年 4 季所占比例都比 10 年前有所下降。两个时期的调查结果显示，甲壳类的种类组成变化不大，除 1982 年秋季以三疣梭子蟹、鹰爪虾为主，冬季都以日本鼓虾为主，其余季节口虾蛄、三疣梭子蟹和日本则占较大优势。

2.1.3 生物量的经济结构

按渤海渔业生物种类的经济价值可划分为优质、一般、次级和低质四大类。目前渤海渔业资源的优质种类占总生物量的比例除夏季外，均在 8%以下（表 4），冬春两季分别仅占 2.9%和 2.7%。低质类生物量所占比例都比 1982—1983 年相同季节有大幅度的增加，春季更从 31.7%增加到 82.5%。优质种类以小黄鱼、鲈鱼、蓝点马鲛、黄姑鱼和梭鱼为主，除冬季外，种类组成变化不大。一般类则由 1982—1983 年的三疣梭子蟹、毛蚶为主至本次调查以斑鰶为主，冬季则由凤鲚为主至棘头梅童。次级种类占总生物量的比例除冬季有所增加外，其他季节都下降较大，黄鲫、枪乌贼、口虾蛄和孔鳐等占该类资源生物量的绝对优势，两个时期相同季节的种类组成相似。低质类春夏两个时期主要种类都为鳀鱼，秋季则由 1982 年的赤鼻棱鳀、天竺鲷为主至目前的以鳀鱼为主（90.2%），冬季由 1983 年的矛尾虾虎鱼和矛尾刺虾虎鱼至 1993 年的以细纹狮子鱼为主。

表 4 渤海渔业资源生物量经济结构的变化

Table 4 Biomass composition of fishery resources according to species value in the Bohai Sea

	春 spring				夏 summer				秋 autumn				冬 winter			
	1982		1993		1982		1992		1982		1992		1982		1993	
	S	W/%	S	W/%	S	W/%	S	W/%	S	W/%	S	W/%	S	W/%	S	W/%
优质类 high valued species	20	12.4	15	2.7	22	30.0	19	16.5	24	35.9	23	7.9	5	33.3	3	2.9
一般类 valued species	17	3.8	16	1.6	23	6.6	20	15.5	23	18.2	22	21.1	12	23.5	9	28.8
次级类 low valued species	24	52.1	19	13.2	21	52.8	22	23.5	17	4.2	22	30.5	12	31.6	13	48.4
低质类 lowest valued species	26	31.7	23	82.5	19	10.6	21	44.5	19	5.7	24	40.5	10	11.6	9	19.9

注：S 为种类数，number of species；W 为重量，weight。

2.2 渔业资源分布及其变化

2.2.1 季节变化

目前渤海渔业资源密度较 10 年前各季都有所下降，从平均 1.31 t/km^2 降至 1.02 t/km^2，其中鱼类由 1.02 t/km^2 降至 0.90 t/km^2，经济无脊椎动物由 0.29 t/km^2 降至 0.12 t/km^2。

鱼类资源密度以夏季最高，秋季次之，冬季最低。经济无脊椎动物以秋季最高，夏季次之，冬季最低。同10年前相比，除夏季鱼类有所增加外，其余都有不同程度的下降。

春季1982年调查海区资源密度，鱼类和经济无脊椎动物分布相似，都以莱州湾最高。本次调查海区密集区在秦皇岛外海至渤海中部，中部东侧较低。渔区生物量在150～7 680 t之间，其中鱼类在139～7 520 t之间，经济无脊椎动物在18～1 120 t之间，以渤海中部较高。

夏季1982年调查海区资源密度，鱼类以黄河口海区最高，经济无脊椎动物以渤海中部最高。本次调查海区渔区生物量在320～1 330 t之间，仍以秦皇岛外海最为密集。资源分布上鱼类与经济无脊椎动物有所差异，分别以秦皇岛外海和辽东湾最为密集。

秋季1982年调查海区以莱州湾分布最为密集，鱼类和经济无脊椎动物分布相似。1992年渔区生物量在500～11 000 t之间，其中鱼类在380～10 500 t之间，以龙口外海最为密集，经济无脊椎动物在120～1 920 t之间，以黄河口外海最高。

冬季1983年调查海区渔区生物量分布较均匀。1993年生物量在15～175 t之间，以渤海中部分布较密集，主要为底层鱼类。经济无脊椎动物数量很小，以秦皇岛外海区较高。

2.2.2 各生态类的数量分布及变化

中上层鱼类春季以秦皇岛东部水域、夏季以秦皇岛南部水域资源密度最高，秋季则以龙口外海最高，而1982—1983年的调查资源密度分布除冬季较均匀外，其他季节的密集区主要在莱州湾至黄河口海区变动。

底层鱼类资源分布较均匀，1982—1983年的调查海区中，以莱州湾及其外缘水域资源密度较高，本次则以渤海湾口至秦皇岛外海水域较高。两个时期的调查，冬季资源密度都很低，分布均匀，无明显的高密度分布区。

软体动物以渤海中部至秦皇岛外海为主要分布区，季节性变化不大。根据1982—1983年的调查，其主要分布区在渤海中东部和莱州湾。

甲壳动物从本次调查的结果来看，密集分布区春季在秦皇岛外海，夏秋两季在莱州湾，冬季在渤海湾口。1982—1983年的调查海区以莱州湾和黄河口一带水域资源密度较高，略有季节差异。

2.2.3 各经济类的数量分布及变化

优质类渔业资源调查海区渔区生物量春季在12～200 t之间，以辽东湾较高；夏季在26～3 110 t之间，以渤海湾外缘最高；秋季在15～550 t之间，以渤海中部较高；冬季仅小量分布在秦皇岛南部水域。1982—1983年主要分布于黄河口至渤海中部。

一般类渔业资源的分布季节变化较大，渔区生物量春季在2～152 t，以辽东湾为高；夏季在8～3 474 t，以秦皇岛外海较高；秋季在100～3 452 t，以莱州湾最高；冬季在4～56 t，以渤海中部较为密集。而1982—1983年以莱州湾至黄河口一带海区较为密集。

次级类渔业资源，分布密度1982—1983年各季均为最高类别，主要分布区在莱州湾至黄河口海域。目前该类渔业资源渔区生物量春季为36～1 308 t，夏季为14～5 697 t，秋季为161～2 135 t，冬季为0.1～117 t，主要分布区在渤海中部至秦皇岛外海，季节性变动不大。

低质类渔业资源，分布密度目前除冬季外均为最高类别，渔区生物量春季为39～7 151 t，夏季为4～9 096 t，秋季为43～9 940 t，冬季为1～38 t。由于该类资源以鱼为主，分布极不均匀，主要密集区春夏 2 季在秦皇岛外海，秋冬两季在龙口外海水域。1982—1983 年则以黄河口一带海域较为密集。

3 讨论

作为重要产卵场和索饵场，渤海的主要渔业资源是由洄游性种类组成，因其水温的季节性变化较大，渔业资源的数量分布亦具有明显的季节性差异。从本次调查结果可以看出，渔业资源的种类组成、生物量、生态结构、经济结构以及资源分布比 1982—1983 年都发生了很大的变化。

(1) 生物量各季都下降，降幅在 9.7%～84.2%。鱼类除夏季增加了 20.2%外，其他季节都有不同程度下降；经济无脊椎动物除春季略有增加外，其他季节下降 48.2%～96.6%。

(2) 优势种类组成发生了较大变化，黄鲫由 1982 年—1983 年春、夏、秋 3 季占生物量的第 1 位下降至 1992—1993 年的第 2 或第 3 位，小黄鱼、三疣梭子蟹和蓝点马鲛生物量降幅也较大，鳀鱼则升至第 1 位，斑鰶生物量也有较大增加。主要渔业资源种类由 10 年前春季的黄鲫和鳀鱼变为目前的 1 种；夏季由黄鲫、枪乌贼和小黄鱼变为鳀鱼、黄鲫和小黄鱼；秋季由黄鲫和三疣梭子蟹变为鳀鱼、黄鲫和斑鰶；冬季由梭鱼、孔鳐和鲈鱼变为孔鳐、棘头梅童和细纹狮子鱼。

(3) 除冬季外。中上层鱼类占总生物量的比例都有较大增加。底层鱼类则下降；软体动物的比例春季增多，其他季节下降；甲壳动物的比例各季都有不同程度的下降。

(4) 渔业资源密集分布区由莱州湾—黄河口一带水域变为秦皇岛和龙口外海水域。

(5) 渤海各渔业资源经济种类的数量分布也具有明显的季节差异，与 1982—1983 年相比也有不同程度的变化，各季优质种类减少、生物量大幅度下降，而低质种类生物量则有较大幅度的增加，经济价值低的小型中上层鱼类如鳀鱼已成为渔业资源的主要成分，其占总生物量的比例春季高达 81.2%，夏、秋两季亦在 36%以上。

由于渤海渔业资源主要种类大多来自黄海，其变动与黄海渔业资源变动密切相关，例如，近年来黄海鳀鱼生物量的大量增加，达到 300 万 t[4]，成为生物量最高的种类，直接影响到渤海渔业资源的组成和变动。而渤海种间的相互作用，包括种间的竞争、捕食与被捕食的关系也是一个重要方面[5]。自 1988 年拖网渔业撤出渤海，其渔业生产方式的变化，以及环境变化，包括营养盐类和沿岸工业、生活和海水养殖业的污染[3,5]也影响着渤海渔业资源的变动。总生物量的下降还由于整个生态系统结构及其容纳量发生了变化，如生物多样性下降[5]，初级生产力平均降低了 30%[6]，浮游植物和浮游动物的生物量减少了 1 倍多[7,8]，而生态系统的变化也可能受全球气候变化的影响，导致优势种类，特别是小型中上层鱼类之间的交替，有关这些方面的影响机制和变动规律值得进一步研究。

本文由邓景耀研究员审阅并提出宝贵意见，深表谢忱。

参考文献

[1] 邓景耀．渤海渔业资源增殖与管理的生态学基础．海洋水产研究，1988，9：1-10.

[2] 邓景耀，等．渤海鱼类种类组成及数量分布．海洋水产研究，1988，9：1-89.

[3] 崔毅，等．渤海水域生物理化环境现状研究．中国水产科学，1996，3（2）：1-12.
[4] Iversen S A，et al. Stock size，distribution and biology of anchovy in the Yellow Sea and East China Sea. Fish Res，1993，16：147-163.
[5] Jin X S. Variations of community structure，diversity and biomass of demersal fish assemblage in the Bohai Sea between 1982/1983 and 1992/1993. 中国水产科学，1996，3（3）：31-47.
[6] 吕瑞华，等. 渤海水域叶绿素 a 与初级生产力 10 年的变化. 渤海水域生态系统特征研究论文报告 5. 1995.
[7] 康元德，等．渤海浮游植物生物量及主要种类数量变动的研究．渤海水域生态系统特征研究论文报告 6. 1995.
[8] 高尚武. 渤海浮游植物生物量及主要种类数量变动的研究. 渤海水域生态系统特征研究论文报告 7. 1995.

The Structure，Distribution and Variation of the Fishery Resources in the Bohai Sea

Jin Xianshi，Tang Qisheng

(Yellow Sea Fisheries Research Institute，Chinese Academy of Fishery Sciences，Qingdao 266071)

Abstract：The investigation was performed based on the seasonal surveys in 1982—1983 and 1992—1993. The results indicate that the dominant species in a decade has largely changed，Japanese anchovy（*Engraulis japonicus*），instead of half-fin anchovy（*Setipinna taty*）has become the most abundant species，and the biomass of gizzard-shad（*Clupanodon punctatus*）highly increased，however，the biomass of more valuable species，such as small yellow croaker（*Pseudosciaena polyactis*），Spanish mackerel（*Scomberomorus niphonius*），sharply decreased. The proportion of pelagic fish to the total biomass increased，bottom fish decreased，molluscs except for spring and crustaceans decreased in different degree. Dense areas of fishery resources have changed from the Laizhou bay-Yellow River mouth to the coastal waters off Qinhuangdao and Longkou. The total biomass decreased by 9.7%～84.2% seasonally. The species value compared with 10 years ago declined seriously，and small sized，low valued pelagic fish have become the main components in the fishery resources in the Bohai Sea.

Key words：Fishery resources；Resource structure；Biomass；Distribution and variation；Bohai Sea

Long-term Variations of Temperature and Salinity of the Bohai Sea and Their Influence on Its Ecosystem①

Chuanlan Lin[1], Jilan Su[1], Bingrong Xu[1], Qisheng Tang[2]

(*1. Laboratory of Ocean Processes and Satellite Oceanography, Second Institute of Oceanography, State Oceanic Administration, Hangzhou 310012, China;*
2. Yellow Sea Fisheries Research Institute, Qingdao 266071, China)

Abstract: Long-term variations of the sea surface salinity (SSS), air temperature (AT) and sea surface temperature (SST) of the Bohai Sea during 1960—1997 were analyzed. They all showed positive trends. The trends of the annual mean SSS, AT and SST of the Bohai Sea were, respectively, 0.074 y^{-1}, 0.024 ℃ y^{-1} and 0.011 ℃ y^{-1}. The increases of AT and SST were consistent with, the recent warming in northern China, in the Huanghai Sea (Yellow Sea) and in the East China Sea. The rise of SSS can be attributed to the rapid reduction of the total river discharge into the Bohai Sea, as well as to the increase inflow of high salinity water from the Huanghai Sea. It may also be attributed to increasing human use of river water and increases in evaporation from the sea surface. These changes in the marine environment seemed to have important influence on the Bohai Sea ecosystem.

Contents

---

① 本文原刊于 *Progress in Oceanography*, 49: 7 - 19, 2001。

1 Introduction

Long-term variations in physical environmental parameters of both the ocean and atmosphere play an important role influencing the ocean ecosystem dynamics. For example, oceanic temperature variation not only affects directly the metabolic rates of the organisms but also influences other oceanic states, such as sea level and therefore local currents. In turn these result in the exposure/submergence of intertidal organisms and impacts on the movements of planktonic larvae. Variations of oceanic temperatures can also influence the substrate structure, photosynthetic light intensity, water-column stratification and nutrient cycling and therefore productivity. As the other partner in air-sea interaction, the atmosphere also exerts an important influence on the ocean ecosystem.

The Bohai Sea is a shallow semi-enclosed sea with an average depth of only 18 m. The residence time of its water has been estimated to be more than eight years (Jiang, 1977). Thus variations of temperature and salinity inside the basin may have greater effects on its ecosystem, than physical forcing from the open ocean outside. Until now there have only a few studies addressing this topic (e. g. Zou, 1988; Gai, Xu, & Xu, 1997). Zou (1988) discussed the climatic change in the Bohai Sea over the past hundred years using just the air temperature data from a weather station in Dalian, which lies just outside the Bohai Strait near the Laohutan station (Figure 1). The analysis by Gai et al. (1997) addressed only the variability of air temperature, precipitation and winds over the Huanghe River (Yellow River) delta region. There are several coastal stations around the Bohai Sea, which have been taking routine observation four times a day since 1960. In this paper we analyze the long-term variations in the salinity, and air and sea surface temperatures along the coast of the Bohai Sea and discuss their effect on the marine ecosystem.

2 Data and Methods

2.1 Data

The data for the air temperature (AT), sea surface temperature (SST) and sea surface salinity (SSS) used in this study was recorded during 1960—1997 at six coastal stations around the Bohai Sea (Figure 1). These six stations, namely, Longkou, Tanggu, Qinhuangdao, Zhimaowan, Bayuquan and Changxindao, were selected to give a regular coverage around the Bohai Sea and yet, at the same time, are away from the immediate influence of major rivers. At these stations all the variables have been observed four times a day since 1960. The monthly mean, anomaly, normalized anomaly and accumulated anomaly of, respectively, AT, SST and SSS for each station were computed. The monthly anomaly is the departure from the corresponding mean over the 1960—1997 period. The normalized monthly anomaly is the ratios of anomaly divided by the corresponding standard deviation. Then the annual means of AT, SST and SSS are computed. All these time series for AT, SST and SSS show similar characteristics for all six stations. Therefore we have taken the averages of the monthly mean, normalized anomaly and accumulated anomaly, and annual mean of AT, SST and SSS across the six stations to provide a representative time series for the Bohai Sea.

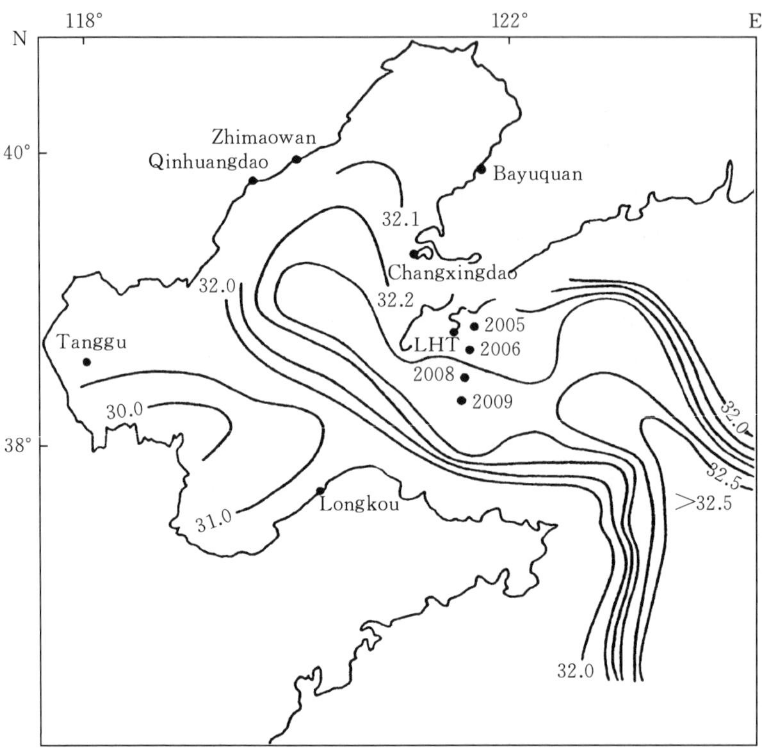

Figure 1 Geographical locations of the six coastal stations around the Bohai Sea. LHT is the Laohutan station facing the northern Huanghai Sea along the south side of the Liaodong peninsula. Solid lines denote the isohalines of the SSS in February 1982

2.2 Climate-trend Coefficient

The climate-trend coefficient, R_{xt}, can be used to assess whether there is a significant linear climate-trend in a time series (Shi, Chen, & Tu, 1995). This coefficient is defined as the correlation coefficient between the time series, $\{x_i\}$, and the nature numbers $\{i\}$, $i=1, 2, 3, \cdots, n$. In this study n is the total span of years of the data. The coefficient is computed from

$$R_{xt} = \frac{\sum_{i=1}^{n}(x_1 - \bar{x})(i - \bar{t})}{\sqrt{\sum_{i=1}^{n}(x_i - \bar{x})^2 \sum_{i=1}^{n}(i - \bar{t})^2}} \tag{1}$$

where $\bar{t} = (n+1)/2$. Its significance level is determined from the Student t-test. The positive/negative value of R_{xt} indicates that the time series, $\{x_i\}$, has a linear positive/negative trend.

2.3 Climate-jump Coefficient

According to Yan, Ji, and Ye (1990) the climate-jump coefficient time series, $\{J_i\}$, can be used to identify time periods of possible climate-jump, or shift, of a time series, $\{x_i\}$. It is computed from

$$J_i = |M_1 - M_2| / (S_1 + S_2) \quad (2)$$

where i indicates the specific time (year chosen as the time unit in this paper) when the coefficient is computed for a time series. M_1, M_2, S_1 and S_2 are, respectively, the means and the standard deviations of the two sub-time series of m years before and after the specific time, ith year, respectively. Spectral analysis of the time series of the normalized monthly anomaly of AT, SST, SSS all show one common spectral peak around 7 years with significance of>95%. Thus we take m to be 7 years. If $J_i>1$, we say that the ith year is a climate-jump year. Each climate-jump year corresponds to a significant inflexion point on the time plot of the accumulated anomaly of the time series. We have repeated the computations with m equal to 5~10 years the jump years were found to be similar, but the climate-jump coefficients were naturally different.

3 Results

3.1 Long-term Variation of AT, SST and SSS of the Bohai Sea

The computed monthly, as well as annual means of AT, SST and SSS at each of the six stations all showed rising trends during 1960—1997, although the rates of change were different at each station. Table 1 shows the annual rates of change of these means for each of the six stations. We therefore take the averages of the annual mean AT, SST and SSS across the six stations to represent the corresponding time series for the Bohai Sea. The linear regression equations versus time (year) for these averages are, respectively, as follows:

$$Y\ (\text{SSS}) = 0.074\,066t + 28.349\,9 \quad (3)$$

$$Y\ (\text{AT}) = 0.024\,093\,3t + 10.796\,7 \quad (4)$$

Table 1 The annual rate of change of the annual mean SSS, AT and SST at six coastal stations around the Bohai Sea (units are, respectively, psu y^{-1}, ℃ y^{-1} and ℃ y^{-1})①

Station	Longkou	Tanggu	Qinhuang-dao	Zhimaowan	Changxing-dao	Bayuquan	Average
AT	0.034 (1.87)	0.017 (0.55)	0.022 (0.56)	0.024 (0.59)	0.016 (2.03)	0.030 (1.66)	0.024
SST	0.015 (0.45)	0.009 (0.46)	0.007 (0.46)	0.019 (0.47)	0.001 (2.17)	0.015 (0.51)	0.011
SSS	0.078 (1.35)	0.107 (2.19)	0.058 (0.92)	0.065 (0.92)	0.045 (0.74)	0.089 (1.66)	0.074

Notes: ①The number in brackets is the standard deviation.

$$Y\ (\text{SST}) = 0.0107642t + 12.3245 \quad (5)$$

where t is time (year), the unit for Eqs. (3) is parts per thousand and those of Eqs. (4) and (5) are ℃. The climate-trend coefficients, R_{xt}, of these time series were 0.53, 0.51 and 0.36 respectively, for the annual mean SSS, AT and SST of the Bohai Sea. (For comparison, the ranges of the corresponding climate-trend coefficients, for the annual mean SSS, AT and SST at the six coastal stations were 0.50～0.66, 0.47～0.63 and 0.35～0.40 respectively). Using Student t-test, the trends of the annual mean SSS and AT of the Bohai Sea were significant at the 95% level, but that of the annual mean SST of the Bohai Sea was not significant at the same level. The trends of the annual mean SSS, AT and SST of the Bohai Sea were 0.074 y^{-1}, 0.024 ℃ y^{-1} and 0.011 ℃ y^{-1} respectively. [For comparison, the ranges of the corresponding trends of the annual mean SSS, AT and SST at the six stations were 0.045 ～ 0.107 y^{-1}, 0.016 ～ 0.034 ℃ y^{-1} and 0.001 ～ 0.019 ℃ y^{-1}, respectively (see Table 1).]

Figure 2 shows the time plots of Eqs. (3)～(5). During the thirty-eight years between 1960 and 1997 the linear trends of the annual mean SSS, AT and SST of the Bohai Sea have resulted in an increase of their values by 2.82, 0.92 ℃ and 0.41 ℃, respectively.

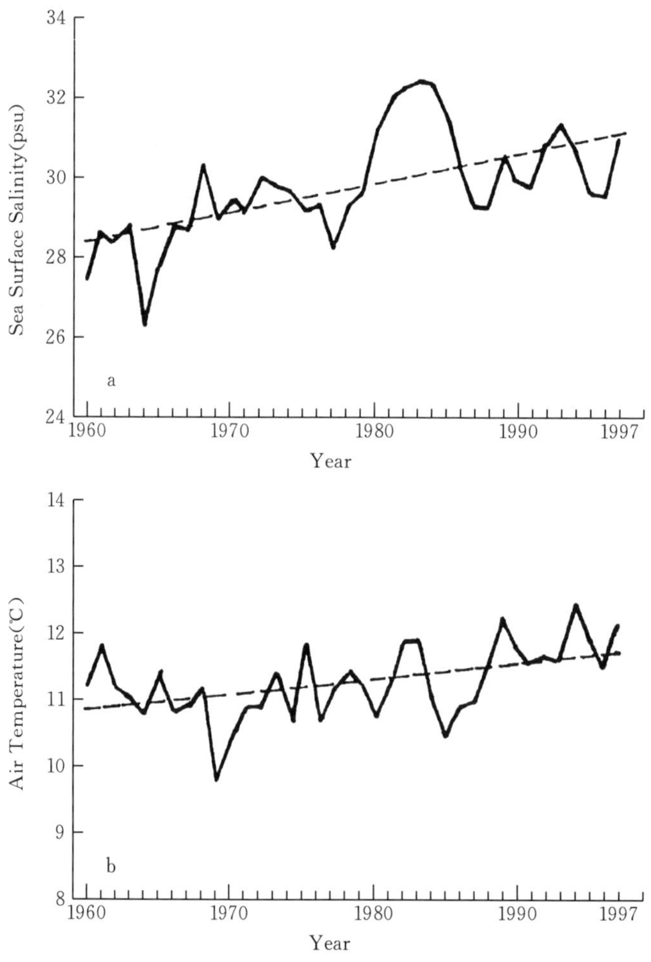

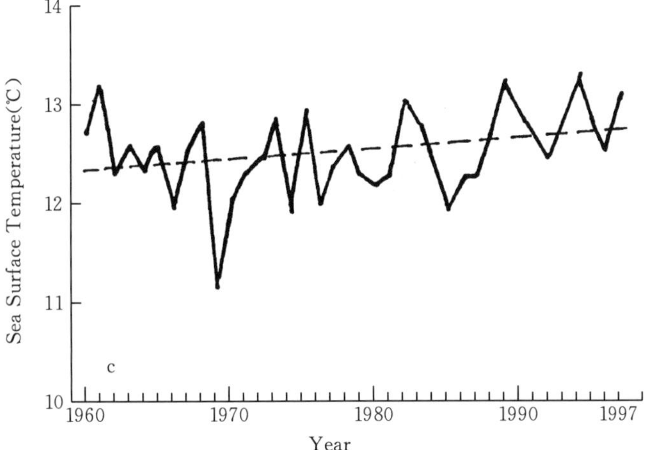

Figure 2 Long-term variation of annual mean a. SSS, b. AT and c. SST of the Bohai Sea. The solid lines are from the averages of the respective annual means of the six coastal stations around the Bohai Sea and the dashed lines are their linear regression

Figure 3 shows the time plots of the accumulated anomaly of the monthly anomaly SSS, AT and SST of the Bohai Sea. The climate-jump years for these time series are found to be, respectively, 1980 (J_i=2.01) for SSS, 1988 (J_i=1.01) for AT and 1988 (J_i=1.00) for SST.

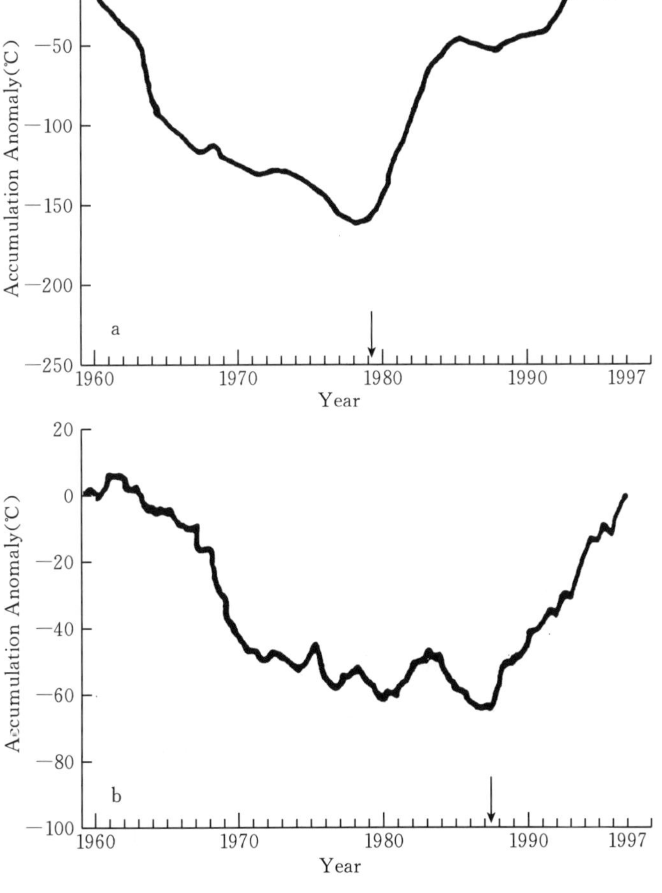

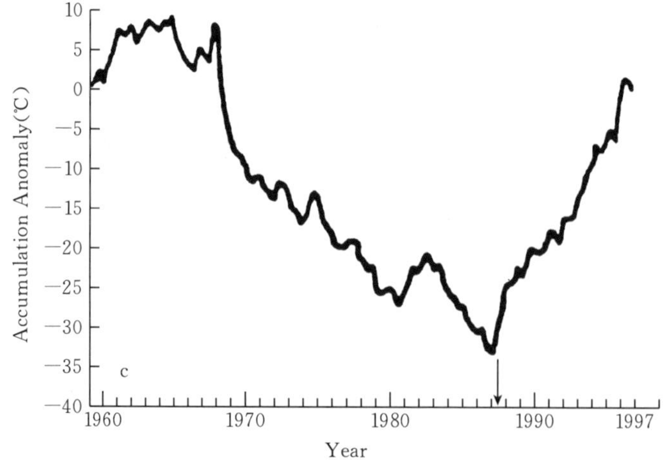

Figure 3 Long-term variation of the accumulated anomalies of the respective monthly mean a. SSS, b. AT and c. SST of the Bohai Sea. Arrows refer to their corresponding climate-jump years

3.2 Causes of the Increasing Trends

3.2.1 Air Temperature and Sea Surface Temperature

The positive trends of the annual mean AT and SST of the Bohai Sea over 1960—1997 were consistent with the rise of the mean air temperature observed throughout the Northern Hemisphere (Houghton et al., 1996) and northern China (Chen, Zhu, Wang, Zhou, & Li, 1998; Zhai & Ren, 1997) and the increase of the SST found in both the Huanghai Sea (Yellow Sea) and East China Sea (Yan & Li, 1997). However, here in the Bohai Sea both the AT and SST rose more sharply. In northern China the linear-trend rate of the annual mean AT is 0.01 ℃ y^{-1} (Chen et al., 1998; Zhai & Ren, 1997). In both the Huanghai Sea and the East China Sea, the linear-trend rate is 0.01 ℃ y^{-1} (Yan & Li, 1997).

3.2.2 Sea Surface Salinity

The freshwater budget of the Bohai Sea is controlled by several factors, namely, precipitation, evaporation, river discharge, groundwater discharge, as well as water exchange through the Bohai Strait. Lack of data prevents us from estimating the contribution from the groundwater discharge, but contributions from the other sources are discussed below.

3.2.2.1 Apparent decrease of the freshwater flux

Table 2 provides a partial freshwater budget (see note in Table 2 below) for the Bohai Sea from the precipitation, evaporation and river discharge. The (partial) net freshwater flux, PFW, is defined as the difference between the sum of the precipitation, *P*, and total river discharge, *R*, and the evaporation, *E*. *P* was estimated from the average of the observed precipitation data at the six coastal stations. The Huanghe River (Yellow River) and 16 other rivers discharge into the Bohai Sea. However, R was obtained only for the discharges of the Yellow River and Liaohe River, although these are the two most important rivers around the Bohai Sea. Most of the other rivers have been dammed for irrigation and municipal water supply, for example over the last two decades for many days of the year the Huanghe River discharged no water into the Bohai Sea, because of the constant withdrawal of water upstream along the river (Cheng, Wang, Wang, et al., 1998). E is estimated by a bulk formula as follows:

$$E=C_E\times\rho_a\times(Q_a-Q)\times U \tag{6}$$

where C_E is the coefficient of vapor exchange, taken to be 1.4×10^{-3} in this study, ρ_a the air density, Q_a the saturation specific humidity, Q the specific humidity and U the wind speed. The area of the Bohai Sea was taken from Zhang and Li (1986).

Table 2 shows that the primary cause for the decrease of the PFW into the Bohai Sea was the steady decline of the total river discharge, apparently because of the increase in water extracted for irrigation over the last few decades (Cheng et al., 1998). Figure 4 shows the inter-annual variations of the net fresh water flux into the Bohai Sea and of the inter-annual mean SSS of the Bohai Sea. Their correlation coefficient was -0.62 ($n=38$). Therefore, the increase in SSS of the Bohai Sea during the period of 1960—1997 was likely caused principally by the decrease in PFW, or the total river discharge, into the Bohai Sea. In addition, the decrease of PFW from 1970s to 1980s is mostly the result of an increase in evaporation, although the reductions in the total river discharge also contributed to this decrease.

Table 2 Decadal-average annual freshwater flux ($10^8\ m^3\ y^{-1}$) **into the Bohai Sea**①

Decades	1960s	1970s	1980s	1990s
Precipitation (P)	349	225	225	339
Evaporation (E)	1144	1095	1349	1187
Total river discharge (R)	669	432	409	163
(Partial) net freshwater flux① (PFW=$P+R-E$)	−126	−438	−715	−685
Decadal average SSS across the six coastal stations (psu)	28.44	29.40	31.27	30.35

Notes: ①Freshwater fluxes through both the Bohai Strait and the aquifer have not been included.

3.2.2.2 Water exchange with the Huanghai Sea

At the Bohai Strait there is a coastal current flowing out to the Huanghai Sea along the southern shore and a much weaker one flowing into the Bohai Sea along the northern shore (Figure 1). Available data shows that between 1960 and 1979 the average of the annual means of the SSS at the Laohutan station (Figure 1) and the average of the annual means of the SSS at the four stations 2005—2009 (Figure 1) were higher than those of the Bohai Sea by 2.2 and 2.03, respectively. In winter, under the influence of strong northerly winds there is often an intrusion of warm and saline water from the Huanghai Sea flowing through

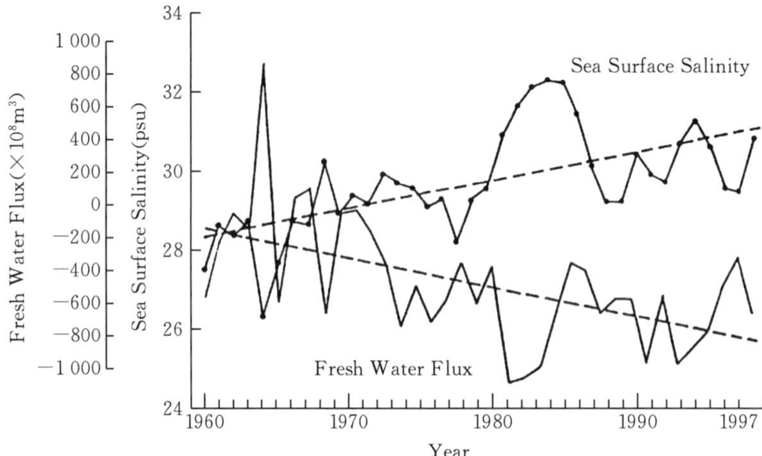

Figure 4 Annual variations of the (partial) net fresh water flux into the Bohai Sea and of the annual mean SSS of the Bohai Sea. The dashed lines are their respective linear regression representation

the central region of the Bohai Strait, called the Huanghai Sea Warm Current (e. g., Su, 1998). The strong northerly winds also increase the outflow of less saline coastal current from the Bohai Sea along its southern shore. The result is a net input of salt into the Bohai Sea from the Huanghai Sea. Figure 1 shows an example of the surface salinity distribution in the Bohai Sea and the northern Huanghai Sea after strong northerly winds in February 1982. In the warm season, the prevailing winds are from the south and thus unfavorable for the development of the Huanghai Sea Warm Current.

Figure 5 shows the long-term variation of the monthly mean wind speed over the Bohai Sea (averaged over the six coastal stations) during 1960—1983. It is apparent that the wind speed has shown an increasing trend throughout the observational period. The strength of the winter gales was uniformly stronger than other periods during 1980—1983. We note that the annual mean SSS of the Bohai Sea also rose sharply during the same period (Figure 4). Therefore, the exchange of water with the more saline Huanghai Sea is likely another factor contributing to the increase of SSS in the Bohai Sea.

3.3 Response of the Ecosystems

Climate-jump years for the respective accumulated anomalies of the monthly mean SSS, AT and SST are marked in Figure 3. They also correspond to the inflection points of the respective curves. The Yellow Sea Fisheries Research Institute conducted investigations of the ecosystem in the Bohai Sea in 1959, 1982—1983 and 1992—1993. These observation periods did not include the climate-jump years. Biological data from these investigations are shown in Table 3. It is seen that populations of phytoplankton and zooplankton, benthic community biomass, fish community biomass, the index of species diversity and the recruitment of penaeid shrimp all showed an out-of-phase change with those of SSS, AT and

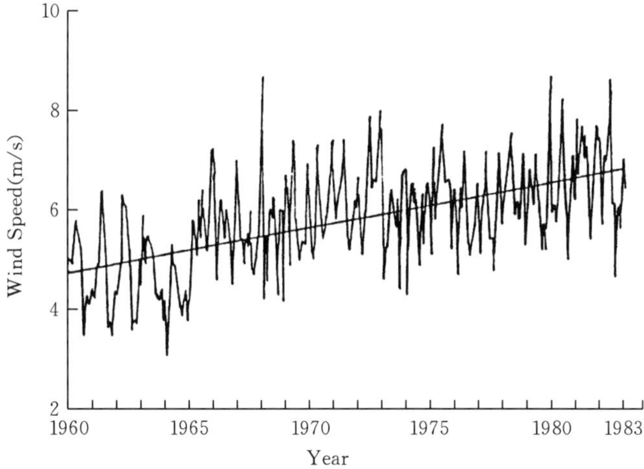

Figure 5 Long-term variation of the monthly mean sea surface wind speed over the Bohai Sea (averaged over the six coastal stations) during 1960—1983

SST in the Bohai Sea (also see Jin & Tang, 1998; Wang & Kang, 1998; Meng, 1998; Cheng & Guo, 1998; Deng, Zhuang, & Zhu, 1999). Compared with 1982—1983, in 1992—1993 the total biomass had decreased by 30% and the total biomass of phytoplankton and zooplankton had decreased by 50% (Jin & Tang, 1998). The index of species diversity, the benthos community biomass, the fish community biomass, and the recruitment of penaeid shrimp all had decreased to some extent in 1992—1993 compared with those assessed during 1982—1983 (Table 3). It indicates that the increase of SSS and the increase of AT and SST in the Bohai Sea may have affected its ecosystem significantly between the two periods.

Table 3 Biological population change in the Bohai Sea

Observation period	1959	1982—1983	1992—1993
Phytoplankton biomass (10^4 cell · m^{-3})	188	222	99
Zooplankton biomass (mg · m^{-3})	205	160	70
Zooplankton density (number of individuals · m^{-3})		800 (1985 data)	100
Coscinodiscaceae (10^4 cell · m^{-3})	8	20	9
Chaetoceros (10^4 cell · m^{-3})	129	90	8
Mean catch per haul of benthos (kg · h^{-1})		22.91	13.99
Mean density per haul of benthos (number of individuals · h^{-1})		2 683	1 428
Fish community biomass (t)		82 074	72 120
Index of species diversity (H) (Shannon-Weiner index)		3.609 2	2.529 6
Recruitment of penaeid shrimp (10^6 number of individuals)		361	72

4 Conclusion

The annual mean SSS, AT and SST of the Bohai Sea all show ascending trends during 1960—1997. The linear trends were, respectively, 0.074 y^{-1} for SSS, 0.024 ℃ y^{-1} for AT and 0.011 ℃ y^{-1} for SST. The long-term variations of these annual means all showed climate-jump years, or inflection years. For the variation of each annual mean there is an evident change of the rate of trend before and after each inflection year. The inflection year was 1980 for SSS, 1988 for AT and 1988 for SST.

Increase of AT and SST over the Bohai Sea was consistent with the recent rise of the air temperature in northern China and the increase of SST in the Huanghai Sea and the East China Sea. The rate of increase of the AT and SST over the Bohai Sea was, however, more rapid. The increase of the SSS of the Bohai Sea can be attributed to the sharp reduction of the total river discharge and increase of evaporation, as well as to the increase of higher salinity water inflow from the Huanghai Sea.

Long-term variations of AT, SST and SSS may affect the ecosystems in the Bohai Sea. Limited observations show that the population of phytoplankton and zooplankton, benthos community biomass, fish community biomass, the index of species diversity and the recruitment of penaeid shrimp all showed an out-of-phase change with the variations of SSS, AT and SST of the Bohai Sea.

Acknowledgements

This study was supported by the National Science Foundation of China under contract No. 497901001.

References

Chen L, Zhu W, Wang W, et al., 1998. Studies on climate change in the China in recent 45 years. Acta Meteolorogica Sinica, 56, 257 - 271 (in Chinese).

Cheng J, Wang W, Wang H, et al., 1998. On the dried up of the Yellow River. Journal of Hydraulic Engineering, 5, 75 - 79 (in Chinese).

Cheng J, Guo X, 1998. Distribution and dynamic variations of species and quantity of benthos in the Bohai Sea. Marine Fisheries Research, 19, 31 - 42 (in Chinese).

Deng J, Zhuang Z, Zhu J, 1999. The study on dynamic characteristics of egg abundance and recruitment of penaeid prawn (*Penaeus chinesis*) in the Bohai Bay. Zoological Research, 20, 20 - 25 (in Chinese).

Gai S, Xu Q, Xu N, 1997. The characteristics of climate variability over the Yellow River delta region. Oceanologia et Limnologia Sinica Bulletin, 2, 1 - 5 (in Chinese).

Houghton J T, Filho L G M, Callander B A, et al., 1996. Climate change 1995: the science of climate change. In Contribution of Working Group I to the Second Assessment Report of the Intergovernmental

Panel on Climate Change (572 pp.). Cambridge: Cambridge University Press.

Jiang T, 1977. Preliminary estimation of the half period of sea water exchange in the Bohai Sea. Marine Science Bulletin, 3, 31 - 43 (in Chinese).

Jin X, Tang Q, 1998. The structure, distribution and variation of the fishery resources in the Bohai Sea. Journal of Fishery Sciences of China, 5, 18 - 24 (in Chinese).

Meng T, 1998. The structure and variation of fish community in the Bohai Sea. Journal of Fishery Sciences of China, 5, 16 - 20 (in Chinese).

Shi N, Chen J, Tu Q, 1995. 4-phase climate change features in the last 100 years over China. Acta Meteorologica Sinica, 53, 431 - 439 (in Chinese).

Su J, 1998. Circulation dynamics of the China Seas: north of 18°N. In A. R. Robinson, & K. Brink (Eds.), The sea, Vol. 11, The global coastal ocean: regional studies and syntheses (pp. 483 - 506). John Wiley.

Wang J, Kang Y, 1998. Study on population dynamics of phytoplankton in the Bohai Sea. Marine Fisheries Research, 19, 43 - 52 (in Chinese).

Yan J, Li J, 1997. The climate change in the last 100 years over the East China Sea and its adjacent region. Acta Oceanologica Sinica, 19, 121 - 126 (in Chinese).

Yan Z, Ji J, Ye D, 1990. The climate jump in northern hemisphere since 60s. Science of China, Series: B, 1, 97 - 103 (in Chinese).

Zhai P, Ren F, 1997. On changes of maximum and minimum temperature in China over the recent 40 years. Acta Meteolorogica Sinica, 55, 418 - 429 (in Chinese).

Zhang J, Li W, 1986. *Geography data*. Beijing: Ocean Press, 868 pp. (in Chinese).

Zou H, 1988. A preliminary study of the climatic change in the Bohai Sea region in recent hundred years. Marine Forecasts, 5, 12 - 17 (in Chinese).

Long-term Environmental Changes and the Responses of the Ecosystems in the Bohai Sea During 1960—1996①

Xiuren Ning[1,2,3], Chuanlan Lin[3], Jilan Su[1,3], Chenggang Liu[1,2,3]
Qiang Hao[2,3], Fengfeng Le[2,3], Qisheng Tang[4]

(*1. State Key Lab of Satellite Ocean Environment Dynamics, 36 Baochubei Road, Hangzhou 310012, China;*
2. Key Lab of Marine Ecosystems and Biogeochemistry, State Oceanic Administration, 36 Baochubei Road, Hangzhou 310012, China;
3. Second Institute of Oceanography, State Oceanic Administration, 36 Baochubei Road, Hangzhou 310012, China;
4. Yellow Sea Fisheries Research Institute, 106 Nanjing Road, Qingdao 266071, China)

Abstract: The Bohai Sea (BHS), located at the western boundary of the NW Pacific, is a shallow semienclosed sea with an area of about 77×10^3 km^2 and average depth of 18 m, surrounded by fast-developing economic zones and populous lands. Through the Bohai Strait, the BHS connects to the Yellow Sea, one of the 50 large marine ecosystems in the world ocean. The hydrographic conditions there are substantially influenced by river discharges, wind-tide-thermohaline circulation, stratification in summer, and mixing in winter. During the period of 1960—1996, temperature, salinity, dissolved inorganic nitrogen, and the N∶P ratio increased from 0.005 to 0.013 ℃ $year^{-1}$, 0.04 to 0.13 $year^{-1}$, 0.45 to 0.61 μmol L^{-1} $year^{-1}$, and 1.27 to 1.40 $year^{-1}$, respectively; while dissolved oxygen, phosphorus, silicon, and the Si∶N ratio decreased from −1.59 to −2.30 μmol L^{-1} $year^{-1}$, −0.007 to −0.011 μmol L^{-1} $year^{-1}$, −0.385 to −0.602 μmol L^{-1} $year^{-1}$, and −0.064 to −0.324 $year^{-1}$, respectively. These changes were primarily caused by a reduced freshwater inflow. Since 1985, the concentrations of P and Si, and the Si∶N ratio, have dropped to near-critical levels for diatom growth, while the N∶P ratio has been below the Redfield ratio. These changes not only have had an influence on phytoplankton production, but also can decrease recruitment of the Penaeid prawn (*Penaeus chinensis*) and change fish community structure and diversity.

Key words: Long-term environmental changes; Responses of ecosystems; Bohai Sea

① 本文原刊于 *Deep-Sea Research Part* Ⅱ, 57 (11-12): 1079-1091, 2010。

1 Introduction

The impacts of long-term environmental changes and the responses of marine ecosystems are an important scientific and socioeconomical subject (Klyashtorin, 1998). Environmental changes, indicated normally by physical (temperature, salinity, etc.) and chemical parameters [e. g., biogenic elements, such as nutrients and dissolved oxygen (DO)], induced by natural global changes and anthropogenic activities not only affect directly the habitats of the marine organisms, but also influence metabolic rates, eco-physiological characteristics, and other equally important variables (McGowan et al., 1998). As responses of marine ecosystems, regime shifts in species composition, community structure and functions, biomass, and production of marine organisms within various trophic levels of the food web and fisheries resources would frequently and extensively occur (McGowan et al., 1998).

The Bohai Sea (BHS) is a shallow semienclosed marginal sea of the NW Pacific, with an area of about 77×10^3 km^2, average depth of 18 m, and coastal line length of nearly 3800 km (Sun, 2006). Only through the Bohai Strait, a narrow channel, is the BHS connected with the Yellow Sea, one of the world's 50 so-called "large marine ecosystems" (Sherman, 2001) (Figure 1). There are a total of 16 rivers carrying large quantities of freshwater discharges, suspended solids, and dissolved nutrients into the BHS. Among them, the Yellow River (i. e., Huanghe River) is, after the Changjiang River (i. e., Yangtze River), the second largest river in China, with an average runoff of 420×10^8 m^3 year^{-1}, suspended solids of 10×10^8 t year^{-1}, and a huge amount of dissolved nutrients, i. e., 71.18 kt year^{-1} of nitrate and 0.43 kt year^{-1} of phosphate, which contribute more than half of the total river discharges into the BHS (Zhang et al., 1994; Guo et al., 2004). The meteorology of the BHS is dominated by the Northeast Asia Monsoon, northwesterly winds in winter, and southerly winds in summer. Although the average annual precipitation is 499 mm (this study), the BHS receives significant amounts of nutrients from precipitation, particularly NH_4 (95.8 μmol/L) and NO_3 (37.6μmol/L) (Zhang et al., 2004). Under strong northerly winds in winter, the Yellow Sea Warm Current Extension enters the BHS through the Bohai Strait, moves westward along the central part, and splits there into two branches, one moving toward the northeast forming a clockwise gyre (Liaoxi coastal current) and another moving southward and then turning eastward along the southern coast, forming a counterclockwise gyre, named the Lubei coastal current (Guan, 1994; Su, 1998) (Figure 1). Because the residence time of its water mass has been estimated to be more than 8 years (Jiang, 1977) or 2.9 years (Wei et al., 2002), variations in temperature, salinity, and dissolved nutrients inside the basin may have more important effects on its ecosystem than physical forcing from the open sea outside the BHS.

Environmental studies of the BHS have focused on physical and chemical oceanographic

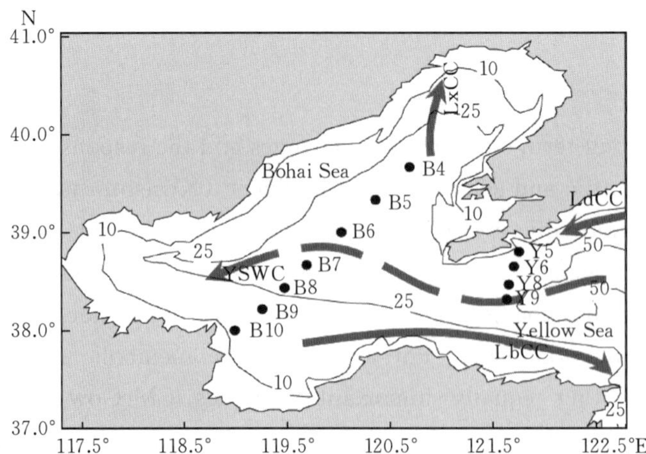

Figure 1 Sketch of the geographical locations of the stations along transect B and the current circulation

(Su, 1998)

processes and circulation modeling (Liu and Zhang, 2000; Yu et al., 2000, 2001; Sünderman and Feng, 2004; Zhang et al., 2004; Jiang et al., 2005). Some studies have dealt with the ecosystems, such as the relationship between PO_4 and P and red tides (Zou et al., 1983), biological productivity (Tang and Jin, 2002), phytoplankton stock and production (Ning et al., 2002), nitrogen species and phytoplankton dynamics (Raabe et al., 2004), and dynamic models of primary production (Wei and Sun, 2004), as well as a comprehensive study of the BHS (Su and Tang, 2002). Until now, only a few studies on the present topic have been published. Lin et al. (2001) discussed the long-term variations in sea-surface temperature, sea-surface salinity, and air temperature and its influence on the ecosystems, using data collected at a few coastal stations during 1960—1997. Yu et al. (2000) and Zhang et al. (2004) compared the variations in N, P, and Si concentrations in the BHS between three periods of 1982—1983, 1992—1993, and 1998—1999. No long-term studies of multidisciplinary environmental parameters and the responses of ecosystems and fisheries on the environmental changes have been systematically reported for the BHS. The purpose of this paper is to discuss these issues using analyses of multi-disciplinary environmental parameters obtained during 1960—1996, in relation to changes occurring in the ecosystem and fisheries during this period, aimed at understanding how the ecosystem and fisheries have responded to the environmental changes in the BHS.

2 Data and Methods

We have used data from a set of seven seasonally monitored stations (B4～B10) located along a northern to southern transect, B, crossing the BHS (Figure 1). These data were collected by the specialized and skilled survey team of the State Oceanic Administration (SOA) during 1960—1996. They included seawater temperature (T), salinity (S), and biogenic elements such as DO, phosphate (PO_4-P), silicate (SiO_3-Si), and dissolved inorganic nitrogen (DIN). The observations were carried out once a season (February, May, August, and November) each year during the studied period. Sampling depths were 0, 5, 10, 15, 20, 25, 30, 35, and 50 m and bottom layer (2 m above bottom) for T and S and 0, 10, 20, 30, and 50 m and bottom layer for biogenic elements. At each depth duplicate samples were collected and analyzed. Seawater temperature was measured by using a reversal thermometer attached to Nansen bottles, and salinity was measured by using an induction salinometer, according to the State Office for Marine Investigation (SOMI) (1958, 1961), the SOA (1975) and the NBTS (1992). Nutrients (nitrate, phosphate, and silicate) were analyzed by standard spectrophotometry, and DO was analyzed by the Winkler procedure (Strickland and Parsons, 1972). Photosynthetic pigments [chlorophyll a (Chl a)] were measured by the classical acetone extraction and fluorescence method (Holm-Hansen et al., 1965). Photosynthetic rates and primary productivity were measured by using the isotopic (^{14}C) tracer method established by Steemann Nielson (1952) and modified for scintillation counting by Wolfe and Schelske (1967). Phytoplankton samples were collected by vertical haul using a Judy net with a mesh size of 76 μm. The samples were preserved with Lugol's solution, and the species identification and cell counts were made using a microscope (SOMI, 1958, 1961, and Sournia, 1978). Zooplankton samples were collected by vertical haul using a plankton net with a mesh size of 500 μm, and the samples were preserved with neutral formaldehyde solution (5%). Benthic macrofauna samples were collected using a grab with a sampling area of 0.1 m^2. The animals were sorted after the mud was removed by elutriation. For both zooplankton and benthic macrofauna samples, the species identification and individual counts were made using a stereo microscope, and the wet weight biomass was measured using an electronic balance after the body surface water was removed in the lab (SOMI, 1958, 1961). The nekton samples were collected using a cystoid net with a mesh size of 20 mm towed by a pair of boats at a speed of 3～4 knots for 1 h at each station (SOMI, 1958, 1961).

For data processing, first, we took the values at the sea surface (*SSX*, where *X* is an environmental parameter, infra same) and at the sea bottom (B*X*) and the average through the whole water column (integrated, X_{av}) for each parameter at each station; second, we calculated the regional means of each parameter at annual scales. The average values of Stations B4 to B8 represent the status of the central region, and the average values of Stations B9 and B10 represent that of the southern area of the BHS. The average value for the water column was computed according to the equation

$$X_{av}=\frac{1}{b}\int_{0}^{b}X(z)dz \ , \qquad (1)$$

Where X is an environmental parameter, X_{av} is the integrated average through the whole water column of each environmental parameter, b is the water depth of the observation station, and z is the depth of sampled water column.

To show the changes in environmental parameters in the BHS, the corresponding time series were established using the annual mean of the regional average values, i. e. , the central and southern areas, for each parameter (e. g. , SSS, S_{av}, BS; SST, T_{av}, BT; SSDO, DO_{av}, BDO; SSP, P_{av}, BP; SSSi, Si_{av}, BSi; BDIN, N: P, Si: N, etc.). To understand the quantitative fluctuation of each environmental parameter with climatological time series and its significance, linear regression analyses (Chen and Ma, 1991) and the calculation of climate trend coefficients (R_{xt}) were conducted. R_{xt} was used to assess whether there was a significant linear climate trend in a time series (Shi et al. , 1995). This coefficient was defined as the correlation coefficient between the time series of environmental parameters $\{x_i\}$ and the integers (time, t, in years) $\{i\}$; $i=1, 2, 3, \cdots, n$. In this study, n is the total number of years of the time series. The coefficient was computed using the equation

$$R_{xt}=\frac{\sum_{i=1}^{n}(x_i-\bar{x})(i-\bar{t})}{\sqrt{\sum_{i=1}^{n}(x_i-\bar{x})^2\sum_{i=1}^{n}(i-\bar{t})^2}} \tag{2}$$

Where $\bar{t}=(n+1)/2$. Its significance level was determined from the student t test, i. e. , if $R_{xt}\sqrt{n-2}/\sqrt{1-R_{xt}^2}$ is coincided with t-distributing of freedom $n-2$, it is significant, otherwise, it is a stochastic oscillation. A positive value of R_{xt} indicates that the time series, $\{X_i\}$, has a linear positive trend, and vice versa.

3 Results

3.1 Changes in Seawater Salinity and Temperature

The annual mean salinity increased during the observation period (Figure 2; Table 1). The SSS rise was faster than the BSS and S_{av} (Table 1). The annual increase rate was 2.7～4 times higher in the southern area than in the central region. The R_{xt} coefficients of the time series for SSS, BSS, and S_{av} were between 0.62% and 0.74% and 99% significant.

Table 1 Annual rates and amplitudes of the environment parameters in the BHS

Parameter	Region				Average [(C×5)+(S×2)]/7	
	Central (C)		Southern (S)			
	Annual rate	Amplitude①	Annual rate	Amplitude①	Annual rate	Amplitude①
SSS (psu · year^{-1})	0.055	1.98	0.134	4.95	0.078	2.826
S_{av} (psu · year^{-1})	0.047	1.70	0.115	4.122	0.066	2.392
BS (psu · year^{-1})	0.040	1.42	0.105	3.79	0.058	2.097
SST (℃ · year^{-1})	0.005	2.464	0.013	1.971	0.007	2.323
T_{av} (℃ · year^{-1})	0.005	1.684	0.011	2.563	0.007	1.935
BT (℃ · year^{-1})	0.008	2.279	0.013	2.573	0.009	2.363

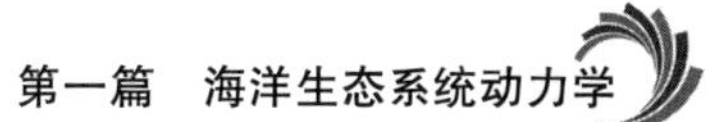

(continued)

Parameter	Region: Central (C) Annual rate	Central (C) Amplitude①	Southern (S) Annual rate	Southern (S) Amplitude①	Average [(C×5)+(S×2)]/7 Annual rate	Average Amplitude①
SSDO (μmol · L^{-1} · $year^{-1}$)	−1.629	65	−1.868	60	−1.690	63.57
DO_{av} (μmol · L^{-1} · $year^{-1}$)	−2.306	68	−1.886	64	−2.187	66.86
BDO (μmol · L^{-1} · $year^{-1}$)	−2.288	70	−1.596	68	−2.090	69.43
SSP (μmol · L^{-1} · $year^{-1}$)	−0.009	0.395	−0.009	0.453	−0.009	0.412
P_{av} (μmol · L^{-1} · $year^{-1}$)	−0.007	0.317	−0.011	0.516	−0.008	0.374
BP (μmol · L^{-1} · $year^{-1}$)	−0.007	0.292	−0.011	0.536	−0.008	0.362
SSSi (μmol · L^{-1} · $year^{-1}$)	−0.452	19.105	−0.385	25.81	−0.433	21.021
Si_{av} (μmol · L^{-1} · $year^{-1}$)	−0.462	17.992	−0.506	26.461	−0.475	20.412
BSi (μmol · L^{-1} · $year^{-1}$)	−0.491	19.334	−0.602	28.671	−0.526	22.002
BDIN (μmol · L^{-1} · $year^{-1}$)	0.447	4.83	0.613	5.92	0.494	5.14
N∶P	1.274	13.29	1.401	32.7	1.338	18.84
Si∶N	−0.324	5.91	−0.064	2.6	−0.25	4.96

Notes: ①The amplitude is the difference between the maximal and the minimal annual mean values during the observed period.

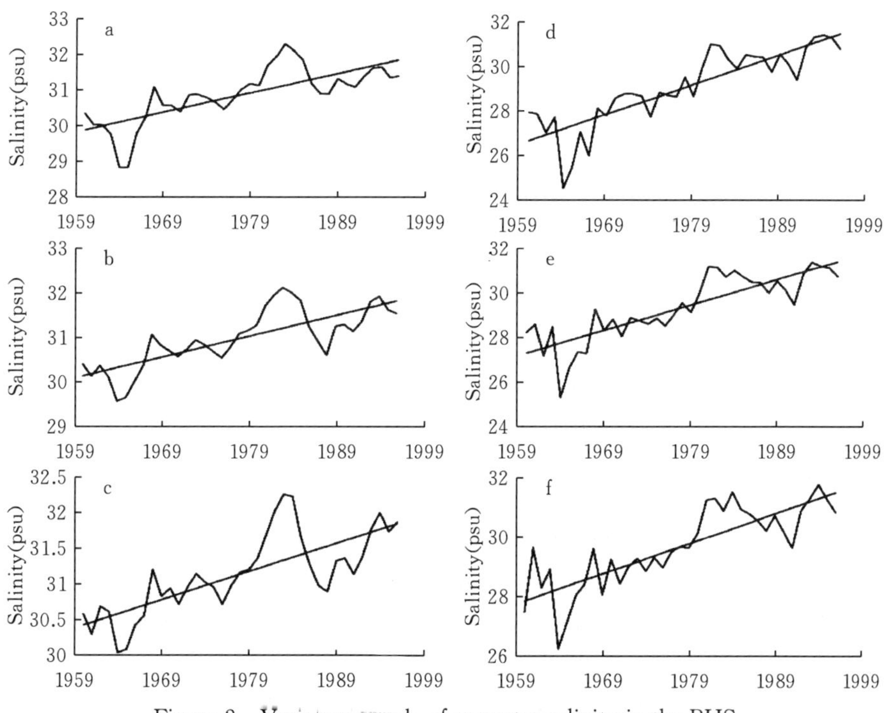

Figure 2　Variation trends of seawater salinity in the BHS

a, b, and c show the annual means of the sea surface salinity, the water column average salinity, and the sea bottom layer salinity in the central region of the BHS, respectively. d, e, and f show the trends of the same parameters as a, b, and c but in the southern BHS. Lines are linear regressions

During 1960—1996, the increased annual rates of the SST, T_{av}, and BT were 0.005～0.013 ℃ · $year^{-1}$; the SST, BT, and T_{av} increased by 0.266, 0.266, and 0.342 ℃, respectively (Figure 3; Table 1). The R_{xt} of the time series for seawater temperature were 0.45～0.50, and the variation trends of these time series were significant at the 95% level. For the spatial pattern, during the observation period, SST, BT, and T_{av} increased in the southern area by 0.48, 0.42, and 0.47 ℃, respectively, which was slightly higher than in the central area.

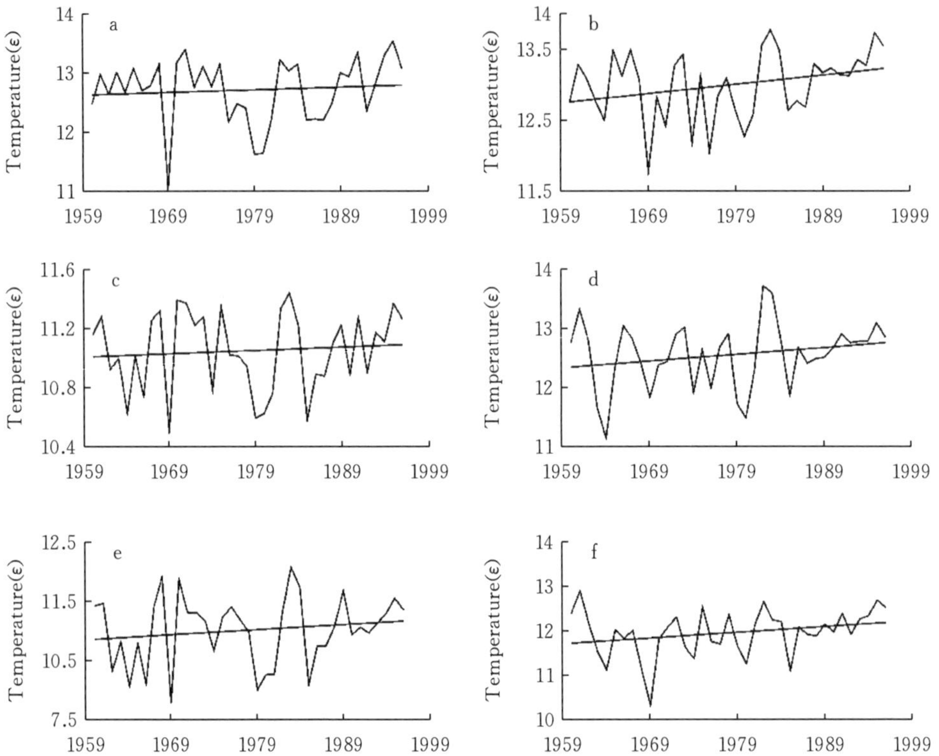

Figure 3 a～f Similar to Figure 2, but for the annual means of surface temperature, water column average temperature, and bottom layer temperature

3.2 Changes in Biogenic Elements

A significant decrease in DO concentrations was observed in the BHS during the period 1978—1991 (Figure 4; Table 1). The annual rates were between −1.596 and −2.306 μmol L^{-1} $year^{-1}$. Since 1978, the DO concentrations of the sea surface layer, the water column average, and the sea bottom layer have significantly decreased by 23.66, 30.62, and 29.26 μmol L^{-1}, respectively. The R_{xt} of the time series were −0.51 to −0.80, and the variation trends of these time series were 99% significant.

Both P and Si concentrations exhibited decreasing trends in the BHS during 1978—1996 (Figures 5 and 6; Table 1), and their annual rates were −0.007 to −0.011 and −0.385 to

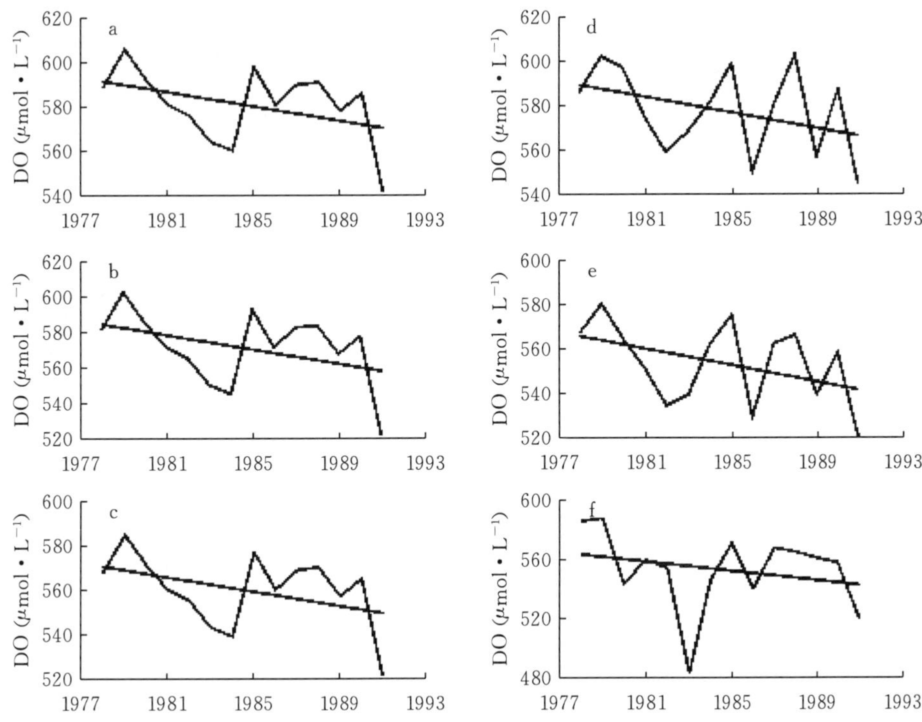

Figure 4 a～f Similar to Figure 2, but for the annual means of surface DO, water column average DO, and bottom layer DO

-0.602 μmol $L^{-1}year^{-1}$, respectively. The R_{xt} of the time series of P were -0.58 to -0.67 and the R_{xt} of the time series of Si were -0.74 to -0.80, and the variation trends of these time series were significant at the 99% level. During 1986—1988, the concentrations of P and Si reached relatively low values, i. e., lower than or near to the ecological threshold for the growth of diatoms, sometimes near to zero for a long term and a large area. The fluctuations of P concentration were in phase with those of Si concentration, i. e., the spatial and temporal fluctuations of both concentrations were simultaneous, even though in the period when their concentrations were lower than or near to the ecological threshold (Figures 7 and 8). Furthermore, in the southern BHS, the annual rates of change for P and Si were larger than those in the central region of the BHS (Table 1).

The concentrations of NO_3-N, NO_2-N, NH_4-N, and DIN in the BHS increased during 1985—1996 (Figure 9; Table 1). The annual rates of the increase in DIN were 0.447～0.613 μmol · L^{-1} · $year^{-1}$, and the average value of DIN at the bottom layer increased by 5.43 μmol L^{-1}. In the central region the concentration of DIN was 0.64 μmol · L^{-1} in 1985, it rose to 4.9 μmol · L^{-1} in 1996 (increased by 6.6 times). In the southern BHS it increased from 2.9 to 8.7 μmol · L^{-1} during the same period (increased by 2 times).

During 1985—1996 the N: P ratio increased by an annual rate of 1.34 $year^{-1}$, while the Si : N ratio decreased by an annual rate of -0.25 $year^{-1}$ (Figures 10 and 11, Table 1). We

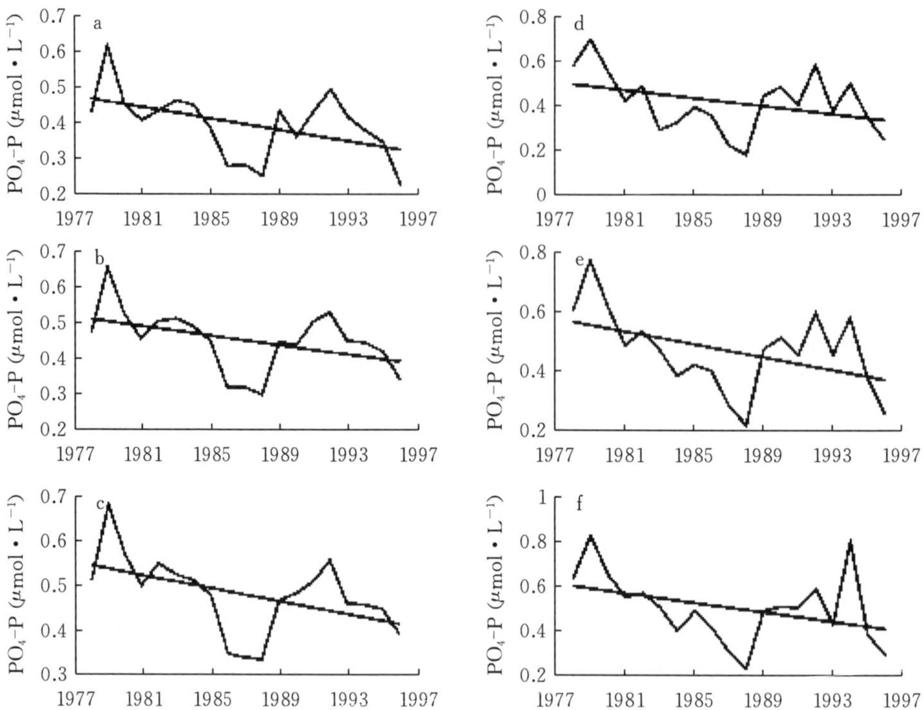

Figure 5　a～f Similar to Figure 2, but for the annual means of surface P, water column average P, and bottom layer P

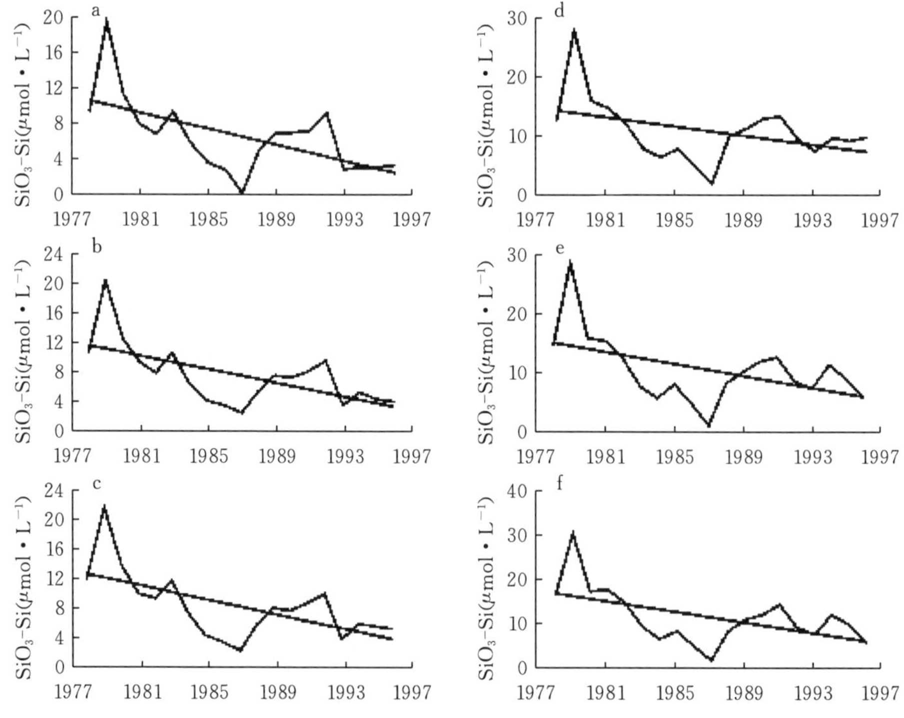

Figure 6　a～f Similar to Figure 2, but for the annual means of surface Si, water column average Si, and bottom layer Si

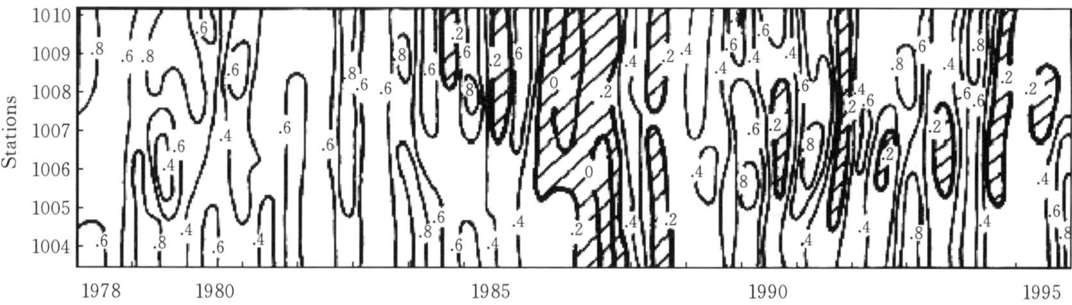

Figure 7 Spatial-temporal distributions of the mean concentrations of P in the water column (the shading shows the lowest threshold values)

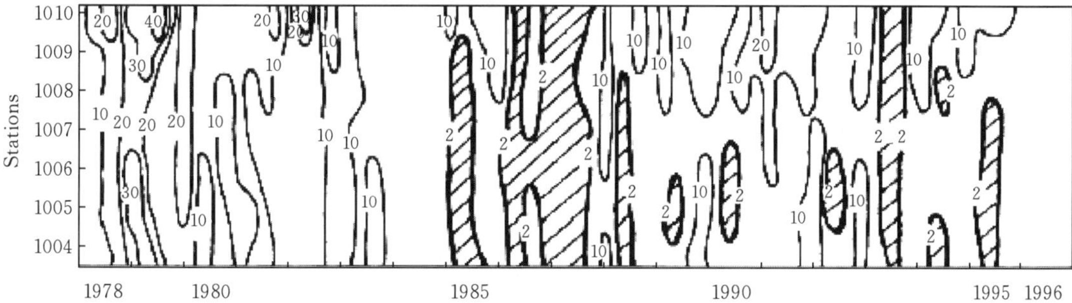

Figure 8 Spatial-temporal distributions of the mean concentrations of Si in the water column (the shading shows the lowest threshold values).

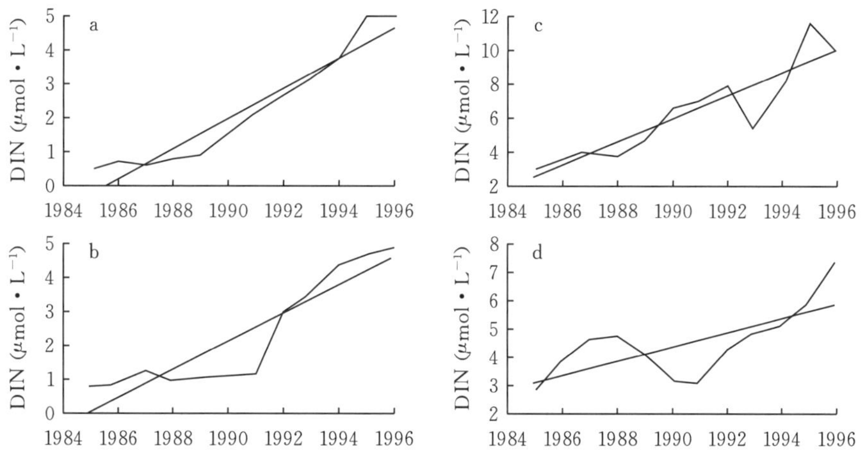

Figure 9 Variation in DIN concentrations in the BHS during the period 1985—1996

a and b are representative of the sea bottom layer DIN in the central region of the BHS in spring and summer, respectively c and d are representative of DIN at the bottom layer of the southern region in spring and summer, respectively. Lines are linear regressions

observed that in the central region of the BHS the N∶P ratio increased from approximately 2 in 1985 to over 16 in 1995, while the Si∶N ratio decreased by 3.9 during the same period. In the southern BHS, both the increase in N∶P ratio was higher and the decrease in Si∶N ratio was lower than in the central region (Table 1).

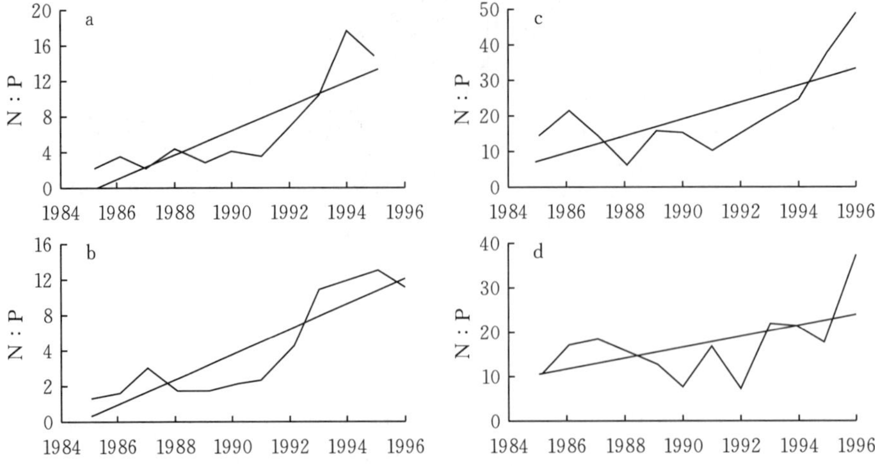

Figure 10 a～d Similar to Figure 9, but for N∶P ratio

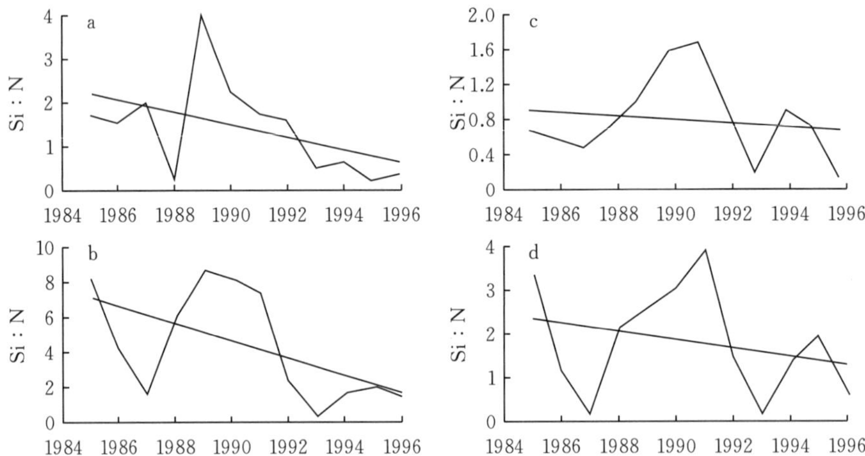

Figure 11 a～d Similar to Figure 9, but for Si∶N ratio

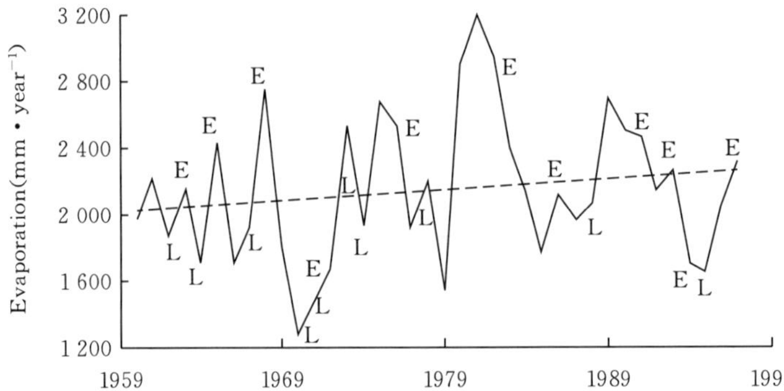

Figure 12 Variations in evaporation in response to the ENSO events (E is representative of El Niño events and L is representative of La Niña events)

4 Discussion

4.1 Causes of Environmental Change

Seawater salinity is closely related to the freshwater budget of the BHS. According to the estimation of this study, the annual mean trends of partial freshwater budget (PFW), R (total river discharges), E (evaporation), and P (precipitation) were -19.8×10^8 m^3 • year^{-1}, -15×10^8 m^3 • year^{-1}, 6.6×10^8 m^3 • year^{-1}, and -1.73 mm • year^{-1}, respectively. Owing to the decrease in freshwater flux (Figure 12), the freshwater deficit has been about 1 m • year^{-1} (Table 2). This value is close to that reported for the Mediterranean Sea (Bethoux et al., 1999). Therefore, the increase in salinity in the BHS, particularly in the southern BHS, during 1960—1996, was likely caused by the decrease in PFW, namely, a freshwater deficit. It has been linked to the decrease in total river discharges (R). Along with the quick development of the economy and the increase in the population density along the coast of the BHS, and owing to the numerous dam constructions along the Yellow River, the BHS has been seriously influenced by the anthropogenic impact. For example, in the past 2 decades, only the Yellow River and the Liaohe River, the two largest rivers, had discharged fresh water into the BHS, whereas the other rivers have dried up, because of the construction of dams for irrigation and municipal water supply. Even the Yellow River has experienced drying up and may not discharge into the BHS for many days each year (for example, the Yellow River dried up for more than 100 days in 1995 and more than 200 days in both 1996 and 1997), and salinity in the estuary located in the southwestern zone has reached over 32 psu (usually $<$ 30 psu; Su and Tang, 2002). The water upstream along the 16 rivers connecting the BHS has been continuously withdrawn (Cheng et al., 1998), resulting not only in salinity changes, but also in variations in the biogenic elements (Tables 1 and 2).

Table 2 The changes in environmental background leading to salinity variations in the BHS①

	1960s	1970s	1980s	1990s
Freshwater deficit (m • year^{-1})	−0.16	−0.58	−0.98	−0.88
(Partial) net freshwater flux (PFW=$P+R-E$; $\times10^8$ m^3 • year^{-1})	−126	−438	−715	−685
Total river discharge (R; $\times10^8$ m^3 • year^{-1})	669	432	409	163
Evaporation (E; mm)	1144	1095	1349	1187
Precipitation (P; mm)	349	225	225	339
Decadal average SSS of Transect B	29.08	30.16	31.20	31.32
Decadal average S_{av} of Transect B	29.54	30.27	31.28	31.32
Decadal average BSS of Transect B	29.87	30.45	31.37	31.34

Notes: ①Freshwater fluxes through both the Bohai Strait and the aquifer have not been included; decadal averages of sea surface salinity (SSS), water column average salinity (S_{av}), and sea bottom layer salinity (BSS) were the mean values across the seven stations (Stations B4 to B10).

Saline water from the Yellow Sea flows into the BHS to balance the freshwater deficit. The coastal current of the BHS flows out to the Yellow Sea along the southern coast through the Bohai Strait and a much weaker one from the Yellow Sea flows into the BHS along the northern coast (Figure 1; Su, 1998). Some data show that during 1960—1979 the average annual means of SSS and S_{av} at four stations, Y5～Y9, located east of Bohai Strait (Figure 1) were higher than those in the southern and central regions of the BHS by 2.79 and 0.76 (for SSS) and 2.43 and 0.64 (for S_{av}), respectively. Since the 1980s, due to the freshwater deficit, more saline water have been supplemented from the Yellow Sea into the BHS, leading to an increase in salinity of the BHS, as indicated by smaller differences between the corresponding parameters at the Bohai Strait and in the southern and central BHS by 1.25 and 0.33 (for SSS) and 1.37 and 0.63 (for S_{av}), respectively.

Moreover, the decrease in PFW (freshwater deficit) and increase in salinity in the BHS during 1960—1996 was not only caused by the anthropogenic activities, but also linked to climate changes. During the study period, El Niño events happened in 1963, 1965, 1968—1969, 1972, 1976, 1982, 1986, 1991, 1993, and 1994, and La Niña events occurred in 1962, 1964, 1967, 1970, 1971, 1973, 1974, 1978, 1988, and 1995 (Wang and Gong, 1999; Qin, 2003). Comparing fluctuations of evaporation (E) and precipitation (P) in the BHS, and the total river discharges (R) into the BHS, with the relative El Ninño southern oscillation (ENSO) events during 1960—1996, pronouncedly responsive relationships between E and ENSO, and P and ENSO, could be found (Figures 12 and 13). Each peak value of E corresponded to an El Niño event (except for 1972 and 1994), and each valley value of E corresponded to a La Niña event (except for 1978, Figure 12). Whenever a La Niña event happened, high P occurred, and whenever an El Niño event happened, low P occurred (Figure 13). The two highest peaks of P in 1964 and 1995 corresponded to the valleys of E occurring when La Niña happened. These phenomena coincided with the close relations found between P and ENSO in northern China (Xia et al., 2003) and source regions of the Yellow River (Liu, 2001). Furthermore, the annual fluctuation of the total river discharge (R) was closely linked to ENSO events before the 1970s, e.g., the two highest R value peaks occurred in 1964 and 1967, the two La Niña

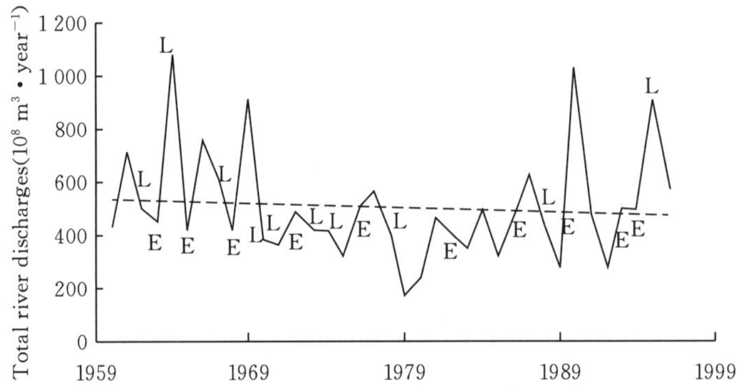

Figure 13 E and L similar to Figure 12, but for the precipitation variations

years, while the low R value valleys occurred in 1963, 1965, and 1969, corresponding to the El Niño events in the same years. Since the 1970s such relationships between R and ENSO have no longer been observed (Figure 14), because of increasing interference from anthropogenic activities.

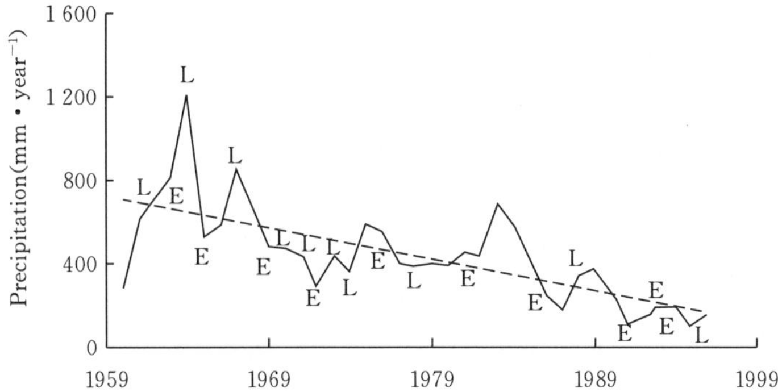

Figure 14 E and L similar to Figure 12, but for the total river discharge variations

Since the annual mean trend (i. e., decreasing rate) of PFW ($=P+R-E$; -19.8×10^8 m^3 • year^{-1}) was influenced by both anthropogenic activities and climate changes, and the decreasing rate of R (-15×10^8 m^3 • year^{-1}) was mainly influenced by anthropogenic activities (e.g., damming for irrigation and municipal water supply), the contribution percentage of the anthropogenic activities could be roughly estimated by R/PFW. Therefore, the contribution of anthropogenic activities to the annual mean decreasing rate of PFW would be 76%, while the contribution of climate changes would be 24%. This means that the effects of anthropogenic activities were much greater than those of climate change (reflected by E and P changing rates) since the 1980s.

The positive trends of SST, T_{av}, and BT in the BHS during 1960—1996 were obviously consistent with the increase in the mean air temperature observed throughout the Northern Hemisphere (Houghton et al., 1996) and northern China (Chen et al., 1998; Zhai and Ren, 1997).

The positive trends for DIN during 1985—1996 were consistent with the rise in DIN observed throughout the global marginal seas (Allen et al., 1998; Schiewer, 1998; Shen, 2001; Beusekom and Jonge, 2002; Hodgkiss and Lu, 2004; Rönnberg and Bonsdorff, 2004; Lin et al., 2005). DIN has been sharply increasing in the BHS since 1992, resulting in a mitigation of the N limitation. However, the DIN concentration in the central region of the BHS was still low (<5 μmol • L^{-1}) during 1985—1996. The annual increased rates in DIN were sharper in the BHS than in the Yellow Sea (Lin et al., 2005), due to more river discharges into the former (Table 3), which was confirmed by the SOA (2000, 2001, 2002, 2003, 2004, 2005). Moreover, it has been shown that DIN concentrations in rainwater and aerosol over the BHS were also high; the fluxes of nutrient input into the BHS via the atmospheric pathway were nearly one-half of those due to river input, and the source of DIN in the BHS from atmospheric deposition (dry and wet deposition), therefore, could not be negligible, especially for NH_4-N. Its concentration was two times higher than that of NO_3-N in both precipitation and aerosol, and that can be 5-to 10-fold higher than in riverine input, as observed by Zhang et al. (2004). The increase in DIN concentration in both the river discharge and the atmospheric deposition was probably associated with anthropogenic activities. Along with the quick development of the economy in China, the rapid urbanization and growth of commercial-industrial activities and the lack of legislative control along the coast have led to a congregation of population and high-density aquaculture and agriculture in the coastal area around the BHS, resulting in increasing municipal and livestock waste discharges, chemical fertilizer release from farmlands, animal excretion from marine-culture sites, sewage discharge from land, etc., which have been responsible for increasing the DIN input via major rivers into the BHS. As an example, DIN input via the Yellow River was 72.9×10^3 t in 1958 (Tian and Wang, 1997), 84.6×10^3 t in 1984 (Tian and Wang, 1997), and 92.2×10^3 t in 1993 (Table 3, calculated according to DIN concentration and water flux of the Yellow River).

Table 3 Changes in the DIN annual mean concentration in the Yellow River and its estuary and in the Liaohe River Estuary connecting the BHS, showing the increased nitrogen concentrations

Geographic Position	Parameter	$\mu mol\cdot L^{-1}$ (year)	Data source
Yellow River end fresh water	NO_3-N	87 (1958)	Shen et al. (1989)
	NO_3-N	134 (1984—1985)	Zhang (1996)
	NO_3-N	121 (1985)	Tian and Wang (1997)
	NO_3-N	191 (1987)	Tian and Wang (1997)
	NO_3-N	276 (1990)	Tian and Wang (1997)
	NO_3-N	191 (1991)	Tian and Wang (1997)
	NO_3-N	219 (1992)	Tian and Wang (1997)
	NO_3-N	354 (1993)	Tian and Wang (1997)
Yellow River Estuary	NO_3-N	9.4 (1959)	Shen and Le (1993)
	NO_3-N	10.5 (1984)	Shen and Le (1993)
	NO_3-N	40 (1998)	Mi et al. (2001)
	DIN	14.97 (1984)	Shen et al. (1989)①
	DIN	22.49 (1989)	
	DIN	>20 (1998)	Yu et al. (2002)①
Liaohe River Estuary	NO_3-N	10.31 (1983)	
	NO_3-N	10.7 (1989)	Zhang (1996)
	NO_3-N	45.68 (1992)	Jiang and Chen (1995)①
	DIN	12.03 (1983)	
	DIN	27.6 (1989)	Zhang (1996)
	DIN	51.94 (1992)	Jiang and Chen (1995)

Notes: ①Compiling Committee of the Records of Chinese Gulfs (1998).

The decrease in DO concentration (Figure 4) probably resulted from the increase in seawater temperature (Figure 3) and consequent decrease in solubility of DO in the seawater, as well as the decrease in the phytoplankton standing stock and primary production (discussed later).

The primary cause of the decrease in the concentration of P and Si was the steady decline in total river discharge into the BHS. The data show that whenever the total river discharges were low, the concentrations of P and Si also displayed low values. Furthermore, the phosphate decline is ascribed to the implementation of a phosphate detergent ban and high consumption by phytoplankton. Hong et al. (1983) reported that in natural seawater, diatoms could take up P as much as 30 times more than is really needed and store it in their cells for use when P is deficient. The Si in the BHS was mainly contributed by the Yellow River and other rivers (Yu et al., 2002), released by the weathering of stone and soil and erosion by the river in its watershed; damming of the river courses has significantly reduced the delivery of silica to the BHS.

Moreover, during the period 1990—1992, Si concentration was relatively high (Figure 6) and was probably related to the atmospheric transportation of dust from the Gobi Desert (Zhou, 2003). In the central region, the Si : N ratio exhibited high values during 1990—1991 (Figure 11). This was related to low levels of N and high levels of Si. Hutchins and Bruland (1998) pointed out that the molar ratio of Si : N used in the Fe-enriched incubations was always close to 0.8～1.1, typical of rapidly growing diatoms under nutrient-replete conditions. In the BHS the supply of Fe was rich (Yu et al., 2000), so if the Si : N ratio was under 1.0, then the Si was in short supply. During most spring seasons the ratio of Si : N was less than 1.0, while in summer it was greater or equal than 1.0, because of the low concentration of N (0.73～2.87 μmol · L^{-1}).

Despite the rapid increase in the N : P ratio, it was still at the Redfield ratio, which is suitable for phytoplankton growth (Richardson, 1997; Hu et al., 1989). However, the increase in the N : P ratio in the southern area was faster than in the central region, and in many periods of the year it deviated from the Redfield value. The N : P ratio fluctuation indicates that the phytoplankton growth could be limited by the lower concentration factor. It suggests also that in the observation period, P was in short supply in the BHS and that phytoplankton growth could have been limited by P. In brief, the biogenic elements of macronutrients, i.e., P, Si, and N, have been in short supply mainly in the central BHS and during summer (Figures 7, 8, and 9B).

4.2 Responses of the ecosystems

N, P, and Si are essential nutrients governing growth and recruitment of algae, and the P value is a key factor, because of the requirement for nucleic acid synthesis in phytoplankton cells. For diatom growth the lower limits of suitable concentrations of N, P, and Si are 5.71, 0.26 (Chu, 1949) or 0.48 (Zhao et al., 2000), and 4.40 μmol · L^{-1}

(Harvey, 1957), respectively. The P and Si thresholds are 0.1 and 2 μmol L^{-1} (Yu et al., 2000; Zhao et al., 2000), respectively. Since 1984, in spring and summer, P and Si concentrations have always been under the suitable concentration, and in every summer as well as some springs they were near to or lower than the thresholds (Figures 7 and 8). During 1985—1992 DIN measurements were under the lower limit of suitable concentration (Figure 9); thus, the BHS ecosystems were probably limited in P and N, and sometimes in Si simultaneously as well. Since 1992 there have been some mitigations of the N limitation, consequently increasing the occurrence of P and Si limitations for phytoplankton growth. After 1996, these trends of relative lack of P and Si were still further developing. According to investigations in the Laizhou Bay (in the southern BHS) and the Yellow River Estuary in August 1997 and October 1998, the average concentrations of P were only 0.07 and 0.11 μmol • L^{-1}, respectively (Yu et al., 2000). The frequency of P and Si limitations was caused principally by the decrease in PFW. These variations probably induced changes in the biological growth rate restricted by insufficient nutrient supplies during these periods. If the primary producer growth rate was restricted by P and Si, it could influence the productive efficiency of biological energy that is needed by fish through trophodynamics in the marine food chain (Tom, 1983).

Investigations in the BHS show that the environmental changes provoke pronounced ecological responses reflected by variations in many biological parameters, i.e., mean values of Chl a; primary production (PP); abundance of phytoplankton (PA), including some dominant species of diatoms, dinoflagellates, and some other species; biomass and abundance of zooplankton (ZB and ZA); mean catch of benthos (CB); catch of the first class of carnivore (CFCC); catch of the second class of carnivore (CSCC); and economic fisheries resources (EFR); dramatically decreased from the period of 1959—1960 to 1982—1983, and from 1982—1983 to 1992—1993, at the seasonal and annual scales, except for PA (in summer), ZB (in spring, summer, and autumn) and ZA (in spring), and CFCC (in spring) (Table 4). In general, the increase in ZB was probably related to the decrease in CFCC and CSCC. The decreases in the biological parameter values have been leading to a DO decreasing trend, owing to the decrease in the photosynthetic rate of the phytoplankton. In comparison with the same case between the periods 1982—1983 and 1992—1993, Chl *a*; PP; PA, including Bacillariophyta, Dinoflagellata, *Coscinodiscus*, and *Chaetoceros*; ZB and ZA; CB; CFCC and CSCC; and EFR decreased by 38%, 31%, 55%, 86%, 68%, 55%, 91%, 42%, 47%, 38%, 29%, 22%, and 15%, respectively. The biomasses of the diatoms *Coscinodiscus* and *Chaetoceros* have greatly decreased (Wang and Kang, 1998). In comparison with the case between the same periods, the total fish biomass (FB) decreased on the order of 9.7 to 84.2% (Jin and Tang, 1998). In the southern BHS both species number and abundance of phytoplankton and the richness, evenness, and diversity of the fisheries resources also decreased from 1959—1960 to 1982—1983 and from 1982—1983 to 1992—1993, except for FB in summer (Table 5). Moreover, a clear phytoplankton succession was observed. Estimates of the diatom-to-dinoflagellate abundance ratio decreased from 50 in 1958—1960 to 31 in 1982—1983 and 14 in 1992—1993, owing to the increasing limitation of Si, or Si and P.

Table 4 Comparison of Chl a, PP, PA, ZB, ZA, CB, CFCC, CSCC, EFR, WWSF, WTSF, CTSF, BWWSF, BWTSF, BCTSF, and diversity indices of fisheries resources and indices of species evenness of fisheries resources in the BHS between 1959—1960, 1982—1983, and 1992—1993

Parameter	Years	Winter	Spring	Summer	Autumn	Mean	Reference
Chl *a* (μg · dm^{-3})	1982—1983	1.10	0.64	1.15	1.05	0.99	Tang and Jin (2002)
	1992—1993	0.73	0.44	0.67	0.58	0.61	Fei et al. (1991)
PP (mg C · m^{-2} · day^{-1})	1982—1983	207	208	537	297	312	Tang and Jin (2002)
	1992—1993	127	162	419	154	216	Fei et al. (1991)
PA (×10^4 cells · m^{-3})	1959—1960	361	496	273	361	372	SOMI (1964)
	1982—1983	132	102	474	179	222	Tang and Jin (2002)
	1992—1993	223	28	66	78	99	
Bacillariophyta (×10^4 cells · m^{-3})	1982—1983					465.38	Wang (2003)
	1992—1993					64.41	
Dinoflagellata (×10^4 cells · m^{-3})	1982—1983					14.92	Wang (2003)
	1992—1993					4.75	
Coscinodiscus (×10^4 cells · m^{-3})	1982—1983					20	Wang and Kang (1998)
	1992—1993					9	
Chaetoceros (×10^4 cells · m^{-3})	1982—1983					90	Wang and Kang (1998)
	1992—1993					8	
ZB (mg · m^{-3})	1959—1960	82.8	187	138.4	95.0	125.8	Meng (2002)
	1982—1983	65.3	78.7	163.3	51.9	121.0	Tang and Jin (2002)
	1992—1993	40.4	84.5	55.6	75.6	70.1	
ZA (*n* · m^{-3})	1982—1983		99.1	480.7	102.4	227.4	Meng (2002)
	1992—1993		184.9	113.9	59.8	119.5	Tang and Jin (2002)
CB (kg · haul^{-1})	1982—1983	1.68	6.44	35.77	25.85	17.44	Cheng and Guo (1998)
	1992—1993	0.51	10.42	10.11	22.21	10.81	
CFCC (*n*)	1982—1983		90 256	534 308	382 572	1 007 136	Meng (1998, 2002)
	1992—1993		228 707	234 247	315 273	718 227	
CSCC (*n*)	1982—1983		13 617	128 435	35 107	177 519	Meng (1998, 2002)
	1992—1993		4 312	112 402	21 748	138 462	
EFR (kg · net^{-1} · h^{-1})	1959—1960		188	93.0	290.8	190.6	Tang and Jin (2002)
	1982—1983	10.2	84.3	85.2	96.1	69.0	
	1992—1993	3.4	51.8	104.3	73.7	58.3	
WWSF (*n*)	1982—1983					20	Meng (2002)

(continued)

Parameter	Years	Winter	Spring	Summer	Autumn	Mean	Reference
	1992—1993					19	
WTSF (*n*)	1982—1983					45	Meng (2002)
	1992—1993					41	
CTSF (*n*)	1982—1983					17	Meng (2002)
	1992—1993					9	
BWWSF (t)	1982—1983					8 931	Meng (2002)
	1992—1993					8 015	
BWTSF (t)	1982—1983					69 989	Meng (2002)
	1992—1993					63 215	
BCTSF (t)	1982—1983					1 740	Meng (2002)
	1992—1993					681	
Diversity	1982—1983					1.76	Jin (2002b)
	1992—1993					1.44	Jin (2002c)
Evenness	1982—1983					0.60	Jin (2002b)
	1992—1993					0.50	Jin (2002c)

Notes: CFCC, catch of the first class of carnivore; CSCC, catch of the second class of carnivore; WWSF, warm-water species of fish (optimum temperature for growth and reproduction higher than 20 ℃ and monthly mean water temperature >15 ℃; Chen, 1991); WTSF, warm-temperature species of fish (optimum temperature of 12～20 ℃; Chen, 1991); CTSF, cold-temperature species of fish (optimum temperature of 4～12 ℃; Chen, 1991); BWWSF, biomass of warm-water species fish; BWTSF, biomass of warm-temperature species fish; BCTSF, biomass of cold-temperature species fish.

Table 5 Comparison of ecological indices for phytoplankton and fish biomass in the southern BHS between 1959—1960, 1982—1983, and 1992—1993

Parameter	Years	Winter	Spring	Summer	Autumn	Mean	Reference
NS in P (*n*)	1959—1960		41	52	56	(49.7)	Wang (2000)
	1982—1983		32	47	53	(44)	
	1992—1993		29	47	43	(39.7)	
NC in P ($\times 10^4$ cells · m^{-3})	1982—1983		1102.4	2319.6	388.7	(1 270.2)	Wang (2000)
	1992—1993		33.0	350.4	118.7	(167.4)	
FB (t)	1959—1960		420	160	170	(250)	Jin (2002a)
	1982—1983	15	160	50	150	94	
	1992—1993	5	40	80	130	64	
NS in F (*n*)	1982—1983	38	59	47	68	53	Jin (2002a)
	1992—1993	28	44	47	62	45	

(continued)

Parameter	Years	Winter	Spring	Summer	Autumn	Mean	Reference
Richness in F	1982—1983	2.87	3.88	4.0	4.7	3.86	Jin (2002a)
	1992—1993	2.35	3.3	3.41	4.25	3.33	
Evenness in F	1959—1960		0.66	0.76	0.80	(0.74)	SOMI (1964)
	1982—1983	0.67	0.38	0.62	0.63	0.58	Jin (2002a)
	1992—1993	0.47	0.45	0.59	0.60	0.53	
Diversity in F	1959—1960		2.43	2.98	3.22	(2.88)	SOMI (1964)
	1982—1983	2.45	1.9	2.53	2.67	2.39	Jin (2002a)
	1992—1993	1.57	1.71	2.27	2.47	2.01	

Notes: NS, number of species; NC, number of cells; P, phytoplankton; F, fisheries; FB, fish biomass.

It has been reported that fish are sensitive to changes in seawater salinity larger than 0.2 (Li, 2001). In the BHS, the annual mean salinity increased and reached a level 1 order of magnitude higher than this threshold (Table 2). Some indices on the responses of fisheries to environmental changes can be significant representative indicators of ecological responses. As the common indicators, the indices of both species diversity and evenness of fisheries resources, and the recruitment of Penaeid prawn (*Penaeus chinensis*), decreased during 1992—1993 in comparison with those assessed during 1982—1983. The biological data show that the dominant species of the important fisheries resources have shifted; for example, the Penaeid prawn and hairtail fish (*Trichiurus haumela*) were the key species in 1958, the 1960s, and the 1970s, but in 1993 the output of the Penaeid prawn dropped to 18 of that of 1983 (Deng and Zhuang, 2002), and since 1998 their catches have made up only a small proportion of the total catch, even near zero. In addition, during 1992—1993, EFR, CTSF, BWWSF, BWTSF, BCTSF, and the Shanon-Wiener index (diversity of fish community) decreased by 69%, 47%, 10%, 10%, 61%, and 18% (Table 4), respectively, in comparison to 1982—1983. This indicates that during this period, the evenness of the fish community was getting worse and the species composition and community structure of the fish stock became highly disturbed in the BHS. The dominant species shifted from relatively high-quality fishes, such as calamary (*Loligo* sp.), yellow crucian (*Setipinna taty*), small yellow croaker (*Pseudosciaena polyactis*), swimming crab (*Portunus trituberculatus*), and Spanish mackerel (*Scomberomorus niphonius*), in 1982—1983 to relatively low-quality fishes, such as Japanese anchovy (*Engraulis japonicus*), yellow crucian, small yellow croaker, spotted sardine (*Clupanodon punctatus*), and squilla (*Oratosquilla oratoria*) in 1992—1993 (Jin, 2002b). Moreover, the EFR decreased strongly in 1998, with average values dropping by 96% of those in 1959—1960 (Tang and Jin, 2002).

It has been found that there were similar fluctuation trends between the total river discharges into the BHS and the catch of Penaeid prawn in every autumn during 1978—1997 (Figure 15). The decrease in catch of Penaeid prawn was closely related to the decrease in

PFW, which included the decrease in river discharge and precipitation, and the increase in evaporation (Table 2). The statistical analysis showed that the total river discharge and the prawn catch exhibited covarying trends with time and that the covariance was significant (the covariance of two time series was 144.95, and the correlative coefficient was 0.57, $n=19$, $P<0.01$), according to the method of Chen and Ma (1991).

Figure 15 The interannual changes in the total river discharge into the BHS (solid line) and the catch of Penaeid prawn (*P. chinensis*) in autumn (dashed line)

In this study, during the lowest period of total river discharges into the BHS, the concentrations of P and Si in the seawater were also the lowest, indicating that the ecological responses clearly resulted from the limitation of P and/or Si.

The environmental change trends in the BHS may cause an alteration in the habitats and eco-physiological characteristics of the organisms that live there. The BHS may have been evolving an ecosystem with P and/or Si limitations owing to the decreases in both P and Si. Before the 1980s the environmental conditions of the BHS were favorable for spawning, breeding, and feeding of *P. chinensis* and various fishes (Deng and Zhuang, 2002); after that transformations in the prawn feeding-ground distribution and the timing of its migratory movement out of the BHS clearly happened. The results obtained from the investigation conducted in September and October 1997 showed that the feeding ground of *P. chinensis* had become a migratory movement (out of the BHS) passage, indicated by the 20～22 ℃ isotherm line (Pan et al., 2002). The timing of this migration was about 1 month earlier than in previous years (usually mid-November; Ge and Wang, 1995). This is consistent with the unexpected signs of degradation of the ecosystem response mentioned above and probably resulted from environmental changes induced by not only climate changes, but also anthropogenic impact; in fact the impact of the latter has been much stronger than that of the former. As a consequence, the influences of the large-scale ocean-climate change events, e.g., ENSO, Pacific decadal oscillation, have probably been enshrouded by the anthropogenic impacts. As the response to the environmental changes, in any case, the quality of the ecosystems of the BHS has been declining.

5 Conclusion

During the last 40 years of the 20th century, environmental parameters such as seawater salinity, temperature, DIN, and N : P ratio exhibited positive trends, while DO, P, Si, and Si : N ratio exhibited negative trends in the BHS. The climate trend coefficients, R_{xt}, of the time series for each parameter were all over 0.45 and at the 95%~99% significance level. The increasing trend of seawater salinity during 1960—1996 was caused by the PFW decrease, namely, freshwater deficit, and the saline water from the Yellow Sea was complemented. The rate of salinity increase was 2.4~2.7 times higher in the southern area than in the central region of the BHS. The positive trends of the seawater temperature of the BHS were consistent with the increase in the mean air temperature observed throughout the Northern Hemi-sphere and northern China. The positive trend in DIN was mainly due to increasing N concentration related to river discharge into the BHS and to atmospheric deposition (dry and wet deposition, mainly precipitation).

The reduction in DO concentration was probably caused by the increase in seawater temperature and consequent decreases in the solubility of DO and phytoplankton production in the BHS. The negative trends in the concentrations of P and Si over 1978—1996 were mainly due to the steady decline in the freshwater discharges from rivers and the implementation of a phosphate detergent ban. In the mid-1980s, the concentration of P and Si dropped to near the ecological threshold essential for growth of diatoms and the N : P ratios were below the Redfield ratio, and the Si : N ratio values were under 1.0. From then on, the ecosystems of the BHS have experienced a limitation of key nutrients, i.e., P and Si. To date, this situation has not improved. The trends of ascending N : P ratio and of descending Si : N ratios are clearly attributed to both the decrease in concentration of P and Si and the increase in N in the BHS seawater. The most spectacular environmental change was related to the decrease in PFW, namely, a freshwater deficit of about 1 $m^3 \cdot year^{-1}$ in the BHS since 1980s, which induced an increase in salinity and decrease in the concentrations of P and Si. However, in the central area of the BHS, the DIN concentration was still low ($<5\ \mu mol \cdot L^{-1}$) during 1985—1996.

Ecological investigations show that there have been pronounced degradation responses of ecosystems due to the environmental changes occurring in the BHS. Decreases in standing stock and production of phytoplankton, economic living resources, indices of recruitment for Penaeid prawn, and the succession of diatoms to dinoflagellates and changes in the fish community structure and species diversity have resulted from the impacts of key nutrient limitation, particularly phosphorus, induced by the freshwater deficit. This suggests that the combined impacts of climate change and anthropogenic activities on the ecosystems in the BHS have been prominent. However, it seems that the anthropogenic impact was more significant. Further field work with a long-term series of observations of the ecosystems, particularly the structure and function of the communities and the relationships with environmental changes, is needed.

Acknowledgments

This study was supported by the Ministry of Sciences and Technology, China, under Contract 2006CB400605.

References

Allen J R, Shammon D J, Hartnoll R G, 1998. Evidence for eutrophication of the Irish Sea over four decades. Limnology and Oceanography, 43: 1970－1974.

Bethoux J P, Gentili B, Morin P, et al., 1999. The Mediterranean Sea: a miniature ocean for climatic and environmental studies and a key for the climatic functioning of the North Atlantic. Progress in Oceanography, 44: 31－146.

Beusekom J V, Jonge V N, 2002. Long-term changes in Wadden Sea nutrient cycles: importance of organic matter import from the North Sea. Hydro-biologia, 475/476: 185－194.

Chen D, 1991. Fisheries Ecology of the Yellow Sea and Bohai Sea. China Ocean Press, Beijing, pp. 28－29. [In Chinese].

Chen L, Zhu W, Wang W, et al., 1998. Studies on climate change in China in recent 45 years. Acta Meteorologica Sinica 56, 257－271 [In Chinese].

Chen S, Ma J, 1991. The Analytical Method and its Application to the Disposal of Marine Data. China Ocean Press, Beijing [In Chinese].

Cheng J, Guo X, 1998. Distribution and dynamic variations of species and quantity of benthos in the Bohai Sea. Marine Fisheries Research, 19: 31－42 [In Chinese].

Cheng J, Wang W, Wang H, et al., 1998. On the drying up of the Yellow River. Journal of Hydraulic Engineering, 5: 75－79 [In Chinese].

Chu S P, 1949. Experimental studies on the environmental factors influencing the growth of phytoplankton. Con. Fish. Res. Inst. Dept. Fish. Nat. Univ. Shantung, Ⅰ: 37－52.

Compiling Committee, 1998. The Records of Chinese Gulfs. 14. The Major Estuaries. China Ocean Press, Beijing [In Chinese].

Deng J, Zhuang Z, 2002. Characteristics of the stock dynamics of *Penaeus chinensis*. In: Su, J., Tang, Q. (Eds.), Study on Ecosystem Dynamics in China Sea. Ⅱ. Processes of the Bohai Sea Ecosystem Dynamics. China Science Press, Beijing, pp. 39－47 [In Chinese].

Fei Z, Mao X, Zhu M, 1991. Studies on the biological productivity—chlorophyll a, primary production, and the exploitation potential of fisheries resources in the Bohai Sea. Marine Fisheries Research, 17: 55－70 [In Chinese].

Ge C, Wang A, 1995. A forecast research on fishing period of *Penaeus* prawns in the Bohai Sea during it's over-wintering migration. Marine Forecast, 12: 8－11 [In Chinese].

Guan B, 1994. Patterns and structures of the currents in the Bohai, Huanghai and East China Seas. In: Zhou D, Liang Y, Tseng C (Eds.), Oceanology of China Sea, Vol. 1. Kluwer Academic, Dordrecht, pp. 17－26.

Guo B, Huang Z, Li P, et al., 2004. Marine Environments of the China Sea and the Adjacent Sea Areas. China Ocean Press, Beijing [In Chinese].

Harvey H W, 1957. The Chemistry and Fertility of Seawater. Cambridge Univ. Press, Cambridge,

UK, p. 101.

Hodgkiss I J, Lu S H, 2004. The effects of nutrients and their ratios on phytoplankton abundance in Junk Bay. Hong Kong. Hydrobiologia, 512: 215 - 229.

Holm-Hansen O, Lorenzen C J, Holmes R W, et al., 1965. Fluoro-metric determination of chlorophyll. Journal du Conseil Permanent International pour l' Exploration de la Mer, 30: 3 - 15.

Hong W, Hu Q, Wu Y, et al., 1983. Marine Phytoplankton. China Agriculture Press, Beijing, pp. 190 - 200. [In Chinese].

Houghton J T, Filho L G M, Callander B A, et al., 1996. Climate change in 1995: the science of climate change, Contribution of Working Group I to the Second Assessment Report of the Intergovernmental Panel on Climate Change.. Cambridge Univ. Press, Cambridge, UK.

Hu M, Yang Y, Xu C, et al., 1989. The limitation of phosphate on phytoplankton growth in the Changjiang River Estuary. Acta Oceanologica Sinica, 11: 439 - 443 [In Chinese].

Hutchins D A, Bruland K W, 1998. Iron-limited diatom growth and Si : N uptake in a coastal upwelling regime. Nature, 393: 561 - 564.

Jiang T, 1977. Preliminary estimation of the half period of seawater exchange in the Bohai Sea. Marine Science Bulletin, 3: 31 - 43 [In Chinese].

Jiang H, Cui Y, Chen B, et al., 2005. Study on the variation trends of nutrients in the Bohai Sea in recent 20 years. Marine Fisheries Research, 26: 61 - 67 [In Chinese].

Jiang Y, Chen S, 1995. The chemical characteristic and influx calculation of the nutrients in Liaohe Estuary. Marine Environmental Science, 14: 39 - 45 [In Chinese].

Jin X, 2002a. Feeding and competition of juvenile fish in Laizhou Bay. In: Su J, Tang Q (Eds.), Study on Ecosystem Dynamics in China Sea. Ⅱ. Processes of the Bohai Sea Ecosystem Dynamics. China Science Press, Beijing, pp. 230 - 233 [In Chinese].

Jin X, 2002b. Community structure and biological productivity. In: Su J, Tang Q (Eds.), Study on Ecosystem Dynamics in China Sea. Ⅱ. Processes of the Bohai Sea Ecosystem Dynamics. China Science Press, Beijing, pp. 313 - 354 [In Chinese].

Jin X, 2002c. Influence of fishing on biological community structure in the Bohai Sea. In: Su J, Tang Q (Eds.), Study on Ecosystem Dynamics in China Sea. Ⅱ. Processes of the Bohai Sea Ecosystem Dynamics. China Science Press, Beijing, pp. 355 - 364 [In Chinese].

Jin X, Tang Q, 1998. The structure, distribution and variation of the fisheries resources in the Bohai Sea. Journal of Fishery Sciences of China, 5: 18 - 24 [In Chinese].

Klyashtorin L B, 1998. Long-term climate change and main commercial fish production in the Atlantic and Pacific. Fisheries Research, 37: 115 - 125.

Li M, 2001. Ecology of Fishes. Nankai University Press, Tianjin, China, pp. 27 - 31. [In Chinese].

Lin C, Ning X, Su J, et al., 2005. Environmental changes and the responses of the ecosystems of the Yellow Sea during 1976 - 2000. Journal of Marine Systems, 55: 223 - 234.

Lin C, Su J, Xu B, et al., 2001. Long-term variations of temperature and salinity of the Bohai Sea and their influence on its ecosystem. Progress in Oceanography, 49: 9 - 17.

Liu S, 2001. On the characteristics of response of precipitation and runoff to the ENSO events in the source regions of the Yellow River. Glacier and Frozen Earth, 26: 8 - 15 [In Chinese].

Liu S, Zhang J, 2000. Chemical oceanography of nutrient elements in the Bohai Sea. Marine Science Bulletin, 2: 76 - 85.

McGowan J A, Cayan D R, Dorman L M, 1998. Climate - ocean variability and ecosystem response in the northeast Pacific. Science, 281: 210 - 217.

Meng T, 1998. The structure and variation of fish community in the Bohai Sea. Journal of Fisheries Sciences of China, 5: 16 - 20 [In Chinese].

Meng T, 2002. Community structure of fisheries resources in the Bohai Sea. In: Su, J., Tang, Q. (Eds.), Study on Ecosystem Dynamics in China Sea. Ⅱ. Processes of the Bohai Sea Ecosystem Dynamics. China Science Press, Beijing, pp. 312 - 326 [In Chinese].

Mi T, Yu Z, Yao Q, et al., 2001. Dissolved nutrient in the south of Laizhou Bay in spring. Marine Environmental Science, 20: 14 - 18 [In Chinese].

National Bureau for Technique Supervision (NBTS), 1992. Marine biology survey. In: Specifications for Oceanographic Survey, GB 12763. 6—91, p. 104 [In Chinese].

Ning X, Liu Z, Cai Y, et al., 2002. Size-fractionated phytoplankton standing stock and primary production in Bohai Sea during late spring. Acta Oceanologica Sinica, 21: 423 - 435.

Pan Y, Zhang L, Li F, 2002. Changes in the summer physical environment in the Laizhou Bay and its influence on larvae success of *Penaeus chinensis*. In: Su J, Tang Q (Eds.), Study on Ecosystem Dynamics in China Sea. Ⅱ. Processes of the Bohai Sea Ecosystem Dynamics. China Science Press, Beijing, pp. 30 - 38 [In Chinese].

Qin D, 2003. El Nino Phenomena. Meteorology Press [In Chinese].

Raabe T, Yu Z, Zhang J, et al., 2004. Phase-transfer of nitrogen species within the water column of the Bohai Sea. Journal of Marine Systems, 44: 213 - 232.

Richardson K, 1997. Harmful or exceptional phytoplankton blooms in the marine ecosystems. Advances in Marine Biology, 31: 301 - 385.

Rönnberg C, Bonsdorff E, 2004. Baltic Sea eutrophication: area-specific ecological consequences. Hydrobiologia, 514: 227 - 241.

Schiewer U, 1998. 30 years' eutrophication in shallow brackish waters-lessons to be learned. Hydrobiologia, 363: 73 - 79.

Shen Z, 2001. Historical changes in nutrient structure and its influences on phytoplankton composition in Jiaozhou Bay. Estuarine, Coastal and Shelf Science, 52: 211 - 224.

Shen Z, Le K, 1993. Effects of the Yellow River Estuary location changes on its hydrochemical environment. Studia Marina Sinica (The Institute of Oceanology, Academia Sinica), 34: 93 - 105 [In Chinese].

Shen Z, Liu X, Lu J, 1989. Inorganic nitrogen and phosphate in estuary of the Huanghe River and its near waters. Studia Marina Sinica (The Institute of Oceanology, Academia Sinica), 30: 51 - 79 [In Chinese].

Sherman K, 2001. Large marine ecosystems. In: Steele J H, Thorpe S A, Turekian K K (Eds.), Encyclopedia of Ocean Sciences. Academic Press, London, pp. 1462 - 1469.

Shi N, Chen J, Tu Q, 1995. 4-phase climate change feature in the last 100 years over China. Acta Meteorological Sinica, 53: 431 - 439 [In Chinese].

State Office for Marine Investigation (SOMI), 1958. Specification for Oceanographic Survey (Protocol). Beijing. [In Chinese].

SOMI, 1961. Provisional Specification for Oceanographic Survey. Beijing. [In Chinese].

SOMI, 1964. Report of the State Marine Comprehensive Investigation. Ⅷ. Plankton. Beijing. [In Chinese].

State Oceanic Administration (SOA), 1975. Specification for Oceanographic Survey. China Ocean Press, Beijing [In Chinese].

SOA, 2000. Annual Bulletin of Marine Environment Qualities of China. China Ocean Press, Beijing [In

Chinese].

SOA, 2001. Annual Bulletin of Marine Environment Qualities of China. China Ocean Press, Beijing [In Chinese].

SOA, 2002. Annual Bulletin of Marine Environment Qualities of China. China Ocean Press, Beijing [In Chinese].

SOA, 2003. Annual Bulletin of Marine Environment Qualities of China. China Ocean Press, Beijing [In Chinese].

SOA, 2004. Annual Bulletin of Marine Environment Qualities of China. China Ocean Press, Beijing [In Chinese].

SOA, 2005. Annual Bulletin of Marine Environment Qualities of China, China Ocean Press, Beijing [In Chinese].

Sournia A, 1978. Phytoplankton Manual. UNESCO, Paris.

Steemann N E, 1952. The use of radioactive carbon (14C) for measuring organic production in the sea. Journal du Conseil Permanent International pour l' Exploration de la Mer, 18: 117-140.

Strickland J D H, Parsons T R, 1972. A practical handbook of seawater analysis. Bulletin of the Fisheries Research Board of Canada, 167: 1-310.

Su J, 1998. Circulation dynamic of the China Sea: north of 18°N. In: Robinson A R, Brink K (Eds.), The Sea. 11. The Global Coastal Ocean: Regional Studies and Syntheses. Wiley, New York, pp. 483-506.

Su J, Tang Q, 2002. Study on Ecosystem Dynamics in China Sea. II. Processes of the Bohai Sea Ecosystem Dynamics. China Science Press, Beijing [In Chinese].

Sun X, 2006. Oceanography in Regional China Sea. China Ocean Press, Beijing [In Chinese].

Sünderman J, Feng S, 2004. Analysis and modeling of the Bohai Sea ecosystem—a joint German-Chinese study. Journal of Marine Systems, 44: 127-140.

Tang Q, Jin X, 2002. Biological productivity in the Bohai Sea. In: Su J, Tang Q (Eds.), Study on Ecosystem Dynamics in China Sea. Ⅱ. Processes of the Bohai Sea Ecosystem Dynamics. China Science Press, Beijing, pp. 341-354 [In Chinese].

Tian J, Wang M, 1997. Study on the effects of the drying up of the Yellow River on the ecological environment in the seawater near the delta. Marine Environmental Science, 19: 59-65 [In Chinese].

Tom B, 1983. Environment Oceanography. Pergamon Press, (Australia), Canberra, pp. 236-247.

Wang J, 2000. Study on population dynamics of phytoplankton in Laizhou Bay. Marine Fisheries Research, 21: 33-38 [In Chinese].

Wang J, 2003. Species composition and quantity variation of phytoplankton in inshore waters of the Bohai Sea. Marine Fisheries Research, 24: 44-50 [In Chinese].

Wang J, Kang Y, 1998. Study on population dynamics of phytoplankton in the Bohai Sea. Marine Fisheries Research, 19: 43-52 [In Chinese].

Wang S, Gong D, 1999. ENSO events and their intensity during the past century [J]. Meteorology, 25: 9-14 [In Chinese].

Wei H, Sun J, 2004. Phytoplankton dynamics in the Bohai Sea—observations and modeling. Journal of Marine Systems, 44: 233-251.

Wei H, Liu S, Zhao L, 2002. 3-D primary productivity models in the Bohai Sea. In: Su J, Tang Q (Eds.), Study on Ecosystem Dynamics in China Sea. Ⅱ. Processes of the Bohai Sea Ecosystem Dynamics. China Science Press, Beijing, pp. 382-413 [In Chinese].

Wolfe D A, Schelske C L, 1967. Liquid scintillation and Geiger counting efficiencies for carbon-14 incorporated by marine phytoplankton in productivity measurements. ICES Journal of Marine Science, 31: 31 - 37.

Xia D, Shi N, Chen L, 2003. Relationship between ENSO and precipitation of global terrene during 1948—2000. Journal of Nanjing Meteorology Institute, 26: 333 - 340.

Yu Z, Liu S, Zhang J, et al., 2002. Important biogeochemical processes of the *Penaeus chinensis* habitat. In: Su J, Tang Q (Eds.), Study on Ecosystem Dynamics in China Sea. Ⅱ. Processes of the Bohai Sea Ecosystem Dynamics. China Science Press, Beijing, pp. 39 - 47 [In Chinese].

Yu Z, Mi T, Xie B, et al., 2000. Changes in the environmental parameters and their relationship in recent twenty years in the Bohai Sea. Marine Environmental Science, 19: 15 - 19 [In Chinese].

Yu Z, Mi T, Yao Q, et al., 2001. Nutrients concentration and changes in decade-scale in the central Bohai Sea. Acta Oceanologica Sinica, 20: 65 - 75.

Zhai P, Ren F, 1997. On changes of maximum and minimum temperature in China over the recent 40 years. Acta Meteorologica Sinica, 55: 418 - 429 [In Chinese].

Zhang J, 1996. Nutrient elements in large Chinese estuaries. Continental Shelf Research, 16: 1023 - 1045.

Zhang J, Hang W, Liu M, 1994. Geochemistry of major Chinese river-estuary systems. In: Zhou D, Liang Y, Tseng C (Eds.), Oceanology of China Sea. Kluwer Academic, Dordrecht, pp. 179 - 188.

Zhang J, Yu Z, Raabe T, et al., 2004. Dynamics of inorganic nutrient species in the Bohai seawater. Journal of Marine Systems, 44: 189 - 212.

Zhao W, Jiao N, Zhao Z, 2000. Distribution and variation of nutrients in the cultivated waters of the Yantai Sishili Bay. Marine Sciences, 4: 31 - 34 [In Chinese].

Zhou Z, 2003. Typically severe dust storms in the northern China during 1954—2002. Chinese Science Bulletin, 48: 1224 - 1228 [In Chinese].

Zou J, Dong L, Qin B, 1983. Preliminary analysis of seawater wealthy nutrients and red tide in the Bohai Sea. Marine Environmental Science, 2: 42 - 54 [In Chinese].

近海可持续生态系统与全球变化影响[①]

——香山科学会议第 305 次学术讨论会

唐启升，苏纪兰，周名江 等

2007 年 7 月 4—6 日，以“近海可持续生态系统与全球变化影响（近海可持续生态系统及其对人类活动和气候变化的响应）”为主题的香山科学会议第 305 次学术讨论会在青岛举行。这次会议的目的是为了总结过去、展望未来，从更高、更深入的层面上提炼、归纳、定位我国未来十年开展可持续海洋生态系统研究的发展方向和目标。会议着重研讨了人类活动及气候变化对近海生态系统的影响，并从可持续发展的角度，特别关注了近海生态系统所面对的问题及其研究发展对策。

在过去 10 多年中，海洋生态系统研究在国内外都受到了较多的关注，发展较快并取得了重大进展。海洋生态系统研究不仅成为全球变化科学计划的重要内容，同时也是支持全球可持续性发展的重要话题。在国际上，联合国的 UNEP、UNDP、IOC、GEF 和国际 IGBP、SCOR 等许多重要组织与机构，强调海洋生态系统服务功能研究的重要意义和对可持续发展的贡献，在全球范围内大力推动 GLOBEC、IMBER、LOICZ、GEOHAB 等与海洋生态系统有关的重大核心科学计划的发展，大量投资推动 LME 和 GMA 等对全球海洋生态系统进行评估与监测的重大计划的实施。特别是当全球共识“生态系统水平的管理（EbM，ecosystem-based management）是海洋可持续发展的基石”，从整体、系统的水平上研究海洋可持续问题便成为一种新的趋势，并带动海洋科学前沿领域多学科交叉研究的发展。在国内，国家实施了一系列有关的重大海洋科学研究计划，使我们对海洋生态系统的结构与功能有了一些新的认识，对海洋生态系统的资源与环境问题的研究也取得一些有重要价值的成果。2004 年召开的香山科学会议第 228 次学术讨论会认为，“可持续海洋生态系统基础研究是新世纪的一项重要科学议题，它代表了海洋科学的一个重要发展趋势”，近几年国内外相关的研究发展都肯定了这个趋势。然而，我国近海生态系统面对着发展与保护的严重冲突，一方面在今后一二十年里为了保证我国食物安全和市场供给，近海生态系统需要多产出 1 000万 t 的水产品，另一方面我国近海过度开发利用和富营养化等环境问题导致生态系统响应异常，生态灾害严重。所以，需要进一步认识近海可持续生态系统的功能与产出、近海环境的结构与生态效应及其对人类活动和气候变化的响应机理，深入探讨受人类活动和气候变化驱动的可持续海洋生态系统的科学思路，定位可持续发展需求下的我国近海生态系统研究的发展方向和目标。

① 本文原刊于《香山科学会议简报（第 305 次会议）》，295：1－14，2007。

会议由唐启升研究员、苏纪兰研究员和周名江研究员担任执行主席，来自高等院校、科研院所和管理部门的50余位专家学者应邀参加了讨论会。

苏纪兰研究员在会议上作了题目为“近海可持续生态系统动力学研究的问题”的总评述报告中，报告首先介绍了2005年联合国环境规划署UNEP对近海生态系统现状的评估，相比全球其他部分，近海生态系统的服务功能近几十年来普遍退化、恶化，主要原因是近海生态系统的特殊性及人类活动对该系统的过度利用。报告指出在过去的几十年里，全球海洋生态系统的结构和功能都发生了不同程度的重要变化。在我国，这主要表现在渔业资源的种类交替和优质品种数量锐减等、近海海域富营养化、有害赤潮的频发且规模大、河口外及港湾内低氧区的大范围扩展、对资源造成破坏的水母类的异常增多、近海养殖生物的突然大量死亡等。这些都反映我国近海海洋生态系统已发生了变化，其产出、调节等服务功能正在退化或恶化，其服务功能的质量下降。这些变化虽然有全球气候变化影响的因素，但越来越多的证据表明，人类活动的影响同样或者更加重要。因此，近海生态系统的可持续利用已提上日程，相应的研究也亟待开展。报告回顾了我国在近海生态系统动力学研究的进程，并从影响近海生态系统的主要因子：过度捕捞和不可持续养殖、气候变化、富营养化及其他污染改变了栖息地、围海造地及其他改变栖息地的活动、外来物种入侵等方面，剖析了我国近海生态系统的现状，从可持续发展的角度展望了未来的发展，并呼吁应在重要的近海海区，尽快加紧开展海洋生态系统关键过程的基础研究。

随后，会议围绕 ①近海生态系统的演替与食物产出功能；②近海生态系统的健康与评价；③近海生态系统的观测、分析与预测技术；④圆桌会议：我国近海可持续生态系统研究发展战略与对策等4个中心议题开展了交流和研讨。

一、近海生态系统的演替与食物产出功能

张经在题为“近海生态系统的演替与食物产出功能”的专题评述报告中围绕生物地球化学与食物网的相互作用（即：e2e）、复杂的驱动机制（自然与人文活动）、气候变化的环境记录、研究的时空尺度等方面，指出生物地球化学过程（例如：生源要素和痕量营养物质的循环速率和通量变化）是海洋物质循环的基础，在很大程度上控制着食物生产的时空变化与可持续生产能力，是海洋生态系统食物产出的重要支持功能。同时，驱动过程复杂，包括长期尺度的气候变化和短尺度的快速且不断加剧的人类活动的共同影响。报告强调开展对过去环境记录的剖析有助于对未来发展的认识，生物地球化学过程对生态系统演替的影响研究必须考虑时间与空间的尺度。

孙松在题为“低营养层次食物网结构与全球变化”报告中，强调海洋生物生产过程研究是当前全球变化与海洋生态系统研究的重要内容，浮游植物和浮游动物组成了海洋中低营养阶层的主体，种群与数量的变化会导致整个海洋生态系统结构与功能的改变。目前低营养层次食物网研究需要探讨的问题包括：海洋物理过程对生物生长、死亡、种类组成和数量分布的影响；海洋中光合作用的效率；影响海洋中浮游植物生长—初级生产力变化的根本原因—精确模式预测；浮游动物的数量变化是否会影响到鱼类的种类和数量的变化？是如何影响的？如何进行评估和预测？以及浮游食物网动态变化的时空概念。目前的研究现状是基本数据和基本信息的缺乏，浮游生物种类数量、分布规律、变化历史、变化趋势以及其与海洋生

物资源和环境变动的关系问题都不清楚。重点要开展的工作包括我国近海浮游生物种类组成及其时空变化；基础生产力的时空变化、特别是长期变化趋势，低营养层次食物网变动与整个生态系统结构与功能变化的关系等，应特别重视如何进行简化、抓住关键过程进行模式研究；如何提取生态系统结构与功能变化的准确信息—功能群的概念；如何快速、准确地获取浮游生物种类与数量信息——新技术、新方法、相关协议的建立等。

金显仕在题为“高营养层次食物网结构与全球变化”报告中，对当前国际上关于气候变化和人类活动对渔业资源影响的最新研究进展进行了综述，报道了全球变化对中国沿海渔业资源的影响，分析了影响渔业资源群落结构和优势种交替的主要因素，指出海洋捕捞作为海洋食物网中的最高捕食者，对渔业资源群落及生态系统的结构影响最为直接，过度捕捞使一些种类资源衰退，甚至消亡；捕捞还会通过改变栖息地影响食物网中的种间食物关系等；环境变化，包括自然环境的变化和人为污染等也在不断使渔业资源群落结构发生变化；另外，群落中种内及种间的相互作用，包括种间竞争和捕食与被捕食等也是影响渔业资源结构的主要原因之一。围绕气候变化对海洋生态系统的高营养层次生物的影响方面需要讨论的科学问题包括：生物多样性变化与气候因子变动的关系；生物资源年际和年代际变化、优势种交替与气候变化的关系；气候变化和人类活动对生物资源群落动态格局和主要资源种群补充量的影响；气候变化对海洋生态系统食物网结构、功能以及食物产出数量和质量的影响；食物网对人类活动的干扰和气候变化的响应和适应。

在自由讨论与即席发言中，与会者认为，关于流域盆地中的人文活动对近海生态系统的演替与食物产出功能的影响是多方面的。例如，三峡大坝降低了长江对泥沙向东海的输运，同样地溶解态硅也可能存在类似的问题，水库对流量的调节也改变了硅的输运规律，从而产生影响；酸雨能够增加硅从土壤剖面中的流失。以黄海海洋生态系统中作为主要饵料种类在食物网中起到重要作用的关键种鳀鱼为例，已经观察到在它的资源衰退后其饵料供给功能丧失及对生态系统的潜在负面影响。针对鱼类种群的开发利用不能只以人类开发需求的角度考虑问题，还应重视目标鱼种在生态系统中的功能作用，以实现生态系统整体产出功能的最大化。细菌通过代谢作用把颗粒态的有机氮转为溶解态的有机氮进而变为无机的形态，近期的研究结果表明，在近海细菌作用产生的溶解无机氮能够相当于外源输入的1/3到1/2。

与会者强调，富营养化是一种上行控制机制，捕捞是下行控制机制，它们的表现形式是不同的。在我国近海（例如：渤海），通过多年研究结果，表明存在多种机制的共同作用。近岸是海洋生物的产卵场和重要栖息地，而富营养化和赤潮问题也主要发生于此，这个地区受人类活动影响最甚，需深入研究。现在生态系统结构以及种间关系都发生了很大变化，可以找几个典型海域把生产关系搞清楚；其中产卵场、育幼场要重点研究。例如，长江口的藻华引起了底层的缺氧，但也有正常水华后并不缺氧的例子（例如：黄海中部层化前的藻华）。其中长江冲淡水带出的有机物对低氧区形成有什么影响，值得认真研究。陆源物质的影响主要表现在以下两个方面：一是筑坝等引起的入海颗粒物减少导致溶解态与颗粒态的有机碳的比例改变；二是过量营养盐的输入引起藻华。但就目前的资料，简单地将长江流域建坝与口外水赤潮发生次数增加、持续时间延长相互联系，尚没有足够的数据。我们在对现代的过程进行研究的同时，应该注意历史资料的整合和利用。现在已有一些新的进步，如生物地球化学方面、古环境变化方面的技术等等，已引入我们的工作之中。历史数据的追溯研究应引起特别的注意。

与会者指出，目前在近海生态系统的演替与食物产出功能研究方面需要注意的问题包括：

1. 需要加强基础性的研究，认真对待数据、资料积累的问题。例如：对于生态系统的演替与生物地球化学的过程的研究，都需要长期的研究积累与历史性资料的分析，在这个方面我们一直比较薄弱。

2. 需要注意人文活动影响的多面性及对近海生态系统的影响的多层次性。例如：人类活动对渤海生态系统的影响就非常复杂，沿岸可能主要是人类直接活动的影响，沿海水域可能主要是污染影响，陆架区的渔场则可能主要是捕捞的问题。

3. 需要认识到就生态系统的演替与人文活动的影响而言，我们面对的是一个复杂的体系，需要有长期和系统的研究。例如：研究的本身涉及鱼类种群的补充问题，这是鱼类生态研究中的难点问题，可能仍需几十年的时间来研究。

4. 必须考虑在近海，气候的变化常常与人文活动的影响同时发生作用，这给研究工作带来了极大的困难。例如，对虾在黄海越冬，大约三月中旬季风发生转变后，开始生殖洄游到渤海，但由于莱州湾等原产卵场、栖息地受人类活动影响所发生的变化不利于其繁殖和栖息，对虾的自然补充难以完成。一般而言，人文活动的影响表现在较短的时间尺度上，而气候的变化则表现在较长的时间尺度上，两者的实际影响会交织在一起。

二、近海生态系统的健康与评价

朱明远研究员和周名江研究员在题为“近海富营养化与生态系统的异常响应”的专题评述报告中指出由于沿海地区人口和经济的快速发展，富营养化已经成为近海海洋主要环境问题之一。中国近海已有 1.7 万 km^2水域富营养化，占总面积的三分之二左右。富营养化一般定义为近海水域由于营养盐的增加导致藻类过度生长，对其评价也由主要有赖于氮、磷、COD 等化学指标的第一代模式发展为以症状为基础，使用综合指标来进行评价的第二代模式，如美国使用的 NCA、NEEA 和 ASSETS 模式和欧洲的 OSPAR-COMPP 模式等。利用 ASSETS 模型对中国近海桑沟湾、黄墩港、胶州湾和长江口等养殖区和赤潮多发区富营养化评价结果表明，陆源污染和养殖等人类活动影响近海富营养化进程。富营养化能造成严重的生态后果，表现为如赤潮频发、海水缺氧、水母旺发以及大型藻类过度繁殖、珊瑚礁破坏、生物多样性改变、渔业资源破坏、近海生态系统娱乐和文化功能受损等生态系统异常响应。生态系统一旦受到破坏，将很难恢复。因此，针对沿海富营养化水域生态系统退化的实际情况，从生态系统驱动力、压力、状态、影响和响应等方面，应用综合指标和筛选模式，对生态系统健康进行量化评价，分析富营养化造成的社会经济影响，尽早在生态系统水平上采取有效的管理措施，以实现生态系统可持续发展。

吕颂辉教授和齐雨藻教授在“近海赤潮生物学研究现状及其问题”的报告中指出赤潮是由赤潮生物引起的海洋生态灾害，因此，有害赤潮生物的种源、其生理生态特点及物种和遗传多样性变化，是引发有害赤潮的内因，近年来，围绕着我国重要赤潮生物的分布特性与遗传特征，典型赤潮高发区微藻群落结构特点、主要赤潮生物种群动态规律及其调控因素、环境变化对赤潮生物多样性和种群变化的影响，重要赤潮生物的生活史过程以及繁殖方式、营养需求、增殖速率、垂直迁移、孢囊形成与萌发等对环境变化的响应机制，种间相互作用及其对赤潮形成过程的影响等几个方面，对赤潮的生物学进行了深入的研究。报告指出，进一步深入研究赤潮生物多样性、地理分布和生理特征，探明重要有害赤潮种群动态变化、生态适应和竞争策略在暴发赤潮过程中的地位和作用，是阐明赤潮形成的生态学机制的关键。

王江涛教授和王修林教授在“近海赤潮生态学研究现状及其问题”的报告中指出，近年来，随着近海赤潮发生规模和频率的逐年增加，对赤潮生态学的研究逐渐深入。赤潮的发生是各种生物、化学、物理因素综合作用的结果，目前普遍认为海水富营养化是大规模赤潮形成和发展的物质基础和首要条件，水文气象和海水理化因子是诱发赤潮发生的重要原因（包括海水的温度、盐度、日照强度、径流、涌升流、海流等）。因此，目前近海赤潮生态学的研究主要集中在赤潮的监测以及光照、温度、营养盐、富营养化等环境因子在赤潮生消中的作用。虽然关于赤潮生态学的研究已进行了很多，但仍有很多问题需进一步加以解决，如：有关赤潮生消过程机制；由硅藻赤潮到甲藻赤潮演替机制；营养盐的循环补充机制；河流径流和输沙量的影响；有机态营养物质的作用；海水酸化影响；生态动力学模型和预测预报模型等。

刘素美教授在“近海缺氧区对生态系统的危害”报告中指出，低氧（≤2 mg/L）是大洋中正常的自然现象，如太平洋和印度洋中层低氧水体。在世界上许多河口和陆架区域也同样存在低氧现象，与大洋中的低氧区相比，这些发生低氧的区域水深较浅，并且一般出现在底层。有些河口近海出现的区域性、季节性的低氧很大程度上与人文活动（如城市排污、农业、废水处理、化石燃料燃烧等）引起的富营养化相关联。低氧可以显著地影响生态系统的健康、服务和产出功能，引起水生生物的异常生理反应甚至死亡。

在自由讨论与即席发言中，与会者就近海富营养化及生态系统异常响应问题展开了热烈讨论，关注主要问题包括：

1. 海洋污染与富营养化

与会者一致认为近海富营养化已成为严重环境问题，如不重视，可能会像太湖蓝藻一样引发严重的环境和生态安全问题（在会后的几天里，青岛沿海就出现了大型海藻突然异常增多的现象）。要对不同污染源的贡献有量化估计，以便采取有针对性措施。要客观分析海水养殖对富营养化进程的正面和负面的影响。

2. 赤潮及其危害

中国沿海赤潮发生日趋严重要加强研究。要研究赤潮全过程，研究控制赤潮发生的主要因子，尤其是物理过程、营养盐、微生物的作用，关注赤潮对水产品质量，并进而对人类健康的影响。是否可从海洋沉积物中的记录研究赤潮历史和生态系统恢复过程。

3. 缺氧和水母旺发及其危害

应对我国近海缺氧情况有全面了解，缺氧对底栖生物影响较大，对鱼类幼鱼影响大于对成鱼影响。水母毒性对其他海洋生物会有致命的影响。水母旺发的原因和机制尚不清楚，应开展研究。

4. 生态系统退化及修复

应加强有关海洋工程对生态系统影响的研究，富营养化是一个复杂过程，不是单用化肥使用量，营养状态指数等就能说清楚，有许多重要机制需要阐明，同时应该对未来的变化趋势做出一定的预测。生态系统一旦退化，修复将相当困难，我们应向管理者和决策者提供足够的信息，阐明近海生态系统退化的严重程度和恢复难度，以及不及早采取行动可能会付出的巨大代价。

三、近海生态系统的观测、分析与预测技术

魏皓在题为“海洋生态系统动力学模型研究的进展与展望”的专题评述报告中指出，生物-物理耦合的生态模型是研究物理动力学过程生态作用的重要手段，耦合低营养层生物过程与水动力环境的生态系统模型可对初级生产过程的时空变化规律有充分的了解。近二十年来，这方面的研究飞速发展，形成了COHERENCE、ERSEM、NEMURO等软件系统，在近岸环境预测与保护中得到广泛应用。其中北太平洋海洋科学组织（PICES）一个委员会的模型工作组推出的NEMURO由多个国家研究人员的多年努力完成，已发展出适于整个太平洋气候变化对生态系统影响研究的三维模型、包含CO_2分压的碳循环模型，与鲱鱼、鳀鱼、沙丁鱼等生长结合的资源模型，以及适于太平洋西岸近海磷限制、底界面交换重要海域的水层生态系模型。但正如de Young等指出，生态模型研究面临挑战，要在生态模型中包括更高级生产者和鱼类，仅仅靠增加变量是不够的，更高营养级的引入需要采取和初级生产模拟不同的方法，需要发展基于个体发育的种群动力学模型（IBM）。大多数传统生态模型定义种群丰度，而忽略它们的局部相互作用，不考虑个体发育的细节情况。然而对于更高级的生物，不同个体对栖息地、环境变化的反应是不同的，因此，建立基于个体发育的种群动力学模型对于提高生态模型的仿真性能和实用性是有意义的。目前海洋生态系统动力学模型在向研究长期气候变化响应和短时间尺度内生物生长过程与变化机制两个方面发展。以简化模型揭示湍流混合、对流等在浮游植物斑块分布、水华形成中作用，这要求模式时空分辨率的提高。对于长期变化研究的模型，还面临海盆尺度分布的生物种类的年代际变异的挑战。另外由于生态系统本身的高度非线性，模型结果也随参数的选择而有巨大不同，会出现分叉现象，迟滞现象和突变阈值的确定等一些难题。因此需要在确定性模型基础上，发展可能性模拟，将不确定性结合到模式中。

黄邦钦在“海洋分子生态学进展——观测、分析和预测技术”的报告中指出，分子生物学技术在海洋生态学研究中的引入，极大促进了该领域的发展，分子生物学技术在海洋生物物种鉴定、系统发生、群落组成、生态适应与生态功能等方面的应用为海洋生态系统观测、分析与预测提供了更为丰富、精细与准确的技术。例如：①在基于传统研究的基础上，分子标记物和核酸序列提供了海洋生物鉴定与系统发生关系构建更为细致的指标，研究物种鉴定、分类、分子进化，广泛应用于海洋生物观测与物种多样性保护；②不依赖纯化培养技术的原位分子生物学方法能较为全面地描述海洋生态系生物群落的多样性，并通过荧光原位杂交（FISH）、实时定量PCR等定量分析技术实现对生物种群时空分布动态的监测；③通过海洋生物遗传基础分析，比较生理特性与遗传组成和环境的关系，探讨生理适应的分子基础，研究种群对环境适应的分子机制，探讨其生态功能，有助于从深层次上了解海洋环境与海洋生物之间的相互关系；④分析生理代谢、生态适应等相关的功能基因表达水平，选择合适的分子标志物（核酸、功能蛋白、生物毒素、光合色素等）观测海洋生态系统和群落功能的演变；⑤基于分子标记基础上，结合海洋物理与化学过程，对海洋生物（如赤潮生物、外来物种）的存活、繁殖、扩散、适应提出生态预测。

但是，目前海洋生物分子生态学研究尚处于初步阶段，多数研究内容仅限于利用分子标

记物对物种的鉴定，对全面阐述海洋生物多样性组成、生态结构与功能还有相当的距离；现有海洋分子生态学研究虽然发现了海洋中存在着丰富的物种多样性组成，但是尚缺乏对这些多样性组成的形态学、生理学、生态学等研究。因此，海洋分子生态研究需要逐渐从物种组成多样性向功能多样性转变，实现对海洋生态系统精细结构的观测与分析和对海洋生物的系统发生、种群生态适应过程与群落生态功能转变的预测。

孙立广教授关于“气候变化和人类影响的长期生态记录及其研究方法”的报告引起大家广泛的兴趣。他认为距今 10 000 年以来人类世（anthropocene）的长期生态过程是一个值得关注和令人感兴趣的领域。它提供了预测未来的“钥匙”，也使我们有可能更加理解今天的自然过程。通过对南、北极和南海西沙群岛、东海舟山群岛等若干典型岛屿的生态过程的研究，发现应用元素分析、同位素地球化学方法和有机化学生物标志物等方法，有可能恢复历史时期生物量的变化，食物链和食谱的变化以及气候的变化，同时，由于食物链对人类排放的某些重金属元素和有机化学污染物的放大作用，使得有可能在生物遗存中检测到人类活动的微妙变化。其主要工作进展如下：

（1）粪土层生物标型元素方法：Sr、F、S、P 等标型元素与$\sum$C、$\sum$N 等在粪土层中的丰度记录了企鹅、海豹等生物量的变化，类似的方法记录了南海红脚鲣鸟与北极海鸟生物量的变化。

（2）酸溶^{87}Sr/^{86}Sr 方法：更加准确地恢复了海洋生物生物量的变化，它几乎排除了沉积层土壤背景元素的干扰。

（3）有机标志物粪甾醇更加灵敏地记录了企鹅、海豹、红脚鲣鸟生物量的变化，脂肪醇和脂肪酸类等有机标志物记录了南极阿德雷岛不同环境的三类植物，从而恢复了生态系统内部物种的消长关系及其干湿冷暖的变化。

（4）δ^{15}N 同位素方法：初步反演了历史时期海豹、北极海鸟食谱营养级的变化及其与生物量变化之间的关系。

（5）δ^{18}N 和^{13}C 同位素方法：封闭集水区沉积层中介形虫和种子的同位素研究，不仅记录了生物量变化，环境事件，而且记录了降雨量的变化趋势。

（6）对西沙群岛东岛海滩岩中的磷壳层进行了多学科和新技术研究，发现磷壳层指示了海岛沉浮与海鸟兴衰的过程。

上述方法的初步应用为探索近海生态系统对气候变化、人类活动的响应提供了一个可能的研究方向。应用与发展新的技术和研究方法，发掘新的生态信息载体，提出新的技术路线，开展近海主要渔场在过去几千年中的生态变化、迁徙路线及其对东亚季风和人类活动的响应是一项值得探索的研究领域。它将对研究我国海洋渔业资源的前景与未来气候变化的关系有重要意义。

在自由讨论和即席发言中，与会者就生态系统模型与海洋观测相关工作展开热烈讨论，要点如下：

1. 近十年来我国海洋生态模型研究与国际上仍有较大的差距，希望能找到突破口，找出是什么原因造成了这种状况。对此展开了热烈讨论，有的专家根据其对东海赤潮发生的物理生物化学过程模拟的经验分析了面临的问题，认为主要是生物和化学机制没有搞清楚，但有的专家提出不同意见，认为即使所有生物、化学机制都搞清，模型仍然只是近似模拟了赤潮生消过程；有的专家认为物理模型并没有包含所有的物理机制，许多中小尺度的物理过程

（如长江冲淡水的扩散、黄海潮汐锋面环流等）还无法在模型中反演出来，因此生态过程也不可能精确反演，国内搞生态模型研究的小组没有充分的、经常的讨论也是制约国内生态模型研究的重要原因；有的专家提出模型预测需要有高度概括力和洞察力，有时就像经验丰富的考古人员靠对过往事件的了解及大胆想象来恢复历史一样，模型工作者应该既懂物理又懂生物。有的专家认为生态模型研究得不到经费支持是制约发展的一个原因。总之，海洋生态模型研究还存在很多问题，需要深入开展工作，加大支持力度。

2. 需要加强近海生态系统观测是与会者比较一致的看法。有的专家提出要对海洋中的过程进行精细现场观测，介绍了水动力观测（高分辨率流速剖面、湍流剪切直接观测、悬浮颗粒物声学反演及其动力学研究等）几种先进设备和取得的成果，提出原位测量对过程研究是非常必要的。受制于长期观测数据的缺乏，中国近海生态系统的演替和对气候变化的响应都缺少直接的证据；有的专家提出建立多个长期观测站是非常必要的。有的专家指出建站目的要明确，研究自然变化就要在开阔海、研究人类行为的影响就要放在近岸；有的专家提出构建中国近海生态系统观测体系（在陆架区而非海湾中），使将来有获得高覆盖率、长时间序列数据的可能，也应充分利用卫星遥感监测；有的专家认为应整合全国资源实现共享船时，必须打破行业垄断。

四、圆桌讨论：我国近海可持续生态系统研究发展战略与对策

与会专家围绕近海生态系统的演替与食物产出功能，海洋生态系统的健康与评价，以及海洋生态系统的观测、分析与预测技术等三个中心议题进行了广泛的学术交流后，在执行主席的带领下，利用最后半天的时间，又针对我国近海生态系统现状和问题、可持续发展需求以及研究发展战略与对策进行了热烈的讨论，认为应重视有关近海可持续生态系统与全球变化（包括人类活动和气候变化）影响的科学研究，并对如何深化、加强这项研究从不同方面提出了很好的看法，主要有：

1. 长期观测对于开展“近海可持续生态系统与全球变化影响”研究的重要性

不少与会者都注意到，缺乏长时间序列历史资料与数据已成为深入研究我国近海生态系统的瓶颈问题之一，急需加强与海洋生态系统长期观测有关的基础性研究。需要认真对待数据、资料积累的问题，并注意历史资料的深入分析和共享及其可比性。我国在这些方面的工作一直比较薄弱，已严重影响了近海可持续生态系统研究的深入进行。建议在全国海域（特别是陆架区）构建中国近海生态系统观测体系，通过建立多个长期观测站、加强断面观测、共享船时等措施，来获得高覆盖率、长时间序列的中国近海生态系统最基本的数据。

2. 应加强海洋生态系统历史资料反演研究

为了解我国近海生态系统的长期变化，可尝试利用未受人类扰动的岛屿鸟粪以及海底的硅藻、甲藻壳、有孔虫和鱼鳞沉积等的组成分析了解生地化、浮游植物、浮游动物、高营养层次生物等 4 个层面的历史信息。应用与发展新的技术和研究方法，发掘新的生态信息载体，提出新的技术路线，以开展近海重要生物资源栖息地（如主要渔场）在过去几千年中的生态变化、迁徙路线及其对东亚季风和人类活动的响应等。这些都是值得探索的研究领域，将对研究我国海洋生物资源的前景与未来气候变化的关系有重要意义。

3. 生态模型的研究是提升我国近海可持续生态系统研究水平的重要内容

缩小我国海洋生态模型研究与国际的差距的另一必需要求是加强学科交叉与交流以促进生态模型研究。需要针对食物产出关键过程，生物关键种的资源变动、赤潮的生消等不同研究目标建立不同生态模型。目前急需开展近海重要海区物理环境的季节变化模拟、浮游植物水华生消过程与机制的模型研究、浮游动物关键种生物量波动的机制、物理环境对单鱼种资源波动的影响机制、典型养殖区最适养殖模式等模型的研究，以满足近海生态系统研究和可持续发展对生态模型的要求。

4. 在近海可持续生态系统研究中应重视生态安全问题

我国近海有毒赤潮种类越来越多，有毒赤潮范围逐渐扩大，对近海养殖造成重大经济损失。同时，赤潮毒素可以通过食物链影响到海产品质量，从而影响到人类健康和海产品的销售和出口。所以，我们在关注蓝色海洋食物可持续产出数量、品种的同时要特别关注海洋食品的质量和安全。另外，近海富营养化的影响、赤潮向有毒、有害种类的演变机理及其调控策略值得进一步研究，必须警惕近海生态系统也会发生像无锡蓝藻水华事件那种滞后现象（hysteresis）的反应。

五、立足于国家需求，深入剖析人文活动对近海可持续生态系统的影响

在本次会议的引导性发言与自由讨论的基础上，与会者围绕着会议的中心议题与各专题之间的联系进一步研讨，深化了对近海生态系统在人类活动和气候变化的双重作用下如何实现可持续发展的认识，同时也针对我国今后的相关研究提出了一些值得深入思辨与探索的问题。例如：

1. 近海可持续生态系统是未来十年我国海洋研究领域的重要科学议题

事实上，与会专家再次确认了香山科学会议第 228 次学术讨论会对“可持续海洋生态系统研究”的认识，即“可持续海洋生态系统基础研究是新世纪的一项重要科学议题”，并将研究重点聚焦在我国近海。近海不仅是研究海洋生态系统的关键过程（包括物理过程、化学过程、生物过程等）和相互作用（包括海洋内部过程的相互作用、陆海相互作用、海气相互作用等）的重要区域，同时也是受人文活动以及全球变化影响最具显示度的区域。近十余年来人文活动对我国近海的影响十分显著，例如富营养化问题已被看成是继过度开发利用之后又一个影响近海水域服务与产出功能的重大问题，需要对近海生态系统及其可持续问题研究给予高度重视。

2. 近海生态系统中的生物多样性变化与人文活动和气候变化的关系将是未来研究的重点领域之一

在近海，富营养化是一种上行控制机制，过度捕捞则是一种下行控制机制，它们虽然对生态系统的作用机理与表现形式不同，但都会影响到重要生物资源的群落动态格局和资源种群的补充量。相关的研究涉及广泛的时间（例如：年际、年代际等）和空间（例如：流域盆地、海盆等）的尺度，并且要求实施不同学科之间的交叉与整合研究。

3. 近海环境的变化对生态系统的影响是多重性的

流域盆地中的人文活动导致了近海富营养化的加剧，其后果是造成近海生态系统的恶

化，体现在有害赤潮事件的频繁发生、近海底层缺氧区的生成或范围大幅度扩大等严重问题，对生态系统的健康构成严重的危害。在相关的研究中，如赤潮生物的地理分布、遗传学特征、生态适应与竞争策略将会成为关键。同样，缺氧会引起生态系统的功能的变化，在针对退化的生态系统的修复中须予以重视。

4. 认识近海生态系统的可持续发展需要加强长时间序列的观测

我国近海生态系统的功能于过去的几十年中发生了很难逆转的滞后现象变化。其主要的原因是人文活动的影响及近海生态系统的特殊性。深入地剖析生态系统在今后的发展趋势，需要长期的观测与数据的积累。这包括重要断面的重复观测、锚系浮标监测与新的观测技术的应用等等。通过开展对过去环境变化的研究也有助于认识生态系统的发展与演化的取向。

5. 新的技术的引进将提高我们针对近海生态系统可持续性研究的水平

分子生物学技术在海洋生态系统研究中的应用在很大程度上丰富了研究的视野并且在微观层面上提供了关于物种发育、群落结构与功能等方面的信息；同位素与生物标志物的示踪技术将为我们提供认识生物地球化学与食物网相互作用的新的工具；新一代的数值模拟与数据同化技术的引入将帮助我们深入地剖析近海生态系统的演化过程。

渔业资源优势种类更替与海洋生态系统转型①

唐启升

渔业资源优势种类更替现象在世界海洋中普遍存在，特别是在中纬度海域尤为明显。例如，20 世纪在太平洋，三四十年代沙丁鱼是美国加利福尼亚州外海渔获的优势种，60—80 年代鳀鱼为优势种；六七十年代初秘鲁鳀鱼是南美沿海渔获的优势种，之后沙丁鱼为优势种，90 年代鳀鱼重新为优势种；50 年代小黄鱼是黄海渔获的优势种，70 年优势种为鲱鱼，而 90 年代的优势种是鳀鱼[1-3]。20 世纪后期，研究者发现海洋生态系统存在转型现象（marine ecosystem regime shifts/shift in ecosystem）[4,5]。一个著名的事例是 1977 年和 1989 年前后发生在北太平洋陆架海域的转型现象，表示生态系统状态的生物和环境综合变化指数，在 1977 年前后是由负值向正值转变，而在 1989 年前后是由正值向负值转变[6]，研究者认为这种转型是由海洋气候环境（如太平洋涛动，PDO）的细微变化引起的，并影响了浮游动物、虾类和鱼类等不同营养层次优势种类的更替。

由于上述现象本身的科学意义以及对实施渔业管理和海洋多样性保护的重要性，渔业资源优势种类更替的原因和机制以及与此相关的种间关系、种群数量变动、补充量等问题在 20 世纪 70 年代已成为渔业科学领域的重要议题，并开展了许多研究，但是实质性的研究进展较缓慢。80 年代，一批渔业生物学家、生物海洋学家和物理海洋学家围绕“生物资源补充过程与海洋生态系统结构”进行了一系列讨论，于 1988 年形成全球海洋生态系统动力学（global ocean ecosystem dynamics，GLOBEC）的研究建议，提出“认识海洋生态系统动态及其物理过程的影响，预测全球气候变化过程中的种群波动”的研究目标。1991 年初在美国马里兰举行的国际工作组会议进一步确认了全球环境变化对海洋生态系统的主要成分动物种群的丰度、多样性和产量的影响，强调浮游动物对海洋系统有一种调节控制作用，并将物理过程与生物过程相互作用确认为研究的核心部分。1995 年 GLOBEC 被遴选为国际地圈生物圈计划（IGBP）的核心计划，1997 年公布了《GLOBEC 科学计划》，1999 年公布了《GLOBEC 实施计划》，包括国际计划、区域计划以及国家计划等。国际 GLOBEC 的研究目标被确定为：提高对全球海洋生态系统及其主要亚系统的结构和功能以及它对物理压力响应的认识，发展预测海洋生态系统对全球变化响应的能力。主要任务是：①更好地认识多尺度的物理环境过程如何强迫了大尺度的海洋生态系统变化；②确定生态系统结构与海洋系统动态变异之间的关系，重点研究营养动力学通道、它的变化以及营养质量在食物网中的作用；③使用物理、生物、化学耦合模型确定全球变化对群体动态的影响；④通过定性定量反馈机制，确定海洋生态系统变化对全球地球系统的影响[7]。在 GLOBEC 国际计划指导之下，区域计划和国家计划无一例外地都把该区域的资源优势种群列为主要研究对象，特别关注与全

① 本文原刊于《1000 个科学难题：农业科学卷》，721 - 723，科学出版社，2011。

球食物供给密切相关的渔业补充量的变化的研究，从而将“渔业资源优势种类更替与海洋生态系统转型”的研究提升到生态系统水平上，即重视多学科交叉的“过程研究”以及“建模与预测”等研究。目前，对于“渔业资源优势种类更替与海洋生态系统转型”的原因已有了基本的认识，主要是由渔业利用、气候变异和栖息地破坏等因素所致[8]，但是，对它的发生机制尚不能做出清楚的解释，更难以预测。例如，渤海生态系统各营养层次生产力十年计变化研究表明，很难用单一的常规理论［如下行控制作用（top-down control），或上行控制作用（bottom-up control），或蜂腰控制作用（wasp-waist control）］来解释近海生态系统的变化机制，在人类活动和气候变化等多重压力胁迫下海洋生态系统及其资源优势种的变化可能受控于多种因素的交织作用，不同时期的主要作用因素和机制也可能是不一样的[9]。虽然我们深信捕捞过度使高营养层次种类的种群数量和营养级明显下降，但难以进一步从浮游动物和浮游植物等低营养层次生物量变化中找到下行控制的明确证据；令人不可思议的是在捕捞强度居高不下的情况下高营养层次的重要种类小黄鱼种群数量在 20 世纪 90 年代后期以来又大幅度上升了，同样也难以从上行控制中找到证据；黄海、东海海洋温度的长期变化研究表明，近海生态系统的变化与气候震荡有密切关系。影响该难题研究进展的主要瓶颈有以下几个方面：①现有的基础研究还不能对机制的发生过程给出明确的、合理的解释，研究还有待于深入；②多种因素的交织作用增加了变化的复杂性和不确定性，从而增大了研究的难度；③长时间序列观测资料（包括物理、化学和生物等）的缺乏，妨碍了对变化规律及其机制的认识。

因此，渔业资源优势种类更替与海洋生态系统转型仍然是未来渔业科学和海洋科学领域重要的科学命题[10]。由于涉及面广、研究难度大，不仅需要开展个体-种群-群落水平的生物学和生态学研究，同时也需要深入开展生态系统水平的多学科（如物理海洋学、化学海洋学、生物海洋学、渔业生物学等）交叉和集成研究，需要创新新的研究方法。对于这样一个科学难题需要花较长的时间进行研究。

参考文献

［1］MacCall. AD changes in the biomass of the California current ecosystem. In：Sherman K，Alexander ML. Variability and Management of Large Marine Ecosystem. Boulder：Westview Press，1986：33－54.

［2］Bakun A，Broad K. Environmental loopholes and fish population dynamics：comparative pattern recognition with focus on El Nino effects in the Pacific. Fish Oceanogr，2003，12：458－473.

［3］Tang Q. Changing states of the Yellow Sea large marine ecosystem：anthropogenic forcing and climate impacts. In：Sherman K，Aquarone MC，Adams S. Sustaining the World's Large Marine Ecosystem. Gland，Switzerland：IUCN，2009：77－88.

［4］Lluch B D，Schwartzlose R A，Serra R，et al. Sardine and anchovy regime fluctuations of abundance in four regions of the world oceans：a workshop report. S Afr J Mar Sci，1989，8：195－205.

［5］Steele J H. Regime shifts in marine ecosystems. Ecolog Appl，8（1）：S33－S36.

［6］Hare S R，Mantua N J. Empirical evidence for North Pacific regime shifts in 1977 and 1989. Prog Oceanogr，2000，47：103－145.

［7］IGBP. Global Ocean Ecosystem Dynamics（GLOBEC）Science Plan，IGBP report 40. Stockholm，Sweden：IGBP Secretariat，The Royal Swedish Academy of Sciences，1997.

[8] Bakun A. Regime shifts. In：Robinson AR，Brink KH. The Sea. vol. 13：Ch. 24. Cambridge：Harvard University Press，2005：971 - 1018.

[9] Tang Q，Jin X，Wang J，et al. Decadal-scale variation of ecosystem productivity and control mechanisms in the Bohai Sea. Fish Oceanogr，2003，12 (4/5)：223 - 233.

[10] The Royal Swedish Academy of Sciences. In：IGBP，SCOR. Supplement to the IMBER Science Plan and Implementation Strategy，IGBP report 52A. Stockholm：IGBP Secretariat，2010：32 - 33.

五、生态系统健康与安全

海洋生态灾害与生态系统安全[①]

唐启升，苏纪兰，周名江 等

近年来，我国近海生态环境异常现象日趋严重，并有多样化的发展趋势，如继赤潮之后，缺氧区范围不断扩大，浒苔及水母、海星等海洋生物数量暴发引起大规模的海洋灾害，严重威胁了我国近海生态系统安全。为了准确把握该领域国际研究前沿和发展趋势，掌握我国的研究概况和发展方向，进一步明确近期迫切需要开展的基础研究问题，国家自然科学基金委员会同山东省科技厅和青岛市科技局于2009年5月8—9日在青岛召开了主题为“海洋生态灾害与生态系统安全”的第39期双清论坛。唐启升院士、苏纪兰院士和周名江研究员担任本期论坛执行主席，来自全国十余家高等院校和科研院所的50多位相关领域的知名专家参加了会议研讨。国家自然科学基金委员会生命科学部常务副主任杜生明、青岛市副市长张惠、山东省科技厅副厅长李乃胜等领导出席开幕式并讲话。

一、论坛报告的主要内容

会议围绕“浒苔暴发与海洋生态灾害”、“海洋生物种群极端变化与生态灾害”、“富营养化与海洋生态灾害”等三个中心议题，组织11个主题学术报告，报告人针对性的介绍了相关研究领域的研究现状及需要解决的科学问题。

浒苔暴发是我国近两年内出现的海洋生态灾害，2008年在黄海50 m以浅海域和青岛沿岸暴发的浒苔灾害的规模和影响范围罕为世界之最。唐启升院士综述了以浒苔和石莼等藻类为主的绿潮的国内外研究现状，在分析当前面临的主要问题后指出，认识和预测我国近海生态系统资源与环境的变化趋势、不确定性及其对人类活动和气候变化的响应是我国海洋生态灾害与生态系统安全研究的主要方向。乔方利研究员结合自己的工作介绍了浒苔暴发的物理海洋学过程与预警机制，指出浒苔的漂流路径有规可循，“浒苔通道”对拦截打捞进入奥帆赛场和青岛市区滨海景区的浒苔起到重要作用。茅云翔博士介绍了浒苔暴发后的相关研究，认为绿藻的暴发可能与其自身的高效光合机制有关，漂浮浒苔并未发生变异，而营养繁殖是漂浮浒苔急剧增长的主要方式，下一步要结合基因组学和蛋白组学加强浒苔的基础生物学研究。毛玉泽博士介绍了浒苔绿潮的次生灾害情况，指出未及时打捞的浒苔对区域内的水产养

---

① 本文原刊于《双清论坛简讯》，39：1-5，2009。

殖的危害，建议要加强浒苔绿潮的次生致灾过程和机理的研究。贺明霞研究员介绍了浒苔卫星遥感检测的研究现状，认为我国应在海洋生态灾害检测方面加强研究，研发新的遥感技术。

水母、海星等海洋生物种群数量的极端变化产生的生态灾害由来已久，也是海洋生态学科研究的重点内容之一。孙松和李超伦研究员以“变化中的海洋生态系统与海洋生态灾害”为题，指出人类活动对海洋生态造成很大的压力，海洋生态灾害的发生是人类活动和气候变化的综合结果，要加强海洋生态系统基本结构与功能以及整体水平上的整合研究。方建光研究员介绍了海星暴发的研究现状，分析我国黄海海域多棘海盘车的暴发可能与蓝蛤的大量繁殖有关，建议加强多棘海盘车暴发的基础生物生态学研究。

富营养化是公认的与海洋生态灾害暴发最为密切的因素，而人类活动是导致富营养化的主要原因。周名江研究员以“赤潮灾害的形成机制与危害机理”为题，介绍了国内外赤潮研究的现状，分析认为富营养化可能是东海大规模甲藻赤潮形成最重要的原因，而春季温度上升是其形成的重要原因。俞志明研究员回顾了国内外海洋富营养化研究进展，指出长江口海域的氮主要来自降水，而磷来自于农业非点源化肥和土壤中氮的流失，富营养化导致浮游与底栖的数量和比例发生了明显的变化，水体溶解氧明显降低，强调要加强物质和能量的传递过程研究。齐雨藻教授概述了我国近海有害藻华及其对生态系统的影响，认为藻华可能导致水母暴发等其他海洋生态灾害。戴民汉教授介绍了气候变化下的海洋生物地球化学循环及其与生态系统的相互作用，呼吁对海洋的酸化引起足够的重视，指出多学科交叉对海洋生态灾害研究的重要性。

二、论坛的主要研讨结果

本期论坛本着“提倡学术民主，鼓励不同学术观点碰撞和交流”的原则，在“宽松、活泼、和谐”氛围中，与会专家使用了过半的时间，进行了热烈的讨论，形成了对未来五年乃至更长时间内，我国“海洋生态灾害和生态系统安全”基础研究领域优先发展方向、主要科学问题以及研究对策等基本看法。

1. 与会者确认了“海洋生态灾害”这一术语的提法和使用是适时的

海洋生态灾害是海洋灾害新的一大类别，需要加强研究，以便改变对它的危害严重性认识不足和应对灾害科学准备不足的现状。因此，“海洋生态灾害与生态系统安全”也是我国近海可持续生态系统研究领域新的重要科学议题，需要特别加强该领域的基础研究，认识和预测在全球变化背景下高强度人类活动的我国近海生态系统资源与环境的变化趋势、不确定性及其对人类活动和气候变化的响应。鉴于对这一重要科学议题开展研究的迫切性，与会专家一致建议设立一个相关的国家自然科学基金重大研究计划，开展前瞻性研究。

2. 需要加强基础研究的科学问题，主要包括：

（1）海洋致灾生物基础生物学特征。由于对于致灾海洋生物如浒苔、水母、海星、赤潮藻等地理分布、繁殖生长特征、生活史等基本科学问题尚不能很好回答，因此，大规模海洋生态灾害形成和演变的生物学基础将是研究重点之一。主要包括：①致灾生物遗传多样性、分子生物学及其地理种群特征；②致灾生物个体与种群的发生与发育过程；③致灾生物对生态环境变化的响应及其种群兴衰的关键生理生态学特征；④致灾藻类生活史及其种子库的存在形式、越冬、繁育及其上浮机制。

（2）海洋生态灾害暴发条件与形成机制。近年来，我国近海频发的一系列海洋生态灾害不是孤立的现象，而是存在着复杂的相互关系。因此，需要从生态系统水平上，开展整体、系统的关键过程和相互作用研究，探寻海洋生态灾害的暴发条件和形成机制。主要包括：①海洋生态灾害发生的重要海洋学过程（如关键物理、化学、生物过程）及其耦合；②富营养化、酸化、缺氧区与生态灾害演变的关系；③各种海洋生态灾害（如绿潮、赤潮、缺氧区以及水母—海星等）暴发的驱动机制与关联；④多重压力因素作用下的生态系统响应与海洋生态灾害；⑤致灾藻类聚集与漂移的动力学机制。

（3）海洋生态灾害危害及对其生态系统安全的影响。海洋生态灾害的危害机制十分复杂，且其次生灾害对生态系统的影响深远。要特别关注：①近海生态系统生态环境（重点为富营养化、酸化和缺氧区）的变化趋势及其预测；②生物种群（绿藻、水母、海星等）极端变化诱发的次生灾害的时空分布规律和致灾机理机制；③海洋生态灾害对生态系统结构和服务与产出功能的影响及其资源环境效应；④海洋生态灾害对社会经济和人类健康的影响与评估及其调控机理。

（4）海洋生态灾害预警预测新技术、新方法。在鼓励开展海洋生态灾害前瞻性和多学科交叉研究的同时，需要重视基础研究手段和预警预测新技术、新方法的应用。主要包括：①分子技术（包括基因组学和蛋白组学技术）在绿潮、赤潮、水母与海星暴发等生态灾害预警预测以及生物量评估中的开发与应用；②生物标志物和缺氧敏感元素的示踪以及同步辐射等缺氧历史反演的新技术；③激光遥感、多传感器遥感等物理新技术在生态灾害预警预测中的开发与应用。

绿潮研究现状与问题[①]

唐启升，张晓雯，叶乃好，庄志猛
（中国水产科学研究院黄海水产研究所，青岛 266071）

摘要：本文主要介绍了近年来在世界范围内频繁暴发的绿潮现象，绿潮暴发的原因，绿潮藻的特点及对生态和环境造成的一系列影响，并针对我国黄海浒苔绿潮的防治及应用研究提出建议。

关键词：绿潮；生态灾害；发生机制

1 引言

绿潮是世界沿海各国普遍发生的海洋生态异常现象，多数以石莼属和浒苔属大型绿藻种类脱离固着基形成漂浮增殖群体所致[1]。绿潮一般发生在春夏两季，大多数在夏季高温期结束，有时可延续到秋季，主要发生在河口、内湾、泻湖和城市密集海岸等富营养化程度相对严重的水域，经常是多年连续暴发。近年来绿潮发生频率和生物量总体呈明显上升趋势。

2 国外研究现状

2.1 世界主要绿潮暴发区

20 世纪 70 年代初，法国布列塔尼沿海发生大规模绿潮现象，之后发生范围遍及欧洲、美洲和亚洲多个沿海国家，已逐渐成为世界性的海洋环境与生态问题（图 1）。例如，20 世纪 80 年代中期，美国缅因州东部海域发生肠浒苔（*Enteromopha intestinalis*）绿潮；20 世纪 70 年代以来在日本沿海地区暴发孔石莼（*Ulva pertusa*）绿潮；风景如画的法国布列塔尼地区更是绿潮重灾区。20 世纪 80 年代以来，绿潮暴发的频率和生物量总体呈明显的上升趋势。例如，1986 年法国布列塔尼地区仅有拉尼翁一个海湾暴发石莼绿潮，而 2004 年，绿潮遍及布列塔尼地区的 72 个城市沿海。有关文献报道，在 1997 年至 2001 年的 4 年时间里，欧洲布里多尼海域受绿潮影响的区域由 34 处增加到 63 处，而受绿潮影响的次数更是从 60 次增加到 103 次[2]。

2.2 绿潮暴发机制

绿潮暴发原因颇多，主要有海水富营养化、光照度、温度等的环境因素以及绿潮藻本身

① 本文原刊于《中国科学基金》，24（1）：5-9，2010。

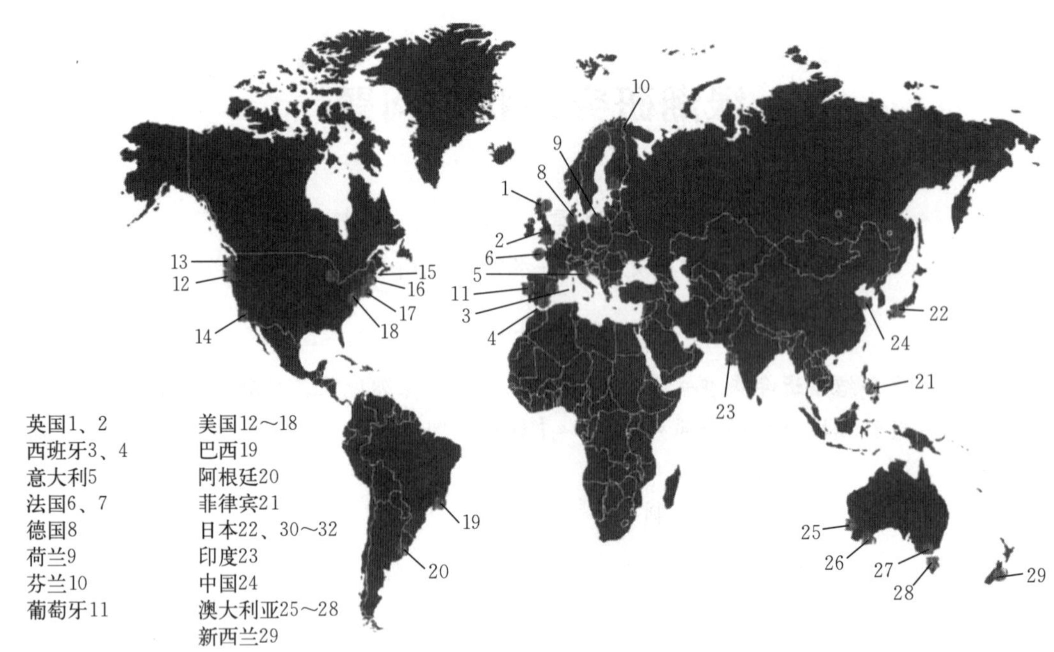

图1　世界范围内的绿潮现象

的生物学特性。

（1）环境因素。海水富营养化是引起赤潮、绿潮等暴发最重要的原因[3]。富营养化是指环境中以磷和氮为主的无机营养盐超出了环境自身的调节能力而引起的水质污染现象[1]。海水富营养化主要与现代化工农业的迅猛发展、沿海城市居民持续增多和水产养殖规模不断扩大有关。例如，在法国的布列塔尼地区，农业是造成海水富营养化的主要原因；而在挪威、日本、菲律宾等国家，海水富营养化的根源主要是其发达的水产养殖业。近海、港湾等海域富营养化程度日趋严重，已成为世界范围内近海重要环境问题之一。1992—2000 年间，每年大约有 138×10^6 kg 的氮和 76×10^5 kg 的磷从芬兰排入波罗的海海湾，导致了每年一度的绿潮现象[4]。

此外，绿潮发生最重要的环境因素有温度、光照度和降水量等。人类活动使大气中二氧化碳的浓度不断增加，从而导致全球气温不断升高，引起海洋生态系统的异常变化，导致某些机会生物大规模死亡或种群异常增殖。绿潮的发生与区域性环境因素密切相关，在营养充足的条件下，光照度和温度是诱导绿潮发生的关键因素[5]；降水量增加会导致径流量上升，从而引起近海水域富营养化，例如，在美国的普吉特海峡，降水量的增加可引起海水盐度的降低和氮盐浓度的升高，从而加大了绿潮发生的可能性[6]。

（2）生物学机制。绿潮藻大多是机会种，主要包括石莼属（*Ulva*）和浒苔属（*Enteromorpha*）绿藻（表1）。这些藻类具有很高吸收营养盐的能力，吸收速度可达到常年生长藻种的 4～6 倍，使其保持对数生长速度[7]，因此与其他藻类、海草和浮游生物相比具有较强的竞争优势[3]。绿潮藻繁殖能力强，繁殖方式多样，浒苔属和石莼属藻类典型的生活史为同形世代交替，即一个完整的生活史周期包括二倍的孢子体和单倍的配子体两个阶段，这两个时期交替发生，且两种时期的藻体形态相同；其繁殖方式包括配子结合形成合子的有性生殖、配子独自发育成配子体植株的单性繁殖、两鞭毛或四鞭毛孢子单独发育的无性繁殖和体细胞与断枝再生的营养繁殖4种方式[8,9]。研究表明，来自欧洲、北美、日本等地的绿潮藻生活史略有不同，但它们都具有很强的繁殖能力[8,10,13,14]。

表1-a 主要绿潮藻（石莼属）种及其分布

石莼属种类	暴发地点	石莼属种类	暴发地点
Ulva rigida	英国 Langstone Harbour	*Ulva rotundata*	法国 Brittany
	意大利 Sacca di Goro lagoon	*Ulva fasciata*	巴西 Cabo Frio reglon
	巴西 Cabo Frio region	*Ulva ohnoi*	日本 Kochi bay 高知
	阿根廷 Golfo Nuevo Patagonia	*Ulva reticulata*	菲律宾 Mactan Island
	荷兰 Veerse Meer lagoon	*Ulva pertusa*	法国 Thau Lagoon
Ulva lactuca	英国 Ythan Esutary	*Ulva armoricana*	法国 Brittany
	荷兰 Veerse Meer lagoon	*Ulva curvata*	西班牙 Palmones River Estuary
	菲律宾 Mactan Island		荷兰 Veerse Meer lagoon
	印度 Jaleswar Reef	*Ulva scandinavica*	荷兰 Veerse Meer lagoon
Ulva fenestrata	美国 Nahcotta Jetty		

表1-b 主要绿潮藻（浒苔属）种及其分布

浒苔属种类	暴发地点	浒苔属种类	暴发地点
Enteromorpha intestinalis	葡萄牙 Mondego estuary	*Enteromorpha prolifera*	美国 Tokeland
	美国 South California		中国 Yellow Sea
	美国 Hood Canal Belfair State Park	*Enteromorpha linza*	美国 Hood Canal Belfair State Park
	芬兰 Espoo，Haukilahti	*Enteromorpha flexuosa*	美国 Muskegon lake
	芬兰 West Coast		

2.3 绿潮的预测

绿潮往往多年连续暴发，因此对绿潮进行有效的预测预警具有十分重要的理论和现实意义。

绿潮能多年连续暴发与绿潮藻具有很强的越冬能力和多样的越冬形式有关。孢子是绿潮藻主要越冬形式之一，外界环境的变化会促使绿潮藻叶状体释放抗逆性极强的孢子，以应对不利的外界环境，并在条件合适时再萌发。研究表明，在法国布列塔尼半岛水域，漂浮和定生状态的绿潮藻均来源于越冬的孢子[10]。叶状体又是绿潮藻越冬的另一种形式，绿潮发生时，体细胞生物量大，且具有抗逆能力和萌发率高等特点，能为来年种群繁殖提供足量亲本(叶状体)[11,12]，多项研究证实，埋在海底沉积物中的绿潮藻叶状体碎片完全可以越冬，来年萌发。在芬兰西海岸，处于漂浮状态的肠浒苔（*Enteromorpha intestinalis*）只存在营养繁殖方式[13]，在荷兰的威斯密尔，漂浮状的石莼（*Ulva scandinavica*）主要来源于海底沉积物中的叶状体碎片[8]，在日本高知县斗犬（Tosa）海湾漂浮的石莼（*Ulva ohnoi*）也未曾发现以孢子形态进行繁殖[14]。

大型海藻种子库（banks of algal microscopic forms）的概念统指在逆境条件下（通常是

指冬季）存活并能在条件适宜时恢复活力的所有藻类微世代形态，包括孢子体、配子体、体细胞、叶状体和断裂的藻体碎片等[15]。绿潮藻种子库是对绿潮进行预测预警的重要世代，也是有效控制绿潮暴发的最佳时期。迄今为止，针对绿潮灾害的预测和监测研究较少。Martins 以孢子为绿潮暴发主要种子来源建立了一个数学模型，该模型力图结合当地的实际情况，通过检测到孢子数量来判断绿潮是否暴发及暴发的规模。模型包括孢子生物量、成体生物量、氮和磷内部浓度 4 个主要变量，每个变量又受很多因素影响，共涉及 30 多个参数，其中外界影响条件主要包括光照、温度、盐度和平流等环境因子等[16]。

综上所述，绿潮的频繁发生及规模的不断扩大已经成为世界范围海洋生态灾害问题。对暴发机制的研究发现，通过控制陆源营养盐排放、建立健康的海水养殖模式等方式可以逐步改善水体环境，减少绿潮暴发频率。加强对绿潮藻越冬种子库的研究，可以对绿潮进行预测、预警和有效控制[12,17]。此外，欧美等国对绿潮藻资源化综合利用已有十多年的历史，如利用绿潮藻生产海水养殖饲料、绿藻有机肥、沼气以及污水处理等[1]，值得我们借鉴。

3 黄海浒苔绿潮研究现状

2007 年以前，我国沿海曾出现零星的大型绿藻集聚现象，但规模和影响范围都很小。2007 年首次暴发较大范围的浒苔绿潮，主要影响范围为黄海沿岸，其中青岛地区打捞浒苔数量达 6 000 多吨。2008 年，黄海海域暴发迄今为止世界范围内有文献记录的最大规模绿潮，影响了整个黄海海域，仅青岛地区打捞的浒苔量高达 100 万 t。据有关专家估计，2008 年黄海浒苔绿潮生物量可能突破 1 000 万 t[18]。

3.1 浒苔基础生物学研究

采用形态学观察与分子鉴定相结合的方法，对黄海海域发生的绿潮种类鉴定结果表明，2007 年以来发生在黄海的绿潮为隶属于绿藻门、绿藻纲、石莼目、石莼科、浒苔属的浒苔（*Enteromorpha prolifera*）[19]是一种有经济价值的、有生态功能的大型藻类。在实验室条件下观察到黄海浒苔有单性、无性和营养繁殖方式，同时其叶状体具有潜在的越冬能力[12]。当时测算，2008 年约有 200 万 t 的浒苔（鲜重）沉入海底[18]，可能成为来年暴发的种子来源。

3.2 暴发机制研究

海水富营养化是黄海浒苔暴发的重要原因。在我国过去的几十年里，城市化、工业化和农业的快速发展以及人口的快速膨胀，工业废水、生活污水入海量剧增，加上地表径流带来的农田化肥、农药和其他污染物中的氮磷等营养盐，海水的富营养化程度迅速升高[20]，为浒苔暴发提供了充足的外部营养条件。2008 年春夏以来，江苏地区降水量同比明显增大，南通、盐城和连云港 3 个沿海城市 4—6 月份月平均降雨量同比增加 130.9%、140.0%和 115.4%。大量降水将陆源营养盐冲刷入海，加剧了海水富营养化程度，成为浒苔如此大面积暴发的一个重要原因。

绿潮暴发后，受海洋风场和表层流场的作用在青岛近海出现大规模浒苔漂浮聚集现象。黄海东部海洋环流主要是受东亚季风的影响，2008 年 5—7 月为东南季风和西南季风。根据卫星光学遥感结果，最早在江苏盐城以北，连云港以东海面发现漂浮浒苔，此后漂浮浒苔逐渐向黄海中部缓慢移动，逐渐靠近山东半岛南岸附件海域，并在漂移过程中迅速生长，最终在当年 6 月 29 日大量的漂浮浒苔覆盖了青岛约 600 km^2 海域。从浒苔从南向北的漂移路径来看，与季风的方向基本一致[20]。

4 目前存在的问题及建议

自黄海浒苔暴发以来，各科研单位做了大量的工作，取得一系列的成果，为浒苔灾害处置提供了坚实的科技支撑，但是很多相关的基本科学问题尚不能很好回答。近年来，我国近海生态系统异常现象日趋严重，并呈多样化的发展趋势，例如，赤潮、海水酸化现象、缺氧区形成与范围扩大，浒苔、水母、海星等海洋生物种群异常生长等，严重威胁了我国近海生态系统安全。下一步急需要加强以下几个方面的研究，以便改变对海洋生态灾害的危害严重性认识不足和应对灾害科学准备不足的现状。

（1）海洋致灾生物基础生物学特征。由于对于致灾海洋生物如浒苔、水母、海星、赤潮藻等地理分布、繁殖生长特征、生活史等基本科学问题尚不能很好回答，因此，大规模海洋生态灾害形成和演变的生物学基础将是研究重点之一。主要包括：①致灾生物遗传多样性、分子生物学及其地理种群特征；②致灾生物个体与种群的发生与发育过程；③致灾生物对生态环境变化的响应及其种群兴衰的关键生理生态学特征；④致灾藻类生活史及其种子库的存在形式、越冬、繁育及其上浮机制。

（2）海洋生态灾害暴发条件与形成机制。近年来，我国近海频发的一系列海洋生态灾害不是孤立的现象，而是存在着复杂的相互关系。因此，需要从生态系统水平上，开展整体、系统的关键过程和相互作用研究，探寻海洋生态灾害的暴发条件和形成机制。主要包括：①海洋生态灾害发生的重要海洋学过程（如关键物理、化学、生物过程）及其耦合；②富营养化、酸化、缺氧区与生态灾害演变的关系；③各种海洋生态灾害（如绿潮、赤潮、缺氧区以及水母和海星等）暴发的驱动机制与关联；④多重压力因素作用下的生态系统响应与海洋生态灾害；⑤致灾藻类聚集与漂移的动力学机制。

（3）海洋生态灾害危害及对其生态系统安全的影响。海洋生态灾害的危害机制十分复杂，且其次生灾害对生态系统的影响深远。要特别关注：①近海生态系统生态环境（重点为富营养化、酸化和缺氧区）的变化趋势及其预测；②生物种群（绿藻、水母、海星等）极端变化诱发的次生灾害的时空分布规律和致灾机理机制；③海洋生态灾害对生态系统结构和服务与产出功能的影响及其资源环境效应；④海洋生态灾害对社会经济和人类健康的影响与评估及其调控机理。

（4）海洋生态灾害预警预测新技术、新方法。在鼓励开展海洋生态灾害前瞻性和多学科交叉研究的同时，需要重视基础研究手段和预警预测新技术、新方法的应用。主要包括：①分子技术（包括基因组学和蛋白组学技术）在绿潮、赤潮、水母与海星暴发等生态灾害预警预测以及生物量评估中的开发与应用；②生物标志物和缺氧敏感元素的示踪以及同步辐射等缺氧历史反演的新技术；③激光遥感、多传感器遥感等物理新技术在生态灾害预警预测中的开发与应用。

参考文献

[1] Fletcher R L. The occurrence of "green tides": a review. In: Schramm W, Nienhuis P H, editors. Marine benthic vegetation: recent changes and the effects of eutrophication. Berlin: Springer-Verlag, 1996: 7-43.

[2] Charlier R H, Morand P, Finkl C W, et al. Green tides on the Brittany Coasts. Aplinkos tyrimai inzinerija ir vadyba, 2007, 3 (41): 52-59.

[3] Pedersen M F, Borum J. Nutrient control of estuarine macroalgae: growth strategy and the balance between nitrogen requirements and uptake. Mar Ecol-Prog Ser, 1997, 161: 155-163.

[4] Lappalainen A, Pönni J. Eutrophication and recreational fishing on the Finnish coast of the Gulf of Finland: a mail survey. Fisheries Manag Ecol, 2000, 7: 323-335.

[5] Taylor R, Fletcher R L, Raven J A. Preliminary studies on the growth of selected "green tide" algae in laboratory culture: effects of irradiance, temperature, salinity and nutrients on growth rate. Bot Mar, 2001, 44: 327-336.

[6] Puget Sound Water Quality Action Team. Blooms of ulvoids in Puget Sound. Puget Sound Water Quality Team, Office of the Governor Olympia, WA. 2000, P. 50.

[7] Raffaelli D G, Raven J A, Poole L J. Ecological impact of green macroalgal blooms. Oceanogr Mar Biol, 1998, 36: 97-125.

[8] Malta E, Draisma S A, Kamermans P. Free-floating Ulva in the southwest Netherlands: species or morphotypes? A morphological, molecular and ecological comparison. Eur J Phycol, 1999, 34: 443-454.

[9] Lin A, Shen S, Wang J, et al. Reproduction diversity of 528 Enteromorpha prolifera. J Integr Plant Biol, 2008, 50: 622-629.

[10] Coat G P, Dion M C, Noailles B, et al. Ulva armoricana (Ulvales, Chlorophyta) from the coasts of Brittany (France). Ⅱ. Nuclear rDNA ITS sequence analysis. European Journal of Phycology, 1998, 33: 81-86.

[11] Ye N, Zhuang Z, Jin X, et al. China is on the track tacking Enteromorpha spp forming green tide. Nature Precedings: hdl: 10101/npre. 2008. 2352. 1: Posted, 2 Oct 2008.

[12] Zhang X, Wang H, Mao Y, et al. Somatic cells serve as a potential propagule bank of Enteromorpha prolifera forming a green tide in the Yellow Sea, China. J Appl Phycol, 2009, DOI 10. 1007/s10811-009-9437-6.

[13] Blomster J, Back S, Fewer D P, et al. Novel morphology in Enteromorpha (Ulvophyceae) forming green tides. American Journal of Botany, 2002, 89: 1756-1763.

[14] Hiraoka M, Shimada S, Uenosono M, et al. A new greentide-forming alga, Ulva ohnoi Hiraoka et Shimada sp. Nov. (Ulvales, Ulvophyceae) from Japan. Phycol Res, 2003, 51: 17-29

[15] Hoffmann A J, Santelices B. Banks of algal microscopic forms: hypotheses on their functioning and comparisons with seed banks. Mar Ecol Prog Ser, 1991, 79: 185-194.

[16] Martins I, Lopes R J, Lilleb A I, et al. Significant variation in the productivity of green macroalgae in a mesotidal estuary: Implications to the nutrient loading of the system and the adjacent coastal area. Marine Pollution Bulletin, 2007, 54: 678-690.

[17] Kamermans P, Malta E J, Verschuure J M, et al. Role of cold resistance and burial for winter survival

and spring initiation of an *Ulva* spp. (Chlorophyta) bloom in a eutrophic lagoon (Veerse Meer lagoon, The Netherlands). Marine Biology, 1998, 131: 45-51.

[18] Sun S, Wang F, Li C, et al. Emerging challenges: Massive green algae blooms in the Yellow Sea. Nature Precedings, Sep, 2008, 7.

[19] 张晓雯，毛玉泽，庄志猛，等．黄海绿潮浒苔的形态学观察及分子鉴定．中国水产科学，2008，15：822-829.

[20] Liu D Y, Bai J, Song S Q, et al. The impact of Sewage discharge on the macroalgae community in the Yellow Sea Coastal Area around Qingdao, China. Water Air Soil Pollut, 2007, 7: 683-692.

Review on the Research Progress on Marine Green Tide

Tang Qisheng, Zhang Xiaowen, Ye Naihao, Zhuang Zhimeng

(*Yellow Sea Fisheries Research Institute, Chinese Academy of Fishery Sciences, Qingdao 266071*)

Abstract: A brief introduction to the green tide algae blooming in the worldwide coast waters during recent years was reviewed in this paper, focusing on the key causes of green tide algae and its impact on the ecosystem. Some proposals for studies on the prevention and treatment of the green tide, together with the utilization of green algae were discussed.

Key words: Green tide; Ecological disaster; Causative factors

海洋酸化："越来越酸的海洋、灾害与效应预测"①

——香山科学会议第419次学术讨论会

唐启升，高坤山，陈镇东，余克服 等

海洋以每小时100万t以上的速率从大气中吸收CO_2，对缓解全球变暖起着重要的作用。然而，大气中CO_2浓度持续增高，导致海洋吸收CO_2（酸性气体）的量不断增加，使得表层海水的碱性下降，引起海洋酸化。为此，海洋酸化被称为与CO_2相关的另一重大环境问题。海洋酸化，与海洋升温同时，引起海洋化学与物理过程的变化，同时，更大程度地左右海洋生物的代谢过程，引起海洋生态服务功能的变化。迄今的研究显示，酸化导致的海水碳酸盐系统的变化，将对生态系统产生深远影响，但其影响机制与程度尚不确定。2007年，联合国政府间气候变化专门委员会（IPCC）发布的第四份全球气候评估报告，首次将一直被人们所忽视的海洋酸化问题提上日程，并提请全球着重关注。近年来，欧洲、美国、德国、英国等正在通过重大研究计划推进这方面的研究，我国科技管理部门也开始重视海洋酸化方面的研究课题。

我国拥有300多万km^2的蓝色国土，跨越热带、亚热带与温带地区，受到长江、黄河等大型河流的影响，海洋生态系统运转机制复杂多样。在近数十年人类活动的影响下，海洋生态系统处于高风险状态，各种生态灾害频发，然而潜在的暴发机制始终不甚明确。在全球变化背景下，海洋酸化毋庸置疑将会影响我国海域的各种生物，进而对生态系统的关键过程产生影响。然而从何入手，如何开展科学研究，如何系统地阐明海洋酸化对我国海洋生物资源与生态系统的影响，对我国的科技工作者来说，是一项不可避免的挑战，相关研究仅仅在个别的领域展开，多数领域目前仍然处于探索或空白阶段。

为探讨海洋酸化对我国海洋资源与环境的影响，促进海洋科学中不同学科的交叉，引导深层次的创新，从宏观到微观、再到宏观地认识海洋酸化的生态与环境效应，及其对海洋经济的影响，香山科学会议于2012年4月12—14日在北京召开以"海洋酸化：越来越酸的海洋、灾害与效应预测"为主题的学术讨论会，会议邀请唐启升研究员、高坤山教授、陈镇东教授、余克服研究员担任执行主席，来自高等院校、科研院所和管理部门的国内外40多位专家学者应邀参加了讨论会。与会专家围绕①海洋酸化生态效应：从分子到生态系统；②海洋酸化记录与现状和③化学与物理过程及其与酸化的耦合作用等中心议题进行深入讨论，并提出了建议。

---

① 本文原刊于《香山科学会议简报（第419次会议）》，414：1-12，2012。

一、海洋酸化与海洋生态系统

唐启升研究员作了题为“多重压力下的海洋生态系统”的主题评述报告，他指出，海洋生态系统在多重压力胁迫下发生的变化，引发了很明显的资源环境效应，其中近海生态系统表现得尤为突出。海洋生态系统国际前沿领域出现了一系列新的研究动向以及与之有关的重要事件，主要聚焦在：多重环境压力下海洋生态系统服务与产出功能如何变化，海洋多学科交叉与整合以及生态系统水平的海洋管理。我国近海生态系统受胁迫主要有：过度开发利用、气候变化、富营养化等三大因素，直接或间接地影响生态系统服务功能与产出。虽然人类活动对海洋生态系统的影响显而易见，然而其控制机制却十分复杂，难以用单一的理论来解释这些变化。他强调大气 CO_2 浓度升高导致的海洋酸化，又在以往认识的环境胁迫下作为一种新的环境压力，这更使得海洋生态系统变化具有极大的复杂性和不确定性。虽然目前的研究显示，海洋酸化对绝大多数的海洋生物都有影响，如降低贝类等的钙化速率，影响海洋动物的幼体发育等，然而海洋酸化与其他环境因子会发生耦合效应，其对生态系统的影响程度尚难以预测。目前，大多数研究还未考虑多重压力下的对海洋酸化效应问题。因此，海洋生态系统在多重压力下的演变与调控机制，将是未来的研究热点。在环境问题越来越严重的背景下，我们需要认真的研究国际的关注点和我们的需求与抉择，使我国的海洋酸化研究有一个较高的飞跃；需要从生态系统水平上去研究海洋酸化的效应及相关的生物地球化学过程，了解海洋酸化在近海洋生态系统的表现形式与特征；集成认识海洋酸化对近海生态系统的服务与产出功能的影响及其变化机制，探讨适应性的管理与发展对策。

来自美国蒙特雷湾水族研究所的 James Barry 教授作了题为“海洋酸化、海洋生命以及社会：我们如何理解和适应正在变化的海洋?”的主题评述报告，介绍了美国及欧洲有关海洋酸化的最新研究进展。他指出，化石燃料的使用直接导致了海洋酸化，而这种由于人类活动引起的海水 pH 的下降，是近 2 500 万年以来最快的。从生物的角度来看，酸化首先将对个体产生影响，如损伤钙化物种的钙壳和骨骼的形成能力，破坏细胞体内酸碱平衡，抑制或促进呼吸作用等。这种影响将逐步传递到生态系统，使得生态系统的社会、经济服务功能发生改变。研究显示，海洋酸化将会降低生物的多样性，导致某些物种的消亡，造成食物链中的关键种类灭绝，对人类赖以生存的海洋生态系统产生巨大影响。虽然海洋酸化已经得到科学界的高度关注，然而不同地区、不同国家对海洋酸化研究的支持度有很大差异。目前正在运作的几大项目都在欧洲，美国也开始以每年 1 000 万美元的力度支持海洋酸化的研究。未来研究需要：关注近海的海水酸化；在长期适应的条件下来阐明生物对酸化的生理学响应机制及适应酸化能力的变化趋势；从个体到群落再到生态系统来研究不同层面的响应机制；特别要注意多重压力下的酸化效应。科研计划不仅要解决科学问题，更要重视它的社会经济效应。国家层面的研究计划，应该建立覆盖广的观测网，为政策制定者提供评估报告，建立标准化的数据管理体系，建造海洋酸化的研究设施，并开展人员培训与社会科普工作。

讨论中，与会专家认为当前正在发生的海洋酸化主要是由于人类活动所引起的，这已经成为影响海洋生态系统的另一全球性环境胁迫因子，将对海洋生态系统的社会与经济服务功能产生重大影响。海洋酸化的研究，国际上刚刚起步，研究结果已经显示了海洋酸化对多数海洋生物种类的影响，然而对这种影响的认识，还局限在酸化单一因子的水平上。在自然界或多重环境变化压力下，海洋生态系统本身的演变与控制机制非常复杂，急需开展相关的科学研究，从生物、物理化学以及古海洋领域不同层面揭示海洋酸化的效应，并需长期监测我国海域海洋酸化的趋势。对海洋酸化的研究应该划分为近海与远洋两大区域。美国佐治亚大学蔡卫君教授指出，近海海洋生态系统，生物生产力高，受人为干扰因素大，pH变化幅度虽然较大，但由于低氧和生物呼吸与海洋酸化的耦合作用，酸化速度将比大洋海域快。

二、海洋酸化生态效应：从分子到生态系统

高坤山教授作了题为“海洋酸化对浮游生物的正负效应”的中心议题评述报告，他指出，海水中 CO_2 浓度升高增加了光合作用底物浓度，而相应的酸化则增加了细胞的酸性胁迫，海洋酸化对光合生物的影响是正面还是负面，将取决于外界的其他环境条件。走航原位实验和实验室研究结果均显示，在高光强下，浮游植物固碳量或生长受 CO_2 或酸性增加的影响而降低，低光下则受到促进；在不同深度或白天的不同时间，酸化对浮游植物的影响随阳光辐射的变化而变化。从生理学的角度上看，浮游植物无机碳利用机制的变化与呼吸作用的升高，影响了其耐受强光胁迫的能力。海洋酸化与阳光紫外辐射协同降低珊瑚藻类与钙化浮游植物固碳量的结果。海洋酸化会直接或间接地影响浮游动物的生理代谢，直接影响是影响它们体内或细胞内的酸碱平衡。间接影响是通过影响浮游植物的多少或其饵料价值。在直接影响方面，间接效应方面，海洋酸化可能会通过食物链，将对个体的效应传递到上级营养层，进而影响物种间的相互作用及生态系统的稳定性。

宋佳坤教授在“鱼类对海洋酸化的响应”报告中，介绍了海洋酸化对鱼类神经传导和感觉系统的影响，得出海洋酸化对鱼类的多种感觉器官，如嗅觉、化学感觉和听觉（如耳石发育）等造成损害，导致鱼类丧失洄游方向感和辨别危险环境等的生存能力。实验结果展示，酸化环境中长大的鱼比正常长大的同类较易被敌害捕食。她还介绍了鱼类的生物电场与电（磁）感受能力在鱼类集群中的作用，指出鱼类的生物电场会受水中氢离子浓度增高的影响，海洋酸化可能会影响鱼类利用电场的生理行为，如繁殖行为。目前受限于实验手段，有关海洋酸化对鱼类电感受能力等影响，以及鱼类感官损害机理等的研究尚为空白，亟待支持尽快开展研究。

黄晖研究员在“海水酸化对热带珊瑚钙化速率和骨骼稳定同位素的影响”报告中指出，海洋酸化对不同种类珊瑚的钙化速率影响不同，鼻形鹿角珊瑚在酸化条件下钙化速率大大降低，而鹿角杯形珊瑚在长期适应酸化胁迫后，钙化速率没有明显受酸化的影响，说明了鹿角杯形珊瑚对酸化的适应能力较强。海洋酸化的这种差异化效应，会对珊瑚的种群分布产生较大影响。海洋酸化对珊瑚骨骼中的 $\delta^{18}O$ 没有显著的影响，而在酸化条件下，珊瑚骨骼中的 ^{13}C 含量大幅减少。CO_2 升高可能导致了珊瑚共生藻的光合速率降低。

讨论中，与会专家认为，浮游植物等响应海洋酸化，产生生理响应的同时，必然与其分子水平的调控有关。海洋酸化将会在不同层面上影响生物适应其他环境变化的能力，很可能与其他环境压力交互作用，影响海洋生态系统的稳定性及其功能。应选取几个我国典型的海洋生态系统，以酸化为主线，综合考虑多重环境压力，进行点和面的系统研究，阐明海洋酸化对我国海域海洋生物资源的影响程度，以及对社会与经济的影响。香港科技大学刘红斌教

授指出，在远洋使用 CO_2 混合气模拟海洋酸化的时候，需要避免充气时引入大气中的颗粒物，造成污染。

三、海洋酸化记录与现状

余克服研究员作了题为“古海洋酸化历史记录”的中心议题评述报告，综述了海洋酸化对珊瑚礁生态系统的影响，指出澳大利亚大堡礁及我国南海最近几十年来活珊瑚覆盖度明显下降，大堡礁最近 100 年随大气 CO_2 含量升高珊瑚的钙化量呈下降趋势。而我国南海南部，珊瑚钙化量下降并不明显，与大气 CO_2 含量的变化也不一致。他还回顾了利用硼同位素重建过去海水 pH 的研究方法，指出自古生代以来表层海水 pH 值就不断呈现大幅度波动的特征，而且这些波动与气候变化密切相关。从重建的 pH 古记录结果看，地球历史中多数时期发生过海水酸化事件，且 pH 比现在的要低。他指出，不能因为过去历史时期存在海洋酸化的事实，而忽视当今人类活动导致的海洋酸化，今天的酸化速率是迄今 3 亿年间最快的。古海洋 pH 记录的时间尺度太长，无法回答当前短时间尺度大气 CO_2 升高与酸化之间的疑问，因此迫切需要开展短时间尺度、高分辨率的海水 pH 值变化过程研究。他强调建立可信的海水 pH 替代指标是了解地质时期海洋酸化的重要步骤，而在对比不同地质时期的海洋酸化记录时，要特别重视不同时间分辨的记录所代表的意义。

来自美国缅因大学的柴扉教授在“太平洋碳循环模型”的报告中，介绍了海洋碳循环预测与评估的最新物理模型。通过对近 50 年来全球海洋二氧化碳分压的变化建模，比较了全球几大代表性海域的二氧化碳分压的年际变动情况。他指出，全球海洋二氧化碳分压总体上呈现升高的趋势，然而不同纬度、不同海区情况不一样，这将导致某些海域酸化速率会更快。通过在模型中剔除自然的因素后，发现由于人类活动的影响，近岸海洋酸化的程度将远高于开阔大洋，而我国近海地区则明显高于白令海。最后，他强调，必须注重物理和生物地球化学模型的质量，其中，研究的挑战是如何在实验模型中剔除其他自然因素对 pH 变化的影响。

赵美训教授在“海洋有机地球化学过程及碳埋藏对海洋酸化的响应”的报告中指出，海洋酸化直接影响了有机碳泵和无机碳泵的效率，改变了 PIC/POC（颗粒无机与有机碳）的输出比值，其中颗石藻 PIC/POC 比值下降，有机碳输出相对比例增加，有利于有机碳埋藏，而对于硅藻和甲藻来说生长得到促进，同样有利于有机碳埋藏；其次，海洋酸化减弱钙化作用，降低压舱效应（ballast effect），不利于有机质埋藏，但浮游植物群落结构改变有利于生源硅形成，增加压舱效应，有利于有机质的埋藏。

周力平教授在“地质历史上的海洋酸化事件”报告中，综述了对地质时期海洋酸化事件的判别和认识，强调记录的时间坐标的确立和时间分辨率的重要性。他指出，地质时期的海洋酸化事件可以通过古生物证据，如钙化生物的数量、形态和组成的变化来判别酸化事件，或者可以通过一些元素和同位素地球化学替代指标来重建过去海水的 pH 值变化来判别海洋酸化事件。自古生代以来存在 8 个钙质生物显著减少的事件中，至少有 2 个事件被确认为主要由大气 CO_2 含量升高所引起，两次事件的海水平均 pH 降低了 0.35 和 0.15。地质时期海洋酸化受多种因素综合影响，存在广泛的不确实性，需要从多个角度去进行研究。

韦刚健研究员在“海水 pH 的变化历史与海洋酸化”报告中指出，有孔虫和珊瑚等的硼同位素组成和硼钙比值与海水 pH 之间存在很好的对应关系，但在精度上还存在一些问题，一定程度上束缚了该方法的推广应用。过去 300 年以来南海珊瑚礁海水 pH 伴随大气 CO_2 含量升高而呈线性下降的同时，呈现出周期性波动，这可能与礁区生物活动变化有关。南海珊瑚礁海水高分辨率的 pH 观测结果，存在大幅度的日周期变化，白天 pH 显著升高而晚上显著降低，礁区生物光合作用/呼吸作用是控制 pH 变化的重要因素。地质时期海水 pH 处于不断的变化中，大气 CO_2 含量无疑是很重要的控制因素，但并非唯一因素。

讨论中与会专家认为，古海洋曾经发生过海洋酸化事件，且伴随着生物灭绝，但程度与过程如何，尚存在相当大的不确定性。了解海洋酸化的历史及其相关的生态变化过程，对认知当前海洋酸化的影响具有重要科学意义。研究地质时期的海洋酸化历史，需要提高重建古海水 pH 记录的可信度，重建更多的不同海域不同时间尺度的海水 pH 记录，结合其他气候环境演变记录深入了解海水 pH 变化的控制机制，结合海洋生态系统的演变来开展。

四、化学与物理过程及其与酸化的耦合作用

来自台湾中山大学的陈镇东教授作了题为“海洋酸化”的中心议题评述报告，他指出，虽然当前大气 CO_2 浓度升高导致了海洋酸化，然而海水 pH 的变化并不与大气 CO_2 浓度变化同步，这主要受到海洋热力学平衡的调控。从南海和台湾南湾海域的 pH 记录可以看出，海洋的次表层而非表层的 pH 下降幅度最大。通过将原位观测数据校准到相同温度发现，我国南海的 pH 正在逐步下降，速率与全球平均数值相近，表明我国海域也已经开始发生酸化。他还强调，必须重视温度对 pH 的影响，原位温度（pH *in situ*）和 25 ℃（pH25）的使用还存在很多问题，导致大量的数据没有可比性。将 pH25 应用于自然海域中，建立原位 pH 与实验室标准化测量数值的关系，目前还在探索之中。无论应用何种 pH，都需要在测定时记录 pH 计标定所用缓冲液的详细信息，测定时的温度以及其他实验细节，未来可以有效地把这些数据和将来测定的进行统一类比，从而建立一个长时间尺度的精确 pH 变化序列图，这对评估与预测海洋酸化至关重要。

戴民汉教授在“近海系统海洋酸化研究”的报告中，提出了关于近岸水域海水酸化的新视点。他指出，虽然大洋的表层海水的酸化主要是由于人为 CO_2 的增加，但是近岸海域发生的海水酸化，特征和控制因素是更复杂。影响近岸海水酸化的因素，除了人为 CO_2 溶入外，生物呼吸作用、河流输入、地下水渗入及沿岸上升流等，均起到不可忽视的作用。同时，我国庞大的养殖产业，使得我国近海生态系统与世界其他地区具有很大不同，在影响近海海水化学过程的同时，也受到海洋酸化及其他全球变化因素的影响。我国近海 pH 复杂多变，需要建立长期的观测系统，才可以揭示我国养殖生态系统及关键海域的 pH 变动规律。

陈立奇研究员在“北冰洋和南大洋海洋酸化及其对全球气候变化的指示作用”报告中指出，今天海洋酸化的速率是迄今 3 亿年间最快的，随着大气 CO_2 浓度进一步升高，有走向最低的趋势。极区的海洋酸化则是变化最快的，全球海洋酸化问题在北冰洋表现的最严重。中国南极科学考察队在南大洋将近 10 年期的观测数据表明，南极海洋酸化进展较快，南大洋表层海水 CO_2 分压增长幅度超过大气的平均水平，这表明南极海域吸收大气 CO_2 之后，南大洋吸收 CO_2 能力的下降。而对北冰洋考察数据的研究表明，加拿大海盆区 pH 在下降。

来自台湾“中央研究院”的黄天福教授在“台湾中央研究院海洋酸化研究项目”的报告

中，介绍了台湾正在开展的“海洋酸化：在自然酸性海洋环境中浅水热带珊瑚礁生态系统的生物地球化学研究”项目。他指出，热带珊瑚礁系统为天然的酸性海洋生态系统，其生态过程与生物地球化学的研究对理解未来海洋酸化生态效应，有重要意义。该项目选取了三种类型的环境：环礁北部低温高营养盐区；环礁中央潟湖的高温贫营养盐区；环礁南部的中等温度和营养盐的海区，来研究海洋酸化与其他环境因子在热带浅水珊瑚礁生态系统的相互作用。

在讨论中，与会专家认为，温度是影响海洋酸化评估的重要参数，对于近海系统的 pH 监测，由于周日变化与月变化大于年变化，因此需要提高 pH 的监测频率，剔除周日变化的影响，才可以对未来海洋 pH 的变化趋势作出正确的评估。近海海洋生态系统与人类关系最为密切，同时该区域酸化速率比大洋快。在我国海域开展海洋酸化研究，不仅要重视海洋酸化对生态系统的效应，还需要考虑到酸化对我国近海水产经济的影响，及养殖业对生态系统的反馈作用。对我国贝类养殖和珊瑚礁生态系统可能蒙受的经济损失，尽快开展评估。

五、会议总结与专家建议

在经过广泛交流和深入讨论后，与会专家一致认为当前的海洋生态系统正处于多重压力之下，海洋生态系统的运转与控制机制尚存在很多未解之谜。近海生态系统及养殖生态系统中的 pH 变化规律，与日趋恶化的海洋酸化，必有一定的关联。海洋酸化、海洋升温及其他的海洋环境变化，显然，正在危及不同海洋生态系统的稳定性。海洋酸化毋庸置疑，会对海洋生物及生态系统造成广泛而深远的影响，然而，不同生物对酸化响应机制的差异，生物的适应性差异以及海洋酸化本身就具有的时空差异，使得评估与预测海洋酸化生态效应的研究面临巨大的挑战性。为此，与会专家建议并强调：

1. 海洋酸化对我国海域环境、生物资源及生态系统的影响是亟须探讨的重大科学问题，必须从不同层面、不同角度，结合全国各种学科的优势力量，根据我国海洋生态系统的特点，瞄准国际研究前沿与热点，深入系统地研究海洋酸化对我国海洋生物资源与生态系统的影响。

2. 对海水化学、物理和生物等参数的监测，必须建立一系列科学规范的检测方法，解决方法与标准不统一“各自为政”的现象，亟须建立长期的时间序列监测站，在我国沿海不同的海区建立相应的“基点”，以统一的标准监测海域中各种环境因子的变化，为长时间尺度的监测提供平台，从而更好的理解近岸海域在全球变化尤其是海洋酸化过程中的变动态势，并加强古记录数据的采集与整合。

3. 历史上发生过的各种酸化事件以及与之相关的生物灭绝事件提醒我们，必须重视当前人类活动造成的海洋酸化，并重视古今对比的研究方法，认识当前海洋酸化的机制与生态效应。为此，需要选取典型的海洋生态系统开展相关的海洋酸化研究，建立中型水量（又称“中宇宙” mesocosm）海洋酸化生态效应研究设施与海洋酸化研究示范区，同时考虑多重压力因素，在生态系统水平上研究海洋酸化对海洋生态系统服务功能与产出的影响。

4. 近海海域，尽管 pH 变化幅度比较大，但由于海洋酸化与低氧区及生物呼吸作用的耦合效应，其酸化速度比大洋海域的还要快。我国是世界上养殖面积及容量最大的国家，星罗棋布的养殖区给研究近海海洋酸化带来一定的困难，但同时由于海洋酸化的存在，水产养殖可能会遭受不可低估的影响。因此亟须开展相关研究，探讨养殖生态系统中的 pH 变化规律，全面评估海洋酸化对我国水产经济带来的损失。

5. 海洋酸化的相关研究在国际上也刚起步，因此建议国家相关部门加大投入，立项国家海洋酸化对策项目，促进我国在海洋酸化方面的研究，并建立应对策略，保护我国养殖生态环境的同时，在国际海洋酸化研究领域及 CO_2 减排投入方面，提升我国的影响力。

海洋酸化及其与海洋生物及生态系统的关系①

唐启升[1,2]，陈镇东[3]，余克服[4]，戴民汉[1]，赵美训[5]，柯才焕[1]，黄天福[6]，柴扉[7]，韦刚健[8]，周力平[9]，陈立奇[10]，宋佳坤[11]，BARRY James[12]，吴亚平[1]，高坤山[1]

（1. 厦门大学近海海洋环境科学国家重点实验室，厦门 361005；

2. 中国水产科学研究院黄海水产研究所，青岛 266071；

3. 台湾中山大学，高雄 804；

4. 中国科学院南海海洋研究所，广州 510301；

5. 中国海洋大学海洋化学理论与工程技术教育部重点实验室，青岛 266100；

6. 台湾研究院环境变化研究中心，台北 115；

7. School of Marine Sciences，University of Maine，Orono，ME 04401，USA；

8. 中国科学院广州地球化学研究所，广州 510640；

9. 北京大学城市与环境学院，北京 100871；

10. 国家海洋局第三海洋研究所海洋-大气化学与全球变化重点实验室，厦门 361005；

11. 上海海洋大学海洋生物系统和神经科学研究所，上海 201306；

12. Monterey Bay Aquarium Research Institute，Moss Landing，CA 95039，USA）

摘要：海洋酸化是 CO_2 排放引起的另一重大环境问题。工业革命以来，海洋吸收了人类排放 CO_2 总量的三分之一。目前，海洋每年吸收的量约为人类排放量的四分之一（即约每小时吸收 100 万 t 以上的 CO_2），对缓解全球变暖起着重要的作用。然而，随着海洋吸收 CO_2 量的增加，表层海水的碱性下降，引起海洋酸化。海洋酸化会引起海洋系统内一系列化学变化，从而影响到大多数海洋生物的生理、生长、繁殖、代谢与生存，可能最终导致海洋生态系统发生不可逆转的变化，影响海洋生态系统的平衡及对人类的服务功能。地球历史上曾多次发生过海洋酸化事件，伴随着生物种类的灭绝，其内在联系虽然不甚明确，却也可能暗示未来海洋酸化可能对海洋生态系统产生重大的影响。

关键词：CO_2；海洋酸化；海洋化学与物理过程；全球变化；生态效应

化石燃料的使用等人类活动导致大气中 CO_2 浓度不断升高，可能已经导致了全球变暖和气候异常等[1]。海洋是地球表面最大的碳库，不断从大气中吸收 CO_2，其吸收速率每天可达 2 500 多万吨（平均每小时 100 万 t 以上）[2]。海洋仅此一种“隐形”的生态服务功能，给全球提供了价值约 860 亿美元的环保补贴[3]，对缓解全球变暖起着重要的作用。然而，随着大气中 CO_2 浓度持续增高，海洋吸收 CO_2（酸性气体）的量不断增加，使得表层海水的碱

① 本文原刊于《科学通报》，2013，58（14）：1307－1314。

性下降，引起海洋酸化。海洋酸化已被广泛确认为是 CO_2 上升导致的另一重大环境问题[4]。

自工业革命以来，海洋大量吸收人类排放的 CO_2，已导致上层海洋 H^+ 浓度增加了 30%，pH 下降了 0.1[5]。根据 IPCC 预测模型（A1F1）的推测，至 2100 年大气 CO_2 浓度会升高至 800～1 000 $\mu L \cdot L^{-1}$（ppmv），表层海洋 pH 将下降 0.3～0.4，这意味着海水中 H^+ 浓度将增加 100%～150%。这种酸化速度在过去 3 亿年间的任何一个时期都未曾有过[6]。海洋酸化引起了海水化学（碳酸盐系统及物质形态）、物理（声波吸收）及生物过程的变化[7-9]。虽然科学界已粗略地意识到海洋酸化的危害性，却尚无法准确预测将给人类和地球系统所带来的后果。但可以肯定的是，海洋酸化引起的海洋化学变化，正在改变海洋生物赖以生存的化学环境，海洋生物的代谢过程会受到影响、海洋生态的稳定性会发生变化[9]。总之，海洋酸化以及气候变化导致的多重压力，将对海洋生态系统产生深远的影响。

为此，本文拟从海洋酸化的历史记录及现状，酸化与化学物理过程的耦合作用及酸化对海洋生物乃至生态系统的影响三方面，综述有关海洋酸化的研究进展，并展望海洋酸化研究的发展趋势。

1 海洋酸化记录与现状

地质时期的海洋酸化事件可以通过钙质生物的数量、形态和组成变化等古生物指标来识别，或者通过一些元素和同位素地球化学指标定量重建过去表层海水的 pH 来判断[6]。所识别的古生代以来 8 种钙质生物显著减少的事件中，多数是由大气 CO_2 含量升高导致的酸化（表层海水 pH 降低达 0.35）引起的[6]。

有孔虫、珊瑚等钙质生物的硼同位素组成（$\delta^{11}B$）和硼钙比值（B/Ca）初步研究显示，其与海水 pH 之间存在很好的对应关系[10,11]。然而，$\delta^{11}B$ 和 B/Ca 在古 pH 定量重建方面的广泛应用仍在探索之中，一方面因为它们与现代乃至古海水 pH 的量化关系仍待进一步建立，另一方面，高精度硼同位素组成的分析非常困难，也在一定程度上束缚了该方法的推广应用[10,11]。利用珊瑚 ^{11}B 重建的工业革命以来澳大利亚大堡礁海水 pH 变化结果显示，过去 300 年以来海水 pH 并非随着大气 CO_2 含量升高而线性下降，而是呈现约 50、约 22 和约 11 年的周期性波动变化，仅仅在最近 60 年以来才出现明显的趋势变化[12,13]。这意味着至少在珊瑚礁生态系统，大气 CO_2 含量升高并非是控制该系统海水 pH 变化的唯一因素。

珊瑚礁生态系统中的生物活动对海水 pH 变化产生较大影响。对西沙永兴岛珊瑚礁的观测结果显示，海水 pH 存在大幅度的周日变化，白天 pH 显著升高而晚上显著降低，礁区内光合作用/呼吸作用是控制 pH 变化的重要因素[14]。这样的控制因素对海水 pH 的影响程度在年际、年代际甚至更长时间尺度里会有差异，很可能是导致珊瑚礁区海水 pH 周期性波动的原因之一。在地质历史时期，海水 pH 处于不断变化之中，大气 CO_2 含量在多数时期比现在高得多，但地质记录的大规模海洋酸化事件并不完全发生在大气 CO_2 最高的时期，说明大气 CO_2 含量并不是海洋酸化的唯一控制因素[6]。

通过分析近 50 年来全球海洋 CO_2 分压（pCO_2）的变化规律，比较全球几大代表性海域的 CO_2 分压的年际变动情况，发现全球表层海洋 pCO_2 总体上呈现升高的趋势，然而不同纬度、不同海区的上升程度有所差异，有些海域酸化速率较快[15-17]。

随着大气 CO_2 含量的升高，澳大利亚大堡礁珊瑚的钙化率自 1990 年以来下降了

14.2%，这是过去400年以来的最大降幅[18]；然而，在我国南海虽然发现珊瑚礁急剧退化，活珊瑚覆盖度在过去几十年中下降达80%以上[19]，但珊瑚钙化率在过去200多年来则呈波动变化，近几十年来的下降趋势并不明显，而且与大气 CO_2 含量的变化并不一致[20]。这些观测结果似乎显示，海洋酸化现象及其后果在现阶段具有明显的区域差异。利用硼同位素重建的过去海水pH结果显示，自古生代以来表层海水pH就不断呈现大幅度波动的特征，而且这些波动与气候变化密切相关[21]。地球历史上发生过的多次海水酸化事件中，其pH比现在的要低[22]。然而，不能因为地质历史时期存在过海洋酸化，或者海水pH在地质历史时期随着气候变化而自然波动的事实，而忽视当今人类活动导致的海洋酸化，因为从速率上来看，当前的酸化是迄今3亿年间最快的[6]。同时由于古海洋pH记录的时间尺度太长，时间分辨率相对较低，难以评估当前短时间尺度大气 CO_2 升高导致的酸化程度与后果，迫切需要开展近代及现代短时间尺度、高分辨率的海水pH变化过程研究。

古海洋酸化事件，伴随着生物灭绝，但其酸化程度与过程如何，尚存在相当大的不确定性。了解海洋酸化的历史及其相关的生态变化过程，对认知当前与未来海洋酸化的影响具有重要科学意义。研究过去的海洋酸化历史，需要重视以下几个方面：①需要不断完善研究方法，建立指示古海水pH的指标，提高重建古海水pH的精度和可信度；②更多地重建不同海域、不同时间尺度的海水pH序列，便于了解古海水pH的时-空特征；③结合气候环境演变过程，深入了解海水pH变化的控制机制和生态后果。需要再次重申的是，虽然地质时期海水pH存在着大幅度的自然变化过程，酸化事件也曾多次发生，但这并不否认今天海洋酸化的危害性，特别是与人类活动的关系；相反，通过了解过去海洋酸化的历史和生态影响，如海洋钙质生物的灭绝等，对正确认识现代海洋酸化的进展与后果具有非常重要的借鉴意义。

2　化学与物理过程及其与酸化的耦合作用

海洋酸化正在改变着海水总无机碳浓度与不同形态无机碳（CO_2，HCO_3^-，CO_3^{2-}）浓度的比例，并影响海水的 $CaCO_3$ 饱和度，即

$$\Omega = [Ca^{2+}] \times [CO_3^{2-}]/K_c,$$

式中，K_c 为 $CaCO_3$ 溶液达到饱和时 Ca^{2+} 与 CO_3^{2-} 的溶度积，与 $CaCO_3$ 的晶体类型（如方解石、文石）有关。

目前，开阔大洋海水中的 HCO_3^- 占总溶解无机碳（DIC）的90%以上，CO_3^{2-} 浓度占9%左右，CO_2 占1%以下。大气 CO_2 浓度的升高会使溶解 CO_2，HCO_3^- 和 H^+ 浓度增加，而 CO_3^{2-} 浓度和 $CaCO_3$ 饱和度下降。在大气 CO_2 浓度加倍的情况下，表层海水的 pCO_2 将增加近100%，HCO_3^- 增加11%，DIC增加9%，而 CO_3^{2-} 浓度下降约45%，碳酸钙饱和度也相应下降。在太平洋时间序列站ALOHA，1988—2007年观测结果显示，表层海水pH以(0.001 9±0.000 2)/年的速率下降[23]；在东南亚时间序列站SEATS，1998—2009年12年间，pH以0.002 2/年的速率下降[24]；均与全球不断升高的大气 CO_2 浓度的变化趋势一致[25]。开阔大洋表层海水的酸化主要是由于人为 CO_2 的增加。而近岸海域海水的pH受陆源输入、物理过程和生物活动的影响，呈现较大的变化幅度，为此，近岸海域表层水的酸化则不能简单视之。有研究推测，受呼吸作用、低氧及大气 CO_2 升高的复合影响，近岸海域的酸化将比大洋海域的酸化速度快[26]。

在南海东北部近海水域，pH 的周日变化达约 0.3[27]。对比位于北太平洋的东海岸（俄勒冈—加利福尼亚沿岸）和西海岸（南海北部陆架）2 个沿岸上升流区，加利福尼亚沿岸首次发现了上升流导致的表层文石的不饱和状态[25]；南海北部陆架区尽管也受上升流影响，目前观测到的文石饱和度仍处于过饱和状态[28]。对分别受密西西比河和长江冲淡水影响的墨西哥湾和东海 2 个富营养化陆架海域的研究发现，除吸收大气 CO_2 水体 pH 会降低外，水体的富营养化所引起的底层水体缺氧和酸化是 pH 下降的另一个重要原因[26,29]。

珠江口上游常年存在水柱缺氧，缺氧水体呈现高 pCO_2、低 pH 和低的文石饱和度的特征[30]，同时表现出高的硝化速率和氧气消耗速率[31]。在类似的许多河口上游发现水柱缺氧特征，主要是由微生物的有氧呼吸和硝化作用所致[32]。

当前大气 CO_2 浓度升高导致了海洋酸化，然而海水 pH 的变化并不一定与大气 CO_2 浓度变化同步，这主要受到海洋热力学平衡的调控。从南海和台湾南湾海域的 pH 记录可以看出，海洋的次表层 pH 下降幅度最大。通过将原位观测数据校准到相同温度时发现，南海的 pH 也在逐步下降，速率与全球平均数值相近，表明我国海域也已经开始发生酸化[33]。然而，目前对于不同 pH 标度的使用上还存在很多问题，导致大量的数据没有可比性，这在一定程度上妨碍了对海洋酸化现象的正确认识，因此需要探索如何将 pH_{25}（标准化到 25 ℃的 pH）应用于自然海域、如何建立原位 pH 与实验室标准化测量数值的关系等。

对于近海系统的 pH 监测，由于周日变化与月变化幅度大于年变化，因此需要提高 pH 的监测频率，以甄别不同时间尺度上的变化规律，便于对未来海洋 pH 的变化趋势作出正确的评估。同时，由于温度是影响海洋酸化评估的重要参数之一，海水温度上升 1 ℃，将会增加海水 pCO_2 16 $\mu L \cdot L^{-1}$左右，因此全球变暖本身将会对海洋碳循环产生影响，如降低海水吸收 CO_2 的量、缓解海洋酸化，甚至导致部分海区从 CO_2 的汇变成源。然而，与大气中 CO_2 的累积量与速率相比，海洋增温对海洋酸化的拮抗作用甚微。

由于近海海洋生态系统与人类关系最为密切，因此在我国海域开展海洋酸化研究，既要重视海洋酸化对生态系统的效应，还需要考虑到酸化对我国近海水产经济的影响及养殖业对生态系统的反馈作用[34]。虽然海洋 pH 一直处在波动之中，然而全球范围内 pH 下降的大趋势已不容置疑。对于全球海洋酸化与我国海域海洋酸化的关系，因为监测数据在时-空上分布不均，以及过去积累的 pH 数据与现在的观测结果大多难以直接对比，所以还不能作出正确的评估。

3 海洋酸化与海洋生物

海洋酸化究竟在多大程度上影响海洋生物，特别是海洋钙质生物，是目前科学界亟待解决的难题。海水 pCO_2、溶解无机碳、pH、$CaCO_3$饱和度及其相互之间的关联，都可能会影响钙质生物的钙化作用。然而，究竟哪个参数对生物钙化的生理过程起着决定性的影响尚属未知。受控培养实验表明，在 CO_2 浓度升高引起的海水酸化条件下，珊瑚藻类、珊瑚与贝类的钙化量下降[35,36]，颗石藻的钙化速率降低、细胞表面的颗石片脱落[37]，对钙化海洋无脊椎动物幼体的不利影响尤为显著[38]。

海洋酸化对非钙化光合生物与非钙化动物也会产生影响，如促进藻类[39,40]与浮游动物[41]的呼吸作用，影响藻类的无机碳获取机制[42]，动物受精过程[43]及鱼类嗅觉系统[44]等。海洋酸化对鱼类的多种感觉器官，如嗅觉、化学感觉和听觉等均会产生不同程度的影响。实验结果展示，酸化环境中长大的鱼比正常条件下长大的同类较易被敌害捕食[44]。另外，鱼类的生物电场与电（磁）感受能力也可能会受水中 H^+ 浓度增高的影响，为此，海洋酸化可能会影响鱼类利用电场的生理及行为，如洄游、摄食和繁殖等行为[45-47]。

海洋酸化究竟如何影响海洋光合作用及其驱动的海洋碳泵，关系到海洋吸收 CO_2 的量及未来全球变暖趋势。表面上看，CO_2 浓度升高增加了海水中光合作用的底物浓度，但浮游植物细胞内的 CO_2 浓度不一定升高，也许还会下降，这是因为酸化引起的海水化学变化会对细胞产生胁迫[48]。为此，海洋酸化对光合生物的影响是正面还是负面，将取决于外界的其他环境条件[49]。在全球变化背景下，越来越多的研究开始侧重于多因子的交互作用，阳光辐射的强度是影响光合生物对海洋酸化响应的重要因子。走航原位实验和实验室研究结果均显示，在高光强下，浮游植物固碳量或生长受 CO_2 或酸性增加的影响而降低，低光下则受到促进；在不同深度或白天的不同时间，酸化对浮游植物的影响随阳光辐射的变化而变化。同时，海洋酸化与阳光 UV 辐射产生耦合作用，协同降低珊瑚藻类与钙化浮游植物的钙化量[50,51]。另外，海洋酸化会直接或间接地影响浮游动物的生理代谢，直接影响是影响它们体内或细胞内的酸碱平衡[52]，间接影响是影响浮游植物的多少或其饵料价值[53]。在直接影响方面，酸化影响某些桡足类的行为，使得其呼吸与摄食率均增加、排便量也增加[41]。从生态系统水平看，海洋酸化可能会通过食物链，将初级效应传递到上级营养层，进而影响物种间的相互作用及生态系统的稳定性[54]。

海洋酸化的这些影响将逐步传递到生态系统，进而使得生态系统的社会、经济服务功能发生改变[55,56]。在有外界压力的情况下，如暴露于酸化的海水中，生物将耗费更多的能量去抵御酸化胁迫，或导致代谢失常，从而使得其生理行为或耐受其他环境变化的能力发生改变，如生长下降、繁殖率降低等，并有一系列随之而来的生态效应[4]。目前有些研究已经显示，海洋酸化将会降低生物的多样性，导致某些物种的消亡，为此，会导致食物链中的关键种类灭绝，会对人类赖以生存的海洋生态系统产生巨大影响[55]。另外，酸化可能增加有害藻华的毒性[57,58]。

有关海洋酸化的研究，即使在国际上也才刚刚起步，许多重大科学问题尚在解决之中。迄今的研究结果已经显示了海洋酸化对多数海洋生物种类的影响，然而对这种影响的认识，还局限在酸化单一因子的水平上。在自然界或多重环境变化压力下，海洋生态系统本身的演变与控制机制非常复杂。各种海洋生物如何响应多重压力下的环境变化，是亟需探讨的重大科学问题。从整个生态水平上来看，有些生物种类可能增加了竞争力，有些则失去现在他们所拥有的种群优势[59]。另外，对海洋酸化的研究应该划分为近海与远洋两大区域，主要因为两者酸化的过程与机制有较大差异。近海海洋生态系统，生物生产力高、受人为干扰因素大，pH 变化幅度虽然较大，但由于低氧和生物呼吸与海洋酸化的耦合作用，酸化速度将比大洋海域快[26]。大洋海域，生物量密度低、人类干扰少，其酸化趋势主要受控于大气 CO_2 浓度的变化，但不同的海域物理化学过程不同，为此酸化的速率也会有差异。与陆地生态系统的 CO_2 加富实验（FACE）相比，海洋 CO_2 加富酸化实验[60]，由于海洋环境的特殊性，有相当大的难度。因此，急需开展相关的科学研究，克服技术困难，从生物、物理化学及古海洋领域等不同层面揭示海洋酸化的效应，并需长期监测我国海域海洋酸化的趋势。

我国是世界上最大的水产养殖国，2010 年产量达 3 673 万 t，占全球水产养殖的 61.4%[61]，其中主要是贝类养殖，产量为 1 108 万 t，占海水养殖的 74.8%[62]。海水养殖在影响近海海水化学性质的同时，也受到海洋酸化及其他全球变化因素的影响。虽然海洋酸化作用于贝类的机制还不是很清楚，但是已有很多科学证据证实了海洋酸化对贝类的负面影响，这将影响全球及区域贝类产量，最终可能造成重大经济损失[63,64]。我国近海 pH 调控机制比较复杂，鉴于此，需要建立长期的观测系统，以揭示我国养殖生态系统及关键海域的 pH 变动规律，在此基础上建立起一个评估海洋酸化可能对我国水产养殖带来的经济损失的模型。

4 未来海洋酸化研究

海洋生态系统正处于多重环境压力之下，对其运转、变迁与调控机制的认识尚存在相当大的不确定性。但可以肯定的是，近海生态系统、养殖生态系统中的 pH 变化规律与日趋恶化的海洋酸化之间必有一定的关联；海洋酸化、海洋升温等正在危及海洋生态系统的稳定性；海洋酸化会对海洋生物及生态系统造成广泛而深远的影响。然而，不同生物对酸化响应机制的差异，不同生物的适应性差异及海洋酸化本身的时空差异等，使得正确评估、预测海洋酸化及其生态效应面临着巨大的挑战。根据迄今的研究进展，该综述提出以下海洋酸化的研究重点。

（1）建立一系列科学规范的检测和监测方法，对海水化学、物理和生物等参数进行长时间监测，揭示近岸与外海海域在全球变暖、海洋酸化过程中的变动态势。

（2）高精度和高分辨率地重建地质历史时期，特别是与现代环境密切相关的全新世时期（约 10 000 年）。海水 pH 的变化过程和古生态响应规律，阐明古海洋酸化事件与生物灭绝、演替的关联。

（3）建立不同时—空尺度的物理、化学和生态模型，模拟和预测海洋酸化趋势及生态系统的响应特征。

（4）建立中型水量（又称“中宇宙”“中尺度”）（mesocosm）海洋酸化生态效应研究设施与海洋酸化研究示范区，综合考虑多重压力因素，在生态系统水平上研究海洋酸化对海洋生态系统服务功能与产出的影响。

（5）研究不同生物、不同生理过程及不同生态过程对海洋酸化的响应。

（6）评估海洋酸化可能对水产养殖、海洋生态系统带来的灾害，及其预防措施。

致　谢

本文是在综合第 419 次香山会议（海洋酸化：越来越酸的海洋、灾害与效应预测）讨论意见的基础上，增补最新进展，撰写而成。参加香山会议的除该文作者外，还有（按照姓氏字母顺序)：白雁（国家海洋局第二海洋研究所），蔡卫君（美国乔治亚大学），方建光（黄海水产研究所），高树基（厦门大学），高众勇（国家海洋局第三海洋研究所），黄晖（中国科学院南海海洋研究所），黄良民（中国科学院南海海洋研究所），蒋增杰（黄海水产研究所），刘传联（同济大学），刘光兴（中国海洋大学），刘红斌（香港科技大学），刘素美（中国海洋大学），毛玉泽（黄海水产研究所），米华玲（中国科学院植物生理研究所），任建国（国家自然科学基金委员会），王东晓（中国科学院南海海洋研究所），王克坚（厦门大学），魏皓（天津科技大学），徐军田（厦门大学），杨海军（北京大学），俞志明（中国科学院海洋研究所），袁东亮（中国科学院海洋研究所），张远辉（国家海洋局第三海洋研究所）等。感谢香山会议办公室及与会科学家的支持。

参考文献

［1］Solomon S，Plattner G K，Knutti R，et al. Irreversible climate change due to carbon dioxide emissions. Proc Natl Acad Sci USA，2009，106：1704.

［2］Sabine C L，Feely R A，Gruber N，et al. The oceanic sink for anthropogenic CO_2. Science，2004，305：367 - 371.

［3］Laffoley D d'A，Baxter J M. Ocean acidification：The knowledge base 2012 updating what we know about ocean acidification and key global challenges. In：European Project on Ocean Acidification（EPOCA）UOARP，（UKOA），Biological Impacts of Ocean Acidification（BIOACID）and Mediterranean Sea Acidification in a Changing Climate（MedSeA），Luxembourg，2012.

［4］Doney S C，Fabry V J，Feely R A，et al. Ocean acidification：The other CO_2 problem. Annu Rev Mar Sci，2009，1：169 - 192.

［5］Orr J C，Fabry V J，Aumont O，et al. Anthropogenic ocean acidification over the twenty-first century and its impact on calcifying organisms. Nature，2005，437：681 - 686.

［6］Hönisch B，Ridgwell A，Schmidt D N，et al. The geological record of ocean acidification. Science，2012，335：1058 - 1063.

［7］Hester K C，Peltzer E T，Kirkwood W J，et al. Unanticipated consequences of ocean acidification：A noisier ocean at lower pH. Geophys Res Lett，2008，35：L19601，doi：19610. 11029/12008GL034913.

［8］Feely R A，Orr J，Fabry V J，et al. Present and future changes in seawater chemistry due to ocean acidification. Geophys Monogr，2009，183：175 - 188.

［9］Riebesell U. Climate change—Acid test for marine biodiversity. Nature，2008，454：46 - 47.

［10］Hönisch B，Hemming N G. Ground-truthing the boron isotope-paleo-pH proxy in planktonic foraminifera shells：Partial dissolution and shell size effects. Paleoceanography，2004，19：PA4010，doi：4010. 1029/2004PA001026.

［11］Sanyal A，Bijma J，Spero H，et al. Empirical relationship between pH and the boron isotopic composition of Globigerinoides sacculifer：Implications for the boron isotope paleo-pH proxy. Paleoceanography，2001，16：515 - 519.

［12］Yu J M，Elderfield H，Hönisch B. B/Ca in planktonic foraminifera as a proxy for surface seawater pH. Paleoceanography，2007，22：PA2202，doi：2210. 1029/2006PA001347.

［13］Wei G J，McCulloch M T，Mortimer G，et al. Evidence for ocean acidification in the Great Barrier Reef of Australia. Geochim Cosmochim Acta，2009，73：2332 - 2346.

［14］Dai M H，Lu Z M，Zhai W D，et al. Diurnal variations of surface seawater pCO_2 in contrasting coastal environments. Limnol Oceanogr，2009，54：735 - 745.

［15］Fujii M，Chai F，Shi L，et al. Seasonal and interannual variability of oceanic carbon cycling in the western and central tropical-subtropical pacific：A physical-biogeochemical modeling study. J Oceanogr，2009，65：689 - 701.

［16］Jiang M S，Chai F. Physical control on the seasonal cycle of surface $p\ CO_2$ in the equatorial Pacific. Geophys Res Lett，2006，33：L23608，doi：23610. 21029/22006GL027195.

［17］Hauri C，Gruber N，Plattner G K，et al. Ocean acidification in the california current system. Oceanogr，

2009，22：60－71.

[18] Déath G，Lough J M，Fabricius K E. Declining coral calcification on the Great Barrier Reef. Science，2009，323：116－119.

[19] 余克服．南海珊瑚礁及其对全新世环境变化的记录与响应．中国科学：地球科学，2012，42：1160－1172.

[20] 施祺，余克服，陈天然，等．南海南部美济礁 200 余年滨珊瑚骨骼钙化率变化及其与大气 CO_2 和海水温度的响应关系．中国科学：地球科学，2012，42：71－82.

[21] Ridgwell A. A Mid Mesozoic revolution in the regulation of ocean chemistry. Mar Geol，2005，217：339－357.

[22] Pearson P N，Palmer M R. Atmospheric carbon dioxide concentrations over the past 60 million years. Nature，2000，406：695－699.

[23] Dore J E，Lukas R，Sadler D W，et al. Physical and biogeochemical modulation of ocean acidification in the central North Pacific. Proc Natl Acad Sci USA，2009，106：12235－12240.

[24] Chen C T A，Wang S L，Chou W C，et al. Carbonate chemistry and projected future changes in pH and $CaCO_3$ saturation state of the South China Sea. Mar Chem，2006，101：277－305.

[25] Feely R A，Sabine C L，Hernandez-Ayon J M，et al. Evidence for upwelling of corrosive "acidified" water onto the continental shelf. Science，2008，320：1490－1492.

[26] Cai W J，Hu X P，Huang W J，et al. Acidification of subsurface coastal waters enhanced by eutrophication. Nat Geosci，2011，4：766－770.

[27] Jiang Z P，Huang J C，Dai M H，et al. Short-term dynamics of oxygen and carbon in productive nearshore shallow seawater systems off Taiwan：Observations and modeling. Limnol Oceanogr，2011，56：1832－1849.

[28] Cao Z M，Dai M H，Zheng N，et al. Dynamics of the carbonate system in a large continental shelf system under the influence of both a river plume and coastal upwelling. J Geophys Res，2011，116：G02010，doi：02010. 01029/02010JG001596.

[29] Cai W J. Estuarine and coastal ocean carbon paradox：CO_2 sinks or sites of terrestrial carbon incineration? Annu Rev Mar Sci，2011，3：123－145.

[30] Guo X H，Dai M H，Zhai W D，et al. CO_2 flux and seasonal variability in a large subtropical estuarine system，the Pearl River Estuary，China. J Geophys Res，2009，114：G03013，doi：03010. 01029/02008JG000905.

[31] Dai M，Wang L，Guo X，et al. Nitrification and inorganic nitrogen distribution in a large perturbed river/estuarine system：The Pearl River Estuary，China. Biogeosciences，2008，5：1227－1244.

[32] Dai M H，Guo X G，Zhai W D，et al. Oxygen depletion in the upper reach of the Pearl River estuary during a winter drought. Mar Chem，2006，102：159－169.

[33] 雷汉杰，陈镇东. Warming accelerates and explains inconsistencies in ocean acidification rates. 海洋科学年会会议摘要集，2012.

[34] 唐启升，苏纪兰．海洋生态系统动力学研究与海洋生物资源可持续利用．地球科学进展，2001，16：5－11.

[35] Gao K，Aruga Y，Asada K，et al. Calcification in the articulated coralline alga *Corallina pilulifera*，with special reference to the effect of elevated CO_2 concentration. Mar Biol，1993，117：129－132.

[36] 王鑫，王东晓，高荣珍，等．南海珊瑚灰度记录中反映人类引起的气候变化信息．科学通报，2010，55：45－51.

[37] Riebesell U，Zondervan I，Rost B，et al. Reduced calcification of marine plankton in response to increased atmospheric CO_2. Nature，2000，407：364－367.

[38] Kurihara H. Effects of CO_2-driven ocean acidification on the early developmental stages of invertebrates. Mar Ecol-Prog Ser，2008，373：275－284.

[39] Zou D，Gao K，Xia J. Dark respiration in the light and in darkness of three marine macroalgal species grown under ambient and elevated CO_2 concentrations. Acta Oceanol Sin，2011，30：106－112.

[40] Wu Y，Gao K，Riebesell U. CO_2-induced seawater acidification affects physiological performance of the marine diatom *Phaeodactylum tricornutum*. Biogeoscience，2010，7：2915－2923.

[41] Li W，Gao K. A marine secondary producer respires and feeds more in a high CO_2 ocean. Mar Pollut Bull，2012，64：699－703.

[42] 陈雄文，高坤山．CO_2浓度对中肋骨条藻的光合无机碳吸收和胞外碳酸酐酶活性的影响．科学通报，2003，48：2275－2279.

[43] Havenhand J N，Buttler F R，Thorndyke M C，et al. Near-future levels of ocean acidification reduce fertilization success in a sea urchin. Curr Biol，2008，18：R651－R652.

[44] Munday P L，Dixson D L，Donelson J M，et al. Ocean acidification impairs olfactory discrimination and homing ability of a marine fish. Proc Natl Acad Sci USA，2009，106：1848－1852.

[45] 张旭光，宋佳坤，张国胜，等．食蚊鱼的生物电场特征．水生生物学报，2011，35：823－828.

[46] Zhang X G，Herzog H，Song J K，et al. Response properties of the electrosensory neurons in hindbrain of the white sturgeon，Acipenser transmontanus. Neurosci Bull，2011，27：422－429.

[47] Zhang X G，Song J K，Fan C X，et al. Use of electrosense in the feeding behavior of sturgeons. Integr Zool，2012，7：74－82.

[48] 高坤山．海洋酸化正负效应：藻类的生理学响应．厦门大学学报，2011，50：411－417.

[49] Gao K，Xu J，Gao G，et al. Rising CO_2 and increased light exposure synergistically reduce marine primary productivity. Nat Clim Change，2012，2：519－523.

[50] Gao K，Zheng Y. Combined effects of ocean acidification and solar UV radiation on photosynthesis，growth，pigmentation and calcification of the coralline alga *Corallina sessilis*（Rhodophyta）. Global Change Biol，2010，16：2388－2398，doi：10.1111/j.1365-2486.2009.02113.x.

[51] Gao K，Ruan Z，Villafañe V E，et al. Ocean acidification exacerbates the effect of UV radiation on the calcifying phytoplankter *Emiliania huxleyi*. Limnol Oceanogr，2009，54：1855－1862.

[52] Pörtner H O，Finke E，Lee P G. Metabolic and energy correlates of intracellular pH in progressive fatigue of squid（L-brevis）mantle muscle. Am J Physiol-Reg Ⅰ，1996，271：R1403－R1414.

[53] Ishimatsu A，Hayashi M，Kikkawa T. Fishes in high CO_2，acidified oceans. Mar Ecol-Prog Ser，2008，373：295－302.

[54] Rossoll D，Bermudez R，Hauss H，et al. Ocean acidification-induced food quality deterioration constrains trophic transfer. PLoS One，2012，7：e34737，doi：34710.31371/journal.pone.0034737.

[55] Fabry V J，Seibel B A，Feely R A，et al. Impacts of ocean acidification on marine fauna and ecosystem processes. ICES J Mar Sci，2008，65：414－432.

[56] Hall-Spencer J M，Rodolfo-Metalpa R，Martin S，et al. Volcanic carbon dioxide vents show ecosystem effects of ocean acidification. Nature，2008，454：96－99.

[57] Tatters A O，Fu F X，Hutchins D A. High CO_2 and silicate limitation synergistically increase the toxicity of *Pseudo-nitzschia fraudulenta*. PLoS One，2012，7：e32116.

[58] Sun J，Hutchins D A，Feng Y，et al. Effects of changing pCO_2 and phosphate availability on domoic acid production and physiology of the marine harmful bloom diatom *Pseudo-nitzschia multiseries*. Limnol Oceanogr，2011，56：829－840.

[59] Van de Waal D B，Verspagen J M H，Finke J F，et al. Reversal in competitive dominance of a toxic versus non-toxic cyanobacterium in response to rising CO_2. ISME J，2011，5：1438－1450.

[60] Corbyn Z, Brewer P. Underwater aquarium. Nat Clim Change, 2012, 2: 482－483.
[61] FAO. 世界渔业和水产养殖状况. 2012.
[62] 国农业部渔业局. 2010 年全国渔业经济统计公报. 2011.
[63] Kroeker K J, Kordas R L, Crim R N, et al. Meta-analysis reveals negative yet variable effects of ocean acidification on marine organisms. Ecol Lett, 2010, 13: 1419－1434.
[64] Narita D, Rehdanz K, Tol R S J. Economic costs of ocean acidification: A look into the impacts on global shellfish production. Clim Change, 2012, 113: 1049－1063.

The Effects of Ocean Acidification on Marine Organisms and Ecosystem

TANG Qisheng[1,2], CHEN Chen, TUNG Arthur[3], YU Kefu[4], DAI Minhan[1], ZHAO Meixun[5] KE Caihuan[1], Wong George T F[6], CHAI Fei[7], WEI Gangjian[8], ZHOU Liping[9], CHEN Liqi[10], SONG Jiakun[11], BARRY James[12], WU Yaping[1], GAO Kunshan[1]

(*1. State Key Laboratory of Marine Environmental Science, Xiamen University, Xiamen 361005, China;*
2. Yellow Sea Fisheries Research Institute, Chinese Academy of Fishery Sciences, Qingdao 266071, China;
3. Taiwan Sun Yat-sen University, Kaohsiung 804, China;
4. South China Sea Institute of Oceanology, Chinese Academy of Sciences, Guangzhou 510301, China;
5. College of Chemistry and Chemical Engineering, Ocean University of China, Qingdao 266100, China;
6. Research Center for Environmental Changes, Academia Sinica, Taipei 115, China;
7. School of Marine Sciences, University of Maine, Orono, ME 04401, USA;
8. State Key Laboratory of Isotope Geochemistry Guangzhou Institute of Geochemistry, Chinese Academy of Sciences, Guangzhou, 510640, China;
9. College of Urban and Environmental Sciences, Peking University, Beijing 100871, China;
10. Key Laboratory of Global Change and Marine-Atmospheric Chemistry, Third Institute of Oceanography, State Oceanic Administration, Xiamen 361005, China;
11. Institute for Marine Biosystem and Neurosciences, Shanghai Ocean University, Shanghai 201306, China;
12. Monterey Bay Aquarium Research Institute, Moss Landing, CA 95039, USA)

Abstract: Ocean acidification is known as another global change problem caused by increasing atmospheric CO_2. Since the industrial revolution, the oceans have absorbed more than one third of the anthropogenic CO_2 released to the atmosphere, currently, at a rate of over 1 million tons per hour, totaling to about one quarter of all anthropogenic CO_2 emissions annually. Uptake of CO_2 by the ocean has played an important role in stabilizing climate by mitigating global warming. However, rising ocean carbon levels caused by the uptake of anthropogenic CO_2 (acidic gas) leads to increased ocean acidity (reduced pH) and related changes in ocean carbonate chemistry, or "ocean acidification". Recent research has shown that ocean acidification affects the physiology, growth, survival, and reproduction of many, if not most marine organisms. Ultimately, future ocean acidification may lead to significant changes in many marine ecosystems, with consequential impact on ecosystem services to societies. Several ocean acidification events are known to have occurred during Earth's history, each coinciding with high rates of species' extinctions. Although the mechanisms involved in past massive species extinction associated with ocean acidification events, they certainly hint potential disastrous impacts on ecosystem functions in short future.

Key words: Climate change; CO_2, Ecological effects; Marine chemical and physical processes; Ocean acidification

六、海洋生物技术与分子生态学

海洋生物技术研究发展与展望①

唐启升
（中国水产科学研究院黄海水产研究所，青岛 266071）

1 发展现状

1.1 国际研究进展

1997 年 9 月，在欧洲联盟（EU）的支持下，第四次国际海洋生物技术大会在意大利召开。这次会议规模宏大，内容丰富，涉及面广，来自五大洲 33 个国家的有关专家向会议提交论文 285 篇，反映了当前国际海洋生物技术研究发展水平和方向。会议在意大利 4 个城市设立分会场，采取专题论文宣读、专题论文张贴和专题研讨等 3 种形式进行，主要内容如下：

1.1.1 宣读论文分为 8 个专题

a. 分子生物学和转基因动物，发育生物学，细胞因子生物学，生物标记、共生、病毒（48 篇）；

b. 水产养殖（12 篇）；

c. 生物修复（Bioremediation）、极温微生物、寄主与病原体相互作用（24 篇）；

d. 天然产物与过程（12 篇）。

1.1.2 张贴论文分为 4 个专题

a. 基因表达和分子克隆规则（20 篇）；

b. 蛋白质活性和生理作用（20 篇）；

c. 海洋生物分子（20 篇）；

d. 海洋资源养殖（20 篇）。

---

① 本文原刊于《海洋科学》，1：33－35，1999。

1.1.3　专题研讨会分为 11 个组

a. 生物多样性，渔业和种群遗传（19 篇）；

b. 分子进化和生物标记，基因法则和生物学模型（19 篇）；

c. 脂肪酸生产和代谢作用，酶，天然产物（30 篇）；

d. 水产养殖（9 篇）；

e. 生物修复和生态毒性，防污过程（17 篇）；

f. 政策（10 篇）。

另外，大会还特别邀请了美国斯坦福大学、加州大学、费城癌病研究中心和加拿大哥伦比亚大学等著名的研究学府和机构的学者就生物技术前沿和一些重要议题发表专题讲演："生物技术——生物学还是技术?"；"蛋白质折叠工程"；"生物学复合适应系统：染色体排序"等。

上述内容集中反映了当前国际海洋生物技术研究发展如下几个特点：

（1）基础生物学研究是海洋生物技术研究发展的重要基础。大会论文涉及的海洋生物技术基础研究的内容十分广泛，包括基因表达、分子克隆和生物学模型、分子进化和生物标记、发育生物学、细胞因子生物学、病毒及海洋生物分子等，论文数量约占总论文量的 40%。

（2）应用生物技术推动海洋产业发展是海洋生物技术研究应用的主要方向。有关水产养殖、天然产物、蛋白质活性、脂肪酸生产、酶等方面的论文约占 36%。在水产养殖应用中，重要商业养殖种类是海洋生物技术应用研究的主要对象，如鲑鳟鱼类、蟹虾等甲壳类、罗非鱼类、海鲈等。提高品种优良性状、抗病能力等是主要研究内容，包括转基因鱼类培育，多倍体贝类培育、鱼类和甲壳类繁殖性别控制、虾病控制、DNA 疫苗、转基因藻、营养增强等。

（3）应用生物技术保证海洋生物资源可持续利用和产业可持续发展是海洋生物技术研究发展的另一个重要领域。大会有关海洋环境和生态生物技术论文约占 21%，涉及的研究内容包括生物修复（如生物降解）、生态毒性、防污过程、生物多样性、种群遗传和环境适应等。

（4）与海洋生物技术发展有关的政策已成为公众所关注的问题。关注点是生物技术在水产养殖、基因修饰鱼类、生物多样性及相关领域应用的一般法则，如海洋生物技术商业化的优先领域是什么？帮助或妨碍海洋生物技术商业化发展的社会和个人的行动是什么？国家水产养殖发展计划如何与海洋生物技术结合？如何构建成功的科研/产业/政府的合作关系？其中海洋生物技术发展策略、海洋生物技术专利保护、海洋生物技术对水产养殖发展的重要性、转基因种类的安全和控制问题、海洋生物技术与生物多样性关系和海洋法问题等备受关注。

1.2　国内进展、存在的问题

我国海洋生物技术研究发展经过几年的酝酿和努力，作为海洋高技术领域的一个重要主题，于 1996 年正式进入国家高技术研究发展计划。1997 年顺利通过了主题研究发展计划的可行性论证，并发布了 1997—2000 年项目申请指南。科技人员对参与海洋生物技术研究发展表示了极大的积极性，来自26个部委、省市，80个科研和教学单位提出了256个申报课题，相当一部分申报课题来自“陆向”科教单位，课题申报竞争也比较激烈，申报成功率仅为20%。能够实际承担海洋生物技术的科技人员，也可谓是我国海洋生物技术研究发展领域的人才“精华”。

先期已启动的“海水养殖动物多倍体育种育苗和性控技术”，作为海洋生物技术主题的重大项目进展顺利，其中牡蛎、扇贝、珠母贝、鲍鱼及对虾多倍体研究和对虾、牙鲆的性控研究已取得了阶段性成果，多个种类已显示出显著的产业化前景。1998年一批养殖苗种工程、病害防治、高效饵料、环境工程优化，抗肿瘤、抗病毒药物，诊断试剂、生化工程、酶、毒素、耐海水生物培育，以及基因工程和细胞培养技术等海洋生物技术项目将分批启动实施。

我国海洋生物技术研究发展起步较晚，但是技术起点和要求却比较高，目标也较高，这样就显露出一个问题：基础研究较薄弱，立项选题难以集中，支持强度也难以加大，高技术的显示度受到影响。因此，需要在滚动中发展，不断调整。

2 发展预测

2.1 主要研究方面的发展

水产养殖生物技术、天然产物生物技术和环境生物技术是当前海洋生物技术研究发展的3个主要方面。

2.1.1 海水动植物养殖是海洋生物技术研究发展和应用的主要领域，目标是应用生物技术手段提高养殖生物的繁殖、发育、生长、健康和整体状况。目前优良品种培育、病害防治、种质保存、高效养殖技术仍是优先发展领域，美国、加拿大、挪威等10多个国家，在转基因动物（主要是生长基因）研究方面投入较大力量，已涉及的种类均为大宗、重要的养殖种类，如鲑鳟、罗非鱼、鲷类、虾蟹等甲壳类及鲍鱼等。另外，繁殖与性别控制、虾病控制和多倍体贝类培育等方面也是重要研究内容。基因表达、分子克隆、基因图谱和基因多样性分析等成为高技术基础研究的热点。

2.1.2 利用海洋生物活性物质和生物技术手段，为药品、高分子材料、酶、疫苗和诊断试剂等开发新一代化学品和工艺，是海洋生物高技术产业发展的一个重要发展方面。由于涉及的学科和技术领域颇多，其核心发展目标亦不够集中。天然产物开发、酶开发应用和脂肪酸生产等是目前受到关注较多、发展亦较快的技术专题。寻找最现代的方法分离活性物质、测定分子组成和结构、生物合成方式和检验生物活性是海洋天然产物开发的重要研究内容；海洋酶的来源广泛，如已从海洋微生物、藻类、鱼类、甲壳类、贝类等动植物中分离出许多类型的酶，它们在清洁洗涤剂、药品、生物降解、水产养殖、基因工程试剂等方面有广泛的开发应用前景。因此，海洋酶资源及其特征、酶分离的生物化学以及商业应用前景等都是重要的研讨内容；EPA、DHA和其他生物活性物质的微生物生产和类脂物、脂肪酸衍生物的代谢作用及生物活性成为脂肪酸生产的重要研究议题。

2.1.3 环境生态生物技术研究发展的重点是海洋生物修复技术的开发和应用。生物修复技术是比生物降解含义更为广泛，又以生物降解为重点的海洋生物技术。其方法包括利用活有机体，或其制作产品降解污染物，减少毒性或转化为无毒产品，富集和固定有毒物质包括重金属等。应用领域包括水产规模化和工厂化养殖、石油污染、重金属污染、城市排污以及海洋其他废物处理等。作为海洋生态环境保护及其产业可持续发展的重要生物工程手段，美国和加拿大联合制定了海洋生态环境生物修复计划，它对产业的近期发展和海洋的长期保护均有重要意义。微生物学、微生物对环境反应的动力学机制、降解过程的生化机理、微生物遗传学以及生物传感器等是该方面高技术支持研究的重要内容。

应用生物技术研究海洋生物多样性、种群遗传学及其对渔业的影响，是保证海洋及其产业可持续发展的另一个重要的生物技术手段。一般来说，它的成果不能直接产业化，但能保护产业的直接利益。

2.2　新的发展苗头及动态

高技术成果尽快实现商品化、产业化已成为国内外高技术研究发展的重要话题。不论是基础性研究还是应用开发性研究，选择重要的产业对象（如水产养殖中选择大宗的、有重要商业价值的养殖种类）、选择高附加值的产品对象（如活性物质开发）且具明朗的产业前景，似乎已成为海洋生物技术选题立项的普遍准则。

环境生物修复技术是一个新的研究发展领域，不仅是海洋生物技术研究发展的新内容，同时也是陆地生物技术研究发展的新内容，发展较快且具有广泛的应用前景。这个动向应引起注意。

3　对策与建议

3.1　我国海洋生物技术研究发展的方向和重点与国际发展大体相同，这也是当前海洋生物技术研究发展的总趋势。但是，目前我国在海洋高技术发展的基础研究方面比较薄弱，在选题立项时，需要给予倾斜和适当的支持。例如“实验室、中试、产业化”等不同目标定位的项目应有一个适当的比例，对产业化前景明确的“实验室”项目给以较多的经费支持等。拥有了一个坚实的基础，高技术成果才能迅速向商品化、产业化发展。

3.2　环境生态生物技术是海洋生物技术研究发展的重要方面，也是保证海洋及其产业可持续利用和发展的重要技术手段，需要重视该方面的选题立项。

参考文献

Anon，1997. IMBC’97 Abstracts. 4th International Marine Biotechnology Conference，Sorrento. Paestum，Otranto，Pugnochiuso，Italy：22 - 29 September. 1 - 361.

21世纪海洋生物技术研究发展展望①

唐启升，陈松林
（中国水产科学研究院黄海水产研究所，青岛 266071）

摘要： 分析研究了目前国际海洋生物技术研究的现状、重点领域及最新研究进展，展望21世纪海洋生物技术研究的发展趋势，并就我国海洋生物技术发展提出相应的建议。
关键词： 海洋生物技术；发展展望

0 引言

近10年来，由于海洋在沿海国家可持续发展中的战略地位日益突出，以及人类对海洋环境特殊性和海洋生物多样性特征的认识不断深入，海洋生物资源多层面的开发利用极大地促进了海洋生物技术研究与应用的迅速发展。1989年首届国际海洋生物技术大会（以下简称IMBC大会）在日本召开时仅有几十人参加，而1997年第四届IMBC大会在意大利召开时参加人数达1 000多人。现在IMBC会议已成为全球海洋生物技术发展的重要标志，出现了火红的局面。《IMBC 2000》在澳大利亚刚刚开过，《IMBC 2003》的筹备工作在日本已经开始，以色列为了举办《IMBC 2006》早早作了宣传，并争到了举办权。每三年一届的IMBC不仅吸引了众多高水平的专家学者前往展示与交流研究成果，探讨新的研究发展方向，同时也极大地推动了区域海洋生物技术研究的发展进程。在各大洲，先后成立了区域性学术交流组织，如亚太海洋生物技术学会、欧洲海洋生物技术学会和泛美海洋生物技术协会等。各国还组建了一批研究中心，其中比较著名的为美国马里兰大学海洋生物技术中心、加州大学圣地亚哥分校海洋生物技术和环境中心，康州大学海洋生物技术中心，挪威贝尔根大学海洋分子生物学国际研究中心和日本海洋生物技术研究所等。这些学术组织或研究中心不断举办各种专题研讨会或工作组会议研究讨论富有区域特色的海洋生物技术问题。1998年在欧洲海洋生物技术学会、日本海洋生物技术学会和泛美海洋生物技术协会的支持下，原《海洋生物技术杂志》与《分子海洋生物学和生物技术》合刊为《海洋生物技术》学报（以下简称JBM），现在它已成为一份具有权威性的国际刊物。海洋生物技术作为一个新的学科领域已明确被定义为“海洋生命的分子生物学和细胞生物学及其他的技术应用”。

为了适应这种快速发展的形势，美国、日本、澳大利亚等发达国家先后制定了国家发展计划，把海洋生物技术研究确定为21世纪优先发展领域。1996年，中国也不失时机地将海洋生物技术纳入国家高技术研究发展计划（“863计划”），为今后的发展打下了基础。不言而

① 本文原刊于《高技术通讯》，11（1）：1-6，2001。

喻，迄今海洋生物技术不仅成为海洋科学与生物技术交叉发展起来的全新研究领域，同时，也是 21 世纪世界各国科学技术发展的重要内容并将显示出强劲的发展势头和巨大应用潜力。

1　发展特点

表 1 列出了近两届 IMBC 大会研讨的主要内容，表 2 列出了近期 IMBC 大会和 JMB 发表的研究成果分类及数量。这些资料大体反映了当前海洋生物技术研究发展的主要趋势和特点。

表 1　近期 IMBC 大会研讨的主要内容

栏目		IMBC 1997[1]		IMBC 2000[2]
大会报告主题	1	分子生物学和转基因动物	1	细胞和分子生物学
	2	天然产物及其过程	2	转基因生物
	3	水产养殖	3	水产养殖（含营养、病害等）
	4	发育生物学	4	海洋微生物
	5	细胞器生物学	5	生物活性化合物
	6	生物修复，极端生物，宿主-病原相互作用	6	分子工具和标记
	7	生物多样性，环境适应及进化	7	极端生物
	8	生物标记、共生及病毒	8	共生
			9	生物修复
			10	海洋政策
墙报交流主题	1	基因表达调节和分子克隆	1	细胞和分子生物学
	2	蛋白质活性及其生理作用	2	转基因生物
	3	海洋生物分子	3	水产养殖（含生产、营养及病害）
	4	海洋养殖资源	4	生物活性化合物
			5	分子工具和标记
			6	微生物、生物修复和共生
			7	极端生物
专题讨论会主题	1	生物多样性	1	基因转移
	2	分子进化和生物标记	2	生物附着
	3	基因调节和生物模型	3	微生物基因组学
	4	脂肪酸生产和代谢	4	鱼类免疫
	5	渔业和种群遗传学	5	生物活性物质
	6	酶	6	后生动物基因组学
	7	天然产物	7	生物多样性
	8	水产养殖	8	生物修复
	9	政策	9	生物工程
	10	生物修复和生态毒理	10	海洋政策
	11	防附着过程	11	海洋食品安全

表 2 近期 IMBC 大会和 *Marine Biotechnology* 学术论文统计表

重点研究内容	发育与生殖生物学基础	基因组学与基因转移	病原生物学与免疫	生物活性及其产物	生物修复、极端生物、共生及防附着	生物多样性与政策	其他
IMBC 1997[1]	46	35	15	52	37	45	25
IMBC 2000[2]	30	32	15	45	30	30	15
JMB（1999 至今）[3-4]	19	27	9	14	6	19	20

1.1 加强基础生物学研究是促进海洋生物技术研究发展的重要基石

海洋生物技术涉及海洋生物的分子生物学、细胞生物学、发育生物学、生殖生物学、遗传学、生物化学、微生物学，乃至生物多样性和海洋生态学等广泛内容，为了高技术发展有一个坚实的基础，研究者非常重视这些相关的基础研究。在 IMBC 2000 会议期间，当本文作者询问一位资深的与会者：本次会议的主要进步是什么？他毫不犹豫地回答：分子生物学水平的研究成果增多了。事实确实如此。近期的研究成果统计表明，海洋生物技术的基础研究更侧重于分子水平的研究，如基因表达、分子克隆、基因组学、分子标记、海洋生物分子、物质活性及其化合物等。这些具有导向性的基础研究，对今后的发展将有重要影响。

1.2 海洋产业发展是海洋生物技术应用的主要方面

目前，应用海洋生物技术推动海洋产业发展主要聚焦在水产养殖和海洋天然产物开发两个方面，这也是海洋生物技术研究发展势头强劲、充满活力的原因所在。在水产养殖方面，提高重要养殖种类的繁殖、发育、生长和健康状况，特别是在培育品种的优良性状、提高抗病能力方面已取得令人鼓舞的进步，如转生长激素基因鱼的培育、贝类多倍体育苗、鱼类和甲壳类性别控制、疾病检测与防治、DNA 疫苗和营养增强等；在海洋天然产物开发方面，利用生物技术的最新原理和方法开发分离海洋生物的活性物质、测定分子组成和结构及生物合成方式、检验生物活性等，已明显地促进了海洋新药、酶、高分子材料、诊断试剂等新一代生物制品和化学品的产业化开发。

1.3 海洋环境可持续利用是海洋生物技术研究应用的另一个重要方面

利用生物技术保护海洋环境、治理污染，使海洋生态系统生物生产过程更加有效，是一个相对比较新的应用发展领域，因此，无论是从技术开发，还是产业发展的角度看，它都有巨大的潜力有待挖掘出来。目前已涉及的研究主要包括生物修复（如生物降解和富集、固定有毒物质技术等）、防生物附着、生态毒理、环境适应和共生等。有关国家把“生物修复”作为海洋生态环境保护及其产业可持续发展的重要生物工程手段，美国和加拿大联合制定了海洋环境生物修复计划，推动该技术的应用与发展。

1.4 与海洋生物技术发展有关的海洋政策始终是公众关注的问题

其中海洋生物技术的发展策略、海洋生物技术的专利保护、海洋生物技术对水产养殖发展的重要性、转基因种类的安全性及控制问题、海洋生物技术与生物多样性关系以及海洋环境保护等方面的政策、法规的制定与实施备受关注。

2　重点发展领域

当前，国际海洋生物技术的重点研究发展领域主要包括如下几个方面。

2.1　发育与生殖生物学基础

弄清海洋生物胚胎发育、变态、成熟及繁殖各个环节的生理过程及其分子调控机理，不仅对于阐明海洋生物生长、发育与生殖的分子调控规律具有重要科学意义，而且对于应用生物技术手段，促进某种生物的生长发育及调控其生殖活动，提高水产养殖的质量和产量具有重要应用价值。因此，这方面的研究是近年来海洋生物技术领域的研究重点之一。主要包括：生长激素、生长因子、甲状腺激素受体、促性腺激素、促性腺激素释放激素、生长-催乳激素、渗透压调节激素、生殖抑制因子、卵母细胞最后成熟诱导因子、性别决定因子和性别特异基因等激素和调节因子的基因鉴定、克隆及表达分析，以及鱼类胚胎干细胞培养及定向分化等。

2.2　基因组学与基因转移

随着全球性基因组计划尤其是人类基因组计划的实施，各种生物的结构基因组和功能基因组研究成为生命科学的重点研究内容，海洋生物的基因组研究，特别是功能基因组学研究自然成为海洋生物学工作者研究的新热点。目前的研究重点是对有代表性的海洋生物（包括鱼、虾、贝及病原微生物和病毒）基因组进行全序列测定，同时进行特定功能基因，如药物基因、酶基因、激素多肽基因、抗病基因和耐盐基因等的克隆和功能分析。在此基础上，基因转移作为海洋生物遗传改良、培育快速生长和抗逆优良品种的有效技术手段，已成为该领域应用技术研究发展的重点。近几年研究重点集中在目标基因筛选，如抗病基因、胰岛素样生长因子基因及绿色荧光蛋白基因等作为目标基因；大批量、高效转基因方法也是基因转移研究的重点方面，除传统的显微注射法、基因枪法和精子携带法外，目前已发展了逆转录病毒介导法、电穿孔法、转座子介导法及胚胎细胞介导法等。

2.3　病原生物学与免疫

随着海洋环境逐渐恶化和海水养殖的规模化发展，病害问题已成为制约世界海水养殖业发展的瓶颈因子之一。开展病原生物（如细菌、病毒等）致病机理、传播途径及其与宿主之间相互作用的研究，是研制有效防治技术的基础；同时，开展海水养殖生物分子免疫学和免疫遗传学的研究，弄清海水鱼、虾、贝类的免疫机制对于培育抗病养殖品种、有效防治养殖病害的发生具有重要意义。因此，病原生物学与免疫已成为当前海洋生物技术的重点研究领域之一，重点是病原微生物致病相关基因、海洋生物抗病相关基因的筛选、克隆，海洋无脊椎动物细胞系的建立、海洋生物免疫机制的探讨、DNA 疫苗研制等。

2.4　生物活性及其产物

海洋生物活性物质的分离与利用是当今海洋生物技术的又一研究热点。现代研究表明，各种海洋生物中都广泛存在独特的化合物，用来保护自己生存于海洋中。来自不同海洋生物的活性物质在生物医学及疾病防治上显示出巨大的应用潜力，如海绵是分离天然药物的重要资源。另外，有一些海洋微生物具有耐高温或低温、耐高压、耐高盐和耐低营养的功能，研究开发利用这些具特殊功能的海洋极端生物可能获得陆地上无法得到的新的天然产物，因而，对极端生物研究也成为近年来海洋生物技术研究的重点方面。这一领域的研究重点包括抗肿瘤药物、工业酶及其他特殊用途酶类、极端微生物中特定功能基因的筛选、抗微生物活性物质、抗生殖药物、免疫增强物质、抗氧化剂及产业化生产等。

2.5 海洋环境生物技术

该领域的研究重点是海洋生物修复技术的开发与应用。生物修复技术是比生物降解含义更为广泛，又以生物降解为重点的海洋环境生物技术。其方法包括利用活有机体、或其制作产品降解污染物，减少毒性或转化为无毒产品，富集和固定有毒物质（包括重金属等），大尺度的生物修复还包括生态系统中的生态调控等。应用领域包括水产规模化养殖和工厂化养殖、石油污染、重金属污染、城市排污以及海洋其他废物（水）处理等。目前，微生物对环境反应的动力学机制、降解过程的生化机理、生物传感器、海洋微生物之间以及与其他生物之间的共生关系和互利机制，抗附着物质的分离纯化等是该领域的重要研究内容。

3 前沿领域的最新研究进展

3.1 发育与生殖调控

应用 GIH（性腺抑制激素）和 GSH（性腺刺激激素）等激素调控甲壳类动物成熟和繁殖的技术[1]，研究了甲状腺激素在金鲷生长和发育中的调控作用，发现甲状腺激素受体 mRNA 水平在大脑中最高，在肌肉中最低，而在肝、肾和鳃中表达水平中等，表明甲状腺素受体在成体金鲷脑中起着重要作用[1]，对海鞘的同源框（homeobox）基因进行了鉴定，分离到 30 个同源框基因[1]，建立了青鳉的同源框基因[1]，建立了青鳉胚胎干细胞系并通过细胞移植获得了嵌合体青鳉，建立了虹鳟原始生殖细胞培养物并分离出 Vasa 基因[2]，进行斑节对虾生殖抑制激素的分离与鉴定[2]，应用受体介导法筛选 GnRH 类似物，用于鱼类繁殖[2]，建立了海绵细胞培养技术，用于进行药物筛选[2]，建立了将海胆胚胎作为研究基因表达的模式系统[1]，通过基因转移开展了海胆胚胎工程的研究[2]，研究了人葡糖转移酶和大鼠己糖激酶 cDNA 在虹鳟胚胎中的表达[3]，建立了通过细胞周期蛋白依赖的激酶活性测定海水鱼苗细胞增殖速率的方法[3]，研究了几丁质酶基因在斑节对虾蜕皮过程中的表达[4]，从海参分离出同源框基因，并进行了序列的测定[4]。

3.2 功能基因克隆

建立了牙鲆肝脏和脾脏 mRNA 的表达序列标志，从深海一种耐压细菌中分离到压力调节的操纵子，从大西洋鲑分离到雌激素受体和甲状腺素受体基因，从挪威对虾中分离到性腺抑制激素基因[1]；将 DNA 微阵列技术在海绵细胞培养上进行了应用，构建了斑节对虾遗传连锁图谱，建立了海洋红藻 EST，从海星卵母细胞中分离出成熟蛋白酶体的催化亚基，初步表明硬骨头鱼类 IGF－I 原 E－肽具有抗肿瘤作用[2]；构建了海洋酵母 *Debaryomyces* *hansenii*的质粒载体，从鲤鱼血清中分离纯化出蛋白酶抑制剂，从蓝蟹血细胞中分离到一种抗菌肽样物质，从红鲍分离到一种肌动蛋白启动子，发现依赖于细胞周期的激酶活性可用作海洋鱼类苗种细胞增殖的标记，克隆和定序了鳗鱼细胞色素 P4501A cDNA，通过基因转移方法分析了鳗细胞色素 P4501A1 基因的启动子区域，分离和克隆了鳗细胞色素 P4501A1 基因，建立了适宜于沟鲇遗传作图的多态性 EST 标记，构建了黄盖鲽 EST 数据库并鉴定出了一些新基因，建立了斑节对虾一些组织特异的 EST 标志，从经 Hirame Rhabdovirus 病毒感染的牙鲆淋巴细胞 EST 中分离出 596 个 cDNA 克隆[3]；用 PCR 方法克隆出一种自体受精雌雄同体鱼类的β-肌动蛋白基因，从金鲷 cDNA 文库中分离出多肽延伸因子 EF－2cDNA 克隆，在湖鳟基因组中发现了 Tcl 样转座子元件[4]；鉴定和克隆出的基因包括：南美白对虾抗菌肽基因，牡蛎变应原（allergen）基因、大西洋鳗和大西洋鲑抗体基因、虹鳟 Vasa 基因、青鳝 P53 基因组基因、双鞭毛藻类真核启始因子 5A 基因、条纹鲈 GtH（促性腺激素）受体 cDNA、鲍肌动蛋白基因、蓝细菌丙酮酸激酶基因、鲤鱼视紫红质基因调节系列以及牙鲆溶菌酶基因等[1-4]。

3.3 基因转移

分离克隆了大麻哈鱼 IGF 基因及其启动子，并构建了大麻哈鱼 IGF（胰岛素样生长因子）基因表达载体[1]，通过核定位信号因子提高了外源基因转移到斑马鱼卵的整合率[1]，建立了快速生长的转基因罗非鱼品系并进行了安全性评价；对转基因罗非鱼进行了 3 倍体诱导，发现 3 倍体转基因罗非鱼尽管生长不如转基因 2 倍体快，但优于未转基因的 2 倍体鱼，同时，转基因 3 倍体雌鱼是完全不育的，因而具有推广价值[2]；研究了超声处理促进外源 DNA 与金鲷精子结合的技术方法，将 GFP 作为细胞和生物中转基因表达的指示剂；表明转基因沟鲇比对照组生长快 33%，且转基因鱼逃避敌害的能力较差，因而可以释放到自然界中，而不会对生态环境造成大的危害[3]；应用 GFP 作为遗传标记研究了斑马鱼转基因的条件优化和表达效率[3]；在抗病基因工程育种方面，构建了海洋生物抗菌肽及溶菌酶基因表达载体并进行了基因转移实验[2]；在转基因研究的种类上，目前已从经济养殖鱼类逐步扩展到养殖虾、贝类及某些观赏鱼类[2,3]。通过基因枪法将外源基因转到虹鳟肌肉中获得了稳定表达[4]。

3.4 分子标记技术与遗传多样性

研究了将鱼类基因内含子作为遗传多样性评价指标的可行性，应用 SSCP 和定序的方法研究了大西洋和地中海几种海洋生物的遗传多样性[1]。研究了南美白对虾消化酶基因的多态性[1]；利用寄生性原生动物和有毒甲藻基因组 DNA 的间隔区序列作标记检测环境水体中这些病原生物的污染程度，应用 18S 和 5.8S 核糖体 RNA 基因之间的第一个内部间隔区（ITS－1)序列作标记进行甲壳类生物种间和种内遗传多样性的研究[2]；研究了斑节对虾三个种群的线粒体 DNA 多态性，用 PCR 技术鉴定了夏威夷 Gobioid 苗的种类特异性，通过测定内含子序列揭示了南美白对虾的种内遗传多样性，采用同工酶、微卫星 DNA 及 RAPD 标记对褐鳟不同种群的遗传变异进行了评价，在平鲉鱼鉴定并分离出 12 种微卫星 DNA，在美国加州鱿鱼上发现了高度可变的微卫星 DNA[3]；弄清了一种深水鱼类（*Gonostoma gracile*）线粒体基因组的结构，并发现了硬骨鱼类 tRNA 基因重组的首个实例，测定了具有重要商业价值的海水轮虫的卫星 DNA 序列，用 RAPD 技术在大鲮鲆和鲻鱼筛选到微卫星重复片段，从多毛环节动物上分离出高度多态性的微卫星 DNA，用 RAPD 技术研究了泰国东部泥蟹的遗传多样性[3]；用 AFLP 方法分析了母性遗传物质在雌核发育条纹鲈基因组中的贡献[4]。

3.5 DNA 疫苗及疾病防治

构建了抗鱼类坏死病毒的 DNA 疫苗[1]；开展了虹鳟 IHNV DNA 疫苗构建及防病的研究，表明用编码 IHNV 糖蛋白基因的 DNA 疫苗免疫虹鳟，诱导了非特异性免疫保护反应，证明 DNA 免疫途径在鱼类上的可行性，从虹鳟细胞系中鉴定出经干扰素可诱导的蛋白激酶[2]；建立了养殖对虾病毒病原检测的 ELISA 试剂盒，用 PCR 等分子生物学技术鉴定了虾类的病毒性病原，将鱼类的非特异性免疫指标用于海洋环境监控；研究了抗病基因转移提高鲷科鱼类抗病力的可行性；研究了蛤类唾液酸凝集素的抗菌防御反应[2]；研究了一种海洋生物多糖及其衍生物的抗病毒活性[3]；建立了测定牡蛎病原的 PCR - ELISA 方法[3]；研究了 Latrunculin B 毒素在红海绵体内的免疫定位[4]。

3.6 生物活性物质

从海藻中分离出新的抗氧化剂[1]，建立了大量生产生物活性化合物的海藻细胞和组织培养技术，建立了通过海绵细胞体外培养制备抗肿瘤化合物的方法[1]；从不同生物（如对虾和细菌）中鉴定分离出抗微生物肽及其基因，从鱼类水解产物中分离出可用作微生物生长底物的活性物质，海洋生物中存在的抗附着活性物质，用血管生成抑制剂作为抗受孕剂，从蟹和虾体内提取免疫激活剂，从海洋藻类和蓝细菌中纯化光细菌致死化合物，海星抽提物在小鼠上表现出抗精细胞形成的作用，从海洋植物 *Zostera marina* 分离出一种无毒的抗附着活性化合物，从海绵和海鞘抽提物分离出抗肿瘤化合物，开发了珊瑚变态天然诱导剂，从海胆中分离出一种抗氧化的新药，在海洋双鞭毛藻类植物中鉴定出长碳链高度不饱和脂肪酸（C28），表明海洋真菌是分离抗微生物肽等生物活性化合物的理想来源[2]；发现海洋假单胞杆菌的硫酸多糖及其衍生物具有抗病毒活性，从硬壳蛤分离出谷胱甘肽- *S* -转移酶，从鲤血清中分离出丝氨酸蛋白酶抑制剂，从海绵中分离出氨酰脯氨酸二肽酶，从一种珊瑚分离出具 DNA 酶样活性的物质，建立了开放式海绵养殖系统，为生物活性物质的大量制备提供了充足的海绵原料[4]；从虾肌水解产物中分离到抗氧化肽物质[4]；从一种海洋细菌中分离纯化出 *N* -乙酰葡糖胺- 6 -磷酸脱乙酰酶[4]。

3.7 生物修复、极端微生物及防附着

研究了转重金属硫蛋白基因藻类对海水环境中重金属的吸附能力，表明明显大于野生藻类[1]，研究了石油降解微生物在修复被石油污染的海水环境上的可行性及应用潜力[1]；研究了海洋磁细菌在去除和回收海水环境中重金属上的应用潜力[1]；用 Bacillus 清除养鱼场污水中的氮，用分子技术筛选作为海水养殖饵料的微藻，开发了 6 价铬在生物修复上的应用潜力，分离出耐冷的癸烷降解细菌，研究了海洋环境中多芳香化烃的微生物降解技术[2]；从嗜盐细菌分离出渗透压调节基因，并生产了重组 Ectoine（渗透压调节因子），从 2 650 m 的深海分离到一种耐高温的细菌，这种细菌可用来分离耐高温和热稳定的酶，在耐高温的

archaea 发现了 D 型氨基酸和天冬氨酸消旋酶，测定了 3 种海洋火球菌的基因组 DNA 序列，借助于 CROSS/BLAST 分析进行了特定功能基因的筛选，从海底沉积物、海水和北冰洋收集了 1 000 多种嗜冷细菌，并从这些细菌中分离到多种冷适应的酶[2]；建立了一种测定藤壶附着诱导物质的简单方法，研究了 Chlorophyta 和共生细菌之间附着所必需的形态上相互作用，研究了珊瑚抗附着物质（diterpene）类似物的抗附着和麻醉作用[3]；分析了海岸环境中污着的起始过程，并对沉积物和附着物的影响进行了检测[4]。

4 展望与建议

上述研究分析表明，海洋生物技术作为一个全新的学科，将成为 21 世纪海洋研究开发的重要领域，并沿着三个应用方向迅速发展。一是水产养殖，其目标十分清楚就是要提升传统产业，促使水产养殖业在优良品种培育、病害防治、规模化生产等诸多方面出现跨越式的发展；二是海洋天然产物开发，其目标是探索开发海洋高附加值的新资源，促进海洋新药、高分子材料和功能特殊的海洋生物活性物质产业化开发；三是海洋环境保护，其目标是保证海洋环境的可持续利用和产业的可持续发展。令人可喜的是这个应用发展趋势与我国海洋产业的发展需求，特别是与我国海洋生物资源可持续开发利用的高技术需求相一致[5]。事实上，在过去 5 年中我国海洋生物技术的研究应用已经取得了长足的进步，取得了一批具世界先进水平的研究成果，在推动海洋产业发展中发挥了重要作用。进入 21 世纪，加大海洋“863 计划”的支持力度，进一步促进我国海洋生物技术快速发展的势头，不仅有现实的意义，也是具有战略价值的举措。另外，面对科技全球化的挑战，多渠道地加强国际合作与交流，促进我国海洋生物技术创新和产业化向更高层面上发展也是十分重要的。

从技术应用的角度看，海洋生物技术是利用海洋环境特殊性和生物多样性特征，从分子和细胞水平上，即从高技术水平上多层面地开发利用海洋生物个体资源、遗传资源和天然产物资源，那么与此相关的基础研究就显得十分重要了。事实上，这也是一种国际研究发展趋势。为了弥补这方面的不足，在我国海洋生物技术发展过程中需要有多方面支持和配合，不仅要与《国家重点基础研究发展规划》《国家自然科学基金》等相关计划沟通、衔接，还需要加强基础性建设。既需要加强中试基地和产业化基地建设，也需要加强基础设施建设，如加强开放实验室、研究基地、生物多样性资源库、种子库、信息数据库的建设。这些措施对我国海洋生物技术向更高水平发展具有深远意义。

参考文献

[1] The Abstract of 4th International Marine Biotechnology Conference（IMBC 1997），22 - 29 September，1997，Pugnochiuso，Italy.

[2] The Abstract of 5th International Marine Biotechnology Conference（IMBC 2000），29 September - 4 October，2000，Townsville，Australia.

[3] Chen T T.（eds）. Marine Biotechnology，1999，1（1～6）.

[4] Chen T T.（eds）. Marine Biotechnology，2000，2（1～3）.

[5] 唐启升. 中国工程科学，2001，3（2）：7.

海洋生物技术前沿领域研究进展①

唐启升[1]，陈松林[2]
（1. 中国水产科学研究院黄海水产研究所，青岛 266071；
2. 农业部海洋渔业资源可持续利用重点开放实验室，青岛 266071）

摘要：根据近期国际海洋生物技术研究发展的有关信息资料，介绍了海洋生物技术研究的现状、前沿领域和最新研究进展，并展望了今后的发展趋势及我国应采取的措施。
关键词：海洋生物技术；前沿领域；研究进展

随着海洋在沿海国家可持续发展中的战略地位的日益突出，以及多层面的开发利用海洋生物资源的社会需求日益增长，近 20 年来，海洋生物技术受到了高度的重视，这不仅表现在美国、日本、挪威、澳大利亚、英国、德国等发达国家先后制定了国家发展计划，把海洋生物技术确定为 21 世纪优先发展领域，而且发展中国家，如中国、韩国、墨西哥、印度及东南亚各国等，也不失时机地把海洋生物技术的研究提到国家发展的日程上来。中国在 1996 年把海洋生物技术研究正式纳入“国家高新技术研究发展计划”（“863 计划”）。甚至像以色列这样深陷国际冲突的国家也在为举办海洋生物技术国际会议大作宣传，即是另一个鲜明的事例。这些努力极大地促进了海洋生物技术在全球的研究发展，并展示出令人鼓舞的前景。正像美国国家科学基金会主任考威尔博士在 2003 年国际海洋生物技术大会主题报告中所言：“今天，充分的证据显示：海洋生物技术的未来比 20 年前更加光明”[1]。当今，最能概括反映海洋生物技术前沿领域动态和研究进展的应是国际海洋生物技术大会（International Marine Biotechnology Conference，简称 IMBC）和《国际海洋生物技术学报》（*Marine Biotechnology*，简称《MB》）。

首届 IMBC 于 1989 年在日本召开，随后分别在美国、挪威、意大利和澳大利亚召开了第 2～5 届，第 6 届 IMBC 于 2003 年 9 月 21—27 日再次在日本召开。参加 IMBC 已成为海洋生物技术领域中的一件盛事，近几届参加会议的人数在 500～1 000 人。人们感到每三年召开一届的 IMBC 对展示和交流海洋生物技术的最新研究成果在时间间隔上长了一些，要求缩短会议的间隔时间，因此，2003 年以后将每两年召开一次 IMBC。第 7 和第 8 届 IMBC 将分别于 2005 年在加拿大东岸的纽芬兰和 2007 年在以色列地中海沿岸的特拉维夫召开，中国有望争取到 2009 年 IMBC 的举办权。这些足以说明 IMBC 在海洋生物研究领域的重要性和它对该领域发展的作用。

《MB》是 1998 年在欧洲海洋生物技术学会、日本海洋生物技术学会和泛美海洋生物技术协会的支持下，将原《海洋生物技术杂志》和《海洋分子生物学和生物技术》合刊而成

① 本文原刊于《海洋科学进展》，22（2）：123－129，2004。

的。《MB》封面的副标题是：关于海洋生命的分子生物学和细胞生物学及其技术应用的国际学报，它现在是海洋生物技术研究领域具有权威性的国际刊物。作者曾根据 1997 年、2000 年 IMBC 和 1999—2000 年出版的《MB》展望了海洋生物技术的研究进展[2]。鉴于该领域发展较快，新成果不断出现，本文根据 2003 年召开的 IMBC 和近两年《MB》发表的研究成果，综述了海洋生物技术研究的前沿领域和最近研究进展。

1 前沿领域与发展特点

不论是 IMBC 的研讨内容，还是《MB》发表的研究成果均表明（表 1 和表 2），分子生物学已成为海洋生物技术研究的前沿领域，其研究越来越深入，应用越来越广泛，并向多个领域快速扩展，例如从水产养殖、天然药物到环境保护、生物能源等。

表 1 近期 IMBC 大会研讨的主要内容①

Table 1 Discussion subjects of recent IMBC conferences

<table>
<tr><th>栏目</th><th>IMBC 1997[3]</th><th>IMBC 2000[4]</th><th>IMBC 2003[5]</th></tr>
<tr><td>大会报告主题</td><td>（1）分子生物学和转基因动物
（2）天然产物及其过程
（3）水产养殖
（4）发育生物学
（5）细胞器生物学
（6）生物修复，极端生物，宿主-病原相互作用
（7）生物多样性，环境适应及进化
（8）生物标记、共生及病毒</td><td>（1）细胞和分子生物学
（2）转基因生物
（3）水产养殖（含营养、病害等）
（4）海洋微生物学
（5）生物活性化合物
（6）分子工具和标记
（7）极端生物
（8）共生
（9）生物修复
（10）海洋政策</td><td rowspan="2">（1）基因组学
包括：基因组学和生物信息学②、真核生物基因组学、转基因鱼、微生物基因组学、蛋白质组学
（2）繁育与分子生物学
包括：分子生物学与发育生物学、内分泌、生物活性肽与蛋白质、无脊椎动物分子生物学、大型藻类分子生物学与生物技术、大型海藻和植物生物技术、微藻与原生动物生物技术
（3）疾病与免疫
包括：疾病、防治与免疫、海洋病毒
（4）环境生物技术
包括：生物矿化和生物材料、生物修复和监测、生物去污、有害藻水华、海洋分子生态学和基因发现、水产养殖和环境影响
（5）天然产物
包括：海洋微型生物与多个生物活性成分、嗜热菌和高压生理学、深海生态系统、细菌信号与酶通讯、共生
（6）生物氢
（7）政策
包括：群体遗传学与多样性保护、海洋生物技术崛起、海洋方针与国际合作、海洋生物技术的国家发展、海洋制药的原料供应</td></tr>
<tr><td>专题讨论会主题</td><td>（1）生物多样性
（2）分子进化和生物标记
（3）基因调节和生物模型
（4）脂肪酸生产和代谢
（5）渔业和种群遗传学
（6）酶
（7）天然产物
（8）水产养殖
（9）政策
（10）生物修复和生态毒理
（11）防附着过程</td><td>（1）基因转移
（2）生物附着
（3）微生物基因组学
（4）鱼类免疫
（5）生物活性物质
（6）后生动物基因学
（7）生物多样性
（8）生物修复
（9）生物工程
（10）海洋政策
（11）海洋食品安全</td></tr>
</table>

（续）

栏目	IMBC 1997[3]	IMBC 2000[4]	IMBC 2003[5]
墙报交流主题	（1）基因表达调节和分子克隆 （2）蛋白质活性及其生理作用 （3）海洋生物分子 （4）海洋养殖资源	（1）细胞和分子生物学 （2）转基因生物 （3）水产养殖（生产、营养及病害） （4）生物活性化合物 （5）分子工具和标记 （6）微生物学、生物修复和共生 （7）极端生物	③

注：①“IMBC 2003”每天除特邀1～2位学者作大会报告外，学术交流以专题讨论为主；②为“IBMC 2003”特别专题；③“IMBC 2003”未列墙报交流主题，每日展示的墙报内容与专题讨论主题基本一致。

表2 近期IMBC大会和*Marine Biotechnology*学报论文统计表

Table 2 Statistics on the papers on recent IMBC conferences and *Marine Biotechnology*

会议/学报	发育与生殖生物学基础	基因组学与基因转移	病原生物学与免疫	生物活性及其产物	生物修复、极端生物、共生及防附着	生物多样性与政策	其他
IMBC 1997[3]	46	35	15	52	37	45	25
IMBC 2000[4]	30	32	15	45	30	30	15
IMBC 2003[5]	30	24	28	32	34	26	23
《MB》1999—2000[6,7]	19	27	9	14	6	19	20
《MB》2001—2002[8,9]	20	31	16	15	11	28	12

1.1 海洋生物基因组学研究的快速进展是海洋生物技术前沿领域的新亮点

分子生物学作为海洋生物技术发展的基础生物学研究涉及多个相关学科，包括发育生物学、繁殖生物学、遗传学、生物化学、微生物学、内分泌学，乃至生物多样性、生态学和生态系统等广泛内容。随着分子生物学水平的研究成果在各个学科领域的不断增多，以及新的生命科学实验技术手段的不断产生，基因组学的研讨成为“IMBC 2003”的重要内容，研究成果颇为丰盛。大会不仅把它作为特别专题予以安排，还另外专门安排了卫星学术会议，展示和交流水生生物基因组学的研究成果。研究的范围和对象从真核生物到无脊椎动物、微型生物和微生物的基因组学和蛋白质组学，包括了一些重要的水产养殖生物，如大西洋鲑、河豚、牙鲆、鲇、罗非鱼、真鲷、牡蛎、鲍、中国对虾、日本对虾等，以及模式生物青鳉、斑马鱼等。海洋生物基因组学研究的迅速发展无疑为认识海洋生物生长、发育、繁殖的基本特性提供了重要的科学信息，也将为海洋生物技术在各个应用领域的发展提供动力，在海洋生物的遗传改良和基因改造中发挥作用。

1.2 海洋生物技术研究在深入发展中不断扩展其应用领域

在短短的20年里，海洋生物技术在全球得到如此快速应用与发展的一个重要因素是社会的紧迫需求和产业应用的巨大潜力。例如，在海洋生物产业的两个重要方面——水产养殖和天然产物开发，人们希望通过生物技术手段提高养殖种类的生长、发育、繁殖和健康状况，培育出性状优良、抗病抗逆能力强的高产品种，希望利用生物技术的最新原理和技术方法开发分离海洋生物的天然产物、活性物质和化合物等。海洋生物技术研究从一开始就与社会需求和产业发展紧密联系，并一直遵循这一原则。因此，海洋生物技术在其应用领域不断扩展也就是自然而然的事了。例如，在水产养殖生物分子遗传学的应用研究中，前些年较多的工作是侧重在转基因的应用研究上，获得了近 20 种鱼的生长激素基因，并在鲑鳟鱼类、鲤科鱼类、罗非鱼等 20 多种鱼类上开展了基因转移的研究；而近几年重要功能基因的研究成为以实际应用为目标的新热点。希望通过基因组学的研究，鉴定、发现和克隆能够调控养殖生物生长、发育、繁殖、性控、免疫和抗逆等相关的重要功能基因，为遗传改良、基因改造、品种培育和规模化养殖，乃至“分子育种”提供广泛的关键应用技术。

生物技术在海洋环境中的应用是一个相对新的领域。微生物对环境反应的动力学机制、降解过程的生化机理、生物传感器、生物去污技术解决海洋石油污染、重金属污染、城市排污以及其他废水（物）的处理、有害水华和水产养殖自身产生的污染等。“IMBC 2003”研讨会期间，该领域的研究成果较多，除了上面已提到的内容外，还出现了海洋分子生态学、环境基因组学以及与全球变化有关的生物固碳等新的研究与应用热点，这些热点将在多学科（如生物与环境）交叉综合的层面上推动生物技术在海洋环境保护中的研究发展。

极端生物的开发利用是海洋生物技术应用的又一个重要领域。具有耐高温、低温、抗压、耐盐碱等功能的极端生物是筛选和分离不同酶类、生物活性物质及次级代谢产物的重要资源。这些极端生物的开发利用将会形成很大的产业。日本计划在未来几年，在极端微生物开发利用上的产值将达到 30 多亿美元。

另外，很值得一提的是海洋生物技术在新能源开发方面的应用。生物氢（H_2）是“IMBC 2003”为数不多的工作组研讨主题之一。虽然生物氢实现产业化应用还有许多实际的技术问题有待解决，但是它作为新一代的能源开发是非常有诱惑力的。日本、美国、瑞典、挪威及韩国等国家已开展了较多的研究，主要期望应用生物技术方法从海洋藻类（如蓝藻等）和细菌（如厌氧菌和光合菌）中获得氢能产品，光合菌与氢产品的分子重组是目前的研究热点之一。

2 最新研究进展

2.1 基因组学和基因转移

鉴于海洋生物基因资源在培育高产、优质和抗逆优良品种以及研制防病治病药物、生物酶类及次生代谢产物中的重要作用和应用潜力，世界各国将开发海洋生物基因资源列为优先发展领域。因此，以开发基因资源为目的的基因组学研究就受到特别的重视。从“2003 IMBC”会议上就可看出这一趋势。在“IMBC 2003”大会安排的 7 个大会报告中，邀请了意大利的 Bernardi 作了一个有关鱼类结构基因组学和进化基因组学最新研究进展的大会报告；另外还专门设立了一个水产基因组的专题讨论会。世界各国在海洋生物基因研究上确实取得了很大的进展，主要包括：Ahsan 等（2001）[8] 克隆了鳗鱼胰蛋白酶原基因；Richardson 等（2001）[8]克隆了东方鲀的干扰素调节因子基因并分析了其基因组结构；Mitsuo 等（2001）[8]克隆了一种新的鳗鱼细胞色素 P450 cDNA；Maccatro 等（2001）[8]克隆了真鲷肌肉生长抑制因子基因；Bowler（2003）[5]介绍了用基因组技术探索海洋硅藻的分子奥秘；Imanaka等（2003）[5]测定了高嗜热菌*KOD*1的全基因组序列；Leung等（2003）[5]通过功能基因组途径筛选了爱德华氏细菌的致病基因，这对于研制防治这种细菌病的药物非常重要；Sarmasik等（2001）[8]用反转录病毒作载体将外源基因转移到胎生鱼类的性腺中；Imahara等（2001）[8]研究了斑马鱼精子核在蟾蜍卵子抽提液中的重构，表明蟾蜍卵子抽提液具有引起斑马鱼精子产生细胞周期依赖的变化的能力；Buchanan等（2001）[8]研究了牡蛎的遗传转化；Chu等（2001）[8]报道了第一个可用于甲壳类遗传结构分析的核糖体DNA的内部转录间隔子；Yamada等（2003）[5]利用功能基因组方法筛选到一种新的抗盐基因；Chen等（2003）[5]建立了花鲈多能胚胎干细胞系；Wang等（2003）[5]报道了中国对虾免疫相关功能基因筛选的结果；Postlethwait（2003）[5]报道了硬骨鱼类基因组加倍及多样性的起源；Hirono等（2003）[5]用cDNA微阵列技术分析了牙鲆免疫系统中的免疫相关基因；Koop等（2003）[5]介绍了加拿大大麻哈鱼项目中的基因组研究的进展情况。

在基因转移研究方面，近几年的研究重点是通过抗病基因转移提高鱼、虾类的抗病力，通过绿色荧光蛋白基因（GFP）转移培育观赏鱼类新品种，其主要研究进展包括：Koga等（2002）[9]探讨了应用青鳉转座子元件进行基因转移的可行性；Kim等（2002）[9]将牙鲆生长激素基因转移到小球藻获得了稳定的整合和表达；Gong等（2002）[9]用GFP和RFP基因制作了双色的转基因斑马鱼；Boonanuntanasarn等（2002）[9]用反义技术对虹鳟胚胎进行了基因沉默实验；Sarmasik等（2002）[9]探讨了基因转移提高青鳉抗病力的可行性；Gong（2003）[5]介绍了转基因技术在制作观赏鱼类上的研究进展；Devlin（2003）[5]报告了转基因鱼给水产养殖业带来的利益及其潜在的风险。Lin等（2003）[5]建立了一种新的紫菜转基因方法。Sudha等（2001）[8]通过基因枪和肌肉注射观察到GFP基因在斑马鱼多个组织中的表达。

2.2 繁殖、发育与内分泌学领域

弄清海水养殖生物生长、发育和繁殖的调控机理，是对这些生物的生长、发育和繁殖过程进行人工调控的基础。因此，近几年来在这方面的研究也非常活跃，进展也很快，主要包括：Singh等（2001）[8]发现成纤维生长因子抑制斑马鱼早期胚胎细胞中神经标记基因的表达；Leonard等（2001）[8]研究了神经肽*Y*基因在沟鲇不同组织中的表达；Tang等（2001）[8]研究了环境盐度对沟鲇垂体中生长激素、催乳素和生长-催乳素mRNA水平的影响；Ma等（2001）[8]研究了淀粉酶基因在鲈鱼苗表达的起始时间；Vincent等（2002）[9]。建立了斑节对虾卵黄蛋白原ELISA测定技术；Cheng等（2002）[9]研究了罗非鱼IGF－Ⅰ和IGF结合蛋白基因在生长激素诱导后表达的时序性；Adachi（2003）[5]发现雄激素Ⅱ-睾酮在雌鱼卵母细胞生长中起着调节作用；Ohira等（2003）[5]克隆了日本对虾的蜕皮抑制激素（MIH）基因，并研究了重组MIH的生物活性；Wong等（2003）[5]研究了金鲷芳香化酶在性逆转中的分子调控机理；Thompson等（2003）[5]介绍了海洋脊索动物异体住囊虫细胞周期调节的模式构成；Okamoto等（2003）[5]克隆了青鳉鱼的*FoxD1*基因；Sawada等（2003）[5]报道了海鞘受精过程中的异源识别机制；Herpin等（2003）[5]克隆了牡蛎TGF－β基因，并研究了其表达模式；Bassham等（2003）[5]研究了异体住囊虫神经系统的发育；Lu等（2003）[5]比较了不同水生生物肌肉生长抑制因子基因的结构及其表达模式；Zohar等

(2003)[5]介绍了通过调控 GnRH 系统诱导养殖鱼类不育或能育的研究进展；Chen 等(2003)[5]从虹鳟脑垂体中鉴定出一种新的生长激素家族蛋白：生长催乳素样蛋白；Chen 等(2003)[5]研究表明胰岛素样生长因子 I 涉及斑马鱼胸部的发育。

2.3 免疫学与疾病防治

水产生物免疫学是近几年来才发展起来的一门新学科。由于免疫系统和免疫机制与疾病防治密切相关，因此，鱼、虾、贝类的免疫学研究近年来发展异常迅速。已成为海洋生物技术领域非常活跃且很有发展前途的一个研究方向。近几年来的主要进展包括：McKenna 等(2001)[8]将 IPNV 病毒的 A 片段基因重组到 Semliki 森林病毒表达载体 PSFV1 上，获得了重组的 IPNV 蛋白；Chang 等（2001)[8]测定了 WSSV 病毒核糖核苷酸还原酶大亚基基因的序列，并进行了 RFLP 分析；Dowas 等（2002)[9]建立了一个能评价草虾健康状况的分子标记系统；Alonso 等（2002)[9]用抑制性消减杂交技术鉴定鱼类干扰素可诱导的基因；Bartlett 等（2002)[9]从南美白对虾分离出一种抗菌肽基因；Supungul 等（2002)[9]对斑节对虾免疫相关基因进行了分析鉴定；Liu 等（2002)[9]分析了沟鲇脾脏的基因表达谱，筛选到 10 多个免疫相关功能基因；Leong（2003)[5]研究表明 *NV* 基因是棒状病毒 *Novirhabdovirases* 的特征基因，它们在组织培养和感染的鱼中不需要复制；Oh 等(2003)[5]介绍了一种在海水中浓缩和检测鱼类病毒的有效方法；Nakanishi（2003)[5]介绍了鱼类特异性细胞免疫；Sakai（2003)[5]报道了鲤鱼免疫相关基因的筛选结果；Landis 等(2003)[5]介绍了虹鳟 MHC 基因的物理图谱和遗传图谱；Chen 等（2003)[5]通过 EST 技术从真鲷脾脏 cDNA 文库中筛选出包括抗菌肽和天然抗性相关巨嗜蛋白在内的 10 多个免疫相关基因；Vasta 等（2003)[5]通过比较鉴定了从昆虫到变温脊椎动物组织中决定各种凝集素家族的序列基元；Lo 等（2003)[5]研究了斑节对虾 WSSV 病毒基因表达及宿主反应；Chiu 等（2003)[5]从斑节对虾分离出一种抗菌肽基因。

2.4 环境生物技术

随着海水养殖业的快速发展及其对海洋生态环境的污染效应，应用生物技术进行海洋环境的监测和修复，就成为海洋生物技术研究和应用的一个重要方面。近年来的主要进展包括：Kurusu 等（2001)[8]建立了一个深海细菌的遗传转化系统；Sojka 等（2001)[8]研究了芳香烃受体核转运蛋白（ARNT）在虹鳟组织中的表达情况；Choresh 等（2001)[8]探讨了将海葵的 HSP60 分子作为环境变化的预报系统的可能性；Bhosale 等（2002)[9]比较了印度 37 种海洋生物抽提物的防污潜力；Sera 等（2002)[9]从海绵分离出一种具有防污能力的多肽；Urano 等（2002)[9]用从下水道中分离的酵母对鱼肉罐头厂的废水进行生物修复处理；Kawarabayasi 等（2003)[5]建立了海底热水口处微生物混合物的 DNA 随机克隆文库，发现其中有许多带有真核生物基因特征的微生物；Fukami（2003)[5]通过对珊瑚礁和红树林生态系统的微生物数量及生物量的测定，确定他们能够促进碳循环；Ramaiah 等（2003)[5]研究了北阿拉伯海的微生物及其中异养菌的作用；Amann 等（2003)[5]介绍应该如何研究、开发、保护和利用深海底层这个自然界最大的生物反应器；Qian（2003)[5]报告了海洋细菌产生的用于调节幼虫附着和海洋污损生物分布模式的分子信号；Kamino 等（2003)[5]介绍了用于生物物质设计模板的藤壶水下吸附蛋白；Ramaswamy 等（2003)[5]在日本 Uwakai 海珍珠养殖区中鉴定到一些内分泌干扰物质；Kitano 等（2003）[5]研究了具有抗藤壶活性的异氰茎环己烷衍生物的结构与功能的关系；Yim 等（2003）[5]报道从海洋细菌中分离的红色素对两种赤潮藻类显示出除藻效应。

2.5 天然产物和生物活性物质

从海洋生物中筛选具有防病、治病作用或催化功能的天然产物或活性化合物是海洋生物技术研究和应用的重要方面。近几年国际上在这个领域的研究异常活跃。在“2003 IMBC”上报道的文章很多。其主要进展包括：Sode 等（2001）[8]筛选到能利用缬氨酸的海洋微生物；Han 等（2001）[8]报道 Amphitrite ornate 含有 2 种脱卤过氧化物酶基因；Suetsuna 等（2001）[8]从 2 种微藻中鉴定出抗高血压肽；Iwamoto 等（2002）[9]从红藻中分离纯化了甘露糖醇磷酸酶；Rajaganapathi 等（2002）[9]从 *Bursatellaleachii* 的紫色液体中分离出具有抗 HIV 病毒活性的蛋白质；Cho 等（2002）[9]报道鲨鱼是分离抗血管生成因子的潜在药源；Ohshima 等（2003）[5]报道了从嗜热菌株中分离的 D-2-脱氧核糖-5-磷酸醛缩酶的结构和功能；Miwa 等（2003）[5]建立了一个从深海海底获取活的生物样品的深海水箱装置；Chen 等（2003）[5]发现鱼类 IGF-Ⅰ前体蛋白的 E 肽具有抗肿瘤活性；Hamada 等（2003）[5]认为从海绵提取的聚硫醚氨基化合物 B 是一种有效的细胞毒性多肽；Tincu 等（2003）[5]从海鞘的血细胞中分离了一种广谱性的抗菌肽；Batzke 等（2003）[5]从海兔中分离到一种抗肿瘤糖蛋白，并研究了其作用模式；Enticknap 等（2003）[5]对来自印尼、牙买加及佛罗里达港口的 9 种海绵中的微生物群落进行了分子分析，试图筛选新的天然产物；Adachi 等（2003）[5]介绍了用 HNMR 光谱技术筛选海洋有机体的次生代谢化合物；Jensen 等（2003）[5]表明海洋放线菌为我们找到新的天然抗生素开辟了新的领域；Apt（2003）[5]报道了二十二碳六烯酸（DHA）的商业化生产技术及其应用潜力；Hadas 等（2003）[5]建立了一种人工养殖海绵的方法。

2.6 生物氢

寻找新的能源是海洋生物技术应用研究的新目标之一。生物氢是国际上看好的新能源。该领域的研究目前在国际上刚刚起步，主要进展包括：Miyake 等（2003）[5]认为生物氢将是下一代能量系统中的重要能源；Lindblad（2003）[5]报告了国际能源机构氢协议中光生物学产氢的 4 项任务分别为：①微藻光驱动产氢；②最大化地提高光合效率；③氢发酵；④改进产氢的光生物反应器系统。Seibert（2003）[5]介绍了美国用藻类产氢的技术；Janssen 等（2003）[5]认为通过光异养细菌用乙酸作为原料生产氢的方法步骤少，潜力大；Tomiyama 等（2003）[5]介绍了微生物产氢的生物学基础和工程原理；Hallenbeck（2003）[5]则介绍了生物发酵产氢的技术。

2.7 遗传多样性保护与生物技术政策

海洋中蕴藏着数量最多的生物种类，其遗传多样性非常丰富。开发、利用及有效保护海洋生物遗传多样性是海洋生物技术研究的一项重要任务。这方面的研究，近 10 年来一直都非常活跃，近 3 年来的主要进展为：Yu 等（2002）[9]用 6 个微卫星 DNA 位点分析了日本鳀鱼 3 个群体（包括来自东北产卵场的 2 个不同时间产卵的群体和 1 个来自西南产卵场的群体）的遗传结构，在不同地理群体之间发现了明显的种群分化，而在按产卵时间划分的不同群体间未发现明显的种群分化；Pedroni 等（2003）[5]介绍了利用微藻系统消除温室效应的技术途径；Smith 等（2003）[5]用同工酶和微卫星 DNA 技术研究了新西兰重要海水经济鱼类（King－fish，*Seriola lalandii*）的遗传差异和分散能力，表明遗传差异与分散潜能有关；Chu 等（2003）[5]用线粒体 DNA 和微卫星技术分析了在印度西部太平洋中 11 个地点采集到的 309 个日本对虾样品的种群遗传结构，表明这些样品可分为两大类：第一类包括来自日本和中国南部海岸采集来的大多数样品；而另一大类则包括来自菲律宾、越南、新加坡、地中海和澳大利亚的种群；Kanda 等（2003）[5]用线粒体和微卫星技术分析了 1977—2001 年期间在北太平洋和南太平洋采集的 Bryde's 鲸鱼的遗传结构，在这些样本中，线粒体 DNA 和微卫星在遗传种群结构方面都显示了相似的模式，遗传多样性很高；Katoh（2003）[5]对日本珊瑚礁鱼类 Lethrinidae 科鱼类的种群遗传结构进行了分析，测定了 *Lethrinus* 属 15 种鱼类细胞色素 B 的部分序列，表明种间约有 30%的位点发生了替换；Klimbunga 等（2003）[5]用 PCR－RFLP 和 RAPD 技术研究了泰国热带鲍鱼的种群遗传结构，筛选到种类特异的分子标记；另外，还有多个学者分别研究了泰国牡蛎、马来西亚 *Ostreopsis ovata* 及羊鱼的遗传结构和遗传多样性[8]；Rosa 等（2001）[8]开展了海绵细胞培养的研究，并成功地获得了海绵的原代细胞培养物；Luiten 等（2003）[5]认为海洋生物高新技术公司在成功开发海洋资源方面起着关键性的作用；Takahashi 等（2003）[5]认为海洋生物技术导致了蓝色革命，而蓝色革命比绿色革命（种植业）更有发展前途。

3 结语

海洋生物技术研究的快速发展得益于基础生命科学技术的创新和进步，全基因组测序与结构基因的分析及生物技术应用、DNA 提取纯化和分子分析的自动化等无疑大大提高和扩展了海洋生物技术的研究水平和应用范围。因此，未来海洋生物技术的发展仍然依赖于基础生命科学技术的创新和进步，特别依赖于海洋分子生物学的研究与累积以及先进生物技术的应用。

我国海洋生物技术研究起步较晚，且在应用领域—特别是在提升传统产业技术含量方面有比较迫切的要求，因此，在前沿领域的研究累积明显不足。要缩短与国际海洋生物技术研究发展的差距，一项重要的措施是加大基础生命科学的研究和先进技术的发展，加大与水产养殖、天然产物、海洋环境保护、甚至与生物氢研发等应用领域密切相关的海洋分子生物学的研究。在当前选择 1～2 种有代表性的海洋生物（包括微生物）开展功能基因组学的研究是十分紧迫和必要的，同时，应用基因工程手段研制能替代海水养殖业中广为应用的抗生素的绿色生物药物也是非常急需的。另外，还应进一步扩展海洋生物技术在我国的应用领域，例如加强生物技术在海洋环境保护领域的应用研究，以便真正能够利用高新技术手段解决日益增多的海洋生态环境问题。

参考文献

[1] Colwell R R. The Abstract of 6th International Marine Biotechnology Conference（IMBC 2003）［R］. 21－

29 September, 2003, Chiba, Japan.
[2] Tang Q S, Chen S L. Prospect of marine biotechnology research in 21st century [J]. High Technology Letters, 2001, 11 (1): 1-8. 唐启升，陈松林 . 21 世纪海洋生物技术研究发展展望 [J]. 高技术通讯，2001，11 (1)：1-8.
[3] The Abstract of 4th International Marine Biotechnology Conference (IMBC 1997) [R]. 22-29 September, 1997, Pugnochiuso, Italy.
[4] The Abstract of 5th International Marine Biotechnology Conference (IMBC 2000) [R]. 29 September-4 October, 2000, Townsville, Australia.
[5] The Abstract of 6th International Marine Biotechnology Conference (IMBC 2003) [R]. 21-27 September, 2003, Chiba, Japan.
[6] Chen T T. Marine Biotechnology [M]. New York: Springer Press, 1999.
[7] Chen T T. Marine Biotechnology [M]. New York: Springer Press, 2000.
[8] Chen T T. Marine Biotechnology [M]. New York: Springer Press, 2001.
[9] Chen T T. Marine Biotechnology [M]. New York: Springer Press, 2002.

Advances in Frontier Study Field of Marine Biotechnology

TANG Qisheng[1], CHEN Songlin[1,2]
(1. Yellow Sea Fishery Research Institute, CAFS, Qingdao 266071, China;
2. Key Lab of Sustainable Utilization of Marine Fishery Resources,
Ministry of Agriculture, Qingdao 266071, China)

Abstract: In this paper, the status and recent advances in the frontier study field of marine biotechnology are presented on the basis of the informations on recent study and development of international marine biotechnology, the developmental trend in this field is envisaged, and the measures which should be taken by China are also discussed.

Key words: Marine biotechnology; Frontier field; Advances in study

海洋生物资源可持续利用的高技术需求[①]

唐启升，陈松林
（中国水产科学研究院黄海水产研究所）

一、海洋生物资源可持续利用的战略意义

随着世界人口的不断增加，陆地生物资源已难以满足人类不断增长的需要。因此，拥有地球上80%物种的海洋自然而然成为人类开发的首选。以开发海洋生物资源为目的的“蓝色革命”正在全球蓬勃兴起。我国在渤海、黄海、东海、南海等四大海域可管辖面积达300多万平方千米，相当于我内陆面积的1/3，这片“蓝色国土”不仅可以提供丰富的蛋白质能源，而且也是许多药用和具有特殊用途的活性物质的巨大宝库。

近十几年来，我国海洋产业获得了迅猛发展，已成为国民经济新的增长点。在海洋产业中，海洋生物资源的开发利用位居首位。2001年，我国海洋渔业总产量达2 572万t，占世界渔业总产量的1/4，居世界第一位。海洋生物资源开发成为大农业中发展最快、活力最强、经济效益最高的支柱产业之一，特别是海水养殖，其产量已从1987年的193万t增加到2001年的1 132万t，占海洋渔业产量的比重从10%左右上升到44%，我国已成为世界海水养殖大国。在海洋产业大发展的21世纪，海洋生物资源可持续开发利用是我国蓝色革命的主体。

二、海洋生物资源可持续利用的主要问题

在我国海洋生物资源开发利用高速发展的同时，仍存在不少问题和困难。尤其是高新技术在海洋生物资源开发中的应用严重不足[1]，已成为制约海洋渔业可持续发展的关键因素。

1. 水产养殖业缺乏抗病优良品种，传统育种技术不能适应产业发展的需求

我国现在养殖的水产品种基本上都是野生种，人工培育的品种极少。一些重要养殖品种品质差，抗病力弱，对环境适应力不强，一经患病，就会引起大面积减产；部分海水重要经济鱼类的苗种培育远未过关。因此，通过生物技术手段培育抗病、优质养殖品种，提高养殖鱼、虾类的天然抗病力就成为水产养殖业亟待解决的重要问题之一。

基因转移是培育高产、抗病和优良养殖鱼类品种的有效手段。自朱作言院士1985年率先培育出第一例转基因鱼以来，全世界数十个实验室已开展了大规模的鱼类基因转移研究，并取得很大进展，建立了显微注射、电穿孔等多种基因转移方法，获得了快速生长的转基因

---

① 本文原刊于《2003高技术发展报告》，295－301，科学出版社，2003。

鲤和大麻哈鱼，但上述方法只能将外源基因随机整合到受体鱼基因组中，外源基因拷贝数及整合位点难以控制，转基因鱼形成嵌合体，外源基因难以稳定表达并遗传给后代等问题严重影响了这一基因工程育种技术的有效应用，成为制约转基因鱼研究进一步发展和推广应用的瓶颈因素。因此，探索外源基因定点整合、稳定表达和遗传的基因转移技术就显得非常迫切，成为鱼类转基因育种研究中亟待解决的重大课题。

水产生物生长快慢、品质好坏及抗病能力等性状与其自身相关功能基因或基因组的调控和表达有关。迄今对水产养殖生物生长、生殖、免疫、抗病及品质等重要性状形成的分子基础了解甚少，对这些性状相关功能基因的筛选和克隆所做研究甚少，特别是对抗病和品质相关功能基因的研究几乎属于空白，严重限制了育种新技术的应用和优质、抗病新品种的培育。

2. 养殖病害发生日趋严重，传统抗生素类药物满足不了无公害渔业发展的需要

近年来，随着我国水产养殖业的发展，病害发生日趋频繁，而且相当严重。震惊业界的对虾爆发性流行病，自 1993 年以来，每年给国家造成几十亿元的损失，使我国从世界最大的对虾出口国变成主要的对虾进口国。其他主要养殖品种如扇贝、鲍鱼、牡蛎、牙鲆、海带、紫菜等病害也日趋严重，如近几年夏季发生的扇贝突发性大规模死亡，又损失了几十亿元。几乎形成一种不可思议的“养什么，病什么”的严重局面。国家有关部门已投入大量人力、物力、财力协作攻关，但基本是治标不治本，亟须从多方面提高病害防治的技术水平。

在高密度状况下饲养海水鱼虾，对病原菌的感染非常敏感，往往容易患上各种疾病。当前防治病害的主要方法是使用抗生素类化学药物，由于抗生素具有污染环境、影响消费者健康及使病原菌产生抗药性等缺点，特别是对多种药物产生了抵抗力的病原菌的出现，对水产养殖业而言是一个越来越大的威胁。因此，抗生素的使用既不能有效防治流行病的发生，也不能满足人们日益增长的对无药物残留水产品的需求。因此，探索有效防治鱼、虾类病害且无公害的绿色基因工程药物已成为海洋渔业资源可持续利用的重点课题之一。

3. 近海水域生态环境污染严重，缺乏有效的检测与控制技术

由于大量工业废水和生活污水不经处理即排入近海水域，加之海洋产业高速发展对环境带来的负面影响，我国近海水域的生态质量明显下降，富营养化进程加快。1991 年以来，近海水域化学耗氧量（COD）和活性磷酸盐浓度均呈上升趋势，尤其是长江口区、珠江口区和渤海三湾最为严重，有害藻类和病原微生物大量繁衍，赤潮频发且波及面大。其后果不仅危害了主要集中在我国近海海湾、滩涂及浅海的水产养殖业，同时也危害了主要集中在近海的海洋捕捞业，使我国近海生态系统的服务和产出受到影响，资源再生能力受到严重损害，每年经济损失达上百亿元。面对这样的严峻现实，必须加强综合治理、合理布局，同时需要更多科学支撑和相关技术保障。否则，可持续发展将会严重受阻。

我国海水养殖区主要集中在海湾、滩涂和浅海，但海水增养殖水域开发利用存在两大问题，一是内湾近岸水域增养殖资源开发过度；二是 10～30 m 等深线以内水域增养殖资源利用不足，布局不合理。10 m 等深线浅海面积约为 1.1 亿亩，利用率不到 10%；10～30 m 等深线以内的浅海开发利用率更低；滩涂面积 2 880 万亩，已利用面积 1 200 万亩，利用率为 50%；港湾利用率高达 90%以上。片面追求高产量和高产值，忽视了生态和环境效益，致使局部海区开发过度，养殖量严重超出养殖容纳量，部分饲料不能被利用而变成对水体有害的污染物；有些养殖区滥用各种抗生素、消毒剂、水质改良剂等，严重影响了水体微生态环境。由于生态环境的恶化，重点养殖水域养殖品种生长慢、品质下降、死亡率升高已是近年来水产养殖业的普遍现象。

4. 渔业资源开发利用过度，可持续发展的管理缺乏科学技术支撑

过度捕捞和环境变化等，虽已被确认为是导致重要海洋生物资源严重衰退、种群减少的首要原因。但是，由于对海洋生物资源自身的变动规律、补充机制和资源优势种类频繁更替的原因及种间关系等重要基础性问题研究甚少，难以提出切实可行的管理措施，甚至难以对资源状况及其变动趋势做出正确评价，严重影响了海洋生物资源可持续利用[2]。另外，近年来虽开展了多品种、多形式、多区域的资源增殖放流，但由于资源增殖理论依据不足，回捕效果年间波动甚大，难以做出科学的解释，使放流工作带有一定盲目性，严重影响了生产性增殖放流的效果。

由于捕捞过度、生态破坏、环境污染加之人工放流，导致水产生物资源衰退，遗传多样性下降，有些种类，如鲥鱼和松江鲈等，甚至濒临灭绝。全世界每年灭绝的生物种类达 160 种，在物种多样性丧失的同时生物遗传多样性也在急剧丧失，大自然中许多基因无法再现，物种在以空前的速度消亡。生物多样性，尤其是遗传多样性的保护迫在眉睫。如不及时采取保护措施，若干年后，在自然界中将难以找到某些鱼类原种、良种的遗传资源。

三、海洋生物资源可持续利用对高技术的需求

由于海洋生物资源与环境的特殊性，实现海洋生物资源可持续发展特别需要科学技术强有力的支持，其中高新技术及其产业化就是一个重要方面。

1. 养殖生物生长、发育、生殖及抗病、抗逆等重要性状的分子调控技术

海洋生物生长、发育、生殖及抗病等重要经济性状的形成都是受其体内相关基因调控的。弄清海洋生物胚胎发育、变态、成熟及繁殖各个环节的生理过程及其分子调控机理，不仅对阐明海洋生物生长、发育与生殖的分子调控规律具有重要科学意义，而且对于应用生物技术手段，促进某种生物生长发育及调控其生殖活动，提高水产养殖的质量和产量具有重要应用价值[3]。因此，要想对海洋生物进行可持续开发利用，就必须首先弄清海洋生物生长、发育、生殖及抗病等重要经济性状形成的分子机制，寻找对这些重要生理过程进行调控的分子途径。研究重点主要包括：生长激素，生长因子，甲状腺激素受体，促性腺激素，促性腺激素释放激素，生长-催乳激素，渗透压调节激素，生殖抑制因子，卵母细胞最后成熟诱导因子，性别特异及免疫相关因子等激素和调节因子的基因鉴定，克隆及表达分析，生长、生殖及抗病等重要生理过程的分子调控机制。

2. 功能基因组学与优良品种培育技术

良种是推动海水养殖业可持续健康发展的关键。传统品种培育技术已难以满足海水养殖业发展对优良、抗病新品种的需求。发展新的基因工程或分子育种技术，对于海洋生物资源可持续利用具有重要意义[4]。筛选和发现重要性状相关功能基因或分子标记则是进行基因工程或分子育种的基础。随着全球性基因组计划尤其是人类基因组计划的实施，各种生物的结构基因组和功能基因组研究成为生命科学的重点研究内容，海洋生物的基因组研究，特别是功能基因组学研究自然成为海洋生物学工作者研究的新热点。目前的研究重点是对有代表性的海洋生物（包括鱼、虾、贝及病原微生物和病毒）基因组进行全序列测定，同时对特定功

能基因，如药物基因、酶基因、激素多肽基因、抗病基因和耐盐基因等进行克隆和功能分析（抗病与免疫相关功能基因的筛选与应用正成为国际上的重要发展趋势）。在此基础上，借助基因转移技术对海洋生物进行遗传改良，培育快速生长和抗逆优良品种，已成为遗传育种领域应当重点发展的技术。今后几年的研究重点主要包括：抗病、抗逆、品质相关功能基因的克隆与应用，分子标记辅助育种技术、胚胎干细胞介导的基因定点突变育种新技术开发等。

3. 海水养殖生物病害防治与无公害养殖技术

随着海洋环境的不断恶化和海水养殖的规模化发展，病害问题已成为制约世界海水养殖业发展的瓶颈因素之一。开展病原生物（如细菌、病毒等）致病机理、传播途径及其与宿主间相互作用的研究，是研制有效防治技术的基础；同时，开展海水养殖生物分子免疫学和免疫遗传学的研究，弄清海水鱼、虾、贝类免疫机制对于培育抗病养殖品种、有效防治养殖病害的发生具有重要意义。因此，病原生物学与免疫学已成为当前海洋生物可持续利用中应重点加强的研究领域，其重点是病原微生物致病相关基因、海洋生物抗病相关基因的筛选、克隆，海洋无脊椎动物细胞系的建立、海洋生物免疫机制的探讨、DNA 疫苗研制等，目的是使我国的海水养殖由目前的经济开发型转为生态健康型，实现资源的可持续利用。

4. 海水规模化生态养殖与生物修复技术

为了缓解海水规模化养殖与生态容纳量间的矛盾，需要根据养殖水域的营养水平和环境承受能力，研究适宜的养殖容量，发展高效、低污染的规模化养殖模式，开发新的养殖水域，充分利用近海 10～40 m 等深线内的海水养殖资源，以达到改善生态环境条件，高效持续发展海水养殖业的目的。为了实现上述目标，需要研究开发养殖容量评估技术、养殖生态结构优化技术、浅海综合立体养殖技术、深水抗风浪网箱养殖技术、贝类生产环境安全保障技术和养殖设施工程化、自动化技术等。同时还需要研究养殖环境生物修复技术，包括高效生物修复菌株的筛选、微生物对环境反应的动力学机制、降解过程的生化机理、生物传感器、海洋微生物间及其与其他生物间的共生关系和互利机制，抗附着物质的分离纯化等。重点应用领域包括水产规模化养殖和工厂化养殖、石油污染、重金属污染、城市排污以及海洋其他废物（水）处理等。

5. 海洋天然产物的开发利用技术

海洋生物活性物质的分离与利用是海洋生物资源可持续利用的一个重要方面，也是海洋生物高技术研究的一个热点。研究表明，各种海洋生物中都广泛存在着能使自己适合于在海洋中生存的独特化合物。来自不同海洋生物的活性物质在生物医学及疾病防治上显示出巨大的应用潜力，如海绵是分离天然药物的重要资源。另外，有一些海洋微生物具有耐高温或低温、耐高压、耐高盐和耐低营养的功能。研究开发利用这些具特殊功能的海洋极端生物可能获得陆地上无法得到的新型天然产物，因而对极端生物的研究也成为近年来海洋生物高技术研究的热点。这一领域的研究重点包括：抗肿瘤药物、工业酶及其他特殊用途酶类、极端微生物中特定功能基因的筛选、抗微生物活性物质、抗生殖药物、免疫增强物质、抗氧化剂等的筛选及产业化生产等。

6. 海洋生物资源可持续开发利用和管理技术

海洋捕捞业在各沿海国家仍占有相当重要的地位，我国更不例外，与此有关的产业和从业人员依然相当庞大。因此，在发展养殖业的同时，要重视我国近海捕捞业和增养殖业的健康发展。在积极开展和重点支持补充量动态理论与优势种更替机制研究、生态系统健康与可持续产量等基础研究的同时，为保护我国近海渔业资源和环境，需要大力发展与限额捕捞有关的资源可持续开发与管理技术，主要包括近海渔业资源可捕量评估技术、限额捕捞信息（3S）与监管技术、负责任（安全）捕捞技术、资源增殖放流与生态安全技术等。为了解决我国大型拖网加工船后备渔场不足这一制约远洋渔业发展的问题，还需要积极开发远洋新资源和新渔场，提高渔场探测技术和远洋捕捞技术水平，特别是需要解决金枪鱼类围网和钓钩捕捞技术等。

四、展望与建议

随着海洋生物资源开发利用的不断深入，产业部门对生物技术、可持续管理技术、设施技术和信息技术等高新技术的需求将更加广泛、更加迫切。其中对海洋生物高技术的需求将更为集中，并将从三个方面迅速发展：一是海洋生物功能基因的开发及其在海洋生物遗传改良中的应用，其目标是通过功能基因组的研究，筛选出优质、高产和抗病相关功能基因，并应用这些功能基因培育优质、抗病养殖品种，或生产环境友好的绿色药物、饲料，促使水产养殖业朝无公害的健康养殖方向发展；二是海洋天然产物开发，其目标是探索开发具有高附加值的新资源，促进海洋新药、高分子材料和功能特殊的海洋生物活性物质的产业化开发；三是海洋环境保护，其目标是保证海洋环境的可持续利用和产业的可持续发展。

在过去 5 年中，我国海洋高新技术研究应用已经获得了长足的发展，取得了一批具有世界先进水平的研究成果，在推动海洋产业发展和海洋生物资源可持续利用中发挥了重要作用。但也应该看到，我国海洋生物资源开发利用高新技术研究应用的整体水平，与发达国家相比还有一定差距。因此，在新世纪，政府应进一步加大支持力度，促进高新技术在海洋产业的重要领域——海洋生物资源开发利用方面的发展势头，特别是要增加投入，力争在未来 5～10 年内，使我国海洋生物资源可持续利用技术研究跻身国际先进行列，促进海洋生物资源技术创新和产业化向更高层次发展。

参考文献

[1] 唐启升．中国海洋渔业可持续发展及其高技术需求．中国工程科学，2001，3（2）：7.
[2] 唐启升．海洋生物资源可持续开发利用的基础研究．中国科学基金，2000，14（4）：233－235.
[3] 唐启升．陈松林．21 世纪海洋生物技术研究发展展望．高技术通讯，2001，11（1）：1－6.
[4] 陈松林．水产养殖生物基因组研究进展及其发展趋势．//唐启升，等．2002 年世界水产养殖大会总结．北京：海洋出版社，2002.

中国近海8种石首鱼类的线粒体16S rRNA基因序列变异及其分子系统进化①

蒙子宁[1,2]，庄志猛[1]，丁少雄[2]，金显仕[1]，苏永全[2]，唐启升[1]②

（1. 中国水产科学研究院黄海水产研究所，
农业部海洋渔业资源可持续利用重点开放实验室，青岛266071；
2. 厦门大学海洋系，厦门361005）

摘要： 通过PCR扩增出中国近海石首鱼科（Sciaenidae）6属8个代表种的线粒体16S rRNA基因，纯化后直接测序。利用多个生物软件对序列变异和碱基组成进行分析，计算Kimura 2-parameter遗传距离、平均核苷酸变异数、平均每位点核苷酸替代数等遗传信息指数，并结合GenBank上大斑石鲈（*Pomadas maculates*）同源序列构建UPGMA、NJ、ME和MP系统树。结果表明，叫姑鱼（*Johnius belengerii*）为最早分化的一枝，其次为黄姑鱼（*Nibea albiflora*）和白姑鱼（*Argyrosomus argentatus*），而黄鱼亚科［包括大黄鱼（*Pseudosciaena crocea*）、小黄鱼（*Pseudosciaena polyacti*）、棘头梅童鱼（*Collichthys lucidus*）、黑鳃梅童鱼（*Collithys niveatus*）和鮸鱼（*Miichthys miiuy*）］分化最晚，这支持了形态学得出的结论。在分子水平上明确了叫姑鱼亚科和黄鱼亚科的系统进化地位，并得出黄姑鱼比白姑鱼更早分化的新推论，但对于形态学上将白姑鱼和黄姑鱼归属于同一个亚科的结论还有待使用多个不同进化速率的基因加以分析考证。为探讨中国石首鱼类分子系统进化做了尝试，并就线粒体16S rRNA基因在该科鱼类系统进化研究的应用潜力进行了剖析。

关键词： 石首鱼类；分子系统进化；线粒体；16S rRNA基因；序列变异

石首鱼科（Sciaenidae）鱼类有鼓鱼（drums）、叫鱼（croakers）等俗称。据记载，世界范围内共有50个属210余种，多数生活于热带和亚热带沿海泥沙底质及河口邻近水域；我国沿海为该科鱼类提供了非常优越的栖息条件，种类颇多，有17属30种，居世界首位[1]。分布于我国近海的石首鱼科经济种类有8个种，隶属于6个属[2]，分别为黄鱼属（*Pseudosciaena*）的大黄鱼（*P. crocea*）和小黄鱼（*P. polyctis*）、梅童鱼属（*Collichthys*）的棘头梅童鱼（*C. lucidus*）和黑鳃梅童鱼（*C. niveatus*）、鮸鱼属（*Miichthys*）的唯一种鮸鱼（*M. miiuy*）以及黄姑鱼属（*Nibea*）、白姑鱼属（*Argyrosomus*）和叫姑鱼属（*Johnius*）的代表种：黄姑鱼（*N. albiflora*）、白姑鱼（*A. argentatus*）和叫姑鱼（*J. belengerii*）。

许多石首鱼类具有重要的经济价值，如分布于大西洋沿岸水域的红拟石首鱼（*Sciaenops ocellatus*）、点文犬牙石首鱼（*Cynoscion regalis*）以及波纹细须石首鱼

① 本文原刊于《自然科学进展》，14（5）：514-521，2004。

② 通讯作者。

(*Micropogonias undulates*)[3-5]。而在我国沿海，大黄鱼和小黄鱼曾经占据了我国“四大渔业”中的半壁江山，其他种类如鮸鱼、黄姑鱼、白姑鱼和叫姑鱼也都是重要的海洋经济鱼类[6]。鱼类亲缘关系的研究是渔业生物学的一个重要组成部分，中国石首鱼科鱼类的相关研究大多局限于形态分类学方面[1,2,7]，在石首鱼系统进化方面，我国著名鱼类学家朱元鼎曾根据鳔和耳石等形态特征进行了较为详细的研究[8]。迄今，尚未见有涉及石首鱼类分子系统进化方面的研究报道。

直接从核苷酸序列上揭示物种差异曾因技术困难、研究费用高而被鱼类生物学家认为是一可望而不可求的研究途径[9]。近年来分子生物学技术发展迅速，特别是聚合酶链式反应(PCR)技术的出现，使测序得到广泛的应用[10]；再者，线粒体 DNA 由于其结构简单、无重组、多数母性遗传等特点，已成为群体遗传分化和系统进化的重要研究对象[11-14]。两者的结合，即应用测序技术对线粒体特定基因进行序列分析，已经成功地用于鱼类系统进化研究[15-18]。本文报道了应用线粒体 16S rRNA 基因序列分析技术探讨了中国近海石首鱼科 6 属 8 个代表种的系统进化关系，与形态学研究得出的结果进行比较，并就 16S rRNA 基因在研究该科鱼类系统进化研究的应用潜力作了剖析。

1　材料和方法

1.1　样品采集

用于本研究的石首鱼科 6 属 8 个种共 28 个个体采自中国东海和黄海相关海域(表 1)。其中大黄鱼样品为 2003 年 5 月在青岛鱼市场购买，小黄鱼为 2001 年 4 月东黄海资源调查所捕[19]，其他鱼种为 2002 年 8 月黄海资源监测调查时捕自山东荣成外海。

表 1　石首鱼的样本来源

种名	样品量(尾)	采样时间	采样地点
大黄鱼(*P. crocea*)	2	2003 年 5 月	青岛鱼市场
小黄鱼(*P. polyactis*)	12	2001 年 4 月	黄海、东海
棘头梅童鱼(*C. lucidus*)	2	2002 年 8 月	荣成外海
黑鳃梅童鱼(*C. niveatus*)	2	2002 年 8 月	荣成外海
鮸鱼(*M. miiuy*)	2	2002 年 8 月	荣成外海
黄姑鱼(*N. albiflora*)	2	2002 年 8 月	荣成外海
白姑鱼(*A. argentatus*)	2	2002 年 8 月	荣成外海
叫姑鱼(*J. belengerii*)	4	2002 年 8 月	荣成外海

1.2　DNA 提取

取鱼体尾部肌肉约 50 mg，参照 Sambroo 等[20]的方法进行基因组 DNA 的提取。

1.3　线粒体 16S rRNA 基因片段扩增及测序

所用引物序① 为 16SAR：5′-GCCTGTTTATCAAAAACAT-3′；16SBR：5′-

① Kessing B，et al. The Simple Fool's Guide to PCR. University of Hawaii，Honolulu，Hawaii，1989.

CCGGTCTGAACTCAGATCACGT－3′（上海生工合成）。PCR 反应总体积为 25μL，包括 2.0 mmol/L $MgCl_2$，0.2mmol/L dNTP，0.2μmol/L 每种引物，1 U Taqplus DNA 聚合酶（Promega），1×*Taq* 聚合酶缓冲液以及 30 ng 基因组 DNA。反应条件为 94 ℃预变性 2 min 后经过 30 个循环，每个循环包括 94 ℃ 45 s，50 ℃ 1 min，72 ℃ 1 min，最后 72 ℃延伸 10 min。PCR 产物取 2 μL 在含有溴化乙锭的 1.5%琼脂糖凝胶电泳检测，并在 Gel Doc 1 000™（Bio－RAD）自动成像仪上观察；其余产物用 UNIQ－5（上海生工）柱式纯化试剂盒纯化后，在 ABI310 型自动测序仪（Perkin Elmers）上进行双向测序。

1.4 序列分析

每个个体测得的正反链序列用 Genedoc 软件[21]进行拼接，然后与外群序列大斑石鲈（*Pomadasys maculates*）的线粒体 16S rRNA 基因相应片段（GenBank 登录号：AF 247443）进行对位排序，并结合人工校正。不能确定排序的序列区将排除在序列变异分析之外，这一过程虽然造成一定的信息损失，但有利于结果置信度的提高[22-24]。用 DNAsp 软件[25]计算多态位点（polymorphic sites）、简约信息位点数（parsimony informative sites）、种间平均核苷酸差异数（average number of nucleotide difference between species，K）、种间平均每位点核苷酸替代数（average number of nucleotide substitution per site between species，Dxy）。通过 MEGA2 软件[26]统计序列的碱基组成和转换/颠换比率（Ts/Tv ratios），根据 Kimura 双参数模型计算遗传距离（D），相应的标准误差用 Bootstrap 方法（replications＝1000，random number seed ＝ 77477）计算。UPGMA（unweighted pair-group method of arithmetic means），NJ（neighbor-joining），ME（minimum-evolution）和 MP（maximum-parsimony）系统树通过 MEGA2 软件得出，采用 Bootstrap1000 检验分子系统树各分枝的置信度。

2 结果

2.1 序列及变异

经 PCR 扩增，分别得到了 8 种石首鱼清晰的 16S rRNA 基因片段扩增产物（图 1），经测定得到序列约 525 bp（除去引物以及不能确定排序的序列区）（图 2），并在 GenBank 数

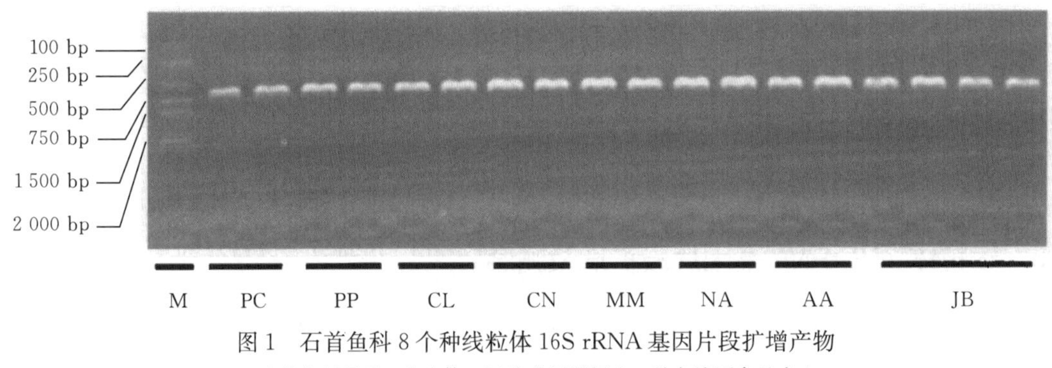

图 1 石首鱼科 8 个种线粒体 16S rRNA 基因片段扩增产物

小黄鱼只展示 2 个个体，M 为分子量标志，种名缩写参见表 2

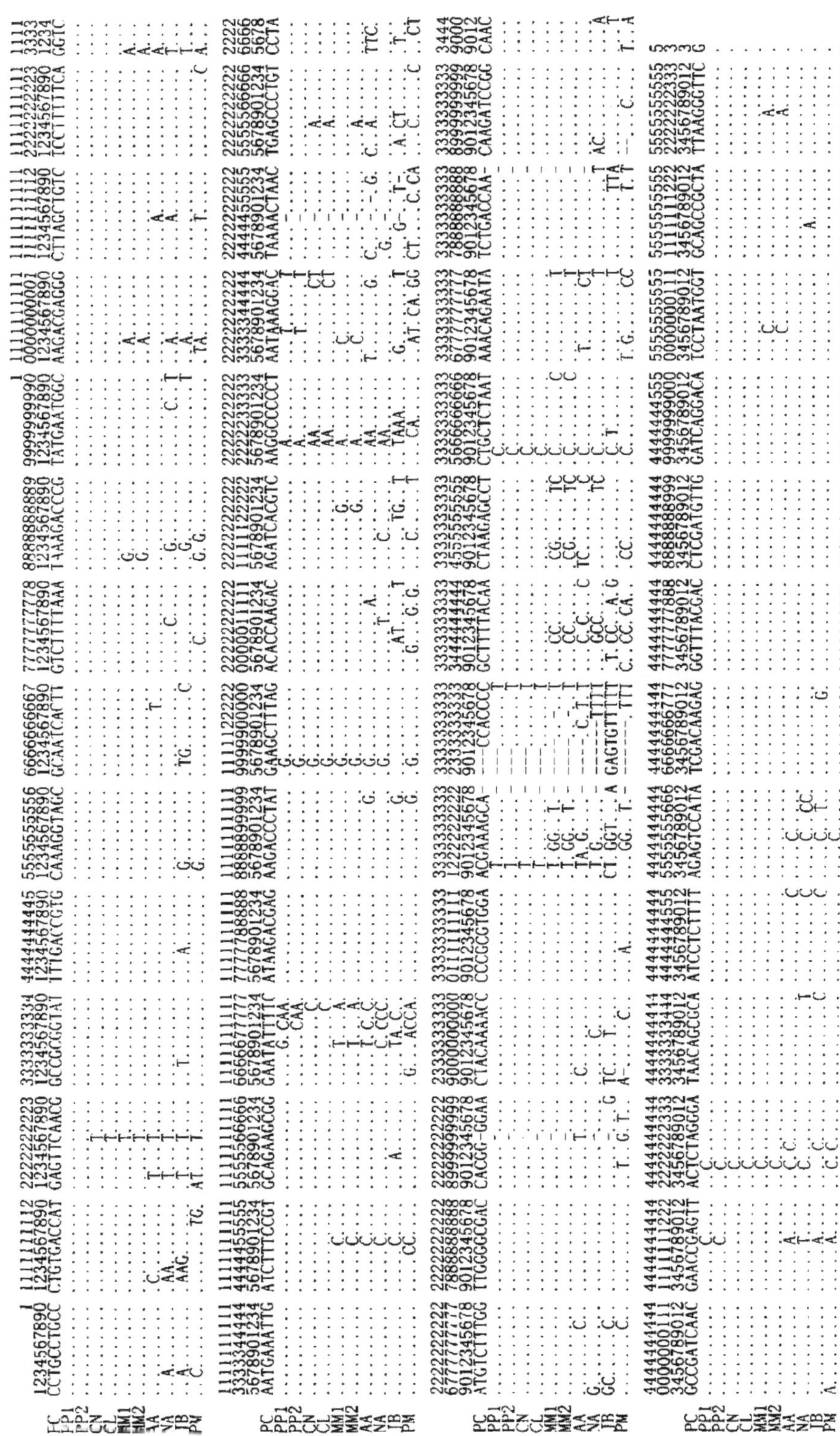

图 2　8 种石首鱼科鱼类线粒体 16S rRNA 基因的核苷酸序列

. 表示此位点与最上排核苷酸相同；一表示缺失；数字表示基因序列位点，不能确定排序的序列区为 328～335 PP1，PP2 为小黄鱼的两个单倍型序列；MM1、MM2 为鮸鱼的两个单倍型序列，PM 为外群序列，种名缩写参见表 2

据库登录（表 2）。石首鱼 8 个种之间存在 5 个插入/缺失，此外有 111 个变异位点，其中简约信息位点 50 个，转换/颠换之比为 2.4。除了小黄鱼（12 个个体）和鮸鱼（2 个个体）种内各自发生一个碱基替代（均为 G－A 转换）之外，其余 6 个种种内个体间序列均相同，其中梅童鱼属的两个种（棘头梅童鱼和黑鳃梅童鱼）种间序列也完全相同。

表 2　8 种石首鱼类种名缩写和序列在 GenBank 的登录号

亚科名	属名	种名	种名缩写	GenBank 登录号
黄鱼亚科 (Pseudosciaeninae)	黄鱼属（*Pseudosciaena*）	大黄鱼（*P. crocea*）	PC	AY336718
		小黄鱼（*P. polyactis*）	PP	AY336719，AY336720
	梅童属（*Collichthys*）	棘头梅童鱼（*C. lucidus*）	CL	AY336721
		黑鳃梅童鱼（*C. niveatus*）	CN	AY336722
白姑鱼亚科 (Argyrosominae)	鮸鱼属（*Miichthys*）	鮸鱼（*M. miiuy*）	MM	AY336723，AY336724
	黄姑鱼属（*Nibea*）	黄姑鱼（*N. albiflora*）	NA	AY336725
	白姑鱼属（*Argyrosomus*）	白姑鱼（*A. argentatus*）	AA	AY336726
叫姑鱼亚科（Johniinae）	叫姑鱼属（*Johnius*）	叫姑鱼（*J. belengerii*）	JB	AY336727

2.2　碱基组成和遗传信息指数

石首鱼 8 个种的碱基组成差别不大，平均 T 23.1%，C 25.5%，A 28.6%，G 22.7%，A+T 含量 51.7%（表 3）。棘头梅童鱼（CL）和黑鳃梅童鱼（CN）序列相同，因此平均核苷酸差异数最小（$K=0$），小黄鱼（PP）与叫姑鱼（JB）之间序列差异最大，K 值高达 74。相应地，种间每位点核苷酸替代数（Dxy）在 0～0.142 03 范围之间（表 4）。根据 Kimura 双参数模型得出的棘头梅童鱼和黑鳃梅童鱼遗传距离最小（$D=0$），小黄鱼与叫姑鱼遗传距离最大（$D=0.159\ 67$）；相应的标准误差变动在 0～0.018 92 之间（表 5）。总体而言，8 种石首鱼类的遗传距离的变化趋势与平均核苷酸差异数以及每位点核苷酸替代数一致。

表 3　8 种石首鱼线粒体 16S rRNA 基因片段的碱基组成

	T	C	A	G	A+T
PC	23.10	25.00	29.10	22.80	52.20
PP1	23.00	25.30	28.90	22.80	51.90
PP2	23.00	25.30	29.10	22.60	52.10
CN	23.40	25.10	29.10	22.40	52.50
CL	23.40	25.10	29.10	22.40	52.50
MM1	22.40	25.90	28.50	23.20	50.90
MM2	22.40	25.90	28.70	23.00	51.10
AA	22.00	27.40	28.40	22.20	50.40
NA	22.40	27.00	28.30	22.40	50.70
JB	25.90	23.60	27.00	23.60	52.90
平均	23.10	25.50	28.60	22.70	51.70

表 4 8 种石首鱼类的种间平均核苷酸差异数（对角线上方）以及种间平均每位点核苷酸替代数（对角线下方）

	PC	PP	CN	CL	MM	AA	NA	JB
PC	****	12.500	12.000	12.000	28.500	46.000	48.000	73.000
PP	0.023 95	****	9.500	9.500	26.500	42.000	43.000	74.000
CN	0.022 99	0.018 20	****	0.000	24.500	37.000	42.000	71.000
CL	0.022 99	0.018 20	0.000 0	****	24.500	37.000	42.000	71.000
MM	0.054 60	0.050 77	0.046 93	0.046 93	****	42.500	44.500	73.000
AA	0.088 29	0.080 61	0.071 02	0.071 02	0.081 57	****	51.000	68.000
NA	0.091 95	0.082 38	0.080 46	0.080 46	0.085 25	0.097 89	****	73.000
JB	0.140 12	0.142 03	0.136 28	0.136 28	0.140 12	0.130 27	0.140 38	****

表 5 8 种石首鱼类的种间 Kimura 双参数法计算的遗传距离（对角线下方）和相应的标准误差（对角线上方）

	PC	PP	CN	CL	MM	AA	NA	JB
PC	****	0.006 65	0.006 42	0.006 42	0.010 46	0.014 48	0.014 50	0.018 92
PP	0.024 49	****	0.005 72	0.005 72	0.009 80	0.013 31	0.013 27	0.018 73
CN	0.023 58	0.018 50	****	0.000 00	0.009 35	0.013 12	0.012 31	0.018 24
CL	0.023 58	0.018 50	0.000 00	****	0.009 35	0.013 12	0.012 31	0.018 24
MM	0.057 63	0.053 20	0.049 06	0.049 06	****	0.013 47	0.013 24	0.018 69
AA	0.093 93	0.084 32	0.073 59	0.073 59	0.085 97	****	0.014 49	0.018 61
NA	0.099 52	0.088 09	0.085 95	0.085 95	0.091 61	0.104 10	****	0.017 62
JB	0.157 90	0.159 67	0.152 72	0.152 72	0.158 31	0.157 90	0.143 56	****

2.3 系统树

聚类分析得到石首鱼科 8 个种的 UPGMA、NJ、ME 系统树以及 MP 一致树（consensus tree）（图 3）。4 种系统树的拓扑图总体趋势相似，隶属于黄鱼属的大黄鱼、小黄鱼和梅童属的棘头梅童鱼、黑鳃梅童鱼最先聚类并且得到很高 Bootstrap 支持（UPGMA、NJ 和 ME 树均为 99%，MP 一致树 97%），然后以较高的置信值（UPGMA 树 97%，NJ 树 90%，ME 树 92%，MP 一致树 83%）与鮸鱼属的唯一种鮸鱼聚类，最后再与白姑鱼、黄姑鱼和叫姑鱼聚类。值得指出的是，在 UPGMA 树中，小黄鱼先与梅童鱼属两个种聚为一枝，再与大黄鱼鱼属为姐妹枝；而 NJ、ME、MP 3 种树均为小黄鱼先与大黄鱼聚为一枝，再与梅童鱼属为姐妹枝。此外，在 UPGMA、NJ、ME 树中叫姑鱼均处最基部，黄姑鱼、白姑鱼则依次位处系统树的更上一层；而在 MP 树中，这 3 种鱼为平行进化。

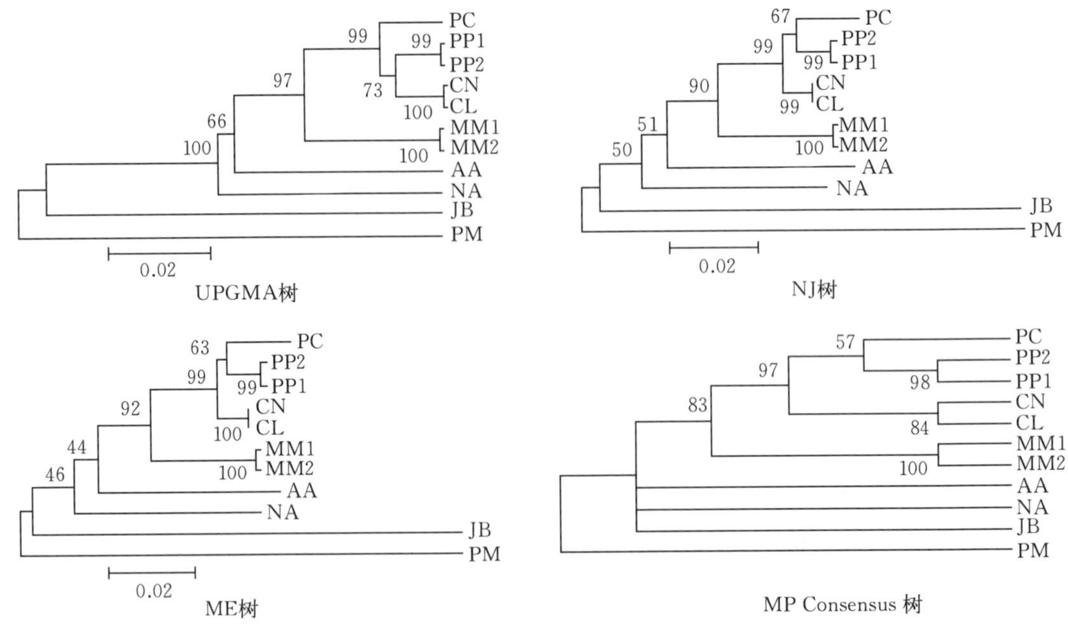

图 3 基于 8 种石首鱼科鱼类线粒体 16S rRNA 基因 4 种系统树

种名缩写参见表 2，PM 为外群大斑石鲈（*P. maculates*），枝上数值为 1 000 次 Bootstrap 后的置信度

3 讨论

3.1 中国近海 8 种石首鱼科鱼类的系统进化

我国著名鱼类学家朱元鼎依据鳔和耳石等形态特征研究了中国石首鱼类的系统发育（图 4），认为中国沿海石首鱼类的起源可能来自印度-太平洋的热带区域[8]。叫姑鱼亚科（Johniinae）是最先分化出来的一枝，口小下位，牙细小，营标准底栖生活，摄食小型底栖无脊椎动物，与古新世至始新世的第四次冰川之后食物缺乏的环境相适应，对延续种群具有重大意义。而自第三纪后期或第四纪以来，海区饵料逐渐增多，石首鱼类逐渐演化出口端位，营底层游泳的白姑鱼亚科（Argyrosominae）鱼类，包括黄姑鱼属和白姑鱼属；而黄鱼亚科（Pseudosciaeninae），包括黄鱼属、梅童属和鮸属，为中下层游泳鱼类，口大而斜裂，牙更强大，更有利于摄食，是中国石首鱼类分化最晚的一枝。

将本研究得出的分子系统树与以上形态学得出的系统树进行比较，结合种间平均核苷酸差异数、种间平均每位点核苷酸替代数以及遗传距离等遗传信息指数来探讨 3 个亚科的进化地位：

（1）非加权组平均（UPGMA）、邻接（NJ）和最小进化（ME）3 种方法都将叫姑鱼置于系统树中石首鱼科的最基部，虽然最大简约法（MP）得出的严格一致树显示叫姑鱼、黄姑鱼和白姑鱼的平行进化，但并没有改变其处于树中基部的位置。此外，从表 4 和表 5 可看出，叫姑鱼与其他 7 种石首鱼类种间存在显著的核苷酸差异（K 为 68～74，D_{xy} 为 0.130 27～0.142 03）和最大的遗传距离（D 为 0.143 56～0.159 67），因此我们的结果支持形态学得出的叫姑鱼最先分化的结论。

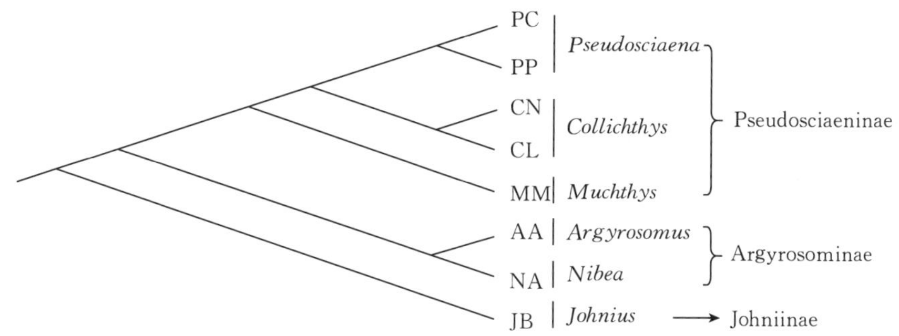

图4 基于形态学得出的8种石首鱼科鱼类系统发育树

种名缩写参见表2；Pseudosciaeninae，黄鱼亚科，Argyrosominae，白姑鱼亚科，Johniinae，叫姑鱼亚科

(2) 形态学研究将白姑鱼属和黄姑鱼属同归于白姑鱼亚科（图4）。本研究中，聚类分析结果可知白姑鱼和黄姑鱼在4种系统树中位置并不一致，UPGMA、NJ、ME树中黄姑鱼比白姑鱼更接近基部，而MP树中这两种鱼为平行关系。另外，在白姑鱼亚科内，白姑鱼和黄姑鱼之间的核苷酸差异为51.000、遗传距离为0.104 10。而在白姑鱼亚科与黄鱼亚科之间，白姑鱼与黄鱼亚科鱼类的K值为37～46，D值为0.073 59～0.093 93；相应地，黄姑鱼与黄鱼亚科鱼类的K值为42～48，D值为0.085 95～0.099 52。显然，白姑鱼和黄姑鱼的亚科内种间差异却大于这两个种与黄鱼亚科鱼类的亚科间种间差异。因此，将白姑鱼属和黄姑鱼属划归于白姑鱼亚科这一形态分类观点值得进一步商榷和探讨。

从UPGMA、NJ和ME树可见，黄姑鱼始终比白姑鱼处于更接近系统树基部的位置，表明黄姑鱼比白姑鱼分化更早。从遗传信息指数来看，白姑鱼与黄鱼亚科鱼类的平均核苷酸差异数、平均每位点核苷酸替代数以及遗传距离的值均小于黄姑鱼与黄鱼亚科鱼类相应的值，可见白姑鱼与最近进化的黄鱼亚科有着更近的亲缘关系，从另一个侧面也反应出黄姑鱼系统进化上更原始。此外，就形态特征而言，朱元鼎是根据鳔两侧的侧肢数以及侧肢有无背分枝和腹分枝将白姑鱼属和黄姑鱼属放在同一亚科[8]。但从石首鱼科鱼类另一个重要特征——耳石形态来看，黄姑鱼属的耳石外缘弧形，处于石首鱼科原始型，而白姑鱼属耳石形态已发生分化，外缘后部斜截形，与最近演化的黄鱼亚科相近，这也说明黄姑鱼处于较原始的进化地位。

(3) 本研究4种分子进化树中关于黄鱼亚科的拓扑型与形态学进化树基本一致，并且有很高Bootstrap支持，因此在分子水平上明确了黄鱼亚科的进化地位。黄鱼亚科处于系统进化树的顶端，代表着最近演化的种类，更适合于当前环境条件，因此是中国石首鱼科种最繁盛的一亚科，并代表石首鱼科在这一海区的系统发育的高峰。

3.2 线粒体16S rRNA基因在石首鱼类系统进化研究中的潜力

一般认为，线粒体结构基因16S rRNA由于进化速率低，高度保守，适合种上水平遗传变异的研究[27,28]。在鱼类系统进化研究中，16S rRNA基因已经得到广泛的应用［鲟形目(Acipenseriformes)[29]；石斑鱼属（*Epinephelus*）[30]；鲷科（Seabreams-Sparidae）[31]］。本研究应用此基因较好地阐明了叫姑鱼亚科和黄鱼亚科的系统进化地位，并得出黄姑鱼比白姑鱼更早分化的新推论。但对于将白姑鱼和黄姑鱼归于同一个亚科的形态学假设，还有待进一步考证。此外，在研究黄鱼亚科时，UPGMA 树中小黄鱼所处的位置与在 NJ、ME、MP 3 种树中的不一致，而梅童属的两个种种间序列未检测到任何变异（详见图 3 和结果部分），在用高保守性基因进行系统进化研究时会有类似情况的出现，有些学者认为这系所研究物种进化年龄较近、分化快速而所用基因进化速率相对较慢、一些变异不能及时积累所致[18,22,31,32]。由此可见，在进行物种系统进化研究时，较保守的基因在解决一些进化晚分化快的物种亲缘关系时会力不从心，而且单个基因能提供的信息往往较为有限[33]。因此，应用多个进化速率不同的基因将能更好地诠释中国石首鱼类分子系统进化。

参考文献

[1] 孟庆闻，等．石首鱼科．鱼类分类学．北京：中国农业出版社，1995. 713－728.

[2] 孟庆闻，等．石首鱼科．鱼类学（形态·分类）. 上海：上海科学技术出版社，1989. 269－272.

[3] Seyoum S，et al. An analysis of genetic population structure in reddrum，*Sciaenops ocellatus*，based on mtDNA control region sequences. Fish Bull，2000，98：127.

[4] Graves J E，et al. A genetic analysis of weakfish *Cynoscion regalis* stock structure along the mid-Atlantic Coast. Fish Bull，1992，90：469.

[5] Lankford T E，et al. Mitochondrial DNA analysis of population structure in the Atlantic croaker，*Micropogonias undulates*（Perciformes：Sciaenidae）. Fish Bull，1999，97：884.

[6] 刘效舜，等．黄渤海区渔业资源调查与区划．北京：海洋出版社，1990：218－225.

[7] 成庆泰，等．石首鱼科．中国鱼类系统检索（上册）. 北京：科学出版社，1987：317－324.

[8] 朱元鼎，等．中国石首鱼类分类系统的研究和新属新种的叙述．上海：上海科学技术出版社，1963.

[9] Gyllestein U B，et al. Mitochondrial DNA of salmonids：intraspecific variability detected with restriction enzymes. In：Population Genetics and Fishery Management. Seattle：University of Washington Press. 1987.

[10] Kocher T D，et al. Dynamics of mitochondrial DNA evolution In animals：Amplification and sequencing with conserved primers. Proc Natl Acad Sci USA，1989，86：6196.

[11] Brown W M. Evolution of animal mitochondrial DNA. In：Evolution of Genes and Proteins. Sunderland：Sinnauer，1983. 62.

[12] Wilson A C，et al. Mitochondrial DNA and two perspective on evolutionary genetics. Biol J Linn Soc，1985. 26：375.

[13] Avise J C，et al. Intraspecific phylogeography：The mitochondrial bridge between population genetics and systematics. Annu Rev Ecol Syst，1987，18：489.

[14] Harrison R G. Mitochondrial DNA as a genetic marker in popula tion and evolutionary biology. Trends Ecol Evol，1989，4：6.

[15] Miya M，et al. Molecular phylogenetic perspective on the evolution of the deep-sea fish genus *Cyclothone*（Stomiiformes：Gonostomatidae）. Ichthyol Res，1996，43：375.

[16] Morita T. Molecular phylogenetic relationships of the deep-sea fish genus *Coryphaenoides*（Gadiformes：Macrouridae）based on mitochondrial DNA. Mol Phylogenet Evol，1999，13：447.

[17] Waters J M，et al. Mitochondrial DNA phylogenetics of the *Galaxias vulgaris* complex from South Island，New Zealand：Rapid radiation of a species flock. J Fish Biol，2001，58：1166.

[18] Wang H Y，et al. Molecular phylogeny of Gobioid fishes（Perciformes：Gobioidei）based on mitochondrial 12S rRNA sequences. Mol Phylogenet Evol，2001，20（3）：390.

[19] 蒙子宁，等．黄海和东海小黄鱼遗传多样性的 RAPD 分析．生物多样性，2003，11（3）：197.

[20] Sambroo J，et al. Molecular Cloning：A Laboratory Manual 2nd ed. New York：Cold Spring Harbor Laboratory Press，1989.

[21] Nicholas K B，et al. GeneDoc：Analysis and visualization of genetic variation. *EMBNEW News*，1997，4：14.

[22] Summerer M，et al. Mitochondrial phylogeny and biogeographic affinities of sea breams of the genus. a）*Diplodus*（Sparidae）. J Fish Biol，2001，59：1638.

[23] Saitoh K，et al. Complete nucleotide sequence of Japanese founder（*Paralichthys olivaceus*）mitochondrial genome：Structural properties and cue for resolving teleostean relationships. J Hered，2000，91（4）：271.

[24] Okazaki M，et al. Phylogenetic relationships of bitterlings based on mitochondrial 12S ribosomal DNA sequences. J Fish Biol，2001，58：89.

[25] Rozas J，et al. DnaSP version 3：An integrated program for molecular population genetics and molecular evolution analysis. Bioinformatics，1999，15：174.

[26] Kumar S，et al. MEGA2：Molecular evolutionary genetics analysis software. Arizona State University，Tempe，Arizona，USA，2001.

[27] Meyer A. Evolution of mitochondrial DNA in fishes. In：Biochemistry and Molecular Biology of Fishes，Mochachka P K&Mommsen T P eds. Amsterdam：Elsevier，1993：1－38.

[28] Oriti G，et al. Patterns of nucleotide change in mitochondrial ribosomal RNA genes and the phylogeny of Piranhas. J Mol Evol，1996，42：169.

[29] Birstein V J，et al. Phylogeny of the acipenseriformes：Cytogenetic and molecular approaches. Environmental Biol Fish，1997，48：127.

[30] Craig M T，et al. On the status of the Serranid fish genus *Epinephelus*：Evidence for paraphyly based upon 16S rDNA sequence. Mol Phylogenet Evol，2001，19（1）：121.

[31] Hanel R，et al. Multiple recurrent evolution of trophic types in northeastern Atlantic and Mediterranean Seabreams（Sparidae，Percoidei）. J Mol Evol，2000，50：276.

[32] Pouyaud L，et al. Contribution to the phylogeny of pangasiid cat fishes based on allozymes and mitochondrial DNA. J Fish Biol，2000，56：1509.

[33] Cao Y，et al. Phylogenetic position of turtles among amnitotes：Evidence from mitochondrial and nuclear genes. Gene，2000，259：139.

黄海和东海小黄鱼遗传多样性的 RAPD 分析①

蒙子宁[1,2]，庄志猛[1]，金显仕[1]，唐启升[1]，苏永全[2]
（1. 中国水产科学研究院黄海水产研究所，
农业部海洋渔业资源可持续利用重点开放实验室，青岛 266071；
2. 厦门大学海洋系，厦门 361005）

摘要：小黄鱼（*Pseudosciaena polyactis*）是我国近海重要经济鱼类之一。本文分析了采自黄海和东海 5 个海区共计 48 个个体小黄鱼的随机扩增 DNA 多态性（RAPD）。从 40 个 10 bp引物中选取 20 个用于群体遗传多样性分析，共检测出 145 个位点，其中 132 个（91.03%）显多态性。用 Shannon 多样性指数量化的平均遗传多态度为 1.93（1.50～2.44），群体内和群体间的遗传变异比例分别为 69%和 31%；群体间的平均遗传相似度和遗传距离分别为 0.913 9 和 0.086 1。用非加权配对算数平均法（UPGMA）聚类分析的结果表明，所分析的 5 个群体可分为 3 个地理群系，从分子水平上支持了过去有关学者把黄海和东海的小黄鱼划分为北、中、南 3 个地理群系的观点。

关键词：小黄鱼；遗传变异；地理群系；RAPD

小黄鱼（*Pseudosciaena polyactis*）为广泛分布于渤海、黄海和东海北部（26°00′N 以北）的暖温性底层鱼类，是我国重要的海洋渔业经济种类。在小黄鱼渔业盛期（20 世纪 50 年代），年平均渔获量高达 12.8 万 t，曾被誉为我国“四大渔业”之一。20 世纪 60—80 年代期间，由于捕捞强度的不断增大，小黄鱼资源逐渐趋于衰退甚至枯竭。为了恢复小黄鱼渔业资源，我国政府及有关部门采取了诸如产卵场全面禁渔以及实施伏季休渔制度等一系列保护措施。进入 90 年代，小黄鱼资源呈逐年恢复之势，但其群体仍然表现出小型化、低龄化与性成熟加快等特征（金显仕，1996）。可见小黄鱼的资源基础还相当脆弱。

迄今，有关小黄鱼的研究大多集中在渔业生物学方面（金显仕，1996；邓景耀，赵传絪，1991），涉及遗传多样性的研究尚未见报道。众所周知，遗传变异是有机体适应环境变化的必要条件（Conrad，1983），一些水产强国和国际组织自 20 世纪 80 年代初就致力于研究渔业生物的群体遗传结构，并倡导渔业资源开发和管理应被赋予遗传多样性保护的内涵（FAO/UNEP，1981；Ryman & Utter，1987）。群体遗传学对于渔业管理的意义还在于它能以一种与群体进化相关的方式定义群体概念（Inssen et al.，1981；Carvalho & Hauser，1994）。可见，无论对于小黄鱼的资源保护还是群体划分，研究其遗传背景都非常重要。

随机扩增多态 DNA（RAPD）技术（williams et al.，1990；Welsh & McClelland，1990）具有快速、灵敏、简便等特点，已被广泛应用于遗传多样性检测以及品系鉴定等方面

---

① 本文原刊于《生物多样性》，11（3）：197-203，2003。

(Dinesh et al., 1993; Bardakei & Skibinski, 1994; Bielawski & Pumo, 1997)。本文采用RAPD技术对我国黄、东海小黄鱼的遗传多样性进行分析，研究了其遗传背景，并从基因组DNA变异水平上探讨小黄鱼的群体划分，以期为小黄鱼的资源保护和管理提供理论依据。

1 材料和方法

1.1 材料来源

小黄鱼样本（表1）系2001年3—4月间黄海水产研究所“北斗号”调查船在执行黄、东海渔业资源试捕调查时采集于黄海和东海的5个海区（A、B、C、D、E）（图1）。起网后，从渔获物中分检出小黄鱼于−30 ℃速冻，返航后用干冰保存运回实验室，转入−80 ℃超低温冰柜备用。

表1 小黄鱼的样本来源、采样量及其生物学特征（2001年）

Table 1 Origins, sample size and biological characteristics of *Pseudosciaena polyactis* stocks（2001）

群体 Stock	采样地点 Location	采样时间 Date	采样量（尾）Sample size	体长范围（mm）Body length range	平均体长（mm）Average length	体重范围（g）Body weight range	平均体重（g）Average weight
A	36°00′N，123°25′E	3月27日 March 27	10	111～197	145.5	20～120	48.3
B	33°30′N，123°45′E	4月4日 April 4	6	105～170	125.2	21～78	33.7
C	33°00′N，124°30′E	4月2日 April 2	8	116～150	130.6	23～54	32.6
D	32°00′N，122°30′E	4月7日 April 7	15	110～143	121.6	19～44	28.1
E	30°00′N，122°50′E	4月19日 April 19	9	137～181	161.9	42～96	69.8

1.2 DNA提取和PCR扩增

基因组DNA的提取参照Sambroo et al.（1989）的方法。PCR反应总体积为25 μL，包括：10×PCR Buffer 2.5 μL、25 mmol/L $MgCl_2$ 1.5 μL、2.5 mmol/L dNTP 1 μL、5 μmol/L引物（上海生工）1 μL、5U *Taq* DNA聚合酶（Promega Biotec.）0.2 μL，以及10 ng/μL基因组DNA 2 μL，其余用灭菌双蒸水补足。反应在PE9 600扩增仪上经95 ℃预变性5 min后经过45个循环，每个循环包括94 ℃1 min，36 ℃1 min，72 ℃2 min，最后72 ℃延伸10 min。RAPD产物用含有溴化乙锭的1.5%琼脂糖凝胶电泳分离，于Bio-RAD Gel Doc 1000自动成像仪上观察并打印电泳图谱。

1.3 数据分析

电泳图谱中的每一条带记为一个位点，只记录那些电泳后可辨认的条带，当某一扩增带出现时记为1，缺失则记为0，从而建立原始谱带矩阵，并据此统计位点总数、多态位点数和每个多态位点在群体中的分布频率。

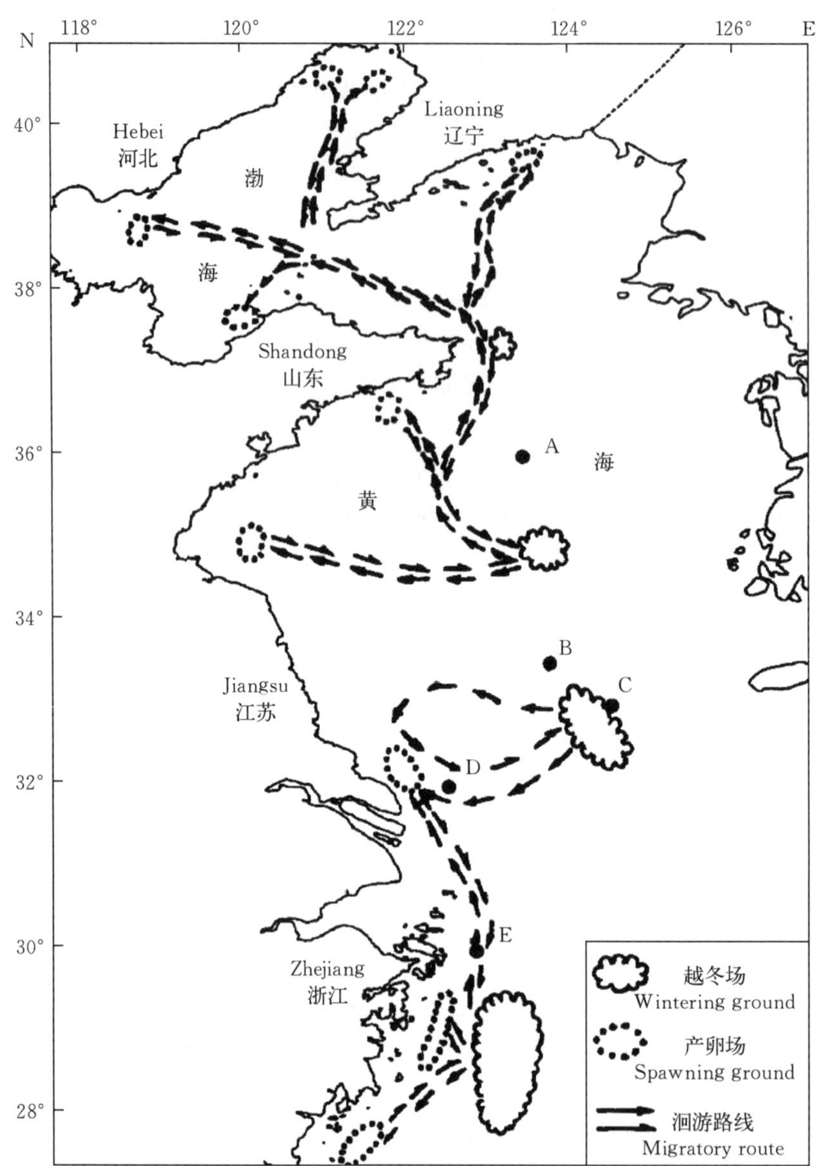

图 1 小黄鱼采样地点（A～E 点）分布和洄游路线（箭头线）

Figure 1 Map of sampling locations（A～E）and migratory route of *Pseudosciaena polyactis*（arrow line）

群体的多态位点百分率 P＝该群体的多态位点数/位点总数×100％

参考 Wachira et al.（1995）的公式，用 Shannon 多样性指数来计算各群体的遗传多态度 H_0，平均群体内的遗传多态度 H_{pop}，以及所研究的种类 n 个群体的遗传多态度总量 H_{sp}，计算公式如下：

$H_0=-\sum X_i\ln X_i$（X_i 为位点 i 在某一群体中的出现频率）；

$H_{pop}=\sum H_0/n$（n 为所研究的群体数）；

$H_{sp}=-\sum X$（X 为 n 个群体的综合表型频率）。

以 H_{pop}/H_{sp} 和 $(H_{sp}-H_{pop})/H_{sp}$ 分别计算和比较遗传多态度在群体内和群体间的分布。利用 POP－GENE1.32 软件计算群体间的遗传相似度（F）和遗传距离（D）（Nei&Li，1979）。UPGMA（Unweighted Pair-Group Method with Arithmetic Means）系统树由 PHYLIP 3.5 软件构建。

2 结果

根据个体间扩增产物的一致性，从 40 个 10 bp 随机引物中选取 20 个，对小黄鱼 5 个群体的遗传多样性进行分析。每个引物扩增出 4（S113）～10（S112、S121、S122、S127）个可辨认的片段，共记录 145 个片段，其中 132 个（91.03%）显多态性。每个引物均扩增出多态片段，多态位点百分率（50%～100%）因引物而异。多态位点百分率也因群体而异，波动在 42.07%（群体 B）～69.66%（群体 A）之间（表 2）。图 2 列举了引物 S135 对所有个体扩增产物的电泳图谱。

表 2 选取的 20 个随机引物的扩增产物数量

Table 2 Amplification products of the 20 arbitrary primers used in the study

引物 Primer	引物序列（5′～3′） Sequences of primers (5′～3′)	位点总数 Total No. of RAPD loci	多态位点总数 Total No. of polymorphic loci	各群体的多态位点数 No. of polymorphic loci in each stock				
				A	B	C	D	E
S101	GGTCGGAGAA	9	9	7	4	1	5	4
S102	TCGGACGTGA	7	7	6	1	3	4	2
S104	GGAAGTCGCC	8	8	5	6	4	6	4
S112	ACGCGCATGT	10	10	8	4	6	9	7
S113	GACGCCACAC	4	4	3	2	4	4	3
S114	ACCAGGTTGG	6	3	2	1	3	0	2
S117	CACTCTCCTC	4	3	3	2	1	1	1
S121	ACGGATCCCT	10	9	7	5	5	5	2
S122	GAGGATCCCT	10	8	7	4	2	5	4
S123	CCTGATCACC	8	7	6	4	6	6	6
S125	CCGAATTCCC	6	5	3	1	2	3	0
S126	GGGAATTCGG	5	5	4	1	0	4	3
S127	CCGATATCCC	10	10	9	6	6	10	7
S128	GGGATATCGG	6	5	5	0	2	5	3
S129	CCAAGCTTCC	9	7	3	2	3	3	5
S135	CCAGTACTCC	6	6	4	2	4	6	4
S136	GGAGTACTGG	8	8	4	2	4	7	6
S137	AACCCGGGAA	5	5	4	4	1	4	2
S139	CCTCTAGACC	7	6	5	5	2	4	4
S140	GGTCTAGAGG	7	7	6	5	4	6	6
合计 Total		145	132	101	61	63	97	75
多态位点百分率（%） Percentage of polymorphic loci			91.03	69.66	42.07	43.45	66.90	51.72

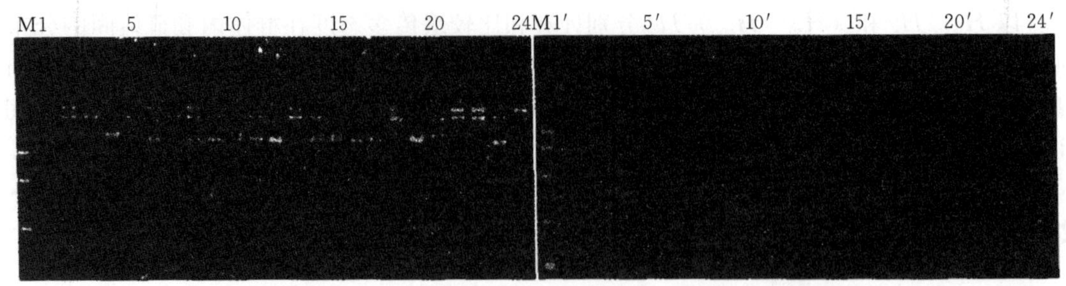

图 2　引物 S135 对小黄鱼 5 个群体（A～E）RAPD 电泳图谱

Figure 2　Amplification of genomic DNA from five stocks of *P. polyactis* with primer S135

M：DL2 000；群体 A：1～10；群体 B：11～16；群体 C：17～24；群体 D：1'～15'；群体 E：16'～24'

M：DL2 000；Stock A：1～10；Stock B：11～16；Stock C：17～24；Stock D：1'～15'；Stock E：16'～24'

利用 Shannon 多样性指数对 20 个引物所检测到的表型频率进行遗传多样性分析（表 3），群体的遗传多态度（H_0）范围在 1.50～2.44 之间，平均遗传多态度（H_{pop}）为 1.93，遗传多态度总量（H_{sp}）为 2.80。由 H_{pop}/H_{sp} 比值可见，引物 S125 和 S140 分别检测出群体内的最大和最小遗传变异（H_{pop}/H_{sp} 分别为 0.84 和 0.28），群体内的遗传变异均值为 0.69；而群体间的遗传变异（$H_{sp}-H_{pop}$）/H_{sp} 平均为 0.31。可见，近 70%的遗传变异是在群体内检测到的。

表 3　由 Shannon 多样性指数估计的遗传多样性在小黄鱼群体内和群体间的分布

Table 3　Partition of the genetic diversity within and among stocks of *P. polyactis* estimated by Shannon index

引物 Primer	H_0					H_{pop}	H_{sp}	H_{pop}/H_{sp}	$(H_{sp}-H_{pop})/H_{sp}$
	A	B	C	D	E				
S101	2.82	2.33	0.24	1.90	1.44	1.75	2.46	0.71	0.29
S102	3.22	0.30	1.51	1.64	0.86	1.51	2.35	0.64	0.36
S104	2.81	3.10	2.32	2.87	2.08	2.63	3.84	0.69	0.31
S112	4.45	2.11	2.02	4.43	3.90	3.38	4.88	0.69	0.31
S113	2.06	1.15	2.64	2.40	2.01	2.05	2.57	0.80	0.20
S114	0.83	0.48	0.99	0.00	0.84	0.63	0.79	0.80	0.20
S117	1.48	1.28	0.65	0.66	0.64	0.94	1.20	0.78	0.22
S121	3.25	2.43	2.09	2.30	1.11	2.23	3.69	0.61	0.39
S122	2.52	1.36	1.16	2.05	1.44	1.71	2.45	0.70	0.30
S123	2.63	2.44	2.86	2.51	2.85	2.66	3.31	0.80	0.20
S125	1.03	0.30	0.63	1.29	0.00	0.65	2.30	0.28	0.72
S126	1.35	0.68	0.00	1.68	1.54	1.05	1.60	0.66	0.34
S127	4.67	2.92	2.58	4.78	3.84	3.76	5.07	0.74	0.26
S128	2.23	0.00	0.89	1.64	1.49	1.25	2.04	0.61	0.39
S129	1.09	0.89	1.46	1.16	2.80	1.48	2.46	0.60	0.40
S135	2.47	0.30	2.32	2.94	2.32	2.07	3.11	0.66	0.34
S136	1.30	0.97	1.64	2.95	2.25	1.82	2.73	0.67	0.33
S137	2.40	2.26	0.39	1.59	1.37	1.60	2.18	0.74	0.26

（续）

引物 Primer	H_0					H_{pop}	H_{sp}	H_{pop}/H_{sp}	$(H_{sp}-H_{pop})/H_{sp}$
	A	B	C	D	E				
S139	3.18	2.92	1.09	1.80	2.20	2.24	3.27	0.68	0.32
S140	2.93	2.53	2.52	3.80	3.70	3.10	3.66	0.84	0.16
均值 Mean	2.44	1.54	1.50	2.22	1.93	1.93	2.80	0.69	0.31

注：H_0为各群体的遗传多态度，H_{pop}为平均群体内的遗传多态度，H_{sp}为所研究的种类 n 个群体的遗传多态度总量，H_{pop}/H_{sp}和（$H_{sp}-H_{pop}$）/H_{sp}分别为群体内和群体间遗传多态度所占的比例。

Notes：H_0 represents the genetic diversity in each stock；H_{pop} represents the average diversity over the n different stocks；H_{sp} is the diversity of all the stocks considered together；H_{pop}/H_{sp} and（$H_{sp}-H_{pop}$）/H_{sp} are the proportions of the genetic diversity within and among stocks，respectively.

表 4 列出了小黄鱼 5 个群体间的遗传相似度（I）与遗传距离（D）。结果显示，遗传相似度最小为 0.856 4（群体 C～D），最大为 0.962 6（群体 D～E），平均 0.913 9；遗传距离在 0.038 1～0.155 0 之间（平均 0.086 1）。

表 4　小黄鱼群体间遗传相似度 *I*（对角线上方）和遗传距离 *D*（对角线下方）

Table 4　Pairwise similarity coefficient (above diagonal) and genetic distance (below diagonal) of the five stocks of *P. polyactis*

群体 Stock	A	B	C	D	E
A	****	0.948 5	0.931 8	0.896 9	0.921 1
B	0.052 9	****	0.916 4	0.891 5	0.904 5
C	0.070 6	0.087 3	****	0.856 4	0.909 3
D	0.108 9	0.114 9	0.155 0	****	0.962 6
E	0.082 2	0.100 3	0.095 1	0.038 1	****

对 RAPD 数据进行聚类分析，构建了小黄鱼的 UPGMA 系统树（图 3）。5 个群体分别聚在 3 个主要簇群中，簇Ⅰ包括群体 D 和 E，最先聚类；群体 C 单独成簇Ⅲ，与群体 A 和 B 构成的聚类簇Ⅱ关系较近。

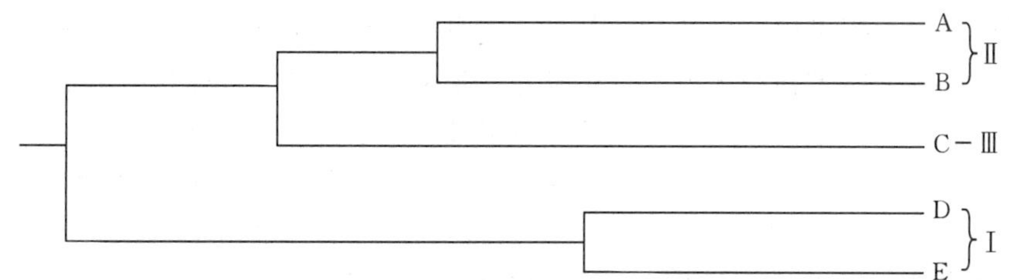

图 3　小黄鱼群体间 UPGMA 系统树

Figure 3　UPGMA dendrogram of the five stocks of *P. polyactis*

3　讨论

20 个随机引物共检测到 145 个位点，其中多态位点 132 个，多态位点百分率高达 91.03%（表 2），这充分说明了 RAPD 检测方法的高度灵敏性。通过横向比较 RAPD 检测到的其他海洋鱼类的多态位点百分率发现，小黄鱼（*P. polyactis*）不仅比同属于石首鱼科的鮸状黄姑鱼（*Nibea miichthioies*）养殖群体要高很多，而且比其他一些海洋鱼类，例如梭鱼（*Liza haematocheila*）、条纹鲈（*Morone saxatilis*）、真鲷（*Pagrus major*）的野生或养殖群体都要高（表5），说明小黄鱼具有丰富的遗传多样性水平，除了种类差异外，可能与小黄鱼的广布性及其栖息地多样性有关。此外。不像鮸状黄姑鱼、梭鱼等其他增养殖鱼类，小黄鱼尚无人工养殖或种苗放流增殖历史，从而避免了影响群体遗传多样性的瓶颈效应、遗传漂变和近亲杂交等因素（Kirsten & Jenny，1993；Welsh & McClelland，1990）。

表5 用RAPD方法研究不同鱼类的多态位点百分率的结果比较

Table 5 Comparison of percentage of polymorphic loci（*P*）among different fish species by RAPD analysis

种名 Species	多态位点百分率（%）Percentage of polymorphic loci		参考文献 References
	野生群体 Wild stock	养殖群体 Cultivated stock	
小黄鱼 *Pseudosciaena polyactis*	91.03		本研究
梭鱼 *Liza haematocheila*	85.71	83.93	权洁霞等，2000
条纹鲈 *Morone saxatilis*	63.38		Bielawski&Pumo，1997
真鲷 *Pagrus major*	62.6	54.47	孟宪红等，2000
鮸状黄姑鱼 *Nibea miichthioies*		15.32	丁少雄等，1998

从遗传学角度，一个物种的遗传多样性高低与其适应能力、生存能力和进化潜力密切相关。遗传多样性的降低可导致其适应能力降低、有害隐性基因表达增加及经济性状衰退，最终导致物种退化。丰富的遗传多样性则意味着比较高的适应生存能力，蕴涵着比较大的进化潜能以及比较丰富的育种和遗传改良能力。分析结果表明，尽管曾因遭受到过度捕捞造成资源衰退，小黄鱼仍然保持了较为丰富的遗传多样性，说明小黄鱼是一种具有较强适应能力、生存能力和进化潜力的海洋鱼类。值得指出的是，由于过度捕捞，特别是捕捞大个体的高龄鱼，选择压力已经引起了小黄鱼的种群结构简单化和经济性状的衰退，表现为小黄鱼个体小型化、低龄化和性成熟提前。因此，恢复小黄鱼的多龄种群结构是资源保护的基础。

遗传变异有一定的大小和分布格局，种内遗传变异可以分为群体内和群体间的变异，保持这两种变异可以最大限度地降低地理群体的灭绝几率。维持物种的稳定（Hedrick & Miller，1992）。本文对这两种变异进行了分析，从遗传多样性的分布可见，有69%的遗传变异源于群体内，31%源于群体间。用Shannon多样性指数对长江水系的鲢（*Hypophthalmichthys molitrix*）和草鱼（*Ctenopharyngodon idellus*）4个地理群体的RAPD资料分析表明，鲢87.7%的遗传多样性来源于群体内，12.3%来源于群体间，群体间的遗传分化很小；草鱼82.5%的遗传多样性来源于群体内，群体间的遗传分化略高于鲢，为17.5%（张四明等，2001）；对梭鱼野生群体和养殖群体进行RAPD检测分析表明，群体内遗传多样性高达91.86%；群体间的遗传分化很小，只有8.14%①。不难看出，尽管东海和黄海的小黄鱼不同群体的越冬场具有一定的独立性和连贯性，存在基因交流现象，但彼此间的遗传分化较之上述3种鱼类高得多。①

较高的群体间遗传分化反映了东、黄海小黄鱼存在不同的地理群系。关于小黄鱼的群体

① 权洁霞，2000，梭鱼和中国对虾的遗传多样性以及对虾总科十二种虾的分子系统进化，青岛海洋大学博士论文。

划分用形态学和生态学方法曾做过较多研究，林新濯（1964）根据小黄鱼的分布特征和脊椎骨、背鳍、臀鳍、鳃耙、幽门盲囊和鳔支管等分节特征将东、黄、渤海的小黄鱼分为 3 个不同的地理族；有些学者（王贻观等，1965；刘效舜，1990）则根据小黄鱼产卵场和越冬场的分布及其洄游路线，将东、黄、渤海小黄鱼划分为 3 个独立群系，即黄渤海群、南黄海群和东海群。本文从基因组 DNA 变异水平上对东、黄海小黄鱼进行种群划分，结合采样地理位置（图 1），UPGMA 系统树（图 3）分析结果，由北向南把小黄鱼 5 个群体 48 个个体分为 3 个群系：北部群系（群体 A 和 B）、中部群系（群体 C）和南部群系（群体 D 和 E），这与以上用形态学和生态学方法得出的东、黄海小黄鱼存在 3 个地理群系的结论相一致。

参考文献

Bardakci F，Skibinski D O F，1994. Application of the RAPD technique in *Tilapia* fish：species and subspecies identification. Heredity，73：117－123.

Bielawski J P，Pumo D E，1997. Randomly amplified polymorphic DNA（RAPD）analysis of Atlantic coast striped bass. Heredity，78：32－40.

Carvalho G R，Hanser L，1994. Molecular genetics and the stock concept in fisheries. Reviews in Fish Biology and Fisheries，4：326－350.

Conrad M，1983. Adaptability：the Significance of Variability from Molecular to Ecosystem. Plenum Press，New York.

Deng J-Y（邓景耀），Zhao C-Y（赵传絪），1991. Marine Fisheries Biology（海洋渔业生物学）. Agriculture Press，Beijing，164－198.（in Chinese）.

Ding S-X（丁少雄），Wang J（王军），Quan C-G（全成干），et al.，1998. Genetio diversity in the hatchery stock of *Nibea miichthioides*. Chinese Science Bulletin（科学通报），43（21）：2294－2298.（in Chinese）.

Dinesh K R，Lim T M，Chua K L，et al.，1993. RAPD analysis：an efficient method of DNA fingerprinting in fishes. Zoological Science，10：849－854.

FAO/UNEP，1981. Conservation. of genetic resources of fish：problems and recommendations. In：Report of the Expert Consultation on the Genetic Resources of Fish. 9－13.

Hedrick P W，Miller P S，1992. Conservation genetics：techniques and fundamentals. Ecological Applications，2：30－46.

Ihssen P E，Booker H E，Casselman J M，et al.，1981. Stock identification：materials and methods. Canadian Journal of Fisheries and Aquatic Sciences，38：1838－1855.

Jin X-S（金显仕），1996. Ecology and population dynamic of small yellow croaker（*Pseudosciaena polyactis* Bleeker）in the Yellow Sea. Journal of Fishery Sciences of China（中国水产科学），3（1）：32－45.（in Chinese）.

Kirsten W，Jenny P V，1993. Rapid detection of genetic variability in *Chrysanthemum* using random primers. Heredity，71：335－341.

Lin X-Z（林新濯），1964. The study on biological measurement of population of small yellow croaker. In：The Proceedings of Marine Fisheries Resources（海洋渔业资源论文集）. Agriculture Press，Beijing.（in Chinese）.

Liu X-S（刘效舜），1990. The Fisheries Resources Investigation and Division of the Yellow and Bohai Seas（黄渤海区渔业资源调查与区划）. Ocean Press，Beijing，191－200.（in Chinese）.

Meng X-H（孟宪红），Kong J（孔杰），Zhuang Z-M（庄志猛），et al.，2000. Genetic diversity in the wild and hatchery populations of red seabream（*Pagrus major*）. Biodiversity Science（生物多样性），8（3）：248－252.（in Chinese）.

Nei M，Li W H，1979. Mathematical model for studying genetical variation in terms of restriction endonucleases. Proceedings of the National Academy of Sciences，*USA*，74：5267－5273.

Quan J-X（权洁霞），Dai J-X（戴继勋），Shen S-D（沈颂东），et al.，2000. Genetic variation analysis of two mullet populations through randomly amplified polymorphic DNA（RAPD）method. Acta Oceanologica Sinica（海洋学报），22（5）：82－87.（in Chinese）.

Ryman N，Utter F，1987. Population Genetics and Fisheries Management. University of Washington Press，Seattle.

Sambroo J，Fritsch E F，Maniatis T，1989. Molecular Cloning：A Laboratory Manual（2nd edn.）. Cold Spring Harbor Laboratory Press.

Wachira F N，Waugh R，Hackett C A，et al.，1995. Detection of genetic diversity in tea（*Camellia sinensis*）using RAPD markers. Genome，38：201－210.

Wang Y-G（王贻观），Ma Z-Y（马珍影），You H-B（尤洪宝），1965. The preliminary study on migration and distribution of small yellow croaker（Summary）. In：The Proceedings of Marine Fisheries Resources（海洋渔业资源论文集）. Agriculture Press，Beijing.（in Chinese）.

Welsh J，McClelland M，1990. Fingerprinting genomes using PCR with arbitrary primers. Nucleic Acids Research，18：7213－7218.

Williams J K G，Kubelik A R，Livak K J，et al.，1990. DNA polymorphisms amplified by arbitrary primers are useful as genetic markers. Nucleic Acids Research，18：6531－6535.

Zhang S-M（张四明），Deng H（邓怀），Wang D-Q（汪登强），et al.，2001. Population structure and genetic diversity of silver carp and grass carp from populations of Yangtze River system revealed by RAPD. Acta Hydrobiologica Sinica（水生生物学报），25（4）：324－330.（in Chinese）.

Genetic Diversity in Small Yellow Croaker (*Pseudosciaena polyactis*) by RAPD Analysis

MENG Zining[1,2]，ZHUANG Zhimeng[1]，JIN Xianshi[1]，TANG Qisheng[1]，SU Yongquan[2]

（*1. Key Lab for Sustainable Utilization of Marine Fishery Resources，Ministry of Agriculture；Yellow Sea Fisheries Research Institute，Qingdao 266071；2. Department of Oceanography，Xiamen University，Xiamen 361005*）

Abstract：*Pseudosciaena polyactis* is a commercially important fish species which is widely distributed in the Bohai Sea，the Yellow Sea and the northern part of the East China Sea. Forty-eight individuals of *P. polyactis* from five sampling areas in the Yellow Sea and the East China Sea were analyzed by random amplified polymorphic DNA（RAPD）markers to determine the genetic variation among and within the stocks. A total of 145 loci were amplified using 20 random primers, of which 132 loci (91.03%) were polymorphic. Genetic diversity quantified by Shannon index varied from 1.50 to 2.44 with an average of 1.93. Partition of genetic variation indicated that 69% was distributed within stocks and 31% among stocks. The average genetic similarity and genetic distance were 0.913 9 and 0.086 1, respectively. Cluster analysis by UPGMA indicated that these five stocks might be divided into three groups. Results of RAPD analysis suggested extensive genetic diversity exists in this species and the genetic divergence among stocks is relatively high. The UPGMA dendrogram showed that there existed three geographic populations of *P. polyactis* in the Yellow Sea and the East China Sea, which supports previous conclusions based on morphological and ecological methods.

Key words: *Pseudosciaena polyactis*; Genetic variation; Geographic population; RAPD

基于线粒体 *Cyt b* 基因的黄海、东海小黄鱼（*Larimichthys polyactis*）群体遗传结构①

吴仁协[1,2]，柳淑芳[1]，庄志猛[1]，金显仕[1]，苏永全[2]，唐启升[1]

（1. 中国水产科学研究院黄海水产研究所，山东省渔业资源与生态环境重点实验室，青岛 266071；

2. 厦门大学海洋系，厦门 361005）

摘要： 采用线粒体 DNA 细胞色素 *b* 基因全序列分析技术研究了黄海、东海小黄鱼（*Larimichthys polyactis*）的群体遗传结构，在所分析的 9 个取样点 177 个个体中，共检测到 137 个单倍型。9 个群体呈现出高的单倍型多样性（h=0.956～1.00）和低的核苷酸多样性（π=0.003 7－0.005 8），单倍型邻接关系树的拓扑结构比较简单，没有明显的地理谱系结构。分子方差分析和 F_{ST} 显示小黄鱼的遗传变异均来自群体内个体间，而群体间无显著遗传分化。Exact 检验表明单倍型在两两群体间分布频率的差异是不显著的。中性检验和核苷酸不配对分析均表明黄海、东海的小黄鱼经历了群体扩张，扩张时间约为 78.1 万～3.8 万年前。研究结果表明，黄海、东海小黄鱼群体间具有高度的基因交流，是一个随机交配的群体。较强的扩散能力，黄海、东海的海洋环流以及近期的群体扩张可能是造成黄海、东海小黄鱼群体间遗传同质性较高的原因。

关键词： 小黄鱼；细胞色素 *b* 基因；群体遗传结构

小黄鱼（*Larimichthys polyactis*）属石首鱼科（Sciaenide）、黄鱼属（*Larimichthys*），为暖温性底层鱼类，广泛分布于渤海、黄海和东海，是我国最重要的海洋渔业经济种类之一[1]。由于过度捕捞，小黄鱼资源曾严重枯竭，近年来虽有所恢复，但种群结构仍较为脆弱[2]。有关小黄鱼的研究大多集中在渔业生物学和渔业生态学方面[2,3]；在群体遗传学方面，蒙子宁等[4]和许广平等[5]分别采用 RAPD 和 ISSR 技术研究了黄海、东海小黄鱼的遗传多样性。迄今，鲜见涉及小黄鱼的分子系统地理学及其种群历史动态分析方面的报道。

物种的分布格局受环境因素的时空作用，历史上的气候波动、地貌变迁等古气候和古地质事件对物种的分布扩散和系统进化都会产生深刻影响，这些影响往往体现在动物的遗传变异中[6]。DNA 序列中多态的数量和分布模式可以为推测群体历史提供遗传学信息，同时也可以探讨产生和维持这些多态的机制[7]。随着溯祖理论的发展和统计方法的改进，基于 DNA 序列的群体遗传结构分析可阐明种群的系统地理谱系结构和解释与种群历史相关的地理进化过程[8,9]。线粒体 DNA（mtDNA）因其结构简单、母系遗传、不重组、进化速率快

① 本文原刊于《自然科学进展》，19（9）：924－930，2009。

等特点，已成为分析群体遗传结构、系统地理格局和推测群体历史动态等方面的有力工具[8]。本项研究采用 mtDNA 细胞色素 *b*（*Cyt b*）基因全序列分析技术，分析黄海、东海小黄鱼群体遗传结构并探讨其群体历史动态，以期为小黄鱼的资源管理和保护提供参考。

1　材料与方法

1.1　实验材料

小黄鱼样品为 2006—2008 年黄海水产研究所“北斗”号调查船在执行黄海、东海渔业资源调查时采集于 9 个采样地点共 177 个个体（表 1，图 1）。采集后取小黄鱼肌肉组织于 95%乙醇中保存备用。

表 1　小黄鱼的取样信息和群体遗传多样指数

样品名称	样品数量	采样时间	单倍型数目	单倍型多样性	核苷酸多样性
A	19	2007 - 09 - 03	18	0.994±0.019	0.004 7±0.002 7
B	18	2007 - 03 - 22	16	0.987±0.023	0.004 6±0.002 6
C	10	2007 - 04 - 07	10	1.000±0.045	0.005 0±0.003 0
D	24	2007 - 08 - 29	22	0.993±0.014	0.005 3±0.002 9
E	30	2008 - 01 - 19	29	0.998±0.009	0.004 8±0.002 6
F	19	2007 - 08 - 27	18	0.994±0.019	0.004 8±0.002 7
G	19	2007 - 08 - 24	19	1.000±0.017	0.005 8±0.003 2
H	21	2007 - 05 - 08	20	0.995±0.017	0.004 8±0.002 7
I	17	2006 - 12 - 04	13	0.956±0.037	0.003 7±0.002 2
总样品	177		137	0.989±0.004	0.004 8±0.002 6

1.2　序列测定

取背部肌肉约 100 mg，按照酚-氯仿法提取基因组 DNA[10]。采用引物 L14724（5′-GACTTGAAAAACCACCGTTG - 3′）和 H15915（5′ - CTCCGATCTCCGGATTACAAGAC - 3′）[11]扩增小黄鱼 mtDNA Cyt *b* 基因全序列，引物分别位于 tRNA - Glu 和 tRNA - Thr 上。PCR 反应的总体积为 50 μL，包括 1.25 U 的 *Taq* DNA 聚合酶（TaKaRa），200 nmol/L 的正反向引物，200 μmol/L 的每种 dNTP，10 mmol/L Tris pH 8.3，50mmol/L KCl 和 1.5mmol/L $MgCl_2$，基因组 DNA 约为 50 ng。每组 PCR 均设阴性对照用来检测是否存在污染。PCR 扩增在 Veriti 96 Well 热循环仪（Applied Biosystems）上进行，程序为：94 ℃预变性 4 min，94 ℃变性 45 s，49 ℃退火 45 s，72 ℃延伸 45 s，循环 35 次，然后 72 ℃后延伸 7 min. 采用胶回收试剂盒（天根生化科技有限公司）进行 PCR 产物的回收和纯化，纯化的 PCR 产物由北京六合华大基因科技股份有限公司进行测序。采用 L14724 和 H1（5′CAGAGGGTTGTTTGAGCCTGTTT - 3′）以及 L1（5′- TCACTCGCTTCTTCGCCTTC - 3′）和 H15915 两对引物分段进行双向测序。

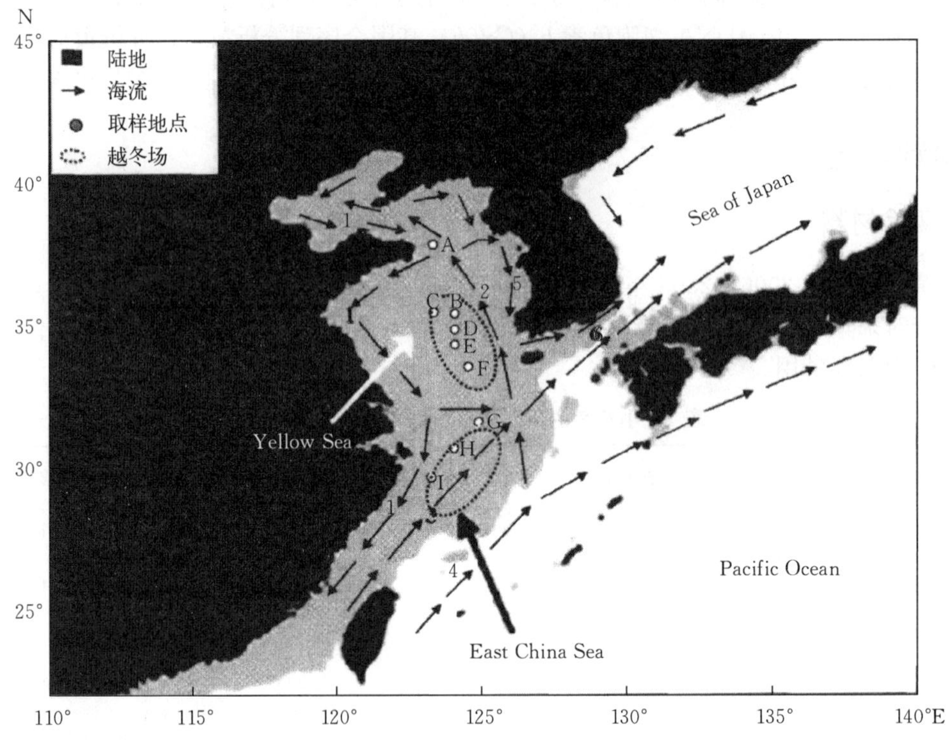

图1 小黄鱼的取样位置（A至I）和海流模式图（1至6）

1. 中国沿岸流 2. 黄海暖流 3. 台湾暖流 4. 黑潮暖流 5. 朝鲜西岸沿岸流 6. 对马暖流

图中灰色部分代表冰期因海平面下降成为陆地的浅海陆架区

1.3 数据分析

1.3.1 序列分析

应用Dnastar软件包（DNASTAR，Inc.，USA）对序列进行编辑、校对和排序，并对排序结果进行分析和手工调整，用DnaSP4.0软件[12]确定单倍型。单倍型数目、多态位点、转换、颠换、插入/缺失等分子多样性指数使用Arlequin3.1软件[13]统计获得。单倍型多样性（h）、核苷酸多样性（π）、两两序列间的平均核苷酸差异数（k）根据Nei[14]的公式由Arlequin3.1软件计算。采用Modeltest ver.3.06[15]中的等级似然比检验（hierarchical likelihood ratio test）来选择DNA序列最佳替换模型。

采用MEGA3.0软件[16]按照TrN[17]进化模型来构建单倍型邻接关系树[18]，系统树的可靠性采用1 000次重抽样评估。应用星状收缩算法（star contraction algorithm）分析单倍型间关系[19]，单倍型主干网络关系图由Network 4.5软件（http://www.fluxus-technology.com）绘制。

1.3.2 群体遗传结构分析

使用分子变异分析（AMOVA）[20]未评估群体间遗传变异，通过1 000次重抽样来检验不同遗传结构水平上协方差的显著性。采用分化固定指数（F_{ST}）来评价两两群体间的遗传差异[21]，通过1 000次重抽样来检验两两群体间F_{ST}的显著性。通过设定两种AMOVA分析来检验小黄鱼的群体结构：一是按照样品的地理来源将小黄鱼9个群体划分为2个组群，分别对应两个不同的海区以验证是否存在显著的地理结构，A、B、C、D、E、F群体划分为黄海组群，G、H、I群体划分为东海组群；二是将9个群体都归为一个组群以验证群体间是否具有显著的遗传分化。此外，采用Exact检验检测单倍型在两两群体间分布频率的差异来评价群体间的遗传分化[22]。上述分析均由Arlequin3.1软件计算，单倍型间的遗传距离采用TrN核苷酸进化模型计算。

1.3.3　群体历史动态分析

采用中性检验和核苷酸不配对分布分析来检测小黄鱼的群体历史动态。由Tajima′s *D*检验[23]和Fu's *Fs*检验[24]来进行中性检验。核苷酸不配对的观测分布和群体扩张模型下的预期分布之间的一致性采用最小方差法来检验[25]。对于观测分布没有显著偏离预期分布的群体，采用广义非线性最小方差法（general non-linear least-square）来估算扩张参数τ，其置信区间（CI）采用参数重抽样法（parametric bootstrap approach）计算[26]。参数τ通过公式$\tau=2ut$转化为实际的扩张时间，其中u是所研究的整个序列长度的突变速率，t是自群体扩张开始到现在的时间。参照其他硬骨鱼类的mtDNA *Cyt b*基因2%/百万年的分歧速率[27]来估计小黄鱼的群体扩张时间，上述分析均由Arlequin3.1软件计算。

2　结果

2.1　分子多态

所分析的黄海、东海9个样本共177尾小黄鱼的Cyt *b*基因全序列长度均为1 141 bp，其T、C、A、G平均含量分别为26.5%、34.3%、23.8%、15.4%；A+T含量（50.3%）与C+G含量（49.7%）相近。在1 141位点中，共检测到158个多态位点，其中单态核苷酸变异位点85个，简约信息位点73个。这些多态位点共定义了167处核苷酸替换，其中有149处转换和18处颠换，没有检测到插入/缺失的现象。在177个个体中，共检测到137个单倍型，其中14个单倍型出现在两个或两个个体以上，其中13个单倍型是群体间共享的，其余123个单倍型均为群体的特有单倍型。所获得的137个*Cyt b*单倍型全部提交到GenBank，序列登录号为FJ609001—FJ609137。

2.2　单倍型遗传学关系

单倍型邻接关系树的大部分节点分支的支持率较低（<50%），没有明显的地理谱系结构（图2）。每个群体的单倍型都广泛分布在单倍型邻接关系树上。这种简单的谱系结构与群体遭受瓶颈效应后经历群体扩张的特征相一致。单倍型主干网络关系图呈星状结构（图略），存在一个主体单倍型（FJ609003）位于网络关系图的中心，不具有明显的地理结构。

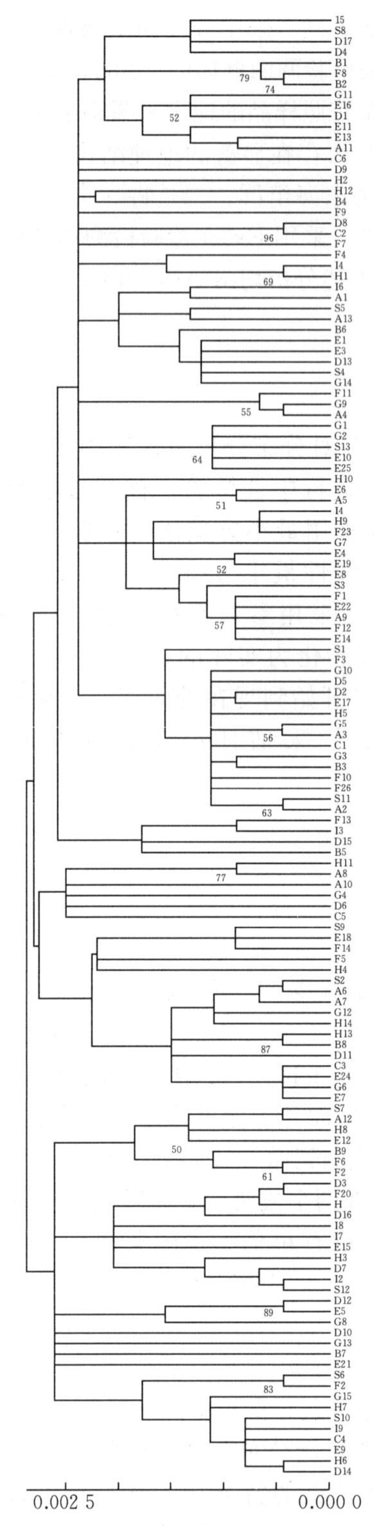

图 2 小黄鱼 *Cyt b* 单倍型的邻接关系树

单倍型间遗传距离根据 Tr N 进化模型计算，各分支上的数字为重抽样分析得到的支持率（未标出数字的分支其支持率小于 50%），S1～S13 为群体间共享单倍型，其余单倍型编号为群体的特有单倍型

2.3 群体遗传结构

小黄鱼各群体的单倍型多样性都非常高，为 0.956～1.000；而核苷酸多样性较低，为 0.003 7～0.005 8（表 1）。合并分析小黄鱼的 177 个个体，单倍型多样性为 0.989，核苷酸多样性为 0.004 8，两两单倍型间平均核苷酸差异数为 5.521。总体来看，群体间的单倍型多样性和核苷酸多样性差异均较小，其遗传多样性没有表现出明显的地理趋势。

两两群体间的 F_{ST} 值为－0.017 60 至 0.023 74，统计检验均不显著（$P>0.05$）（表 2），表明群体间存在高度的遗传同质性。两种 AMOVA 分析结果显示在黄海与东海组群间（$P=0.892$）以及 9 个群体间（$P=0.804$）均不存在显著的遗传结构（表 3）。所有的遗传变异均分布在群体内，并且部分的 ϕ-statistics 值为负。Exact 检验分析表明，单倍型在两两群体间分布频率的差异均不显著（$P=0.241\sim1.000$），符合黄海、东海小黄鱼是一个随机交配的群体的零假设。

表 2 小黄鱼两两群体间的 F_{ST} 值

样品名称	A	B	C	D	E	F	G	H
A								
B	0.000 5							
C	0.023 7	−0.012 9						
D	0.011 8	−0.017 6	−0.003 1					
E	0.011 3	−0.003 0	0.004 6	0.003 3				
F	−0.013 4	0.002 6	0.011 5	0.008 7	0.000 5			
G	−0.008 5	−0.007 7	−0.014 6	0.008 0	−0.006 7	−0.013 5		
H	0.002 8	−0.012 6	−0.010 5	0.003 2	−0.005 2	0.004 8	−0.002 4	
I	0.007 3	−0.007 9	0.023 3	−0.008 0	−0.007 1	−0.005 3	−0.005 5	−0.000 5

表 3 小黄鱼群体的分子变异分析（AMOVA）

变异来源	变异成分	所占比例/%	ϕ-statistics	*P*
2 个组群				
组群间	−0.001 0	−0.36	−0.003 6	0.892
组群内群体间	0.001 8	0.07	0.000 7	0.673
群体内	2.763 4	100.30	−0.003 0	0.580
1 个组群				
群体间	−0.001 1	−0.23	−0.002 3	0.804
群体内	0.495 6	100.23		

2.4 群体历史动态

由于群体间不存在显著的遗传分化，我们合并了样品分析小黄鱼的群体历史动态。小黄鱼的单倍型核苷酸不配对分布呈单峰类型，与群体扩张模型下的预期分布相符合（图 3）。

拟合优度检验显示 SSD 值和 Raggedness 指数均较小，统计检验均不显著（$P>0.05$）（表 4），表明所观测的核苷酸不配对分布没有显著偏离群体扩张模型。中性检验表明（表 4），Tajima's D 和 Fu's F_S 值均为负值，并且统计检验均达显著水平（$P<0.05$），提示小黄鱼经历了群体扩张事件。小黄鱼的 τ 值为 5.482（95%CI：3.580～6.305），据此推算小黄鱼的群体扩张时间约为 120 000 前（95% CI：78000～138000）。

表 4 小黄鱼中性检验、核苷酸不配对分布分析以及拟合优度检验

样品名称	Tajima's D 检验		Fu's F_S 检验		核苷酸不配对分析			拟合优度检验			
	D	P	Fs	P	τ（95%CI）	θ_0	θ_1	SSD	P	Raggedness index	P
总样品	−2.545	0.000	−25.102	0.000	5.482（3.580～6.305）	0.000	80.938	0.001	0.550	0.009	0.850

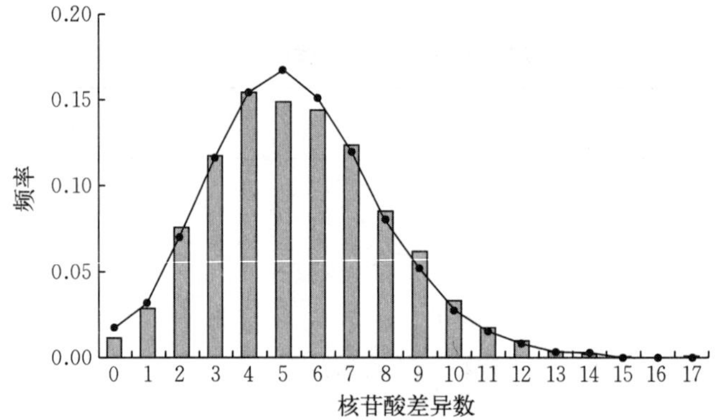

图 3 小黄鱼 *Cyt b* 单倍型的核苷酸不配对分布

柱状图为观测值，曲线为群体扩张模型下的预期分布

3 讨论

与基于 *Cyt b* 基因序列分析技术所得到的其他海水鱼类遗传多样性水平相比，如大西洋鳕（*Gadus morhua*）（$h=0.781$，$\pi=0.0048$）[28]、日本鳀（*Engraulis japonicus*）（$h=0.957$，$\pi=0.00644$）[29]、钩牙皇石首鱼（*Macrodon ancylodon*）（$h=0.906$，$\pi=0.0185$）[30]，小黄鱼的遗传多样性总体水平表现出高 h（0.989），低 π（0.004 8）特点。这种高 h、低 π 的遗传多样性通常是由一个较小的有效种群经过近期快速增长成一个大的种群所引起的[31]。中性检验和核苷酸不配对分布分析均表明黄海、东海的小黄鱼经历了群体扩张，扩张时间约为 7.8 万～13.8 万年前，处于晚更新世时期。更新世冰期气候的周期性波动导致许多物种的分布范围经历了收缩和扩张，这些变化通常会对种内遗传多样性产生重要影响[6,8]。在更新世冰期，黄海的全部大陆架以及东海约有 850×10^3 km^2 的大陆架因每次冰盛期海平面的下降（比现在海平面约低 130 m）而成为陆地（图 1）[32]，这必然导致小黄鱼在该分布区的灭绝。随着冰后期海平面上升，冰期避难所的小黄鱼可能发生群体扩张重新进入黄海、东海大陆架区。在这种群体的快速扩张过程中，可产生出许多新的突变，这虽然积累了单倍型的多样性，尚缺足够的时间积累核苷酸序列的多样化[31]。因此，可以推测黄海、东海小黄鱼

经历的更新世群体扩张是导致其"高 h，低 π"遗传多样性模式的原因。黄海、东海有些鱼类，如花鲈（*Lateolabrax maculatus*）[27]、黄姑鱼（*Nibea albiflora*）[33]等也存在类似遗传多样性模式。Liu 等[27]研究发现位于花鲈冰期避难所东海海盆附近的威海群体的核苷酸多样性明显高于远离冰期避难所的北海群体。在本研究中，黄海、东海小黄鱼 9 个群体的核苷酸多样性没有表现出明显的地理趋势，因此难以肯定小黄鱼的冰期避难所是否也是位于东海盆地。

两两群体间的 F_{ST}、AMOVA 分析结果、单倍型邻接关系树和单倍型网络关系图均表明黄海、东海小黄鱼 9 个群体间的遗传差异不显著，不存在显著的系统地理格局。Exact 检验分析结果也表明黄海、东海小黄鱼群体间无明显遗传分化，是一个随机交配的群体。如果海洋生物群体间不存在遗传分化，可能是群体还没有达到平衡状态或是幼体具有较强的扩散能力[34]。Liu 等[34]和 Han 等[35]分别对西北太平洋的梭鱼（*Chelon haematocheilus*）和白姑鱼（*Pennahia argentata*）的群体遗传结构研究发现，中、日群体间的这两种鱼类均具有显著的遗传分化，但在黄海、东海群体间均无明显分化。这两种鱼类中、日群体间的显著遗传分化是由于更新世冰期海平面下降导致中、日边缘海间的隔离分化所致的，而黄海、东海群体间缺乏明显的遗传分化则是因为这两种鱼类在中国大陆架区发生了近期的大范围栖息地扩张所引起的[34,35]。这表明更新世的冰期事件对黄海、东海鱼类的 mtDNA 的遗传结构具有重要作用。与上述研究结论相似，黄海、东海小黄鱼缺乏系统地理结构的一个重要原因应该是黄海、东海小黄鱼群体栖息地扩张发生的时间比较晚，群体尚缺足够的时间在迁移和漂变之间取得平衡[36]。

海洋生物通常在非常广阔的分布范围内具有遗传同质性，这是因为在缺少影响扩散障碍的海洋环境里，海洋生物的卵、幼体以及成体因其较强的扩散能力可导致群体间产生频繁的基因交流[31]。小黄鱼的产卵期为 3－5 月，属漂浮性卵，受精卵在水温 12.5～14 ℃、盐度 31 左右时约经 84 h 孵化[37]。目前对小黄鱼的幼体浮游期缺乏了解，但同属的大黄鱼（*L. crocea*）幼体浮游期为 30～40 d[38]，推测小黄鱼的幼体浮游期应该为 1 个月左右。此外，小黄鱼具有明显的季节性洄游，其产卵场分布于渤海、黄海和东海（26°N 以上）近岸，而越冬场则位于黄海、东海外海的深水区[1]。这些生活史特征表明小黄鱼的卵、幼体和成体具有较强的扩散潜力，黄海、东海的主要流系包括中国沿岸流、黑潮、台湾暖流和黄海暖流，这些交汇的海洋环流有利于该海域生物的卵和幼体扩散（图 1）。中国沿岸流是一支由渤海海峡流出沿海岸南下的低温、低盐的海流[32]。因此，在黄海西海岸产卵的小黄鱼的卵和幼体可随中国沿岸流向南漂流而成为东海区小黄鱼的补充群体。黄海南部和东海北部的小黄鱼越冬场可能因台湾暖流和黄海暖流的交汇而具有连续性分布，促进了群体间的基因交流。除上述海流外，长江径流对黄海南部和东海北部的水文状况和生物群落结构也有较大的影响[39]。然而，研究表明长江径流并不构成黄姑鱼扩散的一个有效障碍，长江径流对其群体遗传结构无显著影响[33]。因此，我们认为小黄鱼较强的扩散能力和黄海、东海的海洋环流可能是造成黄海、东海小黄鱼具有较高遗传同质性的另一个重要原因。

蒙子宁等[4]通过对黄海、东海 5 个取样点共计 48 个小黄鱼个体的 RAPD 分析表明，群体间具有较高的遗传分化，可分为北、中、南 3 个地理群系，这与本研究结果不一致。除检测样本大小不同外，造成两者研究差异可能与所使用的标记不同有关。Pogson 等[40]比较了大西洋鳕鱼（*G. morhua*）6 个群体的同工酶和 RFLP 数据，发现两者在遗传结构上的结论明显不一致，类似的情况在日本鳀[29]、欧洲鳗鲡（*Anguilla anguilla*）[41]等也有报道。本项研究的黄海、东海小黄鱼是一个随机交配的群体的结论符合将其作为一个单一种群的管理概念，然而在渔业管理应用中应持谨慎态度，特别是在不同的研究结果难以获得参比的情况下。因此，必须采用其他标记技术如 SSR、AFLP、SNP 等全面检测其群体遗传结构。

参考文献

[1] 刘效舜．黄渤海区渔业资源调查与区划．北京：海洋出版社，1990，191 - 200.

[2] 金显仕，赵宪勇，孟田湘，等．黄、渤海生物资源与栖息环境．北京：科学出版社，2005，308 - 322.

[3] 林龙山，程家骅，姜亚洲，等．黄海南部和东海小黄鱼（*Larimichthys polyactis*）产卵场分布及其环境特征．生态学报，2008，28（8）：3485 - 3494.

[4] 蒙子宁，庄志蒙，金显仕，等．黄海和东海小黄鱼遗传多样性的 RAPD 分析．生物多样性，2003，11（3）：197 - 203.

[5] 许广平，仲霞铭，丁亚平，等．黄海南部小黄鱼群体遗传多样性研究．海洋科学，2005，29（11）：34 - 38.

[6] Hewitt G M. The genetic legacy of the Quaternary ice ages. Nature，2000，405：907 - 913.

[7] Li W H. Molecular Evolution. Sunderland：Sinauer Associates，1997.

[8] Avise J C. Phylogeography：The History and Formation of Species. Cambridge：Harvard Univ Press，2000.

[9] Emerson B C. Evolution on oceanic islands：Molecular phylogenetic approaches to understanding pattern and process. Molecular Ecology，2002，11：951 - 966.

[10] Sambrook J，Russell D W. 分子克隆实验指南．黄培堂，王嘉玺，朱厚础，等，译．北京：科学出版社，2002，463 - 618.

[11] Xiao W H，Zhang Y P，Liu H Z. Molecular systematics of *Xenocyprinae*（Teleostei：Cyprinidae）：Taxonomy，biogeography and coevolution of a special group restricted in East Asia. Molecular Phylogenetics and Evolution，2001，18：163 - 173.

[12] Rozas J，Sanchez-DelBarrio J C，Messeguer X，et al. DnaSP，DNA polymorphism analyses by the coalescent and other methods. Bioinformatics，2003，19：2496 - 2497.

[13] Excoffier L，Laval G，Schneider S. Arlequin ver 3. 1：An Integrated Software Package for Population Genetics Data Analysis. University of Berne，Switzerland，2006.

[14] Nei M. Molecular Evolutionary Genetics. New York：Columbia University Press，1987.

[15] Posada D，Crandall K A. Modeltest：Testing the model of DNA substitution. Bioinformatics，1998，14（9）：817 - 818.

[16] Kumar S，Tamura K，Nei M. MEGA3：Integrated software for Molecular Evolutionary Genetics Analysis and sequence alignment. Briefings in Bioinformatics，2004，5：150 - 163.

[17] Tamura K，Nei M. Estimation of the number of nucleotide substitutions in the control region of mitochondrial DNA in humans and chimpanzees. Molecular Biology Evolution，1993，10：512 - 526.

[18] Saitou N，Nei M. The neighbour-joining method：a new method for reconstructing phylogenetic trees. Molecular Biology Evolution，1987，4：406 - 425.

[19] Forster P，Torroni A，Renfrew C，et al. Phylogenetic star contraction applied to Asian and Papuan mtDNA evolution. Molecular Biology Evolution，2001，18（10）：1864 - 1881.

[20] Excoffier L，Smouse P E，Quattro J M. Analysis of molecular variance inferred from metric distances

among DNA haplotypes: Application to human mitochondrial DNA restriction data. Genetics, 1992, 131: 406-425.

[21] Weir B S, Cockerham C C. Estimating *F*-statistics for the analysis of population structure. Evolution, 1984, 38: 1358-1370.

[22] Raymond M, Rousset F. An exact test for population differentiation. Evolution, 1995, 49: 1280-1283.

[23] Tajima F. Statistical-method for testing the neutral mutation hypothesis by DNA polymorphism. Genetics, 1989, 123: 585-595.

[24] Fu Y X. Statistical tests of neutrality of mutations against population growth, hitchhiking and background selection. Genetics, 1997, 147: 915-925.

[25] Rogers A R, Harpending H, Population growth makes waves in the distribution of pairwise genetic differences. Molecular Biology Evolution, 1992, 9: 552-569.

[26] Schneider S, Excoffier L. Estimation of past demographic parameters from the distribution of pairwise differences when the mutation rates vary among sites: Application to human mitochondrial DNA. Genetics, 1999, 152: 1079-1089.

[27] Liu J X, Gao T X, Yokogawa K, et al. Differential population structuring and demographic history of two closely related fish species, Japanese sea bass (*Latolabrax japonicus*) and spotted sea bass (*Lateolabrax maculatus*) in Northwestern Pacific. Molecular Phylogenetics and Evolution, 2006, 39: 799-811.

[28] Arnason E, Palsson S. Mitochondrial cytochrome b DNA sequence variation of Atlantic cod, *Gadus morhua*, from Norway. Molecular Ecology, 1996, 5: 715-724.

[29] Yu Z N, Kong X Y, Guo T H, et al. Mitochondrial DNA sequence variation of Japanese anchovy *Engraulis japonicus* from the Yellow Sea and East China Sea. Fisheries Science, 2005, 71: 299-307.

[30] Santons S, Hrbek T, Farias I P, et al. Population genetic structuring of the king weakfish, *Macrodon ancylodon* (Sciaenidae), in Atlantic coastal waters of South America: deep genetic divergence without morphological change. Molecular Ecology, 2006, 16: 4361-4373.

[31] Grant W S, Bowen B W. Shallow population histories in deep evolutionary lineages of marine fishes: Insights from sardines and anchovies and lessons for conservation. Journal of Heredity, 1998, 89: 415-426.

[32] 李乃胜，赵松龄，瓦西里耶夫．西北太平洋边缘海地质．哈尔滨：黑龙江教育出版社，2000.

[33] Han Z Q, Gao T X, Yanagimoto T, et al. Genetic population structure of *Nibea albiflora* in the Yellow and East China seas. Fisheries Science, 2008, 74: 544-552.

[34] Liu J X, Gao T X, Wu SF, et al. Pleistocene isolation in the marginal ocean basins and limited dispersal in a marine fish, *Liza haematocheila* (Temminck & Schlegel, 1845). Molecular Ecology, 2007, 16: 275-288.

[35] Han Z Q, Gao T X, Yanagimoto T, et al. Deep phylogeographic break among *Pennahia argentata* (Sciaenidae, Perciformes) populations in the Northwestern Pacific. Fisheries Science, 2008, 74: 770-780.

[36] Slatkin M. Isolation by distance in equilibrium and non-equilibrium populations. Evolution, 1993, 47: 264-279.

[37] 赵传絪，张仁斋，陆穗芬，等．中国近海鱼卵与仔鱼．上海：上海科学技术出版社，1983，96-98.

[38] 刘家富．人工育苗条件下的人黄鱼胚胎发育及其仔、稚鱼形态特征与生态习性的研究．海洋科学，1996，(6)：61-64.

[39] Jiang M, Shen X, Wang Y L. Species of fish eggs and larvae and distribution in Changjiang estuary and

vicinity waters. Acta Oceanol Sin, 2006, 28: 171-174.

[40] Pogson G H, Mesa K A, Boutilier R G. Genetic population structure and gene flow in the Atlantic cod *Gadus morhua*: a comparison of allozyme and nuclear RFLP loci. Genetics, 1995, 139: 375-385.

[41] Wirth T, Bernatchez L. Genetic evidence against panmixia in the European eel. Nature, 2001, 409: 1037-1040.

Molecular Cloning, Expression Analysis of Insulin-like Growth Factor Ⅰ (IGF-Ⅰ) Gene and IGF-Ⅰ Serum Concentration in Female and Male Tongue Sole (*Cynoglossus semilaevis*)①

Qian Ma[1,2], ShuFang Liu[1], ZhiMeng Zhuang[1], ZhongZhi Sun[1], ChangLin Liu[1], YongQuan Su[2], QiSheng Tang[1]

(*1. Key Laboratory for Fishery Resources and Eco-environment, Yellow Sea Fisheries Research Institute, Chinese Academy of Fishery Sciences, Qingdao 266071, China; 2. College of Oceanography and Environmental Science, Xiamen University, Xiamen 361005, China*)

Abstract: Insulin-like growth factor Ⅰ (IGF-Ⅰ) is a polypeptide hormone that regulates growth during all stages of development in vertebrates. To examine the mechanisms of the sexual growth dimorphism in the Tongue sole (*Cynoglossus semilaevis*), molecular cloning, expression analysis of IGF-Ⅰ gene and IGF-Ⅰ serum concentration analysis were performed. As a result, the IGF-Ⅰ cDNA sequence is 911 bp, which contains an open reading frame (ORF) of 564 bp encoding a protein of 187 amino acids. The sex-specific tissue expression was analyzed by using 14 tissues from females, normal males and extra-large male adults. The IGF-Ⅰ mRNA was predominantly expressed in liver, and the IGF-Ⅰ expression levels in females and extra-large males were 1. 9 and 10. 2 times as much as those in normal males, respectively. Sex differences in IGF-Ⅰ mRNA expressions at early life stages were also examined by using a full-sib family of *C. semilaevis*, and the IGF-Ⅰ mRNA was detected at all of the 27 sampling points from 10 to 410 days old. An increase in IGF-Ⅰ mRNA was detected after 190 day old fish. The significantly higher levels of IGF-Ⅰ mRNA in females were observed after 190 days old in comparison with males ($P<0.01$). The IGF-Ⅰ concentrations in serum of mature individuals were detected by ELISA. The IGF-Ⅰ level in the serum of females was approximately two times as much as that of males. Consequently, IGF-Ⅰ may play an important role in the endocrine regulation of the sexually dimorphic growth of *C. semilaevis*.

Key words: IGF-Ⅰ; mRNA expression; Tongue sole; Sexually dimorphic growth

① 本文原刊于 *Comparative Biochemistry and Physiology*, *Part B*, 160: 208-214, 2011。

1 Introduction

As in other vertebrates, many of the growth-promoting actions are regulated by the growth hormone/insulin-like growth factor (GH/IGF) axis in fish (Duan, 1997). In this axis, IGF-Ⅰ plays a major physiological role in the growth and development of fish species (Moriyama et al., 2000). Due to its important function in regulating growth, the IGF-Ⅰ gene becomes an important candidate gene and has been studied extensively in various aquaculture species. Its cDNA nucleotide sequences are available for many teleosts, including Pleuronectiformes species, such as the Southern flounder (*Paralichthys lethostigma*) (Luckenbach et al., 2007), the Senegalese sole (*Solea senegalensis*) (Funes et al., 2006) and the Chilean flounder (*Paralichthys adspersus*) Escobar et al., 2011).

Dyer et al. (2004) demonstrated that plasma IGF-Ⅰ concentrations were highly correlated with growth rates in some fish species. Moreover, the hepatic IGF-Ⅰ mRNA expression levels of the coho salmon (*Oncorhynchus kisutch*) were also positively correlated with body growth rates (Duan et al., 1995). These reports suggest that measuring IGF-Ⅰ concentration and mRNA expression levels may provide a reliable index of growth status. Besides, the importance of IGF-Ⅰ in the development of larvae and juveniles has become apparent in many teleost species. For instance, recombinant tilapia IGF-Ⅰ significantly increased the body weight and length of juvenile tilapia in the early life stages (Chen et al., 2000). Furthermore, IGF-Ⅰ mRNA could be detected in *P. adspersus* larvae at eight days post-fertilization (Escobar et al., 2011). Similar results were observed in the rabbitfish (*Siganus guttatus*) that IGF-Ⅰ mRNA were strongly expressed in the larvae (Ayson et al., 2002). These results imply that the IGF-Ⅰ expression exists a developmental pattern starting from the early life stages to sex maturity period (Duan, 1998). Therefore, IGF-Ⅰ may present as a candidate factor in detecting growth patterns of teleost species during the whole developmental stages.

Sexually dimorphic growth exists in many teleosts. In certain fish species, such as tilapia fishes, males grow faster and larger than females, while in the Tongue sole (*Cynoglossus semilaevis*), the Chinook salmon (*Oncorhynchus tshawytscha*), the Common carp (*Cyprinus carpio*) and the Atlantic halibut (*Hippoglossus hippoglossus*), females grow faster and larger than males. *C. semilaevis* is an increasingly important marine flatfish of potentially great aquacultural value in China (Deng et al., 1988; Liu et al., 2005). This species exhibits a typical sexual dimorphism in which females grow two to three times faster and larger than males. The physiologic mechanism of this sexual growth dimorphism in *C. semilaevis* is of great interest and remains to be examined. Owing to the important functions of IGF-Ⅰ in regulating growth, determining the relative IGF-Ⅰ concentration in serum and its mRNA expression levels between females and males during the different contrasting developmental stages may help elucidate the role of IGF-Ⅰ in the sex-associated dimorphic growth of C. semilaevis. However, the expression pattern of the growth-related genes associated with fish sexual dimorphism has thus far only rarely been reported (Degani et al., 2003).

To gain a better understanding of this sex-associated dimorphic growth phenomenon, the full length IGF-Ⅰ cDNA of *C. semilaevis* was cloned, and its sex-specific tissue expression was examined in this study. Moreover, to examine the differences of IGF-Ⅰ between the mature female and male individuals at the protein level, the concentration of IGF-Ⅰ in serum was detected by ELISA. Additionally, IGF-Ⅰ mRNA expression levels between the sexes at different developmental stages were determined to gain insight into the mechanisms of sexual growth dimorphism.

2 Materials and Methods

2.1 Experiment Design and Sample Sources

The experiment was designed to characterize IGF-Ⅰ cDNA sequence and examine differences of IGF-Ⅰ concentrations in serum and mRNA expression levels between the female and male *C. semilaevis*. Mature female and male individuals of the same age were used to detect IGF-Ⅰ levels in serum and the mRNA tissue expression distribution pattern. In addition, two extra-large male individuals were used to compare the IGF-Ⅰ mRNA expression level with normal female and male fish. The information on the above-mentioned fish samples is listed in Table 1. After being rapidly dissected from the above-mentioned 14 live individuals, 14 tissues (blood, brain, gill, gonad, heart, intestine, kidney, liver, muscle, pituitary, spinal cord, skin, spleen and stomach) were immediately frozen in liquid nitrogen, and kept at −80 ℃ until use. The blood samples for ELISA analysis were allowed to clot for 30 min before centrifugation for 15 min at 1000 g, and serum was collected and stored at −20 ℃.

Table 1 Mature *Cynoglossus semilaevis* samples

Samples	Numbers of individuals	Age (years)	Mean body length (mm)	Mean body mass (g)	Sample source
Females	6	3	583.0±61.3	1479.2±280.8	Mingbo hatchery station (Laizhou, Shandong Province)
Males	6	3	333.3±14.3	170.3±16.9	
Extra-large males	2	2	555.0±21.2	1107.5±116.7	Xinyongfeng hatchery station (Tianjin, China)

Notes: All data are expressed as the mean±S.D.

To minimize factors influencing gene expression, such as genetic background, as well as ontogenetic and environmental influences, a full-sib family of *C. semilaevis* was constructed and grown to supply samples used in examining the difference in the ontogenetic expression pattern in IGF-Ⅰ mRNA among siblings at the different developmental stages. Using a pair of wild parent fish caught in the Yellow Sea, a full-sib family was constructed in October 2008 at the Zhonghai Hatchery (Qingdao, Shandong Province) and grown in the same indoor concrete tank with the optimal conditions as described by Liu et al. (2004). Four to six individuals at each developmental stage (interval of 10 days between 10 to 150 days old, interval of 20 days between 150 to 350 days old, 380 and 410 days old) were randomly collected from the full-sib family. As a result, a total of 138 fish were sampled under the condition of an empty stomach in the early morning. After determining the body length and weight, the whole visceral mass section was dissected under anatomical microscope. All the viscera samples were frozen in liquid nitrogen for RNA and DNA extraction.

2.2 DNA Isolation and cDNA Synthesis

Genomic DNA was extracted using a standard phenol-chloroform extraction procedure (Sambrook et al., 1989) from the viscera and muscle tissues. The quality and concentration of DNA were assessed by agarose gel electrophoresis and measured with NanoVue™ (GE Healthcare). Finally, DNA was diluted to 100 ng/μL and stored at −20 ℃ for future use. Total RNA was extracted from frozen tissues of adult fish and viscera samples of different developmental stages using TRIzol Reagent (Invitrogen, USA) according to the manufacturer's instructions. The isolated RNA samples were suspended in DEPC-treated water and quantified using NanoVue™ (GE Healthcare) at A_{260nm} and A_{280nm}, and then analyzed for its integrity on agarose gel. The first-strand cDNA was synthesized from total RNA using Reverse Transcriptase MMLV (Takara Bio., China) following the manufacturer's instructions.

2.3 Genetic Sex Identification

Genetic sex identification for the samples from the full-sib family was determined using the female-specific SCAR marker developed by Chen et al. (2007), with a pair of female-specific PCR primers (CseF382N1 and CseF382C1). A female-specific fragment of 350 bp was amplified from the genotypic female individuals. The results were further verified by another sex-specific marker which amplifies particular fragments from differently sexed individuals (unpublished data).

2.4 Cloning of IGF-Ⅰ cDNA

According to the conserved IGF-Ⅰ cDNA sequences from other teleost species, a pair of degenerate primers, IGF-F and IGF-R (Table 2), was designed to enable cloning of the corresponding partial fragment of IGF-Ⅰ cDNA. PCR amplification was performed in a typical reaction, the condition was one initial denaturing step of 3 min at 94 ℃, followed by 32 cycles of 30 s at 94 ℃, 30 s at 53 ℃, 30 s at 72 ℃, and a final 10 min at 72 ℃.

Table 2 Oligonucleotide primers used in this study

Name	Primer sequences (5′ to 3′)	Size (bp)	Amplification target
IGF-F	5′-ATYGTGGACGARTGCTGCTT-3′	143	cDNA fragment of IGF-Ⅰ
IGF-R	5′-GSGGTRCTRACCTTDGGTGCT-3′		
IGF-5′-OUTER	5′-GCCTTTGTCCGCCTTGTGCCCT-3′	526	5′ RACE of IGF-Ⅰ
IGF-5′-INNER	5′-CTTTGGAAGCAGCACTCGT-3′		
IGF-3′-OUTER	5′-GGACGAGTGCTGCTTCCAAA-3′	257	3′ RACE of IGF-Ⅰ
IGF-3′-INNER	5′-AGGGCACAAGGCGGACAAAG-3′		
IGF-RT-F	5′-GTATCTCCTGTAGCCACACCCTCT-3′	137	Expression of IGF-Ⅰ
IGF-RT-R	5′-GCCTCTCTCTCCACACACAAACT-3′		
β-actin-F	5′-GTAGGTGATGAAGCCCAGAGCA-3′	126	Expression of β-actin
β-actin-R	5′-CTGGGTCATCTTCTCCCTGT-3′		mRNA (Li et al., 2010)
CseF382N1	5′-ATTCACTGACCCCTGAGAGC-3′	350	Genetic sex identification (Chen et al., 2007)
CseF382C1	5′-AACAACTCACACACGACAAATG-3′		

Based on the obtained partial fragment of IGF-Ⅰ cDNA, four specific primers, IGF-5′-OUTER, IGF-5′-INNER, IGF-3′-OUTER and IGF-3′-INNER (Table 2) were designed for amplification of the cDNA ends of the IGF-Ⅰ gene using the 5′-Full RACE Kit and 3′-Full RACE Core Set Ver. 2.0 (Takara Bio., China) following the manufacturer's instructions.

All the amplified fragments of the expected sizes were purified with a Tiangen gel extraction kit (Tiangen, China) and cloned into a pMD18-T vector (Takara Bio., China), then transformed into *Escherichia coli* DH5α and sequenced by the Beijing Genomics Institute (Beijing, China).

2.5 Sequence and Phylogenetic Analysis

The full length cDNA of IGF-Ⅰ was assembled by aligning the overlapping fragments and the primer sequences. The signal peptides were predicted with Signalp 3.0 (http://genome.cbs.dtu.dk/services/SignalP). Putative IGF-Ⅰ amino acid sequences of *C. semilaevis* and other known vertebrates were used to construct a phylogenetic tree using the Neighbor-Joining (NJ) method (Saitou and Nei, 1987) with MEGA version 3.1. In the analysis, the gaps were deleted and a 1000 bootstrap procedure was used to test the robustness of the nodes on the trees. The ClustalW program was employed to align all the sequences with the default option. The genetic distance between species was calculated using the Poisson correction model.

2.6 Quantitative real-time PCR

Quantitative real-time PCR (qRT-PCR) of the IGF-Ⅰ gene was conducted to determine whether the differentially expressed gene had a sex-specific expression pattern in terms of tissue distribution or the different developmental stages. The tissues collected from mature females and males were pooled respectively to generate sufficient amounts of the three cDNAs for tissue distribution analysis. To examine the change and possible sex differences in IGF-Ⅰ mRNA expression at different ontogenic stages, the cDNAs from the same stage of the same sex were also pooled to form single sex sample pools for expression analysis.

The primers IGF-RT-F/R and β-actin-F/R were used for amplifying the IGF-Ⅰ and β-actin fragments (Table 2). The qRT-PCR was conducted on a 7500 ABI Real-time PCR system (Applied Biosystems, USA). Amplifications were performed in a 20 μL final volume containing 1 μL cDNA sample, 10 μL SYBR© *Premix Ex Taq*® (Perfect Real Time) (Takara Bio., China), 0.4 μL ROXII, 0.4 μL of each primer and 7.8 μL ddH_2O. A negative control was always included. PCR amplifications were performed in triplicate, using the following conditions: initial denaturing at 95 ℃ for 10 s, followed by 40 cycles of 5 s at 95 ℃ and 34 s at 60 ℃. A dissociation protocol was performed after thermocycling to determine target specificity. Expression of β-actin was used as the internal control for IGF-Ⅰ gene expression analysis. The ratio change in the target gene relative to the β-actin control gene was determined by the $2^{-\Delta\Delta Ct}$ method (Livak and Schmittgen, 2001) and the transcript level was described in terms of its relative concentration ($RC_{gene}/RC_{\beta\text{-actin}}$).

2.7 ELISA of Serum IGF-Ⅰ

The experiment was carried out to examine differences of IGF-Ⅰ concentrations in serum between the mature female and male *C. semilaevis* by using the Fish IGF-Ⅰ ELISA Kit (CUSABIO Bio., China) following the manufacturer's instructions. Each sample was performed in duplicate. A standard curve was constructed by plotting the mean absorbance for each standard on the *y*-axis against the concentration on the *x*-axis, and a best fit curve was draw through the points on the graph. IGF-Ⅰ concentrations in serum versus the log of the O. D. and the best fit line were determined by regression analysis.

2.8 Statistical Analysis

All data were expressed as the mean ± S. D. and analyzed by one-way ANOVA to determine significant differences between samples using SPSS 16.0. With the log transformation, associations between body length, body weight and IGF-Ⅰ mRNA expression were examined by spearman tests using SPSS 16.0. Values were considered statistically significant when $P<0.05$.

3 Results

3.1 Growth Characteristics of Sample Sources

The ontogenetic growth of the full-sib family was recorded in increments of body length and weight related to age in days. As shown in Figure 1, body length was significantly associated with body weight in both the females ($P<0.01$) and males ($P<0.01$) within the period of 10 to 410 days old. A slow growth stage from 20 to 40 days old was observed ($P>0.05$), which may be related to metamorphosis. Little difference in body length or weight between the females and males were observed until 250 days. However, as indicated in Table 1, the body length and weight of the mature females were approximately 1.8 and 8.7 times as much as those of males, respectively, presenting significant differences ($P<0.01$). The body length and weight of extra-large male adults were obviously closer to those of female adults ($P>0.05$) and significantly different from those of the normal male adults ($P<0.01$), which were approximately 1.7 and 6.5 times as much as those of the mature males, respectively.

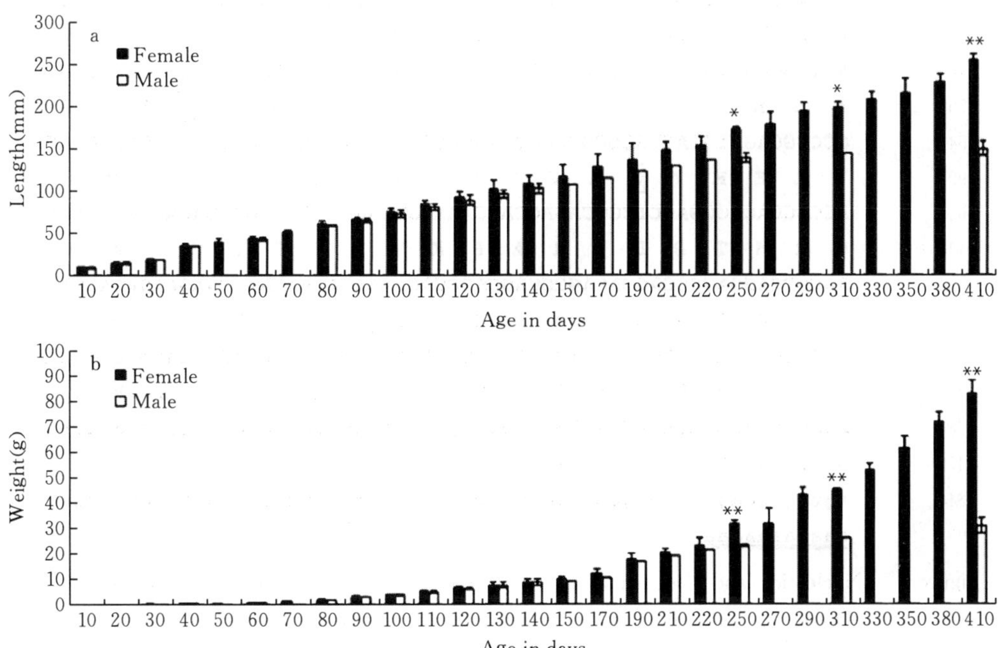

Figure 1 Comparison of body length a and body mass b between female and male *Cynoglossus semilaevis* at different developmental stages. Data are expressed as the mean ± S. D. Significant differences in body length and weight between the females and males are indicated with an asterisk at $P<0.05$, and two asterisks at $P<0.01$

3.2 The Characteristic of the IGF-Ⅰ cDNA

As shown in Figure 2, the IGF-Ⅰ cDNA isolated from the liver mRNA is 911 bp and contains a 5′-untranslated region (UTR) of 245 bp, an open reading frame (ORF) of 564 bp and a 3′ UTR of 102 bp (GenBank accession no. HQ334201). The predicted amino acid sequence of IGF-Ⅰ cDNA consists of 187 amino acid residues with a 44 amino acid signal peptide and followed by a 69 amino acid mature polypeptide (including B, C, A and D domains) and a 74 amino acid E domain.

```
1    gaaggttgaaaatgtctgtgtaatgtagataaatgtgagggattttctctctaaatccgt
61   ctcctgttcgctaaatctcacttctccaaaacgagcctgcgcaatggaacaaagtgggaa
121  tattgagatgtgacattgcatcgcatctcatcctctttctttcctcctcggccccgtttt
181  ttaatgacttcaaacaagttcattctcgccgggcttttgacttgcggagacccgtggccg
241  tggggATGTCCATCTCTGCTCCGTCCTTCCAGTGGCATTTCTGGGATGTTCTCAAGAGTG
1         M  S  I  S  A  P  S  F  Q  W  H  F  W  D  V  L  K  S
301  CGATGTGCTGTATCTCCTGTAGCCACACCCTCTCACTACTGCTGTGCGTCCTCACCCTGA
19   A  M  C  C  I  S  C  S  H  T  L  S  L  L  L  C  V  L  T  L
361  CTCAGGCGGCAGCAGGGGCGGGCCCGGAGACCCTGTGCGGGGCGGAGCTGGTCGACACGC
39   T  Q  A  A  A  G  A  G  P  E  T  L  C  G  A  E  L  V  D  T
421  TGCAGTTTGTGTGTGGAGAGAGAGGCTTTTATTTCAGCAAACCAACAGGCTATGGCCCTA
59   L  Q  F  V  C  G  E  R  G  F  Y  F  S  K  P  T  G  Y  G  P
481  ACTCACGGCGGTCTCGTGGCATCGTGGACGAGTGCTGCTTCCAAAGCTGTGAGCTGCGGC
79   N  S  R  R  S  R  G  I  V  D  E  C  C  F  Q  S  C  E  L  R
541  GCCTGGAGATGTACTGCGCGCCAGCCAAGACTGGCAAAGCAGCTCGTTCTGTGCGCGCAC
99   R  L  E  M  Y  C  A  P  A  K  T  G  K  A  A  R  S  V  R  A
601  AGCGCCACACGGACCTCCCCAGAGCACCTAAGGTCAGCACCCCAGGGCACAAGGCGGACA
119  Q  R  H  T  D  L  P  R  A  P  K  V  S  T  P  G  H  K  A  D
661  AAGGCCAGGAGCGCAGGACAGCGCAGCAGCCAGAAAAGACAAAAAACAAGAAGAGACCTT
139  K  G  Q  E  R  R  T  A  Q  Q  P  E  K  T  K  N  K  K  R  P
721  TACCTGGACATAGTCACTCGTCCTTTAAGGAAGTGCATCAGAAAAACTCCAGTCGAGGCA
159  L  P  G  H  S  H  S  S  F  K  E  V  H  Q  K  N  S  S  R  G
781  ACAGCGGGGGCAGAAATTACAGAATGTAGgaaaggtgcaaatggacaaatgcccagtgac
179  N  S  G  G  R  N  Y  R  M  *
841  tgtggtggagtgaagggagtggccttacctggtctccctgtggaacggttcactgtaaac
901  aaaaaaaaaaa
```

Figure 2 Nucleotide and deduced amino acid sequences of *Cynoglossus semilaevis* IGF-Ⅰ cDNA. The deduced amino acid residues are represented as single letter abbreviations and numbered from the initiating methionine. The stop codon is marked by an asterisk. The signal peptide is underlined, and the conserved cysteine residues are boxed. The sequence was submitted to GenBank under accession number HQ334201

3.3 Expression Analysis of IGF-Ⅰ mRNA

As determined by qRT-PCR, the tissue distribution of the IGF-Ⅰ mRNA in both female and male adults was detected in the liver at a higher level than those in the blood and skin (Figure 3). IGF-Ⅰ mRNA expression level in the liver of the extra-large males was the highest among all the adult individuals detected. IGF-Ⅰ mRNA expression in the liver of the extra-large males was 10.2 times as much as that of the normal males ($P<0.01$), while the mRNA expression in the female liver was 1.9 times as much as that of the normal males ($P<0.01$). Furthermore, IGF-Ⅰ mRNA expression in the blood of extra-large male was also the highest, which was 1.4 and 2.1 times as much as those of females and normal males, respectively.

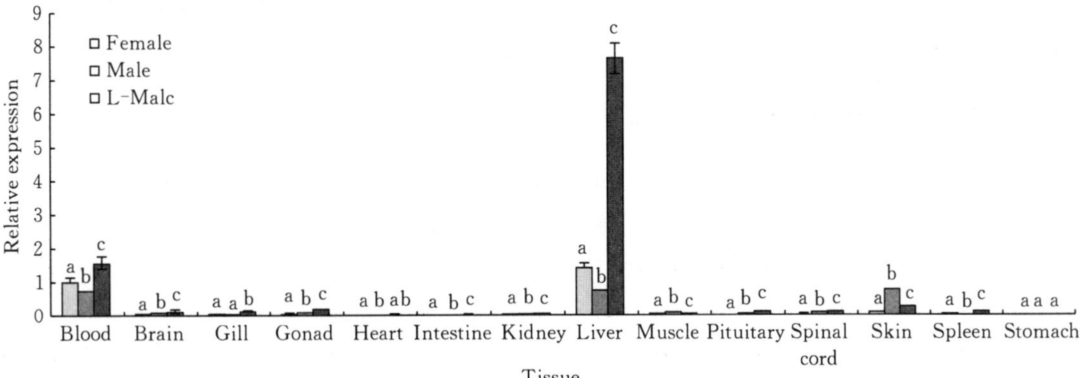

Figure 3　Expression of IGF-Ⅰ mRNA in *Cynoglossus semilaevis* tissues. The IGF-Ⅰ expression levels are expressed as a ratio relative to the β-actin mRNA levels in the same samples. A relative abundance of 1 was set arbitrarily for the level in the blood of the females. All data are expressed as the mean ±S. D. ($n=3$) and analyzed by one-way ANOVA. The letters indicate significant differences ($P<0.05$). L-Male represents the extra-large male fish

IGF-Ⅰ expression pattern differences between the sexes at 50, 70, 270, 290, 330, 350 and 380 days old could not be conducted due to the absence of male samples. As shown in Figure 4, IGF-Ⅰ mRNA was detected at all of the 27 time points sampled from 10 to 410 days old. An increase in IGF-Ⅰ mRNA was detected in the juvenile stage after 190 day old fish. Meanwhile, differential expression analysis indicated that the IGF-Ⅰ mRNA expression level in females were significantly higher than that of males ($P<0.01$) after the same stage. Differences of IGF-Ⅰ mRNA expression levels between the sexes increased gradually with the developmental process, and IGF-Ⅰ expression level of females reached 3. 1 times as

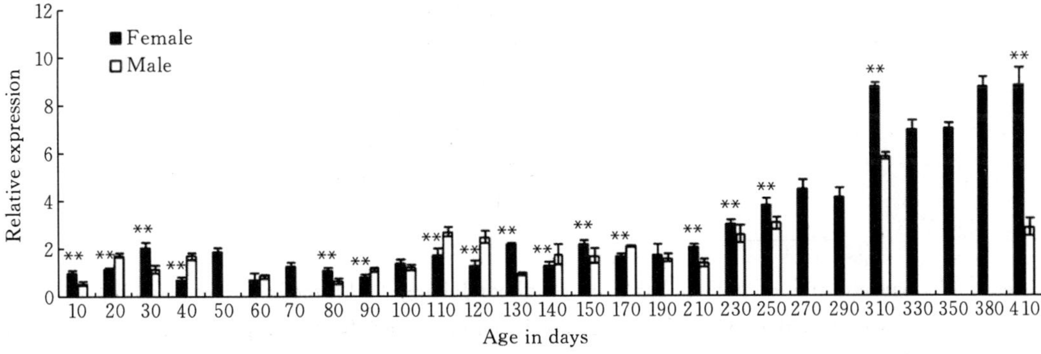

Figure 4　Quantitative RT-PCR analysis of IGF-Ⅰ mRNA expression level in female and male *Cynoglossus semilaevis* at various growth stages. d: days. IGF-Ⅰ expression levels were expressed as a ratio relative to the β-actin mRNA levels in the same samples. A relative abundance of 1 was set arbitrarily for 10 days in the females. All data are expressed as the mean ± S. D. ($n=3$) and analyzed by one-way ANOVA. Significant differences in the mRNA expression level between the females and males are indicated with an asterisk at $P<0.05$, and two asterisks at $P<0.01$

much as that of males at 410 days old. Correlation analysis demonstrated that IGF-Ⅰ mRNA expression was significantly associated with body length and weight in females ($P<0.01$) during the period from 10 to 410 days old, but no correlation was observed in males.

3.4 IGF-Ⅰ Phylogenetic Analysis

The deduced amino acid sequences of C. *semilaevis* IGF-Ⅰ cDNA was aligned with the IGF-Ⅰ cDNAs in 15 other vertebrate species. Comparative analysis revealed that the degree of homology is high among the teleosts. The deduced amino acid sequence of *C. semilaevis* IGF-Ⅰ gene has 73.3%~90.3% identity with those of other teleost species, and exhibits the highest identity to *P. lethostigma* (90.3%), while the lowest identity is to *D. rerio* (73.3%). However, the overall identity with other groups such as mammals, birds and amphibians was 48%~64.1%. The lowest identity with vertebrate species was 45.9%, which was exhibited to *Squalus acanthias*.

Based on the genetic distances calculated with the Poisson correction model, a phylogenetic tree was constructed by the Neighbor-Joining method to investigate the phylogenetic relationships of the IGF-Ⅰ gene in vertebrate species (Figure 5). The results

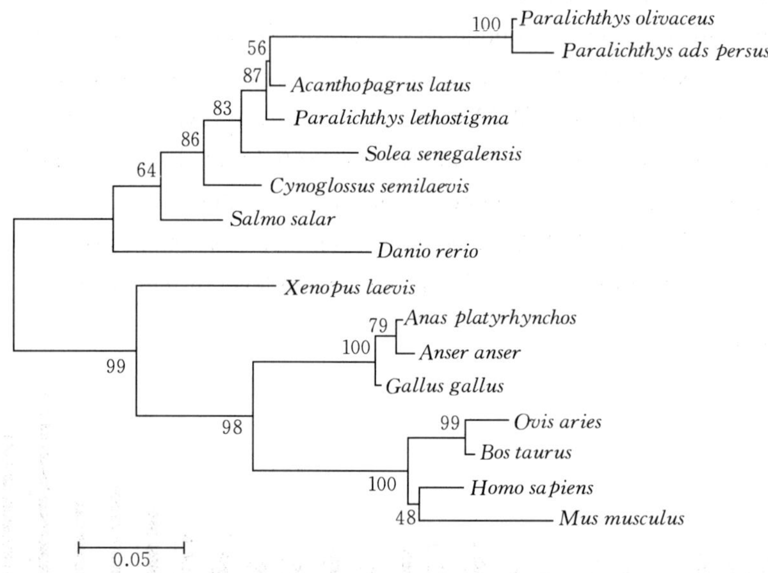

Figure 5 Phylogenetic tree of IGF-Ⅰ based on Neighbor-Joining (NJ) method. The bootstrap confidence values shown at the nodes of the tree are based on a 1000 bootstrap procedure, and the branch length scale in terms of genetic distance is indicated above the tree. cDNAs used for this analysis are as follows: *Cynoglossus semilaevis* (HQ334201), *Paralichthys olivaceus* (AAB94052), *Paralichthys adspersus* (ABS52702), *Paralichthys lethostigma* (ABB70043), *Acanthopagrus latus* (AAT35826), *Solea senegalensis* (BAF02628), *Salmo salar* (NP _ 001117095), *Danio rerio* (NP _ 571900), *Xenopus laevis* (NP _ 001156865), *Anser anser* (ABF57993), *Bos taurus* (AAF72409), *Gallus gallus* (NP _ 001004384), *Anas platyrhynchos* (ABS76279), *Homo sapiens* (1001199A), *Ovis aries* (ACG49835), *Mus musculus* (EDL21458)

showed that these species fall into two distinct lineages, one is composed of the Pleuronectiformes together with other teleost species, while another is composed of mammals, birds and amphibians. In the branches of the teleost species, *C. semilaevis* and other four Pleuronectiformes species clustered together. The results of the phylogenetic analysis are almost identical with the established phylogeny, except for *Acanthopagrus latus*, from the order Perciformes, falling in the Pleuronectiformes cluster.

3.5 Concentration of IGF-Ⅰ in Serum

According to the standard curve shown in Figure 6, the IGF-Ⅰ concentration in serum of *C. semilaevis* was calculated by regression analysis. The ELISA results showed that the concentration of serum IGF-Ⅰ in mature females [(368.18 ± 90.51) ng/mL] was significantly higher than that of males [(178.86±43.45) ng/mL, ($P<0.01$)], indicating that larger individuals exhibit the higher levels of IGF-Ⅰ in serum.

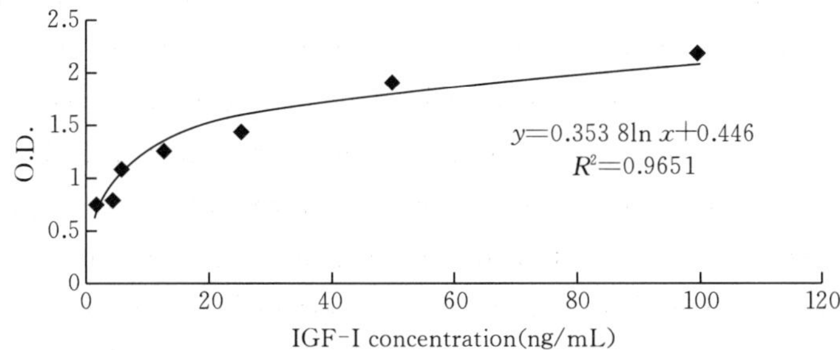

Figure 6 Standard curve of serum IGF-Ⅰ concentrations. The best fit line was determined by regression analysis. Each sample was performed in duplicate

4 Discussion

IGF-Ⅰ cDNA sequence of *C. semilaevis* encodes a prepropeptide of 187 amino acid residues, which contains a signal peptide and five structural domains (B, C, A, D and E). During post-translational processing, the signal peptide and the E domain are cleaved, while the mature peptide with B, C, A, and D domains are kept (LeRoith et al., 1995). Like most of teleost species (Kavsan et al., 1993), the greatest conservation of IGF-Ⅰ in *C. semilaevis* occurs in the B and A domains, while less conservative in the C and D domains, and the least in the E domain. The highly identical B and A domains are thought to be important in the binding of IGF-Ⅰ with its receptor and Insulin-like growth factor-binding protein (IGFBP) (Baxter, 1988). For instance, the F-Y-F motif found in the B domain of the IGF-Ⅰ mature peptides from *C. semilaevis* and other teleost species are receptor recognition sequence. Six Cys residues are found at the same positions (CysB6, CysB18, CysA6, CysA7, CysA11, and CysA20) of IGF-Ⅰ genes from different teleost species, which are responsible for maintenance of tertiary structure by forming disulfide bonds

(Magee et al., 1999).

The tissue distribution of IGF-Ⅰ mRNA in *C. semilaevis* is generally consistent with previous reports on other teleost and mammal species, i.e., mainly detected in the liver. This liver-specific high level of IGF-Ⅰ mRNA supported the physiological importance of liver acting as the main source of endocrine IGF-Ⅰ. Besides, the IGF-Ⅰ mRNA expression was also found in a wide variety of extra-hepatic tissues in teleosts (Reinecke et al., 1997). Similarly, the IGF-Ⅰ mRNA expression was detected in the blood, skin, gonads, brain and muscle in this study.

As indicated in Figure 3, the IGF-Ⅰ mRNA level in the *C. semilaevis* female liver is approximately two times as much as that of males. As Peterson et al. (2004) reported, a higher level of IGF-Ⅰ transcription was found in the fast growing families of the Channel catfish (*Ictalurus punctatus*) in comparison with the slow growing ones. Consequently, the growing difference between the female and male fish may result from sexually dimorphic IGF-Ⅰ mRNA expression level. Furthermore, the growth characteristics of two extra-large male individuals (two years-old) were significantly different from those of normal males (three years-old). These specific individuals provided a scarce material to reveal the physiological difference within fish population as well as to analyze the differential expression pattern between the sexes. The IGF-Ⅰ mRNA level of extra-large males liver is approximately ten times as much as that of the normal males, which further supported the physiological importance of IGF-Ⅰ in promoting growth of *C. semilaevis*.

In addition, the IGF-Ⅰ level in serum of mature female *C. semilaevis* is about two times as much as that of males, indicating that the higher levels of IGF-Ⅰ in serum might be correlated with larger body size, similar to the previous reports on the plasma IGF-Ⅰ levels in correlation with the specific growth rate of the tilapia (*Oreochromis mossambicus*) (Uchida et al., 2003). Due to its direct contributions in regulating cell proliferation and ultimately somatic growth (Picha et al., 2008), plasma IGF-Ⅰ may play an important role in physiologic regulation of the sexually dimorphic growth of *C. semilaevis*.

Previous reports on juvenile Southern flounder (*P. lethostigma*) and the rainbow trout (*Oncorhynchus mykiss*) demonstrated that the levels of plasma IGF-Ⅰ were correlated not only with the growth rate but also with the IGF-Ⅰ mRNA levels in the liver (Gabillard et al., 2003; Luckenbach et al., 2007). Presumably, the growth variation of teleosts is associated with both the systemic IGF-Ⅰ and local IGF-Ⅰ mRNA levels. Therefore, IGF-Ⅰ may serve as the most promising candidate biomarker for measuring of growth status in fish (Picha et al., 2008).

In terms of the full-sib family, IGF-Ⅰ mRNA can be detected at all of the 27 sampling points from 10 to 410 days old. Similar reports on the other teleost species showed that IGF-Ⅰ mRNA expressed in a wide variety of tissues during fetal and postnatal stages. For instance, Duan (1998) demonstrated that fish IGF-Ⅰ mRNA can be detected throughout all developmental stages (from unfertilized eggs and the whole embryonic period to matured adults). IGF-Ⅰ mRNA of the gilthead seabream (*Sparus auratus*) can be detected in larva one day after hatching with an incremental expression during the larval stages (Duguay et al., 1996). It can be deduced that the ongoing growth of *C. semilaevis* during the early life stages might largely be sustained by such a continuous expression of IGF-Ⅰ mRNA.

IGF-Ⅰ mRNA in females presented a significantly higher expression level than that of males after 190 days old. Subsequently, significant differences of the growth characteristics (the average body length and weight) between female and male individuals were observed at 250 days old. As indicated in Figure 1 and Figure 4, the differences of IGF-Ⅰ mRNA expression levels between the sexes increased gradually with the development process. When IGF-Ⅰ mRNA expression level of females reached three times as much as that of males at 410 days old, the body length and weight of females were almost two and three times as much as those of males, respectively. This correlation between mRNA expression levels and growth characteristics either supported the conclusion on the importance of IGF-Ⅰ in the regulation of the sexually dimorphic growth of *C. semilaevis*.

Correlation analysis demonstrated that IGF-Ⅰ mRNA expression was significantly associated with body length and weight in females during the period from 10 to 410 days old, but no correlation was observed in males. Such a sexual difference further supported the function of IGF-Ⅰ in the faster growing of females than males. From Figure 4, the IGF-Ⅰ mRNA expression in males increased from 210 to 310 days old, and then decreased at 410 days old. This expression decrease of IGF-Ⅰ may results in the slow growth rate of males during those stages from 310 to 410 days old.

As reported, IGF-Ⅰ mRNA levels in both hepatic and non-hepatic tissues are GH-dependent in a number of teleost species. For instance, IGF-Ⅰ mRNA level is increased in liver RNA isolated from the coho salmon (*O. kisutch*) injected with bovine GH (Cao et al., 1989). And GH treatment increased muscle IGF-Ⅰ gene expression in both the giant danio (*Danio aequipinnatus*) and zebrafish (*Danio rerio*) (Biga and Meyer, 2009). Besides, Moriyama (1995) demonstrated that plasma IGF-Ⅰ in salmonid fish was under the control of GH, which gave the evidence that IGF-Ⅰ bioactivity in serum is also GH-dependent. Together with the speculation that the sexual growth dimorphism of *C. semilaevis* caused by GH and other co-regulated factors in the previous studies of our team (data unpublished), we suggest that the difference in growth be regulated by IGF-Ⅰ, under the physiological influence of GH secretion.

The biological responses of IGF-Ⅰ are also mediated by the bind and activation of the IGF-Ⅰ receptor, IGFBP, nutritional regulation and other factors (Duan and Plisetskaya, 1993; Reinecke et al., 1997). Furthermore, many studies gave evidence that serum IGF-Ⅰ and IGF-Ⅰ mRNA expression were mediated by sex related hormones (Campbell et al., 2006; Maor et al., 2006). Hence, the role of IGF-Ⅰ and other coregulated factors remains to be further investigated in order to determine the mechanism of sexual growth dimorphism. In this study, the IGF-Ⅰ concentration in serum and IGF-Ⅰ mRNA expression were examined during the different life stages (post-larvae, juvenile and mature stages) at both protein and mRNA levels, which represented as direct and indirect evidence to support the important role of IGF-Ⅰ in the endocrine regulations of the sexually dimorphic growth of *C. semilaevis*.

Acknowledgments

The authors are very grateful to the Zhonghai, Mingbo, and Xinyongfeng hatchery stations for their support in fish culture and sampling. And we also thank Prof. Quanqi Zhang and Dr. Xubo Wang in Ocean University of China for their great help in genetic sex identification of samples. The research was financially supported by the sponsor-id=" GS1" id=" gts0005" >National Natural Science Foundation of China (Grant nos.: 30871913 and 31172411) and the sponsor-id=" GS2" id=" gts0010" >Special Fund of the "Taishan Scholar" Project of Shandong Province.

References

Ayson F G, de Jesus E G T, Moriyama S, et al., 2002. Differential expression of insulin-like growth factor Ⅰ and Ⅱ mRNAs during embryogenesis and early larval development in rabbitfish, Siganus guttatus. Gen. Comp. Endocrinol., 126: 165-174.

Baxter R C, 1988. The insulin-like growth factors and their binding proteins. Comp. Biochem. Physiol., B, 91: 229-235.

Biga P R, Meyer J, 2009. Growth hormone differentially regulates growth and growth-related gene expression in closely related fish species. Comp. Biochem. Physiol., A 154: 465-473.

Campbell B, Dickey J, Beckman B, et al., 2006. Previtellogenic oocyte growth in salmon: relationships among body growth, plasma insulin-like growth factor-Ⅰ, estradiol-17beta, follicle-stimulating hormone and expression of ovarian genes for insulin-like growth factors, steroidogenic-acute regulatory protein and receptors for gonadotropins, growth hormone, and somatolactin. Biol. Reprod., 75: 34-44.

Cao Q P, Duguay S J, Plisetskaya E, et al., 1989. Nucleotide sequence and growth hormone-regulated expression of salmon insulin-like growth factor Ⅰ mRNA. Mol. Endocrinol., 3: 2005-2010.

Chen J Y, Chen J C, Chang C Y, et al., 2000. Expression of recombinant tilapia insulin-like growth factor-Ⅰ and stimulation of juvenile tilapia growth by injection of recombinant IGFs polypeptides. Aquaculture, 181: 347-360.

Chen S, Li J, Deng S, et al., 2007. Isolation of female-specific AFLP markers and molecular identification of genetic sex in half-smooth tongue sole (*Cynoglossus semilaevis*). Mar. Biotechnol., 9: 273-280.

Degani G, Tzchori I, Yom-Din S, et al., 2003. Growth differences and growth hormone expression in male and female European eels [*Anguilla anguilla* (L.)]. Gen. Comp. Endocrinol., 134: 88-93.

Deng J Y, Meng T X, Ren S M, et al., 1988. Species composition, abundance and distribution of fishes in the BoHai Sea. Mar. Fish. Res., 9: 10-98.

Duan C, Plisetskaya E M, Dickhoff W W, 1995. Expression of insulin-like growth factor Ⅰ in normally and abnormally developing coho salmon (*Oncorhynchus kisutch*). Endocrinology, 136: 446-452.

Duan C, 1997. The insulin-like growth factor system and its biological actions in fish. Am. Zool., 37: 491-503.

Duan C, 1998. Nutritional and developmental regulation of insulin-like growth factors in fish. J. Nutr., 128: 306S-314S.

Duan C, Plisetskaya E M, 1993. Nutritional regulation of insulin-like growth factor-I mRNA expression in salmon tissues. J. Endocrinol., 139: 243-252.

Duguay S, Lai-Zhang J, Steiner D, et al., 1996. Developmental and tissue-regulated expression of IGF-Ⅰ and IGF-Ⅱ mRNAs in*Sparus aurata*. J. Mol. Endocrinol., 16: 123-132.

Dyer A R, Barlow C G, Bransden M P, et al., 2004. Correlation of plasma IGF-Ⅰ concentrations and growth rate in aquacultured finfish: a tool for assessing the potential of new diets. Aquaculture, 236: 583-592.

Escobar S, Fuentes E N, Poblete E, et al., 2011. Molecular cloning of IGF-Ⅰ and IGF-Ⅰ receptor and their expression pattern in the Chilean flounder (*Paralichthys adspersus*). Comp. Biochem. Physiol., B, 159: 140-147.

Funes V, Asensio E, Ponce M, et al., 2006. Insulin-like growth factors Ⅰ and Ⅱ in the sole *Solea senegalensis*: cDNA cloning and quantitation of gene expression in tissues and during larval development. Gen. Comp. Endocrinol., 149: 166-172.

Gabillard J C, Weil C, Rescan P Y, et al., 2003. Effects of environmental temperature on IGF-Ⅰ, IGF-Ⅱ, and IGF type I receptor expression in rainbow trout (*Oncorhynchus mykiss*). Gen. Comp. Endocrinol., 133: 233-242.

Kavsan V M, Koval A P, Grebenjuk V A, et al., 1993. Structure of the chum salmon insulin-like growth factor Ⅰ gene. DNA Cell Biol., 12: 729-737.

LeRoith D, Werner H, Beitner-Johnson D, et al., 1995. Molecular and cellular aspects of the insulin-like growth factor Ⅰ receptor. Endocr. Rev., 16: 143-163.

Li Z, Yang L, Wang J, et al., 2010. β-Actin is a useful internal control for tissue-specific gene expression studies using quantitative real-time PCR in the half-smooth tongue sole *Cynoglossus semilaevis* challenged with LPS or *Vibrio anguillarum*. Fish Shellfish Immun., 29: 89-93.

Liu X Z, Xu Y J, Ma A J, et al., 2004. Effects of salinity, temperature, light rhythm and light intensity on embryonic development of *Cynoglossus semilaevis* Günther and its hatching technology optimization. Mar. Fish. Res., 25: 1-6.

Liu X Z, Zhuang Z M, Ma A J, et al., 2005. Reproductive biology and breeding technology of *Cynoglossus semilaevis*. Mar. Fish. Res., 26: 7-14.

Livak K, Schmittgen T, 2001. Analysis of relative gene expression data using real-time quantitative PCR and the 2- [Delta] [Delta] CT method. Methods, 25: 402-408.

Luckenbach J A, Murashige R, Daniels H V, et al., 2007. Temperature affects insulin-like growth factor Ⅰ and growth of juvenile southern flounder, *Paralichthys lethostigma*. Comp. Biochem. Physiol. A, 146: 95-104.

Magee B A, Shooter G K, Wallace J C, et al., 1999. Insulin-like growth factor I and its binding proteins: a study of the binding interface using B-domain analogues. Biochemistry, 38: 15863-15870.

Maor S, Mayer D, Yarden R I, et al., 2006. Estrogen receptor regulates insulin-like growth factor-Ⅰ receptor gene expression in breast tumor cells: involvement of transcription factor Sp1. J. Endocrinol., 191: 605-612.

Moriyama S, 1995. Increased plasma insulin-like growth factor-Ⅰ (IGF-Ⅰ) following oral and intraperitoneal administration of growth hormone to rainbow trout, *Oncorhynchus mykiss*. Growth Regul., 5: 164-167.

Moriyama S, Ayson F G, Kawauchi H, 2000. Growth regulation by insulin-like growth factor-I in fish. Biosci. Biotech. Biochem., 64: 1553-1562.

Peterson B C, Waldbieser G C, Bilodeau L, 2004. IGF-Ⅰ and IGF-Ⅱ mRNA expression in slow and fast growing families of USDA103 channel catfish (*Ictalurus punctatus*). Comp. Biochem. Physiol., A, 139: 317-323.

Picha M E, Turano M J, Beckman B R, et al., 2008. Endocrine biomarkers of growth and applications to aquaculture: a minireview of growth hormone, insulin-like growth factor (IGF)-Ⅰ, and IGF-binding proteins as potential growth indicators in fish. N. Am. J. Aquacult., 70, 196-211.

Reinecke M, Schmid A, Ermatinger R, et al., 1997. Insulin-like growth factor I in the teleost *Oreochromis mossambicus*, the tilapia: gene sequence, tissue expression, and cellular localization. Endocrinology, 138: 3613-3619.

Saitou N, Nei M, 1987. The neighbor-joining method: a new method for reconstructing phylogenetic trees. Mol. Biol. Evol., 4: 406-425.

Sambrook J, Fritsch E, Maniatis T, 1989. Molecular cloning: a laboratory manual 1-3. Cold Spring Harbor Laboratory Press.

Uchida K, Kajimura S, Riley L G, et al., 2003. Effects of fasting on growth hormone/insulin-like growth factor I axis in the tilapia, *Oreochromis mossambicus*. Comp. Biochem. Physiol., A, 134: 429-439.

The Co-existence of Two Growth Hormone Receptors and Their Differential Expression Profiles between Female and Male Tongue Sole (*Cynoglossus semilaevis*)①

Qian Ma[1,2], Shu Fang Liu[1], ZhiMeng Zhuang[1], ZhongZhi Sun[1], ChangLin Liu[1], QiSheng Tang[1]

(*1. Yellow Sea Fisheries Research Institute, Chinese Academy of Fishery Sciences, Qingdao 266071, China;*

2. College of Oceanography and Environmental Science, Xiamen University, Xiamen 361005, China)

Abstract: Growth hormone receptor (*GHR*) is a single-transmembrane pass protein which is important in initiating the ability of growth hormone (Gh) to regulate development and somatic growth in vertebrates. In this study, molecular cloning, expression analysis of two different *ghr* genes (*ghr1* and *ghr2*) in the tongue sole (*Cynoglossus semilaevis*) was conducted. As a result, the *ghr1* and *ghr2* cDNA sequences are 2 364 bp and 3 125 bp, each of which encodes a transmembrane protein of 633 and 561 amino acids (aa), respectively. Besides, the *ghr1* gene includes nine exons and eight introns. The sex-specific tissue expression was analyzed by using 14 tissues from females, normal males and extra-large male adults. Both the *ghr1* and *ghr2* were predominantly expressed in the liver, and the *ghr1* expression level in normal males was 1. 6 and 1. 4 times as much as those in females and extra-large males, while the *ghr2* mRNA expression level in normal males was 1. 1 and 1. 2 times as much as those in females and extra-large males, respectively. Ontogenetic expression analysis at early life stages indicated that the *ghr1* and *ghr2* mRNAs were detected at all of the 35 sampling points (from oosphere to 410 days-old). Furthermore, the sex differences in *ghr* mRNA expressions were also examined by using a full-sib family of *C. semilaevis*. Significantly higher levels of *ghr1* mRNA were observed in males than in females at most stages of the sampling period ($P<0.01$). The *ghr2* mRNA expression at most stages exhibited a significant sexual difference at each sampling point ($P<0.01$) without any variation trend related with the sexes during the whole sampling period.

Key words: Cloning; Gene expression; Growth hormone receptor; *Cynoglossus semilaevis*; Sexually dimorphic growth

① 本文原刊于 *Gene*, 511, 341-352, 2012。

1 Introduction

Growth hormone (Gh) plays an important role in regulating normal somatic growth and developmental processes of vertebrates. The Gh competence to promote its various effects is initiated by interacting with the specific Gh receptor (Ghr) located on the cell membrane of target tissues (Kopchick and Andry, 2000). Ghr is a single-transmembrane pass protein belonging to the hematopoietin cytokine receptor superfamily (Moutoussamy et al., 1998). Certain common characteristics are found among those members of the superfamily like prolactin and a number of other cytokine receptors. For instance, all members have an *N*-terminal extracellular domain containing several pairs of conserved cysteine residues, a WSXWS motif which presents as (F/Y) GEFS in the case of Ghr, a single transmembrane domain and an intracellular domain with two conserved regions (Box 1 and Box 2) attaching importance to the signal transduction of the receptors (Govers et al., 1999; VanderKuur et al., 1994).

To date, the *ghr* gene sequences in various vertebrate species have been studied extensively. As reported, only one gene encoding Ghr was found in vertebrates, but recent studies demonstrated that there existed two different *ghr* genes (*ghr1* and *ghr2*) in some fish such as the Gilthead sea bream (*Sparus aurata*) (Saera-Vila et al., 2005), Japanese eel (*Anguilla japonica*) (Ozaki et al., 2006a) and orange-spotted grouper (*Epinephelus coioides*) (Li et al., 2007). Yet, the co-existence of the two *ghr* genes in the Pleuronectiformes species is rarely reported. In the case of *ghr* genes in Pleuronectiformes species, most studies focused on the Pleuronectoidei species such as the turbot (*Scophthalmus maximus*) (Calduch-Giner et al., 2001), Chilean flounder (*Paralichthys adspersus*) (Fuentes et al., 2008), Japanese flounder (*Paralichthys olivaceus*) (Nakao et al., 2004) and Atlantic halibut (*Hippoglossus hippoglossus*) (Hildahl et al., 2007b). However, the *ghr* gene characteristics of the highly specialized Soleoidei species remain to be investigated.

Sexually dimorphic growth exists in many teleosts, such as the tongue sole (*Cynoglossus semilaevis*), common carp (*Cyprinus carpio*) and Atlantic halibut (*H. hippoglossus*). The target species (*C. semilaevis*) in this study, an increasingly important tongue sole in China's fish farming industry (Deng et al., 1988; Liu et al., 2005), exhibits a typical sexual growth dimorphism in which females grow2 to 3 times faster and larger than males under either cultural or natural conditions. The physiologic mechanism of this sexual growth dimorphism in *C. semilaevis* is of great interest and remains to be clarified. Based on our previous studies on the neuroendocrine growth factors in *C. semilaevis*, it has been proved that Gh (Ma et al., 2012), insulin-like growth factor Ⅰ (Igf1) (Ma et al., 2011a), growth hormone-releasing hormone (Ghrh) and pituitary adenylate cyclase activating polypeptide (Pacap) (Ma et al., 2011b) are shown to be important in regulating the sexual growth dimorphism. Certainly, Ghr plays an important role in regulating growth by interacting with Gh. It is one of the potentialities to elucidate the role of Ghr in the sex-associated dimorphic growth of *C. semilaevis* by determining the relative *ghr* gene expression between females and males during the different contrasting developmental stages. Moreover, it is of help to further understand the expression profiles of *ghr* gene in Pleuronectiformes (Fuentes et al., 2008). As designed, two different *ghr* cDNAs (*ghr1* and *ghr2*) of *C. semilaevis* were cloned and their deduced amino acid sequences were obtained. The sex specific tissue expressions of *ghr1* and *ghr2* mRNAs in the mature individuals were analyzed. Besides, their mRNA expression profiles and sex differences at early life stages were also determined.

2 Materials and Methods

2.1 Experiment Design and Sample Source

The experiment was designed to characterize the *ghr* (*ghr1* and *ghr2*) cDNA sequences and examine differences of mRNA expression levels of the above-mentioned two *ghr* genes between female and male *C. semilaevis*. Mature female and male individuals of the same age were used to detect the *ghr* mRNA tissue expression distribution pattern. In addition, two extra-large male individuals were used to compare the *ghr1* and *ghr2* mRNA expression levels with normal female and male fish. The information on the above-mentioned fish samples is listed in Table 1. After being rapidly dissected from the above-mentioned 14 live individuals, 14 tissues (blood, brain, gill, gonad, heart, intestine, kidney, liver, muscle, pituitary, spinal cord, skin, spleen and stomach) were immediately frozen in liquid nitrogen, and kept at −80 ℃ until use.

Table 1 Mature *Cynoglossus semilaevis* samples

Samples	Numbers of individuals	Age (years)	Mean body length (mm)	Mean body weight (g)	Sample source
Females	6	3	583.0±61.3	1479.2±280.8	Mingbo hatchery station
Males	6	3	333.3±14.3	170.3±16.9	(Laizhou, Shandong Province)
Extra-large males	2	2	555.0±21.2	1107.5±116.7	Xinyongfeng hatchery station (Tianjin, China)

Notes: All data are expressed as the mean±S.D.

To minimize factors influencing gene expression, such as genetic background, as well as ontogenetic and environmental influences, a full-sib family of the *C. semilaevis* was constructed by using a pair of wild parent fish caught in the Yellow Sea in October 2008 at the Zhonghai Hatchery (Qingdao, Shandong Province) and grown in the same indoor concrete tank with the optimal conditions as described by Liu et al. (2004). This family was grown to supply samples used in examining the difference in the ontogenetic expression pattern in *ghr1* and *ghr2* mRNAs among siblings at the different developmental stages. Four to six individuals at each developmental stage (interval of 10 days between 10 and 150 days-old, interval of 20 days between 150 and 350 days-old, and between 380 and 410 days-old) were randomly collected from the full-sib family. As a result, a total of 138 fish were sampled under the condition of an empty stomach in the early morning. After determining the body length and weight, the whole visceral mass section was dissected under anatomical microscope. All the viscera samples were frozen in liquid nitrogen for RNA and DNA extraction.

Moreover, another full-sib family was constructed to supply samples used in examining the ontogenetic expression pattern in *ghr1* and *ghr2* mRNAs at early stages of embryogenesis. The total development stage of embryogenesis was observed by using the Olympus camera, 20 eggs at each developmental stage (oosphere, one-cell, two-cell, multi-cell, blastula, gastrula, pre-hatching and newly hatched stages) were collected from the full-sib family, and frozen in liquid nitrogen for RNA extraction.

All the experimental animal programs involved in this study were approved by the Yellow Sea Fisheries Research Institute's animal care and use committee, and followed the experimental basic principles.

2.2 DNA Isolation and cDNA Synthesis

Genomic DNA was extracted using standard phenol-chloroform extraction procedures (Sambrook et al., 1989) from the viscera and muscle tissues. The quality and concentration of DNA were assessed by agarose gel electrophoresis and measured with NanoVue™ (GE Healthcare). Finally, DNA was diluted to 100 ng/μL and stored at −20 ℃ for future use.

Total RNA was extracted from frozen tissues of adult fish and viscera samples of different developmental stages using TRIzol Reagent (Invitrogen, USA) according to the manufacturer's instructions. The isolated RNA samples were suspended in DEPC-treated water and quantified using NanoVue™ (GE Healthcare) at $A_{260\,nm}$ and $A_{280\,nm}$, and then analyzed for its integrity on agarose gel. The first-strand cDNA was synthesized from total RNA using Reverse Transcriptase M-MLV (Takara Bio., China) following the manufacturer's instructions.

2.3. Genetic Sex Identification

Genetic sex identification for the samples from the full-sib family was determined using the female-specific SCAR marker developed by Chen et al. (2007), with a pair of female-specific PCR primers (CseF382N1 and CseF382C1). A female-specific fragment of 350 bp was amplified from the genotypic female individuals. The results were further verified by another sex-specific marker which amplifies particular fragments from differently sexed individuals (Zhang QQ, unpublished observations).

2.4 Cloning of ghr Genes

According to the conserved sequences of the *ghr* genes from other teleost species, two pairs of degenerate primers, GHR1-F/R and GHR2-F/R (Table 2), were designed to enable cloning of the corresponding partial fragment of *ghr* cDNAs. PCR amplification was performed in a typical reaction, the condition was one initial denaturing step of 3 min at 94 ℃, followed by 32 cycles of 30 s at 94 ℃, 30 s at 53～58 ℃, 30～60 s at 72 ℃, and a final 10 min at 72 ℃.

Table 2　Oligonucleotide primers used in this study

Name	Primer sequences (5′ to 3′)	Amplification target
GHR1-F	5′-CGCAGCTCAGTYCTSAAKC-3′	cDNA fragment of
GHR1-R	5′-GRCATTTGGCYACKGTSAGA-3′	GHR-Ⅰ
GHR1-5′-OUTER	5′-CAGCAGTTCGTAGTTCCGCTTTTGTG-3′	5′RACE of GHR-Ⅰ
GHR1-5′-INNER	5′-GGAGTCAACCAGTCGTTTGGAGAT-3′	
GHR1-3′-OUTER	5′-GCAGCTCAGTCCTGAACCTCT-3′	3′RACE of GHR-Ⅰ
GHR1-3′-INNER	5′-TCTATGAGAACCTGGGCGGCAACG-3′	
GHR1-RT-F	5′-GTTATAGACCAGCGGCGTTTC-3′	Expression of GHR-Ⅰ
GHR1-RT-R	5′-CAGGGTTGCAGAAGTCTTGATG-3′	
GHR1-GENE-F1	5′-ATGGCTATCCACTCACTCTCCTGT-3′	DNA fragment of
GHR1-GENE-R1	5′-CAAGAGTGACTGATGACGCCCT-3′	GHR-Ⅰ
GHR1-GENE-F2	5′-ACCAAAGGGCGTCATCAGTC-3′	DNA fragment of
GHR1-GENE-R2	5′-GGTAGAAGAATCTGAGTGCTCCA-3′	GHR-Ⅰ
GHR1-GENE-F3	5′-CTCATCAAGCCGGGTTCTGC-3′	DNA fragment of
GHR1-GENE-R3	5′-GAGACCTGAGGGAGGGAAACG-3′	GHR-Ⅰ
GHR1-GENE-F4	5′-AGGAGACGTTCCGCTGTTGG-3′	DNA fragment of
GHR1-GENE-R4	5′-TCATGGTGAGAGATTTCCCAGTAG-3′	GHR-Ⅰ
GHR2-F	5′-TCCGCCAACATGGAAACG-3′	cDNA fragment of
GHR2-R	5′-GCCAATGCCTTCGACCAC-3′	GHR-Ⅱ
GHR2-5′-OUTER	5′-GAAAGTGCCCACATTCCATCTG-3′	5′RACE of GHR-Ⅱ
GHR2-5′-INNER	5′-TGTTGAGAAGGAAGAGAATCG-3′	
GHR2-3′-OUTER	5′-TACTGAGGCTCCTGGATCTGAC-3′	3′RACE of GHR-Ⅱ
GHR2-3′-INNER	5′-CTGAACCCTAGCAGCCAAAACACAG 3′	
GHR2-RT-F	5′-CGTCACTTGAAGATGTGCCCCA-3′	Expression of GHR-Ⅱ

(continued)

Name	Primer sequences (5′ to 3′)	Amplification target
GHR2-RT-R	5′-CAAGAGGAGATTTTTTGTTGATGAA-3′	
β-Actin-F	5′-GTAGGTGATGAAGCCCAGAGCA-3′	Expression of β-actin
β-Actin-R	5′-CTGGGTCATCTTCTCCCTGT-3′	mRNA
CseF382N1	5′-ATTCACTGACCCCTGAGAGC-3′	Genetic sex
CseF382C1	5′-AACAACTCACACACGACAAATG-3′	identification
		(Chen et al., 2007)

Based on the obtained partial fragment of *ghr* cDNAs, eight specific primers, GHR1-5′-OUTER/INNER, GHR2-5′-OUTER/INNER, GHR1-3′-OUTER/INNER and GHR2-3′-OUTER/INNER (Table 2) were designed for amplification of the cDNA ends of the *ghr* genes using the 5′-Full RACE Kit and 3′-Full RACE Core Set Ver. 2.0 (Takara Bio., China) following the manufacturer's instructions.

Based on the full-length *ghr1* cDNA sequence, four pairs of primers, GHR1-GENE-F1/R1, GHR1-GENE-F2/R2, GHR1-GENE-F3/R3 and GHR1-GENE-F4/R4, were designed to amplify the genomic sequence of the *ghr1* gene using genomic DNA of *C. semilaevis* as the template. The sequence was amplified using the LA Taq kit (Takara Bio., China) and the PCR reaction was performed following the manufacturer's instructions. PCR amplification was conducted under the following conditions: an initial denaturing of 1 min at 94 ℃, followed by 30 cycles of 10 s at 98 ℃ and 3 min at 68 ℃, and a final extension at 72 ℃ for 10 min.

All the amplified fragments of the expected sizes were purified with a Tiangen gel extraction kit (Tiangen, China) and cloned into a pMD18-T vector (Takara Bio., China), then transformed into *Escherichia coli* DH5α and sequenced by the Beijing Genomics Institute (Beijing, China).

2.5 Sequence and Phylogenetic Analysis

The full length cDNA of the two *ghr* genes was assembled by aligning the overlapping fragments and the primer sequences. The signal peptides were predicted with SignalP 3.0 (http://genome.cbs.dtu.dk/services/SignalP). Putative domains and possible N-glycosylation sites were identified by PROSITE (http://www.expasy.org/prosite) (De Castro et al., 2006).

Putative *ghr* amino acid sequences of *C. semilaevis* and other known vertebrates were used to construct a phylogenetic tree using the Neighbor-Joining (NJ) method (Saitou and Nei, 1987) with MEGA version 3.1. In the analysis, the gaps were deleted and a 1000 bootstrap procedure was used to test the robustness of the nodes on the trees. The ClustalW program was employed to align all the sequences with the default option. The genetic distance between species was calculated using the Poisson correction model. *ghr* amino acid sequences of 22 teleost, two Amphibians, two Aves and four Mammal species were used in the alignment and shown in Table 3.

Table 3 Amino acid identity of *Cynoglossus semilaevis* GHR and the corresponding published sequences

Species	*ghr 1*		*ghr 2*		*ghr 1* and *ghr 2*
	GenBank accession no.	Identity	GenBank accession no.	Identity	
Cynoglossus semilaevis		100%		100%	29.1%
Epinephelus coioides	ABM21632	70.5%	ABM21633	59.7%	35.6%
Sparus aurata	AAR01947	67.6%	AAT76436	59.5%	31.9%
Acanthopagrus schlegeli	AAN77286	67.5%	AAV83932	58.5%	31.4%
Oreochromis niloticus	AY973232	62.6%	ABK41366	55.8%	29.6%
Anguilla japonica	BAD20706	40.9%	BAD20707	36.2%	46.7%
Danio rerio	CAI99156	39.6%	ACF60806	32.8%	31.0%
Cyprinus carpio	AAU43899	37.2%	ADB66162	35.8%	32.7%
Salmo salar	AAS17950	33.7%	AAZ86074	48.0%	85.4%
Oncorhynchus kisutch	AAK95624	33.2%	AAK95625	48.0%	83.8%
Oncorhynchus mykiss	AAW56611	32.9%	AAW27914	47.8%	83.6%
Silurus meridionalis	AAP97011	32.6%	AAY86768	34.7%	31.6%
Scophthalmus maximus	AAK72952	70.8%			
Paralichthys adspersus	ABS29325	69.0%			
Paralichthys olivaceus	BAC76398	67.9%			
Hippoglossus hippoglossus	AAZ14785	67.5%			
Cichlasoma dimerus	ACI42879	63.3%			
Oreochromis mossambicus	BAD83668	63.5%			
Acipenser baerii	ACJ60677	34.6%			
Oryzias latipes			AAY57526		50.5%
Oncorhynchus masou			BAB64911		45.3%
Ictalurus punctatus			AAZ80471		35.9%
Pelodiscus sinensis japonicus	AAG43525	28.9%			29.6%
Gallus gallus	NP_001001293	27.3%			27.1%
Anser anser	ACY38605	25.2%			28.7%
Bos taurus	CAJ44122	25.1%			26.4%
Sus scrofa	ADG45003	25.1%			27.6%
Xenopus laevis	NP_001081078	24.4%			26.4%
Homo sapiens	NP_000154	24.0%			26.0%
Mus musculus	NP_034414	23.7%			26.6%

2.6 Quantitative Real Time PCR

Quantitative real time PCR (qRT-PCR) of the *ghr* genes was conducted to determine whether the differentially expressed genes had a sex-specific expression pattern in terms of tissue distribution or the different developmental stages. The tissues collected from mature females and males were pooled respectively to generate sufficient amounts of the three cDNAs for tissue distribution analysis. To examine the change and possible sex differences in *ghr* mRNA expressions at different ontogenic stages, the cDNAs from the same stage of the same sex were also pooled to form single sex sample pools for expression analysis.

The primers GHR1-RT-F/R, GHR2-RT-F/R and β-actin-F/R were used for amplifying the *ghr1*, *ghr2* and β-actin fragments, respectively (Table 2). The qRT-PCR was conducted on a 7500 ABI real time PCR system (Applied Biosystems, USA). Amplifications were performed in a 20 μL final volume containing 1 μL cDNA sample, 10 μL SYBR Premix Ex *Taq*™ (Perfect Real Time) (Takara Bio., China), 0.4 μL ROXII, 0.4 μL of each primer and 7.8 μL ddH_2O. A negative control was always included. PCR amplifications were performed in triplicate, using the following conditions: initial denaturing at 95 ℃ for 10 s, followed by 40 cycles of 5 s at 95 ℃ and 34 s at 60 ℃. A dissociation protocol was performed after thermocycling to determine target specificity. Expression of β-actin was used as the internal control for *ghr1* and *ghr2* gene expression analysis. The ratio change in the target genes relative to the β-actin control gene was determined by the $2^{-\Delta\Delta Ct}$ method (Livak and Schmittgen, 2001) and the transcript level was described in terms of its relative concentration ($RC_{gene}/RC_{\beta\text{-}actin}$).

2.7 Statistical Analysis

All data were expressed as the mean±S.D. and analyzed by one-way ANOVA (analysis of variance) to determine significant differences between samples using SPSS 16.0. Associations between body length, body weight and *ghr* mRNA expressions were examined by Spearman tests using SPSS 16.0. Values were considered statistically significant when $P<0.05$.

3 Results

3.1 Growth Characteristics of Sample Sources

As shown in Figure 1, the ontogenetic growth of the full-sib family was recorded in increments in body length and weight related to age in days. The body length was significantly associated with body weight in both the females and males within the period of 10 to 410 days-old ($P<0.01$). Furthermore, a slow growth stage from 20 to 40 days-old was observed ($P>0.05$), which may be related to metamorphosis. Little difference in body weight between the females and males was observed until 250 days-old. Besides, the growth

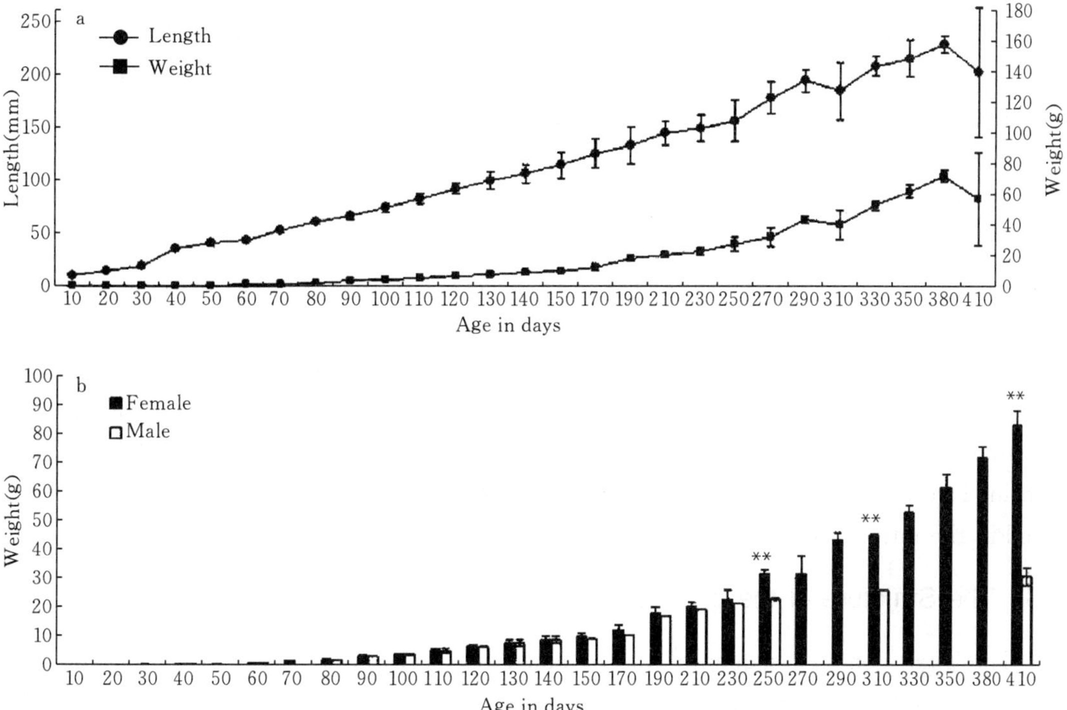

Figure 1　Growth trend of *Cynoglossus semilaevis* (a) and comparison of the body weight (b) between female and male individuals at different developmental stages. Data are expressed as the mean± S. D. Significant differences in body length and weight between the females and males are indicated with an asterisk at $P<0.05$, and two asterisks at $P<0.01$

characteristics (body length and weight) of the mature female and male adults were significantly different (Table 1). The body length and weight of extra-large male adults were obviously closer to those of female adults and significantly different from those of the normal male adults.

3.2　The Characteristics of the Two *ghr* cDNAs

As shown in Figure 2, the *ghr1* cDNA isolated from the liver mRNA is 2 364 bp and contains a 5′-untranslated region (UTR) of 165 bp, an open reading frame (ORF) of 1902 bp and a 3′ UTR of 299 bp with one canonical polyadenylation signal sequence AATAAA (HQ334200). The predicted amino acid sequence of the *ghr1* cDNA consists of 633 amino acid residues with a 28 amino-acid signal peptide followed by a 229 amino-acid extracellular domain, a 19 amino-acid transmembrane domain and a 357 amino-acid intracellular domain. The predicted molecular weight of *ghr1* is 70.62 ku, and the theoretical isoelectric point (pI) is 4.60. Seven cysteine residues, five potential *N*-glycosylation sites and a FGEFS motif are found in the extracellular domain. Two conserved regions (Box 1 and Box 2) and seven conserved tyrosine residues are found in the intracellular domain. As shown in Figure 3, five potential *N*-glycosylation sites are found in *C. semilaevis*, while six *N*-glycosylation sites are detected in the other four Pleuronectoidei species i. e. *S. maximus*, *P. adspersus*, *P. olivaceus* and *H. hippoglossus*. Besides, the cysteine and tyrosine residues, sequences of transmembrane domain, FGEFS motif and the conserved regions (Box 1 and Box 2) are conservative among these five species.

As indicated in Figure 3, the *ghr2* cDNA isolated from the liver mRNA is 3125 bp and contains a 5′ UTR of 127 bp, an ORF of 1686 bp and a 3′ UTR of 1312 bp (HQ334197). The predicted amino acid sequence of the *ghr2* cDNA consists of 561 amino acid residues with a 24 amino-acid signal peptide followed by a 222 amino-acid extracellular domain, a 20 amino-acid transmembrane domain and a 295 amino-acid intracellular domain. The predicted molecular weight of *ghr2* is 62.32 ku, and the pI is 4.65. Five cysteine residues, four potential *N*-glycosylation sites and a FGGFS motif are found in the extracellular domain. Two conserved regions (Box 1 and Box 2) and eight conserved tyrosine residues are found in the intracellular domain.

3.3 The Structure of the *ghr1* gene

The *ghr1* genomic sequence was obtained from *C. semilaevis*, nine exons and eight intervening introns were found in the *ghr1* gene (JX629247) (Figure 4). The corresponding exons are 118 bp, 130 bp, 170 bp, 178 bp, 154 bp, 91 bp, 70 bp, 236 bp and 756 bp. However, complex DNA secondary structure was found in the first intron of the *ghr1* gene, which made it hard to be sequenced. We only obtained 1875 bp of the estimated 8000 bp intron sequence. The other introns of *ghr1* gene are 393 bp, 744 bp, 541 bp, 98 bp, 1025 bp, 1257 bp and 95 bp. All eight introns follow the consensus rule, i. e., starting with a GT dinucleotide and ending with an AG (Breathnach and Chambon, 1981).

3.4 Expression Analysis of Two ghr mRNAs

As determined by qRT-PCR, the tissue distribution of the *ghr1* and *ghr2* mRNAs in both female and male adults was mainly expressed in the liver. As shown in Figure 5, *ghr1* mRNA was less expressed in the blood, skin, muscle, pituitary and brain, while *ghr2* mRNA was less expressed in the pituitary, brain, skin, heart, gonad, intestine, stomach, spleen and muscle. The *ghr1* mRNA expression in the normal male liver was 1.6 times as much as that of females ($P<0.05$), while the mRNA expression in the liver of extra-large males was 1.4 times as much as that of normal males ($P<0.05$). On the contrary, the *ghr2* mRNA expression in the liver of normal males was the highest and reached 1.1 and 1.2 times as much as those of females and extralarge males ($P<0.05$), respectively. In addition, the *ghr1* mRNA expressions were much higher than those of *ghr2* in almost all the tissues examined ($P<0.05$) (Figure 5).

The *ghr1* and *ghr2* expression patterns in embryos were analyzed (Figure 6). Both the *ghr* mRNAs could be detected at all the eight sampling points, but the *ghr1* expression levels

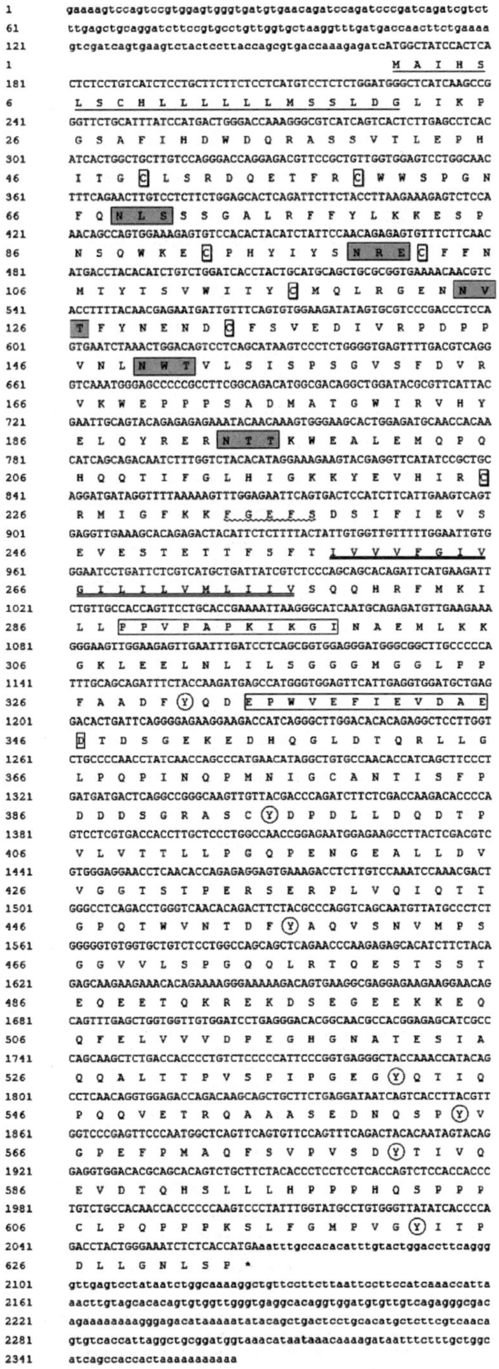

```
1     gaaaagtccagtccgtggagtgggtgatgtgaacagatccagatcccgatcagatcgtct
61    ttgagctgcaggatcttccgtgcctgttggtgctaaggtttgatgaccaacttctgaaaa
121   gtcgatcagtgaagtctactccttaccagcgtgaccaaagagatcATGGCTATCCACTCA
1                                                    M  A  I  H  S
181   CTCTCCTGTCATCTCCTGCTTCTTCTCCTCATGTCCTCTCTGGATGGGCTCATCAAGCCG
6      L  S  C  H  L  L  L  L  L  L  M  S  S  L  D  G  L  I  K  P
241   GGTTCTGCATTTATCCATGACTGGGACCAAAGGGCGTCATCAGTCACTCTTGAGCCTCAC
26     G  S  A  F  I  H  D  W  D  Q  R  A  S  S  V  T  L  E  P  H
301   ATCACTGGCTGCTTGTCCAGGGACCAGGAGACGTTCCGCTGTTGGTGGAGTCCTGGCAAC
46     I  T  G  C  L  S  R  D  Q  E  T  F  R  C  W  W  S  P  G  N
361   TTTCAGAACTTGTCCTCTTCTGGAGCACTCAGATTCTTCTACCTTAAGAAAGAGTCTCCA
66     F  Q  N  L  S  S  S  G  A  L  R  F  F  Y  L  K  K  E  S  P
421   AACAGCCAGTGGAAAGAGTGTCCACACTACATCTATTCCAACAGAGAGTGTTTCTTCAAC
86     N  S  Q  W  K  E  C  P  H  Y  I  Y  S  N  R  E  C  F  F  N
481   ATGACCTACACATCTGTCTGGATCACCTACTGCATGCAGCTGCGCGGTGAAAACAACGTC
106    M  T  Y  T  S  V  W  I  T  Y  C  M  Q  L  R  G  E  N  N  V
541   ACCTTTTACAACGAGAATGATTGTTTCAGTGTGGAAGATATAGTGCGTCCCGACCCTCCA
126    T  F  Y  N  E  N  D  C  F  S  V  E  D  I  V  R  P  D  P  P
601   GTGAATCTAAACTGGACAGTCCTCAGCATAAGTCCCTCTGGGGTGAGTTTTGACGTCAGG
146    V  N  L  N  W  T  V  L  S  I  S  P  S  G  V  S  F  D  V  R
661   GTCAAATGGGAGCCCCCGCCTTCGGCAGACATGGCGACAGGCTGGATACGCGTTCATTAC
166    V  K  W  E  P  P  P  S  A  D  M  A  T  G  W  I  R  V  H  Y
721   GAATTGCAGTACAGAGAGAGAAATACAACAAAGTGGGAAGCACTGGAGATGCAACCACAA
186    E  L  Q  Y  R  E  R  N  T  T  K  W  E  A  L  E  M  Q  P  Q
781   CATCAGCAGACAATCTTTGGTCTACACATAGGAAAGAAGTACGAGGTTCATATCCGCTGC
206    H  Q  Q  T  I  F  G  L  H  I  G  K  K  Y  E  V  H  I  R  C
841   AGGATGATAGGTTTTAAAAAGTTTGGAGAATTCAGTGACTCCATCTTCATTGAAGTCAGT
226    R  M  I  G  F  K  K  F  G  E  F  S  D  S  I  F  I  E  V  S
901   GAGGTTGAAAGCACAGAGACTACATTCTCTTTTACTATTGTGGTTGTTTTTGGAATTGTG
246    E  V  E  S  T  E  T  T  F  S  F  T  I  V  V  V  F  G  I  V
961   GGAATCCTGATTCTCGTCATGCTGATTATCGTCTCCCAGCAGCACAGATTCATGAAGATT
266    G  I  L  I  L  V  M  L  I  I  V  S  Q  Q  H  R  F  M  K  I
1021  CTGTTGCCACCAGTTCCTGCACCGAAAATTAAGGGCATCAATGCAGAGATGTTGAAGAAA
286    L  L  P  P  V  P  A  P  K  I  K  G  I  N  A  E  M  L  K  K
1081  GGGAAGTTGGAAGAGTTGAATTTGATCCTCAGCGGTGGAGGGATGGGCGGCTTGCCCCCA
306    G  K  L  E  E  L  N  L  I  L  S  G  G  G  M  G  G  L  P  P
1141  TTTGCAGCAGATTTCTACCAAGATGAGCCATGGGTGGAGTTCATTGAGGTGGATGCTGAG
326    F  A  A  D  F  Y  Q  D  E  P  W  V  E  F  I  E  V  D  A  E
1201  GACACTGATTCAGGGGAGAAGGAAGACCATCAGGGCTTGGACACACAGAGGCTCCTTGGT
346    D  T  D  S  G  E  K  E  D  H  Q  G  L  D  T  Q  R  L  L  G
1261  CTGCCCCAACCTATCAACCAGCCCATGAACATAGGCTGTGCCAACACCATCAGCTTCCCT
366    L  P  Q  P  I  N  Q  P  M  N  I  G  C  A  N  T  I  S  F  P
1321  GATGATGACTCAGGCCGGGCAAGTTGTTACGACCCAGATCTTCTCGACCAAGACACCCCA
386    D  D  D  S  G  R  A  S  C  Y  D  P  D  L  L  D  Q  D  T  P
1381  GTCCTCGTGACCACCTTGCTCCCTGGCCAACCGGAGAATGGAGAAGCCTTACTCGACGTC
406    V  L  V  T  T  L  L  P  G  Q  P  E  N  G  E  A  L  L  D  V
1441  GTGGGAGGAACCTCAACACCAGAGAGGAGTGAAAGACCTCTTGTCCAAATCCAAACGACT
426    V  G  G  T  S  T  P  E  R  S  E  R  P  L  V  Q  I  Q  T  T
1501  GGGCCTCAGACCTGGGTCAACACAGACTTCTACGCCCAGGTCAGCAATGTTATGCCCTCT
446    G  P  Q  T  W  V  N  T  D  F  Y  A  Q  V  S  N  V  M  P  S
1561  GGGGGTGTGGTGCTGTCTCCTGGCCAGCAGCTCAGAACCCAAGAGAGCACATCTTCTACA
466    G  G  V  V  L  S  P  G  Q  Q  L  R  T  Q  E  S  T  S  S  T
1621  GAGCAAGAAGAAACACAGAAAAGGGAAAAAGACAGTGAAGGCGAGGAGAAGAAGGAACAG
486    E  Q  E  E  T  Q  K  R  E  K  D  S  E  G  E  E  K  K  E  Q
1681  CAGTTTGAGCTGGTGGTTGTGGATCCTGAGGGACACGGCAACGCCACGGAGAGCATCGCC
506    Q  F  E  L  V  V  V  D  P  E  G  H  G  N  A  T  E  S  I  A
1741  CAGCAAGCTCTGACCACCCCTGTCTCCCCCATTCCCGGTGAGGGCTACCAAACCATACAG
526    Q  Q  A  L  T  T  P  V  S  P  I  P  G  E  G  Y  Q  T  I  Q
1801  CCTCAACAGGTGGAGACCAGACAAGCAGCTGCTTCTGAGGATAATCAGTCACCTTACGTT
546    P  Q  Q  V  E  T  R  Q  A  A  A  S  E  D  N  Q  S  P  Y  V
1861  GGTCCCGAGTTCCCAATGGCTCAGTTCAGTGTTCCAGTTTCAGACTACACAATAGTACAG
566    G  P  E  F  P  M  A  Q  F  S  V  P  V  S  D  Y  T  I  V  Q
1921  GAGGTGGACACGCAGCACAGTCTGCTTCTACACCCTCCTCCTCACCAGTCTCCACCACCC
586    E  V  D  T  Q  H  S  L  L  L  H  P  P  P  H  Q  S  P  P  P
1981  TGTCTGCCACAACCACCCCCCAAGTCCCTATTTGGTATGCCTGTGGGTTATATCACCCCA
606    C  L  P  Q  P  P  P  K  S  L  F  G  M  P  V  G  Y  I  T  P
2041  GACCTACTGGGAAATCTCTCACCATGAaatttgccacacatttgtactggaccttcaggg
626    D  L  L  G  N  L  S  P  *
2101  gttgagtcctataatctggcaaaaggctgttccttcttaattccttccatcaaaccatta
2161  aacttgtagcacacagtgtggttgggtgaggcacaggtggatgtgttgtcagagggcgac
2221  agaaaaaaaagggagacataaaatatacagctgactcctgcacatgctcttcgtcaaca
2281  gtgtcaccattaggctgcggatggtaaacataataaacaaaagataatttctttgctggc
2341  atcagccaccactaaaaaaaaaaa
```

Figure 2　Nucleotide and deduced amino acid sequences of the *Cynoglossus semilaevis ghr1* cDNA. The deduced amino acid residues are represented as single letter abbreviations and numbered from the initiating methionine. The stop codon is marked by an asterisk. The signal peptide is underlined, the FGEFS motif is under wavy line and the transmembrane domain is double underlined. The Box 1 and Box 2 regions are boxed. The potential *N*-glycosylation sites are boxed in shaded rectangles, the conserved cysteine residues in the extracellular domain are in bold boxes, and the tyrosine residues are circled. The sequence was submitted to GenBank under accession number HQ334200

```
1     gaaaacattcctgactgatcccgagcctcacgacacttacagtacgactccgagtgtgtg
61    tctgggtgtttggatactttttacactgagcttagagaagaagagaaaacacacagagct
121   cagaaccATGGTTGCTGCAGGACTCGGCTCGATTCTCTTCCTTCTCAACATCTTTGCTGT
1            M  V  A  A  G  L  G  S  I  L  F  L  L  N  I  F  A  V
181   TCTCCCCGTGGGATCAGCGTCACTTGAAGATGTGCCCCAGAGACAGCCACACCTCATTGG
19     L  P  V  G  S  A  S  L  E  D  V  P  Q  R  Q  P  H  L  I  G
241   CTGCGTCTCCGCCAACATGGAAACGTTCCACTGCAGATGGAATGTGGGCACTTTCCAGAA
39     C  V  S  A  N  M  E  T  F  H  C  R  W  N  V  G  T  F  Q  N
301   CCTCTCCAAACCCGGAGATCTGCGGTTGTATTTCATCAACAAAAAATCTCCTCTTGCTCC
59     L  S  K  P  G  D  L  R  L  Y  F  I  N  K  K  S  P  L  A  P
361   TCCTCTGGACTGGAGCGAGTGTCCTCACTACACCACTGATCGTCCCAACGAGTGCTTCTT
79     P  L  D  W  S  E  C  P  H  Y  T  T  D  R  P  N  E  C  F  F
421   TAACGAGACCTACACCTCCGTGTGGACGTACTACAGTGTCCAGCTCCAGTCAAGGGATGG
99     N  E  T  Y  T  S  V  W  T  Y  Y  S  V  Q  L  Q  S  R  D  G
481   TTATGTCCTCTATGATGAGGACTTCTTTAATGTTCAGGACATCGTCCAACCAGATCCACC
119    Y  V  L  Y  D  E  D  F  F  N  V  Q  D  I  V  Q  P  D  P  P
541   AGTGAACCTGAAGTGGATGCTGCTGAATGTGAGTGTGTCCAGCTCCTACTACGACATTAT
139    V  N  L  K  W  M  L  L  N  V  S  V  S  S  S  Y  Y  D  I  M
601   GGTGAGCTGGGAGCCTCCAGAATCTGCAGATGTGGAAATGGGATGGATGACGCTGCAGTA
159    V  S  W  E  P  P  E  S  A  D  V  E  M  G  W  M  T  L  Q  Y
661   CGAAGTGCAGTACCGGGACGTAAACGCAGAAGAGTGGATCACAGTAGACCTTGTCAAAAG
179    E  V  Q  Y  R  D  V  N  A  E  E  W  I  T  V  D  L  V  K  S
721   CACACATCGCTCTCTGTATGGTCTCCAAAGCAACGTCAATCACGAAATTAGGGTTCGCTG
199    T  H  R  S  L  Y  G  L  Q  S  N  V  N  H  E  I  R  V  R  C
781   CAAAATGCTGGCAGGAAAAGACTTTGGAGGATTTAGCAGTTCCATCTTTGTCCACATTCC
219    K  M  L  A  G  K  D  F  G  G  F  S  S  S  I  F  V  H  I  P
841   CTCCAAAGTGTCCAGATTCCCGGTGATGGGTTTGCTCATCTTTGGTGCCTTGTGTTTGGT
239    S  K  V  S  R  F  P  V  M  G  L  L  I  F  G  A  L  C  L  V
901   GGCCATCCTAATGTTAGTTCTCATTTCACAGCAGGAAAAGCTGATGTTCCTTCTTCTACC
259    A  I  L  M  L  V  L  I  S  Q  Q  E  K  L  M  F  L  L  L  P
961   TCCTGTTCCTGGACCAAAAATCAAAGGAATAGATCCTGAACTACTGAAGCAGGGGAAACT
279    P  V  P  G  P  K  I  K  G  I  D  P  E  L  L  K  Q  G  K  L
1021  GGGGGAGTTGAAGTCCATCCTTGGAGGTCCACCAGACCTCAGACCAGAGCTGTACAACAG
299    G  E  L  K  S  I  L  G  G  P  P  D  L  R  P  E  L  Y  N  S
1081  CGACCCCTGGATAGAATACATCGACCTGGACATCGACAAACACAATGACCGACTGAGTGA
319    D  P  W  I  E  Y  I  D  L  D  I  D  K  H  N  D  R  L  S  E
1141  ACATGACAACAACTTCACCGTAGATCACTCGGTCTCAGACAACCGCTTACTCGGCTTCAG
339    H  D  N  N  F  T  V  D  H  S  V  S  D  N  R  L  L  G  F  R
1201  GGACGATGATTCTGGGCGAGCCAGCTGCTGTGACCCAGATCTTTCCATCGAGCCCGAGGT
359    D  D  D  S  G  R  A  S  C  C  D  P  D  L  S  I  E  P  E  V
1261  GTTGAATTTCCATCCTCTAGTTCCAAATCTCAGCAGAGAGCTGTACTCAGAGGCCTCTCA
379    L  N  F  H  P  L  V  P  N  L  S  R  E  L  Y  S  E  A  S  Q
1321  GTCATGTTTACCAATCCAATCCCTGGTTACTGAGGCTCCTGGATCTGACGAAGCCATGTA
399    S  C  L  P  I  Q  S  L  V  T  E  A  P  G  S  D  E  A  M  Y
1381  CACCCAGGTGAGTGAAGTAAGGTCTTCTGGCAAAGTTCTGCTTTCACTTGAGGACCAGGC
419    T  Q  V  S  E  V  R  S  S  G  K  V  L  L  S  L  E  D  Q  A
1441  TGAGGCGCTGAACCCTAGCAGCCAAAACACAGAAAAGAACCTTGAATCAAAAAAAAAAAA
439    E  A  L  N  P  S  S  Q  N  T  E  K  N  L  E  S  K  K  K  K
1501  AACCTATAGTGACTTCAATCTGGACATCCCAGATCACTCAGCCTACACATCAGTGCTCAA
459    T  Y  S  D  F  N  L  D  I  P  D  H  S  A  Y  T  S  V  L  N
1561  TGTTCCCTGCTCCGGACAGGGGTCACAGAGTTCATCCAGTTCCTCAGTGAAGCCCGATGA
479    V  P  C  S  G  Q  G  S  Q  S  S  S  S  S  S  V  K  P  D  E
1621  GATGTCCAGTTTAAATCGTAATACAATATCTGCATCAGCCCCTGTCTACACCGTGGTCGA
499    M  S  S  L  N  R  N  T  I  S  A  S  A  P  V  Y  T  V  V  E
1681  AGGCATTGGCATCCAGAACAGCCTTGTGCTGACGCCAAACTTTACACCTGCGCCACAGCT
519    G  I  G  I  Q  N  S  L  V  L  T  P  N  F  T  P  A  P  Q  L
1741  GATAATCCCCAAGGCCATGCCTACACCAGACAGATATCTGACCCCTGACCTATTAGGAAG
539    I  I  P  K  A  M  P  T  P  D  R  Y  L  T  P  D  L  L  G  S
1801  TGTTACACCATAAatcagctctatctcctgctgttgactccccgtgacagttggagctcg
559    V  T  P  *
1861  ttagcctcgttagcatcgctaaattcccggaacctttaatactaagaacacagttcatgg
1921  aggggacgtgttccgagaatggtgtctggtcttttcattgcagttaaagttctgatttgt
1981  cagcatgtgctgatttagaggttgggggtgggggggaacaccaagcacacgagttcctc
2041  ttatttgacgtctgtgtttgaaaataactatttcaccaccagtccacaattagtccacag
2101  gcaactgggttggtatacttaccccgggtacctgtagatccatggtggattcagtatcag
2161  tacatatttttaaaaatccctttcgagctgagtgcattgatcattcaatttaagtcagt
2221  tctcagccacaggtgttcctcaaatgttcaatttcattcatttttttttgccttcaacct
2281  cctgcaggtaattccagacaggtcgtcattgttggtcatgccggtcataaatgcggttat
2341  catctcaaaagtgccaattgtccccgtcccctgtctcccttctgcccgcactcacattct
2401  ccaaaagccaagcgagctaaagccttgttgcctccaacacatacgtcaattgtttgtatg
2461  cagttaaagcagtgcgatcgagggcgactctgacaacaacggcttcaacagctacattgt
2521  gagcgatcatcaaaatagtcagccctctgattaatatgatctcatcattgctgtgagctt
2581  ctgcagcagcatctgactgatatacacatggtgtgtgtttttttttttgagtaaagactc
2641  aaacacacacacacatacatctgctagggctgtttgtgaacgagcagcctttgccaatt
2701  gctttatttattgaccgcgtgaggcagcggttcacagactttgcgaaaacagcaggagaa
2761  gtacttaaggataaggaaagtggaaagtgagctacttgtcattgggacacagcacaccac
2821  tgcacgcaacgaaatgtgacctctgctttttaaccaatcaccaaagtaagcagtgggcacc
2881  cgggaagcagtgtgtgggggtggtgccatgctcagagcagggacggtcaggctgggctgg
2941  gcacaacagcatatgtgagtgcaccctcagaggggacgttaaggacataataacttataa
3001  gttagtaatagccctggtgcaagtaaacatgttatatttgttgaatatttgtaaagtaag
3061  ccagagcaattctgggtctgaaaatggtcttaaaacctttttagcacttcgagaaaagctc
3121  gatggaaaa
```

Figure 3 Nucleotide and deduced amino acid sequences of the *Cynoglossus semilaevis ghr2* cDNA. The deduced amino acid residues are represented as single letter abbreviations and numbered from the initiating methionine. The stop codon is marked by an asterisk. The signal peptide is underlined, the FGEFS motif is under wavy line and the transmembrane domain is double underlined. The Box 1 and Box 2 regions are boxed. The potential *N*-glycosylation sites are boxed in shaded rectangles, the conserved cysteine residues in the extracellular domain are in bold boxes, and the tyrosine residues are circled. The sequence was submitted to GenBank under accession number HQ334197

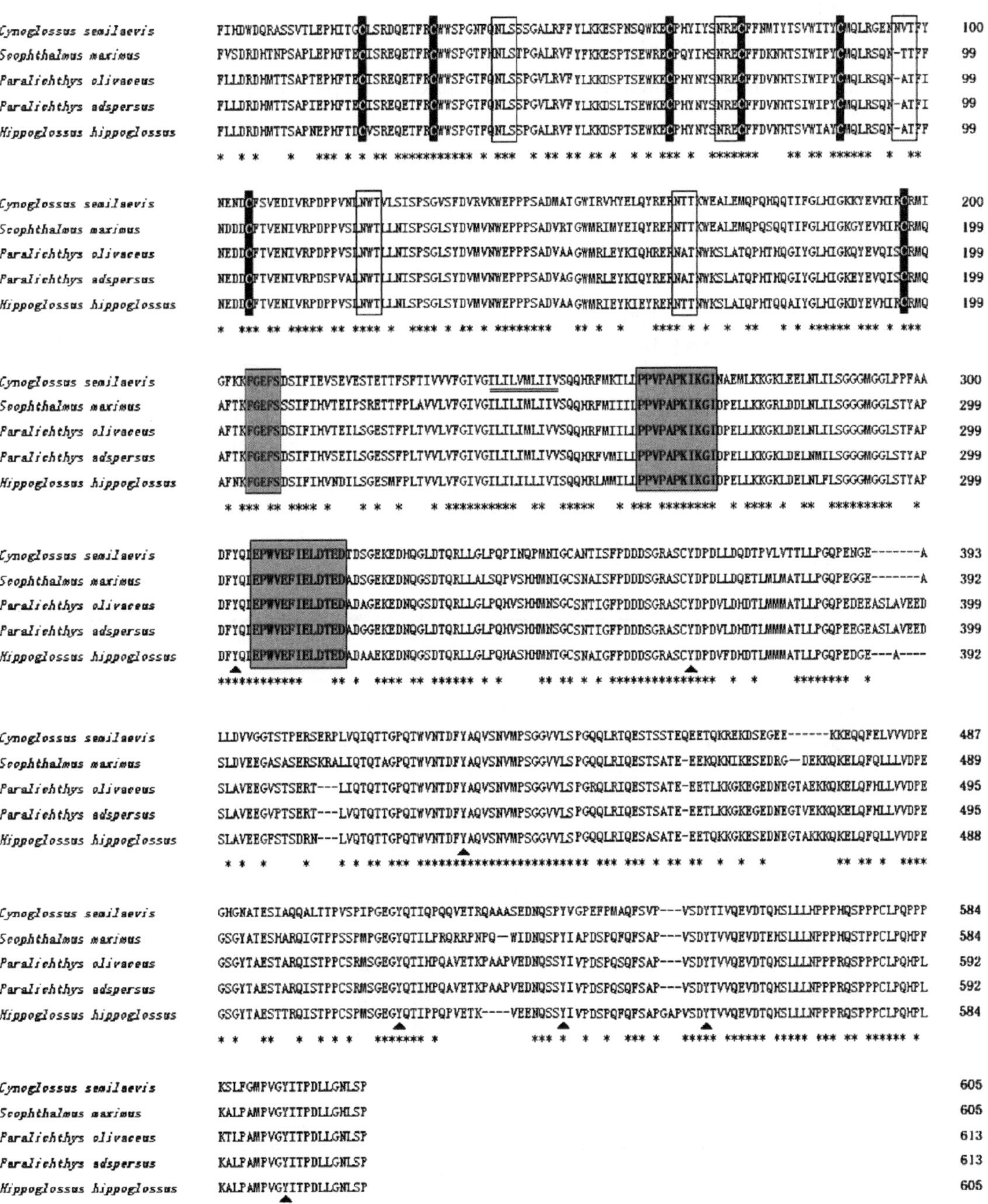

Figure 4 Alignment of the deduced amino acid sequences of the *ghr1* gene from *Cynoglossus semilaevis* and other Pleuronectiformes species. Identical amino acids among the six sequences are indicated by asterisks above the sequences. The conserved cysteine residues in the extracellular domain are highlighted in a dark background. The conserved *N*-glycosylation sites are boxed. The FGEFS motifs, the Box 1 and Box 2 regions are boxed by shaded rectangles. The transmembrane domains are double underlined. The conserved tyrosine residues in the intracellular domain are highlighted by dark triangles underneath

were significantly higher than those of the *ghr*2 mRNAs at most stages. During the embryogenesis, the *ghr*1 and *ghr*2 expression levels at gastrula stages were the highest and reached 21 and 127 times as much as those of oosphere, respectively.

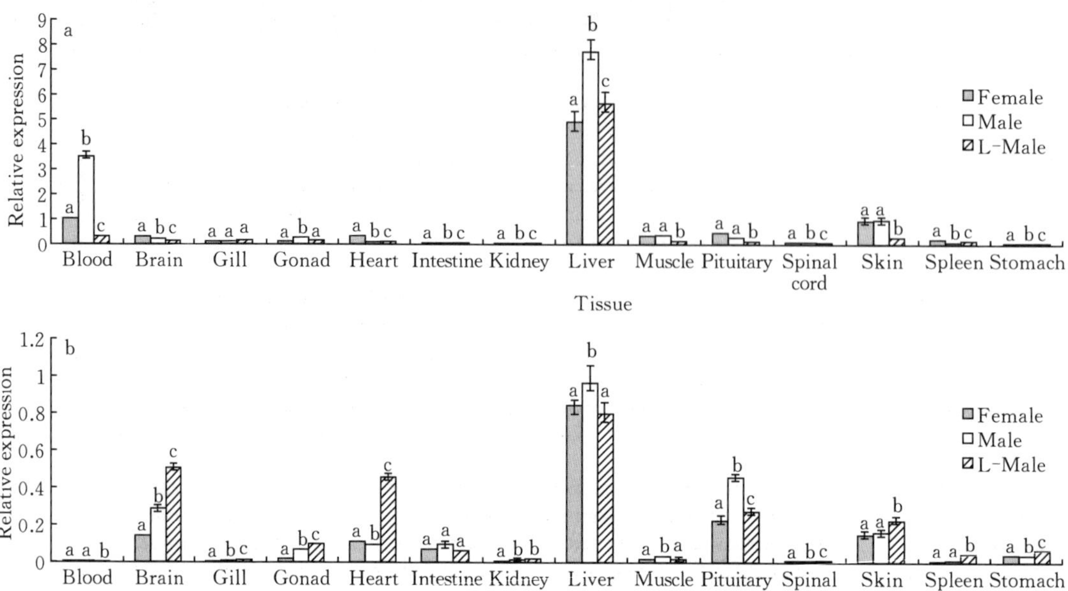

Figure 5 Expression of *ghr1* (a) and *ghr2* (b) mRNAs in various *Cynoglossus semilaevis* tssues. The *ghr1* and *ghr2* expression levels are expressed as a ratio relative to the β-actin mRNA levels in the same samples. A relative abundance of 1 was set arbitrarily for the level in the blood of the females. All data are expressed as the mean+S. D. ($n=3$) and analyzed by one-way ANOVA. The letters indicate significant differences ($P<0.05$). L-Male represents the extra-large male fish

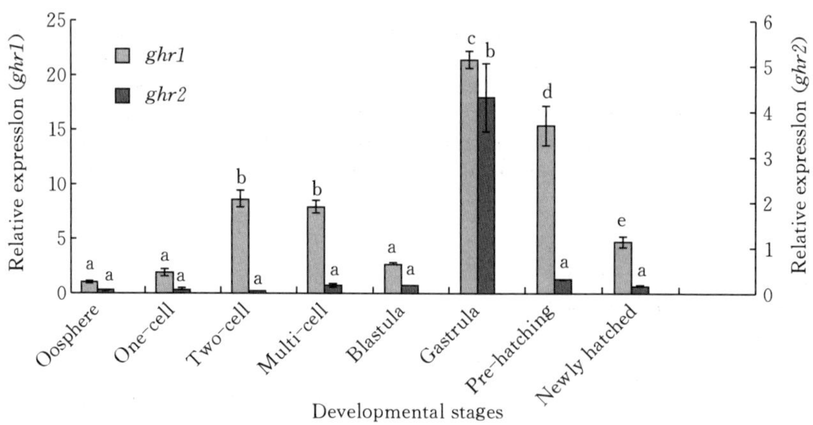

Figure 6 The quantitative RT-PCR analysis of the *ghr1* and *ghr2* mRNA expression levels at various embryogenesis stages of *Cynoglossus semilaevis*. The *ghr1* and *ghr2* expression levels were expressed as a ratio relative to the β-actin mRNA levels in the same samples. A relative abundance of 1 was set arbitrarily for *ghr1* of oosphere. All data are expressed as the mean+S. D. ($n=3$) and analyzed by one-way ANOVA. The letters indicate significant differences ($P<0.05$)

The *ghr1* and *ghr2* expression pattern differences between the sexes at 50, 70, 270, 290, 330, 350 and 380 days-old could not be conducted due to the absence of male samples. As shown in Figure 7, the *ghr1* mRNA expression levels in males were significantly higher than those of females at most stages of the sampling period ($P<0.01$). An increasing trend of *ghr2* mRNA expression was observed in the post-larvae and juvenile stages between 10 and 170 days-old, and was then followed by a drop to very low levels starting at 190 days-old. Even though the *ghr2* mRNA expression at most stages exhibited a significant difference between the female and male groups ($P<0.01$), it is difficult to find any variation trend related with the sexes during the sampling period. Correlation analysis demonstrated that neither *ghr1* nor *ghr2* mRNA expression was associated with body length and weight in both females and males. Furthermore, the *ghr1* mRNA expressions were significantly higher than those of *ghr2* after 310 days-old ($P<0.05$) (Figure 5).

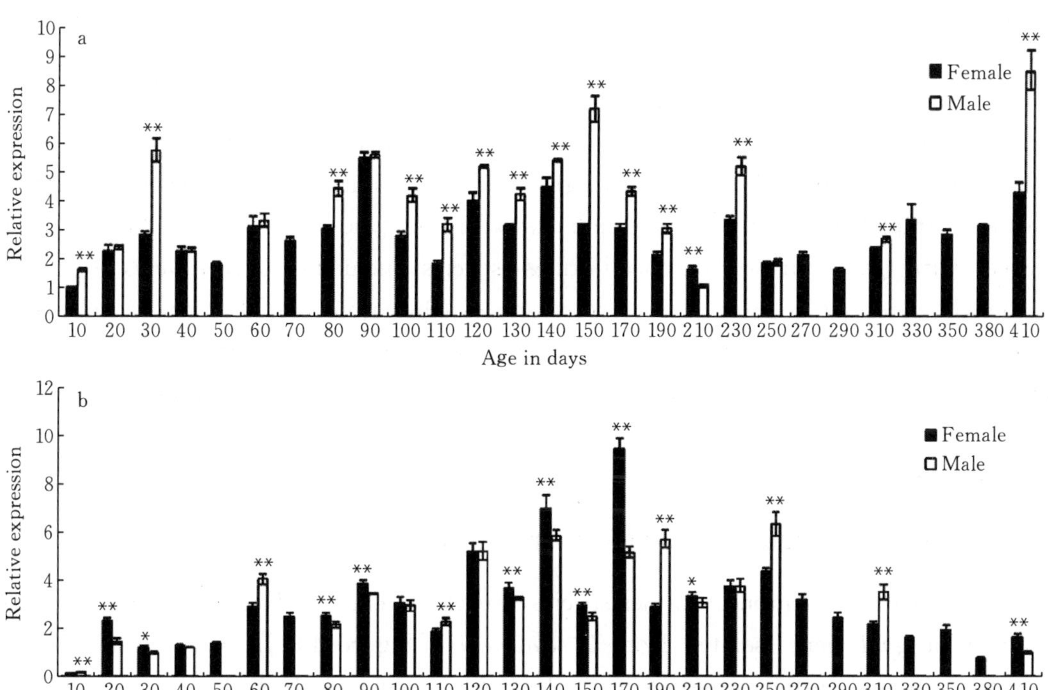

Figure 7 The quantitative RT-PCR analysis of the *ghr1* (a) and *ghr2* (b) mRNA expression levels in female and male *Cynoglossus semilaevis* at various growth stages. The *ghr1* and *ghr2* expression levels were expressed as a ratio relative to the β-actin mRNA levels in the same samples. A relative abundance of 1 was set arbitrarily for 10 days in the females. All data are expressed as the mean ± S. D. ($n=3$) and analyzed by one-way ANOVA. Significant differences in the mRNA expression level between the females and males are indicated with an asterisk at $P<0.05$, and two asterisks at $P<0.01$

3.5 Phylogenetic Analysis of two *ghr* Genes

The deduced amino acid sequences of the *C. semilaevis ghr1* and *ghr2* were aligned with those of the two genes in other vertebrate species. Comparative analysis revealed low homology degrees among the teleosts. As shown in Table 3, the identities of the *C. semilaevis ghr1* gene with those of other teleost species ranged from 32.6% (*Silurus meridionalis*) to 70.8% (*S. maximus*), while the identities of the *C. semilaevis ghr2* gene with those of other teleost species ranged from 32.8% (*Danio rerio*) to 59.7% (*E. coioides*). However, the identities with other vertebrates such as Mammals, Aves and Amphibians were less than 30% (23.7%~29.6%). Furthermore, the homologies between *ghr1* and *ghr2* genes in the listed teleosts were less than 50% except for those among three salmon species. For instance, the *C. semilaevis ghr1* gene had only 29.1% identity with its *ghr2* gene, while *ghr1* genes of *Salmo salar*, *Oncorhynchus kisutch* and *Oncorhynchus mykiss* had 85.4%, 83.8% and 83.6% identities with their *ghr2* genes, respectively.

A phylogenetic tree was constructed by the Neighbor-Joining method to investigate the phylogenetic relationships of the *ghr* genes in the listed species, based on the genetic distances calculated with the Poisson correction model (Figure 8). The results showed that these species fall into two distinct lineages i. e. teleosts and other vertebrates. The teleost lineage was composed of all the fish with *ghr1* and *ghr2*, but the other lineage (Mammals, Aves and Amphibians) only covered animals with one type of *ghr*. In the branch of the teleosts with *ghr1*, five Pleuronectiformes species including *C. semilaevis* formed a monophyly independent from other teleost species. Obviously, the phylogenetic relationship among teleosts was consistent with the traditional taxonomy and the *ghr* types, except for those highly migratory species with *ghr1* type like the salmons, *A. japonica*, and *Acipenser baerii*.

4 Discussion

4.1 Sequence Characteristics of Two ghr Genes

Like other four Pleuronectiformes species, seven cysteine residues are found at the same positions of *ghr1* gene isolated from *C. semilaevis* (Figure 4). In comparison with the relative position of cysteine residues in the human *ghr* gene (Fuh et al., 1990), it can be speculated that six out of seven cysteine residues (Cys49 and Cys59, Cys92 and Cys102, Cys116 and Cys133) formed three disulfide bonds to maintain the tertiary structure. According to Zhang's report (1999), the unpaired one (Cys225) in the extracellular domain might be critical for Gh-induced Ghr disulfide linkage in *C. semilaevis*. This unpaired cysteine residue in the five Pleuronectiformes *ghr1* genes is located ahead of the FGEFS motif and at a position about 40 aa away from the transmembrane domain, which was similar with other teleosts (Tse et al., 2003a). But the unpaired cysteine residues of *ghr1* genes in Mammals, Aves and Amphibians were found between the FGEFS motif and the

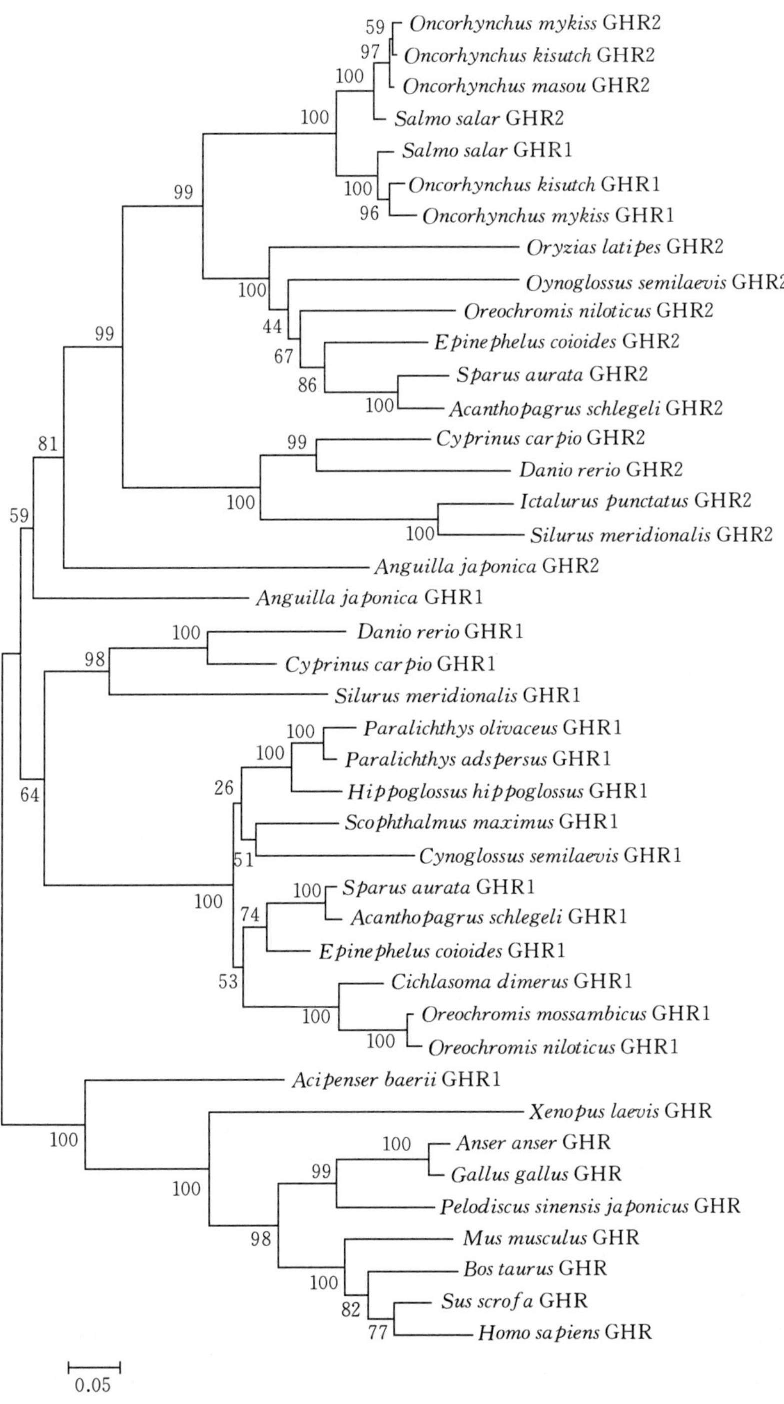

Figure 8　Phylogenetic tree of *ghr* based on the Neighbor-Joining (NJ) method. The bootstrap confidence values shown at the nodes of the tree are based on a 1 000 bootstrap procedure, and the branch length scale in terms of genetic distance is indicated above the tree

transmembrane domain. Moreover, five cysteine residues were detected in the *C. semilaevis ghr2* gene. The number difference of cysteine residues between the *C. semilaevis ghr1* and *ghr2* genes could result in forming different numbers of disulfide bonds, which might cause the different Ghr protein conformation and further influenced the maximal interaction of Ghr with its ligand (Jiao et al., 2006).

Wang et al. demonstrated that the single tyrosine residue at certain position was sufficient for STAT5 phosphorylation, and the redundant tyrosine might be required in Gh-mediated signal transduction (Wang et al., 1996). Meanwhile, the tyrosine distribution pattern (numbers and positions) in the *ghr* genes was different with species, which might be related with the biological functions across species (Tse et al., 2003b). Besides, most of the *ghr* genes displayed eight tyrosine residues located in the intracellular domain (Fuentes et al., 2008). In this study, seven and eight tyrosine residues were detected in the intracellular domains of the *C. semilaevis ghr1* and *ghr2* amino acid sequences, respectively. Presumably, different distribution patterns of the tyrosine residues in the *C. semilaevis ghr1* and *ghr2* genes might influence their receptor signal transduction process.

There existed five and four *N*-glycosylation sites in the *ghr1* and *ghr2* amino acid sequences of *C. semilaevis*, respectively. And the five *N*-glycosylation sites in the *ghr1* genes were well conserved through the five Pleuronectiformes species (Figure 4). As reported, the *N*-glycosylation sites in the *ghr* genes were important for their physiological actions (Asakawa et al., 1988), maintenance of a high affinity GH binding site and GH internalization (Harding et al., 1994). Moreover, additional *N*-glycosylation could be affecting the Gh-Ghr interaction in teleost fish (Fuentes et al., 2008). Hence, different numbers of the *N*-glycosylation sites detected in the *C. semilaevis* and *ghr* genes might result in the differences of their interaction with Gh.

Previous studies demonstrated that the highly conserved regions (Box 1 and Box 2) in the intracellular domain were important for signal transduction of the receptors (Govers et al., 1999; VanderKuur et al., 1994). The Box 1 and Box 2 regions consisted of proline-rich sequences, which might represent a structural determinant, potentially able to provide an interaction between JAK2 and the receptor (Dinerstein et al., 1995). In Mammals, Aves and Amphibians, the conserved sequence of Box 1 regions of their *ghr* genes represented as PPVPVP (Gao et al., 2011). The Box 1 sequences of and *ghr1* gene in five Pleuronectiformes species exhibited as PPVPAP (Figure 4). But the Box 1 sequence of C. semilaevis *ghr2* gene displayed PPVPGP. The amino acid replacements (from valine to glycine or alanine) were conservative changes, since these three residues all belong to non-polar aliphatic amino acids. The same as other vertebrates (Lee et al., 2001), the Box 2 sequence in the *C. semilaevis ghr2* gene was WVEFI but the Box 2 sequences of *ghr1* gene in *C. semilaevis* together with other four Pleuronectiformes species exhibited as WIEYI. These changes also occurred in the non-polar amino acid replacement. The above-mentioned nuances in the Box 1 and Box 2 sequences of the Pleuronectiformes *ghr* genes were of non-structural transformation. It is deducible that these changes may not significantly affect the function for intracellular signal transduction.

4.2 Differential Expression Profiles of ghr Between the Sexes

Generally consistent with the previous reports on *S. aurata* (Saera-Vila et al., 2005), *Oreochromis niloticus* (Ma et al., 2007) and *Acanthopagrus schlegeli* (Jiao et al., 2006), the *ghr1* and *ghr2* mRNAs in *C. semilaevis* were mainly detected in the liver. These liver-specific high levels of *ghr* mRNAs supported the physiological importance of liver acting as the main Gh target tissue. Besides, the *ghr1* and *ghr2* mRNA expressions were also found in a wide variety of extra-hepatic tissues in teleosts (Fuentes et al., 2008; Jiao et al., 2006; Ma et al., 2007). In this study, the *ghr1* mRNA expression was also detected in the blood, skin, muscle and pituitary, while the *ghr2* mRNA expression was detected in the brain, pituitary, skin, heart, gonad, intestine and muscle. The relatively high level of *ghr2* transcript detected in the brain and pituitary tissues would support its potential role in regulating the Gh neurological function.

As indicated in Figure 5, although the *ghr1* and *ghr2* mRNAs in the mature individuals of *C. semilaevis* exhibited a wide tissue distribution, the *ghr1* mRNA expressions were significantly higher than those of *ghr2* in almost all the tissues examined in this study. For instance, the *ghr1* mRNA expressions were approximately 5.9, 8.1 and 7.2 times as much as those of *ghr2* in the liver of female, normal and extra-large male *C. semilaevis*. Similar results were obtained in *S. aurata* (Saera-Vila et al., 2005) i. e. the expression of *ghr1* in liver was two to three folds higher than that of *ghr2*. In comparison with the *ghr2* transcript, such higher activeness of the *ghr1* transcript agrees with the hypothesis that the *ghr1* is of the retained form during the evolution of all vertebrates (Saera-Vila et al., 2005). However, a different expression pattern of these two receptors was observed in both *A. schlegeli* (Jiao et al., 2006) and *O. niloticus* (Ma et al., 2007), namely, the *ghr2* expression was much higher than *ghr1* in many tissues examined. As postulated, the tissue sampling time and the feeding extent might be the possible reasons for this inconsistency, since the feeding and temporal differentiation could affect *ghr* expression (Jiao et al., 2006).

As indicated in Figure 5, the *ghr1* mRNA levels in the livers of both normal and extra-large male *C. semilaevis* were higher than that in the females, accounting for 1.6 and 1.2 times as much as differences, respectively. However, the growth characteristics (body length and weight) of male individuals were significantly lower than those of the female individuals. Such a negative correlation between the *ghr1* mRNA level and growth characteristic remains for further investigation. Nevertheless, the *ghr2* mRNA levels in the liver were practically equal among the mature adults, implying that the *ghr2* mRNA levels were less related with the growth characteristics.

In terms of the full-sib family, the *ghr1* and *ghr2* mRNAs can be detected at all of the 27 sampling points from 10 to 410 days-old. Similar reports on the other teleost species showed that the *ghr1* and *ghr2* mRNAs exhibited a wide distribution in variety of tissues during embryo and postnatal stages. For instance, Gabillard et al. (2006) demonstrated that both *ghr1* and *ghr2* mRNAs could be detected during embryonic development of *O. mykiss*. The *ghr1* mRNA was expressed in different tissues of *P. adspersus*, *A. japonica* and *H. hippoglossus* during the early developmental stages (Fuentes et al., 2008; Hildahl et al., 2007a; Ozaki et al., 2006b). As shown in Figure 7, the expression of the *ghr1* and *ghr2* mRNAs in *C. semilaevis* presented a dynamic pattern. It can be deduced that the ongoing growth of *C. semilaevis* during the early life stages might be related to such a continuous expression of *ghr* mRNAs.

As indicated in Figure 7, the *ghr1* and *ghr2* mRNAs could be detected early at 10 day old larvae. Correspondingly, the *C. semilaevis gh* gene could also be detected at the same stage (Ma et al., 2012). These results suggest that the actions of Gh and the *ghr* expressions during the early life stages might be synchronously initiated. However, the *ghr2* mRNA levels were very low in both female and male individuals at 10 days-old. Additionally, the *ghr1* expression levels were significantly higher than those of the *ghr*2 mRNAs atmost development stages of embryogenesis (Figure 6). One possible explanation is that the Gh function is mainly mediated by *ghr1* at these stages, while *ghr2* serves as a *ghr1* complement to enable the *ghr* functions. Furthermore, the duplicate types of *ghr*s in fish might represent a new and perhaps complex step on the regulation of fish somatotropic axis (Saera-Vila et al., 2005). In this study, correlation analysis demonstrated that *ghr1* and *ghr2* mRNA expressions were not associated with body length and weight in both females and males during the period from 10 to 410 days-old. The non-correlation might be mainly related with the co-existence and cooperation of these two *ghr*s in regulating the somatic growth of *C. semilaevis*. Of course, the above-mentioned deduction needs to be further verified.

After 310 days-old, the *ghr1* mRNA expressions were significantly higher than those of *ghr2* (Figure 7). At 410 days-old, the *ghr1* mRNA expressions accounted for 2.6 and 8.4 times as much as those of *ghr2* in female and male, respectively. It presented a similar pattern of the *ghr* mRNA expression as that of mature individuals.

As shown in Figures 5 and 7, the *ghr1* mRNA expression level in males was significantly higher than that of females at most stages of the sampling period (post-larvae, juvenile and mature stages), which is consistent with the previous results that the *ghr1* mRNA in rat liver is sexually dimorphic (Baumbach and Bingham, 1995). It can be speculated that the higher levels of *ghr1* in males may result from some compensatory mechanisms of *C. semilaevis*, in order to compensate for the lower Gh mRNA levels in the male individuals (Ma et al., 2012). In other words, the effects of this compensation might be related with the growth difference between the female and male during development process, which further supports the physiological importance of *ghr1* in the sexually dimorphic growth of *C. semilaevis*. Yet, the *ghr2* mRNA expression difference between female and male groups seemed to be non-regularity during the whole sampling periods. Conclusively, the non-correlation between the *ghr2* mRNA expression and the sexes suggests that *ghr2* may play a less important role in the sex-associated dimorphic growth of *C. semilaevis* than *ghr1*.

The *ghr* biological effects might be affected by various growth factors and the sex steroid hormones (Pérez-Sánchez et al., 1994). As reported by Gómez-Requeni et al. (2004), the *ghr1* mRNA expression in the liver was reduced in concurrence with the decrease of circulating Igf1 levels. Moreover, the *ghr* expressions were also regulated by sex hormones (estradiol and testosterone) in teleosts (Jiao et al., 2006). Hence, it has a long way to run before understanding the regulatory network of the sex-related growth and determining the mechanism of sexual growth dimorphism.

4.3 Neuroendocrine Growth Factors in the Sex-associated Dimorphic Growth of *C. semilaevis*

Our previous studies examined the differences of the main growth endocrine factors (Ghrh, Pacap, Gh and Igf1) between female and male *C. semilaevis* during the different life stages (post-larvae, juvenile and mature stages) at the protein, mRNA and DNA levels (Ma et al., 2011a, b, 2012). In this study, we obtained *ghr1* and *ghr2* cDNA sequences and their expression profiles between the sexes. The results revealed that there was no significant difference in the genetic organization and microsatellite polymorphisms of the *ghrh*, *pacap* and *gh* gene between the sexes. However, the mRNA level of the neuroendocrine growth factors (Ghrh, Pacap, Gh, Ghrs and Igf1) and the Igf1 concentration in serum were associated with the sex-related growth of *C. semilaevis* to some extent.

Regarded as the mRNA levels of these factors in the mainly expressed tissues of the mature *C. semilaevis*, a higher mRNA expression level of the upstream gene (*ghrh* and *pacap*) in the growth hormone axis did not meet a higher level of expression of major gene (*gh* and *igf1*). A higher mRNA level of Gh receptor (*ghr1*) met a lower mRNA level of both gh and *igf1* genes. The possible explanation to these phenomena is that there exist negative feedback and functional compensatory mechanisms in this animal.

In terms of the full-sib family, correlation analysis demonstrated that the mRNA expressions of *ghrh*, *pacap*, *gh* and *igf1* genes were significantly associated with body length and weight in females during the developmental period from 10 to 410 days-old. But neither *ghr1* nor *ghr2* mRNA expression was associated with the growth characteristics. The *gh* mRNA expression increased gradually during the period from 10 to 170 days-old, followed by a drop to very low levels starting at 230 days-old. An increase in *igf1* mRNA was detected in the juvenile stage after 190 days-old. The increment in the *igf1* expression levels may serve as a supplement to the *gh* mRNA levels, for sustaining the ongoing growth of *C. semilaevis* during the early life stages. Consequently, both Gh and Igf1 were very important in regulating the *C. semilaevis* growth, while the other four factors (Ghrh,

Pacap, Ghr1 and Ghr2) may serve as the co-regulated factors in the neuroendocrine growth axis of *C. semilaevis*. Moreover, the physiological effects of these neuroendocrine growth factors exhibit mutual influence with each other and co-operate as a regulatory network to regulating the sexual growth dimorphism in *C. semilaevis*.

Normally, gene expression is often influenced by those factors like the genetic background, ontogenetic development and environmental differences of samples used. Therefore, a full-sib family of *C. semilaevis* was constructed and grown as a sample source in our studies. Fortunately, we obtained two extra-large male individuals which provided a scarce material to reveal the physiological difference within fish population as well as to analyze the differential expression pattern between the sexes. These materials made us possible to collect the evidence of the neuroendocrine growth factors (Ghrh, Pacap, Gh, Ghrs and Igf1) in regulating the sex-associated dimorphic growth. Definitely, *C. semilaevis* is one of the ideal target species in the studies on the teleost sex-associated dimorphic growth mechanism. But it is necessary to clarify the neuroendocrine factor components and their mutual influence before the regulatory network is figured out.

Acknowledgments

The authors are very grateful to the Zhonghai, Mingbo, and Xinyongfeng hatchery stations for their support in fish culture and sampling. And we also thank Prof. Quanqi Zhang and Dr. Xubo Wang in Ocean University of China for their great help in genetic sex identification of samples. The research was financially supported by the National Natural Science Foundation of China (grant nos.: 30871913, 31172411, and 31201981) and Special Fund of the "Taishan Scholar" Project of Shandong Province.

References

Asakawa K, Hedo J A, Gorden P, et al., 1988. Effects of glycosylation inhibitors on human growth hormone receptor in cultured human lymphocytes. Acta Endocrinol, 119: 517 - 524.

Baumbach W R, Bingham B, 1995. One class of growth hormone (GH) receptor and binding protein messenger ribonucleic acid in rat liver, GHR1, is sexually dimorphic and regulated by GH. Endocrinology, 136: 749 - 760.

Breathnach R, Chambon P, 1981. Organization and expression of eucaryotic split genes coding for proteins. Annu Rev Biochem, 50: 349 - 383.

Calduch-Giner J A, Duval H, Chesnel F, Boeuf G, Perez-Sanchez J, Boujard D, 2001. Fish growthhormone receptor: molecular characterization of two membraneanchored forms. Endocrinology, 142: 3269 - 3273.

Chen S L, et al., 2007. Isolation of female-specific AFLPmarkers and molecular identification of genetic sex in half-smooth tongue sole (*Cynoglossus semilaevis*). Marine Biotechnol, 9: 273 - 280.

De Castro E, et al., 2006. ScanProsite: detection of PROSITE signature matches and ProRule-associated functional and structural residues in proteins. Nucleic Acids Res, 34: 362 - 365.

Deng J Y, Meng T X, Ren S M, Qiu J Y, Zhu J Z, 1988. Species composition, abundance and distribution offishes in the BoHai Sea. Mar. Fish. Res, 10 - 98.

Dinerstein H, et al. , 1995. The proline-rich region of the GH receptor is essential for JAK2 phosphorylation, activation of cell proliferation, and gene transcription. Mol. Endocrinol, 9: 1701 - 1707.

Fuentes E, Poblete E, Reyes A E, Vera M I, Álvarez M, Molina A, 2008. Dynamic expression pattern of the growth hormone receptor during early development of the Chilean flounder. Comp. Biochem. Physiol. B Biochem. Mol. Biol, 150: 93 - 102.

Fuh G, et al. , 1990. The human growth hormone receptor. Secretion from *Escherichia coli* and disulfide bonding pattern of the extracellular binding domain. J. Biol. Chem, 265: 3111 - 3115.

Gabillard J C, Yao K, Vandeputte M, Gutierrez J, Le Bail P Y, 2006. Differential expression of two GH receptor mRNAs following temperature change in rainbow trout (*Oncorhynchus mykiss*). J. Endocrinol, 190: 29 - 37.

Gao F Y, et al. , 2011. Identification and expression analysis of two growth hormone receptors in zanzibar tilapia (*Oreochromis hornorum*). Fish Physiol. Biochem, 37: 553 - 565.

Gómez-Requeni P, et al. , 2004. Protein growth performance, amino acid utilisation and somatotropic axis responsiveness to fish meal replacement by plant protein sources in gilthead sea bream (*Sparus aurata*). Aquaculture, 232: 493 - 510.

Govers R, ten Broeke T, van Kerkhof P, Schwartz A L, Strous G J, 1999. Identification of a novel ubiquitin conjugation motif, required for ligand-induced internalization of the growth hormone receptor. EMBO J, 18: 28 - 36.

Harding P A, Wang X Z, Kelder B, Souza S, Okada S, Kopchick J J, 1994. In vitro mutagenesis of growth hormone receptor Asn-linked glycosylation sites. Mol. Cell. Endocrinol, 106: 171 - 180.

Hildahl J, Sweeney G, Galay-Burgos M, Einarsdóttir I E, Björnsson B T, 2007a. Cloning of Atlantic halibut growth hormone receptor genes and quantitative gene expression during metamorphosis. Gen. Comp. Endocrinol, 151: 143 - 152.

Hildahl J, Sweeney G, Galay-Burgos M, et al. , 2007b. Cloning of Atlantic halibut growth hormone receptor genes and quantitative gene expression during metamorphosis. Gen. Comp. Endocrinol, 151: 143 - 152.

Jiao B W, Huang X G, Chan C B, Zhang L, Wang D S, Cheng C H K, 2006. The coexistence of two growth hormone receptors in teleost fish and their differential signal transduction, tissue distribution and hormonal regulation of expression in seabream. J. Mol. Endocrinol, 36: 23 - 40.

Kopchick J J, Andry J M, 2000. Growth hormone (GH), GH receptor, and signal transduction. Mol. Genet. Metab, 71: 293 - 314.

Lee L T O, Nong G, Chan Y, Tse D L Y, Cheng C H K, 2001. Molecular cloning of a teleost growth hormone receptor and its functional interaction with human growth hormone. Gene, 270: 121 - 129.

Li Y, Liu X C, Zhang Y, Zhu P, Lin H R, 2007. Molecular cloning, characterization and distribution of two types of growth hormone receptor in orange-spotted grouper (*Epinephelus coioides*). Gen. Comp. Endocrinol, 152: 111 - 122.

Liu X Z, Xu Y J, Ma A J, Jiang Y W, Zhai J M, 2004. Effects of salinity, temperature, light rhythm and light intensity on embryonic development of *Cynoglossus semilaevis* Günther and its hatching technology optimization. Mar. Fish. Res, 25: 1 - 6.

Liu X Z, et al. , 2005. Reproductive biology and breeding technology of *Cynoglossus semilaevis*. Mar. Fish. Res, 26: 7 - 14.

Livak K J, Schmittgen T D, 2001. Analysis of relative gene expression data using realtime quantitative PCR and the $2^{-\Delta\Delta Ct}$ method. Methods，25：402－408.

Ma X L，Liu X C，Zhang Y，Zhu P，Ye W，Lin H R，2007. Two growth hormone receptors in Nile tilapia（*Oreochromis niloticus*）：molecular characterization，tissue distribution and expression profiles in the gonad during the reproductive cycle. Comp. Biochem. Physiol. B Biochem. Mol. Biol，147：325－339.

Ma Q，et al.，2011a. Molecular cloning，expression analysis of insulin-like growth factor Ⅰ（IGF-Ⅰ）gene and IGF-Ⅰ serum concentration in female and male tongue sole（*Cynoglossus semilaevis*）. Comp. Biochem. Physiol. B Biochem. Mol. Biol，160：208－214.

Ma Q，et al.，2011b. Genomic structure，polymorphism and expression analysis of growth hormone-releasing hormone（GHRH）and pituitary adenylate cyclase activating polypeptide（PACAP）genes in female and male half-smooth tongue sole（*Cynoglossus semilaevis*）. Genet. Mol. Res，160：208－214.

Ma Q，et al.，2012. Genomic structure，polymorphism and expression analysis of the growth hormone（GH）gene in female and male half-smooth tongue sole（*Cynoglossus semilaevis*）. Gene，493：92－104.

Moutoussamy S，Kelly PA，Finidori J，1998. Growth-hormone-receptor and cytokine-receptor-family signaling. Eur. J. Biochem，255：1－11.

Nakao N，et al.，2004. Characterization of structure and expression of the growth hormone receptor gene of the Japanese flounder（*Paralichtys olivaceus*）. J. Endocrinol，182：157－164.

Ozaki Y，Fukada H，Kazeto Y，Adachi S，Hara A，Yamauchi K，2006a. Molecular cloning and characterization of growth hormone receptor and its homologue in the Japanese eel（*Anguilla japonica*）. Comp. Biochem. Physiol. B Biochem. Mol. Biol，143：422－431.

Ozaki Y，et al.，2006b. Expression of growth hormone family and growth hormone receptor during early development in the Japanese eel（*Anguilla japonica*）. Comp. Biochem. Physiol. B Biochem. Mol. Biol，145：27－34.

Pérez-Sánchez J，Marti-Palanca H，Le B P，1994. Seasonal changes in circulating growth hormone（GH），hepatic GH-binding and plasma insulin-like growth factor-I immunoreactivity in a marinefish，gilthead sea bream，*Sparus aurata*. Fish Physiol. Biochem，13：199－208.

Saera-Vila A，Calduch-Giner J A，Perez-Sanchez J，2005. Duplication of growth hormone receptor（GHR）in fish genome：gene organization and transcriptional regulation of GHR type I and II in gilthead sea bream（*Sparus aurata*）. Gen. Comp. Endocrinol，142：193－203.

Saitou N，Nei M，1987. The neighbor-joining method：a new method for reconstructing phylogenetic trees. Mol. Biol. Evol，4：406－425.

Sambrook J，Fritsch E，Maniatis T，1989. Molecular Cloning：A Laboratory Manual 1-3. Cold Spring Harbor Laboratory Press.

Tse D L Y，et al.，2003a. Seabream growth hormone receptor：molecular cloning and functional studies of the full-length cDNA，and tissue expression of two alternatively spliced forms. Biochim. Biophys. Acta Gene Struct. Expr，1625：64－76.

Tse D L Y，et al.，2003b. Seabream growth hormone receptor：molecular cloning and functional studies of the full-length cDNA，and tissue expression of two alternatively spliced forms. Biochim. Biophys. Acta Gene Struct. Expr，1625：64－76.

VanderKuur J A，et al.，1994. Domains of the growth hormone receptor required for association and activation of JAK2 tyrosine kinase. J. Biol. Chem，269：21709－21717.

Wang X，Darus C J，Xu B C，Kopchick J J，1996. Identification of growth hormone receptor（GHR）tyrosine residues required for GHR phosphorylation and JAK2 and STAT5 activation. Mol. Endocrinol，10：1249－1260.

Zhang Y，Jiang J，Kopchick J J，Frank S J，1999. Disulfide linkage of growth hormone（GH）receptors（GHR）reflects GH-induced GHR dimerization. J. Biol. Chem，274：33072－33084.

Polymorphic Microsatellite Loci for Japanese Spanish Mackerel (*Scomberomorus niphonius*)①

L. Lin[1,2], L. Zhu[2], S. F. Liu[2], Q. S. Tang[2], Y. Q. Su[1], Z. M. Zhuang[2]

(*1. College of Oceanography and Environmental Science, Xiamen University, Xiamen, China; 2. Key Laboratory for Fishery Resources and Eco-Environment, Shandong Province, Yellow Sea Fisheries Research Institute, Chinese Academy of Fishery Sciences, Qingdao, China*)

Abstract: We isolated and characterized 21 polymorphic microsatellite loci in Japanese Spanish mackerel (*Scomberomorus niphonius*) using a (GT) 13-enriched genomic library. Forty individuals were collected from Qingdao, China. We found 3 to 24 alleles per locus, with a mean of 8.8. The observed and expected heterozygosities ranged from 0.263 to 0.975 and from 0.385 to 0.946, with means of 0.655 and 0.685, respectively. Deviation from Hardy-Weinberg proportions was detected at three loci. Two loci showed evidence for null alleles. These microsatellite markers will be useful for population genetic analysis of Japanese Spanish mackerel.

Key words: *Scomberomorus niphonius*; Japanese Spanish mackerel; Microsatellite loci; Population structure

Introduction

Japanese Spanish mackerel (*Scomberomorus niphonius*), a pelagic fish widely distributed in subtropical and temperate waters of the northwest Pacific (Shui et al., 2008), is one of the important catch targets in China's fishery industry. Recent two-decade cruise data indicate that biological characteristics related to the population structure of the *S. niphonius*, such as the mean age, length and the age at sexual maturity, had obviously changed (Jin et al., 2006). The changes were mostly due to overexploitation and environmental changes (Jin et al., 2006). The protection and sustainable utilization of Japanese Spanish mackerel resources in China's coastal waters have drawn the attention of relevant authorities. Analysis of the population structure of *S. niphonius* may provide new perspectives on population assessment and efficient management in the *S. niphonius* resources.

Characterized by hypervariability, abundance, neutrality, codominance, and unambiguous

① 本文原刊于 *Genetics and Molecular Research*, 11 (2): 1205-1208, 2012。

scoring of alleles, microsatellite markers are referred as to the finest identification of population structure in marine fishes, among molecular markers (Tautz, 1989; Zhan et al., 2009). In *S. niphonius*, 18 polymorphic microsatellite loci were isolated (Yokoyama et al., 2006; Xing et al., 2009). Here, we describe the development of an additional 21 loci that will increase the power available for detecting fine-scale population genetic structure and gene flow of *S. niphonius*.

Material and Methods

Forty individuals were collected from Qingdao, China. Samples were preserved at −20 ℃ until DNA extraction. A dinucleotide-enriched genomic library was constructed following the method of Ma and Chen (2009). In brief, genomic DNA was extracted from muscle tissue and digested with *Mse* Ⅰ restriction enzyme (New England Biolabs, USA). The DNA fragments were ligated to the adapters (5′-TAC TCA GGA CTC AT-3′/5′-GAC GAT GAG TCC TGA G-3′). The ligated products were then pre-amplified in a 25μL reaction system using the adapter specific primer 5′-GAT GAG TCC TGA GTA A-3′ to verify successful ligation and increase DNA concentration. The biotin-labeled probe (GT) 13 was applied to hybridize with the products from pre-amplification. Subsequently, the hybrids were captured by the streptavidin - coated magnetic beads (Promega, USA), and the DNA fragments obtained and eluted from the magnetic beads were amplified by the adapter specific primer. The final amplification products were ligated into the pMD18-T vector (TaKaRa, Japan) and transformed into *Escherichia coli* DH5α competent cells. The positive clones were randomly sequenced with an ABI Prism 3 730 automated DNA sequencer (Applied Biosystems, USA). Microsatellite repeats were found in 92 of the sequenced clones. PCR primer pairs were designed to amplify 72 microsatellite loci with suitable flanking regions using the PRIMER PREMIER 5 software (Premier Biosoft International, USA).

The designed primers were evaluated using 40 individuals of *S. niphonius*. PCR was performed on a Veriti Thermal Cycler (Applied Biosystems) in a total volume of 25 μL containing 0.4 μmol/L of each primer, 0.2 mmol/L of each dNTP, 1 × PCR buffer, 2 mmol/L $MgCl_2$, 1 U *Taq* polymerase (Fermentas, USA) and 10～100 ng DNA. The PCR cycling profile consisted of one cycle at 94 ℃ for 5 min, 35 cycles of 45 s at 94 ℃, 1 min at the locus-specific annealing temperature (Table 1), and 45 s at 72 ℃, and a final cycle of 10 min at 72 ℃. The PCR products were separated on a 6% denaturing polyacrylamide gel, and visualized by silver staining. Allele size was estimated according to the pBR322/*Msp* Ⅰ marker (TianGen, China). The observed and expected heterozygosities together with tests for Hardy-Weinberg equilibrium and linkage disequilibrium were determined by GENEPOP 4.0 (Rousset, 2007). Null allele frequencies (Brookfield, 1996) were calculated by MICRO-CHECKER 2.2.3 (Van Oosterhout et al., 2004). All results for multiple tests were corrected using Bonferroni's correction (Rice, 1989).

Table 1 Characteristics of microsatellite loci in *Scomberomorus niphonius*

Locus	Primer sequence (5′-3′)	Repeat motif	T_a (℃)	Allele size range (bp)	N_A	H_O	H_E	P_{HWE}	GenBank accession No.
Sn2	F: CTTATTGGTAGAAGAGGAGGAT R: GATAGATTTGACAGCGAGGA	$(GT)_9$	55	218~252	6	0.604	0.593	0.134	HQ317488
Sn12	F: ACAAACACCGATGCCCATACTG R: AAACACTGGTCTGATGGCTCCC	$(AC)_{22}$	62	167~205	13	0.750	0.885	0.010	HQ317489
Sn21	F: TGTGGCTTTGGGAGATTCAGGA R: ACGGCAACAGAGCAGAGGGTAA	$(TG)_{17}$	62	198~242	12	0.949	0.824	0.880	HQ317490
Sn39①	F: ACCCAACACTTGATTGATTT R: GTTTAGGTTTACACGCCACT	$(TG)_{17}$	60	170~262	24	0.975	0.946	0.227	HQ317491
Sn60	F: CTCTAATATCCCTGTTCAT R: ACACTGCTGTAAAGTTCTC	$(CA)_6$AAC $(CA)_{11}$	55	272~322	8	0.743	0.731	0.234	HQ317492
Sn90	F: ACACTCGCACTACTCTAAACA R: AGAAGGCAAGACAAGGGA	$(AC)_7$	55	220~240	3	0.516	0.427	0.427	HQ317493
Sn92	F: TCATTATCATAGCCAGGAAG R: CAAGCACTGTCAGCGTCT	$(CA)_{17}$AA $(AC)_{10}$	48	228~360	7	0.532	0.713	0.077	HQ317494
Sn94	F: AGGTTTGAGCATTACCGACAT R: TCTACTGACCCAGGCTTTCAC	$(AG)_{18}$	50	242~280	5	0.641	0.544	0.014	HQ317495
Sn111	F: CACTTATTAGTTGGAGGACAT R: TAGGCAAGTAGTGATTATGGT	$(CA)_8$CCA $(AC)_7$ AA $(CA)_8$	63	228~252	6	0.471	0.440	0.848	HQ317496
Sn140	F: GAGATTGGATCTGCATCG R: TGGTTTGCTTGCTTTAGTG	T $(AC)_{21}$	63	160~224	14	0.917	0.884	0.012	HQ317497
Sn141	F: TCCATCTTCACATCACGTCC R: CTCCCCTCCCTCGCTTCA	AC $(AC)_{11}$	55	208~238	7	0.590	0.717	0.172	HQ317498
Sn170	F: GCCAGCGAAGCACAAAC R: GCAAGGCAGAGTGACAGAG	AT $(AC)_6$CCCA $(AC)_7$	63	284~312	9	0.816	0.795	0.204	HQ317499
Sn180①+	F: AACCTTACAAGTTAGGGAC R: CTCAGGGATTGGAAACAG	G $(AC)_{20}$	60	206~238	11	0.500	0.786	0.000	HQ317500
Sn199	F: TCTCAGCAAAATCCTC R: AAGCAATAGAAAAGAACAG	T $(AC)_{10}$	55	190~224	5	0.579	0.511	0.809	HQ317501
Sn200	F: ACACTCACCAGCTCCACC R: CCAAAACCTGATGCCGATG	G $(AC)_7$ATTC-$(TC)_{14}$	55	148~200	8	0.895	0.786	0.392	HQ317502
Sn218+	F: ACAGTAGGTGGAGGTTTC R: TGTTTTACTCTTCAGGCTTC	TT $(GT)_8$	55	268~288	5	0.300	0.531	0.000	HQ317503
Sn224	F: TGGCAGGTGAACAGACA R: CACTCACAACCCAGTCAATA	A $(TG)_8$	55	226~262	11	0.750	0.768	0.577	HQ317504
Sn277	F: CAGGAGATCAGGCTACAT	C $(TG)_5$AGTA-$(GA)_8$	55	242~294	6	0.700	0.668	0.138	HQ317505

(continued)

Locus	Primer sequence (5′-3′)	Repeat motif	T_a (℃)	Allele size range (bp)	N_A	H_O	H_E	P_{HWE}	GenBank accession No.
	R: GCAAACATATTTTCCAACT								
Sn299	F: TAAAGAAGATGATGTAAGCA	CA $(AC)_5$ $(AC)_9$	50	206~214	5	0.263	0.385	0.029	HQ317506
	R: CAGCCATTATCCAGCAGT								
Sn305	F: ATTACACCAATGTGCCAAC	T $(AC)_{12}$	55	204~232	7	0.575	0.588	0.338	HQ317507
	R: ACCAAAGCGCAGATCAAA								
Sn330+	F: TTGGAGCAAAGACAGAG	C $(CA)_{15}$	55	282~320	12	0.686	0.866	0.000	HQ317508
	R: ATGATTAGAAATGGGAGC								

Notes: T_a=optimized annealing temperature; N_A=number of alleles; H_O=observed heterozygosity; H_E=expected heterozygosity; P_{HWE}=Hardy-Weinberg probability test. ① Locus may harbor null alleles(null allele frequency >5%). + Locus deviated from Hardy-Weinberg proportions (adjusted $P<0.0024$).

Results and Discussion

A total of 21 of 72 loci were cleanly amplified and shown to be polymorphic. The number of alleles per locus ranged from 3 to 24 with an average of 8.8 (Table 1). The observed and expected heterozygosities ranged from 0.263 to 0.975 and from 0.385 to 0.946, with averages of 0.655 and 0.685, respectively (Table 1). No loci showed significant deviation from Hardy-Weinberg proportions except for loci Sn180, Sn218 and Sn330. Two loci (Sn39 and Sn180) showed evidence of null alleles (null allele frequency >5%). No significant gametic disequilibrium was detected between locus pairs.

Acknowledgments

Research supported by the National Natural Science Foundation of China (grant #40776097 and #31061160187) and the National High Technology Research and Development Program of China (grant #2009AA09Z401).

References

Brookfield J F, 1996. A simple new method for estimating null allele frequency from heterozygote deficiency. Mol. Ecol., 5: 453-455.

Jin X S, Cheng J S, Qiu S Y, et al., 2006. Resource Dynamic of Important Fishery Species. In: Comprehensive Investigation and Assessment of Fishery Resources in Yellow Sea and Bohai Sea (Chen H C, ed.). Ocean Press, Beijing, 195-204.

Ma H Y, Chen S L. 2009. Isolation and characterization of 31 polymorphic microsatellite markers in barfin flounder (*Verasper moseri*) and the cross-species amplification in spotted halibut (*Verasper variegatus*). Conserv. Genet., 10: 1591-1595.

Rice W R，1989. Analyzing tables of statistical tests. Evolution，43：223 - 225.

Rousset F，2007. GENEPOP'007：a complete reimplementation of the GENEPOP software for Windows and Linux. Mol. Ecol. Notes，8：103 - 106.

Shui B N，Han Z Q，Gao T X，et al.，2008. Genetic structure of Japanese Spanish mackerel (*Scomberomorus niphonius*) in the East China Sea and Yellow Sea inferred from AFLP data. Afr. J. Biotechnol. 7：3860 - 3865.

Tautz D，1989. Hypervariability of simple sequences as a general source for polymorphic DNA markers. Nucleic Acids Res.，17：6463 - 6471.

Van Oosterhout C，Hutchinson WF，Wills DPM，2004. MICRO-CHECKER：software for identifying and correcting genotyping errors in microsatellite data. Mol. Ecol. Notes，4：535 - 538.

Xing S C，Xu G B，Liao X L，et al.，2009. Twelve polymorphic microsatellite loci from a dinucleotide-enriched genomic library of Japanese Spanish mackerel (*Scomberomorus niphonius*). Conserv. Genet.，10：1167 - 1169.

Yokoyama E，Sakamoto T，Sugaya T，et al.，2006. Six polymorphic microsatellite loci in the Japanese Spanish mackerel，*Scomberomorus niphonius*. Mol. Ecol. Notes，6：323 - 324.

Zhan A，Hu J，Hu X，et al.，2009. Fine-scale population genetic structure of Zhikong scallop (*Chlamys farreri*)：do local marine currents drive geographical differentiation? Mar. Biotechnol.，11：223 - 235.

半滑舌鳎线粒体 DNA 含量测定方法的建立与优化①

冯文荣[1,2]，柳淑芳[2]，庄志猛[2]，马骞[2]，苏永全[1]，唐启升[1,2]

（1. 厦门大学海洋与地球学院，厦门 361005；
2. 中国水产科学研究院黄海水产研究所，山东省渔业资源与生态环境重点实验室，青岛 266071）

摘要：本研究旨在应用实时荧光定量 PCR 技术，建立半滑舌鳎（*Cynoglossus semilaevis*）线粒体 DNA（mtDNA）含量测定方法并进行优化。通过质粒标准品的线性化处理、模板 DNA 的酶切和超声处理、mtDNA 和核 DNA（nDNA）基因引物的筛选实验，建立半滑舌鳎 mtDNA 含量测定方法。结果表明，质粒标准品的构象对荧光定量 PCR 标准曲线影响较大，线性化的质粒更适合用作标准品；酚-氯仿方法提取的模板 DNA 适用于 mtDNA 含量测定，无需进行预处理，用 D-loop 和 ND1 这 2 对引物所得的拷贝数较小且结果一致，适用于 mtDNA 拷贝数的测定；以不同核基因为参照所得的 mtDNA 含量可能存在差异，当以单拷贝核基因 *ENC1* 和 *MYH6* 为参照时，可以计算出单个细胞中 mtDNA 含量，若以多拷贝基因 *GAPDH* 为参照，mtDNA 含量测定值则较小。采用本方法分别对半滑舌鳎肝、肾、脾和肌肉组织的 mtDNA 含量进行重复性检测实验，结果表明，相同组织的 mtDNA 含量显示出良好的重复性（$P>0.05$），而不同组织中 mtDNA 含量具有差异性，可见该方法稳定可靠，能为海洋鱼类 mtDNA 含量检测提供借鉴。

关键词：线粒体 DNA 含量；实时荧光定量 PCR；半滑舌鳎；优化

线粒体是细胞内能量产生的主要场所，机体生命活动所需能量的 80%以上来自线粒体[1]。线粒体 DNA（mtDNA）是存在于线粒体内的长度 17 kb 左右的环状双链 DNA，具有独立遗传能力，在细胞中呈多拷贝，且在不同类型的组织细胞中以及不同发育阶段存在一定差异[2]。相关研究表明，线粒体能量代谢的改变与 mtDNA 含量有着密切的联系[3-5]。正常情况下，耗能高的组织细胞中 mtDNA 含量较高，反之较低。还有研究表明，生物体的生殖细胞发生、个体发育、疾病和衰老等各方面均伴随着 mtDNA 拷贝数的变化[6-9]，因此，检测 mtDNA 含量变化，对于研究生物体的能量代谢和个体发育发生均具有重要意义。目前，人、牛、鼠、斑马鱼、果蝇等模式动物的 mtDNA 含量已有研究报道[9-14]，但鲜有涉及海洋鱼类 mtDNA 含量的研究报道。

半滑舌鳎（*Cynoglossus semilaevis*）属鲽形目（Pleuronectiformes）、鳎亚目（Soleoidei）、舌鳎科（Cynoglossidae）、舌鳎属，为东北亚特有的名贵冷温性海水鱼类，是中国重要的海水养殖对象[15]。此外，雌雄半滑舌鳎的个体大小和生长速度差异悬殊，这一

① 本文原刊于《中国水产科学》，21（5）：920-928，2014。

特殊发育模式为研究线粒体的能量代谢及其相关的生物学过程提供了良好的实验材料。对半滑舌鳎不同组织 mtDNA 含量进行测定，有助于揭示 mtDNA 含量与组织细胞功能的相关性，可以为研究 mtDNA 在半滑舌鳎发育、生长等能量代谢过程中的生物学作用提供技术方法和理论依据。

以往，mtDNA 含量测定的方法有 Southern 杂交和相对定量 PCR 法等，这些方法存在组织消耗量大、步骤繁琐耗时、重复性与准确性差等缺点[16,17]。近年来，实时荧光定量 PCR 法（RT－qPCR）因具有操作简便、快速灵敏、准确可靠等特征而被广泛应用于 mtDNA 拷贝数检测[18]。mtDNA 含量常用 mtDNA 和核 DNA（nDNA）基因拷贝数的比值表示，此方法要求针对检测对象选择特定的 mtDNA 与 nDNA 基因引物及相应的反应条件，然而核基因中线粒体假基因干扰、DNA 构象等问题会对 RT－qPCR 结果造成影响[19]。本研究以半滑舌鳎为研究对象，采用 RT－qPCR 技术，通过对标准曲线绘制、模板 DNA 预处理、mtDNA 和 nDNA 基因及其引物筛选等关键程序分别进行优化，建立一套准确性高、稳定性好、特异性强的半滑舌鳎 mtDNA 含量测定方法，并对半滑舌鳎不同组织样品进行检测，以验证方法的有效性。

1 材料与方法

1.1 实验材料

实验鱼为 3 龄健康半滑舌鳎雌雄各 1 尾，于 2012 年 7 月采自烟台海阳黄海水产有限公司。雌鱼体长 605mm，体质量 1 633 g；雄鱼 330 mm，体质量 195 g。取肾、肝、脾、肌肉组织样品，液氮冻存，用于基因组 DNA 提取。

1.2 全基因组 DNA 制备与处理

参照《分子克隆实验指南》[20]的酚-氯仿抽提方法，制备各组织全基因组 DNA 模板，用 Nanovue 超微量分光光度计（GE，美国）进行模板 DNA 浓度和纯度测定。

为了避免基因组 DNA 超螺旋结构对 PCR 扩增的影响，本研究采用超声破碎和酶切两种方法对模板 DNA 样品进行片段化处理。超声破碎设定 6 个时间梯度组，每组 DNA 模板为 100 μL，处理时间分别为 1、4、7、10、13、16 min。采用限制性内切酶 *Sac* Ⅰ（TaKaRa）对模板 DNA 进行消化，酶切体系为 50 μL，包含 500 ng 模板 DNA，5 μL 10× Buffer，1 μL 内切酶。反应条件为 37 ℃，30 min；70 ℃，10 min。未经处理的全基因组 DNA 作为对照组。

1.3 mtDNA 和 nDNA 引物设计

针对半滑舌鳎 *ATP6*、*ND1*、COⅡ 和 D－loop 基因序列，设计了 4 对 mtDNA 引物，其中 *ATP6*、*ND1* 和 COⅡ 为 mtDNA 蛋白编码基因，D－loop 为非编码区。针对管家基因刚 *GAPDH*（glyceraldehyde 3 － phosphate dehydrogenase）与单拷贝核基因 *ENC1*（ectodermal－neural cortex 1）和 *MYH6*（myosin heavy polypeptide 6）序列，设计了 3 对 nDNA 引物。Li 等[21]通过多种硬骨鱼类的跨基因组及 EST 序列比较，证实 *ENC1* 和 *MYH6* 基因在硬骨鱼中为单拷贝核基因。为了确保 PCR 的扩增效果，引物设计时应避免含

有 *Sac* Ⅰ酶切位点的基因片段。引物设计软件为 Primer Primier 5.0，引物信息见表 1。

表 1 RT-qPCR 引物信息

Table 1 Primers and sequences used in RT-qPCR

引物名称 primer name	序列（5′→3′） sequence（5′→3′）	产物长度/ bp product length	基因 gene
ATP6-F	ACGCATTCGCCCATCTTCT	130	mtDNA-ATP6
ATP6-R	GCCGTTAGGTTGGCTGTTAGTC		
Dloop-F	TTGGATCTTGCCAGAATGCG	144	mtDNA-Dloop
Dloop-R	CCCTTACCCTCTGGAAAGCA		
ND1-F	ATCAAAGAGCCAATCCACCC	120	mtDNA-ND1
ND1-R	AGTAAGTGAATGTGGCAGTGGG		
COⅡ-F	AGACGCAGCATCCCCTTTA	206	mtDNA-COII
COⅡ-R	GTAGGGCGATTAGGGCAAGT		
GAPDH-F	CAACGGCGACACTCACTCCTC	120	nDNA-GAPDH
GAPDH-R	TCGCAGACACGGTTGCTGTAG		
ENC1-F	TCCGTGATGCTTGTGCCGA	141	nDNA-ENC1
ENC1-R	TAGCGGGGAAGTTGCTGAGG		
MYH6-F	GCAGGAAGGATGCCAGTAAGG	144	nDNA-MYH6
MYH6-R	TGGTGCCAAAGTGAATACGAATG		

1.4 RT-qPCR 标准质粒制备

以半滑舌鳎全基因组 DNA 为模板，利用表 1 中引物进行 PCR 扩增。重组质粒制备方法参照 Ma 等[22]的方法。提取重组质粒（Tiangen），测定浓度，换算为质粒拷贝数（拷贝/μL）。用内切酶 *Sac* Ⅰ（TaKaRa）对质粒进行线性化处理。标准质粒连续 6 次进行 10× 梯度稀释备用。

选择 D-loop 和 *GAPDH* 重组质粒，检验质粒标准品构象对标准曲线的影响。

1.5 实时荧光定量 PCR

RT-qPCR 使用 ABI PRISM^{R} 7 500 Fast Real-Time PCR System 完成。反应体系为 20 μL，包括 10 μL 2×SYBR^{R} Premix Ex *Taq* ^{TM}(TaKaRa)，0.8 μL 正、反向引物，0.4 μL 2×Rox Reference Dye Ⅱ，2 μL 模板 DNA。每个 DNA 样品设置 3 个平行，每批次设置 3 个空白对照。反应条件为：95 ℃ 30 s 预变性；95 ℃ 5 s 变性，60 ℃ 34 s 延伸，共 40 个循环，每个循环延伸后收集荧光；绘制熔解曲线，用以检测引物扩增效果。

1.6 mtDNA 含量计算

根据质粒标准品得到的标准曲线，对 mtDNA 拷贝数和 nDNA 拷贝数分别进行定量，其比值即为 mtDNA 含量。若 nDNA 选用单拷贝基因，则可以计算出平均每个细胞中 mtDNA 含量：mtDNA 含量＝2×mtDNA 拷贝数/单拷贝核基因拷贝数。

应用 SPSS 16.0 进行单因素方差分析，$P<0.05$ 认为差异显著，$P<0.01$ 认为差异极显著，$P>0.05$ 认为差异不显著。

2　结果与讨论

2.1　RT－qPCR 标准曲线

2.1.1　D－loop 与 *GAPDH* 标准曲线绘制 RT－qPCR

实验中，每个模板 DNA 设 3 个重复，C_T值偏差均未超过 0.5[18]，说明实验操作标准，结果可信。线性与环状质粒所得标准曲线见表 2 和图 1，曲线 R^2 均大于 0.994。与环状质粒相比，质粒拷贝数相同情况下，线性质粒 C_T，值较小，二者 ΔC_T，为 0.73～4.43；线性质粒标准曲线斜率和引物扩增效率较大。C_T值越小说明到达设定阈值时所经历的循环数越少，可见环状质粒标准品的超螺旋构象对 PCR 扩增有一定抑制作用。

表 2　D－loop 与 *GAPDH* 的环状质粒和线性质粒标准品所得 RT－qPCR 标准曲线参数比较

Table 2　Differences between standard curves based on circular and linear standards of D－loop and *GAPDH* in RT－qPCR

质粒 plasmid	D－loop		*GAPDH*	
	线性质粒 linear	环状质粒 circular	线性质粒 linear	环状质粒 circular
公式 formula	$y=-3.5044x+35.691$	$y=-3.2116x+36.234$	$y=-3.8368x+40.615$	$y=-3.3886x+41.293$
C_T值范围 C_T value	11.20～28.68	13.80～29.47	13.60～33.50	18.62～34.63
R^2	0.999 4	0.995 8	0.999 9	0.994 6
斜率 slope	3.504 4	3.211 6	3.836 8	3.388 6
扩增效率① amplification efficiency①	1.054 8	0.966 6	1.154 8	1.019 9

①扩增效率 E 计算公式：$E=\log_2 10^{(-1/斜率)}$[23]。

①amplification efficiency（E） equation：$E=\log_2 10^{(-1/slope)}$[23].

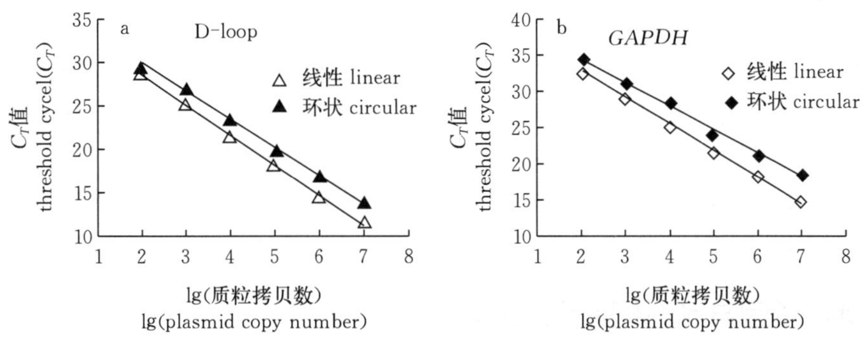

图 1　D－loop（a）与 *GAPDH*（b）的线性质粒和环状质粒标准品所得 RT－qPCR 标准曲线

Figure 1　Standard curves based on linear and circular standards of（A）D－loop and（B）*GAPDH* in RT－qPCR

2.1.2 RT-qPCR 标准曲线的质量评价

分别以 2.1.1 绘制的标准曲线为基准，测定半滑舌鳎肾组织不同浓度模板 DNA 中 D-loop 和 *GAPDH* 的拷贝数。以线性质粒为标准与环状质粒相比，所得基因拷贝数小了近 1 个数量级，而且 D-loop/*GAPDH* 比值较大。10×稀释的模板 DNA 理论上应该得到 10×梯度减少的基因拷贝数，然而以环状性质粒为标准时，D-loop 和 *GAPDH* 的拷贝数均不符合倍数稀释规律（表 3 和图 2）。

表 3 基于线性和环状质粒标准曲线的基因拷贝数计算结果（$\bar{x}\pm$SE）

Table 3 Estimated gene copy numbers based on the circular and linear standard curves（$\bar{x}\pm$SE）

基因 gene	模板 DNA 含量/ng，template DNA content	基于线性标准品 based on linear standards		基于环状标准品 based on circlar standards	
		拷贝数 copy number	换算为稀释前结果 result before dilution	拷贝数 copy number	换算为稀释前结果 result before dilution
D-loop	10	318 308.5±2 972.0	318 308.5	1 495 764.9±15 244.5	1 495 764.9
	1.0	32 355.6±242.0	323 555.7	123 325.7±1 007.8	1 233 257.1
	0.1	3 186.2±369.0	318 620.1	9 825.4±242.7	982 542.6
GAPDH	10	62 838.1±447.0	62 838.1	406 705.1±14 831.4	406 705.1
	1.0	6 318.6±47.4	63 186.1	33 342.6±266.0	333 426.3
	0.1	623.5±20.0	62 352.6	2 461.9±82.8	246 188.7

注：10 ng、1.0 ng 和 0.1 ng 为每个反应体系模板 DNA 的含量，每个模板做 3 个重复。

Notes：10 ng，1.0 ng and 0.1 ng refer to template DNA content per reaction system，and each sample was run in triplicate.

2.2 模板 DNA 不同处理组的比较

通过测定 D-loop 拷贝数，检测超声处理时长对模板 DNA 的影响，由图 3 可见，随着超声时间延长，DNA 破碎程度增大，D-loop 拷贝数的检测值呈下降趋势。

通过测定 D-loop 与 *GAPDH* 拷贝数及二者的比值，检测模板 DNA 的预处理对 mtDNA 含量测定的影响（图 4）。模板浓度相同的情况下，对照与酶切 DNA 中的基因拷贝数较为一致（$P>0.05$）；而超声处理后基因拷贝数明显偏小（$P<0.01$）。原因可能是酶切是对 DNA 中特异位点的精确切割，不损害目的基因片段；而超声作用是随机物理断裂。每组模板 DNA 不同浓度下的基因拷贝数均符合倍数稀释规律且 D-loop/*GAPDH* 比值在 4.92～5.28，无显著性差异（$P>0.05$），说明不同处理方式得到的 DNA 模板对 mtDNA 含量测定影响不大。

2.3 mtDNA 基因与 nDNA 基因的选择

2.3.1 mtDNA 基因的选择

为了避免核基因中线粒体假基因的干扰，本研究对 *ATP6*、D-loop、*NDI* 和 COⅡ 4

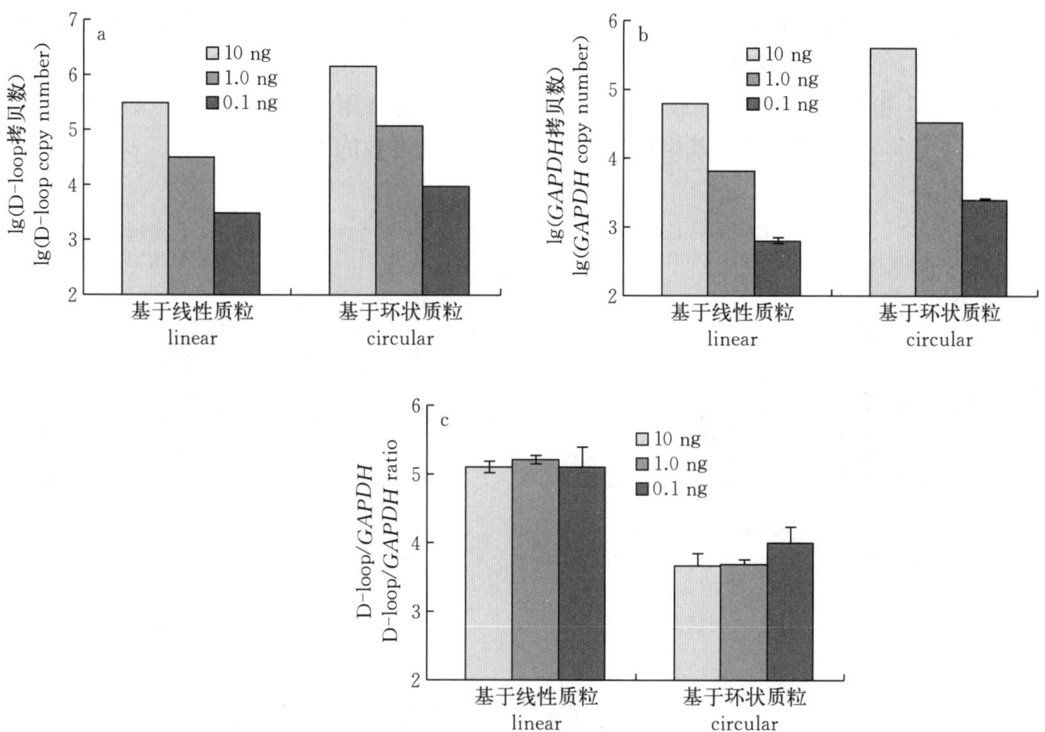

图 2　基于线性质粒和环状质粒标准品的 D－loop 与 *GAPDH* 拷贝数计算结果及二者的比值

a. D－loop 拷贝数　b. *GAPDH* 拷贝数　c. D－loop 与 *GAPDH* 比值

10、1.0 和 0.1 ng 为每个反应体系模板 DNA 含量

Figure 2　RT－qPCR－estimated gene copy numbers of D－loop and *GAPDH* and the ratio based on the circular and linear plasmid standards

a. D－loop copy number　b. *GAPDH* copy nummber　c. D－loop/*GAPDH* ratio

10ng，1.0ng and 0.1 ng refer to template content DNA per reaction system

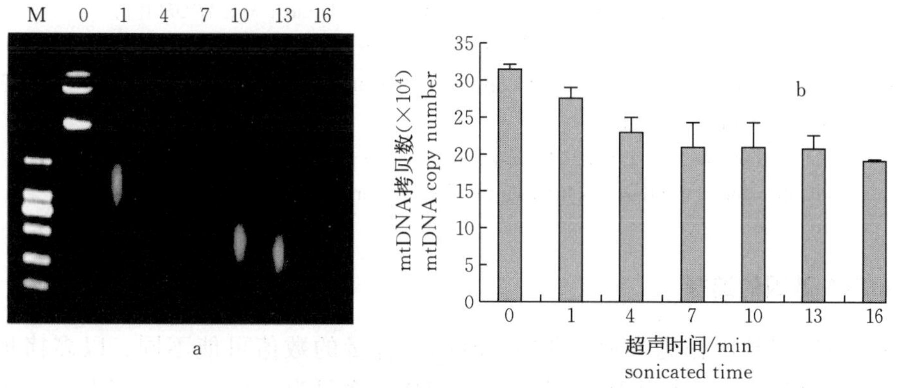

图 3　超声处理不同时长对模板 DNA 的影响

a. 琼脂糖凝胶检测　b. D－loop 拷贝数的测定　1～16 表示超声处理时长分别为 1、4、7、10、13、16 min

M. 核酸分子量 Marker

Figure 3　Effect of sonicated daration on template DNA of different sonic duration

a. Detection by agarose gel　b. Quantification of D－loop copy number　1 to 16 mean DNA templates sonicated for 1，4，7，10，13，16 min　M. molecular marker

个基因的拷贝数进行了测定。结果表明，相同检测条件下，D-loop、*ND1* 的拷贝数较为一致（$P>0.1$），而 *ATP6* 和 COⅡ的拷贝数偏高，分别是前二者的 3.5 和 1.5 倍（图 5）。由此推测 *ATP6* 和 COⅡ可能存在线粒体假基因片段，不适合用于 mtDNA 拷贝数的定量。因此，选择 D-loop、*ND1* 两个基因片段用于 mtDNA 拷贝数的测定。

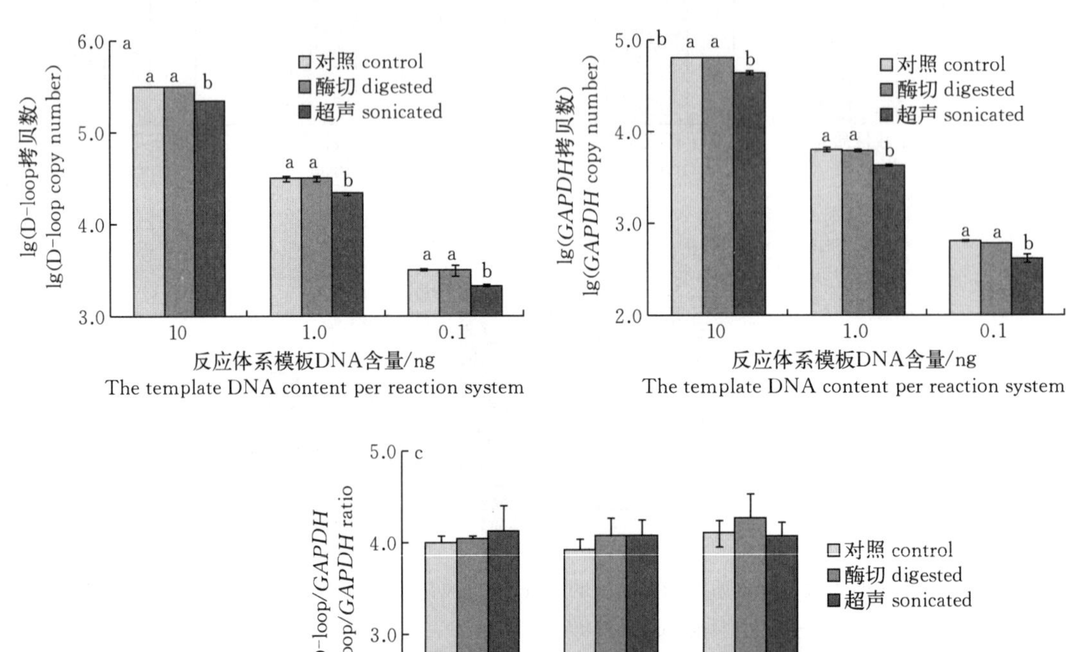

图 4 模板 DNA 的预处理（对照、酶切和超声）对 D-loop 和 *GAPDH* 拷贝数测定及其二者比值的影响

a. D-loop 拷贝数 b. *GAPDH* 拷贝数 c. D-loop 与 *GAPDH* 比值

不同字母表示不同预处理方式间差异极显著（$P<0.01$）

Figure 4 The effect of pre-treatment of template DNA on quantification of D-loop and *GAPDH* copy numbers and their ratio

a. D-loop copy number b. *GAPDH* copy number c. D-loop/*GAPDH* ratio Different letters indicate significant differences between the effects of pre-treatment methods（$P<0.01$）

2.3.2 nDNA 基因的选择

选择不同的核基因作为参照，所得 mtDNA 含量的数值可能不同。以多拷贝核基因 *GAPDH* 为参照时，所得半滑舌鳎肾组织中 mtDNA 含量为 4.92～5.28（图 4C）。以 *ENC1* 和 *MYH6* 2 个单拷贝核基因为参照时，mtDNA 含量检测结果较一致，为 96.7～109.4 个/细胞，无显著差异（$P>0.05$，图 6）。单拷贝核基因在计算 mtDNA 含量时作为参照，相对于多拷贝核基因而言，能够获得二倍体细胞的数目，从而可以精确获得每个细胞中的 mtDNA 含量。

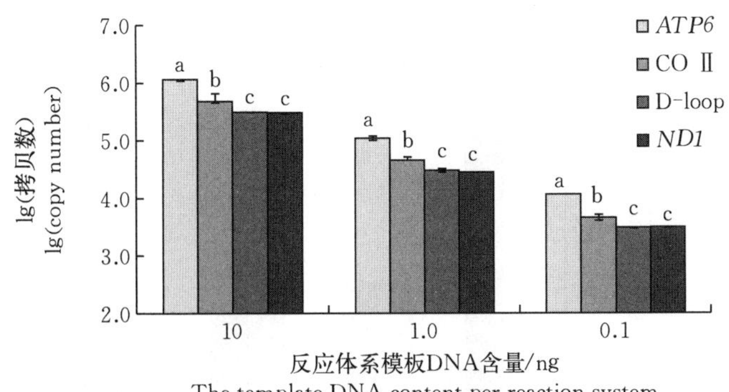

图 5　不同 mtDNA 基因片段的拷贝数

不同字母表示不同基因间差异极显著（$P<0.01$）

Figure 5　mtDNA copy numbers estimated with different gene fragments

Different letters indicate significant differences between different genes（$P<0.01$）

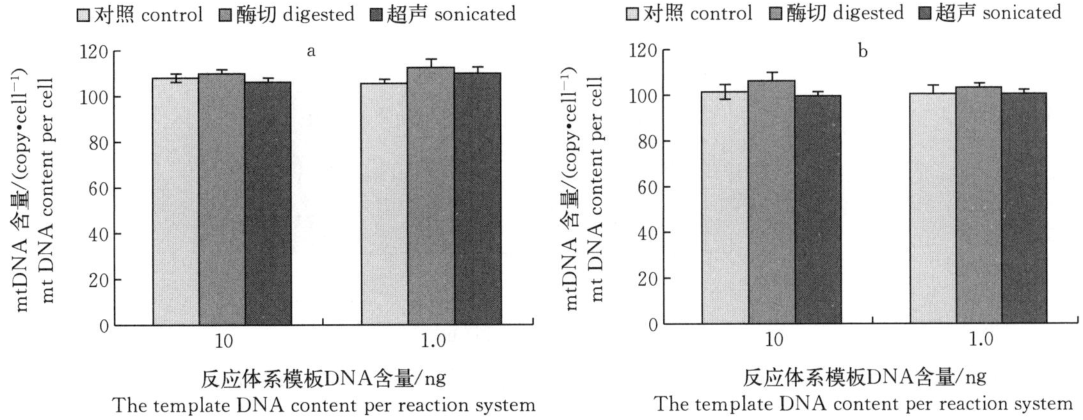

图 6　以单拷贝核基因 *ENC1*（a）和 *MYH6*（b）为参照的肾细胞中 mtDNA 含量

Figure 6　mtDNA copy number in kidney relative to single copy nuclear gene *ENC1*（a）and *MYH6*（b）

2.4　方法的应用验证

应用上述优化的 mtDNA 含量检测方法，测定雌雄半滑舌鳎肝、肾、脾、肌肉 4 个组织的 mtDNA 含量。为了检验方法的重复性和准确性，每个组织分别取 3 份样品，提取全基因组 DNA，通过测定 D-loop 和 *ENC1* 的拷贝数，计算 mtDNA 含量（图 7）。结果显示，同一组织的不同样品检测结果无显著性差异（$P>0.05$），表明该方法的重复性较好。不同组织中 mtDNA 含量存在差异，其中肝 mtDNA 含量最高，为 244～255 个/细胞；其次是肌肉，为 156～172 个/细胞，肾和脾中分别为 97～107 个/细胞和 86～89 个/细胞。有研究表明组织细胞对能量需求与 mtDNA 含量有一定相关性，能量需求高的细胞，保持较高的 mtDNA 含量；而低能耗细胞，具有较少的 mtDNA 含量[23]。性成熟雌雄半滑舌鳎具有雌大雄小的体型特点，但本实验中半滑舌鳎雌雄个体的相同组织间 mtDNA 含量无显著性差异（$P>0.05$）。

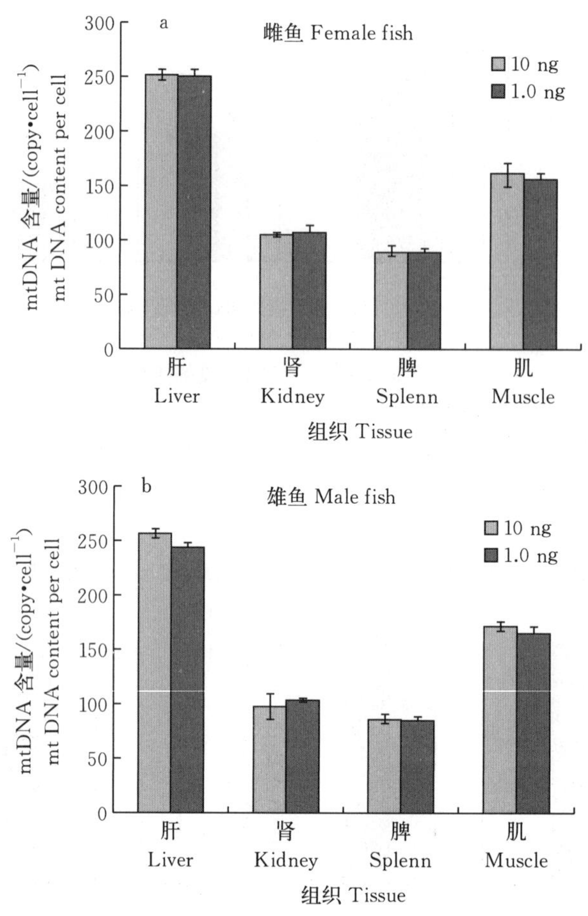

图 7 半滑舌鳎肝、肾、脾、肌肉组织中 mtDNA 含量测定 10 ng 和 1.0 ng 为每个反应体系模板 DNA 含量

a. 雌鱼 b. 雄鱼

Figure 7 Measurement of mtDNA contents in liver, kidney, spleen and muscle from *Cynolossus semilaevis* 10 ng and 1.0 ng refer to the template DNA content per reaction system

a. Female fish b. Male fish

3 讨论

为了确保基于 RT－qPCR 技术的 mtDNA 含量测定方法的准确性、灵敏性和稳定性，需要重点优化的环节包括 RT－qPCR 标准曲线的绘制、模板 DNA 处理、mtDNA 与 nDNA 基因的筛选。

3.1 质粒构象对 RT－qPCR 标准曲线的影响

用于绘制 RT－qPCR 标准曲线的标准品通常为包含目的片段的质粒，因其容易制备且具有较好的稳定性。Hou 等[24]提到非线性化的质粒处于超螺旋状态，对 PCR 的扩增有一定抑制作用，线性 DNA 则有助于引物的结合及延伸反应。Chen 等[25]以环状质粒为标准品所得 LNCaP 肿瘤细胞中 mtDNA 拷贝数是以线性质粒为标准所得结果的近 6 倍。从本实验结果看，以线性质粒为标准品，所得基因拷贝数符合倍数稀释规律，说明结果准确可靠；而以环状质粒为标准品时存在明显误差，所得基因拷贝数偏大，失去倍数稀释规律，mtDNA 含量测定值偏小。因此，RT－qPCR 采用线性质粒或 DNA 片段为标准品，模板 DNA 多个稀释浓度同时进行定量可以保证结果的准确性。

3.2 模板 DNA 的处理对检测结果的影响

模板 DNA 的提取通常采用传统的酚-氯仿法和硅胶柱提取方法，Guo 等[26]分别采用这两种方法提取小鼠肝 DNA，并通过 RT－qPCR 进行 mtDNA 含量检测，比较发现，酚-氯仿方法所得结果较优。鉴于此，本实验采用酚-氯仿法提取半滑舌鳎组织 DNA 进行 mtDNA 含量测定方法的研究。为了检测模板 DNA 的不同处理方法对实验结果的影响，本实验对模板 DNA 分别进行了超声波破碎和酶切处理。结果显示未处理对照组与酶切处理组所测得的 mtDNA 和 nDNA 基因拷贝数一致，超声处理组中基因拷贝数随着处理时间的延长呈下降趋势；但各处理组中计算所得 mtDNA 含量（mtDNA 与 nDNA 拷贝数的比值）无显著性差异。可见，经过超声破碎和酶切处理的模板 DNA 对 mtDNA 含量的测定并无显著影响，酚氯/仿法提取模板 DNA 可直接用于 mtDNA 含量测定，无需进行其他处理。

3.3 mtDNA 和 nDNA 基因的筛选

在 mtDNA 含量测定过程中，mtDNA 与 nDNA 基因的选择至关重要，直接关系到RT－qPCR 结果的准确性与稳定性。如果选择的 mtDNA 基因在 nDNA 中存在假基因则会产生共扩增现象，这对 mtDNA 的定量分析有不可忽视的干扰[27,28]。为避免这种干扰，Malik 等[19]将人 mtDNA 与核基因组序列进行比对，找出无同源序列的 mtDNA 片段作为检测 mtDNA 拷贝数的目的基因。本研究通过测定半滑舌鳎多个 mtDNA 片段的拷贝数，选取 2 个拷贝数较低且一致的基因片段（D－loop 和 ND1）作为 mtDNA 拷贝数检测的目的基因，其检测结果可以相互验证，既能排除假基因的干扰又能保证结果的准确性。mtDNA 含量为 mtDNA 与 nDNA 拷贝数之比，故不同拷贝的 nDNA 基因作为参照会导致 mtDNA 含量计算结果的不同，以多拷贝 nDNA（*GAPDH*）作为参照比以单拷贝 nDNA 作为参照所得 mtDNA 含量值小。本研究最终以 2 个单拷贝基因 *ENC1* 和 *MYH6* 作为 nDNA 参照，能够获得平均每个细胞中 mtDNA 含量。

3.4 方法有效性的验证

通过对 RT－qPCR 标准品、模板 DNA、mtDNA 和 nDNA 基因的筛选，本实验建立了特异性的半滑舌鳎 mtDNA 含量测定方法。为验证方法的有效性，本研究继而运用该方法测定了雌、雄半滑舌鳎肝、肾、脾和肌肉组织的 mtDNA 含量。结果显示该方法重复性较好、结果稳定，适用于半滑舌鳎 mtDNA 含量的测定，可为海洋鱼类 mtDNA 含量测定提供借鉴。

4 结论

本研究应用 RT－qPCR 技术建立了半滑舌鳎 mtDNA 含量测定方法，并对此方法进行了验证，该方法的建立将为研究半滑舌鳎线粒体相关能量代谢和细胞功能研究提供技术支撑。该测定方法的关键步骤如下：①酚-氯仿法提取全基因组 DNA。②用线性化质粒作为 RT－qPCR 标准品。③选择拷贝数低、结果稳定的 mtDNA 基因来定量 mtDNA 拷贝数。④若选择多拷贝 nDNA 基因作为参照，所得 mtDNA 含量值为 mtDNA 拷贝数与 nDNA 拷贝数之比；而选择单拷贝 nDNA 基因作为参照可计算单个细胞中 mtDNA 含量。⑤为确保检测结果的准确性，可将模板 DNA 稀释成多个浓度同步进行定量分析。

参考文献

[1] 闫玉莲，谢小军．鱼类适应环境温度的代谢补偿及其线粒体水平的调节机制［J］．水生生物学报，2012（3）：532－540.

[2] Masuyama M，Iida R，Takatsnka H，et al. Quantitative change in mitochondrial DNA content in various mouse tissues during aging［J］. Biochim Biophys Acta（BBA）：General Subjects，2005，1723（1－3）：302－308.

[3] Scheffier I E. Mitochondrial electron transport and oxidative phosphorylation［Z］. New York：Wiley-Liss，1999：141－246.

[4] Hock M B，Kralli A. Transcriptional control of mitochondrial biogenesis and function［J］. Annu Rev Physiol，2009，71：177－203.

[5] Dimauro S，Davidzon G. Mitochondrial DNA and disease［J］. Ann Med，2005，37（3）：222－232.

[6] Bai R K，Perng C L，Hsu C H，et al. Quantitative PCR analysis of mitochondrial DNA content in patients with mitochondrial disease［J］. Ann N Y Acad Sci，2004，1011：304－309.

[7] Mahrous E，Yang Q，Clarke H J. Regulation of mitochondrial DNA accumulation during oocyte growth and meiotic maturation in the mouse［J］. Reproduction，2012，144（2）：177－185.

[8] Morten K J，Ashley N，Wijburg F，et al. Liver mtDNA content increases during development：a comparison of methods and the importance of age-and tissue-specific controls for the diagnosis of mtDNA depletion［J］. Mitochondrion，2007，7（6）：386－395.

[9] Barazzoin R，Short K R，Nair K S. Effects of aging on mitochondrial DNA copy number and cytochrome c oxidase gene expression in rat skeletal muscle，liver，and heart［J］. J Biol Chem，2000，275（5）：3343－3347.

[10] Miller F J，Rosenfeldt F L，Zhang C，et al. Precise determination of mitochondrial DNA copy number in human skeletal and cardiac muscle by a PCR-based assay：lack of change of copy number with age［J］. Nucl Acid Res，2003，31（11）：e61.

[11] Alonso A，Martin P，Albarran C，et al. Real-time PCR designs to estimate nuclear and mitochondrial DNA copy number in forensic and ancient DNA studies［J］. Forensic Sci Int，2004，139（2－3）：141－149.

[12] Takeo S，Goto H，Knwayama T，et al. Effect of maternal age on the ratio of cleavage and

mitochondrial DNA copy number in early developmental stage bovine embryos [J]. J Reprod Dev, 2013, 59 (2): 174 - 179.

[13] Mutlu A G. Increase in mitochondrial DNA copy number in response to ochratoxin A and methanol-induced mitochondrial DNA damage in Drosophila [J]. Bull Environ Contam Toxicol, 2012, 89 (6): 1129 - 1132.

[14] Artuso L, Romano A, Verri T, et al. Mitochondrial DNA metabolism in early development of zebrafish (*Daino rerio*) [J]. Biochim Biophys Acta, 2012, 1817 (7): 1002 - 1011.

[15] 邓景耀. 渤海渔业资源增殖与管理的生态学基础 [J]. 海洋水产研究, 1988, 9: 1 - 11.

[16] Shay J W, Pierce D J, Werbin H. Mitochondrial DNA copy number is proportional to total cell DNA under a variety of growth conditions [J]. J Biol Chem, 1990, 265 (25): 14802 - 14807.

[17] Robin E D, Wong R. Mitochondrial DNA molecules and virtual number of mitochondria per cell in mammalian cells [J]. J Cell Physiol, 1988, 136 (3): 507 - 513.

[18] Venegas V, Halberg M C. Measurement of mitochondrial DNA copy number [J]. Methods Mol Biol, 2012, 837: 327 - 335.

[19] Malik A N, Shahni R, Rodriguez-de-Ledesma A, et al. Mitochondrial DNA as a non-invasive biomarker: accurate quantification using real time quantitative PCR without co-amplification of pseudogenes and dilution bias [J]. Biochem Biophys Res Commun, 2011, 412 (1): 1 - 7.

[20] Sambrook J, Russell D W. Molecular cloning: a laboratory manual [M.] New York: CSHL press, 2001.

[21] Li C, Orti G, Zhang G, et al. A practical approach to phylogenomics: the phylogeny of ray-finned fish (Actinopterygii) as a case study [J]. BMC Evol Biol, 2007, 7: 44 - 54.

[22] Ma Q, Liu S, Zhuang Z, et al. Genomic structure, polymorphism and expression analysis of the growth hormone (GH) gene in female and male half-smooth tongue sole (*Cynoglossus semilaevis*) [J]. Gene, 2012, 493 (1): 92 - 104.

[23] Moraes C T. What regulates mitochondrial DNA copy number in animal cells? [J]. Trends Genet, 2001, 17 (4): 199 - 205.

[24] Hou Y, Zhang H, Miranda L, et al. Serious overestimation in quantitative PCR by circular (supercoiled) plasmid standard: microalgal pcna as the model gene [J]. PLoS ONE, 2010, 5 (3): e9545.

[25] Chen J, Kadlubar F F, Chen J Z. DNA supercoiling suppresses real-time PCR: a new approach to the quantification of mitochondrial DNA damage and repair [J]. Nucl Acid Res, 2007, 35 (4): 1377 - 1388.

[26] Guo W, Jiang L, Bhasin S, et al. DNA extraction procedures meaningfully influence qPCR-based mtDNA copy number determination [J]. Mitochondrion, 2009, 9 (4): 261 - 265.

[27] Hazkani-Covo E, Zeller R M, Martin W. Molecular poltergeists: mitochondrial DNA copies (numts) in sequenced nuclear genomes [J]. PLoS Genet, 2010, 6: e1000834.

[28] Song H, Buhay J E, Whiting M F, et al. Many species in one: DNA barcoding overestimates the number of species when nuclear mitochondrial pseudogenes are coamplified [J]. Proc Natl Acad Sci USA, 2008, 105 (36): 13486 - 13491.

Optimization of Quantitative Pcr-based Measurement of Mitochondrial DNA Content in Different Tissues of *Cynoglossus semilaevis*

FENG Wenrong[1,2], LIU Shufang[2], ZHUANG Zhimeng[2], MA Qian[2]
SU Yongquan[1], TANG Qisheng[1,2]

(*1. College of Ocean and Earth Sciences, Xiamen University, Xiamen, 361005, China; 2. Key Laboratory for Fishery Resources and Eco-environment, Yellow Sea Fisheries Research Institute, Chinese Academy of Fishery Sciences, Qingdao 266071, China*)

Abstract: Mitochondrial DNA (mtDNA) content is typically estimated as the copy number ratio of mtDNA to nuclear DNA (nDNA). However, the accuracy of mtDNA content measurement is affected by many factors, including the conformation of plasmid standards and the DNA template, the coexistence of mtDNA pseudogenes in the nuclear genome, and selection of both mtDNA and nDNA primer-pairs. To minimize the influence of these factors, an optimized method to quantify the mtDNA content in different tissues of *Cynoglossus semilaevis* was established using real-time quantitative PCR (RT-qPCR). First, two sets of candidate standards (the circular and linear plasmid) and three sets of DNA templates (enzyme digested, ultrasonic treated, and untreated) were prepared to evaluate the influence of the DNA template conformation. Additionally, four mtDNA and three nDNA primer pairs were also tested to determine their adequacy for the qRT-PCR analysis. The linear plasmid standard was more appropriate than the circular one because the super helical structure of the circular plasmid caused significant overestimation in RT-qPCR. There was no significant difference in the estimates of mtDNA content resulting from different DNA templates, suggesting that the DNA extracted by phenol-chloroform is suitable without any pre-treatment for extraction. The D-loop and *ND1* primers yielded the same copy number, which was also the lowest among all the mtDNA primer pairs. The copy numbers for ATP6 and COⅡ were 3.5 and 1.5 times higher than those from Dloop and *ND1*, respectively. The higher copy number of ATP6 and COⅡ may be related to the co-amplification of homologous pseudogenes in the nuclear genome. Single copy nDNA loci *ENC1* and *MYH6* can be used as references for detecting cell numbers of diploids, and the precise mtDNA content per cell can be calculated using the formula: mtDNA content=2× mtDNA copy number/nDNA copy number. In contrast, the mtDNA content value was lower when using the multicopy nDNA gene locus *GAPDH* as a reference. To evaluate the accuracy and stability of this optimized method, we measured the mtDNA content in four tissues (liver, kidney, spleen, and muscle) of *C. semilaevis*. D－loop and *ENC1* primer pairs were chosen for the RT-qPCR, and the mtDNA content per cell was estimated using the method established in this study. There was no significant difference between triplicate repeats in each tissue ($P>0.05$), which suggests that the method has excellent repeatability. Furthermore, there was a significant difference in mtDNA content among the different tissues: 244－255, 156－172, 97－107, 86－89 copies per cell were detected in liver, muscle, kidney, and spleen, respectively.

Key words: Mitochondrial DNA content; Real-time quantitative PCR; *Cynoglossus semilaevis*; Optimization

第二篇·大海洋生态系

一、大海洋生态系研究发展

大海洋生态系研究

——一个新的海洋资源保护和管理概念及策略正在发展①

唐启升

自第5次大海洋生态系国际学术会议于1990年10月1—6日在摩纳哥召开之后，“大海洋生态系（Large marine ecosystem）”作为一个新的海洋资源保护、管理的概念和策略已引起国际社会的广泛注意，并有向全球发展的趋势，它可能成为200n mile专属经济区资源保护和管理的理论基础，全球海洋管理和研究的单元。

推行大海洋生态系概念和研究是把海洋资源作为一个整体系统来考虑，使其生物资源的保护和管理有了新的深度和广度，达到一个系统的水平上，同时，也为海洋管理带来了新的方向，并促进相关学科的发展。因此，本文仅就大海洋生态系概念、研究内容和发展趋势作一简介，以引起我国海洋科学界和管理部门的重视。

1 大海洋生态系的概念和发展

与陆地不同，关于海洋综合利用和保护的基本理论迟迟没有形成。20世纪初，随着北海渔业资源开发利用与资源持续的矛盾日益尖锐，国际海洋考察理事会（ICES），对海洋生物资源，环境和一些重要的海洋种群进行了较系统的调查和基础研究，先后提出幼鱼保护（限最小捕捞长度）和限额捕捞等管理措施及其相应的模式，这对现代海洋生物资源保护和管理理论的发展曾产生重要影响。60年代世界渔业大发展之后，海洋生物资源结构发生了引人瞩目的变化，经济种类资源衰退、低值种类资源增加、捕捞对象替代频繁，且向低营养阶层转换，再加上工业和都市发展、海上倾废、污染不断扩大、大气变暖等现象对生态系统的干扰，人们逐渐认识到单向的保护和管理已不能完全满足生物资源开发与保护的实际需要。70年代对多种类资源的评估和管理研究曾风行于欧洲和北美国家，做过相当多的探讨。但是，由于对各种资源及其环境之间彼此如何作用还缺乏足够的认识，难以预测一种资源的变化对另一种资源及其整个系统的影响。1982年海洋法大会通过了“联合国海洋法公约”，这是20世纪海洋管理中最重要的事件，它为海洋资源的保护和管理带来了转机。“公约”规定了沿海国家在其200n mile专属经济区内对自然资源探察、开发、保护和管理的权力，同

① 本文原刊于《海洋科学》(4)：66-68，1991。

时还规定“沿海国应确保其专属经济区内生物资源的维持不受过度开发的危害。在适当的情形下，沿海国和各主管国际组织，不论是分区域、区域或全球的，应为此目的而进行合作”。世界上第一次把95%以上的海洋生物资源产量置于沿海国家管辖之下，世界渔业也由过去的开发型转为现今的管理型。这种变化对海洋资源保护和管理的研究产生了决定性的影响，迫使海洋管理从单种→多种资源管理向整体、系统的水平上发展。

1984年美国生物海洋学家K. 谢尔曼和海洋地理学家L. 亚历山大提出了大海洋生态系的概念。大海洋生态系被定义为：“①世界海洋中一个较大的区域，一般在200 000 km^2 以上；②具有独特的海底深度、海洋学和生产力特征；③其海洋种群具有适宜的繁殖、生长和摄食策略以及营养依赖关系；④受控于共同要素的作用，如污染、人类捕食、海洋环境条件等”。这个新的学科概念，为发展新的海洋资源管理和研究策略提供了理论依据。它作为一个具有整体系统水平的研究和管理单元，不仅可以广泛应用于专属经济区内，同时，也可以应用于在生态学和地理学上相关联的多个专属经济区或更大的区域。它能够从全球的角度考虑世界海洋资源的保护和管理，使海洋资源管理从狭义的行政区划管理走向以生态学和地理学边界为依据的生态系统管理。美国海洋大气署，美国科学发展协会和美国科学基金会对这个新的学术构思极为重视，列为1984、1987、1988、1989年美国科学发展协会（AAAS）年会专题学术讨论内容之一。这个动向引起国际社会的注意，在世界保护同盟（国际自然及自然资源保护同盟IUCN）、联合国教科文组织政府间海洋委员会（IOC）和美国海洋大气署的发动和组织下，产生了摩纳哥会议，地中海国际科学考察理事会、联合国环境规划署、世界银行、美国科学发展协会、海洋法理事会、美国科学基金会、联合国粮农组织、国际沿岸和海洋组织、海洋哺乳动物委员会、国际海洋研究科学委员会和世界野生生物基金会等组织积极参与和支持这次会议。其共同目的是要把大海洋生态系研究和管理推向世界。

2 大海洋生态系的主要研究内容

大海洋生态系研究正在发展中，5次国际学术会议研讨的主题和内容为：①大海洋生态系的变化和管理——扰动对大海洋生态系可更新资源生产力的影响，大海洋生态系变化观测，大海洋生态系的管理框架；②大海洋生态系的生物产量和地理学——大海洋生态系扰动的实例研究，大海洋生态系地理学展望；③海洋生态系研究的边界——补充、散布和基因流动，大海洋生态系生物动态，大海洋生态系扰动、产量、理论和管理；④大海洋生态系食物链、产量、模式和管理；⑤大海洋生态系概念及其在区域性海洋资源管理中的应用——大海洋生态系理论及应用，区域性实例研究（研究分析引发各个系统变化的各种现象，如自然、人类捕食、环境变化、污染以及各种管理策略所产生的作用），高技术在大海洋生态系研究中的应用。先后开展研究的大海洋生态系包括美国东北陆架区、加利福尼亚海流、东白令海、北海、波罗的海、南冰洋、黄海、暹罗湾、本格拉海流（南非）、伊利比亚沿海（西班牙）、巴伦茨海、墨西哥湾、亲潮、黑潮、大堤礁（珊瑚海）、西格陵兰海、挪威海、加勒比海、须德海（荷兰）、威德尔海、美国东南陆架区、亚德里亚海、加那利海流、几内亚湾、巴塔哥尼亚陆架区、鄂霍次克海、杭博尔特海流、孟加拉湾、地中海—黑海等。综观以上情况，目前大海洋生态系研究主要侧重在如下几个方面：

1. 从地理学、海洋学和生物学的角度确认大海洋生态系的边界，对其区域性特征、功能和结构进行研究，其中大尺度、系统水平的生态整体综合研究是基本的。按海域开放程度，大海洋生态系研究类型可分为封闭海、半封闭海和开放海（如环太平洋大海洋生态系、环大西洋大海洋生态系等）。

2. 大海洋生态系动态监测及相应技术的研究。监测内容主要注重在影响大海洋生态系生产方的生物和环境因子方面。K. 谢尔曼特别强调对资源种群变化的监测，主要技术包括：利用生物产量统计资料评估种群的变化趋势；中等规模的生物资源的时空取样调查；生态系统结构和功能的定向研究等。另外，应用高技术监测大范围内大海洋生态系要素变化也是一个重要的研究方面，如应用遥感技术（海岸水色扫描仪、甚高分辨力辐射计等）获得海洋表层温度、叶绿素及其他环境资料，应用水声学技术评估浮游生物数量，应用分子学和生物技术监测种群、群落食物网能量和基因流动等。

3. 大海洋生态系变化原因和机制的研究。生物和环境的动态理论是大海洋生态系主要理论基础之一，因此，找出影响各个系统变化的主导因子（如人类过度开发利用、污染，环境影响和全球气候变化等）并分辨其影响程度是很重要的。在这个过程中，初级生产力动态、食物链、补充量、种群替代现象、生物产量波动以及物理、化学影响的生物学作用都是一些重要的研究课题。

4. 大海洋生态系管理体制可行性研究。大海洋生态系作为一个管理实体既面向全球又具有明显的区域性特点，管理体制基本是从两个方面来考虑的：一是从生态关系的角度，探讨大海洋生态系资源的保护和管理，调整其动态。在不同扰动的生态系统中管理的策略有所不同。如人工增殖放流被认为是黄海生态系生物资源保护和管理的重要策略，而控制污染物（如陆源缺氧水）输入则是波罗的海生态系资源保护和管理的重要目标；二是从国家（专属经济区）关系的角度探讨区域性管理体制。跨国资源管理以及随之而来的国家自身利益、地区经济、法律和科研承受能力等问题会使实施体制变得复杂，因此，在这种情况下，首先从生态学的角度研讨大海洋生态系的管理体制是十分重要的。

3 展望

大海洋生态系是在“联合国海洋法公约”通过之后产生的一个新的科学概念，它明确了“公约”中悬而未解的海洋资源和空间管理的有关问题，不仅为合理开发利用和保护管理生物资源提供了理论依据，同时对解决实施专属经济区以来所出现的海洋跨国管理问题有实际意义，有助于改进现行海洋资源的保护、管理和永续利用。这一科学概念已为国际社会所接受，许多有影响的国际科学组织积极参与推行大海洋生态系研究和发展活动。如摩纳哥会议期间，世界保护同盟种类生存委员会主持了大海洋生态系渔业管理专家工作组，联合国环境规划署（UNEP）区域海洋组织主持了大海洋生态系在区域性海洋应用工作组，政府间海洋委员会和联合国粮食及农业组织（FAO）主持了大海洋生态系渔业管理海洋资料和培训工作组，粮农组织主持了大海洋生态系生物资源管理法律体制工作组，美国海洋大气署和世界保护同盟主持了大海洋生态系生物产量经济指标工作组。为了持续发展大海洋生态系研究和管理，会议建议在IOC、FAO、UNEP和IUCN之下建立一个国际大海洋生态系特别委员会，通过确认和定义地球的大海洋生态系、从生态系统的水平上认识大海洋生态系概念在海洋资源管理中的应用，进一步探索大海洋生态系概念的潜力。委员会将通过建立各种类型的工作组发挥作用，优先考虑的活动包括：制作大海洋生态系分布图；选择少量适当的大海洋生态系为研究试点；由科学家和管理者组成工作组，确定选定生态系所需要的资料、资料收集计划，研究支持和培训等问题；召开区域性工作组会议确定研究中的关键问题，发展并组织区域和国家水平的综合生态研究计划；为具有专属经济区和多国管辖权的大海洋生态系建立国家级的研究和生态系管理培训计划；定期（3～6 年）召开国际会议，报告世界大海洋生态系状况。会议还建议将大海洋生态系概念提交 1992 年联合国环境和发展大会审议。会议之后，大海洋生态系研究开展较晚的区域，积极争取国际支持，开展研究活动（如印度洋区域）。据了解，1991—1992 年欧洲、北美、南非等海洋科学的一些重要活动也是围绕类似的主题。

我国是较早介入大海洋生态系研究的国家之一，但是，研究仅限于黄海和渤海且有待深入。因此，我们应该在已经建立起来的、雄厚的中国海洋科学调查和研究的基础上，尽快考虑接受和扩展这一新的科学概念，广泛深入研究，为渤、黄、东、南海资源的保护和管理展示新的宏图。

参考文献（略）

Large Marine Ecosystems of the Pacific Rim: Assessment, Sustainability, and Management[①]

Kenneth Sherman, Qisheng Tang

Contents

① 本文原刊于 *Large Marine Ecosystems of the Pacific Rim: Assessment, Sustainability, and Management*, p V-XVIII., 458-459, Blackwell Science, Inc., USA, 1999。

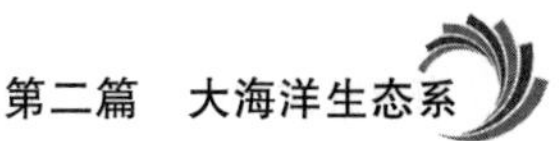

Preface

In this volume, marine experts from Pacific Rim countries describe conditions within the large marine ecosystems (LME) of the Pacific Ocean. The countries of the region represent over a third of the world's population, many of whom are existing at or below the poverty level. Human interventions and climatic change have altered the productivity of the LME in the Pacific. Within the nearshore areas and extending seaward around the margins of the adjacent land masses, coastal ecosystems are being subjected to increased stress. Among the stressors are toxic effluents, habitat degradation, excessive nutrient loadings, harmful algal blooms, emergent diseases, fallout of aerosol contaminants, and episodic losses of living marine resources from the effects of habitat loss, pollution, environmental perturbations, and overexploitation. The LME of the North Pacific have also been subjected to both positive and negative effects from global climatic change. A growing awareness that multiple driving forces are affecting the quality of the Pacific LME has accelerated efforts to assess, monitor, and mitigate coastal stressors from an ecosystem perspective.

Within the Asian and South American LME, the potentials for economic growth through the development of coastal tourism, mariculture, mineral extraction, oil and gas production, and fisheries are being tempered by the need to ensure the long-term sustainability of marine resources. Case studies of ecosystem assessments presented in this volume by several authors illustrate the risks from continuing degradation of resources under the prevailing unmanaged conditions existing over most of the coastal areas of Asia and South America. Several authors explore the application of multidisciplinary ecosystem-based assessment and management strategies to the future development of the large marine ecosystems of the region. With the initiation of science-based management practices, the LME can provide a more sustainable source of economic growth, nutritional benefits, and improved food security than is presently being realized by the people living in coastal areas bordering the Pacific Rim.

International agencies are prepared to encourage private investment to assist developing countries in the region in collaborative, multinational management programs for marine resources within the LME. These agencies include the United Nations Development Program (UNDP), the UN Environmental Program (UNEP), the World Bank, and the Global Environment Facility (GEF). At present, the GEF is providing financial support to projects for the assessment and management of large marine ecosystems along the coast of West Africa. In the Pacific Rim region, planning efforts with the UNDP, UNEP, World Bank, and GEF are underway for the Yellow Sea, South China Sea, and Humboldt Current LME. Scientists, economists, and representatives from national resource ministries of China, Korea, the Philippines, Vietnam, Indonesia, Malaysia, Thailand, Chile, Peru, Australia, Canada, and the United States are participating in the process.

The willingness expressed by the marine interests of the Pacific Rim region for developing and participating in collaborative LME projects to assess and manage shared natural resources is an important step toward achieving greater global sustainability of marine natural resources. The present volume focuses on several of the more pressing transboundary issues in international waters to be addressed by the countries of the Pacific Rim.

K. S.

Q. T.

Background and Focus

In recognition of the need to improve prospects for the long-term sustainability of ocean resources, the United Nations Conference on the Environment and Development (UNCED) in 1992 issued a declaration on the oceans, recommending that nations of the globe ① prevent, reduce, and control degradation of the marine environment so as to maintain and improve its life-support and productive capacities; ② develop and increase the potential of marine living resources to meet human nutritional needs, as well as social economic, and development goals, and ③ promote the integrated management and sustainable development of coastal areas and the marine environment.

The UNCED oceans declaration represents an important milestone because it was endorsed by the leaders of 170 nations. The list of international conventions, declarations, treaties, and agreements for conserving natural resources is long (Wallace, 1993). At present, however, no single international institution is empowered to reconcile the needs of individual nations with those of the global community of nations in taking management actions to ensure the long-term sustainability of marine resources and ecosystems (Myers, 1990). In response to the need for improving global environmental conditions, the Global Environment Facility has emerged recently as both a facilitator and a funding mechanism for integrating global environmental concerns into a programmatic process for achieving the goals of several important international conventions and other focal areas identified by UNCED for global action, including the Conventions for addressing problems of biodiversity and ozone depletion and their associated linkage to global climatic change. To assist developing countries in overcoming what has commonly been a highly compartmentalized approach to marine resource assessment and management (e.g., pollution, fisheries, habitats, coastal zone management, shipping and transport, drainage basin effluents), the Global Environment Facility (GEF), established within the World Bank, is supporting programs aimed at improving assessments and management of shared marine resources in international waters that cross national boundaries and are largely contained within the geographic extent of 49 large marine ecosystems around the margins of the Atlantic, Pacific, and Indian Oceans.

The large marine ecosystems (LME) are relatively large regions of ocean space, on the order of 200 000 km^2 or greater, characterized by distinct bathymetry, hydrography, productivity, and trophically dependent populations. They extend from the nearshore areas, including river basins and estuaries, out to the seaward boundary of the continental shelf or the seaward margin of coastal current systems (AAAS, 1986, 1989, 1990, 1991, 1993). To assist countries in overcoming highly compartmentalized approaches to reducing environmental and human-induced stress on coastal ecosystems, the Global Environment Facility has included LME as one of its focal areas for funding through its International

Waters Projects.

The GEF operational strategy provides a planning framework for the design, implementation, and coordination of different sets of GEF International Waters Projects that can achieve particular global environmental benefits (GEF, 1997). Through these programs the GEF is encouraging a paradigm shift from a sector by sector approach to a more comprehensive and integrated approach for the restoration and protection of international waters. The goal of the GEF and its international donor governments is to assist developing countries in making changes in the ways that human activities are conducted in different sectors so that a particular body of water and its multicountry drainage basin can sustainably support human activities.

Projects submitted to the GEF for funding consideration focus on seriously threatened bodies of water and the most imminent transboundary threats to their ecosystems, including pollution, overexploitation of living and nonliving resources, and habitat degradation, including that resulting from the introduction of nonindigenous species. The long-term objective of the program is to undertake a series of projects that involve helping groups of countries to work collaboratively with the support of implementing agencies in achieving changes in sectoral policies and activities so that transboundary environmental concerns degrading specific water bodies can be resolved. Among the short-term objectives of the International Waters program of the GEF is to initiate actions toward resolving transboundary environmental concerns with at least one freshwater basin project and one large marine ecosystem project in each of the world's five development regions, including sub-Saharan Africa, Asia, Latin America and the Caribbean, the Middle East/North Africa, and eastern Europe.

Various types of water bodies, with their varied ecological systems and varied economic values, will be the subject of GEF projects. Freshwater systems range from transboundary river and lake basins to transboundary groundwater systems. Marine waters are primarily addressed through large marine ecosystems. The 49 LME support about 95% of the world's annual fish catch. Water bodies selected for projects will be those wherein transboundary concerns create significant threats to the functioning of the ecosystem. In the case of LME, the marine, coastal zone, and relevant freshwater basin concerns are also addressed. The expected outcomes of the projects include a reduction of stress on the international water environments as a result of countries changing their individual sectoral policies, making critical investments, developing necessary programs, and collaborating jointly in managing transboundary water resources.

In recognition of the utility of the LME as an ecologically based unifying approach to the assessment, monitoring, and management of marine resources, a symposium was held in Qingdao, China, in October 1994 to (1) examine major driving forces causing large-scale changes in biomass yields and the health of LME of the Pacific Rim, and (2) consider the application of modular assessment strategies for addressing transboundary international waters issues related to the long-term sustainability of shared marine resources within LMEs of the region.

Coastal nations around the Pacific Rim have indicated a willingness to follow the lead of the GEF in bringing about a paradigm shift by moving away from sector by sector treatment of degraded coastal environments toward a more holistic, multisectoral approach to marine-based assessments of ecosystem health, productivity, and resource sustainability. Resource scientists and managers from these countries provided assessments to the symposium of the present state of the ecosystems off their coasts, the resources at greatest risk, and the sources or causes of the risks that need to be mitigated and managed from the perspective of ecosystem resources development and sustainability.

Several of these assessments, along with designations of high-risk issues and their causes, have been carefully selected from among the reports presented at the symposium. They have been peer reviewed and brought together in this volume with other pertinent studies of the Pacific Rim LME to provide a synthesis of their changing states in relation to the long-term sustainability of marine resources within their boundaries.

Ⅰ Regime Shifts

The first section of the volume is focused on the climate-induced oceanographic regime shifts in the Pacific. The opening chapter by A. Bakun documents the Pacific patterns of large-scale population increases and decreases of fish species in different LME around the margins of the Pacific Ocean. He examines major fluctuations in sardine and anchovy populations of the Humboldt Current, California Current, Kuroshio Current, and Oyashio Current LME as being related to the E1 Niño-Southern OsciHation (ENSO) and broad-scale teleconnections of the ocean-atmosphere system of the Pacific. Comparisons are made to fluctuations in salmon populations of the Gulf of Alaska and East Bering Sea and in populations of bottom fish in the Gulf of Alaska with regard to ecosystem retention, concentration, and enrichment processes. Dr. Bakun's paper is a comprehensive treatment of E1 Niño effects on the fluctuations in the fisheries of the Pacific LME. The important driving forces appear to be related to interdecadal variability patterns of the ENSO system. In a study that follows closely on the E1 Niño focus of Bakun, the chapter by Beamish and Neville (Chapter 2) examines the effects of the oceanographic regime shifts on salmon populations of the northern North Pacific. The authors develop an explanation for the improved survival of pink, chum, and sockeye salmon in the North Pacific ocean in contrast to the reduced survival of chinook salmon in the coastal Straits of Georgia, off British Columbia. The authors describe the utility of using an index of the intensity of the Aleutian Low to reflect and possibly forecast salmon abundance levels in the open ocean and coastal ecosystems. The contribution by D. Lluch-Belda (Chapter 3) emphasizes the extent of regime shifts in the Pacific and the effect of the shifts on the changes in abundance levels of clupeoids. The author is explicit in his message that fisheries management should be more responsive to changing ecosystem states on the decadal scale. In consideration of the recurrence of large-scale regime shifts, he points to the need for improved climate forecasting systems. Shuntov et al. (Chapter 4) provide evidence from zooplankton, nekton, and marine bird time-series data that large-scale changes occurred in the northeastern North Pacific ocean regime in the Bering Sea and Sea of Okhotsk LME during the 1990s, the 1970s to 1980s, the 1940s to 1960s, and the 1920s to 1930s. This study serves to underscore the importance of considering multidecadal ocean regime variations in the development of studies of ecosystem structure and in the development of options for the management of fishing practices.

More recent papers, kindly made available for this volume by their authors and by the Coordinator and Editor of the California Cooperative Oceanic Fisheries Investigation, examine the changes in the oceanographic regime of the California Current ecosystem and the adjacent waters of the North Pacific. We are indebted to G. Hemingway and J. Olfe for allowing us to include these contributions.① The paper by Hayward acknowledges that atmospheric forcing has resulted in changes to the physical and biological structure of the upper layers of the North Pacific Ocean during the past two decades. The author emphasizes the need for improving mesoscale modeling of key processes affecting physical and biological structure so as to improve predictions of basinscale changes in biological productivity within the California Current ecosystem. Nine specific recommendations are put forward toward reaching this objective. The paper bv McGowan et al. advances the need to conduct large-scale spatial and temporal time-series studies that are relevant to observing changing states at scales comparable to the entire extent of the California Current or other large marine ecosystem. The biological feedback of zooplankton in the California Current LME to an 0.8℃ warming of temperature in the upper 100 meters was very significant. Over a 42-year period, from the early 1950s to the early 1990s, the biomass of macrozooplankton decreased by 70% in response to increased thermocline stratification apparently related to basinscale changes in wind forcing. The authors emphasize the need for a good definition of change that can be measured by ecosystem-wide time series of key ecological measurements. They provide the reader with their definition, which places the scientific evidence of change on the departure from some expectation or norm, its sign, amplitude, spatial extent, and temporal persistance. They offer the CalCOFI as a useful model for measuring the changing states of large marine ecosystem. The last paper in the section by Brodeur et al., is a comparison of the large-scale changes occuring in the North Pacific that is focused on changes in the abundance of zooplankton biomass in the Gulf of Alaska and the California Current LME. The authors present arguments for an inverse relationship in the biomass levels. They consider the implication of the differences in zooplankton biomass on the high trophic levels in both ecosystems.

① The paper by Hayward, McGowan et al., and Brodeur, et al., appeared previously in CalCOFI Rep. Vol. 37, 1996.

Ⅱ Case Studies

The authors of the case studies have examined the large-scale changes in the biomass yields of the LME of the Pacific Rim for emergent trends indicative of decadal-scale biophysical or climatic forcing. In a study of the Eastern Bering Sea ecosystem, the focus is on the consumer groups in the ecosystem, including the offshore pelagic fish consumers, the inshore benthic fauna consumers, and the crab and fish consumers. In Chapter 5, Livingston et al. present convincing evidence of multidecadal fluctuations in species of marine birds, marine mammals, fish, and related benthic infauna consumers (starfish, crab species, and flounder species) and offshore pelagic fish consumers (fish-eating birds, seals, pollock, arrowtooth flounder, and turbot). However, they were unable to reach firm conclusions on the causes of the changes in abundance patterns in the absence of time-series measurements of key ecosystem health indicators. The authors stress the importance of long-term monitoring efforts for detecting mechanisms responsible for changing ecosystem states.

Among the other contributions from the North Pacific are several from the western Pacific. In a study of the Sea of Japan LME (Chapter 8), M. Terazaki presents the results of time-series studies on plankton, one of the key ecosystem indicators of change. The author documents shifts in the spawning and nursery grounds of Japanese sardine in relation to changes in the current patterns and the plankton of the Sea of Japan. Two case studies of the Yellow Sea LME are included. From the Korean perspective, the chapter (Chapter 6), by Zhang and Kim, reports on changes in the proportion of biomass yield by nations fishing in the Yellow Sea ecosystem. The authors focus attention on the need for an international effort to assess, monitor, and manage the resources of the ecosystem. Of particular concern is the declining trend of the catch per unit effort, indicating a large-scale decline in the demersal species and a significant change in the structure of the fish community of the Yellow Sea. In the next study (Chapter 7), by Tang and Jin, the change in the fish community structure of the ecosystem is documented in relation to an observed increase in the biomass of small pelagic species. The authors stress the importance of the predator-prey interactions of the fishery, particularly in relation to declines reported for the larger pelagic species, including Spanish mackerel, chub mackerel, and Pacific herring. The authors suggest that the ecological state of the Yellow Sea LME appears to have shifted to a system that favors the production of zooplankton and small pelagic fish, resulting in part from the decline in demersal and large pelagic fish species.

Further south, in the East China Sea LME, the study by Y. Chen and X. Shen (Chapter 9) describes a substantial shift in the fish community of the ecosystem during the past three decades. The shifting patterns of abundance in the East China Sea, from a target fishery of traditional demersal species in the 1960s and 1970s to so-called new species in the 1990s, are indicative of a major change in the state of the ecosystem. The East China and

Yellow Sea case studies are suggestive of the limitations of the carrying capacity of LME in supporting traditional demersal fisheries. Beddington (1995) reported that the levels of global primary production for supporting the "average levels" of global fish yields of the past several years may have been reached, and that any large-scale unmanaged increase in marine biomass yields would likely be in species closer to the lower end of the food chain. It would appear from the results provided by Chen and Shen of the East China Sea LME that any further increases in biomass yields would be based on fisheries that were targeted on "low food chain, fastgrowing, and short-life-cycle species."

In the contribution by *T. Piyakarnchana* on the Gulf of Thailand ecosystem (Chapter 10), the author suggests that in addition to the effects of fishing, changes in land use in general, and the harvesting of mangrove forests in particular, are causes for declines in the biomass yields of the ecosystem. The author underscores the need for more rigorous enforcement of Thai conservation laws and management practices aimed at achieving long-term sustainability of the marine resources of the Gulf of Thailand. The concluding chapters are studies on the Humboldt Current LME and the South China Seas LME, reported in an earlier LME volume and reprinted here so as to include principal ecosystems of the Pacific Rim in which the fisheries biomass yields are important to the people of the region for food security and long-term socioeconomic benefit. The authors of the Humboldt Current case study (Chapter 11), J. Alheit and P. Bernal, provide evidence of the importance of El Niño as one of several environmental drivers of biomass yields in the ecosystem and suggest that the effects of fishing effort on changes in biomass levels is secondary to the natural environmental perturbations.

In the concluding chapter to the section, Bakun, Csirke, Lluch-Belda, and Steer-Ruiz provide an initial description of the Pacific Central American Coastal LME. An analysis is given of the physical setting, seasonal ocean current patterns, upwelling mechanisms, fisheries, and habitats. The authors discuss transboundary issues to be addressed by the nine nations sharing the resources of the ecosystem, including the increasing stress on the long-term productivity of the near-coastal waters of the ecosystem from the conversion of extensive mangrove areas into mariculture operations, principally for shrimp.

Ⅲ Methodological Studies

The implementation of assessments of the changing states of LME requires the application of cost-saving, cutting-edge methods for measuring changes in marine resource populations and marine resource environments over long-term temporal and spatial scales. Examples of pertinent methodology are included in this section. In the first contribution (Chapter 13), J. Rice describes the approach adopted by the International Council for the Exploration of the Sea for a more holistic ecosystem assessment approach toward full implementation of ecosystems management. The author focuses on the use of multispecies virtual population analyses (MSVPA) that include stomach contents data to improve understanding of predator-prey relationships at the ecosystem level. The importance of predation in structuring marine ecosystems is emphasized by N. Bax in his study on the prediction of the effects of predation in marine ecosystems (Chapter 14). The author stresses the utility of linear (direct) predation interactions and first-order interactions that have the potential to reverse the effects of direct interactions. The author provides an evaluation of the advantages and disadvantages of approaches for predicting predation impacts at the ecosystem level. He concludes that strategic management of complexity at the ecosystem level requires continued exploration of the properties of the managed system. New experimental management techniques are, in the opinion of the author, important to develop in cooperation with resource users, scientists, and managers.

In contrast to the use of information on predation in assessing the changing states of LME, the utility of hydroacoustics is described in the two following papers. Assessments of pelagic populations of fish and plankton are reported by Tang et al. (Chapter 15) based on surveys conducted in the Yellow Sea. Arenas and Robinson (Chapter 16) report on the results of studies of the shoaling strategy of small pelagic fish in the California Current LME. The methodological contributions that follow in the next three chapters represent cutting-edge applications of new sensing technology to obtain automated and continuous time-series measurements of changes in biogeochemical components of LME. A system that operates continuously using the seawater intake of a ferry boat to monitor nutrients, temperature, salinity, pH, CO_2, and phytoplankton and zooplankton particle size spectra, is described by Harashima et al. in Chapter 18. The system is in use collecting data from four transects per week between Pusan, Korea, and Kobe, Japan, across the southern boundary of the Sea of Japan LME.

The use of towed bodies outfitted with sensor payloads suitable for deployments from oceangoing commercial ships-of-opportunity is described in the report by Aiken et al. (Chapter 17). The system designated as the Undulating Oceanographic Recorder (UOR) can obtain time-series information concerning temperature, salinity and chlorophyll from undulations made in the upper 70 m of the water column. When fitted with a newly developed pump and probe system, direct readings of primary productivity can be made. This towed body can carry an internal mechanism for sampling plankton onto rolls of silk mesh comparable to collections made for the past 50 years with the Hardy Continuous Plankton Recorder. In addition, the UOR can be fitted with an external optical plankton counter.

Ⅳ Indicators of Ecosystem Health

The stressors on coastal ecosystems from human population expansions of urban centers around the landward margins of LME is growing rather than diminishing, and is likely to become one of the most pressing issues for resolution during the next decade. Quantitative time-series measurements of this degradation will assist resource managers in effecting appropriate mitigation activities. The Papers in this section represent a contribution toward this objective. In the paper by Y. Cui and Y. Song (Chapter 19), the results of assessing the nutrient loadings of three important embayments on the Bohai Sea are presented. The results depict an increase in nitrogen and a decline in phosphorus levels in the bays, attributed by the authors to increased use of nitrogen fertilizers in farming. The authors report that an increasing amount of industrial and domestic sewage is leading to the eutrophication of western Bohai Bay and to increases in the frequency and extent of harmful algal blooms. The importance of nutrient loading in affecting the carrying capacity of semi-enclosed LME is described in the report by Konovalov (Chapter 20). Among the LME in which ecosystem stress in localized areas is related to a reduction in numbers and biomass of autotrophic and heterotrophic species are the East China Sea, the Mediterranean Sea, and the Bay of Bengal. The LME most threatened by excessive nutrient loading and eutrophication are the Black Sea and the Sea of Azov, parts of the Yellow Sea adjacent to urban areas, parts of the North Sea, the Baltic, and the Adriatic Sea.

Other indicators, at the tissue level, are reported by Wendelaar Bonga et al. (Chapter 22) based on examinations of the gills and skin of fishes for evidence of disturbed ion regulation associated with reduced growth and reproductive potential. In the contribution by J. She (Chapter 23), a summary is given of the contaminant loadings in the Yellow Sea LME from the drainage basins and aerosol fallout. A listing is given of adverse impacts of pollution on the living resources of Dalian Bay, Jinzhou Bay, Bohai Bay, Laizhou Bay, Jiaozhou Bay, and Haizhou Bay, along with commentary on the increased frequency and extent of red tides in the coastal waters of China. The author concludes the report with the presentation of a strategy for quantitatively expanding the present monitoring efforts by China of coastal waters.

Ⅴ Management Linkages

Papers in the concluding section of the volume address strategies for improving assessment, monitoring, and management of LME in the region. The importance of addressing global climate change and the development of an ecological development plan in the coastal waters around Borneo are discussed in the paper by Arbain Hj. Kadri et al. (Chapter 25). The management system presently in place for the Great Barrier Reef LME is described in the contribution by J. Brodie (Chapter 24). A strategic approach for LME monitoring and assessment is given in the final chapter in the volume by K. Sherman. (Chapter 26), followed by a list of recommendations endorsed by the Qingdao symposium participants.

Ⅵ Recommendations

The recommendations emphasize the importance of extending projects supported by the

World Bank-Global Environment Facility to address transboundary concerns within the coastal and international waters of LME of the Pacific Rim. The participants were particularly concerned with the Yellow Sea and South China Sea LME. The transboundary marine resources within these LME are unmanaged and continue to be subjected to unsustainable human activities, including overexploitation of fisheries, coastal pollution, and the continuing loss of valuable coastal habitat. The imbalance between short-term economic gain and longer-term socioeconomic benefit is diminishing the value of the marine resources of the region. The International Waters focal area of the GEF was acknowledged by the symposium participants as an important opportunity for improving national infrastructure, promoting regional cooperation, and reversing the downward trend in resource sustainability.

K. S.

Q. T.

References

American Association for the Advancement of Science (AAAS), 1986. Variability and Management of Large Marine Ecosystems. AAAS Selected Symposium 99. Boulder, CO: Westview Press.

American Association for the Advancement of Science (AAAS), 1989. Biomass Yields and Geography of Large Marine Ecosystems. AAAS Selected Symposium 111. Boulder, CO: Westview Press.

American Association for the Advancement of Science (AAAS), 1990. Large Marine Ecosystems: Patterns, Processes and Yields. Washington, DC: AAAS Press.

American Association for the Advancement of Science (AAAS), 1991. Food Chains, Yields, Models, and Management of Large Marine Ecosystems. Boulder, CO: Westview Press.

American Association for the Advancement of Science (AAAS), 1993. Large Marine Ecosystems: Stress, Mitigation, and Sustainability. Washington, DC: AAAS Press.

Beddington J R, 1995. The primary requirements. Nature, 374: 213 - 214.

Global Environment Facility (GEF), 1997. GEF Operational Programs. Washington, DC: Global Environment Facility.

Myers N, 1990. Working towards one world. [Book review]. Nature, 344 (6266): 499 - 500.

Pauly D, Christensen V, 1995. Primary production required to sustain global fisheries. Nature, 374: 255 - 257.

Wallace R L, 1993. (Compiled in collaboration with the Advisory Board for the Marine Mammal Commission Compendium.) The Marine Mammal Commission Compendium of Selected Treaties, Internation Agreements, and Other Relevant Documents on Marine Resources, Wildlife, and the Environment. 3 volumes. Washington, DC: U. S. Marine Mammal Commission.

Symposium Recommendations

Following the presentation and discussion of the scientific papers, a general planning session was convened to consider several recommendations developed during the symposium.

Consensus on four recommendations was reached by the symposium participants:

1. The governments and institutions of the riparian countries of the Yellow Sea should support and become involved in the Sustainability and Protection of the Yellow Sea Large Marine Ecosystem project, which is being supported by the Global Environment Facility.
2. The participants at the meeting recognized that the South China Sea is one of the most biologically diverse areas anywhere and that recruitment of many important species on which coastal communities depend takes place in its offshore waters. The participants also took note that although coastal populations should be empowered to manage their marine living resources, it is recognized that processes governing the existence of marine living resources take place over a large range of spatial and temporal scales and that decision-making processes concerning management of resources therefore need to be developed in a way that recognizes these scales. The LME approach provides a framework for such a decision-making process and can be a vehicle for ensuring that there are linkages between biological, social, and economic sciences and management. In its acknowledgment of multiple scales of processes, the LME framework can contribute to harmonizing community-based decision making with ecosystem-scale dynamics.

   Therefore, the participants recommend that an LME activity be initiated for the South China Sea area. This should include the convening of a meeting on that system, with the focus on achieving a better understanding of the relationship between the scales of socioeconomic processes and the natural processes affecting marine living resources. Planning for such a meeting should take into account the work being carried out by LOICZ/IGBP Focus 4 for the South East Asian Region.
3. It is generally recognized that the apparent synchrony in marine ecosystem and population variations in widely separated LME distributed around the Pacific Basin and other areas of the world's oceans is most likely being generated by global climatic teleconnections. Achieving a better understanding of these linkages to resource variability represents one of the greatest current challenges to fishery science and to marine ecosystem management. Implementation of a number of LME-scale marine ecosystem monitoring programs distributed globally would be of great potential utility in diagnosing the nature of these linkages through comparative systems analyses and would thereby benefit global climatic research pertinent to marine ecosystem concerns.
4. The participants encouraged the nations of the region and subregions of the Pacific and their institutions to focus on LME with respect to compiling time-series data sets on ecosystem components in order to carry out retrospective analyses of existing information and to provide a framework for future data gathering. In addition, the participants encouraged regional institutions (such as CPPS, SPREP, WESTPAC, ASEAMS, etc.) to foster LME-focused programs and projects, recognizing that this would promote

better management as well as provide inputs to international activities, such as the establishment of the Global Ocean Observing System being fostered by IOC, WMO, UNEP, and other global and national institutions. In this regard, efforts should be made to ensure that all nations of the Pacific Rim adjacent to LME arc brought into the process.

Support of Marine Sustainability Science①

Thomas Ajayi[1], Kenneth Sherman,[2]
Qisheng Tang[3]

(*1. Nigerian Institute of Oceanography (NIOMR), P. M. B. 12729, Lagos, Nigeria; 2. National Oceanic and Atmospheric Administration-National Marine Fisheries Service Narragansett Laboratory, 28 Tarzwell Drive, Narragansett, RI 02882, USA; 3. Yellow Sea Fisheries Institute, 106 Nanjing Road, Qingdao, 266071, People's Republic of China*)

Iin his article "Cash-strapped fund struggles to make science a priority", Adam Bostanci (News Focus, 31 May, p. 1596) misses the boat and the rising tide of support for the Global Environment Facility's (GEF) science-based International Waters Program. Contrary to the "weak scientific underpinnings of many proposals" mentioned in the article, several hundred scientists and technicians from developing countries are bridging the north-south digital divide in sustainability science①. They are joining scientific colleagues from North America and Europe in country-driven projects supporting sustainability objectives for coastal ocean fisheries biomass recovery, habitat restoration, and pollution abatement. These projects encompass the spatial extent of a growing number of the world's large marine ecosystems (LME) and address important issues of sustainability science.

A high priority of the LME projects is activating systems for monitoring and reporting on ecological and social conditions. These systems can be integrated into existing systems to provide guidance for efforts to make the transition from unmanaged or poorly managed marine resources to management practices that are focused on the long-term sustainability of marine ecosystems and the resources they support. Marine resource assessment and management projects, based on inputs from local and regional scientists, are planned or under way in 126 countries in Africa, Asia, Latin America, and Eastern Europe. The science-based projects are tightly linked with finance and resource ministries (e. g., fisheries, energy, environment, and tourism) in a multimodal (productivity, fish/fisheries, pollution, socioeconomic, and governance) country-driven movement toward resource sustainability. ② This science-based approach is made possible through the cooperation of the GEF and its United Nations partner agencies and collaborating institutions. ③ Support for these activities is provided with a commitment of ＄165 million in GEF, national funding, and donor funding.

---

① 本文原刊于 *Science*, 297 (5582): 772, 2002。

References and Notes

1. R. W. Kates et al. , Science, 292, 641 (2001).

2. K. Sherman, A. M. Duda, Mar. Ecol. Prog. Ser. , 190, 271 (1999).

3. Intergovernmental Oceanographic Commission of the United Nations Educational, Scientific, and Cultural Organization, the Food and Agriculture Organization, the National Oceanic and Atmospheric Administration, the Office of Naval Research, the University of British Columbia, the University of London, the University of Rhode Island, the International Council on the Exploration of the Sea, Woods Hole Oceanographic Institution, and the World Conservation Union.

Suitability of the Large Marine Ecosystem Concept①

Kenneth Sherman[1], Thomas Ajayi[2], Emilia Anang[3], Philippe Cury[4], Antonio J. Diaz-de-Leon[5], M. C. M. Pierre Freon[6], Nicholas J. Hardman-Mountford[7], Chidi A. Ibe[8], Kwame A. Koranteng[9], Jacqueline McGlade[10], C. E. C. Cornelia Nauen[11], Daniel Pauly[12], Peter A. G. M. Scheren[13], Hein R. Skjoldal[14], Qisheng Tang[15], Soko Guillaume Zabi[16]

(*1. National Marine Fisheries Service, Narragansett Laboratory, 28 Tarzwell Drive, Narragansett, RI 02882, USA;*

2. Nigerian Institute of Oceanography NIOMR, P. M. B. 12729, Lagos, Nigeria;

3. Fisheries Research and Utilization Branch, PO Box BT-62, Tema, Ghana;

4. Institut de Recherché Pour le, Developpement (IRD), University of Cape Town, X2, Rondebosch 7700, South Africa;

5. Instituto Nacional de Ecologia/El Colegio de Mexico, Mexico D. F. Mexico;

6. Private Bag X2, Rogge Bay 8012, Cape Town, South Africa;

7. The Laboratory, Citadel Hill, Plymouth PL12PB, UK;

8. UNIDO Regional Office, Immeuble CCIA, 17th Floor, Abidjan 01, Ivory Coast;

9. Marine Fisheries Research Division, Ministry of Food and Agriculture, PO Box BT-62, Tema, Ghana;

10. European Environment Agency, Kongens Nytorv 6, DK-1050, Copenhagen K, Denmark;

11. DG Research, Rue de la Loi 200, Brussels B-1049, Belgium;

12. Fisheries Centre, 2204 Main Mall, University of British Columbia, Vancouver, BC, Canada V6T 1Z4;

13. Royal Haskoning, Barbarossastraat 35, 6522 DK Nijmegen, The Netherlands;

14. Institute of Marine Research, P. O. Box 1870, Nordnesparkou 2, Bergen 5024, Norway;

15. Yellow Sea Fisheries Research Institute, 106 Nanjing Road, Qingdao 266071, China;

16. IRD, Centre de Recherches Oceanologiques, BP V18 Abidjan, Ivory Coast)

In a recent Viewpoint, Longhurst (2003) questions the concept of Large Marine Ecosystems (LME) and its application in two recently published volumes on the North Atlantic and Gulf of Guinea (Sherman and Skjoldal, 2002; McGlade et al., 2002). His arguments are a mixture of criticism and opinion about marine research which do little to

① 本文原刊于 *Fisheries Research*, 64: 197－204, 2003。

elucidate any genuine scientific concerns. It is our intention in this Letter to the Editor to correct the inaccuracies in Longhurst's article and demonstrate how the systematic application of the LME concept has fostered an adaptive approach to fisheries management and ecosystem protection issues, worldwide.

To counter Longhurst's scepticism, it is important to examine the context in which the concept of LME arose. At the 1992 UN Conference on the Environment and Development (UNCED) in Rio, the oceans declaration called for countries to prevent, reduce, and control degradation of the marine environment so as to maintain and improve its life-support and productive capabilities, develop and increase the potential of marine living resources to meet human nutritional needs, as well as social, economic and development goals, and promote the integrated management and sustainable development of coastal areas and the marine environment. To achieve these goals, it was recognised that a more systematic approach, linking the ecological, social and economic would be needed—one based on ecosystems rather than individual resources. The need and urgency for developing such an approach came from a growing awareness that the overexploitation of fish stocks was having a significant negative effect on the health of marine ecosystems around the world (Pauly et al., 1998, 2000). In addition, land-based chemical pollutants such as tributyltriethylene (TBT), polycyclic aromatic hydrocarbons (PAHs), and polychlorinated biphenyls were degrading the quality of coastal waters for a growing number of marine populations (McGlade, 2002; Ten Hallers-Tjabbes et al., 1994; Intermediate Ministerial Conferences, 1993/1997).

In the intervening 10 years, much progress has been made on the development of ecosystem-based approaches to marine resources, both in scientific and policy terms (e. g. Convention on Biological Diversity and the Jakarta Mandate, the Global Program of Action for Land-based Sources of Pollution, the UN Framework on Climate Change and the FAO Code of Conduct for Responsible Fishing Practices). By the time of the 2002 Johannesburg World Summit on Sustainable Development (WSSD), there was clear support for redefining the original UNCED declaration into an ecosystem-based policy framework. To assist in this move from a tradition of managing individual commodities and resources towards an ecosystem-based approach, the financial mechanism known as the Global Environment Facility (GEF) has invested $ 3.2 billion in developing nations and those in economic transition. In 1998 the GEF Council adopted the LME framework as a way of implementing an ecosystem-based approach to the assessment and management of marine resources. So what is a LME?

LME are regions of ocean space encompassing coastal areas from river basins and estuaries to the seaward boundaries of continental shelves and the outer margins of the major coastal currents. They are relatively large, in the order of 200 000 km^2 or greater, characterised by distinct①bathymetry, ②hydrography, ③productivity and④trophically dependent populations (Sherman, 1992). One of Longhurst's criticisms is that the LME boundaries are largely symbolic, being laterally bounded by coastal features, national boundaries or arbitrary seaward extensions and not by ecological discontinuities, yet as the criteria above indicate this statement is inaccurate and misdirected. His arguments appear to be driven by the fact that they differ in places from the divisions used in his own volume on biomes (Longhurst, 1998), inferred largely by regional discontinuities in the physical processes in the Sverdrup model. But a close examination of both classifications shows that where such processes dominate, there is in fact a good match between the LME and Longhurst boundaries; however, where other factors are more important in determining ecosystem dynamics, the match is weak. For example, in the Gulf of Guinea, the northern edge of the ecosystem is dominated by a powerful upwelling system, so we see that the northern boundary of Longhurst's Guinea Current Coastal province coincides with that of the LME. But to the south, Longhurst simply gives the national boundary of Cameroon as he considers that the adjacent area has not been fully investigated; however, the southern LME boundary lies further down at Cape Lopez, a position derived from analyses of ecological components and physical forcing (Binet and Marchal, 1993; Tilot and King, 1993) and confirmed through the analysis of the physical forcing presented in the LME volume (Hardman-Mountford and McGlade, 2002). More important, however, is the fact that the processes and linkages defined within the geographic area of an LME are systematically analysed in the context of its coastal and ocean basin surroundings through its modular structure of case studies.

The LME framework integrates five modules made up of case studies on: ① ecosystem productivity, ②fish and fisheries, ③pollution and ecosystem health, ④socioeconomic conditions, and⑤governance. The modules provide indicators of the changing states of LME with regard to ecological condition, socioeconomic consequences and governance rules. The productivity module indicators are based on scientific data on photosynthetic activity, zooplankton biodiversity and oceanographic variability. The pollution and ecosystem health module indicators are based on scientific data on eutrophication, biotoxins, pathology, emerging disease and habitat conditions. The fish and fisheries module indicators depend on science-based assessments of biodiversity, finfish, shellfish, demersal species and pelagic species. The theory, measurement and modelling relevant to monitoring the changing states of LME are embedded in reports on ecosystems with changing states, pattern formations, and spatial diffusion (Mangel, 1991; Levin, 1993). The socioeconomic module indicators evaluate integrated science-based assessments from the three modules with human forcing, and the sustainability of long-term socioeconomic benefits. The governance module indicators include stakeholder participation and adaptive management practices undertaken in the full knowledge of the up-to-date scientific assessments of the first three modules, and with awareness of the complex issues revealed in the socioeconomic indices. Longhurst takes the stand that without primary science, by which he means biochemico-physical analysis, the secondary matters of governance are based in sand; but experience from LME programmes and other activities associated with the recovery of natural resources has shown that the pedigree of ecological/chemical/physical knowledge in many ecosystems is very often much less than that of the social, political and economic domains. In the context of food security, sustainability and ecosystem health, the LME modules allow all aspects to be properly weighed up.

Longhurst also regards LME solely as a reflection of a new sensitivity to environmental issues; they simply build on collaborations between pre-existing organisations and it is these institutions that must remain the backbone of fisheries control. Only through the narrow, focussed studies of institutions can any penetration of the problems of marine resources be achieved. He thus questions whether a symbolic programme which "pretends to embrace comprehensively everything from socio-economics to oceanography" can make any real progress. What Longhurst fails to recognise is the fact that countries throughout the world are attempting to effect significant social, political and economic change in their management of marine resources, in order to address the problems of overexploitation and pollution—issues which decades of focussed research on fisheries and biological oceanography have been unable to deal with effectively.

National officials have not been helped in this process by the fact that many of the existing international agreements have fallen short of helping them prevent the decline in the status of their marine ecosystems. This is because the agreements, and their associated research programmes, are aligned to specific narrowly focussed sectoral themes such as pollution, fisheries, biodiversity or global climate change, rather than cross-sectoral strategic analyses of international and local issues. By contrast, LME, through their geographic area, coastal surrounding and contributing basins constitute a place-based area to assist countries to build the human capacity needed to understand the linkages among the root causes of degradation, integrate changes needed in sectoral economic activities and thereby put the results of scientific case studies to pragmatic use in improving the management of coastal and marine ecosystems. Thus Longhurst misses the point when he says the meagre resources of the region should not be wasted in programmes that combine primary science and governance; it is the very fact that they are being combined that is beginning to create a clearer understanding of the interplay between human and biophysical dynamics.

The GEF, its UN partner agencies and other organisations including IUCN, IOC of UNESCO and NOAA, are recommending that nations sharing an LME first begin by addressing coastal and marine issues by undertaking jointly strategic processes to analyse factual, scientific information on transboundary issues, their root causes, and to set priorities for action. This process is referred to as a transboundary diagnostic analysis (TDA) and it provides a powerful mechanism to foster participation at all levels. Each country can then determine the national and regional policy, legal, and institutional reforms and investments needed to address its own priorities in a country-driven Strategic Action Program (SAP). This enables sound science to become the basis for policy-making and fosters a geographic location upon which an ecosystem-based approach can be developed, and more importantly, can be used to engage stakeholders within the whole geographic area and gain their support for its implementation. Experience in developed countries has shown that it has been the lack of such participative processes which has meant that marine science has often remained confined to the marine science community and not been embraced by policy-makers and industry. Furthermore, the science-based approach encourages transparency through joint monitoring and assessment processes (i. e. joint assessment surveys for countries sharing an LME) that builds trust among nations over time and can overcome the barrier of false information being reported. This runs counter to Longhurst's argument that national programmes are the sole locus of information and expertise. Whilst this may have been the case in the colonial period, as suggested by Longhurst with reference to work along the Guinea Coast (Longhurst, 1998), there has been a significant trend in the past decade towards the integration of national programmes into regional programmes. Since the early 1990s, researchers and country officials in Africa, Asia and the Pacific, Latin America and the Caribbean, Eastern Europe, and North America have been experimenting with the ideas brought out through the LME concept to seek ways to reverse the decline of their marine ecosystems, test methods for restoring once abundant biomass in order to sustain growing populations of coastal communities and to conserve highly fluctuating systems to ensure continued benefits for future generations.

By combining financial and human resources, many developing and transitional countries have been successful in securing political backing beyond their own state boundaries and hence longer term stability for their research. This has been achieved in part because all the approved GEF-LME projects include scientific and technical assistance from more economically advanced OECD member countries, in recognition of the fact that the state of living resources, pollution loadings and habitat degradation have transboundary implications across rich and poor nations. As of December 2001, $ 500 million in total project costs has been invested in 10 LME projects in 72 countries, of which $ 225 million has come from GEF grants. An additional seven LME projects are being prepared involving 54 different nations, giving a total of 126 countries that are involved in these GEF-LME projects (Duda and Sherman, 2002).

Contrary to Longhurst's suggestion that the LME approach is limited to symbolism, genuine reforms are taking place both within LME projects in developing countries and in OECD nations to improve the prospects for the recovery and sustainability of marine resources. Thus it is inaccurate when he states that if insufficiently active science agencies are in place, political agreements are just words and will not be implemented; it was the political and scientific commitment engendered in discussions between under-resourced institutions in the Gulf of Guinea that led ultimately to the Accra Declaration (Ibe and Sherman, 2002) and the additional funding from the European Union and Global Environment Fund to enable scientists in the region to work on the wide variety of issues concerning the future sustainability of resources across the LME. But perhaps of more importance for the scientists and individuals concerned, the LME programme has led to a strong network of scientists, their wider recognition through the publication of their work in mainstream widely accessible books and scientific papers, significant investment in further education and training, the recovery of historical datasets and the extension of a number of critical surveys that were in danger of being discontinued. Over the past 15 years the LME programmes have made use of and contributed to a number of global databases including FishBase (Froese and Pauly, 2003; FishBase World Wide Web electronic publication: http://www.fishbase.org, version 15 April 2003); ReefBase (Oliver and Noordeloos, 2002; ReefBase: A Global Information System on Coral Reefs. World Wide Web electronic publication: http://www.reefbase.org, 16 April 2003); Continuous Plankton Recorder Surveys (Sir Alister Hardy Foundation for Ocean Science: http://www.sahfos.org); the Sea Around Us Project (http://www.saup.fisheries.ubc.ca) and extensive satellite images from the National Oceanographic and Atmospheric Administration (http://www.noaa) and the European Commission Joint Research Centre (http://www.jrc.org).

Since its inception, scientists and other specialists from OECD and developing countries have been invited to examine the changing states of LME to evaluate the effects of perturbation and remediation efforts for improving the sustainability of LME (Knauss, 1996). One of these reviews was organised by the Institute of Marine Science of Norway, ICES, IUCN and NOAA for the LME of the North Atlantic with a focus on the principal driving forces for the observed decline in fishing yields across the North Atlantic (Sherman and Skjoldal, 2002). For the LME of the Western North Atlantic, climate variability proved to be an important consideration in the multidecadal time series declines of cod and other demersal species of the North Scotian Shelf and the Labrador-Newfoundland Shelf LME. In the case of the Scotian Shelf, both overfishing and cooling of the waters were attributed as causes for the declining trends in fish biomass (Zwanenburg et al., 2002). For the Labrador-Newfoundland Shelf, the consequences of the combination of overfishing and cooling events resulted in the collapse of the historic cod fishery. In the absence of recovery, the stewardship agencies responsible for management of the fishery resources face a daunting problem. The cooler climate, and reduction of cod predation on crab and shrimp populations has fostered biomass increases and a growing fishery for these species, whose annual landed value now exceeds the average annual landed value of cod. The challenge now is how best to achieve a balance between cod recovery plans and maintenance of a lucrative shrimp and crab fisheries (Rice, 2002).

In contrast, the US Northeast Shelf LME is showing evidence of significant recovery. The principal driving force in biomass yield for this LME is overfishing with environmental influences playing a relatively minor role in shaping the multidecadal fish and fishery trends. With the imposition of reduced fishing effort through the exclusion of foreign fisheries and the robust condition of primary productivity 350gC/m^2 per year and zooplankton biomass and biodiversity, the zooplanktiverous spawning stock biomass (SSB) of herring and mackerel stocks are at an unprecedented high level of 5.5 mmt. Since the 1994 management imposed reductions in fishing effort, both SSB and recruitment success have been increasing for the haddock and yellowtail flounder populations (Sherman et al., 1998, 2002). For the Iceland Shelf LME, the interaction of temporal shifts between dominant relatively warm Atlantic water masses and cooler Polar water masses and linked calibrated fishing effort levels, are reflected in cod growth rate and total biomass estimates of cod with higher values correlated to dominance of Atlantic water masses (Astthorsson and Viljálmsson, 2002). East of Iceland, the ecosystem approach to fisheries management is important in adjusting fishing effort to changing oceanographic regimes over the Faroes Plateau (Gaard et al., 2002). On the eastern side of the Atlantic, efforts are underway by Norway to adjust fishing effort to indices of changing ecological conditions in the Barents Sea (Dalpadado et al., 2002). For the North Sea, a significant regime shift has been reported for coastal ocean conditions (Reid and Beaugrand, 2002), but up to now, changing ecological conditions have not been introduced to the fish stock assessment process, although environmental and fisheries ministries are taking the option under consideration.

For the Gulf of Guinea ecosystem, Longhurst's view is that few of the papers covered the whole region and that nothing new on the demersal and pelagic fish and macrofaunal benthic communities was presented in the LME volume since the work undertaken 40 years ago or reported in the French publications of ORSTOM (Cury and Roy, 1991; le Loeuff et al., 1993). The volume included not only analyses of new data on different populations from all trophic levels [e. g. from the Continuous Plankton Recorder (John et al., 2002)] and molecular markers in fish and invertebrate species (Lovell and McGlade, 2002) but also extensive numerical analyses of pre-existing and reconstructed historical time series (Koranteng, 2002; Joanny and Ménard, 2002; Ménard et al., 2002; Cury and Roy, 2002; le Loeuff and Zabi, 2002). Overall, these analyses confirmed that the generic groupings of species and their distributions had not significantly altered over time but that major multidecadal shifts in the abundance of fish stocks in the ecosystem had been observed in certain areas along the continental shelf, caused principally by environmental perturbations affecting the annual upwelling cycle and temperature regime of the ecosystem. Despite these major shifts, the ecosystem had returned to an earlier state, a result of great interest to those trying to understand and build policies based on the long-term dynamics of continental shelf resources in the region.

The work on coastal lagoons has shown that human activities leading to eutrophication and pollution have had a large negative effect on these restricted exchange environments. In the very shallow Sakumo lagoon, this impacts on the tight competitive interactions between the dominant detritus-feeding tilapia and the clupeid *Ethmalosa dorsalis*, which has a high dietary overlap with the tilapia (Pauly, 2002). Longhurst queries this result, not recognising that the *Ethmalosa* in Sakumo Lagoon is very different from the one which he had studied, which lived and fed in open waters. More broadly, coastal pollution is on the increase throughout the Gulf of Guinea; but under the aegis of the LME programme national integrated coastal area management plans that incorporate measures for cost effective pollution prevention and control are now being implemented (Scheren and Ibe, 2002).

Another criticism of the Gulf of Guinea LME volume is that only five chapters discuss the whole system and that the editing was sloppy. The editors will have to accept the latter criticism, but the reproduction of images in their original form on page 133 was seen as a positive rather than negative aspect—there is also no text missing—and the indexing was seen to benefit from completeness. Of the 26 chapters, 4 are concerned with generic principles and a description of the programmes undertaken, 8 relate to the spatial and temporal variability in physical and chemical attributes, productivity, ecosystem health and governance of the whole LME whilst the remainder present detailed analyses of trends in the status of resources of Ghana and Ivory Coast, where fisheries are major industrial and artisanal activities, and analyses of the markets, utilisation and development research. The main aim of these papers was to test particular methodologies and hypotheses concerning fluctuations in marine and coastal resources, identify key trends related to more global and regional drivers and suggest future strategic options for the region.

Longhurst states that the region is under-endowed in marine science and what exists many not be very stable; the contents of the LME volume which represent the first stage in implementing an ecosystem-based approach to the management of the whole region suggest that this is not the case. Some of the key activities of the participating six countries in the Gulf of Guinea GEF/LME project (Benin, Cameroon, Ghana, Ivory Coast, Nigeria, Togo) documented in the volume include the joint identification of major transboundary environmental and living resources management issues and problems, adoption of a common regional approach, in terms of strategies and policies for addressing these priorities in the national planning process at all levels of administration, including local governments, and a cooperative survey of the bottom fish stocks using a chartered Nigerian vessel with representatives of each of the participating countries taking part in the trawling and data reporting operations. Surveys of the plankton community to address the carrying capacity of the Gulf of Guinea for supporting sustainable fisheries were also conducted at 6-week intervals using plankton recorder systems deployed from large container vessels transiting the region, and the samples processed in a Plankton Center established in Ghana in collaboration with the Sir Alister Hardy Foundation of the UK. These data are now part of a global inventory that is helping to document temporal changes in global and regional plankton abundance and hence health of the oceans.

At the beginning of this new century, a global common understanding is emerging in recognition of the accelerated degradation of coastal and, further, marine ecosystems and that the decline is not just a problem of developing nations but is also driven by over consumption from developed nations. The $ 50 billion annual trade in fisheries makes those nations stakeholders in LME of the south in addition to their own LME. Indeed, rich countries now acknowledge the need to adopt many reforms as well, not only for their degraded marine waters but also to provide a safety net to conserve marine waters of developing nations that are exploited for global commerce. The $ 15 billion in annual fishing subsidies represent a powerful driving force for depletion and reforms in those countries are just as essential as the reforms needed in developing nations. Many developed nations share LME with developing nations and the GEF has shown that they can work together for adopting an ecosystem-based approach for joint assessment and management purposes.

If the spiralling degradation of coastal and marine ecosystems is to be reversed so that these ecosystems can sustain livelihood benefits to coastal communities as well as foreign exchange for governments, drastic reforms are necessary. The GEF-LME projects are demonstrating that ecosystem-based approaches to managing human activities in coastal areas and their linked watersheds are critical, and provide a needed place-based area within which to focus on multiple benefits to be gained from multiple global instruments. Instead of establishing competing programs with inefficiencies and duplication, which is currently the norm, the LME projects foster action on priority transboundary issues in an integrated manner across policy instruments such as the United Nations Convention on the Law of the Sea (UNCLOS), Chapter 17 of Agenda 21, the Jakarta Mandate of the Convention on Biodiversity (CBD), the Global Program of Action (GPA) and its pollution loading reductions, and in dealing with inevitable adaptation issues under the UN Framework Convention on Climate Change (UNFCCC). The ecosystem-based approach, centred around LME and participative processes for countries to undertake for building political and stakeholder commitment and inter-ministerial support, can serve as the way ahead for the recovery and sustainability of marine ecosystems consistent with Chapter 17 of the UNCLOS.

References

Astthorsson O S, Viljálmsson H, 2002. Iceland shelf LME: decadal assessment and resource sustainability. In: Sherman K, Skjoldal H R (Eds.), Large Marine Ecosystems of the North Atlantic: Changing States and Sustainability. Elsevier, Amsterdam, 219 - 243, 449.

Binet D, Marchal E, 1993. The large marine ecosystem of shelf areas in the Gulf of Guinea: long-term variability induced by climatic changes. In: Sherman K, Alexander L M, Gold B D (Eds.), Large Marine Ecosystems: Stress, Mitigation, and Sustainability. AAAS Press, Washington, DC, 104 - 118.

Cury P, Roy C, 1991. Pêcheries ouest-africains. Variabilité, instabilité changement. ORSTOM ed. 523.

Cury P, Roy C, 2002. Environmental forcing and fisheries resources in Cote d'Ivoire and Ghana: Did something happen? In: McGlade J M, Cury P, Koranteng K A, et al. (Eds.), The Gulf of Guinea Large Marine Ecosystem: Environmental Forcing and Sustainable Development of Marine Resources. Elsevier, Amsterdam, 241 - 260, 392.

Dalpadado P, Bogstad B, Gjøsoeter H, et al., 2002. Zooplankton-Fish Interactions in the Barents Sea. In: Sherman K, Skjoldal H R (Eds.), Large Marine Ecosystems of the North Atlantic. Elsevier,

Amsterdam，269－290，449.

Duda A M，Sherman K，2002. A new imperative for improving management of large marine ecosystems. Ocean Coast. Manage，797－833.

Froese R，Pauly D（Eds.），2003. Fishbase. http：//www. fishbase. org/search. html? server ＝ CGNET.

Gaard E，Hansen B，Olsen B，et al.，2002. Ecological features and recent trends in the physical environment，plankton，fish stocks and seabirds in the Faroe Shelf ecosystem. In：Sherman K，Skjoldal H R（Eds.），Large Marine Ecosystems of the North Atlantic：Changing States and Sustainability. Elsevier，Amsterdam，245－265，449.

Hardman-Mountford N J，McGlade J M，2002. Variability of physical environmental processes in the Gulf of Guinea and implications for fisheries recruitment. In：McGlade J M，Cury P，Koranteng K A，et al.（Eds.），The Gulf of Guinea Large Marine Ecosystem：Environmental Forcing and Sustainable Development of Marine Resources. Elsevier，Amsterdam，49－66，392.

Hardman-Mountford N J，McGlade J M，2002. Defining ecosystem structure from natural variability：application of principal components analysis to remotely sensed sea surface temperature. In：McGlade J M，Cury P，Koranteng K A，et al.（Eds.），The Gulf of Guinea Large Marine Ecosystem：Environmental Forcing and Sustainable Development of Marine Resources. Elsevier，Amsterdam，67－82，392.

Ibe C，Sherman K，2002. The Gulf of Guinea large marine ecosystem project：turning challenges into achievements. In：McGlade J M，Cury P，Koranteng K A，et al.（Eds.），The Gulf of Guinea Large Marine Ecosystem：Environmental Forcing and Sustainable Development of Marine Resources. Elsevier，Amsterdam，27－40，392.

Intermediate Ministerial Conferences 1993/1997. The North Sea Secretariat，Ministry of the Environment，Oslo，Norway. http：//odin. dep. no/md/html/conf.

Joanny T，Ménard F，2002. Analysis of the spatial and temporal variability of demersal communities of the Continental Shelf of Côte d'Ivoire. In：McGlade J M，Cury P，Koranteng K A，et al.（Eds.），The Gulf of Guinea Large Marine Ecosystem：Environmental Forcing & Sustainable Development of Marine Resources. Elsevier，New York，189－206，392.

John A W G，Reid P C，Batten S D，et al.，2002. Monitoring levels of 'phytoplankton color' in the Gulf of Guinea using ships of opportunity. In：McGlade J M，Cury P，Koranteng K A，et al.（Eds.），The Gulf of Guinea Large Marine Ecosystem：Environmental Forcing & Sustainable Development of Marine Resources. Elsevier，New York，141－146，392.

Knauss J，1996. The Northeast Shelf ecosystem：stress，mitigation and sustainability symposium—keynote address. In：Sherman K，Jaworski N A，Smayda T J（Eds.），The Northeast Shelf Ecosystem：Assessment，Sustainability，and Management. Blackwell Science，Malden，MA，21－30，564.

Koranteng K A，2002. Status of Demersal Fishery Resources on the Inner Continental Shelf off Ghana. In：McGlade J M，Cury P，Koranteng K A，et al.（Eds.），The Gulf of Guinea Large Marine Ecosystem：Environmental Forcing & Sustainable Development of Marine Resources. Elsevier，New York，261－274，392.

le Loeuff P，Zabi G S F，2002. Spatial and temporal variations in benthic fauna and communities of the tropical Atlantic Coast of Africa. In：McGlade J M，Cury P，Koranteng K A，et al.（Eds.），The Gulf of Guinea Large Marine Ecosystem：Environmental Forcing & Sustainable Development of Marine Resources. Elsevier，New York，392.

le Loeuff P，Marchal E，Kothyias J-P，1993. Environnement et ressources aquatiques de Côte d'Ivoire. ORSTOM ed.，147－160，589.

Levin S A，1993. Approaches to forecasting biomass yields in large marine ecosystems. In：Sherman K，Alexander L M，Gold B D（Eds.），Large Marine Ecosystems：Stress，Mitigation，and Sustainability. Proceedings of the AAAS Symposium. AAAS Press，Washington，DC，36－39.

Longhurst A，1998. Ecological Geography of the Sea. Academic Press，New York，398.

Longhurst A，2003. The symbolism of large marine ecosystems. Fish. Res，61：1－6.

Lovell A，McGlade J M，2002. Population structure of two commercially important marine species in and around the Gulf of Guinea，West Africa. In：McGlade J M，Cury P，Koranteng K A，et al.（Eds.），The Gulf of Guinea Large Marine Ecosystem：Environmental Forcing and Sustainable Development of Marine Resources. Elsevier，Amsterdam，207－226，392.

Mangel M，1991. Empirical and theoretical aspects of fisheries yield models for large marine ecosystems. In：Sherman K，Alexander L M，Gold B D（Eds.），Food Chains，Yields，Models，and Management of Large Marine Ecosystems. Westview Press Inc.，Boulder，CO，243－261.

McGlade J M，2002. The North Sea large marine ecosystem. In：Sherman K，Skjoldal H R（Eds.），Large Marine Ecosystems of the North Atlantic. Elsevier，Amsterdam，339－412，449.

McGlade J M，Cury P，Koranteng K A，et al.（Eds.），2002. The Gulf of Guinea Large Marine Ecosystem. Environmental Forcing and Sustainable Development of Marine Resources. Elsevier，Amsterdam，392.

Ménard F，Nordstrom V，Hoepffner J，et al.，2002. A database for the trawl fisheries of Cote d'Ivoire：structure and use. In：McGlade J M，Cury P，Koranteng K A，et al.（Eds.），The Gulf of Guinea Large Marine Ecosystem：Environmental Forcing and Sustainable Development of Marine Resources. Elsevier，New York，275－288，392.

Oliver J，Noordeloos M，2002. Reef Base：A global information system to promote sustainable use and management of coral reefs. http：//www. icriforum. org/itmems /presentations/T7 ReefBase. pdf.

Pauly D，2002. Spatial modeling of trophic interactions and fisheries impacts in coastal ecosystems：a case study of Sakumo Lagoon，Ghana. The Gulf of Guinea Large Marine Ecosystem：Environmental Forcing and Sustainable Development of Marine Resources. Elsevier，New York，289－298，392.

Pauly D，Christensen V，Dalsgaard J，et al.，1998. Fishing down marine food webs. Science 279，860－863.

Pauly D，Christensen V，Frose R，et al.，2000. Fishing down aquatic food webs. *Am. Sci.*，88：46－51.

Reid P C，Beaugrand G，2002. Interregional biological responses in the North Atlantic to hydrometeorological forcing. In：Sherman K，Skjoldal H R（Eds.），Large Marine Ecosystems of the North Atlantic. Elsevier，Amsterdam，27－47，449.

Rice J，2002. Changes to the large marine ecosystem of the Newfoundland-Labrador Shelf. In：Sherman K，Skjoldal H R（Eds.），Large Marine Ecosystems of the North Atlantic. Elsevier，Amsterdam，51－103.

Scheren P A G M，Ibe A C，2002. Environmental pollution in the Gulf of Guinea：a regional approach. In：The Gulf of Guinea Large Marine Ecosystem：Environmental Forcing and Sustainable Development of Marine Resources. Elsevier，New York，299－322，392.

Sherman K，1992. Productivity，perturbations and options for biomass yields in large marine ecosystems. In：Sherman K，Alexander L M，Gold B D（Eds.），Large Marine Ecosystems：Patterns，Processes and Yields. AAAS Press，Washington，DC，206－219，242（second printing）.

Sherman K，Skjoldal H R，2002. Large Marine Ecosystems of the North Atlantic：Changing States and Sustainability. Elsevier，Amsterdam，449.

Sherman K，Solow A，Jossi J，et al.，1998. Biodiversity and abundance of the zooplankton of the Northeast Shelf ecosystem. ICES J. Mar. Sci.，55：730－738.

Sherman K, Kane J, Murawski S, et al., 2002. The US northeast shelf large marine ecosystem: zooplankton trends in fish biomass recovery. In: Large Marine Ecosystems of the North Atlantic: Changing States and Sustainability. Elsevier, Amsterdam, 195 - 216.

Ten Hallers-Tjabbes S C C, Kemp J F, Boon J P, 1994. Imposex in whelks (*Buccinum undatum*) from the open North Sea—relation to shipping traffic intensities. Mar. Poll. Bull. 28, 311 - 313.

Tilot V, King A, 1993. A review of the subsystems of the Canary Current and Gulf of Guinea Large Marine Ecosystems. IUCN Marine Programme.

Zwanenburg K C T, Bowen D, Bundy A, et al., 2002. Decadal changes in the Scotian Shelf large marine ecosystem. In: Sherman, K., Skjoldal, H. R. (Eds.), Large Marine Ecosystems of the North Atlantic: Changing States and Sustainability. Elsevier, Amsterdam, 105 - 150, 449.

二、大海洋生态系状况与变化

Changes in the Biomass of the Yellow Sea Ecosystem①

Qisheng Tang

Abstract: A relatively low production level has been found in the Yellow (Huanghai) Sea ecosystem, where the primary production, the production of phytoplankton, and the catch are estimated at about 60gC • m^{-2} • yr^{-1}, 0.456 × 10^9 tons • km^{-2} • yr^{-1}, and 2.3 tons • km^{-2} • yr^{-1}, respectively, This ecosystem is one of the most intensively exploited areas in the world, and the fish and invertebrates declined in biomass by over 40% from the early 1960s to the early 1980s. During this period, some larger-sized and commercially important species (e. g., small yellow croaker, hairtail) were replaced by smaller-bodied and low value forage fish (e. g., *Setiplnna taty*, anchovy) due to overexploitation and natural fluctuations in recruitment of some species, leading to reductions in mean body size and trophic level of the catch in the ecosystem. In other words, fishing, and environmental stress might have affected the self-regulatory capacity of the Yellow Sea ecosystem. From the viewpoint of recovering fishery resources, setting up an ideal Yellow Sea ecosystem should be consigdred. Possible measures to be adopted include establishing effective ecosystem management and developing programs of artificial enhancement of fishery resources.

Introduction

As pointed out by the conveners of this conference, the objective of the second AAAS symposium on LME is to provide a forum for examining the cause of large-scale biomass shifts within LME against the background of natural environmental variability and anthropogenically induced perturbations from overexploitation and pollution. This paper contributed to the purpose by characterizing the Yellow (Huanghai) Sea ecosystem, one of the most intensively exploited areas in the world.

The paper is divided into four sections. Following the introduction, a brief description of the physical and biological characteristics of the region is given. The next section describes

① 本文原刊于 *Biomass Yields and Geography of Large Marine Ecosystem*, 7－35, Westview Press, USA, 1989。

the major fisheries and species shifts in dominance, and examines the causes of resource variability. Suggestions for restoring the resources of this ecosystem are offered in the final section.

Physical and Biological Characteristics

The semi-enclosed Yellow Sea located between China and Korea is one of the largest shallow areas of continental shelf in the world. It is about 380 000 km^2 with a mean depth of 44 m and most of the area shallower than 80 m. The topography in this area is rather flat, narrow, and elongated in the north-south direction, covering about 8°of latitude (32°N to 40°N). Therefore the isobaths run chiefly in the north-south direction and the central part of the sea is traditionally called the Yellow Sea depression with depths in the range of 70 m to 80m (Figure 2. 1). This is the major overwintering ground for most fish and invertebrates. The distribution of hydrographic characteristics is deeply influenced by such a bottom topography, especially in winter. The similarity between the patterns of water temperature in winter and the isobaths, in fact, reflects the topography (Guan, 1984).

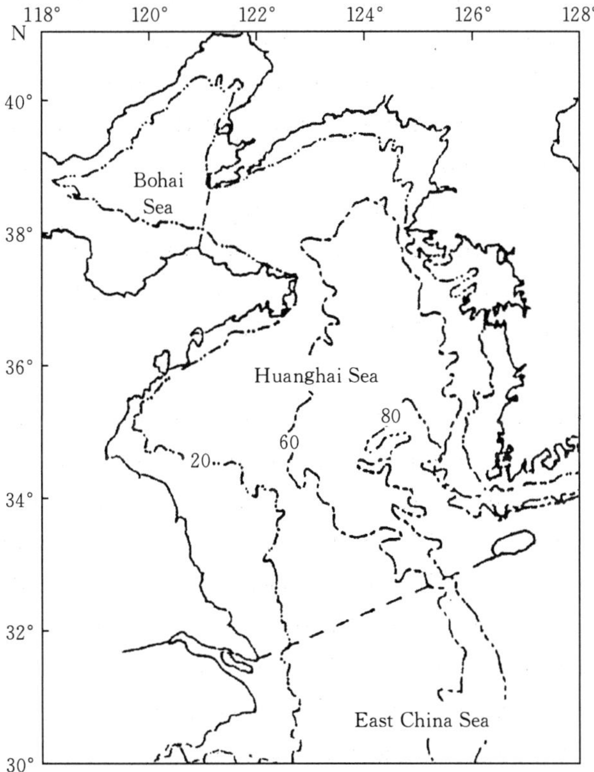

Figure 2. 1 Geographic names and bathymetric contours of the Yellow (Huanghai) Sea

The monsoon prevails over the sea, the direction of which changes twice yearly. The effects of cold air waves from the north during the winter and typhoons from the south during the summer on the hydrographic conditions of the sea are also pronounced, although local and temporary. In cold winters, due to the strong stirring and cooling, the water temperature distribution in this sea area is vertically homogeneous, but shows pronounced horizontal gradients. The surface temperature ranges from about 0 ℃ in the northernmost part to about 10～13 ℃ along the boundary of the East China Sea, between Shanghai and Cheju Island. But this is not the case in summer. Except for some local regions, water temperature distribution in the surface layer is quite homogeneous horizontally. But, due to the widespread appearance of the thermocline resulting from surface heating, Vertical gradients of the water temperature are very large.

The cold water mass of the Yellow Sea (especially, of the northern Yellow Sea) is one of the most outstanding and important components in the hydrography of the Yellow Sea. It is a water mass characterized by very low temperature in the central part of its deep and bottom layers in summer. In a hot summer, the surface temperature in the central area of the northern Yellow Sea cold water mass may reach as high as 28 ℃ or more, the lowest bottom (50 m) temperature may be 4～5 ℃, and the temperature difference between 10～25 m depth may be as great as 7～11 ℃. Therefore, it is one of the areas characterized by the greatest vertical temperature gradient and the most intense thermocline in the China Seas.

The cause of the Yellow Sea Cold Water Mass formation and interannual variation of temperature have been studied in some detail by Chinese oceanographers. It was believed that the cold water mass is chiefly the remains of surface water from the previous winter (e. g., Ho et al., 1959). Historical data (1928—1931; 1933—1940; 1943) indicated that the interannual variation in intensity and area of the cold water mass in summer is closely correlated to air temperature in the area in the previous winter (Guan, 1963). Zhang and He (1981) obtained similar results based on 20 years (1960—1980) of recent data. They pointed out that fluctuation in local fishery resources is related to the variations in the cold water mass.

The Yellow Sea Warm Current, which is a branch of the Tsushima Warm Current from the Kuroshio region, is the second major feature of the hydrography of the sea. The main body of the current lies within the Yellow Sea depression. It carries water of high temperature and high salinity (>32‰) to the north along 124°E and then to the west, and flows into the Bohai Sea in winter. The frontal position of the current flowing to the north is determined by both the intensity of the Yellow Sea Cold Water Mass and the Tsushima Current. This current with its extension and the Yellow Sea Coastal Current constitute the Yellow Sea circulation, which plays an important role in exchanging the waters in the semi-enclosed Bohai Sea and Yellow Sea (Figure 2. 2).

As compared with other areas in the northwest Pacific (Table 2. 1), the level of primary production is relatively low and the annual primary production is estimated to be $60gC \cdot m^{-2} \cdot yr^{-1}$. Based on this data, the production of phytoplankton is estimated at about 0.456×10^9 tons $\cdot km^{-2} \cdot yr^{-1}$ (Yang, 1985). The phytoplankton populations are mainly composed of neritic diatoms. The dominant species are *Skeletonema costaturm*, *Coscinodlscus*,

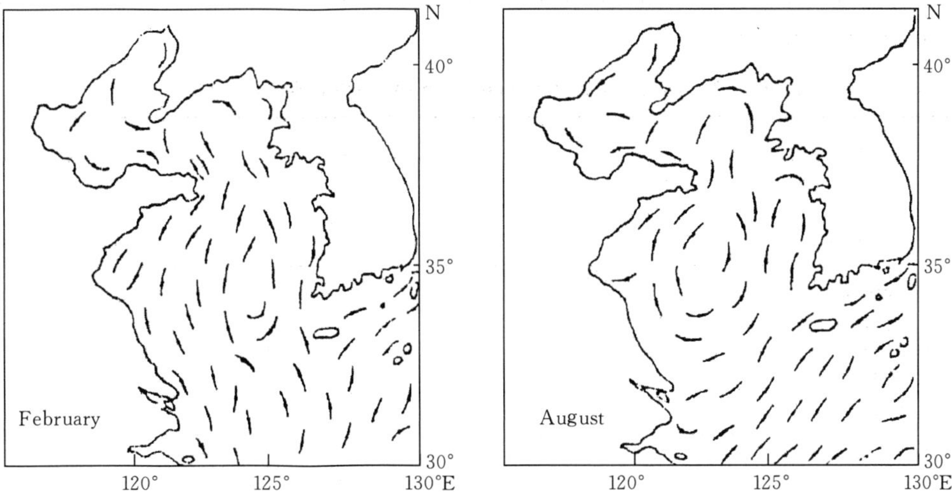

Figure 2.2 General surface layer circulation of the Yellow Sea

Melostra sulcata, *and Chaetoceros*. Their composition shows distinct seasonal shifts. A bloom occurs in late winter to early spring and summer to early autumn. The biomass in the northern region and the southern region in the sea are 2.460×10^3 cells • m^{-3} and 950×10^3 cells • m^{-3} respectively, which is lower than that of the Bohai Sea, East China Sea, and South China Sea (Anonymous, 1986a).

Table 2.1 Comparison of annual production in various shelf regions of the Northwest Pacific

Region	Primary Production ($gC \cdot m^{-2} \cdot yr^{-1}$)	Catch ($tons \cdot km^{-2}$)	References
Bohai Sea	90	3.8	Lu et al., 1984; Anonymous, 1986b
Yellow Sea	60	2.3	Lu et al., 1981; Liu, 1984; Anonymous, 1986b
East China Sea	90	3.9	Chikuni, 1985; Anonymous, 1986b
Japan Sea	93	8.9	Chikuni, 1985
Okhotsk Sea	93	5.0	Chikuni, 1985
Western Bering Sea	80	9.7	Chikuni, 1985

The biomass of zooplankton increases from the north to the south. The biomass is usually 5 to 50 mg • m^{-3} in the northern Yellow Sea, while it shows high values of about 50 to 1 000 mg • m^{-3} in the southern part. The dominant species are *Sagltta crassa*, *Calanus sinicus*, *Euphausia pacifica*, and *Themisto gracilipes*. The distribution of the biomass shows distinct seasonal changes and a bimodal production cycle is observed with peaks in spring and autumn. The data on biomass by season indicate that the annual biomass in the sea has decreased noticeably since 1959 (Table 2. 2). A similar trend was also found in the East China Sea (Anonymous, 1986a).

Table 2. 2 The zooplankton biomass in the Yellow Sea (mg · m^{-3})

Year	1959	1973	1981
Winter (February)	88	52	36
Spring (May)	178	107	70
Summer (August)	152	111	67
Autumn (November)	120	38	50

The benthic biomass in the sea is relatively high. The biomass in the area of the northern Yellow Sea Cold Water Mass is noticeably higher than that in the South Yellow Sea, 41 g · m^{-2} and 20 g · m^{-2}, respectively. Out of the total benthic biomass, Mollusca are most important, Echinodermata come second, Polychaeta third, and Crustacea fourth. Among these bottom animals, most are important food items in the food web of the ecosystem and some are commercially important species (e. g. , fleshy prawn, southern rough shrimp, Japanese squid).

Resource Variability and Species Shifts in Dominance

The fishery resources in the Yellow Sea ecosystem are multispecies in nature. The total number of species commercially harvested is about one hundred, including Cephalopoda and Crustacea. Therefore the catch of most species is relatively small; 22 species exceed 10 000 metric tons (mt) of annual catch (Table 2. 3) and are generally considered commercially important, accounting for 40%～60% of the annual catch. Another feature of the resource is that demersal species are the major component of the ecosystem and account for 65%～90% of the annual total catch.

Table 2. 3 Major resident species targeted by fisheries in the Yellow Sea

Common name	Scientific name
Ⅰ. Demersal and semi-demersal species:	
Small yellow croaker	*Pseudosciaena polyactis*
Large yellow croaker	*Pseudosciaena crocea*
Hairtail	*Trichiurus haumela*
Flatfish	Pleuronectidae (mostly *Cleisthenes herzensteini*)
Pacific cod	*Gadus macrocephalus*
Skates	Rajidae (mostly *R. Pulchra* and *R. Poraso*)

(continued)

Common name	Scientific name
Daggertooth pike-conger	*Muraenesox cinereus*
Jewfish	*Jonlus belengerll*
Gel-pout	*Hoarces elongatus*
Filefish	*Havodon septentrionalis*
Fugu	Fugu
Cephalopods	(mostly *Lollgo japonica*)
Fleshy prawn	*Penaeus orientalis*
Southern rough shrimp	*Trachypenaeus currlrostris*
Ⅱ. Pelagic species:	
Pacific herring	*Clupea harengus pallast*
Chub mackerel	*Pneumatophorus japonicus*
Spanish mackerel	*Scomberomorus niphonius*
Butterfish	*Stromateldes argenteus*
Chinese herring	*Ilisha elongate*
Half-fin anchovy	*Setipinna laty*
Scaled sardine	*Harengual zunast*
Japanese anchovy	*Engraulis japonica*

Commercial utilization of resources in the ecosystem has a long history, dating back several centuries. With the introduction of bottom trawling in the early 20th century, many stocks were intensively exploited by Chinese, Korean, and Japanese fishermen, so that some economically important species, such as red seabream, declined in abundance in the 1920s and 1930s (Xia, 1960). The stocks remained fairly stable during World War Ⅱ (Liu, 1979). However, due: to the great increase in fishing effort, especially after the late 1950s, the area fished came to encompass the entire Yellow Sea, and by the mid 1960s nearly all the major stocks were heavily fished. Since then, fishery resources in the sea have greatly changed (Xia, 1978; Liu, 1979; Chikuni, 1985). As shown in Figure 2.3, standardized fishing effort increased threefold from the early 1960s to the early 1980s, and at the same period fishery resources declined in biomass by over 40% as compared with other continental shelf areas in the Northwest Pacific (Table 2.1), the level of fish and invertebrate production is relatively low, and the catch per unit of square kilometers is only 2.3 mt in recent years.

As in most fisheries of the world, overexploitation has led to decline in abundance or depletion of many major stocks in the Yellow Sea, especially of demersal species such as small yellow croaker, hairtail, large yellow croaker, flatfish, and cod. The proportion of the catch for these major target species to the total catch decreased from 35% in the 1950s to about 10% in recent years. We will briefly describe interannual variability of each species.

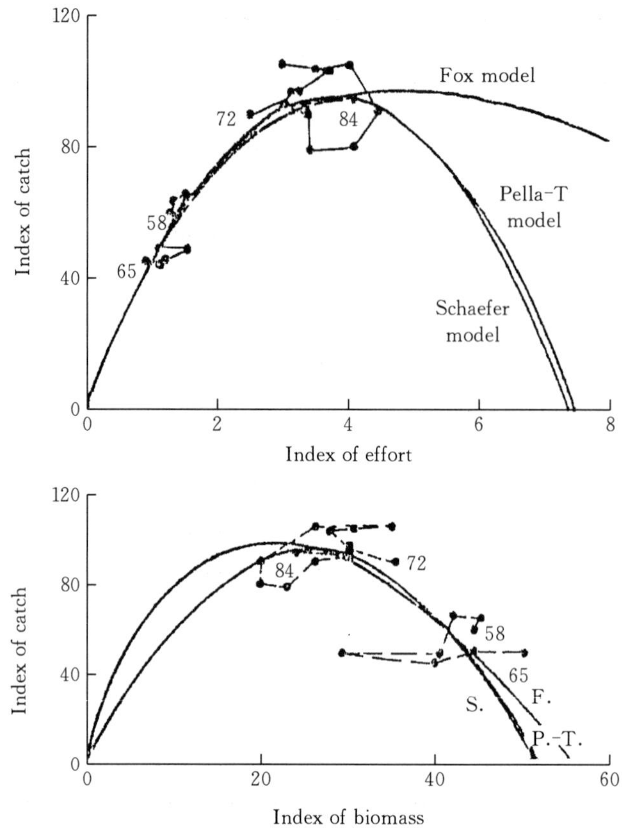

Figure 2. 3 The results of a surplus production model in a mixed fishery in the Yellow Sea

Small yellow croaker is the most commercially important demersal species in the sea. The catch reached about 200 000 mt in 1957. However, as young fish were heavily exploited in the overwintering ground, the catch of young fish accounted for 40%~60% of total catch of this species during the period 1957—1964. The catch has sharply decreased since the mid 1960s. The present catch is only 30 000~40 000 mt in which young fish aged 0~1 year account for 80% (Lee, 1977; Liu, 1979; Anonymous, 1986b). Figure 2. 4A shows the trend in abundance of small yellow croaker in terms of the catch per unit of effort. We can see that there has been a consistent decline in abundance and that presently the stock abundance has declined to about one-fifth of its size in the 1950s. The decline of this species was accompanied by a substantial reduction in its distribution (Otaki and Shojima, 1978), and increase in growth and earlier maturation (Mio and Shinohara, 1975) and a decrease in the mean age and body length of spawning stock (Figure 2. 5). It was estimated that spawning stock size in the early 1980s was only one-twentieth of its previous level (Mao, 1983). Although exploitation of spawning stock in the western Yellow Sea has been prohibited since 1980, there has been no definite indication so far of a recovery of this species.

After the stocks of small yellow croaker became depleted, the abundance of large yellow

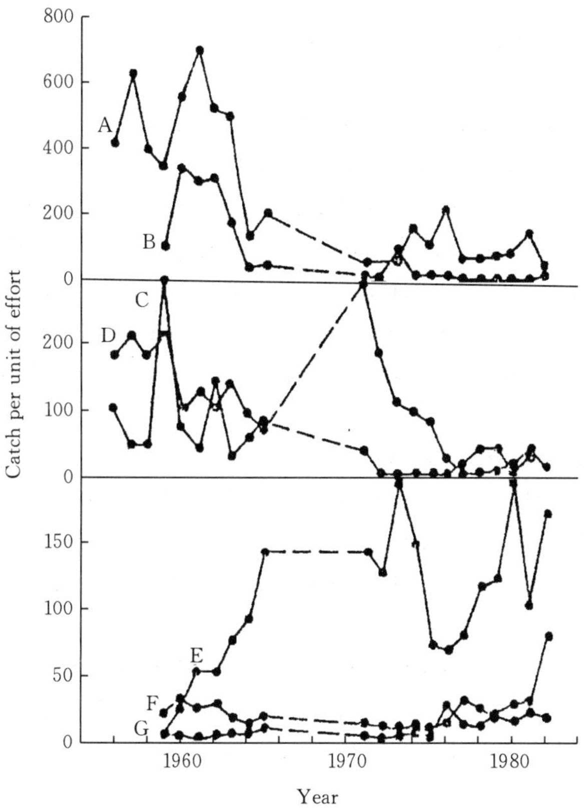

Figure 2.4 Catch per unit of effort, expressed in kilograms of catch per haul by pair trawlers for: A. small yellow croaker; B. hairtail; C. Pacific cod; D. flatfish; E. cephalopods; F. skates; and G. daggertooth pike-conger

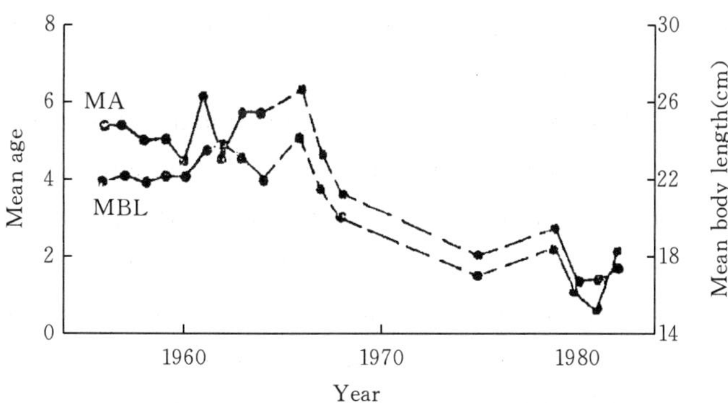

Figure 2.5 The mean age and body length of spawning stock of small yellow croaker in the Southern Yellow Sea

(adapted from Anonymous, 1986b)

croaker in the Southern Yellow Sea tended to increase, and the annual catch reached 40 000~50 000 mt during the years 1965—1975. But as overwintering stock was heavily exploited in the late 1970s, spawning stock of this species decreased sharply. When the spawning stock fishery of this species was closed off Jiangsu in 1981, the spawning stock sizes was found to have declined to about one-sixth of that in the 1960s based on bottom trawl survey data (Mao, 1983).

Hairtail is the second commercially important demersal species in the sea. The catch of the Yellow Sea stock of this species reached a peak of 64 000 mt in 1957. But due to the increase in fishing effort and intensive fishing of spawning stock and young fish during the late 1950s and early 1960s the catch has declined sharply since 1964. Figure 2. 4B shows that the abundance of the Yellow Sea stock in the 1970s was estimated to be only one-thirtieth of its previous level. Since 1965, in fact, the Yellow Sea stock has become a non-target species. Hairtail caught there is a feeding stock migrating from the East China Sea in autumn (Lin, 1985).

Pacific cod and flatfish are important boreal species in the Sea and their distribution and migration are related to the movement of the Yellow Sea cold water mass (Anonymous, 1986b). The catch of Pacific cod reached a peak of 30 000 mt in the 1950s. As young fish were heavily fished in the late 1960s, abundance consistently decreased to a very low level (Figure 2. 4C). The present catch is about 3 000 mt. Flatfish caught numbered about 20 000～30 000 mt in the 1950s. With the increase in fishing effort and abundance, the catch reached a peak of 80 000 mt in 1972. But, as shown in Figure 2. 4D, abundance has decreased since the mid 1970s. The catch is estimated to be 20 000～30 000 mt in recent years.

Because of growth overfishing or recruitment overfishing or both, stocks of a number of other commercially important demersal species such as searobin, red seabream, *Miichthys miiuy*, *Nibea albiflora* and white croaker also declined. However, under the same fishing pressure, the abundance of some species such as cephalopods, skates, and daggertooth pike-congers appears to be fairly stable (Figure 2. 4E-G). The reason for this may be the scattered distribution or the tolerant nature of these stocks.

Although we believe that the cause of decline in abundance for most demersal species in the Yellow Sea is due to extreme overfishing, the fluctuations in abundance for some demersal species may be affected by both natural and anthropogenic factors. The fleshy prawn provides a good example. Figure 2. 6 shows the spawning stock-recruitment relationships of fleshy prawn in terms of the modified Ricker model developed by Tang (1985). We can see that fluctuations in recruitment have various causes. A low level of recruitment in the years 1962—1971 and 1976 is mainly due to unfavorable environmental conditions, in spite of sufficient spawners, while the same level of recruitment in the years 1972, 1977, 1981—1983 may have been caused by a lack of spawners. But the high level of recruitment in the years 1973—1975 and 1978—1980 can be explained as resulting from both optimum spawning stock size and favorable environmental conditions.

The number of pelagic species is considerably smaller than that of demersal species in the Yellow Sea. The catch, which is mainly composed of eight commercially important

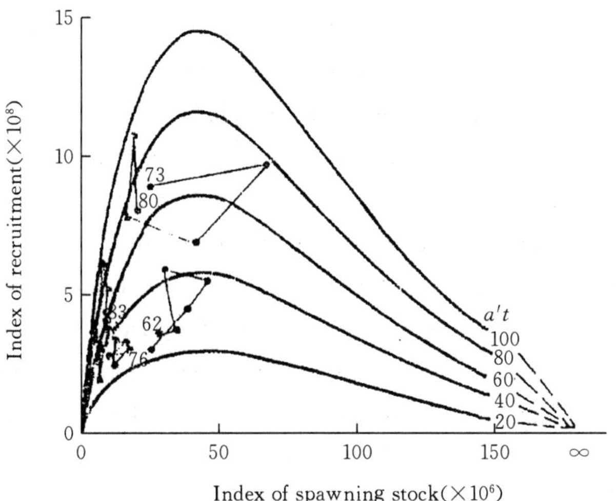

Figure 2.6 Spawning stock-recruitment relationships for different environmental conditions affecting density-independent mortality

species (Table 2.3), accounts for 10%～35% of the annual total catch. Pacific herring, chub mackerel, Spanish mackerel, and butterfish are major and larger-sized pelagic species in the sea. The annual catch for these species from 1953 to 1983 was estimated to be 30 000～300 000 mt a year. Figure 2.7 illustrates the fluctuations in abundance of these species. Causes of these fluctuations are complicated.

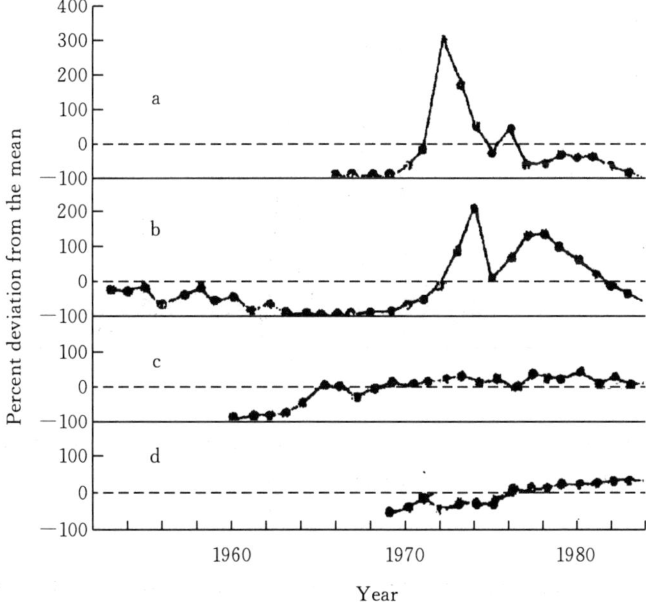

Figure 2.7 Annual catch of: (a) Pacific herring; (b) chub mackerel, (c) Spanish mackerel, and (d) butterfish, expressed as a percent deviation from the mean

Pacific herring in the Yellow Sea has a long history of exploitation. The importance of herring is demonstrated by the existence of villages and localities named for their association with it. In this century, the commercial fishery has experienced two peaks (in about 1900 and 1938) followed by a period of little or no catch. In 1967, due to the recovery of the stock, a large number of young herring began appearing in bottom-trawl catches. The catch increased rapidly to a peak of 200 000 mt in 1972, but declined to about 10 000 mt in recent years. Figure 2. 8 shows that fluctuations in recruitment of this stock are very large and directly affect the fishable stock. Tang (1981 and 1986) found that there is no strong relationship between spawning stock and recruitment (Figure 2. 9), and that environmental conditions are the primary cause of fluctuations in recruitment; long-term changes in biomass may be correlated with the 36-year cycle of wetness oscillation in East China. However, it is quite likely that the high catch rate of the fishery, in which the fishing mortality was 0. 87～2. 97 during the years 1971—1983, would have accelerated fluctuations in the stock. As a result, the actual spawning stock and recruitment has diminished to less than normal in recent years, especially in 1983 and 1984.

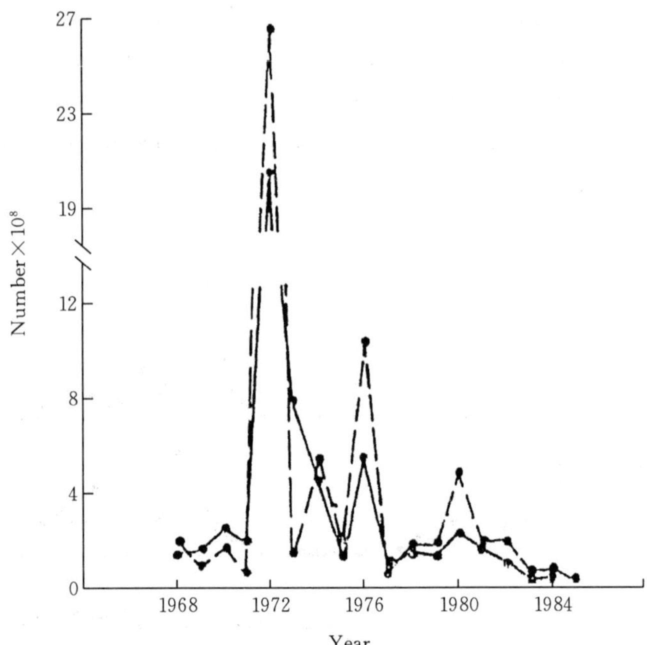

Figure 2. 8 Fisheble stock (N in the year t, ——) and recruitment (R in the year t-2, ····) of Pacific herring in the Yellow Sea, estimated by VPA

(from Tang, 1986)

Trends in catch of chub mackerel are quite similar to those of Pacific herring (Figure 2. 7A-B). It has been generally accepted that environmental conditions may have had an important effect on the long-term changes in abundance of chub mackerel. Ye (1985) suggests that the catch variations have a distinct 18-year cycle.

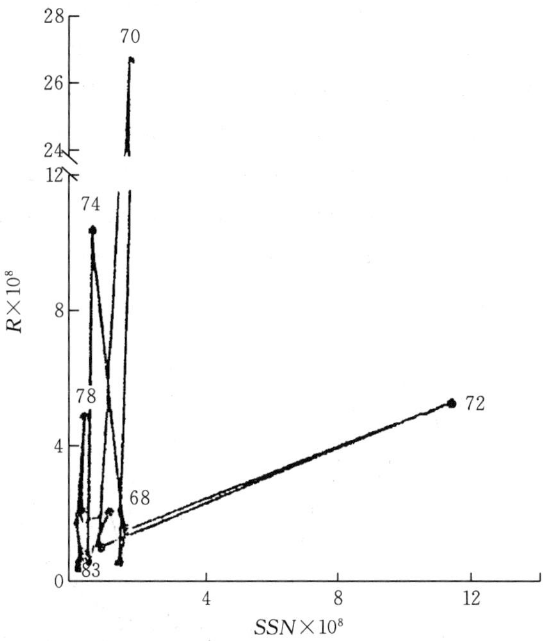

Figure 2. 9 Stock-recruitment plot of Pacific herring in the Yellow Sea

Spanish mackerel and butterfish are quite different from Pacific herring and chub mackerel. The stocks are relatively abundant, as shown in Figure 2. 7 and 2. 10; both abundance and catch have tended steadily to increase since the species began to be utilized in the 1960s. The reason for this is not clear. Perhaps it is due to an unusual combination of natural and anthropogenic conditions.

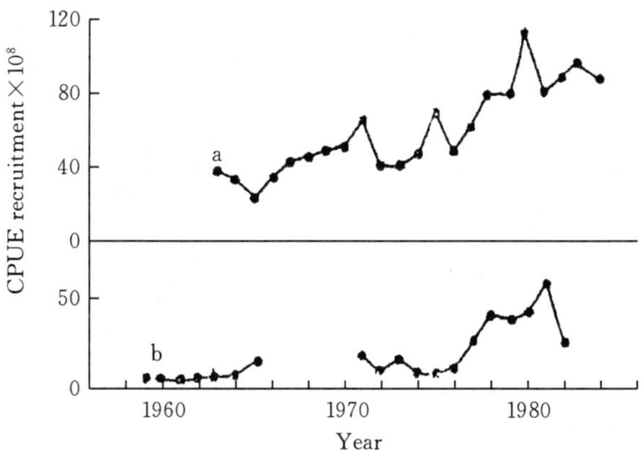

Figure 2. 10 (a) Recruitment for Spanish mackerel; (b) CPUE for butterfish, expressed in kilograms of catch per trawl haul

When we review resource variability, we see that species shifts in dominance is outstanding. As discussed above, the dominant species in the 1950s and early 1960s were small yellow croaker and hairtail, while Pacific herring and chub mackerel became dominant during the 1970s. Some smaller-bodied, fast-growing, short-lived. and low-value forage fish

(e. g., *Setipinna taty*, anchovy, scaled sardine) increased markedly around 1980 and have taken a prominent position in the ecosystem (Figures 2.11 and 2.12). As a result, some larger-sized and high trophic level species were replaced by those smaller-bodied and lower trophic level species, causing the fishery resources in the ecosystem to decline in quality. As shown in Figure 2.13, about 78% of the biomass in 1985 was composed of fish below 20 cm and invertebrates, and the mean body length in the catches of all commercial species was only 12 cm, while the mean body length in the 1950s and 1960s was over 20 cm.

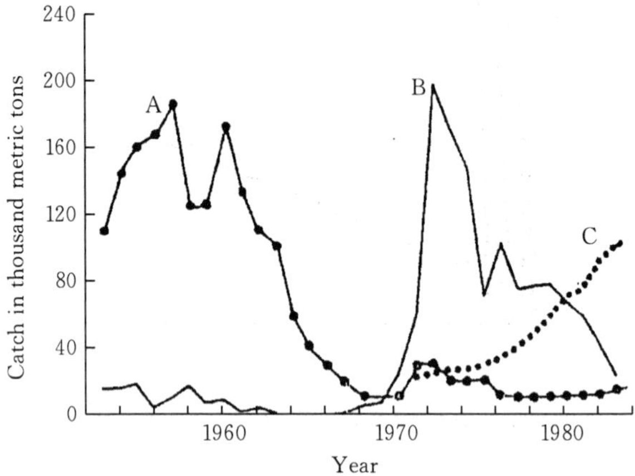

Figure 2.11 Annual catch of dominant species: (A) small yellow croaker and hairtail; (B) Pacific herring and Japanese mackerel; (C) *Setipinna taty*, anchovy and scaled sardine

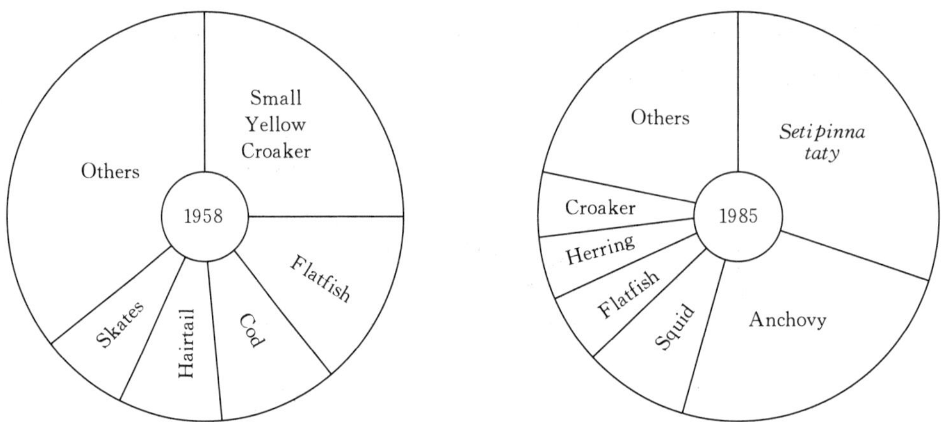

Figure 2.12 Proportion of major species in total catch based on research vessel bottom trawl surveys of the Yellow Sea in March-April of 1958 and 1985

It now seems to be accepted that overexploitation has been the main cause of shifts in resource populations in the Yellow Sea ecosystem. However, natural conditions may have had an important effect on the long-term changes in dominant species. We found that changes in abundance of the species of different ecological types are correlated with environmental variability (e. g., temperature). For example, the catch of warm and temperate water species tends to increase during warm years, while the catch of boreal species tends to increase during cold years (Figure 2. 14). It may be that there are two types of species shift: one is systematic replacement; the other is ecological replacement (Xia, 1978). In systematic replacement, when one dominant species declines in abundance or is deleted due to overexploitation, another competitive species will have an opportunity to use surplus food and vacant space to increase its abundance. In ecological replacement, minor changes in the natural environment can have major consequences for stock abundance, especially for pelagic species. In the long run, the effects of the two may be mingled. so that the cause of changes in population becomes impossible to pinpoint.

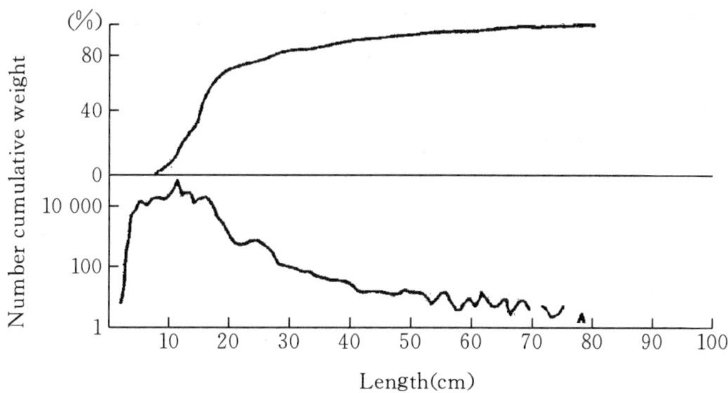

Figure 2. 13 Numbers and cumulative weight at length of all demersal species caught from the Yellow Sea Fishery Ecosystem Surveys in 1985

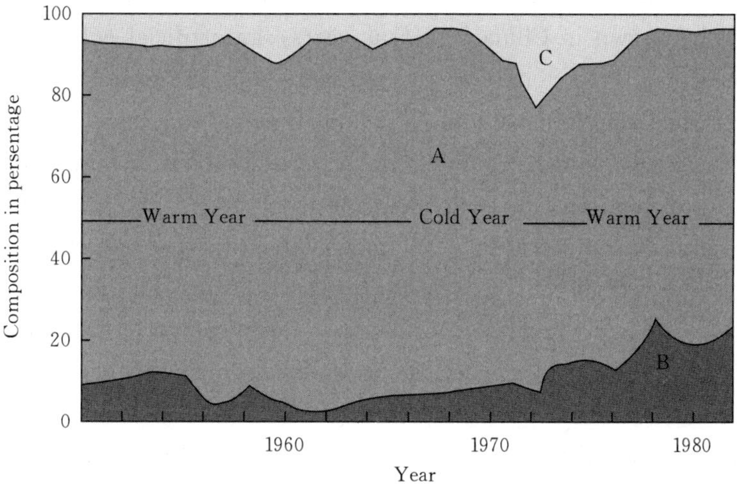

Figure 2. 14 Species composition of annual catch in the Yellow Sea and East China Sea: (A) temperate water species; (B) warm water species; (C) boreal species (adapted from Xia, 1978; Li, 1984; Zhou and Li, 1980)

Outlook

To restore the living resources of the Yellow Sea, setting up a model structure of the fishery ecosystem should be considered; possible measures to be adopted include establishing effective ecosystem management and developing a restocking program.

Since a number of major species have become depleted and have not shown positive signs of recovery in the Yellow Sea fishery ecosystem, a continuation of strict regulation measures is essential, and intensification of conservation of young fish and spawning stock of commercially important species would be the most important task in ecosystem management. For some continually overfished stocks, prompt action should be taken and it includes the cessation of fishing in some cases and limited fishing in others. However, it may be extremely difficult to enforce these management measures in practice, because these stocks are exploited by four different countries (namely China, Korea D. P. Rep., Korea Rep., and Japan) either in coastal waters or in offshore water or in a combination of both, and there is no common approach for managing these stocks. For example, the small yellow croaker fishery off Jiangsu in China has been closed since 1980 and the exploitation of spawning stock has been prohibited, but young fish are heavily exploited in the overwintering ground of this species. Therefore, there is a need for a multinational organization to be established, so that effective management of the fishery can be instituted and can flourish. In spite of the fact that it may be extremely difficult to establish such a multinational organization in the immediate future, intensive efforts to achieve this goal should be made.

Because of remarkable developments in artificial breeding, rearing and releasing techniques of fleshy prawn in China in recent years, an artificial enhancement program is advocated. Approximately four million juvenile prawns were released into the southern coastal waters of Shandong Peninsula in 1984 and three months later, in September, these prawns were recaptured, with a catch of about 1 000 mt. About nine million juvenile prawns were released in the same area in 1985, and the catch was over 2 000 mt. This success is encouraging. It not only promotes the development of artificial enhancement in the sea, and also brings hope for recovery of ecosystem resources. From the viewpoint of the trophic structure of the ecosystem, invertebrates (e. g., fleshy prawn, scallop, other shellfish, jellyfish, blue crab) may be ideal species for artificial enhancement, because they have a lower trophic level, are short-lived, and have great commercial value. On the other hand, some benthophagic demersal fish such as the false halibuts, *Limanda yokohamae*, *Sebastes schlegeill*, black porgy, and red seabream may also be considered. Therefore, a greater increase in the ecosystem resources can be expected within a few years if appropriate measures are effectively enforced and the artificial enhancement program expanded to an ecosystem level.

In order to realize this goal, an urgent task is to establish an effective monitoring system of ecosystem resources in the Yellow Sea. As pointed out by Sherman (1986), it includes: ① utilization of yield statistics for estimating population trends, ② yield-independent surveys of adult and early-life stages on mesoscale spatial and temporal sampling frequencies, and③process-oriented studies of ecosystem structure and function leading to improved resource forecasts.

References

Anonymous, 1986a. Marine fishery environment in China. Fishery Resources Investigation and Division, 5 (2). In Chinese.

Anonymous, 1986b. Marine fishery resources in China. Fishery Resources Investigation and Division, 6 (2). In Chinese.

Chikuni S, 1985. The fish resources of the Northwest Pacific. FAO Fish. Tech. Paper, 266.

Guan B, 1963. A preliminary study of the temperature variations and the characteristics of the circulation of the cold water mass of the Yellow Sea. Oceanol. Limnol. Sin. , 5 (4): 255 - 284. In Chinese.

Guan B, 1984. Major features of the shallow water hydrography in the East China Sea and Huanghai Sea. In Ocean hydrodynamics of the Japan and East China Sea, pp: 1 - 13. Ed. by T. Ichiye. Elsevier, Tokyo.

Ho C, Wang Y, Lei Z, et al. , 1959. A preliminary study of the formation of Yellow Sea cold water mass and its properties. Oceanol. Liminol. Sinica, 2: 11 - 15. In Chinese.

Lee J, 1977. Estimation of the age composition and survival rate of the yellow croaker in the Yellow Sea and East China Sea. Bull. Fish. Res. Dev. Agency, Busan, 16: 7 - 31.

Li L, 1984. Changes in climate of the east coast of China. Reports of Fourth Oceanology and Liminology Conference, pp: 33 - 34. In Chinese.

Lin J, 1985. Haritail. Agriculture Publishing House, Beijing, In Chinese.

Liu B, 1984. Estimating the primary production of the Huanghai Seas by using satellite remote. J. Fish. China, 8 (3): 227 - 234.

Liu X, 1979. Status of fishery resources in the Bohai and Huanghai Seas. Mar. Fish. Res. Paper, 26: 1 - 17. In Chinese.

Lu P, Fei Z, Mao X, 1984. The distribution of chlorophyll and estimation of primary production in the Bohai Sea. Acta Oceanol. Sinica, 6 (1): 90 - 98. In Chinese.

Lu P, Zhang K, Fei Z, 1981. The distribution of chlorophyll and estimation of primary production in the coastal water off Quingdao. Mar. Res. , 1: 1 - 8.

Mao X, 1983. Status of the yellow croaker stocks. In Condition of fishery resources in the Huanghai Sea and East China Sea. East China Sea Fish. Res. Inst.

Mio S, Shinohora F, 1975. The study on the annual fluctuation of growth and maturity of principal demersal fishes in the East China Sea and the Yellow Sea. Bull. Seikai Res. Fish. Res. Lab. , 47: 51 - 95.

Otaki H, Shojima S, 1978. On the reduction of distributional area of the yellow croaker resulting from decrease of abundance. Bull. Seikai Res. Fish. Res. Lab. , 51: 111 - 121.

Sherman K, 1986. Measurement strategies for monitoring and forecasting variability in large marine ecosystems. In Variability and management of large marine ecosystems, pp: 203 - 236, Ed. by K. Sherman and L Alexander. AAAS Selected Symposium 99. Westview Press, Boulder, 319 pp.

Tang Q, 1981. A preliminary study on the causes of fluctuations in year class size of Pacific herring in the Huanghai Sea. Trans. Oceanol. Limnol. , 2 (1981): 37 - 45.

Tang Q, 1985. Modification of the Ricker stock recruitment model to account for environmentally induced variation in recruitment with particular reference to the blue crab fishery in Chesapeake Bay, Fish. Res. , 3

(1985): 13-21.

Tang Q, 1986. Estimation of fishing mortality and abundance of Pacific herring in the Huanghai Sea by cohort analysis (VPA). Acta Oceanol. Sinica, 8 (4): 476-486.

Xia S, 1960. Fisheries of the Bohai Sea, Huanghai Sea, and East China Seas, Mar. Fish. Res. Pap., 2: 73-94. In Chinese.

Xia S, 1978. An analysis of changes in fisheries resources of the Bohai Sea, Huanghai Sea, and East China Sea. Mar. Fish. Res. Pap., 25: 1-13. In Chinese.

Yang J, 1985. Estimates of exploitation potential of marine fishery resources in China. In Proceedings of the strategy of ocean development in China, pp: 107-113. China Ocean Press, Beijing.

Ye M, 1985. A preliminary analysis of the population dynamics of pelagic fishes in the Huanghai Sea and Bohai Sea. Mar. Bull., 4 (1): 63-67. In Chinese.

Zhang Y, He X, 1981. The annual variation and its forecasting of the intensity of cold water mass of the northwestern Yellow Sea in spring. Trans. Oceanol. Limnol., 1: 17-25. In Chinese.

Zhou S, Li C, 1980. The features of inshore water temperatures in spring season in the Huanghai Sea and East China Sea and their relations to fisheries. J. Fish. China, 4 (3): 259-274.

Effects of Long-Term Physical and Biological Perturbations on the Contemporary Biomass Yields of the Yellow Sea Ecosystem[①]

Qisheng Tang

Introduction

The Yellow Sea is a semi-enclosed body of water with unique hydrographic regime submarine topography, productivity, and trophically dependent populations. It has well-developed multispecies and multinational fisheries. Over the past several decades, the resource populations in the sea have changed greatly, and, as compared with other continental shelf areas in the Northwest Pacific, the biomass yields have decreased markedly. At present, implementation of effective management strategies is an urgent and important task.

During the last several years, ocean scientists and managers have gained important new insights into the processes that govern the ecology of coastal and ocean species, which has led to a new conceptual framework called the large marine ecosystem (LME) approach. This approach provides the basis for developing new strategies for marine resource management and research from an ecosystem perspective (Sherman and Alexander, 1986, 1989).

The purpose of this chapter is to describe the Yellow Sea as ail LME, emphasizing the effects of long-term physical and biological perturbations on the contemporary biomass yields. Detailed information on the physical setting, biological structure and changes in biomass yields and their causes are reported. Suggestions for effective ecosystem conservation and management of the Yellow Sea are offered in the final section.

The Physical Setting

The semi-enclosed Yellow (Huanghai) Sea is bounded by the Chinese mainland to the west, the Korean peninsula to the east, and a line running from north of the Changjiang (Yangtze) River mouth to Cheju Island. It covers an area of about 380 000 km^2, with a mean depth of 44 m. The central part of the sea, traditionally called the Yellow Sea Depression, ranges in depth from 70 m to a maximum of 140 m. This is the major overwintering ground for most fish and invertebrates in this ecosystem.

---

① 本文原刊于 *Large Marine Ecosystem: Stress, Mitigation, and Sustainability*, 79-93, AAAS Press, USA, 1993。

The seasonal mean circulation of the Yellow Sea is a basin-wide cyclonic gyre comprised of the Yellow Sea Coastal Current and the Yellow Sea Warm Current. The Yellow Sea Warm Current, which is a branch of the Tsusbima Warm Current from the Kuroshio region in the East China Sea, carries water of relatively high salinity (>30%) and high temperature (>12 ℃) to the north along 124°E and then to the west, flowing into the Bo Hai Sea in winter. This current, together with the coastal current flowing southward, plays an important role in exchanging the waters in this semi-en closed ecosystem (Figure 1).

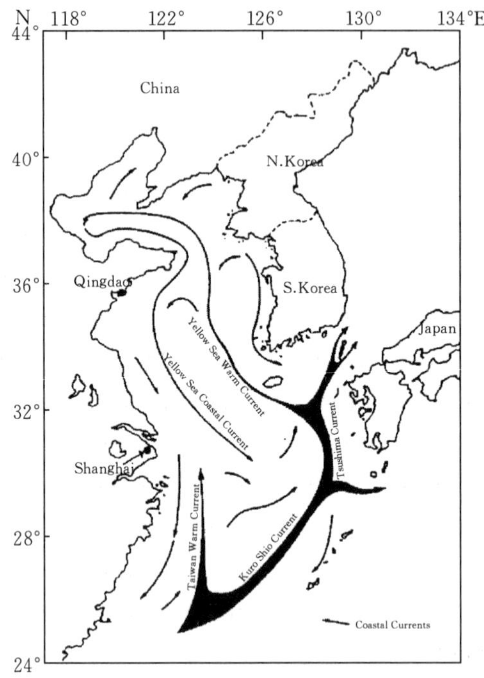

Figure 1 Schematic diagram of the major winter current system in the Yellow Sea (from Gu et al., 1990)

The Yellow Sea cold water mass is one of the most outstanding and important components in the hydrography of the sea (Ho et al., 1959; Guan, 1963). A water mass characterized by low temperature and high salinity in the central part of its deep and bottom layers, it is believed to be the remnant of local water remaining from the previous winter (Figure 2). In winter, the temperature distribution in the sea is vertically homogeneous, but has pronounced horizontal gradients with temperatures ranging from about 0 ℃ in the northernmost part to about 10～13 ℃ along the boundary of the East China Sea. In contrast during the summer, the horizontal surface temperature gradient is small and vertical stratification develops. The surface temperature in the central area of the northern Yellow Sea cold water mass may be as warm as 28 ℃ or more; the lowest bottom (50 m) temperature may be 4～5 ℃. The top of the thermocline lies 5 to 15 m below the surface with a vertical temperature gradient greater than 10 ℃/10 m; it is one of the sharpest thermoclines in the China Seas. Weng et al. (1989) have reported that the distribution range of the cold water mass has distinct secular interannual variations, with a "relative volume" in the stronger years that is 2.2 times greater than that in weaker years. Temperature and salinity varied by 7.7 ℃ and 2.58‰, respectively, during the period 1957—1985.

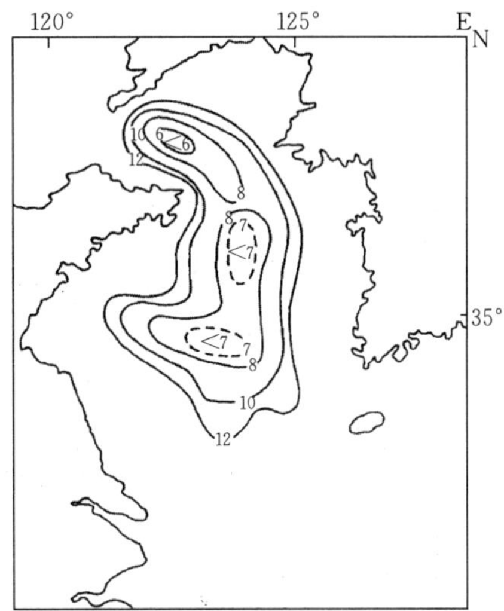

Figure 2 Distribution of bottom water temperatures (℃) of the Yellow Sea cold water mass in summer
(from Sun et al., 1981)

Concentrations of dissolved oxygen and nutrients have seasonal variations similar in some respects to those of the hydrographic variables. In winter, their distributions are vertically homogeneous, while in summer they are stratified. In general, the oxygen concentrations at the surface and bottom range from 6.4 to 8.0 mL/L and from 4.0 to 6.4 mL/L respectively (Su, 1987). The higher nutrient concentrations in the nearshore shallow water zone are caused by river runoff. In deeper water, the nutrient concentrations are greater below the thermocline. Upward mixing of nutrient-rich bottom water at the boundary of the cold water mass is probably responsible for the higher silicate concentrations along the southern shores of both the eastern Liaodong and Shandong peninsulas (Figure 3). The annual average phosphate concentration is about 0.4 mg/L which is much lower than that found in other China seas (Yu et al., 1990).

The Ecological Structure

The phytoplankton community is composed mainly of neritic diatoms. The dominant species are *Skeletonema costatum*, *Coscinodiscus*, *Melosira sulcata*, and *Chaetoceros*. The Yellow Sea ecosystem has relatively low primary productivity—about 60 g $C \cdot m^{-2} \cdot yr^{-1}$—compared with other shelf regions in the Northwest Pacific (Tang, 1989). Primary production in the northern region is usually higher than that in the southern region, and the lowest level appears in the southwest coastal water of the sea (Liu, 1984). But a much higher level of primary production is found in the southeast coastal water of the sea, about 141g $C \cdot m^{-2} \cdot yr^{-1}$ (Choi et al., 1988). The production of phytoplankton in the sea is estimated to be $0.52 \cdot 10^9$ tons $\cdot km^{-2} \cdot yr^{-1}$, which is lower than that of the East China and South China seas (Yang, 1985; Gu et al., 1990).

Over the past 30 years, the phytoplankton biomass has been relatively stable-about

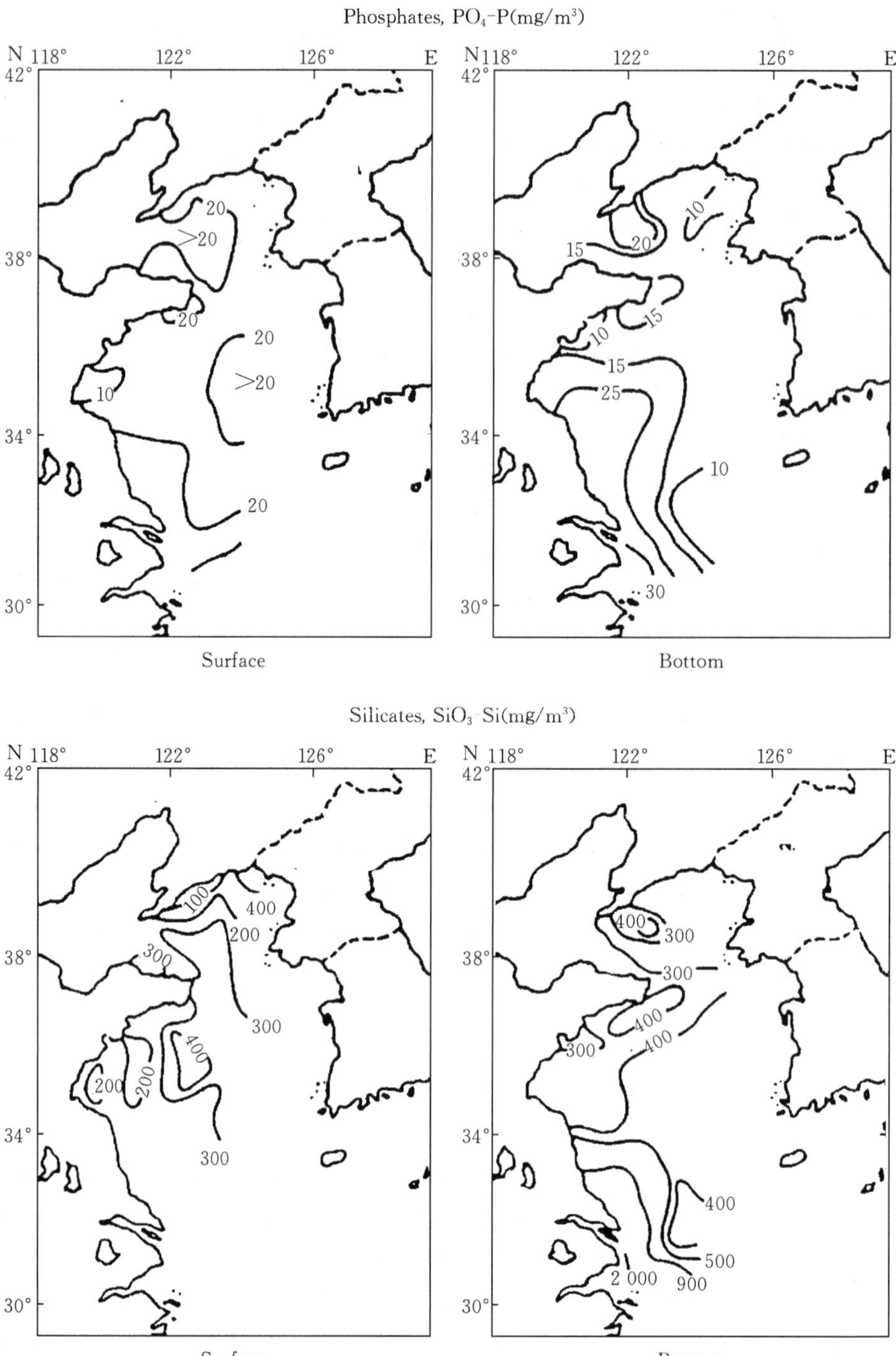

Figure 3 Surface and bottom distributions of phosphate and silicate in the Yellow Sea (from Su, 1987)

508 000 cells • m^{-3} in 1961 and 550 000 cells • m^{-3} in 1985 (Table 1). However, during this same period, the phytoplankton biomass in the Bohai Sea increased noticeably (Deng, 1988).

Table 1 Phytoplankton biomass in the mid Yellow Sea (34°～37°30′N; $\times 10^3$ cells • m^{-3})

Year	1961	1985
Spring	496	694
Summer	142	55
Autumn	818	1234
Winter	576	28
Average	508	550

The biomass of zooplankton in the Yellow Sea is also lower than that of adjacent areas, ranging from 5 to 50 mg^{-3} in the north to 25 to 100 mg m^{-3} in the south, because of the influence of the warm current. The dominant species, including *Sagitta crassa*, *Calanussinicus*, *Euphausia pacifica*, and *Themisto gracilipes*, are all important food for pelagic and demersal fish and invertebrates. The seasonal changes in zooplankton production are consistent. However, the annual biomass yield in the sea has decreased noticeably since 1959 (Figure 4); this is similar to the trend found in the East China Sea (GU et al., 1990).

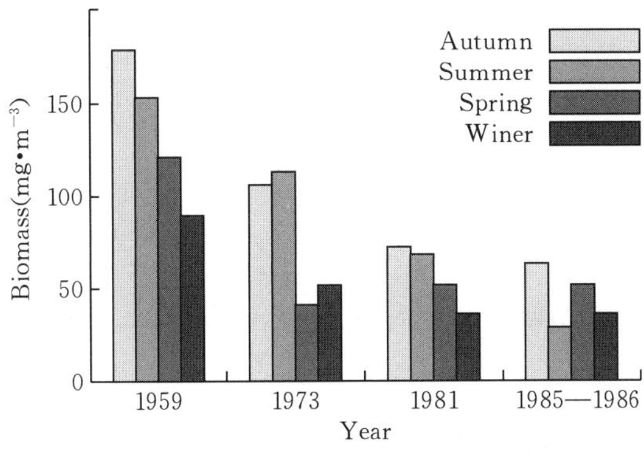

Figure 4 Seasonal trends of zooplankton biomass in the Yellow Sea for 1959, 1973, 1981, and 1985—1986

The benthic biomass in the Yellow Sea is consistently low (Table 2). Of the groups commprising the benthic biomass, *Mollusca* is the most important group (about 37%), followed by *Polychaeta* (about 27%), *Echinodermata* (about 18%), *Crustacea* (about 3%), and others (about 15%). These bottom dwellers include important prey items and commercially important species (e.g., southern rough shrimp).

Table 2 Benthic biomass in the mid-Yellow Sea (gm • m^{-2})

Year	Mollusca	Polychaeta	Echinodermata	Crustacea	Others	Total
1958—1959	8.0	4.5	3.1	0.8	4.9	21.3
1975—1976	8.8	7.9	4.8	0.7	1.8	24.0

The fauna of the Yellow Sea are recognized as a sub-East Asia zoo-geographic province of the North Pacific Temperate Zone (Cheng, 1959; Liu, 1959, 1963; Dong, 1978; Zhao et al. 1990). These resource populations are composed of species with various ecotypes. Warm temperate species comprise the majority, accounting for about 60% of the total biomass of the resource populations. Warm-water and cold temperate species account for about 15% and 25%, respectively. Demersal and semidemersal species account for about 58%, and Pelagic species about 42% (Figure 5). Because most of the species inhabit the Yellow Sea year-round, the faunal resource populations have formed an independent community. The diversity and abundance of this community are comparatively lower than are found in the East China and South China Seas. The Shannon-Wiener diversity index (*H'*) and Simpson ecological dominance index (*C*) of the resource populations were determined to be 2.3 and 0.34, respectively (Tang, 1988).

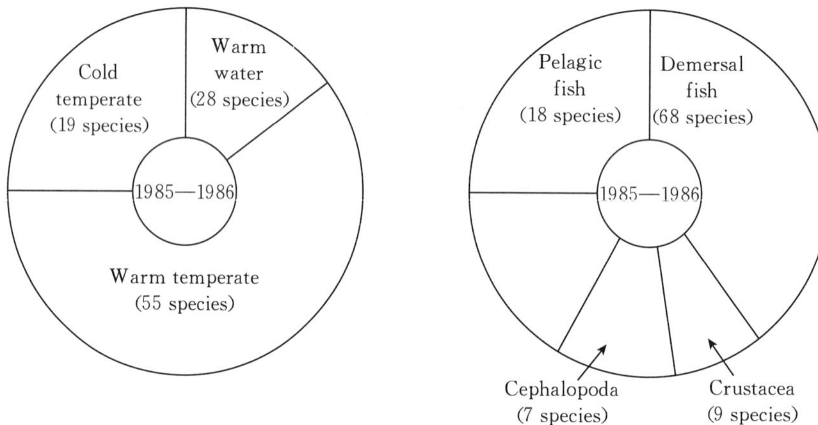

Figure 5 Proportion of the various ecotypes of the total biomass of resource populations based on research vessel bottom trawl surveys of the Yellow Sea in 1985—1986

The fishery resources in the Yellow Sea are multispecies in nature. Approximately 100 species are commercially harvested, including demersal fish (about 66%), pelagic fish (about 18%), cephalopods (about 7%), and *Crustacea* (about 9%). The annual catch of about 20 species exceeds 10 000 metric tonnes, accounting for less than 40% of the total catch. The remaining 60% includes about 80 commercially harvested species. However, in 1985—1986, bout 20 major species accounted for 92% of the total biomass of the resource populations, and about 80 species accounted for the other 8% (Table 3).

Table 3 Major resident species of resource populations in the Yellow Sea

Common name	Scientific name	Biomass (%)	Harvest① (%)
Ⅰ. Pelagic species			
Japanese anchovy	*Engraulis japonicus*	37.0	(2.8)
Half-fin anchovy	*Setipinna taty*	7.3	(3.0)
Scaled sardine	*Harengula zunasi*	3.7	(1.8)
Pacific herring	*Clupea pallasii*	2.0	0.2

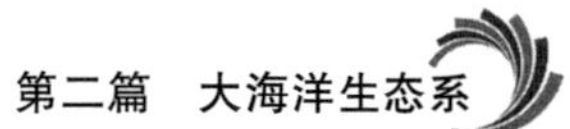

(continued)

Common name	Scientific name	Biomass (%)	Harvest[①] (%)
Horse mackerel	*Trachurus japonicus*	2.9	
Chub mackerel	*Pneumatophoru japonicus*	1.7	2.2
Spanish Mackerel	*Scomberomorus niphonius*	1.2	4.7
Butterfish	*Stromateides argenteus*	2.7	0.8
Ⅱ. Demersal and semi-demersal species			
Small yellow croaker	*Pseudosciaena polyactis*	4.2	1.2
Jewfish	*Johnius belengerii*	1.1	(2.8)
Croaker	*Collichthys niveatus*	1.0	(2.8)
Skates	*Rajidae*[②]	3.2	(1.0)
Eelpout	*Zoarceselongatus*	1.7	1.4
Sea snail	*Liparis tanakae*	5.3	
Flatfish	—[③]	4.2	(1.8)
Angler	*Lophius litulon*	2.0	
Japanese squid	*Logigo japonicus*	3.5	(1.0)
Cuttlefishes	—[④]	2.3	1.7
Fleshy prawn	*Penaeus orientalis*	1.6	
Southern rough shrimp	*Trachypenaeus curvirostris*	1.9	
Crangonid shrimp	*Crangon affinis*	1.6	
Blue crab	*Portunus trituberulatus*	3.5	(1.9)
TOTAL		91.9	(34.6)

Notes: ①Based on research vessel bottom trawl surveys and fisheries statistics in 1985—1986. ②Primarily *R. pulchra* and *R. chinensis*. ③Primarily *Cleisthenes herzensteini*. ④Primarily *Sepiella maindroni*.

The Yellow Sea food web is relatively complex, with at least four trophic levels (Figure 6). Japanese anchovy and macruran shrimp (e. g., *Crangon affinis* and southern

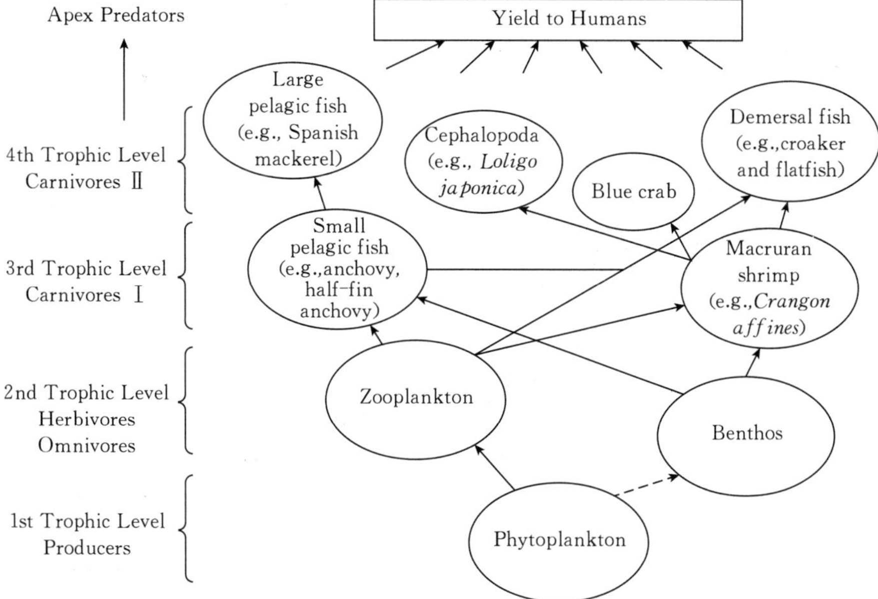

Figure 6 A simplified version of the Yellow Sea food web and trophic structure based on the main resource populations in 1985—1986

rough shrimp) are keystone species. They occupy an intermediate position in the food web and are important food resources for higher trophic levels. About 40 species eat anchovy, including almost all of the higher carnivores of the pelagic and demersal fish, and the cephalopods. Japanese anchovies are abundant in the Yellow Sea, with an annual biomass estimated at 2.5～2.8 million metric tonnes in 1986—1988 (Zhu and Iversen, 1900). *Crangon affinis* and southern rough shrimp, which are eaten by most demersal predators (about 26 species), are also numerous and widespread in the Yellow Sea.

Changes in Biomass Yields and Their Causes

The Yellow Sea is one of the most intensively exploited areas in the world. Commercial utilization of the living resources in this ecosystem dates back several centuries. With a remarkable increase in fishing effort and its expansion to the entire Yellow Sea, nearly all the major stocks were fully fished by the mid-1960s, and by the end of that decade the resources in the ecosystem were being overfished (Figure 7). Many studies have shown that biomass yields in the ecosystem have declined greatly (Xia, 1978; Liu, 1979; Chikuni, 1985; Zhao et al., 1990). From the early 1960s to the 1980s, the fish and invertebrate biomass declined by about 40%, while fishing effort increased threefold. The proportion of the catch of traditional target species to the total catch decreased from 25% in the 1950s to about 10% in the late 1980s (Tang, 1989).

Figure 7 Trends in catch and effort for Yellow Sea fisheries, 1950s—1980s (generalized history of the fisheries in the Yellow Sea)

During this period, there was a marked shift in the dominant species—from small yellow croaker and hairtail in the 1950s and early 1960s to Pacific herring and chub mackerel in the 1970s. Small-sized. fast-growing, short-lived, low-valued species, such as Japanese anchovy, half-fin anchovy, and scaled sardine, increased markedly in abundance during the 1980s and assumed a prominent position in the ecosystem resources and food web thereafter. As a result, larger, higher trophic level, commercially important demersal species were replaced by smaller, lower trophic level, pelagic, less-valuable species. As a result, harvestable living resources in the ecosystem declined in quality. The major resource populations in 1958—1959 were small yellow croaker, flatfish, cod, hairtail, skate, sea robin, and angler, which accounted for 71% of the total biomass yield (Figure 8) . Herbivores represented 11%; benthophagic species, 46%; and dichthyophagic species, 43%. By 1985—1986, the major exploitable resources had shifted to Japanese anchovy, half-fin anchovy, squid, sea snail, flatfish, small yellow croaker, and scaled sardine. Of these, 59% were planktophagic species, 26% were benthophagic species, and 16% were dichthyophagic species. In addition, about 79% of the biomass yield in 1986 consisted of fish and invertebrates smaller than 20 cm. Their mean standard length was only 11 cm, with a mean

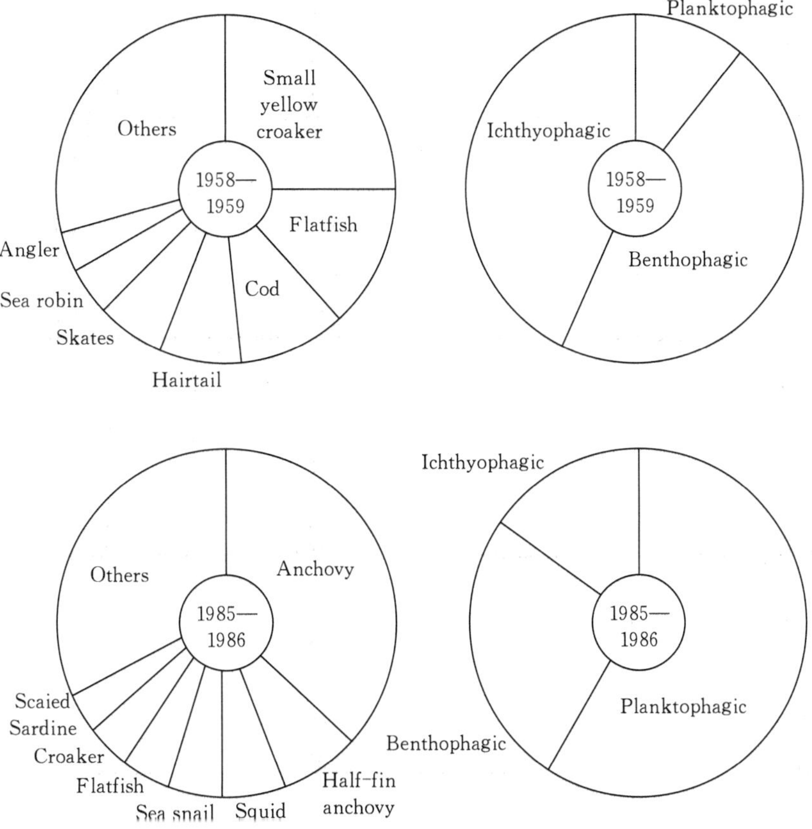

Figure 8 Proportion of major species and various feeding habits in total catch based on research vessel bottom trawl surveys of the Yellow Sea in 1958—1959 and 1985—1986

weight of 20 g (Figure 9), compared to a mean standard length in the 1950s—1960s of 20 cm. The biomass of less-valuable species increased by about 23% between the 1950s and 1980s (Figure 10).

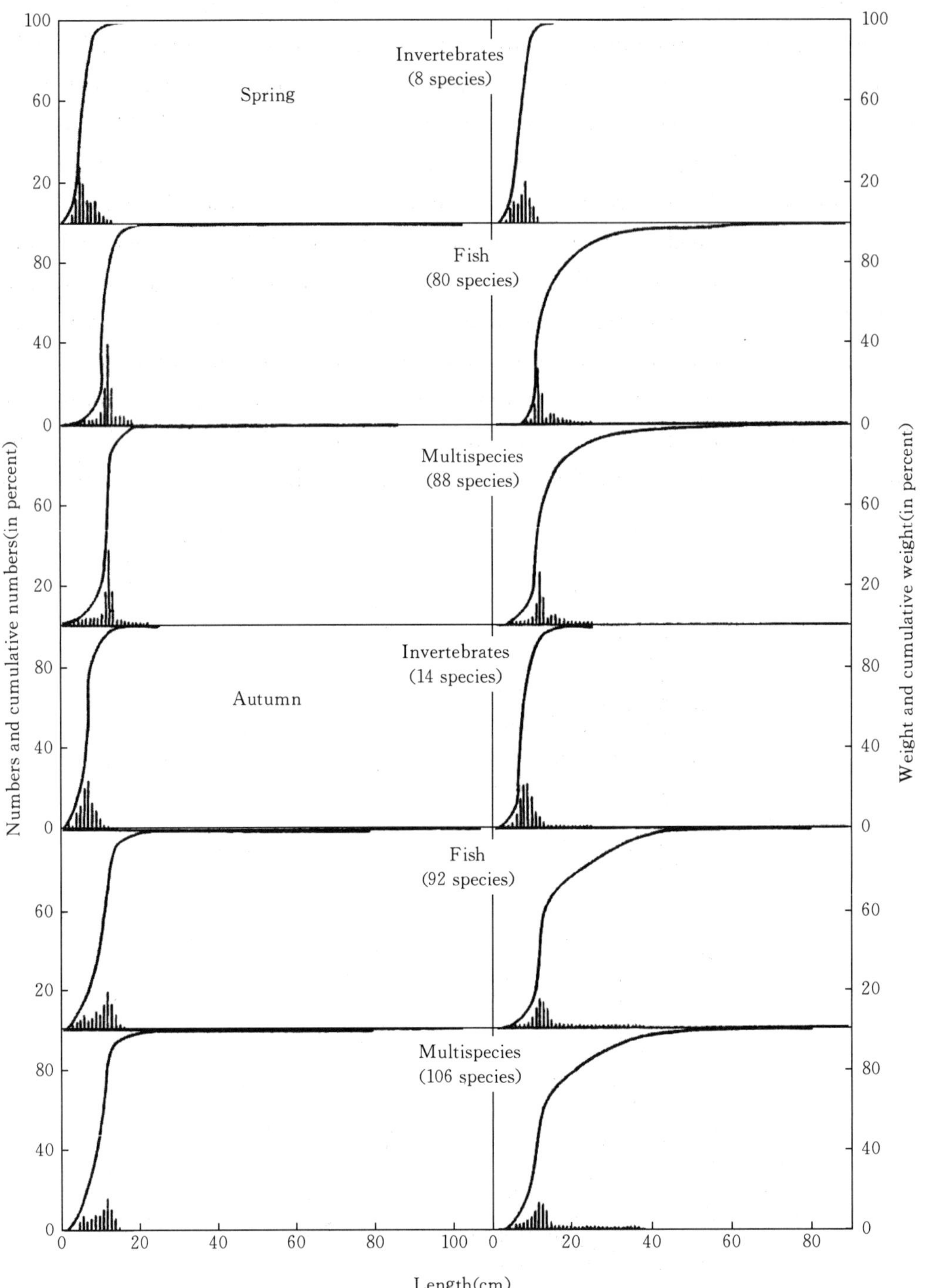

Figure 9 Percent of numbers and weight at length of all species caught from bottom trawl surveys of the Yellow Sea in 1986

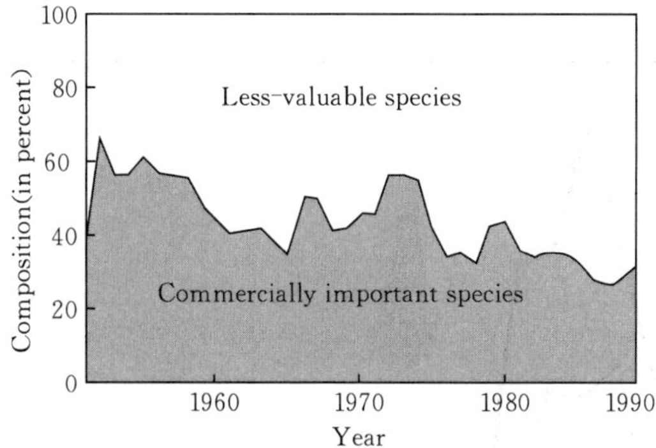

Figure 10 Percent of high-versus low-valued species in the annual catch from the Yellow Sea, 1951—1989

It is also possible that environmental factors may have had an influence on long-term changes in species abundance and composition. The catch of warm-water and temperate water species tended to increase during the warm years, whereas the catch of boreal species such as herring tended to increase during the cold years (Figure 11). However, the biomass flip of small pelagic species does not appear to be associated with temperature. There is no evidence of climatic or other large-scale environmental change during this period.

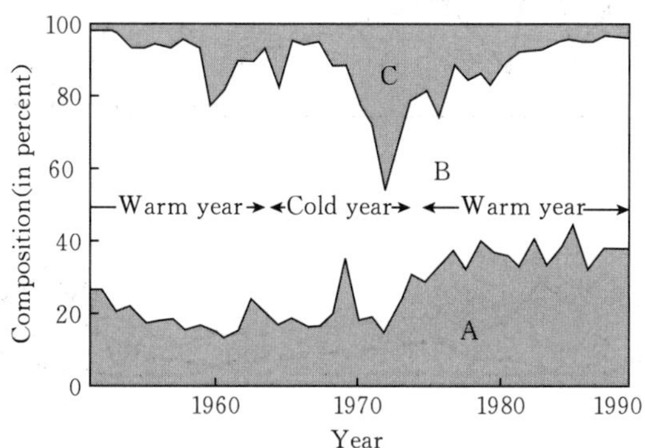

Figure 11 Trends in relative abundance of warmwater, temperate-water, and boreal species comprising the annual catch in the Yellow Sea from the 1950s to the 1980s and long-term changes in environmental conditions

(A) Warm-water species (B) Temperate-water species (C) Boreal species

Ecosystem Effects of Overfishing

Small yellow croaker and hairtail were formerly the important commercial demersal species in the Yellow Sea, with catches in 1957 reaching a peak of about 200 000 metric tonnes (mt) and 64 000 mt, respectively. However, as young fish were heavily exploited in the overwintering grounds and spawning stocks were intensively fished in their spawning grounds, the biomass of these two species declined sharply since the mid-1960s (Figure 12). The

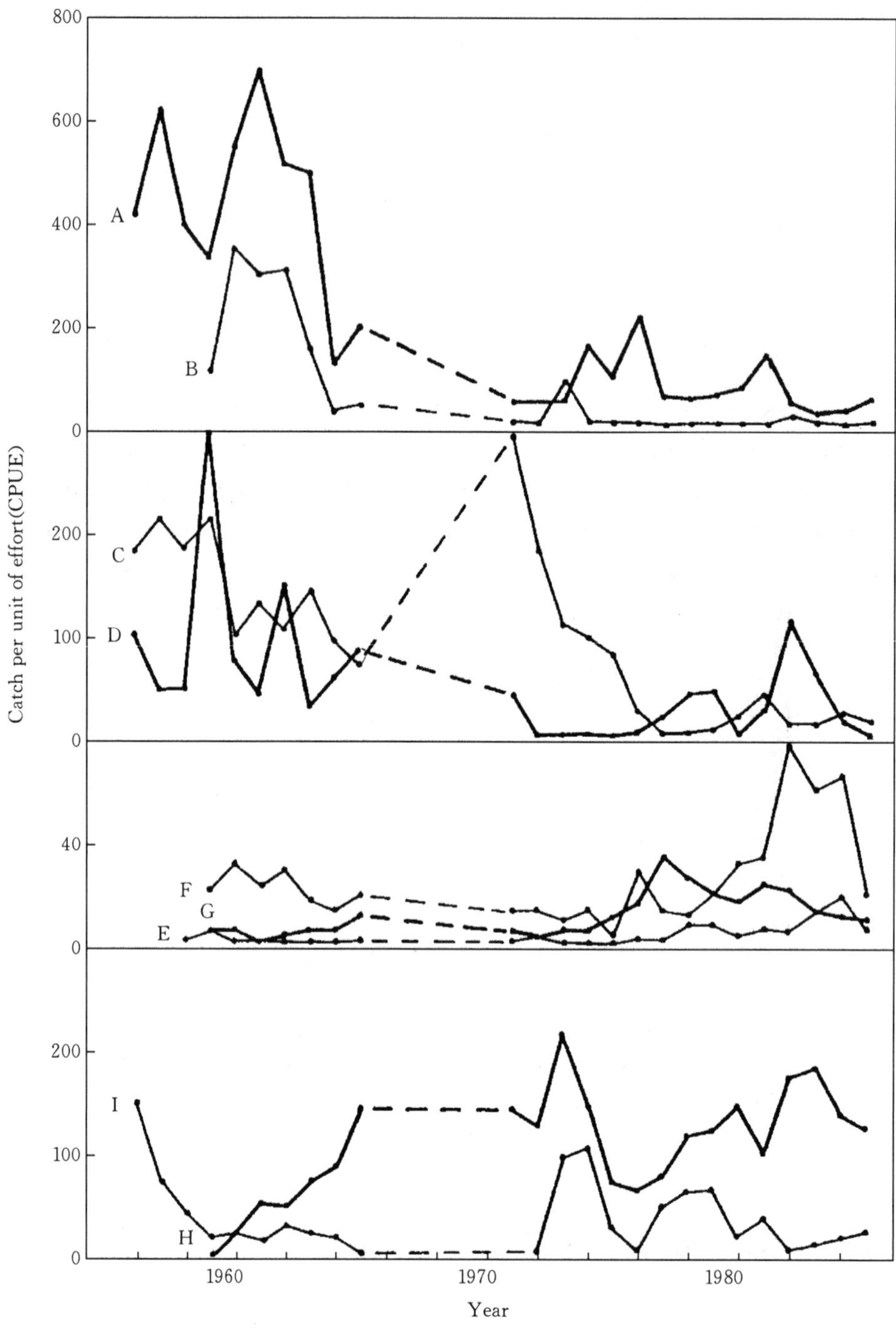

Figure 12 Catch per unit of effort (CPUE), expressed in kg caught per haul by paired trawlers, for (A) small yellow croaker, (B) largehead hairtail, (C) flatfish, (D) Pacific cod, (E) white croaker, (F) skate, (G) daggertooth pike-conger, (H) cephalopods, and (I) fleshy prawn

Yellow Sea hairtail stock became a nontarget species in the 1970s, with a biomass estimated to be only 1 / 30 of previous levels (Lin, 1985). The present catch of small yellow croaker is only 30 000～40 000 mt, 80% of which are young fish aged 0 to 1 year. This decline in biomass was accompanied by a substantial reduction in its distribution, an increase in growth rate, earlier maturation, and a decrease in the mean age and body length of the spawning stock (Mio and Shinohara, 1975; Lee, 1977; Otaki and Shojima, 1978; Zhao et al., 1990). Spawning stock size in the early 1980s was thought to be 1/20 of its previous level (Mao, 1983).

After the resources of small yellow croaker off the Jiangsu coast in the southern Yellow Sea (about 33° N, 122° E) were depleted, the biomass yield of large yellow croaker increased, with the annual catch ranging from 40 000 to 50 000 mt during the period from 1965 to 1975. Because the overwintering stock was heavily exploited in the late 1970s, the biomass decreased sharply in the early 1980s and spawning stock size declined to about one-sixth of that in the 1960s. Conversely, the biomass yield of butterfish increased when small and large yellow croaker off Jiangsu decreased (Figure 13). There was no evidence of climatic or largescale environmental change during this period; thus, the major cause of the fluctuations in biomass and shifts in species dominance in this area appears to be overexploitation. It is evident that overexploitation can be of sufficient magnitude to result in a species "flip" from a position of dominance to a subordinate position within an ecosystem. A biomass flip occurs when the population of a dominant species rapidly drops to a very low level and is replaced by another species (Sherman, 1989).

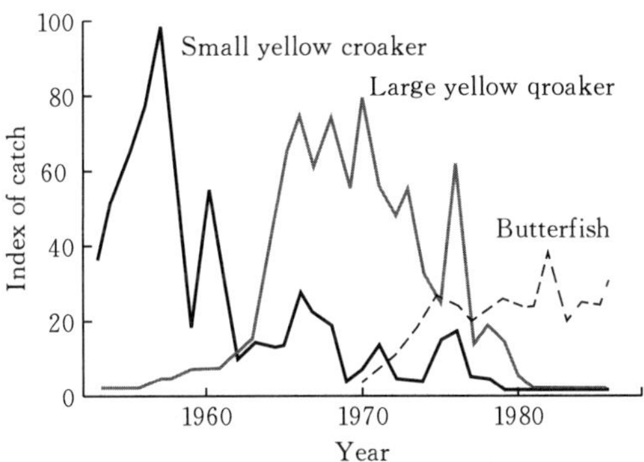

Figure 13 Changes in annual catch of dominant species of the fishery off Jiangsu in the southern Yellow Sea

Flatfish and Pacific cod are important boreal species in the sea whose distribution and migration are related to the movement of the Yellow Sea cold water mass. The catches of flatfish and Pacific cod reached peaks of 30 000 mt in 1959 and 80 000 mt in 1972, respectively. As fishing efforts increased, young fish were heavily harvested, and the biomass yields of both species have decreased since the early 1970s (Figure 12). The present catch is estimated at 20 000 mt for flatfish and about 3 000 mt for Pacific cod.

Overfishing has also caused a decline in biomass of several other demersal species, including sea robin, red sea bream, *Miichtys miiuy*, and *Nibea alibiflora*. However, under the same fishing pressure, the biomass yields of other exploited resources, including cephalopods, skate, white croaker, and daggertooth pike-conger, appear to be fairly stable (Figure 12). This stability may be a result of their scattered distributions.

Biomass of demersal species, such as fleshy prawn, may be affected by both natural and anthropogenic factors. Catch of fleshy prawn varies from year to year (Figure 12), with an annual catch that ranged from 10 000 to 50 000 mt annually during the period from 1953 to 1988. Tagging and recapture results indicate that there are two geographically separated populations—a small one on the west coast of Korea and a large one on the coast of China. The main spawning grounds lie near the estuaries along the coast of the Bo Hai Sea. When water temperatures begin to drop significantly in autumn, the prawns migrate out of the sea to overwinter in the Yellow Sea Depression. We found that fluctuations in recruitment were correlated with both environmental factors and spawning stock size and that the relative importance of the two factors varied from year to year. Examples of the three possible combinations of dominant factors have been noted, namely, environment, spawning stock size, and environment plus spawning stock size. Similar trends in the indices of environmental conditions and recruitment have been documented for many years (Figure 14), and spawning stock effects were apparent during 1981—1983 when low recruitment coincided with a low spawning stock (Tang et al, 1989). Because of excessive fishing (the monthly coefficient of fishing mortality is about 0.7～0.9 (Deng et al. 1982; Tang, 1987a), fluctuations in recruitment have been aggravated and spawning stock has been reduced to below-normal levels in recent years.

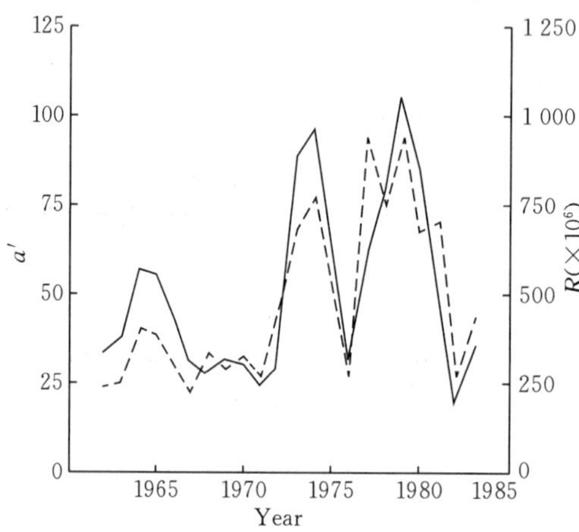

Figure 14 Indices of environmental conditions (a'=—) and recruitment (R=┈) for prawns (from Tang et al., 1989)

Pacific herring, chub mackerel, Spanish mackerel, and butterfish are the major, larger-sized pelagic stocks in the sea. The annual catch from 1953 to 1988 fluctuated wildly, ranging from 30 000 to 300 000 mt per year. The causes of these fluctuations are more complicated. There may be two patterns of population dynamics. The variability is particularly significant for Pacific herring and chub mackerel stocks, whereas Spanish mackerel and butterfish stocks appear to be relatively constant (Figures 15 and 16).

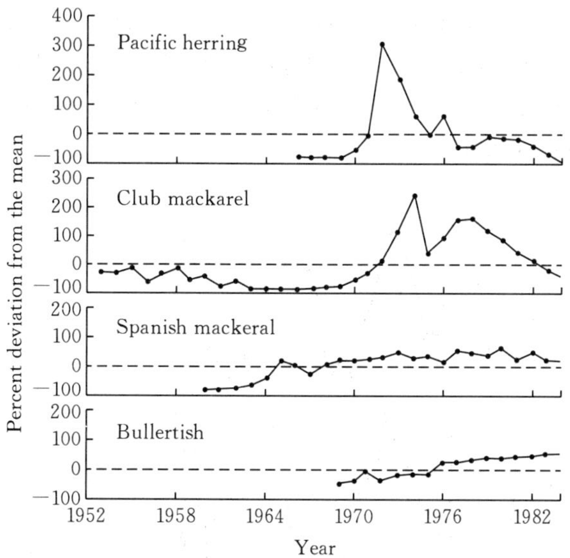

Figure 15 Annual catch of Pacific herring, chub mackerel. Spanish mackerel, and butterfish expressed as a percent deviation from the mean (from Tang, 1989)

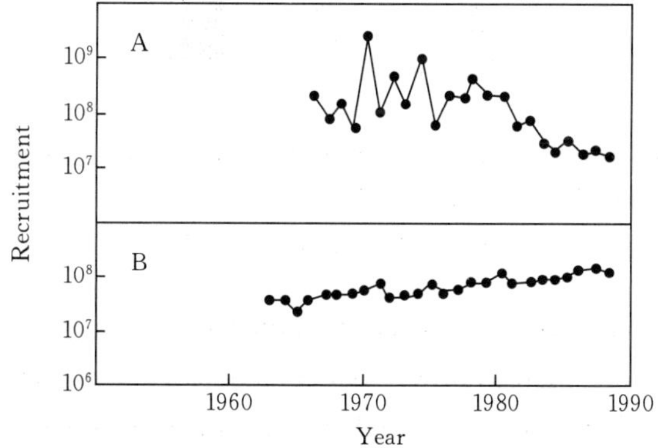

Figure 16 Recruitment of Pacific herring (A) and Spanish mackerel (B) in the Yellow Sea

Yellow Sea Pacific herring has along and dramatic history of exploitation. In the twentieth century, the commercial fishery experienced two peaks (in about 1900 and 1938), followed by periods of little or no catch. In 1967, a large number of young herring began appearing in the bottom trawl catches as the stocks recovered. After 1967, catches increased rapidly to a peak of 200 000 mt in 1972, but then declined to about 1, 000 mt in the late 1980s. The fluctuations in recruitment of this stock are very large and directly affect fishable biomass; however, there is no strong relationship between spawning stock size and recruitment (Tang, 1981, 1987b). When the herring stock increased in the 1970s, zooplankton biomass, the main food of herring, decreased (Figure 4). Environmental conditions such as rainfall, wind, and daylight are the major factors affecting fluctuations in recruitment, and long-term changes in biomass yields may be correlated with a 36-year wetness oscillation cycle in eastern China (Figure 17). It is quite likely that the high catch rate (F=1.14～2.97 in 1973—1984) of the herring fishery has exacerbated the fluctuations in the stock size (Tang, 1987b).

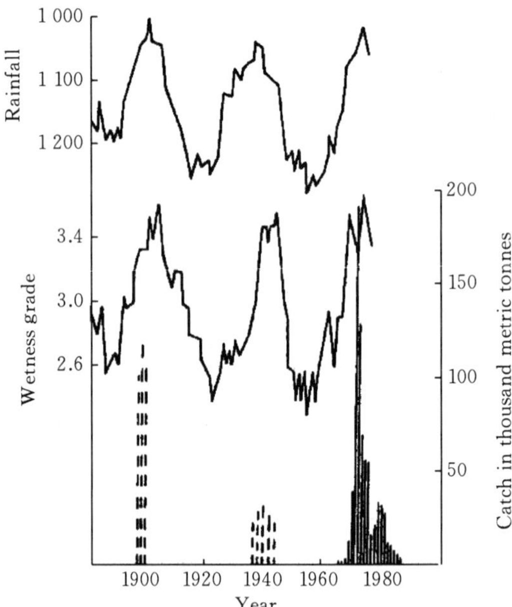

Figure 17 Relationship between the fluctuations in herring abundance of the Yellow Sea and the 36-year cycle of wetness oscillation in eastern China

(adapted from Tang, 1981)

Commercial utilization of Spanish mackerel stock began in the early 1960s, when both the catch and abundance of small yellow croaker and hairtail decreased. In 1964, the catch reached 20 000 mt. Since then, biomass yields of this stock have steadily increased. Catch has peaked at 60 000～70 000 mt in recent years, although the stock has borne excessive fishing predation. (The fishing mortality coefficient is about 1.0, and young fish, aged 0.3～1 year, account for 80% of the total catch.) The reason for this is not clear. Spanish mackerel feed on anchovy. As mentioned above, anchovy, a major prey for carnivorous species in the ecosystem, is very abundant in the sea. Perhaps this abundance is caused by an unusual combination of natural and anthropogenic conditions.

Conclusion

It is now accepted that both physical and biological factors can perturb the biomass yields of the resource populations in the Yellow Sea ecosystem. There may be two types of species shifts in the ecosystem resources: systematic replacement, in which one dominant species declines in abundance or is depleted by overexploitation while competing species use surplus food and vacant space to increase their populations; and ecological replacement, in which minor changes in the natural environment can have consequences for stock abundance, especially for pelagic species. Thus, in the long run, the effects of the two types of species shifts may be mingled, so that the causes of changes in biomass yields are extremely difficult to isolate. However, as discussed above, over the past 4 decades, human predation has been the principal cause for the biomass yield flips in quantity and quality in the Yellow Sea ecosystem, especially in demersal species.

Based on the above, effective ecosystem management in the Yellow Sea should be encouraged. A continuation of strict regulatory measures is essential, and intensified conservation of young fish and spawning stocks of commercially important species would be the most important task in ecosystem resource management. In order to realize this goal, it will be necessary to establish a multinational monitoring system of ecosystem resources in the Yellow Sea, including the following considerations: adequate data standardization, collection, and exchange (e. g. , catch statistics by species, effort, and country); fishery-independent surveys of major resource populations; research on life history, stock assessment, and biological dynamics of migratory species; and process-oriented studies of ecosystem structure and function.

Since 1984, about 4 hundred million juvenile prawns (>3 cm) were introduced into the southern coastal waters of the Shandong Peninsula, and a total of 1 000 mt was caught 3 months later. About 13. 2 billion juvenile prawns were released in the Bo Hai and Yellow Seas by 1989, and the catch was about 25 000 mt. This success is encouraging. It not only promotes the development of artificial enhancement programs in the sea, but it also brings hope for recovery of ecosystem resources. Therefore, as an effective resource management strategy, artificial enhancement practices should be encouraged and expanded to an ecosystem level in the Yellow Sea.

References

Cheng, C, 1959. Notes on the economic fish fauna of the Yellow Sea and the East China Sea. Oceanol. Limnol. Sin. , 2 (1): 53 - 60. In Chinese.

Chikuni, S, 1985. The fish resources of the Northwest Pacific. FAO Fish. Tech. Paper 266. FAO. Rome.

Choi J, et al. , 1988. The study on the biological productivity of the fishing ground in the western coastal area of Korea, Yellow Sea. Bull. Nat. Fish. Res. Dev. Agency, 42: 143－168. In Korean with English abstract.

Deng J, 1988. Ecological bases of marine ranching and management in the Bohai Sea. Mar. Fish. Res., 9: 1－10. In Chinese with English abstract.

Deng J, Han G, Ye C, 1982. On the mortality of the prawn the Bohai Sea. J. Fish. China, 6 (2): 119－127. In Chinese with English abstract.

Dong Z, 1978. The geographical distribution of cephalopods in Chinese waters. Oceanol. Limnol. Sin., 9 (1): 108－116. In Chinese with English abstract.

Gu X, et al., 1990. Marine fishery environment of China. Zhejiang Science and Technology Press. In Chinese.

Guan B, 1963. A preliminary study of the temperature variations and the characteristics of the circulation of the cold water mass of the Yellow Sea. Oceanol. Limnol. Sin., 5 (4): 255－284. In Chinese.

Ho C, Wang Y, Lei Z, et al., 1959. A preliminary study of formation of Yellow Sea cold water mass and its properties. Oceanol. Limnol. Sin., 2: 11－15. In Chinese.

Lee J, 1977. Estimation of the age composition and survival rate of the yellow croaker in the Yellow Sea and East China Sea. Bull. Fish. Res. Dev. Agency, 16: 7－31. In Korean.

Lin J, 1985. Hairtail Agriculture Publishing House, Beijing. In Chinese.

Liu B, 1984. Estimating the primary production of the Yellow Sea with satellite imagery. J. Fish. China, 8 (3): 227－234. In Chinese with English abstract.

Liu J, 1959. Economics of micrurus crustacean fauna of the Yellow Sea and the East China Sea. Oceanol. Limnol. Sin., 2 (1): 35－42. In Chinese.

Liu J, 1963. Zoogeographical studies on the micrurus crustacean fauna of the Yellow Sea and the East China Sea. Oceanol. Limnol. Sin., 5 (3): 230－244. In Chinese.

Liu X, 1979. Status of fishery resources in the Bohai and Yellow Seas. Mar. Fish. Res. Paper, 26: 1－17. In Chinese.

Mao X, 1983. Status of yellow croaker stocks. In: Conditions of fisheries resources in the Yellow Sea and East China Sea. pp. 15－32. Ed. by East China Sea Fisheries Research Institute and Yellow Sea Fisheries Research Institute. In Chinese.

Mio S, Shinohara F, 1975. The study on the annual fluctuation of growth and maturity of principal demersal fish in the East China and the Yellow Sea. Bull. Seikai Reg. Fish. Res. Lab., 47: 51－95.

Otaki H, Shojima S, 1978. On the reduction of distributional area of the yellow croaker resulting from decrease abundance. Bull. Seikai Reg. Fish Res. Lab., 51: 111－121.

Sherman K, 1989. Biomass flips in large marine ecosystems. In: Biomass yields and geography of large marine ecosystems. pp. 327 － 331. Ed. by K. Sherman and L. M. Alexander. AAAS Selected Symposium 111. Westview Press, Inc., Boulder, CO.

Sherman K, Alexander L M, 1986. Variability and management of large marine ecosystems. AAAS Selected Symposium 99. Westview Press, Inc., Boulder. CO.

Sherman K, Alexander L M, 1989. Biomass yields and geography of large marine ecosystems. AAAS Selected Symposium 111. Westview Press. Inc., Boulder, CO.

Su J, 1987. Physical oceanography of the Yellow Sea: With emphasis on its western part. Paper presented at the International Conference on the Yellow Sea, 23－26 June, East-West Center, Honolulu.

Sun X, et al., 1981. Marine hydrography and meteorology in the coastal water of China. Science Press, Beijing. In Chinese.

Tang Q, 1981. A preliminary study on the causes of fluctuations in year class size of Pacific herring in the Yellow Sea. Trans. Oceanol. Limnol., 2: 37－45. In Chinese.

Tang Q, 1987a. Estimates of monthly mortality and optimum fishing mortality of Bohai prawn in North China. Collect. Oceanic Works, 10: 106 - 123.

Tang Q, 1987b. Estimation of fishing mortality and abundance of Pacific herring in the Yellow Sea by cohort analysis (VPA). Acta Oceanol. Sin., 6 (1): 132 - 141.

Tang Q, 1988. Ecological dominance and diversity of fishery resources in the Yellow Sea. J. Chinese Academy of Fishery Science, 1 (1): 47 - 58. In Chinese with English abstract.

Tang Q, 1989. Changes in the biomass of the Yellow Sea ecosystem. In: Biomass yields and geography of large marine ecosystems. 7 - 35. Ed. by K. Sherman and L M. Alexander. AAAS Selected Symposium 111. Westview Press. Inc., Boulder, CO.

Tang Q, Deng J, Zhu J, 1989. A family of Ricker SRR curves of the prawn under different environmental conditions and its enhancement potential in the Bohai Sea. Can. Spec. Publ., Fish. Aquat. Sci., 108: 335 - 339.

Weng X, Zhang Y, Wang C, et al., 1989. The variational characteristics of the Yellow Sea cold water mass. J. Ocean University of Qingdao 19 (I-II): 119 - 131.

Xia S, 1978. An analysis of changes in fisheries resources of the Bohai Sea, Yellow Sea, and East China Sea. Mar. Fish. Res. Paper, 25: 1 - 13. In Chinese.

Yang J, 1985. Estimates of exploitation potential of marine fishery resources in China. In: Proceedings of the strategy of ocean development in China. 107 - 113. Ocean Press, Beijing. In Chinese.

Yu M, et al., 1990. Fishery resources of intertidal zone and shallow sea in China. Zhejiang Science and Technology Press. In Chinese.

Zhao C, et al., 1990. Marine fishery resources of China. Zhejiang Science and Technology Press. In Chinese.

Zhu D, Iverson S A, 1990. Anchovy and other fish resources in the Yellow Sea and East China Sea, November 1984 - Aprill 1988. Mar. Fish. Res. 11: 1 - 143. In Chinese with English abstract.

Changing States of the Food Resources in the Yellow Sea Large Marine Ecosystem Under Multiple Stressors①

Qiang Wu[1,2], Yiping Ying[1,2], Qisheng Tang[1,2]

(*1. Function Laboratory for Marine Fisheries Science and Food Production Processes, Qingdao, National Laboratory for Marine Science and Technology, Qingdao 266237, China;*
2. Key Laboratory for Sustainable Development of Marine Fisheries, Ministry of Agriculture, Shandong Provincial Key Laboratory for Fishery Resources and Ecoenvironment, Yellow Sea Fisheries Research Institute, Chinese Academy of Fishery Sciences, Qingdao 266071, China)

Abstract: This paper summarizes the changing states of the food resources in the Yellow Sea Large Marine Ecosystem under multiple stressors from 1958 to 2015, including the changing states of biomass yields, species composition, trophic level and biodiversity. The results show that the changing trends were contrary to expectation. There were no significant declines in biomass yields, trophic level and biodiversity after the 1980s. The major decline observed occurred before the 1980s. However, the species composition changed a lot, that is, over the past half century there were two different types of species shift in YSLME under multiple stresses. One was from demersal, high value species to pelagic, lower value species shift during 1958—1959 to 1998—2000, and the other was from pelagic, lower value species to demersal, low value species shift during 1998—2000 to 2014—2015. For future sustainable development, it is still necessary to further strengthen adaptive management.

Key words: Changing states; Food resources; Adaptive management; Large marine ecosystem; Yellow Sea

1 Introduction

The Large Marine Ecosystems (LME) are regions of the coastal areas of world's oceans, which were defined by ecological criteria including bathymetry, hydrography, productivity, and trophically linked populations (Sherman and Alexander, 1986; Sherman et al., 1993; Sherman, 2014a). The LME play important roles in the world food supply, which provide an estimated 80% of world fisheries catches every year (Pauly and Lam,

① 本文原刊于 *Deep-Sea Research Part II*, https://doi, org/10.1016/j.dsr2.2018.08.004; 2019, corresponding author。

2016). The LME approach to ecosystem-based assessment and management has been broadly accepted around the globe by over 100 countries (Sherman et al., 2005; Sherman, 2014b).

The Yellow Sea is a semi-enclosed Large Marine Ecosystem, with shallow and nutrient rich water (Tang et al., 2016). Both human activities and environment changes threatened the Yellow Sea Large Marine Ecosystem (YSLME). Under these multiple stresses, the food resources in the YSLME were predicted to be in declining trends, e.g. biomass yields, trophic level and biodiversity. The YSLME changed greatly over the past half century which was reported by many researches, and the management of YSLME faces many challenges (Tang, 1989, 1993, 2009, 2014; Tang and Jin, 1999; Zhang and Kim, 1999; Tang and Fang, 2012; Tang et al., 2016).

This paper summarizes the changing states of the food resources in YSLME under multiple stressors from 1958 to 2015, including the changing states of biomass yields, species composition, trophic level and biodiversity, and then discusses the ecosystem-based adaptive management strategies.

2 Changing States of Food Resources

2.1 Changes in Biomass Yields

The CPUE data were collected by Yellow Sea Fisheries Research Institute, Chinese Academy of Fishery Sciences, based on scientific surveys. In the 1950s, the surveys used fishing vessels while in other years, the surveys were carried out from the Research Vessel "Beidou". Approximately 40 survey stations were occupied per year. The survey methods are described in Tang (2006).

Survey data show the long-term changes in biomass yields (in terms of Catch Per Unit Effort; CPUE) of food resources in the central and southern Yellow Sea (Figure 1). In general, CPUE in the spring and autumn seasons from 1958 to 1959 was much higher than that in other years, but since then CPUE decreased a lot due to overfishing (Tang, 1989,

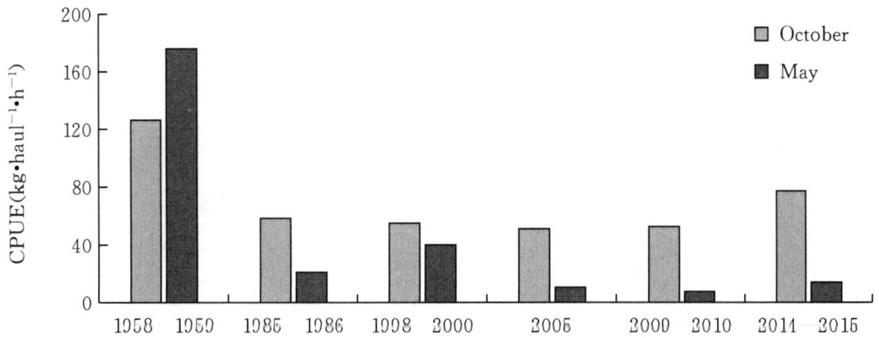

Figure 1 Long-term changes of biomass yields (CPUE) of food resources in the central and southern Yellow Sea

1993). From 1985—2015, CPUE changed little, and it varied between 50.33 and 76.64 kg $haul^{-1} \cdot h^{-1}$ in autumn and between 8.20 and 40.50 kg $haul^{-1} \cdot h^{-1}$ in spring. Thus, biomass yields of food resources in YSLME were relatively stable in the past 30 years.

2.2 Changes in Species Composition and Trophic Level

Over the past half century, the dominant species of food resources in YSLME had changed significantly, but its trophic level was relatively stable, except 1958—1959, which had a higher trophic level (Figures 2 and 3). There was no significant change in trophic level from 1985 to 2015, which implied the trophic level of food resources in the Yellow Sea was relatively stable over the past 30 years. The reasons for this phenomenon can be explained by the ecological attributes and feeding characteristics of the resources species.

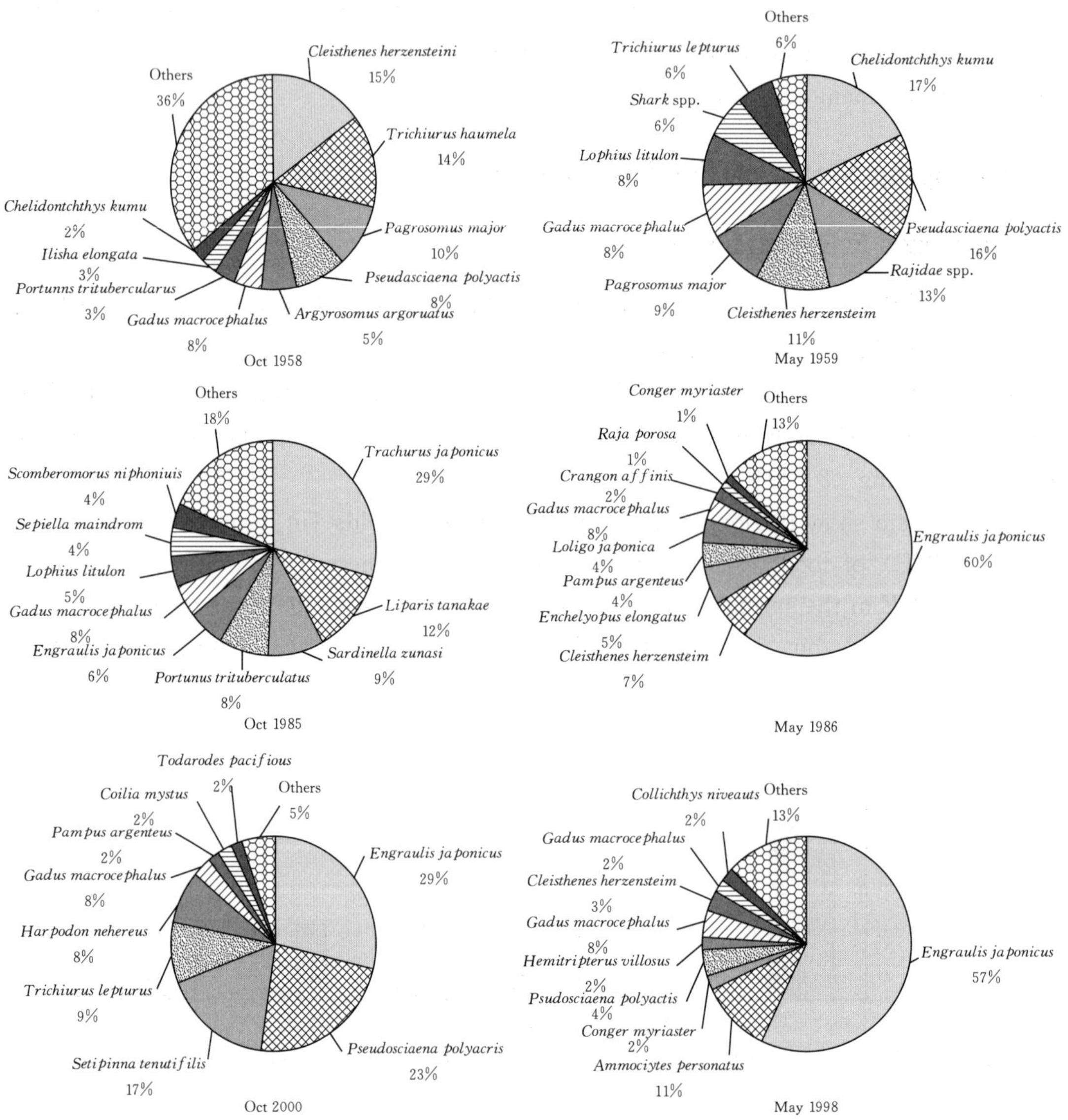

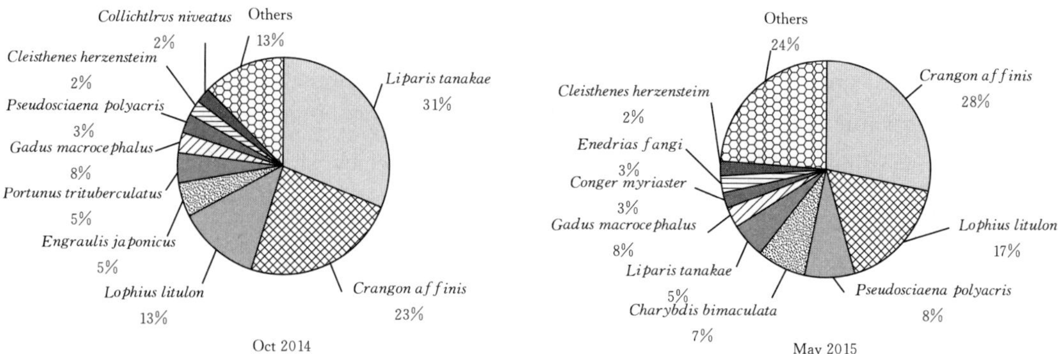

Figure 2 Long-term changes of the species composition of food resources in the central and southern Yellow Sea LME

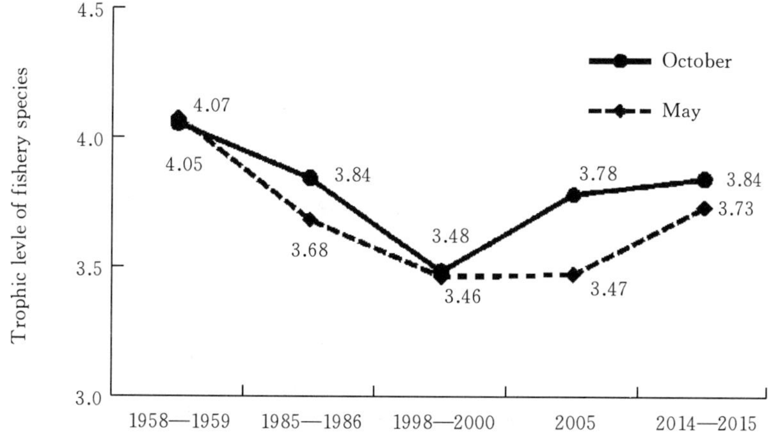

Figure 3 Long-term changes of trophic levels of food resources species in the central and southern Yellow Sea. The trophic levels cited from Zhang and Tang (2004)

In 1958—1959, the dominant species of food resources were demersal, benthophagic, ichthyophagic, high commercial value species, dincluding pointhead flounder (*Cleisthenes herzensteini*), bluefin searobin (*Chelidonichthys kumu*), small yellow croaker (*Pseudosciaena polyatis*), hairtail (*Trichiurus haumela*), red seabream (*Pagrosomus major*), and the trophic level of resources species (*TL*) =4.05～4.07. In 1985—1986, the dominant species were pelagic, demersal, planktophagic, dichthyophagic, lower commercial value species, including anchovy (*Engraulis japonicus*), horse mackerel (*Trachurus japonicus*), snailfish (*Liparis tanakai*), scaled sardine (*Sardinlla zunasi*), and *TL* = 3.68～3.84. In 1998—2000, the dominant species were pelagic, demersal, planktophagic, dichthyophagic, lower commercial value species, including anchovy, small yellow croaker, hairfin anchovy (*Setipinna tenuifilis*), sand lance (*Ammodytes personatus*), and *TL* = 3.46 ～ 3.48. In 2014—2015, the dominant species were demersal, benthophagic, dichthyophagic, low commercial value species, including crangonid shrimp (*Crangon affinis*), snailfish, yellow goosefish (*Lophius litulon*), small yellow croaker, and *TL* = 3.73～3.84. Clearly, over the past half century there were two different types of species shift in YSLME under multiple stresses. One is from demersal, high value species to pelagic, lower value species shift during 1958—1959 to 1998—2000, and the other is from pelagic, lower value species to demersal, low value species shift during 1998—2000 to 2014—2015.

2.3 Changes in Biodiversity

In 1958—1959, the biodiversity index of food resources in the Yellow Sea was relatively low. The biodiversity index fluctuated from 1985 to 2015, but it was relatively stable over the past 30 years. The variation of Shannon Weiner index (*H*) and species richness index (*dM*) showed a positive trend, while the variation trend of the evenness index (*J*) and the Simpson dominance index (*D*) was just the opposite (Figure 4).

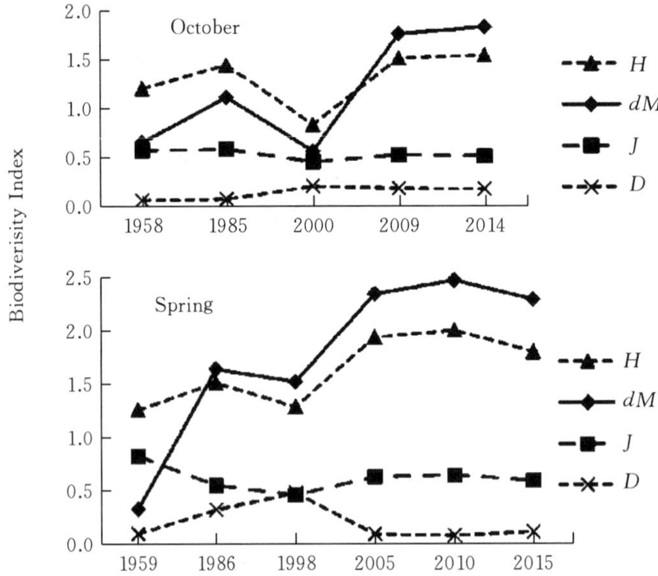

Figure 4 Long-term changes of biodiversity index (*H*: Shannon-Weiner index, *dM*: species richness index, *J*: Pielou's evenness index, *D*: Simpson dominance index) of food resources species in the central and southern Yellow Sea LME

3 Discussion and Conclusions

The results above show that the changing trends of food resources in YSLME were contrary to expectation. Although there was no large-scale decline of biomass yields, trophic level and biodiversity after 1980s, the dominant species shifted from demersal, high value species to pelagic, lower value species during 1958—1959 to 1998—2000, and then from pelagic, lower value species to demersal, low value species during 1998—2000 to 2014—2015. As mentioned in previous studies, these changes were a result of response of ecosystem resources in YSLME to multiple stressors. We propose that there may be two mechanisms of shifts in ecosystem resources: ①systematic replacement occurs when one dominant species declines in abundance or is depleted by over-exploitation, and another competitive species uses the surplus food and vacant space to increase its abundance and②ecological replacement occurs when minor changes in the natural environment affect stock abundance, especially pelagic species. In the long-term, the effects of the two types of shifts on the ecosystem and its resources may be intermingled (Tang, 1993, 2014). In other words, changing biodiversity of the YSLME partially was one of the consequences of the new ecosystem replacement of the earlier one, which was caused by selectively reducing the dominant species abundance, especially fishing targets, in earlier periods under multiple stressors. On the other hand, the ecosystem dynamics in the YSLME, could be impacted by both a shift of the ecosystem and the changes of the multiple stressors acting on the ecosystem, including the limitation of fishing pressures. The recovery of the ecosystem resources is a slow and complex process under multiple stresses, so the development of resource conservation-based capture fisheries will be a long-term and arduous task. In 1958—1959, the biodiversity index of food resources in the Yellow Sea was relatively low, which might be related to the difference of the trawl nets between 1958 and 1959 and other years. Compared with that in 1985—2015, the mesh size of trawl nets used in 1958—1959 was much larger (although there was no mesh size record). So, small-size species were not captured. Fewer species numbers resulted in lower level of biodiversity indices.

For the recovery of YSLME resources, the Chinese government has invested a lot of effort since 1995, such as a "double-control" system of fishing (number of vessels and total horsepower), closed season/areas, a licensing system, and establishment of limits of catchable sizes of fish and the proportion of juveniles in the catch (Tang et al., 2016). In 2017, the Ministry of Agriculture of China issued "The 13th Five-Year Plan for the National Fisheries Development", proposing that the domestic marine fisheries yields should be controlled within 10 million tons by 2020; the number and power of the marine motorized fishing vessels in the whole country would be reduced by 20 000 vessels and 1. 5 million kW, respectively (MOA, 2017). On this basis, it is also proposed to implement total allowable catch management and a moratorium system, which is called "the strictest in history", and the fishing moratorium in all sea areas has been extended to 3～4. 5 months. Facing the actual situation of YSLME, it is obviously necessary to carry out these new and strict management measures. However, because the recovery of ecosystem resources is difficult and takes a long time, it is also necessary to further strengthen and accelerate the implementation of adaptive management. A choice is to develop the resource conservation-based capture fisheries, especially in stock enhancement, and another choice is the development of environmentally friendly aquaculture, such as integrated multi-trophic aquaculture (IMTA), should be encouraged. Both of them could balance ecological benefits and socioeconomic requirements

(Tang et al., 2012, 2016).

Acknowledgements

This study was supported by the National Key Basic Research Development Program of China (No. 2015CB453303), Aoshan Science and Technology Innovation Program (No. 2015ASKJ02) and the Major Consulting Projects of the Chinese Academy of Engineering. We thank all colleagues for their help in collecting the survey data. We also thank a number of anonymous reviewers for their valuable comments.

References

Ministry of Agriculture (MOA), 2017. The 13th Five-Year Plan (2016—2020) for the National Fisheries Development. (in Chinese).

Pauly D, Lam V W Y, 2016. The status of fisheries in large marine ecosystems, 1950-2010. In: IOC-UNESCO, UNEP (Eds.), Large Marine Ecosys-tems: Status and Trends. United Nations Environment Programme, Nairobi, 113-137.

Sherman K, Alexander L M, 1986. Variability and Management of Large Marine Ecosystems. AAAS Press, Washington DC, 319.

Sherman K, Alexander L M, Gold B D, 1993. Large Marine Ecosystems: Stress, Mitigation, and Sustainability. AAAS Press, Washington DC, 376.

Sherman K, Sissenwine M, Christensen V, et al., 2005. A global movement toward an ecosystem approach to marine resources management. Mar. Ecol. Prog. Ser. 300, 275-279.

Sherman K, 2014a. Adaptive management institutions at the regional level: the case of large marine ecosystems. Ocean Coast. Manag. 90: 38-49.

Sherman K, 2014b. Toward ecosystem-based management (EBM) of the world's large marine ecosystems during climate change. Environ. Dev. 11: 43-66.

Tang Q S, 1989. Changes in the biomass of the Yellow Sea ecosystem. In: Sherman K, Alexander L M, Biomass Yields and Geography of Large Marine Ecosystem. AAAS Press, Washington DC, 7-35.

Tang Q S, 1993. Effects of long-term physical and biological perturbations on the con-temporary biomass yields of the Yellow Sea ecosystem. In: Sherman K, Alexander L M, Gold B D (Eds.), Large Marine Ecosystem: Stress, Mitigation, and Sustainability. AAAS Press, Washington DC, 73-79.

Tang Q S, Jin X J, 1999. Ecology and variability of economically important pelagic fishes in the Yellow Sea and Bohai Sea. In: Sherman K, Tang Q S (Eds.), Large Marine Ecosystem of the Pacific Rim: Assessment, Sustainability, and Management. Blackwell Science Inc., 179-198.

Tang Q S, 2006. Living Marine Resources and Inhabiting Environment in the Chinese EEZ. Science Press, Beijing, 3-33 (In Chinese).

Tang Q S, 2009. Changing states of the Yellow Sea large marine ecosystem: anthro-pogenic forcing and climate impacts. In: Sherman K, Aquarone M C, Adams S (Eds.), Sustaining the World's Large Marine Ecosystem. IUCN, Gland, Switzerland, 77-88.

Tang Q S, Fang J G, 2012. Review of climate change effects in the Yellow Sea large marine ecosystem and adaptive actions in ecosystem based management. In: Sherman K, McGovern G (Eds.), Frontline

Observations on Climate Change and Sustainability of Large Marine Ecosystem 17. Large Marine Ecosystem, 170-187.

Tang Q S, 2014. Management strategies of marine food resources under multiple stressors with particular reference of the Yellow Sea large marine ecosystem. Front. Agric. Sci. Eng., 1 (1): 85-90.

Tang Q S, Ying Y P, Wu Q, 2016. The biomass yields and management challenges for the Yellow Sea large marine ecosystem. Environ. Dev., 17: 175-181.

Zhang B, Tang Q S, 2004. Study on trophic level of important resources species at high trophic level in the Bohai Sea, Yellow Sea and East China Sea. Adv. Mar. Sci., 22 (4): 393-404 (in Chinese with English abstract).

Zhang C I, Kim S A, 1999. Living marine resources of the Yellow Sea ecosystem in Korean waters: status and perspectives. In: Sherman K, Tang Q S (Eds.), Large Marine Ecosystems of the Pacific Rim: Assessment, Sustainability, and Management. Blackwell Science, Inc, 163-178.

Ecology and Variability of Economically Important Pelagic Fishes in the Yellow Sea and Bohai Sea①

Qisheng Tang, Xianshi Jin

Abstract: The distribution patterns, feeding, reproduction, early life history, growth, population structure, yield, stock size fluctuations, and ecology of seven pelagic fishes of the Yellow and Bohai Seas are analyzed based on surveys from 1981 to 1990. The biomass of small pelagic fish has increased dramatically. Species such as Japanese anchovy, half-fin anchovy, spotted sardine, and scaled sardine have great potential for fisheries, with a total yield of about 0.6 million tonnes. Relatively large-sized species such as Spanish mackerel and chub mackerel have been overfished, and the stock of Yellow Sea herring has collapsed. Species interactions, particularly prey-predator, as well as the influences of fishery and environmental changes may be responsible for such a succession.

In the Yellow and Bohai Seas, changes in several aspects of the fishery, such as species composition of the catch, fluctuations in catch rates, and yield, have been documented over the years. The importance of pelagic fish has been increasing in the Chinese fisheries since the late 1950s, although there have been variations in species composition. The number of pelagic species is considerably less than demersal species in the seas (Zhu et al., 1963; Zhao et al., 1990). In recent years, most commercially important stocks, such as small yellow croaker, hairtail, and Spanish mackerel, have been overfished. The biomass of commercial populations declined by about 40% from the early 1960s through the 1980s (Tang, 1990). Meanwhile, the populations of some small pelagic fishes have increased dramatically, such as the Japanese anchovy and sardines, which are small and of low commercial value. They are also vulnerable to changes in environmental factors. Natural conditions may have a large effect on the long-term fluctuations in stock abundance, whereas fishing mortality may play a smaller part in causing changes in stock abundance in pelagic species of the northwest Pacific (Chikuni, 1985).

This chapter reviews and discusses the life history, ecology, and variability of resources of seven economically important pelagic fish species in the Yellow and Bohai Seas.

① 本文原刊于 *The Large Marine Ecosystem of the Pacific Rim: Assessment, Sustainability, and Management*, 179-198, Blackwell Science Inc. USA, 1999。

Materials and Methods

The Bohai Sea data used in this study were obtained from surveys (1982—1983) with a pair of bottom trawl vessels (200 hp each) using a trawl net with 1660 mesh×6.3 cm, with the cod-end of 20 mm and an opening of 5～6 m (Deng, 1988). The survey area is shown in Figure 7-1. The Yellow Sea surveys in 1981 and 1985—1988 used two types of survey vessels: a pair of trawlers (600 hp each) using a net of 550 mesh×30 cm and a cod-end with a 51-mm mesh size in 1981 and the spring surveys, and the R/V Bei Dou using a net of 450 mesh×17 cm, with a 100-mm mesh size cod-end and a 20-mm mesh size cod-end liner for the surveys in summer, fall, and winter. The survey areas (Figure 7.1) varied with season based on previous knowledge of fish distribution.

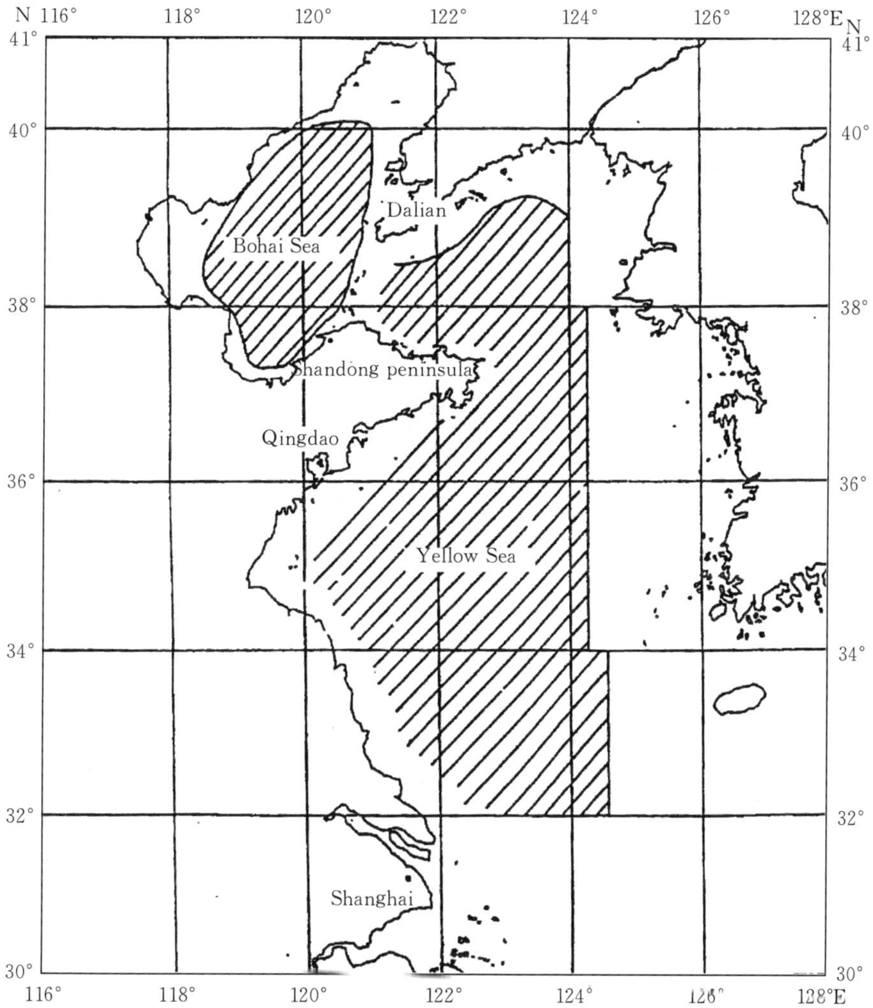

Figure 7.1　Survey area in the Bohai Sea during 1982—1983, and the Yellow Sea in 1986

Survey data from 1959 were also used in this study (Lin, 1965), together with Chinese catch statistics. Surveys on Japanese anchovy from 1984 to 1992 by the R/V Bei Dou were used as a reference (Zhu and Iversen, 1990).

In addition, 902 scales of half-fin anchovy, 656 scales of spotted sardine, and 469 scales of scaled sardine were read for age determination. The von Bertalanffy growth equations of these species were used.

Results and Discussion

During the 1986 surveys, 21 pelagic fish species were recorded in the Yellow Sea (Table 7.1), of which 7 species belonged to Engraulidae, 5 species to Clupeidae, and the rest were included in seven families (Zhu et al., 1963). Seven economically and ecologically important species, including Japanese anchovy, half-fin anchovy, spotted sardine, scaled sardine, Pacific herring, chub mackerel, and Spanish mackerel, have been studied and are reported on below (Table 7.1).

Table 7.1 Pelagic species of the Yellow Sea caught during the bottom trawl surveys in 1986

Common name	Scientific name
Pacific herring	*Clupea pallasi* (Cuvier & Valenciennes)
True sardine	*Sardinops melanosticta* (Schlegel)
Chinese herring	*Ilisha elongata* (Bennett)
Scaled sardine	*Harengula zunasi* (Bleeker)
Spotted sardine	*Clupanodn punctatus* (Temmink & Schlegel)
Japanese anchovy	*Engraulis japonicus* (Temmink & Schlegel)
Anchovy	*Thrissa setirostris* (Broussonet)
Anchovy	*Thriss mystax* (Bloch & Schneider)
Anchovy	*Thrissa Kammalensis* (Bleeker)
Half-fin anchovy	*Setipinna taty* (Cuvier & Valenciennes)
Long-tailed anchovy	*Coilia mystus* (Linnaeus)
Anchovy	*Coilia ectenes* (Jordan & Seale)
Stinnycheek lanternfish	*Myctophum pterctum* (Alcock)
Blind tasselfish	*Eleutheronema Tetradactylum* (Shaw)
Kuweh	*Atropus atropus* (Bloch & Schneider)
Horse mackerel	*Trachurus japonicus* (Temmink & Schlege)
Black butterfish	*Formio niger* (Bloch)
Pacific sandlance	*Ammodytes personatus* (Griard)
Chub mackerel	*Pneumatophorus japonicus* (Houttuyn)
Spanish mackerel	*Scomberomorus niphonius* (Cuvier & Valenciennes)
Butterfish	*Stromateoides argentens* (Euphrasen)

Distribution and Migration

Japanese anchovy is a small inshore pelagic species that is widely distributed in the Bohai Sea, Yellow Sea, and East China Sea. It migrates seasonally with changes in sea surface temperature. The optimum temperature ranges from 10° to 13 ℃, and the anchovy is not usually found in waters below 7 ℃ (Iversen et al., 1993). In November and December, the densest area of distribution is in the northern and central parts of the Yellow Sea. During the winter time the Japanese anchovy migrates to the southeast Yellow Sea and north East China Sea. In spring, as water temperatures increase and the gonads develop, the Japanese anchovy migrates into shallow coastal waters for spawning (Li, 1987); it then disperses for feeding and moves into deeper, cooler southern waters. After November, there are very few anchovy left in the Bohai Sea. Dense schools are observed in the southeast Yellow Sea and north East China Sea. It also migrates diurnally depending on light and water temperature. It is usually found in dense schools near the bottom during the daytime and is scattered in the upper to surface layers at night (Zhu and Iversen, 1990).

Half-fin anchovy is a small pelagic fish found in the inshore waters. In winter, half-fin anchovy is mainly found on the west of Cheju Do (southeast Yellow Sea), where the bottom-water temperature is 10～14 ℃ and salinity is 33～34 ppt. After winter, when the water temperature increases, it starts a spawning migration toward shallow coastal waters and is found throughout the Yellow and Bohai Seas. Spawning season is from May to June in the Bohai Sea (Deng et al., 1988), and slightly earlier in the Yellow Sea. The estuaries are the major spawning grounds. The stock in the East China Sea spawns from May to July, at a surface water temperature of 15～26 ℃ and salinity of 14～34 ppt (Zhao et al., 1990). During summer the feeding stock is mainly found in the shallow coastal waters of the Bohai Sea and the southern Yellow Sea. In autumn the half-fin anchovy is found in dense schools and begins to move southward for wintering, disappearing from the Bohai Sea and the northern Yellow Sea in December.

The spotted sardine is a small pelagic fish that is widely distributed in inshore waters and estuaries along China's coast. The stock of the Yellow and Bohai Seas winters mainly in the central part of the Sea (34°～36°N, 123°～125°E) from January to March when the bottom-water temperature is 8～11 ℃ and salinity is 32～33.5 ppt. In late March the major stock starts a spawning migration northward and reaches the waters around the Shandong Peninsula in mid-April; part of the stock migrates to bays in the Bohai Sea in late April. The main spawning period is from early May to late June. After spawning, the adults leave the coastal waters for feeding. The 0-group fish feed in the coastal waters. In November both adults and juveniles gradually leave the feeding areas and start their winter migration.

Scaled sardine is another small pelagic fish that is widely distributed in the Bohai, Yellow, and East China Seas. The stock 0f the Yellow and Bohai Seas winters in the southeastern part of the Yellow Sea (around Cheju Do) during January to March (Zhao et al., 1990). It starts its spawning migration northwestward in batches in March, and arrives at waters off China's coast by late March to mid-May. The stock spawns during the period of May to July, then disperses for feeding in the coastal waters. In November, all schools are mixed in the central and south of the Yellow Sea, and together they migrate southward and return to the wintering ground in January.

Pacific herring in the Yellow Sea is a local stock that only inhabits the central to northern parts of the Yellow Sea (north of 34°N) (Ye et al., 1980). The Yellow Sea stock, found only in small quantities by surveys in the 1950s, was widely found in the Yellow Sea in the late 1960s and onward. The wintering ground is in the central, deep water. In February the adults migrate toward coastal waters off the Shandong Peninsula for spawning, and then migrate into the central and northern Yellow Sea for feeding. In autumn and winter the stock's distribution gradually decreases; it occurs primarily in the central part of the Yellow Sea in winter (Tang, 1991).

Chub mackerel is a warm-water fish that has two wintering grounds, one southeast of Cheju Do and one in the central and eastern parts of the East China Sea (Zhu et al., 1982; Wang and Zhu, 1983; Zhao et al., 1990). The two stocks (Chikuni, 1985) start their spawning migration along 123°30′E from the southern wintering ground in late March or early April; one month later they again migrate along 32°30′～33°31′N from the Cheju Do wintering ground to the Yellow Sea. Spawning mainly occurs south of Shandong Peninsula from May to June. The feeding period is from July to September and occurs in the deep waters of the central and northern Yellow Sea. As the water temperatures decrease, the population migrates southward for winter along 124°00′～125°00′E. However, the young populations (including the 0-group) feed mostly in the coastal waters off Korea from September to November (Wang, 1991).

Spanish mackerel are widely distributed in the northwest Pacific Ocean. The Bohai, Yellow, and East China Seas are the major distribution areas of dense schools. There are two wintering stocks, one in the southeastern Yellow Sea and one offshore in the East China Sea (28°00′～31°20′N and 123°40′～125°30′E, respectively). The stock in the East China Sea spawns from April to May mainly in the Fujian (south China) coastal waters and south of the Shandong Peninsula; the other stock spawns from May to June primarily in the Bohai Sea and the northern Yellow Sea (Wei, 1991). After spawning, Spanish mackerel feed in the coastal waters. The distribution of this stock is strongly influenced by water temperature; it migrates southward with decreasing temperature. Until November the main population is distributed in the central and southern Yellow Sea; it returns to the wintering grounds in December.

The pelagic fishes in the Yellow and Bohai Seas are all migratory species. They spawn and feed mainly along the Chinese coast in shallow water and winter in the central and southern Yellow Sea and northern East China Sea. The waters around the Cheju Do are the major wintering ground.

Food and Feeding

The diets of the seven pelagic fishes, as determined from analyses of stomach contents, are shown in Figure 7. 2. They feed mainly on zooplankton (copepods, euphausiids, mysids and chaetognaths, and *Acetes chinesis*).

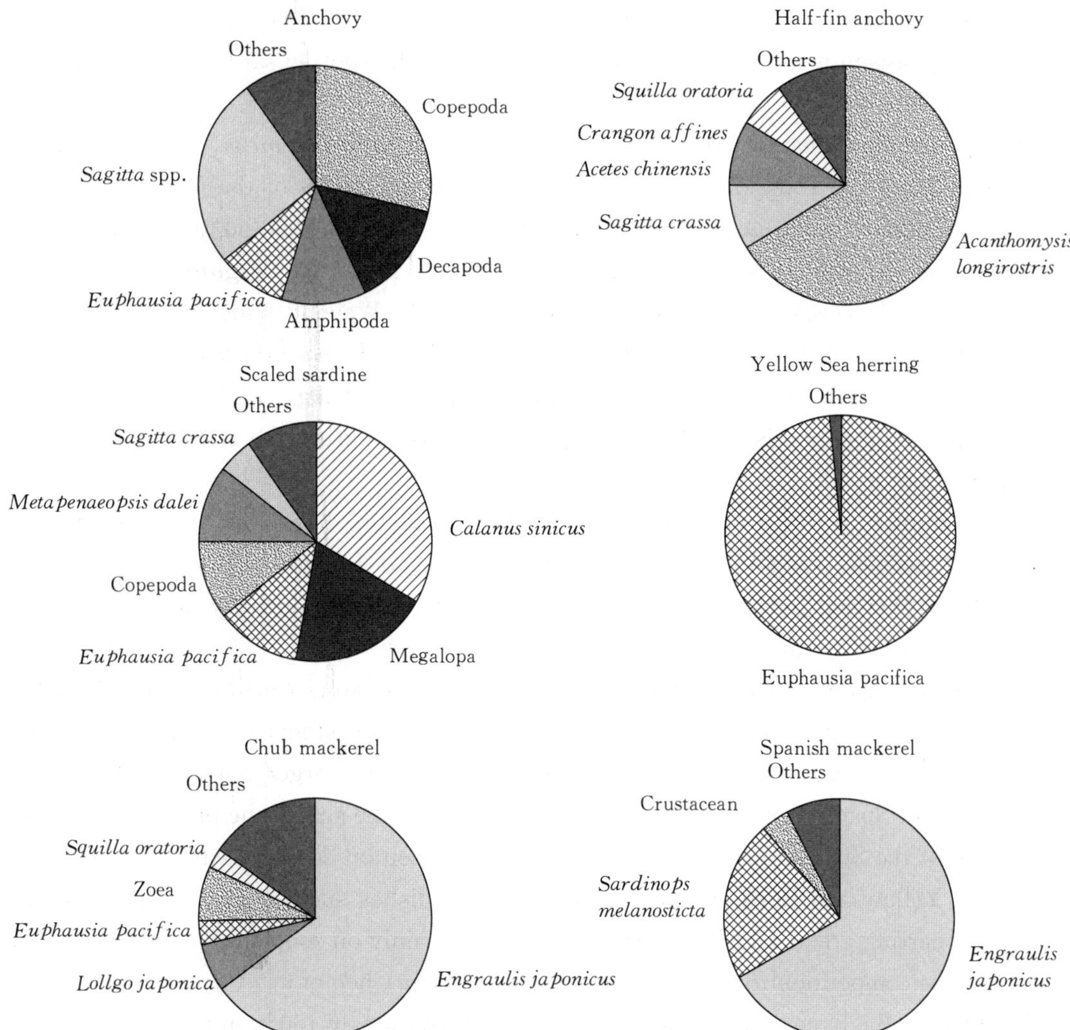

Figure 7. 2 Food composition of six pelagic fishes in the Yellow Sea during the surveys in 1985—1986

There are some food variations between juveniles (0-group) and adults. The diet of juvenile Japanese anchovy is dominated by copepoda (55% by weight); *Sagitta*, *Lamellibranchia* larvae, and *Coscinodiscus* are also found (Chan, 1978; Zhu, 1991). As the Japanese anchovy grows, the dominant prey gradually shifts to *Sagitta crassa*, *Calanus pacificus*, *Themisto gracilipes*, *Euphausia pacifica*, and some algae.

Wei and Jiang (1992) reported that the food composition of the half-fin anchovy in the

Yellow Sea mainly consists of *Acanthomysis longirostris* (65.9% by weight). Deng et al. (1988) reported that the dominant prey of the half-fin anchovy in the Bohai Sea is *Acetes chinensis* (65.0% by weight). This indicates that the half-fin anchovy diet is not strict and is dependent on food availability.

The stomach contents of spotted sardine in the Yellow Sea were only examined qualitatively and mainly consisted of plankton such as *Coscinodisus*, *Chaetoceros* sp., *Rhizosolemia*, *Oithon* sp., *Harpacticus*, and *Acartia bifilosa* (Wei and Jiang 1992). The major feeding season is in summer and autumn. Data for the spotted sardine in the Bohai Sea are not available.

Scaled sardine mainly feed on zooplankton; *Calanus sinicus* is the primary component. There are some differences in diet between the stocks of the Yellow and Bohai Seas. In addition to *Calanus sinicus*, the Bohai Sea stock feeds on *Acetes chinensis*, Mysidae, and *Sagitta crassa*. The Yellow Sea stock feeds on *Megalopa*, *Euphausia pacifica*, and *Metapenaeopsis dalei* (Deng et al., 1988; Wei and Jiang, 1992).

The diet of the Yellow Sea herring is relatively uniform. *Euphausia pacifica* constitutes more than 99% of the total stomach contents by weight (Tang, 1980; Wei and Jiang, 1992). The feeding period is mainly from April to August; during the rest of the year they feed little or not at all.

Many studies on the stomach contents of chub mackerel show that the dominant prey consists of Japanese anchovy, *Euphausia pacifica*, and Loligo (Zhu, 1959; Lin and Yang, 1980; Wei and Jiang, 1992). The proportion of Japanese anchovy in the diet seems to have increased in recent years.

Spanish mackerel is believed to have strong piscivorous habits. Small pelagic fish such as Japanese anchovy and sardine account for about 90% of the stomach contents by weight (Tang and Ye, 1990). The Japanese anchovy makes up the larger portion and has been named "food of Spanish mackerel" by Chinese fishermen. The size of the prey increases with the growth of the Spanish mackerel, but the prey composition does not vary significantly.

In the Yellow and Bohai Seas, the small pelagic fishes such as anchovies, sardines, and Pacific herring are at a low trophic level and feed mainly on zooplankton (Figure 7.2). There may be competition for food and space among them. Chen et al. (1991) reported that in 1973 to 1974 the biomass of *Euphausia pacifica* increased by 160% in the central Yellow Sea when the herring stock was reduced by half (see the section on Stock Size and Yield Fluctuations). During the surveys from 1981 onward, the biomass of *Euphausia pacifica* decreased sharply to a level even less than that in 1973. This may be due to consumption by chub mackerel, other small pelagic fishes, and demersal fishes. All small pelagic fishes are also preyed upon by the large pelagic fishes (i.e., Spanish mackerel and chub mackerel) and many demersal piscivorous fishes. The two relatively large pelagic fish. Spanish mackerel and chub mackerel, are taken by fishermen.

Reproduction

In general, spawning areas of many species in the Yellow and Bohai Seas are found in the bays of the Bohai Sea and in the coastal waters of Shandong Peninsula. The spawning season is primarily in spring, mainly from May to June (Zhang et al., 1983; Zhao et al., 1990; Liu et al., 1990; Deng and Zhao, 1991), although different species may vary slightly. The development and distribution of eggs and larvae of fishes in the Yellow and Bohai Seas have been described based on many experiments and investigations (Zhang et al. 1983). Data on various reproductive characteristics and environmental factors of seven species are given in Table 7. 2.

The nearshore banks and bays along the Chinese coast are spawning areas. There are three major spawning areas of the Japanese anchovy: bays in the Bohai Sea, nearshore banks off the south of Shandong Peninsula, and off the Zhejiang coast (southeast China) (Zhang et al., 1983; Zhu and Iversen, 1990).

According to the surveys from 1984 to 1988 by the R/V Bei Dou (Zhu and Iversen 1990), the spawning season of Japanese anchovy is from May to October, and the peak spawning period is from mid-May to late June, with the optimum temperature being 14~18 ℃ in the Yellow Sea. The 1-to 2-year-old fish dominate the spawning stock. Ovulation can be of multipeak or continual type, and occurs once a year; that is, ovulation occurs as the egg is ripe, without an obvious resting stage in between (Li, 1987).

Based on investigations of half-fin anchovy, their spawning areas are mainly in the estuaries and bays of the Yellow and Bohai Seas. Turbid waters with temperatures of 9~13 ℃ in the Yellow and Bohai Seas (Liu et al., 1990) and 15~26 ℃ in the East China Sea (Zhao et al., 1990) are the most favorable.

The spawning period of spotted sardine differs between stocks; it is from July to August in the South and East China Seas, and from April to June in the Yellow and Bohai Seas. Batch spawning is conducted in the shallow coastal bays and estuaries with rather low salinity (18~25 ppt) (Zhang et al., 1983; Zhao et al., 1990). Male fish reach maturity earlier than females. The 2-year-old fish have an absolute fecundity at a mean of 70 000 to 90 000 eggs (Zhao et al., 1990).

The scaled sardine starts spawning in May in the Yellow and Bohai Seas, and one month earlier in the East China Sea, at a relatively high water temperature (19~21 ℃). The absolute fecundity is low, ranging from 3 500 to 5 500 eggs that have a very small diameter (0. 3~0. 9 mm) (Zhao et al., 1990; Zhang et al., 1983).

The Yellow Sea herring starts spawning in February in very shallow waters (3~7 m) along the coast and bays around the Shandong Peninsula. A small group spawns on the banks off the Liaodong Peninsula and off west Korea. The main spawning season is from March to April, and a water temperature of 0~5 ℃ and a salinity of around 30 ppt are required

(Zhang et al., 1983). Tang (1980) found that the egg development of Yellow Sea herring exhibits a definite synchronism, and an individual's absolute fecundity increases linearly with increasing net body weight. The herring eggs stick together and adhere to reefs, algae, and other substances. The hatching time decreases with increased temperature from about 12～14 days at 5.5～10 ℃ to 7～8 days at 15～20 ℃ (Jiang and Chen, 1981; Zhang et al., 1983).

The chub mackerel stock in the Yellow Sea spawn around the Shandong Peninsula from May to July. A small portion sometimes enters the Bohai Sea for spawning. The temperature of the spawning areas is relatively high, with an optimum of 12～17 ℃, and a high salinity is needed (Zhang et al., 1983; Wang, 1991). The fecundity of chub mackerel is quite high (Table 7.2) and also increases linearly with net body weight (Liu et al., 1990).

The Yellow Sea stock of Spanish mackerel spawns mostly in the bays of the Bohai Sea, although some spawn along the coast of the Shandong Peninsula. The major spawning season is from May to June, depending on the water temperature. The temperature of spawning areas differs greatly between northern and southern waters, ranging from 9～13 ℃ in the Bohai Sea and 11～20 ℃ in the southern East China Sea, whereas the salinity is similar at 28～31 ppt (Zhang et al., 1983; Wei, 1991).

Data on the seven species indicate that all start spawning from an age of about 1 year and have a relatively short life span (Table 7.2). Maturation at an earlier age has been observed in some species. Fecundity in small pelagic species is lower than in larger species. The eggs are released pelagically, except for Yellow Sea herring.

Age and Growth

The development of larvae and postlarvae fishes in China's coastal waters has been summarized based on many observations by Zhang et al. (1983). The von Bertalanffy growth equations for seven pelagic species are given in Table 7.3. The growth equations for half-fin anchovy, spotted sardine, and scaled sardine are based on the survey data from 1982 to 1986.

The length of the Japanese anchovy at hatching ranges from 2.6 to 2.9 mm (Zhao et al., 1990). Zhang et al. (1983) reported that the body length is 3.2 mm after hatching, and at a body length of 18.5 mm (length at metamorphosis) it looks like an adult fish. Five months after spawning the total length reaches 60～90 mm. The growth rate is fast at 1-group and decreases with age (Zhu and Iversen, 1990). At 3 months the fork length of half-fin anchovy is about 30 mm, and at 6 months it is around 75 mm. One-year-old fish reach about 100 mm.

Spotted sardine are 2.9～4.4 mm after hatching, 4.0～4.2 mm in 2 days, and about 5.8 mm in 4 days. In 15 days the spotted sardine is more than 10 mm long, and by October it has grown to 120～130 mm.

The scaled sardine is 3.3～3.8 mm in length after hatching, and reaches 30～45 mm at 1.5 months and weighs 1～2 grams. By mid-October, the 0-group fish increase to 75～98 mm, weighing 4.0～8.5 grams.

Table 7.2 Data on reproductive biology and environmental factors for seven pelagic fishes of the Yellow Sea

	Species						
	Japanese anchovy	Half-fin anchovy	Spotted Sardine	Scaled sardine	Pacific herring	Chub mackerel	Spanish mackerel
Egg diameter (mm)	0.55～1.57	1.40～1.51	1.28～1.6	0.3～0.9	1.42～1.54	0.93～1.15	1.52～1.63
Length at hatching (mm)	3.2	?	4.0～4.4	3.3～3.8	5.24～6.28	2.70	4.27～4.96
Absolute fecundity (×1 000 eggs/female)	0.6～13.6	0.13～1.48	35～125	3.5～5.5	19.3～78.1	234～861	280～1 100
Age at first maturity (yeas)	1	1～3	1～2	1～2	1～3	1～2	1～2
Length at first maturity (cm)	6	9.5	13.5	11	16.5～27	26	35 142
Ovulation pattern (time/year)	1	1	batch	1	1	batch	batch
Maximum recorded age (years)	4	6	5	5	9	10	6
Peak spawning season	May—June	Apr.—June	May—June	May—July	Mar.—April	May—July	May—June
Temperature of spawning (℃)	12～22	9～26	14.5～18.5	19～21	0～5	12～25	9～20
Salinity of spawning (%)	28～31	14～34	18～25	?	30±	29～34.5	28～31
Depth of spawning (m)	>25	20±	1～15	20±	3～7	15～50	15～30

Table 7.3 Growth equations of seven pelagic fishes in the Yellow and Bohai Seas

Species	Growth equation	Reference
Japanese anchovy	$L_t=163\ (1-e^{-0.8(t+0.2)})$	Zhu and Iversen, 1990
Half-fin anchovy	$L_t=192\ (1-e^{-0.55(t+1.55)})$	
Spotted sardine	$L_t=200\ (1-e^{-0.81(t+0.36)})$	
Scaled sardine	$L_t=167\ (1-e^{-0.49(t+1.31)})$	
Yellow Sea herring	$L_t=305\ (1-e^{-0.66(t+0.198)})$	Tang, 1980
Chub mackerel	$L_t=425\ (1-e^{-0.53(t+0.8)})$	Chen et al., 1991
Spanish mackerel	$L_t=709\ (1-e^{-0.53(t+0.70)})$	Wei, 1991

Notes: The equations for half-fin anchovy, spotted sardine, and scaled sardine were fitted based on data from 1982—1986.

According to observations on artificial hatching and embryonic development of Yellow Sea herring (Jiang and Chen, 1981), the body lengths of newly hatched larvae are 5.2～6.8 mm. After 4 to 5 days it reaches 7.2～7.8 mm, and in 12 to 13 days reaches 9.9～11.2 mm. The growth rate is fastest during summer, accounting for 43% of total yearly increase, and decreases during autumn (Tang, 1991).

The length of newly hatched larvae of chub mackerel is 2.7～3.0 mm, and 3.8～4.0 mm after 4 days (Wang, 1991). The 0-group fish grow very quickly: 120～140 mm fish were caught in August. By October the chub mackerel is 200 mm long and weighs about 100 grams.

At hatching the Spanish mackerel measures 4.3～5.0 mm (Zhao et al., 1990). Its growth is the fastest recorded among pelagic fishes in the Yellow and Bohai Seas. 0-group fish can reach 250～300 mm and weigh 200～400 grams at spawning. Female fish grow faster than males, with an average increase in length of 26.1% in the second year after spawning, compared with 21.9% for males (Wei, 1991).

There are large differences in size between the seven species (Tables 7.2 and 7.3). The Spanish mackerel is the largest species and the Japanese anchovy the smallest. Growth rates during the first year vary significantly, with smaller species growing more slowly. In addition, the lengths at hatching are not consistent with adult fish size or egg diameter (Table 7.2).

Population Structure

During the 1986 surveys, the population consisted mainly of 0- to 5-year-old fish, with 1- to 2-year-old fish being the major component. Figure 7.3 shows the fork length composition of seven pelagic fishes in the Yellow Sea during the spring and autumn surveys.

The length distribution of the Japanese anchovy shows a unimodal distribution at the range of 6～16 cm, with a mean of 11.9 cm. The 7- to 13- cm length group dominates (92.4% by number) the catch in spring (Figure 7.3). This indicates that the spawning stock depends highly on 1- to 2- year-old fish. The length distribution in autumn was rather scattered, without an obvious dominant length group. The fork length ranged from 6 to 15 cm, with a mean of 10.7 cm.

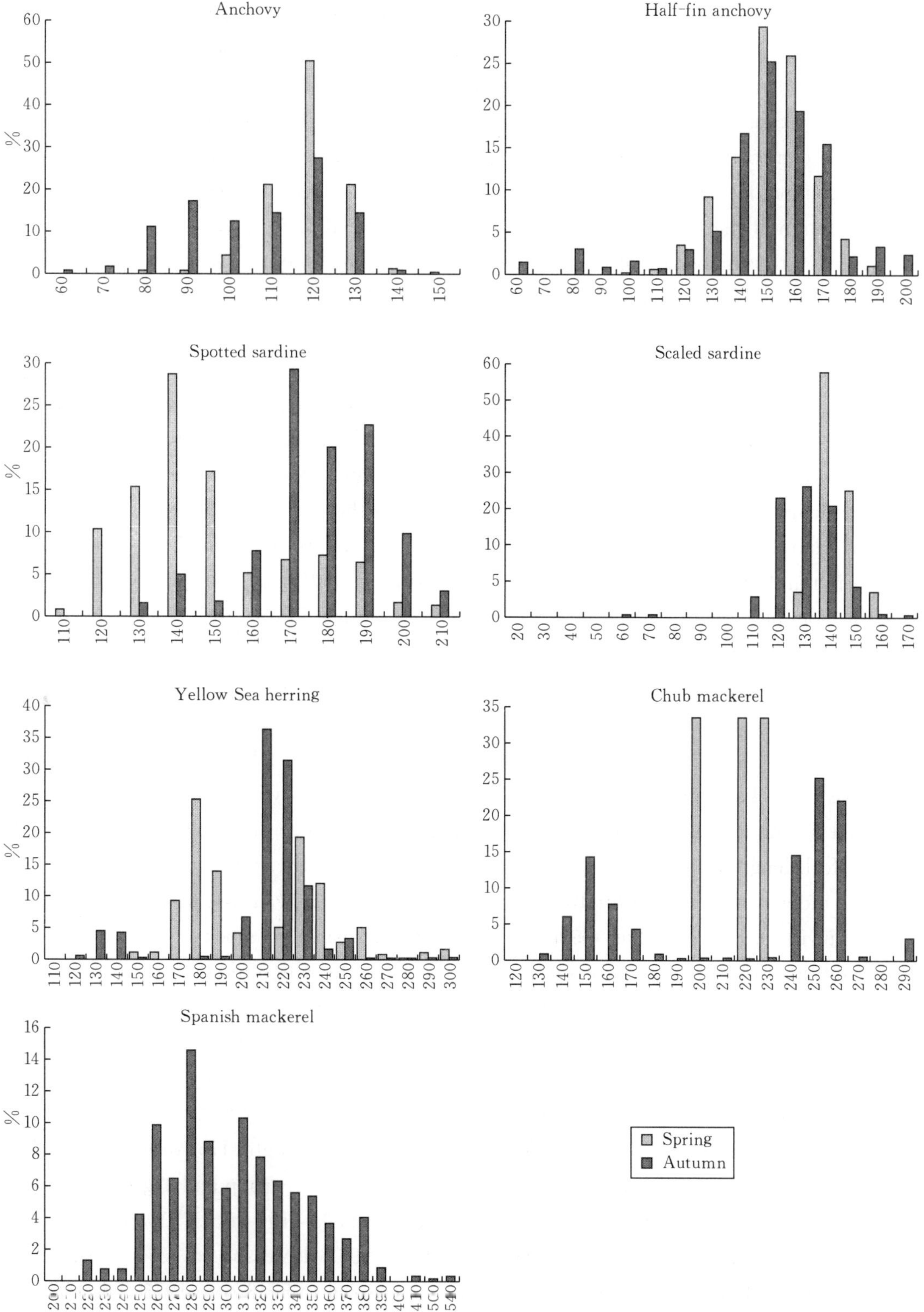

Figure 7.3 Fork length (mm) distribution of seven pelagic fishes in the Yellow Sea during the surveys in 1986

The length distribution of half-fin anchovy is also unimodal (Figure 7. 3), especially in spring. The 14-to 17-cm length group dominated (80. 9% by number), with a mean of 15. 2 cm. It is similar to the spring length distribution of the Japanese anchovy. The spawning stock mainly consisted of 1-to 2-year-old fish. In the spring 1981 survey along the Jiangsu coast, the composition of the spawning population was 1-to 6-year-old fish, with the 3-year-old fish dominating (Zhao et al. , 1990). With the juveniles recruited into the feeding stock, the proportion of the 14-to 17-cm length group was reduced to 76. 6%.

The length composition of the spotted sardine consisted of 0-to 5-year-old fish, and 1-to 2-year-old fish were the major year-classes (Figure 7. 3). The fork length distribution was 11～21 cm, with a mean of 14. 9 cm in spring and 17. 7 cm in autumn. This was different from the other pelagic fish, since juvenile fish were not caught during the autumn survey. It is likely that the juvenile fish were in spawning areas in nearshore shallow waters (bays and estuaries) and thus were not caught. The dominant length group of the spring catch was13 to 15 cm, accounting for 61. 0%, and 17 to 19 cm in autumn, accounting for 71. 9%.

The length composition of the scaled sardine in the spring catch was very narrow, ranging from 13 to 16 cm, with a mean of 14. 4 cm. The 14-to 15-cm fish accounted for 88. 0% in number. In autumn the lengths ranged from 2 to 17 cm, with a mean of 13 cm, and the dominant length group (12 ～ 14 cm) accounted for 85. 6%. The 0-group fish accounted for 1. 4% of the autumn catch (Figure 7. 3).

The fork length of the spawning stock of the Yellow Sea herring ranged from 13 to 30 cm, with a mean of 20. 8 cm. There were two peaks in the length distribution, one at 18～19 cm and one at 23～24 cm, accounting for 38. 8% and 30. 9% and corresponding to 1- and 2-year-old fish, respectively (Figure 7. 3). However, when the stock was very abundant during the period from 1970 to 1974, the mean age of the catch was 2. 5 years old and the fork length and body weight averaged 22. 8 cm and 134 grams, respectively. Four-year and older fish accounted for 15. 6%, and decreased to 1. 5%in the period from 1975 to 1982 (Liu et al. , 1990). This demonstrates that the spawning stock at present depends mainly on the 2-year age group. In autumn, the length composition of herring was dominated by the 21-to 22-cm group, accounting for 67. 2% by number, and 9. 3% of the catch was 0-group fish.

Chub mackerel has a relatively long life span, with a maximum recorded age of 10 years. The population structure was very simple and distinct (Figure 7. 3). The data for spring are not reliable because only three specimens were caught. However, the feeding stock in autumn of 1986 shows two peaks, corresponding to 0-group and 1-group fish. The composition of the spawning stock has varied since the 1950s (Liu et al. , 1990): The 4-to 5-year-old fish dominated (92. 8%) in 1953, and in 1963 decreased to 25%. Meanwhile, the 2-year-old fish increased to 25%, and further increased to 37. 8% in 1973. The majority of spawners in 1982 were 3 years old, accounting for 59. 1%. The 5 years and older spawners have been very rare since 1968. At present, the spawning stock is highly dependent on 1-and

2-year-old fish.

Spanish mackerel is the largest fishable pelagic fish in the Yellow and Bohai Seas. It was not caught during the spring bottom trawl surveys of 1986. As described previously, the Spanish mackerel's occurrence in the Yellow Sea is highly dependent on the water temperature. The length composition in the autumn catch (Figure 7. 3) ranged from 20 to 54 cm in fork length without an obviously dominant length group. Zero-group fish accounted for 99. 7% of the catch.

Figure 7. 4 shows the variation of mean fork length of Spanish mackerel in the Chinese catches since 1950. The mean lengths have decreased since the mid-1960s, indicating an increasing proportion of young fish. It should be mentioned that the 1-group fish accounted for only 1%~7% during the period from 1952 to 1969, increased to 10%~27% in the 1970s, and again increased to about 36~56% in the beginning of the 1980s (Wei, 1991). The increase in mean length in the mid-1980s was mainly due to a change in fishing method, namely, fast trawling with a larger mesh size. Therefore, the proportion of older fish increased but resulted in the reduction of the spawning stock. As a consequence, the reproductive capacity of the stock may be reduced to a lower level.

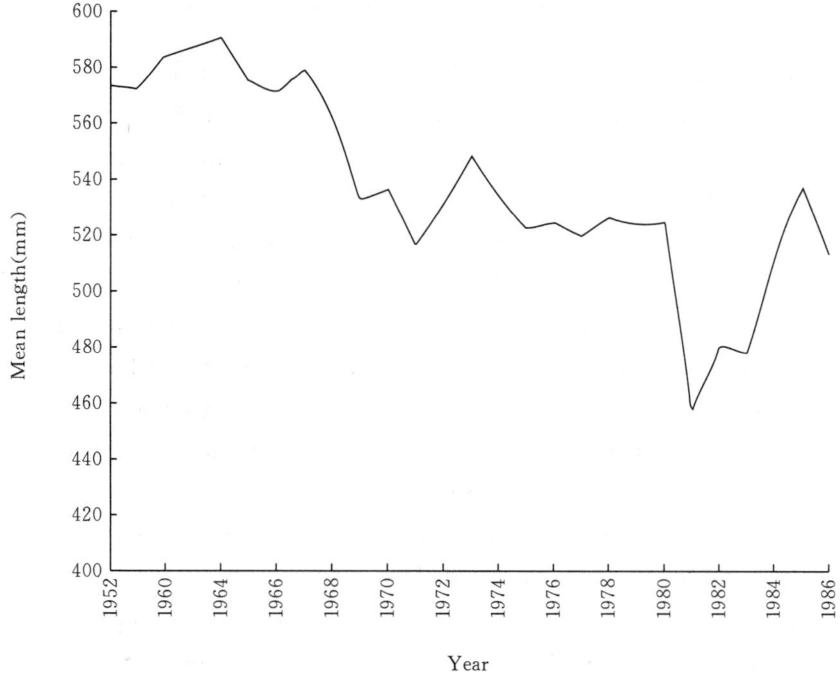

Figure 7. 4　Mean length variations of Spanish mackerel in the Chinese catch with year

Stock Size and Yield Fluctuations

Biomass estimates of stock size of pelagic fishes were not available before 1985. However, the relative abundance index of the Yellow Sea herring was estimated for 1972—

1977 (Ye et al., 1980). The first systematic surveys of pelagic fishes, especially Japanese anchovy, were carried out in 1985 (Zhu and Iversen, 1990). Estimates based on bottom trawl surveys in 1985 and 1986 are also available. The catch statistics of Chinese fisheries indicate a rapid decline of most bottom fish and some large pelagic fish, and an increase of some small pelagic fish. Figure 7.5 presents the relative proportions of the seven pelagic species in Chinese catches since 1953.

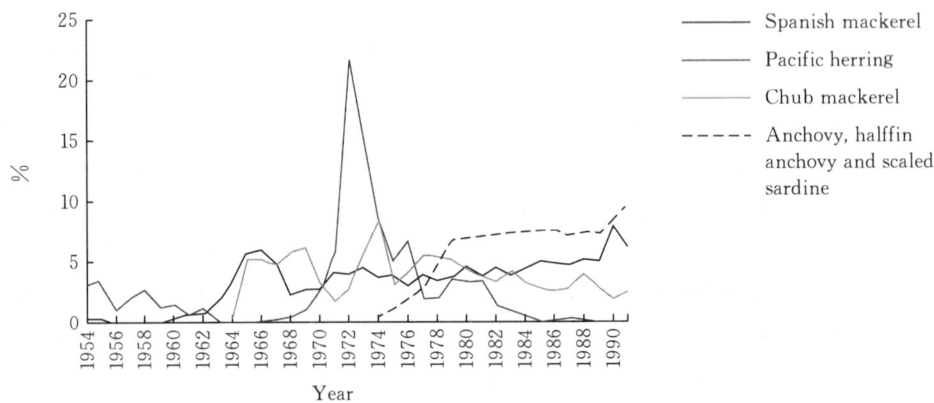

Figure 7.5 Relative proportion variation of major pelagic fishes in the Chinese catch (1953—1992)

The Japanese anchovy is an undesired species in Chinese fisheries because of its low market value. Only postlarval and juvenile fish have been used by some coastal artisanal fishermen for dried food. In the 1960s, the catch was very small, about 750 to 1 000 mt in the northern Yellow Sea. In recent years, a dramatic increase of abundance occurred in the Yellow and East China Seas-about 3 million mt has been estimated by acoustic surveys, and a potential annual catch was on the order of half a million mt (Iversen et al., 1993). The stock size has continued to increase in recent years to more than 4 million mt in 1992—1993. Figure 7.6 shows the percentage of Japanese anchovy in the catches during the bottom trawl surveys of 1981 to 1988. Its proportion in the catches increased dramatically, especially in the spring, from 4.8% in 1981 to 79.5% in 1988. The annual catch in China has varied between 30 000 and 150 000 mt during 1989 to 1992.

The half-fin anchovy, spotted sardine, and scaled sardine stocks are also abundant, yet the catches have been relatively small. Their biomass has been increasing in recent years. The total catch in the Yellow and Bohai Seas was about 60 000 mt.

The catch per unit effort (CPUE) index of bottom trawl catches of half-fin anchovy in the southern Yellow Sea increased from 100 in 1971 to 367 in 1982, and the total catch increased sixfold (Liu et al., 1990). Based on the inshore trial fishing in 1981 (Zhao et al., 1990), the density in the Jiangsu coastal water was 1.011 mt/(n mile)^2. The abundance was estimated at 60 000～70 000 mt in the Yellow and Bohai Seas, and about 86 000 mt in the East China Sea, with a total allowable catch of about 100 000 mt. However, the Chinese annual catch during 1980—1983 ranged between 70 000 and 90 000 mt.

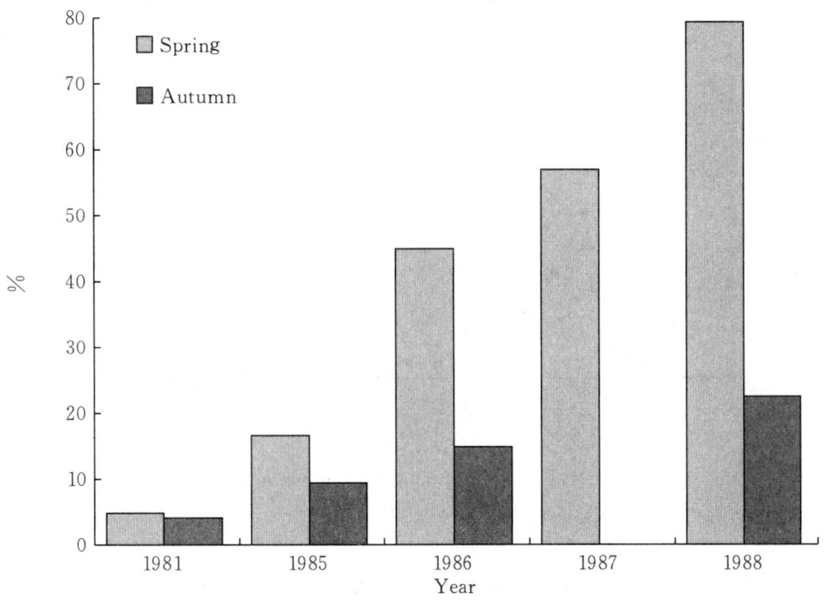

Figure 7. 6 Percentage of anchovy in the catches by weight during the surveys of 1981—1988 in the Yellow Sea (no survey made in autumn 1987)

Although the catch of spotted sardine was around 1 000 mt in the 1950s and increased to about 5 000 mt in the beginning of the 1980s, the abundance of this stock has been stable or even increasing. The abundance of scaled sardine has been increasing since the 1970s in all the seas along China. The catch index in the Yellow and Bohai Seas increased from 100 in 1976 to 401 in 1981 (Ye, 1982), and the catch has been about 22 000 mt in recent years. These species have potential to be further exploited by about 80 000 to 105 000 mt in the Yellow and Bohai Seas.

The Yellow Sea herring fishery has experienced two peaks (about 1900 and 1938) followed by a period of little or no catch (Tang, 1990). Since 1967, many demersal stocks in the Yellow Sea have been overfished or depleted. Recovery and outburst of the Yellow Sea herring seem to be associated with depletion of other stocks. The catch of Yellow Sea herring increased rapidly to a peak (more than 180 000 mt) in 1972, and decreased sharply thereafter (Figure 7. 7). Tang (1981, 1987) demonstrated that although the fluctuations in recruitment of the Yellow Sea herring have been very large and have had a direct effect on the fishable stock, there is no strong relationship between spawning stock and recruitment. Environmental conditions such as rainfall, wind, and daylight are the major factors affecting the fluctuations in recruitment, and long-term changes in biomass may be correlated with a 36-year cycle of wetness oscillation in eastern China (Tang, 1990). Undoubtedly, high fishing pressure speeds up the depletion. During a period of declining stock size, the spawning stock must be conserved to ensure that the reproductive potential is maintained at a satisfactory level. The abundance of adult fish is now reduced to about 1 000 to 3 000 mt (Liu et al., 1990), and the catch has ranged from 1 000 to 2 000 mt in recent years in China.

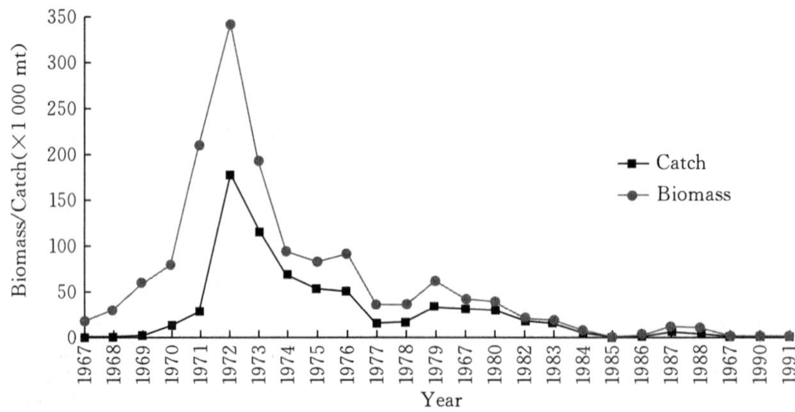

Figure 7.7 Biomass (from virtual population analysis) in Chinese catch variations of Yellow Sea herring in the Yellow Sea (1967—1991)

The Yellow Sea chub mackerel, which had similar fluctuations, experienced two peaks during the periods of 1951—1955 and 1973—1980 (Wang, 1991). Ye (1982) noted that the fluctuations in biomass seem to follow an 18-year cycle. The stock in the Yellow Sea is now in a declining period. The spring catch declined from 45 000 mt in 1974 to less than 1 000 mt in 1984. Wang (1991) believes that the Yellow Sea chub mackerel is only a small branch of the northwestern Pacific population, and that because the areas of distribution and spawning are highly restricted it is easily affected by unfavorable environmental factors and fishing. The fluctuations are likely to follow a 22-to 24-year cycle of sunspots (Wang, 1991). Fishing is also an important factor in the fluctuation of fisheries resources. There is high fishing pressure on the immature chub mackerel in the wintering grounds, leading to a reduction of recruitment and thus affecting the fishery in the following years. Figure 7.8 shows that in China the CPUE by purse seining in spring decreased sharply in the 1950s and has been at a low level since then.

Spanish mackerel is mainly caught by gill netting in China and is a bycatch in other fisheries. The annual catch increased rapidly in the 1960s and ranged from 20 000 to 40 000 mt (Figure 7.9). The 2-year-old fish dominated the catch (about 75%), and the total mortality was about 65% (Wei, 1991). By the mid-1970s the catch was mainly taken from the spawning stock in spring. Since the late 1970s, the increase in fishing effort and the large quantity of 0-group fish caught by motorized bottom trawlers in autumn have resulted in a decline of the spring catch and an increase in the summer and autumn catch (Figure 7.9). Therefore, the proportion of older fish decreased and that of younger fish increased in the catches. Thus, the fishery was mainly supported by the younger fish. However, as mentioned previously, the abundance of old spawners has decreased sharply due to the introduction of fast trawling with a larger mesh size. As a result, the catch has declined considerably in recent years.

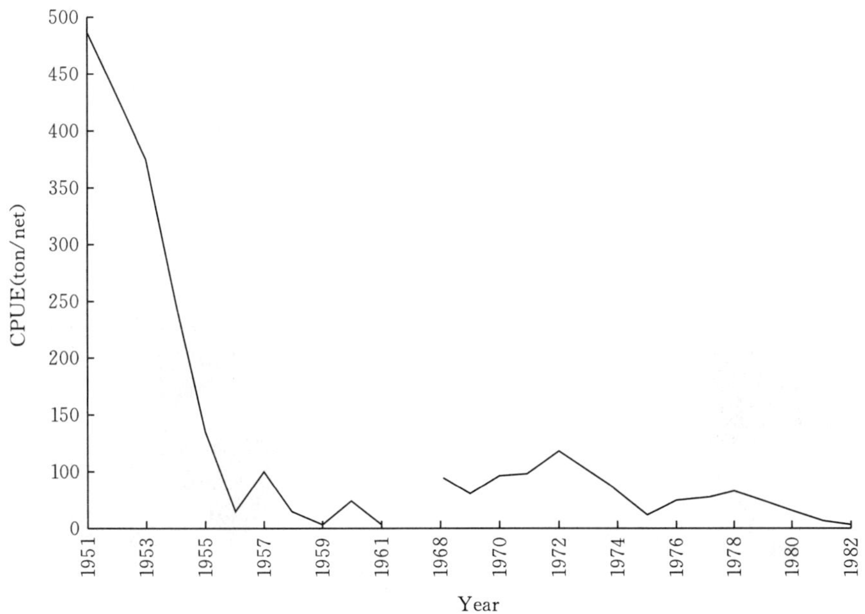

Figure 7.8　CPUE variations of chub mackerel by the Chinese purse seine fishery in spring, 1951—1982

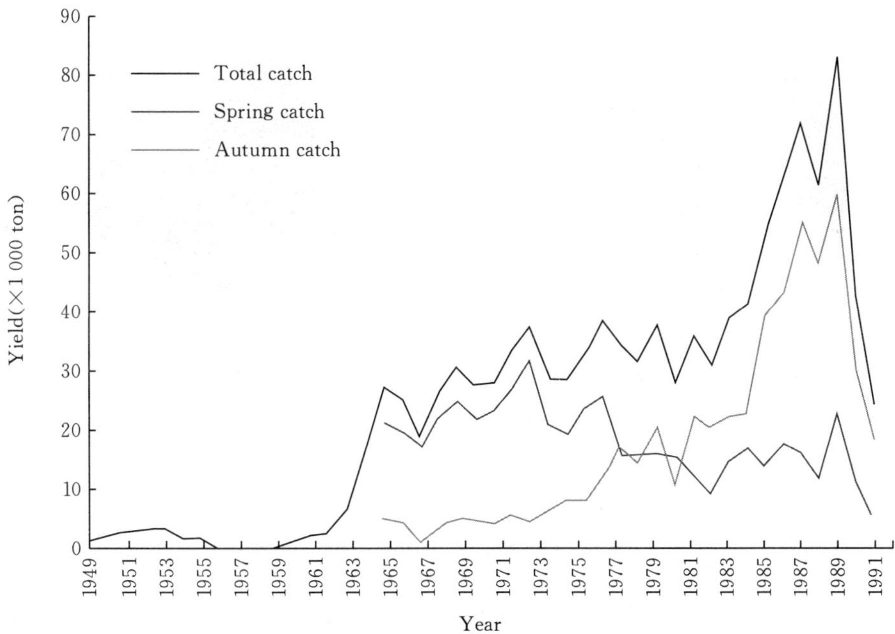

Figure 7.9　Catch variations of Spanish mackerel in China during the period 1949—1992

In the 1950s and 1960s, bottom fish were the major target species in China's fisheries, and their catches increased rapidly. Figure 7.10 shows the catch composition during two bottom trawl surveys. In 1959, small yellow croaker, *Pseudosciaena polvactis*, dominated the spring and autumn catches (44.1% and 20.9% by weight, respectively), whereas the pelagic fish accounted for only 0.1% and 2%, respectively. However, in 1986 pelagic fish dominated the catches (50.7% and 46.3% for spring and autumn, respectively). The stock of Japanese anchovy has increased strikingly and may, together with other small pelagic fishes, take the place of and utilize the surplus food left by Yellow Sea herring and other depleted stocks in the Yellow Sea.

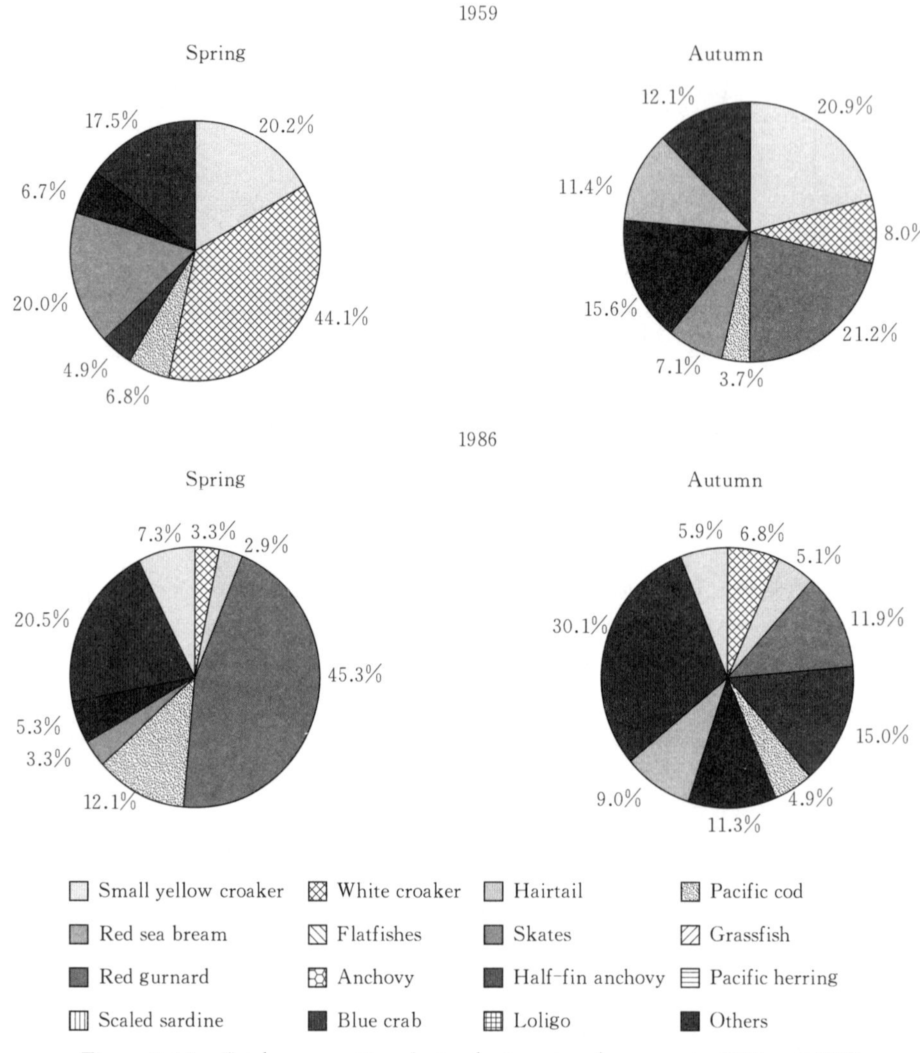

Figure 7.10 Catch composition during bottom trawl surveys in 1959 and 1986

The fishery resources of the Yellow Sea have changed considerably. Chikuni (1985) pointed out that changes in stock abundance in each of the major pelagic resources around Japan have not taken place independently but have been associated with complementary changes in other stocks. Changes in species composition and fluctuations in abundance result from complicated interactions of biological and environmental factors. MacCall (1983) examined the variability of pelagic fish stocks off California and concluded that ①recruitment fluctuations are particularly important for short-lived fishes, ②species replacement seems to occur, but is environmentally mediated, and ③ changes in the natural mortality of adults may be an important cause of fluctuations in abundance. Daan (1980) reviewed fisheries data that indicated marked changes in species composition around the world and pointed out that very few reported situations can be conclusively shown to exemplify a replacement phenomenon.

In the Yellow Sea, when the herring stock recovered, the biomass of many demersal fish such as the small yellow croaker, large yellow croaker (*Pseudosciaena crocea*), hairtail (*Trichiurus haumela*), and Pacific cod (*Gadus macrocephalus*) were depleted. The outburst of Yellow Sea herring lasted several years, then collapsed in the late 1970s. The biomass of small pelagic fishes has increased gradually since then. A decline in Spanish mackerel biomass has occurred in the catch of recent years due to the reduced spawning stock. The stock of Japanese anchovy has increased sharply in recent years. It is not possible to simply conclude that herring is replaced by anchovy, similar to the sardine-anchovy interaction off California (Daan, 1980), since the long-term change in herring biomass in the Yellow Sea is cyclic (Tang, 1990) and there is no strong food competition between the two species, although the distribution of anchovy has covered the distributional area of herring in the Yellow Sea. The depletion of demersal piscivorous fish stocks might be the most important cause for the increase of small plankton feeders.

Conclusion

In the Yellow and Bohai Seas the importance of pelagic fishes has been increasing since the 1950s. The abundance and catches of small-sized pelagic species such as Japanese anchovy, half-fin anchovy, spotted sardine, and scaled sardine have increased dramatically, whereas the relatively larger-sized species such as Spanish mackerel, chub mackerel, and Pacific herring have been depleted or overexploited in recent years.

Compared with their abundance, the catch of small pelagic species is relatively small. This is in contrast with the decline of many species that are larger in size and have a higher commercial value. The Japanese anchovy, in particular, is believed to be the most abundant species in the Yellow Sea, with a potential catch of about half a million tonnes per year. However, the annual catch in China has been quite low in recent years. The CPUE of the half-fin anchovy and scaled sardine has also increased three-to fourfold since the 1970s, but the total catch is still low. These small pelagic species are believed to be underexploited and have great potential in the Yellow and Bohai Seas fisheries.

Small pelagic fishes feed mainly on zooplankton, and are in turn major prey for most of the larger demersal and pelagic fish. It should be noted that the Japanese anchovy plays a very important role as prey, and is eaten by most piscivorous fishes in the Yellow and Bohai Seas. These predators have been mostly depleted or overfished since the early 1960s and the predation pressure has therefore been reduced. The depletion of the Pacific herring stock has provided surplus food and space for small pelagic fishes. Environmental conditions may also be favorable for the small pelagic fishes. These events appear to be related and have caused a succession in the Yellow Sea ecosystem. Further investigations on multispecies interactions and the entire ecosystem are needed.

Acknowledgments

We are grateful to Dr. A. Johannessen, University of Bergen, and Dr. E. Bakken, Institute of Marine Research, Norway, for their valuable comments on the manuscript. Thanks are also given to our colleagues for helping to collect and analyze the survey data.

References

Chan J, 1978. Study on feeding behaviour of Japanese anchovy in the northern Yellow Sea. Reports of Liaoning Marine Fisheries Research Institute, 43: 1-11.

Chen G, 1991. Marine Fishery Environment in China. Zhejiang, China: Zhejiang Science and Technology Press.

Chikuni S, 1985. The Fish Resources of the Northwest Pacific. FAO Fish. Tech. Pap, 266.

Daan N, 1980. A Review of Replacement of Depleted Stocks by Other Species and the Mechanisms Underlying Such Replacement, In A Saville (ed.), The Assessment and Management of Pelagic Fish Stocks. Rapp. P.-v. Réun. Cons. Int. Explor. Mer, 177, PP: 405-421.

Deng J, 1988. Ecological bases of marine ranching and management in the Bohai Sea. Marine Fisheries Research, 9: 1-10.

Deng J, Zhao Q, 1991. Marine Fisheries Biology. China: Agriculture Press.

Deng J, Meng T, Ren S, et al., 1988. Species composition, abundance and distribution of fishes in the Bohai Sea. Marine Fisheries Research, 9: 11-89.

Iversen S A, Zhu D, Johannessen A, et al., 1993. Stock size, distribution and biology of anchovy in the Yellow Sea and East China Sea. Fish. Res., 16: 147-163.

Jiahg Y, Chan J, 1981. Preliminary observations on the artificial hatching and embryonic development of Huanghai herring. Acta Oceanologica Sinica, 3 (3): 477-486.

Li F, 1987. Study on the behaviour of reproduction of the anchovy (*Engraulis japonicus*) in the middle and southern part of the Yellow Sea. Marine Fisheries Research, 8: 41-50.

Lin F, 1965. Seasonal changes of bottom fish distribution and catch composition in the Yellow Sea. Marine Fisheries Research, 9: 56-86.

Lin J, Yang J, 1980. Feeding behaviour of juvenile chub mackerel in the waters off Yantai, Weihai and Qingdao. Marine Fisheries Research, 1: 1-15.

Liu X, 1990. Investigation and Division of the Yellow Sea and Bohai Sea Fishery Resources. Beijing, China: Ocean Press.

MacCall A D, 1983. Variability of pelagic fish stocks off California. FAO Fish. Rep., 2 (291): 101-112.

Tang Q, 1980. Studies on the maturation, fecundity and growth characteristics of Yellow Sea herring, *Clupea harengus pallasi* (Valenciennes). Marine Fisheries Research, 1: 59-76.

Tang Q, 1981. A preliminary study on the causes of fluctuations in year class size of Pacific herring in the Yellow Sea. Transac. Oceanol. Limnol., 2: 37 - 45.

Tang Q, 1987. Estimation of fishing mortality and abundance of Pacific herring in the Yellow Sea by cohort analysis (VPA). Acta Oceanol. Sinica, 6 (1): 132 - 141.

Tang Q, 1990. The effects of long-term physical and biological perturbations of the contemporary biomass yields of the Yellow Sea ecosystem. Paper for the International Conference on the Large Marine Ecosystem (LME) Concept and Its Application to Regional Marine Resource Management 1 - 6 October 1990, Monaco.

Tang Q, 1991. Yellow Sea Herring. In J. Deng and Q. Zhao (eds.), Marine Fisheries Biology. China: Agriculture Press, 296 - 356.

Tang Q, Ye M, 1990. Exploitation and Conservation of Fishery Resources along Shandong Coast. China: Agriculture Press.

Wang W, 1991. Chub Mackerel. In J. Deng and Q. Zhao (eds.), Marine Fisheries Biology. China: Agriculture Press, 413 - 452.

Wang W, Zhu D, 1983. Studies on the fisheries biology of mackerel (*Pneumatophorus japonicus* Houttuyn) in the Yellow Sea. Ⅱ. Studies on the relationship between the distributional behaviour of mackerel and the environment in the Yellow Sea and Bohai Sea. Marine Fisheries Research, 6: 59 - 77.

Wang W, Lu Z, Yan Y, et al., 1983. The biological characteristics of chub mackerel of the fishing ground off the middle and the south of Fujian during the spring fishing season. Marine Fishery, 5 (2): 51 - 54.

Wei S, 1991. Spanish Mackerel. In J. Deng and Q. Zhao (eds.), Marine Fisheries Biology. China: Agriculture Press, 357 - 412.

Wei S, Jiang W, 1992. Study on food web of fishes in the Yellow Sea. Oceanologica et Limnologia Sinica, 23 (2): 182 - 192.

Ye M, 1982. Prospective analyses of Yellow Sea chub mackerel resource. Mar. Fish. Sci. and Tech., 1: 8 - 13.

Ye C, Tang Q, Qin Y, 1980. The Huanghai herring and their fisheries. J. Fisheries of China, 4 (4): 339 - 352.

Zhang Y, 1983. Inshore Fish Egg and Larvae off China. Shanghai, China: Shanghai Science and Technology Press.

Zhao Q, 1990. Marine Fishery Resources of China. Zhejiang, China: Zhejiang Science and Technology Press.

Zhu Y, 1959. Reference Materials of Major Marine Fisheries Biology. Proceedings of the Second Work-shop of the West Pacific Fisheries Research Committee. Beijing, China: Science Press, 106 - 143.

Zhu Y, 1963. Ichthyology of the East China Sea. Beijing, China: Science Press.

Zhu D, 1991. Japanese Anchovy. In J. Deng and Q. Zhao (eds.), Marine Fisheries Biology. China: Agriculture Press, 453 - 484.

Zhu D, Iversen S A, 1990. Anchooy and Other Fish Resources in the Yellow Sea and East China Sea. November 1984 - April 1988, Fisheries Investigations by R/V "Bei Dou". Marine Fisheries Research, 11: 1 - 143.

Zhu D, Wang W, Zhang G, et al., 1982. Studies on the fisheries biology of mackerel (*Pneumatophorus japonicus* Houttuyn) in the Yellow Sea. I. On the migratory and distributional pattern of mackerel in the Yellow Sea and Bohai Sea. Marine Fisheries Research, 4: 17 - 30.

Acoustic Assessment as an Available Technique for Monitoring the Living Resources of Large Marine Ecosystems①

Qisheng Tang, Xianyong Zhao, Xianshi Jin

For proper management of living marine resources, knowledge of the state of the entire ecosystem, such as the size of each individual population at a specific time, is essential. To obtain this knowledge, various methods have been employed; the most frequently used techniques are bottom trawl, egg and larvae methods, and acoustic methods. The bottom trawl survey is an effective method for multispecies studies, but is mainly used for demersal communities. Because survival rates during species' early life history are often not well known, the egg and larvae methods have large uncertainties. Even though little data can be obtained on the uppermost sea surface "blind zone" and the bottom "dead zone", the acoustic method has gained great popularity and has been relatively successful in fisheries research.

A large marine ecosystem (LME) management program requires the entire ecosystem to be sampled in as much detail as possible over a relatively short time period. The quasi-continuous sampling feature coupled with relatively high sampling speed (around 10 knots of vessel speed) makes the acoustic method a promising choice for the implementation of such a LME program. The application of the acoustic technique in monitoring nekton and micronekton resources has been briefly reviewed by Holliday (1993); its potential application for monitoring zooplankton in LME was also examined.

Chinese scientists at the Yellow Sea Fisheries Research Institute (YSFRI), Qingdao, China, partly in cooperation with the Norwegian scientists at the Institute of Marine Research (IMR), Bergen, Norway, have conducted a series of acoustic surveys in various areas between 1984 and 1994 (Zhu and Iversen, 1990; Iversen et al., 1993; Tang et al., 1995). Results from these surveys are presented in this chapter. The effectiveness of the acoustic assessment as an available technique in monitoring the living resources in LME is discussed.

---

① 本文原刊于 *The Large Marine Ecosystem of the Pacific Rim: Assessment, Sustainability, and Management*, 329-337, Blackwell Science Inc. USA, 1999。

Development of Acoustic Techniques for the Investigation of Living Marine Resources

The most notable pioneer application of underwater acoustics in the study of marine fish was published in 1935 (Sund, 1935). This study may be seen as a prototype for the modern application of acoustic techniques for the investigation of living marine resources.

After the Second World War, acoustic instruments developed by the military were modified for civilian use. Echo sounders were used for fish detection. The design of the first analog echo integrator, described by Dragesund and Olsen (1965), was a milestone for acoustic techniques used in fisheries. This instrument made feasible the quantitative assessments of fish resources on a large scale, although at that time the accuracy of the estimates was relatively poor owing to imprecise calibration methods and the lack of sufficient knowledge on the target strength of fish. Further development in high-performance scientific echo sounder systems (such as the SIMRAD EK400 and QD digital echo integrator) and calibration methods (Foote et al., 1987), as well as direct in situ target-strength measurement techniques (such as the dual beam and split beam methods), coupled with better understanding of the limitations of the acoustic method, have led to greatly improved assessments of fish resources.

With the advent of acoustic instruments having large dynamic range and working on frequencies ranging from tens to hundreds of kilohertz, abundance estimates have been extended from nekton species to micronekton and even larger zooplankton. Many of these applications have been reviewed by Holliday (1993).

Acoustic Assessment of Fish Populations, with Special Reference to the Yellow Sea Anchovy (*Engraulis japonicus*)

Estimating fish abundance is probably the most important application of acoustics in fisheries research (MacLennan, 1990). Many commercially and trophically important fish stocks have been monitored acoustically. Scientists at the YSFRI and the IMR have conducted a series of acoustic trawl surveys in the Yellow Sea and the East China Sea in the period between 1984 and 1994. The purpose of these investigations has been to map the distribution and to measure the biomass of anchovy and other fish resources in the ecosystems in question. Most of the results from these surveys are given by Zhu and Iversen (1990) and Iversen et al. (1993). The survey results on wintering anchovy will be updated here.

Vessel, Equipment, and Methodology

All surveys were carried out aboard the R/V Bei Dou, a 56.2-m oceanographic research vessel capable of conducting acoustic surveys, stern trawls, and plankton sampling. The acoustic data were collected with an echo sounding integration system, namely the SIMRAD EK400/38 kHz echo sounder and the SIMRAD QD digital echo integrator. The transducer was mounted on a blister located at the fore-port side of the hull, 4.5~5.0 m deep in the water depending on the loading condition of the vessel. The output of the integrator was given for each elementary distance sampling unit (EDSU) of 5 nautical miles (n mile). An additional SIMRAD EK400/120 kHz echo sounder was run to help discriminate acoustic echo signs resulting from different targets. The overall acoustic system was calibrated prior to each survey according to the procedure described by Foote et al. (1983, 1987).

Identification and sampling of the target echo signs were done either by bottom trawl (18-mm stretched mesh size in the cod-end) or semi-pelagic trawl (22-mm stretched mesh size in the cod-end) depending on the target's vertical distribution. The surveys were conducted along parallel transects in most cases; however, this was subject to minor modifications depending on the weather conditions and fish distribution. The vessel speed was about 12 knots at normal weather conditions. An example of the cruise tracks is shown in Figure 15.1.

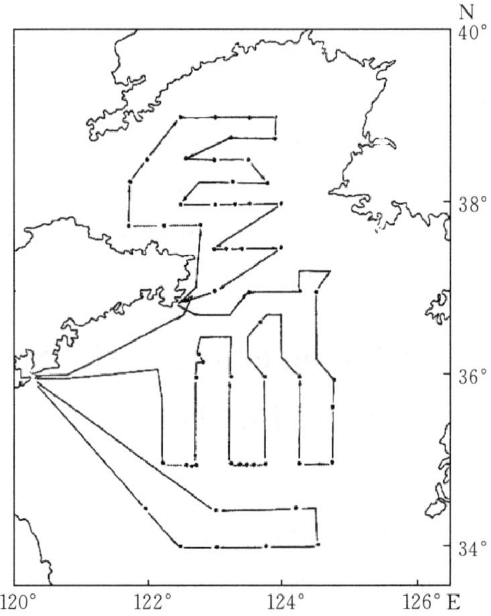

Figure 15.1 Cruise track and sampling stations of Japanese anchovy survey by the R/V Bei Dou in the Yellow Sea (Reprinted by permission from Zhu D., and Iversen S. A. 1990). Anchovy and other fish resources in the Yellow Sea and East China Sea, November 1984—April 1988 (in Chinese with English abstract) (*Mar. Fish. Res. China* 11)

Monitoring Geographic Distribution

During an acoustic survey, a large volume of water over a large area can be sampled in a relatively short time in a quasi-continuous manner. This provides an excellent means for monitoring fish distributions and their annual variations.

Surveys of the Yellow Sea anchovy indicated that the geographic distribution of the anchovy is strongly affected by changes in the Physical environment (Zhu and Iversen, 1990). In November and December, anchovy occur mainly in the northern and central parts of the Yellow Sea, with the southern border at about 34°N. The Yellow Sea Warm Current (a branch of the Kuroshio Current) is believed to act as a physical barrier for the distribution of anchovy. With the progressive winter cooling of the sea, the anchovy migrate south and eastward. Figure 15. 2 shows a typical distribution pattern of the wintering anchovy.

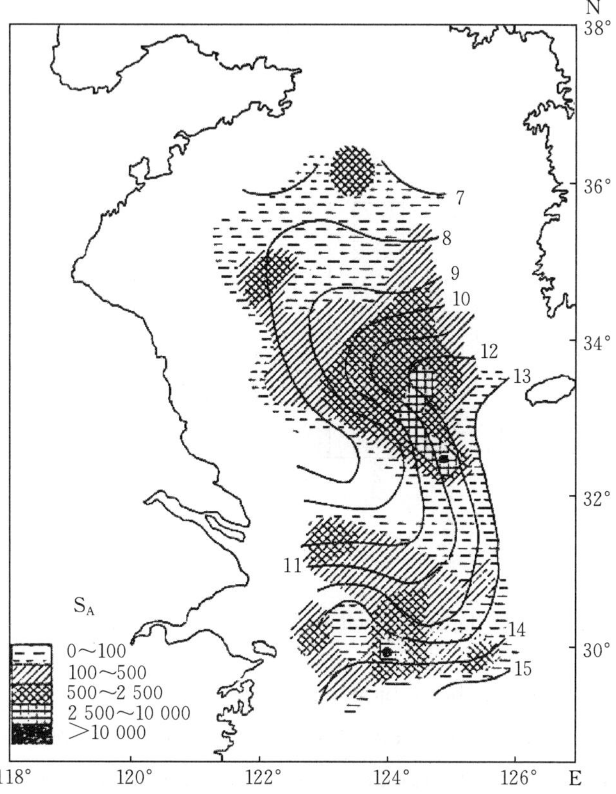

Figure 15. 2 Distribution and relative density (S_A) of Japanese anchovy during winter. The contours are surface water temperature [Reprinted by permission from Zhu D. , and Iversen S. A. (eds.), 1990.] Anchovy and other fish resources in the Yellow Sea and East China Sea, November 1984—April 1988 (in Chinese with English abstract) (*Mar. Fish. Res. China* 11)

Stock Assessment

Figure 15. 3 shows the biomass of anchovy in the Yellow Sea (north of 32°N) from the winter seasons of 1984 1985 to 1993 1994. The estimates were calculated with the subarea method. In the beginning years of the study, the biomass in each surveyed rectangle (0. 5 degree of latitude by 0. 5 degree of longitude) was estimated based on the average S_A [area backscattering coefficient, $m^2/(n\ mile)^2$] value and weight/length information of anchovy in the rectangle. The total biomass in the surveyed area was simply the sum of all the subareas (Iversen et al., 1993). Recently, the subareas were determined by the poststratification method. Five to 16 geographical strata were selected based mainly on echo density distributions. The method of strata determination based on anchovy length information was also exercised. No significant differences in biomass estimates obtained from the methods mentioned above were observed. The target strength (TS) to fish length (L, cm) relation used was TS=20 log$L$+72.5 dB. In general, in situ measurements agreed with this relation (Chen and Zhao, 1990).

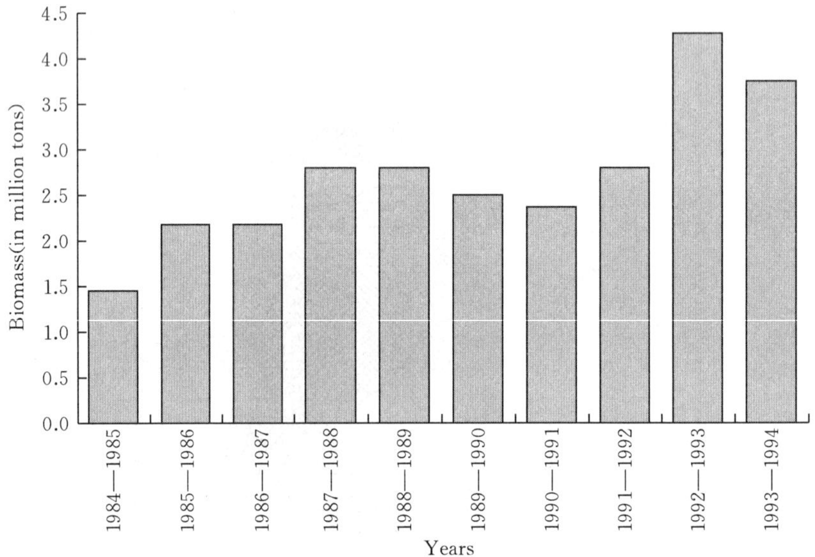

Figure 15.3 Annual variations of Japanese anchovy biomass in the Yellow Sea during winter 1984—1994

The highest estimate of anchovy biomass in the Yellow Sea was 4 million mt, obtained from a survey in winter 1992—1993. This high estimate was believed to be due to the strong 1991 year-class and the relatively large area covered by the survey, especially in the west and east. During the survey, very dense concentrations of anchovy were also found near the Korean side, at the southeastern corner of the surveyed area. This has confirmed the concern raised of inadequate coverage of the shallow-water component (Iversen et al., 1993), especially the components along the Korean side. Better knowledge of the distribution and biomass of the Yellow Sea anchovy may be obtained with improved coverage of the shallow inshore areas (maybe with a smaller boat) and better collaboration with Korean scientists under the LME spirit.

Acoustic Assessment of 0-Group Fish: The Case of Age-0 Walleye Pollock (*Theragra chalcogramma*) in the Aleutian Basin

An acoustic mid-water trawl survey on the abundance of walleye pollock in the Aleutian Basin was carried out during the period of 28 June to 2 August 1994. During the survey, large

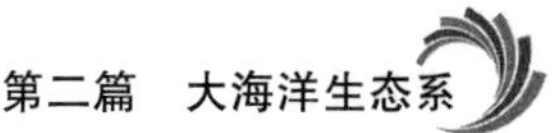

concentrations of 0-group pollock were observed and assessed acoustically (Tang et al. 1996).

Methodology

The research vessel and acoustic instruments were the same as those used for the anchovy surveys. With the calibrated echo sounding integration system, the acoustic data were collected along parallel transects, with a transect space of 22 n mile around Bogoslof Island and 44 n mile in other areas. The biological samples were collected with a pelagic trawl with mesh sizes ranging from 400 cm at the wings and 2. 2 cm at the cod-end. The vertical opening of the net mouth measured 30 to 40 m.

Distribution of Age-0 Pollock

The age-0 pollock were mainly distributed in the northern and eastern parts of the Aleutian Basin, extending from the edge of the eastern Bering Sea shelf to the basin area, and in the northern and eastern parts of the Bering High Seas, with the zero distributional isoline approximately parallel to and about 100 n mile from the 200-m bottom contour line. Areas with the densest concentrations were observed at the northeastern corner of the surveyed area (north of 56°-d30° N and east of 180° E); the highest S_A value measured approximately 500. Another area with a relatively dense concentration was east of 168° W, around Bogoslof Island, where the S_A value was approximately 100.

During the survey, age-0 pollock performed distinct diurnal vertical migrations. From 0800 to 1400 hours, they were mainly found in the water column from 80-to 120-m depth. From about 16: 00 to 20: 00, they gradually migrated to 20 ~ 60-m water layer. Around midnight (22: 00 to 02: 00), age-0 pollock were concentrated in the upper 10-m layer and vulnerable to surface plankton sampling gears. At dawn (03: 00 to 04: 00), they descended rapidly to the depth of 60~90 m and gradually stabilized at about 100 m. At all depths, age-0 pollock showed a strong schooling behavior and concentrated in a layer 10 to 20 m thick.

Biological Information

During the survey, whenever dense concentrations were observed around 100-m depth and shallower, a mid-water trawl was carried out. Age-0 pollock dominated the catch in all cases in the northeastern part of the Aleutian Basin.

The fork length of age-0 pollock sampled by the mid-water trawl around the northeastern part of the Bering High Sea ranged from 29 to 47 mm, with a mean of 40. 2 mm; the dominant length ranged from 36 to 44 mm. The individual body weight averaged 0. 43 gm. Slight differences were observed in the mean size of fish caught at different locations. The age-0 pollock sampled at 58° to 40°N and 178° to 30°W ranged from 29 to 41 mm, with a mean of 36 mm, whereas samples from a haul at 53° to 40°N and 173 to 47°W ranged from 34 to 47 mm, with a mean of approximately 43 mm.

Discussion and Conclusion

The theory and instrumentation of using underwater acoustics to estimate fish abundance have gained much attention (Forbes and Nakken, 1972; Johannesson and Mitson, 1983; MacLennan and Simmonds, 1992). Acoustic assessments of fish resources have been done both on pelagic species such as Atlantic herring and Peruvian anchoveta, and demersal or semidemersal species such as Arctic cod and Bering Sea walleye pollock. The problems of the surface "blind zone" and the bottom "dead zone" can be potentially or partly solved by the development of the quantitative side-looking sonar system (Misund et al., 1996) and improved understanding on the acoustic sampling and signal processing near the sea bottom (Ona and Mitson, 1996).

With its capability of mapping fish distribution and measuring absolute fish density continuously in the entire water column along each transect, the acoustic method appears to be superior to other methods such as the systematic trawling method, at least for fishes performing strong diurnal vertical migrations with patchy distributions. Our experiences on the acoustic surveys of anchovy and other fish resources in the Yellow Sea and the East China Sea have also demonstrated that acoustic techniques will be the most important tool for the monitoring of the fish resources in LME.

Acoustic abundance estimations of 0-group fish have been performed since the very beginning of the existence of the echo integration technique (Dragesund and Olsen, 1965). However, when acoustic fish abundance estimations are extended to apply to 0-group fish, three main problems arise: ①the availability of age-0 fish to acoustic detection, ②identification of acoustic echo signs, and③the acoustic scattering properties of age-0 fish.

Availability of Age-0 Fish to Acoustic Detection

This problem may be encountered when the fish is distributed close to the sea surface, where it cannot be detected by down-looking echo sounders mounted on vessels of several hundred tons. An alternative acoustic technique is to use horizontal-searching sonar similar to the one used by Misund et al. (1996).

The nursery grounds of juvenile fish may often extend to shallow inshore waters, where it is difficult for any large boat to operate. To solve this problem, a portable scientific echo sounder, such as the SIMRAD EY500, may be used aboard a ship of appropriate size. In the case of age-0 pollock in the Aleutian Basin, this is not a significant problem because there is only a relatively short time period in which the fish are distributed in the uppermost surface layers.

Identification of Acoustic Echo Signs

The identification of acoustic echo signs is important both for species discrimination and for S_A value allocation, as well as for biological classification. Our experience with age-0 pollock in the Aleutian Basin indicated that mid-water trawls are an effective tool for species identification of juvenile fish inhabiting relatively deep waters (Tang et al., 1996). When a dense scattering layer centered at about 100-m depth was observed for the first time during the acoustic survey in the Aleutian Basin, the mid-water trawl was towed through the layer. This layer consisted mainly of age-0 pollock together with a few other juvenile fish species. Later experience showed that a half-hour tow was adequate to provide samples for identification and size classification of juvenile fishes. However, the results were certainly biased due to the mesh size of the trawl used. Trawls with smaller mesh size may provide improved knowledge of both the species compositions and the size distributions of each species. However, plankton associated with the distribution of juvenile fish can never be sampled by mid-water trawls, thus creating a great barrier for the thorough understanding of the composition of the acoustic targets when mid-water trawls are the only sampling gear.

Acoustic Scattering Properties of 0-Group Fish

For quantitative estimates of a fish resource, it is essential to know the target strength of the fish in question. Knowledge of the effective target strength of fish is relatively poor, especially for juvenile fish. Nevertheless, efforts have been made in this direction (Ona, 1994).

When the target strength to fish length relation currently used for walleye pollock, $TS=20\ \log L+66$ dB (Foote and Traynor, 1988), is extrapolated to apply to age-0 pollock in the Aleutian Basin, a rough biomass estimate of 20 000 mt is reached, corresponding to an abundance of 58. 2 billion individuals.

Although there are still a number of problems in the application of acoustic techniques for the assessment of 0-groups, the survey on age-0 pollock in the Aleutian Basin has shown that the acoustic method is a promising technique that deserves to be further developed for such surveys.

In addition to fish abundance estimates, the use of acoustic techniques for plankton investigations has gained attention over the last decade (Holliday, 1993) and was an important topic in the Fourth International Symposium on Fisheries and Plankton Acoustics held in Aberdeen, Scotland, in June 1995.

Acoustic systems operating at two frequencies (38 and 120 kHz) during the acoustic surveys in the Yellow Sea and the East China Sea have provided us with information about the plankton community (potentially mixed with some micronektons) in the survey area. Acoustic techniques′ fast, continuous sampling make them a promising tool for mapping the spatial distribution and for measuring the relative density of the plankton community. With this in mind, the potential value of the acoustic techniques in the monitoring of LME should not be ignored.

References

Chen Y, Zhao X, 1990. In situ target strength measurements on anchovy (*Engraulis japonicus*) and Sardine (*Sardinops melanostrictus*). In Proceedings of International Workshop on Marine Acoustics, 26 - 30 March 1990, Beijing, China. China Ocean Press.

Dragesund O, Olsen S, 1965. On the possibility of estimating year-class strength by measuring echo-abundance of 0-group fish. Fisk Dir. Skr. Ser. Havunders, 13: 47 - 75.

Foote K G, Traynor J J, 1988. Comparison of walleye pollock target strength estimates determined from in situ measurements and calculations based on swimbladder form. J. Acoust. Soc. Am., 83: 9-17.

Foote K G, Knudsen H P, Vestnes G, 1983. Standard calibration of echo sounders and integrators with optimal copper spheres. Fisk Dir. Skr. Ser. Havunders, 17: 335-346.

Foote K G, Knudsen H P, Vestnes G, et al., 1987. Calibration of Acoustic Instruments for Fish Density Estimation: A Practical Guide. Int. Coun. Explor. Sea Coop. Res. Rep., 144.

Forbes S T, Nakken O, 1972. Manual of Methods for Fisheries Resources Survey and Appraisal. Part 2: The Use of Acoustic Instruments for Fish Detection and Abundance Estimation. FAO Man. Fish. Sci.

Holliday D V, 1993. Applications of Advanced Acoustic Technology in Large Marine Ecosystem Studies. In K. Sherman, L. M. Alexander and B. Gold (eds.), Stress, Mitigation and Sustainability of Large Marine Ecosystems. Washington, DC: AAAS Press, 301-319.

Iversen S A, Zhu D, Johannessen A, et al., 1993. Stock size, distribution and biology of anchovy in the Yellow Sea and East China Sea. Fish. Res., 16: 147-163.

Johannesson K A, Mitson R B, 1983. Fisheries Acoustics: A Practical Manual for Biomass Estimation. FAO Fish. Tech. Pap., 240.

MacLennan D N, 1990. Acoustical measurement of fish abundance. J. Acoust. Soc. Am., 87: 1-15.

MacLennan D N, Simmonds E J, 1992. Fisheries Acoustics. London: Chapman & Hall. Misund O A, Aglen A, Hamre J, et al., 1996. Improved mapping of schooling fish near the surface: Comparison of abundance estimates obtained by sonar and echo integration. ICES J. Mar. Sci., 53: 383-388.

Ona E, 1994. Detailed In Situ Target Strength Measurement of 0-Group Cod. ICES CM, 1994/B: 30.

Ona E, Mitson R B, 1996. Acoustic sampling and signal processing near the seabed: the deadzone revisited. ICES J. Mar. Sci., 53: 677-690.

Sund O, 1935. Echo sounding in fishery research. Nature, 135: 953.

Tang Q, Jin X, Li F, et al., 1996. Summer Distribution and Abundance of Age-0 Walleye Pollock, *Theragra chalcogramma* in the Aleutian Basin. U. S. Dep. Commer. NOAA Tech Rep. NMFS, 126: 35-45.

Tang Q, Wang W, Chen Y, et al., 1995. Stock assessment of walleye poliock in the north Pacific Ocean by acoustic survey (in Chinese with English abstract). J. Fish. China, 19 (1): 8-20.

Zhu D, Iversen S A, 1990. Anchovy and Other Fish Resources in the Yellow Sea and East China Sea, November 1984-April 1988 (in Chinese with English abstract). Mar. Fish. Res, 11.

中国区域海洋学——渔业海洋学[①]（摘要）

唐启升　主编

内容简介：《中国区域海洋学》是一部全面、系统反映我国海洋综合调查与评价成果，并以海洋基本自然环境要素描述为主的科学著作。内容包括海洋地貌、海洋地质、物理海洋、化学海洋、生物海洋、渔业海洋、海洋环境生态和海洋经济等。本书为“渔业海洋学”分册，该书系统叙述了我国近海各海域渔业生物资源种类组成与渔业生物资源分布与栖息地、渔业生物资源量评估、渔场形成条件与渔业预报、主要渔业种类生物学与种群数量变动、渔业资源管理与增殖等。主要介绍渔业资源分布特征，季节变化与移动规律、栖息环境及其变化、渔场分布及其形成规律、种群数量变动、大海洋生态系与资源管理。

本书可供从事海洋生态学以及相关学科的科技人员及专家参考，也可供海洋管理、海洋开发、海洋交通运输和海洋环境保护等部门的工作人员参阅，同时也可作为高等院校师生教学与科研参考。

前　言

中国海洋疆域辽阔，从北到南覆盖温带、亚热带和热带三大气候带，跨越37.5个纬度，包括一个内海和三个边缘海，即渤海、黄海、东海和南海以及台湾以东太平洋海域。其中，岸线总长度3.2×10^4 km（大陆海岸线总长约1.8×10^4 km），岛屿6 900多个，大陆架宽广，管辖海域面积约为300×10^4 km。中国海沿岸入海河流众多，有长江、黄河、珠江等入海河流1 500余条，年平均入海径流量约为$18\,152.44\times10^8$ m^3，另外，黑潮等大洋环流对近海水文特征产生重要影响，两者共同为中国近海海洋输送了丰富的营养物质。

中国海优越的自然环境为海洋生物提供了极为有利的生存、繁衍和成长的条件，形成了众多海洋渔业生物的产卵场、索饵场、越冬场以及优良的渔场和养殖场。中国海的渔业生物种类繁多，具有捕捞价值的鱼类2 500余种、蟹类685种、对虾类90种、头足类84种，海洋生物入药种类约700种。其中，300多种是主要经济种类，60～70种为常见的高产重要经济种类。底层和近底层鱼类、虾类、蟹类多为浅海性种类，主要栖息在150 m等深线以内的海域，因受大陆架的影响，除少数种类外，大多数种类洄游范围都比较小。中国对海洋生物资源的利用历史悠久，渔业发达，是世界海洋渔业大国。2010年中国海捕捞产量达$1\,203.6\times10^4$ t，中国海养殖产量达$1\,482.3\times10^4$ t。

新中国成立后，与渔业海洋学有关的海洋调查受到重视。1953年开展了“烟台、威海渔场及其附近海域的鲐鱼资源调查”，这是新中国成立后开展的第一次渔业海洋学调查，也

① 本文原刊于《中国区域海洋学：渔业海洋学》，1-2，1-11，海洋出版社，2012。

是新中国成立后开展的第一次海洋调查。此后，有关部门多次进行了相关的调查，其中，最为重要的是1958—1960年开展的“全国海洋普查”和1997—2001年开展的有关调查，所涉及的调查内容最为详尽、调查区域最为广阔、调查时间最为连续、调查资料最为翔实，为渔业海洋学研究奠定了基础。

本专著是在国家海洋局“我国近海海洋综合调查与评价”专项办指导和支持下，在充分利用历史资料并结合本项目调查资料的基础上编写而成的，是“中国近海海洋综合调查与评价”专项的重要研究成果之一。本书是几个国家海区级水产研究所共同努力、密切合作的集体研究成果，由隶属于中国水产科学研究院的黄海水产研究所、东海水产研究所、南海水产研究所与资源和环境相关的研究人员共同编著。全书由唐启升组织设计、终审定稿，其中，第1、第2篇统稿人为程济生、王俊，第3篇统稿人为郑元甲、李圣法，第4篇统稿人为贾晓平、李纯厚，各章节撰稿人均在各章首页列出，这里不再一一赘述。终审定稿过程中，中国海洋大学陈大刚教授、辽宁省海洋水产科学研究院叶昌臣研究员、河北省海洋与水产科学研究院赵振良研究员对本书进行了认真的审阅，提出了宝贵的修改意见，在此一并表示衷心的感谢。

本书愿奉献给关注着中国海洋渔业发展与研究的人们，并能为中国海渔业生物资源的可持续利用提供科学依据。鉴于著者水平有限，纰漏和错误在所难免，敬请读者予以匡正。

唐启升

2011年9月

目 次

第二篇　黄　　海

第22章 渔场形成条件与渔业预报

三、海洋生态系统水平管理

A Global Movement toward an Ecosystem Approach to Management of Marine Resources①

K Sherman[1], M. Sissenwine[2], V. Christensen[3], A. Duda[4], G. Hempel[5], C. Ibe[6], S. Levin[7], D. Lluch-Belda[8], G. Matishov[9], J. McGlade[10], M. O'Toole[11], S. Seitzinger[12], R. Serra[13], H. -R. Skjoldal[14], Q. Tang[15], J. Thulin[16], V. Vandeweerd[17], K. Zwanenburg[18]

(*1. Northeast Fisheries Science Ceater, Narraganseti Laboratory, NOAA-Fisheries, 28 Tarzwell Drive, Narraganseti, Rhode Island 02882, USA;*
2. Director of Scientific Programs, NOAA-Fisheries, Silver Spring, Maryland 20910-3282, USA;
3. Fisheries Centre, University of British Columbia, Vancoyver, British Columbia, V6T 1Z4, Canada;
4. International Waters, Global Environment Facility (GEF) Secretariat, World Bank, Washington, DC 20433, USA;
5. Berater des Präsidenten des Senats fiir den Wissenschaftsstandort Bremen-Bremerhaven, Senate of Bremen, Tiefer 2, 28195 Bremen, Germany;
6. United Nations Industrial Development Organization (UNIDO), United Nations Compound, Accra, PO Box 1423, Ghana;
7. Department of Ecology and Evolutionary Biology, Princeton University, Princeton, New Jersey 08544-1003, USA;
8. Centro Interdisciplinario de Ciencias Marinas (CIClMAR), Instltuto Politecnico Nacional (IPN), La Paz, Baja California Sur, 23096, Mexico;
9. Academny of Sciences, Murmansk Marine Biological Institiite (MMBI), Azov Branch, Rostov-on-Don 344066, Russia;
10. European Environment Ageacy, Copenhagen K1050, Denmark;
11. Benguela Current LME Programme, Coordination Unit, Windhoek, PO Box 40728, Namibia;

① 本文原刊于 *Marine Ecology Progress Series*，300：275-279，2005。

12. Institute of Marine & Coastal Sciences, Rutgers, State University of New Jersey, Cook Campus, New Brunswick, New Jersey 08901-8521, USA;
13. Instltuto de Fomento Pesquero, IFOP, Valparaiso, Casilla 8-V, Chile;
14. Institute of Marine Research, Bergen 5024, PO Box 1870, Norway;
15. Yellow Sea Fisheries Research Institute, Qingdao 266071, China;
16. International Council for the Exploration of the Sea (ICES), Copenhagen K1261, Denmark;
17. United Nations Environment Programme (UNEP), PO Box 16277, 2500 BE, The Hague, Netherlands;
18. Marine Fish Division, Bedford Institute of Oceanography, Dartmouth, Nova Scotia, B2Y 4A4, Canada)

The Large Marine Ecosystem Approach. Reports of problems with marine ecosystems are widespread in the scientific literature and the news media. Galls for an ecosystem approach to resource assessment and management are seldom accompanied by a practical strategy, particularly one with a payment plan for the approach in developing countries. However, a global movement that makes the ecosystem approach to management practical already exists. It is known as the Large Marine Ecosystem (LME) approach, and it is being endorsed and supported by governments worldwide, as well as by a broad constituency in the scientific community.

While we concur with the movement toward an ecosystem-based approach to the management of marine fisheries (Gislason & Sinclair, 2000; Pitcher, 2001; Stergiou, 2002; Garcia et al., 2003; Sainsbury & Sumaila, 2003; Browman et al., 2004; Pikitch et al., 2004), it is important to recognize that a broader, place-based approach to marine ecosystem assessment and management, focused on clearly delineated ecosystem units, is needed and is presently under way, with the support of financial grants, donor and UN partnerships, in nations of Africa, Asia, Latin America and eastern Europe. It is within the boundaries of 64 LMEs that①90% of the world's annual yield of marine fisheries is produced (Garibaldi & Limongelli, 2003), ②global levels of primary production are the highest, ③the degradation of marine habitats is most severe, and ④coastal pollution is concentrated and levels of eutrophication are increasing (GESAMP, 2001). Large marine ecosystems (LME) are natural regions of coastal ocean space encompassing waters from river basins and estuaries to the seaward boundaries of continental shelves and outer, margins of coastal currents and water masses (cf. Figure. 4). They are relatively large regions characterized by distinct bathymetry, hydrography productivity and trophically dependent populations (Alexander, 1990; Levin, 1990; Sherman, 1994; see www. edc. uri. edu/lme).

Since 1995, the Global Environment Facility (GEF) has provided substantial funding to support country-driven projects for introducing multisectoral ecosystem-based assessment and management practices for LME located around the margins of the oceans. At present, 121 developing countries are engaged in the preparation and implementation of GEP-LME projects, totaling $650 million in start-up funding. A total of 10 projects including 70 countries has been approved by the GEF Council, and another 7 projects involving 51 countries have GEF international waters projects under preparation (see www.iwlearn.net).

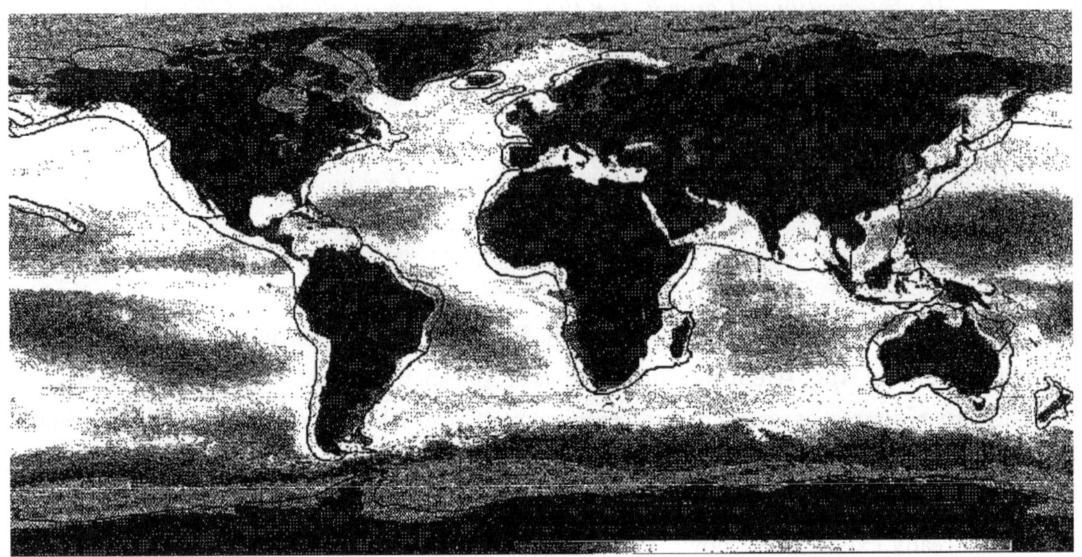

Figure 4 Boundaries of the 64 Large Marine Ecosystems (LME) of theworld and primary productivity ($gC \cdot m^{-2} \cdot yr^{-1}$). Annual productivity estimates are based on SeaWiFS satellite data collected between September 1998 and August 1999, and on the model developed by Behrenfeld & Falkowski (1997). Color-enhanced image provided by Rulgers University

(available at: www.edc.uri.edu/lme, Introduction)

A 5 - module indicator approach to assessment and management of LME has proven useful in ecosystem-based projects in the USA and elsewhere, using suites of indicators of LME productivity, fish and fisheries, pollution and ecosystem health, socioeconomics, and governance. The productivity indicators include spatial and temporal measurements of temperature, salinity, oxygen, nutrients, primary productivity, chlorophyll, zooplankton biomass, and biodiversity. For fish and fisheries, indicators are catch and effort statistics, demersal and pelagic fish surveys, fish population demography, and stock assessments (NMFS, 1999). Pollution and ecosystem health indicators include quality indices for water, sediment, benthos, habitats, and fish tissue contaminants (EPA, 2004). Socioeconomic and governance indicators are discussed in Sutinen et al. (2000) and Juda & Hennessey (2001). The modules are adapted to LME conditions through a transboundary diagnostic analysis (TDA) process, to identify key issues, and a strategic action program (SAP) development process for the groups of nations or states sharing an LME, to remediate the issues (Wang, 2004). These processes are critical for integrating science into management in a practical way, and for establishing appropriate governance regimes. Of the 5 modules, 3 modules apply science-based indicators that focus on productivity, fish/fisheries, and pollution/ecosystem health, and the other 2 modules, socioeconomics and governance, focus on economic benefits to be gained from a more sustainable resource base and from providing stakeholders and stewardship interests with legal and administrative support for ecosystem-based management practices, The first 4 modules support the TDA process, while the governance module is associated with periodic updating of the SAP development process. Adaptive management regimes are encouraged through periodic assessment processes (TDA updates) and through updating the action programs as gaps, are filled.

The GEF-LME projects presently funded or in the pipeline for funding in Africa, Asia, Latin America and eastern Europe represent a growing network of marine scientists, marine managers, and ministerial leaders who are pursuing ecosystem and fishery recovery goals. The annual fisheries biomass yields from the ecosystems in the network are 44.8% of the global total, and are a firm basis for movement by the participating countries toward the 2002 World Summit on Sustainable Development (WSSD) targets for introducing ecosystem-based assessment and management by 2010, and for recovering depleted stocks and achieving fishing at maximum sustainable yield levels by 2015. The FAO Code of Conduct for Responsible Fisheries (FAO, 1995) is supported by most coastal nations and has immediate applicability to reaching the WSSD fishery goals. The code argues for moving forward with a precautionary approach to fisheries sustainability using available information more conservatively to err on the side of lower total allowable catch levels than has been the general practice in past decades. Although fishing effort data are not available in FAO global catch reporting statistics and could bias catch data interpretations, it appears that the biomass and yields of 11 species groups in 6 LME have been relatively stable or have shown marginal increases over the period from 1990 to 1999. The yield for these 6 LME—the Arabian Sea, Bay of Bengal, Indonesian Sea, North Brazil Shelf, Mediterranean Sea and the Sulu-Celebes Sea—was 8.1 million t, or 9.5% of the global marine fisheries yield in 1999 (Garibaldi & Limongelli, 2003). The countries bordering these 6 LME are among the world's most populous, representing approximately one-quarter of the total human population. These LME border countries increasingly depend on marine fisheries for food security, and for national and international trade. Given the risks of fishing down the food web, it would appear opportune for the stewardship agencies responsible for the fisheries of the LME-bordering countries to limit increases in fishing effort during a period of relative biomass stability.

Evidence for species biomass recovery following significant reduction in fishing effort through mandated actions is encouraging. In the USA Northeast Shelf LME, management actions to reduce fishing effort contributed to a recovery of depleted herring and mackerel stocks and an initiation of the recovery of depleted yellowtail flounder and haddock stocks (Sherman et al., 2003); this was in combination with the robust condition of average annual primary productivity (350 $gC \cdot m^{-2} \cdot yr^{-1}$) for the past 3 decades, a relatively stable zooplankton biomass at or near 33 cm^3 per 100 m^3 for the past 30 yr (Sherman et al., 2002), and an oceanographic regime marked by a recurring pattern of interannual variability, but showing no evidence of temperature shift of the magnitude described for other North Atlantic LME, including the Scotian Shelf (Zwanenburg, 2003), the Newfoundland-Labrador Shelf (Rice, 2002), the Iceland Shelf (Astthorsson & Vilhjalmsson, 2002) and the North Sea (Perry et al., 2005). On the other hand, 3 LME remain at high risk for fisheries biomass recovery—expressed as a pre-1960s ratio of demersal to pelagic species—the Gulf of Thailand, East China Sea, and Yellow Sea (Pauly & Chuenpagdee, 2003; Chen & Shen, 1999; Tang & Jin, 1999). The People's Republic of China has initiated steps toward recovery by mandating 60-90 d closures to fishing in the. Yellow Sea and East China Sea (Tang, 2003). The country-driven planning and implementation documents supporting the ecosystem approach to LME assessment and management practices can be found at www. iwlearn. net.

Nitrogen loadings. Globally, LME projects, in addition to rebuilding depleted fish stocks and restoring degraded coastal habitats, are also concerned with the mitigation of the effects of nitrogen loadings. Nitrogen over-enrichment has been a coastal problem for 2 decades in the Baltic Sea LME (HHLCOM, 2001). More recent human-induced increases in nitrogen flux range from 4-to 8-fold in the USA from the Gulf of Mexico to the New England coast (Howarth et al., 2000). In European LME, recent nitrogen flux increases have ranged from 3-fold in Spain toll-fold in the Rhine River basin draining to the North Sea LME (Howarth et al., 2000). This disruption of the nitrogen cycle originated in the Green Revolution of the 1970s as the world community converted wetlands to agriculture, utilized more chemical fertilizer, and expanded irrigation to feed the world (Duda & El-Ashry, 2000). For the estuaries of the southeastern USA (Duda, 1982) and for the Gulf of Mexico (Rabalais et al., 1999), much of the increase in nitrogen export to LME is from agricultural inputs, from the increased delivery of nitrogen fertilizer as wetlands were converted to agriculture, and from livestock production (NRC, 2000). Also, sewage from large cities is a significant contributor to eutrophication, as is increased nitrogen in atmospheric deposition resulting from combustion of fossil fuels by automobiles and industrial activities (GESAMP, 2001).

Global forecast models of nitrogen export from fresh-water basins to coastal waters indicate that there will be a 50% increase world-wide in dissolved inorganic nitrogen (DIN) export by rivers to coastal systems from 1990 to 2050 (Seitzinger & Kroeze, 1998; Kroeze & Seitzinger, 1998). Such increases in nitrogen export are alarming for the future sustainability of LME. Given the expected future increases in population and in fertilizer use, without significant mitigation of nitrogen inputs, LME will be subjected to a future of increasing harmful algal bloom events, reduced fisheries, and hypoxia that further degrades marine biomass yields and biological diversity. Models of nitrogen loading from land-based sources and models of ecosystem structure and function are being applied to LME with financial assistance from the GEF. Estimates of carrying capacity using ECOPATH-ECOSIM food web approaches for the world's 64 LME are being prepared in a GEF-supported collaboration between scientists of the University of British Columbia and marine specialists from developing countries. Similarly, a 24 mo training project is being implemented by scientists from Rutgers University in collaboration with IOC/UNESCO to estimate expected nitrogen loadings for each LME over the next decade. Scientists from Princeton University and the University of California at Berkeley are examining particle spectra and pattern formation within LME. Additionally, the American Fisheries Society and the World Council of Fisheries Societies are collaborating in an electronic network to expedite information access and communication among marine specialists (for details on the GEF-LME project, see www. gefonline, org /projectDetails. cfm? projID=2474).

The growing number of country-driven commitments to move toward ecosystem-based assessment and management of marine resources and environments provides an unprecedented opportunity for accelerating the transition to sustainable use, conservation, and development of marine ecosystems. The social, economic, and environmental costs of inaction are simply too high for multilateral and bilateral institutions and international agencies not to support the initial efforts of 121 countries attempting to reach the WSSD marine ecosystem targets for restoration and sustainability. Both developed and developing nations have a stake in moving toward the use of sustainable ecosystem resources. Momentum should not be lost, as this could result in irreversible damage to coastal ecosystems, to the livelihoods and security of poor coastal communities, and to the economies of coastal nations.

Literature Cited

Alexander L M, 1990. Geographic perspectives in the management of large marine ecosystems. In: Sherman K, Alexander L M, Gold BD (eds) . Large marine ecosystems: patterns, processes and yields. American Association for the Advancement of Science, Washington, D C, 220-223.

Astthorsson O S, Vilhjáimsson H, 2002. Iceland Shelf LME: decadal assessment and resource sustainability. In: Sherman K, Skjoldal H R (eds) . Large Marine Ecosystems of the North Atlantic. Elsevier, Amsterdam, 219-244.

Behrenfeld M, Falkowski P G, 1997. Photosynthetic rates derived from satellite-based chlorophyll concentrations, Limnol Oceanogr, 42 (1): 1-20.

Browman H I, Stergiou K I, 2004. Perspectives on ecosystem-based approaches to the management of marine resources. Mar Ecol Prog Ser, 274: 269-303.

Chen Y Q, Shen X Q, 1999. Changes in the biomass of the East China Sea ecosystem. In: Sherman K, Tang Q (eds). Large Marine Ecosystems of the Pacific Rim: assessment, sustainability, and management. Blackwell Science, Malden, MA, 221-239.

Duda A M, 1982. Municipal point sources and agricultural nonpoint source contributions to coastal eutrophication. Water Res Bull, 18 (3): 397-407.

Duda A M, El-Ashry M T, 2000. Addressing the global water and environmental crises through integrated approaches to the management of land, water, and ecological resources. Water Int, 25: 115-126.

EPA (US Environmental Protection Agency), 2004. National coastal condition report Ii. Washington, DC, EPA-620/R-03/002.

FAO, 1995. Code of conduct for responsible fisheries. FAO, Rome (available at: www. fao. org/FI/agreem/codecond/ficonde. asp) .

Garcia S M, Zerbi A, Aliaume C, et al. , 2003. The ecosystem approach to fisheries. Rep No. 443, FAO, Rome.

Garibaldi L, Limongelli L, 2003. Trends in oceanic captures and clustering of large marine ecosystems: two studies based on the FAO capture database. Fish Tech Pap, 435, FAO, Rome.

GESAMP, 2001. The state of the marine environment. Group of Experts on the Scientific Aspects of Marine Pollution, Regional Seas Reports and Studies. UNEP, Nairobi.

Gislason H, Sinclair M, 2000. Ecosystem effects of fishing. ICES J Mar Sci, 57: 465-791.

HELCOM, 2001. Environment of the Baltic Sea area 1994—1998. Baltic Sea Environment Proc 82A, Helsinki Commission, Helsinki.

Howarth R, Anderson D, Cloern J, et al. , 2000. Nutrient pollution of coastal rivers, bays, and seas. ESA Issues Ecol, 7: 1-15.

Kroeze C, Seitzmger S P, 1998. Nitrogen inputs to rivers, estuaries and continental shelves and related nitrous oxide emissions in 1990 and 2050: a global model. Nutr Cycl Agroecosyst, 52: 195-212.

Juda L, Hennessey T, 2001. Governance profiles and the management of the uses of large marine ecosystems. Ocean Dev Int Law, 32: 41-67.

Levin S A, 1990. Physical and biological scales and the modelling of predator-prey interactions in large marine ecosystems. In: Sherman K, Alexander LM, Gold BD (eds) Large marine ecosystems: patterns, processes and yields. American Association for the Advancement of Science, Washington, DC, 179-187.

NMFS (National Marine Fisheries Service), 1999. Our living oceans. Report on the status of U. S. living marine resources, 1999. US Dep Commer, NOAA Tech Memo NMFS-F/SPO-41.

NRC (National Research Council), 2000. Clean coastal waters: understanding and reducing the effects of nutrient pollution. National Academy Press, Washington, DC.

Pauly D, Chuenpagdee R, 2003. Development of fisheries in the Gulf of Thailand large marine ecosystem: analysis of an unplanned experiment. In: Hempel G, Sliemian K (eds) . Large Marine Ecosystems of the world: trends in exploitation, protection, and research. Elsevier, Amsterdam, 337-354.

Perry A L, Low P J, Ellis J R, et al. , 2005. Climate change and distribution shifts in marine fishes. Science, 308: 1912-1915.

Pikitch E K, Santora C, Babcock EA, et al. , 2004. Ecosystem-based fishery management. Science 305: 346-347.

Pitcher T J, 2001. Fisheries managed to rebuild ecosystems? Reconstructing the past to salvage the future. Ecol Appl, 11: 601-617.

Rabalais N N, Turner R E, Wiseman W J Jr. , 1999. Hypoxia in the northern Gulf of Mexico: linkages with the Mississippi River. In: Kumpf H, Steidinger K, Slierman K (eds) . The Gulf of Mexico Large Marine Ecosystem: assessment, sustainability, and management. Blackwell Science, Malden, MA, 297-322.

Rice J, 2002. Changes to the Large Marine Ecosystem of the Newfoundland-Labrador Shelf. In: Sherman K, Skjoldal HR (eds). Large Marine Ecosystems of the North Atlantic: changing states and sustainability. Elsevier, Amsterdam, 51-104.

Sainsbury K, Sumalla U R, 2003. Incorporating ecosystem objectives into management of sustainable marine fisheries, including 'best practice' reference points and use of marine protected areas. In: Sinclair

M. Valdimarsson G (eds) Responsible fisheries in the marine ecosystem. FAO. Rome & CABI Publishing, Wallingford, 343-361.

Seitzinger S P, Kroeze C, 1998. Global distribution of nitrous oxide production and N inputs to freshwater and coastal marine ecosystems. Global Biogeochem Cycl 12: 93-113.

Sherman K, 1994. Sustainability, biomass yields, and health of coastal ecosystems: an ecological perspective. Mar Ecol Prog Ser 112: 277-301.

Sherman K, Kane J, Murawski S, et al., 2002. The US northeast shelf Large Marine Ecosystem: zooplankton trends in fish biomass recovery. In: Sherman K, Skjoldal HR (eds). Large Marine Ecosystems of the North Atlantic: changing states and sustainability. Elsevier, Amsterdam, 195-215.

Sherman K, O'Reilly J, Kane J, 2003. Assessment and sustainability of the U. S. northeast shelf ecosystem. In: Hempel G, Sherman K (eds) Large Marine Ecosystems of the world: trends in exploitation, protection, and research. Elsevier, Amsterdam, 93-120.

Stergiou K I, 2002. Overfishing, tropicalization of fish stocks, uncertainty and ecosystem management: resharpening Ockham's razor. Fish Res 55: 109.

Sutinen J G, 2000. A framework for monitoring and assessing socioeconomics and governance of large marine ecosystems. NOAA Tech Memo NMFS-NE-158.

Tang Q, Jin X, 1999. Ecology and variability of economically important pelagic fishes in the Yellow Sea and Bohai Sea. In: Sherman K, Tang Q (eds). Large Marine Ecosystems of the Pacific Rim: assessment, sustainability, and management. Blackwell Science, Malden, MA, 179-198.

Tang Q, 2003. The Yellow Sea LME and mitigation action. In: Hempel G, Sherman K (eds) Large Marine Ecosystems of the world: trends in exploitation, protection, and research. Elsevier, Amsterdam, 121-144.

Wang H, 2004. An evaluation of the modular approach to the assessment and management of Large Marine. Ecosystems, Ocean Dev Int Law, 35: 267-286.

Zwanenburg KCT, 2003. The Scotian Shelf. In: Hempel G, Sherman K (eds). Large Marine Ecosystems of the world: trends in exploitation, protection, and research. Elsevier, Amsterdam, 75-92.

The Biomass Yields and Management Challenges for the Yellow Sea Large Marine Ecosystem①

Qisheng Tang, Yiping Ying, Qiang Wu

(*Function Laboratory for Marine Fisheries Science and Food Production Processes/Qingdao National Laboratory for Marine Science and Technology, Yellow Sea Fisheries Research Institute, CAFS, Qingdao 266071, China*)

Abstract: This paper summarizes the changing biomass yields in the Yellow Sea large marine ecosystem (YSLME) in recent years and discusses the causes of such changes, including overfishing and climate changes. Meanwhile, two kinds of adaptive management strategies are recommended to support the biomass yields in YSLME, including resource-conservation-based capture fisheries (e. g. closed season/areas, stock enhancement etc.) and environmentally friendly aquaculture (e. g. integrated multi-trophic aquaculture, IMTA).

Key words: Biomass yields; Adaptive management strategies; Large marine ecosystem; Yellow Sea

1 Introduction

The World's Large Marine Ecosystems (LME) are defined by ecological criteria including ① bathymetry, ② hydrography, ③ productivity, and ④ trophically linked populations (Sherman et al., 1993; Duda and Sherman, 2002; Sherman, 2014). The LME, especially the coastal ecosystems, play important roles in food supply, and about 80% of global sea foods has been supplied from the coastal ecosystems every year (Sherman, 2014; Tang, 2014). However, the LME continue to be degraded by unsustainable fishing practices, habitat degradation including loss of sea grasses, mangroves and corals, eutrophication, toxic pollution, aerosol contamination, ocean acidification, and emerging diseases. The scale and severity of risks to LME goods and services associated with depletion and degradation of coastal oceans is well documented (Sherman et al., 2005). The coastal waters of LME contribute an estimated $12.6 trillion annually to the global economy (Costanza, 1997). Therefore, improving of sustainable management and conservation strategies for the ecosystem is becoming an important and urgent issue that needs to be undertaken in LME.

① 本文原刊于 *Environmental Development*，17：175－181，2016。

The Yellow Sea is located between continental North China and Korean Peninsula. It is separated from the West Pacific Ocean by the East China Sea in the south, and is linked with the Bohai Sea. It covers an area of about 400 000 km^2, with a mean depth of 44 m. As a semi-enclosed slope and warm water sea, Yellow Sea shows typical characteristics of large marine ecosystem, shallow but rich in nutrients and resources. The Yellow Sea LME (YSLME) has productive and varied coastal, offshore, and transboundary fisheries. Over the past several decades, the fishery populations in the Yellow Sea have changed greatly. Many commercial species are threatened by unsustainable exploitation and by natural perturbations (Tang, 2009).

Hence, it is crucial and timely to promote sustainable exploitation of the LME and implement effective management strategies like ecosystem approach and ecosystem based management at LME. In this study, the changing states of biomass yields and management strategies of marine food resources under multiple stressors were discussed by using the case of YSLME.

2 Changing States of Biomass Yields

The fishing industry in the inshore waters in China has developed recklessly without adequate knowledge on the characteristics of the existing marine fishery resource and the fishery economy, causing the eventual excess utilization of marine fishery resources. With the increase of fishing vessels and greater horsepower, combined with the modernization of fishing gear and methods, the offshore fishery resource was overexploited, and further led to the decline of fishery resource. Fisheries resources in YSLME have been overfished since 1980, the fishing gears include trawl, purse seine, gill net, trap net and so on. As a result, the commercially important long-lived, high trophic level, piscivorous bottom fish have been replaced by the low-valued shorted-lived, low trophic level, planktivorous pelagic fish. By the mid-1980s, the captured production increased by an average of 20 percent with catches mainly composed of small pelagic species, which accounted for more than 60 percent of the total catch. The pelagic fish play important roles in marine fisheries of China, greatly contribute to the sources of human food, as well as the source fishmeal of aquaculture. However, recent surveys indicate that the abundance of pelagic species, e. g. anchovy *Engraulis japonicus*, is declining, while the biomass of demersal is increasing. Based on the data collected by R/V "Beidou" of Yellow Sea Fisheries Research Institute from a selected sea area of Yellow Sea, between latitudes 33° and 37 °N, and longitudes 121 °30′ and 124°E (Figure 1), fluctuation of biomass yields of pelagic fish, bottom fish, crustaceans etc. in such area was observed from 1985 to 2013 both in spring and autumn (Figure 2). In spring, the catch per unit effort (CPUE) of pelagic fish increased continuously for 12 years until the year of 1998, from about 20 kg/h to more than 40 kg/h, but sharply decreased to about 5 kg/h in the following 7 years and maintained this low level in recent years. In autumn, rapid decline of pelagic fish CPUE, could be detected during 1985—2000, but increased since 2009. The biomass of demersal fish changed slighter than the biomass of pelagic fish both in spring and autumn, and showed increasing trend generally since the early 2000s. The CPUE of crustaceans continuously increased in recent years in spring, but decreased in autumn since 2008, when the CPUE reached a peak after 1985.

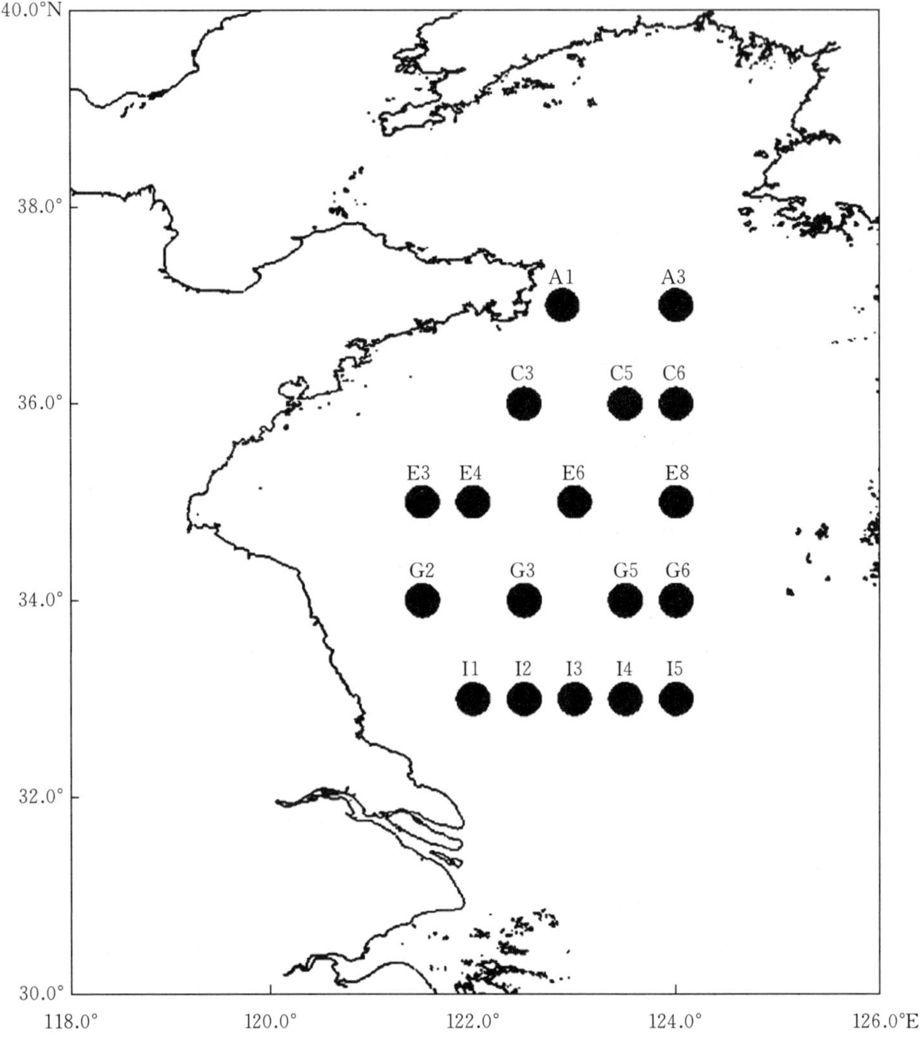

Figure 1 The survey area and sampling sites of the YSLME

The total biomass of fishery species also fluctuated in last 30 years in the YSLME, increased slightly in the middle of 2000s in spring, autumn and winter, but declined sharply in summer. In winter, the biomass increased since 2000, but showed to a decreasing trend recently in other seasons, while in summer, the biomass yields in the YSLME reduced by more than90% from 2000 to 2012 (Figure 3).

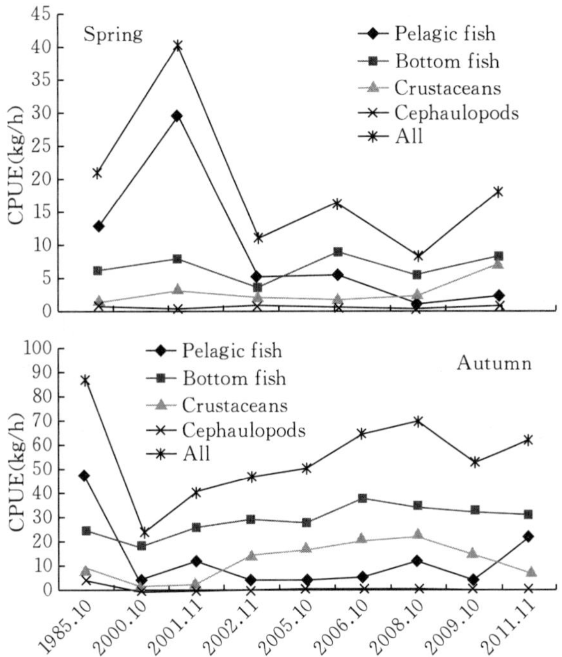

Figure 2 The variations in CPUE of fishery species in the YSLME in spring and autumn

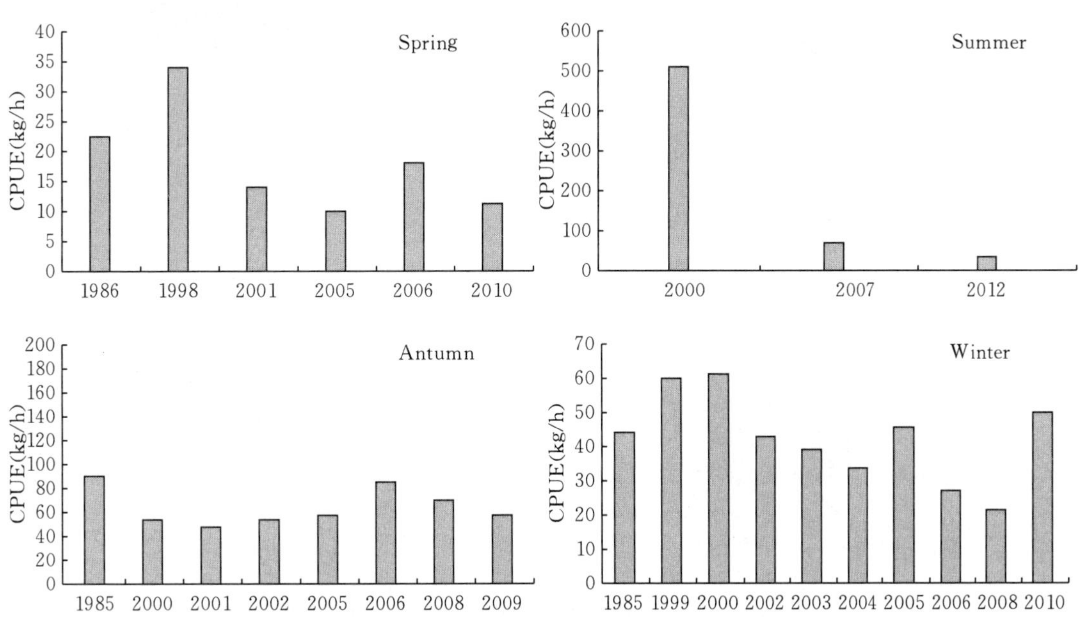

Figure 3 The seasonal variations in CPUE in the YSLME

The dominant species in the YSLME also experienced drastic changes. In 1986, anchovy, flatfish *Cleisthenes herzensteini* and eelpout *Zoarces elongatus* were the top three dominant species. Small yellow croaker *Larimichthys polyactis* became the dominant species since the late 1990s. Anchovy was one of the top three dominant species excluding in

2010. However, mantis shrimp *Oratosquilla oratoria* became dominant species, and was the top dominant species in 2013, while *Crangon affinis* was the second dominant species. The accounted percentile of the top three dominant species in total biomass reduced from about 70% in the 1990s to less than 50% after 2010 (Figure 4). Such survey data implied the percentile of higher trophic level species declined continuously in recent years.

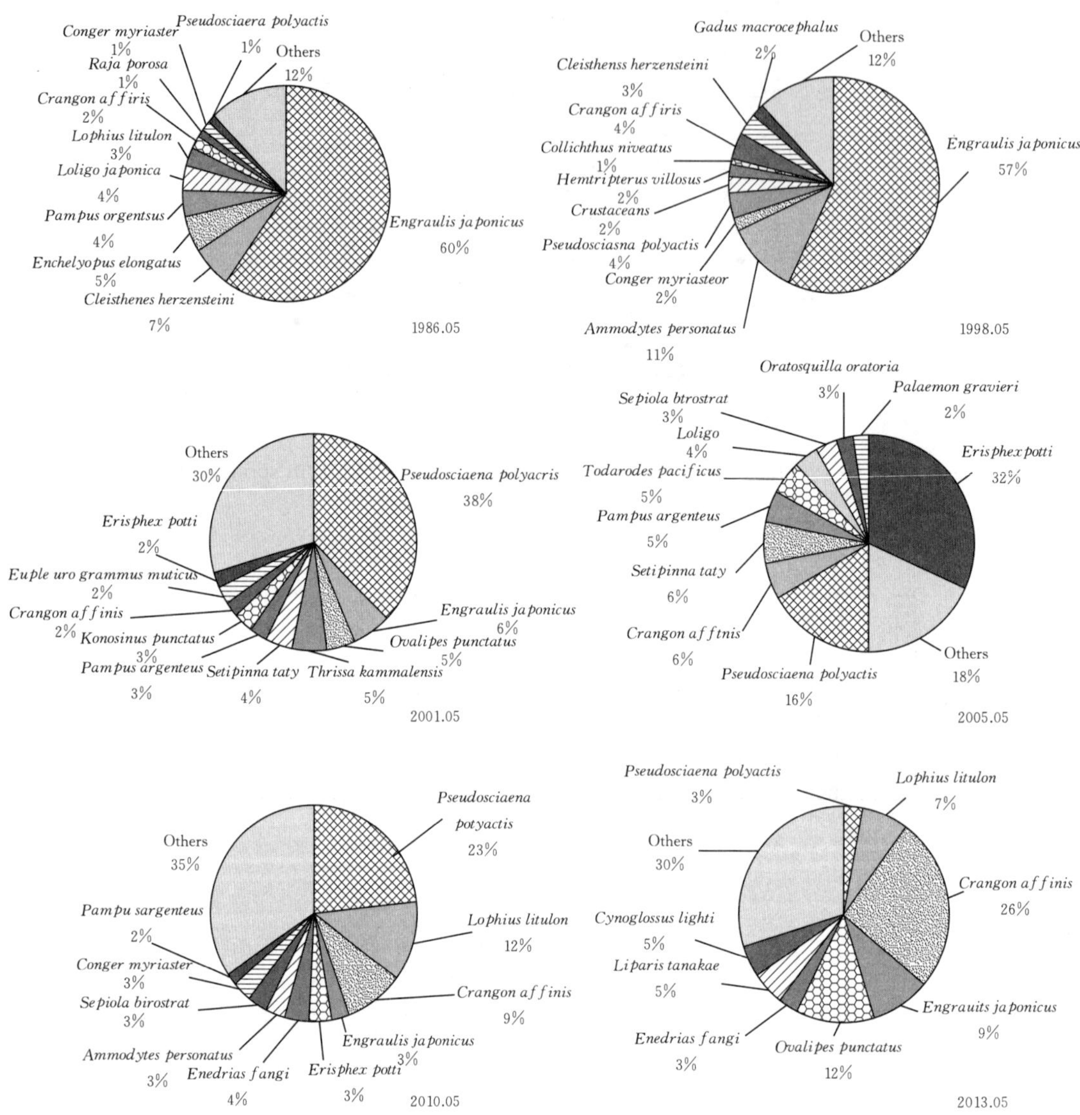

Figure 4 The dominant species shift in the YSLME

The intraspecific changes of trophic levels were more obvious. Trophic levels of food organisms reduced, which led to the trophic level decline of fishery species, as well as caused the changes of feeding habits (Zhang and Tang, 2004). For example, Spotted velvet fish (*Erisphex pottii*) fed on 83.3% benthon and 16.7% plankton in 1985—1986, but fed on 94.6% plankton in 2000—2001, so feeding habits changed from benthivorous to planktivorous. *Trichiurus muticus* fed on 68.9% nekton and 30.6% benthon in 1985—1986, but fed on 87.6% plankton and 11.9% nekton in 2000—2001, so feeding habits changed from piscivorous to planktivorous (Zhang et al., 2007).

3 Causes for Changes

Traditional theories, e.g. bottom-up, top-down or wasp-waist control, are not sufficient to directly and clearly explain these complicated changes. An acceptable explanation is that the changes in the coastal ecosystem may be a consequence of multifactorial controls. The multi-control mechanism may contribute to ecosystem complexity and uncertainty that are difficult to identify and manage (Tang et al., 2003). Evidence showed, human activity or climate changes, might be the most two important controls.

3.1 Over Fishing

Fishing could directly impact on the biomass and structure in the YSLME, the selective removal of larger or higher trophic level species, and the reduction in abundance of vulnerable species, resulting in changes in overall biomass, species composition and size spectrum structure (Xu and Jin, 2005).

The YSLME is intensively exploited, the major fisheries are at a low level (Tang, 1989; Liu et al., 1990; Xu et al., 2003), and not economically sustainable. The catch composition also varied from the 1960s to the 1980s, and the biomass of fish and invertebrates declined by more than 40% from the early 1960s to the early 1980s. As the consequence, larger-sized and high-valued species such as small yellow croaker and hairtail *Trichiutus lepturus* were replaced by smaller-sized and low-valued pelagic fish, such as anchovy (Tang, 1989, 1993; Jin, 2003; Jin and Tang, 1996; Xu et al., 2003). Hence, the intensively exploited commercially fish stocks could explain the dominant species shift from large demersal fish to small pelagic fish in the YSLME.

3.2 Climate Changes

In generally, climate change may have important effects on the recruitment of pelagic species and shellfish. Pacific herring *Clupea pallasi* in the YSLME has a long history of extreme variability and corresponding exploitation. In the last century, the commercial fishery of this species experienced three peaks (1900, 1938 and 1972), followed by periods of little or no catches. In addition, climate changes also greatly contribute to the dynamic of herring stocks, good relationship between the fluctuations in herring abundance in the YSLME and the 36-year cycle of wetness oscillation was proved (Tang, 1981, 2002). SST (sea surface temperature) regime shifts and fluctuations in herring abundance showed a strong correlation (Huang et al., 2012; Belkin, 2009). Since 2005, both herring stocks and eelgrass biomass (where herring spawn), have increased in Sanggou Bay-a former major herring spawning ground and now a large scale mariculture area. Meanwhile, several unusual events were observed in coastal waters, a false killer whale *Pseudorca crassidens* firstly occurred Qingdao Bay in 30 years; a sperm whale *Physeter macrocephalus* landed on Herring Beach in Sanggou Bay in 2008, its body length was 19.6 m, and weight was 51.1 t.

However, the changing status of the LMEs might be caused by more complex factors and mechanisms, e.g. coastal eutrophication, which lead to red tide, green tide and jellyfish blooms, further impact on the structure and function of the LME (Lin et al., 2005), the similar results were also reported in the YSLME (Uye, 2008; Liu et al., 2010). In addition, the survival rates of fish, benthic fauna and other marine creatures severely decreased for the harmful algal and jellyfish blooms and hypoxia (dead zones) in China coastal waters (Zhu et al., 2011; Tang et al., 2013a).

4 Adaptive Strategies to Cope with New Management Challenge

4.1 Developing Resource Conservation-based Capture Fisheries

Many fisheries conservation strategies have been employed in fisheries management, such as "double-control" system of fishing vessel, closed season/areas, licensing system, and limits of catchable size and the proportion of juveniles in the catch etc. However, the recovery of fishery resources is a slow and complex process, so the development of resource conservation-based capture fisheries will be a long-term and arduous task. A good lesson is the dynamics of Atlantic cod *Gadus morhua* stock. During the early 1990s, the Atlantic cod stocks in North America were almost collapsed, which led to severe reductions in quotas and temporary moratoria on commercial fishing (Hutchings and Myers, 1994; Myers et al., 1997). Although considered the restrictive management measures, these stocks have remained at low abundance for more than a decade, which could attributed to the recruitment failure, high fishing mortality, elevated natural mortality, and poor fish condition (Rice et al., 2003; Shelton et al., 2006; Bousquet et al., 2014). So, it is necessary to develop the strategies which could fill the gap during the stock recovery period.

Stock enhancement is an important method to accelerate the sound development of the fishery economy and effectively enhance fishery production and economic benefits, as well as improved the community structure of ecosystem (Bell et al., 2005; Ye et al., 2005). Releases of hatchery-reared juveniles have been carried out for a variety of species, and in many countries, to replace a stock that is locally extinct, to rebuild a stock that has collapsed as a viable fishery or to augment a natural population for a "put and take" fishery (Travis et al., 1998). However, there are just a few successful cases so far (Hilborn, 1998), e.g. penaeid shrimps *Fenneropenaeus chinensis* in the Bohai Sea (Jin et al., 2014). Recently, the released strategies have been greatly improved (Kellison and Eggleston, 2004; Loneragan et al., 2006), which has led to reports of more successful initiatives

(Kristiansen, 1999; Leber, 2002; Wang et al., 2006).

In China, to diminish the fishing efforts, the government has initiated closed season (mandating 60-90 day closures to fishing) in the Bohai Sea, Yellow Sea, East China Sea and South China Sea during summer months since 1995. Meanwhile, the numbers of motor fishing boats have been reduced by 30% during 1995—2013.

Besides these management measures, China also have launched a lot of stock enhancement projects. Actually, since 1984, the experimental release of penaeid shrimps in the Bohai Sea, the northern Yellow Sea and the southern waters off the Shandong Peninsula has been conducted and gained the remarkable social and economic benefits (Wang et al., 2006). In 2006, the Chinese State Council promulgated a program of action on the conservation of living aquatic resources of China. This program has provided guidance for the conservation of living aquatic resources. Now, stock enhancement has become a public activity for increasing marine fishery resources, and about 50 billion hatchlings of several species (including economic species and endangered species) were relaesed into Chinese waters from 2006 to 2010 (Tang, 2014).

The stock enhancement has been proved to increase the recruitment of depleted species, which could partially compensate the removed biomass from the LME and enhance the recovery of over-exploited fishery stocks. However, stock enhancement greatly contribute to both the ecological and economic benefits. In addition, these adaptive management strategies in increasing the fisheries biomass really bring the benefits to fishers, and easily have been embraced and conducted by them.

4.2 Developing Environmentally Friendly Aquaculture

One choice is to develop new mariculture model, e.g., integrated multi-trophic aquaculture (IMTA). Not only does IMTA provide more production but it also indirectly or directly reduces excess atmospheric CO_2 and nutrients, and increases the social acceptability of culturing systems (Tang and Fang, 2012; Tang et al., 2011). The various modes of IMTA are implemented effectively in Sanggou Bay within the YSLME. They include IMTA of long-line culture of abalone and kelp, IMTA of long-line culture of finfish, bivalves and seaweed, and IMTA of benthic culture of abalone, sea cucumber, clam and seaweed (Fang et al., 2009; Tang et al., 2013b). An important criterion in constructing these production modes is to get good ecological benefits. For example, in an IMTA system for finfish, bivalves and seaweeds, kelp and *Gracilaria lemaneiformis* can be used to remove and transform dissolved inorganic nutrients from the effluent of both finfish and bivalves. It can also provide dissolved oxygen to the finfish and bivalves. In addition, oysters and sea urchins will filter the suspended particulate organic materials from the fish feces, residual feed, and phytoplankton.

Through the IMTA, the low trophic level species, such as sea cucumbers, seaweeds and shellfishes, are harvested, a non-top harvest strategy, that increases the conversion efficiency and also reduces the excess atmospheric CO_2. It is a good choice for an ecosystem friendly fishery strategy.

5 Conclusion

Under the overfishing and climate changes stressors, the YSLME changed significantly, as well as the biomass of fisheries resources. The smaller pelagic species became dominant species instead of larger demersal species. The trophic levels also showed a decline tendency. In order to cope with the new challenges of management, two kinds of management strategies have been recommended to protect the YSLME. A choice is the resource conservation-based capture fisheries, such as closed season/areas and stock enhancement. However, such conservation strategies are long-term process before stock recovery. Therefore, during the resource recovery period, another choice, the development of environmentally friendly aquiculture, such as IMTA, should be encouraged. The two kinds of management could benefit from the non-top harvest strategy (Tang, 2014). Harvest the smaller and lower trophic level fishery species through both fishing and aquaculture, implementing the strategy that enhances ecosystem conversion efficiency. Thus, these managements considered all the essential factors in the "five-point modular" for sustainable development of the LME (Sherman et al., 2005), which could balance ecology benefits and socioeconomic requirements.

Acknowledgments

This study was supported by funds from the National Key Basic Research Development Plan of China (No. 2006CB400600). We are grateful to our colleagues of the function laboratory for their assistance in providing survey data for this study. We thank K. Sherman for his valuable help during preparation of the manuscript. We also thank two anonymous reviewers for their valuable comments.

References

Belkin I, 2009. Rapid warming of large marine ecosystem. Prog. Oceanogr., 81 (1), 207 - 213.

Bell J D, Rothlisberg P C, Munro J L, et al., 2005. The restocking and stock enhancement of marine invertebrate fisheries. Adv. Mar. Biol., 49, 374. xi.

Bousquet N, Chassot E, Duplisea D E, et al., 2014. Forecasting the major influences of predation and environment on cod recovery in the northern Gulf of St. Lawrence. Plos One, 9 (2), e82836.

Costanza R, 1997. Frontiers in ecological economics: transdisciplinary essays by Robert Costanza. Edward Elgar Publishing Ltd.

Duda A M, Sherman K, 2002. A new imperative for improving management of large marine ecosystems. Ocean Coast. Manage., 45, 797 - 833.

Fang J G, Funderud J, Zhang J H, et al., 2009. Integrated multi-trophic aquaculture (IMTA) of sea cucumber, abalone and kelp in Sanggou Bay, China. In: Walton M E M (Eds.). Yellow Sea Large Marine Ecosystem Second Regional Mariculture Conference. UNDP-GEF project "Reducing environmental stress in the Yellow Sea Large Marine Ecosystem". Jeju, Republic of Korea.

Hilborn R, 1998. The economic performance of marine stock enhancement projects. Bull. Mar. Sci., 62: 661 - 674.

Huang D J, Ni X B, Tang Q S, et al., 2012. Spatial and temporal variability of sea surface temperature in the Yellow Sea and East China Sea over the past 141 years. In: Wang S Y (Ed.), Modern Climatology, Intech, pp. 213 - 234. ISBN: 978-953-51-0095-9.

Hutchings J A, Myers R A, 1994. What can be learned from the collapse of a renewable resource? Atlantic cod, *Gadus morhua*, of Newfoundland and Labrador. Can. J. Fish. Aquat. Sci., 51: 2126 - 2146.

Jin X S, Tang Q S, 1996. Changes in fish species diversity and dominant species composition in the Yellow Sea. Fish. Res., 26: 337 - 352.

Jin X S, 2003. Fishery biodiversity and community structure in the Yellow and Bohai Seas. Am. Fish. Soc. Symp., 38: 643 - 650.

Jin X S, Qiu S R, Liu X Z, et al., 2014. The foundation and perspective of stock enhancement in the Bohai Sea and Yellow Sea. Science Press, Beijing.

Kellison G T, Eggleston D B, 2004. Coupling ecology and economy: modeling optimal release scenarios for summer flounder (*Paralichthys dentatus*) stock enhancement. Fish. Bull., 102: 78 - 93.

Kristiansen T S, 1999. Enhancement studies of costal cod (*Gadus morhua* L.) in Nord-Trondelag, Norway. In: Howell B R, Moksness E, Svasand T (Eds.). Stock enhancement and sea ranching. Fishing News Books, Blackwell Science Ltd., Oxford, pp. 277 - 292.

Leber K M, 2002. Advances in marine stock enhancement: shifting emphasis to theory and accountability. In: Stickney R R, McVey J P (Eds.), Responsible marine aquaculture, CAB International, UK, pp. 79 - 90.

Lin C L, Ning X R, Su J L, et al., 2005. Environmental changes and the responses of the ecosystems of the Yellow Sea during 1976—2000. J. Mar. Syst., 55 (3), 223 - 234.

Liu X, Wu J, Han, G., 1990. Investigation and division of the Yellow and Bohai Sea fisheries resources. Ocean Press, Beijing.

Liu D, Keesing J K, Dong Z, et al., 2010. Recurrence of the world's largest green-tide in 2009 in Yellow Sea, China: Porphyra yezoensis aquaculture rafts confirmed as nursery for macroalgal blooms. Mar. Pollut. Bull., 60: 1423 - 1432.

Loneragan N R, Ye Y, Kenyon R A, et al., 2006. New directions for research in prawn enhancement and the use of models in providing directions for research. Fish. Res., 80: 91 - 100.

Myers R A, Hutchings N J, Barrowman N J, 1997. Why do fish stocks collapse? The example of cod in eastern Canada. Ecol. Appl., 7: 91 - 106.

Rice J C, Shelton P A, Rivard D, et al., 2003. Recovering Canadian Atlantic cod stocks: the shape of things to come. Int. Counc. Explor. Sea, 6.

Shelton P A, Sinclair A F, Chouinard G A, et al., 2006. Fishing under low productivity conditions is further delaying recovery of Northwest Atlantic cod (*Gadus morhua*). Can. J. Fish. Aquat. Sci., 63: 235 - 238.

Sherman K, Alexander L M, Gold B D, 1993. Large Marine Ecosystems: Stress, Mitigation, and Sustainability. AAAS Press, Washington DC, 376.

Sherman K, Sissenwine M, Christensen V, et al., 2005. A global movement toward an ecosystem approach to marine resources management. Mar. Ecol. Prog. Ser., 300: 275 - 279.

Sherman K, 2014. Adaptive management institutions at the regional level: the case of large marine ecosystems. Ocean Coast. Manage., 90: 38 - 49.

Tang Q S, 1981. A preliminary study on the causes of fluctuations on year class size of Pacific herring in the Yellow Sea. T. Oceanol. Limnol., 2: 37-45. (in Chinese).

Tang Q S, 1989. Changes in the biomass of the Yellow Sea ecosystem: anthropogenic forcing and climate impacts In: Sherman K, Alexander L M (Eds.), Biomass Yields and Geography of Large Marine Ecosystems, AAAS Press, Washington DC.

Tang Q S, 1993. Effects of long-term physical and biological perturbations on the contemporary biomass yields of the Yellow Sea ecosystem. In: Sherman K, Alexander L M, Gold B D (Eds.). Large Marine Ecosystem: Stress, Mitigation, and Sustainability, AAAS Press, Washington DC, pp. 73-79.

Tang Q S, 2002. Yellow Sea Herring. In: Hay D, Paul A J, Stephenson R, et al. (Eds.). Herring Expectations for a New Millennium, 389-391., Alaska Sea Grant College program, pp. 436-437.

Tang Q S, 2009. Changing states of the Yellow Sea Large Marine Ecosystem: Anthropogenic forcing and climate impacts, Sustaining the World's Large Marine EcosystemsElsevier Science Press, Amsterdam, 77-88.

Tang Q S, Fang J G, 2012. Review of climate change effects in the Yellow Sea large marine ecosystem and adaptive actions in ecosystem based management. In: Sherman K, McGovern G (Eds.), Frontline observations on climate change and sustainability of large marine ecosystem, 17., Large Marine Ecosystems, pp. 170-187.

Tang Q S, Jin X S, Wang J G, et al., 2003. Decadal-scale variation of ecosystem productivity and control mechanisms in the Bohai Sea. Fish. Oceanogr., 12 (4/5): 223-233.

Tang Q S, Zhang J H, Fang J G, 2011. Shellfish and seaweed mariculture increase atmospheric CO_2 absorption by coastal ecosystems. Mar. Ecol. Prog. Ser., 424: 97-104.

Tang Q S, Fang J G, Zhang J H, et al., 2013a. Impacts of multiple stressors on coastal ocean ecosystems and integrated multitrophic aquaculture. Prog. Fish. Sci., 34 (1): 1-11. (in Chinese).

Tang Q S, Zhang J, Su J L, et al., 2013b. Spring bloom processes and the ecosystem: the case study of the Yellow Sea. Deep-Sea Res. (1), 1-3. PT. Ⅱ 97 (1), 1-3.

Tang Q S, 2014. Management strategies of marine food resources under multiple stressors with particular reference of the Yellow Sea large marine ecosystem. Front. Agr. Sci. Eng. 1 (1): 85-90.

Travis J, Coleman F C, Grimes C B, et al., 1998. Critically assessing stock enhancement: an introduction to the Mote Symposium. Bull. Mar. Sci., 62: 305-311.

Uye S, 2008. Blooms of the giant jellyfish *Nemopilema nomurai*: a threat to the fisheries sustainability of the East Asian Marginal Seas. Plankton Benthos Res., 3: 125-131.

Wang Q, Zhuang Z, Deng J, et al., 2006. Stock enhancement and translocation of the shrimp *Penaeus chinensis* in China. Fish. Res., 80 (1): 67-79.

Xu B D, Jin X S, Liang Z L, 2003. Changes of demersal fish community structure in the Yellow Sea during the autumn. J. Fish. Sci. China, 10 (2): 148-154. (in Chinese).

Xu B D, Jin X S, 2005. Variations in fish community structure during winter in the southern Yellow Sea over the period 1985—2002. Fish. Res., 71 (1): 79-91.

Ye Y, Loneragan N, Die D, et al., 2005. Bioeconomic modeling and risk assessment of tiger prawn *Penaeus esculentus* stock enhancement in Exmouth Gulf, Australia. Fish. Res., 73: 231-249.

Zhang B, Tang Q S, 2004. The studies on trophic class of the major species at high trophic level in the Bohai, the Yellow Sea and the East China Sea. Advan. Mar. Sci., 22: 393-404. (in Chinese).

Zhang B, Tang Q S, Jin X S, 2007. Decadal-scale variations of trophic levels at high trophic levels in the Yellow Sea and the Bohai Sea ecosystem. J. Mar. Syst., 67 (3): 304-311.

Zhu Z Y, Zhang J, Wu Y, et al., 2011. Hypoxia off the Changjiang (Yangtze River) Estuary: Oxygen depletion and organic matter decomposition. Mar. Chem., 125 (1-4): 108-116.

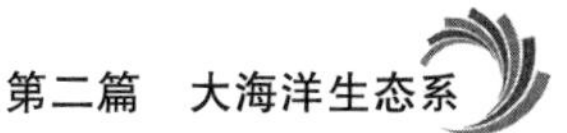

Review of Climate Change Effects in the Yellow Sea Large Marine Ecosystem and Adaptive Actions in Ecosystem Based Management ①

Qisheng Tang, Jianguang Fang

Introduction

The Yellow Sea is a typical large marine ecosystem with distinctive bathymetry, hydrography, productivity, and trophically dependent populations. Shallow but rich in nutrients and resources, the Yellow Sea Large Marine Ecosystem (YSLME) has productive and varied coastal, offshore, and transboundary fisheries. Over the past several decades, the resource populations in the YSLME have changed greatly. Many valuable resources are threatened by unsustainable exploitation and by the effects of climate change. Promoting sustainable development of the sea and implementing effective management strategies is an important and urgent task.

The purpose of this chapter is to describe the YSLME, with emphasis on the changing states of productivity and biomass yields in the ecosystem and the causes for these changes. Suggestions for adaptive actions in ecosystem-based management in the YSLME are discussed in the final section.

Main Characteristic of the Yellow Sea Large Marine Ecosystem

The Yellow Sea LME is a semi-enclosed shelf sea and located between continental North China and the Korean Peninsula. It is separated from the West Pacific Ocean by the East China Sea in the south, and is linked to an arm of the Yellow Sea in the north. It covers an area of about 400 000 km^2, with a mean depth of 44 m. Most of the Sea is shallower than 80 m. The central part of the sea, traditionally called the Yellow Sea Basin, ranges in depth from 70 m to a maximum of 140 m (Figure 1).

The general circulation of the Yellow Sea LME is a basin-wide cyclonic gyre comprise of the Yellow Sea Coastal Current and the Yellow Sea Warm Current. The Yellow Sea Warm Current, a branch of the Tsushima Warm Current from the Kuroshio Region in the East China Sea, carries water of relatively high salinity (>33 PSU) and high temperature (>12 ℃)

① 本文原刊于 *Frontline Observations on Climate Change and Sustainability of Large Marine Ecosystem*, 170 - 187, 2012。

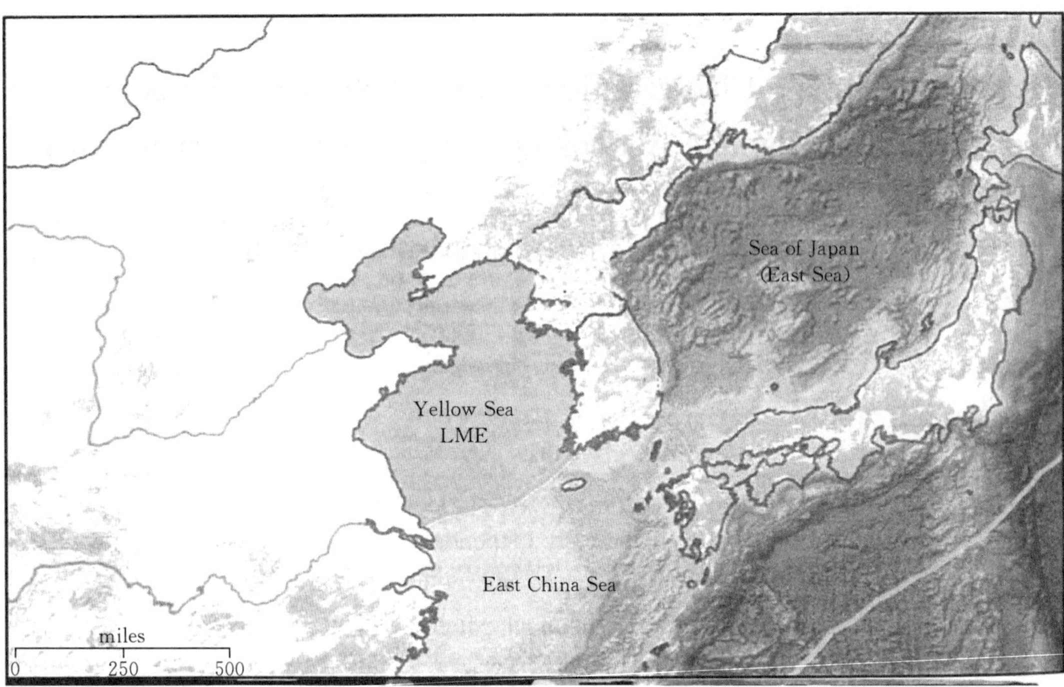

Figure 1 Location of the Yellow Sea LME

northward along 124° E and then westward, flowing into the Bohai Sea in winter. This current, together with the coastal current flowing southward, plays an important role in exchanging the waters in this semi-enclosed sea (Gu et al., 1990).

Below 50 m, the Yellow Sea Cold Water Mass forms seasonally and is characterized by low temperature. Bottom temperatures are less than 7 ℃ in the central part. The mass is believed to be the remnant of water chilled in the north and left over from the previous winter (Ho et al., 1959; Guan, 1963). Stratification is strongest in summer, with a vertical temperature gradient greater than 10 ℃/10 m. All rivers into the Yellow Sea LME have peak runoff in summer and minimum discharge in winter, which has important effects on salinity of the coastal waters.

The Yellow Sea LME lies in the warm temperate zone, and its communities are composed of species with various ecotypes. Warm temperate species account for about 60 percent of the total biomass of resource populations; warm water species and boreal species account for about 15 percent and 25 percent, respectively. The Yellow Sea LME food web is relatively complex, with at least four trophic levels. There are two trophic pathways: pelagic and demersal. Anchovy and macruran shrimp (e.g. *Crangon affinis* and southern rough shrimp) are keystone species (Tang, 1993). About 40 species, including almost all of the higher carnivores of the pelagic and demersal fish, and the cephalopods, feed on anchovy. *Crangon affinis* and southern rough shrimp, which are eaten by most demersal predators (about 26 species) are numerous and widespread in the Yellow Sea LME. These species occupy an intermediate position between major trophic levels and interlock the food chain to form the Yellow Sea food web.

Approximately 100 species are commercially harvested, including demersal fish (about 66%), pelagic fish (about 18%), cephalopods (about 7%), and crustaceans (about 9%). About 20 major species account for 92 percent of the total biomass of the resource populations, and about 80 species account for the other 8 percent. With the introduction of bottom trawl vessels in the early twentieth century, many stocks began to be intensively exploited by Chinese, Korean, and Japanese fishermen (Xia, 1960). The stocks remained fairly stable during World War Ⅱ (Liu, 1979). However, due to a remarkable increase in fishing effort and expansion to the entire Yellow Sea LME, nearly all the major stocks were fully fished by the mid-1970s, and the resources in the ecosystem began to be over-fished in the 1980s (Tang, 1989). Aquaculture is a major activity in Yellow Sea coastal waters. Mariculture species include oysters, clams, scallops, mussels, seaweed, shrimp and some fish.

Changing States of the Yellow Sea Large Marine Ecosystem

Changes in Ecosystem Biodiversity

Over the past 60 years, dramatic changes in species composition, dominant species and the community structure of resource populations in the Yellow Sea LME have been observed from small yellow croaker and hairtail in the 1950s and early 1960s to Pacific herring and chub mackerel in the 1970s to Japanese anchovy and sandlance after the 1980s. Small-sized, fastgrowing, short-lived, and low-valued species increased markedly in abundance during the 1980s and assumed a prominent position in the ecosystem's resources and food web thereafter (Figure 2). As a result, larger, higher trophic level, and commercially important demersal species were replaced by smaller, lower trophic level, pelagic, less-valuable species. The most recent surveys indicate that the abundance of pelagic species such as the Japanese anchovy is declining, while the biomass of demersal species is increasing (Figure 3). The stock of small yellow croaker has shown a recovery trend since middle 1990s (Jin, 2006).

Changes in Ecosystem Productivity

Annual variations of ecosystem productivity have been observed in the Yellow Sea LME. As shown in Figure 4, primary productivity in the Bohai Sea decreased noticeably from 1982 to 1998. Over the past 40 years, there was a decline in phytoplankton biomass, seemingly linked with nutrient changes (Tang, 2003). Zooplankton is an important component in Yellow Sea communities. The dominant species, *Calanus sinicus*, *Euphausia pacifica*, *sagitta crassa*, and *Themisto gracilipes*, are all important food for pelagic and demersal fish and invertebrates. The annual biomass of zooplankton in the Bohai Sea has

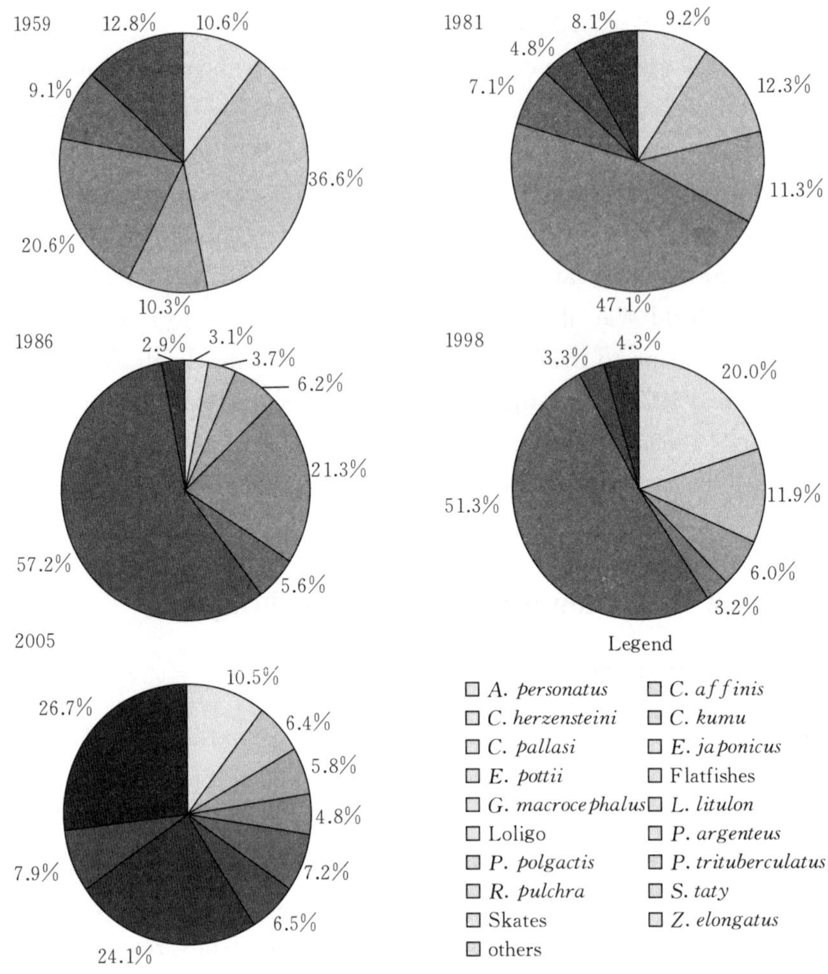

Figure 2 Changes in species composition of resource populations in the Yellow Sea LME (based on biomass yields data of spring survey)

decreased noticeably since 1959. However, zooplankton biomass increased in the sea in 1998, possibly due to the decline of the anchovy stock, which was the most abundant species before 1998. Fish stocks have decreased since the 1980s, although biomass yields were at a high level in 1998—2000 in the Yellow Sea LME. As a result, the trophic level of fish stocks declined from 4.1 in 1959—1960 to 3.4 in 1998—1999 in the Bohai Sea; and from 3.7 in 1985—1986 to 3.4 in 2000—2001 in the Yellow Sea (Zhang and Tang, 2004).

Changes in Ecosystem Health

Major pollutants entering the Yellow Sea LME are organic material, oil, heavy metals and pesticides. Pollutants from municipal, industrial and agricultural wastes and run-off, as well as atmospheric deposition, are "fertilizing" coastal areas triggering harmful algal blooms and oxygen deficient "dead zones". The harmful algal blooms and low levels of

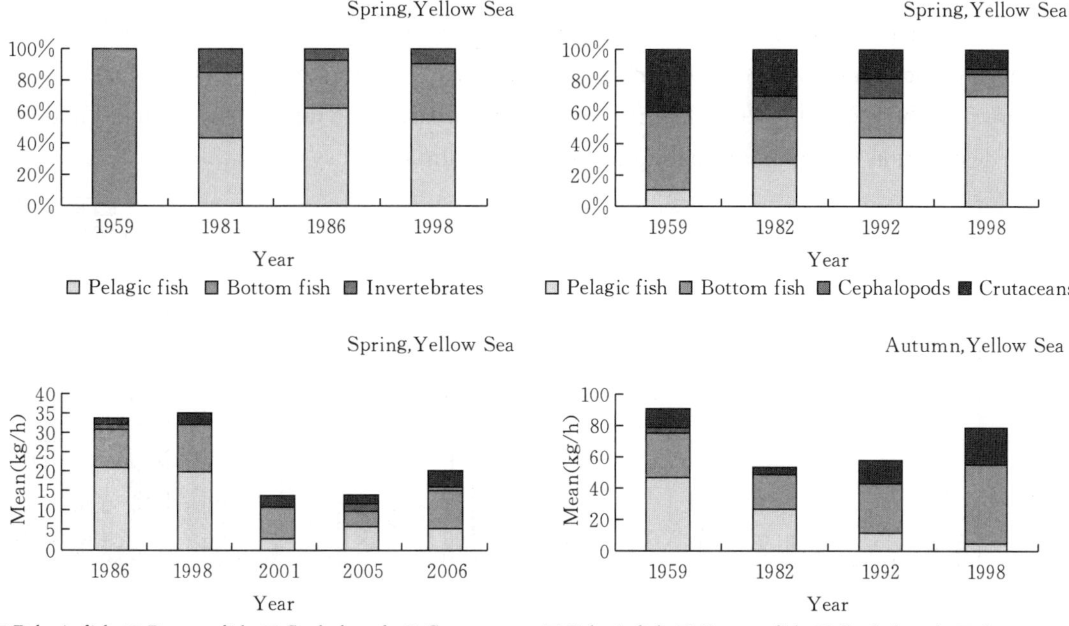

Figure 3　Changes in community structure of resource populations in the Yellow Sea LME (based on biomass yields data of survey)

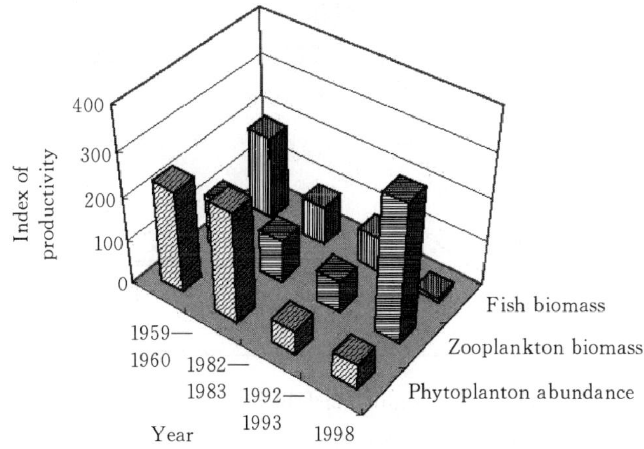

Figure 4　Decadal-scale variations of ecosystem productivity at different trophic levels in the Bohai Sea (phytoplankton abundance, $\times 10^4$ cell · m^{-3}; zooplankton biomass, mg · m^{-3}; fish biomass, kg · $haul^{-1}$ · h^{-1})

(from Tang et al., 2003)

dissolved oxygen in the water make it difficult for fish, benthic fauna and other marine creatures to survive and for related social and economic activities to be sustainable. Since the 1970, the annual mean water temperature and level of dissolved nitrogen in the sea increased by 1.7 ℃ and 2.95 μmol · L^{-1}, respectively, while dissolved oxygen, phosphorus, and silicon decreased by 59.1, 0.1 and 3.93 μmol · L^{-1}, respectively (Lin et al., 2005). As a result, the frequency of occurrence of harmful algal blooms has gradually increased, and the size of hypoxic areas (where DO≤2mg/L; Li et al., 2002) is on the rise in coastal areas (Figure 5). These events affect the most productive areas of the marine environment and lead to the destruction of important habitats needed to maintain ecosystem health.

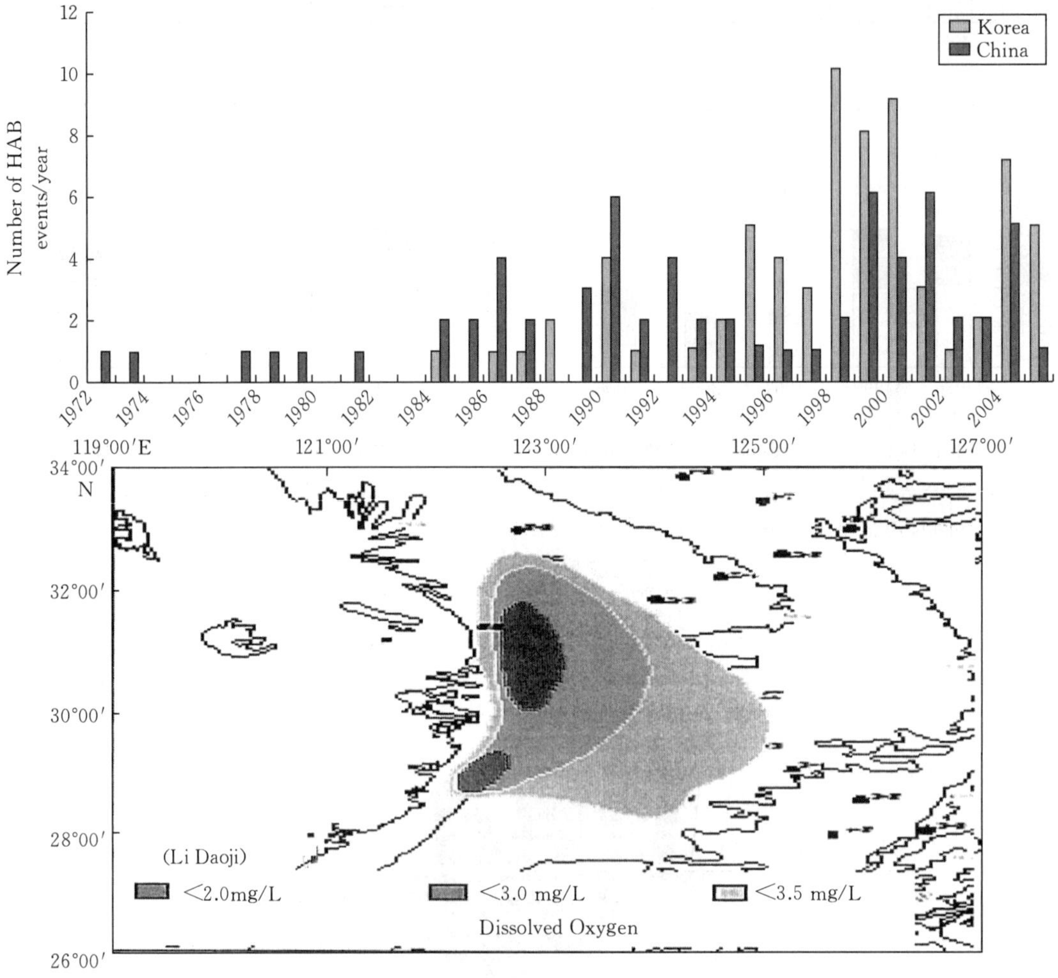

Figure 5 Increase in frequency of harmful algal blooms (top panel) and spatial extension of eutrophication in the YSLME (bottom panel)

Climate Impacts

Generally speaking, changes in the quantity and quality of the ecosystem resources of the YSLME are attributed principally to human pressures, as demonstrated by many studies (e.g., Tang, 1989, 1993; Zhang and Kim, 1999). However, an analysis of inter-decadal variations of ecosystem production in the Bohai Sea indicates that it is difficult to use traditional theory (e.g. top-down control, bottom-up, or wasp-waist control) to directly and clearly explain the long-term variations of production levels in the coastal ecosystem

(Tang et al., 2003). We observed that under the same fishing pressure, the biomass yields of some exploited stocks in the Yellow Sea appear to be fairly stable (e. g. Spanish mackerel), or recovered (e. g. small yellow croaker). Changes in biomass yields and species shifts in dominance cannot be explained merely by fishing pressure. Climate change may have important effects on the recruitment of pelagic species and shellfish in the Yellow Sea LME. A new study Identifies four SST regimes in the Yellow Sea LME over the past 141 years: a warm regime (W) before 1900, a cold regime (C) from 1901 to 1944, a warm regime with a cooling trend (WC) from 1945 to 1976, and a warm regime with a warming trend (WW) from 1977 to 2007 (Figure 6a). During the period of 1982 through 2006, sea surface temperature of the YSLME increased by 0.67 ℃ (Belkin, 2009).

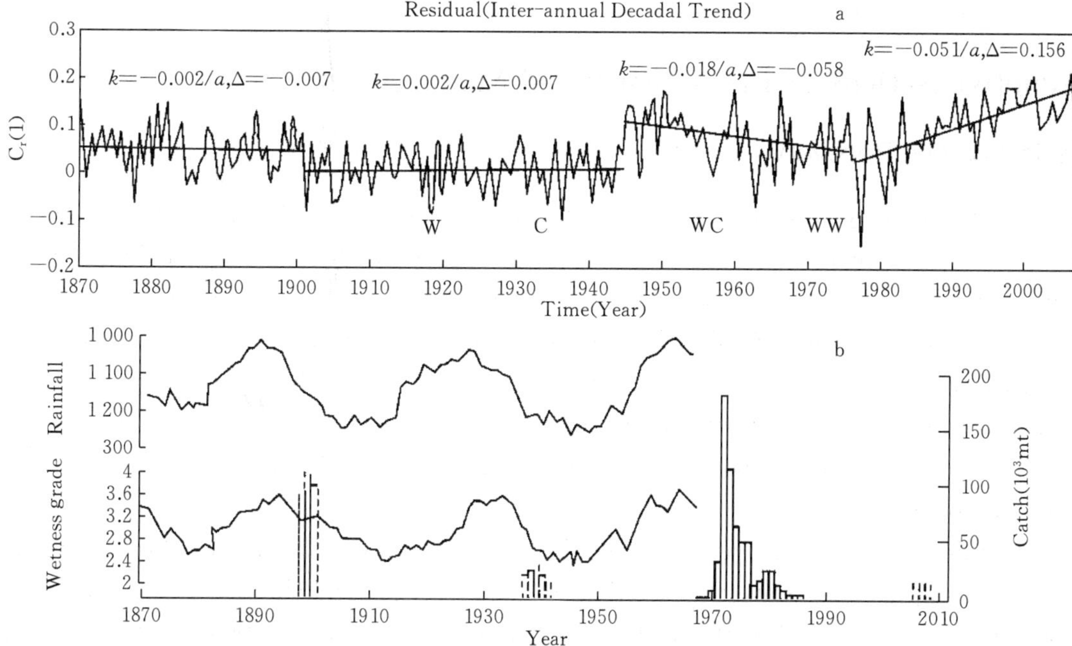

Figure 6 a. The residual SST after removing its annual signal. W, C, WC and WW refer to the four regimes characterized by, respectively, warm, cold, warm with cooling trend, and warm with warming trend (from Huang et al., 2012). b. Relationship between the fluctuations in herring abundance of the Yellow Sea and the 36-yr cycle of wetness oscillation in eastern China (adapted from Tang, 1981)

SST regime shifts and fluctuations in Pacific herring abundance in the Yellow Sea LME show a strong correlation. Pacific herring in the YSLME has a long history of extreme variability and corresponding exploitation. In the last century, the commercial fishery experienced three peaks (1900, 1938 and 1972), followed by periods of little or no catch (Tang, 1995). Since 2005, both herring stocks and eelgrass (where herring spawn), have increased in Sanggou Bay-a former major herring spawning ground and now a large scale mariculture area. However, the recovery is not complete (Figure 6b). At the same time, several unusual events have occurred in the coastal areas. A false killer whale visited Qingdao

Bay. The last time local people saw false killer whales was more than 30 years ago. On 18 January 2008, a sperm whale landed on "Herring Beach" in Sanggou Bay. This was the first time local people saw a species this large (body length, 19.6 m; weight, 51.1 t). We believe that there may be two types of shifts in ecosystem resources: systematic replacement and ecological replacement. Systematic replacement occurs when one dominant species declines in abundance or is depleted by overexploitation, and another competitive species uses the surplus food and vacant space to increase its abundance. Ecological replacement occurs when minor changes in the natural environment affect stock abundance, especially for pelagic species. Two types of shifts may be occurring in the ecosystem. The regime shifts in the Yellow Sea LME are likely to have important effects on ecosystem resources in other areas of the North Pacific Ocean.

Adaptive Actions in Ecosystem Based Management

Mitigation and Recovery Practice

There are many ways to recover the resources in a stressed LME, such as reducing excessive fishing mortality, controlling point sources of pollution, and gaining a better understanding of the effects of natural perturbations. After 1995, China closed fishing in the Yellow Sea and East China Sea LME for two to three months in the summer. This fishing ban has effectively protected juvenile fish, leading to an increase in the quantity and quality of fish catches. During 2003—2010, the nation's target for "Double Control" on the number and power of marine fishing boats was realized when nearly 30 000 Chinese fishing boats were taken out of service.

In order to recover the resources of the Yellow Sea LME, artificial enhancement has been encouraged. Since 1984, the experimental release of penaeid shrimps in the Bohai Sea, the north Yellow Sea and in the southern waters off the Shandong Peninsula has achieved remarkable ecological, social, and economic benefits. The release of scallops, abalone, and arkshell was also successful. These successes point the way forward for artificial enhancement programs in the Yellow Sea LME and suggest the recovery of ecosystem resources is possible. In 2006, the Chinese State Council promulgated the Program of Action on the Conservation of Living Aquatic Resources of China. This program has provided guidance for the conservation of living aquatic resources, and plainly called for strengthening aquatic resource protection and increasing fishery stock enhancement. Since then, stock enhancement has become a public activity in China and we hope to establish a national day for these releases. From 2006 to 2010, about 50 billion seedlings of several species were put into the Chinese coastal waters. This activity significantly increased living resources and fishermen of Shandong Province recaptured 215 000 tons of shrimp, jellyfish, crab and other released species. Therefore, artificial enhancement practices are an effective resource recovery strategy that should be expanded to the LME scale.

New multi-trophic mariculture model

Studies of the ecosystem dynamics of the Yellow Sea LME have provided new scientific knowledge, such as:

- There is a negative relationship between ecological conversion efficiency and trophic level at the higher trophic levels (Tang et al., 2007): This new finding indicates that the ecological efficiency of species at the same trophic level would increase when fishing down marine food webs at lower trophic levels and ecosystem resources will be increased. Based on this finding, a new harvest strategy using ecosystem-based management should be considered, and the development of different harvest strategies according to different requirements. If we are concerned with big fish, A (harvest species at high trophic levels, may be called as top harvest strategy) will be selected; if we need more seafood, B (harvest species at low trophic levels, may be called as non-top harvest strategy) will be selected. In the case of China, B should be selected and new development of mariculture (including seaweeds, shellfish, finfish and others) will be a good choice.
- Shellfish and seaweed mariculture increase atmospheric CO_2 absorption by coastal ecosystems (Tang et al., 2011): As we know, China is the largest producer of cultivated shellfish and seaweeds in the world with an annual production of >10 million t (Mt). Through mariculture of shellfish and seaweeds. it is estimated that (3.79 ± 0.37) Mt C • yr^{-1} are being utilized, and (1.20 ± 0.11) Mt C • yr^{-1} were removed from the coastal ecosystem by harvesting from 1999 to 2008. The result illustrates that cultivated shellfish and seaweeds can indirectly and directly take up a significant volume of coastal ocean carbon. Shellfish accomplish this by removing phytoplankton and particulate organic matter through filter feeding (Figure 7), while seaweeds carbon through photosynthesis.

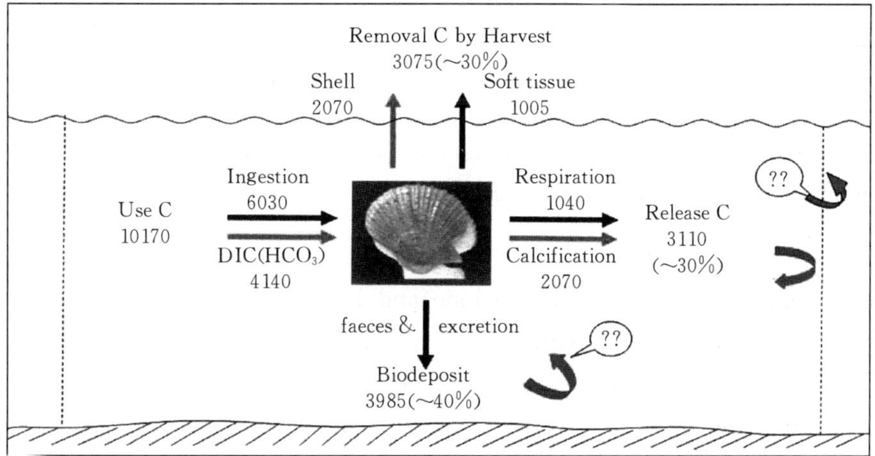

Figure 7　Carbon budget of scallop (*Chlamys farreri*) during a farming cycle [unit: mg C/ (ind • 500 days)]

(unpublished data, adapted from Zhang et al.)

Thus, cultivation of seaweeds and shellfish plays an important role in carbon fixation, and therefore contributes to improving the capacity of coastal ecosystems to absorb atmospheric CO_2.

This new scientific knowledge encouraged us to develop a new mariculture model-integrated multi-trophic aquaculture (IMTA) The new multi-trophic aquaculture model is adaptive and efficient (Figure 8). Not only does IMTA provide more production but it also indirectly or directly reduces excess atmospheric CO_2 and nutrients, and increases the social acceptability of culturing systems. The various forms of IMTA implemented in the Sanggou Bay of Shandong Peninsula are introduced as follows:

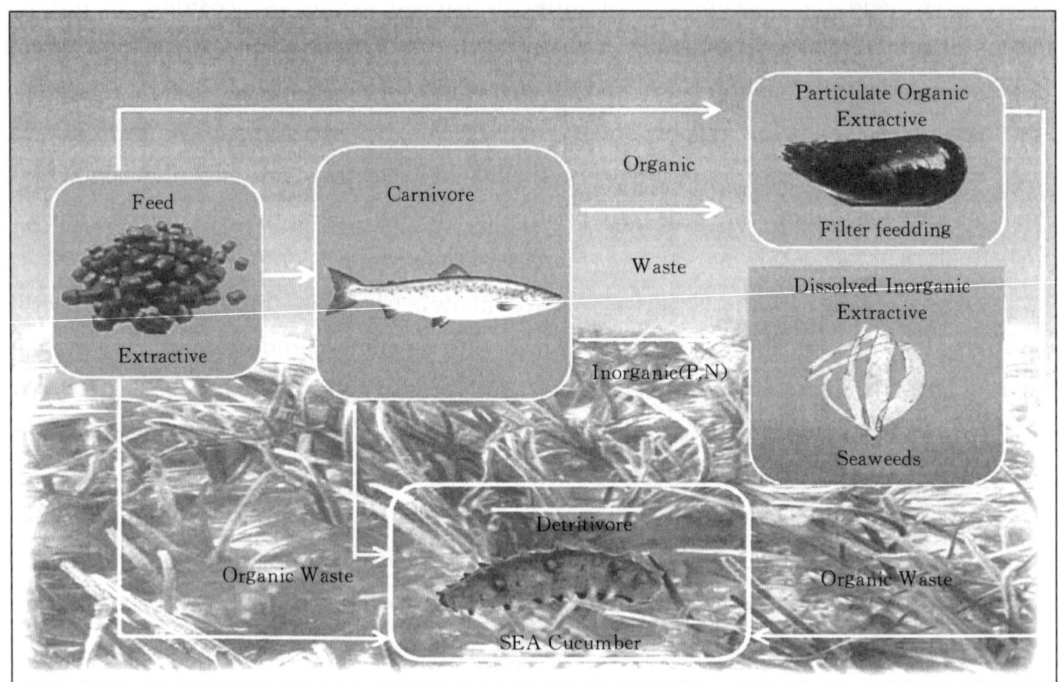

Figure 8 IMTA concept and process: The particulate waste in the water column is removed by filter feeding bivalves, while the portion that ends on the seafloor is utilized by the sea cucumbers. The dissolved inorganic nutrients (N, P&CO_2) are absorbed by the seaweed that also produces oxygen, which in turn is used by the other cultured organisms

(Fang et al., 2009)

- IMTA of long-line mariculture of abalone and kelp: Longline mariculture of abalone (*Haliotis discus hannai*) is predicted to expand rapidly in Northern China in order to meet the increasing consumer demands. As with net cage mariculture, long line mariculture requires artificial feed (fresh and dry macroalgae usually manually fed). This will have negative effects on natural ecosystem and may eventually impact of the health of the cultured abalone if the water quality decreases sufficiently. New approaches that include the introduction of integrated mariculture of abalone and kelp (*Laminaria japonica*) are required to minimize the negative effects of the growing mariculture industry on the environment. One potential benefit of IMTA is that the cycling of nutrients is facilitated. Excretory and waste products generated by the abalone are taken up as nutrients by the kelp and converted into plant biomass to provide food for abalone in this system (Figure 9a).

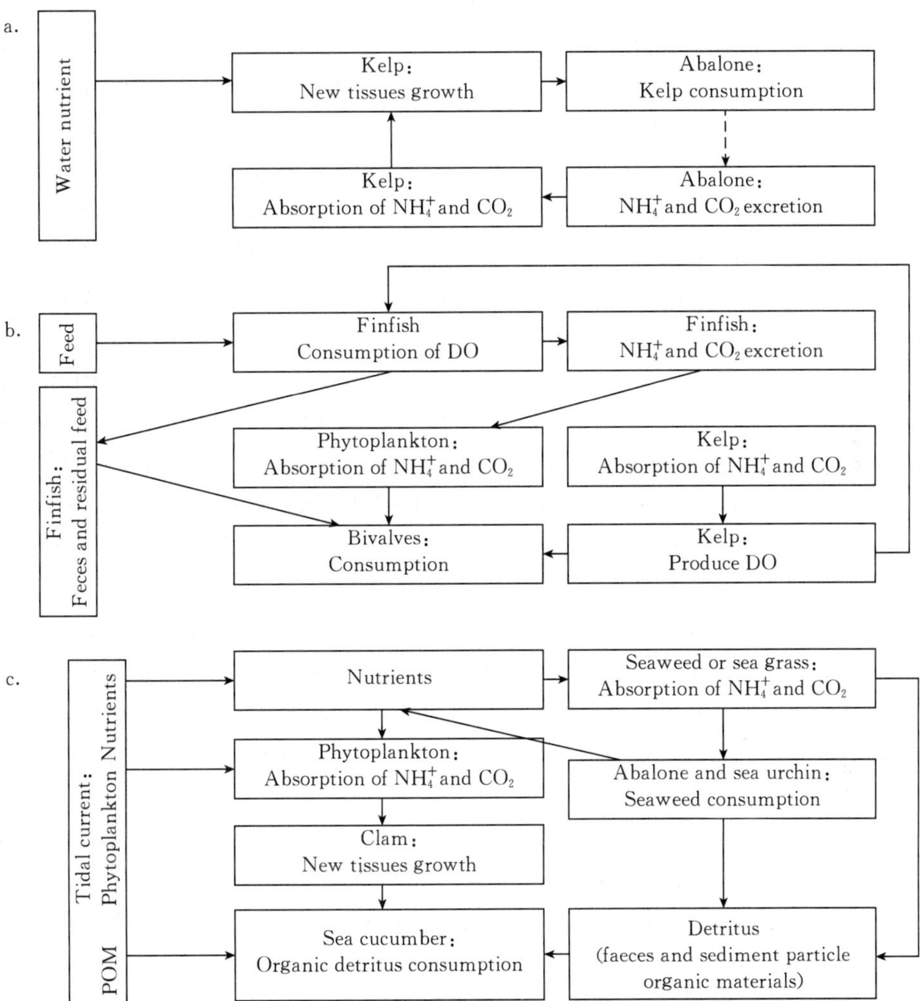

Figure 9 Diagrammatic representation of IMTA of a (long-line culture of abalone and kelp), b (long-line culture of finfish, bivalve and kelp.) and c (benthic culture of abalone, sea cucumber, clam and sea weed)

(unpublished data from Fang et al., Yellow Sea Fisheries Research Institute)

For each cultivation unit, there were four long line rafts. The length of one long line is 80 meters and the distance between two long lines is about 5 m. Therefore, the total area was about 1 600 m^2. For each long line, 30 net cages are hung at 5 m in depth. About 280 abalone (shell height: 3.5 ~ 4 cm) were cultivated at each net cage. Kelp is hung horizontally between the abalone lantern nets. There are about 70 plants of kelp cultured on each rope. The interval between two kelp culture ropes is about 2～3 m. About 33 600 individual abalone and 12 000 individual kelp were cultivated at each cultivation unit. Kelp were cultivated beginning in Nov. 2008 and harvested in June, 2009. When the kelp grow to 1 m in length, they can be removed from the culture rope, and put into the net cage for feeding the abalone. The net cage should be fed and cleaned once a week. In this way, the abalone can reach market size (8～10 cm) in two years.

Water quality is an important factor to consider in assessing the impacts of abalone farming on the environment. From our survey results, in the abalone farm area, ammonia concentration showed a significant increase in summer. Therefore, in the co-culture mode (abalone and kelp), ammonia is considered the limiting factor. Ammonia excretion rates of abalone should not exceed uptake rates by kelp in order to ensure good water quality for abalone growth. According to the ammonia excretion rate of abalone and the biomass of abalone at a mariculture unit, the total ammonia released into the water column from April to November was calculated at 2.16kg N. Based on the growth rate of kelp and its content of N (1.34% of dry weight), the theoretical biomass of kelp for one mariculture unit was calculated to be 10 080 individuals. In the demonstration area of abalone and kelp long line mariculture, 12 000 individual kelp were cultivated-enough to absorb the excreted ammonia by the abalone. The yield of abalone of such an IMTA unit is about 900 kg. Based on the market price in 2009, the production value of each IMTA unit is about 10 000 US$ per 1600 m^2 in two years.

- IMTA of long-line culture of finfish, bivalves and kelp: In this system, seaweeds can be used to remove and transform dissolved inorganic nutrients from the effluent of both finfish and bivalves and provide DO to the finfish and bivalves. The bivalves filter the suspended particle organic materials, from the fish feces, residual feed, and phytoplankton (Figure 9b).

Kelp and *Gracilaria lemaneiformis* were selected as the bioremediation species in December—May (Winter and Spring) and June—November (Summer and Autumn) respectively. The nitrogen balance equation can be represented as follows: N (seaweed)=N (fish excretion)+N (feed residue)+N (fish dead). The conversion factor between dry and wet weight of these two species was about 1∶10. Nitrogen content of kelp and *Gracilaria lemaneiformis* was 2.79 percent and 3.42 percent (dry weight), yield of Kelp and *Gracilaria lemaneiformis* was 5.6 kg (wet weight) m^{-2} and 3 kg (wet weight) m^{-2}. The optimal co-cultivation proportion of fish cage and macroalgae in winter and spring was 1 (kg ww)∶0.94 (kg dw), while in summer and autumn it was 1 (kg ww)∶1.53 (kg dw) (Jiang et al., 2010).

In the systems, particle size is important for filter feeders such as shellfish or other organisms that are capable of consuming organic particles. The Pacific oyster (*Crassostrea giga*), can filter particulates smaller than 541 μm (Dupuy et al., 2000). In the present study, we studied the effects of the contribution rate of POM-control area on POM-cage area, waste feed and feces on the oyster food source. The assimilation efficiency of fish aquaculture-derived organic matter is about 54.44% (10.33% waste feed and 44.11% fish feces) by the ingestion activities of oyster. If, for example, 41.6% of the total solid nutrient loads from fish cages are within the suitable size class (Elberizon et al., 1998), the oysters will be able to recover about 22.65% of the total particle organic matter leached from fish cages. Bivalves functioning as recyclers of organic matter could contribute to environmentally clean aquaculture and could increase the profitability of fish cultivation. But, in order to achieve the maximum nutrient recovery efficiency of IMTA systems, the particles may have to be resized through various mechanical means or deposit feeders such as polychaetes and sea urchins (*Strongylocentrotus nudus*) ingest the other size fractions.

- IMTA of benthic culture of abalone, sea cucumber, clam and sea weed: In this system, seaweed and clam are produced from natural seedlings. Seaweed is used as food for abalone and sea urchin, while seagrasses provide the shelter for swimming animals and benthic organisms. Sea cucumbers utilize the feces of clam and abalone, and natural organic sediment as food. The ammonia-nitrogen excreted by feeding animals is absorbed by phytoplankton and seaweed. Phytoplankton is used as the food source for clams. Meanwhile, seaweed and phytoplankton provide DO to the animals (Figure 9c).

IMTA was carried out by the Chudao Island Company, located in the south cape of Sanggou Bay. The cultivation of abalone, sea cucumber, sea urchin, clam and seaweeds takes place at 5~15m depth. The main sediment type in Chudao Island is sandy-silt, while Sanggou Bay's surface sediments are mostly clay-silt. The total IMTA demonstration area is nearly 665 hm^2. The main enhancement species are sea cucumber (*Apostichopus japonius*), abalone, sea urchin, arkshell (*Scapharca broughtonii*) and clam (*Ruditapes philippinurum*). In the IMTA area, the natural seagrasses and seaweed are abundant, and seagrasses cover an area of about 400 hm^2. In the spring (April or May) of every year, nearly 300 000 juveniles of sea cucumber and 150 000 juveniles of abalone are released into the area and the other species occur naturally. In 2009, the demonstration area produced 1.5 tons of abalone, 20 tons of sea cucumber, 180 tons of manila clam, 80 tons of arkshell, and 2.5 tons of sea urchin, with a value of more than 10.450 yuan RMB per hm^2.

- Carbon budget in the IMTA system of kelp, abalone and sea cucumber: The carbon budget for an individual abalone during the farming cycle (about 900 days from seeding to harvest), is shown in Figure 10. When a 1 kg abalone is harvested, the total ingested carbon is 2 460 g (kelp is the food source) and 1 350 kg is utilized for respiration, 110g carbon for soft tissue and shell growth, 630g carbon for bio-deposit, and 370g carbon lost in feeding. In this system, 88 g carbon is utilized by sea cucumber, of which 8g is utilized for respiration, 2g of carbon for soft tissue growth, and 10g of carbon for bio-deposit. These results show that nearly 40% of the total ingestion of carbon is utilized to form biodeposits (including feces and feed loss), part of which sinks and is buried in the sediment. Therefore, when harvesting 1 kg of abalone (in fresh weight with the shell) in

IMTA farming, 1100g carbon will be utilized from seawater (using kelp as a food source) and 112 g of carbon will be removed from the sea by harvest. This result demonstrates that the application of the IMTA model can remove the carbon from sea.

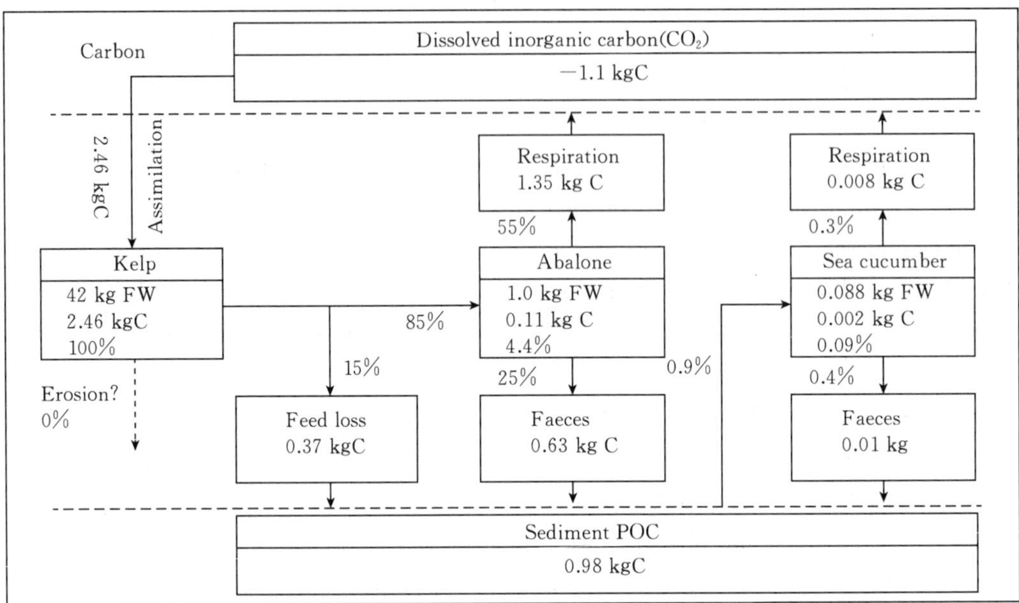

Figure 10 Carbon budget in the IMTA system of kelp, abalone and sea cucumber during a farming cycle (unpublished data from Zhang et al.)

- Analyses of the economic and environmental benefits of IMTA: Aquaculture provides not only material products but also many other service functions. Based on the 17 major value parameters and methods by Costanza et al. (1997), the core services of the mariculture ecosystem in the Sanggou Bay were selected and quantified through a market value approach, carbon tax approach and shadow project approach, respectively (Liu et al., 2010). Using the systemic evaluation approach, the value of the mariculture ecosystem services on four different modes including the kelp monoculture mode, scallop monoculture mode, abalone&kelp IMTA mode, kelp&abalone&sea cucumber IMTA mode in the Sanggou Bay were estimated and evaluated. The following tables present a classification of aquaculture ecosystem service and function using a "systemic evaluation approach" to evaluate the total value of different mariculture modes.

The value of food provision service and climate regulating service in different aquaculture modes are shown in Tables 1 and 2. The value of the mariculture ecosystem services provided by the IMTA mode was much higher than monoculture and IMTA mode.

Table 1 Value of food provision service in different aquaculture mode①

Aquaculture mode	Aquaculture species	Yield kg/(hm² • a)	Market price CNY/kg	Income CNY/(hm² • a)	Cost CNY/(hm² • a)	Value CNY/(hm² • a)
monoculture	kelp	27 000	6.0	162 000	67 500	94 500

(continued)

Aquaculture mode	Aquaculture species	Yield kg/(hm² · a)	Market price CNY/kg	Income CNY/(hm² · a)	Cost CNY/(hm² · a)	Value CNY/(hm² · a)
monoculture	scallop	18 000	4.6	82 800	22 500	60 300
IMTA	kelp	30 000	6.0	0	72 900	0
	abalone	17 308	200	1 730 769	1 032 808	697 962
	Total			1 730 769	1 105 707	625 062
IMTA	kelp	30 000	6.0	0	72 900	0
	abalone	16 615	200	1 661 538	926 815	734 723
	sea cucumber	3 600	120	216 000	21 600	204 000
	Total			1 877 538	948 415	929 123

Notes: ①Unpublished data from Liu et al. Yellow Sea Research Institute. Currency is Chinese Yuan. kg/(hm² · a) =kilograms per hectacre per year.

Table 2 Value of climate regulating service in different aquaculture mode①

Aquaculture mode	Fixed & removed C kg/(hm² · a)	Released CO_2 kg/(hm² · a)	Value [CNY/(hm² · a)]				
			Benefit		Lost		Total value
			Reforested cost	Carbon tax	Reforest-ed cost	Carbon tax	Average value
Monoculture kelp	8 424.00	0	2 197.82	9 232	0	0	5 715.26
Monoculture scallop	1 741.169	22.3460	454.2711	1 908	5.830	24.49	1 166.14
IMTA kelp+abalone	23 638.85	32.0394	6 167.37	25 908	12.36	51.95	16 005.62
IMTA kelp+abalone+sea cucumber	24 054.75	31.0211	6 275.88	26 364	8.093	33.99	16 298.54

Notes: ①Unpublished data from Liu et al.

Scientific Basis and Support

An essential component of effective ecosystem management is the inclusion of a scientifically based strategy, to monitor and assess the changing states and health of the ecosystem, by tracking key biological and environmental parameters (Sherman and Laughlin, 1992; Sherman, 1995). Under this requirement, the Strategic Action Program supported by the Global Environmental Facility (GEF) for the Yellow Sea LME is currently underway (UNDP-GEF, 2009). The long-term objective of the project is to ensure environmentally sustainable management and use of the Yellow Sea LME and its watershed, by reducing stress and promoting the sustainable development of a marine ecosystem that is bordered by a densely populated, heavily urbanized, and industrialized coastal area. In order to further understand the Yellow Sea LME, the ongoing China-GLOBEC Ⅲ/IMBER Ⅰ and

IMBER Ⅱ Program, entitled "Key Processes and Sustainable Mechanisms of Ecosystem Food Production in the Coastal Ocean of China" (Tang et al., 2005) and "Sustainability of marine ecosystem production under multi-stressors and adaptive management" (Zhang, 2011), have been approved for the National Key Basic Research and Development Plan of China (2006—2010, 2011—2015). The program goals are to identify key processes of food production in coastal and shelf waters based on the ecosystem approach and provide a scientific basis for ensuring food supply in the new century, by establishing a marine management system before 2015. Related to this requirement, the International Waters project supported by the GEF and the UNDP lead to the development and multi-country adoption of the Yellow Sea LME Strategic Action Programme (SAP) in 2009.

Therefore, it is necessary to promote further synergies with other research projects and establish joint programs for monitoring and assessing the Yellow Sea LME using ecosystem-based management.

Monitoring and assessing the changing states and health of the YSLME represents a scientifically based strategy for effective ecosystem recovery and sustainability A comprehensive process-oriented study of ecosystem goods and services should be considered, for a better understanding of the interactions among the important physical, chemical and biological characteristics of the ecosystem. This will increase the predictive capability of Yellow Sea LME managers.

References

Belkin I, 2009. Rapid warming of large marine ecosystem. Progress in Oceanography, 81 (1-4): 207-213.

Costanza R, et al., 1997. The value of the world's ecosystem services and natural capital. Nature, 387: 253-260.

Dupuy C, Vaquer A, Lam Hoai T, et al., 2000. Feeding rate of the oyster Crassostrea gigas in a natural planktonic community of the Mediterranean Thau Lagoon. Marine Ecology Progress Series, 205: 171-184.

Elberizon I R, Kelly L A, 1998. Empirical measurements of parameters critica to modeling benthic impacts of freshwater salmonid cage aquaculture. Aqua Res, 29 (9): 669-677.

Fang J, Funderud J, Zhang J, et al., 2009. Integrated multi-trophic aquaculture (IMTA) of sea cucumber, abalone and kelp in Sanggou Bay, China. In: MEM Walton, eds. Yellow Sea Large Marine Ecosystem Second Regional Mariculture Conference. UNDP-GEF project-Reducing environmental stress in the Yellow Sea Large Marine Ecosystem. Jeju, Republic of Korea.

Gu X, et al., eds. 1990. Marine fishery environment of China. Zhejiang Science and Technology Press. In Chinese.

Guan B, 1963. A preliminary study of the temperature variations and the characteristics of the circulation of the cold water mass of the Yellow Sea. Oceanol. Limnol. Sin., 5 (4): 255-284.

HO C, Wang Y, Lei Z, et al., 1959. A preliminary study of formation of Yellow Sea cold water mass and its properties. Oceanol. Limnol. Sin., 2: 11-15. In Chinese.

Huang D, Ni X, Tang Q, et al., 2012. Spatial and temporal variability of sea surface temperature in the Yellow Sea and East China Sea over the past 141 years. Modern Climatology, Dr Shih-Yu Wang (Ed.),

ISBN：978-953-51-0095-9，In Tech，PP. 213－234.

Jiang Z，Fang J，Mao Y，et al.，2010. Eutrophication assessment and bioremediation strategy in a marine fish cage culture area in Nansha Bay. China Journal of Applied Phycology，22（4）：421－426.

Jin X，2006. Small yellow croaker. In：Q. Tang，ed. Living marine resources and inhabiting environment in the Chinese EEZ. Science Press，Beijing，PP. 1130－1133. In Chinese.

Li D，Zhang J，Huang D，et al.，2002. Oxygen depletion off Changjiang（Yangze Reiver）Estuary. Science in China（series D），45（12）：1137－1146.

Lin C，Ning X，Su J，et al.，2005. Environmental changes and the responses of the ecosystems of the Yellow Sea during 1976－2000. Journal of Marine Systems，55：223－234.

Liu X，1979. Status of fishery resources in the Bohai and Yellow Seas. Mar. fish. Res. Paper 26：1－1 7. In Chinese.

Sherman K，1995. Achieving regional cooperation in the management of marine ecosystems：the use the large marine ecosystem approach. Ocean&Coastal Management，29（1－3）：165－185.

Sherman K，Laughlin T，1992. Large marine ecosystems monitoring workshop report. U. S. Dept of Commerce. NOAA Tech. Mem. NMFS-F/NEC-93.

Tang Q，1981. A preliminary study on the causes of fluctuations on year class size of Pacific herring in the Yellow Sea. Trans. Oceanol. Limnol.，2：37－45. In Chinese.

Tang Q，1989. Changes in the biomass of the Yellow Sea ecosystem. In：K. Sherman and L. M. Alexander，eds. Biomass yields and geography of large marine ecosystem. AAAS Selected Symposium 111. Boulder，CO：Westview Press，pp. 7－35.

Tang Q，1993. Effects of long-term physical and biological perturbations on the contemporary biomass yields of the Yellow Sea ecosystem. In：Sherman K，Alexander L M，Gold B D，eds. Large Marine Ecosystems：stress，mitigation，and sustainability. Washington，DC：AAAS Press，pp. 79－83.

Tang Q，1995. The effects of climate change on resources population in the Yellow Sea ecosystem. Can. Spec. Publ. Fish. Aquat. Sci，121：97－105.

Tang Q，2003. The Yellow Sea LME and mitigation action. In：Hempel G Sherman K，eds. Large Marine Ecosystem of the World：Trends in exploitation，protection and research. Elsevier，Amsterdam，pp. 121－141.

Tang Q，Guo X，Sun Y，et al.，2007. Ecological conversion efficiency and its influencers in twelve species of fish in the Yellow Sea Ecosystem. J. Marine Ecosystems，67：282－291.

Tang Q，Jin X，Wang J，2003. Decadal-scale variation of ecosystem productivity and control mechanisms in the Bohai Sea. Fishery Oceanography，12（4/5）：223－233.

Tang Q，Su J，Zhang J，2005. Key processes and sustainable mechanisms of ecosystem food production in the coastal ocean of China. Advances in Earth Sciences，20（12）：1281－1287. In Chinese with English abstract.

Tang Q，Zhang J，Fang J，2011. Shellfish and seaweed mariculture increase atmospheric CO_2 absorption by coastal ecosystems. Mar. Ecol. Prog. Ser.，424：97－104.

UNDP-GEF，2009. The Strategic Action Programme for the Yellow Sea Large Marine Ecosystem，UNDP-GEF YSLME project，Ansan，Republic of Korea.

Xia S，1960. Fisheries of the Bohai Sea，Yellow Sea and East China Sea. Mar. Fish. Res. Pap.，2：73－94. in Chinese.

Zhang J，2011. Anthropogenic Forcings and Climate Change in the Northern Pacific Region. 5th China-Japan-Korea IMBER Symposium and Training，Shanghai，China，22—25 November 2011.

Zhang J，Fang J，Tang Q，2005. The contribution of shellfish and seaweed mariculture in China to the carbon cycle of coastal ecosystem. Advances in Earth Sciences, 203: 359 - 365. In Chinese with English abstract.

Zhang C I, Kim S, 1999. Living marine resources of the Yellow Sea ecosystem in Korean waters: status and perspectives. In: Sherman K, Tang Q, eds. Large Marine Ecosystems of the Pacific Rim. Cambridge. MA: Blackwell Science, pp. 163 - 178.

Zhang B, Tang Q, 2004. Trophic level of important resources species of high trophic levels in the Bohai Sea, Yellow Sea, and East China Sea. Advance in Marine Science, 22 (4): 393 - 404. In Chinese with English abstract.

The Yellow Sea LME and Mitigation Action①

Qisheng Tang

A new era in ocean use was initiated when, in 1982, the United Nations Law of the Sea Convention established Exclusive Economic Zones (EEZ) extending up to 200 miles from the base lines of the territorial seas, and including almost 95 percent of the annual global biomass yields of usable marine living resources. Coastal states have sovereign rights to explore, manage, and conserve the marine resources of the zones. However, an EEZ is a relatively narrow zone, and water and economically important living marine resources exchange freely throughout a large marine ecosystem regardless of political boundaries. The results of activities and processes in the EEZ of one coastal state can affect resources in the EEZ of other coastal states. Where multi-jurisdictional conditions exist, as in many coastal seas, holistic conservation and management regimes are essential. A conceptual framework to enable such conservation and management, the "Large Marine Ecosystems (LME)" approach, provides the basis for developing new strategies tor marine resources management and ecosystem sustainability (Sherman and Alexander, 1986, 1989; Sherman, Alexander and Gold, 1990, 1991, 1993; Sherman, Jaworski and Smayda, 1996; Sherman, Okemwa and Ntiba, 1998; Kumpf, Steidinger and Sherman, 1999; Sherman and Tang 1999). During the United Nations Conference on the Environment and Development (UNCED) in Brazil in 1992, the declaration on the ocean recommended that nations of the globe: ①prevent, reduce, and control degradation of the marine environment; ②develop and increase the potential of marine living resources; and ③ promote the integrated management and sustainable development of coastal areas and the marine environment. LME as global units of ocean space and principal assessment and management units for coastal ocean resources have a broad application to marine management, especially in coastal seas where the LME approach is most likely to assist in improving the sustainable use of transboundary resources and ecosystem management.

The Yellow Sea is a semi-enclosed shelf sea with distinct bathymetry, hydrography, productivity, and trophically dependent communities. Shallow, but rich in nutrients and resources, the sea is most favorable for coastal and offshore fisheries, and it has well-developed multispecies and multinational fisheries. Over the past several decades, the resource

① 本文原刊于 *Large Marine Ecosystem of the world: Trends in Exploitation, Protection and Research*, 121-144, Elsevier Science Ltd., 2003.

populations in the sea have changed greatly, and significant changes to the structure of the fisheries have resulted from non-sustainable fishing, greatly reducing catch-per-unit-effort. Many valuable marine resources are threatened by both land and sea-based sources of pollution and by the unsustainable exploitation of natural resources. Loss of biomass, biodiversity and habitat have resulted from extensive economic development in the coastal zone. Therefore, in order to promote sustainable exploitation of the sea, implementation of effective management strategies is an important and urgent task.

The purpose of this chapter is to describe the Yellow Sea as an LME, emphasizing the changing states of living resources in the ecosystem. Detailed information on the ecological characteristics, and changes in indices of productivity and biomass yields and their causes are reported. Suggestions for mitigation actions of effective ecosystem management of the Yellow Sea LME are offered in the final section.

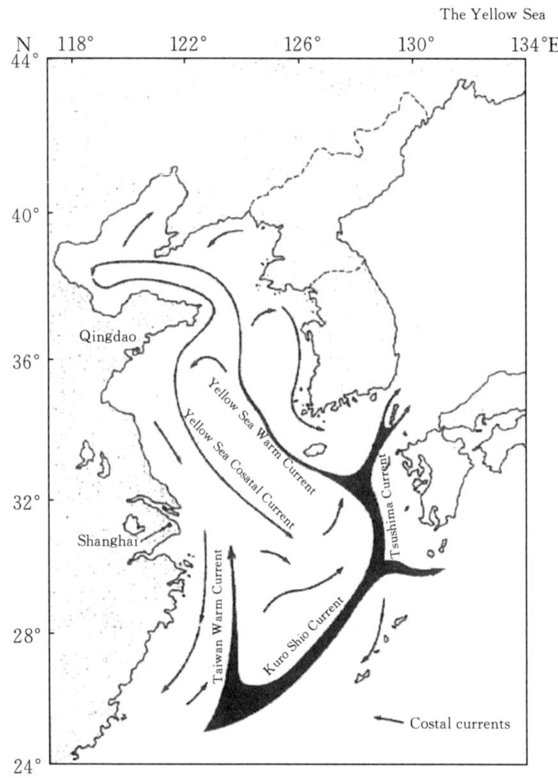

Figure 6.1 Schematic diagram of the major current system in winter in the Yellow Sea (from Gu et al., 1990)

Ecological Characteristics and Exploitation

The Yellow Sea is located between the North China continent and the Korean Peninsula, being separated from the West Pacific Ocean by the East China Sea in Peninsula, being separated from the West Pacific Ocean by the East China Sea in the south, and linked with Bohai Sea, which is an arm of the Yellow Sea, in the north. It covers an area of about 400 000 km^2, with a mean depth of 44 m and most of the area shallower than 80m. The central part of the sea, traditionally called the Yellow Sea Basin, ranges in depth from 70m to a maximum of 140m.

The general circulation of the Yellow Sea is a basin-wide cyclonic gyre comprised of the Yellow Sea Coastal Current and the Yellow Sea Warm Current. The Yellow Sea Warm Current, a branch of the Tsushima Warm Current from the Kuroshio Region in the East China Sea, carries water of relatively high salinity (>33 PSU) and high temperature (>12 ℃) northward along 124°E and then westward, flowing into the Bohai Sea in winter. This current, together with the coastal current flowing southward, plays an important role in exchanging the waters in this semi-enclosed sea (Figure 6. 1).

The water temperature in the shallow regions of the Yellow Sea varies seasonally according to the influence of the continental climate; freezing occurs in winter along the coast in the northern part, while the water temperature may rise in summer to that of the subtropical sea (27～28 ℃) (Figure 6. 2). Below 50m, the Yellow Sea Cold Water Mass forms seasonally. This cold water mass is characterized by low temperature, with the bottom temperature lower than 7 ℃ in its central part. It is believed to be the remnant of local water left over from the previous winter due to the effect of cold air from the north (Ho et al. , 1959; Guan, 1963). Stratification is the strongest in summer, with a vertical temperature gradient greater than 10 ℃/10m. All rivers have peak runoff in summer and minimum discharge in winter, and this alternation has important effects on the salinity of the coastal waters. The sea annually receives more than 1. 6 billion metric tons (t) of sediments, mostly from the Yellow River and Changjiang (Yangtze) River, which have formed large deltas.

The Yellow Sea lies in the warm temperate zone, and the fauna of the Yellow Sea is recognized as belonging to a sub-East Asia Province of the North Pacific temperate zone (Cheng, 1959; Liu, 1959, 1963; Dong, 1978; Zhao et al. , 1990). The communities are composed of species with various ecotypes. Warm temperate species are the major component of the biomass and account for about 60 percent of the total biomass of resource populations; warm water species and boreal species account for about 15 percent and 25 percent, respectively. Fish are the main living resource and about 280 fish species are found. Of these, 46 percent are warm temperate forms, 45 percent are warm water forms, and 9 percent are cold temperate forms. Because most of the species inhabit the Yellow Sea throughout the year, the resource populations of the fauna have formed an independent community. The diversity and abundance of this community are lower than that of the community found in the South China Sea and the East China Sea. The Shannon-Wiener diversity index (H') and the Simpson ecological dominance index (C) of the resource populations were determined to be 2. 3 and 0. 34, respectively (Tang, 1988).

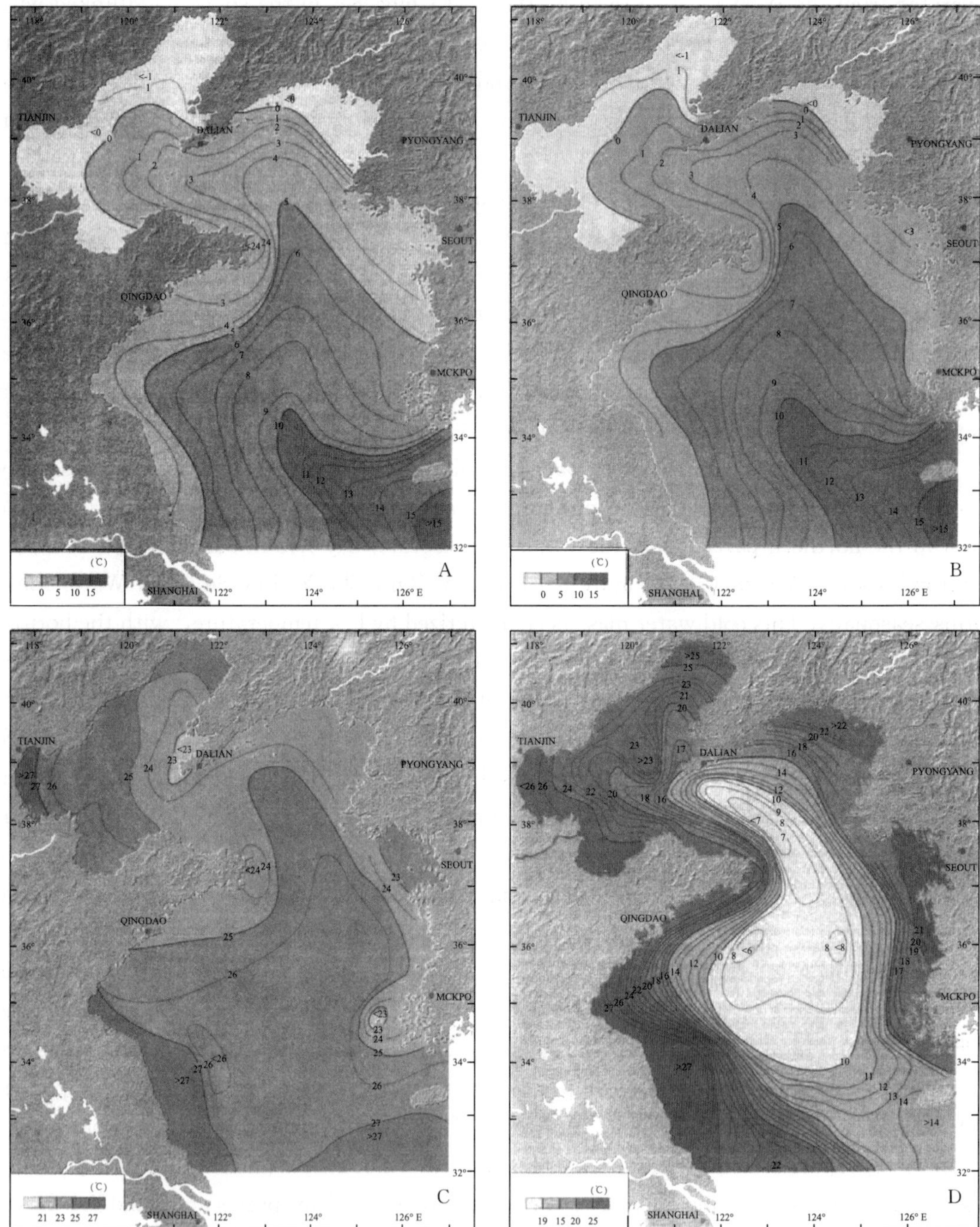

Figure 6. 2A February surface distributions of water temperature in the Yellow Sea (from Lee et al., 1998)
Figure 6. 2B February bottom distributions of water temperature in the Yellow Sea (from Lee et al., 1998)
Figure 6. 2C August surface distributions of water temperature in the Yellow Sea (from Lee et al., 1998)
Figure 6. 2D August bottom distributions of water temperature in the Yellow Sea (from Lee et al., 1998)

Marked seasonal variations characterize all components of the communities, and are possibly related to the complex oceanographic conditions. Turbidity and sediment type appear to be the major parameters that affect the distribution of planktonic and benthic organisms in the coastal waters of the Yellow Sea. The habitat of resource populations in the Yellow Sea can be divided into two groups: near shore and migratory. When water temperature begins to drop significantly in late autumn, most resource populations migrate offshore toward deeper and warmer water and concentrate mainly in the Yellow Sea Basin. There are three overwintering areas: the mid-Yellow Sea, 35° to 37°N, with depths of 60 to 80m; the southern Yellow Sea, 32° to 35°N, with depths about 80m; and the northern East China Sea. The cold temperate species (e. g., cod, herring, flatfish, and eel-pout) are distributed throughout the mid-Yellow Sea, and many warm temperate species and warm water species (e. g., skates, gurnard, *Saurida elongata*, jewfish, small yellow croaker, spotted sardine, penaeid shrimp, southern rough shrimp, and cephalopods) are also found there from January to March. In the southern Yellow Sea, all species are warm temperate and warm water species (e. g., small yellow croaker, *Nibea albiflora*, white croaker, jewfish, anchovy, *Setipinna taty*, butterfish and chub mackerel).

The Yellow Sea food web is relatively complex, with at least four trophic levels. There are two trophic pathways: pelagic and demersal (Figure 6.3). Japanese anchovy and macruran shrimp (e. g., *Crangon affinis* and southern rough shrimp) are key species. About 40 species eat anchovy, including almost all of the higher carnivores of the pelagic and demersal fish, and the cephalopods. Japanese anchovy is an abundant species in the Yellow Sea, with an annual biomass estimated at 2.5 to 4.3 million metric tonnes in 1986—

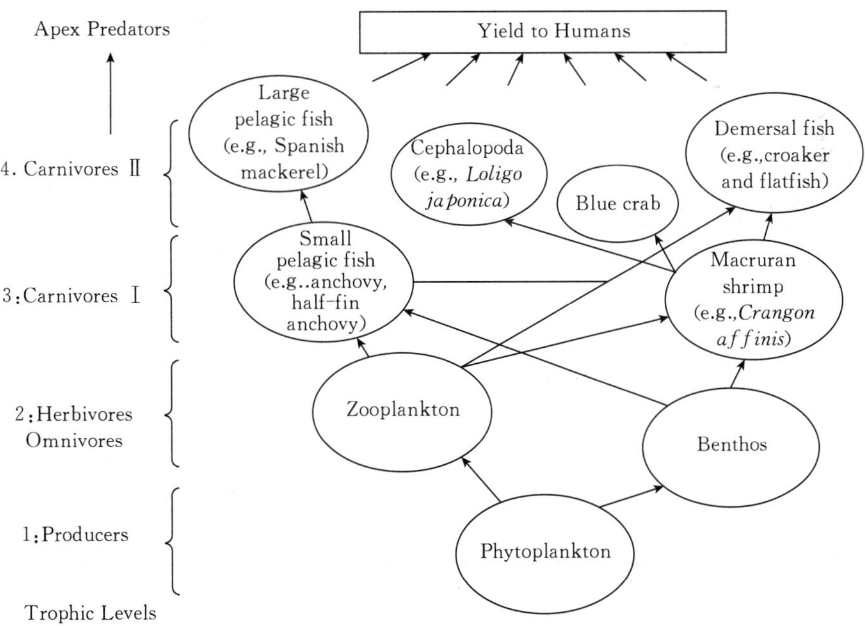

Figure 6.3 A simplified version of the Yellow Sea food web and trophic structure based on the main resource populations in 1985—1986

(Tang, 1993)

1996. *Crangon affinis* and southern rough shrimp, which are eaten by most demersal predators (about 26 species), are also numerous and widespread in the Yellow Sea. These species occupy an intermediate position between major trophic levels, and they interlock the food chains to form the Yellow Sea food web.

The resource populations in the Yellow Sea are multispecies in nature. Approximately 100 species are commercially harvested, including demersal fish (about 66 percent), pelagic fish (about 18 percent), cephalopods (about 7 percent), and crustaceans (about 9 percent). During the 1985—1986 period, about 20 major species accounted for 92 percent of the total biomass of the resource populations, and about 80 species accounted for the other 8 percent. The commercial utilization of the living resources in the ecosystem dates back several centuries. With the introduction of bottom trawl vessels in the early twentieth century, many stocks began to be intensively exploited by Chinese, Korean, and Japanese fishermen, and some economically important species such as the red seabream declined in abundance in the 1920s and 1930s (Xia, 1960). The stocks remained fairly stable during World War Ⅱ (Liu, 1979). However, due to a remarkable increase in fishing effort and its expansion to the entire Yellow Sea, nearly all the major stocks were fully fished by the mid-1970s and, by the 1980s, the resources in the ecosystem were being over-fished (Figure 6.4). Aquaculture is a major use of the coastal waters of the Yellow Sea. Mariculture is commonly practiced in all coastal areas of China and Korea, and major species of mariculture include

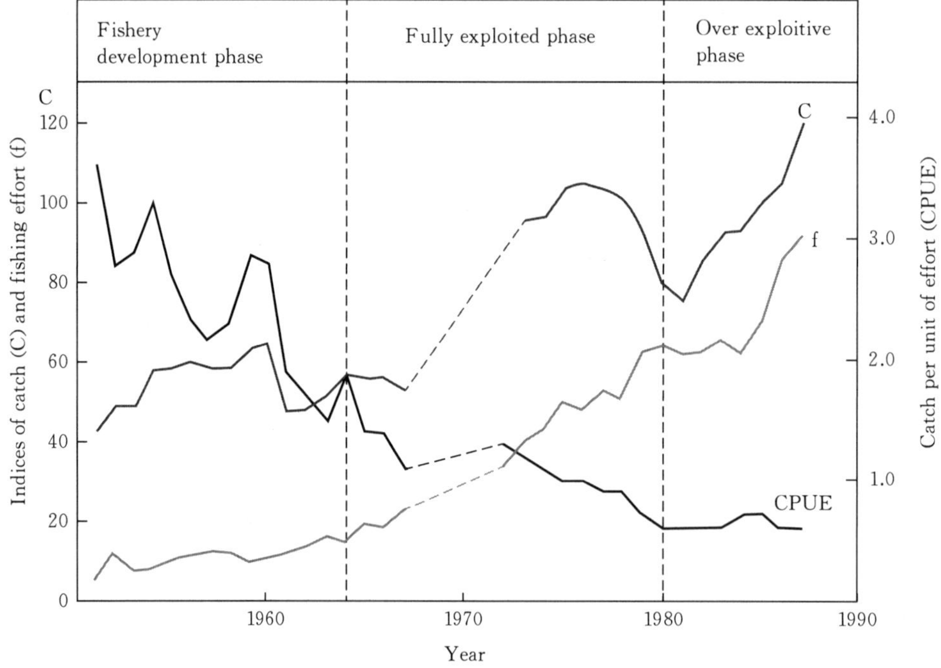

Figure 6.4 Trends in catch and effort for Yellow Sea fisheries, 1950—1980s (generalized history of the fisheries in the Yellow Sea)

(Tang, 1993)

scallop, oysters, clams, mussels and seaweed. The total yield of mariculture in 1997 was about 4.7 million t representing about 40 percent of the total fishery yield in the Yellow Sea.

Changing States of the Ecosystem

Five indices can be used to measure changing ecosystem states: ①biodiversity, ②stability, ③yields, ④productivity, and⑤resilience (Sherman and Solow, 1992). When we used these indices to assess the changing states of the Yellow sea ecosystem, many changes in productivity, biomass yield, species composition and shifts in dominance have been found Overexploitation is the principal source of changing states of the ecosystem, but perturbations to the natural environment should be considered important secondary drivers of change in species composition and biomass yields, at least for pelagic species and shellfish.

Changes in Productivity

Variability in primary productivity in season and area in the Yellow Sea have been observed. Primary productivity in May 1992 varied from 12 to 425 mg C · m^{-2} · d^{-1}, with the higher values found in the northeastern part of the sea. In September, primary productivity varied from 65 to 927 mg C · m^{-2} · d^{-1}, with most of the higher values appearing at the southern part (Wu et al., 1995). Choi et al. (1995) reported that nanoplankton contributed greatly. Annual variation of primary productivity in the sea has also been observed. As shown in Table 1, primary productivity in the Bohai Sea varies in season and area, and decreased noticeably from 1982 to 1998. Over the past 40 years, an obvious declining trend of phytoplankton biomass has been found, and it seems to be linked with nutrient changes (Figure 6.5). Zooplankton is an important component of the communities in the sea. The dominant species, including *Calanus sinicus*, *Euphausia pacifica*, *Sagitta crassa* and *Themisto gracilipes*, are all important food for pelagic and

Table 1 Annuual variation in season and area of primary productivity in the Bohai Sea

Season	Winter	Spring	Summer	Autumn	Mean
1982—1983	207	208	537	297	312
1992—1993	127	162	419	154	216
1998		82	129	60	(90)
Area	**Laizhou Bay**	**Bohai Bay**	**Liaodong Bay**	**Central part**	**Mean**
1982—1983	412	162	325	394	312
1992—1993	535	90	96	186	216
1998	(76)	(90)	(96)	(89)	(90)

Notes: Unit=mgC · m^{-2} · d^{-1}.

demersal fish and invertebrates. The biomass of zooplankton in the Yellow Sea is lower than that in adjacent areas, ranging from 5 to 50 mg • m^{-3} in the north to 25 to 100 mg • m^{-3} in the south, because of the influence of the warm current. The annual biomass of zooplankton in the Yellow Sea has decreased noticeably since 1959 (Figure 6. 6); this is similar to the declining trend found in the East China Sea (Gu et al. , 1990). However, zooplankton biomass increased in the Bohai Sea in 1998, possibly due to the decline of anchovy stock, the most abundant species before 1998 (Figure 6. 7).

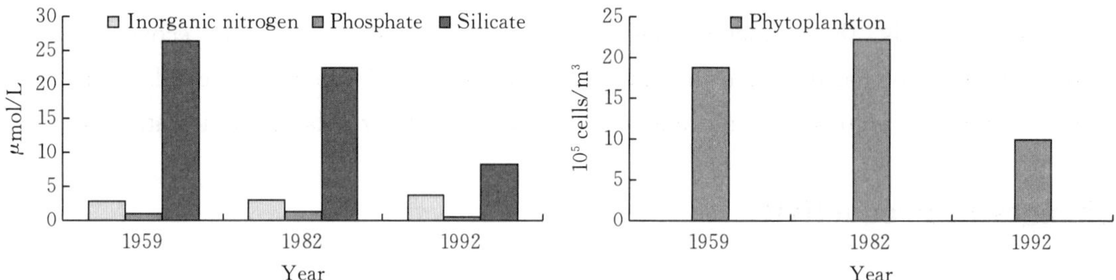

Figure 6. 5 Changes of nutrients and phytoplankton in the Bohai Sea

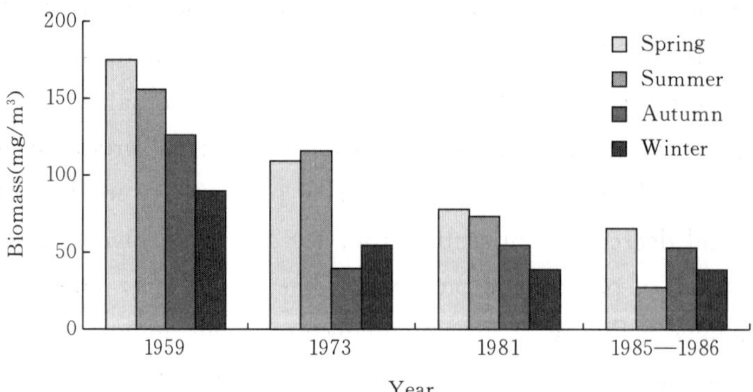

Figure 6. 6 Changes in zooplankton biomass in the Yellow Sea

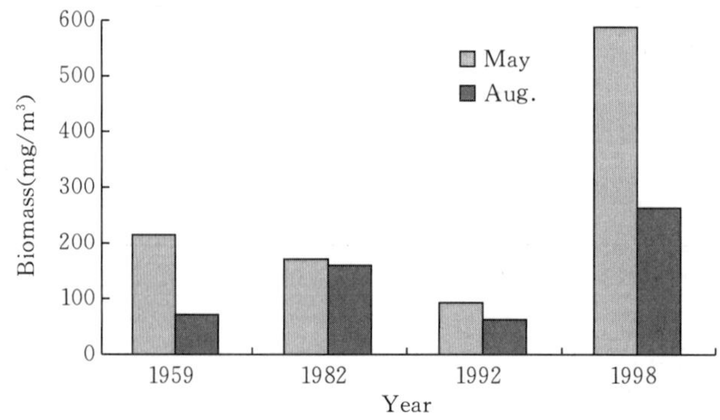

Figure 6. 7 Changes in zooplankton biomass in the Bohai Sea

In the same period, the macrobenthic biomass in the sea was relatively stable—about 21 mg • m^{-2} in 1959, 24 mg • m^{-2} in 1975, and 22 mg • m^{-2} in 1992 (Tang, 1993; Lee et al., 1998).

Major pollutants entering the Yellow Sea are organic material, oil, heavy metals and pesticides, and the pollutants mainly come with the wastewaters of industries, cities along the coast, and mariculture areas (Zhou et al., 1995). These pollutants are affecting valuable and vulnerable resources including habitats for most commercially important species, aquaculture harvesting sites, reserves, recreational beaches, and potential tourism sites, especially in the shallow coastal water areas near river mouth, ports and coastal cities. After the 1970s, the frequency of occurrence of red tides gradually increased. The abnormal multiplication of red tide organisms is often associated with eutrophication. These events have been influencing the natural productivity in the ecosystem (She, 1999).

Ecosystem Effects of Overexploitation

The Yellow Sea is one of the most intensively exploited areas in the world. With a remarkable increase in fishing effort and the expansion of that effort to the entire Yellow Sea, great declines in the biomass yields of resource populations in the ecosystem have been demonstrated by many studies (Xia, 1978; Liu, 1979; Chikuni, 1985; Tang, 1989, 1993; Zhang and Kim, 1999).

Small yellow croaker and hairtail were formerly the important commercial demersal species in the Yellow Sea, with catches in 1957 reaching a peak of about 200 000 and 64 000 t, respectively. However, as young fish were heavily exploited in the overwintering grounds and spawning stocks were intensively fished in their spawning grounds, the biomass of these two species has declined sharply since the mid-1960s (Figure 6. 8). The Yellow Sea hairtail stock became a non-target species in the 1970s, with a biomass estimated to be only 1/30 of Previous levels (Lin, 1985). This decline in biomass was accompanied by a substantial reduction in its distribution, an increase in growth rate, earlier maturation, and a decrease in the mean age and body length of the spawning stock (Mio and Shinohara, 1975; Lee, 1977; Otaki et al., 1978; Zhao et al., 1990). After the resources of small yellow croaker off the Jiangsu coast in the southern Yellow Sea (about 33°N, 122°E) were depleted, the biomass yield of large yellow croaker increased, with the annual catch ranging from 40 000 to 50 000 t during the period from 1965 to 1975. Because the overwintering stock was heavily exploited in the late 1970s, the biomass decreased sharply in the early 1980s and spawning stock size declined to about one-sixth of that in the 1960s. The stock has not recovered since that overfishing. Conversely, the biomass yield of butterfish increased when small and large yellow croaker off Jiangsu decreased. There was no evidence of climatic or large-scale environmental change during this period; thus, the major cause of the fluctuations in biomass and shifts in species dominance in this area appears to be overexploitation. It is evident that overexploitation can be of sufficient magnitude to result in a species "flip" . A biomass flip occurs when the population of a dominant species rapidly drops to a very low level and another species becomes dominant (Sherman, 1989).

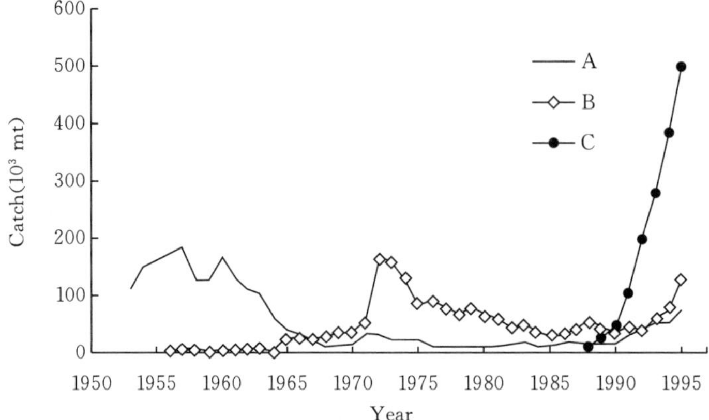

Figure 6. 8 Annual catch of dominant species: (A) small yellow croaker and hairtail, (B) Pacific herring and Japanese mackerel, and (C) anchovy and half-fin anchovy

Flatfish and Pacific cod are important boreal species whose distribution and migration are related to the movement of the Yellow Sea Cold Water Mass. The catches of flatfish and Pacific cod reached peaks of 30 000 t in 1959 and 80 000 t in 1972, respectively. As fishing efforts increased, young fish were heavily harvested, and the biomass yields of both species have decreased since the mid-1970s (Figure 6. 8).

Overfishing has also caused a decline in biomass of several other demersal species, including sea robin, red seabream, *Miichthys miiuy*, and *Nibea albiflora*. However under the same fishing pressure, the biomass yields of other exploited resources, including cephalopods, skate, white croaker, and daggertooth pike-conger, appear to be fairly stable (Tang, 1993). This stability may be a result of their scattered distributions.

Pacific herring, chub mackerel, Spanish mackerel, and butterfish are the major, larger sized pelagic stocks in the sea. The annual catch from 1953 to 1988 fluctuated widely, ranging from 30 000 to 300 000 t per year. The causes of these fluctuations are more complicated. There may be two patterns of population dynamics. The variability is particularly significant for Pacific herring and chub mackerel stocks, whereas Spanish mackerel and butterfish stocks appear to be relatively constant.

Commercial utilization of Spanish mackerel stock began in the early 1960s, when both the catch and abundance of small yellow croaker and airtail decreased. In 1964, the catch reached 20 000 t. Since then, yields of this stock have steadily increased. Catch has peaked at 140 000 t in recent years, although the stock has borne excessive fishing predation. The reason for this is not clear. Spanish mackerel feed on anchovy. As mentioned above, anchovy, a major Prey for carnivorous species in the ecosystem, is very abundant in the Yellow Sea. Perhaps this abundance is caused by an unusual combination of natural and anthropogenic conditions.

Due to overfishing, harvestable living resources in the ecosystem declined in quality. About 79 percent of the biomass yield in 1986 consisted of fish and invertebrates smaller than 20cm. Their mean standard length was only 11cm, with a mean weight of 20g, compared to a mean standard length in the 1950s—1960s of 20cm. The biomass of less-valuable species increased by about 23 percent between the 1950s and 1980s.

With a mean weight of 20g, compared to a mean standard length in the 1950s and 1960s of 20 cm. The biomass of less valuable species increased by about 23 percent between the 1950s and 1980s.

Species Shifts in Dominance and Their Causes

Over the past 50 years, dramatic shifts in the dominant species of resource populations in the ecosystem have been observed—from small yellow croaker and hairtail in the 1950s and early 1960s to Pacific herring and chub mackerel in the 1970s. Small-sized, fast-growing, short-lived, low-valued species, such as Japanese anchovy, half-fin anchovy, and scaled sardine, increased markedly in abundance during the 1980s and assumed a prominent position in the ecosystem resources and food web thereafter (Figure 6. 8). Larger, higher trophic-level, commercially important demersal species were replaced by smaller lower trophic level, pelagic, less-valuable species. The major resource populations in 1958—1959 were small yellow croaker, flatfish, cod, hairtail, skate, sea robin, and angler, which accounted for 71 percent of the total biomass yield. Planktophagic species represented 11 percent, benthophagic species, 46 percent, and ichthyophagic species, 43 percent; by 1985-86, the major exploitable resources had shifted to Japanese anchovy, half-fin anchovy, squid, sea snail, flatfish, small yellow croaker, and scaled sardine. Of these, 59 percent were planktophagic species, 26 percent were benthophagic species, and 16 percent were ichthyophagic species. The trophic levels in 1959 and 1985 were estimated to be 3. 8 and 3. 2, respectively. Thus it appears that the external stress has affected the self-regulatory mechanism of the ecosystem. Recent surveys have indicated that the abundance of Japanese anchovy is declining, while the biomass of sandlance is increasing and the stock of small yellow croaker shows a recovery trend.

Although we believe that the cause of changes in quantity and quality of the biomass yield and species shifts in dominance are attributable principally to human predation, this is not the case for all of species. Fluctuation in recruitment of penaeid shrimp, which is a commercially important crustacean distributed in the Bohai Sea and Yellow Sea, provides a good example. Fluctuation in recruitment was related both to environment and spawning size and it should be noted that the relative importance of the two factors varied from year to year et al. , 1989). Pelagic species are generally sensitive to environmental changes and the fluctuations in recruitment of Pacific herring, for example, are very large. This species in the Yellow Sea has a long history of exploitation, and the fishery is full of drama. In the last century, the commercial fishery experienced three peaks (in about 1900, 1938, and 1972), followed by a period of little or no catch. Environmental conditions such as rainfall, wind and daylight are supposed to be major factors affecting fluctuations in recruitment. Long-term changes in abundance may be correlated with the 36-yr cycle of dryness/wetness oscillation in eastern China (Tang, 1981).

There may be two types of species shifts in the ecosystem resources: systematic replacement and ecological replacement. Systematic replacement occurs when one dominant species declines in abundance by overexploitation and another competitive species uses surplus food and vacant space to increase its abundance. Ecological replacement occurs when minor changes in the natural environment affect stock abundance, especially of pelagic species. The data, based on catch, indicate that warm and temperate species tend to increase in abundance during warm years [e. g., half-fin anchovy and cuttlefish (*Sepiella maindroni*) increased in the 1980s], while boreal species (e. g., Pacific herring) tend to increase during cold years, such as the 1970s. Thus, natural factors may have an important effect on long-term changes in dominant species of various ecotypes.

Mitigation Actions

Establish a Monitoring, Assessment and Process-Oriented Studies Program

An essential component of an effective ecosystem management is the inclusion of a scientifically-based strategy to monitor and assess the changing states and health of the ecosystem by tracking key biological and environmental parameters (Sherman and Laughlin, 1992; Sherman, 1995). Under this requirement grant has been provided by the Global Environmental Facility (GEF) for supporting a Yellow Sea LME Project to be initiated in 2003. This proposal is a highly worthwhile activity bringing together the scientists and marine specialists from China and Korea to solve common marine resource problems within the Yellow Sea LME. Four major components were developed for the project based on the areas of intervention identified. The first component, "Regional Strategies for Sustainable Management of Fisheries and Mariculture," addresses the need for sustainable fisheries management and fisheries recovery plans agreed upon on a regional basis. The second component, "Effective Regional Initiatives for Biodiversity Protection," addresses the need for coordinated regional action to preserve globally significant biodiversity. The third component, "Actions to Reduce Stress to the Ecosystem, Improve Water Quality and Protect Human Health," addresses the YSLME as a marine ecosystem, and develops management practices based on an understanding of ecosystem behavior, the very basis for the Large Marine Ecosystem concept. The fourth component, "Development of Regional Institutional and Capacity Building," focuses the intervention on the required national and regional institutional and capacity building and strengthening, on the preparation of investment portfolios, and on coordination of preparation of the project. The long-term objective of the project is to ensure environmentally sustainable management and use of the Yellow Sea LME and its watershed by reducing development stress and promoting sustainable development of the ecosystem. Sustainable use and development of marine resources must be achieved alongside a densely populated, heavily urbanized and industrialized region contiguous with the semi-enclosed shelf sea (Project Brief of the Yellow Sea LME, 2000).

In order to understand the interactions among the important biological, chemical and physical characteristics of the Yellow Sea LME, and further increase the predictive capability of resource managers, a comprehensive process-oriented study of ecosystem services and goods should be considered also. Economics is an important component in the ecosystem sustainability studies as shown in the following diagram:

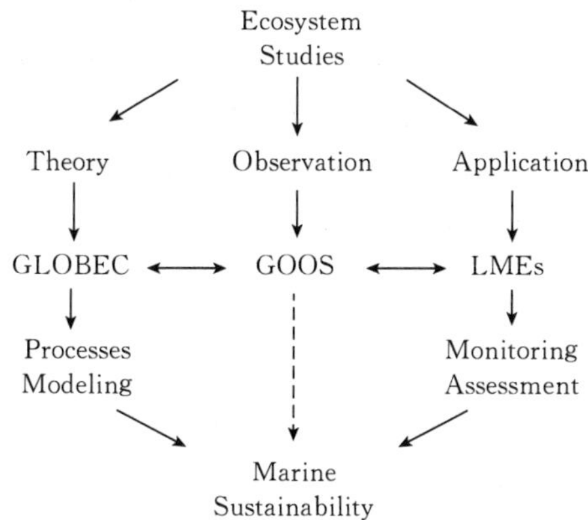

The ongoing program is China-GLOBEC Ⅱ, entitled "Ecosystem Dynamics and Sustainable Utilization of Living Resources in the East China Sea and the Yellow Sea" (Tang, 2000). This program has been approved as a Programme of the National Key Basic Research and Development Plan in the People's Republic of China, with a funding of 4.5 million U.S. dollars for the period of 1999—2004. Multidisciplinary and comprehensive studies in field work are carried out aiming at the following key scientific questions: energy flow and conversion of key resource species, dynamics of key zooplankton populations, cycling and regeneration of biogenic elements, ecological effects of key physical processes, pelagic and benthic coupling, and the microbial loop contribution to the main food web. The program goals are to identify key processes of ecosystem dynamics, improve predictive and modeling capabilities, provide scientific underpinning for sustainable utilization of marine ecosystem and rational management system of fisheries and other marine life in the East China Sea and the Yellow Sea.

Promote an Ecosystem Resource Recovery Plan

There are many ways to recover the resources in a perturbed LME, such as reducing excessive fishing mortality, controlling the point sources of pollution and improving the understanding of the effects of physical perturbations. In 1995, China started completely closing fishing in the Yellow Sea and East China Sea for 2～3 months in summer. This fishing ban has effectively protected the juveniles so that the catches and quality have obviously increased and improved. In addition to these efforts, artificial enhancement in the Yellow Sea should be encouraged. One proposed action is to introduce juveniles to enhance biomass yields. Since 1984, several enhancement experiments of economic-yield species have been in practice. The released penaeid shrimps in the Bohai Sea, the north Yellow Sea and southern waters off Shandong Peninsula have achieved remarkable social, ecological and economic benefit. Meanwhile the seeded shellfish such as scallop, abalone, and arkshell were also successful. The *Patinopecten yesoensis* was seeded around Haiyang Island in the north Yellow Sea with a high recapture rate of 30 percent during 1989—1991. The jellyfish released in the Bohai Sea and Yellow Sea were also encouraging, with a recapture rate of 0.07～2.56 percent. These successful activities not only promote the development of artificial enhancement programs in the sea, but also bring hope for recovery of ecosystem resources. Therefore, as an effective resource recovery strategy, artificial enhancement practices should be expanded to an LME level in the entire Yellow Sea.

References

Cheng C, 1959. Notes on the economic fish fauna of the Yellow Sea and the East China Sea. Oceanol. Limnol. Sin., 2 (1): 53-60. In Chinese.

Chikuni S, 1985. The fish resources of the Northwest Pacific. FAO Fish. Tech. Paper 266. FAO, Rome.

Choi J K, Noh J H, Shin K S, et al., 1995. The early autumn distribution of chlorophyll-a and primary productivity in the Yellow Sea, 1992. The Yellow Sea, 1: 68-80.

Dong Z, 1978. The geographical distribution of cephalopods in Chinese waters. Oceanol. Limnol. Sin., 9 (1): 108-116. In Chinese with English abstract.

Gu X, et al., 1990. Marine fishery environment of China. Zhejiang Science and Technology Press. In Chinese.

Guan B, 1963. A preliminary study of the temperature variations and the characteristics of the circulation of the cold water mass of the Yellow Sea. Oceanol. Limnol. Sin., 5 (4): 255-284. In Chinese.

Ho C, Wang Y, Lei Z, et al., 1959. A preliminary study of the formation of the Yellow Sea cold water mass and its properties. Oceanol. Limnol. Sin., 2: 11-15. in Chinese.

Kumpf H, Steidinger K, Sherman K, 1999. The Gulf of Mexico Large Marine Ecosystem. Cambridge, MA: Blackwell Science.

Lee J, 1977. Estimation of the age composition and survival rate of the yellow croaker in the Yellow Sea and East China Sea. Bull. Fish. Res. Dev. Agency, 16: 7-13. In Korean.

Lee Y C, Qin Y S, Liu R Y, 1998. The Yellow Sea Atlas. OSTI, Korea and IOCAS, China.

Lin J, 1985. Hairtail. Agriculture Publishing House, Beijing. In Chinese.

Liu J, 1959. Economics of micrurus crustacean fauna of the Yellow Sea and the East China Sea. Oceanol. Limnol. Sin., 2 (1): 35-42. In Chinese.

Liu J, 1963. Zoogeographical studies on the micrurus crustacean fauna of the Yellow Sea and the East China Sea. Oceanol. Limnol. Sin., 5 (3): 230-244. In Chinese.

Liu X, 1979. Status of fishery resources in the Bohai and Yellow Seas. Mar. fish. Res. Paper, 26: 1-17. In Chinese.

Mio S, Shinohara F, 1975. The study on the annual fluctuation of growth and maturity of principal demersal fish in the East China and the Yellow Sea. Bull. Seikai Reg. Fish. Res. Lab.，47：51－95.

Otaki H，Shojima S，1978. On the reduction of distributional area of the yellow croaker resulting from decrease abundance. Bull. Seikai Reg. Fish. Res. Lab.，51：111－121.

She J，1999. Pollution in the Yellow Sea LME：monitoring，research，and ecological effects. In Sherman K，Tang Q（eds.）. Large Marine Ecosystem of Pacific Rim. Cambridge，MA：Blackwell Science：419－426.

Sherman K，1989. Biomass flips in large marine ecosystems. In Sherman K，Alexander L M（eds.）. Biomass yields and geography of large marine ecosystems. AAAS Selected Symposium 111. Boulder，CO：Westview Press. 327－331.

Sherman K，1995. Achieving regional cooperation in the management of marine ecosystem：the use the large marine ecosystem approach. Ocean & Coastal Management，29（1－3）：165－185.

Sherman K，Alexander L M，Gold B D，eds. 1990. Large Marine Ecosystems：Patterns，Processes，and Yields. Washington，DC：AAAS Press.

Sherman K，Alexander L M，Gold B D，1991. Food Chains，Yields，Models，and Management of Large Marine Ecosystems. Boulder CO：Westview Press.

Sherman K，Alexander L M，Gold B D，1993. Large Marine Ecosystems：Stress，Mitigation，and Sustainability. Washington，DC：AAAS Press.

Sherman K，Alexander L M，1986. Variability and management of large marine ecosystems. AAAS Selected Symposium 99. Boulder CO：Westview Press.

Sherman K，Alexander L M，1989. Biomass Yields and Geography of Large Marine Ecosystems. AAAS Selected Symposium 111. Boulder CO：Westview Press.

Sherman K，Laughlin T，1992. Large marine ecosystems monitoring workshop report. U. S. Dept of Commerce，NOAA Tech. Mem. NMFS-F/NEC-93.

Sherman K，Solow A R，1992. The changing states and health of a Large Marine Ecosystem. CM/L38 Sessionv.

Sherman K，Tang Q，1999. The Large Marine Ecosystems（LME）of the Pacific Rim. Cambridge，MA：Blackwell Science.

Sherman K，Jaworski N A，Smayda T J，1996. The Northeast Shelf Ecosystem：Assessment，Sustainability，and Management. Cambridge，MA：Blackwell Science.

Sherman K，Okemwa E，Ntiba M J，1998. Large Marine Ecosystems of the Indian Ocean. Cambridge，MA：Blackwell Science.

Tang Q，1981. A preliminary study on the causes of fluctuations on year class size of Pacific herring in the Yellow Sea. Trans. Oceanol. Limnol.，2：37－45. In Chinese.

Tang Q，1988. Ecological dominance and diversity of fishery resources in the Yellow Sea. J. Chinese Academy of Fishery Science，1（1）：47－58. In Chinese with English abstract.

Tang Q，1989. Changes in the biomass of the Yellow Sea ecosystem. In Sherman K，Alexander L M（eds.）. Biomass yields and geography of large marine ecosystem. AAAS Selected Symposium 111. Boulder，CO：Westview Press，7－35.

Tang Q，1993. Effects of long-term physical and biological perturbations on the contemporary biomass yields of the Yellow Sea ecosystem. In Sherman K，Alexander L M，and Gold B D（eds.）. Large Marine Ecosystems：stress，mitigation，and sustainability. Washington，DC：AAAS Press，79－83.

Tang Q，2000. The new age of the China-GLOBEC study. PICES Press，8（1）：28－29.

Tang Q，J Deng，Zhu J，1989. A family of Ricker SRR curves of prawn under different environmental conditions and its enhancement potential in the Bohai Sea. Can. Spec. Publ. Fish. Aquat. Sci.，108：335－339.

Wu Y，Guo Y，Zhang Y，1995. Distributional characteristics of chlorophyll-a and primary productivity in the Yellow Sea. The Yellow Sea，1：81 - 92.

Xia S，1960. Fisheries of the Bohai Sea，Yellow Sea and East China Sea. Mar. fish. Res. Pap.，2：73 - 94. In Chinese.

Xia S，1978. An analysis of changes in fisheries resources of the Bohai Sea，Yellow Sea，and East China Sea. Mar. fish. Res. Paper，25：1 - 13. In Chinese.

Zhang C I，Kim S，1999. Living marine resources of the Yellow Sea ecosystem in Korean waters：status and perspectives. In Sherman K，Tang Q（eds.），Large Marine Ecosystems of the Pacific Rim. Cambridge，MA：Blackwell Science. 163 - 178.

Zhao C，et al.，eds. 1990. Marine Fishery Resources of China. Zhejiang Science and Technology Press. In Chinese.

Zhou M，Zou J，Wu Y，et al.，1995. Marine pollution and its control in the Yellow Sea and Bohai Sea. The Yellow Sea，1：9 - 16.

一、“973”海洋生态系动力学（GLOBEC）研究

“973”海洋生态系动力学研究发展

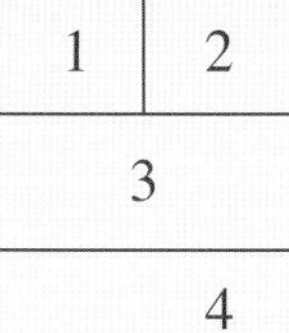

❶中国全球海洋生态系统动力学（GLOBEC）发展研讨，1998年

❷973-Ⅰ培植项目（东黄海GLOBEC）研讨会，1998年

❸主持香山科学会议第228次讨论会：陆架边缘海生态系统与生物地球化学过程，2004年

❹973-Ⅱ团队调研森林生态系统，2006年

“973”海洋生态系动力学研究实施

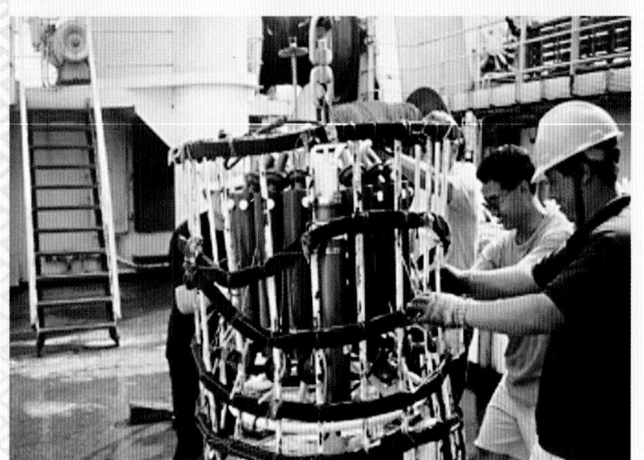

1	2
3	4

❶ 与学术骨干讨论“北斗”号海上调查重点，2000年

❷ 黄海深水区海底界面生物柱状取样，1998年

❸ 黄海深水区理化因子分层记录与采样，1998年

❹ 研讨海上调查策略，2002年

“973”海洋生态系动力学研究实施

1
2

❶ 同苏纪兰院士等物理海洋学家讨论鳀鱼卵子分布移动与动力学，2002年

❷ “北斗”号973-Ⅰ航次调查人员，2001年

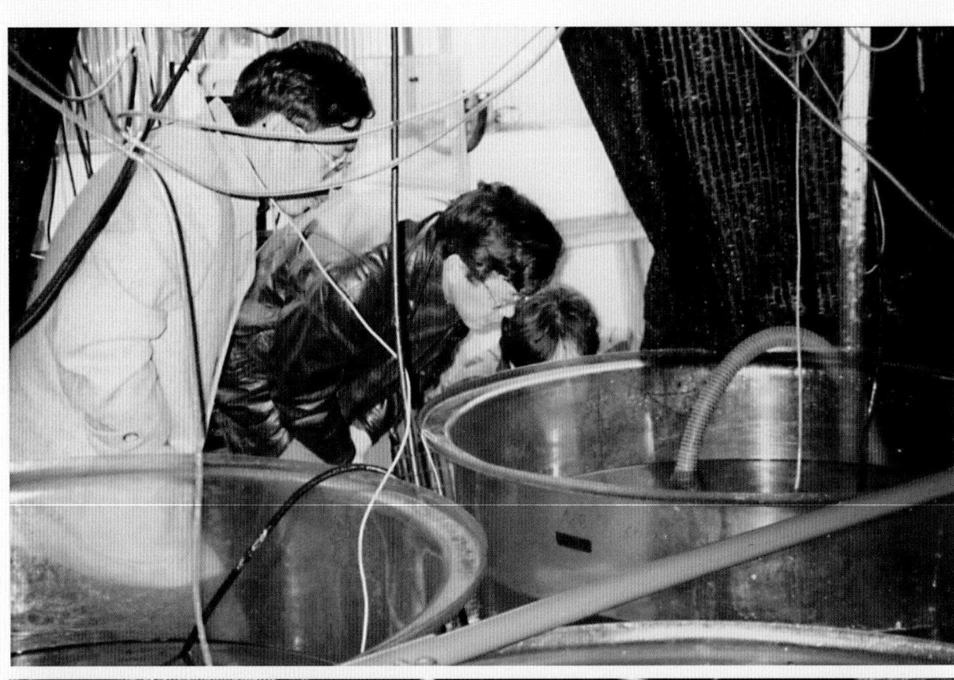

“973” 海洋生态系动力学研究实施

3
1 6
4
2
5

❶、❷ 鱼类营养动力学室内实验，1997年

❸ 鱼类营养动力学“北斗”号现场实验，2000年

❹ 饲养成功用于实验的鳀鱼，2003年

❺ 室内受控条件下测定鲈鱼标准代谢，2003年

❻ 考察韩国釜山渔市场活体饲养情况，1997年

“973”海洋生态系动力学研究活动

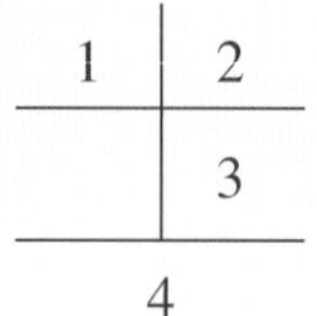

❶ GLOBEC基金重大结题验收，2001年

❷ 主持973-Ⅰ项目研讨会，2003年

❸ 973-Ⅰ项目课题验收专家，2004年

❹ 973-Ⅱ项目启动暨研讨会，2006年

"973"海洋生态系动力学研究活动

1
———
2

❶ 浒苔生态灾害，2008年

❷ 现场调研，2008年

"973"海洋生态系动力学研究活动

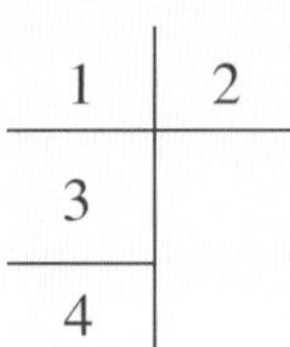

❶ 与山东荣成市政府签署"973计划"地方服务协议，2006年

❷ 贺中国GLOBEC发展助力者、淡水生态系统研究奠基人刘健康院士九十华诞，2007年

❸ 忙于"973"、GLOBEC、LEM与所长工作，2002年

❹ 听取"973"资源环境领域最后一批项目结题汇报，2019年

"973"海洋生态系动力学研究活动

中国多学科多部门973-Ⅱ研究团队，2009年

二、国际GLOBEC

国际GLOBEC科学指导委员会(SSC)活动

GLOBEC SCIENTIFIC STEERING COMMITTEE MEETING
The John's Hopkins University, Baltimore, 11-13 November 1996

Left to right: Dag Aksnes, Eileen Hoffman, Jarl-Ove Stromberg, Ian Perry, Tom Powell, Svein Sundby, Tommy Dickey, Brian J. Rothschild, Jurgen Alheit, Brad de Young, Roger Harris, Ole Henrik Haslund, John Hunter, Qisheng Tang, Allan Robinson, Keith Brander, Neil Swanberg, Tsutomu Ikeda, Elizabeth Gross.

1	2
3	
4	5

❶ 全球海洋生态系统动力学科学指导委员会（IGBP GLOBEC/SSC）委员，1996年

❷ 国际GLOBEC与GOOS生物资源专家会后，1996年

❸ 与三任GLOBEC/SSC主席，2002年

❹ 参加OCEAN科学大会，2003年

❺ 国际GLOBEC/SSC委员，2004年

GLOBEC SSC Meeting,
Swakopmund, Namibia, 16-19 April, 2004

国际GLOBEC第二届开放科学大会（GLOBEC-OSM II）

1 | 2

3

4 | 5

❶ 开幕式，2002年

❷ 在GLOBEC第二届国际开放科学大会上做主旨报告：介绍中国GLOBEC进展，2002年

❸ 与GLOBEC/SSC首任主席Rothschild教授和加拿大太平洋生物站原站长Beamish博士交流，2002年

❹ 展板：介绍中国海洋生态系统研究框架，2002年

❺ 与法国专家讨论鳀鱼卵子死亡原因，2002年

国际GLOBEC活动

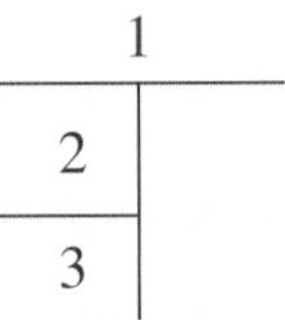

❶ 中法GLOBEC工作组，2002年

❷ 参加GLOBEC-OSM Ⅲ，2009年

❸ 同Rothschild教授在GLOBEC-OSM Ⅲ，2009年

中日韩GLOBEC活动

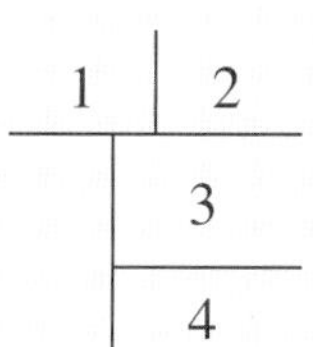

❶ 主持中日韩GLOBEC第二届学术会议，2004年

❷ 中日韩GLOBEC第二届学术会议主要专家，2004年

❸ 同日韩专家在杭州西子宾馆，2004年

❹ 中日韩专家龙井村品茶，2004年

中日韩GLOBEC活动

中日韩GLOBEC第三届学术会议中国团队在日本北海道，2007年

三、国际大海洋生态系（LME）

国际大海洋生态系（LME）活动

环太平洋LME学术会议专家，1994年

国际大海洋生态系（LME）活动

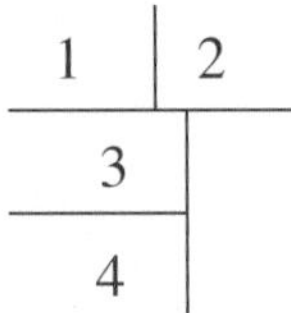

❶ 在LME概念提出者Sherman教授家中做客，1985年

❷ 应摩纳哥国家元首兰尼埃三世亲王邀请赴王宫做客，1990年

❸ 夏威夷黄海管理国际会议，1987年

❹ 主持印度洋LME学术会议专题讨论，1993年

国际大海洋生态系（LME）活动

1
2
3

❶ 与Sherman教授讨论世界LME研究与发展，1996年

❷ 联合国教科文组织政府间海洋学委员会（UNESCO/IOC）LME咨询委员会第6次会议，2004年

❸ LME咨询委员会第16次会议，2014年

国际大海洋生态系（LME）活动

1 | 2
3

❶ 全球环境基金会科技顾问团（GEF/STAP）核心成员聚会，2007年

❷ GEF首次国际水域科学大会，与Sherman教授，2012年

❸ 与Sherman教授共同主持第二届全球LME大会，2007年

国际大海洋生态系（LME）活动

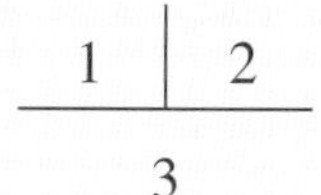

❶ 与Sherman教授，感谢著名海洋生态学家Hempel教授为大会致视频贺词，2007年

❷ 大会做报告，2007年

❸ 与会议支持者青岛市市长夏耕等交谈，2007年

国际大海洋生态系（LME）活动

1 | 2
3

❶ 向Sherman教授赠送他与LME铜刻纪念照，2007年

❷ 与Hempel教授在全球海洋、海岸和岛屿大会，2008年

❸ 右侧三位为1992年向世界银行建议黄海LME立项的贡献者：Sherman、唐启升和原NOAA外办主任Laughlin，2007年

国际大海洋生态系（LME）活动

1	2
	3
	4

❶ 中韩黄海LME研讨会报告，2006年

❷ 同Sherman教授在全球海洋、海岸和岛屿大会，2008年

❸ 与本格拉海流LME专家，2002年

❹ 参加UNIDO LME会议，2007年

国际大海洋生态系（LME）活动

1

2 | 3

❶ 同老友美国东南渔业科学中心原主任、LME专家Bradford Brown教授在UNIDO，2007年

❷ 国际海洋考察理事会(ICES) LME工作组，2011年

❸ APEC LME会议报告，2013年

国际大海洋生态系（LME）活动

1	
2	3

❶ 与第二届全球LME大会主席Sherman和Hamukuaya博士，2014年

❷ 第三届全球LME大会报告，2014年

❸ 与国际组织专家讨论，2017年

国际大海洋生态系（LME）活动

1
2

❶ 亚洲LME国际学术会议专题Ⅰ主要报告人，2017年

❷ 与Sherman教授讨论海洋生态系统及其生物资源变化的复杂性和难以预见性，2017年

四、国际北太平洋海洋科学组织（PICES）

国际北太平洋海洋科学组织（PICES）活动

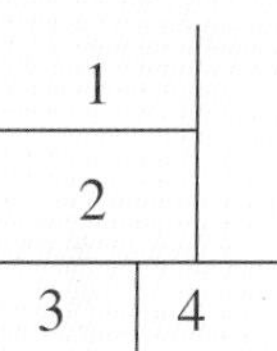

❶ PICES科学局首届成员及部分候任成员与PICES主席、秘书长等，1996年

❷ 主持PICES渔业科学委员会学术讨论会，1995年

❸ 参加 PICES/GLOBEC 区域计划(CCCC)研讨，1996年

❹ 参加捕捞生态效应国际学术会议，1999年

国际北太平洋海洋科学组织（PICES）活动

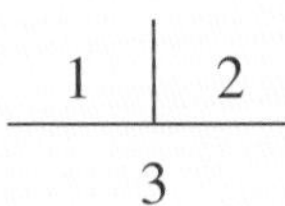

❶ 第二届PICES年会，同阿拉斯加渔业科学中心主任Aron博士，1993年

❷ 第三届PICES年会，同东京大学Sugimoto教授，1994年

❸ 第六届PICES年会，同韩国许享泽院士，1997年

国际北太平洋海洋科学组织（PICES）活动

1

2 | 3 | 4

❶ 第十一届PICES年会致辞，2002年

❷ 与PICES美国代表、阿拉斯加渔业大学校长Alexander教授，2002年

❸ 与阿拉斯加渔业科学中心主任Aron博士等美日专家，2002年

❹ 与PICES主席Wooster教授，2002年

国际北太平洋海洋科学组织（PICES）活动

1
2

❶ 第八届PICES年会学术报告，1999年

❷ 与渔业科学家讨论，2002年

五、公派挪威、美国访学

挪威访学

1 / 2

❶欧洲北海鲱鱼调查结束返回挪威卑尔根港，1982年

❷住地卑尔根学生城Fantoft，1982年

挪威访学

1 | 3
2 |

❶ 与挪威海洋研究所副所长Ole J. Ostvedt先生话别，1982年

❷ 与83岁高龄的Ostvedt先生重逢，2006年

❸ 假期山中滑雪，1981年

美国访学

1	
2	3

❶ 马里兰大学校园，1983年

❷ 美国马里兰大学切萨皮克湾生物实验室（CBL），1982年圣诞夜

❸ 在CBL同事Eileen Hamilton博士家做客，1982年

美国访学

1	2
3	

❶ Rothschild教授及同事为我饯行，1983年

❷ 在Rothschild教授家，1996年

❸ 与老友、CBL著名教授Ed Houde重逢，2011年

美国访学

1	2
3	4

❶ 在“华大”数量科学中心（CQS）办公室，1983年圣诞节

❷ 与“华大”数量科学中心（CQS）主任Gallucci教授等，1984年

❸ “华大”图书馆查阅文献，1983年

❹ “华大”校友访问加州大学Scripps，海洋研究所，1983年

美国访学

1
———
2

❶ “华大”图书馆广场，1983年

❷ 重访“华大”，2007年

六、休闲时刻

休闲时刻

纳米比亚向海的古老沙漠，2004年

休闲时刻

1	4
2	
3	

❶ 新疆火焰山，2004年

❷ 同法国专家评酒，2004年

❸ 世界自然保护联盟IUCN泰国晚会，2004年

❹ 巴黎小丘广场画师为我画像，2010年

休闲时刻

1

2

❶ 与沈国舫院士赴会议宴会，2005年

❷ 与美国著名渔业科学家Rothschild和Sherman教授在国际ICES年会，2011年

休闲时刻

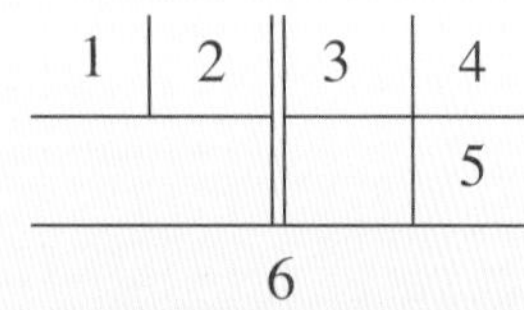

❶ 国庆假期与农业部部长杜青林同志在青岛，2005年

❷ 会后河边小息，加拿大班夫（Banff）国家森林公园，2003年

❸ 武夷山一线天，2006年

❹ 美、加尼亚加拉（Niagara）瀑布，2010年

❺ 昆明的花与雪，2013年

❻ 云南哈尼梯田与稻渔综合种养，2018年

休闲时刻

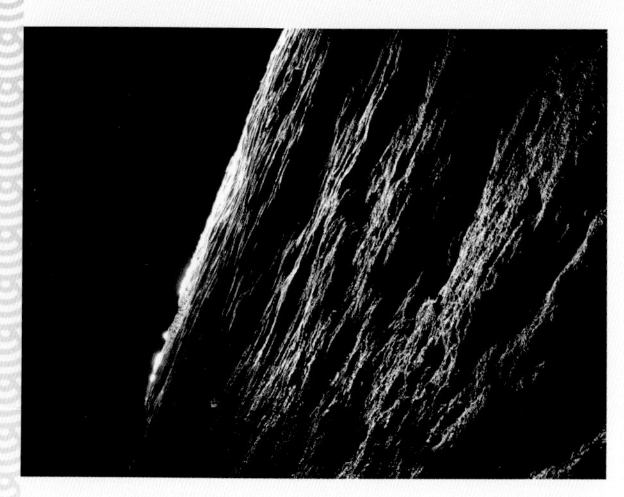

七、国家奖励证书

国家奖励证书

国家科学技术进步奖

证 书

为表彰国家科学技术进步奖获得者，特颁发此证书。

项目名称：我国专属经济区和大陆架海洋生物资源及其栖息环境调查与评估

奖励等级：二等

获 奖 者：唐启升

2007年2月11日

证书号：2006-J-203-2-01-R01

国家科学技术进步奖

证 书

为表彰国家科学技术进步奖获得者，特颁发此证书。

项目名称：海湾系统养殖容量与规模化健康养殖技术

奖励等级：二等

获 奖 者：唐启升

证书号：2005-J-203-2-01-R01

荣誉证书

授予：唐启升同志

国家重点基础研究发展计划（973计划）先进个人。

中华人民共和国科学技术部

二OO四年十一月

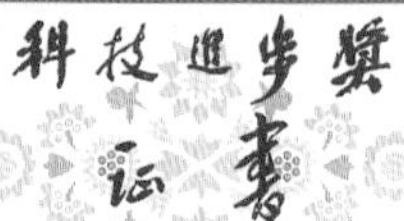

科技進步奬

証書

为表彰在促进科学技术进步工作中做出重大贡献者，特颁发国家科技进步奖证书，以资鼓励。

获奖项目：渤海渔业增养殖技术研究

获 奖 者：唐启升

奖励等级：二等奖

奖励日期：一九九七年十二月

证 书 号：13-2-006-02

中华人民共和国

国家科学技术委员会主任 宋健

科技進步奬

証書

为表彰在促进科学技术进步工作中做出重大贡献者，特颁发国家科技进步奖证书，以资鼓励。

获奖项目：白令海和鄂霍次克海狭鳕渔业信息网络和资源评估调查

获 奖 者：唐启升

奖励等级：三等奖

奖励日期：一九九七年十二月

证 书 号：13-3-008-01

中华人民共和国

国家科学技术委员会主任 宋健